在大漠和高原之间

——张新时文集

张新时 著

中国教育出版传媒集团

高等教育出版社·北京

内容简介

本书是生态学家张新时院士的作品汇编集。张新时院士从事植被生态学研究60余年，这是唯一一部收录他毕生研究成果的科研巨著，既有科研论文、研究专著（节选），也有政府咨询报告、学术讲座资料等，其中部分内容为首次发表。本书对生态学领域的科研、教学和管理人员有重要参考价值，可以为中国生态环境建设和资源可持续利用提供重要理论基础和决策支撑。

图书在版编目（CIP）数据

在大漠和高原之间:张新时文集 / 张新时著. --
北京：高等教育出版社，2023.3
ISBN 978-7-04-058041-9

Ⅰ.①在… Ⅱ.①张… Ⅲ.①生态学-文集 Ⅳ.
①Q14-53

中国版本图书馆 CIP 数据核字（2022）第 020866 号

| 策划编辑 | 李冰祥 柳丽丽 | 责任编辑 | 柳丽丽 殷 鸽 | 封面设计 | 王凌波 | 版式设计 | 李彩丽 |
| 插图绘制 | 于 博 | 责任校对 | 胡美萍 | 责任印制 | 刁 毅 | | |

出版发行	高等教育出版社		网 址	http://www.hep.edu.cn
社 址	北京市西城区德外大街4号			http://www.hep.com.cn
邮政编码	100120		网上订购	http://www.hepmall.com.cn
印 刷	山东韵杰文化科技有限公司			http://www.hepmall.com
开 本	889mm×1194mm 1/16			http://www.hepmall.cn
印 张	59			
字 数	1600 千字		版 次	2023年3月第1版
购书热线	010-58581118		印 次	2023年3月第1次印刷
咨询电话	400-810-0598		定 价	368.00 元

审 图 号 GS(2021)1455 号
ZAI DAMO HE GAOYUAN ZHIJIAN——Zhang Xinshi Wenji

作 者 简 介

  张新时(1934—2020),出生于河南开封,原籍山东高唐。国际著名生态学家,中国科学院院士,国际欧亚科学院院士,第八、九、十届全国政协常委,中国科学院植物研究所研究员。1955年毕业于北京林学院(现北京林业大学),1985年获美国康奈尔大学生态学与系统进化学博士学位。曾任中国科学院植物研究所所长、国家自然科学基金委员会副主任、国际地圈-生物圈计划(IGBP)中国委员会常务理事、全球变化与陆地生态系统计划中国委员会委员、中国植物学会理事长、中国林学会副理事长、中国自然资源协会副理事长、国务院学位委员会委员、国家环境保护委员会顾问、《中国科学》编委和《植物学报》主编。

  张新时是我国植被生态学领域的引领者之一。他扎根植被地理和生态学研究,65年的学术生涯大部分时间在遥远的高山、高原、森林、大漠、草原度过;他全程参加我国西部两次大型的科学考察:1957—1959年连续三年的由中国科学院和苏联科学院联合组织的对新疆的综合考察,1973—1976年的中国科学院青藏高原综合科学考察;他还作为工作组组长根据中国科学院生命科学和医学学部计划,组织和开展"西北五省区干旱和半干旱区可持续发展的农业问题咨询考察",组织30余位院士专家,对新疆及西北干旱和半干旱区进行三年多的咨询和调研工作;1996年被选任科学技术部重大基础项目的首席科学家,先后主持我国奶水牛发展和南方草地建设的两个咨询项目,编写咨询报告,为国家科技发展计划提供重要依据。

  他足迹遍布祖国大地,历经艰辛从不止息,成果累累。他创建了植被数量生态学、全球变化生态学和草地生态学等学科的基础理论和范式,揭示了中国荒漠区植被地带性分布规律,提出了"高原植被地带性分布"的重要观点。他是《中国植被》的编委会成员之一,是我国植被数量生态学和国际信息生态学的创始人。1986年他牵头建立了我国第一个植被数量生态学开放实验室,将我国的植被研究带入数字化时代。在他的领导和组织下,创建了 IGBP 认可的 15条全球变化陆地样带中的两条核心样带(中国东北样带和中国东部南北样带),实现了我国全球变化样带研究从无到有、由国内走向国际的重大跨越。他担任《中国植被图(1∶100 万)》的主编,完成了我国 1∶100 万植被图和数字化 1∶100 万植被图。他主持和合作参与的项目获国家自然科学二等奖(两项)、国家科学技术进步二等奖、中国科学院科技成果一等奖、中国科学院自然科学三等奖等。他的这些研究成果不但对国际生态学经典理论进行了重要的补充与完善,受到国际学术界的广泛重视,而且为我国生态和环境建设与资源可持续发展提供了重要理论基础,许多研究成果已成为我国生态和环境建设的重要科学决策依据。

序 一

张新时研究员是我国著名的植被生态学家，于1991年当选为中国科学院院士。他的学术生涯和中国科学院组织的综合考察有不解之缘。1957—1959年他参加了中国科学院和苏联科学院联合组织的新疆综合考察，足迹遍及新疆南北大漠、草原和天山、昆仑山、阿尔泰山，开拓了学术视野，积累了大量科学资料。他将新疆盆地的环状结构与山地垂直结构结合并与地形、气候、水文、土壤等因素综合，提出了"山盆结构"整体系统的理论，为新疆的农牧业发展做出了重要贡献。

1973—1976年他又参加了中国科学院青藏高原综合科学考察，如他所说，得以进入"令人心醉的探索高原自然奥妙的科学境界和范畴"。他阐明了高原和东亚植被形成的规律，指出西亚信风高压荒漠带因高原隆起而北移，从而形成了亚洲温带戈壁荒漠，同时形成高原片状分布的植被，显示了高原植被的地带性。

20世纪80年代，得到美国著名生态学家怀特克的指导，他于1985年获得康奈尔大学博士学位，毕业后立即回国工作，1986年创建了中国科学院植被数量生态学开放实验室，进行了大量开拓性研究，特别是"《中国植被图（1：100万）》的编研及其数字化"于2011年获国家自然科学二等奖。

张新时60余年的学术生涯大部分时间在遥远的大漠、草原、高山和高原度过，历经艰辛从不止息。这本文集正是他多年深入实际、不断开拓所取得的丰硕成果之代表作。

张新时老骥伏枥，志在千里。祝愿他为生态学的发展做出更大贡献！

2017.05.05

序　二

我最敬重的生态学家张新时先生

《在大漠和高原之间——张新时文集》即将出版。编著者曾多次希望我写序,但我一直很犹豫。因为作为张先生的后辈和学生,要为如此德高望重的长者和大家的文集作序,我自知才学浅薄,无能胜任,加上自己一向钝口拙腮,实难精准表达汇聚在这部著作里张先生的学术思想、观点和科学发现,以及他睿智豁达、刚毅正直的品格和充满责任感的家国情怀。但几经思虑,我还是斗胆答应了,虽有不自量力之嫌,但我想借此机会,谈谈这几十年来和张先生交往中的一些小故事,表达一个后生对这位生态学前辈的敬意之心和感激之情。

（一）

今日适逢中秋。仰望皓月当空,不禁追忆过往,思绪飞扬。想起与张先生认识已近30载,平心而论,无论是在学术研究还是在待人接物方面,张先生都是我学习的榜样,是我最敬重的老一辈生态学家。这不是恭维,而是发自我内心的感慨。

记得20世纪80年代初,我还是一名大学生。当我翻读《中国植被》这部植被生态学经典著作时,就知道了在我国遥远的西北大漠里,有一位著名的生态学家,那就是张新时先生。那时,他是《中国植被》仅有的12名编委会成员之一。当时我猜想他应该是一位老先生,因为在那个年代,能成为如此重要著作的编委通常都是学科领域中的年长泰斗,可后来我了解到,他那时才40岁出头,是最年轻的编委,并且还只是一名讲师。我真是敬佩不已。

我真正认识张先生并开始打交道,是我从日本留学回国之后。那是1989年,我刚回国,对去哪儿工作还摇摆不定,于是便去当时位于北京动物园的中国科学院植物研究所(后简称"植物所"),与我以前的同学和朋友们商量。在那里,我近距离接触了早我两年从美国回国、在植物所工作的张先生,他那时正在筹建中国科学院植被数量生态学开放实验室。

最初感觉张先生是一位严肃谨慎、少言寡语、给人威严感的长者,但见面次数多了,慢慢地我发现他其实是一位慈祥和蔼、不拘小节、热心随和、乐于助人的性情中人。我清晰地记得,多次在快到吃午饭的时间,张先生总是叫上我,说:"小方,走,一起去食堂吃饭!"于是,他找来饭盆,带着我去所里食堂吃饭。自然,饭票也是由他掏的了。

后来,我落户中国科学院生态环境研究中心,在那里工作了整整8年。应该说,这期间我度过了一段艰难的科研岁月。因为那时国家的科研体制正由经费划拨制向竞争制转变,申请经费、开展科研工作十分艰难。因此,我想到了张先生,曾一度想到他的开放实验室工作。张先生知道后,很热情地鼓励我说:"小方啊,如果想来植物所就早点过来吧!"但后来由于一些因素,加上科研条件逐渐好转,我最终没有去成。因此,失去了在张先生直接指导下开展科研工作的机会,我为此还伤感过。

1997 年,经陈昌笃先生的积极举荐,我调到北京大学(后简称"北大")工作,开始了我的第二次学术创业。虽然一开始也很艰难,但很快我便融入了北大的工作和生活。2002 年,借北大环境学院成立之机,得益于校领导和老师们的支持与帮助,我牵头建立了北京大学生态学系。那时,年长的先生们大都退休,年轻的老师们尚未成长起来,北大的生态学发展遇到了瓶颈,亟须大师指导、引领。于是,我又一次想到了张先生,向他表达了强烈意愿,恳请他来北大任教。但很遗憾,这时候他已经决定去北京师范大学从教了;加上一些其他因素的影响,张先生最终未能到北大来,这使我又一次失去了在张先生指导下工作的机会。这些遗憾至今还常常牵萦于我心,难以释怀。

2010 年,中国科学院领导让我到植物所任所长。这次我终于有了与张先生一起工作的机会。在这期间,张先生给予了我极大的支持、鼓励和指导。我任所长近 6 年的时间里,在张先生等老一代科学家的帮助和指导下,广大同仁齐心协力,植物所的各项工作积极稳妥地有序推进,尤其是在研究所的结构性改革、人才队伍建设、科技评价体系调整、学术环境营造等方面做得有声有色,风生水起。同时,张先生所开创的学科方向,如全球变化生态学、植被生态学、草地生态与保护等均得到了较快发展。例如,通过引进优秀人才,植物所的全球变化生态学研究方向已成为国内最具活力的领域;植物所牵头的《中国植被志》编研工作,在全国植被科学同行的共同参与下,正在积极推进,同时还开辟了数字植被的新方向;在草地生态与保护方面,研究中提倡的"生态草牧业"概念,不仅成为草地生态保护和利用的重要理念,在学界引起巨大反响,更成为国家农业改革的一项重要工作……这些工作都是对张先生所开创或倡导的科学事业的继承和发展。

(二)

在做学问方面,张先生对我个人的影响更为深刻。我的很多工作基本上是沿着张先生的足迹走过来的。这里仅举几例。

我关于中国植被分布的研究,很多来自张先生学术思想的启迪。比如,张先生早年提出的"青藏高原植被地带性"激发了我对中国植被地带性规律的研究;我博士期间关于北纬 30° 垂直植被带分异规律的研究(1996 年发表在 *Vegetation* 上),一定程度上是受张先生《青藏高原对东亚地区大气环流影响》一文的影响。

作为张先生主持 1:100 万中国植被图的后期延续,我们组织发起了《中国植被志》编研计划,预期用 10 年左右的时间出版 80~100 卷(册)描述我国主要植被类型的植被志书及其数字化电子产品,为我国主要植被类型的物种组成、时空结构、分布变化、环境影响以及植被保护等方面提供详尽资料,并进一步丰富和发展 1:100 万植被图的内涵。

我对于新疆植被的认识以及后来我们在新疆开展的多项工作,均源自 2006—2008 年我参加张先生主持的"新疆生态建设和可持续发展战略研究"中国科学院学部重大咨询项目。2006 年,张先生第一次把我带进新疆,使我与新疆的自然和人文景观有了初次的接触。那里广袤无垠的戈壁滩、千姿百态的风蚀地貌、蜿蜒曲折的塔里木河、神秘莫测的"盐泽"罗布泊、丝绸之路上壮美的大漠驼影以及天山上高大通直的云杉林,都给我留下深刻的印象,甚至让我产生无法抑制的情感冲动。印象最深的是有一次,张先生带领考察组,沿着天山山脉从伊犁河谷到石河子农垦站进行考察,巍巍天山所塑造的山盆景观和孕育的西域文化对我灵魂的冲击太大了,我抑制不住内心的激动,情不自禁地高声呐喊"天山万岁!"现在回想起来,还怪不好意思的。

这个咨询项目结束后,我并没有结束在新疆的研究,而是投入了更多的时间和精力研究新疆的植被和生态问题。这些年,我先后有 3 位博士生以新疆植被生态和生物多样性为题,完成了他们的博士论文。例如,为与张先生 1960 年初对新疆野果林的研究做对比,我们对伊犁地区的野果林进行了复查,获得了大量实测的样方资料,发现了 50 多年后野果林群落的一些变化规律;我们对整个新疆地区的动植物分布及其驱动因素进行了研究,在国内外发表了多篇论文;我们第一次系统研究了新疆草地的碳储量及其变化;我们对新疆的植物群落,特别是落叶松林和天山云杉林以及准噶尔盆地的植物群落进行了较为细致的样方调查。这些研究为我们认识新疆地区独特的植被特征提供了基础资料。

近年来,我和植物所的同事们关于草地生态保护和利用问题的研究更是得益于张先生早先提出的思想和理念。张先生在我国草地生态保护和利用方面做了很多开创性的工作,形成了自己独特的理念和见解,并付诸实践。例如,他提出草地利用的"三圈模式"和"建设人工草地,保育天然草地"的理念,对我国草原生态保护和区域经济发展方式的变革起到了重要推动作用,也为我们近年来提出并践行"草牧业"的理念奠定了基础。"草牧业"理念的一个核心内容就是建设小面积优质高产的人工草地,为发展畜牧业提供必需的优质牧草,而将大面积的天然草地保护起来,实现"以小保大"的目的。这一理念得到了政府、学术界和产业界的高度关注,已成为我国农业结构调整的一项重要政策,在一些地方进行示范和推广。在践行这一发展理念的过程中,始终贯穿着张先生关于草地保护和生态建设的学术思想。

仔细回味,我们一路走来,一直延续着张先生的学术思想和沿着他所指引的学术方向。可以说,是张先生为我们绘制了学术发展的路线图。就我个人来说,几十年来,在自己的学术之路上,栉风沐雨,砥砺前行,每一次的进步和收获都得益于张先生这位长者的谆谆教诲、鼓励和指引。在我内心里,张先生是我最敬重的生态学家,是我学习的楷模!借此,衷心祝愿张先生身体健康,永葆活力,继续带领我们发展我国的生态学。也祝愿读者们通过阅读本书,学习到前辈脚踏实地、实事求是、敢于质疑、刚毅不屈的科学品格和锲而不舍、艰苦奋斗、攻坚克难、勇往直前的拼搏精神,理解和收获前辈的思想理念,站在巨人的肩膀上,奋力前行!

方精云

2017 年中秋
于北京大学朗润园

前　言
游学于落霞归处

在中学时我颇为喜好文学,不免对大自然产生出朦胧幼稚的浪漫向往,大概这就是我在1951年夏天填报大学志愿时将北京农业大学森林系作为第一志愿的原因。王勃的千古绝唱——"落霞与孤鹜齐飞,秋水共长天一色",是我憧憬的极致美景。令我产生极大震撼的是,1955年我在北京林学院毕业实习,那年初夏的一个黄昏,在北京西山大觉寺,西面半边天辉映着艳丽夺目的金红色霞光,连绵起伏的西山好似在熊熊烈焰中燃烧着。我如痴如醉般地眺望着落霞徐徐沉向遥远的西陲,却没有想到半年后我也像那只孤单的野鸭子一样飞向西部那灿烂的落霞归处。西部原始的荒原旷野和崇山峻岭是我多年亲近大自然的最佳去处,是我学术生命中的"桃花源"。

(1) 西去新疆

1955年秋我以四年(其中第一年是在北京农业大学森林系)全优的成绩从北京林学院(现北京林业大学)毕业,被分配到偏远的新疆,在那儿度过我生命中极重要的一段。虽然远离喧嚣繁华的都市和著名的高等学府,但新疆和青藏高原是富含深邃科学内涵的天然大课堂和无与伦比的自然历史实验室,是我人生中最为绚丽多彩的历程和科学探索取之不尽的宝藏。西部植被类型多样且极具特色,分布着丰富多样的森林、荒漠、草原、草甸、灌丛、湿地,以及独特的高寒植被,使我的专业从林学拓展到涵盖多数主要陆地植被类型的植被生态学,我的野外生态学技能和理论也得到较好的锤炼和提高,是我专业奠基启程阶段。

离开大学以后,我又幸运地得到几位名师的指导。20世纪50年代末期(1957—1959年)我有幸参加了中国科学院和苏联科学院联合组织的新疆综合考察,师从苏联科学院科马洛夫植物研究所的著名地植物学家尤纳托夫教授,他卓越的植被地带性理念和优秀的野外地植物学技能使我和考察队里的中国年轻队员受益匪浅,奠定了植被生态学的良好基础。考察队内还有中国科学院植物研究所(后简称"植物所")的著名植物学家秦仁昌院士,秦先生不仅是极负盛名的植物分类学家,还是优秀的林学家,他对我这个资历浅薄的无名青年毫不轻视、悉心指导的关怀之情令我终生难忘。植物所生态室的李世英研究员多次将我借调到植物所,每年夏天我在野外考察和带领大学生实习之后,有机会利用植物所丰富的中外文科学文献和资料馆藏充实自己的专业理论知识;同时,我的俄文水平也得到较大的提高,得以遍读俄罗斯学者在这一领域丰富的科学文献。可以说,这一时期(1957—1973年)的新疆野外考察、文献阅读和科学论文写作基本奠定了我的植被生态学专业方向、理论基础和技能,这是我的专业启蒙阶段。这一阶段,我的初步科研成果有10余篇科技论文。其中,我的处女作《东天山森林的地理分布》是我在参加新疆考察的第一年完成的,时年23岁,1973年发表在《新疆维吾尔自治区的自然条件》一书中,并被翻译成俄文在苏联科学院论文集中发表。这是我将植被的分布格局与地理因素密切联系的尝试,也是我一生从未放弃的主题。

进入 20 世纪 60 年代，我在新疆八一农学院(现新疆农业大学)林学系任教期间，平时教课，每年夏天对天山林区进行调查研究。从低山蒿属荒漠基带起始，到高山冰雪带进行植被垂直带考察分析，我惊奇地发现植被分布的奥秘，揭示了自然的规律性：从海拔 800 m 的低山蒿属荒漠基带起始，在海拔 1100~1600 m 的低中山带向上依次分布着山地荒漠草原带、山地典型草原带和森林草原带；在海拔 1600~2700 m 的中山带阴坡生长着树形优美的雪岭云杉，组成茂密的山地寒温针叶林带，在其中海拔 2500 m 处出现了一片宽阔无林的缓斜准平原，其上铺展着绿茵茵的山地草甸，色彩艳丽的花卉如繁星般闪烁其上；这里是哈萨克族牧民的夏牧场，也是赛马、射箭、叼羊和摔跤的场所。由此向上穿过陡坡上的云杉林带就到了海拔 2700 m 处的森林上限。林线以上，出现了景色绮丽无比的亚高山带，其上散布着旗状树冠的低矮云杉疏林、团状的天山圆柏、浑身是刺的鬼箭锦鸡儿和矮小的亚高山柳灌丛，并点缀着五彩缤纷花朵的亚高山草甸，宛如一席艳美绝伦的花毡，衬托着在蓝天白云下耸立的巨大嶙峋岩石背景，令人心旷神怡，陶然忘返。再攀过海拔 2700~2900 m 的亚高山带山脊即进入高山植被带，由嵩草高山草甸和碎石坡上的稀疏高山垫状植被构成，局部湿润处点缀着小片艳丽夺目的小型高山杂类草的五花草甸。海拔 3600 m 是连续成片的高山植被带的上限，由此过渡为没有成片植被覆盖的稀疏高山植物零星散布在岩屑坡或流石滩上和有雪斑与高山冰川冰舌下延的高山亚冰雪带。海拔 3900~4000 m 为常年的雪线，其上则为高山冰雪带。这种景观结构规律展现出一帧教科书般完美的经典山地植被垂直带的图谱长卷，我在新疆期间，几乎每年夏天都要带学生教学实习，上山去向她顶礼膜拜，她将鲜活地辉映在我心头永不消失。

这一时期我发表了近十篇有关新疆植被水平地带和山地垂直带以及山地森林和林业方面的学术论文，其中《伊犁野果林的生态地理特征和群落学问题》和《新疆山地植被垂直带及其与农业的关系》是第一次被我调查研究并揭示的关于新疆这一珍贵残遗野生阔叶林群落学和生态地理学的记录和论述，受到学术界的关注。

(2) 登上高原

1972—1978 年，我幸运地得到中国科学院和新疆农业大学领导批准，登上了阳光灿烂、蓝天清澈、空气爽朗、绿草如茵的世外圣域青藏高原，参加了中国科学院的青藏高原综合科学考察，得以重新浸入令人心醉的探索高原自然奥秘的科学境界，深入地探究高原边缘山地如彩虹般瑰丽的山地植被垂直带结构规律和高原特有的高寒植被类型及其地理格局。科学考察揭示了高原和东亚植被形成的两个重要科学问题：第一，西亚信风高压荒漠带因高原隆起的阻挡而北移，造成了第三纪东亚亚热带干旱区的北移，形成了亚洲温带戈壁荒漠以及周边温带草原的扩展；第二，印度板块脱离马达加斯加向北漂移，与欧亚板块发生碰撞，挤压形成喜马拉雅山系并在其北面块状隆起青藏高原。高原上的植被既不同于低海拔水平地带的植被，也不同于高原周边斜坡上的垂直带状分布的山地植被，而是高原面上呈片状分布的高原植被，可称为植被的高原地带性。

我 60 余年的学术生涯，大部分是在遥远的大漠、草原和高山、高原之间度过的，这也是我生命中最为绚丽的时光，使我的学术领域得到较大的拓展。

(3) 参编《中国植被》

1976 年后迎来了"科学的春天"。中国科学院植物研究所组织全国上百名植物生态学家编写《中国植被》，这是中国植被生态学最重要的典籍。我有幸被推选为编委之一，参与编写了该书的若干重要篇章，在两年多的编写过程中，我得到主编——卓越的植物学家吴征镒先生以及许多优秀的植物生态学家,如李世英、何绍颐、李博、周光裕等先生的帮助与指导。这一阶段我还参与了《新疆植被及其利用》(1978)中较多章节的编写。另外,我还发表了一些关于青藏高原和东天山植被方面的论文。其中,有一篇是与王金亭先生合作的《西藏阿里地区的植被地带及其类型》(1977),虽然是油印本,却是关于此前从未报道过的青藏高原西部阿里地区草原、荒漠和高寒荒漠植被的论述,至今已被搁置 30 余年,未曾发表。1978 年我写了两篇科学性较强的论文,一篇题为《西藏植被的高原地带性》,发表在当年的《植物学报》上。该文提出并论述了青藏植被"高原地带性"的观点。另一篇题为《青藏高原与中国植被——与高原对大气环流的作用相联系的中国植被地理分布特征》。该文是我根据 20 世纪 70 年代国际气象学界关于青藏高原对大气环流影响的研究和计算机模拟成果,以及古植物学研究的发现,对中国植被地带的地理分布格局和植被类型的形成和变化做出的全新的、更合理的科学解释。该文是我投送 1978 年中国植物学会年会的论文,后来在美国的国际学术会议上做过大会报告,并以英文发表在美国《密苏里植物园年刊》上。

《中国植被》于 1987 年获得国家自然科学二等奖,我个人是获奖者之一。

(4) 留学北美

1978—1986 年,我在被国家批准赴美后获得了与阔别整 30 年的家人团聚的机会,我与美国康奈尔大学生态学与系统学系的世界著名生态学家怀特克教授取得联系,他邀请我到该系座谈并作学术报告。不久后我就到位于纽约州风景秀美的济色佳市的康奈尔大学做访问学者,并在一年后转攻博士学位。我的导师就是怀特克教授。根据博士生教授团要求(取得学分),我选修了怀特克教授的生态学课程及地貌学、第四纪地质学和计算机等课程。我不仅学会了计算机编程,还熟练掌握了数理统计学。期间除了发表了我的博士论文外,我还在美国的学术刊物上发表了三篇论文。1985 年 5 月,我顺利通过了博士论文答辩,获得了生态学和进化生物学的博士学位,于次年结束了我在异国多年艰苦的(没有公费支持)半工半读的求学生涯。

(5) 回归北京

我去美国时是亲人为我申办了全家移民,毕业后我决定放弃美国的工作机会回国。1986 年 2 月我回到熟悉的植物所生态室工作,至今已逾 30 年。回国后我除了担任两届植物所所长、国家自然科学基金委员会副主任和北京师范大学教授等一些行政和兼职工作外,在院所领导的支持下,我创建了"中国科学院植被数量生态学开放实验室",并主要做了以下六个方面的工作:数量生态学、全球变化生态学、草地生态学、《中国植被图(1∶100 万)》的编研及其数字化、新疆生态咨询和生态重建科学理念的普及与推动。

① **数量生态学**。得到中国科学院的资助,我牵头建立了植被数量生态学开放实验室,我是第一任室主任。我的第一步就是扩建植物所的计算机室,从国外购进高性能的计算机及有关数量分析计算和绘图的软件,并购买和收集了全国的气候资料和地理坐标数据(DTM),建立了气候-植被关系(CVI)研究的信息库,然后成功地进行了 1∶400 万中国植被图的数字化,有力支撑了我的团队之后开展的气候-植被分析和全球变化研究,在国际上达到较高水平。其中,杨奠安研究员编制的"生态信息系统"(EIS)对植被、气候和地理数据的计算和图件生成起了很大的作用,为我的研究做出了重要贡献。

② **全球变化生态学**。20 世纪 80 年代后期,全球变化研究在我国展开,我是开创者之一。我们实验室研制出第一批中国植被对全球变化响应的模拟情景,也是国际上首先发布的区域性全球变化情景。由叶笃正院士主持的全国第一个全球变化研究重大项目中的第一课题是由

我承担的。我提出并执行的中国东北样带（NECT）是 IGBP 首批认定的 4 个全球变化陆地样带之一,将青藏高原全球变化纳入国际全球变化的研究中是由我首先提出的。

③ **草地生态学**。1989 年,国家自然科学基金委员会生命科学部要设立一个关于中国北方草原的重大项目,选定我作为项目主持人,题目定为"中国北方草地的优化生态模式",下设内蒙古锡林郭勒（植物所）、内蒙古毛乌素（植物所）、吉林长岭（东北师范大学）、甘肃金塔（甘肃农业大学）和新疆呼图壁（八一农学院）五个点。由此我与草原研究结下了不解之缘。我在鄂尔多斯高原毛乌素沙地建立的鄂尔多斯沙地草地生态研究站已进入中国科学院和国家生态网络台站系统,我和我的研究团队通过多年试验研究,确立了一系列的沙地生态科学原则:沙生态、半固定沙地原则、灌木优势原则,并与妻子慈龙骏（中国林业科学院研究员）共同提出了毛乌素沙地的"三圈模式"（获得林业部科技进步二等奖）。1996 年我被选任为科学技术部重大基础项目的首席科学家,更加关注草原研究。中国科学院关于发展奶水牛和南方草地的两个咨询项目也先后由我带队考察并编写了咨询报告,产生了较大影响。这些年我还有机会遍访欧亚非和南北美洲的森林草地和荒漠植被,同期我又多次考察了美国大草原、北欧人工草地、南美巴西的稀树草原和人工草地以及阿根廷的潘帕斯草原,从而对国际上草地畜牧业先进国家的生产和科技状况有了一定的了解。由此我对草地畜牧业形成了自己独特的理念和见解,主要有以下三点:(i) 我国至今实施的天然草地放牧畜牧业大部分是粗放、落后、低生产力和对生态环境不友好的传统畜牧业生产方式,导致天然草地的严重退化,亟须转型;(ii) 天然草地具有十分重要的保持水土、防风固沙、调节气候、固碳蓄肥、保育生物多样性（尤其是珍贵的大型有蹄类食草动物）以及美学和旅游文化等有价值的生态服务功能,易于遭受过牧和开垦草地的破坏,亟须保护;(iii) 以大致相当于天然草地十分之一的土地面积,建立集约型的,即以现代化农业方式经营的优质高产的人工草地或草地农业,可以以一当十地饲养良种家畜,发展以畜牧业为龙头的产业链,成为地方的经济支柱,从而使天然草地得以退牧还草,返璞归真。根据上述理念,我提出了在我国总耕地面积中建立 6 亿亩人工草地用于发展畜牧业的建议。关于发展人工草地和保育天然草地的想法,在学术界仍存有分歧。2016 年,我和我的科研团队又撰写了一篇论文《中国草原的困境及其转型》,发表在《科学通报》上,全面地阐述我们的理念。

④ **《中国植被图（1:100 万）》的编研及其数字化**。1986 年回国后,我在完成中国植被图（1:400 万）数字化和全球变化研究过程中体会到数字化在应用中的广阔前景。因此,我在1991 年被推举接手负责编研中国植被图（1:100 万）任务后,就决定采用数字化的技术路线。当时制图室的数字化技术力量和设备不足,图件制作进度缓慢,但在中国科学院和植物所领导的支持下,经过西安煤炭设计院制图室和编研人员的努力,历经磨难的数字化《中国植被图（1:100 万）》终于在 2007 年出版,全套包括:《中国植被图（1:100 万）》纸质印刷图册、《中国植被区划图》一幅、两卷植被图说明书、图册与说明书的电子版光盘和《中国植被图（1:100 万）》数据库及其管理系统《植被信息系统 VIS》,共六件。《中国植被图（1:100 万）》的编研及其数字化于 2011 年获国家自然科学二等奖,并为各界广为采用。中国植被图的数字化进程犹未结束,现正与西安煤炭设计院制图室合作,在《中国植被图（1:100 万）》的框架基础上通过计算和可视化手段把植被和环境因素（气候、地质、地貌、水文、土壤等）有效关联并全部纳入该系统进行叠加分析,建立相关学科的分析平台,将更广泛地应用在科研、教学和生产中。

⑤ **新疆生态咨询**。我虽然于 1978 年离开了新疆,但始终与新疆保持着密切的联系。新

疆不仅是我的"故乡",也是我学术成长的摇篮,我对新疆的一草一木念念不忘。回国后,我多次回到新疆,考察天山林区和我所珍爱的伊犁野果林,并向各级领导提出了建议。2005年8月,中国科学院学部咨询委员会设立了"新疆生态建设和可持续发展战略研究"重大咨询项目,历时两年半(2006—2008年),由我负责组织,有11位中国科学院院士和29位有关领域的科学家参与,完成了两卷咨询报告。我执笔撰写了针对新疆的基本生态地理特征提出的"山地-绿洲-过渡带-荒漠系统"(简称"山盆系统")的概念和"两发两保"(即绿洲和过渡带可持续发展与保育山地和荒漠)的生态战略方针。具体内容见《绿桥系统》和《新楼兰工程》两份院士咨询报告。

⑥ **生态重建科学理念的普及与推动**。生态重建不仅是目前国际生态学界最为关注与活跃的主题,党的十八大更明确提出"大力推进生态文明建设"的战略决策。生态重建(ecological restoration)也被译为生态恢复、生态修复。学者们对生态重建的学术理念仍有分歧,有的力主以自然恢复为主,制止生态建设,而我力主加强生态重建,反对以自然恢复为主。我不仅发表了学术论文,2013年还主持了以生态重建为主题的院士论坛,并乐此不疲地应邀在全国各地作了十余场关于生态重建的学术或科普报告。编制全国生态建设规划方案是落实生态文明建设的重要一步。中国科学院责无旁贷地承担起这一重大任务。鉴于植物所长期调查研究全国生态与植被的历史背景和雄厚的学术资料积累优势,我建议植物所植被与环境国家重点实验室出面组织并联络有关协作单位的精干研究力量,争取既好又快地完成这一重要工作。该建议很快得到植物所相关同志的重视和认可。我虽年迈,但身体还算健康,有一定的经验积累,对方案可以做一些咨询建议,此生足矣。

张新时

2019 年 11 月 14 日

目　　录

第一篇　中国植被及其地理格局

第二篇　全球变化生态学与中国东北样带研究

第三篇　数量生态学与植被-气候分类研究

第四篇　草地生态学与草地农业

第五篇　新疆植被与山地垂直地带性

第六篇　青藏高原植被与高原地带性

第七篇　生态生产范式与可持续发展研究

第八篇　生态学热点研究

编者按

本书为汇编作品,收录了张新时先生在生态学研究领域毕生的学术成果,既有科研论文、研究专著,也有政府咨询报告、学术讲座等。全书收录不同时代的作品,时间跨度大,各章在名词术语、量和单位、图表体例、文献引用与著录格式等方面难免存在不统一或与现有标准不符等情况。本着尊重原作、保留原作风格的原则,也为了体现原作发表年代的时代特色,在本书编辑出版过程中,只对原作中的知识性错误、排印错误等据实修改,对原文疏漏处酌情核改,对其他不影响阅读体验的非必要修改内容尽量保留原作原貌,不作修改或统一。

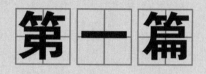

中国植被及其地理格局

　　我自20世纪50年代就开始了中国植被研究工作。20世纪70年代以来,大量的研究工作主要集中于新疆植被及青藏高原植被的类型、分布格局。作为《中国植被》编委,我参与编写了其中的一些重要篇章;我参加了中国科学院新疆综合考察,参与编写了《新疆植被及其利用》的较多章节。另外还有相关的研究成果在国内外期刊上发表。本篇收录了由我亲自撰写或个别合作的九篇论文。

第 1 章

中国植被区划的原则、单位和系统*

陆地上的植被,不仅可以根据其植物种类组成、群落结构以及对环境的适应关系等进行系统的分类,划分为各种植被类型,还有必要进一步按照这些植被类型的区域特征——空间分布及其组合,划分为若干植被区域或植被地带——进行植被区划。

植被区划是地植物学中最重要的理论性问题和实际任务之一。它是关于地区植被地理规律性的总结和反映,是在研究区域性植被分类、分析植物区系、研究植物与环境之间的生态关系以及植被的历史发展和演替趋势的基础上,进一步归纳植被的空间结构和地理特征。因此,植被区划实际上是对地区植被研究成果的概括,从而体现出各地植被的特点及其与世界植被的联系。由于植被是自然地理景观中最能综合反映各种自然地理要素的、最敏感和明显的组成部分,是生物圈及其基本单位——生态系统的核心和功能部分;因此,植被区划对于综合自然区划和生物圈的研究也具有重大意义。

植被区划又是地植物学为生产实践服务的重要手段。为了加速实现把我国建设成为伟大的社会主义现代化强国,必须调动一切积极因素,动员全部的生产力和充分利用资源。在这方面,我国各地区植被的生物生产力和资源的估计,具有不可缺少的、日益重要的作用。植被区划不仅可以提供植被资源空间分布及其生产潜力的基本资料,对各区的植被资源及其生态条件作出确切的评价,因地制宜地制订出利用和改造植被的合理措施,并且是合理布局和利用植被来保护环境、防止风沙水旱等灾害的改造自然方案和制订农林牧副业生产规划所必需的科学依据和基本资料之一。

从人类社会开始以来,在劳动中,在与自然的斗争中,人类就逐渐积累和加深了对自然界,包括对植被的认识,并对它进行了分类和分区。在我国,远在两千五百多年前的春秋战国时期的地理文献《尚书·禹贡》一章,把当时的中国分为"九州",是世界上最早的自然地理和植被分区。我国近代的植被区划,大量的工作则是在新中国成立后进行的[1~7]。

第一节　中国植被区划的原则和依据

一、植被区划的原则

植被区划是在一定地段上依植被类型及其地理分布的特征划分出高、中、低各级彼此有区别、但在内部具有相对一致性的植被类型及其有规律组合的植被地理区。植被类型是植被区划的主要依据;但类型分布和区划单位不同。类型在空间上通常是分散的,同一类型单位在一地区内经常是重复出现的。区划所划分的单位则具有在空间上的连续性、完整性和不重复性。不同的区划单位各具有独特的植被及其地理配置特征,而随着它们所处的地理位置和地形状态不同,彼此在地面上有规律地排列着。因此,植被在空间分布的规律性——植被地理规律性乃是植被区域分异的基础和自然原则。区划必须显示出地区性的植被特点。

现代植被在空间的分布表现于地带性和非地带性两个方面的地理分布规律,并受制于它们的综合作用和历史因素的影响。

---

* 本文摘自《中国植被》第 17 章。本章经集体讨论,由何绍颐、张新时执笔。

植被的地带性，就是本书在第 16 章①中所阐述的植被水平分布的规律性（包括纬度地带性和经度地带性）以及山地植被垂直分布的规律性（垂直地带性），或简称为植被分布的"三向地带性"[8~10]。它们是形成地球陆地上植被地带性分异的普遍规律，是决定植被区域分布格局的函数式。

植被的三向地带性乃是地理地带性规律在植被分布上的反映②。因为，在地球上植物和植物群落的发生、分布和演替是以植物与宇宙因素——太阳辐射和地壳之间的能量转化和物质交换为基础的，进行这种转换的基本要素是热量和水分。docuchaev 早在 1898 年就确定了地理地带性是"地球离太阳的一定位置、地球的自转及其球形"以及由此引起的光热和水分分布及其对比关系的差异所形成的。因此，地理地带性就成为植被地带性的基础。植被的各种特征，可以综合地反映出其地带性；尤其是高级群落类型单位（植被型、亚型等）反映得更为充分。所以在划分高级区划单位时，首先应当确定植被分布于其上的大陆各部分的位置（经纬度、海陆关系、海拔），当地的热量和水分分布及其对比性质，以及这些生境条件与植被之间的生态关系，确定那些最能完善地反映出地带性水热分布及其对比关系的"地带性典型植被类型"。例如寒温带湿润区的寒温性针叶林，暖温带湿润区的落叶阔叶林，暖温带干旱区的灌木、半灌木荒漠，亚热带（中部）温润区的常绿阔叶林，热带湿润区的季雨林与雨林等皆是。在山地则应确定垂直地带性的植被。

由此可见，植被的三向地带性是由地球大气候（主要是热量与水分状况）相联系的地带性植被类型及其组合，在空间上有规律的递变的基础。

植被的非地带性，即在同一大气候笼罩下，由于地壳的地质构造、地貌、地表组成物质、土壤、水文（地表水与潜水）、盐分、局部气候及其他生态因素的差异，往往出现一系列与反映大气候的地带性植被类型发生偏离或完全不同的植被，它们打破了地带性植被一致的分布格式，造成了地区内部植被的异质性和多样性。例如，在热带季雨林、雨林区域和亚热带常绿阔叶林区域内，由于局部地区焚风作用而出现了成片的稀树草原和旱生肉质刺灌丛；在亚

热带遍布的石灰岩山地上的常绿、落叶阔叶混交林；在温带针阔叶混交林区域中积水平原上大面积的薹草沼泽；在温带草原区域沙丘上的沙地森林、灌丛和低洼盐碱地上的盐生植被；在温带荒漠区域河谷中的荒漠河岸林、盐生灌丛与草甸。这些在种类组成、群落结构与外貌以及生态条件等方面与该地区的地带性植被有明显差异或迥然不同的植被，即所谓"非地带性"植被。当然，它们不可避免地受到地带性大气候的强烈作用，带有地带性的鲜明"烙印"，仍然反映出一定的地带性特征。应当指出，在各个地区还存在着不取决于大气候状况的大地形态构造的规律性。例如，在内陆荒漠盆地中由于从山地到盆地中的地貌与基质堆积状况的同心圆形结构，以及由于风的剥蚀和堆积作用的分带性，植被也随之呈现出明显的生态系列带状更替。在湿润的亚热带区域盆地中也同样出现由于地貌类型和岩性不同而构成的植被同心圆分布结构；在河口堆积平原则出现特殊的三角洲植被带结构，等等。所有这些"非地带性"的地理规律当然也对区域内的植被分异产生重大作用，应当作为植被区划的基础之一。

实际上，任何地区都具有对立统一的地带性和非地带性；任何地区的植被都是地带性植被和非地带性植被相结合的矛盾统一体。通常以地带性植被为区域植被的主体或典型代表，但在局部范围内可能是非地带性植被占优势，它们并不是否定了地带性，只是在一定程度上掩盖了地带性，或是从另一个侧面"折射"出地带性的基本特征，是对地带性植被的补充。总之，地带性和非地带性植被也是植被地理规律性和区域植被的一个方面，即使是从属的和次要的一方面，都是不应忽视或估计过低的一个方面。

在根据前述的植被地带性和非地带性规律进行植被区划时应注意以下几点：

（一）植被区域是自然发展历史的阶段性产物

植被的地带性和地区性是地球上地理环境因素和植被本身在长期历史发展过程中逐渐演变分化而形成的产物。

我国植被天然地理区域的形成，是从地质时代

---

① 指《中国植被》第 16 章。后文类似。
② 对地带性的狭义理解认为，只有纬度地带性（热量地带性）才是"地带性"，而所谓的经向地带性和垂直地带性均属于非地带性。我们采用了广义的地带性，即"三向地带性"的观点，因为植被区划的对象是综合反映自然地理因素的植被，而不是个别的自然因素。这种理解也符合地理地带性学说创始者的原意[11]。

的第三纪、第四纪以来，山地的隆起，冰川的进退，尤其是青藏高原与一系列巨大山系的抬升，古地中海与鄂毕海西撤与消失等，使我国的植被和它的地域性分布格局发生了很大的变化，如我国西北部的荒漠与草原乃是第三纪以后古海消退，南部高原与高山隆起，建立起强大的蒙古-西伯利亚反气旋高压，导致这一地区旱化和大陆性加强的结果。青藏高原上一系列高寒植被区域的形成与高原地带分化更是第四纪时期植被史上最年轻的事物。与此相对应，我国南部的亚热带与热带森林植被区域都相对保持着古老性与稳定性。可见，植被区域是植被地带性历史演变的结果，同一区域具有地质发育的共同性和地貌成因的统一性，以及植被发生的一致性。它们既与现代的气候和地壳形态相适应，又有着历史发展的渊源与痕迹。

（二）植被区划的综合性和主导因素

任何地区的植被，总是同时、同地综合地反映着热量的纬度地带性和水分的经向地带性，二者综称为水平地带性。这是确定植被区划高级单位的原则。一般来说，热量的地带性，具有最根本和普遍的意义。因为地区水分的状况，是由离海洋远近、气团运动、风向和风的湿润或干燥等差异而引起的。归根结底也是取决于太阳热能沿地球表面分布的规律性的。我国地跨热带、亚热带、温带与寒温带，气候的大陆性与海洋性变化极端显著，加以复杂的地貌与地势引起的水热差异十分剧烈，根据这些错综复杂的气候条件所决定的地带与地区性特征进行植被区划时，必须既有综合的观点又要把握住其起主导作用的因素与特征。因此，在区划时首先按照反映热量-水分综合条件的植被水平地带差异，划分出高级区划单位"植被区域"[①]。在各区域内再根据区内热量条件分异的植被特征分为"植被地带"，进而再在各地带内根据垂直地带性或非地带性的地貌构造所决定的植被组合划分为"植被区"。

（三）植被区划的一般性和特殊性

一般来说，植被的地带性，尤其是水平地带性，是普遍的规律性，山地垂直地带性和非地带性是局部的，并且多少是从属于水平地带性的，它们通常带

有水平地带性的"烙印"。正因为这样，往往也可以根据山地植被垂直带谱的结构与性质，或根据非地带性植被的特征来确定该地区的水平地带属性。然而，在植被区划中，根据植被垂直带谱特征或非地带性植被特征所划分的植被区划单位，一般是较低级的，是从属于一定的水平地带植被区域的。我国的山地与高原约占国土面积的三分之二，山地垂直带植被占有很大比重，垂直地带性原则在山地与高原地区的植被区划中具有普遍的意义。在喜马拉雅山、昆仑山、天山和阿尔泰山等高大、宽厚和绵长的山系，山地垂直带植被十分发育，其类型和结合与毗邻的平原植被有显著的区别，则可划分为单独的、较高级（植被地带）或中级（植被区）的区划单位，并且根据其植被垂直带谱基带植被的性质与带谱结构，隶属于由水平地带所决定的高级植被区划单位（植被区域或亚区域）。例如，喜马拉雅南侧山地属于热带季雨林、雨林区域，其北山坡则属于青藏高原高寒植被区域；昆仑山的南坡也属于青藏高原区域，其北坡却属于温带荒漠区域；天山横亘于温带荒漠区域之中，其南北坡分属于不同热量的植被地带；阿尔泰山则已处在温带草原区域范围内。

然而，水平地带性占统治地位的原则并不是绝对的。例如以巨大规模和高度隆起的青藏高原占据着对流层的二分之一的厚度，它隆起的尺度超过了与地球自转相适应的行星环流的尺度，其上形成特殊的大陆性高原气候，在高原面上，水平地带性的表现因受垂直地带性的影响而被掩盖，形成独特的高原地带性植被，从而可以把它划分为独立的高级植被区域。这是植被区划中的特殊性。对于非地带性植被占优势的局部地区，例如塔里木荒漠植被区中的河谷植被地段也应根据隐域性的荒漠河岸植被性质作单独的划分，但属于低级的植被区划单位。

综上所述，从植被的三向地带性，尤其是水平地带性为主，结合非地带性乃是植被区划的基本原则。

二、植被区划的依据

在植被分布地理规律性的原则下，进行植被区划的具体依据或指标则是植被类型及其组成者——植物种类系成分。至于气候、地貌与土壤基质等也可作为植被区划的参考依据或指标。

---

①　一种意见主张首先根据反映纬度（热量）地带性的植被组合划分一系列的东西延伸、南北更替的"植被带"，即：寒温带植被带、温带植被带、亚热带植被带、热带植被带等，然后在各带内再按反映水分分配的经度地带性的植被组合划分"植被区域"。

（一）植被类型

各个等级的植被分类单位是植被区划的主要依据。植被类型的高级单位，尤其是反映大气候条件的地带性的"植被型"是植被区划高级单位的依据；植被类型的中、低级单位，则是植被区划中、低级单位的依据，如前所述一些重要的非地带性植被类型也可以作为较低级区划单位的依据。但是，在植被区划中往往不是根据某一类植被类型，而是更多地根据一套植被类型的组合，即：若干个地带性植被类型的组合、地带性植被类型与非地带性植被类型的组合、一系列垂直带植被的组合——垂直带谱以及水平地带植被与垂直带植被的组合等，作为分区的依据。同时，又必须根据这些植被组合中占优势的、具有代表性的植被类型来确定一个植被地理区的基本性质，和该区在区划系统中的归属位置。

在农业垦殖历史悠久的华北、华东和华南的平原与丘陵地区，天然植被已遭破坏而存留无几，各种栽培植被——农作物、园艺作物和栽培林木，则是植被分区的重要依据。即使在天然植被保存较多的地区，栽培植被在反映热量分带方面仍然可作为有价值的参考指标。但是，在利用栽培植被作为区划依据时，应根据那些经过多年栽培、面积较大、产量与品质基本稳定、不需特殊培育和保护措施的作物种类，尤其是多年生作物和木本。还需考虑到，在人工管理下，排除了生物竞争因素，创造了较优越的水肥和小气候条件，从而扩大了栽培植物的分布区，因此它们也只是在一定程度上反映天然植被的生态环境。

（二）组成植被的植物区系

植被类型是由一定的植物种类组成的，它们的区系成分也是植被区划的重要依据之一。尤其要重视植被的建群种、优势种以及一些"标志种"的地理-历史成分，它们对于植被区划具有标志性的意义，并可据此进行定量的统计。这样，植被区划必然与植物区系的分区有密切的相关性；不少人认为应当把植被区划与植物区系分区相结合，统一为"植物地理"区划。但由于二者依据的侧重点不同，前者以植被类型及其组合为对象，后者在于区内植物成分的一致性，因而在实际上不易达到完全统一。

（三）生态因素

不应当完全根据气候、地貌、土壤或其他生态因素来进行植被区划。然而，由于植被是在一定的气候、地貌和土壤基质的综合作用下，在生存竞争与适应过程中长期历史发展的结果，植被区划必然是一定自然历史-地理过程的产物，它们与气候、地貌、土壤等因素，尤其是主导的生态因素具有密切的联系和在空间上相对的一致性。因此，植被区划理当与气候、地貌、土壤等自然地理要素的区划单位相符合，或至少是基本上相对应。某些重要的生态气候指标，如降水量及其季节分配、积温、生长期或无霜期、干燥度或湿润系数、最冷月与最暖月均温或极端温度等可作为植被区划的重要参考数据。

大的地貌单元及其部分乃是各级植被区划单位的基础。虽然地貌区划由于根据地壳构造而有其特殊性，但在巨大的山体、高原、盆地、洼地和谷地等形成的过程中也伴随以一系列植被类型的发生和演变。因此，各个地貌单元与植被分区之间有着同一性。尤其是巨大的山脉和高原，不仅本身形成特殊的垂直自然景观，并且往往也是大气候区的分界线，因而通常作为植被区划的重要自然界线。

当然，地理要素只是植被区划的辅助性根据或参考指标，它们并不能代替植被本身。但是在天然植被受到重大改变或破坏的情况下，在植被类型交错的过渡地带，或对当地植被类型的生态性质不够确定的情况下，综合地考虑这些自然地理指标对于植被区划就有重要的意义。

以下列表表明中国各植被区域的基本区划依据与指标（表1-1）。

第二节　中国植被区划的单位

一、植被区划的单位

根据前述植物区划的原则和依据，可按照：先地带性、后非地带性，先水平地带性、后垂直地带性，先高级植被分类单位、后低级植被分类单位，先大气候（水热条件）、后地貌和基质……的顺序，划分为下列由高而低的各级植被区划单位：

表1-1 中国各植被区域的区划依据和自然地理要素指标

区划依据和指标 / 植被区域	地带性植被型	主要植物区系成分	基本地貌特征	地带性土类	大气环流系统	主要气候指标							季节特征
						年均温/℃	最冷月均温/℃	最暖月均温/℃	≥10℃积温/℃	无霜期/天	年降水/mm	干燥度	
I. 寒温带针叶林区域	寒温性针叶林	温带亚洲成分，北极高山成分	大兴安岭为南北向低矮和缓低山，海拔400~1100米，山峰1500米，合地开阔	灰化针叶林土	雨季受南海季风尾闾影响，其他皆为西伯利亚反气旋控制	-5.5~-2.2	-38~-28	16~20	1100~1700	80~100	350~550		长冬（达9个月）无夏，降水集中于7~8月
II. 温带针阔叶混交林区域	温性针阔叶混交林	温带亚洲成分，东亚（中国-日本）成分	北部为丘陵状的小兴安岭，东南部300~800米，南部长白山地势较高，一般1500米，东部河网密布，有沼泽化的三江低平原	暗棕色及棕色森林土	受海洋气流影响的温带沿海湿润森林区	2.0~8.0	-25~-10	21~24	1600~3200	100~180	500~1000		长冬（5个月以上）短夏，降水集中于6~8月
III. 暖温带落叶阔叶林区域	落叶阔叶林	东亚（中国-日本）成分，温带亚洲成分，中国-日本成分	北部，西部为海拔1500米以上的燕山，太行山与黄土高原，中部为辽阔的华北平原，北与辽河冲积平原，海拔50米以下，东部沿海为高100~500米的丘陵	褐色森林土与黄棕色棕色森林土	夏季受南海与西南季风作用，在大陆低压控制下，冬季受蒙古-西伯利亚反气旋高压控制	9.0~14.0	-13.8~-2	24~28	3200~4500	180~240	500~900		春、夏、秋、冬四季，雨季在5~9月，干季在9-10月
IV. 亚热带常绿阔叶林区域	常绿阔叶林、常绿落叶阔叶混交林，常绿季风阔叶林	东亚成分：中国-日本成分，中国-喜马拉雅成分	东部为秦岭与南岭之间的丘陵，山地海拔一般1000米左右，中部有四川盆地和长江中下游平原，西部为云贵高原1000~2000米，西缘横断山脉在3000米以上，为高山峡谷地貌	黄棕壤黄壤，红壤与砖红壤性红壤，红壤性红壤	夏季受南海与西南季风作用，冬季东部受寒潮影响，西部受西来大陆干热气团影响	14~22	2.2~13	28~29	(4000)4500~7500(8000)	240~350	800~3000	0.75~1.0(1.3)	东部分四季（南部无冬），春夏多雨，西部干湿季明显，夏秋雨多，冬春干暖

续表

区划依据和指标 / 植被区域	地带性植被型	主要植物区系成分	基本地貌特征	地带性土类	大气环流系统	主要气候指标							季节特征
						年均温/℃	最冷月均温/℃	最暖月均温/℃	≥10°积温/℃	无霜期/天	年降水/mm	干燥度	
V. 热带雨林、雨林区域	季雨林（季节性）雨林	热带东南亚成分	东部为海拔500米以下的低山丘陵，间有冲积平原，中部多石灰岩山峰与山地（500～1000米），西部为间山盆地与高1500～2500米的山地，南海诸岛多为珊瑚礁岛	砖红壤性红壤	雨季受热带气赤道气团—台风与西南季风作用，干季东部受寒潮影响，西部受热带大陆气团控制	22～26.5	16～21	26～29	(7500)8000～9000(10000)	基本全年无霜	1200～3000(5000)	1.0～4.0	分干（11月—翌年4月）湿（5—10月）季
VI. 温带草原区域	温性草原	亚洲中部成分，干旱亚洲成分，旧世界温带成分	东起松辽平原（120～400米），中部为内蒙古高原（1000～1500米），西南为黄土高原（1500～2000米），其间有大兴安岭—阴山山脉、燕山—吕梁山，两列山脉分隔，西部有阿尔泰山	黑钙土、栗钙土、棕钙土与黑垆土	夏季多少受南海季风影响，冬季处在蒙古高压控制下，但西部可受西北气流影响	-3～8	-27～-7	18～24	1600～3300	100～170	150～450(550)		春、夏、秋、冬四季，降水集中在夏季，春季为明显旱期，西部各季降水分布均匀
VII. 温带荒漠区域	温性荒漠	亚洲中部成分，中亚成分、干旱亚洲、青藏成分	具有阿拉善、准噶尔、塔里木等内陆盆地（500～1500米）与柴达木高盆地（2600～2900米），间以天山、祁连山、昆仑山高逾5000米的巨大山系，以及一些较低矮的山地	灰棕荒漠土与棕漠土	为蒙古-西伯利亚反气旋高压控制，东部夏季稍有南海季风影响，西北部春夏季受西来气流湿润，冬季受大陆气团控制	4～12	-20～-6	20～30	2200～4500	140～210	210～250	4.0～16.0 60	春夏秋冬四季，东部降水集中在夏季，西北部降水较均匀，全年干旱
VIII. 青藏高原高寒植被区域*	寒温性针叶林、高寒灌丛与高寒草甸、高寒草原、高寒荒漠	东亚（中国-喜马拉雅）成分，亚洲中部成分，青藏成分	海拔4500米以上的整个高原面为具有色森林土的高原草甸（6000～7000米以上）的高原东南部山山系、东南部为横断山系与三江峡谷，切割剧烈	山地灰色森林土、高原草甸土、高寒草原土、高寒荒漠原土与高寒荒漠土	高原面冬季为西风带控制，夏季有高原季风与风辐合作用，东南部夏季受西南季风湿润	-10～8	-20～0	5～16	0～2250	0～180	50～800	0.9～6	干季（10月—翌年5月）湿季（6—9月）分明

* 青藏高原区域的气候指标按：1.寒温针叶林亚区域，2.高寒灌丛草甸亚区域，3.高寒草原亚区域，4.高寒荒漠亚区域，顺序列出。

植被区域——植被地带——植被区——植被小区[①]。

各级单位还可以划分为亚级,如:亚区域、亚地带、亚区等。

各级植被区划单位的含义与划分依据如下:

第一级　植被区域(Region,Страна 或 Область):是区划的高级单位,具有一定的水平地带性的热量-水分综合因素所决定的一个或数个"植被型"占优势的区域,区域内具有一定的、占优势的植物区系成分。如表 1-1 所列的八个植被区域。其中,青藏高原根据在大陆性高原气候条件下出现的一系列高寒植被型的组合,亦划分为独立的植被区域。

植被亚区域:在植被区域内,由于水分条件(降水的季节分配、干湿程度等)差异及植物区系地理成分差异而引起的地区性分异。由于这类分异主要受到海陆梯度地带性或不同大气环流系统的作用,因而,"亚区域"在我国通常是按东西方向或东南—西北方向相区分,往往受到地貌状况的影响而发生偏离。在我国,热带季雨林、雨林区域,亚热带常绿阔叶林区域,温带草原区域与温带荒漠区域均可分为东西两个亚区域;在青藏高原高寒植被区域则随着干旱程度由东南向西北增加而分为:山地寒温性针叶林亚区域、高寒灌丛与草甸亚区域、草原亚区域与荒漠亚区域。

第二级　植被地带(Zone,Зона):在广袤的植被区域或亚区域内,由于南北向的光热变化,或由于地势高低所引起的热量分异而表现出植被型或植被亚型的差异,则可划分为植被地带。在某些情况下可再分为植被"亚地带"。例如:亚热带常绿阔叶林东部亚区域内可分为:

北亚热带常绿、落叶阔叶混交林地带;

中亚热带常绿阔叶林地带;

南亚热带季风常绿阔叶林地带。

在中亚热带常绿阔叶林地带中又可分为:

中亚热带北部常绿阔叶林亚地带;

中亚热带南部常绿阔叶林亚地带。

其他各区域内也均有地带或亚地带的划分。

第三级　植被区(Province 或 Domaine,Провинция):是区划的中级单位。在植被地带内,由于内部的水、热状况,尤其是由地貌条件所造成的

差异,可根据占优势的中级植被分类单位(群系、群系组或其组合,其中包括垂直地带性或非地带性的植被占优势的组合)划分出若干"植被区"(相当于过去称作"植被省"的单位)。其具体的划分依据为:

1. 植被区内具有一定的优势植物群系或其组合;

2. 植被区内具有一定的植被生态系列或山地植被垂直带谱;

3. 植被区内具有比较一致的组成植被的区系成分;

4. 植被区内在植被和环境的利用、改造(包括栽培)的布局和发展方向上比较一致。

二、植被区划单位的命名与编号

根据植被区划的原则和依据,各级区划单位的命名规则是:

1. 植被区域

命名式:热量带+占优势的地带性植被型或其组合+"区域"

例如:暖温带落叶阔叶林区域

热带季雨林、雨林区域

2. 植被亚区域

命名式:水分相性(东、西部等)+地带性植被型+"亚区域"

例如:东部常绿阔叶林亚区域

西部荒漠亚区域

3. 植被地带与亚地带

命名式:区域内热量分异带+地带性植被亚型(或植被型)+"地带"或"亚地带"

例如:南寒温带山地落叶针叶林地带

中亚热带常绿阔叶林地带

中亚热带北部常绿阔叶林亚地带

4. 植被区

命名式:地理或行政区简称+大地貌+植被亚型或群系组+"区"(在栽培植被为主的区可加"栽培植被")

例如:穆棱三江平原草类沼泽区

滇中高原盆谷青冈林区

黄河、海河平原栽培植被区

乌兰察布高原荒漠草原区

南羌塘高原高寒草原区

[①]　对于植被区以下的各低级区划单位,在本书中不作论述。

各级植被区划单位的统一编号及其排列次序如下：

  Ⅰ．植被区域

    A．植被亚区域

      i．植被地带

        a．植被亚地带

          －1．植被区

当具体标明某一植被区划单位时，应将编号顺序连写，例如：

  Ⅷ．青藏高原高寒植被区域

    ⅧC．高原中部草原亚区域

      ⅧCi．高寒草原地带

        ⅧCi-1．长江源高原高寒草原区

第三节　中国植被区划系统

按照前述中国植被区划的原则和单位，可将我国划分为：8 个植被区域（包括 16 个植被亚区域）、18 个植被地带（包括 8 个植被亚地带）和 85 个植被区（见本书的《中国植被区划图》）。现按从高级单位到低级单位、从北到南和从东到西的顺序，排列全国的植被区划单位系统如下[①]：

  Ⅰ．寒温带针叶林区域（第十八章）

    Ⅰi．南寒温带落叶针叶林地带

  Ⅱ．温带针阔叶混交林区域（第十九章）

    Ⅱi．温带针阔叶混交林地带

      Ⅱia．温带北部针阔叶混交林亚地带

      Ⅱib．温带南部针阔叶混交林亚地带

  Ⅲ．暖温带落叶阔叶林区域（第二十章）

    Ⅲi．暖温带落叶阔叶林地带

      Ⅲia．暖温带北部落叶栎林亚地带

      Ⅲib．暖温带南部落叶栎林亚地带

  Ⅳ．亚热带常绿阔叶林区域（第二十一章）

    ⅣA．东部（湿润）常绿阔叶林亚区域

      ⅣAi．北亚热带常绿落叶阔叶混交林地带

      ⅣAii．中亚热带常绿阔叶林地带

        ⅣAiia．中亚热带常绿阔叶林北部亚地带

        ⅣAiib．中亚热带常绿阔叶林南部亚地带

      ⅣAiii．南亚热带季风常绿阔叶林地带

    ⅣB．西部（半湿润）常绿阔叶林亚区域

      ⅣBi．中亚热带常绿阔叶林地带

      ⅣBii．南亚热带季风常绿阔叶林地带

  Ⅴ．热带季雨林、雨林区域（第二十二章）

    ⅤA．东部（偏湿性）季雨林、雨林亚区域

      ⅤAi．北热带半常绿季雨林、湿润雨林地带

      ⅤAii．南热带季雨林、湿润雨林地带

    ⅤB．西部（偏干性）季雨林、雨林亚区域

      ⅤBi．北热带季雨林、半常绿季雨林地带

    ⅤC．南海珊瑚岛植被亚区域

      ⅤCi．季风热带珊瑚岛植被地带

      ⅤCii．赤道热带珊瑚岛植被地带

  Ⅵ．温带草原区域（第二十三章）

    ⅥA．东部草原亚区域

      ⅥAi．温带草原地带

        ⅥAia．温带北部草原亚地带

        ⅥAib．温带南部草原亚地带

    ⅥB．西部草原亚区域

      ⅥBi．温带草原地带

  Ⅶ．温带荒漠区域（第二十四章）

    ⅦA．西部荒漠亚区域

      ⅦAi．温带半灌木、小乔木荒漠地带

    ⅦB．东部荒漠亚区域

      ⅦBi．温带半灌木、灌木荒漠地带

      ⅦBii．暖温带灌木、半灌木荒漠地带

  Ⅷ．青藏高原高寒植被区域（第二十五章）

    ⅧA．高原东南部山地寒温性针叶林亚区域

      ⅧAi．山地寒温性针叶林地带

    ⅧB．高原东部高寒灌丛、草甸亚区域

      ⅧBi．高寒灌丛、草甸地带

    ⅧC．高原中部草原亚区域

      ⅧCi．高寒草原地带

      ⅧCii．温性草原地带

    ⅧD．高原西北部荒漠亚区域

      ⅧDi．高寒荒漠地带

      ⅧDii．温性荒漠地带

[①]　各"植被区"的系统表与名称在各植被区域的章、节中列出。

附中国植被区划图(1/1000万). 科学出版社.

参考文献

[1]　钱崇澍,吴征镒,陈昌笃,1956. 中国植被区划草案. 中国自然区划草案.科学出版社.

[2]　侯学煜,马溶之,1956.中国植被−土壤分区图.地图出版社.

[3]　钱崇澍,吴征镒,陈昌笃,1957. 华北植物地理,华北区自然地理资料. 中华地理志丛刊,第 3 号;74-82.

[4]　刘慎谔,冯宗炜,赵大昌,1959. 关于中国植被区划的若干原则问题. 植物学报,8(2).

[5]　中国科学院植物研究所,1960. 中国植被区划(初稿).

[6]　侯学煜,1960. 中国的植被. 人民教育出版社.

[7]　侯学煜,1964. 论中国植被分区的原则、依据和系统单位. 植物生态学与地植物学丛刊,2(2).

[8]　Troll C.,1948. Der asymmetrische Aufbau der vegetationszonen und vegetationsstufen auf der Nord-und Siidhalbkugel. Ber. Geobotan. Forschungsinst. Riibel, Ziirich.

[9]　Lautensach H.,1952. Der Geographische Formenwandel. Colloquium Geographicum, Vol. 3.

[10]　Walter H.,1971. Ecology of tropical and subtropical vegetation,Oliver and Boyd.

[11]　Докучаев В. В.,1951.Сочинения. T. VI. AH. CCCP.

第2章

荒漠[*]

荒漠，人们首先意会到的是瀚海无垠、沙涛起伏、寸草不生、杳无人迹的沙漠。然而，沙漠只是荒漠的一种类型，还有满滩碎石的戈壁，灌丛蓊然、春草离离的土漠，以及卤地如雪的盐漠，等等。在我国古籍中，诸如沙漠、戈壁、大漠、荒原、沙碛、瀚海、漠境等都是对荒漠的称呼。

在近代科学文献中，荒漠作为一种自然地理景观的名称，是指那些具有稀少的降水和强盛蒸发力而极端干旱的、强度大陆性气候的地区或地段，其上植被通常十分稀疏，甚至无植被，土壤中富含可溶性盐分。按气候条件，可将荒漠分为：热带、亚热带荒漠，冷洋流沿岸的海岸荒漠，中纬度的温带荒漠，以及寒冷干旱山地气候引起的高寒荒漠等。按土壤基质类型还可分为沙质荒漠（沙漠）、砾石荒漠（砾漠）、石质荒漠（石漠）、黄土状或壤土荒漠（壤漠）、龟裂地或黏土荒漠、风蚀劣地（雅丹）荒漠与盐土荒漠（盐漠）等[1]。但荒漠的本质是缺水，或为物理性的缺水，或为生理性的缺水，后者如高寒荒漠与盐漠，虽有时不乏水分，但或为固态、或因含盐浓度过高，一般植物不能利用。

我国的荒漠大部分属于温带荒漠，其一般的自然地理特征是：处在大陆性干燥气团控制下的中纬度地带的内陆盆地与低山；气候极端干旱，日照强烈，年降水少于250毫米，蒸发力大大超过降水，干燥度>4；夏季酷热，冬季寒冷，昼夜温差大，多大风与尘暴，物理风化强烈，或受风蚀，或为积沙；土壤发育不良，土层薄、质地粗粝、缺乏有机质、富含盐分，尤其是碳酸钙与石膏。在严酷的生境条件下，荒漠以十分稀疏的植被或以不毛的裸地为特征，并随荒漠化程度的加强，植物覆盖的面积减少，裸露的地面增加。荒漠的上述特征大致可概括为：干旱、风沙、盐碱、粗瘠、植被稀疏。

高寒荒漠是在大陆性高山和高原上出现的荒漠。这里不仅大气降水十分稀少，通常在50~100毫米，复加以低温寒冻和大风造成的生理干旱，植物生长期很短，不过2~3个月。在长期的白昼阳光直射下，可以使岩石和植物灼热，但每日夜间又很快散热而发生冰冻。在高原盆地中发育连片的永冻土层，地面与山坡上的融冻与泥流作用十分强烈，这些条件相结合就形成高寒荒漠特殊严酷的生境。

我国不存在亚热带、热带荒漠气候，但干湿季分明的西部亚热带与热带区域，如四川、云南和贵州一带受到焚风作用的干热河谷，却为非地带性的热带荒漠植被类型的出现创造了局部的生境。

荒漠植被以分布稀疏、有大面积裸露地面为其显著外貌特征。荒漠植被的组成者则是一系列特别耐旱即超旱生的植物。在热带、亚热带荒漠中主要是喜热的、常绿多汁的肉质有刺植物，如仙人掌类或大戟科的肉质植物，或为稀疏的有刺灌丛。

* 本文摘自《中国植被》第11章第一节。荒漠部分由张新时执笔，李世英、周兴民、王金亭、王振先、张立运、李渤生、王质彬、丘明新、黄绳全、张鹏云、卓正大等参加。

温带荒漠（包括高寒荒漠）则基本上是由超旱生、中温（高寒荒漠为寒温）、叶退化或特化的落叶（或落枝）半灌木、灌木或小乔木所构成的稀疏植被。其中包括由有草原草类加入的较密集和复杂的荒漠群落，到仅由一两种高等植物以很大间隔散布的疏散群落，以至于在极端干旱气候条件下，或特殊粗劣基质（粗砾漠、石漠、流沙、龟裂地、盐壳等）上的、看来几乎没有生命迹象的光裸荒漠，但其上往往有低等植物——荒漠藻类或地衣类的存在，或在多雨年份偶尔勃兴一年生的荒漠草类。

但是，组成荒漠植被的植物的生态-生活型还是较为多样的，这是在长期以来荒漠严酷生境的自然选择进程中，植物以各种不同的生理机制和形态结构对干旱适应的演化结果。如：叶面（蒸腾面）缩小或退化，而以绿色小枝或茎代行光合作用；叶或枝具发达的保护组织（角质层、蜡层、茸毛、特殊的气孔构造和开闭方式）或为保护性的灰白色；叶或枝的肉质（多汁），这一特性尤其在仙人掌类植物中表现最为突出，使它们得以依靠肉质组织中大量贮藏的水分和很低的蒸腾率度过酷热干旱的时期；植物组织细胞液中的高含盐量及其所维持的高渗透压则是温带荒漠多汁植物（非仙人掌类）的特性，这使得它们得以从干燥或含盐的土壤中"榨取"水分；深或广的根系，植物的地下部分往往超过地上部分许多倍，以保证水分的供应；在极端干热期的休眠和部分落叶（或落枝）；对失水与高温（或变温）的高度生理耐力；在雨季的短生性——迅速完成生活周期的能力，等等。所有这些适应性都是为了保持植物的水分收支平衡，即在缺水的荒漠环境中使受到极端限制的水分收入与受到强度促进的水分消耗（蒸腾与蒸发）维持平衡。然而，由于荒漠植物往往只能勉强地保持这种平衡，它们用于进行同化作用的水分就十分有限，荒漠植物生物量的生产与积累过程因而极为缓慢，产量很低。因为，在单位面积上的植物生物量——蒸腾面随着水分不足而相应减少。但在荒漠中，如一旦有充分可利用的水分，植被便会异常繁茂、产生很高的生物量，因为太阳辐射是丰富的。

从生态系统的观点来看，荒漠处在水热因素极度不平衡的生态地位（水分收入极少而消耗强度极大，夏季热量过剩而冬季严寒），荒漠中的生物成分——植物、动物、微生物是较单纯和贫乏的，其结构与营养级较少，食物链较简单，在严酷的生境下，经常处在极限因素的边缘，它们要依靠大大减少密度和生物量来维持与生境的脆弱的平衡。因而荒漠生态系统是比较单薄和易于破坏的，需要慎重对待和维护，一旦遭到损害，其退化的速度惊人，会迅速造成植被的毁坏，引起风蚀或流沙，成为不毛之地，而其恢复却很困难且缓慢，往往是不可逆的。不用说采掘荒漠植被、过度放牧和滥垦会造成的严重后果了。在荒漠中不适当的灌溉也会引起次生盐渍化，曾造成许多古代文明发祥地毁灭，成为湮没在沙海中的一片废墟。

荒漠植被虽然稀疏和生物量低，但仍是荒漠生态系统的核心。由一些特殊适应荒漠生境的植物所构成的荒漠植被，既维持着荒漠区域能量与物质运转的生命过程，又是防止风蚀和流沙、遏制进一步荒漠化的因素。尤其是在合理灌溉供水条件下，施加土壤改良措施（防风、排盐、施肥）时，这里较高的太阳辐射就可以使荒漠区域成为具有高度植物生产力的环境。加以荒漠中辽阔的、未开发的土地资源，使它成为地球上人类开拓新的生活空间和发展生产的最大潜在场所之一。对荒漠植被的研究，也必将为荒漠区域农林牧业生产的发展，提供依据。

第一节　荒漠

如前所述，在我国温带荒漠植被的建群植物中，以超旱生的小半灌木与灌木的种类最为普遍，它们适应于荒漠中的各种严酷条件，构成多样的荒漠植物群落。其中有藜科的一些属——猪毛菜（*Salsola*）、假木贼（*Anabasis*）、碱蓬（*Suaeda*）、驼绒藜（*Ceratoides*）、盐爪爪（*Kalidium*）、滨藜（*Atriplex*）等的种和几个单种属的种——合头草（*Sympegma regelii*）、戈壁藜（*Iljinia regelii*）、小蓬（*Nanophyton erinaceum*）、盐穗木（*Halostachys belangeriana*）、盐节木（*Halocnemum strobilaceum*），以及柽柳科的红砂（*Reaumuria*）的种，都是叶退化或特化（肉质、硬刺状、具茸毛等），极为耐旱与适应粗劣基质，并具较强抗盐性或为盐生的半灌木或小半灌木，可统称为盐柴类半灌木。它们构成的荒漠群系，遍布于温带荒漠区的平原与山地，一些种甚至上达海拔 5000 米以上的高寒高原，形成高寒型的荒漠。以蒿属（*Artemisia*）的一些种为建群种的小半灌木荒漠，主要分布在黄土状壤质土的低山、冲积-洪积扇和沙地上，基质与水分条件稍好些。由退化叶或特化叶的超旱生灌木为建群种的荒漠,在我国荒漠区也十分发育,包括一些古地中海区的残遗种类,如膜果麻黄(*Ephedra przewalskii*)、霸王(*Zygophyllum xanthoxylon*)、泡泡刺(*Nitraria sphaerocarpa*)、裸果木(*Gymnocarpos przewalskii*)、沙冬青(*Ammopiptanthus mongolicus*)、绵刺(*Potaninia mongolica*)、油柴(*Tetraena mongolica*)等,叶退化,而以嫩枝行光合作用的沙拐枣属(*Calligonum*)的若干种类,在沙漠中分布较广泛。

荒漠中特有的叶退化和落枝性的旱生小乔木——梭梭(*Haloxylon ammodendron*)和白梭梭(*H. persicum*),也是温带荒漠中重要的建群种,它们形成特殊的荒漠丛林。梭梭广布于砾石戈壁、壤土漠与沙漠边缘,白梭梭则仅分布于准噶尔中部及以西的半固定与半流动沙丘上,构成较发育的沙漠植被。

上述的半灌木、灌木与落枝性小乔木,分别在各类荒漠群落中构成建群层片。在荒漠植被中形成从属层片的其他生活型主要有:

多年生草类:通常在荒漠植被中作用不太显著,除少量的三芒草属(*Aristida*)的种、沙竹属(*Psammochloa*)的种、刺叶石竹属(*Acanthophyllum*)与补血草属(*Limonium*)的种外,其他多在过渡性生境上加入荒漠群落中,形成各类过渡性群落。如在草原化荒漠中,有针茅属(*Stipa*)的种;在盐化草甸性的荒漠群落中有芨芨草(*Achnatherum splendens*)、芦苇(*Phragmites communis*)、花花柴(*Karelinia caspica*)与骆驼刺属(*Alhagi*)的种加入。

类短生草类:在春季时依靠融雪水或雨水而迅速生长发育的多年生草类,如囊果薹草(*Carex physodes*)、厚柱薹草(*C. pachystylis*)、珠芽早熟禾(*Poa bulbosa* var. *vivipara*)、百合科的独尾草属(*Eremurus*)、郁金香属(*Tulipa*)、顶冰花属(*Gagea*)的一些种,以及巨大块根的阿魏属(*Ferula*)的种,在准噶尔及其以西荒漠中较为发育,它们在冬春多雨雪的年份欣然繁生,形成局部的绿色草被,但在干旱的年份,则颇不显著,静待多雨年份的来临。

一年生的短生草类在荒漠植被中的发育,也具有如上的特征,只是它们的种类更为繁多。如禾本科的雀麦属(*Bromus*)、旱麦草属(*Eremopyron*)、齿稃草属(*Schismus*)等的种,十字花科的庭荠属(*Alyssum*)、离蕊芥属(*Malcolmia*)、独行菜属(*Lepidium*)、丝叶芥属(*Leptaleum*)、舟果荠属(*Tauscheria*)、四齿芥属(*Tetracme*)、四棱荠属(*Goldbachia*)的种,以及其他属(*Koelpinia*、*Lappula*、*Nonea*、*Nepeta*、*Plantago*、*Trigonella* 等)的一些种。它们通常在 1~2 个月的时间内就完成了整个生活史,结实后迅即枯萎。

应当指出,与西部的中亚细亚荒漠相比,我国荒漠中春雨型的短生植物层片颇不发达,仅在准噶尔荒漠中较显著,但不占优势,这是与缺乏冬春降水直接相关的。

然而,一年生夏秋生长的长营养期草本,在我国荒漠中却相对较发育,这又是降雨集中于夏季的结果。如盐生草属(*Halogeton*)、角果藜属(*Ceratocarpus*)、雾冰藜属(*Bassia*)、猪毛菜属(*Salsola*)、盐蓬属(*Halimocnemis*)、叉毛蓬属(*Petrosimonia*)、碱蓬属(*Suaeda*)、虫实属(*Corispermum*)等藜科的草类与沙芥属(*Pugionium*)等均为其著例。

此外,在荒漠地表还发育有不显著的荒漠藓类、地衣和藻类等。

一般来说,荒漠群落的层片结构较为简单,仅在水分条件较好的壤土漠或半固定沙丘上具有较多层片结构的荒漠群落。例如,在小乔木的建群层片之下,尚出现 3~4 个从属的层片:灌木层片、小半灌木层片、多年生草类层片与一年生草类层片。类短生植物与短生植物则仅在春季,形成季节性的层片。但在气候极端干旱和基质粗劣的荒漠地区,植被的结构十分简化,往往只有一个很稀疏的"建群"层片,或偶尔在多雨年份勃兴一年生草类的层片。

但是,由于荒漠中的地貌、基质、水分与盐分的局部变化可以造成生态条件的重大差异,荒漠植被的复合或镶嵌现象十分显著。以不同的荒漠群系的斑块,散布在占优势的荒漠植被的背景上,或者为两三类荒漠植物群落相结合分布。至于在不同的季节和年份,由于降水的变化而造成荒漠植被的季相或年际差异也是十分显著的。如前所述,在特殊多雨的季节或年度,短生植物或一年生夏秋植物发育十分茂盛,而在少雨的季节或年份,它们可以全然不出现。

根据我国荒漠植被建群层片与群落结构的性质,可分为四类荒漠植被(亚型)。即:小乔木荒漠,灌木荒漠,半灌木、小半灌木荒漠与垫状小半灌木(高寒)荒漠。这是与亚洲温带荒漠的基本特征相一致的[2]。但我国的荒漠位于亚洲中部,冬春少雨雪,处在强大的蒙古-西伯利亚反气旋的控制下,气候最为干旱,大陆性极强,因此在荒漠植被类型上以超旱生的亚洲中部类型的灌木荒漠比较发育(这也与荒漠发展的历史有关,它们多数为残遗种),中亚性质的短生与类短生植物的群落不存在或不发育,并在极端干旱的核心地带出现大面积无植被(仅在凹沟中疏生个别植物)的戈壁、石漠和流沙为显著特征。但从准噶尔向西,中亚荒漠的性质逐渐浓厚。

此外,在以木质(小乔木、灌木、半灌木)植物占优势的荒漠中,也间或出现片段的草类荒漠群落,如准噶尔沙漠中多雨雪春季有小片的类短生植物——囊果薹草群落的片段出现;在地带性的荒漠植被受到开垦而撂荒或过度放牧破坏后则形成一年生盐柴类(角果藜、叉毛蓬等)群落。但它们是暂时的和不稳定的。

我国温带荒漠植被主要的类型分类系统如下:

荒漠(植被型)

一、小乔木荒漠

1. 梭梭荒漠(Form. *Haloxylon ammodendron*)

2. 白梭梭荒漠(Form. *Haloxylon persicum*)

二、灌木荒漠

(一)典型的灌木荒漠

1. 膜果麻黄荒漠(Form. *Ephedra przewalskii*)

2. 霸王荒漠(Form. *Zygophyllum xanthoxylon*)

3. 泡泡刺荒漠(Form. *Nitraria sphaerocarpa*)

4. 齿叶白刺荒漠(Form. *Nitraria roborowskii*)

5. 裸果木荒漠(Form. *Gymnocarpos przewalskii*)

6. 塔里木沙拐枣荒漠(Form. *Calligonum roborowskii*)

(二)草原化灌木荒漠

7. 沙冬青荒漠(Form. *Ammopiptanthus mongolicus*)

8. 绵刺荒漠(Form. *Potaninia mongolica*)

9. 油柴荒漠(Form. *Tetraena mongolica*)

10. 半日花荒漠(Form. *Helianthemum soongoricum*)

11. 柠条荒漠(Form. *Caragana korshinskii*)

12. 川青锦鸡儿荒漠(Form. *Caragana tibetica*)

(三)沙生灌木荒漠

13. 沙拐枣荒漠(Form. *Calligonum mongolicum*)

14. 白杆沙拐枣荒漠(Form. *Calligonum leucocladum*)

15. 红皮沙拐枣荒漠(Form. *Calligonum rubicundum*)

16. 银沙槐荒漠(Form. *Ammodendron argenteum*)

三、半灌木、小半灌木荒漠

(一)盐柴类半灌木、小半灌木荒漠

1. 红砂荒漠(Form. *Reaumuria soongorica*)

2. 驼绒藜荒漠(Form. *Ceratoides latens*)

3. 珍珠猪毛菜荒漠(Form. *Salsola passerina*)

4. 蒿叶猪毛菜荒漠(Form. *Salsola abrotanoides*)

5. 合头草荒漠(Form. *Sympegma regelii*)

6. 戈壁藜荒漠(Form. *Iljinia regelii*)

7. 小蓬荒漠(Form. *Nanophyton erinaceum*)

8. 无叶假木贼荒漠(Form. *Anabasis aphylla*)

9. 盐生假木贼荒漠(Form. *Anabasis salsa*)

10. 短叶假木贼荒漠(Form. *Anabasis brevifolia*)

(二)多汁盐柴类半灌木、小半灌木荒漠

11. 盐穗木盐漠(Form. *Halostachys belangeriana*)

12. 盐节木盐漠(Form. *Halocnemum strobilaceum*)

13. 白滨藜盐漠(Form. *Atriplex cana*)

14. 囊果碱蓬、小叶碱蓬盐漠(Form. *Suaeda physophora*, *S. microphylla*)

15. 圆叶盐爪爪盐漠(Form. *Kalidium schrenkianum*)

16. 尖叶盐爪爪盐漠(Form. *Kalidium cuspidatum*)

(三)蒿类荒漠

17. 籽蒿、沙竹荒漠(Form. *Artemisia sphaerocephala*, *Psammochloa mongolica*)

18. 沙蒿荒漠(Form. *Artemisia arenaria*)

19. 苦艾蒿荒漠(Form. *Artemisia santolina*)

20. 地白蒿荒漠(Form. *Artemisia terrae-albae*)

21. 博乐蒿荒漠(Form. *Artemisia borotalensis*)

22. 喀什蒿荒漠(Form. *Artemisia kaschgarica*)

23. 昆仑蒿荒漠(Form. *Artemisia parvula*)

24. 戈壁短舌菊荒漠(Form. *Brachanthemum gobicum*)

25. 中亚紫菀木荒漠(Form. *Asterothamnus centraliasiaticus*)

26. 灌木亚菊荒漠(Form. *Ajania fruticulosa*)

27. 亚菊、灌木亚菊荒漠(Form. *Ajania fastigiata*,

A. fruticulosa）

四、垫状小半灌木（高寒）荒漠

1. 垫状驼绒藜高寒荒漠（Form. *Ceratoides compacta*）

2. 藏亚菊高寒荒漠（Form. *Ajania tibetica*）

3. 粉花蒿高寒荒漠（Form. *Artemisia rhodantha*）

一、小乔木荒漠

小乔木荒漠的建群植物是超旱生的无叶小乔木：藜科的梭梭（*Haloxylon ammodendron*）和白梭梭（*H. persicum*），其高度一般 2～4 米，具有每年部分脱落的行光合作用功能的绿色小枝。在良好的条件下它们形成所谓的"荒漠森林"是温带荒漠中生物产量最高的植被类型。梭梭与白梭梭各形成单独的群落或混交群落。白梭梭群系是专性的沙漠植被，梭梭群系则可广布于砾漠、土漠与沙漠中。

1. 梭梭荒漠

由梭梭构成的荒漠群系有"荒漠森林"之称，是亚洲荒漠区中分布最广泛的荒漠植被类型[①]。在我国，它广布于准噶尔盆地、塔里木盆地东部、哈顺戈壁、诺敏戈壁、阿拉善高平原与柴达木高盆地。

梭梭荒漠的分布区具有极端大陆性的气候条件：年均温 2～11℃，7 月均温 22～26℃，极端最高温 42℃，1 月均温 −18～−8℃，极端最低温 −42℃；降水十分稀少，为 30～200 毫米，或更低。它所适应的土壤基质条件也很广泛。在大河干三角洲、山麓古老冲积平原和古湖相沉积的壤质、沙壤质土上发育最好，形成高大、郁密的丛林，或分布在半固定沙丘与丘间沙地的沙质土上与白梭梭混交或组合成沙漠丛林；它既能在扇缘带或湖滨低地的强度盐渍土上，形成依靠潜水供应的盐生植被，又能在极端干旱和贫瘠的砾石戈壁上，构成大面积稀疏低矮而贫乏的戈壁荒漠植被。

梭梭是超旱生的、叶退化的小乔木，高度一般 1.5～3.5 米，最高可达 5～7 米，干基直径可达 50～60 厘米。其叶已完全退化，仅在小枝节上有瘤状凸起，而由当年生绿色嫩枝行光合作用功能。

梭梭群系地理分布广，生态幅度宽，植物种类组成较丰富，总计约达 170 种[3]。但在各个群落类型中差异甚大，可多达 20 余种，少至 4～5 种，甚至形成梭梭的单种群落。梭梭群系具有较多样的从属层片。其中由超旱生的灌木构成的灌木层片组成者主要有：几种沙拐枣（*Calligonum mongolicum*、*C. flavidum* 等）、膜果麻黄、霸王、绵刺、泡泡刺，以及盐生灌木——白刺（*Nitraria tangutorum*）、几种柽柳（*Tamarix* spp.）等；由超旱生的半灌木与小半灌木构成的层片最为普遍，主要有：红砂（*Reaumuria soongorica*）、合头草、戈壁藜、木本猪毛菜（*Salsola arbuscula*）、珍珠猪毛菜（*S. passerina*）、无叶假木贼（*Anabasis aphylla*）、几种盐爪爪（*Kalidium cuspidatum*、*K. foliatum*、*K. gracile*）、沙蒿（*Artemisia arenaria*）、地白蒿（*A. terrae-albae*）等；多年生禾草层片较为罕见，其组成者有：沙竹（*Psammochloa mongolica*）、芦苇、沙生针茅（*Stipa glareosa*）等；一年生草类层片较发育，主要为：盐生草（*Halogeton glomeratus*、*H. arachnoideus*）、猪毛菜（*Salsola foliosa*、*S. nitraria*）、叉毛蓬（*Petrosimonia sibirica*）、角果藜（*Ceratocarpus arenarius*）、虫实属（*Corispermum*）的一些种等。在准噶尔盆地的梭梭荒漠群落中，有较发育的短生植物与类短生植物的层片：长喙牻牛儿苗（*Erodium hoefftianum*）、东方旱麦草（*Eremopyron orientale*）、小车前（*Plantago minuta*）、荒漠庭荠（*Alyssum desertorum*）、齿丝庭荠（*A. linifolium*）、四齿芥（*Tetracme quadricornis*）、囊果薹草、异翅独尾草（*Eremurus anisopterus*）等。

梭梭群系的群落类型多样，分异较大，大致上可分为下列三个类群：

分布在河相或古湖相沉积的壤质或沙壤质土上的梭梭荒漠群落，生长发育良好。那里的土壤为碳酸盐灰棕色荒漠土或棕钙土，因潜水埋藏深度变化而有不同程度的盐渍化。梭梭高度可达 3～5 米，或更高。群落中的植物种类组成较丰富，一般可有 10～15 种，覆盖度达 30%～50%。在盐渍化土上，群落中常有各种耐盐或盐生灌木加入，在阿拉善为白刺（*Nitraria tangutorum*、*N. sibirica*）、黑果枸杞（*Lycium ruthenicum*）等，伴生的小半灌木有盐爪爪（*Kalidium foliatum*、*K. gracile*）与多年生草类：芦苇与黄花补血草（*Limonium aureum*）等；在准噶尔与塔里木盆地边缘盐渍化土上的梭梭群落中，则有多种柽柳

---

① 根据 Грубов（1963）与 Петров（1967），梭梭（*Haloxylon ammodendron*）与黑梭梭（*H. aphyllum*）并为一种，保留 *H. ammodendron* 之拉丁名，则梭梭成为亚洲中部——中亚荒漠广布的建群种。

（*Tamarix ramosissima*、*T. laxa*、*T. elongata*、*T. hispida*）伴生，其他的半灌木与草类成分亦较丰富，如红砂、盐爪爪（*Kalidium foliatum*）、盐生草、猪毛菜（*Salsola foliosa*、*S. nitraria*）、叉毛蓬、粗枝猪毛菜（*Salsola subcrassa = Climacoptera subcrassa*）、角果藜等。壤质土上的梭梭群落在荒漠植被中具有最高的生物量，每公顷梭梭材重可达 5~13 吨。

在沙漠中，固定或半固定沙丘、丘间沙地与沙漠湖盆边缘沙地上的梭梭荒漠群落亦十分普遍，发育较好。梭梭高度 3~4 米，盖度 10%~30%，群落中伴生的沙生灌木、半灌木与草类也较丰富，种类可达 20 种以上。在阿拉善地区沙漠梭梭群落中的伴生灌木主要是沙拐枣；沙生草类有沙竹、沙米（*Agriophyllum squarrosum*）、绵蓬（*Corispermum patelliforme*），还有寄生于梭梭根上的肉苁蓉（*Cistanche deserticola*）。在准噶尔沙漠边缘，梭梭群落中的沙丘上常混生有白梭梭（*Haloxylon persicum*），或由丘间沙地的梭梭群落与沙丘上的白梭梭群落形成复合的沙生植被。群落中的伴生植物主要有沙生灌木——沙拐枣（*Calligonum leucocladum*、*C. flavidum*、*C. macrocarpum*、*C. junceum*）、木贼麻黄（*Ephedra equisetina*），一年生沙生草类——沙米、对节刺（*Horaninovia ulicina*）、猪毛菜（*Salsola collina*），与短生植物——沙生大戟（*Euphorbia rapulum*）、离蕊芥（*Malcolmia africana*）等。沙漠梭梭群落的生物量可达 2~4 吨/公顷。

在荒漠地区分布最广泛的，则是在砾石戈壁上的稀疏梭梭荒漠群落。土壤为石质的、含石膏的灰棕色荒漠土或棕色荒漠土。群落盖度在 10% 以下，或仅 1%~2%。梭梭十分矮小，高度 0.6~1.5 米。群落的结构十分简单，种类贫乏，不过 3~5 种，或更少。伴生种为超旱生的灌木或半灌木，如膜果麻黄、泡泡刺、霸王、红砂、珍珠猪毛菜、合头草、戈壁藜等。梭梭仅沿浅凹沟生长，每公顷 50~80 株或更少，材重 0.5~1.0 吨/公顷。

梭梭树干材质坚硬重实，为优良的薪炭材，嫩枝可供骆驼采食。梭梭群落中的许多草类为羊所喜食，可供放牧。沙地梭梭根上寄生的肉苁蓉为名贵的中药材。然而梭梭耐旱耐盐，生长迅速，在年降水 100~150 毫米地区和沙层含水量不低于 2% 的沙地上，无须灌溉即可成活生长，因而成为荒漠区重要的固沙树种。因此，对现有梭梭群落应注意保护，禁止滥伐，以免造成土地风蚀。

2. 白梭梭荒漠

白梭梭是中亚细亚荒漠沙生植被的主要组成者，在我国分布于准噶尔盆地的古尔班通古特沙漠和艾比湖东部沙漠中，并零星见于乌伦古河和额尔齐斯河沿岸的沙地，向东分布不超过东经 90°。

白梭梭是典型的超旱生沙生植物，适生于荒漠地区的流动沙丘、半固定沙丘或厚层沙地上，而不见于其他基质。水分全凭大气降水与沙层凝结水供给，在沙层含水量为 0.5% 时仍能正常生长，与潜水无联系。它的根系十分发达，分布广且深。叶极端退化成狭小三角膜状，当年生绿枝为同化器官。

在白梭梭的沙漠植物群落中，除由白梭梭构成的小乔木建群层片外，常有超旱生沙生灌木——多种沙拐枣（*Calligonum junceum*、*C. leucocladum*、*C. flavidum*）、木贼麻黄、银沙槐（*Ammodendron argenteum*）等构成的灌木层片；半灌木层片较不发育，仅在沙丘固定性较强的群落中出现，如驼绒藜（*Ceratoides latens*）、苦艾蒿（*Artemisia santolina*）与地白蒿等。多年生禾草层片的组成者有羽毛三芒草（*Aristida pennata*）、巨滨麦（*Elymus giganteus*）与荒漠草原成分的沙生针茅等；一年生沙生草类层片的种类较多，主要有沙米、对节刺、角果藜、倒披针叶虫实（*Corispermum lehmannianum*）、刺沙蓬（*Salsola ruthenica*）；短生植物和类短生植物构成的春季层片在固定-半固定沙丘上较为发育，主要有狭果鹤虱（*Lappula semiglabra*）、东方旱麦草、长喙牻牛儿苗、沙地千里光（*Senecio subdentatus*）、刺尖荆芥（*Nepeta pungens*）、离蕊芥、囊果薹草、英德独尾草（*Eremurus inderiensis*）等。

在半流动沙丘和沙丘顶部的白梭梭群落较稀疏，盖度仅有 5%~10%，伴生植物种类较少，以几种沙拐枣和羽毛三芒草为主。半固定沙丘上的白梭梭群落发育最好，层片结构较复杂，种类较丰富，盖度可达 15%~30%。随着沙丘的固定程度增加，其他的植物增多，白梭梭受排挤而相应减少。在准噶尔南部边缘沙漠中的固定沙丘上，常有大量梭梭加入，与白梭梭组成混交的群落，或形成复杂交错的群落组合：在沙丘顶部为白梭梭占优势的群落，丘间低地为梭梭占优势的群落，沙丘坡上则二者相混生；其从属层片的植物种类亦甚繁多。

白梭梭荒漠的干材重，可达 1~3 吨/公顷，木材亦为优良薪材。白梭梭嫩枝和群落中的许多草类可为羊与骆驼采食，因而这种荒漠是沙漠地区重要的薪材基地和放牧场。然而,白梭梭具有优良的固沙性能,一旦遭到过度樵采和放牧破坏,则沙漠植被逐渐毁灭,引起流沙,加剧荒漠化的进程。因此,应当对白梭梭群落善加保护,合理利用,并进行人工更新。

二、灌木荒漠

由超旱生或真旱生的灌木和小灌木为建群种的灌木荒漠,在我国荒漠区域,尤其是亚洲中部荒漠亚区域成为占优势的地带性植被类型。它包括在种类组成、起源与地理成分以及生态特性方面具有很大差异的群系,大致可归纳为三个群系组:

(一)典型的灌木荒漠群系组:是亚洲中部荒漠中生境最严酷的砾石或碎石质石膏戈壁上的稀疏灌木荒漠类型,是极端干旱(干燥度>10,降水量不足100毫米)荒漠区的代表植被。其建群种为超旱生、叶特化或退化的灌木。如膜果麻黄、霸王、泡泡刺、裸果木、塔里木沙拐枣等古地中海荒漠残遗种,属亚洲中部成分。群落的种类组成贫乏,一般不超过10种,甚至仅由1~2种组成。群落结构简单,盖度很低。

(二)草原化灌木荒漠群系组:主要是在东阿拉善-西鄂尔多斯高原上,由一系列该地区的特有种——沙冬青、绵刺、油柴、半日花以及一些由草原真旱生的种类演化形成的几种锦鸡儿组成的灌木荒漠群系。群落的种类组成较复杂,有旱生的草原丛生禾草层片加入。

(三)沙生灌木荒漠群系组:包括叶退化、以绿色小枝行光合作用的沙拐枣属的几个种与银沙槐为建群种的群系,它们是典型的沙质荒漠植被,分布于半流动或半固定沙丘与沙地上,多数属于中亚细亚荒漠成分。

(一)典型的灌木荒漠

1. 膜果麻黄荒漠

膜果麻黄构成的稀疏灌木荒漠,在亚洲中部荒漠区有广泛的分布。在我国,它大面积出现于阿拉善高平原、河西走廊、柴达木盆地、哈顺戈壁、塔里木盆地边缘的戈壁,以及准噶尔盆地中。

其生境为山前洪积或洪积、冲积倾斜平原以及卵石质的干河床。土壤为砾质、卵石质的石膏棕色荒漠土或石膏灰棕色荒漠土,土壤中含有大量石膏淀积物,土表上有时在植丛基部有少量积沙。麻黄植丛多生长在暂时地表径流形成的小冲沟或浅凹地旁。

膜果麻黄荒漠群落结构十分简单,常由麻黄形成稀疏的纯群,构成高40~60厘米的单一层片,盖度在10%以下。在水分条件较好的地段,如在有地下径流的洪积扇中下部或干河床上,可形成较高大密集的群落,高达1~1.5米,盖度可达15%~20%。其伴生植物种类成分较少,因分布地区的生境而异。在阿拉善荒漠中,膜果麻黄群系的主要伴生植物种类有:裸果木、绵刺、霸王、沙生针茅、沙米、刺沙蓬、蒙古葱(Allium mongolicum)等。在塔里木荒漠与哈顺戈壁中,则为泡泡刺、裸果木、红砂、沙拐枣、塔里木沙拐枣(Calligonum roborowskii)、合头草、戈壁藜、木旋花(Convolvulus fruticosus)、中亚紫菀木(Asterothamnus centraliasiaticus)、盐生草、刺沙蓬等。在洪积扇的下部,膜果麻黄还与刚毛柽柳(Tamarix hispida)构成群落。在喀什西部山麓洪积扇上的膜果麻黄荒漠中,有喀什蒿(Artemisia kaschgarica)伴生,并出现了不少短生植物,如四齿芥、石果鹤虱(Lappula spinocarpos)、离子草(Chorispora tenella)、抱茎独行菜(Lepidium perfoliatum)等构成的春季层片。在阿赖山间谷地的膜果麻黄荒漠中,还分布有特殊的常绿小灌木——矮沙冬青(Ammopiptanthus nanus)。

膜果麻黄多被采掘为薪材,又可供中草药用,在绿化戈壁方面具有良好作用。

2. 霸王荒漠

霸王荒漠是极度稀疏的亚洲中部类型的灌木荒漠,主要分布于阿拉善高平原、河西走廊、诺敏戈壁、塔里木盆地的东北部以及天山南坡东部的石质低山,在塔里木盆地西部则为喀什霸王(Zygophyllum xanthoxylon var. kaschgaricum)所代替。

本群系的生境,主要是砾质或沙砾质洪积扇,土层中多角砾,富含石膏,属棕色荒漠土或灰棕色荒漠土;亦见于石质荒漠低山。生境条件十分严酷,极其干旱。

霸王为肉质叶的超旱生灌木,高度可达1~1.5米,群落盖度一般在20%以下,植物种类组成贫乏,结构简单,地面大部裸露。伴生的种类在阿拉善主要有猫头刺(Oxytropis aciphylla)、狭叶锦鸡儿(Caragana stenophylla)、木蓼(Atraphaxis frutesens)、红砂、驼绒藜等;在塔里木则有膜果麻黄、合头草、木旋花、短叶假木贼、泡泡刺、塔里木沙拐枣、盐生草等。

霸王亦系绿化戈壁的灌木树种,可作燃料。

3. 泡泡刺荒漠

泡泡刺荒漠也是典型的亚洲中部类型的灌木荒漠群系,广泛分布于阿拉善高平原、河西走廊、哈密-哈顺戈壁和塔里木盆地。其生境为石质残丘、剥蚀石质准平原、山麓砾石洪积扇与干旱的山间低地与干河谷。土壤为富含石膏、强度石质化的灰棕色荒漠土或棕色荒漠土,有时表层覆有薄沙,地表水与土壤水极度缺乏。

泡泡刺亦为厚叶多汁的超旱生灌木,高 30~60 厘米,枝叶稀疏,具随风飞滚的泡囊状果实,在植丛基部常积成小沙堆。群落盖度很低,在 5% 左右,常有大片光裸无植物的地段。群落结构很简单,多为稀疏的单种群落,常沿暂时径流沟生长。伴生植物稀少,有膜果麻黄、霸王、沙拐枣、塔里木沙拐枣、裸果木、珍珠猪毛菜、红砂、戈壁藜、合头草、中亚紫菀木、盐生草、刺沙蓬、绵蓬等。

本群系可作为羊和骆驼的放牧场,但草群稀疏、产量很低。

4. 齿叶白刺荒漠

这一群系广泛分布在荒漠区域东南部,以东部阿拉善地区的乌兰布和的中、西部最为集中,向西达昆仑山北麓荒漠带的河谷阶地上。土壤为黏土、覆沙黏土及盐渍土,在昆仑山北麓则为石膏棕色荒漠土。

在乌兰布和的和缓起伏沙垄至山前洪积平原,地下水深 2~4 米。建群种齿叶白刺生长良好。高度 50~180 厘米,一般在 1 米左右,冠幅可达 2 米,覆盖度 18%~25%,个别低洼地可达 35%。它生长较茂密,耐旱、耐沙埋和耐盐能力均较强。

伴生植物中灌木有:霸王、沙冬青、红砂、细枝盐爪爪和半灌木油蒿(Artemisia ordosica)。草本层有蒙古葱、无芒隐子草(Cleistogenes songorica)、沙生针茅、沙竹,在草甸盐土上,混生有刺沙蓬、沙蓝刺头(Echinops gmelinii)和骆驼蓬等。生物干产量 100~147 千克/公顷。

在昆仑山北麓,齿叶白刺与合头草群落构成复合体。本群系可供驼、羊放牧,又是荒漠区的低质薪柴。

5. 裸果木荒漠

本群系主要分布于新疆东部的哈顺戈壁与哈密盆地的山间谷地,并零星见于塔里木盆地东北部和北山戈壁一带。生境为强度石质化的洪积扇、剥蚀残丘或台原,土壤为石膏棕色荒漠土。

裸果木是亚洲中部荒漠的古老残遗种,为高 20~30 厘米的小灌木。极耐旱。常形成稀疏的纯群落,盖度 10% 左右。有时与霸王共同组成群落,伴生植物很少,有短叶假木贼等。

6. 塔里木沙拐枣荒漠

本群系主要分布在塔里木盆地周围的山麓洪积扇下部。土壤为沙质、沙砾质或砾质的棕色荒漠土,地表常有薄层积沙。塔里木沙拐枣在沙壤土上生长高大,可达 1.5~2 米,在沙砾质土上高仅 30~50 厘米。覆盖度很低,一般在 2%~5%。常为单优种群落,伴生植物很少,有泡泡刺、红砂、叉枝鸦葱(Scorzonera divaricata)、盐生草等。

塔里木沙拐枣可作为戈壁绿化、防风蚀的先锋植物。

(二)草原化灌木荒漠

7. 沙冬青荒漠

沙冬青荒漠群系是阿拉善荒漠特有的常绿灌木荒漠,是草原化荒漠地区的特有植被。仅分布于内蒙古西部、宁夏北部的乌兰布和沙漠、狼山与贺兰山前的荒漠平原中。基质为沙质、沙砾质或黏土质,潜水位较深。

沙冬青也是古老的荒漠残遗种,株高约 1 米,最高可达 1.8 米。它常与霸王、红砂、柠条(Caragana korshinskii)或油蒿组成共建的群系,群落多呈小片状分布,植被盖度 25%~30%。其他常见的伴生种还有猫头刺、刺旋花(Convolvulus tragacanthoides)、狭叶锦鸡儿、驼绒藜、木蓼、齿叶白刺、沙生针茅、无芒隐子草、骆驼蓬(Peganum harmala)、蒙古葱等,具有草原化荒漠的特征。

沙冬青的枝叶可供药用,具有祛风湿、活血散瘀的效用,还可作杀虫剂。

8. 绵刺荒漠

绵刺也是阿拉善草原化荒漠的特有种,它所组成的荒漠群系分布在内蒙古西部和宁夏北部乌兰布和沙漠的巴彦乌拉山、狼山,以及巴丹吉林沙漠南部等地。多处在山前沙砾质洪积扇与山间盆地等地段的地下径流较集中处。

绵刺株高 30~40 厘米,在干旱时期呈黄灰色外貌,处于休眠状态,遇雨复苏。群落中的小灌木层片与小半灌木层片均较显著,草本植物的种类也较丰富。群落盖度 5%~20%。狭叶锦鸡儿、油柴、红砂、珍珠猪毛菜、川青锦鸡儿(Caragana tibetica)、霸王等常为群落中的优势种。主要的伴生植物还有:泡泡刺、猫头刺、蒙古扁桃(*Amygdalus mongolica*)、金舌亚菊(*Ajania aureoglossa*)、刺旋花、黄花红砂(*Reaumuria trigyna*)、黄花补血草(*Limonium aureum*)、沙生针茅、戈壁针茅(*Stipa gobica*)、短花针茅(*S. breviflora*)、无芒隐子草、蒙古葱、沙蓝刺头等。

绵刺可为牧用,群落中其他植物种类亦较丰富,因此这种荒漠群落可以作为天然放牧场。

9. 油柴荒漠

油柴群系是鄂尔多斯高原西部桌子山与贺兰山东部特有的草原化荒漠类型。这类植物生长在石质低山、剥蚀丘陵与砾质洪积扇,地表常覆盖有薄层松沙的处所。

油柴是古南大陆热带起源的、东阿拉善特有的残遗种,属蒺藜科或金虎尾科小灌木,高30～40厘米,具有对荒漠条件较强的适应力。其群落盖度可达30%。具有较发达的多年生旱生草本层片,表现出草原化荒漠的群落特征。伴生植物达20余种,主要有木本猪毛菜、木旋花、沙冬青、猫头刺、灌木亚菊(*Ajania fruticulosa*)、红砂等小半灌木与灌木,草本则以沙生针茅、中亚细柄茅(*Ptilagrostis pelliotii*)、冠芒草(*Enneapogon brachystachyum*)、多根葱、无芒隐子草、三芒草(*Aristida adscensionis*)等为主。

10. 半日花荒漠

由半日花构成的荒漠群落,仅出现于西鄂尔多斯的桌子山南部石质残丘;还零星分布于准噶尔盆地与哈萨克斯坦地区,但已不具建群作用。这是古地中海区系的残遗种,现为亚洲中部荒漠所特有。

半日花是超旱生的小灌木,株高10～15厘米,丛幅一般为15～20厘米,形成紧密的团状植丛,5—6月开花,花鲜黄色。群落的建群层片由半日花与刺旋花组成;旱生多年生丛生禾草层片发育良好,主要由中亚细柄茅组成,还有短花针茅等,赋予本群落以草原化的性质。旱生小灌木层片则有著状亚菊(*Ajania achilleoides*)、蒙古革苞菊(*Tugarinovia mongolica*)、头状鸦葱(*Scorzonera capito*)等。在雨水较多年份,有一年生禾草与蒿类的层片发育。

本群系面积小,分布集中,属古老残遗荒漠植被,应加以保护,避免挖砍与过度放牧破坏。

11. 柠条荒漠

本群系属于东阿拉善-西鄂尔多斯草原化荒漠的沙生灌木荒漠类型。主要分布于鄂尔多斯的库布齐沙漠西段、阿拉善的腾格里沙漠西北部、乌兰布和沙漠与宁夏河东沙地。生境主要为半固定和流动沙丘,其下覆基质较坚实,沙层中往往杂有小砾石,十分干旱。

柠条为旱生、沙生的落叶灌木,株高1.5～2米,最高可达3米以上;丛径1～2米,枝叶茂密,根系发达,沙埋后可由茎干多层分根,生长愈加旺盛。群落的层次结构比较稀散,盖度一般在20%以下,灌木与半灌木层片的组成者主要有霸王、沙冬青、木旋花、猫头刺、驼绒藜、沙拐枣等,草本层片中主要有沙生针茅、蒙古葱、绵蓬、刺沙蓬等。

柠条枝叶可作饲料、绿肥与薪柴,而且是优良的固沙植物。在包兰铁路中部沙坡头段的铁路防沙中栽植柠条,已起到良好的防沙作用。

12. 川青锦鸡儿荒漠

本群系也是东阿拉善-西鄂尔多斯草原化荒漠的代表群系之一。分布于阿拉善的东北部、腾格里沙漠东部与鄂尔多斯高原西部的桌子山东麓。地表有风积沙层,并在锦鸡儿植丛基部堆积成高40～50厘米的小沙包。

群落的层片结构较明显,种类组成较丰富,且有相当数量的草原成分。群落总盖度达30%～40%。灌木与半灌木层片的优势种,除川青锦鸡儿占绝对优势外,其他有驼绒藜、柠条、狭叶锦鸡儿、小叶锦鸡儿(*Caragana microphylla*)、沙冬青、霸王、猫头刺等。在草本层片中的优势种为短花针茅、沙生针茅与白草(*Pennisetum flaccidum*)等草原禾草,伴生种有无芒隐子草、黄花补血草、茵陈蒿(*Artemisia capillaris*)、蒙古葱、多根葱、阿尔泰狗娃花(*Heteropappus altaicus*)、刺沙蓬、绵蓬等。

这类群落是良好的放牧场。

(三)沙生灌木荒漠

13. 沙拐枣荒漠

沙拐枣是亚洲中部荒漠的广布种,它所组成的荒漠群系分布在东起腾格里沙漠和巴丹吉林沙漠,向西经河西走廊西戈壁与哈顺戈壁,西至塔里木盆地东北部的库鲁克塔格山和觉洛塔克山麓,并出现于柴达木盆地。其生境特点主要为沙漠或沙质地段。亦见于沙砾质戈壁与砾质戈壁上。

沙拐枣是沙生超旱生灌木,高达1～1.5米,多分枝,叶退化,以绿色嫩枝营光合作用;其水平根系十分发达,可长达十余米,从而可以广泛吸收沙层中的凝聚水分,垂直根系则较浅,可进行根蘖繁殖。其果实具刺毛状附属物,球形,富有弹跳力,可随风滚动传播甚远。它能耐沙地高温,不怕风蚀沙埋,是典型的喜沙植物。

沙拐枣群落结构与种类组成十分简单,群落盖度通常在10%以下。伴生植物因地而异,主要有膜果麻黄、泡泡刺、红砂、驼绒藜、木蓼、戈壁藜、刺沙蓬、沙米、雾冰藜、盐生草、绵蓬等;在阿拉善与河西走廊沙地中,沙拐枣还常与其他几种沙拐枣(*Calligonum potaninii*、*C. roborowskii*、*C. alaschanicum*)混生。在较干旱的戈壁地段,沙拐枣生长十分稀疏,伴生植物很少,常不足以形成群落;但在水分补给条件良好的沙地,则可密集生长,伴生植物繁多。

沙拐枣为骆驼和羊所喜食,又是优良的固沙先锋植物,可与其他植物混交配置栽植。

14. 白杆沙拐枣荒漠

本群系为中亚细亚类型的沙生灌木荒漠,在我国集中分布于新疆准噶尔盆地的古尔班通古特沙漠的北部。它主要出现在沙垄间的起伏沙地或丘间平沙地上,亦生长在半固定沙丘迎风坡的下部地段,通常与白梭梭的小乔木沙漠群落相结合分布。

白杆沙拐枣高30~50厘米,形成十分稀疏的灌木层片,常有木贼麻黄加入,并有苦艾蒿、地白蒿、沙蒿等构成的半灌木层片。群落中的沙生草类有囊果薹草、准噶尔马蔺(*Iris songarica*)、异翅独尾草、羽毛三芒草、沙米、鹤虱、倒披针叶虫实、对节刺等。群落的盖度为20%~40%,或更稀疏。

沙丘上白杆沙拐枣群落对固沙具有良好作用。在遭樵采或过度放牧而破坏后,风蚀和流沙则会加重。

15. 红皮沙拐枣荒漠

本群系分布于新疆准噶尔盆地额尔齐斯河沿岸沙丘与古尔班通古特沙漠东缘的流动沙丘上。

在流动沙丘上的红皮沙拐枣,高达1.5米;十分稀疏,盖度不超过10%,往往成为单一的植丛,或有少量的伴生植物,如巨滨麦、羽毛三芒草、准噶尔无叶豆(*Eremosparton soongoricum*)等。在河岸的半固定沙丘上,群落盖度为20%~40%,伴生植物亦较多,主要有木贼麻黄、驼绒藜等。半灌木与草类层片相当发育,有沙蒿、苦艾蒿、木地肤、倒披针叶虫实、沙生针茅等。

本群落亦具有固沙作用,亦可作为沙漠放牧场。

16. 银沙槐荒漠

银沙槐荒漠群系,在我国仅分布于新疆伊犁地区西部,即伊犁河谷北侧的塔克尔莫乎尔沙漠中。它生长在半固定沙丘、固定沙丘或丘间沙地上。这里的潜水位在10~15米。沙生植物的生长全靠大气降水和沙丘悬湿水层供应,生长区域年降水在150毫米左右,冬春降雪较丰。

银沙槐为中亚细亚荒漠成分的沙生植物。高80~120厘米,根系发达,深直根与广侧根兼备,十分耐风蚀与沙埋。

在半固定沙丘上的银沙槐群落,生长良好。总盖度达25%~40%,伴生植物种类较丰富,有零星的梭梭与几种沙拐枣(*Calligonum densum*、*C. rigidum*)、木贼麻黄、木蓼等与银沙槐共同组成灌木层。一年生草本植物层片,主要有沙米、对节刺、角果藜、猪毛菜、浆果猪毛菜(*Salsola foliosa*)、沙生大戟(*Euphorbia rapulum*)、倒披针叶虫实、地肤(*Kochia scoparia*)、假紫草(*Arnebia guttata*)等;短生植物与类短生植物的层片,在春季十分显著,形成一片翠绿的季相。主要有沙地千里光、东方旱麦草、长喙牻牛儿苗、刺尖荆芥、小车前、荒漠庭荠、齿丝庭荠、鹤虱、四齿芥、裂舌草、异翅独尾草、鳞茎顶冰花(*Gagea bulbifera*)与囊果薹草等。半灌木与多年生草类较少,有苦艾蒿、黄芪沙木组(*Astragalus* sect. *Ammodendron*)、羽毛三芒草等。

银沙槐荒漠是荒漠谷地中的冬春放牧场。银沙槐为优良的固沙植物,应注意保护和在固沙造林中采用。

三、半灌木、小半灌木荒漠

在温带荒漠地区,由超旱生半灌木和小半灌木为建群种的荒漠类型,得到最广泛的分布。它们常与小乔木或灌木荒漠相结合出现。其分布的生境从荒漠平原的砾石戈壁、剥蚀台原、壤土平原、沙漠、盐漠,直至石质山地与黄土状山地,具有最广的适应幅度。根据其种类组成与生态特点,又可分为下列荒漠群系组:

(一)盐柴类半灌木、小半灌木荒漠:以藜科和柽柳科的种类为主;

(二)多汁盐柴类半灌木、小半灌木荒漠:出现在各类盐化土或盐土上,其中还包括一些盐生灌木的种类;

(三)蒿类荒漠:除油蒿与籽蒿为东部沙丘的种

类,苦艾蒿与地白蒿为西部沙丘与沙地的种类外,其余多为中亚细亚类型旱蒿亚属的种类,分布在平原与低山的黄土状壤土基质上。

(一)盐柴类半灌木、小半灌木荒漠

盐柴类半灌木、小半灌木荒漠遍布于本区岩石低山和砾石戈壁,土壤中含有一定量的石膏、碳酸钙和盐分。植物群落的覆盖度很小,一般在 5%~30%,甚至在 1% 以下。建群层片通常由不超过 50 厘米高的超旱生、中温小半灌木组成,主要是藜科的假木贼(*Anabasis*)、猪毛菜(*Salsola*)、驼绒藜(*Ceratoides*)、合头草(*Sympegma*)、戈壁藜(*Iljinia*)、小蓬(*Nanophyton*)以及柽柳科的红砂(*Reaumuria*)等属的植物;从属层片的组成成分,有藜科、菊科、十字花科等科的一年生或多年生草本植物。这类荒漠的建群植物,由于生态相近、生活型相同,群落分布的镶嵌现象又十分明显,因此沿用西北群众习称"盐柴"名之。

在这些植物群落分布的地段,一般作为冬春和秋季放牧场。

1. 红砂荒漠

红砂荒漠是我国荒漠地区分布最广的地带性植被类型之一。它东自鄂尔多斯西部,经阿拉善、河西、北山地区、柴达木盆地、哈顺戈壁,西到准噶尔和塔里木盆地。这类群落所在的生境特点为:山地丘陵、剥蚀残丘、山麓淤积平原、山前沙砾质和砾质洪积扇等;土壤一般为灰棕荒漠土(在南疆为棕色荒漠土)。在荒漠灰钙土上也有生长,并出现在盐化以至强盐化土上,有的土壤富含石膏。

红砂又名琵琶柴,属于中亚细亚成分,是一种超旱生盐生的矮半灌木。高度一般 20~40 厘米,在极端干旱和盐化的戈壁上,植株低矮、生长稀疏而枯黄。深根性,枝条被沙埋后遇有水分即可生出不定根,在不良的气候条件下,茎干从根际劈裂,进行独特的无性繁殖。

红砂荒漠的群落结构一般比较简单,往往由红砂组成纯群。多数情况下只有半灌木层,而草本层发育不明显。群落稀疏,总盖度 10%~20%,在戈壁地区一般低于 10%。群落中植物种类成分也比较简单。但由于该群系分布范围较广,并生于多种生境,因此整个红砂荒漠群落中伴生植物种类也不少,据不完全统计,有 70 余种。常见的有梭梭、珍珠猪毛菜、绵刺、泡泡刺、膜果麻黄、无叶假木贼、短叶假

木贼、盐爪爪(*Kalidium gracile、K. caspicam、K. schrenkianum、K. cuspidatum*)、柽柳(*Tamarix ramosissima、T. hispida、T. laxa*)、白刺(*Nitraria roborowskii、N. sibirica、N. tangutorum*)、合头草、刺旋花、囊果碱蓬、小叶碱蓬(*Suaeda microphylla*)、四齿芥、抱茎独行菜、沙生针茅、东方针茅(*Stipa orientalis*)、叉毛蓬、散枝猪毛菜(*Salsola brachiata*)、驼绒藜、蒙古葱、多根葱、盐生草等。这些植物有些在不同地段,还作为共建种或优势种分别与红砂组成群落。

红砂群系由于分布范围广,生于多种生境中,因此群落类型分异较大。在不同地区和不同生境条件下,红砂群落的组成特点也不同,如:

(1)在砾质或沙砾质山前洪积平原、戈壁及石质低山丘陵上,红砂与一些超旱生灌木、半灌木组成群落。主要有:红砂+珍珠猪毛菜和红砂+绵刺群落(成为阿拉善东部及河西走廊东部典型的地带性植被),红砂+泡泡刺群落(阿拉善西部及诺敏戈壁),红砂+膜果麻黄群落(天山南麓),以及单纯的红砂群落(天山南麓洪积扇、哈顺戈壁与河西)。在这些广大戈壁地区,红砂群落极其稀疏,总盖度仅 5%~10%,在中部戈壁上不到 1%。群落的层片结构一般不明显,群落的种类组成也极贫乏,伴生种很少。

(2)在准噶尔盆地古老冲积平原及沙丘间平地的壤土或黏壤质荒漠灰钙土上,红砂与多种生活型的植物组成多样的群落。主要有:红砂与短生植物——四齿芥、抱茎独行菜、齿稃草(*Schismus arabicus*)、珠芽早熟禾等组成的群落;红砂与一年生盐柴类草本植物——叉毛蓬、散枝猪毛菜、紫翅猪毛菜(*Salsola affinis*)、角果藜、柔毛盐蓬(*Halimocnemis villosa*)等组成的群落;红砂与矮半灌木——无叶假木贼组成的群落;红砂与小乔木——梭梭组成的群落等。群落总盖度一般达 10%~30%,植物种类组成比较丰富,群落层片结构明显。

(3)在准噶尔盆地冲积平原及河西、乌兰布和沙漠盐渍化或强盐渍化黏壤土及沙壤土上,有红砂与盐爪爪(*Kalidium gracile、K. caspicam、K. schrenkianum*)、红砂与白刺(*Nitraria roborowskii、N. sibirica、N. tangutorum*)、红砂与柽柳(*Tamarix ramosissima、T. hispida、T. laxa*)、红砂与囊果碱蓬、小叶碱蓬等组成的各类群落。

(4)在东天山北麓的巴里坤盆地与天山南坡的低山带的砾石-沙壤质土上,红砂荒漠发生草原化,

群落中有较多的旱生草原丛生禾草,如沙生针茅、东方针茅等加入,形成旱生禾草层片。

此外,在昆仑山与阿尔金山山麓洪积扇和低山,还分布有喀什红砂(*Reaumuria kaschgarica*)和黄花红砂(*R. trigyna*)为主的稀疏荒漠植被。

红砂荒漠是西北荒漠区分布最广泛的半灌木荒漠类型,也是面积较大的荒漠放牧场,可供骆驼放牧。在壤质土平原上的红砂荒漠,又是开垦新农地的主要对象,那里地形平坦、细土层深厚;但需进行洗盐排水等改良措施和营造护田林网,以防次生盐渍化和起沙。

2. 驼绒藜荒漠

驼绒藜荒漠广泛分布于准噶尔盆地、天山南坡、昆仑山北坡、西藏阿里西部山地、柴达木盆地西部、阿拉善东部的贺兰山和狼山的山前平原以及阿拉善中部的沙砾质戈壁。从准噶尔盆地 500~700 米的平原到昆仑山北坡的 3500 米和阿里西部 4600~5200 米的山地都有分布。所适应的土壤为棕钙土、灰钙土、灰棕荒漠土或棕色荒漠土,基质有沙质、壤质、砾质以至石质。

驼绒藜属于地中海-中亚成分,为基部强烈分枝的半灌木,小枝和叶上密被灰色绒毛。植株的高度因生境而异,一般 20~40 厘米,在水分条件好的地方可高达 60~100 厘米。群落结构特征和种类组成因生长地区和生境不同而差异很大,或由驼绒藜形成单优势种群落,或与其他一些种类共同组成不同类型的驼绒藜群落,属于后面一种情况的主要有:

(1)在准噶尔盆地边缘、伊犁谷地和额尔齐斯河阶地沙丘上,驼绒藜与小半灌木蒿类及短生植物组成群落。群落盖度达 25%~55%,层片结构明显,种类组成丰富。形成矮灌木层片的蒿类有地白蒿、毛蒿(*Artemisia schischkinii*)、苦艾蒿;类短生植物层片有囊果薹草、独尾草等。伴生植物有沙拐枣、木贼麻黄、沙穗(*Eremostachys moluccelloides*)、抱茎独行菜、中亚胡卢巴(*Trigonella tenella*)、鹤虱、小车前、角果藜、银沙槐、伊犁黄芪(*Astragalus iliensis*)等。

(2)在诺敏戈壁、博乐谷地、阿尔泰山南麓、北塔山和天山南麓的山麓洪积扇,以及柴达木西部的山间盆地砾质性较强的盐化石膏荒漠土上,驼绒藜常与盐柴类小半灌木形成群落。群落总盖度为 15%~20%。从属层片中的种类组成因地而异。天山以北有小蓬、东方猪毛菜(*Salsola orientalis*)、盐生

假木贼等;天山以南为合头草、戈壁藜、无叶假木贼等;柴达木西部为红砂。伴生植物有木蓼、木旋花、木地肤、膜果麻黄、泡泡刺、裸果木、黄花补血草、细枝盐爪爪等。

(3)在准噶尔盆地北部和阿拉善东部的贺兰山、狼山及巴彦诺尔梁的山前平原或山间谷地,由于气候条件稍湿润或水分条件稍好,一些多年生禾草加入群落,形成从属层片,使驼绒藜荒漠呈现草原化特征。群落盖度为 20%~30%,层片结构明显,种类组成较丰富。组成从属层片的多年生禾草,在准噶尔有沙生针茅、东方针茅、无芒隐子草等;在阿拉善有沙生针茅、短花针茅、无芒隐子草、冠芒草、蒙古葱等。这种群落在阿拉善还有霸王、沙冬青、狭叶锦鸡儿、柠条、绵刺等作为次优势种,形成从属的灌木层片。

这种多年生禾草-驼绒藜草原化荒漠,在西藏阿里西部山地也有明显的发育。群落总盖度达 35%~40%,其中驼绒藜层片盖度达 15%~25%,多年生禾草层片盖度达 3%~10%,主要由沙生针茅或羽柱针茅(*Stipa subsessiliflora* var. *basiplumosa*)组成。此外,群落中还加入较多的具刺灌木——变色锦鸡儿(*Caragana versicolor*)或灌木亚菊。伴生植物有灰白燥原荠(*Ptilotrichum canescens*)、异叶青兰(*Dracocephalum heterophyllum*)、藏大戟(*Euphorbia tibetica*)、藏二裂叶委陵菜(*Potentilla bifurca* var. *moorcroftii*)、短花针茅、青藏薹草(*Carex moorcroftii*)、匙叶芥(*Christolea crassifolia*)等[4]。

(4)驼绒藜的单优种群落,出现于高度荒漠化的干旱石质山地的碎石地上,如天山南北坡的荒漠石质低山干谷、昆仑北坡的干旱河谷高阶地与石质山地,以及西藏阿里地区最干旱的班公湖北岸的喀喇昆仑石质山地。群落盖度 5%~15%,伴生植物十分稀少。

驼绒藜群系在荒漠地区发育良好,特别是在草原化荒漠地区,群落中种类组成丰富,草本层显著发育,饲用性草本植物营养价值较高。驼绒藜亦为优良饲草,是良好的放牧场。

3. 珍珠猪毛菜荒漠

本类型分布在宁夏河东沙区、灵武县山地丘陵、内蒙古西部及乌兰布和沙漠西部山前、贺兰山山间盆地,河西走廊也有分布。生境主要为山前切割丘陵或洪积冲积平原的沙砾质地,土壤为灰棕色荒漠土。分布的海拔由东部的 1500 米向西逐渐升高到

山丹为 2000 米，到酒泉可达 2400 米。

建群种珍珠猪毛菜，为亚洲中部特有成分，高 10～30 厘米，常与红砂共同组成荒漠群系。群落的种类组成比较简单，主要伴生植物有短叶假木贼、合头草、尖叶盐爪爪、细枝盐爪爪、猫头刺、刺旋花等小半灌木；灌木种类有泡泡刺、霸王、狭叶锦鸡儿和绵刺；一年生植物有小画眉草、白茎盐生草（Halogeton arachnoideus）；多年生草本植物有沙生针茅、无芒隐子草、蒙古葱、多根葱等。层片结构较为多样。群落总盖度约 10%。

本群系可用作羊与骆驼的放牧场。

4. 蒿叶猪毛菜荒漠

本类型主要分布在马宗山地区海拔 1900～2200 米的山间盆地、残丘低地和洪积倾斜平原，祁连山西段北麓 2100～3200 米的冲积洪积扇、山前丘陵、河流阶地和丘间低地，以及阿克赛哈尔腾谷地 3100～3500 米的冲积洪积扇。此外，亦见于青海中吾隆山北坡山前冲积洪积扇。

分布区的气候，是典型的温带荒漠气候，年降水量 60～80 毫米，大多以暴雨的形式集中于夏季，占全年降水量 60% 以上，干燥度 5～6。土壤为石膏灰棕荒漠土和原始灰棕荒漠土。地表均具不同覆盖度的砾幕。

蒿叶猪毛菜可以认为是亚洲中部荒漠西戈壁-柴达木区系的种类，是一种耐旱性十分强的小半灌木，株高 20～40 厘米。

蒿叶猪毛菜荒漠群落结构比较稀疏，总盖度 5%～20%，最高可达 30%。层次不明显。

组成群落的植物种类极其贫乏，据不完全统计，共有 20 种左右。除建群种外，属于灌木和小半灌木有红砂、泡泡刺、著状亚菊、合头草、膜果麻黄、驼绒藜、旱蒿（Artemisia cf. xerophytica）等。

随着海拔升高，或者水分条件较好，并以细沙为基质的地段，常出现草原成分的多年生丛生小禾草和丛生鳞茎植物——沙生针茅、多根葱、蒙古葱等。

夏秋一年生植物，在降水较多的年份里，稍发育，属于这类植物主要有盐生草、蒙古虫实（Corispermum mongolicum）、绵蓬等。

本类型只宜用作放牧场。产草量鲜重 400 千克/公顷，但大部分地区由于缺水，没有得到充分利用。

5. 合头草荒漠

合头草为亚洲中部种，是一种高 20～50 厘米的超旱生小半灌木。合头草荒漠群落广泛分布于天山南坡、帕米尔东坡、昆仑山北坡，并沿着库鲁克塔格向东分布到哈顺戈壁，直至腾格里沙漠中的双黑山、骡子山和乌兰布和沙漠西部的巴彦乌拉山等地。

生长环境一般为石质山地及剥蚀残丘，土壤为棕色荒漠土，土壤的机械组成或者是砾质、石质，或者是沙壤质。

这类荒漠中，大部分为合头草单优势种群落，总盖度达 15%～18%，有时高达 25%；在本区东部某些局部地段，还有高达 30%～45% 的，但也有低至 3% 的，因具体生态条件而异。

群落的种类组成，在昆仑山北坡覆有黄土状亚沙土上，有黄花瓦松（Orostachys spinosus）、盐生草、肉叶雾冰藜等；在天山南坡，有无叶假木贼、膜果麻黄、裸果木、喀什霸王、红砂、盐生草等。在甘肃西部石质低山沟的极端干旱条件下，则有松叶猪毛菜（Salsola laricifolia）、霸王、短舌菊（Brachyanthemum）、短叶假木贼、裸果木、泡泡刺、紫菀木、刺旋花、蒿叶猪毛菜、珍珠猪毛菜、麻黄（Ephedra sinica）、叉枝鸦葱等。

在天山南坡较高处，出现草原化合头草荒漠。多年生禾草层片中，主要是沙生针茅、冠芒草等，其他伴生种类有芨芨草、栉叶蒿（Neopallasia pectinata）、圆叶盐爪爪、驼绒藜等。群落总盖度达 30%。

本区东部的合头草群落中，常见的种类如短叶假木贼、珍珠猪毛菜、多根葱、沙生针茅、戈壁针茅等，盖度达 30% 以上。

合头草为骆驼喜食的牧草。本群系构成的草场，是良好的骆驼秋季抓膘草场，干鲜均可饲用。

6. 戈壁藜荒漠

戈壁藜也是一个亚洲中部种，是一种典型的超旱生小半灌木，常形成单优群落。它分布在东疆的哈密盆地、伊吾地区、喀什至库尔勒的山前洪积扇和布克谷地、艾比湖西岸第三纪残余平原的干沟。土壤为砾质或沙砾质的石膏棕色荒漠土或石膏灰棕色荒漠土。戈壁藜株高 20～40 厘米，盖度不及 10%。群落种类组成很贫乏，在天山以北，伴生植物有梭梭、膜果麻黄、木贼麻黄、亚列氏蒿（Artemisia sublessingiana）、毛足假木贼（Anabasis eriopoda）、泡果沙拐枣（Calligonum junceum）、大叶补血草（Limonium gmelinii）等；在天山以南，则有红砂、无叶假木贼、喀什霸王、裸果木、圆叶盐爪爪、合头草、叉枝鸦葱等。

这种草场只宜于牧放骆驼。

7. 小蓬荒漠

小蓬属于中亚种，是高 5～10 厘米的小半灌木。这类荒漠群落，在我国主要分布于阿尔泰山南麓、准噶尔西部山地东麓、天山北麓、北塔山南麓和伊犁谷地、博乐谷地的海拔 600～1000 米的山麓洪积扇或河岸古老阶地上。土壤高度砾质化，为砾石占 30%～95% 的棕钙土、灰钙土和灰棕荒漠土。

以小蓬为单优势种的群落，分布最广。群落总盖度 10%～30%，具有暗褐色垫形的群落外貌。群落的种类组成从十余种至一二种不等，除建群种外，还有驼绒藜、小蒿（*Artemisia gracilescens*）、盐生假木贼、木地肤等小半灌木和沙生针茅、多根葱、角果藜、盐生草、四齿芥、荒漠庭荠、刺果鹤虱等草类。

在乌伦古河以北和北塔山一带海拔 1200 米以上的山麓洪积扇，土壤具有明显的盐化特征的生境中，小蓬与红砂、盐生假木贼、小蒿组成超旱生的小半灌木群落，总盖度 20%～30%。种类组成除上述外，还有驼绒藜、小甘菊（*Cancrinia discoidea*）、沙生针茅等。

在伊犁谷地、博乐谷地和阿尔泰山南麓海拔 1000 米左右的低山上，土壤仍然砾质化，小蓬与草原禾草形成草原化荒漠类型的群落。草类层片主要由沙生针茅、针茅（*Stipa capillata*）、寸草薹（*Carex duriuscula*）组成，总盖度 10%～15%。其他种类还有博乐蒿、小蒿、多根葱、沟叶羊茅（*Festuca sulcata*）、无芒隐子草等。

这类荒漠群落是牧放羊群的较好草场。

8. 无叶假木贼荒漠

无叶假木贼属中亚成分，是一种无叶、浓绿色肉质枝的半灌木。它所组成的群落分布在准噶尔盆地西南部古湖盆地区、天山南坡和昆仑山北坡海拔 1200～1600 米低山山麓洪积扇上。

在准噶尔盆地的黏质龟裂型土壤上，无叶假木贼常形成单优势种群落，高 30～50 厘米，总盖度 15%～30%。在土壤水分较有利的季节，常有浆果猪毛菜、紫翅猪毛菜、叉毛蓬、柔毛盐蓬、盐生草等一年生草本植物出现。

在天山南坡和昆仑山北坡洪积扇，无叶假木贼与超旱生的灌木和半灌木——裸果木、木旋花、戈壁藜、圆叶盐爪爪、膜果麻黄、红砂等组成群落，植丛十分稀疏，总盖度 1%～5%，组成种类也十分贫乏。

无叶假木贼体内含有生物碱"阿纳巴辛"，有毒，是一种良好的兽医用杀虫药剂原料。

9. 盐生假木贼荒漠

本群落主要分布在新疆额尔齐斯河与乌伦古河之间的古老阶地，以及乌伦古河以南的第三纪台地上。在天山北麓的洪积扇和低丘也有小面积分布。群落所在的典型土壤，是盐化或碱化的淡棕钙土和灰棕荒漠土，有的土壤中含有石膏层；机械组成为砾质、砾沙质或壤质。它是新疆荒漠植被中的地带性植被类型之一。

盐生假木贼属于中亚成分。这种荒漠群落低矮，高 5～10 厘米（强砾质土壤上）或 10～20 厘米（砾沙质、黏质土壤上），总盖度 5%～10% 或 15%～30%。伴生植物：在小半灌木层片中，有木贼麻黄、木地肤、木本猪毛菜、小蓬、驼绒藜、展叶假木贼、小蒿、博乐蒿、地白蒿等；多年生草本，有翼果霸王（*Zygophyllum pterocarpum*）、多根葱；一年生植物，有叉毛蓬、盐生草等。随着土壤基质和含盐量的不同，群落的组成有较大的差异。

在平坦的山麓洪积扇、高位阶地和河间平地的砾质、沙砾质或黏质的盐化石膏灰棕荒漠土和棕钙土上，盐生假木贼形成单优群落，盖度 5%～10%。伴生种类有展叶假木贼、木贼麻黄、木地肤、博乐蒿、木本猪毛菜、小蓬等超旱生小半灌木，草本植物很少见。

在河岸阶地、山麓低丘上的沙壤或壤质、含盐较重的土壤上，盐生假木贼与白滨藜（*Atriplex cana*）、小蒿、博乐蒿、木碱蓬形成群落，盖度 15%～20% 或高达 35%。种类组成 5～15 种，有梭梭、膜果麻黄、沙拐枣、毛蒿、东方猪毛菜；草本植物有柔毛盐蓬、角果藜、盐生草、刺沙蓬及少量一年生短生草本植物，如刺果鹤虱、四齿芥、荒漠庭荠、中亚胡卢巴（*Trigonella tenella*）等。

在乌伦古河以南高平原的低洼地，土壤为盐化沙壤土、沙土或覆薄沙黏土，盐生假木贼与一年生草本植物形成群落。建群层片高 10～15 厘米，从属层片中有小甘菊、紫翅猪毛菜，总盖度 15%～25%。组成群落的其他种类还有角果藜、散枝猪毛菜、小车前、四齿芥、抱茎独行菜、鹤虱等。

在准噶尔北部山麓平原、高平原或低洼地边缘，土壤为沙土或覆薄层沙的壤土，盐生假木贼与一年生短生草本植物组成群落。群落高 10～15 厘米；一年生短生草本植物中，常见的种类有抱茎独行菜、齿丝庭荠、东方旱麦草、四齿芥等，总盖度 10%～25%。

其他植物种类 9~13 种，如翼果霸王、多根葱、沙生针茅、角果藜、叉毛蓬、散枝猪毛菜、长喙牻牛儿苗等。

盐生假木贼不能饲用，但群落中的其他植物可供放牧用，为低质放牧场。

10. 短叶假木贼荒漠

本群落主要分布在新疆东部，零星出现于玛依尔山东坡、艾比湖盆地南缘、博格达山南坡以及阿拉善地区的干旱山麓低矮石山上。在极端干旱的北山山麓洪积扇和山间砾质平原也有这类群落分布。土壤是强石质灰棕色荒漠土或棕色荒漠土。

短叶假木贼是盐生假木贼在东南部荒漠的替代种，是典型的亚洲中部荒漠类型。单优势种的短叶假木贼群落，高 5~10 厘米，总盖度 5%~10%。种类组成极其贫乏，常见的伴生植物有霸王、戈壁藜、驼绒藜、膜果麻黄、红砂等。

在海拔 1400~1600 米的低山上，短叶假木贼同旱生禾草形成草原化荒漠群落，以沙生针茅、东方针茅形成从属层片，总盖度 10%~15%。其他种类还有盐生假木贼、展叶假木贼、驼绒藜、准噶尔紫菀木（*Asterothamnus polifolins*）等。

本群落属于低质放牧场。

（二）多汁盐柴类半灌木、小半灌木荒漠

多汁盐柴类半灌木、小半灌木荒漠分布在本区的滨湖平原、河岸、扇缘和局部低洼处的强盐土上，地下水位 1~4 米，20 厘米以上的表土含氯化钠和硫酸钠可达 10%~30%。在这种生境下，建群层片由一些中温、生理性旱生、多汁的盐生和湿盐生的小半灌木或半灌木组成。具有代表性的有盐穗木、盐节木、盐爪爪、碱蓬、滨藜等属植物，还有一些一年生湿盐生植物。

11. 盐穗木盐漠

盐穗木是在地中海到中亚广布的种。本群落在我国主要分布于塔里木盆地和焉耆盆地，天山北麓湖滨平原和北山地区亦有小面积出现。在地下水位 2~4 米深，地形微倾斜的排水良好的沙壤质结皮盐土和龟裂形盐土上，地表具有 2~5 厘米的盐结皮，0~30 厘米土层的含盐量为 10% 左右。建群种盐穗木因土壤含盐量与地下水位的不同，而有不同的群落组成。

在塔里木盆地周围山前冲积平原和开都河三角洲，地下水位 2.5~4 米。在这里，盐穗木与潜水旱中生灌木形成群落。建群层片高度 80~100 厘米，从属层片高 1~2 米，由刚毛柽柳（*Tamarix hispida*）、多枝柽柳（*T. ramosissima*）、长穗柽柳（*T. elongata*）等灌木组成，总盖度达 30%。其他伴生植物有盐爪爪、黑果枸杞、西伯利亚白刺、芦苇、花花柴、疏叶骆驼刺、胀果甘草（*Glycyrrhiza inflata*）等。

随着地下水位下降到 3.5 米以下，土壤盐渍化加强，盐穗木形成稀疏的单优势群落。高度达 1.2 米，盖度 10%~15%，多呈衰枯状态。伴生种类有刚毛柽柳、黑果枸杞、芦苇、地梢瓜（*Cynanchum thesioides*）等。

12. 盐节木盐漠

盐节木属于地中海-中亚成分，由它形成的群落广泛分布于天山南麓山前平原和罗布泊湖盆、阿尔金山山麓、吐鲁番盆地扇缘地带、若羌和库尔勒冲积扇下部以及北疆的玛纳斯湖湖滨平原。土壤为潮湿的盐土或结皮盐土，0~30 厘米土层含盐量达 10%~20%。地下水位深 20~100 厘米或深达 200~300 厘米，矿化度 10~30 克/升。盐节木随地下水位的深浅、群落的组成和结构有不同的特点。

盐节木单优势种群落，是典型的木本盐柴类盐漠类型。单层结构，组成种类很贫乏。它生长茂密，株高 30~100 厘米，盖度 5%~60%，个别地段达 80%~90%。伴生种类一般是多枝柽柳、刚毛柽柳、芦苇、大叶补血草等。这些植物常因土壤重度盐渍化而生长不良。当地下水位降至 1.5~2 米时，群落变得稀疏起来，盖度减至 10%~30%，但伴生植物种类增多，除上述种类外，还有盐穗木、花花柴、西伯利亚白刺等。在若羌以北的台特马湖滨湖平原，由于地下水位深达 3~4 米、地表有 5~15 厘米厚的盐壳，盐节木的生长明显地受到抑制，植株高仅 10~20 厘米，丛径 20~25 厘米，盖度也降低为 5%~10%，表现为稀疏衰弱的状态。

在若羌和库尔勒的洪积扇下部、壤质的结皮盐土上，地下水深 2~3 米，矿化度 10~20 克/升的生境，盐节木与潜水旱生灌木刚毛柽柳、多枝柽柳（株高 1.5~1.8 米）组成稀疏的群落，总盖度 5%~10%。其他种类还有芦苇、疏叶骆驼刺、花花柴、胀果甘草和盐穗木。

在阿尔金山北麓、吐鲁番盆地扇缘低地和玛纳斯湖滨的潮湿盐土上，盐节木同芦苇组成群落，表现为向盐化沼泽草甸植被过渡。除盐节木外，有稀疏的芦苇组成从属层片，盖度 5%~15%，伴生有个别

的刚毛柽柳、盐穗木、黑果枸杞和一年生的盐角草、碱蓬等。

13. 白滨藜盐漠（Form. _Atriplex cana_）

白滨藜是一中亚种，这类群落分布在额尔齐斯河和乌伦古河河间地区的小洼地、盐池周围和准噶尔盆地南部。它们所在的土壤是比较干燥的盐渍化草甸型淡棕钙土和灰棕荒漠土。

白滨藜高 25～30 厘米，常形成单优势种群落，盖度 30% 左右，伴生稀少的盐生假木贼和石果鹤虱等草本植物。

在盐池周围较潮湿的土壤上，白滨藜与草甸植物形成草甸化群落，总盖度 50%～60%。种类组成较丰富，群落有三层结构。第一层为中生的草本层，高 1～1.5 米，盖度约 10%，占优势的植物有芦苇、芨芨草、赖草（_Aneurolepidium dasystachys_）、大叶白麻（_Poacynum hendersonii_），其中并杂有多枝柽柳和铃铛刺两种灌木；第二层是白滨藜的建群层片，高 15～25 厘米，盖度 30%～40%，伴生有囊果碱蓬、盐爪爪、木地肤、心叶驼绒藜（_Ceratoides ewersmanniana_）等；第三层是樟味藜（_Camphorosma lessingii_）、滨藜等，盖度约 10%。

白滨藜为马与骆驼的冬季饲料，其群落可供冬牧场用。

14. 囊果碱蓬、小叶碱蓬盐漠

本群落分布在天山北麓扇缘低地和乌伦古河下游盐池周围的盐土上。

囊果碱蓬是一中亚种，它常与盐生假木贼、红砂和盐爪爪分别组成不同的群落，群落高 50～80 厘米，盖度 10%～15%，伴生植物很少，只有个别的黑海盐爪爪、盐穗木、纵翅碱蓬（_Suaeda pterantha_）、西伯利亚白刺、大叶补血草等。

在潮湿盐土上，囊果碱蓬与盐爪爪组成的群落生长最为茂密，总盖度 5% 以上，有白滨藜、盐节木、赖草等伴生。

这类群落可用作骆驼和羊的放牧场。囊果碱蓬根上寄生有盐生肉苁蓉（_Cistanche salsa_），可供药用。

小叶碱蓬也是一个中亚种，它组成的群落常与本群落相结合分布，或形成共建的群落。

15. 圆叶盐爪爪盐漠

这一类荒漠群落在本区分布在天山南坡和硕以西海拔 1600～1900 米，在阿克苏上升至 1700～2400 米，到吐尔尕特为 2000～2500 米。在帕米尔东坡分布于海拔 1900～2400 米，而在昆仑山北坡则在 2700 米以上的山地。在这些地区，圆叶盐爪爪生长于山前倾斜平原上部、山间平地及干旱剥蚀低山和中山带的洪积锥和坡积物上。土壤为盐渍化和强砾质化的棕色荒漠土。

圆叶盐爪爪属于中亚成分，为旱生小半灌木，常与超旱生半灌木形成群落，大面积地分布于天山南坡、帕米尔东坡和昆仑山北坡。建群层片中还有戈壁藜、合头草和红砂，总盖度 3%～12%，其他伴生植物有无叶假木贼、盐生草、小苞瓦松（_Orostachys thyrsiflora_）、展叶假木贼、天山猪毛菜（_Salsola junatovii_）、膜果麻黄、喀什霸王等。

在喀什地区的山麓洪积扇上，圆叶盐爪爪与无叶假木贼形成的群落，总盖度 3%～5%，伴生有少量的红砂。

在天山南坡局部较高地段，圆叶盐爪爪群落发生草原化，有稀疏的禾草层片，由沙生针茅、东方针茅、中亚细柄茅构成，群落总盖度达 15%。在群落中还有木贼麻黄、紫菀木、红砂、天山猪毛菜等植物伴生。

这类荒漠群落为低质的放牧场。

16. 尖叶盐爪爪盐漠

尖叶盐爪爪属于内蒙古、新疆、陕西、甘肃特有成分，它形成的荒漠群落广泛分布于我国荒漠地区，在我国阿拉善、河西走廊、柴达木盆地以及新疆地区均有分布。它们主要生长在湖盆低地的盐渍土上，地下水位浅，在 1.5 米左右，土层中常有盐的结晶。

群落中植物种类单纯，尖叶盐爪爪有时成为纯群。常见的伴生植物有西伯利亚白刺、西伯利亚滨藜（_Atriplex sibirica_）、白茎盐生草、盐爪爪、细枝盐爪爪等。

尖叶盐爪爪高 50 厘米左右，一般生长良好，在受放牧影响较少的地方，盖度可达 60% 以上。这种植物除骆驼喜欢采食外，其他牲畜都不爱采食。

在本区，在同尖叶盐爪爪生长相似的生境中，还有细枝盐爪爪和盐爪爪群系的分布。

（三）蒿类荒漠

蒿类的半灌木荒漠主要分布在本区沙地、沙丘、前山低山、山麓洪积扇，有的上升到中山-亚高山带。土壤碳酸钙含量高，但不含石膏或盐分。建群层片由中温、旱生而多茸毛的小半灌木蒿类植物组成。在具有冬雪、春雨的地区，有利于短生植物层片发育,由禾本科、莎草科、十字花科、紫草科、百合科等科植物构成;在沙地和沙丘,草本植物,特别是一年生植物层片,如藜科的沙米、虫实、角果藜等属植物发育良好。这类群落所在地是良好的冬春放牧场,并蕴藏多种药用、芳香油植物资源。

17. 籽蒿、沙竹荒漠

籽蒿和沙竹都是内蒙古特有种。沙竹是多年生具有地下茎的高大禾草,籽蒿则为半灌木。这两种植物经常共同形成群落,在我国分布在西至巴丹吉林沙漠中部,东到乌兰布和沙漠,是阿拉善流动沙丘上分布最普遍的类型,也零星分布到陕北榆林一带。

生长环境为流动沙丘的中下部及平沙地。在这里,籽蒿一般生长在丘间低地和沙丘下部,沙竹则在沙丘中上部;但二者在低平地上生长得更好。它们都是依靠大气降水和沙层凝结水生长。

籽蒿为典型的沙生半灌木,高达 1 米左右,分枝多而细,有深长的主根和发达的侧根,种子表面有胶质,遇水即与沙粒黏结成球,可促进发芽,适于沙地生长。

沙竹为高 0.5~1.0 米的禾草,根茎繁殖,走茎一般长 10 米,最长的达 30~40 米,接近地面根的外围有钙质胶结物的"根套",可防止沙层高温灼伤。

这种群落有 10~15 种植物,除建群种外,主要是沙生灌木、半灌木和沙生一年或二年生草本植物。如沙拐枣、细枝岩黄芪(*Hedysarum scoparium*)、木蓼、蒙古岩黄芪(*Hedysarum mongolicum*)、沙米、绵蓬、虫实、野茴香(*Ferula rigida*)、沙芥(*Pugionium cornutum*)、蒙古葱、油蒿(*Artemisia ordosica*)等。

这类群落的盖度很小,总盖度仅 1%~5%,个别丘间低地和平沙地沙层较湿润的地段,可达 10%~15%。群落结构简单,一般只有籽蒿和沙竹两个层片,前者占优势。在夏秋雨后,则出现一年生的沙米层片。

籽蒿、沙竹群系是阿拉善地区流沙上的代表群落,它在演替系列中是作为先锋群落而存在的。当植被盖度增加而流沙趋于稳定时,油蒿逐渐侵入,籽蒿和沙竹则渐次衰亡,原来伴生的细枝岩黄芪、沙拐枣、沙米等植物也逐渐消亡,最后为油蒿群落所代替。

群落中的籽蒿、细枝岩黄芪、木蓼是优良的固沙先锋植物,沙竹和沙米等是优良饲草,特别是夏季雨后,沙米层片大量地出现,是畜群抓膘的重要牧场。在巴丹吉林沙漠东北部的广大平缓沙地上,沙竹生

长特别好,盖度达 10%~15%,牧民加以封育作为割草基地。

18. 沙蒿荒漠

沙蒿广布于亚洲中部。在本区的准噶尔盆地、伊犁谷地,以及塔里木盆地和阿拉善皆有分布。

固定和半固定沙丘上的沙蒿群落十分稀疏,盖度不超过 10%,伴生有一些其他沙生植物,如沙拐枣、苦艾蒿、木贼麻黄、三芒草(*Aristida pennata*, *A. adscensionis*)、沙米、虫实等。在准噶尔和伊犁地区沙漠上的沙蒿群落,以类短生植物与一年生短生植物层片为特征。在准噶尔北部和阿拉善东部的沙蒿群落,则发生草原化,有沙生针茅等荒漠草原禾草种类加入。

沙蒿荒漠可供放牧,但不宜过度,否则将破坏植被而引起流沙。

19. 苦艾蒿荒漠

以苦艾蒿为建群种的沙漠植物群落,也是中亚沙漠植被类型之一。在本区分布于准噶尔的古尔班通古特沙漠边缘和额尔齐斯、乌伦古河谷阶地沙丘上。

在准噶尔固定沙丘上,苦艾蒿常与类短生植物囊果薹草、长喙牻牛儿苗等形成群落,盖度可达 20%~25%;伴生植物种类较丰富,有白梭梭、梭梭、白杆沙拐枣、木贼麻黄、角果藜、倒披针叶虫实、刺沙蓬、对节刺、东方旱麦草等。

在北准噶尔额尔齐斯河谷沙丘上的苦艾蒿群落发生草原化,有沙生针茅、沙生冰草(*Agropyron desertorum*)等加入,群落盖度 20%~30%。

20. 地白蒿荒漠

地白蒿属于中亚成分。以它为建群种的群落分布在阿尔泰山南麓的洪积扇和准噶尔盆地古尔班通古特沙漠以北、乌伦古河以南的广阔覆沙平原上。典型的土壤为荒漠灰钙土和棕钙土。建群种地白蒿所组成的群系,常小面积地与其他荒漠群落构成复合体。地白蒿层片高 20~25 厘米,群落总盖度 20%~25%,个别地段可达 40%。伴生植物有半灌木、小半灌木和草本植物——木地肤、盐生假木贼、松叶猪毛菜、红砂、囊果薹草、沙生针茅、珠芽早熟禾,还有一年生短生植物形成的早春季节层片,如鹤虱、小车前、长喙牻牛儿苗、东方旱麦草、齿丝庭荠、四齿芥等。

在沙漠边缘沙丘间薄沙地上,地白蒿与类短生草本和一年生短生草本形成群落,群落发育较好,盖

度可达 40%。种类组成比较丰富,有 3~17 种,伴生种有细叶鸢尾(*Iris tenuifolia*)、珠芽早熟禾、囊果薹草以及上述一年生短生草本植物层片。地表常有黑色地衣层片。

在阿尔泰山南麓和古尔班通古特沙漠北部的薄沙地上,地白蒿与沙生针茅组成草原化荒漠群落,盖度 15%~20%。群落组成简单,有 4~6 种,伴生植物有红砂、盐生假木贼、松叶猪毛菜等。

地白蒿是优质的牧草,枝叶是提炼芳香挥发油的原料。

21. 博乐蒿荒漠

中亚种的博乐蒿形成荒漠植被,主要分布在天山北坡山麓与低山,向东沿天山北麓至木垒河的山麓洪积扇上,自西向东从海拔 600 米上升至 1000 米。典型土壤为壤质、沙壤质或砾质的荒漠灰钙土和棕钙土。这一类型常与盐柴类荒漠构成复合体。

建群种博乐蒿形成的单优群落,广泛分布于天山北麓洪积扇,高度 10~20 厘米,盖度 20%~30%,组成种类一般 2~3 种,有时多至 18 种。伴生植物种类有盐生假木贼、木地肤、红砂、散枝猪毛菜、纵翅碱蓬、刺沙蓬、角果藜等;群落中的类短生植物和一年生短生植物层片愈往西愈发达,如珠芽早熟禾,单花郁金香(*Tulipa uniflora*)、四齿芥、荒漠庭荠、东方旱麦草、抱茎独行菜、中亚胡卢巴、石果鹤虱等。地表还有壳状地衣和地龙地衣(*Psora*)层片。

在砾质性较强的洪积扇上,博乐蒿与小半灌木和半灌木组成群落,有小蓬、木地肤、盐生假木贼等加入。群落总盖度 15%~25%,常见的伴生植物还有红砂、驼绒藜、散枝猪毛菜、角果藜、针茅、冰草等。

博乐蒿群落分布地段是重要的冬春放牧场。

与博乐蒿群系在分布与生态上相近的尚有由小蒿、毛蒿与耐盐蒿(*Artemisia schrenkiana*)分别组成的蒿类荒漠,均分布于准噶尔盆地。

22. 喀什蒿荒漠

这一群落主要分布在伊犁谷地、塔城盆地及天山南北坡。在 1000~1200 米的倾斜平原和前山,它适生于降水较多的地区。土壤是无盐渍化的壤质或沙壤质的荒漠灰钙土和灰棕荒漠土,在前山带则为淡栗钙土。

建群种喀什蒿在群落中形成高 20 余厘米的小半灌木层片,总盖度 25%~35%。组成种类一般 3~6 种,有时多至 15 种。伴生的超旱生半灌木有木地肤、高枝假木贼(*Anabasis elatior*)、盐生假木贼、驼绒

藜等。从属层片有类短生草本植物:珠芽早熟禾、厚柱薹草、旱雀麦(*Bromus toctorum*)等;短生植物有:荒漠庭荠、齿丝庭荠、离蕊芥、舟果荠等。并常见到壳状地衣(*Parmelia ryssolea*)层片,但发育不是很好。

在山地草原带下部、海拔 1000~1500 米,喀什蒿群落发生草原化,土壤为淡栗钙土。群落中加入的草原禾草,在伊犁谷地有高加索针茅(*Stipa caucasica*)和旱雀麦;塔城谷地有新疆针茅(*S. sareptana*);而在天山北坡,则有针茅、沙生针茅和沟叶羊茅等。群落总盖度 10%~35%。组成群落的种类并不丰富,一般 10~16 种,常见的有木地肤、小蓬、驼绒藜、盐生假木贼、高枝假木贼、角果藜、冰草(*Agropyron cristatum*)、荒漠庭荠、东方旱麦草等。

喀什蒿群落是重要的冬春放牧场。

23. 昆仑蒿荒漠

昆仑蒿是昆仑山的特有种。以它为建群种的山地蒿类荒漠,分布在昆仑山北坡的中山 - 亚高山带、海拔 2600~3200 米的地段。从西至东大致呈延续的带状。它处在盐柴类小半灌木荒漠的上部,在土壤基质上总是与黄土状亚沙土或壤土相联系。

昆仑蒿荒漠通常具有草原化荒漠的性质,在群落中常有草原禾草,如沙生针茅、沟叶羊茅、早熟禾、银穗羊茅(*Festuca olgae*)、落草(*Koeleria cristata*)等出现,在东部则出现昆山葱(*Allium oreoprasum*)。在分布带的下部常有合头草加入。

这种荒漠群落是昆仑山北坡最重要的放牧场,每公顷产草量约 430 千克。

24. 戈壁短舌菊荒漠

分布于阿拉善中部雅布赖山山麓洪积扇和山前洪积冲积平原,以及邻近的石质低山,土壤基质为沙砾质和石质的棕色荒漠土。

戈壁短舌菊群落组成以旱生、超旱生灌木、半灌木为主。建群种戈壁短舌菊为旱生半灌木,高 30~40 厘米,群落盖度 30%~40%。种类组成中,除建群种占绝对优势外,绵刺也占显著地位。其他常见的有驼绒藜、霸王、合头草、刺旋花、猫头刺、狭叶锦鸡儿等。

草本植物稀疏,不能形成明显的层片,其中属于多年生草本植物的有沙生针茅、中亚细柄茅;夏秋一年生草本植物有虎尾草(*Chloris virgata*)、小画眉草(*Eragrostis minor*)、锋芒草(*Tragus racemosus*)、三芒草、黑翅地肤(*Kochia melanoptera*)、莳萝蒿(*Artemisia anethoides*)等。

25. 中亚紫菀木荒漠

中亚紫菀木为亚洲中部特有种,是一种菊科半灌木,广泛分布于亚洲中部荒漠,从塔里木盆地至阿拉善皆有出现,但较少形成群落。在塔里木盆地西部昆仑山麓,中亚紫菀木群落分布在山前砾石洪积扇上,多沿径流干沟出现,盖度很低,仅有 6% ~ 8%,伴生种类仅见裸果木。

26. 灌木亚菊荒漠

分布于西藏西部阿里地区海拔 4600 米以下的低山山坡与宽谷中,基质为高度石质化的残积、坡积物、砾石洪积扇或冰碛丘,地表碎石盖度达 70% ~ 90%,其下为含砾石的沙壤质荒漠土。

本群系在阿里山地荒漠区内作为植被基带的组成者,出现于以驼绒藜荒漠为主的山地荒漠带内,常发生草原化。灌木亚菊为旱生的半灌木,叶细裂、色灰绿,高度一般为 20 ~ 30 厘米,在 8—9 月黄花盛开,使单调而枯燥的荒漠顿时一片金黄,生机勃勃。群落的盖度十分稀疏,盖度一般不足 10%,但在分布带的上部有较多草原禾草加入的情况下,可达 20%。群落的结构与组成均很简单,以灌木亚菊形成稀疏的基本层次,常混生有驼绒藜与匙叶芥,当沙生针茅出现较多时,构成第二层,使群落具有草原化特征。其他的伴生草类很少,有灰白燥原荠、藏大戟等。

可用作冬春放牧场,亩产鲜草约 20 千克。

27. 亚菊、灌木亚菊荒漠

本类分布在阿拉善东部的狼山、贺兰山山麓的砾质戈壁或固定沙地和天山北坡。

亚菊和灌木亚菊是两种共建的半灌木,建群层片高 15 ~ 20 厘米,盖度 20%。此外,伴生种类中属于灌木的有霸王、沙冬青、刺旋花、油蒿等;草本层植物主要有沙生针茅、无芒隐子草、蒙古葱等。

在天山北坡,海拔 1500 米多砾石地段的土壤上,灌木亚菊同喀什蒿形成建群层片。从属层片由小禾草的沙生针茅、冰草等组成。群落中种类组成不超过 10 种,其他伴生种类还有木地肤、驼绒藜、短叶假木贼等。

此外,本区尚有木本猪毛菜、松叶猪毛菜、天山猪毛菜、东方猪毛菜、展枝假木贼(*Anabasis truncata*)和近艾菊(*Hippolytia herderi*)等为主的半灌木、小半灌木荒漠群系,零星分布于各荒漠盆地或低山,面积不大,或与其他荒漠群落相结合。

四、垫状小半灌木(高寒)荒漠

构成高寒荒漠的建群植物的生活型为垫状的小半灌木,颇耐高寒、干旱的大陆性高原气候,群落中的植物种类十分稀少。

就生态地理特点而言,高寒荒漠是在亚洲大陆最干旱的高山和高原的代表植被,是在高原与山地隆起和气候大陆性加强过程中的年轻形成物,它们既是温带荒漠在高山和高原条件下的变体,又是高山植被中最干旱和强度大陆性的植被类型。在青藏高原上自东向西或在我国温带荒漠区自北向南,气候趋于干旱,高山植被的递变皆表现为:高寒(嵩草)草甸-高寒草原-高寒荒漠。其集中分布的地带是昆仑山内部山区、青藏高原西北部与帕米尔高原。

在我国,垫状小半灌木构成的高寒荒漠主要有以下三个群系:

(一)垫状驼绒藜高寒荒漠

在青藏高原上呈地带性分布的垫状驼绒藜高寒荒漠群系,占据着昆仑山和喀喇昆仑山之间海拔 4600 ~ 5500 米的高原湖盆、宽谷与山地下部的石质坡,并局部出现于羌塘高原北部的湖盆周围和阿尔金山、祁连山西段的高山带。此外分布于帕米尔高原和吉尔吉斯斯坦中天山高山带[5,6]。

高寒荒漠地带的气候十分寒冷干旱,年均温 -10 ~ -8℃。月均温在 0℃以下的有 9 ~ 10 个月的时间,全年不存在无霜期,年降水仅 20 ~ 50 毫米,全系固态降水,在湖盆区有大面积永久冻土层发育。垫状驼绒藜群系的主要生境是高原古湖盆与宽谷底部,地形平坦而开阔,基质为湖相或湖滨相沉积物。土壤属高寒荒漠土,常含有盐分,表土轻壤质,夹有小砾石,有龟裂纹,表面常有白色盐霜,向下为沙壤-沙质间层,永冻层存在于 80 ~ 100 厘米深处。此外,在碎石质或沙砾质的干旱山坡上,也分布着片段的垫状驼绒藜群落。

垫状驼绒藜是青藏高原北部特有的高原成分,为垫形的小半灌木,高仅 8 ~ 15 厘米,垫状体直径 20 ~ 40 厘米,基部有小土丘,叶小而质厚,极耐高寒干旱气候。其群落盖度十分稀疏,一般在 10% 以下,在湿度条件较好的山坡上可达 25%。群落结构简单,伴生种类十分稀少,均为高山特有的种类。在湖盆中的伴生种仅有垫状的无茎荠(*Pegaeophyton scapiflorum*)、藏荠(*Hedinia tibetica*)、无茎短柱荠

（*Parrya exscapa*）、尖果肉叶芥（*Braya oxycarpa*）、昆仑棘豆（*Oxytropis* sp.）等。有时为垫状驼绒藜的单种群落。在山坡上，则有山蚤缀（*Arenaria monticola*）、青藏薹草、矮亚菊（*Ajania scharnhorstii*）、腺风毛菊（*Saussurea glandulifera*）、羽柱针茅等加入。

垫状驼绒藜群系是青藏高原上最严酷生境的植被类型，也是高原隆起后形成的年轻植被，在科学研究上有较大的意义。垫状驼绒藜和驼绒藜一样，具有较高的饲料价值，是高寒荒漠地区主要的饲草，其群落可供藏羊夏季放牧。

（二）藏亚菊高寒荒漠

由藏亚菊构成的高寒荒漠群落，主要分布于新疆境内的昆仑山内部山区、喀喇昆仑山与昆仑山之间的山原，以及帕米尔高原的高山带[5,7]，海拔在 4700～5200 米。其生境为雪线下沿的丘岗、坡麓和谷地侧坡，通常为覆有碎石的盐化沙质土，或为有龟裂纹的细质土，其上冰缘地貌十分发育，在坡面上有"泥流"及溶雪水的小冲沟，藏亚菊在坡上沿小冲沟呈条状分布。

藏亚菊亦为垫形小半灌木，高仅 4～15 厘米，垫丛直径 10～40 厘米，其下有隆起的小土丘，群落的盖度一般亦不足 10%；种类组成十分贫乏，仅有少量无茎短柱荠伴生；在较湿润的谷坡则盖度可达 25%，伴生种类有里氏早熟禾（*Poa litwinowiana*）、高寒棘豆（*Oxytropis poncinsii*）等。

（三）粉花蒿高寒荒漠

本群系分布于帕米尔高原，海拔 3900～4200 米的山地，处在山地荒漠带的上部。土壤为含碎石的壤质高山寒漠土，局部有盐斑，地表具龟裂纹。

由于海拔位置较低和处在获得水分较多的帕米尔高原上，粉花蒿高寒荒漠的植物种类组成比前述两个群系要丰富些，群落盖度亦较高，为 10%～30%。其伴生植物既有高寒生的种类，如垫状驼绒藜、藏刺矶松（*Acantholimon hedinii*）、棘豆、高山紫菀、肉叶芥、短柱荠（*Parrya* sp.）、多裂委陵菜（*Potentilla multifida*）、里氏早熟禾等；在下部较干旱的地段，则有一些山地荒漠和草原的种类加入，如细子麻黄（*Ephedra regeliana*）、昆仑蒿、合头草、沙生针茅、昆山葱等[7]。

粉花蒿高寒荒漠可供夏季放牧用。

参考文献

[1] Петров М. П., 1966. Пустыни Центральной Азии. Т. 1. Изд. Наука. М-Л.

[2] Лавренко Е. М., 1962. Основные черты ботанической географии пустынь Евразии и Северной Африки. Изд. АН СССР. М-Л.

[3] 胡式之，1963. 试论新疆北疆荒漠植物生活型的分类. 中国植物学会三十周年年会论文摘要汇编. 中国植物学会.

[4] 中国科学院青藏高原综合科学考察队植被组，1977. 羌塘高原的植被（油印稿）.

[5] Станюкович К. В., 1949. Растительный покров Восточного Памира. Зап. ВГО, нов. сер. 10.

[6] Родин Л. Е. и Рубцов Н. И., 1956. Полукустарничковые полынные и солянковые пустыни. Растительный покров СССР, под редакцией Е. И. Лавренко и В. Б. Сочава, Изд. АН СССР.

[7] 中国科学院新疆综合考察队植被组，1978. 新疆植被及其利用. 科学出版社.

第3章

温带荒漠区域*

第一节　区域概况

一、地理位置

在北半球西风行星峰带高压带控制的中纬度地带,由大西洋岸的北非向东经亚洲西部而至亚洲中部,横亘着世界上最为广阔的一片荒漠地区,即"亚非荒漠区"。我国西北部的荒漠区域即位于其东段,约在东经 108° 以西,北纬 36° 以北,包括新疆维吾尔自治区的准噶尔盆地与塔里木盆地、青海省的柴达木盆地、甘肃省与宁夏回族自治区北部的阿拉善高平原,以及内蒙古自治区鄂尔多斯台地的西端,约占我国面积的五分之一,其中,沙漠与戈壁面积约有 100 万平方千米。

从我国荒漠地区的中央距四方的海洋均在 2000~3000 千米,且多有高原大山的阻隔。巨大隆起的青藏高原屹立于荒漠地区的南部成为天然屏障,荒漠地区的东部与北部则为欧亚草原区所包绕。向西延伸则为广阔的中亚细亚西部荒漠平原。

按气候地带,我国荒漠区域属于温带荒漠气候地带(南北尚可分为温带与暖温带两个亚地带)。基本上处在大陆性气团的高压带控制下;但东部多少受东南季风影响,降水集中于夏季;在西部主要受西来气流影响,冬春雨雪逐渐增多。

按植物地理区,我国荒漠区域属于统一的撒哈拉-戈壁植物地理区[1],位于其东部的亚洲中部亚区,以及伊朗-吐兰亚区①的东北部。

二、生态环境因素

(一) 地貌

温带荒漠区域地貌的基本特征是高山与盆地相间,形成截然分界的地貌单元。

本区域具有六块相对独立的盆地或台原:准噶尔盆地、塔里木盆地、柴达木高盆地、阿拉善高平原、诺敏戈壁与哈顺戈壁。

盆地之间或其边缘具有四列大体上呈东西走向的巨大山系:阿尔泰山、天山、昆仑山与阿尔金山、祁连山。还有几处将各盆地作东西分隔的断块山地:准噶尔西部山地、北山与阿拉善东南山地。

我国荒漠区域的地貌轮廓是地质构造发展历史的结果。几个大盆地和高平原是比较稳定的台块,几列巨大山系是活动性大的地槽带,二者之间为深大断裂控制,界线分明。在古生代末期从地槽带褶皱上升的古老山地经过中生代的剥蚀夷平,到老第三纪时已变得相当平缓,呈准平原状。从新第三纪开始,亚洲中部许多山脉发生强烈的新构造运动而隆起,邻近的古地中海远远向西退去,欧亚大陆的大

---

　　* 本文摘自《中国植被》第 24 章。本章由张新时、李世英执笔。卓正大、王振先、张立运、黄绳全、丘明新、黄大燊、陈仲全、周兴民、王质彬、胡自治、刘新民、张强、钟骏平、冷巧珍、张鹏云等参加。

　　① 在中国植物区系中,撒哈拉-戈壁植物地理区中的亚洲中部亚区亦称为中亚东部亚区域,伊朗-吐兰(中亚)亚区称为中亚西部亚区域,二者合称中亚细亚(简称中亚)荒漠区。

气环流形势发生了变化,这一地区趋向干燥,逐渐形成荒漠。在第四纪初期的几次冰期中,山地上部为冰川覆盖,形成各种古冰川与冰原地貌,间冰期融冰时则将大量山地风化物质带到邻近的盆地中沉积起来。盆地区则在长期中相当稳定,褶皱和断裂十分轻微,保持着完整的块状地形,局部隆起地段也很和缓,幅度不大,且剥蚀成准平原状石质台地。但第四纪以来,广大平原一直是附近山地径流积潴成河湖的场地,盆地的古老地层被封盖在下面,表面是广阔深厚的新老洪积层或冲积层形成的平原。在干旱气候条件下,风的地质作用特别强烈。又对上述流水地貌进一步加工,在其上形成现代荒漠平原的各种风成地貌——沙漠、风蚀的戈壁、石漠、雅丹与方山地貌。荒漠地区的平原植被与山地植被正是在这个动荡不安的"舞台"上形成和演变着。

前述的几块内陆盆地在地质结构和地貌特征上都具有同心圆式的环带状分布图式。即自盆地外围山地向盆地中央可有规律地划分为下列几个地貌-基质带:山前倾斜平原-冲积平原-湖积平原与沙漠(图3-1)。

1. 山前倾斜平原

在盆地外围山前堆积了巨厚的第四纪洪积物与洪积冲积物,形成倾斜的洪积扇,宽度由十几千米到数十千米,甚至上百千米。其顶部为厚达数百米的卵石、砾石或沙砾层,通称为砾石"戈壁",分布着超旱生、石生的灌木或半灌木稀疏荒漠植被,或光裸无植被。中部为冲积-洪积层或河流的冲积锥,土质较细、沙壤-壤质,或夹有沙砾层,其上往往出现受洪水或潜水补给的森林、灌丛或草甸群落,由于土质良好,不易发生盐渍化、引水便利,这一带多垦为灌溉绿洲。冲积-洪积扇的前缘部分,地形缓坦,土质最细,多发生盐渍化,分布着盐化的灌丛和草甸植被。

2. 冲积平原

在倾斜平原以下为冲积平原,广阔而平坦,土质细,沙壤-壤质,或与沙形成夹层。在边缘部分有一个盐渍化的沼泽、草甸、灌丛和盐生植被的复合隐域植被带;向盆地内部则为地带性的荒漠植被所占据。在现代河流的冲积河谷平原上,新老河道纵横交错,广布胡杨林、柽柳灌丛与草甸,构成荒漠中的绿色长廊。

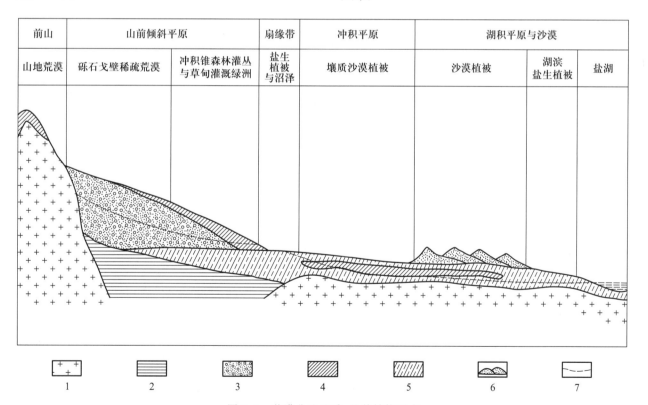

前山	山前倾斜平原		扇缘带	冲积平原	湖积平原与沙漠		
山地荒漠	砾石戈壁稀疏荒漠	冲积锥森林灌丛与草甸灌溉绿洲	盐生植被与沼泽	壤质沙漠植被	沙漠植被	湖滨盐生植被	盐湖

图 3-1　荒漠盆地地质-地貌结构图式

1.古生代基岩, 2.中生代沉积岩, 3.洪积卵砾石, 4.沉积沙壤壤质土, 5.冲积湖积沙壤沙层, 6.风成沙丘, 7.潜水位

3. 湖积平原与沙漠

盆地内部的低洼处是广阔的湖积平原,沙、壤沙土或沙壤土质,其底部仍存在潜水的湖沼,多为盐湖或咸水湖,湖滨平原为盐土或发育盐生植被与盐沼泽。上述冲积和湖积的细粒物质在风的吹扬作用下,形成了广袤的沙漠。如准噶尔中心的古尔班通古特沙漠,塔里木的塔克拉玛干大沙漠,阿拉善的巴丹吉林沙漠、乌兰布和沙漠、腾格里沙漠和亚玛利克沙漠,鄂尔多斯的库布齐沙漠,以及柴达木的祁曼塔格山前沙漠和夏日哈沙漠等。它们有的是被沙生荒漠植被固定或半固定的沙丘、沙垄;有的是光裸的新月形沙丘或巨大的金字塔形沙山。

上述荒漠盆地所共有的地质-地貌环带状结构图式决定着盆地中基质、水分、盐分与植被有规律的环带状分布。然而,由于各地区地质构造运动性质与大气环流形势的差异,又各具不同的特点。例如,准噶尔盆地、柴达木盆地与阿拉善高平原主要受到西北向风系的影响,在其西北部形成强度风蚀的剥蚀残丘、台原或"方山"地貌,属于石质沙漠,生境严酷,植被极为稀疏;其中部、南部或东南部主要为沙漠地貌,而被风力吹起的尘土堆积于其南部或东南部低山和山麓,形成厚层的黄土状堆积层。塔里木盆地则主要受东北风系作用,在东北部为风蚀的哈顺戈壁与罗布低地的"雅丹"地貌;中部为大沙漠;南部昆仑北坡为黄土状堆积。这种"剥蚀石漠、戈壁或雅丹-沙漠-黄土堆积坡地"的排列形式,当然也对荒漠地貌基质和植被的分布产生巨大的影响。

现在转来简述本区域的山地地貌特点。

本区域内具有几列大致呈纬度方向伸延上千千米、高度在 4000~5000 米、高峰入云、白雪皑皑的庞大山系,它们不仅对荒漠区大气环流产生巨大作用,供应盆地以丰沛的冰雪融水、雨水径流和大量的洪积、冲积物质,从而对荒漠区域植被产生重大影响,并且以其本身巨大山体的高度差异、内外差异、南北差异和东西差异形成复杂多样的山地植被,使单调贫乏的荒漠区域出现了形形色色的山地森林、灌丛、草甸、草原和高山植被。就这一方面来说,荒漠区域植被类型的丰富多彩确为其他一些植被区域所不及。

荒漠区域的高山,新构造运动都非常活跃,侵蚀、剥蚀、冰川及寒冻风化作用、径流作用等特别强烈,并具有显著的地貌成层性,低山、中山、高山、最高山各具独特的地貌特征,并因山地所处的水平地带位置不同而有很大差异。

最高山带在各大山系均多冰川积雪。天山西部高山带的古准平原面,受到新构造运动扭曲断裂破坏,且因降水丰富,多受冰雪、径流切割,以及强烈的寒冻风化作用,因而夷平面多破碎,较少保存,多表现为强度石质的峰脊与险坡。山势陡峻,仅在古冰川槽谷内有深厚冰碛的地段,较为平缓宽坦,为高山草甸的发育创造了场地。天山东部与南部山地的古剥蚀面,保存较好,有利于高山草原与草甸植被的发育。祁连高山亦多古冰川作用塑造地形。昆仑为强烈上升和最干旱的高山区,除西部外,现代冰川不甚发育,而剥蚀作用特别强烈;山坡陡峭,河谷深切,缺乏天山的宽展准平原面,高山的倒石堆十分发育,其上分布稀疏高寒荒漠植被,或为无植被的石质坡。

中山带在天山与祁连山北坡,大致与森林带的上、下限相符合。这一带降水较多,径流丰富,生物化学风化作用活跃。山地上升运动强烈,河流形成深切峡谷,山坡陡峭,森林满坡。天山南坡、昆仑山与阿尔金山的中山带极为干旱,山坡的干燥剥蚀与侵蚀作用均强烈,坡面陡峭,谷地深邃,山坡上发育着荒漠与草原植被。但内部天山、天山南坡与祁连山南坡多山间构造盆地。在第四纪冰川成因与湖泊成因的古盆地底部,发育着近代洪积与冲积物,为沼泽和草甸植被的发育创造了条件。

各山系的低山带按地貌与基质大致可分为两种类型。在天山北坡、昆仑西段北坡以及祁连北坡的前山覆有黄土和亚沙土,形态浑圆,流水侵蚀较弱,有时保存山顶剥蚀面,草原与荒漠植被发育较好。而天山南坡、东昆仑北坡等没有黄土覆盖的前山-低山带,则为强度物理风化的剥蚀石质-碎石质荒漠山地,极度干燥,植物十分稀少。

其他在荒漠盆地之间的山地,如西准噶尔山地、北山与阿拉善山地多属块状隆起的中山或低山、残丘,因山势低矮,其上不发育现代冰川与常年积雪,以风化剥蚀作用占优势,低山与残丘常为强度石质化的荒漠山地,中山发育灌丛与草原,在迎风的坡面出现成片的森林,如西部的巴尔鲁克山。

(二)大气环流与气候

本区域具有强度大陆性的温带、暖温带荒漠气候。它的形成取决于本区域特定的地理位置、地貌和大气环流状况。

如前所述,本区域居于欧亚大陆腹地,远离海洋,四周高山环绕,地形闭塞。这样,大陆周围的海洋湿气流不易到达,来自南海与印度洋的最强盛的海洋季风抵达本区域东南部时已成强弩之末,降水很少。西部与北部海洋气团经欧亚大陆而变性为干燥大陆性气团,仅在本地区西部山地形成较多降水。即使经过本区域高空的西风携有较多水分,却由于高原和盆地地貌的影响,很难形成降水条件,故多晴燥天气。

对本区域荒漠气候的形成具有决定性作用的是大气环流形势,本区域处在北半球中纬度西风行星风带,3000 米高空为西风带北支急流所控制,低空可受南海季风环流影响。高空常有西欧低压槽越过,冬夏风转换比较明显,冬春季在本区域有大规模冷空气活动且十分频繁,常引起寒潮天气。

由于南部巨大隆起的青藏高原的存在,西风北支急流经过其北缘受地形摩擦而作反气旋转,在东经 95°左右有高压脊常驻(夏季 6—8 月除外),相应在地面上存在高压中心,气流辐散,在东疆和河西走廊西部形成广阔而强大的辐散场,气流由北山分流,一股向西南灌入塔里木盆地东部(至克里雅河一带),形成东北风系,并影响柴达木西部,另一股气流则向东南注入河西走廊,进入阿拉善,形成西北风系。就在这个高空有反气旋涡度的强大辐散场及其影响范围内,降水极难形成,年降水不足 30 毫米,干燥度高达 60 以上,天气晴朗,阳光辐射极为强烈,成为荒漠地区干旱的核心带。这里的风力猛剧,吹蚀作用十分强盛,形成大面积的戈壁砾面、石质残丘,如哈顺戈壁、北山与河西戈壁,以及罗布低地西北部的白龙堆——风蚀雅丹地形;并在风系的末端吹积流沙,形成广阔的沙漠,如塔克拉玛干东部的沙漠,以及阿拉善的沙漠。

塔里木盆地的东部处在反气旋的东北风系作用下,干燥少雨;但在其西部气流被迫作气旋性旋转,并受到西风影响,降水增多,亦有春雨出现,在中部有明显辐合带存在,但整个南疆夏半年处在干热副热带大陆气团的控制下,具有晴朗、干燥和炎热的暖温带荒漠气候,降水自西向东递减,干燥度则增强。

柴达木盆地亦受到从西部山口越过的反气旋风系的影响,西部吹蚀强烈,气候极为干燥,向东因沾南海季风余泽而稍转湿润。

在强大的反气旋辐散场以东,处在西北风系控制下的河西走廊和阿拉善高平原,气候虽十分干燥,唯夏季受南海季风尾闾的影响,造成其东部夏季雨

水特别集中,且降水由东向西减少。

上述的塔里木、东疆、柴达木、河西与阿拉善地区均较干旱或十分干旱,且以夏雨集中为特征,表现为亚洲中部荒漠气候。

在反气旋辐射场西部的北疆准噶尔盆地,仅东部受到较大影响,极端干旱少雨,而西部常年均在西风控制下,虽有冰洋气团来自北方或西北方,也有地中海副热带气团来自西方,但均经长途变性为温带大陆气团,形成北疆的干旱荒漠气候。但北疆的春季西风北支急流十分活跃,春季降水较多;夏季又为西风南支副热带急流控制,亦造成一定降水,故全年降水季节分配较均匀,雨量自西向东减少,反映了西风的影响,具有中亚细亚西部(中亚)荒漠的气候特征。冬季尚有北方与西北寒流侵袭,气候严寒,较多雪盖。

在上述地理位置,地形在大气环流形势作用下形成本区域气候的四大基本特点:光热资源丰富、冷热变化剧烈、干燥少雨低温与风大沙多。

1. 光热资源丰富

本区域是我国日照长、日照百分率高、太阳总辐射收入最多、光热资源丰富的地区,日照时数长达 2000~3600 小时,多数地区大于 3000 小时,日照百分率达 50%~80%,太阳总辐射收入 120~175 大卡/(厘米²·年),比长江中、下游地区多收入 20~40 大卡/(厘米²·年),这与本区域地处中纬度远离海洋的内陆地区、地形闭塞、海洋气团不易到达、空气干燥、多晴天等有密切关系。

日照的分布特点是:南部大于北部;干旱沙漠戈壁盆地区大于湿润山地区。日照的地区分布特点是从东、西两端向大陆内部增大。

本区域 ≥10℃ 积温在大多数平原地区大于 2500℃。其中,塔里木盆地一般在 4000℃ 以上,吐鲁番可高达 5500℃,其余地区均在 4000℃ 以下。如准噶尔盆地与阿拉善高平原均在 3100~3900℃;北部准噶尔较低,为 2200~2800℃;柴达木盆地最低,为 1500~2000℃。

2. 冷热变化剧烈

本区域是我国气温年较差和日较差最大的地区。其中,塔里木盆地、吐鲁番盆地和哈密地区年均温 8.0~14.0℃,1 月均温 0.0~10.0℃,属暖温带地区。河西走廊、阿拉善高平原、宁夏河套平原、准噶尔盆地年均温 0~9.0℃,1 月均温小于 -10.0℃(或 -8.0℃),属中温带地区。在天山、祁连山的 2500

以上的地区年均温在-5.0℃以下,≥10.0℃积温低于2000℃,属高寒地区。柴达木盆地年均温3.6℃,1月均温-11.6℃,≥10.0℃积温在1500~2000℃,具有中低温的高原盆地气候。

本区域冬季寒冷,月平均气温1月最低,在北部与东部的中温地区低于-10℃,南部的暖温地区在-10~-5℃。夏季炎热,月平均气温7月最高,大部分地区20.0~30.0℃,塔里木盆地和吐鲁番盆地在28.0℃以上。其中吐鲁番盆地高达33℃,柴达木盆地低于20.0℃。高于2500米的山地区低于10.0℃。

气温年较差与日较差为全国之最。一般年较差为26.0~42.0℃,约90%以上地区大于30.0℃。年极端最高温一般出现于6月或7月,约40.0℃,吐鲁番最高47.6℃(1956年7月24日)。年极端最低温一般出现于12月或1月,-35.0~-20.0℃。因此,极端年较差可高达60.0~70.0℃。极端日较差可达30.0~40.0℃(敦煌)。这种冷热变化极为剧烈的特点与本地区地形闭塞、空气干燥、具有沙漠戈壁下垫面等有密切关系。准噶尔地区西北部纬度较高,云雨稍多,冷热变化稍微缓和。

3. 干燥少雨低温

本区域是我国降水最少、相对湿度最低、蒸发量最大的干旱区。年降水量一般少于200毫米,除天山、祁连山少数高寒地区外,80%以上的地区年降水量少于100毫米,除宁夏河套平原附近降水量大于200毫米外,从阿拉善高平原至新疆北山的大部分地区少于100毫米。在塔里木盆地的四周一般少于50毫米,内部少于25毫米,但盆地偏西北部地区比东南部地区稍多。柴达木盆地内部少于50毫米。准噶尔盆地是本地区年降水量较多的地区,一般在150~200毫米。高山地区年降水量增多,如海拔2160米的小渠子为573毫米,而3539米的天山云雾站为433.8毫米。

本区域降水分布的总的特点是从东、西侧向内陆中部急剧减少,如东部的景泰年降水量189.2毫米,西部的伊宁为326.1毫米,但是到了内陆中部的呼鲁赤古特(马鬃山地区)年降水量为17.1毫米,哈密为33.4毫米,托克逊仅3.9毫米,成为本区域最少雨的中心。

除准噶尔盆地和塔里木盆地西部以外,年降水量的季节分配极不均匀。河西走廊至新疆东部为7—8月多雨;60%~80%的年降水量集中在3~4个月的雨月之内。

冬半年主要降雪,降雪的初终间日,在北部为5~7个月,南部则少于两个半月。

本区域全年空气相对湿度很低。除山区和偏西北少数地区外,80%以上地区低于60%。其中塔里木盆地、阿拉善高平原、柴达木盆地的沙漠戈壁区低于40%。其余地区为40%~60%。

由于空气相对湿度低,风速大,年平均温度较高,夏季炎热,所以本区域水面蒸发(蒸发力)为全国之最。除山区和西北少数地区低于1000毫米外,80%左右的地区为1000~2500毫米。其中,塔里木盆地、吐鲁番盆地大于2200毫米。

由于少雨、低温、蒸发强盛,本区域干燥度极大。除山区干燥度小于2.0以外,绝大部分平原地区在4.0以上。准噶尔大部分地区在4~9;阿拉善高平原、马鬃山地区、柴达木盆地4.0~16.0;塔里木盆地和阿拉善高平原的沙漠戈壁区大于12,甚至高达60以上。

4. 风大沙多

本区域受高空西风、东亚季风和地方性环流的综合影响,是我国风速大、沙暴多的地区。年平均风速2~4.5米/秒,全年大风日数10~45天。春季风速最大,白天瞬时风速多出现大于5级的情况,引起飞沙走石,沙丘移动,使沙暴频繁,全年沙暴日最多的可达30天以上,危害很大。天山北麓的乌鲁木齐博格达山和巴尔库山之间的七角井以及吐鲁番等地多地方性焚风、大风等现象,形成灾害。

(三)水文

本区域的荒漠盆地周围多有覆盖现代冰川与永久积雪的高山。据调查,天山冰川总储水量达3600亿立方米左右。昆仑山仅慕士塔格-公格尔冰川就有600多亿立方米,阿尔金山与祁连山有330多亿立方米。它们由降雪补给,成为巨大的"固体水库",每年夏季消融补给河流,广大的山区更有季节性的丰富降雨与降雪,除了保证多样山地植被的生存外,也是形成河川径流的主要来源。富水的山区通过流向盆地的大小河川将大量水分输入荒漠平原,成为盆地中最主要的水源,补给湖泊和形成地下水,还是荒漠中隐域植被和灌溉绿洲的命脉。

荒漠地区的河流都是内陆水系,仅黄河切过其东南角,东奔黄海,额尔齐斯河流经其西北缘,入北冰洋。本地区西部多巨大山系,水系比较发育,如准噶尔盆地有大小河流 30 余条,盆地获得总水量 100 多亿立方米/年;塔里木盆地的河流源自天山与昆仑,大小河流不下 40 余条。塔里木河为全国最大的内陆河系。塔里木盆地河流总水量约 440 亿立方米/年;柴达木盆地的河流源自昆仑山与祁连山,亦有 40 余条,全年总水量约 50 亿立方米。荒漠地区东部的阿拉善高平原的水系极不发育,因周围缺乏富水的高山区,仅由源自祁连山流经河西走廊的额济纳河(弱水)为较大内陆水系,其他为一些间歇小河,出山不远即潜入地下,河西与阿拉善河流年总水量约 79 亿立方米。

荒漠地区河流具有如下特点:一是河流出山口后渗漏于山前砾石洪积扇的水量往往达径流量的 30%~60%,甚至达 80%,成为地下潜流,许多较小河流就此消失不见,即所谓"短流河";二是以冰雪融水或雨雪水补给的多数河流因受气候影响很大,流量极不稳定,具明显季节性。洪水期短,一般在 5—8 月,占流量的 70%~80%,洪峰多出现于 7 月,枯水期长,甚至全然枯竭。

荒漠河川径流对植被的直接意义有二:一则在于它将大量的淡水带进极度干旱缺水和高矿化度的荒漠中,使在稀疏的强度旱生荒漠植被中得以出现丰茂葱绿的中生森林、灌丛与草甸等非地带性的植被;二则,在荒漠地区"没有灌溉就没有农业",没有栽培的林木和果园。而目前灌溉的水源主要依靠河水。其间接的意义——形成地下水,对荒漠地区植被的影响却更为深刻、广泛和巨大。

荒漠地区的地下水,由于富水山区的存在而得到充沛的水源补给,由于荒漠盆地的存在而得以形成和大量蓄存。前述由第四纪疏松沉积物形成的荒漠盆地从山前向中心呈环带状景观的分布规律对于地下水的形成具有最密切的关系。

1. 山前洪积-冲积平原

此平原的巨厚砾石层厚达数百米,空隙大,透水性强,大量的洪水与河川径流出山后即渗入其中成为地下径流。按潜水的状况、深度和矿化类型可分为以下三带:

(1) 洪积扇上部的地下水渗入-径流带:潜水埋藏深度 50~100 米,为低矿化度(0.5~1.0 克/升或稍高)的重碳酸盐型淡水。但这一带潜水对地面植物无作用,其上为地带性荒漠植被。

(2) 洪积-冲积扇中下部的地下水弱径流带:潜水深度 5~50 米,矿化度大于 1 克/升的碳酸盐型

微咸水或咸水。本带下部潜水已可补给植物,往往出现依靠潜水供应的隐域森林与灌丛植被。

(3) 洪积-冲积平原前缘的地下水溢出带:潜水深度小于 5 米,局部形成泉水或沼泽溢出,蒸发强烈,矿化度高达 3~10 克/升,为氯化物-硫酸盐型水。本带潜水对植被作用强烈,出现大面积隐域的盐化灌丛、盐生草甸、沼泽草甸、沼泽或盐生植被。

2. 古老冲积-湖积平原

由于地势坦荡,在深厚的细质沉积物中,地下水流动极缓或停滞。含水层次增多,潜水深度 1~5 米,个别地区在 5~10 米,或深达 30 米。由于蒸发强烈,潜水有不同程度矿化,一般在 6 克/升至数十克/升,盐湖附近甚至超过 100 克/升,属氯化物-硫酸盐型或氯化物型咸水。在潜水较深时,平原上分布较耐盐的超旱生盐柴类半灌木,如以红砂、假木贼或梭梭等为主的地带性荒漠植物群落。潜水接近地表和盐化加重情况下,则代之以柽柳灌丛、盐生草甸等隐域植被和多汁盐柴类半灌木盐漠群落。

这一带的含盐潜水与排水不畅对农业发展不利,须采取排水洗盐措施。但在其深层往往蕴含丰富的承压水层,却有利于开发利用。

此外,荒漠河流沿岸冲积层中由河水补给的河谷潜水宽度可达数千米,绝大部分为低矿化度的淡水,个别情况为微咸水。由于它们的供应,深入沙漠的河流沿岸延伸着河谷植被——荒漠河岸林、灌丛与草甸的绿色长廊。

3. 沙漠内部的地下水

在沙漠中常有淡潜水的埋藏,主要来自河水和洪水的补给,大气降水与融雪也可能具一定作用。沙漠中出现较丰茂的灌丛或芦苇草丛时,就是这类潜水的标志。

然而,对沙漠植被具普遍意义的是沙丘中的"湿沙层",可能由于保持降水、融雪水或凝结潜水蒸发的水汽而形成。在东部沙漠中湿沙层距沙表仅 30~40 厘米,准噶尔 40~50 厘米以上,塔里木在 1 米以上。

荒漠地区的另一重要水文特征在于具有众多的内陆湖泊。河川径流和地下水在盆地中心汇集成湖,由于没有出口和强度蒸发而多数是咸水湖和盐湖,如准噶尔盆地的玛纳斯湖和艾比湖;塔里木盆地的罗布泊、台特马湖;阿拉善的居延海、吉兰太盐池、雅布赖盐池;柴达木盆地更是盐池成群,盐沼连片,大小湖泊不下百余个。这些湖泊是盆地的现代积盐

中心,其周围往往形成大片光裸的盐滩,或出现各类盐沼泽、盐生草甸和盐漠植被,在一些淡水湖滨则有大片芦苇沼泽,如博斯腾湖。

(四) 土壤

荒漠区域土壤的发育与分布受地形、基质、气候、水文条件与生物活动的制约,在本区域可以分出以下几个土壤类型系列:高平地(自成条件下)的温带和暖温带荒漠土壤;受地下水或部分地表水浸润的一系列水成土壤;盐渍化和脱盐化相联系的一系列盐化-碱化土壤;在山地条件下产生特殊的垂直土壤类型系列,如草原土壤、森林土壤、山地草甸及高山寒漠土等。

本区域地带性(显域)的荒漠土壤及其形成过程具有下列基本特点:

(1) 由于荒漠植被稀疏,土壤生物过程显著减弱,加以有机质矿化迅速,因而土壤有机质含量很低,通常在 0.3%~0.5%,一般最高也不超过 1%;

(2) 荒漠地区风化壳及其上发育的土壤剖面厚度很薄,通常 50~70 厘米,甚至小于 30 厘米,风化形成的细粒物质以粗粉沙和细沙的粒级占优势,黏土形成不多,在洪积或残积形成情况下尤多砾石与碎石;

(3) 荒漠土壤的亚表层具有明显的黏化和铁质化过程,形成特殊的浅红棕色或褐棕色的紧实层;

(4) 碳酸盐(主要是碳酸钙)在土壤表层聚积,易溶性盐分在剖面中、下部聚积,皆与荒漠土壤水分的下渗微弱、上行占优势有关;

(5) 剖面中部的石膏化很普遍,且随干旱程度增加而增强;

(6) 表层的风蚀或堆积作用强烈,常形成"砾幕"、风蚀洼穴或有积砂。

属于荒漠土壤类型的土壤有:棕钙土、荒漠灰钙土、灰棕漠土、棕漠土和龟裂土。棕钙土是草原化的盐柴类半灌木荒漠过渡带的土壤,分布于准噶尔北部和阿拉善东部;荒漠灰钙土位于温带荒漠山前细土平原上,植被以蒿类与红砂荒漠为主,它反映荒漠土壤形成过程中湿润相特点,分布于本地区最西部的中亚细亚西部类型荒漠中;而灰棕漠土与棕漠土是最能分别代表两个土壤生物气候带(温带和暖温带)的荒漠土壤形成物,但主要是发育在粗骨性的石砾质母质上,前者是温带的准噶尔、阿拉善及柴达木超旱生半灌木、灌木荒漠植被下的主要地带性土

壤,后者为暖温带的塔里木灌木、半灌木荒漠或光裸戈壁、石漠上的地带性土壤。龟裂土则是荒漠盆地细土平原上年轻的土壤形成物,其上通常无高等植物群落。

在现代土壤形成过程中长期或季节性受到水分过分浸润或饱和的土壤,都归属于水成土壤形成系列,包括沼泽土、草甸土与荒漠河谷或扇缘的荒漠盐土(杜加依土)等。草甸土一般是发育在较年轻的沉积物上,潜水距地表较近(一般为 1~3 米)、通过毛管上升水流而浸润土壤,并为植物提供水分。土壤中的腐殖质积累过程较明显,下部通常还具有或多或少的潜育化特征,没有明显的石膏积累,碳酸钙在剖面中也没有明显的移动,只是在潜水面附近出现石灰结核。沼泽土除具有与草甸土共同的某些特点外,其潜水位都很高,一般在 1 米以内,或地表积水,造成嫌气条件,以致在土体上部多少积累泥炭层,其下则强烈潜育化。二者均属非地带性土壤,在各地带内均有分布,主要存在于河流沿岸,扇缘潜水溢出带以及湖滨地区的草甸和沼泽植被下。杜加依土则发育在上述地形部位的胡杨林或灌丛下。

盐化-碱化土壤亦属水成土壤系列,积盐过程分为两类,即现代积盐与残余积盐。现代积盐以地下水影响的土壤盐渍化最为常见,在本区域条件下,潜水位较高(小于 3 米)、矿化度较大(大于 3 克/升),即可能导致土壤盐渍化;个别地区则有地表水引起的盐渍化,由洪水或坡面径流经含盐地层而将盐分带到山前平原所致。残余盐渍化是由于古地质时期的积盐在土层中未被淋失而呈残余盐土存在。这些盐渍土与本地区广泛出现的盐生草甸、灌丛和盐漠植被相联系,在盐壳上通常无植被。

本地区没有发现典型的碱土,仅在棕钙土与荒漠灰钙土上有不同的碱化特征表现。

长期的农业利用,必然对土壤形成产生明显而深刻的影响。灌溉农业是荒漠地区土壤利用的主要方式,老绿洲中的古老灌溉土壤在长期的灌溉过程中,由于灌溉淤积和施用土肥而形成了特殊的农业灌溉层,其厚度常超过 1 米,大大改变了耕垦前自然土壤的性状。然而,在不合理的灌溉制度下引起的土壤次生盐渍化常成为严重的威胁。

我国荒漠地区土壤的分布具有明显的水平地带性,由北而南为:棕钙土(半荒漠)—灰棕漠土(温带荒漠)—棕漠土(暖温带荒漠);在南部的柴达木盆地由于地势抬高,又为灰棕漠土。东西的相性差异

为:中部为干极,发育灰棕漠土,东西两端趋于湿润,分别发育棕钙土(东阿拉善)与灰钙土(伊犁)。

非地带性土壤的分布则相应符合于前述地貌、基质与水文条件在荒漠盆地中呈带状分异的规律。即在山前洪积倾斜平原中上部为地带性土壤所占据,冲积锥或干三角洲下部多辟为绿洲农田,灌溉古老绿洲耕作土;从扇缘潜水溢出带开始,土壤经历过不同时期的水成阶段,表现出草甸土(或沼泽土)—盐化草甸土—盐土的替代系列。在扇缘绿洲以下的古老冲积平原,随着潜水下降,朝地带性土壤发育,但在湖滨又重新出现大片盐渍土和沼泽土。

本地区的山地土壤分布则表现出明显的垂直地带性,由于各大山系位于不同的土壤生物气候带内,具有不同的垂直带结构类型。祁连山与天山北坡属温带荒漠类型,自下而上为:山地棕钙土(蒿类荒漠)—山地栗钙土(草原)—山地黑钙土(草甸草原)与山地灰褐色森林土(针叶林)—盐基饱和亚高山草甸土—饱和高山草甸土—原始石质高山草甸土。天山南坡处在干热的暖温带荒漠,其基带起始于棕漠土(盐柴类半灌木荒漠),荒漠土类在中低山占据优势地位;向上为亚高山草甸草原土与高山草原土带,缺乏典型的草甸土和黑钙土带;森林土为盐基饱和,亦呈零星片状分布。极端干旱的昆仑山和阿尔金山完全没有湿润系列的土壤组合,除荒漠带上升很高外,在干冷的内部高山区形成高寒荒漠土,构成特殊的暖温带南部极端干旱荒漠山地的垂直带结构类型。

(五)人类活动对荒漠植被的影响

荒漠植被是荒漠地区干旱气候及其他特定的自然条件综合历史作用的产物。在这些特定的生态条件下形成了与其水热条件相对平衡的荒漠植物群落。但是,也不可忽视人为因素对荒漠地区植被产生的巨大影响。人类通过政治(如战争)和经济(如农垦、造林、放牧、樵采等)活动直接或间接地对部分荒漠植被的组合、生长发育、群落结构、种类组成、演替方向都起着显著的改变作用。这种作用有消极破坏的一面,也有积极建设的一面。

荒漠的生态系统是较脆弱和易于破坏的。如果人们对荒漠的自然资源进行不合理的开发利用,荒漠植被一旦遭到破坏,会迅速引起荒漠化,其表现为:

(1)盲目开垦,毁掉了天然植被,在其他农业技术和防护措施跟不上时,又撂荒弃耕,促使土地风蚀沙化。

(2)过度放牧,荒漠草场植被得不到正常的生长发育,而使草群变稀、变低,适口性牧草植被种类减少,有毒及劣质杂草成分增加,草场生产力下降而使草场退化。

(3)不合理的灌溉会导致土地次生盐渍化和次生沼泽化。

(4)由于滥行樵采,荒漠的天然植被得不到更新,这不仅使荒漠中一些生产力比较大的植被类型(如梭梭林及其他灌丛植被)面积逐渐缩小和资源衰竭,而且加速沙化过程,促使荒化景观进一步发展。

(5)由于截引水源,荒漠中某些河流沿岸疏林及灌丛植被得不到水源供给,生境旱化,导致植被衰退和枯死。如塔克拉玛干沙漠中塔里木河沿岸大面积的天然胡杨林,现由于上游大量截引河水而使下游河道干涸,林地地下水位下降,而造成胡杨林大片枯死,森林面积有急剧缩小的趋势。

特别是在过去,为了追求私利,对荒漠和草原区的植被及水土资源进行掠夺性开发,滥伐森林,过度放牧,盲目开垦,或因战争毁坏等,致使天然植被破坏,土地荒芜,绿洲变荒原,草原变荒漠。

我国乌兰布和北部沙漠的形成和发展,是因历史上的战争、开垦、弃耕等人为因素影响,就是明显一例。根据近年来的考古研究[2,3],这个地区原是古黄河的冲积平原,在两千多年以前还是一望无际的干草原,北面狼山则为森林所覆盖。到西汉,在这里设置郡县(公元前 127 年),开始移民治边,进行大规模农业垦殖;到西汉后期,这里已是人口繁盛、农业繁荣之地。后来由于内乱,边境民族战争不断,致使"边民死亡","北边空虚,野有暴骨矣",社会秩序遭到破坏,生产不能进行而使农民被迫弃耕,退出乌兰布和沙漠北部长期经营的垦区。弃耕后,田野荒芜,地表失去植被覆盖,从而大大助长了强烈的风蚀作用,促使流沙四起,逐渐导致沙漠形成。特别是最近几世纪以来,从清王朝到北洋军阀,又在这一带进行战争,进一步滥垦、滥伐,使天然植被遭到更大的破坏,沙漠又有了进一步发展。现在狼山上森林不复存在,干草原景观已被荒漠植被类型所代替。在这种变化过程中,人类活动的影响是十分显著的。

在我国西部沙漠地区至今还残留着许多被淹没

在沙海之中的古城废墟和废弃的耕地。如巴丹吉林沙漠西部的黑城子，塔克拉玛干沙漠中的楼兰废墟、古尼雅、喀拉塘格、安迪尔等古城，以及我国古代对外通商要道——著名的"丝绸之路"，如今已为流沙所埋没。这些地区多是古代绿洲之地，在当时的自然条件下，天然植被生长是良好的，后来被流沙淹没，人们弃地而逃，固然与自然条件变迁有关，但毕竟是由于人类活动而加速这一荒漠化的发展，终于造成"沙进人退"的悲剧。这些事实都说明不合理开发荒漠植被资源而破坏了它的脆弱的生态系统，必将带来严重的后果。

事物是一分为二的，人类活动对荒漠植被既有消极破坏的一面，但也有人们在改造利用过程中所起的积极建设作用的一面。当人们对荒漠有了正确的科学认识，就能充分利用荒漠地区有利的自然条件和巨大的生产潜力，来改造荒漠脆弱的生态系统，创造更高的生产力。

我国劳动人民在开发利用荒漠地区生物、水土资源，改造沙漠方面有着悠久的历史。数千年来人们在荒漠地区开垦了七千多万亩耕地，建立和巩固了无数新老绿洲。特别是新中国成立以来，人们在征服荒原、改造沙漠方面取得了巨大的成就。在荒漠地区开垦了4000多万亩耕地，营造防风固沙的农田防护林近1000万亩，封沙育草1500万亩，保护了数千万亩农田免受风沙危害。目前我国荒漠地区正经历着沧桑巨变，昔日那种"沙进人退"的悲惨历史，已成为"人进沙退"的现实。

但是，也必须指出：我们目前在开发利用荒漠自然资源时还存在一些问题。由于人们对荒漠的自然规律研究不深，认识不足，在一些地方也存在着盲目开垦、过度放牧、滥伐天然植被，因此，必须正确全面认识人类活动对荒漠植被的影响，要合理利用，加强保护，着重改造，使荒漠区丰富的植被资源更好地为社会主义建设服务。

三、植物区系特征

本区域早为古陆，西部曾受古地中海海浸，自白垩纪起开始旱化，老第三纪时一度转湿润，自新第三纪以来，南部有巨大的青藏高原隆升，境内又耸起几列逶迤千里的高大山系，古地中海远远西退，海洋季风难以侵入，蒙古-西伯利亚反气旋高压却形成和发展起来，大陆干旱区特殊的大气环流形势逐渐形成。特别是第四纪冰期以后，旱化趋势增强，现代的

荒漠面貌已基本具备。这种历史地理条件决定着本区域植物区系与植被向着强度旱生的荒漠类型发展的总趋势；种类组成趋于贫乏，具有一些荒漠区域为主的科属和生活型；在区系的发生上以古地中海为核心，形成与东亚温带、亚热带森林成分和北温带泰加林、冻原成分完全不同的另一大分支；在地理成分方面则具有一系列以干旱的中亚分布类型为骨干的种类，但在降水较充沛的山地仍保留着中生森林与草甸植物的阵地，并有一些北方中生成分沿山地渗入。在山地上部则发育着高山植物。

（一）植物科属组成状况与特点

在本区域面积220余万平方千米的范围内，高等植物（包括蕨类）就目前所知，约计3900种，分属于130科，817属。约占全国植物区系总科数的43.2%，总属数的27.4%，而种数仅占15.8%。以其具有全国1/5强的面积来说，种类颇为贫乏，但所占科数却不低，表明本区域多单属科、单种属与寡种属。以这个数字与同纬度的邻近植物区域相比，则东北的针阔混交林区域为1900种，温带草原区域为3600种，本区域皆多过之，而与华北落叶阔叶林区域的4000种相近。这是面积比它们大得多，且多高山之故；与邻近区域联系较广泛也是一个原因。若按本区域的平原，也就是真正的荒漠地区，大约1000种。其中，准噶尔盆地最多，约500种；阿拉善高原次之，约470种；柴达木盆地也有约200种；塔里木盆地约200种；诺敏戈壁、哈顺戈壁与北山一带干旱核心地区最少，不超过100种。山区的植物种类要丰富得多，我国天山的植物约有2500种，祁连山约1200种，昆仑山与阿尔金山种类较贫乏，不超过300种。

本区域最重要的科按种类数量顺序排列如下：

	种数/种	占全区种数/%
1. 菊科	472	12.0
2. 禾本科	388	9.9
3. 蝶形花科	286	7.3
4. 十字花科	216	5.5
5. 藜科	211	5.4
6. 蔷薇科	187	4.7
7. 毛茛种	166	4.1
8. 唇形科	146	3.7
9. 莎草科	142	3.6
10. 玄参科	140	3.5

11. 百合科	132	3.4
12. 石竹科	114	3.1
13. 伞形科	92	2.4
14. 蓼科	85	2.2
15. 紫草科	77	2.1
合计	2854	72.9

本区域的木本植物较少,尤其裸子植物的种类很少,不过 36 种,引人注目的是半木本(半灌木)种类占有较大比例,是荒漠地区特有的现象。

以古地中海区为起源中心的藜科在荒漠区域具有最大的建群作用。其中如梭梭属、猪毛菜属、碱蓬属、假木贼属、盐爪爪属、滨藜属、驼绒藜属的种,及单种属的合头草(Sympegma)、戈壁藜(Iljinia)、小蓬、盐穗木、盐节木等均含有重要的荒漠植被建群种,其他属亦多有荒漠群落的伴生种。菊科植物则遍布本区域荒漠盆地与山地,在荒漠中具建群作用的是蒿属的许多种,其他为紫菀木属、亚菊属、短舌菊属与本区域特有的喀什菊。禾本科植物在荒漠植被中有不多的属种如:三芒草属、裂舌草属;但在本区山地草原中建群作用最显著的主要是针茅属、羊茅属、细柄茅属、冰草属、隐子草属的种;芨芨草属、獐茅属、赖草属的种与芦苇则是荒漠中盐化草甸的组成者;此外山地草甸亦多禾本科的种属(Alopecurus、Bromus、Calamagrostis、Clinelymus、Dactylis、Deschampsia、Helictotrichon、Hordeum、Poa、Roegneria 等)。豆科、蔷薇科与毛茛科种类繁多,但多为伴生种,且主要分布于山地,其中豆科的甘草属、骆驼刺属、槐属的种为荒漠中盐化草甸的组成者;锦鸡儿属在本区域种类甚多,形成草原灌丛;沙槐仅出现于西部沙漠中;岩黄芪属与沙冬青属的灌木则仅出现于东部荒漠中。铃铛刺形成广布的盐生灌丛。黄芪属与棘豆属是山地草甸的主要成分。蔷薇科除绵刺(Potaninia)为荒漠的建群种外,其主要作用在山地灌丛与草甸中。如绣线菊属、蔷薇属、栒子木属、金露梅属均为山地灌丛的组成者;苹果属与杏属的种在本区西部山地组成阔叶林;山地草甸中以委陵菜属、斗蓬草属为重要的种类成分。十字花科一般不具建群作用,但在荒漠植被中以荒漠区(尤其是西部)特有的许多属种形成特殊的早春短生植物层片;在东部则为一年生夏雨营养的沙芥属

的种。莎草科的属种在荒漠植被中不显著,仅西部沙漠中的薹草属的两个种形成类短生植物层片具较大意义;但在本区域的高山的草甸形成中,以嵩草属与薹草属的种起主要建群作用;在沼泽与沼泽草甸中薹草属、藨草属、莎草属亦为主要组成者。蓼科的沙拐枣属具有沙漠植被的许多建群种或重要伴生种,木蓼属亦常见于荒漠中;蓼属、大黄属为山地草甸的显著成分。此外,伞形科的阿魏属与紫草科的假紫草属、鹤虱属在荒漠植被中亦有一定作用,但其他属种在山区为多。

特别应当提到的是柽柳科 31 种与蒺藜科 32 种,它们虽种数不多,却含有荒漠植被的重要建造者。如柽柳科的红砂属的种是半灌木荒漠的重要建群种;柽柳属是荒漠中盐生灌丛最主要的组成者,在荒漠区有最广泛的发育。蒺藜科的白刺属与霸王属的种也是灌木荒漠或盐生灌丛的重要建群种。这两个科都属于古地中海区起源。

(二)植物区系的地理成分

本区域地处中亚细亚,位于西伯利亚、青藏高原、东亚与西亚之间,在地质历史上又历经沧海桑田、暖期与冰期等巨变,为各个植物区系历史与地理成分的相互渗透、混杂和特化创造了条件。因而本区域的植物地理成分比较复杂,类型多样,主要包括下列几类:

地中海-西亚-中亚成分;

中亚成分,其中包括亚洲中部成分与中亚西部成分[①],及一些特有种;

温带亚洲成分;

旧大陆温带成分;

北温带成分,包括北极-高山成分。

其中以中亚成分为本区域荒漠植被与其他植被最重要的组成者,以下就本区域植被的主要建群种和重要的常见种类的地理成分作一简述:

1. 地中海-西亚-中亚成分

包括分布区由地中海沿岸经西亚至中亚的种类,是古地中海发生成分的典型代表,它们主要是荒漠植被的组成者,如驼绒藜(Ceratoides latens)、刺山柑(Capparis spinosa)、无叶假木贼(Anabasis aphylla)、盐节木(Halocnemum strobilaceum)、盐穗木(Halostachys belan-

---

① 本区划中的"中亚成分"泛指分布于习称的中亚和亚洲中部的种类,前者在本书称作"中亚西部成分"(为"中亚成分"和"伊朗-吐兰成分"的同义语)。

geriana)、木地肤(*Kochia prostrata*)、骆驼蓬(*Peganum harmala*)、刺 沙 蓬(*Salsola ruthenica*)、沙 米(*Agriophyllum squarrosum*)、钩刺雾冰藜(*Bassia hyssopifolia*)等。还有一些短生植物——荒漠庭荠(*Alyssum desertorum*)、丝 叶 芥(*Lepealeum filifolium*)、离蕊芥(*Malcolmia africana*)、东方旱麦草(*Eremopyron orientale*)等。以及草地草原中的扁穗冰草(*Agropyron pectiniforme*)。

2. 中亚成分①

包括广泛分布于亚洲内陆荒漠区的平原与山地的种类。其中,荒漠植被的建群种或重要的组成者有梭梭(*Haloxylon ammodendron*)、红砂(*Reaumuria soongarica*)、圆叶盐爪爪(*Kalidium schrenkianum*)、盐 爪 爪(*K. foliatum*)、木 本 猪 毛 菜(*Salsola arbuscula*)、松叶猪毛菜(*S. laricifolia*)、展枝假木贼(*Anabasis truncota*)、紫 菀 木(*Asterothamnus fruticosus*)、细裂毛莲蒿(*Artemisia santolinifolia*)、樟味藜(*Camphorosma lessingii*)、盐 生 草(*Halogeton glomeratus*)、假紫草(*Arnebia guttata*)等,以及一些旱生灌木——木贼麻黄(*Ephedra equisetina*)、中麻黄(*E. inermedia*)与 白 皮 锦 鸡 儿(*Caragana leucophloea*)等。

荒漠河岸林与盐生灌丛的建群种多数属于中亚成分:胡杨(*Populus euphratica*)、灰杨(*P. pruinosa*)、尖果沙枣(*Elaeagnus oxycarpa*)、几种柽柳(*Tamarix ramosissima*、*T. elongata*、*T. hispida*、*T. hohenackeri*、*T. leptostachys*)、铃铛刺(*Halimodendron halodendron*)等。芨芨草(*Achnatherum splendens*)、大 叶 白 麻(*Poacynum hendersonii*)、花花柴(*Karelinia caspica*)与骆驼刺(*Alhagi pseudoalhagi*)则是亚洲荒漠区中普遍分布的盐生草甸的建造者。

属于中亚成分的雪岭云杉(*Picea schrenkiana*)是荒漠亚洲山地寒温性针叶林最主要的建群种;天山花楸(*Sorbus tianschanica*)是其重要的伴生种,而且其分布向东西两方延伸更远。两种水柏枝(*Myricaria elegans*、*M. squamosa*)是干旱亚洲山地与青藏高原河谷灌丛的组成者。天山党参(*Codonopsis clematidea*)与 中 亚 火 绒 草(*Leontopodium ochroleucum*)则是荒漠区山地草甸中中亚成分的代表。

3. 中亚西部成分②

包括分布于东经90°以西的准噶尔及其以西的中亚荒漠平原与山地的植物种类,它们一般不出现于亚洲中部的蒙古、阿拉善和塔里木荒漠中。这是中亚西部荒漠植被的组成者,也是我国准噶尔荒漠植被的重要成分。其中藜科的种类较丰富,主要有白梭梭(*Haloxylon persicum*)、盐生假木贼(*Anabasis salsa*)、小蓬(*Nanophyton erinaceum*)、几种猪毛菜(*Salsola orientalis*、*S. arbusculiformis*)、几 种 碱 蓬(*Suaeda physophora*、*S. microphylla*、*S. dendroides*)、节节木(*Arthrophytum iliense*、*A. longibracteatum*)、里海盐爪爪(*Kalidium caspicum*)、白滨藜(*Atriplex cana*)等盐柴类半灌木荒漠的建群种,以及一年生盐柴类草本,如叉毛蓬(*Petrosimonia sibirica*)、几种猪毛菜(*Salsola affinis*、*S. brachiata*、*S. oliosa*、*S. rosacea* 等)、柔毛盐蓬(*Halimocnemis villosa*)、倒披针叶虫实(*Corispermum lehmannianum*)、对节刺(*Horaninowia ulicina*)等重要的荒漠伴生种。

属于中亚西部成分的蓼科沙拐枣属的种在北疆沙漠中种类甚多(*Calligonum aphyllum*、*C. caputmedusae*、*C. junceum*、*C. leucocladum*、*C. rubicundum*、*C. rigidum*、*C. macrocarpum*、*C. flavidum*、*C. densum*);豆科的银沙槐(*Amodendron argenteum*)、准噶尔无叶豆(*Eremosparton songoricum*)也是沙漠中有代表性的中亚西部种。

菊科蒿属(*Artemisia*)的旱蒿(*Seriphidium*)亚属的许多种属于中亚西部成分,是蒿类荒漠的建群种(*Artemisia gracilescens*、*A. lessingiana*、*A. sublessingiana*、*A. terrae-albae*、*A. transiliense*、*A. santolina*),其中博乐蒿(*A. borotalensis*)是准噶尔的特有种。

中亚西部成分中富含春雨型短生植物和类短生植物。前者有离子草(*Chorispora songorica*、*Ch. macropoda*)、大果高河菜(*Megacarpaea megalocarpa*)、螺喙芥(*Spirorhynchus sabulosus*)、舟果荠(*Tauscheria linearis*)、长喙牻牛儿苗(*Erodium hoeftianum*)、胡卢巴(*Trigonella arcuata*、*T. tenella*)等;类短生植物有囊果薹草(*Carex physodes*)、厚柱薹草(*C. pachystylis*)、郁金香(*Tulipa biflora*、*T. iliensis*)、独尾草(*Eremurus anisopterus*、*E. inderiensis*)、沙生大戟(*Euphorbia rapulum*)和阿魏属(*Ferula*)的一些种,它们在准噶尔与伊犁的荒漠植被中形成早春的

---

① 这里所指的中亚成分相当于过去一些植物学文献中广布于伊朗-吐兰区与亚洲中部区的种。
② 相当于一些植物学文献中所谓的"伊朗-吐兰"或"中亚"成分。

层片。

还有流动沙丘上的羽毛三芒草（*Aristida pennata*）。

本区域山地植被中的中亚西部成分也不少，主要分布于天山北路和准噶尔西部山地。如构成山地草原的几种针茅（*Stipa sareptana*、*S. kirghisorun*、*S. lessingiana*、*S. caucasica*、*S. rubens*、*S. macroglossa*、*S. hohenackeriana*）。形成伊犁天山阔叶林的新疆野苹果（*Malus sieversii*）和其他一些森林或灌丛的种：小叶白蜡（*Fraxinus sogdiana*）、天山桦（*Betula tianschanica*）、准噶尔山楂（*Crataegus songarica*）、天山槭（*Acer semenovii*）、新疆卫矛（*Euonymus semenovii*）、樱桃李（*Prunus sogdiana*）、天山酸樱桃（*Cerasus tianschanica*）、准噶尔鼠李（*Rhamnus songarica*）、新疆蔷薇（*Rosa albertii*）、天山忍冬（*Lonicera karelinii*）、截萼忍冬（*L. altmannii*）等。山地草甸的中亚西部成分有草原糙苏（*Phlomis pratensis*）、阿拉套乌头（*Aconitum alatavicum*）、厚叶美花草（*Callianthemum alatavicum*）、准噶尔繁缕（*Stellaria soongorica*）、突厥益母草（*Leonurus turkestanicus*）等。

这些中亚西部成分的种类组成的植物群落乃是划分西北部荒漠亚区域的标志。

4. 亚洲中部成分

我国荒漠区域大部处在亚洲中部。该区系成分以强度旱生性质为特点，种类不很丰富，但由它们为主组成的荒漠与草原植被在本区域最占优势。

其中，荒漠的主要建群种有：膜果麻黄（*Ephedra przewalskii*）、霸王（*Zygophyllum xanthoxylon*）、泡泡刺（*Nitraria sphaerocarpa*）、齿叶白刺（*N. roborowskii*）、白刺（*N. tangutorum*）、沙拐枣（*Calligonum mongolicum*）、黄花红砂（*Reaumuria trigyna*）、裸果木（*Gymnocarpos przewalskii*）、合头草（*Sympegma regelii*）、戈壁藜（*Iljinia regelii*）、短叶假木贼（*Anabasis brevifolia*）、蒿叶猪毛菜（*Salsola abrotanoides*）、两种盐爪爪（*Kalidium cuspidatum*、*K. gracile*）、细枝岩黄芪（*Hedysarum scoparium*）、蒙古岩黄芪（*H. mongolicum*）、猫头刺（*Oxytropis aciphylla*）、柠条（*Caragana korshinskii*）、川青锦鸡儿（*C. tibetica*）、中亚紫菀木（*Asterothamnus centraliasiaticus*）、灌木亚菊（*Ajania fruticulosa*）、叉枝鸦葱（*Scorzonera divaricata*）、籽蒿（*Artemisia sphaerocephala*）、戈壁短舌菊（*Brachanthemum gobicum*）、刺旋花（*Convolvulus tragacanthoides*）、沙竹（*Psammochloa villosa*）等。亚

洲中部成分中包括一系列特有种：属于东阿拉善-西鄂尔多斯特有成分的有沙冬青（*Ammopiptanthus mongolicus*）、绵刺（*Potaninia mongolica*）、油柴（*Tetraena mongolica*）、油蒿（*Artemisia ordosica*）；阿拉善-戈壁特有种有珍珠猪毛菜（*Salsola passerina*）；塔里木的特有种有塔里木沙拐枣（*Calligonum roborowskii*）、喀什霸王（*Zygophyllum kaschgaricum*）、喀什红砂（*Reaumuria kaschgarica*）、天山猪毛菜（*Salsola junatovii*）、喀什菊（*Kaschgaria komarovii*）；柴达木特有种有柴达木沙拐枣（*Calligonum zaidamense*）；祁连（南山）特有种有南山短舌菊（*Brachanthemum nanschanicum*）、祁连红砂与柴达木红砂（*Reaumuria kaschgarica* var. *przewalskii*、*R. kaschgarica* var. *nanschanica*）。

亚洲中部成分中还包括一些一年生的荒漠草类，如白茎盐生草（*Halogeton arachnoideus*）、黑翅地肤（*Kochia melanoptera*）、几种虫实（*Corispermum mongolicum*、*C. patelliforme*、*C. heptapotamicum*）和沙芥（*Pugionium calcaratum*、*P. cornutum*、*P. dolabratum*）等。

荒漠区域山地草原中的亚洲中部成分的建群种有：沙生针茅（*Stipa glareosa*）、戈壁针茅（*S. gobica*）、短花针茅（*S. breviflora*）、克氏针茅（*S. krylovii*）、石生针茅（*S. klementzii*）、多根葱（*Allium polyrrhizum*）与蒙古葱（*A. mongolicum*）。高寒草原中则有紫花针茅（*Stipa purpurea*，亚洲中部-青藏分布）、座花针茅（*S. subsessiliflora*）、细柄茅（*Ptilagrostis mongholica*）与银穗羊茅（*Festuca olgae*）等。

亚洲中部成分的森林建群种有青海云杉（*Picea crassifolia*），它是雪岭云杉在东部的地理替代种；有祁连圆柏（*Sabina przewalskii*）与昆仑方枝柏（*S. pseudosabina* var. *centrasiatica*，昆仑特有）。

在高山草甸中最有特色的亚洲中部成分的代表是几种嵩草（*Kobresia capillifolia*、*K. pamiroalaica*）与狭果薹草（*Carex stenocarpa*）；还有高山垫状植被的组成者：囊种草（*Thylacospermum caespitosum*，亚洲中部-青藏分布）、四蕊高山莓（*Sibbldianthe tetrandra*）、糙点地梅（*Androsace squarrosula*）、甘肃蚤缀（*Arenaria kansuensis*）。垫状驼绒藜（*Ceratoides compacta*，祁连-青藏分布）是在青藏高原隆起过程中形成的年轻种类，是高寒荒漠的建群种。

5. 温带亚洲成分

在本区域荒漠植被中不具建群作用。但在荒漠区的盐生草甸的建群种有：甘草（*Glycyrrhiza uralen-*

sis）、赖草（*Aneurolepidium dasystachys*）、苦豆子（*Sophora alopecuroides*）、灰碱蓬（*Suaeda glauca*）等。榆树（*Ulmus pumila*）则是荒漠河岸林的组成者。山地森林与草甸中的一些草类属温带亚洲成分，如北方嵩草（*Kobresia bellardii*）、日阴薹草（*Carex pediformis*）、巨羊茅（*Festuca gigantea*）、山地羊角芹（*Aegopodium alpestre*）等。本成分中有许多山地灌丛的建群种：新疆方枝柏（*Sabina pseudosabina*，西西伯利亚-天山）、西伯利亚刺柏（*Juniperus sibirica*）、刚毛忍冬（*Lonicera hispida*）、几种栒子（*Cotoneaster multiflorus、C. submultiflorus、C. uniflorus*）、河柏（*Myricaria alopecuroides*）、箭叶锦鸡儿（*Caragana jubata*）等。

西伯利亚落叶松（*Larix sibirica*）是西伯利亚-阿尔泰分布的寒温性针叶林（泰加林）建群种，它的最南分布点到达荒漠区域的新疆东部南山南坡（吐鲁番北山）。

6. 旧大陆温带成分

主要是欧亚温带成分，它们只包括少量的荒漠种类，但在本区域的山地草原、森林、灌丛与草甸中具有重大作用。

荒漠植被组成中属于此类的有盐白刺（*Nitraria schoberi*，在欧洲、亚洲、大洋洲分布）、猪毛菜（*Salsola collina*）、角里绒蓬（*Suaeda corniculata*）与短生植物——齿丝庭荠（*Alyssum linifolium*）、离子草（*Chorispora tenella*）、四棱荠（*Goldbachia laevigata*）、抱茎独行菜（*Lepidiun perfoliatum*）、旱雀麦（*Bromus tectorum*）等；盐生草甸的建群种有罗布麻（*Apocynum venetum*）与小獐茅（*Aeluropus littoralis*）；黑果枸杞（*Lycium ruthenicum*）则构成盐生灌丛。

欧亚草原成分在本区域山地草原中的主要种类有：沟叶羊茅（*Festuca sulcata*）、针茅（*Stipa capillata*）、冰草（*Agropyron cristatum、A. desertorum*）、落草（*Koeleria cristata*）、糙隐子草（*Cleistogenes squarrosa*）及草原中广布的灌木——兔儿条（*Spiraea hypericifolia*）和金雀花（*Caragana fruter*）。

欧亚成分的森林建群种与伴生种有：欧洲山杨（*Populus tremula*）、疣枝桦（*Betula pendula*）、崖柳（*Salix nerophila*）与稠李（*Padus racemosa*）。属于此类的尚有大量中生灌木：沙棘（*Hippophae rhamnoidos*）、欧荚蒾（*Viburnum opulus*）、药鼠李（*Rhamnus cathartica*）、黑果栒子（*Cotoneaster melanocarpa*）、密刺蔷薇（*Rosa spinosissima*）、覆盆子（*Rubus caesius、*

R. idaeus）等。山地草甸和林下草类的欧亚温带成分很丰富：鸭茅（*Dactylis glomerata*）、短柄草（*Brachypodium pinnatum、B. sylvaticum*）、无芒雀麦（*Bromus inermis*）、拂子茅（*Calamagrostis epigejos、C. pseudophragmites*）、假猫尾草（*Phleum phleoides*）、大看麦娘（*Alopecurus pratensis*）、黄花茅（*Anthoxanthum odoratum*）、香唐松草（*Thalictrum foetidum*）、金黄柴胡（*Bupleurum aureum*）、水金凤（*Impatiens nolitangere*）、斗蓬草（*Alchemilla vulgaris*）、水杨梅（*Geum urbanum*）、山柳菊（*Hieracium umbellatum*）、一枝黄花（*Solidago virgaaurea*）、地榆（*Sanguisorba ficinalis*）、欧洲鳞毛蕨（*Dryopteris filixmas*）等。

7. 北温带成分

除个别的山地草原种——羊茅（*Festuca ovina*）与冷蒿（*Artemisia frigida*）外，绝大部分是山地森林、草甸的草类，如珠芽蓼（*Polygonum viviparum*）、北砧草（*Galium boreale*）、高山唐松草（*Thalictrum alpinum*）、五福花（*Adoxa moschatellina*）、独丽花（*Moneses uniflora*）、单侧花（*Orthilia secunda*）、圆叶鹿蹄草（*Pyrola rotundifolia*）、粟草（*Milium effusum*）、三毛草（*Trisetum spicatum*）、草地早熟禾（*Poa pratensis*）等。金露梅（*Dasiphora fruticosa*）则构成广布的山地灌丛。

应当指出，上述欧亚温带成分与北温带成分的中生森林、灌丛和草甸种类在荒漠区域内仅分布于湿润的北部山地中山-亚高山带。

此外，本区域高山植被中还分布有一些北极高山成分：无瓣女娄菜（*Melandrium apetalum*）、冰岛蓼（*Koenigia islandica*）、山蓼（*Oxyria digyna*）、高山早熟禾（*Poa alpinum*）、锐齿多瓣木（*Dryas oxyodonta*）、北极果（*Arctous alpinus*）等。

全世界温带广布种有芦苇（*Phragmites comunis*）、发草（*Deschampsia caespitosum*）、早熟禾（*Poa annua*）等。

本区域的东亚成分很少，仅分布于东南部的祁连山，如山杨（*Populus davidiana*）等；在祁连山高山上还出现一些与中国-喜马拉雅成分密切联系的祁连山-秦岭或祁连山特有成分杜鹃（*Rhododendron capitatum、Rh. thymifolium、Rh. anthopogonoides*）。

四、温带荒漠区域植被分布的地带性规律

在东亚大陆中纬度的广阔范围内，从渤海之滨

西至帕米尔山麓可以见到自然景观和植被的明显替代变化:滨海的华北平原虽早已垦为万顷麦棉,但遍山松栎,满坡柿枣的山丘呈现山地温带落叶阔叶森林的景象;长城外,阴山下的内蒙古高原是一派"天苍苍,野茫茫,风吹草低见牛羊"的大草原景观;西过黄河曲,玉门关内外,天山南北则是"黄沙直上白云间""大漠风尘日色昏"的沙漠,"一川碎石大如斗,随风满地石乱走"的戈壁,以及嵌于其间的碧玉般的水草丰茂、物产富庶的绿洲。这就是我国西北的荒漠区域,它向西延伸经中亚和西亚直到北部非洲,形成了整个亚非荒漠区。

我国的荒漠区域并不是各地一致的,不仅因其境域辽阔而有纵横各方的气候和植被差异,更由于一系列巨大山系的分隔,加强了荒漠地区内的植被水平地带分化和具有不同的山地植被垂直带谱。应当指出,由于我国荒漠区域全处在温带气候地带范围内,虽有中温地带与暖温地带的南北差异,但对荒漠植被的地带分异的影响不太显著。影响植被水平分异的主导因素是由热量转为水分,亦即干燥度的大小和降水的季节分配状况,对荒漠植被类型的水平分异起决定性的作用。荒漠地区山地植被垂直带谱的构成,固然是以热量随高度递减为基本条件,但这些植被带谱的类型差异却仍然起因于水分状况的不同。如前所叙,我国温带荒漠区域水分状况是呈东西向变化的,而且是由东西两端向中部趋于极端干旱的。

(一)温带荒漠区域植被的水平地带性

1. 我国温带荒漠区域植被的东西向变化,首先发生于它与欧亚草原区的过渡带。由于草原区域是从北、东和东南三面包绕着荒漠区域,因此,在它的北缘和东端就存在着一个草原化荒漠的过渡区,这就是准噶尔的北部和东阿拉善-西鄂尔多斯的草原化荒漠。这里的气候稍湿润,年降水 150~200 毫米,干燥度 4~5,植被以一些草原荒漠的特有群系,如东阿拉善-西鄂尔多斯的沙冬青、绵刺、油柴、半日花、柠条、川青锦鸡儿等为特征,群落中有较多的草原成分加入,地带性土壤为少含石膏的灰棕漠土或淡棕钙土。

在典型荒漠地区,前述大气环流形势的东西分野是造成东西两个荒漠亚区域,即中亚细亚西部(中亚)荒漠亚区域和亚洲中部荒漠亚区域分异的主要原因,就是说,在西风控制下的荒漠区域西北

部——准噶尔盆地(东端除外)属于前者(虽然带有很大的过渡性),这里具有比后者相对较多的冬春降水,占年降水的 40%~50%,全年降水的季节分配较均匀,干燥度一般在 4~8。在植被中以存在较发育的春雨型短生植物和类短生植物层片为特征,且由多种中亚细亚西部荒漠成分为建群种,如白梭梭、几种沙拐枣、旱蒿(*Seriphidium*)亚属的蒿类、小蓬、无叶假木贼、盐生假木贼、东方猪毛菜、囊果碱蓬等构成地带性的荒漠植被,但也有不少中亚荒漠的广布成分——梭梭、红砂和亚洲中部成分——膜果麻黄、短叶假木贼、合头草等,构成的荒漠群系出现,表明它与亚洲中部荒漠的密切联系和过渡性。

与此相对应,在本区域的中部与南部,处在强大的蒙古高压反气旋辐散场影响下的地区——东疆、北山、河西西部、南疆与柴达木盆地及其以东在夏季多少受东南季风影响的东部——阿拉善高平原与河西走廊,则构成亚洲中部荒漠,降水集中于夏季(6—8 月降水占年降水的 50%),冬春降水显著减少,因而春雨型短生植物几乎全然不发育,而代之以夏雨型一年生荒漠草类层片。荒漠植被的建群种是亚洲中部成分的灌木与半灌木,如泡泡刺、霸王、裸果木、珍珠猪毛菜、蒿叶猪毛菜、白刺、沙拐枣、合头草、戈壁藜等,以及中亚-亚洲中部的梭梭和红砂。在东西两方湿气流影响极微,处在辐散场控制下的干旱核心带——诺敏与北山戈壁、东疆盆地与哈顺戈壁、罗布低地、塔里木盆地东部与柴达木盆地西部一带。这里的年降水量不足 50 毫米,干燥度在 16 以上,出现了最贫乏稀疏的荒漠植被或大面积裸露无植被的砾石戈壁、石质残丘、风蚀"雅丹"、流动沙丘或盐滩,仅在径流河和洼地中有个别荒漠灌木疏生。然而,在塔里木盆地西端荒漠中出现了局部的春雨型短生植物层片,正是塔里木西部受西风影响的反映。

在我国温带荒漠区域,与大气环流相联系的植被地带性还有一个特殊的地方性系列——"风成地带性"。这就是在荒漠盆地中依主风向依次出现:风蚀残丘或砾石戈壁—沙漠—前山黄土漠。如,在西北风系作用下的北山-阿拉善高平原,由西北部的北山戈壁稀疏荒漠植被向东南过渡为沙漠植被占优势的阿拉善荒漠,乃至东南部的黄土高原。在东北风系控制下的塔里木盆地,东北部是强度风蚀的哈顺戈壁和罗布低地,以石质的稀疏灌木荒漠或无植被的石漠、雅丹和盐滩为主;中部是风成沙山与沙

丘的王国——塔克拉玛干大沙漠；西南缘则是覆盖着风积黄土状亚沙土的昆仑低山，其上发育山地蒿类与盐柴半灌木荒漠。准噶尔盆地的西北部与东南部的风口为砾石戈壁和风蚀残丘，植被十分贫乏稀疏；中部是沙生植被较繁茂的沙漠；南缘黄土低山为蒿类荒漠所占据。

2. 我国温带荒漠区域的纬度地带性分异，即南北向的植被地带变化是在温带气候带范围内发生的。本区域南北跨纬度 12°（北纬 36°～48°），约 1200 千米。按热量状况可划分为中温带和暖温带两个气候地带。然而，由于大多数温带荒漠植物属于耐高温、抗严寒的广幅生态类型，它们对温带范围内南北的热量差异没有明显的反映，因而荒漠植被的纬度地带性不太显著，并且，境内地势高低变化与寒流的影响，更使热量的纬度地带发生变形。

本区域植被的纬度地带性分异由北而南，大致是：中温带北部的草原化荒漠—中温带荒漠—暖温带荒漠。

首先是欧亚草原区在荒漠区域以北的阿尔泰山南麓通过，在与其相邻的准噶尔北部河谷与台原出现了过渡性的草原化荒漠，向东延入蒙古的外阿尔泰戈壁，再转向南与东阿拉善的草原化荒漠连成一带。北准噶尔的气候寒冷，≥10℃ 积温 2200～2800℃，年降水 120～200 毫米，干燥度 5～6。地带性植被为有旱生草原禾草加入的盐柴类小半灌木荒漠，建群种为小蓬、盐生假木贼、无叶假木贼、驼绒藜和梭梭等。地带性土壤为石质化的淡棕钙土，栽培作物有春小麦、马铃薯、甜菜、油菜等喜凉作物。

准噶尔盆地、北山台原和阿拉善高平原主要受温带大陆气团的控制，在冬季有北冰洋气团和极地冷空气的入侵，东部则存在蒙古高压反气旋，冬季严寒，具中温带荒漠气候，≥10℃ 积温 3100～3900℃，1 月均温 -19～-10℃，7 月均温 24～27℃，年降水 100～200 毫米，干燥度 6～8，但中部干旱核心带年降水在 50 毫米以下，干燥度超过 9。地带性土壤为灰棕漠土与荒漠灰钙土。其植被特征已如前述，西部为中亚细亚西部类型的、多少有短生植物加入的灌木、半灌木荒漠。在栽培植被方面，中温带荒漠地带一般为一年一熟制，适宜种植较耐寒、对积温要求不高的树种和作物，如耐寒的直立苹果、海棠、早熟葡萄（冬季埋土）等果树，和冬春小麦、玉米、早熟水稻、谷子、特早熟陆地棉、大豆、马铃薯、油菜、甜菜、胡麻等温带作物。

阿尔金山与祁连山以南的柴达木盆地，虽然处在暖温带的纬度位置，但由于地势高亢，气候寒凉，≥10℃ 积温不足 2000℃。从热量条件来说，可划归中温带；其地带性荒漠植被为灌木与半灌木荒漠，建群种如膜果麻黄、驼绒藜、红砂、尖叶盐爪爪、木本猪毛菜、柴达木沙拐枣、梭梭、白刺等，均为古地中海区的亚洲中部或中亚广布的种。可栽培春小麦、青稞、马铃薯、油菜等喜凉作物。

天山以南的塔里木盆地与东疆盆地，在夏季主要受干热的副热带大陆性气团影响，具暖温带荒漠气候，冬季虽不免寒流的侵袭，但由于北部山脉的屏障作用而大为减弱。≥10℃ 积温 3800～4600℃，吐鲁番可达 5500℃，1 月均温 -10～-6℃，7 月均温 25～33℃，年降水一般在 30～60 毫米，干燥度 11～25。但在东部的干旱核心带，降水仅 10 毫米左右，干燥度高达 30～60。地带性土壤为富含石膏的棕漠土。

其地带性的荒漠植被为极稀疏的亚洲中部类型的灌木、半灌木荒漠，主要建群种为泡泡刺、霸王、裸果木、红砂、塔里木沙拐枣、戈壁藜、紫菀木与梭梭等。在条件严酷的砾石戈壁与流动性沙漠中，则全然光裸无植被。灌溉绿洲中的栽培植被却较为丰富多样，种植有包括细绒棉在内的多种农作物，可实行两年三作制，可复播玉米、稻麦两熟；栽培林木与果树有核桃、桑、花椒、葡萄、梨、桃、扁桃等暖温带树种。

（二）温带荒漠区域植被的垂直地带性

本区域内有着一系列巨大的山系——天山、昆仑山、祁连山、阿尔金山等。在它们的山坡上分布着一系列随高度而有规律更迭的植被垂直带。它们使单调而贫乏的荒漠地区内出现了丰茂的森林灌丛、如茵的草甸、金色的草原和绚丽多彩的高山植被，极大地丰富了荒漠地区植被的多样性和植物区系组成的复杂性。因此，在荒漠区域内不仅具有独特的荒漠植被，而且几乎包括了北半球温带所有的植被类型，这都是由于隆起的山地所形成的多样生态环境，以及特殊的植被发展史导致的。

本区域内大致具有如下的山地植被垂直带类型：

（1）山地荒漠带：又可分为山地盐柴类小半灌木荒漠亚带和山地蒿类荒漠亚带，后者通常出现于黄土状物质覆盖的山地。

（2）山地草原带：又可分为山地荒漠草原、山地典型草原和山地草甸草原三个亚带。

（3）山地寒温性针叶林带或山地森林草原带，仅局部出现山地落叶阔叶林带。

（4）亚高山灌丛、草甸带。

（5）高山草甸与垫状植被带或高寒草原带。

（6）高寒荒漠带。

（7）高山亚冰雪稀疏植被带。

上述这些山地植被带在山坡上组合成各种类型的山地植被垂直带谱，它们因山地处于不同的植被水平地带（纬度和干燥度）、山文特征（高度、走向、坡向等）、与湿气流的关系、基质以及植被发展历史等特点而异。我国温带荒漠区域的山地大致具有以下三种类型的山地植被垂直带谱（图 3-2）。

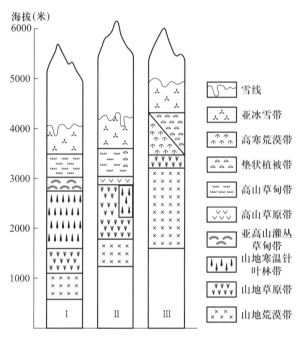

图 3-2　温带荒漠地区的山地植被垂直带谱类型

Ⅰ. 具有山地森林带的山地植被带谱类型，Ⅱ. 以草原带占优势的山地植被带谱类型，Ⅲ. 以荒漠带占优势的山地植被带谱类型

1. 以具有较发育的山地森林和草甸带为特征的、中生性较强的植被带谱类型，其组合系列为：山地荒漠带—山地草原带—山地森林（寒温针叶林，个别地区有落叶阔叶林）、草甸带—亚高山灌丛草甸带—高山草甸与垫状植被带。这一带谱类型分布在中温带荒漠高大山系的迎风湿气流一侧的山坡上，如天山北坡和伊犁天山、东祁连山等山地。植被带谱较完整，层带结构复杂，中生性较强。

2. 通常缺乏山地森林草甸带，而以山地草原带

在带谱中占最大幅度的旱生性植被带谱类型，其组合系列为：山地荒漠带—山地草原带（或在局部峡谷的阴坡有块状森林）—亚高山草原带—高山草甸与垫状植被带或高山草原带。这一类型分布在山系的背风坡、雨影带或山系内部山地的山坡上，如天山南坡、西昆仑山、西祁连山等地。

3. 强度荒漠化的超旱生型的山地植被带谱类型：山地荒漠带—狭窄的山地荒漠草原带或亚高山草原带—稀疏的高寒荒漠带—草原化的高山草甸与垫状植被带。这类带谱几乎全为荒漠植被所占据，上升很高，连草原带也十分局限。它们出现于中昆仑山、东昆仑山与阿尔金山。

最后，应当指出，温带荒漠山地植被垂直分布的一般规律性[4,5]：

（1）各山地植被带谱皆以荒漠植被为基带。

（2）山地草原带谱中一般得到较广泛的发育。

（3）中生的山地森林草甸带较为局限，仅出现于较高大湿润山地迎风坡的最大有效湿润带。

（4）依水平地带由北向南，各山地植被的海拔升高，由湿润山地至干旱山地，植被带亦有明显的提高趋势。

（5）由北向南，或由湿而干，山地植被带谱的层次结构发生简化。首先是带谱中的森林与草甸带逐渐收缩直至消失，草原与荒漠带却随之扩展，最后荒漠几乎统治了整个带谱，构成了极为简化和贫乏的山地植被。

根据植被及其生境特点，"温带荒漠区域"共划分为两个"亚地区"、三个"地带"和十三个"区"，区划系统如下：

温带荒漠区域分区系统

Ⅶ. 温带荒漠区域

　　ⅦA 西部荒漠亚区域

　　　　ⅦAi 温带半灌木、小乔木荒漠地带

　　　　　　ⅦAi-1 准噶尔盆地小乔木、半灌木荒漠区

　　　　　　ⅦAi-2 塔城谷地蒿类荒漠、山地草原区

　　　　　　ⅦAi-3 天山北坡山地寒温性针叶林草原区

　　　　　　ⅦAi-4 伊犁谷地蒿类荒漠、山地寒温性针叶林、落叶阔叶林区

　　ⅦB 东部荒漠亚区域

　　　　ⅦBi 温带半灌木、灌木荒漠地带

　　　　　　ⅦBi-1 阿拉善高平原草原化荒漠、半灌

　　　木、灌木荒漠区

　　　ⅦBi-2 马鬃山–诺敏戈壁稀疏灌木、半灌
　　　　木荒漠区

　　　ⅦBi-3 东祁连山山地寒温性针叶林、草
　　　　原区

　　　ⅦBi-4 西祁连山–东阿尔金山山地半灌
　　　　木荒漠、草原区

　　　ⅦBi-5 柴达木高盆地半灌木、灌木荒漠、
　　　　盐沼区

　ⅦBii 暖温带灌木、半灌木荒漠地带

　　　ⅦBii-1 东疆盆地–哈顺戈壁稀疏灌木荒
　　　　漠区

　　　ⅦBii-2 塔里木盆地沙漠与稀疏灌木、半
　　　　灌木荒漠区

　　　ⅦBii-3 天山南坡–西昆仑山山地半灌木
　　　　荒漠、草原区

　　　ⅦBii-4 中昆仑–阿尔金山山地半灌木荒
　　　　漠区

第二节　植被分区各论

ⅦA 西部荒漠亚区域[①]

　　即中亚细亚荒漠西部亚区域。在我国境内南以
天山北路山脉,东以古尔班通古特沙漠东缘为界,与
亚洲中部荒漠亚区域相区分;在北面沿准噶尔西部
的塔尔巴哈台山和萨乌尔山以及阿尔泰南麓平原而
与欧亚草原区域为邻;向西侧延入哈萨克斯坦境内。

　　西部荒漠亚区域的生态气候特征是受西风急流
控制。水汽来自西方,降水的季节分配较均匀,冬春
降水较东部(即亚洲中部)荒漠亚区域为多。其植
被特点为:地带性荒漠植被以小乔木荒漠(梭梭和白
梭梭)和半灌木荒漠(尤其是具有中亚西部成分的蒿
类)为主,其中常出现春雨型的短生植物和类短生植
物层片。在山地具有较完整的植被垂直带谱,有中亚
西部类型的山地草原,以及较发育的山地森林草甸
带,局部地区有残遗的中亚落叶阔叶野果林。

　　本亚区域在我国仅有一个植被地带,即:温带半
灌木、小乔木荒漠地带。

　ⅦAi 温带半灌木、小乔木荒漠地带

　　　ⅦAi-1 准噶尔盆地小乔木、半灌木荒漠区

　　准噶尔是一个三面被山地所限制的三角形的内
陆荒漠盆地,其北部和东北部为阿尔泰山脉,西北方
是准噶尔西部山地,南面则是巨厚、高峻、连亘如壁
的天山山系。这些山地,尤其是天山,不仅是荒漠盆
地的天然屏障,其上较丰盈的冰川积雪和比较充沛
的降水,更是盆地中农业绿洲和许多天然植被的
"生命线"。盆地的西北角和东端又有通道分别与
中亚细亚西部的哈萨克斯坦荒漠和东部的亚洲中部
荒漠相沟通。西北气流和东部蒙古高压反气旋也得
以由此进入准噶尔。盆地的底边在天山北麓东西长
约 700 千米。南北的宽度以三角形的高度计约 360
千米。盆地的海拔一般在 300~500 米,但从东南向
西北倾斜,东部高达 800~1000 米,南缘山麓亦在
600 米以上,而至西部边缘的湖泊洼地降至 250 米
以下。

　　准噶尔盆地整个地区被第三纪和第四纪由山地
径流携来的洪积物和冲积物所堆积覆盖,其上复受
到现代水流,尤其是风的加工所刻蚀、搬运和堆积。
其地貌与基质大致呈以下分布:北准噶尔受阿尔泰
山回春的影响略有上升,为第三纪沉积地层的丘陵
台地,受到西北风的强烈吹蚀而呈现剥蚀的石质戈
壁景观。盆地中心的第四纪冲积、湖积平原上覆盖
着大片的风成沙丘和沙垄,即古尔班通古特大沙漠。
沙漠南缘是一带盐化的冲积平原,平坦而开阔,在它
与山前洪积–冲积倾斜平原的交接处有一带潜水溢
出的"盐沼带"。其南部即天山北麓的洪积–冲积倾
斜平原,其下半部有黄土状壤土覆盖,是绿洲分布的
地段,其上半部为洪积砾石戈壁。在大沙漠的西部
与东部山麓亦为洪积扇的砾石戈壁。这正是内陆荒
漠盆地所具有的景观环带状分布图式的表现,它们
决定着盆地中植被的分布规律。

　　准噶尔具有典型的温带荒漠气候,其 ≥10℃ 积
温在 3100~3900℃,北准噶尔则在 3000℃ 以下;年
均温 6~10℃(北部 3~4℃),最热月均温 24~27℃,
最冷月均温 -20~-10℃,年变幅高达 47℃;绝对最
高温 40~42℃,绝对最低温可达 -42℃;无霜冻期
150~190 天(北部 140 天),但盆地中日照充足,年

---

　　① 本书的中亚西部荒漠相当于过去植物学与地理学文献中的"中亚"荒漠。

日照时数 2800~3100 小时,在生长季节有足够的热量供植物生长发育,唯冬季低温是暖温带多年生植物的限制因素。准噶尔的降水主要来自西风携带的湿气,冬季高空西风北支急流过境,以及北冰洋气团影响带来降雪,夏季则受低压槽控制而形成降雨,年降水一般在 100~200 毫米,其季节分配较均匀,冬春降水约占 45%,较东部的亚洲中部荒漠显著增多,而具有中亚西部－哈萨克斯坦荒漠的典型气候特征。蒙古高压反气旋对本区东部也有影响,但作用不强。本区的干燥度一般为 4~6,艾比湖地区处于西部山地雨影带而为局部的干旱核心,干燥度可达 9;在东部干燥度亦趋于加强。

形成准噶尔盆地植被的区系成分估计有 500 种。在构成植被的建群种和优势种中,以藜科为首,菊科、十字花科、柽柳科与蒺藜科次之,余为蓼科、豆科、禾本科等。它们基本上都属于古地中海成分。其中,据李世英[6]对建群植物和优势植物的初步统计,地中海成分仅占 11%,中亚西部成分占 53%,亚洲中部成分占 36%。可见,它们处在从中亚向亚洲中部区的过渡地位是无疑的。

在准噶尔荒漠的植被生活型组成中,超旱生的无叶小乔木——梭梭和白梭梭占有显著的地位;而以超旱生的半灌木和小半灌木最占优势。其中除了众多的盐柴类植物外,还有旱蒿亚属的蒿子十分突出,为与亚洲中部荒漠的重要区别;灌木则相对较少,多年生与一年生草类亦不占重要地位;但有 40~50 种短生与类短生植物在荒漠植被中构成特殊的层片,亦为本区的显著特征。它们显然是与这里的冬春降水较丰富有关。

这些优势种的植物区系成分所组成的植物群落,在准噶尔荒漠盆地中随地貌和基质(及其所影响的潜水与盐分)特点而有规律地分布和形成复杂的组合[6,7],大致按由南到北的顺序简述如下(图3-3)。

(1)天山北麓的山前倾斜平原(洪积扇与洪积－冲积扇带):靠近山麓的砾石戈壁由粗大的洪积物堆积而成,其上发育小蓬(*Nanophyton erinaceum*)为主的稀疏荒漠,并有零星的盐生假木贼(*Anabasis salsa*)群落,两者皆属中亚西部成分,至木垒河以东逐渐为亚洲中部成分的短叶假木贼荒漠群系所代替。在盐渍化的细土上,则发育囊果碱蓬(*Suaeda physophora*)、小叶碱蓬(*S. microphylla*)等为主的多

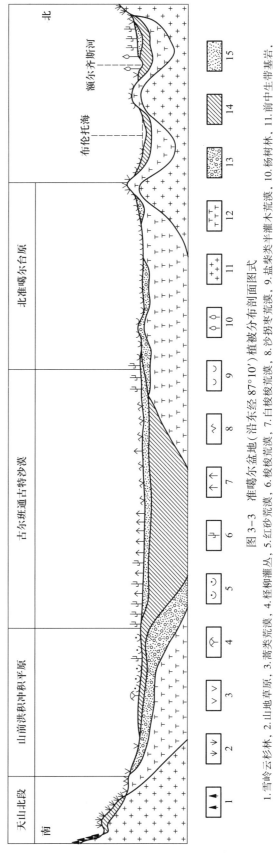

图 3-3　准噶尔盆地(沿东经 87°10′)植被分布剖面图式

1.雪岭云杉林,2.山地草房,3.蒿类荒漠,4.柽柳灌丛,5.红砂荒漠,6.梭梭荒漠,7.白梭梭荒漠,8.沙拐枣荒漠,9.盐柴类半灌木荒漠,10.杨树林,11.前中生带基岩,12.第三纪地区,13.洪积卵砾石,14.冲积、洪积,风积细土,15.风积沙丘

汁盐柴类半灌木荒漠。

洪积-冲积扇的中部，表面上覆有黄土状壤土，其上的原生植被是中亚西部类型的蒿类荒漠，主要为博乐蒿（*Artemisia borotalensis*）群系，其中多少含有短生植物的层片；在东部为喀什蒿（*Artemisia kaschgarica*）群系占优势。向下，黄土层逐渐深厚，潜水埋藏较浅，但尚未发生盐渍化，古老的灌溉绿洲多在其上开拓形成，其原生植被常为榆（*Ulmus pumila*）林。冲积扇的下部，由于潜水接近地表，分布着胡杨（*Populus euphratica*）林与柽柳灌丛等依靠潜水的荒漠森林与灌丛植被带，土壤盐渍化。

（2）扇缘潜水溢出带：这一带较狭窄，不过数千米，除个别地段潜水形成泉水溢出成河，其边缘形成沼泽，发育有芦苇沼泽和沼泽草甸植被外，大部分是以隐蔽（蒸发）方式溢出的，其上形成一系列依靠潜水供给的隐域植被，如芨芨草（*Achnatherum splendens*）盐生草甸、柽柳灌丛、胡杨林和由盐节木（*Halocnemum strobilaceum*）、盐穗木（*Halostachys belangeriana*）、盐爪爪（*Kalidium foliatum*）等多汁盐柴类半灌木组成的盐漠植被等形成复杂的组合。这一带在农业利用上开垦为水稻田。

（3）再向北是开阔而平坦的古老冲积平原，潜水下伏在5米以下，深至10~30米。土壤为由沙壤土和黏壤土形成厚层的盐化或碱化的荒漠灰钙土，其上发育着以红砂（*Reaumuria soongarica*）为建群种的小半灌木荒漠，在浅凹地上则有片段的梭梭（*Haloxylon ammodendron*）小乔木荒漠群落与其相结合。

（4）盆地中心的古尔班通古特大沙漠基本上是半固定和固定的沙垄和沙丘，其上分布着较发育的中亚西部类型的沙漠植物群落。

在沙漠南缘的低矮沙丘上水分条件较好，由具有苦艾蒿（*Artemisia santolina*）、沙蒿（*A. arenaria*）和较发育的短生植物层片的白梭梭（*Haloxylon persicum*）小乔木荒漠群落与薄沙地上的梭梭小乔木荒漠相结合，或由白梭梭与梭梭形成混交的群落。红砂小半灌木荒漠亦进入沙丘间的平地中来，在潜水接近地表处则有柽柳沙包。

大沙漠的内部，沙层深厚，沙垄与沙丘高大而密集，水分条件较差，其上主要为无叶沙拐枣（*Calligonum aphyllum*）、沙蒿、苦艾蒿和一年生盐柴类加入的白梭梭群落。在其南部，降水稍增多，沙丘较湿润，则在白梭梭群落中有较发育的短生植物和类短

生植物［囊果薹草（*Carex physodes*）］的层片。

大沙漠北部的低矮沙垄和宽阔的垄间沙地上主要有白杆沙拐枣（*Calligonum leucocladum*）为主的沙生灌木群落的固定沙丘，有麻黄、地白蒿等加入，囊果薹草常形成类短生植物层片，并有沙生针茅（*Stipa glareosa*）出现而使沙漠具有草原化特征；在薄沙地上则分布着草原化的驼绒藜（*Ceratoides latens*）半灌木沙漠植被和梭梭小乔木荒漠。

古尔班通古特沙漠中的流动沙丘面积很小，仅出现于其东缘，为几乎裸露的高大新月形沙丘链，其上有稀疏的红皮沙拐枣（*Calligonum rubicundum*）、巨滨麦（*Elymus giganteus*）群落。

大致在玛纳斯河以东，沙漠中的梭梭林为白梭梭所代替，组成中的短生植物亦逐渐减少，至奇台以东白梭梭就基本上消失了。

（5）在古老冲积平原中的古湖盆周围与大河的干三角洲上，为广布中亚荒漠的梭梭群系所占据，它们在多少受潜水供应的和盐化的壤质-沙壤质灰棕漠土上生长，高大而密集，形成茂密的"荒漠丛林"，高达3~4米，其下发育地白蒿（*Artemisia terrae-albae*）和一年生盐柴类层片，在早春并有短生植物层片出现，具有中亚西部黑梭梭林的典型特征。但在艾比湖沿岸的古老砾质洪积扇和准噶尔盆地西北部第三纪剥蚀石质台地上的梭梭群落则十分稀疏和低矮。

（6）盆地的西部由于受到西部山地雨影作用的影响，十分干旱，尤其是在西北向风口的地段生境最为严酷，基质受强烈风蚀而强度石质化。这里除有上述稀疏低矮的梭梭砾质荒漠外，还分布着一些亚洲中部类型的灌木、半灌木荒漠，如石质冲积锥上的膜果麻黄（*Ephedra przewalskii*）荒漠、第三纪石膏质台原上的稀疏的戈壁藜（*Iljinia regelii*）荒漠、干旱山间谷地的红砂、短叶假木贼（*Anabasis brevifolia*）和松叶猪毛菜（*Salsola laricifolia*）等荒漠群系，也有中亚西部类型的东方猪毛菜（*Salsola orientalis*）、小蓬和盐生假木贼荒漠群系，以及地中海-中亚荒漠广布的驼绒藜荒漠出现。

（7）最后，在北准噶尔的第三纪剥蚀台原丘陵和额尔齐斯-乌伦古河间地上，由于向草原区域过渡，分布着有沙生针茅加入的盐生假木贼为主的草原化荒漠植被。

可见，在准噶尔盆地中，大体上以中亚西部类型的荒漠群系稍占优势并表现为多样化；在中亚广布

的梭梭荒漠也十分普遍;亚洲中部类型的荒漠群系除红砂群系有广泛的分布外,其他多偏于在生境较严酷的地段,而且缺乏亚洲中部典型的群系。因此,我们把准噶尔(自富蕴-吉木萨尔一线以西)归属于中亚西部荒漠亚区域,而与中哈萨克斯坦荒漠合为一个地区,二者在生态、气候条件、植物区系与植被组合方面均存在很大的一致性[8,9]。

准噶尔盆地南缘由于得到天山丰富径流的补给,在黄土状壤土的冲积扇上形成一系列富饶的灌溉绿洲,新中国成立后军垦农场与国营农场又在古老的冲积平原上开垦了大片荒地,造成新绿洲,农作物主要为冬春小麦、中熟与中晚熟玉米、油菜、胡麻、甜菜、大豆、马铃薯、苜蓿和甜瓜、西瓜等;在玛纳斯地区夏季热量充足,可种植早熟陆地棉,为我国最北的棉区;天山北麓扇缘带普遍种植水稻。一般为一年一熟耕作制。在北准噶尔仅适于种植春小麦、油菜和甜菜。

本区宜耐寒的直立苹果、海棠、酸樱桃等果树,而早中熟葡萄、苹果、桃、杏等,埋土可以过冬。近年在天山北麓低山带的逆温层地段培植露地越冬的苹果园已获成功。在准噶尔新老绿洲中,护田林网的普遍建立对于防风固沙、改善小区气候、巩固和发展农业,具有极为重要的意义,平原中适种多种温带落叶阔叶树,以多种杨树、白柳(*Salix alba*)、榆树、沙枣、美白蜡(*Fraxinus americana* var. *juglandifolia*)、小叶白蜡(*F. sogdiana*)、复叶槭等最为普遍。引种的欧洲大叶榆(*Ulmus laevis*)、黄檗、夏橡(*Quercus robur*)、心木椴(*Tilia cordata*)、水曲柳、元宝槭等亦生长良好,唯喜温树种如圆冠榆、刺槐、桑、臭椿、紫穗槐等有冻害之虞。

平原中也有广阔的放牧场,如蒿类荒漠为春秋牧场,沙漠与低山荒漠为主要的冬春牧场。但产草量均不高,常因过度放牧而退化。尤其缺乏割草场,为平原发展牧业的障碍。

今后随着盆地中水库与灌排渠系的进一步发展完善,地下水的普遍开发利用,结合以植树造林,实现大地园林化,准噶尔的农业垦殖,还有极为辽阔的发展前景。但在开发同时,应注意合理保护沙漠的天然植被,以免过度樵采、放牧破坏植被引起流沙;荒地开垦与沙漠利用,都首先要建立防风护田林网与实行合理的草田轮作制,以防止垦区沙化,尘暴为害。

ⅦAi-2 塔城谷地蒿类荒漠、山地草原区

本区位于准噶尔盆地西北部,西与巴尔喀什-阿拉库里盆地荒漠接壤,北邻塔尔巴哈台山与欧亚草原区毗连,其西南隅玛依尔山隔准噶尔山门与阿拉套山对峙。本区包括塔城谷地、托里谷地及其旁侧的巴尔鲁克山和玛依尔、扎伊尔与乌尔柯萨尔等断块山地的北坡,具有三面环山,向西开敞的地形轮廓。

塔城谷地向西倾斜,海拔自东向西由1000米降至400米。谷地的山前洪积-冲积平原表层常覆盖有较厚的黄土状物质,地下水深埋,为地带性的植被所占据。额敏河横贯其中,西流出境,它所形成的冲积平原,分布于谷地底部,由东向西扩展,平原下部地势缓平,河床较浅,沉积物多以轻壤和中壤为主。地下水径流不畅,水位浅藏,致使隐域性植被得以广泛发育。托里谷地则由西南向东北倾斜,海拔由1900米降至750米,谷地两侧皆由洪积物所充填。除在老风口附近沿风线的两边有较厚的黄土状物覆盖外,其余组成物皆很粗,且地表常有较多的细砾分布。缺乏地表水,地下水埋藏很深。

这里的山地主要由古生代和中生代的砂岩、砾岩、页岩及变质岩层所组成。山势一般不高。最高的巴尔鲁克山海拔2923米;其东南部的玛依尔和扎伊尔山,最高峰不超出2300米,及至谷地东端的乌尔柯萨尔山仅有2000米左右。因此山峰无永久积雪和冰川,高山草甸带和森林带也不发育。但这些山地大多具有数级不同的高度的准平原面,为山地草原的发育提供了广阔的舞台。三面环山和西部开敞的地形特点,对东部荒漠气候和北方的寒流的影响具有一定的屏障作用和得以承受较多的西来湿气流,使谷地表现更为典型的中亚西部荒漠气候特征。谷地年均温4~6℃,1月均温为-13~-12℃,7月均温达19~23℃,≥10℃积温2500~2900℃,无霜期120~135天,均略低于准噶尔盆地和伊犁谷地。但较湿润,干燥度3~4,年降水290~300毫米,四季分配均匀,使荒漠植被中的短生和类短生植物层片得到良好发育,为畜牧业提供了生物生产力较高的春季放牧场,也为农业旱作提供了可能性。

在本区植被的植物区系地理成分组成中,荒漠植被的全部优势种和主要伴生成分,与伊犁谷地的蒿类荒漠相似,几乎全系中亚西部成分组成,如喀什蒿、博乐蒿、地白蒿、亚列氏蒿、角果藜(*Ceratocarpus arenarius*)、荒漠庭荠(*Alyssum desertorum*)、胡卢巴

（*Trigonella arcuata*）、厚柱薹草（*Carex pachystylis*）、托里阿魏（*Ferula kryloviana*）、多裂阿魏（*F. dissecta*）、珠芽早熟禾（*Poa bulbosa* var. *viviparum*）、郁金香（*Tulipa schrenkii*、*T. biflora*）和鸢尾蒜（*Ixiolirion tataricum*）等；山地草原群落的建群种也以中亚西部的种类占优势——新疆针茅、吉尔吉斯针茅、列氏针茅等。但也有较多的亚洲中部成员——沙生针茅、多根葱（*Allium polyrrhizum*）、糙隐子草（*Cleistogenes squarrosa*）、短叶假木贼和广布于欧亚草原的北温带成分，如沟叶羊茅（*Festuca sulcala*）、针茅、冷蒿（*Artemisia frigida*）、兔儿条（*Spiraea hypericifolia*）、落草（*Koeleria cristata*）等的渗透。草甸中则以北温带与欧亚温带成分为主，如鸭茅、白花老鹳草（*Gerarium albiflorum*）、假猫尾草（*Phleum phleoides*）、无芒雀麦（*Bromus inermis*）、拂子茅、香豌豆（*Lathyrus gmelinii*）、唐松草（*Thalictrum minus*、*Th. foetidum*）、珠芽蓼、大看麦娘（*Alopecurus pratensis*）和紫羊茅（*Festuca rubra*）等。中亚西部成分则居于次要地位。在斑块状的森林与河谷林中，雪岭云杉（*Picea schrenkiana*）是中亚山地森林最优势的针叶树种；欧洲山杨（*Populus tremula*）和稠李（*Padus racemosa*）则是北方的成员。新疆野苹果（*Malus sieversii*）是中亚西部的森林分子；山地灌丛的忍冬（*Lonicera tatarica*、*L. hispida*）、蔷薇（*Rosa spinosissima*、*R. albertii*）为北温带成分；塔城扁桃（*Amygdalus ledebouliana*）与丽豆（*Calopha casinica*）则是哈萨克斯坦–准噶尔西部山地特有种。

塔城谷地的地带性土壤是棕钙土，它占据着海拔1000米以下的山前洪积–冲积平原，其上覆盖着小半灌木蒿类荒漠。在壤质土上，几种蒿子与类短生植物形成群落（*Artemisia kaschgarica*、*A. terrae-albae*、*Poa bulbosa* var. *viviparum*、*Carex pachystylis*、*Ferula kryloviana*、*F. dissecta*、*Tulipa schrenkii*、*T. biflora* 等）；而在砾质土壤上则与木地肤（*Kochia prostrata*）组成稀疏的植物覆盖；海拔较高的洪积扇中上部砾质土壤上，荒漠植物中旱生丛生禾草增多，出现亚列氏蒿、针茅、沟叶羊茅构成的草原化荒漠。托里谷地海拔较高，荒漠植被表现出草原化特点，至西南部玛依尔山麓洪积扇（海拔1100～1900米）一带过渡为荒漠草原，建群种为沟叶羊茅、亚列氏蒿（*Artemisia sublessingiana*）。

谷地冲积平原主要为冲积性暗色草甸土，由于地下水位较高，多少具有盐渍化现象。其上广布高

大茂密的芨芨草盐化草甸植被，这一类型分布集中、面积大，仅次于蒿类荒漠，是塔城谷地畜牧业的重要冬牧场和打草场，不少地段已耕垦农作。冲积平原与洪积–冲积平原相交处的潜水溢出带和额敏河下游积水洼地，常形成芦苇沼泽和沼泽草甸。

塔城谷地素以经营畜牧业为主，农业比重较小。新中国成立后，由于大力建设边疆，种植业才得到较大发展，额敏河谷及山溪河旁多灌溉农业，旱作集中分布于山前丘陵和低山坡地。作物品种结构简单，以种植冬春小麦为主，次有甜菜和胡麻等经济作物。园艺业中苹果、梨等果树近年已引种栽培成功。托里谷地由于水源缺乏、土层薄、基质粗、气温较低和无霜期较短等不利自然因素，限制了农业的发展，沿山麓一带仅能种植春播作物，苹果树在托里县城栽培需埋土越冬。

由于本地区山地较低矮，山地植被垂直带谱亦较简化（图3-4）。

谷地南坡的巴尔鲁克山北坡，由于迎向来自西方的湿气流，是本地区最湿润的山地。其山地植被的基带由洪积扇上部的草原化蒿类荒漠过渡为山地荒漠化草原（850～1000米），优势种植物为针茅、新疆针茅、喀什蒿、亚列氏蒿和地白蒿等；向上，海拔1000～1500米为典型草原带（*Stipa capillata*、*Festuca sulcata*）。峡谷气候较温暖，出现喜暖的新疆野苹果林；在海拔2300（2600）米的深切峡谷侧坡和较湿润的阴坡，有斑块状的雪岭云杉林分布，林下草本主要为日阴薹草（*Carex pediformis*），但森林郁闭度不如天山北坡的森林；在无林的坡面上往往为含有草原灌木层片的灌木草原（*Stipa capillata*、*S. kirghisorum*、*Spiraea hypericifolia*、*Rosa spinosissima*、*Cotoneaster melanocarpa*）。再向上为亚高山草甸草原带（*Festuca sulcata*、*Stipa kirghisorum*、*Helictotrichon asiaticum*、*H. tianschanicum*、*Bromus inermis*、*Poa angustifolia*、*Carex turkestanica*、*Alchemilla cyrtopleura* 和 *Phlomis oreophila*）。有效水分较好的地段，草原禾草退出，亚高山杂类草草甸类型也能获得发育，主要由偏生斗蓬草（*Alchemilla cyrtopleura*）、老鹳草、山地糙苏（*Phlomis oreophila*）和珠芽蓼等组成，其中也伴生不少中高型禾草。这是家畜良好的夏季牧场。分水岭上出现高山嵩草草甸（*Kobresia amirnovii*、*Polygonum nitens*、*Leontopodium ochroleucum*、*Carex stenocarpa* 等）。山地南坡处于雨影带，雪岭云杉林和新疆野苹果林全然消失，植被垂直带结构简化为

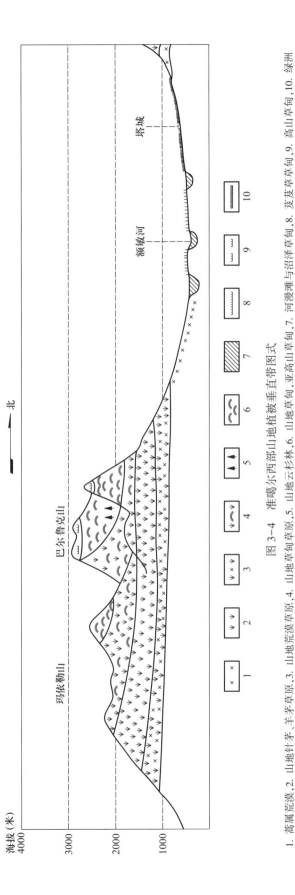

图 3−4　准噶尔西部山地植被垂直带图式

1. 蒿属荒漠, 2. 山地针茅、羊茅草原, 3. 山地荒漠草原, 4. 山地草甸草原, 5. 山地云杉林, 6. 山地草甸、亚高山草甸, 7. 河漫滩与沼泽草甸, 8. 坡坡草草甸, 9. 高山草甸, 10. 绿洲

一个山地草原占统治地位的带谱, 其内发生几个草原亚带的垂直分化, 自下而上为山地荒漠草原亚带—山地典型草原亚带—山地草甸草原亚带, 各带的高度不仅大大上升, 山地草甸草原亚带也被压缩得很窄。

至于玛依尔和扎伊尔两个不高的山地北坡, 整个地带性的坡面也全为山地草原所覆盖。下部为山地荒漠草原亚带, 上部为山地典型草原亚带。后者的植物群落中常混生一些草原灌木(*Spiraea hyperic-ifolia*、*Caragana fruter*、*Rosa spinosissima* 等)[10]。

乌尔柯萨尔山北坡位于塔城谷地的最东端, 在它的低山带全为具有中生或旱中生灌木层片的草原群落所覆盖, 阴湿峡谷内也有残遗的新疆野苹果、阿尔泰山楂(*Crataegus altaica*)和稠李等阔叶乔木树种的树丛, 中山带则为稠密的落叶阔叶灌丛(*Lonicera tatarica*、*L. hispida*、*Rosa spinosissima*、*R. albertii* 等)。山地草甸带很狭窄, 在海拔 1800 (1700) 米以上, 植被组成为偏生斗蓬草、鸭茅和老鹳草的一些种。

综上所述, 本地占优势的荒漠、草原以及大面积的草甸植被, 为畜牧业提供了季节放牧场所, 成为新疆重要的畜牧业基地。另一方面, 塔城谷地雨量较多, 在黄土覆盖的低山和丘陵坡地上, 农垦旱作十分普遍, 恰恰占据了在畜牧业上生产力较高、利用条件较好的重要春秋放牧场和打草场。因此, 本地区在近期不宜再继续扩大旱作耕地面积, 以保留必要的天然草场面积。对现有旱田应加强管理, 注意水土保持, 以提高单位面积产量为主, 或实行退耕经营为"草库仑"。也可适当开垦平原棕钙土上的藜类荒漠或部分盐渍化较轻的草甸土, 发展灌溉农业。

对本地区不多的山地针叶林和野苹果林, 应禁止滥伐, 在有林地段实行节制性放牧, 采取自然更新和人工更新相结合的措施, 尽快恢复森林覆被。对成片的野苹果林还可进行改良加以利用。

ⅦAi-3 天山北坡山地寒温性针叶林草原区

本区南以天山分水岭与伊犁山地和天山南坡为界, 北临准噶尔荒漠盆地与西部山地和阿尔泰山遥遥相对, 西迄国境线, 越阿拉套山北坡与巴尔喀什-阿拉库里荒漠盆地为邻, 东至博格达山东部的石质低山。

天山是历经褶皱、抬升、剥蚀、沉降的古老地槽山地, 近期又还童隆起。其母岩组成多种多样。高山带和中高山带多为古生代变质岩系和火成岩系,有花岗岩、石英岩、片麻岩、石灰岩等；低山、前山及部分高山区多为中生代和新生代的水成岩系组成。天山北坡即北路天山，绵延千余千米，自西而东包括阿拉套山、婆罗科努山北坡及其以东的依连哈比尔朵山、乌肯山、博格达山和东部的哈尔里克等高大山体。山脊多在海拔 3000 米以上，主峰高达 5000 米左右，其上冰川和常年积雪发育，水利资源丰富。永久积雪的下限自西而东为 3700~4000（3900~4300）米，冰面和雪被向东趋于减少，河流流量也相应变小。高山带具有古冰川作用、寒冻风化和剥蚀的陡峭地形，中山带主要为降水与河流切割地形，其前山带通常为发育宽厚的黄土低山，与主脉分化明显，对于盆地干旱荒漠气流的侵袭具有屏障和缓冲作用。山麓及其山前黄土覆盖，为中亚蒿类荒漠的向东伸展创造了适宜的基质条件。

天山北路的大部分山地由于能够承受西来湿气流之惠，气候比较湿润。近山麓平原的降水，除博乐-精河地区由于位处雨影带和受焚风作用而降水较少外，总的趋向是自西向东减少，山地降水量则随海拔上升而增加。如海拔 653.5 米的乌鲁木齐年降水量是 194.6 毫米，中山带小渠子（2160 米）为 572.7 毫米，高山带云雾站（3539 米）为 433.8 毫米。海拔 2000~2500 米的范围内，降水量最为丰沛，可达 600~800 毫米，成为山地最大有效湿润带。林带（约 1600 米）以下，从山麓往上海拔每上升百米，年降水量增加 20~25 毫米；大致从林带上限（约 3000 米）向上，降水转为递减，大约每升高百米，年降水量减少 10 毫米。山地气温则随海拔升高而降低，在夏季约符合于每升高千米，气温降低 6℃ 的规律。但冬季天山北坡存在逆温现象，逆温层厚度在 1500 米左右，其上限为海拔 2300~2500 米，下限为 800~1000 米。森林带内的小渠子和天池气象站（1942.5 米）1 月份均温比乌鲁木齐市高 4~5℃，而云雾站则与乌鲁木齐非常接近。所以天山北坡的山地草原和森林在冬季是处在一个相对较温和的气候条件下。

天山北路的水热状况决定了山地土壤的形成和分布特点。东西两端，降水较少，土壤具有旱生性的特点，土壤垂直带结构有所简化，各土壤带的位置较高，乌苏至乌鲁木齐一带的天山北坡山地，中生性的土壤较占优势，土壤垂直带结构也比较完整，各土壤带的高度也相应降低；其山地土壤垂直带结构的一般图式自下而上是：山地棕钙土带（800~1100

米）—山地栗钙土带（1100~1600 米）—山地黑钙土带（1600~2500 米）—山地灰褐色森林土带（1800~2700 米）—亚高山草甸土带［2500~2700（3000~3300）米］—高山草甸土带（3000~3600 米）。

天山北坡的植物区系有 2500 种左右，是荒漠地区山地植物种类最丰富的一个山地。区系植物的地理成分比较复杂，其中以北温带与欧亚温带成分最占优势，古地中海区的中亚西部成分和亚洲中部成分也起重要作用，而温带亚洲成分则占极次要地位。

北温带与欧亚温带成分，在天山北坡的森林、灌丛、草甸、草原与高山植被中组成甚多。森林和灌丛中主要有欧洲山杨、疣枝桦（Betula pendula）、新疆方枝柏（Sabina pseudosabina）等。山地草甸和林下草类的北温带成分有：鸭茅、根茎短柄草（Brachypodium pinnatum）、假猫尾草、无芒雀麦、小唐松草（Thalictrum minus）、高臭草（Melica altissima）、紫苞鸢尾（Iris ruthenica）、香豌豆、牛至（Origanum vulgare）、林地早熟禾（Poa nemoralis）、聚花风铃草（Campanula glomerala）、穗三毛（Trisetum spicatum）、美味草莓（Fragaria vesca）、小斑叶兰（Goodyera repens）、圆叶鹿蹄草（Pyrola rotundifolia）、独丽花（Moneses uniflora）、单侧花（Orthilia secunda）等。在天山北坡草原中北温带成分的优势种也不少，主要是欧亚草原的广布种：沟叶羊茅、针茅、冰草（Agropyron cristatum）、落草、冷蒿、糙隐子草、黄花苜蓿（Medicago falcata）和兔儿条等。在高山带，北极高山成分的代表有北极果（Arctous alpinus）、锐齿多瓣木（Dryas oxyodonta）、珠芽蓼、山蓼（Oxyria digyna）、大花虎耳草（Saxifraga hirculus）、阿尔泰羊茅（Festuca altaica）、高山早熟禾（Poa alpinum）和高山火绒草（Leontopodium alpinum）等。

古地中海起源的中亚西部成分在天山北坡山地植被中也起一定作用。荒漠中主要是蒿属旱蒿（Seriphidium）亚属的一些种——博乐蒿、喀什蒿等，还有荒漠庭荠、小蓬、伊犁郁金香（Tulipa iliensis）和阿魏、顶冰花（Gagea）属的一些种。草原中的几种针茅（Stipa kirghisorum、S. sareptana、S. caucasica）也是中亚西部成分。草甸中的中亚西部成分包括山地糙苏、假薄荷（Mentha asiatica）、突厥益母草（Leonurus turkestanicus）和蝇子草（Silene）、石竹（Dianthus）、风毛菊（Saussurea）等属的一些种类。

亚洲中部成分在本植被区的种类主要有草原群落的优势种——沙生针茅、天山异燕麦

（*Helictotrichon tianschanicum*）和多根葱等。线叶嵩草（*Kobresia capillifolia*）是高山草甸中最具特色的亚洲中部成分。

天山北坡最主要的针叶林树种——雪岭云杉也是亚洲山地针叶林最重要的建群种之一，属于中亚成分。而东方针茅（*Stipa orientalis*）和克氏羊茅（*Festuca krylovii*）则为温带亚洲的种类。

丰富多彩的植物区系、多样的植被生态条件和历史发展过程，形成了复杂的群落类型、垂直分异和东西向的植被变化。

天山北坡最具特色的植被类型是中生性的山地森林和草甸，反映了本植被区比较湿润的生态环境。其典型的山地植被垂直带谱是：山地荒漠带—山地草原带—山地寒温性针叶林带—亚高山草甸带—高山草甸带—高山亚冰雪稀疏植被带—高山冰雪带（图 3-5）。

山地荒漠植被带海拔 800（1000）~1100 米，主要为具有短生和类短生植物参加的蒿类荒漠（*Artemisia borotalensis*、*A. kaschgarica*、*Kochia prostrata*、*Poa bulbosa* var. *vivipara*、*Alyssum desertorum*、*Tulipa iliensis*、*Gagea bulbifera* 等），自西向东短生植物逐渐减少，及至木垒大石头以东中亚西部型的蒿类荒漠消失，为亚洲中部性质的灌木盐柴类荒漠

（*Sympegma regelii*、*Reaumuria soongarica*、*Anabasis brevifolia*）所代替。海拔 1000~1300 米为一条狭窄的山地荒漠草原亚带（*Stipa capillata*、*Artemisia borotalensis*、*Allium polyrrhizum*、*Anabasis brevifolia* 等）；典型草原分布于海拔 1300~1500（1600）米，主要由针茅、沟叶羊茅和一些中旱生或旱生、中生的杂类草构成，其上部发生草甸化，形成草甸草原亚带。在海拔 1500~2700 米的地带性坡面上，是由雪岭云杉构成的山地寒温性针叶林带，云杉林常与台地或缓坡上的山地草甸和干燥阳坡上的草原相结合，在西部较干旱的博乐-精河一带，山地草原极为发达，云杉林常与草原群落结合形成山地森林-草原带。亚高山植被带在 2600（2800）~2800（3000）米，主要为白花老鹳草、斗蓬草、珠芽蓼和大看麦娘等构成的亚高山草甸，群落中也常有天山异燕麦、黄花茅（*Anthoxanthum odoratum*）和吉尔吉斯针茅等中旱生植物种类的加入，使亚高山草甸带有草原化的特点。阳坡有片段的垫形新疆方枝柏针叶灌丛发育。高山草甸带分布于 2800（3000）~3600 米。主要为嵩草（*Kobresia capillifolia*）草甸、薹草（*Carex stenocarpa*）-嵩草草甸和局部有小型而华丽的杂类草参加的高山杂类草-嵩草草甸（*Polygonum viviparum*、*Papaver nudicaule*、*Leontopodium ochroleucum*、*Aster alpinus*、*Saxifraga hirculus*、*Potentilla*

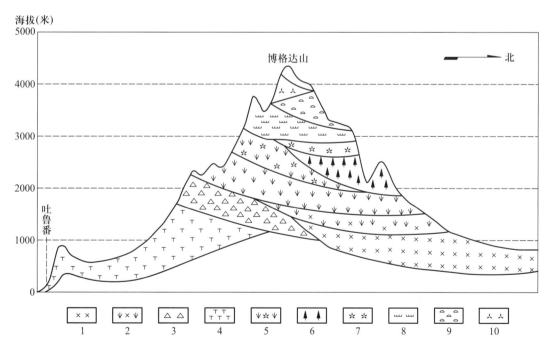

图 3-5　博格达山植被垂直带图式

1. 蒿属荒漠，2. 山地荒漠草原，3. 半灌木盐柴类荒漠，4. 荒漠石山，5. 山地草甸草原，6. 山地云杉林，7. 山地草甸、亚高山草甸，
8. 高山草甸，9. 高山垫状植被，10. 高山亚冰雪稀疏植被

nervosa 等）。高山与亚高山植被带，草层茂密，牧草种类繁多而富含营养，夏季气候凉爽，利于牲畜抓膘，是各类家畜优良的夏季放牧场和打草场，也是牧民欢庆丰收的场所；3600～3900（4000）米雪线以下的高山是裸岩、岩屑坡、雪斑和高山冰川冰舌下延的地段，气候寒冷，紫外线强烈，土壤冷湿，植物经常处于生理干旱境地。严酷的生态环境使植物不能形成连片的植被，只有个别的高山草类，如雪莲花（*Saussurea involucrata*）、短茎古白芷（*Archangelica brevicaulis*）、石生老鹳草（*Geranium saxatile*）、厚叶美花草（*Callianthemum alatavicum*）、高山蓼（*Polygonum alpinum*）、新疆缬草（*Valeriana fedtschenkoi*）、大花虎耳草、囊种草（*Thylacospermum caespitosum*）、四蕊高山莓（*Sibbaldianthe tetrandra*）和双花委陵菜（*Potentilla biflora*）等，疏生于岩堆和石隙之间，石面上尚有一些地衣。

在西部博乐-精河一带的山地，除山地俯矮、山体狭窄、缺乏前山带及冰川发育较小外，加之受艾比湖荒漠气候的影响，比天山北坡中部干旱，植被呈现强度草原化和荒漠化的特点，多少表现了亚洲中部山地植被与区系植物的性质。属于本地区的阿拉套山南坡，与其北坡迥然不同，也以强度草原化为特征。

本地区草场植被资源丰富，牧草种类繁多，为畜牧业生产的发展提供了物质基础，山地植被的垂直分布又为家畜转场轮牧创造了四季放牧的场所。根据现有四季草场资源的平衡状况和缺乏打草场的特点，今后加强合理利用，建立必要的人工草场以弥补冷季草场之不足，天山北坡进一步发展畜牧业的潜力很大。

据调查，本地区计有各类中草药资源 200 多种，其中大宗中药材有天山贝母（*Fritillaria walujewii*）、黄芪（*Astragalus aksuensis*、*A. lepsensis*）、新疆假紫草（*Arnebia euchroma*）、天山党参（*Codonopsis clematidea*）等，质量很好，储量丰富，应有计划采收和保护。天山贝母可进行人工栽培。

天山北坡的雪岭云杉林是荒漠区珍贵的森林资源，除能涵养水分、调节气候外，也是新疆主要的木材产地之一。目前，在合理采伐和加强经营管理的同时，应以人工更新恢复森林为主要任务。由于荒漠区山地气候干旱，生长期短，应推广云杉和落叶松的塑料薄膜温棚育苗和营养杯带土苗人工更新，并试验引进有价值的针阔叶树种，以丰富和改善天山

的森林组成。此外，在前山带逆温层地段，可适当发展直立苹果的山地果园。

根据天山山地植被和生态条件垂直分布的特点，因地制宜地合理规划和发展山区农、林、牧、副业，千里古老天山将焕发青春、灿如彩虹。

Ⅶ Ai-4 伊犁谷地蒿类荒漠、山地寒温性针叶林、落叶阔叶林区

本区位于我国天山北坡（北路）最西端与哈萨克斯坦巴尔喀什-阿拉库里盆地接壤，南北翼分别与天山南坡和天山北坡植被区为邻，包括婆罗科努山南坡及哈尔克山北坡之间的山区与谷地。

伊犁谷地为一相对沉降陷落的山间谷地，西部敞开，南北东三面雪山耸立。谷底是覆盖着深厚黄土和洪积-冲积壤土-砾石层的河谷平原。水量丰沛的伊犁河横贯其中，西流出境。在野马渡以上，地势升高，其支流——喀什河、巩乃斯河和特克斯河又分别构成三个独立的山间谷地。北部婆罗科努山高逾 5000 米；南侧哈尔克山更为高峻，其主峰托木尔峰海拔 7443 米，为天山之冠；而凯特明、纳拉特和阿夫拉尔等内部山脉也均在 3000 米以上。南北两路山脉在伊犁河谷东端汇成高于 5000 米的巨大山结。这些崇山峻岭形成天然屏障，使北冰洋的寒潮、蒙古-西伯利亚大陆反气旋和南部塔克拉玛干酷旱的沙漠气候的影响大为减弱；而向西敞开的缺口却为西方里海湿气流和巴尔喀什暖流的内达大开方便之门。谷地具有典型的中亚细亚西部荒漠气候特征：年均温 8～9.2℃，年降水 326 毫米，冬春季约占其一半以上，故多短生植物之发育；冬季也不甚严寒，1 月均温不低于 -10℃，极端最低温为 -37.4～-34.3℃，极个别年份可达 -40℃ 以下；夏季温暖而稍干，7 月均温 22.5～23.4℃，极端最高温 39.5℃，≥10℃ 积温 3200℃ 以上，无霜期较长，干燥度为 4～5。伊犁河谷向东变狭，地势隆起，常形成丰富的地形雨，谷地两侧山地中山带降水量可达 800 毫米以上，为山地森林和草甸植被的发育提供了优越的生态环境，成为天山山地中生植被最发达的地境。

伊犁谷地的植物区系丰富多样，植被组成的地理成分以中生的北温带-欧亚温带成分与中亚西部山地成分最占优势，其中的北温带-欧亚温带成分，在天山北坡植被区中所提及者几乎均见于本地区，在森林和灌丛中尚有欧洲山杨、稠李、欧洲荚蒾（*Viburnum opulus*）、西伯利亚刺柏（*Juniperus sibirica*）、覆盆子（*Rubus idaeus*）、新疆忍冬（*Lonicera* tatarica)、阿尔泰山楂、药鼠李（*Rhamnus cathartica*）等乔灌木树种；山地草甸和林下草类中有短柄草（*Brachypodium sylvaticum*）、羊茅（*Festuca gigantea*、*F. altaica*）、石生悬钩子（*Rubus saxatilis*）、夏枯草（*Prunella vulgaris*）、水金凤（*Impatiens nolitangere*）、猫尾草（*Phleum pratensis*）和欧洲鳞毛蕨（*Dryopteris filixmas*）等；尤其是古热带成分的白羊草（*Bothriochloa ischaemum*）在本区草原带中成为建群种，为与天山北坡草原的显著差异。在天山北坡草原中的其他北温带成分也在伊犁出现。

在中亚西部成分中最有特色的是山地阔叶林中的组成者，如新疆野苹果、野核桃（*Juglans regia*）、樱桃李（*Prunus sogdiana*）、小叶白蜡和天山槭（*Acer semenovii*）等第三纪古温带阔叶林成员；在草原中有天山酸樱桃（*Cerasus tianschanica*）、准噶尔鼠李（*Rhamnus songarica*）等灌木和新疆针茅、高加索针茅（*Stipa caucasica*）和吉尔吉斯针茅等；在荒漠中有博乐蒿、地白蒿、小蓬、珠芽早熟禾、伊犁郁金香、角果藜、厚柱薹草、新疆阿魏（*Ferula sinkiangensis*）、臭阿魏（*F. tenerrima*）和银沙槐（*Amodendron argenteum*）等；此外，应当提到亚洲温带成分的野杏（*Armeniaca vulgris*）在伊犁山地出现。

亚洲中部的成员主要见于高山带和亚冰雪带的植被中——线叶嵩草（*Kobresia capillifolia*）、四蕊高

山莓、囊种草等，但高山草类中仍以北极-高山成分为主。中亚山地的针叶林树种——雪岭云杉在伊犁山地获得了最优良的发育。

伊犁谷地多种多样的自然条件、复杂的植物区系和残遗群落的保存，使其具有丰富与独特的植被类型及其组合，山地植被垂直带结构分化明显而完整（图 3-6），具有典型的中亚山地植被垂直带谱类型。其中阔叶野苹果林和白草草原的出现，尤为伊犁山地植被之特色。

在谷地底部，海拔 900（1400）米以下的山麓倾斜原为地带性的灰钙土所占据。在壤质的生境上发育着短生和类短生植物——蒿类荒漠（*Artemisia borotalensis*、*A. terrae-albae*、*Poa bulbosa* var. *vivipara*、*Bromus tectorum*、*Carex pachystilis*、*Schismus arabicus*、*Ferula teterrima*、*F. sinkiangensis*、*Tulipa iliensis* 等），这是本植被区分布最广且最具有代表性的荒漠群落类型，但多已开垦为绿洲。在砾质土壤上，为木地肤-博乐蒿群落所占据；在海拔较高处出现草原化的蒿类荒漠（*Artemisia borotalensis*、*Bothriochloa ischaemum*、*Stipa capillata*、*S. caucasica*、*S. sareptana*）。在古老的砾质阶地上也可出现小蓬群落；谷地西部河旁的沙漠上为驼绒藜（*Ceratoides latens*）、沙蒿、银沙槐与类短生植物（*Carex pachystylis* 等）所构成的灌木、半灌木沙漠植被，丘间有梭梭散生。局部河漫滩

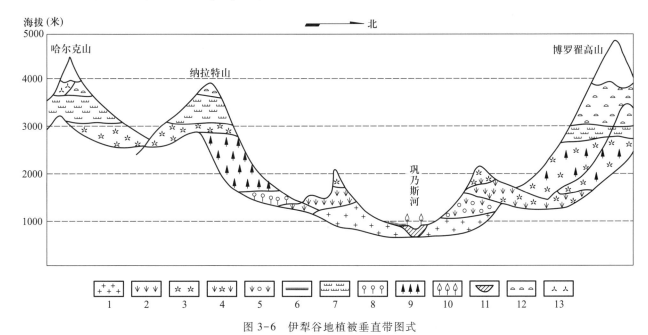

图 3-6　伊犁谷地植被垂直带图式

1. 蒿属荒漠，2. 山地针茅、羊茅草原，3. 山地草甸，4. 山地草甸草原，5. 山地灌木草原，6. 芨芨草草甸，7. 高山草甸，8. 山地野苹果林，
9. 山地云杉林，10. 河漫滩杨树林，11. 河漫滩与沼泽草甸，12. 高山垫状植被，13. 高山亚冰雪稀疏植被

地段残留有狗牙根（*Cynodon dactylon*）河漫滩草甸；低洼积水处为芦苇、水烛（*Typha angustifolia*）、藨草（*Scirpus maritimus*、*S. triqueter*）沼泽。

伊犁河谷地带性的蒿类荒漠，通过山麓草原化荒漠迅速过渡到山地草原带。纳拉特山北坡是本区中最为温和而湿润的山地，以发育有繁茂的森林、草甸为特征。海拔 900（950）~ 1050（1100）米为山地草原带，土壤为山地栗钙土或山地黑土。其上覆盖有由针茅（*Stipa kirghisorum*、*S. lessingiana*）、沟叶羊茅和蒡草等所构成的典型草原植被，群落中的灌木除新疆锦鸡儿（*Caragana turkestanica*）、兔儿条等外，在石质坡地上尚有准噶尔鼠李和天山酸樱桃等；向上为山地落叶阔叶林带［950 ~ 1100（1500 ~ 1900）米］，它的分布与当地丰富的降水，显著的冬季逆温层以及免于寒潮侵袭的地形条件等特殊生态因子密切相关。它的存在也是天山第三纪残遗阔叶林成分与北方森林草甸种类相结合的产物，为天山植被发展历史的活见证。在海拔 1100 ~ 1500（1600）米的低山带坡面上，为新疆野苹果和野杏所构成的落叶阔叶林，在针叶林带下形成一道独特的山地落叶阔叶林带，使山地植被具有复层的森林带结构，表现出海洋性山地植被带谱的特征。巩留胡桃沟中还有残遗野胡桃的丛林。在阔叶林带上部海拔 1400 ~ 1600 米的陡坡上，常有欧洲山杨混入，或形成小片森林，或与雪岭云杉混交。阔叶林带的阳坡上往往有白羊草草原的发育。中山带［海拔 1500 ~ 1900（2400 ~ 2600）米］的雪岭云杉林连续成片地覆盖着山坡。林分生产力很高，个别林木高达 60 ~ 70 米，胸径 1 米以上。依林地生境条件的不同，有欧洲鳞毛蕨–雪岭云杉林、拟垂枝藓（*Rhytidiadclphus triquetrus*）–雪岭云杉林和圆柏–雪岭云杉林等特殊的森林群落类型。在海拔 1500 ~ 1700 米内，雪岭云杉也常与欧洲山杨或天山桦（*Betula tianschanica*）混交，后者有时形成次生的小叶林。山地河谷中则有密叶杨（*Populus talassica*）、小叶桦（*Betula microphylla*）和小叶白蜡的河谷林。在针叶林缘、林间地段，由短柄草、鸭茅和无芒雀麦等所形成的禾草草甸获得良好的发育。纳拉特山北坡亚高山草甸发育得十分茂密，由斗蓬草（*Alchemilla obtusa*、*A. rubens*）、山地糙苏和白花老鹳草等所构成的典型亚高山杂类草草甸，占据了海拔 2400（2600）~ 2700（2900）米的亚高山带。这一带的阳坡，匍匐型天山方枝柏（*Sabina turkestanica*、*Juniperus sibirica*）灌丛也比较发达，构成

亚高山灌丛草甸带。海拔 2700 ~ 2900 米为高山带，在细土的基质上为高山草甸（*Kobresia capillifolia*、*Polygonum viviparum*、*Leontopodium alpinum*）植被所占据；湿度大而石质化的生境上往往发育着四蕊高山莓为建群种的高山垫状植被。以上至现代冰川下部为高山亚冰雪带，其种类成分和植被外貌与天山北坡植被区相似。

处于塔尔依楞山南坡的果子沟，在山地植被垂直带谱中，以白羊草草原与山地草甸草原占显著地位。新疆野苹果等喜暖湿的阔叶树种已不能在地带性的坡面上成林，而隐居于湿润的山地沟谷侧坡。这里由于山体低矮，高山草甸的发育也受限制，高山亚冰雪带的分化也不明显。及至喀什河谷地，山地针叶林带不很发达，以山地与亚高山草原化草甸占优势。

较干旱的特克斯谷地两侧的凯特明山南坡和哈尔克山北坡的植被垂直带结构中，阔叶林带消失。亚高山带为亚高山草甸草原所占据；云杉林带被推举得很高且受挤压变得很窄［1950（2000）~ 2500 米］；同时，谷地由于高居于海拔 1800 米以上，谷底也为草甸草原和典型草原（西端，*Stipa krylovii*）所覆盖，且上限至海拔 2000 米左右。植被垂直带结构图式为：山地草原带（1800 ~ 2000 米）—山地针叶林带（1900 ~ 2500 米）—亚高山草甸草原带（2500 ~ 2900 米）—高山草甸带（2900 ~ 3400 米）—高山亚冰雪带（3400 ~ 3600 米，现代冰川以下）。

美丽富饶的伊犁谷地和山地，气候温和，水草丰美，且有许多优质的栽培牧草的野生类型，这里是新疆细毛羊和伊犁马等优良畜种的故乡。因此，加强草原建设，进一步合理利用天然草场资源，发展畜牧业的潜力很大。

伊犁山地残遗的野果林，更是荒漠区珍贵的山地果树资源，它不仅是优良的天然果园，也是栽培果树的发源地之一。应予以保护、经营改造和发展，并建立自然保护区，使这一资源得到保护和合理利用。

伊犁河谷平原农业历史悠久，园艺业发达，盛产小麦、玉米、甜瓜、烟草以及苹果、桃、李和葡萄等果品，是新疆的粮仓和瓜果之乡。为充分利用其优越的自然资源，一方面加强农田基本建设，提高单产，另一方面也可在农牧兼顾的原则下有计划地开垦少量荒地，为国家做出更大的贡献，把伊犁谷地建设得更加富饶美丽。

VIIB 东部荒漠亚区域①

本亚区域包括天山分水岭以南的南疆、东疆、甘肃的河西走廊、北山戈壁与甘肃、宁夏、内蒙古之间的阿拉善高平原，以及青海的柴达木盆地。其南界为昆仑山与黄土高原的北沿，东界大致在东经107°—108°切过鄂尔多斯台地的西部。

东部荒漠亚区域受蒙古高压反气旋的控制或强烈影响，气候较西部亚区域更为干旱，但其东南部夏季时可承受东南部海洋季风余泽，而具有夏季降雨集中的特点，冬春雨雪甚少。其植被特点为：以超旱生灌木、半灌木荒漠为地带性荒漠植被，几乎全然缺乏春雨性短生植物，而夏雨型一年生荒漠草本在群落中比较发达。山地具有强度大陆性的荒漠型或草原型的植被带谱，结构简化，以山地荒漠或草原占优势，缺乏山地森林带或仅在局部地区出现。

本亚区域依南北热量条件的差异可分为：温带半灌木、灌木荒漠与暖温带荒漠两个地带。

VIIBi 温带半灌木、灌木荒漠地带

VIIBi-1 阿拉善高平原草原化荒漠、半灌木、灌木荒漠区

本区位于狼山、贺兰山以西，额济纳河以东，南以祁连山、长岭山为界，北至中蒙边境，处于北纬37°20′—42°30′，东经99°—109°；包括阿拉善高平原全境，河西走廊东段、鄂尔多斯高原西北部及黄河后套平原，为我国荒漠植被地区最东部的一个区。

阿拉善高平原是自古生代以来剥蚀堆积、和缓隆起的古老地块。地势大致由东南向西北倾斜，大部分地面海拔在1000~1500米，局部洼地如居延海为820米。高平原内部地势不平坦，以剥蚀低山（100~500米或大于1000米）、残丘（50~100米）与覆盖着第四纪沉积物的山间凹地——砂漠与砾漠相间分布；高平原南部有东西走向的合黎山、龙首山（最高峰为3616米），分隔着山南狭长的河西走廊。本区也是亚洲中部著名沙漠区域之一，有巴丹吉林、腾格里、乌兰布和与库布齐四大沙漠，大部分为流动、半流动沙丘或高大沙山组成，连同其他一些零星分布的沙漠和沙地，总面积10万多平方千米，占全区总面积40%左右。在沙漠中及周围有大小不等的干涸湖盆及湖泊星罗棋布。区内水系极不发达，

有石羊河和黑河（下游称额济纳河）两大内陆流域，黄河流经本区东南角，成为本区唯一的外流水系，其中分布众多的绿洲，为重要农业基地。

本区在蒙古高压反气旋的西北风系控制下，气候干燥，寒暑冷热剧变，风大沙多，具有典型的亚洲中部温带荒漠气候特征。 ≥10℃ 积温 3100~3600℃，无霜期130~160天，年均温 7.4~8.8℃，1月平均气温 -13~-10℃，7月平均气温 22~26℃；年降水量 40~150 毫米，由东南向西北递减，东南部因受夏季东南季风影响降水量较多，可达200毫米，降水量70%以上集中在7、8、9三个月，干燥度4~16，亦由东向西增强。

地带性土壤为灰棕漠土，在东部贺兰山洪积平原及走廊南部局部地区有小面积的淡棕钙土，在一些河流冲积平原上及湖盆低地还有大面积盐土、草甸土及沼泽土。

组成本区植被区系成分的核心是亚洲中部荒漠成分，它与蒙古南戈壁植物区系联系密切，与塔里木盆地也有相似之处，而与准噶尔的植物区系差异较大。如就本区常见重要的建群种、优势种或特征种来说，有70%以上属亚洲中部成分，其中有很多为阿拉善特有种，如沙冬青（*Ammopiptanthus mongolicus*）、绵刺（*Potaninia mongolica*）、油柴（*Tetraena mongolica*）、珍珠猪毛菜（*Salsola passerina*）、蒙古扁桃（*Amygdalus mongolica*）、南山短舌菊（*Brachanthemum nanschanicum*）、灌木小甘菊（*Cancrinia maximoviczii*）、阿拉善锦鸡儿（*Caragana przewalskii*）等。其他，属地中海成分有驼绒藜（*Cerotoides latens*）；属中亚荒漠广布成分的有胡杨、多枝怪柳（*Tamarix ramosissima*）、尖果沙枣（*Elaeagnus oxycarpa*）、梭梭（*Haloxylon amodendron*）、木本猪毛菜（*Salsola arbuscula*）、大叶白麻（*Poacynum hendersonii*）、花花柴（*Karelinia caspica*）、芨芨草、苦豆子（*Sophora alopecuroides*）、沙米（*Agriophyllum squarrosum*）、盐爪爪和灌木亚菊（*Ajania fruticulosa*）等；属温带亚洲成分有西伯利亚白刺（*Nitraria sibirica*）、马蔺（*Iris lactea* var. *chinensis*）等。区内植物中古老残遗种及寡种属的种相当多，如沙冬青、油柴、蒙古扁桃、绵刺、裸果木（*Gymnocarpos przewalskii*）、霸王（*Zygophyllum xanthoxylon*）、半日花（*Helianthemum soongoricum*）等，说明本区植被的古老性。东部的一些草原成分也渗入

---

① 相当于过去植物学与地理学文献中所谓的"亚洲中部"荒漠亚区域。

本地区,反映了由草原向荒漠的过渡性。此外,在伴生植物中有较多的夏秋一年生草本植物,却缺乏春雨型短生植物。

本区地带性植被主要由超旱生灌木、半灌木砾质荒漠及超旱生小乔木、灌木沙质荒漠组成,而分布最广的地带性植被是红砂和珍珠猪毛菜荒漠,但区内由东到西由于干燥程度的差异而反映在植物群落特征和植被组合特点上也有明显差异。

本区东部邻近草原地区,气候较温润,荒漠植被具有明显草原化特点。植被类型较多样,种类较丰富,在这里集中保存了阿拉善地区许多特有种和古老荒漠残遗种,它们形成了一系列独特的草原化荒漠群系,如油柴群系、沙冬青群系、绵刺群系、半日花群系,其他如川青锦鸡儿(Caragana tibetica)群系、珍珠猪毛菜群系、柠条群系(Caragana korshinskii)、猫头刺(Oxytropis aciphylla)群系都有草原化荒漠性质。群落中伴生多种荒漠草原成分,如沙生针茅、短花针茅(S. breviflora)、戈壁针茅(S. gobica)、无芒隐子草(Cleistogenes songorica)、中亚细柄茅(Ptilagrostis pelliotii)、白颖薹草(Carex rigescens)、多根葱、蒙古葱(A. mongolicum)等草本植物。一些荒漠草原的小半灌木,如冷蒿、菊状亚菊(Ajania achilloides)以及狭叶锦鸡儿(Caragana stenophylla)等也常出现。在沙生植被中,鄂尔多斯荒漠草原沙地的代表群落——油蒿(Artemisia ordosica)群系也在这里的固定、半固定沙地上普遍出现。

本区由于雨量多集中在夏季,群落中夏秋一年生植物层片相当发育,这在东部和南部雨量稍多地区尤为突出。这类植物种类繁多,主要有雾冰藜(Bassia dasyphylla)、刺沙蓬(Salsola ruthenica)、小画眉草(Eragrostis minor)、虮子草(Tragus berteronianus)、三芒草(Aristida adscensionis)、冠芒草(Enneapogon brachystachyum)、虎尾草(Chloris virgata)和虫实(Corispermum lehmannianum、C. patelliforme)等,在流沙上有沙米(Agriophyllum squarrosum)、蒙古葱,粗沙地上有大量蒺藜(Tribulus terrestris)繁生,形成背景。这些一年生植物在少雨年份则很少发育,低矮而星散,不能完成生活史。

在阿拉善西部气候十分干燥,这里广布着砾质戈壁、石质干燥剥蚀残丘和高大而密集的沙山,生境条件较为严酷,植被稀疏,种类贫乏。在广阔的洪积砾石或沙砾质戈壁滩上,分布较广的地带性植被有红砂、泡泡刺(Nitraria sphaerocarpa)、珍珠猪毛菜、

膜果麻黄、霸王、裸果木、刺旋花(Convolvulus tragacanthoides)等群系。在戈壁冲沟中,有零星低矮的梭梭群落;在石质低山和残丘上主要是合头草、短叶假木贼、木本猪毛菜群系及戈壁短舌菊(Brachanthemum gobicum)荒漠;在沙流上主要是沙拐枣(Calligonum mongolicum)和籽蒿(Artemisia sphaerocephala)、沙竹(Psammochloa villosa)群系(图3-7)。群落中几乎没有草本层片,仅多雨年份出现一年生白茎盐生草(Halogeton arachnoideus)或盐生草(H. glomeratus)层片。

在整个阿拉善一些沙漠湖盆边缘的固定、半固定沙地及覆沙壤质盐化低地上,分布着大面积梭梭荒漠和白刺(Nitraria tangutorum、N. roborowskii)盐生灌木群落。此外,在湖盆低地,盐化潜水补给的隐域生境,分布有盐爪爪(Kalidium cuspidatum、K. gracile)盐漠,西伯利亚白刺盐生灌丛,芦苇、芨芨草盐化草甸,薹草、莎草沼泽草甸及芦苇和香蒲(Typha angustifolia、T. latifolia)沼泽。在河西走廊河流冲积平原上,分布有柽柳灌丛及由芦苇、芨芨草、甘草(Glycyrrhiza uralensis、G. inflata)、大叶白麻、骆驼刺(Alhagi pseudoalhagi)、花花柴、苦豆子、马蔺、拂子茅等组成的盐生草甸。黄河后套平原一些河流阶地和渠旁局部地方分布少量芨芨草草甸;在额济纳河下游的河流阶地及河漫滩上还分布着由胡杨、尖果沙枣组成的荒漠河岸林和柽柳灌丛。

本区内无高大山体,仅走廊北山的龙首山主峰超过3600米,山地植被不甚发达,由山麓至山顶顺序出现草原化荒漠、荒漠草原和典型草原,在2500米以上出现陇塞忍冬(Lonicera tangutica)、蒙古绣线菊(Spiraea mongolica)和灰栒子(Cotoneaster acutifolius)等组成的灌丛,且每有沙地柏(Sabina vulgaris)星散铺于山坡。在2700(2900)米以上的阴坡凹处,出现片段的青海云杉(Picea crassifolia)林。

本地区类型多样的自然植被,为发展畜牧业提供了辽阔的草场;野生经济资源植物,有肉苁蓉(Cistanche deserticola)、锁阳(Cynomorium songaricum)、甘草、麻黄等药材;有优质纤维植物野麻;有可做名贵菜肴的头发菜;还有大面积梭梭林,可提供薪炭柴和优良固沙造林树种。

本区是农、林、牧综合发展的地区。农业主要集中在黄河后套平原和河西走廊平原,它们分别是内蒙古和甘肃重要的粮食产区,也是历史悠久的灌溉农业区,基本上是一年一熟作物区。在后套平原农

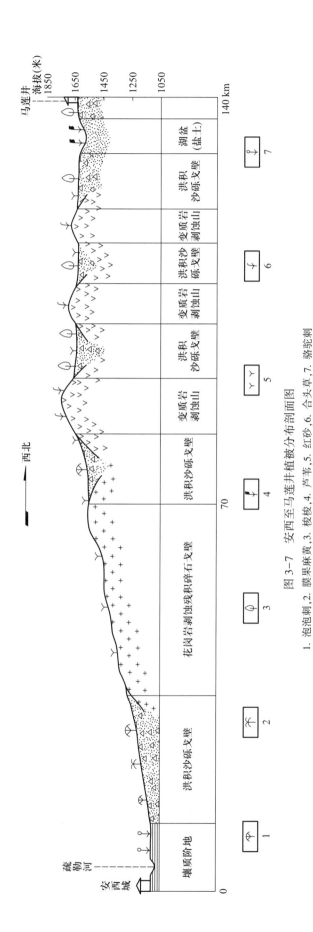

图 3-7　安西至马莲井植被分布剖面图

1. 泡泡刺，2. 膜果麻黄，3. 梭梭，4. 芦苇，5. 红砂，6. 合头草，7. 骆驼刺

业区，主要作物是春小麦、糜子、马铃薯及少量玉米、高粱、大豆、胡麻等；瓜类较多，有西瓜、香瓜等；造林树种有小叶杨（*Populus sonii*）、小青杨（*P. pseudosimonii*）、加拿大杨（*P. canadensis*）、沙枣、旱柳（*Salix matsudana*）、榆、柽柳等。

河西走廊农业依地势和热量差异可分为两个区域：

（1）平川农业区：在海拔 1100~1600 米，属一年一熟中温作物区，主要作物有春小麦、糜子、谷子、玉米等。以早、中熟品种为宜，少量夏杂粮有大麦、蚕豆、豌豆及秋粮——水稻、高粱与马铃薯等。油料作物主要是胡麻。在金塔一带尚可种植棉花，但产量较低。果树以枣、梨、苹果为主，有少量桃、杏。瓜类有西瓜和白兰瓜。造林树种有白杨、钻天杨、小叶杨、沙枣、沙柳（*Salix cheilophila*）、梭梭和柽柳等。

（2）山前寒温农业区：在海拔 1600~2500 米地区，宜早熟品种，以夏杂粮为主，主要种植青稞、黑麦、蚕豆、豌豆、扁豆、马铃薯、油菜等。

目前河西农业区推广带状种植（带田），充分利用荒漠地区的光热资源，根据作物的生态特性和边行优势原理进行合理配置套种，以创高产。这为作物生态学和群落学的理论问题提出了值得深入研究的课题。

阿拉善广大荒漠地区是发展畜牧业的基地，有近两亿亩可供利用的天然草场，放牧有羊、骆驼、马、牛等大小牲畜数百万头，其中如著名的阿拉善双峰驼和白绒山羊，是在阿拉善特定的荒漠草场条件下培育出的优良畜种。然而，本区草场利用很不平衡，局部草场载畜量过重，引起草场退化；广大北部荒漠草场却因缺水而得不到充分利用。大面积梭梭林因樵采过度而使植被盖度剧减，引起地表风蚀，流沙漫延。因此，本区今后在合理利用天然草场发展畜牧业时，必须注意根据草场状况合理布局和调查畜群结构，开发地下水源，充分利用无水草场，实行划区轮牧、封湖、封滩育草，建立人工饲料基地与农业垦殖，大力营造护牧林、护田林、防风固沙林等。注意保护梭梭林和荒漠中的灌木群落，防止流沙漫延和避免以梭梭为寄主的珍贵药材——肉苁蓉资源的枯竭。

ⅧBi-2 马鬃山-诺敏戈壁稀疏灌木、半灌木荒漠区

本区包括额济纳河以西、河西走廊以北的居延海西部盆地、北山残丘、诺敏戈壁和将军戈壁，以东

南-西北向伸展,西南以东部天山的哈尔雷克山与巴里坤北山为界,北达中蒙边界,包括北塔山南坡。海拔高度,除哈尔雷克山主峰高达 4925 米与北塔山、马鬃山逾越 2000 米以上外,其余均在 850~2000 米。它是以古老火成岩为基底,经历强烈的剥蚀作用,形成准平原化的以中山、低山、残丘、戈壁滩和湖盆相间为特征的地貌形态。地表基岩裸露,或满铺砾石,砾石表面具黑褐色的荒漠漆皮,在强烈的阳光下,灼热干燥的气流蒸腾而上,呈现一派荒凉景色。沙地很少,仅在西北部的古尔班通古特沙漠边缘和马鬃山东南部的花海子一带有小面积分布。在诺敏戈壁凹地和居延海盆地中部,以及马鬃山南侧的碱泉子等地,有第四纪湖相沉积的细土层,地下水位浅,其上发生现代积盐过程。

本区位于中亚荒漠干旱的中心,夏季,无论来自何方的海洋气流,均受阻于四周山岭之外,影响极微;冬季又受蒙古高压控制,因此形成冬寒夏热、温差大、风大而多、极端干旱的大陆性气候。它和哈顺戈壁堪称我国荒漠区最干旱的内陆中心。如伊吾的三塘湖(海拔 920 米)年降水量仅 35 毫米,干燥度达 18.5,淖毛湖(海拔 500 米),年降水量 12.5 毫米,干燥度高达 69;红柳河(海拔 1700 米),年降水量 34.7 毫米,干燥度 16.6。马鬃山地区,因地势较高,干旱程度有所减弱,但干燥度亦在 5.8。本区年降水量季节分配不均匀,60% 以上集中于夏季。年平均气温 4~10℃,7 月均温 18~25℃,极端最高温 32~43℃,1 月均温 -10℃ 以下,极端最低温 -32~-28.5℃。冬春风大,年大风日 85~90 天。土壤强度石质化,在残丘和丘陵多为砾质石膏灰棕漠土,洪积扇为砾质灰棕漠土,在古河床和现代侵蚀沟多为沙质原始灰棕漠土,在湖盆和凹地多为疏松盐土或盐化草甸土,在山区还有小面积的棕钙土和栗钙土等。

在这种严酷的生态环境下,组成本区植被的高等植物,数量十分贫乏。据不完全统计,有 100 余种,分属 28 科,其中以藜科(22%)、菊科(15%)、禾本科(11%)、豆科(9%)、蒺藜科(6%)为主,和毗邻的蒙古荒漠带的种类组成的谱序同属一种类型。

从组成本区植被的主要种的地理成分来说,以亚洲中部的荒漠成分占绝对优势,如霸王、泡泡刺、裸果木、细枝岩黄芪(*Hedysarum scoparium*)等在准噶尔荒漠区所不见的种类。在这里它们和膜果麻黄、短叶假木贼、蒿叶猪毛菜、合头草、戈壁藜、蒙古

沙拐枣等成为地带性荒漠植被的建群种和优势种。其他亚洲中部成分如猫头刺、沙生针茅、多根葱、灌木亚菊、盐生草等亦占重要地位。中亚广布成分——梭梭、红砂、木本猪毛菜,以及地中海-中亚成分的驼绒藜,亦为常见的建群种和优势种;同时还出现蒙古戈壁特有种——蒙古短舌菊(*Brachanthemum mongolicum*)和喀什菊(*Kaschgaria komarovii*)。中亚西部成分在本地区大大减少,如白梭梭和几种沙拐枣已消失,但仍有一些中亚西部成分——心叶驼绒藜(*Ceratoides ewersmanniana*)、无叶假木贼、盐生假木贼、展枝假木贼、小蓬、白滨藜(*Atriplex cana*)等,进入本区西北角,并以此为东界。在中亚西部荒漠中典型的短生植物与类短生植物,在本区西北部表现十分微弱。这些特点表明,本区西北部仍具有中亚西部荒漠向中亚东部荒漠过渡的特点,但已属亚洲中部亚区域。另外,在阿拉善地带性荒漠植被的建群种——珍珠猪毛菜(阿拉善种),在本区也不复见,蒿叶猪毛菜(西戈壁-柴达木种)代之以成为主要建群种之一。同时,在阿拉善荒漠中具有特殊意义的沙冬青(东阿拉善种)、绵刺(东蒙古-阿拉善种)、油柴(鄂尔多斯特有种),在本地区也已绝迹。这些都表明,本地区与阿拉善在植物区系特征上,有明显的差异。

本区植被的基本特点在于,地带性植被类型是典型的亚洲中部稀疏的灌木、半灌木荒漠,沙漠植被不存在,隐域性的草甸和盐生植被极不发育。

由于地势高低、地表物质组成的差异,往往引起荒漠植被的不同组合。在 1900 米以下的广大地区,包括诺敏戈壁、居延海盆地西部和马鬃山外围地区,广阔的沙砾质冲积洪积扇和平地上分布有稀疏的梭梭荒漠,局部地段还有适石膏的戈壁藜荒漠。在黑色砾质的戈壁滩,一般是极为稀疏的红砂荒漠,但在西北一隅的黑色砾幕则是寸草不生,仅在多雨的年份出现稀疏的盐生草植丛。在砾沙质的盆地和凹地是丛状的膜果麻黄、泡泡刺荒漠,在地表径流稍为集中的冲沟中分布着白皮锦鸡儿(*Caragana leucophloea*)、霸王荒漠,但具薄沙层地段为驼绒藜荒漠,唯面积不大。在宽大的河床两侧,受洪水泛滥影响,不但植物种类较多,而且盖度增大,成为泡泡刺、籽蒿荒漠。在砾质残丘坡麓地段,往往是极为稀疏的短叶假木贼、合头草荒漠,在局部盐化草甸土上,出现小面积的芨芨草或芦苇的盐化草甸;盐分增高的蓬松盐土上,往往出现单调的尖叶盐爪爪荒漠;在河流

下游还有小片的胡杨、沙枣林和小面积的农田。

马鬃山中部地区为海拔 1900 米以上的低山和中山，最高峰达 2583 米。除了山前广大平坦的砾质戈壁为红砂、泡泡刺荒漠外，大部分湖盆和山地均具草原化性质的荒漠，在湖盆为多根葱、菁状亚菊、合头草草原化荒漠，或为多根葱、沙生针茅、红砂草原化荒漠。自 2150 米以上的石质山地为中亚细柄茅-短叶假木贼草原化荒漠和沙生针茅-合头草草原化荒漠(图 3-8)。

天山北坡最东端的哈尔里克山地在本区境内，由于受蒙古-西伯利亚高压气旋的影响，较其西部天山山地干燥，但仍为本区内唯一较完整的山地垂直带谱。山地荒漠草原带(*Stipa glareosa*、*Festuca sulcata*、*Allium polyrrhizum*、*Anabasis brevifolia*、*Ceratoides latens*)从山麓上部开始分布，向上即达中山带海拔 2000 米；山地典型草原带分布在 2000~2200 米，成为一条狭带，其群落组成以针茅、沟羊茅占优势。山地寒温性针叶林带分布于 2100~2900 米。树种以西伯利亚落叶松(*Larix sibirica*)为主，代替了在整个天山北坡占优势的雪岭云杉的地位。上部 2600~2900 米为西伯利亚落叶松纯林；中部 2400~2600 米为雪岭云杉-西伯利亚落叶松林；下部落叶松很少或完全消失，而为雪岭云杉占优势的阴暗针叶林，是它自然分布区的东界。落叶松林的出现则说明天山和阿尔泰山在第四纪初期的联系[11]。森林带向上，直接过渡到以线叶嵩草为主的高山草甸植被带，海拔 2800(2900~3600) 米。

本区西北部的北塔山，是面积不大的断块山地，最高峰为 3500 米，植被垂直分异也比较明显。在山前低山上分布着短叶假木贼荒漠，而在山间平地为盐生假木贼荒漠，山麓洪积扇上为膜果麻黄荒漠。海拔 1400 米以上分布着短叶假木贼-沙生针茅与多根葱为主的荒漠草原。在 1600 米以上，过渡为沟叶羊茅、针茅与冷嵩构成的山地草原和草甸草原，并在阴坡出现块状的西伯利亚落叶松林，阳坡则有较发育的斑块状的新疆方枝柏灌丛，构成山地森林草原带。

本区广大地面虽然植被稀疏，甚至还有寸草不生的光裸戈壁，但在山间盆地和凹地，以及天山东部山地、北塔山和马鬃山中部地区，草场资源比较丰富，适宜于骆驼和羊放牧。由于缺乏水源，冬季又无积雪，草场利用率不高。为了充分利用这些草场，必须解决人畜饮水问题。

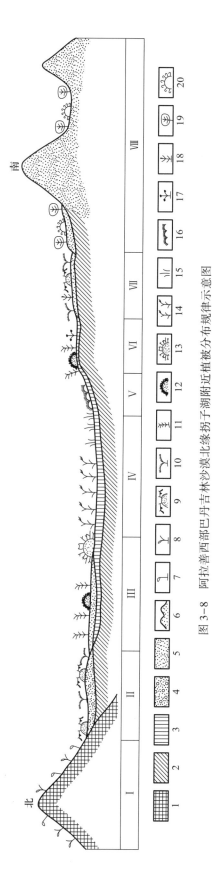

图 3-8　阿拉善西部巴丹吉林沙漠北缘沙漠拐子湖附近植被分布规律示意图

1.古老岩系，2.第三纪，3.现代河湖相沉积，4.沙砾质戈壁，5.覆沙地，6.沙山，7.合头草，8.短叶假木贼，9.泡泡刺，10.红砂，11.梭梭，12.白刺，13.柽柳，14.芦苇，15.菱叶草，16.菱叶草，17.黑果枸杞，18.霸王，19.蒙古沙拐枣，20.膜果麻黄；Ⅰ.低山残丘合头草、菱叶草盐生草甸，Ⅱ.戈壁荒漠，Ⅲ.红砂灌木、半灌木荒漠，Ⅳ.湖盆中芦苇、菱叶草盐生草甸，Ⅴ.湖盆南缘石质荒漠，Ⅲ.莎草沼泽化草甸，Ⅵ.湖盆南缘一级阶地梭梭、黑果枸杞盐化沙壤质灌木荒漠，Ⅶ.湖盆二级阶地沙砾质砾质地泡泡刺，红砂灌木、半灌木沙漠，Ⅷ.巴丹吉林沙漠沙漠流动沙地上沙拐枣、膜果麻黄、灌木沙质荒漠
泉水溢出带地段菱草，莎草沼泽化草甸，Ⅵ.湖盆南缘一级阶地上梭梭沙漠，Ⅶ.湖盆二级阶地沙砾质砾质地泡泡刺，Ⅷ.巴丹吉林沙漠沙漠

ⅦBi-3 东祁连山山地寒温性针叶林、草原区

本区只包括祁连山的东半部和青海湖盆地,西起北大河、哈拉湖东侧的分水岭和巴音郭勒河上游一线,东南沿日月山,向北经八宝河和大通河支流的分水岭,然后转向东,沿走廊南山主脊,而止于乌鞘岭,南与茶卡盆地和共和盆地毗邻,北临甘肃河西走廊,介于北纬36°20′—39°40′,东经98°10′—103°。

祁连山是由一组平行排列、饱经褶曲和断裂作用、新生代大幅度上升的高大山系,是我国著名的主要山系之一。山地西北高,东南低,海拔高度一般都在3500米以上,最高峰可达到5000米以上。山地北麓比较陡峻,相对高度达2000米左右。若从河西走廊南望祁连,雪峰皑皑,山势极为雄伟;但从南麓望祁连,只见山峦起伏,宛如丘陵山地,相对高度也不过500~1000米。青海湖位于本地区东南,是我国最大的内陆湖泊,海拔3200米。湖盆外围地势开阔,是本地区最大的牧区之一。

在气候上,本区总的属于高寒半干旱气候,但因山地幅员之广,高差之大,及其东西两端距离海洋远近之不同,造成自东南向西北逐渐变干、变冷的趋势,气候的垂直分异也非常明显,这是决定本区植被分布的主要原因。

第四纪初,祁连山曾发生大面积山地冰川,冰川退却以后,所遗留的冰碛物和冰蚀地貌,在北坡海拔2700~2800米的地方,广泛分布。如今,现代冰川的下缘,海拔高度北坡为4100~4300米,南坡为4300~4500米。冰川的进退,对山地植物迁移和植被的演变,发生深刻的影响。

组成本区植被的建群种主要分属下列地理成分:亚洲中部成分在山地荒漠的主要建群种有合头草、珍珠猪毛菜、尖叶盐爪爪、猫头刺;在山地的草原建群种有短花针茅、克氏针茅、紫花针茅、沙生针茅、箒状亚菊、灌木亚菊、南山短舌菊、驴驴蒿(*Artemisia dalailamae*)、旱蒿(*A. xerophytica*)等。在森林建群种中,有青海云杉和祁连圆柏(*Sabina przewalskii*);高寒草甸中有矮嵩草(*Kobresia humilis*)、西藏嵩草(*K. tibetica*)等;高山垫状植被和岩屑坡稀疏植被组成:甘肃蚤缀(*Arenaria kansuensis*)、垫状蚤缀(*A. pulvinata*)、水母雪莲花(*Saussurea medusa*)等。

北温带-欧亚温带分布的成分,在山地草原中有冰草、冷蒿;高山草甸中的北极-高山成分有珠芽蓼、高山葶苈(*Draba alpina*)、高山唐松草(*Thalictrum alpinum*)等。

东亚成分中,属华北成分的有山杨(*Populus davidiana*)。与中国-喜马拉雅成分有密切联系的甘肃(或陕甘青)山地成分,有头花杜鹃(*Rhododendron capitatum*)、百里香杜鹃(*Rh. thymifolium*)、金背枇杷(*Rh. przewalski*)等。

本区特有成分有马尿泡(*Przewalskia tangutica*)、莨菪(*Anisodus tangutica*)、黄刺(*Berberis diaphana*)等。

从上述来看,亚洲中部成分在本区植被中起最大的作用,同时也具有一定的特有种。

本区植被最大的特点是,植被垂直分异非常明显,构成比较完整的垂直带谱。以山地北坡为例(图3-9),2000米以下为山地荒漠带,它是平地荒漠向山地的延伸部分,在带内植被类型组合,东西差异大。东部以草原化荒漠为基带,海拔1500~1800米。在壤质淡棕钙土上,分布珍珠猪毛菜、尖叶盐爪爪为主,伴生红砂、合头草、沙生针茅、短花针茅的草原化荒漠;在沙性较强的地段,为猫头刺群落。西部气候较干旱,荒漠化增强,可分为两个亚带:1500~

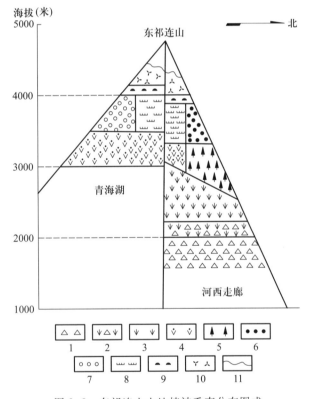

图3-9 东祁连山山地植被垂直分布图式

1. 盐柴类半灌木荒漠,2. 山地荒漠草原,3. 山地草原,4. 高寒草原,5. 寒温性针叶林,6. 高寒杜鹃灌丛,7. 金露梅灌丛,8. 高山嵩草草甸,9. 高山垫状植被,10. 高山亚冰雪稀疏植被,11. 高山冰雪带

1800 米为典型荒漠亚带,类型组合特点是,在黄土母质的低山坡地为合头草荒漠,沙砾质的滩地为红砂、珍珠猪毛菜荒漠;1800~2000 米以合头草、珍珠猪毛菜为主,伴生一些短花针茅组成草原化荒漠亚带。

山地草原带是构成祁连山主要的垂直带。自东往西山地草原更加发育,不但垂直带的海拔升高,而且其宽度也增大。根据其类型性质及组合特点,又分为山地荒漠草原亚带和山地典型草原亚带。

山地荒漠草原亚带,海拔为 1800(2000)~2000(2200)米;土壤为山地淡栗钙土,短花针茅、灌木亚菊荒漠草原广布于黄土丘陵南坡。在平缓的黄土低丘、坡地和阶地,则由旱生小半灌木的驴驴蒿和短花针茅组成荒漠草原。这种类型在肃南以西渐渐消失,而代之珍珠猪毛菜、合头草、短花针茅、多根葱荒漠草原,在洪积扇顶部的壤质土上,则为合头草、旱蒿、沙生针茅、蓍状亚菊荒漠草原。

山地典型草原亚带,占据了山地草原带的最大部分。它的上限,东部为 2500 米;西部为 2700 米,但在大马营与肃南的大河区,由于地势平缓,最高可达 2800 米。土壤为山地典型栗钙土和暗栗钙土。植被组合特点是:在平缓的坡地和阴坡为克氏针茅草原,在阳坡为短花针茅草原,在山顶风大的地段多为克氏针茅和冷蒿组成的草原。西部还有克氏针茅、旱蒿草原和紫花针茅草原。

山地森林草原带,在山地阴坡、半阴坡和半阳坡,生境比较湿润,分布着寒温性针叶林;阳坡地表比较干燥,发育着草原,二者组合成特殊的森林草原景观。自东往西,山地森林发育不良,它的分布高度,愈西愈高,而带的宽度反而缩小,东部为 2500~3200 米,西部为 2700~3300 米,最后以斑块状消失于北大河附近。

组成寒温性针叶林的建群种十分单一。或由青海云杉组成纯林,或由祁连圆柏组成纯林,再或由两者组成混交林。它们共同的特点是:结构简单,种类贫乏。它们是寒温性针叶林在荒漠地区的山地长期旱化的变型。

在 2800 米以下的河谷,尚有小片的青杨(*Populus cathayana*)林和榆树林。

在阳坡的山地草原,下部为西北针茅草原。上部为紫花针茅草原所取代,而在水分条件较好的坡麓地段,往往出现草甸草原类型。除建群种克氏针茅、次优种青藏葱(*Allium przewalskii*)外,尚有旱中生或中生的杂类草——裂叶蒿(*Artemisia laciniata*)、乳白青香(*Anaphalis lactea*)、唐古特青兰(*Dracocephalum tanguticum*)、阿拉善马先蒿(*Pedicularis alaschanica*)等。

亚高山灌丛草甸带,下接山地森林草原带,上限东部为 3800 米,西部为 3900 米。高寒常绿革叶灌丛和高寒落叶阔叶灌丛占据着阴坡和半阴坡;高寒草甸则占据着阳坡和平缓的地形部位,构成复合分布现象。

在冷龙岭以东,由头花杜鹃、百里香杜鹃、烈香杜鹃(*Rhododendron anthopogonoides*)组成的高寒常绿革叶灌丛,只分布在 3600 米以下的阴坡,是我国高寒常绿革叶灌丛分布最西和最北的类型。在它的上部和西部由比较耐干冷的箭叶锦鸡儿(*Caragana jubata*)、毛枝山居柳(*Salix oritrepha*)和金露梅(*Dasiphora fruticosa*)组成的高寒落叶阔叶灌丛所替代,不过,它也由于向西气候干旱而消失于北大河附近。

分布于阳坡和平缓地段的高寒草甸,主要是由小嵩草(*Kobresia pygmaea*)、西藏嵩草、喜马拉雅嵩草(*K. royleana*)组成的嵩草草甸;而在降水较多的山峰周围,或在受冰雪融化水滋润的地段,常常出现由虎耳草、珠芽蓼、圆穗蓼(*Polygonum sphaerostachyum*)和高山龙胆(*Gentiana algida*)等为标志的高山五花草甸。

高山亚冰雪稀疏植被带介于高山灌丛草甸带和雪线之间,宽达 200~300 米,气候严寒,寒冻作用十分强烈,地表均由冰碛物和风化岩屑组成;在平缓的坡麓还掺杂很薄的壤土,其上多为高山垫状植物,如垫状蚤缀、甘肃蚤缀、垫状繁缕(*Stellaria decumbens var. pulvinata*)等。在坡麓上部湿润的石缝里,分布着水母雪莲花、康定风毛菊为主的稀疏植被,石块上还有五光十色的壳状地表。

在走廊南山以南,地势比较平缓,绝对高度虽然超越 4000 米,但相对高度不过 500~1000 米。植被垂直分异远较北坡逊色,自下而上可分为下列垂直带。

高寒草原带,海拔 3200~3500 米,土壤为山地栗钙土。植被组合的特点是,在广大的冲积洪积扇、坡地和青海湖盆外缘的滩地、河流阶地,广泛分布紫花针茅(*Stipa purpurea*)、小嵩草草甸草原,而在冲积洪积扇前缘地区,多为芨芨草-紫花针茅草原。在河滩地常为藏沙棘(*Hippophae tibetica*)矮灌丛,在比较潮湿的滩地又为马蔺草甸。

高山灌丛草甸带，海拔 3500～4000 米，土壤为高山草甸土。高寒草甸占据着广大的地面，主要类型有高山嵩草草甸，在半阴坡为圆穗蓼和珠芽蓼草甸，而金露梅灌丛主要分布在沟谷和滩地。

高山亚冰雪稀疏植被带，海拔 4000～4300 米，植被十分稀疏，常见的垫状植物有甘肃蚤缀、四蕊高山莓、多种红景天（*Rhodiola* spp.），但稀疏植被主要由水母雪莲组成。

在青海湖盆的西部，气候更趋干旱。草原植被得到最广泛的分布。自河流谷地直至南坡 3800 米均为短花针茅、紫花针茅、芨芨草、冰草草原，或是沙生针茅、冰草草原。在半阳坡偶尔见到垂穗鹅观草（*Roegneria nutans*）、紫花针茅、疏花针茅草原。在 3800～4100 米，为亚高山灌丛草甸带，金露梅灌丛只分布在半阴坡，而且生长不良，株高 20～30 厘米；嵩草草甸占据各种地形部位。4100 米以上则为垫状植被或高山亚冰雪带稀疏植被。

本区南部的青海南山，除了海拔 3000～3300 米的阴坡分布着小块状的青海云杉林，阳坡 3400～3900 米出现稀疏的祁连圆柏林之外，均以山地草原为主。

本区具有丰富的植被资源。既有适宜放牧的山地草原、高寒草甸、山地荒漠和部分灌丛，也有作为用材和水源涵养的大片森林；既有药用植物，也有大量的芳香和纤维植物。在北麓海拔 2500（2800）米以下的地区，宜种植青稞、油菜和春小麦，青海湖滨也能种植青稞和油菜。所以本区具有多种经营的条件。但北坡应以林牧为主，其他广大地区以牧为主。

目前，森林经营管理，应正确处理采伐与天然更新、用材林与水源涵养林的关系，以保证"青山常在，绿水长流"。应加强人工更新，并试种材质好的速生树种。奇大隆林场试验结果证明，引种华北落叶松（*Larix principis-rupprechtii*），在山地针叶林带内，生长良好，可以逐步推广。

本区具有多种草场类型，有利于季节转场，也有利于草场合理利用体系的建立。宜发展绵羊、牦牛和马。目前，存在季节草场不平衡的问题，夏场富裕，冬场不足，部分草场退化，杂草丛生，鼠害蔓延。这些都是限制本区牧业发展的主要因素。为了改变这种现象，必须建立完整的合理利用体系，至少包括合理放牧制度和合理利用方式，有步骤、有计划、有试验依据地进行草场改良，并逐步建立和扩大人工饲料基地。

ⅦBi-4 西祁连山-东阿尔金山山地半灌木荒漠、草原区

本区西起甘、新、青三省区交界处，东至北大河，顺河南行，经疏勒南山，绕哈拉湖东侧的分水岭，直达巴音郭勒河；南临柴达木盆地，北邻甘肃河西走廊，介于北纬 37°—40°，东经 92°20′—98°，包括阿尔金山东部和祁连山体的西部。阿尔金山和祁连山在构造上虽属不同的单元，但在地貌形态上是一脉相连的，都是喜马拉雅造山运动强烈隆起的高大山体。

西祁连山是祁连山体的一部分，由一系列近西北-东南走向的平行山脉与山间构造宽谷和盆地组成，自北而南包括：大雪山、托赖山、托赖南山、野马南山、疏勒南山、党河南山、察汗额博图岭、柴达木山和务隆山等。山地海拔在 3500 米以上，一般山峰均在 4000～5000 米，最高峰可达 5806 米（团结峰），山间谷地亦处在海拔 3000～3500 米。海拔 4500 米以上的山峰终年积雪，雪线在北坡为 4400 米，南坡为 4800 米。

本区处于柴达木盆地荒漠和河西荒漠包围之中。气候十分干旱，而且愈向西，干旱程度愈大。以山地北坡海拔高度相近似的（海拔 2800～3000 米）三个地点为例：东部的花儿地年降水量为 170 毫米，阿克赛为 120 毫米，安南坝为 90 毫米。海拔升高，更引起降水量不均匀的分配：山地外缘年降水量 30～80 毫米，山间谷地为 100 毫米，高山带 300～400 毫米。与此相应，气温冷湖（2735 米）2.7℃～托赖（3360.5 米）-3.1℃～哈拉湖盆地（4200 米）-6.0℃ 以下。上述水热的组合形成不同的气候类型，即山麓和低山为山地荒漠气候，中山和亚高山为山地草原气候，高山为高寒半干旱气候。因此，植被和土壤相应发生垂直变化，而且各垂直带的上下限，愈西愈高。

组成本区植被建群种的区系特征是：在山地荒漠带，以亚洲中部成分为主，如合头草、蒿叶猪毛菜（*Salsola abrotanoides*）、尖叶盐爪爪、短叶假木贼。中亚广布成分的红砂和地中海成分的驼绒藜也是常见的建群种和优势种，还出现祁连山特种——南山短舌菊。在山地草原带，主要由下列成分组成：亚洲中部草原成分，如克氏针茅、短花针茅、紫花针茅、沙生针茅、蒙古葱、多根葱、旱蒿、无芒隐子草等；欧亚草原种：冰草；中亚广布种：芨芨草；北温带草原种：羊茅。高山亚冰雪稀疏植被带，主要由下列成分组成：喜马拉雅-西藏成分：垫状蚤缀、水母雪莲、康

定风毛菊（*Saussurea inconspicua*）、矮亚菊（*Ajania scharnhorstii*）；亚洲中部高山种：囊种草。上述各地理成分中，以亚洲中部荒漠成分和草原成分为基础，掺杂着其他成分。而在东祁连山起着主要作用的乔、灌木种类，均不见于本区。

本区植被，具有极端干旱的温带大陆性荒漠地区的山地植被特征。山地荒漠带和山地草原带甚为发达，成为本区植被的主体；而中生的山地森林和山地灌丛完全缺如，山地草甸在本区的东部发育甚为微弱，并且草原化程度很强。因此，本区植被垂直结构的基本格式，从下而上为：山地荒漠带—山地草原带—高寒草原带—高山亚冰雪稀疏植被带。但山地的南、北坡差异很大（图3-10）。

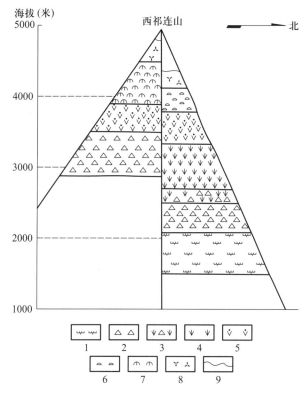

图 3-10　西部祁连山山地植被垂直分布图式

1. 稀疏灌木荒漠，2. 盐柴类半灌木荒漠，3. 山地荒漠草原，4. 山地草原，5. 高寒草原，6. 高山垫状植被，7. 高寒荒漠，8. 高山亚冰雪稀疏植被，9. 高寒冰雪带

西祁连山和东阿金山北麓的垂直分布如下：

山地荒漠带：是由平地荒漠带向山地延伸的部分，占据垂直带结构的基部，它的上限沿山地可达2500米左右，土壤为棕漠土，强烈盐化。群落组合特点是：红砂、泡泡刺荒漠占据着基带下部，其上部

则为合头草荒漠，再上又为蒿叶猪毛菜、尖叶盐爪爪荒漠所代替，但沿谷地多为水柏枝灌丛。

山地草原带：占据中山和高山，海拔2500~3800米，可分两个亚带。

山地荒漠草原亚带：分布在2500~2700米，在河谷地区上限可达3000米。由于基质不同，群落组合特点是：在沙壤质的坡地主要为蒿叶猪毛菜、多根葱、沙生针茅群落，而沙砾质或石质山坡则为南山短舌菊、合头草、短花针茅-沙生针茅群落。

山地典型草原亚带：占据着海拔2700~3300米的幅度，以克氏针茅、冰草为主的草原分布在海拔3000米以下的黄土母质上的山地干草原浅灰色土[①]上；而短花针茅草原则沿坡麓、盆地或阳坡分布。在3000米以上，主要是甘青金露梅（*Dasiphora arbuscula* var. *tangutica*）、紫花针茅、冰草草原。在黄土覆盖的宽广平地，往往出现疏花针茅（*Stipa penicillata*）、冰草草原。

高寒草原带：分布在海拔3300~3800米。这一亚带，从它的性质来说，应该认为是山地典型草原向高寒草原的过渡，也是东部高山草原化草甸在西部受旱化的结果。所以，在它的组成种类中，既有山地草原成分，也有草甸成分，也有高寒草原成分，是它们三者的混合物。本亚带中，主要以羊茅、落草、黑药鹅观草（*Roegneria melanthera*）、薹草、高原早熟禾（*Poa alpigena*）组成的群落占据着广泛的地段。而在本亚带的上部，许多垫状植物，如垫状驼绒藜（*Ceratoides compacta*）、垫状棘豆相继出现，有时作为群落中的伴生种，有时又与冰草组成群落。

高山亚冰雪稀疏植被带：位于海拔3800米以上的高山顶部或山峰之间的凹地。地表主要为古冰碛物和寒冻风化的碎石块组成，石质性强，局部有沙壤质，属高山寒漠土。植被非常单调，主要由垫状驼绒藜、垫状蚤缀、囊种草、水母雪莲、矮亚菊、帕米尔委陵菜（*Potentilla pamiroataica*）等分别构成垫状植被和岩屑坡上的稀疏植被。

西祁连山的南麓，气候更加干旱，荒漠植被愈加发达，草原植被相应受到压缩。其垂直分异是：山麓2900~3500米为山地荒漠带，包括山前冲积洪积平原、山前低山和中山，地表为砾石、沙砾所覆盖，或基石裸露，土壤为灰棕漠土，广大地面均无植被覆盖，唯在冲沟及其边缘，稀疏地分布着蒿叶猪毛菜、合头

---

① 山地干草原浅灰色土是在干冷条件下发育的山地草原土，其性质近于山地淡栗钙土。

草、膜果麻黄群落,驼绒藜群落,或者蒿叶猪毛菜、驼绒藜群落;但在海拔 3450～3550 米,植被盖度增加,种类也有所增多,并以蒿叶猪毛菜、红砂、旱蒿荒漠占优势。

高山荒漠草原带:海拔 3550～3900 米,在沙壤质土上,由沙生针茅、紫花针茅、蒿叶猪毛菜、座花针茅(Stipa subsessiliflora)、垫状驼绒藜组成群落;在河漫滩,则由蒿类形成单优种群落。

高山寒漠带:海拔 3900～4500 米,地表均为黄土覆盖,融冻作用十分强烈,既有龟裂现象,也有泥流现象,气候十分干冷。在黄土母质上为垫状驼绒藜群落,在砾质或沙砾质上则为蒿、矮麻黄(Ephedra gerardiana)群落;在凹地还有囊种草和苔状蚤缀(Arenaria musciformis)形成垫状植物群落,或者由四裂红景天(Rhodiola quadrifida)构成纯群落。

本区东南部哈拉湖一带,地势最高,气候严寒,出现高山寒漠。它是内陆极端大陆性气候在高山的反映,种类贫乏,广大地面均为垫状点地梅、囊种草垫状植被所占据。

从本区植被特点来说,在利用上应以牧业为主,但由于山高路远,气候寒冷,有的草场缺水,没有得到充分的利用。

ⅦBi-5 柴达木高盆地半灌木、灌木荒漠、盐沼区

柴达木是一个高海拔的内陆山间盆地,它是青藏高原东北部的特殊的沉陷地块。在地质构造方面,柴达木是青藏高原整体的一部分,但就其植被和植物区系的基本面貌和特征来说,它却属于亚洲中部温性荒漠,虽然带有高海拔地势所赋予的高寒性。因而,把柴达木盆地划归荒漠地区已为近年来的植被区划所公认。

盆地位于东经 91°—98°,北纬 36°—39°,东西长达 850 千米,南北宽可达 250 千米。海拔高度在 2600～3000 米,约高出塔里木盆地 1500 米,却低于青藏高原约 2000 米,可看作温带荒漠平原向高原过渡的一个阶梯。其北侧为阿尔金山和祁连山,呈弧形弯曲,南倚东昆仑山脉,背靠高原主体;这些山系除西北的阿尔金山略低于 4000 米外,其余均巍峨雄峻,超过 5000 米,峰巅冰雪皑皑。

盆地内部具有深厚的新生代堆积,地势自西北向东南倾斜,西北部海拔高约 3000 米,广布第三纪疏松地层经风蚀而成的残丘地貌。东南部凹陷区则堆积了巨厚的第四纪洪积、冲积层,它们由山麓到盆地中心大致作如下分布:山前的洪积倾斜平原,为砾石和砂石形成的戈壁;其北部为沙质、沙壤质或黏土质的冲积-湖积平原,地形平坦,潜水接近地表或外溢,土壤盐渍化,或形成大片盐沼;在洪积平原和冲积-洪积平原上,常分布有风积的沙丘、沙垅和沙地,大部是流动的,水分条件较好处,形成草灌丛沙丘;最后,在盆地底部,众水积潴成星罗棋布的盐湖,是古代和现代的积盐中心,湖滨发育大片覆盖着盐壳的光裸盐滩。

上述地貌特征决定着盆地中的基质、土壤、潜水与盐分的环带状递变与分布,植被随之形成有规律的生态系列。

柴达木的气候特点是:夏凉冬寒,降水稀少,日照丰富,风大且多。盆地全年在高空西风控制下,且受到蒙古高压反气旋的影响,气候十分干燥;仅其东部可受到东南季风尾闾的影响,气候稍润。降水由东向西减少,东部年降水 100～200 毫米,中部降至 50 毫米以下,至西部仅约 20 毫米。降水的 70% 集中于夏季(6—8 月);干燥度却由东向西增加,东部 2～4,中部与西部 9～20。盆地的 ≥10℃ 积温不足 2000℃,年均温 1～5℃,最热月(7 月)均温 15～17.5℃,无霜期仅 90～120 天,除 7 月外,夏季各月均可能出现负温。可见其热量条件尚且低于中温带的准噶尔和阿拉善,但由于生长季节强烈的太阳辐射而得到很大补偿。其年总辐射量为 160～180 千卡/平方厘米,以夏季为最大,可超过 200 千卡/平方厘米;年日照时数 3000～3600 小时。高海拔盆地的气温,又具有日较差大的特点,7 月日温差可达 20℃ 以上,冬季却不过分寒冷,1 月均温 -15～-10℃,绝对最低温 -35～-30℃,并不低于中温带。终年偏西风强劲,且愈西愈强,形成西部广大的风蚀与流沙地貌。

本区的地带性土壤为中温型的灰棕漠土,向西石膏积聚增多,中部的各类盐土十分发育。

柴达木盆地的植物区系据初步统计约有 46 科,153 属,228 种,如加上周围山地的种类当在 400 种以上。最主要的科是禾本科(超出 30 种)、菊科、豆科、藜科(超出 20 种)、蔷薇科与莎草科(超出 10 种),共占总种数的 58%。柽柳科与蒺藜科在植被组成中亦很重要,对建群种区系地理成分的分析表明[12,13],柴达木盆地应属于古地中海荒漠区。在早第三纪,柴达木已存在古地中海旱生成分,中更新世时已具有荒漠旱生盐生植物(藜科为主,次为蒿类,

并有麻黄、白刺和柽柳等)组成的荒漠植被①,这些成分至今仍在植被中具有显要作用。如属于地中海-中亚成分的种有驼绒藜,中亚荒漠广布的有胡杨、几种柽柳、盐白刺(Nitraria schoberi)、沙米、锁阳等。

亚洲中部荒漠成分的种仍是本区植被的核心,如膜果麻黄、裸果木、白刺(Nitraria tangutorum)、蒿叶猪毛菜、合头草、细枝盐爪爪、尖叶盐爪爪(Kalidium cuspidatum)、黄花红砂(Reaumuria trigyna)、中亚紫菀木(Asterothamnus centraliasiaticus)等。本区的特有种不多,其中有柴达木沙拐枣(Calligonum zaidamense)、柴达木猪毛菜(Salsola zaidamica)以及喀什红砂的两个变种——Reaumuria kaschgarica var. nanshanica 与 R. k. var. przewalskii。中亚成分有梭梭、红砂、木本猪毛菜和盐化草甸中的芨芨草和大叶白麻;温带亚洲分布的赖草(Aneurolepidium dasystachys)、甘草等也很普遍。但中亚西部成分在本区很少,短生植物基本上消失。

在东昆仑的高山区则有中国-喜马拉雅成分出现,多为中生和湿冷生的种类——老鹳草、点地梅、龙胆、报春、马先蒿等属的一些种,并有不多的北温带成分,如冰草、珠芽蓼(Polygonum viviparum)等。

由于盆地中的气候自东向西变化,以及地貌、基质、潜水和盐分呈环带状递变的特点,柴达木具有如下的植被组合与分布状况。

盆地东部的德令哈、茶卡盆地与香日德的土托山以东,植被具有草原化荒漠的性质,地带性土壤为棕钙土。在沙砾质的洪积扇上,分布着红砂、木本猪毛菜、细枝盐爪爪等为主的荒漠群系,但在多数盐化的细质土地段上广泛分布着具有景观外貌意义的芨芨草盐化草甸,其中常有白刺混生。在固定与半固定沙丘上亦有稀疏的芨芨草丛、白刺沙包和梭梭的分布。前山带的山坡则为驼绒藜、合头草、蒿叶猪毛菜、尖叶盐爪爪、黄花红砂等为主的荒漠群落所占据,其中有荒漠草原的种——短花针茅(Stipa breviflora)、长芒草(S. bungeana)、无芒隐子草、冰草、沙生冰草(Agropyron desertorum)、冷蒿、栉叶蒿(Neopallasia pectinata)等加入。芨芨草丛亦广泛分布。

盆地中部的植被大致呈带状分布(图 3-11)。

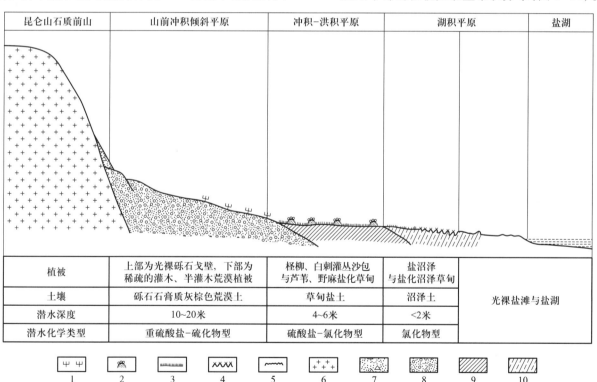

植被	上部为光裸砾石戈壁, 下部为稀疏的灌木、半灌木荒漠植被	柽柳、白刺灌丛沙包与芦苇、野麻盐化草甸	盐沼泽与盐化沼泽草甸	光裸盐滩与盐湖
土壤	砾石石膏质灰棕色荒漠土	草甸盐土	沼泽土	
潜水深度	10~20米	4~6米	<2米	
潜水化学类型	重硫酸盐-硫化物型	硫酸盐-氯化物型	氯化物型	

图 3-11　昆仑山北麓-察汗盐池景观分带

1. 灌木半灌木荒漠,2. 柽柳、白刺沙包,3. 芦苇、野麻盐化草甸,4. 盐沼泽与沼泽草甸,5. 盐滩,6. 前中生代基岩,7. 坡麓碎石堆,8. 山前洪积砾石、沙砾戈壁,9. 冲积细质土,10. 湖相沉积

① 见中国地质科学院地质力学研究所三室,中国科学院植物研究所古植物室:《从昆仑山-唐古拉山新第三纪、第四纪的孢粉组合讨论青藏高原的隆起》。

（1）昆仑山麓的洪积倾斜平原（砾石、沙砾质戈壁），宽度由数千米至数十千米不等。地下水埋藏很深，其上部常为光裸无植被的砾石戈壁，砾面仅有壳状地衣；在中下部的沙砾质戈壁上，具有下列旱生灌木、半灌木为主构成的地带性荒漠群系：驼绒藜、膜果麻黄、红砂、尖叶盐爪爪、木本猪毛菜、柴达木沙拐枣、中亚紫菀木与梭梭等。在洪积扇下部、潜水深 6～10 米，则分布有疏花柽柳（*Tamarix laxa*）、白刺、柴达木沙拐枣、驼绒藜等的稀疏灌丛沙包。

（2）在冲积-洪积平原上，地形平坦，土壤为沙壤-黏土质，潜水位 2～6 米，其外缘为柽柳（*Tamarix laxa*、*T. ramosissima*）、白刺（*Nitraria tangutorum*、*N. sibirica*）、黑果枸杞（*Lycium ruthenicum*）与细枝盐爪爪等构成的盐化灌丛沙包带，尤以柽柳丛下的大型沙包为显著标志，丘间低地分布有芦苇与大叶白麻为主的盐化草甸，并有锁阳寄生于白刺根部。有时，在细沙壤质的扇缘带，形成芨芨草的盐化草甸带。

在沙包带以北是广阔的盐化草甸带，这里的潜水位已在 2 米以内，土壤含盐量增加。在以芦苇与赖草为建群种的草甸中，混杂着有白刺、黑果枸杞等盐生灌木形成的小土丘，并有大花白麻、罗布麻（*Apocynum venetum*）、拂子茅（*Calamagrostis pseudophragmites*、*C. macilenta*）等加入。在潜水出露的沼泽化地段，则为水麦冬（*Triglochin paulustre*、*T. maritima*）、海乳草（*Glaux maritima*）、西伯利亚蓼（*Polygonum sibiricum*）等构成的盐沼泽。

（3）湖积平原：在盆地中心低凹的盐湖区，湖滨出现大片光裸无植被的盐滩，覆盖着厚达 1 米以上的盐壳。它的边缘是草丘盐沼泽：在草丘间含盐的浅水洼中，为细叶眼子菜（*Potamogeton pectinatus*）、杉叶藻（*Hippuris vulgaris*）、狸藻（*Utricularia vulgaris*）和轮藻（*Chara sp.*）的水生植物小群落；在凸出水洼的小草丘上则以紫果蔺（*Heleocharis atropurpurea*）、黑穗薹草（*Carex aterima*）和矮蔍草（*Scirpus pumilus*）为主的沼泽植物小群落，二者复合地形成盐沼植被。在低湿地段，则为芦苇、水麦冬、海乳草、盐生风毛菊（*Saussurea salsa*）为主的盐化沼泽草甸。但在盐湖边缘和凹地的沼泽盐土（表层有盐壳、表土含盐量达 60%）上，则只有盐角草（*Salicornia europaca*）和盐蒿（*Suaeda salsa*）的一年生多汁盐生草类的群落。在黏质盐土的风积小土丘上，为尖叶盐爪爪、细枝盐爪爪与红砂的盐漠群落。沙质盐土上，有成丛的大叶白麻与芦苇的盐化草甸，有时还出现白刺的盐化沙包[12,14]。

盆地西南部的祁漫塔格山前洪积扇上覆盖着大片流沙，气候十分干旱多风，沙土通常无植被，仅边缘部分有稀疏的柴达木沙拐枣、膜果麻黄和柽柳灌丛沙包。盆地西北部的第三纪疏松地层的风蚀残丘——"雅丹"区域，生境更为严酷，残丘的迎风面与低地常有风积流沙，丘间有成片盐滩，这些地段也基本上没有植被。仅在局部的小湖和水泉附近，以前述类型的草丘盐沼泽为核心，其外缘分布芦苇、赖草的盐化草甸带。最外部的盐化荒漠土上有稀疏的驼绒藜和红砂荒漠群落组成的同心圆形生态系列。

柴达木北部阿尔金山麓的碎石质坡地和沙砾质洪积扇上，仍为红砂、合头草、细枝盐爪爪、驼绒藜、蒿叶猪毛菜等为主的半灌木荒漠，扇缘以下出现赖草的盐化草甸，东部边缘则有梭梭和柴达木沙拐枣的半固定沙丘，植被分布情况与盆地南部相似。

盆地南部的东昆仑山，是干燥的荒漠化山地。这里，植被的垂直带结构简单，在海拔 3600 米以下的干旱剥蚀石质低山，几乎无植被；仅在谷地坡麓碎石锥上，有稀疏的驼绒藜、红砂、合头草、膜果麻黄、尖叶盐爪爪等散生。在 3600 米以上，过渡为紫花针茅占优势的亚高山草原；3800 米以上，则出现小嵩草为主的草原化高山草甸，伴生有紫花针茅。在碎石质坡地与山顶并有甘肃蚤缀的垫状植被。在 4500 米以上，进入高山亚冰雪稀疏植被带。

柴达木的灌溉农业，仅分布于盆地东部与南缘的山间小盆地与河流冲积锥上。由于热量不足与生长期短，仅能种植一年一熟的春小麦、青稞、马铃薯、油菜、甜菜、豌豆等和一些瓜菜类。然而，高海拔盆地内的日照时间长，太阳辐射强，昼夜温差大和夏温不高等气候特点，有利于有机物的积累，为麦类生产提供了有利条件，曾创春小麦亩产 1600 多斤的全国高产纪录。但盆地中风沙与土壤盐渍化危害严重，是发展农牧业的严重威胁。近年来，盆地南缘的一些国有农场通过营造护田林网，防止了风沙危害，改善了局部地区气候，保证了粮食作物和蔬菜的丰收；还在林带保护下，引种苹果等果树，已顺利越冬，结出硕果；而且通过固沙造林，逐年向流沙进占，变沙漠为绿洲良田，取得了良好的成果。今后结合农垦进行植树造林、防风固沙和排灌洗盐、改良土壤等措施，柴达木有广大的农业发展前景，可能成为我国春小麦作物的高产中心之一。

盆地内大面积的盐化草甸和山地草原,可供放牧利用,但产草量低,应建立人工饲草地,以适应畜牧业的发展。

ⅦBii 暖温带灌木、半灌木荒漠地带

ⅦBii-1 东疆盆地-哈顺戈壁稀疏灌木荒漠区

在天山东部支脉——博格达山-哈尔雷克山与库鲁克塔格山之间,有一系列块状的山间盆地,即东疆的吐鲁番、哈密盆地。哈顺戈壁位于其南部,其西部止于北山而与诺敏戈壁相邻。本区联系着阿拉善高平原和塔里木盆地,是亚洲中部最干旱、荒漠化最强的核心地段。吐鲁番、哈密盆地是堆积着中生、新生代沉积物的沉降盆地,其底部海拔在吐鲁番已低于海平面以下,哈密在 100～300 米。它们在天山山前都有巨厚的砾石洪积扇,上达海拔 1000～1500 米,在扇下有丰富的地下径流;向南,在洪积扇下缘,形成细土沉积的土戈壁或干三角洲,是灌溉绿洲的所在地。再向下在吐鲁番底部的艾丁湖,低于海面 154 米,是潜水与盐分汇集的场所,湖滨形成盐滩。在哈密盆地底部,亦由于潜水溢出而形成大面积盐土和盐沼泽。哈密戈壁是经长期干燥剥蚀作用而准平原化的波状褶皱的石质台原,海拔高度 1200～1400 米,以被夷平的石质残丘(相对高度一般不超过 50 米)和干燥的宽谷相间而构成单调的地形;其地表覆有剥蚀残积、坡积或洪积的碎石层,多有基岩露头,母岩多属古生代的火成岩与变质岩。无论地表和地下径流在这里都极度缺乏,仅有极个别的泉水出露。

本区的地带性土壤属于多少含石膏的砾石质石膏棕漠土,在低地、湖滨则发育有大面积的盐土。

吐鲁番、哈密盆地,具有极干旱的暖温带荒漠气候,非常干燥。年降水极为稀少,托克逊仅 3.9 毫米(1968 年为 0.5 毫米),为全国最低纪录,哈密亦不过 33 毫米。本区干燥度在 25 以上,吐鲁番为 70,托克逊高达 237。本区又以多大风与干旱风著称。吐鲁番与托克逊的年大风日分别为 36 天与 72 天,暴风与焚风对农作物的摧残极大,且强烈吹蚀地表,造成光裸砾幕、雅丹地貌与流动沙丘。哈顺戈壁正当蒙古-西伯利亚反气旋进入塔里木的通道,风蚀作用更烈,地表出露裸岩和大片砾石,仅局部低地有沙丘。

由于上述极端严酷干旱的气候、粗糙的基质和富含石膏与盐分的土壤,本区的荒漠植物种类十分贫乏,群落稀疏,植被类型简单。组成地带性植被的植物区系主要为亚洲中部砾石戈壁的灌木与半灌木,如泡泡刺、膜果麻黄、戈壁藜以及草本的叉枝鸦葱(*Scorzonera divaricata*)等。中亚成分的梭梭与红砂作用较小,但亚洲荒漠的盐生成分却较普遍,如盐节木、盐角草、花花柴、疏叶骆驼刺(*Alhagi sparsifolia*)、黑果枸杞以及芦苇、小獐茅(*Aeluropus littoralis*)、甘草(*Glycyrrhiza inflata*、*G. uralensis*)等盐生草甸成分;还有地中海-中亚成分的刺山柑(*Capparis spinosa*)、中亚广布的几种柽柳(*Tamarix amosissima*、*T. laxa*、*T. hohenackeri*)与胡杨等。中亚西部成分在本区的作用十分微弱。

在吐鲁番、哈密盆地,植被随盆地地貌与第四纪地质结构而呈环带状分布。在盆地北部的天山南麓的砾石洪积扇上,有大片无植被的光裸戈壁,砾面上一片黑色荒漠漆皮,仅在稍低凹的地段或冲沟附近,疏生戈壁藜的荒漠群落。薄层积沙处,有泡泡刺的稀疏荒漠群落分布。

洪积扇下的冲积壤土或壤沙土平原上,由于潜水接近地表,分布有大面积的盐渍土,其上主要为小型芦苇与獐茅的盐生草甸,伴生有黑果枸杞、花花柴、甘草等。在盐化的沙包上,分布有疏叶骆驼刺、叉枝鸦葱的稀疏群落,常有中型芦苇混生。盆地底部或湖滨盐沼与潮湿的重盐土上,则出现盐节木、盐角草与黑果枸杞的稀疏盐漠群落。在哈密盆地西南部的泛滥河谷与湖泊沿岸,还有茂密的胡杨林。

盆地周围有成片的沙丘、沙地与风蚀地。在流动沙丘上光裸无植被,仅在沙丘下部有稀疏的蒙古沙拐枣与羽毛三芒草(*Aristida pennata*)。在固定、半固定沙丘与沙地,则有疏叶骆驼刺、叉枝鸦葱、芦苇与沙米等组成的群落。古湖相的风蚀光板地上,几乎全无植物,仅在蚀沟底部有骆驼刺、刺山柑与叉枝鸦葱;有些风蚀地是古老的绿洲耕地遭强度风蚀而弃耕后所形成的。

哈顺戈壁,目前基本上是一片没有开发利用价值的石质荒漠。那里,植物种类很贫乏,不过 30 余种。在戈壁的中部,为大面积无植被的石质残丘与剥蚀台原;在周围部分,有稀疏的灌木荒漠,以泡泡刺群系占优势,其他还有膜果麻黄、裸果木、梭梭、短叶假木贼等为主或混生的群落。红砂荒漠仅出现在丘间低地或干谷的壤沙质土上。仅在少数泉水周围出现小片葱绿的芦苇丛与盐节木群落[15]。

吐鲁番与哈密盆地的灌溉绿洲,都集中于新洪

积扇的中下部和干三角洲上。这些地区土质较细，排水较好，而且是便于引水灌溉的地段。由于盆地内太阳辐射强、热量丰富，在灌溉条件下具有优良丰茂的绿洲栽培植被，有春小麦、高粱、棉花、花生等，与多种暖温带果树。吐鲁番为著名的细绒棉和无核白葡萄的产地，并有栽桑养蚕的条件；鄯善的"哈密瓜"与葡萄亦享有盛名，近年来引种柿与砀山梨已获成功。但由于冬季低温，喜暖的果树与葡萄、无花果等仍需埋土过冬。

从农业开发利用的前景来看，吐鲁番、哈密盆地的问题在于开发地下水源，改良盐碱土和建立以护田林网为主体的防护林体系。可以采用骆驼刺、刺山柑、叉枝鸦葱，并引种梭梭、柠条、沙拐枣等，在农田挡风的最外围建立防风蚀草灌带，继以乔灌林构成的防沙林带和绿洲内部的护田林网。这种综合的防护林体系，是绿洲农业高产和稳产的保证。吐鲁番劳动人民在戈壁滩上开沟引洪淤灌，种植葡萄，变无生产力的戈壁"火洲"为盛产嘉果的绿荫园林，是改造大自然的一大创举，可以在一切有水源的戈壁滩上推广。此外，在农田外缘的风蚀地和沙地上，种植刺山柑（种子含油）和泌糖的骆驼刺，不仅可防风固沙，且可兼得油料与食糖之益。

Ⅶ Bii-2 塔里木盆地沙漠与稀疏灌木、半灌木荒漠区

塔里木盆地，是我国最巨大和最干旱的内陆荒漠。它位于天山和昆仑山、阿尔金山之间，是一个基本上封闭的、东西向的椭圆形盆地，仅在东端沿疏勒河谷地而与河西走廊形成通道。平原的海拔在1000～1500米，东端最低处的罗布泊为780米。塔里木的中心是浩瀚无垠的塔克拉玛干大沙漠，它的边缘是冲积平原和在大河下游形成的绿洲；沙漠的北部则是东西延伸的塔里木河谷平原，盆地的外缘是由南北两侧的山麓向盆地方向倾斜的砾石质洪积扇带。这些地貌和基质的特点，影响着水分与盐分的分配，决定了塔里木盆地中的植被大致呈环状分布的规律性。

盆地具有暖温带荒漠气候。≥10℃年积温为3800～4700℃，年日照时数在2800～3200小时，光热资源丰富。但冬季受蒙古高压反气旋影响，气温低、时间长，1月均温 -10～-6℃，绝对最低温可达 -36.9℃（尉犁），无霜冻期180～230天；夏季，塔里木盆地处在副热带大陆性气团控制之下，气候炎热，7月均温25～26℃，绝对最高温达43.6℃（若羌）；

气温变化剧烈，日温差可达20余度。塔里木属于全国最干旱的区域，年降水平均40～50毫米，西部稍多，可达60毫米；东南部最干旱，如安德尔为14毫米、若羌为15.6毫米。降水较集中于夏季月份，6—8月占全年的50%～65%。冬雪很少，不存在稳定的雪被，但西部降水分配较均匀。干燥度12～23，东部在30以上，如若羌为63。荒漠中多大风与尘暴。

塔里木荒漠的地带性土壤，是发育在砾石或碎石基质上的棕漠土。土质粗糙，富含石膏。在冲积平原上，则存在大面积的盐土和盐化土。在如此严酷的荒漠生境条件下，形成植被的植物区系十分贫乏，在偌大的荒漠盆地中仅200余种。据统计[15]，与亚洲中部和中亚西部共有的59种，与蒙古共有54种，准噶尔53种，阿拉善38种，柴达木31种，河西8种，西藏12种，乡土特有8种，表明了塔里木的植物区系与亚洲中部和中亚西部区系都有密切联系，而且表现出它们之间的一定过渡性质。然而，应当指出，形成塔里木荒漠植被区系的核心，仍是亚洲中部的成分，如泡泡刺、霸王、膜果麻黄、裸果木、合头草、戈壁藜、紫菀木（*Asterothamnus fruticosus*）、短叶假木贼、尖叶盐爪爪等灌木与半灌木。红砂也是常见的建群种。梭梭的分布偏于东部。中亚的成分在塔里木西部出现，如无叶假木贼（*Anabasis aphylla*）、展枝假木贼（*A. truncata*）、喀什蒿和一些短生植物，以及盐化土上的花花柴、疏叶骆驼刺、大叶白麻、盐穗木与盐节木等。中亚荒漠区广布的胡杨、灰杨（*P. pruinosa*）、多种柽柳与白刺是在隐域的河谷低地荒漠河岸林中占优势的种类。塔里木的特有种，有喀什霸王（*Zygophyllum kaschgaricum*）、塔里木沙拐枣（*Calligonum roborowskii*）、喀什红砂（*Reaumuria kaschgarica*）、矮沙冬青（*Ammopiptanthus nanus*）等。

塔里木盆地的植被，根据地貌、基质与潜水的分布规律，大致按同心圆环状排列（图3-12），由外围至中央有如下的景观与植被类型：

1. 山麓砾石-沙砾洪积扇带的光裸戈壁与稀疏灌木、半灌木荒漠

在塔里木盆地的周围，沿天山南麓，再折向昆仑山、阿尔金山与西祁连山北麓，有着广阔的洪积扇带，其宽度由几十千米到上百千米不等。它是由第四纪洪积或洪积-冲积的砾石、卵石和沙砾堆积成倾斜的平原。它的表面因细土被风蚀而残存砾幕，下层有发达的石膏盐盘夹层。土壤属于棕漠土。这

里,往往是数十千米全无植被的光裸砾石或砾戈壁,仅在多雨年份涌现一年生的盐生草的圆球状绿丛;在凹沟中,偶见个别的荒漠灌木或半灌木,或为十分稀疏的超旱生灌木、半灌木构成的地带性荒漠植物群落。这些群落的盖度,通常在 5% 以下,优势的建群种——泡泡刺、膜果麻黄、霸王、紫菀木、裸果木、沙拐枣、合头草、戈壁藜等最为常见,并有塔里木西部特有的喀什霸王、塔里木沙拐枣、喀什红砂等群落。红砂荒漠群系,也有很广泛的分布;梭梭荒漠偏于东部,尤其在阿尔金山前出现大片稀疏的梭梭砾漠。中亚性质的无叶假木贼与展叶假木贼荒漠,出现于盆地西部(东部为短叶假木贼)。在喀什三角洲西端的冲积锥上,还出现了较丰富的短生植物层片,充分反映了西来湿气流的影响而表现出中亚细亚西部荒漠的某些特征。

2. 盐化冲积平原上的灌丛、胡杨林、盐生草甸与盐漠植被

洪积扇下缘的冲积平原有一道宽窄不等的断断续续的绿环,包在沙漠外缘。这是由于受到含盐的潜水补给,发育着盐化土或盐土,其上分布着较为丰富的、复杂组合的隐域植被——柽柳灌丛,往往形成沙包——铃铛刺、白刺沙包,小片的稀疏胡杨林,芦苇、小獐茅、甘草、大叶白麻、罗布麻、骆驼刺、花花柴等组成的盐生草甸,以及在盐土上的片段盐穗木、盐节木的多汁盐柴类荒漠群落。

3. 大河下游的干三角洲或冲积锥上的古老灌溉绿洲

其上原来曾覆盖着成片的胡杨、灰杨林或灌丛与草甸,久已辟为灌溉绿洲。由于盆地中丰富的光热资源和冲积锥上肥厚的土层,在引水灌溉条件下,人工培植和经营着多样的农作物和丰茂的园林植被。这类栽培植被,以粮食作物为主,有玉米、春小麦、冬小麦、水稻、高粱等;经济作物有棉花,西部可种植早熟细绒棉;油料作物主要是胡麻。耕作制有:一年一熟、一年两熟、两年三熟和两年四熟四种。复播作物为玉米、大麦、大豆、油菜、糜子、荞麦、蔬菜与绿肥。暖温带果树种类繁多,以桃、杏、葡萄为最,其他有苹果、梨、核桃、扁桃(巴旦杏)、李、欧李、酸樱桃、樱桃、榅桲、无花果、石榴、枣、沙枣等。西瓜与甜瓜也种植很多。其中葡萄、无花果与石榴,须埋土越冬;但盆地南缘的和田一带冬季较暖,一般可不埋土。这一带还盛产桑树,蚕丝业较发达。绿洲中的栽培林木有:新疆杨、银白杨、钻天杨、白柳、刺槐、悬

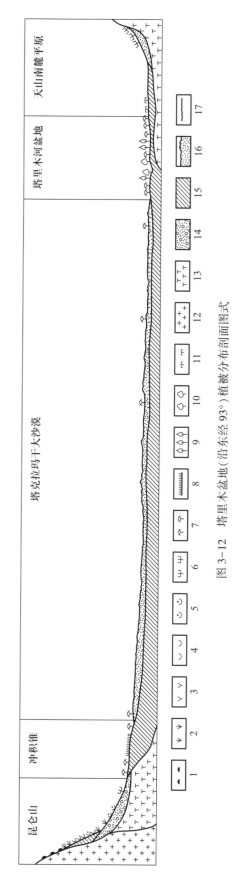

图 3-12　塔里木盆地(沿东经 93°)植被分布剖面图式

1. 高山垫状植被,2. 山地草原,3. 蒿类荒漠,4. 盐柴类半灌木荒漠,5. 红砂荒漠,6. 稀疏灌木荒漠,7. 柽柳灌丛,8. 芦苇盐化草甸,9. 胡杨林,10. 灰杨林,11. 盐穗木盐漠,12. 前中生带基岩,13. 第三纪地层,14. 洪积卵砾石,15. 风积、冲积细土,16. 风积沙丘,17. 绿洲

铃木、圆冠榆、榆、臭椿、复叶槭、美白蜡、小叶白蜡、梓树、紫穗槐等。在农田周围与渠、路两旁绿树成荫。研究表明,在南疆由窄林带(4~6行)组成的小林网,对防风沙、维护绿洲环境、保证农作物稳产丰产具有良好效益。

4. 盆地中心浩瀚荒凉的塔克拉玛干大沙漠,绝大部分是无植被的裸露流动沙丘和巨大的金字塔形沙山

在丘间洼地,有时出现极个别的沙生柽柳(*Tamarix psammophila*)。在一些伸入沙漠内部的河流谷地中,有绿色的走廊状的胡杨林、灰杨林、柽柳灌丛与草甸。沙漠边缘,则为稀疏的柽柳灌丛沙包与芦苇草丛沙包;东北缘有梭梭沙漠出现。在大沙漠北缘的塔里木河谷平原上,旧河道如蛛网交织,其间广布片状或带状的胡杨林或疏林、柽柳与铃铛刺灌丛、拂子茅、芦苇草甸与盐漠植被。

5. 盆地东部的罗布泊低地,自古以来就是塔里木盆地的积盐中心

湖泊周围是覆有盐壳的坦荡光裸盐漠平原,仅有零星分布的盐节木与盐爪爪的多汁盐柴类盐漠群落。其西缘有柽柳灌丛、芦苇盐生草甸与大片的大叶白麻与罗布麻盐生草甸,罗布泊低地的东北部,有大片几乎无植被的风蚀"雅丹"与方山地貌,古来以白龙堆著称。

塔里木盆地的自然植被虽然相当贫乏,却有一些有价值的野生植物资源。广布的胡杨林和柽柳灌丛是平原用材、薪炭柴的主要来源,又具有良好的防风固沙效用。盐生草甸则是平原中的主要放牧场。本区的野生经济植物,以野麻最有利用价值与培育前景,它不仅是高级的纺织原料,并且是优良的药物;可以开发大面积的盐渍土和利用含盐潜水灌溉,进行野麻的培育。此外,寄生于柽柳或白刺根部的肉苁蓉与锁阳,是荒漠中很有价值的药物。甘草的资源也很丰富。

塔里木具有实现大地园林化的优良条件。在绿洲内部,为了实现农业现代化,大搞农田基本建设,实现田、园、林、渠、路相结合。在绿洲边缘风沙为害地段,进行造林、防风固沙,巩固与扩大绿洲。在塔里木河谷的疏林地与盐化的冲积平原中,可进行农业垦殖。必须按水(修库引渠)—林(护田林网化)—园田的步骤合理开发,创造稳定的新绿洲,以免引起风沙为害。对于成片生长良好的河谷胡杨林、灰杨林,应注意保护,灌溉抚育,促进更新,作为平原用材林基地。在山麓砾石洪积扇,有洪水灌溉条件的地段,可开沟淤洪造园,种植葡萄或扁桃。在大面积的盐渍化低地,可利用盐化潜水试种野麻或灌溉牧场。在无开垦条件的荒漠地段,应合理利用与适当保护自然植被,建立草库仑。只有大沙漠的中心,山麓的大片裸露砾石戈壁和罗布泊的盐漠与雅丹,暂时缺乏利用的价值与条件。

Ⅶ Bii-3 天山南坡-西昆仑山山地半灌木荒漠、草原区

本区包括新疆境内的天山南路山脉与昆仑西部山地,它们沿着塔里木盆地的北部与西部伸展,北与天山内部山地和天山北坡平行伸延,在东端止于东疆戈壁,向西则沿阿赖山脉延至国境;在西昆仑山,则东以叶尔羌河谷与荒漠化的中昆仑为界,西以塔什库尔干山脉与帕米尔高原和喀喇昆仑山相分隔。

天山南坡以中部的博格达山与哈尔克山较高峻,山脊一般超过4000米,在腾格里山结主峰托木尔海拔7443米,为天山最高峰,其上发育巨厚的冰川积雪。向东西两侧,山体高度降低,少有冰川积雪。西部的阔克沙勒山顶呈内陆剥蚀山原形态,其南部的柯坪山地则是一组更低矮的山群。天山南坡的前山带通常以没有黄土覆盖的石质低山为特征。应当指出,天山南路山脉之间多山间构造谷地与盆地。如柯坪盆地、拜城盆地、焉耆盆地等,加强了山地的荒漠性;大小尤尔都斯高山盆地海拔在2400米以上,具有内陆高寒盆地特征。

昆仑山西部的公格尔峰与慕士塔格峰高耸入云,均超过7500米,其上冰川积雪很发达,其余山脊在5000米以上,高山陡峭,峡谷深切,山地强度石质化,但在海拔3500米以下的中低山,有深厚的黄土状粉沙壤土覆盖,山形较和缓。

本区的气候比天山北坡干旱得多,因为整个天山南坡都处在雨影带,受到荒漠气流的影响;而且又受到由东北部进入的蒙古高压反气旋的侵袭。但天山南坡中段与西昆仑,因山体高大,多冰川积雪,且多少受到自阿赖谷地西来气流的润泽而稍湿润,中山-亚高山带降水可达300~400毫米。天山东西两侧山地气候趋于干旱。低山带与山间盆地的热量较丰富,年均温一般7~8℃,甚至超过10℃(柯坪),≥10℃积温在3300℃以上;年降水不足100毫米。但高山盆地十分寒冷,大小尤尔都斯高山盆地年均温约-5℃,1月均温-26℃,极端最低温可达-46.6℃(巴音布鲁克)。西昆仑高山带稍温和,年

均温 0℃ 的等值线大致在海拔 4000 米附近通过。

在本区山地占优势的土壤类型,是低山荒漠石质化的山地棕漠土和石膏棕漠土,向上过渡为山地草原的棕钙土与淡栗钙土,亚高山-高山带主要是亚高山草甸草原土、高山草原土与高山草甸土。

本区植被的建群种与优势种组成,以亚洲中部成分占优势。山地荒漠的组成者有合头草、戈壁藜、膜果麻黄、霸王、裸果木、短叶假木贼、喀什红砂、昆仑蒿(*Artemisia parvula*)等,均系这类成分。天山猪毛菜(*Salsola junatovii*)与喀什霸王为本区与塔里木的特有种。中亚荒漠成分——红砂、圆叶盐爪爪(*Kalidium schrenkianam*)、无叶假木贼和展枝假木贼,乃是低山与山前荒漠普遍分布的建群植物。还有地中海-中亚成分的驼绒藜。在山地草原的建群种与优势种中,也以亚洲中部成分占优势,有沙生针茅、短花针茅、克氏针茅(*Stipa krylovii*)、紫花针茅、座花针茅与昆山葱(*Allium oreoprasum*)等。北温带成分的冷蒿,温带亚洲成分的克氏羊茅和欧亚草原成分的糙隐子草、冰草、羊茅(*Festuca ovina*)等,也是山地草原常见的种类。高山草甸和垫状植被的建造者——线叶嵩草、囊种草、四蕊高山莓、糙点地梅

(*Androsace squarrosula*)等,亦属亚洲中部成分。

山地森林树种雪岭云杉和天山方枝柏(*Sabina turkestanica*),是中亚山地的成分。昆仑山方枝柏(*Sabina pseudosabina* var. *centraliasiatica*)与叶尔羌圆柏(*S. jarkendensis*)则为西昆仑特有种。此外,在西昆仑高山带的草甸与灌丛群落中,还有一些中国-喜马拉雅成分的植物出现。上述植物区系组成表明,本区的植物种类虽较贫乏,地理成分却较复杂,具有以亚洲中部成分为主、向中亚西部与中国-喜马拉雅区过渡的性质。

本区的山地植被,因低山强度荒漠化,以山地草原占优势和山地森林与草甸退化、发育微弱为特点。山地植被带谱的旱生性较强,具有如下的结构与植被类型(图 3-13):

1. 山地荒漠带

天山南坡的前山带,由于通常缺乏黄土覆盖而为石质的低山,植被十分稀疏,以盐柴类的半灌木和强度旱生的灌木荒漠为代表。在山地基部干旱的石质沟谷与碎石锥上,为疏生的霸王、裸果木、膜果麻黄、泡泡刺、合头草等构成的稀疏荒漠植被;在洪积-冲积的沙砾基质与低山上部山坡上,则以红砂、

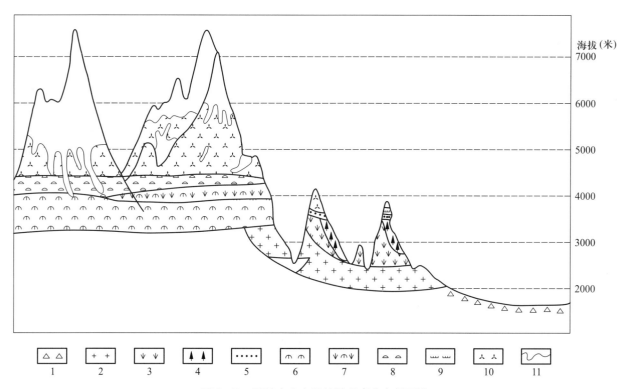

图 3-13　西昆仑山山地植被垂直分布剖面图

1. 红砂荒漠,2. 昆仑蒿荒漠,3. 山地草原,4. 雪岭云杉林,5. 天山方枝柏灌丛,6. 粉花蒿高寒荒漠,7. 高寒荒漠草原,8. 垫状植被,
9. 高山嵩草草甸,10. 亚冰雪带,11. 冰雪带

圆叶盐爪爪、天山猪毛菜、展枝假木贼、无叶假木贼等盐柴类半灌木荒漠占优势,向上并有沙生针茅、戈壁针茅、短花针茅等加入而发生草原化。山地荒漠带的分布,在天山南坡中部山地,大致上达海拔1800米;向东西两边升高,在西部的阔克沙勒山,可达到2600~2800米。在东部天山南坡,亦超过2000米。山间盆地往往在底部,因受潜水与盐渍化影响,而出现多汁盐柴类半灌木盐漠和盐化草甸。广大的洪积扇仍为膜果麻黄、红砂、圆叶盐爪爪、无叶假木贼等稀疏荒漠植被所占据。焉耆博斯腾湖滨有大片优良的芦苇沼泽,是重要的纤维与造纸业原料基地。

西昆仑山的前山-中山带,为黄土状物质覆盖,山地荒漠上达海拔2700米,其下半部为红砂荒漠与合头草荒漠,上半部是草原化的昆仑蒿荒漠[16]。

2. 山地草原带

在天山南坡,由中山带(海拔1800~2000米)向上一直分布到亚高山带(海拔2500~2700米),由于山地荒漠带的上逼,山地荒漠草原带发育不明显,迅速过渡到山地草原带,并在上半部普遍出现山地草甸草原亚带。草原的主要建群种是:克氏针茅、沙生针茅、糙隐子草、冰草、落草、冷蒿等。在石质化坡地上,分布着天山方枝柏与新疆锦鸡儿(*Caragana turkestanica*)的草原化灌丛。

在山地草原带的一些较阴湿的河谷阴坡,如哈尔克山南坡中山河谷,出现片段的山地针林,主要由雪岭云杉构成;在博格达山南坡,则有西伯利亚落叶松的块状森林。山地森林大致分布在2400~2900(3000)米,不连续成带。西昆仑山的雪岭云杉则分布在2900(3000)~3500(3600)米的局部山地河谷阴坡,它们与山地草原相结合,构成局部的山地森林草原带。

3. 亚高山(高寒)草原带

在天山南坡内部山地的亚高山带,居于海拔2700~2800米。它是由山地草原直接过渡为紫花针茅与座花针茅为主的高寒草原。其中有羊茅、克氏羊茅与线叶蒿草等加入。在较湿润的哈尔克山内部,还出现了局部的亚高山杂类草草甸,由老鹳草、珠芽蓼、聚花风铃草、高山地榆(*Sanguisorba alpina*)等构成。尤尔都斯高山谷地的山坡上和坡麓,为广阔的紫花针茅高寒草原,但在潮湿的谷地底部却发育着以薹草(*Carex vesicata*、*C. microglochin*)、发草(*Deschampsia caespitosum*)、灯心草等构成的沼泽草甸和沼泽植被。

西昆仑山的亚高山草原,由银穗羊茅(*Festuca olgae*)、紫花针茅、冰草与昆仑蒿等构成,分布在海拔3000~3600米。

4. 高山草甸与垫状植被带

在天山南坡海拔2800~3000米,亚高山草原过渡为线叶蒿草为主的高山嵩草草甸;群落中多少有高寒草原成分加入,发生草原化。在碎石质坡地上则出现囊种草为主的稀疏高山垫状植被。而昆仑山则在海拔3600米以上分布有狭窄的草原化的高山嵩草草甸带。

5. 高山亚冰雪带

高山植被带以上至冰川积雪带之间,为无植被的岩屑坡、冰碛物与裸岩带,其下半部尚有稀疏的高山植物。

本区的山地植被,主要作为半细毛羊和山羊的放牧场,高山可发展牦牛,在草原优良的山间谷地还可以发展羊马业。高寒草原用作夏秋场,山地荒漠则作为冬春场。由于本区山地草甸植被不发达,普遍缺乏割草场,故需在山地河谷建立人工牧草或饲养基地,以解决冬春补饲问题。在低山的山间盆地,有灌溉农业,可种植小麦、玉米、油菜等作物。对于本区局部的山地森林应善加保护,因为在干旱的山地,森林一旦遭到破坏,很难恢复。在山地造林时,可试引落叶松、桦木等较耐寒、抗旱的树种。

Ⅶ Bii-4 中昆仑-阿尔金山山地半灌木荒漠区

位于塔里木盆地南缘的中昆仑山和阿尔金山北路山地,西起东经77°附近的叶尔羌河谷,向东南延伸至于田转而东北走向,形成南向的弧曲。至喀拉米兰山口,阿尔金山自昆仑分支东北行,约在东经95°与祁连山相接,东西长约2000千米。这一带的山系,由3~5列平行山脉组成,本地区仅包括其山脊以北的北路山脉。昆仑山系横剖面具不对称性:面向塔里木的北坡高差巨大,达3000~5000米,切割强烈、山坡陡而长;处于青藏高原北缘的南坡高差小,一般不过1000~1500米,切割微弱,山坡短而缓,且多宽坦的山间湖盆,无论在地貌、气候与植被方面均呈现典型的高原特征,因而依山脊将南路山脉划属青藏高原,北路山脉则属荒漠区高山。

中昆仑山脊,平均高度多在5000~6000米,山峰高度达6500~7000米,现代雪线在5300~5700米,喀拉喀什河、玉龙喀什河、策勒河与克里雅河源是中昆仑多年积雪与冰川集中的地区。阿尔金山山脊海拔在4500米以上,但中段山势低矮,不足4000

米,多在雪线以下。其西段的托库孜达坂山脉较高峻,有一些 6000 米左右的高峰,最高峰 6161 米,有一些冰川积雪。

中昆仑-阿尔金山是气候极端干旱的荒漠山区。因为从西部阿赖谷地进入的湿气流和高空西风的湿气,多为西昆仑和高耸的公格尔、慕士塔格冰山所截获;东南季风对这里也是鞭长莫及。因此,这里的中低山带年降水在 100 毫米以下,山坡上的干燥剥蚀作用十分强烈,往往有风积粉沙黄土状物质的堆积而使坡形稍呈缓和。亚高山带以上,年降水可增至 200 毫米或稍多。高山的寒冻风化与干燥剥蚀作用强烈,多岩屑锥与倒石堆。

本区的植物区系十分贫乏。不仅缺乏森林与草甸的成分,甚至连欧亚草原的成分也很稀少。而以亚洲中部荒漠的成分占优势,在高山上则有青藏高原的成分。估计其植物种类在 150 种以内。

这里的植被具有极度简化的最干旱荒漠山地的垂直带谱。其中不存在中生的植被带,草原带也强度退化和压缩至亚高山带的局部地方。整个剖面呈现强度荒漠化,从山麓、中山、亚高山以至高山带,以荒漠植被占统治地位(图 3-14)。

中昆仑山地北坡的植被带谱如下:

(1)高山冰雪带:海拔 5300~5700 米。

(2)高山亚冰雪稀疏植被带:雪线以下至 4500 米。

(3)高寒荒漠与高山垫状植被:3400~4500 米。在山地内部坡麓与岩屑坡上,为垫状驼绒藜的稀疏高寒荒漠;外部稍湿润的局部山坡,出现糙点地梅的垫状植被,其中有草原禾草——紫花针茅等加入。

(4)山地荒漠草原带:在 3200~3400 米的细土阴坡,有断续的狭窄荒漠草原群落分布,由沙生针茅、短花针茅、紫花针茅、银穗羊茅等禾草与昆山葱为主,并有荒漠小半灌木的昆仑蒿与驼绒藜等加入。

(5)山地荒漠带:在海拔 3200 米以下,由亚高山带直下到山麓的山坡上,俱为稀疏的荒漠植被所覆盖,可分为以下两个亚带。

1)昆仑蒿亚高山荒漠亚带:2700(2900)~3200米。其上半部多少发生草原化,土壤为山地棕钙土;强度剥蚀的陡峭石质山坡则无植被。

2)合头草、红砂小半灌木盐柴类荒漠亚带:2700(2900)米以下至山麓。土壤为山地棕漠土。

在山地荒漠带的宽坦河谷中有局部的灌溉农业绿洲,种植青稞与春小麦等。山地荒漠向下与塔里木南缘的山麓洪积扇的稀疏红砂荒漠,或无植被的沙砾戈壁相接。

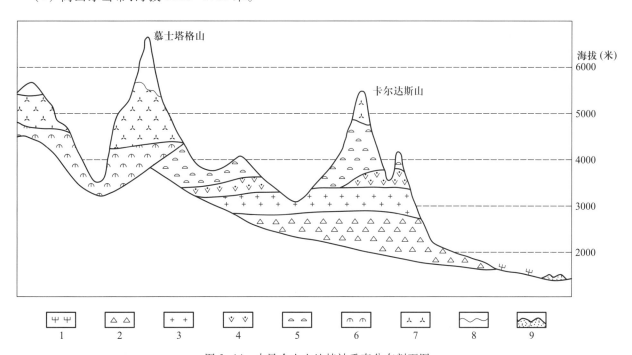

图 3-14 中昆仑山山地植被垂直分布剖面图

1. 砾石戈壁与稀疏灌木荒漠,2. 合头草荒漠,3. 昆仑蒿荒漠,4. 高寒草原,5. 垫状植被,6. 垫状驼绒藜高寒荒漠,7. 亚冰雪带,
8. 冰雪带,9. 流动沙丘

应当指出,上述各植被垂直带的高度界限,因局部地区稍湿润或更干旱而有较大的变动。

阿尔金山大致具有与上述相同的山地植被带谱结构,但山地更为低矮、狭窄、干旱,荒漠化程度更强。山地荒漠可上达 3800 米。由于本地区,尤其是阿尔金山处在亚洲中部荒漠干旱核心带的南侧,因而呈现了最为贫乏的山地荒漠景观。从本地区东西两边山地荒漠的垂直分布高度来看,均有向中部升高的明显趋势。如东部西祁连山的山地荒漠上限约为 2600 米,西部西昆仑为 2700 米,而趋向本区则均在 3000 米以上,个别在 3500 米以上。

本地区的山地植被仅供放牧利用。但因山体高峻深厚,道路难行,山前荒漠十分贫乏缺水,不利于牲畜转场。因此,在山地,形成与平原相隔离的独立放牧区域。在海拔 3000 米以下的山地荒漠为冬春牧场,由于草质粗糙,主要为山羊与半粗毛的绵羊,后者为驰名的和田地毯提供原料。3000 米以上的亚高山荒漠草原与高山垫状植被,可作为夏秋牧场,并可放牧牦牛。山地河谷的农业绿洲,可提供一部分冬春补饲的草料。本区缺乏割草场,牧道险峻,饮水困难,为发展牧业的障碍。因此,在山地河谷,结合农业发展,人工饲料基地与适当修整高山牧道是今后本地区牧业发展的必要措施。

参考文献

［1］ Лавренко Е. М., 1962. Основные черты ботанической географии пустынь Евразии и Севериой Африки. Изд. АН СССР. М-Л.

［2］ 侯仁之,等,1968.乌兰布和沙漠的汉代垦区.治沙研究,7.

［3］ 侯仁之,俞伟超,1973.乌兰布和考古发现和地理环境变迁.考古,125.

［4］ 张新时,1963.新疆山地植被垂直带及其与农业的关系.新疆农业科学,9.

［5］ 李世英,张新时,1966.新疆山地植被垂直带结构类型的划分原则和特征.植物生态学与地植物学丛刊,4(1).

［6］ 李世英,1961.北疆荒漠植被的基本特征.植物学报,9(3-4).

［7］ Юнатов А. А.（李继侗译）,1959.蒙古人民共和国植被的基本特点.科学出版社.

［8］ Грубов В.И.,1963. Растения Центральной Азии. 李世英译,1976.生物学译丛,第三集.青海高原生物研究所.

［9］ Петров М.П.,1966. Пустыни Центральной Азии. Т.1. Изд.Наука. М-Л.

［10］ 新疆水土生物资源综合研究所生物室地植物组,1965.托里县买依力山植被调查报告.新疆水土生物研究论文集,新疆科委.

［11］ 张新时,1959.东天山森林的地理分布.新疆维吾尔自治区的自然条件(论文集).科学出版社.

［12］ 李世英,汪安秋,等,1957.从地植物学方面讨论柴达木盆地在中国自然区划中的位置.地理学报,23(3).

［13］ 李世英,等,1958.柴达木盆地植被与土壤调查报告.植物生态学与地植物学资料丛刊,18.

［14］ 杨纫章,雍万里,许廷官,1962.柴达木盆地的自然区划问题.一九六零年全国地理学术会议论文选集(自然区划).科学出版社.

［15］ 王荷生,张佃民,张经纬,1962.新疆塔里木盆地和嘎顺戈壁植被的初步研究.一九六零年全国地理学术会议论文选集(自然地理).科学出版社.

［16］ 李世英,1960.昆仑山北坡植被的特点、形成及其与旱地的关系.植物学报,9(1).

第 4 章

中国的几种植被类型(Ⅳ)——温带荒漠与荒漠生态系统[*]

张新时

(中国科学院植物研究所 北京)

摘要 温带荒漠分布于偏离亚热带"回归荒漠带"的中高纬度地带。我国与中亚西部的荒漠为地球上最广大的一片温带荒漠。其气候除了降水量很低和潜在蒸发力强等典型荒漠特点外,还以具有寒冷的冬季为特点。因此,其中没有常绿的仙人掌类肉质植物,以叶强度退化的小乔木、灌木和半灌木生活型为代表;在冬春较湿润的中亚西部荒漠中,尚有丰富的春季短生植物。荒漠生态系统中一切能量转换与物质循环均受制于水分在系统中的运转;由于水分的缺乏,其中的生物活动十分微弱,环境的物理作用则常在系统中占优势。系统中各成分间的不平衡导致了系统的相对脆弱,易于遭到破坏而难以恢复,即所谓的"荒漠化"。但在局部有较充足水分保证和森林防护的地段,则可形成天然或人工的绿洲。温带荒漠本身含有有价值的生物资源,在合理保护与开发下也可发挥其应有的生产潜力。

---

* 本文发表在《生物学通报》,1987,(7):22-24.

土地和人类社会的现在与未来。

荒漠、荒漠退化与荒漠化

长期以来,荒漠被认为是一片被遗弃的无用的土地。无边无际的无水世界,阳光炽热,风沙吹扬,生物在这里很难找到遮阴和隐蔽之处。人们对荒漠的概念是:极度干旱的区域,年平均降水大大少于潜在蒸发力,因而不能进行旱作农业,天然植被也十分稀疏或只是赤裸的地面。泛称的"沙漠""戈壁"都包含在这"荒漠"之中。近年来,人们对荒漠的开发利用和保护改造有了较大进展,荒漠中许多宝贵的自然资源得到了利用,如石油、盐矿、地下水,以及通过灌溉利用荒漠地区充足的阳光、土地和植物资源进行农业垦殖、放牧等活动。荒漠已被认为是未来人类社会文化的富有潜力的前沿和保护地。但是,不合理、不谨慎的人为活动往往造成对荒漠自然界的严重破坏,使荒漠生物群落与环境退化,范围扩展,甚至造成人为的新荒漠,即所谓"荒漠退化"与"荒漠化"过程。前者指天然荒漠遭到破坏而退化变为无生产力的废地,后者指在荒漠地带以外的干旱地区因过度的人为活动而造成荒漠的过程。这两个恶性过程正严重地威胁着地球的荒漠及其附近的

荒漠的分布与自然环境

荒漠在地球陆地上的分布是有一定规律的。它主要是由于地球的高压西风带——具有气流下沉和反气旋性质的高压控制而形成的。从世界的自然地理图可以看到,荒漠趋于分跨着南北回归线而环绕分布(图4-1),即亚热带纬度的"回归荒漠带",其中有世界上几个著名的大荒漠,如北半球的撒哈拉荒漠、阿拉伯荒漠、伊朗荒漠、印巴的塔尔荒漠,北美南部、南美、南非与澳大利亚的荒漠。也有若干片荒漠偏离开亚热带而进入温带纬度,这是由于雨影带、冷洋流沿岸以及离海洋太远等条件的作用。

由此,可以把地球上的荒漠按其热量状况分为:热带与亚热带纬度的暖荒漠,温带纬度的冷荒漠,和内陆高原与高山区的高寒荒漠。

温带荒漠的一般气候特征是:

低降水 年均降水量低于250毫米,在极干旱的荒漠要低于50毫米。新疆南部的民丰和若羌一带的降水量低于20毫米,吐鲁番盆地中的托克逊只

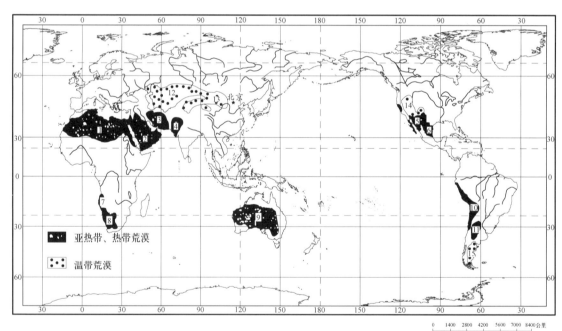

图 4-1 世界主要荒漠分布图

亚热带、热带荒漠:1. 撒哈拉荒漠,2. 阿拉伯荒漠,3. 伊朗荒漠,4. 塔尔荒漠,5. 索诺仑荒漠,6. 齐花花荒漠,7. 那米布荒漠,8. 卡拉哈里荒漠,9. 澳大利亚荒漠,10. 阿塔卡玛荒漠,11. 蒙特荒漠。温带荒漠:12. 中亚西部荒漠,13. 中亚东部荒漠,14. 北美大平原荒漠,15. 巴塔哥尼亚荒漠

有 3.9 毫米。

高温差　温带荒漠夏季炎热, 冬季酷寒。例如, 吐鲁番最高温为 47.5℃, 最低温−20.5℃; 准噶尔盆地最高温为 43℃, 最低温−43℃, 温差达 86℃。

高蒸发　由于夏季高温和空气湿度低, 潜在蒸发力极强, 通常为降水的 10 ~ 20 倍, 有的甚至达 60 ~ 70 倍。

强日照　云量少, 多晴天, 年日照时数通常在 3000 小时以上, 日照百分率为 50% ~ 80%。

多大风　风频繁且风速大, 强风可把尘土卷到空中形成遮天盖日的尘暴。在近地表处, 携带沙粒和细砾的大风可把岩石削磨成流线形。

荒漠的景观虽然通常单调枯燥, 但它的地貌形态却是奇特多样。由于缺乏植被的覆盖, 荒漠把大自然一切内力（源于地球内部的变动）与外力（风雨寒暑）的各种奇妙作用都无遮盖地揭示在人们眼前。

沙在荒漠中给人的印象最深, 它是一种活力常在、永无休止、蜿蜒起伏的黏滞流体, 在风的驱动下向前翻腾蠕动, 又像海水一样形成涟漪——沙纹, 或涌浪——沙丘, 只不过好像在一刹那间凝固起来, 等待风暴重新赋予它狂怒的生命。由于风向、风力、地表形态和沙源多寡不同, 沙丘有各种形态（图 4-2）。

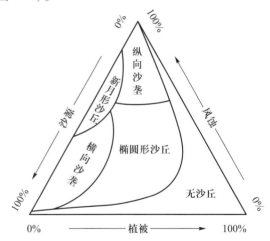

图 4-2　沙丘类型与风力、植被覆盖度与沙源的关系
（在风向近于不变的情况下）（修改自 Hack, 1941）

砾石戈壁或砾漠是另一种常见的地貌。这是由于风把土表的细土和沙粒剥蚀吹走, 仅留下土层中的石块集于地表, 形成一片精美的"砾幕", 保护其下的细土免被风蚀（图 4-3）。也有岩石受风化作用, 表层碎裂而铺散在地表的石漠。这些地表的石

块由于风沙的研磨和抛光, 又在灼热阳光的烤炙下, 使石块表面金属（铁和镁）氧化而被涂上了一层紫褐色的"荒漠漆皮"。

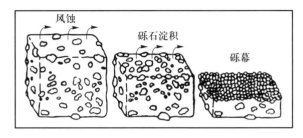

图 4-3　荒漠砾幕的形成
（引自 J. Page, *Arid Lands*, 1984）

雅丹或"魔城"是荒漠中大风的又一杰作。古世纪河流或湖泊的沉积层在早期的水蚀和主要是后期风蚀的作用下, 因沉积物或基岩的硬度不同而被镂刻和磨削成城堡、楼台、廊柱、穿门等多种不同形态, 或成为流线形的石蘑菇或壕沟, 后者在地貌学上称为"雅丹", 得名于新疆东南部罗布泊一带的荒漠, 古称"白龙堆"。

黄土漠的形成是由于被风暴气流卷携到空中的黏粒粉尘, 当风力变弱或遇地形障碍后沉降或随雨落到地表沉积而成颗粒均匀的黄土, 一般厚 10 多米, 在黄土高原可达 200 米。

在荒漠地带顺着主风方向大致顺序排列着砾石戈壁、石漠或雅丹→各种沙丘的沙漠→前山的黄土漠, 构成了中亚温带荒漠分布的"风成"地带性模式。

环绕着荒漠盆地又有一系列"水成"的荒漠。顾名思义, 就是由于水的作用形成的荒漠。第四纪早期的冰期与多雨期的规模远比现代大, 洪水所携带的石砾与泥沙在出山口后在山前沉积形成锥形的洪积扇, 向下与古老的冲积平原相接, 在盆地最低洼处是积水的湖盆, 往往是盐湖。由此形成了荒漠盆地的同心圆结构, 由外及里有规律地分布着若干同心圆带的荒漠类型（图 4-4）: 前山的黄土漠（或石漠）→洪积扇上部的砾漠→洪积扇中部的壤土漠→洪积扇下部与边缘的盐化壤土漠与草甸沼泽→古老冲积平原上的壤土漠→盆地中部的沙漠→盐湖边缘的盐土漠。

上述不同类型的荒漠各具不同的土壤-基质、供水状况与潜水深度, 从而发育着不同的荒漠植被与动物群落。

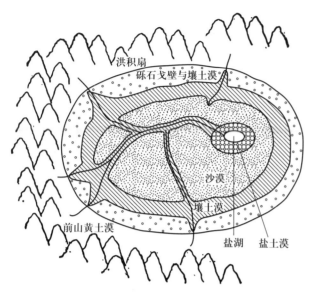

图 4-4　中亚荒漠盆地荒漠类型的同心圆状分布图

荒漠土壤的发育与分布受地形、基质、气候、水文等条件的影响,土壤形成的化学作用与生物活动又受水分的限制,因而土壤剖面的垂直分异不明显。土壤的矿物粒子多以粗粉沙与细沙占优势,黏粒的形成不多。在风化壳上发育的土壤很薄。由于土壤中生物过程很弱,加之有机质矿化迅速,因而有机质含量很低,氮素也很贫乏,但矿物质通常较丰富。土壤的 pH 反应一般呈碱性,在排水不良等条件下,由于水分的上行过程占优势,土壤的盐分含量很高,常形成盐碱土。

第5章

中国的几种植被类型（Ⅴ）——温带荒漠与荒漠生态系统（续）*

张新时

（中国科学院植物研究所 北京）

荒漠生物的生态适应与生物群落

　　荒漠中的植物和动物在干旱环境下经过长期的自然选择和适应演化，形成了一系列对干旱及荒漠其他特点的适应性，成为一群特殊的旱生族类。荒漠植物在外观上非常奇特，给人一种树不像树，草不像草，枝不像枝，叶不像叶，或蜡皮多刺，或肥厚多汁，根深叶不茂，奇花生异果的印象。然而正是这些，使它们适应了荒漠那严酷的环境条件。它们的这种适应性大致可以归纳为以下三个方面。

　　1. 物候生态适应性　植物或植物器官的季节性变化直接或间接地影响到它的水分经济利用。例如，有些荒漠草类在春季湿润期终止之前就完成了它的年生活周期，从而避开了炎热夏季的折磨；一些多年生植物则在干热期进入休眠，或脱落部分枝叶以减少水分的消耗；温带荒漠植物大多以落叶和冬眠度过严冬。

　　2. 形态生态适应性　它的主要特点是，以植物体的形态变化来直接或间接地协调其水分的经济利用。如叶面积缩小，以致无叶，以绿色的枝茎代行光合作用；小枝变成了刺，在叶或小枝的表面被有角质层、蜡质层、茸毛或其他被覆物；栅状组织发达，气孔数目减少，具保护结构或夜间开放的气孔，枝、叶或

根具发达的储水组织；强大的水平扩展或下扎很深的根系等。所有这些适应的变态不外三个功能：缩小蒸腾面积、减少水分丧失、增加水分的吸收，其结果常导致特殊生活型的形成。

　　3. 生理生态适应性　荒漠植物水分的最大消耗是用于蒸腾降温。与一般的想法相反，荒漠植物的蒸腾耗水并不低于中生植物。在水分充足和蒸腾强烈的条件下，它也具有很高的蒸腾率。瓦尔特（H. Walter）指出，用于产生单位生物量的水分消耗，荒漠植物与中生植物几乎是相同的。这可以解释为什么荒漠植物的现实生物量一般都低于其他植物，即限于可用水分的缺乏。荒漠植物与水分的关系在很大程度上取决于植物的蒸腾面积、吸收（根系）面积与降水量（或其他供水条件）三者的制约。一般植物群落的覆盖度或单位面积上的蒸腾面积与降水成正比，以维持在该生境条件下植物接收到与在湿润条件下同量的水分。也就是说，气候愈干旱，降水量愈少的地方，植被的覆盖度也按比例相应降低，地表裸露面积相应增加，群落的生物量也随之减少。

　　但是，许多荒漠植物也的确具备了一些生理旱生功能。某些荒漠地衣、藓类与蕨类植物可以忍受近于气干状态的低含水量条件，它们虽因脱水而受到损害，但一遇湿润条件便可迅速复苏生长。有些植物体内积累了大量的可溶性盐（导致细胞液渗透压提高），从而可以吸收较高盐渍度的潜水或土壤水。

　　* 本文发表在《生物学通报》，1987，（8）：8-10，28.

荒漠植物在代谢作用方面也有其特点。植物光合作用的生化途径有三种类型，即碳三（C_3）、碳四（C_4）与景天酸（CAM）代谢型。CAM植物的气孔在夜间张开吸收二氧化碳（CO_2），并把它合成为苹果酸。到白天为尽量减少蒸腾而关闭气孔，苹果酸则可释放出可利用的CO_2，旋即为光合作用所固定。CAM植物的蒸腾系数（制造一克干物质所需水的克数）还低于其他两种代谢类型。因此，随着干旱程度的增加，CAM植物在植被中的重要性也随之加强。CAM植物中包括许多肉质植物，但在温带荒漠中肉质植物的种类远不如亚热带荒漠丰富，尤其缺乏仙人掌类植物，其原因就是它们的抗寒性低，不能适应温带荒漠漫长而寒冷的冬季。

荒漠动物对干旱生态的适应主要表现在以下几个方面：

1. 食用高含水量植物得到水分或从食物的呼吸作用利用代谢水。

2. 吸取露水，或直接从空气中吸收水分，如一些节肢动物。

3. 具有不透水的体表覆被层以减少水分的损失。

4. 分泌浓缩的尿液和排遗干粪以减少水分的支出。

5. 昼伏夜出，高温时避于阴处或地下洞穴中以减少水分消耗。

6. 某些荒漠鸟类在极端干热期离开荒漠到附近觅食生活；一些野羊类则善于长距离奔驰取水。

骆驼是最典型的荒漠哺乳动物。它可以在无水情况下生存10天之久，其绒毛绝热，减缓汗液的蒸发；它的长腿把身躯撑起离开地表达1.5米左右，那里的温度比地表低30多度（图5-1）。骆驼忍受大量脱水的非凡能力主要在于它体内多集中在驼峰中的脂肪。骆驼从脂肪中不仅得到能量，同时也得到了水，因为每一单位的脂肪氧化时可产生稍多于一单位的水，也就是一对大约百斤重的驼峰就储备着约百斤水。

根据生物对干旱荒漠的适应性，可将动物、植物分为三种不同类型：

1. 避旱型

多为具短暂年生长循环的短生植物。

或为仅在有可用水分时进入荒漠的昆虫和其他非脊椎动物。

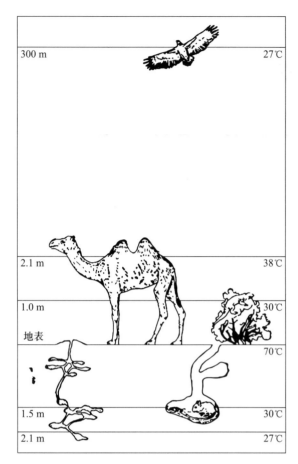

图5-1　荒漠的垂直温差与动物的适应性
（修改自 J. Page，*Arid Lands*，1984）

2. 免旱型

能限制水分丧失（尽量缩小蒸腾面积、加强覆被物等）或具强大的根系或储水组织的植物。

夜间活动的穴居动物，远程奔驰取水的动物和节水动物（停止出汗、浓缩尿液、排干粪）。

3. 耐旱型

能忍受长期缺水的旱休眠植物，如蕨类、地衣、藻类等。

夏眠动物和在干旱期过后才复苏的各种动物以及能忍受脱水的动物（如骆驼）。

在温带荒漠中，由于寒冷的冬季，限制了仙人掌类与典型肉质茎植物的生长，以小灌木和小半灌木生活型的植物在群落中占优势。根据荒漠植物群落的优势植物生活型，把温带荒漠植被分成下列几种类型：

1. 无叶小乔木荒漠（梭梭、白梭梭）

2. 灌木荒漠（又可分为三种类型）

a. 常绿阔叶灌木荒漠（沙冬青、矮沙冬青）；

b. 无叶灌木荒漠（各种麻黄、沙拐枣）；

c. 落叶灌木荒漠（银沙槐、泡泡刺、柠条等）。

3. 小半灌木荒漠（也分三种类型）

a. 盐柴类（小叶）小半灌木荒漠（红砂、合头草、多种假木贼、珍珠猪毛菜等）；

b. 多汁盐柴类（肉质）小半灌木荒漠（盐爪爪、盐穗木等）；

c. 蒿类小半灌木荒漠。

4. 短生植物荒漠

荒漠与绿洲生态系统

生态系统是指生物群落及其地理环境相互作用的自然系统，是在地球生物圈中以生物群落为核心，结合其环境条件的能量转化和物质循环的功能单位。自然界中万物运动的通则都是依据热力学第二定律朝向熵度增大的方向进行，即趋向于更混乱无序的状态。但生物体的出现和存在却反其道而行之，它们以高度的组织结构形成并维系着强度的规律性和有序性，反制外界破坏的压力。各类森林便是这种强有力的自然体系即生态系统的例证。但是，一旦系统内的反制力无法与外力的侵袭抗衡时，其有序的结构就会瓦解，生物体衰退或死亡，大自然的趋乱通则再度取得主宰权。

与其他生态系统相比，荒漠是发展程度较低，不太成熟的生态系统。其生物作用较弱，而环境的物理作用常占主导地位，即趋乱的倾向较强。该系统的特征是：生物量小、生物种类单一、个体较小且生命期限短、觅食关系一般化、食物链短，但单位生物量中的初级生产力比率高；系统中的环境条件常处在生态极限的边缘（临界点），只要有不太大的变化，往往超越极限而导致生物组成的重大变化或消亡，即荒漠生态系统的破坏解体。

荒漠是一个由水分控制的系统，水是荒漠生态系统中主要的限制因素，它与能量一样在系统中阶梯式地通过系统的各个水平或营养级。通过植物或动物返回到土壤中的水是可以忽略不计的，只有很少量的蒸发和蒸腾水分是就地循环（如露水），绝大部分水通过对流传送从一个局地的生态系统中丧失。不难看出，水分实质上是非循环的，是可耗尽的资源，只能由新的输入来补充。所以进入系统内能流量直接或间接受控于可利用水的水平。这是与一般能量控制的生态系统的流程图式不同之处（图 5-2）。

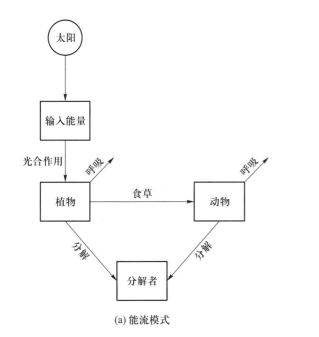

(a) 能流模式

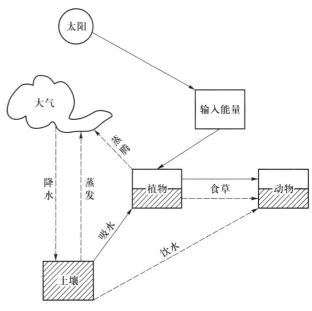

(b) 能流与水流综合模式(省略分解者)

图 5-2　一般生态系统(a)与荒漠生态系统(b)的分部流程模式

(修改自 Noy-Meir,1973)

荒漠生态系统中各营养级的生物种类的生长与繁衍主要受环境或食物中水分可用性的时期与长度的限制。荒漠生态系统通常显示出依赖于降水的"脉动"式节律,即降水时期整个系统进入快速活跃的生产状态,在持续干旱期则处在相对保守的储备等待阶段。

因此,由于环境的严酷和生物的贫乏,荒漠生态系统相对脆弱,易于退化和破坏,一般不适于人类居住和农业生产。一旦人们合理掌握了加固、改良并驱动系统的关键,荒漠便可焕发出巨大的生产力。

荒漠中的河谷和有潜水补给的低洼地可形成天然的绿洲。那里森林灌丛茂密、草甸如茵,植物的第一性生产力很高,构成了特殊的局地绿洲气候和高肥力土壤,为人类和其他生物提供适宜的生活和生产环境。但是绿洲仍处在荒漠大气候的控制下,外来水是维持其存在和稳定的最基本条件。绿洲的水源来自河流、水库、渠道或深层地下水。

以防风为主的防护林体系的建立是形成和维护人工绿洲生态系统的保证。在绿洲内部可实行水、林、田、园(果园)、草等综合发展,在空间与时间(轮作)上的合理配置,促进绿洲生态系统的良性循环。

第 6 章

冻原和高山植被 *

概述

我国多山,尤其是西半部有一系列世界上最高最大的山系和号称"世界屋脊"的青藏高原。这些高山分布在北起北纬 49° 的寒温带(阿尔泰山),南达北回归线附近的热带(横断山、玉山);既有处在湿润森林区的高山(长白山、东喜马拉雅山),也有突兀于极端干旱荒漠中的巨大山体(天山、祁连山与昆仑山)。独一无二的青藏高原及其上隆起的山地更形成独特的高寒山原环境。它们为各类高山植被提供了极其广阔的地理环境和创造了复杂多样的生态条件;加以这些高山高原在地质、气候和植物区系上迥异的发展史,及其与周围不同地区的联系,更使得我国的高山植被起源多端,类型丰富多彩。

在地植物学上,所谓高山植被一般是指在山地森林线①以上到常年积雪带下限之间的、由适冰雪与耐寒旱的植物成分组成的群落所构成的植被。高山植被按垂直高度的分异还可以再分为这样三个层位:

1. 亚冰雪带或上高山带:这一带的上限在夏季雪线,也就是最暖月温度 0℃ 的界限,向下到稠密连片的高山植被上限之间的上部高山带。这里没有真正的土壤,裸岩和倒石遍地都是,岩屑堆和冰碛物满坡盈谷。在石隙间生长有个别的高山植物或局部成小片分布的、不连续的高山先锋植物群落,其上半部常为无植物的雪斑裸石带。

2. 高山(真高山)植被带:位于高山带中部,具有由典型的低矮、寒(旱)生高山植物构成的、多少是连片或较密集的植被。

3. 亚高山植被带②:是高山植被向山地森林或其他山地植被(草原、荒漠)的过渡植被带,也是山地森林与高山植被相互矛盾斗争——演替和统一结合的地段,是多样的亚高山灌丛、矮曲林、草甸、草原、冻原等植被相结合的垂直带。其下限在森林线,大致是最暖月均温不超过 10℃ 的界限。

我国的高山植被包括下列基本类型:

1. 高山冻原:是冻原植被在我国的代表,分布在我国温带北部的长白山③和阿尔泰山的寒冷湿润的高山,向北与西伯利亚和远东地区泰加林(寒温性针叶林)地带的山地冻原相联系。

2. 高山与亚高山草甸(高寒草甸):主要分布在我国西部高山与青藏高原东部较湿润的高原与高山区,是阿尔卑斯型高山草甸的大陆性变型,典型的湿润杂类草高山草甸仅局部出现。

---

* 本文摘自《中国植被》第 12 章。概述部分由张新时执笔;冻原部分由周以良执笔,陈大珂、张新时等参加;高山植被部分由张新时、周兴民执笔,李渤生、王质彬、卓正大等参加。

① 在没有山地森林的干旱高山,则根据其他山地植被类型的生态和植物区系特征来确定。

② 亚高山在地植物学文献中有多样的含义。有些作者把山地寒温性针叶林作为亚高山植被,在本书中则以林线以上至真高山植被带之间的过渡带为亚高山带,不包括森林植被。

③ 大、小兴安岭因绝对高度低,达不到"高山层位",因而不出现高山冻原植被。

3. 亚高山灌丛(高寒灌丛):分布在各高山区森林上限的亚高山带,有时也上达高山带。按建群植物生活型的不同,又可分为:常绿针叶灌丛、常绿革叶灌丛(主要是高山杜鹃)和高寒落叶阔叶灌丛等几类。

4. 高寒垫状植被:分布在大陆性高山、高原区的碎石质、粗骨质土地段,主要是真高山带的上半部,常与高寒草甸或草原植被相结合。

5. 高寒草原:广布于大陆性的青藏高原上以及荒漠区山地的内部山原与高山盆地中,是温性草原的高寒变体,属于古地中海区的高山植被。

6. 高寒荒漠:即垫状小半灌木荒漠,出现在最干旱的内陆山原的核心——青藏高原的西北部与荒漠山地内部,也是古地中海区的年轻的高山植被类型,是由小半灌木荒漠演化形成的。

7. 高寒沼泽与沼泽草甸:是高山植被中的隐域类型,受潜水出露或停滞的地表径流的补给,在高山区河谷、湖盆与低地内局部出现,仅在川西若尔盖一带有大片分布。

8. 高山流石滩稀疏植被:在各高山区亚冰雪带的下半部普遍出现。

可见,除了典型的热带、赤道带的高山植被类型以外,其他各种类型的高山植被我国都基本具备。这些高山植被类型不仅在垂直分布方面有一定的规律性,更重要的在于它们具有水平地带性的分异。例如,高山冻原是夏季受太平洋北部季风作用的寒温带和温带北部山地的高山代表型,它们与泰加林和北极冻原地带有发生上的联系;高山草甸与灌丛则是稍温和气候的湿润温带、亚热带山地与高原的植被类型①;高寒草原与荒漠则是极端大陆性的古地中海区高山与高原的表征。这些类型的生态-地理范畴十分明确,这并不妨碍不同类型的群落在同一地区内结合分布。但其中占优势的、地带性(垂直地带性和水平地带性)的高山植被类型,在各个植被地理区域内各有显著的地位。

应当指出,我国高山区内一些共同的生态条件,首先是寒冷、热量不足。这里的最暖月均温在0~10℃,但各月最低温均可降至零下,甚至每夜有冰冻;昼夜和季节的温度变幅都很大。高山区的降水一般都不太多,由数十毫米到500毫米不等,因地而

异;但以固体降水为主。空气绝对湿度低,相对湿度却较高,雪被在高山区有重大的生态意义。雪被的有无、厚度及其持续时期的不同,常造成高山植被类型的重大差异。土壤的冻结,永冻层的存在与否及其深度,也具有很大的生态作用。高山的风是凛冽、强大而频繁的,它们对植物的"强迫蒸腾"与风蚀等直接作用与吹雪的间接作用,对植被造成的损害是高山植被的重要"限制"因素。高山植被的矮生性在很大程度上与此有关。寒冷、水分的固态与风的干燥作用所造成的高寒干旱,往往比低温对高山植物的生长、发育与分布造成更大的限制,也是高山植物具有旱生生理与形态结构的主要原因。高山区的空气清澄,含微尘与水气少,太阳辐射特别强烈,尤以蓝紫光与紫外线较丰富,具有一定的生理意义。太阳辐射对地表与植物体的直接加热,在一定程度上补偿了高山的低温,并使高山植物具有较高的光合作用强度。高山空气中的O_2减少,不利于植物的繁殖,却能使碳三(C_3)植物的营养生长加强。CO_2的含量少,则被认为是一个限制因素。高山区的物理风化特别强烈,多为岩块、碎砾等无营养的粗大基质。细土层较少且瘠薄,加以基质的流动性与融冻翻搅作用等更是植被不稳定的因素。但由于高山区的地貌对比性强烈,由中、小地形引起的局部生境(小气候与土壤基质)条件差异很大,为高山植被提供了较多样的生存环境。

在适应高山特殊生态条件的长期演化过程中,高山植物形成了多方面的适应性。其中最本质的是在生理上的抗寒性和抗旱性。在高山植物细胞中,含有较高量的糖类、果胶物质与半纤维素,以及原生质耐冰冻的特性,使得许多高山植物在生长发育期内的夜间或雪后,花与枝叶被冻得硬而脆;但在晴朗的阳光下解冻后,迅即恢复活力。高山植物还具有在很短促——不过2~3个月或更短的温暖季节内迅速完成其生活周期的能力。它们中的一些种,在冬眠时就已形成了花蕾,一待雪化就绽苞放花;有些植物甚至在早春时,在雪下就已开花生长。但是,由于有性繁殖毕竟受到气候条件的很大限制,许多高山植物主要依靠无性方式:分蘖、根茎、鳞茎、块根、匍匐茎、珠芽等方式进行繁殖。还应当指出,在高山植物中的多倍性、杂种性与无融合生殖的比例较大。

---

① 我国以嵩草属(*Kobresia*)为主的高寒草甸与阿尔卑斯型的中生杂类草草甸在生态地理性质上有很大区别;小叶型常绿革叶杜鹃灌丛则明显是热带山地起源的。

由于高山植物的代谢作用缓慢,它们的生长过程也是十分缓慢的,生物量很低;但生命时期却很长,常可达数十至数百年。

在形态外貌方面,高山植物最显著的特征是矮生性。这既是高山严酷生境对植物生长限制的结果,又是植物本身最重要的适应方式。它们以低矮或匍匐的植株贴近具有最适宜小气候的地表层:风速小、较温暖湿润、CO_2 浓度较大、冬季有雪被保护等,从而获得相对优越的生长发育条件。其他的适应方式如:垫状体、莲座叶、植株具浓密茸毛、表皮角质化、革质化、肉质性、小叶性、叶席卷与残余叶和叶鞘的保护等,尤其是对低温、强风和强烈辐射等综合所造成的干旱的适应方式。

我国高山植物的主要生活型有:

地衣类:由于高山严酷的生境条件和以石质占优势的基质特点,可以在裸石表面生长的地衣类得以在高山带上部得到很大的繁荣。它们在亚冰雪带的岩石上形成斑斓的"石面植被",并参加到其他高山植物群落中,占有其中的光裸岩面。

藓类:适于较冷湿的高山生境,常成为许多中生高山植被的重要成分。

以上两者是形成高山冻原的主要生活型。

常绿针叶灌木

通常是茎干匍匐于地面生长的圆柏属(*Sabina*)灌木,是亚高山针叶灌丛的建造者。

常绿革叶灌木

以种类极为丰富的、小叶型的杜鹃属(*Rhododendron*)为代表。它们乃是在湿润的亚热带(部分到达温带)亚高山带占优势的常绿灌丛的组成者。这是第三纪热带、亚热带山地植物经过变异的后代。与它相近的有灌木型川滇高山栎(*Quercus aquifolioides*)和箭竹(*Sinarundinaria*)。

落叶阔叶灌木

包括桦木(*Betula*)、柳(*Salix*)、金露梅(*Dasiphora*)、锦鸡儿(*Caragana*)等属的一些种,一般在亚高山带森林线上缘构成灌丛,并广布于高原上。

常绿小灌木

包括伏地的多瓣木(*Dryas*)、岩高兰(*Empetrum*)、越桔(*Vaccinium*)、杜香(*Ledum*)、岩须(*Cassiope*)等属的种,也是第三纪热带山地成分的后代,在高山冻原中常起建群作用。

落叶小灌木

如北极果(*Arctous alpinus*)及匍匐型的柳(*Salix*

spp.),也是高山冻原的建造者,并加入高山草甸中。

垫状植物

包括蚤缀(*Arenaria*)、囊种草(*Thylacospermum*)、点地梅(*Androsace*)、高山莓(*Sibbaldianthe*)等属的一些种。这些是分枝密集而短缩的密实半球形植物,对高山低温、强风和干旱颇能适应,常发育在高山原始粗骨质土上,形成先锋群落,多分布于高山草甸带和高寒草原中。

垫状小半灌木

如垫状驼绒藜(*Ceratoides compacta*)、藏亚菊(*Ajania tibetica*)等,是由荒漠旱生半灌木适应高寒干旱生境的年轻种类,成为高寒荒漠植被的建造者。

多年生杂类草

高山的多年生杂类草多属中生型,但具有一系列生理-形态方面的适应性,如莲座叶草类是形成高山双子叶草甸的常见种类,花大而色彩艳丽;叶上多绒毛或具大苞叶的多种雪莲(*Saussurea*)是高山亚冰雪带的标志种类,它们以种子繁殖,能在新的高山岩屑堆和冰碛物上形成稀疏的先锋群落斑块。较高大的杂类草则仅能在亚高山带湿润肥沃的地段构成华丽的草甸。

肉质草类

如景天科的景天(*Sedum*)、红景天(*Rhodiola*)等属的种,常在高山岩屑坡与陡崖上构成稀疏的石生植物群落。

密丛禾草与嵩草

包括组成高寒草原的针茅(*Stipa*)、羊茅(*Festusa*)等,以及构成广阔的高寒草甸的嵩草(*Kobresia*)的种。

根茎薹草与禾草

以青藏高原高寒草原上广布的青藏薹草(*Carex moorcroftii*)为代表。

鳞茎草类

较少,如葱属(*Allium*)的一些种与洼瓣花(*Lloydia serotina*)、顶冰花(*Gagea* spp.)、贝母(*Fritillaria* spp.)等。一年生草类在高山带十分稀少,因其种子常不能达到成熟。

我国高山植物的区系地理与发生成分虽然以北极-高山植物为显著的参加者,但它们并不到处占优势,由于各种高山植被类型分布的地理区域不同,区系成分性质有很大差异,它们往往是各地区山地植物在山地和高原隆起过程中适应于高寒生境的特化种;在这方面我国热带山地起源的种类常具有很大作用。

由于高寒灌丛、高寒草原、高寒荒漠、高寒草甸与沼泽等类型已分别在各植被型中论述,在本章中仅对高山冻原、垫状植被与高山流石滩稀疏植被进行描述。

第一节　高山冻原

高山冻原是极地平原冻原在寒温带与温带山地的类似物。它们是高海拔寒冷、湿润(但冬季雪被较薄)气候与寒冻土壤的植被类型。无论在北极平原或温带山地,冻原植被总是与寒温性针叶林密切相关。在平原它一般分布在寒温性针叶林的北部,而在山地则常常分布在山地垂直带的上部。在平原冻原的北部与北极寒漠相接,在高山冻原的上部则过渡到高山亚冰雪带或冰雪带。

冻原植被是由耐寒小灌木、多年生草类、藓类和地衣类构成的低矮植被,尤以藓类和地衣较发达为群落植物组成的显著特征。这是由于冻原气候的严酷性——寒冷、强风,基质的寡营养性与冻土的发育不适于高等植物的发育所致。雪被对于冻原植被具有很大的生态意义,在它的保护下,冻原的小灌木与草类得以发育,群落的高度取决于冬季雪被的厚度,在雪被很薄或无雪被处,以及气候严寒的高山带上部则仅有地衣类存在。

组成高山冻原的植物以北极-高山成分和北温带成分为基本核心,这与第四纪初期的冰川活动有很大关系,随着大陆冰川的南侵,卷起了北极寒地植物南移的浪潮,冰川退却后,这些北极植物的一部分就被保留在南部山地的高寒处。但是,在冻原植物区系的发生方面,东亚(包括我国东北)山地的高山冻原更为古老,冻原植物成分中至今仍保持有常绿习性的小灌木,就是东亚第三纪古热带起源的种类在山地寒化变异的后代。这些东亚山地冻原成分也随着第四纪冰川的北退与向北回归的北极植物一起迁到了北极附近的平原冻原与泰加林内,形成了北极冻原、泰加林与南部高山冻原的亲缘关系。

我国不存在北极平原冻原植被,但高山冻原则出现于北温带东部的长白山与西部的阿尔泰山高山带。该带全年气温很低,植物生长期很短,风力很大,相对湿度却较高。如长白山高山带,年均温在-5℃以下,夏季最暖月(7月)均温也不超过10℃,背阴低洼处尚有残余积雪,植物生长期仅70～75天,风力常可达9～10级。在这种生态条件下,乔木难以生存,也不适于全靠种子繁殖的一年生植物。组成高山冻原的种类主要是多年生的小灌木和草类,植株矮小,通常为10～20厘米,呈匍匐状、垫状、莲座状,且多具寒旱生的生理-形态特征。由于相对湿度较大,层下多有藓类发育。

长白山是处在湿润海洋性气候的北温带山地,夏季受到太平洋季风的影响,年降水量可高达1700毫米,且多集中于7—8月,空气湿度甚大,经常浓雾弥漫。高山冻原分布在海拔2100米以上的高山带范围内,是高山冻原在欧亚大陆分布的南界。这一带为火山熔岩流形成的平缓山脊与浅谷,仅山顶的火山湖——天池周围有危耸的山峰。土壤为火山岩风化基质上发育的山地冻原土,土层浅薄,一般厚2～10厘米,但含有大量有机质,加以地表覆以密集交织如毡的高山冻原植被,土壤持水甚多,十分潮湿。

西部的阿尔泰山则位于西西伯利亚寒温针叶林(泰加林)地带的南缘,但已属于草原区域的山地,气候较长白山干旱。仅在西北阿尔泰山由于承受较多的西北部湿气流,降水较丰富,气候寒冷,在中山带发育有泰加型的暗针叶林,其上部的高山带则出现高山冻原植被,已是高山冻原在西部分布的南界。大致在海拔3000米,开始发育藓类为主的高山冻原,由于阿尔泰山高山带是石质化的准平原,地形平缓,局部排水不良,这种高山冻原植被具有藓类冻原与藓类沼泽相结合的特征。在强度石质化的亚冰雪带则为高山地衣冻原。

这样,我国的高山冻原植被大致有下列植被亚型与群系组:

一、小灌木、藓类高山冻原
二、草类、藓类高山冻原
三、藓类、地衣高山冻原
　　(一)藓类高山冻原
　　(二)藓类、地衣高山冻原
　　(三)地衣高山冻原

一、小灌木、藓类高山冻原

小灌木、藓类高山冻原为长白山高山冻原的优势植被,分布面积大,植物组成为多瓣木(*Dryas octopetala*)最占优势,其次为越桔(*Vaccinium vitis-idaea*)、牛皮杜鹃和松毛翠(*Phyllodoce caerulea*)等。

随着地形、土壤、水分条件的变化,组成种类也有所不同,构成不同群落呈复合分布,在土层较薄的向阳坡地上,则以云间杜鹃(*Rhododendron redowskianum*)及笃斯越桔(*Vaccinium uliginosum*)为主,常形成小片群落。在土层薄而湿润处,则分布小片牛皮杜鹃(*Rhododendron xanthastephonum*)群落,在组成中还散生有天栌(*Arctous ruber*)和高山小叶杜鹃(*Rhododendron parvifolium* f. *alpinum*)等罕见种;在岩石裸露而经常流水的坡地上,则网状生长着以长白柳组(Sect. *Retusae*)为主的群落,组成种为圆叶柳(*Salix rotundifolia*)、多腺柳(*Salix polyadenia*)及长白柳(*Salix tschanbaischanica*)。所有这些矮小灌木均极低矮,一般高 10~20 厘米,呈垫状或匍匐状,生长极缓慢,如 20~22 年生多瓣木的基径仅 3.8~4 毫米,12~13 年生云间杜鹃的基径仅 2~2.5 毫米,8~9 年生牛皮杜鹃的基径仅 4~5 毫米。

在上述矮小灌木间,还伴生着种类繁多的高山特有的矮小草本植物,其中以北方嵩草(*Kobresia bellardi*)、矮羊茅(*Festuca supina*)、细柄茅(*Pticagrostis mongholica*)及长白地杨梅(*Luzula sudetica* var. *manshurica*)等为主,其次为高山茅香(*Hierochloe alpina*)、高山梯牧草(*Phleum alpinum*)、高山龙胆(*Gentiana algida*)、白山龙胆(*Gentiana jamesii*)、大秃顶柴胡(*Bupleurum tatudinense*)、珠芽蓼(*Polygonum viviparum*)、戟叶风毛菊(*Saussurea alpicola* var. *hastata*)、穗三毛(*Trisetum spicatum*)、发草(*Deschampsia caespitosa*)、黑穗薹草(*Carex atrata*)、蟋蟀薹草(*C. eleusinoides*)、二裂薹草(*C. bipartita*)、洼瓣花、高山毛莎草(*Trichophorum alpinum*)、高山芹(*Coelopleurum alpinum*)、高山石松(*Lycopodium alpinum*)及山飞蓬(*Erigeron komarovii*)等。此外,在其间常常混生有密织的各种藓类和地衣:藓类以长毛砂藓(*Rhacomitrium lanuginosum*)及砂藓(*Rh. canescens*)为主;地衣以鹿角石蕊(*Cladonia rangiferina*)、高岭石蕊(*C. alpestris*)及各种冰岛衣(*Cetraria* spp.)等为主,为局部岩石裸露地段上的先锋植物。

因为高山带的生长期较短,所以小灌木、藓类高山冻原大部分植物的开花期接近一致,在 7 月中旬左右,形成五色缤纷的天然公园;其根系或根茎互相衔接交织,起着涵养水源和保土作用;其中一些植物是药用植物,如牛皮杜鹃等。

二、草类、藓类高山冻原

草类、藓类高山冻原不及小灌木、藓类高山冻原分布广泛,多小面积镶嵌在小灌木、藓类高山冻原之间。随着地形的变化,组成的植物种类也有变化。分布在迎风的山脊或陡坡上的土壤经常遭暴风的侵袭和骤雨的冲刷,土层浅薄,地表岩石裸露,植被稀疏,组成以高山罂粟(*Papaver pseudo-radicatum*)、高山棘豆(*Oxytropis anertii*)、长白岩菖蒲(*Tofieldia nutans*)及极地漆姑草(*Minuartia arctica*)等为主,其间常混生有岩茴香(*Tilingia tachiroei*)、岩蜂斗叶(*Petasites saxatilis*)及轮叶马先蒿(*Pedicularis verticillata*)等;若在同样瘠薄的土壤条件下,由于山地地形较低洼而避风,则分布有以红景天(*Rhodiola rosea*)及长白红景天(*Rh. rosea* var. *tschangpaischanica*)等组成的红景天群落;环绕天池的陡坡,为极轻松的火山灰,在这里则生育着稀疏的草本植被,盖度不超过 20%,组成种类有光蓼(*Polygonum nitens*)、倒根蓼(*P. ochotense*)、山蓼(*Oryria digyna*)、长白虎耳草(*Saxifraga laciniata*)、肾叶斑虎耳草(*S. punctata* var. *reniformis*)、高山菊(*Dendranthema zawadzkii* var. *alpinum*)、双花堇菜(*Viola biflora*)、长白婆婆纳(*Veronica stelleri*)、天池碎米荠(*Cardamine resedifolia* var. *morii*)及高山南芥(*Arabis coronata*)等。

在上述草本植物之间,也与小灌木、藓类高山冻原一样,混生一些藓类和地衣,藓类也是以砂藓、毡藓为主,地衣同样以各种石蕊(*Cladonia* spp.)和冰岛衣(*Cetraria* spp.)为主。

草类、藓类高山冻原中有一些药用植物,如光蓼、高山罂粟等。这类高山冻原,也起着涵养水分和保土作用。

三、藓类、地衣高山冻原

(一)藓类高山冻原

藓类高山冻原分布在阿尔泰山西北部高山带海拔较低处,较低的沼地有积水,土壤为泥炭土。组成有成片的多种镰刀藓(*Drepanocladus aduneus*、*D. vernicosus*、*D. sendtneri*、*D. uncinatus*、*D. lycopodioides*、*D. exannulatus*)、沼泽水灰藓(*Hygrohypnum lucidum*)、长叶牛角藓(*Cratoneurum commutatum*)、沼羽藓(*Helodium lanatum*)、皱蒴藓(*Aulacomnium palustre*、*A. turgidum*)和毛梳藓(*Ptilium crista-cas-*

trense）。其中也有一些种子植物,如阿尔泰薹草（*Carex altaica*）、小棉花莎草（*Eriophorum humile*、*E. latifolium*）、高山唐松草（*Thalictrum alpinum*）、大花虎耳草（*Saxifraga hirculus*）、克来东苋草（*Claytonia joanneana*）、狭果薹草（*Carex stenocarpa*）等。

（二）藓类、地衣高山冻原

藓类、地衣高山冻原分布在阿尔泰山西北部海拔较高处。组成中有多种真藓（*Bryum caespiticium*、*B. schleicheri*、*B. turbinatum*、*B. pallescens*、*B. calophyllum*、*B. rutilans*）、银藓（*Anomobryum filiforme*）、黄丝瓜藓（*Pohlia nutans*）。其他有北方美姿藓（*Timmia bavarica*）、平珠藓（*Plagiopus oederi*）和其他高山藓类。此等藓类在高寒地带构成密集丛生的垫状群落。有时大片的群落经风雪吹磨,外形坚实圆滑呈岩状,但幼嫩的表层仍呈阴暗绿色,且多有成熟的孢蒴。此种石块状的藓丛与高山砾石相混杂,与多种多样的地衣群落构成高山特有的景色。此外也有出现于高燥地段上的垂枝藓（*Rhytidium*）。在石灰岩或干燥钙土上多丛藓科（*Pottiaceae*）的折叶纽藓（*Tortella fragilis*）和多种赤藓（*Syntrichia alpina*、*S. mucronifolia*、*S. princeps*）、毛尖金发藓（*Polytrichum piliferum*）,在高山地面上呈极明显的群落,常和高山各种地衣（*Cetraria crispa*、*Pelrigera aphthosa*）混生。其他欧亚习见的高山藓类,有尖叶大帽藓（*Encalyptra rhalcbcorpa*）、小鼠尾藓（*Myurella julacea*、*M. tenerrima*）、对叶藓（*Distichium capillaceum*、*D. inclinatum*）和合柱炼齿藓（*Desmatodon systylium*）。其中也见到一些散生的种子植物,如狭果薹草、高山早熟禾（*Poa alpina*）、畸形岩风（*Libanotis monstnosa*）、阿尔泰兔耳草（*Lagotis altaica*）、珠芽蓼、钝叶獐牙菜（*Swrertia obtusa*）、高山龙胆等。

（三）地衣高山冻原

地衣高山冻原成片分布在阿尔泰西北部海拔更高处的多石山坡上,组成种类主要为:梯氏冰岛衣（*Cetraria tilesii*）、白冰岛衣（*C. nivalis*）、枝状冰岛衣（*C. cucullata*）、散生梅衣（*Parmelia conspersa*）、软壳状梅衣（*P. molliuscula*）。种子植物甚为贫乏,有锐齿多瓣木（*Dryas oxyodonta*）、极地漆姑（*Minuartia arctica*）、雪白委陵菜（*Potentilla nivea*）、裂叶芥（*Smelovskia calycina*）、新疆扁芒菊（*Waldheimia gla-*

bra）等。

第二节　高山垫状植被

在高山植被中经常出现一些呈垫状伏地生长的植物,其中既有草本、半灌木、小灌木,也有垫形的大灌木和茎干偃卧横展、匍匐生长的乔木。垫状的生长形式既是高山严酷的水热条件、辐射和强风等对植物生长抑制和"塑造"的结果,同时又是植物经历高寒生境长期自然选择演化形成的适应性。然而,真正的"垫状植物"是指具有特殊垫状草本或小灌木生活型的植物,它们具有遗传上的稳定性和要求特定的高寒生境。如石竹科囊种草属（*Thylacospermum*）、蚤缀属（*Arenaria*）,报春花科的点地梅属（*Androsace*）,蔷薇科的高山莓属（*Sibbaldianthe*）与委陵菜属（*Potentilla*）,蓝雪科的刺矶松属（*Acantholimon*）,紫草科的垫紫草（*Chionocharis*）与豆科的棘豆属（*Oxytropis*）和黄芪属（*Astragalus*）中的一些种。这类草本或小灌木的小枝生长极度受抑制而呈辐射状密集分枝,形成半球形或凸起的垫状体,其叶小而密,覆于表面,稠密交织的小枝之间充填着枯叶与细土,具有保护生长点和越冬芽与增加热容量的作用。它们的花也镶嵌在垫体的表面,很少伸出其外。垫状体在高山的白昼吸收辐射热较地面多而散热较慢,体内水分的蒸散也较少,因而创造了较好的"微环境"。它们的主根多粗大而深入基质中,保证着地上部分的水分供应。由于垫状植物的新陈代谢和生长过程十分缓慢,它们的寿命很长,可达百年以上。应当指出,这些耐高寒的垫状植物与地中海型的干热旱生垫状植物在外形上颇为相似,是环境异质性的趋同生长型。

垫状植物广泛分布于喜马拉雅山、青藏高原、中亚山地、高加索与南美安第斯山的各种类型高山植被中。然而,它以建群种身份而形成的"高寒垫状植被"却在亚洲大陆性的高山高原区——天山、帕米尔与青藏高原的山地上较为发育。在其他地区的高山植被中,它们通常只是作为参加者。例如,在湿润的喜马拉雅山南坡或阿尔卑斯山高山带,它们受繁茂的高山草甸与灌丛的排挤而很少出现;在阿尔泰山西北部位于高山冻原;在极端大陆性的荒漠山地,如昆仑山,它们又被更耐旱的高寒垫形小半灌木组成的高寒荒漠植被所代替。即使在高寒垫状植被的分布区内,垫状植被通常也是和高寒草甸(主要是嵩草草甸)或高寒草原群落相结合分布的;草甸或草原群落占据着细土层较发育的平缓山坡或宽谷,在碎石质的斜陡坡地或具有粗骨质原始高山土壤的地段则出现片状的垫状植物群落。在高山植被带的上部,气候更严酷,基质的石质化加强,稀疏的垫状植被较占优势,甚至形成高寒垫状植被的垂直亚带。可见,垫状植被具有高山先锋群落的性质,其植被较稀疏,多裸露的碎石质地面,群落盖度一般在 20%~50%,或更低,群落的种类组成较贫乏。随着植被盖度的增加,土壤中细土与有机质的积累,草甸或草原植物就侵入其内,逐渐代替了垫状植物的优势地位。

高寒垫状植被分布在具有大陆性高山气候的严酷生境中。那里的年平均温在 0℃左右,最暖和的 7 月平均温不过 4~5℃,夜间都有低于 0℃的冰冻,在白昼阳光下地表温度却在 20℃以上,昼夜温差可达 20℃。年降水量 250~500 毫米,以夏季降水为主,多为固态降水,冬季有雪被。土层在 50 厘米深处即接近 0℃,下部往往有永冻层存在。土壤为强度石质化的原始高山草甸土。

我国的高寒垫状植被主要有下列群系:

一、垫状蚤缀垫状植被(Form. *Arenaria pulvinata*)

二、苔状蚤缀垫状植被(Form. *Arenaria musciformis*)

三、囊种草垫状植被(Form. *Thylacospermum caespitosum*)

四、垫状点地梅垫状植被(Form. *Androsace tapete*)

五、糙点地梅垫状植被(Form. *Androsace squarrosula*)

六、帕米尔委陵菜垫状植被(Form. *Potentilla pamiroalaica*)

七、双花委陵菜垫状植被(Form. *Potentilla biflora*)

八、四蕊高山莓垫状植被(Form. *Sibbaldianthe tetrandra*)

九、藏刺矶松垫状植被(Form. *Acantholimon hedinii*)

一、垫状蚤缀垫状植被

垫状蚤缀植被类型仅见于祁连山海拔 3900~4300 米,地势起伏不大的古老的冰碛丘,以及寒冻风化作用形成的比较平缓的岩屑坡及其坡麓地段。地表石质性虽强,但已出现一些细土,局部地段甚至出现薄层生草土。

垫状蚤缀垫状植被是介于高寒草甸和高山流石滩植被之间的一种类型。群落盖度 15%~20%,垫状蚤缀(*Arenaria pulvinata*)为群落的优势种,盖度 10%~15%。它是祁连山地区的特有植物,枝叶紧密,一般高达 20~30 厘米,直径 40~50 厘米,最大可达 100 厘米以上。形状甚为特殊,有的呈圆球状,有的呈馒头状,是一种很典型的高山垫状小灌木植物。伴生植物均为高寒草甸成分:水母雪莲花(*Saussurea medusa*)、暗绿紫堇(*Corydalis melanochlora*)、甘青虎耳草(*Saxifraga tangutica*)、聚叶虎耳草(*S. confertifolia*)、双脊草(*Dilophia fontana*)、穗三毛、无瓣女娄菜(*Melandrium apetalum*)、矮垂头菊(*Cremanthodium humile*)、多刺绿绒蒿(*Meconopsis horridula*)等。

二、苔状蚤缀垫状植被

本类型在青藏高原分布甚广,多见于喜马拉雅山北坡、念青唐古拉山、冈底斯山、昆仑山、藏北高原和青南高原,海拔 4800 米以上的岩屑坡和较平坦的冰碛台地、阶地;基质主要为坡积、残积碎石,或为洪积和冰水沉积物。

苔状蚤缀(*Arenaria musciformis*)属青藏高原特有种,体型矮小,枝叶密集,形成典型的垫状小灌木,高 3~5 厘米,最高可达 10 厘米,直径 10~20 厘米,最大 30 厘米以上。群落稀疏,总盖度 10%~20%,苔状蚤缀占 5%~10%,成为群落优势种。其他常见的伴生种,随着地区生境的差异,发生明显的变化。

在喜马拉雅山北坡和念青唐古拉山一带,因受东南季风和西南季风的影响,生境比较潮湿,除了垫状点地梅(*Androsace tapete*)、鼠麴雪兔子(*Saussurea gnaphalodes*)外,还出现较多的高山杂类草——高山唐松草、多刺绿绒蒿、全缘叶马先蒿(*Pedicularis integrifolia*)、短穗兔耳草(*Lagotis brachystachys*)、风毛菊(*Saussurea nimborum*)、木根香青(*Anaphalis xylorrhiza*)、火绒草(*Leontopodium hastioides*)等,还有少量的丛生禾草和莎草科植物,如疏花针茅(*Stipa penicillata*)、小嵩草(*Kobresia pygmaea*)等。在冈底斯山一带直至阿里地区,气候逐渐干旱,除了出现更耐旱的一些垫状植物——山蚤缀(*Arenaria monticola*)、囊种草(*Thylacospermum caespitosum*)、垫状葶苈(*Draba sp.*),以及多年生杂类草——鼠麹雪兔子、网脉大黄(*Rheum reticulatum*)、无瓣女娄菜、日土翠雀花(*Delphinium rituense*)、宿萼假楼斗菜(*Paraquilegia anemonoides*)、西藏红景天(*Rhodiola tibetica*)、小熏倒牛(*Biebersteinia emodi*)、腺风毛菊(*Saussurea glandulifera*)、小绢毛菊(*Soroseris pumila*)等之外,尚有草原成分——紫花针茅(*Stipa purpurea*)、疏花针茅、羊茅(*Festuca ovina*)等。

三、囊种草垫状植被

本类型主要分布在冈底斯山、念青唐古拉山、唐古拉山、昆仑山、巴颜喀拉山,海拔 5100~5400 米的高山冰碛坳地;阿里西部山地荒漠地区北部的羌臣摩山,海拔 5300~5500 米高山带的山坳;天山北坡,海拔 3600 米以上的冰碛丘陵。土壤由大小不等的碎石和细土组成。

囊种草(*Thylacospermum caespitosum*)是亚洲中部高山种,属于垫状小灌木。垫状体形如塔头,直径一般 20~30 厘米,高 10~20 厘米,最大的直径达 130 厘米,高 40 厘米,享有"垫状植物之王"的称号。

群落总盖度 5%~20%,其中囊种草 10% 左右,成为群落优势种。垫状植物还有山蚤缀、苔状蚤缀、垫状五蕊莓(*Sibbaldia adpressa*)。其他常见植物还有:网脉大黄、喜马拉雅女娄菜(*Melandrium himalayense*)、蓝翠雀花(*Delphinium coeruleum*)、总苞毛茛(*Ranunculus involucratus*)、高山唐松草、西藏黄堇(*Corydalis tibetica*)、喜马拉雅桂竹香(*Cheiranthus himalayensis*)、西藏葶苈(*Draba tibetica*)、绒毛短柱芥(*Parrya lanuginosa*)、喜马拉雅红景天(*Rhodiola himalayensis*)、巴格虎耳草(*Saxifraga parkaensis*)、唐古拉虎耳草(*S. tangkulaensis*)、小花虎耳草(*S. tangutica var. minutiflora*)、藏西黄芪(*Astragalus heydei*)、藏黄芪(*A. tibetanus*)、阿里棘豆(*Oxytropis tatarica*)、西藏微紫草(*Microula tibetica*)、华马先蒿(*Pedicularis oederi var. sinensis*)、雪地扭连钱(*Phyllophyton nivale*)、小垂头菊(*Cremanthodium nanum*)、车前叶垂头菊(*C. plantagineum*)、苞叶风毛菊(*Saussurea bracteata*)、腺风毛菊、鼠麹雪兔子、小绢毛菊、垂穗鹅观草(*Roegneria nutans*)、穗三毛、内弯薹草(*Carex incurva*)、矮嵩草(*Kobresia humilis*)、小嵩草等。

四、垫状点地梅垫状植被

本类型广泛分布在喜马拉雅山北坡、念青唐古拉山、藏北高原东部,海拔 5000 米以上的砾石坡地,生境比较潮湿,地面多为冰碛物构成的砾石。

垫状点地梅(*Androsace tapete*)是青藏高原特有种,垫状体是半球形,非常紧密和扎实,鳞状的小叶,具有茸毛,球体一般高 20 厘米,最高可达 30 厘米,直径一般为 20~30 厘米,最大的可达 40 厘米。

群落总盖度 20%~40%,其中垫状点地梅15%~20%,成为优势种;次优势种有垫状棘豆(*Oxytropis sp.*)5%~10%,苔状蚤缀 10%~15%;常见的种类还有:小嵩草、高山早熟禾(*Poa alpina*)、藏野青茅(*Deyeuxia tibetica*)、矮鹅观草(*Roegneria nana*)、木根香青、矮火绒草(*Leontopodium nanum*)等。

五、糙点地梅垫状植被

本类型只见于昆仑山中段和西段的北坡,从海拔 2900~3000 米起,局部出现,但在 3300~3400 米广泛分布。在分布区范围内,它只发育于阴湿的具有砾质、壤质土层的地段。在下限它只限于亚高山嵩类荒漠草原,或亚高山草原垂直带的局部低凹地。因此,它的分布呈片段状态。

糙点地梅群系是草原化性质的垫状植被,群落总盖度达 40%,其中糙点地梅(*Androsace squarrosula*)为高 10~20 厘米、直径 30~60 厘米的垫状植物,盖度占 15%~20%,形成群落优势种,次优势种有垫状点地梅占 15%,沙生针茅(*Stipa glareosa*)占 10%,昆仑蒿(*Artemisia parvula*)占 10%。其他常见种有银穗羊茅(*Festuca olgae*)、高山火绒草(*Leontopodium alpinum*)、昆山葱(*Allium oreoprasum*)、鸢尾(*Iris sp.*)、棘豆(*Oxytropis sp.*)、车前(*Plantago sp.*)。在碎石冲积中还出现四裂红景天(*Rhodiola quadrifida*)和矮锦鸡儿(*Caragana pygmaea*)等。

六、帕米尔委陵菜垫状植被

本类型分布面积,只限于帕米尔高原海拔 4300 米左右的高山带上部。由于高山冰雪融化,土壤经常处于润湿状态。但群落呈片段分布。

帕米尔委陵菜(*Potentilla pamiroalaica*)是一种密集的垫状植物,呈现棕绿色的外貌。群落的总盖度达 60%,其中帕米尔委陵菜占 50%,成为群落优势种。其他伴生种有尖果肉叶芥（*Braya oxycarpa*）、里氏早熟禾（*Poa litwinowiana*）、鹅观草（*Roegneria* sp.）、亚臭薹草（*Carex pseudofoetide*）和粉花蒿（*Artemisia rhodonthe*）等。

七、双花委陵菜垫状植被

本类型只见于天山北坡海拔 3200 米上下的地区。这一群系中一些群落处于现代冰川下的冰积物，有的处于陡峭的碎石夹细土的山坡上。地表淡灰色的地衣比较发育，盖度可达 60%～70%。群落中以双花委陵菜（*Potentilla biflora*）占优势，形成一个个的稍为松散的垫状体。伴生植物多属高寒草甸成分：冷红景天（*Rhodiola algida*）、冰霜委陵菜（*Potentilla gelida*）、雪白委陵菜（*P. nivea*）、黄花茅（*Anthoxanthum odoratum*）、高山早熟禾等。

八、四蕊高山莓垫状植被

本类型主要分布在昆仑山中段的内部山区海拔 5000 米的北坡；帕米尔海拔 4300～5000 米的高山带；大山海拔 3600 米的北坡。它是要求水分条件比较高的类型，一般在平缓阴湿具有细土的地段成小片段分布，具有草甸性质。总盖度可达 60%，建群种高山莓（*Sibbaldianthe tetrandra*）占 30%～50%，其他伴生种多为高山杂类草——黄花野罂粟（*Papaver croceum*）、冷毛茛（*Ranunculus gelidus*）、亚高山蒲公英（*Taraxacum pseudoalpinum*）、天山堇菜（*Viola tianshanica*）、冰霜委陵菜、阿尔泰三毛草（*Trisetum altaicum*）、雪山报春（*Primula nivalia*）等。但在高山带上比较干旱的沙质土山坡，出现比较旱生成分的莎草科植物，如狭果嵩草（*Kobresia stenocarpa*），在群落中占有显著地位，以及一些耐旱性较强的高山杂类草，如中亚火绒草（*Leontopodium ochroleucum*）、全白委陵菜（*Potentilla hololeuca*）、雪地棘豆（*Oxytropis chionobia*）和鼠麴雪兔子等。

九、藏刺矶松垫状植被

本类型分布于帕米尔和东天山南麓高山带和亚高山带接触的石质阳坡，是垫状植被中最旱生的类型。随着生境的变化，藏刺矶松的盖度变幅较大。在帕米尔苏巴什达坂海拔 4100～4200 米的东坡上部，生境比较湿润，群落总盖度达 45%，其中建群种藏刺矶松（*Acantholimon hedinii*）占 14%；在天山南麓，海拔 2200～2400 米高平原的干旱石质残丘，荒

漠化程度增强，群落比较稀疏，盖度只有 14% 左右，建群种只占 10% 左右。其他伴生种有多裂委陵菜（*Potentilla multifida*）、粉花蒿、喀什蒿（*Artemisia kaschgarica*）、里氏早熟禾、东方针茅（*Stipa orientalis*）、天山鸢尾（*Iris tianshanica*）、尖果肉叶芥、银灰旋花（*Convolvulus ammanii*）、多根葱（*Allium polyrhizum*）、红砂（*Reaumuria soongorica*）、膜果麻黄（*Ephedra przewalskii*）、兔唇花（*Lagochius* sp.）等。

第三节　高山流石滩植被

高山流石滩稀疏植被，是指分布在高山植被带以上、永久冰雪带以下，由适应冰雪严寒生境的寒旱生或寒冷中旱生多年生轴根性杂类草以及垫状植物等组成的亚冰雪带稀疏植被类型。草群极度稀疏，结构简单，生长季节短，常呈块状不连续分布，具有先锋群落性质和呈小群聚分布的特征。

这类植被是高山垂直带谱中位居最高的一类。在我国广泛分布于喜马拉雅山、横断山、冈底斯山、念青唐古拉山、唐古拉山、巴颜喀拉山、昆仑山、喀喇昆仑山等青藏高原上的诸山系和祁连山、天山等高山，具有显著的垂直地带性特征。其分布高度取决于各山峰冰川和雪线的高低，自北而南，它的分布逐渐升高，在新疆的天山分布海拔 3800 米，到青藏高原中部的巴颜喀拉山分布海拔 4700 米，到青藏高原南部的冈底斯山高达 5800 米。上接永久冰雪带，其下为高山垫状植被和高寒草甸带。垂直分布的宽窄以山地坡度的大小而异：在陡峭的山坡可向下延伸 200～500 米，并依山体顶部地形变化可下伸到高寒草甸带甚至高寒灌丛带内，而在坡度较小的山地顶部的碎石滩上往往同高寒草甸植被与高山垫状植被复合分布。

在高山上，雪线以下与稠密连片的高山植被之间，在裸岩、岩屑坡、雪斑、高山冰川下延的地段，由于强烈的寒冻风化与物理风化作用，大量的岩石不断的崩裂倾斜，岩块与碎石沿着陡峭的山坡（坡度一般在 45°以上）缓慢滑动，形成一个扇形的（即所谓的）岩屑坡，一般称为流石滩。第四纪和近代冰川所形成的冰斗凹地，使高山上部具有阶状的地貌，有利于流石滩的发展。在漫长的冷季，流石滩均处在冰雪覆盖和冻结状态，而在短暂的暖季，地表消融，砾石随着流水的动力作用而不断下滑。此外，在

冰川作用的冰碛物和寒冻风化作用下,形成大块岩石垒叠的乱石堆,石面上往往长满了五颜六色的地衣。在碎石和石隙间聚积一些细质泥土,为高山植物的生长发育创造了可能的条件。高山顶部云雾缭绕以及冰雪消融,供给植物生长发育所必需的水分。

高山流石滩稀疏植被是高山隆起的产物。高山气候严寒,热量不足,辐射强,风力强劲,昼夜温度剧烈变化,在一天之内可经受雨、雪、冰雹的袭击。在这种异常严酷的自然条件下,只有那些成年累月世世代代在与冰雪严寒劲风做顽强斗争中获得了特殊的生态-生物学特性的植物,才能首先定居,构成高山流石滩上的稀疏先锋植物群落。它们主要是菊科风毛菊属(Saussurea)的几个种,由于它们的种子上长有羽毛状冠毛,易被风传播和定居;还有其他一些靠种子繁殖与传播的高山杂类草。

在高山稀疏植被的组成植物中,适应高寒的形态特征普遍存在,如植株矮小、莲座状、垫状,植物体密被棉毛,植物根系发达,营养繁殖和胎生繁殖等。这些特征是长期以来适应高寒、劲风与流石的结果。植物体一般高5～10厘米。常见的莲座植物有西藏葶苈、网脉大黄、沙生风毛菊(Saussurea arenaria);垫状植物有垫状点地梅、苔状蚤缀、囊种草。这些植物一般茎节缩短,匍地而生,或呈垫状,可以保持植物周围的温度,减缓强风而避免体内过盛的水分蒸腾。水母雪莲花犹如一团棉球,傲然挺立在风雪严寒之中,既能抗御强烈的辐射,又能防止体内水分蒸腾和保温;花序的苞片极为发达,像是头状花序带了一顶棉帽,在低温下花序隐藏在苞片内含苞待放,当温度升高时绽破花苞而开放。胎生繁殖是高山植物的另一种适应方式,当种子成熟后,不经过休眠期,立即在花序内萌生成一株幼苗,然后落地生根,在雪被的保护下安全过冬,常见有珠芽蓼、点头虎耳草(Saxifraga cernua)、胎生早熟禾(Poa sinattenuta var. vivipara)等。适应砾石流动的植物,根系多与坡面平行,十分发达;水母雪莲的根系长达1米以上,根长为地上部分的5～10倍。而另一类植物的根系,适应地下多年冻土的低温限制,常呈平展分布,一般深入地下5～10厘米,能在地表温度升高时吸收水分。

高山稀疏植被的发育节律与高寒气候相适应。高山植物生长季节很短,发育盛季都在7—8月,这时温度升高,冻土消融,水热组合对植物生长发育最有利。

组成高山流石滩稀疏植被的植物,均系多年生中生和中旱生的草本植物和垫状植物。其中最为常见的为菊科的风毛菊属,十字花科的葶苈属、桂竹香属(Cheiranthus),石竹科的蚤缀属(Arenaria),虎耳草科的虎耳草属(Saxifraga),报春花科的点地梅属(Androsace),毛茛科的银莲花属(Anemone)、金莲花属(Trollius),景天科的红景天属(Rhodiola)等。有些是高寒草甸和垫状植被的常见伴生种类。

流石滩稀疏植被分布区域辽阔,生态条件差异很大。因此,南北各地的植物区系组成有所不同。

在中亚东部高山的天山北坡、玛纳斯河上游的大中大坂,海拔3700～3800米的流石滩,因所在地区气候比较干旱,地衣发育较差,植物生长稀疏,总盖度在5%以下,主要由下列植物组成:雪莲花(Saussurea involucrata)、厚叶美花草(Callianthemum alatavicum)、新疆缬草(Valeriana fedtschenkoi)、石生老鹳草(Geranium saxatile)、委陵菜、毛茛、还阳参、囊种草、马先蒿、假报春(Cortusa sp.)、早熟禾等。

在流石滩周围或中间,土壤较为发育和土壤堆积的石隙,草甸成分侵入,植物种类较多,除以上种类外,尚有鹅观草(Roegneria sp.)、高山蓼(Polygonum alpinum)、羊茅等。

在辽阔的青藏高原东部及外缘山地,北起祁连山,南至横断山,流石滩自北而南逐渐升高;山地受西南季风和东南季风的影响,加之现代冰川和永久冰雪在夏季的消融、寒冻风化作用,流石滩较为发育,砾石下层湿润,在此生境下,除水母雪莲花以外,多生长一些冷旱中生的多年生植物,如东方风毛菊(Saussurea obovallata var. orientalis)、矮垂头菊、车前叶垂头菊、总状绿绒蒿(Meconopsis racemosa)、黑花虎耳草、箭药兔耳草(Lagotis wardii)、锥果葶苈、喜山葶苈、冷红景天、点头虎耳草、金莲花、银莲花、胎生早熟禾等。

在滇西北的玉龙山、哈巴雪山以及四川九龙等地的高山,流石滩分布于海拔4000～4200米,其上常见的植物有大雪兔子(Saussurea leucoma)、毛头雪兔子(S. eriocephala)、蛇眼草(S. romuleifolia)、披针叶绿绒蒿(Meconopsis lancifolia)等。在流石滩的边缘出现有喜山葶苈、多种蚤缀、丽江虎耳草(Saxifraga likiangensis)、玉龙蕨(Sorolepidium glaciale)、丽江耳蕨(Polystichum likiangense)等。

在极端寒冷干旱的西藏阿里地区的高山带海拔5300～5800米的坡积或残积的流石滩与裸岩,常见的有生长低矮、耐极冷旱的鼠麴雪兔子,一簇簇紧贴地面或布满石块边缘,新疆扁芒菊密丛枝叶一堆堆挤在岩石下,在其间潮湿的地方,夹杂着囊种草和黄花葶苈(*Draba* sp.);在石隙间还有三指雪莲花(*Saussurea tridacxyla*)。雪线附近则是北疆芥(*Christolea stewartii*);在下部植物种类逐渐增多,其中有矮风毛菊(*Saussurea humilis*)、云生毛茛、水毛茛(*Ranunculus pulchellus*)、纤细嵩草(*Kobresia pusilla*)、苔状蚤缀,锡金虎耳草(*Saxifraga andersonii*)、羊茅、细火绒草等。在羌塘高原的西北部高山上,种类显著减少,例如在木孜塔格山上,只有鼠麴雪兔子、扁芒菊和苔状蚤缀等数种植物。

高山流石滩稀疏植被,种类很少,而且分布在气候严酷的永久冰雪带以下的陡峭山坡,经济利用价值很低。但生长着许多独有的高山植物,有些可作药用,例如珍贵的药用植物箭药兔耳草(藏黄连)具有消炎的作用;雪莲花具有祛风、消炎的功能,治疗风湿性关节炎等症,应合理开发利用。

第 7 章
中国植被地理分布的规律性[*]

在讨论了存在于我国的多种多样的群落类型以后，现在让我们来看看，在 960 多万平方千米的祖国土地上，它们是如何分布的，它们的分布服从什么样的地理规律？

大家知道，决定植被地理分布的两个主要因素是热量和水分。在地球表面，热量随所在纬度位置而变化；水分随距海洋远近以及大气环流和洋流特点而变化。水热结合，导致气候、植被、土壤等的地理分布一方面沿纬度方向成带状发生有规律的更替；另一方面从沿海向内陆方向成带状发生有规律的更替。前者称为纬度地带性，后者有人称为经度地带性①。此外，随着地方高度的增加，气候、土壤和动植物也发生有规律的变化，这是垂直地带性。国外有人认为，纬度地带性、经度地带性和垂直地带性三者结合起来决定一个地区的基本特点，这便是所谓"三向地带性学说"[1,2]。

第一节 中国植被的水平分布规律

在考察我国植被地理分布的规律性之前，有必要讨论一下欧亚大陆（包括北非，下同）植物地理分布的一般图式。欧亚大陆西濒大西洋，东临太平洋，北为北冰洋，南为印度洋，整个大陆在植被上至少可划分三个纬度地带系列，即大陆西部为大西洋沿岸（西欧-北非）系列，大陆内部为东欧-西西伯利亚-中亚-阿拉伯系列，大陆东部为太平洋沿岸（东亚）系列。

大陆西部大西洋沿岸系列由北到南更替的植被带是：冻原-泰加林（寒温针叶林）-针阔叶混交林-落叶阔叶林-硬叶常绿林和灌丛-亚热带、热带荒漠-热带稀树草原-热带雨林。这一系列的中段，即西欧部分，由于位居西风带，受来自海洋的西风湿润气流的影响，沿岸又有强大的暖洋流（大西洋暖流）经过，落叶阔叶林带以较喜湿的欧水青冈（*Fagus silvatica*）、夏栎（*Quercus robur*）等为主，并且向东延伸很远，差不多一直到达乌拉山。其南的地中海沿岸地区，属地中海型气候，夏季晴朗干燥，冬季温和多雨，主要分布着硬叶常绿林，特别是硬叶常绿灌丛。此带再南的北非，虽然濒临大西洋，但沿岸为冷洋流经过，且全年大部分时间受副热带高压的控制，成为最广阔、干旱的亚热带、热带荒漠——撒哈拉大沙漠。再向南则经稀树草原过渡到赤道低压带的热带雨林。

大陆内部东欧-西西伯利亚-中亚-阿拉伯系列，这里无论大西洋或太平洋的海洋湿润气团都难以到达，或者经长远距离后已变性为大陆气团。气候大陆性，干旱少雨，植被由北到南更替着：冻原-泰加林-温带草原-温带荒漠-亚热带荒漠。这一系列的特点是除了北部延续分布着泰加林带以外，落叶阔叶林带到此已基本不存在，而干旱的草原和荒漠（包括温带和亚热带荒漠）植被占绝对优势。

---

* 本文摘自《中国植被》第 16 章。本章由侯学煜、张新时执笔，陈昌笃参加。

① 另一种意见认为：经度地带性是不存在的，这种从沿海向内陆方向的带状更替不能称为经度地带性。因为只是在特定情况下（例如在北美）从沿海到内陆的变化才和东西经度方向一致。

大陆东部太平洋沿岸系列,由北到南更替着:冻原-泰加林-针阔叶混交林-落叶阔叶林-常绿阔叶林-季雨林-雨林。这一系列的特点是:除了沿海岛屿(日本群岛)受海洋影响显著,含有水青冈的偏湿性的落叶阔叶林较发育外,大陆部分冬半年受强烈的来自蒙古-西伯利亚反气旋的寒潮的影响,干燥而寒冷,落叶阔叶林带为较耐寒旱的落叶栎类等组成,且向内陆伸展不远,迅即消失。但在此带以南的中国南部和日本南部,夏季受强盛的东南季风的滋润,发育了面积广阔的亚热带常绿阔叶林,与北非的亚热带荒漠形成鲜明对比,造成了欧亚(包括北非)大陆东西两岸植被地带的强烈"不对称性"。北美南部由于陆地面积狭小(亚热带纬度大部为海洋),没有大面积的常绿阔叶林的存在。东亚湿润常绿阔叶林带从北纬 35°左右向南一直延展到北回归线,从东经 100°(云南西北部)向东延伸到 135°(日本南部),南北占据差不多 12°的纬度,东西至少占有 35°的经度。这是世界上独一无二的如此广阔的常绿阔叶林带,从亚热带常绿阔叶林带再往南,经干季落叶的季节雨林过渡到赤道雨林。

我国领土占据上述欧亚大陆植被水平地带系列中的东部太平洋沿岸系列的大部分和内陆系列的东半部。但由于我国西部有青藏高原的存在,在一定程度上破坏了高空西风环流以及受该环流影响的气候系统,因而对我国植被的地理分布产生强大影响,使我国植被的地理规律与同纬度其他地区相比具有自己的许多特点。

一、我国植被水平分布的纬向变化

大兴安岭-吕梁山-六盘山-青藏高原东缘一线分我国为两个半部:东南半部和西北半部。东南半部是季风区,发育各种类型的中生性森林;西北半部季风影响微弱,为无林的旱生性草原和荒漠所分布。

东南半部森林区自北而南随热量的递增,明显地依次更替着上述东亚太平洋沿岸系列(图 7-1)。

1. 寒温带针叶林带

位于我国最北部——北纬 50°以北的大兴安岭北部地区,是横跨欧亚大陆北部的泰加林带在我国境内的延伸,由耐寒的兴安落叶松(*Larix gmelini*)构成(寒温性落叶针叶林),并有小片的樟子松(*Pinus sylvestris* var. *mongolica*)林。这一地带除喜凉的春大麦与马铃薯外,其他作物一般不能成熟。

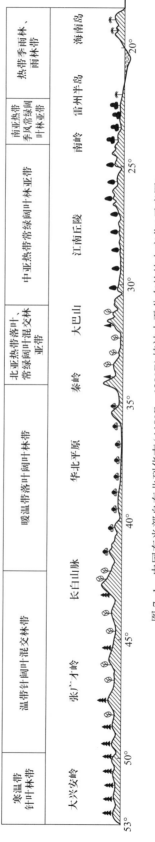

图 7-1　中国东半部自东北到华南(110°E—120°E)植被水平分布的纬向变化(示意图)

2. 温带针阔叶混交林带

在东北东部的小兴安岭和长白山地区,是泰加林向落叶阔叶林过渡的地段。这里主要是山地地形,对来自太平洋的海洋季风有致雨作用,降水相当丰富。在低山上分布着海洋性的针叶树种——红松(*Pinus koraiensis*)与多种落叶阔叶树混交的针阔叶混交林。在山麓与平原尚有蒙古栎(*Quercus mongolica*)林。栽培植被为一年一熟制的春小麦与夏杂粮等。

3. 暖温带落叶阔叶林带

在辽东半岛与华北地区是由多种落叶栎类[辽东栎(*Quercus liaotungensis*)、槲栎(*Q. aliena*)、槲树(*Q. dentata*)、栓皮栎(*Q. variabilis*)、麻栎(*Q. acutissima*)等]与其他落叶阔叶树为主的落叶阔叶林组成地带性原生森林植被,还有油松(*Pinus tabulaeformis*)、赤松(*P. densiflora*)、侧柏(*Platycladus orientalis*)的温性针叶林。栽培以冬小麦、玉米等为主的两年三熟制植被,也可种植棉花。而且是温带落叶阔叶果树,如苹果、梨、桃等的主要产区。

4. 亚热带常绿阔叶林带

本带包括秦岭、淮河以南,南岭以北的西南、华中、华东与华南北部的辽阔地区。依地带性植被性质可分为北、中、南三个亚带:

(1)北亚热带落叶、常绿阔叶混交林亚带:以含有青冈等常绿阔叶树的落叶阔叶林(麻栎、白栎、栓皮栎等)为主。针叶林则有马尾松(*Pinus massoniana*)林。主要栽培夏水稻,冬小麦这类一年两熟制植被,有枇杷、无花果等果树。

(2)中亚热带常绿阔叶林亚带:典型的常绿阔叶林由栲、石栎、青冈和樟科、茶科、木兰科、金缕梅科等树种为主构成。针叶林树种有马尾松、云南松、杉木、柏木等。农作为双季稻连作喜凉作物,或一年三熟旱作作物,并盛产茶、油茶、柑桔、油桐等亚热带经济作物。

(3)南亚热带季风常绿阔叶林亚带:在常绿的栲、樟类林内伴生有热带树种。农作主要为双季稻连作冬番薯,产甘蔗、荔枝、龙眼等经济作物与果树。

5. 热带季雨林、雨林带

包括广东、广西、云南、台湾的南部和西藏东喜马拉雅南坡地区。由于存在较明显的干季,地带性植被为龙脑香科、楝科、无患子科、梧桐科、漆树科、柿科、豆科、大戟科、桑科等树种组成的半常绿季雨林或季节雨林。潮湿的雨林多由龙脑香科、肉豆蔻科等组成,仅见于局部低地或湿润的山谷。海边有红树林。农作为双季稻,局部为三季稻,经济作物与果树除与南亚热带相同者外,尚有香茅、剑麻、巴西橡胶树、椰子、咖啡、油棕等热带特有的种类。

6. 赤道雨林带

我国大陆不达赤道带,但南沙群岛位于此带内,岛上有珊瑚岛常绿矮林与灌丛,而不发育地带性的赤道雨林。

在我国西北半部的内陆地区,由于南部为青藏高原所占据,植被的水平纬度地带系列表现不完整(图 7-2)。仅在新疆的温带荒漠地区有南北分异:以天山为界,天山以北的准噶尔盆地为温带荒漠带;天山以南的塔里木盆地为暖温带荒漠带。另外在准噶尔北端阿尔泰山南麓,还有一条狭窄的荒漠草原带通过。再向北,由草原带过渡到西伯利亚泰加林带。在西藏阿里的西南部有亚热带荒漠的山地类型。

二、我国植被水平分布的经向变化

我国东面濒临太平洋,太平洋是水汽的主要来源,夏季东南季风的强弱决定着降水的多少。因此,从东南向西北,距海愈远,东南季风力量愈弱,降水愈少。这样,植被就按东南-西北近乎经度的方向更替。

大致在昆仑山-秦岭-淮河一线以北的温带和暖温带地区,从东到西和从东南到西北,即从沿海的湿润、半湿润区到内陆的干旱区,植被依次更替着:落叶阔叶林或针阔叶混交林-草原(草甸草原-典型草原-荒漠草原)-荒漠(草原化荒漠-典型荒漠)(图 7-3)。

1. 温带针阔叶混交林或暖温带落叶阔叶林地区

如前所述,在东北东部湿润的山地,年降水量可达 600~700 毫米,干燥度<1,分布着红松阔叶混交林和蒙古栎及其他阔叶杂木林。暖温带的华北,地带性植被为多种落叶栎类林与油松林。

2. 温带草原地区

在东北平原西部和内蒙古高原以及南部的黄土高原上,较少蒙受海洋季风的湿润影响,却受到蒙古-西伯利亚反气旋的强烈影响,气候大陆性增强。年降水在 500 毫米以内,在西部甚至不足 200 毫米。干燥度为 1~4。这里的地带性植被是以旱生密丛禾草,主要是针茅属为建群种的草原。这一草原是通

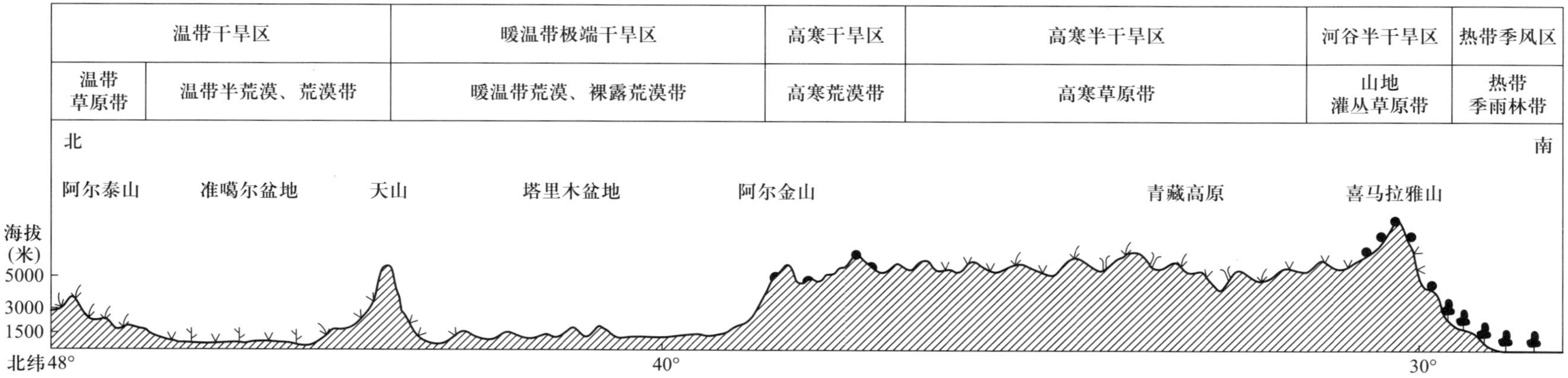

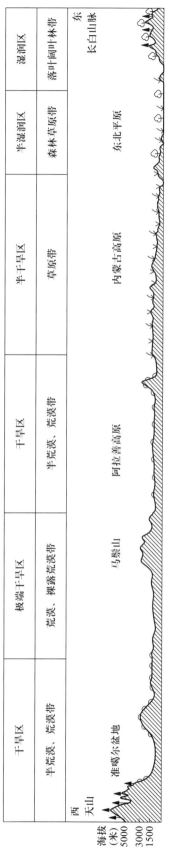

温带干旱区
温带草原带
温带半荒漠、荒漠带
暖温带极端干旱区
暖温带荒漠、裸露荒漠带
高寒干旱区
高寒荒漠带
高寒半干旱区
高寒草原带
河谷半干旱区
山地灌丛草原带
热带季风区
热带季雨林带
北
南
阿尔泰山
准噶尔盆地
天山
塔里木盆地
阿尔金山
青藏高原
喜马拉雅山
海拔（米）
5000
3000
1500
北纬48°
40°
30°

图 7-2　中国西部（东经约 89°）植被水平分布的纬向变化（示意图）

干旱区
半荒漠、荒漠带
极端干旱区
荒漠、裸露荒漠带
干旱区
半荒漠、荒漠带
半干旱区
草原带
半湿润区
森林草原带
湿润区
落叶阔叶林带
西
天山
准噶尔盆地
马鬃山
阿拉善高原
内蒙古高原
东北平原
东
长白山脉
海拔（米）
5000
3000
1500

图 7-3　中国温带（北纬约 42°）植被水平分布的经向变化（示意图）

过蒙古进入我国北方的广阔欧亚温带草原地带的东半部。在草原地区内由东向西随着干燥度的递增，表现出由森林区向荒漠区过渡的草原地带系列:森林草原带—典型草原带—荒漠草原带:

(1) 森林草原带:在针阔叶混交林地区以西的东北平原北、东部，年降水 350～550 毫米，干燥度 1～1.5 的黑钙土地区，分布着富含中生、中旱生杂类草的贝加尔针茅 (*Stipa baicalensis*) 草甸草原与羊草 (*Aneurolepidium chinense*) 草甸草原，在阴坡与沙地上有片状的森林(樟子松林)。此外内蒙古高原与华北山地交界处及黄土高原的东北缘也有一条较狭窄的森林草原过渡带。

(2) 典型草原带:在草原地区的中部，包括内蒙古高原、鄂尔多斯高原与黄土高原的中部，降水量在 250～400 毫米，干燥度 1.5～2.5 的栗钙土地区，地带性植被是几种针茅 (*Stipa grandis*、*S. krylovii*、*S. bungeana*、*S. breviflora* 等) 构成的典型草原。

(3) 荒漠草原带:在典型草原带的西北部，年降水在 250 毫米以下，干燥度为 2.5～4.0 的地区，为草原向荒漠的过渡带。典型的植被为旱生性较强的小针茅 (*Stipa glareosa*、*S. gobica*、*S. breviflora* 等) 与小半灌木 [冷蒿 (*Artemisia frigida*)、旱蒿 (*A. xerophytica*)、灌木亚菊 (*Ajania fruticulosa*) 等] 层片构成的荒漠草原。

3. 温带与暖温带荒漠地区

草原地区以西，进入亚洲大陆最干旱的腹地——中亚荒漠区。在我国境内为其东部，包括阿拉善高平原、河西走廊、北山戈壁、东准噶尔(诺敏)戈壁与准噶尔盆地，以上属温带荒漠带;天山以南的东疆盆地与哈顺戈壁，以及亚洲最辽阔的一片沙漠区——塔里木盆地，以上属暖温带荒漠带。青藏高原东北部低陷的柴达木高盆地也与荒漠区连成一带。从东到西按水分状况引起的植被分异尚可分为下列三段:

(1) 东阿拉善-西鄂尔多斯草原化荒漠:这是从草原到荒漠区的过渡带，年降水可高达 200 毫米，干燥度 4～5，具有一系列特有的草原化荒漠植被类型，如沙冬青 (*Ammopiptanthus mongolicus*)、绵刺 (*Potaninia mongolica*)、油柴 (*Tetraena mongolica*)、川青锦鸡儿 (*Caragana tibetica*) 等草原化荒漠灌木群系。

(2) 中亚东部荒漠:由阿拉善西部、河西走廊经北山戈壁与哈顺戈壁向西进入塔里木盆地，是极端

干旱的中亚荒漠核心地带。这里的年降水量在 50～100 毫米，个别地区不足 10 毫米，大沙漠内部甚至终年无雨。干燥度一般超过 12，甚至高达 60 以上。地带性的荒漠植被是超旱生的灌木和半灌木 [泡泡刺 (*Nitraria sphaerocarpa*)、霸王 (*Zygophyllum xanthoxylon*)、膜果麻黄 (*Ephedra przewalskii*)、沙拐枣 (*Calligonum mongolicum*、*C. roborowskii*)、合头草 (*Sympegma regelii*)、戈壁藜 (*Iljinia regelii*)、红砂 (*Reaumuria soongorica*)、珍珠猪毛菜 (*Salsola passerina*) 等] 与低矮的梭梭 (*Haloxylon ammodendron*) 组成的稀疏荒漠，种类组成十分贫乏，盖度常在 5%～10%，并出现大片光裸无植被的流沙、砾石戈壁、风蚀雅丹、石质残丘与盐滩。仅在有潜水补给的低地与荒漠河流沿岸才分布有带状的绿色荒漠河岸林、灌丛与草甸植被。

(3) 中亚西部荒漠:天山北麓的准噶尔盆地由于多少受到西北气流的作用，气候稍湿，年降水量可达 150 毫米，干燥度一般在 4～8，冬春雨雪稍多，具有中亚西部气候的特点。盆地中出现了较为多样的属于中亚西部的半灌木与小乔木荒漠植被类型，如白梭梭 (*Haloxylon persicum*)、多种沙拐枣 (*Calligonum* spp.) 的沙漠植被，蒿类 (*Artemisia*) 中旱蒿 (*Seriphidium*) 亚属的壤漠植被与多种盐柴类半灌木 (*Anabasis*、*Salsola*、*Suaeda* 等) 荒漠，并有中亚广布的梭梭 (*Haloxylon ammodendron*) 与红砂 (*Reaumuria soongorica*) 荒漠。荒漠群落中常有春雨型短生植物与类短生植物加入，形成春季的层片，与中亚东部荒漠显著相区别。

在我国南部的亚热带和热带森林区域，植被的经向差异远不如北方的显著，但在同一植被类型以内，仍有东西的不同。在东部亚热带，降水较多 (1000～1800 毫米)，旱季不明显，具有偏湿性的常绿阔叶林，以青冈栎 (*Cyclobalanopsis glauca*)、甜槠 (*Castanopsis eyrei*)、苦槠 (*C. sclerophylla*)、石栎等为主，山地出现喜湿的水青冈;西部亚热带(云南高原)降水较少 (800～1000 毫米)，旱湿季分明，具有偏干性的常绿阔叶林，由较耐旱的滇青冈 (*Cyclobalanopsis glaucoides*)、高山栲 (*Castanopsis delavayi*)、石栎等构成，含有较耐旱的木荷。

热带的东部以半常绿季雨林为主，局部湿润生境有湿润雨林;热带西部(云南南部)则为偏干性的半常绿季雨林与季节雨林。

三、青藏高原、寒潮和东南季风对我国植被分布的影响和我国植被水平分布特点

有三个因素对我国植被地理分布规律产生重大影响，这就是寒潮、东南季风和青藏高原。其中青藏高原的影响是近年来才被人们注意的。

在南北两半球纬度 30° 附近，存在着亚热带高压控制的干旱带，是世界上最广阔的亚热带、热带荒漠分布所在。然而在我国西部北纬 30° 附近矗立着巨大的青藏高原，它的高度超过对流层一半以上。由于青藏高原的存在，迫使高空西风环流向南北两侧分流，其北支急流大大加强了位于高原东北方的蒙古-西伯利亚高压，这一强大高压使中亚东部夏季高温少雨，冬季严寒，具有荒漠气候，从而在北纬 35°—50° 形成了广阔的温带荒漠，这是地球上纬度最偏北的一片荒漠。

蒙古-西伯利亚高压反气旋对我国植被地理分布的影响是十分巨大的。首先，使耐寒旱的草原植被向东南方向扩展，达到欧亚草原区的最南界限——北纬 35° 左右，并迫使华北暖温带落叶阔叶林向西往大陆内部伸展不远，迅速消灭，森林北限被逼向东南方向退缩。树种组成的性质也偏向于旱性，而不如西欧落叶阔叶林那样伸入大陆很远，并且秉性湿润。

其次，由于我国东部地区缺乏高大山系的阻隔，冬半年来自蒙古-西伯利亚反气旋的冷空气——寒潮，得以向南流泻，侵入低纬度地区，给亚热带和热带北缘带来较干冷的冬季，使亚热带常绿阔叶林和季雨林出现一定数量的落叶成分。同时热带植被的北界也被向南推挤，退到北回归线以南的南海沿岸一线。

与东部地区热带植被地带的南退相反，在我国西部地区的云南南部和西藏南部的东喜马拉雅山地，热带山地植被却向北推进得很远，几乎到达北纬 29°，是热带森林分布的最北限。那里，沿雅鲁藏布江下游——布拉马普特拉河谷地和低山分布的热带雨林和季节雨林，可向北伸展到墨脱附近的东喜马拉雅山南坡，山地海拔 1100 米处，约在北纬 28°40′。这应该是热带雨林分布的最北限了。造成雨林分布如此偏北的原因是青藏高原隆起后，夏季在赤道以南印度洋产生的强大而湿热的西南季风，越过赤道冲向印度半岛，受东喜马拉雅山和横断山脉的阻挡，产生大量降雨，为热带雨林的发育创造了条件。另

外，由于青藏高原的屏障，北方的寒潮不能到达藏南，也是原因。

东南季风是我国绝大部分地区降水的主要来源。我国亚热带地区面积广阔（北美亚热带地区则面积很小，大部分为海洋——墨西哥湾），夏季在强盛东南季风的影响下，炎热多雨，因而发育了广阔的湿润亚热带常绿阔叶林。这一常绿阔叶林带还沿一些西北-东南向的河谷，如甘南白龙江、陕西南部汉水等向西北伸展很远。而在欧亚大陆的其他同纬度地区，如北非、西亚、地中海沿岸等地，则为亚热带荒漠和稀树草原，或夏干冬湿的地中海硬叶常绿林和灌丛，东西形成鲜明对比。西藏高原的矗立，则使此亚热带常绿阔叶林的向西分布终止在高原的东缘。

根据古植物学资料，在第三纪时，青藏高原尚未隆起，当时这一地区为弱高压所控制，气候较为温暖湿润，发育着亚热带森林植被，并可能在部分地方存在稀树草原。但自从在第四纪时期高原迅速隆起，达到海拔 4500～5000 米的高度，气候就转为高寒，于是高原上出现一系列大陆性的高寒植被——高寒灌丛、高寒草甸、高寒草原、高寒荒漠等。高原东面和南面的侧坡，则在东南太平洋季风和西南印度洋季风影响下，出现茂盛的山地森林植被。

由此可见，青藏高原的隆起不仅在一定程度上改变了我国植被水平地带的格局，而且产生多种新的高寒植被类型，使我国植被更加丰富多彩。

四、青藏高原植被的地带性

高度达到对流层一半以上的青藏高原，在其上出现的植被自然与低海拔的水平地带性植被有很大不同，而是属于垂直地带性的高寒植被类型。但是，由于来自东南太平洋季风和西南印度洋季风的水汽首先到达高原东南部，使高原上降水自东南向西北减少，因而植被又与同纬度的山地植被有明显差别：相似类型的植被在高原上分布的海拔界限远比在同纬度的山地为高；植被的大陆性（旱生性）也比同纬度的山地强烈，等等。特别是，高原面上各种植被主要是呈带状按水平方向由东南向西北更替，而不是按山地垂直带更替，虽然在水平更替的基础上也叠加了垂直高度变化的影响。这种高原上的地带性可以称为"高原地带性"，以别于一般的水平地带性和山地垂直地带性。

在青藏高原上，植被带由东南向西北的递变如下：

1. 高原东南部山地峡谷寒温性针叶林带

位于受到西南季风湿润影响的横断山脉南部与雅鲁藏布江中游的高山峡谷中，主要为云杉或冷杉的一些种构成的山地寒温性针叶林，具有湿润的亚热带山地森林的特征，此类型从不上到高原面上，不属于"高原地带性"植被。

2. 高原南部雅鲁藏布江中上游谷地灌丛草原带

处于喜马拉雅山脉北坡的雨影带，由于气流越山下沉增温，不易形成降水，且谷地偏南，海拔较低，气候较为干热，谷地中发育着旱生的山地灌丛草原植被。

3. 高原东南部高寒灌丛与草甸带

由于所处高原东南部是高原面上的多雨中心，气候较湿润而寒冷。植被以小叶型杜鹃的高寒灌丛与小嵩草（*Kobresia pygmaea*）的高寒草甸为主。

4. 高原中部高寒草原带

羌塘高原与黑河西部高原是青藏高原的主体部分，处在"青藏高压"控制下，暖季因受切变线、低涡影响而略有降水，地带性植被为高寒旱生的紫花针茅（*Stipa purpurea*）与硬叶薹草（*Carex moorcroftii*）为主的高寒草原。

5. 高原西部（阿里）山地荒漠带

高原西部降水减少至 50 毫米左右，为夏季热低压中心，气候较温暖干燥，虽在海拔 4200 米以上，仍发育着中亚类型的山地荒漠与草原化荒漠植被，以驼绒藜（*Ceratoides latens*）与沙生针茅（*Stipa glareosa*）为建群种。

6. 高原西北部高寒荒漠带

包括昆仑山与喀喇昆仑山之间的藏北高原与帕米尔高原，纬度偏北，地势又升高，因气流辐散而降水稀少，在 50 毫米以下，气候寒冷而干旱。存在多年冻土层与融冻泥流作用。以十分稀疏的垫状驼绒藜（*Ceratoides compacta*）、藏亚菊（*Ajania tibetica*）或粉花蒿（*Artemisia rhodantha*）构成的高寒荒漠植被与无植被的高山石质坡地为景观特征。

可见，在辽阔的高原面上，也存在着植被地带变化，只是由于它们处在与低海拔的水平植被地带不同的高度水平上，性质和低海拔的水平带有所不同，可以把它们看作水平植被地带的垂直变型。

第二节　中国山地植被垂直分布的规律性

我国是一个多山的国家，在各个气候-植被区域都有不同高度的山地存在。山地植被的最显著的特征是随海拔高度的上升，更替着不同的植被带，这便是植被分布的"垂直地带性"。

植被垂直带配置的一个大家都知道的现象是，一个高度足够的山，从山麓到山顶更替的植被带系列类似于从该山所在水平地带到北极的水平植被地带系列。然而，二者之间只是类似，而不是相同。例如，亚热带山地的寒温性针叶林与北方寒温带泰加林带的寒温性针叶林，中低纬度山地的高山冻原及其他高山植被类型与北方冻原带的植被，青藏高原上的高寒草原与温带草原带的草原，尽管所在地平均温度相同，但群落外貌、植物种类组成、区系性质、结构特点和历史发生等会有很大差异。历史发生和现代生态条件[①]不同是造成这种差异的根本原因。

低纬度高山顶部温度低，风力大，全年夜间温度低，尤其是夏季缺乏高温，几乎每个夜间都有霜冻，所以植物生长低矮，垫状，而高纬度地区由于稍温暖和长日照的暖季，全年有一定的无霜期，且由于云雾笼罩，湿度大，因而出现矮灌木、灌木冻原。低纬地区邻近山顶的下部常被云雾所笼罩，湿度高、雨量多，加以冬季又不太冷，全年生长季节较长，因而山地寒温性针叶林生长茂密，生产量也大得多；而水平的寒温带针叶林所在地，虽然夏季温度高，日光充足而无霜，因而夏季生长得快些，但雨量和湿度都不高，一年中总生长期远不及低纬度的山地，因而生产量也就小得多。

由于山地生态条件与植被历史发生的特殊性，某些分布于山地的植被类型，在水平地带中可能完全缺乏其类似物。尤其是极端荒漠化的高山，植被

---

① 其中最大的差别在于温度的年变幅和日变幅、日照时间和太阳辐射强度。（1）高纬度地区冬季严寒，夏季温暖，温度年变幅极大，但日夜温差小，而低纬度地区的高山夏季不热，冬季也不太冷，温度年变幅小，但日夜温差很大，有的地方甚至每夜有霜。（2）高纬度地区冬季黑暗时间较长或连续黑暗，而夏季日光充足，日照时间很长，但低纬度地区的高山日夜时间长短与邻近低处一样，没有高纬地区半年黑暗、半年阳光的现象。（3）低纬地区高山随海拔高度的升高，山顶处空气稀薄，辐射强度大，而高纬地区由于云雾多，辐射强度则很弱。

的垂直分化十分微弱,几乎全为荒漠类型所占据,在水平地带中没有可与此相对应的系列。大陆性的高山嵩草草甸和垫状植被,处在相应于北方平原冻原植被带的位置,但在植被的组成和外貌上与冻原相去甚远。另一方面,如落叶阔叶林虽然在沿海的植被水平地带系列中占有显著地位,但在热带、亚热带山地植被垂直带谱(系列)中却不存在这一带,而代之以针叶、常绿落叶阔叶混交林带。因为在热带条件下,海拔高处虽然气温降低,热量的季节变化却不显著,因而缺乏冬季落叶的阔叶林带。

当然,山地垂直系列中的某些垂直带和平地水平系列中的某些水平地带仍然有种类组成(特别是属)、结构特点和生态性质方面的类似,甚至还有发生上的联系。例如,热带、亚热带山地寒温性针叶林带与北方泰加林带不仅在生态、外貌上十分相似,还有区系发生上的亲缘关系。南方山地的高山、亚高山植被与极地、亚极地植被之间也明显存在一些共有成分。青藏高原的高寒草原虽然具有特殊的高寒植物组成和群落结构,但在群落外貌与建群种组成方面与北方的温带草原毕竟十分相似。

严格说来,每一个山体都具有它自己特有的植被垂直带系列(谱),因为山地植被垂直带谱的结构和每一垂直带的群落组合,一方面受该山所在的水平地带的制约(山地植被垂直带从属于植被水平地带原则);另一方面也受山体高度、山脉走向、坡向、山坡在山地中的位置、地形、基质和局部气候(如逆温层的存在)等的影响。但是,位于同一水平植被地带中的山地,其垂直带结构总是比较近似的,可以将它们列入同一类型。以下按各个植被水平带简述我国山地植被垂直分布的特征。

一、我国湿润区山地植被垂直带谱

在我国东部受季风环流作用的海洋性地区,山地植被以各种垂直替代的森林植被类型占优势,其高山植被则由低温-中生的灌丛、草甸或冻原类型所构成。但山地植被垂直带谱取决于纬度地带而分为下列类型(图 7-4)。

1. 湿润寒温带山地植被垂直带谱

以大兴安岭北部山地为代表,位于北纬 50°—53°,最高的奥科里堆山(1530 米),自下而上,其带谱结构为:山地寒温针叶林带-(山地寒温针叶疏林带)-亚高山矮曲林带。由于该山高度不够,顶峰没有出现高山植被。

2. 湿润温带山地植被垂直带谱

包括东北东部的小兴安岭、张广才岭、老爷岭、长白山等。但只有长白山海拔高达 2691 米,具有较完整的带谱:山地针阔叶混交林带-山地寒温针叶林带-亚高山矮曲林带-高山冻原带。

3. 湿润暖温带山地植被垂直带谱

包括华北的燕山、太行山、五台山等中等高度的山地,秦岭北坡已处于本带的南缘,具有向亚热带山地过渡的性质。典型的带谱结构是:山地落叶阔叶林带(以落叶栎类为主,或有油松、侧柏林)-山地针阔叶混交林带-山地寒温针叶林带-亚高山灌丛、草甸带。由于纬度偏南,高山植被已不出现冻原植被类型。在秦岭北坡的落叶阔叶林内则有常绿灌木加入,显示了向亚热带山地过渡的特征。

4. 湿润亚热带山地植被垂直带谱

包括秦岭以南直至广东沿海的山地。东部气候较湿润,旱季不太明显,但山地一般不高,通常缺乏典型的高山、亚高山植被,而为"山顶效应"造成的矮林或灌丛所代替。其一般的带谱结构是:常绿阔叶林带(南亚热带山地的基带则为季风常绿阔叶带)-山地常绿落叶阔叶混交林带或山地常绿针阔叶混交林带-山顶常绿矮林或山顶常绿灌木草丛。由于山体较低矮,一般缺乏山地寒温性针叶林带,但只要是较高的山地,如湖北神农架(3052 米),山地上部仍会出现冷杉组成的寒温性针叶林带。

西部亚热带山地,旱季较显著,且河谷常受干热焚风的影响,其植被垂直带谱类型与东部稍有差别,由下至上为:干热河谷肉质多刺灌丛和稀树草原带-山地常绿阔叶林(青冈、栲类)带-山地针叶、常绿落叶阔叶混交林带[其中有硬叶常绿阔叶(高山栎类)林加入]-山地寒温针叶林带-亚高山常绿革叶(杜鹃)灌丛与草甸带-高山草甸带-高山(亚冰雪)稀疏植被(流石滩和碎石滩植被)带-高山冰雪带。

5. 湿润热带山地植被垂直带谱

我国缺乏典型的热带高山。喜马拉雅山、滇南的横断山和台湾的玉山等较高大的山系坐落在热带的北缘,具有向亚热带过渡的性质;而海南岛的五指山虽位于北热带内,却又过于低矮,尚不足 2000 米,山地植被的垂直分异不明显。

东部的玉山具有下列带谱:季雨林带-山地常绿阔叶林带-山地常绿落叶阔叶混交林与针阔叶混交林带-山地寒温性针叶林带(台湾云杉与台湾冷杉)-

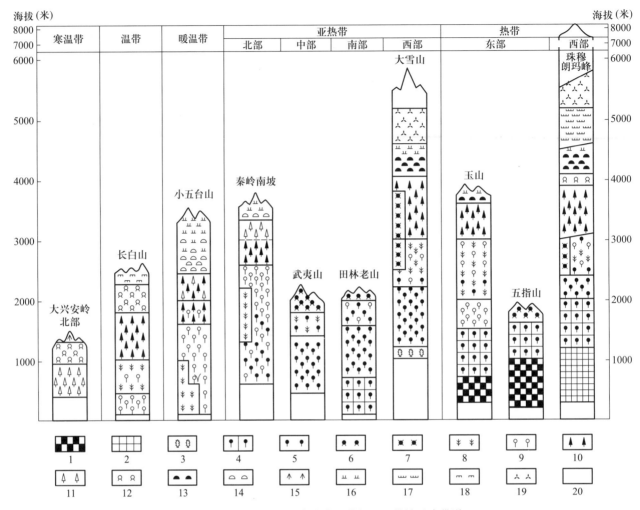

图 7-4 中国湿润地区各纬度地带的山地植被垂直带谱

1. 季雨林、雨林,2. 季雨林,3. 肉质多刺灌丛,4. 季风常绿阔叶林,5. 常绿阔叶林,6. 常绿阔叶苔藓矮林,7. 硬叶常绿阔叶林,8. 温性针叶林,9. 落叶阔叶林,10. 寒温性常绿针叶林,11. 寒温性落叶针叶林,12. 矮曲林,13. 亚高山常绿革叶灌丛,14. 亚高山落叶阔叶灌丛,15. 常绿针叶灌丛,16. 亚高山草甸,17. 高山嵩草草甸,18. 高山冻原,19. 亚冰雪稀疏植被,20. 高山冰雪带

亚高山杜鹃灌丛、草甸(禾草、杂类草)带。

五指山的带谱不完整,由下至上为:季节雨林与落叶季雨林带-山地雨林带-山地季风常绿阔叶林带-山顶常绿阔叶苔藓林带。

我国热带西部干湿季分明,山地植被带谱的结构与东部区虽然大致相同,但组成森林的树种有很大区别。以东喜马拉雅山南坡(墨脱)为例,其带谱结构为:低山雨林与季节雨林带-山地常绿阔叶林带-山地针阔叶(常绿与落叶)混交林带-山地寒温性针叶林带-亚高山灌丛、草甸带-高山稀疏植被带-高山冰雪带。中喜马拉雅山(樟木附近),旱季延长,山地基带已为旱季落叶的季雨林所代替,其上部的垂直带仍同上。

根据上述我国湿润区的山地植被带谱结构和性质,有以下特点:

(1)由于受到海洋性季风的影响,我国湿润区的山地植被垂直带谱一般具有中生的性质(西部干热河谷因焚风而引起的旱生植被除外),在带谱中各类森林植被占有优势,高山植被亦以低温-中生的灌丛与草甸植被为代表。

(2)山地植被垂直带谱的系列特点取决于山地所处的纬度或水平植被带,一般以所在水平植被带为山地垂直带谱的基带,分布于山麓与低山。带谱的结构从北向南趋于复杂,层次增多。如寒温带的大兴安岭山地植被带谱仅由 2~3 个垂直带构成;温带山地则增加到 4~5 带;在具有完整垂直带系列的热带高山则可多达 6~7 带。

(3)山地植被垂直带谱的各个垂直带的海拔高度位置随纬度带由北向南而相应升高。例如,山地寒温性针叶林带在寒温带其上限不超过 1000 米;在温带山地则分布在 1100~1800 米；暖温带山地，北部 2000~2600 米，南部 2600~3500 米；亚热带山地为 3000~4200 米，热带山地 2800~3800（4000）米。其他的森林带的分布也有类似的规律性。

与此相应，各纬度带的山地植被基带在其以南的纬度植被带系列的山地植被带谱中的位置向南依次升高。如寒温性针叶林带是寒温带的基带，在温带、亚热带和热带山地则为上部的垂直带；落叶阔叶林带是温带的基带，在亚热带则上升为第二垂直带；常绿阔叶林带是亚热带的基带，在热带山地则为处在雨林或季雨林带以上的垂直带。

（4）每一个纬度地带的山地植被垂直带谱中，都具有本地带特有的山地植被类型，反映出水平气候地带的特征。例如：小灌木-藓类冻原带出现于温带及以北山地的山顶；常绿革叶灌丛则出现于暖温带以南各地带的亚高山带。寒温性针叶林带的组成，在寒温带、温带山地为北温带山地成分；在亚热带、热带山地则有大量南方的常绿成分加入。针阔叶混交林带在温带山地为温性针叶树与落叶阔叶树所组成；在亚热带、热带山地则为暖热性针叶树与常

绿阔叶树为主组成。又如，硬叶常绿阔叶林是旱季显著的西部亚热带、热带山地特有的山地植被类型，而在东部山地缺乏。

（5）在旱季显著的温带和西部亚热带及热带山地，同一垂直带内阴坡与阳坡的森林植被类型有较大差别：阳坡的森林为较耐旱的树种组成；阴坡则为耐阴树种组成。而在较湿润和旱季不明显的山地，阴阳坡的森林类型差别不大。

二、我国干旱区山地植被垂直带谱

在我国西北部内陆，受大陆性高压气团控制的干旱草原和荒漠区域，其山地植被具有不同于湿润海洋性地区的植被垂直带谱结构和性质。森林植被在干旱地区的山地植被带谱中通常退居于次要地位，甚至全然消失，而以旱生的草原或荒漠植被占据主要地位，即使在高山植被中也带有明显的干旱气候烙印。随着我国温带和暖温带地区植被的大陆性和旱生程度由东向西加强，大致可划分出下列山地植被垂直带谱类型（图 7-5）。

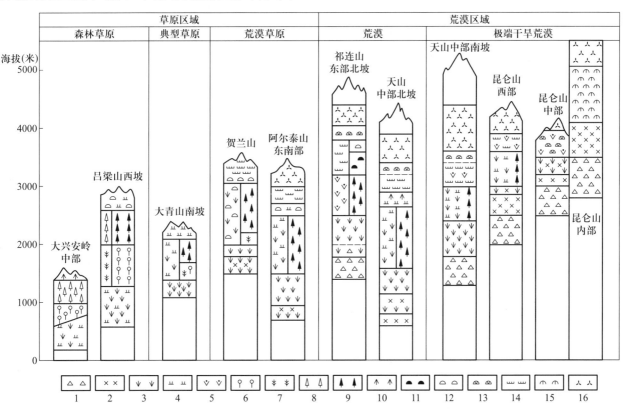

图 7-5　中国干旱区各地带的山地植被垂直带谱

1. 盐柴类半灌木荒漠，2. 蒿类荒漠，3. 禾草草原，4. 山地草甸，5. 高寒草原，6. 落叶阔叶林，7. 温性针叶林，8. 寒温性落叶针叶林，9. 寒温性常绿针叶林，10. 常绿针叶灌丛，11. 亚高山常绿革叶灌丛，12. 落叶阔叶灌丛，13. 高山垫状植被，14. 高山蒿草草甸，15. 高寒荒漠，16. 亚冰雪稀疏植被

1. 森林草原和草原带（半湿润和半干旱）山地植被垂直带谱

以大兴安岭中段东南坡为代表。该地处于森林草原到草原带的过渡带，其典型的垂直带谱结构为：含落叶灌丛的禾草、杂类草草甸草原带-山地落叶阔叶（栎类）林或温性针叶林（油松、侧柏等）带-山地寒温性针叶林（落叶松、云杉和次生的桦木林等）带-亚高山灌丛、草甸带。

可见，其基带为草原类型，但山地气候较湿润，仍以森林植被占优势。

2. 荒漠草原带（半干旱）山地植被垂直带谱

宁夏的贺兰山与新疆北部的阿尔泰山等山，它们的垂直带谱结构为：荒漠草原或典型草原带-山地寒温性或温性针叶林、草原带（阴坡为针叶林，阳坡为山地草原，有时有局部的落叶阔叶林）-亚高山灌丛草甸带-高山嵩草草甸带。在阿尔泰山，高山嵩草草甸带以上还有山地冻原带。

这一带谱类型与前一类型的主要区别为：基带的旱生性加强，落叶阔叶林带消失或极为局限，山地针叶林与草原相结合，按阴阳坡分布，构成森林草原景观。

3. 温带荒漠带（干旱）山地植被垂直带谱

以祁连山北坡与天山北坡为代表。由于山体高大，山顶出现冰川积雪带。由于承受一定海洋气流（祁连山为东南季风，天山为西北湿气流）的影响，中山带较湿润，可出现针叶林带，但低山十分干旱，荒漠性强。典型的垂直带谱结构为：山地荒漠带-山地草原带（由下而上尚可分为三个亚带：荒漠草原、典型草原、草甸草原）-山地寒温性针叶林（阴坡）与山地草原（阳坡）相结合的森林草原带-亚高山灌丛草甸带-高山嵩草草甸与垫状植被带-（高山冰雪）稀疏植被（流石滩和碎石滩植被）带-高山冰雪带。

4. 暖温带荒漠（极端干旱）山地植被垂直带谱

分布于天山南坡和昆仑山北坡。由于处在最干旱的内陆核心，极少受到湿气流的影响，山地降水十分稀少，以致山地森林垂直带完全消失（仅在天山南坡和西昆仑山的局部阴湿谷地山坡上呈小片分布）。山地植被全为旱生的草原或荒漠植被所占据，甚至高山植被也表现出强度旱生的特征，缺乏中生的灌丛和草甸植被，代之以特殊的耐寒旱的高寒草原或高寒荒漠植被。山地草原和荒漠上升得很高，直达中山带和亚高山带，而与高寒的草原或荒漠带相接，垂直带谱结构极度简化和贫乏。

天山南坡具有以草原占优势的垂直带谱，由下至上为：山地荒漠带（在强度石质化山坡上的盐柴类半灌木荒漠）-山地草原带（局部峡谷阴坡有小片寒温性针叶林）-高山草原化草甸和垫状植被带，在山地内部则为高寒草原带-高山稀疏植被带-高山冰雪带。

昆仑山与阿尔金山北坡是强度荒漠化的山地，垂直带谱结构极度简化：山地荒漠带（下部为盐柴类半灌木荒漠亚带，上部为蒿类荒漠亚带）-狭窄的山地荒漠草原带-高山垫状植被带与高寒荒漠带。

从以上我国干旱区（半湿润-极端干旱）山地植被垂直带谱结构特征，可归纳出下列规律性：

（1）从东到西，随着干旱程度的加强，山地植被的基带变化：草甸草原→典型草原→荒漠草原→温带荒漠与暖温带荒漠。

（2）从东到西，山地森林带的位置由基带（大兴安岭）上升到中山带，这是与山地湿润带在干旱地区的上移相关的植被地理分布现象。干旱地区山地的森林带通常为寒温性针叶林（云杉林），而落叶阔叶林仅在东部半湿润地区的山地较发育。此外，天山西部较湿润的伊犁谷地亦有阔叶林带出现；在荒漠区域山地通常缺乏阔叶林带，这是由于荒漠区低山的干旱程度加强，阔叶林被草原植被所代替。在高度干旱的荒漠山地，森林带全然消失。

荒漠区山地的森林带实际上呈现森林草原景观：块状森林分布于阴坡；阳坡与缓坡为草原或草甸所占据。

（3）草原带的位置也由东向西升高：在草原地区，它们是基带；到了荒漠地区的山地则成为第二垂直带。

可见，干旱地区山地植被垂直带的更替在很大程度上是根据湿度条件的垂直递增而发生的。而在湿润地区却是以热量条件为垂直更替的根据。

（4）一般说来，在干旱地区，气候愈干旱，山地植被垂直带谱结构愈趋于简化。在新疆，塔里木暖温带荒漠区域气候最为干旱，那里山地植被的荒漠化程度达到最强。例如，在天山北坡的带谱包括5个带；天山南坡为4个带；昆仑山和阿尔金山北坡只有2~3个带，有些地方整个山坡都被荒漠带所占据。

（5）干旱地区山地植被的坡向差异十分显著，不仅大地貌的南北坡可以具有完全不同的垂直带谱，而且在同一垂直带内，由于中地貌坡向的不同，植被类型也发生重大变化。例如,山地森林带内阳坡为草原,草原带内阳坡可出现荒漠。因此在同一垂直带内不同植被的结合现象很普遍。这也是不同于湿润区山地植被的特点之一,后者由于湿度条件较为一致,不同坡向的植被分异远没有干旱区的明显。

在青藏高原,除了东南部的山地寒温性针叶林地区的山地植被具有湿润地区的垂直带谱结构外,在高原面上的山地均具有大陆性高原的山地植被,它们的带谱类型类似于上述干旱地区山地的,只是由于气候高寒,完全不存在森林带,而完全由高寒草甸、草原以及荒漠带所组成,带谱结构更为简化,一般只包括 2~3 个带,这是由于基带的海拔高度很大,向上很快就达到植被上限的缘故。

参考文献

[1]　Troll C.,1948. Der asymmetrische Aufbau der vegetations-zonen und vegetationsstufen auf der Nord-und Siidhalbku-gel. Ber. Geobotan. Forschungsinst. Riibel,Ziirich.

[2]　Lautensach H.,1952. Der Geographische Formenwandel. Colloquium Geographicum,Vol. 3.

第8章

中国山地植被垂直带的基本生态地理类型[*]

张新时

一、导言

地球陆地的水平植被地带性——纬度地带性与经度地带性基本上决定着其上的山地植被垂直带系统的结构与性质,这是侯学煜先生对山地植被垂直带特征的根本观点。他在 1963 年第 30 届全国植物学会年会论文集中发表的论文摘要(1963)明确地表达了这一观点,并将中国山地植被垂直带按纬度地带划分为若干类型,这是对中国山地植被垂直带系统第一个最为科学和完整的分类,虽然这一摘要的全文从未发表过,但在他以后的著作中(侯学煜和张新时,1980;侯学煜,1982)都有基于这一系统的较详细论述。他的观点与有关著作为中国山地植被垂直带的划分奠定了科学基础,也是他对中国植被生态学的重要贡献之一。在 1986 年由侯学煜先生在北京主持召开的国际山地植被学术会议上,以侯学煜与作者的名义提出的大会学术报告(Hou and Chang,1986),进一步发展了侯学煜先生关于山地植被垂直带的学术观点,按植被地理区域类型划分了七个山地植被垂直带系统的生态地理类型。在此,作者谨以经过修改与补充了的本文作为对侯学煜先生睿智学术思想的纪念。

在地球表面上,理想的、完全水平的大陆是不存在的。在漫长的地质年代,地壳在不断地起伏,地幔在缓慢地不停地流动,山地就是这些活动的必然产物。山地的隆起与褶皱改变了假定存在过的地球匀滑的几何球面,不同程度地扭曲、偏离、破坏或隐蔽了地球上太阳辐射所决定的理想的纬度地带性,加强和复杂化了海陆分布所决定的水热分布格局——经度地带性,从而造成形形色色、变化多端、千姿百态的山地植被垂直带,深刻地改变和极大地丰富了人类的生活与社会经济文化活动。然而,不论山地怎样复杂多变,水平地带性总是在根本上支配着其上山地景观的垂直分异结构与格局。水平地带的烙印极其顽强地透过各种山地垂直带的特征表现出来。山地垂直地带性实际上是其水平地带的次生的或第二系列的地理地带规律性的体现,是从属于水平地带的一套特征。换言之,一定的水平地带具有一定结构类型的山地植被垂直带系统,二者总是相伴存在的。

中国南北纵跨寒温带、温带、亚热带和热带,东西横亘在太平洋西岸和欧亚大陆最深远的腹地之间,境内山地和高原占国土总面积的三分之二以上,出现于各个水平气候地带。其中既拥有号称"世界屋脊"的青藏高原和若干个地球上最高的山峰与巨大的山系,又有众多突兀于平原或海岛上的山体,使得多种多样、绚丽多彩的山地植被垂直带类型成为我国植被与自然景观的最大特色,其类型之复杂、幅度之广阔、对比之强烈堪称世界之最。许多学者曾先后从地理地带性或三度地带性的观点探讨过我国山地植被垂直带结构的特征与规律性(侯学煜,1963,1982;Troll,1972;李世英和张新时,1966;侯学煜和张新时,1980)。在此基础上,本文将试从比较地理生态学与植被地理学的角度来归纳这一历久而常新的论题。

* 本文摘自《植被生态学研究——纪念著名生态学家侯学煜教授》,科学出版社,1994,77-92。

二、中国山地植被垂直带系统的层带划分

　　山地植被垂直带的层带划分标准很不一致。国际上曾多次有人提出不同的垂直层带系统(表 8-1)。侯学煜先生与作者在《中国植被》(1980)中也提出了一个系统,经进一步修改后如表 8-2 所示。在山地植被垂直带的分层或分带中,应以植被生态特征与自然景观综合体为根据,而不是以绝对海拔高度为标准。在该系统中以下四条植被或地理界限有重要意义。

　　1. 雪线是高山冰雪层(带)与高山层的自然分界,在理论上该线大致位于年均温 0℃处,但因地形、地貌、气候的大陆度、常年云量与辐射状况等而发生很大偏离。此外,下延的冰川舌与零散的雪堆可以在雪线以下的亚冰雪带内存在。

　　2. 高山连续植被上限是仅具有稀疏散生的高山植物或片段的植毡的高山亚冰雪带与具有连片高山植被的真高山带的分界。前者尚以普遍的冰缘作用为特点。

　　3. 森林上限是划分山地(montane)带与亚高山(subalpine)带的重要生态界限,大致在 7 月月均温等温线 10±2℃处。树木线是零星树木的分布上限,通常高于森林上限,可进入亚高山带。亚高山带这一名称被广为采用,但含义上有较大差别。在本文中,亚高山带指由山地森林带向高山植被带的过渡,

以多种灌丛、中草草甸或草原、矮曲林等植物群落为特征。在不少文献中将山地寒温针叶林带称为"亚高山针叶林带",虽久已惯用,但在植被生态学意义上不适当,应避免采用。亚高山带的水平类比物是森林冻原地带,后者指成片的泰加林(北方针叶林)地带与冻原地带之间的过渡,该森林冻原地带不存在连片的密林,而以小群或散生的树木与冻原、沼泽群落相结合为特征。以此类比,亚高山带亦不应包括大片森林植被,故不宜有"亚高山森林带"之称。在无林的干旱地区山地,不存在森林上限,因而山地带与高山-亚高山带的界限不易区分。在这种情况下应以群落中有无大量高山寒生植物成分的出现为划界的标志。在进行细致的调查研究时,可以采用群落与种类的梯度分析方法来较确切地划分界限。

　　4. 森林下限指在草原与荒漠山地由于气候干旱及旱生植物竞争而导致成片森林分布的下界,是山地森林带与草原带的界限,大致在干燥度 1.0 的等值线处。在此界限以下的局部阴坡或沟谷中仍可能有小片林木出现,即所谓山地森林草原带。

　　在各植被垂直带内尚可根据优势植物群落类型之间的垂直分化进一步划分垂直亚带,如山地寒温针叶林带又可分为冷杉林亚带与云杉林亚带等。

三、中国山地植被垂直带系统的基本植被地理类型

　　植被垂直带系统的分类或区划不能仅仅根据其

表 8-1　几种山地植被垂直带系统的划分与比较(根据 Love,1970 修改补充)

布鲁塞尔会议 1970,欧洲		北美东部 (Densereau,1957)	欧亚大陆西北部 (Mensel et al.,1965)		中国 (侯学煜和张新时,1980)	
高山层		高山层	高山层	冰雪带-上高山带		冰雪带
				中高山带	高山层	亚冰雪带
				低高山带		真高山带
山地层	上山地带	亚高山层	亚高山层			亚高山带
	中山带	山地层	山地层	上山地带	山地层	上山地带
	低山带			中山带		中山带
				低山带		
山麓		低地与平原	山麓			低山带
平原			平原			平原

表 8-2　中国山地垂直带系统

垂直层/带		垂直带植被类型	
		湿润（森林）区山地	干旱（草原、荒漠）区山地
冰雪层/带		粒雪原、冰川、裸岩、岩屑坡与倒石堆	
		雪　————————　线	
高山层	亚冰雪带	稀疏的高山冰缘植物与片段草甸植毡	
		连续植被上限	
	真高山带	高山冻原、草甸、嵩草草甸等	高山嵩草草甸
	亚高山带	亚高山矮曲林、灌丛、草甸等	高寒草原　　高寒荒漠
		森林上限	高寒界限
山地层	上山地带	山地寒温针叶林带 （泰加林地带基带由此向上）	块状山地 针叶林带
	中山带	中山针阔混交林或落叶阔叶林带 （温带森林地带基带由此向上）	块状山地落叶阔叶林带 森林下限　　山地草原- 荒漠带
	低山带	低山常绿阔叶林带 - - - - - - - - - - - - - - - - 低山雨林或季雨林带 （亚热带-热带森林 地带基带由此向上）	山地草原-荒漠带
山麓平原		水平地带性森林植被	水平地带性草原-荒漠植被

纬度与经度位置来决定,山地所处的植被地理区域的综合生态气候特征、植被与植物区系的发展史与进化过程以及植物的生活型等对植被垂直带系统的结构与特征有极其重要的作用。Tolmachev（1948）的全球高山植被类型就是按照这些原则提出的。在此基础上,经补充若干新的类型后所划分的中国山地植被垂直带系统的基本类型如下:

1. 寒温针叶林-冻原型

广布于北半球寒温带的山地,主要在西伯利亚与北美东部的北方针叶林地带的山地。在我国仅见于东北寒温针叶林地带的大兴安岭、温带针阔混交林地带的长白山与新疆北端的阿尔泰山西北部。其典型气候特征为漫长而严寒的冬季,降雪中等或微薄,但夏季降水较丰富,地表平缓,常有积水而过湿,

土壤发育永久冻层。其植被特征为在中山寒温针叶林带以上有小灌木与苔藓类占优势构成的高山冻原带,群落中的植物以北方与山地冻原的成分为主。

2. 温带落叶阔叶林-亚高山草甸型

北温带森林地带类型,分布于华北温带落叶阔叶林地带的五台山、太行山、吕梁山、秦岭北坡等山地。其气候特征为冬春干旱、寒冷,夏季温热多雨。其基带为山地落叶阔叶林,以各类栎类占优势,有局部山杨、桦木林,上部山地有云杉或落叶松构成的山地寒温针叶林带。但由于长期人类活动的影响,森林植被多被破坏,而为山地次生落叶阔叶灌草丛。阔叶林的栎类组成表征东亚大陆性落叶阔叶林带的气候偏于干旱,有草原化的迹象,而有别于海洋性气候较强的日本、北美东部与西欧落叶阔叶林的优势

树种组成以水青冈（*Fagus*）占优势，并有铁杉（*Tsuga*）、紫杉（*Taxus*）等加入构成湿润型的落叶阔叶林带或针阔混交林带。林线以上分布着禾草与杂类草构成的亚高山草甸与局部高山草甸。

3. 东亚亚热带常绿阔叶林-高山草甸型

我国西南部隆起的一系列亚热带的高山，形成从热带山地向温带山地过渡的"山桥"，它们对山地植物区系与群落的迁移、交流、混杂和演化具有极为重要的作用。在这些高山上有着较完整的山地植被垂直带系统，未遭受过第四纪山地冰川全面覆盖的作用，也免于蒙古-西伯利亚大陆反气旋与寒流的严重侵袭，却受到西南与东南季风的浸润和从热带山地迁徙而来的植物成分的补充而发育着特别丰富的植物区系与多样的山地森林植被类型。除了在基带有宽厚与多带分化的山地亚热带常绿阔叶林带之外，还具有含有铁杉（*Tsuga chinensis*、*T. dumosa*）的针阔叶混交林带；在其上有两个垂直层次分化的山地寒温针叶林带，由若干特种的冷杉与云杉为优势树种的两个垂直亚带的分化。林内以茂密的箭竹（*Sinarundinaria fangiana*）与多种杜鹃（*Rhododendron* spp.）构成的下木层为特征，从而显著区别于北方寒温带的泰加林与山地寒温针叶林。但其林下植物中也有一些北方成分的代表，显示亚热带山地的寒温针叶林与北方针叶林的亲缘关系。这一类山地的亚高山灌丛草甸带也以多种多样的杜鹃灌丛为特征；高山带则以丰富的杂类草草甸为主，在大陆性较强的内部山地高山上则有嵩草（*Kobresia*）为主的大陆性高山草甸，其成分十分单调，与欧洲阿尔卑斯山上华丽的高山杂类草草甸形成鲜明对比。

4. 北热带山地雨林、季雨林型

我国缺乏典型的热带高山。在东部区因冬季受寒流与蒙古-西伯利亚大陆反气旋长驱南下的影响，即使在北回归线（北纬 23°27'）以南的大陆南缘仍有寒冷的冬季，并非真正的热带。海南岛的五指山虽纬度偏南，但山地高度低，不足以形成高山带植被，因此在我国东南沿海不出现完整与典型的热带山地的植被垂直带。在西南部则有高度巨大的喜马拉雅山、横断山与青藏高原，受到西南季风浸润作用与免于北部寒流的侵袭，这里的热带界限在东喜马拉雅的墨脱地区向北可推到北纬 29°。属于热带北缘，山地植被的过渡性质很强，不存在典型热带山地的植被特征，全然不见在中南美、中非和东南亚赤道热带高山上特有的巨型木本莲座叶植物生活型为标志的

Paramo 与 Puna 植被类型（Troll, 1968），而代之以东亚亚热带山地的高山与亚高山植被类型——杜鹃灌丛、高山杂类草与嵩草草甸，但其基带则为热带山地雨林与季雨林植被带。东喜马拉雅山与珠峰南坡具有最完整与复杂的山地植被垂直带系统，由山地热带雨林、季雨林带开始向上经山地常绿阔叶林带（包括两个亚带）、针阔混交林带、寒温针叶林带、亚高山灌丛草甸带与真高山带而至高山上部的亚冰雪带与冰雪带。

5. 温带草原型

我国草原地带的山地，如大青山、吕梁山西坡、六盘山和兰州的兴隆山等以山地草原为基带，其中山的阴坡有栎类的落叶阔叶林带、上中山的云杉构成的寒温针叶林带和山地上部的亚高山灌丛草甸带。山地的高度通常不足以达到真高山带。仅在新疆北部的东南阿尔泰山由西伯利亚落叶松林构成的寒温针叶林带以上的高山有嵩草高山草甸。

6. 温带荒漠与极端荒漠型

天山、祁连山、昆仑山都是荒漠地带的高山。天山与东祁连山的北坡朝向湿气流，其山地基带为荒漠带，向上为山地草原带，在中山上部阴坡有云杉林或落叶松林构成的寒温针叶林带，与阳坡的山地草原相结合；高山层有亚高山灌丛草原带与高山嵩草草甸及垫状植被带。仅在天山西部伊犁谷地的天山因承受西来湿气流并免于北方寒流，因而在前山带发育着阔叶野果林带，其上部为茂密的云杉叶林，构成荒漠中的特殊海洋气候型山地植被垂直带型。在暖温带荒漠的天山南坡、西昆仑山与西祁连山北坡，山地针叶林带已消失，或仅断续地见于深切谷地的山坡上，广大坡面为山地草原与草原灌丛所占据。但在极端干旱的东昆仑山与阿尔金山外部山坡，山地荒漠上升很高，草原上到上中山或亚高山带，高山带与青藏高原型的高寒荒漠相接。

7. 青藏高原型

在青藏高原上存在着从东南到西北更替的高寒草甸-高寒草原-高寒荒漠，以及南部谷地的温性草原与西部山地温性荒漠等五个高原植被地带，这是一系列垂直带植被在高原面水平方向上展开的特殊分布格局——高原地带性的表现（张新时，1978）。在不同的高原地带上隆起的山地则依附于各自的高原植被地带而发育着相应的山地植被垂直带系统（图 8-1），大致有以下 5 种模式：

（1）高寒草甸-亚冰雪带-冰雪带

（2）高寒草原-高寒草甸-亚冰雪带-冰雪带

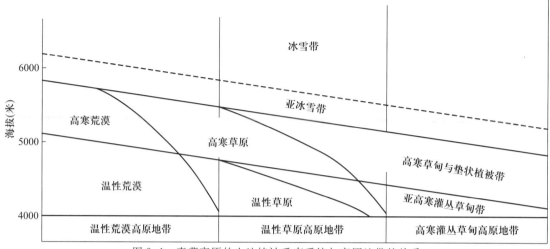

图 8-1　青藏高原的山地植被垂直系统与高原地带的关系

（3）高寒荒漠-高寒草原-亚冰雪带-冰雪带

（4）雅鲁藏布江谷地温性灌丛草原带-高寒草原-高寒草甸-亚冰雪带-冰雪带

（5）阿里温性山地荒漠-温性灌丛草原-高寒草原-高寒荒漠-亚冰雪带-冰雪带

以上各类型的垂直带系统结构见表 8-3。

四、中国山地植被垂直带系统的梯度及其规律

下列五条山地植被垂直带系统的水平地理梯度（其中两条为纬度地带梯度，三条为经度地带梯度）基本上概括了我国山地植被垂直带系统的基本类型及其水平地带的演替格局（图 8-2）。

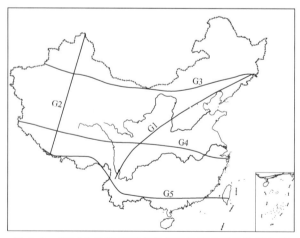

图 8-2　中国山地植被垂直带系统梯度系列的地理位置
G1. 东部森林区域纬度地带梯度，G2. 西部荒漠-高原区域纬度地带梯度，G3. 温带经度地带梯度，G4. 暖温带-亚热带经度地带梯度，G5. 亚热带-北热带经度地带梯度

表 8-3　中国山地植被垂直带带谱

垂直带		泰加林	落叶阔叶林	东亚亚热带常绿阔叶林	过渡热带雨林、季雨林	温带草原	温带荒漠	青藏高原 高寒草甸	青藏高原 高寒草原	青藏高原 高寒荒漠
高山层	高山冻原	*								
	高寒草甸	*	*	*						
	高寒垫状植被						*	*	*	
	高寒嵩草草甸	*	*			*	*	*	*	
	高寒草原						*		*	*
	高寒荒漠						*			*
	亚高寒植被	*	*	*		*	*			
山地层	矮曲林			*	*					
	寒温针叶林	*	*	*	*	*	(*)			
	针阔混交林		*	*	*					
	落叶阔叶林			*		*	(*)			
	常绿硬叶林			*	*					
	常绿阔叶林			*	*					
	雨林-季雨林				*					
	温带草原					*	*			
	温带荒漠						*			

Ⅰ. 东部森林区域的山地植被垂直带系统的纬度地带梯度（图 8-3）

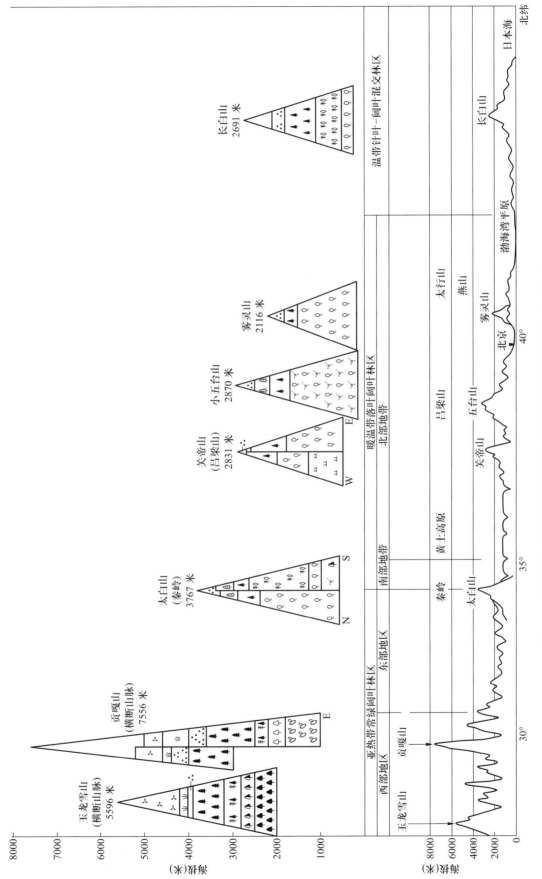

图 8-3 东部森林区域山地植被垂直带系统的纬度地带梯度(图例见本章附录,下同)

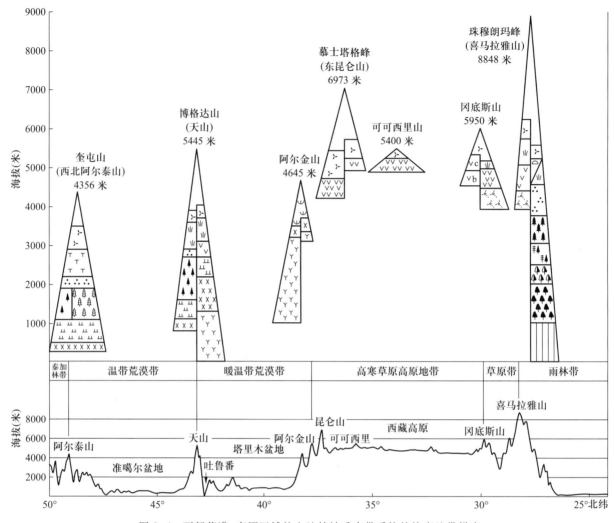

图 8-4 西部荒漠-高原区域的山地植被垂直带系统的纬度地带梯度

Ⅱ. 西部荒漠-高原区域的山地植被垂直带系统的纬度地带梯度(图 8-4)

Ⅲ. 温带山地植被垂直带系统的经度地带梯度(图 8-5)

Ⅳ. 暖温带-亚热带山地植被垂直带系统的经度地带梯度(图 8-6)

Ⅴ. 亚热带-北热带山地植被垂直带系统的经度地带梯度(图 8-7)

综观上述纬度地带与经度地带的山地植被垂直带系统与类型及其空间演替格局,大致有以下规律:

1. 山地垂直带系统内植被垂直带的数量由南向北减少,由热带山地的 7 个带到寒温带的泰加林地带仅有 3 个带。

2. 同一类型垂直带的海拔高度界限由南向北降低,其递减率大致为每增加一个纬度,同一垂直带的海拔高度下限降低 150±30 米。

3. 由湿润地区到干旱地区的山地森林垂直带数相应减少或消失,其海拔高度则相应升高,尤其是植被上限与雪线的海拔高度在干旱地区较同纬度的湿润地区显著上升;这主要是由于在干旱地区山地的最大降雨带的海拔高度界限升高所致。

4. 湿润地区山地上部的亚冰雪带——高山稀疏植物与裸岩带通常不如干旱地区山地那样明显,在特别湿润的山地往往是高山带植被直接过渡为冰雪带,不存在或只有很狭窄的亚冰雪带。

5. 干旱地区山地在垂直带内部具有较多样植被类型的结合,主要是由于坡向与地形的差异造成水分与热量的再分配所致。阴湿的阴坡可能出现森林与草甸等中生植物群落,干燥的阳坡则为草原旱生灌丛植被类型。在干旱地区山地的阴坡分布着属于比当地纬度偏北上百千米或比当地海拔高度偏高数百米的北方或高海拔的植被类型,这是因为阴坡

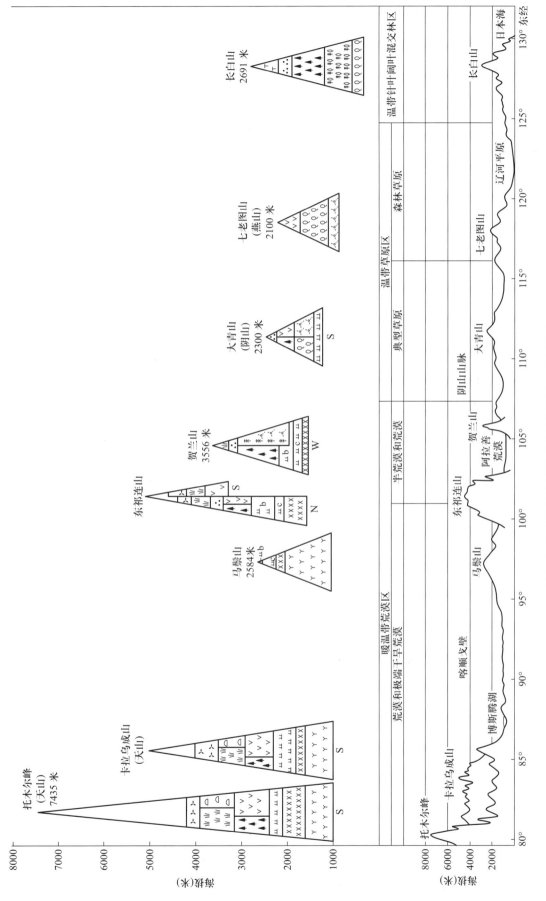

图 8-5 温带山地植被垂直带系统的经度地带梯度

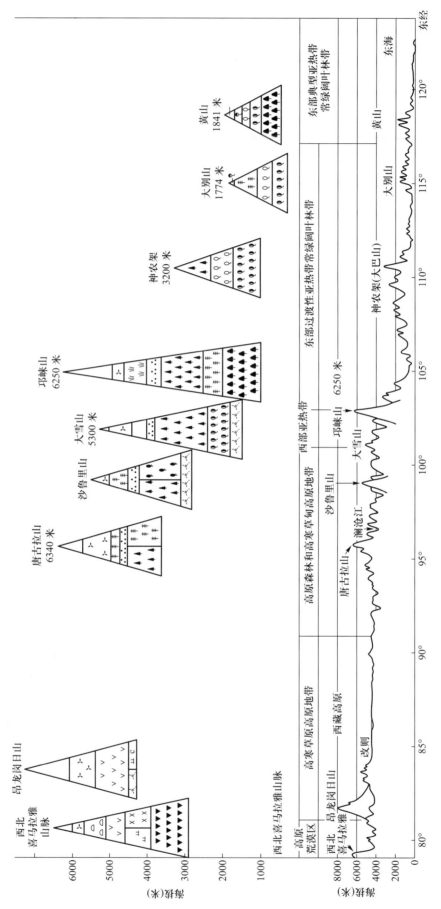

图 8-6 暖温带-亚热带山地植被垂直带系统的经度地带梯度

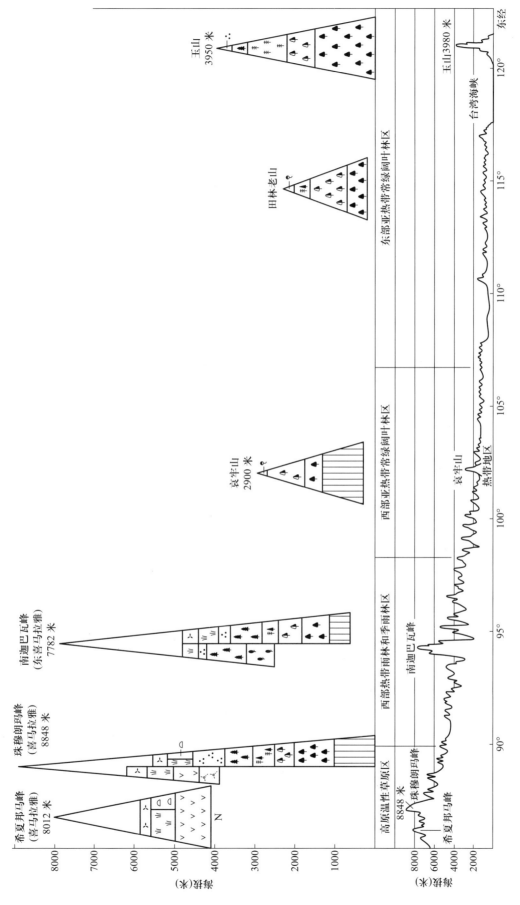

图 8-7　亚热带–北热带山地植被垂直带系统的经度地带梯度

的温度偏低与土壤湿度偏高所致；而阳坡则出现比当地纬度偏南上百千米或比当地海拔高度偏低数百米的南方或低海拔的植被类型，则由于阳坡的温度偏高而土壤湿度偏低。这就是所谓的"超前适应法则"。

6. 随着气候大陆性的加强，在极端干旱的高山，山地植被垂直带系统的结构趋于极度简化，荒漠带分布很广，上升到很大高度，占据大部分山体，连草原带也退缩到亚高山带，十分狭窄或全然消失。

中国的山地植被垂直带系统以其类型的丰富多样和独特的地理分布格局为科学研究和发展生产实践提供了极好的条件，侯学煜先生作为我国研究与揭示这一奇伟的自然现象与生态法则的先驱者与导师，他的关于山地植被垂直带的学术思想是对我国植被生态学发展的重要贡献。

附录：山地植被垂直带图例（图 8-3～图 8-7）

图例	名称	图例	名称
	冰雪带		亚热带-热带山地针阔叶混交林
	亚冰雪带		亚热带-热带山顶矮林
	高山冻原		山地常绿硬叶林
	高山草甸		山地常绿-落叶阔叶混交林
	高山垫状植被		山地半常绿阔叶林
	高山草原		山地常绿阔叶林
	高山荒漠		山地雨林和季雨林
	亚高山灌丛草甸		山地灌草丛或灌木草原
	山地寒温针叶林		山地草原 a.草甸草原 b.典型草原 c.荒漠草原
	山地常绿针叶林		山地小半灌木荒漠
	山地落叶针叶林		山地灌木荒漠
	山地针阔叶混交林		亚热带山地荒漠
	山地松柏林		谷地干热灌丛
	山地落叶阔叶林		

参考文献

李世英，张新时，1966. 新疆山地植被垂直带结构类型的划分原则和特征. 植物生态学与地植物学丛刊，4（1）：132-141.

张新时，1978. 西藏植被的高原地带性. 植物学报，20（2）：140-149.

侯学煜，1963. 论中国各植被区的山地植被垂直带谱的特征. 中国植物学会三十周年年会论文摘要汇编.中国植物学会，254-258.

侯学煜，1982. 中国植被地理及优势植物化学成分. 科学出版社，418.

侯学煜，张新时，1980. 中国山地植被垂直分布的规律性. 见：中国植被编辑委员会编著. 中国植被. 科学出版社，738-745.

Hou Hsioh-yu, Chang Hsin-shih, 1986. The principal type of mountain vertical vegetational belt systems in China and its eco-geographical characteristics. Proceedings of the International Symposium on Mountain Vegetation, September 1986, China. *Botanical Society of China*, pp. 1-14.

Love D., 1970. Subarctic and subalpine: where and what? *Arctic and Alpine Research*, 2(1):63-73.

Tolmachev A. I., 1948. Principal approach on vegetation formulation in high mountain landscape of Northern hemisphere. *Botanicheskii Zurnal*, 33(2):161-180.(in Russian)

Troll C., 1968. The Cordilleras of the tropical Americas: Aspects of climate phytogeographical and agrarian ecology. In: Troll C. (ed.). *Geo-ecology of the Mountains Regions of the Tropical Americas*. Dümmler in Kommission, pp. 15-56.

Troll C., 1972. The three-dimensional zonation of the Himalayan system. In: Troll C. (ed.). *Geo-ecology of the High-mountain Region of Eurasia*. Franz Steiner Verlag, Wiesbaden, pp. 264-275.

第9章

中国生物多样性的生态地理区划[*]

倪健　陈仲新　董鸣　陈旭东　张新时

(中国科学院植物研究所植被数量生态学开放实验室,北京 100093)

摘要　生态地理区划是生物多样性研究的空间分异基础。以国际上的生态地理区划原则为依据,采用多元分析与地理信息系统等手段,利用各种生态地理因子,包括气候指标如与植物耐寒性有关的绝对最低温度、最冷月平均气温、最冷月日平均温度的最大值和最小值;与需热性有关的植物生长季积温;年降水量的季节分配,包括最冷月降水、最热月降水、年降水量、年降水的统计标准差和变异系数(年变率);植被指标如植被类型、植被区划类型、植被的净第一性生产力、植物区系类型、动物区系类型、植物特有属的丰富度以及度量植物多样性的植物种丰富度(属数、种数);土壤指标如土壤类型,土壤理化性质如土壤酸碱度、土壤表层阳离子交换量等;地形和地貌特征如经度、纬度和海拔高度。利用模糊聚类的手段,综合进行了中国生物多样性的生态地理区划。采用四级区划,即:生物大区→生物亚区→生物群区→生物区。全国划分为 5 个生物大区,7 个生物亚区和 18 个生物群区:Ⅰ北方森林大区:ⅠA 欧亚北方森林亚区:ⅠA1 南泰加山地寒温针叶林,ⅠA2 北亚针阔叶混交林。Ⅱ北方草原荒漠大区:ⅡB 欧亚草原区:ⅡB1 内亚温带禾草草原,ⅡB2 黄土高原森林草原(灌木草原);ⅡC 亚非荒漠亚区:ⅡC1 中亚温带荒漠,ⅡC2 蒙古/内亚温带荒漠。Ⅲ东亚大区:ⅢD 东亚落叶阔叶林亚区:ⅢD1 东亚落叶阔叶林;ⅢE 东亚常绿阔叶林亚区:ⅢE1 东亚落叶-常绿阔叶混交林,ⅢE2 东亚常绿阔叶林,ⅢE3 东亚季风常绿阔叶林,ⅢE4 西部山地常绿阔叶林。Ⅳ旧热带大区:ⅣF 印度-马来热带森林亚区:ⅣF1 北热带雨林、季雨林,ⅣF2 热带海岛植被。Ⅴ亚洲高原大区:ⅤG 青藏高原亚区:ⅤG1 青藏高寒灌丛草甸,ⅤG2 青藏高寒草原,ⅤG3 青藏高寒荒漠,ⅤG4 青藏温性草原,ⅤG5 青藏温性荒漠。

关键词　生物多样性,生态地理区划,模糊聚类,信息生态学,生物大区,生物群区,生物区

---

* 本文发表在《植物学报》,1998,4:370-382。张新时为通讯作者。

An Ecogeographical Regionalization for Biodiversity in China

Ni Jian   Chen Zhong-Xin   Dong Ming   Chen Xu-Dong   Zhang Xin-Shi

（**Laboratory of Quantitative Vegetation Ecology, Institute of Botany,
The Chinese Academy of Sciences, Beijing 100093**）

Abstract   Ecogeographical regionalization is the basis for spatial differentiation of biodiversity research. In view of the principle of international ecogeographical regionalization, this study has applied multivariate analysis and GIS method and based on some ecogeographical attributes limited to the distribution of plant and vegetation, including climatic factors, such as minimum temperature, mean temperature of the coldest month, mean temperature of the warmest month, annual average temperature, precipitation of the coldest month, precipitation of the warmest month, annual precipitation, CV of annual precipitation, biological factors such as vegetation types, vegetation division types, NPP, floristic types, fauna types, abundance of plant species, genus and endemic genus; soil factors such as soil types, soil pH; topographical factors as longitude, latitude and altitude etc. The ecogeographical regionalization for biodiversity in China was made synthetically by using the fuzzy cluster method. Four classes of division were used, viz., biodomain, subbiodomain, biome and bioregion. Five biodomains, seven subbiodomains and eighteen biomes were divided in China as follows: I Boreal forest biodomain. IA Eurasian boreal forest subbiodomain. IA1 Southern Taiga mountain cold-temperate coniferous forest biome; IA2 North Asian mixed coniferous-broad-leaved forest biome. II Northern steppe and desert biodomain. IIB Eurasian steppe subbiodomain. IIB1 Inner Asian temperate grass steppe biome; IIB2 Loess Plateau warm-temperate forest/shrub steppe biome. IIC Asia-Africa desert subbiodomain. IIC1 Mid-Asian temperate desert biome; IIC2 Mongolian/Inner Asian temperate desert biome. III East Asian biodomain. IIID East Asian deciduous broad-leaved forest subbiodomain. IIID1 East Asian deciduous broad-leaved forest biome. IIIE East Asian evergreen broad-leaved forest subbiodomain. IIIE1 East Asian mixed deciduous-evergreen broad-leaved forest biome; IIIE2 East Asian evergreen broad-leaved forest biome; IIIE3 East Asian monsoon evergreen broad-leaved forest biome; IIIE4 Western East Asian mountain evergreen broad-leaved forest biome. IV Palaeotropical subdomain. IVF India-Malaysian tropical forest subbiodomain. IVF1 Northern tropical rain forest/seasonal rain forest biome; IVF2 Tropical island coral reef vegetation biome. V Asian plateau biodomain. VG Tibet Plateau subbiodomain. VG1 Tibet alpine high-cold shrub meadow biome; VG2 Tibet alpine high-cold steppe biome; VG3 Tibet alpine high-cold desert biome; VG4 Tibet alpine temperate steppe biome; VG5 Tibet alpine temperate desert biome.

Key words   Biodiversity, Ecogeographical regionalization, Fuzzy cluster, Information ecology, Biodomain, Biome, Bioregion

生态地理区划是根据一定区域内生态系统结构、功能和动态的空间分异性划分为具有相对一致生态因素综合特征与潜在生产力的地块，从而作为自然资源合理开发、利用与保护，以及综合农业规划布局与可持续发展的基础。因此区划的目的决定了区划的原则和分类单位系统。

国外在一定地域范围或有限目的的以生物群区（biome）为单位的全球分类方案很多，如Holdridge[1]的生命地带分类系统，Udvardy[2]的世界生物地理生物群区分类，Olson等[3,4]的全球生态系统图，Matthews[5]的世界主要生态系统类型，Bailey和Hogg[6]、Bailey[7,8]的大陆生态区域（ecoregions）、Woodward[9]、Woodward和Williams[10]在全球尺度上利用极端最低温度、年降水量和水分平衡预测了世界上主要植被类型的分布，Stolz等[11]的陆地生物群区（terrestrial biomes）系统，Prentice[12]的全球生物群区类型,Box[13,14]的全球潜在优势植被类型,以及 Schultz[15]的世界生态区划,将世界生态区分为极地/亚极地带、北方带、湿润中纬度、干旱中纬度、热带/亚热带干旱土地、地中海型亚热带、季节热带、潮湿亚热带和潮湿热带 9 个生态带。

中国的自然区划有着悠久的历史,而在 20 世纪 50 年代以来,全国性和地方性的自然区划工作得到迅速的发展,按其目的可归纳为综合自然地理区划、景观区划、气候区划、农业区划、农业气候区划、土壤区划、植被区划、植物地理区划(植物区系)和动物地理区划(动物区系)等。比较有影响的区划方案如:林超[16]较全面的综合自然地理区划,黄秉维[17~19]和中国科学院自然区划工作委员会[20]的综合自然地理区划,任美锷和杨纫章[21]、任美锷[22]的自然区划,侯学煜[23]综合研究了以发展农林牧副渔为目的的全国自然生态区划,全国农业自然资源调查和农业区划委员会[24]再次编写全国综合自然区划方案,赵松乔[25]建立了一个中国综合自然地理区划的新方案,李万[26]进行了反映中国地表综合体差异的景观区划,丘宝剑[27]、丘宝剑和卢其尧[28]的农业气候区划,吴征镒[29]、吴征镒和王荷生[30]的中国植物区系分区,以及 Wu 和 Wu[31]的中国植物区系新的分区方案,张荣祖[32]的动物地理区划,中国植被编辑委员会[33]的植被区划。

20 世纪 80 年代中期以前的自然区划,大都采用传统的方法和手段,主要根据气候条件和气候指标划分,而其他的一些环境因素,如地形地貌、土壤、植被、区系、人类活动等作为辅助条件,对区域和界限的划分,人为的主观经验和推断占主导,数学的分析手段和方法应用较少。80 年代后期以来,区划的数理分析方法开始较多地应用起来[34],如模糊聚类分析[35~37],但这些以数学手段进行的区划探讨皆针对较小的区域性的、而非全国和更大的区域尺度。作为地球上具有"巨大生物多样性"(megabiodiversity)的国家与地区之一,中国不仅有着生物种类的多样性,还以其区系成分和起源的复杂与古老、生态系统与自然景观类型的丰富与完整,以及众多特有生物生态学特性与经济价值的基因资源而对世界作出了巨大的贡献。然而,中国的生物多样性也因为悠久的文明史与对土地和生物资源的过度开发利用而经受着退化的历程,尤其是现代工业化与城市化的迅速进程和人口增长的巨大压力远远超过了生物自然更新、适应进化和繁育的过程,从而大大增加了生物灭绝的速率,以致人类在损毁生物多样性的同时也在摧毁着地球生命支持系统与自己存在的基础。因此,生物多样性的保育、管理与恢复重建已成为人类社会与 21 世纪可持续发展的最主要任务之一。其中,首要的是生物多样性的区划。本文以生物多样性保育为目的,在建立计算机数据库与图形信息分析的基础上,采用各类多元分析、地理信息系统技术、图形分析和归纳等信息科学的现代化手段,因而具有客观、精确、数量化与图像化等优点。

1 生物多样性区划的原则

1.1 综合分析与主导因素相结合

自然界是一个统一整体,必须把地带性因素和非地带性因素、外生因素和内生因素、现代因素和历史因素等结合起来,进行综合分析[25]。热量和水分乃是地表自然综合体变化的内因,而影响它空间分布的纬度、距海远近、高度等则是它的外部条件。由于这些外部条件促使水热变化而形成的纬度地带性、经度地带性和垂直地带性便是它在空间分布上的三个基本维度。另一方面,自然界是一个具有密切内在联系的综合体,一个主导因素的地域变化,必然导致其他因素和整个自然综合体的改变。一般来说,气候(主要是温度和水分条件)和大地貌(主要是绝对高度和相对高度)是自然地理环境中的基本要素,而土壤和植被等则是反映自然地理环境的表观因素。因此,本区划的高级单位基本上取决于纬度位置(或海拔高度)所决定的辐射和热量条件、大气环流或海陆位置所决定的水分条件以及水热条件的结合。低级单位的划分则着重于地形、地貌、基质、土壤、植被与生物区系等特征;同一区划单位基本上反映一定的潜在净第一性生产力(NPP)及向次级生产力转化的过程。

1.2 主要为生物多样性保育服务

生物多样性是地球上的生命经过长期发展进化的结果,是人类赖以生存的物质基础。然而,随着世界人口的迅速增长,人类经济活动的不断加剧,作为人类生存最为重要的基础的生物多样性受到了严重的威胁。尤其在发展中国家,由于经济和人口的压力以及缺乏对生物多样性保育的意识,造成生物多样性的严重丧失。中国是生物多样性特别丰富的国家,同时,中国又是生物多样性受到最严重威胁的国家之一,这就要求我们必须立即开展有关的应用基础研究,为有效的保育行动和持续利用措施提供可靠的依据。因此,进行中国生物多样性生态地理区划的主要目的是:(1)了解各地区的基本自然地理和生物状况,如地理位置、地形地貌特点、土壤类型与生物地球化学特征;气候特点如控制性气候类型、现实与潜在胁迫因子(限制性气候因子);生态特征如生物群区类型、植被类型、植物和动物区系特点、NPP 分布格局与数量特点;大农业发展方向及优化模式;以及土地利用规划布局等;(2)摸清各地区的生物多样性格局与资源现状,包括资源的类型、数量、濒危状况和分布特征等,为因地制宜地合理保育和持续利用生物资源、生物多样性的长期动态监测、物种濒危机制及保育对策的研究、生物多样性的保育管理等提供科学依据;(3)探讨各种自然条件对生物多样性保育和管理的不利方面和有利方面;(4)探讨各地区的人类活动对生物多样性的影响,比如现实或潜在的生态危机、全球变化研究、合理的大农业开发利用方向与生态保育、优化的生态-经济管理模式等方面。

2　生物多样性区划的分类单位系统

区划分类单位的相似性和差异性是相对的,因而区划系统应是多级的,从较高的级到较低的级,每一划分出来的区划单位,其内部相似性逐级增大。但是,为了便于应用和避免繁琐,以及现有科学资料尚不平衡,全国性区划的级别不宜太多。本研究采用四级区划,即:生物大区(biodomain)→生物亚区(subbiodomain)→生物群区(biome)→生物区(bioregion),最低级的生物多样性区划单位→生物小区(bioarea)在全国范围内暂不进行划分。

3　生物多样性区划的指标体系

3.1　气候指标

包括受日地关系、地球公转、海陆关系与巨地形影响的大气环流系统特点;优势的气候类型:单一或综合的气候因子、限制性气候因子等。采用以下指标:与植物耐寒性有关的绝对最低温度(TMIN)、最冷月平均气温(TJAN)、最冷月日平均温度的最大值(MXT)和最小值(MIT);与需热性有关的植物生长季积温(AT);与需水性有关的年降水量(PREC)及其季节分配,包括年降水的统计标准差(PSD)和变异系数(年变率 PCV)。

3.2　植被指标

优势的现在与潜在的生物群区(biome),以主要的植物功能型为分类依据,包括因特殊地形、地貌和基质所形成的隐域植被和不同土地利用的栽培植被,考虑植物和动物区系地理成分与发生(历史)成分。具体来说,我们采用了以下几个指标:植被类型(VEGET)、植被区划类型(VEGED)、NPP、植物区系类型(FLORA)、动物区系类型(FAUNA)、植物特有属的丰富度(EDGENUS)以及度量植物多样性的植物种丰富度(属数 GENUS、种数 SPECIES)。

3.3　土壤指标

包括土壤类型(SOILT)、土壤理化性质如土壤酸碱度(SOILPH)、土壤表层阳离子交换量(SOILEXC)等。

3.4　地形和地貌特点

包括经度(LONG)、纬度(LAT)和海拔高度(ALT)。

3.5　基础图件与数据库

中国植被类型图 1∶4000000[38];中国植被区划图 1∶10000000[30];中国净第一性生产力分布图(Chikugo 模型)[39];中国植物区系图[29];中国动物区系图[32];中国植物属、种丰富度图(EIS 插值绘制);中国植物特有属分布丰富度图[40~42];中国土壤类型图 1∶10000000[43];中国土壤 pH 分布图[44];中国土壤表层阳离子交换量图[44];中国地势图[45];中国生态气候数据库(气候数据集,国家测绘局编制,1994);中国生物多样性数据库(物种丰富度、特有属分布的丰富度,EIS 插值)。

4 生物多样性区划的分析与综合方法

4.1 数据的整理与准备

气象数据皆以国家气象台站的记录为准,共有838 个台站,记录年代为 1951—1980 年建立数据库,指标包括:气象台站名、纬度、经度、海拔高度、记录年代、1—12 月平均气温及年均温、各月及年平均最高气温和最低气温、极端最高温和极端最低温、日平均温度稳定 ≥10℃ 的日期及积温、1—12 月的降水量和年降水量、相对湿度、蒸发量、日照时数和日照百分率、风速等,通过统计和计算得出所需要的生物多样性区划的气候指标。

植被、区系、土壤、地形等指标皆从计算机图件上按气象台站的地理坐标位置读取。

4.2 模糊聚类分析

本研究以模糊 ISODATA 聚类法,辅助以多元分析方法如 TWINSPAN、DCA、PCA、CCA 等进行生物多样性的区划研究。该模糊聚类软件 FISOD 由高琼以 C 语言编制[46,47]。尝试利用不同的区划指标和不同的多元分析方法以及不同的模糊聚类截取水平进行聚类分析,调整后得出聚类群(图 9-1)。

4.3 图形分析与显示

将获得的聚类群输入生态信息系统(EIS)中,通过插值和均衡扩散的方法,将聚类群散点图转换成分布的区域图,确定不同区域类型及其边界(图 9-2)。同时,在生态信息系统中将与生物多样性有关的图件经数学运算后叠加分区,划分出不同的区域。最后,比较两种方法的区划结果,并与原有的和生物多样性有关的区划图,如植被区划、植物区系和动物区系图等进行比较,寻求新的生物多样性区划的合理性与解释。

5 中国生物多样性区划方案

由于生物多样性具有基因、物种与生态系统层次的特点,其区划应是以整体考虑这三个层次的生态地理区划原则,也就是说以生物群区与生物区为基本单元的综合区划。

生物多样性分区既不是生物区系分区,也不是植被分区,而是在二者综合的基础上,以生物多样性保育为目的的自然-管理的分区,是一种特殊的生态地理分区。生物多样性分区一方面应以物种及其基因型为根据,因而生物区系的历史发生成分和地理成分应成为高级区划单位的重要依据,另一方面又应考虑物种组合的生态系统和景观的特点,因此生物尤其是植物对环境适应的功能型(PFTs)、优势种或特征种的以植物生活型或生长型为代表的生态系统的生产者群落及其在空间的镶嵌组合——景观,则是次一级区划单位,即生物群区与生物区的主要依据。在这方面,植被地理类型在确定基本生物群区方面具有重要作用。

生物大区:生物区系大区及其历史与地理成分;生物群区:优势植物的植被地理性质、生活型与功能类型或其景观组合;生物区:生物群区的(水热、季节节律)相性差异。

就生物多样性而言,中国在动物区系方面属于古北界和东洋界两大界,在植物区系方面则相应为泛北区与旧热带区的印度-马来区,前者属劳亚古陆,后者则为冈瓦纳古陆。印度-马来区或东洋界在中国仅占据东亚大陆的南海边缘,自东向西为台湾岛的最南端岛屿、广东的港澳岛屿、雷州半岛南端与海南岛、广西北海南岸、云南的西双版纳以及西藏东喜马拉雅南坡的部分谷地,只是在雅鲁藏布江(布接玛普特拉河谷)可上溯至大拐弯处的南迦巴瓦,包括察隅与墨脱一带,因而沿东亚大陆是断续分布的,仅在中南半岛与孟加拉成为热带古陆向此延伸的触角,但在南海海域的领海却占有很大的热带海域,只是其生物区系为海岛与珊瑚礁群落,不是典型的热带-赤道雨林。中国大陆的绝大部分属于泛北区的几个亚区:欧亚森林区、欧亚草原与亚非荒漠区、东亚森林区和青藏高原区,其界限与区系成分的特征十分明显。

从全球植被地理方面,中国分属于北方森林地带、欧亚草原地带、亚非荒漠地带、东亚落叶阔叶林地带、东亚常绿阔叶林地带以及南亚热带雨林、季雨林地带,还有亚洲高原高寒植被区。

环北半球中高纬度的北方针叶林地带,即所谓的"泰加"林地带,在亚洲东部主要分布在西伯利亚直到远东海滨的鄂霍茨克,在我国仅出现于大兴安岭的中北部,属南泰加山地亚地带,是我国唯一的地

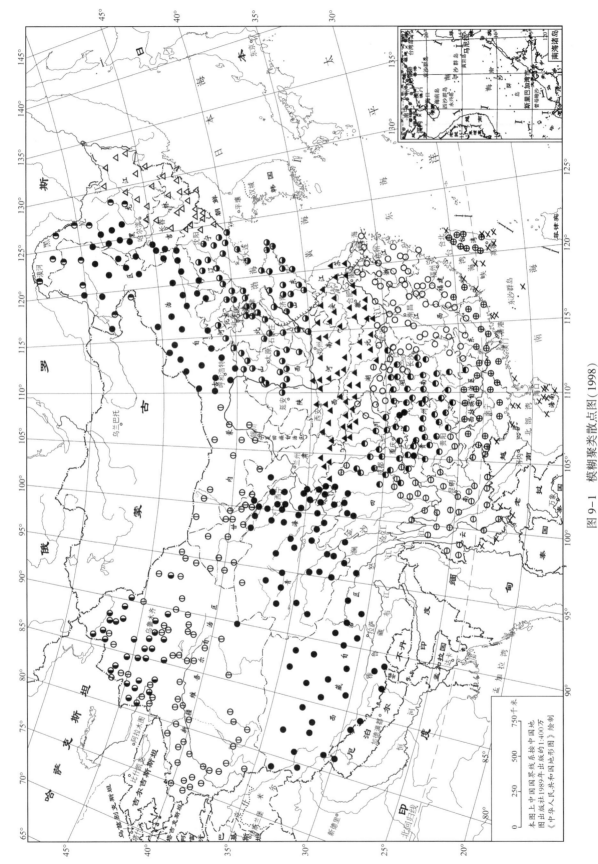

图 9-1　模糊聚类散点图 (1998)

Fig. 9-1　Scatter graph of fuzzy cluster (1998)

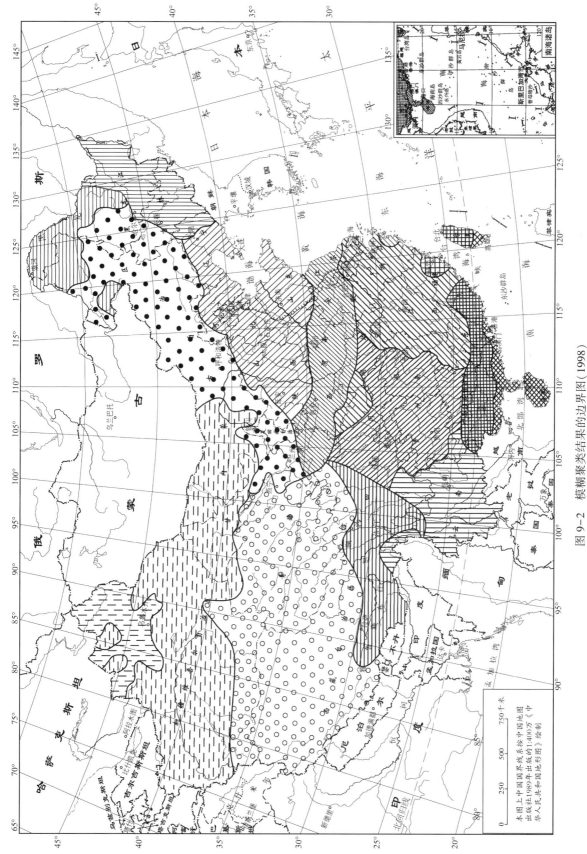

图 9-2　模糊聚类结果的边界图（1998）
Fig 9-2　Bordering graph of fuzzy cluster（1998）

带性泰加林的代表。泰加地带东部滨海由于海洋性气候的润泽，出现了种类丰富、中生性很强的针阔叶混交林，以红松阔叶混交林为代表，亦属向落叶阔叶林的过渡。泰加林地带以南的大陆性的温带草原地带，在东欧和北亚称为 steppe，即欧亚草原地带，与北美中部的"普列利"（Prairie）草原地带、南半球的南美潘帕斯（Pampas）草原和南非草原相对应，该草原地带从东欧（匈牙利）向东，经哈萨克斯坦北部东延掠过新疆北端的阿尔泰山，穿越蒙古中部再进入我国内蒙古高原而终于松嫩平原西端，在内蒙古阴山、大青山以南则向南弯曲延至黄土高原北部，形成对荒漠的包围[48]。亚非荒漠带是最著名的"回归沙漠带"，是地球上最宽阔绵长的荒漠地带，斜跨于欧亚非大陆的中部，其东端在中国与蒙古境内，即新疆、甘肃、宁夏、内蒙古西部的荒漠与蒙古的戈壁荒漠。东亚的落叶阔叶林是与西欧和北美东部的落叶阔叶林相对应的温带中纬度中生森林地带，但远不如西欧和北美落叶阔叶林分布之广，延伸之远，树种中生性也较弱，具明显的旱化特点[49]。这是由于受到蒙古-西伯利亚反气旋高压中心所造成的冬春干旱的胁迫和草原地带的西北向的推挤所致。与此相反，在地球的"回归沙漠带"横行的亚热带纬度，东亚的亚热带却与地球上其他大洲的干热型植被——荒漠、稀树草原或地中海硬叶常绿林及灌丛大相径庭，出现了十分独特的、广阔的东亚常绿阔叶林地带，这自然是受惠于其西部有青藏高原的高大屏障，使控制"回归沙漠带"的高空西风急流高压系统向北分流，并受到东南季风与西南季风两大海洋湿润季风的润泽所致。中国的亚热带森林区域具有较大的地理分异和极丰富的生物多样性。这里不仅是东亚大陆从热带向温带的过渡地带，也是许多温带或热带植物区系成分的起源地。在东亚最为普遍的中国-日本成分与中国-喜马拉雅成分即发生于这片土地，并由此传播到其他地区。在本区划中，东亚亚热带森林分异的特点得到了较好的体现，即不仅有南北的分异，也有东西的差别。南亚的热带雨林、季雨林地带已如在区系一段所述，在中国不是典型的地带性植被，但代表着一个重要的生物群区。最后，青藏高原高寒植被在中国与南亚大陆占据特殊重要的地位，它虽位于亚热带的纬度，但因其高度和对大气环流的影响[50]，高原上既不是该纬度地带典型的亚热带荒漠或稀树草原，也不是其东部的东亚常绿

阔叶林，却以一系列完整的高寒（高山）植被类型或生物群区而在地球植被中占有显著地位，虽然从区系的亲缘关系来说，它们与北方的草原和荒漠有亲密的关系，但在植被类型的生态特征上却形成了与温性（带）和热带、亚热带植被同等地位的"高寒"类型——高寒草原、高寒草甸和高寒荒漠。由于前述中国生物区系与植被地理的特殊地位与类型，可以归结为如下的高级区划单位（图 9-3），即 5 个生物大区与 7 个亚区，分别为：I. 北方森林大区：IA 欧亚北方森林亚区。II. 北方草原荒漠大区：II B 欧亚草原亚区；II C 亚非荒漠亚区。III. 东亚大区：III D 东亚落叶阔叶林亚区；III E 东亚常绿阔叶林亚区。IV. 旧热带大区：IV F 印度-马来热带森林亚区。V. 亚洲高原大区：V G 青藏高原亚区。

生物群区共 18 个，在生物群区下可适当划分生物区，这 18 个生物群区为：

1. 南泰加山地寒温针叶林；2. 北亚针阔叶混交林；3. 东亚落叶阔叶林；4. 东亚落叶-常绿阔叶混交林；5. 东亚常绿阔叶林；6. 东亚季风常绿阔叶林；7. 西部山地常绿阔叶林；8. 北热带雨林、季雨林；9. 热带海岛植被；10. 内亚温带禾草草原；11. 黄土高原森林草原（灌木草原）；12. 中亚温带荒漠；13. 蒙古/内亚温带荒漠；14. 青藏高寒灌丛草甸；15. 青藏高寒草原；16. 青藏高寒荒漠；17. 青藏温性草原；18. 青藏温性荒漠。

将这一区划方案的结果与过去的有关区划相比较，可以明显看出，它在高级区划单位上主要受到生物区系地理的影响，但又不尽同于区系分区。例如，在植物区系地理分区中的北方区中的北方针叶林与草原在本方案中被分开了，后者与亚非荒漠合并形成了斜贯欧亚、北非大陆的干旱地带；远东的针阔叶混交林在本区划方案中更近于北方针叶林，是其海洋性变型，而与东亚温带落叶阔叶林分开，虽与后者区系关系十分密切。相对而言，该方案最接近于植被分区[33]，这当然是由于后者本身就是对生态因子综合的结果。这一方面表明了现行我国植被分区的相对客观性，也从另一方面反映了生态地理区划的合理性。但是本生态地理区划是数量分析与综合信息的 GIS 显示，其界线的准确性较高，主观性较少。在今后不断取得更精确与全面的生态信息的情况下，可以修订生成更为准确可信的分区方案。

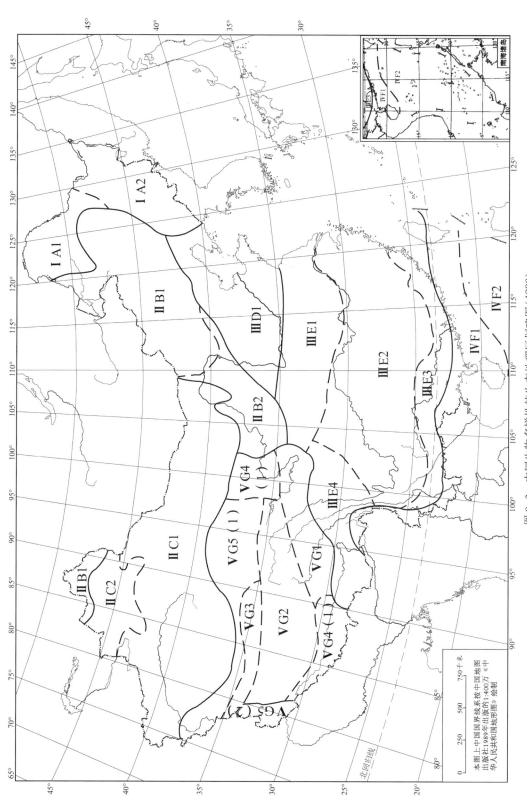

图 9-3　中国生物多样性的生态地理区划略图 (1998)

Fig. 9-3　Graph of ecogeographical division for biodiversity in China (1998)

I. Boreal forest biodomain: IA. Eurasian boreal forest subbiodomain. IA1. Southern Taiga mountain cold-temperate coniferous forest biome; IA2. Northeast Asian mixed coniferous-broad-leaved forest biome. II. Northern steppe and desert biodomain: II B. Eurasian steppe subbiodomain. II B1. Inner Asian temperate grass steppe biome; II B2. Loess Plateau warm-temperate forest/shrub steppe biome. II C. Asia-Africa desert subbiodomain. II C1. Mid-Asian temperate desert biome; II C2. Mongolian/Inner Asian temperate desert biome. III. East Asian biodomain: III D. East Asian deciduous broad-leaved forest subbiodomain. IIID1. East Asian deciduous broad-leaved forest biome. IIIE. East Asian evergreen broad-leaved forest subbiodomain. IIIE1. East Asian mixed deciduous-evergreen broad-leaved forest biome; IIIE2. East Asian evergreen broad-leaved forest biome; IIIE3. East Asian monsoon evergreen broad-leaved forest biome; IIIE4. Western East Asian mountain evergreen broad-leaved forest biome. IV. Palaeotropical biodomain: IVF. India-Malaysian tropical forest subbiodomain. IVF1. Northern tropical rain forest/seasonal rain forest biome; IVF2. Tropical island coral reef vegetation biome. V. Asian plateau subbiodomain: VG. Tibet Plateau subbiodomain. VG1. Tibet alpine high-cold shrub meadow biome; VG2. Tibet alpine high-cold steppe biome; VG3. Tibet alpine high-cold desert biome; VG4. Tibet alpine temperate steppe biome; VG5. Tibet alpine temperate desert biome.

6 中国的生物多样性中心

生物多样性中心或热点 (hot spot) 是指一些植被保存较好、生物种类丰富的地区,亦称为生物多样性保育的优先与关键地区,其选择标准为:(1) 具有世界意义的物种丰富的区域;(2) 物种种类丰富、特有种多的区域;(3) 遗传资源丰富或者濒危物种集中的区域[51,52]。根据上述所划分出的中国陆地生物群区,初步确定中国的 18 个生物多样性中心如下:1. 阿尔泰喀纳斯南泰加森林与山地冻原;2. 长白山-小兴安岭南泰加针阔叶混交林与山地冻原;3. 伊犁天山古地中海中亚山地落叶阔叶林与欧亚森林;4. 准噶尔亚非荒漠哈萨克斯坦-准噶尔古地中海荒漠;5. 鄂尔多斯-阿拉善亚非荒漠内蒙古荒漠、草原;6. 羌塘-可可西里青藏高原区系成分形成中心;7. 卧龙熊猫区系中心;8. 秦岭太白山-神农架东亚温带、亚热带中国-日本区系成分;9. 茂兰东亚亚热带石灰岩常绿阔叶林区系成分;10. 梵净山-金佛山东亚亚热带常绿阔叶林;11. 武夷山-天目山-黄山东亚亚热带常绿阔叶林;12. 台湾玉山东亚亚热带森林与高山植物区系成分;13. 东喜马拉雅山地热带、亚热带山地(含南迦巴瓦)森林;14. 滇西南东亚亚热带山地森林;15. 川西横断山干热河谷古地中海残遗成分;16. 鼎湖山东亚南亚热带季风常绿阔叶林;17. 西双版纳热带季雨林及动物群;18. 海南岛五指山热带山地森林。

7 讨论与小结

(1) 国家的生物多样性分区是生物多样性保育对策、方案制定和科学管理的依据与必需行动,对于拥有"巨大生物多样性"的中国,因自然条件丰富多样,人为活动历史与程度十分强烈,尤其必要及早进行。同时,我国承担了"国际生物多样性保育公约"的国际义务,并制订了国家"21 世纪议程",为了履行与贯彻执行国际与国家生物多样性保育的责任,国家的生物多样性保育区划是其中首要而重要的科学行动。

(2) 由于我国"三志"(中国植物志、中国动物志、中国孢子植物志)已有一定基础,或接近完成,加以各地方志的陆续编就,以及新中国成立以来所进行的多次大型综合科学考察与个别有关生物多样性的深入研究,已具备了进行全国生物多样性保育分区的一定基础与条件。

(3) 在国际生物多样性与全球变化研究中,生物群区与生物区的划分已有众多方案,但尚无完全切合我国实际与特点的系统。在参照国际系统及国际系统相衔接的情况下可制定适合我国国情的方案。

(4) 中国生物多样性分区既不是生物区系的分区,也不是植被分区,而是以生物多样性保育为目的的综合生态地理区划。分区基本按四级制,第一级大区 5 个(I~V),以生物区系分区为主;第二级为 7 个亚区(A~G),以植被地理大区为主;第三级为 18 个生物群区(1~18),以反映该地带大气候、地貌、水文与基质土壤的地带性植被与区系为代表命名;第四级为生物区,以生物群区的相性差异进行划分。该分区与中国植被分区[33]在单位上区别不大,但分区界限却更加客观与准确。

(5) 在中国生物多样性分区中充分利用了信息生态学的原理与方法。在全国多因素数据库的基础上,选用了我室编制的模糊聚类软件(FISOD),对全国尺度的有关生物多样性信息与数据加权进行了聚类分析,取得了 18 类生物群区及其下若干单位的聚类分区结果,并使用了生态信息系统(EIS)手段进行图形的处理、统计与显示,具有以往类似的全国性区划所不具备的客观性、定量性、自动化图形显示与综合性的特点,是一次方法性的试验,为今后大尺度的综合生态地理区划提供了经验和方法。

(6) 生物多样性的生态地理区划只是研究的开端而不是研究的终结。除了对区划本身的科学性与适用性需要进一步修正、完善和提高外,还应开展有关区划的深入研究,例如:生物多样性成分(含各层次与分区单位)的评定(ranking or rating),包括生物多样性重要性评定(biodiversity significance rating)、保护迫切性评定(protection urgency rating)与管理迫切性评定(management urgency rating)等;各区划单位数据库地理信息系统与信息网络的建立;不同区划单位与等级的保育模式、专家系统、科学技术与管理措施的制定等。

(7) 最后强调一点,这一国家尺度的生物多样性的信息生态学分区只不过是一次"有益"的尝试,但不一定是"成功"的,更不是"完美"的科学成果,还有待于专家们从科学内涵、原则、指标、分级组合与方法上提出修改、补充与批评，以使我国的生物多样性分区能更好地作为我国生物多样性保育的基础，也使信息生态学的分区方法与技术得以改进与完善。

致谢　高琼提供其编制的 FISOD 模糊聚类软件，并协助调整，杨奠安、夏力、杨正宇协助进行生态信息系统（EIS）图件的绘制与打印，陈玉福协助资料收集，谨致谢意！

参考文献

1. Holdridge L R. Life Zone Ecology. San Jose, Costa Rica: Tropical Science Center, 1967.

2. Udvardy M D F. A Classification of the Biogeographical Provinces of the World, IUCN Ocasional Paper No. 18, IUCN, Morges, Switzerland.

3. Olson J S, Watts J A, Allison L J. Carbon in Live Vegetation of Major World Ecosystems, Oak Ridge National Laboratory. Oak Ridge, 1983.

4. Olson J S, Watts J A, Allison L J. Major World Ecosystem Complexes Ranked by Carbon in Live Vegetation: A Database, Oak Ridge National Laboratory. Oak Ridge, 1985.

5. Matthews E. Global vegetation and land use: New high-resolution data bases for climate studies. J Climate Appl Meteorol, 1983, 22: 474-487.

6. Bailey R G, Hogg H C. A world ecoregions map for resource partitioning. Environ Conserv, 1986, 13: 195-202.

7. Bailey R G. Ecoregions of the Continents, Department of Agriculture Forest Service. Washington D C, 1989.

8. Bailey R G. Explanatory supplement to ecoregions map of the continents. Environ Conserv, 1989, 16: 307-309.

9. Woodward F I. Climate and Plant Distribution. Cambridge: Cambridge University Press. 1987.

10. Woodward F I, Williams B G. Climate and distribution at global and local scales. Vegetatio, 1987, 69: 189-197.

11. Stolz J F, Botakin D B, Dastoor M N. The Integral Biosphere. In: Rambler M B, Margulis I, Fester R (eds.). Global Ecology: Towards a Science of the Biosphere San Diego: Academic Press, 1989, pp. 36-37.

12. Prentice I C, Cramer W, Harrison S P, Leemans R, Monserud R A. Solomon A M. Global biome model predicting global vegetation patterns from plant physiology and dominance soil properties and climate. J Biogeogr, 1992, 19: 117-134.

13. Box E O. Macroclimate and Plant Forms: An Introduction to Predictive Modeling in Phytogeography. The Hague: Junk W B V, 1981.

14. Box E O. Factors determining distributions of tree species and plant functional types. Vegetatio, 1995, 121: 101-116.

15. Schultz J. The Ecozones of the World: the Ecological Divisions of the Geosphere. Berlin: Springer-Verlag, 1995, pp. 5-71.

16. Lin Chao（林超）. On the boundaries of natural regionalization in China. Geography（地理）, 1962, (3): 81-89. (in Chinese)

17. Huang Bing-Wei（黄秉维）. Sketch scheme of synthetical physical geography division of China. Sci Bull（科学通报）, 1959, 18: 594-602. (in Chinese)

18. Huang Bing-Wei（黄秉维）. An outline of the physic-geographical regionalization of China. Geogr Symp（地理集刊）, 1989, 21: 10-20. (in Chinese)

19. Huang Bing-Wei（黄秉维）. An retrospective and perspective of the climatic regionalization and physico-geographical regionalization of China. Geogr Symp（地理集刊）, 1989, 21: 1-9. (in Chinese)

20. Committee for Natural Regionalization, Chinese Academy of Sciences. A Comprehensive Natural Regionalization of China. Beijing: Science Press, 1959. (in Chinese)

21. Ren Mei-E（任美锷）, Yang Ren-Zhang（杨纫章）. On the natural regionalization in China. Acta Geogr Sin（地理学报）, 1961, 27: 66-74. (in Chinese)

22. Ren Mei-E（任美锷）. The sketch of physical geography in China. Beijing: The Commercial Press, 1979, pp. 122-402. (in Chinese)

23. Hou Xue-Yu（侯学煜）. Vegetation Geography of China. Beijing: Science Press, 1988, pp. 17-50, 115-125. (in Chinese)

24. National Committee for Agricultural Resources Survey and Agricultural Regionalization. Scheme for Comprehensive Natural Regionalization in China. Beijing: Science Press, 1980. (in Chinese)

25. Zhao Song-Qiao（赵松乔）. A new scheme for comprehensive physical regionalization in China. Acta Geogr Sin（地理学报）, 1983, 38: 1-10. (in Chinese)

26. Li Wan（李万）. Preliminary study on landscape regionalization in China. Sci Gegor Sin（地理科学）, 1982, 2: 358-367. (in Chinese)

27. Qiu Bao-Jian（丘宝剑）. Further study on the regionalization of agro-climate of China. Acta Gegor Sin（地理学报）, 1983, 38(2): 154-162. (in Chinese)

28. Qiu Bao-Jian（丘宝剑）, Lu Qi-Yao（卢其尧）. Agriculture Climatic Division. Beijing: Science Press, 1987. (in Chinese)

29. Wu Zheng-Yi（吴征镒）. On the problems about

regionalization of Chinese flora. Acta Bot Yunnan(云南植物研究),1979,1:1-22.(in Chinese)

30. Wu Zheng-Yi(吴征镒),Wang He-Sheng(王荷生). Phytogeography of China. Beijing:Science Press,1983.(in Chinese)

31. Wu Z Y,Wu S G. A proposal for a new floristic kingdom (realm)-the E. Asiatic kingdom,its delineation and characteristics. In:Floristic characteristics and diversity of East Asian plants. Beijing:China Higher Education Press,1998.

32. Zhang Rong-Zu(张荣祖). Animal Geography of China. Beijing:Science Press,1979,71-86.(in Chinese)

33. Editorial Committee for Vegetation of China. Vegetation of China. Beijing:Science Press,1980.(in Chinese)

34. Li Ji-Zhang(李钜章). A brief introduction to introduction to mathematical analysis for the physico-geographical regionalization. Geogr Symp(地理集刊),1989,21:141-152.(in Chinese)

35. Yao Jian-Qu(姚建衢). The clustering analysis on the classification of the areal types of agriculture. Sci Geogr Sin(地理科学),1988,8:146-155.(in Chinese)

36. Bi Bo-Jun(毕伯钧). Delimitation of the northern boundary of warm-temperate zone in Liaoning Province. Sci Geogr Sin(地理科学),1988,38(2):154-162.(in Chinese)

37. Yan Lu-Ming(晏路明). The numerical division of the boundary between the middle and south subtropical belts in Fujian Province. Sci Geogr Sin(地理科学),1988,8:181-187.(in Chinese)

38. Hou Xue-Yu(侯学煜). Vegetation Map of China. Beijing:Map Press,1979.(in Chinese)

39. Zhang X S. A vegetation-climate classification system for global change studies in China. Quaternary Sciences,1993,2:159-169.

40. Wang He-Sheng(王荷生). Floristic Geography. Beijing:Science Press,1992,pp. 150-176.(in Chinese)

41. Wang He-Sheng(王荷生),Zhang Yi-Li(张镱锂). The biodiversity and characteristics of spermatophyte genera endemic to China. Acta Bot Yunnan(云南植物研究),1994,

16:209-220.(in Chinese)

42. Wang He-Sheng(王荷生). Quantitative analysis of genera endemic to China. Acta Phytotax Sin(植物分类学报),1985,23:241-258.(in Chinese)

43. Li Jin(李锦),Zhou Ming-Cong(周明枞),Zhou Hui-Zhen(周慧珍). Soil Map of China. Beijing:Science Press,1988.(in Chinese)

44. Xiong Yi(熊毅),Li Qing-Kui(李庆逵). Soil of China. 2nd ed. Beijing:Science Press,1987.(in Chinese)

45. Luo Lai-Xing(罗来兴),Xing Jia-Ming(邢嘉明). Topography of China. Beijing :Science Press,1980.(in Chinese)

46. Gao Qiong(高琼). Cutting level determination in fuzzy detract clustering and its application to ecological data analysis. Acta Phytoecol Gobot Sin(植物生态学与地植物学学报),1990,14:220-225.(in Chinese)

47. Gao Qiong(高琼),Zheng Hui-Ying(郑慧莹). An application of fuzzy ISODATA to the classification of grassland community of Songnen Plain. Acta Phytoecol Gtobot Sin(植物生态学与地植物学学报),1991,15::312-318.(in Chinese)

48. Investigation Teams of Nei Mongol and Ningxia. Vegetation of Nei Mongol. Beijing:Science Press,1985.(in Chinese)

49. Zhang Xin-Shi(张新时). Qing Zang(Tibet)Plateau and the vegetation in China. The geographical characteristics of vegetation in China on the basis of the relationship between Qing Zang Plateau and general circulation. Bull Xinjiang August Ⅰst Agric Insti(新疆八一农学院学报),1979,1:1-10.(in Chinese)

50. Zhang Xin-Shi(张新时). The plateau zonality of vegetation in Xizang(Tibet). Acta Bot Sin(植物学报),1978,20:140-149.(in Chinese)

51. Chen Ling-Zhi(陈灵芝). The Biodiversity of China:State of the Art and Conservative Strategies. Beijing:Science Press,1993.(in Chinese)

52. Juma C,Wilson E O. Biodiversity's hot spots. World Convert IUCN,1996,1:6-7.

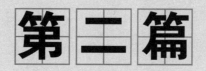

全球变化生态学与中国东北样带研究

本篇收录了我自20世纪80年代后期以来发表的9篇有关全球变化生态学研究的论文。我开始中国的全球变化研究较早。在我建立的实验室研制出了第一批中国植被对全球变化响应的模拟情景,与国际上首先发布的区域性全球变化情景一致。我承担了叶笃正院士主持的全国第一个全球变化研究的重大项目中的第一课题,我们提出并执行的中国东北温带森林-草原样带(简称中国东北样带,NECT)是国际IGBP首批选定的四个国际全球变化陆地样带之一,并首次将青藏高原全球变化纳入国际全球变化的研究中。

第 10 章
中国全球变化样带的设置与研究[*]

张新时　杨奠安

（中国科学院植物研究所植被数量生态学开放实验室）

摘要　为研究中国的全球变化与陆地生态系统（GCTE）关系及古全球变化（PAGES）需要,我国全球变化样带（CENT）将分别按经向（110°—120°E）和纬向（40°N）设置。第一样带（CENT1）系中国东部森林生态系统样带,是沿着热量梯度,在东亚季风控制下的各个森林地带的生态系列。第二样带（CENT2）系中国北温带森林-草原-荒漠生态系统样带,是沿着湿度梯度,由大陆性气候向海洋性气候过渡的生态系列。主样带上进行生物地球化学过程、能量交换、植被结构与动态、气候-植被关系、土地利用格局、模型测试和遥感校验等研究。

关键词　全球变化 陆地生态系统 样带 气候-植被关系

* 本文发表在《第四纪研究》,1995,1:43-52。

一、导言

由于人为活动而引起温室气体排放的剧增造成了全球性的温室效应和对生态系统及社会的重大影响。根据国际气候变化理事会(IPCC)综合几个大气环流模型(GCMs)模拟的结果,到21世纪中叶(2030—2060年),大气中CO_2的浓度将达到($600 \sim 700$)$\times 10^{-6}$,即世界工业化前的两倍时,全球平均气温将增$1.5 \sim 4.5℃$,地区性的变动则在$-3 \sim +10℃$;降水变化的不确定性较大,全球平均增加$7\% \sim 15\%$,地区性变化为$-20\% \sim +20\%$;全球蒸散量将增加$5\% \sim 10\%$,地区性变化为$-10\% \sim +10\%$;海平面平均上升$10 \sim 100$ cm[1]。基于国际学术界的这些估测,全球性或区域性的研究十分重视陆地生态系统对全球变化的反应及其对策,样带(transect)研究被认为是研究全球变化与陆地生态系统关系的最重要和有效的途径之一,因为它可以作为分散的站点观测研究与一定空间区域综合分析之间的桥梁,以及不同尺度时空模型之间耦合和转换的媒介。尤其对于全球变化驱动因素的梯度分析,样带研究是最有效的途径。因此,国际地圈和生物圈计划(IGBP)的两个核心项目"全球变化与陆地生态系统"(GCTE)与"古全球变化"(PAGES),都把样带研究确定为重要的方法。在1993年美国马歇尔召开的国际GCTE样带学术会议上,各国学者提出了多达数十条研究样带,其中某些样带已是国际上著名的全球变化研究项目或网络系统。会上确定了四条样带作为IGBP的样带,其中有一条是我国研究者提出的中国东北温带森林-草原样带(NECT, Northeastern China's Transect)①。在1994年北京召开的PAGES国际学术会议上,刘东生创意设置PEP-Ⅱ(北极-赤道-南极)剖面,是继纵贯南、北美洲至南极的PEP-I样带的另一个全球剖面。本文就是为PEP-Ⅱ剖面在中国部分而提出的两条样带的设置及其初步分析。这两条样带,一条是经向的,沿着中国东部($109°30'—128°E$)由北向南设置;另一条是纬向的,由西向东横贯中国大陆北部($40°N$)。这两条样带代表了决定我国气候和植被的两条最重要和显著的

梯度:热量和湿度(降水或蒸散率),反映了我国基本的陆地生态系统或生物群区(biome)类型和地带性,也包括了我国主要的土地(农、林、牧业)利用格局。青藏高原——我国大气环流的重要起动源和东亚植被地带格局的形成者,未被这两条样带所触及,但将对它作特殊的区域分析研究,因为青藏高原是对全球变化最为敏感和可能反应最大的地区[2]。

二、样带研究的意义与内容

全球变化样带是由沿着一个主要全球变化驱动因素(如温度、降水、土地利用强度等)的梯度上的一系列研究站点所构成。GCTE样带的主要研究内容是:

- 生物地球化学过程(如痕量气体的放散、碳或氮素循环等)的变化。
- 各生态系统的能量转换。
- 植被结构和动态。
- 生物多样性(种类-群落-景观-区域)的变化。
- 气候-植被关系。
- 土地利用性质和格局。
- 发展和测试不同尺度的模型及其耦合和尺度转换。
- 遥感资料的检验。

全球变化样带的研究将促进关于陆地生态系统对迅速的环境变化反应的理解。沿样带的生态梯度安排观测和试验不仅可以最有效地确定全球变化因素对陆地生态系统的作用,还可以根据过去全球变化在该样带剖面所留下的痕迹、证据(孢粉、古土壤、化石、年轮等)和有关历史文化记录的分析,为PAGES研究做出重要贡献。

在IGBP已确定的几条样带中,一条是西非热带稀树草原长期研究(SALT, Savannas in the Long Term)样带;另一条是北澳大利亚热带样带(NATT, Northern Australia Tropical Transect);第三条则是欧洲高纬度的样带,以NIPHY的生物地球化学研究为基础。其他一些样带,如冻原与寒温针叶林之间的样带和中纬度地带的样带等均在计划组织中,并将

---

① 由中国科学院植物研究所植被数量生态学开放实验室张新时等设定和提出。现对该样带的数据库和图形分析已初步完成,并进行了野外观测和考察,资料分析正在进行中。

在不久以后纳入 IGBP 的研究中。

SALT 是最为理想和先进的陆地样带。该样带的综合研究将能流和物流与物种和植被的动态联系起来,其目的是要在从斑块到区域再到大陆的更广幅的尺度上来了解生态系统的过程和性质的变化。该计划基于在八个主要点上和若干个次要点的过程研究,样带跨越 1000 km 并使用遥感资料来外推点上的研究结果。SALT 分析、研究和建模的主要内容包括:第一性生产力,有机物和养分循环,土壤-植被-大气相互作用,表土特征和侵蚀过程,植被结构和动态,生态系统对干扰的反应(如火、放牧、农垦等),以及小流域的水文和水质变化。

土地利用强度的样带不是一个在地理上连续的研究点的系列。这种样带的设计要用以了解土地利用变化的影响,例如,在潮湿热带森林中的基本生态过程,特别是生物地球化学循环的过程,及其与土地利用类型和格局的关系[①]。

我国的全球变化生态样带研究的任务就是要在驱动我国生态和环境变化的梯度上研究和理解我国陆地生物圈中正在迅速发生和演变的过程。

三、中国全球变化生态样带的设置与分析

中国全球变化生态样带设置的原则在于以下几点:

- 贯穿我国大陆上主要的植被地带或生物群区的生态系列。
- 沿着我国大陆全球变化的主要驱动因素,即热量和水分梯度,以及生态系统生产力的梯度。
- 表现我国大陆在全球变化过程中的气候-植被关系类型,以及反映在 AVHRR/NDVI(植被指数)上的梯度。
- 代表我国大陆生物地球化学循环过程和类型,包括水循环、碳循环、氮循环、可溶矿物盐分循环以及水土流失和风蚀-风积过程规律。
- 反映我国大陆土地利用类型和强度的基本

格局。

基于这些考虑,我国全球变化的生态样带按经向和纬向分别在我国东部和北部设置(图 10-1),简称为 CENT(Eastern and Northern Transects of China)。

1. 东部森林生态系统样带(CENT1)

北起大兴安岭北端,向东南方向经小兴安岭到长白山,再折向西南,经华北平原和江淮平原、江南丘陵,越南岭而至海南岛。其经度范围在东经 109°30′至 128°,纬度跨度则由北纬 18°44′ 至 53°。沿带地形多为丘陵和平原,没有高山,海拔高度为 0~1300 m。

CENT1 的植被和土壤地带由北向南依次是:大兴安岭的寒温针叶林,属泰加针叶林地带的南部山地亚带,典型土壤为灰化土;小兴安岭和长白山的温带针阔叶混交林和暗棕色森林土;东北南部和华北的温带落叶阔叶林,土壤为森林棕壤和褐土,平原久已垦为农田,山地有少量残存的次生落叶阔叶林,多为次生灌草丛;江淮平原和丘陵的北亚热带常绿阔叶与落叶阔叶混交林,土壤为黄棕壤;江南丘陵的中亚热带常绿阔叶林和岭南的南亚热带常绿阔叶林,土壤为红黄壤,多开为农田、人工林、经济作物园及次生灌草丛和疏林地;最后在南海沿岸地带和海南岛为北热带的热带季雨林和砖红壤。可见,中国大陆的东部具有地球上从热带到寒温带最为完整和连续的森林和土壤地理地带系列,这是其他任何大洲都无法比拟的。这一系列森林地带除北端的寒温针叶林外,其余均为夏季东亚季风气候控制下的地带性森林类型,是最典型的受热量驱动的纬度地带系统,对于全球变化增温效应的气候-植被关系研究是最理想的天然试验场。

该样带的气候梯度参数如下:

- 年均温(Ta):-4~24℃。
- 年均降水量(Pa):420~1750 mm。
- 生物温度(BT)[②]:2.2~23.5℃。
- 可能蒸散率(PER)[②]:0.4~1.4。
- 辐射干燥度(RDI)[③]:0.4~0.98。

---

① GCTE Core Project Office,1994,GCTE Core Research:1993 Annual Report. Global Change and Terrestrial Ecosystems,Report No. 1,Canberra,Australia.

② 生物温度和可能蒸散率按 Holdridge 系统。

③ 辐射干燥度按 Chikugo 模型。

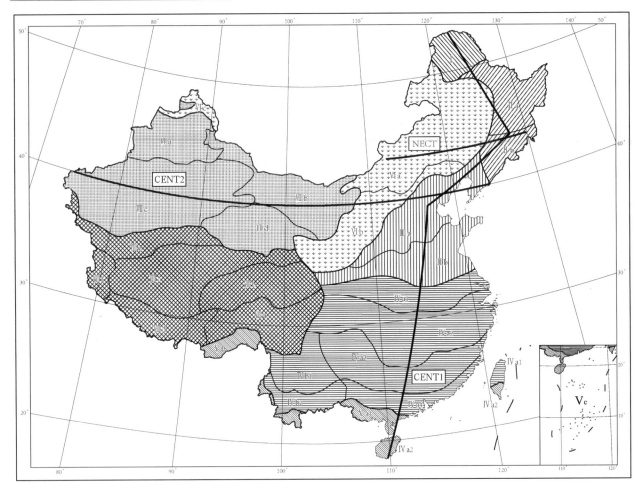

图 10-1　中国东部森林和北温带森林-草原-荒漠样带位置

NECT. 中国东北温带森林-草原样带,CENT1. 东部森林样带,CENT2. 北温带样带,Ⅰ. 寒温带针叶林地带,Ⅱ. 温带针阔叶混交林地带,
Ⅲ. 暖温带落叶阔叶林地带,Ⅳ. 亚热带常绿阔叶林地带,Ⅴ. 热带雨林、季雨林地带,Ⅵ. 温带草原地带,Ⅶ. 温带荒漠地带,Ⅷ. 青藏高原
高寒植被区

- 湿润指数(IM)①:-36.4~65.3。
- 潜在净第一性生产力（NPP）②:4.5~20 t·a⁻¹·ha⁻¹。

应当指出,中国东部森林地带系列有其独特的生态特征,最主要的是其温带落叶阔叶林由于受到西北部蒙古-西伯利亚反气旋高压的强烈影响,而具有明显的旱化或草原化的特点,表现在其组成树种以强度大陆性的栎、榆等树种为主,而缺乏西欧和北美落叶阔叶林喜湿润气候的中生成分,如水青冈、铁杉等。中国亚热带的常绿阔叶林更是独特的类型,既不同于同纬度的北非地中海型硬叶常绿林和硬叶灌丛,更全然不是地球回归荒漠带的亚热带稀树干草原和荒漠,而是温带落叶阔叶林与热带森林

之间的过渡,其特点是夏季炎热多雨,但冬季却受到北方寒流和蒙古-西伯利亚反气旋高压的强烈影响,气候干冷,其优势树种为常绿革质叶的阔叶树种和一些亚热带性的针叶树种,如柳杉、杉木及残遗的水杉、银杉等活化石,次生林主要为马尾松。仍然是由于寒流和大陆反气旋对东亚大陆的影响,中国东部的热带森林仅在北回归线以南的南海沿岸有断续分布。

CENT1 的土地利用格局的梯度由北向南顺序如下。北部的大兴安岭基本上属纯林业区,以天然针叶林的经营为主。小兴安岭和长白山亦为森林经营区,但与松嫩平原接壤处为半林半农区,向农业区过渡,谷地多开为农田,以一年一熟水稻(夏季粳

---

① 湿润指数按 Thornthwaite 方法。
② 潜在净第一性生产力按 Chikugo 模型。

稻)和冬小麦、大豆、马铃薯、甜菜、夏玉米等为主要作物,果树有耐寒的小苹果、海棠、桃、梨、杏等。辽南和华北平原温带落叶阔叶林地带的农业以两年三熟制的冬小麦、玉米、高粱和棉花为主,水田有水稻;本地带盛产温带落叶阔叶果树,有苹果、梨、桃、柿、枣、葡萄、核桃、板栗、山楂等。北亚热带主要为一年两熟的水稻、棉花、小麦、油菜、花生等;落叶果树有桃、梨、石榴等,常绿果树有柑桔、枇杷等。中亚热带的农业以双季稻和小麦为主,常绿果树和经济树种有柑桔、枇杷、杨梅、茶、油茶、樟、油桐、棕榈等。南亚热带以双季稻为主,尚有甘薯、甘蔗、木薯等;常绿果树有荔枝、龙眼、香蕉、菠萝、芒果等。亚热带的盆地、丘陵和山地的土地利用格局基本上是:谷底为鱼塘,盆谷为水稻,丘陵为果树和经济树种,山地为林——杉木、柳杉等,山顶草坡可作牧场。南海沿岸和海南岛热带除双季稻、冬甘薯、玉米等外,果树和经济树种有荔枝、龙眼、菠萝、芒果、橡胶、椰子、槟榔、咖啡等。

2. 北温带森林-草原-荒漠生态系统样带(CENT2)

沿北纬 40°线,西起东经 76°的新疆南部的塔里木盆地西端,穿过塔克拉玛干大沙漠和罗布泊戈壁荒漠、河西走廊和阿拉善沙漠,越贺兰山而至鄂尔多斯高原和内蒙古高原南部,再越燕山而达华北平原,终于辽南丘陵东经 123°30′。沿线没有太高的山峰,海拔高度范围由 0 至 2555 m。

CENT2 沿带的植被和土壤地带由西向东依次如下。暖温带的极端干旱荒漠类型——沙漠、石质戈壁、风蚀雅丹、盐漠等,植被十分稀疏或无,土壤为原始的棕色荒漠土、各种风沙土、盐渍土和风蚀雅丹。过贺兰山进入温带草原的灌丛沙地和内蒙古禾草、杂类草草原,土壤为栗钙土。本样带植被在华北平原应属旱化的暖温带落叶阔叶林,但均开为农田,地带性土壤为褐土。最后在辽南丘陵为次生的落叶阔叶栎林,土壤为森林棕壤。这是一条典型的受湿度驱动的样带,其气候梯度参数如下:

- 年均温(Ta):4~11℃。
- 年均降水量(Pa):25~800 mm。
- 生物温度(BT):7.3~12.4℃。
- 可能蒸散率(PER):0.9~29.2。
- 辐射干燥度(RDI):0.7~23.8。
- 湿润指数(IM):83.4~18.5。

- 潜在净第一性生产力(NPP):0~10.2 t·a^{-1}·ha^{-1}。

CENT2 表征着东亚大陆经向的生态梯度,其植被和生态地带随着远离太平洋岸深入大陆腹地而发生由森林到草原再荒漠的变化。该样带穿过两条重要的生态界线,即森林与草原地带之间的湿润与半干旱的过渡带,大致在年均降水量 450~500 mm 和蒸散率 1.0~1.2 处;草原与荒漠地带之间的半干旱与干旱的过渡带,大致在年均降水量 200~250 mm 和蒸散率 4.5~5.0 处,后一界线尚可视为夏季东亚季风影响的界线。沿着这一样带进行研究和监测不仅可以探究现代的气候-植被关系和格局以及碳和氮素循环的梯度变化,还可以进行我国第四纪以来一系列重大的气候、地质、景观和生态系统的演化进程的研究。例如,长期的自然与人类作用引起的草原化和荒漠化过程——草原-森林和荒漠-草原之间的进占和退缩过程,沙丘的形成和动态,黄土状物质的堆积和侵蚀,盐渍化的原生和次生作用及其动态,地质时期的气候-植被关系和分布格局,以及历史时期不同社会发展阶段的土地利用格局及其变迁等。

CENT2 的土地利用格局关系显示了我国气候干湿度变化对农林牧业类型、分布及其组合的重要影响。辽南丘陵和华北平原的农业和果树已如前述。内蒙古南部草原区主要为草原畜牧业,可种旱地小麦、荞麦、燕麦、糜子、马铃薯等,收成靠天。谷地有灌溉农业,为一年一熟的小麦和少量早熟粳稻。鄂尔多斯高原沙地在滩地上亦有斑块状的绿洲和梁地上的旱地农业,但主要为放牧畜牧业,亦有局部林地和灌丛,可发展沙地复合农林草业,但在过度放牧情况下则导致流沙和严重的荒漠化。贺兰山以西的荒漠地带有零星的绿洲农业,在戈壁滩上的放牧业承载力极低,仅扇缘盐渍化低地草甸可供放牧。在塔克拉玛干大沙漠中仅在穿过沙漠的河谷胡杨林中偶有放牧;其西端的喀什绿洲却有繁茂的灌溉农业,有一年两熟或两年三熟的玉米、高粱、小麦、棉花和局部水稻,果树繁多,有桃、杏、梨、核桃、葡萄、无花果、石榴等,近年有枣、巴旦杏、阿月浑子等,绿洲和沙漠边缘的盐化草地可供放牧。

根据国际气候变化理事会对全球变化的估计范围,对 CENT 在 CO_2 倍增导致年均温增加 4℃,年降水量增加 10% 的情景下进行了生态系统和潜在净第一性生产力(NPP)变化的模拟和预测。对生态系统与气候变化的关系估测采用了 Holdridge 的生命地带系统①。对 NPP 的估测则采用了 Chikugo 模型[3]。据估测的结果，CENT1 的植被地带(生命地带)在年均温增加 4℃和年降水量增加 10%的条件下将发生显著的北向推移：大兴安岭的寒温针叶林地带将全部北移出境而为温带草原所代替；东北的温带针阔叶混交林与辽南华北的暖温带落叶阔叶林地带均将相应向北移动 5~8 个纬度；南亚热带常绿阔叶林地带将扩展到北纬 34°，这意味着柑桔的种植界线将可能北推过淮河而进入鲁南；按照 Holdridge 的生命地带分类，原来不存在于中国东部大陆的热带雨林和季雨林地带将从南海登陆北上达到南岭以北 25°—26°N 处。整个中国东部森林地带的全球变化趋势表现为其北端的草原化和整体的暖热化。虽然各森林地带的实际演变将碍于植物的移动远远落后于气候变化的速度以及土壤对全球变化响应的滞后作用而不会迅速产生上述的巨变反应，但这一剧烈的生态演变潜势却将在 21 世纪中叶发生和进行是可能和有根据的。

CENT2 横贯的我国北温带森林-草原-荒漠地带除了整体的暖化趋势以外，还可能有向东移动的倾向。样带上荒漠-草原的界线现在大致位于经度 108°E，草原-森林界线大致在 114°E；增暖后，荒漠东界东移到达 109°E，草原东界则在 116°E，向东推移了 1~2 个经度，表现了荒漠化加强的趋势。但在样带南缘，由于草原和森林地带北移的结果，在柴达木盆地到黄土高原一带可能发生草原向荒漠发展和森林向草原进占的气候潜势。

NPP 在全球变化条件下在东部森林地带 CENT1 一般有增加的趋势。大兴安岭一带的 NPP 由 4~5 $t \cdot a^{-1} \cdot ha^{-1}$ 增加为 5~6 $t \cdot a^{-1} \cdot ha^{-1}$，东北针阔叶混交林地带由 6~7 $t \cdot a^{-1} \cdot ha^{-1}$ 增加到 7~8 $t \cdot a^{-1} \cdot ha^{-1}$，华北落叶阔叶林地带由 7~9 $t \cdot a^{-1} \cdot ha^{-1}$ 增为 9~11 $t \cdot a^{-1} \cdot ha^{-1}$，亚热带由 11~15 $t \cdot a^{-1} \cdot ha^{-1}$ 增为 12~18 $t \cdot a^{-1} \cdot ha^{-1}$ 不等，热带则由 17~19 $t \cdot a^{-1} \cdot ha^{-1}$ 增为 19~22 $t \cdot a^{-1} \cdot ha^{-1}$。CENT2 样带的荒漠和草原部分在全球变化条件下 NPP 的增加不明显，这显然是由于在热量增加的同时，降水虽有所增加(10%)，但未达到增产所需的水热平衡条件值。

以上仅是根据在 CENT 两条样带上现有的气候、植被和土壤数据库分析的初步结果。为了达到在样带上进行全球变化与陆地生态系统相互关系的深入研究和监测，以及调控的目的，必须深入系统地在样带的试验台站上开展观测、实验和研究，并应用遥感、全球定位系统和地理信息系统等先进手段，建立样带气候-植被关系的时空模型及其管理调控的优化方案，作为我国全球变化监测和控制决策的重要参考和依据。为此，必须组织全国性的 CENT 样带协作研究和监测的网络系统。

参考文献

[1] Wyman, R. L. (ed.), 1991. Global Climate Change and Life on Earth. Routledge, Chapman and Hall, New York, London, pp. 43-55.

[2] 张新时，刘春迎，1994. 全球变化条件下的青藏高原植被变化图景预测. 中国国家自然科学基金委员会生命科学部，中国科学院上海文献情报中心(编). 全球变化与生态系统，17-26 页，图版 7-16.

[3] Uchijima Z, Seino H, 1985. Agroclimatic Evaluation of Net Primary Productivity of Natural Vegetation: (1) Chikugo Model for Evaluating Primary Productivity. *Journal of Agricultural Meteorology*, 40, 343-352.

---

① Holdridge, L. R., 1967. Life Zone Ecology. Tropical Science Center, San Jose, Costa Rica, 206.

Allocation and Study on Global Change Transects in China

Zhang Xinshi(Chang Hsin-Shih)　　Yang Dian'an

(Laboratory of Quantitative Vegetation Ecology,

Institute of Botany, Chinese Academy of Sciences)

Abstract　The ecological transect is considered as an efficient approach for studying the interaction between global change and terrestrial ecosystems. It could be used as a linkage between site observation and integrated regional studies, or a medium for transferring and coupling between models of time and space on different scales or levels. In the core projects of IGBP such as "Global Change and Terrestrial Ecosystems(GCTE)" and "Past Global Changes(PAGES)", the research on transects has been highly emphasized. The Northeast China's Forest-Steppe Transect(NECT) that we proposed at the GCTE International Symposium of Transects, Marshall, CA, USA in 1993 has been accepted as one of four international IGBP transects. A global change transect is comprised of a set of coherent research sites along the gradient of a major global change driving force, *e. g.*, temperature, precipitation, the intensity of land use, etc. The main items are to study biogeochemical processes including trace gas emissions, carbon and nitrogen cycles, etc., to study energy exchange of ecosystems, to study vegetation structure and dynamics, climate-vegetation interaction, and changes in biodiversities, to study the characteristics and patterns of land use; to debug models on different scales; and to test remote sensing data. On the basis of these considerations, China's global change transects can be allocated longitudinally and latitudinally in the eastern and northern parts of the country, called CENT(Eastern and Northern Transects of China) for short.

The Eastern Forest Biomes Transect(CENT1) extends from the northern point of Great Xin'an Mountains, through Northeast China mountain regions, North China Plain, Chang Jiang-Huai River Plain, and South China Hilly area to the southern end of Hainan Island. The longitudinal range is 109°30′—128°E, the latitudinal range 18°44′—53°N, and the altitudinal range 0～1300 m. The vegetation/soil zonation of the transect is in order from north to south: cold temperate(boreal) coniferous forest/podzolic soil; cool temperate mixed coniferous-deciduous broadleaf forest/dark brown forest soil; warm temperate deciduous broadleaf forest/brown earth and cinnamon soil; subtropical evergreen broadleaf forest/red and yellow earth; and tropical seasonal forest/laterite. The whole transect, except its boreal coniferous forest zone, is a forest zonal series controlled by the East Asian Monsoon System, a latitudinal zonal system driven by thermal gradient, and also the most complete and continuous forest biome series on the Earth. The climatological indexes of the transect are as follows: the mean annual temperature of $-4 \sim 24℃$, the mean annual precipitation of $420 \sim 1750$ mm, the potential evapotranspiration rate(PER) of $0.4 \sim 1.4$, and the net primary productivity(NPP) of $4.5 \sim 20$ t $\cdot$ a^{-1} $\cdot$ ha^{-1}. The land use pattern is in order from north to south: boreal forestry; semi-forestry-semiagriculture(one cropping in one year); three croppings in two years and temperate deciduous broadleaf fruit orchard; two croppings in one year, subtropical evergreen fruit orchard and economic tree plantation; and two croppings in one year, tropical fruit orchard an economic tree plantation.

The Northern Temperate Desert-Steppe-Forest Biome Transect(CENT2) extends along 40°N from the Tarim Basin on the west, through Hexi Corridor, Alasan Sand Desert and North China's Plain to Southern Liaoning Hilly area on the east. The elevation ranges between $0 \sim 2555$ m. The vegetation/soil zonation of the transect is from west to east: extreme-arid desert; primitive brown desert soil and drift sand; temperate steppe/castanozem; secondary deciduous broadleaf forest and farmland/cinnamon soil and cultivated soil; and secondary deciduous broadleaf forest/brown earth. This transect is a biome series driven by moisture or precipitation gradient. The main climatological indexes are: the mean annual temperature of $4 \sim 11℃$, the mean annual precipitation of $25 \sim 800$ mm, the potential evapotranspiration rate (PER) of $0.9 \sim 29.2$, and the net primary productivity of $0 \sim 10.2$ t $\cdot$ a^{-1} $\cdot$ ha^{-1}. The land use pattern is from west to east: oasis agriculture, pastoral husbandry, semiagriculture-semihusbandary, agriculture, and semiagriculture-semiforestry.

Simulation and prediction were made for the above two transects under the condition of CO_2 doubling, $+10℃$ and precipitation $+10\%$. In the eastern forest biome transect, the tropical seasonal forest zone in the southern coast of China will shift northwards to the north of the Nanling mountains and the cold temperate coniferous forest zone will shift northwards almost completely out of the national boundary. The northward shifting extent of each forest zones could reach $5 \sim 8$ degrees of latitude. In the northern temperate desert-steppe-forest biome transect, the desert and steppe zones will shift eastwards about $1 \sim 2$ degrees of longitude, and so drought and desertification could invade the northern temperate steppe zone and the deciduous broadleaf forest zone.

The study on Chinese global change transects has yet to be developed further. It calls for a cooperative transect study by organizing a nationwide network.

第11章

全球变化的中国气候-植被分类研究[*]

全球变化的中国气候-植被分类研究*

周广胜　张新时

(中国科学院植物研究所,北京　100093)

摘要　区域潜在蒸散具有作为植被-气候相关分析与分类的综合气候指标的功能。根据区域潜在蒸散对气候-植被分类的热量与水分指标进行了初步探讨,并对中国气候-植被分类进行了初步的定量研究。根据该模式对中国陆地生态系统对全球变化的响应进行了探讨,结果表明我国自然植被在气温增加2℃或4℃、降水增加20%时,森林和草原的面积都有所减少,且随着温度的升高而减少,沙漠化趋势增强。特别是青藏高原地区对全球气候变化非常敏感,因而可以作为全球变化的先兆区或预警区,具有重要的监测和研究意义。

关键词　区域潜在蒸散;气候-植被分类;热量指标;湿度指标;全球变化

---

* 本文发表在《植物学报》,1996,38(1):8-17。国家自然科学重大基金资助项目。

Study on Climate-Vegetation Classification for Global Change in China

Zhou Guang-sheng and Zhang Xin-shi

(Institute of Botany, Academia Sinica, Beijing 100093)

Abstract   The study on climate-vegetation relationship is the basis for determining the response of terrestrial ecosystem to global change. By means of quantitative analysis on climate-vegetation interaction, vegetation types and their distribution pattern could be corresponded with certain climatic types in a series of mathematical forms. Thus, the climate could be used to predict vegetation types and their distribution, the same is in reverse. Potential evapotranspiration rate is a comprehensive climatological index which combines temperature with precipitation, and could be used to evaluate the effect of climate on vegetation. In this respects, Holdridge life zone system has been drawing much attention and widely applied internationally owing to its simplicity. It is especially used in the assessment of sensibility of terrestrial ecosystems and their distribution in accordance with climate change and in prediction of the changing pattern of vegetation under doubled CO_2 condition. However, Prentice(1990) pointed out that the accuracy of Holdridge life zone system is less than 40% when it issued at global scale. The reason may be that the potential evapotranspiration calculated by Thornthwaite method, which is used in Holdridge life zone system, reflects the potential evapotranspiration from small evaporated area, while climate-vegetation classification is based on the regional scale. The authors try to establish a new climate-vegetation classification system based on the regional potential evapotranspiration. According to the following formula:

$$E_{p} + E = 2E_{p0} \qquad (1)$$

where E designates regional actual evapotranspiration; E_{p}, local potential evapotranspiration; E_{p0}, regional potential evapotranspiration. E_{p} can be calculated from Penman model or other models. E can be calculated from the following model:

$$E = \frac{r \cdot R_{n}(r^{2} + R_{n}^{2} + r \cdot R_{n})}{(r + R_{n}) \cdot (r^{2} + R_{n}^{2})} \qquad (2)$$

where r designates precipitation(mm); R_{n}, net radiation(mm). Thus, E_{p0} can be easily obtained. It is used as the regional thermal index(RTI) of climate-vegetation classification, and can beexpressed as:

$$\text{RTI} = E_{p0} \qquad (3)$$

Moisture index is another index of climate-vegetation. Usually, it can be expressed as the ratio between potential evapotranspiration and precipitation. However, this ratio can not reflect soil moisture, which is important for plant. The ratio between regional actual evapotranspiration and regional potential evapotranspiration is associated not only with climatic condition but also with soil moisture. So it can be used as the moisture index of climate-vegetation classification, and is defined as regional moisture index(RMI):

$$\text{RMI} = E/E_{p0} \qquad (4)$$

Based on the average climatological data of 30 years from 647 meteorological observation stations in China. It was found that RTI could well reflect a regional thermal level. The values of RTI were less than 360 mm in cold temperate zone, 360~650 mm in temperate zone, 650~780 mm in warm temperate zone, 780~1100 mm in subtropical zone, and more than 1100 mm in tropical zone. RMI also reflects a regional moisture level very well. The values of RMI was less than 0. 4 in desert area, 0. 4~0. 7 in grassland area and more than 0. 7 in forest area. Thus, the climate-vegetation classification in China is established on the basis of the two indices: RTI and RMI. According to this model, the changing patterns of vegetation zones in China are given under the conditions of mean annual temperature increasing by 2℃ and 4℃ and mean annual precipitation increasing by 20%. The results showed that the areas of forest and grassland would decrease, the vegetation zones would move northward and upward, and the area of desert would increase. The results also indicate that the Tibetan Plateau is an area highly sensitive to global change. It could be considered as an indicative or forewarning area for global change, and therefore, an area of great significance for monitoring and research. The possible beneficial effect of global change on China terrestrial ecosystems is that the plantation boundary will move northwards and upwards; and the disadvantageous effect is the expansion of desertification and the increase of instability in climatic conditions.

Key words　Regional potential evapotranspiration; Climate-vegetation classification; Thermal index; Moisture index; Global change

植物生态学的观点认为主要的植被类型体现着植物界对主要气候类型的响应，每个气候类型或分区都有一套相应的植被类型。分析和研究这种植被与气候间的相互关系及作出植被类型相应的环境（气候）解释乃是植被生态学家的主要任务之一，特别是在进行全球变化与陆地生态系统关系的研究中，气候-植被关系的确定具有十分重要的实际意义。自 19 世纪以来，研究者们就致力于发展植被与气候的耦合关系或生物气候图式，以利于用气候来预测植被的分布或用植被来推断气候[1]。在众多的气候-植被分类模型中，表征热量的温度或生物温度，表征水分的降水，以及表征水热综合状况的潜在蒸散通常被用作主要的气候指标[1]。在众多的气候-植被分类系统中，Holdridge 生命地带分类系统被认为较好地反映了气候与植被间的相互关系，因而在环境评价、生态区划及预测全球变化对生态系统的影响等方面得到广泛应用[2]。尽管如此，Prentice[3]指出该系统在全球应用的精度仍小于40%，经过改进后在全球应用的精度仍不超过60%。因此，迫切需要开展地区乃至全球的气候-植被分类研究，以正确评估与预测全球变化对于陆地生态系统的可能影响，及采取科学的对策。我国位于最大的欧亚大陆和太平洋之间，三分之二的国土面积是海拔 1000 m 以上的山地和高原，其西南部是全球最大和最高的青藏高原。我国独特的地理位置和地貌条件使得中国陆地生态系统的气候-植被关系在全球变化中更为复杂。气候-植被分类的研究对于全面深入地了解组成中国自然环境的各要素，弄清中国各区域的气候状况，更好地规划和进行各项建设，为农林牧水、交通运输与国防等有关部门提供查询、应用和研究的依据，以及正确地评估和预测全球变化对我国大农业的影响，以采取科学的对策，最大可能地减小全球变化的不良作用具有十分重要的意义。本文试图从区域潜在蒸散观点出发对气候-植被分类进行初步探讨，提出初步的量化指标并对全球变化后的中国气候-植被分类进行研究。

1. 气候-植被分类的气候指标

决定植被地理分布的两个主要因素是热量和水分。在地球表面，热量随所在的纬度位置而变化；水分随距海洋远近以及大气环流和洋流特点而变化。水热的有机结合构成了气候、植被及土壤等的地理分布。

温度是气候-植被分类中最简单的热量指标，但缺乏生物学综合作用。因而积温及潜在蒸散通常用来表示热量指标。《中国气候区划（初稿）》[4]就是按照 ≥10℃ 的积温自北而南依次划分出寒温带至赤道带等 8 个温度带（原称热量带）和亚带；这一区划在一定程度上揭示了中国自然地域热量分布的基本特点和规律。但是，以 ≥10℃ 积温作为区划的主要热量指标，可能将本不属于同一气候带的地区因 ≥10℃ 积温相同而划为同一气候带，或把本属于同一气候带的地区因 ≥10℃ 积温不同而要用不同的 ≥10℃ 积温指标值来表示，造成指标值的混乱和阐述的困难，如云南高原上从腾冲到昆明一线 ≥10℃ 的积温与黄淮海地区相当，约为 4500℃，但这两地气候却大相径庭，植被景观也截然不同，前者属于中亚热带，后者属于暖温带。气候-植被分类必须强调气候因子的综合影响，潜在蒸散[5]包括所有表面的蒸发与植物蒸腾，在生物学上具有重要与综合的作用，具有作为气候-植被相关分析与分类的综合气候指标的功能。由于潜在蒸散反映的是在水分供应充足条件下的可能蒸散量,所以反映了一地的热量状况,可以用作气候-植被分类的热量指标。但是,由于气候-植被分类是大尺度的,用 Thornthwaite 方法[5] 及 Penman 方法[6] 计算的潜在蒸散在一定程度上反映了区域的热量程度,但是它们代表的是小蒸发面的能量,并不能完全反映某一区域的能量水平。当某一区域大面积充分湿润后,很多气象要素都发生了变化,包括反射率、地表温度、空气温度、气温以至云量,因而陆地表面所获得的净辐射必然要发生明显的变化。越是干旱的地区,其所获得的净辐射增加越多。所以,应该用区域潜在蒸散来反映一地区的热量状况。目前,在环境评价、生态区划以及评估和预测全球变化对陆地生态系统影响等方面广泛应用的 Holdridge 生命地带分类系统在本质上仍是用 Thornthwaite 方法计算的潜在蒸散来反映区域的热量程度,这可能是该系统在全球应用的精度仍小于 40%、经过改进后的精度仍不超过 60% 的原因。于是,我们用区域潜在蒸散来作为气候-植被分类的热量指标,并定义为区域热量指数(RTI, regional thermal index)。

Bouchet[7] 提出了以下的互补关系,即

$$E_{p} + E = 2E_{p0} \qquad (1)$$

式中 E 为均一平坦下垫面的区域实际蒸散量,E_{p} 为局地潜在蒸散量,即当地气候条件下小块充分湿润地面的蒸散量,E_{p0} 为大面积陆面充分湿润后的蒸散量。当区域变得越来越潮湿时,E 和 E_{p} 都以 E_{p0} 为限。使用互补关系时,可以用 Penman 公式或其他类似公式来计算 E_{p},因为 Penman 公式是根据小蒸发面的资料归纳出来的。E 可根据周广胜和张新时[8]建立的区域实际蒸散模式求取:

$$E = \frac{r \cdot R_{n}(r^{2} + R_{n}^{2} + r \cdot R_{n})}{(r + R_{n}) \cdot (r^{2} + R_{n}^{2})} \qquad (2)$$

式中 r 为降水量(mm);R_{n} 为净辐射量(mm)。

于是,可求取区域热量指数:

$$RTI = E_{p0} \qquad (3)$$

由于一般的气象观测站均不进行地表净辐射观测,计算地表净辐射需要的气象要素也很多,不易求取。而降水及一地的潜在蒸散量可很容易地由 Penman 公式求取,通过分析陆地表面所获得的净辐射与该地的潜在蒸散和降水量的关系,得到以下关系式:

$$R_{n} = (E_{p} \cdot r)^{0.5} \cdot (0.369 + 0.598 \cdot (E_{p}/r)^{0.5}) \qquad (4)$$

其中净辐射资料取自张志明[7]资料,E_{p} 根据相应气

象观测台站 30 年的气候资料求得。该式的相关系数达 0.99。

干湿指标是气候-植被分类的另一重要指标。表示干湿状况最简明的气候指标是降水量,各气象站和水文站都有观测资料,使用方便。但是,一个地区的降水量只表示该地区的水量收入,并不能完全反映该地区的干湿状况。因此,降水量与最大可能蒸散量之比或差常被用作干湿气候指标。最大可能蒸散量难以观测,主要靠计算获得。

最大可能蒸散量是一个地区水分充分供应条件下消耗于蒸发的水量,其与降水的比值与差值表示了该地区水分的收支和盈差,作为干湿指标,其物理意义是明确的。但是一个地方的降水量并不完全留在该地仅供蒸发之用,还用于地表径流和地下渗透,而且该指标也不能反映地面土壤的干湿程度,地面干湿程度对于植物有着十分重要的作用。因此,该指标不能客观真实地反映地面的干湿状况。水分供应是蒸发过程的基本条件之一,土壤水分含量对蒸发速率有着重要的影响。一般认为,土壤水分超过某一临界值时,蒸发速率不受土壤水分供应的限制,而只与气象条件有关;当土壤水分含量低于这一临界值时,蒸发速率除与气象条件有关外,还随土壤水分的有效性的降低而降低。在现有气象条件下,充分供应水分的蒸散为潜在蒸散,这时实际蒸发量在水分供应充分时等于潜在蒸散;而当水分供应受到限制时,实际蒸散与潜在蒸散的比值小于 1,且随土壤水分含量的减少而减少,直至水分供应停止时,实际蒸散与潜在蒸散的比值趋于 0,亦即区域实际蒸散与区域潜在蒸散的比值反映了土壤水分干湿程度,并定义其为区域湿润指数(RMI):

$$RMI = E/E_{p0} \qquad (5)$$

根据中国 647 个气象观测台站 30 年的气候资料计算了各区域的区域热量指数和区域湿润指数,如图 11-1 和图 11-2 所示。

由图 11-1 可见,RTI 比较好地反映了一地的热量状况。对于寒温带,其区域热量指数小于 360 mm,温带为 360~650 mm,暖温带为 650~780 mm,亚热带为 780~1100 mm,热带大于 1100 mm。

图 11-2 显示了将中国自然植被按森林、草地及荒漠分类后给出的区域热量指数与区域湿润指数的关系图。由图可见,区域湿润指数较好地反映了一地的干湿状况。对于荒漠,其值小于 0.4,草原为 0.4~0.7,森林大于 0.7。

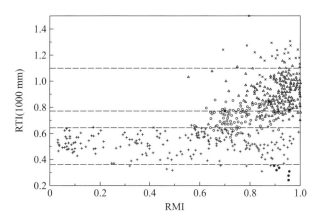

图 11-1　区域热量指数(RTI)与区域湿润
指数(RMI)分布图

• 寒温带;+ 温带;○ 暖温带;△ 亚热带;× 热带

Fig. 11-1　Distribution of regional thermal
index(RTI)and regional moisture index(RMI)

• Cold temperate zone;+ Temperate zone;

○ Warm temperate zone;△ Subtropical zone;× Tropical zone

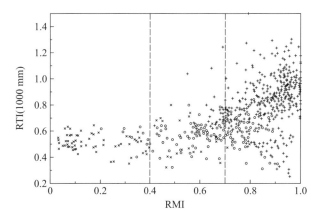

图 11-2　区域热量指数(RTI)与区域
湿润指数(RMI)分布图

+森林;○ 草地;× 荒漠

Fig. 11-2　Distribution of regional thermal
index(RTI)and regional moisture index(RMI)

+ Forest;○ Grassland;× Desert

表 11-1 给出了根据区域热量指数和区域湿润指数计算的各个植被地带的水热指数。

2. 全球变化的中国气候-植被的关系

随着现代工业的迅速发展,人类对于自然环境的破坏也日益加剧。过度放牧、砍伐森林、土地不合理利用以及化石燃料的大量燃烧导致地球大气中温室气体,特别是 CO_2 浓度倍增。由于温室气体具有吸收红外辐射使地球大气增温的作用,从而将使地球大气环流发生变化,对人类及生物赖以生存的生态系统,特别是陆地生态系统将产生重要影响。根据若干大气环流模型(GCM)对 CO_2 浓度倍增后的中国大陆的气温和降水变化的预测,其最可能的一般结果[2]可综合如下:(1) 年均气温增加 2℃,年降水量增加 20%;(2) 年均气温增加 4℃,年降水量增加 20%。

由于采用 Penman 公式计算 E_p 时所需的气象要素较多,且不利于评估气候变化的影响,为此,根据各植被地带的 647 个气象观测台站的资料对 E_p 与经度(Lat)、纬度(Long)、海拔高度(Alt)、降水(r)及生物温度(BT)之间的关系进行分析,得到如下回归方程:

$$E_p = BT \cdot \exp(4.133 + 0.059(Alt/500)^{3/2})$$

$$(6)$$

该式的相关系数为 0.89。

应用方程(3)、(5)与(6)对中国大气 CO_2 浓度倍增后,年均气温增加 2℃ 和 4℃、年降水量增加 20% 的情况下,各植被地带的区域热量指数和区域湿润指数进行模拟计算,其结果列于表 11-1。

由表 11-1 可以看出,在年均温增加 2℃、降水增加 20% 条件下,森林地带有所变干,RMI 减小 0～0.05,而草原和荒漠地带稍变湿,RMI 增加 0.01～0.06,青藏高原各植被地带的 RMI 变化较大,减小 0.07～0.12。而这时各热量带都有所北移,寒温针叶林地带转变成温带区域,温带、暖温带的南部区域变为暖温带与亚热带区域,亚热带地带除北部地区外都变成热带区域,温带草原地带南部及温带东部荒漠地带变为暖温带,青藏高原的各植被地带也都变为上一级热量带。这表明年均温增加 2℃、降水增加 20% 的条件对于我国大部分地区是有利的,其水热条件都向好的方向有所转变;但对青藏高原则不利,将变得干热,有沙漠化的趋势。

在年均温增加 4℃、降水增加 20% 的条件下,与现在相比,各植被地带都将变得干热,森林地带 RMI 减小 0～0.15,但仍能满足森林的水分要求,而草原地带也将变得干热,RMI 减小 0.01～0.06,西部草原亚区将变为荒漠区,荒漠地带沙化加剧,RMI 减少 0.02～0.03,青藏高原各植被地带的 RMI 变化较大,减小 0.17～0.20,荒漠化趋势加强。各热量带都有所北移,寒温针叶林地带转变成温带区域,温带、暖

表 11-1 目前及 CO_2 倍增后中国植被地带的区域热量指数和区域湿润指数

Table 11-1 Regional thermal index and regional moisture index of vegetation zones of China under present situation and the global warming caused by doubled CO_2 content

植被地带 Vegetation-climate zone		N	指标 Index	目前 Present situation	CO_2 倍增后 CO_2-doubled	
					降水+20% 温度+2℃ Precipitation +20% Temperature +2℃	降水+20% 温度+4℃ Precipitation +20% Temperature +4℃
Ⅰ. 寒温针叶林地带 Cold-temperature coniferous forest zone	Ⅰa. 南部山地亚地带 Southern mountainous sub-zone	6	BT	5.6	6.6	7.7
			PET	331.0	388.9	455.7
			r	451.1	541.3	541.3
			PER	0.736	0.721	0.845
			RTI	307.6	440.3	524.9
			RMI	0.93	0.87	0.80
Ⅱ. 温带针阔叶混交林地带 Temperature mixed coniferous broadleaved forest zone	Ⅱa. 北部亚地带 Northern subzone	20	BT	7.7	8.9	10.1
			PET	456.4	525.1	594.3
			r	557.9	669.4	669.4
			PER	0.823	0.789	0.894
			RTI	469.7	546.4	629.0
			RMI	0.86	0.87	0.82
	Ⅱb. 南部亚地带 Southern subzone	23	BT	8.7	9.9	11.2
			PET	510.3	584.2	662.6
			r	768.2	921.8	921.8
			PER	0.685	0.654	0.741
			RTI	560.1	637.6	727.9
			RMI	0.90	0.92	0.87
Ⅲ. 暖温带落叶阔叶林地带 Warm temperature deciduous broadleaved forest zone	Ⅲa. 北部亚地带 Northern subzone	50	BT	11.0	12.5	14.1
			PET	647.6	736.8	831.3
			r	594.2	713.1	713.1
			PER	1.123	1.065	1.201
			RTI	677.8	706.3	787.7
			RMI	0.73	0.79	0.74
	Ⅲb. 南部亚地带 Southern subzone	52	BT	12.9	14.8	16.7
			PET	761.4	870.5	981.7
			r	749.1	898.9	898.9
			PER	1.050	1.000	1.129
			RTI	772.2	821.8	904.1
			RMI	0.77	0.82	0.78

植被地带 Vegetation-climate zone		N	指标 Index	目前 Present situation	CO₂ 倍增后 CO₂-doubled	
					降水+20% 温度+2℃ Precipitation +20% Temperature +2℃	降水+20% 温度+4℃ Precipitation +20% Temperature +4℃
Ⅳ. 亚热带常绿阔叶林地带 Subtropical evergreen broad-leaved forest zone	Ⅳa1. 北部亚地带 Northern subzone	33	BT	14.9	16.9	18.7
			PET	877.3	994.8	1101.1
			r	963.9	1156.6	1156.6
			PER	0.941	0.889	0.986
			RTI	808.1	953.3	1037.6
			RMI	0.85	0.86	0.83
	Ⅳa2. 中北部亚地带 Mid-northern subzone	89	BT	16.2	18.1	19.9
			PET	954.5	1068.8	1173.4
			r	1410.4	1692.5	1692.5
			PER	0.708	0.661	0.725
			RTI	875.2	1105.4	1200.0
			RMI	0.95	0.93	0.91
	Ⅳa3. 中南部亚地带 Mid-southern subzone	49	BT	17.4	19.4	21.2
			PET	1027.4	1142.9	1248.8
			r	1445.8	1735.0	1735.0
			PER	0.729	0.677	0.741
			RTI	909.2	1196.0	1291.0
			RMI	0.95	0.92	0.89
	Ⅳa4. 南部亚地带 Southern subzone	24	BT	21.0	23.0	24.5
			PET	1236.3	1352.7	1446.5
			r	1472.3	1766.8	1766.8
			PER	0.860	0.784	0.839
			RTI	1060.6	1312.6	1399.2
			RMI	0.91	0.90	0.88
	Ⅳb1. 中西部亚地带 Mid-western subzone	25	BT	14.1	16.1	18.1
			PET	831.4	947.8	1064.3
			r	1006.4	1207.7	1207.7
			PER	0.896	0.851	0.952
			RTI	878.2	1231.7	1349.5
			RMI	0.83	0.77	0.73
	Ⅳb2. 西南部亚地带 Southwestern subzone	10	BT	17.3	19.3	21.2
			PET	1017.1	1134.4	1248.1
			r	1084.8	1301.8	1301.8
			PER	0.992	0.919	1.009
			RTI	951.5	1284.8	1384.6
			RMI	0.83	0.79	0.76

续表

植被地带 Vegetation-climate zone		N	指标 Index	目前 Present situation	CO₂ 倍增后 CO₂-doubled	
					降水+20% 温度+2℃ Precipitation +20% Temperature +2℃	降水+20% 温度+4℃ Precipitation +20% Temperature +4℃
Ⅴ. 热带雨林、季雨林地带 Tropical rain-forest and monsoon forest zone	Ⅴa1. 北部亚地带 Northern subzone	21	BT	22.2	24.2	25.7
			PET	1310.8	1427.5	1514.2
			r	1731.5	2077.8	2077.8
			PER	0.790	0.717	0.760
			RTI	1150.5	1414.4	1503.9
			RMI	0.93	0.92	0.90
	Ⅴa2. 南部亚地带 Southern subzone	5	BT	24.2	26.2	27.6
			PET	1428.5	1542.8	1625.3
			r	1684.3	2021.1	2021.1
			PER	0.952	0.855	0.898
			RTI	1243.0	1477.8	1563.8
			RMI	0.87	0.88	0.86
	Ⅴb. 西部亚地带 Western subzone	14	BT	14.8	16.6	18.4
			PET	873.0	979.5	1086.4
			r	1193.4	1432.1	1432.1
			PER	0.731	0.707	0.807
			RTI	1059.5	1255.6	1399.7
			RMI	0.78	0.77	0.73
	Ⅴc. 南海珊瑚礁亚地带 South China Sea atoll subzone	2	BT	26.7	28.3	29.3
			PET	1570.5	1667.7	1723.7
			r	1346.7	1616.0	1616.0
			PER	1.184	1.047	1.082
			RTI	1264.3	1510.9	1589.0
			RMI	0.82	0.82	0.80
Ⅵ. 温带草原地带 Temperate steppe zone	Ⅵa. 北部亚地带 Northern subzone	40	BT	7.8	9.0	10.2
			PET	459.8	528.8	599.4
			r	345.4	414.4	414.4
			PER	1.499	1.436	1.629
			RTI	494.7	514.5	592.5
			RMI	0.62	0.68	0.61

续表

植被地带 Vegetation-climate zone		N	指标 Index	目前 Present situation	CO₂ 倍增后 CO₂-doubled	
					降水+20% 温度+2℃ Precipitation +20% Temperature +2℃	降水+20% 温度+4℃ Precipitation +20% Temperature +4℃
	Ⅵb. 南部亚地带 Southern subzone	44	BT	8.6	10.0	11.5
			PET	508.8	591.3	678.0
			r	383.7	460.4	460.4
			PER	1.481	1.432	1.639
			RTI	532.3	655.2	749.6
			RMI	0.63	0.62	0.56
	Ⅵc. 西部亚地带 Western subzone	4	BT	7.5	8.7	9.9
			PET	442.0	511.2	580.4
			r	168.9	202.6	202.6
			PER	2.631	2.539	2.883
			RTI	391.1	453.4	529.6
			RMI	0.42	0.43	0.37
Ⅶ. 温带荒漠地带 Temperate desert zone	Ⅶa. 西部亚地带 Western subzone	15	BT	9.2	10.4	11.7
			PET	541.8	614.8	691.8
			r	193.3	231.9	231.9
			PER	3.840	3.624	4.069
			RTI	446.2	499.4	578.5
			RMI	0.40	0.42	0.37
	Ⅶb. 东部亚地带 Eastern subzone	33	BT	7.7	8.9	10.3
			PET	450.9	526.1	606.8
			r	140.4	168.4	168.4
			PER	6.003	5.812	6.681
			RTI	534.7	565.8	675.3
			RMI	0.26	0.28	0.24
	Ⅶc. 极端荒漠亚地带 Extremely desert subzone	29	BT	10.9	12.3	13.9
			PET	645.2	729.1	819.3
			r	71.6	85.8	85.8
			PER	17.127	15.988	17.827
			RTI	492.4	557.6	644.3
			RMI	0.15	0.15	0.13

植被地带 Vegetation-climate zone		N	指标 Index	目前 Present situation	CO₂ 倍增后 CO₂-doubled	
					降水+20% 温度+2℃ Precipitation +20% Temperature +2℃	降水+20% 温度+4℃ Precipitation +20% Temperature +4℃
Ⅷ. 青藏高原高寒植被地区 Tibetan high cold plateau district	Ⅷa. 高寒草甸亚地带 Alpine meadow subzone	19	BT	7.1	8.7	10.4
			PET	417.2	513.0	618.4
			r	681.3	817.6	817.6
			PER	0.644	0.657	0.791
			RTI	714.1	1089.4	1276.6
			RMI	0.76	0.66	0.58
	Ⅷb. 高寒草原亚地带 Alpine steppe subzone	25	BT	3.7	4.8	6.1
			PET	215.4	281.9	356.8
			r	554.3	665.1	665.1
			PER	0.395	0.431	0.548
			RTI	597.6	885.3	1122.0
			RMI	0.75	0.65	0.55
	Ⅷc. 温性草原亚地带 Temperate steppe subzone	6	BT	3.2	4.2	5.3
			PET	187.6	247.5	313.3
			r	299.3	359.1	359.1
			PER	0.613	0.677	0.859
			RTI	569.3	816.5	1090.4
			RMI	0.50	0.43	0.33
	Ⅷd. 温性荒漠亚地带 Temperate desert subzone	8	BT	6.1	7.5	9.3
			PET	356.5	444.2	545.1
			r	386.1	463.3	463.3
			PER	0.943	0.979	1.203
			RTI	711.2	1153.4	1393.4
			RMI	0.51	0.39	0.33

N. 气象台站数目;BT. 生物温度;PET. 潜蒸散;*r*. 降水;PER. 潜在蒸散率;RTI. 区域热量指数;RMI. 区域湿润指数。

N. The number of climate observation stations; BT. Biotemperature; PET. Potential evapotranspiration; *r*. Precipitation; PER. Potential evapotranspiration rate; RIT. Regional thermal index; RMI. Regional moisture index.

温带区域变为暖温带与亚热带区域,亚热带地带除北部地区外都变成热带区域,温带草原地带东部和南部及温带荒漠地带变为暖温带,青藏高原的各植被地带的 RTI 大都达到热带水平,荒漠化严重。这表明年均温增加 4℃、降水增加 20%的条件对于我国是不利的,森林和草原面积将大大减少,沙漠化趋势严重,特别是青藏高原。

应该指出,CO₂浓度倍增所引起的全球气候的变化可能因地而异,不是均一的,但目前还无法归纳出一个统一的变化模式;而且在估测全球变化条件下的中国各植被地带的分布时只是根据气温和降水的变化给出,未考虑植被对气候的滞后、遗传变异和动态演替过程。因此,要正确地评估及预测全球气候变化后植物分布的变化有必要进行更深入的研究。

重要的理论和现实意义。

3. 讨论

　　植物与植被对气候和其他环境因子的反应是综合的。因此,气候-植被分类必须强调气候因子的综合影响。一般的气候观测缺乏在生物学上具有重要与综合的作用,而区域潜在蒸散包括从所有表面的蒸发与植物蒸腾,并涉及决定植被分布的两大要素——温度和降水。因此,区域潜在蒸散具有作为植被-气候相关分析与分类的综合气候指标的功能,是植被的地理地带划分与环境定量解释方面不可或缺的重要参数。

　　研究表明,利用区域热量指数和区域湿润指数可以较好地划分我国的植被地带。根据该分类模式对我国自然植被对全球变化反应的研究结果表明,我国自然植被在气温增加2℃或4℃、降水增加20%时,森林和草原的面积都有所减少,且随着温度的升高而减少,荒漠化趋势增强。特别是青藏高原地区对全球气候变化非常敏感,因而可以作为全球变化的先兆区或预警区,具有重要的监测研究意义。

　　本研究对于了解气候-植被之间的相互关系,研究和预测全球变化对人类及生物赖以生存的生态环境的影响,以及制定应对的策略、方法与途径具有

参考文献

1. 周广胜. 气候-植被关系的研究(I)——气候-植被分类. 见:林金安主编. 植物科学综论. 哈尔滨:东北林业大学出版社,1993,pp. 246-254.
2. 张新时,杨奠安,倪文革. 植被的 PE(可能蒸散)指标与植被-气候分类(三)——几种主要方法与 PEP 程序介绍. 植物生态学与地植物学学报,1993,17:97-109.
3. Prentice K C. Bioclimate distribution of vegetation for general circulation model studies. *J GeophysRes*, 1990, 95(11): 811-830.
4. 中国科学院自然区划委员会. 中国气候区划(初稿)总论部分. 北京:科学出版社,1959.
5. 张新时. 植被的 PE(可能蒸散)指标与植被-气候分类(一)——几种主要方法与 PEP 程序介绍. 植物生态学与地植物学学报,1989,13:1-9.
6. 张新时. 植被的 PE(可能蒸散)指标与植被-气候分类(二)——几种主要方法与 PEP 程序介绍. 植物生态学与地植物学学报,1989,13:197-207.
7. 张志明. 计算蒸发量的原理与方法. 成都:成都科技大学出版社,1990,pp. 216-223
8. 周广胜,张新时. 自然植被净第一性生产力模型初探. 植物生态学报,1995,17:1-8.

第12章

全球变化研究的中国东北样带（NECT）分析及模拟*

张新时 等**

（中国科学院植物研究所 北京 100093）

摘要 中国东北样带（NECT）已被列为 IGBP 全球变化陆地样带之一。文章给出对样带的梯度分析及在全球变化图景下的预测。NECT 将在生物地球化学循环,生态系统结构、功能与动态,生物多样性,土地利用与土地覆盖,高分辨率遥感数据的应用与动态模型等方面进行强度研究,并将成为我国全球变化研究的前沿阵地。

关键词 全球变化,样带,梯度分析,预测

---

* 本文发表在《中国科学院院刊》,1997,3:195-199。本研究由国家科学技术委员会"八五"攀登项目"我国未来 20-50 年人类生存环境变化趋势与预测研究"及国家自然科学基金"八五"重大项目"我国陆地生态系统对全球变化响应的模式研究"资助。

** 其他作者有高琼、杨奠安、周广胜、倪健、王权、唐海萍。

1　引言

陆地样带是 IGBP（国际地圈-生物圈计划）全球变化研究最引人重视的发展之一。它由分布在某种具有控制生态系统结构与功能的环境因子，如温度和降水量等的梯度上较大地理范围内的一系列生态实验站、观测点和样地所构成，进行一系列综合性的全球变化研究。样带是用空间代替时间，从小尺度的过程研究到区域性与全球水平研究的结合，这是获取关于全球变化信息并深入理解的重要方法。这种跨尺度的耦合是全球变化研究中最富于挑战性的任务之一。另一方面，样带被证明是促进与加强 IGBP 各核心计划（core projects）间协作的一个有效手段。此外，由于样带能使不同学科领域与不同单位及国家的研究者在同一地点进行工作，因而能共用研究设备，便于学术交流与融合，是一种资源节约型与增效型的科学手段，可望得到最大的研究效益。

目前在启动研究的 IGBP 陆地样带中，中国东北样带（North East China Transect, NECT）被国际上确定为全球范围内具有示范性的一条。该样带前身最初是在 1991 年以叶笃正院士为首席科学家的国家科委"八五"攀登项目的第四课题中由作者提出的。1993 年，IGBP/GCTE 科学领导委员会主席 Brian Walker 教授访华时对该样带表示出极大兴趣。作者根据 IGBP/GCTE 样带设置的要求设定了样带的确切位置，进行了地理信息系统的分析，被邀在当年 8 月 GCTE 在美国 Marshall 召开的 IGBP 国际样带学术会议上以该样带的初步梯度分析作了报告，并正式定名该样带为 NECT，得到了会议的认可，被列为 IGBP 陆地样带之一。

2　NECT 的地理位置与设置意义

中国东北样带（NECT）在东经 112°—130°30′沿北纬 43°30′为中线设置，东西延伸约 1600 千米，带宽跨北纬 42°—46°，南北幅度约 300 千米，样带西起我国内蒙古与蒙古国边界处的二连浩特，向东穿过内蒙古高原主体，再跨大兴安岭南部山地而下至西辽河谷地进入吉林省境与辽宁省西北隅，为松嫩平原的主要农业区——著名的东北玉米带，往东即以长春为中心的城市与工业区；再向东经延吉而进入吉林东部延边的农业区，长白山北坡及张广才岭的低山森林地带，止于中俄朝边界的沿海山地与河口。

NECT 的设定基于以下考虑：

（1）NECT 表现了东亚中纬度温带最关键性的气候变化因素——降水与湿润/干燥度的梯度。在气候上代表着由海洋性湿润气候向大陆性干旱气候的过渡，也是由季风型气候向内陆反气旋高压中心的过渡。

（2）在地形上，NECT 没有太高的山脉，在 43°30′线上的最高点仅为 1700 米。样带东半部为沿海低山与宽坦的河谷平原，西半部为和缓起伏的中等高度的高原，基本上具有水平地带性特征。

（3）在植被或生物群区（biome）方面，NECT 反映着由强中生性的温带森林——红松针阔叶混交林、蒙古栎落叶阔叶林，到旱中生/旱生的温带草原的三个主要亚型——草甸草原、典型草原、荒漠草原的陆地生态系统的连续空间更替系列。

（4）在生物多样性方面，NECT 包含了丰富多样的物种、生态系统以及景观水平的生态单元，尤其在植物功能型（PFT）或光合途径类型（C_3 或 C_4 型植物）组成比例方面的东西向变化与气候变化的对应有良好的规律性。

（5）在土壤与基质方面，NECT 具有一系列东亚中纬度温带典型的土壤类型，其成土母质除有局部沙地与低湿沼泽外，大部均为发育良好的显域性基质与土壤，与气候和植被有良好的对应关系。

（6）生物地球化学循环过程与物理过程在 NECT 均有梯度性的规律变化与显著的对比性，表现在温室气体的排放、养分与物质（C、N、H_2O 等）循环、能量转换、水蚀-风蚀过程、盐分积累特点等各个方面。

（7）在土地利用格局方面，NECT 由东而西具有纯森林区-半林半农区-纯农业区-城市/工业区-半农半牧区-纯牧区的完整序列与过渡。土地利用的强度也有显著变化。

（8）在环境历史演变方面，NECT 具有一系列的湖泊沉积与沼泽湿地的泥炭沉积，可供建立环境历史演变的序列与对比研究；根据历史文献资料尚可建立样带人文、土地利用与环境变迁的相互关系。

（9）NECT 在植被-气候-土壤系统的动态模型方面已具有一定基础，无论在长白山森林、松嫩草甸草原、内蒙古典型草原乃至全样带 NDVI 基础上的仿真模型方面均有较好的研究,为在全样带建立个体-斑块-景观-区域尺度的全球变化动态模型提供了较好的条件。

(10)最重要的是在 NECT 范围内已有四个建立多年有长期定位观测积累与研究工作的生态站:① 长白山森林生态系统实验站,② 长岭(松嫩平原)草地试验站,③ 乌兰敖都(科尔沁)沙地生态实验站,④ 内蒙古锡林郭勒温带草原生态系统实验站。其中①、④两站属中国科学院生态台站网络系统(CERN)重点站和国际 MAB 自然保护网络站,并是国家科委"八五"全球变化研究攀登项目的重要研究基地。这四个站分别属于中国科学院沈阳应用生态所(①、③)、东北师范大学草地生态研究所(②)与中国科学院植物研究所(④),有强大的科研力量与设备的支持。

3 NECT 的环境特征与梯度分析

3.1 NECT 的地形与地貌背景

在北纬 43°30′一线上的 NECT 范围内基本上可分为三段地形(地貌)区:(1)东部滨海的中低山区,包括长白山北麓与张广才岭的前山丘陵间有狭窄的河谷地带,海拔高度一般在 500~1200 米,在地貌上属垒堑构造上的断隆山地。(2)中部的松嫩平原与西辽河谷地,地势平坦开阔,以冲积平原为主,间有微起伏的岗地,海拔高度一般在 50~400 米,为先裂后拗的现代掀升萎缩盆地地貌。(3)西段在大兴安岭南部山地以西为内蒙古高原,大兴安岭南段属中低山,高处不过 1700 米,地貌上属断褶构造上的微弱掀斜山地。内蒙古高原为宽坦起伏的高原,原面高度一般在 1000~1300 米,其上有缓隆低山,高度不过 300 米,是水平岩层构成的蚀余高原地貌。

3.2 NECT 的气候梯度

NECT 由东向西分属于温带湿润区、温带湿润半干旱区与温带半干旱、干旱区。由于处在同一纬度带,NECT 的总体热量条件无大悬殊,但由于地形高度起伏而造成垂直性的变化。而且从热量指数的剖面图可以看出它们均与地形剖面呈明显的负相关,以中部的松辽谷地为最高,而在东西两端的山地或高原区则降低。

NECT 降水与湿润度梯度呈现为明显的东高西低的曲线,是控制样带植被结构、生产力与土地利用格局的关键自然因素,也是样带全球变化的主要驱动因素。NECT 的东端,长白山北麓与张广才岭的年降水可达 700 毫米,在长白山北坡高处则可达 800 毫米以上。中部农业区的降水 580~600 毫米。草原地带东部降水尚可达 500 毫米,在中部则在 350 毫米,西端荒漠草原则降到 200 毫米以下。潜在蒸散率(PER)在东部森林区不过 0.5~1.0,在中部农业区 1.1~1.6,草原地带的东、中、西部相应为 1.1~1.6、1.2~1.4 与 1.5~3.5。

3.3 NECT 的植被与土壤类型

NECT 的植被与土壤地理类型或地带性亦可分为东、中、西三段,即东部的温带针阔叶混交林-暗棕壤地带,中部的低地草甸、农田-暗色草甸土地带与西部温带草原黑钙土-栗钙土-棕钙土地带(包括三个亚地带),这一植被-土壤梯度的生态含义极为丰富。

(1)温带针阔叶混交林区域位于北纬 42°—46°,东经 126°—131°,地带性土壤以山地暗棕壤为主。地带性植被为温性针阔叶混交林,主要是以红松(Pinus koraiensis)为主构成的,混有紫椴(Tilia amurensis)、风桦(Betula costata)等各种温带落叶阔叶树种和沙冷杉(Abies holophylla)等针叶树种,一般称为"红松针阔叶混交林"。种类组成极其丰富,仅维管束植物即 1900 余种,植被分层明显。

(2)松辽平原外围栎林草原、农田区域位于北纬 42°30′—46°,东经 121°—126°,是松辽平原西南部的典型草原向周围落叶阔叶林区过渡的地带。土壤的发生类型多样,分布着暗棕壤、黑土、黑钙土等。植被类型的分布组合很复杂,边缘低山丘陵分布着森林、灌丛及五花草甸,森林建群种为蒙古栎(Quercus mongolica),草原种类主要有贝加尔针茅(Stipa baicalensis)、线叶菊(Filifolium sibiricum)、羊草(Aneurolepidium chinensis)等。

(3)松辽平原坨甸地草甸草原区域位于北纬 42°30′—46°,东经 117°—125°,主要土壤类型为草甸土与黑钙土。地带性植被为草甸草原,主要的建群种和优势种为大针茅(Stipa grandis)、克氏针茅(S. krylovii)、羊草、线叶菊、贝加尔针茅、糙隐子草(Cleistogenes squarrosa)、冰草(Agropyron cristatum)。

(4)大兴安岭山地草甸草原区域位于北纬

44°—46°，东经 117°—122°，地带性土壤东部为淋溶黑钙土，西部为黑钙土。本区处于山地草原向山地针叶林的过渡区，在植被组合上，以几种草甸草原、林缘草甸和白桦为主的岛状森林交互分布为特色。其中贝加尔针茅、线叶菊、羊草等均为本区优势群系的建群植物，最具代表性的草甸草原类型为贝加尔针茅加线叶菊草原。

（5）内蒙古高原典型草原区域位于北纬 42°—46°，东经 113°—119°，地带性土壤为栗钙土。地带性植被为典型草原，最重要的种类是大针茅、羊草、克氏针茅、糙隐子草、冰草、落草（Koeleria cristata）等，都是典型草原旱生植物，代表群系为大针茅草原、克氏针茅草原、羊草草原、线叶菊草原、羊茅草原、冰草草原、糙隐子草草原和冷蒿草原。

（6）乌兰察布高原东北部的荒漠草原区域位于北纬 42°—45°，东经 108°—113°。地带性土壤是轻壤质棕钙土。地带性荒漠草原植被占显著的优势，主要建群种是几种小型针茅，最有代表性的是戈壁针茅（Stipa gobica）草原群系。

3.4　NECT 土地利用格局

根据土地利用现状结构与主要土地资源利用的限制性因素，本带可以划分为三段：以大兴安岭为界，西段是以牧业为主的内蒙古高原，中段平原的农牧交错带和东段以林为主、农林结合的低山与丘陵区。

（1）以牧为主的内蒙古高原主要包括内蒙古自治区的锡林郭勒盟以及通辽市的一部分，面积约 30 万平方千米。其土地利用特点是草地占据了绝大部分面积，在锡林郭勒盟其比例达 95% 以上，在通辽市为 61.2%。

（2）农牧交错的中部平原主要包括带区内的白城、松原、四平、辽源、铁岭、阜新、长春等及通辽市一部分，约 27 万平方千米。以 400 毫米等雨量线为界，西部以牧业为主，但在灌溉条件下可以发展一部分旱地和水田，以 600 毫米等雨量线以及地貌差异与东部山地区分，主要以旱作农业为主。水分较充足地区则大量发展水稻。农作物主要有玉米、高粱、大豆、小麦、水稻等。其中玉米最多，形成了中国的"玉米带"。

（3）以林为主的东部山地主要包括四平-长春-榆树一线以东的多列式山地和丘陵，面积约 13 万平方千米。土地利用结构以林地为主，其面积约占本地总面积 60% ~ 70%，是全国重要林业生产基地。耕地仅占 7% ~ 10%，以旱地为主，但山间盆地中种植水稻的比例占整个 NECT 带区水稻种植的 85% 以上，为东北稻米集中产区。农作物有土豆、玉米、高粱、谷子等。

4　NECT 的遥感与 NPP 模拟

在野外考察和数据采集的基础上，进行了 NECT 样带的植被类型结构和净第一性生产力的分析和模拟，并对样带对于全球变化的响应作出了初步模拟。

NECT 样带的植被响应模拟包括两个方面：动态仿真模型模拟未来 30 年内样带第一性生产力水平的变化；静态经验模型推断全球变化影响下的植被空间位移及其样带内植被的主要环境控制因子。NECT 的动态仿真模型结果显示：在温度增加 2℃ 而其他输入变量保持当前状态时，全样带区域内的绿色生物量在 30 年内下降 25%。在当前气候条件下，在 30 年内 CO_2 加倍的直接效应将导致全样带平均绿色生物量增加 30%。与上述效应相比较，降水增加 10%，而温度和 CO_2 浓度维持当前状态时，全样带平均绿色生物量在 30 年内仅增加 3%。模拟加倍 CO_2 浓度、10% 降水增量和 2℃ 温度增量的综合作用，给出全样带的总绿色生物量在 30 年内增加大约 8%。NECT 植被类型对气候变化响应的静态经验模型结果表明：由于气温和降水的变化，NECT 样带区域内的森林和灌丛在全球变化后面积将减少。假设未来 30 ~ 50 年不发生由灌丛向森林和从草地向灌丛的转化，森林面积将减少 47% ~ 60%，灌丛将减少 33% ~ 40%，草地面积将显著增加，特别是丛生禾草和矮半灌木将大大增加，增加幅度为 46% ~ 51%，草甸和草本沼泽的面积将减少 37% ~ 67%，适宜的农作面积不会有很大的变化。样带上的植被，不论东部还是西部，均受到水分匮乏的限制，特别是西部地区。在 CO_2 浓度加倍后，这种水分胁迫将进一步增强。

根据联系植物生理生态学特点和水热平衡关系的植被净第一性生产力（NPP）模型的分析，植被 NPP 分布基本上由西向东递增，由荒漠草原的每年每公顷 2~3 吨干物质增加到温带针阔叶混交林地带的每年每公顷 5~7 吨干物质，最大可达每年每公顷 7 吨以上干物质。NPP 的分布与样带的水分梯度呈明显的正相关。在降水减少 10%，温度增加 1.5℃时，整个半湿润至湿润区的森林和草甸草原、典型草原的生产力有所增加，而荒漠草原区则略有减小；在降水不变，温度增加 1.5℃时，生产力在森林区继续增加，而荒漠草原区变化不大，表明在水分不变情况下，热量的增加有利于湿润地区的植被生长；在降水增加 10%，温度增加 1.5℃时，整个半湿润至湿润区的生产力大幅度增加，半干旱区域趋于消失。

5 结论与拟深入研究的问题

NECT 研究计划已得到国际全球变化科学界的公认与关注。国际上最先进的几个 DGVM（全球动态植被模型），如 BIOME、PLAI、MAPSS 等均以 NECT 为对象进行了比较模拟研究。在 1996 年于北京召开的国际样带研讨会上，NECT 又得到国际生物多样性研究（DIVERSITAS）及其在西太平洋与亚洲的组织（DIWPA）的充分肯定。毫无疑问，NECT 的建立与深入研究将为我国全球变化与陆地生态系统关系（GCTE）与生物多样性的研究提供一个有利的平台和载体，其本身更是一个良好的研究与综合对象。

今后 NECT 将着重于下列方面的研究与工作：

（1）样带上的生物地球化学循环与生物地球物理过程的研究及其沿梯度的变化，主要是 CO_2、CH_4、H_2O、N、P、S 的循环以及能量转换的梯度差异、变化机制及其与生物群区的关系。

（2）通过样带进一步完善植被（生物群区）-气候-基质的数量关系及其格局分析，为制定更适合的生物群区生态模型建立框架。

（3）深入进行样带土地覆盖与土地利用格局研究，探讨调节措施与优化管理模式。

（4）样带生物多样性各层次、景观与斑块层次的研究及其梯度分析，尤其着重于植物功能类型 PFTs 在样带上的分布。

（5）在遥感研究中，除 NOAA/AVHRR 外，采用更高分辨率的 LANDSAT 与 SPOT 的遥感数据进行样带的动态模型研究。

（6）建立与完善样带的 DGVMs 系统，使我国的 GCTE 研究尽快在主要方面赶上国际先进水平，为我国的全球变化国策提供依据。

（7）培养与形成一支多学科综合的、以青年为主的 GCTE 研究团队，他们应当不仅是个人在技术上脱颖而出，还要善于团结协作，具有良好的学风与科学道德。

第13章
中国东北样带的梯度分析及其预测*

张新时　高琼　杨奠安　周广胜　倪健　王权

(中国科学院植物研究所植被数量生态学开放实验室,北京 100093)

摘要　陆地样带研究已成为国际地圈－生物圈计划(IGBP)全球变化研究的重要手段与热点。中国东北样带(NECT)已被列为 IGBP 国际全球变化陆地样带之一。该样带在东经 112°与 130°30′之间沿北纬 43°30′设置,长约 1600 km,是一条中纬度温带、以降水为驱动因素的梯度,具有由温带针阔叶混交林向温带草原的 3 个亚地带——草甸草原、典型草原与荒漠草原过渡的空间系列。该样带上有 4 个生态实验站。在大量的固定样地、实验调查研究资料与数据的基础上给出了样带的初步梯度分析及在全球变化图景下的预测,包括其地理位置、设置意义、地形地貌、气候梯度、土壤类型、植被类型和土地利用格局,一个遥感数据驱动的模型和 NPP 模型在整个样带上运行过。今后 NECT 将在生物地球化学循环(水、C、N、P 等与痕量气体 CO_2、CH_4 等)、生态系统结构、功能与动态、生物多样性、土地利用与土地覆盖、动态全球植被模型(DGVM)以及高分辨率遥感数据应用等方面得到加强,将成为我国全球变化与陆地生态系统(GCTE)与其他 IGBP 核心项目研究的前沿阵地。

关键词　全球变化,陆地样带,梯度分析,中国东北样带

---

* 本文发表在《植物学报》,1997,39(9):785~799。唐海萍协助资料整理,夏力协助图形打印,特此致谢。国家科学技术委员会"八五"攀登项目"我国未来 20~50 年人类生存环境变化趋势与预测研究"及国家自然科学基金"八五"重大项目"我国陆地生态系统对全球变化响应的模式研究"资助。

A Gradient Analysis and Prediction on the Northeast China Transect(NECT) for Global Change Study

Zhang Xin-shi, Gao Qiong, Yang Dian-an, Zhou Guang-sheng, Ni Jian, Wang Quan

(**Laboratory of Quantitative Vegetation Ecology,
Institute of Botany, Chinese Academy of Sciences, Beijing   100093**)

Abstract   The terrestrial transect has already become an important approach and hot spot for International Geosphere-Biosphere Programme(IGBP) in the global change study. Northeast China Transect(NECT) is listed as one of the first set of IGBP transect. It is placed along the latitude 43°30′N, between longitudes 112° and 130°30′ E, and approximately 1600 km in length. NECT is basically a gradient driven by precipitation/moisture factors located in the mid-latitude of the temperate zone. The vegetation zones or biomes along the NECT consist of temperate mixed evergreen coniferous and broadleaf deciduous forest and temperate steppe, including three subzones, viz. meadow steppe, typical steppe, and desert steppe, along an east-westward continuous transitional spatial series, respectively. There are four ecological experimental stations with support from a great number of permanent samples and long-term experimental data on the transect. The initial gradient analysis and simulation for the predicted scenario under increasing temperature given for the transect included the geographical location, significance of setup, topography, geomorphology, climate, soil, vegetation and pattern of land use. One remote sensing driven model and one NPP model have been tested and operated for the whole transect. The study on NECT will be enhanced by research project, concerning biogeochemical cycles(water, C, N, P, etc, and CO_2, CH_4 greenhouse gas emission), structure, function and dynamics of ecosystems, land use and land coverage, biodiversity, dynamic global vegetation modeling(DGVM), and high resolution remote sensing data. It will become a frontier for the studies of Global Change and Terrestrial Ecosystems(GCTE) and other IGBP core projects in China.

Key words   Global change, Terrestrial transect, Gradient analysis, Northeast China Transect

陆地样带是国际地圈-生物圈计划(IGBP)全球变化研究中最引人注目的创新之一。它由分布在某种具有控制生态系统结构与功能的全球变化驱动因素,如温度、降水(干燥度)和土地利用强度等的梯度上较大地理范围(1000 km 或更长,数百千米宽)内的一系列生态实验站、观测点和样地所构成,进行一系列综合性的全球变化研究。样带是用空间代替时间,从小尺度的过程研究到区域性与全球水平研究的耦合,以获取关于全球变化信息及其深入理解的重要方法。这种跨尺度的耦合是全球变化研究中最富于挑战性的任务之一。另一方面,样带被证明是促进与加强 IGBP 各核心计划(core projects)间协作的一个有效手段。此外,由于样带能使不同学科领域与不同单位及国家的研究者在同一地点进行工作,因而能共用研究设备,便于学术交流与融合,是一种资源节约型与增效型的科学手段,可望得到最大的研究效益[1]。

目前在启动研究的 IGBP 陆地样带中,我国东北样带(Northeast China Transect,NECT)被国际上确定为全球范围内具有示范性的一条。该样带的前身最初是在 1991 年以叶笃正院士为首席科学家的国家科委"八五"攀登项目的第四课题中由作者提出的;当时包括长白山森林生态研究站、内蒙古锡林郭勒温带草原生态系统研究站与毛乌素沙地的鄂尔多斯沙地草地生态研究站。作者根据 IGBP/GCTE 样带设置的要求设定了样带的确切位置,进行了地理信息系统的分析,1993 年 8 月在美国 Marshall 召开的 IGBP 国际样带学术会议上以该样带的初步梯度分析作了报告,并正式定名该样带为 NECT,被列为 IGBP 陆地样带之一[2]。在 1994 年发表的 GCTE 核心研究中[3]进一步提出了发展 IGBP 陆地样带系统的全球概览,在国际上明确提出了 NECT。1995 年 IGBP 的 36 号报告中[4]提出在全球 4 个关键地区启动 IGBP 陆地样带,NECT 即为中纬度半干旱区的 IGBP 陆地样带之一。

1　NECT 的地理位置与意义

在 IGBP 的 36 号报告"IGBP 陆地样带:科学计划"[4]中对样带作了如下的明确定义:"每条 IGBP 样带被选来反映一个主要环境因素变异,该因素影响生态系统的结构、功能、组成,以及生物圈-大气圈的痕量气体交换与水循环",并提出每条样带均由分布在一个具有控制生态系统结构与功能的因素梯度的较大地理范围(1000 km 或更大)内的一系列研究点所构成。这一长度距离的要求是由于要符合大气环流模型(GCM)运作的最小单元(4°×5°或 8°×10°,经度×纬度)。同时基于特定地区的全球变化因素可变性明显与其全球变化潜在反馈的强度,正式提出在全球 4 个关键地区启动 IGBP 陆地样带。这 4 个 IGBP 样带的优先地区(表 13-1)是:(1)正在经受土地利用变化的湿润热带系统;(2)从北方森林延伸到冻原的高纬度地区;(3)从干旱森林到灌丛的热带半干旱区;(4)从森林或灌丛向草地过渡的中纬度半干旱区。

1.1　各优先领域计划中的样带

各优先领域计划中的样带位置见图 13-1。

IGBP 的陆地样带系统涉及若干个核心计划的研究,主要是全球变化与陆地生态系统(GCTE)、水循环中的生物圈方面(BAHC)、国际全球大气化学计划(IGAC)、海岸带的陆海关系(LOICZ)和土地利用与土地覆盖变化(LUCC),以及国际生物多样性研究计划(DIVERSITAS)。各个陆地样带的研究内容因对象、地区和特征而不同,但基本上包括下列各方面的研究:(1)气候-植被相互关系(climate-vegetation interaction);(2)生态系统生理学(ecosystem physiology);(3)生态系统结构、功能与动态;(4)不同层次生物多样性与气候变化关系;(5)生物地球化学过程(BGC);(6)净第一性生产力(NPP)形成过程;(7)土地利用格局与强度;(8)遥感分析与监测;(9)环境历史演变规律;(10)动态模型及其变尺度耦合。

1.2　NECT 的地理位置与设置意义

NECT 在东经 112°—130°30′沿北纬 43°30′为中线设置,东西延伸约 1600 km,带宽跨北纬 42°—46°,

表 13-1　IGBP 样带的优先区域及其特征[3,4]

Table 13-1　Priority regions and general characteristics of IGBP transects[3,4]

区域 Region	陆地植被 Land cover	全球变化的主要梯度 Major global change gradient	次要梯度 Secondary gradient
湿润热带 Humid tropics	热带森林及其农业派生群落 Tropical forest and its agricultural derivatives	土地利用强度 Land use intensity	降水 Precipitation
热带半干旱区 Semi-arid tropics	森林-疏林-灌丛(稀树 干草原) Forest-woodland-shrubland (the savannas)	降水 Precipitation	土地利用强度与 养分状况 Land use intensity, nutrient status
中纬度半干旱区 Mid-latitude semi-arid	森林-草地-灌丛 Forest-grassland-shrubland	降水 Precipitation	降水与养分状况 Precipitation,nutrient status
高纬度地区 High latitudes	北方森林-冻原 Boreal forest-tundra	温度 Temperature	土地利用强度 Land use intensity

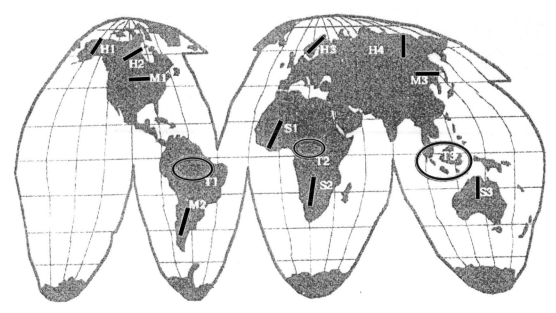

图 13-1　国际地圈-生物圈计划陆地样带

湿润热带森林：T1. 亚马孙盆地/墨西哥；T2. 中非/Miombo；T3. 东南亚/泰国。中纬度区：M1. 美国大平原；M2. 阿根廷 Mato Grosso；M3. 中国 NECT。高纬度区：H1. 阿拉斯加；H2. 加拿大 BFTCS（北方森林样带个案研究）；H3. 斯堪的纳维亚；H4. 西伯利亚。半干旱热带：S1. 西非 SALT；S2. 南非 Kalahari；S3. 澳大利亚 NATT。

Fig. 13-1　IGBP terrestrial transects

Humid tropical forest：T1. Amazon/Mexico；T2. Central Africa/Miombo；T3. Southeast Asia/Thailand. Mid-latitude：M1. Great Plains（USA）；M2. Mato Grosso（Argentina）；M3. NECT（Northeast China Transect）. High Latitude：H1. Alaska；H2. BFTCS（boreal forest transect case study，Canada）；H3. Scandinavia；H4. Siberia. Semi-arid tropics：S1. Savannas in the Long Term（West Africa）；S2. Kalahari（Southern Africa）；S3. NATT（Northern Australia Tropical Transect）.

南北幅度约 300 km。样带西起中国内蒙古与蒙古国边界处的二连浩特，向东穿过内蒙古高原沿大兴安岭南部山地而下至西辽河谷地进入吉林省与辽宁省西北隅，为松嫩平原的主要农业区——著名的东北玉米带，往东即以长春为中心的城市与工业区；再向东经延吉进入吉林东部延边的农业区与长白山北坡及张广才岭的低山森林地带而止于中、俄、朝边界的沿海山地与河口。

1.2.1　气候　NECT 表现了东亚中纬度温带最显著与关键性的气候变化因素——降水与湿润/干燥度的梯度，代表着由海洋性湿润气候向大陆性干旱气候的过渡，也是由季风型气候向内陆反气旋高压中心的过渡。

1.2.2　地形　NECT 没有太高的山脉，在 43°30′线上的最高点仅为 1700 m。样带东半部为沿海低山与宽坦的河谷平原，西半部为和缓起伏的中等高度的高原，基本上具有水平地带性特征。

1.2.3　植被或生物群区（biome）　NECT 反映着由强中生性的温带森林——红松针阔叶混交林、蒙古栎落叶阔叶林，温带草原的 3 个主要亚型——

草甸草原、典型草原、荒漠草原的陆地生态系统空间更替系列。

1.2.4　生物多样性　NECT 包含了丰富多样的物种、生态系统以及景观水平上的梯度，尤其在植物的功能类型（PFT）或光合途径类型（C3 或 C4 型植物）组成比例方面的东西向变化，对气候变化的适应有良好的规律性。

1.2.5　土壤与基质　NECT 具有一系列东亚中纬度温带典型的土壤类型，其成土母质除有局部沙地与低湿沼泽外，大部分均为发育良好的显域性基质，与气候和植被有良好的对应关系。

1.2.6　生物地球化学循环与物理过程　NECT 均有梯度性的规律变化与显著的对比性，表现在温室气体的排放、养分与物质（C、N、H_2O 等）循环、能量转换、水蚀-风蚀过程、盐分积累特点等各个方面。

1.2.7　土地利用格局　NECT 由东而西具有纯森林区-半林半农区-纯农业区-（城市/工业区）-半农半牧区-纯牧区的完整序列与过渡。土地利用的强度也有显著变化。

1.2.8　环境历史演变　NECT 具有一系列的

湖泊沉积与沼泽湿地的泥炭沉积,可供建立环境历史演变的序列与对比研究;根据历史文献资料尚可建立样带人文、土地利用与环境变迁的相互关系[①]。

1.2.9　植被-气候-土壤系统的动态模型
NECT 已具有一定基础,无论在长白山森林、松嫩草甸草原、内蒙古典型草原,还是全样带归一化植被指数(NDVI)基础上的仿真模型方面均有较好的研究,为在全样带建立个体-斑块-景观-区域尺度的全球变化耦合模型提供了较好的条件。

1.2.10　最重要的是在 NECT 范围内已有 4 个建立多年、有长期定位观测积累与研究工作的生态站　(1)长白山森林生态系统实验站[②],(2)长岭(松嫩平原)草地实验站,(3)乌兰敖都(科尔沁)沙地生态实验站,与(4)内蒙古锡林郭勒温带草原生态系统实验站。其中1、4两站属中国科学院生态台站网络系统(CERN)重点站和国际 MAB 自然保护网络站,并是国家"八五"全球变化研究攀登项目的重要研究基地。这 4 个站分别属于中国科学院沈阳应用生态所(1、3)、东北师范大学草地生态研究所(2)与中国科学院植物研究所(4),有比较强的科研力量与储备。

由于有上述良好的研究基础、较丰富的数据资料、较强的综合研究与较理想的环境变化梯度条件,NECT 得到国家("八五"与"九五")攀登项目的支持与国内有关单位的协作,更得到了 IGBP 的充分肯定与国际有关同行的认可,因而成为我国第一条国际性的全球变化样带。

2　NECT 的地形与气候梯度分析

2.1　NECT 的地形与地貌背景

在北纬 43°30′一线上的 NECT 范围内基本上可分为 3 段地形(地貌)区(图 13-2):

2.1.1　东部滨海的中低山区　包括长白山北麓与张广才岭的前山丘陵,间有狭窄的河谷地带,海拔高度一般在 500～1200 m,在地貌上属垒堑构造上的断隆山地。

2.1.2　中部的松嫩平原与西辽河谷地　地势平坦开阔,以冲积平原为主,间有微起伏的岗地,海拔高度一般在 50～400 m,为先裂后拗的现代掀升萎缩盆地地貌。

2.1.3　西段的大兴安岭南部山地和内蒙古高原　大兴安岭南段属中低山,高处不过 1200 m,地貌上属断褶构造上的微弱掀斜盆地。大兴安岭南部山地以西的内蒙古高原为宽坦起伏的高原,原面高度一般在 1000～1300 m,其上有缓隆低山,高度不过 300 m,是水平岩层构成的蚀余高原地貌。

2.2　NECT 的气候梯度

NECT 由东向西分属于温带湿润区、温带湿润半干旱区与温带半干旱、干旱区(图 13-2)。

2.2.1　NECT 的热量条件　由于处在同一纬度带,NECT 的总体热量条件无大悬殊,但由于地形高度起伏而造成垂直性的变化(表 13-2)。

表 13-2　中国东北样带(43°30′)的热量梯度
Table 13-2　Thermal gradient along Northeast China Transect(43°30′)

指标 Indices	参数值 Value
年均温 Mean annual temperature(℃)	1.8～5.8
1 月均温 Mean temperature of January(℃)	−20.0～−12.0
7 月均温 Mean temperature of July(℃)	19.8～23.6
生物温度 Annual biotemperature(℃)	7.2～9.5
潜在蒸散 Potential evapotranspiration(mm)	423～558
热量指数 Thermal coefficient	55.0～66.1
温暖指数 Warmth index(℃·mon)	53.6～78.7
寒冷指数 Coldness index(℃·mon)	−98.0～−63.2

从热量指数的剖面图(图 13-2)可以看出它们均与地形剖面呈明显的负相关,以中部的松辽谷地为最高,而在东西两端的山地或高原区则降低。

---

①　根据北京师范大学张兰生教授、中国科学院地理科学与资源研究所张丕远、葛全胜研究员与复旦大学满志敏教授的意见。
②　根据中国科学院沈阳应用生态研究所延晓冬同志提供的资料。

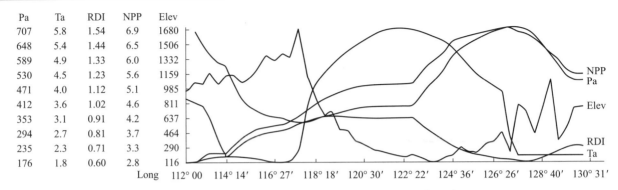

Pa	Ta	RDI	NPP	Elev
707	5.8	1.54	6.9	1680
648	5.4	1.44	6.5	1506
589	4.9	1.33	6.0	1332
530	4.5	1.23	5.6	1159
471	4.0	1.12	5.1	985
412	3.6	1.02	4.6	811
353	3.1	0.91	4.2	637
294	2.7	0.81	3.7	464
235	2.3	0.71	3.3	290
176	1.8	0.60	2.8	116

图 13-2　NECT 气候和净第一性生产力（NPP，t DW·hm^{-2}·a^{-1}）梯度

气候指标包括沿经度（Long）、纬度（Lat）和海拔高度（Elev，m）的年降水量（Pa，mm）、年平均气温（Ta，℃）和辐射干燥度（RDI）

Fig. 13-2　Climatic and net primary production（NPP，tDW·hm^{-2}·a^{-1}）gradient along NECT

The climatic indices include annual precipitation（Pa，mm），annual average temperature（Ta，℃）and radiative dry index

（RDI）along longitude（Long），Latitude（Lat）and elevation（Elev，m）

2.2.2　NECT 的降水与湿润度梯度　NECT 降水与湿润度梯度（表 13-3）呈现为明显的东高西低的曲线，是控制样带植被结构、生产力与土地利用格局的关键因素，也是样带全球变化的主要驱动因素。

表 13-3　中国东北样带（43°30′N）的降水/湿润度梯度

Table 13-3　Precipitation/humidity gradient along Northeast China Transect（43°30′N）

指标 Indices	参数值 Value
年降水 Mean annual precipitation（mm）	177~706
1 月降水 Mean precipitation of January（mm）	0.3~10.5
7 月降水 Mean precipitation of July（mm）	67~197
潜在蒸散率 Potential evapotranspiration ratio	0.62~2.68
湿润指数 Moisture index	-35.5~45.0
湿润/干燥度指数 Humidity/aridity index	2.6~9.3
辐射干燥度 Radiative dry index	0.6~1.94
潜在的净第一性生产力 Net primary production（t DW·hm^{-2}·a^{-1}）	2.6~6.9

NECT 的东端，长白山北麓与张广才岭的年降水可达 700 mm，在长白山北坡高处则可达 800 mm。中部农业区的降水在 580~600 mm。草原地带东部降水尚可达 500 mm，在中部在 350 mm，西端荒漠草原则降到 200 mm 以下。潜在蒸散率（PER）在东部森林区不过 0.5~1.0，在中部农业区 1.1~1.6，草原地带的东中西部相应为 1.1~1.6、1.2~1.4 与 1.5~3.5。潜在生产力（NPP，t DW·hm^{-2}·a^{-1}）在东部森林区可接近 7，在中部农业区为 6，草原地带为 2~

5。可见植被生产力与降水呈正比，与干燥度呈反比，其多元回归公式为：

$$P = 0.069H + 24.448G - 2629.20$$
$$NPP = 0.648 + 0.010P$$
$$R^2 = 0.97$$

式中，P 是年降水量，H 是海拔高度，G 是经度，R 为复相关系数。

3　NECT 的植被与土壤类型及其梯度

NECT 的植被与土壤地理类型或地带性亦可分为东、中、西 3 段，即东部的温带针阔叶混交林-暗棕壤地带，中部的低地草甸、农田-暗色草甸土地带与西部温带草原黑钙土-栗钙土-棕钙土地带（包括 3 个亚地带），这一植被-土壤梯度的生态含义极为丰富。受气候、地形、基质和人为干扰等因素的作用，植被自东至西依次是温带针阔叶混交林[红松（*Pinus koraiensis*）针阔叶混交林和红松、杉松（*Abies holophylla*）针阔叶混交林]、暖温带次生落叶阔叶林[蒙古栎（*Quercus mongolica*）林]、松辽平原农业区（水稻、玉米、小麦）、松辽平原草甸草原[羊草（*Aneurolepidium chinensis*）、贝加尔针茅（*Stipa baicalensis*）、线叶菊（*Filifolium sibiricum*）]、大兴安岭山地灌丛、山前草甸草原、内蒙古高原典型干草原[羊草、大针茅（*Stipa grandis*）]和荒漠草原[克氏针茅（*S. krylovii*）、戈壁针茅（*S. gobica*）]等大的生态类型，并包括了各植被区或地带之间的生态过渡区[5]。其植被和土壤类型与特征分别见表 13-4 和表 13-5。

表 13-4　中国东北样带的植被和土壤类型及其气候指标

Table 13-4　Vegetation, soil types and climatic indices of Northeast China Transect

指标								
经度(42°-46°N)①	108—113	112—119	117—120	117—122	121—126	122—124	125.5—131.5	123.5—130
经度(43.5°N)②	110—113	113—117	117—122	117—122	122—123	123—124		124—130
海拔高度(m) Altitude (m)	1000	1000~1200	900~1300	700~1200	130~400	50~250	400~600~1000	500~1200
植被地带 Vegetation zones	内蒙古温带草原 Temperate steppe in Nei Monggol			大兴安岭山地草原 Montane steppe in Daxingan mountain	松辽平原 低地草甸/农田 Lowland meadow/farmland in Songliao Plain	温带落叶阔叶林 Temperate deciduous-broadleaved forest	温带针阔叶混交林 Temperate mixed coniferous-broadleaved forest (MCBF)	
代表群系 Typical formation	戈壁针茅 Stipa gobica	大针茅，克氏针茅 S. grandis S. krylovii	贝加尔针茅，羊草 S. baicalensis Aneurolepidium chinensis	线叶菊 Filifolium sibiricum	栎林草原 Oak forest steppe	蒙古栎林 Quercus mongolica forest	红松针阔叶混交林 Pinus koraiensis MCBF	红松,杉松阔叶混交林 P. koraiensis, Abies holophylla MCBF
土壤类型 Soil types	棕钙土 Brown soil	栗钙土 Chestnut soil	黑钙土 Chernozem	黑钙土 Chernozem	黑钙土 Dark meadow soil	棕壤 Brown earth	山地灰棕壤 Montane grey-brown soil	山地暗棕壤 Montane dark brown soil
Ta(℃)	2~5	0~2	4.5~6.0	1.5~6.0	4~6	7.0~7.5	-1~1	3~6
T1(℃)	-18~-15	-22~-18	-18~-14	-22~-13	-18~-14	-12~-11	-30~-25	-25~-15
T7(℃)	19~22	20~23	23~24	20~24	23~24	24	20~26	20~26
Pa(mm)	150~250	250~350	340~470	350~480	400~500	520~540	500~700	600~800
P1(mm)	1.7~2.9	1.4~3.3	0.9~2.7	0.9~1.8	1.0~2.0	2.3~2.5	2.6~7.9	3.5~12.7
P7(mm)	38.6~87.5	98.6~133.1	96.4~138.8	96.4~129.8	114.6~157.7	154.9~161.7	100.4~165.9	86.3~346.2
PE(mm)	611.0~1017.8	683.6~924.5	735.8~820.0	663.2~795.1	582.1~645.9	743.3~801.8	520~670	527~719
PA	2.3~6.0	1.8~2.2	1.9~2.2	1.4~2.5	1.4~2.5	1.4~1.5	0.8~1.3	0.7~1.2
APE(mm)	218.7~603.6	515.4~651.9	580.6~622.9	521.6~643.2	631.0~653.2	663.0~670.7	536.4~617.9	500~644
IM	-45.3~-26.5	-25.7~-13.1	-23.2~-19.4	-23.2~-18.8	-28.1~-2.3	-11.2~-10.4	-18.9~-6.1	-6.5~44

续表

经度（42°—46°N①）	108—113	112—119	117—120	117—122	121—126	122—124	125.5—131.5	123.5—130
经度（43.5°N②）	110—113	113—117	117—122	117—122	122—123	123—124		124—130
BT（℃）	6.7~8.5	6.7~9.6	7.1~9.0	6.7~9.3	9.0~9.5	9.8~10.0	7.1~8.7	7.1~9.4
PER	1.5~3.5	1.0~1.6	1.2~1.4	1.2~1.4	1.1~1.6	1.1	0.7~1.0	0.5~0.9
WI（℃·mon）	48.3~80.3	51.3~67.7	50.4~78.0	50.4~76.0	73.2~79.1	82.7~84.7	51.5~69.2	52~77
CI（℃·mon）	-89.1~-56.7	-109.3~-71.3	-75.2~-62.9	-98.9~-66.3	-79.2~-67.4	-58.1~-55.1	-94.7~-80.5	-85~-67
K	3.6~5.7	1.6~3.9	4.0~4.7	4.0~4.9	3.4~5.0	5.1~5.2	5.9~8.3	5.8~9.3
NPP（t DW·hm^{-2}·a^{-1}）	2~4	3~5	3.5~4.5	4.5~5.5	5~7	5~6	5~7	5~7

Ta. 年平均气温；T1. 1 月均温；T7. 7 月均温；Pa. 年降水量；P1. 1 月降水；P7. 7 月降水；Pa. 干燥度；PE. Penman 可能蒸散；PA. 干燥度；APE. Thornthwaite 潜在可能蒸散；IM. 水分指数；BT. Holdridge 生物温度；PER. 可能蒸散率；WI. Kira 温暖指数；CI. 寒冷指数；K. 干燥度指数；NPP. 净第一性生产力（周广胜模型）。①沿北纬 42°—46°；②沿北纬 43.5°

Ta. Annual average temperature; T1. Average temperature of January; T7. Average temperature of July; Pa. Annual total precipitation; P1. Total precipitation of January; P7. Total precipitation of July; PE. Penman's potential evapotranspiration; PA. Aridity; APE. Thornthwaite's potential evapotranspiration; IM. Moisture index; BT. Holdridge's biotemperature; PER. Potential evapotranspiration ratio; WI. Kira's warmth index; CI. Coldness index; K. Aridity/humidity index; NPP. Net primary production (Zhou's model). ①Latitude between 42° and 46°N; ②Latitude along 43.5°N

表 13-5 中国东北样带的植被和土壤特征

Table 13-5 Vegetation and soil characteristics of Northeast China Transect

植被地带 Vegetation zones	内蒙古温带草原 Temperate steppe in Nei Monggol			大兴安岭山地，松辽平原 Temperate deciduous-broadleaved forest	温带落叶阔叶林 Temperate deciduous-broadleaved forest	温带针阔叶混交林 Temperate mixed coniferous-broadleaved forest (MCBF)	
植被亚地带 Vegetation subzones	荒漠草原 Desert steppe	典型草原 Typical steppe	草甸草原 Meadow steppe	辽平原低地草原 Meadow steppe in Daxingan montane and Songliao plain	辽河平原北部落叶阔叶林 Deciduous-broadleaved forest in northern Liao River Plain	小兴安岭完达山地针阔叶混交林 Montane MCBF in Xiaoxingan and Wanda mountain	长白山地针阔叶混交林 Montane MCBF in Changbai mountain
生活型 Life form	多年生地下芽植物+落叶矮高位芽植物 Renascent geophytes+Nanophanerophytes 多年生小型丛生禾草+小半灌木 Perennial partum bunchgrass+Dwarf half-shrub	多年生地下芽植物 Renascent geophytes 多年生密丛禾草 Perennial closed bunchgrass	多年生地下芽植物 Renascent geophytes 多年生杂类草+丛生禾草 Perennial herbosa+bunchgrass	多年生地下芽植物+落叶矮高位芽植物 Renascent geophytes+Nanophanerophytes 多年生杂类草+灌木 Perennial herbosa+shrub	落叶小-中高位芽植物 Deciduous micro-mesophanerophytes 乔木-灌木 Deciduous tree and shrub	常绿-落叶中高位芽植物 Evergreen-deciduous mesophanerophytes 乔木-灌木 Deciduous tree and shrub	常绿-落叶中-大高位芽植物 Evergreen-deciduous meso-megaphanerophytes 乔木-灌木 Deciduous tree and shrub
种数 Total species	74	104~132	150~200	357	200	1500	1900
生态型 Ecotype	强旱生，旱生 Megaxeric, xeromorph	典型旱生，中旱生 Typical xeromorph, mesoxeric	中生，旱中生 Mesotrophy, dry-mesotrophy	旱中生，中生 Dry-mesotrophy, mesotrophy	中生 Mesic (semihumid)	中生(温和湿润) Mesic (humid)	中生耐阴 Mesic (humid)
冠层高度 Canopy height (m)	0.1~0.2	0.4~0.5	0.4~0.6	0.4~0.8	5~10	20~32	20~40

续表

植被地带 Vegetation zones	内蒙古温带草原 Temperate steppe in Nei Monggol			大兴安岭山地，松辽平原低地草原 Meadow steppe in Daxingan montane and Songliao plain	温带落叶阔叶林 Temperate deciduous-broadleaved forest	温带针阔叶混交林 Temperate mixed coniferous-broadleaved forest (MCBF)	
层次 Layer	1草本层,2亚层 1 Herb, 2 sublayers	1草本层,3亚层 1 Herb, 3 sublayers	1草本层,3亚层 1 Herb, 3 sublayers	1草本层, 3亚层 1 Herb, 3 sublayers	3层,乔木-灌木-草本-藤本 3 Tree-shrub-herb-liana	5层,乔木-下木-灌木-草本-地被-藤本 5 Tree-undergrowth-scrub-Herb-ground-liana	4层,乔木-草本-地被-藤本 4 Tree-shrub-herb-ground-liana
覆盖度 Coverage (%)	15~25	20~60	50~70	70~80	50~80	70~80	70~80
生物量 Biomass (t·hm^{-2})	0.2~0.6	0.6~1.5	1.65~2.25	1.35~2.00	100~300	300~600 (330)	300~600 (400)
土壤有机质含量 Soil organic matter (%)	0.3~1.0 (0.95)	1.2~3.3 (2.47)	4~7 (4.35)	2~6	4.14~7.46	6~8	5.5~14.2
土壤含氮量 Soil nitrogen (%)	0.05~0.11 (0.08)	0.11~0.21 (0.15)	0.18~0.3 (0.2)	0.14~0.26	0.15~0.19	0.15~0.3	0.26~0.75
pH	7.5~8.5	7.0~8.5	7.5~8.0	7.9~8.2	5.0~5.6	5.0~6.0	5.6~5.8

3.1 温带针阔叶混交林区域

位于北纬 42°—46°、东经 126°—131°，包括东北平原以东的广阔山地，具有海洋型（湿润型）温带季风气候的特征，降水丰富，年平均气温较低，冬季长而夏季短。地质构造极为复杂，山地大多以花岗岩为主，地带性土壤为暗棕壤，又以山地暗棕壤为主，还有隐域性的草甸土、灰化沼泽土及沼泽土。植物种类繁多，仅维管植物即近 1900 种，为长白山植物区系成分，并有大量的典型亚热带植物成分和北方树种（南鄂霍次克植物区系成分）。地带性植被为温性针阔叶混交林，主要是以红松为主构成的，混有紫椴（*Tilia amurensis*）、风桦（*Betula costata*）等各种温带落叶阔叶树种，并多藤本植物，一般称为"红松针阔叶混交林"。种类组成极其丰富，植被分层明显。

3.2 松辽平原栎林草原、农田区域

位于北纬 42°30′—46°、东经 121°—126°，包括小兴安岭南端、张广才岭及长白山山前丘陵漫岗区，是松辽平原西南部的典型草原向周围落叶阔叶林区过渡的地带。受海洋季风的影响较强，气候的大陆性程度较低，为中温带的半湿润气候。土壤的发生类型很复杂，存在着暗棕壤、黑土、黑钙土、草甸黑土、草甸土及沼泽土等。本区属于温带北部草原亚地带的松辽平原外围栎林草原区，以兴安-内蒙古草原成分占主导地位，植被类型的分布组合很复杂，边缘低山丘陵分布着森林、灌丛及五花草甸，建群种为贝加尔针茅、线叶菊、羊草等。

3.3 松辽平原典型草原区域

位于北纬 42°30′—46°、东经 117°—125°，占据了松辽平原的中部，包括松嫩平原、西辽河平原及大兴安岭南段的东南坡。由于该区地处大兴安岭以东，受南海季风的影响较明显，大陆度低于内蒙古高原，热量较高，属夏季温热多雨的半干旱气候。主要土壤类型为草甸土和黑钙土。主要的建群种和优势种为大针茅、克氏针茅、羊草、线叶菊、贝加尔针茅、糙隐子草（*Cleistogenes squarrosa*）、冰草（*Agropyron cristatum*），并拥有温带亚洲或东北、华北的区系成分，如野古草（*Arundinella hirta*）、大油芒（*Spoadiopogon sibiricus*）、兴安胡枝子（*Lespedeza davurica*）、委陵菜（*Potentilla chinensis*）、山杏（*Prunus*

armeniaca var. *ansu*）、蒙古栎、油松（*Pinus tabulaeformis*）等。松辽平原西南部沙质及沙壤质土壤上，西辽河以北的大兴安岭山地平原区，主要分布着大针茅草原，最常见的群落类型有大针茅-丛生小禾草草原，大针茅-羊草草原及山杏灌丛化的大针茅草原。西辽河流域的沙丘上广泛分布着沙生植被，如沙蒿（*Artemisia arenaria*）半灌木群落。草甸及沼泽植被广布于各种低湿地生境上。

3.4 大兴安岭山地草甸草原区域

位于北纬 44°—46°、东经 117°—122°，大兴安岭的西南侧，沿山前丘陵呈带状延伸。基岩主要由花岗岩、安山岩、石英粗面岩等火成岩所组成。气候寒冷半湿润，地带性土壤东部为淋溶黑钙土，西部为黑钙土，岛状森林下发育了灰色森林土。本区东北面逐渐进入大兴安岭针叶林区，西面与内蒙古高原典型草原区相邻，处于草原向山地针叶林的过渡区。在植被组合上，以几种草甸草原、林缘草甸和白桦为主的岛状森林交互分布为特色。植物区系以兴安-内蒙古种为主，其中贝加尔针茅、线叶菊、羊草等均为本区优势群系的建群植物，其次为欧亚温带和东亚分布的森林草甸种，如裂叶蒿（*Artemisia laciniata*）、野火球（*Trifolium lupinaster*）、歪头菜（*Vicia unijuga*）、大叶草藤（*V. pseudo-orobus*）等。最具代表性的草甸草原类型为贝加尔针茅-线叶菊草原，多占据丘陵坡地的中部，土壤为钙质黑钙土，常见的群系有贝加尔针茅-线叶菊草原、贝加尔针茅-丛生小禾草草原和贝加尔针茅-羊草-杂类草草原等，另外还有线叶菊草原、羊草草原、五花草甸等重要植被类型。

3.5 内蒙古高原典型草原区域

位于北纬 42°—46°、东经 113°—119°的内蒙古高原中部，具有典型的内陆半干旱气候特点。在大气环流上直接受蒙古高压的控制，冬春季节气候寒冷，夏季受海洋季风的影响，温和多雨，属中温带的半干旱气候。地带性土壤为栗钙土。植物区系以蒙古草原成分和更广泛的中亚东部（亚洲中部）草原成分为主，最重要的种类是大针茅、羊草、克氏针茅、糙隐子草、冰草、落草（*Koeleria cristata*）以及寸草薹（*Carex stenophylla*）、黄囊薹草（*C. korshinskii*）、葱（*Allium* spp.）、细叶鸢尾（*Iris tenuifolia*）、知母（*Anemarrhena asphodeloides*）、星毛委陵菜（*Potentilla acaulis*)、二裂叶委陵菜（*P. bifurca*）、柴胡（*Bupleurum chinese*）、草木樨状黄芪（*Astragalus melilotoides*）、火绒草（*Leontopodium leontopodioides*）、白婆婆纳（*Veronica incana*）、麻花头（*Serratula centauroides*）、冷蒿、小叶锦鸡儿（*Caragana microphylla*）等，都是典型的草原旱生植物。地带性植被为典型草原，主要代表群系为大针茅草原、克氏针茅草原、羊草草原、线叶菊草原、羊茅草原、冰草草原、糙隐子草草原和冷蒿草原。

3.6 乌兰察布高原东北部的荒漠草原区域

位于北纬 42°—45°、东经 108°—113°，地貌类型比较单调，全境处于阴山山脉以北的层状高平原区。气候直接为蒙古高压气团所支配，海洋季风影响不强，已进入内陆干旱区的范围，夏季在东南季风的湿润气团影响下也能形成一定的雨量，但蒸发作用强烈，全年多风，热量高于典型草原区。地带性土壤是轻壤质棕钙土，表土含粗沙及小砾石，石质丘陵上形成粗骨土与砾石质棕钙土，二连浩特一带普遍分布着沙质与沙壤质棕钙土。干河滩与盐湿低地上多发育为盐化草甸化棕钙土。地带性荒漠草原植被占显著的优势，主要建群种都是曲膝芒组和须状芒组的几种小型针茅，最有代表性的是戈壁针茅草原群系。植物区系成分以戈壁-蒙古荒漠草原种和中亚东部荒漠草原种为主，小型针茅如戈壁针茅、沙生针茅（*Stipa glareosa*）、石生针茅（*S. klemenzii*）、短花针茅（*S. breviflora*）及无芒隐子草（*Cleistogenes songorica*）、多根葱（*Allium polyrhizum*）、蒙古葱（*A. mongolicum*）等均为荒漠草原的建群种和优势种，其中戈壁针茅的作用最突出，短花针茅是从温带南部草原亚地带侵入的成分，另外，强旱生小半灌木女蒿（*Hippolytia trifida*）、蓍状亚菊（*Ajania achilloides*）也是优势成分。

4 NECT 的土地利用

4.1 土地利用方式

NECT 在北纬 42°—46°、东经 110°—132° 范围内的土地总面积约 690 086 km²，跨越黑龙江、吉林、

辽宁 3 省和内蒙古自治区，以吉林和内蒙古为主体。土地利用方式多样，农、林、牧沿样带均占主要地位。按土地利用格局大致可以作如下划分[6]：

4.1.1 耕地 约 224 968 km²，占本带总面积的 32.6%。其中水田 15 872 km²，占本带总面积的 2.3%，旱地面积 209 096 km²，占本带总面积的 30.3%。主要分布在大兴安岭以东、吉林东部山地以西的松嫩平原的辽河平原北部地区。

4.1.2 林地 约 12 736 km²，占本带面积的 19.8%。主要分布于吉林东部的低山丘陵、长白山熔岩台地与中山，以及西部大兴安岭东坡。

4.1.3 草地 约 264 303 km²，占本带总面积的 38.3%。主要分布于内蒙古高原、松嫩平原西部，与耕地相间分布。

4.1.4 难利用土地 包括裸露地、沙地以及荒地、沼泽地、盐碱地等，约 71 079 km²，占本带面积的 10% 以上。主要有内蒙古锡林郭勒盟的浑善达克沙地和嘎亥额勒苏沙地及通辽的科尔沁沙地等。

4.2 土地利用格局

土地利用格局的形成是人类社会经济状况与自然环境条件长期相互作用的结果，在空间上具有明显的变异。根据土地利用现状结构与主要土地资源利用的限制性因素，本带可以划分为 3 段：以大兴安岭为界，西段是以牧业为主的内蒙古高原，中段平原的农牧交错带和以林为主的东段——农林结合的低山与丘陵区（表 13-6）。

4.2.1 以牧为主的内蒙古高原 主要包括内蒙古自治区的锡林郭勒盟以及通辽市的一部分，面积约 300 000 km²，占整个带区的二分之一。其土地利用结构最突出的特点是草地占据了绝大部分土地面积。在锡林郭勒盟其比例达 95% 以上，而耕地及林地都小于 5%。这个比例在通辽则降至 61.2%，宜林地和耕地增加。本段土地利用存在的主要问题是：(1)家畜超载，草场退化、沙化、盐碱化严重，有大约 48.63% 的草地资源退化；(2)盲目开垦，扩大耕地；(3)非宜林地造林，防护林体系不完善，土壤风蚀、水蚀严重，其中已形成大片沙地。

表 13-6　中国东北样带土地利用格局和特点

Table 13-6　Land use pattern and characteristics of the Northeast China Transect

	牧区 Pastoral area	农业区 Agricultural area		林区 Forest area
		农区和牧区 Farming and pastoral area	农区 Farming area	
地形 Topography	内蒙古高原 Nei Monggol plateau	内陆平原 Inland plain	内陆平原 Inland plain	丘陆山地 Hills and mountains
纬度 Latitude(沿 43.5°N)	112.5°—119.2°E	119.2°—122.5°E	122.5°—126°E	125.5°—130°E
面积 Area(km^2)	281 826	80 862	214 283	135 206
耕地 Cultivate land(%)	1.5	24.4	64	10.5
草地 Grassland(%)	85	56	20	5.5
林地 Forest land(%)	1.5	11	13	80
难利用地 Unuseable land(%)	12	8.6	3	4
主要产品 Main products	肉、皮、毛、干草、奶制品 Meal, skin, wool, hay, milk products	玉米、小麦、水稻、大豆、甜菜、向日葵、干草 Corn, wheat, rice, soybean, beet, sunflower, hay	玉米、谷子、水稻、高粱、小麦、小豆 Corn, millet, rice, sorghum, wheat, soybean	水稻、大豆、玉米、小麦 Rice, soybean, corn, wheat

4.2.2　农牧交错的中部平原　主要包括带区内的白城、松原、四平、辽源、铁岭、阜新、长春等及哈尔滨、通辽的一部分,约 270 000 km^2。以 400 mm 等雨量线为界,西部以牧业为主,但在灌溉条件下可以发展一部分旱地和水田,以 600 mm 等雨量线以及地貌差异与东部山地区分,主要以旱作农业为主。水分较充足地区则大力发展水稻。农作物主要有玉米、高粱、大豆、小麦、水稻等,其中玉米最多,形成了中国的"玉米带",超过粮食种植面积的 60%。本地区土地利用存在的主要问题是:(1)土地利用结构不尽合理,垦殖率过高,林牧用地偏少;(2)破坏性开发,耕地退化、沙化、碱化严重;(3)土地生产率偏低。

4.2.3　以林为主的东部山地　主要包括四平-长春-榆树一线以东的多列式山地和丘陵。可分为延边-通化中山低山区和吉林-辽源低山丘陵区,面积约 130 000 km^2。土地利用结构以林地为主,其面积约占本地总面积的 60%～70%,是全国重

要林业生产基地。耕地仅占 7%～10%,以旱地为主,但山间盆地中种植水稻的比例占整个 NECT 带区水稻种植的 85% 以上,为东北稻米集中产区。农作物有马铃薯、玉米、高粱、谷子等。本亚区土地利用存在的主要问题是:(1)农、林、牧用地结构不尽合理;(2)过伐导致森林覆盖率下降;(3)农业用地少,产量低而不稳;(4)畜牧业基础差,草山、草坡利用不充分。

根据上述分析可以看出,NECT 中土地利用方式多样,且都存在不同程度的人类过度干扰,导致陆地生态系统的退化,尤其是在近年气候变暖情况下,在草原与森林区过渡处的草甸草原地带大规模开垦农田,造成土地利用强度与格局的巨大变化,为研究土地利用在全球变化中对陆地生态系统的影响提供了广阔的场所。尤其该区域是全国玉米、大豆、水稻的集中产区,对于研究 C_4/C_3 植物的不同反应机制、水稻田中痕量气体释放、森林与草原生态系统中的植物功能型(PFTs)都是适当的背景条件。

5 NECT 的遥感与模型

在野外考察和资料收集的基础上,我们对样带的植被类型结构和第一性生产力的形成进行了分析和模拟,并对样带对全球变化的响应作出了初步预测[7,8]。

NECT 样带的植被响应模拟包括两个方面:动态仿真模型预测未来 30 年内样带第一性生产力水平的变化;静态经验模型推断全球变化影响下的植被空间位移及其样带内植被的主要环境控制因子。NECT 动态仿真模型以样带内 12 种植被类型的绿色和非绿色生物量及 3 层土壤水分为状态变量,模拟植被生物量和生产力在环境因素(包括 CO_2 浓度及气候因素等)的控制下与土壤水分之间相互作用的过程。利用绿色生物量与卫星遥感植被指数之间的关系,将模型进行参数化和校验,所以,模型是以遥感数据驱动的,具有较高的可信度。另外,NECT 动态仿真模型利用的空间仿真(spatial simulation)技术,有可能同时模拟植被结构和生产力的变化,较之于世界上著名的模型,如 TEM 和 CENTURY 所用的空间参考(spatially referenced)技术,有较明显的优越性。

NECT 的动态仿真模型结果显示:在温度增加 2℃而其他输入变量保持当前状态时,全样带区域内的绿色生物量在 30 年内下降 25%。而保持当前气候条件不变,在 30 年内 CO_2 浓度倍增的直接效应则将导致全样带平均绿色生物量增加 30%。与上述效应相比较,降水增加 10%,而温度和 CO_2 浓度维持当前状态时,全样带平均绿色生物量在 30 年内仅增加 3%。模拟 CO_2 浓度倍增、10%降水增量和 2℃温度增量的综合作用给出全样带的总绿色生物量在 30 年内增加大约 8%。

NECT 植被类型对气候变化的响应的静态经验模型结果表明:由于气温和降水的变化,NECT 样带区域内的森林和灌丛在全球变化后面积将减少。假设在未来 30~50 年内不发生由灌丛向森林和从草地向灌丛的转化,森林面积将减少 47%~60%,灌丛将减少 33%~40%,草地面积将显著增加,特别是丛生禾草和矮半灌木将大大增加,增加幅度为 46%~51%,草甸和草本沼泽的面积将减少 37%~67%,农作物面积不会有很大的变化。样带上的植被,不论

东部还是西部,均受到水分匮乏的限制,特别是西部地区。在 CO_2 浓度倍增后,这种水分胁迫将进一步加剧。

6 NECT 的净第一性生产力 NPP 对全球变化反应的预测

周广胜和张新时[9]以植被表面的 CO_2 通量方程(相当于 NPP)与水汽通量方程(相当于蒸散)之比确定的植被对水的利用效率为基础,根据所建立的联系能量平衡方程和水量平衡方程的区域蒸散模式,结合植物的生理生态学特点建立了联系植物生理生态学特点和水热平衡关系的植物的净第一性生产力(NPP)模型:

$$NPP = RDI \cdot \frac{rR_n(r^2 + R_n^2 + rR_n)}{(R_n + r)(R_n^2 + r^2)} \cdot$$
$$\exp(-(9.87 + 6.25RDI)^{0.5})$$

式中,r 为降水量,R_n 为净辐射,RDI 为辐射干燥度($=R_n/r$)。该模型较优于目前国际上流行的自然植被的净第一性生产力模型——Chikugo 模型,特别是对于干旱、半干旱地区。

根据该模型对样带植被的净第一性生产力进行了分析,如表 13-4 所示。可见植被的净第一性生产力分布基本上由西向东递增,由荒漠、草原的 2~3,增加到温带针阔叶混交林地带的 5~7,最大可达 7 以上。植被净第一性生产力的分布与样带的水分梯度呈明显的正相关,也就是说,样带的主要决定因素在自然植被净第一性生产力水平上也得到了明显的反映。在降水减少 10%、温度增加 1.5℃时,从植被净第一性生产力的分布区可见,整个半湿润至湿润区的生产力有所增加,反映在生产力高于 7 的区域有所增加,而荒漠草原区则略有减小,生产力水平低于 2 的区域明显增加;在降水不变、温度增加 1.5℃时,生产力高于 7 的区域继续增加,而荒漠草原区变化不大,表明在水分不变情况下,热量的增加有利于湿润地区的植被生长;在降水增加 10%、温度增加 1.5℃时,整个半湿润至湿润区的生产力大幅度增加,反映在生产力高于 7 的区域大大增加,生产力水平低于 2 的区域趋于消失。可明显看出,限制植被净第一性生产力的主要原因在于水分供应。当然,全球气候变化因地而异,而且本研究也未考虑

植被对气候的滞后、遗传变异和动态演变,只是根据气温及降水的变化给出了样带对于气候反应的定性趋势,以了解气候变化对于植被的影响。

7　结论与将深入研究的问题

NECT 的建立与深入研究将为我国全球变化与陆地生态系统关系(GCTE)与生物多样性的研究提供一个有利的平台和载体,其本身更是一个良好的研究与综合对象。以上公布的 NECT 背景资料与初步研究成果只是提供学术界对 NECT 进行了解和参考,以期得到各学科专家们的指导、关心与参与。

今后 NECT 将着重于下列方面的研究与工作:(1)样带上的生物地球化学循环与生物地球物理过程的研究及其沿梯度的变化,主要是 CO_2、H_2O、N、P、S 和 CH_4 循环以及能量转换的梯度差异、变化机制及其与生物群区的关系;(2)通过样带进一步完善植被(生物群区)-气候-基质的数量关系及其格局分析,为制定更适合我国国情的生物群区生态模型建立框架与奠定基础;(3)深入进行样带土地覆盖与土地利用格局研究的自然与经济基础及其调节措施与优化管理模式;(4)样带生物多样性各层次,尤其是景观与斑块层次的研究及其梯度分析,将着重于植物功能类型(PFTs)在样带上的分布;(5)遥感研究,除利用美国国家海洋与大气管理局(NOAA)的高分辨率辐射计(AVHRR)外,还要采用更高分辨率的陆地遥感卫星(LANDSAT)与地球观测系统(SPOT)进行样带的动态模型研究;(6)建立与完善样带的全球动态植被模型(DGVMs)系统,使我国的 GCTE 研究尽快在主要方面赶上国际先进水平,为我国的全球变化国策提供依据。

参考文献

1　Steffen W L. Rapid progress in IGBP transects. *Global Change Newsletter*,1995,24:15-16.

2　IGBP Secretariat. IGBP transects. *Global Change Newsletter*,1993,16:4.

3　GCTE Core Project Office. GCTE Core Research:1993 Annual Report,Report No. 1. Canberra:GCTE,1994.

4　Koch G W,Scholes H J,Steffen W L et al. The IGBP Terrestrial Transects:Science Plan. IGBP Report No. 36. Stockholm:IGBP,1995.

5　中国植被编辑委员会. 中国植被. 北京:科学出版社,1980.

6　吴传钧,郭焕成. 中国土地利用. 北京:科学出版社,1994.

7　Gao Qiong,Zhang Xin-shi. A simulation study on response of North east China Transect to elevated CO_2 and climate change. *Ecological Applications*,1997,7(2):470-483.

8　高琼,喻梅,张新时,等. 中国东北样带对全球变化响应的动态模拟——一个遥感信息驱动的区域植被模型. 植物学报,1997,39:780-790.

9　周广胜,张新时. 自然植被净第一性生产力模型初探. 植物生态学报,1995,19:193-200.

第 14 章

中国全球变化与陆地生态系统关系研究 *

张新时　周广胜　高琼　倪健　唐海萍
（中国科学院植物研究所,北京,100093）

摘要　预测陆地生态系统对大气和气候的反馈作用及在更微观的尺度上预测全球变化对自然和农业生态系统的结构和功能的效应是国际地圈-生物圈计划（IGBP）的核心项目"全球变化与陆地生态系统"（GCTE）的重要研究目标。中国科学家自 1985 年正式立项开展全球变化研究以来,全面加入了国际全球变化的研究,取得了巨大成果。文章就近年来中国在全球变化与陆地生态系统关系研究方面取得的新进展作了评述,并指出未来中国进行全球变化与陆地生态系统关系研究时拟注重各计划间的交叉及应加强研究的领域。

关键词　全球变化　生态生理试验　模拟　荒漠化

* 本文发表在《地学前缘》,1997,4:137-144。本研究受国家科学基金"八五"重大项目"我国陆地生态系统对全球变化响应的模式研究"及国家科学技术委员会"八五"攀登项目"我国未来 20-50 年人类生存环境变化趋势与预测研究"资助。

全球变化研究是 20 世纪 90 年代以来最为引人注目和关切的环境和科学问题之一,已经引起了各国政府、科学界与公众的强烈关注。全球变化研究的核心在于探索由于人类活动所引起的全球环境变化对于人类赖以生存与持续发展的陆地生态系统与人类生存环境的作用及其反应,以期找出应对的科学策略,最大限度地减小全球变化的不利影响,使地球朝着有利于人类生存与持续发展的方向发展。正因为如此,国际地圈-生物圈计划(IGBP)的核心项目"全球变化与陆地生态系统"(GCTE)正成为当前国际全球变化研究中最为活跃和不断扩展的项目。围绕着全球变化与陆地生态系统这一关系人类生存环境的重大课题,中国科学家自 1985 年就正式立项开展这一世纪性的研究。截至 1994 年 6 月已确立的有关全球变化方面的研究项目 240 项,计划投入经费 12 518.3 万元,按每个科学家参加一项项目计算,全国参加全球变化研究的科学家达 5706 人次[1]。如此巨大的人力、物力及财力的投入,大大促进了中国全球变化的研究,取得了丰硕的成果。本文将就近年来我国在全球变化与陆地生态系统关系研究方面的新观点、新认识及新进展作一评述。

1 陆地生态系统对全球变化反应的机制

全球变化对于陆地生态系统影响的关键在于两个方面:一是引起全球变化的地球大气中的温室气体,特别是 CO_2 浓度对于植物的影响;二是由于温室气体的猛增造成的全球气候变化对于植物的影响。前者称为直接影响,后者称为间接影响。

1.1 全球变化对植物的直接作用

植物的碳氮比(C/N):豆科植物的共生固氮在全球氮素循环与平衡中起着重要作用。对大豆(Glycine max)和紫花苜蓿(Medicago sativa)在 CO_2 浓度倍增条件下的生理生态试验表明,其地下部根的 C/N 有明显的减少,而地上部茎的 C/N 则有明显的增加。这一试验结果不仅证实了前人所报告的地上部 C/N 增加现象,而且揭示了地下部 C/N 降低的新现象[2-3]。

植物的光合作用:CO_2 倍增使 C_3 植物光合速率提高、生物量增加已早为人所知,但其机理至今不清。在紫花苜蓿的研究中发现,倍增 CO_2 浓度对光合作用原初光能转换有明显的影响。其叶绿体对光有更强的吸收能力,叶片的光系统 II 原初光能转换效率、潜在活性、电子传递量子产量以及光系统 I 活化能力均有提高;同时荧光光化学猝灭组分增加,非光化学猝灭组分降低。这表明在 CO_2 浓度倍增条件下的紫花苜蓿对光能的利用更为有效,从而对光合作用起到促进作用。这一研究为 CO_2 浓度倍增条件下 C_3 植物净光合作用提高提供了生理、生化的依据[4]。

植物的叶片结构:对 CO_2 浓度倍增条件下的大豆叶片形态和解剖特征的研究表明:与目前大豆的结构相比,叶片外部形态没有显著变化,而叶片气孔密度随 CO_2 浓度的升高呈下降趋势,其下表面覆盖有大量星状的表面角质蜡层,且在气孔区和非气孔区的数量基本相同。它的生理意义有待进一步研究[5]。

叶绿体超微结构:在 CO_2 浓度倍增条件下,谷子和紫花苜蓿的叶绿体超微结构发生明显变化,最为显著的是淀粉粒的积累明显增加,尤以维管束鞘细胞更为明显,且 C_4 植物谷子的叶绿体比 C_3 植物紫花苜蓿积累的淀粉粒多;在淀粉粒较小且较少时,紫花苜蓿叶绿体基粒类囊体膜增多,与基质类囊体膜相间排列有序,谷子叶绿体的基粒垛及基粒类囊体膜数均增加,但基粒变小,基质类囊体膜变长,且有些膜出现膨胀甚至破损;淀粉粒较大且积累过多时,紫花苜蓿叶绿体中尚可隐约见到由 4~8 个类囊体膜组成的短小基粒零星分布于淀粉粒之间,而谷子叶绿体中几乎找不到可辨认的基粒和基质类囊体膜[6]。

种子的大小与幼苗效应:对豆科与几种非豆科植物种子的大小对 CO_2 浓度倍增的反应试验发现,在 CO_2 浓度倍增及正常日照条件下,种子越小,其幼苗的生长反应越大,生长速率更快,其结果可能使这类植物在未来的植物群落中更占优势[7]。

物候:CO_2 浓度倍增将导致作物的生长和发育加速,生育期缩短,物候期提前。对于 C_3 和 C_4 作物虽有一定的差异,但在各个生育阶段仍呈现出不同的反应。以 $\varphi(CO_2)$ 为 350×10^{-6} 的浓度下的作物生长作为对照,小麦从抽穗至成熟,在 $\varphi(CO_2)$ 为 700×10^{-6} 浓度下提前 3~4 天,在 $\varphi(CO_2)$ 为 500×10^{-6} 浓度下提前 1~2 天;大豆在 CO_2 浓度倍增条件下,各发育期可提前 2~3 天;玉米从抽雄到乳熟阶段,在

$\varphi(CO_2)$ 为 700×10^{-6} 浓度下生育期提前 $4 \sim 5$ 天,与 $\varphi(CO_2)$ 为 500×10^{-6} 浓度下的生育期相比则提前 1 天左右[8-11]。

株高:随 CO_2 浓度升高,C_3 作物株高均有明显增加。以 $\varphi(CO_2)$ 为 350×10^{-6} 浓度下的作物生长为对照,小麦从拔节到乳熟在 $\varphi(CO_2)$ 为 700×10^{-6}、500×10^{-6} 浓度下株高平均增长率分别为 8.0% 和 5.0%;大豆在 CO_2 浓度倍增的条件下,三叶期至结荚期平均增加 13.1%;CO_2 浓度升高对 C_4 作物玉米株高的影响不如 C_3 作物明显,从出苗至收获,在 $\varphi(CO_2)$ 为 700×10^{-6}、500×10^{-6} 浓度下株高分别平均增加 6.3% 和 4.5%[8-11]。

生物量:随 CO_2 浓度的升高,C_3 和 C_4 作物的生物量均有明显增加,但 C_3 作物增加幅度大于 C_4 作物。以 $\varphi(CO_2)$ 为 350×10^{-6} 浓度下的生物量作对照,在 $\varphi(CO_2)$ 为 700×10^{-6} 和 500×10^{-6} 浓度下,小麦总生物量分别增加 26.1% 和 13.7%;大豆分别增加 7.53% 和 41.8%;玉米增加 14.0% 和 6.0%[8-11]。

作物产量:随着 CO_2 浓度的升高,无论是 C_3 作物,还是 C_4 作物,其产量均有所增加,但 C_4 作物增加的幅度小于 C_3 作物。以 $\varphi(CO_2)$ 为 350×10^{-6} 浓度下的作物作对照,在 CO_2 浓度倍增条件下,小麦的单株穗数、粒数和千粒重分别增加 24.8%、27.3% 和 8.6%,生物量、经济产量和收获指数则分别增长 32.3%、36.1% 和 2.9%;大豆的干物重、籽粒重和百粒重分别增加 41%、33% 和 6.1%,但收获指数未提高,干物重和籽粒重都有所增加,且干物重增长率高于籽粒重增长率;棉花单铃重、单株籽棉重、单株皮棉重分别增加 25.9%、60.82%、18.76% 和 68.19%;玉米的穗长、穗重、千粒重和经济产量分别增加 11.6%、19.4%、5.3% 和 18.2%,收获指数也略有提高[8-11]。

光合作用速率:CO_2 浓度倍增将使作物的光合作用加快,呼吸减弱,光合速率增强,光合作用时间延长。以 $\varphi(CO_2)$ 为 350×10^{-6} 浓度下的作物作对照,在 CO_2 浓度倍增条件下,小麦的净光合速率从拔节到乳熟增加 30.7%,抽穗阶段增加 41.6%,而光合作用时间延长 1 小时,夜间呼吸速率下降 28.2%;大豆的净光合作用在三叶期、五叶期、开花期及结荚期分别增加 42.0%、44.3%、70.0% 和 78.5%;玉米的净光合速率增加 15.4%,且在 $6 \sim 14$ 叶期间随叶龄的增加而增加[8-11]。

蒸腾速率:CO_2 浓度增加引起植物蒸腾速率减小,从而导致水分利用效率提高。以 $\varphi(CO_2)$ 为 350×10^{-6} 浓度下作物的蒸腾速率为对照,在 CO_2 浓度倍增条件下,小麦的蒸腾速率减小 12.3%,玉米从 10 叶到收获期间蒸腾平均减小 16.3%[8-11]。

C_3 和 C_4 作物的差异:对小麦和玉米的对比研究表明,尽管 CO_2 浓度增加对 C_3、C_4 作物的影响总趋势基本一致,但是对于 C_4 作物的影响幅度小于 C_3 作物[8-11]。

作物籽粒品质:对大豆、冬小麦、玉米、棉花四种作物在 CO_2 浓度倍增条件下的试验结果表明[8-11],大豆氨基酸和粗蛋白质含量分别下降 2.32% 和 0.83%,而粗脂肪、饱和脂肪酸和籽粒不饱和酸含量则分别增加 1.22%、0.34% 和 2.02%[12];冬小麦籽粒的含水分基本保持不变,粗淀粉含量增加 2.2%,而粗蛋白质和赖氨酸含量分别下降 12.8% 和 4%,具有负效应;而对于棉花纤维质量的影响则不显著;玉米籽粒的粗脂肪、粗淀粉及水分有所增加,但氨基酸、粗蛋白质、粗纤维、直链淀粉、总糖都呈下降趋势,尤其总糖和粗纤维下降最为明显。由此可见,CO_2 浓度升高对于不同作物影响不同。

1.2 温度增加对植物的间接作用[13]

施肥量:温度升高,肥效下降。在 CO_2 浓度升高及施肥量增加(量)大于产量增加率时,单位重量肥料的增产率下降更为明显。

发育速度:对永宁与固原的冬小麦试验表明,温度升高将导致冬小麦生长期(播种-成熟)缩短。温度升高 1℃,永宁的冬小麦生长期缩短 8 天,固原的冬小麦生长期缩短 10 天。

干物质积累:对永宁与固原的春小麦试验表明,春小麦各发育期的茎、叶重均随温度的升高而下降。由此可见,温度增加对于干物质的积累具有负作用。

籽粒产量:温度升高对籽粒产量也呈负效应。永宁第 1 播期(A1)与第 4 播期(A4)平均气温相差 4.7℃,产量相差 3193.5kg/hm²,A2、A3 与 A1 期相比减产率分别为 8% 和 12%;固原 A2、A3、A4 与 A1 期相比分别减产 16%、30% 和 49%。固原产量变化率大于永宁,这是由于固原年平均气温比永宁低 2.4℃。固原目前使用的品种与永宁相比更偏凉性,对高温适应性更差,所以产量减少更为明显[13]。

2 生态系统的结构与功能对全球变化的反应

目前,对于生态系统的结构与功能的研究可概括成斑块、景观和区域三种尺度水平的研究。斑块是没有空间差异、内部均质的植物群落所占的土地单位,其空间尺度通常为 10~100 m(100~10 000 m²)。景观是由大量相邻的、相互作用的斑块所组成,如组成连接系列群落序列的重现,其空间尺度通常为 1~10 km(1~100 km²)。各相互作用景观类型的镶嵌构成区域水平,其空间尺度至少为 100 km(10 000 km²),可大至几个大气环流模型(GCM)模拟的网格单元(grid cell)[每个网格单元为 500 km(面积为 250 000 km²)]。区域的联合则导致大陆与全球效应。生态系统对于全球变化的反馈作用要求将区域水平的预测融入动态全球植被模型(DGVM)。这可以通过区域模型的尺度细化(scaling down)和斑块模型的尺度放大(scaling up)来实现生态系统反馈作用,陆地生态系统的样带研究为此奠定了基础。

2.1 区域模型

区域模型又称静态模型,假定时间静态是在当前气候与植被类型之间的关系基础上开始的非动态相关模型,本质上是经典的气候-植被分类的现代工具,用于描述大尺度的植被分布。这类模型并非基于气候与植被相互作用的机制,而是基于假设现在的植被与气候处于平衡状态,没有包含滞后效应,如 Holdridge 的生命地带系统,张新时据此利用预测的未来气候条件预测了中国及青藏高原植被的演变趋势[14-17]。

目前,在环境评价、生态区划以及评估与预测全球变化对陆地生态系统影响等方面广泛应用的 Holdridge 生命地带系统本质上是根据 Thornthwaite 方法计算的潜在蒸散建立的气候-植被分类系统。尽管 Thornthwaite 方法计算的潜在蒸散在一定程度上反映了区域的热量程度,但是小蒸发面的能量不能完全反映某一区域的能量水平,这可能是该系统在全球应用的精度小于 40% 的原因[18-19]。

张新时等首次将 Holdridge 生命地带系统及自然植被的净第一性生产力模型——Chikugo 模型引

进中国[14-15],指出 Holdridge 生命地带系统存在:(1)水平地带上的暖温带与亚热带界线并未明确划定;(2)雪线界线的划定过于一致,并根据中国的资料对该系统进行了修正,建立了修正的 Holdridge 生命地带系统。该修正生命地带系统将水平地带上的暖温带与亚热带的界线按中国情况定为生物温度 14℃ 处,雪线在干旱地区升高,同时还在高纬度或高海拔部分相应地增加了"寒漠"(冻荒漠)、冰缘带与高山裸岩风养带(aeolian zone)三类生命地带系统。

气候-植被分类必须强调气候因子的综合影响。一般的气候观测缺乏在生物学上具有重要与综合的作用,区域潜在蒸散包括从所有表面的蒸发与植物蒸腾,并涉及决定植被分布的两大要素——温度和降水,从而具有作为植被气候相关分析与分类的综合气候指标的功能。周广胜与张新时[18-19]根据区域潜在蒸散对气候植被分类的热量与水分指标进行探讨,提出了进行热量和水分划分的指标——区域热量指数(RTI)和区域湿润指数(RMI),据此对中国气候植被分类进行了初步的定量研究,同时利用预测的未来气候条件预测了中国植被的演变趋势。

为了计算用于气候-植被分类的区域潜在蒸散,周广胜和张新时[20-21]根据地球表面的两个众所公认的平衡方程——水量平衡方程和热量平衡方程,从能量与水分对蒸散影响的物理过程出发,对热量水分平衡关系进行了探讨,建立了联系能量平衡方程和水量平衡方程的区域蒸散模式:

$$E = \frac{r \cdot R_n (r^2 + R_n^2 + r \cdot R_n)}{(r + R_n) \cdot (r^2 + R_n^2)}$$

式中:E 为区域实际蒸散,R_n 为陆地表面所获得的净辐射,r 为陆地表面所获得的降水量。据此与 Bouchet(1963)所建立的互补关系公式结合计算区域潜在蒸散。

自然植被的净第一性生产力是人类赖以生存与持续发展的生物圈功能基础。对于植被净第一性生产力的研究不仅有助于科学地开发和利用自然资源,也可为研究由于全球变化所产生的消极影响采取应对的策略和途径提供科学依据。Chikugo 模型是植物生理生态学和统计相关方法相结合的产物,是一种半理论半经验的方法,综合考虑了诸因子的影响,是估算自然植被净第一性生产力的较好方法。但是,该模型是建立在土壤水分供给充分、植被生长很茂盛的基础上的,对于干旱半干旱地区并不适用[20,22]。周广胜和张新时[20-22]根据植物的生理生态学特点及所建立的联系能量平衡方程和水量平衡方程的区域蒸散模式建立了联系植物生理生态学特点和水热平衡关系的植物的净第一性生产力模型:

$$NPP = I_{RD} \cdot \frac{rR_n(r^2 + R_n^2 + rR_n)}{(R_n + r)(R_n^2 + r^2)} \cdot$$

$$\exp[-(9.87 + 6.25I_{RD})^{1/2}]$$

式中:I_{RD} 为辐射干燥度(R_n/r)。该模型优于 Chikugo 模型,特别是在干旱半干旱地区。根据该模型对中国自然植被的净第一性生产力的分布及对全球气候变化的反应进行了探讨[22-23]。研究表明:中国自然植被的净第一性生产力的分布趋势是东南沿海最高,依次向西北内陆递减,直到西北沙漠荒漠区最小;自然植被的净第一性生产力在森林地带由北向南递增显著,由寒温针叶林地带的 4.9 t DM /(hm² · a)增加至热带雨林、季雨林地带的 13.0～19.1 t DM /(hm² · a)。同时,根据若干大气环流模型(GCM)对二氧化碳浓度倍增后的中国大陆的气温和降水变化的预测结果,年均气温增加 2℃ 和 4℃、年降水量增加 20% 情况下对自然植被净第一性生产力的模拟表明:我国自然植被净第一性生产力均有不同程度的增加,湿润地区增加幅度较大,而在干旱及半干旱地区增加幅度较小。

这些模型最终将与决定植被对气候反应的植物生态生理机制相结合,以更好地预测新的气候组合和大气组成下的生态系统的变化。

2.2 动态模型

动态模型是在斑块尺度上建立起来的,用于动态描述生态系统的组成和功能的模型,有能力预测植被对气候变化的瞬时反应。关于动态模型的研究国内进展缓慢,目前国内用于全球变化研究的动态模型大多是根据生态系统的特点对国外有关模型的改进。

项斌等[24]依据在 CO_2 浓度倍增条件下测得紫花苜蓿的光合作用、蒸腾作用、气孔导度及水分利用效率等生态生理参数,以广泛应用的 Farquhar 和 Caemmerer 的光合作用模型为基础,结合气孔导度的一个经验模型和蒸腾作用方程,建立了一个简单的叶片生理生态模型。肖向明等[25]应用 Century 生态系统模型对内蒙古锡林河流域羊草(*Aneurolepidium chinense*)草原和大针茅(*Stipa grandis*)草原 1980—1989 年的生物量动态进行了模拟,并对气候变化和大气 CO_2 浓度倍增对于典型草原初级生产力和土壤有机质含量的影响进行了预测。

在建立植被斑块动态模型方面,以林窗模型(forest gap model)为代表的森林生态系统斑块动态模型处于中心地位。这类模型是以单个个体为研究对象,研究在林分中个体的行为和个体间互相作用的动态,进而反映出群体动态。它具有参数获得容易、驱动变量为常用气候变量、输出可反映出森林林分的基本生态特征等特点。但是,林窗模型适用的地理范围较窄,从而一般难以在区域水平上应用。

延晓东[26-28]通过对长白山森林生态系统的研究,指出林窗模型难以在区域尺度上使用的原因在于该模型对于树种生活史考虑不足,进而在 Zelig 模型基础上建立了长白山森林生态系统的林窗模型——NEWCOP(North Eastern Woods Competition Occupation Processor)。在 NEWCOP 中,一个从碳循环模型[26]中揭示出的规律被加入——常绿针叶树受落叶树叶的遮阴时间是落叶树叶的存在时间,而非整个生长季;落叶树叶展叶前的一段时间对常绿树种的生长和更新具有重要意义。该模型在整个东北林区,即大兴安岭、小兴安岭和长白山地区都得到极好的验证,不仅可模拟目前气候条件下东北地区森林的水平分布和垂直分布,而且也可再现森林的更新演替和生产力。目前,NEWCOP 已被用来预测东北地区森林对于全球变化的响应[29],在 GFDL 2×CO_2 气候变化情景下,NEWCOP 预计东北地区宜林地面积将减少,红松林(*Pinus koraiensis*)的地理适生范围减小,大兴安岭的兴安落叶松林(*Larix gemelini*)将逐渐为蒙古栎林(*Quercus mongolica*)所取代。

尽管如此,NEWCOP 模型在用于区域水平和多种森林类型时对森林生态系统中一些过程也需进行简化,如东北阔叶红松式的更新和演替有其独特的规律,在红松演替更新中,关键种作用明显存在,于是 CHANGFOR 模型被建立[26-27]。CHANGFOR 是长白山森林的林窗模型,它保留了 NEWCOP 关于树木生命史的模拟方法,同时也把关于树木更新过程细致化。在 CHANGFOR 中树木更新被分解成 3 个独立的过程:种子扩散更新、萌条更新和就地下种更新。这样从各个树种的林学特性即可得到树种在各种条件下的总更新能力以及生物和非生物环境的关系,从而使得 CHANGFOR 能更准确地模拟长白山上各种森林类型的分布、演替、生长过程。可以预计,把 CHANGFOR 应用于全球变化研究将得到比应用 NEWCOP 更好的长白山森林对全球变化的响应的估计。

值得指出的是,高琼等[30-31]对于东北松嫩平原碱化草地景观动态及其对气候变化响应的研究。景观水平的研究不仅在中国而且在国际上也是一个薄弱的研究领域。基于植物生命统计的斑块聚合模型只包括景观过程即分散的一个方面,但没有注意到这一水平运动的其他过程。该模型描述了碱化草地的植被动态和土壤碱化相互耦合的过程,模型包括以下主要过程:(1)局部土壤的碱化过程;(2)局部植物群落根据其优势植物种对土壤碱化度的不同容允度的演替过程;(3)优势植物种的水平扩散过程;(4)土壤碱化度的水平趋均过程。前两个过程为局部机制,后两个为空间耦合。它具有将模型的空间耦合成分与局部机制成分分离开来分别加以处理及模型的局部机制可从相应的匀质斑块尺度模型中直接得到的特点,从而可很容易地在前人的匀质斑块模型的基础上构造空间仿真模型。

3　展望

目前,人类对于自然生态系统与农业生态系统对于未来气候变化的反应的预测能力还很有限,特别是在我国反映得尤为明显。为了提高中国全球变化研究的整体水平,与国际全球变化研究接轨,更重要的是为更准确地预测中国陆地生态系统对于全球变化的反应,减少全球变化的不确定性,以帮助制订国家和国际政策的科学行动计划,未来中国关于全球变化与陆地生态系统的研究拟注重以陆地样带研究为基础进行各科学计划间的交叉,并加强以下方面的研究:(1)中国农业生态系统对于全球变化反应的机制研究;(2)生态系统的生物地球化学循环研究;(3)生态系统的演替研究;(4)发展并建立模型尺度转换及参数化理论,以实现全球水平的动态模拟;(5)土地利用与土地覆被变化的模拟与预测综合研究;(6)全球变化的中国生态地理区域系统研究;(7)建立集数据库、模型库和专家系统于一体的陆地生态系统信息系统,以实现对整个生命支持系统的动态监测,便于政府针对全球变化做出适宜的对策。

参考文献

1　孙成权,陈晔. 中国的全球变化研究项目评述. 地球科学进展,1995,10(1):70-74.

2　丁莉,钟泽璞,李世仪,等. CO_2 倍增对紫花苜蓿碳氮同化与分配的影响. 植物学报,1996,38(1):83-86.

3　白克智,钟泽璞,丁莉,等. 大豆对大气 CO_2 倍增的一些生理反应. 科学通报,1995,40:22.

4　张其德,卢从明,冯丽洁,等. CO_2 加富对紫花苜蓿光合作用原初转换的影响. 植物学报,1996,38(1):77-82.

5　林金星,胡玉熹. 大豆叶片结构对 CO_2 浓度升高的反应. 植物学报,1996,38(1):31-34.

6　左宝玉,姜桂珍,白克智,等. CO_2 浓度倍增对谷子和紫花苜蓿叶绿体超微结构的影响. 植物学报,1996,38(1):72-76.

7　丁莉,张崇浩,白克智,等. 植物种子大小与幼苗对 CO_2 倍增反应的关系. 科学通报,1997,42(2):187-188.

8　高素华,王春乙. CO_2 浓度升高对冬小麦、大豆籽粒成分的影响. 环境科学,1994,15(5):24-30.

9　王春乙,高素华,郭建平. 模拟大气中 CO_2 浓度对大豆影响的试验. 生态学报,1995,15(2):34-40.

10　Wang Chunyi, Bai Yueming, Wen Min. A diagnostic experiment of the influence of CO_2 on winter wheat. Environmental Sciences,1995,1(2):56-64.

11　Wang Chunyi, Bai Yueming, Wen Min. A diagnostic experimental study effects of CO_2 enrichment on cotton growth development and yield. Acta Meteorologica Sinica,1995,9(4):58-66.

12　Kuang Tingyun, Bai Kezhi, Gao Suhua, et al. Progress in the studies of responses of certain plants to double CO_2 in the open top chambers. In: Ye Duzheng, Lin Hai, eds. China Contribution to Global Change Studies. Beijing: Science Press,1995,pp. 193-196.

13　高素华,郭建华,王春乙. 气候变化对旱地作物生产的影响. 应用气象学报,1995,6(增刊):16-22.

14　张新时,倪文革,杨奠安. 植被的 PE(潜在蒸散)指标与植被-气候分类(三)——几种主要方法与 PEP 程序介绍. 植物生态学报,1993,17(2):97-109.

15　Zhang X S, Yang D A. Radiative dryness index and potential productivity of vegetation in China. Journal of Environmental Sciences(China),1990,2(4):95-109.

16　张新时,刘春迎. 全球变化条件下青藏高原植被变化图景预测. 全球变化与生态系统. 上海:上海科学技术出版社,1994,pp. 17-26.

17　Zhang X S, Yang D A, Zhou G S, et al. Model expectation of impacts of global climate change on biomes of the Tibetan Plateau. In: Omasa K, et al, eds. Climate Change and Plants in East Asia. Tokyo: Springer, 1996, pp. 25-38.

18 周广胜,张新时. 全球变化的中国气候-植被分类研究. 植物学报,1996,38(1):1-8.

19 周广胜,张新时. 中国气候-植被分类初探. 植物生态学报,1996,20(2):113-119.

20 周广胜,张新时. 自然植被的净第一性生产力模型初探. 植物生态学报,1995,19(3):193-200.

21 Zhou Guangsheng, Zhang Xinshi. A new NPP model. In: Ye Dezheng, et al, eds. China Contribution to Global Change Studies. Beijing: Science Press, 1995, pp. 193-200.

22 周广胜,张新时. 全球变化的中国自然植被的净第一性生产力研究. 植物生态学报,1995,20(1):9-17.

23 王辉民,周广胜,卫林,等. 中国油松林净第一性生产力及其对气候变化的响应. 植物学通报(生态学专辑),1995,12:102-108.

24 项斌,林舜华,高雷明. 紫花苜蓿对 CO_2 倍增的反应:生态生理研究和模型拟合. 植物学报,1996,38(1):63-71.

25 肖向明,王义凤,陈佐忠. 内蒙古锡林河流域典型草原初级生产力和土壤有机质的动态及其对气候变化的反应. 植物学报,1996,38(1):45-52.

26 延晓冬,赵士洞. 温带针阔混交林生态系统碳储量动态的模拟研究 I 乔木层动态. 生态学杂志,1995,14(2):12-23.

27 延晓冬,赵士洞. 长白山森林的生长演替计算机模拟的研究. 生态学报,1995,15(增刊 B):12-23.

28 Yan Xiaodong, Zhao Shidong. Simulating the sensitivity of Changbai Mt. forests to climatic change. Journal of Environmental Sciences (China), 1996, 8(3): 357-370.

29 赵士洞,延晓冬,杨思河,等. 东北森林对未来气候变化响应研究的几点新进展. 生态学报,1995,15(增刊 B):1-11.

30 高琼,郑慧莹,李建东. 松嫩平原碱化草地植物环境系统仿真模型. 植物生态学报,1994,18:56-67.

31 高琼,李建东,郑慧莹. 碱化草地景观动态及其对气候变化的响应与多样性和空间格局的关系. 植物学报,1996,38(1):18-30.

Study of Global Change and Terrestrial Ecosystems in China

Zhang Xinshi   Zhou Guangsheng   Gao Qiong   Ni Jian   Tang Haiping

(Institute of Botany, Academia Sinica, Beijing, 100093)

Abstract   It is the important objective of the core project "Global Change and Terrestrial Ecosystems (GCTE)" of International Geosphere-Biosphere Project (IGBP) to predict the feedback of terrestrial ecosystems on atmosphere and climate and the responses of the structure and function of ecosystems, natural and managed, to global change in finer scales. A lot of achievements in scientific research have been made in China, since Chinese scientists took part into "Global Change Study" in 1985. The review on the study on the mechanism of responses of natural and managed ecosystems to doubled CO_2 concentration and climatic change, and modeling responses of Chinese terrestrial ecosystems to global change made recently by Chinese scientists will be presented in this paper. The inter-plan study should draw more attention in the future, and some important suggestions will also be presented.

Key words   global change, ecophysiological experiment, modeling, desertification

第15章

全球变化研究中的中国东北森林-草原陆地样带(NECT) *

张新时　周广胜　高琼　杨奠安　倪健　王权　唐海萍
(中国科学院植物研究所,北京,100093)

摘要　陆地生态样带已成为全球变化研究的重要方法和手段。国际地圈-生物圈计划(IGBP)的陆地样带——中国东北森林-草原陆地样带(NECT)的提出为中国全球变化研究奠定了基础。该样带在东经112°—130°30′,沿北纬43°30′设置,长约1600 km,是一条中纬度温带以降水为驱动因素的梯度,具有良好的植被、土壤、土地利用、气候等环境因素的过渡特征。文章介绍了中国东北森林-草原陆地样带的确定、生态特征及在数据库建设、植被结构和生产力模拟以及遥感研究中取得的初步成果。

关键词　陆地样带　全球变化　模拟

---

* 本文发表在《地学前缘》,1997,4:145-151。本研究受国家自然科学基金重大项目及国家科学技术委员会"八五"攀登项目基金资助。

全球变化研究是 20 世纪 80 年代兴起的跨学科、跨国界、迄今为止规模最大的国际合作研究活动，涉及地球科学、生物科学、环境科学、天体科学及遥感技术、地理信息系统及网络化高科技技术的应用等众多的学科领域，其规模之大、持续时间之长、经费投入之多和高科技技术的应用，代表着当前世界科学的发展趋势。陆地生态系统是人类赖以生存与持续发展的生命支持系统。全球变化研究最实质的过程与目标是研究由于人类活动引起的全球变化对于生态系统与人类生存环境的作用及其反应。正因为这样，国际地圈-生物圈计划（IGBP）的核心研究项目"全球变化与陆地生态系统"（GCTE）已成为当前国际上全球变化研究中最为活跃和不断扩展的项目。

全球变化与陆地生态系统研究的内容包括植物的生理生态学特性、生态系统的结构与功能、气候-植被的相互作用、土地利用以及遥感等，研究的时空尺度从微观生物学在植物的细胞与分子结构水平上的机理，中尺度生物群落的结构与功能，到宏观范畴的气候-植被格局与演变。如何有效地开展这一世纪性的研究课题，准确预测由于人类活动所引起的全球环境变化对于人类赖以生存与持续发展的方向的影响，成为从事全球变化研究的科学家们迫切需要解决的问题。陆地样带的提出为开展全球变化与陆地生态系统关系研究提供了重要和有效的研究手段。

1 陆地样带的提出和概念

全球变化的陆地生态系统样带研究方法是国际地圈-生物圈计划的核心项目"全球变化与陆地生态系统"首先提出的。由于陆地样带可以作为分散的研究站点的观测研究与一定的空间区域综合分析的桥梁以及不同时空尺度模型间的耦合与转换的媒介，尤其是进行全球变化驱动因素梯度分析的有效途径，从而很快被国际地圈-生物圈计划的其他核心项目及非国际地圈-生物圈计划的研究项目（如生物多样性研究）所采用，成为一种重要和有效研究手段。IGBP 的陆地样带是以一系列综合性的全球变化研究计划为基础的。陆地样带是由分布于较大地理范围（1000 km 或更大）的、存在影响生态系统结构和功能的全球变化驱动因素（如气候、土壤

或土地利用梯度）的一系列研究站点组成。所谓的全球变化驱动因素，如温度、降水（干燥度）和土地利用强度，通常表现为由某单一因素占优势而在空间上连续递变的简单梯度，例如在纬度方向（南北向）的温度或热量梯度。土地利用方式与强度的梯度较为复杂，不同于准线性的气候样带，而包含有人类社会经济活动的原因，但以样带方式进行空间分析研究仍不失为可取之法。在 IGBP 的第 36 号报告"IGBP 陆地样带：科学计划"（1995）中对样带作了如下的明确定义："每条 IGBP 样带被选作来反映一个主要环境因素变异的作用，该因素影响生态系统的结构、功能、组成、生物圈-大气圈的痕量气体交换与水循环。"并提出，每条样带均由分布在一个具有控制生态系统结构与功能的因素梯度的较大地理范围（1000 km 或更大）内的一系列研究点所构成。这一长度距离的要求是由于要符合于大气环流模型（GCM）运作的最小单元（4°×5° 或 8°×10°，经纬度）。国际地圈-生物圈计划（IGBP）依照以下相当严格的标准来确定全球陆地样带[1]：（1）样带必须代表一系列或多或少地成一直线和连续的，与由于人类活动引起的全球环境变化的主要环境因子相关联的研究站点；（2）样带位于正在或很可能受全球环境变化影响的区域，而发生的这些变化可能具有全球重要性或很可能对大气、气候或水文系统产生反馈作用；（3）样带必须有足够的跨度以保证：①来自样带的研究成果可应用于窄条区域；②包含不同主要生活型（如森林/大草原或稀树草原、泰加林/苔原）间的过渡带；③具有国家级的科研投资；（4）样带为国际地圈-生物圈计划提供有用的资源；（5）样带的设置建立在沿着样带的大量研究站点，雄厚的科研力量及明确的学术带头人基础上。

陆地样带的主要研究内容包括：（1）生物地球化学过程（如痕量气体的排放、碳或氮循环等）；（2）生态系统的物质与能量交换过程；（3）植被的结构与动态；（4）生物多样性（物种-群落-景观-区域）；（5）气候-植被的相互作用；（6）土地利用的性质与格局；（7）遥感资料的检验；（8）不同时空尺度模型的发展、验证及其耦合技术。

1993 年 8 月由国际地圈-生物圈计划（IGBP）的核心项目"全球变化与陆地生态系统"（IGBP-GCTE）科学委员会在美国 Marshell（加利福尼亚州）召开的样带学术讨论与工作会议上，GCTE 科学委员会对各国提出的十几条陆地样带进行了研究和讨

论,确定了国际地圈-生物圈计划的首批四条陆地样带[2]:澳大利亚北部沿东经 122° 的南北向样带;北美中部大平原北纬 38° 东西向样带(网);亚洲中国东北北纬 43°30′ 的东西向样带(中国东北森林−草原陆地样带,Northeast China Transect,NECT);南美阿根廷潘帕斯草原的东西向样带。NECT 被确定为 IGBP 的陆地样带不仅是由于该样带的科学选择具有很大的代表性和关键意义,还意味着我国的 IGBP-GCTE 研究已具有相当的基础,在理论与方法方面均达到了国际水平,并具有自己的特色和突出的方面。这无疑为今后我国全球变化的研究奠定了基础。

2　中国东北森林−草原陆地样带（NECT）的位置与意义

NECT 最初是在 1991 年以叶笃正院士为首席科学家的国家科委"八五"攀登项目的第四课题中提出的。当时包括长白山森林生态研究站、内蒙古锡林郭勒温带草原生态系统研究站与毛乌素沙地中的鄂尔多斯沙地草地生态研究站。1993 年,IGBP-GCTE 科学领导委员会主席 Brian Walker 博士访华时对该样带表示出极大兴趣。笔者根据 IGBP-GCTE 样带设置的要求确定了样带的确切位置,进行了地理信息系统的分析,被邀在当年 8 月 GCTE 在 Marshall(美国加利福尼亚州)召开的 IGBP 国际样带学术会议上以该样带的初步梯度分析作了报告,并正式定名该样带为 NECT,即 North East China Transect 的缩写,得到了会议的认可,被列为 IGBP 陆地样带之一。

中国东北森林−草原陆地样带表现为一条东西方向的湿度梯度,沿北纬 43°30′ 设置,西起中蒙边界,东抵中俄边界,长约 1600 km,横贯内蒙古高原的荒漠草原、典型草原与草甸草原,跨过辽河冲积平原农区后进入长白山北麓的阔叶林与针阔叶混交林地带。该样带是通过我国干旱/湿润或草原/森林地带的过渡带(ecotone),对于该过渡带生态条件与气候因子的综合研究具有重大意义。

NECT 的设置基于以下考虑:

(1) 全球变化驱动因素:表现了东亚中纬度温带最显著与关键性的气候因素——降水或湿润/干燥度的梯度。代表着由海洋性湿润气候向大陆性干旱气候过渡,也是由季风型气候向内陆反气旋高压中心的过渡。

(2) 地形:没有太高的山脉,在 43°30′ 线上最高点仅为 1700 m。样带东半部为沿海低山与宽坦的河谷平原,西半部为和缓起伏的中等高度的高原,基本上具有水平地带性特征。

(3) 植被:反映了由强中生性的温带森林红松针阔叶混交林和蒙古栎落叶阔叶林,向旱中生、旱生的温带草原的三个主要亚型——草甸草原、典型草原和荒漠草原的陆地生态系统空间更替的系列。

(4) 生物多样性:包含了丰富多样的基因、物种、生态系统以及景观水平上的梯度。尤其在植物的功能类型(PFT)或光合途径类型(C$_3$ 或 C$_4$ 型植物)组成比例方面的东西向变化对气候变化的对应有良好的规律性。

(5) 土壤与基质:具有一系列东亚中纬度温带典型的土壤类型,其成土母质除有局部沙地与低湿沼泽外,大部均为发育良好的显域性基质,对气候与植被有良好的对应。

(6) 生物地球化学过程与物理过程:表现出梯度性的规律变化与显著的对比性,具体表现在温室气体的排放、养分与物质(C、N、H$_2$O 等)循环、能量转换、水蚀−风蚀过程、盐分积累特点等各个方面。

(7) 土地利用:由东而西反映出纯森林区−半林半农区−纯农业区−(城市/工业区)−半农半牧区−纯牧区的完整顺序与过渡。土地利用的强度也有显著变化。

(8) 环境历史演变:具有一系列的湖泊沉积与沼泽湿地的泥炭沉积,可供建立环境历史演变的序列与对比研究;根据历史文献资料尚可建立样带人文、土地利用与环境变迁的相互关系。

(9) 研究站点:在 NECT 范围内已有四个建立多年、有长期定位观测积累与研究工作的生态站:长白山森林生态系统实验站、长岭(松嫩平原)草地试验站、乌兰敖都(科尔沁)沙地生态实验站与内蒙古锡林郭勒温带草原生态系统实验站。其中 1、4 两站属中国科学院生态台站网络系统(CERN)重点站和国际 MAB 自然保护网络站,并是国家"八五"全球变化研究攀登项目的重要研究基地。这四个站分别属于中国科学院沈阳应用生态研究所(1 和 3)、东北师范大学草地生态研究所(2)与中国科学院植物研究所,有强大的科研力量支持。

基于上述良好研究基础、较丰富的数据资料、较强的综合研究与较理想的环境变化梯度条件,NECT 国内有关单位的协作,更得到了 IGBP 的充分肯定与国际有关同行的认可。因而已成为我国第一条全球变化的样带。

3 中国东北森林-草原陆地样带（NECT）的生态特征

3.1 地形与地貌

沿北纬 43°30′,NECT 基本上可分为三段地形（地貌）区,即东部中低山区、中部平原与谷地及西部高原地区。东部中低山区包括长白山北麓与张广才岭的前山丘陵间狭窄的河谷地带,海拔高度一般在 500~1200 m;中部平原与谷地包括松嫩平原与西辽河谷地,地势平坦开阔,以冲积平原为主,间有微征状的岗地,海拔高度一般在 50~400 m;西部高原包括大兴安岭南部山地以西的内蒙古高原,大兴安岭南段属中低山,最高处不过 1700 m。

根据中国地貌图,NECT 分别属于内蒙古高原——水平岩层构成的蚀余高原、大兴安岭——断褶构造上的微弱掀斜山地、松辽平原——先裂后拗的现代掀升萎缩盆地、长白山——垒堑构造上的断隆山地。

3.2 气候梯度

（1）气候类型:由西向东表现为温带半干旱、温带半湿润、温带湿润。

（2）热量梯度:年均气温 1.8~5.8℃,1 月均温 -20.0~-12.0℃,7 月均温 19.8~23.6℃,生物温度（holdridge）7.2~9.5℃,热量系数（thornthwaite）55.0~66.1 mm,温暖指数（Kira）53.6~78.7℃,寒冷指数（Kira）-98~-63.2℃,可能蒸散（holdridge）423~558 mm。

（3）湿度梯度:年均降水 177~706 mm,1 月降水 0.3~0.5 mm,7 月降水 67~197 mm,可能蒸散率（PER,holdridge）0.62~2.68,湿度指数（M,thornthwaite）35.5~45.0 mm,湿度系数（k,Kira）2.6~9.3,辐射干燥度（RDI,Budyko）0.6~1.54,自然植被净第一性生产力（NPP）2.8~6.9 t·DM/（hm²·a）。

3.3 土壤及植被类型

（1）土壤类型:棕钙土、栗钙土、风沙土、黑钙土、暗色草甸土和棕壤。

（2）植被类型:温带丛生小禾草-小半灌木荒漠草原,温带丛生禾草草原,温带杂类草-禾草草甸草原,温带落叶阔叶灌丛,农田与低地草甸,温带落叶阔叶林,针阔叶混交林。

3.4 土地利用

NECT 区域范围大致在 42°—46°N、110°—132°E,土地总面积约 690 086 km²,跨越黑龙江、吉林、辽宁三省和内蒙古自治区,以吉林和内蒙古为主体。本区土地利用方式多样,农、牧、林都占主要地位。按土地利用格局大致可以作如下划分。

（1）耕地:占总面积的 32.6%,其中水田 15 872 km²,旱地面积 209 096 km²,主要分布在大兴安岭以东,吉林东部山地以西的松嫩平原和辽河平原北部地区。

（2）林地:占总面积的 19.8%,主要分布于吉林东部的低山丘陵、长白山熔岩台地与中山以及西部大兴安岭东坡。

（3）草地:占总面积的 38.3%,主要分布于内蒙古高原、松嫩平原西部,与耕地呈区域分布。

（4）难利用的土地:包括裸露地、沙地以及荒地、沼泽、盐碱地等,占总面积 10% 左右,主要有内蒙古锡林郭勒盟的浑善达克沙地和嘎亥额勒苏沙地及通辽市的科尔沁沙地等。

4 中国东北森林-草原陆地样带（NECT）的初步研究

1994 年 6—7 月,中国科学院植物研究所联合中国科学院自然资源综合考察委员会、中国科学院沈阳应用生态研究所对样带进行了考察,取得了大量的第一手资料。在此基础上开展了样带的气候-植被关系地理信息系统分析,植被的结构和生产力的动态模拟,遥感（NOAA/NDVI）监测与自然植被的净第一性生产力（NPP）模拟等研究,取得初步研究成果,IGBP 公开发布的科学报告第 36 号[1]对本样带作了突出的报道与示范性的推荐,在目前 13 个国际样带研究计划中具有最突出的地位。

（1）初步建成 NECT 生态信息数据库，为样带的数量分析、图形、图像分析与模型的空间格局和动态过程的显示奠定了基础。样带资料取自沿着样带的四个长期生态台站（长白山森林站、长岭草地站、乌兰敖都沙地站与锡林郭勒草原站），数千个定期观测森林固定样方，115 个气候观测站（1951—1990 年），归一化气候卫星植被指数（NDVI），有关要素的中、大比例尺数值化地图〔包括植被图（1∶400 万）、土壤图（1∶400 万）、林相图与第四纪地质图 1∶250 万）〕，NECT 的 1994 年野外路线植被样方与土壤剖面（各 23 个），以及沿带农业区划、土壤调查、草原调查、森林调查等资料与数据。

（2）NECT 的地理信息系统（GIS）分析[2]为各类气候要素、地形、植被、土壤等因子的梯度分析与数量相关提供了良好的手段，并为空间与动态模型提供图形显示，可作为样带全球变化各单因子或综合预测情景的图形分析。

（3）以我国自行发展的自然植被净第一性生产力（NPP）模型[3]在 NECT 上进行了梯度分析。研究表明，该模型的模拟结果优于国际上的同类模型（Miami model、Thornthwaite Memorial model 与 Chikugo model）。

（4）建立了分辨率为 6 km 的 1990—1995 年 NECT 四类植被——草原、灌丛、农田与森林的 NDVI[4]与历年积雪的变化格局[5]。

（5）中国东北森林-草原陆地样带（NECT）对全球变化响应的空间仿真 NECT 模型[6,7]：运用过程模型和空间仿真方法，结合 NDVI 对该样带的 12 种植被类型的绿色与非绿色生物量动态进行了模拟。NECT 的动态仿真模型结果显示：在温度增加 2℃，其他输入变量保持当前状态时，全样带区域内的绿色生物量在 30 年内下降 25%；在当前气候条件下，在 30 年内 CO_2 加倍的直接效应将导致全样带平均绿色生物量增加 30%。与上述效应相比较，降水增加 10%，而温度和 CO_2 浓度维持当前状态时，全样带平均绿色生物量在 30 年内仅增加 3%。模拟加倍 CO_2 浓度、10% 降水增量和 2℃ 温度增量的综合作用给出全样带的总绿色生物量在 30 年内增加大约 8%。NECT 植被类型对气候变化响应的静态经验模型结果表明：由于气温和降水的变化，NECT 样带区域内的森林和灌丛在全球变化后面积将减少，假设在未来 30~50 年内不发生由灌丛向森林和从草地向灌丛的转化，森林面积将减少 47%~60%，灌丛将减少为 46%~51%，草甸和草本沼泽的面积将减少 37%~67%，农作面积不会有很大的变化。样带上的植被，不论东部还是西部，均受到水分匮乏的限制，特别是西部地区，在 CO_2 浓度加倍后，这种水分胁迫将进一步增强。

5　研究展望

NECT 在 1993 年 8 月 IGBP/GCTE 于美国加利福尼亚州 Marshall 召开的样带国际学术会议上应邀报告，受到重视与较高评价，在会上被列为 IGBP 在全球首批选定的四条样带之一。在 1995 年 IGBP 召开的 SAC Ⅳ 国际学术会议的特邀大会报告中也以 NECT 为主题，受到大会强烈关注。IGBP 的第 36 号报告书[1]突出报告了 NECT 的研究，在其彩色图版的全部 5 幅彩图中，4 幅取自 NECT，另一幅为 IGBP 全球样带分布图，明显标注了 NECT 的位置。NECT 还受到日本生态学界的极度重视，1995 年京都大学生态研究所提出与中国科学院合作召开全球变化与生物多样性的样带研究国际学术会议，该国际会议已于 1996 年 5 月 6—8 日在北京举行。美国、俄罗斯、英国、加拿大、日本、法国、韩国、中国等 16 个国家和地区的科学家提交了论文摘要，来自 11 个国家的近 85 名科学家出席了大会。可见，NECT 已成为目前 IGBP 公认并十分重视的我国全球变化研究成果之一，它在若干方面的研究水平居于国际前列。

尽管 NECT 最初是为 IGBP 的核心项目 GCTE 研究而设计的，但很明显它对于 IGBP 的其他核心项目及非 IGBP 项目的研究也有着十分重要的作用，如 IGBP 的核心项目——国际全球大气化学计划（IGAC）、水分循环的生物学方面（BAHC）、土地利用与土地覆盖的变化（LUCC）、数据与信息系统（DIS）以及生物多样性研究等。为达到在样带上进行全球变化与陆地生态系统相互作用的深入研究、监测和调控的目的，必须深入系统地在样带的试验台站开展系统的观测、实验和研究，并与遥感、全球定位系统和地理信息系统等先进技术相结合，建立样带气候-植被关系的时空模型及管理调控的优化方案，作为我国全球变化监测和控制决策的重要参考依据。因此，极有必要组织一个全国性研究网对此加以综合研究。

参考文献

1 Koch GW, Scholes R J, Steffen W L, et al. The IGBP terrestrial transects: science plan, the international geosphere-biosphere programme: A study of global change (IGBP) of the International Council of Scientific Union (ICUS). *Global Change Report*, No. 36. Stockholm, 1995.

2 张新时, 杨奠安. 中国全球变化样带的设置与研究. 第四纪研究, 1995, (1): 43-52.

3 Zhou Guangsheng. Responses of NPP of natural vegetation in Northeast China's transect (NECT) to climate change. *Abstract collection of international symposium on transect study on global change and biodiversity*, Beijing, 1996, p111.

4 Xiao Qianguang, Chen Weiying, Guo Liang, et al. Inter-annual NDVI's variation in different ecological zone of China. *Abstract collection of international symposium on transect study on global change and biodiversity*, Beijing, 1996, p107.

5 Liu Yujie, Wang Libo, Meng Xu, et al. Distribution and variation of snow cover over Northeast of China. *Abstract collection of international symposium on transect study on global change and biodiversity*, Beijing, 1996, p106.

6 Gao Qiong, Zhang X. A modelling study on the responses of Northeast China transect to global change. In: *Global analysis, interpretation and modelling: First science conference*. Germany, 1995, p2.

7 Gao Qiong, Zhang Xinshi. A simulation study on responses of Northeast China transect to elevated CO_2 and climate change. *Abstract collection of international symposium on transect study on global change and biodiversity*, Beijing, 1996, p110.

Northeast China Transect (NECT) for Global Change Studies

Zhang Xinshi   Zhou Guangsheng   Gao Qiong   Yang Dianan
Ni Jian   Wang Quan   Tang Haiping

(Institute of Botany, Academia Sinica, Beijing, 100093)

Abstract   Terrestrial transect has become an important and effective method for global change study, especially for global change and terrestrial ecosystems (GCTE), the core project of International Geosphere-Biosphere Programme (IGBP). Northeast China transect (NECT) is one of the IGBP terrestrial transects, which will promote the study of global change and terrestrial ecosystems in China. NECT is placed along the latitude 43°30′N, between longitudes 112°E and 130°30′E, and approximately 1600 km in length. It is basically a gradient driven by precipitation/moisture located in the Mid-latitude of temperate zone. The vegetation zone, soil, land use and climate are charactered along an eastwestward continuously transitional spatial series. The selection criteria of NECT, the ecological characteristics along NECT, the preliminary studies on modeling vegetation structure and biomass, NPP distribution and remote sensing monitoring will be presented in this paper.

Key words   terrestrial transect, global change, modeling

第 16 章

青藏高原冰期环境与冰期全球降温[*]

刘东生[1]　张新时[2]　熊尚发[1]　秦小光[1]

（1　中国科学院地质与地球物理研究所,北京　100029；2　中国科学院植物研究所,北京 100093）

摘要　根据青藏高原及其他地区的降温证据和降温条件下的环境变化模拟,讨论了青藏高原冰期环境变化及机制问题。从模拟结果看,在 7~9℃ 降温条件下,高原冰雪带面积可占高原面积的 1/5 到 1/2。考虑到降温条件下雪盖反射引起的高原冷却所起的正反馈作用,冰期高原上并不排除从山谷冰川发育较大冰盖的可能性。不管冰期高原上有无大面积的冰盖,青藏高原冰期环境出现大的变化是无疑问的。这种变化对冰期季风变化乃至全球气候变化的影响可能是深刻的。

关键词　青藏高原　冰期　全球降温

---

　* 本文发表在《第四纪研究》,1999,5:385-396。本研究受国家重点基础研究专项经费、中国科学院青藏高原研究项目(批准号:KZ 951-A1-204 和 KZ 95T-06)和国家自然科学基金重大项目(批准号:49894170)资助。

1 引言

最近十几年来,黄土研究取得了长足的进步。黄土-古土壤序列与深海沉积对比[1,2]和轨道周期的检出[3],揭示了东亚古气候变化与全球变化在轨道尺度上的关联。有关短尺度气候事件在黄土沉积中的表现[4,5]则说明,东亚气候变化在千年-百年尺度上与北半球高纬地区气候变化是密切相关的。

最近有关北半球高纬冰期降温幅度的研究得到令人惊讶的结论。钻孔温度测量结果显示[6],格陵兰地区末次冰期最冷期温度比现今低21℃,冰期平均气温比全新世低15℃。冰芯气泡的氮、氧同位素测定[7]则得到格陵兰地区冰期降温20℃的结论(以前根据氧同位素计算为10℃),其中新仙女木(Younger Dryas)时期气温就比现今低14±3℃(氧同位素计算结果为7℃)。同时,有关中、低纬古温度的研究也不断有新的认识。越来越多的证据表明,热带的海温在冰期的降幅可达5℃左右[8~10],而不是以前认为的降温不到2℃。这些认识与以往有非常大的不同,如果这些证据和解释都可靠的话,那么,考虑到东亚气候变化与全球变化尤其是北半球高纬气候变化之间的密切关系,我们对东亚地区的冰期环境就要重新审视了。

需要重新审视的核心问题之一就是:青藏高原在第四纪冰期时环境状况如何,是否存在冰盖,冰盖和冰川覆盖面积有多大?青藏高原冰期环境变化对于东亚-太平洋地区乃至全球气候变化可能有什么影响?这些问题的研究对于理解亚洲及全球冰期-间冰期气候变化机制具有重大的意义。

有关青藏地区冰期环境问题已有近一个世纪的研究历史。20世纪初,E. Huntington[11]就倾向于认为西藏广泛的湖盆低地都是冰川作用形成的,而S. A. Hedin[12]则认为更新世喜马拉雅山、喀喇昆仑山、西康等地已有相当高度,阻挡了水汽的侵入,不利于冰川发育,因此冰期时冰川活动都很有限。50年代,苏联科学家 B. M. 西尼村与中国科学院地质研究所的几位科学家考察青藏公路沿线后,认为[13]当地冰期时冰川活动下限比目前下降了近1000 m,因此在早第四纪时整个西藏高原都被连绵一片的冰雪所覆盖。B. M. 西尼村承认,高原极端干燥的气候和地处低纬是发育冰盖的不利条件,然而平缓的地形和宽广的内流洼地则都有利于冰川水平方向的发育。王明业和郑绵平[14]认为,西藏高原4200 m以上地区古冰川遗迹相当普遍,高原上在第四纪是存在冰盖的。80年代末至90年代初,M. Kuhle[15,16]又根据地貌和沉积证据,提出高原存在冰盖的观点,并认为高原冰盖对全球冰期起了激发作用。韩同林[17]据地貌证据计算出大冰盖的厚度可达400~2000 m。但国内一些冰川学家则认为[18,19],冰期(末次冰期)青藏高原大部分处于平衡线高度之下,没有发育大范围冰盖的条件。国际上不少学者对此问题还抱着存疑的态度。

由于目前认识的范围和深度有限,要对此问题做出完满回答看来还有很长的路。作者等多年来对中国第四纪环境变化、陆地生态系统变化及其与全球变化的关联等多方面问题给予了充分关注,在此,我们拟根据全球降温的新认识、青藏高原及周边地区的降温证据和降温条件下环境变化模拟,对青藏高原冰期环境变化及机制等问题进行讨论。希望这一讨论能促进对相关问题的研究。由于篇幅所限,本文暂不讨论青藏高原隆升与冰期环境变化的关系及相关问题。

2 全球冰期降温与青藏高原冰期降温及湿度变化证据

冰期降温幅度是影响青藏高原冰期环境的最关键因素,在此我们对目前有关青藏高原和全球冰期降温幅度的研究作一回顾。

2.1 末次冰期全球平衡线高度的两种推导

冰川平衡线高度(ELA,也称为雪线)无疑与气候有关,但这种关系非常复杂。曾经有人认为雪线与夏季0℃等温线相合,以后的研究又表明雪线与年均温-6℃等温线相当。同时,许多研究也发现,雪线不只与温度有关,还与降水、湿度有关[20]。根据 M. Kuhle[21]的研究,ELA 既受控于气候变化,也与地形条件有关。

许多作者得出的末次冰期 ELA 下降值达900~1500 m,其中包括一些低纬度或热带的记录,如夏威夷雪线下降值为935±190 m[22],哥伦比亚的安第斯山脉下降值为950 m[23],东非的乞力马扎罗山下降值为900 m[24],新几内亚为900 m[25,26]。研究还发现,冰期约 1000 m 的雪线下降值似乎在全球范围内具有一致性,不但不同纬度之间差距不明显,而且南北半球也是非常一致的。

2.2　关于青藏高原平衡线高度的两种推导

M. Kuhle[21] 推导 ELA 在末次盛冰期(last glacial maximum, 简称 LGM)的下降值在 1000～1200 m。在喀喇昆仑山北坡,末次冰期 ELA 下降值为 1000 m,倒数第二次冰期的下降值为 1600 m。M. Kuhle 认为,由于各种冰川的地形等条件不同,其 AAR(冰川积累区面积/冰川总面积)值变化很大,如果忽略冰川的几何形态,就会导致对 ELA 估算的不准确。他通过对 223 条冰川的统计计算,发现冰川地形的几何指数(Ig)与平衡线离差(Fed)之间存在相关关系,说明地形在冰川发育过程中具有与气候相似的重要性。对于青藏高原这样的高原地形,相同的 ELA 下降值将导致更低的终碛(Terminus)和更大的冰盖面积。M. Kuhle[15,16,21] 根据大量的冰川漂砾组成的冰积席、冰川擦面和鼓丘、冰川谷地及其他冰川侵蚀和堆积地形,认为冰期高原上存在厚达 1000～2000 m、面积达 240 万 km² 的大冰盖。

施雅风等[18] 认为,青藏高原现代冰川平衡线高度和末次盛冰期 ELA 都呈环形分布,在高原边缘雪线较低,尤其是东南边缘雪线最低,现代雪线为 4200 m,LGM 时期达 3300 m,而高原西部现代雪线为 6000 m,末次盛冰期雪线为 5600 m。据施雅风等人的观点,末次盛冰期 ELA 下降值在高原东、南、西部边缘均可达 1000～1200 m,然而在高原内部 ELA 则仅仅下降 300 m 左右,高原中心唐古拉山地区甚至小于 200 m。这么小的 ELA 下降值在世界山地冰川中是非常罕见的。

2.3　全球冰期降温幅度的新认识

最近,有关全球冰期降温幅度问题有了不少新的材料,多数材料说明过去对冰期降温幅度的估计偏低(图 16-1)[6～9,18,22,24,27,32～34,36～38,40,41,44]。

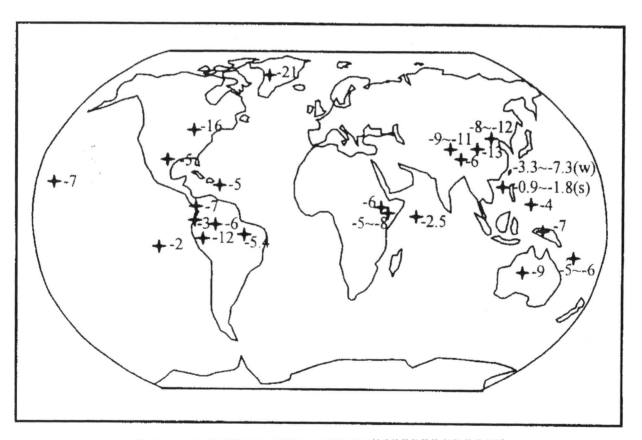

图 16-1　末次冰期旋回全球不同地点降温幅度[6～9,18,22,24,27,32～34,36～38,40,41,44]

Fig. 16-1　The pattern of the variations in temperature over the world during last glaciacial-Holocene period[6～9,18,22,24,27,32～34,36～38,40,41,44]

有关高纬的降温：K. M. Cuffey 等根据格陵兰冰芯气泡中的氮同位素和 CH_4 推算出 LGM 的气温比现在低约 20℃，YD 时期比现在低 14±3℃[7]，这一估计比氧同位素方法估计值（7℃）大了一倍。K. M. Cuffey 等的这一研究与此前根据钻孔温度测量[6]得到的结果非常吻合，钻孔温度测量表明格陵兰地区冰期-间冰期气温变幅为 21℃。

有关中纬的降温：V. H. Remenda 等[27]测量了末次冰期 Agassiz 湖南部厚层黏土中的古地下水氧同位素组成，发现 20~30 m 的深度氧同位素组成非常均一，约为 25‰，这一数值对应于 −16℃ 的气温，而该地现代年均温为 0℃。这一地处 48°—50°N 的地区末次冰期与现代的温差达 16℃ 之多。

有关热带低纬的降温：有关热带降温幅度的问题一直是有争议的，近年来更是引起了很多科学家的研究兴趣。在 CLIMAP 的古气候复原图上，热带在冰期的降温幅度约为 2℃[28]，而根据热带山地冰川和植被带的下降幅度（900 m）[29]换算的气温变幅（按 0.6℃/100 m 的气温直减率换算）为 5.4℃，远远大于 CLIMAP 的结果。J. W. Beck 等[8]根据位于西南太平洋的瓦努阿图珊瑚礁的 Sr/Ca 值，估计出末次冰期年均海温比今低 5℃，同时海面温度的年较差加大。T. P. Guildereon 等[30]根据巴巴多斯的珊瑚氧同位素组成和 Sr/Ca 值，也得出 19 000 aB.P. 的 SST（海洋表面温度）比现今低 5℃ 的结论。L. G. Thompson 等[31]在热带安第斯 6000 m 高处获得了贯穿末次盛冰期——全新世的冰芯，其氧同位素组成在冰期-间冰期的变幅达 8‰，按氧同位素组成与年均温的对应关系，这一变幅对应的年均温变幅可达 11~12℃。近年来，M. Stute 等[32]和 P. A. Colinvaux 等[33]分别通过地下水惰性气体古温度计和孢粉记录，得到冰期亚马孙低地的降温 5~6℃ 的结果。最近，G. H. Miller 等[34]研究了南半球澳大利亚低纬的鸸鹋蛋壳氨基酸古温度计，发现千年尺度的平均气温在 45 000~16 000 aB.P. 比 16 000 aB.P. 至少要低 9℃，这一研究表明了南半球在冰期的降温幅度也是非常大的。J. W. Beck 等[9]通过对西南太平洋瓦努阿图珊瑚礁 Sr/Ca 值的测量，指出这一区域 SST 在 10 350 日历年时比现在低 6.5℃，而在随后的 1500 年中呈现快速的上升。从温度的季节变化来看，10 000 aB.P. 以前比现在略大，但即使是夏季温度，10 000 aB.P. 的值也比现在低 5℃ 以上。F. Rostek 等[35]则通过 alkenone 方法

研究了印度洋的钻孔沉积，得到的冰期-间冰期 SST 变幅则只有 2.5~3℃，这究竟是反映了冰期热带降温存在区域差异，还是反映了冰期热带降温的普遍幅度，目前尚不能作结论。对于受到普遍关注的热带太平洋的冰期降温幅度，以往的研究也很多，结果并不一致。A. Patrick 和 R. C. Thunell[36]研究了不同生境的有孔虫氧同位素组成，结果表明，赤道东太平洋的冰期降温幅度约 2℃，与 CLIMAP 的结论[28]吻合，然而，赤道西太平洋的冰期降温幅度则可达 4℃。汪品先等[37]对南海的研究则表明，南海地区冰期夏季降温幅度很小，只有 0.9~1.8℃，而冬季降温幅度则可达 3.3~7.3℃。

从上述来自不同地区、不同记录体的结果来看，目前对于冰期全球降温幅度的估计多数比以前几乎大了一倍。

国内一些地区的研究资料也表明，冰期降温幅度非常大。孙湘君根据孢粉分析，认为西安附近地区末次冰期降温幅度可达 10~12℃[38]。相关研究也显示，末次冰期北京地区降温可达 8~12℃[39]。根据植物硅酸体进行的气候转换函数分析结果显示[40]，末次冰期渭南地区年均温比现在低 7~9℃。

2.4　高原内部降温的直接证据

有关高原冰期降温的直接证据来自高原上的孢粉、古冰缘地貌及盐湖包体水同位素等的研究。通过这些证据的分析，高原冰期降温幅度被界定为 6~8℃[19]。

最近在位于青藏高原西北部的古里雅冰帽，L. G. Thompson 等[41]钻取了一支长逾 300 m、跨末次冰期-末次间冰期的冰芯。冰芯分析结果表明，LGM 到全新世氧同位素变化达 5.4‰。与之对应的时期，Peru 高山冰川变化值为 6.3‰[30]，GISP2 为 5.1‰[42]，Vostok 冰芯为 4.5‰[43]，Bolivian 冰芯为 5.4‰[44]。青藏高原冰芯的氧同位素差值[41]相当于冰期-间冰期平均降温幅度 9~11℃，以 0.7℃/100 m 的气温垂直递减率推算，这一温度变幅相当于雪线下降 1000~1200 m。

2.5　冰期湿度和降水问题

虽然目前难以获得冰期青藏高原降水的资料，但是，一些相关的证据可以为我们考虑冰期青藏高原是否具有发育冰盖的水汽条件这一问题提供参考。

首先是水汽来源问题:目前的高原水汽主要来源于南亚季风,高原降水从东南向西北递减的格局就说明了这一点。那么,冰期高原上水汽来源于何处?由于冰期时南亚季风明显减弱[45],因此南亚季风带来的水汽可能明显减少,高原水汽来源可能与目前冬季降水来源相似,西风槽降水[46]等方式可能起了主要作用。

高原冰期降水形式和影响也许可以从冬季青藏高原雪灾特征得到一点启示。目前青藏高原绝大多数雪灾[47]发生在 10 月到次年的 4 月,巴颜喀拉山和唐古拉山地区多出现在 10 月至次年 5 月。青海南部、藏北、藏南是雪灾多发地区,雪灾发生时积雪覆盖面积可达 10 万~50 万平方千米。积雪深度在青海南部、藏北地势较为平坦开阔的地区可达 15~20 cm,在藏南和藏东北地区一般为 30~40 cm,在一些山口地区甚至可达 1~3 m。降雪时间从藏南为 30~60 天,到巴颜喀拉山和唐古拉山地区的 110 多天。年平均积雪日数则从藏南的 10~25 天,到青南的 50~100 天。高原发生雪灾的概率也非常高,达 34%~42%。高原上还经常出现全区性的雪灾,这种同一年度三地都发生雪灾的概率可达 20%左右。从雪灾发生的强度和概率,可以推测在冰期时,西南季风减弱的情况下,高原的降水也还有相当规模。

在中-澳合作对云南勐海进行湖泊沉积的孢粉研究时,曾经发现[48]末次盛冰期出现罗汉松(Podocarpus)、似泪杉属(Dacrycarpus)和泪杉属(Dacrydium)花粉。其中泪杉生长在凉爽且全年潮湿的环境,因此可以认为,在末次冰期时勐海地区的气候不会比现在更干。另据最近的研究①,从湖泊记录看,位于青藏高原东南的鹤庆在冰期时,气候特征是冷湿。这似乎表明冰期时高原及周边的气候有其特殊之处。

此外,青藏高原湖泊在冰期时大部分出现高湖面[50]。这些湖泊高水位证据至少表明冰期高原气候的冷湿状况与降水-蒸发之间的平衡关系。

3　青藏高原冰期环境的模拟

根据对青藏高原冰期降温幅度的认识,作者之一张新时对青藏高原冰期-间冰期环境进行了模

① 与王苏民个人交流。

拟。作者运用的模型是张新时与陈旭东所发展的气候-植被关系模型——"太极系统",并采用杨奠安研制的"生态信息系统"(EIS)进行计算和图形显示。根据冰期气候变化的可能性,模拟设置了几种气候变化条件,分别是现代条件,温度降低 5℃、降水减少 10%,温度降低 7℃、降水减少 30%,以及温度降低 9℃、降水减少 50%。

从现代状态下的模拟结果看,模拟的植被分布与目前我国的植被带分布是大体相同的,这显示模型的结果是可信的。降温条件下的模拟结果则令人惊讶,即使水汽减少的情况下,温度降低到 7~9℃时,高原就有大面积的冰雪原存在。

从模拟结果看,冰雪带在降温 5℃、降水减少 10%的情况下,已出现在青藏高原中部,冰雪带外围为高寒荒漠。此时,高原大部分地区为高寒草原植被,高原东南部地区主要为高寒草甸所覆盖。除了青藏高原中部,在高原的西部高山地区也有零星的冰雪带面积。在此条件下,青藏高原冰雪带总面积约为 50 000 km²。

在温度降低 7℃、降水减少 30%的情况下,青藏高原冰雪覆盖面积比 5℃降温条件下有明显扩大。除了高原中部冰雪带面积比 5℃降温时扩大 3~5 倍外,在高原西部和西南部也出现了面积相当大的冰雪带,冰雪带面积可占高原总面积近 1/5。与此同时,高寒荒漠面积进一步扩大,高寒草原也向高原东南部有所扩展。

9℃降温条件下,即使降水减少 50%,冰雪带面积也进一步扩大。高原中部冰雪带与高原西部和西南部的冰雪带几乎连成一片,而高原中东部也开始出现冰雪覆盖。整个高原冰雪带面积几乎占高原总面积的 1/3 到 1/2。高原其他地区基本上被高寒荒漠和高寒草原所覆盖。9℃降温、降水减少 10%和 30%的条件下,高原环境与 9℃降温、降水减少 50%的模拟结果没有明显的差异。在 9℃降温、降水减少 70%的情况下,冰雪带面积也没有明显退缩,但高寒荒漠面积明显扩大,而高寒草原相应退缩,仅在高原东部地区有少量的分布。

从模拟结果看,高原环境变化对气温下降是非常敏感的。9℃降温条件下冰雪带面积比 7℃降温条件下增加了近 2 倍,比 5℃降温条件下增加了近 20 倍。模拟结果也显示,在气温下降幅度较大的情

况下,冰雪带面积对降水变化的响应不太敏感,在9℃降温条件下,即使高原上降水减少了70%,在高原中部和西部仍然维持着面积巨大的冰雪覆盖。

虽然模型的分辨率有待改进,一些重要的过程,如下垫面与气候变化之间的反馈作用还有待加入,但现有模型设置的各种气候变化条件已为敏感性实验提供了机会。从不同气候变化条件下的模拟结果来看,青藏高原冰雪带面积对于气候变化幅度,尤其是气温变化的响应的确非常显著,高原边缘地区对于气候变化的敏感性也非常高,这说明该模型给出的结果是值得注意的。

4 青藏高原冰期环境变化、自反馈机制与全球冰期环境

在考虑青藏高原冰期环境时,我们需要注意高原独特的地形与环境所起的气候反馈作用。由于高原面积巨大,高度普遍超过 4000 m,并且地处中、低纬地区,因此其反馈作用就更加明显。这一反馈作用有两层含义,其一是高原下垫面变化与高原气候变化之间的反馈作用,其二是高原环境变化与区域及全球变化之间的反馈作用。

4.1 降温条件下雪盖反射对高原的冷却效应

高原冰期-间冰期下垫面变化与气候变化之间的反馈作用对高原冰期环境变化有深刻的影响。在气候转暖时,高原面冰雪融化,使得地面反射率降低,这一过程使得地面升温加快,从而加速冰雪融化过程;而在气候转冷时期,高原面冰雪覆盖面积加大,使得高原下垫面反射率大大增加,这一过程使得地面进一步降温,从而使冰雪不易融化,并使得冰雪覆盖时间加长,进而使冰雪覆盖面积进一步加大。

陈烈庭等[51]很早就发现青藏高原冬季异常积雪不仅对当时的温、压场有直接影响,而且对未来的大气环流和天气气候有较长时间的后效。在冬季积雪多的年份,初夏高原近地层的热低压偏弱,高空青藏高压的强度也偏弱,而少雪年则偏强。冬季积雪面积、厚度、时间还对高原大气的热源强度和季节变化起到重要作用,使得高原及周边环流季节变化特征出现波动。而根据沈志宝[52]的研究,在冬季气温和地温极低的情况下,雪盖反射率的异常及其持续

时间与降雪量之间有较好的相关关系。藏北那曲地区地面反射率在无雪覆盖的情况下为 0.25,但新雪覆盖后最大反射率可达 0.80[53]。沈志宝等[54]计算的冬季青藏高原地面净辐射从正值转向负值的"临界反射率"在 0.32~0.43,随纬度和时间有所变化。根据进一步计算,沈志宝[52]得出藏北地区 12 月上旬至 1 月上旬不同强度的降雪之后地面净辐射为负值的持续时间,3 mm 降雪之后为 10 天,10~20 mm 降雪之后分别为 20 天和 1 个月。由此可以看出,雪面覆盖将使高原面净辐射为负值,从而使高原的加热效应消失,变为冷却效应,而这种冷却效应又将延长雪面覆盖时间,从而形成雪面覆盖-冷却效应的反馈过程。

4.2 青藏高原冰期环境变化与区域及全球变化之间的反馈作用

需要指出的是,不管高原在冰期是否存在冰盖,其冰期环境的重大变化在全球气候变化中的意义都是非常显著的。首先,高原下垫面的变化导致高原热源变化,对亚洲季风强度将产生重要影响,这已为现代气候学研究[55]所证实。由于夏季高原地-气系统加热效应形成的地面冷热源变化是印度季风和东亚季风形成的关键因素之一,因此,冰期高原环境的重大改变,高原地区地-气系统加热效应消失,出现冷却效应,将导致东亚季风和南亚季风的减弱。而由于亚洲季风是全球水汽输送的主要途径,季风强度的变化将直接影响到全球大气圈水汽的含量,进而影响到全球冰期温度的变化,因此,青藏高原冰期环境变化很可能对冰期全球降温起了重要的反馈放大作用。同时,由于冰期高原环境变化,冬季高原的冷却效应比目前加大,因此将加大冬季风强度,这可导致亚洲大陆粉尘大量产生并搬运到西太平洋更广阔的面积。由于粉尘起着阳伞效应[56],同时粉尘加入可使海洋中铁离子增加[57],使得海洋生物大量繁殖,吸收更多的 CO_2,两个效应都可加剧冰期大气圈温度的下降。因此,高原下垫面的变化将通过对全球水汽循环强度和粉尘的含量变化影响到热带和全球的气候变化。

现在大家都注意到全球冰期-间冰期环境发生重大调整的事实,而对于这种调整的原因,目前却知之不多。国际著名的古气候学家多侧重于从北大西洋深水环流(NADW)调整上来寻求解释[58~60],认为NADW 的变化及其一系列的反馈作用是全球冰期-

间冰期转换的关键过程。在此,考虑到青藏高原冰期环境变化的幅度及其对亚洲季风和全球水汽循环和粉尘传输的影响,我们倾向于认为,在轨道尺度——千年尺度全球气候变化过程中,青藏高原与亚洲季风的变化所产生的效应不可低估,很可能青藏高原、亚洲季风及热带海洋之间的反馈过程在影响冰期全球气候变化方面具有与北大西洋地区的洋流调整相当的重要意义(图 16-2)。事实上,最近已有模拟显示[61],在 OHT(海洋热传输)保持现状的情况下,加入冰期边界条件(海平面变化、大气 CO_2 浓度变化)以及热带海洋蒸发变化、大气圈水汽变化(降低 37%)等反馈作用,可以产生全球降温 8℃,热带海洋 SSTs 降低 5.5℃ 的结果。其中,大气圈水汽含量的变化及其引起的反馈作用贡献非常明显,而热带海洋–亚洲季风系统又是大气圈水汽变化的主因,因此,青藏高原–亚洲季风的变化及其反馈过程可能在全球冰期降温方面具有重要作用。

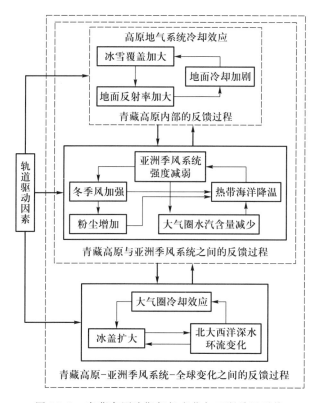

图 16-2　青藏高原冰期气候变化与亚洲季风系统及全球气候之间的反馈过程和机制框图

Fig. 16-2　The feedback processes among the climatic changes in Qinghai-Xizang Plateau and the variations of Asian monsoon system as well as the fluctuations in global climate

5　结语

由于青藏高原海拔高、面积巨大,并且地处中纬地区,与全球最大的季风系统紧密相关,对全球气候变化既有敏感的响应特征,也有重大的影响作用。

但是,由于现有研究还有很多未知的成分,要得出高原冰期环境的确切结论还为时尚早,而越来越多的新证据又促使我们以更新的眼光来看待这一问题。从全球冰期降温研究的最新结果来看,冰期降温幅度可能达到以往认识的两倍。即使按照已有高原降温幅度的认识进行模拟,也发现在 5~9℃ 降温条件下高原面将发育面积广大的冰雪原甚至冰盖。因此,高原冰期环境可能与我们现有的认识存在较大差异。需要指出的是,本文的主旨在于指出这样一种可能性,这种可能性与其他可能性一样,值得作进一步的验证。科学的真谛在于它的可证伪性,我们的想法也正是一个"靶子",如果详实精确的调查证实这个想法有误,青藏高原冰期的确没有发育大面积的冰雪原或冰盖,那么,探寻其原因也同样是新课题的好材料。

根据现有的认识,我们还提出,青藏高原冰期环境变化存在两个层次的反馈作用,其一是高原面降温条件下雪盖反射形成的冷却效应;其二是高原与区域和全球之间的气候和大气环流反馈作用。通过这些反馈作用,青藏高原环境变化可能在很大程度上对亚洲季风、热带降温和大气圈水汽、粉尘等变化起关键作用,并通过这些变化影响全球变化过程。因此,青藏高原环境变化问题将是认识过去全球变化问题的关键之一,对于理解从轨道尺度到轨道以下尺度的区域和全球气候变化机制都非常重要。从这个意义上说,黄土研究(认识季风变化、粉尘搬运和沉积的过程及机制)与青藏高原环境变化研究是密不可分的,二者如何相互参证,尤其值得注意。

致谢　模拟计算和图形显示由杨蔑安进行。秦小光对这一工作进行了遥感影像分析,对本文完成起了重要作用,由于篇幅关系未能列入。在 1998 年西宁青藏高原学术会议上,本文第一作者曾宣读此文的初稿,与施雅风、李吉均、姚檀栋和 L. Thompson、M. Kuhle 及 D. Jakel 等进行讨论并蒙他们提出意见,对于他们所给予的鼓励表示衷心的感谢。当然要说明的是本文内容中的不当之处,那是作者的责任。

参考文献

1　刘东生等. 黄土与环境. 北京:科学出版社,1985,pp. 1-481.

2　丁仲礼,刘东生,刘秀铭等. 250 万年以来的 37 个气候旋回. 科学通报,1989,34(19):1494-1496.

3　Ding Z,Yu Z,Rutter N W et al. Towards an orbital time scale for Chinese loess deposits. Quaternary Science Reviews,1994, 13:39-70.

4　Porter S C,An Z S. Correlation between climate events in the North Atlantic and China during the last glaciation. Nature, 1995,375:305-308.

5　丁仲礼,任剑璋,刘东生等. 晚更新世季风-沙漠系统千年尺度的不规则变化及其机制问题. 中国科学(D 辑), 1996,26(5):385-391.

6　Cuffey K M,Clow G D,Alley R B et al. Large Arctic temperature change at the Wisconsin-Holocene glacial transition. Science,1995,270:455-458.

7　Kerr R A. Ice bubbles confirm big chill. Science,1996,272: 1584-1585.

8　Beck J W,Edwards R L,Ito E et al. Sea-surface temperature from coral skeletal Strontium/Calcium ratios. Science,1992, 257:644-647.

9　Beck J W,Récy J,Taylor F et al. Abrupt changes in early Holocene tropical sea surface temperature derived from coral records. Nature,1997,385:705-707.

10　Broecker W. Glacial climate in the tropics. Science,1996, 272:1902-1904.

11　Huntington E. Pangong,a glacial lake in the Tibetan Plateau. The Journal of Geology,1906,14.

12　Hedin S A. Scientific Results of Journey in Central Asia 1899-1902,Vol. 4. Stockholm:Lithographic Institute of the General Staff of the Swedish Army,1907,pp. 1-593.

13　B. M. 西尼村. 关于亚洲高原第四纪冰川问题. 地理译报,1958,1:22-30.

14　王明业,郑绵平. 西藏高原第四纪冰川遗迹. 地理学报, 1965,31(1):63-74.

15　Kuhle M. Subtropical mountain-and highland-glaciation as ice age triggers and the waning of the glacial periods in the Pleistocene. Geo Journal,1987,14:393-428.

16　Kuhle M. Observations supporting the Pleistocene inland glaciation of High Asia. Geo Journal,1991,25:133-231.

17　韩同林. 青藏大冰盖. 北京:地质出版社,1991,pp. 1-109.

18　施雅风,郑本兴,姚檀栋. 青藏高原末次冰期最盛时的冰川与环境. 冰川冻土,1997,19(2):97-113.

19　施雅风,郑本兴. 青藏高原进入冰冻圈的时代、高度及其对周围地区的影响. 见:青藏项目专家委员会编. 青藏高原形成演化、环境变迁与生态系统研究学术论文年(1995). 北京:科学出版社,1996,pp. 136-146.

20　Bradley R S. Quaternary Paleoclimatology. Boston:Allen & Unwin,1985,pp. 1-472.

21　Kuhle M. Topography as a fundamental element of glacial systems. Geo Journal,1988,17:545-568.

22　Porter S C. Equilibrium-line altitudes of late Quaternary glaciers in the southern Alps,New Zealand. Quaternary Research,1979,5:27-47.

23　Herd D G,Naeser C W. Radiometric evidence for Pre-Wisconsin glaciation in the northern Andes. Geology,1974,2: 603-604.

24　Flenley J R. The Equatorial Rain Forest,A Geological History. London:Butterworths,1979,pp. 1-162.

25　Loffler E. Pleistocene glaciation in Papua and New Guinea. Zeitschrift fur Geomorphologie N. F. supplement Band,1972, 13:32-58.

26　Loffler E. Beobachtungen zur periglazialen Hohenstufe in den Hochgebirgen von Papua New Guinea. Erdkunde,1975, 29:285-292.

27　Remenda V H,Cherry J A,Edwards TWD. Isotopic composition of old ground water from Lake Agassiz:Implications for Late Pleistocene climate. Science,1994,266:1975-1978.

28　CLIMAP Project Members. The surface of the ice-age earth. Science,1976,191:1131-1137.

29　Rind D,Peteet D. Terrestrial conditions at the last glacial maximum and CLIMAP sea surface temperature estimates: Are they consistent? Quaternary Research,1985,24:1-22.

30　Guilderson T P,Fairbanks R G,Rubenstone J L. Tropical temperature variations since 20000 years ago:Modulating interhemispheric climate change. Science, 1994, 263: 663-665.

31　Thompson L G,Mosley-Thompson E,Davis M E et al. Late glacial stage and Holocene tropical ice core records from Huascarán,Peru. Science,1995,269:46-50.

32　Stute M,Forster M,Frischkom H et al. Cooling of tropical Brazil(5℃)during the last glacial maximum. Science,1995, 269:379-383.

33　Colinvaux P A,De Oliveira P E,Moreno J E et al. A long pollen record from Lowland Amazonia:Forest and cooling in glacial times. Science,1996,274:85-88

34　Miller G H,Magee J W,Jull A J T. Low-latitude glacial cooling in the southern Hemisphere from amino-acid racemization in emu eggshells. Nature,1997,385:241-244.

35　Rostek F,Ruhland G,Bassinot F C et al. Reconstructing sea surface temperature and salinity using δ^{18}O and alkenone records. *Nature*, 1993, 364：319-321.

36　Patrick A, Thunell R C. Tropical Pacific sea surface temperatures and upper water column thermal structure during the last glacial maximum. *Paleoceanography*, 1997, 12：649-657.

37　汪品先, 翦知湣, 刘志伟. 南沙海区盛冰期的气候问题. 第四纪研究, 1996, 3：193-201.

38　孙湘君. 陕西渭南北庄村晚更新世晚期古植被的再研究. 第四纪研究, 1989, 2：177-189.

39　安芷生, 吴锡浩, 卢演俦等. 最近 2 万年中国古环境变迁的初步研究. 见：刘东生主编. 黄土·第四纪地质·全球变化, 第二集. 北京：科学出版社, 1990, pp. 1-26.

40　吴乃琴, 吕厚远, 孙湘君等. 植物硅酸体-气候因子转换函数及其在渭南晚冰期以来古环境研究中的应用. 第四纪研究, 1994, 3：270-279.

41　Thompson L G, Yao T, Davis M E *et al.* Tropical climate instability：The last glacial cycle from a Qinghai-Tibetan ice core. *Science*, 1997, 276：1821-1825.

42　Grootes P M, Stuiver M, White J W C *et al.* Comparison of oxygen isotope records from the GISP2 and GRIP Greenland ice cores. *Nature*, 1993, 366：552-554.

43　Jouzel J, Lorius C, Petit J R *et al.* Vostok ice core：A continuous isotope temperature record over the last climatic cycle (160 000 years). *Nature*, 1987, 329：403-408.

44　Thompson L G, Davis M E, Mosley-Thompson E *et al.* A 25000-year tropical climate history from Bolivian ice cores. *Science*, 1998, 282：1858-1864.

45　Overpeck J, Anderson D, Trumbore S *et al.* The Southwest Indian Monsoon over the last 18000 years. *Climate Dynamics*, 1996, 12：213-225.

46　叶笃正, 高由禧等. 青藏高原气象学. 北京：科学出版社, 1979, pp. 1-278.

47　戴加洗主编. 青藏高原气候. 北京：气象出版社, 1990, pp. 1-356.

48　D. 沃克. 云南花粉资料对热带亚热带区域的意义. 见：中国科学院中澳第四纪合作研究组编. 中国-澳大利亚第四纪学术讨论会论文集. 北京：科学出版社, 1987, pp. 21-27.

49　Li S J, Shi Y F. Glacial and lake fluctuations in the area of West Kunlun Mountains during last 45 000 years. *Annals of Glaciology*, 1992, 16：79-84.

50　郑绵平, 向军, 魏新俊等. 青藏高原盐湖. 北京：北京科学技术出版社, 1989, pp. 1-431.

51　陈烈庭, 阎志新. 青藏高原冬春季异常雪盖影响初夏季风的统计分析. 见：《青藏高原气象会议论文集》编辑小组编辑. 青藏高原气象会议论文集 (1977-1978 年). 北京：科学出版社, 1981, pp. 151-161.

52　沈志宝. 藏北地区冬季降雪后地面反射率的变化及对地面辐射能收支的影响. 见：青藏项目专家委员会编. 青藏高原形成演化、环境变迁与生态系统研究学术论文年刊 (1995). 北京：科学出版社, 1996, pp. 196-202.

53　陈有虞, 姚兰昌, 王文华. 青藏高原那曲地区的辐射状况及其年变特征. 高原气象, 1985, 4 (增刊)：50-64.

54　沈志宝, 刘卫民. 冬季青藏高原地面辐射平衡. 高原气象, 1988, 7：1-7.

55　1979 年青藏高原气象科学实验第二课题组. 环流与季风——青藏高原的影响. 北京：科学出版社, 1988, pp. 1-146.

56　Harvey L D D. Climatic impact of ice-age aerosols. *Nature*, 1988, 334：333-335

57　Young R W, Carder K L, Betzer P R. Atmospheric iron inputs and primary productivity：Phytoplankton responses in the North Pacific. *Global Biogeochemical Cycles*, 1991, 5：119-134.

58　Broecker W S, Denton G H. The role of ocean-atmosphere reorganizations in glacial cycles. *Geochimica et Cosmochimica Acta*, 1989, 53：2465-2501.

59　Imbrie J, Boyle E A, Clemens S C *et al.* On the structure and origin of major glaciation cycles. 1. Linear responses to Milankovitch forcing. *Paleoceanography*, 1992, 7：701-738.

60　Imbrie J, Berger A, Boyle E A *et al.* On the structure and origin of major glaciation cycles. 2. The 100000-year cycle. *Paleoceanography*, 1993, 8：699-735

61　Webb R S, Rind D H, Lehman S J *et al.* Influence of ocean heat transport on the climate of the last glacial maximum. *Nature*, 1997, 385：695-699.

Qinghai-Xizang Plateau Glacial Environment and Global Cooling

Liu Tungsheng[1]   **Zhang Xinshi**[2]   **Xiong Shangfa**[1]   **Qin Xiaoguang**[1]

([1] **Institute of Geology and Geophysics, Chinese Academy of Sciences, Beijing   100029**;
[2] **Institute of Botany, Chinese Academy of Sciences, Beijing   100093**)

Abstract   Recent studies from Greenland suggested a temperature drop of $20 \sim 21°C$ during the LGM (last glacial maximum) and a drop of $14 \pm 3°C$ during the YD (Younger Dryas) event Studies in North America also revealed that a drop of $16°C$ in temperature for the last glacial period. Inthe tropics, more and more evidence has demonstrated that the changes in temperature between glacial and interglacial periods can be as great as $4 \sim 5°C$, These results are significantly different from previous understanding. It is, therefore, necessary to re-evaluate the glacial environment of Qinghai-Xizang Plateau.

In the LGM, data from tropic and sub-tropic mountains demonstrated that the ELAs (equilibrium line altitudes) had depressed by $900 \sim 1000$ m in altitude. In the Qinghai-Xizang Plateau, evidence from oxygen isotope ratio in ice and from pollen records also suggested that the temperature has dropped by $7 \sim 9°C$, corresponding to a depression of 1000 m in ELA, during glacial period. The records of lake level on and surrounding the plateau indicated a sustained moisture supply to the plateau during glacial periods. With these estimates, a new model developed by the author (Zhang Xinshi) has conducted and displayed that a great part of the plateau might be covered by snow and glaciers (nival) with a temperature decrease of about $5 \sim 9°C$. Meanwhile, considering that the snow covers may play a positive feedback in lowering temperature over the plateau, we are convinced that the plateau has the possibility to form glaciers in great extent or local dispersed ice sheets during glacial periods.

It is quite evident that the environment of the plateau during glacial period has changed significantly with a great increase in surface albedo. The increase and the abrupt fluctuations in the surface albedo may play an important role in the Asian monsoon oscillations and the subsequent fluctuations in global atmospheric water vapour, which, in turn, may remarkably influence the global climate.

Key words   Qinghai-Xizang Plateau, glacial periods, global cooling

第 *17* 章

Glacial Environments on the Tibetan Plateau and Global Cooling [*]

Tungsheng Liu[a], Xinshi Zhang[b], Shangfa Xiong[a], Xiaoguang Qin[a], Xiaoping Yang[a]

(a   Institute of Geology and Geophysics, Chinese Academy of Sciences, P. O. Box 9825, Qijiahuozi, Beijing 100029, China; b   Institute of Botany, Chinese Academy of Sciences, Xiangshan, Beijing, China)

Abstract   The glacial environments on the Tibetan Plateau and the mechanisms for glacier and snow accumulation are discussed on the basis of new evidence of global temperature fluctuations and regional biome type changes. The biome types show that extensive snow and glacier fields could develop on the Tibetan Plateau with a temperature lowering of $7-9℃$ and precipitation decrease by $30\% - 70\%$. Considering the cooling effect due to an increase of albedo resulting from increased snow and ice coverage, it is possible that the valley glaciers became enlarged to form large glaciers and snow fields during the Last Glacial Maximum. This new environmental modeling shows that the environmental conditions changed considerably during past glaciations. Such changes might have notable impacts on the monsoons and possibly on global climate.

[*] 本文发表在 *Quaternary International*, 2002, 97-98: 133-139。

Corresponding author. E-mail address: tsliu@ public. bta. net. cn(T. Liu).

1. Introduction

The palaeoenvironment on the Tibetan Plateau during glaciations has been studied for more than a century. At the beginning of the 20th Century, Huntington(1906) pointed out that the vast area of lake-basins on the Tibetan Plateau may have been formed by glacial processes. However, Hedin (1907) was of the opinion that glaciers were distributed over only a limited area of the Plateau during former glaciations. He argued that the Himalayan, Karakoram and Kunlun Mountains were already quite high during the Late Pleistocene. Therefore, these mountain ranges would have blocked the influx of monsoon moisture so crucial for the formation of glaciers. Sinitzyn (1958) took the view that an ice sheet (~ 1000 m thick) covered the whole of Tibet during the early Quaternary. At the same time, however, he recognized that the arid climate and the low latitude of the Tibetan Plateau were disadvantageous to the growth of glaciers. Nevertheless, he believed that the flat landforms and extensive concavities on the plateau would have been conducive to the growth of large glaciers and the development of an ice sheet. Wang and Zheng(1965) were of the opinion that evidence of former glaciers is widespread at altitudes above 4200 m asl on the Tibetan Plateau, providing additional evidence for the existence of a Quaternary ice sheet. Since 1980, several internationally organized expeditions to the Tibetan Plateau have examined the glacial geologic evidence in Tibet. Hoevermann(1987) suggested that only the Qaidam depression was ice-free during the Quaternary glaciations. Kuhle(1987, 1991) described an ice sheet and added that a Tibetan ice sheet would act as a trigger for global glaciation. Han(1991) calculated that the proposed ice sheet would have been 400–2000 m thick. However, most other scientists are skeptical about former extensive ice sheet glaciation, primarily because the source of moisture appears inadequate to sustain ice sheet development(Derbyshire and Owen, 1997; Derby-shire et al., 1991; Lehmkuhl, 1998; Lehmkuhl et al., 1997; Shi and Zheng, 1995; Shi et al., 1979; Zheng, 1989; Zheng and Li, 1981). Recently, this issue had been discussed at various international workshops that induced lively discussions(Liu et al., 1999).

Contention still exists over the extent of glaciation on the Tibetan Plateau. In this paper, we discuss new evidence for the magnitude of global temperature decrease during the Glacial Maximum(LGM) and its implications for the Tibetan Plateau. Furthermore, we present the results of an analysis of biome type(Holdridge, 1967; Zhang, 1993) change on the Tibetan Plateau in the context of recent knowledge about temperature variations during the LGM as means of examining the relationship between palaeoenvironment and glaciation. The relationship between tectonics, glaciation and palaeoenvironments will be addressed in further studies.

2. New understanding of global temperature decrease during glaciations

Recently published large data sets on the global temperature decrease during the LGM show that the earlier estimates(CLIMAP, 1976) of global temperature during glacial times are markedly different. Fig. 17 – 1 provides a summary of the global temperature decrease during the LGM based on recent studies.

2.1 Temperature decrease in high latitudes

The nitrogen isotopes and CH_4 in bubbles from Greenland ice cores indicate a temperature decrease of 20℃ during the LGM, and a decrease of 14 ± 3℃ during the Younger Dryas(Kerr, 1996). Kerr's calculation is quite consistent with the results from boreholes that show a temperature variation of 21℃ between glacial and interglacial epochs in Greenland (Cuffey et al., 1995). This differs from the former belief that the difference was not more than 10℃(CLIMAP, 1976).

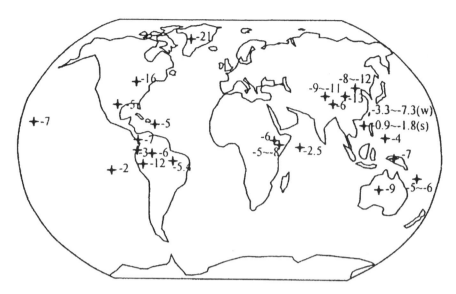

Fig. 17-1　Worldwide decrease of temperature during the last glaciation

(Beck and Edwards,1992;Beck et al.,1997;Colinvaux et al.,1996;Cuffey et al.,1995;Flenley,1979;Kerr,1996;Miller et al.,

1997;Porter,1979;Remenda et al.,1994;Shi et al.,1997;Stute et al.,1995)

2.2　Temperature decrease in mid latitudes

Remenda et al. (1994) measured the isotopic composition of old groundwater stored during the last glacial in the thick clay located in southern Lake Agassiz. The isotopic composition was as high as 25‰ at a depth of 20-30 m, indicating a temperature of -16℃. The average annual temperature of this region is 0℃ at present. Therefore, the average annual temperature during the last glacial was possibly -16℃. However, it is not certain whether such a change is typical for the entire latitudinal zone between 48°N—50°N.

2.3　Temperature decrease in low latitudes

CLIMAP (1976) shows 1-2℃ decrease during glaciations in the tropical areas. However, the changes in montane glaciers and vegetation in the tropics indicate a temperature decrease of 5.4℃ (Rind and Peteet, 1985). Coral skeletal strontium/calcium ratios show that the annual sea-surface temperature decrease was 5℃ in the southwestern Pacific (Beck and Edwards, 1992). Furthermore, it has been found that the annual amplitude of sea-surface temperature increased during the glacial times. A 5℃ decrease of

sea-surface temperature at 19 ka was also suggested by Guilderson et al. (1994) on the basis of coral oxygen composition and strontium/calcium ratios. An ice-core, taken at an elevation of 6000 m asl. in the Andes, shows that the oxygen composition variation was 8‰ from the LGM to the Holocene. This suggests an annual temperature variation of 11-12℃ (Thompson et al., 1995). Noble gases in groundwater and pollen indicate a temperature decrease of 5-6℃ during glacial times in Amazonia (Colinvaux et al., 1996; Stute et al., 1995). Furthermore, on the basis of amino-acid racemization in emu eggshells in Victoria, Australia, Miller et al. (1997) derived an average annual temperature 9℃ lower for the time between 45 and 16 ka compared to the period between 16 ka to present. Miller's work, therefore, confirms that the temperature decrease during the glaciations was also quite large in Central Australia. In addition, Weyhenmeyer et al. (2000) found out that the average temperature in Oman during the late Pleistocene(15 000-24 000 years BP)was about 6℃ lower than that of today.

Rostek et al. (1993) studied oxygen isotopes and alkenones in a core from the Indian Ocean, and concluded that the sea-surface temperature differed by only 2.3-3℃ between glacial and interglacial times.

Patrick and Thunell(1997) reported a 2℃ temperature decrease during the last glacial along the Equator in the eastern Pacific on the basis of the oxygen composition of different foraminifera. This conclusion is consistent with the CLIMAP(1976) results. Wang et al. (1996) found that the temperature decrease was only 0.9 - 1.8℃ in summer, and 3.3 - 7.3℃ in winter in the South China Sea. These small amplitudes differ from the large temperature decrease described above. It is difficult to say, therefore, whether this amplitude represents regional variation, or generally limited temperature decreases in the tropical regions.

2.4 Temperature decrease in China

Recent studies reveal that the temperature decrease during the LGM might have been quite large on the Chinese landmass between 34°N and 40°N. On the basis of pollen studies, Sun(1989) reported a temperature decrease of 10 - 12℃ during the LGM in the regions around Xian. In Beijing the temperature decreased by 8 - 12℃ during the last glacial, as indicated by the former existence of grassland, and forests of *Picea* and *Abies* were the dominant vegetation types in Xian and Beijing at 20 ka(An et al., 1990). In addition, the vegetation of Xian became desert steppe and possibly tundra at 18 ka. Wu et al. (1994) analyzed the relationship between phytolith types and present-day climatic conditions in north China. The changes in opal phytoliths in the loess-paleosol sequence suggest that the average annual temperature was 7 - 9℃ lower during the LGM compared to today in Weinan near Xian(Wu et al., 1994).

3. Evidence of temperature decrease in the Tibetan Plateau

The pollen, old periglacial landscapes and the isotopes of the sediments in saline lakes as well as isotopes of ice cores have provided evidence of temperature decrease on the Tibetan Plateau. These data suggest a cooling of between 6 - 9℃ (Shi, 2000; Shi and Zheng, 1995). The extensive lacustrine sediments loca-

ted north of the Tibetan Plateau (Yang, 1991, 2001a, b) indicate abundant glaciers on the northern slopes of Kunlun and Qilian Mountains and cold environments in the northern margins of the Plateau during the last glacial. Recently, Thompson et al. (1997) succeeded in taking a 300 m long ice core from the Guliya ice cap in the northwestern Tibetan Plateau. The analysis of this ice core revealed that the oxygen isotopes changed by 5.4‰ from LGM to Holocene. The variation of oxygen isotopes in the Tibetan ice core (Thompson et al., 1997) suggests a temperature decrease of 9 - 11℃ during glacial times. Assuming a decline of 0.71℃ per 100m altitude, 9 - 11℃ temperature decrease implies a snowline decline of 1000 - 1200 m given sufficient moisture availability.

4. Reconstructing the palaeoenvironment during glaciations on the Tibetan Plateau

In the light of the new data on the temperature decrease during glaciations of the TibetanPlateau, we reconstructed the glacial and interglacial environment of the Tibetan Plateau in order to examine the nature of environmental change and glaciation. We used the Taiji System(Zhang, 2000), relating climate and vegetation. This is a biogeographically based model similar in principle to Holdridge's (1967) life zone system. It was created on the basis of climate data for the period between 1951 and 1980 from 763 Chinese weather stations. The 1 : 1 000 000 scale topographic maps were used for bases. Through mathematical regression, each climate data grid was 2.8×2.8 km^2, using the latitude, longitude and elevation as the controlling parameters of climate. Although there are only a few weather stations on the Tibetan Plateau, computer-based extrapolation was used to fill the gaps. The data is organized in a raster structure, showing the spatially continuous distribution of vegetation. Twelve indexes were considered in the Taiji System, as follows:

1. Mean monthly temperature(T_i),
2. Mean monthly precipitation(P_i),

3. Coldest monthly temperature(T_c),

4. Warmest monthly temperature(T_h),

5. Precipitation of coldest month(P_c),

6. Precipitation of warmest month(P_h),

7. Hydro-thermal coefficient of the place where the evapotranspiration is equal to precipitation,

8. Monthly evapotranspiration,

9. Potential dryness index,

10. Effective growth accumulative temperature,

11. Effective growth months,

12. Effective growth cumulative temperature between 0−5℃.

Three different environmental scenarios are illustrated here: present conditions; a 7℃ temperature decrease with 30% less precipitation; and a 9℃ temperature fall with 50% less precipitation. We consider that during the LGM, the altitude of the Tibetan Plateau had reached that of the present and the general geomorphology of China was essentially the same as today. The triggering factors of biome types distribution might also have been comparable between glacials and interglacials. Therefore, a temperature lowering of 7−9℃ for the Tibetan Plateau during the last glacial is appropriate using the estimates of An et al. (1990), Shi and Zheng (1995), Sun (1989), Thompson et al. (1997) and as guidelines. The reliability of this model is ensured by the fact that the present-day vegetation distribution from this model is generally consistent with the actual distribution of biome types in China. The results of the reconstructed palaeoenvironmental patterns are also encouraging. Even assuming that the moisture decreased, this model shows larger glaciers and snow fields on the Tibetan Plateau with a fall in temperature of 7−9℃.

In the case of the 7℃ temperature decrease with a precipitation decrease of 30%, the Taiji System shows a clear increase in the area of glacial and snow cover (Fig. 17−2a). In the center of the Plateau, there would be separate snow and ice fields. Additionally, there would be smaller ice caps in the northeastern part of the plateau. However, this does not mean a single ice sheet covered the whole of Tibet. Gao et al. (1985) and Yang et al. (1989) demonstrated that the gorges of the

Yarlung Zangbo River are enormous transportation channels for bringing moisture from the Indian Ocean to the inner part of the Tibetan Plateau. Yao Chandong (pers. Comm.) showed that there is a close correlation between the northern slope of the Himalaya and the Indian subcontinent in terms of annual precipitation, and the moisture on the north slopes of the Xixiabangma is consistent with that of its south slope. These observations suggest that the precipitation on the Tibetan Plateau may not have been as low as previously thought(e. g., Shi et al., 1979). In addition, there are indications that lakes covered large areas in the north (Yang, 1991) and northeastern (Zheng et al., 2000) parts of the Plateau. Such lakes can be regarded as indicators of substantial water availability.

The model also shows that the area of glacier and snow cover would certainly increase if the temperature were to be depressed by 9℃, even given a precipitation reduction by 50% (Fig. 17−2b). This raises the possibility that glaciers and snow cover in the center, west and southwest of the Plateau met to form continuous ice and snowfields. In addition, smaller ice caps might be expected adjacent to the main ice and snowfields. Almost all the Plateau would be subjected to nivation processes. Alpine desert and steppe would occupy the remainder of the plateau. Our reconstructions show no major differences in the palaeoenvironments in response to lowering precipitation by 10%, 30% and 50%, provided that the temperature was depressed by 9℃. Even a precipitation decrease of 70% did not greatly affect the extent of glaciers and snow, although an increase in desert and a reduction of the area of steppe was evident. While we believe, therefore, that this kind of ice and snow cover dominated the Tibetan Plateau landscape during the LGM, we admit the possibility that areas devoid of ice and snow may have existed.

5. Discussion

When considering palaeoenvironment reconstruction for the glaciations of the Tibetan Plateau, account must be taken of the geomorphological and environmental

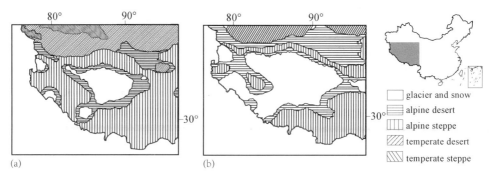

Fig. 17-2　The reconstructed biome type distributions in China with a temperature lowering of 7℃ (a)
and with a temperature lowering of 9℃ (b).

characteristics of the Plateau responsible for climatic feedback effects. Two particularly important feedbacks exist:the feedback effect on climate caused by changes on the Plateau surfaces,and the exchange feedback between the Plateau and its adjacent regions or even the whole planet.

5.1　Cooling caused by high albedo on the snowcap

The exchange feedback between the glacial-interglacial fluctuations in the surface condition of the Plateau and climatic changes is a major influence on environmental evolution during glaciations. When the climate becomes warmer,the albedo decreases owing to melting of snow and ice. Such a process accelerates the increase of surface temperature and further enhances shrinkage of the glaciers. In contrast,cooling is accelerated when the climate becomes colder,an increase of snow and glacier coverage increasing the albedo.

According to Chen and Yan(1981),large amounts of snow on the Tibetan Plateau not only have a direct influence on the temperature and air pressure,but also impact extensively upon atmospheric circulation and weather in the following years. In a winter with abundant snow,there is weaker warm low pressure in the near-surface and weaker high pressure in the upper atmosphere in the succeeding summer. When there is less snow in winter,both of these pressure systems are stronger at the beginning of the following summer. The distribution, thickness and time of winter snow influence the strength of the heating conditions and seasonal variation of the atmosphere over the Plateau.

There is a close correlation between the albedo and theamount of snow if the earth surface temperature and air temperatures are extremely low in winter(Shen,1996). In the absence of a snow cover,the albedo is 0.25 in Naqu (northern Tibet). Fresh snow may increase the albedo up to 0.80 (Chen et al.,1985). According to Shen's measurements,the transition from positive to negative net radiation on the surface occurs when albedo values reach 0.32-0.43. Latitude and season of the year are also important causes of variation. Shen's (1996) calculation shows that the net negative radiation persists for 10 days after the snowfall if 3 mm falls between the beginning of December and the beginning of January. The period of continuous negative net radiation is extended to 20 or 30 days if 10-20mm of snow accumulates during the same period. Therefore, the snow coverage causes a negative net radiation and consequently a cooling effect. This cooling also lengthens the period of snow cover that might be crucial to the existence of a glacier and snow field during the LGM. There is no doubt that the global cooling induced by polar ice extension and Tibetan uplift as well as by glacial-interglacial cycles is worth further consideration. However,it needs to be borne in mind that neotectonic activity has had a minor impact on the glacial environment since the LGM.

Our reconstruction of the glacial environment is under the precondition that the annual precipitation decreased during glaciation. Bush(2000)modeled similar connections between the monsoon and snowfall,but his results suggest a positive climatic feedback mechanism for Himalayan glaciation,however,with a much smaller lowering of temperature. Our views on the extent of temperature depression are based on pollen and oxygen isotope data (An et al., 1990 ; Sun, 1989 ; Thompson et al., 1995), but general circulation modeling results (e.g., Bush, 2000) may need to be considered in future interpretation of proxy data. It is still difficult to directly compare the outcome of biome type model with the general circulation modeling. We expect to deal with this issue in the near future.

5.2　Feedback relationship between the environmental variations on the plateau and regional changes

There is little doubt that the Tibetan Plateau has a significant impact on global climate. The Plateau acts as a warm pool in summer and strengthens the Indian and East Asian monsoons. Therefore, great changes in surface conditions on the Plateau during glaciations are likely to have led to cooling and reduction in the intensity of the East Asian and Indian summer monsoons. The Asian monsoon is an important carrier of water vapor even on a global extent (Chen and Yan, 1981). The intensity changes in the Asian monsoon have a direct bearing upon changes of water content in the global atmosphere and consequently, are a major cause of changes in global temperature. It was quite possible that glacial environmental conditions on the Tibetan Plateau intensified global cooling during the glaciations. There is good evidence indicating that the Tibetan Plateau enhanced the winter monsoon and enriched the availability of aerosols carried to the western Pacific during glaciations. These aerosols served as a ' sunshine umbrella ' (Harvey, 1988), and also increased the bioproductivity of the ocean owing to the contained Fe cations. The high bioproductivity of the ocean absorbed much more CO_2, so that both the decrease of CO_2 and the ' umbrella ' effect of the aerosols accelerated the global cooling process (Young et al., 1991). Of course, the mechanism of glacial and interglacial climatic changes is possibly related to astronomic forces and needs further discussion.

6. Concluding remarks

It is still too early to present a precise picture of the palaeoenvironment on the Tibetan Plateau during the Quaternary glaciations, because temperature and precipitation changes are notknown with any precision. However, the reconstruction of biome types presented here may encourage scientists to add a new point of view in their investigations of this key topic. New results of research on glacial temperature depression show that the amplitude of this depression was probably twice that previously thought. Our modeling of the reconstruction of biome types strongly suggests that a relatively large area of snow and glaciers existed on the Plateau during glaciations, even using earlier estimates of temperature depression and precipitation decrease. It is evident that the understanding of glacial environments on the Plateau needs to be further improved by detailed field investigations and modern geological analysis.

Acknowledgements

We would like to thank E. Derbyshire, A. Bush, L. Thompson, D. Jaekel, Shi Yafeng, Li Jijun, Yao Tandong and M. Kuhle for constructive and encouraging discussions. We are also very grateful to L. Owen, A. Bush and E. Derbyshire for extensive modification of the English and for critical comments and very important suggestions. This research was supported by the Chinese Academy of Sciences (Grant nos. : KZ 951-A1-204, KZ 95T-06) and National Science Foundation of China (Grant nos. : 49894170, 49902015).

References

An, Z., Wu, X., Lu, Y., 1990. A preliminary research on the palaeoenvironmental changes in China since 20 ka. In : Liu, T. (Ed.), Loess—Quaternary Geology—Global Changes II.

Science Press, Beijing, pp. 1-26(in Chinese).

Beck, J. W., Edwards, R. L., 1992. Sea-surface temperature from coral skeletal strontium/calcium ratios. Science 257, 644-647.

Beck, J. W., Recy, J., Taylor, F., Edwards, R. L., Cabioch, G., 1997. Abrupt changes in early Holocene tropical sea surface temperature derived from coral records. Nature 385, 705-707.

Bush, A. B. G., 2000. A positive climatic feedback mechanism for Himalayan glaciation. Quaternary International 65/66, 3-13.

Chen, L., Yan, Z., 1981. Statistical analysis of winter and spring heavy snowfalls and their impacts on early summer monsoons. In: Editorial committee, Proceedings of the Symposium on the Weather of Tibetan Plateau (1977-1978), Science Press, Beijing, pp. 151-161.

Chen, Y., Yao, L., Wang, W., 1985. The radiation and its annual changes in the areas of Naqu in northern Tibet. Weather on the Plateau, Supplement 4, 50-64.

CLIMAP Project Members, 1976. The surface of the ice-age earth. Science 191, pp. 1131-1137.

Colinvaux, P. A., De Oliveira, P. E., Moreno, J. E., Miller, M. C., Bush, M. B., 1996. A long pollen record from Low land Amazonia: forest and cooling in glacial times. Science 274, 85-88.

Cuffey, K. M., Clow, G. D., Alley, R. B., 1995. Large Arctic temperature change at the Wisconsin-Holocene glacial transition. Science 270, 455-458.

Derbyshire, E., Owen, L. A., 1997. Quaternary glacial history of the Karakorum Mountains and Northwest Himalayas: a review. Quaternary International 38/39, 85-102.

Derbyshire, E., Shi, Y., Li, J., Zheng, B., Li, S., Wang, J., 1991. Quaternary glaciation of Tibet: geological evidence. Quaternary Science Reviews 10, 485-510.

Flenley, J. R., 1979. The Equatorial Rain Forest, A Geological History. Butter Worths, London, 162pp.

Gao, D., Zou, H., Wang, W., 1985. Influence of water vapor pass along the Yarlungzangbo River on precipitation. Mountain Research 3, 239-249(in Chinese).

Guilderson, T. P., Fairbank, R. G., Rubenstone, J. L., 1994. Tropical temperature variations since 20 000 years ago: modulating inter-hemispheric climate change. Science 263, 663-665.

Han, T., 1991. Huge Ice Sheet. Geological press, Beijing, 109pp (in Chinese).

Harvey, L. D. D., 1988. Climatic impact of ice-age aerosols. Nature 334, 333-335.

Hedin, S. A., 1907. Scientific Results of Journey in Central Asia 1899-1902, Vol. 4. Lithographic Institute of the General Staff of the Swedish Army, Stockholm, 593pp.

Hoevermann, J., 1987. Morphogenetic regions in Northeast Xizang(Tibet). In: Hoevermann, J., Wang, W. (Eds.), Reports on the Northeastern Part of the Qinghai-Xizang(Tibet) Plateau. Science Press, Beijing, pp. 112-127.

Holdridge, L. R., 1967. Life Zone Ecology. Tropical Science Center, San Jose, Costa Rica, 206pp.

Huntington, E., 1906. Pangong, a glacial lake in the Tibetan Plateau. Journal of Geology 14, 599-617.

Kerr, R. A., 1996. Ice bubbles confirm big chill. Science 272, 1584-1585.

Kuhle, M., 1987. Subtropical mountain and highland-glaciation as ice age triggers and the waning of the glacial periods in the Pleistocene. GeoJournal 14, 393-428.

Kuhle, M., 1991. Observations supporting the Pleistocene inland glaciation of High Asia. GeoJournal 25, 133-231.

Lehmkuhl, F., 1998. Extent and spatial distribution of Pleistocene glaciations in Eastern Tibet. Quaternary International 45/46, 123-134.

Lehmkuhl, F., Owen, L. A., Derbyshire, E., 1997. Late Quaternary glacial history of Northeastern Tibet. Quaternary Proceedings 6, 121-142.

Liu, T., Zhang, X., Xiong, S., Qin, X., 1999. Qinghai-Xizang Plateau glacial environment and global cooling. Quaternary Sciences V 385-396.

Miller, G. H., Magee, J. W., Jull, A. J. T., 1997. Low-latitude glacial cooling in the southern Hemisphere from amino-acid racemization in emu eggshells. Nature 385, 241-244.

Patrick, A., Thunell, R. C., 1997. Tropical Pacific sea surface temperatures and upper water column thermal structure during the last glacial maximum. Paleoceanography 12, 649-657.

Porter, S. C., 1979. Equilibrium-line altitudes of late Quaternary glaciers in the Southern Alps, New Zealand. Quaternary Research 5, 27-47.

Remenda, V. H., Cherry, J. A., Edwards, T. W. D., 1994. Isotopic composition of old ground water from lake agassiz: implications for late pleistocene climate. Science 266, 1975-1978.

Rind, D., Peteet, D., 1985. Terrestrial conditions at the Last Glacial Maximum and CLIMAP sea-surface temperature estimates: are they consistent? Quaternary Research 24, 1-22.

Rostek, F., Ruhland, G., Bassinot, F. C., Mueller, P. J., Labeyrie, L. D., Lancelot, Y., Bard, E., 1993. Reconstructing sea surface temperature and salinity using δ^{18}O and alkenone records. Nature 364, 319-321.

Shen, Z., 1996. The variation of albedo after winter snowfalls and its impacts on the surface net radiation. In: Expert committee(Ed.),Scientific Treatises of Evolution,Environmental Changes and Ecosystems of the Tibetan Plateau. Science Press,Beijing,pp. 196-202.

Shi,Y. (Ed.),2000. Glaciers and their environments in China: The Present,Past and Future. Science Press,Beijing.

Shi,Y. ,Zheng, B. , Yao, T. , 1997. Glaciation and environment during the last Glacial Maximum on the Tibetan Plateau. Journal of Glaciology and Geocryology 19, 97-112 (in Chinese).

Shi,Y. ,Zheng,B. ,1995. The age and elevation of glacial circles on the Tibetan Plateau and its impact on the adjacent regions. In: Expert committee (Ed.) , Scientific Treatises of Evolution, Environmental Changes and Ecosystem s of the Tibetan Plateau. Science Press,Beijing,pp. 136-146.

Shi,Y. ,Zheng, B. , Yao, T. , 1979. Glaciers and environment on the Tibetan Plateau during LGM. Glaciers and Geocryology 19,97-113(in Chinese).

Sinitzyn,B. M. ,1958. The Quaternary glacial issues of the Asian plateaus. Interpretation of Geographical Articles 1,22-30(in Chinese).

Stute, M. , Forster, M. , Frischkorn, H. , Serejo, A. , Clark, J. F. , Schlosser,P. ,Broecker,W. S. ,Bonani,G. ,1995. Cooling of tropical Brazil(5℃)during the Last Glacial Maximum. Science 269,379-383.

Sun,X. ,1989. A reconsideration of the paleovegetation in the Beizhuangcun, Weinan of Shaanxi. Quaternary Sciences I, 177-189(in Chinese).

Thompson, L. G. , Mosley-Thompson, E. , Davis, M. E. , Lin, P. , Henderson,K. A. ,Cole-Dai,J. ,Bolzan,J. F. ,Liu,K. ,1995. Late glacial stage and Holocene tropical ice core records from Huascaran,Peru. Science 269,46-50.

Thompson, L. G. , Yao, T. , Davis, M. E. , Henderson, K. A. , Mosley-Thompson, E. , Lin, P. , Beer, J. , Synal, H. A. , Cole-Dai,J. ,Bolzan,J. F. ,1997. Tropical climate instability: the last glacial cycle from a Qinghai-Tibetan ice core. Science 276,1821-1825.

Wang, M. , Zheng, M. , 1965. Quaternary glacial remains on the Tibetan Plateau. Journal of Geography 31, 63-74 (in Chinese).

Wang,P. ,Jian,Z. ,Liu,Z. ,1996. Climatic issues of South China Sea during LGM. Quaternary Sciences IV,193-201(in Chinese).

Weyhenmeyer,C. , Bruns, S. , Waber, H. N. , Aeschbach-Hertig, W. ,Kipfer,R. ,Loosli,H. -N. ,Matter,A. ,2000. Cool glacial temperatures and changes in moisture source recorded in Oman ground waters. Science 287,842-845.

Wu, N. , Lu, H. , Sun, X. , 1994. Climate transfer function from opal phytolith and its implementation in late-glacial paleo-environmental research in Weinan. Quaternary Sciences Ⅲ, 270-279(in Chinese).

Yang,X. ,1991. Geomorphologische untersuchungen in trockenraeumen NW-Chinas unter Besonderer Beruecksichtigung von Badanjilin und Takelamagan. Goettinger Geographische Abhandlungen 96,1-124.

Yang,X. ,2001a. Late Quaternary evolution and paleoclimates, western Alashan Plateau,Inner Mongolia,China. Zeitschrift für Geomorphologie 45,1-16.

Yang,X. ,2001b. The oases along the Keriya River in the Taklamakan Desert, China, and their evolution since the end of the last glaciation. Environmental Geology 41,314-320.

Yang,Y. ,Gao,D. ,Li,B. ,1989. Study on the moisture passage on the lower reaches of the Yarlung Zangbo River. Science in China(Series B)32,580-593.

Young, R. W. , Carder, K. L. , Betzer, P. R. , 1991. Atmospheric iron inputs and primary productivity: phytoplankton responses in the north pacific. Global Biogeochemical Cycles 5,119-134.

Zhang,X. ,1993. A vegetation-climate classification system for global change studies in china. Quaternary Sciences II,157-169(in Chinese).

Zhang,X. ,2000. Eco-economic functions of the grassland and its patterns. Science and Technology Review 146,3-7(in Chinese).

Zheng,B. ,1989. The influence of Himalayan uplift on the development of Quaternary glaciers. Zeitschrift für Geomorphologie,N. F. Supplement-Bund 76,89-115.

Zheng,B. ,Li,J. ,1981. Quaternary glaciations on the Qinghai-Xizang Plateau. In: Liu, T. S. (Ed.), Geological and Ecological Studies of Qinghai-Xizang Plateau: Proceedings of Symposium on Qinghai-Xizang (Tibet) Plateau, Beijing, China. Science Press,Beijing,pp. 1631-1640.

Zheng,M. , Meng, Y. , Wei, L. , 2000. Evidence of Pan-Lake stages in the period of 40-28 Ka BP on the Qinghai-Tibet Plateau. Acta Geologica Sinica 74,266-272.

第18章

Model Expectation of Impacts of Global Climate Change on Biomes of the Tibetan Plateau*

Xinshi Zhang, Dianan Yang, Guangsheng Zhou, Chunying Liu and Jie Zhang
(Institute of Botany, Chinese Academy of Sciences, 141 Xizhimenwai Avenue, Beijing, P. R. China)

Abstract   Tibetan Plateau with the average altitude of about 5000 m is one of very important regions in the world, because its natural conditions are very severe and much vulnerable to changes in climate. Therefore it is expected that changes in climate and consequent biomes on this region may play a role of pilot and/or pioneer in monitoring the global environmental degradation due to intensive human activity. In this paper, the responses of biomes on the Tibetan Plateau to the global climate change induced by doubled CO_2 were studied using Improved Holdridge life zone classification system, vertical vegetation belt system, permafrost model, and NPP model. The global climate changes will cause the considerable changes in the vertical distribution of vegetation, permafrost zone, and NPP-values on the Tibetan Plateau. It was expected that the increment in annual mean temperature by 4℃ and annual precipitation by 10% under doubled CO_2 condition would accelerate the speed of desertification which is spreading on this area mainly due to the intensive mass land use at present.

Key words   global climate change, Tibetan Plateau, Holdridge life zone classification system, vertical vegetation belt, NPP-model, permafrost model

* 本文摘自 *Climate Change and Plants in East Asia*, Omasa K, Kai K, Taoda H, Uchijima Z. Yoshino M(Eds.), 1996. Springer-Verlag Tokyo, Hong Kong, pp. 25-38.

gradient decreasing from southeast to northwest.

1. Introduction

The exponential growth of global population and the great expansion of human activity are causing significant changes in natural conditions of the Earth. In these significant changes, the increase of greenhouse effect gases in the atmosphere is expected to have very important implication in the broad scale distribution of natural vegetation and agriculture. The Tibetan Plateau with the average altitude of about 5000 m is an area which is very sensitive and vulnerable to global climate change, that is climate warming. The vegetation distribution in Tibetan Plateau is expected to change vertically with the climate warming, resulting in the altitudinal shift of vegetation zone. This is mainly because Tibetan Plateau is located in marginal land areas in which the growth and distribution of plants depend closely on local climate conditions. This implies that the natural and managed vegetation on Tibetan Plateau could use as an indicator or pilot for monitoring the global climate change due to the explosing human activity and its influence on terrestrial ecosystems. In this report, several biometeorological methods such as the Holdridge life zone classification system, montane vegetation belt system, permafrost model, and improved NPP-model were used to study the response of natural vegetation in the Tibetan Plateau to global climate change.

2. Climate-vegetation interaction pattern on the Tibetan Plateau

2.1 Vegetation type and climatic condition

The vegetation zonation on the Tibetan Plateau can be classified into the 11 subzones as shown in Table 18-1(Zhang and Liu, 1994). The climatic conditions characterizing the individual vegetation subzones are summarized in Table 18-1. As can be seen in Table 18-1, the vegetation subzones on the Tibetan Plateau change along thermal gradient from south to north and alongmoist

Table 18-1 Vegetation subzones on the Tibetan Plateau in relation to climatic conditions

Vegetation subzones	BT(℃) Mean σ	PET(mm) Mean σ	P(mm) Mean σ	PER Mean σ
1	12.9±3.9	764.9±230.9	1328.0±519.0	0.6±0.2
2	8.3±3.1	488.4±182.4	701.1±240.3	0.8±0.5
3	3.5±1.0	207.2±58.5	572.9±106.7	0.4±0.1
4	5.4±1.9	319.5±113.7	372.1±108.9	0.9±0.4
5	5.6±1.9	331.4±111.3	427.0±119.2	0.8±0.4
6	1.9±0.5	114.1±26.4	336.3±78.1	0.3±0.1
7	2.2±1.2	127.1±69.6	285.0±138.1	0.6±0.7
8	3.4±2.2	199.8±128.7	102.2±80.2	2.1±1.6
9	0.7±0.6	42.0±30.9	92.3±130.6	0.9±0.9
10	4.6±2.3	269.7±137.5	52.0±23.1	5.1±0.4
11	6.3±1.0	370.4±57.4	87.8±69.6	8.6±6.9

Note: BT: biotemperature, PET: potential evapotranspiration, P: precipitation, PER: potential evapotranspiration rate, σ: standard deviation.

Vegetation subzone codes are as follows:

1. Tropical Mountain Forest Subzone of the Eastern Himalaya,
2. Subtropical Mountain Forest Subzone of Western Sichuan Province and Southeastern Xizang Province,
3. Alpine Meadow and Scrubland of Eastern Xizang,
4. Temperate Steppe and Shrubland of Southern Xizang,
5. Temperate Steppe of Eastern Qinghai-Qilian Mountains,
6. Southern Qinghai Plateau Alpine Steppe,
7. Qiangtang Plateau Alpine Steppe,
8. Ngari Mountain Temperate Desert,
9. Karakoram-Northern Qiangtang Alpine,
10. Kunlun Desert Mountains,
11. Chaidam Temperate Desert.

Through many climatological researches, the following regression equations were obtained between climatic parameters and geographical parameters:

$$BT = 46.18 - 0.44965L - 0.13627G - 0.0037006H \qquad R = 0.942$$

$$PET = 2727.5 - 26.486L - 8.086G - 0.218432H \qquad R = 0.942$$

$$PER = 10^{**}(4.7241 + 0.041754L - 0.05083G - 0.00040665H) \qquad R = 0.757$$

$$(1)$$

where L, G, and H denote, respectively, the latitude, longitude, and altitude of each study site. The above regression equations indicate that BT and PET would change about 0.45℃ and 26.5 mm per unit increment or decrease in the latitude, respectively. On the other hand, the change in BT and PET per unit increment or decrease in the longitude is less than for the latitude. They are, respectively, about 0.14℃ and 8.1 mm. The changes of BT and PET per 100 m increment or decrease in the altitude were, respectively, about 0.37℃ and 21.8 mm.

2.2 Montane vertical vegetational belt system

As well known, the vegetation belt on the Tibetan Plateau changes evidently with the altitude, reflecting the vertical change in climatic conditions. As expected from Eq. (1), thermal resources on this plateau decrease with the increment in the latitude from south to north. Because the amount of precipitable water in the air decreases gradually with the increment in the distance from oceans, the precipitation on Tibetan Plateau decreases from south to north. Reflecting the vertical and horizontal changes of climatic conditions on this plateau, the natural vegetation belts of Tibetan Plateau change from forests in the south lower region, through shrub-steppe, and alpine steppe in the middle region, to alpine desert and temperate desert in the north higher regions.

The species complexity of each vegetation belt on the Tibetan Plateau is known to be more simple for the alpine desert and temperate desert in the north higher regions than for the forest zone in the south lower regions. The change of vegetation belts along the longitudinal section of 87°E is shown Fig. 18-1.

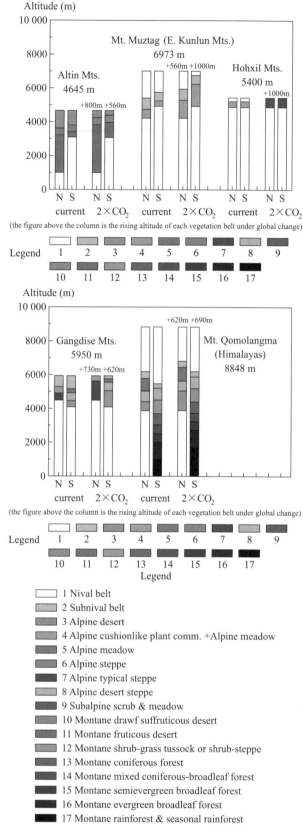

(the figure above the column is the rising altitude of each vegetation belt under global change)

(the figure above the column is the rising altitude of each vegetation belt under global change)

Legend

☐ 1 Nival belt
▨ 2 Subnival belt
▨ 3 Alpine desert
▨ 4 Alpine cushionlike plant comm. +Alpine meadow
▨ 5 Alpine meadow
▨ 6 Alpine steppe
▨ 7 Alpine typical steppe
▨ 8 Alpine desert steppe
▨ 9 Subalpine scrub & meadow
▨ 10 Montane drawf suffruticous desert
▨ 11 Montane fruticous desert
▨ 12 Montane shrub-grass tussock or shrub-steppe
▨ 13 Montane coniferous forest
▨ 14 Montane mixed coniferous-broadleaf forest
▨ 15 Montane semievergreen broadleaf forest
▨ 16 Montane evergreen broadleaf forest
▨ 17 Montane rainforest & seasonal rainforest

Fig. 18-1 Response of montane vertical vegetational belt systems to global change on Tibetan Plateau.(参见书末彩插)

South Himalayas can be classified into subtropical marine montane type, in which 9 vegetation belts: montane rain forest and seasonal rain forest(0-1000 m), montane evergreen broadleaved forest(1000-2000 m), montane semievergreen broadleaved forest (2000 - 2500 m), montane mixed coniferous-broadleaved forest (2500 - 3000 m), montane coniferous forest (3000 - 3700 m), montane shrub meadow(3700-4500 m), alpine desert (4500 - 5200 m), subnival belt (5200 - 6200 m), and nival belt (5500 - 8848 m): distribute vertically from the lowest region to the top region.

Gangdise mountains belong to the continental semiarid montane type. Four vegetation belts such as montane shrub-grass tussock or shrub-steppe (4100 - 4450 m), alpine steppe (4450 - 4950 m), alpine meadow (4950 - 5150 m), and subnival zone (5150 - 5950 m) are distributed vertically on the south slope of this mountains. There are three vegetation belts, which are typical montane steppe (4500-4900 m), montane desert steppe (4900 - 5300 m), and subnival belts (5300-5950 m) on the north slope.

Hohxil mountains are classified into continental semiarid montane type. The vertical zonalization of vegetation type on the south and north slopes of this mountains is quite similar to that for Gangdise mountains. Namely, the vegetation type on this mountains changes with the altitude from alpine steppe in a range 4850 to 5200 m to subnival belt in a range 5200 to 5400 m.

East Kunlun Mountains also can be classified into continental semiarid montane type. We can find three vertical vegetation belts: alpine steppe (4900 - 5200 m), subnival belt(5200-5700 m), and nival belt (5700-6973 m) on the south slope, and three vertical vegetation belts such as alpine steppe (4200 - 4700 m), subnival belt(4700-5350 m), and nival belt (5350-6973 m) on the north slope.

Altin Mountains belong to continental arid montane type. The vegetation zones on the south slope of this mountains consist of montane shrub desert (3100-3400 m), montane dwarf suffruticose desert (3400-3800 m), and alpine desert(3800-4645 m). The vegetation type on the north slope consists similarity of three belts: montane shrub desert (1000 - 3200 m), montane dwarf suffruticose desert (3200 - 3600 m), and alpine desert(3600-4645 m).

In these districts, temperature and precipitation decrease gradually with the increment in latitude, which indicates that climatic resources controlling plant growth become less from the southern regions to the northern regions. The reduction in the climatic resources towards the north direction is the most important reason for the simplification of species complexity of vegetation and of regional differentiation of vertical vegetation. The vegetation type in this district changes from marine humid montane type in the southern region, through continental semiarid montane type in the middle region, to continental montane type in the northern region. The difference in the snow line between the south and north slopes of this plateau, and the upper altitude of some vegetation zone distributed vertically on the Hohxil mountains is known to be higher on the south slope than on the north slope.

2.3 Permafrost

The permafrost area on the Tibetan Plateau is reported to be about 1 500 000 km^2, which is about 70% of the frozen ground area in China. Most of the frozen ground area in the world is mainly located on the middle latitude of the northern hemisphere. The frozen ground is formed and maintained by severe climate in winter. It is expected that the area of frozen ground, especially the permafrost area would decrease considerably by global climatic warming due to the intensification of the atmospheric greenhouse effect. This is mainly because the frozen ground is very sensitive to temperature change. Therefore the observation of expansion and/or decline of frozen ground area under changing climates could be used as an indicator of changes in global climate. The observation data on the expansion and/or decline of the frozen ground area will help to understand how terrestrial ecosystems will respond to global climatic changes. Color Plate 9(略,请参见原文) indicates the geographical distribution of the frozen ground on the Tibetan Plateau.

3. Modelling of vegetation change

3.1 Holdridge life zone classification system

This system has been widely used to study on a continental scale climate and vegetation (biomass) interaction (e. g. Emanuel et al., 1985). This system classifies natural vegetation formations into thirty types using the three climate indices such as average annual precipitation (P, mm), mean annual biotemperature (BT, ℃), and potential evapotranspiration rate (PER). BT is the average temperature of monthly temperatures over a period with monthly temperatures above 0℃. PER is the ratio of the potential evapotranspiration (PET) to the precipitation. When this system applies to the classification of natural vegetation on the Tibetan Plateau, most of the alpine zones of this plateau are classified into nival belt. This is because the Holdridge life zone classification system was originally developed for the classification of vegetation formation in tropical climatic zone. Therefore, this system was improved to classify the natural vegetation on the Tibetan Plateau using climatic indexes. The improved system was found to describe and classify reasonably the distribution map (see Color Plate 10, 略, 请参见原文) of vegetation on the Tibetan plateau. Accordingly, this improved classification system can be used to estimate he probable response of the natural vegetation on the Tibetan Plateau to global climate changes.

3.2 Permafrost model

The following air frost number due to Nelson and Outcalt (1987) is often used to quantify the geographical distribution of permafrost.

$$F = \frac{DDF^{1/2}}{DDF^{1/2} + DDT^{1/2}} \qquad (2)$$

where DDF and DDT are the freezing and thawing indices(℃ day) for a study area, respectively. These two indices can be determined from

$$\left. \begin{array}{l} DDF = -T_w L_w \\ DDT = T_s L_s \end{array} \right\} \qquad (3)$$

where $T_w, T_s, L_w,$ and L_s are evaluated from

$$T_w = T - A[\text{Sin } A/(3.14 - B)]$$
$$T_s = T + A(\text{Sin } B/B)$$
$$L_w = 365 - L_s$$
$$L_s = 365(B/3.14)$$

and $T, A,$ and B are given by

$$T = (T_{max} + T_{min})/2,$$
$$A = (T_{max} - T_{min})/2,$$
$$B = \cos^{-1}(-T/A).$$

where T_{max} and T_{min} are, respectively, the air temperatures for the warmest and coldest months. Therefore, T and A define approximately the annual mean air temperature(℃) and the amplitude of annual temperature cycle, respectively. B is the frost angle defined as a point along the time axis at which the annual temperature curve crosses the line of 0℃.

A geographical distribution of frozen ground on the Tibetan Plateau simulated using the above frost number and related weather data is shown in Color Plate 11 (略, 请参见原文). The simulated results are quite similar to the frozen ground distribution map based on observation data. As shown in Color Plate 11(略, 请参见原文), no permafrost can be observed in areas with air frost index less than 0.4, and permafrost distributes continuously on areas with air frost index above 0.6. On the other hand, in areas with the air frost index between 0.4 and 0.6, the distribution of permafrost is not continuous and intermittent.

3.3 A model for Net Primary Productivity (NPP) of natural vegetation

The solar energy in dry matters produced photosynthetically by green plants is the fundamental basis for all living things on the Earth. The quantitative determination of energy flow in natural ecosystems has been one of the most important problems relating climate and vegetation. Therefore much research effort has been concentrated on evaluating dry matter production of terrestrial and aquatic vegetations. Three climatic models: Miami model, Thornthwaite Memorial model (Lieth and Box, 1972; Lieth, 1973) and Chikugo model (Uchijima and Seino, 1985, 1988) have been widely used to estimate the magnitude of NPP of terrestrial vegetation from weather data. The first two models are not based on theoretical consideration of climate-plant interaction but on the regression equations obtained from the analysis of data on climate and dry matter production. On the other hand, Chikugo model is based on ecophysiological feature of vegetation and on heat balance analysis. In this model, it is assumed that soil water is enough for plants which are growing luxuriantly. Thus, it is not suitable for semiarid and arid areas(Zhou and Zhang, 1995).

In this report, actual evapotranspiration (AET, mm) was used to build a quantitative model for estimating the magnitude of NPP of natural vegetation on the Tibetan Plateau. As well known, actual evapotranspiration(AET) is one of important predictors of NPP. This is because AET is determined by water availability and solar energy by which the photosynthetic activity of plants is strongly controlled.

The magnitude of AET in a study area is defined as a difference between precipitation and runoff. AET denotes an amount of water evaporated from soil and vegetation over a certain time interval. That is, AET is the sum of evaporation from soil and/or water and transpiration from plants. Therefore, the magnitude of AET depends closely on the availability of water for evaporation and transpiration, solar energy necessary to evaporate water into the air, and air flow for accelerating transfer of water vapor. As Major (1963) pointed out, the magnitude of AET in a study area is quantitatively related to the ecophysiological activity of vascular plants on that area. Rosenzweig(1968) found also that the above ground NPP of terrestrial vegetation has a close correlation with AET. This indicates, therefore, that the determination of AET plays a key role in evaluating NPP of natural vegetation. Although a number of experimental and theoretical studies have been done on the determination of AET, an appropriate and accurate model for this purpose has not been obtained yet.

Using the following two balance equations:

$$P = f + E \quad \text{(for perenial average) and}$$

$$R_n = H + E \quad \text{(for annual average)}$$

Zhou and Zhang (1995) obtained the next model for evaluating the magnitude of AET in a study area.

$$E = \frac{P \cdot R_n(P^2 + R_n^2 + P \cdot R_n)}{(P + R_n) \cdot (P^2 + R_n^2)} \quad (4)$$

where P and f are annual precipitation (mm) and annual runoff(mm), respectively, R_n is annual net radiation(mm), E and H denote, respectively, actual evapotranspiration (mm) and sensible heat (mm). By relating Eq. (4) to the data on dry matter production obtained by Efimova(1977), the authors obtained the following model for NPP estimation.

$$NPP = \frac{P \cdot R_n(P^2 + R_n^2 + P \cdot R_n)}{(P + R_n) \cdot (P^2 + R_n^2)}$$
$$\exp[- (9.87 + 6.28RDI)^{0.5}] \quad (5)$$

where RDI($= R_n/P$) is radiative dryness index. NPP-values estimated by this model were well compared with them estimated by the Chikugo model with a good accordance in moist areas. However, our NPP-model was found to give more reasonable NPP-values for arid and semiarid regions than the Chikugo model.

3.4 Ecological Information System

The Laboratory of Quantitative Vegetation Ecology (LQVE) of the Institute of Botany of the Chinese Academy of Sciences developed an Ecological Information System(EIS). This is a kind of Geographic Information System(GIS) and based on the information of ecology, statistics. geosciences, quantitative ecology, and computer technology. In this system(EIS) , various databases are used to make clear ecological characteristics of terrestrial vegetation. EIS has been widely used in studies of plant production and biodiversity of Chinese vegetation in relation on global climate changes for long time.

EIS can provide a visualized multivariable analysis program package, a self-defined functional bank, and a four-generation language-Ecological Information Description Language(EIDL). EIS can apply for multidimensional ecological analysis and modelling of climate-vegetation interactions.

The visualized multivariable analysis program package consists of a series of multivariableanalysis programs that are used for the data analysis such as multivariable analysis, regression analysis, and principal component analysis, visual demonstration of results so obtained. If a study area is specified and inputted in this package, this package can search accurately various kinds of related ecological data on this study area, make necessary statistical analysis, and demonstrate visually obtained results.

Self-defined functional bank provides the data analysis method in which includes empirical formulae and ecological models. The fundamental structure and operating method of this functional bank are quite similar to those of general databases.

EIDL is a kind of explanatory languages. This can directly use data from various databases and digitalized data, and make linear and/or non-linear analyses. This can easily express and treat the idea, methods, and models of researchers. Therefore, this language can use to build a method bank and expert systems.

The data on EIS can be inquired directly from geographic coordination. EIS spatial data has three points superior to GIS. First point is that any kinds of scatter and graphic data can merge into databases and use together in the analysis according to their coordination. The second point is the automatical zooming of data without any limitation. Any different regions with various scales can be easily manipulated on the computer in which the EIS data management is transplanted. Therefore, worldwide nationwide, and regional data can be used simultaneously. Third, nine projections of results so obtained are always automatically selected according to the necessity of users.

The studies of ecological phenomena with different spatial scales such as community, transect, region, and/or globe can be divided into point, line, and area analyses in EIS. The point analysis is a comprehensive analysis based on a single point coordination. For example, when a study point is selected on a related map using a mouse, the ecogeographical information, such as altitude, meteorological factors, physical and chemical properties of soil, corresponding life zone, and NPP-value for this point and the surrounding 10 points will be obtained on the computer. The point analysis also contains an expert inquest, which consists of deduction expressions and procedures made by EIDL program or functional models. For example, an expert inquest for vegetation classification consists of the following formula

$$LZ = BT + PER \qquad (6)$$

where LZ, BT, and PER represent the EIDL programs for the Holdridge life Zone classification system, biotemperature, and potential evapotranspiration rate, respectively. If biotemperature and precipitation are given for a study area or point, a vegetation type for the study area is automatically designated on the basis of Holdridge life zone classification systems.

Profile analysis of vegetation distribution is a continuous series of point analysis, because the profile of vegetation distribution can be considered as an arbitrary section defined by the trace of a moving point. The section so defined is composed of different profiles of attributes from database, function bank, and EIDL program. Those indicate complicated relationships between various environmental elements along the section. Color Plate 12 (略，请参见原文) is an example showing results of the profile analysis made by Zhang and Yang (1995) for Northeast China Transect (CENTI). This transect extends from a northern point of Great Xin'an Mountains, through Northeast China mountain regions, North China Plain, Chang Jiang-Hui River Plain, and South China Hilly area, to a southern end point of Hainan island. The points on the above transect are located over the range E109°30' to E128° longitude and N18°44' to N53° latitude. The altitude of respective points was found to be between 0 m and 1300 m.

Area analysis is made according to the following steps. First, the surrounding boundary of a study area is determined. After that, the multivariable analysis method is selected in EIS. Also as the needs, other softwires for statistical analysis such as SAS and/or MINITAB is loaded from outside systems into our systems. EIS can work on specified data within the given surrounding boundary and give final results as color plates and graphs, in which ecological structure of terrestrial vegetation, dynamic changes in environmental conditions, and spatial distribution of various vegetation types within the study area. The area analysis program developed in our Institute includes also different indicating methods, such as an expression of discrete distribution, curve diagram, bar display, ellipse illustration, and so on.

At present, EIS is being constructed by accumulating the knowledge and information on vegetation and environment through wide application studies. The database, analysis procedures, and system structure for EIS are based on well knitted and standard model structure. EIS is developing gradually with the progress of research work in LQVE and has been successfully used in studies of ecology and environmental sciences. As can be expected from the characteristics of the texture and function of EIS, this can, of course, support research work related to geographical areas.

4. Responses of natural vegetation on the Tibetan Plateau to global climate change

In order to study probable responses of natural vegetation on the Tibetan Plateau to global climate change, a simple climate scenario equivalent to CO_2 doubling condition was used. That is, annual air temperature and annual precipitation were expected to increase by 4℃ and 10%, respectively.

4.1　Response of life zones on the Tibetan Plateau to global climate change

The improved Holdridge life zone classification system and the climate scenario for CO_2-doubling conditions were used to make clear the response of natural vegetation on the Tibetan Plateau to global climate changes.

Color Plate 13(略,请参见原文)indicates that the subzones or lifezones of natural vegetation on the Tibetan Plateau will shift northwards from the each present position due to the global climate warming. As Color Plate 13(略,请参见原文)shows, the shift of each subzone is different between them, reflecting the difference of climatic change among individual regions.

Table 18 - 2 summarizes the possible changes in the area of each subzone of natural vegetation on the Tibetan Plateau under global climate warming conditions.

Table 18-2　The possible changes in life subzone areas at present and CO_2-induced global change

	At present (100 km^2)	CO_2-induced global Change (100 km^2)	Changing area (100 km^2)
Tropical moist forest	0 (0)	4118 (0.16)	4118
Subtropical moist forest	18723 (0.73)	39375 (1.53)	25602
Warm temperate deciduous broad-leaved forest	33106 (1.29)	146613 (5.70)	113497
Montane coniferous broad-leaved mixed forest	303318 (11.80)	353219 (13.74)	49901
Subalpine coniferous forest	446014 (17.35)	422332 (16.43)	-23682
Montane steppe	164246 (6.39)	427705 (16.64)	263459
Alpine steppe	149743 (5.82)	62228 (2.42)	-87515
Alpine meadow/Tundra	253350 (9.85)	0 (0)	-253350
Montane desert	410730 (15.98)	703162 (27.35)	292432
Alpine desert	287906 (11.20)	319420 (12.42)	31514
Frigid desert	204566 (7.96)	77629 (3.02)	-126937
Subnival	296030 (11.51)	15052 (0.59)	-280978
Nival	3252 (0.13)	141 (0.01)	-3111
Total	2570984 (100%)	2570994 (100%)	

Under the conditions that annual mean temperature and annual precipitation increase, respectively, by 4℃ and 10%, in general, the mountain vegetation zones in the southeast Tibetan Plateau will become forests. Namely, the percentage area of mountain forests composing mostly of tropical and temperate forests will reach about 6.4%. On the other hand, the area of alpine meadow will decrease considerably, because montane cold-temperate coniferous forests will replace the most of alpine meadow. Similarily, the area of alpine steppe will become less than 1/2 of the present area, mainly due to that temperate steppe will replace the most of alpine steppe. As shown in Table 18-2, the alpine desert area in the western part of this plateau will be replaced by temperate desert due to the global climate warming. Table 18-2 indicates clearly that the area of temperate desert (montane desert) will increase by 12% of the total land area.

This result implies that the speed of desertification occurring on this district at present would be accelerated by the global climate warming

4.2　Response of montane vertical vegetation belt system to global climate change

Changes in temperature patterns were used in investigating the probable changes in the vertical distribution of natural vegetation due to global climate warming. However, changes in precipitation pattern were disregarded in investigating this problem: the sensitivity test of vertical distribution of vegetation was made against temperature alone. In order to make clear temperature changes on mountain slopes in this district, the following values of the temperature lapse rate (TLR, ℃/100 m) were adopted for individual slopes, respectively.

0.58℃, on the south Himalayas;

0.65℃, on the north Himalayas and south Gangdise Mountains;

0.55℃, on the north Gangdise Mountains;

0.40℃, on the Hohxil Mountain and southeast Kunlun Mountains;

0.71℃, on the northeast Kunlun Mountains and south Altin Mountains;

0.67℃, on the north Altin Mountains.

Considering the global climate warming (4℃) and the TLR-values mentioned above, it was expected that the upper limit for each vegetation belt on the Tibetan Plateau will rise as follows:

690 m, on the south Himalayas;

620 m, on the north Himalayas and south Gangdise Mountains;

730 m, on the north Gangdise Mountains;

1000 m, on the Hohxil Mountain and southeast Kunlun Mountains;

560 m, on the northeast Kunlun Mountains and south Altin Mountains;

600 m, on the north Altin Mountains.

For example, reflecting the altitudinal shift of the upper limit of vegetation belts due to global climate warming, montane shrub-grass tussock or shrub-steppe will replace the alpine steppe and nival belts on Hohxil Mountains, and the base belt on alpine steppe belt as the base belt on the northwest Kunlun Mountains is replaced by montane shrub-grass tussock or shrub-steppe. In general, each montane vegetation belt will shift upwards 560 to 1000 m, reflecting the climate warming. Accordingly, the snow line on mountains will shift upwards, resulting in the disappearance of snow cap on some mountains. As already pointed out in Table 18-2, the altitudinal shift of vegetation belts on the Tibetan Plateau will cause the spread of montane desert area, implying that a current trend of desertification in this district will be accelerated by the future global climate warming.

4.3　Response of permafrost area to global climate warming

Color Plate 11(略,请参见原文) shows the spatial distribution of frozen ground area on the Tibetan Plateau to be expected under global climate warming conditions. Under global climate warming conditions, the boundary between continuous and discontinuous (intermittent or seasonal) permafrost areas will shift towards the center area of the plateau about 200 km in the east and west parts of the plateau, and more than 200 km in the east and west parts of the plateau.

This means evidently that the permafrost area will reduce because of the melting of underground ice by increased temperature. Namely, the area of continuous permafrost will decrease 841 148 km^2 at present to 239 922 km^2 under global climate warming conditions, indicating that the percentage area of continuous permafrost zone (to the total area of frozen ground on the Tibetan Plateau) will reduce 32. 6% to 8. 5%. On the other hand, it is expected that the area of the discontinuous permafrost Zone will be not very sensitive to global climate warming. Namely, a future area of the discontinuous permafrost zone under global climate warming conditions will be 807 939 km^2, while its current area is 879 486 km^2.

4. 4 Response of net plant productivity (NPP) to global climate change

NPP-values of natural vegetation on the Tibetan Plateau were estimated using the improved NPP-model (Zhou and Zhang, 1995). Although net radiation (Rn) has usually been used in the calculation of net primary productivity (NPP) of natural vegetation, in this study potential evapotranspiration rate (PER) was used to evaluate NPP-values from climatic data. This is mainly because the calculation of Rn needs data on many climatic factors. Using climatic data from 671 weather stations in China, the following empirical formula was obtained between potential evapotranspiration rate (PER) and radiative dryness index (RDI) due to Budyko (1956).

$$RDI = (0. 629 + 0. 237PER - 0. 00313PER^2)^2 \quad R = 0. 95 \quad (7)$$

PER-values can be easily estimated from

$$PER = 58. 93ET/P \quad (8)$$

where BT and P are biotemperature (℃) and annual precipitation (mm). Using the data on RDI, BT, and P, NPP-values of natural vegetation on the Tibetan Plateau are calculated and the results so obtained are presented in Color Plate 14 (略, 请参见原文). As shown in this color plate, net primary productivity (NPP, dry matter t/(ha · yr)) increases considerably with the movement from the northwest corner of the Tibetan Plateau to its southeast corner. That is, it increases from nearly null for a severe cold desert re-

gion, through about 4 t/(ha · yr) for cold temperate moist forest region, to about 24t/(ha · yr) for tropical moist forest region.

Color Plate 15 (略, 请参见原文) indicates changes of geographical distribution of NPP-values on the Tibetan Plateau under global climate changes. Although it is expected that higher CO_2-concentration in the air may act as a fertilizer to plants promoting the photosynthetic activity of plants, this paper investigated probable effects of global climatic changes alone on NPP-values. Therefore, it is needed to consider fertilizer effects of higher CO_2-concentration on plants in order to improve the present results of vegetation distribution on the Tibetan Plateau.

5. Conclusions

Tibetan Plateau is thought to be one of the most sensitive or vulnerable areas to climate changes in the world, because Tibetan Plateau has the average altitude of about 5000 m, and its climatic conditions are very severe for the survive of all living things including plants. In this report, probable effects of global climate changes due to CO_2-doubling on the natural vegetation in the Tibetan Plateau were studied using an improved NPP-model, permafrost model, and so on. The results obtained through data analyses can be summarized as follows:

(1) The mountain vegetation consisting of alpine meadow and alpine steppe in the southeast Tibetan Plateau will be replaced by forests. For this reason, the area of those two vegetation zones will reduce with global climate warming. In the western part of the Plateau, temperate desert zone will replace the most of alpine desert zone. Such an exchange of vegetation zones is expected to accelerate the speed of desertification occurring in this district.

(2) Reflecting the global climate warming, the individual upper altitudes of montane vegetation zones (or belts) will shift upwards by 560-1000 m, with the proportional upward shift of the snow line on mountains. Such an upward shift of the snow line will cause a disappearance of snow cap on several mountains.

（3）The boundary between the continuous and discontinuous permafrost regions will shift by about 200 km towards a center part of the Tibetan Plateau, resulting in the shrinkage of the permafrost region. The shrinkage of the permafrost region due to global climate warming also accelerate the desertification in this district.

（4）The global climate changes due to CO_2-doubling are expected to cause generally the increment in NPP-values of potential natural vegetation on the Tibetan Plateau. However, the magnitude of NPP increase of the potential natural vegetation would differ among regions depending on the difference of local climatic conditions.

References

Budyko, M. I., 1956. *Heat Balance of Earth's Surface*. Hydrometeorological Printing House, Leningrad, 254pp.

Efimova, N. A., 1977. *Radiative Factors of Vegetation Productivity*. Hydrometeorological Printing House, Leningrad, 215pp.

Emanuel, W. R., Shugart, H. H. and Stevenson, M. P., 1985. Climatic change and the broad-scale distribution of terrestrial ecosystem complexes. *Clim. Change*, **1**, 29-43.

Leith, H., 1973. Primary production: Terrestrial ecosystems. *J. Hum. Ecol.*, **1**, 303-332.

Lieth, H. and Box, E., 1972. Evapotranspiration and primary productivity: C. W. Thornthwaite memorial model. *Climatology*, **25**, 37-46.

Major, J., 1963. A climatic index to vascular plant activity. *Ecology*, **44**, 485-498.

Nelson, F. E. and Outcalt, S. I., 1987. A computational method for prediction and regionalization of permafrost. *Arct. Alp. Res.*, **19**, 279-288.

Rosenzweig, M. L., 1968. Net primary productivity of terrestrial communities prediction from climatological data. *Am. Natural.*, **102**(923), 67-74.

Uchijima, Z. and Seino, H., 1985. Agroclimatic evaluation of net primary productivity of natural vegetation. (1) Chikugo Model for evaluating primary productivity. *J. Agr. Meteorol.*, **40**, 343-352.

Uchiiima, Z. and Seino, H., 1988. An agroclimatic method of estimating net primary productivity of natural vegetation. *JARQ*, **21**, 244-249.

Zhang, X. and Liu, C., 1994. A predictive scenario of vegetation changes on the Tibetan Plateau under global change condition. In: *Global Change and Ecosvstems*, (ed. by X. Zhang), 17-26, The Printing House of Shanghai Science and Technology.

Zhang, X. and Yang, D., 1995. Allocation and study on global change transects in China. *Q. Sci.* **1**, 43-52.

Zhou, G. and Zhang, X., 1995. A natural vegetation NPP model. *Acta Phytoecolog. Geobot. Sinica*, **17**(3), 1-8.

第三篇

数量生态学与植被-气候分类研究

　　我于1978—1986年在美国做客座研究员和攻读博士学位,师从康奈尔大学生态学与系统学系的世界著名生态学家怀特克教授。我在读博期间学习了变数统计、第四纪地质与地貌等相关课程以及电子计算机编程,开始数量生态学研究。1986年我回国到中国科学院植物研究所工作,创建了"中国科学院植被数量生态学开放实验室",任第一任室主任,从国外购进高性能的计算机和有关数量分析计算和绘图软件,并购买和收集了全国的气候资料和地理坐标数据(DTM),提供了气候-植被关系(CVI)研究的信息库,进行了1∶400万的中国植被图数字化,实验室开展的气候-植被相关性的分析和全球变化研究在国际上达到较高水平,为以后相关研究奠定了良好基础。本篇收录了我的关于数量生态学的植被-气候分类、植物群落数量化分析的9篇文章。

第19章
植被的 PE(可能蒸散)指标与植被-气候分类(一)——几种主要方法与 PEP 程序介绍[*]

张新时

(中国科学院植物研究所)

摘要 植物群落学研究的任务之一是关于群落的环境解释。植被-气候的相关定量分析是其中主要的一环。可能蒸散(PE)作为综合热量与水分两个最重要的生态因子的参数与联系植物及其环境的数量指标而引起了植物生态学家、地理学家与气候学家的重视。本文分篇介绍几种最重要与较成功的 PE 计算方法及植被-气候分类,并提供其微机计算与分类程序(PEP)以便使用,并期望促进这方面的研究。介绍的方法有:Penman、Thornthwaite、Holdridge 与 Kira(吉良龙夫)的公式或计算法。

关键词 可能蒸散;植被-气候分类

* 本文发表在《植物生态学与地植物学学报》,1989,13(1):1-9。本文所用气候资料蒙中国气象科学研究院农业气象研究所高素华所长与中国科学院大气物理研究所符淙斌研究员协助提供。PEP(Potential Evapotranspiration Programs)微机软件包由作者编制,数据库与计算过程由中国科学院植物研究所生态室杨奠安高级工程师,以及孙成永、赵淑玉、郭玉柯等同志设计或执行,特致谢忱。

导言

植被生态学的观点认为主要的植被类型表现着植物界对主要气候类型的反应。每个气候类型或分区都有一套相应的植被类型。分析研究这种植被与气候间的相互关系及做出植被类型相应的环境（气候）解释乃是植被生态学的主要任务之一，并具有重要的实际意义。除了地形、地质与土壤的差异外，人类活动、火或地质历史等原因造成了同一气候区内植被类型的复杂多样、镶嵌分布与梯度变化，导致了在同一大气候条件下植物群落种类组成、结构与外貌的显著变异。正因如此，探研植被与气候间的相关性，并确定其数量化的指标就更为必要。

研究植被-气候相关性问题的三个主要方面[7]是：(1)气候本身的性质及其在生物学上的重要性；(2)植物种按其内在的遗传性对气候做出的反应；(3)植被对气候的关系不是其个体反应的简单总和，而是作为一个整体来对气候发生影响。本文将着重于第三方面，即植被与气候因子的相关性。

W. Köppen 在 1900 至 1936 年期间的气候分类是试图把气候界限与植物生长或植被类型相关联的杰出例子。他直接用主要植物群落类型为气候类型命名，并力求找出与主要植物群落类型界线大体一致的气候界线。例如，他以最热月平均温 10℃ 的等温线作为北方寒温针叶林（雪林）与极地苔原的界线，或为山地针叶林（上限）与高山植被带之间的界线。Köppen 把夏雨集中气候区草原与森林间的界线定为：$r/(t+14)=2$（式中：r 为年降水，cm；t 为年均温，℃）。尽管 Köppen 的界线与实际的有偏离，不尽符合，但他关于植被与气候密切相关的概念与定量分类的标准和系统，给予后来的植被-气候研究以深刻的影响。他的气候分类系统几经修改被沿用至今。Whittaker[11] 将世界的主要植被类型转置于年均温与年降水的图表上，显示了植被类型按气候梯度递变分布的格局。

单一因子的植被-气候界线固然有一定意义，但植物与植被对气候和其他环境因子的反应是综合的，因此必须强调气候因子的综合影响。植被类型及其分布实际上是环境因子在历史过程中的函数。由于一般的气候观测缺乏在生物学上具有重要意义与综合的资料，而"可能蒸散"（PE, potential evapo-transpiration）常被用作植被-气候相关分析与分类的综合气候指标。按 Penman 的定义[10]，PE 是："从不匮缺水分的、高度一致并全面遮覆地表的矮小绿色植物群体在单位时间内的蒸腾量。"它包括从所有表面的蒸发与植物蒸腾，并涉及决定植被分布的两大气候要素——温度与降水。PE 在植被的地理地带划分与环境定量解释方面也是不可或缺的重要参数。

在实际中连续测定 PE 十分困难，因而通常用公式计算。虽然还没有最后证实孰是可以从常规气候观测资料中取得 PE 的最佳公式，但从一些较成功的尝试中已经提供了较可靠的计算 PE 的方法与利用 PE 及由其衍生的干燥度进行植被-气候分类或分区的方案。

鉴于 PE 的重要意义及其在计算上的复杂性与不统一现象的存在，本文将着重从地带性植被与 PE 的相关性来介绍几种目前在国际上被认为是最好的计算与分类方法，并附以其微机计算与分类程序（PEP），包括：1. Penman 公式；2. Thornthwaite 方法与分类；3. Holdridge 方法与分类图解；4. 吉良龙夫（Kira）方法。

此外，还应当提到 Селяников 的干燥度（A）公式经修订系数后[2]曾在我国广泛采用以表征地区干燥度及其相应的自然地带与潜在植被。Gaussen（1954）提出 PE = 2T（T 为平均温），Walter 与 Lieth 据此建立了生物气候图解，被生态学家普遍采用以表示地区生物气候特征。以上两种方法计算较简单，在此不赘。

Penman 公式及其改进计算

英国的 H. L. Penman[9] 综合了涡动传导与能量平衡的途径而推导出一个近似的计算 PE 的方程式。该式采用水汽压、净辐射，在一定温度条件下的空气干燥力，以及风速来确定蒸散，基于合理的物理学原则，因而不能算是一个经验公式。公式的原型是：

$$E_0 = (\Delta H + \gamma E_a)/(\Delta + \gamma) \tag{1}$$

式中：E_0：蒸发量；

Δ：在气温 T_a 时的饱和水汽压曲线斜率（mb/℃）；

H：$R_a(1-\gamma)(0.18+0.55\, n/N) - \delta_a^4(0.56-0.092$
$\sqrt{e_d})(0.10+0.90\, n/N)$ \tag{2}

R_a:无大气时达到单位面积地面上的太阳总辐射量；

r:下垫面反射率；

n/N:日照百分率；

δ_a^4:气温为 T_a 时的黑体辐射；

γ:干湿球湿度公式常数；

E_a:空气干燥力,即实际水汽压（mm）,$E_a = 0.35$ $(1+u/100)(e_a-e_d)$；

e_a:温度 T_a 时的饱和水汽压（mm）；

e_d:平均水汽压（mm）；

u:高度 2 m 处的风速。

在原式中的 Δ 与 γ 仅作为平均温度的函数,R_a 则为常数。McCulloch[8] 根据 Ripley（1963）的研究,指出 Δ 与 γ 对海拔高度有明显的依从性,R_a 则随纬度不同而发生变化。改进计算的公式如下：

$$E_0 = \Delta/(\Delta+\gamma)$$
$$[R_a(1-r)(0.29\cos\varphi + 0.52\ n/N)]$$
$$-\Delta/(\Delta+\gamma)[\delta_a^4(0.10+0.90\ n/N)]$$
$$(0.56-0.08\sqrt{e_d}) + \gamma/(\Delta+\gamma)$$
$$[0.26(1+h/20000)(1+u/100)(e_a-e_d)]$$

式中:φ:纬度;h:海拔高度（m）。

McCulloch 曾根据此公式编制了一系列的表格以便于公式的计算,他在表格中所列出的海拔高度只到 3000 m。本文所附的计算机程序免除了所有的查表手续,在计算方面的重大改进是在计算 r 值时采用了海拔高度对气压数值的变化以及在计算辐射量时采用了纬度,因而可适用于任何海拔高度与纬度地区。该程序对 Penman 公式计算所要求的输入是:纬度、海拔高度、平均气温（各月与年平均,下同）、日照百分率、降水、相对湿度与风速①。计算结果的输出为:E_0:平均日蒸发;E_t:月或年的平均可能蒸散（PE）;A:干燥度,$= E_t/P$（P 为降水量）。

根据 Penman 公式所给予的干燥度与植被–气候分类的对应值尚须更多的研究与验证。一般以 $A = 1.0$ 为湿润与干旱气候或森林与草原植被的界线,但在其他的界线则各分类系统有不同的划分标准[1-8]。界线划分标准的差异一方面由于不同作者对植被类型的理解不同,另一面则反映了 Penman 公式本身的地区差异性。这将有待于今后更多的研究与调整。本程序所采用分类如表 19–1。

表 19–1　中国植被地带与亚地带的可能蒸散（PE）与干燥度（A）指标（按 Penman 方法）

Table 19–1　The potential evapotranspiration（PE）and aridity（A）（Penman's method）

for vegetation zones and subzones in China

植被地带 Vegetation zone	亚地带 Subzone	可能蒸散（PE）				干燥度（A）			
		平均值 Mean	标准差 Stdev.	最小值 Min	最大值 Max	平均值 Mean	标准差 Stdev.	最小值 Min	最大值 Max
Ⅰ 寒温针叶林地带 Cold-temperate coniferous forest zone	Ⅰa. 南部山地亚地带 Southern montane sub-zone	329.3	43.7	265.1	387.3	0.75	0.05	0.7	0.8
Ⅱ 温带针阔叶混交林地带 Temperate coniferous-broadleaved mixed forest zone	Ⅱa. 北部亚地带 Northern subzone	538.7	74.1	390.9	670.3	0.98	0.17	0.7	1.3
	Ⅱb. 南部亚地带 Southern subzone	613.9	70.4	518.6	748.8	0.82	0.21	0.5	1.2
Ⅲ 暖温带落叶阔叶林地带 Warm-temperate deciduous broadleaved forest zone	Ⅲa. 北部亚地带 Northern subzone	864.2	76.6	679.1	1012.5	1.51	0.26	0.8	2.3
	Ⅲb. 南部亚地带 Southern subzone	948.8	82.8	700.7	1154.4	1.3	0.27	0.9	2.0

①　原公式采用英里,在计算机程序中已换算为公制。

续表

植被地带 Vegetation zone	亚地带 Subzone	可能蒸散(PE)				干燥度(A)			
		平均值 Mean	标准差 Stdev.	最小值 Min	最大值 Max	平均值 Mean	标准差 Stdev.	最小值 Min	最大值 Max
IV 亚热带常绿阔叶林地带 Subtropical evergreen broadleaved forest zone	IVa1. 北部亚地带 Northern subzone	926.9	60.6	781.3	1020.4	0.98	0.22	0.6	1.9
	IVa2. 中北部亚地带 Mid-north subzone	919.6	98.2	722.9	1184.5	0.67	0.16	0.4	1.2
	IVa3. 中南部亚地带 Mid-south subzone	955.7	115.4	707.5	1221.3	0.67	0.13	0.5	1.2
	IVa4. 南部亚地带 Southern subzone	1079.6	153.3	844.7	1394.2	0.76	0.21	0.5	1.4
	IVb1. 中西部亚地带 Mid-west subzone	1044.2	162.0	758.9	1501.9	1.12	0.35	0.5	2.4
	IVb2. 西南部亚地带 Southwest subzone	1076.4	104.7	929.1	1302.4	1.01	0.28	0.7	1.6
	IVb3. 西部山地亚地带 Western montane subzone	928.0	127.1	727.7	1148.4	1.49	0.70	0.9	3.5
V 热带雨林、季雨林地带 Tropical rainforest & monsoon forest zone	Va1. 北部亚地带 Northern subzone	925.3	79.0	775.9	1101.8	0.57	0.16	0.3	1.1
	Va2. 南部亚地带 Southern subzone	942.4	138.9	745.9	1111.6	0.64	0.32	0.3	1.1
	Vb. 西部亚地带 Western subzone	1068.4	129.6	810.7	1154.8	0.75	0.15	0.6	1.0
	Vc. 南海亚地带 South Sea subzone	1219.2	38.7	1191.8	1246.5	0.9	0.14	0.8	1.0
VI 温带草原地带 Temperate steppe zone	VIa. 北部亚地带 Northern subzone	687.9	174.5	357.6	1116.9	2.19	1.59	0.8	8.8
	VIb. 南部亚地带 Southern subzone	845.6	83.6	672.0	1040.2	2.41	1.09	1.3	5.6
	VIc. 西部亚地带 Western subzone	618.3	101.1	478.7	712.9	3.70	0.76	2.9	4.7
VII 温带荒漠地带 Temperate desert zone	VIIa. 西部亚地带 Western subzone	695.2	134.8	591.2	1067.5	4.64	2.73	2.1	10.6
	VIIb. 东部亚地带 Eastern subzone	1015.0	130.4	840.9	1230.8	12.38	8.01	4.4	29.2
	VIIc. 南部亚地带 Southern subzone	951.1	107.7	644.3	1211.2	26.98	15.07	6.8	62.0
	VIId. 柴达木荒漠亚地带 Chaidamu Desert subzone	875.2	161.6	615.4	1090.2	12.34	18.62	1.6	59.6

续表

植被地带 Vegetation zone	亚地带 Subzone	可能蒸散（PE）				干燥度（A）			
		平均值 Mean	标准差 Stdev.	最小值 Min	最大值 Max	平均值 Mean	标准差 Stdev.	最小值 Min	最大值 Max
Ⅷ 青藏高原高寒植被地区 Tibetan high-cold vegetation district	Ⅷa. 高寒草甸亚地带 Alpine meadow subzone	737.5	49.5	609.4	863.6	1.38	0.37	0.9	2.3
	Ⅷb. 高寒草原亚地带 Alpine steppe subzone	883.0	129.3	742.7	1000.1	3.05	0.26	2.8	3.3
	Ⅷc. 温性草原亚地带 Temperate steppe subzone	1058.4	90.3	891.0	1217.1	2.84	0.59	1.9	3.6

根据全国各地共 622 个国家气候观测站的地面气候资料计算我国各植被地带与亚地带的可能蒸散（PE）与干燥度（A）的指标列于表 19-1。可见各森林地带的干燥度多在 1.00 以下。如寒温针叶林（泰加林）一般在 0.70～0.80；温带针阔叶混交林一般为 0.60～1.10（极大值可达 1.30）；东部亚热带常绿阔叶林在 0.50～1.20，西部在 0.70～1.50；热带雨林与季雨林一般在 0.30～0.90（极大值可达 1.10）。但暖温带落叶阔叶林地带则干燥度偏高，一般在 1.00～1.80，极大值可达 2.30，表明该地带强度旱化或草原化。

温带草原地带的干燥度在 1.30～3.80。其中草甸草原约在 1.30～1.60，典型草原 1.60～2.20，而荒漠草原在 2.20～3.80。草原与荒漠的界线约在 3.80～4.00。3.80～6.00 为草原化荒漠；6.00～18.00 为典型荒漠；>18.00 以上为极端干旱荒漠。

按年平均温与干燥度（对数值）的散布图给出了中国各植被-气候类型区的空间分布图式（图 19-1）。该图显示了中国植被地带地理分布的两个梯度，即散布图中 Y 轴的热量梯度与 X 轴的干燥度梯度。前者表现为由热带雨林与季雨林经亚热带常绿阔叶林、温带落叶阔叶林与针阔混交林而过渡为寒温针叶林与高寒植被的生态梯度；后者则为由湿润的森林类型，经干旱的草原植被而过渡到很干旱与极端干旱的荒漠植被。

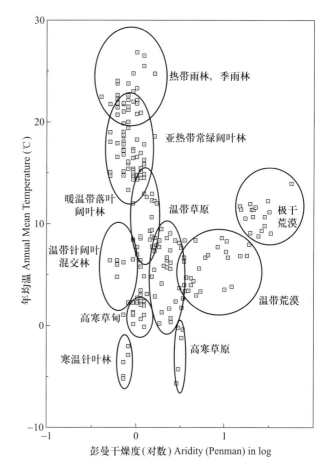

图 19-1　中国地带性植被类型按年均温与彭曼干燥度的分布图示

Fig. 19-1　A schematic diagram of zonal vegetation types in accordance with annual mean temperature and Penman's aridity in China

```
* * * * * * * * * * * * * * * * * * * * * * * * * * * *
* Program:penman.fol                                  *
* Author:Chang Hsin-shih Date:Rewrite in FORTRAN77 on 86-04-10   *
* * * * * * * * * * * * * * * * * * * * * * * * * * * *
      Character SITE * 25,YEAR * 11,REGION * 14,TYPE * 28
         integer * 2 YUE(13)
         integer * 2 I
         real WEI,GING,ALT,GAMMA,Ra,DAY,FI
         real TA(13),PA(13),SUN(13),RH(13),WIND(13)
         real EA(13),DELTA(13),DTA4(13),ED(13),SD(13),A(13),B(13),C(13),
      c   D(13),E(13),F(13),G(13),H(13),Q(13),U(13),EO(13),SEO(13),ET(13),
      c   ARD(13)
         character * 8 file1s,file2s
         write( * ,'(16th Type data name:\)')
         read( * ,'(a8)')file1s
         open(1,file=file1s)
         write( * ,'(18h Your output name:\)')
         read( * ,'(a8)')file 2s
         open(2,file=file2s,status='new')
         rewind 1
         rewind 2
      read(1,501)SITE,WEI,GING,ALT,YEAR
501      format(a25,f5.2,f6.2,f6.1,all)
         write(2,502)
502      format(1h0,1x,'Calculation of E0,ET,&Aridity by Penman's',
      c         1x,'Equation')
         write(2,503)SITE,YEAR
503      format(/1h0,9x,a,2x,a)
         write(2,504)WEI,GING,ALT
504      format(10x,'Lat:N',f5.2,2x,'Long:E',f6.2,2x,'Alt:',f6.1,'m')
         write(2,505)
505      format(/2x,'Month',3x,'E0/Day',3x,'E0/Month',3x,'FI',3x,
      c         'ET/Month',3x,'Penman's')
         write(2,506)
506      format(12x,'mm',8x,'mm',14x,'mm',6x,'Aridity')
         I=1
         data EA(I),DELTA(I),A(I),B(I),C(I),D(I),E(I),F(I),G(I),H(I),
      c      Q(I),DTA4(I),ED(I),SD(I),U(I),EO(I),SEO(I),ET(I),
      c      ARD(I,RA,DAY,FI,GAMMA/23 * 0.0/
         GAMMA=0.00061 * 10 * * (3.00566-5.43353e-05 * ALT)
         do 10 I=1.13
         read(1,507)YUE(I),TA(I),SUN(I),PA(I),RH(I),WIND(I)
507      format(i3,1x,f5.1,1x,f4.2,1x,f6.1,1x,f4.2,1x,f4.1)
         if(TA(I).ge.0.0)then
         EA(I)=6.108 * 10 * * (7.6326 * TA(I)/(241.9+TA(I)))
         DELTA(I)=EA(I)/(TA(I)+273.16) * * 2 * (6790.5-5.02808 *
      c         (TA(I)+273.16)+4916.8 * 10 * * (-0.0304 * (TA(I)+
```

```
c              273.16))*(TA(I)+273.16)**2+174209*
c              10**(-1302.88/(TA(I)+273.16)))
      else
      EA(I)=10**(-9.09718*(273.16/(TA(I)+273.16)-1)-3.56654*
c         alog10(273.16/(TA(I)+273.16))+0.876793*(1-(TA(I)+
c         273.16)/273.16)+alog10(6.1071))
      DELTA(I)=EA(I)/(TA(I)+273.16)**2*(5721.9+3.56654*(TA(I)+
c         273.16)-0.0073908*(TA(I)+273.16)**2)
      endif
      goto(508,509,510,511,512,513,514,515,516,517,518,519,520)
c      YUE(I)
508   RA=846.68-7.878*WEI-0.092028*WEI**2
      DAY=31.0
      FI=0.6
      goto 521
509   RA=881.53-4.73845*WEI-0.113566*WEI**2
      DAY=28.2
      FI=0.6
      goto 521
510   RA=890.684-0.70383*WEI-0.123951*WEI**2
      DAY=31.0
      FI=0.7
      goto 521
511   RA=863.585+3.51264*WEI-0.115749*WEI**2
      DAY=30.0
      FI=0.7
      goto 521
512   RA=816.487+6.6742*WEI-0.09491*WEI**2
      DAY=31.0
      FI=0.8
      goto 521
513   RA=784.305+8.128*WEI-0.079515*WEI**2
      DAY=30.0
      FI=0.8
      goto 521
514   RA=795.138+7.4885*WEI-0.085649*WEI**2
      DAY=31.0
      FI=0.8
      goto 521
515   RA=835.236+4.9516*WEI-0.106103*WEI**2
      DAY=31.0
      FI=0.8
      goto 521
516   RA=872.515+1.03408*WEI-0.121249*WEI**2
      DAY=30.0
      FI=0.7
      goto 521
```

```
517    RA = 873. 831-3. 20438 * WEI-0. 118342 * WEI * * 2
       DAY = 31. 0
       FI = 0. 7
       goto 521
518    RA = 855. 432-6. 839 * WEI-0. 099925 * WEI * * 2
       DAY = 30. 0
       FI = 0. 6
       goto 521
519    RA = 835. 05-8. 6269 * WEI-0. 08504 * WEI * * 2
       DAY = 31. 0
       FI = 0. 6
       goto 521
520    RA = 846. 289-0. 01679 * WEI-0. 10301 * WEI * * 2
       DAY = 365. 2
       FI = 0. 75
521    D( I) = DELTA( I) /( DELTA( I) +GAMMA)
       A( I) = 0. 95 * D( I)
       B( I) = RA/59
       C( I) = 0. 29 * cos( 3. 14159 * WEI/1. 8e02) +( 0. 52 * SUN( I) )
       E( I) = 0. 1+0. 9 * SUN( I)
       DTA4( I) = ( TA( I) +273. 16) * * 4 * 1. 9848e-9
       ED( I) = EA( I) * RH( I)
       F( I) = DTA4( I) * ( 0. 56-0. 08 * sqrt( ED( I) ) )
       G( I) = GAMMA/( DELTA( I) +GAMMA) * 2. 6 * ( 1+ALT/2. 0e04)
       SD( I) = EA( I) -ED( I)
       H( I) = SD( I) /10
       U( I) = WIND( I) * 53. 686368
       O( I) = 1+U( I) /100
       EO( I) = A( I) * B( I) * C( I) -D( I) * E( I) * F( I) +G( I) * H( I) * Q( I)
       SEO( I) +EO( I) * DAY
       ET( I) = SEO( I) * FI
       ARD( I) = ET( I) /PA( I)
       write( 2,522) YUE( I) ,EO( I) ,SEO( I) ,FI,ET( I) ,ARD( I)
522    format( 2x,13 ,4x,f6. 2,2x,f8. 2,3x,f4. 2,2x,f8. 2,4x,f6. 1)
       if( YUE( I). eq. 13) then
         if( ARD( I). lt. 1. 0) then
           REGION = ' Moist'
           TYPE = ' Forest'
       elseif( ( ARD( I). ge. 1. 0). and. ( ARD( I). lt. 1. 3) ) then
           REGION  = ' Semimoist'
           TYPE = ' Dry forest/Meadow'
       elseif( ( ARD( I). ge. 1. 3). and. ( ARD( I). lt. 1. 6) ) then
           REGION  = ' Semimoist'
           TYPE = ' Forest steppe/Meadow,steppe'
       elseif( ( ARD( I). ge. 1. 6). and. ( ARD( I). lt. 3. 0) ) then
           REGION  = ' Semiarid'
           TYPE = ' Real steppe'
```

```
      elseif( ( ARD( I ) . ge. 3. 0 ) . and . ( ARD( I ) . lt. 6. 0 ) ) then
          REGION = 'Semiarid'
          TYPE = 'Desert steppe'
      elseif( ( ARD( I ) . ge. 6. 0 ) . and. ( ARD( I ) . lt. 12. 0 ) ) then
          REGION = 'Arid'
          TYPE = 'Semidesert'
      elseif( ( ARD( I ) . ge. 12. 0 ) . and. ( ARD( I ) . lt. 18. 0 ) ) then
          REGION = 'Bery arid'
          TYPE = 'Desert'
      else
          REGION = 'Extremely arid'
          TYPE = 'Desert'
      endif
      write( 2 ,523 ) REGION , TYPE
523   format( //2x, 'Climatic region：' ,2 ,2x, 'Vegetation type：' ,a )
      goto 20
      else
          goto 10
      endif
10    continue
20    close( 1 )
      close( 2 )
      stop
      end
```

参考文献

[1]　中央气象局,1979. 中国气候区划图. 中华人民共和国气象图集,地图出版社.

[2]　中国科学院自然区划工作委员会,1959. 中国气候区划(初稿),科学出版社.

[3]　陈咸吉,1982. 中国气候分区新探. 气象学报,40(1).

[4]　林振耀,吴祥定,1978. 西藏气候分区. 地理知识,(12).

[5]　郑度,张荣祖,杨勤业,1979. 试论青藏高原的自然地带. 地理学报,34(7).

[6]　钱纪良,林之光,1965. 关于中国干湿气候区划的初步研究. 地理学报,31(1).

[7]　Collinson, A. S., 1977. Introduction to World Vegetation. George Allen & Unwin, London, 201pp.

[8]　McCulloch, J. S. G., 1965. Tables for the rapid computation of the Penman estimate of evaporation. East African Agricultural and Forestry Journal, Jan. :286-295.

[9]　Penman, H. L., 1948. Natural evaporation from open water, bare soil, and grass. Proceedings, Royal Society, Series A, 193:454-465,

[10]　Penman, H. L., 1956. Estimating evaporation. Transactions of American Geographical Union, 37:43-50.

[11]　Whittaker, R. H., 1975. Communities and Ecosystem (2nd ed.). Macmillan, New York.

The Potential Evapotranspiration(PE)Index for Vegetation and Vegetation-Climatic Classification(1): An Introduction of Main Methods and PEP Program

Zhang Xin-shi

(Institute of Botany, Academia Sinica)

Abstract One of the task of plant community research is environmental interpretation for communities. The quantitative analysis of vegetation-climatic relationships is the most important link of it. Potential evapotranspiration (PE), as the integrated parameter for the two most significant ecological factors, heat and moisture, and the quantitative index which connects plants and their environment, has attracted serious attention from ecologists, geographers, and climatologists. This paper deals with several significant and successful methods for calculating PE and vegetation-climatic classifications, such as Penman, Thornthwaite, Holdridge, and Kira equations or arithmetical systems. The appropriate computer programs(PEP)are attached for the convenience of the users.

Key words Potential evapotranspiration; Vegetation-climatic classification

第 20 章
植被的 PE（可能蒸散）指标与植被-气候分类（二）——几种主要方法与 PEP 程序介绍*

张新时

（中国科学院）

摘要 应用 C. W. Thornthwaite 计算 PE 与气候分类方法对我国 671 个气候台站资料计算分析结果，得出可能蒸散的地理回归模型为：

APE = 2037.98 − 18.8308 LAT（纬度）− 4.5801 LONG（经度）− 0.157861 ALT（海拔）

APE 与湿度指数 I_m 与我国植被的主要类型及其分布格局有密切相关性。其热量指标（APE）界限与北美颇相符合，但 I_m 明显偏低，反映了中国植被的生态特点。研究表明该方法在我国有明显的应用前景。

关键词 Thornthwaite；可能蒸散；湿度指数；植被-气候分类

---

* 本文发表在《植物生态学与地植物学学报》，1989，13（3）：197-207。

Thornthwaite 的方法与分类及其在中国的应用

C. W. Thornthwaite 估算可能蒸散的方法在美国是最著名和得到最广泛应用的方法。它不仅被气候学家与植物生态学家在气候分类与联系植被-气候的定量相互关系时所大量引用[11],并且在果树、经济作物与农作物栽培中被普遍用来估测作物的灌溉需水量,从而在生产实践中起了重要作用。在美国的土壤分类系统中对气候湿润度与热量级的划分采用了 Thornthwaite 的指标[10]。联合国教科文组织(UNESCO)划分世界干旱区与半干旱区气候也采用了这一方法[9]。因此,该方法已具有国际性意义。

一、Thornthwaite 的可能蒸散计算与分类方法

Thornthwaite 在 1948 年发表了用气温计算可能蒸散的方法[12]。他利用实验数据求出可能蒸散(E_0)与月均温 $T(℃)$ 之间的经验关系式如下:$E_0 = 16(10T/I)^a \ mm \cdot mo^{-1}$。其中:

$$a = (0.675I^3 - 77.1I^2 + 17920I + 492390) \times 10^{-6}$$

$$I = \sum_{1}^{12}(T/5)^{1.514}$$

I 是 12 个月总和的热量指标,a 则是因地而异的常数,是 I 的函数。这一关系仅在气温 0℃ 与 26.5℃ 之间有效。Thornthwaite 将在气温低于 0℃ 时的可能蒸散率设定为 0;在高于 26.5℃ 时,可能蒸散仅随温度增加而增加,与 I 值无关。计算所得的 E_0 值还需根据实际的日长时数与每月日数进行校正后,才能得到校正的可能蒸散值(APE):

$$APE = E_0 \times CF$$

式中,CF 是按纬度的日长时数与每月日数的系数。可见,该方法除了气温外,还需要用纬度与每月日数为基本计算数据。后两者具有达到地表的太阳辐射强度与持续时间的因素,从而给出陆地表面通过潜热流机理使能量返回大气的最大可能蒸散。

该法又进一步根据月平均降水量与可能蒸散的差值进行了土壤水分平衡的计算,从而对估量各种

土壤条件下的作物灌溉需水量有参考价值。这些参数量是:

$$S = P - APE(当 P > APE) 或$$
$$D = APE - P(当 P < APE)$$

式中,S 是在降水 P 大于可能蒸散时的水分盈余(mm);D 是在降水 P 少于可能蒸散时的水分亏缺(mm)。

在水分有盈余(出现 S)条件下,当月湿润指标(I_h)为:$I_h = 100(S/APE)$;在水分亏缺(出现 D)条件下,当月干旱指标(I_a)为:$I_a = 100(D/APE)$。

根据全年各月的湿润与干旱指标可以计算当年的湿度指数(I_m):

$$I_m = I_h - 0.6I_a = 100(S - 0.6D)/APE$$

根据 I_m 所划分的九种气候类型如表 20-1[4]。

表 20-1

	气候类型	湿度指数(I_m)
A	过湿	100 及以上
B4	湿润	80~100
B3	同上	60~80
B2	同上	40~60
B1	同上	20~40
C2	中湿	0~20
C1	低湿	-33.3~0
D	半干	-66.7~-33.3
E	干旱	-100~-66.7

上述湿度气候类型尚可根据降水与干湿度的季节性变异作进一步划分。

校正的可能蒸散(APE)也可作为热量系数的指标,因为它是一个日长与温度的表达式。研究表明,植物的生长与年可能蒸散的总和是高度相关的,因此 APE 可作为地区生长潜力的指标。按可能蒸散进行的热量分区如表 20-2[12]。

对 Thornthwaite 方法的批评也不少。其中被提到最多的是在该系统中作为主要变量的温度不是蒸散率的最佳指标;而采用辐射值或能提供更精确的结果[6]。其次,由于该公式是根据在美国东部的渗透计观测资料而建立的,在世界其他各地使用不尽合宜。再则,对于在温度低于 0℃ 时蒸散作用停止的设定也有批评[5,8]。尽管如此,该方法仍不失为

一种有价值的方法,特别适用于计算逐月的资料,而对较短期资料的结果较差。

的气候指标时发现,在亚寒带,北方针叶林的亚类型与 APE,即热量系数有很好的相关性(表 20-3)。

表 20-2

气候类型		热量系数(TE,cm)
A′	高温	>114.0
B4′	中温	99.8～114.0
B3′	同上	85.6～99.7
B2′	同上	71.3～85.5
B1′	同上	57.1～71.2
C2′	低温	42.8～57.0
C1′	同上	28.6～42.7
D′	冻原	14.3～28.5
E′	寒冻	0～14.2

表 20-3

森林亚地带	APE,cm	植被
冻原	31	冻原
森林冻原	35	冻原在河间地;林地在河谷中
疏林		以富含 Cladonia 地衣的树林占优势;树冠郁闭的森林成小片丛林间断分布
	42	树冠郁闭的森林占据着大部分的中生生境
森林	52	
温性混交林		以非北方针叶林的种类在林中占优势;通常是落叶阔叶树种

二、Thornthwaite 可能蒸散与气候分类对植被分布的关系

　　Thornthwaite 的气候分类发表 40 年来有大量的研究着重于植被分布与气候指标的关系[7,8]。他早在 1931 年的分类系统中就已试图把气候分类与植被和土壤类型相联系,经修改后的关系图式如图 20-1 所示。

　　Thornthwaite 与 Hare[13] 在研究北美北方针叶林

　　但在温带湿润气候条件下,I_m 则成为主导因素,森林类型的变异主要是由于湿度的差异所致,因而可作为大致划分森林类型的指标,如表 20-4[13]。

　　Mather 与 Yoshioka[8] 总结过去的大量研究得出结论,认为只有将植被类型与温度和湿度指标相对应方能得出良好的植被-气候关系与分类。他们通过北美与相邻热带的天然植被与气候的湿度指数(I_m)与校正的可能蒸散(APE)的定量相关关系作出的散点图(图 20-2)较好地表现了各类植被分布与气候指标的格局。

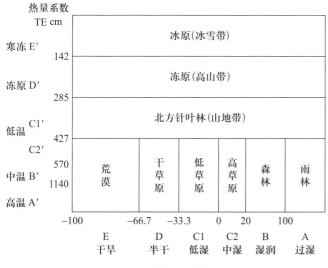
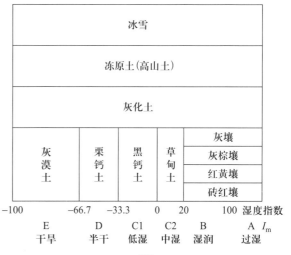

图 20-1　气候、植被与土壤相互关系的图示(修改自 Thornthwaite and Hare[13],1955)

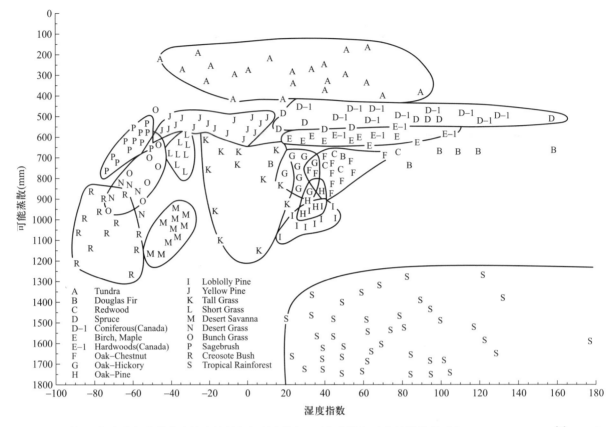

图 20-2　美国、加拿大与热带代表性台站的气候湿度指标、可能蒸散与天然植被的关系（Maher and Yoshioka[8]，1968）

表 20-4

气候	湿度指数	北部地带	南部地带
B4	80~99.9	云杉-冷杉	（美东部阙如）
B3	60~79.9	桦木-水青冈-槭-铁杉	栎-栗
B2	40~59.9	水青冈-槭	栎-松
B1	20~39.9	栎-山核桃	栎-山核桃

三、中国植被分布与 Thornthwaite 的可能蒸散和湿度指数的关系

Thornthwaite 方法在我国最早与唯一的应用是陶诗言的中国气候分区[1]。该分区被认为与自然景观相当符合，其以热量与水分状况作为一、二级区划的思想，实际上已成为以后我国气候区划的基础和原则[2,3]。对该方法虽有如此高的评价，但在我国一直不得应用与推广，实由于其计算较复杂，且在国内缺乏必要的专用计算表[14]。对该系统气候指标与中国植被的相关研究亦属阙如。近来编制的 Thornthwaite 方法的计算机程序①使该法在我国使用与推广成为可能，并十分方便。

作者根据我国 671 个国家气候观测台站资料用 Thornthwaite 方法计算所得的校正的可能蒸散（APE）、湿度指数（I_m）与气候分类表明我国主要植被类型及其地理分布格局有密切的关系与规律性的递变。

作为热量指标的 APE 与我国的纬度（LAT）、经度（LONG）及海拔（ALT）高度相关，其多元回归模型如下：

$$APE = 2037.98 - 18.8308\ LAT - 4.5801\ LONG - 0.157861\ ALT$$
$$(R = 91.7\%, N = 671)$$

根据上式，在我国 APE 随纬度每向北一度则减18.8 mm，随经度每向东一度减少 4.6 mm，随海拔每升高 100 m 降低 15.8 mm。APE 向北与向高海拔的减少是与热量相关的，而在我国西部偏高则是与西部的荒漠与草原景观相适应的。

根据计算结果（表 20-1 与图 20-3），我国各主

① 程序 Thorn·for 系作者在康奈尔大学与中国科学院植物研究所编制，并纳入 PEP 软件包。在修订、汇编与计算过程中得到中国科学院植物研究所杨奠安高级工程师与孙成永同志的多方协助，谨致谢意。

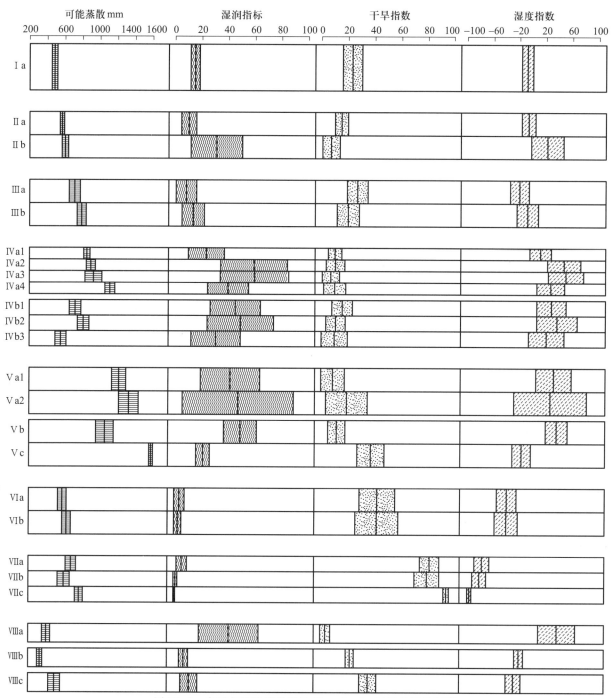

图 20-3　中国主要植被类型的 Thornthwaite 气候指标的幅度

Ⅰ. 寒温针叶林地带 Cold-temperate coniferous forest zone　Ⅰa. 南部山地亚地带 Southern montane subzone　Ⅱ. 温带针阔叶混交林地带 Temperate coniferous-broadleaved mixed forest zone　Ⅱa. 北部亚地带 Northern subzone　Ⅱb. 南部亚地带 Southern subzone　Ⅲ. 暖温带落叶阔叶林地带 Warm-temperate deciduous broadleaved forest zone　Ⅲa. 北部亚地带 Northern subzone　Ⅲb. 南部亚地带 Southern subzone　Ⅳ. 亚热带常绿阔叶林地带 Subtropical evergreen broadleaved forest zone　Ⅳa1. 北部亚地带 Northern subzone　Ⅳa2. 中北部亚地带 Mid-north subzone　Ⅳa3. 中南部亚地带 Mid-south subzone　Ⅳa4. 南部亚地带 Southern subzone　Ⅳb1. 中西部亚地带 Mid-west subzone　Ⅳb2. 西南部亚地带 Southwest subzone　Ⅳb3. 西部山地亚地带 Western montane subzone　Ⅴ. 热带雨林、季雨林地带 Tropical rainforest & monsoon forest zone　Ⅴa1. 北部亚地带 Northern subzone　Ⅴa2. 南部亚地带 Southern subzone　Ⅴb. 西部亚地带 Western subzone　Ⅴc. 南海地带 South sea subzone　Ⅵ. 温带草原地带 Temperate steppe zone　Ⅵa. 北部亚地带 Northern subzone　Ⅵb. 南部亚地带 Southern subzone　Ⅶ. 温带荒漠地带 Temperate desert zone　Ⅶa. 西部亚地带 Western subzone　Ⅶb. 东部亚地带 Eastern subzone　Ⅶc. 南部亚地带 Southern subzone　Ⅷ. 青藏高原高寒植被地区 Tibetan high-cold vegetation district　Ⅷa. 高寒草甸亚地带 Alpine meadow subzone　Ⅷb. 高寒草原亚地带 Alpine steppe subzone　Ⅷc. 温性草原亚地带 Temperate steppe subzone

要植被类型与 APE、I_m 及气候类型的相关基本特征大致如下:

1. 大兴安岭北方针叶林的 APE 一般在 460～520,与北美的界线[7]颇相符合。I_m 为 -17～1,按 Thornthwaite 的气候分类属于 C2'C1,即低温低湿型,表明我国境内的北方针叶林是偏干和偏大陆性的。

2. 东北针阔叶混交林北部的 APE 一般在 550～600,I_m 为 -14～6,气候类型为 B1'(C2')C2(C1),即中(低)温中(低)湿型;南部 APE 为 570～650,I_m 为 1～50,属 B1'B1(C1-B2),即中温湿润(低温-湿润)型气候。可见,混交林的热量指标与北美一致,但湿度仍偏低,气候大陆性较强。

3. 华北落叶阔叶林的北部 APE 在 650～776,南部则为 740～850;I_m 在北部为 -33～-4,南部为 -23～11;气候型北部为 B1'(B2')C1,南部为 B1'(B2')C1(C2),即中温低(中)湿型。尤其在北部十分干旱,按湿度指标大部应属草原。这对我国华北地区的西北半部(山地除外)究竟是落叶阔叶林还是属于草原提出了质疑。

4. 东亚亚热带常绿阔叶林地带在我国南半部十分广阔,其南北与东西的气候差异很大,森林类型各异。北部亚地带含落叶阔叶树的常绿落叶阔叶混交林的 APE 在 813～894,I_m 为 -3～31,气候型属 B2'(B3')2C(C1)-B1,即中温中湿(低湿)-湿润型,湿度仍偏低。中部亚地带 APE 在 850～1000,I_m 为 25～75(80),气候型 B3'(B2'-B4')B2(B1-B4),属中温湿润型。南部亚地带为偏热带性的常绿阔叶林,APE 为 1066～1184,I_m 为 10～53,气候型为 B4'B1(C2-B2),属中温湿润(中湿-湿润)型。西部亚热带 APE 为 650～800,I_m 为 8～53,属 B2'B1,中温湿润型;西南部 APE 为 750～870,I_m 为 7～71,B3'(B2')B(C),即中温湿润(中湿/低湿)型。

5. 热带雨林季雨林北部 APE 为 1140～1300,I_m 为 7～61,南部 APE 为 1225～1442,I_m 为 -26～86;气候型均为 A'B(C-A),属高温湿润型,但湿度的地区变化很大,由中湿至过湿。热带西部在云南高原南部 APE 为 960～1260,I_m 为 14～56,气候型 B4'B2-A,仅其南缘为 A'高温气候。

6. 温带草原北部 APE 为 525～630,I_m 为 -54～-22,气候型 B1'(C2')D(C1),属中(低)温半干旱(低湿)型。南部黄土高原部分 APE 为 575～665,I_m 为 -57～20,具 B1'D(C1),即中温半干旱(低湿)型。

7. 温带荒漠西部的准噶尔的 APE 为 612～746,I_m 为 -88～-65,气候型 B1'(C2')E,属中(低)温干旱型。东部阿拉善荒漠处 APE 为 540～660,I_m 为 -90～-69,气候型 B1'(C2')E,属中(低)温干旱型。南疆塔里木盆地大部是极端干旱的暖温带荒漠,APE 为 734～810,I_m 为 -98～-92,气候型 B2'E,属中温干旱型。

8. 青藏高原大部具高寒植被,其东部的高寒灌丛草甸地带 APE 为 350～450,I_m 为 14～68,气候型 C2'B2-B4,为低温湿润型。中部的羌塘高寒草原 APE 为 305～353,I_m 为 -17～11,气候型 C2'C1,属低温低湿型。藏南谷地灌丛草原 APE 为 432～552,I_m 为 -36～-14,气候型 C2'C1(D),属低温低湿(半干旱)型。

根据在全国选择的 227 个代表性气候站的 APE 与 I_m 所做的散点图,较好地表现了植被类型与气候指标的关系与格局(图 20-4)。

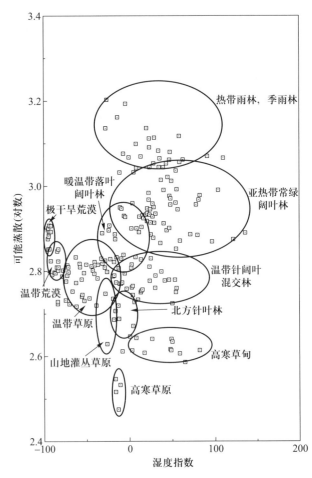

图 20-4　中国主要植被类型与 Thornthwaite 可能蒸散及湿度指数的分布图示

通过上述计算结果，我国各主要植被类型的 APE 与 I_m 的界限大致如表 20-5：

表 20-5　我国各主要植被类型的 APE 与 I_m 的界限

APE	植被类型
D′	雪线以下的高山稀疏植被
300	高寒荒漠与高山垫状植被等
C1′	高寒草原与高寒草甸
480	
C2′	北方针叶林（落叶松，樟子松）
520	山地寒温针叶林（云杉，冷杉）
B1′	温带针阔叶混交林（红松，铁杉）
650	半干旱、干旱区为温带草原与荒漠
B2′	落叶阔叶林（落叶栎类）
850	半干旱、干旱区为暖温带草原与荒漠
B3′	
B4′	各类常绿阔叶林与亚热带针叶林
1140	
A′	热带雨林季雨林

湿度指数 I_m 在荒漠与草原植被很明显，-66.7 可作为荒漠与草原的界限，而 -90 可作为极端干旱

荒漠与荒漠的界限；草原地带的上限大致在 -20。但是 I_m 在 -30~0 是一段交错复杂的生态过渡带（ecotone），各种森林、灌丛和草地在这里都可以出现，看来它们是在不同的土壤基质或地形地貌条件下而各得其所，形成镶嵌结合的植被或景观格局。森林与 I_m 的关系显得很复杂，各类森林地带内的 I_m 幅度很大，常跨越几个不同的湿度气候型。这可能是由于地带内的一些干旱的局地台站（如干热谷地、背风的雨影带、某些海岛等）所引起的，也可能由于在过渡带中过分划大了森林地带的范围所致，因而往往在森林地带中发现了一些负值很高的 I_m。如果不顾这些过分的 I_m 负值，则各类森林的 I_m 范围大致是：北方针叶林为 -20~0，针阔叶混交林为 0~50，落叶阔叶林为 -20~10，常绿阔叶林为 0~80，热带雨林季雨林为 10~80。与北美及其相邻热带相比，我国森林地区的湿度条件一般偏低的趋势十分明显。

采用 Thornthwaite 方法初步分析我国植被类型及其地理分布与气候指标的关系如表 20-6，表明该方法基本上适用于我国的自然条件，它较好地表达了植被-气候的相关性规律与分布格局，应进一步在植被生态与环境研究以及农林牧业生产经营管理中应用与修订。尤其在农作物与树种的栽培气候区划方面使用，将能发挥有益的效用。

表 20-6　中国主要植被类型的 Thornthwaite 气候指标

植被地带		N	平均值 TRMEAN	标准差 STDEV	最低值 MIN	最高值 MAX
Ⅰ 寒温针叶林地带						
Ⅰa. 南部山地亚地带	APE	6	487.0	29.5	443.1	527.2
	I_h	6	14.73	2.82	10.50	18.70
	I_a	6	22.88	7.33	14.50	31.70
	I_m	6	-8.15	8.76	-18.30	4.20
Ⅱ 温带针阔叶混交林地带						
Ⅱa. 北部亚地带	APE	20	575.78	26.13	513.60	616.90
	I_h	20	11.42	5.46	5.40	22.80
	I_a	20	45.38	5.20	7.30	23.30
	I_m	20	-4.02	9.82	-16.40	14.90

续表

植被地带		N	平均值 TRMEAN	标准差 STDEV	最低值 MIN	最高值 MAX
IIb. 南部亚地带	APE	22	607.61	40.57	532.20	674.90
	I_h	22	32.17	19.75	6.50	85.30
	I_a	22	6.91	6.31	0.40	22.60
	I_m	22	25.39	24.58	-16.10	82.60
III 暖温带落叶阔叶林地带						
IIIa. 北部亚地带	APE	48	713.42	63.02	616.60	828.70
	I_h	48	8.68	8.31	1.90	45.30
	I_a	48	27.46	8.12	9.90	41.90
	I_m	48	-18.58	14.89	-39.90	35.40
IIIb. 南部亚地带	APE	47	795.05	53.76	673.80	871.20
	I_h	47	13.84	8.99	2.80	35.60
	I_a	47	20.02	8.78	5.60	37.20
	I_m	47	-6.09	17.0	-34.10	30.00
IV 亚热带常绿阔叶林地带						
IVa1. 北部亚地带	APE	30	853.57	40.61	746.50	907.30
	I_h	30	24.16	13.17	9.30	63.70
	I_a	30	10.165	5.189	0.000	21.100
	I_m	30	14.06	17.14	-11.70	63.70
IVa2. 中北部亚地带	APE	84	900.83	50.51	727.20	987.50
	I_h	84	60.45	25.12	12.50	111.00
	I_a	84	10.518	6.769	0.000	23.00
	I_m	84	49.56	24.54	3.40	110.10
IVa3. 中南部亚地带	APE	48	940.2	98.0	716.3	1091.4
	I_h	48	60.03	25.94	18.50	136.20
	I_a	48	7.136	6.396	0.000	28.400
	I_m	48	52.33	26.67	10.80	136.20
IVa4. 南部亚地带	APE	32	1124.8	59.0	1005.4	1215.2
	I_h	32	40.90	15.58	4.90	73.00
	I_a	32	9.84	8.22	0.00	31.80
	I_m	32	30.86	21.63	-26.80	68.90
IVb1. 中西部亚地带	APE	21	723.7	72.7	624.4	912.4
	I_h	21	46.32	19.36	1.80	86.40
	I_a	21	15.58	7.94	3.30	29.00
	I_m	21	30.59	22.41	-21.00	79.40

续表

植被地带		N	平均值 TRMEAN	标准差 STDEV	最低值 MIN	最高值 MAX
IVb2. 西南部亚地带	APE	9	810.2	59.8	741.7	889.8
	I_h	9	49.68	25.57	12.30	97.30
	I_a	9	10.70	7.34	0.80	21.50
	I_m	9	39.0	31.8	-9.2	96.4
IVb3. 西部山地亚地带	APE	13	558.0	61.7	482.0	689.9
	I_h	13	31.07	19.07	3.70	65.50
	I_a	13	10.38	10.03	0.50	35.50
	I_m	13	21.60	27.44	-31.70	55.00
V 热带雨林、季雨林地带						
Va1. 北部亚地带	APE	22	1218.2	80.1	1140.3	1430.7
	I_h	22	42.51	22.21	1.80	80.20
	I_a	22	8.84	8.59	1.40	34.50
	I_m	22	33.74	27.46	-32.80	77.30
Va2. 南部亚地带	APE	5	1333.8	108.5	1163.1	1454.2
	I_h	5	48.2	+1.8	7.7	113.8
	I_a	5	19.12	15.92	1.70	35.80
	I_m	5	29.2	56.0	-28.0	109.8
Vb. 西部亚地带	APE	6	1057.3	100.5	918.4	1201.5
	I_h	6	50.32	12.35	26.10	60.80
	I_a	6	11.02	6.42	2.60	17.80
	I_m	6	39.30	16.59	8.20	54.20
Vc. 南海亚地带	APE	2	1586.6	21.3	1571.5	1601.6
	I_h	2	21.50	4.67	18.20	24.80
	I_a	2	37.00	10.75	29.40	44.60
	I_m	2	-15.5	15.4	-26.4	-4.6
VI 温带草原地带						
VIa. 北部亚地带	APE	36	576.70	51.93	481.40	652.40
	I_h	36	3.272	3.744	0.700	19.800
	I_a	36	41.86	13.59	15.50	66.70
	I_m	36	-38.27	15.68	-65.40	-2.60
VIb. 南部亚地带	APE	35	618.99	45.46	515.20	696.90
	I_h	35	3.048	2.305	0.300	10.000
	I_a	35	41.95	16.56	11.80	73.70
	I_m	35	-38.91	18.48	-73.20	-1.90

植被地带		N	平均值 TRMEAN	标准差 STDEV	最低值 MIN	最高值 MAX
VII 温带荒漠地带						
VIIa. 西部亚地带	APE	11	679.1	66.7	599.9	797.3
	I_h	11	6.34	4.18	1.70	13.70
	I_a	11	82.88	7.40	69.50	91.00
	I_m	11	−76.31	11.26	−88.30	−58.70
VIIb. 东部亚地带	APE	16	600.3	58.6	500.9	667.3
	I_h	16	1.121	1.703	0.200	5.900
	I_a	16	80.39	9.19	65.70	92.60
	I_m	16	−79.20	10.23	−92.50	−60.50
VIIc. 南部亚地带	APE	22	772.46	37.84	666.10	821.30
	I_h	22	0.3050	0.4205	0.0000	1.8000
	I_a	22	95.500	2.216	88.400	98.500
	I_m	22	−95.185	2.532	−98.400	−86.600
VIII 青藏高原高寒植被地区						
VIIIa. 高寒草甸亚地带	APE	22	401.7	48.7	338.1	517.0
	I_h	22	44.33	24.06	8.20	93.00
	I_a	22	2.790	4.267	0.000	14.300
	I_m	22	41.09	27.12	3.00	93.00
VIIIb. 高寒草原亚地带	APE	4	329.5	23.9	297.0	352.3
	I_h	4	8.07	3.14	4.90	12.40
	I_a	4	22.77	2.87	19.20	25.60
	I_m	4	−14.65	2.79	−17.10	−11.50
VIIIc. 温性草原亚地带	APE	7	492.3	29.8	407.1	560.6
	I_h	7	11.84	6.49	3.30	20.70
	I_a	7	36.90	6.01	24.30	42.60
	I_m	7	−25.04	10.99	−39.30	−8.60

参考文献

[1] 陶诗言,1949. 中国各地水分需要量之分析与中国气候区域之新分类. 气象学报,20,竺可桢先生六十寿辰纪念专号.

[2] 朱炳海,1962. 中国气候,科学出版社.

[3] 张家诚,林之光,1985. 中国气候,上海科学技术出版社.

[4] Carter D. B. and Mather J. R., 1966. Climatic classification for environmental biology. Publications in Climatology,10(4).

[5] Chang D. H. S. and Gauch H. G., 1986. Multivariate analysis of plant communities and environmental factors in Ngari,Tibet. Ecology,67(6):1568-1575.

[6] Chang J. U., 1968. Climate and Agriculture:An Ecological Survey. Aldin Publishing Company,Chicago.

[7] Hare F. K. ,1954. The boreal conifer zone. Geographical Studies,1(1):4-18.

[8]   Mather J. R. and Yoshioka G. A., 1968. The role of climate in the distribution of vegetation. Annals of the Association of American Geographers, 58(March): 29-41.

[9]   Meigs P., 1953. World distribution of arid and semiarid homoclimates. In. Review of Research on Arid Zone Hydrology, Arid Zone Programme, UNESCO, Paris, 1, pp. 203-209.

[10]   Soil Survey Staff, 1975. Soil Taxonomy, Soil Conservation Service, U. S. Department of Agriculture.

[11]   Strahler A. N. and Strahler A. H., 1978. Modern Physical Geography. John Wiley &Sons Inc. , New York.

[12]   Thornthwaite C. W., 1948. An approach toward a rational classification of climate. Geographical Review, 38: 57-64.

[13]   Thornthwaite C. W. and Hare F. K., 1955. Climate classification in forestry. Unasylva, 9(2): 51-59.

[14]   Thornthwaite, C. W. and Mather J. R., 1957. Instructions and Tables for Computing Potential Evapotranspiration and the Water Balance. Publication in Climatology, 10(3): 182-311.

The Potential Evapotranspiration(PE) Index for Vegetation and Vegetation-Climatic Classification(2): An Introduction of Main Methods and PEP Program

Zhang Xin-shi

(**Institute of Botany, Academia Sinica**)

Abstract   Thornthwaite's method on calculating PE and climatic classification has been applied on computing data from 671 climatological observation stations in China. A geographic regression model of potential evapotranspiration is resulted as $APE = 2037.98 - 18.8308LAT - 4.5801LONG - 0.157861ALT$. The resulted APE and moisture index, I_m is closely correlated with the major vegetation types and their distribution pattern in China. The bounds of thermal coefficient(APE) for the vegetation in China fits in quite well with which in North America, but the Im is evidently lower than there. That just is a reflection of the ecological characteristics for vegetation of China. The research makes known that the method should have a broad prospect for application in the country.

Key words   Thornthwaite; Potential evapotranspiration; Moisture index; Vegetation-climatic classification.

第 *21* 章
植被的 PE（可能蒸散）指标与植被–气候分类（三）——几种主要方法与 PEP 程序介绍[*]

张新时　杨奠安　倪文革

（中国科学院植物研究所,北京　100044）

摘要　Holdridge 的生命地带分类系统由于其指标的计算十分简便与对植被的对应性强而受到国际植被生态学界与环境科学研究者的重视。特别是近年来在环境评价、生态区划与预测全球变化对生态系统的影响等方面得到较多采用。该系统对中国各植被地带的气候台站资料进行计算分析的结果表明有较好的适应性。但由于该系统发展于中美洲的热带地区,因而在中国的亚热带地区须进行局部的调整。但采用该系统将有利于与世界各地的气候-植被分类系统的统一与对比研究。通过回归计算表明,该系统的可能蒸散率(PER)指标与 CHIKUGO 模型的辐射干燥度(RDI)显著相关。因而可以采用便于取得资料与易于计算的 PER 来进行潜在第一性生产力(NPP)的估算。对中国各植被地带的计算结果令人满意,可进一步用于在全球变化条件下,中国各植被地带或生态系统主要类型及其 NPP 变化的预测。

关键词　Holdridge;植被-气候分类;生命地带;可能蒸散;潜在第一性生产力

* 本文发表在《植物生态学与地植物学学报》,1993,17(2):3-15,99-100。本研究是中国科学院植物研究所植被数量生态学开放实验室支持的课题。在工作中得到本室潘代远、郭玉柯、田新智、李陆萍、杨振宇等同志的帮助,谨致谢意。

Holdridge 生命地带分类系统与指标及其在中国的应用

在众多的可能蒸散计算方法与植被-气候分类系统中，美国植物生态学家 L. R. Holdridge[8,9] 的生命地带（life zone）分类及他所拟定的生物温度（biotemperature，BT）与可能蒸散率（potential evapotranspiration rate，PER）以其简明、合理及与植被类型的密切联系而受到重视与广泛应用。近年来地理学家进行的许多试验表明，在计算植物群落与气候关系的不同方法中，Holdridge 的方法被某些环境学家认为是最精细和优良的植被-气候分类系统[15]。生态学家对这一方法也有较高评价；因为这一方法可以根据某一地区的气候指标值来估测其植被类型，并用以表示生物群区（biome）的分布格局[12,16]。特别是在现今研究全球气候变化对生态系统影响的评价中，Holdridge 的系统被用来测试陆地生态系统复合体分布对模拟的气候变化的敏感程度。根据世界各地 8000 多个气候站资料而计算的 Holdridge 全球生命地带图与模拟的气候变化后的全球生命地带图相比较，显示了在大气二氧化碳浓度增加条件下的植被变化格局[6,10]。

鉴于这一十分有效而又计算简单的方法尚未被我国研究者所广泛了解与采用，有必要加以介绍并试用于对全国植被-气候关系的分析。在研究与计算过程中，根据我国实际情况对该系统的指标界限与分类系统进行了必要的修正。

一、Holdridge 的生命地带系统

地球表面的植被类型及其分布基本上取决于三个因素，即热量、降水与湿度，后者又取决于前两者。植物群落组合可以在上述三个气候变量的基础上予以限定，这种组合就称作"生命地带"。生命地带具有双重意义，它既指示一定的植被类型，又含有产生该类型的热量与降水的一定数值幅度。因此，生命地带是气候的生物作用与植被相结合的结果；具体来说，是热量带与湿度区及其所规定的植被类型的综合表现。这样，既可以从气候记录来计算出某一地区的潜在植被类型，也可以根据野外观测的植物群落来确定该地区的气候状况及其幅度。换言之，由于前述三个重要的气候变量与一定植被类型之间的等价性或密切的相关性，就可能从生物学的尺度来衡量和评价这些气候因子。

生命地带的具体气候指标是生物温度（BT）、降水（P）与可能蒸散率（PER）。Holdridge 以年平均生物温度作为热量指标。生物温度被限定于出现植物营养生长的范围内，一般认为是在 0℃ 到 30℃ 之间，日均温低于 0℃ 与高于 30℃ 者均排除在外。其计算式为：

$$BT = \sum t/365 \ \text{或} \ BT = \sum T/12 \qquad (1)$$

式中：BT：年平均生物温度，℃；t：<30℃ 与 >0℃ 的日均温；T：<30℃ 与 >0℃ 的月均温。

可能蒸散是温度的函数。Holdridge 根据实验数据确定的可能蒸散及其与降水的比率——可能蒸散率如下：

$$PET = BT \times 58.93 \qquad (2)$$
$$PER = PET/P = BT \times 58.93/P \qquad (3)$$

式中：PET：年可能蒸散量，mm；PER：可能蒸散率；P：年降水，mm。

Holdridge 以生物温度、降水与可能蒸散率各以 60° 角相交所构成的等边三角形图解来决定植被类型的位置，据以确定植被类型与其气候条件的数量关系和划分生命地带。由这三个变量的梯度构成的三角形及其界限在三角形内所分割的 30 个蜂窝状的六角形小单位即是各个植物群落所代表的生命地带及其相应气候指标的组合（图 21-1）。

在 Holdridge 三角形图解中的水平生命地带与山地垂直生命地带的定量量度是等同的。这仅是由于二者生物温度的等值性，而未区别二者在季节温度与日照长度等方面的差异。图 21-2 表示水平生命地带与垂直生命地带结构的关系。

应当指出，在同一生命地带单位内，由于地形、土壤与人为活动等方面的差异，也导致或影响植物群落类型的不同发展。Holdridge 为此提出了三个等级的分类系统。第一级即生命地带。第二级为群丛（association），又分为由于非地带性因素，如强风、多雾、明显变异的降水格局等对气候的改变而形成的"气候群丛"（atmospheric association）；由于地形、排水、土壤母质或土壤年龄等而造成的植物群落类型变异的"地体群丛"（edaphic association）；以及土壤全年或一年的大部分时间淹水而形成的"水生群

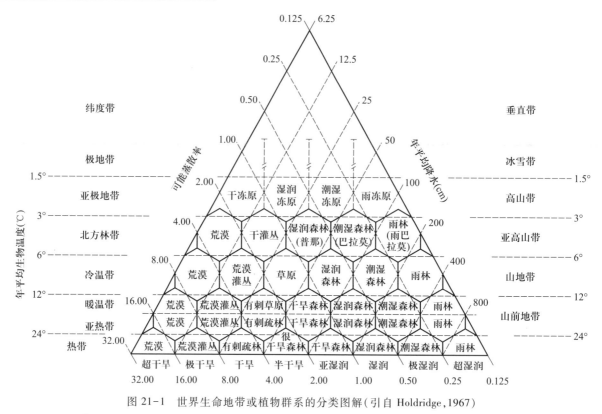

图 21-1　世界生命地带或植物群系的分类图解（引自 Holdridge，1967）

Fig. 21-1　Diagram of world life zone or plant formation classification（from Holdridge，1967）

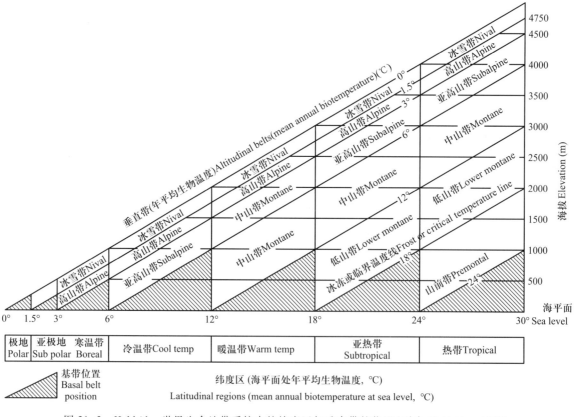

图 21-2　Holdridge 世界生命地带系统中的纬度区与垂直带的位置（引自 Holdridge，1967）

Fig. 21-2　Approximate guide line positions of latitudinal regions and altitudinal belts
of Holdridge's world life zone system（from Holdridge，1967）

丛"(hydric association)。第三级的区别则为更进一步的变化,如由于土地利用实践的差别而导致的群落变型。

二、对 Holdridge 系统的修正

通过 Holdridge 系统在世界上一些地方的应用,有必要对其部分指标、界限或类型进行适当的修正,以更加符合实际情况[5-7]。

首先是在水平地带上的暖温带与亚热带的热量界线。在 Holdridge 的分类系统中该界线并未明确划定,大致在 BT 16～18℃ 的"冰冻线或临界温度线"[9]。Emanuel 等则确定为 17℃[6]。按中国情况则应在 BT 14℃ 的等值线。这是由于中国东部的亚热带由于受到北部蒙古-西伯利亚高压反气旋与北极寒流在冬季南下的影响而造成寒冷干旱的冬季,但夏季却十分炎热多雨,从而使亚热带的界线向北推移到长江与淮河之间的 BT 14℃ 线。但为了与全球生命地带系统具有一致性与可比性,在本研究中该界限仍确定为 BT 17℃。这样,中国的亚热带北部与中部在该系统中就成了"暖温带",对这一点应给予充分的注意。

另一方面,在 Holdridge 系统中的雪线界限的划定过于一致。根据对青藏高原等高寒地区的气候资料计算表明[6],该系统的高山界线和雪线与实际情况相比有较大差异。这是由于在相同的平均温度条件下,在干旱与大陆性强地区的空气与土壤湿度低,因而消耗于水分蒸散的热量较少,而使地面加温与生物的有效热量增多;尤其是干旱区的高山云雾较少,太阳辐射强烈,从而具有强烈的地表加温效应,或补偿了大气的低温而使干旱山地的高山植物分布界限通常明显地高于同样气温条件下的湿润地区的高山植物界限[11]。因此,在不同干旱程度地区的雪线的生物温度是不等值的,表现为相似的植被类型在湿润地区高山(在图解右侧)具较高的 BT 与较低的海拔高度,而在干旱地区高山(在图解左侧)则雪线处的 BT 较低,而海拔高度界限却升高。如雨林类型的年降水在热带为 8000 mm,但在图解中向上达到温带,降水递减至 1000 mm 仍维持相同的可能蒸散率(PER)。这种现象可归结为同一湿度区的植被类型在气候趋于干旱即降水减少的环境梯度系列中趋于海拔升高或纬度偏高即温度偏低的生境的规律。这一格局反映在森林的高山界限与雪线上则表现为其海拔界线在干旱地区的升高。因此,Holdridge 分类图解上端的雪线应当向图的左侧——趋干旱的梯度升高。图 21-3 是作者之一对 Holdridge 分类图解在高寒(高山或高纬度)地区的修正。在图中除雪线在干旱地区升高外,还在高纬度或高海拔部分相应增加了"寒漠"(冻荒漠)、冰缘带与高山裸岩风养带(aeolian zone)[13]三类生命地带类型[5]。应用该修正后的 Holdridge 分类系统对青藏高原进行植被-气候分类得到了较好的结果。

三、Holdridge 的修正分类系统在中国的应用

以 FORTRAN 77 语言编制的修正后的 Holdridge 分类系统计算程序已配置在中国科学院植物研究所植被数量生态学开放实验室的 PEP 软件包内[2]。根据该程序对中国生态气候数据库按各植被地带与亚地带[1]计算与统计的结果如表 21-1 所示。应用该室编制的"生态信息系统"(EIS)进行图形分析而绘制了中国生物温度图(图 21-4 为彩图,略,详见原文)、中国可能蒸散率图(图 21-5 为彩图,略,详见原文)与中国生命地带图(图 21-6 为彩图,略,详见原文)。以图 21-6 与中国植被分区图[1]相比较可见中国的生命地带与植被分区具有高度的相似性,各相应的生命地带与植被区在空间上有很好的对应性。除了前述在暖温带森林生命地带与北亚热带森林植被区在名称上的差异之外,经修正后的 Holdridge 生命地带分类较准确地表现出中国各个植被类型或生物群区的空间分布格局及其潜势。在中国的西部这种对应性有所差异主要归因于西部地区气候要素的计算模型由于气候台站数据不足或分布不匀而计算结果欠精确之故。

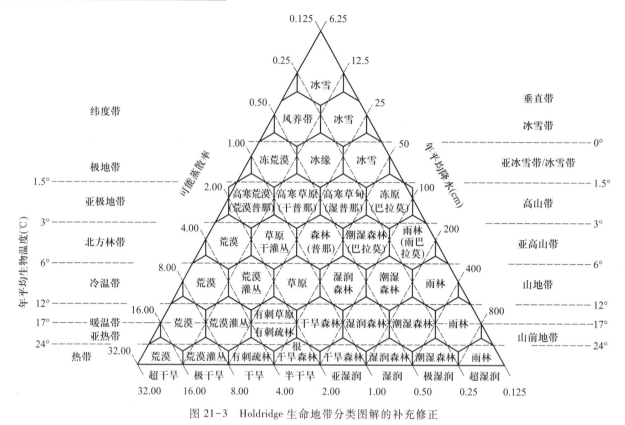

图 21-3 Holdridge 生命地带分类图解的补充修正

Fig. 21-3 A supplement to Holdridge's life zone classification and diagram

表 21-1 中国植被地带的 Holdridge 生命地带系统指标和第一性生产力

Table 21-1 Holdridge's indexes of life zone system and NPP for vegetation zones of China

植被地带 Vegetation zone	指标 Index	站数 N	平均值 Trmean	标准差 Stdev	最小值 Min	最大值 Max
I 寒温针叶林地带	BT	6	5.617	0.571	4.800	6.400
Cold-temperate coniferous forest zone	PET	6	331.4	35.1	280.6	379.8
I a. 南部山地亚地带	P	6	451.1	31.8	403.4	493.4
Southern montane subzone						
	PER	6	0.7383	0.0909	0.6200	0.8300
	NPP	6	4.617	0.279	4.300	4.900
II 温带针阔叶混交林地带	BT	20	7.772	0.630	6.300	8.700
Temperate coniferous-broadleaved	PET	20	458.56	36.98	370.50	512.00
mixed forest zone						
IIa. 北部亚地带	P	20	556.2	47.9	478.7	666.1
Northern subzone	PER	20	0.8244	0.0961	0.6700	0.9800
	NPP	20	5.8833	0.3498	5.2000	6.6000
IIb. 南部亚地带	BT	22	8.765	0.893	7.100	10.100
Southern subzone	PET	22	516.1	52.5	418.6	598.4
	P	22	767.6	159.9	484.6	1136.8
	PER	22	0.6865	0.1336	0.4800	0.9900
	NPP	22	7.550	1.175	5.300	10.100

续表

植被地带 Vegetation zone	指标 Index	站数 N	平均值 Trmean	标准差 Stdev	最小值 Min	最大值 Max
Ⅲ 暖温带落叶阔叶林地带	BT	44	11.312	1.303	9.000	13.500
Warm-temperate deciduous broadleaved forest zone	PET	44	667.0	76.7	530.1	793.5
Ⅲa. 北部亚地带						
Northern subzone	P	44	584.3	96.6	418.0	873.9
	PER	44	1.1623	0.2034	0.6500	1.5600
	NPP	44	6.992	0.745	5.300	8.600
Ⅲb. 南部亚地带	BT	48	13.343	1.096	11.00	15.100
Southern subzone	PET	48	786.97	64.77	651.0	891.80
	P	48	742.6	129.9	552.0	1034.8
	PER	48	1.0764	0.1879	0.780	1.4800
	NPP	48	8.570	0.981	6.80	10.600
Ⅳ 亚热带常绿阔叶林地带	BT	31	15.104	0.913	12.200	16.400
Subtropical evergreen broadleaved forest zone	PET	31	890.52	53.97	719.80	967.90
Ⅳa1. 北部亚地带						
Northern subzone	P	31	967.4	162.9	715.0	1391.2
	PER	31	0.9215	0.1253	0.6400	1.1800
	NPP	31	10.544	1.207	8.300	13.600
Ⅳa2. 中北部亚地带	BT	83	16.727	0.866	13.700	18.300
Mid-north subzone	PET	83	986.19	50.77	810.20	1077.50
	P	83	1350.2	235.1	866.5	1840.9
	PER	83	0.7437	0.1286	0.5000	1.0800
	NPP	83	13.460	1.623	9.800	16.900
Ⅳa3. 中南部亚地带	BT	46	18.074	1.679	14.700	20.800
Mid-south subzone	PET	46	1065.6	98.9	868.2	1224.4
	P	46	1450.8	295.5	1042.2	2201.3
	PER	46	0.7488	0.1257	0.4800	1.0000
	NPP	46	14.469	2.193	11.000	20.000
Ⅳa4. 南部亚地带	BT	24	21.000	0.895	19.200	22.300
Southern subzone	PET	24	1238.4	52.8	1130.6	1315.8
	P	24	1474.3	233.8	1010.9	1889.3
	PER	24	0.8559	0.1382	0.6600	1.1700
	NPP	24	15.418	1.649	12.000	18.100

植被地带 Vegetation zone	指标 Index	站数 N	平均值 Trmean	标准差 Stdev	最小值 Min	最大值 Max
IVb1. 中西部亚地带 Mid-west subzone	BT	24	14.359	2.836	10.500	21.900
	PET	24	846.7	167.0	620.1	1293.2
	P	24	952.6	218.7	613.8	1667.4
	PER	24	0.8932	0.3219	0.5200	2.1100
	NPP	24	10.236	1.587	8.100	15.000
IVb2. 西南部亚地带 Southwest subzone	BT	9	16.533	1.515	14.800	18.600
	PET	9	974.6	89.0	873.6	1095.2
	P	9	1118.2	192.9	815.8	1463.8
	PER	9	0.9044	0.2198	0.6000	1.3400
	NPP	9	11.911	1.053	10.400	13.700
IVb3. 西部山地亚地带 Western montane subzone	BT	12	8.880	2.509	6.500	14.500
	PET	12	523.3	148.1	381.3	853.9
	P	12	673.0	164.2	324.7	892.8
	PER	12	0.803	0.614	0.520	2.630
	NPP	12	6.830	0.939	5.100	8.300
V 热带雨林、季雨林地带 Tropical rainforest & monsoon forest zone Va1. 北部亚地带 Northern subzone	BT	20	22.367	0.634	21.600	23.800
	PET	20	1318.5	37.2	1273.5	1403.2
	P	20	1708.9	392.4	1171.7	2822.7
	PER	20	0.7944	0.1693	0.4700	1.1000
	NPP	20	17.294	2.548	03.600	24.500
Va2. 南部亚地带 Southern subzone	BT	5	24.240	1.141	22.400	25.400
	PET	5	1429.5	67.0	1322.7	1500.5
	P	5	1684	591	993	2447
	PER	5	0.952	0.377	0.540	1.460
	NPP	5	17.56	3.67	13.00	22.10
Vb. 西部亚地带 Western subzone	BT	6	20.933	1.394	18.700	22.600
	PET	6	1234.0	81.5	1103.5	1331.5
	P	6	1473.5	194.0	1197.6	1784.4
	PER	6	0.8483	0.1148	0.7500	1.0700
	NPP	6	15.383	1.420	13.800	17.800

续表

植被地带 Vegetation zone	指标 Index	站数 N	平均值 Trmean	标准差 Stdev	最小值 Min	最大值 Max
Vc. 南海亚地带 South Sea subzone	BT	1	26.500	*	26.500	26.500
	PET	1	1560.5	*	1560.5	1560.5
	P	1	1506.1	*	1506.1	1506.1
	PER	1	1.0400	*	1.0400	1.0400
	NPP	1	17.000	*	17.000	17.000
VI 温带草原地带 Temperate steppe zone VIa. 北部亚地带 Northern subzone	BT	29	7.967	1.211	5.700	9.500
	PET	29	469.9	71.5	333.6	560.6
	P	29	385.8	84.1	142.2	497.8
	PER	29	1.2507	0.4933	0.7100	3.5200
	NPP	29	4.752	0.828	2.000	5.700
VIb. 南部亚地带 Southern subzone	BT	36	9.231	1.032	6.700	11.000
	PET	36	544.3	61.3	394.5	650.5
	P	36	382.4	102.3	183.3	565.2
	PER	36	1.536	0.688	0.870	3.240
	NPP	36	4.906	0.935	2.800	6.200
VIc. 西部亚地带 Western subzone	BT	4	7.500	0.927	6.700	8.800
	PET	4	442.7	53.5	396.5	517.4
	P	4	168.9	21.1	142.3	190.0
	PER	4	2.635	0.286	2.340	2.900
	NPP	4	2.675	0.359	2.200	3.000
VII 温带荒漠地带 Temperate desert zone VIIa. 西部亚地带 Western subzone	BT	8	9.825	1.410	8.200	11.600
	PET	8	579.5	83.9	485.4	685.9
	P	8	116.3	35.0	64.3	170.5
	PER	8	5.456	1.866	2.940	7.930
	NPP	8	0.950	1.094	0.000	2.700
VIIb. 东部亚地带 Eastern subzone	BT	17	9.747	1.270	5.500	11.000
	PET	17	574.5	74.6	325.8	649.5
	P	17	109.7	56.2	37.9	213.1
	PER	17	6.58	4.46	1.82	17.06
	NPP	17	0.973	1.222	0.000	3.400

植被地带 Vegetation zone	指标 Index	站数 N	平均值 Trmean	标准差 Stdev	最小值 Min	最大值 Max
Ⅶc. 南部亚地带 Southern subzone	BT	23	12.095	1.201	7.600	12.900
	PET	23	713.7	70.6	450.1	763.0
	P	23	41.43	18.48	16.40	94.90
	PER	23	19.27	9.27	6.29	43.80
	NPP	23	0.00000	0.04170	0.00000	0.20000
Ⅶd. 柴达木荒漠亚地带 Chaidamu Desert subzone	BT	11	3.167	1.535	2.600	6.900
	PET	11	304.6	90.9	153.8	407.8
	P	11	177.4	153.8	17.6	396.3
	PER	11	4.85	6.88	0.39	20.83
	NPP	11	1.778	1.594	0.000	3.900
Ⅷ青藏高原高寒植被地区 Tibetan high-cold vegetation district Ⅷa. 高寒草甸亚地带 Alpine meadow subzone	BT	26	3.542	1.322	1.600	6.900
	PET	26	208.4	77.6	93.4	405.8
	P	26	550.6	127.1	303.9	782.7
	PER	26	0.3837	0.1281	0.1900	0.7300
	NPP	26	4.679	1.044	2.600	6.200
Ⅷb. 高寒草原亚地带 Alpine steppe subzone	BT	5	2.620	1.197	1.200	4.400
	PET	5	154.1	70.0	70.3	257.5
	P	5	297.8	29.4	264.8	340.5
	PER	5	0.5040	0.1839	0.2700	0.7600
	NPP	5	2.720	0.526	2.100	3.500
Ⅷc. 温性草原亚地带 Temperate steppe subzone	BT	4	7.575	0.608	6.900	8.300
	PET	4	447.1	36.8	406.3	489.9
	P	4	402.1	54.1	324.2	444.8
	PER	4	1.1250	0.1684	0.9400	1.3200
	NPP	4	4.750	0.451	4.100	5.100
Ⅷd. 高寒荒漠亚地带 Alpine desert subzone						
Ⅷe. 温性荒漠亚地带 Temperate desert subzone	BT	1	4.1000	*	4.1000	4.1000
	PET	1	238.80	*	238.80	238.80
	P	1	171.80	*	171.80	171.80
	PER	1	1.3900	*	1.3900	1.3900
	NPP	1	2.3000	*	2.3000	2.3000

根据对全国各植被地带共 700 余个气候站以 Holdridge 方法计算的结果表明（表 21-1、图 21-7），寒温针叶林地带——大兴安岭山地的平均 BT 为 5.6℃，年降水 451 mm，PER 为 0.74，属北方森林生命地带。根据 EIS 的图形显示，该地带向南延伸至大兴安岭南端，说明该地区现代无林可能是遭到人类活动影响所致。温带针阔叶混交林地带北部的平均 BT 为 7.8℃，年降水 556 mm，PER 为 0.82；其南部 BT 为 8.8℃，年降水 767 mm，PER 为 0.69，均属冷温带湿润森林生命地带。暖温带落叶阔叶林地带北部 BT 为 11.3℃，年降水 584 mm，PER 1.16，按 Holdridge 分类已不属森林，而属冷温带草原生命地带；其南部 BT 为 13.3℃，年降水 743 mm，PER 1.08，属暖温带干旱森林生命地带。我国东部亚热带常绿阔叶林地带的北部 BT 为 15.1℃，年降水 967 mm，PER 为 0.92；中北部 BT 为 16.7℃，年降水 1350 mm，PER 0.74，均属暖温带湿润森林生命地带。如前所述，这是由于我国划分亚热带的热量标准与 Holdridge 的分类系统有所不同所致。常绿阔叶林的中南部与南部 BT 分别为 18.1℃ 与 21.0℃，年降水分别为 1451 与 1474 mm，PER 则为 0.75 与 0.86，均属亚热带湿润森林生命地带。我国亚热带的西部按 Holdridge 分类亦为暖温带。我国的热带雨林、季雨林地带的北部 BT 为 22.4℃，年降水 1708 mm，PER 为 0.79；其南部 BT 为 24.2℃，年降水 1684 mm；PER 0.95，按 Holdridge 分类大部均属亚热带湿润森林生命地带，仅其南缘部分地段 BT 超过 24℃，年降水超过 2000 mm，始达到热带湿润森林生命地带的标准。南海亚地带 BT 可达 26.5℃，年降水 1506 mm，PER 1.04，属热带干旱森林生命地带。可见，按 Holdridge 标准，我国真正达到热带湿润森林生命地带的区域十分局限，且不存在热带潮湿森林与雨林生命地带。

我国温带草原地带北部 BT 为 8.0℃，年降水 386 mm，PER 为 1.25；其南部 BT 9.2℃，年降水 382 mm，PER 1.54，均属冷温带草原生命地带。温带荒漠西部亚地带——准噶尔盆地 BT 9.8℃，年降水 116 mm，PER 5.46；东部荒漠亚地带——阿拉善荒漠 BT 9.7℃，年降水 110 mm，PER 6.6，均属冷温带荒漠生命地带。南部荒漠亚地带——塔里木盆地 BT 为 12.1℃，年降水 41.4 mm，PER 达 19.3，为冷温带向暖温带过渡的极端荒漠区，其干旱界限 PER 已超出 Holdridge 的分类系统范围。柴达木高盆地

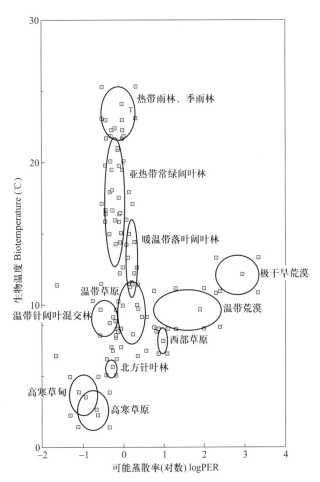

图 21-7 中国主要植被类型与 Holdridge 可能蒸散率（PER）及生物温度（BT）的分布图示

Fig. 21-7 A schematic diagram of main vegetation types in accordance with Holdridge's potential evapotranspiration rate（PER）and biotemperature（BT）in China

荒漠的 BT 仅 5.2℃，年降水 177 mm，PER 4.85，属亚高山荒漠生命地带。

青藏高原高寒草甸地带的 BT 为 3.5℃，年降水 551 mm，PER 0.38，按修正的 Holdridge 系统属于向高山带过渡的亚高山高寒草甸生命地带。高寒草原地带 BT 为 2.6℃，年降水 298 mm，PER 0.50，属高寒草原生命地带。高原南部河谷的灌丛草原地带 BT 为 7.6℃，年降水 402 mm，PER 1.12，属亚高山草原或旱生灌丛生命地带。西藏西部阿里荒漠山地 BT 4.1℃，年降水 172 mm，PER 1.39，亦属亚高山旱生灌丛生命地带。

可见，中国的地带性植被类型与 Holdridge 的生命地带系统有很好的对应性。因此基本上可以采用各地区的气候指标——月均温与年降水，通过该分

类系统来确定各该地区的植被气候顶极类型。

四、采用 Holdridge 指标对潜在净第一性生产力(NPP)的估算

根据 M. I. Budyko[4] 的辐射平衡公式以及 IBP 研究计划对世界植被潜在净第一性生产力(NPP)的研究而编制的 CHIKUGO 模型[14] 对 NPP 的估算有较好的效果[17]。但该模型的计算所需要的气候变量较多,因而不适用于在全球气候变化条件下生态系统的净第一性生产力相应变化的预测估算。通过我们对中国各植被地带的 PER 与 CHIKUGO 模型的重要指标——辐射干燥度(Radiative Dryness Index,RDI)的回归分析,表明两者之间存在高度显著的相关性($r^2 = 90.0\%$)。根据全国 671 个气候站资料计算的 RDI 对 PER 的多项回归方程式如下:

$$RDI = [0.629 + 0.237PER - (3.13E-3)PER^2]^2 \tag{4}$$

将(4)式代入下列公式,经过转换计算即可得到符合度颇高的 CHIKUGO 模型的净第一性生产力的估算值:

$$RDI = R_n/(L \times P)^{[4]} \tag{5}$$

$$R_n = RDI \times L \times P = RDI(597 - 0.6T)P \tag{6}$$

$$NPP = 0.29[\exp(-0.216 RDI)]R_n^{[14]} \tag{7}$$

式中:RDI:辐射干燥度;R_n:年净辐射,kcal/ha;L:蒸发潜热,$L = 597 - 0.6T$,kcal/g;P:年降水量,mm;T:平均气温,℃;NPP:潜在净第一性生产力,t/(ha yr)。

根据对我国各植被地带 700 余个气候站资料所计算的 PER,再经过转换计算而得到的接近于 CHIKUGO 模型的 NPP 估算值分列于表 21-1 和图 21-8(图 21-8 为彩图,略,详见原文)中,达到令人满意的结果。因此这一计算方法可以应用于全球变化的模拟与预测,从 PER 估算植被净第一性生产力对温室效应的反应而产生的变化。关于这方面的研究及其结果将另文发表。

五、结论

1. Holdridge 的生命地带分类系统以其简明与对植被类型良好的对应性而在世界范围内得到生态

学家与地理学家的广泛采用。它尤其适用于地球上不同区域与国家间的对比研究,以及用于环境评价与对全球变化反应的预测。

2. 通过该系统对中国气候-植被关系的估算得到较好的结果。但应注意该系统的暖温带相当于我国植被区划中的北亚热带与中亚热带,其亚热带为我国的南亚热带,这与我国亚热带地区的冬季温度偏低有关。在我国植被区划中的温带落叶阔叶林地带的西北部在该系统中却属于草原生命地带,这与其他几种可能蒸散计算方法,如 Penman 与 Thornthwaite 方法计算的结果[2,3] 是一致的。至于在高山与高原地区应用 Holdridge 分类系统则需补充修正。

3. 由于该系统的可能蒸散率 PER 与 CHIKUGO 模型的辐射干燥度 RDI 在中国各植被地带的气候-植被计算中有高度的相关性,因而可能用 PER 经过转标代替 RDI 以估算植被的潜在净第一性生产力 NPP,并可得到满意的结果,从而开拓了在全球变化研究中模拟与预测 NPP 变化的可能性。

4. 建议采用修正的 Holdridge 生命地带系统作为我国植被与环境评价的一个指标体系,这也将有助于我国与国际上气候-植被关系研究的统一与对比。

参考文献

[1] 中国植被编委会,1980. 中国植被,科学出版社,北京.

[2] 张新时,1989. 植被的 PE(可能蒸散)指标与植被-气候分类(一)——几种主要方法与 PEP 程序介绍. 植物生态学与地植物学学报,13(1):1-9.

[3] 张新时,1989. 植被的 PE(可能蒸散)指标与植被-气候分类(二)——几种主要方法与 PEP 程序介绍. 植物生态学与地植物学学报,13(3):197-207.

[4] Budyko T. M., 1955. Heat Balance of Earth's Surface. Hydrometeorological Printing House, Leningrad.

[5] Chang D. H. S., 1985. The Multivariate Analysis of Vegetation and Environmental Factors in Ngari, Tibet. Thesis for Ph. D. at Cornell University, Ithaca, NY.

[6] Emanuel W. R., Shugart H. H. & Stevenson M. P., 1985. Climatic change and the broad-scale distribution of terrestrial ecosystem complexes. Climatic Change,7:29-43.

[7] Harris S. A., 1973. Comments on the application of the Holdridge system for classification of world life zones as applied to Costa Rica. Arctic and Alpine Research,5(3):187-191.

[8] Holdridge L. R.,1957. Determination of world plant formation from simple climatic data. Science,105;367-368.

[9] Holdridge L. R.,1967. Life Zone Ecology. Rev. ed. Tropical Science Center,San Jose,Costa Rica.

[10] Leemans R.,1991. NASA's climate data base. Options. March 90,pp. 9-12.

[11] Price L. W.,1981. Mountains and Man;A Study of Process and Environment. University of California Press, Berkeley.

[12] Ricklefs R. E.,1976. The Economy of Nature. Chiron Press Inc.,N. Y. & Concord.

[13] Swan L. W.,1963. Aeolian zone. Science,140;77-78.

[14] Uchijima Z. & Seino H.,1985. Agroclimatic evaluation of net primary productivity of nature vegetation (1): Chikugo model for evaluating primary productivity. Journal of Agricultural Meteorology,40;343-352.

[15] Watt K. E. F., 1973. Principles of Environmental Science. McGraw Hill Book Co.

[16] Whittaker R. H., 1975. Communities and Ecosystems. 2nd ed. Macmillan Publishing Co. Inc.,NY.

[17] Zhang Xinshi(Chang Hsin-shih) & Yang Dianan, 1990. Radiative dryness index and potential productivity of vegetation in China. Journal of Environmental Sciences(China),2(4);95-109.

The Potential Evapotranspiration(PE) Index for Vegetation and Vegetation-Climatic Classification(3): An Introduction of Main Methods and PEP Program

Zhang Xin-shi   Yang Dian-an   Ni Wen-ge

(**Institute of Botany,Chinese Academy of Science**)

Abstract Holdridge's Life zone classification system is highly evaluated by international circles of ecology and environmental sciences owing to its simple and convenient for calculation and better correspondence with vegetation types. Recently it has been especially applied to assess environment,engage in ecological regionalization,predict the impact of global change upon ecosystems,etc. The result of analysis of climatological date for vegetation zones in China by means of Holdridge's system also shows a significant correspondence. But,because it was developed in the tropical zone of Central America,an adjustment in China's subtropical zone is needed. Nevertheless,the application of that system should be benefit for unification and comparative study of the climate-vegetation interaction in the world. The regression analysis shows a significant correlation between Holdridge's potential evapotranspiration rate(PER)and radiative dryness index(RDI)of Chikugo Model. Therefore,PER could be used to estimate Net Primary Productivity(NPP). Its result of calculation for vegetation zones in China is satisfied and could be used to predict the change in vegetation zones,main types of ecosystems,and NPP in China.

Key words Holdridge's system;life zone;global change

第22章

Radiative Dryness Index and Potential Productivity of Vegetation in China[*]

Zhang Xinshi(Chang Hsin-shih) and Yang Dianan
(Institute of Biology, Chinese Academy of Sciences, Beijing   100084, China)

Abstract   The Chikugo Model is used to estimate radiative dryness indexes(RDI) and net primary productivity(NPP) of vegetation in China by calculating climatic parameters. Th at provides the water-heat equilibrium condition, potential primary production for natural vegetation in various vegetation zones, and their geographical distribution pattern. That could be used as the basis for study the effect of global climate change on ecosystems.

Key words   Chikugo Model; radiative dryness index; net primary productivity

* 本文发表在 *Journal of Environmental Sciences*, 1990, 2(4) : 195-199.

The fixed solar energy in the dry matter produced by plants through photosynthesis is the basis for all living beings and their functions in the earth. The net primary productivity (NPP, t. DM/ha. yr) of vegetation is basically determined by the solar energy irradiated on plants, as well the soil moisture at the rhizosphere. Therefore, the net primary productivity could be calculated by means of correlation analysis between climatological factors (mainly solar radiation, atmospheric temperature, and precipitation) and dry matter production of plants. That would be significant for determining the potential productivity of the zonal landscape, making full use of climatic and land resources, increasing and giving full play to primary productivity of plants.

H. Lieth (1977) and H. Lieth et E. O. Box (1972) had estimated the primary productivity worldwidely. The Miami Model and Thornthwaite Memorial Model have been used to calculate the NPP of plants basing on mean annual temperature, precipitation, and potential evapotranspiration (PET). The latter one, i. e. the method using PET is considered as the more accurate one, because it has been involved the evapotranspriration process which is closely related with photosynthesis and combined temperature and precipitation factors together. N. A. Efimova's method and its result (1977) for calculating the productivity of plants through radiative factors also brought great attention.

I. M. Budyko (1956, 1974) and J. E. Bierhuizen et R. O. Slatyer (1965) advanced a physical approach to determine gas exchange between vegetation and surface atmosphere through radiation equilibrium. Basing on Budyko's equation, Zenbei Uchijima and Hiroshi Seino found the correlation between radiation and radiative dryness indexes as follows:

$$NPP = alpha \times Rn = Ao \times Rn/d(1+Beta)$$

where:

Rn: net radiation (kcal/ha);

Alpha: constant ratio = Ao/d(1+Beta);

Ao: experimental constant of gas exchange between vegetation and atmosphere;

d: water vapor deficit (mb);

Beta: Bowen ratio;

d(1+Beta): climatic dryness index.

It is thus evident NPP keeps in proportion with net radiation (Rn), and decreases with the increasing of climate dryness index. Basing on worldwide data, Uchijima and Seino developed the Chikugo Model for estimating the NPP of vegetation from climatological data:

$$NPP = 0.29[\exp(-0.216RDI^2) Rn]$$

where:

RDI: radiative dryness index (RDI = Rn/lr);

l: latent heat of evaporation of water (kcal/g);

r: precipitation (mm).

The climatological factors used for calculating Rn and RDI are: solar radiation on the top of atmosphere, duration of possible sunshine albedo, temperature, humidity, and precipitation. NPP in above equation is a function of annual net radiation (Rn) and radiative dryness index (RDI). The ratio of NPP and Rn is strongly affected by RDI.

Correlating Rn, RDI, and NPP calculated from Chikugo Model with the vegetation zonation of Budyko's radiation equilibrium model, it is thus clear that the vegetation zones and their productivities are highly correlated with solar radiation and radiative dryness indexes (Fig. 22-1 and 22-2). NPP in the forest zones where dryness indexes are 0.3 - 1.0 is higher than other vegetation zones because of the fitness between radiation and climatic moisture conditions. In the moist forest zones, the tropical rainforest has the highest NPP, 25-30 T. DM/(ha. yr). NPP decreases accordingly along with the reduction of radiation. It is 10-15 T. DM in the temperate deciduous broadleaved forest zone, 5 - 10 T. DM in the temperate coniferous forest zone, and less than 5 T. DM in the cold-temperate coniferous forest zone. NPP significantly decreases in tundra zone because of deficit of radiation and in desert zone because of viciously combination of high temperature and limited water supply there.

The general distribution pattern of potential total solar radiation (St), net radiation (Rn), radiative dryness index (RDI), and net primary productivity (NPP) in China is as follows (Table 22-1).

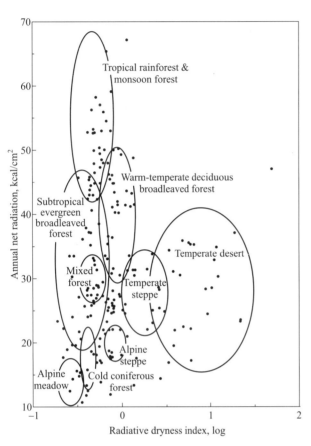

Fig. 22-1 Zonal vegetation in accordance
with Rn and RDI in China

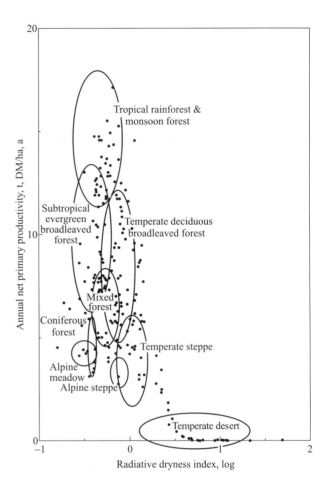

Fig. 22-2 Zonal vegetation in accordance
with NPP and RDI in China

**Table 22-1 Radiative dryness index(RDI) and net primary productivity(NPP) of vegetation
zones in China(according to Budyko and Uchijima's methods)**

	N	Mean	Stdev	Min	Max
I Cold-temperate coniferous forest zone					
I A. Southern montane subzone					
LAT	6	51.685	1.153	50.400	53.470
LONG	6	123.94	1.83	121.47	126.65
ALT	6	405.0	191.0	177.4	702.6
St	6	3.6517	0.1040	3.5100	3.8100
Spar	6	1.7617	0.0412	1.7100	1.8300
Rn	6	16.15	4.58	10.90	22.20
SumT	6	1648	275	1235	2045
RDI	6	0.6000	0.1705	0.4000	0.8000
e%	6	0.2283	0.0523	0.1700	0.3000
NPP	6	4.267	1.046	3.000	5.600

续表

	N	Mean	Stdev	Min	Max
II Temperate coniferous-broadleaved mixed forest zone					
LAT	42	44.392	2.649	40.050	50.250
LONG	42	127.36	2.43	123.78	132.97
ALT	42	249.6	154.1	15.1	774.2
St	42	4.1402	0.1447	3.8600	4.4600
Spar	42	1.9914	0.0643	1.8500	2.1200
Rn	42	27.738	3.123	23.300	37.900
SumT	42	2604.3	363.7	1915.0	3363.0
RDI	42	0.7229	0.1355	0.4800	0.9700
e%	42	0.34000	0.03357	0.30000	0.46000
NPP	42	7.169	0.869	6.000	10.100

	N	Mean	Stdev	Min	Max
III Warm-temperate deciduous broadleaved forest zone					
LAT	92	37.233	2.613	32.930	42.420
LONG	92	117.02	3.85	107.13	123.43
ALT	92	185.6	270.9	2.0	978.9
St	92	4.3324	0.3001	3.5600	4.7600
Spar	92	2.0792	0.1230	1.7600	2.2500
Rn	92	42.747	6.224	25.300	54.300
SumT	92	4050.6	513.4	2909.0	4891.0
RDI	92	1.1091	0.2040	0.6500	1.8300
e%	92	0.42891	0.06687	0.26000	0.58000
NPP	92	9.427	1.460	5.900	12.700

	N	Mean	Stdev	Min	Max
IV Subtropical evergreen broadleaved forest zone					
IV A. Eastern subzone					
LAT	184	28.453	2.863	22.350	33.870
LONG	184	113.38	5.09	103.00	122.82
ALT	184	213.6	232.5	1.2	1071.2
St	184	3.5214	0.4522	2.3900	4.4300
Spar	184	1.7452	0.1971	1.2400	2.1400
Rn	184	39.821	8.484	17.500	59.200
SumT	184	5575.8	833.7	3668.0	7938.0
RDI	184	0.5286	0.1501	0.2200	0.9400
e%	184	0.59707	0.05975	0.41000	0.71000
NPP	184	10.783	2.156	5.000	15.200

	N	Mean	Stdev	Min	Max
IV B. Western subzone					
LAT	33	26. 100	1. 597	23. 380	29. 350
LONG	33	102. 11	1. 90	98. 48	105. 18
ALT	33	1706. 9	426. 7	759. 9	2666. 6
St	33	2. 8273	0. 2365	2. 3300	3. 3000
Spar	33	1. 4470	0. 1037	1. 2300	1. 6300
Rn	33	24. 615	5. 610	15. 500	39. 300
SumT	33	4690	1238	2569	7996
RDI	33	0. 4412	0. 1701	0. 1600	1. 1000
e%	33	0. 46697	0. 05497	0. 36000	0. 58000
NPP	33	6. 767	1. 314	4. 400	9. 400
IV C. Arid-warm valley xeroshrub vegetation region					
LAT	1	23. 570			
LONG	1	102. 15			
ALT	1	396. 60			
St	1	4. 1800			
Spar	1	2. 0200			
Rn	1	57. 600			
SumT	1	8709. 0			
RDI	1	1. 2600			
e%	1	0. 56000			
NPP	1	11. 900			
V Tropical rainforest & monsoon forest zone					
V A. Eastern subzone					
LAT	26	21. 061	1. 748	16. 830	23. 620
LONG	26	110. 46	2. 35	106. 75	116. 30
ALT	26	48. 6	59. 3	4. 6	250. 9
St	26	4. 0554	0. 4064	3. 4200	5. 2800
Spar	26	1. 9750	0. 1718	1. 7100	2. 4900
Rn	26	54. 65	8. 45	43. 00	81. 10
SumT	26	7942	1560	831	9672
RDI	26	0. 5831	0 . 1964	0. 2600	1. 1600
e%	26	0. 70500	0. 02789	0. 62000	0. 75000
NPP	26	14. 546	1. 675	12. 100	19. 500

续表

	N	Mean	Stdev	Min	Max
Ⅴ B. Western subzone					
LAT	6	22.790	1.003	21.480	24.020
LONG	6	101.57	3.01	97.83	105.95
ALT	6	566.9	239.7	136.7	793.3
St	6	3.692	0.440	2.930	4.100
Spar	6	1.8233	0.1866	1.5000	2.0000
Rn	6	45.33	8.58	29.80	53.00
SumT	6	7514	783	6049	8246
RDI	6	0.5367	0.1411	0.3600	0.7600
e%	6	0.6483	0.0479	0.5600	0.7000
NPP	6	12.267	2.053	8.400	14.200
Ⅵ Temperate steppe zone					
Ⅵ A. Eastern subzone					
LAT	65	41.842	4.388	35.370	50.220
LONG	65	114.48	7.24	102.85	125.90
ALT	65	902.9	534.7	114.9	1917.0
St	65	3.8643	0.4831	3.0800	4.7200
Spar	65	1.8765	0.1908	1.5500	2.2200
Rn	65	25.525	5.648	15.100	35.400
SumT	65	2706.8	465.3	1646.0	3503.0
RDI	65	1.2255	0.4925	0.5300	2.9700
e%	65	0.26446	0.5932	0.05000	0.36000
NPP	65	5.182	1.313	1.100	7.100
Ⅵ B. Western subzone					
LAT	4	47.153	0.511	46.670	47.730
LONG	4	87.51	2.20	85.72	90.38
ALT	4	1057	252	735	1292
St	4	3.648	0.285	3.330	4.020
Spar	4	1.7800	0.1152	1.6500	1.9300
Rn	4	21.90	4.90	16.60	28.40
SumT	4	2272	365	1984	2795
RDI	4	2.170	0.324	1.950	2.640
e%	4	0.1200	0.0245	0.0900	0.1500
NPP	4	2.250	0.420	1.800	2.800

	N	Mean	Stdev	Min	Max
Ⅶ Temperate desert zone					
LAT	48	40. 918	2. 778	36. 300	48. 050
LONG	48	90. 97	9~17	75. 98	107. 40
ALT	48	1113. 2	484. 0	34. 5	3191. 1
St	48	3. 6877	0. 4337	2. 8400	4. 5000
Spar	48	1. 7979	0. 1793	1. 4300	2. 1200
Rn	48	27. 66	7. 01	15. 60	47. 00
SumT	48	3600	705	1189	5391
RDI	48	9. 58	8. 62	1. 34	48. 66
e%	48	0. 02187	0. 04954	0. 00000	0. 20000
NPP	48	0. 387	0. 861	0. 000	3. 400
Ⅶ B. Zaidam desert subzone					
LAT	11	37. 575	0. 901	36. 420	38. 830
LONG	11	97. 097	2. 619	93. 170	100. 250
ALT	11	3004. 2	226. 6	2733. 0	3360. 7
Spar	11	1. 7900	0. 0640	1. 6600	1. 8900
Rn	11	16. 65	4. 14	8. 20	22. 80
SumT	11	1122	688	97	2010
RDI	11	5. 11	5. 73	0. 35	17. 01
e %	11	0. 0991	0. 0978	0. 0000	0. 2500
NPP	11	1. 800	1. 791	0. 000	4. 800
Ⅷ Tibetan high-cold vegetation district					
Ⅷ A. High-cold meadow-scrub subzone					
LAT	26	33. 440	1. 067	31. 480	35. 270
LONG	26	98. 858	3. 378	91. 100	102. 970
ALT	26	3792. 3	474. 9	2915. 7	4800. 0
St	26	3. 7800	0. 4033	2. 9300	4. 4500
Spar	26	1. 8912	0. 1809	1. 5000	2. 1800
Rn	26	16. 558	1. 970	13. 500	19. 900
SumT	26	354. 6	397. 9	0. 0	1512. 0
RDI	26	0. 5396	0. 1723	0. 3100	1. 0000
e%	26	0. 23423	0. 02730	0. 18000	0. 27000
NPP	26	4. 4731	0. 4468	3. 7000	5. 3000

续表

	N	Mean	Stdev	Min	Max
ⅧB. High-cold steppe subzone					
LAT	6	33.935	2.253	30.950	36.270
LONG	6	94.13	5.05	88.63	100.62
ALT	6	4113	817	2835	4700
St	6	4.238	0.450	3.550	4.540
Spar	6	2.0933	0.2031	1.7800	2.2300
Rn	6	20.13	2.93	15.30	24.30
SumT	6	368	561	0	1419
RDI	6	1.1300	0.1620	0.9500	1.3600
e%	6	0.2050	0.0339	0.1600	0.2500
NPP	6	4.383	0.407	3.600	4.700
ⅧC. Southern Tibetan temperate steppe-shrubland subzone					
LAT	4	29.400	0.199	29.250	29.670
LONG	4	90.487	1.257	88.880	91.770
ALT	4	3711.4	134.9	3551.7	3836.0
St	4	4.195	0.209	4.010	4.490
Spar	4	2.0675	0.0929	1.9900	2.2000
Rn	4	36.500	1.374	35.000	38.200
SumT	4	2001	227	1802	2263
RDI	4	1.555	0.249	1.360	1.920
e%	4	0.2950	0.0451	0.2300	0.3300
NPP	4	6.275	1.005	4.800	7.000

1. The highest point of calculated potential annual total solar radiation (St, GJ/M2) is 5.28 at the Nansha Islands in the tropical South China Sea. Other two high points are 4.72 on the Loess Plateau in the southern part of steppe zone and 4.76 in North China's deciduous broadleaved forest zone. The St is also high in southern Xinjiang's desert zone—4.5 and on the Tibetan Plateau—more than 4.5. The lowest point of St is located in the rainy subtropical zone, where the average of St is 2.8-3.5 and the lowest point is 2.3.

2. Calculated annual net radiation (Rn, kcal/cm²) generally increases southwards (Fig. 22-3). The average of Rn is 45-55 and the highest is more than 80 in China's Tropics. The lowest Rn exists in the northernmost cold-temperate coniferous forest zone, it averages 16 there and the lowest point is 11. The average is 42 in deciduous broadleaved forest zone and it is lower in the rainy and cloudy subtropical evergreen broadleaved forest zone. But, Rn is as high as 58 in the western subtropical arid-warm valley region. Rn is low, only 16, in the eastern high-cold meadow subzone of the Tibetan. Plateau. It is higher—20 in the central

high-cold steppe subzone and the highest point, 35-38 on the Plateau is in its southern valley's temperate steppe subzone.

3. The radiative dryness indexes (RDI) highly accord with vegetation zones (Fig. 22-4). It is 0. 6 in the cold-temperate coniferous forest zone and 0. 72 in the temperate mixed coniferous-broadleaved forest zone. Even the highest RDI in the above mentioned zones is not over 1. 0. But, the RDI is quite high in the warm-temperate deciduous broadleaved forest zone. Its average is higher than 1. 0 and the highest one could reach to 1. 8 or even more. That indicates the aridness is extremely high there because it is heavily affected by the continental Mongolian-Siberian high pressure anticyclonic center and strongly depressed by steppe zone from the north. In fact, a large part of deciduous broadleaved forest zone in China has been seriously steppolized or it should partially belong to steppe zone. The RDI of subtropical forest zone is generally 0. 4-0. 5, but it is as high as 1. 26 in the western dry-hot valleys. The RDI of tropical forest zone averages 0. 5-0. 6, usually not over 1. 0. Temperate steppe zone has average RDI in 1. 2

(eastern part) and 2. 2 (western part). Average RDI in temperate desert zone is 9. 6, the highest one could be up to 48. 7. The RDI of the Tibetan Plateau is 0. 54 in eastern high-cold meadow subzone, 1. 13 in high-cold steppe zone, and 1. 56 in southern Tibetan temperate shrub-steppe subzone. The RDI in western and northern plateau desert subzones could be higher than 3-4.

Because of the high correlation between RDI and vegetation zones, it should be considered as a signification index for ecological and vegetation regionalization. Especially for the region where the primary vegetation had been completely destroyed or changed, RDI seems a dependable parameter for determining the potential vegetation types.

4. The gradient of calculated potential net primary productivity (NPP, T. DM/(ha. yr)) of forest zones prominently increases from the north to the south. It is 4. 3 in cold-temperate coniferous forest zone, 7. 2 in temperate mixed coniferous-broadleaved forest zone, 9. 4 in warm-temperate deciduous broadleaved forest zone, 10. 8 in subtropical evergreen broadleaved forest zone, and 12. 3 in tropical rainforest and monsoon forest

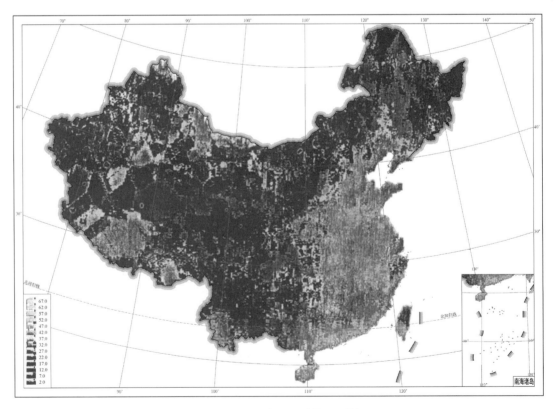

Fig. 22-3　Distribution of Rn in China

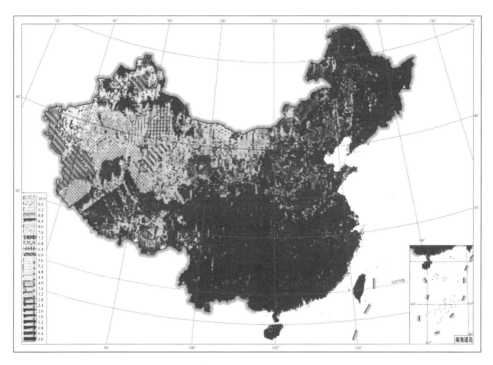

Fig. 22-4　Distribution of RDI in China

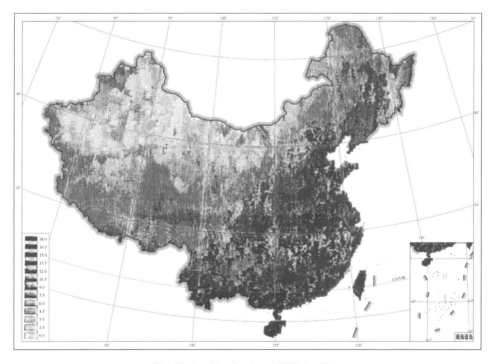

Fig. 22-5　Distribution of NPP in China

zone. The highest NPP is 19.5 on an island in the tropical South China Sea. Comparing with other tropical forest area in the world, China's terrestrial tropics is very limited in area and much lower in NPP. The northern Tropics of China separates into 4 disconnected regions along the southern coast of China and is strongly affected by the northern continental and cold airflow during the winter time for lack of orographic carriers on the eastern Asian plain to block the high pressure dry and cold current.

The average NPP is 5.2 in temperate steppe zone, 0.4 in temperate desert zone, and less than 0.1 or 0 for the most part of extremely arid desert area, in northwestern China(Fig. 22-5). It is 4.5 in the high-cold meadow subzone on the eastern Tibetan Plateau, 4.4 in the high-cold steppe subzone for the most part on the central plateau, and 6.3 in the warmer southern Tibetan temperate shrub-steppe subzone. There is no calculation of NPP for the western and northern parts of the plateau because of lacking records in these areas. But, it should be less than 1 in the western desert subzone and less than 0.1 or 0 in the northern Qiangtang's high-cold desert subzone.

5. The energy efficiency(%) of net primary production of vegetation(e%) on annual global solar radiation basis is calculated from a total global solar radiation (St), NPP, and caloric content for plant (woody) dry matter (4.7 kcal/g). It is generally between 0.2-0.7 in China's forest zones. The highest e% in the tropical forest area is 0.75 and the lowest one is 0.17 in the northernmost coniferous forest area. The e% of the arid zones is much lower, 0.1-0.36 in the steppe zone, 0-0.25 in the desert, and 0.2-0.3 on the Tibetan Plateau.

CONCLUSION

According to the above-mentioned analysis of vegetation-climate correlation, the climatic potential productivity of China's vegetation zones is given. It is thus clear that the main limit factors of primary production in China are deficit in water supply, insufficient moisture-heat equilibrium, and low temperature (even for the Tropics) in the winter. The one of the key methods to increase primary production in the forest zones is to improve the energy efficiency of the net primary production(e%). That could be reached mostly by restoration and optimization of community structure, such as, multilayered and diversified (mixed) plantation temporally and spatially could result obvious ecologo-economic gain by increasing solar energy efficiency and

primary production, improving community stability, controlling water and soil erosion, reducing damages of diseases and insect pests and so on. Although the NPP is quite low in northern China's temperate steppe and desert zones, it is rational management, conservation, and improvement, such as, appropriate and limited cultivation, grazing, and utilization, controlling desertification, establishing local optimized agroforestry systems and so on. Under the condition of suitable combination of high solar energy and abundant water supply(by irrigation) in oases or ecotone between oases and desert, highly productive artificial grassland or tree-crops plantation could be established with 10-15 T. DM of NPP.

The calculation of RDI, NPP, and e% for vegetation zones also could be used to estimate or simulate the pattern of vegetation succession and change of NPP under global climate change by the "greenhouse effect".

Acknowledgements: The material on which this paper is based was from the Ecoclimatological Database in the Laboratory of Quantitative Vegetation Ecology, Institute of Botany, Chinese Academy of Sciences. We would like to thank the staff of the Lab, Zhao Shuyu, Guo Yuke, and Zhao Shiyong, for their effort and help to establish the database.

REFERENCES

Bierhuizen J. E. and Slatyer R. O., Agr. Meteorol., 1965, 2:259.

Budyko I. M., Heat balance of earths surface. Hydrometeorological Printing Office, Leningrad, 1956, 255.

Budyko I. M., Climate and Life, New York and London: Academic Press, 1974.

Efimova N. A., Radiative factors of vegetation productivity, Leningrad: Hydrometeorological Printing House, 1977, 216.

Lieth H., Modeling the primary productivity of the world, In: Primary productivity of the biosphere(Eds. by Lieth, H. and R. H. Whittaker.), Berlin: Spring-Verlarg, 1977, 237.

Lieth H. and Box E. O., Evapotranspiration and primary productivity: C. W. Thornthwaite Memorial model. In: Papers on selected topics in climatology (ed. J. R. Mather), 1972, 36-44.

第23章

90年代生态学的新分支——信息生态学*

张新时

（中国科学院植物研究所　北京　100044）

生态学是高度综合性的关于生物-环境关系的科学。在不同的层次与领域，生命科学与相应的非生命科学——自然科学、技术科学与社会科学，发生交叉与渗透，从而形成和发展着一系列的生态学分支。信息生态学（information ecology）是其中最新和主要的一支。它是20世纪80年代现代技术革命和社会变革的产物，具有强旺的理论生命力、技术背景与应用前景，对生态学的发展及人类与自然的关系必将产生重大深远的影响。

信息生态学形成的社会与技术背景　当今世界正处在从工业社会向信息社会转变的新技术革命时期。这一新技术革命被认为是自以蒸汽机发明为标志的第一次产业革命以来的第二次产业革命，其特点为以信息技术转换与延展脑力劳动，扩大智能，因此被称为"信息革命"。信息-知识及其载体是这一新冲击的原动力。它所促进的社会形态，所代表的时代与发展的文化分别被称为"信息社会""信息时代"和"信息文化"。在这一社会中对生产与技术起决定作用的主要不是资本和劳动力，而是智力和信息。信息化的知识将成为生产力、竞争力、经济和科学技术成就的资源和关键因素。在信息社会中，工业的核心和技术关键是计算机和微电子技术，它们集萃和延展了人类的智力与科学成就，代表着现代科学技术发展的新水平，标志着社会生产发展的新里程。

另一方面，信息文化具有鲜明的"生态性"和"未来性"。这是信息科学的综合、预测、模拟和反馈功能所决定及赋予的时代特征。信息文化强调人与自然的新型关系，寻求生态-经济系统持续发展和新的平衡。它把社会生产活动放到整个地圈、大气圈、水圈、生物圈以及人类社会形成的智能圈所构成的地球系统中来整体地考虑发展的潜势、途径、相关关系与后果。尤其是与20世纪末期工业社会膨胀发展，随之俱来的全球性资源与环境问题——荒漠化、伐林、生物种大量灭绝、人口剧增、环境污染、资源枯竭与温室效应等，日益严重地腐蚀着我们的地球，威胁着人类社会与生物圈的生存与发展，更引起了人们对生态学的关注。在上述雄厚的技术背景和迫切的社会需求下，信息生态学作为生态学最新和发展最快的一个分支便应运而生。它是现代技术发展与生态学交叉渗透的必然产物，具有信息科学高科技的优势，并继承和发展了生态学理论的传统，强调对人类及生物圈或生态系统生存攸关问题的综合研究、模拟与预测，并着眼于未来的发展与反馈作用。信息生态学的上述性质巩固和促进了生态学作为人类社会与生物群落稳定与持续发展的自然理论基础，以及作为科学合理地管理和改善地球这个生命支撑系统所必须遵循的原则与途径的地位。

* 本文发表在《生命科学》，1990，3：3-5。信息生态学概念系于1988年12月在中国科学院生物学部常务委员会与生物学专家委员会的报告中提出；在1989年11月的中国科学院生物科学与技术局生态学专业委员会第一次会议上又做了介绍。本文在此基础上进行了修改与补充。

信息生态学的理论基础与性质 20世纪60年代以后是一个技术革命、万象复苏的年代。生态系统的理论研究与实践达到新的阶段,使传统的宏观生态学进展到与实验生物学及微观生物学(细胞与分子水平)高技术相结合的水平。另一方面,由于全球气候变化问题引起极大重视,又使生态学研究层次扩展到生物圈与地球系统的更宏观层次。与此同时,系统生态学由于现代数学方法、系统分析与建模手段应用于生态学的分析研究,使原来以定性为主的传统生态学跨入定量分析、系统分析与预测模拟的工程学领域。到80年代后期,由于迅猛发展的信息科学理论——系统论、信息论、控制论与新兴的耗散结构理论、协同论与突变论等,以及信息技术对生态学的渗透而促就了信息生态学,成为现代生态学发展的里程碑。

信息生态学的基本性质有三个方面:① 信息科学理论的生态系统观,生态系统是生态学的核心,它是生物成分与其环境因子之间进行能量转换与物质循环的系统。从信息科学的观点来看,生态系统被认为是一个包含大量复杂相关与相互控制的"内信息"与系统之间或外部环境的"外信息"进行信息传递、变换与反馈作用的开放型信息系统。或者,它是一个以生命为主导的自组织状态的特殊耗散结构,在不断地与外界进行物质流、能流、信息流(以及价值流)的交换过程中吐故纳新以避免熵(系统无序度)的增加,从而趋向于从简单到复杂的有序性发展,形成与保持生态系统高度复杂有序的自组织结构状态。信息科学的所有理论几乎都可以用来进行生态系统及其有关生态功能、行为与过程的分析与处理,从而扩大与提高生态分析的方法论,深化对生态系统及有关生态学理论的理解,以及整体学科的理论与技术水平。信息科学与生态学的关系是相辅相成,互为促进的。信息科学具有高度"未来性"与"生态性"的特点,生态系统则是信息科学所遇到的最为复杂多样与特殊的有序系统,因而有助于信息科学系统结构与理论上的不断完善。② 系统生态学的"软化"与"智能化",以纯数学为基本手段的"硬性"数学生态学往往产生不成功的数学模型,做出失败的超前定量估计与失真的分析,从而一度限制了系统生态学的应用与发展。然而,由于信息科学迅速发展而形成的软科学群——高度综合的现代系统科学则能较好地反映人类思维与决策经验而产生满意的生态过程预测与模拟结果,对合理的管理

生态系统,科学地控制生态功能与过程,建立优化的人工生态系统具有重要意义。因此,在系统生态学的基础上,融合软科学的理论、决策与建模原则,现代的信息生态学便应运而生。在这种意义上,可以说信息生态学是系统生态学的进一步发展,是它"软化"与"智能化"的新生学科分支。③ 信息技术计算机与微电子技术在生态信息采集、贮存、处理、检索、分析、模拟、预测、反馈等过程的应用具有快速、精确、高效率等极大优越性。生态学研究对象——生物体及其环境因子的大量性、多元性、复杂性与超前性等特点与要求也只有在现代的微电子高技术手段条件下才能得到满足和充分的揭示与表现。信息技术处理的数值化、网络化、图像化、序列化、同步化、模式化与优化等极大地增强了生态学研究对象的分辨性、可解释性、规律性、预见性与可控制性。正在研制中的第五代计算机,即人工智能计算机与生物计算机必将在未来的生态决策与管理中起重大作用。

生态信息系统的基本结构与过程 目前国际上许多综合性的大型生态学或环境科学研究,如美国宇航局等主持的地球系统科学与国际地圈-生物圈研究计划(IGBP)等已建立了较复杂完善的信息系统。

完整的生态信息系统包括五个相互联系的基本部分:数据采集与处理、信息分析与解释、建模与预测、专家系统与优化管理系统、检验与反馈。

生态信息系统所采用的方法十分繁多,并不断发展出新的方法。主要的研究过程及方法如下。

数据库 目前多采用各种关系式数据库。

多元分析 生态信息系统的多元分析主要用于对生物群落、物种及其环境因子的数量排序、分类与环境解释。数理统计方法在生态分析中的应用十分普遍,尤其是相关分析、多元回归与非线性回归方法等。常规的数理统计与多元分析方法目前已有十分方便与强有力的软件包可资利用,如SAS、SPSS、SYSTAT、STATGRAPH与MINITAB等。数量生态学的排序与多元分析程序则有:主成分分析(PCA)、加权平均(WA)、综合线性模型(GLM)、对应分析(CA)、典范对应分析(CCA)、相互平均分析(RA)、无偏对应分析(DCA)、格局分析(PA)等方法,可用于各种直接与间接的生态梯度分析。数量分类则有各种等级制与非等级制的分类方法,如聚类分析、二歧分类,TWINSPAN就是一种专用于植物群落二歧

分类的方法。模糊数学近来在生态学中得到广泛的应用,无论在生态排序、聚类、规划与评判等方面均有较好的适应性。

图像分析与显示　生态信息的分析与显示从数量化到图像化则使生态分析与研究达到一个更高与更有效率的境界。除了数理统计的各种散点图与曲线图已广被应用外,地理信息系统(GIS)近年来得到迅速发展与高度重视。它是用于生态、资源与环境分析及显示的高技术智能化的计算机图形软件。我国近年来在这方面也有所发展。其中,中国科学院植物研究所植被数量生态学开放实验室研制的"生态信息图形系统"(EIS)具有在微机上较好的图形建模功能与显示特性。

建模　有关生态系统或生态过程与功能的数值模型的建立是系统生态学的主要目的。数值模型大致可分为经验型的统计模型与物理实质为基础的数学模型两大类。目前较通用的多是各类统计模型或其组合。数学模型多数是理论性的模型,与实用尚有一定距离。这是由于生态系统的结构与功能过于复杂,其本身还有许多部分与过程是未被充分研究或认识的。

决策与管理系统　主要是信息科学的软科学理论与方法渗透于系统生态学的高层次学科交叉的产物。控制论、系统论、信息论、突变论、协同论以及耗散结构理论应用于生态学大为促进了科学决策、专家系统与优化管理系统的建立,从而使生态学的原则有可能全面贯彻于人类社会对自然与经济系统的有远见与合理的管理之中。近来在我国发展起来的灰色系统理论与方法对生态信息的分析具有良好的应用前景,因而得到较迅速的发展。

第24章

西藏阿里植物群落的间接梯度分析、数量分类与环境解释*

张新时

（中国科学院植物研究所 北京 100044）

摘要 根据对西藏阿里地区 163 个植物群落样地资料进行的多元分析——排序、数量分类与环境解释,给出了该地区植被的基本类型、生态梯度及其与环境因子的定量关系。基本分析方法包括 3 个步骤:(1)通过无倾向对应分析(DCA)的两个排序向量揭示了阿里植被的两个主要生态梯度;(2)由该梯度的二维散点图及二元指示种分析(TWIN-SPAN)分别产生非等级制与等级制的植物群落分类系统;(3)以多元回归分析将排序值与环境及地理参数相联系而给出各类型的环境指标——定量环境解释。分析表明,阿里植被类型及其分布主要取决于热量与湿度梯度,前者可通过地理参数,后者则通过土壤特征的数学表达式来定量地确定。两梯度包含的类型、种类与生境差异颇大,由低山暖性荒漠直到高山冰缘植被,从隐带性沼泽与盐生草甸到高原地带性荒漠与草原均各得其位,各有其值。表明该数量分析法对于处理高度生态多样性的植物群落生态信息是十分有效的。

关键词 西藏;植物群落;梯度分析;数量分类;环境解释

---

* 本文发表在《植物生态学与地植物学学报》,1991,15(2):101-113。这一研究分析应用了中国科学院青藏高原综合科学考察队的资料,尤其是王金亭同志的样方记载。分析过程主要是在美国康奈尔大学生态学与系统学系进行的,Hugh Gauch 先生曾提出有价值的建议。作者对他们,以及为青藏科考提供大力支持的新疆八一农学院与中国科学院植物研究所致以深切的谢意。

一、引言

植物群落学的理论与方法在近 20 年间由于间接梯度分析技术的出现而得到较大促进。其特点为通过分析植物种及其群落自身特征对环境的反应而客观地求得其在一定环境梯度上的排序与分类。这一分析技术由于各种复杂的多元分析方法,尤其是电子计算机软硬件的飞跃发展而成为可能并日臻完善。在 20 世纪 70 年代后期至 80 年代初期,一系列先进的多元分析方法及其计算机程序,如 RA、DCA 和 CVA[①] 等纷纷问世,使这一阶段达到鼎盛时期。自 80 年代中期以后,植物群落学的分析开始了一个新的阶段,即群落排序与分类的"环境解释"(environmental interpretation)。这是一个与梯度分析和分类相继承和深化的分析步骤。环境解释过程客观和定量地把植物群落的格局与环境资料进行比较和联系起来。它不仅给出植物群落类型及其梯度的物理原因,并且赋予它们以数量指标,不仅可据此建立群落及其梯度的空间分布模型,并可为植被的经营管理和开发利用提供数据。为了进行这一重要而又特别复杂的分析,有必要在群落学研究中发展一个多元和多层次的方法系统(Gauch,1982;Digby and Kempton,1987)。本文试图通过对西藏阿里植物群落与环境因子的处理,在多元分析方法的基础上初步建立起这样一个群落环境解释的计算分析方法。

二、资料与分析方法

植物群落生态资料是在 1976 年 5—10 月参加由中国科学院青藏高原综合科学考察队在西藏阿里地区考察时取得的。阿里位于西藏西部,在北纬 30° 至 35°30′,东经 78°20′ 至 86° 之间。其北、西、南三面均有海拔 6000 m 以上的巨大山脉耸峙,仅其东部开敞延展着羌塘高原。阿里地貌以高原湖盆最为广布,高原面海拔高度在南部为 5000 m,北部

5200 m。阿里南部与西南部为峡谷与河谷地貌,河谷最低处下切至 2900 m。可见阿里具有较大差异的环境梯度,即海拔高差超过 4500 m 幅度的垂直梯度,有 5 个半纬度或 600 km 跨度的纬向梯度,7 个半经度或延展 720 km 的经向梯度,以及与其相伴随的气候梯度。反映在植被上,则有由低山荒漠到高山冰雪与冰缘植被的垂直带系列;从温性荒漠与草原到高寒荒漠、草原与草甸的高原植被地带性递变;还有地带性的荒漠与草原植物群落与隐地带性的、依靠潜水补给的草甸与沼泽植物群落的分异。这些差异显著和错综复杂的环境梯度及与其相应的变异性很大的植物群落类型的格局为植被生态的梯度分析与环境解释提供了很好的分析对象与素材。共设样方 163 块[②]。对每块样地记载了地理位置、地形、地貌、植物种类组成、群落层次结构及种的多度(盖度,%),并初步确定了植物群落类型。全部样地共含高等植物 241 种,约占全阿里高等植物 450 种[③] 的 54%。

气候资料取自阿里地区的七个气候观测站与邻近拉达克地区的三个站。用于分析的气候因子包括:年均温、最热月均温、最冷月均温、年均降水、Penman(1956)的可能蒸散与干燥度、Thornthwaite(1948)的可能蒸散、湿润指数、干燥指数、湿度指数与热量系数、Holdridge(1967)的生物温度与可能蒸散率等。

土壤因子的数据系采自《中国自然地理——土壤地理》(中国科学院中国自然地理编辑编委会,1981)中的西藏土壤描述部分,根据与样方植物群落类型相应的土壤类型予以赋值。

植物群落及其环境因子的多元分析方法与步骤如下。

1. 建立植物群落样方及其环境背景值的数据库,包括植物群落样方档、植物区系档、植物群落类型档、植物群落样方地理背景值档、气候资料档与群落样方土壤特征档。

2. 植物群落的多元分析——排序是以康奈尔大学所研制发展的"康奈尔生态学程序"(Cornell Ecological Programs,CEP)(Gauch,1977;Hill,1979a,

---

①　RA(Reciprocal Averaging;Hill,1973):相互平均法;DCA(Detrended Correspondence Analysis;Hill,1979a):无倾向对应分析;CVA(Cannonical Variate Analysis;Marida et al.,1979):典型变量分析。

②　植物群落样方第 1~89 号由作者调查记载,第 90~163 号由王金亭同志调查记载。

③　张新时,王金亭,李渤生,1977。阿里植被的地带性及其类型(油印本)。

270 在大漠和高原之间——张新时文集

b)在该大学的 IBM 主机上进行分析计算的①。本研究采用该程序中的 DCA、RA 与 TWINSPAN 等方法进行排序与数量分类的比较。分析所要求的三个数据档是:植物群落样方档、植物区系档与群落样方类型档,所采用的分析资料数据是样方的种类组成及其盖度百分率的矩阵。

3. 植物群落的数量分类可分为等级制的与非等级制的分类方法两大类。前者采用了 CEP 中的 TWINSPAN 分析法。这一分析方法系以 RA 的排序值按照 Braun-Blanquet 的群落分类表格排列法的原则从高级单位到低级单位逐层分解式的多级分类,其各个分类级或单位均由一定的指示种与偏宜种作为标志。非等级制的分类则以群落样方的 DCA 分析排序值在二维散点图上的分布格局进行判断分析后划分出不同的类型。

4. 环境因子的多元分析主要是气候因子与地理坐标(纬度、经度与海拔高度)的相关与多元回归分析。该项分析所用的数理统计软作为 MINTAB 与 SAS。虽然被分析的环境因子及其数学转换值十分繁多,但由于采用了逐步回归分析方法而极大地提高了分析的效率。通过各气候因子与地理坐标的相关与回归分析,不仅可以求得二者之间的定量相互联系,给出气候梯度对地理坐标的数学式,探明影响各种气候因子的主导地理条件及其影响的程度,还为进一步的群落梯度的环境解释提供了数据。

5. 植物群落类型及其梯度——排序的环境解释是与排序相继承与深化的过程,是植物群落学分析的新步骤。环境解释主要是通过群落的排序值——群落对环境梯度反应的数值表现与环境因子的相关与多元回归分析来进行的,并可求出确定该排序轴的环境梯度中的主导环境因子。由于该梯度通常是复合的,其中的主导环境因子一般不止一个。主导环境因子对地理坐标(如气候因子对纬度、经度与海拔高度)或对群落排序轴(如土壤特征或地形因子的排序值)的多元回归公式求得后,就可能对每个群落类型或群落样方赋以其主要环境因子的定量指标。这一步骤是通过群落样方的地理坐标对以环境因子(气候)的回归公式,或群落样方排序值对以环境因子(土壤或地形)的量度值所组成的矩阵计算而实现的。

6. 植物群落地理分布的数量模型:根据梯度分析的排序结果与环境解释的定量指标构成二维至多维的植物群落类型按排序轴与主导环境因子梯度在空间分布的数量模型。

上述六个部分或步骤的分析组成了一个相互连贯、前后相继的分析计算系统,即:数据库→排序→分类→环境因子分析→梯度的环境解释→群落类型分布模型的植物群落生态信息分析系统。

三、分析结果

1. 阿里植物群落及其植物种的排序与分类

(1)DCA 排序结果:采用 PCA、RA、DCA 与 AMMI 等多元分析方法对阿里植物群落样方进行梯度分析的结果表明,DCA 给出了较佳生态意义和合理解释的群落与种类排序结果。

DCA 排序的第一和第二轴(AX1 与 AX2)显示了重要与显著的生态意义(图 24-1)。AX1 明显地是一个海拔高度由高到低或热量由低到高的梯度。位于高海拔的耐寒的高山植物群落样方:高寒嵩草草甸、高山流石滩稀疏植物群落、高寒青藏薹草草原与垫状驼绒藜高寒荒漠在 AX1 上的排序值都在 180 以下。亚高寒的紫花针茅草原则在 180~250。阿里西南部与南部山地以及谷地山坡上的驼绒藜荒漠、沙生针茅、短花针茅等的草原与变色锦鸡儿灌丛群落的排序值在 250~500。西南隅象泉河谷地的克什米尔型山地荒漠群落则在 900 以上。河谷与湖盆低地上靠潜水补给的非地带性盐化草甸、草甸沼泽与河谷灌丛是一组特殊的隐域性生态类群,其 AX1 排序值在 400~900。可见,DCA 排序不仅分别排列出植物群落的垂直地带性与高原地带性系列,也给予非地带性的隐域植物群落以特殊的排序位置。

在 DCA 的另一维度的排序轴 AX2 上,草甸、灌丛、草原与荒漠植物群落的样方从左到右,即由低排序值到高排序值依次排列成一个由中生-旱生-强旱生的生态系列,即生境湿度由高到低的梯度。高寒嵩草草甸样方的 AX2 排序值低于 150。高山稀疏植物群落样方在 90~180。变色锦鸡儿灌丛与草原

---

① 该程序软件包的全部程序,包括 RA、DCA 和 TWINSPAN 等已可在中国科学院植物研究所的 IBMPC/AT 与 ALTOS 计算机上使用。

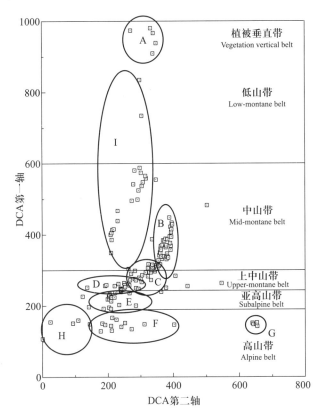

图 24-1　阿里植物群落的 DCA 二维散布图

Fig. 24-1　A two-dimensional scatter plot

of DCA ordination for plant communities in Ngari

A：克什米尔低山 Kashimiri low-montane desert

B：中山荒漠 Montane desert　C：中山草原 Montane steppe

D：中山草原灌丛 Montane steppe shrubland

E：亚高寒草原 Subalpine steppe　F：高寒草原 Alpine steppe

G：高寒荒漠 Alpine desert　H：高寒草甸 Alpine meadow

I：潜水（隐域）草甸与沼泽 Phreatic（intrazonal）meadow & bog

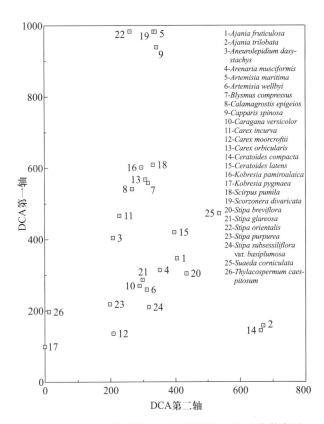

图 24-2　阿里几种优势种与指示种的 DCA 二维散布图

Fig. 24-2　A two-dimensional scatter plot of DCA

ordination for some dominant and indicative species in Ngari

植物群落样方居于 AX2 的中段：170～370。荒漠的样方 320～420，而高寒垫状驼绒藜荒漠的几个样方可达 650。隐域的盐化草甸与沼泽样方为 200～350。

　　阿里的 163 个植物群落样方中所含有的 241 种高等植物的 DCA 排序也表现了与上述群落样方梯度分布相对应的格局。所选择的若干优势种与指示种 DCA 的 AX1 与 AX2 二维散布图（图 24-2）反映了植物种生态梯度的基本图式。

　　（2）DCA 非等级制分类：在 DCA 排序的二维散布图（图 24-1）上阿里的植物群落样方形成了 12 个类型群。它们有规律地表征着阿里的基本植被类型及其与主导环境梯度的关系。图 24-3 是对图 24-1 的模式化与解释。在复合梯度上的植物群落类型群明显地表现出三个极点和一个中心。即图 24-3 最

上端的克什米尔型低山荒漠①，反映着干旱温暖的低山环境；图右下角的高寒荒漠⑩，表征着干旱寒冷的阿里西北部高原环境；以及图左下角的高山嵩草草甸⑪，指示着高山局部湿润寒冷的生境。另一个可能的群落组合或极点是湿润温暖的低山环境的植被类型则由于阿里实际上不存在此种气候条件而缺如。三个极点的交汇中心则是温性山地草原群落类型⑤，为干旱温凉中山带的典型植被，并向右上方经山地草原化荒漠类型④的过渡而在极端干旱与石质化的山地出现了极稀疏的温性山地荒漠类型③。在中度干旱温凉的山坡上则广布山地变色锦鸡儿灌丛类型⑥。温性草原与灌丛在亚高山与高山或北部羌塘高原则为亚高寒紫花针茅草原⑦与青藏薹草高寒草原⑧所替代而成为垂直带或高原地带性植被类型。可见在阿里山地与高原面上存在的多维群落生态梯度与类型均可以由 DCA 排序的二维散布图定量地与图式地予以表达。

　　（3）TWINSPAN 的等级制分类：TWINSPAN 是以二歧式的分割法来划分植物群落类型的。其划分根据"指示种"（indicator）将样方与种类组成依次划

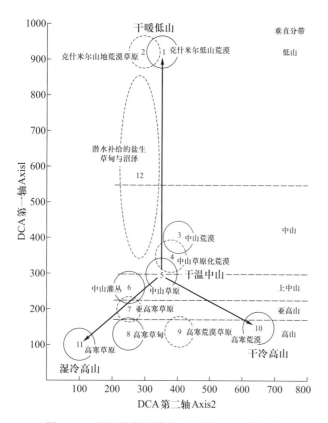

图 24-3 阿里植物群落类型及其生态梯度图解
Fig. 24-3 A two-dimensional diagram of plant
community types and their gradients in Ngari

分为各个等级的类型单位或生态类群。图 24-4 是以 TWINSPAN 进行分类而产生的阿里植物群落类型的树状图。该分类是一个等级制的分类系统。第一部(Division 1 或 D1)即植物群落样方的总体,包括所有 163 个样方。其所分出的第二部(D2)与第三部(D3)分别是山地与高原面上的地带性(靠大气降水补给)的与湖谷低地非地带性(靠潜水补给为主)的两大类群植物群落。前者(D2)又分为克什米尔低山荒漠植物群落类型(D4)与西藏高原山地与高寒植物群落(D5)两部分。高原植被(D5)进一步分为温性山地植被(D10)与高寒植被(D11)二部分……如此向下直分到第六级共 18 个植物群落类型,它们是各类草原、灌丛与荒漠群落,但其中也含有一个非地带性的芦苇盐生草甸类型,应划归第三部(D3)。非地带性的潜水植被(D3)则包括 9 个盐生草甸与草甸沼泽群落类型。

按 TWINSPAN 的分类,每一级划分都有其所依据的指示种与区别种(后者未在图上列出),这些种在每一等级都分为正负两类,分别指示相应的两歧类型。

2. 阿里气候因子对地理坐标的相关与多元回归分析

通过气候因子对地理坐标:纬度(L)、经度(G)与海拔高度(H)的相关与多元回归分析得出了决定气候因子的主导地理条件及其数学表达式与定量指标:

$$年均温(T) = 33.7 - 0.0068H - 0.75L + 0.24G \quad (1)$$
$$(r^2 = 0.985)$$

$$最热月均温(WMT) = 39.74 - 0.0075H - 0.04L + 0.08G \quad (2)$$
$$(r^2 = 0.973)$$

$$最冷月均温(CMT) = 51.84 - 0.0016H - 1.92L + 0.05G \quad (3)$$
$$(r^2 = 0.990)$$

$$年降水(P) = -210.6 + 0.055H - 35.06L + 15.11G \quad (4)$$
$$(r^2 = 0.993)$$

$$湿润指数(IM)[1] = -1065.5 - 0.2H + 2.23 \times 10^{-5}H^2 + 62L - 0.99L^2 + 5.91G \quad (5)$$
$$(r^2 = 0.996)$$

$$生物温度(BT)[2] = -63.06 - 0.015H + 1.282 \times 10^{-6}H^2 + 6.644L - 0.104L^2 + 0.0048G \quad (6)$$
$$(r^2 = 0.998)$$

$$可能蒸散率(PER)[2] = 32.2 + 0.02H - 0.201 \times 10^{-5}H^2 - 2.81L + 0.05L^2 - 0.28G \quad (7)$$
$$(r^2 = 0.990)$$

由于气候因子与地理坐标显著相关,因而可以根据相应的回归公式预测气候指标并对群落或植物种的排序与生态梯度进行定量的环境解释。

3. 阿里植物群落排序与生态梯度的环境解释

如前所述,阿里植物群落的 DCA 第一排序轴

---

[1] Thornthwaite(1948)的湿润指数(IM)。
[2] Holdridge(1967)的生物温度(BT)与可能蒸散率(PER)。

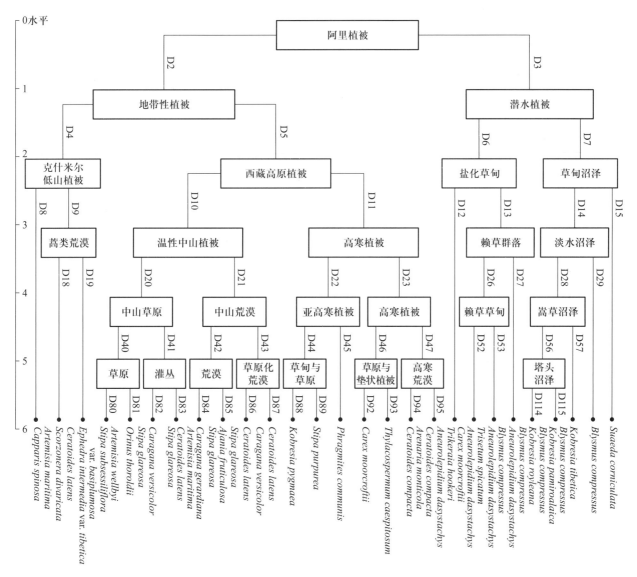

图 24-4　阿里植被类型的树状图（根据 TWINSPAN 等级制分类）

Fig. 24-4　A diagram of vegetation types of Ngari with TWINSPAN classification

（AX1）表现了海拔高度或热量的梯度。AX1 排序值与最热月均温（WMT）及海拔高度（H）的相关系数分别是 0.801 与 −0.812，它与 Holdridge 的生物温度（BT）与 Thornthwaite 的热量系数（TE）也显著相关：0.860 与 0.817。AX1 排序值对气候因子及地理坐标的最佳多元回归公式表明，最热月均温与海拔高度是决定 AX1 梯度的主导因子：

$$AX1 = -2725.2 + 1.68WMT^2 - 29.34WMT + 178393/G + 4226833H \quad (8)$$
$$(R = 0.817)$$

阿里植物群落的 DCA 第二排序轴（AX2）与气候因子及地理坐标的相关性不显著，却与土壤表层的有机质含量（ORG）及 pH 有较高的相关性，其相关系数分别是：−0.848 与 0.889。通过逐步回归分析所得出 AX2 的最佳多元回归式为：

$$AX2 = -21.36 - 239.02\log(ORG) - 22.23PER + 6.68pH \quad (9)$$
$$(R = 0.896)$$

AX2 虽然反映了植物群落的湿度梯度，但与降水及湿润度的相关性并不显著。这是因为植物群落的水分供应直接依靠于土壤湿度，但它是一个很不稳定的和难以比较测定的因子，除受大气降水与湿润度影响外，还受到地形与基质条件的重大作用。土壤有机质含量与 pH 是相对较稳定和可测定的特征，它们在一定程度上是与土壤湿度共轭的因素。因而在缺乏可靠的土壤湿度数据资料情况下，它们可作为替代的指标。

通过 DCA 两个主要排序轴与地理坐标及气候与土壤因子的回归分析对阿里植物群落类型及其生态梯度作出了定量环境解释，即对各植物群落样方及其类型客观地赋予以环境指标。另一方面，又可以通过这些回归公式根据纬度、海拔高度和经度三项参数预测或确定其地带性的植物群落类型。

按照实际样方资料与回归公式推算的阿里各主要地带性植物群落类型的环境指标与生态幅度如表24-1。

四、讨论与结论

1. 排序：阿里植物群落的 DCA 排序给出了两个显著与主导的生态梯度，即热量（或海拔高度）梯度与土壤湿度梯度。正是这个水热因子复合的梯度网决定了阿里的植物群落类型及其在空间上的地理分布。在热量梯度上由克什米尔低山谷地的暖性荒漠到阿里山地温性荒漠与草原而过渡到高原主体或高山上的高寒草原，最终是藏北的高寒荒漠或高山上部的高寒草甸与稀疏植被。在土壤湿度梯度上则由中生的草甸过渡到旱生的灌丛与草原而至于极度干旱的荒漠。两列梯度的生态差异十分显著，群落植物种类多样性的程度很大，达到 10 与 6.5 个半变①。这超过了以往所发表过的任何野外资料排序（Chang and Gauch，1986）。这表明 DCA 对于分析巨大差异的生态梯度与种类多样性复杂的样方资料有特别良好的功能。

2. 分类：TWINSPAN 的等级制分类与 DCA 二维散点的非等级制分类都产生了较好的植物群落数量分类。首先是地带性的与隐地带性的植物群落类型被截然分开，表明了二者之间由于环境条件的巨大差别而在群落的植物种类组成与类型方面造成的显著间断性。克什米尔低山的暖性荒漠也由于生境特殊与种类组成的差别而与高原内部的植物群落有明显区别。但在地带性的高原荒漠、草原与灌丛的群落梯度系列中则有连续性的过渡，只有高寒草甸

与高寒荒漠由于组成特殊，生境极端而处在湿度梯度的两个相反极端形成独立的植物群落类型，这在 DCA 的二维分类中有明显的反映。

TWINSPAN 分类根据 RA 的排序值分析所产生的区别种和指示种具有法瑞学派指示种组的含义与功能。尤其是 TWINSPAN 采用了"假种"——同一种在不同多度情况下具有不同的指示意义而被作为不同的"种"来处理——而具有重要的群落学分析作用，是对数量生态学方法的特殊贡献。这一数量分类分析手段把法瑞学派分类的核心——特征种与以优势种为根据的植物群落学分类作了巧妙而合理的结合，显示着不同分类学派走向融合的趋势。

3. 环境解释：植物群落类型与生态梯度的定量环境解释在本研究中进行了大量的尝试。无论在主导生态因子的精确定量确定，各因子间回归关系的数学表达式的形成，以及最后赋予各群落类型以环境指标及其生态幅度的量值方面都较成功地应用了数理统计手段——相关与多元回归分析。这为群落与生态梯度的环境解释分析过程提供了一条重要的途径，并为今后发展专门的环境解释的数量手段奠立了一定的基础。

4. 数量模型：DCA 的二维排序图式结合以相应的环境解释（主导生态因子的数量指标）可以作为植物群落类型空间分布及其生态梯度的数量-图式模型的构架。各主导生态因子对 DCA 排序轴的回归分析的数学表达式也可以在 DCA 的二维排序图上得到表现，从而给出个别生态因子的空间模式及其与植物群落类型的综合关系的图式。"排序-分类-环境解释"这三个相对独立又相互联系的分析过程或相继步骤的统一就是植物群落生态模型的构成。但这一过程仍有待从完整群落生态资料信息的取得与分析模拟技术的发展完善来达到。

5. 分析系统：植物群落生态定量分析系统的各个部分或步骤的分析程序与计算机软件已初步具备，但仍须补充、修改、完善，以供不同性质资料分析与不同分类目的之需。各部分之间连接以成为一个连续统一系统的研究与配制也仍待进行。

---

① 半变（half-change）：在群落梯度中植物种类多度发生 50% 的变化为一个半变（Gauch，1982）。

表 24-1　阿里植被类型的 DCA 排序值与环境指标

Table 24-1　DCA ordination scores and environmentalindexes of vegetation types in Ngari

植被类型	DCA第一轴	DCA第二轴	纬度	经度	海拔高度(m)	年均温(℃)	最热月温(℃)	最冷月温(℃)	年降水(mm)	生物温度(℃)	蒸散率	有机质(%)	pH
低山荒漠	938	347	31°52' (31°50'~31°55')	78°55'	3475 (3400~3550)	5.3 (4.8~5.8)	18.3 (17.8~18.8)	-5 (-5.8~-4.2)	123.6 (115.4~131.8)	7.7 (7.3~8.2)	2.2 (2.1~2.4)	0.9	8
低山草原化荒漠	953 (910~981)	336 (331~339)	31°48' (31°45'~31°50')	78°47' (78°45'~78°50')	3137 (3060~3200)	7.3 (7.0~7.8)	20.6 (20.1~21.2)	-1 (-1.8~0.1)	161.3 (153.6~172.0)	9.9 (9.5~10.4)	1.3 (1.0~1.5)	1.1	7.9
低山荒漠草原	974	270	31°50'	78°55'	3800	3.4	16	-8.2	97.8	6	2.8	1.9	7.8
中山荒漠	422 (408~432)	394 (368~395)	33°36' (33°35'~34°05')	79°19' (79°00'~79°45')	4483 (4250~5050)	-2.5 (-4.1~0.9)	11 (7.6~12.8)	-14.8 (-16.4~-13.6)	48.3 (29.6~55.4)	3 (2.3~3.8)	2.9 (2.6~3.2)	0.5	8.3 (8.2~8.4)
中山草原化荒漠	375 (345~394)	382	32°52' (31°20'~34°10')	79°26' (78°50'~80°10')	4519 (4250~4900)	-3 (-6.6~0.1)	10.7 (6.8~12.7)	-14.1 (-17.7~-12.5)	68.7 (37.6~103.3)	3 (1.4~3.7)	2.5 (1.6~3.4)	0.7 (0.6~0.8)	8 (7.7~8.2)
中山荒漠草原	334 (306~386)	350 (323~383)	32°20' (30°15'~34°20')	80°05' (78°50'~82°25')	4475 (4070~5050)	-1.2 (-6.9~2.2)	11.1 (6.6~12.8)	-13.3 (-17.8~-9.6)	92 (35.4~170.7)	3.2 (1.3~4.6)	2.3 (1.4~3.0)	1 (0.6~1.6)	7.9 (7.7~8.1)
上中山荒漠草原	281 (247~304)	322 (269~406)	31°49' (30°40'~33°15')	80°55' (78°55'~82°25')	4590 (4250~4900)	-1.4 (-3.3~0.5)	10.3 (8.5~12.5)	-13.4 (-14.7~-11.8)	120.8 (77.5~157.5)	2.9 (2.2~4.1)	1.6 (0.7~2.6)	1.5 (1.0~2.1)	7.8 (7.6~8.0)
上中山草原	258 (255~261)	236 (195~262)	31°23' (30°45'~32°00')	80°40' (79°00'~81°50')	4735 (4500~4930)	-1.9 (-3.3~0.7)	9.2 (7.5~10.8)	-13.8 (-14.4~-13.0)	123.2 (76.0~163.3)	2.5 (2.0~3.2)	1.3 (0.5~2.2)	2.4 (2.1~2.9)	7.5 (7.4~7.6)
亚高寒草原	225 (192~247)	223 (187~266)	32°18' (31°10'~33°15')	80°36' (78°50'~82°20')	4834 (4530~5150)	-3 (-5.8~0.9)	8.8 (6.7~11.0)	-14.6 (-16.2~-12.8)	112.3 (75.1~153.0)	2.3 (1.5~3.1)	1.2 (0.2~2.3)	2.6 (2.1~3.1)	7.5 (7.3~7.6)

续表

植被类型	DCA第一轴	DCA第二轴	纬度	经度	海拔高度(m)	年均温(℃)	最热月温(℃)	最冷月温(℃)	年降水(mm)	生物温度(℃)	蒸散率	有机质(%)	pH
亚高寒草甸草原	224 (197~251)	133 (122~141)	31°08' (30°50'~31°30')	80°46' (79°50'~81°20')	4887 (4800~5210)	-2.7 (-4.5~1.4)	8 (5.5~9.9)	-13.8 (-14.4~-13.4)	142.2 (104.8~177.2)	2.2 (1.5~2.8)	0.6 (-0.8~1.3)	4.1 (3.9~4.5)	6.9 (6.8~7.1)
高寒草原化荒漠	149 (148~151)	648 (643~653)	34°41' (34°35'~34°50')	80°27' (79°50'~81°20')	5297 (5100~5500)	-9 (-10.0~-8.5)	4.5 (3.2~5.5)	-18.8 (-18.9~-18.7)	81.2 (77.7~89.2)	0.8 (0.6~0.8)	0.4 (-0.5~1.3)	0.4 (0.3~0.5)	8.4 (8.3~8.8)
高寒荒漠草原	149	402	34°50'	81°40'	5100	-8.1	5.7	-19.1	84.1	0.9	1.1	0.9	8.1
高寒草原	151 (136~162)	239 (208~271)	34°18' (34°15'~35°00')	80°56' (80°20'~81°35')	5152 (5100~5300)	-7.7 (-8.8~-7.8)	5.6 (4.6~5.7)	-18.3 (-19.4~-18.1)	87 (73.4~892)	1 (0.8~1.1)	0.8 (0.3~1.3)	2.4 (1.9~2.8)	7.6 (7.4~7.7)
高寒草甸草原	140 (130~151)	180 (178~182)	33°50' (33°10'~34°30')	80°32' (80°30'~80°35')	5300 (5260~5340)	-7.6 (-8.4~-6.9)	5.2 (5.0~5.4)	-17.5 (-18.6~-16.4)	101.3 (82.8~119.9)	1.1 (0.9~1.3)	0 (-0.5~0.5)	3.2	7.2 (7.2~7.3)
高寒草甸	153 (150~156)	73 (23~109)	32°40' (31°10'~34°15')	80°32' (79°25'~81°20')	5300 (5200~5450)	-6.5 (-8.2~-4.5)	5.2 (4.0~5.9)	-16.1 (-18.1~-14.5)	129.5 (83.6~164.5)	1.3 (1.0~1.6)	-0.5 (-0.5~0.1)	6.5 (5.0~8.5)	6.4 (5.9~6.5)

参考文献

中国科学院自然区划工作委员会,1959. 中国气候区划(初编). 科学出版社.

中国科学院中国自然地理编辑委员会,1981. 中国自然地理(土壤地理). 科学出版社.

Budyko M. I.,1955. Klimaticheskie Usloviya Uvlazneniya na Materikah. IZV. ANUSSR. (in Russia)

Chang D. H. S.,1985. The multivariate analysis of vegetation and environmental factors in Ngari,Tibet. Dissertation,Cornell University,Ithaca,New York.

Chang D. H. S,and Gauch H. G.,1986. Multivariate analysis of plant communities and environmental factors in Ngari,Tibet. Ecology,67(6):1568-1575.

Digby P. G. N. and Kempton R. A.,1987. Multivariate analysis of ecological communities. Chapman and Hall,London.

Gauch H. G.,1977. ORDIFLEX—A flexible computer program for four ordination techniques,weighted averages,polar ordination,principal component analysis,and reciprocal averaging, Release B. Ecology and Systematics, Cornell University,Ithaca,New York,USA.

Gauch H. G.,1982. Multivariate analysis in community ecology.

Cambridge University Press,Cambridge,USA.

Hill M. O.,1973. Reciprocal averaging:An eigenvector method of ordination. Journal of Ecology,61:237-249.

Hill M. O.,1979a. DECORANA—A FORTRAN program for detranded correspondence analysis and reciprocal averaging. Ecology and Systematics, Cornell University, Ithaca, New York,USA.

Hill M. O.,1979b. TWINSPAN—A FORTRAN program for arranging multivariate data in an ordered two-way table by classification of the individuals and attributes. Ecology and Systematics,Cornell University,Ithaca,New York,USA.

Hill M. O.,and Gauch H. G.,1980. Detranded correspondence analysis,an improved ordination technique. Vegetation 42. 47-58.

Holdridge L. R.,1967. Life zone ecology, Rev. ed. Sa. Jose, Gosta Rica. Tropical Science Center.

Kira T.,1976. Terrestiral ecosystem—A general survey. Handb. Ecol. 2,Kyoritsn Suppan,Tokyo.

Marida K. V., Kent J. T., and Bibby J. M., 1979. Multivariate Analysis. Academic Press,London.

Penman H. L.,1956. Evaporation:An introductory survey. Netherlands Journal of Agricultural Science,4(1):9-29.

Thornthwaite C. W.,1948. An approach toward a rational classification of climate. Geographical Review,38:55-94.

Indirect Gradient Analysis,Quantitative Classification and Environmental Interpretation of Plant Communities in Ngari,Xizang(Tibet)

Chang Hsin-shih

(Institute of Botany,Chinese Academy of Sciences)

Abstract　Basing on the multivariate analysisof ordination,quantitative classification,and environmental interpretation of 163 plant community samples collected from Ngari,Xizang,the primary vegetation types,ecological gradients,and their quantitative relations with environmental factors of Ngari are given. The basic analysis contains the following three steps:1)the two principal ecological gradients are brought to light by two vectors of ordination scores produced by detrended correspondence analysis (DCA);2) the nonhierarchical and hierarchical classification systems of plant communities are produced from the 2-dimensional scatter plot of DCA ordination and two-way indicator species analysis(TWINSPAN),respectively;3) environmental indexes(quantitative interpretation)of various vegetation types are given by the multivariate regression analysis which connects the ordination scores with environmental and geographical parameters. It is shown by the analysis that the vegetation types of Ngari and their distribution are mainly determined by the thermal and moisture gradients. The former could be expressed quantitatively with the mathematic expression of geographical parameters, the latter with the soil characteristics. The two gradients contain quite different vegetation types, species, and habitats, ranging from low montane warm desert to alpine periglacial vegetation, and from intrazonal bog and saline meadow to zonal plateau desert and steppe with their particular position and ordination scores. That shows that the quantitative analysing method used here for handling the ecological data of plant communities with great ecological diversity is highly efficient.

Key words   Gradient analysis; Quantitative classification; Environmental interpretations; Plant communities; Tibet

第25章

研究全球变化的植被-气候分类系统[*]

张新时

（中国科学院植物研究所）

摘要 本文应用 Holdridge 的生命地带分类系统进行我国的植被-气候分类。计算结果所划分的生命地带与我国的植被分区有较好的对应性。该系统与计算净第一性生产力（NPP）的 Chikugo 模型结合尚可推算各地带的潜在净第一性生产力。文中对 CO_2 倍增条件下的我国植被演变趋势和生产力变化做了预测，并采用 GIS 做了图形分析和显示。

关键词 生命地带 植被-气候分类 全球变化 净第一性生产力

---

[*] 本文发表在《第四纪研究》,1993,13（2）:157-169。中国科学院植物研究所植被数量生态学开放实验室基金资助项目。

一、引论

气候是决定地球上植被类型及其分布的最主要因素。反言之,植被则是地球气候最鲜明的反映和标志。在研究全球变化时,气候-植被相互关系(climate-vegetation interaction)的确定具有极大的意义。这是因为,通过对现代气候与植被关系的分析,不仅能预测未来气候变化对植被的影响,也可以通过对地质时期,例如上一个最大冰期的古植物资料推断当时的气候。自19世纪以来,研究者们就致力于发展出一个相互作用的大气-生物圈系统,试图通过植被与气候的耦合关系或生物气候图式,使植被类型相对应于一定的气候,即用气候来预测植被的分布或用植被来推断气候[1-4]。这种方法在于理解植物分布的气候控制,即建立在植被类型——植物的生活型或外貌与两个广义的气候特征——温度与水分平衡(=降水-蒸散)之间存在着高度相关的基础上[5]。

可能蒸散率(potential evapotranspiration rate,PER)是一个综合温度与水分平衡的气候指标,通常用来表征和评价植被的气候控制[6]。对可能蒸散的定义是:"从不匮缺水分的、高度一致并全面遮覆地表的矮小绿色植物群体在单位时间内的蒸腾量"。计算可能蒸散的方法有许多种,繁简不一,但都是某种形式的热量(温度或辐射)与水分的函数式[2,3,6,7]。可能蒸散与降水的比率即可能蒸散率,或称为干燥度、干燥指数、湿润指数等。这些指数通常对应于一定的植被类型。以Budyko的干燥指数(K)为例:

$$K = R/(Lr)$$

式中,R为辐射差额;L为蒸发潜热;r为同期降水。

K小于0.35时为冻原带的水分条件;0.35~1.10为森林带的水分条件;1.10~2.30为草原带水分条件;2.30~3.40为半荒漠带水分条件;大于3.40为荒漠带水分条件。又因R不同而分为热带、副热带、寒带等。几种可能蒸散率方法对中国植被类型及其分布的关系曾分别进行过计算和论述[8-12];但在近年来Holdridge的方法以其简明、合理及与植被类型的密切对应而在国际上受到重视和广泛应用。因为这一方法可以根据某一地区的平均月气温和年降水值来估测其植被类型,并用以表示生物群区(biome)的分布格局[13,14]。特别是在近年来研究全球变化对生态系统影响的评价中,Holdridge的系统被广泛用于测试陆地生态系统复合体分布对模拟的气候变化的敏感程度及预测大气CO_2浓度倍增条件下的植被变化格局[15-18]。

二、Holdridge的生命地带系统

Holdridge的生命地带分类系统是以简单的气候指标——年平均生物温度(biotemperature,BT)、年降水和可能蒸散率来表示自然植被性质的一种图式。因为植被类型及其分布可以在这三个气候指标的基础上予以限定,生命地带具有双重意义,它既指示一定的植被类型,又含有该类型所代表的热量和降水的一定数值幅度。这样,根据这一系统既可以按照野外观测到的植被来确定该地区的气候状况,也可以从气候记录来估算出某一地区的天然植被类型。图25-1[3]所示的Holdridge生命地带图式是由年生物温度、年可能蒸散率和年降水的几何系列来表示的。这些气候指标与冰冻线相交形成了37个六边形的生命地带包含于一个三角形的坐标系统之中。每个六边形限定着由一个植被类型命名的生物气候。各气候指标的定义和计算方法如下。

生物温度(BT)是出现植物营养生长范围内的平均温度,在0~30℃,日均温低于0℃和高于30℃者均排除在外:

$$BT = 1/12 \sum_1^{12} T(M > 0)$$

式中,T(M>0)——超过0℃的月均温,但是超过30℃的平均温均按30℃计算,而低于0℃均按0℃计算。

可能蒸散(PET)是温度的函数,可能蒸散率(PER)则是PET与年降水(P)的比率:

$$PET = BT \times 58.93$$

$$PER = PET/P = BT \times 58.93/P$$

冰冻线处在BT 17℃的界限,该线在Holdridge的三角形图解中将暖温带与亚热带区分开。在图式中的水平生命地带与山地垂直带的气候指标值是等同的。这仅仅是由于二者在生物温度的等值性,而没有区别二者在季节温度与日照长度方面的差异。

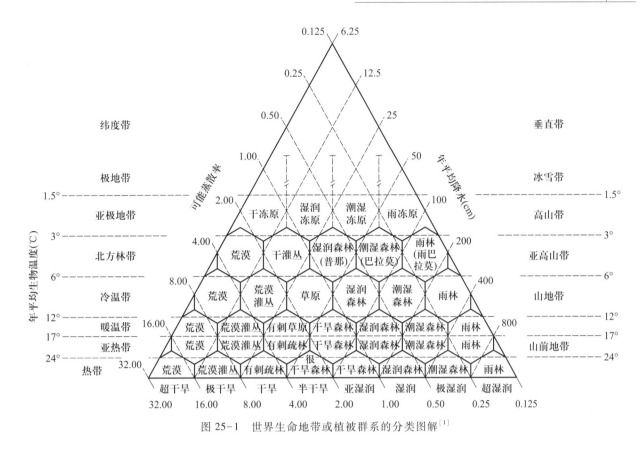

图 25–1　世界生命地带或植被群系的分类图解[1]

然而，植被的类型及其分布不总是取决于气候。在同一气候条件下，由于地形、土壤和基质，以及人为活动的干扰，如垦殖、放牧、火灾等以较小于气候的空间尺度出现，对植被类型及其分布产生第二性的影响。因此，应用 Holdridge 生命地带分类系统进行解释、模拟或预测植被类型时，不能确切与那些非气候性意义的植被相符合。这是因为该系统仅是气候顶极或地带性植被型性质的。

三、中国的生命地带类型

应用 Holdridge 方法对中国 700 多个气候站计算的结果①以生态信息系统（EIS）②进行了计算机制图，绘制了中国的可能蒸散率分布图和生命地带分布图（图 25–2、图 25–3）。其结果与中国植被区划图（图 25–4）[9] 相比，在生命地带与植被地带之间有较好的对应性。但存在以下三方面的显著差异。

（1）中国的亚热带植被地带在 Holdridge 的生命地带系统中大部分被划为暖温带。这是由于中国东部中纬度地带在冬季受到北部蒙古–西伯利亚高压反气旋和北极寒流南下的影响而具有较为寒冷干旱的冬季，但在夏季却炎热多雨，其天然森林植被为以优势种为常绿阔叶乔木树种所构成的东亚特殊的常绿阔叶林，被认为属于亚热带，其北界可达 BT 14℃；按照在中美洲热带的哥斯达黎加（Costa Rica）条件下所发展的 Holdridge 生命地带分类系统则大部分应划为暖温带。为了与全球生命地带系统具有一致性和可比性，中国的亚热常绿阔叶林地带的北部和中部在生命地带系统中就成了"暖温带"，对这一差别应给予注意。

（2）在中国西部，植被地带与生命地带的对应性较差，主要是由于西部地区的气候台站较少，用于气候要素计算模型的数据不足或分布不匀，而使生命地带的计算结果欠佳。例如，浩瀚的塔克拉玛干沙漠中就没有一个气候站。

---

① 应用作者在中国科学院植物研究所植被数量生态学开放实验室编制的可能蒸散计算软件（PEP）进行计算。

② 系中国科学院植物研究所植被数量生态学开放实验室杨奠安高级工程师编制的地理信息系统软件。

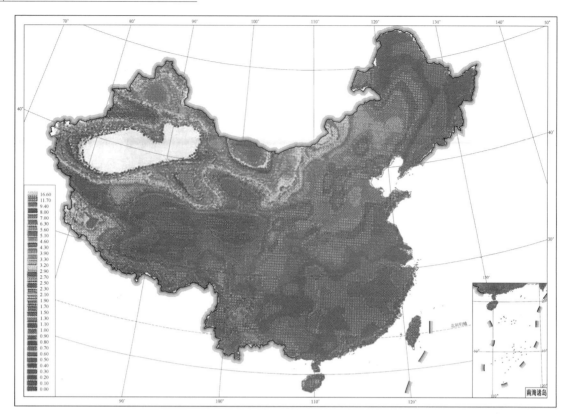

图 25-2　中国可能蒸散率分布图（参见书末彩插）

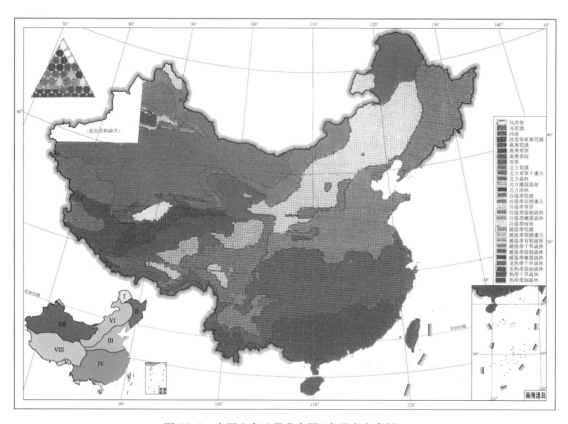

图 25-3　中国生命地带分布图（参见书末彩插）

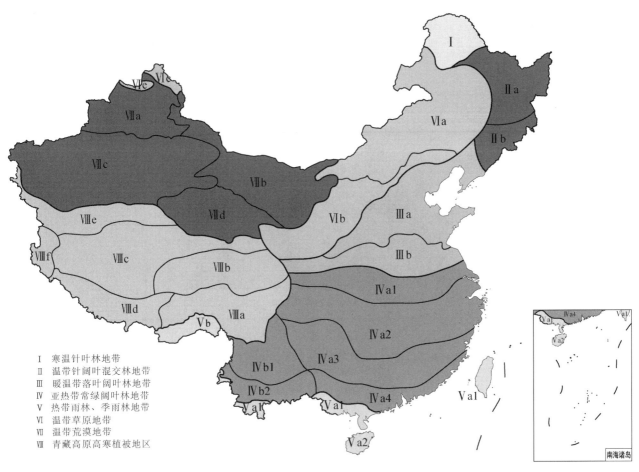

I　寒温针叶林地带
II　温带针阔叶混交林地带
III　暖温带落叶阔叶林地带
IV　亚热带常绿阔叶林地带
V　热带雨林、季雨林地带
VI　温带草原地带
VII　温带荒漠地带
VIII　青藏高原高寒植被地区

图 25-4　中国植被区划图(参见书末彩插)

（3）Holdridge 系统中的雪线界限的划定过于
划一。根据青藏高原等高寒地区的气候资料计算的
结果表明,该系统的高山界限和雪线与实际情况相
比较有较大出入[19]。尤其在大陆性强的干旱地区,
按 Holdridge 系统计算应属于冰川雪原的地方,实际
上分布着大面积的植被:高寒草甸、草原和荒漠。这
是由于在干旱区的高山和高原云雾较少,太阳辐射
强烈,具有很强的地表加温效应,从而补偿了大气的
低温,而使干旱山地的高山植物分布界限和雪线明
显地高于同气温条件下的湿润地区山地的高山植物
分布界限和雪线[20]。因此,在不同干旱程度地区的
高山植物分布界限与雪线处的生物温度是不等值
的,表现为在干旱山地或高原上植被分布上限和雪
线的海拔显著地高于它们在湿润地区高山上的界
限;亦即,干旱区山地的高山植物分布上限和雪线处
的生物温度偏低。反映在 Holdridge 生命地带系统

分类的三角形图解上则表现为这些界限在图解上部
的左侧,即干旱的一侧升高,出现了冰缘地带或高寒
荒漠地带。这一修正后的图解(图 25-5)在青藏高
原植被-气候分类中得到了较好的结果。

根据 Holdridge 系统对中国进行计算的结果(表
25-1)表明,中国的生物温度(BT)、可能蒸散
(PET)和可能蒸散率(PER)有显著的地理地带性。
这些气候变量与地理三维要素(纬度 L、经度 G 和海
拔 H)均有密切的相关性。在中国的条件下它们对
这三个地理坐标的回归关系如下:

$BT = 44.5275 - 0.488664L - 0.109246G - 0.00352548H (r^2 = 97.1\%)$

$PET = 2626.64 - 28.7953L - 6.4565G - 0.208039H (r^2 = 97.1\%)$

$PER = 10 (6.6935 + 0.05817L - 0.074054G - 0.00048954H) (r^2 = 67.5\%)$

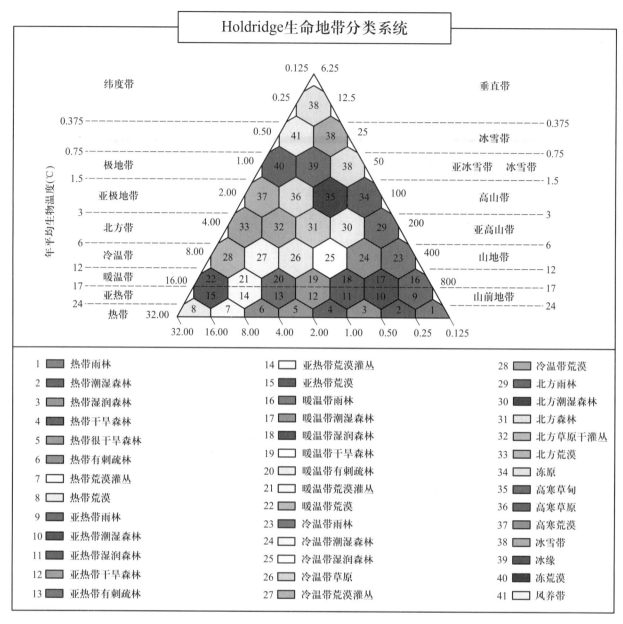

图 25-5　Holdridge 生命地带分类系统（参见书末彩插）

上式表明，在中国大陆上，每向北增加一个纬度，BT 降低 0.49℃，PET 减少 28.8 mm；每向东增加一个经度，BT 降低 0.11℃，PET 减少 6.5 mm；每升高 100 m 海拔，BT 降低 0.35℃，PET 减少 20.8 mm。

寒温针叶林地带（Ⅰ）——大兴安岭山地的平均 BT 为 5.6℃，年降水 451 mm，PER 0.74，属北方森林生命地带。东北温带针阔叶混交林北部地带（Ⅱa）的平均 BT 为 7.8℃，年降水 556 mm，PER 0.82；其南部地带（Ⅱb）的平均 BT 为 8.8℃，年降水 768 mm，PER 0.69，均属冷温带湿润森林生命地带。华北暖温带落叶阔叶林北部地带（Ⅲa）的 BT 平均为 11.3℃，年降水 584 mm，PER 达到 1.16，按 Holdridge

分类已不属森林，而属于冷温带草原生命地带；其南部地带（Ⅲb）的 BT 为 13.3℃，年降水 743 mm，PER 1.08，属暖温带干旱森林生命地带。我国东部亚热带常绿阔叶林北部地带（Ⅳa1）的 BT 为 15.1℃，年降水 967 mm，PER 0.92；其中北部地带的 BT 为 16.7℃，年降水 1350 mm，PER 0.74，均属 Holdridge 系统的暖温带湿润森林生命地带。常绿阔叶林的中南部（Ⅳa3）和南部地带（Ⅳa4）的 BT 分别为 18.1℃和 21.0℃，年降水为 1451 mm 和 1474 mm，PER 为 0.75 和 0.86，均属亚热带湿润森林生命地带。我国亚热带的西部（Ⅳb）按 Holdridge 分类亦属暖温带。中国南部的热带雨林、季雨林地带的北部（Va1）BT 为 22.4℃，年降水 1709 mm，PER 0.79，属 Holdridge 系统的亚热带湿润森林生命地带，无论热量和降水均达不到热带雨林的标准；其南部（Va2）BT 平均为 24.2℃，年降水 1684 mm，PER 0.95，勉强达到热带湿润森林生命地带的标准。我国南海珊瑚礁地区（Vc）的 BT 可达 26.5℃，年降水 1506 mm，PER 1.04，属热带干旱森林生命地带范畴。可见，按 Holdridge 标准，我国真正达到热带湿润森林生命地带的区域十分局限，且不存在热带潮湿森林和雨林生命地带。

我国北方温带草原地带的北部（Ⅵa）BT 为 8.0℃，年降水平均为 386 mm，PER 为 1.25；其南部（Ⅵb）的 BT 为 9.2℃，年降水 382 mm，PER 1.54，均属冷温带草原生命地带。温带荒漠的西部亚地带（Ⅶa）——准噶尔盆地的 BT 为 9.8℃，年降水 116 mm，PER 达 5.46；东部的阿拉善荒漠亚地带（Ⅶb）的 BT 为 9.7℃，年降水 110 mm，PER 6.6，均属冷温带荒漠生命地带。南疆的塔里木荒漠亚地带（Ⅶc）的 BT 为 12.1℃，年降水 41.4 mm，PER 高达 19.3，为冷温带向暖温带过渡的极端荒漠生命地带。柴达木高盆地荒漠（Ⅶd）的 BT 仅为 5.2℃，年降水 177 mm，PER 4.85，属亚高山荒漠生命地带。

按修正后的 Holdridge 系统，青藏高原东部的高寒草甸亚地带（Ⅷa）的 BT 为 3.5℃，年降水 551 mm，PER 0.38，属亚高山草甸生命地带。高原中部的高寒草原亚地带（Ⅷb）的 BT 为 2.6℃，年降水 298 mm，PER 0.50，属高山草原生命地带。高原南部河谷的温性灌丛草原亚地带（Ⅷc）的 BT 为 7.6℃，年降水 402 mm，PER 1.13，为山地草原或旱生灌丛生命地带。高原西部的阿里荒漠（Ⅷe）的 BT 为 4.1℃，年降水 172 mm，PER 1.39，属亚高山旱生灌丛生命地带。这就提供了根据气候指标来确定地带性的植被或气候顶极的植物群落类型的可能和基础，反之亦然。

四、中国植被潜在净第一性生产力（NPP）的估算

Chikugo 模型[21]根据 Budyko[7]的辐射平衡公式和研究计划对世界植被潜在净第一性生产力的研究而编制。该模型对中国植被的 NPP 估算（见表 25-1）有较好效果[12]。其基本公式如下：

$$RDI = R_n / (L \times P)$$
$$R_n = RDI \times L \times P = RDI(597 - 0.6T)P$$
$$NPP = 0.29 [\exp(-0.216 RDI)] R_n$$

式中，RDI 为辐射干燥度，kcal①/ha；R_n 为蒸发潜热（$L = 597 - 0.6T$），kcal/g；T 为平均气温，℃；P 为年降水量，mm；NPP 为潜在净第一性生产力，t/(ha·a)。

由于该模型的计算所需要的气候变量较多，因而不适用于全球变化条件下的生态系统变化的预测估算。通过对中国各植被地带 671 个气候站的 PER 和 Chikugo 模型中的重要指标辐射干燥度（RDI）的回归分析得出下列多项式：

$$RDI = 0.55802 + 0.31401 PER -$$
$$(9.8624E - 3) PER^2 +$$
$$(1.2274E - 4) PER^3$$
$$(r^2 = 90.9\%)$$

将上式代入前列的 Chikugo 模型公式，经转换计算得到符合度颇高的 NPP 估算值（表 25-1）。在中国大陆上，NPP 与纬度、经度和海拔的回归关系公式如下：

$$NPP = 12.0448 - 0.560691 L +$$
$$0.152365 G - (0.115307E - 2) H$$
$$(r^2 = 90.0\%)$$

式中，L 为纬度；G 为经度；H 为海拔，m。

可见中国各植被地带的 NPP 在东部森林区由南而北形成随纬度增高而递减的梯度（图 25-6），大约每增加一个纬度，NPP 降低 0.56 t/(ha·a)；在低纬度的热带雨林季雨林为 17.56 t/(ha·a)，到高纬度的北方寒温针叶林则为 4.62 t/(ha·a)。NPP 由西到东则为递增的梯度，大约每增加一经度，NPP 增加 0.15 t/(ha·a)；西部荒漠区的 NPP 一般在 1 t/(ha·a) 以下，中部草原为 4.75～4.91 t/(ha·a)，到东部森林地带则为 7 t/(ha·a)。NPP 在山地的垂直递减率为 0.116 t/(ha·a·100 m)。

---

① 1 kcal = 4186.8 J。

表 25-1　现在及 CO₂ 倍增后中国植被地带的 Holdridge 生命地带系统指标和潜在净第一性生产力

植被地带	指标	站数	现在		CO₂ 倍增后			
					温度+2℃, 降水+20%		温度+4℃, 降水+20%	
			平均值	标准差	平均值	标准差	平均值	标准差
Ⅰ 寒温针叶林地带	BT	6	5.617	0.571	6.600	0.716	7.733	0.761
Ⅰa. 南部山地亚地带	PET	6	331.4	35.1	390.5	42.2	456.4	44.4
	P	6	451.1	31.8	541.3	38.1	541.3	38.1
	PER	6	0.738	0.091	0.723	0.086	0.847	0.093
	NPP	6	4.617	0.279	5.483	0.319	5.767	0.344
Ⅱ 温带针阔叶混交林地带	BT	20	7.772	0.630	8.944	0.631	10.12	0.618
Ⅱa. 北部亚地带	PET	20	458.6	36.98	527.3	36.97	596.1	36.98
	P	20	556.2	47.9	667.5	57.4	667.5	57.4
	PER	20	0.824	0.096	0.791	0.085	0.894	0.092
	NPP	20	5.883	0.350	6.944	0.417	7.256	0.411
Ⅱb. 南部亚地带	BT	22	8.765	0.893	10.01	0.975	11.35	1.109
	PET	22	516.1	52.5	589.2	57.6	669.1	65.0
	P	22	767.6	159.9	921.1	191.9	921.1	191.9
	PER	22	0.687	0.134	0.653	0.125	0.741	0.140
	NPP	22	7.550	1.175	8.880	1.402	9.255	1.420
Ⅲ 暖温带落叶阔叶林地带	BT	44	11.31	1.303	12.84	1.391	14.45	1.530
Ⅲa. 北部亚地带	PET	44	667.0	76.7	757.0	81.9	852.4	90.1
	P	44	584.3	96.6	701.1	115.9	701.1	115.9
	PER	44	1.162	0.203	1.098	0.189	1.240	0.213
	NPP	44	6.992	0.745	8.195	0.869	8.588	0.890
Ⅲb. 南部亚地带	BT	48	13.34	1.096	15.22	1.181	17.14	1.145
	PET	48	787.0	64.77	897.8	69.9	1010	67.3
	P	48	742.6	129.9	891.1	155.9	891.1	155.9
	PER	48	1.076	0.188	1.023	0.175	1.152	0.195
	NPP	48	8.570	0.981	10.07	1.162	10.54	1.173
Ⅳ 亚热带常绿阔叶林地带	BT	31	15.10	0.913	17.10	0.901	18.88	0.807
Ⅳa1. 北部亚地带	PET	31	890.5	53.97	1008	53.3	1113	47.7
	P	31	967.4	162.9	1161	195.4	1161	195.4
	PER	31	0.922	0.125	0.869	0.119	0.964	0.135
	NPP	31	10.54	1.207	12.34	1.416	12.79	1.399
Ⅳa2. 中北部亚地带	BT	83	16.73	0.866	18.71	0.838	20.46	0.782
	PET	83	986.2	50.77	1103	49.3	1206	45.9
	P	83	1350	235.1	1620	282.1	1620	282.1
	PER	83	0.744	0.129	0.693	0.119	0.758	0.133
	NPP	83	13.46	1.623	15.74	1.926	16.19	1.914

植被地带	指标	站数	现在		CO₂ 倍增后			
					温度+2℃，降水+20%		温度+4℃，降水+20%	
			平均值	标准差	平均值	标准差	平均值	标准差
Ⅳa3. 中南部亚地带	BT	46	18.07	1.679	20.04	1.659	21.81	1.544
	PET	46	1066	98.8	1182	97.8	1286	90.9
	P	46	1451	295.5	1741	354.6	1741	354.6
	PER	46	0.749	0.126	0.693	0.117	0.755	0.129
	NPP	46	14.47	2.193	16.88	2.559	17.34	2.537
Ⅳa4. 南部亚地带	BT	24	21.00	0.895	22.97	0.881	24.55	0.764
	PET	24	1238	52.8	1354	52.2	1448	45.7
	P	24	1474	233.8	1769	280.6	1769	280.6
	PER	24	0.856	0.138	0.779	0.127	0.833	0.137
	NPP	24	15.42	1.649	17.84	1.929	18.24	1.926
Ⅳb1. 中西部亚地带	BT	24	14.36	2.836	16.36	2.836	18.36	2.824
	PET	24	846.7	167	965	167.1	1083	166.1
	P	24	952.6	218.7	1143	262.5	1143	262.5
	PER	24	0.893	0.322	0.851	0.286	0.955	0.300
	NPP	24	10.24	1.587	12.01	1.843	12.52	1.849
Ⅳb2. 西南部亚地带	BT	9	16.53	1.515	18.53	1.515	20.53	1.515
	PET	9	974.6	89	1093	89.0	1211	89
	P	9	1118	192.9	1342	231.5	1342	231.5
	PER	9	0.904	0.230	0.841	0.200	0.932	0.216
	NPP	9	11.91	1.053	13.88	1.273	14.41	1.308
Ⅳb3. 西部山地亚地带	BT	12	8.880	2.509	10.72	2.660	12.69	2.722
	PET	12	523.3	148.1	632.1	156.5	747.8	160.5
	P	12	673.0	164.2	807.7	197.1	807.7	197.1
	PER	12	0.803	0.614	0.807	0.567	0.950	0.622
	NPP	12	6.830	0.939	8.210	1.138	8.710	1.259
Ⅴ热带雨林、季雨林地带 Ⅴa1. 北部亚地带	BT	20	22.37	0.634	24.34	0.624	25.79	0.568
	PET	20	1319	37.2	1435	36.3	1521	33.5
	P	20	1709	392.4	2051	471	2051	471
	PER	20	0.794	0.169	0.720	0.152	0.764	0.162
	NPP	20	17.29	2.548	20.02	3.028	20.38	3.037
Ⅴa2. 南部亚地带	BT	5	24.24	1.141	26.18	1.119	27.58	0.820
	PET	5	1430	67	1543	64.5	1626	49
	P	5	1684	591	2021	709	2021	709
	PER	5	0.952	0.377	0.856	0.334	0.900	0.344
	NPP	5	17.56	3.67	20.22	4.40	20.58	4.48

植被地带	指标	站数	现在		CO₂ 倍增后			
					温度+2℃,降水+20%		温度+4℃,降水+20%	
			平均值	标准差	平均值	标准差	平均值	标准差
Ⅴb. 西部亚地带	BT	6	20.93	1.394	22.93	1.394	24.87	1.305
	PET	6	1234	81.5	1352	81.5	1466	76.40
	P	6	1474	194	1768	232.9	1768	232.9
	PER	6	0.848	0.115	0.775	0.102	0.842	0.116
	NPP	6	15.38	1.420	17.83	1.699	18.33	1.654
Ⅴc. 南海亚地带	BT	1	26.50	*	28.20	*	29.20	*
	PET	1	1561	*	1664	*	1724	*
	P	1	1506	*	1807	*	1807	*
	PER	1	1.040	*	0.920	*	0.950	*
	NPP	1	17.00	*	19.40	*	19.70	*
Ⅵ温带草原地带	BT	29	7.967	1.211	9.148	1.223	10.33	1.261
Ⅵa. 北部亚地带	PET	29	469.9	71.5	538.6	72.0	609.2	74.5
	P	29	385.8	84.1	462.9	101.0	462.9	101
	PER	29	1.251	0.493	1.196	0.464	1.355	0.517
	NPP	29	4.752	0.828	5.581	0.939	5.863	1.012
Ⅵb. 南部亚地带	BT	36	9.231	1.032	10.65	1.116	12.16	1.203
	PET	36	544.3	61.3	628.2	66.4	716.7	70.6
	P	36	382.4	102.3	458.8	122.8	458.8	122.8
	PER	36	1.536	0.688	1.475	0.653	1.679	0.732
	NPP	36	4.906	0.935	5.794	1.066	6.072	1.246
Ⅵc. 西部亚地带	BT	4	7.500	0.927	8.675	0.881	9.850	0.900
	PET	4	442.7	53.5	511.5	53.5	580.3	53.4
	P	4	168.9	21.1	202.7	25.3	202.7	25.3
	PER	4	2.635	0.286	2.540	0.265	2.885	0.300
	NPP	4	2.675	0.359	3.200	0.392	3.175	0.435
Ⅶ温带荒漠地带	BT	8	9.825	1.410	11.10	1.500	12.41	1.600
Ⅶa. 西部亚地带	PET	8	579.5	83.9	654.1	88.9	732.0	93.9
	P	8	116.3	35.0	139.6	42.0	139.6	42.0
	PER	8	5.456	1.866	5.135	1.769	5.760	2.016
	NPP	8	0.950	1.094	1.237	1.278	1.075	1.268
Ⅶb. 东部亚地带	BT	17	9.747	1.270	11.13	1.318	12.61	1.338
	PET	17	574.5	74.6	656.2	76.8	743.8	78.7
	P	17	109.7	56.2	131.6	67.4	131.6	67.4
	PER	17	6.58	4.46	6.24	4.15	7.06	4.63
	NPP	17	0.973	1.222	1.240	1.469	1.053	1.475

续表

植被地带	指标	站数	现在		CO₂ 倍增后			
					温度+2℃,降水+20%		温度+4℃,降水+20%	
			平均值	标准差	平均值	标准差	平均值	标准差
Ⅶc. 南部亚地带	BT	23	12.10	1.201	13.74	0.935	15.34	0.950
	PET	23	713.7	70.6	810.5	55.4	904.3	55.8
	P	23	41.43	18.48	49.71	22.18	49.71	22.18
	PER	23	19.27	9.27	18.77	10.59	20.93	11.52
	NPP	23	0.000	0.042	0.000	0.083	0.000	0.021
Ⅶd. 柴达木荒漠亚地带	BT	11	5.167	1.535	6.333	1.665	7.589	1.758
	PET	11	304.6	90.9	373.2	98.5	446.5	103.2
	P	11	177.4	153.8	212.9	184.5	212.9	184.5
	PER	11	4.85	6.88	4.86	6.81	5.73	7.98
	NPP	11	1.778	1.594	2.156	1.935	2.278	2.120
Ⅷ青藏高原高寒植被地区	BT	26	3.542	1.322	4.650	1.512	5.904	1.714
Ⅷa. 高寒草甸亚地带	PET	26	208.4	77.6	274.1	89.2	348.0	100.9
	P	26	550.6	127.1	660.7	152.5	660.7	152.5
	PER	26	0.384	0.128	0.423	0.124	0.539	0.144
	NPP	26	4.679	1.044	5.717	1.248	6.058	1.284
Ⅷb. 高寒草原亚地带	BT	5	2.620	1.197	3.580	1.329	4.640	1.531
	PET	5	154.1	70.0	211.3	79.6	273.7	90.1
	P	5	297.8	29.4	357.4	35.3	357.4	35.3
	PER	5	0.504	0.184	0.580	0.169	0.752	0.181
	NPP	5	2.720	0.526	3.380	0.606	3.680	0.661
Ⅷc. 温性草原亚地带	BT	4	7.575	0.608	9.275	0.741	11.20	0.829
	PET	4	447.1	36.8	548.8	43.4	660.5	50.0
	P	4	402.1	54.1	482.5	64.9	482.5	64.9
	PER	4	1.125	0.168	1.153	0.176	1.388	0.210
	NPP	4	4.750	0.451	5.750	0.526	6.225	0.574
Ⅷd. 高寒荒漠亚地带								
Ⅷe. 温性荒漠亚地带	BT	1	4.100	*	5.200	*	6.400	*
	PET	1	238.8	*	306.6	*	375.4	*
	P	1	171.8	*	206.2	*	206.2	*
	PER	1	1.390	*	1.490	*	1.820	*
	NPP	1	2.300	*	2.800	*	3.000	*

　* 缺值。

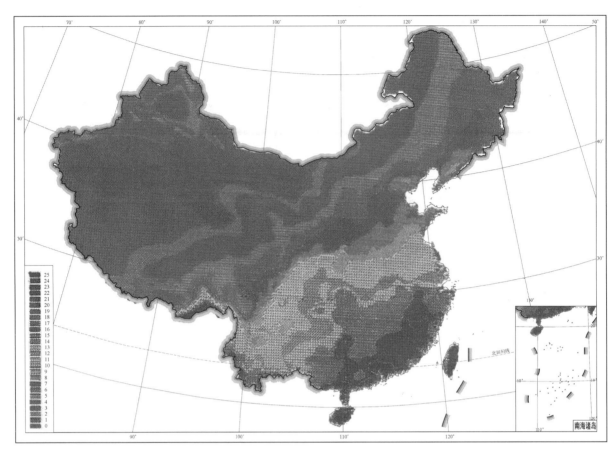

图 25-6　中国潜在净第一性生产力(干物质,t/(ha·a))分布图(参见书末彩插)

五、在 CO_2 倍增条件下中国植被及其潜在净第一性生产力反应的预测

根据若干个大气环流模型(GCM)对 CO_2 倍增后的中国大陆的气温和降水变化的预测,最可能的一般结果[①]可综合归纳如下:(1)年均气温增加 2℃,年降水增加 20%;(2)年均气温增加 4℃,年降水增加 20%。

应该指出,第一,这些变化可能因地而异,不会是均匀一致的。但由于不同的大气环流模型所给出的变量在时空格局方面有极大差异,无法归纳出一个统一的变化模式。第二,在估测中只是根据气温和降水的变化给出植被潜在或可能的演变趋势,而未考虑植被对气候变化的滞后性。

应用 Holdridge 系统对中国大气 CO_2 浓度倍增

后,温度增加 2℃ 和 4℃、降水增加 20% 的情况下进行模拟计算的结果表明(图 25-7、图 25-8、图 25-9、表 25-1):

寒温带的北方针叶林地带在气温增加 2℃ 情况下,BT 平均达 6.6℃,比原来增加 1℃,平均降水达 541 mm,PER 稍减少,平均为 0.723,表明其大部分已由北方森林趋向于冷温带森林类型,仅其北端在我国境内仍有局部北方针叶林存在。在气温增加 4℃ 时,其 BT 平均达 7.7℃,PER 为 0.847,全部演变为冷温带森林,北方针叶林地带已全部北移出境。NPP 在 +2℃ 和 +4℃ 情况下分别为 5.5 t/(ha·a) 和 5.8 t/(ha·a),比现在增加了 0.9~1.2 t/(ha·a)。

温带针阔叶混交林地带在 +2℃ 和 +4℃ 条件下,BT 增加一般不超过 12℃,无太大变化,仍保持在冷温带森林类型范围内,但 NPP 平均增加了 1.1~1.7 t/(ha·a)。温带落叶阔叶林地带的北部 BT 增加超过了 12℃,进入暖温带,其南部则在 +4℃ 时 BT 可

---

① Robock A., Ackerman T. P., Turco R. P., Harwell M. A., Anderessen R., Chang H. S. and Sivakumar M. V. K., 1993. Use of General Circulation Model Output in the Creation of Climate Change Scenarios for Impact Analysis.

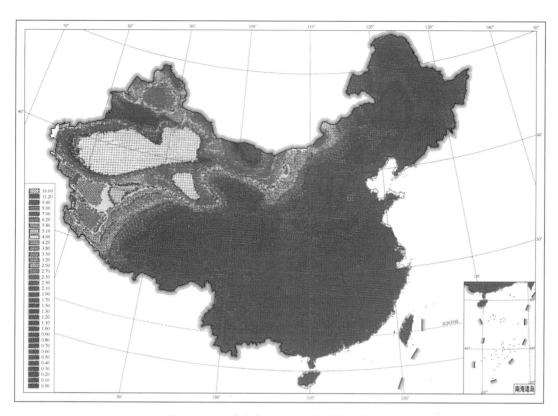

图 25-7　全球变化后中国可能蒸散率分布图

（CO_2 增加一倍，温度增加 4℃，降水增加 20%）（参见书末彩插）

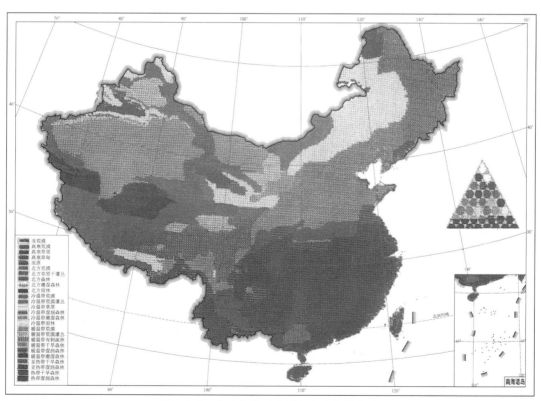

图 25-8　全球变化后中国生命地带分布图

（CO_2 增加一倍，温度增加 4℃，降水增加 20%）（参见书末彩插）

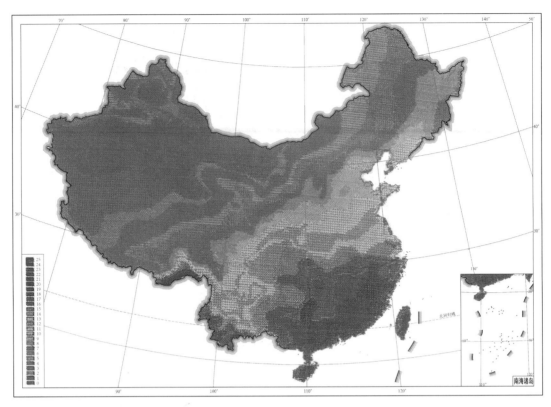

图 25-9　全球变化后中国潜在净第一性生产力（干物质, t/(ha·a)）分布图
（CO_2 增加一倍, 温度增加 4℃, 降水增加 20%）（参见书末彩插）

超过 17℃, 部分达到了亚热带标准, 但由于 PER 均超过 1.0, 属于干旱森林类型。NPP 亦有所增加, 在北部超过 8 t/(ha·a), 南部则可超过 10 t/(ha·a)。

广阔的亚热带常绿阔叶林地带在 +2℃ 和 +4℃ 条件下, 其北部和中部的 BT 增加没有超过亚热带森林热量范围, 仅在 +4℃ 时南部边缘超过了 24℃, 进入了热带范围; PER 变化不大, 均属潮湿森林类型。NPP 在北部增加约 2 t/(ha·a)。在南部增加 2~3 t/(ha·a), 可达 18.2 t/(ha·a)。热带雨林、季雨林地带的北部在 Holdridge 分类系统中原属亚热带, 但在增温后大部分均进入了热带范围, 使中国大陆南缘形成了完整连续的热带潮湿森林带, 其 NPP 均超过了 20 t/(ha·a)。

中国大陆的各类森林地带界线在 +4℃ 和 +20% 降水后, 一般向北推移了 2.5~4.5 个纬度, 尤其是南北两边的变化较大, 温带森林的移动幅度较小。

温带草原地带在增温后大部分地区的 BT 未超过 12℃, 仍保持在冷温带范围内, 仅南部亚地带的南缘, 在 +4℃ 情况下大部进入了暖温带的范围。北部亚地带 +2℃ 条件下有森林化的趋势, 部分地区

PER 可低至 0.73; 但南部亚地带西部在 +4℃ 条件下则显著荒漠化, PER 可高达 2.4。因此, 当增温后, 草原地带在东部为森林所侵入, 在西部则为荒漠进逼而受到两面夹击。草原地带 NPP 的增加幅度一般在 1 t/(ha·a) 左右。温带荒漠地带本身的变化不甚显著, NPP 的变动也不大。

青藏高原植被对增温的影响十分敏感, 尤其是北部的高寒荒漠大部趋向转变为温性荒漠, 从而大大增加了我国温带荒漠的面积。

六、结论

1. 以 Holdridge 生命地带系统为基础的中国植被-气候分类提供了一个精度基本上令人满意和便于应用的定量分析方法。当该方法与经过转换的 Chikugo 模型结合使用则能从气候指标计算出植被的潜在净第一性生产力。这一综合方法不仅能用于估测地区现实的潜在植被类型及气候生产力, 还能用于预测全球变化条件下的植被及其生产力的演变图景。依理反推, 则可能根据古植被资料推算相应

的古气候范围。

2. 中国的植被(生命地带)类型气候指标——生物温度、蒸散率及其潜在净第一性生产力与纬度、经度及海拔之间存在着显著的相关性,表明在气候、地理因素与植被类型及生产力之间有规律的空间分布格局。

3. 对大气中 CO_2 倍增导致的气候变化所引起的中国植被类型、分布界限和范围以及生产力的演变可能进行有条件的预测。其可能的图景之一是中国东部森林地带的北移——寒温针叶林地带大部出境和热带森林地带在南部海岸登陆,温带草原地带遭到一定程度的压缩,以及青藏高原高寒荒漠的温性化。

4. 有必要进一步对该气候-植被分类系统指标做进一步的调整和修正,尤其是青藏高原部分的气候-植被数量相关式尚差强人意。然而,通过初步研究表明人类活动所引起的全球变化在气候-植被关系方面有重大影响,加深和改进这方面的研究和预测能力,对于人类采取适当的对策和措施当具不容忽视的巨大意义。

致谢　中国科学院植物研究所植被数量生态学开放实验室提供了计算和绘图的计算机软硬件,杨奠安高级工程师调制了所有的彩图,倪文革和刘春迎同志协助计算,田新智同志协助清稿,特致谢意。

参考文献

[1] Köppen W. P., 1900. Versuch einer Klassifikation der Klimate nach ihren Beziechungen zur Pflanzenwelt. *Geogr. Z.*, 6:593-611, 657-679.

[2] Thornthwaite C. W., 1948. An Approachtoward a Rational Classification of Climate. *Geographical Review*, 38:57-94.

[3] Holdridge L. R., 1967. Life Zone Ecology. Rev. ed. Tropical Science Center, San Jose, Costa Rica, pp. 206.

[4] Box E. O., 1981. Macroclimate and Plant Forms: An Introduction to Predictive Modeling in Phytogeography. The Hague: Junk.

[5] Woodward F. I., 1987. Climate and Plant Distribution. Cambridge University Press, pp. 62-63.

[6] Penman H. L., 1956. Estimating Evaporation. *Transactions of American Geographical Union*, 37:43-50.

[7] Budyko I. M., 1955. Heat Balance of Earth's Surface. Hydrometeorological Printing House, Leningrad.

[8] 中国科学院自然区划工作委员会, 1959. 中国综合自然区划. 科学出版社, 14.

[9] 中国植被编委会, 1980. 中国植被. 科学出版社, 29-30, 754-756.

[10] 张新时, 1989a. 植被的 PE(可能蒸散)指标与植被-气候分类(一)——几种主要方法与 PEP 程序介绍. 植物生态学与地植物学学报, 13(1):1-9.

[11] 张新时, 1989b. 植被的 PE(可能蒸散)指标与植被-气候分类(二)——几种主要方法与 PEP 程序介绍. 植物生态学与地植物学学报, 13(3):197-207.

[12] Zhang Xinshi & Yang Dianan, 1990. Radiative Dryness Index and Potential Productivity of Vegetation in China. *Journal of Environmental Sciences (China)*, 2 (4): 95-109.

[13] Whittaker R. H., 1975. Communities and Ecosystems. 2nd ed. Macmillan Publishing Co. Inc., NY, pp. 167-188.

[14] Ricklefs R. E., 1976. The Economy of Nature. Charon Press Inc., N. Y. & Concord.

[15] Emanuel W. R., Shugart H. H. and Stevenson, M. P., 1985. Climatic Change and the Broad-scale Distribution of Terrestrial Ecosystem Complexes. *Climatic Change*, 1: 29-43.

[16] Lemans R., 1991. HASA's Climate Data Base. *Options*, 90:9-12.

[17] Henderson-Sellers, 1991. Developing an Interactive Biosphere for Global Climate Models. *Vegetation*, 91: 149-166.

[18] Prentice K. C., 1990. Bioclimatic Distribution of Vegetation for General Circulation Model Studies. *Journal of Geophysical Research*, 95(D8):11811-11830.

[19] Chang D. H. S., 1985. The Multivariate Analysis of Vegetation and Environmental Factors in Ngari, Tibet. Cornell University, Ithaca, NY, pp. 42-45, 140-142.

[20] Price L. W., 1981. Mountains and Man: A Study of Process and Environment. University of California Press, Berkeley.

[21] Uchijima Z. and Seino H., 1985. Agroclimatic Evaluation of Net Primary Productivity of Natural Vegetation. (1) Chikugo Model for Evaluating Primary Productivity. *Journal of Agricultural Meteorology*, 40:343-352.

A Vegetation-Climate Classification System for Global Change Studies in China

Zhang Xinshi(Chang Hsin-shih)

(**Institute of Botany,Chinese Academy of Sciences**)

Abstract   The study on vegetation-climate interaction is the basis for research of ecosystem response in global change. By means of quantitative analysis on vegetation-climate interaction or digitized diagram of bioclimatology, vegetation types and their distribution pattern can be corresponded with certain climatic types in a series of mathematical forms. Thus,the climate can be used to predict vegetation types and their distribution,the same is in reverse. Potential evapotranspiration rate is a comprehensive climatological index combines temperature with precipitation and can be used to evaluate the climatic control of vegetation. In this respect,Holdridge's method has been devoted much attention and widely applied internationally by its simplicity,reasonableness,and close correspondence between vegetation and climate. It is especially applicable for the assessment of sensibility of terrestrial ecosystems and their distribution in accordance with climate change and to predict the changing pattern of vegetation under doubled CO_2 condition.

Holdridge's life zone system is an integrated relationship or geometric series of annual biotemperature(BT),annual precipitation,and potential evapotranspiration rate(PER),which constitutes a climatological diagram for natural vegetation. The BT,PER,and life zones of China's biomes or vegetation zones are resulted by applying this system to calculate more than 700 climatological stations in China.

Comparing with China's vegetation division map,the distribution map of life zone in China displayed by EIS shows a quite good correspondence with the former one,but there are some differences as follows:

1. China's subtropical vegetation zone mostly belongs to warm-temperate zone in Holdridge's life zone system;

2. The correspondence between vegetation zones and life zones in western China is relatively lower. This is owing to that there is no enough climatological stations in there,and also the simulation on high plateau climate and vegetation is insufficient by Holdridge's system;

3. The snow-line of Holdridge's system is too even. It should be higher in elevation on arid mountains than which on moist mountains. That means the BT of snow-line would lower on the former one. Therefore,an appropriate correction was made for Holdridge's system.

According to the result of analysis by calculating climatological data of vegetation zones using Holdridge's system in China,the BT,potential evapotranspiration(PET),and PER show geographical zonalities. There are close correlations among the climatological parameters and geographical indexes:latitude(L),longitude(G),and altitude (H). Their regression correlations are as follows:

$$BT = 44.5275 - 0.488664L - 0.109246G - 0.00352548H$$
$$(r^2 = 97.1\%)$$
$$PET = 2626.64 - 28.7953L - 6.4565G - 0.208039H$$
$$(r^2 = 97.1\%)$$
$$PER = 10^{(6.6935+0.05817L-0.074054G-0.00048954H)}$$
$$(r^2 = 67.5\%)$$

In China's continent,while increasing each one degree of latitude towards north,BT would decrease 0.49°C and PET would decrease 28.8 mm;While increasing each one degree of longitude towards east,BT would decrease

0. 11°C and PET would decrease 6. 5 mm;While increasing each 100 m of altitude,BT would decrease 0. 35°C and PET would decrease 20. 8 mm.

PER has also close correlation with Budyko's radiative dryness index(RDI):

$$RDI = 0.55802 + 0.31401PER - (9.8624E - 3)PER^2 + (1.2274E - 4)PER^3$$
$$(r^2 = 90.9\%)$$

Thus,the net primary productivity(NPP)which was calculated from RDI in Chikugo Model,now,could be easily obtained by using PER. The regressional correlation of NPP on geographical indexes is as follows:

$$NPP = 12.0448 - 0.560691L + 0.152365G - (0.115307E - 2)H$$
$$(r^2 = 90.0\%)$$

That means while increasing each one degree of latitude,NPP would decrease 0. 56 t/(ha · a);while increasing each one degree of longitude,NPP would increase 0. 15 t/(ha · a);and while increasing each 100 m of altitude,NPP would decrease 0. 116 t/(ha · a).

It is estimated that under the global warming caused by doubled CO_2 content in the atmosphere,the annual mean temperature may increase 2−4°C and the annual precipitation may increase 20%;according to calculation from Holdridge's system,the forest zones in eastern China's continent may be push towards the north for 2. 5−4. 5 degree of latitude,the boreal coniferous forest zone will be almost moved out of the northern boundary of the country. The tropical forest zone should expand towards north from southern coast. The temperate steppe zone may be forced to shrink back in the east by the forest zone and by the desert zone in the west. The vegetation on the Tibet Plateau seems mostly sensible to be warming and changes tremendously,its alpine desert will mostly transfer to temperate desert,and greatly increase the area of temperate desert in China.

第26章
水热积指数的估算及其在中国植被与气候关系研究中的应用*

倪健　张新时

(中国科学院植物研究所植被数量生态学开放实验室,北京　100093)

　　摘要　试图利用大气年平均气温、年降水量、可能蒸散和土壤水分平衡之间的关系建立一个水热积指数,并应用年平均气温、年土壤水分盈亏和水热积指数三个气候变量来限定植物群落组合,构成一个圆形的生命-气候图式。根据全国689个标准气象台站的气候资料,计算了中国8个植被地带和26个亚地带的年平均气温、年土壤水分盈亏和水热积指数,绘制了各气候指标在中国的分布图及散点图,较好表现了中国各植被类型与气候指标的关系和格局,包括寒温带针叶林、冷温带针阔叶混交林、暖温带落叶阔叶林、亚热带常绿阔叶林、热带雨林和季雨林、温带草原、温带荒漠、青藏高原高寒植被,并得到了中国各植被地带的气候指标范围及界限。通过分析可以看出,年平均气温的等值线较好地反映了中国大陆的热量梯度,经度和纬度方向的区分均较明显;年土壤水分盈亏曲线的等值线则比较零乱;综合了热量和水分差异的水热积指数等值线与热量梯度和水分梯度均有一定的对应性,与植被类型的对应也较好。这是在宏观尺度上进行的植被与气候关系研究的一种尝试。

　　关键词　植被-气候关系,年平均气温,年土壤水分盈亏,水热积指数,生命-气候图式

---

　　* 本文发表在《植物学报》,1997,39(12):1147-1159。国家自然科学基金资助项目(No.39393000)。

Estimation of Water and Thermal Product Index and its Application to the Study of Vegetation-Climate Interaction in China

Ni Jian, Zhang Xin-shi

（ **Laboratory of Quantitative Vegetation Ecology, Institute of Botany,** **Chinese Academy of Sciences, Beijing　100093** ）

Abstract　A water thermal product index was in attempt to be established according to the relations among annual average temperature, anual precipitation, potential evapotranspiration and soil water balance. The plant community groups were constrained to form a circular life-climate diagram using three climatic indices, annual average temperature, annual soil water surplus and deficit, and water and thermal product index. Based on the records of 689 meteorological stations of China, the annual average temperature, soil water surplus and deficit, water and thermal product index of 8 vegetation zones and 26 subzones were calculated. The vegetation types included cold-temperate (boreal) coniferous forest, cool-temperate mixed coniferous-broadleaved forest, warm-temperate deciduous broadleaved rain forest, subtropical evergreen broadleaved forest, tropical forest and monsoon rain forest, temperate steppe, temperate desert and Tibetan high-cold plateau alpine vegetation. Additionally, distributional and scatter graphs of every climatic index were drawn. All of these highlighted well the relationship and pattern between vegetation and climate in China. The isopleth of annual average temperature relatively reflected the thermal gradient in China. The differences in latitude and longitude were significant. The isopleth of soil water surplus and deficit was scattered. The isopleth of water and thermal product index not only showed better relation to thermal and water gradients but also to vegetation types. The study was an attempt of understanding the vegetation-climate interaction at a large scale which merits more understanding of its mechanism, such as the interaction and feedback between vegetation and climate, plant population, and soil characteristics, etc. to further improve this method.

Key words　Vegetation-climate interaction, Annual average temperature, Annual soil water surplus and deficit, Water and thermal product index, Diagram of life-climate

从宏观尺度来看,气候是决定地球上植被类型及其分布的最主要因素,而植被则是地球气候最鲜明的反映和标志。在众多的气候要素中,热量、水分与湿度是决定地球表面的植被类型及其分布的主要因素,后者又取决于前两者。自19世纪初期植物地理学中出现有关植物与气候关系的定性描述以来,人们便利用不同的气候指标组合来分析这种植被与气候的关系,并从定性描述转向定量研究,其中比较成熟、国际上应用广泛的综合气候指标有 Penman 的可能蒸散和干燥度[1],Thornthwaite[2] 的潜在可能蒸散、水分指数及气候分类,Holdridge[3] 的生物温度、降水与可能蒸散三者组合的生命地带分类系统,Kira[4] 的温暖指数、寒冷指数和干湿度指数,以及众多的干湿度气候指标和可能蒸散计算公式及植被气

候分类方案。当今,在人类活动造成的全球变化环境问题研究中,植被与气候的关系研究又成为大气圈-生物圈-地圈系统研究的前沿,以及生态学、环境学、地理学和气象学工作者研究的焦点,为此在国际地圈和生物圈计划(IGBP)中专门设立了全球变化与陆地生态系统(GCTE)核心项目。通过对现代气候与植被关系的分析,不仅能预测未来气候变化对植被的影响及其反馈,而且可通过地质时期和历史时期的古植物资料来推断当时的气候。自19世纪以来,研究者们就致力于发展一个相互作用的大气-生物圈系统,试图通过植被与气候的耦合关系或生物气候图式,使植被类型对应于一定的气候,即用气候来预测植被的分布或用植被来推断气候[2-9],而这种方法的关键在于理解植物分布的气

候控制,即建立在植被类型-植物的生活型或外貌与两个广义的气候特征——温度与水分平衡(降水-蒸散)之间存在着高度相关的基础上[10,11]。本文试图利用大气温度、降水和土壤水分平衡之间的关系建立一个水热积指数,并应用年平均气温、年土壤水分盈亏和水热积指数三个气候变量来限定植物群落组合,构成一个圆形的生命-气候图式,来分析中国植被与气候的关系。

1 原理

人们很早就认识到植被和气候的关系并试图进行世界植被分类,从 19 世纪初至今的近两个世纪里,世界主要植被类型的分布与气候的对应性或相关性已被较好地描述过,然而,关于气候影响或制约植被的机制仍然缺乏,即使最近的以气候的全球模式来解释植物分布的不同模型,甚至 Holdridge[3] 和 Box[8] 的比较现代的方法,也仅提供了植物分布和气象台站所记录的气象特征之间很宽的相关性,并没有建立这种相关性的基本生理基础[11]。不过,显著的和宽广的相关性确实存在于植被分布和两个主要气候特征——温度与降水之间,这两个气候特征可能是探讨气候制约植物分布机理的有用出发点。

1.1 温度

温度是最常用的表征气候的热量指标,所反映的冷热状况简明、含义清楚,而且各气象台站都有观测,资料易得,故很早就被用作气候区划和植被气候关系研究的指标,至今仍在使用。温度的许多方面可影响植物的分布,如年平均气温[9]、年最低温度[10-12]、最热月的日最高气温和最冷月的日最低气温[13]、大于 10℃ 积温[14]、生物温度[3] 等,这些温度指标之间均具高度相关性,有些指标如年最低温度,可有效限制植物和植被类型的分布,并由此来限定植被类型[11],有较好的生理生态意义。在本研究中,选择了与温度气候带对应性好且直观的大气年平均气温作为植被分布的热量指标。

1.2 降水与水分平衡

年降水量是表示干湿状况最简明的气候指标,是与森林、灌丛、草原和荒漠等植被类型高度相关的,并与经度、纬度和温度的高低密切联系。降落到

植被覆盖的地表上的降水总量,一部分是流失掉的,其中一些作为径流流失,余下的渗入土壤中被植物根部有效吸收。降水总量减去蒸发(从叶片和土壤表面)和径流被定义为水分平衡,是对植物有效的水分量度。对于土壤的水分平衡来讲,由降水量与可能蒸散的差值,可得土壤水分的盈余和亏缺[2,15]。水分收支与植冠的叶量密切相关,可被用于预测植冠的叶量[10];而叶量也可被用于预测植被类型[16]。由此看来,水分平衡或者土壤水分的盈余和亏缺是与植被类型密切相关的。

在土壤水分盈亏计算中,有一个关键性的“可能蒸散”参数,常被用作植被与气候相关分析与分类的综合气候指标。可能蒸散(PE)是“从不匮缺水分的、高度一致并全面遮覆地表的矮小绿色植物群体在单位时间内的蒸腾量”[1],它包含从所有表面的蒸发与植物蒸腾,并涉及决定植被分布的两大气候要素:温度和降水。计算可能蒸散的 Penman 公式及其修正与改进[1,17,18]具有很好的物理学意义,在此被用作估算土壤水分盈亏的一个重要参数。为此,定义一个地区的土壤水分盈亏为年总降水量与可能蒸散的差值,即:

$$SD = P - PE \qquad (1)$$

式中,SD 为年土壤水分盈亏(mm),P 为年降水量(mm),PE 为可能蒸散(mm)。降水大于可能蒸散时土壤水分盈余,SD 值为正;降水小于可能蒸散时土壤水分亏缺,SD 值为负。

1.3 水热积指数

在大气圈-生物圈-地圈的大气-植物-土壤连续体系统内,大气年平均气温和年土壤水分盈亏两个指标与植物的生长和地理分布关系密切,我们定义其乘积为水热积指数 K,作为一个综合温度与水分平衡的气候指标,来表征和评价植被的气候控制,即:

$$K = T \cdot SD/100 \qquad (2)$$

式中,K 为水热积指数(℃·mm),T 为年平均气温(℃),SD 为年土壤水分盈亏(mm)。年平均气温是随纬度的变化而变化的,它有正负值,水分盈亏随着经度(距离海洋的远近)的变化而变化,也有正负值。无论年平均气温为正值或负值时,水分盈亏可能为正值,也可能为负值;同样,当水分盈亏值的符号一定时,年平均气温也有正负值的变化。而对于某一个地区的年平均值而言,只能有上述一种情况,

由此便决定了水热积指数的正负值,可用双曲线的特例来表示(图 26-1)。

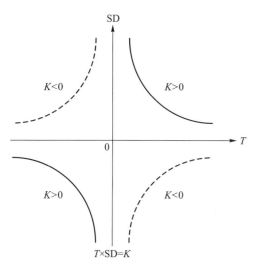

图 26-1　年平均气温、年土壤水分盈亏和水热积指数关系示意图

Fig. 26-1　A schematic diagram of the ralations among annual average temperature, annual soil water surplus and deficit, thermal and water product index

2　材料和方法

2.1　气象资料

气象资料取自国家气象局气象台站 1951—1980 年的记录[19],所用气象台站为 689 个。所记录的气象指标为:经度、纬度、海拔、年及各月平均气温、降水量、日照百分率、相对湿度和风速。利用 Penman 公式及其修正[1,18]来计算可能蒸散,并按公式(1)和(2)分别估算水分盈亏和水热积指数。

2.2　植被资料

利用《中国植被》[20]中的植被类型及植被分区,划分 8 个植被地带和 26 个亚地带。将每个植被地带和亚地带的分布区范围绘制到相应的中国气象站点分布图上,读取该分布范围内的气象站点的记录,依次统计年平均气温、水分盈亏和水热积指数的平均值、标准差及范围。

3　结果和讨论

3.1　水热积指数与地理位置的关系

在中国大陆,年平均气温、年土壤水分盈亏和水热积指数与地理三维要素纬度(LAT)、经度(LONG)和海拔(ALT)有显著的相关性,利用 SPSS 统计分析软件包,得其地理回归模型如下($n = 689$):

T_a = 55.1230 − 0.7116LAT − 0.1446LONG − 0.0046ALT ($r = 0.9832$)

P_a = 1174.5978 − 55.8776LAT + 14.9278LONG − 0.0810ALT ($r = 0.8850$)

PE = 2032.7027 − 17.6460LAT − 4.2849LONG − 0.0952ALT ($r = 0.6916$)

SD = −858.1049 − 38.2317LAT + 19.2127LONG + 0.0142ALT ($r = 0.6969$)

K = − 1.4651 − 5.0320LAT + 1.7010LONG − 0.0023ALT ($r = 0.6399$)

式中, r 为复相关系数, n 为气象台站数。根据上式,在中国大陆,每向北移动一个纬度,年平均气温(T_a)降低 0.71℃,年降水量(P_a)减少 55.88 mm,可能蒸散(PE)减少 17.65 mm,年土壤水分盈亏(SD)减少 38.23 mm,水热积指数(K)减少 5.03℃·mm;每向东移动一个经度, T_a 降低 0.14℃, P_a 增加 14.93 mm,PE 减少 4.28 mm,SD 增加 19.21 mm, K 增加 1.70℃·mm;海拔每升高 100 m, T_a 降低 0.46℃, P_a 减少 8.10 mm,PE 减少 9.52 mm,SD 增加 1.42 mm, K 减少 0.23℃·mm。

3.2　中国植被类型地理分布与水热积指数的关系

中国各植被地带、亚地带的年平均气温、年土壤水分盈亏和水热积指数如表 26-1。

分布在我国大兴安岭北部山地的寒温带针叶林是欧亚大陆北部的泰加林向南延伸的部分,在中国为南部山地亚地带,主要由落叶松属(*Larix*)的树种组成,雨季受南海季风尾间影响,其他皆为西伯利亚反气旋控制,成为我国最寒冷的地区,年平均气温在 −5.2~2.0℃,年降水量为 400~500 mm,80% 以上降水皆集中于温暖的 7—8 月,形成有利于植物生长的

表 26-1　中国植被地带的年平均气温、年土壤水分盈亏和水热积指数

Table 26-1　Annual mean temperature, annual soil water surplus and deficit, thermal and water produce index for the vegetation zones of China

植被地带 Vegetation zones	指标 Index	站数 n	平均值 Mean	标准差 S.D.	最小值 Min	最大值 Max
Ⅰ 寒温针叶林地带	T_a	6	-3.30	1.40	-5.20	-2.00
Cold-temperate coniferous forest zone	P_a	6	451.08	29.01	403.40	493.40
Ⅰa. 南部山地亚地带	PE	6	329.32	39.92	265.10	357.60
Southern montane subzone	SD	6	121.77	34.05	83.10	170.50
	K	6	-4.37	2.62	-7.95	-2.05
Ⅱ 温带针阔叶混交林地带	T_a	20	1.92	1.52	-1.60	3.70
Temperate coniferous-broadleaved mixed forest zone	P_a	20	557.85	46.64	478.70	666.10
Ⅱa. 北部亚地带	PE	20	537.89	72.24	390.90	670.30
Northern subzone	SD	20	19.96	93.51	-141.50	204.00
	K	20	-0.59	1.98	-5.24	3.37
Ⅱb. 南部亚地带	T_a	24	4.43	2.99	-7.30	7.80
Southern subzone	P_a	24	791.74	187.94	484.60	1332.60
	PE	24	614.84	67.54	518.60	733.60
	SD	24	176.90	198.81	-125.70	734.90
	K	24	5.54	15.79	-53.65	33.69
Ⅲ 暖温带落叶阔叶林地带	T_a	50	9.55	2.70	-4.10	13.20
Warm-temperate deciduous broadleaved forest zone	P_a	50	594.23	100.73	418.00	913.30
Ⅲa. 北部亚地带	PE	50	861.75	76.12	679.10	1012.50
Northern subzone	SD	50	-267.51	137.95	-526.60	194.80
	K	50	-27.65	15.07	-60.09	14.61
Ⅲb. 南部亚地带	T_a	52	12.68	2.10	5.30	15.10
Southern subzone	P_a	52	749.08	141.20	531.00	1132.00
	PE	52	947.64	81.97	700.70	1154.40
	SD	52	-198.56	158.56	-543.90	115.50
	K	52	-25.68	20.59	-67.97	15.82
Ⅳ 亚热带常绿阔叶林地带	T_a	33	14.92	1.07	11.50	16.00
Subtropical evergreen broadleaved forest zone	P_a	33	963.88	178.03	474.60	1391.20
Ⅳa1. 北部亚地带	PE	33	925.03	59.66	781.30	1020.40
Northern subzone	SD	33	38.86	178.11	-446.50	537.20
	K	33	6.24	27.06	-64.74	81.12
Ⅳa2. 中北部亚地带	T_a	93	16.06	2.20	7.80	18.30
Mid-north subzone	P_a	93	1412.30	295.58	866.50	2394.50
	PE	93	922.85	97.66	722.90	1184.50
	SD	93	489.45	302.52	-236.70	1464.70
	K	93	75.16	40.05	-37.40	155.20

续表

植被地带 Vegetation zones	指标 Index	站数 *n*	平均值 Mean	标准差 S.D.	最小值 Min	最大值 Max
Ⅳa3. 中南部亚地带 Mid-south subzone	T_a	52	17.39	2.49	8.30	20.50
	P_a	52	1440.04	297.45	954.20	2013.80
	PE	52	955.66	114.24	707.60	1221.30
	SD	52	484.38	256.83	−179.10	1042.70
	K	52	85.48	49.32	−30.98	198.11
Ⅳa4. 南部亚地带 Southern subzone	T_a	34	21.20	1.07	18.40	23.00
	P_a	34	1457.99	258.17	896.20	1889.30
	PE	34	1083.76	151.02	844.70	1394.20
	SD	34	374.23	318.29	−383.30	970.50
	K	34	80.58	69.37	−75.89	216.31
Ⅳb1. 中西部亚地带 Mid-west subzone	T_a	25	14.05	3.53	3.00	21.90
	P_a	25	1006.44	281.07	613.80	1922.80
	PE	25	1035.25	174.31	648.10	1501.90
	SD	25	−28.81	404.39	−888.10	1274.70
	K	25	−13.26	53.43	−194.49	123.88
Ⅳb2. 西南部亚地带 Southwest subzone	T_a	10	17.25	2.58	14.80	23.80
	P_a	10	1084.82	199.46	784.70	1463.80
	PE	10	1115.14	149.26	929.10	1463.90
	SD	10	−30.32	334.14	−679.20	456.70
	K	10	−12.40	65.33	−161.65	67.59
Ⅴ 热带雨林、季雨林地带 Tropical rain forest and monsoon rain forest zone	T_a	25	22.60	1.20	19.10	25.30
	P_a	25	1691.82	377.70	968.10	2822.70
Ⅴa1. 北部亚地带 Northern subzone	PE	25	1194.66	136.33	933.90	1440.30
	SD	25	497.15	390.65	−143.10	1708.60
	K	25	111.45	87.96	−32.91	382.73
Ⅴa2. 南部亚地带 Southern subzone	T_a	5	24.26	1.04	22.40	24.70
	P_a	5	1684.28	528.35	993.30	2447.10
	PE	5	1405.28	186.24	1090.60	1621.40
	SD	5	279.00	711.82	−628.10	1356.50
	K	5	61.16	166.19	−155.14	303.86
Ⅴb. 西部亚地带 Western subzone	T_a	14	14.31	8.25	−0.40	22.60
	P_a	14	1193.40	576.18	279.40	2237.20
	PE	14	1033.64	96.84	832.10	1154.80
	SD	14	159.76	519.77	−741.10	1215.80
	K	14	57.12	70.72	−37.06	220.06
Ⅴc. 南海亚地带 South Sea subzone	T_a	2	26.65	0.15	26.50	26.50
	P_a	2	1346.65	159.45	1506.10	1506.10
	PE	2	1495.50	311.40	1806.90	1806.90
	SD	2	−148.85	151.95	−300.80	−300.80
	K	2	−39.44	40.27	−79.71	−79.71

植被地带 Vegetation zones	指标 Index	站数 n	平均值 Mean	标准差 S.D.	最小值 Min	最大值 Max
Ⅵ 温带草原地带	T_a	40	2.50	2.57	−3.20	6.00
Temperate steppe zone	P_a	40	345.40	101.15	142.20	497.80
Ⅵa. 北部亚地带	PE	40	691.00	172.27	357.60	1017.80
Northern subzone	SD	40	−345.60	243.48	−831.70	94.70
	K	40	−12.21	12.27	−39.09	2.76
Ⅵb. 南部亚地带	T_a	44	6.49	2.34	−0.20	9.70
Southern subzone	P_a	44	383.73	99.98	183.30	520.10
	PE	44	832.74	85.61	649.90	1040.20
	SD	44	−449.01	163.11	−855.40	−129.80
	K	44	−30.72	17.51	−70.14	0.79
Ⅵc. 西部亚地带	T_a	4	2.58	1.64	3.00	4.00
Western subzone	P_a	4	168.88	18.28	142.30	190.00
	PE	4	618.25	87.52	616.20	712.90
	SD	4	−449.38	84.73	−522.90	−435.40
	K	4	−12.70	7.75	−18.30	−15.69
Ⅶ 温带荒漠地带	T_a	15	5.36	1.98	1.80	8.40
Temperate desert zone	P_a	15	193.31	110.30	64.30	291.60
Ⅶa. 西部亚地带	PE	15	712.76	160.15	499.70	1078.30
Western subzone	SD	15	−519.45	231.26	−1014.00	−327.70
	K	15	−30.53	21.32	−79.47	−6.14
Ⅶb. 东部亚地带	T_a	33	4.62	3.33	−3.30	8.60
Eastern subzone	P_a	33	140.41	100.47	17.60	396.30
	PE	33	934.62	162.97	615.40	1230.80
	SD	33	−794.21	245.96	−1186.40	−219.10
	K	33	−42.64	30.76	−96.66	11.00
Ⅶc. 南部亚地带	T_a	29	8.95	4.29	−4.50	13.90
Extremely arid subzone	P_a	29	71.58	67.08	16.40	276.20
	PE	29	915.09	146.18	468.80	1211.20
	SD	29	−843.52	201.66	−1174.00	−192.60
	K	29	−81.45	36.85	−125.13	15.16
Ⅷ 青藏高原高寒植被地区	T_a	21	6.78	3.45	−0.90	14.50
Tibetan high-cold plateau alpine vegetation zone	P_a	21	660.55	142.52	324.70	926.20
Ⅷa. 山地寒温性针叶林亚地带	PE	21	899.75	112.97	727.70	1148.40
Mountain coniferous forest subzone	SD	21	−239.20	231.66	−818.70	129.10
	K	21	−20.52	29.15	−118.71	8.02
Ⅷb. 高寒草甸亚地带	T_a	26	0.10	2.75	−4.90	6.40
Alpine meadow subzone	P_a	26	550.02	124.61	303.90	782.70
	PE	26	745.79	61.19	636.60	894.90
	SD	26	−195.77	153.41	−483.30	105.40
	K	26	1.15	7.43	−18.73	16.28

植被地带 Vegetation zones	指标 Index	站数 n	平均值 Mean	标准差 S.D.	最小值 Min	最大值 Max
Ⅷc1. 高寒草原亚地带 Alpine steppe subzone	T_a	18	-3.87	3.98	-11.20	3.30
	P_a	18	295.72	94.97	131.20	493.30
	PE	18	854.12	66.04	742.70	1000.10
	SD	18	-558.43	120.06	-719.70	-100.00
	K	18	19.22	18.63	-16.80	47.90
Ⅷc2. 温性草原亚地带 Temperate steppe subzone	T_a	9	4.79	2.37	1.30	8.20
	P_a	9	362.26	88.79	171.80	480.90
	PE	9	940.82	342.04	0.00	1217.10
	SD	9	-578.57	289.45	-808.90	171.80
	K	9	-30.71	22.07	-66.33	5.33
Ⅷd1. 高寒荒漠亚地带 Alpine desert subzone	T_a	4	-7.95	3.18	-10.80	-2.70
	P_a	4	44.65	28.24	14.60	57.80
	PE	4	875.00	82.92	800.00	900.00
	SD	4	-830.31	55.15	-842.20	-100.00
	K	4	65.27	24.83	22.70	84.80
Ⅷd2. 温性荒漠亚地带 Temperate desert subzone	T_a	1	-0.10			
	P_a	1	171.80			
	PE	1	800.00			
	SD	1	-628.20			
	K	1	0.63			

T_a. 年平均气温($℃$);P_a. 年降水量(mm);PE. 可能蒸散(mm);SD. 年土壤水分盈亏(mm);K. 水热积指数($℃ \cdot mm$)。

T_a. Annual average temperature($℃$);P_a. Annual precipitation(mm);PE. Potential evapotranspiration(mm);SD. Annual soil water surplus and deficit(mm);K. Thermal and water product index($℃ \cdot mm$).

气候条件,但由于冻层的存在而使水分流失,可能蒸散为 265~360 mm,年土壤水分盈余 121.8 mm,水热积指数为 -4.4℃·mm,属北方森林地带。

东北冷温带针阔叶混交林地带受海洋气流影响较大,具有湿润型温带季风气候的特征,年平均气温较低,降水量 500~800 mm 甚至 1000 mm,随地形起伏而差异较大,雨热均集于夏季,但同时可能蒸散也较大,年土壤水分有盈余也有亏缺,从 -140 mm 到 730 mm,则水热积指数也有正有负。其北部红松(Pinus koraiensis)针阔叶混交林亚地带的水热条件差于南部红松、沙冷杉(Abies holophylla)针阔叶混交林亚地带,两者均属冷温带沿海湿润森林,多数地区降水丰沛,水分盈余,发育着良好的植被。

华北暖温带落叶阔叶林地带夏季受南海与西南季风作用,酷热多雨,有利于植被的生长和发育,冬季受蒙古-西伯利亚反气旋高压控制,严寒晴燥,限制了常绿树种的分布,形成夏绿林,降水量虽然为 500~1000 mm,但季节分配不均,可能蒸散大于降水量,大部分地区土壤水分亏缺,水热积指数大都为负值。其北部赤松(P. densiflora)、油松(P. tabulaeformis)、落叶栎林亚地带的水分亏缺 -267.5 mm,土壤缺水严重,水热积指数为 -27.7℃·mm;其南部松、落叶栎林亚地带年土壤水分亏缺 -198.6 mm,水热积指数 -25.7℃·mm。此地带虽属暖温带森林地带,但气候干燥,为干旱森林类型。

亚热带常绿阔叶林地带分布范围广阔,地形地貌复杂多变,全年热量充足,降水丰沛,降水量大于 1000 mm,最高可达 3000 mm,但东部地区夏季受太平洋南海季风作用,冬季受西伯利亚寒潮影响,春夏高温多雨,冬季降温显著,但仅稍干燥,大部分地区水分盈余,属于湿润森林生命地带;而西部地区夏半年受印度洋西南季风作用,夏秋多雨,冬半年受西部大陆干热气团影响,冬春干暖,水分较为亏缺,属亚热带半湿润、偏干旱森林地带。由于南北延伸较大,气候指标的变动幅度亦较大,水热条件由南向北在不同的几个亚地带变得更加充足,以南亚热带最好;由东向西则水分亏缺的发生率增大,在云贵高原和川西山地已存在干湿季之分。

热带季雨林、雨林地带雨季受热带和赤道台风与西南季风作用,干季东部受寒潮影响,西部受热带大陆气团控制,高温多雨,干湿季较分明,除南海珊瑚礁地区水分亏缺外,其他地方多数水分盈余,水热积指数为正值。其中,东南部地带的水热条件均甚好,属热带湿润森林地带,但与世界同纬度地区相比,北部亚地带从气温和降水都达不到热带雨林和季雨林的标准,南部亚地带勉强达标;西部偏干性季雨林、雨林亚地带的温度偏低,干湿季分明;而南海珊瑚礁地区的可能蒸散高于降水,水分亏缺较大,属热带干旱森林地带。

北方温带草原地带东起松辽平原,中部为内蒙古高原,西南为黄土高原,夏季多少受南海季风影响,冬季处在蒙古高压控制下,但西部可受西北气流影响,整个区域具明显的大陆性特点,大部分属温带半干旱气候,部分属半湿润,少部分属干旱气候,夏季热量条件较好,日照丰富,太阳辐射强,但相对短暂,冬季则严寒而漫长,降水不足,绝大多数地区水分亏缺,而且亏缺值较大,水热积指数值均为负。其北部森林草原、典型草原亚地带气温较低,降水较丰,水分亏缺相对小些;南部典型草原、荒漠草原亚地带气温较高,降水偏低,水分亏缺严重;西部山地草原亚地带气温亦较低,降水更少,水分亏缺相当严重,均属冷温带草原地带。

温带荒漠地带为蒙古-西伯利亚反气旋高压控制,东部夏季稍有南海季风影响,西北部春夏季受西来湿润气流影响,冬季为大陆气团控制,整个地区低温、少雨、干燥,所有地区的可能蒸散均大于降水,水分严重亏缺-1200～-200 mm,水热积指数都是负值。其西部亚地带(准噶尔盆地)和东部亚地带(阿拉善荒漠)均属冷温带荒漠地带,温度低,降水少,蒸发强烈,土壤水分严重亏缺。南疆的塔里木荒漠亚地带为冷温带向暖温带过渡的极端荒漠地带,气温高于前两个亚地带,但降水极少,年值不足100 mm,土壤水分极度亏缺。

青藏高原高寒植被地带的高原面冬季为西风带控制,形成青藏高压,夏季有高原季风辐合作用,东南部夏季受西南季风影响,温暖湿润,年平均气温6℃—0℃——4℃—-8℃(寒温针叶林—高寒灌丛草

甸—高寒草原—高寒荒漠),降水650 mm—550 mm—300 mm—50 mm,可能蒸散900 mm—750 mm—300 mm—0 mm,土壤水分盈亏的程度极其不同,水热积指数大都为负值。其东南部山地寒温性针叶林亚地带的热量水平不高,可能蒸散大于降水1～3倍,年土壤水分亏缺-239.2 mm,水热积指数-20.5℃·mm,只是在一定的海拔高度内(3000～4200 m)气温下降,水分凝结成雨,使得气候湿润、温凉,为亚高山寒温性针叶林的发育提供了良好的生态条件;东部的高寒灌丛、草甸亚地带由于受西南季风和北方寒流的影响,气候特征是寒冷而半湿润,土壤水分有一定的亏缺,水热积指数为较小正值;高原中部的高寒草原亚地带冬季寒冷少雨,夏季雨季短暂,形成明显的干湿季节,土壤水分亏缺严重;高原南部河谷的温性灌丛草原亚地带属温凉的半干旱-干旱气候类型,干季蒸发极强,土壤水分亏缺严重;由于湿润气流很难到达高原西北部的高寒荒漠亚地带,致使该地区水分来源很少,降水量10～60 mm,大气干旱,土壤水分亏缺严重,纬度偏北和地势升高,导致气温很低,只能生长高寒荒漠植被;高原西部的阿里荒漠亚地带是最为干旱、强度荒漠化的区域,气温相对较高,降水高于高寒荒漠地区,但土壤水分亏缺仍严重,属亚高山旱生灌丛地带,由于只有一个气象台站,故难以精确描述,其气候指标可作参考。

利用生态信息系统(EIS)绘制了各气候指标在中国的分布,列于图26-2。通过分析可得中国各植被地带的气候指标范围及界限(表26-2)。

从全国689个气象站点的年平均气温、年土壤水分盈亏和水热积指数的散点图(图26-3)来看,所反映的中国各植被类型与气候指标的关系和格局还是较好的。

根据以上结果与分析,应用年平均气温、年土壤水分盈亏和水热积指数三个气候变量可得表现植被与气候关系的生命-气候图式(图26-4)。

4 讨论

利用年平均气温、年降水量、可能蒸散和土壤水分平衡之间的关系建立一个水热积指数,并应用年平均气温、年土壤水分盈亏和水热积指数三个气候变量来限定植物群落组合,构成一个圆形的生命-气候图式。这是在宏观尺度上进行的一种植被与气

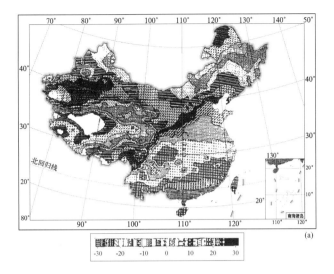

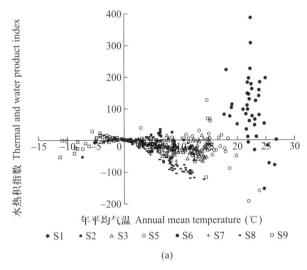

(a)

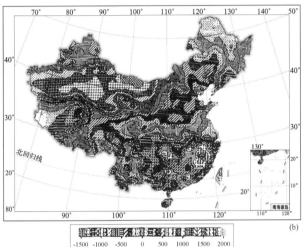

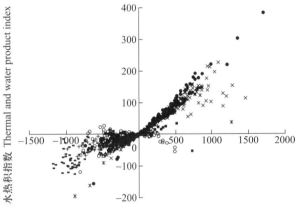

(b)

图 26-3　中国植被类型的年平均气温、年土壤
水分盈亏和水热积指数的散点图

（a）年平均气温-水热积指数；（b）年土壤水分盈亏-水热积指
数。S1. 寒温针叶林地带；S2. 温带针阔叶混交林地带；S3. 暖温
带落叶阔叶林地带；S4. 亚热带常绿阔叶林地带（东部）；S5. 亚
热带常绿阔叶林地带（西部）；S6. 热带雨林、季雨林地带；S7. 温
带草原地带；S8. 温带荒漠地带；S9. 青藏高原高寒植被地区。

Fig. 26-3　Scatter group of annual mean temperature,
annual soil water surplus and deficit, thermal and
water product index of vegetation types in China

（a）Annual mean temperature-thermal and water product index；
（b）Annual soil water surplus and deficit-thermal and water product
index. S1. Cold-temperate coniferous forest zone；S2. Temperate conif-
erous-broadleaved mixed forest zone；S3. Warm-temperate deciduous
broadleaved forest zone；S4. Subtropical evergreen broadleaved forest
zone（east）；S5. Subtropical evergreen broadleaved forest zone
（west）；S6. Tropical rain forest and monsoon forest zone；
S7. Temperate steppe zone；S8. Temperate desert zone；S9. Tibetan
high-cold plateau alpine vegetation zone.

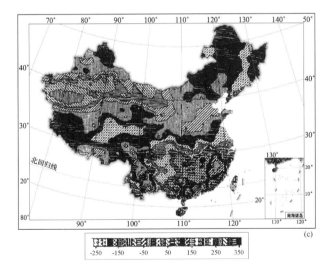

图 26-2　年平均气温（a）、年土壤水分盈亏（b）
和水热积指数（c）在中国的分布图

Fig. 26-2　Distributional graph of annual mean
temperature（a）, annual soil water surplus and deficit
（b）, thermal and water product index（c）in China

表 26-2 中国植被地带的气候指标范围和界限

Table 26-2 Range and limit of annual mean temperature, annual soil water surplus and deficit, thermal
and water product index for vegetation zones of China

植被地带 Vegetation zones	气候指标 Climatic indexes				
	T_a(℃)	P_a(mm)	PE(mm)	SD(mm)	K(℃·mm)
Ⅰ 寒温针叶林地带	-5.2~-2.0	400~500	265~360	85~170	-8~-2
Ⅱ 温带针阔叶混交林地带	-8~-2	500~800	400~700	-140~700	-50~30
Ⅲ 暖温带落叶阔叶林地带	8~14	500~900	700~1150	-550~200	-65~15
Ⅳ 亚热带常绿阔叶林地带	14~22	900~2000	600~1450	-800~1400	-200~200
Ⅴ 热带雨林、季雨林地带	22~26.5	1000~3000	800~1800	-700~1700	-300·300
Ⅵ 温带草原地带	-8~-3	150~450	650~1000	-800~90	-70~0
Ⅶ 温带荒漠地带	4~12	20~250	500~1200	-1100~-200	-100~10
Ⅷ青藏高原高寒植被地区（寒温针叶林—高寒灌丛草甸—高寒草原—高寒荒漠）	6—0—-4—-8	650—550—300—50	900—750—300—0	-250—-200—10—50	-20—1—10—-2

T_a、P_a、PE、SD 及 K 的说明见表 26-1。The explanation of T_a, P_a, PE, SD and K see Table 26-1.

Ⅰ. Cold-temperate coniferous forest zone; Ⅱ. Temperate coniferous-broadleaved mixed forest zone; Ⅲ. Warm-temperate deciduous broadleaved forest zone; Ⅳ. Subtropical evergreen broadleaved forest zone; Ⅴ. Tropical rain forest and monsoon forest zone; Ⅵ. Temperate steppe zone; Ⅶ. Temperate desert zone; Ⅷ. Tibetan high-cold plateau alpine vegetation zone(Mountain coniferous forest-Alpine meadow-Alpine steppe-Alpine desert subzone)

候关系研究的尝试,只考虑了大气候的影响,尚未考虑到更多更复杂的因素,如群落中的小生境、种内种间关系、土壤特性以及植物历史地理因素等的制约。

根据全国 689 个标准气象台站的气候资料,计算了中国各植被地带、亚地带的年平均气温、年土壤水分盈亏和水热积指数,利用生态信息系统(EIS)绘制了各气候指标在中国的分布图及散点图,较好表现了中国各植被类型与气候指标的关系和格局。并得到了中国各植被地带的气候指标范围及界限。

从气候指标的生态信息系统图中可以看出,年平均气温的等值线较好地反映了中国大陆的热量梯度,经度和纬度方向的区分均较明显;而年土壤水分盈亏曲线的等值线则比较零乱,一方面可能是由于地形地貌的影响,在计算可能蒸散时未能准确计算出海拔高度和水体的影响,另一方面,在用生态信息系统绘图时,所用的级差较小,反映的效果不是很好;综合了热量和水分差异的水热积指数等值线与热量梯度和水分梯度均有一定的对应性,但其数值

与符号必须与热量和水分指标配合使用,才能与植被的类型与分区相对应,单用该指标似乎较难区分热量带与水分带,尤其是在温带地区,森林、草原和荒漠次序分布,温度和水分状况比较复杂,所得水热积指数范围与植被类型的对应则当视其水分和热量状况而定,另外,在东南部地区,由于丘陵山地的作用,使得水热积指数也较零乱。

虽然水热积指数综合考虑了大气热量状况和土壤水分特征,但其估算公式是经验性的,缺乏植被与气候的相互作用和反馈机理,物理学意义较为欠缺。另外,所用温度指标是表征热量状况的最简单的年平均气温指标,对该指标的疑问较多,缺乏相应的生物学综合作用和生态学意义,是该方法的主要缺陷;Penman 的可能蒸散及其与降水量的差值,具有较好的物理学意义和生物学综合作用,在一定程度上可弥补部分不足。由此看来,该方法仅是对植被与气候关系研究的尝试和探索,还不成熟,有待于进一步的研究与改进。

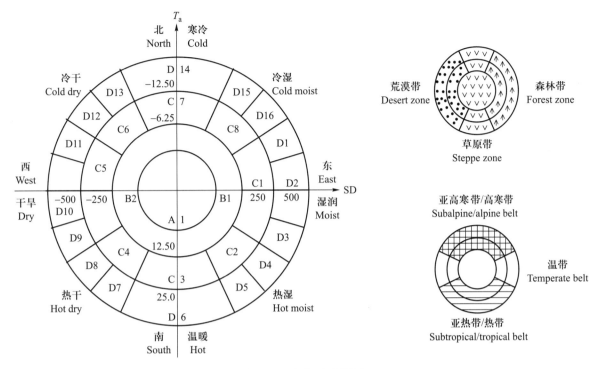

图 26-4　生命-气候图式

A1. 温带典型草原；B1. 温带草甸草原；B2. 温带荒漠草原；C1. 温带森林草原；C2. 亚热带草甸；C3. 亚热带稀树草原；C4. 亚热带暖荒漠；C5. 温带半荒漠；C6. 亚高寒荒漠；C7. 亚高寒草原；C8. 亚高寒草甸；D1. 寒温带针叶林；D2. 冷温带针阔叶混交林；D3. 暖温带落叶阔叶林；D4. 亚热带常绿阔叶林；D5. 热带季雨林和雨林；D6. 热带有刺疏林；D7. 热带荒漠；D8. 热带荒漠灌丛；D9. 暖温带荒漠；D10. 温带荒漠；D11. 冷温带荒漠；D12. 高寒荒漠；D13. 冻荒漠；D14. 高寒草甸；D15. 冻原；D16. 高寒草甸。

SD. 土壤水分盈亏；T_a. 年平均气温。

Fig. 26-4　A life-climatic diagram

A1. Temperate typical steppe；B1. Temperate meadow steppe；B2. Temperate desert steppe；C1. Temperate forest steppe；C2. Subtropical meadow；C3. Subtropical savanna；C4. Subtropical warm desert；C5. Temperate semi-desert；C6. Subalpine desert；C7. Subalpine steppe；C8. Subalpine meadow；D1. Cold-temperate coniferous forest；D2. Cool-temperate mixed coniferous-deciduous forest；D3. Warm-temperate deciduous forest；D4. Subtropical evergreen broadleaved forest；D5. Tropical monsoon and rain forest；D6. Tropical thorn woodland；D7. Tropical desert；D8. Tropical desert shrub；D9. Warm-temperate desert；D10. Temperate desert；D11. Cold-temperate desert；D12. Cold/alpine desert；D13. Frigid desert；D14. Cold/alpine steppe；D15. Tundra；D16. Cold/alpine meadow；SD. Soil water surplus and deficit（mm）；T_a. Annual average temperature（℃）。

参考文献

1　Penman H L. Estimating evaporation. *Trans Amer Geophy Union*, 1956, 37(1):43-50.

2　Thornthwaite C W. An approach toward a rational classification of climate. *Geogr Rev*, 1948, 38:57-94.

3　Holdridge L R. Life Zone Ecology. San Jose, Costa Rica: Tropical Science Center, 1967.

4　Kira T. A new classification of climate in eastern Asia as the basis for agricultural geography. Kyoto: Horicultural Institute, Kyoto University, 1945, pp. 1-23.

5　Koppen W. Das Geographische System der Klimale. Berlin: Gebruder Borntrger, 1920, pp. 1-50.

6　Kira T. Terrestrial Ecosystem: An Introduction. Tokyo: Kyoritsu Shuppan, 1976.

7　Holdridge L R. Determination of world plant formations from simple climatic data. *Science*, 1947, 105:367-368.

8　Box E O. Macroclimate and Plant Forms: An Introduction to Predictive Modeling in Phytogeography. The Hague: Dr W. Junk Publishers, 1981.

9　Whittaker R H. Communities and Ecosystems. 2nd ed. New York: Macmillan, 1975.

10　Woodward F I. Climate and Plant Distribution, Cambridge: Cambridge University Press, 1987.

11　Woodward F I, Williams B G. Climate and plant distribution at global and local scales. *Vegetatio*,1987,69:189-197.

12 Sakai A. Freezing tolerance of evergreen and deciduous broadleaved trees in Japan with reference to tree regions. *Low Temp Sci*(Ser B),1978,36:1-19.

13 高国栋,陆渝蓉编著. 气候学. 北京:气象出版社,1988.

14 丘宝剑,卢其尧. 农业气候区划及其方法. 北京:科学出版社,1987.

15 张新时. 植被 PE(可能蒸散)指标与植被–气候分类(二)——几种主要方法与 PEP 程序介绍. 植物生态学与地植物学学报,1989,13(4):197-207.

16 Schulze E D. Plant life forms and their carbon, water and nutrient relations. In:Lange O L,Nobel P P,Osmond C B *et al*. eds., Encyclopedia of Plant Physiology. New York:Springer-Verlag,1982,12B:616-676.

17 McCulloch J S G. Tables for the rapid computation of the Penman estimate of evaporation. *J East Afri Agri For*,1965,1:286-295.

18 张新时. 植被的 PE(可能蒸散)指标与植被–气候分类(一)——几种主要方法与 PEP 程序介绍. 植物生态学与地植物学学报,1989,13(1):1-9.

19 北京气象中心资料室编. 中国地面气候资料(1951—1980). 北京:气象出版社,1984.

20 中国植被编辑委员会. 中国植被. 北京:科学出版社,1980.

第四篇

草地生态学与草地农业

　　早在 1984 年,我应邀考察访问以色列之后,就向《人民日报》写了两篇简短的报道:建议改变中国草地畜牧业的"粗放""落后""低生产"和"对生态不友好"的传统生产方式,建立固定的人工饲草基地和草地农业基地发展生产。但因当时生产水平所限,没有被采纳。虽然如此,我从美国回国后一直致力于草地生态学和草地畜牧业发展研究。1989 年和 1996 年先后主持了国家自然科学基金重大项目和科技部重大基础研究项目,开展草地生态学研究。在内蒙古鄂尔多斯高原毛乌素沙地建立的沙地草地生态研究站进入了中国科学院和国家生态网络台站系统。另外还开展了中国草地、发展奶水牛和南方草地等多个院士咨询项目,撰写相关咨询报告,推动我国草地农业的发展。本篇收录了我发表的相关研究成果 14 篇。

第27章

毛乌素沙地的生态背景及其草地建设的原则与优化模式*

张新时

(中国科学院植物研究所,北京 100044)

摘要 本文全面分析了毛乌素沙地生态过渡带的自然环境、植被的现状和历史变迁过程,以定性和定量相结合的方法阐述了环境和植被之间的动态关系,在此基础上提出了该地区草地建设的原则及优化生态模式,其中包括:水分平衡原则,半固定沙丘持续发展原则,网带状种植原则,滩地草、农、林复合系统模式,软梁半人工草地复合系统模式和硬梁天然草地放牧系统模式。

关键词 沙漠;草地;优化模式;生态

---

* 本文发表在《植物生态学报》,1994,18(1):1-16。本文制图得到中国科学院植物研究所植被数量生态学开放实验室杨奠安同志协助,部分图解由中国科学院综合考察委员会慈龙骏同志提供,气候因子的回归公式计算由中国林业科学院计算中心田永林同志协助,并蒙鄂尔多斯市林沙研究所刘永吉同志提供资料,谨致谢意。

毛乌素沙地是鄂尔多斯高原的主体部分,是具有特殊地理景观的生态过渡地带。其特殊意义在于这是一个草原气候条件下的沙地,处于荒漠草原-草原-森林草原的过渡地位,是以草地放牧业为主的牧、林、农交错地区。由于沙地所造成的生态多样性与优越的水分条件,这里曾是广泽清流、水草丰美、牛羊繁茂的草地,但由于历史上的长期战乱破坏,不合理的垦荒与樵采,尤其是不合理的农垦和过度放牧引起了严重的草地退化、土地沙化与荒漠化过程;光裸的流动沙丘与严重碱化的滩地成为优势的景观,畜牧业与农、林业遭到了极度的破坏。自20世纪70年代起由于地方政府重视植被建设,积极种草造林,使部分沙化土地得以控制恢复,农、林、牧业得到改善,但由于近年来随着人口增长而引起的垦殖与过量发展家畜的压力,毛乌素的荒漠化趋势仍未得到彻底控制,一个在经济和生态上优化的生态系统与生产体制仍有待建立与完善。本文试图根据近几年来的调查研究,在分析毛乌素沙地生态地理特征的基础上,提出沙地草地建设的一些基本原则与对优化生态模式的探讨。

一、毛乌素沙地的生态地理背景

对鄂尔多斯高原与毛乌素沙地自然地理的考察与研究早在19世纪时就已开始。Obrucher(1985)对这里的地质考察奠定了现代地理学认识的基础[3],20世纪50—60年代初期的中国科学院治沙队考察,80年代的中国科学院黄土队考察,三北防护林造林立地条件类型研究与内蒙古植被图与草地图的遥感调查制图均加深了对这一地区地理特征的研究。现在,从景观生态学的观点与方法对鄂尔多斯的研究,特别强调对其生态过渡带(ecotone)性质的阐明与土地生态类型空间镶嵌性的划分尤其有重要的现实与理论意义。

在生态地理方面,鄂尔多斯高原是一个多样的或多层次的过渡带。从大气环流系统来说,它处在蒙古-西伯利亚反气旋高压中心向东南季风区的过渡;从气候来说,它是一个由西北而东南向,从干旱-半干旱-湿润的过渡带;从植被与自然地带来说,则是在大陆荒漠-草原-落叶阔叶林地带之间的过渡带;在地质地貌方面,它处在戈壁-沙丘带-黄土高原的过渡区;从水文系统来说,则处在大陆内流区向外流区的过渡,也是由风蚀地带向水蚀地带的过渡;在土壤区域方面,则处于由半荒漠的棕钙土-栗钙土-森林草原黑土的过渡;在生物区系方面,则是由古地中海的中亚旱生区系向东亚森林区系的过渡;在产业方面,它是牧区向农区与工(矿)业区的过渡。这些自然与经济文化方面的复杂过渡与融合交错决定了毛乌素沙地在生态与经济方面的多样性,也意味着它在环境与生态系统方面的敏感性。

毛乌素沙地的土地生态类型受到长期人类活动——农垦、樵采与过度放牧的影响与由此引起的荒漠化——沙化、生物生产力退化与土地盐碱化的作用而有特殊的划分因子与标准,并应考虑到合理的经营方向与目标。因而与较少受到干扰与破坏的地区有所不同,一些生物与环境的次生因子往往具有较重要的分类意义。地区的生态过渡性也显著地影响到土地生态类型的划分。

(一) 地理位置与地形

毛乌素沙地位于鄂尔多斯高原的中部与南部,处在北纬37°30′~39°20′,东经107°20′~111°30′,大致占2个纬度与4个经度,总面积约40 000 km²。黄河从西、北、东三面环抱高原、东南背倚黄土高原、西北敞向蒙古戈壁荒漠,处在戈壁与黄土高原的过渡地带。在行政上则位于内蒙古的鄂尔多斯市、陕北榆林市与宁夏东南盐池县的三角地带。其海拔高度一般在1300~1600 m,由北部与西部向东南降低。地形主要是起伏的丘陵、梁地、缓平的洪积-冲积台地与宽阔的谷地或滩地;还有几条河流切割台地形成河谷汇入黄河。在台地与滩地上大部覆盖着不同流动或固定程度的沙丘与沙地,沙丘高度一般在5~10 m。滩地有埋藏深度不等的地下水,或在盆谷底部形成碱淖(湖),故称为"毛乌素",为劣质水之意。毛乌素沙地的北部为黄河的冲积平原,地势低平,为鄂尔多斯主要农业区;在东部与南部则逐渐过渡为黄土丘陵与低山。沙地西北方有高大流动沙丘与沙山形成的库布齐沙漠,生态条件更为严酷。黄河以西、以北则为阿拉善与腾格里的戈壁与沙漠,已进入荒漠地带。由于毛乌素所处的自然地理与行政位置,决定了该地区以草畜牧业为主,牧、林、农相结合的土地利用格局。尤其是近年来在其东北部有以"黑金三角地带"著称的巨大煤炭基地形成与发展,更加促进了该地区作为商品畜牧业与果蔬基地的必要性与重要意义。这里与其东南部水土流失严重地形崎岖切割的黄土高原相比,具有更加有利的发展农、林、牧业的条件。

(二) 大气环流与气候

蒙古-西伯利亚反气旋高压中心大致处在本地区西北方中蒙交界处的蒙古戈壁与阿拉善戈壁一带,这是在冬春半年控制中亚东部与东亚的大陆性高压系统,对亚洲东部的大陆性——严冬、旱春与多风、少雨的气候有极大的贡献。本地区在冬春两季受到这一系统的强烈控制。但在夏季时,东南季风系统可以远达于本区,西南季风也在其南边经过,因此夏季降水集中,常形成暴雨,这与海洋暖湿气流遇到西北大陆气团而发生锢囚作用有关。在毛乌素沙地中心的乌审旗就存在一个暴雨中心。但是地区基本上是从中温带向暖温带过渡,属于干旱-半干旱气候,尤其是春旱十分显著,冬春多大风,常形成尘暴,是沙化的动力。

1. 辐射与温度状况 毛乌素的辐射是相对丰富的,其日照时数、日照百分率与辐射量均由东南向西北增加。年日照时数在东南部一般为 2800~2900 小时,在西北部则为 3000~3100 小时。由东南至西北日照百分率由 62% 增至 70%。总辐射则由 138 kcal/(cm² · a) 增至 150 kcal/(cm² · a) 以上。但由于纬度与垂直高度增高的双重作用,温度却由东南向西北递减,其年均温在 6~9℃。最冷月(1 月)均温-10℃对农林草业有较大意义,在东南部为 -8.5~-10℃,大致相当于暖温带的北界,在西北部则为-11~-12℃。在 1 月温-10℃界线以南多数暖温带果树可开花结果与露天越冬,并可种植水稻与棉花。≥10℃积温 3000℃的界线也大致与此界线相符合。最热月(7 月)均温在 20~24℃,极端最低温-28℃~-30℃。各温度指标与地理坐标(纬度、经度与海拔)的回归关系如下:

$$T = 14.2 - 0.000164L^3 - 0.000002H^2 + 679642$$

$$WMT = [1/(-0.000562 + 0.000001H + 0.00000012G^2)]^{0.5}$$

$$CMT = (3604 - 0.0095L^3 - 0.672H + 19249984/G^2)^{1/3}$$

$$MAX = \ln[5.98 \times 10^{17} + 0.681^L - (1.21 \times 10^{14})H - 8.43 \times 10^{12}L^3]$$

$$MIN = 8.1 - 0.0278L^2 + 581682/H^2$$

$$SUM_{10} = 5563 - 6.03 \times 10^{-4}H^2 - 0.0281L^3$$

式中,T 为年均温(℃),WMT 为最热月均温(℃),CMT 为最冷月均温(℃),MAX 为绝对最高温(℃),MIN 为绝对最低温(℃),SUM_{10} 为 >10℃ 年积温(℃),L 为纬度,G 为经度,H 为海拔(m)。

2. 降水 毛乌素沙地的降水梯度明显地由东南东向西北西递减,从 490 mm 到 250 mm,这大致是由森林草原到荒漠草原的降水范围。月降水的分布明显地集中于 7—9 月,占年降水的 2/3 以上。在冬春的 6 个月期间降水很少,通常为 20~30 mm。积雪期为 0.5 到 1 个月,地表没有稳定的雪盖,不利于越冬作物及春季土壤湿度的保持。但是偶然发生的暴雪则可导致家畜的严重损失。降水的年变率很大,而且多呈暴雨态集中在几次降落,也大大降低了降水的可利用率。

降水(P)与地理坐标的回归关系式如下:

$$P = 10^{(-45.3 + 22.8\ln G + 1894/L^2 + 0.9 \times 10^{-7}H^2)}$$

3. 干燥度 毛乌素沙地的水热平衡状况可以利用潜在蒸散率(PER)来评估。由东南东到西北西,其递增范围为 0.8~2.5。这表示在该地区的东南部,可能蒸散与降水趋于平衡,接近于森林草原带。毛乌素大部地区的 PER 为 1.1~1.5,为典型草原带;而趋于西面,属荒漠草原带,向荒漠过渡,PER 高达 2.0 以上。毛乌素以西,PER 超过 2.5,进入荒漠地带。

根据 Walter 的生态气候图解分析毛乌素沙地各气候站的特征,基本上可分为两种类型,即严重春旱的西部各站,其干旱期始于 3 月中旬至 6 月底 7 月初,延续 3~5 个月。另一类型为中度春旱类型,其干旱期始于 4 月初而延至 6 月中,约 2.5 个月。这两个类型相当于毛乌素沙地的荒漠草原带与典型草原带(图 27-1,图 27-2)。

各干燥度指数与地理坐标的回归关系式如下:

$$PER = -17.5 + 306762/G^2 - 0.1 \times 10^{-5}H^2 - 7929/L^2$$

$$K = 77.4 - 7075/G + 0.00228H - 0.311L$$

$$IM = 485 - 5733481/G^2 - 0.00118L^3 + 1.2 \times 10^{-5}H^2$$

式中,PER 为 Holdridge[2] 潜在蒸散率,K 为 Kira 湿润指数,IM 为 Thornthwaite 湿度指数。

(三) 地貌与基质

毛乌素沙地地貌与基质是以中生代侏罗纪与白垩纪的岩石为骨架,经过第三纪与早第四纪水成作用为主的洪积与冲积过程形成的台地,再经过晚第

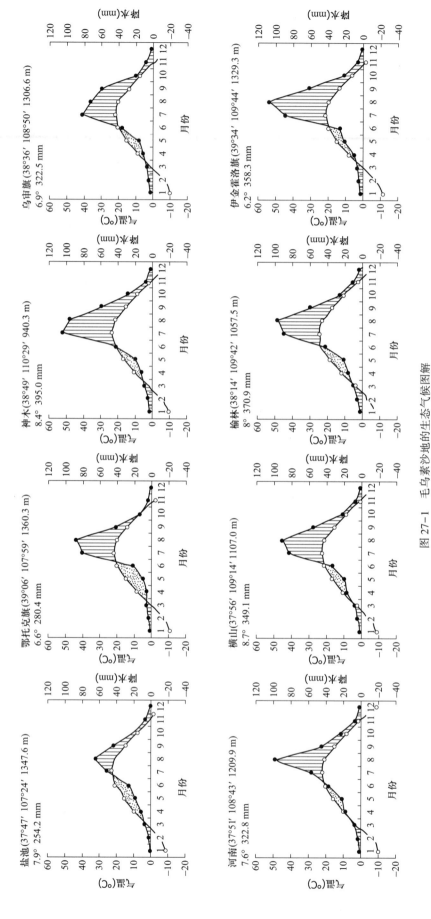

图 27-1 毛乌素沙地的生态气候图解

Fig. 27-1 Ecoclimatic diagram of the Maowusu sandland

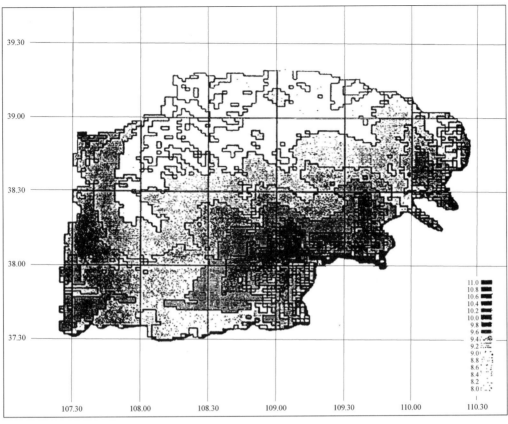

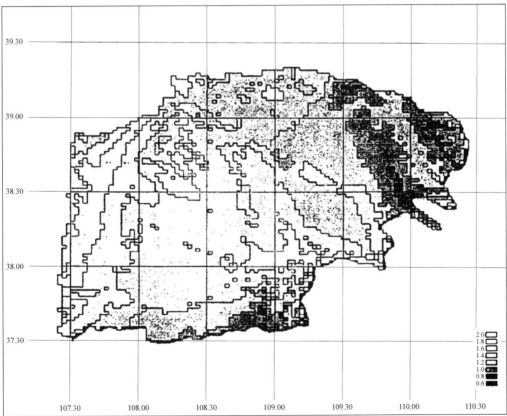

图 27-2　（a）毛乌素地区生物温度；（b）毛乌素地区的可能蒸散率

Fig. 27-2　（a）Biotemperature（℃）of the Maowusu Sandland；（b）Potential Evapotranspiration

Rate（PER）of the Maowusu Sandland

四纪,尤其是全新世与近代风成作用为主的风沙活动而造就今日的地表外貌。

白垩纪的绿色和红色砂岩经过剥蚀而成为低山与丘陵状的梁地,一般在海拔 1500~1600 m,其顶部与坡地残积或坡积的粗骨质的砂岩风化物,掺有细土,土层十分浅薄贫瘠,当地称之为"硬梁"。本地区东南边缘低山顶部开始有风积的黄土状母质堆积,厚度 2~10 m 不等。

在山坡下部与宽谷中则填充着下部为第三纪,上部为第四纪的洪积物与冲积物层,其厚度一般在 2~10 m 或更多,通常为沙壤质、细沙质与沙砾质的间层,尚有厚 20~30 cm 的卵砾石层;下部为胶结较差的松软红色砂岩。再向下则为中生代的基岩——沙岩、砾岩或板岩。这些洪积-冲积层常形成缓斜平坦的台地,或被水蚀切割成梁丘状,当地称之为"软梁",它们在最高的"硬梁"之下形成第二级台阶,常呈准平原状。

在梁地之间或台地上被河流切割而形成的宽阔河谷或古代的湖盆中形成大面积河湖冲积的滩地,基质为细沙质或沙壤质的现代冲积物,为现代侵蚀的基底,亦即前述"硬梁"与"软梁"两级台阶下的基底。

但是在软梁地与滩地上,由于风成作用对过去河湖冲积-洪积物的筛选,其中最细的粉尘被风吹扬到空中而携带到东南部,补充黄土高原的沉积,留下的沙粒受风力吹扬滚动与堆积而形成本地区广泛分布的沙丘与沙地。按照中亚干旱地区基质与地貌的风成格局,即按主风方向由荒漠中心向外顺序排列着砾石戈壁-沙漠(或沙地)-黄土沉积的空间分布规律,毛乌素沙地正处在沙丘带的外部,向黄土高原过渡的位置,其西北的阿拉善戈壁荒漠与沙子流动性强的腾格里沙漠与库布齐沙漠则在风力最强劲的内部地带。认识到这一点的重要意义在于明确了毛乌素沙地的沙主导作用的必然性,这也是对气候作用为主的地理地带性的重要补充,其生态意义将在下一节提及。按照沙层的厚度或高度、堆积形态与流动程度,又可分为覆沙厚度不同的沙地,不同高度的流动沙丘、半流动/半固定沙丘与固定沙丘。据毛乌素沙地的气候条件估计,其代表性的沙丘与沙地应是半固定-固定的、中等高度(5~10 m)或以下的沙丘与沙地;在未遭到人为活动破坏的情况下,当

有被草原禾草或沙生灌木所大部覆盖的植被,历史上也曾有对该地"茂草清流"的描述。但在人类恶性活动长期对植被破坏的情况下,引起了荒漠化过程发展,终而导致了大面积流沙肆虐,寸草不生的严重退化,极大影响了人民生活与生产的发展。

(四)水文

毛乌素沙地的水分供应来自大气降水、河川与湖泊,以及地下水。其中年平均降水量为 250~450 mm,由东南向西北减少,降水集中在 7—9 月,占全年的 60%~70%,且多属暴雨,年变率大,冬季降雪甚少。因此降水缺少保证,春旱严重,低于平均降水的旱年时有发生,成为发展草地畜牧业的限制因子。本地有较丰富的地表水与地下水。仅鄂尔多斯市就有大小河流近 100 条,湖泊 820 余个,其中外流河流域面积 3 万多平方千米,内流河流域 8000 平方千米。这些河流多属间歇河或为河道比降大、洪峰高与含沙量大,较难用于灌溉。湖泊则多为含盐、碱的内陆湖,多不宜灌溉。

本地区的地下水具有较大的开发潜力,据估计,在鄂尔多斯市的浅层地下水(开采深度 70 m 上下)补给量约 22 亿 m³,可开采储量为 13.45 亿 m³,主要为第三系、白垩系、侏罗系与三叠系的含水层,局部有第四系冲积、洪积层的承压水。其中白垩系含水层厚度一般为 200~600 m,为良好的供水水源。在滩地的浅层地下水位在 0.5~1.5 m,但多属矿化度较高的咸水,局部可供沙地灌溉。

(五)植被与土壤[①]

沙地的天然植被经过上千年的人为活动开垦、破坏与过度放牧利用几乎已经荡然无存,仅在极少数地段还能见其残存的片段或个别的植物代表,现有的植被多是次生的或人工的。

毛乌素沙地的植被大致可以划分为三个(亚)地带与三大类群。从植被地带来说,其西部边缘属于向荒漠过渡的荒漠草原亚地带,占 90% 以上的中部与东部则属于干草原亚地带。在东南边缘,从气候上来说,开始向森林草原过渡,但由于沙基质的覆盖,在植被上的差异不显著,一般仍划为干草原亚地带。本区的三大植被类群是梁地上的草原与灌丛植被,半固定、固定沙丘与沙地上的沙生灌丛,以及滩

地上的草甸、盐生与沼泽植被。与其相对应的土壤类型是梁地上的栗钙土或淡栗钙土,沙地上的各类风沙土,以及滩地上的草甸土、盐碱土与沼泽潜育土。

毛乌素沙地大部分位于淡栗钙土干草原地带,向西北过渡为棕钙土半荒漠地带,向东南过渡为黄土高原暖温带黑垆土地带,恰处于几个自然地带的过渡地区。因此,土壤也表现出这种过渡特点。分布上表现为由东北－西南向排列的水平地带性的变化,即淡栗钙土和棕钙土。南部和东南部黑垆土的分布受局部地形和母质的影响未表现出这种排列的地带规律,而是分布在黄土高原的沙黄土母质上。草原地带的土壤以风沙土为主,地势高处也有黄绵土分布。

1. 梁地植被与土壤　在本地区未覆沙的硬梁地与局部软梁地上分布着反映气候地带性的草原与灌丛植被,在西部荒漠草原亚地带以几种荒漠草原群落为主,主要是:

(1) 戈壁针茅(*Stipa gobica*)、沙生针茅(*S. glareosa*)与冷蒿(*Artemisia frigida*)组成的荒漠草原群落。群落中除旱生草原成分外,出现了一些超旱生的荒漠成分,如多根葱(*Allium polyrhizum*)、伏地肤(*Kochia prostrata*)、亚菊(*Ajania achilloides*)、银灰旋花(*Convolvulus armmannii*)等。土壤为棕钙土。

(2) 超旱生灌木、半灌木与戈壁针茅和沙生针茅的荒漠草原群落,在禾草中混生一种或数种超旱生的荒漠灌木——藏锦鸡儿(*Caragana tibetica*)、蒙古矮黄花木(*Ammopiptanthus mongolicus*),或半灌木——红砂(*Reaumuria soongarica, R. kashgarica*)、驼绒藜(*Ceratoides latens*)、木盐蓬(*Salsola arbuscula*)、猫头刺(*Oxytropis aciphylla* var. *gracilis*)等。土壤为碳酸盐棕钙土。

在中部与东部的干草原亚地带的未覆沙梁地上则分布着:

(3) 长芒草(*Stipa bungeana*)与兴安胡枝子(*Lespedeza dahurica*)是典型的草原群落,土壤为淡栗钙土。在薄层石质的淡栗钙土地段则出现小片的百里香(*Thymus mongolicus*)群落。

(4) 黑格兰(*Rhamnus erythroxylon*)灌丛也是草原亚地带中硬梁地上的旱生灌丛,过去曾有广泛分布,现仅有少数的残存片段。

2. 沙生植被与土壤　沙生植被实际上是毛乌素沙地最有代表性和分布最广的类群。从气候条件推断,沙地的西北部与中部过去大部分是半固定的灌丛沙丘,而东南部则为固定的灌丛沙丘。光裸或先锋植物稀少的流动沙丘是在不合理利用状况下的沙地荒漠化所造成的结果。

本地区西部荒漠草原亚地带的沙生植被具有明显的荒漠化特征,在群落中出现大量超旱生的荒漠植物成分。如狭叶锦鸡儿(*Caragana stenophylla*)仅出现于北亚地带,为荒漠草原的明显标志。此外,如驼绒藜、兔唇花等仅出现于西部的沙丘上。

中部与东部干草原亚地带的沙生植被十分丰富多样,并保留一些可能是原生型的群落片段。主要的类型如下:

(1) 白沙蒿(*Artemisia sphaerocephala*)群落是半流动沙丘上植被发生演替早期的代表,适于流动性较大的沙地,群落盖度在 15% 以下。群落组成除白沙蒿外,其他种类较少。当沙地趋于固定,白沙蒿就逐渐被其他的演替种类所代替。由于白沙蒿耐流沙的生态特性,故是用以固定流动沙丘的先锋植物。

(2) 黑沙蒿(*Artemisia ordosica*)又称油蒿,是毛乌素沙地中分布最广泛的沙生植物群落的优势种,遍见于半固定与固定的沙丘沙地,被认为是沙地天然植物群落。但当沙丘固定程度增大到一定程度时,则有趋于衰退的迹象,看来是在连续强度放牧状况下得以维持稳定的偏途顶极群落类型。在西部荒漠草原中的黑沙蒿群落有较多荒漠成分加入,在中部与东部则以草原成分为主,甚至有一些中生草甸成分出现。黑沙蒿群落是当地主要的天然放牧场,并具有较好的固沙功能。

(3) 羊柴(*Hedysarum mongolicum*)灌丛在本区南部常成片分布于半固定沙丘与波状起伏的固定沙地上。羊柴对流沙有良好的适应性,在本地区广泛用于飞机播种,在流沙地上形成茂密的灌丛。但过分密集的羊柴群落会因沙地水分蒸腾消耗造成强烈的自然稀疏而退化。以合理的稀疏密度与成行带状播种羊柴用于固定流沙及割草场或放牧场,具有很大意义。

(4) 柠条(*Caragana intermedia*)灌丛天然分布于硬梁覆沙地上。柠条具有良好的固沙性能,耐沙埋、抗风蚀,在沙地上形成稳定的群落,又是优良的饲草地,耐啃食与刈割,是本区防护林主要的灌木树种,也是草－林复合系统(Agroforestry)中灌木带(层)的优势组成者。

（5）沙地柏（*Sabina vulgaris*）灌丛是本地区东南部固定沙丘上的天然植被，如今仅残存于局部地段。沙地柏的覆盖度可高达 90%，形成郁密青翠的全面被盖而并无衰退与干枯的迹象。这是由于沙地柏具有减少蒸腾的特殊生理功能与防止沙地蒸发的作用。沙地柏虽不宜作饲草，但其强大的固沙性能却应得到很大重视。沙地柏灌丛下有明显的成土过程，其土壤为有机质含量较高的暗色变质栗钙土。

（6）沙柳（*Salix cheilophila*）与乌柳（*S. microstachya*）灌丛，俗称"柳湾"，即在流动沙丘与半固定沙丘的丘间低地或沙丘与滩地边缘成带状蜿蜒的柳灌丛，由沙柳与乌柳分别构成群落或二者混生的群落。柳湾有丰富的潜水补给，潜水位一般在 0.5 m，且是流动的淡水，雨季时有地表积水，土壤为湿润的草甸土。柳湾灌丛下有丰富的草甸草类，适于大畜放牧。沙柳不仅有良好的防风固沙性能，又可用作饲草、编织、建筑与薪柴。但天然的柳湾灌丛已遭到严重的破坏，应在适宜地段予以恢复重建，作为防护林的重要组成部分。

除上述几类沙生植物群落外，在毛乌素沙地的东南隅还有片段的灌丛，由若干种中旱生的灌木，如黑格兰（*Rhamnus erythroxylon*）、小叶鼠李（*Rh. parvifolius*）、丝棉木（*Evonymus bungeana*）等组成[1]。它们可能是毛乌素沙地中森林草原亚地带昔日原生植被的残遗指示者。

3. 滩地植被与土壤　毛乌素沙地的滩地总是与较高的潜水与盐碱化相联系的，这里发育着靠潜水补给的草甸植被。一些滩地底部常有碱湖存在，沿湖滨分布有盐生植被与沼泽。

（1）寸草（*Carex stenophylla*）草甸，俗称"寸草滩"，是滩地常见的群落类型，潜水位一般在 0.5 m以内，土壤是湿润的草甸土。寸草占优势的草甸低平致密，如一片绿垫，盖度可高达 90% 以上，高度一般在 10 cm 以下。几乎整个生长季节都有家畜在此放牧，在过度啃食的情况下则发生碱化。

（2）马蔺（*Iris ensata*）草甸分布在滩地中稍高与碱化的地段，往往是由于过度放牧而形成的次生草甸群落，具碱化草甸土。

（3）芨芨草（*Achnatherum splendens*）草甸分布在潜水位 1~5 m 的较干燥的滩地上，土壤盐渍化较重，发育盐化草甸土。

（4）盐生植物群落分布于碱湖湖滨或盐碱化的滩地，以碱蓬（*Suaeda corniculata* 与 *S. heteroptera*）群落最为常见。在荒漠草原亚地带则系盐爪爪（*Kalidium foliatum*、*K. cuspidatum*）与白刺（*Nitraria tangutorum*、*N. sibirica*）的盐生群落。

虽然毛乌素沙地具有多样的植物群落类型，但各类灌丛植被却是优势和最显著的类型。这是由于毛乌素的地带性位置、沙的优势覆盖和水分特点决定了灌木成为"地带性"的植物生活型，而不是乔木或草类。灌木地上部分多分枝的茎干与近地的树冠具有很强的防风固沙能力，其根系分布深而广，能在广大的沙体中获取水分或达到潜水层。灌木枝条生长迅速与产生不定根的特性则使它能随着沙的堆积向上长高，甚至可在高达 10 m 的流动沙丘上枝繁叶茂。毛乌素沙地中大多数的灌木树种又是良好的饲料，比较耐啃食与刈割。因此，在该地区防护林的建设中，灌木具有极大的作用。

二、毛乌素沙地的生态特点

在前述的生态地理背景基础上，毛乌素沙地最突出与关键的生态因子、成分或亚系统是：沙、水分、地貌（基质）控制与灌木生活型。

（一）沙生态

由于毛乌素处在亚洲中部干旱区强度大陆高压反气旋吹蚀作用下的空间地理格局——戈壁-沙丘带-黄土带的中间地带，它基本上是一个沙质覆盖的地域。在大气候控制下，沙就成为这里主要的生态因素，风沙作用对生态过程有重大的作用。在经营失控的情况下，可能引起严重的土地沙化。但是沙的大量存在与覆盖，固然有其不利的生态特点，如持水保肥性能差，基质的不稳定性，风沙的机械危害，温差剧烈等；然而在干旱草原气候条件下，沙又有其特殊有利的方面。

1. 沙对环境的有利作用在于

（1）沙覆盖在干旱气候条件下，阻止和减少蒸发，有利于水分的下渗、水气的凝聚与在深层的积贮，形成"地下水库"；

（2）沙覆盖防止土地盐碱化的发生与发展；

（3）在不同基质条件的下垫层上，沙往往是有利的覆盖层；

（4）沙所造成的昼夜温差增大，在一定程度上有利于生物量的积累与糖分的形成；

（5）沙的疏透性有利于深广根系的发展；

（6）沙覆盖丰富了生境的多样性，不仅形成了沙的生境，且在沙丘的不同部位造成了水分的再分配与生存条件，等等。

2. 沙对生态系统，尤其是植物的影响在于

（1）由于沙生境的多样性，导致了生物与生态系统的多样性。与相对单调的草原植物群落相比，沙地生态系统与生物成分的丰富度大为增加，植物群落类型多样；

（2）沙地具有多样的植物生活型——乔木、灌木、草类，与不同的生态类型，大大丰富了生态系统的种类组成；

（3）形成较多样的景观生态单元，不仅在群落内部有丰富的食物链网，且导致不同单元间的交流，从而维护着整体景观系统与各个生态系统的稳定性，充分利用与发挥生境的生产潜力；

（4）植物与植被在沙地生态系统中的核心与关键控制作用显得更为重要，这是由于沙地生态系统固有的脆弱性，即一旦植被遭到了破坏，系统的平衡失调，风的吹蚀与搬迁作用就会形成流沙，荒漠化过程迅即发生。因此沙地具有荒漠化的巨大潜在威胁，植被是其控制因素。

3. 沙造成了生产的多样性

沙地生境与生物的多样性造就了毛乌素生产的多样性与巨大的生产潜力。因此可以多层次和循环地利用沙地丰富的能量、水土与生物资源，形成农、林、牧、园及有关副业与加工业的综合发展。

因此，沙可以形成"沙化"也可以得到"改善"，关键在于合理保护、规划、开发和利用。这一切均应建立在对沙地生态系统与景观进行深入系统研究的科学基础上。要随时记住沙地的生态"脆弱性"，以免在经营和利用不当时发生系统的退化与破坏。

（二）沙地水生态

水是毛乌素沙地的限制因子。大气-沙-植物的水分关系与平衡是本地区最重要的过程与关系。从理论上说，本地区干燥度或可能蒸散与降水之比为 2～3.5，水分严重不足。但由于沙对水分的再分配、凝聚、贮积与防止蒸发可以局部地使植物获得多于大气降水的供给，从而生长乔木、灌木等在干旱草原条件下通常不出现的偏中生的植物。但是这些偏中生植物在沙地的出现不是无限制的，必须维持大

气-沙-植物之间水分的收支平衡。

$$TR+EV+PC+RO \leqslant Prec+RI+GW+ST$$

其中，TR 为植物蒸腾耗水，EV 为土表蒸发耗水（水支出），PC 为沙地深层渗透水，RO 为通过地表与地下径流流出水，Prec 为大气降水，RI 为地表与地下径流补充水，GW 为潜水供应（水收入），ST 为沙层持水。

如果在沙丘丘间洼地条件下，通常不存在地表与地下径流流出水（RO = 0），沙地表面的蒸发也很少，略而不计（EV = 0），渗入深层的水与潜水补给相抵（PC = GW），沙层持水（ST）来自降水，可以不计，则上列公式可简化为：

$$TR = Prec+RI$$

这样，如果植物密度或叶面积指数过大，单位面积的蒸腾水分量（TR）超过了大气降水（Prec）与径流的补给水分量（RI），植物的生长就会受到严重抑制，甚而凋亡而自疏。据本研究组测定，羊柴的蒸腾速率达到 5.1 $mg \cdot cm^{-2} \cdot s^{-1}$，因此在毛乌素沙地飞机播种的羊柴密丛中，沙层水分全被蒸腾消耗，根系分布层十分干燥，从而发生自疏。此外，在种植过密的乔木林中，由于同一理由而导致"小老头树"的现象均当归因于此。

（三）地貌与基质的生态控制

沙与水是本地区最重要的生态因子与限制因子，但它们在很大程度上受到地貌与基质的生态控制作用。前述硬梁、软梁与滩地的三级地形台阶及其上的沙覆盖状态对于水分的再分配有决定性意义。因此，在毛乌素沙地，地貌形态、部位与基质是划分景观生态类型或土地类型的最重要因子与标准，也是土地合理利用方式的主要依据。土地生态类型则是草地类型划分的依据。关于毛乌素沙地土地生态类型的分类原则、标准与系统将专文论述，在此仅列出简要的分类系统如下：

硬梁（砂岩山地或梁地）：不覆沙硬梁；覆沙硬梁。

黄土梁或丘陵。

软梁（冲积-洪积台地）：不覆沙软梁；覆沙软梁。

高大的流动沙丘（>10 m）。

滩地与谷地：覆沙滩地；寸草滩地；碱滩地。

其中覆沙软梁与滩地又可按沙地形态、高度与流动或固定程度作第三级划分，滩地还可按潜水位

的深浅进一步划分,在此不详述。

(四)"地带性"的灌木生活型

毛乌素的地理地带(气候决定的与风成的)位置,沙的优势覆盖与水分特点确定了这里的优势生活型是耐风沙与干旱的灌木,而不是草原禾草或中生森林乔木。灌木地上多分枝的茎干与低矮稠密的树冠具有很强的防风固沙与水土保持能力;其根系深而广,能从大体积的沙体中吸取较多水分或达到潜水层,其根茎比一般大于乔木;沙生灌木茎干生长迅速与产生不定根的特性使它能随沙埋而升高,甚至在高达 8~10 m 的沙丘顶部枝繁叶茂地生长,形成灌丛沙丘,并形成适当稀疏密度的散布以维持良好的水分平衡。沙地柏具有特别低的蒸腾力,而能在沙丘上形成稠密的全面覆盖。因此,沙生灌木特别适宜于在流动与半流动沙丘上种植以形成半固定沙丘维持沙地的生态平衡或在坡地上具水土保持功能。因为毛乌素沙地的自然生态平衡基本上取决于水分平衡、风水沙作用力的平衡与畜-草平衡三方面,而灌木正是在这三方面居于关键地位的结构成分。毛乌素的灌木,如柠条、羊柴、花棒(*Hedysarum scoparium*)、沙柳与乌柳,以及半灌木沙蒿均为良好的饲料植物,是形成天然草地的主要成分,具有强大的再生能力与良好的固沙性能。因此,沙生灌木无论在稳定与保护生态环境方面以及支持草地畜牧业经济方面均具有极为重要的地位与意义。

三、毛乌素沙地草地恢复与建设的原则

从生态与经济方面考虑,毛乌素沙地草地植被的恢复与建设应遵循以下八项原则:

1. 水分平衡原则 在毛乌素沙地,无论进行造林、植灌与种草首先必须考虑水分收支平衡的原则,即从大气降水、径流的输入(含灌溉)与输出以及植物的蒸腾强度三方面进行估算。其收入的水分(大气降水+径流输入)应超出支出(径流输出+蒸腾)的 20%,以此来决定造林植灌的密度(单位面积的株数)或种草的覆盖度。最粗略的估算是如下:

如可能蒸散率(可能蒸散/降水)= 2.0,则造林、植灌或种草的覆盖度 = 0.4,即不超过土地面积

的 40%。

在有侧方地表或地下径流输入或潜水供应情况下,如滩地或丘间洼地,种植密度或覆盖度可以相应加大,但以维持一定的潜水水位为限。在潜水矿化度较高的滩地则需适当覆沙以减少地表蒸发以降低盐碱度,并种植耐盐碱的灌木与草类,如柽柳、草木樨等。梁地,尤其是硬梁地上由于水土流失,土壤干旱贫瘠,保水性差,一般不宜种植树、种草,如必要可挖水平沟或鱼鳞坑,进行带状种植耐粗质土与较抗旱的樟子松与灌木。

2. 半固定沙丘持续发展原则 根据毛乌素沙地的地理环境、景观格局与生产发展来看,形成并维持被植被半固定的沙丘可能是较适当的景观模式。全部固定的沙地因违背水分平衡原则而不可能实现。事实上,在一些被植物较全面密集覆盖的沙丘根际层的干沙层已表明这样的固定沙丘不可能持久稳定存在;与此相反,在光裸的流动沙丘,在不深的沙层(10~20 cm)以下就有含水的湿润沙层。因此,建立并维持植物覆盖度 30%~40% 的半固定沙丘无论对维护生态平衡、防风固沙、保持自然景观格局与经营草地畜牧业方面都是必然和必需的,可以保证长期较稳定的持续发展。当然,这一原则并不反对在水分得到充分保证的灌溉或潜水充分供应条件下建立高密度的农田、人工草地或速生用材林、经济林与防护林;只是试图防止过去曾一再发生过的,在干旱地区无灌溉条件下进行营造大面积片林,宽带防护林或全面种草、植灌、绿化"沙漠"的企图,因为那只是违背自然法则、破坏生态平衡和劳民伤财之举。

3. 网带状种植原则 网带状种植的意义一方面在于成带的树木、灌木或草地可以有效地减低风速或径流,从而具有最高的防护效率;另一方面则在于在干旱地区的带状植物可以利用带间空地的土壤水分作为对大气降水不足的补充,同时在带内的植物仍享有群体的小环境,以及在带两侧占很大比例的"边缘效应"的优越性。在无灌溉条件下的大片造林、植灌是违背水分平衡原则的,但不妨小团块状种植。

从防护和拦截水分的目的出发,在平坦地面上的林带、灌木或草带应垂直于主风方向;在坡地上则应按等高线配置。带间空地的宽度应根据防护作用的需要与水分平衡的计算来确定。例如,在可能蒸散率为 2.0 的地方,一条 2 m 宽的灌木带在理论上

至少要 3 m 以上的带间空地来补给水分,实际上还要更宽些。

4. 景观与生物多样性原则　一个地带的景观是由多种生态系统的片段镶嵌组成的,这形成了景观的多样性。它要求不同的经营措施,具有不同的生物成分,这又是其中的生物多样性。在恢复与建立草地时应特别注意区分与保持这两类多样性。例如在滩地中,既有各类沙丘的覆沙滩地,沙丘的迎风面与背风面,以及丘间低地均提供了不同的小生境;又有不覆沙的滩地,因潜水与盐碱程度不同而有较大差异;在建立与经营草地时应因地制宜地采取不同的方式方法。在一种类型的立地条件建立与经营草地时,应尽可能地考虑不同种类的组合,或各种乔-灌-草、灌-草或不同草种混种的结合方式,以发挥综合的防护效益及为家畜提供多种形式的饲料。

5. 灌木优势的原则　灌木生活型在毛乌素沙地的优势已如前阐明,在恢复与建立草地时应特别强调采用各种灌木种类。毛乌素的豆科灌木是极为可贵的固沙、饲料、肥土多用途资源。因此,在鄂尔多斯沙地草地试验站,特别规划了灌木园,其中将搜集毛乌素这个灌木王国中的各种灌木,保护其种类的多样性,并便于进行各种灌木的生物-生态学特性与繁殖培育方式的深入定位研究。

6. 防护、经营、利用并重的原则　毛乌素沙地的草地建设必须强调生态平衡的保护、草地的合理经营和充分开发利用相结合,偏废任何一方面都将导致环境的破坏,草地的退化与生产的倒退。

7. 天然放牧草地、半人工草地与人工草地相结合的原则　为了建立完整合理的草地系统,地区内的草地应进行系统规划,在围栏轮牧的天然放牧草地基础上,建立补种乔、灌、草的半人工草地与保证冬春补饲为主的、高度集约的人工草地,其面积比例大致为 6:3:1,并逐步增大后两者的比例,向舍饲为主的经营方向过渡,以最终脱离靠天养畜的传统的草地放牧生产方式,以发展商品化的畜牧业为目的。

8. 牧(草)林农工复合系统的原则　在毛乌素沙地以发展草地畜牧业为主的前提下,必须强调牧林农以及其他有关副业、加工业等相结合。如前所述,在毛乌素不适于发展大规模的农业(种植业)垦殖,因为在沙性土地与缺水条件下的强度开垦将导致风蚀、流沙与次生盐渍化;亦不宜大面积营造用材林,因受到水的限制。但在局部水土条件较好的滩地或软梁地可以发展以粮食、油料、饲料与牧草为主的高度集约的种植业以及防护林与果园等,立足于为牧业服务。与保证牧林农业发展有关的饲料加工、打井灌溉、农机、电力、贮藏以及销售系统等亦应配套发展,其中打井灌溉是启动草业发展的关键。

畜牧业本身的发展也应具有多样性,目前基本上以养羊业(绵羊、绒山羊)为主,随着人工草地的发展,可适当增加养牛,畜产品方向则毛、绒、皮、肉、乳兼备,以供应地方及附近煤矿工业区对农畜产品的巨大需求。

一个良性的牧林农工复合系统不仅在生态方面,而且必然在经济方面也是优化的。

四、毛乌素沙地草地的优化模式基本方案

根据上述原则,毛乌素沙地草地的优化模式有以下组合:

(一)滩地草、林、农复合系统模式

1. 滩地覆沙草农林复合系统型　滩地覆沙是发展人工草农林复合系统的最适宜类型。薄层覆沙(厚度小于 40 cm),潜水位在 50 cm 以下的滩地可改造为乔木(旱柳、杨树)防护林带保护下的农田与人工草地系统,并具良好的灌溉条件或靠潜水补给。农作物以种植玉米、糜子与向日葵等为主,人工草地可种植苏丹草、小黑麦、赖草、无芒雀麦、苜蓿等,并可种植饲料玉米与甜菜以发展养牛业。应相应发展青贮、饲料粉碎与加工业以提高饲料的转化率,并发展暖棚越冬管理,以逐步实验并扩大舍饲的比率。

厚层覆沙(50 cm 以上),潜水位在 1~1.50 m 的滩地是建立乔、灌、草三个层次的人工-半人工草地复合系统的适宜类型。在草沙地上可垂直主风方向种植 1~2 行的旱柳乔木林带,间以沙柳的灌丛带,间距 20~30 m,带间可播种牧草,以供轮牧。在流动沙丘,可在向风蚀水平带状播种羊柴,在背风落沙坡下部种植沙柳行。在有灌溉条件的覆沙滩地则可局部发展果园。

2. 芨芨草滩与碱滩半人工草地型　芨芨草滩

可实施围栏轮牧,碱滩则应采用柽柳插条形成集沙带,在覆沙上播种草木樨等以改造成半人工草地。

3. 寸草滩天然草地轮牧型 在大面积的寸草滩地由于过度放牧而生产力退化,该类型的经营与利用方式为:

(1)围栏轮牧:实验表明,寸草草甸在合理轮牧条件下,生产力显著提高,可作为春、夏、秋三季母畜与幼畜的放牧地。

(2)覆沙的改造:由于寸草滩潜水位过高,不适种植乔灌木或农作物与人工草地,但必要时可采用扦插柽柳条,成行状垂直于主风向,以在行间集沙后在其上播种草木樨与带状种植沙柳、旱柳等,通过生物蒸腾,降低潜水位后即可种植人工草地或农作物等,将滩地改造为草、林、农复合系统。

(二) 软梁地半人工草地复合系统模式

1. 软梁半人工草地轮牧型 在不覆沙的软梁地可发展灌-草型复合人工草地,在带状种植的柠条行间(间距 10~15 m)播种牧草或天然生长草木,一般隔年或隔 2 年播种牧草,此后休闲 1~2 年,使土地积贮含水层,而不宜连年种草以免耗竭土层水分,可进行分区轮牧。

2. 覆沙软梁半人工草地轮牧型 大面积覆沙的软梁地可进行飞播羊柴、花棒、沙打旺等。但不宜过密,在过密的播种地可带状疏开,带距 5~7 m。局部的覆沙软梁地可水平带状扦插沙柳行。

在有可能进行灌溉的条件下,软梁地可能开发为草林农复合人工草地系统。

3. 覆沙软梁天然草地轮牧型 生长油蒿丛的固定沙地是天然放牧草地,由于过度放牧而导致衰退或发生虫害,对这种草地应实行围栏轮牧,并确定适当的载畜量与放牧强度。

(三) 硬梁天然草地放牧系统模式

残存的硬梁坡地上的针茅草原可在夏季进行适当放牧,但这种类型已所剩无几,多被开垦为旱地。由于发展放牧的潜力不大,且强度放牧与开垦导致水土流失,故应对放牧加以节制。

如前所述,毛乌素沙地草地畜牧业体系的天然放牧草地、半人工草地和人工草地(含饲料地)面积的适当比例大致为 6∶3∶1,或应按适当的载畜量与放牧强度(采食量不超过 60% 的地上部分生物量)确定畜群的数量,合理地规划放牧地、割草地与人工草地和饲料地,逐步扩大舍饲与肥畜的比例,以促进毛乌素沙地的良性循环与持续发展,既能较大幅度地持续发展畜牧业,又能保持与改善沙地的生态平衡。

参考文献

[1] 北京大学地理系,中国科学院自然资源综合考察委员会,兰州沙漠所,兰州冰川冻土研究所,1983. 毛乌素沙区自然条件及其改良作用,科学出版社.

[2] Holdridge L. R., 1967. Life Zone Ecology. Rev. ed., San. Jose, Costa Rica, Tropical Science Center.

[3] Obrucher V. A., 1985. 中亚细亚的风化和吹扬作用(中译:禾铸). 沙与黄土问题,科学出版社.

Principles and Optimal Models for Development of Maowusu Sandy Grassland

Zhang Xin-shi

(**Institute of Botany, CAS, Beijing 100044**)

Abstract   A thorough discussion and analysis on the history as well as the current states of the environment and vegetation in Maowusu Sandy grassland is presented. Using a combination of both qualitative and quantitative methods, the author proposed the general principles and models for the grassland development there based on the ecological background information. Particularly this includes: the water balance principle, sustained development principle for semi-fixed sand dunes, net-belt planting principle; grass and agroforestry model for low land, semi-artificial cultural model for soft hills and natural grazing model for hard hills.

Key words　Desert; Grassland; Optimal model; Ecology

第28章
南方草地资源开发利用对策研究*

张新时[1] 李博[2] 史培军[3]
(1. 中国科学院植物研究所,北京 100093;2. 内蒙古大学生命科学学院,呼和浩特 010021;
3. 北京师范大学资源科学研究所,北京 100875)

摘要 据中国科学院生物学部组织的"南方草地资源开发利用"考察资料,并参考有关考察地区提供的观测或调查资料,针对我国南方草山草坡的生态建设与环境保护和草山草坡资源开发利用的现状,提出建设我国"常绿草地带"高效畜牧业发展的战略,并就草山草坡的开发提出具体对策。

关键词 南方草山草地 常绿草地带 高效畜牧业 生态安全建设

---

* 本文发表在《自然资源学报》,1998,13(1):1-7。本文是在张新时、李博、史培军执笔完成的《中国科学院生物学部"南方草地资源开发利用"咨询组考察报告》基础上写成。

我国食物安全与后备食物资源的开发已成为关系到 21 世纪我国社会可持续发展与农业对策的重要问题。我国南方草山草坡蕴藏着发展食草家畜的很大潜力,有可能建成我国重要的食草家畜生产基地,成为解决我国食物问题的重要组成部分。一些地区的实践证明,开发南方草山草坡已成为稳定脱贫致富、环境保护(水土保持)的重要途径。为了我国南方草地资源的有序开发与合理经营,制定切实可行的发展战略,中国科学院生物学部根据李博院士的建议,组成"咨询组"①,在农业部畜牧兽医司、湖北、湖南和云南省政府的大力协助下,于 1996 年 11 月 18 日至 1996 年 12 月 2 日对我国南方草地资源及其开发利用的现状进行了考察②。考察结束后,"咨询组"完成了考察报告。本文就是在这一考察报告基础上完成的。

1. 南方草地资源的基本特点及近期可集中开发的规模

1.1　南方草地资源的基本特点

南方草地与北方草地比较[1],其共同点是景观开阔,水土保持效益明显,是对全球变化有明显影响的碳库和氮库。南方草地不同于北方草地的主要特点是:第一,水热条件好,单位面积生产力高,经改造后,$1 \sim 2 \ hm^2$ 草地可饲养 15 只绵羊单位;第二,牧草生长期长,经改造可形成终年不枯的常绿草地带,一般可全年放牧,饲草供应较平衡,适于饲养我国紧缺的均质半细毛羊及高档肉牛、肉羊;第三,基本上无雪灾、旱灾、风灾等自然灾害,发展草地畜牧业的风险小;第四,易于改造,多年试验证明,在南方草山草坡建立优质高产人工草地十分成功,试验点上已建

立的禾草与豆科牧草混播草地,可与新西兰、澳大利亚等国的优质人工草地相媲美;第五,分布较零散,初步统计,$670 \ hm^2$(1 万亩)以上成片分布的草地仅占总面积的 20% 左右;第六,土壤中缺磷,部分地区缺钾,pH 一般在 5 左右;第七,由于地形起伏,交通不便,成为草山草坡开发中的重要限制因素。由上可见,南方草山草坡蕴藏着巨大生产潜力,如能集中力量开发,将成为继北方牧区畜牧业、农区畜牧业之后的第三个食草畜牧业基地,其产值将超过北方牧区,且投资回报率高。

1.2　近期可集中开发的规模

根据农业部 20 世纪 80 年代初期组织的全国草地资源调查数据③,我国南方草山草坡总面积约 6530 万 hm^2,可利用面积约 4670 万 hm^2。大部分分布在亚热带(包括云贵高原、两广、两湖、四川、江西及东南沿海各省共 13 个省区)的山地和丘陵地区,海拔多在 $800 \sim 2500 \ m$,年降水量 $1000 \sim 2000 \ mm$,年均气温 $10 \sim 15 ℃$,无霜期 $180 \sim 250 \ d$,冬季低温期随纬度与海拔高度不同,有明显的地区差异[2]。地表主要为石灰岩和其他岩类经风化形成的薄层母质,上面发育了黄壤、黄棕壤、红壤、紫色土与草甸暗棕壤等土壤类型。地貌整体上呈现为不同发展阶段的岩溶地貌,与侵蚀低山丘陵及河谷平原相互交错,地表切割破碎,部分地段残留着由不同地质时期和海拔高程不同的夷平面组成的"山原"和河谷阶地,相对高差较大。根据因地制宜、分层利用与农林牧综合发展的原则,以及本次实地考察后的估测,宜于发展食草家畜的草地及灌草丛有 2670 万 ~ 3330 万 hm^2,但因地形、地表物质组成与土壤、交通条件等差异,可利用率与开发难易程度很不相同。根据部分地区开发利用实践与本次考察估测,我国南方宜于近期规模性开发的草山草坡约 1330 万 hm^2。

---

　　① "咨询组"由中国科学院生物学部副主任张新时院士任组长,李博院士任副组长,成员有李振声院士、中国工程院任继周院士、中国农业科学院畜牧研究所黄文惠研究员、中国科学院、国家计委地理研究所陆大道研究员、国家教委环境演变与自然灾害开放研究实验室史培军教授、中国科学院生物学部办公室孙卫国同志和孙鸿烈院士的博士生于秀波同志等。农业部畜牧兽医司贾幼陵司长、韩高举副司长、李维薇副处长也参加了咨询组的考察。

　　② "咨询组"实地考察了湖北省恩施市大山顶草场、利川市齐岳山草场、湖南省龙山县山地、湘西北山地和滇东北山地丘陵的草山草坡;先后观看了湖南省桑植县南滩草场、城步县南山牧场和云南省普洱市草场的录像,并听取了湖北省恩施州、恩施市、利川市、宜昌县、湖南省湘西州、龙山县、张家界市和云南省等草地畜牧业的工作汇报。

　　③ 陈国南主编(中国科学院自然资源综合考察委员会)《中国国土资源数据集(二)》,1990。

2. 南方草地资源开发利用案例分析

2.1 草山草坡开发利用试验与示范

我国自 20 世纪 80 年代开始对南方亚热带草地进行试验研究和示范性开发。"七五""八五"和"九五"期间，国家科委和农业部都将南方草地畜牧业列为科技攻关项目，从"七五"的种草养畜试验、"八五"的草地畜牧业优化模式，到"九五"的草地畜牧业综合发展技术等研究的逐步深入，先后在湖北宜昌、利川、钟祥，湖南城步，贵州威宁，福建莆田，江西樟树和四川巫溪等地建立了实验区，为该地区草地畜牧业的发展奠定了科学基础，并提出了可借鉴的饲养经验与技术体系。近 15 年的科学实验和 10 多年的示范开发经验，确立了南方草地畜牧业的可行性和经营的高效性。

从 1978 年开始，农业部对南方草地先后实施了 39 个草地畜牧业综合开发项目。到目前为止，已在南方 13 个省区建成了人工草地和改良草地近 130 万 hm²，其中飞机播种牧草保留面积约 18 万 hm²。这些综合开发项目的实施，对当地发展草地畜牧业起到了明显的示范作用，受到当地人民和政府部门的高度评价，被视为解决贫困山区脱贫致富的有效途径，在一些示范乡、村已成为稳定脱贫迈向小康的支柱产业。

从对湖北、湖南和云南的几个草地畜牧业承包户的调查结果来看，经济效益和生态效益都十分明显。例如，在湖北恩施市大山顶草场，对 18 家种草养畜专业户的抽样调查看，承包前（1983 年）年畜牧业收入 16 026 元，占总收入的 23%，人均畜牧业收入 166.2 元，到 1995 年，畜牧业收入 58 613 元，占总收入的 68%，草场开发区人均畜牧业收入 723 元，其中专业户人均畜业收入 2000 元以上，人均畜牧业收入比承包前增加了 3～4 倍。在湖南龙山县八面山乡，1982 年人均收入 149 元，通过发展畜牧业，到 1995 年，人均收入 1027 元，比 1982 年增加了近 8 倍。就整个开发实验区来看，投资回收期一般在 5 年左右，投资年回报率在 20% 左右。就单位面积人工草地看，每公顷建设投入 1950 元左右，建成后，年收益在 4500 元/hm² 左右；改良草地每公顷建设投入 900 元左右，建成后，年收益 1500～2250 元/hm²。

草地改良和人工种草使山区土壤肥力及性状有了明显改善，不仅促进了林木的生长，而且还较陡坡裸露地减少土壤侵蚀量 90% 以上，比坡地农田减少 80%～90%，比坡地天然草地减少 70% 左右。由此可见，开发草山草坡有着明显的经济效益和生态效益，已成为这些地区进行产业结构调整，生态与经济建设走向良性循环的成功之路。

通过十几年的试点示范，在南方建立的三叶草、黑麦草、鸭茅等混播草地及非洲狗尾草、狼尾草、象草等高产人工草地十分成功，生产能力可以达到新西兰的人工草地水平；引进的黑白花奶牛在长年放牧条件下，年产奶量可达 4～5 t/头；罗姆尼半细毛羊、新疆细毛羊、考利代兰细毛羊、婆罗门牛等饲养状况良好。绵羊净毛率高达 60%～70%，净毛量可达 4 kg/只，从而看到在南方建立优质高效羊毛和奶牛及肉牛生产基地的广阔前景。与此同时，通过千家万户在零星草地及坡地上放养山羊及肉牛的成功，以及探索出来的"公司+基地+农户"的行之有效的经营模式，看到了南方建立食草家畜生产基地的希望。可见，南方草地资源将成为我国重要的后备食草家畜生产基地，甚至可能成为广大南方地区经济发展的又一支柱产业。

通过上述分析，我们认为，南方草地资源的开发在技术上是可行的，经济与生态效益显著，作为贫困山区稳定脱贫致富的有效支柱产业是肯定的。但如期望成为我国重要的食草家畜产品生产基地还有待加强研究、开发与建设。

2.2 南方草山草坡开发利用与生态安全

生态安全是任何一个区域进行资源开发的必须遵循的可持续发展准则[3]，南方草山草坡多为森林反复破坏后的次生草地，加之地形起伏大，土层薄，在滥垦、樵采等影响下，成为继北方黄土高原之后，又一水土流失严重地区。北方被冲刷的黄土形成了黄河，南方被冲刷的红黄壤形成了"赤水"！据报道，目前长江流域水土流失面积已占土地总面积的 40% 左右，30 年来，该区域水土流失面积正以每年 1.25%～2.5% 的速率递增。我们在这次考察中看到，在一些地区，上百万年形成的薄层土壤已被冲刷殆尽，形成了光秃秃的卧牛石，因失去土壤再生能力而形同"石漠"。严重的水土流失不但破坏了土地生产力，而且抬高了河床、湖底，淤积水库，降低湖泊及水库的调蓄能力及工程效益，导致频繁的灾害。

因此,开发南方草山草坡应与生态安全建设和环境保护结合起来。

十余年前,我国曾开展过一场关于南方山地是否宜于开发草地畜牧业或宜林或宜草的争论,应当说,不分场合地向南方草山要牛肉或概不宜牧的提法都是不够客观的,但对毁林养畜,遍山放牧会引起水土流失与土地退化的忧虑却是完全正确的,值得引起重视。

南方山地的垂直分异是很明显的,处于不同海拔高度的山地与丘陵,其适宜性是不同的[4]。总的讲,南方山地既宜林,又宜牧,也宜农(含经济作物)[5],南方草山可以并且应该牧、农、林各业互相结合、互有促进地协调发展,但在不同海拔高度上,应有不同的生产结构,形成各层次优化的"农牧林"镶嵌景观,提高区域整体的可持续发展社会经济生产力,以维持区域长期稳定的良性循环。为了实现这一目标,必须在保护生态环境、防止水土流失的前提下进行科学合理的区域性生态经济规划,合理配置农林牧生产,以形成土地利用和各业投入在生态经济上的平衡配置,但草地畜牧业不论在生态效益(保护水土、贮碳育氮)和经济收入上都应占有重要地位。

就草地本身而言,由于气候条件的制约,北方草地是夏绿冬枯的,非洲著名的热带、亚热带稀树草原是雨绿旱枯的,北方冻原、青藏高原与高山草地更有大半年处于冰冻休眠状态,我国南方亚热带天然草山草坡在冬季也有短期枯萎,且草质粗硬,多不堪食。但是,近十几年来经筛选引种的温带禾草与豆科草种,在南方山地较高处种植后却经冬不枯,在薄雪下仍维持盎然生机,嫩绿如春,构成东亚亚热带山地的"冬天里的春天"——常绿草地带,形成了一个新的垂直地带性植被类型——亚热带山地常绿温带草甸。这不仅在生态学上有值得深究的理论价值,在经济上更为亚热带丰富的大农业增添了一项优质高产的新兴产业,必然为我国社会主义市场经济作出重要贡献。

大部分地段土地属集体与个人混合使用,用地养地矛盾突出。为了解决这个问题,湖北、湖南和云南等省,都从多方面探讨草山草坡土地使用权与所有权分离的具体执行方案。湖南省湘西州提出的拍卖、租赁与入股三种方式有明显的实效和可操作性。为了进行草山草坡的合理开发,明确草山草坡的使用权属,认真贯彻《草原法》,完善草地承包制已成为南方草地开发中的一项重要的政策投入,且势在必行。

3. 南方草地资源开发利用对策

我国粮食紧缺,尤其是饲料粮紧缺,且会越来越明显。每增加 1 t 牛羊肉,等于增加 9 t 粮,如实现南方草山草坡开发 1330 万 hm^2,年产牛羊肉的能力可达 300 万 t,等于生产粮食 2400 万 t,可能弥补国家粮食缺口。另外,我国年进口羊毛 20 万 t,年花费外汇近 10 亿美元。其中半细毛系我国紧缺,每年需由新西兰进口 10 万 t。而我国南方草地生态条件与新西兰相似,适于饲养半细毛羊,如建成 1330 万 hm^2 人工草地,其畜产品产量将相当于 2 个新西兰。可见,南方草山草坡的开发对保证我国的食物安全和毛纺工业的发展均具战略意义,已引起国家有关部门和南方 13 个省区的高度重视,也成为南方草山草坡分布区广大人民群众迫切要求。依据以上分析,我们提出下列建议:

3.1 国家将南方草地列为加大开发力度的一项后备农业自然资源,并组织编制南方草地资源总体开发规划

建议由国家计委牵头,组织农业部及南方 13 个省区人民政府共同编制南方草地资源总体开发规划。首先根据生态经济区划①原则[6],编制南方草山草坡土地利用规划,从而明确不同地区土地利用方向和土地利用结构,为编制草地资源总体开发规划提供空间定位的基础。

在土地利用规划的基础上,以草地利用为主的生态经济类型区(总面积约 1330 万 hm^2)为对象,编制南方草地资源总体开发规划,明确国家集中开发区域与各省区地方开发区域,建议两者各规划 667 万 hm^2(1 亿亩)。在规划中应根据实际情况提出每个区域草地开发的具体面积与地块、草畜结构及畜产品生产指标与技术体系,同时考虑畜产品加工基

---

① 生态经济区划系指在南方山地科学地划分"生态经济带",根据区域内的景观分异(气候、地形、海拔、基质、土壤、植被等)与社会经济结构划分农、林、牧、经济作物等的适宜地带及地带内的优化组合。

地及销售体系的建设,以及相应的配套基础设施建设的具体目标。

作为开发的第一步,可先选择条件和基础较好、具有一定代表性的县进行示范基地的建设,以积累经验培养干部。建议"九五"期间,配合国家"八七"扶贫攻坚计划,可选择若干个有代表性的县(区)建立若干个 6670 hm²(10 万亩)左右规模的食草家畜生产示范基地,纳入总体规划,做到人工草地与良种家畜配套,具有现代化生产、管理水平,符合社会主义市场经济机制,产权明晰,基础设施建设、经营与技术配套。并建议由国家计委农村经济司或国家科委农村科技司和农业部畜牧兽医司与基地建设所在省区人民政府共同组织进行。

为了做好上述工作,建议国家计委长期计划司或国家科委农村科技司与农业部畜牧兽医司牵头;组织有关科研院、所及南方有关省区尽快开展"我国南方草地资源开发利用评价"科技工程项目,充分利用现代"3S"(RS、GIS 和 GPS)技术和目前已有的各种关于南方草地的图件(如南方草地资源图、土地利用详查图等),从草地资源开发的角度,编制不同比例尺的草地资源开发利用评价图,并提供按利用难易程度和利用方式的草地资源数据,为编制开发计划提供依据。同时,建议国家基金委设立一项"我国南方草地资源开发评估与生态经济带划分研究"重点项目,从理论上支持南方草地的开发。

3.2 设立南方草地资源开发及食草家畜生产示范基地建设的专项基金

建议中央像支持北方牧区草地畜牧业那样,设立南方草地资源开发基金,财政上开一个户头,对南方草地资源的开发予以支持,各省区在使用这项经费时,应给予配套,并应建立相对应的专项基金。

作为第一步,在"九五"期间先支持 10 个南方食草家畜生产示范基地。据初步估算,每个示范基地投入约需 3000 万元,其中草地及畜牧业建设费占 50% 左右,基础设施及加工转化占 50% 左右,前者由国家设立的南方草地食草家畜生产示范基地专项基金解决,后者由项目所在省区配套解决,并一起纳入本项目的建设基金。每一个示范基地建设都要编好切实可行的项目(工程)可行性方案,做到空间定位、规划科学可视、管理落实、技术配套、预算合理可靠、主管责任明确、符合现代企业制度。

示范基地筛选采取一定的竞争机制,并由国家

计委和农业部拟定相应的条例,优先选择基础好、条件符合且靠近主干交通线和消费市场,通路、通电及水源条件较好的区域组织实施。初步认为可选择鄂西山区、湘西和湘南山区、黔北山区、滇东北山区、川东三峡地区、赣中南丘陵区、闽东南沿海丘陵区、粤北南岭山区、桂西北山区等地开展示范基地建设工作。

在取得 10 个示范基地经验的基础上,在"十五"期间进行扩大,争取通过 4 个五年计划,建成现代化的南方食草家畜生产基地,成为我国食物供给的重要基地并实现国产羊毛自给。

3.3 加强国家和地方各省区人民政府对南方草地资源的管理

根据土地利用规划,完善对草山草坡权属的划定,真正把草地承包使用落实到千家万户,给使用者用地、养地创造一个宽松的政策环境。

着眼于草地资源的开发利用,用 20 世纪 80 年代末期和 90 年代初期所进行的土地详查成果,并采用现代"3S"技术对我国南方草地资源进行详查。逐步建立南方草地资源档案制度和草地资源管理信息系统。从而为我国南方草地管理和执法提供资源动态的科学依据,并将草地资源逐渐纳入国民经济的核算体系。

加大南方各省区草原执法力度,认真而系统地组织各级人民政府制定贯彻《草原法》的条例,使草地管理真正走上以法管理的轨道。为此,加强各级人民政府对草地畜牧业的领导及草地管理机构的建设、草地监理机构和队伍的建设,真正做到各级政府都设有专门机构,县有中心,乡有站,村有兽医。从而彻底改变现有管理能力不能满足开发建设需要的被动局面。

进一步筛选适合我国南方草地管理的先进技术体系,将其纳入各级人民政府推广农业技术体系之中。因此,必须加强草地畜牧业人才的培养,草地畜牧业实用技术培训与推广站网的建设等。应特别注意种草养畜能手的培养,加大县一级政府主管的职业中学培养种草养畜基础人才力度,使南方草山草坡所在地区的千家万户真正掌握实用的种草养畜技术。

加强先进经验的推广和宣传投入。在广大南方草山草坡地区树立发展草地畜牧业,稳定脱贫致富的观念,充分利用报纸、杂志、电台、电视,大张旗鼓

地宣传发展草地畜牧业的重要意义,宣传草原法规及草地畜牧业发展的先进典型。从而形成发展草地畜牧业、建设养畜的共识和良好气氛。

3.4　完善国家和地方各级人民政府对畜产品加工规模和产品结构的短期和中、长期计划与规划

我国南方草地畜牧业的大力发展必将改变目前业已形成的区域畜产品组成的结构和规模,也行将改变我国整体的畜产品结构和供求关系,以及我国畜产品的进出口结构、规模及水平。为此,在制定南方草地畜牧业开发规划的同时,要全面考虑我国畜产品供求现状及发展趋势,以及与我国有畜产品进出口贸易往来的国际畜产品供求市场的发展态势,全面考虑南方食草性畜产品加工转化基地的建设计划与规划。

随着南方草地畜牧业的发展,我国畜产品资源结构将发生明显改变,畜产品消费结构也会有明显变化。因此,一方面要考虑出口畜产品(特别是出口港澳台和东南亚国家)加工基地的建设,另一方面要针对我国不同地区城市发展的规模、区域交通运输条件的保障程度和经济合理性,全面规划我国南方食草家畜产品加工生产基地。

通过多方筹措畜产品加工基地建设资金,逐渐通过发展外向型的产业,建立沿海发达地区与前述食草家畜产品生产基地间的合资或股份制的畜产品加工企业。充分利用产地畜产品"绿色食品"优势和先进的加工技术及市场优势,逐渐形成具有现代企业制度的、新型的食草家畜产品的加工体系。

为了争创南方食草家畜产品名牌,要增加畜产品加工企业的技术含量,确保质量,真正形成一支在市场经济竞争中立于不败之地的、满足国内外市场需要的现代化畜产品生产企业集团,从而通过市场机制推动我国南方食草家畜产品生产基地的迅速、健康发展。

3.5　对已有草地开发试验基地管理的建议

根据本次考察,除湖南城步县南山牧场已形成规模生产外,其他各试验点均处于初期建设阶段,且存在权属不清,管理未规范化等问题。建议对已有草地开发试验基地加强管理,完善草地使用承包责任制,严格放牧管理,实行合理轮牧,完善经营模式,逐渐扩大开发规模,争取建成南方草地开发和示范基地。

4.　结语

南方草地资源的开发在技术上是可行的,经济与生态效益显著,是这一地区稳定脱贫致富的有效支柱产业。南方草山草坡蕴藏着巨大生产潜力,如能集中力量开发,将生态安全建设与"常绿草地带"种草养畜有机结合起来,将成为我国又一主要的食草畜牧业基地。通过示范基地的先期开发,在 3~4 个五年计划期间,形成 1330 万 hm^2(2 亿亩)的开发能力是可行的。建议国家从编制总体规划、设立开发示范基金、加强草地资源管理、畜产品转化基地与市场建设等方面加快南方草地资源开发步伐。

参考文献

1　李博等. 中国北方草地畜牧业动态监测研究(一). 北京: 中国农业科技出版社,1993.

2　赵松乔等. 中国自然地理(总论). 北京:科学出版社,1985.

3　Costanza R, et al. The value of the world's ecosystem services and natural capital. Nature, 1997, 387(15): 253-260.

4　吴征镒主编. 中国植被. 北京:科学出版社,1983.

5　侯学煜. 中国植被地理. 北京:科学出版社,1988.

6　张新时,杨奠安. 中国全球变化的样带研究. 第四纪研究, 1995,6(1):43-52.

Development and Utilization of Grassland Resources in Southern China

Zhang Xin-shi[1], Li Bo[2], Shi Pei-jun[3]

（1 Institute of Botany, CAS Beijing   100093;

2 School of Life Science, Inner Mongolia University, Hohhot   010021;

3 Institute of Resources Science, Beijing Normal University, Beijing   100875）

Abstract   Based on data obtained from field investigations and observations concerning "development and utilization of grassland resources in southern China" organized by Biological Division of the Chinese Academy of Sciences(CAS), and referred to relevant data provided by local organizations, the paper puts forward a high-efficiency animal husbandry development strategy related to "evergreen grassland belt" in China according to present conditions on ecological rehabilitation and environmental protection of grassland and grass covers in hilly areas of southern China as well as their development and utilization. The conclusion is that the development of 133 000 km^2 grassland in next twenty years is feasible the grassland animal husbandry in southern China will became one of the important bases of China's animal husbandry, and the construction of some development and experimental bases is very indispensable.

Key words   grassland resources of southern China; green grassland belt; high efficiency animal husbandry; ecological security construction

第 29 章

西部大开发中的生态问题*

张新时

(中国科学院,北京 100086)

我国西部地区生态条件严酷而复杂多样,西北部主要是干旱半干旱地带,自然植被以荒漠、草原占优势,并有局部山地森林与草甸植被。西南则为湿润的亚热带和热带山地森林与农区,并有隆起的青藏高原上广袤的高原植被与周边的高山草地与森林。西部植被不仅是当地人民衣食住行赖以生存的基本资源,并且具有极其重大的生态调节与保护功能,对于水源涵养、维护绿洲生境、覆盖地表免于风水侵蚀的荒漠化发展,以及在缓和气候的急剧变化与全球变化方面均有不可替代的作用。然而由于西部生态环境的严酷性——干旱、寒冷、强风、强辐射、变幅极大、地形陡峭、土质粗粝瘠薄、盐碱性强等不利因素,使西部生态系统通常处在生理生态临界线边缘,生命行为薄弱,生物多样性与生态系统脆弱,较易受到上述物理与人为因素,如伐林、樵采、滥垦、过牧等的影响而退化,甚至破坏绝灭,而系统的更新与恢复则旷日持久,十分艰难,甚至不可逆转,从而成为西部环境与社会可持续发展的重大障碍。因此,欲开发西部,必须强调生态保育优先的原则,否则旧债未还、新患丛生,于国于民均无宁日,何论开发,更无持续可言。

1. 西部水资源生态

我国西部水资源分布不均。西北地区是干旱半

干旱地带,水少地多,年降水一般在 400 mm 以下,荒漠地带则在 250 mm 以下,甚至不足 10 mm。但西北地广人稀,人均水资源量远多于东部,给人以"不缺水"的错觉,实际上其水资源十分贫乏,且时空分布变化极大,农业与生态用水存在很大的现实与潜在危机。西南地区大部降水充沛,一般年降水 1000~1600 mm,水多地少。但西南一带多山,地高水低,水资源利用率低,难度大;再则多岩溶地质,水多下渗潜流,一旦植被破坏、表土流失殆尽,则形成大片无生产力的"石漠"。西部水资源生态在总体上与发展趋势方面颇堪忧虑。

1.1 全球变暖、冻土消融、冰川萎缩、水源旱化

21 世纪全球变暖,估计 2030 年增加 0.8℃、2070 年增加 2.0℃、2100 年增加 3.0~4.0℃,西部山地冰川面积将分别减少 12%、28% 与 45%~60%,使河流在前期因冰川融化而水量增加,后期则因冰川面积缩小而水量变少。青藏高原冻土消融趋势十分明显,导致土壤水分丧失、草原退化、荒漠化增强。

1.2 森林破坏、草地退化、水源涵养与水土保持功能衰退

西部河流上中游集水区山高、坡陡、谷深,其森林与草地植被因无节制的砍伐、过牧、开垦等,调蓄水分、保土护坡的功能大为削弱,导致严重的土壤侵

* 本文发表在《水利规划设计》,2001,4:4-8。是在全国政协人口、资源、环境委员会 2000 年 5 月 19 日至 21 日召开的"西部大开发与水资源"座谈会上的发言稿。

蚀与河川含沙量剧增,滑坡、泥石流与洪水灾害频发,水库与河床淤高,对中下游人民生活与经济发展带来严重威胁与灾难。

1.3 河川断流、湖泊干涸、潜水剧降、绿洲消亡

西北地区由于缺乏全流域统一规划,上游水资源过度开发利用,造成下游水量锐减甚至断流,引起植被退化消亡,荒漠化加剧。如塔里木河、黑河和石羊河流域下游的大面积胡杨林和绿洲均因河流断流而濒临或已经消亡,古楼兰的悲剧又将重演。西北的许多湖泊正面临水位下降、湖面缩小和终将干涸的命运。在20世纪已然消逝的罗布泊、居延海、玛纳斯湖、台特马湖和艾比湖的幽魂正在向青海湖、博斯腾湖等许多大地的明珠发出可怖的召唤。

1.4 慎重调水、量水种地、重在管水、节水最优

南水北调务必慎重。西北开荒虽有广域,但需稳定充足的灌溉水源保证与完善的灌排系统建设,需细致规划,以水定地。应对管水与节水措施给予最大的注意,如黄土高原以水窖为龙头的集水农业是最有实效的、革命性的举措,应善加总结、提高、推广。

2. 西部的生物资源

西部地区的生物资源物种数占全国的2/3以上,在云南南部与东喜马拉雅周边地区尤为丰富多样;在西北干旱区的生物多样性虽十分贫乏,但颇为特殊,具有重要价值与作用,切不可低估或忽视。从种质资源保存与开发的角度,西部地区具有极大重要性,不论在湿热雨林、干旱荒漠、灌丛还是高寒草甸与高山雪线的流石滩中均有在严酷生境长期演化过程中,适应极端条件(极端冷热、干旱、强风、高辐射、基质贫瘠等),而形成具有特殊抗逆性且有极高光合效率的基因等,它们具有丰富的多倍体变型,或含有有价值的次生代谢化合物,在医疗保健上具有特效等。这些野生生物资源不仅是当前西部人民生存与生活所需,而且在21世纪下半叶将成为全球意义上的重要农林草作物新品种的宝贵基因源和医药与工业原料的重要资源。国际上最负盛名的英国邱园近年来投资近1亿英镑开展宏大的"2000年种子库计划",以地球干旱区的野生植物种子与基因材料为搜集、保存和研究的主要对象,以备21世纪下半叶大规模开发利用。我国西部大量珍稀和有经济、生态价值的野生生物资源,由于日益频繁和剧烈的人为活动影响,其物种与生态系统迅速衰减与退化。尤其在面临大开发的形势下,如不采取积极有效的措施加以保育,必将更大规模地加速其退化与灭绝的恶性进程,进而造成不可弥补的重大损失。因此,建议西部各省(区)政府部门应在开发款项中设立一笔专项基金,资助当地科研院所与大学设立野生生物的种质资源库,抢救珍稀濒危与有价值的物种,并对其开展高科技的研究。在当前进入WTO之际,建立我国有极大经济与社会前景的和有自己专利的生物工程,实为当务之急,又是明智的长远之举,也希望国家科技部、国家自然科学基金委与中国科学院能重视此事,给予规划与支持。

3. 西部的退耕还林草

退耕还林草是西部开发中一项重要的生态举措,对改善西部地区乃至全国的生态环境、对促进西部地区的可持续发展具有重大意义。目前,国家有关部委已经就此制定了有关政策,规定2000年全国退耕还林草任务为515万亩。根据不同自然、社会和经济条件,退耕还林草的方式、步骤和规模不尽相同,应在科学论证与评价的基础上妥善安排,尤应注意调节利用水资源和与生态环境的关系,按区域景观结构进行规划。还应充分考虑群众的近期收益和长远利益,把生态效益与经济效益结合起来,调动群众的积极性。

3.1 退耕还林草与农田建设和保护

退耕不是简单的废耕,而是目的明确的高质量基本农田建设与护耕,实施之初一方面要科学地规划与政策上合理确定林草地数量与林草种类,有步骤地搞好退耕;另一方面要保护耕地和保证基本农田的建设,提高粮食自给能力。一般坡度小于15°的梯田为基本农田,应实行草田轮作与建水窖补灌,15°~25°的梯田可植经济树种或果树,间作豆科牧草,植灌木护埂,建水窖补灌。

3.2 退耕还林草的实施原则

科学合理地退耕还林草乃是防止水土流失与改善生态环境的根本措施。需合理调整与规划还林、灌、草的比例、种类与格局，在年降水大于 400 mm 处或阴坡、大于 25°坡耕地必退耕，挖水平沟，植水土保持林木，并间以灌木带与草带；在年降水小于 400 mm 或阳坡、大于 25°坡耕地应退耕，挖水平沟，植水土保持灌木带与草带：一般，在干旱地带退耕还林草时应还草多于还林；还林时，应还灌木多于还乔木，切不可一味种植需水多的乔木，即使还乔、灌，在林（果）下与灌木行间也应种草。

3.3 退耕还林草的经济补偿

经济发展为退耕还林草提供了保障，实施退耕还林草的一个重要保证是国家提供补贴，按当地平均亩产向退耕的农民无偿提供粮食与种苗。退耕还林草工作应在确保生态目标逐步实现的同时，切实解决好群众的吃粮、烧柴、养殖和收入等实际问题。退耕首先是退产量低、水土流失严重的陡坡耕地，补偿应根据实际粮食产量和生态建设需要而定。

退耕还林草是一项复杂的系统工程，涉及面广，政策性强，影响因素多，应坚持全面规划、分步实施、突出重点、先易后难、先行试点、稳步推进的工作思路。在实施过程中需按自然规律和经济规律办事，不断提高还林草的科技含量，根据自然条件与市场的需要，科学选择树种草种、合理搭配林木与作物，精心管护以及推广科技成果，以真正达到退耕还林草和生态环境建设的目标。

4. 西部的天然森林与人工林

西南部尚有我国目前保存最大面积的天然林，约 8750 万公顷，占全国森林面积的 38%，虽已历经采伐破坏，因交通不便尚未殆尽但多分布在高山深谷，坡陡土薄，具有涵养水源与保土护坡的重要作用，一旦采伐，极易引起水土流失及滑坡和泥石流的发生，故政府下令在长江上游与黄河上中游地区全面禁伐，虽已过晚，仍不失为良策明举。但对林区内大量采伐迹地进行更新造林时应强调科学设计，切忌大片针叶纯林，不仅防护育土效果不佳，且易引起病虫害，应针阔混交、乔灌结合，恢复与形成复层结构的优化森林生态系统。在西南林区，土层尚保存较好的采伐迹地经封山育林或人工更新后，一般 20~30 年可恢复林冠覆盖与林下层的植被与枯枝落叶层；但在严重水土流失，甚至岩石裸露的采伐迹地则至少需要在伐林后数十至百年才能逐渐积累形成土层，这些地方应先种植适宜的先锋阔叶树种，尤其是小乔木，以后再人工种植，或促进针叶树的更新。

西北的山地森林也具有良好的水源涵养功能，可惜天山山坡的大片山地针叶林带，近半世纪已遭受较强度的采伐，且由于气候干旱，迹地大部分未能更新。林带的水源涵养作用严重衰减。新疆塔里木河集中成带的荒漠河岸胡杨林也遭到开荒、放牧与樵采的大量破坏，尤其在河下游的胡杨林则因河流断流而全面濒于枯死。准噶尔沙漠曾有繁盛的梭梭林，因开垦与樵采也几乎消失殆尽，流沙四起。近年封育后有所恢复。南疆沙漠边缘的怪柳（俗称红柳）灌丛具良好的固沙作用，或适宜盐碱生境，也因作为薪柴而受到极大破坏，使数百年的高大固定红柳沙包分崩离析，惨不忍睹。

在干旱地区的灌溉绿洲营造防护林是形成与维持绿洲生态系统环境的重要林业措施。在过去数十年中曾卓有成效，但也有不少深刻的经验教训。如树种过于单纯，缺乏灌木，多为耗水量大的杨树，易引起毁灭性的天牛灾害；林带结构不甚理想，过宽、过密或林网过大等。推广科研工作者总结提出的"窄林带，小林网"与"乔、灌、草"结合的防护体系则效果较佳，应进一步提高、推广，并结合种植经济树种，则兼具较大的经济效益。

在荒漠绿洲与草原沙地的人工造林均应注意水分平衡与生物多样性的原则。一般应带状、窄行、疏植，以保证每株树的水分供应面积，切忌过密，从而形成低效率的"小老头树"。应注意干旱地区的造林绿化树种，避免单一的杨树、柳树；在草原沙地与黄土高原则应强调灌木在造林种草中的作用。灌木根深、枝繁、叶茂，较耐干旱，且抗风护沙能力最强，在其丛下构成优良的小生态环境与土壤条件，从而形成荒漠与草原中独特的灌丛"小生境"，大大提高其抗逆性与生产力。许多灌木尚具优良的饲用性，对发展草地畜牧业有重大意义。鄂尔多斯高原是干旱地区生物多样性的宝库，含有近百种野生小乔木、灌木与半灌木，号称"灌木王国"，是干旱地区弥足珍贵的"基因库"，具有极大的科研与开发潜势，在西北部开发中有很好的前景。

5. 西部草地

西部草地约 2 亿公顷,占全国草地的 72.3%。草原、山地草甸与低地草甸的功能不仅是发展草地畜牧业的主要基地,对防风固沙、保持水土、防止土地盐渍化与荒漠化等具有重要作用,是西北与青藏高原上占优势的绿色覆盖层。内蒙古高原具有我国最为广阔、平缓起伏的温带草原。新、甘、宁与西南各省的草地则主要分布在山地。青藏高原具有大面积的高寒草原与草甸,数千年来牧民及其畜群游荡其上,形成了原始的畜牧经济与文明。然而,近 50 年来,我国草地畜牧业的发展主要是以牲畜头数的增长来实现的,因而造成草场的严重过牧超载而退化,草地生产力远低于国际上同类草地的生产力,仅为其 1/30~1/20。我国草地所生产的肉类尚不足国民肉食消耗的 20%,畜牧业在农业中所占比重也不足 30%,且农区养畜为主,与发达国家的农业结构相距甚远。我国草地的生态功能也因退化而强度衰减。西北部草原、沙地与农牧过渡带的植被退化与破坏导致的土地裸露乃是荒漠化的主要场地,是近年频发沙尘暴的主要沙尘源。因此,西部草地无论是直接的草畜产品还是间接的生态效益均处于很低的水平,远不能满足西部可持续发展的需求,但也因此而具有很大的发展潜力。

比之农业和林业,西部的草业(草地畜牧业和草地植被建设)具有天然的优势:西部缺水(西北)、多高寒山区,发展农林业均有很大限制,但草地对水、热、土要求较低,故西部不仅有广布的天然草原与草甸植被,人工草地也能在农林受到限制的许多地区种植,发挥生态与经济双重效益。即使是在农田和林地(果园)也应大力发展草田轮作、农草间作、林(灌)草混植,或构成农林(果)草复合系统,以保持水土,恢复与提高土壤肥力,增加系统生产力与稳定性及对不良环境条件和病虫灾害的抵御力。发展西部,尤其是西北的草地畜牧业及其有关产业乃是西部大开发的战略方向与基本建设关键措施。畜牧业在农业中的比重应逐步提高到 50%~60%,乃至成为西北的重要支柱产业。这是西部社会与环境可持续发展的必须和必然趋势,也应当是西北、黄土高原、青藏高原与农牧过渡带各省区的战略定位。

西部草地建设的关键在于草地畜牧业结构的根本性调整:

① 在分草场到户的基础上建立科学合理的分区围栏轮牧制度,确定与严格执行限定的载畜量与轮牧期。

② 逐步推广舍饲是提高家畜生产力与生态保育的关键。

③ 改良与引进优良畜、草品种与健全防疫体系。

④ 大力发展高产优质的人工饲草农业基地,保证冬春饲料,尤其是母畜、幼畜与种畜的饲喂是防止雪灾与旱灾的根本措施。

⑤ 推广草田轮间作与林(果)草混间作的农、林、草复合系统。

⑥ 建立稳定的秋季牲畜出栏制与肥育基地。

⑦ 发展饲料与畜产品的高深加工业及有关服务业,开拓国内外市场。

总而言之,在西部确立"草畜"的优势与主导地位是具有可持续发展战略意义的思路与举措。

6. 西部荒漠

我国西部干旱区年降水量 250 mm 以下的广阔盆地、台原与低山均属于温带荒漠景观。荒漠按基质可分为土漠、沙漠、砾漠、石漠、盐漠、龟裂地、雅丹等。荒漠的生物多样性十分贫乏;植被覆盖度低,通常在 10% 以下;其生产力甚低,一般不超过 0.5 吨干物质/(年·公顷)。在年降水量 100 mm 以下的南疆、东疆与北山戈壁为极度稀疏或无植被的极干旱荒漠,几乎没有生物生产力,常为裸露的戈壁、流沙、雅丹等,一般不会对人类社会产生危害。但在年降水量 100 mm 以上的北疆与阿拉善等地,荒漠植被盖度较大,植物种类稍多,具一定的积沙成土作用,则属一般的干旱荒漠。后者由于有植被,通常被用作平原放牧场,但由于生产力很低,且草质甚劣,一般要数公顷荒漠才能勉强供养一头羊,因此荒漠植被极易因牲畜过度啃食遭到破坏而引起风蚀或流沙,再加以荒漠附近居民与农场毁灭性地采集薪柴,更加剧了荒漠植被的退化与灭绝。

冲积平原上的土质荒漠地形平坦、土层深厚,被认为是最适于垦荒造田的开发对象。新中国成立初期,生产建设兵团即在此屯垦,建立了大量新绿洲,形成了新疆与河西的粮棉基地。在西部大开发之际,也把此地视作潜力最大的"荒地资源";甚至有人提出要在此建立国家的粮食基地。然而,开垦荒漠却有过许多惨痛的教训和存在着潜在的危机。一是在水源不足的情况下,垦后即撂荒,引起严重风蚀,荒漠植被恢复过程极慢,1958 年大面积开荒时撂下的大片弃耕地至今遗迹犹存;二是灌溉管理不当,大面积土地次生盐渍化,数百万亩垦区成为盐碱滩;三是在沙质土地开荒,风沙危害严重,新月形流动沙丘四处游窜;四是在缺乏防护林带与灌草保护带系统的情况下,新垦农田风害严重,表土吹干,播下的作物种子与幼苗一季数度刮失。因此,只有在有充分和稳定水源条件下,才能量水垦地,并规划建立健全的灌排与防护系统,实施草田轮作,以保障新垦绿洲的稳定。对"南水西调"和"建立国家粮食基地"等提法必须慎重对待,严密论证与科学评价,切不可贸然行事。

鉴于荒漠放牧价值甚低、危害极大,荒漠开垦则限于水资源必须严格限制规模,因此建议除在有充足条件地区可有规划、有限制地开垦或建立人工草地畜牧业基地外,对大部分的干旱荒漠应划为自然保护区,进行封禁以恢复荒漠植被,引回已绝灭或几近绝灭的野生有蹄类食草动物,使荒漠成为天然植被与野生动物的家园,重造秀美的荒漠景观,保育大西北的自然生态环境,形成保障西部大开发健康与安全的生态背景。

7. 西部可持续农业系统

西部地区的农业是一柄双刃剑,它既是农林牧生产系统,又与生态环境有密切的依存关系:一方面,农林牧业生产以当地的自然资源与生态环境背景为基础;另一方面,不合理的农业土地利用方式会引起严重的生态环境问题,如伐林、滥垦、过牧、污染等,合理的农业土地利用方式则能改善生态环境,如营造防护林带、促进森林更新、建立人工草地与复合农林系统等。

西部农业应尽可能采取可持续性的农业技术措施,如间作、轮作、使用绿肥或培土作物、地被作物、乡土树种、复合农林业、少耕或免耕、生物控制、综合病虫害防治、轮牧等。根据西部的地区分异因地制宜地实施适于当地特点的可持续农业系统的生态-

生产范式具有关键意义。可持续农业系统以生态-经济带的合理格局为框架。生态-经济带是在水平方向或垂直方向上的景观空间结构的层带状单元。各带具有独特的人工或天然的农、林、草群落结构,各具不同的经济价值和生态功能;从而形成地区农业的综合系统。例如,在我国西南部的亚热带丘陵与山地大致具有如下的生态-经济带系统:

平原与低丘粮经作物与水体养殖业结合的高效农业生态-经济带;

丘陵与低山梯田粮经作物与经济园林结合的生态-经济带;

丘陵顶部与中山夷平面的温带常绿人工草地畜牧业生态-经济带;

中山的用材-水源涵养林生态-经济带;

上中山寒温针叶林水源涵养林生态-经济带;

亚高山-高山灌丛草甸水源涵养-夏牧生态-经济带。

根据各生态-经济带的结构与功能合理调整安排带内的土地利用格局与带间关系,保证生态功能与经济效益的优化结合,以达到可持续发展的目的。

以下是西北地区的两个可持续农业生态-生产范式:

(1) 鄂尔多斯沙地的"三圈"可持续农业范式

在鄂尔多斯高原上的毛乌素沙地可以滩地的农业绿洲为核心,建立高投入、高效、高产优质的集约复合农业,发展粮食、经济作物、饲料、果树、蔬菜等养殖业、加工业等,形成粮食农产品自给,舍饲养畜与肥育的中心,即"滩地绿洲畜牧复合农业圈"。在滩地绿洲外围的冲积洪积台地(软梁),则发展径流(集雨)灌溉的人工饲草地、径流果园或林灌地,作为草地畜牧业的基地,即"台地径流灌草圈"。在台地以外的砂岩山地(硬梁)或大型流动沙丘,应以防风固沙、防止水土流失的保护功能为主,在其上恢复灌木与草地,节制轮放,严禁滥垦,即"硬梁流沙灌草防护圈"。上述三圈形成该地区可持续农业生态保护的整体,即"三圈"生态-生产范式。

(2) 山地、绿洲、过渡带、荒漠系统(MOEDS)生态-生产范式

新疆、甘肃河西与青海柴达木盆地的荒漠绿洲与其水源地、山地构成一系列垂直梯度的大农业系统。① 山地:冰川、山地降水作为水源地,山地森林具有好的水源涵养作用,山地草原与草地作水

草丰茂的夏季放牧场;② 绿洲:发展特产农业、粮食、农村复合系统与产业化的加工服务系统;③ 绿洲与荒漠过渡带:可大力发展人工饲草地,进行舍饲养畜与山地牲畜育肥,加上绿洲防护带;④ 荒漠:保育荒漠植被,恢复与发展野生有蹄类食草动物与生态旅游。

第30章

草地的生态经济功能及其范式[*]

张新时

(中国科学院植物研究所,北京师范大学资源研究所)

在我国西部大开发的战略部署中,草地与草地畜牧业具有特殊的意义和地位。我国草地约有 4 349 844 km² (表30-1),其中70%以上在西部。在西部地区,特别是西北,草地不仅是草地畜牧业的基地,同时在生态环境保护与建设方面的作用也尤其重要。这是由于草地在西北的面积与分布范围远远大于森林,其覆盖与庇护土地的功能又显著优于荒漠。忽略这一点,就会丢掉西部最大的特色与优势。从长远的战略定位来看,西北地区的农业终将以草地畜牧业为主,依赖于草地的畜牧业及其相关产业终将成为西部地区的支柱产业,西部地区生态环境的改善与优化也在很大程度上有赖于对草地植被的保护、发展与建设。应当指出,草地的建设不仅仅依靠于个别的高新技术与优良品种,而更重要的是在系统和整体的层次上构建一系列优化的模式,这些模式必须既是在生态上健全可靠的,又是在经济和生产上合理可行的,即所谓的优化生态-生产范式。

一、草地的生态经济功能

草地是地球陆地上面积仅次于森林的第二个绿色覆被层,约占全球植被生物量的36%,约占陆地面积的24%。她在生态与经济上的意义与作用十分重大,与森林和农田一起是地球上三个最重要的绿色光合物质的来源。

表30-1 中国陆地生态系统类型的面积与价值

生态系统类型	面积 (km²)	面积 (%)	总价值 ($10⁸)	总价值 (¥10⁸)
陆地	9 600 000	100	6508.92	56 098.46
森林	1 291 177	13.4	1790.75	15 433.98
草地	4 349 844	45.3	1009.16	8697.68
荒漠	1 499 473	1.56	—	—
耕地	1 820 910	19.0	165.87	1429.56

草地的全球生态功能首先在于她独特的生态地理位置。草地占据着地球上森林与荒漠、冰原之间的广阔中间地带。草地覆盖着地球上许多不能生长森林或不宜垦殖为农田的生态环境较严酷的地区,例如,极端干旱的沙漠、戈壁与森林地带之间的干旱、半干旱地带,荒漠灌溉绿洲与沙漠之间的过渡带,极地冰雪边缘广阔的冻原地带,山地森林上限与高山冰雪带之间的高山、亚高山植被带,以及寒冷荒芜的地球大高原面等。草地的这种中间生态地位使她在地球的环境与生物多样性保护方面具有极其重大和不可代替的作用。尤其是在防止土地的风蚀沙化、水土流失、盐渍化和旱化等方面,草地的作用往往是森林所不及的。草地的全球生态意义还在于她特殊的生物地球化学循环作用。在草原黑钙土与栗钙土的腐殖质层与冻原泥炭层中所贮藏的巨大碳素,使草地与森林和海洋并列为地球的三大碳库,在

* 本文发表在《科技导报》,2000,8:3-7,系作者为《中国北方农牧交错带优化生态-生产范式集成》(科学出版社,2008 年)一书所作导言的补充删改。

碳循环中起着重要作用。因此草地在全球变化中有举足轻重的地位。

　　草地的巨大意义还在于她在生物进化、人类起源和培育古代文明方面的关键作用。温性草原是地球上最为进化和年轻的生物群区或植被类型，主要由禾本科多年生旱生草类为优势种或建群种，以及大型有蹄类与啮齿类食草动物构成。而禾本科是在植物系统演化中最年轻的类群，发生于中生代末期的白垩纪。温性草原大体是在新第三纪与第四纪早期演化形成的，可能主要起源于亚热带的稀树草原，但与荒漠和落叶阔叶林有密切的关系与交流。在大致4000万年前的新第三纪时地球北半部青藏高原和科罗拉多高原的隆起引起了地球的寒旱化过程，在大陆北部的西风急流高压带控制下的荒漠地带以北与寒温性泰加林地带之间出现了由西而东延绵数千千米的欧亚与北美温带草原地带，尤其是在第四纪冰期后得到充分发展。因此，草原的形成与演化是青藏高原隆起与温带荒漠北移的结果，并与黄土高原的堆积形成与演化是共轭或同步的事件，从此温性草原成为地球上分布最广的植被地带，并占有地球植被地带生态地理核心的显著地位(表30-2)。

　　天然草地是一个完整而美妙的生态系统，是通过数百万年到上千万年的进化过程而逐渐形成的。不论在热带稀树草原还是温带草原中，草原植物群落与赖其为生的食草动物，尤其是各种大型有蹄类动物与较小型的啮齿类动物，及其捕食者——食肉的猛兽或猛禽，在漫长的协同进化过程中构成了一系列复杂而完善的食物链，或是一座具有不同营养级层次的能量与养分转化的金字塔，它的基础是作为第一性生产者的草地植物群落，第二级是各类食草动物，其顶端则是食物链末端的食肉动物。这一进化的伟大成果至今还在非洲中部的稀树草原中保存着，向人们展示出协同进化的物种间既残酷捕食又和谐共处地漫游在大草原上的壮丽图景。由于在北美中部大草原(prairie)引回了已绝迹近百年的美洲野牛并迅速繁殖成群，在无垠的大草原上万牛奔腾如雷霆风暴的壮观场面又重现在人们眼前。如今又在进一步把灰狼种群引回大草原，以重建北美草原的营养金字塔，恢复草原生态系统的天然面貌。在欧亚大陆的草原地带，由于悠久的文明和农牧业开拓史，自然的草原生态系统已不复存在，残存的大型野生食草动物被迫逃避到偏远戈壁荒漠中的避难所；而当最后一匹普氏野马在1947年于蒙古科布多

表 30-2　生态系统的功能与价值(根据 Costanza,1997)

功能	地球陆地	森林	草地	农地
面积(10^6 ha)	15 323	4855	3898	1400
调节气体		—	7	
调节气候		141	0	
调节扰动		2		
调节水分		2	3	
供水		3	—	
控制侵蚀		96	29	
土壤形成		10	1	
养分循环		361		
废物处理		87	87	
授粉			25	14
生物控制		2	23	24
食物产品		43	67	54
原料		138		
基因资源		16		
娱乐		66	2	
文化		2		
年值($/ha)	804	969	232	92
全球总值($)	12 319 ×10^9	4706 ×10^9	906 ×10^9	128 ×10^9

盆地戈壁滩中被捕猎后，它们就再也不复存在于自然状态下。现今只有在藏北高原无人区仍然有硕果仅存的广阔天然高寒草原生态系统，成为草原野生动物最后的乐园，但也免不了遭到贪婪淘金者与盗猎者的杀戮。

　　草原又是人类进化的摇篮。研究人类起源的学者一般公认，人类的祖先类人猿或森林古猿是在森林环境中生存进化的，只有当类人猿(可能是由于气候的原因)脱离了森林而进入草原，才能在开阔的草原环境条件下通过适应与竞争，进化为直立行走和奔跑的猿人，才能有垂直的脊椎以承受巨大的脑颅，并由于手足的功能分化而彻底解放出能灵巧地制造与使用工具的手，从而成为真正的"人"。一旦人类进入草原，就开始了对草原生态系统的愈来愈大的影响，以致对自然的草原生态系统进行了深刻的改造。

　　人类在草原这个伟大而美妙的自然生态系统金

字塔的顶尖上首先扮演和继承了"捕食者"的角色。但人不仅是高高坐在金字塔顶端的饕餮食客,也积极地参与到草地营养金字塔的第一级生产者——牧草生产和第二级消费者——家畜的组成结构调整及提高其能量与物质转化率的过程中,人类选择和培育了许多优良的家畜品种和牧草与饲料作物品种,建立了高产的人工草地和饲料地,其生产性能无论在量与质上都远远超过了它们的野生祖先。人类还通过数千年的实践摸索出一系列草地放牧和家畜饲养管理的制度和办法,从而形成了草地畜牧业这个第一产业的体系。草地畜牧业本身已成为许多国家中重要的生产和经济支柱。这是草地畜牧业结构的光明面,但现在这个金字塔的基础和顶层在全球许多国家和地区,尤其是在许多发展中国家出了问题,或由于草地经营不当而发生退化,生产力下降;或由于人口的增长率过大过快,其需求超过了草地的生产力极限等,导致草地畜牧业金字塔结构的倒置而引起草地退化、家畜品质下降,同时造成环境的严重恶化。而且由于这些国家相对科技落后,国力不足,缺乏对草地的经济投入以及草地恢复改造的途径与有效措施,草地退化的趋势不仅得不到制止,甚而产生了愈演愈烈的草地退化恶性循环。

我国的草地畜牧业生产基础十分脆弱,波动很大,经不起自然灾害的冲击,生产力低下。在我国天然草地中,退化草地达到70%,其中严重退化的达40%,因此以占有国土面积41%草地却只能提供不到20%的国民所需的肉食。而在工业发达的欧美国家,草地提供的肉食可达到70%以上。欧共体国家草地生产的乳制品与肉类在20世纪80年代就已经过剩而不得不限制生产。欧共体国家每公顷草地可生产300~350个畜产品单位,荷兰则高达1200个畜产品单位;美国、加拿大为45~75个畜产品单位;澳大利亚、新西兰等以天然草地为主的国家为20个畜产品单位。而生产水平低下的发展中国家一般每公顷草地仅有几个,甚至不足1个畜产品单位。我国每公顷草地畜产品单位仅相当于发达国家的1/20~1/50。

造成这种差别的原因,一方面固然是由于发达国家的人口压力小,对草地的放牧压力也小,因而草地退化程度轻微,易于恢复,或者不退化;另一方面则在于对草地的投入与科学技术的作用。现代草地生产的科学技术范围很广,包括运用现代农业技术栽培牧草与饲料、改良品种、培育人工和半人工草地、改良天然草地与饲料深加工等。在草地畜牧业方面则包括合理的配置家畜、调整畜牧与畜群结构、合理的放牧制度与饲料配制等。从草地本身来说,如何建立与合理配置人工草地、半人工草地与天然草地系统及其科学管理是最重要和根本的方面。发达国家的人工草地所占比例很大,欧共体国家可达80%以上或更多,美国、加拿大人工草地占10%左右,以天然草地为主的澳大利亚人工草地也占5%;而我国人工草地的面积占全部农牧业用地面积的比例尚不足1%。牧草、饲料与家畜品种的改良也是一个重要方面。

总之,草地绝不仅仅是地球的放牧场,她对于生物的进化、人类的起源、文明的发展、社会经济的繁荣、道德情操的陶冶与培育,乃至国家民族的兴衰、地球环境的保育、人类的未来都是至关重要的。草地是地球母亲不可缺少的部分,我们只要善待她,她一定会给我们以大得多的慈爱和赏赐;反之,我们将吞下自己造成的苦果,受到大自然无情的惩罚。

二、草地在植被系统中的地位

可以在一个理想的水平大陆上的植被分布图式上,表示出纬度(太阳入射角)与海陆分布所决定的气候-水热关系对地球表面植被的宏观地理分布及其类型的决定性作用。还可以在一个含有25个生物群区分室的圆形系统中,基本上概括全球气候顶极(地带性)的植被类型。它们各得其所地在圆形系统中形成了明显有规律的连续生态梯度和空间演替系列,具有合理的地带过渡性。该系统较自然和确切地模拟和解释了陆相地球植被的生态地理图式和气候-植被关系结构模式。

在该气候-植被分类系统中,草原占据着核心的地位,构成了稀树草原-温带草原-亚高寒草原-高寒草原及其生态过渡型的完整草原生物群区型系列,以及从山地草甸到冻原生物群区型的完整系列,这是该系统的一大特色。应当特别指出的是温带草原在该系统中的特殊地位与功能。在地球陆地的纬向冷热梯度轴与经向干湿梯度轴平衡交汇中点的温带草原,自然而然地占据着气候-植被分类系统中的核心地位。实际上,在地球的几个大陆上几乎都有温带草原地带的普遍存在,尤以欧亚与北美大陆最为显著。温带草原在这些地区作为森林与旱生荒漠植被之间,以及高纬度寒温带植被与低纬度亚热带热带植被之间的中介植被,标志着地球陆地上水热相对平衡的生态地位。如前所述,相对于起源古老的森林与荒漠而言,温带草原的形成是地球陆地生态系统与植被演化的新生事物。它的出现意味着地球陆地植被与生物群区发展到一个与气候相对平衡的新阶段和地球上新的自然植被地带格局的形成。草原可能对这一时期从猿到人的演化过程有所促进,而在后来的原始人类社会转向早期畜牧业和农业生产方式的关键过程中,温带草原及与它协同进化的草原大型有蹄类食草动物却毋庸置疑地具有重大作用。

森林生物群区在该圆形系统中占据着第一、二象限的生态位置。其北(上)端向冻原过渡,在山地则向亚高山、高山草甸或山地冻原过渡。在森林带的内弧则为向草原过渡的森林草原(温带)或稀树草原(亚热带)。荒漠生物群区在系统的第三象限占据着与森林完全相对称的生态位置。其内弧为稀树干草原与温带半荒漠-草原化荒漠与荒漠草原构成的荒漠-草原过渡带。高寒生物群区是在群落演化方面最年轻的,具有圆形系统上部,即第四象限与第一象限相连接处的弧形段,自左至右为高寒荒漠-高寒草原-高寒草甸或冻原。其内弧段为亚高寒带的过渡类型。由此,整个系统可分为森林群、草原群、荒漠群与高寒群四大生物群区群(biome group),且各具过渡性的类型,共25个生物群区型,其中有9种草地类的生物群区型。基本上无植被的冰川雪原作为"0"型。草地在该系统中有下列9类:

1. 冻原/高寒草原(Tundra/Alpine steppe):EGT=10~40;
2. 湿冻原/高寒草甸(Moist tundra/Alpine meadow):EGT>40;
3. 亚高寒草原(Subalpine steppe):EGT=10~40;
4. 亚高寒草甸(Subalpine meadow):EGT>40;
5. 森林草原(Forest steppe):EGM<5,EGT=80~100;
6. 典型草原(Typical steppe):EGM<5,EGT=40~80;
7. 温带半荒漠(Temperate semi-desert):EGM<5,EGT=6~40;
8. 稀树草原(Savanna):EGT=60~120;

9. 稀树干草原(Dry savanna):EGT=6~60。

EGT为有效生长月积温,EGM为有效生长月数。

三、中国草地的优化生态-生产范式

在气候的宏观控制之下,草地植被又受到地形、基质、潜水等地体因子的强烈作用而发生分异,表现为景观与植物群落类型的变化,而且影响到草地的经济利用与生产力。因此,根据草地景观(地形、气候、植被、土壤、基质、水文等因子的结合)有规律重复出现的复合体及其能流与物流运转途径,合理地配置土地利用类型与管理方式,以发挥其最大或最佳的生态功能、生产潜力与经济效益,亦即可持续农业的优化生态-生产范式(optimized eco-productive paradigm)。这里所谓"优化"是指农林草(牧)系统的科学合理、高效优质、持续稳定、协调有序;"生态"是指生态系统的结构、食物链关系、生物地球化学循环与生物地球物理过程;"生产"是指生产力与产业的形成;"范式"是指生态管理系统、区域性景观格局与功能带组合配置的范例。这种范式是因地因时而异的。在我国西北大致有五类基本的草地范式:蒙古高原草原范式,鄂尔多斯沙地范式,荒漠山地-盆地范式,黄土高原范式,农牧过渡带范式。

1. 蒙古高原草原范式 内蒙古高原是一片平缓起伏的辽阔高原,其上存在着几层夷平面。形成高原基面的低夷平面海拔高度在960~1000 m,其上分布着地带性的大针茅、羊草、杂类草草原植被,是主要的放牧草地。1200~1400 m的较高夷平面的高台地或丘陵顶部则为贝加尔针茅与旱中生杂类草的草甸草原,草被高大丰茂,但因远离水源,不便饮水,多用作刈草地。在高原面上下切的河谷阶地、滩地与丘间洼地,因受水流浸润而生长着草甸植被,适于建立人工草地。由此,内蒙古草原范式的基本框架就是:放牧场-刈草地-人工草地。草原放牧场应实施合理的围栏、轮牧与承载适度的载畜量。但由于可开发的人工草地面积有限,产量不高,尤其在不时发生的旱年和雪灾中不足以保证牧畜有足够的草料度过饥荒,而经常造成重大损失。因此必须在高原东南沿的农牧过渡带寻求出路,亦即在水、热、土条件较优越的农牧过渡带建立高产优质的人工饲草料基地,每年秋季大量接收草原牧区当年的出栏牲畜,即"架子"畜,经 2~3 个月的育肥后转销或屠宰加工,可获得高额的附加值。农牧过渡带还可向牧区提供优质饲料。当这种流通格局形成后,草原牧区在越冬时仅饲喂母畜、仔畜与种畜,即使发生雪灾,亦可安度无虞。因此,内蒙古草原的优化生态-生产范式应当是:围栏轮牧放牧场-刈草地-人工草地-育肥带。

2. 鄂尔多斯高原沙地"三圈"范式　鄂尔多斯高原是一个构造隆起剥蚀的地块,其海拔高度一般在 1200~1550 m,由西北向东南微斜。由于长期的干燥剥蚀,地表广泛露出白垩纪与侏罗纪砂岩的残山,其间普遍堆积第四纪与第三纪的洪积、冲积与湖积物,并因风力的分选与搬运而发育风沙地貌,遍布沙丘沙地,属于干旱区风成的戈壁、沙漠、黄土环带格局中的沙丘带。在洪积-冲积台地上有再经河流切割形成的谷地、湖盆与风蚀洼地,因地势低洼而富集潜水。因此,本地区基本上有三级地形,加一类地貌——沙丘沙地。三级地形分别为:滩地,即河谷、旱谷、湖盆、洼地等为第一级;软梁,即洪积、冲积台地为第二级;硬梁,即砂岩丘状高地为第三级。

在此基底上该地区的农林牧业土地利用格局是:滩地作为农业绿洲与草甸草场;软梁地供放牧与种植人工林;硬梁水土条件最恶劣,放牧价值不大,有局部开垦旱地,极易造成水土流失;各类沙丘与沙地常由于过度放牧与樵采而引起流沙。在此基础上,构建的鄂尔多斯高原沙地的优化生态-生产范式称为三圈模式(图 30-1~图 30-3)。

第一圈:滩地绿洲高效复合农业圈　占当地面积的 10%~15%,形成资金、劳务、能量与物资高投入的集约复合农业,包括粮食、经济、饲料作物、牧草、林、果与养殖等,以及规模化的舍饲养畜业与肥育中心;发展农副产品深加工产业,如饲料、畜产品加工及其服务业;逐步形成市场贸易的经济中心与文化中心。

第二圈:软梁台地径流(集雨)林灌草圈　占 40%~50%,形成规模化的径流补水人工饲草基地,以支持舍饲畜牧业;建立径流灌木与乔木防护带;并可适当发展径流果园与人工林。

第三圈:硬梁/流沙地灌草防护圈　占 30%~40%,恢复与建立灌木防护带与草带,围护珍稀濒危植物保育地,封沙育草灌,禁牧、禁垦、禁采掘植物。草灌丰茂后可节制性放牧或刈草灌。本圈功能主要是防风固沙与防止水土流失,并作为其他两圈的水源地。

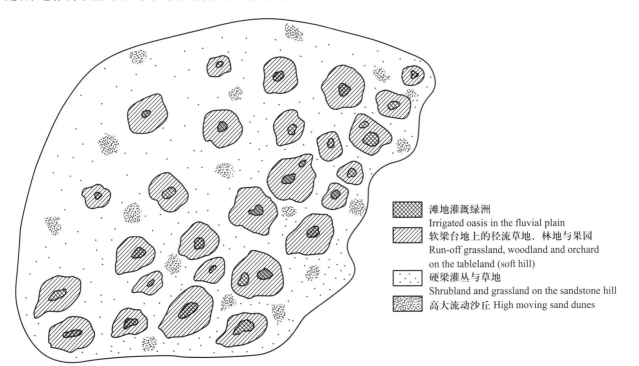

图 30-1　三圈模式的区域性分布格局

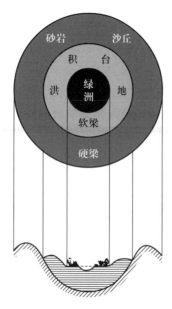

图 30-2　毛乌素沙地的景观格局与"三圈"模式

上述三圈相互支持,形成一个自然-经济的景观复合体,可充分发挥生态功能与生产潜力,成为区域性的可持续发展体系。

3. 荒漠山地-盆地范式(图 30-4~图 30-7)
与高山相毗邻的内陆荒漠盆地,如准噶尔、塔里木、柴达木等都具有同心圆状的地貌-基质结构,即外围有构造隆起的高山,其山麓有倾斜的洪积-冲积扇连成裙状,以及中央广阔的冲积、洪积平原。这些高山,如阿尔泰山、天山、昆仑山、祁连山等高度均超

过 3000 m,其顶部有较发育的冰川积雪,山地降水较多,为盆地提供了丰富的地表与地下水源。山地植被垂直带层次分明,常有山地森林带,具有重要的水源涵养功能。山地的草甸与草原植被是传统的季节牧场,亚高山与高山草甸是水草丰茂的夏季放牧场,中山的山地草原则为良好的秋季放牧场,但作为冬春放牧场的低山与前山丘陵草原化荒漠或荒漠草原却远远不足。山前洪积-冲积扇上部多为砾石或沙砾质的戈壁荒漠,土层瘠薄,潜水甚深,不易利用;扇形地中下部,土层深厚,土质适中,潜水埋藏不深,又不易发生盐渍化,自然情况下有榆树林、胡杨林等,为古老灌溉绿洲所在地;扇形地的下部扇缘带,是绿洲与荒漠的过渡带,土质黏重,潜水接近地表,盐渍化较重,通常为盐化草甸或盐生植被。盆地为古老的冲积-湖积平原所占据,有大面积平坦的沙壤质荒漠;低洼处强度盐碱化,或为盐土漠;盆地中部则常为不同类型沙丘构成的沙漠。干旱荒漠上常散布有稀疏的强度旱生植物,多为退化叶或无叶的半灌木或矮灌木,通常被用来放牧,但由于荒漠饲草量低质劣,植被极易因过牧退化,又缺饮水,实不宜牧。在降水 100 mm 以下的极干旱荒漠则通常无植被。

荒漠地带的山地与盆地关系决定着地区的生态、资源与环境状况,也制约着地区社会的产业配置、经济发展方向与人民生活的结构和安全。这一

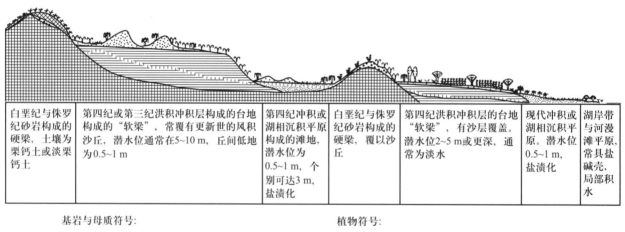

| 白垩纪与侏罗纪砂岩构成的硬梁,土壤为栗钙土或淡栗钙土 | 第四纪或第三纪洪积冲积层构成的"软梁",常覆有更新世的风积沙丘,潜水位通常在5~10 m,丘间低地为0.5~1 m | 第四纪冲积或湖相沉积平原构成的滩地,潜水位为0.5~1 m,个别可达3 m,盐渍化 | 白垩纪与侏罗纪砂岩构成的硬梁,覆以沙丘 | 第四纪洪积冲积层的台地"软梁",有沙丘覆盖。潜水位2~5 m或更深,通常为淡水 | 现代冲积或湖相沉积平原。潜水位0.5~1 m,盐渍化 | 湖岸带与河漫滩平原,常具盐碱壳,局部积水 |

基岩与母质符号:
- 中生代砂岩
- 风化母质
- 沙砾质壤土
- 第四纪冲积与湖相沉积
- 第四纪风积沙
- 晚第四纪洪积冲积层
- 碱湖
- 潜水位

植物符号:
- 杨树
- 旱柳
- 沙柳
- 柽柳
- 柠条
- 黑沙蒿
- 芨芨草
- 本氏针茅
- 百里香
- 甘草
- 碱蓬
- 玉米、农作物
- 人工草地、饲料地

图 30-3　内蒙古毛乌素沙地的景观、植被、地形、基质与土壤剖面图示

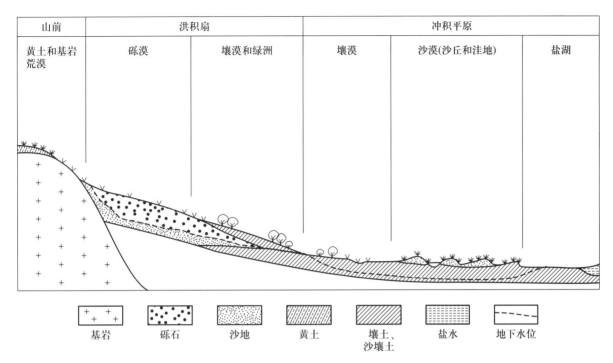

山前	洪积扇		冲积平原		
黄土和基岩荒漠	砾漠	壤漠和绿洲	壤漠	沙漠(沙丘和洼地)	盐湖

| 基岩 | 砾石 | 沙地 | 黄土 | 壤土、沙壤土 | 盐水 | 地下水位 |

图 30-4　荒漠的地形-地质控制图式

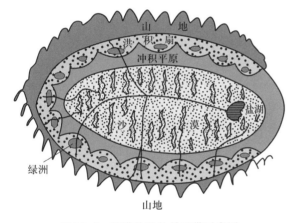

图 30-5　荒漠盆地的景观带示意图

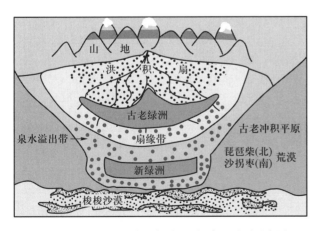

图 30-6　荒漠盆地洪积扇、绿洲与冲积平原示意图

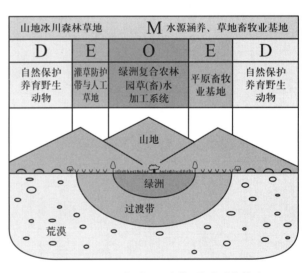

图 30-7　山地-绿洲-过渡带-荒漠系统模式

山盆关系是呈垂直带剖面式展开的,其自然驱动力则主要是受到太阳能与地球重力作用的水流。山地冰川融水与山地降水以地表和地下径流形式向下流入盆地,地表径流汇成河流流向盆地低处并灌溉滋润着绿洲;地下潜水流在山前洪积-冲积扇上部下渗,在扇形地下沿的扇缘带接近或溢出地表,引起盐渍化与沼泽化;在冲积平原上,潜水又下渗较深,最后汇集于盆地最低处的盐湖。

荒漠地带山盆关系的可持续农业系统结构含有四个基本地貌单元。

山地 包括高山冰雪带、高山亚高山草甸(草原)带、山地森林带、山地草原带与山地荒漠带;冰雪带的夏季融水与山地降水是地区主要的水源,森林带具有重要的水源涵养与水土保持功能,草甸与草原带除了作为放牧场之外,并具水土保持作用。此外,西部山地风光绮丽,极宜开展旅游业。

绿洲 荒漠地带生长季节阳光充足、热量丰沛,在绿洲灌溉条件下发展复合农林(草)业能有很高的生产力,适宜多种粮、经、饲料作物,特产林果,各种养殖业加工业;绿洲又是荒漠地区的集中民居地与经济、文化、交通中心。

绿洲-荒漠过渡带 潜水接近或溢出地表的扇缘带是绿洲与荒漠之间的过渡带,由于盐渍化而不宜农作,但可建立人工草地,其产量可为天然草地的30倍,载畜量可达每公顷15头羊,在邻近绿洲饲草料的支持下可以发展为荒漠地带新的草地畜牧业(舍饲)基地,并可作为育肥带,在秋季大量接受山地出栏的"架子"羊,进行肥育后销售。过渡带还是绿洲的防护带,具有防风固沙、减缓荒漠气候的功能。

荒漠带 除了有稳定的灌溉水源保证与健全的灌排系统建设之外,一般在荒漠中不宜无序地大规模开垦农耕地。如前所述,荒漠也不宜作为放牧场。在有稀疏植被的干旱荒漠,如准噶尔沙漠,应进行有规划的封禁围护,促进恢复和保育天然的荒漠植被,回引荒漠野生的有蹄类食草动物,如鹅喉羚、赛加羚、蒙古野驴、普氏野马、野骆驼等,恢复荒漠生态系统,发展野生动物养殖业与狩猎业。

荒漠地带山盆系统的上述四个单元构成了荒漠可持续农业的生态-经济链,既保证了农业产业的合理格局,也在生态系统的能流与物流方面形成优化的转换过程与循环,可能在相当长的时期内成为荒漠地带可持续发展的范式。

我国草地的其他优化范式在此从略。

第 *31* 章

我国草地的发展观[*]

董孝斌[1]　张新时[1,2]

（1. 北京师范大学资源学院，北京　100875；2. 中国科学院植物研究所，北京　100093）

摘要　本文通过对我国草原起源的追溯和现代草原不可持续性的分析，指出以人为主的因素加速了草地退化，导致草畜矛盾的加剧，抗灾能力及生态系统服务功能的减弱，影响了我国的粮食安全和生态安全。文章认为，亟须建立产业化与集约化经营的现代人工草地畜牧业，实现草地的可持续发展。

关键词　草原 粮食安全 生态安全 草地畜牧业 可持续发展

[*] 本文发表在《生态经济》，2005，10：70-73。国家自然科学基金重点项目（40435014）资助，张新时为通讯作者。

View on the Grassland in China

Dong Xiaobin[1], Zhang Xinshi[1,2]

（1. Institute of Resource, Beijing Normal University, Beijing　100875；

2. Institute of Botany, Chinese Academy of Sciences, Beijing　100093）

Abstract　This article casted back the origin of the grassland in China and analyzed the unsustainability of the grassland in late years. It showed that some factors, mainly human accelerated the degeneration of the grassland, aggravated the contradiction of the grass and animal, weaken the capability of resisting the disaster and the function of ecosystem service, affected the safety of the food and ecology. So, modern artificial grassland-animal husbandry with industrialization and intensification should be found, in order to carry out the sustainable development of the grassland.

Key words　grassland；food safety；ecology safety；grassland-animal husbandry；sustainable development

1. 草原的起源与发展

温性草原是地球上最为进化和年轻的生物群区或植被类型,禾本科多年生旱生草类为优势种或建群种。温性草原大体是在新第三纪与第四纪早期演化形成的。随着 4000 万年前青藏高原和科罗拉多高原的隆起以及第四纪冰期干冷气候的盛行,形成了横亘欧亚大陆及与之对称的北美大草原带,并演化形成温带草原生态系统。从此,温性草原成为地球上分布最广的植被地带,并占据地球植被地带生态地理核心的显著地位[1]。

天然草原是一个完整而美妙的生态系统,是经过数百万年到上千万年的进化而逐渐形成的。不论是在热带稀树草原还是温带草原中,草原植物群落及以此为生的食草动物,尤其是各种大型有蹄类动物、较小型的啮齿类动物与其捕食者——食肉的猛兽或猛禽,在漫长的协同进化过程中构成了一系列复杂而完善的食物链,一座具有不同营养级层次的能量与养分转化的金字塔,它的基础是作为第一性生产者的草地植物群落,第二级是各类食草动物,顶端则是食物链末端的食肉动物。

草原也是人类进化的摇篮。人类进入草原,就开始了对草原生态系统愈来愈大的影响,对自然的草原生态系统进行了深刻的改造。人类选择和培育了许多优良的家畜品种和牧草与饲料作物品种,建立了高产的人工草地和饲料地,其生产性能在量与质上都远远超过了它们的野生祖先。人类还通过数千年的实践摸索出一系列草地放牧和家畜饲养管理的制度和办法,从而形成了草地畜牧业这个第一产业的体系。草地畜牧业本身也成为许多国家重要的经济支柱。但现在这个金字塔的基础和顶层在全球许多国家和地区,尤其是在许多发展中国家出了问题,或由于草地经营不当而发生退化,生产力下降;或由于人口的增长率过大过快,其需求超过了草地的生产力极限等,导致草地畜牧业金字塔结构的倒置而引起草地退化、家畜品质下降,同时造成环境的严重恶化[1]。

2. 现代草原的不可持续性

我国拥有草地资源 3.92 亿 hm^2,占国土面积的 41.14%,比耕地和林地的总和还多。仅次于澳大利亚,是世界第二草原大国。草地资源主要包括北方草原、南方草山草坡、沿海滩涂、湿地和农区,共包括 18 个大类、38 个亚类和 1000 多个型[2],其中约 3.26 亿 hm^2 草地分布在北方 12 个省(自治区),398 个县(旗)、市。需要强调的是,我国主要牧区的天然草地分布于大江大河的源头和中上游,直接影响着社会经济的可持续发展和生态安全。现实的状况是,绝大部分草地自然条件严酷(干旱少雨、风大沙多),灾害频繁,再加上人为的强烈干扰(超载过牧、乱垦乱挖等),使得草原生态系统变得十分脆弱,其社会、生态、经济的不可持续性日益凸显。

2.1　草原普遍退化,生产力低下,制约畜牧业的可持续发展

作为一种重要生产资料,草地为我国畜牧业的发展做出了巨大贡献。但长期以来,由于人们对草地的掠夺式利用和人为破坏,草地退化十分严重,生产力低下,草地资源危机重重。调查结果显示,我国在 20 世纪 70 年代草地退化面积占 10%,80 年代初占 20%,90 年代中期占 30%,目前已上升到 50% 以上,而且仍以每年 200 万 hm² 的速度发展[2]。目前,北方地区退化草地面积共 137.77 万 km²,占该区草地总面积的 50.24%。其中,轻度退化草地面积为 78.94 万 km²,占退化草地面积的 57.30%;中度退化草地 42.07 万 km²,占 30.54%;重度退化 16.75 万 km²,占 12.16%[3]。总体上草地恶化的态势仍在加剧,已成为资源与环境及社会经济的重大问题之一。

超载过牧是草地退化、生产力低下的重要原因。20 世纪 80 年代以来,我国草原牧区的牲畜以平均每年 3.3% 的速度增长,草地超载过牧日益严重。目前,全国草地理论载畜量约为 4.5 亿个羊单位,而全国草地载畜量合计为 5 亿~6 亿个羊单位,超过全年合理载畜量约 20%[4]。据统计,草地面积最大的内蒙古牲畜数量由 1949 年的 968.6 万头(只)增加到 2000 年的 4912 万头(只),2002 年则达到 5176.9 万头(只)[5]。但缺草少料使牲畜的发展也不稳定,平均年死亡率达 7%,冬春掉膘超过体重 1/3。同时,由于草场面积减少和草地退化,20 世纪末内蒙古草原理论载畜量比 50 年代下降了约 47%,个别地区超载达数倍[6]。超载过牧已使内蒙古草原不堪重负,草原畜牧业经济难以为继。

草地退化的直接后果就是草地生产力水平降低,全国平均每公顷可利用草地的年产草量仅为 911 kg(干重),而西北区和青藏高原区平均每公顷年产草量仅为 584 kg 和 577 kg[4]。我国草地单位面积草地产值只相当于澳大利亚的 1/10,美国的 1/12,荷兰的 1/50。总体上,我国草地目前已经利用过度,超载严重,这是导致草地资源日益退化以及生态环境恶化的主要原因,并已成为制约畜牧业及社会经济可持续发展的主要“瓶颈”。

2.2　草原抗灾能力弱,自然灾害频发,灾害损失巨大

我国草地大部分都处于自然条件较恶劣的地区,自然灾害频发,给草地畜牧业及人民生活带来巨大损失。新中国成立以来,北方牧区共发生大雪灾近 70 次,直接经济损失达百亿元。内蒙古在过去 50 年中,平均每 10 年有重旱灾与旱灾 7 次,重白灾与白灾 3.5 次,重黑灾与黑灾 2.5 次,暴风雪 2.5 次,大风灾 2.5 次[7]。与草原退化相伴的是草原鼠害。近年来,我国草地鼠害发生的面积近 3400 万 hm²,每年损失牧草达 100 多亿公斤[8],折合人民币 60 多亿元。每年因缺草料致使全国大小牲畜“冬瘦春死”500 万头(只);而掉膘损失则为死亡损失的 3~4 倍,折合人民币达 20 亿~30 亿元[9]。这种长期以来传统粗放的靠天养畜方式致使草地畜牧业防灾能力弱,抗灾能力差。近些年沙尘暴发生频率的增加更与草原地区生态环境恶化密切相关,并已经成为严重的社会经济问题。根据有关资料[10],我国平均每年因沙尘暴带来的直接经济损失为 13 亿元。1993—2000 年,内蒙古中西部地区连续 7 年 20 次发生沙尘暴。据估算[11],历次沙尘暴给阿拉善盟造成的间接经济损失达 24 多亿元。其中,1998 年 5 月 20 日发生的沙尘暴所造成的经济损失就达 2499 万元,许多地区失去生存条件,2.5 万人沦为生态难民,17 万人的生存受到威胁。

据内蒙古草原监测站调查[12],由于连年自然灾害和草原生态环境的不断恶化,现在牧区一只羊的生产成本高达 109 元(一只羊的产值约 80 元),自 1998 年以来的几年抗灾中,保一只基础母羊的费用在 200 元左右,实际收入是负数,牧区因此出现了卖畜换草的情况。

2.3　草畜矛盾加剧,草原畜牧业经济增长乏力,影响我国粮食安全

超载过牧,重用轻养,再加上自然灾害的频发,使得我国草地的数量和质量不断下降,载畜能力大大降低,草畜矛盾加剧。20 世纪 90 年代与 60 年代初比较,每公顷草地生产力仅为 10.73 个畜产品单位[13]。我国 11 个重点牧区的调查分析结果表明,1949—1988 年,牲畜数量 202.8% 的高增长率,造成了目前 58.09% 的超载率,导致 41.8% 的草地退化,牛羊胴体重量每 10 年下降 9.8%。草地资源的不合理利用已严重破坏了畜牧业再生产的条件,草原畜牧业经济增长乏力。据 1990 年的统计数据,我国共饲养食草家畜 34 023.4 万头(只),其中牛为 10 288.4 万头(草原牧区占全国养牛总数的

25.6%)，羊为 21 022.1 万只（草原牧区 34.7%）；全国产牛、羊肉 232.4 万吨，牧区产牛、羊肉占全国总量的 26.1%；产奶 475.5 万吨，牧区占 29.4%[14]。我国草地牧业产值仅占全国畜牧业总产值约 1/5，如 1998 年全国草地牧业产值为 330 亿元，而同年全国畜牧业总产值为 1621 亿元。

当今世界，衡量一个国家和地区农业发展状况和经济发达的重要标志之一，就是草地畜牧业的发展和它在整个农业中所占的比重。当前，我国草地畜牧业的生产水平较低，畜牧业产值占农业总产值的比例大约为 30%，而农业经济发达的国家一般为 50% 以上，其中美国为 60%，加拿大为 52%，法国为 57%，英国为 70%，德国为 73%，丹麦和新西兰均为 97%[15]。因此，必须调整牧业布局，改变目前落后的放牧生产方式，提高资源的利用效率以缓解草畜矛盾、恢复草原生态。

草地资源的破坏导致草地牧业发展缓慢，给农区牧业以更大的不断增长的动物蛋白产品需求压力。同时，草饲料的缺乏必然导致粮食作物与饲料作物争地。事实上，1996 年以来，我国畜牧业年均直接或间接消费的谷物在 1.6 亿吨左右，约占谷物总产量的 1/3，即 1/3 的粮田生产饲料谷物，加上 14% 的耕地种植饲料作物，近 40% 的耕地用于饲料生产。因此，从这个意义上说，在我国粮食问题实质上是饲料问题。饲料总量是否充足、供求总量是否安全，直接关系着我国的粮食安全和动物性食品的供求平衡[16]。我国是蛋白质饲料资源短缺的国家，蛋白质饲料原料加工业发展严重滞后。目前，生产豆粕的大豆约 70% 需要进口。我国农业结构战略性调整以来，玉米播种面积和产量都有所增加，但仍满足不了饲料生产需求，已经连续数年动用国家储备粮作为饲料粮。随着我国居民食物结构的不断改善，动物蛋白产品消费量的增加，通过畜牧业转化和现代饲料工业消费的粮食也将大幅增加。2000 年全国现代饲料加工业总产量为 6800 万吨，按 60% 的耗粮比例计算，转化粮食的数量高达 4080 万吨。从发展趋势看，全国用于发展畜牧业转化的饲料粮的耗量还将大幅度增长。因此，必须千方百计稳定提高饲草料的数量和质量，保证我国的粮食安全和畜牧业持续而健康地发展。恢复天然草场，大力发展人工草地势在必行。

2.4 草地服务功能减退，生态代价巨大，威胁我国生态安全

草原是西部地区广大农牧民赖以生存的物质基础，是我国最大的绿色生态屏障、抵御沙漠入侵的前沿阵地，是黄河、长江等大江大河及其主要支流的发源地。发挥着维护人类生存环境的重要功能，为当地及其中下游地区提供了防风固沙、保持水土、涵养水源等巨大的生态系统服务作用。草原退化、沙化，造成水土流失加剧，江河、湖泊、水库泥沙淤积、洪涝隐患增加，沙尘暴频发，威胁国家的生态安全，直接影响我国人口、资源、环境、区域经济和社会的全面、协调、可持续发展。

草原主要分布在经济不发达的西部地区和少数民族聚居区，自然生态条件脆弱，人们对草地的依赖性很强，过分强调草地的经济功能，过分索取（滥牧乱挖乱垦），轻视投入（平均每公顷草地年投入 0.30 元），导致草原生态环境的日益恶化。若按我国草地的平均生态系统服务价值 232 $/（hm² · a）[17] 计算，我国每年因草地退化引起的生态系统服务价值损失为 385 120 万元人民币，按 30 年计，则总损失为 11 553 600 万元。而 1998 年全国草地牧业产值为 3 300 000 万元，相当于生态服务价值损失的 28.6%。也就是说，每产生 1 万元的草地牧业产值所需的生态服务的代价为 3.5 万元。而若依照联合国环境规划署对全球荒漠化损失的评估标准[10]，每年因沙化灾害丧失土地而引起的直接经济损失折算为 34.4 万元/km²，以全国每年草地沙化 70 万 hm² 计，则每年因沙化灾害的直接经济损失为 240 800 万元；按国际标准直接间接比为 1 : 4.5 计，则每年带来的总损失为 1 324 400 万元；若以 15 年计，则损失为 19 866 000 万元，相当于 1998 年草地牧业产值的 6 倍，是我国 1978—1999 年草地投入的 94.6 倍。

草地退化、沙化引起的生态系统服务功能的降低和生态资产的大量流失，生态安全的天然屏障被破坏，必将引起中下游地区生态环境的进一步恶化，遗患无穷。对此必须要有清醒的认识，绝不能再走先退化后治理的路子，应及早建立草地的科学利用机制，遏制草原生态环境的恶化趋势，保护和恢复草原植被，维护国家生态安全。

3. 实行现代化的草地畜牧业,实现草原的可持续发展

应以草地资源的持续利用为核心,环境与经济的协调发展为目标,以农林牧业的第一、二性生产力及加工业为支撑,充分利用国内外贸易市场加速资源的整合与优化配置,形成环境优良、生产效率高、产业链接(种、养、加、产、供、销、贸、工、牧)完整的现代化草地畜牧业。

需要强调的是,应以农业生产方式(施肥、灌溉、良种等措施)大量种植人工牧草、辅以饲料作物,建立人工饲草基地,大力发展现代化舍饲畜牧业。只有以人工草地代替天然草场的生产功能,由传统畜牧业向现代化畜牧业转变,才能实现草地畜牧业持续、稳定的发展。

必须加强政府的宏观调控和管理,增加资金投入,努力扶持和建立一些龙头企业,发挥品牌效应和带动效应,利用"公司+基地+农户"的模式,实现资源和人才的高效合理利用。充分发挥市场的调节作用,以市场来配置资源,建立市场调节的供需体制。政府要提高管理水平,真正实行政企分开,避免"越位"和"缺位"。政府还要搭建信息平台,及时提供市场信息,帮助农牧民快速、安全地走向国内、国际市场。同时要发展和推动农业教育,提高农牧民素质,加强农牧业科技推广力度,鼓励技术创新,提高产品的科技含量。培养有文化、懂市场、有技术的新一代草地畜牧业生产者,推进现代化草地畜牧业的可持续发展。

总之,目前以消耗资源环境为代价的粗放式草地畜牧业在生态经济上是不可持续的,不能满足日益增长的社会需求,且直接威胁我国的粮食安全和生态安全,其落后的以放牧为主的生产方式必须改变。建立产业化与集约化经营的人工草地畜牧业是历史发展的必然,也将是一场深刻的历史性变革。

参考文献

[1] 张新时. 草地的生态功能及其范式. 科技导报,2000,(8):3-7.
[2] 王堃,韩建国,周禾. 中国草业现状及发展战略. 草地学报,2002,10(4):293-297.
[3] 李博. 中国北方草地退化及其防治对策. 中国农业科学,1999,30(6):1-8.
[4] 刘黎明,张凤荣,赵英伟. 2000-2050年中国草地资源综合生产能力预测分析. 草业学报,2003,11(1):1-3.
[5] 内蒙古统计年鉴. 2003. 中国统计出版社.
[6] 卢欣石,何琪. 内蒙古草原带防沙治沙现状、分区和对策. 中国农业资源与区划,2000,21(4):58-62.
[7] 张新时. 我国草原生产方式必须进行重大变革. 学部通讯,2003,67(2):37.
[8] 周禾,陈佐忠,卢欣石. 中国草地自然灾害及其防治对策. 中国草地,1999,(2):1-7.
[9] 彭珂珊. 草地灾害对西部生态系统重建的影响分析. 青海师专学报(教育科学),2003,(6):140-145.
[10] 卢琦,吴波. 中国荒漠化灾害评估及其经济价值核算. 中国人口、资源与环境,2002,12(2):29-33.
[11] 陈瑞清. 沙尘暴的警告——内蒙古是我国北方最重要的生态防线. 前进论坛,2000,(5):15-18.
[12] 王国钟,李宏莉. 内蒙古草原生态和牧区经济情况的调查与思考. 内蒙古草业,2002,14(2):4-8.
[13] 曹晔,王钟建. 中国草地资源可持续利用问题研究. 中国农村经济,1999,(7):19-22.
[14] 葛全胜,赵名茶,郑景云. 20世纪中国土地利用变化研究. 地理学报,2000,55(6):689-706.
[15] 许志信. 草地建设与畜牧业可持续发展. 中国农村经济,2000,(3):32-34.
[16] 韩鲁佳. 应该像重视粮食安全一样重视饲料安全. http://news.cau.edu.cn,2004.03.16.
[17] 陈仲新,张新时. 中国生态系统效益的价值. 科学通报,2000,45(1):17-23.

第32章

Asian Grassland Biogeochemistry : Factors Affecting Past and Future Dynamics of Asian Grasslands *

D. S. Ojima, X. Xiao, T. Chuluun and X. S. Zhang

Introduction

Natural grasslands play a major role in the global carbon cycle. Over the centuries, the grassland ecosystems have been modified extensively through agricultural conversion, resulting in large release of CO_2 to the atmosphere(Houghton, 1994). These ecosystems have also undergone dramatic declines of soil fertility, due to over-utilization of these ecosystem under increased grazing pressures. Grasslands are one of the most widespread vegetation types world-wide, covering nearly one-fifth of the Earth's land surface (24×10^6 km^2), and containing $> 10\%$ of global soil C stocks (Anderson, 1991). They range from the savannas of Africa to the North American prairies, and include the converted grasslands of Latin America and Southeast Asia. Fluxes of carbon (C) through plant and soil organic matter (SOM) in grasslands, especially in the tropics, may have been underestimated in the past (Long et al. ,1989).

In Asia, grasslands extend from continental regions west of the Urals to the tropical regions of China and India. One of the most extensive grasslands in the world exists in the Mongolian Plateau region and is a critical resource for meat, milk, leather, wool, and cereal grain production. Historically, nomadic pastoralists in the region have utilized the rich grassland region to graze their mixed herds of cattle, sheep, goats, horses and camels. Grazing patterns were dictated more by intra- and interannual climate variability than by political or economic factors. However, there have been significant changes in the traditional pastoral systems and in livestock population patterns in the Mongolian Plateau region. During the last 40 years, many aspects of the traditional nomadic culture were replaced by socialistic practices (Mearns, 1993). Herdsmen were commonly organized into collectives and were allowed only a small number of animals for private ownership. In addition, human population in the region has risen dramatically during the past several decades(NRC, 1992). This has led to increased grazing intensity and rates of cropland conversion. The most fertile land areas have been converted to croplands, and grazing has been shifted to less productive lands. This practice has intensified grazing

* 本文摘自 *Asian Change in the Context of Global Climate Change—Impact of Natural and Anthropogenic Changes in Asia on Global Biogeochemistry*(Galloway & Melillo, 1998, UK : Cambridge University Press)。

on the remaining areas and has, in many cases, reduced ecosystem productivity. In the more humid regions of the Asian grassland, agriculture has become a dominant factor. These land use changes have resulted in soil losses and reduced fertility of the soils.

The land use systems of grassland areas are tightly coupled to the climatic system. The seasonal distribution of rainfall is a major determinant of plant production in most semiarid and arid regions. In semiarid regions, such as the Asian steppe, most of the rainfall occurs during the growing season, May through August(Xiao et al. , 1995; Ojima et al. , 1993; Zhang, 1992). This rainfall pattern permits greater biological productivity, less evaporation and less runoff than a rainfall pattern more evenly distributed throughout the year. This synchrony of rainfall during the growing season accounts for a relatively productive system despite the modest annual input of rain(120−560 mm year^{-1}). Simulation of ecosystem responses to climate change in the Mongolian steppe and the central grasslands of North America has demonstrated the sensitivityof soil carbon storage and grassland biogeochemistry processes to changes in seasonal distribution of precipitation(Schimel et al. ,1990; Ojima et al. ,1993).

Arid and semiarid lands(ASALs) may be among the earliest ecosystems to exhibit the effects of climatic change (OIES, 1991). Sensitivity to climatic change may be a reflection of inadequate reserves of water and soil nutrients. In addition, vulnerability to climate variability and directional climate change in the ASALs is elevated by human-induced land use changes(Ellis & Galvin, 1994). Changes in land use arise from the changes in demographic patterns, economic incentives, and pastoral management issues related to land ownership and land use. These factors vary across the Asian region owing to political and environmental constraints on land use and ecosystem dynamics. The drought experienced during the late 1950s, coupled with increased human population levels in Inner Mongolia, led to land degradation and human suffering.

Modifications of land cover have potential impacts on the climate system of ASALs (Pielke & Avissar, 1990; Fu & Wei, 1993; Ellis & Galvin, 1994). Changes in land surface characteristics due to cropland conversion or due to desertification, will modify surface albedo and water exchange that can potentially alter regional rainfall patterns(Schlesinger et al. ,1990; Pielke & Avissar, 1990; Fu & Wei, 1993). These regional climate changes may also increase the amount of particulates that are put aloft.

The conversion of the grassland ecosystems to croplands has modified biological processes, such as plant production, nutrient cycling, and grazing (Schlesinger et al. , 1990; Ojima et al. , 1991) and has affected the grassland utilization of Asian grasslands (NRC, 1992; Sheey, 1988; Wu & Loucks, 1992; Zhang, 1992; Zhu & Wang, 1993). The interaction between climate and land use changes will determine how the land cover and thereby carrying capacity of various regions will respond to these physical and social-economic-caused modifications (Riebsame et al. , 1994). The objective of this chapter is to characterize the factors controlling ecosystem integrity of the Asian grasslands, especially in the large grassland region of the Mongolian steppe. In addition, a discussion of the important socio-economic considerations will be discussed relative to land use management of the Asian grasslands. In this context, we define ecosystem integrity as a measure of the percentage departure of the state of the system from a pristine state. Thus, for soil organic matter(SOM), it could be percentage loss of SOM relative to an unexploited state. We are also interested in determining how socio-political and economic factors can be managed to maintain ecosystem integrity and sustain the economy.

Key issues of carbon storage in grassland ecosystems

The seasonal distribution of rainfall is a major determinant of plant production in many semiarid and arid regions. Annual rainfall for many of these sites tends to be highly seasonal, with most of the rainfall occurring in a three- to four-month period. The Intergovernmental Panel on Climate Change (IPCC) estimates (based on

UKMO general circulation model climate projections, Houghton *et al.*, 1990) indicate that potential changes in seasonal rainfall and temperature patterns in Asia will have a greater impact on biological response and feedback to climate than changes in the overall amount of annual rainfall. Changes in plant species composition observed during extreme drought events are likely to alter ecosystem processes(e. g. through modified resource use efficiencies).

Modeling framework

The grassland analysis presented in this chapter has divided the grassland areas of the world into ecoregions, based on the global vegetation description of Bailey(1989). The Mongolian steppefalls into the category of dry cold steppe region; the climate is characterized as being extreme continental, with annual rainfall ranging from 120 to 500 mm, and a mean annual temperature ranging from <0 to 10℃. This ecoregion is noted for its highly variable weather, with severe droughts and winter storms being common.

The analysis of the factors controlling soil organic matter and grassland ecosystem dynamics was conducted using the CENTURY model(Parton *et al.*, 1987). This model is capable of simulating the plant-soil ecosystem, and is able to simulate carbon and nutrient dynamics for a variety of ecosystems(e.g. grasslands, forest, crops, and savannas). A brief description of the model structure and the scientific basis for the model is given here, and a more detailed description of the model is contained in different papers(Parton *et al.*, 1987, 1993).

The CENTURY model is set up to simulate the dynamics of carbon (C), nitrogen (N), phosphorus (P), and sulfur(S) for different plant-soil systems. The model can simulate the dynamics of grassland systems, agricultural crop systems, forest systems, and savanna systems. The different plant production submodels are linked to a common soil organic matter submodel. The soil organic matter submodel simulates the flow of C, N, P, and S through plant litter and the different inorganic and or-

ganic pools in the soil. The model runs using a monthly time step and the major input variables for the model include monthly average maximum and minimum air temperature, monthly precipitation, plant type (e. g. C_3 or C_4 plant physiology), lignin content of plant material, plant N, P, and S content, soil texture, atmospheric and soil N inputs, and initial soil C, N, P, and S levels.

The soil organic matter(SOM) submodel simulates the dynamics of C, N, P, and S in the organic and inorganic parts of the soil system. The soil organic C in the model is divided up into three components which include active (microbe), slow, and passive soil C. Flows of carbon between these pools are controlled by decomposition rate and microbial respiration loss parameters, both of which may be a function of soil texture. Typical turnover times for a grassland site are 2, 40, and 2000 years, respectively, for the active, slow, and passive pools.

The CENTURY model includes a simplified water budget model which calculates monthly evaporation and transpiration water loss, water content of the soil layers, snow water content, snow melt and saturated flow of water between soil layers. Sublimation and evaporation of water from the snow pack occur at a rate equal to the potential evapotranspiration rate (PET). Average monthly soil temperature near the soil surface is calculated from air temperature and corrected for aboveground biomass levels. The actual soil temperature used for decomposition and plant growth rate functions is the average of the minimum and maximum soil temperatures.

For each grassland site, the model was run to equilibrium for 5000 years, using a repeated 25-year pattern of observed current weather data. Site-specific patterns of grassland management (i. e. burning and grazing) was incorporated in these long-term runs as described in Parton *et al.* (1993).

Modeling the effect of climate change and increased CO_2

Ecosystem sensitivity to climatic change was evaluated by driving an ecosystem model with climate scenarios generated by general circulation models(GCM). We evaluated changes in above-ground net primary productivity(NPP) and soil organic carbon (SOC) for about six sites across the grassland regions of Asia.

The effect of increased atmospheric concentrations of CO_2 on the photosynthetic pathway has been well documented in C_3 plants. In addition to the direct effects of CO_2 enhancement on Cuptake, increases in water-and nitrogen-use efficiency (WUE and NUE) in both C_3 and C_4 plants(Owensby *et al*. ,1993a,b) ,have been observed under elevated CO_2 conditions. In CENTURY ,we modified plant production parameters under a " double-CO_2 " climate so that increased WUE (i. e. decreased PET rates) and NUE(i. e. greater C : N ratio of plant material produced) , for both C_3 and C_4 grasslands ,were simulated. We allowed a 20% decrease in total PET and a 20% decrease in N content ,with the change in atmospheric CO_2 concentration from 350 ppm to 700 ppm ,via a simple linear function based on results from a tallgrass prairie(Owensby *et al*. ,1993a,b).

Model runs under climate change conditions

The doubled CO_2 climatologies used to drive the CENTURY model in the present study were derived from the Canadian Climate Centre(CCC)and Geophysical Fluid Dynamics Laboratory ,High Resolution(R30) Scenario (GFHI) models of global change, which provide monthly projections of temperature and precipitation for 2. 5° grid cells world-wide. These monthly projections were incorporated into the observed climate from each site in order to represent the seasonal change in climatic factors critical to assessing ecosystem responses(Ojima *et al*. ,1991). We took the values projected for a doubling of atmospheric CO_2 ,and assumed that these would be reached within 50 years from the present, corresponding roughly to IPCC Scenario A (Houghton *et al*. ,1990;Fig. 32-1).

The two GCMs simulate similar changes to mean annual air temperature (5-7℃); changes in precipitation were different between the models. For

most regions in Asia ,an increase in rainfall is projected. The tropical regions of the CCC model is projected to be drier than it is today. Overall ,the CCC model appears to be wetter than the GFHI projections for the Asia region.

We assumed that changes in precipitation and temperature at each site were linear over a 50-year period ,at which point they stabilized at the modified " double CO_2 " climate, as did atmospheric CO_2. The results from the 25-year period immediately following this stabilization of the double CO_2 climate represent the transient response to climate change. To determine a "near-equilibrium" long-term response to change ,we continued simulation for an additional 150 years of the stabilized modified double-CO_2 weather pattern. Model results were analyzed for changes in the level of soil organic matter, plant productivity, N mineralization and the model-calculated effect of climate on decomposition (abiotic decomposition factor).

Results

Regional analysis:climate change sensitivity

Climate change impacts of the two GCM scenarios on above-ground plant production and soil carbon are shown in Table 32-1. These values represent the means for the 25 years of "double-CO_2" climate following the 150-year climate change period;the average percentage changes for each site are also given in Table 32 - 1. Results show that the cooler, drier sites had a substantial reduction in plant production(about 25%) , while the more humid sites in India varied. The tropical grassland regions of Thailand showed negative changes in above-ground NPP (Table 32 - 1b). The CO_2-only response for all sites resulted in a positive increase in NPP.

Soil carbon results show substantial losses of soil C for most of the sites ,with the largest losses occurring at the Tuva ,Russia and the Xilinhot ,China sites(Table 32-1c). Soil carbon losses are low in the more humid regions of India and Thailand ,with greater losses being

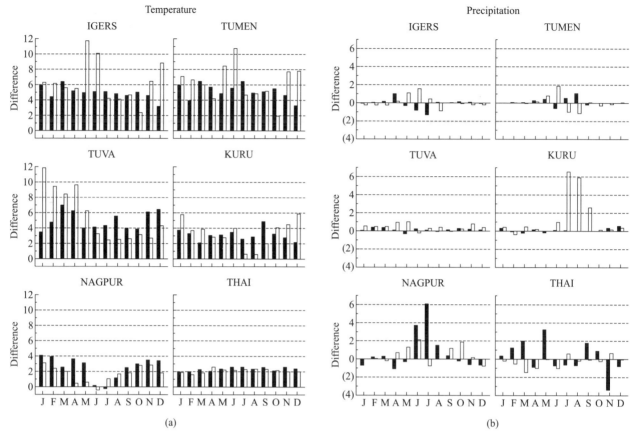

Figure 32-1　（a）Seasonal changes in projected monthly temperatures for CCC（empty columns），

GFDL（solid columns）and GCMs for the six sites simulated in the Asia region.

（b）Seasonal changes in projected monthly precipitation for CCC

（empty columns），GFDL（soil columns）and GCMs for the six sites simulated in the Asia region.

in the humid tropical region of Thailand. Except in the cold dry steppe and the temperate steppe, N mineralization rates tended to increase for both GCM scenarios, with the largest increases observed for thehumid temperate ecoregions. The changes in soil carbon are negatively related to changes in decomposition and positively related to changes in productivity, with the greatest changes simulated in the drier ecosystems （Fig. 32-2f）. This is reflected in the decomposition rates of these drier sites under climate change simulations compared with the relatively small changes in soil C simulated in the tropical regions of the study.

Regional effects of increased CO_2 and CO_2/climate interaction

We simulated the impact of CO_2 on grassland eco-systems with, and without, the inclusion of climate change. Overall, the effect of increasing atmospheric CO_2 concentrations under current climatic conditions was to increase total plant production and soil C storage （Table 32-1）. This observed CO_2 fertilization effect increased plant production and was most noticeable in the cold, dry steppe region. The soil carbon storage increased most for the humid tropical region of Thailand. Net N mineralization rates decreased in most regions, resulting from the increased input of lower quality litter with a higher C/N ratio, but increased for the cold desert steppe region. Simulated increases in decomposition under elevated CO_2 resulted from improved soil water relationships at the cold, dry sites （cold, desert steppe）, with smaller increases for the warmer and more humid sites.

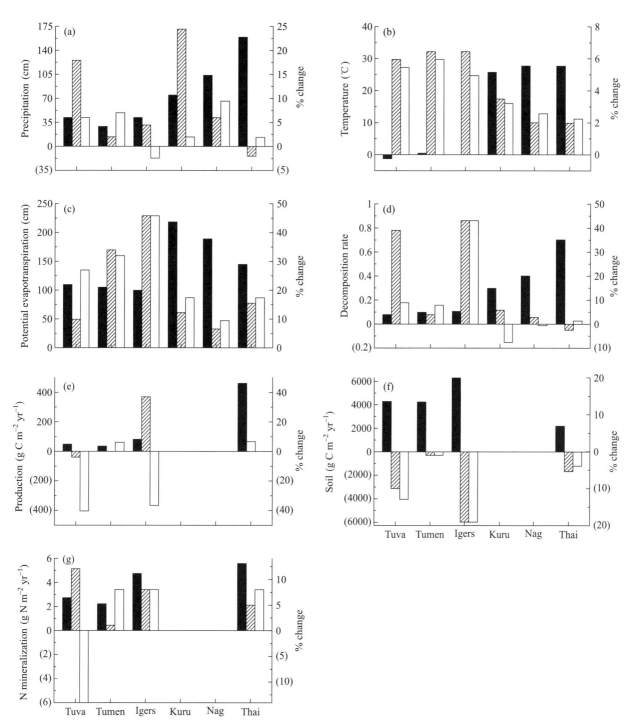

Figure 32-2　Projected climate change effects on (a) annual precipitation, (b) mean annual temperature, (c) mean annual potential evapotranspiration, (d) annual relative decomposition rete, (e) annual above-ground plant C production, (f) soil carbon, and (g) annual net N mineralization.

(Solid columns are current; hatched columns are percentage change by CCC;

empty columns are percentage change by GFDL.)

Table 32-1　Site characteristics, climate change and CO_2 effects of six Asian grassland sites

（a）Site characteristics

	Latitude/longitude (approx.)	Land area represented (10^6 km^2)	Annual precipitation (mm)	Mean annual temperature (℃)
Tuva, RUSSIA	52°N 94°E	0.109	214	-3.4
Tumentsogt, MONOGOLIA	46°N 113°E	0.740	269	1.5
Xilinhot, CHINA	44°N 117°E	0.441	360	-0.1
Kurukshetra Ludhiana, INDIA	31°N 76°E	0.353	715	24.4
Nagpur, INDIA	21°N 79°E	1.184	1203	26.9
Hat Yai, THAILAND	6°N 101°E	0.797	1540	27.6

（b）climate change and CO_2 effects of above-ground NPP

	Above-ground NPP (% change)				
	Current conditions (g C m^{-2} y^{-1})		△C		△C+2CO_2
		2×CO_2	CCC	GFDL	CCC GFDL
Tuva, RUSSIA	46.2	+33	-6	-44	+27	-21
Tumentsogt, MONOGOLIA	35.3	+20	0	+5.7	+26	+31
Xilinhot, CHINA	84.3	+23	-36	-29	-17	-6.0
Kurukshetra Ludhiana, INDIA	143.4	+20	+13	-16	+32	+3.5
Nagpur, INDIA	228.6	+14	+4.4	0	+18	+12
Hat Yai, THAILAND	2.22	+13	-10	-1.5	+7	+17.5

Continued

（c）climate change and CO_2 effects of soil carbon

	Soil C (% change)				
	Current conditions (kg C m^{-2})		△C		△C+CO_2
		CO_2	CCC	GFDL	CCC GFDL
Tuva, RUSSIA	4.02	4	-22	-29	-21	-29
Tumentsogt, MONOGOLIA	4.15	2	-3	-3	-4	-4
Xilinhot, CHINA	6.56	1.6	-35	-22	-34	-19
Kurukshetra Ludhiana, INDIA	3.33	6.3	0	-9	+7.3	-2.9
Nagpur, INDIA	5.12	9.9	-3	+1.3	+6.6	+13.3
Hat Yai, THAILAND	2.22	22.9	-8.7	-5.0	+8.7	-13.6

The combined effects of CO_2 and climate change were additive for each ecosystem property studied. Relative changes in total plant production, soil C, N mineralization, and decomposition were compared statistically between (1) the combined impact of CO_2 and climate and (2) the independent impacts of CO_2 and climate change; a linear additive effect was demonstrated.

Increased levels of atmospheric CO_2 enhanced total plant production, regardless of the climate change impact. This enhancement in plant production reduces soil C losses resulting from climatically driven changes in SOM decomposition. The direct CO_2 effect reduces carbon losses throughout the grassland ecosystems and, in fact, results in a soil C sink region in the tropical savanna and humid savanna regions.

Site level analyses of the Mongolian Steppe

The Mongolian steppe region of Eurasia was characterized as a dry, cold steppe ecosystem type. These ecosystems are characterized climatically by a low mean annual temperature and rainfall, with a highly seasonal pattern in both. The beginning of the spring rainfall and spring warming are strongly correlated, and the onset of the growing season rainfall triggers the green-up in the region. The synchrony of optimal growing temperatures and adequate water results in greater rain-use efficiency in this region of Asia, despite the relatively small levels of annual rainfall (Xiao *et al.*, 1995). Comparisons of CENTURY simulated peak biomass, NPP, and soil C levels for these sites are very good (Fig. 32-2).

The general response to the two climate perturbations of this ecoregion was a general decrease in NPP and soil organic C. These results suggest that these ecosystems are quite sensitive to the additional drought stress brought about by the combined effect of increased monthly temperatures and modest changes in rainfall.

The CO_2-only perturbation resulted in the largest relative increase in plant production or NPP. This response is due to the inherent drought conditions which normally prevail, and the effect of release from the drought conditions due to water conservation of the plants with elevated atmospheric CO_2 levels. An additional benefit is gained by the added N released from the decomposition of soil organic matter. This net increase in N mineralization and decomposition under elevated CO_2 levels was only observed in this ecoregion.

The Mongolian steppe region was one of the two regions which displayed a decline in NPP under the combined climate-elevated CO_2 perturbations. The region experiences the greatest warming in this study, while the rainfall increases are modest. This combination of climate change induced greater water stress resulting from decreases in soil C and NPP. The elevated CO_2 concentrations were able to ameliorate these climate change impacts, but only partially in most of the sites. The notable exception is the Tumentsogt site, in Mongolia. This site displayed small increases in plant production under the two climate change scenarios and, with the elevated atmospheric CO_2 levels, plant production increased by over 20%. Tumentsogt appears to be both temperature limited and water stress sensi-

tive, and responds to the increased growing season temperatures and a slight increase in rainfall during the growing season (i. e. April through July). The plant production responds positively to the two climate perturbations and the CO_2 increase.

The results of the altered climate conditions and increased atmospheric CO_2 of grassland C fluxes indicate that the Mongolian Plateau is extremely sensitive to changes in the soil water availability. The arid conditions which prevail and the marked sensitivity to alterations in temperature and rainfall amounts are indicated in the sensitivity of plant production and decomposition of these grassland ecosystems due to slight changes in the weather patterns during the short growing season. Increased water stress in these ecosystems, as illustrated by the simulations of Xilinhot, Inner Mongolia, resulted in lower plant production and lower soil C levels in this region of Eurasia, except in Tumentsogt, Mongolia, The GCM projections used in this analysis have subtle differences in rainfall perturbations. At Tumentsogt, Mongolia, the May and June rainfall levels are enhanced over the base climate, and plant production is sensitive to rainfall levels during this time of year.

Projected climate changes appear to have greater negative impact in Xilinhot compared with Tumentsogt. The effect of increased atmospheric CO_2, on system response does not reverse the negative impact of climate changes at Xilinhot, Inner Mongolia. There appears to be little difference between the two GCM scenarios of the simulated soil organic matter levels, compared with the larger difference between plant production for the two GCM scenarios simulated.

Discussion

Sensitivity to climate and CO_2 changes

Climate change alone resulted in an increase in total above-and below-ground production for the mesic regions (humid temperate and Mediterranean), mainly attributable to increased N mineralization, and a decrease in the cold, desert steppe regions. Soil organic matter decreased in all the mesic and colder regions, owing to increased decomposition. In line with most GCM predictions, the tropical savanna regions were affected the least. Climate-driven redistribution of grassland region was not modeled, but the world area of grasslands is expected to increase in the future or at least remain constant.

From our simulations, the CO_2 increase alone results indicated a significant increase in production in all regions, with the greatest proportional increase in soil organic matter in tropical savanna regions. When combined with predicted climate change, CO_2 had an additive effect, tending to ameliorate climate change effects. The net effect of climate change and CO_2 was a significant increase in NPP in mesic regions (attributable to N mineralization) as well as in dry savannas, with little or no net change in cold, desert steppe or humid, tropical regions. Overall, soil organic matter showed a decrease, especially in temperate steppes and cold, desert steppes owing to stimulation of decomposition by both climate change and CO_2, but tropical savanna and humid savanna regions were actually soil C sinks, regardless of the GCM scenario.

The Mongolian Plateau appears to be very sensitive to climate changes, especially those which would increase the level of water stress during the short growing season of these steppe ecosystems. The increased water-use efficiency under increased CO_2 conditions greatly enhances plant productivity and nutrient cycling rates. The slight changes in rainfall during the critical months of May through July in this region illustrate the sensitivity of these ecosystems to environmental changes. Growing human pressures in this region of the world may increase the sensitivity of these ecosystems to increased drought conditions induced by climate warming or reductions in rainfall during the plant growing season.

Impact of changed land use and tenure system

The land use and tenure system of the Eurasian region have undergone rapid changes. Examples of human dimensions affecting land use in this region include the October Revolution of 1917 in Russia and the Great Revolution of 1949 in China. These conflicts led to radical changes in land management in Inner Mongolia and the massive movement of ethnic Chinese into an area previously dominated by nomadic pastoralists. With the recent collapse of Soviet political and economic institutions, the political and economic situation has been modified greatly in Mongolia and in the former USSR. This has resulted in the privatization of the livestock and changing land use patterns in several of the new independent countries. In the early part of this century, land in Russia was declared as belonging to the people, but in reality it was owned by the state. Recently, the land privatization process was initiated in Russia. These political events are examples of the dynamic shifts in the political arena that have greatly altered human land use and thereby human-ecosystem interactions during the past century.

The political and economic liberalization in Mongolia is affecting the livestock sector in a number of ways. In 1991, the privatization of collectives began, with over 93% of all livestock now being privately owned (Mongolian Statistical Yearbook, 1996). The dissolution of the collective system and its associated top-down livestock and pasture management have led to the re-emergence of traditional institutions through which the pastoral economy is organized. However, their success is contingent upon other factors associated with liberalization such as the urban to rural migration, the terms of trade facing herders, the decreased availability of supplementary livestock feed, and so forth. Such factors are placing pressures upon the efficiency of traditional institutions to maintain sustainable pastoral livelihood systems. Mearns (1993) describes how traditional land tenure arrangements and pasture management are being undermined by the urban newcomers to herding, and how the restricted access to basic services is leading to the concentration of herds around district centres. They also found that many of the grazing territories now used by herding communities are no longer suitable as the availability of fodder and transport, which allowed the utilization of more marginal areas under the collective system, have seriously diminished. These problems are, to some extent, being addressed with the development of new land laws, which are being discussed by the new Mongolian Parliament. The final outcome remains to be seen; however, it is clear that, whatever the outcome, it will be an important factor in determining the sustainable utilization of these grasslands.

Acknowledgments

Model development and programming was assisted by Ms Rebecca McKeown. Data analyses were assisted by Mr Brian Newkirk and Ms Song Bo(visiting scholar sponsored by the China Committee of Scholarly Exchange). Graphics prepared by Becky Techau and Michele Nelson. Manuscript prepared by Kay McElwain. The model development and data analysis were supported by NASAs EOS Interdisciplinary Science Program by the US-Agricultural Research Service, US National Science Foundation (NSF) projects BSR 9013888 and BSR 9011659, and the US Department of Energy. The Chinese plant ecosystem data was collected by the Chinese Academy of Sciences Institute of Botany. The Mongolian data was supplied by the Mongolian Academy of Sciences. Measurement of monthly biomass dynamics, NPP and soil organic matter at the tropical grassland sites in Thailand was carried out under United Nations Environment Program (UNEP) Project " Environment Changes and Productivity of Tropical Grasslands (1989—1992)". Analysis of data from the sites in the former USSR was carried out under the Russian National Scientific and Technical. Data synthesis and model validation was supported by the IUBS Scientific Committee on Problems of the Environment(SCOPE).

References

Anderson, J. M. (1991). The effects of climate change on decomposition processes in grassland and coniferous forests. *Ecological Application*, **1**, 326-47.

Bailey, R. G. (1989). Explanatory supplement to ecoregions map of the continents. *Environmental Conservation*, **16**, 307-9.

Ellis, J. & Galvin, K. A. (1994). Climate patterns and land use practices in the dry zones of Africa. *Bioscience*, **44**, 340-9.

Fu, C. Wei, H. (1993). Study on sensitivity of meso-scale model in response in land cover classification over China. *EOS Supplement*(October 26,1993), 172 pp.

Houghton, J. T., Jenkins, G. J. & Ephraums, J. J. (eds.) (1990). *Climate Change. The IPCC Scientific Assessment*. World Meteorological Organization (WMO). Cambridge： Cambridge University Press.

Houghton, R. A. (1994). The worldwide extent of land-use change. *Bioscience*, **44**, 305-13.

Long, S. P., Garcia Moya, E., Imbamba, S. K., Kamnalrut, A, Piedade, M. T. F., Scurlock, J. M. Shen, Y. K. & Hall, D. O. (1989). Primary productivity of natural grass systems of the tropics: a reappraisal. *Plant and Soil*, **115**, 155-66.

Mearns, R. (1993). *Pastoral Institutions, Land Tenure, and Land Policy Reform in Post Socialist Mongolia*, Policy Alternatives Livestock Development, Research Report No. 3, IDS, Brighton, Sussex.

Mongolian Economy and Society in 1995: Statistical Yearbook (1996). Ulanbaatar: State Statistical Office of Mongolia.

National Research Council (1992). Grasslands and Grassland Sciences in Northern China. A report of the Committee on Scholarly Communication with the People Republic of China. Washington, DC: National Academy Press.

Office for Inter disciplinary Earth Studies(OIES) (1991). *Arid Ecosystems Interactions: Recommendations for Drylands Research in the Global Change Research Program*. OIES-Report 6. 81 pp.

Ojima, D. S., Kittel, T. G. F., Rosswall, T. & Walker, B. H. (1991). Critical issues for understanding global change effects of terrestrial ecosystems. *Ecological Applications*, **1** (3), 316-25.

Ojima, D. S, Parton, W. J., Schimel, D. S., Scurlock, J. M. O. & Kittel, T. G. F. (1993). Modeling the effects of climatic and CO_2 Changes on grassland storage of soil C. *Water, Air, and Soil Pollution*, **70**, 643-57.

Owensby, C. E. Coyne, P. I., Ham, J. M, Auen, L. M. & Knapp, A. (1993a). Biomass production in a tallgrass prairie ecosystem exposed to ambient and elevated levels of CO_2. *Ecological Applications*, **3**, 644-53.

Owensby, C. E, Coyne, P. I. & Auen, L. M. (1993b). Nitrogen and phosphorus dynamics of a tallgrass prairie ecosystem exposed to elevated carbon dioxide. *Plant, Cell and Environ-*

ment,**16**,843-50.

Parton, W. J., Schimel, D. S., Cole, C. V. & Ojima, D. S. (1987). Analysis of factors controlling soilorganic matter levels in Great Plains Grasslands. *Soil Science Society of America Journal*,**51**,1173-9.

Parton,W. J.,Scurlock,J. M. O.,Ojima,D. S.,Gilmanov,T. G., Scholes,R. J.,Schimel,D. S.,Kirchner,T.,Menaut,J-C., Seastedt,T.,Garcia Moya,E.,Kamnalrut,A. & Kinyamario, J. L. (1993). Observations and modelling of the grassland biome worldwide. *Global Biogeochemical Cycles*,**7**,785-809.

Pielke,R. A. & Avissar, R. (1990). Influence of landscape structure on local and regional climate. *Landscape Ecology*, **4**,133-55.

Riebsame, W., Parton, W. J., Galvin, K. A., Burke, I. C., Bohren,L.,Young,R. & Knop,E. (1994). Integrated modeling of land use and cover change. *BioScience*,**44**,350-6.

Schimel, D. S., Parton, W. J., Kittel, T. G. F., Ojima, D. S. & Cole,C. V. (1990). Grassland biogeochemistry:links to atmospheric processes. *Climate Change*,**17**,13-25.

Schlesinger,W. H.,Reynolds,J. F.,Cunningham,G. L.,Huenneke,L. F.,Jarrell,W,M.,Virginia,R. A. & Whitford,W.

G. (1990). Biological feedbacks in global desertification. *Science*,**247**,1043-8.

Sheey,D. P. (1988). The desertification of Balin Right Banner, Inner Mongolia. In *Proceedings of International Development Symposium*,*Society of Range Management*,10 pp. Denver, CO:Society of Range Management.

Wu,J. & Loucks, O. (1992). Xilinggele. In *Grasslands and Grassland Sciences in Northern China*, pp. 67-84. Washington,DC:National Academy press.

Xiao,X., Wang, Y., Jiang, S., Ojima, D. S. & Bonham, C. D. (1995). Interannual variation in the climate and aboveground biomass of *Leymus chinense steppe and Stipa grandis steppe* in the Xilin River basin,Inner Mongolia,China. *Journal of Arid Environments*,**31**,283-99.

Zhang,X. (1992). Northern China. In *Grasslands and Grassland Sciences in Northern China*,pp. 39-54. Washington,DC:National Academy Press.

Zhu,Z. & Wang,T. (1993). Trends of desertification and its rehabilitation in China. *United Nation Environment Programme Desertification Control Bulletin*,**22**,27-30.

第33章

我国草原生产方式必须进行巨大变革*

张新时

(中国科学院植物研究所,北京师范大学资源学院)

草地面积占地球陆地面积的 1/4,是仅次于森林的绿色覆盖层和适应性最强的陆地生态系统。在西部开发中,草地具有特殊的重要意义。在干旱地区,草原的生态功能和经济价值并不次于森林和农田。然而,草地总是受到人们不公正的理解和对待:在生态功能方面,人们总是重森林而轻草地,在经济方面则重农业而轻牧业。我国则尤有甚之,我国是世界第二大草地大国,天然草地面积约 4 亿公顷(60 亿亩),是林地面积的 2 倍,耕地面积的 3 倍,然而草地畜牧业产值在农业中的比重却不足 5%,而在农业先进国家一般要占 50%~60%,甚至更多。

在全球变化影响(变暖、干旱、气候不稳定性等)与草原过度放牧、滥垦、乱采、乱挖的作用下,我国草原普遍发生退化。我国北方草原已成为或即将成为一个不能自我维持和不可持续发展的系统。草原生态系统的不可持续性表现为以下几方面。

(1)草原环境的不可持续性;

(2)草原生态系统的不可持续性;

(3)草原经济体系的不可持续性。

在过去 50 年中,内蒙古平均每 10 年有重旱灾与旱灾 7 次,重白灾与白灾 3.5 次,重黑灾与黑灾 2.5 次,暴风雪灾 2.5 次,大风灾 2.5 次;几无宁日。每次灾害中死亡牲畜数万头至数百万头。草原生态退化达 90%以上,1999 年以后呈指数状上升。草地生产力下降 20%~100%,而载畜量成数倍至数十倍增加。毒草、杂草大量滋生,草群高度与盖度显著降低,土壤恶化,肥力下降,CO_2 释放大大增强。

草原系统的不稳定性尤其表现在夏秋草场与冬春草场的极度不平衡上。夏秋草场通常超载过牧,而冬春草场则远远不能支持畜群的需要,尤其在频繁灾害的侵袭下,造成经常性的畜牧业崩溃事件。虽然对夏牧场实行的轮牧管理方法能在一定程度上使上述状况得以改善,却不是根本解决问题的办法。"退牧还草"虽是积极的办法,但还必须解决畜牧群的饲草和牧民的生计问题。

草原的普遍退化和趋于系统性崩溃会引起严重的荒漠化,形成沙尘暴源并导致区域经济的严重停滞甚至衰退。其解决途径在于两大转变,即功能性转变和生产方式的转变。

(1)我国天然草地的功能应转向以发挥生态效益为主:① 草地覆盖地表,保持水土,防止地表起沙与扬尘;② 草地,尤其是草原土壤腐殖质层是北方的主要碳库,应发挥其在碳循环中的巨大作用;③ 草地生物多样性的保育与合理开发。

(2)昔日的草原牧歌风光早已不在,我国的草地畜牧业必须从数千年传统和粗放的放牧方式,全面转向以人工饲草基地为基础的现代化舍饲畜牧业生产方式,而不仅是简单的"退牧还草"和"轮牧"。在 20 世纪 50 年代这种变革在世界发达国家就已实现,主要包括下列内容:① 以农业生产方式大量种植人工草地、饲料地,代替天然草地;进行精饲料加工;② 现代化舍饲和工厂化养畜代替季节性天然放牧;③ 以农区与农牧交错带饲草料支持草原区;④ 建

* 本文摘自 2003 年中国科学院院士咨询报告。

立草地农业的畜牧业生态-经济链或产业链,配套发展各种畜牧产品与饲料加工业、服务业、技术推广站与科研机构;⑤ 开拓国内外贸易市场;⑥ 实行"企业+农户"的体制,加强政府的政策引导与保证作用。

目前,这两大转变的时机在我国已经成熟,应积极加以引导与催化,尽快走上生态-经济双赢的可持续发展之路,这也是西部地区实现全面建设小康社会的重要途径。

第34章

关于我国天然草地全面保育与建立6亿亩高产优质人工饲草基地的咨询报告*

张新时 等

我国以天然草地放牧为主的传统草地畜牧业，是粗放和低生产率的原始畜牧业的延续。这种生产方式在人口与牲畜甚少的原始农业时期，尚能保持与自然界和谐共处，不致造成草地的严重衰退和地球环境的恶化。随着地球人口的剧增，天然草地的生产力已不足以保证人类的需求，过度放牧与开垦草地使我国90%以上的草地发生不同程度的退化，甚至沦为不可持续和不能自我维持的系统。草原荒漠化与生物多样性的丧失已成为我国最严重的环境问题之一。

自20世纪30年代以来，世界上的发达国家已先后完成了从原始的天然草地放牧到人工饲草地与农业支持的现代化畜牧业的转变，不仅极大地提高了草地畜牧业的生产力，形成先进的产业链与发达的畜牧业经济，而且使天然草地得到充分的恢复和具有良好的生态功能。我国仅占农业产值约9%的、极低的草地畜牧业生产力，不仅极大地牵制了我国经济发展，降低人民的生活水平与质量，而且是造成我国荒漠化与环境恶化的主要动力与原因。因此，争取在15～20年内完成这一必要的转变，应当是我国经济发展与农业结构大调整的重要任务，也是我国生态建设和减缓全球变化的重大举措。其核心是：

经过科学规划，在我国建立6亿亩优质高产的人工饲草基地，结合农业草田轮作制的实施和农副产品的饲料化，将形成我国现代化畜牧业的第一性生产力基础，并使占国土面积1/3以上的天然草地得以退牧还草，发挥巨大的生态保育功能。

一、依据与重要意义

1.1 建立6亿亩人工草地是我国全面建设小康社会的重大战略需求

党的十六大提出了21世纪头二十年的总体目标，其战略重点是集中力量全面建设惠及十几亿人口的更高水平的小康社会，使经济更加繁荣；在优化结构和提高效益的基础上，国内生产总值力争比2000年翻两番；综合国力和国际竞争力明显增强，可持续发展能力不断增强，生态环境得到改善，人与自然和谐相处，整个社会走上生产发展、生活富裕、生态良好的发展道路。十六大报告同时指出，现在达到的小康是低水平的、不全面的和发展很不平衡的小康。在16项小康指标中，农民的纯收入和人均蛋白质摄入量都尚未达到，中西部地区16项小康指标实现率仅为56%。

在全面建设小康社会的过程中，我国居民食品结构将发生重大变化，"粮食安全"问题将主要表现为"食品数量安全和营养安全"。根据国外的经验，当人均GDP突破1000美元后，对畜产品需求将大幅增加，人均粮食直接消费量将会下降。例如，西方发达国家居民年平均消费的食品中，肉蛋奶占

* 本文摘自中国科学院院士咨询报告，张新时执笔。报告编写人员名单附文后。

79%,谷物占 11%,水果蔬菜占 10%。就我国国情而言,目前人均蛋白质摄入量尚未达到小康标准,也远低于世界和亚洲的平均水平。2002 年世界乳产品人均占有量 94 kg,发达国家人均达到 200 kg 以上;印度牛奶人均占有量 78 kg,亚洲人均也超过了 40 kg。2002 年我国牛奶人均占有量 8.5 kg,仅为世界平均水平的 9%。此外,西方发达国家居民年平均消费肉类食品 100 kg,而我国仅为 44.6 kg。未来 20 年,在全面建设小康社会的过程中,对肉蛋奶产品将有巨大的需求,客观上要求畜牧业的超常发展,饲草料生产将有巨大的发展空间。

许多发达国家草地畜牧业产值占农业总产值的 60% 以上,而我国只有 9% 左右。显然,我国畜牧业未来必须要有大幅度和跨越式的发展。建立 6 亿亩高效优质人工饲草基地,将极大地推动我国建立先进畜牧业产业链的进程,是提高我国畜牧业总产值、发展农村经济、增加农民收入的重要战略性举措。

本项目的实施将直接服务于全面建设小康社会的大局。随着天然草地生态功能全面恢复和高产优质人工饲草基地及现代化的畜牧业产业链的建立和发展,我国特别是中西部地区生态环境将得到显著改善,我国居民的营养结构更趋合理、人均蛋白质摄入量达到或接近亚洲平均水平,从业人口收入显著增加。

天然草地是我国最大的陆地生态系统,约占国土总面积 42%,面积近 4 亿公顷,仅次于澳大利亚,居世界第二位。由于长期以来我国草地畜牧业生产基本上处在原始自由放牧状态,草地生态系统结构和功能严重退化,至 2000 年草地不同程度退化面积已达 90% 以上。由于人工草地生产力远远大于天然草地,建立 6 亿亩优质高产人工草地,将在很大程度上取代天然草地的生产功能,是实现我国天然草地生态系统功能属性转移的重大战略工程。通过项目的全面实施,天然草地将从沉重的人类物质需求中解脱出来,回归自然,休养生息,实现其生产、承载、调控和人文信息等功能。预计未来 20 年内,随着天然草地生态系统结构和功能的恢复,草地植物覆盖度的不断增加,草地抗风蚀能力不断增强,草地起沙的概率和强度将大为下降,我国特别是西部地区的生态环境状况将得到显著改善。

预计 2020 年,我国人口将达到 14.5 亿。按照我国目前奶产品需求预测,到 2020 年,人均年占有量将从 2002 年的 8.5 kg 增至约 48 kg(图 34-1)。

如果按照目前亚洲平均水平 40 kg 计算,到 2020 年预期我国奶产品总需求量将达到 5.8×10^7 t,奶牛存栏需达到 1.28×10^7 头(每头奶牛年产鲜奶 4.5 t),需要牧草饲料将达 2.84×10^7 t(每头奶牛每年需 2.2 t 干草),如果人工草地年平均亩产干草 0.7 t,共需要人工草地 4.05×10^7 亩。此外,如果人均肉类年占有量从 1998 年的 44.6 kg 增至 70 kg(国家计委 2000 年规划指标,接近中等发达国家水平),预期我国的肉类需求总量将达到 1.015×10^8 t,如果食草家畜(牛、羊)产肉比例占需求总量的 35%(即 3.55×10^7),其中牛、羊肉比例分别是 2/3 和 1/3,则肉牛、羊存栏头数将分别达到 2.11×10^8 头(按 50% 的出栏率,每头出栏肉牛产肉 225 kg 计算)和 5.64×10^8 只(按 70% 的出栏率,每只出栏羊产肉 30 kg 计算),需要牧草饲料将达 7.91×10^8 t(按每头牛每年需 1.8 t 干草,每只羊每年需 0.73 t 干草计算),需要人工饲草基地 1.13×10^9 亩(亩产干草 0.7 t)。肉奶需求总量的生产将需要约 11.69 亿亩的人工饲草基地支撑。新建的 6 亿亩人工草地所生产的畜产品(牛羊肉、奶)将约占上述战略目标的 50%。

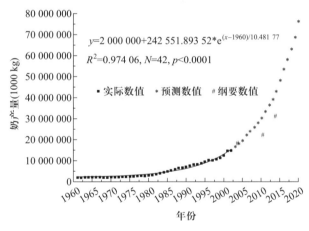

图 34-1 我国奶产量预测图

在我国广大的农区,通过大力推行粮、经、草(饲)三元种植结构,轮作优质牧草品种,特别提高豆科牧草的比重,不仅可以改善土壤结构,提高土壤肥力,而且也将形成巨大的牧草生产力。如果草田轮作,牧草比例达到耕地面积的 1/6,则全国每年还将约有 3 亿亩农田可提供优质的牧草和饲料;此外,全国农业生产可利用农作物秸秆与农副产品约 2.4×10^8 t(亩产秸秆 280 kg,秸秆利用率 60%),相当于约 2 亿亩人工草地的牧草生产能力。草田轮作、农作物秸秆及农副产品合计牧草饲料生产力占牧草需求总量的约 40%。

以上两项合计(6 亿亩人工草地,草田轮作和农作物秸秆及农副产品约 5 亿亩)牧草饲料生产力将占牧草需求总量的约 90%,其余 10% 的牧草战略需求将通过部分天然草地的合理利用所形成的牧草生产力支撑,即利用 20% 面积的天然草地。

增加农民收入是我国建设全面小康社会过程中所面临的一项十分艰巨的战略任务。食草性畜牧业是一个劳动密集型产业,其产业链条远较耕作农业产业链长。建立以优质高效人工饲草基地为基础的现代化畜牧业产业链,将极大地吸纳劳动力,是增加农民收入和畜牧业生产效益放大的重要途径。以 6 亿亩优质高产人工饲草地为基础,产业化畜牧业的三个产业分别是牧草生产和家畜养殖、草畜产品加工和产品销售及服务业。如果第一、第二、第三产业从业人口比例按 3∶3∶4 计算,人均年纯收入按 8000 元计算,三个生产环节的从业人数将分别是 3588 万、3588 万和 4784 万人,整个产业链将吸纳约 1.19 亿人。随着产业链结构的不断完善,产业发展中科技含量的不断增加,产业链的经济增长将主要由第二和第三产业带动,从事第二、第三产业者其人均纯收入将会有较大的增长空间。

1.2 农业结构调整的必要性

要实现全面、均衡的小康社会目标,重点在农村,关键在农民,难点在增收,农业结构调整则是重要途径。

1.2.1 增加畜牧业在农业中的比重,特别是食草性畜牧业的比重

经过 20 多年的改革与发展,畜牧业已成为我国农村经济的支柱产业、农民增收的速效产业、劳动密集型产业、承农启工的中轴产业和参与国际经济大循环的先锋产业。我国畜牧业产值占农业总产值的比重稳步上升,1978 年畜牧业产值占农业总产值的比重只有 13.0%,2002 年则达到 30.87%。畜牧业的发展大大增加了农村的就业门路,据估计全国目前从事畜牧业生产的劳动力有 8000 多万;畜牧业收入增长对农民家庭收入增长的贡献率达到 30% 以上。但我国目前畜牧业占农业的比重仍远低于发达国家(60% 以上)的水平,因此应逐步提高畜牧业比重,特别是加快食草性畜牧业的发展。

发达国家的草地畜牧业单位面积产值比种植业

高出 1~8 倍,国际上畜牧业发达国家都把发展食草动物作为发展农业的国策来抓,农业总产值中食草性畜牧业产值占很高的比例。我国正从自给自足的传统农业逐渐走向现代农业,现代农业追求的是经济、社会和生态效益的统一。传统的种植业和以猪为主的耗粮型畜牧业满足不了日益增长的人民对畜禽蛋奶的消费需要和国际市场的竞争,而以人工草地为基础的食草性畜牧业是高效益、产业链条长、国际竞争优势明显的大产业,可以促进社会生活质量的升级,必将成为我国经济发展的增长点。

而奶业是食草性畜牧业中经济效益最高的行业,可促进产前、产中、产后多个行业的发展,是农业产业结构调整过程中提高农产品附加值的重要环节。在法国,牛奶总产值已超过汽车工业总产值,在国民经济中占有很重要的地位,比重达到 8%。而我国牛奶总产值占农业总产值的比例还不足 1%。

1.2.2 应对 WTO 的需求

我国加入 WTO 后,畜牧业是大农业中少数几个最有竞争力、最具发展潜力的产业之一。我国畜牧业的优势集中体现在食草畜禽方面,这主要是因为我国食草家畜具有价格优势,羊肉价格低于国际市场 56%,牛肉低 84%。因此,我国食草家畜发展空间很大,市场广阔。

1.2.3 协调粮食安全和饲料安全

饲料问题是我国农牧业生产中必须重视和加以解决的问题。饲草料的缺乏必然导致粮食作物与饲料作物争地。事实上,1996 年以来,我国畜牧业年均直接或间接消费的谷物在 1.6 亿吨左右,即约 1/3 的粮田在生产饲料谷物,加上 14% 的耕地种植饲料作物,超过 40% 的耕地用于饲料生产。这与我国长期的粮-猪型畸形畜牧业生产方式直接相关,2000 年猪肉产量仍占肉类总产量的 66.8%。而从畜牧业生产结构本身来看,我国食草性畜禽特别是奶牛比重过低,奶牛占全国牛存栏总数的比重仅为 3%。这种生产结构的不合理及生产效率的低下,增加了对粮食、饲料和环境的压力。因此,必须千方百计稳定提高饲草料的数量和质量,保证我国的粮食安全和畜牧业持续健康发展。大力发展人工草地和食草性畜牧业是重要的途径,也势在必行。

1.2.4 加大人工草地建设

食草性畜牧业是农业结构调整和农业产业升级

的突破口,发展食草性畜牧业必须要有草业的支持。加拿大、英国、新西兰人工草地面积分别占天然草场总面积的 27%、59% 和 75%,我国的这一比例仅为 2%。人工草地的建立从根本上解决了这些国家的草畜矛盾,从而促进了这些国家畜牧业现代化的实现。因此,必须对种植业结构进行调整,扩大饲料(饲草)种植面积,大力实行草田轮作。多年生豆科与禾本科牧草及饲料作物的种植面积应保持在 20%~30%。在此基础上大力发展肉牛业、奶牛业和养羊业,拉动和改善种植业,并可促进畜产品加工业、饲料工业、服务业及市场的发展,形成优化合理的农业内部及外部结构,形成在国际农产品市场具有强劲竞争力的大产业,创造出今后 20 年我国农业经济与生态的双赢局面。

1.3 生态与环境保育的需求

1.3.1 我国草原的现状

草地是地球上覆盖面积仅次于森林的陆地生态系统,是我国面积最大的绿色覆盖层,约占国土的 42%,约是耕地的 3.3 倍和森林的 2.5 倍。然而,由于对草地资源长期的掠夺式利用,目前草地退化面积已达 90%。草地生态系统结构和功能严重退化,生物多样性减少,大型草食动物和肉食动物(如野马、野驴、野骆驼、羚羊、狼、狐、鼬、鹰、鹗等)日趋减少甚至消失,而啮齿类动物与蝗虫种群明显上升,病虫害频繁暴发和肆虐。草地土壤结构恶化,CO_2 的释放大大增强,水土流失、土地沙化和盐渍化程度加重,数以百万吨计的表土正在丧失。

草原退化是引发沙尘暴的重要原因,沙尘暴已成为中国的一个跨地区、跨国界的环境问题,其影响范围已南及长江流域,东越海洋沉降于日本和北美西部。沙尘暴引起的生态环境问题,降低了受影响地区的生活质量,威胁着人体健康和生命安全。

1.3.2 天然草地的生态功能

我国天然草地的功能应转向以发挥生态效益为主。我国草原生态系统服务功能的总价值约为 8697.7 亿元,是其所生产畜产品价值的 10 余倍。天然草地主要的生态与环境保育功能包括以下三方面:

(1)草地植被的防风固沙、水土保持与水源涵养作用十分显著。尤其在具有很强荒漠化潜势的半干旱地带和地势陡峭与重力地质作用强烈的山地,草地植被的上述功能就格外重要。

(2)草地是陆地生态系统的主要碳汇之一,尤其是草地土壤腐殖质层富含有机碳,是地球陆地北方的重要碳汇。估计我国天然草地每年的固碳量为 $1~2\ t/hm^2$,年总固碳量约为 $6\times10^8\ t$,为全国年排碳量的 1/2;但一旦草地土壤遭到开垦和过度放牧破坏,其腐殖质层中的有机碳就会迅速氧化而释放出大量 CO_2,草地就可能转变成为碳源。

(3)草原是许多有价值的大型野生有蹄类草食动物与猛禽类的栖息地,也是大量优良野生牧草、药草、观赏植物与经济植物的家园,许多草原植物具有特殊的抗旱、耐寒、耐盐碱、高光合效率的生态生理特性,对农作物、牧草、饲料和林木的改良和育种具有很高的价值,其特殊基因资源是人类未来赖以生存和发展的珍贵基因库。

1.3.3 人工草地建设是恢复天然草地生态功能的前提条件

恩格斯在 1876 年写的著名论文《劳动在从猿到人转变过程中的作用》(自然辩证法 149-153 页)中指出,草原的出现和广布揭开了人类历史篇章的第一页。但是人类在改造和"征服"自然的斗争中往往不顾后果放肆地摧毁自己所需要的食物资源。19 世纪后期人们在阿尔卑斯山为了扩大耕地滥伐森林而丧失了水源,滥牧山羊而引起山地严重的水土流失,当时阿尔卑斯山地植被的破坏与山地环境的退化情景,作为自然界对人类"报复"的惨重教训而被恩格斯的经典巨著记录流传至今。然而,一百余年后的今日,阿尔卑斯山却由于 19 世纪末期的欧洲造林行动而恢复了大部分的山地森林。由于 20 世纪中期的绿色革命——在平原农田大量种草而放弃了山地牧场,不仅发展了现代化的高产畜牧业,而且使阿尔卑斯山因退牧而恢复了青春,如今的阿尔卑斯山林草丰茂、生态盎然、环境优美,已经完全脱离了 19 世纪时的颓废情景,成为人类与自然和谐共处,通过发展高产优质的人工草地和草地畜牧业使天然草地和森林发挥其生态功能而获得生态与经济双赢的范例。

建立稳定、优质、高产的人工草地是减轻草地放牧压力、促进退化草地自然恢复的根本出路。人工草地的生产力可以达到天然草地的 10 倍甚至 30

倍,我国建立 6 亿亩优质高产人工草地,将在很大程度上取代我国天然草地的牧草生产功能,实现天然草地生态系统功能属性的转移。同时,人工草地也具有水土保持和固碳的生态功能。高产人工草地的年固碳量为 $2 \sim 2.5$ t/hm^2,6 亿亩人工草地的年固碳总量可达到 $(0.8 \sim 1) \times 10^8$ t。

1.3.4 碳贸易——人工草地建设和天然草地保育的大好机遇

《联合国气候变化框架公约》(UNFCCC)要求各缔约国在基于相似但有区别的公平原则之下,为当前及未来人类的利益而保护地球的气候系统。《京都议定书》又进一步对发达国家温室气体的减排设定了强制性目标,明确规定发达国家应当在 2008—2012 年使其温室气体的排放在 1990 年的基线上削减 5%。而碳贸易目前正成为减缓气候变化的一个强有力的办法,有人预测碳贸易将成为 21 世纪最有活力的商业行为之一。碳贸易允许发达国家的企业在发展中国家投资固碳和清洁能源项目,补偿自己的碳排放,这被认为是控制温室气体排放的费用效益最优的方法,也是买方和卖方双赢的商业行为。美国从 20 世纪 90 年代开始的 SO$_2$ 排放许可证交易,成功地缓解了美国的酸雨问题,该计划投入了 12 亿美元,却使由酸雨引起的肺病的医疗保健费用减少了 270 亿美元,是排放贸易的一个成功范例。通过碳贸易进行温室气体减排将会达到对资源最有效的分配利用,发展中国家通过碳贸易可以获得投资资金进行生态环境建设,并获取商业利润。而对发达国家来说,与开发新能源、交纳碳税或缩减生产规模等减排方式相比,碳贸易的减排成本是最低的。同时,生物多样性和生态环境也得到了保护。所以碳贸易的市场前景广阔。

迫于美国的压力,碳贸易作为温室气体减排的手段之一在 2001 年被写进了《京都议定书》。而欧盟将于 2005 年 1 月 1 日开始实施强制性温室气体减排计划,即排放贸易计划,预计到 2007 年,每年的贸易额将达到 100 亿欧元。目前,由于碳贸易是在自愿的基础上进行的,国际上每吨碳的价格比较低,在 $2 \sim 4$ 美元。随着《京都议定书》的执行,预测到 2010 年 CO$_2$ 的价格将超过每吨 20 美元。如果我国通过建设高产的人工草地,恢复天然草地的固碳功能,则在未来的 20 年中,所有草地的年总固碳量将达到 7×10^8 t,以 3 美元/t 的价格计算,固碳的年总价值约可达到人民币 180 亿元。如果用 30% 的固碳量来进行碳贸易,每年可获得人民币 54 亿元的资金,可以加快人工草地的建设和天然草地的保育。

1.4 国际发展趋势

奶、肉消费的需求是畜牧业发展的根本动力。随着世界经济的发展和消费水平的提高,人们对于奶、肉的需求也不断增长,推动了世界奶业甚至整个畜牧业的持续发展。世界发达国家早已成功地实现了自然植被系统生产属性向人工系统的转移。畜牧业比重的高低是农业现代化的标志,而人工草地的建设又是先进畜牧业的重要标志。我国大力推进人工草地建设是顺应国际潮流的一项重大战略举措。

1.4.1 我国与世界发达国家奶和肉的消费水平都有很大差距

当前,不论是奶还是肉的消费水平,我国与世界发达国家还有很大差距(图 34-2)。即便是与世界平均水平相比,我国在奶消费水平上也相差甚远,甚至还低于非洲人均奶消费水平。我国人均肉消费水平虽略高于世界平均水平,但其中人均牛肉消费水平却很低,表现为消费结构的不合理(猪肉比重过高,食草家畜肉类过少),人畜争粮的矛盾突出,对国家粮食安全不利。

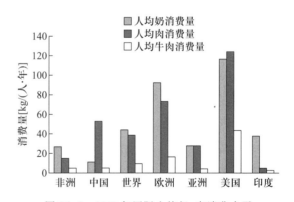

图 34-2　2002 年国际人均奶、肉消费水平比较(据 FAO 数据整理,下同)

1.4.2 人均奶消费水平持续上升,奶业持续发展

全球奶类提供的动物蛋白约占肉、蛋、奶动物蛋白总量的 35% ~ 37%,2002 年世界乳产量 5.640×10^8 t,人均占有量 94 kg,发达国家人均达 200 kg 以上,亚洲人均也超过了 40 kg。

（1）奶业持续发展

世界奶业持续增长（图34-3），特别是近十年来世界奶业发展很快，奶产量持续增长，其中，水牛奶的增长趋势更快。20世纪50年代至90年代，牛奶产量增长了76.4%，其中水牛奶生产的增长达到220%，是奶类中最高的。在我国南方发展奶水牛产业可为我国奶业发展提供广阔的空间，并有望成为奶业的第二支柱产业。

（2）发展中国家也成为奶消费大国

20世纪50年代至90年代印度产奶量增长迅速，从50年代的第四位跃居90年代的世界第二，目前已成为世界第一产奶大国（表34-1）。

1.4.3 世界肉消费增长趋势

趋势模拟表明，世界人均肉消费水平持续增长（图34-4），到2020—2025年将接近60kg/（人·年）的水平。目前我国人均肉消费水平略高于世界平均水平（图34-5），在我国经济快速增长情况下，今后的重点应放在肉类消费结构的调整上。因此，我们应保持略高于世界平均水平这样的格局基本不变，将2020年我国肉类人均消费水平的目标定为70 kg/（人·年）。

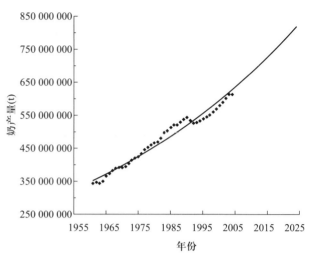

图34-3 世界奶产量图

1.5 现有基础

1.5.1 人工草地建设

我国人工草地的建设起步晚，规模小，基础薄弱。目前虽然已经建成了约1亿亩人工草地，但由于推广应用的优良牧草品种较少，品种组合单一，管

表34-1 世界奶业格局的变化

20世纪50年代世界十大奶生产国			20世纪90年代世界十大奶生产国			2003年世界十大奶生产国		
国家	产量（10⁶ t）	占世界（%）	国家	产量（10⁶ t）	占世界（%）	国家	产量（10⁶ t）	占世界（%）
美国	54.72	18.6	美国	69.64	12.9	印度	86.96	14.47
俄罗斯	25.82	8.8	印度	63.96	11.8	美国	78.16	13.01
德国	24.87	8.5	俄罗斯	41.9	7.7	俄罗斯	33.10	5.51
印度	18.77	6.4	德国	28.17	5.2	德国	28.04	4.67
法国	15.2	5.2	法国	26.07	4.8	巴基斯坦	27.81	4.63
英国	10.59	3.6	巴基斯坦	18.55	3.4	法国	25.58	4.26
波兰	10.12	3.4	巴西	18.13	3.4	巴西	23.45	3.90
乌克兰	9.86	3.4	乌克兰	17.7	3.3	中国	17.25	2.87
意大利	8.94	3.0	英国	14.7	2.7	英国	15.05	2.50
加拿大	7.52	2.6	波兰	12.82	2.4	新西兰	14.20	2.36
世界合计	294.3	100	世界合计	540.7	100	世界合计	600.98	100

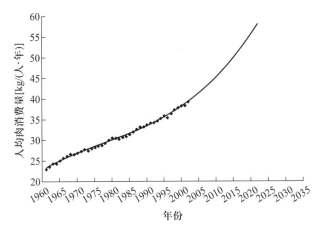

图 34-4　世界人均肉消费水平的增长趋势

在牧草品种筛选、牧草生产力、牧草适应性及栽培管理、病虫害防治、草产品加工利用等方面加大投入力度,加快人工草地建设试验示范及推广的步伐,为大规模人工草地的建立提供完备的技术和种质资源储备。

1.5.2　牧草品种的培育筛选及天然草地保育

我国各类牧草资源档案的编目工作已经完成,一些重要牧草如羊草、雀麦草、披碱草、黑麦草、偃麦草、冰草等还包括了生理生化指标。通过常规育种、品种引进、野生种驯化等手段,我国目前已经拥有 200 多个牧草品种,这些牧草品种将为 6 亿亩人工草地的建立提供牧草种质基础。今后在大规模人工草地建设过程中,牧草品种工作的重点要放在优良牧草品种的引种试验和推广应用上。

我国天然草地目前基本处于自由放牧状态,天然草地保育工作尚处在科学试验研究阶段。研究工作主要围绕以下几个方面:典型退化生态系统的受损机理与恢复重建途径、退化草地改良与合理利用技术、集约化草地畜牧业生产与农牧耦合技术及农牧业可持续发展的优化范式。

1.5.3　科学研究工作基础

我国关于草原管理及草原生态学的基础研究与

理水平落后,草地利用年限短、年际间产量变幅大,并没有实现其巨大的生产潜能。自 2000 年以来,我国在人工草地建立、牧草草产品开发等方面进行了广泛研究和试验示范。如中国科学院在内蒙古锡林浩特、正蓝旗和多伦县建立了长期草地生态研究试验示范站,已经建立人工草地示范区 15 万亩,牧草种子繁育基地 8 万多亩。在"十五"期间,对一年生、二年生人工草地、多年生人工草地、高产青贮饲料地在旱作条件下的全程机械化建植模式进行了研究。然而,目前开展的人工草地建设及相关研究工作远远不能满足大规模推广发展的需求。今后需要

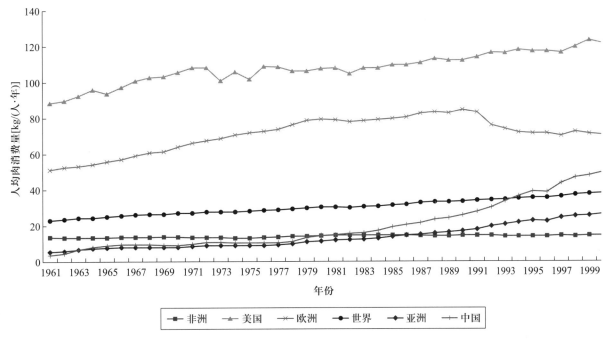

图 34-5　国际主要国家、地区人均肉消费水平的变化过程(参见书末彩插)

应用研究工作已经有了较好的积累。20 世纪 60 年代开始，相关科研院所和大学对我国草地资源及其利用状况进行了详细的科学考察，先后组织实施了"八五""九五"重大、重点科学攻关项目和国家自然科学基金项目，形成了大量的研究成果。比如自 70 年代以来，中国科学院先后在内蒙古锡林郭勒典型草原区和毛乌素沙地设立野外研究站，对生物要素和环境要素进行了长期连续定位研究和监测，1985 年开始对人工草地建植技术和生产力稳定性维持机制进行研究。出版了系列专集《草原生态系统研究》5 卷，专著 10 余部，共发表学术论文 800 余篇。其中，"改良退化草场、建立人工草地提高草原生产力示范与推广"获中国科学院科技进步三等奖（1995）。从服务于我国建立 6 亿亩人工草地和天然草地保育工作的重大战略需求出发，今后草原研究工作的重点应该放在人工草地规划、建立和管理技术及草产品开发技术、天然草地保育技术、退化草地的恢复技术等方面。

二、目标

2.1 人工草地建设目标

建立 6 亿亩优质高产人工草地，其主要来源有：建设和改良部分条件适宜的天然草地；部分条件适宜的已垦草地恢复重建；6°~15°坡耕地退耕还草。2006—2020 年，天然草地区建成高产人工草地 5.1 亿亩；已垦草地以及 6°~15°坡耕地退耕还草 1.3 亿亩。

2.2 天然草地保育目标

封育保护 80%以上的天然草地，实现我国天然草地的生产、承载、调控和人文信息等多项功能属性的全面恢复。

2.3 生态经济产业链的建立

以农业结构调整为契机，实现畜牧业的生产方式与经营观念的彻底变革：将天然草地的生产功能大部分转移到人工草地，减轻天然草地压力，充分发挥天然草地的生态系统服务功能。以 6 亿亩人工饲草基地的建设为契机，建立和推广我国不同地区食草畜牧业的优化生态-生产范式，建立与完善我国草地畜牧业的生态经济产业链。在人工食草畜牧业

"生态经济链"各级链节上合理安排生产要素，改变对草地第一性生产力过度依赖的现状，跨越式地推进草地畜牧业的发展、农牧民的增收和草地生态环境的恢复与重建。

2.4 草地固碳和碳贸易

建设高产优质人工饲草地，恢复天然草地的生态功能，估计在未来的二十年中，我国天然草地的年总固碳量可达到 $6×10^8$ t，6 亿亩人工草地的年固碳总量可达到 $(0.8~1)×10^8$ t，总固碳量可以达到 $7×10^8$ t，积极开展碳贸易，促进人工草地的建设和天然草原的保育。

2.5 预期目标

至 2020 年，以 6 亿亩人工饲草基地建设草田轮作作物秸秆加工及部分天然草地的合理利用为基础，初步建立起我国先进的草地畜牧业产业链，我国人均畜产品占有量（人均奶 40 kg，人均肉类 70 kg）达到亚洲平均水平。提高从业人口的收入水平，我国西部生态环境显著改善。在未来 30 年中，在现有的基础上提高我国草地的碳汇储备 30%以上。

三、关键技术、解决途径与初步方案

3.1 人工草地空间布局规划

根据中国自然地理区划、中国农业综合区划、中国气候区划和中国牧草种植区划，考虑县级行政边界的完整性，将我国人工草地建设区域分为 9 个：东北平原湿润草地区、内蒙古温性草原区、西北干旱区、黄土高原区、青藏高寒草地区、华北平原区、西南山地草地区、华中地区、华南地区（图 34-6）。下面对各区域发展人工草地的数量和位置进行详细分析。

3.1.1 东北平原湿润草地区：7000 万亩
人工草地和饲料基地

东北平原草地总面积 2.5 亿亩，位于冲积扇平原、河漫滩的湿润草地约 6000 万亩，可建成优质饲料基地 3000 万亩。

有开垦草地 2000 万亩，可建成优质饲料基地；6°~15°坡耕地退耕，可建成人工草地 2000 万亩。建议该区域建成我国高产优质饲料基地带（图 34-7）。

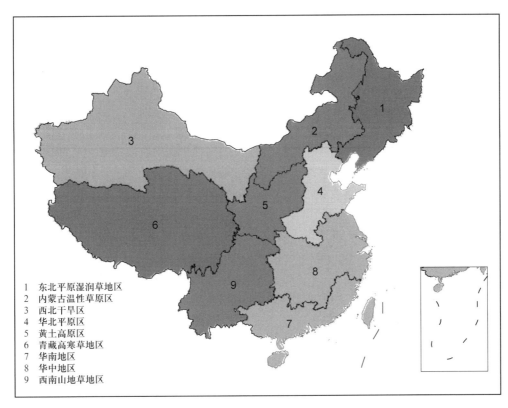

图 34-6　中国人工草地建设分区（参见书末彩插）

1　东北平原湿润草地区
2　内蒙古温性草原区
3　西北干旱区
4　华北平原区
5　黄土高原区
6　青藏高寒草地区
7　华南地区
8　华中地区
9　西南山地草地区

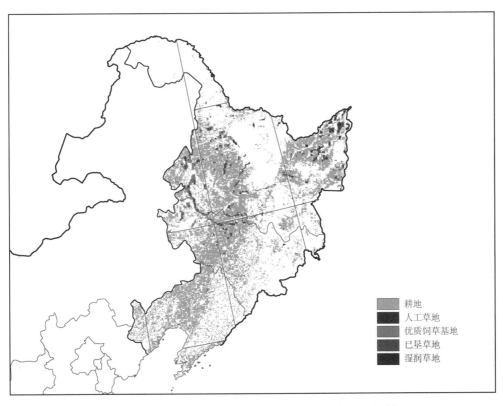

耕地
人工草地
优质饲草基地
已垦草地
湿润草地

图 34-7　东北平原湿润草地区人工草地分布（参见书末彩插）

3.1.2 内蒙古温性草原区:11 000 万亩人工草地和饲料基地

内蒙古温性草原总面积 9 亿亩(其中荒漠 1 亿亩),可建立人工草地和改良草地 1 亿亩。

降水大于 400 mm 的低平地草甸、草甸草原和典型草原共 7000 万亩,40% 发展人工饲料基地,60% 进行改良形成优质牧草基地。

降水小于 400 mm 但位于河漫滩地的草原 2500 万亩,40% 发展人工饲料基地,60% 进行改良形成优质牧草基地。

鄂尔多斯灌木-疏林草地、乌兰察布荒漠草原区芨芨草滩是养羊的理想基地,可以人工种植旱生植物 500~1000 万亩。

内蒙古温性草原区开垦草原和 6°~15° 坡耕地退耕,可建成人工草地 1000 万亩(图 34-8)。

3.1.3 西北干旱区:8000 万亩人工草地和饲料基地

西北干旱区草地总面积 13.5 亿亩(其中荒漠 7.8 亿亩),合计可发展人工草地 5700 万亩。

平缓山地草甸和低地草甸 1 亿多亩,通过改良可发展优质饲料地 5000 万亩。

地形平缓气候温暖的高寒草原、地形平缓降水大于 380 mm 的温性草原,可建成人工草地 700 万亩。

西部山地纵横,降水量低,农业主要依靠地下水和雪水,荒漠绿洲区可以建立灌溉高产饲料基地 2300 万亩。

河西地区目前已有国内比较大规模的牧草和种子基地 200 多万亩,还有 300 万亩高产人工草地发展空间,建议该区域建成我国牧草种子生产基地。

额尔齐斯河、乌伦古河、伊犁河每年有大量地表水流出境外,流域周边的温性荒漠可建 1500 万亩高产饲料基地。

北路天山山前扇缘带开垦耕地盐渍化严重,大面积弃耕引起生态退化,可发展 500 万亩高产优质饲料基地(图 34-9)。

3.1.4 黄土高原区:2000 万亩人工草地和饲料基地

黄土高原区原则上在塬面和梯田上建立高产饲料基地,没有条件建成梯田的 6°~15° 坡耕地可以发展小面积多年生人工草地。

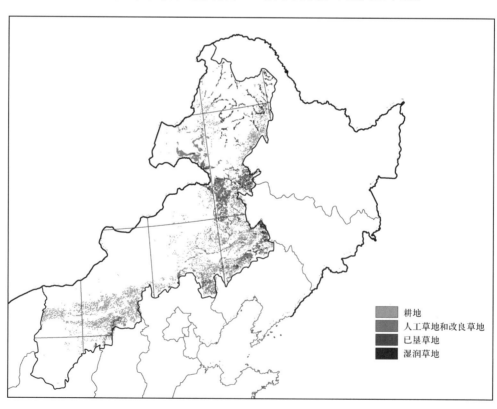

图 34-8 内蒙古温性草原区人工草地分布(参见书末彩插)

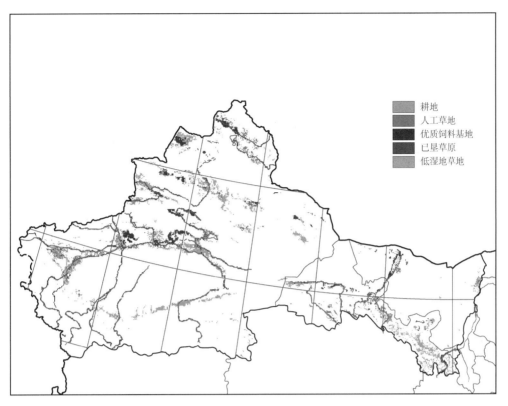

图 34-9 西北干旱区人工草地分布(参见书末彩插)

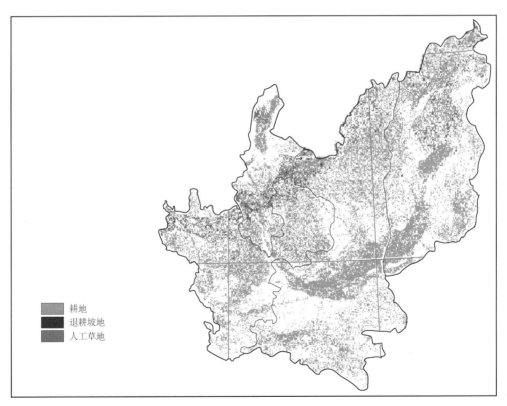

图 34-10 黄土高原区人工草地分布(参见书末彩插)

黄土高原共有各类草地 1.8 亿亩,其中降水介于 300~450 mm 的 1000 万亩已垦草地可恢复并建成人工草地。

黄土高原 6°~15° 坡耕地 4700 万亩,降水介于 300~400 mm 的 1000 万亩可建成人工草地(图 34-10)。

3.1.5 华北平原区:3000 万亩人工草地和饲料基地

华北平原共有各类草地 1.07 亿亩,其中降水介于 400~550 mm 的已垦草地 1500 万亩可恢复并建成高饲料基地。

华北平原 6°~15° 坡耕地 2000 万亩,降水小于 400 mm 的坡耕地退耕全部可以建成人工草地,降水大于 400 mm 的退耕地 60% 可建成人工草地,共计 1500 万亩。

3.1.6 青藏高寒草地区:1000 万亩人工草地和饲料基地

柴达木盆地的有水分条件低地草甸约 60 万亩(7%)已开垦,但次生盐渍化很严重,多年生牧草可

减轻次生盐渍化,可发展人工草地 100 万亩。

一江两河地区、青海湖环湖地区和农区的温性湿润草原可改良和建立饲料基地 500 万亩;温度适宜老芒麦生长且降水大于 450 mm 的平缓高寒草甸可发展人工草地 400 万亩;这些人工草地均无须灌溉。

青藏高原发展农业的条件十分局限,也谈不上商品化的畜牧业,建议国家进行重点扶持,畜牧业发展以维持当地人民需求为第一目标(图 34-11)。

3.1.7 西南山地草地区:24000 万亩人工草地和饲料基地

西南山地草地总面积 6 亿亩,可建成人工草地 21 000 万亩。

位于 800~2800 m 中海拔地区、降水大于 700 mm 的山地草地大约 3 亿亩,至少有 2 亿亩(夏季最高温度低于 39℃)可以改造为永久性人工草地。

低山丘陵草地约 2500 万亩,其中已开垦的 1000 万亩可恢复并建成高产饲料基地。

西南地区 6°~15° 坡耕地 9800 万亩,退耕可建立人工草地 3000 万亩。

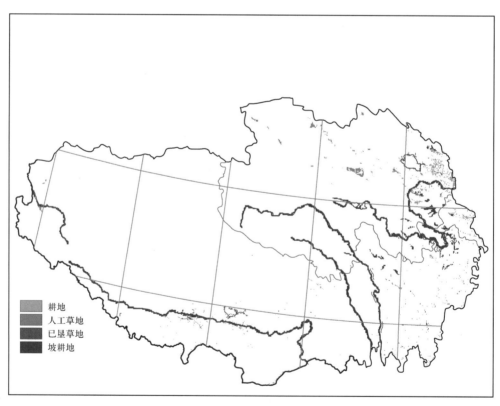

图 34-11　青藏高寒草地区人工草地分布(参见书末彩插)

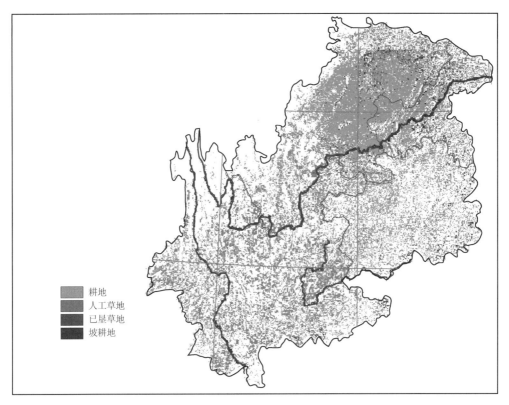

图 34-12 西南山地草地区人工草地分布(参见书末彩插)

建议该区域建成我国南方食草畜牧业基地(图 34-12)。

3.1.8 华中地区:5000 万亩人工草地和饲料基地

华中地区草地总面积 1 亿亩,可建成人工草地 5000 万亩:

位于 800~2800 m 中海拔地区、降水大于 700 mm 的山地草地可改造为永久性人工草地 3000 万亩(夏季最高温度低于 39℃);

低山丘陵草地约 7000 万亩,其中已开垦草地 2000 万亩可建立高产饲料基地(图 34-13)。

3.1.9 华南地区:3000 万亩人工草地和饲料基地

华南地区草地总面积 2.2 亿亩,可建成人工草地 2600 万亩。

位于 1000~2800 m 中海拔地区、降水大于 700 mm 的山地草地可改造为永久性人工草地 400 万亩(夏季最高温度低于 39℃)。

1000 m 以下低山丘陵草地约 6200 万亩,可改造建立 2200 万亩高产饲料基地。

华南地区 6°~15°坡耕地 2200 万亩,退耕可建立人工草地 400 万亩。

3.1.10 优质高产人工草地的需水量

在人工草地建设中,水是重要的制约因素之一,应该依据水资源的承载能力,因地制宜发展高产优质人工饲草地。目前我国牧区的水资源利用中,农田灌溉占 64%,饲草料地和人工改良草场灌溉用水只占了 13%,用水结构不合理,实施灌溉的高产优质人工草地发展严重滞后,阻碍了畜牧业的发展。我国北方牧区以山地和高原为骨架,东部为微起伏的准平原台地与下陷盆地,中西部基本是山地和盆地相间,地形闭塞。草原内部多呈波状或盆状地形,在河漫滩、低湿洼地、山间谷地、丘间盆地、湖滨周围及沙丘沙地中的低地,有利于局部水资源再分配,除接受大气降水外,还接受由高处汇集的地表径流,水分条件较好,可以用来发展无须灌溉的人工草地。这些位置具有较丰富的地下水源,可以通过科学合理的水资源利用规划,进行高产优质人工草地建设。

根据我国水资源开发潜力,可以评价不同地区

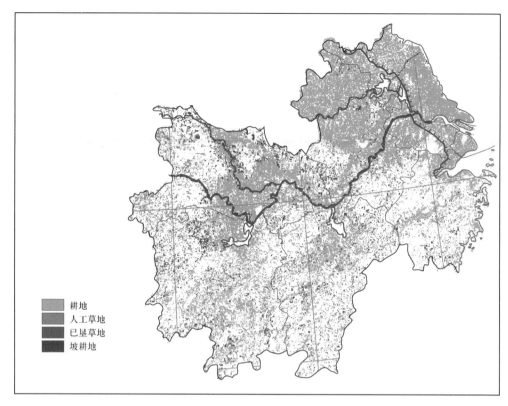

图 34-13　华中地区人工草地分布(参见书末彩插)

可发展的人工草地面积。确立以水定草的指导思想,科学确定水资源能够承受的草地牧业规模。多年的实验研究证明,通过节水灌溉措施和牧草品种的选择,总需水量为 500 mm 时可以达到高产的目的。根据水利部制定的"全国牧区草地生态建设水资源保障规划"中给出的各地区可利用水资源量,按 30% 用于草地建设计算,可初步得出不同区域适宜发展灌溉的高产优质人工草地规模。例如,东北平原湿润草地区总可利用水资源量为 142.55 亿 m³,可发展灌溉人工草地 0.26 亿亩;内蒙古温性草原区总可利用水资源量为 72.32 亿 m³,可发展灌溉人工草地 0.12 亿亩;西北干旱区总可利用水资源量为 91.29 亿 m³,高产人工草地需要大约 400 mm 的灌溉量,共可发展灌溉人工草地 0.17 亿亩;柴达木盆地总可利用水资源量有 51.96 亿 m³,可发展灌溉人工草地 0.057 亿亩。其他几个区的降水量比较丰富,水分不再是建设人工草地的限制性因素,可利用土地成为主要的限制因子。

这就可以在这些地区总体规划布局的人工草地面积的基础上,了解可以发展灌溉的高产优质人工草地面积,合理布局不同地区的牧草品种及种植面积比例,在可以灌溉的草地种植对水分要求高、产量

和质量也高的牧草品种,在无灌溉条件的草地种植较耐旱的品种,寻求草产业的高生产力和高品质,达到对土地资源和水热资源的合理充分利用。

3.2　牧草与家畜品种培育、选种和改良

建立优质高产人工饲草基地,牧草品种是关键。只有选用生长迅速、抗旱抗逆、营养(饲用)价值高,高产稳产等优良性状的品种才能保证畜牧产业发展之需;而实现畜牧产业的跨越式发展就必须有好的家畜品种作保障。

牧草与家畜品种的培育、选种和改良是一项旷日持久的工作,加上我国这方面的工作基础非常薄弱,与发达国家相比,相差甚远。我国由于天然草场面积大,占国土面积 42%,千百年来一直以自然放牧、轮牧为主,人工草地的建设没有得到充分重视,因而也一直没有得到长足的发展,相应人工草地的品种选育工作也相当滞后。目前一个比较快捷的方式,也能够适应畜牧业的跨越式发展的捷径就是从北美、新西兰、澳大利亚等畜牧业发达的地区和国家引种。

3.2.1　牧草品种

国外牧草育种已有几百年的历史,研究领域涉

及所有牧草类型,已培育出了数千个牧草新品种,目前我国种子市场上的牧草品种有 90% 来自国外。在生物高新技术育种方面:国外已建立了良好的分子标记辅助育种体系,涉及的性状包括数量性状和质量性状,涉及的牧草包括苜蓿、羊草、冰草、雀麦草、偃麦草、披碱草等多种草。在基因工程研究方面:国外已从草中克隆了许多可用于基因工程的有用基因,如美国农业部克隆的与果聚糖合成有关的基因 1-SFT、6-SFT,它的过量表达可提高牧草的抗旱性及抗寒性。国外已培育出许多优良品系的牧草和家畜品种,我们可以根据中国各个地区的不同生境选择引进,首先进行小面积实验,然后再大面积推广。需要指出的是,引进的牧草品种不会涉及生物入侵问题,目前世界上的生物入侵问题主要是由各种毒草、杂草所引起;另一个需要强调的是种植技术问题。

世界上人工牧草有上千个品种(表 34-2),号称牧草之王的紫花苜蓿草就有一百多个品种。以此为例,耐零下 40℃,pH 6~8,降水量 300~800 mm 的地区适宜品种有:①驯鹿苜蓿(Ac Caribou Alfalfa),耐寒高产,在东三省、内蒙古、北疆等都适合;②其他耐寒性苜蓿如"8925"七叶紫花苜蓿;③北方苜蓿(Ac North Alfalfa)(极度耐寒)可耐零下 48℃低温;④耐寒苜蓿(Winter hardy);⑤皇后(Alfalfa queen)等。华北地区,包括最低气温不超过零下 30℃的辽宁、安徽、江苏北部,适宜品种有:①三得利(Sanditi);②赛特(Sitel);③德福(Defi);④德宝(Derby)。华东亚热带,如上海、安徽南部、湖北东部、湖南大部、福建北部、江西大部、浙江、江苏南部、河南南部,适宜品种有:①游客(Eureka);②阿巴克斯苜蓿(Abacus),耐热高产,降水量多一点也可以,秋眠级数 5~6 级。

表 34-2　世界各气候带适宜的牧草品种

适宜区域	牧草品种
适合温带的豆科牧草	紫花苜蓿、白三叶、红三叶、绛三叶、地三叶草、沼泽百脉根、百脉根、鸟足豆
热带亚热带豆科牧草	平托落花生、罗顿豆、大翼豆、圭亚那柱花草、圆叶决明、合欢草、印度田菁、毛蔓豆
温带禾本科牧草	多年生黑麦草、草地羊茅、羊茅黑麦草、鸡脚草、猫尾草、冰草、草地早熟禾、雀麦草、碱茅
亚热带、热带禾本科牧草	宽叶雀稗、毛花雀稗、无芒虎尾草、狗牙根、非洲狗尾草、圭亚那须芒草、毛梗双花草

以上只是简介一下牧草情况,如果加上饲料谷物,直接为食草性家畜服务的饲料面积占西方耕地面积的 70% 以上。

下面是我们根据我国实际情况筛选出来的一些优良品种,以供参考(表 34-3)。

表 34-3　我国分地区适宜的人工牧草

分地区	人工牧草品种
东北寒温带半湿润区	紫花苜蓿:猫尾草:百特、百丽莎;黄花苜蓿;草地早熟禾:胜利;无芒雀麦:普通;一年生黑麦草:特高;杂交高粱:大力士;高丹草:密汁;芜菁:百肯、绿波;饲用油菜:拿破仑
华北温暖半干旱区	紫花苜蓿;高羊茅:多维、百瑞安;鸭茅:大拿、波多马哥;羊茅;黑麦草:凯牧、波尔卡;多年生黑麦草:马可、道森;白三叶:铺地、麦娜;杂交高粱;高丹草;芜菁;饲用甜菜:德纳;饲用油菜;一年生黑麦草;黄花苜蓿
四川盆地及周围地区	白三叶:铺地;红三叶:瑞德、后明星;鸭茅:波多马哥、大拿;高羊茅:多维、百瑞安;多年生黑麦草:雅晴;杂交高粱;高丹草;芜菁;饲用油菜;一年生黑麦草:沃土;羽扇豆
云贵高原亚热带湿润区	多年生黑麦草;鸭茅;高羊茅;羊茅黑麦草;杂交黑麦草:威严;白三叶:铺地、海发;红三叶;杂交高粱;高丹草;饲用油菜;一年生黑麦草;杂交狼尾草;羽扇豆;鹰嘴豆
华东亚热带湿润区	紫花苜蓿;白三叶;高羊茅:多维;鸭茅;羊茅黑麦草;多年生黑麦草;非洲狗尾草;饲大;狼尾草;湾保;菊苣:巴普那;杂交高粱;饲用油菜;一年生黑麦草;羽扇豆;鹰嘴豆
黄土高原温暖半干旱区	紫花苜蓿;高羊茅;白三叶;鸭茅:英胜;多年生黑麦草

根据我国西部地区的生态条件,一年生人工草地可以选择的主要牧草品种有:红豆草、谷草、箭舌豌豆、草木樨、青莜麦、燕麦等。混播组合主要有青莜麦+箭舌豌豆、谷草+箭舌豌豆、燕麦+草木樨等模式。

我国南方,在落实草地承包责任制的基础上,根据草地不同利用目的和方式,选择不同的牧草品种和组合,建设高产、优质的刈割或放牧草地。放牧草地一般采用多种牧草品种混合组合。建议温带、暖温带、北亚热带选用白三叶、苜蓿(*Medicago sativa*)、肯尼亚白三叶(*Trifilum semipilosum*)、鸭茅、多年生黑麦草、苇状羊茅(*Festuca arundinacea*)、非洲狗尾草(*Setaria anceps*)、东非狼尾草(*Pennisetum clandestinun*)等品种,各地可因地制宜选择 3~4 个品种组合,豆禾比按 2∶8 或 3∶7;亚热带及北热带选用臂形草(*Barchiaris decumbens*)、棕籽雀稗(*Paspalum plicatulum*)、柱花草(*Styloanthes guidnesis*)、大翼豆(*Phaseolusa tropurpureus*)、大结豆等品种;刈割草地可以单播,也能混播。一般选用上繁草,如红三叶(*Trifolium pratense*)、柱花草、狗尾草(*Setaria anceps*)等。

3.2.2 家畜品种

现代畜牧业以食草动物为主,主要是养牛业。牛奶产值占现代农业国家农业总产值的第一位,牛肉占第二位,牛奶和牛肉合计占农业总产值的50%,这与其开发利用优良的家畜品种密不可分。目前,牛的品种可分奶牛、肉牛、肉奶兼用牛、奶肉兼用牛四大类。

第一类　奶牛

奶牛的品种很多,有六十多个。以下几类在我国有较好的应用前景:

(1)荷斯坦牛,产奶量最高,但肉质不好,且屠宰率极低,只有 38%;

(2)娟姗奶牛,体型小,乳脂率高,适应性强,耐粗饲;

(3)热带奶牛,如费里斯沙希华牛、热带乳用瘤牛等;

(4)杂交奶牛,和其他动物一样,奶牛也应提倡杂交优势。我国奶牛品种比较少,目前只有一个引进的荷斯坦品种,没有杂交奶牛。世界上最好的奶牛是法国的蒙贝利亚奶牛,由五个血统杂交而成,免疫系统非常好,不仅产奶量高,乳脂率也高。

第二类　肉牛

如安格斯牛(原产苏格兰)、夏洛来(原产法国)、利木赞(原产法国)、辛地红牛(原产巴基斯坦)。世界肉牛品种有上百个,上述几个品种是我国引进量最多的,肉质好,屠宰率都在 58% 以上。

第三类　肉奶兼用牛

我国引进的品种有西门塔尔(原产瑞士),不仅肉质好,屠宰率高,还能挤奶 4 吨/年,中国黄牛与其

杂交的 4 代,挤奶都在 3 吨以上。我国已经有杂交4 代母牛 400 万~500 万头,如果用奶牛进一步杂交,可以变成奶肉兼用牛,挤奶达到 4~5 吨/年。肉奶兼用牛还有意大利的皮埃蒙特、英国的海福特等。

第四类　奶肉兼用牛

该类型牛可以取得奶、肉的双效益,发达国家都在研究、培育和发展这一类型。最有代表性的是近些年德国培育的花斑牛(fleckvieh),在德国,这种牛年平均挤奶 9 吨,屠宰率高达 58%,已占德国牛总量的 88%。

另一大食草动物是羊,目前发达国家都在培育毛、肉、奶三用羊,而且都在搞三元杂交,比如三用的美利奴绵羊(德国)、沙能山羊(瑞士)等。最适合搞三元杂交的终端种公羊有东费里森羊(瑞典)、白萨福克。在山羊方面最适合搞三元杂交的种公羊是澳大利亚的野山羊。我国应当树立毛、肉、奶三用羊和三个品种进行三元杂交的效益观念。

我国曾经有一些品性相当优良的家畜乡土品种,如乌珠穆沁羊,由于品种选育、改良工作没有跟上,退化比较严重。引种只是一时权宜之计,应畜牧业跨越式发展之需,加强生物技术的应用,培育出我国的优势品系和品种。

3.3　草地工程建设

草地工程包括供水系统、能源系统、病虫害防治、畜舍工程、饲草加工、畜产品加工、服务系统等个方面,是优质高产人工草地和现代化畜牧业建设的基本保障。

北方人工草地主要受水的限制,需要灌溉。应大力开发风力能源,保障北方人工草地的能源需求。草原上的风场丰富,风力资源利用技术发展,目前进行风力发电和风力提水的技术已经很成熟,使北方牧区供水系统的能源问题可以得到解决,保证北方人工草地的发展。北方牧区拥有得天独厚的风力资源,风能分布范围广、面积大,且具有稳定性高、连续性好、无破坏性风速等优良品质。以内蒙古为例,在118 万平方千米的土地上,可开发的风能储量有1.01 亿千瓦,占全国风能储量的 40%。所以说,从风力资源和风力利用技术的角度,都可以满足北方人工草地灌溉系统的主要能源需求。

南方草地相对分布比较零星,降水量也充足,一般不需灌溉,主要问题除了牧草品种就是建立人工草地后的管理模式和经济运营机制。

与人工草地建设配套的草地工程除了上述南北方个性问题外,还有一些共性问题。需要建立草料、畜禽病虫害疫病等安全防治体系和畜牧业产业化服务体系,其中特别强调的是要建立乡镇一级的配种站和良种站;还有饲草加工环节要跟上。而健全的畜牧社会服务网络体系,为人工草地的后续发展提供服务,免除农牧民种草养畜的后顾之忧。

3.4 生态经济产业链的结构

3.4.1 实现我国畜牧业生产方式与经营观念的彻底改变,大力发展现代化人工种草基础上的舍饲畜牧业

目前我国畜牧业主要分为天然草场放牧和农区养畜两大部分,依然停留在初级经营阶段,尚未形成完善畅通的草地生态经济产业链。应该建立适用于我国不同地区的食草畜牧业的优化生态-生产范式,进行示范与推广,使我国草地畜牧业步入生态与经济协调发展的良性循环的轨道。

传统游牧式畜牧业生产力徘徊在低水平上,牧民生活难以得到根本改善,而且给草场生态环境带来很大的压力,造成草地的普遍退化。因此,畜牧业发展的根本出路在于尽快实现从天然草场放牧向人工草地、舍饲养畜的战略性转移。畜牧业的生产方式与经营观念必须进行彻底改变,应该由传统的落后粗放的季节性、原始游牧业向以人工饲草地为基础的集约、高效舍饲畜牧业的转变,将人工草地基础上的食草畜牧业发展为国家经济的重要支柱之一。

3.4.2 建立健全食草畜牧业产品加工、配套机构服务体系等,延长生态经济产业链

在扩大人工草地和草地畜牧业规模的过程中,销售皮、毛、肉、奶等畜产品可带来巨大的经济效益,畜产品的深加工就地实现增值等,也是很重要的生态经济链的重要产业链节。畜牧业的再生产过程中,可就地转化的生态经济产业链节较多(图 34-14)。除皮毛、肉、奶外,内脏、血等亦可作为生化制品与医药工业原料,将会有数十倍乃至上百倍的增值。皮毛加工产品要起点高,创品牌。要注意引进企业集团及其人才、技术、新设备和资金。建立配套的良种繁育基地、育肥基地、兽医、防疫、机耕、病虫害防治等设施机构及与畜牧业发展相关的运输业、食品加工业、金融业、信息业、咨询业等相关服务体系,延长食草畜牧业的生态经济链。

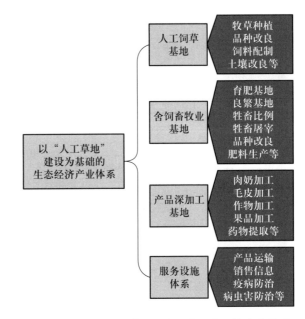

图 34-14　人工草地建设基础上的生态经济产业体系

3.4.3 劳动力向食草畜牧业生态经济链的高级链节进行转移,以减轻对资源环境的压力

应该彻底改变大部分劳动力拥挤在生态经济链的初级链节(第一性生产力及其初级转化)的现状,转而让大部分劳动力向生态经济链的高级链节转移,以减轻对草地资源、环境的压力(图 34-15)。

人是生态系统的一个组成部分,居管理者地位。人对于草地生态系统利用的目的经历了食物→食物、交换商品→利润的过程。目前草原牧民的收入主要来源于第一个生态经济链节 NPP-SP(图 34-15),这一链节的利润高度依赖于 NPP——生态系统的直接产出,在利益驱动下,往往希望 NPP 无限加大以获取简单而直接的利润,但草地生态退化使这种梦想变得越来越不现实了。

应该通过人工草地建设,集约化、规模化、工业式地经营高能质支持下的人工草地生态经济系统,建立新的高效集约的产业带,使大面积的天然草原转而以恢复和发挥其生态系统服务功能为主。未来牧民获取利润应该更多地来源于生态-经济链中第二、第三生态经济链节,如 NPP-SP、SP-TP、TP-PP(post-harvest production)、PP-Md 以及服务业等(图 34-15)。

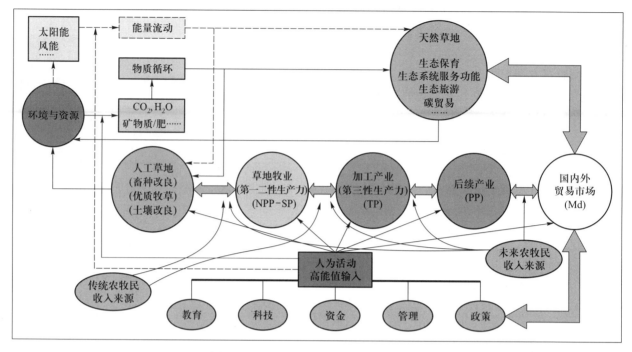

图 34-15 "人工草地建设"的生态经济链

四、组织实施方式

4.1 科学规划

为了保证实现建成小康社会目标,天然草地保育与人工饲草基地建设必须进行全面与科学的规划。

各省区人工饲草基地规划:面积、位置、气候、地质与土壤调查、水源、能源、交通规划;

各地区适宜的牧草与饲料品种区域栽培试验、选择、培育、引种与良种繁育规划;

各地区适宜的畜种、畜群结构与繁育系统规划;

人工饲草基地与养畜场的配套、支持与服务系统规划;

天然草地的退牧还草与恢复保育系统规划;

草地产量、病虫灾害的遥感监测与预报系统规划等。

4.2 政策保障

政策的保障是组织实施过程中必不可少的一个重要环节。为了保障人工草地的建设和畜牧产业的跨越式发展,需要政府出台的政策主要包括以下三个方面。

1. 有关科技和人才培养的政策

以牧草和饲料作物新品种的遗传育种、品种选育、改良、畜禽良种繁育、饲料开发、畜产品加工、动物疫病综合防治、畜产品质量安全、草地生态保护与资源开发等关键技术为重点,增加科技投入,加快技术创新和技术成果转让。实施人才培养和引进工程,增加草地建设中的科技含量,为人工草地的建立和管理提供科技和人才支撑。

2. 有利于吸引企业进入经营管理的政策

理顺管理体制,给企业发展松绑;构建招商引资的平台,营造良好的投资环境,对企业进入的必备基础设施的改造建立。政府需要在土地流转承包、税收减免、土地管理等方面出台一些优惠政策吸引投融资,调动企业的积极性。

3. 调动广大农牧民积极性的政策

推行企业加农户的高效模式,调动农户的参与意识,建立合理的管理和经营权属关系,加大农户多种形式的股份参与,保证农户和企业的利益共享。

五、预期成果

80% 的天然草地得到保护,天然草地以发挥生态功能为主;

6 亿亩人工草地对我国未来畜产品(牛羊肉、奶)需求战略目标(至 2020 年,人均奶占有量 40 kg,肉占有量 70 kg)的贡献率达到 30%;

6 亿亩人工草地为支撑建立现代食草畜牧业生态经济链,将吸纳劳动力约 1 亿人,人均年收入达到 8000 元人民币;

未来 30 年增加碳汇 120 亿吨,每年平均增加 4 亿吨碳,约占目前我国年总排放量的 30%。

六、经费需求

国家投入 10 亿元,主要用于天然草地和人工草地生态系统的基础研究与规划实施;

通过无息、贴息以及补贴等方式向银行与其他金融信贷机构贷款,推动本项目区的畜牧业生产,使投入与产出有序进行;

企业注入资金,参与草产业开发与经营,使科研与生产协调发展;

通过碳贸易获取资金,促进人工草地的建设和天然草地的保育;

向 GEF、WB、ADB、UNEP、UNDP 等国际环保组织和金融机构争取贷款与资助。

七、计划进程

一期工程(2006—2010 年):

确立高效人工草地的区域布局;开展部分试验示范工作;建设牧草种质资源基地;开展自然植被恢复、保育及其功能属性转移的技术支撑系统的研究。对天然草地生态系统固碳潜力及其趋势进行评估。

二期工程(2011—2015 年):

推广高产优质人工草地的示范成果,建立 3 亿亩高效人工草地,初步建立草地畜牧业的产业链,使 80% 的天然草地得到保育。建立起自然植被恢复、保育及其功能属性转移的技术支撑系统。完成对天

然草地生态系统固碳潜力及趋势的评估,为碳贸易的开展提供技术支持。

三期工程(2016—2020 年):

完成 6 亿亩高效人工草地的建设,全面实现天然草地生态系统功能属性转移和产业转型。

参考文献

张新时. 毛乌素沙地的生态背景及其草地建设的原则与优化模式. 植物生态学报,1994,18(1):1-16.

张新时. 中国高速发展奶水牛业的建议. 中国奶业发展大会报告暨论文集,2004.4.6～4.9,河北石家庄,39-53.

刘昌明(主编). 西北地区水资源配置生态环境建设和可持续发展战略研究——生态环境卷. 北京:科学出版社,2004,243-250.

新华. 以草代粮刻不容缓. 河北畜牧兽医、牧业论坛,2001,17(2):7.

邓蓉,张存根. 中国与世界畜产品生产现状分析. 饲料广角,2004,2:28-31.

陈印军. 农业结构调整所面临的形势与对策. 中国农业资源与区划,2001,22(5):41-42.

韩鲁佳. 应该像重视粮食安全一样重视饲料安全. http://news.cau.edu.cn.2004-3-16.

林逸夫. 入世与中国粮食安全和农村发展. 农业经济问题,2004,1:32-33.

廖国周,葛长荣. 论畜牧业结构调整与发展. 饲料工业,2003,24(6):46-49.

南庆贤,刘会平. 从全球乳业发展趋势看中国干酪的发展. 中国乳业,2004,2:6-9.

郭庭双,聂伟. 畜牧业结构调整和发展草食家畜生产. 饲料广角,2003,19:1-7.

报告编写人员名单

张新时　中国科学院植物研究所、北京师范大学

刘振邦　中国社会科学院世界经济与政治研究所

王国宏　中国科学院植物研究所

辛晓平　中国农业科学院区划所

唐海萍　北京师范大学资源学院

李　波　北京师范大学资源学院

黄永梅　北京师范大学资源学院

董孝斌　北京师范大学资源学院

第35章

中国草原的困境及其转型*

张新时[1,2]，唐海萍[2]，董孝斌[2]，李波[2]，黄永梅[2]，龚吉蕊[2]
(1 中国科学院植物研究所植被与环境变化国家重点实验室，北京　100093；
2 北京师范大学资源学院，北京　100875)

　　摘要　天然草地是我国最大的陆地生态系统，占国土面积的41.67%，但其畜牧业生产力很低，产值仅为农业产值的5%，约为全国畜牧业产值的1/6。本文首先根据温性草原的起源和草地畜牧业的5个发展阶段构建了营养级金字塔，通过草原生态系统的不可持续性、草原环境的不可持续性和草原经济系统的不可持续性3个方面论证了当前中国草原面临的困境。因此，中国草原的生产方式亟须转型，由基本上源于一万年前新石器时期的传统、粗放、落后、低生产力和生态不友好的天然草地放牧的畜牧业生产方式，向以优质高产人工草地和草地农业为基础的现代化畜牧业生产方式转型。建议：(1)在今后30~40年建设约占天然草原1/10面积的优质高产的集约型人工草地$4×10^7 \text{hm}^2$，以人工草地接替天然草地的生产功能并恢复天然草地的生态功能；(2)在草原带南缘的农牧交错带与农区普遍发展草地农业，即草田轮作制；(3)把草和畜牧业的元素融入农业系统中，以先进的草基农业系统改造我国传统的粮-经二元农业和原始的天然草地放牧业。在此基础上构建未来的草地金字塔结构，预示在上述生产方式的革命性调整之后，我国的草地畜牧业将进入一个由现代化的草基农业和"返璞归真"的天然草地相结合的可持续发展的新阶段。

　　关键词　草地退化　草基农业　营养级

---

* 本文发表在《科学通报》，2016，61(2)：165-177。通讯作者为张新时。

中纬度的天然草地或温带草原曾是地球上最重要的放牧场。世界上最大的草原区——欧亚草原区（Eurasian steppe region）是旧大陆的放牧场，在我国包括内蒙古高原、黄土高原北部和辽西平原以及隆升到 5000 m 以上的青藏高原的高寒草原。草原具有丰富的生物多样性，以与其协同进化的大型食草性有蹄类脊椎动物群，如多种羚羊（Antilopinae）、野牛（*Bos gaurus*）、野马（*Equus caballus*）和野山羊（*Nubian ibex*）等为特征，食肉动物主要是狼和猛禽类，还有小型的啮齿类，如鼠类、兔、蛇类，时有蝗灾。草原的草类植被及其下发育的腐殖土（黑钙土、栗钙土和草甸黑土）具有较高的生产力和强大的水源涵养、水土保持和防风固沙功能。草原也是全球重要的碳汇，我国草原的碳储量约为 29.1 Pg，其中地上部分 2.6 Pg，地下部分 26.5 Pg（占总碳储量的 96.6%）[1]，如遭破坏退化则可转变为巨大的碳源。草原地区还具有极充足的太阳辐射和风能，可开发为能源基地。草原孕育的草原民族文化传统是国家和民族的文化财富，草原的美丽景色陶冶人的思想和精神，可供开发生态旅游和生态狩猎。

我国天然草地面积仅次于澳大利亚和俄罗斯，约 $4×10^8$ hm²，占国土面积的 41.67%，是耕地的 3.3 倍，森林的 3 倍。我国天然草地每年的生态功能价值按世界平均的 2000 元·hm⁻²·a⁻¹ 计算，每年可达 800 亿元[2]。但我国的草地畜牧业十分落后，每年牲畜价值约 3000 亿元，占农业产值的 30%，其中草地畜牧业仅占 5%，大致相当于 150 亿元（草地畜牧业先进国家一般占 60%~70%），少于其生态价值，远不能满足国家经济发展、人民生活和生态良好的需求。人们开始认识到，放牧不再是草原的唯一利用方式，恢复天然草原的水土保持、防止形成沙尘暴源，以及促使草原野生有蹄类食草动物群回归的重要性已毋庸置疑。尽管在内蒙古，甚至在整个中国，目前已经到了天然草原功能转型——根本转变畜牧业生产方式与以发挥草原生态服务功能为主的新模式的转折点，人们仍然对草原游牧恋恋不舍，难以割弃。

我国关于草地和草地畜牧业存在以下几个严重的误区：

天然草地只能用来放牧，放牧就会退化；

天然草地的生态功能只是次要的功能；

天然草地游牧是畜牧民族的优秀传统，是天人合一和最和谐的生产方式，必须继承保留；

生产方式的现代化是对畜牧民族传统的违背和破坏；

现代化农业不包含畜牧业，畜产品不是粮食，草地不进农田，农业（种植业）"以粮为纲"，不与草地畜牧业结合。

1. 温性草原的起源和草地发展阶段

相对于古老的森林、荒漠和稀树草原生物群区而言，温性草原是地球陆地上相对进化和年轻的生物群区或植被类型。最近对植物进化的研究表明，大气 CO_2 浓度增加以及气候变化促进了北美大草地的起源[3]。草地在第三纪的大扩展在新旧两大陆都表现为具 C_4 光合途径的暖季禾草的进化[4]。尤其是在 $40×10^6$ 年前的青藏高原隆起与更新世冰川盛期时的寒旱化过程中，耐寒旱的温性草原在南北半球温带大陆性地区得到极大的扩展，从而形成了横贯欧亚与北美大陆的温性草原植被地带，从此温性草原成为地球陆地上最广布的植被类型之一，并具有地球植被地带生态地理核心的显著地位[5]。

草原作为一个生态系统，其生存和运转的机制在于它的营养级结构之间的生物质能转换。自然草原始终维持着由狼群或其他食肉动物统治和调节下的食物链，由此形成三层的营养级金字塔结构（图 35-1），即草原草类植物群落形成的第一性生产力→食草动物（包括牲畜）的第二性生产力→食肉动物（包括人类）的第三性生产力的递变关系。这三级生物群之间大致（有波动起伏的）按照"十分之一"生态法则制约着的 100∶10∶1 比值的递减率维持着草原生态系统的能量和物质传递。如果作为营养级金字塔基层的草原草类的生产力因气候变化或灾难而降低和不足，亦即在第一性的生物质能量比率低于 100 的情况下，就不足以支持其上的二三层结构，造成食草动物或牲畜的生产力下降和金字塔顶端生物群和人类的饥饿，并导致草原因过牧而退化的恶性循环，可能使草原生态系统，或草原社会沦落至不可持续发展的境况，甚至引发饥荒、流民和战争。

另一方面，当金字塔的第二层，即草原营养级的食草动物或放牧的牲畜的比率过多，超过了草原草产量的负载能力，就会导致草的再生力变弱、产量降低、覆盖率减少、地表水土流失加强、表土沙砾化、腐殖质层被剥蚀、土壤肥力衰退以及碳汇缩减等一系列退化过程，同样阻碍草原生态系统的可持续发展。

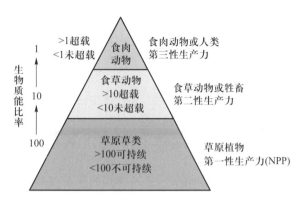

图 35-1　草原生态系统的营养级金字塔结构示意图

Figure 35-1　Schema of the trophic pyramid for steppe ecosystem

断进化而优化其种群。在这一过程中,狼群本身也得到协同进化。人类在草原系统中也是第三层的食肉消费者,已基本上排挤和消灭了其同一层内的竞争者——狼群,并由于草原区近半个多世纪人口剧增和整个社会对畜产品的需求极大而使得第三层的生物质能的总量和比率大大超过系统的限量。最为重要的是,人类还担负着草原管理者的角色,一个低能的管理者只知道以贪婪过度放牧的方式对天然草原进行无度地掠夺和榨取,而理智的管理者则会采用对生态更友好的草地农业策略和方式发展优质高产的草地畜牧业。

金字塔的第三层,即草原营养级的控制层,在自然草原中以狼群为代表。它通过对食草动物的控制和调剂使食草动物的种群数量限制在一个合理的限度,不致繁育过多造成对草原植被的破坏和退化,并通过对食草动物的适度捕食选择性淘汰其老弱病残的个体,使遗传特性优良的食草动物的健壮个体不

草原及草地畜牧业大致可分为 5 个时期和发展阶段。

(1) 史前时期的原始自然草原阶段(图 35-2a)。草地畜牧业的史前时期是以基本上无人类活动干扰的草原自然生态系统的原始状态为特征的。这一原始阶段包括更新世中期至全新世的前期,自然因素对草原具有绝对的统治地位,草原生态系统的 3 个营养级完全按照自然的节律有起伏地运转着。

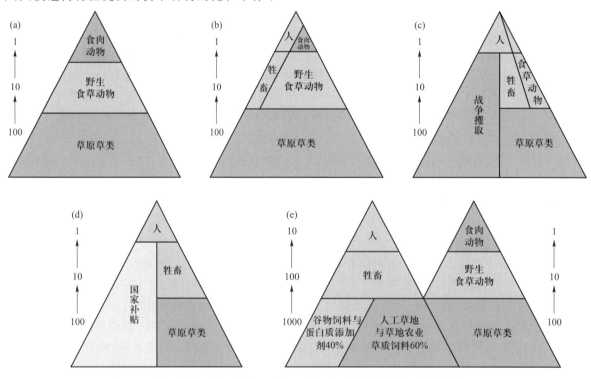

图 35-2　草地畜牧业的 5 个发展阶段及其生态系统的营养级金字塔结构图示

(a)史前时期原始自然草原;(b)新石器时期初始群牧的自然草原;(c)早中世纪时期游牧的自然草原;(d)近代时期过牧退化的自然草原;(e)现代化工厂化饲养的人工草地和自然草原

Figure 35 - 2　The 5 developmental periods of grassland husbandry and structural schema for their trophic pyramid. (a) prehistoric period of primitive grassland; (b) Neolithic Period of initial grazing grassland; (c) early Middle Age of nomadism in natural grassland; (d) modern age of overgrazed and degraded grassland; (e) contemporary age of combined system of natural grassland with industrial livestock husbandry

（2）新石器时期开始的自然草原群牧阶段（图35-2b）。人类在 10 000~12 000 年前产生了新石器时代的农业革命[6]。早期驯养动物是成群放牧的，当有更多的定居时，土地连续被用于豢养家畜，导致过牧增强。但早期的畜牧活动规模较小，多是局部性的，尚不足以导致整个草原地带的土地和生态系统的全面退化。草原自然的生态系统营养结构和环境的能量转换和生物地球化学循环仍是主导的过程。

（3）早中世纪时期的自然草原游牧阶段（图35-2c）。由于早期种植农业和畜牧业的发展，草原游牧民族已形成一定规模，人类很快地在草原生态系统中与狼群分享与占据着草原营养级顶端的统治地位，此时尚能大体上维持着草原各营养级之间的"十分之一"生态法则的比例关系。在这一时期，游牧制度逐渐形成并臻于成熟，属于干旱和半干旱气候区的草原地带仍具有不稳定的气候和以干旱为特征，每到旱灾、雪灾或其他灾害发生时，由于草原草类的第一性生产力不足以供养其上一营养级的食草动物或牲畜的需求时，游牧民族的畜群和人群就面临饥荒和灾难。这时，游牧民族就必然地要向邻近地区，尤其是生活较为富庶和稳定的农业区域发动侵袭，以取得物质与能量的补偿，才得以延续其民族的生存和繁衍。这体现了草原区域的一种自然法则——"狼的法则"[7]，也是在中世纪时期草原游牧民族不断向东亚南部农区、中亚肥沃的灌溉区，以及东欧农业社会发起侵袭战争的自然历史渊源，这一时期也可称为"草原的战争攫取时期"。

（4）近代时期自然草原过牧退化-补贴阶段（图35-2d）。在动荡的中世纪以后，近百年来，草原游牧民族转而采用发展牲畜数量的办法以期获得较多的收入和补偿。草原过度放牧虽在初期可使畜产品增加，但违背了"十分之一"的生态法则。其代价是草原生态系统结构破坏、生产力减退和土壤荒漠化，终将导致草原生态系统崩溃（沙化、砾石化和盐渍化等）。在草原还有一定生产潜力的初期数百年期间，这种办法尚有一定成效。但到了 19 世纪后期，由于放牧牲畜数量剧增，就在牧区造成大面积草地因超载而退化的普遍态势。加以受到全球变暖作用，草原固有的干旱轮回与其他自然灾害对退化草原与超载畜群的加剧胁迫，终究导致草原生态系统的极度衰退与崩溃。这种依赖过度放牧来极度榨取草原生产力的生产方式无异于杀鸡取卵，实际上是

不断造成日益增大生态赤字的"生态高利贷"，是以牺牲生态为代价的恶性循环进行负债补偿来换取草原牧民的生存与"发展"。在 20 世纪的后半个世纪中国草原的过牧退化已达到顶峰，只有依靠国家的扶贫救灾和荒漠化治理工程投入等补贴的资助，这是一个草原和草地畜牧业得不偿失、不可持续发展的阶段。

（5）现代化时期的人工草地和工厂化饲养阶段（图35-2e）。温性草原过牧退化噩梦的终结取决于草地畜牧业生产方式的根本转变和对草原功能的合理定位。从目前国际上先进农业国家的发展趋势来看，现代化的草原畜牧业必然要采取发展人工草地、保育自然草原和构成草地畜牧业产业链的优化生态-生产模式。自 20 世纪 30 年代以来，世界上的先进国家已先后完成了从传统的天然草地放牧到人工草地与草地农业支持的现代化先进畜牧业的转变，极大地提高了草地畜牧业的生产力，形成完备的产业链与发达的畜牧业经济，同时使过牧退化的天然草地得到充分的休养恢复和发挥良好的碳汇、保水、持土、防止流沙和扬尘的生态功能。草原原生的大型食草动物如北美野牛（*Bison bison*）、野马和赛加羚（*Saiga tatarica*）等得以回归，具有重要的经济价值和文化效益。

现代化的草地畜牧业不同于工厂化饲养。后者较多依靠不可更新的化石燃料提供高碳能源。1930年前后的工业化农业，即大致在人类开始进入"一个农业"的新时代，Schusky[6]称这个新时期为新卡路里时代，它几乎完全基于化石燃料的"卡路里"，工业化农业统治了近代。这个新的食物链的特征是以化石燃料的能量取代了人类和动物劳力产生的能量，但这是所有食物系统中能量效率最低的。工业化农业往往消耗了比它所产生的更多的能量，而且化石燃料终有尽时，化石能源的极限迟早会到来。

现代化的草地畜牧业是现代化农业循环经济的驱动性产业和商品化的源泉，它形成现代农业产业的核心，作为现代国民经济的基础，发达国家的畜牧业一般占农业总产值的 60% 以上[8]。历史和国际现代化的实践证明，仅依靠天然草原不稳定和有限的生产力是不足以实现和保证草地畜牧业的这种地位和作用的，草原自然界的生产力不论在数量和时间上都和人类的需求有一两个数量级上的差别。要大幅度地提高草原土地的生产力（数倍超过其气候潜在生产力）和产品品质，才可能满足人口对畜产

品和草原优良环境不断增长的需求。因此必须有相当规模的资金、能源、物资、技术、设施、管理和劳力的投入。

我国的草地畜牧业尚未进入人工草地和工厂化饲养的现代化时期,仍滞留在数千年前以天然草原游牧为主的生产方式和过牧阶段。

2. 中国草原的退化和不可持续性

草原因过度放牧而退化曾是全球性的现象。研究中东游牧方式的 Beaumont[9] 断言:"过度放牧是游牧民族固有的知识和生产方式!"至今在中东沙漠地区各国以及非洲萨赫勒地带和稀树草原地带因过牧而造成的荒漠化仍十分严重。即使是欧洲水土丰腴、林草茂盛的阿尔卑斯山也难逃此劫[10]。北美大陆则是在 18—19 世纪的 200 年内开拓放牧场,把在北美大草原上生存的 6000 万头北美野牛斩尽杀绝。我国北方的温性草原地带由于历经数千年的游牧畜牧业活动而普遍退化,随之在近半个多世纪中相继遭遇到 4 次巨大冲击——20 世纪 70 年代的草原垦荒种粮浪潮、20 世纪 80 年代以来草原因牲畜数量激增而加剧过牧的浪潮、20 世纪 90 年代以来的全球增暖和草原旱化浪潮以及 21 世纪将不可遏止地揭开整个草原肥沃表层的露天煤矿开采狂潮。

现以我国 5 个草原省区的草地生产力和草地畜牧业的基本数字来剖析我国的草原退化和草地畜牧业的不可持续性(表35-1)。我国北方草地由于气候增暖、干旱、灾害频发和严重的超载过牧,草地的生产力低下,承载力微弱,平均每只羊单位每年需

1.3~1.7 hm² 草地,在高寒的西藏每只羊单位平均需要近 2.7 hm² 草地。

我国的 5 个草原省区,除了草地面积最小的宁夏之外,内蒙古、西藏、新疆、青海 4 省(自治区)的绝大面积草地都是严重超载和强度退化的(表35-1)。以内蒙古为例,综览内蒙古草原近半个世纪气候、草原植被结构和生产力、土壤以及畜牧业发展状况,使研究者们意识到内蒙古草原正趋向于成为一个不能自我维持和不可持续发展的系统。其不可持续性表现在草原环境的不可持续性、草原生态系统的不可持续性和草原经济系统的不可持续性 3 个方面。

2.1 草原环境的不可持续性

内蒙古草原环境的不可持续性主要表现在气候的干热趋势加强与灾害的频繁发生及其程度的不断加重。根据内蒙古典型草原带锡林浩特气候站 1951—2010 年逐月平均温度和降水量的观测数据(图35-3),内蒙古草原的年均气温 60 年内增加了 2.5℃,年降水量在 60 年内虽无显著增减,但降水年际变率增大,意味着气候的干旱性在增强。

从 20 世纪 50 年代到 80 年代,白灾(雪灾)每 10 年发生次数减少,但 90 年代后又呈上升趋势;风灾发生次数增加;旱灾在 80 和 90 年代的 20 年间都是每 10 年有 6 次,其发生频度大大超过了过去的"十年轮回"(图35-4)。灾害会造成畜牧业的重大损失。例如,锡林郭勒盟 1962 年、1968 年和 1977 年因白灾各死亡牲畜 1.048×10^6、1.040×10^6 和 2.458×10^6 头(只);1966 年和 1988 年因黑灾分别死亡牲畜 1.63×10^6 和 4.08×10^6 头(只);1980 年和

表 35-1 我国草地省区的放牧草地状况[11-13]
Table 35-1 Status of rangeland in Chinese grassland provinces

省 (自治区)	可利用草地 (×10⁶ hm²)	平均产草量 (kg·hm⁻²)	单位载畜量 (hm²·羊⁻¹)	理论载畜量 (×10⁶ 羊只)	实际载畜量 (×10⁶ 羊只)	超载率 (%)	实际需求草地 (×10⁶ hm²)	尚欠缺草地 (×10⁶ hm²)
内蒙古	63.6	1069	1.42	44.66	96.79	116.7	137.44	73.84
西藏	70.8	373	2.61	27.10	48.26	78.1	125.96	55.16
新疆	48.0	568	1.49	32.20	57.21	77.7	85.24	37.24
青海	31.5	780	1.07	29.00	36.33	25.3	39.60	8.1
宁夏	26.3	622	1.62	16.20	10.25		16.60	9.7

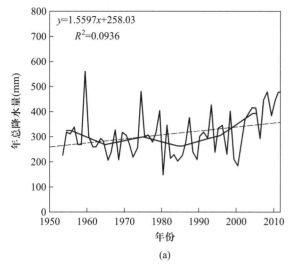

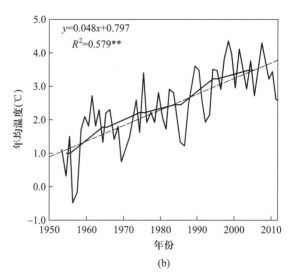

图 35-3　内蒙古草原(以典型草原区的锡林浩特为例)60 年气候变化:(a)年总降水量和(b)年均温

Figure 35-3　Variation of (a) annual precipitation,(b) annual mean temperature in Inner Mongolia grassland in the past 60 years(Take Xilinhot as an example which locates in typical grassland)

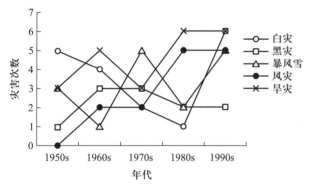

图 35-4　1949 年以来内蒙古草原 5 种灾害发生频次统计(20 世纪 90 年代后白灾和暴风雪合为雪灾。1990s 旱灾数据来自内蒙古农牧厅畜牧处办公室)

Figure 35-4　Occurrence frequency of 5 natural disasters in Inner Mongolia grassland from 1949. White disaster and snowstorm were combined as snow disaster after 1990s. Drought data in 1990s was provided by courtesy of Animal Husbandry Office of Agriculture and Animal Husbandry Department, Inner Mongolia.

1981 年因暴风雪死亡牲畜 60×10^3 和 80×10^3 头(只)。2000—2003 年上半年连续 3 年半冬季持续降雪,部分地区形成特大白灾,各年牲畜死亡分别达到 530.1×10^3、384.0×10^3、80.5×10^3 和 121.5×10^3 头(只)[①]。可见,内蒙古草原近年气候状况十分不利于自然草原游牧畜牧业的稳定与可持续发展[14]。

2.2　草原生态系统的不可持续性

在高频率灾害气候和人为干扰下,草原生态系统处于不可持续的发展模式中,生态环境日益恶化。内蒙古草原在 20 世纪 50 年代前基本上不存在明显的草地退化,内蒙古自治区 1947 年每只绵羊单位占有草场 4.1 hm^2,到 2011 年仅占有 1.3 hm^2[15]。近 60 年来,草原退化日益严重,60 年代中期草地退化面积为 18%,80 年代达到 39%,90 年代高达 73%[16],21 世纪初已近 90%[17,18]。随着草原的不断退化,草原群落结构发生变化,草地生物多样性丧失,珍稀濒危植物灭绝,野生大型动物消失,有害的鼠类增多。草原生物多样性的恢复需要漫长的时间[19]。

草原作为全球主要的碳汇之一,在碳循环中有巨大作用。但是,随着开垦和过度放牧,草原土壤中的有机质含量明显下降,草地生态系统的植被碳储存量也受到了明显影响[20~24]。研究表明,我国被开垦的草原和严重退化草原的土壤向大气中排放的温室气体显著增加,可能已经从碳汇变成了碳源。CO_2 的排放增加将进一步加剧气候变化对我国草原的影响。政府间气候变化专门委员会(Intergovermental Panel on Climate Change,IPCC)报告指出,在温度升高 2~4℃和降水减少的情况下,内蒙古草地

① 内蒙古农牧厅畜牧处办公室,内蒙古畜牧业统计资料(1949—2000)。

生产力将会降低 40% ~ 90%[25]。与天然草地相比，不同开垦年限（5 ~ 50 年）表层土壤有机碳含量会下降 36% ~ 68%[26]；内蒙古锡林郭勒盟草原地区由于开垦种植小麦 36 年后，0 ~ 100 cm 土壤有机碳下降了 12.3% ~ 28.2%，其中表层土壤存在显著的下降趋势[27]。多年放牧会导致草地植被盖度和高度下降，净第一性生产力降低，土壤水分和结构发生变化，土壤侵蚀增强，土壤有机碳降低[28,29]。过度放牧导致的中国草地土壤有机碳损失量最大（0.23 kg C·m^{-2}·a^{-1}），其次是重牧（0.15 kg C·m^{-2}·a^{-1}）和轻牧（0.05 kg C·m^{-2}·a^{-1}）[30]。有研究表明，过度放牧使内蒙古草原表层土壤碳的净损失率高达 12.4%[16]，而通过减少畜牧承载量等方法恢复退化草地，我国草地土壤的有机碳库可以增加 4561.62 Tg C[31]。

2.3 草原经济系统的不可持续性

内蒙古草原是我国的重要畜牧业基地之一，为内蒙古经济的重要组成部分。然而近几十年来草地的大面积退化，加剧了草原生态系统内部矛盾和外部的社会经济矛盾，导致长期以来过牧的草原畜牧业生产方式在经济上的不可持续性，表现为：

（1）人口压力增大，牲畜头数增加，人地草畜矛盾突出。北方草原平均超载 36.1%，草原生产力不断下降，平均产草量为 20 世纪 60 年代初的 1/3 ~ 2/3。内蒙古草地载畜量由 20 世纪 50 年代至世纪末下降了 47%[13,32]。由于人口的剧增，粮食需求大幅增加，使耕地面积急剧上升（包括草原的大面积开垦），由 1947 年的 3.97×10^6 hm^2 增加到 2013 年的 9.12×10^6 hm^2。耕地面积的扩大，极大地增加了草原的压力。

（2）由于畜牧业产值的增长过分依赖牲畜数量的增长而忽视了牲畜的质量和草场的建设，草原严重透支，大大超过了草原的承载力。内蒙古天然草地面积 6.36×10^6 hm^2，理论载畜量为 4.45×10^7 羊单位，现有牲畜数量超载 16%①；如按现在草地生产力因退化下降 47% 计算，现实承载力仅为 2.36×10^7 羊单位，则超载 119%。牲畜由于缺草少料引发掉膘超 30%，再加上其他各种灾害原因等使得牲畜年均

死亡率达到 6% 的水平[32]，草地普遍退化，草原畜牧业经济难以为继。

（3）草原管理不合理。草原一年四季放牧，没有休养生息，草原季节性逐渐消失。人工草地面积很少，2013 年全区人工草场保有面积仅为 4.60×10^6 hm^2，只有天然草原的 5.5%[42]。草原长期的集体所有制和不完善的投资及管理机制，造成以不断扩大牲畜数量来提高收入，过分利用草原而缺乏投入，重数量而不重质量，以损耗和破坏土地生产和环境为代价来取得经济增长，必然是不可持续的。

（4）社会因素的制约。草原畜牧业的产业化程度极低，缺乏企业带动和产品增值，维持低水平、高消耗和低效率的资源利用。人口文化素质低，环保和生态建设意识差，再加上交通不发达，能流物流不畅通，信息交流受限制，成本增加，间接阻碍了经济的持续发展。

（5）草原畜牧业投入产出的不平衡。草原畜牧业建设投入大幅度增加，从新中国成立初到 20 世纪末增加了几百倍，但难以改变的客观事实是局部建设、整体退化。从草原畜牧业救灾投入来说，从 20 世纪 60 年代的年均 70 多万元增加到 90 年代的 2000 多万元[32]。由于连年自然灾害和草原生态环境的不断恶化，现在牧区一只羊的生产成本已经高于它的产值，出现倒挂现象。

（6）草原生态系统服务功能衰退。自然界的生态服务功能支持了人类社会经济的发展。然而内蒙古草原每年草场沙化退化面积高达百万公顷，按我国草原年生态系统服务单位（每公顷）价值 232 美元计[2]，每年因草原沙化退化引起的生态服务价值损失高达 32 亿元[33]，50 年来损失可达 1608 亿元，相当于其 50 年来总产值的 2.37 倍，因此，相当程度上说，内蒙古草原畜牧业的发展历史在近代来说就是生态系统服务功能的退化历史。

畜牧业是一个带动性很强的产业，长期以来我国畜牧业仅占农业总产值的不到 30%，其中草地畜牧业占比更低，仅有 5%，而目前发达国家的畜牧业占农业比重较高，有的达到 70% ~ 80%。中国近几十年以来，草原放牧牲畜数量极大增长，草原严重超载退化，已经成为我国最严重的生态问题之一，也是

---

① 根据《内蒙古草地资源统计资料》（内蒙古草原勘测设计院，1988），内蒙古草地可利用面积 6.36×10^7 hm^2；单位面积可食草量：生长旺季 643 kg·hm^{-2}·a^{-1}，枯草期 424 kg·hm^{-2}·a^{-1}，加权平均 513 kg·hm^{-2}·a^{-1}；单位面积载畜量：513 kg/730 kg = 0.70 羊单位·hm^{-2}·a^{-1}。每个羊单位需草地面积 730 kg/513 = 1.42 hm^2/羊单位。理论载畜量：6.36×10^7 hm^2×0.70 = 4451 万羊单位。

我国和全球变化的主要因素之一[34]。

天然草原生态系统除了用作放牧场的生产或经济功能之外,还具有重大的生态调节功能、生物多样性承载功能与社会文明的服务功能[35]。生态系统的功能转型(function shifts)就是根据需要和可能采用生态系统管理与农林牧业结构战略调整的策略与手段,及时地调剂与转移生态系统的功能。具体来说,就是将因过度放牧而严重退化的自然草原通过退牧还草休养生息,恢复其固有的生物多样性和群落结构及其重要的生态环境效益;亦即,放弃自然草原数千年来作为放牧场的沉重的生产功能,转而全面地恢复和主要执行生态服务功能,包括防风固沙、保持水土、富集碳库、承载保育野生有蹄类食草动物与维护旱生植物基因库等,发挥更为重要的生态调节意义与生物多性保育价值,从而使我国的生态与环境状况得到极大的改善与优化[36,37]。

3. 中国草地生产方式的转变

我国目前的草地畜牧业仍以传统的天然草地畜牧业为主,是粗放的、生产力低下、生态不友好的生产方式,亟须革命性的结构调整,以优质高产的人工草地和草地农业为基础,实现向现代化畜牧业生产方式的转型。草地农业,即草田轮作;人工草地是草地农业的一种类型;而草基农业是把草和畜牧业的元素融入农业系统中,是一种先进的草地农业类型。

3.1　人工草地

种草养畜是农业现代化的主要方向之一,建设高产优质的人工草地,代替天然草地,应当是我国经济发展与农业结构大调整的一项重要任务。新西兰、英国和加拿大的人工草地面积分别占到其草地总面积的 75%、59% 和 27%,美国的人工草地面积也占其草地总面积的 10% 以上,但我国人工半人工草地面积仅占草地总面积的 3% 左右[38]。集约管理的人工草地生产力可达到天然草地的 $10\sim20$ 倍。中国有天然草地 4×10^8 hm²,用其 10% 发展优质高产的人工草地,结合草地农业的实施和农副产品的饲料化开发,使我国现代化草地畜牧业发展拥有坚实的第一性生产力基础。

人工草地还可以发挥重要的生态服务功能。高生产力和高覆盖度的多年生牧草组成的人工草地具有重要的涵养水源、保持水土和防风固沙的作用。人工草地的科学管理可实现草地畜牧业的可持续发展,肥沃的腐殖土上生长的多年生草地可为畜牧业提供高产优质的饲草,畜牧业又可以为人工草地提供充足的有机肥,实现人工草地持续的高生产力和生态服务价值;建设人工草地和保育天然草地还可以提高草地的固碳量,提高我国的固碳能力,发展"碳贸易",可成为我国生态建设和减缓全球变化的关键对策和重大举措。

3.2　草地农业

草原带南缘的农牧交错带与农区可普遍实施"草地农业"(grassland agriculture)。草地农业是指在农业生产中强调禾草和豆科牧草的重要性,基于精细化管理的人工草地进行畜产品生产[39]。我国应调整农区的种植结构,达到粮 4：经 3：草 3,大力发展农区畜牧业。如果农区饲草能达到 30%,则有近 1.3×10^7 hm² 的农田草地,同时利用农区秸秆及其他农副产品,可支撑畜牧业发展之需。在 20 世纪 50 年代初期,苏联的著名农业土壤学家威廉姆斯曾十分提倡但在我国却从未实施过的"草田轮作制",即在大致 1/3 的农地上种植牧草或饲料作物,与粮食或经济作物轮作,以产出大量优质饲草料,加以农作物秸秆转化的加工饲料,可形成人工饲草支撑的草原牺畜育肥带和农区的奶、肉牛饲养基地。在先进农业国家,牧草是种植业的第一大作物,荷兰、法国、英国、德国、澳大利亚、新西兰等国耕地的 50% 以上种草。种谷物最多的美国、加拿大的人工牧草面积也高达 40%。饲料谷物则是现代种植业的第二大作物,占谷物总面积的大半[8]。在我国广大的农区,通过大力推行粮、经、草(饲)三元种植结构,轮、间作优质牧草品种,特别提高豆科牧草的比重,不仅将形成巨大的牧草生产力,还可以改善土壤结构,提高土壤肥力。如实行草田轮作,牧草比例达到耕地面积的 1/3 上下,则内蒙古的 7.317×10^6 hm² 农田每年将约有 1.5×10^6 hm² 农田可提供优质的牧草和饲料。此外,内蒙古农业生产可利用农作物秸秆与农副产品每年约 18×10^6 t(秸秆产量为 4200 kg·hm⁻², 秸秆利用率 60%),相当于 1×10^6 hm² 人工草地的牧草生产能力。上述合计约 2.5×10^6 hm² 的草田轮作、农作物秸秆及农副产品的牧草饲料生产力大约相当于上述 6.8×10^6 hm² 人工草地的 37%,二者合计相当于 9.3×10^6 hm² 优质高产人工草地,将足可超过整个内蒙古天然草地的生产力。

20世纪40年代以来,发达国家已陆续完成了从天然草地放牧到草地农业支撑的现代化畜牧业的转变。草地畜牧业的生产力得到了极大提高,同时天然草地的生态服务功能得到恢复和发展。在先进农业国家农业的主导产业是现代化的畜牧业。草地畜牧业的经济效益可达到种植谷物的10倍,实施粮、经、草三元结构的草田轮作,高产优质草地约占耕地面积的1/3,实现农业的可持续发展。我国农业目前仍然"以粮为纲",近80%的农田用来种植3大粮食作物,但粮食供应依然紧张。我国人均粮食消费量是发达国家的3~4倍,猪饲料的需求比人的口粮量还高。如果发展草地畜牧业,增加牛羊肉和奶制品的供应,可缓解粮食压力[8]。目前我国的草地畜牧业仅占农业产值的5%,生产力极低,落后于发达国家近70年。我国的畜牧业仍然以天然草地放牧为主,造成我国草地的严重退化和环境恶化,影响了我国整体的现代化的发展。因此,我国的草地畜牧业亟须生产方式的转变,进而实现天然草地生态功能的转变。

我国农业结构调整的宏观趋势是草饲业和畜牧业的大发展。农业内部种植结构由以粮食作物为主或粮食作物与经济作物,如棉花(*Gossypium* spp.)和油料等,并重的结构,转向粮、经、草(饲)的三元结构,是这一过渡时期的农业战略性转变。为了满足农田生态良性循环与发展畜牧业的要求,应全面实行草田轮作制。多年生豆科与禾本科牧草与饲料作物,如玉米(*Zea mays*)和甜高粱(*Sorghum bicolor*)等的种植面积应保持在30%左右。退一步说,如果全国18亿农田实行各种形式的草田轮作(含冬闲田),有1/5的农田种植牧草和饲料作物,再加上农作物秸秆与副产品的转化,可折算为$2 \times 10^7 \sim 2.7 \times 10^7$ hm^2 的高产人工草地,在此基础上可大力发展畜牧业,优化现代化农业的内部结构,拉长畜牧业生产的产业链,使畜牧业占到我国农业产值的50%~60%,实现我国农业生产和生态保护双赢的局面。

3.3 草基农业

草基农业(grass-based farming system)是美国在20世纪40年代提出的禾草在农业中的重要性及如何提高其效率的实践,强调草地在美国农业中是一个最重要和永恒的组分[40]。草地是一种良好的耕作和生活方式,是改良土壤的最好方式。由于全球

变化和化石能源枯竭、淡水耗尽等危机日益彰显,草地的重要性比半个世纪以前更为显著,牧草在农业中将显示出特有的功能和重要性。

近几年来,在世界范围内的一种新的趋势是仅在牧草上完成家畜生产,在美国已有10%~30%的乳品生产者转向以草地牧草为主的草基畜牧业,不用或少用浓缩添加料,不仅降低了成本,且研究证明,草地饲养对动物和人类都更为健康。草基农业使农业系统从一个仅单一生产粮食或纤维的植物系统,转变为包含绿色植物第一性生产力亚系统、食草家畜(含野生大型哺乳类有蹄脊椎动物)第二性生产力亚系统和畜圈与畜粪中有机物分解微生物第三性生产力亚系统的多功能复合生产系统。尤其是多年生具根瘤菌豆科草类(如苜蓿)的加入与禾草混生,更使农田富含氮素(减少氮肥的使用)和具有良好的土壤团粒结构,形成松软肥厚、通气持水良好的表土海绵层,具有防止土表干燥板结、水土流失和土壤侵蚀的良好生态功能,为草地农业系统的巨大优越性,也是在农田中种草或实施草田轮作,粮食不减反增的原因[39]。

我国传统的农牧业粗放、落后、低生产力和对生态不友好的结构和生产方式,已成为我国农业、生态和社会可持续发展的极大障碍和桎梏,必须在今后20~30年进行农业和畜牧业结构的大调整,把草和畜牧业的元素融入农业系统中,以先进的草基农业系统改造我国传统的粮-经二元农业和天然草地放牧业。这将不啻是一场社会生产领域的大革命。其目标是,构建一个在保证国家粮食安全和可持续发展前提下,使我国的草地畜牧业进入一个未来的人工草地草基畜牧业与"返璞归真"(恢复生态功能)天然草地相结合的新阶段(图35-5)。

4 结论与讨论

4.1 草原的游牧方式必须转变

我国自一万年前的新石器时期以来的草地畜牧业,即天然草地的游牧生产方式,虽然在相当长的历史时期内对于发展畜牧业生产和形成游牧民族的文明和传统产生了积极的作用,但是由于20世纪以来人口剧增,草原放牧的牲畜也随之强度超载过牧,加以草原地带固有的周期性干旱、雪灾和其他灾害,以

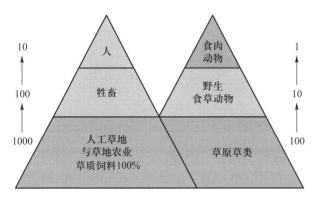

图 35-5　未来草地生态系统的营养级金字塔结构
图示（人工草地草基畜牧业和天然草原返璞归真）

Figure 35-5　Schema of the trophic pyramid for future
steppe ecosystem（Developing grass-based animal
husbandry and restoring the natural grassland of
ecological service）

及全球增温的影响,草原退化已成为严重的生态问题,我国的天然草地已有 80% 以上因过牧退化,草地生产力大幅度下降,生态功能严重减退,草原游牧已难以为继,意味着我国近代的北方草原以天然草地放牧为主的粗放、落后的传统草原游牧畜牧业,以其低下的生产力和以牺牲生态为代价的生产方式已使我国草原成为一个不能自我维持的、生态严重退化、经济巨额亏损的,因而也是不可持续发展的生态系统。

4.2　我国草地畜牧业的出路是大力发展集约型的人工草地和草地农业

目前世界上先进的草地畜牧业国家主要是发展集约经营的优质高产的人工草地和草地农业。集约型人工草地是以农业技术种植与经营草地,包括育种、耕作、灌溉、施肥、病虫害防治、收获、加工、储藏等,虽然成本高于天然草场放牧,但通过所收获牧草的产量和质量的提高足可得到抵偿。尤其是人工草地抵御各种自然灾害的能力大为提高。草地农业则是在农田中轮作或间作牧草、苜蓿等多年生豆科草和青储饲料,可显著改善农田的土壤结构,增强保持水土能力和提高农田生产力。北方人工草地主要受水的限制,通常在晚春初夏时需要一定量的灌溉,仲夏时已是雨季来临,一般不需灌溉。在为人工草地选地时注意在农牧交错带和草原边缘地带将低产田改造为人工草地,以及在天然草地中选择隐域生境[41],如河谷、低洼集水区、潜水补给区和土壤肥沃

处,可大力开发太阳能和风力能源,以保证人工草地的灌溉能源需求。草原上的风场丰富,且稳定性高、连续性好、无破坏性风速等,目前进行风力发电和风力提水的技术已臻成熟,使草原牧区供水系统的能源问题得以解决,保证人工草地的发展。在内蒙古和全国草原的土地上,可开发的风能储量约占全国风能储量的 70% 以上。因而无论从风力资源还是风力利用技术的角度,都可以满足人工草地灌溉系统的能源需求。我国南方亚热带和热带的 $8 \times 10^7 \ hm^2$ 亚热性灌丛草质粗硬、营养价值低、枯草期长、放牧价值不高,但热量充足、降雨丰沛,可改造为非灌溉的高生产力优质人工草地。一般来说,人工草地和草地农业的产草量大致是天然草地的 10~20 倍;因此,开发占当地天然草地 1/10~1/20 面积的人工草地,再加上占全国农田面积 1/5 的草地农业就可以供养全国 $4 \times 10^8 \ hm^2$ 天然草地上的全部放牧牲畜而有余,从而使 90%~95% 的天然草地得以退牧还草、休养生息、焕发生态功能。可称为人工草地的"十分之一替换率",具有重大的生态和经济意义。

4.3　现代化的草地农业是先进完善的系统工程和循环经济的产业链

以饲草基地和舍饲牲畜为基础,以服务业、技术推广站与科研机构为支撑,配套发展各种畜产品与饲料加工业,推行以畜牧业牵动的加工企业和市场贸易,促进畜牧业循环经济发展,建立现代化的草地农业畜牧业的生态-经济产业链条。我国现代化农业可以把有强大加工服务业的牧业作为主导农村产业链的支柱产业,这是因为家畜本身的奶、肉、皮、毛、血、粪等各有其用途和价值,可形成一个完整的生物加工厂,另外家畜产品各具不同的加工技术和程序,可形成相关的产业以及各类服务和附属行业。因此,贯穿了种植业、养殖业、加工业、服务业和市场销售业等的草地畜牧业具有最长和环补增值的产业链或产业网络。现代化草地畜牧业就是现代化农业的一个主要和长足的驱动力,没有草地畜牧业就没有发达的食品和畜产品加工业,没有农业的现代化和繁盛的市场化前景。畜牧业的产业链从初加工、细加工、深加工到多种服务业等,每多一道工序就多一道产业、多一道就业和增加附加值,延长了产业链,这种方式是粮食和经济作物无法比拟的。发达国家养牛为主的畜牧业提供了 80% 的食品工业原

料,毫无疑问,食品加工业离不开畜牧业,真正意义上农业的商品化和现代化的集中体现是畜牧业及其产业链。

4.4 天然草地恢复其生态服务功能的返璞归真

通过建立人工草地和发展草地农业,从而使因长期过牧而普遍退化的天然草地得以退牧还草,恢复其草被与腐殖土层重大的育土涵水、防风固沙、汇碳养生的生态服务功能,目前该做法已在先进的草地畜牧业国家得到实现。在19世纪曾因过牧和伐林而使山地森林和草地遭到退化和破坏、水土流失严重、水旱灾害频发的阿尔卑斯山,经过百余年的山地造林和在20世纪30年代以后将产业化的畜牧业转移到农田和人工草地,不仅使养牛业有了极大的发展,而且使阿尔卑斯山的森林、草地植被和山地生态环境得到很好的恢复。坚持天然草地必须放牧最常见的3条理由大概是:“离离原上草,不牧可惜了”“天然草地放牧是成本最低的畜牧业生产方式”和“天然草地不放牧是要退化的。”其实这3条充分反映了完全无视天然草地重大生态服务功能的狭隘和片面观点,也不了解在目前中国的条件下,只要在天然草地上放牧就是不可控制的过牧和草地退化,其环境安全的损失和生态服务功能衰减的代价极高。至于对天然草地因不放牧而退化的担忧只是纯理论上的,实际上在中国从未发生过,将来也不会发生。

4.5 游牧民族实现现代化,少数民族也要与时俱进

人类社会已历经了一万年前的农业革命和三百多年前的工业革命,先进草地农业国家的畜牧业从天然草地放牧向人工草地和草地农业的转变也在20世纪中叶完成。少数民族的优秀文化传统必须保留、继承和发扬,但是落后的以放牧为主的生产方式必须被取代。生产方式的现代化是游牧民族实现现代化的根本。目前,我国畜牧业生产方式大转变的时机已近成熟,但还需要政府的积极引导、业界的观念转变与理论技术创新以及企业的投入与实践。不可避免地会有各种各样的实际困难,如体制、经济和技术等,更多的可能是观念和民族习俗等方方面面的阻碍。我们可以从长计议,只要坚持改革和转变,经过30~40年,和谐新方式的黎明必将来临,游牧民族走上生态–经济的可持续发展之路并最终建

成和谐与富裕的社会。届时,占国土面积42%的天然草地也得以退牧还草,休养生息,聚碳增汇,发挥更大的生态服务功能。

参考文献

1. Fang J Y, Yang Y H, Ma W H, et al. Ecosystem carbon stocks and their changes in China's grasslands. Sci China Life Sci, 2010,40:757-765. [方精云,杨元合,马文红,等. 中国草地生态系统碳库及其变化. 中国科学:生命科学,2010,40:566-576.]

2. Chen Z X, Zhang X S. Value of ecosystem services in China. Chin Sci Bull, 2000,45:17-23. [陈仲新,张新时. 中国生态系统效益的价值. 科学通报,2000,45:17-23.]

3. Anderson R C. Evolution and origin of the Central Grassland of North America:Climate, fire, and mammalian grazers. J Torrey Bot Soc, 2006,133:626-647.

4. Wedin D A. C₄ grasses:Resource use, ecology, and global change. 2004. In:Moser L E, Burson B L, Sollenberger L E, eds. Warm-season (C₄) grasses, AgronMonogr 45 ASA and CSSA and SSSA, Madison, WI. 2004. 15-50.

5. Zhang X S. Relationship between climate and vegetation and optimized eco-productive paradigm. In:Sun H L, Zhang X S, eds. Ecological Services of Grassland in China—Proceedings of CCAST (World Laboratory) Workshop, Beijing, 2006. 13-30. [张新时. 草地的气候-植被关系及其优化生态生产范式. 见(孙鸿烈,张新时主编)“中国草地的经济效益”研讨会. 北京,2000. 13-30.]

6. Schusky E L. Culture and Agriculture:An Ecological Introduction to Traditional and Modern Farming Systems. New York:Bergin Garvey,1989.

7. Grousset R. The Empire of the Steppes. Beijing:Beijing Intl Culture Press, 2003. [勒内·格鲁塞. 黎荔,冯京瑶,李丹丹,译. 草原帝国. 北京:北京国际文化出版公司,2003.]

8. Wu G Y. Cattle industry contributes to half of modern agriculture in China. China Dairy, 2011,119,2-4. [吴广义. 牛业撑起现代农业的半壁江山. 中国乳业,2011,119:2-4.]

9. Beaumont P. Drylands, Environmental Management and Development. Routledge London and New York. 1989. 182.

10. Engles F V. The part played by labour in the transition from ape to man. In:Dialectics of Nature. Beijing:People Press, 1945,149-153. [恩格斯. 劳动在从猿到人转变过程中的作用. 见《自然辩证法》,北京:人民出版社,1945,149-153.]

11. Ministry of Agriculture of the People's Republic China. The Grassland Resource of China. Beijing:China Science and

Technology Press. 1996. 11. ［中华人民共和国农业部畜牧兽医司. 中国草地资源. 北京: 中国科学技术出版社, 1996. 11.］

12. Ministry of Agriculture of the People's Republic China. Calculation of proper carrying capacity of rangelands. In: P. R. China-Agriculture Vocation Standard NY/T 635-2002. Beijing: Standards Press of China, 2003. ［中华人民共和国农业部. 天然草地合理载畜量的计算, 见: 中华人民共和国农业行业标准 NY/T 635-2002. 北京: 中国标准出版社, 2003.］

13. National Bureau of Statistics of China. China Statistical Yearbook(2012). Beijing: China Statistics Press, 2012. ［中国国家统计局. 中国统计年鉴(2012). 北京: 中国统计出版社, 2012.］

14. Jin A L, Alatengtuya. Analysis on characteristics of drought in Xilinhot during the last five decades. J Inner Mongolia Nor Univ, 2010, 39: 269-274. ［金阿丽, 阿拉腾图雅. 近五十年锡林浩特市干旱特征分析. 内蒙古师范大学学报, 2010, 39: 269-274.］

15. Wang G L, Pang Y, Chen J Y, et al. The current situation, degradation causes of grassland in Inner Mongolia and its development proposal. Inner Mongolia Agri Sci Technol, 2011, 2: 3. ［王改莲, 庞云, 陈景芋, 等. 浅析内蒙古草地现状、退化成因及发展建议. 内蒙古农业科技, 2011, 2: 3.］

16. Chen Z Z, Wang S P. Typical Steppe Ecosystems of China. Beijing: Science Press, 2000. 20-25, 223-227. ［陈佐忠, 汪诗平. 中国典型草原生态系统. 北京: 科学出版社, 2000. 20-25, 223-227.］

17. Lu X S, Fan J W, Liu J H. Grassland resource. In: Du Q L, ed. Chinese Grassland Sustainable Development Strategy. Beijing: Chinese Agricultural Press, 2006. 5-12.

18. Wang Y X, Cao J M. A study on grassland degradation and rational use of farmland-pastoral zone in Inner Mongolia. J Inner Mongolia Agri Univ(Soc Sci Ed), 2010, 12: 57-59. ［王云霞, 曹建民. 内蒙古半农半牧区草原退化与合理利用研究. 内蒙古农业大学学报(社会科学版), 2010, 12: 57-59.］

19. Liu Z L, Wang W, Hao D Y, et al. Probes on the degeneration and recovery succession mechanisms of Inner Mongolia steppe. J Arid Land Res Environ, 2002, 16: 84-91. ［刘钟龄, 王炜, 郝敦元, 等. 内蒙古草原退化与恢复演替机理的探讨. 干旱区资源与环境, 2002, 16: 84-91.］

20. Post W M, Kwon K C. Soil carbon sequestration and land-use change: Process and potential. Global Change Biol, 2000, 6: 317-327.

21. Jones M B, Donnelly A. Carbon sequestration in temperate grassland ecosystem and the influence of management, climate and elevated CO_2. New Phytologist, 2004, 164: 423-439.

22. Billings S A. Soil organic matter dynamics and land use change at a grassland/forest ecotone. Soil Biol Biochem, 2006, 38: 2934-2943.

23. Elmore A J, Asner G P. Effects of grazing intensity on soil carbon stocks following deforestation of a Hawaiian dry tropical forest. Global Change Biol, 2006, 12: 1761-1772.

24. Liao J D, Button T W, Jastrow J D. Storage and dynamics of carbon and nitrogen in soil physical fractions following woody plant invasion of grassland. Soil Biol Biochem, 2006, 38: 3184-3196.

25. Yin Y T, Hou X Y, Yun X J. Advances in the climate change influencing grassland ecosystems in Inner Mongolia. Pratacult Sci, 2011, 28: 1132-1139. ［尹燕亭, 侯向阳, 运向军. 气候变化对内蒙古草原生态系统影响的研究进展. 草业科学, 2011, 28: 1132-1139.］

26. Jiao Y, Zhao J H, Xu Z. Effects of a conversion from grassland to cropland on soil physical-chemical properties in the agro-pastoral ecotone of Inner Mongolia: Analysis of a 50-year chronosequence. Ecol Environ Sci, 2009, 18: 1965-1970. ［焦燕, 赵江红, 徐柱. 农牧交错带开垦年限对土壤理化特性的影响. 生态环境学报, 2009, 18: 1965-1970.］

27. Qi Y C, Dong Y S, Peng Q, et al. Effects of a conversion from grassland to cropland on the different soil organic carbon fractions in Inner Mongolia, China. J Geograph Sci, 2012, 22: 315-328.

28. Zhao Y, Peth S, Kriummelbein J, et al. Spatial variability of soil properties affected by grazing intensity in Inner Mongolia grassland. Ecol Modell, 2007, 205: 241-254.

29. Gan L, Peng X H, Peth S, et al. Effects of grazing intensity on soil water regime and flux in Inner Mongolia Grassland, China. Pedosphere, 2012, 22: 165-177.

30. Shi F, Li Y E, Gao Q Z, et al. Effects of managements on soil organic carbon of grassland in China. Pratacult Sci, 2009, 26: 9-15. ［石锋, 李玉娥, 高清竹, 等. 管理措施对我国草地土壤有机碳的影响. 草业科学, 2009, 26: 9-15.］

31. Guo R, Wang X K, Lu F, et al. Soil carbon sequestration and its potential by grassland ecosystems in China. Acta Ecol Sin, 2008, 28: 862-867. ［郭然, 王效科, 逯非, 等. 中国草地土壤生态系统固碳现状和潜力. 生态学报, 2008, 28: 862-867.］

32. Inner Mongolian Bureau of Statistics of China. Inner Mongolia Statistical Yearbook. Beijing: China Statistics Press, 2003. ［内蒙古自治区统计局. 内蒙古统计年鉴. 北京: 中国统计出版社, 2003.］

33. Lu Q, Wu B. Disaster assessment and economic loss budget of desertification in China. China Population, Res Environ,

2002,12:29-33. [卢琦,吴波. 中国荒漠化灾害评估及其经济价值核算. 中国人口·资源与环境,2002,12:29-33.]

34. Liu J W. The unignorable and important role of grassland in response to global climate change. Acta Agrest Sin, 2010, 18:1-10. [刘加文. 应对全球气候变化决不能忽视草原的重大作用. 草地学报,2010,18:1-10.]

35. Coztanza R R, D'Arge R G, Groot R, et al. The value of the world's ecosystem services and natural capital. Nature, 1997,387:253-260.

36. Kardol P D, Wardle A. How understanding aboveground-belowground linkages can assist restoration ecology. Trends Ecol Evol,2010,25:670-679.

37. Kremen C. Managing ecosystem services:What do we need to know about their ecology? Ecol Lett,2005,8:468-479.

38. Cheng R X, Zhang R Q. Water-saved irrigation-an reasonable way to establishing artificial grassland in arid and semi-arid pastoral area. Pratacult Sci,2000,17:53-56. [程荣香,张瑞强. 发展节水灌溉是我国干旱半干旱草原区人工草地建设的必然举措. 草业科学,2000,17:53-56.]

39. Barnes R F, Taylor T H. Grassland agriculture and ecosystem concepts. In:Heath M E, Barnes R F, Metcalfe D S, eds. Forages:The science of grassland agriculture (4th ed). Ames: Iowa State University Press,1985. 12-20.

40. Wedin W F, Fales S L. Grassland—Quiteness and Strength for a New American Agriculture. American Society of Agronomy,Inc,Crop Science Society of American,Inc,Soil Science Society of American,Inc. 2009.

41. Zhou D W, Sun H X. Development strategy of grassland animal husbandry in China. Chin J Eco-Agri,2010,318:393-398. [周道玮,孙海霞. 中国草食牲畜发展战略. 中国生态农业学报,2010,318:393-398.]

42. National Bureau of Inner Mongolia Survey Corps. Inner Mongolia Economic and Social Survey Yearbook in 2014. Beijing:China Statistics Press. [国家统计局内蒙古调查总队. 2014内蒙古经济社会调查年鉴. 北京:中国统计出版社,2014.]

The Dilemma of Steppe and It's Transformation in China

Zhang XinShi[1,2], **Tang HaiPing**[2], **Dong XiaoBin**[2], **Li Bo**[2],
Huang YongMei[2] & **Gong JiRui**[2]

1 State Key Laboratory of Vegetation and Environmental Change,
Institute of Botany, Chinese Academy of Sciences, Beijing 100093, China;
2 College of Resources Science and Technology, Beijing Normal University, Beijing 100875, China

Abstract As the largest terrestrial ecosystem in China, the natural grassland occupies 41.67% of the land area. However, the productivity of grassland for animal husbandry is very low, contributing only 5% of the national GDP of agriculture, or about one-sixth of national GDP of animal husbandry. In this study, the five developing stages of animal husbandry in temperate grassland and their trophic pyramid were summarized. Currently, the grassland in China faces great difficulties due to unsustainable environment, unsustainable ecosystem, and unsustainable economic development. The production mode of grassland should therefore be changed, from the traditional, extensive, backward and environmental unfriendly grazing mode coming from the New Stone Age 10000 years ago, to the modern productive mode based on intensive pastureland and grassland agriculture. It is suggested to establish 40×10^6 hm^2 of intensive pastureland(which account to one-tenth an area of natural grassland)of high quality and yield within $30-40$ years in the future, which can replace natural grassland for supporting animal husbandry production, and to restore the natural grassland of ecological service. At the same time, grassland agriculture should be developed in the agro-pastoral transitional zone and even agricultural area. In addition, modern grass-based farming system should be introduced to reform the traditional agricultural system. According to the future pyramid structure of grassland, a sustainable developing stage would be achieved.

Key words grassland degradation, grass-based farming system, trophic level

第**36**章

奶水牛业面临的形势与机遇*

张新时

一、加速发展我国奶水牛业的条件与时机

（一）潜在的世界最大乳品市场和发展滞后的奶业、极低起点的奶水牛业，构成了鲜明对比，显示出了巨大的发展潜力

我国人口量世界第一，伴随着全面实现小康社会的进程，人均奶及其制品的消费水平将持续增长，并带来我国奶业消费市场在更大尺度上的迅速增长，中国有潜力成为世界最大的奶业消费市场，但能否成为世界最大的生产国之一呢？如果不能，则势必大量依靠进口。对于我们这样的大国来说，仅仅依靠进口是绝对不行的，高速发展我国奶业特别是奶水牛业势在必行。原因如下。

1. 我国奶业发展严重滞后

长期以来奶源不足成为制约我国乳业发展的"瓶颈"。以湖南为例，2001年湖南实际鲜奶产量1.8万吨，城乡居民实际消费达到23.7万吨，缺口92%，原奶生产的增长速度远远满足不了日益增长的消费需求。

2. 奶水牛业虽然起点低，但成长空间广阔

我国南方地区地处热带亚热带，高温高湿，一般乳畜（如黑白花奶牛）的发展受到一定限制，而水牛具有耐高温高湿、耐粗饲、抗病力强、适应性强等优点，是热带亚热带地区发展奶业的优选品种，其他奶牛品种难以比拟。据FAO（2002）报道，世界存栏水牛共16 712.6万头，其中亚洲占97%。印度是世界上水牛最多的国家，占世界水牛总数的56.9%，其次为巴基斯坦，占14.6%，我国居第三位，占13.3%。

无疑，我国的水牛资源和南方巨大的乳品需求将为我国南方乳业的发展提供充分的基础条件。我国乳业，特别是奶水牛业虽处于起步阶段，但面临巨大的成长空间。

3. 乳业发展面临良好的发展机遇

国务院批准实施的《中国食品和营养发展纲要（2001—2010）》提出，今后10年我国将优先发展奶业，并特别强调注意解决好农村和西部两个重点地区的人群食物和营养发展问题，使全国人均乳品消费从"九五"的5.5千克提高到16千克，其中城市人均消费达到32千克，农村人均达到7千克。到2010年全国奶类总产量要在2001年的基础上再提高1倍，达到2240万吨。2000年国家9部委局联合推动的国家"学生奶"计划开始实施，极大地刺激了奶业市场的发展。

（二）我国奶格局与热带亚热带湿地奶水牛区的崛起

我国牛奶产区可分为3个类型：北方黄牛奶类型区、青藏高原牦牛奶类型区和南方水牛-黄牛奶类型区。

* 本文发表在《中国牧业通讯》，2005，15：8-12。

北方黄牛奶类型区:包括蒙新高原区、黄土高原区、东北平原区与黄淮海平原区,总面积534.74万平方千米,占国土总面积52.57%,是我国温带气候区和黄牛广为分布的地区,该区奶黄牛占全国奶黄牛总量的76%。

青藏高原牦牛奶类型区:包括西藏全部、青海大部分以及四川、云南和甘肃三省的一部分。土地面积215.04万平方千米,占土面积的22.4%,属高寒气候区,长期适应这一地区的牦牛数量占全国牦牛数量的96%。

南方水牛-黄牛奶类型区:包括广东、广西、福建、四川、云南、贵州、湖北、湖南、江苏、浙江、安徽、江西等省区,总面积240.28万平方千米,占国土面积的25.03%,属热带亚热带地区,水牛数量占全国水牛总量的98%。

目前我国奶业生产格局与人口、奶消费市场的分布很不一致,有必要构建南方奶水牛业区,战略调整我国奶业格局(这既是南方农业结构调整、农民增收、扶贫工作的需要,也是北方退化草场生态恢复的需要):南方地区具有奶业快速发展的较高需求,这一地区人口稠密,数量大,约占全国总人口的70%,经济发达,而目前这一地区牛奶总产量很低。由于该地区气温高,降水量高,高温高湿持续时间长,对于长期生活于温带地区的奶黄牛极为不利。这一地区的黄牛型奶牛不仅疾病多,饲养成本高,平均产奶量大大降低(北方平均产奶量在7000千克左右,而南方只有4000千克左右),而且药物的大量使用还会大大影响牛奶的质量。因此长期生活与适应这一地区生态环境的水牛类奶牛则可能成为这一地区的主要奶源。印度、巴基斯坦等国的成功即为最好的例证。我国2400万头水牛主要分布于南方海拔低于800米的低山、丘陵、平原和水稻田地区,其适应性强、耐高温高湿、耐粗饲、抗病力强、饲养成本低、风险小、收益稳定,同时,南方河网密布,水多,饲草料资源丰富,具有奶水牛发展极好的自然资源条件。海拔800米以上的山地,气候温凉,则适于黄牛类奶牛的发展。此外,在大城市郊区,奶牛养殖业集约化、设施现代化程度较高,奶黄牛饲养有较高数量,在奶总产量中仍然占有很大比例。

我国南方具有发展奶业的最佳天时和地利,随着人民饮食结构改变和保健意识加强,对乳品的需求会有很大增长。南方奶产量极低的现象应该得到根本改变,应该大力发展南方奶水牛产业,提升南方奶业在中华奶业中的地位,促进我国奶业的均衡发展。

(三)高质量的第二性生产力和低成本的第一性生产力资源

1. 高质量的第二性生产力——水牛奶及其制品

水牛奶的高质量在于其干物质(18.4%~21.75%)和营养成分显著高于黑白花牛奶及其他动物乳和人乳。其中,干物质、乳脂、蛋白质、氨基酸等超过荷斯坦奶牛1~2倍,而铁、锌和维生素则高于荷斯坦奶牛几十倍。

水牛奶乳汁浓厚,香气扑鼻,直接饮用香浓可口,颇受消费者青睐。根据调查,在奶水牛的主产区广西,每公斤鲜奶收购价为4元,而黑白花牛奶仅为1.5~2元。此外,水牛奶加工潜力巨大,加工优势明显,不仅可以加工成市场容量大、高质量的灭菌乳、酸乳等纯乳产品或含乳饮料,还可以开发出高附加值的水牛奶制品。

2. 巨大而又低成本的第一性生产力——丰富多样的饲草料

我国南方水热充盈,草坡草山湖滨海滩面积广阔,农作物复种指数高,牧草单位面积产量高,农作物秸秆及加工业副产品资源丰富,我国南方牧草饲料资源丰足,生产潜力巨大。牧草饲料主要来自以下三方面。

(1)草地农业。推行"草田轮作制"是农业结构改革的重要方面,如果我国南方的0.56亿公顷农田每年有1/4~1/5,即0.11亿~0.14亿公顷的农田轮种豆科牧草,年产青草达38 000万吨(亩产2吨),可饲养水牛2082.2万头,不仅可提供大量优质的水牛饲草料,成为发展奶水牛业的重要支柱,并可改良农田土壤。此外,我国南方有0.27亿~0.33亿公顷冬闲田,如果利用1/3的冬闲田,年产鲜草可达30 000万吨(亩产2吨),可饲养1643.8万头水牛。

(2)农作物秸秆。根据调查,广西全区有数量巨大的各种农作物秸秆及加工副产品(全区年产稻草1200万吨,玉米秆294万吨,红薯藤56万吨,黄豆秸秆87万吨,花生藤113万吨,甘蔗尾叶500万吨,糖厂的甘蔗渣500万吨,木薯渣4万吨,菠萝渣4万吨,糖蜜70万吨),产量合计达2828万吨,每年可饲养牛约154.9万头。

（3）人工草地。我国南方有着面积 0.65 亿公顷的草山草坡，据广西的调查，人工种植象草每年每亩产鲜草 3000～5000 千克，如果利用其中 1/10 的面积发展人工草地，可达 0.07 亿公顷，按每亩平均产鲜草 3000 千克计，可生产鲜草 29 400 万吨，每年可饲养奶水牛约 1611 万头。

综上所述，可支撑的奶牛数量可达 5492 万头，远远高于我国奶水牛发展预测指标（预测到 2020 年，我国南方 8.5 亿人人均奶占有量 106 千克，需要奶水牛约 2500 万头）。因此，在我国南方发展奶水牛产业有极大潜力，牧草饲料不会对产业发展形成制约。

3. 低成本高效益的奶水牛养殖

由于奶水牛适应南方湿热的环境，抗病能力强，耐粗饲，饲养管理简易，加之我国南方有丰足的牧草饲料，因此在我国南方养殖奶水牛成本低，效益高。不同杂交品系的奶水牛养殖纯收入在 2000～6000 元。以下根据我们在广西武宣县奶水牛养殖户的调查数据，计算养殖效益。以杂交二代奶水牛（年产奶量 2000 千克）为例，每头奶水牛年投入 5058 元。其中精料投入：365 天×3 千克/天×1.40 元/千克 = 1533 元；粗料投入：365 天×50 千克/天×0.10 元/千克 = 1825 元；水电保健费 500 元；人力投入 1200 元/人；每公斤鲜奶收购价为 4 元。每头奶水牛可获纯收入 2942 元，每个劳力可饲养 5 头牛，每年可获利纯收入 1.471 万元。

综上所述，我国南方高温高湿的自然环境所产生巨大的植物第一性生产力，客观上为奶水牛养殖提供了坚强的牧草饲料支撑，随着优良牧草品种的不断选育和推广，牧草生产潜力将会得到进一步的放大。另一方面，丰富的奶水牛种群资源和杂交奶水牛优良的品质，又是我国南方生物生产力增值和转换的最佳媒介；水牛奶的高营养和高质量孕育了无比广阔的市场前景；低廉的生产成本可以使农民在奶水牛养殖中获得最大的利益回报。

（四）已经形成经济上可行而又生态友好的发展模式——奶水牛驱动的热带、南亚热带新农业生态模式与产业链

奶水牛业是能量和价值高度集聚的农业产业，启动独特的水牛奶生态-经济链，带动一、二、三产业联动发展。为加快我国奶水牛业的发展，关键在于建立优化的奶水牛农业生态模式与生产体系，并加强支撑与服务体系。

1. 奶水牛生态-经济链的第一产业和生态模式

（1）奶水牛的饲料（初级生产力）开发。随着中国加入 WTO，国外廉价粮食产品逐渐进入我国市场，使农民种植粮食的收益明显降低，我国种植业的结构调整必须加快。开发南方农业饲料资源具有广阔的前景，普遍推行"草田轮作制"是农业结构改革的重要方面。

（2）水牛奶（次级生产力）的转化。役用水牛对能量的利用率非常低，非耕时期长期闲置更是造成资源的巨大浪费。水牛奶是能量转化最高的动物产品之一，是农民增收的一个关键点。

奶水牛在泌乳前期的净能量转化率为 19.9%，改善奶水牛饲料配方净能量转化率还可以进一步提高。而其他动物产品净能量转化率一般在 10% 左右，如猪肉约 17%，鸡肉 12%，兔肉 9%，鸡蛋 7%，羊肉 5%，牛肉 4%（广西水牛研究所提供）。

（3）奶水牛驱动的能量流动和物质循环的优化生态模式。能量与物质在系统中流经越多的环节，系统的能量与物质利用效率就越高，这是自然生态系统的基本法则。在我国南亚热带的广西玉林地区，涌现出一个极富生命力的、多级能量转化的农草林果的复合模式，或称之为"北流模式"，它既具有第一、第二性生产力的合理配置，符合生物多样性的原理，形成较完善生态功能的复合结构，还孕育着巨大商机的潜在前景，因而可能是一个可持续发展农业模式的雏形。

"北流模式"是以华南红土丘陵台地的自然景观与农业结构为基础的，其最突出的特点就是以奶水牛为驱动力的能量转化与物质循环系统。该模式的基本结构是：林-果-草（水牛）-沼-稻-塘。

2. 奶水牛生态-经济链的第二产业生产经营模式

奶水牛生态经济链的第二产业是乳品加工，该环节是系统有效能量的主要出口，使生产链进一步延长并增加附加值。以加工业为核心，可以把奶水牛生态经济链的各个环节有机结合和积极调动起来。

水牛奶具有很高的加工价值、加工潜力和加工优势，不仅可以开发出大众化的杀菌乳、灭菌乳、酸乳和乳酸饮料，还可以开发出市场容量大、高质量、高品质、高附加值的水牛奶制品，如用来加工奶酪，100 千克水牛奶可以生产出 25 千克奶酪，荷斯坦牛

奶只能生产出 10~12 千克奶酪,在国际市场上畅销不衰,价格远高于其他同类产品,如世界闻名的意大利干酪(Mozzarella)和乳清干酪(Ricotta)。这是奶业非常发达的一些欧洲国家如意大利、英国等国家在奶业市场饱和的情况下仍坚持发展水牛奶的重要原因。

(1)"农村包围城市"与卫星城镇式的总体经营模式。牛奶生产和收购是加工业发展的前提,建立高效低成本的收购网络系统对于水牛奶市场化起着重要作用,也是农民与企业联系的重要途径。水牛加工业必须自下而上地建立奶业生产流通网络系统。在大城市以奶业加工龙头企业为主,向一定交通半径(例如 50~200 千米)以内围绕中心城市的奶水牛养殖基地或养牛农户收购奶源;在较偏远的小城镇则以小企业为主负责收购周围奶户的水牛奶,再向中心城市龙头企业的加工厂输送。这些卫星城镇辐射散布在中心城市的周围,形成农村包围城市的奶业生产格局。不同地区依据经济、社会、气候和自然条件差异可以形成各有特色的生产经营模式。

(2)"公司+基地+农户"与合作社式的奶水牛养殖模式。目前南方农区水牛饲养数量大,但普遍存在良种奶水牛数量少、产奶量低、技术服务体系不健全、养殖技术薄弱、专用饲草及饲料作物种植少等问题,严重地制约着奶水牛业的发展。建立以奶产品加工企业为龙头、奶水牛生产基地为平台、养牛农户为基本原料生产单元的"公司+基地+农户"与合作社式的奶牛饲养模式。通过相关技术的集成应用,将饲草供应、农副产品利用、奶牛繁育、饲养管理、疫病防治、奶产品安全控制和牛奶加工技术集成一条龙,保证该地区水牛奶业快速健全发展。

3. 亟待建立的奶水牛业支撑服务体系

(1)科技服务体系。建立快速繁育体系。重点在于:加速引进国外优良品种的奶水牛种公牛,胚胎与冷冻精液;与科研机构结合,建立种源基地;以基地为依托,构建完善的配种网;通过科学饲养提早奶水牛的生殖期,由现在的 2.5~3 年提前到 1.5~2 年。饲料生产保障体系。建立疫病防治网络和奶源品质安全检测体系。

(2)人才培训。从以下几个方面进行人才的培训:人工授精技术;奶水牛饲养管理技术;牧草种植技术;秸秆青贮氨化、饲料配合、乳品保存加工技术;疫病防治技术;奶水牛产业相关政策以及管理技能的干部培训。

(3)建立良好的社会服务体系。制定奶水牛产业发展的相关政策,充分发挥政府在推动奶水牛发展中的引导作用。

精心培植龙头企业(公司)和成立水牛产业协会,建立"公司+基地(或者园区)+农户"或合作社式的产业化生产体系以及收购、加工、市场一条龙的销售体系,形成农户-奶站-中心(基地)-销售市场(城市)的,由分散到集中的农村包围城市式的基本网络格局。

二、战略定位:对我国水牛奶业发展的情景预测

1. 趋势预测

根据前面对 2003—2020 年我国奶产量增长趋势的预测,2010 年我国奶水牛头数发展到 450 万头,2020 年发展到 1100 万头。但是,按照这样的规划,2020 年我国人均奶产量的水平仍然只有 48.7 千克,还远远低于印度目前的水平(78 千克/人)。因此,我们认为,按照现有发展趋势的延伸,依然保守,完全可以把发展的步伐再加快一些。

2020 年我国人均占有奶水平要赶上印度现在水平,即 78 千克/人,那么,2010 年杂交奶水牛需要发展到 780 万头,2015 年 1160 万头,2020 年 1750 万头。我们认为这种方案虽然在感情上不太容易接受,但较为可行。

2020 年人均占有奶水平赶上印度:印度 2002 年人口 10.9 亿,假设其人口以 1.5% 速度增长,同样,通过趋势预测,预计印度 2010 年人均奶产量为 86 千克/人,2015 年为 96 千克/人,2020 年为 106 千克/人。那么,我国要在 2020 年人均奶产量达到 106 千克/人,2010 年需要发展杂交奶水牛 950 万头,2015 年 1493 万头,2020 年 2370 万头。我们认为,2020 年人均占有奶水平赶上印度,目标太高,难以实现。

2. 战略定位

2020 年我国人均占有奶水平要赶上印度现在水平(即 78 千克/人),以后再用 10~20 年时间,即 2030—2040 年,赶上印度。然后,再用 10 年,即 2050 年达到世界人均水平。

三、对高速发展我国奶水牛业的几点建议

综上所述,我国南方地区应该大力发展奶水牛,建立以奶水牛为主的农业生态经济产业链。具体建议如下:

1. 制定全国奶业发展纲要,把奶水牛业发展纳入纲要予以重点支持

2. 依靠科技发展奶水牛业

目前,我国的奶水牛业多为粗放经营,生产水平很低,如何在我国水牛奶生产、加工与销售系统中,采用新技术,提高技术含量,这对于增强水牛奶开发的后劲和市场竞争,具有十分重要的作用。有关的科学问题主要有:(1)建立品种改良、提前奶水牛的生殖期(由 2.5~3 年提前到 1.5~2 年)快速繁育与疫病防治体系;(2)制定饲养与营养标准及技术操作规程;(3)适应快速发展奶水牛的农业结构调整(大力推行草田轮间作)与天然草山草坡的人工草地改造工程;(4)奶水牛驱动的热带亚热带生态经济模式的研究与示范。

3. 建立培训与推广网络体系

根据国内外成功的经验,稳定而快速的发展水牛奶业,必须建立与不断完善下列网络体系:培训与推广网络体系、服务网络、科技网络。

4. 加快建立立足全国面向世界的水牛种质资源库,收集、保存现有水牛品种资源,为奶水牛的品种改良奠定基础

5. 加强奶水牛饲养、防疫的标准体系及相关技术操作规程的研究,尽快出台全国统一的奶水牛标准体系及相关技术操作规程

做大做强奶水牛产业,必须建立统一的标准和规程,才能使之健康的发展。

6. 建一个以中国农业科学院广西水牛研究所为技术依托的奶水牛科学饲养示范基地县,作为面向全国的奶水牛饲养技术培训和推广中心

逐步在南方各相关省区建立奶水牛研究机构和示范基地县,并给予资金、技术和政策上的重点扶持。

7. 加强奶水牛产业化发展的关键技术研究,为发展提供动力

开展应用胚胎移植技术建立良种核心群的研究;开展以提高水牛繁殖率和加快良种繁殖技术为主的生物技术研究,并建立高产良种核心群;加强养殖、饲草、乳品加工的奶水牛业集成技术研究。

8. 制定奶水牛产业化发展的政策

把奶水牛产业发展纳入国家扶贫计划、农民增收计划等。把奶水牛的科技攻关纳入国家中长期科技规划。放宽农户购买奶水牛的信贷额度,实施退耕还草、草田轮间作,对奶水牛乳品加工企业的技改和产品研发匹配一定比例的专项经费,加强对水牛奶的宣传,引导消费水牛奶,鼓励各级成立奶水牛行业协会等。

第 37 章
中国发展奶水牛业的建议*

张新时 等

根据党的十六大提出的"发展要有新思路"的要求,中国科学院生命科学学部结合国家中长期科学和技术发展规划,以支撑经济发展和全面建设小康社会为目标,组织有关院士和专家对我国奶业生产的现状进行了分析比较,提出在我国实施"农业绿色革命"成功解决温饱的基础上,应加速制定和实施我国"农业白色革命"计划,并将发展奶水牛产业列入国家生产和科技发展计划的建议。

报告建议,应尽快制定全国奶业发展纲要,把奶水牛业发展纳入纲要予以重点支持;把奶水牛的科技攻关纳入国家中长期科学和技术发展规划;尽快构建立足全国和面向世界的水牛种质资源库,以收集和保存现有水牛品种资源,为奶水牛的品种改良奠定基础;加强奶水牛科学饲养示范基地县建设,如以中国农业科学院广西水牛研究所为依托,面向全国开展水牛饲养技术培训和推广中心工作,逐步在南方各省(自治区)建立奶水牛研究机构和示范基地县,并给予资金、技术和政策上的重点扶持;制定奶水牛产业化发展的政策,如把奶水牛产业发展纳入国家扶贫计划和农民增收计划,加强对水牛奶的宣传,引导消费水牛奶,鼓励成立各级奶水牛行业协会等。

一、民族强盛的战略需求

1. 让牛奶提高中华民族的身体素质

经济全球化条件下的竞争,归根结底是民族素质的竞争。在未来 20 年内,为了使我国全面进入小康社会,必须迅速提高我国人民的整体素质,特别是身体素质,让年轻一代平均身高提高 4~6 厘米,因此必须大力发展奶牛业。

环顾四邻,北方强壮的俄罗斯人是传统喝牛奶的民族;日本在 20 世纪 60—70 年代以来以实际行动实现了"一杯牛奶强壮一个民族"的愿望,其年轻一代平均身高已超过我国;泰国在国王和王后的倡导下通过喝"学生奶"使泰国少男少女的身高有了明显的提高;我们的近邻印度,在 20 世纪 60—80 年代倡导了世界上规模最大的一场"白色革命",一跃成为世界牛奶产量第二大国(其牛奶年产量达到了 6491.6 万吨,人均占有量为 78 千克,分别为我国的 6.3 倍和 9.2 倍)。2002 年世界乳产量为 5640 万吨,人均占有量为 94 千克,发达国家人均达到 200 千克以上,亚洲人均也超过了 40 千克。而我国目前乳产品总产量为 1122.9 万吨,人均仅占有 8.8 千克,奶类总产量居世界第 16 位,人均奶占有量只有世界平均水平的 9% 左右,也远低于发展中国家 45.3 千克的水平。对此,我国不能不严肃地思考民族健康与解决对策问题,为了尽快提高人民的身体素质,必须高速发展奶牛业。

我国高速发展奶牛业的未来经济与社会背景是:到 2020 年我国实现经济总量翻两番,GDP 达到或接近世界人均水平,占世界总量的 1/5 左右,人均收入达到世界中等偏上水平,人类发展指数达到较高发展水平,建成共同富裕的小康社会,届时,我国人均奶消费水平应至少大于 100 千克,达到世界的

* 本文摘自中国科学院生命科学学部"三农问题"重大咨询专题"中国发展奶水牛业的建议"(2003 年)咨询报告。咨询组专家成员名单附文后。

人均水平。

我国高速发展奶牛业的未来农业基础是：在未来 20 年内实现根本性的农业结构调整与转变，即以奶牛业驱动的"草地农业"或"草田轮作制"为基础的食草畜牧业在农业产值与组成中占主导地位（50% 以上），使我国农业形成"草粮并举"的局面，并且在草地畜牧业中实施以发展人工草地为主的结构性转变，以支持奶牛业的快速发展。

我国高速发展奶牛业的生物学基础是：奶牛是回报率最高的家畜，奶牛吃的是草，产的是奶，消耗的粮食最少，粗饲料占 50% 以上；牛奶是能量转化效率最高的第二性产品，其净能量转化率为 25% 以上，1 千克饲料喂奶牛获得的动物蛋白量比喂猪至少高出 2 倍。全球奶类提供的动物蛋白量占肉、蛋、奶动物蛋白总量的 35%~37%。

2. 奶水牛业应该成为我国奶业的第二支柱

我国高速发展奶牛业需要进行区域性的战略调整，我国奶牛业不仅产量低，分布和消费也极为不均衡。目前我国饲养奶牛总数的 80% 分布在北方，占全国人口 70% 左右的南方的乳产品产量仅为全国总产量的 20% 左右，奶牛和乳品生产与人口分布的极不对称性，成为我国乳业发展的"瓶颈"之一，应该进行全国范围内奶产业布局的空间转移。

联合国粮食及农业组织（FAO）认为，水牛是最具有开发潜力和开发价值的家畜。水牛奶营养价值高，饲料转化率高，具有很高的经济价值。水牛乳用及其综合开发潜力巨大。应该将奶水牛业发展成我国仅次于黄牛奶业的第二支柱。

3. 大力发展南方奶水牛业，将促进南方农业结构的战略调整和北方草场的合理利用

我国北方草场生态退化严重，难以承载今后不断发展的奶牛业对资源的需求。南方草地与作物秸秆等资源丰富而利用效率极低。全国范围内的奶产业空间转移，既可以促进北方草场的合理利用（生态-经济协调），又能加快南方农业结构的战略调整。

4. 奶水牛业将成为南方农民增收和扶贫的重要途径

南方发展奶水牛乳业，不仅具有重要的经济意义，对于农村经济结构的调整，引导人们消费，改善人们生活，提高农民收入，实现小康社会也具有重要的作用。同时，水牛为南方适生的本地品种，通过品种改良，发挥其生产潜力，有利于优化南方生态-生产经济活动，具有重要的生态意义。因此，发展南方的奶水牛业具有战略性的意义。

二、奶业及奶水牛业发展的国际、国内形势分析

1. 世界奶业持续发展，水牛奶业正处于高速发展时期

近 10 年来世界奶业持续发展，奶产量持续增长，1992—2002 年，平均每年增加了 1.36%。其中，水牛奶的增长趋势更快，根据 FAO 数据，20 世纪 50—90 年代，水牛奶生产的增长是奶类中最高的，达到了 220%。1994—2002 年产量增长了 49.34%，年平均增长率为 6.17%。奶水牛头数增加了 25.86%，年增长率为 3.23%。世界水牛奶的单产量也有明显提高：1980 年为 981 千克/头，1994 年为 1213 千克/头，2002 年为 1439 千克/头。

2. 欧洲十分重视"水牛奶用"，近 10 年来产量增长迅速

欧洲由于疯牛病的影响，奶牛业受到很大的影响，生产波动很大。但近 10 年来，水牛奶产量增加了 1 倍，1992—2002 年，欧洲水牛奶年产量从 70 654 吨增加到 148 752 吨；与此同时，水牛肉产量反而略有减少，说明欧洲十分重视水牛的奶用。其中意大利在 1994—1998 年，奶水牛头数从 63 300 头增加到 120 000 头，奶产量从 78 900 吨增加到 156 000 吨，各增加了 1 倍左右。

3. "白色革命"使印度成为世界第二大产奶国，其"奶水牛产业"贡献巨大

根据 FAO 统计，20 世纪 50 年代美国为世界第一大产奶国，年产牛奶 5472 万吨，占世界总产量的 18.6%。当时印度奶产量为世界第四位，年产牛奶 1877 万吨，占世界总产量的 6.4%。至 90 年代，美国仍为世界第一大产奶国，年产牛奶 6964 万吨，占世界总产量的 12.9%。印度奶产量迅速增长，成为世界第二大产奶国，年产牛奶 6000 余万吨，占世界

总产量的 11.8%。其中,印度水牛奶产量占奶总产量的比例达 53%~60%,"奶水牛"的贡献功不可没。

4. 我国发展奶水牛业的巨大潜力

(1)我国奶产量趋势预测

根据我国 1961—2000 年奶产量的数据,进行如图 37-1、表 37-1 所示的趋势模拟计算人均奶占有量时,依据的是第五次全国人口普查的结果,利用 2000 年的人口数据及年人口增长率进行人口预测,然后,依据预测人口进行人均奶占有量的计算。

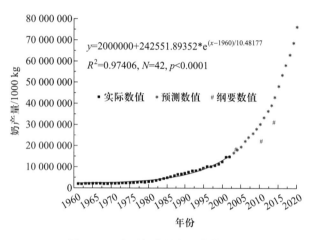

$$y=2000000+242551.89352*e^{(x-1960)/10.48177}$$
$$R^2=0.97406, N=42, p<0.0001$$

■ 实际数值　＊ 预测数值　# 纲要数值

图 37-1　我国奶产量发展趋势预测

按照目前的增长趋势,到 2010 年我国奶消费将增加到 1998 年的 2.91 倍,人均奶消费量可达到 21.74 千克;2015 年,可以达到 1998 年的 4.57 倍,人均 32.39 千克,超过了我国"十五"规划和 2015 年远景规划的目标(见图 37-1 中符号"#"),即使如此,也远远没有达到 1997 年印度的人均奶消费水平(58.3 千克),也远低于 1997 年的日本水平(70 千克)。所以,我国"'十五'规划和 2015 年远景规划"的奶业生产目标过于保守。

(2)与我国奶业高速增长形成鲜明对比的是,奶水牛业发展严重滞后

根据 FAO 的统计数据,2002 年我国水牛存栏头数为 2245 万头,其中奶水牛数为 525 万头。根据目前奶水牛的发展趋势,到 2015 年水牛奶产量将增加到 311 万吨,年平均增长率只有 1.78%,说明我国奶水牛业发展十分缓慢,远远落后于我国奶业整体发展速度,同时也与高速增长的世界奶水牛业形成了鲜明的对比。

(3)奶水牛业地位低微,南方广大农民的水牛"不良资产"亟须"盘活",结构性增长的空间广阔

印度奶水牛头数占奶牛总头数的比重持续上升,从 20 世纪 60 年代的 25% 左右提高到目前的 45% 左右,其水牛奶产量在奶总产量中所占的比重为 50%~60%。我国奶水牛头数占奶牛总头数的比重则持续下降,目前只占 20% 左右;我国水牛奶产量在奶总产量中所占的比重也很低,不到 20%,而且呈快速下降的趋势。近年来,广西、广东等地刚刚起步水牛奶的商品性生产。南方水牛作为畜力,是重要的生产资料,在以前农业生产中发挥了重要的作用,但随着我国科学技术的进步,水牛耕地的功能逐步消失,成为南方广大农村的一种不良资产,不但不能产生效益,反而成为负担,水牛地位急速下降,广大农民的"水牛"资产亟须"盘活"。在我国南方奶业发展格局中,水牛奶应该在奶业中占据半壁江山。在条件特别适宜的地区,例如,广西、广东、云南的南亚热带地区以及四川盆地等低海拔的平原、丘陵和盆地地区,水牛奶甚至可以超过 50%,形成奶水牛发展的示范基地。因此,我国奶水牛业还具有极大的结构性增长空间。

表 37-1　2003—2020 年我国奶产量增长趋势的预测结果

项目	2003 年	2004 年	2005 年	2006 年	2007 年	2008 年	2009 年	2010 年	2011 年
奶产量/万吨	1667	1814	1975	2153	2349	2564	2800	3061	3347
为 1998 年的倍数	1.59	1.72	1.88	2.05	2.23	2.44	2.66	2.91	3.18
人均/千克	12.76	13.73	14.80	15.96	17.22	18.60	20.10	21.74	23.52

项目	2012 年	2013 年	2014 年	2015 年	2016 年	2017 年	2018 年	2019 年	2020 年
奶产量/万吨	3662	4009	4390	4809	5271	5778	6337	6951	7627
为 1998 年的倍数	3.48	3.81	4.17	4.57	5.01	5.49	6.03	6.61	7.25
人均/千克	25.46	27.58	29.88	32.39	35.12	38.09	41.33	44.86	48.70

三、世界最火的乳品市场形成于极低起点的奶水牛业

1. 发展滞后的奶业显示出巨大的发展潜力

我国人口众多，伴随着全面实现小康社会的进程，人均奶及其制品的消费水平将会持续增长。中国有潜力成为世界最大的奶业消费市场，但若不能成为世界最大的生产国之一，则势必大量依靠进口，对于我们这样的大国来说，仅仅依靠进口是绝对不行的。为此，高速发展我国奶业特别是奶水牛业势在必行。主要原因如下。

（1）我国奶业发展严重滞后

在我国人均乳品消费水平从 1990 年的 4.4 千克上升到 2001 年的 8.8 千克的同时，牛奶的消费群体结构也发生了很大的变化，乳品消费正走向平民化。但农村奶类消费极低，人均消费水平不及城镇的 1/5。由于我国 70% 的人口分布在农村，这部分人口的生活状况是我国全面实现小康社会战略目标的真正体现。

我国乳品加工水平极低。2001 年我国前 10 名的乳品企业（如光明、伊利、三元、完达山、蒙牛等）的乳品加工能力约为全国的 45%。在我国 1500 多家乳品企业中，日处理能力在 100 吨以上的只有 5%，而发达国家的乳品企业日处理规模多在 2000 吨以上。

因此，长期以来奶源不足成为制约我国乳业发展的"瓶颈"。以湖南为例，2001 年湖南实际鲜奶产量 1.8 万吨，城乡居民实际消费达到 23.7 万吨，缺口达 92%，原奶生产的增长速度远远满足不了日益增长的消费需求。

（2）奶水牛业虽然起点低，但成长空间广阔

我国南方地区地处热带亚热带，高温高湿，一般乳畜（如黑白花奶牛）的发展受到一定限制，而水牛具有耐高温高湿、耐粗饲、抗病力强、适应性强等优点，是热带亚热带地区发展奶业的优选品种，其他奶牛品种难以比拟。2002 年，据 FAO 报道，世界存栏水牛共 16712.6 万头，其中亚洲占 97%。印度是世界上水牛最多的国家，占世界水牛总数的 56.9%；其次为巴基斯坦，占 14.6%；我国居第三位，占 13.3%。世界上水牛奶业开发最成功的国家为印

度，经过 20 世纪 30 多年的努力，牛奶总产量超过 6000 万吨，其中水牛奶产量占 60%，人均占有量为 78 千克，很好地解决了由于人口众多引起的粮食不足的困难和人均蛋白质摄入低的问题，并由奶粉进口国变为出口国。

我国有 18 种优良水牛品种，具有体格高大、各种生产性能良好等特点，是我国水牛选育的基因库。我国水牛主要分布于黄河以南的 17 个省（直辖市、自治区），2001 年全国水牛存栏达 2400 万多头，其中广西占 19% 左右，居第一位；超过 100 万头的地区有 9 个。但我国长期以来将水牛作为役用。一般水牛的泌乳期有 7~8 个月，产奶量只有 500~700 千克，据广西水牛研究所的资料，奶水牛通过良种繁育，泌乳期可增至 9~10 个月，平均产奶量为 1500~2300 千克，而且水牛奶的营养价值高于黑白花牛奶，因此具有很大的发展潜力。意大利的经验表明，该国主要是以大型农场为主体进行水牛饲养，一般饲养规模在 300~500 头，其中产奶母牛为 200~300 头，平均每头产奶量为 2092 千克，乳脂率为 8.4%，水牛奶的价格是黑白花牛奶价格的 3 倍（前者 1 美元/千克，后者 0.3 美元/千克），100 千克水牛奶可产 25 千克奶酪，是黑白花牛奶的 2 倍；1 千克水牛奶酪 25 美元，是鲜奶价格的 2.5 倍，是黑白花奶酪价格的 3~4 倍。

无疑，我国的水牛资源和南方巨大的乳品需求将为我国南方乳业的发展奠定良好的基础。我国乳业、特别是奶水牛业虽处于起步阶段，但具有巨大的成长空间。

2. 乳业面临良好的发展机遇

国务院批准实施的《中国食品和营养发展纲要（2001—2010）》(简称《纲要》)提出，今后 10 年我国将优先发展奶业，并特别强调注意解决好农村和西部两个重点地区的人群食物和营养问题，使全国人均乳品消费从"九五"的 5.5 千克提高到 16 千克，其中城市居民人均消费达到 32 千克，农村居民人均达到 7 千克。到 2010 年，全国奶类总产量要在 2001 年的基础上再提高 1 倍。2000 年国家 9 个部委局联合推动的国家"学生奶"计划开始实施，极大地刺激了奶业市场的发展。据不完全统计，目前世界上已有 30 多个国家和地区实行了"学生奶"计划，甚至有些国家（如美国、日本、芬兰等）制定有关法律来保证该计划长期稳定的实施。据 FAO 统计，"学

生奶"占全部液体奶销量的比例以泰国最高,达30%左右,日本达9%,美国达7%,芬兰达5%,挪威和瑞典达4%,丹麦达3%。我国"学生奶"需求量巨大,以广西为例,2000年广西现有中小学生895万人(含幼儿园),如果每天每人喝一杯牛奶,则一年需要82万吨,是广西该年奶产量的40倍。此外,我国即将进入老龄化社会,老年人口将达到3亿人,如果按50%的老人生活在城镇统计,每人每天喝250克牛奶,则一年消费牛奶1368万吨。因此,能否实现《纲要》所提出的目标以及在全国范围内实行"学生奶"计划,关键在于人口密集的广大东南和西南地区的奶业发展。

3. 我国奶格局与热带亚热带湿地奶水牛区的崛起

我国牛奶产区可分为三个:北方黄牛奶区、青藏高原牦牛奶区和南方水牛-黄牛奶区。南方水牛-黄牛奶区包括广东、广西、福建、四川、云南、贵州、湖北、湖南、江苏、浙江、安徽、江西等省(自治区),总面积240.28万 km²,占国土面积的25.03%,属热带亚热带地区,水牛数量占全国水牛总量的98%。

目前我国奶业生产格局与人口、奶消费市场的分布很不一致,有必要构建南方奶水牛业区,战略性地调整我国奶业格局,这既是南方农业结构调整、农民增收、扶贫工作的需要,也是北方退化草场生态恢复的需要。

南方地区奶业快速发展的需求较高,这一地区人口稠密,数量大,约占全国总人口的70%左右,经济发达,而目前这一地区牛奶总产量却很低。该地区气温高、降水量大、高温高湿持续时间长,对于长期生活于温带地区的奶黄牛极为不利。这一地区的黄牛类奶牛不仅疾病多、饲养成本高、平均产奶量低(北方平均产奶量在7000千克左右,而南方只有4000千克左右),而且药物的大量使用还会大大影响牛奶的质量。因此,长期生活且适应这一地区生态环境的水牛类奶牛则可能成为这一地区的主要奶源,印度、巴基斯坦等国的成功即为最好的例证。我国2400万头水牛主要分布于海拔低于800米的南方低山、丘陵、平原和水稻田地区,其适应性强、耐高温高湿、耐粗饲、抗病力强、饲养成本低、风险小、收益稳定,同时,南方河网密布、水多,饲草料资源丰富,使奶水牛发展具有极好的自然资源条件。海拔800米以上的山地,气候温凉,则适于黄牛类奶牛的

发展。此外,在大城市郊区,奶牛养殖业集约化、设施现代化程度较高,饲养奶黄牛数量较多,在奶总产量中占有很大的比例。

我国南方具有发展奶业最佳的天时和地利,随着人民饮食结构改变和保健意识的加强,对乳品的需求会有很大的增长,南方奶产量极低的现象将得到根本的改变。因此,应该大力发展南方奶水牛产业,提升南方奶业在我国奶业中的地位,促进我国奶业的均衡发展。

四、我国发展奶水牛业的优势

1. 牛奶及其制品

据报道,水牛奶的高质量在于其干物质(18.4%~21.75%)和营养成分显著高于荷斯坦奶牛奶及其他动物乳和人乳(表37-2、表37-3)。其中,干物质、乳脂、蛋白质、氨基酸等为荷斯坦奶牛奶的1~2倍,而铁、锌和维生素则高于荷斯坦奶牛奶几十倍。

表37-2　水牛奶与荷斯坦奶牛奶的营养价值比较

奶品	干物质/%	乳脂/%	蛋白质/%	氨基酸/%	铁/(毫克/100克)	锌/(毫克/100克)	维生素A/(克/毫克)
水牛奶	18.4	7.9	4.5	4.2	24.5	27.0	0.76
荷斯坦奶牛奶	13.0	3.2	3.1	1.4	0.3	2.2	0.02

注:水牛为杂交水牛。

表37-3　各种乳平均营养成分(单位:%)

奶品	干物质	脂肪	总蛋白	乳糖	干酪素	灰分
人乳	12.42	3.74	2.10	6.37	0.80	0.03
山羊乳	13.90	4.40	4.10	4.40	3.30	0.80
马乳	10.50	1.60	1.90	6.40	4.30	0.34
水牛乳	21.75	10.80	5.26	4.88	4.70	0.80
黄牛乳	12.50	3.65	3.20	4.81	0.75	

注:水牛为我国本地水牛。

水牛奶乳汁浓厚,香气扑鼻,直接饮用香浓可口,颇受消费者青睐。根据调查,在水牛奶的主要产区广西,每千克鲜奶收购价为4元,而黑白花牛奶仅

为 1.5~2 元。此外,水牛奶加工潜力巨大,加工优势明显,不仅可以加工成市场容量大、高质量的灭菌乳、酸乳等纯乳产品或含乳饮料,还可以开发出高附加值的水牛奶制品。例如,广西皇氏乳业集团生产的水牛奶系列产品,目前即将投放市场,250 毫升水牛奶酸奶零售价为 4 元,远高于黑白花牛奶的同类产品。

2. 丰富多样的饲草料

我国南方水热充盈,草坡、草山、湖滨、海滩面积广阔,农作物复种指数高,牧草单位面积产量高,农作物秸秆及加工业副产品资源丰富,南方牧草饲料资源丰足,生产潜力巨大。牧草饲料主要来自以下三个方面。

（1）草地农业。推行"草田轮作制"是农业结构改革的重要方面,如果我国南方的 8.36 亿亩农田每年有 1/4~1/5（即 1.7 亿~2.1 亿亩）的农田轮种豆科牧草,年产青草达 38 000 万吨（亩产 2 吨）,可饲养水牛 2082.2 万头,不仅可提供大量优质的水牛饲草料,成为发展奶水牛业的重要支柱,还可改良农田土壤。此外,我国南方有 4 亿~5 亿亩冬闲田,如果利用 1/3 的冬闲田,年产鲜草可达 30 000 万吨（亩产 2 吨）,可饲养 1643.8 万头水牛。

（2）农作物秸秆。根据调查,广西全区有数量巨大的各种农作物秸秆及加工副产品（全区年产稻草 1200 万吨,玉米秆 294 万吨,红薯藤 56 万吨,黄豆秆 87 万吨,花生藤 113 万吨,甘蔗尾叶 500 万吨,糖厂的甘蔗渣 500 万吨,木薯渣 4 万吨,菠萝渣 4 万吨,糖蜜 70 万吨）,产量合计达 2828 万吨,每年可饲养约 154.9 万头水牛。

（3）人工草地。我国南方有着面积 9.8 亿亩的草山、草坡,据广西的调查,人工种植象草每年每亩产鲜草 3000~5000 千克,如果利用其中 1/10 的面积发展人工草地,可达 0.98 亿亩,按每亩平均产鲜草 3000 千克计,可生产鲜草 29 400 万吨,每年可饲养奶水牛约 1611 万头。

综上所述,可支撑的奶牛数量可达 5492 万头,远远高于我国奶水牛发展预测指标（预测到 2020 年,我国南方 8.5 亿人人均奶占有量为 106 千克,需要奶水牛约为 2500 万头）。因此,在我国南方发展奶水牛产业有极大潜力,牧草饲料不会对产业发展形成制约。

3. 高效益低成本的奶水牛养殖

由于奶水牛适应南方湿热的环境、抗病能力强、耐粗饲、饲养管理简易,加之我国南方牧草饲料丰足,因此在我国南方养殖奶水牛成本低、效益高。不同杂交品系的奶水牛养殖纯收入为 2000~6000 元。以下根据我们在广西武宣县奶水牛养殖户的调查数据来计算养殖效益。以杂交二代奶水牛（年产奶量为 2000 千克）为例,每头奶水牛年投入 5058 元。其中精料投入:365 天×3 千克/天×1.40 元/千克 = 1533 元;粗料投入:365 天×50 千克/天×0.10 元/千克 = 1825 元;水电保健费 500 元;人力投入 1200 元;每千克鲜奶收购价为 4 元。每头奶水牛可获纯收入为 2942 元,每个劳力可饲养 5 头奶水牛,每年可获利纯收入为 1.471 万元。

据广西大学蒋和生教授估算,以年增加 70 000 吨鲜奶为基本核算,需购进黑白花奶牛 10 000 头,每头价格为 40 000 元,合计 4 亿元;每年饲草料成本每头为 5000 元,10 年合计 5 亿元。每头奶牛年产奶为 7 吨,每吨价格为 2000 元,10 000 头奶牛 10 年产奶总值为 14 亿元,减去成本后,黑白花奶牛净收益为 5 亿元。如养殖杂交奶水牛,年产量为 70 000 吨牛奶需改良奶水牛 3.5 万头,共需资金 2.8 亿元,10 年饲养 3.5 万头奶水牛的成本为 7.0 亿元;而 10 年之内的后 6.5 年产奶总收入为 18.2 亿元,减去成本后,杂交奶水牛净收益为 8.4 亿元,其经济效益优于黑白花奶牛。

综上所述,我国南方高温高湿的自然环境所产生的巨大植物第一性生产力,客观上为奶水牛养殖提供了坚强的牧草饲料支撑,随着优良牧草品种的不断选育和推广,牧草生产潜力将会得到进一步放大。另外,丰富的奶水牛种群资源和杂交奶水牛优良的品质,又是我国南方生物生产力增值和转换的最佳媒介;水牛奶高营养和高质量孕育了广阔的市场前景;低廉的生产成本可以使农民在奶水牛养殖中获得最大的利益回报。

五、建立优化的奶水牛农业生态模式与生产体系

奶水牛业是能量和价值高度集聚的农业产业,启动独特的水牛奶生态-经济链,可带动第一、第

二、第三产业的联动发展。加快我国奶水牛业的发展,关键在于建立优化的奶水牛农业生态模式与生产体系,并加强支撑与服务体系。

(一) 奶水牛生态-经济链的第一产业和生态模式

1. 奶水牛的饲料(初级生产力)开发

随着我国加入 WTO,国外的廉价粮食产品逐渐进入了我国的市场,农民种植粮食的收益明显降低,因此,我国种植业的结构调整步伐必须加快。开发南方农业饲料资源具有广阔的前景,普遍推行"草田轮作制"不仅可以提供大量优质的水牛饲草料,成为发展奶水牛业的重要支柱,还可改良农田土壤。南方尚有 4 亿~5 亿亩冬闲田,是南方土地资源利用的空白点,如改造为饲草生产基地,一方面可以供应奶水牛业生产的饲料,另一方面又使闲置的土地和植物资源得以充分的利用,使农民通过饲草种植来增加收入。广西调查表明,冬闲田种植黑麦草一个冬季可收割 2000 千克鲜草,以每千克 0.1 元计,冬季亩均产值 200 元;退耕地利用增值比冬闲田更高,种植象草一个生长季可收 5000 千克鲜草,亩均产值 500 元。各种农作物与经济作物的秸秆与皮壳等均可加工成为水牛饲料,更是一个有着极其巨大发展潜力的初级生产力资源。南方的 9.8 亿亩草山、草坡的利用也极具潜力,估计在海拔 800~1000 米的热带亚热带次生草地占 1/4,即 2.4 亿亩,改造为优质高产的人工草地后,将成为南方奶水牛业主要的饲草基地。

2. 水牛奶(次级生产力)的转化

役用水牛对能量的利用率非常低,非耕时期长期闲置更加造成资源的巨大浪费。水牛奶是能量转化最高的动物产品之一,是农民增收的一个关键点。奶水牛在泌乳前期的净能量转化率为 19.9%,通过改善奶水牛饲料配方,净能量转化率还可以进一步提高。而其他动物产品净能量转化率一般在 10% 左右,如猪肉约为 17%,鸡肉约为 12%,兔肉约为 9%,鸡蛋约为 7%,羊肉约为 5%,牛肉约为 4%。

3. 奶水牛驱动的能量流动和物质循环的优化生态模式

能量与物质在系统中流经越多的环节,系统的能量与物质利用效率就越高,这是自然生态系统的基本法则。在我国南亚热带的广西玉林地区,涌现出一个极富生命力的、多级能量转化的农草林果的复合模式,或称为"北流水牛模式",它具有第一、第二生产力的合理配置,符合生物多样性的原理,形成具有较完善生态功能的复合结构,并孕育着巨大商机的潜在前景,因而可能是一个可持续发展的农业模式雏形。"北流水牛模式"是以华南红土丘陵台地的自然景观与农业结构为基础的,其最突出的特点就是以奶水牛为驱动力的能量转化与物质循环系统。该模式的基本结构是:林-果-草-奶水牛-沼气-稻田-鱼塘。

(1) 丘顶水土保持林带;

(2) 丘坡果树(+草)带;

(3) 丘脚草带是饲养奶水牛的人工草地基地;

(4) 牛舍沼气池是模式系统中高效的能量转换枢纽与物质循环的中转站;

(5) 台地水稻带是华南最基本的传统农业种植带;

(6) 尾塘带是处在模式系统尾闾的池塘,可进行再度的营养物质循环与能量的再转化。

在该模式下养殖不同规模水牛群的经济效益预算如下:

以饲养 10 头杂交二代奶水牛的"果-草-牛-沼气-鱼塘"模式为例。

A. 成本:34 475.0 元

a. 饲料成本:20 075.0 元

(1) 精料:2 千克×2.5 元/千克×365 天×7 头=12 775.0 元

(2) 草料:20 千克×0.1 元/千克×365 天×10 头=7300.0 元

b. 人工成本:3 人×400 元/月×12 个月=14 400.0 元

B. 年收入:92 187.5 元

(1) 奶水牛常年有 7 头挤奶牛:7 头×1800 千克×3.6 元/千克=45 360.0 元

(2) 生产沼气,每天可节省用电 10 千瓦时:365 天×10 千瓦时×0.35 元/千瓦时=1277.5 元

(3) 沼气渣和废水种果树,可供 100 亩荔枝树种植所需肥料:

100 亩×25 千克肥料×2.5 元/千克=6250.0 元

(4) 种草的收入与草料成本一致:7300.0 元

(5) 荔枝树产果:100 亩×80 千克/亩×4 元/千

克 = 32 000.0 元

　　C. 纯收入:

　　合计:92 187.5−34 475.0 = 57 712.5 元

　　牛均:57 712.5/10 = 5771.25 元

(二)奶水牛生态−经济链的第二产业生产经营模式

　　奶水牛生态经济链的第二产业是乳品加工,该环节是系统有效能量的主要出口,使生产链进一步延长并增加附加值。以加工业为核心,可以把奶水牛生态−经济链的各个环节有机结合并积极调动起来。

　　水牛奶具有很高的加工价值、加工潜力和加工优势,不仅可以开发出大众化的杀菌乳、灭菌乳、酸乳和乳酸饮料,还可以开发出市场容量大、高质量、高品质、高附加值的水牛奶制品。如用来加工奶酪,100 千克水牛奶可以生产出 25 千克奶酪,荷斯坦牛牛奶只能生产出 10~12 千克奶酪,奶酪在国际市场上畅销不衰,价格远高于其他同类产品,如世界闻名的意大利干酪(Mozzarella)和乳清干酪(Ricotta)。这是奶业非常发达的一些欧洲国家,如意大利、英国等国家在奶业市场饱和的情况下,仍坚持发展奶水牛业的重要原因。

　　奶水牛业的总体经营模式是建立以奶产品加工企业为龙头,奶水牛生产基地为平台,养牛农户为基本原料生产单元的“公司+基地+农户或合作社”式的奶牛饲养模式。牛奶生产和收购是加工业发展的前提,自下而上地建立高效低成本的收购网络系统对于水牛奶市场化起着重要的作用,也是农民与企业联系的重要途径。在大城市以奶业加工龙头企业为主,向一定交通半径(如 50~200 千米)以内围绕中心城市的奶水牛养殖基地或养牛农户收购奶源。在较偏远的小城镇则以小企业为主负责收购周围奶户的水牛奶,再向中心城市龙头企业的加工厂输送。这些卫星城镇辐射散布在中心城市的周围,形成农村包围城市的奶业生产格局。不同地区依据经济、社会、气候和自然条件差异可以形成各有特色的生产经营模式。此外,亟待建立奶水牛业的支撑服务体系。

六、战略定位:对我国奶水牛业发展的情景预测

1. 基础数据与参数设定

　　2002 年我国水牛存栏头数为 2245 万头,其中奶水牛头数(可繁殖母牛)为 525 万头,即全国现有 500 多万头母水牛可供改良,广西有 170 万头可供改良的母水牛。1999 年全国杂交水牛有 1 万头,2000 年有 1.4 万头,2001 年有 4 万头,2002 年有 11.6 万头。根据对广西奶水牛发展情况的调查,大体可以作如下设定。

　　设定 1:我国南方奶区产奶量占全国产奶量的 1/2;

　　设定 2:南方奶产量中的一半是水牛奶;

　　设定 3:奶水牛经过品种改良,平均每头年产奶量为 1750 千克。

2. 方案分析

　　纲要方案:根据《“十五”规划和 2015 年远景规划纲要》,全国产奶量 2015 年达到 2832 万吨,我国南方奶区 2015 年年产奶量 1416 万吨,即占全国产奶量的 1/2;其中的一半,即 708 万吨是水牛奶;奶水牛经过品种改良,平均每头年产奶为 1750 千克,则 2015 年,我国杂交奶水牛头数需要发展到 405 万头。如前所述,该方案过于保守。

　　趋势预测:根据前面对 2003—2020 年我国奶产量增长趋势的预测,2010 年我国奶水牛头数将发展到 450 万头,2020 年发展到 1100 万头。但是,按照这样的规划,2020 年我国人均占有量的水平仍然只有 48.7 千克,远远低于印度目前的水平(78 千克)。因此,如要 2020 年我国人均占有量水平赶上印度现在的水平,即 78 千克,则 2010 年杂交奶水牛需要发展到 780 万头,2015 年 1160 万头,2020 年 1750 万头。

七、对高速发展我国奶水牛业的几点建议

综上所述,我国南方地区应该大力发展奶水牛业,建立以奶水牛为主的农业生态-经济产业链。具体建议如下:

(1)制定全国奶业发展纲要,把奶水牛业发展纳入纲要并予以重点支持。

(2)依靠科技发展奶水牛业。目前,我国的奶水牛业多为粗放经营,生产水平很低,如何在我国水牛奶生产、加工与销售系统中,采用新技术,提高技术含量,对于增强水牛奶开发能力和市场竞争力具有十分重要的作用。有关的科学问题主要有:①进行品种改良、引进优良品种、提前奶水牛生殖期(由2.5~3年提前到1.5~2年)、提高日产量、建立快速繁育与疫病防治体系;②制定饲养与营养标准及技术操作规程;③适应快速发展奶水牛的农业结构调整(大力推行"草田轮间作")与天然草山、草坡的人工草地改造工程;④奶水牛驱动的热带亚热带生态-经济模式的研究与示范。

(3)建立培训与推广网络体系,根据国内外经验,要稳定而快速的发展奶水牛业就必须建立与不断完善培训与推广网络体系(如服务网络与科技网络)。

(4)建立立足全国、面向世界的水牛种质资源库,收集、保存现有水牛品种资源,为奶水牛的品种改良奠定基础。

(5)加强奶水牛饲养、防疫的标准体系及相关技术操作规程的研究,尽快出台全国统一的奶水牛标准体系及相关技术操作规程。

(6)建立以中国农业科学院广西水牛研究所为技术依托的奶水牛科学饲养示范基地县,作为面向全国的奶水牛饲养技术培训和推广中心。逐步在南方各省(自治区)建立奶水牛研究机构和示范基地县,并给予资金、技术和政策上的重点扶持。

(7)加强奶水牛产业化发展的关键技术研究。开展应用胚胎移植技术,建立良种核心群的研究;开展以提高水牛繁殖率和加快良种繁殖技术为主的生物技术研究,并建立高产良种核心群;加强养殖、饲草、乳品加工的奶水牛业集成技术的研究。

(8)制定奶水牛产业化发展的政策,把奶水牛产业发展纳入国家扶贫计划和农产品研发匹配一定比例的专项经费,加强对水牛奶的宣传,引导消费水牛奶,鼓励成立各级奶水牛行业协会等。

咨询组成员名单

张新时 组长,中国科学院院士
　　　　中国科学院植物研究所

李振声 中国科学院院士
　　　　中国科学院

陈佐忠 研究员
　　　　中国科学院植物研究所

黄文秀 研究员
　　　　中国科学院地理科学与资源研究所

汪诗平 研究员
　　　　中国科学院植物研究所

辛晓平 副研究员
　　　　中国农业科学院农业资源与农业区划研究所

王国宏 副研究员
　　　　中国科学院植物研究所

李　波 副教授
　　　　北京师范大学

蔡　刚 工程师
　　　　中国科学院院士工作局咨询工作处

第38章
我国必须走发展人工草地和草地农业的道路*

张新时

改革开放以来,我国的三农①有了很大的进步,但是还不能适应整个经济的发展和需求,尤其是与经济先进国家相比,还有较大的差距,更谈不上可持续发展。差距之一就是畜牧业在农业中的比重和地位。先进国家的畜牧业一般占农业比重的 60%,甚至到 70%~80%。畜牧业对产业化的贡献和带动极大。我国畜牧业仅占农业产值的 30%,其中草地畜牧业不过 5%。我国以粮食为主的三农,不能全以国情为由,却是粮食越种越穷,对三农的带动颇差。虽然近年由于国家的政策性补贴,种粮的境况有了改善,但终非根本之计。再加上连年种植一年生的粮食作物对农田水肥条件不利,由于缺乏有机肥,而长期依靠化肥,使土壤结构不佳,有机质减少,理化性质恶化,农田生态条件全面退化,病虫害频发,尽管有高产杂交种不断育出,也难以充分发挥。

另一方面,作为我国农业重要组成之一的畜牧业,却较之种植业更加落后,国际差距更大。沿袭数千年之久的天然草原放牧业,以极其粗放、落后、低生产力和对生态不友好的传统方式,至今仍作为我国草地畜牧业的主要生产方式。近百年来,草原游牧民族企图用发展牲畜数量的办法增加收入,初期尚有成效。20 世纪 50 年代以后,牧区人口膨胀、牲畜剧增,草原超载过牧,80% 以上草场退化。草原过牧虽在初期可使畜产品增加,其代价却是草原生态系统结构破坏、生产力减退、环境破坏、土地荒漠化,终将导致草原生态系统崩溃(沙化、水土流失、砾石化、盐渍化、虫鼠害、沙尘暴频发等),过度放牧已成为我国生态退化最严重的问题,草原畜牧业经济难以为继。我国北方草原已成为和即将成为一个不能自我维持和不可持续发展的系统。草原生态系统的不可持续性表现为:

- 草原环境的不可持续性;
- 草原生态系统的不可持续性;
- 草原经济体系的不可持续性。

从我国四大天然牧区来看:

内蒙古草地可利用面积 $63.59 \times 10^6 \ \text{hm}^2$,单位面积载畜量为 $1.44 \ \text{hm}^2$/羊单位或 21.58 亩/羊单位,理论载畜量为 44.20×10^6 羊单位。2006 年底牲畜存栏数 91.65×10^6 羊单位,超载 47.45×10^6 羊单位,超载率 107.35%,尚缺草地 $68.33 \times 10^6 \ \text{hm}^2$($10.25 \times 10^8$ 亩)。

新疆可利用天然草地面积 $48.01 \times 10^6 \ \text{hm}^2$,每羊单位需要 $1.49 \ \text{hm}^2$(22.35 亩)草地,新疆草地理论载畜量 32.25×10^6 羊单位。2006 年存栏牲畜量 74.34×10^6 羊单位,超载 42.09×10^6 羊单位,超载率 130.53%,尚欠缺草地约 $62.76 \times 10^6 \ \text{hm}^2$(9.41 亿亩)。

西藏可利用天然草地面积 $70.84 \times 10^6 \ \text{hm}^2$,每羊单位需要 $2.62 \ \text{hm}^2$(39.24 亩)草地,西藏草地理论载畜量为 27.08×10^6 羊单位。2006 年西藏存栏牲畜量 51.65×10^6 羊单位,超载 24.57×10^6 羊单位,超载率 90.74%,尚欠缺草地约 $64.49 \times 10^6 \ \text{hm}^2$(9.67 亿亩)。

---

* 本文发表在《科学与社会》,2010,3:18-21。

① 三农指农村、农民、农业。

青海可利用天然草地面积 31.53×10^6 hm²,每羊单位需要 1.09 hm²(16.31 亩)草地,青海理论载畜量为 29.00×10^6 羊单位。2006 年青海存栏牲畜量 38.48×10^6 羊单位,超载率 32.68%,尚欠缺草地约 10.41×10^6 hm²(1.56 亿亩)。

有史以来,"过牧"就是游牧民族固有的知识和生产方式。这种倚赖"过牧"来极度榨取草原生产力的生产方式无异于"杀鸡取卵",实际上是不断造成日益增大生态赤字的"生态高利贷",是以牺牲生态为代价的恶性循环,以负债补偿来换取草原牧民的生存与"发展"。草原超载过牧虽然在一定时段可使畜牧业生产有所增加,但违背了生态法则,严重地破坏了天然草原的生态平衡。其代价是草原生态系统结构破坏,加以受到全球变暖增强,草原固有的干旱轮回与其他自然灾害对退化草原与超载畜群的加剧胁迫,终究会导致草原生态系统的极度衰退与崩溃。从经济的角度来看,我国牧区的畜牧业产值远低于农区;在四个最大的牧区省中,仅内蒙古稍高,也只在全国占第 12 位,新疆为 22 位,青海为 28 位,西藏以 31 位居于末位。由此可见我国天然草地放牧业生产力之低下。自然界是经济系统的生命支持系统,内蒙古每年草场沙化退化面积平均 167 万 hm²,若按我国草原的平均生态系统服务价值 232 美元/(hm²·a)计算,则内蒙古草原每年由于草场退化沙化带来的生态系统服务价值损失为 32.16×10^8 元。按 30 年计,则总损失为 96.47×10^9 元,相当于内蒙古草原畜牧业 50 年总产值的 1.42 倍。也就是说,每产生 1 万元的草原畜牧业产值,所造成的生态损失为 1.42 万元,即内蒙古畜牧业的生态赤字为生产值 142%。可以说,近代内蒙古草原作为生命支持系统因退化而不仅不能满足生态服务功能,也不足以支撑经济生产力的需求,可能沦为不可持续发展的生态系统。

自 20 世纪 40 年代以来,世界上的先进国家已先后不同程度地完成了从粗放的天然草地放牧到人工草地与草地农业支持的现代化畜牧业的转变,极大地提高了草地畜牧业的生产力,形成先进的产业链与发达的畜牧业经济,同时使天然草地得到充分的恢复和具有良好的生态服务功能。种草养畜是农业现代化的主要方向,先进农业国家的重要标志是现代化畜牧业是农业的领军产业,畜牧业的产值占农业总产值 60% 以上。即使在大规模出口商品粮的美国和加拿大,其耕地也有 40%～60% 是牧草,15% 是饲料谷物;种草养畜经济效益远高于种粮,大约是谷物收益的 10 倍;实施粮、经、草三元结构的草田轮作,约占耕地面积 30% 的高产优质草地,草可护地、畜可肥田,粮食不减反增。美国 1940 年起强调草地农业是美国新农业的蕴蓄和力量,所谓草地农业(grassland agriculture)即在畜牧业和土地经营中强调禾草和豆科草重要性的农作系统,围绕着草地进行大田作物和畜产品生产。草地农业的主要特点是依靠草本植物如禾草、豆科草和杂类草,以及农业饲料和农作物秸秆饲喂家畜。美国的草地分为两大类,即人工草地(pasture 或 pastureland)和放牧场(rangeland)。人工草地主要集中在美国湿润的东半部,其植物种类大部分是普通的引进种,一般接受肥料和除虫剂的输入,对人工草地可采用各类技术进行更新或再植。放牧场在美国较干的西半部占优势,其植被大部分为自然过程和放牧经营所维持,较少接受肥料、除虫剂和种子等的输入。原生种类在放牧场中更为普遍,但引进种也经常出现。美国传统的牛肉生产系统,包括母牛、小牛和育肥经营多数依靠人工草地和农田草地,大约 60% 的饲料是干草和青储料,40% 是浓缩料(谷物和蛋白补充品)。近年来美国有 10%～30% 的乳品生产者转向以草地牧草为主的草基畜牧业,不用或少用浓缩添加料,不仅降低了成本,且研究证明,草地饲养的家畜对动物和人类都更为健康,它们所产生的肉和乳比谷物饲养的家畜有较低水平的饱和脂肪酸与较高水平的 Omiga-3 的脂肪酸和复合亚麻仁油酸等"健康的脂肪"。在美国,以天然放牧场作为季节性的补充,较少有过度放牧导致草地退化的情况,仅前几年在得克萨斯州因野生羚羊过多引起草地灌丛化和在黄石公园因麋鹿毁害森林更新而引进狼时予以控制。

我国农业"以粮为纲",三大谷物(稻、小麦、玉米)占农田当量数达 77.31%,粮食仍然紧张。因我国人均粮食消费是发达国家的 3～4 倍,猪饲料更超过人口粮量,如种草养牛,增加牛奶肉供应,可减少谷物消费,缓解粮食压力;目前我国草地畜牧业的生产水平与先进国家相比,大体上有 70 年的差距。我国仅占农业产值的 9%,极低的草地畜牧业生产力,不仅极大地牵制了我国经济发展,降低人民的生活水平与质量,而且是造成我国荒漠化与环境恶化的主要动力与原因。这种局势不仅会造成我国三农问题的极大欠缺和农业现代化的落后,甚至将拖后我国整个现代化的步伐。因此,在今后 20～30 年我国的草地畜牧业必须进行生产方式和草原生态系统功能的两个根本性转变：

1. 逐步停止粗放、落后、低生产力和生态不友好的传统天然草地放牧生产方式；稳妥地对天然草地实施禁牧，以恢复重建其水土保持、防风固沙、生物多样性保育和作为地球北方强大碳汇的生态服务功能为主；

2. 大力扶持发展优质高产的人工草地和草地农业支持的现代化舍饲的集约畜牧业生产方式。

发展草地农业和人工草地的重大意义有三：一是提供大量优质和健康的中蛋白质和高纤维质饲草作为发展健康的和较低成本的草基畜牧业的第一性生产力基础；二是在多年生草地覆盖下发育着具有良好物理、化学和生物性能的中到微碱性的腐殖土，是最肥沃的农业土壤，加以畜牧业提供丰富的有机肥，可保证作物持续的高生产力和强大的环境作用；三是发展人工草地和草地农业以及保育天然草地具有显著的碳汇意义，有利于提高我国的"碳定额"和发展"碳贸易"，是我国生态建设和减缓全球变化的关键对策和重大举措。

种草养畜是农业现代化的主要方向之一，争取在今后 30 年内完成草地畜牧业生产方式的转变，应当是我国经济发展与农业结构大调整的一项重要任务。以农业生产方式大量种植高产优质的人工草地，代替天然草地；集约栽培的人工草地产草量相当于天然草地的 10～20 倍。因此，在全国有规划地发展相当于全国 60 亿亩天然草地的 1/10 面积，即 6 亿亩（北方 4 亿亩、南方 2 亿亩）优质高产的人工草地，再结合以草地农业草田轮作制的实施和农副产品的饲料化，将可形成我国现代化草基畜牧业的第一性生产力基础，足以豢养全国现有的食草家畜量而有余。优良牧草具有优越的生产和生态性能：由于高光合效率而具有高的营养（叶与茎干）生产力，且多年生牧草再生力强，可达 7～25 年，1 年可刈割多次。如杂交狼尾草在南亚热带可每月刈割 1 次，每年 12 次，每亩年产 15～20 t。许多牧草蛋白质含量高出谷物数倍，杂交狼尾草蛋白质含量是玉米的 4 倍；干苜蓿粗蛋白含量为 24%，玉米粒仅为 8%；美国饲料高粱秸秆蛋白质含量 16%～22%，是高粱粒的 2～3 倍；豆科牧草生物固氮、土壤有机质丰富、改良土壤，如苜蓿每亩每年固氮 30 kg；牧草营养生长对热量要求不高，尤其多年生牧草根深，较耐旱节水，适应性高于谷物。多年生牧草全年覆盖地表，提高了地表绿色覆盖度，降低了反射率，不需每年翻耕，加以根系发达，土壤团粒结构良好，利于水分下渗，保持水土功能强，可较有效地防止水土流失。在干旱的草原和荒漠地带，多年生牧草的防风固沙效果十分显著。

建议 1：在天然草地中选择水土条件较优处建立 6 亿亩优质高产的人工草地，产草量 2.4 亿 t（按亩产草 400 kg 计算），载畜量可达到 1.6 亿头羊单位，约占全国 60 亿亩天然草地可载畜量的 50%。

建议 2：大力发展草地农业，调整农区农业种植结构，增加轮作牧草与青饲比重。必须同时大力发展农区畜牧业。合理的农业结构比例大致是：粮 4：经 3：草 3。通过调整，饲草占 30%，可发展近 2 亿亩的农田草地；草地农业新增的草料加以农区现有秸秆与农副产品亦可利用为饲料资源，足以支撑另一半家畜舍饲之需。

建议 3：建立草地农业的畜牧业生态-经济链或产业链，配套发展各种畜产品与饲料加工业、服务业、技术推广站与科研机构；极力推行以畜牧业牵动一、二、三产的循环经济，发展以饲草基地和舍饲牲畜为第一产业牵头的加工企业和市场贸易的产业链。发展人工草地和草地农业是畜牧业加工和服务业的强大基础，可作为农村产业链的主导产业和我国现代化农业的支柱产业。家畜本身就是一个完整的生物加工厂，它的奶、肉、皮、毛、血、粪等各有其用途和价值，各具不同的加工技术和程序，可形成各自的产业，以及各类的服务和附属行业。因此，草地畜牧业具有贯穿种植业-养殖业-加工业-服务业-市场销售业等的最长和层层增值的产业链或产业网络。因此现代化草地畜牧业是现代化农业的一个主要驱动力，没有草地畜牧业就没有发达的食品和畜产品加工业，没有农业的现代化和繁盛的市场化前景。例如，在畜圈中推行新型的复合酵母菌和乳酸菌（EM 菌）发酵技术，不仅可优化家畜胃肠道菌群，抑制氨、酚、甲烷等恶气，零排放地处理牲畜的排泄物，无污、无臭、无水冲洗，保持畜圈卫生和人畜健康；并使牲畜粪便在畜圈垫料中无污分解循环和连续发酵，产出大量优质的有机肥料。这是一种畜圈内的小循环经济。这样一个农业和畜牧业生产方式的大转变不啻是一场革命，其时机在我国已近成熟，政府应予以积极引导与催化，业界的观念转变与理论和技术支持，企业的投入与推动是必要的保证。当然会有各种各样体制、经济、技术、生活等方面的实际困难,更多的是观念、阶层、产业、民族习俗等方方面面的阻挠和障碍。这些都是不可避免的,只要坚持转变和踏实不懈地工作,必将会迎来和谐新方式的黎明,走上生态/经济双赢、人天和谐与建成全面小康社会的重要途径和可持续发展之路,尤其是使占国土面积42%的天然草地得以退牧还草,休养生息,聚碳增汇,发挥巨大的生态保育功能,更加郁郁葱葱地覆盖保育着我们祖国的大地。

第39章

建立青藏高原高寒草地国家公园和发展高原野生动物养殖产业*

张新时

（中国科学院植物研究所，北京师范大学资源学院）

青藏高原北部的羌塘和可可西里地区，面积50万 km²，平均海拔高度在 5000 m 以上，气候寒冷，生长期短暂，高寒草地生态系统生产力低，其净第一性生产力（net primary productivity，NPP）低于 1 吨干物质·年⁻¹·公顷⁻¹，基本上不适于发展常规的农、林、牧业，也不宜于人类定居生活。然而，可以与其对比的，却是在亚非大陆远西部的中非稀树草原，那里与青藏高原具有大致相当的纬度，处在亚热带，只是位于低海拔的大平原，气候暖热、干湿季分明，有着现今地球上最为壮观的、依靠稀树草原为生的野生有蹄类食草动物群，构成该地区国家公园的关键种，每年吸引着世界各地的大量游客，不仅保育了当地珍贵的生物多样性，成为地球上伟大的自然文化遗产，并产生了巨大的经济效益，作为当地各国的重要财政收入，这是众所周知的实情。青藏高原虽因巨大的海拔高度而具有远别于亚热带的气候和生物类群，但其丰富多样的特有高寒动物群，既不同于亚热带稀树草原的、也大有异于南北极寒带的动物群，却异曲同工地是地球上绝无仅有的自然文化遗产和极具高原特色的生物多样性瑰宝。当地的野生大型有蹄类食草动物，如特有的藏羚羊、野牦牛、藏野驴等，在高原隆升的数千百万年长期演化的自然选择和变异过程中适应了高寒缺氧的气候和高原高寒草原与草甸稀疏草被的生境，形成了特殊抗寒、耐低氧分压和强辐射的体态、结构和生理特性，其皮、毛、肉、乳、

角、骨等都有多种用途和很高的商业价值，尤其是成群结队的高原动物群更构成极为珍奇罕见的游览景观与生态狩猎场。所有这一切不仅会吸引世界的游客和公众的关注，同时也引起国内外不法分子的觊觎，大规模盗猎事件屡有发生，甚至有愈演愈烈之势。据《中国科学探险》杂志专文报道揭露了一条由青藏高原-新德里-伦敦的"沙图什（shahtoosh）"，即盗猎藏羚羊取毛、走私的"地下"通道，及加工厂支持的国际黑色市场（见《中国科学探险》2007 年 6 月号）以很高的收购价格引诱不法分子大量盗猎，造成对藏羚羊种群的严重破坏。

另一方面，即使在极端干寒和缺氧的不利条件下，在藏北青南高原的南部和东部仍有相当数量的牧民进行藏羊的游牧活动。这种极端脆弱、粗放、低生产力、生态环境不友好、得不偿失的天然草地放牧生产方式，在每年不过 3 个月（7、8 和 9 月）的短生长期内使低矮、稀疏的高寒草地发生严重的退化；尤其是在全球增暖的大背景下，草层变稀、表土永冻层融化、水分状况恶化，导致"荒漠化"的趋势加剧。由于高寒草地很低的生产力，每头藏羊每年需要 40~60 亩草地，加以该地区频繁发生的雪灾、旱灾和鼠害的严重威胁，经常造成当地畜牧业毁灭性的灾殃，需要国家耗巨资救灾和恢复生产，其代价远超过当地畜牧业的产值。因此，藏北高原天然草地放牧这种粗放的经济增长方式必须尽快转变，以保育和恢

---

* 本文发表在《中国科学：生命科学》，2014，44（3）：289-290。

复高原草地的生态环境和改变牧民极端贫困的生活状况。

青藏高原北部是我国,也是地球上唯一剩余的高寒区大型珍贵有蹄类野生食草动物成大群游荡栖息的避难所,其生存空间现已受到放牧家畜的胁迫而被排挤压缩到藏北青南的无人区,但在那里仍有相当数量的家畜与其分食稀少的草株。

面对青藏高原的生态困境,建议在藏北青南地区(界限待定)建立"青藏高寒草地野生动物国家公园"(包括原建的保护区在内)。国家公园与保护区的区别在于,国家公园保护其内的所有动植物与自然景观,但可适当开展游览和科学合理的、有管理的利用。而保护区内是不能猎杀和利用其内的生物的。

参照美国中央大草原恢复北美野牛(bison)和欧洲及中亚各国建立赛加羚(高鼻羚羊)保育计划的做法,建议以下几点:

(1)在国家公园范围内的天然草地禁止一切牲畜放牧活动,牧民可就地转变为国家公园的保护人员和公园野生动物养殖场的工人。

(2)建立示范性的野生动物养殖场。可捕获一些刚诞生的幼龄藏羚羊,形成圈养藏羚羊规模化的繁殖能力(如新疆塔里木河下游胡杨林内的生产建设兵团用这种方式已形成数千头塔里木马鹿的圈养种群)。可能有人认为藏羚羊不适于圈养。可可西里保护区工作人员收养了一头失去母亲的幼藏羚羊现已长大,这表明藏羚羊是可能被圈养的。

(3)在此基础上逐步建成规模化的藏羚羊剪毛(绒)生产与加工能力,并发展公开合法的销售渠道和国际市场。

但要注意解决以下方面问题:

(1)养殖场应种植耐寒的燕麦、青稞等作为饲料。对捕获的幼羊可以用家羊或牛奶饲养。

(2)通过选育方式培育产绒量高的藏羚羊品种。

(3)防治藏羚羊的寄生虫和病害,提高其存活率和生产力。

(4)采取人工授精方式,以提高其繁殖率和保证良种繁育。

(5)研究确定合理的剪毛期(如初夏),采用人工剪毛方式采收羊绒和羊毛。

(6)建立毛绒加工厂,继承与改进传统的藏羚羊绒披肩的染色和编织方法。

(7)当天然草地中的藏羚羊种群数量繁殖过多时,可根据动物专家的监测,确定当年可捕获的合理数量,猎取部分公羊,或以麻醉后剪毛,而不是杀羊取绒的方式加以合理利用,以保证藏羚羊种群数量稳定在一定的数量范围内。

藏羚羊养殖业与保育体系的形成将有效地逐步取代藏北青南高原天然高寒草地上传统的落后生产力的藏羊游牧生产方式,从而出现大型有蹄类野生食草动物健康、安全的生态-经济体系及其兴旺和谐的可持续发展局面。

另一方面,公开的藏北青南本土的"沙图什"繁荣经济将最有效地遏制和取消由盗猎和地下通道偷运所支持的黑色"沙图什"国际市场,更好地保育藏北青南这片神圣的净土及其上美妙的生灵。

青藏高原又是我国三大养牛带之一的"牦牛带",与北方的"黄牛带(含荷斯特牛)"、南方的"水牛带"相并列。牦牛适应高寒缺氧环境,其乳与肉脂肪含量高,有特殊用途和价值。其腹下特长的毛绒,藏民久已用来制成"氆氇",雨水在其上滚落而不渗入,垫于湿地而不透,曾在上海的毛纺厂试织成上佳的毛织料。但由于原料稀少,未形成规模的生产力而未能流行于市场。

牦牛的饲养在青藏高原已有悠久的历史和丰富的经验,但未形成规模化的产业,且现有家养牦牛品种退化十分严重,体形远远小于野生牦牛,生产性能差,亟待品种改良、复壮和育种。可利用雄性野牦牛来改良和培育家养牦牛的品质、体形和生产力。建立优质牦牛的养殖场和有关的加工业,除利用牦牛的特长绒毛外,还可发展牦牛乳、肉、皮革的加工。牦牛乳的含脂量很高,适于生产优质奶油和奶酪。牦牛肉干风味甚佳,具较大的加工潜力。

藏羚羊、野牦牛等高原野生有蹄类食草动物养殖业的形成能较好地保育高原的生物多样性和生态环境,使高寒草地得以恢复重建,形成可持续的高原高寒草地生态系统产业链与天人和谐的高原生态、经济和社会。

第五篇

新疆植被与山地垂直地带性

　　本篇收录了我 1957—1973 年的新疆野外考察和植被生态学研究成果。这一时期我参加了中国科学院和苏联科学院联合组织的新疆综合科学考察,同时在新疆八一农学院(现为新疆农业大学)的林学系任教期间,每年夏天对天山林区进行调查研究。这是我专业奠基启程阶段,从林学拓展到涵盖多数主要陆地植被类型的植被生态学。

　　这一时期我发表了十余篇有关新疆植被水平地带和山地垂直带以及山地森林和林业方面的学术论文,其中《伊犁野果林的生态地理特征和群落学问题》和《新疆山地植被垂直带及其与农业的关系》是第一次调查研究并揭示了新疆这一珍贵的残遗野生阔叶林的群落学和生态地理学特征,受到学术界关注。

第40章
乌苏林区天山云杉天然更新的初步研究[*]

张新时　张瑛山

（新疆八一农学院林学系）

天山北路中部现有的成熟林可资利用者已历经采伐，青幼林极少。天山云杉林的更新受到多样不利因素的威胁：云杉种子、幼苗和幼树，在杂草、林冠的压抑，强光、霜冻、干旱、病虫的损害，以及鸟、鼠、牲畜的掠劫下，需经数十年的历程，才能部分恢复成林。因此，促进天山云杉的更新，成为紧迫的任务。

近几年来，天山各林场大力开展云杉的人工更新，取得一定效果。但保存率不高，大部需要补植，故人工更新的方法与措施，有深入探讨和改进的必要。但从栽培实验取得肯定效果，多需时日；而国内外足资借鉴的经验也少。因此，从研究天然更新的规律中探求和掌握天山云杉更新的生物学-生态学特性，将有助于提高人工更新的成效；同时也可以了解人工促进天然更新与天然更新的可能条件，以合理有效地贯彻"人工更新为主，人工更新与天然更新相结合"的森林更新方针。

一九六一年五至七月，我们在乌苏待甫僧林场进行了天山云杉天然更新规律的调查研究，并得出初步结论。我们认为：乌苏段天山虽稍偏干旱，但对天山北路中部具有一定的代表性；因此，拟以这些结论和意见作为今后继续深入研究和试验的基础，并报道于此。

一

研究地区位于天山北路中部，博罗霍洛山脉北坡外缘山地，北濒准噶尔盆地西南缘，山峰高约4500米，达于冰川雪带。山脊狭窄，峰顶平直，故冰雪储量不丰。山体为中生代岩层与花岗岩侵入体构成，山坡陡峭，中山带平均坡度35°~40°。古冰川作用下达2300米左右[5]。前山带很不发达，主山体几乎直接与山麓荒漠洪积扇相连接。

本区的地理位置与地貌特点决定了山地气候的特征。来自西北的海洋湿气流受阻于准噶尔界山，使本区处于"雨影带"的边缘；而西部艾比湖荒漠气候的余波，微弱的前山带对缓冲荒漠气候的作用不显著，以及山地冰川积雪微薄等因素，使本区气候比较干旱，河流水量不丰。干旱的特点反映在山地景观方面，表现为草原（旱生植被）化加强。

研究用的标准地皆设在海拔2000~2200米的林地，即在森林生长、发育与更新最适宜的、气候较温和湿润的中山草甸-森林垂直带中，本带也是林业生产的主要基地。在带内，阴向的山坡通常有裸岩露头，土壤为山地黑褐色森林土与山地草甸土构成复域。

　　[*] 本文发表在《新疆农业科学》，1963，1：29-35。调查中得到待甫僧林场王信儒等同志的协助，并有本系廖盛昌先生、江兆般和郝先振同学参加部分工作，谨致谢意。

天山云杉(*Picea schrenkiana* var. *tianschanica* cheng et Fu)①为本区绝对优势的成林树种。阔叶树,仅局部有少量桦木分布,小乔木则有山柳、天山花楸等。局部的火烧迹地上,常形成小片次生的山柳丛林。

天山云杉林分均为成、过熟林,已进入第Ⅶ龄级,林分地位级多在Ⅳ—Ⅴ级,平均每公顷蓄积量约达 210 立方米,年平均生长量每公顷约 1.7 立方米[7];林分的生产力一般不如伊犁和博格达-喀拉乌成山各施业区。

本区林分又历经破坏和采伐,现在除难以攀登的亚高山带陡坡上还保存着较完整的郁密林分外,一般多为遭受不同程度采伐或条件皆伐的疏林地或采伐迹地,除了少数有伐前更新幼树丛的迹地可望更新成林外,一般均已生草化。

林带又是夏牧场和游牧迁徙的通道,牲畜对天然或人工更新幼苗、幼树的危害特别严重,很多幼树丛多因顶芽受害而成垫状,人工更新地则常受践踏、啃食之害。

二

我们选择了四种典型更新类型,开设样地,进行调查工作。现分述如下:

(一)山柳丛林下的云杉更新与幼树生长

山柳丛林主要分布于海拔 2300 米以下,阴湿而陡峭的阴坡或半阴坡,为中山森林带。丛林地上残存的云杉根桩和土层剖面可以确定,一般的山柳丛林几乎都是在云杉林的火烧迹地上发展起来的次生林。由于在天山的桦木与山杨等构成次生小叶林的树种十分稀少,山柳丛林就成为天山云杉林较常见的次生林型。

样地位于海拔 2150 米,坡向西,坡度约 35°,上部为岩石陡崖,林下土表为柳与云杉的枯枝落叶覆盖(70%~80%),藓类与草本呈斑状分布。土表腐殖质层呈棕褐色,厚约 1.5 厘米,A 层黑褐色,厚约 5.5 厘米,向下过渡为黄褐色的淋溶层,再下为碎石

与母质层,土层厚度达 60 厘米。土壤较湿润,见不到碳酸钙的淀积层。

样地的植物群丛为:山柳-天山云杉(幼树)-藓类群丛,具有如下层次和组成:

Ⅰ. 林冠层:为山柳与个别天山花楸,高 4~6 米,投影盖度 0.75,实际郁闭度为 0.6。在 100 平方米样地内,有山柳 40 丛,每丛有 2~3 主干,平均直径 9 厘米,年轮 28~30 年;花楸仅有 2 丛。

Ⅱ. 下木层:不显著,有黑果枸子、阿尔培野蔷薇、刺毛忍冬、小叶忍冬、四喜牡丹,高 1.5~2 米,盖度 15%。

Ⅲ. 幼树层:天山云杉幼树高 0.5~1.0 米,个别可达 2~3 米,呈网状或片状分布,在林下形成明显的暗绿色层次,盖度达 80%。

Ⅳ. 草本层:不明显,稀疏散布,盖度约 10%。高度在 3~10 厘米,主要为高山羊角芹与乳苣。

Ⅴ. 苔藓层:呈斑块分布于林冠下,盖度达 20%,厚 2~3 厘米,以冷杉羽藓为主。

柳丛下云杉的更新极为良好,每公顷的健康幼树可达 35 800 株,其中以 20 年生幼树为主(每公顷 24 200 株),8~10 年生的为次。由幼树的年龄,可以推知主要是在火烧迹地上柳丛已形成郁闭后天然下种生成的。柳丛下阔叶林冠庇荫及松软的死地被物层,未形成生草层的稀疏草被,薄层的藓类和湿润的土壤,形成了云杉更新最优良的环境。

在样地上,我们选择了 2 株样木进行解析,研究树高生长过程。1 号样木已接近林冠上层,生长健壮,其周围柳丛较稀,受光条件好;2 号样木则处于林冠下层,密集生长,能代表该样地中幼树的一般情况。样木的生长进程如表 40-1。

可见,2 号与 1 号样木比较,在 5 龄前高生长速度比较接近,而 10 年生以后则差别渐大,至 15 年生以后,相差已达 4~5 倍。这说明,天山云杉在稠密的山柳林冠下更新虽极为良好,但达幼树阶段(5 年生以后),由于对生长空间、水分、养分、热量以至通风条件都有了较高要求,这种环境已不能适应需要,生长上受到抑制。1 号样木之所以生长较快,除个体差异因素外,主要由于它处在林冠下的隙地,环境条件较好。

---

① 天山云杉过去新疆皆记载为雪岭云杉(*Picea schrenkiana*),该种实际上分布于北天山(苏联境内),天山云杉为其在较温暖干旱山地的替代种。

表 40-1　山柳丛林下云杉样木解析

解析木号	年龄（年）	树高（米）	各龄阶树高与高生长（米）											
			5		10		15		20		25		30	
			高	高生长	高	高生长	高	高生长	高	高生长	高	高生长	高	高生长
1	30	5.26	0.37	0.05	0.90	0.13	1.90	0.20	2.90	0.20	4.10	0.24	5.26	0.23
2	21	1.14	0.23	0.01	0.50	0.06	0.73	0.04	1.10	0.05	—	—	—	—

备注：几与柳同时更新，柳成丛更新。

（二）云杉-山柳混交林中的云杉更新与幼树生长

当山柳丛林中的云杉幼树的高度达到并开始超过山柳时，形成了云杉-山柳混交林，并继续向云杉纯林过渡。我们选择的第二块样地正处于这一阶段林分。

样地位于海拔 2200 米、山坳侧坡的中上部，坡向西北西，坡度 40°。由林地残迹推断，也是一片古老的火烧迹地。土壤表层有云杉的枯枝落叶与山柳的少量枯叶，死地被物覆盖地表达 70%以上，厚达 0.5~1 厘米。黑褐色的腐殖质层厚约 10 厘米，一直到 40 厘米处还有棕褐色的腐殖质的痕迹，说明土壤肥力较高；向下过渡为淡棕褐色。70 厘米以下出现大量石块，但无明显的碳酸钙淀积。

样地的森林植物群丛为：山柳+天山云杉-高山羊角芹+乳苣-藓类群丛。样地附近由于砍伐和风倒形成了林中空地，林缘有云杉幼树镶边。群丛具有以下的层次结构：

Ⅰ. 天山云杉的层外木，高 15~17 米，为残存的成熟林木，郁闭度不足 0.1。

Ⅱ. 山柳与天山云杉形成混交的主林冠层，高 8~12 米，郁闭度 0.7，其中山柳约 0.4，云杉 0.3。在 400 平方米的样地内，有 15 丛山柳，平均高约 10 米，平均直径 13~14 厘米，年轮已近 60，有的树干基部已开始腐朽，表明已达过熟阶段。青年的云杉有 25 株，平均胸径 10~12 厘米，平均高约 9 米，年龄一般在 36~40 年。

Ⅲ. 0.5~2 米为云杉幼树和下木层，盖度约 20%，个别幼树高达 5~6 米。下木较稀少，有忍冬与野蔷薇。

Ⅳ. 草本层高度 8~20 厘米，稀疏分布，盖度约 20%，以高山羊角芹与乳苣为主。

Ⅴ. 苔藓层厚 0.5~2 厘米，呈斑状分布，盖度约 15%。

云杉的更新不良，"幼树"的年龄均与上层的青年林木同属第Ⅱ龄级；由于林分分化的过程或"后来居下"，它们的生长多少受到压抑。新的更新层在茂密的竿材林阶段的林分中未形成，仅在林缘或隙地中有个别稀少的幼树，在样地内有 4 株，合每公顷 100 株。

本样地与前一样地虽属同一类型的不同阶段，但在环境条件上有一定差异，主要表现在云杉未达上层林冠时，上层柳丛较稀疏，郁闭度仅达 0.4，透光较多；林地的土壤也较为湿润深厚。这些条件对云杉天然更新及幼树生长产生较大的影响。现有林木状况表明，当初的更新在数量上虽稍低于前一样地，仍为良好，尤其是以后幼树生长迅速。我们选了一株样木，测定结果如表 40-2：

3 号样木在高生长指标上远远超出 2 号样木。特别从 15 年以后表现得更为显著，其高生长速度已超过生长在稠密柳丛下的幼树 6~8 倍。至 20 年时，每年高生长达 40 厘米，这一较高的指标直达目前（35 年）尚未显著下降。与 1 号样木比较，则 15 年以前相差不甚显著，而 20 年以后，高生长也超过 1 号样木 1 倍。

这些情况表明，天山云杉更新之后，从 5 年开始就需要一定的光照，而至 10 年以后，稠密树冠下所构成的荫蔽条件已不能满足其需要。特别在 15 年以后已需要较强的甚至是全光照。本样地林分的适度透光即为云杉幼树的生活、迅速的生长创造了极为良好的条件。

表 40-2　云杉-山柳混交林中云杉样木解析

解析木号	年龄（年）	树高（米）	各龄阶树高与高生长（米）												
			5		10		15		20		25		30		35	
			高	高生长	高	高生长	高	高生长	高	高生长	高	高生长	高	高生长	高	高生长
3	36	10.2	0.85	0.17	1.7	0.17	2.96	0.25	4.96	0.40	6.80	0.37	8.30	0.30	10.0	0.34

备注：柳丛下更新，现已达上层林冠。

（三）云杉林冠下的更新与幼树生长

当云杉达到近熟、成熟龄，形成了郁闭的林冠，柳树衰朽并被压而死亡，就构成较稳定的云杉纯林。我们所选择的第 6 号标准地可以代表处在这一阶段中的云杉林分及其更新幼树生长的一般状况。

样地位于海拔 2250 米的山坡中上部，坡向西北西，坡度 32°，土壤表层有厚达 5 厘米的云杉枯落针叶的"结壳"层，腐殖质层呈黑褐色（6~20 厘米），较疏松，向下过渡为黄褐色，有小团粒结构的壤质土层，土壤潮润-湿润，属典型的山地黑褐色森林土。森林植物群落层次为：

Ⅰ．云杉乔木林冠层，高度 14~20 厘米，胸径 12~40 厘米，形成参差错落的郁密林冠，郁闭度 0.7，有林窗分布，林木平均年龄为 Ⅴ 阶段，林下依稀可见柳树朽干。

Ⅱ．下木层极不明显，仅有个别的野蔷薇与忍冬。

Ⅲ．草木层盖度约 20%，高度在 10~20 厘米，以高山羊角芹占优势，次为准噶尔繁缕与乳苣。

Ⅳ．藓类层盖度达 30%，呈块状分布。

由此，本群落可定为天山云杉-高山羊角芹-藓类群丛。

［综合前述三个样地来看，它们的林分组成虽然不同，却具有大致相同的森林植物条件类型，即"中山（森林带）中厚壤土"型，山柳丛林（1 号样地）为派生林型，山柳云杉混交林（2 号样地）是过渡型，而云杉纯林（6 号样地）已形成较稳定的根生林型。］

由于云杉较郁密林冠的遮阴，深厚而腐解很差的死地被物层与较发达的藓类地被物，林下基本上没有形成更新层，每公顷幼树不足 400 株（325 株），而且不健康的占半数以上，林内还有很多的死亡幼树残体，表明更新状况的恶化。况且，这些（幼树）实际上只是长期被压抑的小老树，年龄与上层林木相差不多，可称为"层下林木"。在样地上选择了两株样木，测定其高生长进程，如表 40-3。

两株样木皆达 Ⅳ 阶段，但树高仅为 2~5 米，高生长量极低，这便足以说明云杉的耐阴特性并不是绝对的，达到 40 年后，若无足够光照和热量条件，很难健康生长，而 60 年后，若仍处于极度荫蔽的条件下，生长已近停顿。同时，样地中层下林木表现孱弱，针叶稀疏，由其生长指标及外观上推断，若林分不进行疏伐，必将死亡。与此同时，我们特别在样地边缘的一个宽约 3 米的窄长林窗上进行了幼树调查，发现尽管不如柳林下幼树生长健壮，但较郁闭林下者要健壮一些，且生长较快。在林窗下解析 1 株样木结果如表 40-4。

上述资料说明，即使有一定透光条件，林木达 50 年以后，生长也显著下降。

表 40-3　云杉林冠下样木解析

解析木号	年龄（年）	树高（米）	各龄阶树高与高生长（米）													
			10		20		30		40		50		60		70		80	
			高	高生长	高	高生长	高	高生长	高	高生长	高	高生长	高	高生长	高	高生长	高	高生长
7	67	4.34	0.42	0.04	0.70	0.03	1.09	0.05	1.60	0.05	2.65	0.10	3.85	0.12	4.08	0.02	4.23	0.01
8	76	2.60	0.23	0.02	0.59	0.04	1.30	0.07	2.01	0.07	2.37	0.04	2.47	0.01	2.57	0.01	—	—

表 40-4　云杉林窗下样木解析

解析木号	年龄（年）	树高（米）	各龄阶树高与高生长（米）										备注
			10		20		30		40		50		
			高	高生长	高	高生长	高	高生长	高	高生长	高	高生长	
9	55	5.00	0.49	0.06	1.85	0.16	3.22	0.17	4.41	0.01	4.96	0.06	

（四）云杉强度择伐与皆伐迹地的更新与幼树生长

当云杉的成熟林分被强度择伐或条件皆伐后，形成疏林地或采伐迹地，更新和幼树的生长发育条件发生了剧烈变化。3 号和 4 号样地为这种情况的代表。

3 号样地处于海拔 2180 米的山坡中上部，坡向正北，倾斜 38°，坡面微凹入，小地形呈阶梯状。土壤局部裸露，有冲刷现象。地表极多残枝与枯伐根，覆盖面积达 20%，云杉干枯针叶与枯叶覆被率达 50%，在未受冲刷的地方腐殖质层厚约 4 厘米，呈黑棕色，向下过渡为棕褐色（4~13 厘米）的壤质层，呈疏松的小圆粒状结构，多树根与草根，淀积层呈棕褐-棕色，稍紧密，有砾石掺入，自 30~40 厘米开始有白色的 $CaCO_3$ 粉末状淀积物，45 厘米以下向风化母质层过渡，呈灰棕色，有大量碎石，土壤潮润-湿润。

林分曾于 1953 年进行强度择伐，现在郁闭度约达 0.2，据伐根估计，伐前林冠郁闭度约 0.5，残存云杉在 400 平方米样地内有 6 株（每公顷 150 株），平均直径 20 厘米，平均高 13 米；尚有几株 4~6 米高的小径云杉，为过去林冠下的被压者，林龄亦达 80~90 年；其他树种与灌木为个别的山柳、天山花楸、野蔷薇与忍冬。

由于样地所处的山坡较陡，迹地生草化不强，除出现少数的拂子茅外，仍以森林杂类草占优势。草被总盖度达 40%。

苔藓布于微地形的阶侧阴湿处，盖度约 15%。

样地内计有健康云杉层下林木与幼树 53 株（每公顷 1325 株），由其年龄及幼树数量上看，主要是伐前林下微弱更新层的残余，一般发育不健壮。可见，现在林地更新"尚可"全靠伐前更新或残余层

下林木，伐后过分稀疏的迹地是不适于天然更新的。

4 号样地位于海拔 2000 米的山坡中下部，坡向北-西，坡度较为平缓（20°）。林分于 1953 年进行"条件皆伐"，现仅残存个别中等直径干形不良的树木，郁闭度约 0.1。迹地草甸化，因放牧而土表十分紧实，生草层厚达 10 厘米；向下为稍紧实的黑褐色腐殖质层（10~15 厘米），土壤潮润-湿润。

500 平方米样地上残存树木 6 株，样地以西成年树木较多，对迹地有一定的庇荫作用。

迹地上灌木较茂盛，郁闭度达 25%，以天山花楸、野蔷薇与枸子木为主，并有少量忍冬。草本地被物盖度达 70%，仍以高山羊角芹为主。

幼树在样地上分布不匀，多集中于西部有稀疏林冠庇荫处，在空地上则极稀少，仅出现于灌木丛下和伐根附近。据调查，每公顷计有健康层下林木与幼树 1040 株，其中 10 龄以下的幼树是在伐后发生的，每公顷健康者约 260 株，集中于庇荫林缘。

在每块样地上我们分别选择了 1 株层下林木进行解析。分析结果，两株样木表现了相同的规律，其高及直径生长如表 40-5。

两株样木在 8 年前，即 3 号样地样木在 77 年、4 号样地样木在 46 年以前处于未伐云杉林冠下，生长受到严重抑制，伐后得到充分光照，生长量有了迅速提高，近 8 年其高生长较过去提高了 2~5 倍；特别突出地表现在直径增长上，提高 11~12 倍。这更进一步证明云杉随年龄增长对光、热的强烈要求。

（五）簇状云杉幼树丛

天山云杉除经过阔叶林更替过程又复更新外，其天然更新还有另一方式。即在稀疏林冠下或较大林窗下经过不断地天然下种而形成幼树丛，随树丛幼树数量的增加，年龄的增长，逐渐成长为对恶劣环境抵抗力甚强的生理丛[①]；当上层老林死亡后，尽管

---

① "生理丛"Биогруппа，一般译作"植生组"，与原意不甚切合。这里是指一个根系连生的树丛，丛内各树木具有密切的生理上的相互作用，故称为"生理丛"较为恰当。

表 40-5　云杉采伐迹地上更新样木解析

样地号	解析木号	年龄（年）	树高（米）	各龄阶树高与高生长（米）															
				10		20		30		40		50		60		70		80		85
				高	高生长	高	高生长	高	高生长	高	高生长	高	高生长	高	高生长	高	高生长	高	高生长	高 高生长
3	4	86	7.94	0.39	0.04	1.74	0.13	3.30	0.16	4.37	0.12	4.69	0.03	5.01	0.03	5.48	0.05	6.55	0.17	7.94 0.23
4	5	52	5.10	0.20	0.02	0.70	0.05	1.00	0.03	1.50	0.05	4.6	0.31	—		—		—		—

环境突变,仍能健康生长。这类云杉幼林在天山林区亦较为多见。我们选择了一块样地(5号样地),并重点对一个生理丛进行了较深入的调查研究。

样地位于海拔 2000 米的山坡下部,坡向西北西,坡度 15°~20°。由林地伐桩腐朽状况推断,林分约在 10 年前皆伐。伐桩分布不匀,数量不多,说明老林较为稀疏且有小片空地。林地上幼树丛密集分布,一般高 2~5 米;树丛边缘的幼树因受牲畜破坏,多次损坏顶芽而形成低矮的、枝叶稠密的垫状;树丛内部则有高大幼树耸立其上。

样地面积 375 平方米,包括 8 个幼树丛。我们选择了中间的一个,全部砍伐以后进行调查分析。该树丛占地 4 平方米,共有幼树 27 株(其中包括 1 株忍冬);树丛郁闭度 0.8~0.9。

从幼树年龄结构看,树丛为逐年更新的异龄生理丛,年龄自 7 至 35 年。丛内全部 26 株云杉中达 3 米以上的有 7 株,占全部株数的 26.9%,按健康状况将全部或大部构成今后的上层林冠,其余幼树虽将

自然稀疏,但在主林木生长发育过程中却起了重要的保护作用。这是自然选择的必然现象,树丛中的全部幼树,只有那些出土较早且有良好遗传性能的个体在生长上超过其他林木而达到上层,处于周围的稠密幼树则促进其高生长并使其形成天然整枝良好的圆满的树干;这种生理丛的自然选择过程也为以后抚育工作中进行人工选择提供了条件。

解析 7 株 3 米以上的幼树结果如表 40-6。

各株林木按生长进程讲都是很稳定地上升。与 1、2 号样地对比分析,可以发现 20~35 年为云杉高生长的旺盛时期;到 30 年时直径生长才有较显著的增长。就高生长指标来看,20 年以前小于柳-云混交林[①]中的云杉幼树,而 30 年以后,二者近于相等,树丛中生长最好的幼树甚至超过柳-云混交林。因此,云杉在 20 年以后,适度的阔叶林冠覆盖是适宜的,而无阔叶林冠覆盖的云杉幼树丛在 1 龄级阶段虽然生长速度较慢,但能够抵抗住强光、干旱和杂草的竞争,随年龄增长,越显出生理丛的优越性。

表 40-6　簇状云杉幼树解析

解析木号	年龄（年）	树高（米）	各龄阶树高与高生长（米）												
			5		10		15		20		25		30		35
			高	高生长	高	高生长	高	高生长	高	高生长	高	高生长	高	高生长	高 高生长
IX	27	3.20	0.20	0.04	0.65	0.09	0.95	0.06	1.20	0.05	2.80	0.32	—		—
X	33	3.35	0.20	0.04	0.40	0.04	0.70	0.06	1.35	0.13	1.70	0.07	2.85	0.23	—
XI	33	4.10	0.15	0.03	0.30	0.03	0.45	0.03	1.25	0.16	1.80	0.11	3.05	0.25	—
XII	32	5.10	0.20	0.04	0.45	0.05	0.75	0.06	1.65	0.18	2.85	0.24	4.60	0.35	—
XIII	29	3.24	0.35	0.07	0.65	0.06	0.10	0.09	1.65	0.11	2.55	0.18	—		—
XIV	35	4.60	0.15	0.03	0.35	0.04	0.60	0.05	0.90	0.06	1.60	0.14	2.80	0.25	—
XIX	33	5.36	0.20	0.04	0.55	0.07	0.75	0.04	1.40	0.13	2.10	0.14	4.35	0.45	5.36 0.37

---

① 即前文提到的云杉-山柳混交林。——编者注

为了深入了解簇生云杉的特性，我们在样地上调查了 XIII、XIV、XIX 等 3 株生长最好的解析木及其周围幼树的根系。除了云杉浅根特性以外，我们发现这 3 株林木在主要水平根上是相互连生的，连生根的直径一般在 2~4 厘米。这种根系的连生现象，使我们联想到，几株解析木在幼龄期的后一阶段所以表现出较强的生长能力，除了生理丛的相互促进因素及本身优良的遗传性能外，根系连生相互进行可塑性物质交换，可能也是一个重要因素。

三

通过调查分析，我们初步认为，乌苏待甫僧林场中山草甸森林带中厚壤土上云杉的天然更新和幼树生长具有如下的一些规律：

1. 山柳丛下天然更新最佳，但在郁密林冠下，5 年生以后生长开始受到压抑。

2. 云杉纯林的较密林冠下（郁闭度 0.6 以上）更新不良或无更新，所谓"幼树"，实际上是长期被压的层下林木；强度择伐或皆伐迹地的全光下也无更新。

3. 林窗、云杉疏林（郁闭度 0.3~0.4）与少数林缘往往形成幼树丛，天然更新良好，但较山柳丛下为差。

4. 云杉幼树的高生长在 10 年以前缓慢，15 年以后有显著提高，从 25 年开始已迅速增长；而直径生长一直极慢，只是从 25~30 年才有显著提高。同时，云杉自 5 年生开始，需要一定的光照（郁闭度 0.4），15~20 年需要较强的光照（郁闭度 0.2~0.3），30~35 年要求全光，至 50~60 年及以后，若仍处于郁密林冠下，生长已近停顿。

5. 丛生幼树不仅具有相互保护和促进的生物作用，同时由于根系连生而产生了生理上的联系。故能抵抗杂草、牲畜以及各种不良因素的侵袭，以致在强光下仍能健康稳定地生长。

6. 幼苗与幼树是两个不同的概念，在树木成长过程中处于两个不同的阶段。幼苗期的适宜环境可以由各种条件下苗木的数量加以鉴定，而幼树的适宜环境应从不同条件下生长指标及健康状况鉴定。郁密的阔叶林冠下是云杉幼苗的适生环境，而达幼树阶段，则逐渐需要一定光照和生长空间。区别这两个不同的概念，对云杉的更新实践具有重要意义。

据分析结果，对天山云杉采伐更新以及有关的抚育措施提出以下的初步意见：

1. 在当前各林场人力物力不足的情况下，应采用择伐或渐伐的采伐方式，形成较稀疏的林冠或林窗，为天然更新创造条件。可以进行人工松土，促进更新迅速成林。在有条件的地区，土壤较肥沃，劳力有保证，亦可在不影响水土流失的条件下实施小块状皆伐，采用人工更新。

2. 已有的强度择伐或皆伐迹地，天然更新很困难或需经过漫长的阔叶林更替阶段，应采用人工更新的方式。迹地上的残留林木对云杉更新已失去有益作用，为避免木材浪费，更新前应及时采伐。

3. 人工更新时，应首先在中山带及亚高山带下部阴坡或半阴坡土壤条件较好的迹地上进行，以增强更新效果。并应以沟为单位，集中进行，逐次轮封，以免畜害，亦便于集中保护。

4. 1~4 年生的苗期云杉屡弱而生长缓慢，对外界不良因素抵抗力弱，并且要求一定程度的庇荫。为提高更新成活率，加速幼树的生长，最好采用 3~4 年生的大苗上山。据对野生幼树的生长测定，及考虑到人工苗生长较快，这种大苗 3~4 年后可达 1 米左右，基本上不怕牲畜践踏，封禁地区即可开封。

5. 云杉阔叶混交林下土壤较肥沃湿润，抗蚀保水的性能较好，尤其在迹地上阔叶树成长迅速，能早日覆被地表，恢复森林环境，并对云杉幼苗起一定的庇护作用；特别是处在荒漠地区的天山山地，阔叶林尤其能造成适于云杉幼苗生活的湿润小环境。因此，建议试验营造云杉阔叶混交林。又鉴于天山阔叶先锋树种贫乏，且分布局限，材质欠佳，除应扩大培植本区原有的天山桦、天山山杨或花楸、山柳等以外，建议试引阿尔泰的疣枝桦、新疆桦及东北高山地区的岳桦、白桦等树种。

6. 现有的阔叶林或云杉阔叶混交林已发生云杉受抑制的情况，应及时进行适度地除伐或疏伐。今后营造的云杉阔叶混交林也应根据情况分阶段地进行抚育。

参考文献

[1] Быков Б. А., 1950. Еловые леса тянь - шаня, их история, особенности и гипология.

[2] Гуриков Л. Е., 1960. 天山云杉更新的特征. Лесное

Хозяйство,1960,No. 8. 新疆林业科技资料汇编.

[3] Каппер О. Г. ,1954. Хвойные породы.

[4] Ратьковский С. П. ,1952. Леса ели тяньшанской и их восстановление. Лесное хозяйство,1952,No. 9.

[5] 中国科学院新疆综合考察队地貌组,1959. 地貌组考

察报告. 一九五七年新疆综合考察报告汇编.

[6] 郑万钧,等,1961. 中国树木学,上册.

[7] 林业部森林经理五大队,1957. 乌苏施业区施业案说明书与森林经理调查簿.

[8] Нестеров В. Г. ,1954. Общее лесовоство(森林学).

第41章

新疆山地植被垂直带及其与农业的关系*

张新时

（新疆八一农学院）

新疆干旱荒漠中隆起的一系列山地——阿尔泰山、准噶尔界山、天山和昆仑山，对自治区农业生产有着不可估量的作用。白皑皑的山顶积雪，蕴藏着平原农业所需的灌溉水源，中低山带土地、植被资源丰富，成为农业生产的重要基地。

新疆山地，古来即以优良的牧场见称，面积占全区牧场60%以上。阿尔泰山、天山原始森林绵延千里，蓄材量占全区的98%。山地种植规模虽不能与平原农区比拟，但前山带的旱农、天山和昆仑山的果树业，也在农业上占有一定位置。此外，野生植物、皮毛兽的资源也很丰富。

山区农业资源，因交通、技术条件，特别是山地错综复杂多变的自然条件未能充分掌握，其潜力未能尽量发挥和利用。

山地自然因素的变化是相互作用着的。在一定地段上组成一定的山地综合体——山地景观。水热条件随高度而变化，山地自然景观表现了成带的更替。其中植被对气候、地貌、基质、土壤等因素最为敏感，其垂直带的变化，反映了山地景观的变化，而常作为标志以命名。必须恰当地划分山地植被垂直带，了解其自然因素的特征，并据此来规划山区农业及制定相应的技术措施。

一、新疆山地植被垂直带谱的基本结构及农业配置

新疆的山岭，在海拔3000~4000米高度，从山麓到岭顶具有明显的植被垂直带分布。这些因高度而复杂有规律地更替的植被体系，称为植被垂直带谱。每一条植被垂直带，以反映该地段自然特点的地带性（显域）植被型为主所构成，大致与山坡等高线平行，并具有一定的宽度。

新疆各主要山地的植被垂直带谱结构，具有中纬度（温带）、大陆性气候山地植被的特征。由下至上，其典型结构为：1. 山地荒漠垂直带；2. 山地草原垂直带；3. 山地草甸-森林或森林草原垂直带；4. 亚高山植被垂直带；5. 高山植被垂直带。再向上为仅有个别稀疏高山植物的裸岩、乱石堆和冰川、永久积雪带。

各山地所处植物地理（水平）地带不同，带谱的结构和内容常发生变异。新疆由北到南，分属于泰加林[①]地带（山地南泰加林地带）、草原地带和荒漠地带。后者又分为温带荒漠亚地带、暖温带荒漠亚地带和高原寒漠地区。每一地带或亚地带都具有自己的山地植被垂直带谱类型及独特的垂直带性质。因而各山地的农业特点，有很大的差异。

处于同一地带或亚地带的山地，由于承受海洋

* 本文发表在《新疆农业科学》，1963，9：351-358。

① 泰加林，系西伯利亚原始针叶林类型的总称，分布于北半球的高纬度大陆地区，它也沿着山地延伸到新疆的北端。

性或大陆性气流的程度(大陆度)、山文条件(山体高度、山脉走向、坡向、山地位置等)、基质和植被发展历史的不同,植被带谱结构、植被特征仍有一定程度的差异。

本区泰加林地带仅有阿尔泰山西北端的喀纳斯山地。典型的带谱是:森林(泰加林)—亚高山森林和草甸—高山草甸和冻原。结构比较简单,各垂直带的高度位置较低,整个植被都是中生性,森林所占比重最大。喀纳斯山地,因处于泰加林地带南部末端,受草原影响较强,山麓部分已有草原出现。

草原地带山地有:阿尔泰山(喀纳斯除外)、准噶尔界山北部的沙乌尔山、塔尔巴加台山①。典型的带谱是:草原—森林和草甸—亚高山森林和草甸—高山芜原草甸。植物的旱生性较强,各垂直带位置升高。阿尔泰山东南部的准平原山地,受蒙古戈壁荒漠影响较强,西来湿气少,森林草甸垂直带为森林草原所代替。处于雨影地带的沙乌尔山亦如此。低矮的塔尔巴加台山南坡,森林已经绝迹,整个山地都是草原性的植被。

北疆温带荒漠亚地带有:(天山北麓山脉包括伊犁的山地)、准噶尔界山南部山地和北塔山。旱化程度更强,热量也较丰富。在迎向湿气流的山坡上,表现了较完整的带谱:荒漠—草原—森林和草甸—亚高山森林和草甸—高山芜原和垫状植物。湿润温暖的伊犁山地,有时还可在草原垂直带中划出阔叶林亚带,处于雨影带的准噶尔阿拉套山南坡、博乐霍洛山北坡,以及东受蒙古荒漠气候影响的天山东部山地、北塔山山地,气候比较干旱,森林带和亚高山植被发生草原化,且上升较高。

塔里木盆地边缘的天山南麓山脉和昆仑山脉属于很干旱的暖温带荒漠亚地带。荒漠上升到山地很高的位置,草原缩窄,山地森林和草甸垂直带完全消失,仅亚高山草原的陡峭阴坡,才有森林出现。典型的带谱是:荒漠—草原—亚高山草甸草原—高山芜原及垫状植物。东部昆仑的荒漠山地,干旱特甚,草原垂直带消失,整个山坡为荒漠所覆盖。向上,经过狭窄的高山石生垫状植被,过渡到无植被的高山石质带。

东帕米尔、内昆仑和藏北高原的山地植被发育在极干旱而寒冷的内陆高原上,主要是寒漠植被,垂直带分化不明显。向下,与山间谷地中的荒漠相接,

荒漠草原仅局部出现。

根据上述情况,得出新疆山地植被垂直带结构的规律是:

1. 各山地植被垂直带谱结构取决于水平植物地理地带的性质,带谱的"基带"(山地中最低的植被垂直带)与水平地带的植被属同一类型。

2. 山地植被垂直带谱结构又受当地条件的影响,而发生变异。

3. 带谱的结构由北到南而复杂化(带数增多),最后又因气候过分干旱而简化。

4. 自北向南,或由湿润山地向干旱山地,各相应垂直带的界线升高,中生的植被垂直带(森林和草甸)逐渐缩窄,发生草原化以至完全消失。旱生的荒漠和草原垂直带逐渐扩大,最后统治了整个带谱。

山地植被垂直带谱的结构、类型、分布规律,是决定地区农业生产部类及其配置的依据。按照植被垂直带配置农业,须注意:

1. 影响农业的主要因素,生产的主要对象和资源,在同一植被垂直带特别是同一亚带内,基本上是一致的。

2. 垂直带内的中地形(坡向、坡度、坡地部位等)及基质不同,小气候、植被群落、土壤也是多样性的。这样,在同一带内既有依赖于主要的区域植被和土壤的农业部类,同时又结合着依赖于次要的、隐域和泛域植被与土壤的农业部类。

3. 各山地农业经营特点,与其植被垂直带谱结构和类型有密切的关系:森林—草甸垂直带宽广而缺乏荒漠带的阿尔泰山,是主要的用材林基地和夏牧场,山地种植业则受限制,冬牧场亦感不足。天山北坡具有最丰富和完整的植被带谱结构,故种植业、果树业、林业、牧业及副业均有较大的发展。带谱结构退化的昆仑山地,只能以放牧业为主,种植业和林业微不足道。

山地植被垂直带结构变化的规律,也反映了各山地农业经营的特点,随着各垂直带由北向南升高,农作物种植的上限、季节牧场的位置和森林经营的性质,均发生了相应的变化。

复杂的山地植被垂直带的分布丰富了农业生产活动的内容,为山区农业多种综合经营创造了有利的条件。表41-1简述各垂直带的农业特点。

---

① 现称塔尔巴哈台山。——编者注

表 41-1　新疆山地各垂直带的农业特点

植被垂直带	种植业	果树业	林业	牧业	其他
山地荒漠垂直带	河谷灌溉农业,适宜各种作物,可以复播	灌溉果园,适宜各种果树	培植护田林与河谷榆、杨林	春秋牧场、冬春放牧或冬牧场。适羊、骆驼与部分牛	—
山地草原垂直带	旱地农业与部分的河谷灌溉农业,不适喜温作物,不能复播	山地果园:苹果、杏与浆果灌木等;经营野果林(伊犁与巴尔雷山区)	培植旱地防护林与河谷榆、杨林	冬牧场、春秋牧场,局部地区为四季牧场。河谷刈草地。适马、牛、羊	养蜂业(结合果园),部分地区可采集芳香油植物
山地森林-草甸或森林-草原垂直带	局部旱地农业,仅适于耐寒作物	下部可培植自根果树	经营山地用材林与水源涵养-防护林,培植河谷杨树林	夏牧场,局部为冬牧场,刈草地。适马、牛、羊	采集药用植物,鞣料植物,狩猎与野生动物饲养
亚高山森林草甸或森林-草原垂直带	—	—	经营山地水源涵养-防护林	夏牧场。适马、牛、羊	采集药用植物,狩猎
高山植被垂直带	—	—	—	夏牧场。适马、牛、羊	采集药用植物,狩猎

二、各山地植被垂直带的自然特点及农业活动

(一)山地荒漠垂直带

草原地带的阿尔泰山地,荒漠植物仅分布至山麓,不呈垂直带分布。天山北麓和准噶尔界山,则遍布于1100米以下(局部达1500米)的前山带黄土低山、石质残丘和山麓砾石洪积扇上;前山带宽广的中部山地,山地荒漠垂直带更为发达。天山南麓山地,荒漠上升到中山带1800~2200米的石质山地。极度干旱的昆仑山,则由山麓直达亚高山带2600(西部)~3200(东部)米。帕米尔高原及内昆仑山地,更上升到4100米。

山地荒漠垂直带气候的大陆性比平原荒漠地区稍暖和些,但仍极干旱,温差剧烈。年降水量一般在200毫米以下,南疆不足100毫米,伊犁河谷可达300毫米。干燥度① 3~10 或更多。大于10℃的年积温在3000℃以上。无霜期北疆低山和南疆中山为120~150天,南疆低山达180天或更多。天山北

麓前山荒漠带,冬季有逆温现象,有利于果树和牧草过冬。地下水很深,仅河谷有灌溉条件,山坡上靠大气降水湿润。

山地荒漠植被主要由超旱生的半灌木构成,伴有一年生荒漠植物和短命植物。根据优势植物分布和土壤基质特点,本带尚可分为两个垂直亚带。

1. 猪毛菜类荒漠垂直亚带:植被北疆以各种藜科小灌木——小蓬、短叶假木贼为主,南疆则以合头草、席氏盐爪爪、截叶盐爪爪、香碱蓬或柽柳科的琵琶柴为主,组成贫乏,盖度稀疏。砾石谷地常有瘦果麻黄、木霸王、瘦果石竹、锦鸡儿等许多荒漠灌木。土壤为强度砾质或石膏质棕色荒漠土。这一亚带,在比较湿润和黄土覆盖的天山北麓山地常不存在,而南疆的石质山地却十分发达,常上达中山带。它是极度干旱的蒙古荒漠气候和基质强度砾石的表征。但在昆仑山,则于黄土山地上发育。

2. 蒿类荒漠垂直亚带:植被以各种蒿属植物占优势。北疆山地,尤其是伊犁,还混生多种短命植物,表征着春季多雨、夏季旱热的中亚气候。但南疆山地无短命植物混生。这一亚带的上部有草原的禾本科针茅、狐茅伴生,发生草原化。在河谷中,则有少量的芨芨草丛、河漫滩草甸或榆树林。

---

① 　干燥度 = >10℃积温 × 0.16 / 同期降水量

这一亚带主要分布在黄土母质覆盖的丘陵上，位置高于前一亚带，但北疆一般从前山山麓开始，土壤为山地棕钙土。

荒漠垂直带内开阔的河谷、山间盆地适于种植业，多被开垦为古老的绿洲。由于土质疏松，灌排良好，一般不发生盐渍化，小麦、甜菜、油菜等均能获得良好收成；建立灌溉果园，或结合农作，种植零星果树也很适合。天山北麓，特别是伊犁的前山带的逆温层，果树越冬条件优良，可栽培苹果、梨、花红、海棠、杏、酸樱桃、西洋李和浆果灌木。南疆低山谷地温暖，更可栽培葡萄、胡桃、桃、甜樱桃等。

山地荒漠，尤其是短命植物或禾草-蒿类荒漠，是优良的放牧场。适于山羊、绵羊和部分牛放牧。猪毛菜类荒漠，饲用价值较低，适于骆驼和部分羊放牧。山地荒漠主要用作春秋、冬（天山南北麓与准噶尔界山）和冬春（昆仑和帕米尔）牧场，其中一些沟谷，因能避风，温暖而雪层不厚，成为优良的"冬窝子"。在每公顷山地荒漠上，放牧牲畜可食干物质200～500千克。山地荒漠，缺乏刈草场。

山地荒漠不适于发展林业，仅河谷中可经营现有的榆树林和杨-柳林，并结合河谷农作营造护田林。适宜树种有：杨、柳、榆、白蜡、沙棘、树锦鸡儿等。

本带有价值的经济植物和兽类很少，以沙兔分布较广，局部地区有狼害。

（二）山地草原垂直带

阿尔泰山和沙乌尔山植被带谱的基带，从山麓分布到海拔1400～1500米，较干旱的阿尔泰山东南部、塔城北部山地，则上升到1800～1900米。天山北坡，位于山地荒漠以上，一般在1200～1500米。较干旱的博乐、巴里坤山地，则超过2000米。天山南坡，山地草原被荒漠所迫，上升至中山带，代替了森林-草甸垂直带的位置，一般处于2000～2500米。昆仑山仅西端亚高山带有狭窄的草原带，东部已消失或仅片段出现。帕米尔高原的高山带尚有局部的高山荒漠草原。

草原垂直带的气候仍干旱，年降水量200～400（500）毫米，干燥度2～3（4）或更大。大于10℃的积温为1900～2500℃，南疆稍高，无霜期90～120天。天山北麓山地，冬季有明显的逆温，草原带往往较暖和。根据土壤、气候特点，本带自上而下可分为三个垂直亚带。

1. 荒漠草原垂直亚带：位于草原垂直带的下部，是山地荒漠向草原过渡，或山地草原荒漠化的结果；大陆性强的山地特别发育。年降水量300毫米以上。土壤为山地棕钙土或淡栗钙土。植被建群种以草原的旱生草丛禾草占优势，有各种针茅、狐茅和隐子草等，混有相当多的荒漠小半灌木——蒿类、优若藜、假木贼或伏地肤等，构成蒿类-禾草荒漠草原或猪毛菜类-禾草荒漠草原。

2. 真草原垂直亚带：分布于荒漠草原以上，或出现于荒漠草原的阴坡上。气候较湿润，土壤为典型山地栗钙土或暗栗钙土。植被建群种为各种针茅、狐茅、隐子草等密叶禾草，杂有许多旱生杂草和禾草——落草、扁穗鹅观草、棘豆、驴食豆、冷蒿、蓬子草等。土层薄的砾质土山坡上则有大量的草原绣线菊、锦鸡儿、小叶忍冬、野蔷薇等中旱生灌木，构成灌木草原或草原灌丛。

3. 草甸草原垂直亚带：位于草原带的上部，是草原向森林-草甸垂直带过渡的地段。年降水量可达400～500毫米。土壤为山地黑土或暗栗钙土，植被建群种为针茅、狐茅、异燕麦等草原禾草，并杂有丰富的马兰、糙苏、砧草、无芒雀麦、鸡脚草、短柄草等草甸性的中生杂类草和禾草，构成多样的杂类草-禾草草甸草原；有时有大量的灌木出现，谷地中则有丰茂的高草草甸。阴坡有块状针叶林或阔叶林出现，呈山地森林草原景观。这一亚带过渡很迅速，有时植被的发育不大明显，南疆山地则无此亚带。

伊犁谷地的一些山地和准噶尔界山中部的巴尔鲁克山（裕民南山）的山地草原垂直带中（1100～1600米）出现独特的阔叶林——由新疆野苹果、山杏，有时有野胡桃构成的野果林，其内尚有许多其他的野生果树和灌木。这些野果林呈片段分布于谷地阴坡，与灌丛、草甸和阴坡上的山地草原植被相结合，形成特殊的山地阔叶林-草原垂直带。

草原垂直带也是农业活动最频繁和多样的地带，这里环境优美，资源丰富，虽生长期比荒漠带稍短，但可保证冬小麦、春小麦、大麦、甜菜、油菜、亚麻、马铃薯、豆类和多种蔬菜作物获得良好收成。草原带的栗钙土、黑土和河谷草甸土，肥力极高，河谷中可进行灌溉农作。山坡上则进行旱作。旱地分布在丘陵状黄土低山的缓坡上，主要作物有春小麦、大麦、糜子和燕麦等，年降水量在300毫米以上可得良好收成，干旱年份则收成极微。

这里是建立旱地果园的良好场所。伊犁等地的野果林是经营山地森林果园的理想基地。加强复壮抚育、嫁接改良及引种，可改造成优良的苹果、海棠果、杏、梨、酸樱桃、西洋李及多种浆果果园和育种场。结合果园业还可经营养蜂业。建立果园，在冬季逆温现象明显的天山北麓山地较为适宜。冬季严寒的阿尔泰山地和干旱的南疆山地则不适宜。

草原也是最重要的畜牧业基地。草质优良，适于马、牛、羊等各种畜类，因而是闻名全国的伊犁马、焉耆马和新疆细毛羊的故乡。荒漠草原中的禾本科草、蒿类和野葱等，羊群喜食，产草量 300~500 千克/公顷，由于夏季炎热，一般用作过渡性的春秋场和冬牧场。其草原中除营养价值高的禾本科牧草外，常混有豆科牧草，干草产量一般 500~600 千克/公顷，主要用作冬场或春秋场，尤适于养羊业和部分牛群的定居放牧。草甸草原草质丰茂而高大，是优良的刈草场，干草产量一般在 1000 千克/公顷以上。特克斯谷地草甸草原面积广，饲草丰盛，有充分的冬草储备条件，可作为四季牧场和养马业的基地。

草原带不是林业生产的主要基地，但山谷区可培育、经营杨、榆林，防护河道并供应农业用材。还可结合旱作培植旱地防护林，树种宜选用白榆、沙棘，也可试引夏橡。草甸草原亚带往往是山地森林下限受到人为破坏后而上升形成的，在不影响放牧与刈草的情况下，阴坡可营造山杨、桦木林、针阔叶混交林或针叶林。针叶树种以较耐旱的落叶松为宜，亦可试引樟子松；若采用云杉，则须与阔叶树混交。

草原带向阳的干旱石质坡地上，往往成丛地分布着富含挥发性芳香油的旱生草类——唇形科的百里香和唇香草，是提炼挥发香油的好原料，目前尚未被利用。草原带中皮毛肉用类也很丰富，有艾虎、狐狸、盘羊、旱獭等，也有狼害和鼠害。

（三）山地草甸-森林垂直带或森林草原垂直带

草甸-森林垂直带位于草原带上部的中山地，阿尔泰山在海拔 1400~2300（2600）米，天山北坡在 1600~2700（2800）米。草甸-森林垂直带是湿润山地植被的标志，干旱的南疆山地无此带分布，其山地草原直接与高山植被相连。北疆山地中干旱的地方或雨影带，草甸-森林垂直带也发生不同程度的草原化，变成由森林与山地草原植被相结合的山地森林草原垂直带。天山东端的哈尔里克山、准噶尔界山和阿尔泰山东南部山地都如此。

这里具有中高山地貌，山岭较高，多河谷切割，水路网最发达。山坡较陡，常有岩石露头，坡上风积的黄土质薄。河谷中开始见到古冰川作用的遗迹。气候温和湿润，年降水量一般为 500~700（800）毫米，以夏季降雨为主，冬季积雪丰厚，干燥度 1.5。大于 10℃ 的积温为 1000~2000℃，无霜期 60~100 天。

各山地的森林植被和土壤特征互不相同。阿尔泰山森林具有西伯利亚南方山地泰加林的性质，其最湿润寒冷的西北端的喀纳斯山地，分布着由西伯利亚冷松、西伯利亚云杉和西伯利亚红松（并混有落叶松）构成的阴暗针叶林；较干旱的坡地上则为西伯利亚落叶松的明亮针叶林；中部则以落叶松占优势，仅在谷地中出现少量的云杉林，冷杉和红松绝迹；东南部则成为森林草原垂直带——块状的落叶松林与山地草甸草原相结合。

沙乌尔山和北塔山的中山带也具有西伯利亚落叶松林的森林草原垂直带。

天山北麓山地的森林则以雪岭云杉占绝对优势，仅往东部的巴里坤-哈尔里克山有西伯利亚落叶松林和云杉-落叶松混交林。

山地针叶林中的阔叶树种不多，阿尔泰山和天山东部的针叶林火烧迹地上的次生阔叶林，或混生于稀疏针叶林内的阔叶树树种，主要为欧洲山杨和疣枝桦；天山北麓的雪岭云杉林中则有天山桦、小叶桦等多种桦木与山柳的次生林或针阔叶混交林；伊犁尚有天山杨。

针叶林内的下木主要有花楸、山柳、忍冬、枸子木和野蔷薇等多种小乔木或灌木；活地被物为多种藓类和喜阴的草类，疏林则尚有许多草甸草类。

森林通常分布在陡斜的阴坡，草甸群落则占据着土层深厚的缓坡和开阔的谷地，主要由鸡脚草、短柄草、囊吾、牦牛儿苗等构成杂类草-禾草草甸；森林草原垂直带内的草甸或草甸草原群落尚有大量的草原草类加入或占优势。有些草甸是森林被破坏后的次生植被。此外，干旱的阴坡上则形成山地草原和旱生植物群落。

垂直带内的土壤多种多样。阿尔泰山的阴暗针叶林下发育着酸性的生草弱灰化土，落叶松林下则是弱酸性的山地灰色森林土；天山北麓的雪岭云杉林下的黑褐色森林土没有灰化现象，通常为盐基所饱和的中性土。山地草甸之下为具有深厚腐殖质层的饱和草甸土，草甸草原下则发育着肥厚的山地黑土。

山地草甸-森林垂直带主要是供应木材的林业基地。森林生产力高,树干高大而圆满,一般为20~30米,林分蓄积量在250~300立方米/公顷。伊犁地区局部林分树干高度达50米以上,蓄积量达800~1000立方米/公顷。缓坡上的林分可作为用材林,采用窄带状皆伐(落叶松林)或小块状皆伐的主伐方式。陡坡上的林分具有涵蓄水分、保土护坡的作用,应采用渐伐、群状择伐或更新择伐等方式,以免山地水土流失;块状森林尤应注意保护,禁止强度采伐。垂直带内的森林更新,尤其是皆伐迹地的更新,应采用人工植苗更新方式。对于云杉等耐阴针叶树种的更新应尽可能引入山杨或桦木等,以构成针阔叶混交林。此外,为了防止人畜破坏,应当按沟集中更新,以便封禁防护。

这一垂直带为家畜的夏季放牧场,高大繁茂的高草草甸更是良好的刈草场。阿尔泰山一些地区,森林-草甸带作为畜群迁往高山夏牧场或返回平原冬牧场时的过渡性春秋牧场;天山北麓一些地方也有用作家畜过冬的"冬窝子"。这一带草场面积有限,尤其是放牧和森林更新有较大的矛盾,用作夏场时应规定合理的载畜量。但最好是划出牧道,主要用作春秋场和刈草场。经验证明,在禁牧的幼林地上进行刈草,不但抚育了幼树,而且由于草地未被畜群践踏和啃食,刈草量很高,对增加冬草储量有很大的作用。

由于生长期短和热量不足,本带的种植业受到很大的限制,只适合大麦(青稞)、春小麦、豌豆、马铃薯等较耐寒作物,主要是在平缓的阳坡开垦旱地和河谷中种植。本带内适宜栽培的果树只有浆果植物,如悬钩子、茶藨子、草莓以及酸樱桃和山楂等。野生的花楸、山楂和枸子木等,可作为嫁接和育种的原始材料。

本带的草甸群落中有丰富的药用植物,如贝母、党参、乌头、大黄、缬草、黄精、益母草等,应注意合理利用和人工培育。雪岭云杉可供采割松脂,可作为林区副业发展。草甸-森林带内的动物资源也是极丰富和珍贵的,皮毛兽有紫貂、河狸、松鼠和鼹鼠(以上分布于阿尔泰山),猞猁、棕熊也分布到天山;药用动物以马鹿最著;旱獭和狍子则分布最广。应发展有价值的野生动物的驯养。

(四)亚高山植被垂直带

亚高山植被垂直带是中山和森林植被转向高山植被的过渡带,阿尔泰山在海拔1900(2100)~2300(2600)米,天山北麓山地在2200~2800米,天山南麓在2400~3000米,昆仑山则在3000~3600米呈片段分布。此带的山地具有高山地貌特征,峰尖坡陡,河谷深切,多岩石露头,具有明显的古冰川作用痕迹,并且往往存在一些古代剥蚀的准平原台地。

亚高山带气候寒冷湿润,降水量最大,向上则渐减。北疆山地估计年降水量在600~800毫米,南疆山地为250~400毫米,其中降雪的比例较大。气温与土温均较低,无霜期仅两个月左右。

本带植被,北疆山地属森林和草甸性的,南疆山地则属森林草原或草原性的,典型的亚高山草甸十分少见,仅在阿尔泰山西北部和伊犁纳拉特山北坡有少量分布,主要由羽衣草、牻牛儿苗、糙苏、勿忘我等亚高山杂类草与看麦娘、黄花草等构成中草草甸,其中杂有高山草类。北疆其他山地的亚高山草甸群落中则杂有或多或少的异燕麦、狐茅等草原草类。南疆亚高山带普遍发育着亚高山草原,由几种细柄茅、狐茅、银穗草等为建群种。昆仑山的亚高山草原甚至是荒漠化,常杂有荒漠的蒿类和优若藜等小半灌木。上述群落的土壤分别是:亚高山草甸土、亚高山草甸草原土、亚高山暗栗钙土(草原)和淡栗钙土(荒漠草原)。

本区由于受大陆性气候的影响,森林不仅分布在中山带,更普遍发展到亚高山带(在南疆山地,森林仅分布在亚高山带)的陡斜阴坡上,与缓坡、台地和宽谷底部的亚高山草本群落相结合。阿尔泰山的亚高山森林主要由落叶松构成,西北部有少量红松;天山西昆仑则为雪岭云杉,一般皆为针叶纯林,山杨和桦木等阔叶树皆不分布于此带内。由于热量不足,亚高山的林分比较稀疏,生产力也较低,地位级一般为Ⅳ—Ⅴ级,Ⅲ级较少。

由多种圆柏构成的灌丛是亚高山带的典型植被,它们通常匍匐分布在向阳的石质土坡上,南疆山地则分布在阴坡和半阳坡上,构成较高大的灌丛或乔木状丛林。

亚高山带气候凉爽,水草丰美,是最优良的夏季放牧场。亚高山草甸可作刈草场,产量1500~1800千克/公顷;草甸草原或草原放牧场的产量一般在500~1000千克/公顷。因冬季寒冷,积雪很厚,一般不作冬牧场。

　　亚高山带的森林具有涵养水源和保土护坡的作用，应严禁强度择伐和皆伐。对于过熟林分可采用渐伐、群状择伐或更新择伐，伐后实施人工促进天然更新的措施。未更新的老迹地上应进行人工更新。天山亚高山带应广泛引种落叶松纯林或与雪岭云杉混交，此带一般不适宜阔叶树种。

　　本带一般不发展种植业和果树业，但可试种牧草。本带药用植物和可供狩猎的动物也多，旱獭尤其丰富，但对草原有一定危害。

（五）高山植被垂直带

　　高山植被垂直带位于亚高山植被垂直带的上部，其上与无植被的高山裸岩和冰川、恒雪带相接。阿尔泰山的高山植被垂直带位置最低，其海拔为 2300～3000 米（东南部为 2700 米以上）；天山位于 2800～3900 米；昆仑山内部与东帕米尔则在 4000～5100 米处，而且向下直接与山地荒漠相连。高山带地貌特征表现为：尖峭的峰岭达雪线以上，裸岩、峭壁、岩屑堆和倒石堆十分发育，具有明显的冰川谷、冰斗和冰渍物；山坡通常覆盖着碎石和砾质的风化堆积物，细土层很不发育。

　　高山带气候严寒、干旱、多风，终年霜雪交加，植物的生长季通常不到三个月。昆仑内部和帕米尔高山上年降水量不足 100 毫米，天山可达 400 毫米，其中绝大部分是降雪，土壤终年有冻结层。

　　高山带的植被较为多样，但以适应大陆性高山气候的"寒旱生"的嵩草草原占优势，广泛分布于阿尔泰山（西北部除外）、天山和西昆仑山，分别由几种嵩草（莎草科）为群落的建群种，其中往往混生一些珠芽蓼、火绒草、棘豆和薹草等高山杂类草。南疆山地则杂有狐茅、细柄茅等草原草类而发生草原化。

阿尔泰山西北部和天山局部高山地段，分布由多种低矮的草本构成的小片植被。芜原和高山草甸下均发育着高山草甸土，南疆山地尚出现由细柄茅或狐茅构成的高山草原，昆仑山和东帕米尔山地尚局部分布有针茅和优若藜组成的高山荒漠草原。这些芜原、草甸和草原植被主要分布在高山下部的细质土山上，形成了高山草甸或草原垂直亚带，它们也能分布到高山带上部的细质土坡上。

　　在气候甚为寒冷或高度石质化的高山带上部则发育着另一垂直亚带。阿尔泰山西北部为由地衣和苔藓构成的高山冻原，其中混有圆叶桦和北极柳的高山灌丛。天山和昆仑外部则分布着多种贴地的垫状植物，如仙女花、籽柔草、二花委陵菜（以上是天山的）、刺矶松、棘豆和垫状点地梅（以上是昆仑和帕米尔的），构成高山垫状植被。帕米尔、昆仑内部和藏北高原则以垫状的小半灌木如矮优若藜或艾菊构成的稀疏"寒漠"占优势。冰川边缘的高山裸岩和岩堆上不形成植被，偶有个别的高山植物出现于岩缝石隙间。

　　高山带唯一较普遍的经济活动为放牧，嵩草芜原和高山草原仅用作夏牧场（高山草甸面积不大），产草量在 400～1000 千克/公顷。由于气候寒冷，放牧时间不过三个月左右。草丛低矮，一般不能刈割。高山冻原和垫状植被一般不具备饲料意义，寒漠则可以放牧牦牛。目前，高山放牧场的利用只是局部的或不充分的，主要限于高山峭壁、险坡和深邃河谷，形成交通上的障碍，因此，修整牧道是发展高山牧场的前提。

　　高山带也有少量的有用植物，如天山的雪莲为珍贵的药材，珠芽蓼可供提取鞣料和淀粉。成群的硕大盘羊和高山旱獭是狩猎的对象，雪豹则是珍贵的高山兽类。

第 42 章
天山雪岭云杉林的迹地类型及其更新*

张新时　张瑛山　陈望义
（新疆八一农学院林学系）
郑家恒　陈福泉　陈开秀　莫盖提
（新疆八一农学院南山实习林场）

提要　研究地区位于天山北麓中段的喀拉乌成山脉外缘。这里有着大面积的采伐迹地与火烧迹地。通过调查，我们根据森林植物条件类型和迹地形式划分了迹地类型。

森林植物条件类型的分类指标如下：

（1）山地森林垂直带系列：Ⅰ．森林上限亚高山矮曲林带，地位级Ⅴ；Ⅱ．亚高山森林-草甸带，地位级Ⅳ；Ⅲ．中山森林-草甸带，地位级Ⅰ～Ⅳ，因坡度而异；Ⅳ．山地森林草原带，地位级Ⅲ～Ⅳ。

（2）土壤基质系列：A．石质土；B．薄层骼质土；C．中厚壤土；D．深厚壤土；E．坳谷重壤土；F．河谷冲积土。

它们构成了森林植物条件的生态图表。

迹地的形式如下：

（1）皆伐及强度择伐迹地；（2）中、弱度择伐迹地；（3）小块状皆伐迹地；（4）生草化火烧迹地；（5）火烧迹地上的桦、柳林。

根据各迹地的特点提出了相应的森林更新措施。

＊ 本文发表在《林业科学》，1964，9（2）：167-183。

新中国成立后由于社会主义建设对木材的大量需要,天山林区逐步开展了较大规模的采伐工作[1]。

过去在天山林区所进行的采伐主要具有强制择伐的性质;因干旱地区山地森林的密度不高,且分布不集中,采伐强度多偏大,往往形成条件皆伐。这些采伐迹地的天然更新情况是十分不良的。又由于过去放牧时用火不慎,林火频繁,形成了大量的火烧迹地。为保证林业再生产和维护森林的防护作用,山区森林更新得到党和各级林业机构的重视,被列为最重要的森林经营活动之一。

亟待更新的迹地,面积大而分布广,不仅采伐方式、采伐强度或火烧特点与年代不同,同时还包括各种不同的森林植物条件。只有查明上述差异,并据以划分迹地类型,对各类迹地提出恰当的更新和其他经营措施,才能使更新工作建筑在可靠的基础上。我们通过调查研究,初步划分了八一农学院实习林场的迹地类型,提出了经营方面的原则性意见。

调查工作在 1962 年 5—7 月进行,共选择了三条垂直林带的调查路线。在线上按不同的森林植物条件和不同的迹地成因(采伐方式及其强度,火烧后迹地上的演变过程等)分别设立了面积为 500～1000 平方米的样地 18 块。在样地上全面记载地貌、地质、土壤和植物群落特点,以鉴定森林植物条件;在采伐迹地上调查了残留林木,测定伐桩直径,并折算为胸径[2],从而求出伐前林分调查因子和采伐强度;又以小样方法调查了迹地的天然更新状况。但限于我们的水平和调查不够全面,错误之处,希望同志们指正。

一、调查区森林生境的简述

喀拉乌成山脉处在天山北麓的中部,它的嵯峨的冰雪群峰在乌鲁木齐的南方渐呈西北走向;八一农学院南山实习林场即位于其外缘山地——小渠子施业区的西南隅,东经 87.5°～88°,北纬 43°,占据头屯河东南部集水区的山岭。山地具有明显的地貌垂直过渡的特征,从山麓的丘陵状黄土低山,逐渐向南转为陡斜、多河谷切割的中高山,向上经过古代准平原山地的平台,就是高耸的古生代变质岩系与火成岩系的天山轴体,它那嶙峋的山脊、险峭的岩屑坡和冰川地貌显示出高山的特征。喀拉乌成山脉的主峰高过雪线,约达 5000 米,但林场的南界只是它的外缘山脊,高约 3700 米,向北则下达海拔约 1600 米的中山带。

发源于雪峰与冰川之间的头屯河,自西南而向东北奔流过境,林场内亚高山与中山带有许多冰雪融水、雨水和山地潜水补给的小河皆汇流于头屯河。加以第四纪初期的古冰川作用刻蚀着海拔 2300 米以上的山地,因而境内表现了强度切割的地形,沟谷崎岖,丘岭错纵,形成了多样的生境,构成森林、草甸和草原交错分布的景观。

喀拉乌成山脉虽为温带荒漠中的山地,但因迎向西北湿气流,并脱离了准噶尔界山雨影带的影响,故降水比较丰富,中山带年降水量 600～800 毫米;更以东部的博格达山阻挡了东来的蒙古-西伯利亚大陆性反气旋的影响,因而主要具有比较温和与湿润的森林-草甸气候。

根据本场 1959 年的气候资料(如图 42-1),在生长期内具有较丰富的热量和最大的降水量(5—9

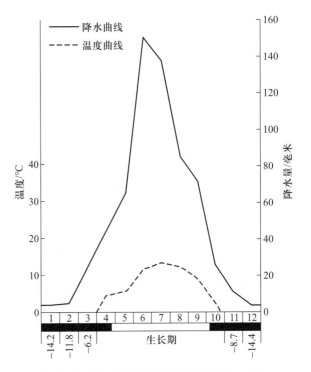

图 42-1　南山林场的气候坐标(按 Walter 法)
纬度:43°38′N;海拔高:1720 米;年平均温 0.3℃;降水量 624 毫米

---

① 调查地区森林的采伐主要是在 1954—1956 年进行的。
② 雪岭云杉的基径折算胸径,根据下列经验公式:$D_{1.3} = 0.84D_0 - 0.11$(八一农学院森林经理教研组)。

月占全年降水的 81%），这对于森林和草甸植物的生长十分有利。年平均最高与最低温的变幅约为 40℃，绝对最低温不过 -30℃，最高温仅 28℃；后者往往出现于生长期的后期（9 月），即降水量趋低之时，故初秋常稍呈干旱，但不严重。生长期 150~160 天，在此期间相对湿度为 72%~84%。

这里的山地平均气温递减率约为 0.6℃（每升高 100 米），降水量的递增率则约为 30 毫米。但从高山疏林上限（海拔 2700 米）降水量即开始下降，并以降雪为主，气温降低，生长期缩短，风速与蒸发力也加强，森林植物常受生理干旱影响。根据雪岭云杉林的分布界线推测，由下限至上限，年降水量为 480~850 毫米，7 月平均温度则为 10~20℃。但由于不同坡向与坡度对光照再分配的差异，同一高度带内各地段的温度与湿度状况也是很悬殊的。

雪线的位置在海拔 3800 米左右。高山冰川与积雪是河流水分的主要补给来源之一，但根据许多资料证明，现代冰川在继续向上退缩，气候的变暖和干旱也许是其原因，森林上限亦有随之上升的趋势。

雪岭云杉林下土壤为山地黑褐色森林土，土壤表层常有大量的枯枝落叶，腐殖质层厚度达 15~30 厘米，呈黑褐色或褐黑色，含量约 15%，向下转为褐棕色。土质以中壤为主或稍重，常具很明显的小粒状结构。土壤的酸度通常较微弱，pH 反应一般在 5.5~6.5，呈微酸性，并由表层向下逐渐转为中性反应，土体常为盐基所饱和，在腐殖质过渡层和母质层有明显的碳酸钙淀积体。土壤湿度一般为湿润-潮湿，没有很干旱或过湿现象。由于森林土壤处在不同的海拔高度和发育在不同的基质上，因而形成不同的土壤亚类和土种。在林带下部的土壤因淋溶微弱，通常是发育在深厚黄土母质上的碳酸盐黑褐色森林土；在疏林中则发展草甸草原化过程，具有山地黑土的特征。中山带森林中则为典型的山地黑褐色森林土。海拔 2300 米以上常为淋溶的黑褐色森林土，其碳酸盐反应仅微弱地出现于母质层。在森林上限的高山疏林中则属草甸化的黑褐色森林土，土层微薄。

当森林遭到采伐或火烧后，林下土壤也较缓慢地发生相应的变化。在前一种情况下，迹地的土壤进行着不同程度的生草化过程，逐渐过渡为草甸土或在森林下限转为山地黑土。在火烧迹地上由于地表覆盖物被破坏，发生土壤流失、冲刷和在山坡下部的埋藏现象，其后在新暴露的基质上发展着次生的草甸土或森林土的形成过程。

林场范围内的植被主要为森林和草甸，具有如下的山地植被垂直带结构：

（1）高山芜原草甸带：处在海拔 2700 米以上的高山带，接近永久冰雪带的上部为稀疏的石生垫状植被；下部为嵩草（*Kobresia capilliformis*）芜原和低草草甸，以珠芽蓼（*Polygonum viviparum*）、火绒草（*Leontopodium alpinum*）和黑穗薹草（*Carex atrata*）等为主。在阴湿的砾石坡上有仙女木（*Dryas octopetala*）和北极果（*Arctous alpinus*）构成的高山小灌木群落。雪岭云杉（*Picea schrenkiana*）林的上限达到高山带的下部，它与高山低草草甸、小灌木群落和石质坡上的垫状圆柏（阿尔泰方枝柏 *Sabina pseudosabina*）灌丛结合构成疏林，个别的雪岭云杉在岩石的庇护下则可上达 2800 米的高度。

（2）亚高山森林-草甸带：在海拔 2250~2700 米，山地准平原的台地上发育着亚高山杂类草-禾草的中草草甸，主要由羽衣草（*Alchemilla vulgaris*）、山地糙苏（*Phlomis oreophila*）、准噶尔看麦娘（*Alopecurus songaricus*）和蒲公英（*Taraxacum pseudoalpinum*）等构成。陡斜的阴坡则为雪岭云杉林所占据。

（3）中山森林-草甸带：分布在海拔 2250~1600 米的中高山，阴坡为雪岭云杉林、桦木-云杉混交林和山柳丛林所覆盖，缓坡与岭顶则为山地禾草-杂类草的中高草草甸，主要由拂子茅（*Calamagrostis epigejos*）、猫尾草（*Phleum phleoides*）、聚花风铃草（*Campanula glomerata*）、北方砧草（*Galium boreale*）、牻牛儿苗（*Geranium collinum*）、橐吾（*Ligularia persica*）等构成。阳坡则为山地草原，主要有冰草（*Elytrigia repens*）、披碱草（*Aneurolepidium dasystachys*）、扁穗冰草（*Agropyron cristatum*）与针茅（*Stipa capillata*）等。在森林下限，块状的云杉林或桦、柳-云杉混交林与山地草甸草原植被、阳坡上的圆柏（*Sabina vulgaris*）灌丛和草原相结合，构成山地森林草原景观。

海拔 1600 米以下的中低山属山地草原带。

综上所述，林场的自然景观如图 42-2 所示。

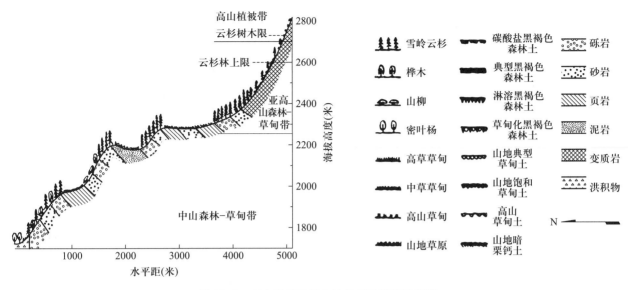

图 42-2 南山实习林场山地景观垂直带示意图
（由头屯河谷场部至黑湾子山脊）

二、主要的森林树种及其林学特性

山地森林树种的组成十分单纯,森林垂直带及其上、下限俱由雪岭云杉构成。仅在中山带及其以下,当云杉林遭到破坏而稀疏后混生桦木(*Betula tianschanica* 和 *B. microphylla*)或出现次生的桦木、山柳(*Salix pseudocaprea*)丛林,山杨(*Populus tremula*)十分少见,仅在中山带河谷中发现其个别植株。天山花楸(*Sorbus tianschanica*)和山柳常是云杉林的伴生树种。

中山与低山的河谷中,密叶杨(*Populus densa*)常沿河稀疏分布,或在局部地段构成较郁闭的林分;此外,河谷中还生长着桦木、柳、山楂(*Crataegus alitaica*)和水柏枝(*Myricaria alopecuroides*)的丛林。

在亚高山带的森林中一般已无阔叶树混生,仅有一些次生的柳丛林。

可见,成林的优势树种——雪岭云杉具有很强的建群势力和很广的生态适应幅度;它在海拔 2700 米处的高山疏林中要忍受高山带在生长期内的热量不足(7月平均温度约 10℃ ,年平均温度约-1℃)、生理干旱和强烈的直射光,在海拔 1500 米处的森林草原带内却要与酷暑、干旱(年降水量不足 500 毫米)和草原草类做斗争。然而,雪岭云杉对于中地形条件的要求却异常严格,通常只出现在北向的斜坡(朝向北、东北和西北),在干旱的阳坡,它让位给山地草原或旱生灌丛,在光照充分的开阔、平坦的谷地或台地则又为草甸植被所占据。

可见,雪岭云杉对于土壤湿度是有一定要求的;但它对于土壤质地却并不苛求,适于壤质土,也能在原始的骼质土、岩屑堆,甚至裸岩的缝隙间扎根生长。

在天山北麓条件下,雪岭云杉的种子年每 2~4 年出现一次,每公顷成熟的林分可生产上百万粒种子。带翅的小种子主要靠风力传播,天然下种的有效距离在 50~60 米。在种子年后,林冠下和迹地上往往可发现丰富的幼苗;然而,它们是不可靠的。因为,雪岭云杉的成年林木虽具有较强的抵抗力,能耐严寒、酷暑和强烈的直射光,它的幼苗却十分娇嫩,霜冻、日灸、弱度的干旱和杂草的竞争都能置其于死地,这就是雪岭云杉分布范围的广度与其天然更新程度微弱相矛盾的基本原因之一。在 10 龄以前,云杉幼苗和幼树的生长十分缓慢,一般 10 年生的野生苗高度不过 50 厘米。根据观测[1],雪岭云杉的幼树在 5 年生以前要求适度的林冠遮阴,15 年以后要求较强的光照(林冠郁闭度 0.2~0.3),在 30~40 年才要求全光照并开始加速生长。然而,在郁闭的云杉林冠下有着一些高龄的"被压木",以及在郁闭度 0.6~0.7 的阔叶林冠下有着十分茂密的云杉幼树,这说明雪岭云杉的幼树是很耐阴的;同时也表明了幼树在云杉母树林冠下的缺乏,主要不是由于遮阴,而是云杉母树水平根系对水分和养料的竞争。此外,林内厚层的地被物阻碍了幼苗扎根,也是其大量死亡的原因。

在迹地上或林窗内的云杉幼树通常是成丛分布的,每丛有5~6株,至数十株不等;单株生长的幼树则是不可靠的。

雪岭云杉的树冠较狭窄,在中山带和亚高山带一般呈细长的圆柱形;在林带下部呈圆锥形,同时,针叶变长,叶革质加强,呈现旱生形态;高山疏林的林木则为偏冠,针叶变短。这样,可以划分为不同的生态型[2],在不同的垂直带进行更新时,需注意选择和分别采种。这种云杉的根系也以水平根为主,主要分布在表层50厘米的土层内。但由于山地土质较疏松和没有沼泽化现象,因而也有一部分根系扎得较深;这样,它还具有一定的抗风力,风倒木不甚多见。

云杉林的郁闭度一般是不高的,一般在0.4~0.6,受到破坏后,常发生大量的枯立木。在亚高山带上部构成天然的疏林。

三、迹地的分类

关于迹地分类问题,我们根据森林植物条件类型和迹地形式(采伐方式、火烧年代及更替状况等),同时考虑了雪岭云杉林分布上的特点、迹地的成因和形成时间的久暂及其对更新的重要作用,并参考了国内外的一些研究成果[3~6],进行了迹地分类。其中,森林植物条件为林地固有的和比较稳定的基本因素。然而,不同迹地类型往往具有不同的植物群落,在森林天然更新上也有差异;因此,这两个因子可作为划分迹地类型时辅助指标。

(一)森林植物条件类型

主要按照森林垂直带和土壤(包括中地形)条件来区分[7]。其中,森林的垂直分布可划为四个带:

Ⅰ.高山疏林带:海拔2700~2550米的森林分布上限;

Ⅱ.亚高山森林-草甸带:海拔2550~2250米的上部森林分布带;

Ⅲ.中山森林-草甸带:海拔2250~1700米的森林分布带中部;

Ⅳ.中低山森林草原带:海拔1700~1500米的森林与草原交错分布的地带。

在各垂直带内,根据森林的土壤条件划分出各种森林植物条件类型。土壤条件的指标不仅包括了土壤的厚度与组成,也反映出相应的土壤湿度、肥力、林分生产力和中地形条件(坡度、坡地部位)等的特点:

A.石质土:主要分布在山峰顶部与山坡上部、山脊的基岩露头和裸岩峭壁地段。坡度陡峭,一般是在40°以上的凸形坡。细土仅局部残积在山坡凹处和石隙间,厚度不过10~30厘米,主要为砾质、碎石质和沙壤质,向下直接过渡到基岩。土层结构疏松,腐殖质层微薄,仅约2厘米。由于淋洗充分,土体内通常无碳酸盐反应。土壤水分靠大气降水补给,一般湿度为干旱-潮润。由于薄层和强度石质的土壤限制了树木根系的发育与更新,林分十分稀疏,常呈公园状疏林,地位极通常为Ⅴa极。指示植物有冷蕨(*Cystopteris fragilis*)、景天(*Sedum*)、虎耳草(*Saxifraga sibirica*)、白头翁(*Pulsatilla ambigua*)和青兰(*Dracocephalum*)等石生植物,或偶有阿尔泰方枝柏。

B.薄层骼质土:通常处在山坡上部或多基岩露头与岩屑堆、倒石堆地段。一般为35°以上的陡坡。细土层多少是成片地覆盖着坡面,局部有岩石或石块堆积。细土层厚度30~50厘米,或稍厚;主要为沙壤、轻壤、沙砾壤质土,向下为基岩或碎石、石块堆积物。腐殖质层厚4~6厘米。土层疏松,淋洗充分,一般无碳酸盐积聚。土壤水分靠大气降水补给,因土壤保水力差,湿度为干旱-潮润。林分地位级一般为Ⅳ~Ⅴ级。指示植物除藓类、冷蕨外,有米芒(*Deschampsia caepitosum*)、石松(*Lycopodium selago*)、石悬钩子(*Rubus saxatilis*)、单侧花(*Ramischia secunda*)、独丽花(*Monenses uniflora*)和斑叶兰(*Goodyera repens*)等。

C.中厚壤土:主要分布在山坡中部,坡度在25°~40°。细土层厚度在0.5~1米,主要由中壤土构成,向下质地稍重,仅在母质层上部有少量小石块和砾石。腐殖质层厚达10~20厘米,碳酸盐反应出现于腐殖质过渡层下部或母质层。土壤水分除由大气降水补给外,还有局部的侧坡径流补给,湿度为潮润-湿润。这种土壤条件较有利于林木的生长和更新,林分地位级一般为Ⅲ~Ⅳ级。指示植物有圆叶鹿蹄草(*Pyrola rotundifolia*)、红花黄精(*Polygonatum* roseum）、高山羊角芹（*Aegopodium alpestre*）、乳苣（*Mulgedium azureum*）、准噶尔千里光（*Senecio songoricus*）、牦牛儿苗和羽衣草等。

D. 深厚壤土：处于山坡中下部、坡麓或台地上。坡度一般在 10°~25°，坡面平，微凹或稍有起伏。细土层厚度达 1.5 米或更多，土质为中壤，或稍重，很少有砾石，一般为黄土母质。腐殖质层厚 20~30 厘米，常有多层埋藏层。土壤湿润，有侧坡径流水补给，但排水尚良好。碳酸盐反应仅出现于母质层。这里的土壤养分和水分条件最好，因此具有最高的林分生产力，地位级为 Ⅰ~Ⅱ 级，甚至达 Ⅰa 级。但因林分破坏后，迹地常滋生杂草，故天然更新较困难。指示植物有银莲花（*Anemone cathayensis*）、白屈菜（*Chelidonium majus*）、粟草（*Milium effusum*）、党参（*Codonopsis clematidea*）等肥土植物。

E. 坳谷重壤土：仅局部分布在山坡下部与坡麓的坳谷或凹形缓坡的集水地段。坡度平缓，一般不超过 15°。细土层十分深厚，亦在 1.5 米以下，由重壤-黏壤土构成。土壤湿度较高，相当潮湿，排水不良，亚高山带常存在永冻层。因此，林木生长条件稍恶化，地位级主要为 Ⅲ 级。指示植物有阿尔泰多榔菊（*Doronicum altaicum*）、准噶尔金莲花（*Trollius dshungaricus*）、假报春（*Cortusa brotheri*）、花荵（*Polemonium caucasicum*）、水杨梅（*Geum urbanum*）、木贼（*Equisetum hyemale*）等草本与土马骔属（*Polytrichum*）。

F. 河谷冲积土：片段出现于中山带以下的河谷底部——河漫滩和低阶地上，由河流冲积的沙壤、壤土和黏壤土的间层组成，常有卵石、石块与砾石掺杂于其中。细土层厚度不等，一般在 30~50~80 厘米，下层垫有卵石层。土壤生草化较强，腐殖质层厚达 10~20 厘米；土壤下层常有潜育化现象，通常无碳酸盐的淀积。土壤湿度一般为"潮湿"，常为流动的地下水所浸润。林分地位级为 Ⅱ~Ⅳ 级，一般为 Ⅲ 级。草本主要为中湿生的草甸草类——地榆（*Sanguisorba officinalis*）、木贼、唐松草（*Thalictrum simplex*）、水杨梅、金莲花、梅花草（*Parnassia laxmanni*）、水苏（*Stachys japonica*）等。

上述的森林垂直带系列与土壤系列相结合就组成了研究地区的森林植物条件类型生态图表（表 42-1）。

（二）迹地形式

划分为下列几类：

1. 采伐迹地：由于采伐方式和采伐强度的不同，迹地周围的林墙状况、迹地上保留木的遮阴程度也不同，因而具有不同的光照、湿度和温度条件；植物群落的组成与盖度，以及天然更新的状况也有差异。我们主要根据迹地上现有活立木的疏密度及其株数与采伐木（伐桩）的比例作为采伐强度的指标。这样，可划为下列三类采伐迹地：

表 42-1　南山实习林场森林植物条件类型生态图表

垂直带	A. 石质土 （干旱-潮润）	B. 薄层骼质土 （干旱-潮润）	C. 中厚壤土 （潮润-湿润）	D. 深厚壤土 （湿润）	E. 坳谷重壤土 （潮湿）	F. 河谷冲积土 （潮湿）
Ⅰ. 高山疏林带	ⅠA 地位级：Ⅴa	ⅠB 地位级： Ⅴa~Ⅳ	—	—	—	—
Ⅱ. 亚高山森林- 草甸带	ⅡA 地位级： Ⅴa	ⅡB 地位级： Ⅳ~Ⅴ	ⅡC 地位级： Ⅲ~Ⅳ	ⅡD 地位级： Ⅱ~Ⅲ	ⅡE 地位级：Ⅲ	—
Ⅲ. 中山森林- 草甸带	—	ⅢB 地位级：Ⅳ	ⅢC 地位级：Ⅲ	ⅢD 地位级： Ⅰ~Ⅱ	ⅢE 地位级： Ⅱ~Ⅲ	ⅢF 地位级： Ⅲ~Ⅳ
Ⅳ. 中低山森林 草原带	—	—	ⅣC 地位级： Ⅲ~Ⅳ	ⅣD 地位级： Ⅱ~Ⅲ	—	ⅣF 地位级： Ⅲ~Ⅳ

（1）皆伐及强度择伐迹地：迹地面积大，伐区周围无林墙，或距迹地很远，不具庇荫与下种作用。保留活立木的疏密度在 0.1 以下，每公顷株数不足 200 株。在这种情况下，保留木的枯死率高达 50% 以上。采伐强度按株数在 50% 以上，按蓄积量则在 70% 以上。

这种迹地的植物群落特征随不同的森林植物条件而有所差异。一般为拂子茅＋米芒＋杂类草群丛占优势，根茎性的拂子茅和密丛的米芒构成紧密的草根盘结层，杂类草——高山羊角芹、乳苣和北方砧草（Galium boreale）等则随土壤湿度加大而逐渐增多。在新的皆伐迹地上则首先是形成茂密的高山羊角芹群丛，其中并混有许多其他的森林草甸性杂类草，但随着时间的推移或土壤变干，根茎性禾草的侵入会越来越多。总之，皆伐及强度择伐迹地又以生草程度强为其显著特征。

根据调查，在这类迹地上天然更新十分不良或不能天然更新（表42-2）。

在这种情况下，阻碍更新的原因，首先是伐区小气候状况的显著变化——强光、高温、干旱以及风和霜冻等不利因素对云杉幼苗的严重危害。即使伐前更新的幼树，在环境骤变的条件下也都大部死去，只有在个别残留的母树附近出现了极少的、1～2 年生的、生活力微弱的幼苗。迹地上茂密的杂类草层，尤其是老迹地上的拂子茅地被物也是天然更新的重要障碍——紧密的草根层阻碍种子与土壤接触，并且是幼苗的可怕的竞争者。此外，在皆伐和强度择伐

迹地上缺乏足够的和可靠的种源——健康的母树，也是其没有更新的原因之一。这样，如果不采取有效的人工更新措施，这种迹地的更新将是不易见到成效的。

（2）中、弱度择伐迹地：保留活立木疏密度在 0.2 以上，每公顷株数在 300 株以上，采伐较均匀。保留木的枯死率在 30% 以下。采伐强度按株数在 40% 以下，按蓄积在 60% 以下。这种迹地的森林环境未遭完全破坏，因而形成了云杉的稀疏林木层与森林性禾草、杂类草以及藓类层相结合的状况，并由于林窗的存在，使植物群落具有镶嵌的性质。草类以粟草、早熟禾（Poa nemoralis）、三毛草（Trisetum sibiricum）等疏丛禾草占优势，盖度约 30%；其他有高山羊角芹、准噶尔繁缕（Stellaria songarica）、乳苣、假报春、北方砧草、党参、花荵、准噶尔千里光等，草层下隐藏有残存的藓类，但多枯黄而生长不良。此外，还有稀疏的灌木，如蔷薇（Rosa acicularis）、忍冬（Lonicera hispida 和 L. stenantha）、栒子（Cotoneaster melanocarpa）等。

这种迹地由于保留的林冠形成了较适宜的遮阴条件，以及种源较有保证，因而天然更新条件较好。伐前更新的幼树虽有死亡，但保留仍多，生长良好。迹地上生草化程度不强和土壤较湿润也有利于幼苗的生长和发育，但藓类层仍然是种子接触土壤的障碍。由表 42-3 与表 42-4 的调查材料对比可知，这种迹地上的更新比具有厚层藓类地被物与枯枝落叶层的林冠下更新要好些。应当指出，在林窗内更新

表 42-2　皆伐及强度择伐迹地的天然更新情况调查

标准地号	森林植物条件类型	迹地植物群落	更新情况				备注
			有苗样方占总调查样方百分比	每公顷云杉幼苗、幼树株数			
				可靠	不可靠	合计	
1	ⅡE	高山羊角芹	40	1500	1000	2500	皆伐迹地
3	ⅡD	禾草＋杂草类	40	1000	1000	2000	同上
5	ⅢB	禾草＋杂草类－藓类	40	1000	—	1000	同上
7	ⅡE	高山羊角芹	—	0	0	0	同上
10	ⅡC	拂子茅＋糙苏	—	0	0	0	同上
15	ⅡC	拂子茅＋杂草类	—	0	0	0	同上
16	ⅢB	禾草＋杂草类	40	800	200	1000	强度择伐迹地
18	ⅢC	禾草＋杂草类	20	500	0	500	同上

幼树呈丛状分布也是其更新特点。

（3）小块状皆伐迹地：按采伐强度应属皆伐迹地，但伐区面积小，其直径不超过云杉树高的两倍（50米），周围具有未伐或弱度择伐的林墙，因而受到一定程度的遮阴，土壤较第一类迹地为湿润，在迹地上形成了森林禾草–杂类草群落；以高山羊角芹占优势，盖度40%~60%，其他杂类草亦繁多；禾本科草仍以森林性的疏丛禾草——粟草、早熟禾和异燕麦（*Helictotrichon hookeri*）为主，构成了群落的次优势种，盖度达30%~40%。此外，藓类呈斑状分布

于荫蔽的倒木或残留立木林冠下。

这种迹地由于受到周围林墙较多的庇护，因而天然更新条件较好（表42–5）；但幼苗的分布不均、可靠幼树的数量仍不能令人满意，因为迹地的生草化过程仍构成对更新的障碍。如果结合采伐进行适当的人为促进措施，天然更新当有较满意的结果。

2. 火烧迹地：调查地区的火烧迹地皆由地面火引起的全面火灾所形成。由于云杉易燃，火烧强度极大，往往全部林木俱毁，仅在低洼处保存了个别的活立木。林火同时烧去了厚密的苔藓和枯枝落叶层，

表 42–3　中、弱度择伐迹地天然更新情况调查

标准地号	森林植物条件类型	迹地植物群落	更新情况				备注
			有苗样方占总调查样方百分比	每公顷云杉幼苗、幼树株数			
				可靠	不可靠	合计	
2	ⅡC	粟草+杂类草	20	1000	500	1500	幼苗、幼树主要分布于伐前林窗地
6	ⅢC	三毛草+杂类草–藓类	20	500	1500	2000	同上
8	ⅡB	杂类草+禾草–藓类	20	6000	—	6000	幼苗、幼树主要分布于生长健康的保留木附近
11	ⅡC	杂类草+禾草–藓类	40	1500	1000	2500	幼苗、幼树主要分布于生长健康的保留林带内

表 42–4　云杉林冠下天然更新情况调查

标准地号	森林植物条件类型	林况				每公顷云杉幼苗、幼树株数			备注
		郁闭度	疏密度	地位级	林龄	可靠	不可靠	合计	
1	ⅢB	0.65	0.83	Ⅳ	90	200	500	700	
2	ⅢD	0.5	0.92	Ⅰ	75	180	—	180	
3	ⅢD	0.48	0.80	Ⅰa	120	—	—	—	
4	ⅡB	0.37	0.75	Ⅴ	120	1600	1400	3000	幼树集中于林窗地

表 42–5　小块状皆伐迹地天然更新情况调查

标准地号	森林植物条件类型	迹地植物群落	更新情况			
			有苗样方占总调查样方百分比	每公顷云杉幼苗、幼树株数		
				可靠	不可靠	合计
4	ⅡC	异燕麦+高山羊角芹	80	10 000	2500	12 500
14	ⅡD	高山羊角芹+林地早熟禾	40	4500	1500	6000

使底土裸露,在坡地上就引起了冲刷过程;因此,在土壤剖面上多发现坡积层与埋藏层相重叠的紊乱现象。这种情况在一定程度上有利于云杉天然下种的种子发芽与幼苗的生长;所以在迹地土壤未强度生草化以前,如果能得到周围林墙或保留木的天然下种,可能形成茂密的丛状云杉幼林。然而,在大多数情况下,喜光的桦木或山柳却经常占据了火烧迹地,构成了次生的丛林。只是在大面积的强度火灾的迹地上,因缺乏针阔叶树的种源,才为草类所占据,形成强度生草化的草甸群落。这样,根据火灾后的植被演替状况及其阶段,可作如下的划分:

(1)生草化火烧迹地:一般为老火烧迹地,火烧后由于缺少母树,或林墙未能及时下种,迹地则发展为次生的草甸群落,以拂子茅占优势,其次为米芒及其他杂类草。其条件类似皆伐迹地,天然更新状况十分不良,甚至找不到一株云杉的幼苗或幼树。

在这种迹地上,若不进行人工更新措施,天然更新是无望的。

(2)次生阔叶林(桦、柳林)更替的火烧迹地:在附近具有阔叶母树的云杉林火烧迹地上,多数形成了桦木或柳树的次生阔叶林①,进行着森林树种演替的过程。一般在火烧后十年左右,阔叶树就在迹地上明显地占优势,其中同时出现了不少的云杉幼树;在三十年以后,迹地上则形成了茂密的阔叶林,同时在林冠下有着十分旺盛的云杉幼树层。阔叶林冠为云杉的更新创造了很优良的条件,云杉幼苗在其下不致受到不良气候因子和杂草竞争的危害,有林下松软的死地被物和土壤养分、水分较充足,尤其是缺乏云杉母树根系的竞争(阔叶树的根系较深),更是在云杉林冠下所没有的优越性。

根据调查,在开始形成次生阔叶树丛的火烧迹地上,更新情况如表42-6。

在成年的桦、柳丛林内,每公顷健康云杉幼树可达三万多株。虽然,对于更新(种子发芽和幼苗生活)是良好的条件,却未必完全适于幼树的生长,通过解析木调查,发现在浓密阔叶林冠下的云杉幼树从十年生以后,生长受到显著的抑制,这主要是由于幼树长大,需要更充足的光照。即使在这种情况下,从火烧后30~40年开始,次生阔叶林中就进行着云杉更替阔叶树的过程[1]。

综上所述,根据森林植物条件类型确定了迹地的生境(土壤和气候)特征,根据迹地形式(包括迹地成因、演替特点以及植被和更新状况)又鉴定了迹地的林学特点,这两方面的因素相结合,便构成了调查地区的迹地类型体系。

每一迹地类型的命名,可以根据森林植物条件类型和迹地形式的双名法,如:亚高山深厚壤土上的小块状皆伐迹地、中山中厚壤土次生柳林(老火烧迹地)、中低山中厚壤土上的强度择伐迹地等等。

四、各迹地类型的森林更新措施

按照各迹地类型的森林植物条件和迹地形式,可以确定合理的森林更新方式和技术措施(见表42-7)。

表42-6 次生桦、柳林更替的火烧迹地天然更新情况调查

标准地号	森林植物条件类型	迹地植物群落	有苗样方占总调查样方百分比	每公顷云杉幼苗、幼树株数 可靠	每公顷云杉幼苗、幼树株数 不可靠	桦	柳	备注
9	ⅡB	柳-禾草+杂草类	100	2900	80	—	3600	柳10年,成丛分布
13	ⅢC	桦木+柳-禾草	100	1000	—	42 000	6200	阔叶树皆为幼苗或幼树,尚未成丛

① 在亚高山带的火烧迹地上仅能形成柳的丛林;在中山带的火烧迹地上,则山柳占据着较肥沃和湿润的地段(ⅢC、ⅢD),桦木处在较贫瘠的地段(ⅢB、ⅢC)。

表 42-7　八一农学院南山实习林场雪岭云杉林的迹地类型及其更新措施

森林植物条件类型 迹地形式	I. 高山疏林带 A	I. 高山疏林带 B	II. 亚高山森林-草甸带 A	II. 亚高山森林-草甸带 B	II. 亚高山森林-草甸带 C	II. 亚高山森林-草甸带 D	II. 亚高山森林-草甸带 E	III. 中山森林-草甸带 B	III. 中山森林-草甸带 C	III. 中山森林-草甸带 D	III. 中山森林-草甸带 E	III. 中山森林-草甸带 F	IV. 中、低山森林草原带 C	IV. 中、低山森林草原带 D	IV. 中、低山森林草原带 F
皆伐及强度择伐迹地	—	—	—		亚高山骼质土上的或中厚壤土上的皆伐迹度及强度择伐迹地:促进天然更新——清除地被物,补植;有条件时可进行人工更新,栽植苗木,或云杉混交,或栽植以植树锹整地,不整地,造林。采伐残余物呈水平带状积于林地	亚高山深厚壤土上的皆伐迹地:以人工更新为主,人工栽植落叶松-云杉混交林或云杉纯林,小块状或带状整地,采伐残余物积成小堆,进行火烧清理	亚高山深厚壤土谷中厚壤土上的或中厚壤土的皆伐迹地:以人工更新为主,栽植云杉与山杨,云杉叶松混交,小块状整地,簇植。采伐残余物积成小堆,进行火烧清理	中山骼质土上的或中厚壤土上的皆伐迹地:以人工更新为主,栽植落叶松-云杉,栽植云杉或云杉叶落交林或云杉混交林,小块状或穴状整地。采伐残余物呈水平沟状积于平带状积于林地,小径木运出利用	中山骼质土上的中厚壤土上的择伐迹地:以人工更新为主,栽植落叶松-云杉混交林或云杉混交林,穴状或水平沟状整地。采伐残余物呈水平带状积于平积于林地,小径木运出利用	中山深厚壤土的或谷中厚壤土上的择伐迹地:更新,营造云杉,以后混植云杉,穴状整地,云杉簇植。采伐残余物运出利用	中山深厚壤土上的或谷中重壤土上的皆伐迹地:以人工更新为主,云杉的速生丰产林,可无植山杨,桦木等先锋树种。小块状整地,簇植。采伐残余物积成小堆,进行火烧清理;小径木运出利用	中山河谷皆伐迹度及强度择伐迹地:人工更新,栽植杨树林,以后混植云杉。采伐残余物运出利用	中低山中厚土上的或深厚壤土上的择伐迹地:天然更新,营造云杉与营造桦木的混交林,块状整地,云杉簇植。采伐残余物运出利用,小段地撒布或堆于林地	中低山中厚土上的或深厚壤土上的皆伐迹度及强度择伐迹地:人工更新,营造云杉与山杨,桦木的混交林,在较干旱处营造落叶松。采伐残余物运出利用,小段地撒布或堆于林地	中低山河谷皆伐及强度择伐迹地:人工更新,栽植杨树林,榆树林等阔叶林,穴状整地。采伐残余物运出利用
小块状皆伐迹地	—	—	—		亚高山骼质土上的或中厚壤土上的小块状皆伐迹地:促进天然更新,成块,块状清除地被物,苗木;有条件时左,进行人工更新,措施同上。采伐残余物积成水平带状积于林地	亚高山深厚壤土上的小块状皆伐迹地:促进天然更新;有条件时进行人工更新,措施同上。采伐残余物积成小堆,但不可火烧	亚高山深厚壤土谷中重壤土上的小块状皆伐迹地:促进天然更新,措施同上。采伐残余物积成小堆,但不可火烧;小径木运出利用	中山骼质土上的或中厚壤土上的小块状皆伐迹地:促进天然更新,块状清除被物,苗木;或人工更新,措施同上。伐区清理方式亦同上	中低山骼质土上的或中厚壤土上的小块状皆伐迹地:人工更新,措施同上。天然更新,措施同左。伐区清理方式亦同上	中山深厚壤土的或谷中重壤土上的小块状皆伐迹地:以人工更新为主,措施同左,促进天然更新。采伐残余物积成小堆,但不可火烧;小径木运出利用		中山河谷小块状皆伐迹地:更新措施同上	中低山中厚土上的或深厚壤土上的小块状皆伐迹地:人工更新,措施同上;促进天然更新,措施同左(ⅢB, C)。伐区清理方式亦同上	措施同(ⅢB, C)。	中低山河谷小块状皆伐迹地:更新措施同上

续表

迹地形式 \ 森林植物条件类型	Ⅰ.高山疏林带 A	Ⅰ B	Ⅱ.亚高山森林-草甸带 A	Ⅱ B	Ⅱ C	Ⅱ D	Ⅱ E	Ⅲ.中山森林-草甸带 B	Ⅲ C	Ⅲ D	Ⅲ E	Ⅲ F	Ⅳ.中、低山森林草原带 C	Ⅳ D	Ⅳ F
中、弱度择伐迹地	高山石质土、砾质土或亚高山石质土上的中、弱度择伐迹地:以天然更新为主,有条件时可补植云杉或松苗木		—	亚高山骼质土或中厚壤土上的中、弱度择伐迹地:天然更新,促进天然更新,措施同上。伐区清理方式同上,枯死木可采伐利用		亚高山深厚壤土上的或重壤土上的中、弱度择伐迹地:促进天然更新,措施同上。伐区清理方式同上,枯死木可采伐利用		中山骼质土上的或中厚壤土上的中、弱度择伐迹地:促进天然更新,措施同上。伐区清理方式同上,枯死木可采伐利用		中山深厚壤土的或重壤土上的中、弱度择伐迹地:促进天然更新,补植,以补植云杉苗木为主。伐区清理方式同上,枯死木可采伐利用		中山河谷中、弱度择伐迹地:促进天然更新,补植,补植云杉苗木	中低山骼质土上的中、弱度择伐迹地:天然更新,云杉苗木清理,伐区清理伐,枯死木可采伐利用	中低山中厚壤土上的中、弱度择伐迹地:促进更新,以补植死木利用	中低山河谷中、弱度择伐迹地:更新措施同左
生草化火烧迹地	—		—		亚高山骼质土上的或中厚壤土上的生草化火烧迹地:更新措施同皆伐迹地			中山骼质土上的或中厚壤土上的生草化火烧迹地:更新措施同皆伐迹地				—	中低山中厚壤土上的或深厚壤土上的生草化火烧迹地:更新措施同皆伐迹地		—
次生桦、柳林更替的火烧迹地	—		—	亚高山骼质土或中厚壤土上的柳次生林:天然更新次生林		亚高山深厚壤土上或重壤土上的柳次生林:天然更新,当云杉幼树达10年生以上,进行除伐,改造次生林		中山骼质土上的或中厚壤土与桦次生林:天然更新,或促进天然更新——补播或补植云杉。进行抚育采伐——除伐,育成次生林	中山骼质土上的或中厚壤土上的桦林-柳次生林:天然更新,促进更新,或补播或补植云杉,天然更新与抚育改造,措施同左			—	中低山中厚壤土上的或深厚壤土上的桦林与桦次生林-柳次生林:促进天然更新与抚育改造,措施同左		—

随海拔高度变化的山地气候条件（森林垂直带系列），在较大程度上决定着更新树种的选择及其配置。例如，中山带的气候和土壤条件最适于林木的生长和发育，是主要的林业生产基地，其树种应以乡土树种——雪岭云杉为主，并可与阔叶树种——山杨、桦木等构成混交林。亚高山带气候较寒冷，土壤较瘠薄，可引用较耐寒和耐瘠薄土壤的西伯利亚落叶松或兴安落叶松，或构成落叶松-云杉的复层混交林；但在土壤较肥厚的地段仍可以云杉为主。阔叶树种在亚高山带则受限制。中低山森林草原带的气候较温暖和干旱，土壤中富含碳酸钙，可试验引用各种耐旱和适于钙质土的树种，如樟子松等，尤应多用阔叶树。在河谷中则大量发展杨树。

林分和迹地的土壤以及中地形条件应作为决定造林整地和采伐方式的主要依据。鱼鳞坑状的穴状整地或水平沟整地适于土层薄的陡坡（B、C）。深的小块状整地和带状整地则宜于杂草繁茂的缓坡（D、E）。为了防止穴状整地在陡坡上引起水土流失，还可以用植树锹在亚高山带进行不整地的落叶松植苗造林。

迹地的形式在很大程度上决定了更新方式的选择，以及伐区清理和幼林抚育的措施。在强度生草化、天然更新困难的皆伐、强度择伐和老火烧迹地上，应以人工植苗更新为主，并加强幼林抚育工作。在中、弱度择伐和小块状皆伐迹地上则可实施促进天然更新措施——块状整地、清除地被物和补植等。只有在次生阔叶林中有丰富的云杉幼树的情况下，才能有把握得到良好的天然更新，但以后必须进行抚育伐。

皆伐、强度择伐和火烧迹地的卫生状况是很恶劣的，因而，在人工更新时清理迹地是一项必要而又十分繁重的工作。在高山和亚高山条件下，采伐残余物应截成小段，均匀散布于林地；在一般的斜坡上，采伐残余物可呈水平带状堆积；在坡度平缓和土层深厚的皆伐地段，皆可将其集成小堆，进行火烧清理。

迹地上的过度放牧常是森林更新的严重障碍，因此，对进行更新的迹地应加以封禁和保护。最好是轮流封禁个别的山沟，在其中集中进行更新。因此，在实施人工更新的顺序方面，首先应当在林场附近的中山森林带内进行，以便于就近作业、管理和保护；尤其在中山带土壤被肥厚（ⅢD、ⅢE）的迹地上可以营造速生丰产的人工林。不便经营和人力不及的偏远山地则可以后进行。

五、今后研究的问题

1. 由于调查地区的迹地类型尚不完备，尤其是迹地形成的年限皆在 8~10 年或以上，缺乏新的采伐迹地或火烧迹地，因此，我们对迹地植被的演替过程状况是掌握不足的，有待今后进行更全面的调查。

2. 对各迹地类型更新措施的建议仅是初步意见，需要在实践中加以验证和补充。尤其在引种方面，可试用大兴安岭和阿尔泰山的一些树种，如兴安落叶松、西伯利亚落叶松、樟子松、疣枝桦、白桦、风桦、山杨等，以丰富天山森林的组成，改善森林资源。

3. 以森林植物条件类型和迹地形式相结合来划分迹地类型较适宜于天山林区条件，建议各林场结合当地情况进行迹地分类的普查工作，以确定更新工作的顺序，制定更新规划，把更新建立在科学的类型基础上。

4. 解决"林牧矛盾"，有效地保护更新地是更新的前提和保证。因此，在实施一切更新措施之前，林牧双方必须协商划定禁牧的地区和施行保护措施——围栅栏或开掘防畜沟等。

参考文献

［1］张新时,张瑛山,1963. 乌苏林区天山云杉天然更新的研究. 新疆农业科学,1:29.

［2］Быков Б. А., 1960. Доминанты растительного покрова Советского Союза. том Ⅰ. Изд. АН КазССР.

［3］Мелехов И. С.,Корконосова Л. И.,Чертовский В. Г.,1962. Руководство по изучению типов концентрированных вырубок. Изд. АН СССР.

［4］麦列霍夫 И. С. 等,1959. 大面积采伐迹地的更新问题.中国林业出版社.

［5］侯治溥,1959. 长白山林区森林立地条件及落叶林更新. 林业科学,5(4):261-278.

［6］Нестеров В. Г., 1961. Вопросы современного лесоводства. Гос. Изд. сель-хоз литера.

［7］张新时,1962. 新疆山地和荒漠森林的综合自然分类. 中国植物学会植物生态学,地植物学学术会议论文.

第43章

新疆植被水平带的划分原则和特征*

李世英

（中国科学院植物研究所）

张新时

（新疆八一农学院）

新疆地域辽阔,地跨纬度 15°10′。境内太阳辐射热能随着纬度的递变而有明显的差异。这种差异对于植物的分布发生深刻的影响,植被也表现出相应的递变现象。又由于境内山体对于四周气流的阻隔,更加深了气候的大陆性对植被的地带性变化的影响。因此,进行新疆植被水平带的划分,无论在植被区划、综合自然区划或其他各种专业性区划工作上,无疑都是有意义的。

一、植被水平带的划分原则

在进行一个区域的植被水平带的划分时,首先必须确定其划分原则。B. B. Докучаев 第一次将"带"理解为自然历史形成的产物,他提出生物因素与非生物因素的相互影响在划分带上的意义[5],这个观点直至今日仍为从事地带性问题的研究者所遵循。但早期植被地带性的划分工作,是根据自然地带性的原则进行的。A. Schimper 和 M. Г. Попов 曾利用气温和降水条件来划分植被带[26,20]。E. П. Коровин 也认为"带"是具有纬度分布规律的综合现象,并强调它在生态上的统一性[10]。

强调以植被的特征作为划分地带性的原则,地植物学家的工作是有卓著贡献的。E. M. Лавренко 认为水平带的特征在于具有一定的显域地境

（плакор）植被类型优势,以及与其并存的非地带性的生存条件下的植被类型[15]。A. A. Юнатов 更明确地建议仅根据植被本身的特征划分植被地带性;因此,他主张把存在于地带性中的植物生活型的复合体作为基础[23]。这种观点是与 П. Д. Ярошенко 的植被类型只能最完全地反映一定水平带或垂直带的见解一致的[24]。A. Г. Исаченко 也得出同样的结论,认为任何土类和植物群丛,不管它们是否占优势,都是地带性的;他建议用典型的、特有的、占优势的土壤和植物群落来代替 Г. Н. Высоцкий 的地带型[7]。以上各种见解都是相互补充、逐步深化的,为植被地带性的研究工作奠定了很好的基础。

根据前人对于地带,特别是植被地带性研究的成就,并根据新疆植被的特点,我们认为划分新疆植被水平带的原则,应考虑下面几点意见。

（1）我们完全同意 A. A. Юнатов 的以植物生活型复合体作为划分植被地带性的基础的意见:植物生活型的形成是依从于自然条件的,因此,不同的自然地带有其一组特殊的、固有的、主导的植物生活型,而这些生活型构成了一个地带的一定类型的植被[23]。构成我国亚热带植被的植物生活型是以常绿阔叶乔木和灌木为主,温带则以落叶阔叶乔木和灌木为主,就是明显的例证。新疆地处温带,境内的草原带和荒漠带的植被,分别由生草型（密丛和疏丛）、灌木、半灌木、短命植物（包括类短命植物）等

*本文发表在《植物生态学与地植物学丛刊》,1964,2(2):180-189。本文承胡式之同志审阅,并提出许多意见,得以修改,特此致谢。

生活型的种所组成。昆仑山、东帕米尔和藏北高原，地势高耸，自然地带性的规律遭受破坏，构成植被的生活型则以垫状植物和半灌木为主。由此可以得出这样一个结论：植物生活型复合体乃是自然历史发展的产物。古植物工作所提供的地质时代植被地带性是与当时气候带相适应的论证，也间接地说明了地带性植被提供的植物生活型与古气候带的关系。这就为我们的结论做了进一步的证明。

应该指出的是，植物生活型复合体的原则，是与前文提到的地带性植被类型优势的原则一致的。地带性植被类型是自然地带的历史发展和现代自然条件的综合产物，它们的分布是以气候带为转移，这种植被类型与美英地植物学派文献中的"气候顶极群落"相符，也与 E. M. Лавренко 的"显域地境植被类型"的含意相同[13]。按照这种原则，常绿阔叶林可以作为我国亚热带森林带的划分原则，落叶阔叶林作为温带森林带的划分原则。同理，丛生禾草草原群落作为划分我国温带草原带的指标，灌木和半灌木荒漠群落作为划分荒漠带的指标，是合乎自然地理规律的。因此，划分植被地带性的植物生活型复合体的原则，不仅与地带性植被类型优势的原则一致，而且包含了这种优势类型以外的带内所有类型的内容；因此，它是更全面的。

（2）地区的自然历史发展的不同，常使理想的自然地带的发展规律受到破坏，也在植被的发展上产生影响。新疆自然历史的变迁是很剧烈的，特别是新生代以来，在境内及其毗邻地区隆起巨大的山系，古地中海从境内和邻区向西退去，气候发生很大的变化。与此相适应的，在各个时期的不同地质作用下，发生各种沉积。这些因素对于植物区系和植被的发展当然也发生直接或间接的影响，在新疆荒漠类型中出现的短命和类短命植物成分，与荒漠气候不相协调的 Ammopiptanthus nanus 常绿小灌木群落，以及在伊犁河谷山麓出现的落叶阔叶野果林就是突出的例子。这些影响对于巨大的山系，如阿尔泰山和帕米尔-西藏高原的植被所发生的作用更为显著。因此，划分植被的地带性时，与自然历史发展有联系并影响现代植物生活型复合体性质的植被历史的特点，也必须予以考虑。

（3）前文提过了，植物生活型复合体是自然地带的历史发展和现代自然地理条件的综合反映，因此，自然地理因素，特别是气候的特点，也是历来学者划分植被地带性的原则之一。众所周知，植被的分布是受气候条件制约的。植物吸取土壤中水分和营养物质制造养分，但是它的生物量的积累受制于太阳辐射的多寡，而太阳辐射的数量，又是依纬度的递变而转移。同时，气温的年、日周期性的变化，直接影响植物的生活活动，而气温的变化也因纬度地带而异。因此，自然地理条件作为划分植被带的原则，应该予以肯定，关于这个问题，前人已做过充分的讨论，这里不再赘述了[1]。

（4）最后，作为水平地带的特征，山地植被垂直带结构类型也具有重要意义。A. Г. Исаченко 把垂直带性看作水平带性的特有的非地带性变体[8]。В. Б. Сочава 也认为在每一自然地带范围内，可以分出若干垂直带结构类型[22]。对于水平带和垂直带的关系问题，П. С. Макеев 有非常成功的论述。关于这个问题，侯学煜就我国实例也做了论证，这里也不再做引论[1]。至于新疆山地植被垂直带结构类型的性质及其划分原则，将在以后专文讨论。

二、新疆植被水平带的特征

根据上述原则，新疆植被水平带由北向南出现这样的变化：针叶林带—草原带—荒漠带；在西藏高原北部和帕米尔北部，出现寒漠植被区域（图 43-1）。

值得注意的是，新疆植被水平带谱的密集度表现出南、北不一致的现象。即在北部边缘集中了森林、草原和荒漠三个带，而往南则仅出现荒漠一个带。这种现象的产生取决于地理位置、地表结构及其发育历史、地势等因素。

（一）针叶林带

新疆东北边缘的阿尔泰山，是中生代末期，特别是第三纪以来隆起的断块山地。这里，在上新世末，形成于第三纪后半期的丰富的温带落叶阔叶林，受到寒冷气候的影响，日趋消亡，而广泛地被针叶林代替[11,12]。后来，随着冰川时期的来临，山地森林发生分化，组成愈趋贫乏。冰后期的全新世中期，阿尔泰山分布着西伯利亚云杉（Picea obovata）、西伯利亚冷杉（Abies sibirica）和红松（Pinus sibirica）的阴暗针叶林，它们显然是在冰后期上升到现在所分布的高度的[9]。

针叶林的分布局限于阿尔泰山西北部的喀纳斯

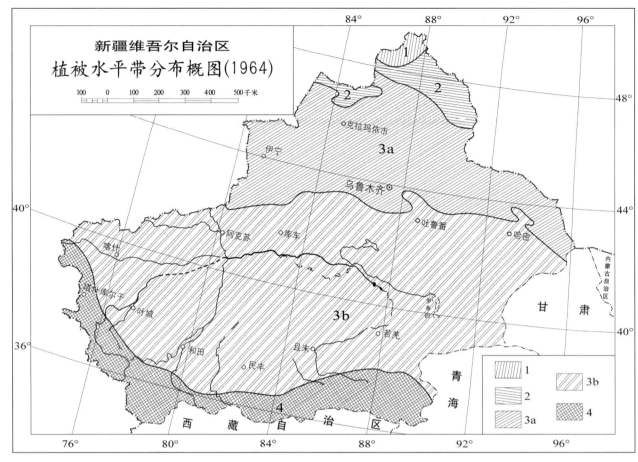

图 43-1　新疆植被水平带分布概图（1964 年）

1. 山地针叶林带；2. 温带草原带；3. 温带荒漠带；3a. 温带荒漠亚带；3b. 暖温带荒漠亚带；4. 帕米尔-西藏寒漠植被地区

山区。这里由于处于较高的纬度，以及便于接受西来的湿润气流，气候的特点是寒冷、湿润，夏季最热时，仍在 20℃ 以下；降水丰沛，约 800 毫米，为全疆之冠。土壤以山地生草灰化土为主。

这类针叶林，过去有把它列入亚寒带针叶林[3]，也有划入温带荒漠带的[2]。但就其性质而言，它应属于寒温带山地阴暗针叶林（泰加林）带，为西伯利亚南部山地泰加林的向南突出。因此，作为地带性的森林带，仅仅在新疆的东北角占有小面积的山区。

这个带的森林，主要是由常绿针叶乔木——红松（*Pinus sibirica*）、西伯利亚冷杉（*Abies sibirica*）、西伯利亚云杉（*Picea obovata*），落叶针叶乔木——西伯利亚落叶松（*Larix sibirica*），常绿阔叶灌木（*Vaccinium vitis-idaea*），落叶阔叶灌木（*Vaccinium myrtillus*、*Cotoneaster uniflora*、*Lonicera coerulea*、*Rubus saxatilis* 等），中生喜湿的多年生草本植物（*Linnea boreale*、*Pyrola incarnata*、*Pyrola minor*、*Moneses*

uniflora 等）以及藓类植物（*Dicranum spurium*、*Ptilium cristocastrensis*、*Brachythecium albicaus*、*Drepanocladus vernicosus* 等）等生活型构成的不同的森林类型。属于这些生活型的植物种，都属于北方成分。

这些针叶乔木树种和森林灌木、草本、藓类植物，由于生态条件，特别是土壤灰化程度的差异，分别构成五个主要的山地泰加林类型，即：西伯利亚云杉林，分布于河谷沼泽化的地段上；西伯利亚冷杉林，分布于阴湿而寒冷的阴坡；西伯利亚云杉和西伯利亚落叶松的混交林，分布于河谷两旁山坡下部；西伯利亚冷杉和西伯利亚落叶松的混交林，则分布于低缓而阴湿的坡上；至于在海拔较高的准平原山地阴坡，以西伯利亚红松和西伯利亚落叶松的混交林为主。典型的西伯利亚落叶松林，分布在较干旱的山坡与林带的下部。

在针叶林带的上部，有一狭窄的高山灌丛带，主要由 *Betula rotundifolia*、*Salix* spp.、*Juniperus sibirica*、

Sabina pseudosabina 等组成。从苏联阿尔泰山植被推断,紧邻的我国阿尔泰山东北部高山也应有砾质苔原和石质冻原的分布,前者主要由 *Cladonia* 和 *Cetraria* 二属植物构成,后者多为高山草甸和冰雪带的适冰雪植物组成[13]。

显然,上述针叶林的性质同东西伯利亚泰加林是相近的,而与阿尔泰东南部的西伯利亚落叶松林之亚洲中部山地森林的特点大不相同;因此把这部分划分出来归属于针叶林带,是比较合理的。

针叶林带向南过渡到草原带。

(二) 草原带

由于亚洲中部近代地质构造的特点,准噶尔界山和阿尔泰山呈"八"字形隆起于新疆的北部。湿润气流分别被截于这些山脉的西坡和北坡,翻过山来进入新疆境,气候的大陆性显著加强。因此,这里典型的草原得不到发育,而只是在山前倾斜平原出现荒漠草原。这类草原形成于第三纪晚期,但具有现代性质的草原则形成于更新世[16];它的西部具有哈萨克斯坦草原的性质,东部则受到蒙古草原的深刻影响。

在这个草原带里,这种荒漠草原分布在塔尔巴哈台、沙乌尔到阿尔泰山西北部的山前倾斜平原。作为"基础"的地带类型,它虽然不是典型的草原,但仍具有荒漠草原亚带的山地植被垂直带结构特征。这种垂直带结构是:荒漠草原垂直带—山地真草原垂直带(或灌木草原垂直带)—山地森林草原垂直带(或灌丛垂直带)—高山草甸垂直带。就地带意义而言,荒漠草原是作为草原水平带向荒漠水平带过渡的亚带而出现的[14]。毫无疑问,新疆的这些荒漠草原地区应该属于欧亚草原南部边缘的范围。

就气候而言,在此亚带里,10℃ 的活动积温 < 2500℃,年均温 6.4℃,最热月均温 <24 ℃,年降水约 300 毫米,这些特点也与温带草原气候相符合。

在这个荒漠草原亚带里,各种草原植物群落是由半灌木、矮型密丛植物、短轴根植物、灌木等生活型为主的植物所组成。从植物种类组成上,新疆水平带的草原可以明显地分为两种不同的类型。哈萨克斯坦褶皱带所特有的蒿类荒漠草原进入新疆境,分布在东塔尔巴哈台,并越过沙乌尔到达阿尔泰山的西北角的山麓。建群植物中属于密丛禾草的,除狐茅(*Festuca sulcata*)外,尚有针茅属的 *Stipa*

capillata 和 *Stipa sareptana*。这些禾草分别与半灌木的蒿类(*Artemisia sublessingiana*、*A. schischkinii*、*A. gracilescens*)组成不同类型的荒漠草原,其中有时混生一些小灌木,主要有 *Spiraea hypericifolia*、*Caragana frutex*、*Calophaca chinense*。

从沙乌尔起,越过额尔齐斯河谷到达阿尔泰山东南部的山前倾斜平原的上部,就为小密丛的针茅(*Stipa glareosa*、*S. orientalis*、*S. gobica*)和闭穗(*Cleistogenes squarrosa*),其中混生短叶假木贼(*Anabasis brevifolia*)、优若藜(*Eurotia ceratoides*)、*Nanophyton erinaceum*、多根葱(*Allium polyrhizum*)、柳叶风毛菊(*Saussurea salicifolia*)等组成的不同类型的荒漠草原所代替。这类草原显然具有蒙古,特别是蒙古戈壁北缘的荒漠草原的特征。

(三) 荒漠带

荒漠带向北延伸,深入草原带。

荒漠在新疆境内的扩展是与近期地质时期亚洲中部气候显著旱化有关的。北疆荒漠的形成与吐兰荒漠植物区系的发生有着密切的联系[4,6];至于山地针叶林和落叶阔叶林,是直接与第三纪晚期残遗的类型和更新世时期植物区系的当地改造过程有关的[21]。而南疆荒漠的形成则与老第三纪残遗的旱生植物区系成分相联系[19]。

作为地带类型的荒漠植被,在新疆广泛地分布。它从阿尔泰山的山前向南直达昆仑山。它不仅分布在宽广的台地和巨大的山间盆地,而且几乎占据所有山前洪积扇、古老冲积锥和阶地,并上升到低山,在塔里木盆地甚至上升到中山和亚高山带。

按自然条件,特别是气候条件,以及植物生活型的特征,可以天山的分水岭为界,将新疆的荒漠带分为两个亚带,即温带荒漠亚带和暖温带荒漠亚带。

(1) 温带荒漠亚带

温带荒漠亚带主要在北疆,是以多种多样的植物生活型和植物群系为特征的。这里,植物生活型是以半木本植物(半乔木、半灌木)为主,和少数的小灌木和短命植物(包括类短命植物)。由这些生活型所形成的植被是与所处地带的气候条件相适应的。在这个亚带,≥10℃ 的积温为 3000～4000 ℃,年均温 <8 ℃,年降水 150～300 毫米。在这种条件下,灰棕色荒漠土作为地带性土壤出现[18]。值得注意的是年降水主要集中于 4—9 月,约占全年降水的

70%,冬季有一定的积雪,春季也有一定的降雨;这些气候特点,与带内植被类型,特别是短命植物的发育有密切关系。

新疆温带荒漠植被亚带的特征是半灌木的荒漠群系很发达,而且在一些荒漠类型,特别是在一些沙生的植物群落里,有短命植物和类短命植物层片出现,是很独特的。

梭梭(*Haloxylon ammodendron*)群系是温带荒漠亚带分布最广而具有地带性意义的类型。它几乎在准噶尔盆地所有的平原、宽广的洪积扇、河间地、宽广谷地和第三纪台地上都有分布。在艾比湖盆地,它经过准噶尔廊道与哈萨克斯坦东部荒漠相接,向东伸入诺敏戈壁与蒙古人民共和国的外阿尔泰戈壁荒漠相连。

琵琶柴(*Reaumuria soongorica*)荒漠主要分布在天山北坡山前的淤积平原上。它在准噶尔平原分布之广仅次于梭梭荒漠。琵琶柴荒漠虽然很稀疏,但具有较好的发育。在株丛间可以看到很稀疏的一年生藜科植物层片,常见的种类,如 *Suaeda pterantha*、*Petrosimonia sibirica*、*Climacoptera affinis* 等;在株丛下并有稀疏的、种类不很丰富的 *Tetracme quadricornis*、*Plantago lessingii*、*Chorispora tenella* 等所组成的短命植物群。在地面并有多种灰、黑色地衣的低等植物层片。

以短叶假木贼(*Anabasis brevifolia*)为建群种的半灌木群落,出现在准噶尔东部台地的残丘和雨影带的干旱的山间谷地。它分布在一般砾质化很强的粉沙壤土和强度碳酸盐的灰棕色荒漠土上。在准噶尔东部,这个群系常与 *Zygophyllum xanthoxylon*、*Ephedra przewalskii*、*Calligonum mongolicum*、*Asterothamnus poliifolius* 等所组成的灌木、半灌木荒漠镶嵌或交错分布。

盐生假木贼(*Anabasis salsa*)荒漠主要分布在准噶尔盆地北部的乌伦古河和古尔班通古特沙漠之间,也分布在这个盆地的东部的平原地区。在天山北麓洪积扇也有零星分布。

硬叶猪毛菜(*Salsola rigida*)荒漠只见于扎依尔东坡的洪积扇上,在这里与小蓬(*Nanophyton erinaceum*)荒漠相结合;在天山北坡山前洪积扇,则经常与蒿类荒漠相结合。但也在扎依尔和阿尔泰山的低山带的洪积扇和冲积锥上单独出现。

广泛分布于哈萨克斯坦平原上的,由蒿属(*Artemisia*)中 *Seriphidium* 亚属所构成的蒿类荒漠和短命植物-蒿类荒漠,在北疆分布于阿尔泰山山前洪积扇,并进而扩张到乌伦古河谷,甚至向东伸入蒙古人民共和国。它主要是由地白蒿(*Artemisia terra-albae* var. *massagetovii*)和乃子蒿(*A. nitrosa*)为建群植物所构成的群落。由于有少量的小密丛禾草(*Stipa glareosa*、*Festuca sulcata*)的混生,而具有草原化类型的性质。

博乐蒿(*Artemisia borotalensis*)、喀什蒿(*A. kaschgarica*)、*A. transiliensis* 和类短命植物(*Poa bulbosa* var. *vivipara*、*Carex pachystilis* 等)所组成的短命植物-蒿类荒漠,主要分布在伊犁和塔城地区的细质土和弱度砾质土上,它是哈萨克斯坦东部蒿类荒漠的东向直接延伸。在准噶尔盆地的南缘,地白蒿的群落仅见于沙丘边缘,而博乐蒿和喀什蒿则均分布于天山北坡山前的黄土状母质的土壤上。在天山北坡的低山带,喀什蒿和少量的禾草(*Stipa capillata*、*Festuca sulcata*)构成草原化蒿类荒漠。

在新疆温带荒漠亚带中,沙漠植被是独具特色的。准噶尔盆地的中部、北部和艾比湖盆地东部的沙地为梭梭林(*Haloxylon persicum*、*H. ammodendron*)所占据。在半固定的沙丘上,则是白梭梭(*H. persicum*)的纯林,其中混生了不多的三芒草(*Aristida pennata*)、沙拐枣(*Calligonum leucocladum*)、中亚蒿(*Artemisia santolina*),以及种类繁多的短命植物和类短命植物,如 *Carex physodes*、*Eremurus*、*Lappula semiglabra*、旱麦(*Eremopyron orientale*)等,而且均能形成良好的层片。值得注意的是,短命植物的分布,愈是向东则愈微弱,最后完全消失。

荒漠河岸林——杜加依林的类型远不如较南的暖温带荒漠亚带那么广泛而多样。这种类型除了胡杨(*Populus diversifolia*)林外,榆树(*Ulmus pumila*)疏林分布于天山北坡洪积扇下部,是这个亚带的非地带性植被的特色。

在低平地区的盐生植被,类型是比较丰富的。种类组成中,除了多汁的藜科植物外,又有 *Nitraria sibirica* 等植物。

温带荒漠亚带的典型的山地植被垂直带结构(天山北坡),是以山地草原和针叶林比较发达为特征。

(2)暖温带荒漠亚带

新疆暖温带荒漠亚带(南疆),具有以灌木为主的典型的亚洲中部荒漠的特色。南疆的气候和土壤特点,与植被的性质也是完全符合的。

在这个暖温带荒漠亚带,10℃的活动积温高于北疆,一般>4000℃;年均>10℃,也高于温带荒漠亚带,但年降水却显然降低,<100毫米,而且约80%降于夏季。在这种极其干旱的气候下,土壤发育为富含石膏的棕色荒漠土。在这种条件下,除了个别地点外,短命植物完全得不到发育,半灌木的荒漠群系也居于次要地位;但是由超旱生的灌木种类组成的荒漠类型却起着显著的作用。

主要建群植物,属于灌木的,有泡果白刺(*Nitraria sphaerocarpa*)、新疆霸王(*Zygophyllum kaschgaricum*)、*Z. xanthoxylon*、勃氏麻黄(*Ephedra przewalskii*)、瘦果石竹(*Gymnocarpos przewalskii*)、新疆沙拐枣(*Calligonum kaschgaricum*)、多种怪柳和黑刺(*Lycium ruthenicum*);半灌木则有 *Asterothamnus fruticosus*、*Reaumuria soongorica*、*Anabasis aphylla*、*Iljinia regelii*、*Kalidium schrenkianum*、*Salsola jounatovii*、*Sympegma regelii* 等。

与温带荒漠亚带相反,本亚带的植物区系极其贫乏。梭梭荒漠除了在塔里木盆地北缘零星出现外,再不见于他地。短命植物在这里几乎绝迹。琵琶柴荒漠已不占主要地位,只是在中部昆仑山山前平原的上部,形成疏落的群聚。这里灌木荒漠占有辽阔的领域。*Ephedra przewalskii* 的群落在由粗大物质构成的洪积锥上,有广泛的分布;但在碎石沙质基质的土壤上,亚洲中部特有的 *Nitraria sphaerocarpa* 构成更为稀疏而单一的荒漠类型。这两种灌木荒漠沿着天山南坡,向西经喀什一直分布到于田的昆仑山的山前倾斜平原;其中麻黄群系向东更延伸到民丰,而泡果白刺荒漠还广泛地分布于北山和祁连山的山前,并在哈顺戈壁与 *Gymnocarpos przewalskii*、*Zygophyllum xanthoxylon*、*Reaumuria soongorica* 构成相互交错的荒漠类型。在宽广的洪积扇下部覆有薄沙层的地段,有片段的 *Calligonum roborowskii* 群聚分布。

半灌木荒漠主要分布于天山南坡的大、小山间盆地。它分别由 *Salsola jounatovii*、*Sympegma regelii*、*Kalidicum schrenkianum* 的群系构成,有时并有 *Reaumuria soongorica* 和 *Zygophyllum kaschgaricum* 的群落与它们交互分布。这些类型的特征是种类贫乏和极端的稀疏。

与生长在北疆龟裂土上相反,*Anabasis aphylla*

在本亚带却始终和 *Iljinia regelii* 构成相互结合的半灌木群落,分布于南天山南坡洪积扇的富含石膏的砾质土壤上。

值得注意的是,无论在昆仑山北坡或在天山南坡的山前地带,都出现几乎完全缺乏高等植物的辽阔而裸露的砾石戈壁。

在这个亚带里,浩瀚的塔克拉玛干沙漠的植被,表现出极其贫乏的景象。仅仅在沙漠北部边缘半固定的沙丘上,可以看到沙蒿(*Artemisia arenaria*)的植丛,这已是亚洲中部沙地经常出现的类型。在盐渍化的薄层沙地,有 *Alhagi sparsifolia*、*Karelinia caspica* 和芦蒿的植丛,以及杨柳的疏生灌丛。至于大沙漠内部,除沿被沙掩埋的老河道可以看见极为零落的怪柳丛和胡杨小乔木外,在巨大的星月形沙丘上,完全缺乏植物生长。

由胡杨和灰杨(*Populus pruinosa*)为主的荒漠河岸林,在这里的类型显然比北疆丰富得多,而且分布面积大,但是这里没有榆树疏林的分布。

在扇缘和低平地区的盐生植被,也较北疆为发达,但类型不如北疆复杂。

南疆山地植被垂直带结构,在天山南坡是以草原,和在昆仑山以荒漠比较显著为特征,与北疆温带荒漠亚带大不相同。

(四)寒漠植被区域

从暖温带荒漠亚带往南,翻过昆仑山,就是辽阔的青藏高原。根据我们在新疆境内的藏北高原部分所获得的资料证明,这是一个独特的自然历史区域。这里,植被的发生显然与近期的喜马拉雅运动有关;冰期后,高原的植被受到邻近植物区系的影响,并经过改造而形成今日的面貌[27]。这种特殊的植被,我们称它为低温干旱垫状植被,由于它具有一定的分布区,以致我们在藏北高原可以做出明显的地带性的划分;它与温带荒漠间的分界是在昆仑山北坡外缘山脉的分水岭上。根据植被的性质,东帕米尔应归属于这个地区。

寒漠植被主要是由垫状植物和莲座植物所构成的不同植物群落类型的总和,它的特征是与这个隆起的地区的气候特点相适应的。寒冷是这个区域的气候特点。这里,10℃的活动积温不超出1000℃,这远较温带荒漠为低,年均温也很低,仅2.0℃左右。虽然年中最热月不低于0℃,而略高于10℃,生长期(>5℃)2~3个月。这种情况与欧亚大陆冻原地带的东部相近[25]。但是，这里很干旱，年降水仅30毫米上下，而且约50%集中于六月，又与较湿润的冻原有很大的差别。显然在气候上，这里寒于温带荒漠，而又旱于冻原。在此条件下，土壤发育为独特的、发育微弱的寒漠土。与此相适应的垫状植被就是这个地带区别于其他地带的综合标志。

分布于亚洲中部和中亚的高山和高原上的植物，虽然比较丰富，可是在新疆境内的高原，如羌塘寒漠地区，种、属却极其贫乏。在羌塘高原东北部的库姆库里盆地和昆仑山分布最广而具有地带性意义的建群植物，可以列举的仅有藏优若藜（*Eurotia compacta*）、*Reaumuria trigyna* 和藏艾菊（*Tanacetum tibeticum*），在帕米尔有木根艾菊（*Tanacetum xylorrhizum*），在喀喇昆仑则有 *Arenaria musciformis*。它们多属半木质的垫状植物或低矮的垫状半灌木。由这些种构成的群落均以疏生为特征，其中常混生有 *Parrya exscapa*、*Braya uniflora*。

三、结论

新疆自然历史的发展是很复杂的，它对于这个地区植被的地带性的分化起着显著的影响。划分新疆植被水平带的原则，应根据植物生活型复合体为基础，并应考虑到山地植被垂直结构类型、植被历史和自然地理的特点。根据这些原则，新疆植被水平带由北向南表现出这样的变化：针叶林带—草原带—荒漠带，在昆仑山内部山区和藏北高原，并出现寒漠植被区域。植被水平带的密集度在新疆的南、北部是不一致的。即在北部边缘集中了森林、草原和荒漠三个水平带，而往南则仅出现荒漠水平带。

针叶林带：植被属于寒温带山地南泰加林性质，种类组成以北方成分为主。

草原带：仅在新疆北部边缘的山前倾斜平原的狭长地带分布有荒漠草原。在平原，没有典型的草原类型。荒漠草原主要由生草型禾草和半灌木组成。在草原带的西部具有哈萨克斯坦草原的性质，而在东部则以矮型的密丛禾草为主，具有典型蒙古戈壁荒漠草原的性质。

荒漠带：分为温带和暖温带两个荒漠亚带。温带荒漠亚带在北疆，以半木本植物为特征，短命植物的出现也是它的特点。在本亚带的北部，在额尔齐斯河和乌伦古河之间地区，出现草原化荒漠类型，这显然是草原向荒漠的过渡带。亚带西部的植被具有中亚性质，东部则纯属亚洲中部戈壁荒漠性质。暖温带荒漠亚带在南疆，构成这个亚带的植被更贫乏，它是由灌木和半灌木为主构成的典型亚洲中部荒漠的类型。

寒漠区域：昆仑山内部高山区和藏北高原干旱、寒冷，土壤冻裂；这个区域的植被是以垫状植物、半灌木和莲座植物构成的群落为特征。

参考文献

[1] 侯学煜，1961. 论植被分区的概念和理论基础. 植物学报，9(3-4).

[2] 秦仁昌，1960. 蒙新荒漠带. 见：中国植被区划（草稿），科学出版社，内部刊物.

[3] 钱崇澍，吴征镒，陈昌笃，1956. 中国植被的类型. 地理学报，22(1)：37-92.

[4] Грубов В. И., 1955. Конспект флоры Монгольской Народной Республики, тр. Монг. Комисс., вып. 67.

[5] Докучаев В. В., 1899. К учению о зонах природы, в кн, Избранные сочинения В. В. Докучаева, 1954. М.

[6] Ильин М. М., 1958. Флора пустынь центральной Азии, ее происхождение и этапы развития. Матер. по ист. Фл. и растит. СССР, 3. 129-229.

[7] Исаченко А. Г., 1953a. 地带内性和景观内（形成）规律性. 见：自然地理学基本问题，科学出版社，1958.

[8] Исаченко. А. Г., 1953b. 空间地理规律性. 见：自然地理学基本问题，科学出版社，1958.

[9] Крылов Г. В., 1961. Леса Западной Сибири, изд. АН СССР, Москва.

[10] Коровин Е. П., 1934. Растительность Средней Азии и Южного Казахстана.

[11] Криштофович А. Н., 1956. Олигоценовая флора горы Ашутас в Казахстане（общая часть），Палеоботаника. Ⅰ.

[12] Криштофович, А. Н., 1957. Ископаемые флоры, История развития растительности земного шара, в кн.：Палеоботаника，431-570.

[13] Куминова А. В., 1960. Растительный покрова Алтая，Новосибирск.

[14] Лавренко Е. М., 1940. Степи СССР. в кн., Растительность СССР, т. Ⅱ.

[15] Лавренко Е. М., 1947. Принципы и единицы геоботанического районирования, в кн.：геоботаническое районирование СССР, М-Л.

［16］　Лавренко Е. М., 1956. Степи Евразиатской степной области, их география, динамика и история. Вопр. бот., Ⅰ.

［17］　Макеев П. С., 1956. Система природных зон. в кн., Природные зоны и ландшафты.

［18］　Носин В. А., 1959. 准噶尔盆地西南部的地带性土壤. 见：新疆维吾尔自治区自然条件论文集, 科学出版社, 87-101.

［19］　Попов М. Г., 1931. Между Монголией и Ираном. в кн. :изб. Соч. М. Г. Попова, 1958. Ашхабад.

［20］　Попов М. Г., 1940. Растительный покрова Казахстана.

［21］　Рубцов Н. Е., 1955. К истории растительного покрова Тянь-шаня, Матер. по ист. Фаун и фл. Казахст., т. Ⅰ, 169-181.

［22］　Сочава В. Б., 1955. 自然地理区划原则. 见：地理学问题, 第 18 届国际地理学会专刊.

［23］　Юнатов А. А., 1950. Основные черты растительного покрова Монгольской Народной Республики. М.

［24］　Ярошенко П. Д., 1953. Основы учения о растительном покрове. (雅罗申科, 植被学说原理, 科学出版社, 1960, 177-189).

［25］　Berg L. S., 1950. Natural Regions of the U. S. S. R. New York.

［26］　Schimper A. F. W., 1903. Plant-geography upon Physiological Basis. Oxford.

［27］　Ward K., 1935. A sketch of the geography and botany of Tibet, being materials for flora of that country Iourn. Linn. Soc., Bot. 50(333):239-265.

第44章
新疆山地植被垂直带结构类型的划分原则和特征[*]

李世英

（中国科学院植物研究所）

张新时

（新疆八一农学院林学系）

山地植被垂直带结构类型的划分，是研究山地植被中最重要的问题之一。长期以来，植物学家在这方面进行了许多工作，然而由于这些工作只限于对个别山地植被垂直带结构的研究，所以至今还没有提出一个统一的划分植被垂直带结构类型的原则。К. В. Станюкович（1955）认为，在同一气候条件下，山地植被的垂直分布具有相似的性质，因而可以把这些相似的垂直带结构归属于一个类型[10]。显然，他认为垂直带结构类型划分取决于气候类型。П. С. Макеев（1956）[8]在自然景观地带方面所划分的垂直带结构类型，也与 К. В. Станюкович 相符合；而且他的垂直带结构类型是与各个水平自然地带发生直接而有规律的联系，因而更完善地表现了垂直带分布的规律性。

近年来，例如 И. В. Выходцев（1956）对天山与阿赖山地[6]、О. Гребенщиков（1957）对西欧东部山地[7]和 Е. Ф. Степанова（1959）对塔尔巴哈台山脉[11]等，一些植物学家，在不同地区划分山地植被垂直带结构类型时，不仅根据气候条件，而且进一步注意了按山地自然地理特征和植物本身的特征来划分。И. С. Щукин 和 О. Е. Щукина（1959）也提出了北半球山地主要景观-气候带（垂直带）与植被垂直带分布的一般图式[12]。最近，侯学煜（1963）根据山地各植被垂直带的组合、带内植被型的结合以及特有成分等特征，提出了我国各植被区的山地植被垂直带谱[3]。他们的工作为山地植被带制定了一个总的系统，使垂直带结构类型及其划分原则的研究提高到新的水平。

一、新疆山地植被垂直带结构形成的因素及划分类型的原则

在山地，使地区的热量与有效水分分布发生变化的一切因素，都直接影响着植被的垂直带结构类型。这些因素主要是：纬度地带、湿气流、山体的地形、土壤基质、植被的历史和人类活动的作用等。

纬度地带性作用所表现的水平植被带，是植被垂直带结构类型的基础。任何一个山地植被垂直体系都是立足于水平植被带之上的。新疆山地植被垂直带，根据当地水平植被带的分布，表现了由北向南（森林带—草原带—荒漠带）的各相应垂直带的逐步升高，和结构层次愈趋复杂的特点。在南疆由于内陆盆地极端干旱的气候，垂直带结构退化和贫乏。由于新疆水平植被带的特殊性，这些植被垂直带与水平带的关系和 П. С. Макеев（1956）的大陆性

[*] 本文发表在《植物生态学与地植物学丛刊》，1966，4（1）：132-141。张新时执笔。

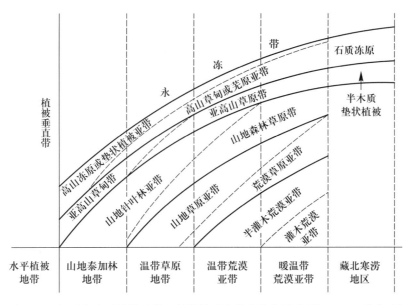

图 44-1　新疆各水平植被地带上的植被垂直带的分布图式(按 Макеев 的方法)

水平自然地带上的垂直理想图示有所不同(图 44-1)。即一方面表现在一部分荒漠带的山地,由于获得了较多的湿气流,高山冰川积雪也发育较好,因而就出现了针叶林带,或有小片森林加入的森林-草原带。但各水平植被带中植被垂直带的结构仍表现出明显的规律性。另一方面,只是由于南部的帕米尔-青藏高原的隆起使水平带的分布发生了根本的变化,因而也出现了特殊的植被垂直带结构。

山地的降水特点也是影响垂直带结构的重要因素。高大的和迎向湿气流的山体获得较多的降水;因此,垂直带内的森林与草甸较发育。低矮的或处于雨影带的山地,则表现强度荒漠化和草原化的特征。此外,由于各山地按高度的降水递增率很不一致,在植被垂直带结构上也发生很大的变化。

山地的强度切割和不规整的地形,破坏了植被垂直分布图示的规律性。其中尤以坡向对干旱山地的影响最大。Б. А. Быков(1950,1954)认为植被垂直带应当以分布在地带性坡向(显域的坡向,即与山地主坡相符合的坡向)的山坡上的植物群落为主要依据,并结合其他非地带性植被来确定[4,5]。此外,山坡的陡度、坡地的断面形式与部位,都使得垂直带内植被的类型与分布发生变异。例如,在中山带内细土质平缓山坡的下部,森林让位于草甸。

山坡的土壤基质对植被类型形成的影响也很大。当山系内的土壤质地与湿度发生变化时,垂直带结构类型也发生变化。在强度石质化的山坡,通常旱中生的灌丛和石生垫状植被特别发达,这类植被类型代替了在细土基质上发育的地带性的草原或高山草甸。

山地植被发育的历史也是决定现代植被垂直带结构类型的因素。某些残遗植物群落的出现,如伊犁河谷前山的阔叶果树林和白草(*Bothriochloe ischaemum*)草原,并不完全与现代的生态地理条件相符合。Б. А. Быков(1950)认为从历史观点来看,天山主要的植被垂直带是:荒漠—草原—森林(阔叶林与针叶林)—高山草甸。亚高山植被带处于森林与高山植被带之间,是现代派生的过渡带,多少具有从属的意义[4]。这里我们仅根据现代生境条件和植被的特点,与其他山脉一样,在东天山也划出一独立的亚高山植被带。

当然,人类的经济活动,如放牧、砍伐、开垦山地等对于植被垂直带结构也有很大的影响。

根据新疆山地植被的特点,并适当考虑上述影响山地植被的因素,同时在前人对于山地植被垂直带性划分的研究基础上,我们对于新疆山地植被垂直带结构类型的划分原则,初步确定如下:

1. 垂直带结构类型组　主要根据垂直带(或垂直带亚带)的配置形式、水平地带性植被及山地植物区系,并结合生物气候带来确定。如寒温带阴暗针叶林区的垂直带结构图示为山地针叶林—亚高山草甸—高山冻原。在新疆阿尔泰西北部,这种结构的类型已处于它分布的最南界,受到荒漠气候的影响,垂直带配列形式发生变化:亚高山草甸已不能成立为独立的垂直带了,作为基带的山地针叶林,特别是阴暗针叶林已取而代之而直接与高山冻原相衔接。组成山地植被的成分,以欧洲-西伯利亚的成分为主。

中亚和亚洲中部荒漠地区的山地植被垂直带结构类型组,都是以荒漠为基带,向上逐次为山地草原、森林-草原、亚高山植被和高山植被带。但是前者的基带是以小半灌木荒漠为主,而后者则以小灌木荒漠居优势;同时,中亚类型组的山地,山地草原垂直带、森林-草原(或森林)垂直带、草甸草原垂直亚带均较发达,以区别于荒漠垂直带、亚高山草原垂直亚带发达的亚洲中部山地。对这两地区山地植被性质有深刻影响的植物区系也是有区别的,中亚垂直带结构类型组以具有中亚成分、欧洲-西伯利亚成分为特征,有的山地以有与北天山相同的第三纪残遗成分为特征,而亚洲中部则以这个地区习见的成分为主。中亚和亚洲中部荒漠地区的山地植被垂直带结构所处的水平地带性植被性质也是不同的,前者以属于中亚植物区系成分为主的短生植物-小半灌木荒漠为特点,而后者则以小半灌木-小灌木荒漠为主,并以亚洲中部荒漠成分为主要组成成分。这些区别是与它们分别处于温带和暖温带荒漠气候相联系的。

2. 垂直带结构类型 是根据某些垂直亚带(或带)在垂直带结构中的作用,并结合地方气候的特点确定的。如在亚洲中部山地植被垂直带结构类型组中,天山南坡-西昆仑类型以具有山地森林-草原垂直带区别于荒漠上升到亚高山带的东昆仑类型,这与东昆仑受到的大陆性气候更盛于塔里木盆地西部有关。

3. 垂直带结构类型的变型 在垂直带结构类型中,因某些垂直带(或亚带)的宽窄、分布的高低或缺如,再结合局部气候的特点确定。如在塔尔巴哈台-南阿尔泰类型中,沙乌尔-塔尔巴哈台变型具有较宽的山地草原,区别于阿勒泰-富蕴-青河变型。昆仑山西段北坡,非常干燥,垂直带结构下部的荒漠垂直带上升到 3000 米的高度,是西昆仑变型区别于天山南坡-西昆仑类型中其他变型的最主要之点。在伊犁类型中,有的地方较湿润,垂直带结构中出现较发达的亚高山草甸垂直带,或在森林垂直带中分异出落叶阔叶林亚带;但在另一些地方,气候较干旱,垂直带结构中不仅上述垂直带缺如,而且亚高山带为草甸草原所代替,从而在这个类型中就划出果子沟变型和凯特明变型,等等。

4. 垂直带 根据主要植被型的特征来决定。如山地草原带、亚高山草甸草原带等。

5. 垂直带亚带 在垂直带内,根据主要植被亚型来确定。如山地草原带内,可划分荒漠草原亚带、山地真草原亚带等。

二、新疆植被垂直带结构类型的特征

前文已经叙述过了,影响新疆山地植被的因素是很复杂的,这样也就形成了新疆山地多样的植被垂直带结构类型。然而,新疆山地——阿尔泰山、阿拉套山、天山和昆仑山虽然处在不同水平植被带内,但由于它们都是亚洲内陆中的山系,因此,都具有大陆性气候的山地植被垂直带结构类型的共同特征。根据前面提到的划分山地植被垂直带结构类型的原则,可以把新疆境内的山地植被划分为下述的类型组和类型。

I. 欧洲-西伯利亚山地植被垂直带结构类型组

包括欧洲、西伯利亚、蒙古人民共和国北部和我国新疆阿尔泰山西北部。它处于寒温带的南部,并承受西来湿气流,故具有较寒冷和湿润的气候。在植物地理成分中,本类型组以欧洲-西伯利亚的种占优势。由于它处于南泰加林带的南部边缘,因此也以泰加林性质的阴暗针叶林形成的森林垂直带为特征。本类型组只有一个类型,即阿尔泰-萨彦类型:

阿尔泰-萨彦类型 在本区仅见于阿尔泰山西北部的喀纳斯山地(图 44-2),以具有高山冻原和阴暗针叶树种与落叶松混交的山地泰加林带为特征。其垂直带结构如下:

a. 高山冻原垂直带(2300 米):有圆叶桦(*Betula rotundifolia*)矮灌丛和藓类植物,在石上生长多种地衣。

b. 山地泰加林垂直带(1300~2300 米):上部分别由 *Pinus sibirica*、*Abies sibirica*、*Picea obovata*、*Larix sibirica* 组成森林群落;在阳坡分布有灌丛,分别由 *Spiraea hypericifolia*、*Sabina pseudosabina*、*Juniperus sibirica*、*Lonicera*、*Cotoneaster* 等组成。下部则以西伯利亚落叶松组成的明亮针叶林为主。

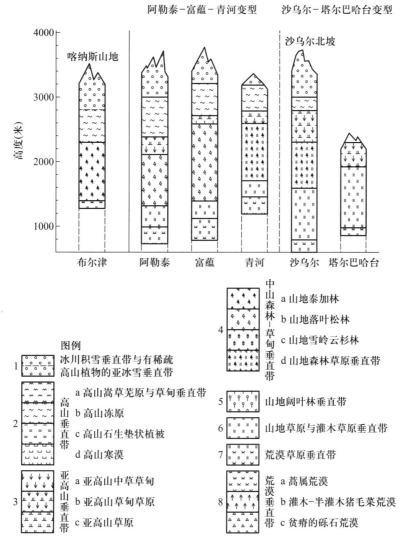

图 44-2　欧洲-西伯利亚和西伯利亚-蒙古山地植被垂直带类型组

II．西伯利亚-蒙古山地植被垂直带结构类型组

　　包括中西伯利亚的南部、蒙古人民共和国中部、蒙古阿尔泰和我国的阿尔泰山及大兴安岭北部。地处温带,气候温和而较湿润。植被的组成成分以北方成分和亚洲中部成分为主。在垂直带结构中以具有明亮针叶林或灌丛的垂直带为特征。下部为草原垂直带。这是代表温带草原带的垂直带结构类型。也只有一个类型,即:

　　塔尔巴哈台-南阿尔泰类型　包括本区阿尔泰山的中部和东南部、沙乌尔和塔尔巴哈台(图 44-2)。由于向东和向南的山地所承受的湿气流逐趋减少,气候比上一类型干旱,也比较温暖;因此,本类型表现了大陆性较强的垂直带结构,它的特征为具

有由西伯利亚落叶松组成的森林草原垂直带,上部没有冻原的发育。其垂直带结构是:

　　a. 高山草甸与芜原垂直带(2400～2800～3200 米):由嵩草(*Cobresia bellardii*)构成的高山芜原占优势,而且愈向南,它的作用愈大。

　　b. 亚高山草甸与草甸草原垂直带(2100～2600～2400～2800 米):有亚高山杂类草草甸(*Alchemilla bungei*、*Geranium albiflorum*)和亚高山禾草草甸(*Poa altaica*、*Festuca rubra* 等)。但草甸草原(*Festuca sulcata*)在本类型的亚高山带中具有更广泛的代表性。

　　c. 山地森林垂直带或森林草原垂直带(1350～1700～2100～2600 米):以西伯利亚落叶松(*Larix sibirica*)构成的明亮针叶林为主。在东部与东南部山地,落叶松林在阴坡呈片状分布于山地狐茅草原或灌木草原(*Festuca sulcata*、*Rosa spinosissima*、

Spiraea hypericifolia）之中,构成森林草原垂直带。

d. 山地草原垂直带:上部主要为绣线菊-狐茅灌木草原(800~1400~1350~1700米),下部为蒿类-针茅-狐茅荒漠草原(*Festuca sulcata*、*Stipa capillata*、*S. sareptana*、*S. glareosa*、*Artemisia sublessingiana*)亚带(600~1200~800~1400米)。

本类型可分为两个变型:其中气候较湿润的"阿勒泰-富蕴-青河变型"以中生的植被类型发育较好,其中山带主要是以落叶松林垂直带为特征;而"沙乌尔-塔尔巴哈台变型"则分化出森林草原垂直带,其他垂直带的旱化现象也较强。

III. 中亚山地植被垂直带结构类型组

本类型组包括苏联中亚与哈萨克斯坦中南部山地与本区的伊犁山地、阿拉套山南坡、巴尔鲁克山北坡和天山北坡(东端的巴里坤-哈尔里克山除外)。由于伊犁谷地受到中亚气旋和南支急流的影响,和天山北坡地形的关系,气候温暖、湿润。又因植被在发展历史中保存了一些第三纪残遗的植物群落,以及有欧洲、西伯利亚的区系成分的加入,所以具有丰富而独特的植被类型[1]。在垂直带结构中,有的出现阔叶林,这是本类型组与其他各组的主要区别。其草甸也比较发达。垂直带结构的下部,以短命植物-蒿类荒漠为基础。本类型组在新疆只有以下两个类型。

1. 伊犁类型 包括伊犁河流域的各山地(图44-3)。这里气候温暖而湿润,所以中生的植被类型发育较好。在垂直带结构中,落叶野果林出现于森林垂直带中是最大的特点。它的垂直带结构是:

a. 高山芜原草甸垂直带(2700~2900~2900~3500米):本带以嵩草芜原(*Cobresia*、*Polygonum viviparum*、*Leontopodium alpinum*)等为主。

b. 亚高山草甸或草甸草原垂直带(2300~2600~2700~2900米):在纳拉特山北坡出现了以*Alchemilla rubens*、*A. krylovii*、*Phlomis oreophila*、*Geranium albiflorum*为主的亚高山草甸。在其他较干旱山地,则为有*Iris ruthenica*、*Stipa kirghisorum*、*Helictotrichon tianshanicum*加入的亚高山草甸草原。在这一带的阳坡,由*Sabina turkestanica*与*Juniperus sibirica*构成的匍匐型桧灌丛较为发达。

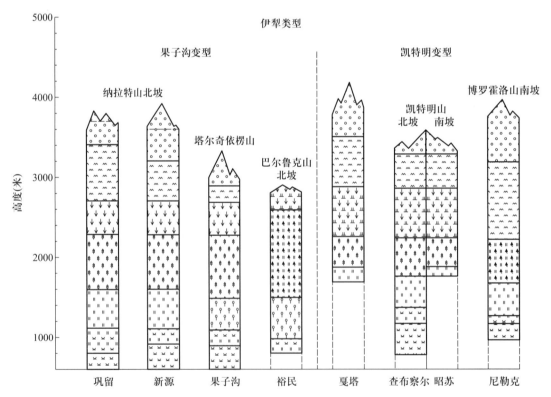

图44-3 中亚细亚山地植被垂直带类型组

(图例同图44-2)

c. 山地森林垂直带:上部为雪岭云杉(*Picea schrenkiana*)构成的山地阴暗针叶林亚带(1500~1900~2300~2600 米)。向下,雪岭云杉往往与天山杨(*Populus pseudotremula*)或桦木(*Betula tianshanica*、*B. microphylla* 等)构成混交林。下部山谷有野苹果(*Malus sieversii*)与山杏(*Armeniaca vulgaris*)构成的阔叶林(950~1100~1500~1900 米)。

d. 山地草原垂直带:垂直带中具有白草(*Bothriochloe ischaemum*)草原(1250~1800~1700~1900 米),为本类型的特征;带的下部为蒿类-针茅-狐茅荒漠草原(*Festuca sulcata*、*Stipa sareptana*、*Artemisia kaschgarica*)亚带(800~1600~1000~1900 米)。再向下则与蒿类荒漠相接。

本类型可以分为阔叶林与亚高山草甸发育显著的"果子沟变型",及较干旱山地的"凯特明变型",后者通常消失了阔叶林亚带,它的草甸垂直带也发生草原化。

2. 东天山北坡类型　包括西从阿拉套山南坡,东至博格达山北坡的山地植被垂直带结构(图 44-4)。由于多少受到西北湿气流和气流抬升的影响,所以中生植被类型较为发达。其垂直带结构如下:

a. 高山植被垂直带:在雪线以下的高山地区,分化出耐低温、干旱的高山植被(*Thylacospermum caespitosum*、*Dryadantha tetrandra*、*Potentilla gelida* 等)(3100~3600~3500~3900 米),在这个带的下部的细质土山坡上,则为嵩草芜原草甸亚带(2800~3000~3100~3600 米)。

b. 亚高山植被垂直带(2150~2400~2800~3000 米):主要为狭窄的亚高山草甸草原亚带。这个亚带的主要植物群落的代表植物有:*Stipa capillata*、*S. kirghisorum*、*Agropyron cristatum*、*Festuca supina*、*Helictotrichon tianshanicum*、*Clinelymus sibiricus*、*Galium verum*、*Fragaria orientelis*、*Phlomis oreophila* 等。或为以 *Festuca sulcata* 为主的亚高山草原。阳坡有片段的桧灌丛(*Sabina pseudosabina*、*S. semiglobosa*)。在有些地方的阴坡,这种灌丛草甸亚原相结合。

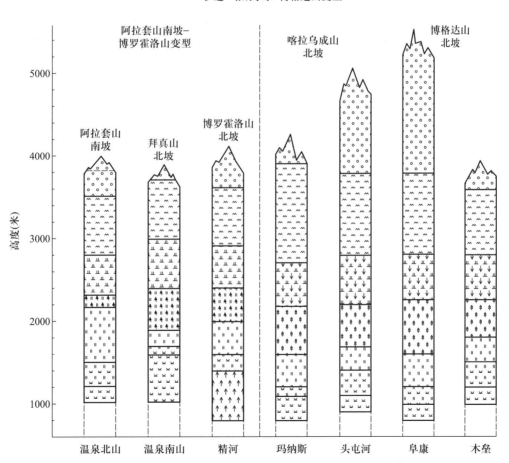

图 44-4　中亚山地植被垂直带类型组——东天山北坡类型

(图例同图 44-2)

c. 山地森林垂直带或森林草原垂直带(1550~2150~2150~2400米):由雪岭云杉针叶林构成。森林与山地草甸、草甸草原和阳坡的山地草原相结合。在较干旱的西部山地,草原在本带中更为发达,成为山地森林草原亚带。

d. 山地草原垂直带:以 *Stipa capillata* 和 *Festuca sulcata* 构成的真草原亚带(1100~1700~1550~2150米)为主,下部有狭窄的主要为蒿类(东部)或猪毛菜类-针茅-多根葱(西部)荒漠草原亚带(1100~1550~1100~1700米)。

e. 山地荒漠垂直带(800~1000~1100~1550米):主要为蒿类荒漠(*Artemisia kaschgarica*)。

显然,东天山北坡类型具有明显的中亚和亚洲中部山地植被垂直带结构类型组的过渡特征。本类型也包括两个变型:"伊连-哈别尔尕-博格达山变型"具有上述的完整的垂直带结构,山地针叶林垂直带分异明显;"阿拉套山南坡-博罗霍洛山变型"则由于处在雨影带和山势较低,植被的旱生性较强,山地森林垂直带发生强度草原化。在最西部的山地,针叶林垂直带甚至完全消失。

Ⅳ．亚洲中部荒漠山地植被垂直带结构类型组

这一类型组包括天山南坡、巴里坤山、北塔山和昆仑山北坡的外缘山脉,祁连山北坡大概也属同一类型组。这些山地处在大陆性最强的亚洲中部荒漠内部,主要受蒙古-西伯利亚反气旋的作用和荒漠盆地的干热气候的影响,尤其是东昆仑山地表现了强度荒漠化的特征。然而由于山地隆起达到相当大的高度,通常冰川积雪较发达,因此在它的植被垂直带结构中多少表现了一些旱中生的植被类型——森林草原和高山草甸;但是,山地荒漠垂直带和高山芜原带还是最宽、最发达的。除东部昆仑山的垂直带结构强度退化外,天山南坡和西昆仑山地的垂直带结构比较完整。植被的一般特征是:前山的小半灌木的荒漠垂直带很明显,山地的森林带不明显或完全退化,亚高山草甸不发达。因此,山地荒漠带迅速地过渡到嵩草芜原的高山带,更上部往往有垫状植被亚带出现。本组包括以下两个类型。

1. 天山南坡-西昆仑类型 这是暖温带内陆荒漠山地的植被垂直带结构类型(图44-5),其中山地

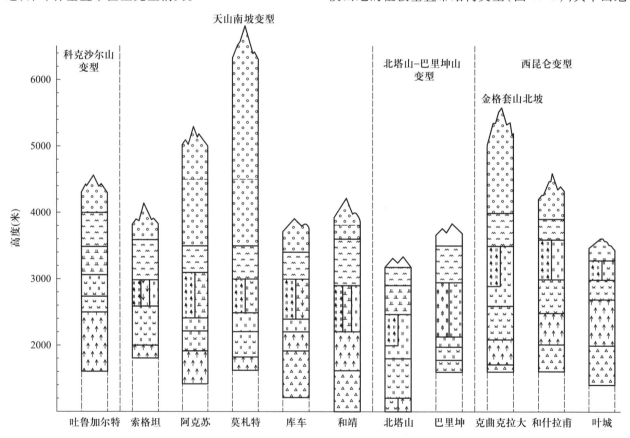

图 44-5 亚洲中部荒漠山地植被垂直带类型组——天山南坡-西昆仑类型
(图例同图 44-2)

荒漠、草原和强度旱化的高山植被垂直带分异很明显;但在雪峰高耸的天山南坡中部和承受了通过阿赖谷地的湿润气流的西昆仑外部山地,仍然表现出旱中生性的亚高山森林草原垂直带。针叶林在这里由于旱热气候的逼迫,上升到亚高山带的陡峭阴坡,呈块状片段分布,已失去了地带性植被的意义。在亚高山带占优势的是草原、草甸草原和旱中生的灌丛。山地荒漠和荒漠草原上升很高,甚至占据了整个中山带。其垂直带结构如下:

a. 高山芜原与草甸垂直带(2900~3600 或 3200~4000 米):由 Cobresia capilliformis、C. pamiro-alaica 的高山芜原与 Festuca supina 或细柄茅(Ptilagrostis subsessiflora)等为主的高山草甸所构成。

b. 亚高山森林草原垂直带(2200~3000 或 2900~3600 米):以亚高山杂类草-禾草草甸草原或狐茅草原(Festuca sulcata、Leucopoa olgae 等)为优势的类型,与阴坡上的块状分布的雪岭云杉林(在巴里坤并与西伯利亚落叶松混交)和石质坡上的灌丛(Caragana turkestanica、Sabina turkestanica、S. semiglobosa、S. centrasiatica)相结合。在北塔山北坡,本带为亚高山草原垂直亚带。

c. 山地草原垂直带(1750~2700 或 2200~3000 米):主要为蒿类-针茅-狐茅荒漠草原(Stipa krylovii、Agropyron cristatum、Artemisia parvula)。

d. 山地荒漠垂直带(1400~2200 或 1750~2700 米):上部为蒿类荒漠(天山南坡为 Artemisia kaschgarica,昆仑山为 A. parvula);下部为小半灌木猪毛菜类荒漠(Sympegma regelii、Kalidium schrenkianum、Salsola jounatovii 等)。

本类型有以下四个变型:具有较完整垂直带结构的"天山南坡变型";处于天山西部雨影带的干旱的"科克沙尔山变型";位于新疆东部的"北塔山-巴里坤山变型";和山地荒漠垂直带最宽的"西昆变型"。

2. 东昆仑类型 位于塔克拉玛干大沙漠南缘的昆仑山地,是亚洲大陆中最干旱的山地,其上植被也极端贫乏。它的植被垂直带结构达到最大程度的简化,通常只有垂直带体系中的上下两端的旱生垂直带,中间一系列的垂直带几乎完全消失(图44-6)。整个山地几乎都被覆着荒漠型的植被,此外,就是高山的冰雪、裸岩和乱石堆;亚高山草原垂直带也很狭窄,它在整个垂直带结构中居于次要地位。它的垂直带结构如下:

a. 高山石生垫状植被垂直带(3100~4300 或 3400~4500 米):在整个亚洲中部与中亚荒漠山地高山带占优势的蒿草芜原也不出现在这里。在碎石质的坡地上,主要是由 Androsace squarrosula 构成的垫状植被,其中有少量的高山草原植物。

b. 亚高山草原垂直带(3000~3200 或 3100~4300 米):由蒿类-禾草草原(Festuca sulcata、Leucopoa olgae、Ptilagrostis subsessiflora、Artemisia parvula 等)构成。

c. 山地荒漠垂直带:包括以 Artemisia parvula 为主,并有 Allium oreoprasum、Ptilagrostis、Festuca sulcata 等加入的蒿类荒漠垂直带亚带(2350~3000 或 3000~3200 米),与下部的小半灌木、猪毛菜类荒漠(Sympegma regelii、Kalidium schrenkianum)亚带(2100~2600 或 2350~3000 米)。

本类型包括的范围很广,西起叶城的昆仑山,东至阿尔金山。

V. 帕米尔-内部昆仑山地植被垂直带结构类型组

帕米尔与内部昆仑山脉都是高寒而又特别干旱的高山地区,海洋的湿气流很少到达这里,山地植被表现出强度荒漠化的特征。但因高山冰川和积雪带比较发达,气候寒冷,因而特殊的"寒漠"和垫状植被得到广泛的发育(图44-6)。这里,草原垂直带不明显,它仅在较湿润的帕米尔山地局部出现。由于该地区的河谷底部皆处在 3000~3500 米的海拔高度,因而山地垂直带下部即相当于昆仑山北坡的亚高山带,但是它的植被却又与昆仑山北坡有显著差异。在新疆境内的东帕米尔-内部昆仑类型的植被垂直带结构如下:

a. 高山寒漠与垫状植被垂直带(4000~4200~4500~5100 米):由 Tanacetum tibeticum、Eurotia compacta(内部昆仑)和 Tanacetum xylorrhizum(帕米尔)构成的高山寒漠类型,分布在本带的上部;在东帕米尔的湿润地段,还有垫状的 Acantholimon diapensioides、Oxytropis immersa 等构成垫状植被类型。

b. 亚高山荒漠草原垂直带(3700~4000 米):在内部昆仑山地,没有亚高山草原的分化,亚高山荒漠直接向高山寒漠过渡。在东帕米尔亚高山带上部的开阔河谷中,分布着蒿类-针茅荒漠草原(Stipa glareosa、Eurotia prostrata、Artemisia rhodantha 等)。

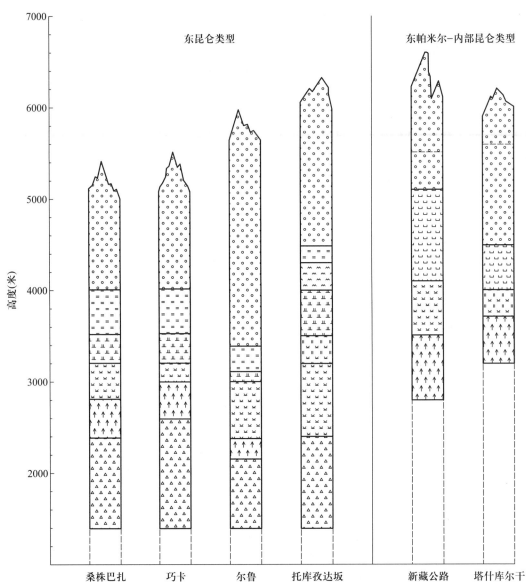

图 44-6　亚洲中部荒漠山地植被垂直带类型组——东昆仑类型，与帕米尔-内部昆仑山地植被
垂直带类型组——东帕米尔-内部昆仑类型

(图例同图 44-2)

　　c. 亚高山荒漠垂直带：昆仑内部山脉的亚高山荒漠（3500～4000 米）由 *Artemisia parvula* 组成，而在东帕米尔，垫状的小半灌木 *Eurotia prostrata* 则为这种类型的主要组成者（3200～3700 米）。

三、结论

　　新疆山地植被垂直带结构类型的划分，是以植被和植物区系的特点为基础，同时又考虑到气候条件的特点为准则的。因此，"垂直带结构类型组"是以垂直带的配列形式、水平地带性植被和山地植物区系为依据；根据垂直带在垂直带结构中的作用，结合地方气候的特点而确定"垂直带结构类型"；并根据某些垂直带的宽窄、分布高度等，再结合局部气候的特点来区分"变型"。

　　新疆山地植被垂直带根据水平带的分布，表现了由北向南的各相应垂直带的逐步升高和结构愈趋复杂的特点。南疆极端干旱，使得垂直带结构退化和贫乏化。新疆山地植被垂直带结构分别由山地荒漠垂直带、山地草原垂直带、山地森林-草原垂直带、亚高山植被垂直带和高山植被垂直带组成。

　　根据山地植被垂直带结构类型的划分原则，新疆山地植被可以划分为：欧洲-西伯利亚、西伯利

亚-蒙古、中亚、亚洲中部荒漠和帕米尔-内部昆仑
五个山地植被垂直带结构类型组，它们分别代表了
寒温带针叶林、温带草原、温带荒漠水平带和内部昆
仑-藏北高原植被区域的山地植被垂直带结构的类
型。垂直带结构类型组下，又分别划分不同类型和
变型。

参考文献

[1] 张新时,1959. 东天山森林的地理分布,新疆维吾尔自
治区自然条件论文集,201-226.

[2] 李世英,1960. 昆仑山北坡植被的特点、形成及其与旱
化的关系,植物学报,9(1):16-31.

[3] 侯学煜,1963. 论中国各植被区的山地植被垂直带谱
的特征. 中国植物学会三十周年年会论文摘要汇编.

[4] Быков Б. А. ,1950. Поясность Тянь-шаня и положение
еловых лесов, "Еловые леса Тянь-шаня, их история,
особенности и типология", Изд. АН Каз. ССР,
Алма-Ата.

[5] Быков Б. А. ,1954. О составлении "Флоры эдификаторов"
Бот. ж. , т. 39, No 4.

[6] Выходцев И. В. ,1956. Вертикальная поясность
растельности в Киргизии(Тянь-шань и Алай). М.

[7] Гребенщиков О. ,1957. Вертикальная поясность
растельности в горах восточной части Западной
Европы, Бот. ж. , т. 42, No. 6.

[8] Макеев П. С. ,1956. Система природных зон,
Природные Зоны и Ландшафты.

[9] Мурзаев Э. М. ,1961. Географические особенности
Куньлуня, "Куньлунь и Тарим", Изд. АН СССР. М.

[10] Станюкович К. В. ,1955. Основные типы поясности
в горах СССР, Извест. всесоюз. Геогр. об-ва, т. 87,
в. 3.

[11] Степанова Е. Ф. ,1959. Вертикальная поясность
растительности хребта Тарбагатая. тр. инст. Бот. АН
Каз. ССР, т. 7.

[12] Щукин И. С. и О. Е. Щукина, 1959. Ландшафтная
поясность горных стран и "Растительность горных
стран Евразии и ее изменения с высотой", "Жизнь
Гор", М.

[13] Юнатов А. А. ,1961. К познанию растительного
покрова западного Куньлуня и прилегающей части
Таримской впадины, "Куньлунь и Тарим" Изд. АН
СССР. М.

第 45 章
伊犁野果林的生态地理特征和群落学问题 *

张新时
（新疆八一农学院）

　　摘要　分布在新疆西部天山伊犁谷地的野果林由天山苹果（*Malus sieversii*）、野杏（*Armeniaca vulgaris*）和野胡桃（*Juglans regia*）等所组成。它是在荒漠地带山地中出现的"海洋性"阔叶林类型。它的分布与当地丰富的降水、显著的冬季逆温层以及免于寒潮侵袭的地形成分等特殊生态因子综合体有密切的关系。

　　伊犁野果林是珍贵的山地"残遗"群落。它是古地理的现象——天山第三纪古温带阔叶林成分与北方森林草甸成分相结合的产物。在地理成分方面，它与中亚西天山的野果林有显著区别。

---

　* 本文发表在《植物学报》，1973，15（2）：239-253。参加野外工作的还有关温侯和韩英兰同志。

新疆西部天山的伊犁谷地有着十分丰美繁茂的天然植被，残遗性的野果林乃是其中的精华。它主要由天山苹果所组成，还有较少的野胡桃、杏和其他树种。野果林不仅是优美的天然果园，又是栽培果树的发源地之一。

在新疆和中亚荒漠地带的山地，野果林的存在是独特的生态条件综合的结果；它又是一个古地理现象，是天山植被发展历史的活见证。研究这些问题，对于这种山地残遗森林群落的保护、经营和发展具有重要的意义。

新中国成立后，有关单位对野果林进行了一系列的利用和改造工作。对野果林的调查研究也随之开展。张钊等对巩留的野胡桃林做了初步报道[4]。但对野果林的地植物学研究较少，只是中国科学院新疆综合考察队对绥定果子沟野果林做过一般的记载[5]。

为了进一步了解野果林的生态地理规律性和群落类型，我们在 1963 年夏季对伊犁地区的新源、巩留和霍城等三县野果林区进行了地植物学路线调查，记载了 32 块标准地。本文就是根据调查结果写出的。

一、生态环境特点

伊犁地区虽属北疆温带荒漠地带，却具有特殊优良的植物生态条件。它是一个向西开敞的山间谷地，南北和东部高耸的雪山；北部博罗霍洛主峰高达 5000 米，南部的哈雷克套山脉更为雄伟，主峰胜利峰（7439 米）为天山最高峰。南北两路山脉在伊犁河谷东端汇成高于 5000 米的山结。这些崇山峻岭成为天然屏障，使北冰洋的寒潮、东部蒙古-西伯利亚大陆反气旋和南部塔克拉玛干酷热的沙漠气流对伊犁谷地的影响大为减弱。向西开敞的缺口却有利于里海湿气和巴尔哈什暖流的进入，随之向东，河谷变窄，山地高隆，形成丰富的地形雨；又有冰川积雪夏融，注入三条水量充沛的大河——喀什河、巩乃斯河和特克斯河，最后汇成伊犁河西流出境（图 45-1）。这样，在伊犁就构成了新疆最为温和、湿润的气候条件和最丰足的水利资源。

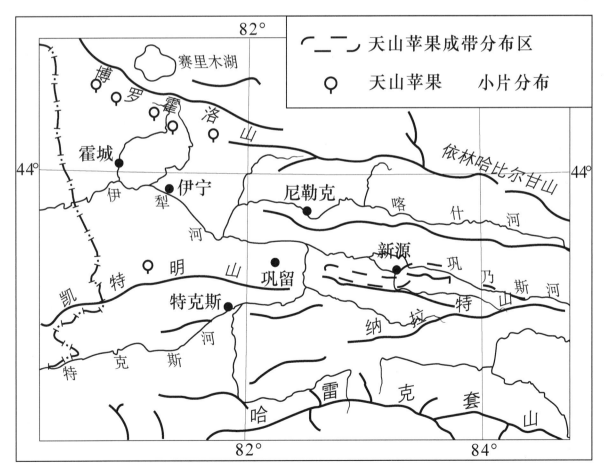

图 45-1 伊犁谷地野果林分布略图

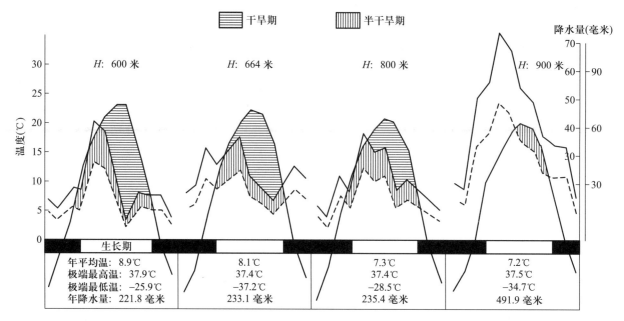

图 45-2 伊犁地区植物气候图解

野果林所占据的地境又是伊犁谷地中最为温和、适宜和赋有"海洋性"气候特色的地段。这主要是海拔 1100~1600 米的前山带。从伊犁地区气候图解（图 45-2）中可见，随着海拔高度增加，降水量递增十分显著。据新源野果林改良场的观测，在野果林分布下限附近（海拔 1000 米）的山麓，年降水量已达 510 毫米（1962—1963 年）。再向上，在野果林分布的前山带，降水量的递增更加迅速。在西部毗邻的外伊犁阿拉套山，海拔 1350 米处为 785 毫米，1529 米处为 821 毫米[37]。图 45-2 还表现出，伊犁地区在春季有最丰富的降雨，保证着野果树开花萌叶时的大量水分消耗。而且，在野果林分布区，干旱期已趋于消失。

保证野果林存在的另一个重要生态条件是前山的冬季"逆温层"。这里由于气温的倒置，形成了冬季最暖和的地段——暖区。谷地中一月平均温度为 -11℃，而在海拔 1350~1529 米的前山（外伊犁阿拉套山）却为 -3.70℃[20]，足以保证温带落叶阔叶树的越冬。向上，冬季温度又逐渐降低。当然，在强烈寒潮入侵的个别年份（如 1958 年），野果树则遭受冻害。

伊犁地区总的荒漠景观仍使野果林处在不太有利的条件下，因此它们总是分布在最大限度免于寒潮侵袭和干旱风影响的局部有利地方气候环境——宽厚和强烈切割的前山丘陵、山地河谷和峡谷。在缺乏这种起伏地形的浅薄前山带和平板而少切割的

山体则缺乏野果林。Попов（1944）甚至认为这种局部地貌条件是天山野果林分布的最主要条件。

但是，野果林的现代分布还必须从地区的地质历史寻找原因。伊犁地区的前山由于未遭受到第三纪末-第四纪初冰期山地冰川迭次下降的侵袭，又较少蒙受间冰期和冰后期荒漠干旱气候的影响，遂成为喜暖中生阔叶树的"避难所"，而有野果林的残遗分布[11,12,29]。因此，野果林的存在，是在干旱荒漠气候的总背景中，在特定的地质历史条件下，局部地方气候特有的温暖与湿润条件相配合的结果。而且，地质历史过程可能具有更为决定性的作用。在面临准噶尔的天山北坡山地，即使不缺乏宽厚复杂的前山带，也完全没有野果林，除较强的大陆性气候外，乃是由于地质历史的不同过程（古冰川作用与冰后期荒漠化较强等）。

野果林分布的前山带通常覆盖着十分深厚的第四纪黄土堆积层，形成圆顶的丘陵或缓斜的台地与沟谷相间分布；或为有厚层冲积细土的扇形地和河岸阶地。通常为第四纪沉积物直接覆盖在古生代地层上，很少有中生代和第三纪的岩层。在峡谷中坡积斜坡上，基质的石质化较强。

野果林下的土壤也是反映野果林十分独特的地理景观和历史发育进程的一面镜子。

从野果林下土壤的外部形态特征来看，一些研究者认为它是黑钙土中的一种——淋溶黑土。或认为是温带阔叶林下的棕色森林土的盐基饱和组。而

Герасимов[17]则强调其一系列理化特征方面的独特性,把它确定为完全特殊的土类——黑棕色土。

根据野外剖面观察和室内分析结果①,伊犁野果林下土壤具有下列黑棕色土的典型特征:土表枯枝落叶层厚 3~5 厘米;腐殖质层(A)十分发达,一般厚 20~50 厘米或更多,呈棕黑色,具良好的小团粒结构,机械组成为中壤质;腐殖质过渡层(B)呈黄棕色,块状结构,较坚实,质地较黏重,一般为重壤质,多少呈黏化(变质),厚达 50~70 厘米;向下质地又转轻,过渡为富含碳酸盐的第四纪堆积黄土母质层。

分析表明,在典型土壤剖面的 A 和 B 层一般是淋溶的,没有碳酸盐淀积,并具有较高的黏化度而与黑钙土有根本区别。另一方面,它的腐殖质层特别发达,腐殖质含量高(平均 2%~6%,上部更高),剖面一般具弱碱性-中性反应(A 层 pH 通常不低于 6),土壤吸收复合体为盐基饱和,代换容量高,缺乏灰化作用,以及存在固定的碳酸盐积聚层等,而与棕色森林土或其他温带森林土类有巨大差异。这些特征却标志着在特定生态条件下,野果林与土壤之间独特的盐分和水分循环过程,以及植被强有力的土壤形成作用。

应当指出,伊犁野果林的黑棕色土与中亚野胡桃林下的典型黑棕色土相比也存在一些非本质的差异。一般来说,前者的腐殖质层较薄,腐殖质含量较低,偏中性反应,淋溶作用较强等,这反映着生态条件的一定差异。

二、野果林的垂直分布特征

伊犁野果林在山地的垂直分布深刻而鲜明地综合反映了上述生态地理规律性和地质历史过程。野果林参与山地植被垂直带谱组成,赋予伊犁山地植被以特殊绚丽的色彩,而显著不同于温带大陆性山地的植被垂直带谱。由于地区内部地方气候和地文条件的差异,野果林在伊犁山地的垂直分布有以下两种地理变型(图 45-3)。

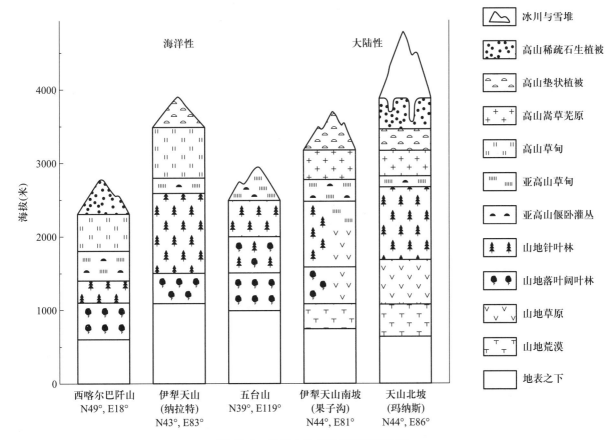

图 45-3　温带山地植被垂直带谱比较

①　土样分析是由本院郑家恒和庞纯煮同志进行的。

1. 野果林构成独立的山地落叶阔叶林垂直带，在山地景观中具有显域植被地位。如在纳拉特山北坡前山带——新源交托海和巩留莫合谷地。这里的山前巩乃斯河谷阶地发育着特殊繁盛稠密的春季短命荒漠植被（旱雀麦 Bromus tectorum、马康草 Malcolmia africana），经过山麓倾斜平原上的草原带（通常已开垦），几乎在前山的基部就开始了野果林的成带分布。在丘陵起伏的前山，野果林成片出现在朝向北、西北、东北和东部的斜坡，稍凹的台地和河谷阶地上。其他地段则为丰茂的草甸或草原化草甸所占据。浓密的野苹果林以淡绿色球形树冠构成大片林层与高处山坡上的雪岭云杉（Picea schrenkiana）暗蓝绿色的针叶林带形成鲜明的对照。这样的山地植被垂直带谱结构特点——基带缺乏旱生植被带和具有中生性强的落叶阔叶林带，对于荒漠地带山地垂直带谱结构实在是个极大的例外。按一般的规律[34,35]，在大陆性山地植被垂直带谱中不存在落叶阔叶林带，而由草原带向上过渡为针叶林带。而纳拉特山的带谱却与温带落叶阔叶林地带的华北及西欧山地的带谱颇相近似[19,6,9]，从而使荒漠地带的伊犁的这部分山地具有"海洋性"山地植被的特色。这不仅是十分有趣的植被地理现象，也具有一定的生产实际意义。

纳拉特山以西的凯特明山脉北坡，目前已不存在成带的野果林，而是草原化较强的山地。在很大程度上，可能是近百年来森林曾遭受过度人为樵采、放牧破坏所致[5]。

2. 野果林分布于山地草原带的深切峡谷中，不具有垂直地带性意义，而是山地草原带内泛域的植被类型。例如，在伊犁河谷以北的博罗霍洛山南坡著名的果子沟和霍城大西沟。这些深深切割在草原化山坡上的峡沟，形成了许多次级（中地形）的阴坡和半阴坡，片段的野果林便得以在这种小生境里藏身于山地草原干旱景观的总背景中。这对于在干旱山区建立新果园的可能性是天然的提示。

三、野果林的植物区系成分特点

根据我们在新源和巩留野果林内的初步调查采集（尚未最后鉴定），其中森林乔灌木树种和木质藤本约有 39 种；林下的草本植物有一百多种。这些植物分属 39 科，102 属。其中包括种属最多的是蔷薇

科（约 19 种）、菊科（约 16 种）、禾本科（约 15 种）、唇形科（8 种）和豆科（7 种）。

对野果林植物种类成分的生活型分析表明，其中以多年生的地面芽植物占优势（约 80 种，占 55%），其次为高位芽的落叶乔灌木（35 种，占 23%），地上芽植物和一年生的隐芽植物较少。在生态类群方面，大多数是典型中生的森林和草甸成分；沿溪边有一些中湿生或湿生的灌木和草类；少数旱生的草原植物是渗入的偶见种，或在森林群落草原化的地段作为附属种。

伊犁野果林区系植物的地理成分按其分布区类型[28,26,12,22,2]主要属于以下几组：

1. 中亚成分，尤其是天山或天山-帕米尔特有成分，尽管种类数量仅占野果林植物区系的 10%，却具有最大的群落建造作用，以及标志着群落的古老性和残遗性。它们是野果林的建群种和亚建群种——天山苹果（Malus sieversii）、野杏（Armeniaca vulgaris）、新疆白蜡（Fraxinus sogdiana），个别草本层片的优势种——短距水金凤（Impatiens brachycentra），下木层中富有特征的新疆卫矛（Euonymus semenovii）、新疆槭（Acer semenovii）、天山花楸（Sorbus tianschanica）等，以及建成针叶林的雪岭云杉。

2. 在野果林植物成分中超过半数——占 55% 的是北方-欧亚成分和泛北极成分的种，它们几乎包括了野果林草本层片的优势种和亚优势种，以及灌木层片中许多重要的种，如毕尼雀麦（Bromus benekenii）、鸭茅（Dactylis glomerata）、短柄草（Brachypodium sylvaticum）和羽状短柄草（B. pinnatum），是天山苹果林最有代表性的中生群落类型中最典型草本层片的优势种；在重要的杂类草中属于北方成分的有：野芝麻（Lamium album）、水杨梅（Geum urbanum）、龙牙草（Agrimonia pilosa）、北方砧草（Galium boreale）、竹节菜（Aegopodium podagraria）等。山杨（Populus tremula）是在野果林带上部加入上层林冠的北方（欧亚）成分的代表。在灌木层片中典型的北方成分有稠李（Padus racemosa）、覆盆子（Rubus idaeus）、鞑靼忍冬（Lonicera tatarica），尤以在林下沿溪谷生长的欧荚蒾（Viburnum opulus）和藤本的啤酒花（Humulus lupulus）最具特色。这些新第三纪-更新世的北方"移民"，如今在天山残遗森林林冠下层群落结构中牢固地占据着优势，是十分耐人寻味的植被历史地理现象。

3. 亚洲中部和北部的成分虽然约占野果林区

系植物成分的 30%，在群落结构中却一般不起显著作用。较重要的有：高山羊角芹（*Aegopodium alpestre*），分布于野果林带上部，更多在云杉林中；小花水金凤（*Impatiens parviflora*）和蔓党参（*Codonopsis clematidea*）标志着天山和喜马拉雅山的联系，野胡桃（*Juglans regia*）也是这样的种，但它向西进入前亚境内；属于北亚成分的还有阿尔培蔷薇（*Rosa alberti*）和西伯利亚赛铁线莲（*Atragene sibirica*）。还有一部分亚洲中部成分是在野果林群落发生草原化条件下渗入的旱生种，是非典型的。

4. 在伊犁野果林的植物成分中，虽然很少有东亚森林成分的种（共有的北方成分除外），但共同的属和亲缘相近的种却不少，表明它们在历史上曾经发生过联系。

5. 荒漠性的、适干旱和炎热条件的地中海成分在郁密的野果林内很少出现，它们不足 2%。此外，由于经常性人类活动，野果林内渗进了不少的伴人杂草植物和广布种，如荨麻（*Urtica dioica*、*U. cannabina*）、大麻（*Cannabis ruderalis*）、牛蒡（*Arctium tomentosum*）、大车前（*Plantago majus*）等，占 3%～4%。

总之，伊犁野果林区系植物特点可归结如下：

（1）森林建群种较单纯（2～3 种），森林植物区系也不很丰富；

（2）群落植物成分的基本部分——建群种是中亚当地的、残遗的，其林下层片却主要是北方的、迁移的成分。这一点构成了北天山野果林与富于前亚-吐兰成分的西天山野果林[30,22]的显著区别。

四、建群种的简要生态-生物学特征

1. 天山苹果——*Malus sieversii*（Ldb.）M. Roem.（*M. kirghisorum* Al. et An. Theod.），是伊犁野果林最主要的建群种。它的分布区北起准噶尔西部山地的塔尔巴加台山，向西南经巴尔鲁克山、准噶尔阿拉套山北坡而至北天山（包括伊犁山地和苏联外伊犁阿拉套山），再经西南天山而至帕米尔-阿赖山地。在上述分布区范围内，它们不是连续的，而是以较大的间断在各个山地呈块状分布，表现出明显的残遗分布和对地方气候的选择性。

天山苹果特别富于变异性，表现在生长强度、叶和小枝的茸毛度，尤其是果实形态方面。因而研究者们从它划分出繁多的新种、变种和类型。如 Быков[36] 载有 2 变种，6 类型；Васильченко 报道 3 新种[14]；而吉尔吉斯斯坦野果林中大约有 100 个主要类型[35]。在纳拉特山温和与湿润条件下的野苹果具有 *Malus kirghisorum* Al. et An. Theod. 的典型特征——较强的生长，细枝无毛或少毛，叶片较薄和少茸毛，果较大等。但在广泛的过渡性生境中，它与天山苹果的过渡类型大量存在，过渡环节是连续的。因此，在缺乏更深入和精确的分类学研究情况下，我们倾向于把 *M. kirghisorum* 作为一个种内的"生态型"，在最温暖和湿润生态条件下的变型而保留在 *M. sieversii* 之内。

天山苹果在较干旱生境中，成年树木高度一般为 5～6 米，但在肥沃深厚土壤与温和湿润气候条件下，竟可高达 18 米，一般为 8～12 米；最大胸径达 80 厘米以上。野苹果树干一般不端直，主干一般从 1～2 米即分出 2～3 根粗大的侧枝，向上斜展，形成宽阔圆顶树冠，状若伞盖。其根系的水平侧根十分发达，伸展幅度 10～15 米，垂直根向下扎入黄土母质层中。

野苹果一般在五月初开始放花，花时漫山粉雪香海，如偶遇晚雪（如 1963 年春雪）则颇受摧残。果实成熟期 8—10 月，因类型与海拔高下而异。野苹果树一般在 8～13 年以后开始结实，50～80 年为盛果期，单株平均产量达 90 公斤以上。80 年以后进入衰退期，干心开始腐朽，产量逐渐下降。

天山苹果果实直径一般 3～5 厘米，在良好生境可达 7～8 厘米；果味酸甜，稍带苦涩。研究栽培植物起源的 Вавилов[13] 认为这种野果林正是栽培苹果的发源地之一。在伊犁的果园中也常种有一些归化的野果树，在人工培育条件下，它们的果实的品质和大小已难以和栽培种相区别。用野苹果作砧木更是很普遍。复杂变异的野果树更可以提供丰富的育种材料。

天山苹果的天然更新能力颇强，依靠种子、萌蘖和根株萌芽均能繁殖，然而往往受阻于干旱、杂草和过度放牧。

从天山苹果的地理分布来看，它是温带中生落叶阔叶树种，要求多雨的生长季和不酷寒的冬季，最冷月（1 月）平均温度在 -10℃ 以上，年降水量不低于 500 毫米。在土壤肥厚和湿润条件下，天山苹果较耐阴，常构成密林和在林冠下更新。它也能在石质化较强的土壤上形成疏林。

2. 野杏（*Armeniaca vulgaris* Lam.），是野苹果林

的亚建群种、共建种或伴生种,较少构成纯林。它的自然分布区主要在北天山。野杏一般高4~6米,果实品质较优良适口,更近于栽培品种,按果形变异也可区分为若干类型。

在生态特性上,野杏较喜暖、喜光、耐旱和耐瘠薄的土壤,尤其是趋向于碳酸盐性土壤。它很少在稠密的野苹果林内出现,通常仅在疏林中和林缘散布,在草原化的山坡,它在野果林内混交的数量增多。在垂直分布方面,野杏主要分布在阔叶林带下半部的山坡和河谷中。在坡向上,它倾向于选择陡斜的西坡和东坡,偶尔在这些坡向上可以见到它们构成的疏林。

野杏的天然更新情况较差,因在春季开花,较早遭受晚霜和春雪之害,可能是原因之一。

3. 野胡桃(*Juglans regia* L.),在巩留以南的凯特明山脉东端前山峡谷中有着在天山北部的一个孤立分布点。其主要分布区远在苏联西天山和帕米尔-阿赖山地。这是岛屿状残遗分布现象。野胡桃比野苹果对生境的要求更严格,即要求更喜暖、喜湿润和肥沃的土壤。西天山的胡桃林区年降水量在1000毫米以上[30];巩留胡桃沟内冬季十分温和,据当地牧民证实,即使冬季严寒时节,沟内仍不封冻,流水潺潺不绝。而在伊犁谷地中,却因不能越冬,没有栽培胡桃。

巩留的野胡桃林是我国珍贵的原始果林。野胡桃树具有优良的树势,高可达10~15米,核具薄的种壳和饱满的种仁,品质优良。无疑,它是中亚栽培胡桃的直系祖先。

五、野果林的植物群落类型

根据野果林建群种的生活型、群落学和生态学特性,应归属于温带落叶阔叶林植被型;更确切说,它是典型(海洋性)温带落叶阔叶林植被型在大陆性地区的山地变型。在特定的山地条件下,它具有垂直地带性的意义,并在群落演替系列中居于根生群落或"顶极"群落的地位。

伊犁野果林具有三个森林群系,即:天山苹果或野杏-天山苹果群系、野胡桃群系和野杏群系。它们的群落生态分布特点如图45-4所示。

1. 天山苹果群系(*Malus sieversii* Formation)的生态幅度较广泛,它在伊犁山地不同生境条件下具有下列七个群丛组:

(1)毕尼雀麦-天山苹果群丛组(*Malus sieversii-Bromus benekenii*)是天山苹果林中分布最广泛和最具代表性的类型。它主要占据着阔叶林带的中下部-中部、海拔1200~1400米的各种显域地境:缓斜的丘陵阴坡和半阴坡、台地和古阶地。土壤腐殖质层十分发育,厚度25~50厘米不等。林分的典型结构一般为两层。成年的天山苹果高8~10米,常三五成群分布,以伞盖般的树冠投下柔和的绿荫,林冠郁闭度0.5~0.7。林下为一片浅绿色的禾草层,盖度40%~90%,以毕尼雀麦为优势种,随着林冠稀疏而逐渐增加鸭茅和中生杂类草——水杨梅、龙牙草、野芝麻、竹节菜、短距水金凤、车叶草(*Asperula aparine*)等的比重,并形成不同群丛。林下的灌木十分稀少,仅在林中空地有个别的鞑靼忍冬、小檗(*Berberis heteropoda*)、阿尔培蔷薇与覆盆子。

(2)趋向阔叶林垂直带的上半部,从海拔1350米开始,以泛北极成分的典型中生森林成分为草层优势种的森林短柄草-天山苹果群丛组(*Malus sieversii-Brachypodium sylvaticum*)逐渐取代了前者的地区而成为优势的类型。由于降水量的垂直递增,土壤湿润,淋溶过程加强。天山苹果在这里高达8~12米或更高,林冠郁闭度0.6~0.8,构成壮观的森林。这一类型的群落结构与前一类型相似。下木稀少。禾草中除短柄草占优势外,尚有羽状短柄草、鸭茅和毕尼雀麦;耐阴的短距水金凤则构成次优的阔叶草类层片,还有一些中生杂类草加入。

这两种类型林冠下天然更新情况中等,野苹果的幼苗、幼树为1700~5800株/公顷。

(3)最富于谧静、幽暗的原始密林气氛的却是短距水金凤-天山苹果群丛组(*Malus sieversii-Impatiens brachycentra*)。它们通常由30年左右的中龄林木构成。野苹果林冠浓密,郁闭度高达0.9。地被物由单纯而整齐的短距水金凤所构成。水金凤具宽阔柔嫩的叶片,呈完美的辐射状镶嵌排列。它们还开着乳白色的小花和形成能自动弹射种子的果实。灌木和其他的草类很稀少,盖度达70%~80%的一年生短距水金凤还具有很浅的根系。这些特点使它对郁密的中龄林内微弱的光照和根分布层由于强烈竞争水分而对干旱具有高度适应性。

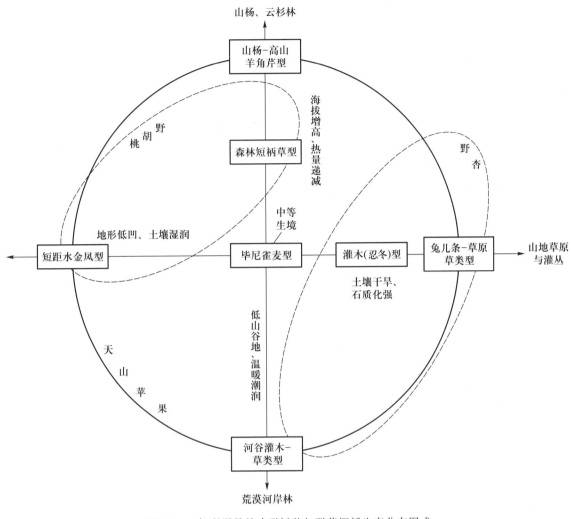

图 45-4　伊犁野果林建群树种与群落概括生态分布图式

这种类型照例分布在阔叶林带中部较低洼阴湿的地段。随着林木年龄增长而进行自然稀疏使林冠透光，则有较多的根茎性禾草加入，从而逐渐向前述两类群丛过渡。

（4）在阔叶林带的上部，海拔高 1400～1600 米，野苹果林在阴坡逐渐被雪岭云杉林和块状的山杨林所代替，在交接地段构成了混交林——高山羊角芹-山杨-天山苹果群丛组（*Malus sieversii*+*Populus tremula*-*Aegopodium alpestre*）。群落的外貌十分美丽，在天山苹果淡绿色球形树丛的背景上。高耸起山杨挺拔的青白色树干支撑着圆叶闪烁的树冠，间以几株墨绿色的尖塔形云杉，构成稀疏的上林层，高达 18～24 米，郁闭度 0.1～0.2。天山苹果的主林层高 8～10 米，郁闭度 0.5～0.6，其中混生稠李、天山花楸、山楂（*Crataegus altaica*、*C. songorica*）、天山桦（*Betula tianschanica*）与山杨的幼树。灌木层较稀

疏，有小檗、阿特曼忍冬（*Lonicera altmannii*）、阿尔培蔷薇等。草类层盖度达 80%，以高山羊角芹与水金凤（*Impatiens noli-tangere*）、短距水金凤占优势。其次有短柄草、毕尼雀麦、林地早熟禾（*Poa nemoralis*）、蔓党参等。

（5）在阔叶林带下部（海拔 1100～1200 米）的河谷草类-灌木-天山苹果林则又是另一番繁茂景象。它们分布在河谷阶地上，气候虽较干热，但由于河水浸润，树木生长旺盛，植物繁多。天山苹果高 10～14 米，较稀疏，分布不均，郁闭度 0.3～0.4。混生有野杏、稠李、山楂等小乔木。灌木呈团状分布，有小檗、鞑靼忍冬、欧荚蒾、栒子属（*Cotoneaster*）、黑悬钩子（*Rubus caesius*）、樱桃李、药鼠李（*Rhamnus cathartica*）等，还有粗壮的藤本啤酒花。河谷野苹果林的草类层高大、复杂而茂密，主要由中生和中湿生的草甸禾草和杂类草构成。

（6）在草原化山地的阴坡，或在阔叶林带中较干旱的半阳坡，野果林中的灌木数量增多，出现了禾草-灌木-野杏-天山苹果林类型。林下土壤的碳酸盐反应已出现于腐殖质过渡层的上部。野杏成为乔木层的亚建群种，还有少量稠李加入。林冠郁闭度一般为 0.3~0.5。天山苹果高 6~8 米，野杏 5~7 米。灌木呈团状分布，高 1.5~2.5 米，盖度 20%~40% 或更多，以鞑靼忍冬、阿特曼忍冬占优势，其次有小檗、准噶尔山楂（Crataegus songorica）、扁刺蔷薇（Rosa platyacantha）、柏格蔷薇（R. beggeriana）、药鼠李、栒子、新疆卫矛等。草类层以鸭茅和毕尼雀麦为主，尚有多种中生与中旱生草类加入。

（7）在草原化山地的薄层细土的石质化半阳坡上，分布着草原化的稀疏野果林——草原草类-兔儿条-野杏-天山苹果疏林，其中有 Crataegus songorica 加入，坡地上部则出现山杨。林分郁闭度 0.2~0.4，高度 4~6 米。林间分布草原灌木，除兔儿条（Spiraea hypericifolia）外，尚有小叶忍冬（Lonicera microphylla）、新疆锦鸡儿（Caragana turkestanica）、柏格蔷薇等。草层中以草原与草甸草原的种占优势，如吉尔吉斯针茅（Stipa kirghisorum）、棱狐茅（Festuca sulcata）、白草（Botriochloa ischaemum）、落草（Koeleria gracilis）、蓍草（Achillea millefolium）等。

2. 在伊犁野果林中，野杏通常在林带下部（海拔 1100~1300 米）趋向较温和干旱的半阳坡，形成小片的疏林，发育在强度骼质化、土体饱和碳酸盐的干旱土壤上。野杏疏林郁闭度一般在 0.3 以下，高 3~5 米。林下的灌木与草类具有草原化的特征。

上述天山苹果与野杏群落类型的生态分布及其

与地形的关系如图 45-5。

3. 巩留的野胡桃林仅具有分布在中生性最强、气候温和与土壤深厚条件下的两个群丛：

（1）短柄草-中生杂类草-野胡桃群丛（Juglans regia-Brachypodium sylvaticum+herbs）分布在峡谷侧坡中下部，遮掩着沟谷，向上则为山杨丛林所代替。野胡桃高 10~12 米，郁闭度 0.5~0.6，偶有个别高大的山杨层外木加入。林下灌木稀少。草被盖度 60%~70%，以短柄草为主，其次有竹节菜、短距水金凤、毕尼雀麦、林地早熟禾等。

（2）在峡谷底部的阴湿坡麓地段分布着短距水金凤-竹节菜-野胡桃群丛（Juglans regia-Impatiens brachcentra+Aegopodium podagraria），这里的野胡桃树生长更为高大和郁密，高达 15~17 米，郁闭度达 0.7 以上，幽绿的林内弥漫着胡桃叶散发的清香。林下几乎没有灌木，草被盖度达 60%，主要是耐阴的阔叶草类。

胡桃林下的土壤具有与野苹果林土壤相同的特征，但淋溶程度较强，腐殖质层也较深厚。

六、关于野果林群落学的几个问题

伊犁野果林作为一个在荒漠地带山地罕见的阔叶林类型，它的群落历史、地理性质和演替关系不能不引起进一步探讨的兴趣。为了弄清这些问题，虽然有关的研究和资料还远为不足，但是提出一个梗概的评述也许是有益的。

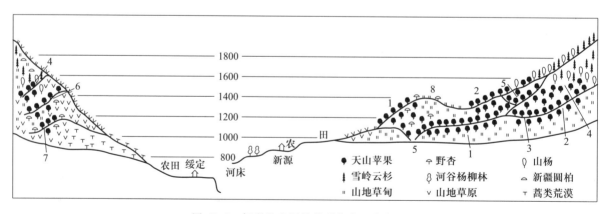

图 45-5　伊犁谷地野果林群落类型分布图式

1. Malus sieversii-Bromus benekenii Ass. 2. M. sieversii-Brachypodium sylvaticum Ass. 3. M. sieversii-Impatiens brachycentra Ass. 4. M. sieversii+Populus tremula-Aegopodium alpestre Ass. 5. M. sieversii-灌木-草类 Ass.（河谷）6. M. sieversii+Armeniaca vulgaris-灌木-草类 Ass. 7. M. sieversii+A. vulgaris-兔儿条-草原草类 Ass. 8. Armeniaca vulgaris 疏林

（一）关于野果林的历史起源

这个问题还不是很明确的。多数研究者认为它是古老第三纪森林的残遗群落[24,19,29,12]。另一些研究者[16]却否认野果林的残遗性质，以为它们是第四纪的新生成物。

根据现有古植物学资料，野果林的起源也许已经可以追溯到老第三纪中亚古亚热带的始祖森林中。新生代的初期，濒临古地中海之滨的古老而低矮的天山成为一系列的山地半岛或群岛，这时它具有暖热而湿润的亚热带气候[32,38]。据邻近的北哈萨克斯坦的化石资料推断[10]，在渐新世时，天山的植被达到最大的繁荣。它的山坡上长满了茂密的常绿和落叶树种的针阔叶混交林，其中已出现胡桃。

渐新世以后的新第三纪，阿尔卑斯造山作用兴起，逐渐隆起，地中海最后远远向西退离，气候开始向大陆性发展，中亚的植被随之发生显著的分化，热带和亚热带型的植被向南退却[1]。中新世时的天山北部边缘植被具有了暖温带针阔叶林（图尔盖类型）的典型特征，常绿树种和最喜暖的阔叶树逐渐消失，以落叶阔叶树（包括胡桃与苹果）占优势[22,23,31,11]。由于山地抬高，这时也发生了山地植被垂直带的分化，山坡上部的针、阔叶混交林中有较多云杉，山坡下部为落叶阔叶林，低地是落羽松沼泽。

就在这一时期，随着山链的形成和气候变冷，发生了北方中生森林草甸成分的南迁过程，它们远达帕米尔山地，但大部分止于天山北部[27]。而同时来自亚洲中部与北部的旱生植被－草原的侵入却要强烈得多，它不仅成为准噶尔平原的地带性植被，也向山坡发展，把针阔叶林排挤向上[33,38]。

第三纪的末叶，上新世的天山植被具有了由杨、柳、榆等适应干旱气候的树种构成的"小叶林"[7,8]。这时，可能只是在天山西部和北部较湿润的山地中还保存着较多的、含有胡桃和苹果的暖温带阔叶林或针阔叶混交林。

第四纪初期冰期的来临和新构造运动的剧烈发展是对天山针阔叶林最大的磨炼和摧残。随着山地冰川的下降，它们被压到前山的丘陵或盆地中[18]，残余的喜暖树种最后灭绝了。在受到地形屏障的局部地区的温暖前山带保留的阔叶林定居在第四纪堆积的黄土层上[17]。针叶树（云杉）或与阔叶树混交，或保存在稍高处。几次寒冷的冰期（天山 3～4

次）和干旱的间冰期交替，对残存的针阔叶树种轮番进行"选择"和"淘汰"。最后，干旱的冰后期来临，草原又在山地向上进逼，极力排挤残遗的野果林，以致最后只剩下在局部地区具有优良的地方气候的"避难所"，呈岛屿状残遗分布，而大部分山地的阔叶林都消失了。

总之，在野果林的历史发生过程中需要着重指出的两点是：

1. 野果林的建群种：胡桃和天山苹果（当然还有一些其他种）是第三纪暖温带阔叶林的残遗成分。根据对它们种属地理分布的分析[21,15]以及吴征镒[3]关于中国温带植物区系成分的热带亲缘的研究，表明它们与中国西南部山地（东亚）第三纪古热带森林有密切联系。其时两地之间还不存在隆起的雪山和高原的阻隔。直到中新世，在塔里木盆地的走廊状森林中还存在 *Juglans* 和许多热带、亚热带的森林成分可以作为往昔连续分布区的残迹和佐证[33]。

2. 在第三纪末期，尤其是在第四纪初期南迁的北方森林植物区系成分侵入了天山的古老森林，并且在较大程度上成为野果林林下层片的优势种。从而赋予森林以新的组成性质。

如上所述，伊犁的野果林既不能[16]认为是第四纪的新形成物，但也不能把它当作纯粹的、整个生物群落基本结构没有变动的残遗群落[17]；而是中亚第三纪残遗阔叶树种与更新世的北方"移民"的结合物，是经过充分改造与适应过程的"残遗"群落。它既古老又年轻。

（二）关于野果林与其他植被的相关性关系到群落的演替和发展方向

从天山苹果构成较多样的群落类型看来，它虽然现代处于"残遗"状态，但在一定的生态条件下表现为一个富于进展性的、稳定的建群种。它本身具有较好的天然更新状况和多样的更新能力也表明了这一点。

在阔叶林带上部的羊角芹－山杨－天山苹果林类型与山杨林和雪岭云杉林有相互更替关系，在阴湿陡峭的坡地，它让位给云杉林，但在较向阳的缓坡，野苹果林占有较稳定的优势。从历史发生和植物成分的角度看，云杉林显然是从针阔叶混交林内向上延生的。然而随着大气候的变化，野苹果林也有向上迁移的倾向，在山杨林的边缘和林冠下有良好的苹果幼树,表现出这一点。

在阔叶林带的中部占优势的森林短柄草-天山苹果林和毕尼雀麦-天山苹果林遭到破坏后则形成丰茂的禾草草甸——羽状短柄草或鸭茅占优势,或在较低凹处出现极繁盛的杂类草高草草甸。在不继续破坏时,它们有可能恢复为野果林。

水金凤-天山苹果林虽然大多是林木年龄较幼的林分,却可以说是"古老"的,其林下优势种——短距水金凤是中亚当地土著成分,在密林下表现完美的适应性,能正常开花结实,表明它与建群种之间有久远的联系。与此相反,以北方成分短柄草,尤其是毕尼雀麦为草层优势种的类型则比较"年轻",它们在林下较少结实,后者几不能形成花序,主要靠根茎繁殖。然而,群落的演替趋势却是"古老"的转为"年轻"的。

灌木-野杏-天山苹果林是与山地中生灌丛相联系的类型,它们相互演替,而以前者为相对稳定的根本群落。但是,在草原带内,当稀疏的野果林被破坏后,被草原兔儿条灌丛或禾草草原所占据的地区,森林更新是十分困难的。

最后,在低山河谷中向下,野果林被杨、柳等组成的杜加依林所更替,也是历史发育的重演。

野果林历史的最新一页是人类显著地进入了自然景观。在旧社会,不合理的开垦、采伐和过度放牧毁灭了不少珍贵的野果林。在新中国,根据野果林的生态地理规律,进行合理经营利用、改造培植,却可能扩大其分布,提高其生产力和品质,发挥其保持山地水土的特性,从而使古老的野果林焕发新的青春。

参考文献

[1] 李世英,1961. 北疆荒漠植被的基本特征. 植物学报,9(3-4):287-315.

[2] 吴征镒,1963. 论中国植物区系的分区问题. 中国植物学会三十周年年会论文摘要汇编,中国植物学会,153-155.

[3] 吴征镒,1965. 中国植物区系的热带亲缘. 科学通报,1965(1):25-33.

[4] 张钊,严兆福,1962. 新疆野生核桃的调查研究. 新疆农业科学,1962(10):404-407.

[5] 张新时,1959. 东天山森林的区系分布. 新疆维吾尔自治区的自然条件(论文集),科学出版社,201-226.

[6] 侯学煜,1963. 论中国各植被区的山地植被垂直带谱的特征. 中国植物学会三十周年年会论文摘要汇编,中国植物学会,254-258.

[7] Chanc, W. R.,1935. The Kuche Flora in relation to the physical conditions in Central Asia during the late Tertiary. Geografiska Annader. Stockholm.

[8] Norin E.,1941. Geological reconnaissances in the Chinese Tien-ahan. Reports from the Scientific expedition to the Northwestern Provinces of China, 3. Geology, 6. Stockholm.

[9] Troll C.,1968. The Cordilleras of the Tropical Americas, Aspects of Climatic, phytogeographical and Agrarian Ecology. Geo-ecology of the Mountainous regions of the Tropical Americas, p. 15-56. In Kommission bei Ferd. Diimmlers Verlag. Bonn.

[10] Абузярова Р, Я., 1955. Третичные спорово-пыльцевые комплексы Тургая и Павлодарского Прииртышья. Изд. АН Каз. ССР, Алма-Ата.

[11] Быков Б. А., 1950. Еловые леса Тянь-Шаня, их история, особенности и типология. Алма-Ата.

[12] Быков Б. А., 1956. О лесной флоре Тянь-Шаня. в сб.: Академику В. Н. Сукачеву к 75-летию со дня рождения, Изд. АН СССР, М, -Л., 119-130.

[13] Вавилов Н. И., 1962. Пять Континентов. М.

[14] Васильченко И. Т., 1963. Новые для культулы виды Яблони. М. -Л.

[15] Вульф Е. В., 1944. Историческая география растений. Изд. АН СССР, М. - Л.

[16] Выходцев И. В., 1958. Из истории формирования орехоплодовых лесов Тянь-шане-Алайского горного сооружения. в кн.: Материалы совещания по проблеме: Восстановление и развитие орехоплодовых лесов Южной Киргизии. Фрунзе.

[17] Герасимов И. П. и Ю. А. Ливеровский, 1947. Чернобурые почвы ореховых лесов Средней Азии и их палеогеографическое значение. Почвоведение, 1947, (9):521-532.

[18] Глазовская М. А., 1953. К истории развития ландшафтов Внутреннего Тянь-Шаня. в сб.: Географические исследования в Центральном Тянь-Шане. Изд. АН СССР, М., 27-68.

[19] Гребенщиков О., 1957. Вертикальная поясност растительности в горах восточной часть западной Европы. Бот. Ж. 42(6):834-854.

[20] Драгавцев А. П., 1956. Яблоня горных обитании. М.

[21] Ковалев Н. В., 1940. География родов плодовых Культур подсемейства Pomoideae в свяви с их происхождением и эволюцией. Изв. Гос. геогр. общ.

[22] Коровин Е. П., 1934. Растительность Средней Азии и Южного Казахстана. М. -Ташкент, изд. 2, тт. 1-2. Изд. АН УзССР, Ташкент, 1961-1962.

[23] Криштофович А. Н., 1936. Развитие ботанико-географических провинций северного полушария с конца мелового периода. Сов. бот., (3):9-24.

[24] Лавренко Е. М., и Соколов С. Я., 1946. Геоботанические исследования в Ю. Киргизии. Отчет о работах Южной Киргизии. Докл. СОПС. АН СССР.

[25] Макеев П. С., 1956. Природные зоны и ландшафты. Географгиз, М.

[26] Павлов Н. В., 1956. Флористический анализ Бостандыкского района (Узбекская ССР). в сб.: Академику В. Н. Сукачеву к 75-летию со дня рождения, Изд. АН СССР, М. -Л. 398-407.

[27] Попов М. Г., 1938. Основные периоды формообразования и имииграций во флоре Средней Азии в век антофитов и реликтовые типы этой флоре. в кн.: Проблема реликтов во флоре СССР. (Тезисы совещания) АН СССР. Бот. институт, 1, М. -Х, 1938:10-26.

[28] Попов М. Г., 1958. Издранные Сочинения. Изд. АН ТуркССР, Ашхабад.

[29] Рубцов Н. И., 1955. К истории растительного покрова Тянь-Шаня. Материалы по истории фауны и флоры Казахстана, т. 1, Изд. АН КавССР, Алма-Ата.

[30] Рубцов Н. И., 1956. Горные плодовые леса и горные кустарники. в кн.: Растительный покров СССР, т. 2, Изд. АН СССР, М. -Л.

[31] Сикстель Т. А., 1939. Растительные остатки из третичных отложений Северной Киргизии. Ташкент.

[32] Синицын В. М., 1962. Палеогеография Азия. Изд. АН СССР, М. -Л.

[33] Синицын В. М., 1965. Древние климаты Евразии. ч. 1, Палеоген и неоген, Изд. ленин. универ.

[34] Станюкович К. В., 1955. Основные типы поясности в горах СССР, Изв. ВГО, 87(3):232- 243.

[35] Федоров Ал. А., 1951. Некоторые среднеазиатские виды яблони как материал для селекции и гибридизации, в кн.: Материалы первого Всесоюзного совещания ботаников и селекционеров, М. -Л.

[36] Флора Казахстана, т. 4, 1961. Изд. АН КазССР, Алма-Ата.

[37] Чабан П. С. и М. В. Гудочикин, 1958. Леса Казахстана. Каз. Гос. Изд. Алма-Ата.

[38] Чупахин В. М., 1964. Физическая география Тянь-Шаня. Изд. АН КазССР, Алма-Ата.

第 *46* 章

东天山森林的地理分布[*]

张新时

（新疆八一农学院）

巨大的天山山系横亘在亚洲大陆腹地的广阔荒漠里，在这气候极其酷旱，景观极其荒凉而单调的荒漠之中，它隆起着终年白雪皑皑、雄伟、高峻的峰岭，有着适于森林和其他一些植被发育的优良生境，构成了一列水草丰盛、生趣盎然、五花满坡、森林郁密的美地。那些环绕在山腰的绿色森林带，千百万年以来一直起着涵养水源和防护坡地土壤的重要作用。

但是在新中国成立以前，许多珍贵的山地原始森林遭到了严重的破坏，林地裸露，失去了防护效能；而在远山深谷却存在残余的阴暗原始林，它的许多硕大、优质的林木，在默默地衰亡与腐朽。新中国成立后，对天山森林的合理开发利用和经营管理以提高它的质量和产量就成为目前一项迫切的任务。为了这个目的，就要求首先对森林植被的地理分布及其特性有个全面深入的了解。然而，过去对于我国境内天山部分的森林植被的考察与研究工作是很少的，以致缺乏对它的全面的和规律性的认识。有关东天山区森林植被的资料，除了少数植物学家的片断报告之外，只是零散地见于地理学家、旅行家及其他考察者的报告中。

植物学家刘慎谔曾在新疆进行过植物考察，在他的《中国北部及西部植物地理概论》（1934）一文中，曾对新疆植被，包括天山的森林植被做过阐述，可以说这是我国在新中国成立以前对天山森林的较为详细的记述，为目前研究新疆植被的重要资料。此外，我国森林植物学家郝景盛和土壤学家马溶之等也曾在新疆进行过考察，对天山森林也均有一些记述。

俄国（苏联）的学者和旅行家对新疆植被的研究曾做了不少贡献。А. Н. 克拉斯诺夫（А. Н. Краснов，1888），В. Д. 戈洛捷茨基（В. Д. Городетский，1904）早在 19 世纪末期及 20 世纪初叶对东天山植被及森林就有所著述。Б. А. 费德琴柯（Б. А. Федченко）在其《新疆植被研究概论》^①（1930）一书中曾就 Н. М. 普热瓦尔斯基（Н. М. Пржевальский，1876—1887 年）等几位俄国旅行家对新疆植被的记载做了综述，但涉及天山森林的却不多。М. Г. 波波夫（М. Г. Попов）^②于 1929 年在新疆进行了考察，他根据自己的考察资料及有关该地区的文献报道，对新疆植物地理的主要特征做了评述，其中也略涉及天山森林。

应当注意到，在苏联境内的天山（中天山、西天山）山地森林的研究，对我们也具有很大的参考价值；俄国（苏联）的学者们在这方面已获得了丰硕而深湛的资料，其中如 Е. П. 柯罗汶（Е. П. Коровин）、Л. Е. 罗津（Л. Е. Родин）、М. Г. 波波夫、И. Г. 谢列布梁柯夫（И. Г. Серебряков）、Н. И. 鲁伯卓夫（Н. И. Рубцов）及 В. А. 贝柯夫（Б. А. Быков）等对中、西天山森林均有卓越的研究。

我国在新中国成立以后才对天山森林资源开始

＊ 本文摘自《新疆维吾尔自治区的自然条件》（论文集），穆尔扎也夫，周立三（主编），科学出版社，1959，p201-226。本文蒙秦仁昌教授、А. А. 尤纳托夫博士及简焯坡先生审阅，并做了重要修正补充，秦仁昌教授在百忙中对本文前后做了两次修改，特致谢忱。

① "Введение в изученпе Растительности Китайского Туркестана"。
② "Между Монголий и Ираном"（1931）。

了全面而深入的经理调查。1955 年林业部调查设计局为了了解林区位置、森林分布、林木组成及蓄积量的估值，在新疆林区第一次进行了航空视察，初步查清了本区的森林资源，并编制了森林分布略图。从 1956 年起，林业部调查设计局所属的森林经理调查大队在天山及阿尔泰山林区开始了正规的森林经理调查，同时，森林综合调查队也进行了林型、森林病虫害的调查，并测制了森林生长图表。他们将提供出有关天山森林资源详尽的调查设计资料。

中国科学院新疆综合考察队植物组，在它的植被工作中，也以森林作为一个主要的考察对象。1957 年该组在苏联地植物学家、生物科学博士 A. A. 尤纳托夫（A. A. Юнотов）的领导下，对准噶尔盆地及与其毗邻的东天山进行了地植物考察。在东天山的考察，主要是在北路及内部山脉以路线调查方式进行的，自东天山的西部到东端，曾做了山地植被垂直带路线调查达十次以上。根据所搜集的原始资料，对东天山山地植被分布的一般规律、主要植被类型及其特征做出较完整的描述。森林在东天山区作为一个主要的植被类型，也按照苏联植物研究所的地植物调查方法进行了考察。然而，它只是被作为山地植被垂直带在其他植被类型（如草甸、草原等）有规律的配置中的整个山地自然景观的一环；因此在考察中未能对森林进行更专门而深入的研究。本文是按照尤纳托夫博士与秦仁昌教授的意见，根据考察的成果及所搜集到的有关文献资料，试图对东天山森林的地理分布、森林植物群落的类型及其特点做一个一般规律性的描述，着重从地植物学的角度来分析森林植被的特点。但由于考察领域广阔，对象繁杂，而时间又匆促，人力有限，仅进行了短暂的路线考察，材料搜集整理也不足，疏漏错误在所难免，只能作为对我国干旱地区的这一珍贵的东天山森林资源的初步介绍而已。

一、考察地区的自然地理条件

天山山系源出帕米尔，从西到东迤逦 2500 千米，绵延在苏联中亚部分和我国新疆维吾尔自治区境内；处于北纬 41°～44°。在我国境内的只是它的东半段，统称为东天山，长约 1200 千米，宽达 350 千米不等。它把整个新疆地区划分为南北两半；南隔塔里木盆地与昆仑山遥遥相对，北傍准噶尔平原与准噶尔西北界山及阿尔泰山成三角之势，天山即其南底。

在地史上，天山历经加里东、海西宁和阿尔卑斯造山运动而褶皱、隆起，成为一系列的与纬向平行伸展的高峻山岭，并被一些山间凹地所分隔。由于新构造运动的作用，天山的隆起运动至今仍在发展着。许多山峰高达 4000 米以上，终年积雪。由于它们高耸于周围的荒漠之上，得以承受西北方吹来的海洋潮湿气流；而且随着绝对高度的升高，自下而上温度逐渐降低，气候变得更加湿润，因而半山以上有较多的降水。在高山地带广泛地分布着现代冰川，雪线一般在 3800～5000 米；这些冰川是发源于天山的许多河流水分补给的主要来源。在降水丰足，雪水滋润的高山和亚高山地带，就广泛分布着森林和草甸植被类型。

第四纪初期到来的古冰川在天山上曾下达海拔 2300～2500 米的高度，它们所遗留下来的冰斗、冰川谷与冰碛物等，迄今仍极为触目，云杉森林现在就滋生其上。古冰川对森林分布所起的作用是很大的。山地不断的隆起，冰川的刻蚀，寒、旱风化，河流的切割、侵蚀和风的剥蚀等联合作用，造成了现在天山高山地带的阿尔卑斯陡峭地形和山地侵蚀地形。其陡峭的北向坡地和一系列的深沟、峡谷，构成了阴湿的生境，为森林的发育与分布提供优良的条件，因为在这里它们能够避免大陆性干热气候的侵袭。

随着绝对高度而变化的垂直气候带，乃是植被、土壤垂直成带现象的基础。在东天山有着极为明显的景观带垂直分布图式。其前山地带缓倾入荒漠，具有典型的荒漠气候特征，年降水量 100～200 毫米，至中山带（1500 米）可达 500～650 毫米，在陡峭、湿冷的高山带，7 月平均温度不过 16℃（4000 米处），年降水量达到 700～800 毫米甚至以上，山地冬季寒冷多雪。因而从山脚到山顶有节奏地分布着一系列的景观带：荒漠山地、草原山地、森林山地、草甸和终年积雪带。森林主要分布在中山带并上升到亚高山带。

天山已处于寒温带到北温带的过渡纬度地带，而且由于耸立在荒漠环绕之间，即使较高的山地由于地形的变化也会受到大陆性的干旱、寒暑多变的气候的侵袭，因而山地针叶林仅出现在一定的高度（一般是 1800 米）以上，构成了狭窄的一带。山地的夏季也是比较炎热的，故阴暗针叶林只分布在庇荫湿润的阴坡与峡谷中。在干旱、瘠薄的阳坡全然无林。

然而,天山山系南北宽厚、峰谷相间,东西绵亘达千里,因而地貌和气候条件是十分多变而复杂的,森林的分布也就有相应的变异。根据山脉地貌来划分,东天山可分为三列的山区:北路山脉、内部山脉(包括山间凹地)和南路山脉。

北路始于伊犁河谷以北的拜真山脉,以东是狭窄而缺乏前山带的婆罗霍奴山脉、伊连-哈别尔甘山脉与喀拉乌成山脉,在乌鲁木齐以东为主峰,高达5455米之博格达山脉。这些山脉都具有雪峰、冰川、峭壁、深谷,阿尔卑斯型的地形很显著。从博格达山脉向东则山势渐低,在巴尔库山甚至可低达2000米,伸入更干旱的荒漠气候中,呈现出一派石山荒漠景象,森林带亦至此中断。直至哈密以北的喀尔雷克山才重新出现较大的高度(4925米)和不大的冰川,又出现了森林。天山内部山脉夹于南北两路山脉之间,这里包括一系列较为低矮的、断续的古老山地、山间盆地和河谷;从西到东有凯特明山脉,古老低矮的阿富拉尔山脉,以及在其南部与之并列的纳拉特山脉等,其上古冰川的作用较为微弱,山脉之间夹着许多东西向的山间凹地,如西部的伊犁河谷、克什河谷、巩吉斯河谷与特克斯河谷,在它们的山坡上常分布着阔叶果树林与优良的云杉针叶林带。在东部则有大、小尤尔都斯盆地,吐鲁番盆地与哈密盆地等,但由于气候极为干旱,少见较大的森林,甚至全然无林。东天山的南路较宽,它的西南方与昆仑山相接,为密集的山结,高6000~7000米或以上(汗腾格里峰高达7439米),向东渐分支,以柯克沙尔山和哈雷克套山为主,高达4000~5500米,也有现代冰川。向东则渐低,在吐鲁番盆地以南的波尔多乌拉山与却尔塔格山,其海拔已不到2000米,最后终于消失在喀顺沙漠之中。

天山南、北两路山地在气候上也有很大的差异,北路面临较为湿润而凉爽的准噶尔平原,又能直接承受北冰洋的湿冷气流,因而降水量远比受到干旱、炎热的塔里木盆地气候影响的南路山地为多,蒸发量却较少,雪线的位置也要低达数百米,因此,喜冷湿气候的针叶林主要分布在天山北路山脉。

从天山北路山脉的西部到东端,在气候上也有很大的变化,一般是愈向东则干燥程度愈增大,因为在它的东部,蒙古戈壁气候的影响就大为加强。但向西则因承受较多的北冰洋湿气流而较为湿润,然而在精河以西的天山北路,却由于直接受到准噶尔

西北界山的屏障和艾比湖盆地荒漠的影响,气候也显得十分干旱。到了西部的伊犁谷地,则因受了少雨的哈萨克斯坦的暖气流的影响,气候又比较温暖、干燥;但在其上游的特克斯、克什与巩吉斯谷地,则因地形渐变狭窄,地势增高,且愈向东干暖气流作用渐趋微弱,因而气候又变湿润,森林又呈郁密景象。天山南路的气候也是从东到西逐渐变得湿润,这也是由于东部受着喀顺戈壁的影响,而西部则有雪峰、冰川的充沛水分的滋润。

东天山强度的分割地形,使得小范围内的生境也发生显著的变化,不但绝对高度与坡向起着主导作用,而其他条件(如坡度、坡向的位置等)都使得森林植物生长的生态因此更为复杂化,从而构成了多样的植物生境,决定着森林及其他植被类型的分布上的多样性。

总之,森林(尤其是雪岭云杉的阴暗针叶林)在各山段分布的有无、多少及其具体配置均与上述地理条件有着极为密切的联系。森林的分布及其本身的特征,也极为明显而确切地标志着其分布地区的综合地理特征。

东天山的山轴主要是由花岗岩及其他火成岩组成的,在边缘的海西宁褶皱地带则为沉积岩、变质石灰岩和火山岩。因而,这些岩石及其风化物乃是最常见的成土母质与母岩。在古冰川作用过的高山地带,森林通常生长在陡峭的山坡中下部的冰碛物、岩质堆与谷地的冰川沉积物上,山坡上部常为裸露的悬崖峭壁。中山地带的成土母质则为黄土覆盖的粗骨质的坡积物。在低山带与河谷则为第四纪黄土与砾石层。

关于天山云杉林下的土壤类型名称,议论纷纭,至今仍未定案。现一般通称为"褐土"(见《中国土壤区划草案》),或"暗褐色土"(根据林业部综合调查队),按照苏联天山云杉林下之土壤,则名为"森林腐殖质-碳酸盐褐色土"(见《苏联植被》,Растительный покров СССР,第一卷)。亦有称为"山地森林土"(П. С. Панин)与"暗色山地森林土"(М. А. Глазовская)的。总之,天山云杉林下的土壤取决于其地理条件——气候、母质及其特殊的植被种类组成等,应划为一单独土类。中国科学院新疆综合考察队土壤组在野外工作时,根据其性状、特征,暂命名为"山地森林生草腐殖质黑棕色土"。

由于本区地理条件的特点,雨量较少,蒸发较强,且受成土母质的影响,故土壤中碳酸盐的积聚显

著;而且由于雪岭云杉的特殊生物化学作用——凋落物中富含石灰质与铁质,所以云杉林下的土壤没有灰化现象,是其特点。土层厚度不大,下部常为粗骼质,杂有较大的基岩碎块。土壤具有较强的透水性。死地被物层主要为云杉的凋落物针叶、小枝、球果、树皮等,其上常有大量的藓类;其下为粗腐殖质与黑色的腐殖质,向下渐转化为棕褐色的壤土,在细土层下部常有白色的碳酸钙积聚。由于坡陡土薄,植被稀疏,常发生土壤崩坍现象,因此土层中多有埋藏层存在。

一般来说,在林带上部的土壤有向草甸土过渡的趋向,在下部则向山地黑土过渡。在山地森林带,与森林和草甸、草甸草原或草原之交错相应,则为山地森林褐土与山地草甸土、黑土或栗钙土构成的复域。

东天山东端的落叶松林下的土壤特征基本上同于云杉林下的土壤,只是显得更干燥些。

二、东天山森林的主要乔灌木树种

对于东天山森林植物种类的了解还不够详尽。据初步估计在 120～140 种,其中乔木树种只有 20 种左右,而成林树种只不过五六种。天山的森林植物区系虽然比较贫乏,但成分仍然是复杂的;有些种是属于天山区的特有种,如雪岭云杉、塞氏苹果等,有些则显然属于帕米尔成分,如天山花楸、西门诺夫槭、新疆卫矛与喜湿白蜡树等。北方森林植物成分也在天山森林中有很大的作用,其中如欧洲山柏、西伯利亚圆柏等即是。此外,天山森林植物区系与阿尔泰山也有密切联系,如东天山东部有来自阿尔泰山的西伯利亚落叶松和一些野刺玫等。

现根据考察所见,举出主要的针、阔叶乔木树种和灌木于下。

(一)针叶树种

雪岭云杉(*Picea schrenkiana*)[①],是东天山最主要的成林树种,常形成纯林,分布在东天山的中山带与亚高山带的阴坡,构成山地森林带。从雪岭云杉的分布及其在森林组成中的优势程度来看,东天山

显然是它的分布区的中心,但它在准噶尔–阿拉套山也成林。最北至沙乌尔山地,亦可见单株的雪岭云杉分布在西伯利亚落叶松林下之峡谷中,向南雪岭云杉分布在帕米尔葱岭之东坡与昆仑山之北坡。在东部至喀尔雷克山,在祁连山山地森林带已不见其存在,而被青海云杉(*Picea crassifolia*)所代替。西部至苏联境内西天山,在哈特卡尔山脉以西则为耐干旱的桧柏林所代替。

从雪岭云杉的主要分布区来看,它分布在亚洲中部荒漠中的山地,依附于荒漠边缘山地的窄带状的地区内,是天山山地植被中乔木种类的主要代表者,是干旱内陆地区的主要高山森林树种。它标志着荒漠中湿润与凉爽的高山气候。不仅它在地理上的水平与垂直分布是与这一地区的自然历史与地理条件密切相联系的,而且它的种的形成与现代的生态特征等也同样有着这些条件的深刻烙印。

西伯利亚落叶松(*Larix sibirica*)在东天山区主要分布在巴尔库山与喀尔雷克山北坡和吐鲁番盆地的后山阴坡,是这一地区山地森林带的主要成林树种。它分布在森林带的中部,与上部构成明亮针叶林,而其下部及林层内,则生有雪岭云杉。西伯利亚落叶松也是阿尔泰山与沙乌尔山林区的主要成林树种,现在在新疆境内它的分布区已分裂为三。它在东天山的分布说明了天山与阿尔泰山以至与北方山地泰加林的森林植物区系在历史上有过密切的联系。

除以上两种针叶乔木外,尚有几种亚高山带的垫状圆柏,它们分布在云杉林带之内,或在其上限构成单独的群落,即 *Juniperus pseudosabina*、*Juniperus semiglobosa*、*Juniperus sabina*、*Juniperus sibirica* 与 *Juniperus turkestanica*,后两种主要分布在伊犁地区。

(二)阔叶树种

由于受到古冰川的影响,天山的森林植物区系遭到破坏,许多喜暖的阔叶树种在本区都已死亡灭绝了,残遗的少数树种也大为减少或被迫降到山地的较低部位。因而阔叶树种在东天山区森林植被中的成林作用是不大的,在山地植被垂直带中仅居次要地位。

---

① 关于雪岭云杉的形成与生态特征还研究得很不够,且不属本文范围,故不赘述。但是有关雪岭云杉的分类问题应简介于下:苏联有些学者在中天山与西天山另分出天山云杉(*Picea tianschanica*),认为是单独的一种,但另一些学者则认为差异不显著,仍属一种,不应分出来,即雪岭云杉(*Picea schrenkiana*)。

仅有由塞氏苹果(*Malus sieversii*)为主的阔叶果树林带在伊犁山区(如果子沟及新源、巩留一带的气候适宜之处)尚能见到,分布于云杉林带下部的山坡或山谷中,在这里的山地森林带中它仍占有重要地位。林中常混有山杏(*Armeniaca vulgaris*),它常沿山河沟生长。二者均为古亚热带的残遗种。此外,林中有很多灌木,如山楂(*Crataegus* spp.)、栒子(*Cotoneaster* spp.)与小檗(*Berberis* spp.)等。在伊犁河谷的石质坡下与河沟两旁,常生有小叶白蜡(*Fraxinus potamophila*),这也是一个残遗种。

在伊犁山地的阔叶果树带之上,云杉林带的下部,有山杨(*Populus tremula*)分布,常与雪岭云杉混交,或形成小块状的次生林,在博格达山的云杉林带下部亦有生长。山杨可作为云杉林的先锋树种。

桦木(*Betula tianschanica* 与 *B. prunifolia*)在东天山区的分布较为广泛,与云杉混生或形成次生林,常沿山河沟生长,甚至在较向阳的干旱坡地亦有分布。

在本区的山河沟中普遍分布着苦杨或普氏杨(*Populus laurifolia*、*P. purdomii*),沿沟呈窄带状分布于云杉林带之下部,并在前山地带宽阔河谷中的泛滥地上形成较宽带状的泛滥地林,如玛纳斯河、克什河上游皆有之。林内常混有沙枣(*Elaeagnus angustifolia*)与沙棘(*Hippophae rhamnoides*)。

白榆(*Ulmus pumila*)在东天山北路前山带的开阔河谷中,在苦杨林带以下,常形成河谷地的疏林,如在博格达山与玛纳斯南山的前山带河谷均有。此外,在准噶尔山前平原的洪积扇上,白榆亦呈带状或块状疏林分布着。

天山花楸(*Sorbus tianschanica*)是云杉林内最主要的,也几乎是唯一的伴生小乔木树种。其分布区同于雪岭云杉,居于云杉林之第二层,通常散生林内隙地,不能构成单独的一层。此外,在云杉林内有时也有柳树(*Salix sp.*),它们主要是在山地云杉林带内构成次生的丛林或沿山沟生长。柳树可认为是雪岭云杉的良好的先锋树种,在柳树丛林中,雪岭云杉的更新良好。

东天山区的灌木种类很丰富。组成山地针叶林之下木的阔叶灌木树种主要有:几种忍冬(*Lonicera hispida*、*L. coerulea*、*L. microphylla*、*L. altmannii* 等)、刺玫(*Rosa* spp.)、栒子木、茶藨子(*Ribes meyeri*、*Ribes* spp.)、北极果(*Arctous alpinus*、*A. erythrocarpa*)、西伯利亚铁线莲(*Atragene sibirica*)、西门诺夫槭(*Acer se-*

menovii)等等。在阔叶果树林带中,灌木种类更为多样。除上述种类外,尚有山楂(*Crataegus altaica*、*C. songorica*)、小檗(*Berberis* spp.)、鼠李(*Rhamnus cathartica*)、新疆卫矛(*Euonymus semenovii*)等。

山地灌木草原中则为金丝桃叶绣线菊(*Spiraea hypericifolia*)、几种锦鸡儿(*Caragana pleiphylla*、*C. frutex*、*C. turkestanica* 等)为主,在伊犁山地尚有鼠李(*Rhamnus songarica*)与天山酸樱桃(*Cerasus tianschanica*)等。在山地河谷内,常为灌木丛生,有刺玫、山楂、忍冬、沙棘与臭红柳(*Myricaria sp.*)等。

高山地带之阔叶灌木有鬼见愁(*Caragana jubata*)、金露梅(*Dasiphora fruticosa*)等,在玛纳斯与乌鲁木齐南山尚见有北方成分的仙女木(*Dryas octopetala*)。

三、东天山森林植被的基本特征、分布的规律性及其地植物分区

雪岭云杉构成的阴暗针叶林是东天山山地森林带的主体。它广泛地分布在东天山山系的各个山脉中,以博格达山以西的天山北路与伊犁山区为最多。在山地,云杉针叶林带上升到很高的绝对高度,常上达亚高山带或高山带,在 1600~2700 米(南路 3000 米以上)形成一条狭窄的、蓝绿色的林带。由于被裸岩、悬崖与局部阳坡分割,它们并不构成连续不断的林带;而是常呈块状分布于阴坡或河谷的底部。只是由于东天山的东西走向,有着一系列连绵的北坡,才得以较明显地呈现出这条断续的森林带。在林带范围内,雪岭云杉群落所覆盖的面积只占总面积的 10%~20%。限于气候与地形条件的特点,它们未能形成像典型的北方泰加群落(Taiga)那样郁苍无边的树海,而只有它在干旱地区的变型。

云杉针叶林的另一特征是林相一般稀疏,尤其在立地条件较严酷之处(如普遍存在的石质坡上),常出现公园式类型的林相。树冠常呈细长圆柱状,枝下高很低或接近地面,极为别致。

森林植物区系种类组成的贫乏和森林植物群落类型的单纯亦为其另一特征。林带的上下限一般皆为雪岭云杉所组成,即建群种只有雪岭云杉一种,少见混有其他树种;只在立木稀疏的情况下,才混有天山花楸或柳类。林内下木与草本种类也很稀少,常有亚高山草甸之草类侵入。云杉林之类型则以草本

云杉林(*Piceeta herbosa*)、藓类云杉林(*Piceeta musco-sa*)与灌木云杉林(*Piceeta fruticosa*)为主。

在伊犁山地,山地森林带稍有分化。林带的中部与上部仍为云杉针叶林,而中下部则为云杉与山杨或桦木的混交林分所演替,下部则发育着塞氏苹果为主的阔叶果树林带,它们通常发育在土壤肥厚的山坡或峡谷中。

西伯利亚落叶松为主的明亮针叶林分布在东天山的东端,巴尔库-喀尔雷克山一带的北坡上,林带的界限一般在 2200~2850 米。在林带的下部仍为雪岭云杉占优势。在山坡的中部,落叶松与云杉常形成混交林,向上则云杉渐少而无,而为落叶松的纯林。在最东部的喀尔雷克山,雪岭云杉也很少。

天山南路,由于面临塔里木盆地荒漠,气候更加干旱,云杉针叶林带上升得很高,通常只在阴坡呈小块状分布,已不呈明显的带状。森林覆盖度更低,林相更为稀疏,森林群落镶嵌在山地草原或干旱的亚高山草甸中,并常为灌木丛所代替。这实际上是山地草原-森林带在干旱山地的变种。

天山植被的分布及其垂直成带现象很明晰地反映出其所在地的地理特征,尤以森林作为一个自然地理现象是表征得最清楚的。东天山森林植被分布的地理规律性不外乎以下三个因素:水平(气候)带的分布——纬度的分布,地植物省、区的分布,以及山地垂直带的分布。森林的地理分布也不能与森林树种的特性、植被发展的历史过程及人类的作用相脱离。

由于东天山大体上是平行纬向伸展的,在这南北宽度不过 350 千米的范围内,水平带分布的差异自然是不甚显著的。而天山北路与南路的植被类型的差异,主要还是地形对气候的影响而引致的。由于地形因素所引起的植被类型分布的变化与水平带分布所引起的变化现象常是混淆难辨。当然,从广义来说,大陆性气候的水平带愈向南,则气候愈为温暖、干燥,冬季少雪。天山南路的森林植被也以其稀疏的林相,分布零散,林线升高与组成单纯等特征反映出这一规律性。但在这些现象中,决不能抹杀或轻估了各种重要的地区性的地形因素的作用(如山脉的走向、坡向、山坡的迎风与背风及其毗邻地区的影响等),具体的如天山对大气气流的阻扰而致南北两路在湿度上的差异、准噶尔盆地与塔里木盆地对其邻近山地的不同影响等等条件都使得北路湿润于南路,而对植被类型及其分布的影响至巨。有时,

在一定的范围内,这些地区性因素对于植被,甚而整个自然景观的作用比之水平气候带分布所起的作用还更大些。例如,在新疆南部边境与东天山平行的昆仑山脉却与东天山正相反,其倾向西藏高原的南部由于承受着印度洋湿气,要比倾向塔里木盆地的北部更加湿润些。在这种情况下,地区性因素的作用显然就掩盖了水平气候带的正常规律性,也就是构成了各种所谓植被类型的变型及其分布变化的原因。在东天山,这些地区性地形因子对森林植被分布及其特性的主要作用在开始时已有所述及,以后也将具体描述,在此不赘述。

但是,无论如何,水平带的分布仍然决定了东天山森林植被的基本性质,即属于寒温带的山地针叶林,是阴暗针叶林——泰加群落在干旱地区的变型,常具有山地森林草原的性质。这一点还是个别的地区性因素所难改变的。顺便来说,从整个新疆来看,森林植被按水平带分布的规律性却是十分清晰的,从最北的湿润、寒冷的阿尔泰山,中部的天山,向南至南缘干旱的昆仑山地,分布着不同的森林植被。如阿尔泰为典型的亚寒带山地针叶林,天山已如上述,是向温带过渡性质的较为干旱的山地针叶林,由于地区的自然历史条件,在这里并未普遍形成寒温带针阔叶混交林类型,而这一类型在同纬度的我国东北沿海地带却是最典型的。昆仑山则有受着很强烈的荒漠影响的稀疏的高山针叶林。

地植物省、区的分布对于新疆植被分布的影响至为巨大。这些地植物省、区的分布当然是取决于水平气候带、地区性的地理因素与植被的历史发展过程的。这明显地反映在新疆最基本的荒漠植被的性质上,如北疆西部深受中亚细亚与哈萨克斯坦荒漠的影响,而东部则富有蒙古荒漠的特色,中部的准噶尔荒漠本部被认为是中亚荒漠与亚洲中部(蒙古)荒漠的联络地带,也自有其独特之处,但仍划入亚洲荒漠区,据 A. A. 尤纳托夫博士的意见,应以准噶尔西北的界山为其与中亚细亚区之天然界线。同样,这些地植物省、区的联系与影响也清晰地反映在东天山及其他山系的森林植被的分布与特征上。例如,东天山北路西端的伊犁地区的森林与中亚(苏联境内的北天山与中天山)有许多共同之处,南路的西端则深受帕米尔的影响。而东端的巴尔库山与喀尔雷克山地区的森林植被,则与蒙古戈壁阿尔泰的山地森林草原区很相近。在东天山占主要部分的中段的森林可划为单独的一区,它多少是带有联络

性质的,根据 Б.А.贝柯夫,则为"帕米尔-萨彦过渡区"。至于东天山南北两路的山地森林植被,当然也可以划为两个不同的地植物区或亚区。

因而在东天山地植物区①内,根据地理特征与森林植被的特点,可划分为以下四个森林地植物区②:(一)东天山北路山地雪岭云杉阴暗针叶林区。(二)伊犁山地雪岭云杉阴暗针叶林-阔叶果树林区。(三)巴尔库-喀尔雷克山地西伯利亚落叶松-雪岭云杉针叶林区。(四)东天山南路山地雪岭云杉森林-草原区。

在这些区内,森林植物群落通常与其他各种植被类型一起构成了山地植被,并呈垂直带状分布。其基本结构图式由下而上为:(荒漠草原带)、山地草原带、山地草甸草原带、山地森林带、亚高山草甸带、高山草甸带与高山冰雪石生植被带。在植被带中,森林带的分布在下限是由于下部干旱气候的限制以及林带下部的草原或草甸类型草本的竞争,在上限则受到高山气候——寒冷、蒸发加强之限制,因而森林只在适宜的山坡地段形成或宽或窄的一带。由于各森林植物区的植物生长条件不同,山地植被垂直带的结构也不一致而有各种不同的分化。例如,在伊犁区,森林带即分化为下部的阔叶果树林带与上部的雪岭云杉针叶林带;在森林带下部的森林草甸植被类型很发达,常成单独的一带。在巴尔库-喀尔雷克山与东天山南路,山地植被在下部往往以荒漠草原,甚至从石山荒漠(南路)开始,缺乏亚高山草甸带,针叶林常成块在带内镶嵌在山地草原的阴坡沟谷中,已不成典型的森林带。各植被带的垂直高度界限在不同的森林植物区内也有很大差异,如针叶林带的界限在北路与伊犁山区一般为(1500米)1600~2700米,在巴尔库-喀尔雷克山地区为2200~2800米,在南路则为2200~3000米或以上。一般是随着大陆性气候的增强,林带的界限就相应地上升,并且变窄或竟缺如。

即使在同一垂直带内,除了基本的植被类型之外,由于坡向、坡度、山坡的部位以及母岩的变化,往往交替分布着其他的植被类型,不同的植物群落常

在同一带内呈镶嵌状分布。在决定着森林植被分布的许多地理因素中,应当特别着重地提到"坡向";因为,在干燥地区中,坡向是"景观形成过程中的最重要因素"(Э.М.穆尔札也夫)。由于东天山有着几列连绵的北坡及其相应的南坡,这对森林的分布有着特殊的意义。森林只是对于阴湿、凉爽的北坡才是典型的植被。在干旱、瘠薄的南坡上常为山地草原植物群落。其他植被带的界限在南坡上也相应地比在北坡要高得多。坡度与山坡的部位对于局部地段的森林分布也有着相当的作用。在开阔的谷地里,针叶林通常多沿着坡地生长,在平缓的谷底与坡脚则为草甸植被。这也主要由于森林与草本植被相互竞争,使后者在缓和的平坡上发育茂盛,阻碍了森林的更新。

以上各种地理因素所决定着的森林植被的分布,是与森林树种的生物学特性不可分离的。

耐阴的雪岭云杉在气候比较湿润、凉爽的伊犁与天山北路山地觅得了广泛的优良生态环境,并且它总是选择着对于它最为适宜的中山或亚高山地带的阴湿坡地或谷底形成茂密的森林。但在较炎热、干旱的巴尔库-喀尔雷克山与天山南路,它的分布就受到了限制,不能形成连片的森林带。就局部地段来说,在山地的南坡或林带的上下限,它也罕有分布。因为在这些地区或地段的综合生态因子,已经接近或达到了雪岭云杉生态特性的界限了。阔叶果树,如塞氏苹果与山杏等喜温和而对土壤要求较严格的树种,则在伊犁山区的云杉林带下部的山坡或峡谷中获得了温暖的气候和肥沃深厚的土壤等优良生态条件,生长繁盛。比较耐旱的西伯利亚落叶松得以在巴尔库-喀尔雷克山地区占优势,它通常居于雪岭云杉林带之上。但在针叶林带的下部地段或巴尔库-喀尔雷克山的以西地区则受到在该处生长与更新良好的雪岭云杉的排挤,而分布受到限制。显然,落叶松在这种干旱地区的条件下已经不能认为是"阳性树种"了,它也被迫选择阴坡和半阴坡,而在南坡更是罕有自然生长。但是,从它总是居于

---

① 根据 A.A.尤纳托夫博士的意见(1957),在北疆除阿尔泰山地区外,主要部分划入亚洲荒漠区,其内可分以下三个大的地植物地区(非分区单位),或为亚省,即:1.准噶尔荒漠;2.准噶尔界山山地隆起部分;3.东天山。在《中国植被区划草案》(附言)中,则划分有"天山区",当与前述之"东天山"地区相符合。

② 此森林地植物区之划分,在植被方面主要是根据森林的特点。然而在这些区内,森林植物群落在当地整个植被体系中,并不一定是占优势的和典型的植被类型,它通常只是在山地植被垂直带中占有一定位置,并与其他植被类型,如草原、草甸等构成复域。因此,仅根据森林植物群落的特征来划分地植物区,并用以命名,显然是不太恰当的。所以在这里所划分的并不是地植物区,而只是为了描述森林植物群落分布之方便而划分的,暂名为"森林地植物区"或"森林植物区",是否适宜,有待研讨,或待全面的地植物区划定以后再做修正。

雪岭云杉林的上部山坡、在干旱的东部地区形成纯林、常出现在石质山坡上、更耐寒旱与高山地带的直射光的能力以及在林冠下更新能力较差等这些事实来看，它显然要比雪岭云杉"阳性"得多了。

现代的天山森林植被乃是在以上一系列地理因素及其演变的条件下，通过具体的历史发展过程的结果。森林植被的特征及其现代分布区的形成，除了取决于现代地理条件的作用之外，必须强调指出其发展过程中的特殊历史原因。

根据 Б.A. 贝柯夫的资料，在第三纪的中新世时，天山山坡地的森林可能具有亚热带雨林的混交林性质（落叶林和针叶林），其中有雪岭云杉的始祖类型，以及冷杉、松、桧、红杉及许多阔叶树种。现在伊犁地区的塞氏苹果、小叶白蜡、西门诺夫槭等等就是其中的残遗种。在准噶尔盆地的天山部分则有较温暖类型的森林，还有普遍发育的灌木群丛、灌木草原和山地草原群丛。

"中亚山区植被历史的最后几页是与冰川活动时期有联系的"（Б.A. 贝柯夫）。第四纪到来的冰川在天山上曾下降到很低的高度——2300 米，甚至更低。只有在此处以下的森林植物区系得以存留，许多喜暖的针、阔叶树都灭绝了或大大地缩减了，如雪岭云杉已被排挤到干旱的山间盆地里（M.A. 格拉佐夫斯卡娅）。而在冰川作用期以后，随之到来的干热条件又使天山的森林植物区系受到严重的损害，只有在一定高度以上的植物区系及其群落有可能保留至今。以后这残存的混交森林群系发生了分化，在其最低部分，由于大陆性气候之加强，针叶树种绝迹，而发生了阔叶林带。在东天山区，这种阔叶林群系现在仅在伊犁地区留存、发育。在山地的最上部，由于低温的作用，阔叶树种几乎完全消失，而林带上部全为云杉所占据，构成了针叶林带，它们并在冰川后退之后向上侵移到冰斗、冰川谷及冰川沉积物上。在云杉林内除雪岭云杉外，仅有极少的阔叶树——*Sorbus tianschanica*、*Ribes meyeri*、*Atragene sibirica* 等。这样的低山阔叶林群系与高山针叶林群系的分化就是现代森林群系垂直分布的基础，是现代天山山地缺乏该水平气候带的典型的寒温带针阔叶混交林的历史原因，也是现代天山森林植物区系贫乏与单纯的重要原因。至于东天山东端的西伯利亚落叶松的现今分布，显得如此之突兀，当然也有它独特的历史原因。

此外，山地因新构造运动的上升，地区气候发生变化，这也影响到森林植被分布的变化。天山山地本身在地质构造方面来说是一个年轻的地域，至今仍处于新构造运动的作用之中；它现代的森林植被的形成也是很年轻的，这就是由于天山山地在地质史上的多变的影响。历史给天山森林植被烙上了深重的痕迹，从它的地理分布与区系组成的特点等方面，反映出在地质史上不久以前所发生的重大的变化——冰川及冰期后的干热期；透过这些，还隐约可以看出它们古老祖先的往昔面貌，这主要是通过一些古老的残遗种或残遗的植物群系所表明的。总之，现代天山森林植被的分布及其本身特征，在颇大程度上是要从自然历史的观点来阐明的。

最后，过去的滥伐、火灾等人为因素也对东天山森林的现有分布起着相当大的作用。在交通便利、居民较多的地方，许多森林早被伐尽了，有些地方的森林向深山退却，甚至可达十几千米，森林带的下限被迫上升达 100～200 米，常在森林带以下很远的地方发现云杉林土壤的残迹（乌鲁木齐南山），可作为物证。这也许可以用"气候变干旱"而致林线上升的说法来解释，但是据一些老年居民的回忆——这是确凿的人证，证明过去是一片葱翠林木的地方，经过多次的砍伐或山火，如今只剩下一些畸形、零星树木的疏林（伊犁扎克斯台、凯特明山脉北坡），甚而完全成为草原。在这样短短几十年内，可以断言，大气候变化对森林的影响是不致如此显著的。巴尔库-喀尔雷克山地的西伯利亚落叶松在林带下部的减少，在相当程度上也是人类择伐的后果。

只有在新中国成立以后，人为地对森林进行抚育、更新与引种等合理经营工作，这是促进森林与树种更广泛地分布与改善的积极因素。

以下对四个森林地植物区分别进行简略的叙述。

（一）东天山北路雪岭云杉阴暗针叶林区

本区的范围包括东起博格达山（木垒河），西达博罗霍洛山（艾比湖地区之五台）的东天山北路山脉。在其面临准噶尔平原的北坡，延绵着长达 700 千米的带状的雪岭云杉阴暗针叶林。

东天山的北路山脉是立足于荒漠之中而顶戴着冰川的山地，因而在其下部受着强烈的荒漠气候影响，而渐向上则转为寒冷、湿润的高山气候，从下至上随着高度——温度与湿度的变化，表现了如下的植被垂直带:山地草原、山地草甸草原、山地森林、亚高山草甸、高山草甸与高山石生植被;但随着立地条件的变化,植被带也发生分化。

在中山带,尤其是在低山,在(1100)1200~1700(1900)米范围是以针茅(*Stipa capillata*)与狐茅(*Festuca sulcata*)为主的山地草原带,在阳坡它们可以上达2500米,并混有*Artemisia procera*,形成山地草原。在草原植被的组成中,通常是在谷地的侧坡上,常混杂有许多旱生灌木(*Spiraea hypericifolia*、*Rosa beggeriana*、*Caragana* sp.)构成灌木草原地段,这在博格达山最为显著。向上接近林带或在林带下部,通常为草甸草原,在山地草原的草本植物中混杂有愈来愈多的山地草甸植物种类,主要是*Iris* sp.,在奇台南山的林带下部还出现山地草甸,以*Bromus inermis*、*Roegneria* sp.、*Phleum phleoides*等为主,但这种类型在其他大部分地区则未见。亚高山草甸在本区表现不显著,仅在林带上部及林线以上(2300~2700米)有局部出现,主要是*Phlomis oreophylla*、*Alchemilla vulgaris*与*Geranium* spp.等;在阳坡常混有*Juniperus pseudosabina*的灌丛,这一类型在本区同样是不发达的。再向上(2700~3600米)则为高山冰雪旱生的芜原草甸,以嵩草(*Cobresia*)和部分的薹草(*Carex*)为主,在较阴湿的坡地则有高山蓼(*Polygonum alpinum*)与*Carex* sp.为主的高山草甸,而绚丽的高山五花草甸只是在特别湿润的地段,如玛纳斯南山(大牛)才得见。在植被的上界,3600米以上的石质坡上则出现*Arenaria*、*Dryadenthe*等帕米尔与昆仑山所特有的冰雪旱生石生垫状植物。

雪岭云杉的阴暗针叶林,在天山北路山脉北坡的垂直分布界限,一般是从1600~2700米,但从东到西有很大变化(见图46-1和表46-1)。

在交通方便之处,森林多被采伐,以致林带的下限大为提高。因此,上列数据不一定完全符合于原始林的自然分布状况,但仍可从中清晰地看出林带垂直分布的变化规律。

在奇台以东的木垒河-博格达山与巴尔库山的交接处,是一段长达150千米的低矮的石质山地(甚至低达2000米),为极荒凉的石质荒漠或荒漠草原植被。云杉阴暗针叶林及其他中生的乔木林分至此皆中断、绝迹。直向东至巴尔库山中段又复隆起,才重新出现森林带,但已属另一森林地植物区(以西伯利亚落叶松为主)。

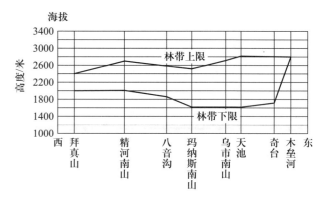

图46-1 东天山北路雪岭云杉针叶林带垂直分布的变化

表46-1 东天山北路雪岭云杉针叶林带垂直分布

	林带界限(米)	林带宽度(米)
奇台半截沟	1700~2800	1100
博格达山天池	1600~2800	1200
乌鲁木齐南山小渠子	1600~2700	1100
玛纳斯南山	1600~2500	900
八音沟	1940~	—
精河南山	2000~2700	700
拜真山	2000~2400	400

木垒河以西,东天山北路的三层北坡绵延着云杉林带,其上、下林线与宽度随着所处地段的气候与地形的不同而发生显著的变化。如表46-1所示,从奇台向西,森林带的下限稍有降低,但从玛纳斯向西则又显著地逐渐上升。因为,奇台以东不仅山势骤低,且受其东的蒙古戈壁荒漠的干旱气候影响很显著,所以东部林线较高;但在东天山北路主峰的博格达山,不仅因雪峰挺拔,有丰润的冰川雪水滋润着山地与河川,且因山脉的走向至此有一曲折,截获了大量的西北气流,降水丰富,因而在这重叠的山岭坡地上形成了东天山北路最为宽阔的森林带,林带的垂直宽度达1200米,在林带下部的林分稍有分化,出现了喜湿润生境的欧洲山杨(*Populus tremula*)的小林片。但其以南的山地,却由于它的阻挡,显得异常干燥,如达坂城一带的山地中,除了山河沟中的苦杨和胡杨林丛之外,已见不到针叶林。乌鲁木齐南山与玛纳斯南山(喀拉乌成山脉与伊连-哈贝尔甘山脉)一带,处于北路山脉的中部,仍可承受西北部湿润气流,况且这里有着纵深宽广的前山带,大为缓冲了准噶尔荒漠干旱气候对山地的影响,因而林线

在这一带下降到 1600 米,甚至更低(从针叶林的遗迹看来,若非人为采伐的破坏,森林下限可低达 1400 米左右)。在前山带的草原植被中,在局部阴坡常分布有小片的云杉林,构成山地森林草原景观。北路山脉至此形成山结(喀拉乌成山),山岭重叠,主峰高达 5000 米以上,故也形成了深厚的森林带。但从乌苏向西,则由于准噶尔西北界山的隆起,阻挡了北冰洋湿冷气流,而哈萨克温暖、干旱气流又从准噶尔阿拉套山与天山之间的山口流入,使西部地区的年降水量逐渐减少(表 46-2),更由于盆地地势在艾比湖地区降至最低(约 250 米),遂构成了准噶尔平原南缘最为干旱的荒漠,例如精河地区的年降水量比其以东地区减少了一半以上。

表 46-2　东天山北路山前平原自东至西
年降水量的比较

气象站	年降水量(毫米)
奇台	175.8
乌鲁木齐	243.3
石河子	183.8
乌苏	177.6
精河	86.2

况且,这里的博格科奴山脉山势较低,山脊狭窄,其上古冰川不太发育,几乎没有现代的终年积雪,因而山地河流仅有短暂的径流。加上在这里完全没有像玛纳斯与乌鲁木齐南山那样的褶皱前山带和纵向谷地的宽广山麓地带,而仅由古老岩石组成的山坡直接与宽广的洪积扇相衔接,就无从缓冲前述艾比湖荒漠干旱气候的直接侵袭,因而这里山地气候也十分干燥,植被的干旱性很强,山地草原上升得很高(1600~2500 米),并出现大量的旱生灌木草原群丛。森林带也就相应地显著上升,下限为 2000 米,垂直宽度也十分狭窄,仅约 700 米。

再向西去,是低矮的拜真山,气候更为干旱,林带宽度已缩窄为 400 米。

在北路山脉南坡的云杉阴暗针叶林已不呈带状分布,而成片分布于局部的阴坡与河谷中。但在克什河谷以北的伊连-哈贝尔甘山脉的南坡,森林下限是 1700 米(乌拉斯台),比其相应的北坡——精河南山的林带下限(2000 米)要低得多,这是因为北坡受到强烈的荒漠干旱气候的影响,而南坡却在克

什河谷的湿润气候的作用下而比较湿润一些,故其林线较低。该处在林带以下所出现的大量森林草甸植被类型也证明了这一点。但在受到炎热、干旱的吐鲁番盆地气候影响的博格达山南坡,就完全不同于这种情况,其山上几乎没有针叶林。

东天山北路云杉阴暗针叶林带的建群种是雪岭云杉,林分郁闭度一般为 0.4~0.5~0.6,常具有公园林的性质,但在立地条件良好,未遭破坏之处,也可以见到郁密的林分,郁闭度可达 0.7~0.8 甚至以上。云杉林的地位级变异范围很大,地位级 Ⅱ~Ⅴ,平均地位级为 Ⅲ。林龄大多皆达成熟龄(120~140年),青、幼林很少。林分每公顷平均蓄积量可达 260 立方米。根据林业部航空视察的资料,本区现有林地面积为 278 150 公顷,占全区总面积之 53.6%。

在本区内,云杉针叶林的类型相当单纯。草类云杉林型(群丛纲)是分布得最为广泛的类型,在森林带中部与上部的阴坡与半阴坡皆有分布。在不同的群丛中,草本的种类相当复杂。在林带上部,森林与亚高山草甸或高山草甸相接处,下木与草被层中有许多亚高山草甸或高山草甸之区系成分加入。例如,在大牛(玛纳斯南山)和乌鲁木齐南山小渠子的森林带上部,2400~2700 米处,在岩屑堆的坡积土层上,有着良好的水分湿润条件,这里发育着高山草类的云杉林类型,林冠郁闭度 0.3~0.5,除在林缘或林中隙地有着少量的 Sorbus tianschanica 与 Juniperus pseudosabina 之外,少有其他下木。草本层中主要为高山杂类草草甸的草本成分,以 Polygonum viviparum、Valeriana sp.、Thalictrum alpinum、Doronicum altaicum、Mulgedium azureum、Aegopodium alpestre 等为主。林下土壤为淋溶山地褐色森林土。在干旱的精河南山的森林带上部 2500~2700 米处,发育着高山嵩草云杉林类型,林相较稀疏,在上限常成疏林乃至散生状态而消失于高山草甸中,林下草本以高山芜原的 Cobresia sp. 为主,尚有 Polygonum viviparum、Equisetum、Alchemilla 及苔藓等。林下土壤已转为草甸森林土。这些高山带的草类云杉林常与高山草甸、亚高山草甸或在干旱、石质坡地上的高山灌木(Juniperus pseudosabina、Caragana jubata、Lonicera sp.)等群丛相交错。

在林带中部(2000~2400 米)的草类云杉林,处在对于云杉最适宜的立地条件下,林木生长良好。郁闭度 0.5~0.6。林下草本以各种杂类草为主:Ae-

gopodium alpestre、*Mulgedium azureum*、*Geranium rectum*、*Ramischia secunda*、*Monenses uniflora*、*Polemonium coeruleum*、*Codonopsis clematidea*、*Solidago virga-aurea*、*Stellaria songarica* 及 *Poa nemoralis* 与 *Carex sp.* 等细叶草类。下木除 *Sorbus tianschanica* 外，常有 *Lonicera hispida*、*L. altmannii*、*L. microphylla*、*Rosa alberti*、*R. ereae*、*Cotoneaster*、*Melanocarpa*、*Salix sp.* 及藤本的 *Atragene sibirica* 等。在这一群丛组内苔藓层不太发育。林下土壤为典型的普通山地褐色森林土，或碳酸盐被淋溶。在林带中下部（1800～2200 米）之草类云杉林的草本层中有草甸草原的成分加入，如 *Iris sp.*、*Carex sp.*、*Achillea sp.*、*Fragaria vesca*、*Rubus saxatilis*、*Galium boreale* 等。林冠之第二层有时有个别的桦木（*Betula prunifolia*），下木也很丰富。这种类型多发育在南坡中的局部阴坡上，常呈小块状分布。

藓类云杉林类型也很广泛，一般分布在林带中部（2000～2600 米）的北向坡地，林冠郁闭度较大：0.5～0.6～0.7。林分地位级为 Ⅲ～Ⅳ。林下通常无灌木；草本分布不均匀，呈斑状，多在林冠隙间生长，有 *Atragene sibirica*、*Aegopodium alpestre*、*Mulgedium azureum*、*Saxifraga sibirica*、*Goodyera repens*、*Ramischia secunda*、*Cryptogramma stelleri*、*Lepisorus clathratus* 等，后五种是藓类云杉林的典型植物。藓类或绿苔地被物常呈垫状或块状，盖度在 80%～95%，以 *Thuidium abietinum*、*Aulacommium sp.* 与 *Rhitidiadelphus triquetrus* 等为主。林内更新状况不良，由于苔藓层妨碍幼苗成活，林内几无云杉幼树。林下土壤通常为淋溶的山地褐色森林土。在林带下部的北坡也出现灌木层的藓类云杉林，林下土壤为普通的山地褐色森林土或有明显的碳酸盐积聚。

在林带中部时常见有草类-藓类云杉林群丛，这显然是藓类云杉林向草类云杉林过渡的类型。在峡谷中，通常藓类云杉林占据着阴坡，在坡脚或谷底则为草类云杉林，或为草甸。

在林带下部，1600～2200 米处，与山地草原或灌木草原相邻接处的阴坡或半阴坡，发育着灌木云杉林类型。它往往与山地草原构成复合的森林草原景观。在林冠的第二层通常有稀疏的桦木（*Betula prunifolia*、*B. iliensis*），下木层很丰富，有 *Cotoneaster melanocarpa*、*Lonicera microphylla*、*L. hispida*、*L. coerulea*、*Rosa alberti*、*R. ereae* 等，并有多种草甸或草原草本成分及厚密的苔藓层。这种云杉林类型的

生产力也很高，地位级为 Ⅱ～Ⅲ 级，林下土壤具有明显的碳酸盐聚积层的性质。

当云杉林被砍伐或火烧后，在迹地上往往形成草甸，在林带下部则常为草甸草原或灌木草原的群丛所代替，新的云杉林在裸地上不易更新起来。在林带中上部的阴湿北坡，迹地上往往首先出现暂时的柳树林丛，为派生的类型，以 *Salix sp.* 为主，与 *Sorbus tianschanica* 构成一层郁密的林冠，其中偶有个别残存的雪岭云杉兀立其上。林下灌木与草本很丰富，有多种 *Lonicera*、*Rosa* 与 *Dasiphora fruticosa*；草本有 *Aegopodium alpestre*、*Hieracium umbellatum*、*Mulgedium azureum*、*Astragalus sp.*、*Solidago virga-aurea*、*Geranium sp.*、*Codonopsis clematidea*、*Rubus saxatilis*、*Carex*、*Poa* 等等。在柳树林冠适宜的庇荫下，及因阔叶树凋落物改善了土壤，就构成了云杉幼苗和幼树优良的生长发育条件，故林内云杉幼树丛生，每公顷常成千上万，其中个别幼树已插身于上层柳树林冠之中，不久之后定能超过，而构成新的云杉阴暗针叶林的群丛。

在精河南山与乌鲁木齐头屯河桦木沟等处，在云杉林带内也有个别的次生桦木（*B. prunifolia*）林分，或混生于云杉林内。仅在气候湿润的博格达山天池的云杉林带下部，有局部的欧洲山杨林出现（1650 米处），面积不大，也是次生的。由山杨构成林冠，杂有少量的雪岭云杉，下木中有不多的 *Salix sp.*、*Lonicera* 与 *Rosa* 等，草本也很稀疏，有 *Poa nemoralis*、*Milium effusum*、*Aegopodium alpestre*、*Galium boreale* 等，还有一些苔藓。林内雪岭云杉幼树很多，更新良好，以后可能会演替为云杉林。

一般在云杉林带中下部与林带以下的草原带中，在 1200～2200 米之山地河流沿岸分布着带状的苦杨林（*Populus laurifolia*、*P. purdomii*），其中常混有 *Salix spp.* 与 *Sorbus tianschanica*。但在前山带的山间纵向谷地与宽阔的河流泛滥地上，常分布着成片的带状杨-柳泛滥地林的群系，如在玛纳斯红山咀所见，在这里由于河道经常地迁移，形成了宽广的河漫滩，林木即依附着河流供给的丰足水分，在干旱的前山带形成了中生的乔木林分。在其组成中除苦杨、柳之外，尚有 *Hippophae rhamnoides*、*Elaeagnus angustifolia* 与大量的杂类草。

此外，在博格达山（天池）北坡前山的宽广河谷中，从 1000～1400 米，即在河谷的苦杨林以下，并与它紧相毗连，出现了天然的榆树疏林带（*Ulmus pum-*

ila），这种类型在准噶尔平原上一般是分布在有地下水供应的山前近代洪积扇边缘的。在榆树疏林的林冠下通常有 *Rosa*、*Berberis* 等灌木与多种草甸草类（如 *Aneurolepidium*、*Trifolium*、*Galium* 等）。

在博格达山西部的山地云杉林中，尚有极少量的西伯利亚落叶松，或自成小片纯林。这可能是残遗的群系，或可说明过去巴尔库山的落叶松林向西延伸的范围。

由于北路山脉北坡的第四纪古冰川曾下降得很低，当时处在山坡上的针阔叶混交林所受到的破坏程度也较重，复因现代气候比较寒冷，因而在本区已不能见到残遗的阔叶林群系。在云杉林带的下部没有像伊犁山地森林带那样的分化现象，森林群系与植物区系都比较单纯。

（二）伊犁山地雪岭云杉阴暗针叶林－阔叶果树林区

本区包括赛里木湖以南的天山北路山脉一部分，天山内部山脉的凯特明山脉、阿夫拉尔山脉与纳拉特山脉。中间夹有向哈萨克斯坦平原敞开的伊犁河谷、巩吉斯河谷，东北部以克什河谷与北路山脉分界，西南路以特克斯河谷与南路山脉为界。山的高度一般皆比北路及南路山脉要低矮些。开敞的伊犁河谷引接了哈萨克斯坦的温暖气流，使得本区西部比较温暖、干旱，但由于几条长流大河对谷地气候的调节，谷地及其山麓地带的荒漠化程度并不比北路严重。尤其向东去，河谷变窄，地势高起，更为湿润；因此在本区有着相当优良的森林植物生长条件。

山地植被也呈现与上述北路山段基本上相同的垂直带分布。

但从本区的植被特征来看，显然与中亚细亚的天山植物区系成分更为接近，而具有不同于东天山的其他地区植被的一些特点。这不仅表现在这里的荒漠植被是典型的中亚类型的短命植物－蒿属荒漠，而且也表现在低山及山麓的草原植被有 *Stipa kirghisorni* 与 *Helictotrichon* 的群系（特克斯河谷）与古亚热带草原的 *Andropogon ischaemum* 等，也都很接近于中亚的成分。在森林带下部，与森林和山地草原地段相接合的杂类草与禾本科－杂类草山地草甸（ *Brachypodium pinnatum*、*Dactylis glomerata*、*Phlomis oreophylla*、*Geranium* sp. 等），也是本区所特有的。此外，山地灌木丛林与亚高山草甸带在本区都比较发达。

植被的中亚细亚性质表现在森林植物群落方面，主要是森林带的分化：上部为云杉林，而下部为云杉-山杨混交林和阔叶果树林所代替。此外，在林带上部的桧柏的作用也比较显著。在森林植物区系成分方面，当然也表现了这种性质。在木本方面，如 *Malus sieversii*，下木中的 *Acer semenovii*、*Euonymus semenovii* 等等皆是。

在本区的森林带中，不同的森林群系也呈垂直分布。例如，在果子沟由上到下出现了以下的分布图式：在 1500 米以上为云杉林带，向下则为云杉与山杨的混交林，或为小片山杨林，其内有少许桦木（ *Betula iliensis* ），1150～1400 米则为塞氏苹果与山杏组成的阔叶果树林带。这个森林垂直带分布的体系，随着地理因素的变化而遭到很大程度的破坏，在有些地区就完全缺乏下部的山杨林与阔叶果树林带（图 46-2）。

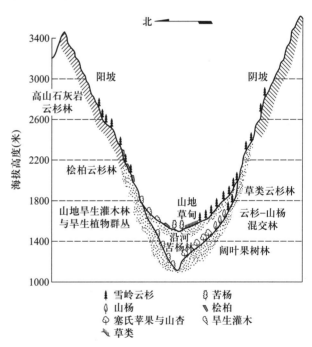

图 46-2　伊犁云杉阴暗针叶林-阔叶果树林区（果子沟）森林带垂直分布示意图

雪岭云杉阴暗针叶林带的垂直分布也有变化，林带的下限一般是由东向西逐渐上升，宽度也相应变窄。这就是东西部气候条件变化的反映。

在受到伊犁河谷干热气候影响的西部的凯特明山脉（扎克斯台南山与相应的昭苏北山），云杉林带界限为 2000（北坡 1900）～2700 米，在这里云杉林在下部与草甸草原相接合。向东延伸的伊什基林山脉（沙布尔新山口）山势降低，高度已小于 2500 米，因而这里已见不到云杉林带，仅在个别的阴坡上部有极稀疏的小片云杉树丛。山地已强烈草原化了。

凯特明山脉曾受到古代冰川的强烈作用，其活动痕迹在北坡下达 1900 米（东部为 1700 米），在南坡达 2100 米。古代的混交林可能受到较严重的破坏，以致现在仅在山地上部有云杉林存在，而下部的阔叶林群系却消失了，仅在北坡（扎克斯台）林带下部发现极为个别的山杨与塞氏苹果，它们的存在可以认为是往昔有过这种群系，但以后遭到破坏（包括自然与人为的）的标志。

伊什基林山以东为阿富拉尔山脉，与前者相反，这是西部低（2800 米）而东部高（达 3293 米）的山脉，且东部气候更加湿润，故西部无林，仅在东部北坡上有云杉林。古冰川的活动痕迹在这里不太明显，在巩留北山（昂布江布山）的大片阔叶果树灌木林带的存在也证明了这一点。

巩吉斯河以南的纳拉特山脉有最优美的山地森林带，新源南山云杉林的下限从 1600 米开始，在山地河谷中从 1500 米起就有云杉林出现，它顺着河谷呈舌状下延。在林带下部 1100～1500 米之山地河流两岸，生长着大量的阔叶树种，如 *Populus laurifolia*、*Betula iliensis* 与各种灌木。在云杉林带以下的北坡，则有着塞氏苹果（*Malus sieversii*）为主的阔叶果树林带。

雪岭云杉阴暗针叶林在本区仍为最主要的、占优势的森林群系，在谷底溪旁良好的立地条件下，林相完整，生长最佳，树高可达 35 米以上。为东天山区雪岭云杉林之精华所在，在适宜的地形条件下，它们常形成蓊郁的大林块，覆盖着整片山坡。林分郁闭度在 0.5～0.6；平均地位级为 III 级。本区现有林地面积 334 110 公顷，约占全区总面积之 57.1%，其中云杉林面积为 327 310 公顷。其余 6800 公顷为次生的桦、杨阔叶林等。绝大部分是成熟林与过熟林。

雪岭云杉林的类型仍以草类云杉林与藓类云杉林的群丛占优势。与北路山脉的森林组成基本上相同，不过下木与草类更为丰富些。

应当指出本区特有的鳞毛蕨-草本云杉林类型。在林带中部湿润的阴向缓斜坡地上有这种类型，林冠郁闭度在 0.5 以上，云杉生长很高大，常达 30 米以上。下木有 *Sorbus tianschanica*、*Ribes meyeri*、*Lonicera* 与 *Rosa* 等，草本层盖度很大，在 90% 以上，

有鳞毛蕨属欧洲鳞毛蕨（*Dryopteris filix-mas*）、*Aegopodium alpestre*、*Mulgedium azureum*、*Aconitum*、*Doronicum altaicum*、*Milium effusum*、*Impatians parviflora* 等。林下土壤为淋溶性很强的山地褐色森林土。

在云杉林带的上限，通常是在山岭上部的石灰岩质裸岩上，有着极为稀疏的、公园林性质的高山石灰岩云杉林类型。树林生长在石隙间或有土壤积聚的低洼处，林木生产力很低，在其上部甚至出现匍匐型的树木，林木盖度小到 10% 以下。在林带的中部或上部还有另一种独特的云杉疏林——桧柏云杉林，主要分布在多岩石露头的半阴坡，在公园林似的云杉空隙之间成片地生长着垫状的 *Juniperus turkestanica*（林带上部）或 *Juniperus sibirica*（林带中部）。下木中尚有 *Rosa*、*Lonicera* 与 *Sorbus tianschanica* 等。林下草类为一般草类云杉林下的种或草甸草类。在林带中部的桧柏云杉林常具有次生的性质，即其中之 *Juniperus sibirica* 常是在主林木因某种原因稀疏后才侵入的。

如前所述，伊犁区的阔叶果树林分布在云杉林带以下的气候温暖、土层深厚的峡谷或前山的北坡，分布界限一般在 1200～1400 米，主要是在未曾受到第四纪古冰川影响的地段上保留下来的。因而这一群系的残遗性质很显著，它的森林植物区系的主要部分是第三纪后期植被的残遗种，其中集中了大部分的北方成分的植物种（Б. A. 贝柯夫，1956），因此植物区系的组成种类最为丰富。乔木层相当稀疏，郁闭度 0.2～0.3，主要是由野生塞氏苹果（*Malus sieversii*）构成的，并混有相当数量的 *Armeniaca vulgaris*，在上部常有少量的 *Populus tremula*。灌木层种类最为多样，繁茂成层，其中有 *Crataegus altaica*、*C. songorica*、*Lonicera microphylla*、*L. hispida*、*Berberis heteropoda*、*Cotoneaster multiflora*、*C. melanocarpa*、*Rhamnus cathartica*、*Rosa beggeriana*、*R. platyacantha*、*Euonymus semenovii*、*Spiraea hypericifolia* 等。草本层也极丰富，有多样的草甸或草甸草原的种类成分，如 *Phlomis oreophylla*、*Geranium*、*Achillea millifolia*、*Thalictrum minus*、*Galium boreale*、*Origanum vulgare* 及 *Dactylis glomerata* 等多种禾本科和杂类草。

阔叶果树林往往与灌木丛林相结合，这些灌木林丛已经不是灌木草原中的那种稀散的小片的灌丛了，而多少形成独立的群系，在北坡以各种 *Rosa*、*Cotoneaster* 为主，在南坡以 *Caragana turkestanica* 为主。

在新源县南山 1300 米以上的南坡见到某种 *Caragana* 的大片灌丛。它们通常在林带下部,与草甸草原或草原相结合。

除了在云杉林带中及其以下的山地河流两岸生长着苦杨、桦木及各种灌木以外,在几条大河流的河漫滩上,也有大面积的泛滥地杨柳丛林,在海拔较高处,其中有桦木与沙棘渗入,代替了柳树。在西部的河岸旁尚生有小叶白蜡(*Fraxinus potamophila*)。

在伊犁区没有见到天然榆树疏林带的分布,这也可以说明它与亚洲中部典型的准噶尔植被已有显著差异。

(三)巴尔库-喀尔雷克山地西伯利亚 落叶松-雪岭云杉针叶林区

本区位于东天山的东端,即七角井以东的巴尔库山与喀尔雷克山;在北面隔着一道低凹的戈壁荒漠与蒙古阿尔泰山遥遥相对,南面则面向着哈密盆地及喀顺戈壁。它们在山脉体系上虽然直属于东天山山系,但就其整个自然地理景观看来,却是更近于蒙古阿尔泰山系。其北坡面临的戈壁荒漠实为蒙古外阿尔泰戈壁之向南延伸。巴尔库-喀尔雷克山与蒙古的戈壁阿尔泰山的纬度是相同的,其东部末端同样也消失在戈壁荒漠之中。蒙古戈壁的气候对它有着直接的影响,使之有别于准噶尔平原之南的东天山北路山脉。博格达山脉东部的低山石质荒漠正可作为两个地区的天然界标。因而本区成为东天山区中一个明显的分区。

关于巴尔库-喀尔雷克山区植被的研究,以前几乎从未进行过。这次我们所进行的简略的路线考察,仍能得出这一地区植被的特点、主要类型及其分布规律的概念。

A. A. 尤纳托夫对蒙古植被的详尽研究(《蒙古人民共和国植被的基本特点》)给我们提供了明确的比较标准,从而有可能将本区植被与之对比,并引出初步的论断,这就是:本区植被的特性表现出深刻的蒙古植被的特点。这个现象的客观原因当然就是前述地理条件的作用,但也有其具体的历史发展过程。

正因为过去对本区植被记载很少,所以在叙述森林分布及其特征的同时,有必要简略地描述整个植被的特点及其垂直分布,这对说明森林植物群落本身的特点及其生境是有帮助的。

巴尔库-喀尔雷克山的植被垂直带如下:

1. 高山草甸带。
2. 山地森林(草原)带:包括针叶林及与之交替分布的山地草原。
3. 干草原带。
4. 荒漠草原带。
5. 荒漠带。

由此分布图式来看,它和蒙古阿尔泰山系,尤其是戈壁阿尔泰山的植被垂直带是一致的——都是蒙古亚洲中部荒漠带中的山地变型。而与东天山北路山地区则有显著的差异,即在于亚高山草甸带或山地草甸带之全然消失,亚高山带之强度草原化与荒漠草原带的比重加大。

由于气候的干旱性加强,荒漠带在本区上升到 1800 米高处,从凹地一直到山麓(本区没有宽广的前山带),荒漠植物是属于蒙古戈壁荒漠成分的;在山麓砾石-细土洪积扇上,主要是 *Anabasis brevifolia* 荒漠,已很少见到在西部有代表性的 *Artemisia* 属了。在盐化土上见有 *Reaumuria soongarica* 荒漠及 *Suaeda microphylla* 荒漠,其组成中已有大量蒙古成分的 *Allium* 及 *Stipa*;再下到巴里坤湖的周围,则为盐土荒漠(*Salicornia herbacea*、*Suaeda* sp.)及盐生草甸(*Aneurolepidium*)。在伊吾一带,我们见到了石质荒漠的砾石表面上发着暗褐色光泽的荒漠漆皮,渲染着蒙古戈壁荒漠的单调色彩。在石质荒漠上植物绝稀,仅在径流沟中或斜坡上分布着一些荒漠灌木或半灌木,如 *Sympegma regelii*、*Anabasis*、*Ephedra przewalskii*、*Zygophyllum xanthoxylon*、*Caragana microphylla*、*Hedysarum scoparium* 等。在荒漠植物成分中没有见到短命植物。

从山麓上部开始,几乎到中山带,在 1800~2100 米,是荒漠草原带,以小羽状的 *Stipa* 为主,其中有一些荒漠半灌木——*Anabasis brevifolia*、*Artemisia frigida*、*Eurotia ceratoides*,有时有 *Caragana* 与 *Ephedra*。草本尚有 *Festuca*、*Allium* 等。草层稀疏而矮小。在 2100~2200 米处,是一条狭窄的,以 *Stipa capillata* 与 *Festuca* 为主的干草原,在阳坡为 *Caragana microphylla* 灌丛。

在 2200 米以上即为针叶林与山地草原相结合所构成的山地森林草原带。这是亚高山区强烈草原化的表现。落叶松与云杉所构成的针叶林分布于北坡,呈带状或分散呈小块状。A. A. 尤纳托夫在谈到蒙古阿尔泰的这一类型时,指出它们"是森林垂直带强度缩减了的类型"。除了在较良好的气候和地形条件下,它们已不成为完整的垂直带。森林的上限在巴里坤为2850米。山地草原则占据了阳坡,有 *Agropyron*、*Stipa*、*Festuca*、*Helictotrichon*、*Poa*、*Carex*,并杂有许多杂类草成分,如 *Aster*、*Oxytropis*、*Artemisia*、*Galium boreale* 等,在下部之沟谷中常有 *Rosa* 灌丛,在砾石坡上则有 *Lonicera microphylla* 与 *Spiraea* 之灌丛。在阳坡上常有 *Juniperus sabina*。在山地森林草原带的上限(2800~2900米),山地草原直接与高山草甸相接触。以上就是以 *Corbresia* 为主的芜原—高山草甸带。

从针叶林的主要建群种——西伯利亚落叶松的地理分布来说,巴尔库-喀尔雷克山是一个独特的分布区。就新疆及其东北部的蒙古阿尔泰山来看,西伯利亚落叶松的分布大体上呈一个不闭合的三角形,主要的一边分布在阿尔泰山系,在西北边的沙乌尔山脉也有分布,另一边就是向南经巴尔库-喀尔雷克山到达博格达山南面的克朗沟(即吐鲁番后山)。可以确定,这里就是西伯利亚落叶松自然分布区的南界,但有趣的却在于这一分布区现在是处于孤立的星散分布的状况,它与距离最近的蒙古阿尔泰山的分布区之间还横隔着一道现代它无法逾越的戈壁荒漠;而在西面与之相连贯的天山山脉却是雪岭云杉的主要分布区,可以确定这里并不是西伯利亚落叶松的起源地或向东迁移的通路。那么,巴尔库-喀尔雷克山上现今孤立的落叶松林是由何而来的,是如何形成与定居的?为什么仅仅局限于东天山山系的东端?追溯并阐明这些问题的自然与历史的原因不仅是科学研究的富有兴趣的问题,而且对扩大落叶松的人工分布区也是有意义的。但由于我们完全没有关于这一地区古植物学方面的资料,因而只能根据蒙古植被形成的历史与之做一些对比和推断(图46-3)。

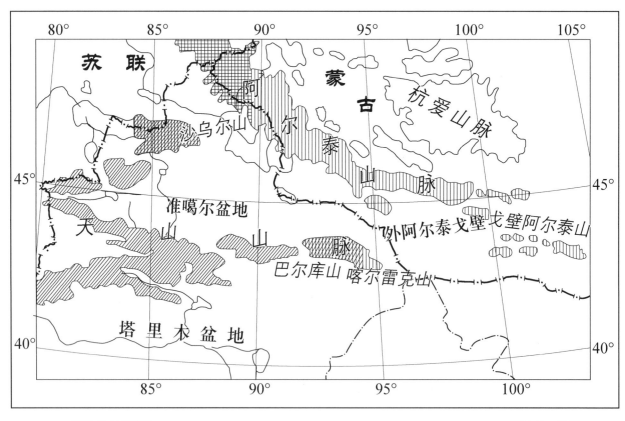

图46-3 新疆的西伯利亚落叶松林分布示意图

和蒙古戈壁阿尔泰的落叶松林一样,本区的落叶松林是属于北方泰加林带在南方极端简化了的类型。它的发生与形成可能是在第四纪冰川时期及冰后期,与蒙古阿尔泰山垂直植被带之形成是属于同一作用的。这一作用正如 A. A. 尤纳托夫写道:"洪积纪的植物区系复合体的向西方迁徙乃是在第四纪欧亚植被的历史上最有意义的一页(И. М. Крашенинников, 1937)。这个复合体有着自己发育的古老土著中心,即在南部西伯利亚及蒙古北部山区的高地。……这个复合体完全是森林的、山地草甸的、山地沼泽的、高山及山地草原的成分。这些成分在洪积纪大冰川时期在广阔的地带上向前推进,越过西部西伯利亚达乌拉尔并进入欧洲。而一部分较弱度地向西南方进行迁徙,穿过准噶尔阿拉套直达中亚山系。"其中对于我们这一地区有意义的却正是这后一部分的、作用微弱的迁徙。可以认为本区的山地植被在很大程度上乃是这一作用的衍生物。它们在植物区系成分之间的某些相同性可作为证明。把这一作用过程具体到森林群系的形成上来说,就是由于冰川时期气候变冷,北方泰加林的成分(包括 *Pinus sibirica*、*Picea*、*Abies*、*Larix sibirica* 等)通过蒙古北部山地向南方侵移,其中有些种已到达了外阿尔泰戈壁一带(如蒙古戈壁阿尔泰山上落叶松林的分布说明了这一点);由此可以推断,它们也到达了巴尔库-喀尔雷克山北面的低地。但在冰后期的干热时期里,这些北方种又向北方迁移,只是在气候条件特别适宜的山坡及谷地上有所残遗,低地则完全荒漠化。在这些种中,特别耐旱的西伯利亚落叶松就在蒙古戈壁阿尔泰山区保留了下来,同样也可能保留在巴尔库-喀尔雷克山上,并随山地冰川的向上退却而侵移到亚高山部分的冰斗及冰碛物上;因而在阴湿的北坡形成了特殊的针叶林群系,并与上侵到阳坡的山地草原相结合,构成了山地植被垂直带中的一带——山地森林草原带。

当冰川期时,在洪积纪植物区系复合体"西迁"过程中,西伯利亚落叶松可能已越过了巴尔库山西部的低山地带,到达了博格达山;现在在奇台与阜康山地的云杉林中有稀少的西伯利亚落叶松个体与小片林的存在,可能是这次古老"远征"的自然纪念碑。至于在博格达山以西,还没有发现过落叶松的自然分布的主要原因,可能是受着雪岭云杉阴暗针叶林的阻挡。

本区的森林植被,尤其是在巴尔库山,也有着一个显著不同于蒙古戈壁阿尔泰山山地森林的特点,就是有着雪岭云杉的自然分布;巴尔库-喀尔雷克山是东天山山系的"直系",其上有着雪岭云杉的分布自然不足为怪,它们可能也是在冰川作用时期东迁而来的。应当指出,本区也是雪岭云杉自然分布的东界。

因此,可以认为巴尔库-喀尔雷克山的森林植被乃是蒙古北方泰加林与天山本部雪岭云杉阴暗针叶林的融合衍生物。当然,前者所占的比重要大些,这是和受到荒漠干旱气候影响的加强分不开的。

由于本区山脉的东西走向,构成了连绵的北坡,因而在西部的巴尔库山北坡上仍然见到了基本上呈带状分布的针叶林带。本区有林地面积约为 73 400 公顷,占总面积之 50%,其中 66 080 公顷为落叶松林,7320 公顷为云杉林。巴里坤南山的森林下限是在 2150 米,在这一部分森林带中雪岭云杉所占成分很大,它们主要分布在林带的下部,常成纯林,向上则与西伯利亚落叶松成不同比例的混交。林带上部则为落叶松的明亮针叶林。自下而上的大致界限如下:

云杉林带	2150~2550 米
落叶松-云杉混交林带	2550~2700 米
落叶松林带	2700~2850 米

发生这种分化主要取决于树种的生物学特性;西伯利亚落叶松具有高度的抗寒和抗旱性,并且比较喜光,因而在寒冷、干旱(高山带之蒸发力强)而且辐射强的高山地带构成了纯林,在中山地带有着最适于森林的生境,在落叶松林中开始出现雪岭云杉,然而由于落叶松的林冠下更新能力及生长力不及雪岭云杉,在林冠下落叶松幼树很少,第二层林及幼树多为雪岭云杉,在林带下部则全为雪岭云杉所代替。在这里人为的采伐也对森林树种的演替起了一定的作用。由于落叶松材质优良,树干高大,是择伐的对象,所以在林带中下部的林分中常可见到许多残遗的落叶松伐根,它们被伐后就往往被第二层的云杉及其幼树所替代。只是在火烧迹地上见到了郁密的落叶松幼林。此外,在巨石坡积物组成的干旱山坡上,即使在林带下部,也生长着落叶松纯林。

巴里坤盆地北面有一列的低矮山地,处在荒漠的环境之中,山高不达恒雪线,在阴坡也有小片落叶松-云杉林的分布,由于气候更加干旱,森林下限已上达 2300 米处。

巴尔库山的东部,云杉的比重就逐渐减少,这是与气候干旱性的加强相联系的。在东端的喀尔雷克山北坡则已经见不到云杉，全系落叶松构成的纯林，这里的森林已不能连成一带，而与山地草原相交替，构成典型的山地森林草原景观，更为近于蒙古山地的植被类型。在山地南坡的局部阴坡上，由于受到高山冰川、积雪融水的滋润，出现了小片的落叶松-云杉林。

由西伯利亚落叶松构成的明亮针叶林（或多少混有一些雪岭云杉）十分稀疏、透光，郁闭度常在0.4以下，成为公园林性质的疏林，林下草被发育良好。落叶松高度通常在20米以下。雪岭云杉在本区生长亦并不良好，在林带下部之树木多低矮而干形弯扭。只有在巴尔库山林带中上部的落叶松-云杉混交林的林相较为完整，林分生产力较高，由落叶松与个别云杉的成熟林木构成稀疏的第一层林冠，高可20米，在第二层通常有较多的云杉中龄林木，高8~12米，林下的幼树几乎全为雪岭云杉，仅在透光的林间隙地见到少数落叶松的幼树。随着海拔高度的增加，云杉逐渐减少，在林带上部终于构成了更为稀疏的纯落叶松明亮针叶林。

森林植物群落类型也十分单纯，主要可根据主林木——落叶松与云杉的混交程度来划分，其垂直分布系列已如前述。由于林冠稀疏，透光良好，这些森林植物群落的共建者主要为各种草类，往往有繁多的下木，甚至构成灌木草类的森林群丛。下木中有 *Rosa*、*Cotoneaster*、*Lonicera hispida*、*L. coerulea*、*Sorbus tianschanica* 与 *Salix* sp. 等。在林带下部，草原化较强，常有 *Juniperus sabina* 分布在林间隙地上。草本层中常有许多山地草原的种类渗入，如 *Festuca*。林带中部则渐出现耐阴的林下草本，如 *Thalictrum minus*、*Trollius asiaticus*、*Aconitum*、*Mulgedium azureum*、*Aegopodium alpestre*、*Astragalus*、*Galium boreale*、*Atragene sibirica*、*Polemonium coeruleum*、*Pedicularis*、*Geranium* 等。尚有细叶草类，如 *Poa*、*Carex* 等。向上则 *Calamagrostis*、*Pyrola incarnata*、*Rainischia*、*Secunda*、*Aquilegia sibirica*、*Polygonum viviparum* 等高山草甸草原的种类渐多，并出现常绿小灌木 *Arctous erythrocarpa*。林间隙地有 *Juniperus pseudosabina*。藓类地被物在各类群丛中都很稀少，这也说明林分的稀疏透光和地区的干旱性。

对落叶松林下的土壤研究得还不够；它与雪岭云杉林下的土壤很相近，亦即山地褐色森林土，但淋溶强度却较低。

在针叶林带下部的山谷与山河沟中常有一些杨树与桦木出现。

（四）东天山南路山地草原-雪岭云杉森林区①

本区范围处于天山由西至东之南路山脉，包括柯克沙尔山、哈雷克套山、萨阿尔明山、布古尔山而至向东的库鲁克山脉就消失在东部的喀顺戈壁中。全区气候十分干燥，但西部比东部较为湿润些，地势亦远比东部为高。

本区的植被也显著地反映了干燥气候的特点。荒漠向山地侵入很深，植被盖度稀疏，区系种类贫乏，在山地植被垂直带体系中，一般缺乏亚高山草甸带与森林带，而由山地草原带直接向芜原类型的高山草甸带过渡。仅在亚高山带与高山带之局部阴坡出现了小片的雪岭云杉林分，但它们通常不能构成一带，且往往被山地灌木丛林（*Caragana*、*Rosa*、*Salix*等）所代替。在北坡的小片云杉林与显域类型的山地草原相结合，构成山地森林草原，但在高山地带则常分布在高山芜原带内，构成特殊的地段，或可称为"高山森林芜原"。

据说雪岭云杉林分在本区的面积约为58 260（?）公顷，占总面积的38.1%（?），此外尚有不少的疏林地。由东到西，森林的分布状况也有很大变化。在东部的焉耆北山一带，山地植被之旱生性很强烈，森林很少，仅在陡峭、湿润的阴坡有时出现；但一般皆为灌木丛林与高山芜原或山地草原相结合，而缺乏针叶林。森林分布的下限在2200米，上限常在3000~3500米甚至以上。从库东北山以西，森林分布较多；在西部腾格里山脉之北坡，位于伊犁区之特克斯河以南，山地高峻，现代冰川发达，气候十分湿润，这里的植被则近似于伊犁区。亚高山草甸、山地草甸与森林带在植被垂直带中皆有分布，森林带的界限为2000~2800米。

在山地下部亦见有杨（*Populus laurifolia*）、柳丛林或桦木等沿山河沟分布。

在阿合奇以西则天山山系与东帕米尔之阿赖山脉相连接，从此则应属于另一地植物区——东帕米尔区。

四、东天山森林植被之经营

新疆维吾尔自治区的森林资源是贫乏的,因而东天山区的山地森林就具有格外巨大的经济意义。它不但起着水源涵养与水土保持的作用,也是新疆的一个主要的木材供应基地。然而由于森林在山地所占面积甚少,它并没有能达到所要求的调节水分的功能。据地貌组考察,在一些森林被破坏了的谷地里,其谷口常迅速发展厚层的冲积锥,说明毁灭了森林就可能导致发生破坏极大的石洪。1957 年我们在伊犁区凯特明山北坡的扎克斯台进行考察,该处山地森林破坏甚烈,山地流出的小河不过是涓涓细流,水量不丰,但据当地老者谈,二十年前山上森林郁密,甚至"无斧开路,人不能进",而其时之河则为滔滔巨流,不能涉渡。这种变化也可能与大气候之变迁有关,但主要应属森林遭到滥伐所致。因而本区森林经营利用的任务即在于促进林地上森林的更新,并在不影响森林水土保持作用的前提下,合理地组织森林的采伐利用。即根据山地森林之特点进行营林工作。

由于本区的森林稀疏与气候干旱,在陡峭、土层薄的山坡上进行皆伐或强度择伐就会完全破坏森林的保水护坡作用,致使坡地坍滑,水土流失,因而在这里只适于进行有节制的择伐,并充分考虑到更新的问题,要保证采伐后一定的郁闭度。在森林的上、下限(至少在垂直高度 100 米的范围内)应严禁采伐。仅在林带中部林木郁密的较平缓坡地,为了适应工业用材之需要,可进行较强度的采伐,但在采伐后应保证进行有效的人工更新,否则林地就会沦为草甸,丧失其防护特性。总之,东天山森林的蓄积量与面积都是不多的,过去砍伐又较严重,故应合理地选择伐区,并向森林资源较丰富的阿尔泰林区开拓新的木材供应基地。

由于青、幼林很少,而且林相一般比较稀疏,在抚育采伐方面的任务并不严重。但可在林中伐除个别的枯立木,以供零星用材与卫生森林环境。

云杉林的天然更新较困难,应在林冠下实施促进天然更新措施,如局部刮除苔藓层及松土等,在过去的采伐迹地与火烧迹地上应进行有效的人工更新措施。由于雪岭云杉幼树的发育要求适度遮阴,故在空旷地上更新不良,在自然情况下,我们只是在次生的柳树丛中见到了最为良好的雪岭云杉更新的现象。不妨试行仿效"自然",就是使林地先生长起柳树丛林(柳的无性繁殖更新一定会容易得多),以后在其中进行雪岭云杉的直播造林,以使其幼树在柳树林冠的庇护下顺利地成长起来,随后即自然地或人为协助更替柳树。

必须加强对森林的保护,严格地施行护林防火制度,天山云杉林的病虫害一般虽不太严重(以小蠹虫与针叶锈病较多),但亦应注意防治。在林地放牧却往往严重地破坏了云杉的幼苗与幼树,因而应当调节放牧场,封禁幼林更新地放牧。这需要林、牧双方共同研究,合理解决。

东天山的森林与我国其他各地区的森林有着相差颇多的特点,因此为东天山的森林研究制订出一套既符合当前生产建设的需要与利益,又能适应森林自然特性的经营制度——抚育、采伐、更新与护林的规程,这是今后新疆天山各经营所与全体林业工作者的重大任务。

由于本区森林面积小,树种又很贫乏,不能充分满足对于它的有利自然特性的要求和经济的要求。因此扩大与改善森林资源的工作意义尤为深重。除应大力开展更新、造林与城乡绿化工作外,应该通过试验后大量引入外地的材质优良与适应环境的速生树种,并要在本区内部进行调剂。我们已经初步查明西伯利亚落叶松的局限分布主要是历史原因造成的,那么,就完全有可能通过试验,把这种材质极优的珍贵树种大量引向其他各区,尤其是在较为干旱的天山南路山地。可以在无林地或森林迹地上试行人工更新,使它们在森林带的上部或林带中较干旱的地段构成林分,而与雪岭云杉共同组成山地森林带。况且,自然已经证明,在现有的落叶松-云杉混交林中,雪岭云杉在其第二层也发育得很好,因而无论构成落叶松纯林或与云杉之混交林都有可能生长得好。这样就会大大地丰富与改善东天山的森林资源。

在伊犁区除对现有的野生果林进行合理的抚育和改善(如促进其更新,改善林木组成,并试验选种与嫁接更有价值的品种,建立果树林场等等)措施外,还宜在条件适合的山坡与山谷中扩大野生果树林的面积。因为它们也起着重大的水源涵养和保土作用,并且可以作为食品工业和当地居民副业的原料基地。

此外,在东天山森林中许多副产利用事业大有可为。雪岭云杉与西伯利亚落叶松是许多贵重化工原料,在森林采伐的同时可利用伐木残遗物——树皮、枝梢、针叶等,用以生产单宁、饲料及多种化工原料。大力发展野生果树林则可建立园艺场和野果加工场等。在森林草甸与亚高山草甸中有着大量的药用植物资源,如现已大量采用的贝母、大黄等,尚有许多未加利用或未发现的种类亦应进行专门了解。

对于东天山森林和森林树种的生态特性与林型、寿命、生产力及更新等的研究还只是开始,为了迅速开展有效的森林经营活动,必须首先对上述问题有更深入、更全面的了解,因而应当以现有各森林经营所为研究、试验之基点,并选定有代表性的重点经营所,作为定位研究站,结合生产实际工作,对东天山的森林进行深入系统的研究。

第47章

新疆植被的水平地带和山地垂直带的特征[*]

张新时等

新疆的植被,是在漫长而复杂的历史发展过程中,在变化急剧而强大的地理舞台上形成的。它是各种植物区系之间,以及植物与地理因素之间相互矛盾——斗争和统一的结果。虽然新疆整个处于亚洲内陆腹地,在强烈的大陆性气候笼罩下,广大的平原和低山呈现一派荒漠景象;但是,由于新疆地域辽阔,跨纬度15°11′,境内太阳热能分布随纬度递变有明显的差异,从而使植被由北向南出现水平地带的更迭。更以三条巨大隆起的,大致呈纬向伸展的山系——阿尔泰山、天山和昆仑山分隔着两个广阔的盆地——准噶尔和塔里木,引起自然地理条件的深刻分化,加强了山地与平原植被的对比性;尤其是这些山系在很大程度上制约着新疆的大气环流状况,使植被的水平地带变化更趋复杂。

新疆的山地又具有垂直带状分异的山地植被。各山地植被垂直带谱因山地所处纬度地带的不同而发生变化。同时,各山系本身地方性的自然地理条件各具特色,也在各自的植被垂直带结构中得到反映。

一、植被的水平地带特征

在欧亚大陆的水平植被地带结构中,新疆独立于两翼的海洋性森林植被带体系(东部为太平洋类型,西部为大西洋-地中海类型)之间,而具有大陆性旱生植被地带体系的地位。在其领域上,具有温带气候,由北而南发生草原地带与荒漠地带的更替。

然而,这个简单的图案由于巨大山地隆起而发生分异和复杂化。

首先是阿尔泰山自西北而东南向延伸于新疆的北缘,它使横亘于欧亚大陆的草原水平植被地带在这里遭到强度压缩,只剩下该地带南部——荒漠草原亚地带的一条窄边。阿尔泰山发生重大影响的另一个因素是北方针叶林(泰加林)地带的山地南泰加型针叶林得以沿山地进入新疆,表现为阿尔泰山西北端喀纳斯山地的西伯利亚红松-冷杉林,因而许多人根据这一点将泰加林地带的南界划在新疆阿尔泰山的西北部(Teng,1948;钱崇澍等,1956;吴中伦,1958;吴征镒,1963;李世英和张新时,1964;Лавренко,1970)。然而,考虑到这是一种局部的特殊表现,在划分新疆的植被地带时,未予单独划带,而把它作为草原地带山地的一种山地植被垂直带结构类型。

横展在新疆中部的天山,不仅本身是具有复杂多样的植被垂直带结构的山地,也是重要的自然地理和植被水平分带的分区界线。它不仅加深了天山南北气候的差异——北疆为温带,南疆为暖温带;又是植物区系形成与发展(迁移与交流)的天然壁障,造成准噶尔与塔里木盆地在植物区系组成与植被类型方面的显著差异。因而,覆盖着新疆平原的荒漠植被,自然地依天山南北分为准噶尔荒漠亚地带和塔里木荒漠亚地带。

在塔里木荒漠南部"横空出世"的昆仑山和青藏高原造成巨大的地面隆起,其上分布的荒漠类型已是特殊的高寒荒漠植被,属于青藏高原区的北部

[*] 本文摘自《新疆植被及其利用》之第六章,科学出版社,1978,p75-91。

地带(张经炜和王金亭,1966)。

这样,新疆从北到南的植被地带分布便是:荒漠草原-温带荒漠-暖温带荒漠-高寒荒漠。

草原地带:北部和中部的两个亚地带——森林草原和真草原亚地带在新疆均中断,只有南部的荒漠草原亚地带在准噶尔盆地的北缘,傍着阿尔泰山南麓,以一条狭窄的带状通过。它好像是一条纽带,西面连着欧洲和亚洲西部的黑海-哈萨克斯坦草原,东面接着蒙古和中国北部的亚洲中部草原。如前所述,阿尔泰山在北面隆起限制了草原植被的水平地带分布,而且它与准噶尔西部山地又成为从北面与西面进入准噶尔的海洋湿气流的障碍,从而使准噶尔盆地的大陆性气候显著加强,荒漠植被得以在第三纪粗骨质和含盐的地层上向北扩展,超过了东西两侧的蒙古与哈萨克斯坦荒漠的北界,更迫使草原地带缩窄和加强其荒漠化性质。

典型的草原地带植被在准噶尔北部平原得不到发育,而是由旱生微温的草原生草丛禾草[沙生针茅(Stipa glareosa)、中亚针茅(S. sareptana)、针茅(S. capillata)、托氏闭穗(Cleistogenes thoroldii)、糙闭穗(C. squarrossa)、荒漠冰草(Agropyron desertorum)等]、旱生多年生杂类草[多根葱(Allium polyrrhizum)、柳叶风毛菊(Saussurea salicifolia)等]与超旱生的小半灌木[小蒿(Artemisia gracilescens)、席氏蒿(A. schischkinii)、亚列兴蒿(A. sublessingiana)、小蓬(Nanophyton erinaceum)、盐生假木贼(Anabasis salsa)、伏地肤(Kochia prostrata)、优若藜(Eurotia ceratoides)]为优势种所构成的荒漠草原,占据着山前倾斜平原的地带性地境,土壤为砾质棕钙土或淡栗钙土。

在阿尔泰山山前倾斜平原的南部,尤其是在强度石质化的第三纪残丘,荒漠草原植被逐渐向荒漠植被过渡,表现为群落组成中的草原禾草类的减少,荒漠的小半灌木成分增多,覆盖度变得稀疏,形成有草原禾草加入的盐柴类或蒿类小半灌木草原化荒漠植被。建群种为小蓬、盐生假木贼、短叶假木贼(Anabasis brevifolia)、小蒿与亚列兴蒿,草原禾草类主要有针茅(Stipa glareosa、S. orientalis)与托氏闭穗。

草原地带的隐域植被也反映出草原地带的特点。在额尔齐斯河沿岸分布着杨柳林[主要由苦杨(Populus laurifolia)、银白杨(P. alba)、白柳(Salix alba)等组成]与河漫滩草甸相结合的北方性质的河

谷植被,而不是荒漠地带河流沿岸特有的胡杨杜加依林与柽柳灌丛。

荒漠地带:占据着新疆的大部分领域,它北起北纬47°30′,在额尔齐斯河与草原地带相邻;南抵北纬36°30′的昆仑山-阿尔金山北麓,跨纬度11°,宽达1200余千米。它向东部延伸为我国甘肃省河西走廊的荒漠与蒙古南部的戈壁荒漠;在西部虽受到准噶尔西部山地与天山的阻隔,仍通过准噶尔山门和塔城谷地与哈萨克斯坦荒漠相接。因此,新疆荒漠实际上是横贯于北非和欧亚的荒漠地带的重要组成部分,是亚洲中部荒漠与中亚(伊朗-吐兰)荒漠的过渡地区(Юнатов,1950;李世英,1961)。

在新疆,作为地带性植被类型的荒漠不仅覆盖着宽广的台地和辽阔的冲积平原,几乎占有所有的山前洪积扇(除阿尔泰山南麓以外)、古老的冲积锥、三角洲和阶地,而且上升到低山和前山带,在塔里木盆地南部甚至进占到中山和亚高山带。

新疆的荒漠植被由超旱生的小半乔木、半灌木、小半灌木或灌木组成。以梭梭(Haloxylon)、绢蒿属(Seriphidium)、假木贼(Anabasis)、猪毛菜(Salsola)、优若藜(Eurotia)、琵琶柴(Reaumuria)、盐生木(Iljinia)、合头草(Sympegma)、白刺(Nitraria)、麻黄(Ephedra)、沙拐枣(Calligonum)、霸王(Zygophyllum)、裸果木(Gymnocarpos)等属的种为群落的建群种。不同群落中往往发育着由一年生盐柴类、多年生禾草或短生植物构成的层片。各类荒漠群系的分布在很大程度上取决于基质的机械组成与盐分状况。荒漠地带的隐域植被则为能忍受大气极端干旱和适应土壤盐渍化的胡杨林、柽柳灌丛、盐生或荒漠化的草甸与多汁盐柴类荒漠。

如前所述,新疆的荒漠地带依天山南北分为在气候、植被类型和植物区系方面不同的亚地带:准噶尔荒漠亚地带和塔里木荒漠亚地带。

准噶尔荒漠亚地带:包括由天山主脉分水岭以北至额尔齐斯河之间的平原与山地。平原具有温带荒漠气候,地带性的荒漠植被以小半乔木和小半灌木为主构成。由于准噶尔盆地,尤其是其西部的冬春季降水较多的特点,在荒漠群落中往往有短生植物层片出现,为与塔里木荒漠植被的显著区别。地带性的荒漠土壤为荒漠灰钙土和灰棕色荒漠土,盆地中部为第四纪冲积性的风成沙漠。

本亚地带内的荒漠植被类型因地区而发生

分异。

在北部的额尔齐斯河与乌伦古河之间的第三纪台原上,分布着多少有沙生针茅加入的盐柴类小半灌木草原化荒漠,建群种为小蓬、假木贼(*Anabasis salsa*、*A. brevifolia*、*A. eriopoda*、*A. truncata*)与优若藜,表明向草原地带的过渡。由于土壤的强度石质化与盐化,蒿草类荒漠在这里得不到发展,仅有地白蒿(*Artemisia terrae-albae*)与席氏蒿群落出现于覆有薄沙的低地与河旁高阶地上。

位于准噶尔荒漠亚地带中部的沙漠植被丰富多彩,颇具特色。沙漠是荒漠区域重要的地带性景观,通常没有地下水供应,但由于沙层中有悬着水层,普遍着生多种多样的沙生植物,沙丘和沙垄绝大部分是固定和半固定的(胡式之等,1962;郑度,1962)。最典型和所占面积最大的沙漠植被是白梭梭(*Haloxylon persicum*)和梭梭群系(*H. ammodendron*)。白梭梭在半固定的沙垄上占优势,梭梭则主要分布在沙漠边缘的固定沙丘、丘间洼地或沙丘的下部,二者往往构成混交群落。在半固定沙垄上的梭梭群落内,常有半灌木的沙拐枣(*Calligonum leucocladum*、*C. junceum*、*C. rigidum*、*C. aphyllum* 等)、无叶豆(*Eremosparton songoricum*)、二穗麻黄(*Ephedra distachya*);小半灌木的蒿类(*Artemisia santolina*、*A. arenaria*)、多年生禾草:三芒草(*Aristida pennata*)、巨穗滨麦(*Elymus giganteus*);一年生草类:沙蓬(*Agriophyllum arenarium*)、倒披针叶虫实(*Corispermum lehmannianum*)、对节刺(*Horaninowia ulicina*)等;短生植物和多年生短生植物有:英杰独尾草(*Eremurus inderiensis*)、施母草(*Schismus arabicus*)、东方旱麦草(*Eremopyron orientale*)、鹤虱(*Lappula semiglabra*)和沙薹(*Carex physodes*)等,后者常形成茂密的层片。短生植物的分布,愈向东愈微弱,最后完全消失。

在沙漠以南的荒漠平原中,梭梭群系成为分布最广的地带性植被类型(胡式之,1963)。它出现在盆地古老的冲积平原、干三角洲和冲积锥、第三纪台原、古湖盆、沙漠边缘的固定沙地与沙垄间的薄沙地上,以致可以按基质条件明显地分为砾石戈壁的、沙生的、壤质土的以及盐土的梭梭群落。典型的、冲积壤质土上的梭梭群落形成稠密高大的"荒漠丛林",其下土壤为荒漠灰钙土;在砾石戈壁上梭梭群落则十分稀疏和低矮,几乎不成"群落"。随着荒漠地形与基质的变化,梭梭荒漠广泛地与其他荒漠植被类型相结合。

小半灌木的琵琶柴(*Reaumuria soongorica*)荒漠在天山北麓的山前冲积平原上得到广泛的发展,土壤为盐化的荒漠灰钙土。群落的下层发育着一年生盐柴类层片[绛红梯翅蓬(*Climacoptera affinis*)、叉毛蓬(*Petrosimonia sibirica*)、柔毛节节盐木(*Halimocnemis villosa*)等]、短生植物层片[四齿芥(*Tetracme quadricornis*)、离子草(*Chorispora tenella*)、舟果荠(*Tauscheria lasiocarpa*)、小车前(*Plantago minuta*)等]和黑色地衣层片。

在准噶尔沿天山北麓的山前洪积-冲积倾斜平原上,以及伊犁和塔城谷地,蒿类荒漠(*Seriphidium* 亚属的种)作为地带性植被类型而广泛分布。准噶尔西部与伊犁、塔城地区的蒿类荒漠主要以博乐蒿(*Artemisia borotalensis*)为群落的建群种,并有亚列兴蒿加入。尤其在伊犁、塔城地区的蒿类荒漠中,短生植物与多年生短生植物层片十分发育。短生植物种类繁多,主要有旱雀麦(*Bromus tectorum*)、东方旱麦草、南滨兰(*Malcolmia scorpioides*)、四齿芥、小车前、荒漠庭荠(*Alyssum desertorum*)、离子草、条叶扁果荠(*Meniocus linifolius*)等;多年生短生植物有臭阿魏(*Ferula teterrima*)、塔形阿魏(*F. ferulaeoides*)、粗柱薹(*Carex pachystilis*)、珠芽早熟禾(*Poa bulbosa* var. *vivipara*)等。由西向东,短生植物逐渐减少,达奇台以东已濒于消失。准噶尔东部的蒿类荒漠的建群种已转为喀什蒿(*Artemisia kaschgarica*)。蒿类荒漠发育在多少含有砾石的壤质棕钙土和荒漠灰钙土上;在砾石洪积扇或碎石质低山山坡上则为小蓬荒漠所代替。沙漠边缘的沙壤质土上则有地白蒿构成的蒿类群落。

准噶尔的小半灌木盐柴类荒漠尚有盐生假木贼群系,除分布于北部的河间地区外,还零星出现于准噶尔边缘的山间谷地与山前洪积扇上。短叶假木贼群系则主要分布于准噶尔东部台地的石质残丘和西部山地雨影带的干旱山间谷地中,常与木霸王(*Zygophyllum xanthoxylon*)、裸果木(*Gymnocarpos przewalskii*)、蒙古沙拐枣(*Calligonum mongolicum*)、准噶尔紫菀木(*Asterothamnus poliifolius*)等相混生。无叶假木贼(*Anabasis aphylla*)群系则出现于准噶尔南部冲积平原的碱化龟裂荒漠灰钙土上,与梭梭荒漠相结合。

在准噶尔低山的扇形地、石质坡或有薄沙覆盖的地段,经常有优若藜群系小片分布。硬叶猪毛菜

(*Salsola rigida*)荒漠只见于扎依尔山东坡洪积扇的沙砾质灰棕色荒漠土上。

应当指出,蒙古类型的灌木荒漠也出现于准噶尔盆地中强度石质化的砾石戈壁地段,尤其是在准噶尔东部的诺明戈壁与西部山地雨影带——艾比湖附近的砾石戈壁上。建群种为稀疏的膜果麻黄(*Ephedra przewalskii*)与盐生木(*Iljinia regelii*);矮小的梭梭荒漠也是砾石戈壁上常见的类型。

在准噶尔荒漠亚地带中的非地带性植被,除滨湖低地的多汁盐柴类盐土荒漠外,以天山北麓洪积扇中下部出现的白榆(*Ulmus pumila*)林与广泛分布的芨芨草(*Achnatherum splendens*)盐生草甸为特征。胡杨(*Populus diversifolia*)林与柽柳灌丛亦有零星分布,但远不如在塔里木盆地之普遍。

塔里木荒漠亚地带:包括塔里木盆地、嘎顺戈壁以及两侧的山地——天山南坡、昆仑山和阿尔金山北坡。盆地具有暖温带荒漠气候。平原地带性植被建群植物的生活型以超旱生的灌木为代表,具有亚洲中部荒漠的典型特色;小半灌木与半灌木较次要。荒漠植被表现极度的稀疏和贫乏,常有大面积无植被的砾石戈壁和流沙。地带性土壤为富含石膏的棕色荒漠土。

在塔里木荒漠亚地带中,植被的分布因地貌与基质的结构特点而呈现出相当规则的环状分异(王荷生等,1962;Грубов,1964)。只是由于盆地东部的罗布泊低地盐漠和嘎顺戈壁才显得不对称。

浩瀚的塔克拉玛干大沙漠占据着塔里木盆地的中部,表现出极其贫乏的景象。只是贯穿过沙漠的和田河和一些在沙漠中消失的间歇河,在洪水季节带来了水分,滋润着沿河的生命,给荒凉的沙漠装点了走廊状的绿色植被。这就是胡杨和灰杨(*P. pruinosa*)构成的杜加依林,以及柽柳灌丛和一些盐生草甸。在沙漠的边缘,通常有稀疏的胡杨和柽柳灌丛沙丘、芦苇草丛沙丘;在沙漠的东北部边缘还可以见到沙蒿(*Artemisia arenaria*)和圆头蒿(*A. sphaerocephala*)植丛,以及零星的梭梭群落。至于在大沙漠内部,除丘间沙地偶有个别的柽柳丛外,在广大的新月形流动沙丘和巨大的金字塔形沙山上是完全没有植被的。

沙漠的周围,由河流的冲积平原和扇缘低地构成了一圈绿环。这里分布着塔里木盆地最丰茂和肥沃的古老灌溉绿洲。北部有库尔勒、库车和阿克苏绿洲,西部有最富饶的喀什和莎车大绿洲,南部有和田-墨玉绿洲以及皮山、策勒、于田、民丰等一些小绿洲。它们都处在河流的冲积三角洲上,具有良好的灌溉和土壤条件,是自古开垦杜加依林而形成的。绿洲中栽培多种农作物(包括长绒棉)和暖温带的果树与林木,如胡桃、桑、葡萄、香梨、扁桃等。在沙漠西北和北部边缘的叶尔羌河与塔里木河冲积平原是现存杜加依林——胡杨与灰杨林集中分布的地带,其中结合分布着柽柳灌丛和芦苇、拂子茅(*Phragmites communis*、*Calamagrostis pseudophragmites*)河漫滩草甸,以及甘草(*Glycyrrhiza inflata*)、野麻(*Poacynum hendersonii*、*Trachomitam lancifolium*)盐化草甸。沙漠的东部是贫瘠和强盐化的罗布泊低地,有着大面积的盐土、盐化草甸与多汁盐柴类荒漠,还发育着奇特的"雅丹"风蚀地形,即著名的"白龙堆",其上几无植被。沙漠的南缘为一列盐化扇缘带,即在绿洲之间断续分布着胡杨疏林、柽柳灌丛、盐穗木(*Halostachys belangeriana*)荒漠与芦苇、甘草、野麻、花花柴(*Karelinia caspica*)、疏叶骆驼刺(*Alhagi sparsifolia*)等构成的盐化草甸植被。

这一由河流径流和潜水补给的隐域植被与人工灌溉绿洲的土壤,是发育在冲积壤质、沙壤质基质上的杜加依土、盐化草甸土和盐土。

从这一环带再向外,就是起始于山麓的倾斜洪积扇带。尤其在南部的昆仑山麓,洪积扇很发育,宽达数十千米。洪积扇是第四纪洪积的砾石、卵石或沙砾的戈壁,由于极度干旱,植物十分稀少或无,戈壁的表层细土被风吹蚀,表面形成一层砾石盖幕。在戈壁砾石的表面覆有黑褐色的"荒漠漆皮",有着美妙的皱纹,在阳光照耀下,砾漠呈现无垠的暗紫褐色色调。戈壁土壤层属原始的棕色荒漠土,通常富含石膏质或有发达的石膏盐盘夹层。

砾石戈壁上的植被,发育在极端干旱和严酷的塔里木荒漠气候条件下,得不到潜水的补给,属于地带性的植被类型。由超旱生的灌木构成的稀疏荒漠群落是发育在南疆粗砾石洪积扇上的典型植被,建群种有膜果麻黄、泡泡刺(*Nitraria sphaerocarpa*)、木霸王(*Zygophyllum xanthoxylon*、*Z. kaschgaricum*)、裸果木等;它们构成单一建群种的群落,或两种混交。在洪积扇下部覆有薄沙的地段,则有罗氏沙拐枣(*Calligonum roborowskii*)或蒙古沙拐枣(*C. mongolicum*)群落出现。

小半灌木盐柴类荒漠主要分布于天山南坡的山间盆地或昆仑山北麓洪积扇的上部。主要的建群种有琵琶柴（*Reaumuria soongorica*、*R. kaschgarica*）、合头草（*Sympegma reglii*）、截形假木贼（*Anabasis truncata*）、无叶假木贼和盐生木等。群落的组成单纯，盖度很低。除在喀什西部的冲积锥上有少数短生植物出现外，其余广大地区见不到这类植物的踪迹。

东部的嘎顺戈壁是由剥蚀残丘、准平原和石质低山组成。它的表土强度石质化，属于石膏盐盘棕色荒漠土。在植被性质上，它与塔里木盆地周围的洪积扇也是一致的，只是更贫乏和稀疏一些（王荷生等，1962）。

在塔里木和嘎顺的砾石戈壁上，往往出现广阔的、缺乏高等植物的光裸地段。在这里，只是在局部洼沟中才偶尔见到个别的荒漠植物。在多雨的年份，有时戈壁滩上会出现一年生的盐生草（*Halogeton glomeratus*）纯群，以鲜绿的球形植丛给光裸的戈壁带来一点生意（Юнатов，1961；Петров，1966—1967）。

从砾石戈壁的环带再向外，就是低山带。山坡上仍然是荒漠植被。

藏北 - 帕米尔高寒荒漠区：自暖温带的塔里木亚地带再向南，由于昆仑山 - 青藏高原 - 喜马拉雅山地块的剧烈隆起，形成了范围广阔的特殊高原地理景观。发育于其北部的荒漠植被，在山原抬升到现在的海拔高度平均约 5000 米的第四纪过程中，逐渐适应了愈来愈严酷——寒冷、干旱、多风、无积雪的气候，塑造成特殊耐寒、抗旱和抗风的高寒荒漠植物类型，它们具有紧贴地面的茸毛植株和深扎入碎石隙间的强大多年生根系，如匍生优若藜（*Eurotia compacta*）和藏亚菊（*Ajania tibetica*）即是。它们在原始的高原寒漠土上形成十分稀疏的群落，在匍匐的小灌木丛间，偶有莲座叶的高山草类。帕米尔山原的高寒荒漠亦具有同样性质；但由于气候稍湿润，植被类型较为多样，除上述二建群种构成的群系外，尚有粉花蒿（*Artemisia rhodantha*）高寒荒漠群系，以及密实的高山垫状植被，由几种垫状刺矶松（*Acantholimon*）构成。帕米尔局部地段的高寒荒漠发生草原化，有沙生针茅、东方针茅（*Stipa orientalis*）等禾草加入。

藏北高原和帕米尔的河谷和湖盆中的隐域植被也是独特的。河谷中常有垫状的水柏枝（*Myricaria hedinii*）、垫状金露梅（*Dasiphora dryadanthoides*）等构成的灌丛；河谷和湖滨的潮湿地段则有藏嵩草（*Cobresia tibetica*）、莫氏薹（*Carex moorcroftii*）构成的

盐化草甸。湖盆中还分布着高寒荒漠草原。

二、植被的垂直带性

高峻的山岭围绕着准噶尔和塔里木盆地。这些山地一般都具有超过雪线的高度，在其山坡上，由巅至麓，发生一系列随高度而更迭的植被垂直带。每一垂直带是由反映该带自然（主要是气候）特点的显域植被为主所构成的，它们大致与山坡等高线平行，并具有一定的垂直幅度。山地植被垂直带的排列组合和更迭顺序形成一定的体系——植被垂直带结构（或称垂直带谱）。处于不同气候带或不同植被区域的山地，其植被垂直带结构也是不同的（Станюкович，1955；Макеев，1956；Щукин and Щукина，1959；侯学煜，1963；Troll，1968）。

新疆的山地植被垂直带结构，一般具有中纬度（温带）大陆性山地植被的性质（张新时，1963；李世英和张新时，1966）。旱生的植被垂直带——山地荒漠和草原带十分发达，往往上达很高的海拔高度；中生植被类型——森林和草甸构成的垂直带的组成较单纯，发育较微弱，往往发生不同程度的旱化（草原化），甚或完全被排除，为草原所代替。高山和亚高山植被垂直带也具有强度大陆性的植被特征。

构成新疆山地植被垂直带结构的主要垂直带类型如下：

山地荒漠垂直带：由超旱生的小半灌木植物构成的山地荒漠植被，除在草原地带的阿尔泰山不呈垂直带分布外，在新疆的其他山地，都占据着垂直带结构的基部，由山麓分布至前山带，并且随纬度位置向南而愈升高，在昆仑山可上达亚高山带。

由盐柴类小半灌木组成的山地荒漠垂直带主要发育在强度干旱和石质化的山坡上，其建群种有：琵琶柴、假木贼（*Anabasis truncata*、*A. brevifolia*）、天山猪毛菜（*Salsola yunatovii*）、圆叶盐爪爪（*Kalidium schrenkianum*）、合头草等；并常有荒漠灌木：喀什霸王（*Zygophyllum kaschgaricum*）、裸果木、喀什麻黄（*Ephedra kaschgarica*）等加入。群落的组成贫乏，盖度稀疏。土壤为强度砾质、石膏质的棕色荒漠土。盐柴类荒漠构成的垂直带，在气候较湿润和黄土覆盖的天山北麓山地常不存在；但在南麓山地的石质低山却十分发达。在昆仑山，它们也发育于黄土

山坡。

蒿类荒漠（*Artemisia borotalensis*、*A. kaschgarica*、*A. sublessingiana*、*A. parvula*）构成的山地荒漠垂直带，广泛发育于南北疆山地黄土覆盖的前山带山坡。土壤为山地灰钙土或棕钙土。它们通常处于小半灌木盐柴类荒漠的上部，并在这种情况下形成按高度（或基质）更迭的两个山地荒漠垂直亚带。在北疆山地，尤其是在塔尔巴加台山、巴尔鲁克山和伊犁地区的天山，山地蒿类荒漠中混生多种短生植物，表征着春季多雨、夏季旱热的中亚荒漠气候；在南疆则缺乏短生植物。

在山地蒿类荒漠垂直带的上部，有针茅与狐茅等草原禾草出现，表明由山地荒漠向山地草原的垂直过渡。

山地草原垂直带：新疆的草原植被，除在阿尔泰山分布到山麓倾斜平原外，都是在山地呈垂直带分布的。它在阿尔泰山构成了垂直带谱的基带，在天山北麓与准噶尔西部山地则普遍发育于中-低山带。在强度大陆性的南疆山地，草原垂直带受到荒漠的逼迫而上升得很高；在极干旱的东部昆仑山地，甚至消失。草原垂直带通常可再分为按高度更迭的三个亚带：荒漠草原垂直亚带、真草原垂直亚带和草甸草原垂直亚带。

荒漠草原垂直亚带位于本带的下部，是向山地荒漠垂直带的过渡带。这一亚带在大陆性强的山地特别发育，甚或占据了整个草原垂直带，如在昆仑山和帕米尔。土壤为山地棕钙土或淡栗钙土。植被建群种以草原旱生禾草（*Stipa sareptana*、*S. capillata*、*S. glareosa*、*S. orientalis*、*S. gobica*、*Festuca sulcata*、*Cleistogenes thoroldii* 等）占优势，并混生有相当多的荒漠小半灌木（*Artemisia*、*Eurotia ceratoides*、*Anabasis*、*Kochia prostrata* 等）。

真草原垂直亚带处于中山带的山地栗钙土上。建群植物为旱生禾草与杂类草，主要有针茅（*Stipa capillata*、*S. kirghisorum*、*S. lessingiana*、*S. rubens*、*S. breviflora*、*S. krylovii*）、狐茅（*Festuca sulcata*）、扁穗冰草（*Agropyron cristatum*）、糙闭穗、落草（*Koeleria gracilis*）；在伊犁尚有白草（*Bothriochloa ischaemum*）为建群种的草原群系；草原杂类草主要有蓬子菜（*Galium verum*）、灰白委陵菜（*Potentilla deabata*）、穗花婆婆纳（*Veronica spicata*）、冷蒿（*Artemisia frigida*）、黄芪（*Astragalus*）与棘豆（*Oxytropis*）的种等。在强度石质化或碎石质山坡上，出现大量中旱生的灌木：兔儿条（*Spiraea hypericifolia*）、小叶忍冬（*Lonicera microphylla*）、多种锦鸡儿（*Caragana turkestanica*、*C. pygmaea*、*C. leucophloea*、*C. acanthophylla* 等），还有沙地柏（*Sabina vulgaris*）等，构成灌木草原或草原灌丛。在塔尔巴加台山南坡甚至形成了独特的草原灌丛垂直带。

草甸草原垂直亚带处于草原垂直带的上部。它的特点是在草原禾草为主的群落中，有大量中生、旱中生的草甸草类加入，如苏马蔺（*Iris ruthenica*）、牛至（*Origanum vulgare*）、山地糙苏（*Phlomis oreophila*）、猫尾草（*Phleum phleoides*）、天山异燕麦（*Helictotrichon tianschanicum*）、亚洲异燕麦（*H. asiaticum*）、斗蓬草（*Alchemilla vulgaris*）、北地拉拉藤（*Galium boreale*）、丘陵老鹳草（*Geranium collinum*）等。土壤为山地暗栗钙土或山地黑土。

山地森林-草甸垂直带或森林-草原垂直带：森林与草甸植被在山地的分布，总是与最大降水（或最大湿润）带相符合的，一般是在河谷切割的中山带。在北疆山地，尤其是迎向湿气流、获得较多降水的山坡，这一中生的植被带较为发达。在远离湿气流的山地或雨影带，山地森林-草甸垂直带发生不同程度的草原化，成为由块状的森林与山地草甸草原植被相结合分布的山地森林草原垂直带。在强度大陆性的南疆山地，这一带基本上消失，仅在亚高山草原垂直带局部湿润的谷地阴坡出现片段的森林，已不连绵成带了。

新疆山地的森林-草甸垂直带组成比较单纯。仅在温暖而湿润的伊犁河谷地天山北坡出现了"覆层结构"的森林垂直带——下部为阔叶林带［天山苹果（*Malus sieversii*）与野杏（*Armeniaca vulgaris*）］，上部为针叶林带［雪岭云杉（*Picea schrenkiana*）］，多少赋有海洋性温带山地森林垂直带的性质，这是与它的形成历史有关系的。其他山地的森林-草甸垂直带均缺乏阔叶林带，皆为针叶林所构成。如前所述，阿尔泰山西北端的喀纳斯山地具有较多样的针叶树种组成的山地森林，属于山地南泰加林类型。由西伯利亚落叶松（*Larix sibirica*）的块状林分在前山带构成森林草原；西伯利亚云杉（*Picea obovata*）林主要分布于山地河谷中或坡麓地段；中山带山坡上为西伯利亚冷杉（*Abies sibirica*）林，向上由西伯利亚红松（*Pinus sibirica*）与西伯利亚落叶松构成森林上限的疏林。阿尔泰山其余部分的山地森林主要由西伯利亚落叶松构成,在其东南部山地草原化加强,形成森林草原垂直带。

天山北麓山地和准噶尔西部山地的针叶林,以雪岭云杉占绝对优势,仅在天山东部和萨乌尔山的森林-草原带中才有西伯利亚落叶松构成上部森林带,向下与雪岭云杉组成混交林。

针叶林内的阔叶树种不多,由山杨(*Populus tremula*)、桦木(*Betula pendula*、*B. tianschanica*、*B. microphylla* 等)、山柳(*Salix depressa*、*S. livida*)形成次生林或混生于针叶林内。它们都分布在山地森林-草甸带的下半部,向上渐少而无。据此可划分为:中山森林-草甸垂直亚带(林内混有阔叶树种)和亚高山森林-草甸垂直亚带(阔叶树消失,草甸中出现高山草类)。

在山地森林-草甸垂直带内,森林通常分布在较陡斜的阴坡和山坡中上部;草甸群落则占据着土层较深厚的缓坡、坡麓、开阔的谷地和台地。山地草甸建群种为中生的高大多年生禾草与杂类草,主要有鸭茅(*Dactylis glomerata*)、短柄草(*Brachypodium pinnatum*)、拂子茅(*Calamagrostis epigeios*)、无芒雀麦(*Bromus inermis*)、橐吾(*Ligularia macrophylla*、*L. persica*)、丘陵老鹳草、高乌头(*Aconitum excelsum*)、高加索花葱(*Polemonium caucasicum*)、斗篷草等;向上,组成中出现高山-亚高山草类,如珠芽蓼(*Polygonum viviparum*)、金莲花(*Trollius altaica*、*T. dshungaricus*)等。在森林草原带内的草甸草原群落中则有大量草原草类加入或占优势。

亚高山植被垂直带:这是处在山地森林-草甸垂直带的森林上限以上,至高山植被垂直带之间的较狭窄的植被垂直带;以亚高山匍生圆柏灌丛、阔叶灌丛和亚高山中草草甸为特征(Выходцев,1956);在无林的干旱山地则表现为亚高山草原或草甸草原植被。

典型的阿尔卑斯型中草草甸在新疆山地较为少见,仅在阿尔泰山西北部、伊犁纳拉特山北坡和天山北麓中段山地有少量分布,由茂盛而华丽的中生杂类草与禾草构成,主要有斗篷草、老鹳草(*Geranium albiflorum*、*G. pseudosibiricum*)、光蓼(*Polygonum nitens*)、山地糙苏、银莲花(*Anemone crinita*)、马先蒿(*Pedicularis*)、准噶尔看麦娘(*Alopecurus songoricus*)、黄花茅(*Anthoxanthum odoratum*)、阿尔泰早熟禾(*Poa altaica*)、野葱(*Allium semenovii*、*A.* spp.)等。

在北疆其他地区的亚高山草甸中,有大量高山草类与草原草类加入,如嵩草(*Cobresia bellardi*、*C. capilliformis*)、薹草(*Carex stenocarpa*)、火绒草(*Leonthopodium ochroleucum*)、狐茅(*Festuca kryloviana*、*F. rubra*)等。

亚高山圆柏灌丛由匍匐生长的圆柏(*Sabina pseudosabina*、*S. turkestanica*、*S. semiglobosa*)、刺柏(*Juniperus sibirica*)构成,它们在针叶林上限或亚高山草原带上部形成一条窄带。在阿尔泰山还有圆叶桦(*Betula rotundifolia*)与多种灌木柳类(*Salix glauca*、*S. arbuscula*、*S. reticulata*、*S. berberifolia*)构成的稠密阔叶灌丛,在天山则有独特的鬼见愁(*Caragana jubata*)灌丛。

在无林的南疆山地,亚高山带植被发生草原化,这里出现多种类型的高寒草原植被,以针茅(*Stipa subsessiliflora*、*S. purpurea*、*S. capillata*、*S. krylovii*)、狐茅(*Festuca sulcata*、*F. kryloviana*、*F. pseudovina*)、银穗草(*Leucopoa olgae*)等为建群种,群落中混有许多高山植物。

高山植被垂直带:位于山地植被垂直带谱的上部,向上与无植被的高山裸岩和冰川恒雪带相接。不同山地的高山植被类型有显著的差异。由藓类、地衣为主,并有许多高山草类和小灌木加入的高山冻原,出现于寒冷和湿润的阿尔泰山西北部高山准平原面上,具有西伯利亚高山植被的特征。从高山冻原向下,在积雪深厚的山坡地段,出现由薹草(*Carex melanantha*、*C. stenocarpa*)和花色艳丽的双子叶小草(*Pedicularis*、*Androsace*、*Primula*、*Gentiana*、*Saxifraga*、*Potentilla*、*Draba*、*Sedum* 等)组成的阿尔卑斯型植毡和不那么华丽的高山草甸。在新疆的大部分高山带占优势的植被类型则是青藏型的高山嵩草草甸(建群种为 *Cobresia bellardi*、*C. smirnovii*、*C. capilliformis*、*C. pamiroalaica*)和在碎石质坡上的高山垫状植被(*Thylacospermum caespitosum*、*T. rupifragum*、*Sibbaldia tetrandra*、*Potentilla biflora*、*Androsace squarrosula*、*Acantholimon diapensioides* 等)。垫状植被往往构成高山植被垂直带的上部亚带,它与高山上部强度石质化的原始高山土相联系。

如前所述,在干旱的高山带出现高寒草原植被,代替了高山草甸类型。在藏北高原和帕米尔的高山植被,则是发展在最干旱的亚洲中部内陆高山和高原上的荒漠植被类型——高寒荒漠,建群种为匍生优若藜和藏亚菊。

在高山植被垂直带以上,冰川恒雪带的下部是没有植被的高山裸岩、岩屑堆和乱石滩,除在岩石表面着生一些地衣外,在石堆和岩缝的保护下,极稀疏地生有个别高山草类,可称为亚冰雪带(Долуханов,1969)。

在各山地植被垂直带内,除了那些占据(垂直)地带性生境(显域地境)的植被类型之外,由于地形、基质、水文和小气候的变化,还分布着一些带外的和非地带性的植物群落。例如,在山地森林-草甸垂直带内的阳坡,出现山地草原群落和石生植物群聚,河谷中有杨树林和灌丛等;在高山植被带的谷地中局部出现沼泽草甸等。这些非垂直地带性的植物群落与占优势的地带性群落相结合,形成了各植被垂直带的植被总体。

上述各山地植被垂直带,以不同的植被类型和组合形式,在各山系所构成的山地植被垂直带结构有很大变化。这些结构首先取决于山地所处在的水平植被地带位置,又因山系的山文特征(走向、坡向、高度与相对位置)、对湿气流的关系、基质与植被发展历史等而发生变异。新疆山地垂直带结构类型的变化规律表现如下(图47-1):

1. 各山地植被垂直带结构的基带与水平植被地带的植被属于同一类型。如草原地带山地的基带为草原,荒漠地带山地的基带始于荒漠。

2. 依水平地带由北而南,各山地植被垂直带的海拔高度界限相应升高;中生性的植被垂直带(如森林-草甸垂直带)逐渐收缩,发生草原化,以致完全消失;旱生的山地荒漠和草原垂直带却逐渐向上扩展,最后统治了整个带谱。

3. 在新疆范围内,垂直带结构由北至南变化复杂。例如,由阿尔泰山的4个垂直带到天山北麓山地增加为6~7个;然而再向南,又因气候过分干旱而简化,如由天山南麓山地的5带至东昆仑-阿尔金山减为3带。

4. 随着气候大陆性由西向东增强,垂直带结构中的各带界限也相应升高、中生性植被带变窄、旱生植被带扩展、带数递减。此外,在雨影带、大的南坡、山地内部和较低矮或石质化的山地,垂直带结构均表现出不同程度的旱化和贫乏化。

当然,各山地植物区系与植被的性质及其形成历史的不同,乃是决定其垂直结构内各带植被类型差异的内因。

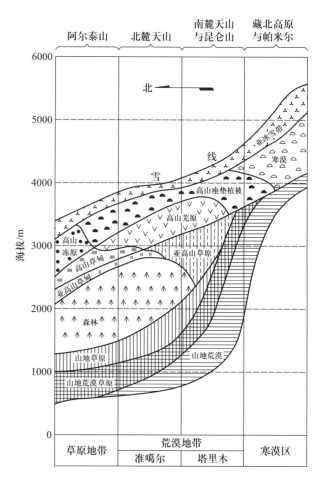

图47-1 新疆植被水平地带内的山地植被垂直结构规律图式

以下就新疆各水平植被地带和亚地带内的植被垂直带结构类型的特征做一概述。

处于草原地带的阿尔泰山,其西部、中部与东部山地的植被垂直带结构类型有显著的差异。西部喀纳斯山地的植被垂直带谱(由下至上)为:山地草原带-山地森林-草甸带(南泰加型阴暗针叶林与落叶松林)-亚高山草甸带-高山(阿尔卑斯)草甸带与高山冻原带-冰川恒雪带。这里除前山有草原植被外,整个垂直带结构类型表现为中生性的,以森林植被占有最大比重。这里的森林下限最低(海拔1100米),林带最宽(垂直幅度1200米),且由多种适冷湿气候的针叶树种(*Pinus sibirica*、*Abies sibirica*、*Picea obovata*)组成。在高山植被垂直带中具有阿尔卑斯型草甸与高山冻原,也是新疆其他山地植被垂直带结构所不具备的。由此向东,气候大陆性加强,各带垂直界限上升。如阿勒泰山地植被垂直带结构类型为:山地荒漠草原亚带-山地灌木草原亚带-山地针叶林带-高山嵩草草甸带-高山裸岩带-冰川恒雪带。可见,这里的草原带向上扩展;森林类型变为较耐旱、适应大陆性气候的落叶松林;在高山植被垂直带中,耐寒旱的嵩草草甸代替了阿尔卑斯草甸与高山冻原。再向东南方向,不仅山势趋向低矮,且受到蒙古戈壁荒漠气候的强度影响,山地植被旱化更强,在垂直带结构中,荒漠草原上升较高,山地森林-草甸

带为森林草原带所代替,亚高山植被亦发生草原化。在西部的萨乌尔山南坡,由于处在雨影带,也具有与此相似结构的山地植被垂直带谱。由于共同的特点,可以把这些垂直带结构类型概括为西伯利亚-蒙古山地植被垂直带结构类型组[图47-2(1)]。这在以前已专文讨论过(李世英和张新时,1966)。

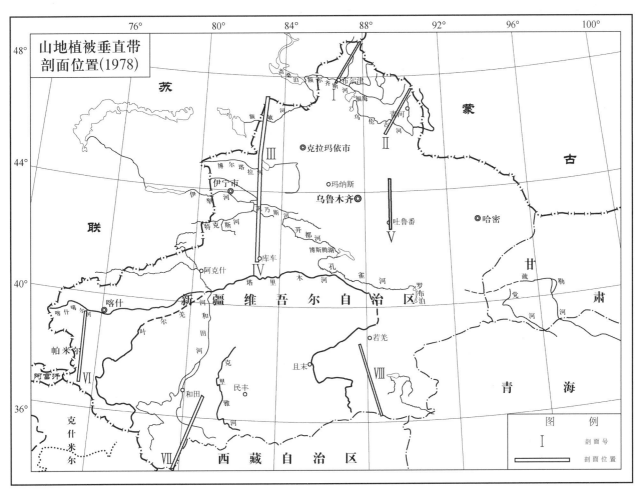

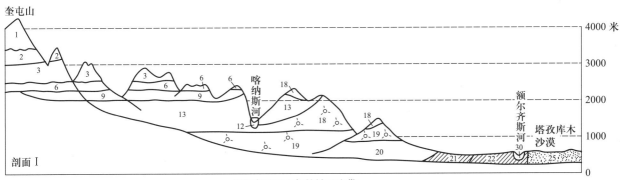

阿尔泰山西北部植被垂直带

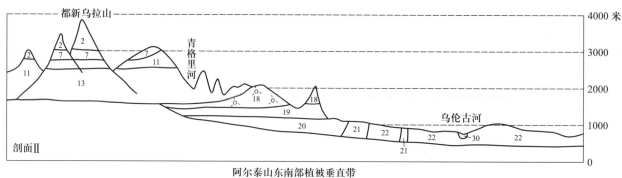

阿尔泰山东南部植被垂直带
(1)

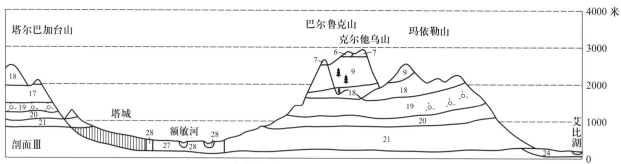

准噶尔西部山地植被垂直带

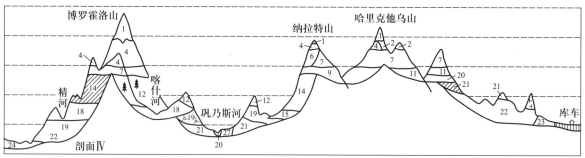

天山西部(伊犁谷地)植被垂直带

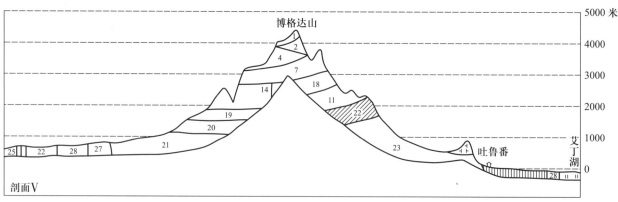

天山中东部植被垂直带
(2)

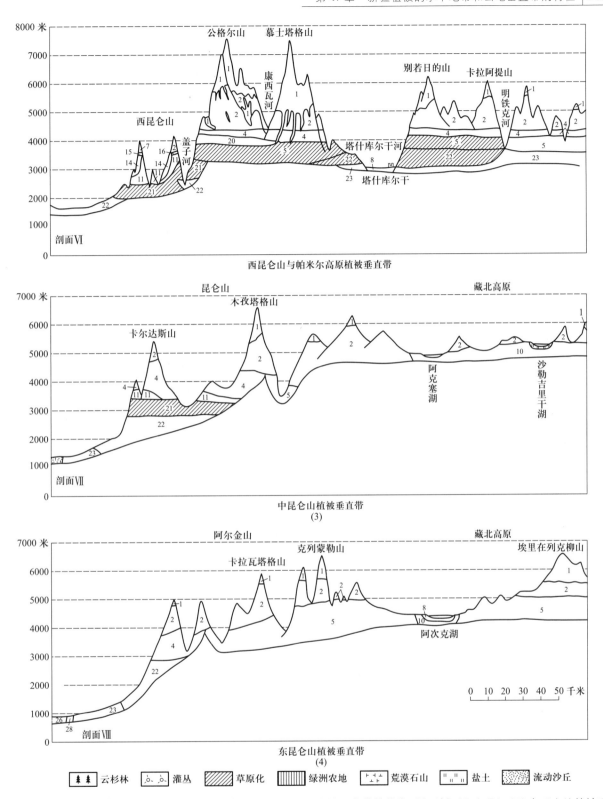

图 47-2　新疆山地植被垂直带剖面图:(1)西伯利亚-蒙古山地植被垂直带结构类型组(剖面Ⅰ和Ⅱ),(2)中亚山地植被垂直带结构类型组(剖面Ⅲ、Ⅳ和Ⅴ),(3)亚洲中部荒漠山地植被垂直带结构类型组(剖面Ⅴ和Ⅷ),(4)帕米尔-内部昆仑植被垂直带结构类型组(剖面Ⅵ、Ⅶ和Ⅷ)

图例:1. 冰川恒雪带　2. 高山裸岩带(个别高山植物)　3. 高山冻原　4. 高山垫状植被　5. 高寒荒漠　6. 高山薹草、杂类草草甸　7. 高山嵩草芜原　8. 高山河谷盐化草甸　9. 亚高山草甸　10. 高山荒漠草原　11. 亚高山草原　12. 山地草甸　13. 山地落叶松林　14. 山地云杉林　15. 山地野苹果林　16. 山地圆柏丛林　17. 山地中生灌丛　18. 山地草甸草原　19. 山地狐茅、针茅草原　20. 山地荒漠草原　21. 蒿类荒漠　22. 半灌木盐柴类荒漠　23. 灌木荒漠与砾石戈壁　24. 梭梭荒漠　25. 白梭梭荒漠　26. 多汁盐柴类荒漠　27. 芨芨草荒漠草甸　28. 河漫滩与沼泽草甸　29. 河漫滩杨树林与草甸准噶尔荒漠亚地带的山地——天山北麓山地和准噶尔西部山地，虽然荒漠化加强，但由于热量较丰富，尤其在迎向湿气流的北麓天山高峻山体上，表现出较完整和结构复杂的植被垂直带谱，但由西向东也有明显差异。气候温暖而湿润的伊犁天山北坡具有如下的结构类型：短生植物-蒿类荒漠带-山地草原带-山地阔叶林-高草草甸亚带-山地针叶林-草甸亚带-亚高山草甸带-高山草甸带-高山垫状植被带-冰川恒雪带。以具有阔叶林带、最发达的森林垂直带（垂直幅度达 1500 米）和丰盛的草甸植被为特征。准噶尔西部的巴尔鲁克山北坡，也具有类似伊犁山地植被垂直带结构的性质，如具有阔叶野果林和草甸植被较发达，但由于山势低矮，缺乏上部的植被垂直带，带谱结构不完整。伊犁谷地南坡，山地植被草原化加强。博罗霍洛山北坡则由于处在准噶尔西部山地的雨影带内，也表现为山地荒漠和草原带上升，森林草甸带受压缩。低矮而背向湿气流的准噶尔西部山地——塔尔巴加台山南坡、玛依勒山和扎依尔山更表现为强度草原化的山地，森林垂直带几不发育。这些垂直带结构特征，实际上是伊犁-准噶尔西部山地垂直带结构类型的几个变型反映。

天山中麓中部的山脉——喀拉乌成山和博格达山，由于承受较多的西北湿气流和山体高峻，冰川积雪发达，因而表现出较完整和中生性较强的植被垂直带结构，其山地森林-草甸垂直带宽达 1200 米。但自大石头以东的巴尔库山与哈尔里克山，气候大陆性增强，森林-草甸带为森林草原带所代替，亚高山带也发生草原化。具有这种特点的山地植被垂直带谱结构，称之为天山北坡垂直带结构类型。这种类型连同上面伊犁-准噶尔西部山地垂直带结构类型，以其具有中亚山地植被垂直带结构的性质，因此，也归为中亚山地植被垂直带结构类型组［图 47-2(2)］。

濒临塔里木盆地的暖温带荒漠山地更为干旱，因而山地植被垂直带结构趋向简化，表现强度荒漠化。天山南麓山地的典型带谱结构是：山地盐柴类荒漠-山地荒漠草原与草原-亚高山草原或草甸草原-高山嵩草草甸-高山垫状植被。其特点为：山地荒漠带主要由盐柴类小半灌木荒漠群落所构成，这与天山南麓前山带一般缺乏黄土覆盖层，而为强化石质化的山坡有关；山地森林带在这里已基本消失，针叶林仅在局部的谷地阴坡上出现于亚高山草甸草

原带内，成为非地带性的植被类型。至于在昆仑山东段，植被垂直带结构的贫乏化已达极端的程度，这里不仅没有森林的踪迹，甚至连山地草原带也消失了，荒漠植被覆盖着大部分山坡，向上经过很狭窄的荒漠草原带而过渡到高山垫状植被带（李世英，1960；Юнатов，1961）。这两种带谱结构类型，以其具有亚洲中部山地垂直带结构的特征，因此归结为亚洲中部荒漠山地植被垂直带结构类型组［图 47-2(3)］。

帕米尔、内部昆仑山和藏北高原高寒荒漠植被区，垂直带状分异不显著，仅在局部湿润山坡出现垫状植被和在寒谷中出现高寒荒漠草原。广大的台地和山坡为高寒荒漠群系所占据，向上过渡为无高等植物的高山裸岩带与冰川恒雪带。这种由荒漠植被直接与冰雪带相接触的现象，在世界的其他地区是十分罕见的，表征着这里具有极干旱的内陆高原荒漠景观。由于它的特殊性，这种高寒地区山地垂直带结构型式，统名之为帕米尔-内部昆仑植被垂直带结构类型组［图 47-2(4)］。

参考文献

侯学煜：1963. 论中国各植被区的山地植被垂直带谱的特征，《中国植物学会 30 周年纪念论文摘要汇编》，254-258

胡式之：1963. 中国西北地区的梭梭荒漠，植物生态学与地植物学丛刊，1(1-2)，81-109

胡式之、卢云亭、吴正、郑度、沈冠冕：1962. 新疆准噶尔盆地沙漠考察，《治沙研究》，N. 3，43-64

李世英：1960. 昆仑山北坡植被的特点、形成及其与旱化的关系，植物学报，9(1)，16-29

李世英：1961. 北疆荒漠植被的基本特征，植物学报，9(3-4)，287-312

李世英、张新时：1964. 新疆植被水平带的划分原则和特征，植物生态学与地植物学丛刊，2(2)，180-189

李世英、张新时：1966. 新疆山地植被垂直带结构类型的划分原则和特征，植物生态学与地植物学丛刊，4(1)，132-141

钱崇澍、吴征镒、陈昌笃：1956. 中国植被的类型，地理学报，22(1)，37-92

王荷生、张佃民、张经炜：1962. 新疆塔里木盆地和嘎顺戈壁植被的初步研究，《1960 年全国地理学术会议论文选集》（自然地理），科学出版社

吴征镒：1963. 论中国植物区系的分区问题，《中国植物学会 30 周年纪念论文摘要汇编》

吴中伦:1958. 中国森林地理自然分区总论,《林业部林业科学研究所研究报告》

张经炜、王金亭:1966. 西藏中部的植被,科学出版社

张新时:1963. 新疆山地植被垂直带及其与农业的关系,新疆农业科学,第 9 期,351–358

郑度:1962. 新疆准噶尔沙漠植被与环境的关系,《1960 年全国地理学术会议论文选集》(自然地理),科学出版社

Teng S. C. 1948. A provincial sketch of the forest geography of China, Bot, Bull, Acad. Sinica, 2

Troll C. 1968. Geo-ecology of the Mountainous regions of the Tropical Americas, Dummlers Verlag, Bonn.

Выходцев И. В. 1956. Вертикальная поясность растительности в Киргизии(Тянь-шань и Алай). М.

Грубов В. И. 1964. Растения Централъной Азии.

Долуханов А. Г. 1969. Флора и растителъностъ субнивалъных ландшафтов верховий Болъшой Лиахвы и Келъского нагоръя(Централъный Кавказ), Бот. Журн., 54(11), 1662-1674

Лавренко Е. М. 1970. Провинциональное разделение Причерноморско-Казахстанской подобласти степной области Евразии, Бот. Журн., т. 55, No. 5, 609-625; No. 12, 1734-1747

Макеев П. С. 1956. Природные зоны и ландшафты, Географиз. Москва.

Петров М. П. 1966—1967. Пустыни Централъной Азии, т. 1-2, Изд. 《Наука》, М. -Л.

Станюкович, К. В. 1955. Основные типы поясности в горах СССР, Изв. Всесоюзн. геогр. общ., 87(3), 232-243

ЩукинИ. С. и Щукина О. Е. 1959. Жизнъ гор. Опыт аналпза горных стран как комплекса поясных ландшафтов, Географгиз., М.

Юнатов. А. А. 1950. Основные черты растителъного покрова Монголъской Народной Республики, М. -Л.

Юнатов. А. А. 1961. К познанию растителъного покрова западного Кунълуня и прилегающей части Таримской впадины, в《Кунълунъ и Тарим》, Изд. АН СССР, М.

第48章

新疆的植被类型*

张新时等

如前所述,新疆地域辽阔,自然地理条件的发展过程及其现状都相当复杂。在此背景上,植被历史(地质历史)的发展途径也不是单一的。组成植被的植物区系在漫长历史(地质历史)时期中,形成不同年龄的历史成分,并且出现来源不同的地理成分。而植物区系随着生态条件的变化形成多种多样的植物生活型。植物区系中那些不同的历史成分和地理成分在相同的生态条件下向比较一致的生态适应方向发展,从而形成趋于一致的植物生活型。与此相反,那些相同的历史地理成分和地理成分也可以在生态条件分异过程中向不同的生态适应方向发展,从而形成趋于分异的植物生活型。当然植物区系中那些相同的历史成分和地理成分也会形成相一致的植物生活型。新疆的自然地理条件、植物区系、植物生活型如此错综复杂地发展着、变化着,就使得处于不同地段的植被成为整个植被发展过程的不同阶段,因而就出现多种多样的植被类型。这些复杂的植被类型并非杂乱无章,而有它一定的发生、发展的规律和系统。每个植被类型之内有其一定的共同性,各个植被类型之间有其相异性。不同的植被类型在农、林、牧业上的利用和改良方向和措施是不同的。为此有必要对新疆植被类型进行一定的分类。

一、植被分类原则和系统

论述新疆植被类型的文献很少。刘慎谔(1934)叙述过新疆局部平原和山地的一些植被类型。钱崇澍等(1956)曾经将新疆植被划归为:亚寒带针叶林、干旱山地森林草原、草原及草地、干荒漠及半荒漠、高原冻荒漠。侯学煜(1960)则将全新疆的植被划归如下各植被类型:温带山地常绿针叶林、温带山地落叶针叶林、温带和暖温带的小叶林、温带和暖温带的落叶灌丛、温带和暖温带的草原、温带和暖温带的荒漠、高寒荒漠、草甸、肉质盐生植物、高山垫状植被。

讨论新疆植被分类问题,首先要确定植被分类的系统和原则。现在根据我们考察的资料,初步提出新疆植被分类的系统和原则。新疆植被分类将采用:植物群丛、植物群丛组、植物群丛纲、植物群系、植物群系组、植物群系纲、植被型的系统。每一级别的划分原则如下:

群丛:植物群丛是植被分类的最基本单位,是种类组成、结构、外貌一致,并且在植物间和植物与环境间的相互关系一致的群落的联合。

群丛组:建群种相同,而且亚建群种(即建群层片的次优势种)、次要层片的优势种,或次要层片中优势种的生活型三者居其一相同的植物群丛联合而成的分类单位。一般说来,群丛组内的群丛在生态条件上是极为相近的。

例如,小半灌木—高寒禾草—银穗草群丛组是在干旱高山上的紫花针茅－银穗草群丛(ass. *Leucopoa olgae*+*Stipa purpurea*)和昆仑蒿－紫花针茅－银穗草群丛(ass. *Leucopoa olgae* + *Stipa purpurea-Artemisia parvula*)综合而成的。它们的亚建群种相同。又如半固定沙丘上的类短生植物–小

* 本文摘自《新疆植被及其利用》之第七章,科学出版社,1978,p92-224。张新时主笔撰写的主要为(三)森林、(四)灌丛和(七)高山植被。

半灌木-白梭梭群丛组,是由沙薹-苦艾蒿-白梭梭群丛(ass. *Haloxylon persicum-Artemisia santolina-Carex physodes*)和长喙牻牛儿苗-地白蒿-白梭梭(ass. *Haloxylon persicum-Artemisia terrae-albae-Erodium hoefftianum*)联合而成,因次要层片优势种的生活型相同。

群系:是由建群种或共建种相同的群丛联合而成的,如盐生假木贼群系(Form. *Anabasis salsa*)、紫花针茅群系(Form. *Stipa purpurea*)、雪岭云杉群系(Form. *Picea schrenkiana*)、雪岭云杉-西伯利亚落叶松群系(Form. *Larix sibirica*+*Picea schrenkiana*)等。

群系组:建群种属于同一属的植物群系综合为群系组,如云杉林包括西伯利亚云杉群系(Form. *Picea obovata*)和雪岭云杉群系(Form. *Picea schrenkiana*)。

群系纲:根据在生态-生物学和群落学上相近的建群种的群系组,综合为群系纲,如荒漠草原、真草原、草甸草原和寒生草原等。应该指出,有些生态幅度广的建群种,如针茅(*Stipa capillata*)、棱狐茅(*Festuca sulcata*)等在不同群系纲也都是建群种。这样,就出现在不同群系纲中存在同名群系的现象。显然,这是与本原则不一致的,还有待今后对于种内分类进一步研究后逐步解决。

植被型:是群系纲的综合,根据生态特点和建群种的生活型而将植物群系纲综合为植被型,如山地针叶林、夏绿阔叶林。

根据以上的植被分类系统和原则,新疆具有荒漠、草原、森林、灌丛、草甸、沼泽、高山冻原、高山垫状植被,还有高山石堆稀疏植被和水生植被。

二、植被类型的基本特征

(一)荒漠

有关"荒漠"的术语不少,有"荒原""戈壁""沙漠""大沙窝""漠境""砂碛""流沙""沙海"和"瀚海"等之称。

"荒原"是指干旱少雨、地势平缓、植物稀少的广阔平原。"戈壁"原来是蒙古族牧民常用的术语,指干燥无草或生长小草的平地。而在新疆北部,牧民所称的"戈壁滩""土戈壁""草戈壁"是指生长着稀疏蒿类、盐柴类等植物的广阔平坦地面;那里往往是春、秋路过牧场。新疆一些农区的农民称一望无际、连绵起伏的沙丘为"沙漠"或"大沙窝";那里植物稀疏,极少甚至无高等植物生长。东疆一些农民常讲:"有水才有树,有树才有田",从农业生产角度生动地概括了"荒漠"区的特点。

一些科学研究者也曾经对新疆及其邻近地区的"荒漠"做出一些解释。如研究植物地理的刘慎谔(1934),曾经把东疆、南疆的"荒漠"统称为"戈壁"。他把吐鲁番一带草木绝迹的砾石倾斜平原称为"光石戈壁",把流动的平沙无水区称为"光沙戈壁",把丛生星散着多刺灌木的"戈壁"称为"草戈壁"。研究土壤地理的马溶之(1945)称新疆"荒漠"为"漠境",其显域土壤是漠钙土,年降水量为数毫米、100毫米以至200毫米,原生植物为耐旱与耐碱的为主,农作物均须灌溉,不宜旱耕。研究风沙地貌的朱震达等(1962)把沙丘起伏的塔克拉玛干平原称为"沙漠""沙海"。研究自然地理的赵松乔(1962)把"戈壁"与"荒漠""沙漠"并论。根据他对"戈壁"提出的六点特征,"沙漠"与"戈壁"的区别在于前者比后者更干旱,后者的基质粗大而以砾石或基岩为主。

综上所述,虽然有关"荒漠"的术语不少,而采用"戈壁""沙漠"的较多。牧民、农民和一些科学研究者都从各个方面指出了它们的特点。综合这些特点看来,两者共同的特征是气候干旱,年降水量不超过200毫米,土壤钙化强,植物稀少以至无高等植物,无灌溉不能耕作。而两者的区别只在于基质的不同,"沙漠"由具流动性的沙组成,"戈壁"则以细土、砾石或石块为主要成分。这样看来,有可能将"沙漠""戈壁"等术语概括成"荒漠"或"荒原"。

在植被地理、植物群落、植物生态学中采用"荒漠"作为植被类型时,比较合适的是根据植物群落本身的植物学特性来给予它一定的含义。现在根据新疆植被的特点,提出我们对于"荒漠"的初步认识。新疆的荒漠是由古地中海植物区系经过第三纪、第四纪的旱化过程发展而来的成分所组成。建群的植物生活型为适中温超旱生的小型木本植物。植物个体与生态环境之间的矛盾远远大于植物个体之间的矛盾。植物生物物质积累过程极其缓慢而变幅(季节的和年度的)大,产量很低。部分植物的生长发育季节节律,往往具有夏季干旱休眠期。新疆的荒漠适应于西风行星风带影响(东亚季风影响较小)下的温带大陆性干旱气候,年降水量不超过200毫米。它所适应的土壤是矿质化(盐化、石膏化、钙质化)过程远远超过有机质积累的生物过程;就连有机质本身,也是不仅含量低(0.3%~0.5%~1%),而且矿质化迅速。当然,这只是从高等植物及其对生态条件的适应方面来理解新疆的荒漠,而不能包括不生长高等植物的龟裂地、流动沙丘、光裸砾石戈壁、裸露盐地等地面,因此仍然有它的局限性。但是这些地面并不能排除有低等植物,如藻、菌类的存在。例如在植物生活型一节中曾经谈到北疆的一些龟裂地,在春季雨后就可以出现蓝绿藻植物群落。这样看来,从植物学角度来回答什么是荒漠的问题还有待进一步调查研究。有可能通过对高等、低等植物群落的起源、形成过程以及生物物质积累过程(质和量)的研究来进一步揭露荒漠的特点。

新疆荒漠面积很大,占全疆土地面积的42%以上。它占据着准噶尔盆地、塔里木盆地、塔城谷地、伊犁谷地、嘎顺戈壁、帕米尔高原及藏北高原等。不仅如此,它在各大山脉可以由山麓地带上升到山坡,而且上升得相当高。随着由北向南的山脉以及同一山脉由西及东,它分布的海拔高度有所升高。在阿尔泰山南坡,分布在海拔500~800米;在天山北坡的上限是海拔1100~1700米;在天山南坡是海拔2000~2400米以至更高;在昆仑山,阿尔金山北坡竟上升到海拔2600~3200米。

新疆荒漠属亚-非荒漠区的一部分,就其发生而言,则为古地中海荒漠区的组成部分。与前述(第四章)[①]植物区系地理成分的分析相一致,新疆荒漠具有明显的过渡性,这与它正处于中亚、亚洲中部、藏北高原等几个荒漠亚区的交会地区相适应。这种过渡性首先表现在植物区系成分上。组成新疆荒漠的植物区系具有中亚成分、准噶尔-吐兰成分、亚洲中部成分、藏北高原成分。甚至从组成新疆荒漠的建群植物看来,这一特征也表现得十分明显。新疆荒漠的古老性也是显著的。从老第三纪起新疆即已开始形成荒漠;直到今天还可以看到不少古老的荒漠植物群系。如盐生假木贼群系、小蓬(Nanophyton erinaceum)群系、霸王(Zygophyllum xanthoxylon)群系、裸果木(Gymnocarpos przewalskii)群系、膜果麻黄(Ephedra przewalskii)群系等。新疆荒漠也有它的年轻的一面。不少荒漠植物群系发生于新第三

纪以至第四纪。如喀什蒿(Artemisia kaschgarica)群系、博乐蒿(A. borotalensis)群系、昆仑蒿(A. parvula)群系、粉花蒿(A. rhodantha)群系、沙蒿(A. arenaria)群系、白梭梭(Haloxylon persicum)群系等。也应该指出,新疆荒漠中也有不少特有的植物群系,像天山猪毛菜(Salsola junatovii)群系、圆叶盐爪爪(Kalidium schrenkianum)群系、五柱琵琶柴(Reaumuria kaschgarica)群系、博乐蒿群系等的存在均足以说明这一特征。

形成新疆荒漠的建群植物不算少。属于藜科的有:梭梭(Haloxylon ammodendron、H. persicum)、优若藜(Eurotia ceratoides、E. compacta)、盐爪爪(Kalidium schrenkianum、K. foliatum)、假木贼(Anabasis salsa、A. truncata、A. aphylla、A. brevifolia)、猪毛菜(Salsola rigida、S. junatovii、S. arbuscula、S. laricifolia)、盐穗木(Halostachys belangeriana)、盐节木(Halocnemum strobilaceum)、白滨藜(Atriplex cana)、樟味藜(Camphorosma lessingii)、盐生木(Iljinia regelii)、合头草(Sympegma regelii)等。柽柳科的有琵琶柴(Reaumuria soongorica、R. trigyna、R. kaschgarica)。蓼科的有沙拐枣(Calligonum flavidum、C. leucocladum、C. mongolicum、C. roborowskii)、木蓼(Atraphaxis frutescens、A. compacta)。蒺藜科的有白刺(Nitraria sibirica、N. sphaerocarpa、N. roborowskii)、霸王(Zygophyllum xanthoxylon)。石竹科的有裸果木。旋花科的有木旋花(Convolvulus fruticosus)。菊科的有蒿属(Artemisia)中的旱蒿亚属(Seriphidium)的一些蒿(Artemisia borotalensis、A. kaschgarica、A. terrae-albae、A. gracilescens、A. schischkinii、A. rhodantha、A. parvula、A. santolina)、沙蒿、亚菊(Ajania fruticulosa、A. tibetica)、灌木紫菀木(Asterothamnus fruticosus)、灰毛近艾菊(Hippolytia herderi)等。

新疆荒漠的植物生活型组成是比较特殊而相当复杂的。地衣种类不多,但是有的种能在荒漠群落中形成层片。藓类种类更少,然而也有形成层片的。在新疆荒漠群落中还没有发现蕨类植物的踪迹。裸子植物中超旱生的常绿近无叶灌木是新疆灌木荒漠的重要建群生活型,而且能够在其他荒漠类型中形成层片。被子植物是新疆荒漠的重要组成者。超旱生的常绿阔叶灌木在新疆荒漠中虽然不起多大作用,但是也能形成层片,而且是新疆荒漠古老性的证

---

① 《新疆植被及其应用》(科学出版社,1978)第四章。

据之一。超旱生的夏绿阔叶灌木是灌木荒漠的形成者,有些种则能形成明显的优势层片。半木本植物主要在荒漠中形成层片,能形成建群层片的有:小半乔木、夏绿小叶半灌木、夏绿鳞叶半灌木、夏绿棒叶半灌木、夏绿多汁叶盐生半灌木。小半灌木亦是新疆荒漠的重要组成者,而且是确定荒漠性质的重要生活型。夏绿小叶小半灌木、夏绿棒叶小半灌木、夏绿多汁叶小半灌木、夏绿垫形小半灌木均能形成层片,而且许多种能形成建群层片。多年生草本植物能够在新疆荒漠中形成层片,但是不能形成建群层片。超旱生沙生的长营养期多年生根茎禾草能够在荒漠中形成层片。多年生短生植物、二年生草本植物、一年生草本植物、短生植物均能在荒漠群落中起着特殊的作用;除二年生草本植物外,余皆可以形成层片。

新疆荒漠的层片结构繁简不一。层片结构较复杂的群落均见于准噶尔盆地。在塔里木盆地、嘎顺戈壁、帕米尔高原、藏北高原所见到的植物群落,层片结构均比较简单。沙漠内的梭梭荒漠群落层片结构最复杂,最多的有五个层片:小半乔木、半灌木、小半灌木、一年生草本或短生植物、黑色地衣或藓类层片。由两个层片形成的荒漠群落比较普遍,往往由灌木与半灌木、小半乔木与小半灌木、半灌木与一年生草本植物、小半灌木与多年生短生植物(或短生植物)等这样的组合构成群落。很多荒漠群落的层片结构简单到只有一个层片,特别在南疆、东疆一带的荒漠群落中表现得最为明显。

新疆荒漠群落的总盖度是很低的。北疆的荒漠群落总盖度一般达 10%~25%,也有高达 40%~50% 的。在南疆、东疆,有些麻黄荒漠、沙拐枣荒漠、盐生木荒漠、合头草荒漠,往往稀疏到十余米以至数十米内只有一棵植株,几乎谈不上什么盖度,甚至看不出这些"群落"中植物个体之间有什么相互关系。

新疆荒漠群落的发育节律也是比较特殊的。小型半木本植物形成的荒漠群落在一年中整个生长期内发育缓慢,特别是在夏季干旱时期几乎停止生长,但在春、秋季则生长发育比较旺盛,冬季进入休眠期。超旱生灌木组成的荒漠群落生长发育与高温、有降水的夏季相适应,冬季进入休眠期。而在夏季干旱、降水稀少时,这类植物也是生长极缓慢,几乎处于休眠状态。

新疆荒漠有:

(Ⅰ)灌木荒漠

(Ⅱ)小半乔木荒漠

(Ⅲ)半灌木荒漠

(Ⅳ)小半灌木荒漠

(Ⅴ)多汁木本盐柴类荒漠

(Ⅵ)高寒荒漠

(Ⅰ)灌木荒漠

Благовещенский(1949)曾经把整个亚洲的荒漠看成灌木荒漠,其"最大特征是荒漠群落中始终有旱生的灌木和小灌木,但是它们不一定占优势"。这样理解的灌木荒漠未免过于广泛,甚至包括了一般人所理解的灌木草原、荒漠草原。灌木荒漠应该是由适中温超旱生灌木所形成的植物群落的综合;这些群落在地理分布上具有显域性和一定的分布区。

新疆的灌木荒漠由麻黄(*Ephedra przewalskii*、*E. fedtschenkoi*)、霸王、白刺(*Nitraria sphaerocarpa*、*N. roborowskii*)、沙拐枣(*Calligonum roborowskii*、*C. mongolicum*、*C. flavidum*)、木蓼(*Atraphaxis frutescens*、*A. compacta*、*A. virgata*)、裸果木、木旋花等建群种形成的群落所组成。

灌木荒漠在新疆大面积分布于塔里木盆地、嘎顺戈壁、东疆间山盆地,零散分布于准噶尔盆地。它的生境是严酷的。年降水总量一般不超过 150 毫米,地下水位深达 15 米以下。地貌为山麓洪积扇、山间平地、沙丘地区和一些低矮的干旱石山。基质为沙性和砾石质的。土壤为含盐、石膏的灰棕荒漠土和棕色荒漠土,养分很贫乏。

灌木荒漠中各个植物群落的种类组成很贫乏,在 10 米×10 米样地上,最多只记载到十多个植物种,有的群落只有 1~2 个种组成。群落结构也极简单,大多为单层结构,少数群落具有双层结构。

植物群落的复合现象和镶嵌现象在灌木荒漠中亦有所见。如在准噶尔盆地内的沙漠中,普遍存在着复合体。沙丘顶部为白梭梭群落,丘间起伏沙地上为沙拐枣(*Calligonum mongolicum*)群落。额尔齐斯河西部河旁阶地上的草灌丛在沙丘顶部为硬果沙拐枣(*Calligonum flavidum*)群落,丘间起伏的沙地上为沙蒿群落,丘间平地为草原化蒿类荒漠。在天山南麓的泡泡刺(*Nitraria sphaerocarpa*)群落中,我们亲自观察到泡泡刺阻挡风沙流而在植株基部堆积成小沙包。小沙包有利于塔里木沙拐枣(*Calligonum roborowskii*)的种子萌发和定居。这样,在泡泡刺群落中出现了一丛丛的塔里木沙拐枣植丛。

新疆的灌木荒漠有下列一些植物群系：

1. 膜果麻黄群系（Form. *Ephedra przewalskii*）

2. 帕米尔麻黄群系（Form. *Ephedra fedtschenkoi*）

3. 霸王群系（Form. *Zygophyllum xanthoxylon*）

4. 泡泡刺群系（Form. *Nitraria sphaerocarpa*）

5. 塔里木白刺群系（Form. *Nitraria roborowskii*）

6. 裸果木群系（Form. *Gymnocarpos przewalskii*）

7. 木旋花群系（Form. *Convolvulus fruticosus*）

8. 塔里木沙拐枣群系（Form. *Calligonum roborowskii*）

9. 沙拐枣群系（Form. *Calligonum mongolicum*）

10. 硬果沙拐枣群系（Form. *Calligonum flavidum*）

11. 木蓼群系（Form. *Atraphaxis frutescens*）

12. 密木蓼群系（Form. *Atraphaxis compacta*）

13. 帚枝木蓼群系（Form. *Atraphaxis virgata*）

1. 膜果麻黄群系

膜果麻黄群系是灌木荒漠中最大的一个类型，大面积分布于嘎顺戈壁、库鲁塔克山、天山南麓、帕米尔东麓、昆仑及阿尔金山北麓，小面积见于艾比湖西岸、北岸和北塔山南麓。它多处于山麓洪积扇上，而在干旱的昆仑山和阿尔金山北麓则处于河谷阶地、洪积扇的冲沟中或覆盖沙层的地段上。它适应于砾质石膏棕色荒漠土和砾质石膏灰棕荒漠土，土壤中含有大量可溶性盐和石膏晶体。它在天山南麓也见于前山带石质山坡或碎石坡积物上。比较特别的是在博斯腾湖北岸的沙丘上见到它的分布。

膜果麻黄群系所处生境相当复杂，所以类型比较多。

膜果麻黄形成的单优势种群落面积最大，几乎到处均有分布。它形成高40~60厘米单一的层片；在条件较好的地方（如有大量径流灌溉的洪积扇中下部）可形成高达1~1.5米的较密集的层片。群落总盖度一般为10%左右，但也可以高达15%~20%或低到5%以下。群落中伴生植物有：泡泡刺、费尔干霸王（*Zygophyllum fergenense*）、木旋花、盐生木、合头草、盐生草（*Halogeton glomeratus*）等；而在南疆海拔高度较高的山地（如库鲁塔格山），还可以见有锦鸡儿（*Caragana*）、准噶尔铁线莲（*Clematis soongorica*）、东方针茅（*Stipa orientalis*）、三芒草（*Aristida adscensionis*）等草原植物。

膜果麻黄与沙拐枣形成的荒漠分布于天山南麓、嘎顺戈壁、阿尔金山北麓，面积不大。它出现于洪积扇上覆薄沙的地段。

这类荒漠群落的总盖度为10%左右。沙拐枣有明显的生态地理替代现象，在嘎顺戈壁为沙拐枣，向西到塔里木盆地为塔里木沙拐枣。群落种类组成简单，常常只有一、两种。但在山麓洪积扇下部有地面径流供给土壤水分的地段，群落种类组成较丰富。群落中伴生植物有：刺蓬（*Salsola pestifer*）、盐生草；而在沙层较厚处尚可见到：沙米（*Agriophyllum arenarium*）、细叶虫实（*Corispermum heptapotamicum*）、星状刺果藜（*Echinopsilon divaricatum*）。

膜果麻黄与超旱生夏绿灌木形成的荒漠群落分布于天山南麓的哈密、托克逊、焉耆、轮台、库尔勒、和硕一带，嘎顺戈壁、阿尔金山北麓的且末地区也有分布。

这类荒漠的从属层片由霸王、沙拐枣（*Calligonum mongolicum*、*C. roborowskii*）所组成。它处于山麓洪积扇或低矮石山上，土壤含砾石很多。而具沙拐枣的群落则处于覆薄沙的地段。群落总盖度为10%左右。建群层片和从属层片的高度为40~50厘米。群落中伴生植物有：琵琶柴（*Reaumuria soongorica*）、合头草、裸果木、泡泡刺、天山猪毛菜、短叶假木贼（*Anabasis brevifolia*）、盐生草。在天山南麓、嘎顺戈壁一带的山麓洪积扇下部，因有地表径流，土壤水分条件较好，群落种类组成中则有较多的一年生草本植物，如刺蓬、沙米、星状刺果藜、细叶虫实。

膜果麻黄与耐盐潜水超旱生夏绿灌木形成的群落是比较特别的。它分布于若羌以南地区、民丰以西地区、乌帕地区、嘎顺戈壁的牙曼苏河谷和库尔勒以西地区。它均处于洪积扇下部。

这类荒漠群落的从属层片为刚毛柽柳（*Tamarix hispida*），高80~150厘米。膜果麻黄高50厘米左右。群落总盖度为6%~15%。群落中伴生植物有：沙拐枣、骆驼蓬（*Peganum harmala*）、散枝鸦葱（*Scorzonera divaricata*）、刺蓬、蒙古紫菀木（*Asterothamnus centraliasiaticus*）、裸果木、盐生草。而在乌帕以西地区，群落中尚见有少量的短生植物——四齿芥（*Tetracme quadricornis*）、刺果鹤虱（*Lappula spinocarpa*）等。

膜果麻黄与耐盐超旱生夏绿半灌木形成的荒漠

群落分布不广,见于库鲁克山巴什托克拉克泉以北地区和乌帕以西地区的山麓洪积扇上,土壤为沙砾质,地表覆有薄沙,土层中含石膏。

这类荒漠群落中的从属层片由琵琶柴、合头草组成。群落盖度 10% 左右,优势层片高 40~50 厘米。群落中伴生植物,在乌帕以西不见其他植物,而在嘎顺戈壁则见有:沙拐枣、短叶假木贼、盐生草。

膜果麻黄与超旱生小半灌木形成的荒漠群落见于乌帕去克曲克拉大的途中及康苏以东地区。这类群落处于山麓洪积扇上季节性流水冲刷成无数浅沟的地段。超旱生小半灌木为喀什蒿(*Artemisia kaschgarica*),生于覆有薄沙的地段。群落总盖度达 20%。群落中伴生植物种类较多,有琵琶柴、合头草、喀什霸王(*Zygophyllum kaschgaricum*)、灌木紫菀木、刺蓬、盐生草,并有不少短生植物,如四齿芥、刺果鹤虱、抱茎独行菜(*Lepidium perfoliatum*)、离子草(*Chorispora tenella*)等。在康苏地区的这类群落中见有小沙冬青(*Ammopiptanthus nanus*)。

2. 帕米尔麻黄群系

帕米尔麻黄荒漠是一个比较特殊的群系,仅见于昆仑山西端和帕米尔一带的高山谷地内。它所处海拔高度为 3200~3300 米。在被冰水稍侵蚀的洪积锥上见到帕米尔麻黄形成的稀疏群落。群落总盖度只有 5%~7(10)%。在群落中混生有不多的大足霸王(*Zygophyllum macropodum*)、骆驼蓬、莫氏委陵菜(*Potentilla moorcroftii*)等。

3. 霸王群系

霸王为建群种形成的群落广布于诺明戈壁区的低山丘陵、托克逊西北的低山、和硕-库尔勒的山前洪积扇上,面积相当大。而在嘎顺戈壁的低山、残丘间的谷地中,也见到它的分布,虽然面积不大。其生境土壤中多棱角砾石,即使下层土壤也仅于碎石中夹有细土;土层中含有大量石膏。

霸王形成的群落总盖度为 10%~20%。它在诺明戈壁和嘎顺戈壁生长矮小,高不过 15~20 厘米;但在托克逊西北、和硕-库尔勒一带,因处于山麓洪积扇下部,夏季能接受较多的地表径流水,所以生长高大,可达 1 米左右。群落种类组成贫乏,最多在 100 平方米内只有 5 种。群落中伴生植物有木旋花、膜果麻黄、短叶假木贼、塔里木沙拐枣、泡泡刺、盐生草;在诺明戈壁区的低山上还可以见到刺锦鸡儿(*Caragana spinosa*)。

4. 泡泡刺群系

泡泡刺为建群种的荒漠群落只分布于东疆和南疆。它广泛而大面积地分布在哈密盆地和嘎顺戈壁,处于准平原化的石质残丘、山麓洪积扇和山间平地以及干河谷中,具有明显的景观作用。它在天山南麓的焉耆盆地、阿克苏、喀什一带,大面积地处于山麓洪积扇上。在昆仑山北麓的叶城、桑株巴札地区不仅大面积地分布在山麓洪积扇上,而且能上升到山地,占据着海拔 1500~2000 米和 2000~2400 米高度范围,成为独立的山地荒漠垂直带。它所处的土壤石质性很强,为砾质沙壤质。在泡泡刺植株基部往往形成小沙包,为它的生长发育创造了水分、温度和营养物质等方面的较好的小环境。

这一荒漠群系中分布最广的为泡泡刺单优势种群落。它见于昆仑北麓的桑株巴札地区、柯坪南山的山前平原、焉耆盆地、库米什盆地、嘎顺戈壁、哈密盆地等地区。这些地区的这类荒漠群落占泡泡刺群系总面积的 80%。泡泡刺高 20~60 厘米,曾在 100 平方米内记载到 13 丛植株。群落总盖度只 3%~5%。群落种类组成贫乏,伴生植物有:膜果麻黄、塔里木沙拐枣、琵琶柴、裸果木、合头草、盐生草。

泡泡刺与超旱生常绿灌木膜果麻黄形成的群落,只见于嘎顺戈壁,面积不大。它出现于山间干旱河谷两旁的沙砾质洪积物上,地表多石块。群落总盖度只 2% 左右,有时可达到 7%。群落种类组成贫乏。伴生植物有沙拐枣、裸果木、琵琶柴、合头草。

在柯坪南山山前平原和阿图什、乌帕以西地区见到有泡泡刺与合头草形成的群落,面积不大。泡泡刺高 40 厘米左右,在 400 平方米面积上只有 16 株。群落总盖度 3%~5%。群落种类组成也很贫乏。伴生植物有:无叶假木贼(*Anabasis aphylla*)、圆叶盐爪爪、琵琶柴、盐生草。

5. 塔里木白刺群系

在昆仑山北麓的合头草荒漠带内,常于河谷阶地上出现塔里木白刺群落。这种植物生长高达 1 米以上,形成特殊的景象。

6. 裸果木群系

这一群系主要见于嘎顺戈壁、哈密盆地,处于山间谷地。土壤为石质性很强的棕色石膏荒漠土。

裸果木多形成单优势种群落,有时与霸王形成群落。群落总盖度 10% 左右。伴生植物很少,有短叶假木贼。

7. 木旋花群系

这一荒漠群系零星分布于北塔山山麓洪积扇、夏子街东南和贝得仁山东段的低山丘陵、博东谷地、天山南坡木札尔特河谷出口处的低山,也见于喀什地区的哈拉贡、卡浪沟、乌怯等地。土壤石质性很强,但也有粗沙质的。

木旋花在山麓、低山上多成单优势种群落出现。伴生植物不多,有琵琶柴、刺蓬、沙拐枣、盐生木、合头草、膜果麻黄、优若藜(Eurotia ceratoides);在南疆的某些群落中尚见有圆叶盐爪爪。

在博乐谷地,海拔 1300 米处见有木旋花与小禾草形成的草原化荒漠群落。小禾草已能形成从属层片,由准噶尔闭穗(Cleistogenes thoroldii)、东方针茅所组成。群落中已分化出 10 厘米高的灌木层和 5 厘米高的禾草层。群落总盖度 10% 左右。群落中的伴生植物有:棱狐茅、木地肤(Kochia prostrata)、小蓬、博乐蒿、多根葱(Allium polyrhizum)、阿尔泰紫菀(Aster alticus)等。

8. 塔里木沙拐枣群系

这一荒漠群系分布于天山南麓、帕米尔东麓、昆仑山北麓,处于山麓洪积扇下部。所处土壤为沙质或沙砾质。

塔里木沙拐枣多形成单优势种群落。它在沙质土壤上生长高大,可达 1.5~2 米,但很稀疏。群落总盖度只及 2% 左右。伴生植物极贫乏,只有盐生草,有时连伴生植物也没有。它在沙砾质土壤上高仅 30~50 厘米。群落总盖度为 2%~5%。群落种类组成稍多一些。伴生植物有:泡泡刺、琵琶柴、散枝鸦葱、盐生草。

9. 沙拐枣群系

这一荒漠群系分布于库鲁塔格山和觉洛塔克山东端的山麓洪积扇上覆薄沙的地段。在嘎顺戈壁的山间沙质干谷中也见到它的分布。

在觉洛塔克山北坡托克拉克泉地区,因地势高,有地表径流水补给土壤水分,所以沙拐枣生长较密。盐生草可形成从属层片。群落总盖度达到 8%~10%。伴生植物有:膜果麻黄、琵琶柴、刺蓬、星状刺果藜、细叶虫实等。

在面向罗布泊的觉洛塔克山南坡和嘎顺戈壁的中部,因气候极端干旱,沙拐枣只能在洪积扇的干沟中稀疏地生长,不足以形成群落。

在嘎顺戈壁,沙拐枣在积沙地段密集生长而高大。群落总盖度可达 10%。伴生植物有:膜果麻黄、泡泡刺和盐生木。

10. 硬果沙拐枣群系

这一群系面积不大。它分布于准噶尔盆地古尔班通古特沙漠东缘及额尔齐斯河两岸的沙丘上。它可以处于 30~50 米高的流动沙丘上,也可以处于高不过 5 米的草灌丛沙丘上。

在流动沙丘上,硬果沙拐枣植株高大而稀疏,常高达 1.5 米左右,成丛生长。群落总盖度不过 10%。硬果沙拐枣可以呈单一的植丛生长,也可以与巨穗滨麦(Elymus giganteus)或羽毛三芒草(Aristida pennata)形成稀疏的群落。伴生植物很少,只零星见有黄芪(Astragalus)、棘豆(Oxytropis)、无叶豆(Eremosparton songoricum)等。

在额尔齐斯河两岸的草灌丛沙丘上,硬果沙拐枣与优若藜或二穗麻黄(Ephedra distachya)形成不同群落。群落层片结构明显,总盖度可达 20%~40%。伴生植物较多,且多木本植物,有沙蒿、苦艾蒿(A. santolina)、木地肤、黄芪、棘豆、倒披针叶虫实(Corispermum lehmannianum)、沙生针茅(Stipa glareosa)等。

木蓼群系、密木蓼群系和帚枝木蓼群系的面积都不大,但分布相当广泛。在天山北坡前山、低山带年轻的砾质卵石洪积扇上和干河床中常常可以见到它们的分布。在达坂城谷地及博格达山南坡的类似生境上也见到它们,呈小面积出现。植丛高 30~50 厘米,群落总盖度 10%~20%。群落中伴生植物不多,常见的有:光果粉苞菊(Chondrilla lejosperma)、优若藜、耐盐蒿(Artemisia schrenkiana)。有时优若藜形成从属层片。这几种植物有时分别形成小群落,彼此成为复合体生长在同一生境上。

(Ⅱ)小半乔木荒漠

新疆的小半乔木荒漠是建群植物生活型同属于超旱生小半乔木的植物群落综合而成的。在新疆,建群种有梭梭(Haloxylon ammodendron)和白梭梭。

小半乔木荒漠在新疆广泛分布于准噶尔盆地,零星分布于塔里木盆地的北缘、东南缘以及嘎顺戈壁。它主要分布在山麓洪积扇、山麓淤积平原和大沙漠内。

小半乔木的梭梭和白梭梭在多种多样的荒漠条件下,与各种生活型的不同植物种形成各种具有特色的荒漠类型。在准噶尔盆地的北部,梭梭往往与旱生多年生丛生禾草形成具有草原化特点的群落。

而分布最广泛的则为梭梭与超旱生半灌木、超旱生小半灌木形成的群落。梭梭与超旱生灌木形成的群落只见于准噶尔盆地东部和塔里木盆地北缘。它与多年生短生植物和短生植物形成的群落则比较特殊,只分布于准噶尔盆地内的山麓淤积平原和沙漠中。

新疆的小半乔木荒漠有以下三个群系:

1. 梭梭群系(Form. *Haloxylon ammodendron*)
2. 白梭梭群系(Form. *Haloxylon persicum*)
3. 梭梭、白梭梭群系(Form. *Haloxylon persicum* + *Haloxylon ammodendron*)

1. 梭梭群系

这一荒漠群系大面积分布在准噶尔盆地,零星分布于塔里木盆地北缘、东南部以及嘎顺戈壁。

梭梭群系的生态幅度相当宽。它可以分布于大沙漠边缘的沙地上,也可以见于山麓淤积平原低地和古湖相沉积物上。最特别的是它可以分布于生态条件极为严酷的砾质戈壁上。这一群系既能适应于各种类型的灰棕荒漠土,也适应于棕钙土。它所处的土壤可以是淡土,也可以是盐化或碱化土;土壤机械组成可以是壤质、沙质、砾质,亦可以是"纯沙"。它所适应的土壤水分可以只靠大气降水供应,也可以靠地下水供应。

与梭梭共同形成群落的植物种是新疆荒漠植被中最丰富的。根据初步统计,这一群系的种类组成达到 146 种之多。

地理分布广,生态幅度宽,植物种类组成丰富,这就使梭梭群系的类型学特征复杂化。梭梭可以呈单优势种群落,也可以与超旱生灌木、超旱生半灌木、超旱生小半灌木、超旱生多年生草本植物、超旱生一年生草本植物、多年生短生植物、短生植物形成多种多样的植物群落。

纯的梭梭荒漠分布很广。它适应于盐化壤土,也见于含石膏的砾质戈壁。

在壤土上,梭梭高达 1.5~2 米以至 4~5 米。群落总盖度因土壤不同而各异,在龟裂型土壤上不超过 10%,在壤土、沙土上会达 30%~40%。群落种类组成在龟裂型及强盐化土壤上只有 5 种左右,而在弱盐化土、沙壤土上则可以多达 10~14 种。伴生植物多为一年盐柴类,如:盐生草、散枝梯翅蓬(*Climacoptera brachiata*)、粗茎梯翅蓬(*C. subcrassa*)、角果藜(*Ceratocarpus utriculosus*)、叉毛蓬(*Petrosimonia sibirica*)等。

在砾质戈壁上,梭梭高度一般不超过 1 米。群落总盖度 5%~10%。群落种类组成很单调,只有 5 种左右。伴生植物多为超旱生灌木或超旱生半灌木,常见的有:膜果麻黄、木蓼、琵琶柴、优若藜、盐生木、合头草等。

在准噶尔盆地的玛纳斯河、乌伦古河下游河旁阶地或沙漠边缘,可以见到梭梭与耐盐潜水超旱生灌木形成的群落。它适应于低于 10 米的固定沙丘和覆薄沙的盐化沙壤质土壤,或有地下水供应(大河旁),或无地下水供应。在没有地下水供应的地段上,耐盐潜水超旱生灌木衰退,不能天然更新。

这一荒漠类型内的梭梭与耐盐潜水超旱生灌木——多枝柽柳(*Tamarix ramosissima*)、毛红柳(*T. hispida*)、长穗柽柳(*T. elongata*)、铃铛刺(*Halimodendron halodendron*),形成高 1~2 米的层片。在一些沙丘上的群落中往往还具有由超旱生半灌木、超旱生小半灌木组成的从属层片,主要是苦艾蒿、沙蒿、木本猪毛菜(*Salsola arbuscula*)、优若藜等。群落种类组成为 10~18 种。伴生植物多为超旱生一年生草本植物和短生植物,有猪毛菜(*Salsola collina*)、刺蓬、沙生角果藜(*Ceratocarpus arenarius*)、翅花碱蓬(*Suaeda pterantha*)、四齿芥、施母草(*Schismus arabicus*)等。而在一些薄沙地上常常见到有荒漠墙藓(*Tortula desertorum*)和黑色地衣。

在准噶尔盆地和塔里木盆地北缘的高 5~10 米的固定、半固定沙丘上,梭梭则往往与沙生超旱生灌木沙拐枣形成不同的群落。梭梭高达 1~1.5 米,形成明显的建群层片。沙拐枣种类因地而不同,在准噶尔盆地内为硬果沙拐枣,在塔里木盆地内为沙拐枣。群落种类组成简单,只有 5~10 种。伴生植物在准噶尔盆地有:对节刺(*Horaninowia ulicina*)、钠猪毛菜(*Salsola nitraria*)、沙米、侧花沙蓬(*Agriophyllom lateriflorum*)、尖刺地肤(*Kochia schrenkiana*)、骆驼蹄板(*Zygophyllum fabago*);在塔里木盆地有:沙米、骆驼蹄板等。

梭梭与超旱生半灌木沙拐枣(*Calligonum leucocladum*、*C. aphyllum*)形成的群落只分布于准噶尔盆地。它们处于沙漠边缘的低缓沙丘上,沙丘高 5~10 米,为固定、半固定的。群落总盖度 10%~25%。群落种类组成较单纯,为 5~10 种。伴生植物有:对节刺、沙米、猪毛菜、鹤虱(*Lappula semiglabra*)、非洲滨兰(*Malcolmia africana*)、沙生大戟(*Euphorbia turczaninowia*)等。

梭梭与超旱生半灌木形成的荒漠群落以小面积出现于准噶尔盆地。土壤为中度或纯度盐化土、龟裂型土或覆薄沙沙壤土,极少为砾沙质土壤。

梭梭在群落中高 1.5~2 米。形成超旱生半灌木从属层片的为:琵琶柴、优若藜、无叶假木贼。群落总盖度为 15%~30%。群落种类组成在龟裂型土壤上只有 2~5 种,在盐化土、沙壤土上可达 10~15 种之多。伴生植物有:多叶猪毛菜(*Salsola foliosa*)、柔毛节节盐木(*Halimocnemis villosa*)、叉毛蓬、粗茎梯翅蓬、小车前(*Plantago minuta*)、钠猪毛菜、角果藜等。

梭梭与超旱生小半灌木形成的群落分布较广,见于准噶尔盆地。它们可以出现在沙漠边缘低于 5 米的固定沙丘或薄沙地上,也可以出现在砾沙质的戈壁上。土壤为沙、沙壤土或含石膏的砾沙质土壤。

梭梭高为 1 米以下(在砾沙质土壤上)以至 1.5~2 米。超旱生小半灌木从属层片为由地白蒿(*Artemisia terrae-albae*)、小蒿(*A. gracilescens*)、沙蒿、盐生假木贼、直立猪毛菜(*Salsola rigida*)或木本猪毛菜所组成。群落总盖度为 15%~40%。群落种类组成为 10~17 种。伴生植物有:对节刺、钠猪毛菜、角果藜、沙生角果藜、长喙牻牛儿苗(*Erodium hoefftianum*)、独尾草(*Eremurus anisopterus*、*E. inderiensis*)、东方旱麦草(*Eremopyrum orientale*)、施母草等。

梭梭与一年生草本植物形成的群落广泛分布于准噶尔盆地西南部沙漠边缘薄沙地上,小面积见于塔里木盆地北缘薄沙地上。土壤多少有些盐化,为沙壤土至沙土,往往有地下水供应。

梭梭在群落中高 1.5~2 米。一年生草本植物层片由对节刺、钠猪毛菜、盐生草、粗茎梯翅蓬、柔毛节节盐木所组成。群落总盖度达 20%~30%。群落种类组成较单纯,为 3~9 种。伴生植物在准噶尔盆地弱盐化沙地上多为:刺蓬、叉毛蓬、猪毛菜、倒披针叶虫实、鹤虱、四齿芥等;在强盐化土壤上多出现:琵琶柴、具叶盐爪爪(*Kalidium foliatum*)、盐穗木。

在准噶尔盆地乌伦古河以南的沙漠边缘地区,见到由梭梭与多年生短生植物、短生植物形成的群落。它们主要出现在低于 5 米的沙丘间的薄沙地上。

梭梭在群落中高达 1~1.5 米。多年生短生植物、短生植物层片由长喙牻牛儿苗、独尾草(*Eremurus anisopterus*、*E. inderiensis*)、东方旱麦草、四齿芥、施母草所组成。群落总盖度达 30%~40%。群落种类组成较丰富,达 10~18 种之多。伴生植物有:钠猪毛菜、柔毛节节盐木、叉毛蓬、金纽扣(*Cancrinia discoidea*)、角果藜、鹤虱、紫筒草(*Arnebia guttata*)、微孔草属(*Microula*)、条叶扁果荠(*Meniocus linifolius*)等。此外,在玛纳斯河下游一带薄沙地上往往见有黑色地衣层片。

梭梭与超旱生灌木形成的群落见于准噶尔盆地东南部和嘎顺戈壁。它出现在石膏砾质或石质土壤上。

梭梭在群落中高只有 50~100 厘米。从属层片由超旱生灌木膜果麻黄、木蓼、泡泡刺所组成。群落总盖度不超过 10%。群落种类组成极贫乏,只有 2~7 种。伴生植物有盐生草、刺蓬等。

2. 白梭梭群系

白梭梭群系只分布于准噶尔盆地,主要见于古尔班通古特大沙漠和艾比湖东的沙漠中;也零星见于乌伦古河、额尔齐斯河两岸的一些小片沙地上。

这一荒漠群系只分布在沙漠地区的沙丘或厚层沙地上。它是典型的沙生植物群系。在沙漠里它主要分布在半固定或固定沙丘上,小面积出现于半流动沙丘。土壤为沙丘沙,一般无盐化现象。土壤水分靠大气降水供应,与地下水无联系。

形成小半乔木层片的白梭梭在群落中的高度随生境不同而不同。它在半流动沙丘上高可达 1.5~3 米,在半固定沙丘上高 1.5~2 米,而在固定沙丘上则高仅达 1~1.5 米。白梭梭在各个群落中的作用随着沙丘的固定程度而有所不同。它在半流动沙丘上成散生状态;在半固定沙丘上发育最好,形成盖度达 10%~20% 的建群层片;但随着沙丘进入固定阶段,它则被其他植物所排挤,而处于衰退状态,盖度下降到 5% 以下。组成白梭梭群系的植物种类组成相当丰富,根据我们考察的资料统计有 100 多种。

在 10~50 米高的半流动新月形沙丘向风坡及 10~30 米高的半固定沙丘的顶部,白梭梭与沙丘上的先锋植物沙拐枣、三芒草形成稀疏的植物群落。作为优势种的沙拐枣(*Calligonum flavidum*、*C. leucocladum*、*C. aphyllum*)和羽毛三芒草均在植株基部形成不同高度的风植沙堆[①]。沙子流动性较

---

① 在植物影响下,风沙流受阻,沙积于植物基部而形成沙堆,这种沙堆名为风植沙堆。

大,限制其他植物生长,因而这类植物群落的种类组成甚为单调,只有 5~10 种,而且均为典型的沙生植物,如倒披针叶虫实、沙米、对节刺、猪毛菜、沙生角果藜等。

随着半流动沙丘进入半固定状态,白梭梭得到良好发展,而且能与更多的属于不同生活型的植物形成多种多样的植物群落。

在准噶尔盆地内大沙漠西南部和南缘,在一些高达 5~20 米的半固定沙丘上,经常见到白梭梭与白杆沙拐枣(*Calligonum leucocladum*)、一年生草本植物或短生植物形成不同的群落。群落盖度已达 15%~30%,种类组成可达 10~18 种。形成从属层片的一年生草本植物均为典型的沙生超旱生植物,如:对节刺、倒披针叶虫实、猪毛菜、沙生角果藜。在春季到春夏之交形成多年生短生植物和短生植物层片的有:鹤虱、东方旱麦草、长喙牻牛儿苗。伴生植物有:沙米、长叶节节盐木、尖刺地肤(*Kochia schrenkiana*)、蓝刺头(*Echinops gmelini*)、紫筒草、施母草、刺荆芥(*Nepeta pungens*)、非洲滨兰等。

在准噶尔盆地南部和西南部沙漠边缘高 5~15 米的固定沙丘上见到白梭梭与超旱生半灌木、超旱生小半灌木、一年生草本植物或多年生短生植物、短生植物形成的不同群落。白梭梭在这里已处于衰退状态。形成从属层片的超旱生半灌木有优若藜,而超旱生小半灌木则有:苦艾蒿、地白蒿、二穗麻黄。超旱生一年生草本植物主要是倒披针叶虫实、对节刺。多年生短生植物、短生植物:沙薹、鹤虱、东方旱麦草、长喙牻牛儿苗、英杰独尾草(*Eremurus inderiensis*)等。群落总盖度为 10%~25%。群落种类组成达 15~22 种之多。伴生植物有:猪毛菜、尖刺地肤、沙生角果藜、蓝刺头、施母草、羽毛三芒草、沙生大戟、紫筒草等。

草原化的白梭梭荒漠群落散布在准噶尔盆地北部的一些沙丘地区,处于低于 10 米的固定沙丘上。白梭梭在群落中的作用更小了。形成从属层片的有:超旱生半灌木的优若藜,超旱生小半灌木的苦艾蒿、二穗麻黄,多年生旱生丛生禾草的沙生针茅、巨穗滨麦。群落总盖度为 25%~30%。群落种类组成只 10 种左右。

3. 梭梭、白梭梭群系

这一群系分布不广,只见于准噶尔盆地玛纳斯河下游一带沙漠边缘地区。它处于高仅 5~10 米的固定沙丘上。

这一群系为白梭梭群系和梭梭群系之间的过渡类型。群落总盖度一般均达 35% 左右。白梭梭和梭梭形成高达 1.5~2 米的建群层片。其下多少有一些白杆沙拐枣。由于沙丘固定良好,苦艾蒿、对节刺、沙米可以形成从属层片。群落种类组成 10~18种。伴生植物有刺蓬、尖刺地肤、鹤虱、东方旱麦草、施母草、沙生大戟等。

(Ⅲ) 半灌木荒漠

新疆的半灌木荒漠是建群植物生活型同属于超旱生半灌木的植物群落的综合。它的建群植物为:白杆沙拐枣、灌木紫菀木、琵琶柴(*Reaumuria soongorica*、*R. trigyna*、*R. kaschgarica*)、优若藜、圆叶盐爪爪、盐生木、合头草。

半灌木荒漠广泛分布于准噶尔盆地、塔里木盆地、哈密盆地、吐鲁番盆地、嘎顺戈壁、昆仑山北坡和阿尔金山北坡。它大多处于山麓淤积平原、山麓洪积扇,也分布于沙丘和干旱低山上。而在昆仑山北坡和阿尔金山北坡则可成为山地植被垂直带,出现于海拔 1400~2400 米。它所适应的土壤为荒漠灰钙土、灰棕荒漠土、棕色荒漠土和山地棕色荒漠土。土壤中多含有可溶性盐和石膏,机械组成为壤质、砾质或沙质。它们的分布一般与地下水无联系。

新疆的半灌木荒漠大部分是单层片结构,种饱和度低,群落盖度小而缺乏早春季相。它们常常和灌木荒漠交错分布在砾质、石质戈壁上。

新疆的半灌木荒漠有:

1. 灌木紫菀木群系(Form. *Asterothamnus fruticosus*)

2. 白杆沙拐枣群系(Form. *Calligonum leucocladum*)

3. 琵琶柴群系(Form. *Reaumuria soongorica*)

4. 五柱琵琶柴群系(Form. *Reaumuria kaschgarica*)

5. 黄花琵琶柴群系(Form. *Reaumuria trigyna*)

6. 优若藜群系(Form. *Eurotia ceratoides*)

7. 盐生木群系(Form. *Iljinia regelii*)

8. 合头草群系(Form. *Sympegma regelii*)

9. 圆叶盐爪爪群系(Form. *Kalidium schrenkianum*)

1. 灌木紫菀木群系

在昆仑山西端北坡海拔 1760 米的山麓洪积扇

上见到这一群系的植物群落。这一植物群落的建群种为灌木紫菀木。它所处的土壤含大量卵石，可达85%，靠暂时地表径流供应土壤水分。群落中植物很稀疏，总盖度7%~8%。群落种类组成也很贫乏，只见到裸果木。

2. 白杆沙拐枣群系

这一群系集中分布于准噶尔盆地内古尔班通古特沙漠北部，处于沙垄间起伏沙地上。沙层中水分状况良好。

白杆沙拐枣在群落中高达30~50厘米，形成稀疏的半灌木层片。它在不同地形部位分别与二穗麻黄、地白蒿、苦艾蒿或沙蒿形成群落。群落总盖度可达30%~40%。层片结构明显，有的地段上还发育有沙薹层片。但是群落种类组成不丰富。伴生植物有准噶尔鸢尾（*Iris songarica*）、异翅独尾草（*Eremurus anisopterus*）等。

在一些半固定沙丘（高达10~20~30米）的向风坡下部，也可以见到小面积的白杆沙拐枣与沙生一年生草本植物形成的群落。这些沙生一年生草本植物有：倒披针叶虫实、对节刺。群落总盖度不超过20%。伴生植物有羽毛三芒草、沙米、鹤虱等。

3. 琵琶柴群系

这一荒漠群系广泛而大面积地分布于准噶尔盆地西南部的山麓淤积平原，并能延伸到大沙漠边缘的沙丘间平地上。在博乐谷地覆有黄土状物质的高阶地上亦有它的群落。但是在这些地区绝不进入海拔800米以上的山地。而在诺明戈壁地区它能上升到海拔1800米的山间平地。它在天山南坡分布在海拔1500米至海拔2000米的山麓洪积扇上部和前山低山带的山坡、山间谷地及洪积锥上。这一群系在昆仑山北坡能上升到海拔1600~2400米，处于洪积扇的上部，在阿尔金山更能以稀疏的群落出现在海拔3200米的山地。由此可见，这一群系在准噶尔盆地为平原显域性植被，而在诺明戈壁地区、天山分水岭以南各地区已成为山地垂直带植被。这一群系在准噶尔盆地适应于壤质盐碱化荒漠灰钙土，小面积适应于强盐化土壤，在天山分水岭以南各地区则适应于砾质石膏棕色荒漠土。

在天山南坡洪积扇和嘎顺戈壁的准平原化残丘的丘间平地上，可以见到琵琶柴纯群。土壤砾质性很强，含有大量石膏。琵琶柴在群落中形成高35~70厘米的建群层片。它在积沙处能生长到1米的高度。群落总盖度5%~10%。群落种类组成极贫

乏。偶尔在积沙处见到伴生植物泡泡刺、散枝鸦葱。

琵琶柴与超旱生灌木形成的群落主要分布在天山南麓和帕米尔北麓的山麓洪积扇上。土壤为砾质性很强的石膏棕色荒漠土，地表石块占50%以上。

琵琶柴在群落中形成高30~50厘米的层片。从属层片则由膜果麻黄或泡泡刺所形成。群落总盖度15%左右。群落种类组成简单。伴生植物有：裸果木、合头草、盐生草、刺蓬。在一些干沟中有较多的喀什蒿。比较特别的是，在帕米尔北麓的这类群落中见有一些短生植物，如：四齿芥、短喙犄牛儿苗（*Erodium tibetanum*）、抱茎独行菜、离子草、东方旱麦草等。

琵琶柴与耐盐潜水超旱生灌木形成的群落见于准噶尔盆地嘎顺戈壁和天山南麓库尔勒地区。

在准噶尔盆地内的一些强盐化土壤上，琵琶柴与柽柳（*Tamarix ramosissima*、*T. hispida*、*T. laxa*）形成群落。琵琶柴高40厘米左右；这些种类的柽柳高1.5~2米。群落总盖度达9%~12%。群落中的伴生植物有：翅花碱蓬、多叶猪毛菜、长刺猪毛菜（*Salsola paulsenii*）、囊果碱蓬（*Suaeda physophora*）。在嘎顺戈壁及库尔勒地区，这类群落的建群层片和从属层片无大变化，而伴生植物有所不同，见有：盐爪爪（*Kalidium foliatum*）、西伯利亚白刺（*Nitraria sibirica*）、泡泡刺、盐节木等。

琵琶柴与梭梭形成的群落见于准噶尔盆地西南部古老淤积平原上。

琵琶柴高40~50厘米，梭梭高1.5米左右。群落总盖度12%~20%。群落种类组成比较简单。伴生植物有：翅花碱蓬、叉毛蓬、肥叶碱蓬（*Suaeda kossinskyi*）、柔毛节节盐木、无叶假木贼、里海盐爪爪（*Kalidium caspicum*）、西伯利亚白刺。

琵琶柴与圆叶盐爪爪形成的群落只见于天山南坡的轮台到喀什三角洲和帕米尔北麓。它在天山南坡由西到东处于海拔1500~1800米、1500~2000米、1800~2000米以至2000~2700米。在帕米尔北麓则处于海拔1600米左右的山麓洪积扇上。它所处土壤为砾质石膏棕色荒漠土，但是在一些山间平地上则为龟裂型土壤。

琵琶柴与圆叶盐爪爪形成高20厘米左右的层片（图48-1）。群落总盖度7%~10%。群落种类组成比较简单。伴生植物有：喀什霸王、合头草、天山猪毛菜、截形假木贼（*Anabasis truncata*）、葱、沙生针

茅、黄芪。

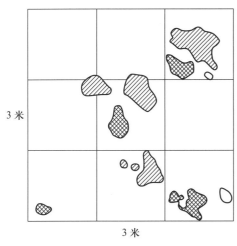

3 米

3 米

◨ 琵琶柴

◨ 圆叶盐爪爪

◯ 截形假木贼

图 48-1　琵琶柴与圆叶盐爪爪形成的群落的水平投影图

琵琶柴与无叶假木贼形成的群落主要分布于准噶尔盆地奎屯河与玛纳斯河一带。土壤为弱碱化的灰棕荒漠土或龟裂型土壤。琵琶柴高 30 ~ 40 厘米，无叶假木贼高 15 ~ 25 厘米。群落总盖度为 10% ~ 20%。群落种类组成简单。伴生植物有：散枝梯翅蓬、绛红梯翅蓬（*Climacoptera affinis*）、柔毛节节盐木、优若藜。在天山南坡前山丘陵地带的砾质石膏棕色荒漠土壤上也见到这样的群落。群落总盖度只有 5% 左右，而且琵琶柴生长矮小，只 25 厘米左右。群落种类组成很简单。伴生植物有刺蓬、盐生草、肉叶刺果藜（*Echinopsilon sedoides*）、圆叶盐爪爪、天山猪毛菜、合头草。

琵琶柴与多汁叶盐生半灌木形成的群落只见于准噶尔盆地西南部的山前淤积平原上的强盐化土壤上。形成从属层片的为：囊果碱蓬、小叶碱蓬（*Suaeda microphylla*）、盐爪爪、里海盐爪爪。琵琶柴高达 50 厘米。群落总盖度 10%。伴生植物有：翅花碱蓬、西伯利亚白刺、多叶猪毛菜。

琵琶柴与耐盐超旱生一年生草本植物形成的群落只分布于准噶尔盆地西南部平原地区。土壤为壤质或黏质的碱化、盐化荒漠灰钙土。

琵琶柴形成高 30 ~ 40 厘米的建群层片。而一年生草本植物高只 5 ~ 10 厘米。有时尚有黑色地衣层片。形成一年生草本植物层片的为：叉毛蓬、散枝

梯翅蓬、肥叶碱蓬（*Suaeda kossinskyi*）、绛红梯翅蓬、角果藜、柔毛节节盐木、翅花碱蓬。群落总盖度为 10% ~ 30%。群落种类组成比较丰富。伴生植物有西伯利亚白刺、梭梭、柽柳（*Tamarix ramosissima*、*T. hispida*）、地白蒿。在一些群落内尚可见到伴生的短生植物，如四齿芥、东方旱麦草、刺果鹤虱等。在这样的群落中还可以见到荒漠墙藓和几种地衣。

琵琶柴与短生植物形成的群落只见于准噶尔盆地西南部山前淤积平原及沙丘间平地上。土壤一般为壤质或黏壤质荒漠灰钙土。

琵琶柴在群落中形成高 20 ~ 40 厘米的层片。形成从属层片的短生植物高 5 ~ 10 厘米，分别由四齿芥、抱茎独行菜、短鞘草（*Colpodium humile*）、珠芽早熟禾（*Poa bulbosa var. vivipara*）等组成。群落总盖度为 10% 左右。群落种类组成较丰富。伴生植物有：散枝梯翅蓬、叉毛蓬、紫筒草、非洲滨兰、离子草、薄叶胡卢巴（*Trigonella tenuis*）、刺果鹤虱、东方旱麦草、地白蒿、格氏补血草（*Limonium gmelinii*）等。

琵琶柴也能与旱生丛生小禾草形成草质化的荒漠群落。它在北疆只分布于巴里坤一带山地海拔 1800 ~ 1900（2000）米。它在天山南坡零星出现于轮台到柯克沙尔之间的前山丘陵和低山上，处于海拔（1700）1800 ~ 1900 米。土壤为砾质土。

琵琶柴在群落中高 20 ~ 30 厘米。小禾草层片由沙生针茅、东方针茅组成，高 7 ~ 10 厘米。群落总盖度 10% 左右。伴生植物有：裴氏细柄茅（*Ptilagrostis pelliotii*）、截形假木贼，在巴里坤一带的群落中还有木碱蓬（*Suaeda dendroides*）、多根葱等。

4. 五柱琵琶柴群系

这一群系分布于帕米尔、昆仑山到阿尔金山的北麓，由西向东处于海拔 1600 ~ 1800 米、1800 ~ 2100 米、1800 ~ 2400 米。它处于山前倾斜平原的上部和部分低山带的下部，适应于石膏棕色荒漠土。

五柱琵琶柴形成高 40 ~ 60 厘米的建群层片。群落总盖度因土壤条件而变化，当地表有沙土覆盖时则生长密集一些，为 2% ~ 3% ~ 15%。群落种类组成单调，而且由西向东越来越贫乏，数种减少到只有一种。伴生植物有：泡泡刺、塔里木沙拐枣、霸王、盐生草。

5. 黄花琵琶柴群系

这一荒漠群系分布于昆仑山、阿尔金山北坡海拔 1440 米到 2330 米，处于山麓洪积扇上。

黄花琵琶柴形成的单优势种群落处于砾质土壤上,砾石含量达50%~60%。群落总盖度1.5%~5%,有达15%的。黄花琵琶柴高达20~30(40)厘米。群落组成极贫乏,只有1~3种。伴生植物均为荒漠种:膜果麻黄、塔里木沙拐枣。

黄花琵琶柴与泡泡刺、膜果麻黄形成的群落处于砾沙质土壤上,土壤含细沙达60%。黄花琵琶柴高达50~60厘米。群落总盖度为6%~8%,种类组成3~5种。伴生植物有塔里木沙拐枣、盐生草、霸王。

黄花琵琶柴与盐生草形成的群落处于海拔2000~2300米的山间谷地或阶地上,土壤砾石性强,砾石含量达50%~60%。它高达30~80厘米。群落总盖度5%~8%。未见伴生植物。

6. 优若藜群系

优若藜荒漠广泛分布于准噶尔盆地、天山南坡以及昆仑山北坡。它在准噶尔盆地处于海拔200~300米的平原到海拔1200米的低山上。它在天山南坡上升到海拔1800~2000米的低山,而在昆仑山北坡更上升到海拔2500米。土壤为棕钙土、灰棕荒漠土或棕色荒漠土,为沙质、壤质、砾质以至石质。

优若藜可以形成单优势种群落。它多出现于低山干谷中,形成较密的群落,这在天山北坡、南坡均有所见。而在昆仑山北坡海拔2500米左右的策勒河谷阶地上也可以见到这类群落。伴生植物极少,见有:黄花琵琶柴、刺蓬、肉叶刺果藜、盐生草。

准噶尔盆地沙漠边缘、伊犁谷地沙丘和额尔齐斯河阶地上的沙丘上,均广泛分布有优若藜与蒿类、短生植物形成的群落。群落总盖度25%~55%。形成从属层片的蒿类有地白蒿、毛蒿(Artemisia schischikinii)、苦艾蒿,而多年生短生植物为沙薹、独尾草。因此层片结构明显。群落种类组成较丰富。伴生植物有沙拐枣、二穗麻黄、沙穗草(Eremostachys molucelloides)、独行菜(Lepidium)、胡卢巴(Trigonella)、鹤虱、车前、沙生角果藜、猪毛菜等。在准噶尔盆地北部尚见有沙生针茅。在伊犁谷地沙丘上尚见有沙槐(Ammodendron argenteum)、伊犁黄芪(Astragalus iliensis)。

优若藜与盐柴类小半灌木、半灌木形成的荒漠群落广泛分布于诺明戈壁地区、博乐谷地、阿尔泰山南麓、北塔山和天山南麓。它们出现于山麓洪积扇或低山上。所处土壤均为砾质性较强的盐化土。

优若藜与盐柴类形成的群落,总盖度只有15%~20%。形成从属层片的盐柴类随地区不同而各异,天山以北为小蓬、直立猪毛菜、盐生假木贼,天山以南为合头草、盐生木和无叶假木贼。群落种类组成简单。伴生植物在天山以北为木蓼、木旋花、二穗麻黄、木地肤等,在天山以南为膜果麻黄、霸王、天山猪毛菜、泡泡刺、锦鸡儿等。

当优若藜分布到准噶尔盆地北部或上升到低山上时,则与草原禾草形成草原化群落。群落总盖度为20%~30%。形成从属层片的禾草为沙生针茅、东方针茅或准噶尔闭穗。群落种类组成并不丰富。伴生植物在天山以北有博乐蒿、亚列兴蒿(Artemisia sublessingiana)、木本猪毛菜、鹤虱、翼白菊(Pyrethrum)等,天山以南为膜果麻黄、霸王等。

7. 盐生木群系

这一群系分布于哈密盆地、伊吾地区、喀什地区、库尔勒、轮台、和布克谷地、艾比湖西岸等地。它处于第三纪残余平原和山前洪积扇上。

盐生木均形成单优势种群落。群落盖度不到10%,有少到1%的。群落种类组成很贫乏。伴生植物在天山以北为梭梭、膜果麻黄、二穗麻黄、亚列兴蒿、毛足假木贼(Anabasis eriopoda)、泡果沙拐枣(Calligonum junceum)、补血草等,天山以南为琵琶柴、无叶假木贼、喀什霸王、裸果木、圆叶盐爪爪、合头草等。

8. 合头草群系

合头草群系广泛分布于天山南坡、帕米尔东坡、昆仑山北坡,形成山地荒漠中最占优势的植被之一。它并沿着库鲁塔格向东分布到嘎顺戈壁。它在天山南坡焉耆以西直到帕米尔东坡是由东向西逐渐升高,下限为海拔1400~1700米,上限为海拔1800~2100米;而在昆仑北坡则由西向东逐渐升高,下限为海拔1800~2000~2200~2600米以至2900米,上限为海拔2100~2600~2900米。它适应于棕色荒漠土,机械组成可以是砾质、石质的,也可以是沙壤质的。

这一群系中绝大部分群落为合头草单优势种(图48-2)。群落总盖度可达15%~18%,有时高达25%,也有稀疏到只有3%。群落种类组成简单。伴生植物在昆仑北坡有刺瓦松(Orostachys spinosa)、盐生草、肉叶刺果藜等;在天山南坡有无叶假木贼、膜果麻黄、裸果木、喀什霸王、琵琶柴、盐生草等。

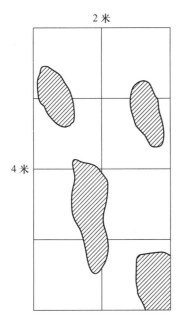

图48-2 合头草群落水平投影图

在天山南麓，零星分布着合头草与琵琶柴形成的群落。群落总盖度3%~5%，群落种类组成贫乏。伴生植物有无叶假木贼、圆叶盐爪爪、喀什霸王、木旋花、天山猪毛菜等。

在天山南坡海拔高度较高处，出现草原化合头草荒漠。形成从属层片的是草原禾草，如沙生针茅、北方冠芒草（*Pappophorum boreale*）。群落总盖度可达30%。群落种类组成仍较贫乏。伴生植物有：芨芨草（*Achnatherum splendens*）、蓖叶蒿（*Neopallasia pectinata*）、华飞帘（*Carduus chinensis*）、圆叶盐爪爪、优若藜等。

9. 圆叶盐爪爪群系

这一群系分布于天山南坡和硕以西海拔1600~1900米，在阿克苏处于海拔1700~2400米，在吐尔朵特处于海拔2000~2500米。它在帕米尔东坡处于海拔1900~2400米，而在昆仑山北坡则处于海拔2700米以上。它出现于山前倾斜平原上部、山间盆地及干旱剥蚀低山、中山带的洪积锥和坡积物上。土壤为砾石性很强的棕色荒漠土。

圆叶盐爪爪与超旱生半灌木形成的群落，大面积分布于天山南坡、帕米尔东坡和昆仑山北坡。形成从属层片的是盐生木、合头草、琵琶柴。群落总盖度3%~5%~12%。群落种类组成贫乏。伴生植物有：无叶假木贼、盐生草、刺瓦松、截形假木贼、天山猪毛菜、膜果麻黄、喀什霸王等。

圆叶盐爪爪与无叶假木贼形成的群落见于喀什

地区的山麓洪积扇上。群落总盖度为3%~5%。群落种类组成很贫乏，有时伴生有少量的琵琶柴。

草原化圆叶盐爪爪荒漠群落见于天山南坡局部海拔较高处。形成从属层片的草原禾草有沙生针茅、东方针茅、裴氏细柄茅。群落总盖度可达15%，群落种类组成并不丰富。伴生植物有木贼麻黄（*Ephedra equisetina*）、灌木紫菀木、琵琶柴、天山猪毛菜等。

（Ⅳ）小半灌木荒漠

新疆的小半灌木荒漠的建群生活型为超旱生小半灌木。这类荒漠大面积分布于准噶尔盆地、塔城谷地、伊犁谷地，也见于天山南坡。新疆的小半灌木荒漠具有蒿艾类荒漠和盐柴类荒漠，有以下的植物群系：

1. 小蒿群系（Form. *Artemisia gracilescens*）
2. 喀什蒿群系（Form. *Artemisia kaschgarica*）
3. 博乐蒿群系（Form. *Artemisia borotalensis*）
4. 毛蒿群系（Form. *Artemisia schischkinii*）
5. 地白蒿群系（Form. *Artemisia terrae-albae*）
6. 苦艾蒿群系（Form. *Artemisia santolina*）
7. 沙蒿群系（Form. *Artemisia arenaria*）
8. 耐盐蒿群系（Form. *Artemisia schrenkiana*）
9. 灰毛近艾菊群系（Form. *Hippolytia herderi*）
10. 木本亚菊群系（Form. *Ajania fruticulosa*）
11. 盐生假木贼群系（Form. *Anabasis salsa*）
12. 截形假木贼群系（Form. *Anabasis truncata*）
13. 无叶假木贼群系（Form. *Anabasis aphylla*）
14. 短叶假木贼群系（Form. *Anabasis brevifolia*）
15. 小蓬群系（Form. *Nanophyton erinaceum*）
16. 直立猪毛菜群系（Form. *Salsola rigida*）
17. 天山猪毛菜群系（Form. *Salsola junatovii*）
18. 木本猪毛菜群系（Form. *Salsola arbuscula*）
19. 松叶猪毛菜群系（Form. *Salsola laricifolia*）

1. 小蒿群系

由小蒿组成的荒漠群系广泛分布于阿尔泰山南麓、塔城谷地，小面积见于博乐谷地。它均处于山麓洪积扇、山间平原。土壤为棕钙土或灰棕荒漠土。

单优势种的小蒿荒漠见于塔城谷地、博乐谷地，并沿阿尔泰山南麓向东断续延伸。它多分布在海拔600~800米的山麓洪积扇或山间平原上。土壤为砾壤质棕钙土。

小蒿在群落中形成高10~25厘米的建群层片。

群落总盖度为 20% ~ 30%。群落种类组成单纯，只 5~6 种。伴生植物多为超旱生小半灌木：松叶猪毛菜、木地肤、小蓬、假木贼（*Anabasis aphylla*、*A. salsa*、*A. brevifolia*）。

小蒿与超旱生小半灌木形成的荒漠群落见于塔城谷地和准噶尔阿拉套山。它处于山麓洪积扇和第三纪地层上，土壤为壤土，有时含有少量砾石。

形成从属层片的超旱生小半灌木为木本猪毛菜、木地肤。群落种类组成为 10~15 种。伴生植物为优若藜、角果藜、猪毛菜、刺瓦松。有时在群落中也可以见到一些草原植物，如中亚针茅（*Stipa sareptana*）、硬薹草（*Carex duriuscula*）、二裂委陵菜（*Potentilla bifurca*）、准噶尔闭穗（*Cleistogenes thoroldii*）。值得指出的是，这类荒漠群落中往往伴生有短生植物，如条叶扁果荠（*Meniocus linifolius*）、四齿芥。

在纬度偏北一些的阿尔泰山南麓，经常见到草原化的小蒿群落。它们也见于塔城谷地周围海拔 1000~1600 米的低山上。土壤为砾壤质或砾沙质棕钙土或壤质淡栗钙土（在低山上）。

这类群落的从属层片由草原禾草所形成，在塔城谷地、博乐谷地为中亚针茅、东方针茅、棱狐茅、准噶尔闭穗、硬薹草，而在阿尔泰山南麓则为沙生针茅、荒漠冰草（*Agropyron desertorum*）。群落总盖度在塔城谷地为 30% ~ 70%，在阿尔泰山南麓为 10%~15%。群落种类组成并不丰富。伴生植物中的荒漠植物有优若藜、木地肤、小蓬等，草原植物有冷蒿（*Artemisia frigida*）、葱（*Allium*）、黄芪（*Astragalus*）等。

2. 喀什蒿群系

这一群系主要分布在伊犁谷地、塔城谷地、天山北坡。它也翻越天山分水岭而分布到天山南坡，但已处于山地了。

喀什蒿适应于荒漠中降水较多的地区。它所处土壤为荒漠灰钙土和灰棕荒漠土，非盐渍化，机械组成为壤质或沙壤质。

单优势种的喀什蒿群落只分布于伊犁谷地和天山北坡。它在伊犁谷地的典型生境为海拔 950 米左右的山麓倾斜平原，土壤为壤质灰钙土；而在天山北坡则处于海拔 1000~1200 米的前山带，土壤为发育于黄土状物质上的淡栗钙土。

喀什蒿在群落中形成高 20 余厘米的层片。群落总盖度为 25% ~ 35%。群落种类组成由 3~6 种到 15 种。大多数的群落中伴生有超旱生半灌木和小

半灌木：木地肤、高枝假木贼（*Anabasis elatior*）、盐生假木贼、优若藜等。而在伊犁谷地内的这类植物群落中可以见到相当多的多年生短生植物和短生植物，如：珠芽早熟禾、非洲滨兰、线叶柯宾菊（*Koelpinia linearis*）、刺果鹤虱等。

喀什蒿与多年生短生植物、短生植物形成的群落分布于伊犁谷地和塔城谷地。它适应于壤质、沙壤质灰钙土。

形成从属层片的多年生短生植物为珠芽早熟禾、粗柱薹（*Carex pachystilis*）、旱雀麦（*Bromus tectorum*），短生植物为荒漠庭荠（*Alyssum desertorum*）、条叶扁果荠、非洲滨兰、舟果荠（*Tauscheria lasiocarpa*）。群落种类组成相当丰富。伴生植物有木地肤、臭阿魏（*Ferula teterrima*）、泡果牡丹草（*Leontice incerta*）等。有一些群落中还可以见到雷索壳状地衣（*Parmelia ryssolea*）形成层片。

草原化的喀什蒿荒漠群落均见于接近山地草原的地段。它们广布于伊犁谷地、塔城谷地和天山北坡海拔 1000~1500 米的低山。土壤属于壤质或砾壤质的淡栗钙土。

喀什蒿与草原禾草形成群落。草原禾草因地区不同而不同，在伊犁谷地为高加索针茅（*Stipa caucasica*）、雀麦（*Bromus*）、薹草（*Carex*），在塔城谷地为中亚针茅，而在天山北坡则为针茅（*Stipa capillata*）、沙生针茅和棱狐茅。群落总盖度为 10%~35%。群落种类组成并不丰富，为 10~16 种。伴生植物有：木地肤、小蓬、优若藜、假木贼（*Anabasis salsa*、*A. elatior*）、角果藜、扁穗冰草（*Agropyron cristatum*）、荒漠庭荠、东方旱麦草等。

3. 博乐蒿群系

博乐蒿过去曾被称为蛔香蒿（*Artemisia maritima*）。实际上它是地白蒿的一个地理替代种。它形成的植物群系广布于博乐谷地，向东沿天山北麓直达木垒河以东的大石头（约东经 91°31′）。它处于山麓洪积扇上，由西向东为海拔 600~1000 米。它所处土壤为非盐化的壤质荒漠灰钙土。这一群系的一些植物群落往往与盐柴类荒漠群落形成复合体。

单优势种的博乐蒿群落广布于天山北麓山麓洪积扇上。它所处的土壤为壤质、沙壤质。群落总盖度为 20%~30%。群落种类组成由 18 种到 2~3 种（图48-3）。伴生植物由西向东有所不同。奇台以西有不少多年生短生植物、短生植物，如珠芽早熟禾、单花郁金香（*Tulipa uniflora*）、四齿芥、荒漠庭

荠、东方旱麦草、抱茎独行菜、中亚胡卢巴（*Trigonella arcuata*）和刺果鹤虱，并有雷索壳状地衣、地龙地衣（*Psora*）。而各个群落中的其他伴生植物则地区性不强，见到的有盐生假木贼、木地肤、琵琶柴、散枝梯翅蓬、翅花碱蓬、粗茎梯翅蓬、刺蓬、角果藜、柔毛节节盐木等。

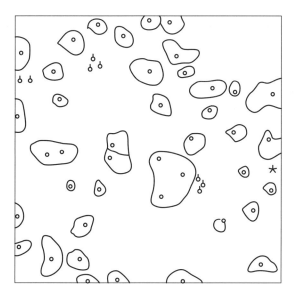

　　　◌ 　博乐蒿(*Artemisia borotalensis*)

　　　★ 　盐生假木贼(*Anabasis salsa*)

　　　◌ 　角果藜(*Ceratocarpus utriculosus*)

图48-3 天山北麓奎屯一带的博乐蒿群落的
水平投影图

　　在土壤砾质性加强时，博乐蒿往往与超旱生小半灌木形成群落。形成从属层片的小半灌木主要是盐生假木贼、无叶假木贼、小蓬、木地肤等。群落总盖度为15%～25%。群落种类组成只5～11种。伴生植物有琵琶柴、优若藜、散枝梯翅蓬、角果藜、针茅、扁穗冰草等。

4. 毛蒿群系

　　这一群系分布于阿尔泰山东南麓、准噶尔盆地北部和北塔山西北麓，处于山麓洪积扇、低丘或沙漠边缘。它适应于砾沙质棕钙土或灰棕荒漠土。

　　毛蒿在群落中形成灰褐色的建群层片，高度为20～25厘米。它常与盐柴类小半灌木盐生假木贼、短叶假木贼、直立猪毛菜形成不同植物群落。群落总盖度为30%～35%。伴生植物有角果藜、叉毛蓬、盐生草、四齿芥等。此外，尚可见到一些荒漠草原的种，如多根葱、黄芪（*Astragalus*）等。地表往往覆有黑色地衣，占地面20%～25%。

　　这一群系的不同植物群落常与小蓬荒漠或盐生假木贼荒漠的群落形成复合体。这时毛蒿群落处于稍低凹而有细土的地段，而盐生假木贼群落或小蓬群落则处于稍高而覆有砾石的地段。

5. 地白蒿群系

　　地白蒿群系分布于阿尔泰山南麓山麓洪积扇和准噶尔盆地内沙漠边缘的薄沙地上。它的各个植物群落也常以小面积出现，与其他荒漠群落形成复合体。

　　单优势种的地白蒿荒漠群落见于古尔班通古特大沙漠以北、乌伦古河以南一带的平原上，处于覆有薄沙的凹地内。

　　地白蒿形成高20厘米左右的建群层片。群落总盖度20%～25%。群落种类组成简单，只6～9种。伴生植物有木地肤、盐生假木贼、松叶猪毛菜、东方旱麦草、半球鹤虱（*Lappula semiglabra*）、四齿芥等。

　　地白蒿与多年生短生植物、短生植物形成的荒漠群落，总是出现在沙漠边缘沙丘间薄沙地上。地白蒿形成高20～25厘米的建群层片。从属层片由沙薹、长喙牻牛儿苗、东方旱麦草、条叶扁果荠、四齿芥所组成。有的群落中还可以见到形成薄结皮的黑色地衣层片。群落总盖度为20%～40%。群落种类组成为7～17种。伴生植物有细叶鸢尾（*Iris tenuifolia*）、珠芽早熟禾、半球鹤虱、小车前、紫筒草等。

　　地白蒿在阿尔泰山南麓和古尔班通古特沙漠北部的薄沙地上也能与小禾草沙生针茅形成草原化荒漠群落。群落总盖度为15%～20%。群落种类组成简单，只4～6种。伴生植物有琵琶柴、盐生假木贼、松叶猪毛菜等。

6. 苦艾蒿群系

　　这一群系分布于古尔班通古特沙漠边缘和额尔齐斯河、乌伦古河河旁阶地上的沙丘地区。

　　苦艾蒿在固定沙丘上常与多年生短生植物沙薹、长喙牻牛儿苗形成不同群落。沙丘固定良好而稳定。群落总盖度可达20%～25%。群落种类组成可达15种之多。伴生植物有白梭梭、梭梭、白杆沙拐枣、二穗麻黄、沙生角果藜、倒披针叶虫实、刺蓬、对节刺、东方旱麦草等。

　　在额尔齐斯河阶地上的沙丘地区可以见到草原化的苦艾蒿荒漠群落。形成从属层片的草原禾草是：沙生针茅、荒漠冰草。群落总盖度达20%～30%。群落种类组成简单，仅7～8种。伴生植物有木地肤、二穗麻黄、沙蒿、沙薹等。

7. 沙蒿群系

这一植物群系与沙丘、沙地有密切联系。它见于古尔班通古特沙漠内、额尔齐斯河阶地沙丘区、乌伦古河河旁沙丘区、伊犁河河旁沙丘区。它也小面积地出现在塔里木盆地北缘的一些沙丘区。

单优势种的沙蒿群落见于固定、半固定沙丘的风蚀面上。群落总盖度为5%～10%。群落种类组成仅4～5种。伴生植物有白杆沙拐枣、苦艾蒿、二穗麻黄、羽毛三芒草、倒披针叶虫实、沙米。

在准噶尔盆地内和伊犁谷地内的一些沙地、固定沙丘（高5～10米）上往往见到沙蒿与多年生短生植物、短生植物形成的群落。形成从属层片的多年生短生植物、短生植物有沙薹、东方旱麦草、英杰独尾草。群落总盖度为15%～25%。群落种类组成由10多种到20多种不等。伴生植物有二穗麻黄、地白蒿、木蓼、沙槐、硬果沙拐枣、优若藜、臭阿魏、半球鹤虱、单苞菊（Senecio subdentatus）、旱雀麦（Bromus tectorum）、厚果天芥菜（Heliotropium dasycarpum）等。

在气候较寒冷、降水稍多的准噶尔盆地北部的一些河旁阶地上的沙丘或沙地上，可以见到草原化的沙蒿荒漠群落。从属层片为多年生禾草：沙生针茅、巨穗滨麦、荒漠冰草。有的群落还有由沙薹组成的从属层片。群落总盖度为15%～25%。群落种类组成一般为5～10种。伴生植物有优若藜、二穗麻黄、苦艾蒿、地白蒿、细叶鸢尾、羽毛三芒草、棘豆。

8. 耐盐蒿群系

这一群系分布较广，但面积不大。它出现于天山北麓大小河流旁河漫滩上和伊犁谷地河旁阶地上。它所处土壤为盐化灰钙土或灰棕荒漠土。

单优势种的耐盐蒿形成高30～40厘米的建群层片。群落总盖度为10%左右。群落种类组成为5～10种。伴生植物有木蓼、多枝柽柳、木地肤、尖果粉苞菊（Chondrilla lejosperma）、苦豆子（Sophora alopecuroides）、白草（Bothriochloa ischaemum）、施母草、离子草、舟果荠、抱茎独行菜等。

在伊犁谷地西部河旁阶地上见有比较特别的群落，耐盐蒿能与白草、唇香草（Ziziphora clinopodioides）形成草原化的群落。耐盐蒿高达50～60厘米，群落总盖度为25%左右。群落种类组成达15种左右。伴生植物有芨芨草、针茅、棱狐茅、糙矢车菊（Centaurea squarrosa）、珠芽早熟禾、荒漠庭荠等。

9. 灰毛近艾菊群系

灰毛近艾菊形成的荒漠群落见得不多，只小面积出现在准噶尔盆地西部山地。它处于山麓洪积扇下部，土壤为黄土状物质，上覆有薄沙。形成从属层片的是沙生角果藜。群落种类组成贫乏，只6～7种。伴生植物均为荒漠种——木地肤、倒披针叶虫实、猪毛菜等。

10. 木本亚菊群系

木本亚菊群系的群落见于天山北坡，处于海拔1500米的山坡上，土壤多砾石，地表砾石含量80%。木本亚菊与喀什蒿形成建群层片。从属层片由小禾草沙生针茅、扁穗冰草所组成。群落种类组成不超过10种。伴生植物有木地肤、短叶假木贼等。

11. 盐生假木贼群系

盐生假木贼荒漠是新疆荒漠植被中具有重要作用的显域性植被。它大面积分布在准噶尔盆地北部，处于额尔齐斯河、乌伦古河之间的古老阶地上，并向南扩展到乌伦古河以南的第三纪高平原上。它也小面积出现于天山北麓的山麓洪积扇和低丘上。在山地则不见它的踪迹。它所适应的土壤为盐化或碱化的棕钙土和灰棕荒漠土，有的土壤中甚而含有石膏，机械组成为砾质、砾沙质或壤质。

这一荒漠群系中分布最广泛的是单优势种盐生假木贼形成的群落。它总是出现在平坦的山麓洪积扇、山间台地、河旁高阶地、河间平地上。土壤为盐化石膏灰棕荒漠土或棕钙土。土壤机械组成为砾质、沙砾质或黏质。

盐生假木贼在群落中形成高5～10厘米（在砾质性强的土壤上）或10～20厘米（在砾沙质、黏质土壤上）的层片。群落总盖度5%～10%到15%～30%。群落种类组成在沙质或砾沙质盐化土壤上可达8～10种，而在砾质土壤上则少到5种以下。伴生植物有截形假木贼、二穗麻黄、木地肤、博乐蒿、地白蒿、木本猪毛菜、小蓬、优若藜、翼果霸王（Zygophyllum pterocarpum）、多根葱、叉毛蓬、盐生草等。在一些沙质土壤上的群落中也可以见到一些短生植物——半球鹤虱、东方旱麦草、四齿芥等。

在土壤中砾石含量很少而为沙壤或壤质时，盐生假木贼常与另一些超旱生小半灌木形成群落。形成从属层片的这些小半灌木在剥蚀台地上多为小蓬、小蒿、二穗麻黄，在河旁阶地强盐化土上为白滨藜，在天山北麓山麓洪积扇和低山上则为博乐蒿、木碱蓬。

　　盐生假木贼在群落中形成高 10～20 厘米的小半灌木层片。群落总盖度一般为 15%～20%,有高达 35% 的(图 48-4)。群落种类组成 5～8 种,有多到 13～15 种的。伴生植物有梭梭、膜果麻黄、沙拐枣、优若藜、毛蒿、直立猪毛菜、角果藜、盐生草、三芒叉毛蓬(*Petrosimonia squarrosa*)、绛红梯翅蓬、刺蓬、柔毛节节盐木、金纽扣。有些群落中见有短生植物:刺果鹤虱、四齿芥、荒漠庭荠、小胡卢巴(*Trigonella tenella*)等。

　　在乌伦古河南的第三纪高平原上的一些低凹地内,土壤为盐化沙壤土、沙土或覆薄沙的黏土。在这些生境上可以见到盐生假木贼与一年生草本植物形成的群落。

　　盐生假木贼在群落中形成高 10～15 厘米的建群层片。形成从属层片的有金纽扣、绛红梯翅蓬(图 48-5)。群落总盖度一般为 15%～25%。群落种类组成可达 7～13 种。伴生植物有角果藜、散枝梯翅蓬、小车前、四齿芥、抱茎独行菜、半球鹤虱等。

　　盐生假木贼与短生植物形成的群落主要见于准噶尔盆地北部的山麓平原、第三纪高平原或一些低洼地边缘。土壤为沙土或为覆薄沙的土壤。

　　盐生假木贼在群落中形成高 10～15 厘米的建群层片。从属层片由短生植物形成,有抱茎独行菜、条叶扁果荠。群落总盖度为 10%～25%。群落种类组成为 9～13 种。伴生植物有翼果霸王、多根葱、沙生针茅、角果藜、叉毛蓬、散枝梯翅蓬、长喙牻牛儿苗、东方旱麦草、四齿芥等。

　　在准噶尔盆地北部一些河旁阶地、第三纪高平原或山麓倾斜平原上,在碱化沙壤土上,具有盐生假木贼与草原禾草形成的草原化荒漠群落。盐生假木贼与禾草形成高 10～20 厘米的层片。禾草为沙生针茅。群落总盖度可达 25%～35%。群落种类组成达 6～10 种。伴生植物为角果藜、三芒叉毛蓬、小车前、小胡卢巴等。

12. 截形假木贼群系

　　截形假木贼荒漠均呈小面积出现。它分布于阿尔泰山南麓、准噶尔盆地西部山地东麓,均处于海拔 500～1300 米的低山上。土壤均为石质化的石膏棕钙土或石膏灰棕荒漠土。

　　在海拔 500～1000 米的低山上,截形假木贼形成单优势种的群落,高只 4～10 厘米(图 48-6)。群落总盖度 5% 左右。群落种类组成极贫乏,只 2～3 种。伴生植物有高枝假木贼、优若藜、二穗麻黄等。

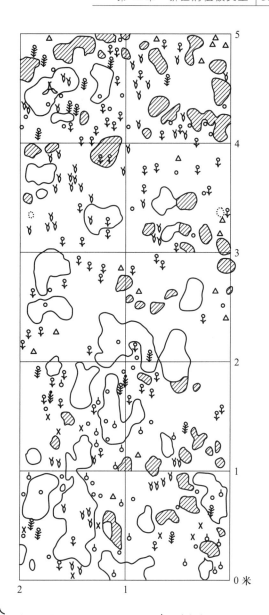

　　盐生假木贼
　　(*Anabasis salsa*)

　　盐生假木贼的死株

　　小蓬
　　(*Nanophyton erinaceum*)

　　散枝梯翅蓬
　　(*Climacoptera brachiata*)

　　角果藜
　　(*Ceratocarpus utriculosus*)

　　鸦葱
　　(*Scorzonera* sp.)

　　金纽扣
　　(*Cancrinia discoidea*)

　　紫筒草
　　(*Arnebia guttata*)

　　东方旱麦草
　　(*Eremopyrum orientale*)

　　刺果鹤虱
　　(*Lappula spinocarpa*)

　　车前
　　(*Plantago lessingii*)

图 48-4　准噶尔盆地北部乌伦古河南苏鲁沟附近的盐生假木贼与小蓬形成的群落水平投影图

　　当截形假木贼上升到海拔 1000～1300 米的低山上时,就与草原禾草一起形成草原化荒漠群落。

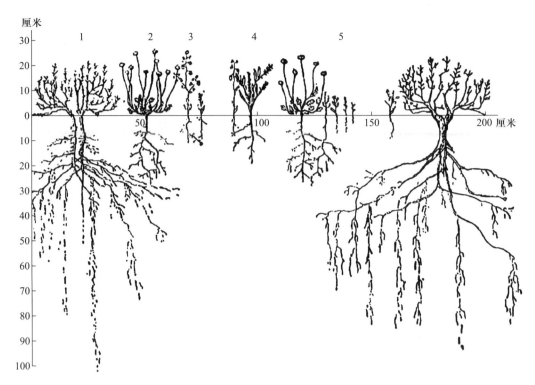

图 48-5 准噶尔盆地北部第三纪台地上的盐生假木贼与金纽扣形成的群落的垂直剖面图

1. 盐生假木贼(*Anabasis salsa*) 2. 金纽扣(*Cancrinia discoidea*) 3. 抱茎独行菜(*Lepidium perfoliatum*)

4. 四齿芥(*Tetracme quadricornis*) 5. 刺果鹤虱(*Lappula spinocarpa*)

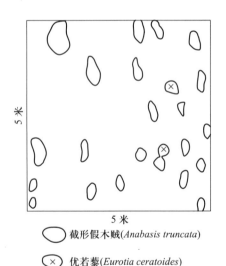

○ 截形假木贼(*Anabasis truncata*)

⊗ 优若藜(*Eurotia ceratoides*)

图 48-6 阿尔泰山南麓石质山坡上的截形
假木贼群落水平投影图

形成禾草层片的有针茅、沙生针茅。群落总盖度
10%左右。群落种类组成 5~12 种。伴生植物有高
枝假木贼、优若藜、棱狐茅、多根葱等。

13. 无叶假木贼群系

无叶假木贼荒漠分布于准噶尔盆地西南部古湖
盆地区、天山南坡和昆仑山北坡低山山麓洪积扇上。

在准噶尔盆地内的黏质龟裂土上,无叶假木贼
往往形成单优势种群落。它在群落中形成高 30~50
厘米的建群层片。群落总盖度达 15%~30%。在土
壤水分状况好一些的时节,群落中也会出现一年生
草本植物。群落种类组成 1~6 种。伴生植物有多
叶猪毛菜、绛红梯翅蓬、叉毛蓬、柔毛节节盐木、盐
草等。

在塔里木盆地天山南坡和昆仑山北坡海拔
1200~1600 米的低山山麓洪积扇上,见有无叶假木
贼与超旱生灌木或超旱生半灌木形成的群落。形
成从属层片的超旱生灌木为裸果木、木旋花,超旱
生半灌木为盐生木。无叶假木贼形成高 15~20 厘
米的层片。群落总盖度 1%~5%。群落种类组成
4~7 种。伴生植物为膜果麻黄、琵琶柴、圆叶盐爪
爪等。

14. 短叶假木贼群系

短叶假木贼群系主要分布在东疆,也零星出现
于玛依尔山东坡、艾比湖盆地边缘、博格达山南坡。
它往往和干旱石山有密切联系。所处土壤为石质性
强的灰棕荒漠土或棕色荒漠土。

分布最广的是单优势种的短叶假木贼群落。它总是出现在接近山麓的低山上。短叶假木贼高 5～10 厘米。群落总盖度 5%～10%。群落种类组成贫乏,只有 1～4 种。伴生植物有霸王、膜果麻黄、琵琶柴、盐生木等。

在海拔 1400～1600 米的低山上,短叶假木贼可以与旱生多年生禾草形成草原化荒漠群落。形成从属层片的禾草有沙生针茅、东方针茅。群落总盖度为 10%～15%。群落种类组成 5～7 种。伴生植物有盐生假木贼、截形假木贼、优若藜、准噶尔紫菀木等。

15. 小蓬群系

小蓬荒漠在新疆分布于阿尔泰山南麓、准噶尔盆地西部山地东麓、天山北麓、北塔山南麓和伊犁谷地内。它总是以小面积出现于海拔高度较高的山麓洪积扇或河旁老阶地上。它适应的土壤是棕钙土、灰钙土或灰棕荒漠土。

这一群系内分布最广的是单优势种的小蓬荒漠。它多处于海拔 600～900 米的山麓洪积扇或河旁古老阶地上。土壤多为强度砾质化,砾石含量达 30%～95%,极少为黄土状物质形成的沙壤土。

小蓬在群落中形成高 5 厘米左右的小半灌木层片。群落总盖度 10%～30%。群落种类组成从十余种少到 1～2 种(图 48-7)。伴生植物有优若藜、小蒿、盐生假木贼、木地肤、沙生针茅、多根葱、角果藜、散枝梯翅蓬、盐生草、四齿芥、荒漠庭荠、小车前、刺果鹤虱等。在乌伦古河以北和北塔山一带海拔 1200 米以上的山麓洪积扇上,可以见到小蓬与超旱生半灌木或小半灌木形成的群落。这类群落适应的土壤具有明显的盐化特征。形成从属层片的为琵琶柴、盐生假木贼、小蒿(图 48-8)。小蓬高 10 厘米左右。群落总盖度 20%～30%。群落种类组成 6～8 种。伴生植物有优若藜、金纽扣(*Cancrinia discoidea*)、沙生针茅等。

小蓬与草原禾草形成的草原化荒漠见于伊犁谷地、博乐谷地和阿尔泰山南麓海拔 1000 米左右的低山上。土壤砾质化仍很强。

小蓬高 5～10 厘米。从属层片禾草为沙生针茅、针茅。有时也见到硬薹草形成从属层片。群落总盖度 10%～15%。群落种类组成 6～8 种。伴生植物有小蒿、博乐蒿、多根葱、棱狐茅、准噶尔闭穗等。

16. 直立猪毛菜群系

这一群系只分布在准噶尔盆地内。它小面积地

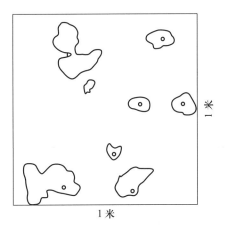

图 48-7　阿尔泰山南麓沙乌尔山石质
山坡上的小蓬群落水平投影图

出现在玛依尔山东坡、北塔山南麓和博乐谷地。它均处于山麓洪积扇上的沙砾质或砾质灰棕荒漠土上。

直立猪毛菜往往形成单优势种群落。它在群落中形成高 30～35 厘米的层片。群落总盖度 10%～15%。群落种类组成贫乏,只有 4～5 种,但是也有多到 14～15 种的。伴生植物有博乐蒿、盐生假木贼、无叶假木贼、琵琶柴、木旋花、角果藜、叉毛蓬、散枝梯翅蓬、刺蓬、四齿芥、东方旱麦草等。

在玛依尔山山麓洪积扇下部覆有薄沙的砾沙质土壤上,见有直立猪毛菜与一年生草本植物形成的群落。群落总盖度可达 20%～25%。形成从属层片的一年生草本植物为金纽扣、叉毛蓬。群落种类组成只 5～7 种。伴生植物为:琵琶柴、盐生假木贼、刺果鹤虱、四齿芥等。

17. 天山猪毛菜群系

天山猪毛菜群系只见于天山南坡焉耆盆地到喀什之间的中山带,处于海拔 2000 米左右的山坡上。它主要适应于多碎石的土壤。

天山猪毛菜在 7—8 月花期发散浓烈香气。它总是与多年生禾草形成群落。天山猪毛菜形成高 25～35 厘米的层片。形成从属层片的旱生多年生禾草有沙生针茅、长芒针茅(*Stipa krylovii*)、裴氏细柄茅。群落总盖度 15% 左右。群落种类组成为 9～12 种。伴生植物有木贼麻黄、喀什蒿、高寒刺矶松(*Acantolimon hedenii*)、哥氏旋花(*Convolvulus gortschakovii*)、灌木紫菀木、截形假木贼等。

此外,新疆也有木本猪毛菜群系、松叶猪毛菜群系。但是,限于资料不足,难以阐述它们的特征。

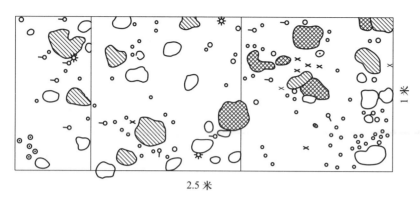

图 48-8　阿尔泰山南麓沙砾质土壤上的小蓬与小蒿形成的群落水平投影图

图例：
- 小蓬(*Nanophyton erinaceum*)
- 小蒿(*Artemisia gracilescens*)
- 兔唇花(*Lagochilus* sp.)
- 刺果鹤虱(*Lappula spinocarpa*)
- 沙生针茅(*Stipa glareosa*)
- 金纽扣(*Cancrinia discoidea*)

（V）多汁木本盐柴类荒漠

多汁木本盐柴类荒漠的建群植物生活型为高度耐盐（甚而喜盐）的多汁半灌木或小半灌木，植物体（特别是叶）含浆汁甚多，并含有可溶性盐。组成这类荒漠的植物种比较贫乏，总计 30 余种，层片结构多属单一层片。新疆具有以下一些植物群系：

1. 盐穗木群系（Form. *Halostachys belangeriana*）
2. 盐节木群系（Form. *Halocnemum strobilaceum*）
3. 盐节木、盐穗木群系（Form. *Halostachys belangeriana*+*Halocnemum strobilaceum*）
4. 具叶盐爪爪群系（Form. *Kalidium foliatum*）
5. 囊果碱蓬群系（Form. *Suaeda physophora*）
6. 囊果碱蓬、具叶盐爪爪群系（Form. *Kalidium foliatum*+*Suaeda physophora*）
7. 白滨藜群系（Form. *Atriplex cana*）
8. 樟味藜群系（Form. *Camphorosma lessingii*）

1. 盐穗木群系

这一群系主要分布在塔里木盆地和焉耆盆地，天山北麓也有局部出现。它适应于盐渍化较轻和比较干燥的沙壤质土壤。土壤为结皮盐土和龟裂型盐土，地表具 2~5 厘米的薄层盐结皮，0~30 厘米土层的含盐量为 10% 左右。地下水深 2~4 米。地形微度倾斜，排水条件良好。

盐穗木与潜水超旱生灌木形成的群落分布最广泛。它普遍见于塔里木盆地周围山前冲积平原和开都河三角洲。地下水水位 2.5~3（4）米。每因小地形起伏，这类群落与盐爪爪（*Kalidium*）群落形成复合体。盐穗木在群落中形成高 80~100 厘米的建群层片。而从属层片由高 1~2 米的毛红柳、多枝柽柳、长穗柽柳所组成。群落总盖度达 30%。群落中的伴生植物有具叶盐爪爪、黑刺（*Lycium ruthenicum*）、西伯利亚白刺、芦苇、花花柴（*Karelinia caspica*）、疏叶骆驼刺（*Alhagi sparsifolia*）、胀果甘草（*Glycyrrhiza inflata*）等。

随着地下水水位下降到 3.5 米以下，土壤变干燥，盐渍化加强，盐穗木则形成稀疏的单优势种群落。盐穗木高达 1.2 米，但多衰枯的枝条。群落总盖度只及 10%~15%。群落中的伴生植物有毛红柳、黑刺、芦苇和西伯利亚牛皮消（*Cynanchum sibiricum*）等。

盐穗木与潜水超旱生耐盐的多年生草本植物或半草本植物形成的群落是多汁木本盐柴类荒漠与盐化草甸之间的过渡类型。形成从属层片的植物是：芦苇、大花野麻（*Poacynum hendersonii*）、胀果甘草。群落总盖度为 30%~40%。伴生植物很少。

2. 盐节木群系

这是新疆境内分布最广的一个群系，普遍见于各地的盐土低地，尤其在天山南麓山前平原和罗布泊平原有大面积分布，往往延伸达数十千米。

盐节木是一种最耐盐的肉质小半灌木，根系且具有耐水淹的特性，因此经常出现在盐湖滨、扇缘和注地底部的潮湿盐土上。冲积平原的结壳盐土上有它的分布。它适应的土壤地表具 5~10 厘米的盐壳，0~30 厘米土层的含盐量达 10%~20%。地下水水位为 20 厘米至 100 厘米，或者露出地表，也有深达 2~3 米的，矿化度一般为 10~30 克/升。

单优势种的盐节木群落是最典型的多汁木本盐柴类荒漠，种类组成单纯，只有一个层片。其生长状况随土壤的湿润程度或地下水的深度而变化。在地

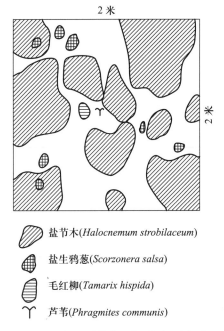

2 米

- 盐节木(*Halocnemum strobilaceum*)
- 盐生鸦葱(*Scorzonera salsa*)
- 毛红柳(*Tamarix hispida*)
- 芦苇(*Phragmites communis*)

图 48-9　盐节木群落水平投影图（焉耆盆地）

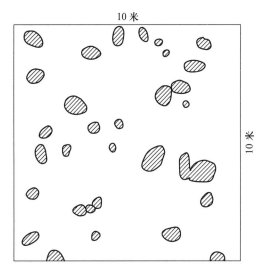

图 48-10　若羌北盐土上的稀疏的
盐节木群落水平投影图

下水接近地表的潮湿盐土上，它生长密茂，植株高达30~40厘米，覆盖度可达50%~60%，甚至达80%~90%，伴生植物有多枝柽柳、毛红柳、芦苇、盐生鸦葱(*Scorzonera salsa*)、格氏补血草等。这些植物种因为土壤的强烈盐渍化而生长不良（图48-9）。当地下水降至1.5~2米时，群落变得稀疏，覆盖度10%~30%。伴生植物种类较多，除上述一些种外尚有：盐穗木、花花柴、西伯利亚白刺等。应当指出，在若羌北台特马湖滨湖平原，地下水深达3~4米，地表并有5~15厘米厚的坚实的矿质盐壳，盐节木的生长显著受到抑制，植株高只10~20厘米，丛径20~25厘米，群落盖度5%~10%，至6月还是衰枯的景象（图48-10）。

盐节木与潜水超旱生灌木形成的群落经常出现在若羌和库尔勒冲积扇下部壤质的结皮盐土上。地下水深达2~3米，矿化度10~20克/升。盐节木层中散生着稀疏毛红柳、多枝柽柳，高1.5~1.8米，覆盖度5%~10%。伴生植物有芦苇、疏叶骆驼刺、花花柴、胀果甘草和盐穗木。

盐节木与芦苇形成的群落出现在阿尔金山北麓、吐鲁番盆地的扇缘低地和玛纳斯湖湖滨的湿盐土上。它是芦苇盐化沼泽草甸向盐节木荒漠的过渡类型。密集的盐节木层中还保留稀疏的芦苇层片。其覆盖度为5%~15%。此外，混生个别的毛红柳、盐穗木和黑刺。

3. 盐节木、盐穗木群系

这一群系见于天山南麓山前平原和吐鲁番盆地的扇缘低地。盐穗木和盐节木形成密集的群落，覆盖度达30%~40%。群落种类组成极贫乏，只见有具叶盐爪爪。

4. 具叶盐爪爪群系

具叶盐爪爪群系分布在乌伦古河下游平原、天山南北麓山前平原和吐鲁番盆地。具叶盐爪爪也喜生于底土潮湿的盐土上，小片状分布于扇缘地带和盐池周围。

具叶盐爪爪与潜水超旱生灌木形成的群落分布在天山北麓和吐鲁番盆地的扇缘低地。地下水深达30厘米至100厘米。具叶盐爪爪高30~40厘米。群落比较密集，总盖度达30%。潜水超旱生灌木为毛红柳、多枝柽柳。它们形成稀疏的灌木层，高达一米左右，盖度达10%左右。伴生植物有中亚梯翅蓬（*Climacoptera korshinsky*）、小叶碱蓬、西伯利亚白刺、黑刺、小獐茅（*Aeluropus littoralis*）、芦苇和疏叶骆驼刺等。

具叶盐爪爪与多年生禾草形成的群落分布在乌伦古河河岸阶地及天山南北麓。地下水深50厘米到2米。多年生禾草为赖草（*Aneurolepidium dasystachys*）、小獐茅。群落比较稀疏，总盖度10%~20%。它们往往随小地形起伏与芨芨草或小獐茅盐化草甸有规律地交替分布。

5. 囊果碱蓬群系

这一群系分布在天山北麓扇缘低地，乌伦古河下游盐池周围的盐土上。

囊果碱蓬与盐生假木贼、琵琶柴分别形成群落。群落总盖度10%~15%。其他植物不多，混生个别的具叶盐爪爪、里海盐爪爪、盐穗木、翅花碱蓬、西伯利亚白刺、琵琶柴、格氏补血草等。地面有时被覆雷索壳状地衣。

6. 囊果碱蓬、具叶盐爪爪群系

囊果碱蓬与具叶盐爪爪形成的群落见于乌伦古河下游地区。土壤底土潮湿。群落较密集，总盖度达50%以上。群落中尚混有白滨藜、盐节木、赖草等。

7. 白滨藜群系

这一荒漠群系出现于荒漠和荒漠草原区内碱化土壤上。它在新疆分布于额尔齐斯河和乌伦古河两河的河间小洼地内、盐池周围和准噶尔盆地南部。所处土壤是比较干燥的碱化草甸型淡棕钙土和灰棕荒漠土。白滨藜往往形成单优势种群落。它在群落中高25~30厘米。群落总盖度30%左右。群落中混生稀少的盐生假木贼、短叶假木贼，间或有刺果鹤虱、阿魏。

盐池周围土壤比较潮湿，白滨藜与一些草甸植物和囊果碱蓬、樟味藜组成群落。群落总盖度50%~60%，分层明显。第一层是草本层，高1~1.5米，覆盖度10%，优势植物是芦苇、芨芨草、赖草、大花野麻，或有个别的多枝柽柳、铃铛刺。第二层是建群层，高15~25厘米，覆盖度30%~40%，除建群种白滨藜外，还有囊果碱蓬、具叶盐爪爪、木地肤、心叶优若藜（*Eurotia ewersmanniana*）等。下层是稀疏的樟味藜、滨藜（*Atriplex*）等，覆盖度10%左右。

8. 樟味藜群系

这一群系见于阿尔泰山南麓、乌伦古河下游盐池周围及玛纳斯河河谷平原。樟味藜常与白滨藜群落和囊果碱蓬群落组成复合体。此群落处在盐化碱化较轻的地段。群落中混生各种耐盐的禾草和杂类草：芦苇、好氏碱茅（*Puccinella hauptana*）、海韭菜（*Triglochin maritima*）、格氏补血草等。还有个别的灌木：多枝柽柳、铃铛刺等。群落总盖度20%~50%。

（Ⅵ）高寒荒漠

新疆的高寒荒漠是以耐高寒、干旱的垫形小半灌木为建群植物生活型的植物群落的总称。它分布于帕米尔高原、昆仑山、阿尔金山和阿雅格库姆湖山原。具有以下一些植物群系：

1. 昆仑蒿群系（Form. *Artemisia parvula*）
2. 粉花蒿群系（Form. *Artemisia rhodantha*）
3. 藏亚菊群系（Form. *Ajania tibetica*）
4. 匍生优若藜群系（Form. *Eurotia compacta*）

1. 昆仑蒿群系

这一荒漠群系主要分布在昆仑山的内部山区，处于海拔3800~4500米的幅域内。它的分布密切与山坡、河谷、山裾和阶地上的沙壤土相联系。由于巨大的而且活动着的岩堆和坡积物的广泛分布，破坏了这一群系在分布上的连续性。

昆仑蒿群系是昆仑山亚高山荒漠最上部的类型。建群种昆仑蒿高不过2~4厘米，为垫形小半灌木。群落种类组成中虽然以荒漠植物为主，但已具有向高山荒漠过渡的特点。在纳勒斯坦河河谷，这个群系发育良好，灰绿色的昆仑蒿点状均匀地分布在谷坡上，总盖度达20%。群落种类组成简单，除昆仑蒿（16%）外，伴生的仅有匍生优若藜（4%）和针茅（*Stipa*）。时值6月，群落中所有植物仍处于花前营养期。

随着生境发生变化，出现几个变体。在干燥的南坡，见有合头草-昆仑蒿群丛（Ass. *Artemisia parvula*+*Sympegma regelii*）；在碎石质地段，有匍生优若藜-昆仑蒿群丛（Ass. *Artemisia parvula* + *Eurotia compacta*）。而在较湿润的雏沟内，则见有沙生针茅-昆仑蒿群丛（Ass. *Artemisia parvula*+*Stipa glareosa*）。

2. 粉花蒿群系

这一群系分布在帕米尔高原。它在亚高山荒漠带内分布于优若藜荒漠带的上面，占有垂直幅度在海拔3900~4200米。它所处山坡的土壤为碎石质壤土，局部有盐化现象，地表具漆皮，并有龟裂现象。

粉花蒿群系为典型的亚高山荒漠群系。由于它处在亚高山荒漠带的上部，因此其中分布较高（接近高山垫状植被）的群落中，有高山垫状植物成分参加。相反，其分布较低的群落（接近山地荒漠带）又具有山地荒漠的特征。这一群系是亚高山荒漠中组成最丰富、盖度最大的一个类型。

在慕士塔格雪峰下的苏巴什达坂，分布着单优势种的群落。群落总盖度达30%，其中粉花蒿占25%，高山紫菀（*Aster alpinus*）占1%，列氏早熟禾（*Poa litwinowiana*）、昆仑蒿、沙生针茅最为常见。此外，常见的尚有尖果肉叶芥（*Braya oxycarpa*）、异燕麦，偶见的有黄芪、鸢尾、多裂委陵菜（*Potentilla mul-*

tifida)和匍生优若藜。这些植物都生长得低矮,只有 5~6 厘米高,6 月中旬还处于花前营养期。

在海拔较低而干旱的地方,出现这个群系的干旱类型:匍生优若藜、粉花蒿群丛(Ass. *Artemisia rhodantha + Eurotia compacta*)。群落中的植丛稀疏得多,总盖度才 12% ~ 14%。种类组成中除了粉花蒿(10% ~ 11%)、匍生优若藜(2% ~ 3%)外,其他如藏麻黄(*Ephedra regeliana*)、针茅、葱、合头草和高寒刺矶松都以稀见种地位参加群落。但是从海拔 4200 米起,见有早熟禾 - 委陵菜 - 生棘豆 - 粉花蒿群丛(Ass. *Artemisia rhodantha + Oxytropis incala + Potentilla + Poa*)出现。显然,这是向高山垫状植被的过渡。这里较潮湿而寒冷,典型的适冰雪植物显著增加,总盖度达 25%。它由下列植物组成:粉花蒿(8%)、生棘豆(15%)、多裂委陵菜(3%)、早熟禾(5%),肉叶芥(*Braya*)、短柱荠(*Parrya*)、高寒刺矶松、匍生优若藜等均为偶见种。在漂石旁并见有点地梅(*Androsace*)生长。

3. 藏亚菊群系

这一群系是典型的、分布最广的高寒荒漠群系。它分布于帕米尔高原、喀喇昆仑山和昆仑山以南的高原上,向北延伸到昆仑山内部山区。在海拔 4700 ~ 5200 米的垂直幅域内,它片段地出现在长岗、坡麓和山间谷地中较缓的阴坡上。在这些地段上覆盖着碎石质很强的盐化沙土。在覆有细土质的地表,并出现角裂土,土表具结皮,上有突起物。显然,这是干燥冻裂的结果。

藏亚菊除了夏季外,一年中经常受到临时性的或较长时间的雪盖的影响。最热时期的夏季,它也只距雪线 100 余米。由于冰、雪水和积雪的活动,在群落分布的地段,发育着许多雏沟,这些雏沟在分水岭或长岗上较浅,但在谷坡则较深。藏亚菊均沿着雏沟生长。因此,在灰暗色地表的背景上,它呈灰绿色的条斑状分布。由于地表径流和固态水活动的综合作用,它的垫形植株顺坡形成阶坎状的隆起小丘,直径为 7~40 厘米,高 4~15 厘米。在细枝间充有碎石、粗沙和细土粒。

在高山带上部特别干旱的地段,如昆仑山的赛力亚克达坂,藏亚菊群聚非常稀疏,覆盖度仅 4% ~ 8%。种属极为贫乏,除了建群种外,仅有紫花的小垫状植物无茎短柱荠(*Parrya exscapa*)混生,而且很稀少。在湿润的谷坡,出现列氏早熟禾 - 藏亚菊群丛(Ass. *Ajania tibetica + Poa litwinowiana*)。植丛密

集些,覆盖度增到 25%。种属也较多,其中藏亚菊占 15%,列氏早熟禾占 9%,并有少量的高寒棘豆(*Oxytropis poncinsii*)和一种十字花科植物。

4. 匍生优若藜群系

这也是高寒荒漠中分布最广的一个群系。它在昆仑山、阿尔金山以南的高原上分布在低丘或丘陵状的石质山坡上。在昆仑山内部山区,它在海拔 4500 ~ 4700 米幅域内出现,经常分布在宽广山间谷地的山裾下部和山地阳坡。地表覆盖着 20% ~ 30% 的碎石或荒漠漆石。土壤以沙壤质或碎石质沙壤为主,具盐化现象和角裂纹。

匍生优若藜不以大面积连续分布,而依上述生境条件呈片段分布。群落特征表现在组成成分贫乏(2~5 种)和植丛稀疏(覆盖度 10% ~ 12%)。在赛力亚克达坂西北约 7 千米处的山间西向谷坡,匍生优若藜均匀地、像灰绿色斑块散布在具有黑色荒漠漆石的细沙壤土上。它的垫块大小不同,高为 6~9 厘米,直径 8~50 厘米。在垫块之间生长有少数的小垫形植物:棘豆、无茎短柱荠、尖果肉叶芥和小密丛的列氏早熟禾。在沙质加强的条件下,如在喀拉喀什河上游右岸的山裾上,群落中参加有根茎禾草,于是出现这个群丛的变体——赖草 - 匍生优若藜群丛(Ass. *Eurotia compacta + Aneurolepidium dasystachys*)。

(二) 草原

草原植被主要是由多年生微温、旱生(耐寒和耐旱)的以生草丛禾草为主,其中也包括某些旱生或中旱生的根茎禾草的草本植物组成的植物群落。由于草原植被所处的地区性和气候上的差异,以及地形、土壤、基质等局部环境的变化,通常在草群组成中有各种各样的杂类草、小半灌木和灌木等成分,使得草原群落在类型学上变得复杂起来。

草原是温带半干旱地区占优势的植被类型。因此,在受到荒漠干旱气候控制的新疆,草原仅居次要地位,约占全疆土地面积的 10%;同时,在平原,它的分布和发育受到明显的限制,只是在准噶尔北部沙漠的水分条件较好的沙丘间平地或薄层沙地上,才出现草原群落的片段,而绝大部分的草原植被退居山地成为山地植被垂直结构中的一个重要组成部分。

发育较好的草原植被多分布于北疆各山地,特别是在面迎来自西部湿润气候的准噶尔西部山地得

到广泛的发展。而处于雨影地带的天山南坡,草原植被则有所退化。除了几个开阔的山间盆地(如大、小尤尔都斯盆地)草原发育较好外,大多呈狭仄的带状。及至极为干旱的昆仑山、阿尔金山,草原更为退化,仅呈片状的断续分布。

草原植被垂直带的位置和分布,通常依温度和湿度的不同而相应地变化。一般说来,自北而南随温度升高和温度变干,各山地的草原带有显著上升的趋势。如在阿尔泰山西南坡,它的下限为海拔500~900米,天山北坡为1000~1200米,天山南坡1700~2000米,到昆仑山北坡则上升到2700~3000米。另外,新疆各山脉由西到东,由于受到大气环流的影响不同,草原带的分布也呈现明显的差异。位于北疆的阿尔泰山和天山北坡的草原垂直带由西向东,随着西来湿润气流的减弱和东面蒙古干旱气流的加强而显著上升。相反地,位于南疆的天山南坡的草原带则因处于雨影带,特别是西部受腾格里高峰的阻挡更为干旱,草原垂直带却由东向西逐渐抬升。

草原类型在山地北坡发育较为完整。通常,在森林-草甸带以下,由下而上有荒漠草原、真草原、草甸草原,森林带以上的亚高山和高山部分,仅在局部出现寒生草原。但在阳坡,干旱程度加剧,荒漠草原上升更高,真草原亦发生旱化。而且随着山地高度升高,草原受到寒冷、干旱的影响,于是在亚高山和高山带又能变为寒生草原,由下而上成为荒漠草原—真草原—寒生草原的带谱形式。气候极为严酷的昆仑山,草原被迫上升到亚高山和高山带中较为适宜的地段,而且表现为寒生草原类型,并具有强烈旱化的特征。

前文已经提到,新疆位于几个植物地理区的交汇,再加上境内多山的特点,这些都决定了草原植被建群植物的丰富性。除去广泛分布于欧亚草原区的糙闭穗(Cleistogenes squarrosa)(东里海沿岸-哈萨克斯坦-蒙古种)遍及全疆外,在阿尔泰山、准噶尔西部山地和天山北坡可见到大面积的欧亚草原西部亚区的一些成分,如针茅(西地中海种)、棱狐茅(地中海种)、长针茅(Stipa lessingii)(黑海-哈萨克斯坦种)、中亚针茅(哈萨克斯坦种)、吉尔吉斯针茅(S. kirghisorum)(哈萨克斯坦-中亚种)、高加索针茅(高加索-中亚-准噶尔种)、窄颖赖草(Aneurolepi-

dium angustum)(黑海-哈萨克斯坦-西西伯利亚种)。在天山南坡和天山北坡的东端以及北塔山一带,可见到欧亚草原东部亚区的一些成分。如长芒针茅(达乌里-蒙古种)、沙生针茅(亚洲中部种)、戈壁针茅(S. gobica)(戈壁-蒙古种)、东方针茅(亚洲中部种)、多根葱(戈壁-蒙古种)。在高山和亚高山带可见到一些高山成分和北方成分,如克氏狐茅(Festuca kryloviana)、拟绵羊狐茅(F. pseudovina)、葡系早熟禾(Poa botryoides)、亚洲异燕麦(Helictotrichon asiaticum)。在帕米尔、昆仑山、阿尔金山和天山南坡的西段,可以见到仅分布于亚洲中部的座花针茅(Stipa subsessiliflora),广布于我国西藏地区、帕米尔和喜马拉雅一带的紫花针茅,以及与阿富汗和克什米尔地区有联系的银穗草(Leucopoa olgae)。在准噶尔盆地北部,唯一典型的沙生草原是由荒漠冰草(蒙古-哈萨克斯坦种)组成的。此外,在北疆还有分布区很狭窄且仅限于中亚和准噶尔山地的准噶尔闭穗。天山草原的特有种只有天山异燕麦(Helictotrichon tianschanicum)。

另外,新疆草原的灌丛化明显,其中许多类型是以灌木草原的形式出现的。它们在阿尔泰山和塔尔巴戈台山①构成明显的灌木草原垂直带。灌木种类多为旱生和中旱生类群。如兔儿条(Spiraea hypericifolia)(里海沿岸-哈萨克斯坦种)、灌木锦鸡儿(Caragana frutex)(里海沿岸-哈萨克斯坦种)、白皮锦鸡儿(C. leucophloea)(准噶尔-蒙古种)、天山酸樱桃(Cerasus tianschanica)、中丽豆(Calophaca chinensis)等。草原的山地特点的另一表现是具有一些山地草原的专有成分。如吉尔吉斯针茅、高加索针茅、准噶尔闭穗,而且它们也是山地草原中的优势种。

新疆草原具有低矮、稀疏的特点。一般草高15~20厘米,最高不超过40~50厘米;一般盖度30%~60%,也有低至10%~25%的。它的结构大体具有3~4个层片,主要有旱生丛生禾草层片、杂类草或小半灌木层片和苔藓或地衣层片。另外,有的草原还有旱生灌木层片。在伊犁谷地和塔城盆地的草原中,还有短生和多年生短生植物层片。

根据生态生物学特性和群落学特点,可以将新疆草原划分为荒漠草原、真(典型)草原、草甸草原和寒生草原四个群系纲。

---

① 现称为塔尔巴哈台山。——编者注

（Ⅰ）荒漠草原

荒漠草原是草原中最旱生的类型,在它的真旱生和广旱生丛生禾草组成中经常混生有超旱生小半灌木,而且它们在群落结构中也起重要作用(Лавренко,1956)。

在新疆荒漠草原中的建群和优势植物分别属于丛生禾草和小半灌木。前者有针茅、中亚针茅、沙生针茅、东方针茅、高加索针茅、棱狐茅等,属于后者的是亚列兴蒿、小蒿、博乐蒿、喀什蒿、粉花蒿、昆仑蒿、盐生假木贼、短叶假木贼、小蓬、优若藜、三裂艾菊(*Tanacetum trifidum*)、蓍状艾菊(*T. achillaeoides*)等,有时尚有多种葱类(*Allium* spp.)和锦鸡儿(*Caragana* spp.)。

荒漠草原在新疆各山地均有分布,是草原中分布最广的类型。它一般均处于山地草原的下部。在天山以北各山地,它占有宽度 300~400 米,在天山南坡只 100~200 米,而在昆仑山、阿尔金山只是一些片段。荒漠草原在各山地分布的高度也不同,总的趋势是由北向南和由西向东逐渐升高。如在阿尔泰山分布的下限在海拔 800 米的山麓地带,在天山北坡为 1100 米,在天山南坡是 2400 米乃至 3900 米才开始出现。另外,同在天山北坡,荒漠草原在西段出现于海拔 1000 米以上,向东到奇台已升到 1200 米,到巴里坤则上升到 1700 米了。

新疆的荒漠草原包含以下的一些群系:

1. 沙生针茅群系(Form. *Stipa glareosa*)

2. 多根葱群系(Form. *Allium polyrrhizum*)

3. 东方针茅群系(Form. *Stipa orientalis*)

4. 高加索针茅群系(Form. *Stipa caucasica*)

5. 准噶尔闭穗群系(Form. *Cleistogenes thoroldii*)

6. 荒漠冰草群系(Form. *Agropyron desertorum*)

7. 针茅群系(Form. *Stipa capillata*)

8. 棱狐茅群系(Form. *Festuca sulcata*)

1. 沙生针茅群系

沙生针茅群系分布的范围比较广。在新疆北部由北塔山、阿尔泰山南麓经萨乌尔山南麓,一直分布到禾布克谷地。在天山北坡由东向西分布到巴里坤以西的大石头一带。南疆各山地也有分布。这一群系多处于低山带及其山间盆地和前山倾斜平原的上部。在帕米尔和昆仑山则占有海拔 3000 米以上的高山山间宽谷。土壤为淡栗钙土和棕钙土,质地为

壤质或石质化很强的砾质土。

沙生针茅与盐柴类小半灌木形成的群丛组,主要分布于天山南坡的和硕到哈密一带的中低山带(海拔 1600~1800 米),仅在博格达山南坡上升到 1800~2000 米。在巴里库山和哈尔里克山北坡处于 1500~1800 米,在北塔山下降到 1450~1600 米。此外,在昆仑山西段的高山带也有小面积的分布。

这个群丛组中以短叶假木贼-沙生针茅群丛分布面积最广,包括天山南坡、哈尔里克山和北塔山。除了建群种沙生针茅和短叶假木贼外,群落种类组成不丰富,在天山南坡有短花针茅(*Stipa breviflora*)、糙闭穗、圆叶盐爪爪、琵琶柴、优若藜、冷蒿、黄芪(*Astragalus*)等。总盖度为 10%~15%。群落中有时以小半灌木构成上层,高 20~40 厘米,沙生针茅高 5~15 厘米,居于下层。群落的季相单调,1958 年 8 月初,在和硕天山南坡的黑色砾石背景上,分布着枯黄色的针茅小草丛和微红色的短叶假木贼,它们的上层散布着极稀疏的鲜绿色的圆叶盐爪爪,其中偶尔夹杂着几株暗红褐色的琵琶柴和被白毛的优若藜。

在天山北坡的巴里坤地区,这个群丛组的亚建群种改变为木碱蓬,伴生的有多根葱、扁穗冰草、琵琶柴、中麻黄(*Ephedra sinica*)、冷蒿、阿氏旋花(*Convolvulus ammannii*)、二裂叶委陵菜、优若藜、金匙叶草(*Limonium aureum*)、蒿类和棘豆等,地面还有不多的叉枝壳状地衣(*Parmelia vagans*)。总盖度 35%。10 月初,禾草已经枯黄,在它的上层均匀地散布着暗红色肉质叶的小叶碱蓬和琵琶柴。

在昆仑山分布着沙生针茅与合头草、优若藜组成的群落。伴生植物更少,有锦鸡儿(*Caragana*)、蒿类、鸢尾(*Iris*)、葱类、五柱琵琶柴等。但群落盖度可达 35%。层片结构明显,禾草层片高 10~20 厘米,半灌木层片高 30 厘米左右。

沙生针茅与蒿类形成的群丛组,大面积地分布于阿尔泰山东部低山和前山平原海拔 500~800 米的范围内,在禾布克谷地和萨乌尔山周围的低山也有广泛的分布。它并且零星地见于昆仑山海拔 3000 米左右的地带。所处土壤为淡栗钙土或棕钙土;质地较细,表层多为壤土,地表往往铺以细小的石砾。

与沙生针茅共同形成群落的蒿类,在阿尔泰和萨乌尔山一带为小蒿、亚列兴蒿、博乐蒿,伴生植物中针茅占有较大的比重,其他为小蓬、优若藜、短叶

假木贼、木地肤、多根葱、二裂叶委陵菜、阿氏旋花等。群落盖度 20%~35%。分层不明显。在低山地区的群落中,糙闭穗的多度增高,棱狐茅、冷蒿亦常见,群落覆盖度也相应增到 25%~50%。昆仑山的蒿类植物为粉花蒿和昆仑蒿,伴生植物种类很少,仅有优若藜、葱类、鸢尾、棘豆等数种。

由沙生针茅与旱生杂类草组成的群丛组,主要分布于昆仑山、阿尔金山和帕米尔的高山带的海拔 3300 米以上的山间宽谷。天山南坡也有小面积的分布。土壤为发育于冰川侧碛物或洪积物上的粗骨土,地表多 3~15 厘米直径的碎石,占地表面积的 25%~35%。

旱生杂类草中具有优势作用的是棘豆和黄芪。群落盖度为 20%~35%,草层高约 5 厘米。伴生种在昆仑山和阿尔金山的,有粉花蒿、昆仑蒿、匍生优若藜、黄花马蔺(*Iris lacia*)、点地梅(*Androsace*)、硬薹草、二裂叶委陵菜,常见的禾草有早熟禾、赖草,间或有灌木锦鸡儿散布于群落中。在天山南坡则有优若藜、灌木紫菀木、扁穗冰草、蓖形冰草(*Agropyron pectiniformis*)、兔唇花(*Lagochilus*)、葱类、中麻黄等。

值得指出的是,在阔克沙尔山西段海拔 3200 米以上的地带,分布着沙生针茅与棱狐茅组成荒漠草原类型。在群落组成中除缺乏蒿类植物及优若藜外,其他伴生植物与昆仑山的相似。

2. 多根葱群系

多根葱荒漠草原在新疆的分布并不很广,它只局限于北塔山的南麓、扎依尔山和巴尔鲁克山东麓和赛里木湖以东的山间谷地。在天山北坡大石头一带和博格达山南坡及其以东的地区也有少量分布。它占据海拔 1300~1400 米的山前倾斜平原和断块山地。土壤为壤质、多砾石的淡栗钙土。

群落中常见的优势植物有针茅、沙生针茅和冷蒿。伴生种有准噶尔闭穗、三芒草(*Aristida adscensionis*)、北方冠芒草。群落中荒漠小半灌木在准噶尔盆地的东部和西部有明显的不同:东部为短叶假木贼、木碱蓬,西部则为无叶假木贼、盐生假木贼、小蓬、琵琶柴等。群落盖度达 40%。成层结构明显,葱层高 20 厘米,为第一层;沙生针茅和冷蒿高 10 厘米,为第二层。

针茅-多根葱群丛是新疆荒漠草原中最华丽的类型。7 月下旬在托里西南巴尔鲁克山东麓,针茅已结实,绿色而细长的芒迎着太阳闪烁发光,多根葱的密集伞形花序盛开粉红色花朵,少量早开的花朵已转为白色,下层是翠绿色的多根葱叶层,景象十分美丽。

3. 东方针茅群系

东方针茅荒漠草原在新疆仅见于准噶尔西部山地和博乐谷地南部、海拔 1450~2000 米范围的洪积扇和低山。土壤为地表铺有石砾的淡栗钙土。

东方针茅与次优势种准噶尔闭穗、冷蒿和棱狐茅分别形成不同的群落。伴生植物有针茅、扁穗冰草、木地肤、阿尔泰紫菀、补血草(*Limonium*)、刺瓦松、兔唇花、多根葱、小蓬、毛足假木贼等。在多数情况下,有狭叶锦鸡儿(*Caragana stenophylla*)灌木参加。地表有少量叉枝壳状地衣。

这个群系被认为是更接近于真草原的类型,通常分布于荒漠草原带的上部,与针茅和棱狐茅等真草原类型相邻。

4. 高加索针茅群系

高加索针茅荒漠草原见于特克斯谷地、伊犁谷地的低山,以及博格达山、巴里库山北坡的低山。土壤为砾质轻质淡栗钙土。

草原组成中喀什蒿居优势,并混生有针茅、扁穗冰草、木地肤、硬薹草、葱类、棘豆、勿忘草(*Myosotis*)、狼毒(*Stellera*)、兔唇花、优若藜等。群落稀疏,覆盖度 15%~25%。草层高 25~30 厘米,通常分为两层:第一层为针茅及蒿类的生殖枝;第二层为叶层,高 5~10 厘米。整个群落表现为灰绿色。

5. 准噶尔闭穗群系

准噶尔闭穗只分布于准噶尔西部山地、海拔 900~1400 米的山间谷地或平坦山梁上。这种植物常与优若藜、短叶假木贼或东方针茅形成群落。伴生的有冷蒿、木地肤、多根葱、刺瓦松、盐生草等,有时棱狐茅和针茅在群落中也占有一定地位。群落分层不明显,草层高约 10 厘米,优若藜稀疏地散布于草丛之上。覆盖度 25% 左右,其中准噶尔闭穗约占一半以上。

6. 荒漠冰草群系

这一个群系是沙地上的一类荒漠草原类型,仅分布于准噶尔盆地北部的沙丘间平地或薄层积沙上。如阿克库姆沙漠和恰乌卡尔沙漠均有大面积的分布。

建群种荒漠冰草经常与沙生针茅组成群落。群落总盖度 30%~35%。荒漠冰草植株高 25~30 厘米,形成均匀的第一层;沙生针茅、糙闭穗、二穗麻黄构成第二层,高 5~6 厘米。其他还有优若藜、木蓼

（*Atraphaxis*）、苦艾蒿、沙蒿、木地肤等，有时出现少量的短生植物。

7. 针茅群系

针茅的生态幅度广，它原是真草原的主要建群植物之一，但也是荒漠草原中的建群种，这里它与蒿类组成不同的荒漠草原群落。

蒿类-针茅荒漠草原分布于塔城盆地、伊犁谷地、天山北坡、北塔山西坡和阿尔泰前山地带。这个群系的建群种和优势种有针茅、中亚针茅、亚列兴蒿、博乐蒿，有时木地肤也起到优势作用。伴生种类有扁穗冰草、棱狐茅、糙闭穗、小蓬、冷蒿、阿氏旋花、葱类、角果藜。有时还见到少量的优若藜、琵琶柴、无叶假木贼、中麻黄、金匙叶草、粗柱薹草等。群系中各群落的覆盖度在 25% 左右，有时达到 40%；层片结构明显，通常可分为禾草层片、蒿类植物的小半灌木层片和地衣——壳状地衣层片。在强石质化的情况下，小叶锦鸡儿（*Caragana microphylla*）灌木层片发育明显，形成锦鸡儿-蒿类-针茅荒漠草原。

8. 棱狐茅群系

棱狐茅是一广义种，分布的范围和适应的生态幅度都非常广。同上面针茅一样，它原是真草原中重要的建群种之一，也是荒漠草原的建群种；但在后者是以群落中具有蒿类荒漠小半灌木的共建种为特征的。

蒿类-棱狐茅荒漠草原是天山北坡荒漠草原中的主要类型，从伊犁谷地起向东一直分布到大石头一带。塔城盆地和阿尔泰西段的山前地带也有分布。在分布上这一群系常与上面的针茅群系相伴随，但分布的高度略高于后者。土壤为壤质的淡栗钙土。

这一群系（图 48-11）的建群植物，除棱狐茅外，还有亚列兴蒿和博乐蒿。有时多种针茅（*Stipa capillata*、*S. sareptana*）也起重要的作用。伴生植物有伏地肤、硬薹草、菭草（*Koeleria gracilis*）、角果藜、刺瓦松，地表并有一层黑色的壳状地衣。群落总盖度 30% 左右，棱狐茅约占 15%，蒿类占 9% 左右，有时因放牧过度或土壤强石质化而蒿类的盖度增大（图 48-12）。成层现象不明显，仅在棱狐茅生殖苗显露以后才能分出两个亚层。

（Ⅱ）真草原

真草原即典型草原。它的建群种是真旱生、广旱生的多年生草本植物，其中以丛生禾草为主；群落

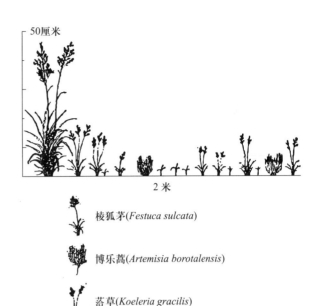

图 48-11　天山北坡玛纳斯段海拔 1400 米前山带的棱狐茅、博乐蒿荒漠草原群落垂直剖面图

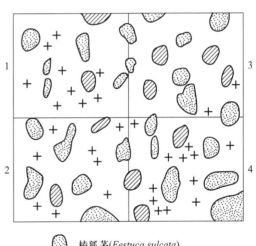

图 48-12　天山北坡玛纳斯段海拔 1400 米前山带的棱狐茅、博乐蒿荒漠草原群落水平投影图

中并有少量的中生植物和旱生植物参加；在比较旱化的群落中常混生有真旱生或超旱生的小半灌木。

新疆真草原的优势种组成并不丰富，真旱生禾草主要是针茅（*Stipa capillata*、*S. krylovii*）、棱狐茅、扁穗冰草和糙闭穗，真旱生的小半灌木有冷蒿、木地

肤、星毛委陵菜(*Potentilla acaulis*)等。此外,旱中生的兔儿条、锦鸡儿(*Caragana frutex*、*C. leucophloea*)在一定条件下也具有优势意义。

真草原在新疆山地占有的面积相当辽阔,主要分布于天山分水岭以北的各山地,呈或宽或窄的带状出现。在阿尔泰,真草原由西到东分布的下限为海拔 800~1000~1500 米,上限 1400~1700~2100 米。在准噶尔西部山地,由 1300~1400 米,向上一直分布到 2000~2100 米的高度。在北塔山为 1600~2200 米。在天山北坡乌鲁木齐以西的地区,它分布的范围是 1200(1400)~1600(1700)米(阳坡可升到 2000 米以上),以东则为(1300)1500~1900 米(阳坡上升到 2400 米);天山南坡为 2000(2200)~2400(2500)米。总的趋势是愈向东、向南,分布愈高。而在更干旱的昆仑山则缺乏真草原的分布。

在新疆的真草原中,主要的群系有:

1. 长芒针茅群系(Form. *Stipa krylovii*)
2. 针茅群系(Form. *Stipa capillata*)
3. 棱狐茅群系(Form. *Festuca sulcata*)
4. 扁穗冰草群系(Form. *Agropyron cristatum*)

1. 长芒针茅群系

长芒针茅群系见于天山南坡、海拔 2100~2600 米的范围内。它所处的土壤是覆有砾石的壤质暗栗钙土和粗骨性的栗钙土。

这个群系中有两个常见的群丛组。一为分布于低海拔处(2100~2400 米)、旱生性较强的群丛组,由长芒针茅与优势的喀什蒿和扁穗冰草共同组成。群落中伴生植物种类不多,而且是旱生性的优若藜、木地肤、棘豆、景天等植物,间或有少量的灌木——刺锦鸡儿、木旋花或中麻黄等参加。草丛高约 20 厘米,盖度最大可达 50%。分层明显,第一层高 15~20 厘米,由针茅及冰草之生殖枝组成;第二层高 5~8 厘米,为各类植物之叶层。九月下旬,群落表现为淡绿色,其中点缀有蒿类的灰白色斑块。另一群丛组分布于海拔较高处(2300~2600 米)的山地和山间盆地(如尤尔都斯盆地)。草群中以有亚高山和高山带常见的种类为特征。经常出现的禾草有扁穗冰草、座花针茅(*Stipa subsessiliflora*)、棱狐茅、落草,前两者有时具有次优势意义。杂类草不起主要作用,有火绒草(*Leontopodium*)、中亚芹(*Schultzia*)、黄芪、棘豆、久苓菊(*Jurinea*)、伏地龙胆(*Gentiana decumbens*)、毛叶点地梅(*Androsace dasyphylla*)、二裂叶委陵菜、多裂委陵菜、柳叶风毛菊(*Saussurea salic-*

ifolia)、施巴定(*Sibbaldianthe adpressa*)、葱类和狗娃花(*Heteropappus*)等。总覆盖度为 25%~50%。分层明显,长芒针茅高约 15 厘米,簇状丛生,黄绿色;草层之间均匀地分布着一层矮小(4~7 厘米)的杂类草。

这个群系在过度放牧情况下,草层退化,形成蒿类(*Artemisia frigida*、*A. rhodantha*)-长芒针茅变体。重牧地,草原性质完全破坏,全部由一年生喜氮植物——藜(*Chenopodium*)、独行菜(*Lepidium*)、扁蓄(*Polygonum aviculare*)等构成密集的草被。

2. 针茅群系

针茅草原是新疆真草原中重要群系之一。在准噶尔西部山地和伊犁地区都有广泛的分布,而且沿着天山北坡向东一直分布到巴里坤地区,形成宽阔的针茅草原带。它在各山地所处的海拔高度由北向南和由西向东有所升高,如在准噶尔西部山地分布的下限为 1200~1400 米,有时在 800 米即开始出现;到天山北坡为 1300 米(玛纳斯)、1500 米(奇台)和 1700 米(巴里坤)。

分布区内的土壤为淡栗钙土和栗钙土,土壤基质较粗,土层不厚,地表多碎石。

纯的针茅草原仅见于禾布克谷地、托里谷地和赛里木湖盆一带平缓的洪积扇和冲积平原。除去建群种针茅和中亚针茅之外,其他禾草很少,有棱狐茅、扁穗冰草和糙闭穗,但均属偶见或少见。在多石地段,冷蒿和星毛委陵菜形成的层片发育良好。其他伴生植物有木地肤、柳叶风毛菊、二裂叶委陵菜、阿尔泰紫菀、薹草、中麻黄等。在海拔较高处,这种草原中还混生有棘豆、草原早熟禾(*Poa stepposa*)、鹅观草(*Roegneria*)等。在石质化强的生境,有时在草丛上见到疏落的锦鸡儿灌木植株,土表为由叉枝状壳状地衣和一些藻类、藓类组成的地被层。群落总覆盖度在 40%左右。分层明显:第一层为以针茅为主的禾草层,第二层是以冷蒿和星毛委陵菜为主的小半灌木和杂类草层,第三层为低等植物的地被层。

针茅群系中分布最广的是狐茅-针茅草原。它在准噶尔西部山地和天山北坡多出现于干旱的石质山坡,与水肥良好的谷地、阶地的狐茅草原相交错。这种草原的种类组成较丰富,有针茅(15%~25%)、棱狐茅(5%~15%)、吉尔吉斯针茅、中亚针茅、糙闭穗、准噶尔闭穗、扁穗冰草、冷蒿、木地肤、二裂叶委陵菜、葱类、兔唇花、角果藜、硬薹草、阿尔泰紫菀、柳叶风毛菊、木蓼和地衣等。当接近分布区的上界时，出现一些中生性的植物，如黄花苜蓿（*Medicago falcata*）、高山唐松草（*Thalictrum alpinum*）、鹅绒委陵菜（*Potentilla anserina*）、勿忘草、猫尾草（*Phleum phleoides*）、蒿类、蓬子菜（*Galium verum*）等。群落盖度 35%~40%。可分为明显的四层：针茅组成第一层，高 18~20 厘米；由狐茅和闭穗组成第二层，高 10 厘米；第三层是由蒿类及杂类草组成的，高 5 厘米；以及由地衣、苔藓类组成的地被层。

在塔尔巴戈台山和扎依尔山的西坡，都有大量的岩石露头，因而在这种类型的草丛之上出现大量的灌木——灌木锦鸡儿、兔儿条、天山酸樱桃、中丽豆（*Calophaca chinensis*），从而形成各种各样的灌木草原。

在巴尔鲁克山阳坡的草原带，还可以看到因石质化严重，百里香（*Thymus*）侵入针茅草丛中而构成的百里香-针茅草原群落。

3. 棱狐茅群系

棱狐茅群系是新疆的最主要而分布非常广泛的一个草原类型。它分布于天山分水岭以北的所有山地。但在各个山地分布的情况不完全相同。它是阿尔泰山唯一的真草原群系，分布于海拔 1200~1800 米（林带以下）；在准噶尔西部山地，位于针茅草原带之上，即（1500）1700~2100 米的范围内；向南到天山北坡，棱狐茅草原仅在草原垂直带内的条件较好的凹形谷地才出现。由此可见，这种草原在生态上比针茅更适应于低温和湿润。所处土壤是栗钙土和暗栗钙土。

棱狐茅草原中分布最普遍的有四个群丛组：星毛委陵菜-冷蒿-棱狐茅草原、针茅-棱狐茅草原、棱狐茅草原和灌木-棱狐茅草原。

星毛委陵菜-冷蒿-棱狐茅草原是比较旱生的类型，一般分布于狐茅草原带的下半部，在阿尔泰、萨乌尔、塔尔巴戈台、巴尔鲁克、北塔山诸山都有分布。建群植物是棱狐茅，亚建群种为冷蒿和星毛委陵菜。群落中伴生一些针茅，不同情况下还出现少量的准噶尔闭穗、扁穗冰草和落草；其他还有木地肤、阿尔泰紫菀、柳叶风毛菊、阿氏旋花、硬薹草、二裂叶委陵菜、刺瓦松等。草原盖度一般为 30%，最高可达 50%。棱狐茅草丛高 15 厘米左右，抽穗期达 30 厘米，构成群落的第一层；第二层为冷蒿和星毛委陵菜，高 2~5 厘米；最下为地被层，有壳状地衣参加。

针茅-棱狐茅草原分布于扎依尔山、巴尔鲁克山、伊犁谷地以及整个天山北坡。除建群种棱狐茅（15%~30%）和亚建群种针茅（5%~10%）外，有时吉尔吉斯针茅（玛纳斯河上游）和东方针茅（赛里木湖周围）也具有优势意义。伴生植物有多种蒿类、木地肤、二裂叶委陵菜、蓬子菜、勿忘草、苜蓿、黄芪、柳叶风毛菊、狼毒、葱类、扁穗冰草、落草、赖草、早熟禾、薹草等，但为数都很少。有时还有兔儿条和锦鸡儿的个别植株。草丛高约 40 厘米，针茅的生殖枝高达 60~80 厘米；主要层高 10~20 厘米，为禾草的叶层。总盖度 40%~45%。

单优势种的棱狐茅草原是狐茅真草原中种类最丰富、覆盖度最高的一个类型。它处于真草原带的最上部，有时进入森林垂直带的阳坡，或与针叶林、桧柏灌丛等相结合。这种草原主要分布于萨乌尔山、扎依尔山、巴尔鲁克山、北塔山和阿尔泰山，在天山北坡分布面积较小。土壤为栗钙土。草原总覆盖度 50%~60%，最高达 75%。棱狐茅占绝对优势，盖度达 30%~50%。有时落草和蒿类植物占有一定的优势，但覆盖度均不超过 10%。此外，种类组成中除上述草原中常见的种类外，还有许多山地植物出现。如火绒草（*Leontopodium*）、龙胆、黄芩（*Scutellaria*）、蒲公英、鸦葱（*Scozonera*）、岩黄芪（*Hedysarum*）、马先蒿（*Pedicularis*）、棘豆、黄芪、蝇子草（*Silene*）等属的一些种类。狐茅叶层和杂类草构成主要层，高 8~10 厘米，花期时出现 30~35 厘米高的生殖枝层。

灌木-棱狐茅真草原广布于阿尔泰、萨乌尔、塔尔巴戈台、巴尔鲁克、扎依尔诸山，在乌鲁木齐以东的天山北坡也有分布。

草原中的灌木组成因地而异。在阿尔泰主要是兔儿条。绣线菊（*Spiraea*）-棱狐茅灌木草原是阿尔泰山地真草原中的重要类型，在海拔 1200~1400 米（东部 1300~1600 米）组成一条灌木草原垂直带。在准噶尔西部山地和天山北坡，灌木种类较多，主要是各种锦鸡儿（*Caragana frutex*、*C. leucophloea* 等），绣线菊的种类较少；在塔尔巴戈台的西段并有少量的中丽豆。

灌木-棱狐茅草原中的灌木都很矮小，高 35~50 厘米，相当于禾草穗高或稍高，分布较均匀。它们的盖度 5%~6%，最高不超过 10%。草原的植物组成与上述各类棱狐茅草原无明显差别。分层很明显：第一层为高 35~50 厘米的灌木层；第二层为狐茅及其他禾草和杂类草的叶层，高 8~10 厘米；第三层为冷蒿、星毛委陵菜的叶层,高 3~5 厘米[在阿尔泰的春旱季节,这一层是顶冰花(Gagea)、毛茛(Ranunculus)、火绒草、蒿类等的幼苗];第四层为地衣层。

4. 扁穗冰草群系

扁穗冰草草原在天山南坡焉耆盆地以西有较广泛的分布,在赛里木湖北岸和巴里坤的低山区也有片段的出现。

这种草原在天山南坡所占的垂直幅度很宽,如在和硕北部山地分布于海拔 1800~2200 米的范围,在乌什南面的索格担山则为 2600~2800 米。它都是与长芒针茅草原相交错分布。常见的类型是蒿类-扁穗冰草草原。在天山南坡,优势种有喀什蒿、长芒针茅、短花针茅,北坡为博乐蒿、棱狐茅、针茅。伴生植物有黄芪、葱类、中麻黄、准噶尔铁线莲(Clematis songarica)、优若藜及少量的棘豆、景天和瓦松(Orostachys)等属的植物。土表多黑色壳状地衣。群落覆盖度 25%。主要分为两层:上层为冰草及针茅的生殖枝,高 25~30 厘米;下层 5~7 厘米,为禾草及蒿类的叶层。在天山南坡,常因土壤石质化强,上层散生大量灌木而呈现灌木草原的景观。如在和硕、库车、阿克苏等地区的山地,都有大面积的锦鸡儿-扁穗冰草灌木草原的分布。

(Ⅲ)草甸草原

草甸草原是草原中最喜湿的类型。它的建群植物为真旱生和中旱生禾草,群落中经常混生有相当数量的多年生中生和旱中生植物,主要是杂类草和走茎禾草。

草甸草原的优势植物中,禾草有棱狐茅、吉尔吉斯针茅、针茅、窄颖赖草(Aneurolepidium angustum)、天山异燕麦、亚洲异燕麦等,杂类草有山地糙苏(Phlomis oreophila)、斗篷草(Alchemilla vulgaris)、蓬子菜等。草甸草原群落总是多优势种的。

草甸草原主要分布于天山分水岭以北的各山地。一般,它处于真草原带和山地针叶林带之间,或真草原和山地草甸带之间,占有 100~200 米的幅度,有时则直接和森林交错分布,但均不形成连续的带。在天山南坡(阿克苏以东的地区)也有小片的草甸草原与云杉林交错分布。它在阿尔泰山分布于海拔 1400~1700 米(西段)到 1700~2000 米(东段);在准噶尔西部山地的西坡、北坡,处于 1800~2000 米,而在东坡处于 2100~2500 米;在天山北坡则处于 1600~1700 米(乌鲁木齐以西)到 1900~2200 米(乌鲁木齐以东)。它所适应的土壤为暗栗钙土或黑土,土层较厚而多为壤质。

新疆的草甸草原有以下几个群系:

1. 吉尔吉斯针茅群系(Form. Stipa kirghisorum)
2. 针茅群系(Form. Stipa capillata)
3. 棱狐茅群系(Form. Festuca sulcata)
4. 窄颖赖草群系(Form. Aneurolepidium angustum)
5. 天山异燕麦群系(Form. Helictotrichon tianschanicum)

1. 吉尔吉斯针茅群系

这个群系分布零星,主要见于伊犁谷地和天山北坡的海拔 1600~1800 米,向东可升高到 1800~2000 米。

吉尔吉斯针茅草原内常有大量杂类草或其他草甸植物参加。如在玛纳斯一带的山地,由于大量的鸢尾(Iris)参加而形成杂类草-鸢尾-吉尔吉斯针茅草甸草原。群落中混生有蓬子菜、草莓(Fragaria vesca)、山地糙苏、阿尔泰紫菀、苜蓿、老鹳草(Geranium)、柴胡、车前、婆婆纳(Veronica)、唐松草等杂类草,中生禾草有大看麦娘(Alopecurus pratensis)、无芒雀麦(Bromus inermis)等。有时雀麦或狐茅的比重增大,相应地形成杂类草-雀麦-吉尔吉斯针茅草甸草原或杂类草-狐茅-吉尔吉斯针茅草甸草原。它们的盖度为 50%~60%,草原高约 30 厘米,分层不明显。

2. 针茅群系

这个群系出现于天山北坡、伊犁谷地和准噶尔西部山地,一般位于海拔 1600~2000 米的范围,在博乐谷地的山地则见于 1900~2500 米。

以针茅为建群种组成的草甸草原中,以混生有大量中生禾草为特征。如在昭苏地区见到的以无芒雀麦为次优势种的杂类草-雀麦-针茅草甸草原,在沙湾和温泉地区见到的以窄颖赖草为次优势种的杂类草-赖草-针茅草甸草原等。群落总盖度可达 40%~60%。种类组成十分丰富,一平方米内计达 27 种。伴生的中生禾草有野大麦(Hordeum)、大看麦娘、猫尾草、鹅观草等,旱生禾草有棱狐茅、扁穗冰草、落草、早熟禾等,杂类草有山地糙苏、蓬子菜、草莓、银莲花(Anemone)、白头翁(Pulsatilla)、伏地龙胆(Gentiana decumbens)、勿忘草、唐松草、乌头(Aconitum)、老鹳草、火绒草、黄芪、蓍草(Achillea)等,还有足状薹草（*Carex pediformis*）。群落中有时出现野蔷薇、绣线菊（*Spiraea*）等。群落分为明显的三层：第一层高 70~80 厘米，由走茎禾草组成；第二层40~50 厘米，由针茅组成；禾草和杂类草的叶层组成第三层；苔藓和地衣构成第四层。

3. 棱狐茅群系

主要分布于准噶尔西部山地和萨乌尔山。天山北坡也有，但不普遍。

棱狐茅经常与中生的足状薹草（*Carex pediformis*）和多种杂类草形成各式各样的草甸草原群落。群落层的结构一般可分为禾草层，较稀疏而不很普遍，高 40~45 厘米；杂类草层，高 20~25 厘米；小禾草层，高 10~15 厘米；以及苔藓层。种类组成也很丰富，有 30 多种。伴生的杂类草有二裂叶委陵菜、多裂委陵菜、阿尔泰紫菀、草莓、山地糙苏、高山唐松草、柳叶风毛菊、伏地龙胆、天山堇菜（*Viola tianschanica*）、黄花苜蓿，以及黄芪、棘豆、霞草属（*Gypsophila*）、葱类、马先蒿（*Pedicularis*）、蓼、银莲花等诸属的一些种类。禾草则有异燕麦（*Helictotrichon schellianum*）、大看麦娘、窄颖赖草等。

4. 窄颖赖草群系

本属系中最普遍的类型是灌木-窄颖赖草草甸草原，主要分布于阿尔泰山的灌木草原的上部，由西向东的高度大致为海拔 1400~1700~2000 米。多处于针叶林和灌丛分布垂直带的阳坡。在天山北坡，如凯特明山、巴里库山（海拔 2000 米左右）也有分布。土壤为石质的山地黑土。

除此，窄颖赖草也常与多种禾草和杂类草构成不同的群落。禾草有猫尾草、直穗鹅观草（*Roegneria turczaninowii*）、无芒雀麦、异燕麦、大麦草、细叶早熟禾（*Poa angustifolia*）。杂类草有苏鸢尾（*Iris ruthenica*）、龙胆、二裂叶委陵菜、蓬子草、北地拉拉藤（*Galium boreale*）、火绒草、柴胡、马先蒿、卷耳（*Cerastium*）、点地梅（*Androsace*）、勿忘草、飞蓬（*Erigeron*）、大戟（*Euphorbia*）、大黄（*Rheum*）、贯叶连翘（*Hypericum perforatum*）、阿尔泰紫菀、石竹、千叶蓍（*Achillea millefolium*）、野豌豆、赤芍（*Paeonia anomala*）等。小半灌木是冷蒿、唇香草（*Ziziphora clinopodioides*）等。此外，还有足状薹草。草本层覆盖度 20%~30%。占优势的灌木有兔儿条，覆盖度 10%~20%；在阿尔泰，还有达粗金银花（*Lonicera tatarica*）、多刺蔷薇（*Rosa spinosissima*）、单花枸子（*Cotoneaster uniflora*）、大叶小檗（*Berberis heteropoda*）等。强石质化的地段还见有西伯利亚刺柏（*Juniperus sibirica*）和沙地柏（*Sabina vulgaris*）。

群落成层明显：第一层由灌木组成，高 50~100 厘米；第二层是禾草和杂类草的花穗，高 40~50 厘米；第三层为丛生禾草的叶层及杂类草，高 20~25 厘米。

5. 天山异燕麦群系

天山异燕麦草甸草原分布面积很小，只出现于伊犁山地和天山西段的北坡。前者处于海拔 1600~2000 米，后者 1900~2200 米。此外，在天山南坡的库车一带也有分布，但仅在隐蔽的峡谷和林间空地才出现。

（Ⅳ）寒生草原

寒生草原（适冰雪草原）是草原中最耐寒的一个类型。有人确定寒生草原是在草原组成中混生有相当数量的高山芜原成分（Лавренко，1954）。也有人把属于寒生草原的群落分属于亚高山草原和高山草原（Юнатов，1950）。但也有持反对意见的（Блюменталь，1956）。侯学煜（1961）称这类草原为高寒草原，并作为"植被型"级与草原并列。

新疆山地受到强烈荒漠气候的影响，亚高山和高山草原因之分布较高。在这类草原中，有一些建群种属于高山特有成分，而且在群落中又混生一定数量的高山草甸、高山芜原或亚高山草甸的成分。因此，从新疆植被的性质出发，我们认为亚高山和高山带的草原都具有寒生性质，应以"寒生草原"来概括它们，并视高山、亚高山草原为寒生草原的同义语。

组成寒生草原的建群种类，与其他草原类型不同，均为冷旱生的。如葡系早熟禾（*Poa botryoides*）、克氏狐茅（*Festuca kryloviana*）、拟绵羊狐茅（*F. pseudovina*）、紫花针茅、座花针茅、银穗草和广旱生的棱狐茅。次优势种均为高山、亚高山的草甸和芜原成分，其中有多种嵩草（*Cobresia*）和薹草（*Carex*），高山、亚高山丛生禾草 [高山黄花茅（*Anthoxanthum odoratum*）、穗状三毛草（*Trisetum spicatum*）、高山早熟禾（*Poa alpina*）、紫狐茅]，以及高山、亚高山杂类草 [高山唐松草、斗蓬草、珠芽蓼（*Polygonum viviparum*）、白花中亚芹（*Schultzia albiflora*）及马先蒿（*Pedicularis*）、虎耳草（*Saxifraga*）的一些种类等]。

寒生草原在新疆广布于各山地的亚高山带和高

山带。在天山南坡和昆仑山的西部,构成宽阔的寒生草原带;而在天山分水岭以北的较湿润的各山地和干旱的阿尔金山,分布面积都较小。这类草原分布的高度,由北向南随着纬度的降低而升高。在阿尔泰山和天山,分布于海拔 2200~2400 米到 2800~3000 米,但在天山西部的阔克沙尔、帕米尔和昆仑山,则上升到 2700~3000 米甚至以上,在昆仑山东部最高可达 4300 米。

新疆境内主要的寒生草原群系有:

1. 葡系早熟禾群系(Form. *Poa botryoides*)
2. 克氏狐茅群系(Form. *Festuca kryloviana*)
3. 拟绵羊狐茅群系(Form. *Festuca pseudovina*)
4. 棱狐茅群系(Form. *Festuca sulcata*)
5. 座花针茅群系(Form. *Stipa subsessiliflora*)
6. 紫花针茅群系(Form. *Stipa purpurea*)
7. 银穗草群系(Form. *Leucopoa olgae*)

1. 葡系早熟禾群系

葡系早熟禾寒生草原是蒙古-兴安岭草原内的一个特殊草原类型。它在新疆只分布于阿尔泰山布尔津河谷以东的山地,出现于海拔 2100~2300 米至 2300~2500 米(东南端)的亚高山带;所处地境在西段为阳坡,东南端位于阴坡。土壤为草甸化的草原土或黑土,土层厚,肥力较高。

这类寒生草原群落的覆盖度很大,达 90%。其中葡系早熟禾覆盖地面达 50%,阿尔泰早熟禾(*Poa altaica*)30%,薹草 17%,繁缕(*Stellaria*)20%,斗蓬草 16%。种类成分比较丰富,除上述外,还有狐茅、异燕麦、亚洲异燕麦、穗状三毛草;杂类草多度较低,有蓍草、珠芽蓼、高山委陵菜(*Potentilla gelid*)、卷耳(*Cerastium*)、马先蒿、高山蓼(*Polygonum alpinum*)、野罂粟、石竹、龙胆、飞蓬、乌头、铃香(*Anaphalis*)、蓬子菜及蒿类等。草层高度 20~25 厘米,分层不明显。

2. 克氏狐茅群系

克氏狐茅是一种冷旱生的丛生禾草,出现于寒冷的高山地区。由它构成的草原分布于天山、准噶尔西部山地,特别是在阿尔泰山,它是寒生草原中的一个重要群系。它处于森林带以上(海拔 2300 米)的亚高山和高山带。土壤为草甸草原土或黑土,沙质或粗骨性土。

在阿尔泰中段、海拔 2600 米以上的高山带,克氏狐茅与高山黄花茅、穗状三毛草和多种薹草形成群落。群落盖度达 85%,草层高 20~25 厘米。伴生

植物多为杂类草,其中作用较大的有火绒草、铃香、珠芽蓼、飞蓬、委陵菜、蒲公英、蓍草、短苞菊(*Brachathemum*)、高山紫菀(*Aster alpinus*)、鸦葱、高山蓼、报春、繁缕、蓬子菜、乌头等,并有少量的蒙古细柄茅(*Ptilagrostis mongolica*)。在群落内还可以见到桧叶金发藓(*Polytrichum juniperinum*)和丛生囊种草(*Thylacospermum caespitosum*)构成的小群聚。

在阿尔泰山东南端的高山带,有克氏狐茅与多种嵩草组成的寒生草原。群落中杂类草成分不多。

克氏狐茅与杂类草构成的草原群落,广布于本群系分布的范围内。在分布高度上较上述两类为低。它在阿尔泰克朗河上游以西,见于海拔 2300 米以上的亚高山带的阳坡,以东在 2300~2700 米的阴、阳坡均有。土壤为草甸草原土。

杂类草-克氏狐茅草原,在夏季为黄棕色,由狐茅和薹草构成主要背景。草原高约 20 厘米,总覆盖度达 60%~80%。种类成分除了建群的克氏狐茅和斗蓬草外,禾草有高山黄花茅、阿尔泰早熟禾、被毛异燕麦(*Helictotrichon pubescens*)、异燕麦,杂类草则有铃香、繁缕、冷龙胆(*Gentiana algida*)、高山紫菀、委陵菜、蒲公英(*Taraxacum mongolicum*)、葱类等;在较阴湿处,地表有肿胀绉蒴藓(*Aulacomnium turgidum*)形成的密集层片。

3. 拟绵羊狐茅群系

这一群系也是新疆寒生草原中的重要群系之一。在天山南坡,分布于尤尔都斯山间盆地到阔克沙尔山之间的海拔 2700~3000 米的高山带;在北坡,则见于 2700~3500 米高山带的局部较干旱的阳坡。土壤为高山草原土、草甸草原土和暗栗钙土。

在与高山嵩草芜原相接触的地带,拟绵羊狐茅与冷旱生的嵩草和薹草形成蓝绿色的群落。群落盖度 45%~70%,草层高不到 10 厘米。群落中禾草比重较大,有高山早熟禾、穗状三毛草、银穗草、鹅观草、扁穗冰草等。山地和高山杂类草种类丰富但多度不大,它们的绚丽的花朵为草原增添许多颜色。这些种类是垂龙胆(*Gentiana nutans*)、老鹳草、委陵菜、棘豆、点地梅、蒲公英、车前、珠芽蓼、蝇子草、高山火绒草(*Leontopodium alpinum*)、乌头、高山黄华(*Thermopsis alpinus*)、高山唐松草、黄芪、虎耳草、葱类、马先蒿、桔梗(*Campanula*)等。

在亚高山带(海拔 2500~2700 米)较湿润的黑土状草甸草原土上,拟绵羊狐茅与足状薹草和火绒草组成群落。盖度 35%~45%,草高 25~30 厘米。

群落中杂类草比重较大，有久苓菊（*Jurinea*）、中亚芹（*Schultzia*）、毛叶点地梅（*Androsace dasyphylla*）、蒲公英、伏地龙胆、冷龙胆、二裂叶委陵菜、多裂委陵菜、棘豆、飞蓬、葱类等，禾草还有落草、扁穗冰草、葡系早熟禾、长芒针茅、异燕麦、冷蒿等。此外，地面还有地衣和蕈菌类。

在放牧严重而土壤碱化的地段上，狐茅几乎完全消失，只有薹草和火绒草组成稀疏而单调的草被。

4. 棱狐茅群系

广旱生的棱狐茅，不仅是真草原、草甸草原和荒漠草原的重要建造者，而且也是寒生草原的重要成分之一。棱狐茅寒生草原广布于天山南坡直到帕米尔东坡。它在莫尔扎特河谷以东，处于海拔 2400 ～ 2500 米到 2800 ～ 3000 米，到帕米尔则上升到 3000 米以上，但在克孜勒苏及阔克沙尔两河谷地区，因受西来湿润气流之惠，反而下降到海拔 2800 米。它在天山北坡、准噶尔西部山地和阿尔泰山，只片段地见于亚高山草甸带内的阳坡和多砾石的山坡。

这个群系中分布面积最广的是由棱狐茅与薹草和杂类草组成的草原。它主要分布于亚高山带的中、上部。薹草是足状薹草，杂类草主要是野地火绒草（*Leontopodium campestre*）、珠芽蓼、棘豆、马先蒿、蓍草、点地梅、鸢尾等。群落盖度 35% ～ 70%，草层低矮，高不及 10 厘米。种类组成 30 ～ 40 种。常见的杂类草有蒲公英、唐松草、青兰（*Dracocephalum*）、柴胡、老鹳草、糙苏、二裂叶委陵菜、龙胆、葱类、银莲花、飞蓬、蓬子菜、报春、景天、阿尔泰紫菀、岩黄芪等，禾草有拟绵羊狐茅、克氏狐茅、扁穗冰草、落草、异燕麦、高山黄花茅、穗状三毛草等。还有线叶嵩草（*Cobresia capilliformis*）。地衣、苔藓层也较发达。

在与高山芜原相接的地带，在阳坡或高原面，棱狐茅与嵩草形成寒生草原群落。伴生植物多为禾草，有阿尔泰早熟禾、狐茅、紫花针茅，还有少数高山杂类草种类。

5. 座花针茅群系

座花针茅草原是帕米尔、天山高山地带的一个特有的草原类型。在新疆境内分布不广，仅见于天山南坡海拔 2300 ～ 2800 米的一些盆地，如尤尔都斯山间盆地内。它多处于水分稍充足的洪积、冲积扇的中、下部。土壤为轻壤质的山地栗钙土。

座花针茅在群落内占总覆盖度的 70% 以上。伴生种类中的禾草有扁穗冰草、长芒针茅、落草、赖草等，杂类草中有多年生花旗竿（*Dontostemon peren-nis*）、白头翁、火绒草、黄芪、唐松草等。在干旱的地段，还有久苓菊（*Jurinea*）、狗娃花（*Heteroappus*）、葱类等。群落覆盖度稀疏，25% ～ 40%；分层不明显，主要草层高 8 ～ 10 厘米，由针茅和杂类草组成。地衣层片也不明显，有叉枝壳状地衣和刷状地衣（*Aspicillia desertorum*）等。

6. 紫花针茅群系

紫花针茅草原原是西藏-帕米尔地区的一种主要草原类型。它在新疆只分布于天山南坡的亚高山、高山带和昆仑山的高山带。

在天山南坡，这种草原分布于海拔 2700 ～ 2900 米的山地。其中，由紫花针茅与早熟禾和野地火绒草组成的草原分布较广，出现于高山带较为干旱的土壤上。群落盖度 20% ～ 30%，草层高仅 10 ～ 15 厘米。其他种类不多，禾草有拟绵羊狐茅、棱狐茅、扁穗冰草、鹅观草等，杂类草有报春、丘陵唐松草（*Thalictrum collinum*）、龙胆、沙参（*Adenophora*）、橐吾（*Ligularia*）、乌头等，还有一些薹草。

在较为湿润的土壤上，出现由紫花针茅与线叶嵩草和薹草（*Carex melantha*、*C. stenocarpa*）形成的草原。群落中双子叶草本植物较少，但野地火绒草和二裂叶委陵菜仍起一定作用。

在海拔较低（2700 米左右）处，见有较为旱生的类型。紫花针茅与落草和扁穗针茅形成群落。群落盖度仅 20%，组成的种类也只有 10 种左右。有时见到与狭叶锦鸡儿构成的灌木草原。

在昆仑山海拔 4000 ～ 4300 米的高山带，出现紫花针茅与棘豆形成的群落，处于河流上游干河谷的黄土沉积物上。土壤为粉沙质的山地栗钙土。群落外貌和结构上，均表现出典型的干寒的高山草原的特点。草层低矮，高仅 4 ～ 5 厘米，棘豆匍匐地面。群落盖度 30% ～ 60%。伴生植物多为杂类草，如老鹳草、野地火绒草、委陵菜、独行菜、唐松草、点地梅等属的高山种，也有早熟禾和薹草。地面有稀疏的壳状地衣。

7. 银穗草群系

银穗草草原在天山南坡的西段开始出现，较广泛地分布于阔克沙尔山、帕米尔和昆仑山的外缘山地。

在帕米尔山地有发育良好的棱狐茅-银穗草草原。它位于高山嵩草芜原的下部，占据着海拔 3600 ～ 4000 米高度的山坡和剥蚀平原。群落中除了优势种银穗草和棱狐茅之外，还有相当丰富的、小型的山地杂草,在建群层片之下构成五光十色的杂类草层片,如肉叶芥(*Braya*)、棘豆、点地梅、二裂叶委陵菜、毛茛、葱类、鸢尾等;此外,还有薹草、早熟禾和扁穗冰草。群落盖度约35%。

狐茅-银穗草草原在昆仑山分布的面积大大缩小。它位于糙点地梅(*Androsace squarrosula*)垫状植被和蒿类荒漠之间,占据着海拔3300~3400米的幅度,而且退缩到壤土质稍多的山地阴坡。群落中并有多量的昆仑蒿小半灌木及荒漠草原种的沙生针茅混生。在昆仑山中段(车尔臣河以西)海拔3500~4000米的高度,可以看到银穗草与紫花针茅构成的草原类型。群落中草层高约30厘米,覆盖度达50%~60%。伴生禾草有早熟禾、鹅观草、赖草、杂类草有棘豆、委陵菜、鸢尾、葱类、老鹳草,并有昆仑蒿小半灌木和莎草科的嵩草和薹草。

紫花针茅-银穗草草原带的下部,出现一类更为旱化的银穗草草原。它是以昆仑蒿为亚建种而构成的。分布于海拔3100~3500米。伴生有垫状的糙点地梅,在群落中呈现白花点点的下层。

在结束草原类型之前,还应提到另外一种草原类型,即白草草原。白草是一种亚热带植物,在新疆它显然是一残遗植物。由于由它构成的草原类型在新疆草原分类系统中的位置不好确定,所以在这里只提到它而已。

白草是一种喜暖的旱中生的丛生禾草,它在阿尔泰山、博格达山北坡和天山南坡西段均有分布。但形成大面积草原的只出现于比较温暖而湿润的伊犁地区。它呈带状分布于博罗霍洛山南坡、海拔900~1300米的低山,上界与野果林相接。

白草在群落中占绝对优势,覆盖度达20%~35%。伴生种很少,它们的分盖度的总和尚不足5%,有棱狐茅、针茅,杂类草有二裂委陵菜、糙矢车菊、近艾菊(*Hippolytia*)、蒿类、林地鼠尾草(*Salvia silvestris*)、猪毛菜(*Salsola*)、鸢尾、柯新菊(*Cousinia*)等,其中短生植物糙雀麦(*Bromus squarrosa*)也有发现。

群落的成层结构明显,白草的穗子和近艾菊、蒿的植株高60~70厘米,构成主要层。总覆盖度25%~40%,最高可达50%。

(三)森林

森林植被是以乔木树种为主的植物群落所构成的。森林植物群落的显著特征是其乔木树冠彼此多少相连接,形成一定程度郁闭的林冠层,具有巨大的生物量积累,从而对林下的植物、其他生物成分、土壤、小气候和周围环境,以至整个自然景观产生强有力的影响。在森林植物群落——林分中除了乔木树种构成的建群层片以外,其下往往有一系列的层或层片:灌木组成的下木层,乔木幼树的更新层,各种小灌木、多年生杂类草、禾草以及藓类和地衣的"森林活地被物"的多种层片,还有藤本和附生在乔木树干与枝条上的植物层片等。

构成森林的乔木树种,一般属于对温度(越冬条件)和水分供应要求高的"高位芽"植物。因此,森林植被通常是典型的"中生"植被,它们一般分布在不过分寒冷,土壤水分不缺乏也不过于潮湿的地方。在没有地下水补给或灌溉的条件下,森林只能生存在大气降水大于或等于蒸发力的地带性地境。这样,在荒漠地带占统治地位的新疆,森林植被的分布和发育受到极大限制,天然森林覆被率仅为0.6%,而且分布很不均匀。在荒漠和草原的地带性地境,天然森林无法立足,只是在高大的山地和水量充沛的荒漠大河谷地,或有充分流动的地下水供应的地段,才为天然森林植被提供适宜的生境。所以新疆的森林植被总是作为山地植被垂直带或非地带性的隐域(如河谷)植被出现的。

新疆山地森林的面积较平原为多。较茂密而成片分布的森林,主要集中在迎向湿气流的高峻山脉的山坡上,如阿尔泰山西南坡,天山北麓的博格达山和喀拉乌成山,伊犁谷地的纳拉特山。处于雨影带和湿气流难以到达的山地、低矮的山地和荒漠性加强的南疆各山地,森林植被大大退化,甚至完全消失。

山地森林垂直带的位置、垂直幅度与结构,依纬度和气候湿润程度的不同而相应变化,表现出一定的生态地理分布规律。森林垂直带的高度界限一般是自北(冷)而南(温),由西(湿)向东(干)升高,垂直幅度变窄,森林植被的类型和垂直带结构也相应简化或旱生性加强。在阿尔泰南坡,森林分布在海拔1300~2300(东部2600)米,在天山北坡则升高到海拔1600~2700(2800)米。垂直幅度为1000~1200米。应当指出,在温暖湿润的伊犁谷地南坡出现了山地森林垂直带的复层结构:下部落叶阔叶林垂直亚带(1100~1500米),上部针叶林垂直亚带(1500~2700米);与新疆大部分的大陆性山地森林垂直带的单一针叶林带结构相比,使它赋有温带中纬度地带海洋性山地的特色。在天山南坡，森林在山地草原带中已分布到海拔 2300～3000 米，最后在西昆仑山更上升到海拔 3000～3600 米，垂直幅度只有 600～700 米宽。

在山地森林垂直带内并非到处都覆盖着森林。由于在大陆性的山地，森林植物群落经常处在其生态环境的边缘（极限），小地形和土壤基质条件的不大变化就足以限制森林的发育。因此，森林只是对于湿润的阴坡才是典型的，也可以呈片状分布在荫蔽的峡谷两侧和谷底，而开旷的谷地和台地为草甸或灌丛所占据，干旱瘠薄的阳坡为山地草原群落。森林在垂直带内的覆被率约为 20%，有时可高达 40%～50%。在干旱的南疆山地，森林已不呈带状分布，只出现在河流上游较湿润的河谷次级阴坡上，与山地草原和灌丛相结合。

山地森林的建群种比较单纯。在阿尔泰山主要是西伯利亚落叶松（*Larix sibirica*），还有较少的西伯利亚云杉（*Picea obovata*）、西伯利亚冷杉（*Abies sibirica*）、西伯利亚红松（*Pinus sibirica*），落叶阔叶树有欧洲山杨（*Populus tremula*）、疣枝桦（*Betula pendula*）和河谷中的苦杨（*P. laurifolia*）。在天山森林中占优势的建群种是雪岭云杉（*Picea schrenkiana*），天山东部也有西伯利亚落叶松。天山南坡和昆仑山的西端则有乔木型的圆柏（*Sabina semiglobosa*、*S. centrasiatica*）。天山阔叶林的建群种有几种桦木（*Betula pendula*、*B. tianschanica*、*B. microphylla*）、欧洲山杨、杨（*P. densa*、*P. pilosa*）、新疆野苹果（*Malus sieversii*）和胡桃（*Juglans regia*）。

草原和荒漠地带平原内的森林植被，主要分布在各大河流沿岸，也有小片的森林出现在冲积锥下部和荒漠中的干河床的有地下水补给的地段。处在草原地带的额尔齐斯河沿岸的河漫滩森林，以多种杨树（*Populus alba*、*P. nigra*、*P. canescens* 等）和白柳（*Salix alba*）为建群种。准噶尔荒漠中阔叶林的建群种有白榆（*Ulmus pumila*）、胡杨（*Populus diversifolia*）和尖果沙枣（*Elaeagnus oxycarpa*）。南疆的塔里木河、叶尔羌河、和田河与于田河沿岸，由胡杨和灰杨（*Populus pruinosa*）构成稀疏的杜加依林，通常与柽柳灌丛、盐化草甸和盐生植物群落相结合。

在笼罩着新疆平原和山地的强度大陆性气候影响下，森林植物群落的结构不同程度地具有旱化的特征，表现为：

1. 稀疏性。无论在山地或荒漠河岸，往往出现大面积的疏林。

2. 一旦森林群落遭到破坏后，天然更新十分艰难，迹地为草本或灌丛群落占据，旷日持久，不得恢复成林。

3. 林下植物层片中有许多非森林的种类成分混入。如山地森林中有大量草甸、草原、灌丛或高山的种。荒漠河岸林则几乎没有特有的附属种，林下植物全是盐化草甸和灌丛的成分，甚至出现荒漠的种。

4. 森林植物群落的树种组成单纯，通常是纯林，混交的情况较少。

然而，新疆的森林植被又有其类型丰富多彩和群落的地理性质与组成独特的一面：

1. 由于森林分布生境的复杂性，生态条件差异悬殊，有多样的森林植被类型，寒温带性质的针叶林、温带的落叶阔叶林、草原地带的河漫滩林和荒漠地带的河岸林均得以表现。

2. 由于新疆处在几个植物地理区的交汇地位，更为森林植被类型及其区系植物成分提供了多样的来源。不同地理性质的森林植被有规律地、往往又是交错结合地分布在南北疆的山地和平原河谷。组成森林的区系植物——无论是乔木树种或林下的灌木、草类和藓类的地理成分更是十分复杂和混淆的，它们往往聚合成为具有不同地理成分的"杂交"群落类型。一般来说，阿尔泰山森林区系植物的地理性质主要是属于北方的成分——西伯利亚的、泛北极的、欧亚的和北极-高山的；天山森林主要是地中海的——准噶尔-吐兰的和中亚的，但也有许多北方成分加入；荒漠河岸林中基本是准噶尔-吐兰和亚洲中部的成分。

3. 新疆的森林植被在发生上既具有不同的起源，在其历史发展的长途中又经历地质史上地貌和气候的巨大变化，引起森林植被一系列的迁徙和适应改造过程。阿尔泰山是北方针叶林的发源地之一；天山东部的落叶松林则是第四纪初冰川作用时期从北方南迁的"移民"。第三纪时一度在天山兴盛发育的"图尔盖"区系——含有常绿和落叶阔叶乔木和针叶树的针阔叶混交林，在以后的山地隆起、旱化和冰川作用过程中遭受强烈的改造。它丧失了大部分喜暖和喜温的成分，分化为：一部分残遗在局部适宜生境——"避难所"的喜温野果林；一部分以耐寒的雪岭云杉为代表，随着山地隆起和冰川的退缩而上升到亚高山带，构成天山的针叶林垂直带；还有一些抗旱喜温的,如胡杨、榆等则适应于荒漠的干热气候和盐渍化的土壤,在平原中形成荒漠河岸林。

新疆的森林植被面积虽小,但类型多样,具有极大的经济意义。山地森林是重要的木材生产基地,又有保持山地水土和涵养水源的有益功能。荒漠河岸林对供应当地用材和防护河岸,减少风沙危害也有良好作用。

根据新疆森林植被的生态特点和建群种的生活型,首先是乔木树种叶子的特征,可划分为两个植被型:山地针叶林和落叶阔叶林。

(Ⅰ) 山地针叶林

在北半球高纬度构成了宽广的北方针叶林(泰加林)地带的耐寒针叶树种——云杉、冷杉、松和落叶松等,也在中纬度的南部山地、气候适宜的高度范围内构成了山地针叶林垂直带。各山地针叶林的建群种起源于不同的森林植被发育中心,形成了彼此分离的独特的森林群系。然而,总的说来,山地针叶林和北方针叶林还是发源于共同的祖先,它们的现代生存条件主要是相同的。

阿尔泰山的山地针叶林,实际上就是北方针叶林地带的西伯利亚山地南泰加林在南端的延续,是楔入草原地带的北方针叶林的代表。它与西伯利亚北方针叶林有着共同的森林建群种——西伯利亚落叶松、西伯利亚云杉、西伯利亚冷杉和西伯利亚红松,林下的植物区系也是与北方针叶林一脉相承的。

天山的山地针叶林除东部的西伯利亚落叶松林仍然属于明显的北方针叶林起源之外,由雪岭云杉构成的山地针叶林发育在荒漠地带的山地条件下,位于山地荒漠和草原带以上。这种针叶林在植物区系方面与中亚的山地草甸、草原、灌丛和阔叶林有密切联系。

山地针叶林,和北方针叶林一样,适应于寒温而湿润的气候。夏季温和湿润而短促,七月平均温度一般在 10~18℃,冬季严寒。年降水量一般在 400~600 毫米或以上,甚至可达 800 毫米,主要集中在生长期间。在新疆,这种条件只有可能出现在较湿润的北疆山地中山带和亚高山带;在南疆草原化和荒漠化的山地则十分局限。

山地针叶林下的土壤,在阿尔泰山是多少灰化的灰化土或灰色森林土。然而在南部山地,由于气候较干旱和土壤母质的特点,尤其是雪岭云杉具有特殊的积累碳酸盐的生物作用,因而森林土壤没有发生灰化。

此外,在南疆西部的草原化山地——天山南麓与西昆仑山的交汇处,还分布着特殊类型的旱生圆柏丛林,它们十分稀疏,类型性质介乎灌丛与森林之间,呈斑块状散布在草原山坡上,或与云杉林相结合分布。

新疆的山地针叶林又分为:山地常绿针叶林、山地落叶针叶林和圆柏丛林三个植物群系纲。

Ⅰ) 山地常绿针叶林

这种常绿针叶林是由耐阴的云杉属、冷杉属和松属红松组的树种构成的森林。它们的群落通常是较稠密和林冠郁闭的,适应分布于夏季较凉爽和空气与土壤较湿润的山地。因此,有的文献把它们称为"暗针叶林",以与喜光和较耐旱的落叶松、松等构成的所谓"亮针叶林"相区别。

常绿针叶林的天然更新一般是在林冠下进行的。在它们的阴暗林冠下,其他森林乔木建群种很难生长和发育起来。耐阴的常绿针叶树又大都是生长持久和长寿的。在没有遭到破坏的情况下,一般不易被其他树种所更替。即使在它们的火烧迹地或采伐迹地上暂时出现了次生的落叶树种(山杨、桦木和柳等)的林分,通常它们又能在阔叶林冠下更新起来,恢复常绿针叶林。因此,它们是相对稳定的森林类型。常绿针叶林下的活地被物大多是耐阴或喜阴的,往往具有发达的藓类层。

新疆的山地常绿针叶林包括三个群系组:松林、冷杉林和云杉林。它们有以下几个群系:

1. 西伯利亚红松群系(Form. *Pinus sibirica*)
2. 西伯利亚冷杉群系(Form. *Abies sibirica*)
3. 西伯利亚云杉群系(Form. *Picea obovata*)
4. 雪岭云杉群系(Form. *Picea schrenkiana*)

在不同的地区,这些常绿针叶林内常混生有或多或少的西伯利亚落叶松或阔叶树种——桦(*Betula pendula*、*B. tianschanica*、*B. microphylla*)、杨(*Populus*),有时构成混交林(混生树种的蓄积量达全林的 20% 或更多)。在这种情况下,根据群落的结构、生态和演替趋向特点而归属于一定优势森林建群种的群系,通常不再划分出混交的群系。

1. 西伯利亚红松群系

西伯利亚红松是北方针叶林的主要树种之一。在新疆,它仅分布于阿尔泰山西北部喀纳斯与库姆河上游地区,这里是它自然分布区的最南端,也是广阔的北方针叶林(山地南泰加林类型)沿山地向南延伸进入草原地带的最远点。西伯利亚红松是较抗寒的大陆性树种,它对热量要求不高,可以分布到森林垂直带的上限,但喜欢较高的空气湿度,这在很大程度上限制了它在阿尔泰山布尔津河流域以东的分布。它对土壤的要求也不严格,可以生长在亚高山的碎石质薄层土壤上,但最适于中山带湿润、平缓的沙壤-黏壤质土的坡地。只是在这种情况下,它通常被更耐阴的云杉或冷杉所代替。西伯利亚红松也比较耐阴,其幼树可在林冠下存活,但随着在山地向上分布,看来它的喜光性增加,在森林垂直带上限的西伯利亚红松林十分稀疏透光。

典型的西伯利亚红松纯林在本区很少见。由于气候的干旱性,在西伯利亚红松林中常有或多或少的较耐旱的西伯利亚落叶松加入,形成混交林,然而在林下通常有很发达的藓类层和许多常绿针叶林特有的草类与小灌木。

西伯利亚红松林在喀纳斯山地主要分布在山地森林垂直带上部的北坡和西坡,并形成亚高山的森林上限。向下——在中山带它被西伯利亚冷杉和西伯利亚云杉的常绿针叶林所代替。在较干旱的地段,西伯利亚红松林让位给西伯利亚落叶松林。

在阿尔泰山西北部,西伯利亚红松林具有以下两个植物群丛(组):

(1) 藓类-红果越桔-西伯利亚落叶松-西伯利亚红松群丛(Ass. *Pinus sibirica* + *Larix sibirica*-*Vaccinium vitis-idaea*-*Dicranum spurium*)

这个群丛出现于喀纳斯与库姆河上游山地常绿针叶林垂直带的上部,处于海拔 1900~2300 米的准平原状台地或缓坡上,坡向北、西北或西。林下土壤为骼质-沙壤质的山地森林生草灰化土。

一般的林木组成是:西伯利亚红松 8、西伯利亚落叶松 2。还混有少量的西伯利亚云杉。随着海拔高度增加和坡地部位向上,西伯利亚红松在组成中的比重逐渐增多。林冠郁闭度一般为 0.5~0.6,甚至可达 0.8。乔木层的高度,西伯利亚红松在年龄为 100 年时高 18~20 米,其上有一层高度在 22~25 米的西伯利亚落叶松的稀疏上层林冠。每公顷平均木材蓄积量约 140 立方米。由于西伯利亚红松的球果重大,种子不易散播,且多为鸟类和鼠类掠食,因此天然更新不良,林下幼苗与幼树稀少,上述情况可能是一个重要原因。

林下具有显著的常绿小灌木层片,由红果越桔(*Vaccinium vitis-idaea*)构成,成片分布于藓类层上,并有黑果越桔(*Vaccinium myrtillus*)加入。此外有稀疏的灌木——针刺蔷薇(*Rosa acicularis*)、单花栒子、阿尔泰忍冬(*Lonicera altaica*)和西伯利亚刺柏等。草本层很稀疏,盖度约 10%,以虉草(*Phalaris arundinacea*)和加拿大早熟禾(*Poa compressa*)为主,还有较少的红花鹿蹄草(*Pyrola incarnata*)、腺缕斗菜(*Aquilegia grandulosa*),高山羊角芹(*Aegopodium alpestre*)和薹草(*Carex*)等。藓类层较发达,盖度在 25% 以上,松软而湿润,以伪曲尾藓(*Dicranum spurium*)为主,此外有枝状和叶状地衣与附生在树枝上的花状松萝(*Usnea florida*)。

(2) 圆叶桦-西伯利亚红松群丛(Ass. *Pinus sibirica*-*Betula rotundifolia*)

在海拔高 2300~2350 米的森林垂直带上限,西伯利亚红松极为稀疏,生长不良,树干低矮、扭曲,树顶常分权,属于独特的高山类型——*Pinus sibirica* var. *humistrata*(Midd.)Litw.。它们在高山冰碛石堆间构成成片段的高山矮曲林,郁闭度为 0.1~0.2。林下细土层很薄,分布不均,发育在碎石基质上。在疏林下出现了浓密的圆叶桦(*Betula rotundifolia*)的灌木层,它们并在林外的平缓高山台地上构成了大面积密不可入的高山灌丛。圆叶桦灌木层盖度可达 90%,严重地妨碍了森林的天然更新。其他的灌木还有:西伯利亚刺柏,阿尔泰忍冬和高山的柳类(*Salix glauca*、*Salix* spp.)。林下的草本层稀疏,主要是高山草甸的种:高山猫尾草(*Phleum alpinum*)、藏异燕麦(*Helictotrichon tibeticum*)、高山黄花茅、嵩草(*Cobresia*)、薹草、缕斗菜、伏地卧龙胆(*Gentiana decumbens*)、线形点地梅(*Androsace filiformis*)、高山地榆(*Sanguisorba alpina*)等。藓类和地衣层十分发达,盖度可达 30%。

2. 西伯利亚冷杉群系

以西伯利亚冷杉为建群种的常绿针叶林也是西伯利亚山地南泰加林在新疆的代表,它也仅仅分布在本区阿尔泰山西北部的喀纳斯地区。

西伯利亚冷杉是对热量、水分和土壤肥力要求较高的树种。在阿尔泰山地,它仅出现在气候最为湿润、温和的中山森林垂直带的北向斜坡上。虽然土层往往是薄层和骼质化的,但都是较肥沃和排水良好的壤质土,属于山地森林生草弱灰化土。西伯利亚冷杉耐阴,在林冠下天然更新良好,并能由大树的下部枝条在藓类层下紧贴地表而发生压条繁殖苗。

在本区阿尔泰山的西伯利亚冷杉林内或多或少混有西伯利亚落叶松,它们构成稀疏的上层林冠,有时还有西伯利亚云杉加入。

西伯利亚冷杉林通常具有常绿针叶林的典型群落结构,即由乔木、灌木、草类和藓类的层片所构成。

在本区见到以下两个西伯利亚冷杉林的群丛组:

(1)藓类-草类-灌木-西伯利亚冷杉群丛组(Ass. *Abies sibirica-Lonicera altaica-Carex pediformis-Ptilium crista-castrensis*)

这一群丛组分布于阿尔泰山喀纳斯地区的准平原化山地的缓斜阴坡,海拔高度为 1500~2300 米。土壤为湿润而排水良好的山地森林生草弱灰化土。

由西伯利亚冷杉的同龄林木构成郁密的主林层,高达 25 米,林冠郁闭度可达 0.7~0.8。常有个别的西伯利亚落叶松兀立林内,高达 28 米,形成稀疏透光的上林层。后者在林木组成中有时可多达 2 成。林分地位级一般为 II 级。林冠下西伯利亚冷杉更新良好,每公顷幼树可达 10000 株或更多。

以阿尔泰忍冬为主的灌木层的盖度达 20%~30%,其他灌木有少量的栒子、覆盆子(*Rubus idaeus*)、针刺蔷薇。草本层很稀疏,以根茎繁殖的足状薹草为主,此外有加拿大早熟禾、粟草(*Milium effusum*)、乳苣(*Cicerbita azurea*)、鹿蹄草(*Pyrola minor*、*P. incarnata*)、独丽花等。藓类层很发达,盖度达 100%,以毛梳藓(*Ptilium crista-castrensis*)为主,还有塔藓(*Hylocomium proliferum*)、赤茎藓(*Pleurozium schreberi*)、大金发藓(*Polytrichum commune*)等。悬挂在树枝上的花状松萝极为显著。

(2)藓类-草类-西伯利亚落叶松-西伯利亚冷杉群丛组(Ass.*Abies sibirica+Larix sibirica-herbosa-hylocomiosa*)

这是由山地常绿针叶林向山地落叶针叶林过渡的群落类型,也局限于阿尔泰山的西北部,由此向东南,随着气候大陆性的逐渐加强,林分中的耐阴常绿针叶树种让位给西伯利亚落叶松。

这一混交林类型分布在海拔 1400~2000 米的缓斜阴坡,通常在坡地中下部,向上则转为纯西伯利亚落叶松林。林下土壤为山地森林泥炭质弱灰化土。

以西伯利亚落叶松为主,构成稀疏透光的上层林冠,西伯利亚冷杉在其中占 2~4 成,并有个别的西伯利亚云杉。第二层林冠是主林层,以西伯利亚冷杉占优势,仅有个别的落叶松和云杉。林分郁闭度 0.6~0.8,地位级 III~IV 级。林冠下有西伯利亚冷杉的幼树密集分布,落叶松和云杉的幼树很少。

灌木稀疏,有阿尔泰忍冬、针刺蔷薇和茶藨子(*Ribes*)等。草类层盖度为 60%~80%,以乳苣、林奈草(*Linnaea borealis*)为主,其次有足状薹草、红花鹿蹄草、匍匐斑叶兰(*Goodyera repens*)、独丽花等。藓类层仍然很发达,其组成种类同上一群丛组,盖度达 90%~100%。

3. 西伯利亚云杉群系

新疆山地的西伯利亚山地南泰加林的第三个代表,就是西伯利亚云杉。在这里,它主要是作为西伯利亚落叶松林的混交种;只是在沼泽化的山地河谷中它才成为森林的建群种,构成小片的西伯利亚云杉纯林。西伯利亚云杉及其林分主要分布在阿尔泰山的西北部,在其中部与东南部山地则仅沿着河谷及其侧坡下部分布,在青格里河以东不复见。

西伯利亚云杉也是典型的耐阴针叶树种,但具有较大的生态适应幅度,它对气候和土壤的要求较西伯利亚冷杉(*Abies sibirica*)为低,它以浅表发育的水平根系适应于沼泽化的泥炭河谷地和冻土层,而且比西伯利亚冷杉的分布更向南,进入草原化的阿尔泰东南部山地。

在西伯利亚云杉林内常混有或多或少的西伯利亚落叶松和疣枝桦。在林分过去遭到破坏的情况下,则形成西伯利亚云杉和疣枝桦的混交林。在山地森林垂直带下部和草原垂直带上部的河谷中,则有苦杨和黑杨(*Populus nigra*)与西伯利亚云杉混交。

(1)由于西伯利亚云杉林所在生境的局限性,其纯林通常仅见到:藓类-西伯利亚云杉群丛组(*Picea obovata-Hylocomiosa*)。

藓类-西伯利亚云杉林分布于阿尔泰山大青河以西、海拔 1300~2000 米的山地森林垂直带和草原垂直带上部河谷和低洼地,处于沼泽化的低地、河漫滩和低阶地上。土壤为泥炭质的森林灰化潜育土,相当潮湿,不深处有永冻层。林分沿河谷呈岛状或小片状断续分布,有时与山坡下部的西伯利亚落叶松-西伯利亚云杉林相连接。

林分组成通常是纯的西伯利亚云杉，或混有单株的西伯利亚落叶松，混交的阔叶树中有个别的疣枝桦和杨树等。林冠郁闭度在 0.5~0.7。地位级可达 I 级，每公顷蓄积量可高达 650 立方米。林冠下西伯利亚云杉更新良好，幼树密集，但常遭到放牧破坏。

林分的灌木层和草本层不显著。灌木有针刺蔷薇、栒子（Cotoneaster）、覆盆子、红果越桔、茶藨子（Ribes）等。草类有独丽花、拟鹿蹄草（Ramischia secunda）、芳香车叶草（Asperula odorata）、格氏香豌豆（Lathyrus gmelinii）等。地面有很发达的藓类层，盖度在 75% 以上，以白青藓（Brachythecium albicans）与漆光镰刀藓（Drepanocladus vernicosus）为主，厚达 5~10 厘米，在低湿处则有曲尾藓（Dicranum）。

（2）在前山草原带的河谷中，较纯的西伯利亚云杉林通常被疣枝桦-西伯利亚云杉的混交林所代替，林缘常有杨树（Populus laurifolia、P. nigra）。这种森林群落比较稀疏透光，林冠下的灌木和草本层都相当发达，藓类层则减弱。

林内的灌木有几种柳树（Salix spp.）、稠李（Padus racemosa）、茶藨子、石蚕叶绣线菊（Spiraea chamaedryfolia）等。草类以几种薹草（Carex spp.）和拂子茅（Calamagrostis）占优势，尚有多种中湿生的杂类草。

在草原垂直带的下部河谷中，西伯利亚云杉林被河漫滩杨树林（Populus laurifolia、P. nigra）所代替。

（3）草类-灌木-西伯利亚落叶松-西伯利亚云杉群丛组（Ass. Picea obovata + Larix sibirica-Fruticosa-Herbosa）

由耐阴的西伯利亚云杉和喜光的西伯利亚落叶松构成复层林冠的混交针叶林广泛分布于阿尔泰山森林垂直带的中部-中上部，处于河谷的阴坡。林下发育着山地灰色森林土，肥沃而湿润。由于这类混交林的林分结构无论在复层林冠对光能的合理利用，或在地下部分深根（西伯利亚落叶松）和浅根（西伯利亚云杉）的配置对土壤的充分利用等方面均有较大的优越性，因而林分的生产力较高。这种

混交林的发展，根据林木的组成和森林更新的趋势均以西伯利亚云杉占优势，它一般应当归属于西伯利亚云杉群系。但在森林带的上部，以及转向较干旱的生境——如山坡上部和草原化较强的坡地，林分中的西伯利亚落叶松比重大大增加，以致完全排除了西伯利亚云杉，森林类型则属于西伯利亚落叶松群系。

这种云杉林在阿尔泰山西北部分布于海拔 1400~1800 米，在中部则上升为 1700~2300 米。通常位于河谷阴坡的中下部。在林木组成中，西伯利亚云杉一般占 6~8 成，落叶松占 2~4 成，后者构成稀疏的上层林冠。在喀纳斯山地还有少量的西伯利亚冷杉加入。林分的总郁闭度为 0.6~0.8，地位级为 II~III 级，每公顷蓄积量可达 400 立方米或更多。林冠下西伯利亚云杉更新良好。灌木层盖度达 30%，以阿尔泰忍冬为主，尚有覆盆子、栒子、阿氏蔷薇（Rosa alberti）、石蚕叶绣线菊等加入。草本层盖度为 40%~80%，以足状薹草、西伯利亚早熟禾（Poa sibirica）和野青茅（Deyeuxia）占优势，其他有：乳苣、香豌豆、林奈草、红花鹿蹄草、匍匐斑叶兰、石生悬钩子（Rubus saxatilis）、蓝花老鹳草（Geranium pseudosibiricum）、北地拉拉藤（Galium boreale）、广布野豌豆（Vicia cracca）等。藓类层很发达，盖度在 80% 以上，以塔藓（Hylocomium proliferum）与赤茎藓（Pleurozium schreberi）为主。

（4）在稍趋干旱的生境条件下，分布着足状薹草-西伯利亚落叶松-西伯利亚云杉群丛（Ass. Picea obovata + Larix sibirica-Carex pediformis）。林下土壤的生草化程度较强，比较干旱，仍属灰色森林土。在林木组成中，西伯利亚云杉一般占 5~7 成，西伯利亚落叶松占 3~5 成。林冠郁闭度 0.6~0.8。林下云杉更新良好。灌木很稀疏，有阿氏蔷薇、阿尔泰忍冬、栒子与茶藨子等。草本层盖度为 40%~95%，以足状薹草占优势，其他有：加拿大早熟禾、高山羊角芹（Aegopodium alpestre）、独丽花、拟鹿蹄草、香豌豆（Lathyrus）与飞燕草（Delphinium）等。藓类层很微弱。这种类型逐渐过渡为以西伯利亚落叶松占优势的森林。

4. 雪岭云杉群系

雪岭云杉[①]构成的温带山地常绿针叶林是新疆分布最广泛的森林群系。它从喀什西端的西昆仑山地经天山南麓山地向东断续绵延，尤其到天山北麓更是逶迤不绝，直达哈密以北的巴尔库-哈尔里克山地，东西距离约达 1800 余千米。它在新疆的北界为巴尔鲁克山北坡，南界达到叶城以南的昆仑山地，南北距离也达到 1000 余千米。在天山北坡，雪岭云杉林在海拔 1500~1600 米至 2700~2800 米的中山-亚高山带构成了一条森林垂直带。在干旱的南疆山地，雪岭云杉林片段地分布于亚高山草原带的峡谷阴坡，位于海拔 2300~3000 米，至于西昆仑山北坡，则零星分布于海拔 3000~3600 米的局部湿润山地。

在分布范围内，雪岭云杉林广泛地与中山和亚高山草甸、草甸草原以及灌丛相结合，在其西部的伊犁谷地与巴尔鲁克山地，云杉林带在下部与阔叶林——野苹果林相毗连，在东端的巴里库山地则与西伯利亚落叶松构成混交林，并形成垂直分布——上部西伯利亚落叶松林，下部雪岭云杉林。在南疆山地，雪岭云杉林普遍地与亚高山草原、草原化灌丛以及圆柏疏林相结合分布。

在如此广阔的水平与垂直分布范围内，气候、土壤基质、植被地理与群落的性质以及地质历史过程的差异很悬殊，但云杉几乎总是占优势的或单一的森林建群种，说明了这个树种具有很广泛的生态幅度，尤其是对较干旱和严酷的大陆性气候具有较强的适应性。

雪岭云杉林下的土壤是比较特殊的，为干旱地区山地针叶林下的土壤类型——山地灰褐色森林土，它具有从灰色森林土（山地南泰加森林土类）向褐土（暖温带阔叶林土类）过渡的性质。其特点是腐殖质层积累较厚，无灰化现象，而有明显的黏化过程和或多或少的碳酸钙的积累。主要根据在不同气候条件下土壤中碳酸钙的淋溶或积累状况，可分为三个亚类：在湿润气候条件下的淋溶灰褐色森林土，在干旱山地的碳酸盐灰褐色森林土和在中等湿润条件下的灰褐色森林土。

雪岭云杉林可以具有明显的五层结构：乔木-小乔木-灌木-草类-藓类，但通常为二、三层结构（乔木-草类-藓类）。乔木层的郁闭度不高，一般为 0.4~0.6，在干旱的西昆仑山地的云杉林呈群团状的树丛分布，在亚高山带森林上限和强度石质化生境的云杉林则为公园式的疏林。由于受到山地强度切割地形的限制，大片的郁密林分比较少见。雪岭云杉林的地位级变化也很大。在伊犁河谷山地出现生产力极高的、地位级达到 I_B、平均树高 50 米以上的雄伟壮观的森林，但是分布在亚高山石质地段和草原化山地的疏林，地位级在 V 以下。

雪岭云杉林内混交或伴生的树种不多，仅在天山东部与西伯利亚落叶松一起构成较稳定的混交林。伴生的阔叶树种有：欧洲山杨、几种桦木（*Betula pendula*、*B. tianschanica*、*B. microphylla*、*B. pseudomicrophylla*、*B. iliensis* 等）和伊犁的新疆野苹果。但阔叶树的混交并不普遍，数量也不多，主要在山地森林垂直带的下半部，并且只是在云杉林受到破坏而稀疏的情况下，才出现较多的阔叶树，或形成小片的次生阔叶林。天山花楸（*Sorbus tianschanica*）和崖柳（*Salix xerophila*）是雪岭云杉林内最常见的小乔木，后者经常在中山带的云杉林火烧迹地上形成稠密的次生柳丛林。常见的下木有：黑果栒子（*Cotoneaster melanocarpa*）、几种忍冬（*Lonicera hispida*、*L. altmannii*、*L. karelinii*、*L. stenantha*）、蔷薇（*Rosa alberti*、*R. acicularis*）、茶藨子（*Ribes meyeri*）、天山卫矛（*Euonymus semenovii*）等。在较干旱和石质化亚高山带疏林内，尚有几种圆柏（*Sabina pseudosabina*、*S. turkestanica*、*S. semiglobosa*）、西伯利亚刺柏以及鬼箭锦鸡儿加入。西伯利亚赛铁线莲（*Atragene sibirica*）是林内常见的攀缘藤本。雪岭云杉林内的草类繁多，初步估计有 300 种。其中，最常见的禾本科草类有：林地早熟禾（*Poa*

---

① 关于新疆天山和西昆仑云杉林的种类成分问题，众说纷纭。原记载为 *Picea schrenkiana* Fisch. et Mey.（1842），模式标本采自苏联准噶尔阿拉套山北坡，中文称雪岭云杉。1869 年 Рупрехт 在苏联西天山以球果、针叶较长和种鳞形状等差异，划出另一种——*P. transchanica* Rupr.，天山云杉；但许多人认为不易区别，作为雪岭云杉的异名。Быков（1950）则认为天山云杉近于喜马拉雅山南坡的 *P. morinda* Link，而作为雪岭云杉的地理小种：*P. schrenkiana* Fisch. et Mey. Subsp. *tianschanica*（Rupr.）Bykov。郑万钧（1961）根据球果颜色（紫红），将新疆天山的云杉定为 *P. schrenkiana* Fisch. et Mey. var. *tianschanica*（Rupr.）Cheng et Fu.（=*P. tianschanica* Rupr）。我们认为，新疆天山的云杉，按其形态与地理分布特点，仍属雪岭云杉（*P. schrenkiana* Fisch. et Mey.），而天山云杉（主要在苏联西天山、内部天山和帕米尔-阿赖的地区）可能分布到西昆仑山和天山南麓，则待考。

最近 Березин（1970）认为 *Picea schrenkiana* 是准噶尔阿拉套山与天山北部的森林建群种，而将所谓的西天山、内部天山与帕米尔-阿赖的云杉林建群种定为 *P. morinda* Link subsp. *tianschanica*（Rupr.）Berez.（=*P. tianschanica* Rupr.）。

nemoralis）、粟草、穗状三毛草、柔毛异燕麦（Helicto-trichon pubescens）等；杂类草主要有：高山羊角芹、乳苣、准噶尔繁缕（Stellaria songorica）、和兰芹（Carum atrosanguineum）、丘陵老鹳草（Geranium collinum）、阿尔泰大黄菊（Doronicum altaicum）、天山党参（Codonopsis clematidea）、拟鹿蹄草、独丽花、葡匐斑叶兰、小花凤仙（Impatiens parviflora）、丘陵唐松草、一枝黄花（Solidago virga-aurea）、北地拉拉藤、格氏香豌豆等；以及蕨类：欧洲鳞毛蕨（Dryopteris filix-mas）和冷蕨（Cystopteris fragilis）。藓类层中主要的优势种则有：冷杉羽藓（Thuidium abietinum）、绉葫藓（Aulacominum）、曲尾藓、杨青藓（Brachythecium populeum）、卷叶灰藓（Hypnum revolutum）、直喙提灯藓（Mnium orthorhynchum）、拟垂枝藓（Rhytidiadelphus triquetrus）、塔藓等。应当指出，雪岭云杉林的区系植物与草甸（中山-高山）和灌丛有密切联系，林下有许多属于这些植被类型的种类成分。

由于雪岭云杉林地理分布的广泛性、生境的复杂性和较多样的植物种类成分，它具有一系列不同生态地位和群落结构的森林群丛组。它们大致可归为以下六类：

A. 分布在森林垂直带中下部较干旱、温暖生境条件下，具有较发达的灌木层片和多少有阔叶树混生的雪岭云杉林的群丛组。

B. 分布在森林垂直带中下部至中上部较适宜生境的、林下层片以多年生草类占优势的雪岭云杉林的一系列群丛组，林分生产力最高。

C. 主要出现在陡峭而阴湿的北坡和峡谷侧坡的中等-薄层土壤上的云杉林，具有极发达的藓类层，较多表现出阴暗的北方针叶林的典型特征。

D. 在亚高山带森林分布带的上部，雪岭云杉的稀疏林木与亚高山草甸、草甸草原草类及灌木（主要是圆柏）构成的一些群丛组。

E. 当雪岭云杉林遭受火灾或其他原因破坏后，形成了衍生的阔叶树种与雪岭云杉的混交林。

F. 在中山河谷中有杨树混生与发达的灌木和湿性草甸草类层片的雪岭云杉林。

以下分述具有代表性的雪岭云杉林群丛组：

（1）灌木-草类-藓类-雪岭云杉群丛组（Picea schrenkiana-Fruticosa-Herbosa-Muscosa）：主要分布在天山北坡和准噶尔西部山地的森林带中下部、海拔1500～2100米的阴坡，处在山地森林带与草甸草原

带或灌木草原带相邻接的地段。土壤属于较干旱的、残余碳酸盐（或饱和碳酸盐）的山地森林灰褐土，土层较深厚，一般为黄土母质，很少有基岩露头。

这种群落很明显地具有四个层次，即：乔木-灌木-草类-藓类。有时还有稀疏散布的桦木（Betula tianschanica、B. microphylla 等）、欧洲山杨与崖柳（Salix xerophila）等阔叶树构成的小乔木层。

雪岭云杉的林冠郁闭度不高，为 0.3～0.4。林下的植物组成十分丰富，以大量森林的、灌木的、草甸的和草甸草原的成分相混淆。灌木层很茂密，盖度在 30% 以上，呈团状或均匀分布，高度在 1.5～2 米，种类繁多，主要有：天山花楸（Sorbus tianschanica）、崖柳（以上为小乔木）、刚毛忍冬（Lonicera hispida）、阿氏忍冬（L. altmannii）、卡氏忍冬（L. karelinii）、小叶忍冬（L. microphylla）、细花忍冬（L. stenantha）、阿氏蔷薇（Rosa alberti）、培氏蔷薇（R. beggeriana）、黑果枸子、大叶小檗（Berberis heteropoda）、阿尔泰山楂（Crataegus altaica）、天山卫矛等，还有大量攀缘的西伯利亚赛铁线莲。

林下草类层盖度 20%～40%，多草甸草类，主要种类有：苏鸢尾、薹草、林地早熟禾、高山羊角芹、乳苣、丘陵老鹳草、北地拉拉藤、草莓、丘陵唐松草、高加索花葱（Polemonium caucasicum）、石生悬钩子、柳兰（Chamaenerion angustifolium）、一枝黄花等。黄绿色的藓类隐蔽在茂密的草层或树冠下，呈斑块状分布，盖度亦可达 30%。

（2）中生杂类草-藓类-雪岭云杉群丛组：具有一系列广泛分布的群丛，出现于天山南北坡。它们主要处于海拔 1900～2600 米（北坡）或 2300～2800 米（南坡）的阴坡。土壤为典型的或轻度碳酸盐（在南坡）的灰褐色山地森林土，土层厚度中等，可以见到岩石露头。

通常为雪岭云杉的纯林，郁闭度 0.3～0.5。林分生产力中等，地位级一般为Ⅲ级。林下雪岭云杉的天然更新尚好，幼树均匀或呈团状分布。灌木层不明显，有少量的天山花楸、忍冬、山柳、野蔷薇、枸子、茶藨子等。草类层由森林的与草甸的杂类草构成，盖度为 30%～50%，种类较丰富，主要有：高山羊角芹、乳苣、准噶尔繁缕、珠芽蓼、斗蓬草、耳七（Parnassia laxmannii）、阿尔泰大黄菊、假报春（Cortusa brotheri）、拟鹿蹄草、独丽花、丘陵老鹳草、石生悬钩子、丘陵唐松草、北地拉拉藤、薹草、林地早熟禾等。草类在藓类背景上形成很明显的一层。藓类成片分

布,盖度为 50%~80%,主要是冷杉羽藓和塔藓等。

（3）中生杂类草-雪岭云杉群丛组:在天山北坡,特别是伊犁谷地山区,这种森林群落类型分布较普遍。它们处于海拔 1900~2400 米的缓斜或陡峭的阴坡。土壤是淋溶灰褐色山地森林土。

乔木层组成是纯的雪岭云杉,罕有阔叶树(山杨、桦木)加入。林冠郁闭度一般为 0.3~0.5。地位级通常为Ⅱ级,有的可达Ⅰ级。每公顷蓄积量为 200~400 立方米。乔木层高度一般在 20~30 米。群落具有明显的二层结构——乔木-草类,不形成明显的灌木与藓类层。但乔木层本身往往由于是异龄林而具有复层林冠。雪岭云杉更新尚好,常见稀疏的幼树。

灌木与小乔木的盖度不足 10%,它们稀疏地分布于林缘和林窗下,有天山花楸、崖柳、蔷薇、忍冬等,在伊犁山地还有稠李、药鼠李(*Rhamnus cathartica*)、覆盆子等。草类层较发达,盖度由 20%~90% 不等,主要是中生耐阴的、阔叶的杂类草,以高山羊角芹、乳苣、丘陵老鹳草为主,其次有北地拉拉藤、准噶尔橐吾(*Ligularia songarica*)、一枝黄花、小花凤仙、耳七、准噶尔繁缕、天山党参、冷地报春(*Primula algida*)、准噶尔蓼(*Polygonum songoricum*)、格氏香豌豆、獐牙菜(*Swertia*)、丘陵唐松草、林地早熟禾、粟草、薹草等。藓类呈斑块状不均匀地散布于林冠下荫蔽处。

（4）欧洲鳞毛蕨-雪岭云杉群丛组(*Picea schrenkiana-Dryopteris filixmas*):是在温暖湿润的伊犁谷地山区发育的、具有极高生产力的森林群落。它分布在纳拉特山北坡中山带,处于海拔 1700~2200 米的缓斜阴坡和半阴坡上。土壤是深厚的、强度淋溶的森林灰褐土。这里的年降水量当不低于 800 毫米。

雪岭云杉在这种类型的群落中生长达到极大高度,成熟林木一般为 40 米,甚至可达 50~60 米或更高,每公顷蓄积量最高达 800 立方米以上。地位级在 I_a~I_b 级。林冠郁闭度为 0.6~0.7。林内偶有少量的桦木(*Betula iliensis*、*B. tianschanica*)或欧洲山杨加入。灌木层不甚明显,有茶藨子、天山花楸、忍冬与蔷薇等。

草类层盖度 90%~100%,由高大粗壮的欧洲鳞毛蕨构成了严密覆盖的上层草被,它指示着土壤深厚肥沃、富于氮素和湿润的条件。下层的草类主要是高山羊角芹,其次有乳苣、乌头(*Aconitum*)、芳香

车叶草、阿尔泰大黄菊、假报春、一枝黄花、小花凤仙、林地早熟禾、粟草等。藓类呈块状分布,不甚发达。

由于林冠郁闭度较高和草类茂盛,云杉的更新幼苗和幼树仅在倒腐木上出现。

（5）林地早熟禾-足状薹草-雪岭云杉群丛组(*Picea schrenkiana-Poa nemoralis + Carex pediformis*)出现于趋向干旱的天山东部的巴里库山和准噶尔西部山地,分布于海拔高 2300~2400 米的中山带的西北坡。地表常有少量碎石和石块,土壤显得干燥些,属于碳酸盐灰褐色山地森林土。

乔木层仍由雪岭云杉组成,间或有个别的西伯利亚落叶松层外木(巴里库山)与疣枝桦。林冠郁闭度 0.3 左右,下层的雪岭云杉幼树较多。下木有稀疏的天山花楸、崖柳、蔷薇、忍冬、枸子等。草类层也不浓密,盖度在 20% 或更高,以林地早熟禾与足状薹草为主,其次有柳兰、丘陵唐松草、高山羊角芹、乳苣、蓬子菜、天山党参等。藓类层几乎不见。

（6）雪岭云杉公园式疏林与山地草甸、草甸草原相结合。在天山和西昆仑山地的森林—草甸—草原垂直带内,经常出现丛状或小块的雪岭云杉的树群与缓坡上的草甸、草原化草甸或草甸草原群落交错结合分布的情况,可以称为山地草甸-雪岭云杉林。它们相当普遍地分布在地形较开阔和平缓的地段。林内土壤为较深厚的饱和碳酸盐的灰褐色山地森林土。

雪岭云杉的树丛大小不一,每丛由四、五株至数十株组成。树丛的盖度占 30%~60%,而树丛本身往往是较稠密的。这种类型通常是在长期砍伐与放牧的影响下形成的。树丛边缘往往有较多的云杉幼树,但多被牲畜损害。

在丛林边缘与林间草地上有稀疏的灌木分布:阿尔泰方枝柏(*Sabina pseudosabina*)、天山方枝柏(*S. turkestanica*)、忍冬、蔷薇、枸子、山柳等。树丛间的草甸植被主要是钝叶斗蓬草(*Alchemilla obtusa*)、丘陵老鹳草、白花老鹳草(*Geranium albiflorum*)、珠芽蓼等为主的杂类草草甸群落,在干旱的山地则发生草原化。树丛内的草类较稀少,有高山羊角芹、乳苣、准噶尔繁缕、拟鹿蹄草等,盖度不超过 20%,还有少量的藓类。在很稠密的树丛内,地面几乎全为森林死地被物——凋落的针叶和小枝所覆盖。

（7）藓类-雪岭云杉群丛组是天山云杉林中最常见的群落类型之一。它们一般分布在山地森林带

的中部-中上部,海拔 2000 ~ 2600 米(天山南坡在 2600~2800 米)的陡斜阴坡,尤其是在峡谷的阴湿陡坡上。这种生境较有利于森林,而不适于草类的发育,因而常形成较大片的郁密林分。林地土壤通常是较薄层的、强度骼质的山地森林淋溶灰褐土,较湿润,但由于覆有厚层的藓类地被物而致土温较低,通气性稍差,死地被物的分解较慢,土壤肥力不高。

林木组成为纯的雪岭云杉,在伊犁山地则常混有少量欧洲山杨与桦木(Betula iliensis、B. tianschanica)。林冠郁闭度一般在 0.5 ~ 0.7。地位级 Ⅲ ~ Ⅳ 级。由于厚层的藓类被覆地面,森林更新情况很差,几乎见不到云杉幼树。当年萌发的云杉幼苗虽很多,但绝大部分由于根系达不到土壤而死亡。

下木稀少,有个别的天山花楸、山柳、忍冬、野蔷薇等,或完全没有下木。草类地被物也很少,通常不成层,盖度不足 10%,主要是耐阴的草类——高山羊角芹、乳苣、西伯利亚虎耳草(Saxifraga sibirica)、匍匐斑叶兰、圆叶鹿蹄草(Pyrola rotundifolia)、拟鹿蹄草、独丽花、北地拉拉藤、和兰芹、假报春、小花凤仙、冷蕨、黄龙胆(Gentiana aurea)、林地早熟禾等,稀疏地散布在黄绿色的藓类层背景上。

藓类层很发达,盖度 50% ~ 90%,甚至达到 95% ~ 100%,厚达 10 ~ 20 厘米。其优势种为:冷杉羽藓、卷叶灰藓(Hypnum revolutum)、拟垂枝藓(Rhytidiadelphus triquetrus)(尤其在伊犁山地)、塔藓和绢藓藓(Aulacomnium)等。

(8)草类-藓类-崖柳-雪岭云杉群丛组:在天山山地森林带中下部-中部的深厚土层的阴坡,雪岭云杉林受到火灾、砍伐等破坏或稀疏后,在迹地上往往由崖柳形成衍生的群落,或在雪岭云杉疏林内构成层片。在山柳的林冠下,透光适度,形成湿润、温和、免于极端温度伤害的小气候,土表的阔叶树死地被物疏松、柔软,容易分解成肥沃的中性腐殖质层,加以崖柳根系分布较雪岭云杉为深,以及林下发育的中生耐阴的杂类草不致与云杉幼苗强烈竞争等,这一切构成了雪岭云杉更新的优良环境。因此,这种崖柳丛林内几乎毫无例外地有着十分茂盛的雪岭云杉幼树层。然而,从十年生以后,当云杉幼树要求更多的光照时,就感到了崖柳对它们的压抑,从而展开竞争进程,在 30 ~ 40 年后,雪岭云杉达到并开始超过崖柳林冠层,构成崖柳-雪岭云杉的混交林。这种混交林具有极其暂时过渡的性质,最后雪岭云杉居于上层林冠地位,崖柳则凋亡,形成较稳定的草类-雪岭云杉或草类-藓类-雪岭云杉林(张新时,1959,1963,1964)。

在混交林中,稀疏的雪岭云杉大树构成上层,郁闭度 0.2 ~ 0.4 不等,或者几乎不能成层。具有卵形阔叶片的崖柳构成茂密的小乔木层,高度一般在 4 ~ 8 米,郁闭度 0.3 ~ 0.6 或更高,其中往往混有天山花楸。灌木有忍冬、枸子与野蔷薇等。这一层或下层有很多的雪岭云杉幼树,每公顷可达三万多株,往往处于被压抑状态。

林下有明显的草类和藓类层。主要是耐阴的杂类草——高山羊角芹、准噶尔繁缕、簇生缬草(Valeriana caespitosa)、西伯利亚还阳参(Crepis sibirica)、阿克苏黄芪(Astragalus aksuensis)、草莓、石生悬钩子、林地早熟禾、薹草等,盖度可达 30% ~ 40%。藓类层盖度亦可达 40%。

应当指出,当类似上述过程发生在土层较贫瘠和浅薄的地段时,衍生的阔叶树种往往是桦木(Betula tianschanica、B. microphylla),并构成暂时的桦木-雪岭云杉群丛。

(9)草类-山杨-雪岭云杉群丛组:在伊犁山地和博格达山北坡森林带的下部,海拔 1500 ~ 1900 米的细质土坡上,经常出现山杨(Populus tremula)与雪岭云杉的混交林群落。和上述的崖柳、桦木与雪岭云杉的混交林一样,它也仍然是在雪岭云杉林遭受水灾后形成的衍生群落向雪岭云杉林恢复的过渡类型。在混交林内,山杨通常构成淡绿色的上层林冠,占林木组成的 5~7 成,雪岭云杉形成较阴暗的第二层林冠。也有相反的情况,即年轻的山杨居于雪岭云杉疏落林冠的下层,这是在云杉林受破坏而稀疏后由山杨侵入形成的。

林下灌木稀少,有天山卫矛、覆盆子(以上在伊犁)、忍冬、阿氏蔷薇等。草类层较发达,有高大的禾草[短柄草(Brachypodium pinnatum)、鸭茅(Dactylis glomerata)、粟草、鹅观草(Roegneria)]、中生杂类草[高山羊角芹、一枝黄花、格氏香豌豆、直立老鹳草(Geranium rectum)、短距凤仙(Impatiens brachycentra)、车叶草(Asperula apparine)]等,盖度可达 40%。

(10)亚高山草类-圆柏-雪岭云杉群丛组:在天山和西昆仑山森林分布带的中上部-上部,出现了雪岭云杉与匍匐的圆柏层片以及亚高山草甸片段相结合的公园式疏林。它们分布在石质化较强的半阴坡。土壤为碎石质的生草化灰褐色山地森林土。

雪岭云杉林冠的郁闭度为0.2~0.4,地位级一般为V级。在低矮的雪岭云杉的树丛间成片散布着垫状偃卧生长的圆柏,在伊犁山地是西伯利亚刺柏、天山方枝柏,天山北坡主要是阿尔泰方枝柏,天山南坡是叉子圆柏(Sabina semiglobosa),昆仑山西端则除天山方枝柏外,尚有小乔木状的昆仑方枝柏(S. centrasiatica)。其他的灌木很少,如蔷薇、枸子、茶藨子、忍冬等。草类主要是高山-亚高山草甸与草甸草原的种类成分:珠芽蓼、丘陵唐松草、高山紫菀、冷地报春(Primula algida)、斗蓬草(Alchemilla sibirica、A. obtusa)、高山羊角芹、耳七、直立老鹳草、簇生卷耳(Cerastium cerastoides)、阿尔泰大黄菊等;禾草有:高山黄花茅、林地早熟禾以及旱生的棱狐茅等。草类层盖度可达20%。藓类发育很微弱。

(11)亚高山草类-雪岭云杉群丛组:在雪岭云杉林垂直分布带的上部直到森林上限,从森林向高山-亚高山草甸过渡的地段,形成了具有高山和亚高山草甸草类层片的雪岭云杉疏林。它们在天山北麓山地大致分布在海拔2500~2600米,在西昆仑山则在3300~3500米。土壤为生草化的淋溶灰褐色山地森林土,较湿润,碳酸盐多被淋溶或积聚不显著。

雪岭云杉形成稀疏的林冠,郁闭度0.3~0.5,地位级通常为Ⅳ~Ⅴ级。林内下木不多,有少量的天山花楸、崖柳、阿尔泰方枝柏、天山方枝柏、忍冬等。草类层较发达,盖度可达60%以上,主要由亚高山草甸的杂类草构成,并有高山草甸草类加入。如珠芽蓼、薹草、斗蓬草(Alchemilla cyrtopleura、A. obtusa)、老鹳草、高山唐松草、阿尔泰大黄菊、簇生缬草、假报春、冷地报春、耳七、拟鹿蹄草等。

(12)高山草类-藓类-雪岭云杉疏林群丛组:在天山北麓较干旱的博罗霍洛山北坡(海拔2500米以上)、天山南麓(2800~3000米)和西昆仑山(3500~3600米)的森林上限,大量的高山芜原草类与稀疏的雪岭云杉相结合,构成了特殊的高山疏林——雪岭云杉林的"芜原化"类型。林下土壤为中等厚度或薄层的骼质生草化灰褐色森林土。

稀疏的雪岭云杉树冠郁闭度为0.2~0.3,向上逐渐过渡为单株散布的低矮偏冠树木。地位级在V级以下。林内幼树很少或无。通常没有下木,或有极少的柳与天山花楸。林下草被主要是高山芜原、高山草甸或草甸草原植物形成的草甸层片,盖度在30%~50%,主要有:线叶嵩草、狭果薹草(Carex stenocarpa)、棱狐茅、珠芽蓼、白鞘火绒草(Leontopodium ochroleucum)、西伯利亚斗蓬草、丘陵唐松草、冷地报春、假报春、柔毛点地梅(Androsace villosa)、马先蒿(Pedicularis)等。有时藓类层的盖度亦可达30%。

此外,在天山南坡的森林上限,还有局部的鬼见愁雪岭云杉疏林类型。由在较湿润的岩石与石堆上成丛生长的鬼箭锦鸡儿(Caragana jubata)与稀疏的雪岭云杉相结合构成,群落中还出现高山芜原或草甸草类。

(13)河谷草甸草类-阔叶树-雪岭云杉群丛组:在中山带的河谷中分布的雪岭云杉林类型比较多样。它们在天山北麓开始出现在海拔1400~1500米或更低些的草原垂直带河谷底部,在天山南坡则始于2100~2200米。河谷云杉林向上可以达到亚高山带下部的河谷。它们沿河谷底部的阶地与河漫滩上较高地段呈小块状或断续的带状分布,发生在冲积-坡积性的、下垫层为卵石-碎石质的薄层土上,底土有时发生潜育化。

林带下部河谷中的雪岭云杉起初混生于密叶杨(Populus densa)或柔毛杨(P. pilosa)的杨树林内,向上逐渐增多,或构成小片纯林。在伊犁地区山地河谷中,雪岭云杉还与桦木(Betula iliensis、B. tianschanica)或新疆野苹果相混生。在海拔1800米(天山南麓在2400米)以上则渐呈针叶纯林。林分郁闭度较低,一般为0.3~0.4。林内丛状更新的雪岭云杉幼树甚多,但多被放牧所损害。由于土壤水分与养分较丰富,林分地位级较高,一般在Ⅱ~Ⅲ级,个别可达Ⅰ级。

河谷雪岭云杉林内有多种小乔木与灌木,如柳、天山花楸、阿尔泰山楂、准噶尔山楂(Crataegus songorica)、稠李、细花忍冬、刚毛忍冬、枸子、蔷薇、大叶小檗、茶藨子等。

林下草类为中生-湿生的禾草与杂类草:野青茅(Deyeuxia)、粟草、薹草、高山羊角芹、乳苣、偏生斗蓬草(Alchemilla cyrtopleura)、光蓼(Polygonum nitens)、小花凤仙、草原老鹳草(Geranium pratense)、柳兰、草莓、石生悬钩子、簇生卷耳、准噶尔繁缕等。藓类仅在树丛下呈斑块状分布。

在天山山系东部的巴里库山和哈尔里克山是雪岭云杉分布区的东端,也是西伯利亚落叶松分布区的南界(后者的最南分布点在博格达山濒临吐鲁番盆地的南坡亚高山带)。在这里相交汇的这两种针叶树种各自占据着一定的生境地段。比较耐旱、抗寒和喜光的西伯利亚落叶松主要分布在山地森林带上部,构成亚高山森林上限,以及在中山带占据着强度石质化的山坡;气候较温和的森林带下部则为雪岭云杉占优势,从而形成山地森林带明显的垂直分化。看来,过去在森林带下部混交林中对西伯利亚落叶松的选伐,更人为地促进了这种分化的趋势。在山地森林带的中部,海拔 2200~2500 米,是西伯利亚落叶松和雪岭云杉的混交林过渡带。在这种混交林群落的植物成分中,来自北方的泰加林的代表与天山云杉林特有的种类,以及亚洲中部森林、草原的成分相混淆。大致可分为以下四个混交林群丛组:

(14)藓类-草类-灌木-西伯利亚落叶松-雪岭云杉群丛组:分布在巴里库山北坡海拔 2300~2500 米的山地森林带中部,这已是雪岭云杉垂直分布的上部。林下土壤为普通灰褐色山地森林土。在林木组成中,西伯利亚落叶松占 5~7 成,雪岭云杉占 3~5 成。落叶松构成的稀疏上层林冠的郁闭度为 0.2 左右,雪岭云杉组成较郁密的第二层林冠,郁闭度为 0.2~0.3。林分地位级为 Ⅲ~Ⅳ 级。林下更新幼树以雪岭云杉占优势,落叶松幼树仅见于林缘。

灌木层的盖度达 20%~30%,以阿氏蔷薇或刚毛忍冬、细花忍冬为主,其次有天山花楸(Sorbus tianschanica)、崖柳、栒子(Cotoneaster)等。草类层盖度亦在 20%~30%,主要是森林早熟禾,其次有黄芪、繁缕、乳苣、北地拉拉藤、丘陵唐松草等。藓类层较发达,盖度 50%~60%。

(15)藓类-草类-西伯利亚落叶松-雪岭云杉群丛组:分布于巴里库山与哈尔里克山北坡,处于海拔 2000~2400 米的陡峭阴坡。土壤是薄层的、多少有淋溶的山地森林灰褐土。落叶松与云杉呈不同比例的混交。地位级为 Ⅴ 级。林下仅有稀少的云杉幼树。下木有天山花楸、刚毛忍冬、黑果栒子、培氏蔷薇等。草类层盖度达 40%,主要是广布野豌豆、拟鹿蹄草,其次有乳苣、高山羊角芹、楼斗菜(Aquilegia)、薹草等。藓类层成片分布,盖度达 60%,以褶叶镰刀藓(Drepanocladus lycopodioides)为主。

(16)草类-西伯利亚落叶松-雪岭云杉群丛组:分布于巴里库山北坡山地森林带下部,海拔 2200~2400 米的阴坡。在林分内西伯利亚落叶松与雪岭云杉呈不同比例的混交,形成复层结构。林冠郁闭度 0.3~0.5。地位级一般为 Ⅲ~Ⅳ 级。林下幼树较稀少。

林内灌木不多,在空地上有沙地柏,林冠下有刚毛忍冬、细花忍冬、栒子、天山花楸等。草类层盖度在 80% 以上,以早熟禾为主,其次有高山羊角芹、广布野豌豆、蓝花老鹳草、银莲花(Anemone)、乳苣、花荵(Polemonium coeruleum)、红花鹿蹄草等。藓类层发育很微弱。

(17)藓类-北极果-西伯利亚落叶松-雪岭云杉群丛组:本群落仅见于博格达山南坡克朗沟一带,处于海拔 2700 米的陡斜阴坡上部。土壤是薄层骼质的森林灰褐土。

第一层林木由西伯利亚落叶松与雪岭云杉共同构成,第二层则主要是雪岭云杉。林冠郁闭度 0.3。地位级为 Ⅴ 级。仅在林缘有崖柳。林下密覆走茎的匍匐小灌木——高山北极果(Arctous alpinus),盖度达 70%。草类仅在林窗中较发达,有马先蒿(Pedicularis)、点地梅(Androsace)、野豌豆(Vicia)、棘豆(Oxytropis)等。藓类层却十分发达,成片分布。

Ⅱ)山地落叶针叶林

由冬季落叶的落叶松属树种构成的落叶针叶林具有鲜明的季相,夏季外观为淡绿色,秋季转为金黄色,而冬季成为落叶的林冠。即使在旺盛的生长季节,它的树冠通常比较稀疏透光,林内比常绿针叶林要明亮得多,因而有"亮针叶林"之称。落叶针叶林适应于较严酷和大陆性较强的气候。它们在北半球寒温带广泛构成了森林地带的北部界限,与冻原地带相接触,在山地则往往形成森林上限。它的块状林分又能与旱生的草原群落相结合,构成森林草原景观。

落叶针叶林在新疆只有一个群系,即西伯利亚落叶松群系。

5. 西伯利亚落叶松群系

由西伯利亚落叶松构成的森林广泛分布在新疆阿尔泰山西南坡的中部和东南部,以及准噶尔西部山地的萨乌尔山和天山东部的巴里库山和哈尔里克山地。它在山地分布的海拔高度由北向南、由西向东而升高,这与纬度的降低和气候大陆性的加强有密切联系。在阿尔泰山西北部,它处在海拔 1300~2300 米,个别地方下限甚至可达到 1100 米;到东南部的青河一带则上升到 1700~2600 米,而在天山东部则更上升到 2200~2900 米。

西伯利亚落叶松能忍耐寒冷而干旱的气候和强度石质化的土壤,因此往往构成森林上限和山地草原中的块状森林。在阿尔泰山,落叶松林下的土壤是山地灰色森林土,土壤的灰化现象不明显,生草化程度却较强,其底土往往有碳酸钙聚积。在天山东部则为山地灰褐色森林土。

由于西伯利亚落叶松较喜光,其林冠疏透,因此常有耐阴的针叶树种——在阿尔泰山是西伯利亚冷杉、西伯利亚红松,尤其是西伯利亚云杉,在天山东部则为雪岭云杉与它相混交。这种混交林的优越性已如前述,然而,在自然状态下,对西伯利亚落叶松的发展来说,好处却不是那么多。由于它的喜光性和不能在林冠下更新的特点,限制了西伯利亚落叶松与耐阴针叶树种长期共存的可能。即使在混交林上层落叶松占较大优势的情况下,林冠下通常仍为云杉的幼树所占据,显示着林分的自然演替方向。只有在严酷的生境条件下,如阿尔泰山东南部,以及森林上限和石质地段,云杉才不能取代落叶松的地位。历史上频繁发生的山火,却为西伯利亚落叶松的繁荣不断开拓地域,它在火烧迹地上天然更新良好,往往形成密不可入的幼树丛。迅疾掠过林地表面的地面火更起着清除薄皮浅根的云杉的作用,而厚皮深根的落叶松往往安然无恙。

经常在西伯利亚落叶松林内混交的阔叶树种有桦木(*Betula pendula*、*B. pubescens*)和欧洲山杨。林下的灌木层较发育,最常见的有几种忍冬(*Lonicera altaica*、*L. stenantha*、*L. hispida*)、绣线菊(*Spiraea chamaedryfolia*、*S. media*)与蔷薇(*Rosa alberti*),其他有西伯利亚刺柏、阿尔泰方枝柏、枸子等。

旱中生的、根茎繁殖的足状薹草(*Carex pediformis*)是阿尔泰山西伯利亚落叶松林下最常见的草本,尤其在生境较干旱的稀疏林冠下形成紧密而厚实的草根盘结层。此外,有大量的草甸和草甸草原的种类,如西伯利亚早熟禾、猫尾草、钝形拂子茅(*Calamagrostis obtusata*)、亚洲金莲花(*Trollius asiaticus*)、白花老鹳草、北地拉拉藤、丘陵唐松草、野火球(*Trifolium lupinaster*)等。一般来说,西伯利亚落叶松林内的藓类层发育较微弱。

由于西伯利亚落叶松群系在新疆的分布跨越草原和荒漠两地带的山地,处在生态条件、植物区系成分和植被历史发生十分不同的区域内(例如,阿尔泰山和天山东部),这就使得森林植物群落的分类复杂化,我们将在形态(外貌)上相近似的森林群丛组内,简要描述不同区域内的森林群丛(组)的特征。

(1)灌木-草类-西伯利亚落叶松群丛组:在阿尔泰山广泛分布于森林带下部海拔 1400~1700 米的阴坡,常呈岛状分布于山地草原中。林下土壤为山地淡灰色森林土。林内常混有多少不等的西伯利亚云杉(*Picea obovata*),有时还有疣枝桦(*Betula pendula*)或欧洲山杨加入。林冠郁闭度一般为 0.4~0.6。地位级 II~III 级。林下幼树不多,常以西伯利亚云杉为主。

灌木层较茂密,盖度可达 50%,主要为石蚕叶绣线菊、阿尔泰忍冬、刚毛忍冬、阿氏蔷薇、枸子等。草类层盖度亦在 60% 以上,以足状薹草与禾草[猫尾草、野青茅(*Deyeuxia macilenta*)、柔毛异燕麦、小糠草(*Agrostis*)等]为主,杂类草则有丘陵唐松草、广布野豌豆、野火球、石生悬钩子、金黄柴胡(*Bupleurum aureum*)、蓝花老鹳草等。藓类很少。

在阿尔泰山较干旱的、草原化的山地分布着另一类的灌木-薹草-西伯利亚落叶松群丛。土壤为草原化的山地淡灰色森林土。在林木组成中已很少或没有西伯利亚云杉加入。郁闭度一般为 0.4~0.5。林下更新不良,有少量落叶松幼树。灌木层盖度达 50%,以培氏蔷薇(*Rosa beggeriana*)或石蚕叶绣线菊为主,草类层以足状薹草占优势,并有草原草类加入。

在天山东部海拔 2300~2600 米的阴坡,分布着混有雪岭云杉的灌木-草类-西伯利亚落叶松群丛组。灌木层有天山花楸、崖柳、蔷薇、忍冬、枸子等。

(2)草类-西伯利亚落叶松群丛组:由西伯利亚落叶松与足状薹草构成的群落是阿尔泰山分布最广泛的森林类型。它处在森林带中部海拔 1300~2000(2200)米的宽阔谷地的阴坡和半阴坡。林下土壤为强度生草化的山地灰色森林土,表层是薹草的根茎紧密交织的厚实的草根层。

西伯利亚落叶松常三、五成丛生长,第二层林冠内常有西伯利亚云杉加入。林冠郁闭度为 0.3~0.5。地位级一般为 III~IV 级。由于紧密的草根层的阻碍,林下更新不良,以西伯利亚云杉的幼树较多,而西伯利亚落叶松则甚少。

林下灌木稀少,有阿尔泰忍冬、阿尔泰方枝柏、西伯利亚刺柏、阿氏蔷薇、枸子、茶藨子,并常有构成草原灌丛的兔儿条加入。以足状薹草为主的草类层盖度在 70%~100%,草层中还有加拿大早熟禾、野青茅、柔毛异燕麦、蓝花老鹳草、繁缕、阿尔泰大黄菊、乳苣、乌头（*Aconitum*）、红花鹿蹄草、格氏香豌豆、丘陵唐松草等。藓类层发育微弱。

草类-西伯利亚落叶松群落在天山东部分布在2300~2600米的缓斜阴坡和半阴坡。林下土壤为山地灰褐色森林土。西伯利亚落叶松在林分组成中占优势，但一般混有少量的雪岭云杉，在海拔低处，它们可占1~2成。林冠郁闭度0.4~0.6。地位级Ⅲ~Ⅳ级。林冠下的幼树往往以雪岭云杉为主，仅在林缘与林窗中有少量落叶松幼树。少量的灌木有天山花楸、刚毛忍冬、阿氏蔷薇、枸子与阿尔泰圆柏等，盖度不足20%。草类层很茂密，盖度达70%~90%，以禾草、薹草为主：西伯利亚早熟禾、野青茅、小糠草、足状薹草；杂类草有：蓝花老鹳草、乳苣、北地拉拉藤、广布野豌豆、格氏香豌豆、花荵、拟鹿蹄草、圆叶鹿蹄草、独丽花等。藓类发育微弱，呈斑状分布。

（3）草类-藓类-西伯利亚落叶松群丛组：分布于天山东部海拔2200米以上的阴坡上部。土壤为山地森林灰褐土。在西伯利亚落叶松林冠中混有少量雪岭云杉。郁闭度达0.5。地位级Ⅳ~Ⅴ级。林下透光处幼树以西伯利亚落叶松居多。灌木很少，有天山花楸、山柳、枸子、忍冬与野蔷薇等。草类盖度可达30%，有珠芽蓼、红花鹿蹄草、足状薹草、蓝花老鹳草等，并有常绿小灌木——高山北极果。藓类层发达，盖度为60%~70%，以褶叶镰刀藓为主。

（4）亚高山草类-西伯利亚落叶松群丛组：分布于阿尔泰山山地森林带上部海拔2100~2400米，为森林的上限。土壤为粗骼质的生草化灰色森林土。通常为西伯利亚落叶松的稀疏纯林，很少有个别的云杉加入。林冠郁闭度为0.3~0.5。地位级Ⅴ~Ⅴₐ级。林下更新不良。灌木有稀少的阿尔泰方枝柏、阿尔泰忍冬、枸子等，但有时稀疏的林木与稠密的高山圆叶桦（*Betula rotundifolia*）灌丛相结合。草类层盖度在70%~90%，以亚高山草甸，甚至高山草甸（芜原）的种类为主组成，有线叶嵩草、高山狐茅（*Festuca supina*）、珠芽蓼、足状薹草、西伯利亚早熟禾、钝形拂子茅、蓝花老鹳草，其次有乳苣、亚洲金莲花、高山羊角芹、银莲花（*Anemone*）、广报春（*Primula patens*）、红花鹿蹄草等。

在天山东部的森林带上部，除有类似于上述群丛组的西伯利亚落叶松林类型外，在海拔2700米以上的阴坡上部还有亚高山拂子茅-西伯利亚落叶松群丛（Ass. *Larix sibirica-Calamagrostis obtusata*）。土

壤为生草化的灰褐色森林土。地位级Ⅴ级。林内有很少的天山花楸、刚毛忍冬。草类以钝形拂子茅占优势，盖度可达60%，其次有珠芽蓼、亚洲金莲花、红花鹿蹄草、高山羊角芹等，还有常绿的高山北极果。

Ⅲ）圆柏丛林

圆柏丛林是由中旱生广温的常绿针（鳞状）叶乔木——圆柏属（*Sabina*）树种构成的稀疏丛林。它是亚洲内陆（中亚与亚洲中部）大陆性气候山地特有的旱生疏林植被类型。具有乔木状外貌的圆柏丛林被认为是较古老的、第四纪冰期以前就存在的群落类型。它们无论在建群种和林下层片（或与树丛相复合的群落）的种类成分、群落的外貌、结构、生态、发生以及地理分布等特征方面，均与前述"泰加型"（北方的）针叶林有明显区别。

新疆的圆柏丛林，主要分布在天山南麓山地的西段和西昆仑山地的中山-亚高山带。它包含有天山方枝柏、叉子圆柏和昆仑方枝柏的群系（Form. *Sabina turkestanica*、*S. semiglobosa*、*S. centrasiatica*）。其中以天山方枝柏分布最广，它在伊犁山地（海拔2000~2800米）、天山南麓（海拔2500~3000米）和西昆仑山（海拔2900~3700米）构成匍匐的灌丛或丛林；叉子圆柏主要在天山南麓山地草原带（海拔2600~3000米）；昆仑方枝柏主要在昆仑西端亚高山带下半部（2800~3300米）形成疏林。

圆柏丛林在上述地区主要占据着雪岭云杉林下限的草原带或无林的干旱山地草原的阴坡或半阴坡，尤其是在土壤湿度保持较好和富含碳酸钙的细质土平缓山坡上，形成小块状的稀疏乔木。在新疆山地植被中，它现在不具有垂直地带性植被的地位，只是零星地出现于山地草原带中，与广泛分布的草原植被相结合，有时并与雪岭云杉的下限林分相结合。

圆柏丛林通常十分稀疏透光，树冠郁闭度一般不超过0.3。在群落内，圆柏呈单株或丛状分布。看来，圆柏丛林的稀疏性主要是由于生境中的水分不足所致。林下的草类层片都是旱生-中旱生的草原或草甸草原的种类，以棱狐茅、落草等为主。

与分布十分局限的圆柏丛林相比较，由多种圆柏构成的灌丛在新疆山地的分布却要广泛得多。这两种群落类型之间有着一定的发生上和生态上的联

系。例如,天山方枝柏在北疆伊犁山地中山带和西昆仑亚高山带森林上限构成灌丛,但在西昆仑的山地草原带呈乔木状;叉子圆柏也有同样的表现。很可能,土壤中碳酸钙含量丰富是使圆柏呈乔木状生长的重要因素之一。而乔木状圆柏丛林是较原始的类型,它们在第四纪山地冰川退缩后,进占到亚高山带,适应于高山气候和淋溶的基质而形成年轻的匍生灌丛类型。

圆柏丛林分布的局限性,在很大程度上是长期以来樵采滥伐的结果。由于圆柏在干旱的草原带中天然更新十分困难,生长缓慢,因而它们的面积大为缩减。但是圆柏丛林在干旱山地具有良好的保持水土的作用,应予适当保护和恢复。

(Ⅱ)落叶阔叶林

温带的落叶(夏绿)阔叶林,原适应于较温和与湿润的海洋性气候,并主要分布于中纬度大陆东西两侧的沿海地区。在内陆荒漠地带的新疆,典型的中生落叶阔叶林受到很大限制。然而,在这里的山地和平原的局部地区,热量与水分状况适合的条件下,仍然出现了多种类型的落叶阔叶林,这是在新疆不同地区的植被历史发展和地理条件下形成的。

在新疆的山地,局部出现残遗性的野果林,它具有几乎是典型的中生落叶阔叶林的特征;它与欧亚的海洋性落叶阔叶林一样,都是第三纪北半球温带阔叶林(图尔盖型)的后裔,而且含有许多共同的植物成分。野果林是原生的森林植物群落,虽能在山地构成垂直带,但分布地区十分局限。在山地较普遍的阔叶林类型,在起源和分布上是与山地针叶林有密切联系的。北方起源的小叶林(山杨、桦木)以及河谷中的杨树林,前者是在针叶林破坏后的衍生群落,后者则是靠河水补给的隐域植被。因此,与山地针叶林相比,新疆的山地落叶阔叶林仅占次要地位;而且,它们由于耐冬季低温和大气干旱的能力不如耐寒的针叶树,一般分布于山地森林带的下半部,以淡绿色的球形树冠构成的林分在暗色的山地针叶林带中呈岛状、窄带状或条状(沿河谷)分布。在荒漠化极强的山地则完全没有它的踪迹。

在荒漠平原,落叶阔叶林却得到意外广泛的分布,它们总是与河流的泛滥以及较接近地表的丰富的潜水相联系而出现于大河的谷地和冲积扇的扇缘带,是荒漠中的隐域植被类型。这种荒漠河岸林——杜加依林,也是第三纪山地小叶林或常绿森林成分在干旱盆地中的耐旱、耐盐碱的森林成分的形成物。它们在长期的适应过程中获得了对于严酷的荒漠生境的适应能力,从而在森林群落的组成、结构、外貌与生态生物学特性等方面与典型的落叶阔叶林有很大的差异,而与荒漠河谷的灌丛、草甸和盐生植被却有密切的联系。

这样,新疆的落叶阔叶林一般不具有地带性植被的意义。它们是典型的落叶阔叶林在荒漠条件下的变体——残遗的、衍生的和隐域的植被类型。根据它们在群落组成、结构、起源和生态特性上的差异可分为:山地野果林、小叶林、河谷杨树林与杜加依林等四个植物群系纲。

Ⅳ)山地野果林

新疆的山地野果林是颇富于海洋性落叶阔叶林("大叶林")特征的森林群落。它们由较耐阴和要求温和与湿润气候的阔叶树种,如新疆野苹果、胡桃(*Juglans regia*)、野杏(*Armeniaca vulgaris*)等为建群种组成的。如前所述,这些树种以及林内的许多其他树种乃是第三纪温带阔叶林的孑遗分子。

山地野果林仅出现于气候最为温和与湿润的伊犁天山和巴尔鲁克山地,在这里它们获得最大的年降水量(600毫米以上),春季湿润、夏季凉爽、冬季积雪丰厚并受山脉屏障而免于寒流的侵袭。野果林在针叶林以下、生态条件最优良的山地,构成独立的阔叶林垂直带;但在较干旱的草原化山地,它们仅分布于峡谷的阴坡。

新疆的山地野果林具有以下三个群系:

1. 新疆野苹果群系(Form. *Malus sieversii*)
2. 野杏群系(Form. *Armeniaca vulgaris*)
3. 野胡桃群系(Form. *Juglans regia*)

以下的群落学描述,主要是根据1957年本队的考察以及1963年八一农学院的调查资料(张新时,1963)。

1. 新疆野苹果群系

新疆野苹果群系分布在天山伊犁地区和准噶尔西部山地——巴尔鲁克山的海拔1100~1600米的前山谷地侧坡。在伊犁的纳拉特山北坡前山带,它构成了山地阔叶林垂直带,向上则为雪岭云杉的针叶林带。在其他的分布区内,新疆野苹果林则仅出现在较荫蔽的山谷侧坡,与山地灌丛和草甸草原群落相结合。野苹果林下的土壤通常是发育在深厚的黄土母质上的森林黑棕色土,具有深厚的腐殖质层、良好的团粒结构和碳酸盐淀积层,土壤肥力很高。在薄层石质土上的野苹果林则呈疏林状态或为个别散布的树丛。

新疆野苹果①是中等高度的乔木,郁闭度一般在 0.4~0.6 或更高。在坡度较陡、土层较薄和石质化加强,或在较干旱的半阳坡上,林木组成中野杏逐渐增多,构成野杏-新疆野苹果的混交林。在阔叶林带上部的陡坡上,欧洲山杨和雪岭云杉加入群落组成中。此外,稠李、樱桃李(*Prunus sogdiana*)、天山花楸等也是伴生树种。在河谷中则有多种杨、柳、山楂加入。

新疆野苹果林下往往生长有丰富的灌木种类,主要有山楂(*Crataegus altaica*、*C. songorica*)、多种忍冬(*Lonicera altmannii*、*L. tatarica*、*L. hispida* 等)、大叶小檗、多种栒子(*Cotoneaster melanocarpa*、*C. multiflora*、*C. racemiflora*)、蔷薇(*Rosa alberti*、*R. beggeriana*、*R. platyacantha*)、悬钩子(*Rubus caesius*、*R. idaeus*)、药鼠李、天山卫矛、欧荚蒾(*Viburnum oplus*)等。林下草本植物有许多是典型的北方中生森林-草甸成分,主要有短柄草(*Brachypodium sylvaticum*、*B. pinnatum*)、鸭茅、巨穗羊茅(*Festuca gigantea*)、水杨梅(*Geum urbanum*)、野芝麻(*Lamium album*)、短距凤仙、竹节菜(*Aegopodium podagraria*)、龙牙草(*Agrimonia pilosa*)、车叶草等。

伊犁地区天山的新疆野苹果林类型主要有:

(1)巨穗羊茅-新疆野苹果群丛组:分布在纳拉特山北坡阔叶林带的中部,海拔 1200~1400 米。野苹果高 8~10 米,郁闭度 0.5~0.7。林下禾草层盖度 40%~90%,以巨穗羊茅为优势种,其他还有鸭茅、水杨梅、龙牙草、短距凤仙、竹节菜等;灌木十分稀少。

(2)森林短柄草-新疆野苹果群丛组:在海拔稍高处,森林短柄草(*Brachypodium sylvaticum*)成为野苹果林草层的优势种。这里的野苹果树高 8~12 米,郁闭度 0.6~0.8,林下灌木也很少,草层中除森林短柄草外,尚有鸭茅、短柄草、巨穗羊茅、短距凤仙等中生草本植物。

这两种类型的林冠下,具有野苹果的幼苗和幼树,每公顷 1700~5800 株。

(3)短距凤仙-新疆野苹果群丛组:通常为稠密的野苹果中龄林木构成,郁闭度高达 0.9。林下铺展着相当单纯的短距凤仙的叶层,盖度达 70%~80%,呈现完美的镶嵌。随着林龄增长而林冠稀疏,则有较多的根茎性禾草加入。

(4)高山羊角芹-山杨-新疆野苹果群丛组:在天山苹果林分布的上部、海拔 1400~1600 米的山坡上,野苹果林内有较多的欧洲山杨与雪岭云杉加入,构成混交林。其中混生稠李、天山花楸、山楂(*Crataegus altaica*、*C. songorica*)等,灌木有大叶小檗、阿氏忍冬、阿氏蔷薇等。草类层盖度达 80%,以高山羊角芹、凤仙(*Impatiens nolitangere*、*I. brachycentra*)占优势,其次有森林短柄草、巨穗羊茅、林地早熟禾、天山党参等。

(5)河谷草类-灌木-新疆野苹果群丛组:在纳拉特山的低山河谷中,生长着繁茂的森林。野苹果在这里高可达 10~14 米或更高,混生有野杏、稠李、山楂等小乔木与多种灌木——小檗、鞑靼忍冬(*Lonicera tatarica*)、欧荚蒾、栒子、覆盆子等,还有粗壮的藤本植物——啤酒花(*Humulus lupulus*)。林间的草类高大而茂密,由复杂的中生和中湿生草甸禾草与杂类草构成。

(6)旱中生草类-灌木-野杏-新疆野苹果群丛组:在草原化山地的阴坡,或在阔叶林带中较干旱的半阳坡,野苹果林变得稀疏,林冠郁闭度 0.3~0.4,林木高度 4~6 米或稍高。林木组成中混有野杏,林下灌木较多,盖度 20%~40%,有忍冬(*Lonicera tatarica*、*L. altmannii*、*L. microphylla*)、兔儿条、准噶尔山楂、蔷薇(*Rosa beggeriana*、*R. platyacantha*)、药鼠李、黑果栒子、天山卫矛等。草类层中有鸭茅、巨穗羊茅和多种旱中生草类加入。

2. 野杏群系

在野苹果林分布的下部地带、海拔 1100~1300 米的半阳坡(西坡或东坡),较干旱而温暖,野苹果林在这里大大减少,出现了草原化的小片野杏疏林。

① 在苏联天山的费尔干纳山脉,А. Л. Федоров(1951)分出一个新种——*Malus kirghisorum*,以较强的中生性形态特征区别于 *M. sieversii*。根据我们在伊犁野苹果林的观察和标本鉴定,在纳拉特山的野苹果无疑具有 *M. kirghisorum* 的典型特征,甚至中生性表现更为强烈——更高大、叶片几无茸毛、果径也更大。在绥定果子沟等处的野苹果却具有典型的 *M. sieversii* 的特征——矮小、叶较厚实、多少有茸毛等,这种现象也出现于纳拉特山较干旱和林带上部生境条件下。尽管野苹果在不同地区和生境具有一定的倾向性,但在广泛分布的过渡性生境中,上述两个种的过渡类型却是大量和普遍存在的,过渡的环节是连续的,以致很难做出确切的鉴定,在一片群丛中企图分别统计这两个种的组成比重更是困难。因此,在缺乏大量和精确的分类学研究的情况下,我们把 *M. kirghisorum* 作为种内的"生态型"而保留于 *M. sieversii* 之内。

大片和郁密的野杏林尚未发现。

野杏疏林下的土壤,往往是强度骼质化的,土体饱和碳酸盐。

野杏一般高 3~5 米,林冠郁闭度在 0.3 以下。林内有较多的灌木:鞑靼忍冬、小叶忍冬、蔷薇(*Rosa platyacantha*、*R. beggeriana*)、兔儿条等;草类主要是草甸草原的成分:吉尔吉斯针茅、棱狐茅、白草、落草、牛至(*Origanum vulgare*)、千叶蓍等。

3. 野胡桃群系

在伊犁谷地的凯特明山脉东端,有着野胡桃在天山北部的一个孤岛状的残遗分布点[①]——巩留胡桃沟,这是一道湿润而温暖的前山峡谷,其中具有两类胡桃林群落:

(1)森林短柄草-胡桃群丛组:分布于峡谷的侧坡。胡桃树高 10~12 米,郁闭度 0.5~0.6,有个别的山杨加入。林下灌木稀少。草类层以森林短柄草为主,其他有竹节菜、短距凤仙、巨穗羊茅、林地早熟禾等,盖度 60%~70%。

(2)杂类草-胡桃群丛组:分布于坡麓和峡谷的底部。胡桃树更为高大(15~17 米)和郁密(郁闭度达 0.7)。林下几无灌木,草类主要是耐阴的阔叶草类——竹节菜和短距凤仙等,盖度达 60%。

应当指出,在新疆伊犁的天山谷地中,除了上述的野果林外,还有少量的小叶白蜡(*Fraxinus sogdiana*)的林分分布于喀什河谷中,以及天山槭(*Acer semenovii*)的丛林出现在巩留特克斯河谷。它们也是残遗的森林群落类型,目前对这些类型尚缺乏调查研究。

Ⅴ)山地小叶林

由山杨与桦木等树种构成的小叶林,通常与山地针叶林有密切的联系。小叶林一般分布在山地针叶林带的中部和下部的火烧迹地或采伐迹地上,是针叶林的衍生群落类型。但在阿尔泰山针叶林带以下的"森林草原"景观中的块状白桦林则是原生的类型。

小叶林树种,比其他阔叶乔木树种更耐严寒和适应于大陆性较强的北方条件和山地条件。因此,它在新疆山地的分布,远比野果林普遍,在山地也上升较高,几乎在有针叶林的地区都可以发现它的踪迹。但小叶林一般不能分布到针叶林带的上部。小

叶树种是喜光的,对土壤要求不严格,幼年时期生长迅速,对杂草的竞争力强,是针叶林采伐或火烧迹地的先锋树种。在小叶林的稀疏、适度透光的林冠下,为耐阴的云杉的更新创造了适宜的环境,其下通常有稠密的云杉幼苗和幼树,以后它们发育长大,更替了衰老的小叶树,恢复为针叶林。

新疆的山地小叶林,包含有桦木林、山杨林和崖柳林等群系组的下列主要群系:

1. 疣枝桦群系(Form. *Betula pendula*)

2. 天山桦群系(Form. *Betula tianschanica* + *B. microphylla*)

3. 欧洲山杨群系(Form. *Populus tremula*)

4. 崖柳群系(Form. *Salix xerophila*)

1. 疣枝桦群系

疣枝桦林主要分布在阿尔泰山西南坡、天山北麓山脉东段的博格达山与哈尔里克山北坡以及准噶尔西部的巴尔鲁克山。疣枝桦通常散生或呈小块状混生于针叶林带中下部的针叶林中。

阿尔泰前山河谷中的阶地和山坡下部,有块状的疣枝桦林分布。由于受到河流泛滥水流的作用,林下土壤为草甸化的黑土状森林土。林内除桦木外常有个别的西伯利亚云杉或西伯利亚落叶松。林下常有云杉的幼树丛。灌木层很稠密,盖度为 20%~50%,主要是多刺蔷薇、石蚕叶绣线菊、忍冬、栒子等。草类层盖度达 80%,以草甸植物为主:足状薹草、唐松草、花葱、野火球、柳叶菜(*Epilobium*)、香豌豆(*Lathyrus gmelinii*)、乳苣、广布野豌豆、加拿大早熟禾等。

2. 天山桦群系

分布于天山雪岭云杉林带内,形成小片的次生林群落。林下的灌木和草本植物与雪岭云杉林林下成分大致相同。

天山的桦林树种组成较复杂,除以天山桦(*Betula tianschanica*)和小叶桦(*B. microphylla*)为主外,还有雅氏桦(*B. jarmolenkoana*)、曲桦(*B. procurva*)等,尚待进一步研究。

3. 欧洲山杨群系

欧洲山杨目前在新疆分布在四个相互隔离的地区:阿尔泰山的西北和中部、巴尔鲁克山、天山东部和天山西部的伊犁山区。通常在针叶林带下部形成小片的山杨林分。

① 胡桃林的主要分布区在西天山与帕米尔-阿赖山地。

阿尔泰山的欧洲山杨林,分布在海拔 1500 米上下,林内常混生疣枝桦、西伯利亚云杉或落叶松等。林下幼树多属云杉。欧洲山杨的林冠郁闭度一般在 0.3~0.5。灌木种类丰富,有多刺蔷薇、忍冬、枸子、茶藨子、石蚕叶绣线菊等,覆盖度占 20%~40%。草类层的种类组成与针叶林下的差不多。主要有:足状薹草、粟草、北地拉拉藤(*Galium boreale*)、直立老鹳草、丘陵唐松草、香豌豆等。藓类层发育很微弱。

天山北坡的山杨林,在博格达山北坡和伊犁的纳拉特山,分布较为集中。其垂直分布范围在海拔 1500~2400 米。博格达山的山杨林,林龄一般在 30~50 年,成熟林高度 16~20 米,但在个别良好立地条件下的林木,高达 25 米(唐光楚,1962),林冠郁闭度达 0.6~0.8,但一般为 0.3 左右。山杨林冠下常有较多的雪岭云杉幼树,在 100 平方米林地上有 36 株。

欧洲山杨林下多灌木,有崖柳、蔷薇(*Rosa acicularis*、*R. alberti*)、阿氏忍冬、枸子、茶藨子等。草类有高山羊角芹、丘陵老鹳草、乳苣等云杉林下常见的成分。

4. 崖柳群系

由小乔木崖柳构成的次生丛林,是天山常见的小叶林类型。崖柳是雪岭云杉林内常有的伴生树种或下木;在针叶林带中部和中下部的阴湿而土壤深厚的山坡火烧迹地上,则构成稠密的次生丛林。崖柳林的郁闭度在 0.5~0.8,其中或有个别雪岭云杉的残留林木,林内常有天山花楸加入。崖柳高 5~8 米。群落结构通常为:小乔木(崖柳与花楸)层—云杉幼树层—草本层—藓类层。雪岭云杉由于在崖柳林冠的遮阴下获得优良的更新环境,构成了茂盛的幼树层,每公顷幼树在 30000 株或更多,有些生长良好的幼树已进入崖柳林冠层。一般在 30~40 年时,可形成崖柳与云杉年轻树木的混交林,以后云杉占据上层,崖柳逐渐凋亡。

崖柳林下灌木较稀少,有野蔷薇、黑果枸子、刚毛忍冬等,盖度不足 10%。草类层盖度在 10%~30%,多为雪岭云杉林下的种类,有西伯利亚三毛草(*Trisetum sibiricum*)、林地早熟禾、耳七、石生悬钩子、草莓、阿克苏黄芪(*Astragalus aksuensis*)、一枝黄花、乳

苣、拟鹿蹄草等。藓类层往往较发达,盖度 60%~90%,以冷杉羽藓为主。

VI) 河谷杨树林

在新疆的山地河谷以及北部荒漠草原地带水量充沛的大河河谷,湿中生或中生的杨树构成河漫滩森林。在生长期内,这里不缺乏水分的补给,土壤通常不发生盐渍化,从而与荒漠河岸的"杜加依"林在生态条件上有着显著的区别。

山地河谷的杨树林,可由山地草原带的河谷开始,向上延伸到针叶林带中部的河谷。它们呈块状或断续的带状与河谷灌丛和草甸交错分布。向下,在荒漠带中,山地河谷林则为"杜加依"林所代替。在北疆的额尔齐斯河与乌伦古河谷地,杨柳林特别发达;向南,在准噶尔荒漠中的河谷林已是胡杨林。可见,虽属隐域的河谷植被,仍表现出地带性(水平地带和垂直带)的特征。

新疆的河谷杨树林主要有以下群系[1]:

1. 银白杨群系(Form. *Populus alba* + *P. canescens*)

2. 黑杨群系(Form. *Populus nigra*)

3. 苦杨群系(Form. *Populus laurifolia*)

4. 密叶杨与柔毛杨群系(Form. *Populus densa*、*P. pilosa*)

1. 银白杨群系[2]

天然的银白杨林分布在额尔齐斯河岸的低阶地和河漫滩上。地下水位 1~2 米,土壤为冲积的沙壤-黏壤质土,不发生盐渍化或有轻微的盐渍化。在每年五至六月的汛期受到洪水的淹没。银白杨高度 15~20 米,林内或林缘散生黑杨和其他种类的杨树,以及白柳等。局部地段,尤其在布尔津河湾则有较多银灰杨(*Populus canescens*)[3]。林下灌木不多,有少量油柴柳(*Salix caspica*)与蔷薇。草类有光甘草(*Glycyrrhiza glabra*)、芦苇、偃麦草(*Elytrigia repens*)、艾蒿(*Artemisia vulgaris*)、蓬子菜、水蓼(*Polygonum hydropiper*)、田旋花(*Convolvulus arvensis*)等草甸草类,盖度 30%~50%。

银白杨萌蘖更新良好,在 100 平方米内的根蘖

---

① 近年来,在新疆发现的杨树新种很多,有待进一步研究。

② 主要根据:新疆农科院林科所,《额尔齐斯河(北屯地区)杨树调查报告》(油印本)。

③ 根据:杨昌友,《新疆额尔齐斯河乔灌木采集纪要》(油印本)。

苗达 256 株;在低湿地的天然下种更新也很好。但更新幼树多为放牧与割草所破坏。

2. 黑杨群系

在额尔齐斯河与布尔津河谷地的黑杨,通常生长在河边的沙地上,耐水淹,稀疏或散生,较少成林。

在帕米尔与昆仑山西部山地河谷,有黑杨组的阿富汗杨(*Populus afghanica*)与河谷灌丛混生,但天然林多遭破坏,残存无几。

3. 苦杨群系

在阿尔泰山的中低山河谷与山前谷地,分布有苦杨河漫滩林,尤以额尔齐斯河谷地苦杨林分布最广。在这里,苦杨林与银白杨林相结合分布,但前者通常占据河滩沙洲与河床边缘等较多受到洪水泛滥与河水浸润的地段,而后者常在河岸外沿稍高处分布。

苦杨高可达 15~20 米,最大胸径达 1 米以上,除大树外,常有年轻的林木层与幼树层。林内还混生多种杨树与白柳。灌木有多种柳、红果山楂(*Crataegus sanguinea*)、针刺蔷薇、欧荚蒾(*Viburnum opulus*)、忍冬(*Lonicera tatarica*、*L. stenantha*)、小叶茶藨子(*Ribes heterotrichum*)等。林间草类均为湿中生或中生河漫滩草甸成分,主要有:无芒雀麦、芦苇、偃麦草、鹅观草、大看麦娘、二裂叶委陵菜、蓬子菜、艾蒿等。

在潮湿的河漫滩地上,苦杨天然下种更新良好。

4. 密叶杨与柔毛杨群系

在天山北麓山脉以及南麓山脉的东段,自山地草原带至中山森林带河谷中,普遍分布有密叶杨或柔毛杨①的河漫滩森林。它们呈小片状或断续的带状与河谷水柏枝(*Myricaria alopecuroides*)或柳灌丛、河漫滩草甸等相结合分布。土壤为垫有卵石层的薄层-中厚的冲积土。

由于经常受到采伐和放牧的影响,除局部地段尚存较郁闭的成片杨树林外,一般是郁闭度 0.2~0.4 的稀疏、分散的群落。林下灌木种类很多,有沙棘(*Hippophae rhamnoides*)、大叶小檗、多种蔷薇、柳类、阿尔泰山楂、忍冬等。草类亦皆为河漫滩草甸种类,并多湿中生或中生的山地草甸植物。

Ⅶ)杜加依林

在新疆的荒漠平原,沿着河谷和山前冲积锥以及具有不深的潜水的地段,如洪积扇边缘地带和平原中的古河床等,呈片状或带状分布着绿色的丰茂植丛,它们与周围稀疏、平淡和单调的荒漠形成鲜明的对照。当地的维吾尔族人民(以及亚洲荒漠地区的居民)称这种荒漠河岸植被为"杜加依"(Togay),这是在荒漠地带依靠洪水或潜水供给水分的、多少是中生的和适应一定盐渍化土壤的森林、灌丛和草甸植物群落的复合体,是荒漠地区特有的隐域植被。

在新疆,"杜加依"植被中的森林——荒漠河岸林,主要由杨属胡杨亚属(*Turanga*)中的胡杨与灰杨所组成,还有小叶胡杨(*P. ariana*)仅见于南疆局部地区。此外,在北疆准噶尔荒漠中还出现白榆、尖果沙枣与柳(*Salix songorica*、*S. wilhelmsiana*)林。

杜加依林的生活与荒漠河流或潜水的状况之间有着极为密切的依存关系。由于荒漠中河流的流量、洪泛期、沉积物及其沿岸潜水水位变化急剧,而且河道频繁迁徙的特点,因此荒漠河岸林通常表现为不十分稳定的、多变动的植被,它们随着洪水泛滥而就地发生,又为河流所抛弃而随即衰退。杜加依林下的土壤基质总是现代或古老的冲积细沙土-壤土,有时下面不深处垫有卵石层。沿河的土壤常受到河流的冲刷或洪水带来的新沉积物的掩埋,但在较高处则林地常遭到风蚀或积沙。由于强度荒漠干旱气候的影响,以及胡杨林木的生物积盐作用,林下的土壤多少是盐渍化的,只有在现代河流的河漫滩上受到河流淡化作用和洪水的洗盐作用,才没有显著的积盐现象。

杜加依林一般是比较稀疏的,只有在水分与土壤条件特别适宜的地方,才形成较大片郁密的森林,如塔里木河中游的胡杨林和准噶尔盆地南缘的榆树林等。在荒漠化或土壤盐渍化较强烈的情况下,即出现疏林景观,状若"稀树干草原":个别粗大的树木多少是均匀地散布于灌丛和草群之间,尤其是树上缠绕着浓密的藤本植物,更加深了这种印象。古植物的资料表明,现代的杜加依林乃是第三纪末期稀树草原中的常绿森林成分和山地小叶林被改造了的后代。现在构成杜加依林的主要有两类植物:一部分主要是土著植物——古地中海成分的后代,如几种胡杨、沙枣、柽柳等;另一部分是中生的北方移民(Никитин,1966)。

如前所述,杜加依林密切地与杜加依灌丛和草甸群落相复合,甚至与荒漠或盐生植被相交错分布。

---

① 这些杨树的分类,有待进一步研究。

构成杜加林的种类,大部分是与这些植被类型所共有的。这些植物,包括森林建群种在内,多数属于"潜水植物"——具有较深而广的发达根系,利用上层滞水和由潜水层上升的毛管水,或直达潜水。它们一般还具有适应荒漠条件的抗旱、耐盐、喜光和抗热的生态特点。

杜加依林是荒漠中的天然绿洲,它不仅具有防止风沙和改善小气候的良好作用,还能供应木材和薪炭材。它又是荒漠中优良的四季牧场。然而,长期以来由于河流的改道,大面积荒漠河岸林自然衰落;同时,近数百年来无节制的砍伐、放牧、开荒和火灾,也导致杜加依林的面积大为缩减。合理经营和保护杜加依林已成为迫不及待的任务。

新疆的杜加依林主要有胡杨林和榆树林两个群丛组,包括以下群系:

1. 胡杨群系(Form. *Populus diversifolia*)
2. 灰杨群系(Form. *Populus pruinosa*)
3. 白榆群系(Form. *Ulmus pumila*)

此外,小叶胡杨、尖果沙枣与柳(*Salix songorica*、*S. wilhelmsiana*)的群落,分布十分局限。

1. 胡杨群系[①]

胡杨林在塔里木河谷地分布最广,它从阿克苏河、和田河与叶尔羌河交汇的三河口开始,向东断续分布到低洼的罗布泊平原,并零星散布于塔里木盆地的边缘和嘎顺戈壁的扇缘地带。在准噶尔盆地虽不集中成带,也遍见于扇缘带及山麓平原的河谷与干河床中。胡杨向东可分布到甘肃、青海柴达木盆地、内蒙古和蒙古人民共和国,在西部出现于中亚荒漠等地区。但这些地区的胡杨林,无论就面积或就类型的多样性来说,均不及塔里木河胡杨林之丰富(秦仁昌,1959;陈廷桢,1959;新疆农垦厅,1960;田裕钊,1965)。

在充分的水分条件的保证下,胡杨形成十分高大郁闭的森林,郁闭度可达 0.5 以上。典型的森林群落层次结构是:乔木—灌木—多年生草类,往往有丰富的藤本植物层片。但是大面积的胡杨林通常是疏林;一片这样的疏林群落,往往由数个乔木的、灌木的和草类-半灌木的小群丛复合而成。乔木层的郁闭度通常为 0.2~0.3。有时甚至是相互远离的个别胡杨树木散布于草类和灌丛的背景上。因此,外界气候条件对这种开敞的疏林群落的影响十分强烈。群落中的植物,主要是适应于同一生境而聚居的,它们之间似乎不存在郁闭的森林群落中各植物成分间所具有的明显的相互依存关系,林下通常也没有森林所特有的活地被物的种类(如果不算攀缘于树上的藤本植物),而是一般的杜加依灌丛、草甸或荒漠的种。但是深入研究胡杨林群落的灰分(盐分)循环、水分状况和地下部分之间的相互关系,必将消除上述的表面印象。

胡杨林的伴生树种很少。在塔里木盆地西部,胡杨常与灰杨相混交;在土壤盐分较轻和水分充足的情况下,林内混生少量的沙枣(*Elaeagnus oxycarpa*、*E. moorcroftii*)。林内的灌木以柽柳(*Tamarix ramosissima*、*T. hispida*、*T. laxa* 等)为最普遍,此外,有铃铛刺、黑刺等。在强度盐渍化土壤上,则出现盐穗木与白刺。与胡杨林结合的半草本和多年生草类,主要有疏叶骆驼刺、芦苇、假苇拂子茅(*Calamagrostis pseudophragmites*)、光甘草、胀果甘草、大花野麻、茶叶花(*Trachomitum lancifolium*)、苦豆子、花花柴等;在准噶尔盆地的胡杨林下多芨芨草,以及一年生盐柴类和短生植物。此外,胡杨林中常附生有藤本或攀缘植物——东方铁线莲(*Clematis orientalis*)、牛皮消(*Cynanchum sibiricum*)、打碗花(*Calystegia sepium*)等。

胡杨林分布的地貌条件,决定着群落的水分补给状况、基质条件和土壤盐渍化程度,从而影响到群落的结构和演替方向(图48-13)。它们大致可概括为以下三类:

1)荒漠河岸的胡杨林。它们受到洪水和河床径流与潜水的补给;基质为新的冲积物,掩埋及冲刷作用频繁发生;在河流淡化作用和洪水冲洗作用下,土壤盐渍化不太强。但一旦河道迁徙或下切,则生境迅速趋向荒漠化与盐渍化。

这里的河漫滩新冲积物,是实生胡杨林发生的基地,随着远离河床,林木的更新转为根蘖繁殖和最后被完全限制。

2)扇缘带的胡杨林。它们主要靠扇缘接近地表的潜水补给,基质是较古老的冲积层,生境条件比较稳定,但随着林木强度蒸腾和生物积盐作用而趋向盐渍化。这种胡杨林通常缺乏种子更新条件,而主要依靠根蘖更新。

[①] 胡杨现采用拉丁学名 *Populus euphratica*,小叶胡杨(*P. ariana*)并入其中,但在本章中仍沿用 *P. diversifolia* 与 *P. ariana*。

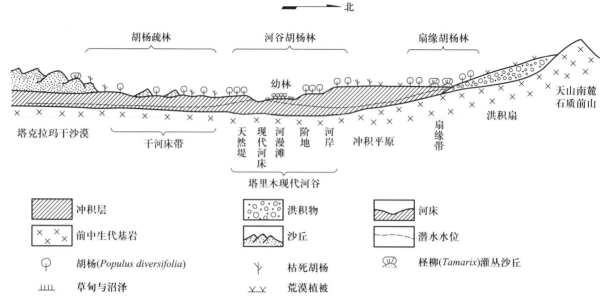

图 48-13　塔里木盆地北缘胡杨林分布示意图

3）在沙漠边缘极稀疏的、强度荒漠化的胡杨疏林。这是前两类胡杨林在荒漠边缘的过渡带，也是它们趋向荒漠化发展的结果。如进一步旱化或遭受破坏，则完全变为荒漠景观。

根据胡杨林的植物组成特点，可分为以下 10 个群丛组。

（1）河漫滩胡杨幼林：在塔里木盆地河流的河漫滩、沙洲和干河床上，可以见到成片的胡杨幼林。这里受到定期的洪水泛滥和河水的经常补给，潜水深度一般在 1～1.5 米，并且总是淡的和流动的。土壤一般为冲积细沙质的，但在干河床底部则有黏重质地的表层，向下仍为沙质，通常不发生盐渍化，或仅在表面有暂时的薄层盐结皮。

当夏季洪水泛滥过后，在新淤积的河滩、沙洲或裸地上，出现天然下种的胡杨实生幼苗植丛。这里虽然经常受到洪水冲刷或由它带来的冲积物的掩埋的威胁，但水分、土壤条件，以及在新冲积物上较少草类的竞争等条件，对胡杨的生长发育是很适宜的。胡杨幼树年龄一般在 10 年以内，高度 2～4 米，在每 100 平方米面积上有 20～40 株，郁闭度 0.2～0.3。此外，还见到 1～2 年生的密集胡杨幼苗植丛，高达 15 厘米，在 1 平方米面积上，胡杨幼苗可达 84 株，柽柳幼苗 38 株。由于幼株往往过分密集和生境卑湿，有时在幼树的柳形叶上覆满了锈病的黄斑，使群落外貌呈现一派不健康的黄绿色。幼树已开始分化，并发生大量的凋亡而自然稀疏。幼树下部枝条

大量枯死现象也很普遍。

幼树群落中的伴生种类不稳定，主要是柽柳的幼株。初期出现的草类有一年生的先锋植物，如莎草（Cyperus）、藨草（Scirpus）、灯心草（Juncus）、蓼（Polygonum）等，以后则有根茎性的多年生草类加入，主要是大花野麻、茶叶花、胀果甘草、芦苇、假苇拂子茅等，还有沙生旋复花（Inula ammophila），盖度一般在 10% 以下。

（2）芦苇-柽柳-胡杨群丛组：分布在塔里木中游的河间地段冲积细沙-壤质土上，这里可以受到洪水的淹没，因而水分状况较好，一般不发生盐渍化。

胡杨在这里生长良好，一般是中龄-近熟的林木，高度在 12～15 米。有时可形成复层异龄林；最上层树木十分稀疏，高达 16 米以上；主林层 7～10 米，每公顷达 170 株；第三层是幼树层，高 3～5 米，每公顷 320 株。

柽柳，主要是多枝柽柳，分布于林内空地，高 2～3 米，盖度 10%～30%。草类主要是芦苇，盖度 15%～20%，其他有少量的拂子茅（Calamagrostis epigejos）、小蓟（Cirsium setosum）等。

从这种群落的林木生长状况、复层结构和林下有少量胡杨野生苗看来，在水分条件有保证的条件下，可能天然更新，不致衰退。

（3）柽柳-胡杨群丛组：这是胡杨林中相对稳定和典型的群落类型，分布较广，面积较大。它们是

上述两类群落发育的成熟阶段。普遍分布在塔里木河的一级阶地、天然堤上，或在冲积锥中部的河床附近。土壤是冲积的粉沙–沙壤土或沙土，表层常有显著的盐结皮，但下层盐渍度轻微或无，属典型的荒漠森林土。潜水深度一般在 2~4 米或以下，但尚能以毛管水形式或潜水直接供应林木根系。洪水一般已不能淹没到这里，或淹没期很短。

胡杨为成熟林木，一般生长较好，高度为 6~10 米不等，往往也形成复层林，每公顷株数 100~150 株，郁闭度一般在 0.2~0.3，最高可达 0.5~0.6。

林下植物主要是柽柳（*Tamarix ramosissima*、*T. hispida*、*T. leptostachys*）。其盖度随林冠郁闭度而变化，在密林中较稀疏；在疏林中，灌木层盖度可达 50%。其他下木偶有很少的铃铛刺、黑刺等。草类也十分稀疏，常见的有胀果甘草、光甘草、芦苇、疏叶骆驼刺、花花柴、牛皮消等。

在柽柳–胡杨林内，由于土壤表层通常十分干旱和有盐结皮，天然下种更新已不能进行，但在水分条件较好处，尚能发生根蘖幼树，唯数量不多。

（4）甘草–野麻–胡杨群丛组：这一群丛组包括一系列趋向草甸化和盐化的胡杨林。它们通常分布在塔里木盆地河流冲积平原和河间地的冲积沙壤土上。水分条件中等，潜水深度在 3~6 米，土壤多少有盐渍化，土表常有薄层盐结皮。

在土壤沙质较强、盐分轻和水分条件较好的情况下，往往形成牛皮消–甘草–胡杨林。胡杨生长较好，平均高 14 米，平均胸径 15~18 厘米，树冠长椭圆形，郁闭度达 0.6。林内树上缠绕生长茂盛的藤本——牛皮消，林下灌木稀少，草类有胀果甘草、鞑靼莴苣（*Lactuca tatarica*）、假苇拂子茅、芦苇等多种中生草类。在林分遭到破坏后，萌芽形成的胡杨干材林内，主要是甘草和大花野麻。

随着土壤盐分的增加，林木生长恶化，林下以较耐盐的草类为主：大花野麻、茶叶花、骆驼刺（*Alhagi pseudoalhagi*、*A. kirghisorum*）等。耐盐或盐生的灌木——铃铛刺、黑刺、盐穗木，也逐渐增多。

林木的更新在前一情况下尚好，以根蘖或伐根萌芽更新，每公顷根蘖幼树可达 100~200 株；在土壤盐分重的情况下，更新极其困难，或仅靠伐根萌芽更新。

（5）甘草–野麻–铃铛刺–胡杨群丛组：在塔里木盆地的冲积平原和河岸高阶地上（潜水位 4~8 米），和土壤较上一类型进一步盐渍化的情况下，胡

杨林生长更加衰退，林冠很稀疏。林内参加有大量的盐生灌木，除铃铛刺外，还有黑刺、盐穗木和少量的柽柳。灌木层盖度 5%~25%。林下草类也只剩下耐盐或盐生的种，甘草已不多，而野麻（*Poacynum hendersonii*、*Trachomitum lancifolium*）则相对增多，还有少量上述两种骆驼刺、芦苇和花花柴等；草类层盖度一般在 20% 以下。

胡杨成熟林平均高在 8 米以下。现在多数林分为萌芽的干材林——中龄林，林冠郁闭度在 0.2 以下。更新仅靠伐根萌芽。

（6）盐穗木–胡杨群丛组：在塔里木盆地边缘的扇缘地带，以及冲积平原河岸的低洼积盐地段，潜水深度约 3 米，发育着潮湿的强盐化土。在这种土壤上，分布着林间生长繁茂的盐穗木灌丛的胡杨疏林，胡杨的郁闭度甚至不足 0.1，高度 5~7 米，胸径 20 厘米左右。但在未遭受破坏的老年群落中，胡杨可粗达 50~70 厘米，个别胸径达 1.5 米，高 10 米。林木十分稀疏，但均匀散布，罕见根蘖苗。

盐穗木的盖度为 25%~40%，高约 1 米。其他灌木尚有少量柽柳、西伯利亚白刺等。草类主要有中等高度的芦苇、胀果甘草、大花野麻、疏叶骆驼刺、花花柴等，盖度约 10%。

由于土壤强度盐渍化，加以植物的生物积盐作用，群落处于生长衰退状态。

（7）芦苇–胡杨群丛组：这是塔里木盆地扇缘地带分布最广泛的胡杨林类型。土壤为覆盖细沙、粉沙的冲积沙壤土或壤土，地表有时形成固定沙包；表层往往有盐结皮。潜水深 1.5~3 米。胡杨树木十分稀疏，郁闭度一般在 0.2 以下，高 7~8 米，最高达 10 米，平均胸径 30~40 厘米。通常没有更新幼树和幼苗。

灌木稀少或无。草类层为单纯的、中等高度（1~2 米）的芦苇，盖度 10%~20%。其次有少量的疏叶骆驼刺和胀果甘草等。

这种类型被用作荒漠平原的放牧场，进一步盐渍化则发展成盐穗木–胡杨林。但是曾见到个别水分条件优良的芦苇–胡杨林，林木生长高大，更新良好，每公顷 1 米高以上的幼树可达 1000 株以上。

在水分条件较好的沙漠边缘，这种类型形成固定沙包，具有良好的固沙作用；但一旦植被遭受破坏，则形成流沙。

（8）芨芨草–盐生灌木–胡杨群丛组：在准噶尔盆地的扇缘带和河床边缘的胡杨林，它的组成植物

成分要复杂得多,其中有大量的荒漠化草甸和荒漠成分加入。灌木有怪柳、铃铛刺、西伯利亚白刺和少量的盐穗木。草类层中以茂茂草的高大草丛十分显著,其他有獐茅(*Aeluropus littoralis*)、骆驼刺、甘草(*Glycyrrhiza uralensis*)等多种盐生草甸草类,荒漠的小半灌木和一年生草类也很多,有博乐蒿、叉毛蓬、小叶碱蓬、樟味藜、尖刺地肤(*Kochia schrenkiana*)等,还有短生植物——胡卢巴(*Trigonella arcuata*)、旱麦草等。草被盖度 10% ~ 30%。

群落中的胡杨很稀疏,郁闭度 0.1 ~ 0.2,高 7 ~ 9米,平均胸径 20 ~ 30 厘米。林木往往沿浅沟生长成疏落的带状,并与怪柳灌丛或其他荒漠群落相间分布。天然更新不良。

(9)梭梭-胡杨群丛组:在准噶尔平原的河流三角洲,进行着胡杨林被荒漠的梭梭群落演替的过程。这种群落位于三角洲的中上部至中下部,地势平坦,稍有倾斜和起伏,常有径流切割的冲沟和小河道。土壤基质为冲积的沙壤-黏壤土。这里的潜水较深,约在 10 米以下,土表有盐结皮层和龟裂纹。

胡杨分布很稀疏,郁闭度 0.1 ~ 0.3,高 6 ~ 8 米,最高达 12 米;平均胸径 20 ~ 30 厘米。群落的第二层有梭梭,高一般在 1 米左右,个别可达 3 米;其他的荒漠灌木有怪柳、西伯利亚白刺和黑刺。

在小半灌木和草类层中有无叶假木贼、骆驼刺、琵琶柴等。

整个群落几乎没有胡杨的更新迹象,呈现强度的荒漠化趋向。

(10)荒漠化胡杨疏林群落:这是在塔里木盆地中干河道附近与沙漠边缘的疏落胡杨群落,由于失去了水分补给来源或潜水水位很深,不能为林木所利用,因而胡杨逐渐衰退和死亡,林相十分残破和稀疏。林下的灌木与草类均已消失,仅有极个别残存的怪柳和偶见几株野麻和芦苇。年轻的林木也多数死亡,根本不见更新幼树,只有深根的老胡杨树苟延残存,但普遍发生早衰和生长停滞的现象,枯梢与已经枯死的树木很多,林地上倒木横陈,生意黯然。在沙漠边缘的胡杨疏林中,有流动沙丘侵入,淹没垂死的胡杨,或在树死后,树下的固定沙包被风蚀破坏而溃破流散。

这种疏林的进一步破坏,将导致沙河扩展,加剧危害。

2. 灰杨群系

灰杨也属于胡杨亚属,但是它的生态幅度比胡杨狭窄得多,要求较高的热量和较充足的水分补给条件,不能忍受强度盐渍化和黏重的土壤。因此,灰杨的分布区远比胡杨为局限,只见于塔里木盆地西半部的塔里木河上游、叶尔羌河、和田河和于田河沿岸。在生境条件严酷的塔里木河下游地段与罗布泊低地则不见其踪迹。即使在分布区内,灰杨也总是出现在河床附近或水分条件良好的沙质地段,随着远离河岸和土壤变得黏重,盐渍化加强,胡杨在林内的成分逐渐增多。在塔里木河上游河谷中形成如图 48-14 的生态系列:河漫滩和低阶地——灰杨林;高阶地——灰杨-胡杨混交林;河岸冲积平原——胡杨林。

灰杨林的伴生树种,除胡杨外,常有沙枣(*Elaeagnus moorcroftii*)。灌木以沙棘最为典型,尚有怪柳与铃铛刺。林内的草类比较简单,主要是芦苇(*Phragmites communis*)、光甘草、大花野麻、假苇拂子茅、沙生旋复花等,并常有藤本——东方铁线莲和牛皮消。

塔里木盆地的灰杨林群落类型主要有以下6种。

(1)河漫滩灰杨幼林:与前述胡杨幼林的发生相同,灰杨的实生幼林只出现在塔里木河上游的河漫滩上,这里受到每年夏季洪水泛滥的灌溉,平时也有充分的潜水补给。

三年生的灰杨幼树平均高 30 ~ 50 厘米,其间混生怪柳的幼株。在 10 平方米内计有灰杨 221 株、怪柳 266 株,盖度达 10%。草类主要是拂子茅,十分密集,看来造成群落通风不良,灰杨叶上多感染锈病。其次为香蒲(*Typha angustifolia*),还有少量的小花棘豆(*Oxytropis glabra*)、光甘草和芦苇。在稍高的阶地上的灰杨幼林中,则有铃铛刺和沙棘的幼株。

(2)(沙棘)-灰杨群丛组:由于遭受不同程度的破坏,典型的沙棘-灰杨林已很难见到,原来相当广泛分布于叶尔羌河、和田河和塔里木河上游的阶地和冲积平原的沙质岸边,也零星出现于喀什三角洲水分条件良好的沙地上。土壤表层是冲积-风积的粉沙-细沙土,下层为壤质土,盐渍度很轻微,或没有积盐。潜水位一般在 1 ~ 2 米,或可受到较大洪水泛滥时的灌溉。

灰杨通常形成生长良好的杆材林或中龄林,郁闭度 0.2 ~ 0.3。林内有时混有沙枣和柳。沙棘在林缘和林中空地构成灌丛。但在土壤较干旱和盐渍化加强的情况下,沙棘就逐渐为铃铛刺所代替。此外,

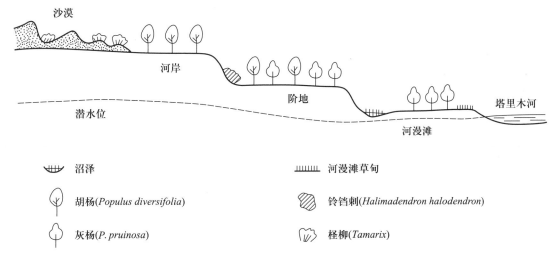

图 48-14　塔里木河上游河谷灰杨林与胡杨林分布的生态系列剖面

还有少量柽柳。林下草类稀少,有假苇拂子茅、大花野麻、芦苇等。

(3)芦苇-(柽柳)-灰杨群丛组:分布于和田河、叶尔羌河和塔里木河上游的河漫滩上。土壤为沙壤质的冲积土,表层覆细沙,盐渍化轻微,地表偶有盐结皮壳。潜水位 1.2~2 米。

灰杨高 5~7 米,郁闭度 0.2。林内多少有柽柳加入,草类主要是芦苇,其他有少量甘草或大花野麻,常有较多的牛皮消缠绕树上。

当土壤盐渍化和草甸化过程进一步增强的情况下,则过渡为下一类型。

(4)盐化草甸草类-(铃铛刺)-灰杨群丛组:这是分布最普遍的灰杨林类型,见于叶尔羌河、塔里木河上游,尤其是和田河沿岸的低阶地和沙质天然堤上。土壤基质为沙壤-壤质,有时表层覆有细沙,上层土壤多少发生盐渍化。潜水位一般在 2~4 米。

这种灰杨林内混有多少不等的胡杨。有时还伴生个别的沙枣。灰杨一般高 4~6 米,郁闭度 0.2~0.3。灌木层主要有铃铛刺,还有少量柽柳、黑刺和沙棘。林下草类层由盐化草甸草类构成:光甘草、大花野麻、芦苇、花花柴、牛皮消等。

(5)东方铁线莲-牛皮消-灰杨群丛组:这是独特而少见的灰杨林类型,出现于和田河的高阶地上,土壤粉沙-沙壤质,潜水位约 3 米。灰杨高 5~7 米,郁闭度 0.3 上下,混有少量沙枣和柽柳。林内有极为茂盛的东方铁线莲和牛皮消缠作一团,还出现白天门冬(*Asparagus persicus*)。景象十分奇特。

(6)柽柳-胡杨-灰杨群丛组:在塔里木河上游与和田河口,较普遍地分布胡杨与灰杨的混交林。由此向东的塔里木河中下游是胡杨群系的主要分布区,由此以西的叶尔羌河与以南的和田河谷地,则是灰杨群系的分布区。这里是它们的过渡地区。

胡杨与灰杨的混交林主要分布于高阶地上,在低阶地是灰杨纯林,在远离河床的冲积平原则为胡杨林,但在和田河一般没有胡杨纯林。

在一片较少破坏的胡杨-灰杨林内,林地全面覆沙,甚至形成沙垄。潜水位一般 4~6 米。林分郁闭度可达 0.5,灰杨在组成中约占 6 成,胡杨占 4 成。林木高度平均 4~6 米,最高达 8 米。下层仅有一些柽柳生存,几乎没有其他的活地被物,或仅有少量的甘草。

随着远离河岸,水分状况恶化,林木生长衰退,灰杨的比例逐渐减少。

3. 白榆群系

白榆是准噶尔盆地南缘广泛分布的天然树种,通常在天山北麓现代冲积锥的中上部构成块状的森林。在博格达山北坡和天山南坡东部(包括焉耆盆地)的前山带河谷中,榆树林沿着卵石河滩进入山口,可上达海拔 1200 米或更高处,与中山河谷的杨树林相接。

在冲积锥上分布的榆树林,原来占据着冲积锥中部的土壤与水分条件最优良的地段:它们沿着现代河流的两岸分布,受到洪水泛滥的灌溉,或远离河岸则处在潜水水位不深并且是流动的淡水补给的地带。土壤基质是冲积的沙壤质土,其下部往往垫有洪积的卵石夹层。土壤通常没有盐渍化,或很轻微。因此,榆树林大部分早就被开垦为灌丛农业的绿洲农地。现在残存于农田边缘的片段榆树疏林,大多是被砍伐后萌芽形成的次生林。然而从这些断断续续沿着天山北麓冲积裾分布的榆树林来看,往昔它们曾广泛分布,构成准噶尔盆地南缘荒漠中独特的森林景观(图48-15)。

准噶尔的白榆林有以下两个群丛组:

(1)草甸草类-白榆群丛组:分布于现代河流冲积锥上的河床附近,受到洪水泛滥的地段。土壤为冲积的壤质-沙壤质土,较湿润,没有盐渍化现象。未遭受严重破坏的白榆林生长十分旺盛和茂密;林冠郁闭度0.5~0.6,高8~10米,林内有时混有少量的尖果沙枣与胡杨。林下灌木层不显著,有稀少的铃铛刺、兔儿条、蔷薇、大叶小檗等,藤本有东方铁线莲与牛皮消。林下草类十分丰茂,主要是河漫滩草甸植物,也有不少山地草甸成分,显然是洪水带来的"移民",主要有白车轴草(*Trifolium repens*)、赖草、芝麻蒿(*Leptorhabtus parviflora*)、苦豆子、北地

拉拉藤、车叶草、拂子茅等。

在土壤湿润的条件下,白榆的天然下种更新十分良好,林地多幼苗,但大部遭到放牧破坏。现有的白榆林则大多是砍伐后由根株萌芽形成的次生林,多数林木在树基部分弯曲,树干早期腐朽。

(2)蒿类-白榆疏林群落:在冲积锥下部的间歇性小河与潜水补给地段,土壤较干旱,在不同深度常埋藏有卵石层。这里的林分较稀疏,郁闭度在0.3左右,林木生长也较低矮,树干弯曲多杈。有时林内也出现少量的沙枣,通常没有灌木,在空地上常出现荒漠的半灌木——心叶优若藜。草类层较稀疏,以耐盐蒿为主,并有赖草、硬薹草与一些短生植物——荒漠香薹、条叶扁果薹、施母草等。

尖果沙枣林见于荒漠平原大河的河漫滩与低阶地上,形成小块的丛林。通常与苦豆子、赖草为主的河漫滩草甸、柽柳灌丛或柳丛相结合。林内除沙枣外,常有柳(*Salix songorica*、*S. wilhelmsiana*)加入。灌木有铃铛刺,草类主要是苦豆子和甘草等河漫滩草甸草类。

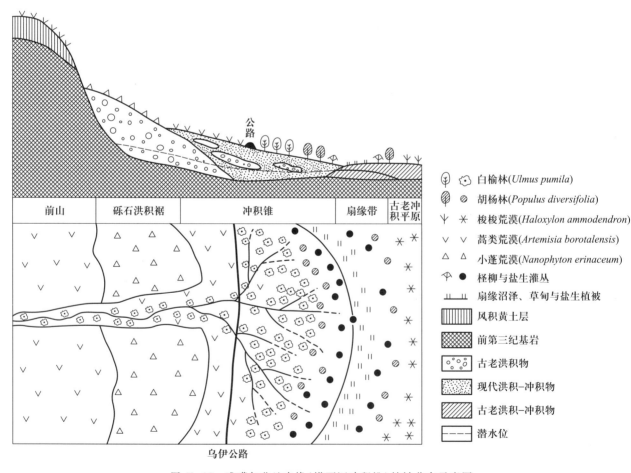

白榆林(*Ulmus pumila*)
胡杨林(*Populus diversifolia*)
梭梭荒漠(*Haloxylon ammodendron*)
蒿类荒漠(*Artemisia borotalensis*)
小蓬荒漠(*Nanophyton erinaceum*)
柽柳与盐生灌丛
扇缘沼泽、草甸与盐生植被
风积黄土层
前第三纪基岩
古老洪积物
现代洪积-冲积物
古老洪积-冲积物
潜水位

前山　砾石洪积裾　冲积锥　扇缘带　古老冲积平原

公路

乌伊公路

图48-15　准噶尔盆地南缘(塔西河冲积锥)植被分布示意图

由准噶尔柳（*Salix songarica*）与威氏柳（*S. wilhelmsiana*）构成的小片丛林出现于准噶尔荒漠平原大河的新冲积沙洲和河滩上，群落组成十分简单，以后逐渐有沙枣或胡杨加入。

（四）灌丛

新疆的灌丛植被，是包括以中生、旱中生和潜水旱生的灌木为建群种的各种群落。灌丛群落的主要形成者——灌木的生态幅度和对不良环境条件的适应性要比森林乔木树种广泛得多，它的一些种能分布在干旱无林的草原带和严酷的高山区；在荒漠地带，耐盐抗旱的灌木种类更比森林树种有优越的适应性，得以普遍分布。至于由超旱生的灌木和半灌木构成的群落，已属荒漠植被。

灌丛植被在新疆一般不具有地带性意义，但其分布却遍及山地、河谷和平原。尤其是怪柳灌丛在塔里木盆地边缘，阔叶灌丛在阿尔泰山和准噶尔西部山地，以及圆柏灌丛在天山亚高山带，分布最为广泛。在山地，灌丛几乎出现于除高山垂直带上部以外的所有植被垂直带中。在塔尔巴戈台山，阔叶灌丛甚至构成了整整一条灌丛植被垂直带，代替了山地森林带的地位。灌丛还普遍出现在山地草原带中的石质化坡地或较阴湿的地段，与草原草类层片相结合，形成"灌木草原"或局部的"草原灌丛"。在干旱而荒芜的昆仑山，沿峡谷底部蜿蜒成带的葱绿灌丛，成为无林山地中最丰美的植被地段。在天山和阿尔泰山森林带中的灌丛则常是森林被破坏后形成的次生植被。在亚高山带，匍匐生长的常绿圆柏灌丛或一些耐寒的阔叶灌丛在高山植被带的下缘构成美妙的镶边。在荒漠平原的沙漠边缘、扇缘带和河谷却由靠潜水补给而存在的灌丛构成的绿带所环绕。

新疆灌丛植物群落的建群种相当丰富，生态类型也多样。耐寒的针叶灌木有：西伯利亚刺柏和圆柏（*Sabina pseudosabina*、*S. turkestanica*、*S. semiglobosa*）主要分布在亚高山带；沙地柏则出现于前山草原带的石质坡。落叶阔叶灌木的种类较多，中生的山地灌丛有多种蔷薇（*Rosa*）、栒子（*Cotoneaster*）、忍冬（*Lonicera*）、小檗（*Berberis*）、石蚕叶绣线菊和金露梅（*Dasiphora fruticosa*）等；高山带下部的阔叶灌丛则有：圆叶桦、多种高山柳（*Salix*）——阿尔泰，以及多刺的鬼箭锦鸡儿——天山。在草原中，旱中生的灌木建群种是：多种锦鸡儿（*Caragana*）、兔儿条，以及

准噶尔西部山地特有的中国丽豆（*Calophaca chinensis*）。荒漠中的杜加依灌丛则以叶片退化成鳞片状的怪柳（主要是 *Tamarix ramosissima*、*T. hispida*、*T. laxa*）为最常见，其他尚有铃铛刺。山地河谷中多沙棘、几种水柏枝（*Myricaria alopecuroides*、*M. squarrosa*、*M. elegans*）与柳等形成的群落。

加入灌丛的其他植物种类十分庞杂，一般是邻近的植被类型，如高山的、森林的、草甸的、草原的、盐生的、荒漠的植物成分，与灌丛群落相结合。灌丛本身一般不具有固定的特有附属种。

各种灌丛植物群落不仅在空间分布上与其他植被类型相结合，而且在时间发育-演替进程中往往属于一定的植被类型演替系列阶段。例如，森林带中的次生灌丛就是森林群落天然恢复的先锋群落；荒漠中的杜加依灌丛，有时是由杜加依林——胡杨林向荒漠植被过渡的一个演替阶段；但在很多情况下，则属于相对稳定的"土壤顶极群落"。大部分草原带的灌丛和亚高山灌丛是原生的类型。

根据新疆灌丛的植物种类组成和生态特征，新疆的灌丛可分为两个植被型：针叶灌丛和落叶阔叶灌丛。

（Ⅰ）针叶灌丛

针叶灌丛是由特殊的匍匐生长的中生或中旱生常绿针叶灌木构成的群落。它的建群种主要是圆柏属（*Sabina*）、刺柏属（*Juniperus*）的一些种和松属（*Pinus*）的个别偃生种。有人把圆柏群落划归森林植被类型（Виппер，1953；Кормышева，1960）；也有把它们作为独特的旱生疏林和匍匐灌丛类型看待的（Рубцов，1956；Быков，1960）。

新疆针叶灌丛的建群种比较多样。阿尔泰方枝柏和西伯利亚刺柏属于北方区系成分，分布在阿尔泰山、准噶尔西部山地和天山伊犁地区的亚高山带和中山带，一般在海拔 1800 米以上；前者并广布于天山北坡亚高山带。沙地柏亦属北方区系成分，但主要分布在北疆前山草原中。属于天山-帕米尔成分的天山方枝柏分布最广，在天山北麓（海拔 2000～2800 米）、天山南麓（2500～3000 米）和昆仑山西段（2900～3700 米）构成山地灌丛。

这一植被型在新疆只包括一个群系纲——山地常绿针叶灌丛群系纲，具有刺柏灌丛和圆柏灌丛两个群系组和以下几个植物群系：

1. 西伯利亚刺柏群系（Form. *Juniperus sibirica*）

2. 阿尔泰方枝柏群系（Form. *Sabina pseudosabina*）

3. 天山方枝柏群系（Form. *Sabina turkestanica*）

4. 沙地柏群系（Form. *Sabina vulgaris*）

1. 西伯利亚刺柏群系

西伯利亚刺柏群系分布在阿尔泰山、准噶尔西部山地和伊犁地区山地，而不见于天山北坡。在山地植被垂直带中，它通常与针叶林和草甸相联系，主要占据着中山-亚高山带的半阳坡（东、西坡）。这种刺柏群落往往十分郁闭，盖度可达 50%～60% 或更高，高度一般为 0.5～1 米。群落的种类组成因不同山系和不同地形条件而有很大差异。在中山带以上的北坡或其他较湿润的坡地上，刺柏通常与阿尔泰方枝柏、大量草甸草类和其他中生灌木形成群落。其中常见的伴生灌木是：针刺蔷薇、单花栒子、刚毛忍冬等。草本主要是草甸禾草与杂类草：柔毛异燕麦、准噶尔看麦娘、猫尾草、草原早熟禾、紫狐茅、香茅、苏鸢尾（*Iris ruthenica*）、光蓼、斗蓬草、黄花野罂粟（*Papaver croceum*）、白花老鹳草、山地糙苏等。在向阳的石质化坡地则形成草原化的灌丛，群落盖度较低，加入较多的草原灌木和草类，如兔儿条、棱狐茅、唇香草等。

2. 阿尔泰方枝柏群系

这一群系广布于北疆各山地针叶林带以上的向阳石质坡上。它所形成的匍匐灌丛与亚高山草甸、高山草甸或高山芜原相结合。灌丛高 50～70 厘米，冠幅 5～10 米，盖度 25%～40% 或更高。丛间草本有：狭果薹草、西伯利亚早熟禾、高山羊角芹、假报春、蝇子草（*Silene*）、旋复花（*Inula*）等。在圆柏的偃卧树干上有大量土马骔（*Polytrichum*）附生。

3. 天山方枝柏群系

这一群系分布在天山南坡和昆仑山西段亚高山带的阳坡和半阳坡。尤其是在人迹罕到的昆仑山西端亚高山雪岭云杉林分布带上部的海拔 3300 米的半阳坡上，天山方枝柏构成了十分高大和密不可入的灌丛，树冠高达 2～3 米，盖度达 60%～70%，丛内枝干横伸。群落中伴生有少量的灌木——忍冬（*Lonicera*）、蔷薇（*Rosa*）与茶藨子（*Ribes*）。丛间草甸草类较茂密，盖度达 75%，主要是宿萼假楼斗菜（*Paraquilegia anemonoides*）、棱狐茅、亚洲委陵菜（*Potentilla asiatica*）、喜马拉雅沙参（*Adenophora himalayana*）、林地勿忘我草（*Myosotis sylvatica*）、点地梅（*Androsace*）、薹草等。地面还有发达的藓类层。

天山南坡的天山方枝柏灌丛多被砍伐破坏，残存无几。

昆仑西段高山带下部的草原化的天山方枝柏群落，主要分布在向阳石质坡上，盖度一般在 20%～30%，草类以亚高山草原或荒漠草本和半灌木为主，如银穗草、棱狐茅、白鞘火绒草、棘豆（*Oxytropis*）、粉花蒿，甚至还有高山垫状植物——糙点地梅加入。

此外，沙地柏在北疆山地，尤其是北塔山的中山、低山草原带广泛分布。它构成匍匐状的灌丛，与山地草原群落交错分布；但在更多情况下，它们只是稀疏散布，不成群落。

针叶灌丛的面积虽然不大，但广泛散布于石质化的陡坡或亚高山-高山带，因而具有十分重大的保持水土、防止塌坡和崖崩的防护作用，同时又是提供挥发油和药用原料的基地。但是，圆柏是上好的薪炭材，在过去曾遭到严重的滥伐破坏。由于这类灌丛天然更新困难，生长也十分缓慢；因此，如不注意保护与更新，它们在新疆分布的面积将日趋缩小，而为其他植被类型所代替。

（Ⅱ）落叶阔叶灌丛

这一植被型包括落叶阔叶灌木所形成的植物群落。落叶阔叶灌木的生态幅度比乔木要宽广得多，加以它们在起源上的多样性，因此，它们形成的群落类型也复杂得多。但目前对它们还缺乏全面、系统的研究。

新疆的落叶阔叶灌丛包括亚高山落叶阔叶灌丛、山地落叶阔叶灌丛、山地河谷落叶阔叶灌丛和荒漠河岸的杜加依灌丛四个群系纲。

Ⅰ）亚高山落叶阔叶灌丛

本群系纲都分布在比较湿润的阿尔泰山、天山的森林带以上的地段。它在新疆具有桦灌丛、锦鸡儿灌丛和柳灌丛等三个群系组，其中，由于对柳灌丛的调查研究不足，现只描述下列三个植物群系：

1. 圆叶桦群系（Form. *Betula rotundifolia*）

2. 鬼箭锦鸡儿群系（Form. *Caragana jubata*）

3. 新疆锦鸡儿群系（Form. *Caragana turkestanica*）

1. 圆叶桦群系

在阿尔泰山西北部森林带以上、海拔 2500～2700 米的地段分布着圆叶桦灌丛。它们一般呈块状间断分布，与山地藓类-地衣冻原、高山草甸相交错。在喀纳斯地区,圆叶桦灌丛也下降到海拔 2300 米,构成一条与林线相接触的窄带。灌丛高度一般为 1~1.5 米,十分茂密,枝干交错,不易通过,盖度可达 80%~90%。丛内有时混有低矮的柳(*Salix glauca*、*S. reticulata*)、西伯利亚刺柏和阿尔泰方枝柏。丛间的草本是稀疏的高山草甸草类——高山早熟禾、高山猫尾草、狭果薹草、黑花薹草(*Carex melanantha*)、伏地龙胆、高山地榆、线形点地梅等。地衣-藓类层十分发达,主要由分叉冷地衣(*Cetraria cladonia*)所组成,盖度可达 30%。

2. 鬼箭锦鸡儿群系

本群系见于天山林带以上的冰碛物或岩屑堆上。鬼箭锦鸡儿高达 1.5~2 米,也有低至 50 厘米以下的。群落盖度可达 70%~80%,鬼箭锦鸡儿盖度达 40%~50%。下层多高山草甸、高山芜原的种类,如硬嵩草(*Cobresia capillifolia*)、珠芽蓼、龙胆、獐牙菜(*Swertia*)、虎耳草(*Saxifraga*)等。

3. 新疆锦鸡儿群系

在天山南坡的哈雷克套山的亚高山带内,新疆锦鸡儿的灌丛最为发达。它们在山地南坡构成密不可入的灌丛,高度 0.8~1.2 米,盖度在 50%~60% 或更多。丛内灌木偶尔有个别老的天山方枝柏。丛间的草类主要是草甸草原或草原的种类:扁穗冰草、异燕麦(*Helictotrichon*)、滨麦(*Elymus*)、座花针茅、薹草、二裂叶委陵菜等。在分布带的上部,灌丛与高山芜原相接,丛内有大量的嵩草(*Cobresia*)、薹草(*Carex*)、银穗草(*Leucopoa*)与火绒草(*Leontopodium*)等高山草类加入。

Ⅱ)山地落叶阔叶灌丛

新疆的这一群系纲中的各个群系主要分布在北疆的山地,向上可达森林带内,向下则延伸到草原带内的阴坡。它包括蔷薇灌丛、绣线菊灌丛、锦鸡儿灌丛三个群系组,具有以下一些植物群系:

1. 多刺蔷薇群系(Form. *Rosa spinosissima*)
2. 针刺蔷薇群系(Form. *Rosa acicularis*)
3. 扁刺蔷薇群系(Form. *Rosa platyacantha*)
4. 石蚕叶绣线菊群系(Form. *Spiraea chamaedryfolia*)
5. 兔儿条群系(Form. *Spiraea hypericifolia*)
6. 灌木锦鸡儿群系(Form. *Caragana frutex*)
7. 多叶锦鸡儿群系(Form. *Caragana pleiophylla*)

1. 多刺蔷薇群系

多刺蔷薇形成的群落主要分布在阿尔泰山、准噶尔西部山地海拔 1300~1800 米的阴坡和半阴坡上,尤其在塔尔巴戈台山南坡最为发达。群落中的灌木十分茂密,高 1.5~2 米,伴生的灌木有针刺蔷薇、培氏蔷薇、大叶小檗、茶藨子、兔儿条、黑果枸子、鞑靼忍冬等。丛间草甸草类繁多,主要有:足状薹草、猫尾草、鸭茅、纤细鹅观草(*Roegneria fibrosa*)、异燕麦、草原早熟禾、无芒雀麦、短柄草、拂子茅、千叶蓍、蓬子菜、金黄柴胡、车叶草、细叶野豌豆(*Vicia tenuifolia*)、水杨梅等。在西坡或草原带的阴坡,多刺蔷薇灌丛发生草原化,群落中参加有大量的旱生灌木和草类:兔儿条、灌木锦鸡儿、中国丽豆、棱狐茅、针茅、落草、金丝桃(*Hypericum perforatum*)等。

2. 针刺蔷薇群系

本群系通常分布于上一群系的上部,比较局限而少见。伴生灌木有多刺蔷薇、刚毛忍冬、黑果枸子等;草类有柔毛异燕麦、短柄草、光蓼、丘陵老鹳草等。

3. 扁刺蔷薇群系

这一群系广布于天山北坡。扁刺蔷薇在山地草原带的阴坡构成十分稠密的群落。丛内表土中蔷薇的根茎错综交织,其他植物很难加入。在博格达山海拔 1500 米处的扁刺蔷薇灌丛高达 1.5~1.7 米,盖度 60%~80%。丛中混有少量的刚毛忍冬、黑果枸子和兔儿条。草本植物分布在丛隙中,盖度 20% 左右,主要为草甸草原植物:猫尾草、草原早熟禾、丘陵老鹳草、北地拉拉藤、阿尔泰紫菀、黄唐松草(*Thalictrum flavum*)、牛尾蒿(*Artemisia dracunculus*)、块茎糙苏(*Phlomis tuberosa*)等。

此外,在天山尚有培氏蔷薇形成的群落,其特征与扁刺蔷薇群系相似。

4. 石蚕叶绣线菊群系

这一群系分布于阿尔泰山山地森林带内的林间空地、林缘和河谷。群落中的灌木层主要是石蚕叶绣线菊,也有少量的多刺蔷薇和枸子。草本层以足状薹草占优势,并有许多中生多年生草类——乌头(*Aconitum*)、地榆(*Sanguisorba officinalis*)、柳兰等。

5. 兔儿条群系

兔儿条群系是在北疆山地分布最广泛的灌丛。它们在阿尔泰山和塔尔巴戈台山分布在海拔 1000~1800 米,在天山北坡为海拔 1400 米以上,处于草原带内凹形坡和森林带内的石质化薄层土的阳坡上。

兔儿条以其强大的根系伸入含有较多水分的风化母岩层,从而能与草原的旱生植物相抗衡,并构成稠密的灌丛。灌丛高度一般在 0.5~1(1.5)米,盖度40%~60%。伴生的灌木主要是多刺蔷薇、培氏蔷薇、锦鸡儿、小叶忍冬等,在塔尔巴戈台山则有累氏扁桃(*Amygdalus ledebouriana*)、中国丽豆。草本层主要由草原和草甸草类构成,有针茅、棱狐茅、落草、窄颖赖草、无芒雀麦、伏地薹草(*Carex supina*)、冷蒿、金丝桃、黄花苜蓿(*Medicago falcata*)、唇香草、杂色景天(*Sedum hybridum*)、蓬子菜等。

6. 灌木锦鸡儿群系

在阿尔泰山和准噶尔西部山地的前山草原带分布着灌木锦鸡儿为主要建群种的灌丛,呈块状地与草原群落相结合。群落中的其他伴生灌木有兔儿条、多刺蔷薇、忍冬、金露梅。草本层的主要代表是针茅、棱狐茅、扁穗冰草、落草、蓬子菜、块茎糙苏等草原植物;在分布带的下部,甚至有荒漠的种类,如优若藜、膜果麻黄等。

7. 多叶锦鸡儿群系

多叶锦鸡儿灌丛也分布在天山北坡前山草原带的石质坡地。灌木层高0.8~1米,盖度50%~60%。在丛间分布着草原和荒漠植物,如棱狐茅、扁穗冰草、蒿、伏地肤、优若藜等。

除去上述一些主要灌丛群系外,还有不少灌木种形成的植物群落。限于资料不足,难于叙述它们的特征。这些群落的建群种有大叶小檗、西伯利亚小檗(*Berberis sibirica*)、栒子(*Cotoneaster*)、金露梅、忍冬(*Lonicera*)和锦鸡儿(*Caragana pygmaea*、*C. leucophloea*、*C. kirghisorum*、*C. spinosa*、*C. stenophylla*、*C. microphylla*)等。

所有上述落叶阔叶灌丛皆分布于山地,它们具有一定的保持水土、防止侵蚀的作用;在某种情况下,并为森林更新创造了良好的条件。蔷薇灌丛更是供提取维生素的原料基地。然而这些灌丛由于往往占据了草原或草甸的面积,从而减少了放牧场和割草场的场地;尤其是多刺的灌丛,对羊群有一定的危害。

Ⅲ)山地河谷落叶阔叶灌丛

在新疆一些山地草原带内的河谷中,分布着几类特殊的灌丛植被。遗憾的是,由于对这类灌丛没有做专门的调查研究,这里,不能对它们做较详细的叙述,只能做一般的介绍。

在北疆的山地河谷,特别是伊犁地区的河漫滩和低阶地,分布有沙棘灌丛。群落中除沙棘外,还混有柳(*Salix songarica*、*S. wilhelmsiana*)。灌丛上缠有大量的东方铁线莲。在南疆,沙棘灌丛则分布在昆仑山的河谷中,它们沿溪谷分布,向上可达海拔3000米。丛内还有水柏枝(*Myricaria squamosa*、*M. elegans*)、喀什小檗(*Berberis kaschgarica*)、灰白忍冬(*Lonicera glauca*)和蔷薇;个别情况下,有少量杨树(*Populus afghanica*)加入。这种灌丛是中部和东部昆仑山唯一的木本植物群落的代表,它们在溪谷中构成一道鲜绿的窄带,与两岸荒凉的石山和荒漠形成鲜明的对照。

此外,沿着一些前山河流的河漫滩上,还有一些小片的柳灌丛。在不同的地区,建群种的种类十分多样,在阿尔泰山主要为格氏柳(*Salix gmelinii*)、细叶柳(*S. tenuifolia*)、五蕊柳(*S. petandra*)、地肤柳(*S. kochia*),在天山则为准噶尔柳、威氏柳等。

Ⅳ)杜加依灌丛

新疆荒漠平原的各大河流沿岸及冲积平原中有地下水供应的低地,普遍分布着杜加依灌丛。由于土壤盐渍化而且又有充分的地下水供应,所以建群植物均为耐盐潜水旱生灌木。它包括柽柳灌丛、铃铛刺灌丛、白刺灌丛三个群系组,包括以下一些群系:

1. 多枝柽柳群系(Form. *Tamarix ramosissima*)
2. 刚毛柽柳群系(Form. *Tamarix hispida*)
3. 铃铛刺群系(Form. *Halimodendron halodendron*)
4. 西伯利亚白刺群系(Form. *Nitraria sibirica*)
5. 黑刺群系(Form. *Lycium ruthenicum*)

1. 多枝柽柳群系

这一群系见于塔里木盆地和准噶尔盆地的南部,分布非常广泛。它通常占据着年轻的河漫滩和三角洲、河旁阶地、盐土平原及沙丘。土壤是盐化草甸土、盐土及龟裂型土。地下水深一般3~4米,有时可达10米,有时只数十厘米。因此,生境非常多种多样。本群系的种类组成比较丰富,计有60余种(根据70个样方记载),除建群种外,其他占优势的有:盐穗木、盐节木、琵琶柴、圆叶盐爪爪、地白蒿、芦苇、獐茅、胀果甘草、苦豆子等。群落常有二层结构,一般盖度30%~60%。

纯多枝柽柳群丛组常见于塔里木河岸、安的尔河新三角洲及昆仑山中段和阿尔金山北麓诸冲积扇中下部的沙壤质土壤上。灌木高大而且种类单纯，形成或疏或密的群落。在塔里木河岸及安的尔河新三角洲，地下水深 3~4 米，因受洪水淋洗，土壤盐渍化不明显，多枝柽柳生长非常旺盛，高 3~4 米，甚至达 5 米，分枝发达，成为直径达 5~10 米的园丛。群落覆盖度 40%~70%。种类单纯，或混有个别的胡杨、芦苇、假苇拂子茅、獐茅、疏叶骆驼刺等。在冲积扇中下部，地下水位深达 6~7 米，弱矿化度（3 克/升），灌丛则比较稀疏，覆盖度 20%~30%，有些枝条开始枯死。除建群种外，还有几种柽柳：细穗柽柳（Tamarix leptostachys）、多花柽柳（T. hohenackeri）、长穗柽柳，完全缺少草本植物。

多枝柽柳与耐盐中生多年生草本植物形成的群落是向盐化草甸过渡的类型，通常分布于塔里木盆地各大河流高河漫滩、河间低地及冲积-洪积扇缘带，天山北麓有局部分布。生境比较潮湿，地下水深 2~4 米，洪水期间可能承受短期水漫。土壤是盐化草甸土、荒漠化草甸土，部分为草甸盐土。群落发育良好，总盖度 40%~60%，有的达 80%，灌木层高 2~3 米，盖度 20%~40%。在塔里木河高河漫滩及河岸，时常掺入铃铛刺。灌木层下有丰富的草本植物，优势种为苦豆子、胀果甘草、疏叶骆驼刺、芦苇、小獐茅，其他有大花野麻、田蓟（Cirsium arvense）、花花柴、散枝鸦葱、牛皮消等，覆盖度 10%~30%。在盐渍化较强的扇缘带，灌木和草本层有稀疏的多浆半灌木层片，由盐穗木组成，盖度 10% 左右。

随着土壤盐渍化的加强，多枝柽柳则与多浆木本盐柴类植物形成群落。它们主要分布于天山南麓和阿尔金山北麓的山前冲积平原，塔里木河、叶尔羌河、和田河等下游地段，以及艾比湖滨湖平原。地下水深数十厘米至 3~4 米不等，皆强度矿化，矿化度一般 20~40 克/升。土壤是典型的结皮盐土。在这种强烈盐渍化的生境上，群落发育显著受到抑制，有的植株已经死亡。灌木层高 1.5~2.0 米，覆盖度 15%~25%。稀疏的灌木中混有刚毛柽柳。灌木层下以多浆木本盐柴类植物占优势，主要是盐穗木、盐节木、里海盐爪爪及西伯利亚白刺，其他尚有具叶盐爪爪、黑刺、碱蓬（Suaeda），覆盖度 5%~50%。草本植物极少，仅有盐生鸦葱、赖草及矮生型的芦苇。

多枝柽柳与超旱生小半灌木、半灌木形成的群丛组是这一群系中最耐旱的类群，仅见于天山南、北麓冲积洪积扇的下部，在柯坪山前及库尔勒-轮台一带呈不长的带状分布。地下水深 5 米以下，是盐化或碱化的荒漠灰钙土或龟裂型盐土。灌木层下的小半灌木或半灌木组成稀疏层片，高 30~50 厘米，覆盖度 10%~20%。其种类在天山南麓以圆叶盐爪爪或琵琶柴占优势，伴有合头草和一年生的盐生草。在天山北麓除有琵琶柴外，还有地白蒿占优势，混生的植物较多，有多种一年生盐柴类及短生植物，如三萼叉毛蓬、亚糙矢车菊（Centaurea subsquarrosa）、翅花碱蓬、小车前、四齿芥、中亚胡卢巴、舟果荠、丝叶荠（Leptaleum filifolium）、纤细天门冬（Asparagus tenuis）、抱茎独行菜等。

最后，谈到沙丘上的多枝柽柳灌丛。它普遍分布于塔里木盆地、库米什盆地等山前平原、河谷平原及大沙漠边缘，准噶尔平原南部也有局部分布。分布区的地下水深 1~2 米到 5~10 米，发育盐土或龟裂型土，地面堆积或疏或密的盐化的固定和半固定沙丘，一般高 2~4 米，有的高达 5~6 米，甚至 10 米。多枝柽柳即生长在沙丘顶部，基部大部被沙埋没。沙丘呈圆锥形，当地居民称之为"红柳包"，在广阔的平原上形成独特的自然景观。群落非常单调，发育好坏明显地随生境的水分和盐分条件而变化。在非常干燥和盐渍化条件下，多枝柽柳生长不良，并且大部分已经枯死，覆盖度仅 5%~15%，没有或混生很少的其他植物。在干燥的龟裂型土上，则参加盐生草、刺沙蓬、疏叶骆驼刺等，在塔里木盆地北部还有梭梭，库米什盆地有泡泡刺。盐渍土上则混生盐穗木、黑刺、花花柴和矮生的芦苇，在天山南麓和艾比湖平原还有琵琶柴和梭梭。靠近河岸及冲积洪积扇下部，地下水及沙丘中水分条件比较良好，丘间生长许多芦苇，或者密集成为小群落。一般生长良好，盖度 30%~60%。

2. 刚毛柽柳群系

这一群系主要分布在天山南麓诸大河流冲积扇的下部、山前冲积平原、塔里木河南岸及艾比湖平原的局部地段。所处土壤是典型的盐土，地下水位一般 3 米左右，矿化度大于 10 克/升。刚毛柽柳比多枝柽柳具有更强的耐盐性，因此占据强盐渍化的生境，并且群落中经常具有由多浆盐柴类植物组成的次要层片，实际上这一群系是向多浆盐柴类荒漠过渡的类型。种类组成比前一群系简单，计有 20 余种，除刚毛柽柳外，长穗柽柳有时成为亚建群种，其他优势植物有盐穗木、小獐茅和矮生的芦苇。群落的发育状况主要根据水分条件而异。

在比较潮湿的条件下,刚毛柽柳与芦苇等耐盐中生多年生草本植物组成群落,覆盖度40%～50%。灌木层高80～100厘米,草本层高20～30厘米。群落中混生一些喜湿的一年生多浆盐柴类植物——盐角草和碱蓬(Suaeda)等。生境比较干燥时,群落中则出现盐穗木层片,高40～70厘米,而盐角草等则从群落中消失。群落总盖度40%左右。若地下水降低至5～6米,生境更为干燥,则成为纯的刚毛柽柳群落,覆盖度仅10%左右。群落中参加稀少的盐穗木、盐节木、黑刺、花花柴和芦苇等。

3. 铃铛刺群系

这一群系呈块状地分布在玛纳斯河、乌伦古河及和布克赛尔河的河岸和三角洲,但在塔里木河谷平原,有较大面积的分布。铃铛刺的耐盐性远逊于各种柽柳,适生于水分条件良好、轻度盐渍化的沙质和沙壤质盐化草甸土上,地下水深2～4米,或达到6米。因此,它的分布很局限。

铃铛刺一般发育良好,覆盖度40%～80(90)%,包括2～3层或亚层,灌木层下有丰富的草本。

在准噶尔盆地乌伦古河、玛纳斯河、和布克赛尔河的河旁阶地及三角洲上,见有铃铛刺与耐盐中生多年生草类形成的群落。土壤十分湿润,地下水深1～3米。铃铛刺与大禾草[芨芨草、赖草、鹅观草(Roegneria)等]、杂类草(二裂叶委陵菜、苦豆子、甘草等)形成密集的群落,总盖度50%～90%。而在乌伦古河中游河旁阶地上,地下水位降低至5～6米,灌木层下禾草及杂类草变得稀少,而被一年生盐柴类叉毛蓬所代替,它们高10～15厘米,于灌木层下形成较密的低草层,覆盖度30%～40%。群落中并混生白滨藜、角果藜、二裂叶委陵菜等。灌木层高1.2～1.4米,覆盖度40%,混生个别的长穗柽柳。

在塔里木河上游高河漫滩,地下水深2米左右,铃铛刺和苇状拂子茅、芦苇组成群落。群落比较稀疏,覆盖度30%～40%,混生少许的大花野麻、苦豆子等。在河流下游及河间平原一些草甸盐土或荒漠化草甸土上,地下水深4米以下,生境显得较干燥,铃铛刺则与该区常见的几种耐盐中生杂类草,如大花野麻、胀果甘草、花花柴等组成群落,混生有黑刺、芦苇等。总盖度20%～35%。

4. 西伯利亚白刺群系

这一群系分布于天山南麓山前平原、开都河和玛纳斯河下游三角洲及吐鲁番盆地的结皮盐土和龟裂型盐土上。地下水深2～5米。西伯利亚白刺是

具有深根和匍匐枝条的灌木,叶肉质,根具有适应沙埋而再生不定根的能力,因此植株下常堆积50～70厘米高的沙堆,被密集的匍匐枝条覆盖着,呈圆形或椭圆形,直径2～4米,相距1～3米,一丛丛相当均匀地分布着,形成特殊的植被——自然景观。

西伯利亚白刺与多汁木本盐柴类形成的群落分布在库车以西的天山南麓山前冲积洪积扇扇缘,呈2～3千米宽的带状分布,东北-西南延伸达数十千米。因为秋力塔克前山带的阻隔,这里是天山南麓径流最贫乏地区之一。扇缘带地下水深4米以下,发育龟裂型盐土。西伯利亚白刺与具叶盐爪爪组成群落,其中参加个别来自邻近洪积扇上的无叶假木贼,覆盖度20%～30%。

西伯利亚白刺与耐盐中生多年生草本植物形成的群落见于芨芨草盐化草甸复合体中,处在芨芨草草丛分布范围内起伏较高的部位,地下水位2～2.5米。西伯利亚白刺在此形成比较密集的群落,总覆盖度达40%～50%,其中混生黑刺、芨芨草、芦苇(图48-16)。

10 米

图例	名称
(斜线)	西伯利亚白刺(Nitraria sibirica)
(点)	黑刺(Lycium ruthenicum)
(符号)	芨芨草(Achnatherum splendens)
(Y形)	芦苇(Phragmites communis)

图48-16 西伯利亚白刺群落水平投影图

5. 黑刺群系

黑刺形成的群落分布甚为局限。它比较集中分布在吐鲁番和七角井盆地的底部,在阿克苏河三角洲下部及喀什噶尔河、塔里木河下游河间平原也有小片状的分布。土壤盐渍化强烈而干燥,典型盐土表面具有5～10厘米的坚硬的盐结壳,成为盐化荒

漠草甸土,地下水深一般 3~4 米,或更深,强矿化。这种不良的土壤水分和盐分条件,使多数植物死亡,只留下抗旱抗盐性强的黑刺,但它也生长不良,高 20~40 厘米或 80~100 厘米,群落稀疏,覆盖度一般 10%~15%。群落中常生长稀少的刚毛柽柳、多枝柽柳、盐穗木、花花柴、疏叶骆驼刺、小獐茅和矮生的芦苇,景象荒凉。

(五)草甸

新疆的草甸是指由多年生中生草本植物群落组成的植物覆被,分布于各平原低地、河漫滩及山地,面积约 23.5 万平方千米,占新疆植被总面积的 9%,仅次于荒漠和草原。

草甸植物群落的分布和发育服从于一定的生态地理规律,首先表现在山地的草甸。山地草甸依靠大气降水,主要分布在气候比较湿润的天山分水岭以北的山区,成为植被垂直带的组成部分,并随山地气候的变化而产生垂直带分异。它们分布的界限随地区气候的差异,由北向南、由西向东逐渐升高。低山谷地、荒漠平原低地的草甸分布于地下水位接近地表的地段,并与生境不同程度的盐渍化相联系。河漫滩的草甸则受定期洪水淹没及冲积物淤积,也时有一定程度的盐渍化。与平原低地的草甸密切联系。

各类及不同地区的草甸植物群落具有不同特征。山地的草甸群落种类组成比较丰富,如亚高山草甸,种的饱和度在 100 平方米内有 20~50 种。植物的生物-生态学特性多种多样,包括不同高度的禾草、薹草、杂类草及嵩草等,除典型的多年中生草本外,高山和亚高山的草甸植物还具耐寒或适冰雪的特性。草层一般比较密集,覆盖度 40%~90% 或以上,是山地的主要放牧场。低地及河漫滩的草甸植物群落,种类成分则较简单,在强盐化条件下,100 平方米内常为 5~10 种,建群种是多种中生、旱中生的禾草、薹草及杂类草,并多具有不同程度的耐盐性,草层大多比较密集高大,是平原主要的放牧场或刈草场及农垦对象。

应该指出,与新疆大陆性气候的强度旱化和土壤的普遍盐渍化相适应,这里嵩草芜原和盐化草甸非常发达。前者成为天山及阿尔泰山东南部高山植被的基本类型,后者除普遍分布于平原地区外,还见于帕米尔及藏北高原海拔 3800~3900 米或以上的高山谷地或盐湖低地的周围。此外,高山五花草甸

发育很微弱,亚高山草甸主要分布在阿尔泰山及天山西部北坡比较湿润的地段,以中等高度的禾草及杂类草占优势,没有短命植物层片。

根据生态发生和群落学特征,新疆的草甸可分为下列四个亚型,九个群系纲(表 48-1)。

表 48-1　新疆草甸的分类

亚型	群系纲
一、高山草甸	高山真草甸;高山芜原;高山芜原化草甸;
二、亚高山草甸	亚高山真草甸;亚高山草原化草甸;
三、山地(中山)草甸	山地真草甸;
四、低地、河漫滩草甸	低地、河漫滩真草甸;低地、河漫滩盐化草甸;低地、河漫滩沼泽草甸

由于资料不足,缺乏研究,下面只能就群系纲进行叙述,少部分也涉及群系。

(I)高山草甸

高山草甸为耐寒的多年生中生草本植物覆被,普遍分布于各高山带及冰雪带的下部,因各山区气候差异,其分布高度不一,并自西向东、自北向南逐渐升高。其分布下限,在阿尔泰山西段为 2300 米、中段 2500 米、东南段 2600 米,天山北坡 2700 米,至天山南坡上升到 2800 米以上,且以嵩草芜原占优势,与高山草原或草甸草原相结合分布。及至昆仑山,嵩草芜原也只零星分布于 3800(3900)米以上,而为高山草原所代替。

高山草甸包括高山真草甸、高山芜原及高山芜原化草甸三个群系纲。

I)高山真草甸

包括杂类草、薹草及薹草+杂类草三个群系组。

高山杂类草草甸(高山五花草甸)主要分布于阿尔泰山中、西部海拔 2400 米(西部)到 2600 米(中部)以上,在天山只以小面积见于依连哈比尔尕山海拔 3000 米以上的高山带内。高山五花草甸照例见于在冰川谷底、冰碛物或现代冰川下部漂石组成的斜坡上。土壤中石块甚多,土层很薄,为原始高山草甸土。土壤经常接受冰雪水的浸润。植物组成多为莲座状中生的多年生小杂类草,散生,覆盖度

15%~25%,一般高度不超过20厘米。在夏季,它们盛开着紫、白、黄或金黄色绚丽的花朵,形成五光十色的天然花坛。

阿尔泰山的高山五花草甸由具有大而鲜艳花朵的高山杂类草所组成。常见的有:大叶毛茛(*Ranunculus grandifolius*)、腺缕斗菜、高飞燕草(*Delphinium elatum*)、高乌头(*Aconitum excelsum*)、野罂粟(*Papaver nudicaule*)、高山葶苈(*Draba alpina*)、禾叶蝇子草(*Silene graminifolia*)、西伯利亚委陵菜(*Potentilla sibirica*)、高山地榆、大花虎耳草(*Saxifraga hirculus*)、三肋果(*Tripleurospermum ambiguum*)、高山风毛菊(*Saussurea alpina*)、伏地龙胆、冷龙胆、高大马先蒿(*Pedicularis elata*)等。也有一些高山上的小禾草,如高山早熟禾、高山猫尾草、高山狐茅。此外,在水沟边常见有灰柳(*Salix glauca*)。

天山的高山五花草甸多为小而鲜艳花朵的杂类草,大而色彩鲜艳的杂类草要少得多。主要植物为:珠芽蓼、高山蓼、阿尔泰金莲花(*Trollius altaicus*)、野罂粟、高山唐松草、丘陵唐松草、白花老鹳草、高山委陵菜、耳七、腺缕斗菜、高山葶苈、雪莲(*Saussurea involucrata*)、冷龙胆、报春(*Primula fedtschenkoi*)、大花虎耳草、西伯利亚虎耳草、高山紫菀等。禾草较少,有高山鹅观草(*Roegneria czimganica*)、高山狐茅。并有莎草科的垂穗薹(*Carex atrata*)、硬嵩草等植物。

高山薹草草甸出现于山地阴坡或在冰川形成的谷底。土壤为深厚的高山草甸土。

垂穗薹、黑花薹草(*Carex melanantha*)等多种薹草形成低矮而密集的层片,高10~20厘米,覆盖度45%~80%。地面为苔藓层片,主要由桧叶金发藓等所形成。群落的种类组成达20余种(25平方米内),绝大部分为高山植物,少数为亚高山植物。其中小禾草有紫狐茅、高山早熟禾、高山黄花茅;杂类草有高山委陵菜、高山蓼、珠芽蓼、高山紫菀、伞花繁缕(*Stellaria umbellata*)、准噶尔乌头(*Aconitum soongoricum*)、冷龙胆、西伯利亚虎耳草、西伯利亚斗蓬草(*Alchemilla sibirica*)、高山葱(*Allium karelinii*)、瞿麦(*Dianthus superbus*)、冷红景天(*Rhodiola algida*)、野罂粟等,也相当丰富。

高山杂类草-薹草草甸多见于天山高山山坡较凹处。土壤为深厚的高山草甸土。

薹草种类有垂穗薹、嵩草状薹(*C. cobresiformis*)等,杂类草主要是珠芽蓼、高山蓼,它们形成高5~10厘米的矮草层,覆盖度35%~85%。组成群落种类达20~30种,均为高山植物。其中小禾草有高山狐茅、阿尔泰狐茅(*F. altaica*)、高山黄花茅、高山早熟禾等。最丰富的是高山杂类草,如耳七、冷龙胆、丘陵唐松草、报春、高大马先蒿、高山葱、白花老鹳草、飞蓬、垂序棘豆(*Oxytropis nutans*)、阿尔泰橐吾(*Ligularia altaica*)等。

Ⅱ)高山芜原

芜原的建群植物是具有生草性、适冰雪、耐旱中生的多年生草本——嵩草(*Cobresia*),是具有强烈大陆性气候的亚洲内陆高山气候的产物。关于嵩草芜原属于什么植被型的问题,很多地植物学者具有不同意见,根据不同植被分类原则及建群植物——嵩草的特性,一些学者把它列属于草甸植被型的高山草甸或芜原草甸;另一些学者则把它作为一个独立的植被型,或适冰雪植被的一个亚型。Рубцов(1956)认为嵩草芜原是多年生草本的适冰雪旱生植物的嵩草所组成的高山植物群落,它的生物-生态学特性介于草原和草甸植被型之间,即一面接近草原——嵩草表现明显的旱生性和群落中经常进入典型的草原成分,如棱狐茅、细柄茅(*Ptilagrostis mongholica*)等;另一方面接近草甸——具有生草性和进入多量中生的草甸植物,所以嵩草芜原是草原和草甸的过渡类型。我们从嵩草的外部形态看来是有明显的旱生性,但实际上未必是真旱生植物,因其分布生境,大多在河流上游谷地及高山阴坡土壤充分湿润的地段,并发育明显的生草层,群落中经常参加有多量的高山草甸植物。因此,新疆的嵩草芜原更接近草甸的性质。而且,大多数学者也把嵩草芜原归属于草甸植被。所以,我们把新疆的嵩草芜原归属于草甸植被高山草甸亚型的一个群系纲。包括嵩草、嵩草+薹草和嵩草+杂类草三个群系组。它们广泛分布于天山、阿尔泰山东南部、萨乌尔山、阿拉套山的高山上,也零星见于昆仑山西段的高山河谷里。其分布高度随各山地由北向南、由西向东而渐升高(表48-2)。

嵩草芜原群系组是高山芜原中分布最广的,见于分水岭、山坡及山间台地上,土层较薄,多石块,土壤水分状况较差。形成嵩草芜原群落的建群种为多种嵩草(*Cobresia bellardii*、*C. capillifolia*、*C. capilliformis*等)。嵩草形成高度5~10厘米,盖度50%~60%的生草丛。群落种类组成较单纯,为7~

表 48-2　高山芜原在各山地分布的高度

西			→ 东
北　阿尔泰山	东南部 2700 米以上		
萨乌尔山	北坡 2300 米	→3000 米	
	南坡 2550 米		
阿拉套山	南坡 2650 米	→3000 米	
天山	博罗霍洛山 北坡	依连哈比尔尕山	巴里库山
	2800～ 3000 米	2600～ 3150 米	2750～ 3000 米
南　昆仑山西段	3800～3900 米及以上		

22 种。参加群落的植物多为杂类草:珠芽蓼、丘陵唐松草、高山委陵菜、高大马先蒿、冰川风毛菊(Saussurea glacialis)、高山报春等。也有少数垂穗薹、嵩草状薹等。禾草有高山狐茅、高山鹅观草、高山早熟禾等。

嵩草+薹草芜原群系组总是见于水分状况较好的河旁缓坡和阶地上,土层深厚而湿润。建群种硬嵩草、线叶嵩草和共建种垂穗薹、嵩草状薹等形成高10～15 厘米,盖度 50%～85% 的生草丛。组成群落的种类为 20～30 种,主要是:杂类草有珠芽蓼、高山蓼、丘陵唐松草、高山唐松草、高山风毛菊、雪莲、白鞘火绒草、耳七、高山委陵菜、伏地龙胆、高山紫菀、禾叶蝇子草等,禾草有高山早熟禾、高山三毛草(Trisetum alpinum)、细柄茅、座花针茅、高山狐茅、高山黄花茅等。

在帕米尔(塔什库尔干)和昆仑山西段海拔3000～3900 米的河谷阶地上,由于土壤盐渍化,出现薹草-嵩草芜原的盐化变体。嵩草(Cobresia pamiroalaica)和薹草形成高 5～20 厘米的草丛。群落盖度 60%～90%,种类组成单纯,仅 9～13 种。参加群落的植物很多是盐化草甸的种,如水麦冬(Triglochin)、牛毛毡(Heleocharis acicularis)、海乳草(Glaux maritima)、赖草等。也有一些高山草甸种,高山黄花茅、报春、棘豆、委陵菜等。

杂类草-嵩草芜原群系组分布不广,只见于阿拉套山南坡和天山西部山地的高山上。处于河旁缓坡地、平台地和鞍形地。土壤为深厚的壤土。线叶嵩草、硬嵩草与多种杂类草形成不同群落。后者主要是珠芽蓼、高山蓼、丘陵唐松草。它们形成盖度达

50%～90% 的密草层,但高度仅 5～10 厘米。组成群落种类 10～20 种,均为杂类草,且多高山、亚高山草甸的种。常见的高山草甸种为耳七、棘豆、红门兰(Orchis)、伏地龙胆、阿拉套山乌头(Aconitum alatavicum)、勿忘草等。亚高山草甸种有西伯利亚斗蓬草、高山糙苏(Phlomis alpina)、白花老鹳草等。

嵩草、薹草和杂类草形成的群落具有较为多彩的季相。它在天山山脉依连哈比尔尕山以西的山地分布比较广泛,适应于冰碛物形成的缓坡。土壤为具有明显生草层的高山草甸土。硬嵩草与多种薹草(Carex atrata、C. cobresiformis 等)、多种杂类草(珠芽蓼、丘陵唐松草)形成不同群落。盖度 60%～70%。群落种类组成相当复杂,有 15～30 种。参加群落的植物有耳七(Parnassia)、高山委陵菜、野罂粟、马先蒿、棘豆、獐牙菜(Swertia)、婆婆纳(Veronica)、金腰(Chrysosplenium)、冰川风毛菊、高山紫菀等。

Ⅲ)高山芜原化草甸

这是高山真草甸与芜原的过渡类型。见于天山山脉的依连哈比尔尕山,处于高山薹草草甸之上,在北坡见于海拔 2700～3000 米,在南坡见于海拔 3200 米以上。它小面积出现于冰碛物或河谷阶地上。土壤为多石块的薄层高山草甸土,表层具良好生草层。

形成芜原化草甸群落的建群种为垂穗薹、嵩草状薹、深褐薹(C. atrofusca),亚建群种为硬嵩草、细叶嵩草。群落中经常见到珠芽蓼形成从属层片。群落草层高度 20～25 厘米,盖度可达 50%～80%。组成群落种类有 10～20 种到 35～40 种。参加群落的植物为嵩草芜原和高山五花草甸中常见的种。其中杂类草如高山蓼、禾叶蝇子草、金腰(Chrysosplenium)、高山唐松草、丘陵唐松草、野罂粟、高大马先蒿、卷耳(Cerastium)、毛茛(Ranunculus)、梅花草(Parnassia)、龙胆(Gentiana)、葶苈(Draba)、大花虎耳草、高山紫菀、堇菜(Viola)等。禾草则有高山黄花茅、异燕麦、高山早熟禾、细柄茅、鹅观草(Roegneria)、高山狐茅等。

(Ⅱ)亚高山草甸

新疆的亚高山草甸主要是中生禾草和杂类草组成的植物群落。分布于比较湿润地区高山带的下部,即在阿尔泰山的中、西部,塔尔巴戈台山和天山西部的北坡。其分布高度因各山地而异,在阿尔泰山为海拔 2000～2300 米(阿勒泰北)到 2000～2650

米(富蕴北);在塔尔巴戈台山南坡呈带状出现于1800~2250米;在天山多呈片状出现于西部的依连哈比尔尕山、博罗霍洛山、凯特明山、依什基里山和阿拉套山南坡海拔2500~3000米的高度,由于这里林带界限较高,亚高山草甸有时小面积出现于林带下线附近。亚高山草甸植被发育着深厚的亚高山草甸土,在阿尔泰山为酸性亚高山草甸土,在天山则为中生、微碱性的亚高山饱和草甸土。

因为处于高山带的下部,气候不如高山草甸那么严寒,草层较高,一般20~30厘米,有的可达50厘米。但由于新疆气候的大陆性,致有的亚高山草甸具有明显的草原化特征。可分为亚高山真草甸和亚高山草原化草甸两个群系纲。

Ⅳ) 亚高山真草甸

包括禾草及杂类草两个群系组。

亚高山禾草草甸只见于阿尔泰山中部和近东南部平缓的山坡或分水岭上。建群种为高山黄花茅、阿尔泰早熟禾或紫狐茅。杂类草或苔藓与之形成不同群落。前者为高山委陵菜、卷耳(Cerastium)、美鹅不食草(Arenaria formosa)等;苔藓则以桧叶金发藓为主。群落盖度达60%~95%,草层高度20~30厘米。参加群落的植物多高山、亚高山的杂类草,一般10~20种,常见的有偏生斗蓬草、繁缕(Stellaria)、火绒草(Leontopodium)、卷耳、铃香(Anaphalis)、石竹(Dianthus)、珠芽蓼、高山蓼、山莓草(Sibbaldia)、龙胆、飞蓬、乌头、马先蒿、北地拉拉藤、千叶蓍等。

亚高山杂类草草甸分布较普遍,建群种为斗蓬草(Alchemilla cyrtopleura、A. rubens、A. sibirica、A. krylovii)、高山糙苏、短筒鸢尾(Iris brevituba)。土壤为亚高山草甸土或山地黑钙土。

由偏生斗蓬草、紫斗蓬草(Alchemilla rubens)形成的亚高山草甸分布在阿尔泰山、塔尔巴戈台山、巴尔鲁克山和萨乌尔山。土壤具有3厘米厚的生草层,腐殖质层厚达30厘米,全剖面为酸性反应。群落总盖度达70%~95%,草层高度10~30厘米。亚建群植物有:高山委陵菜、千叶蓍、无芒雀麦;伴生植物有:高山猫尾草、紫狐茅、高山早熟禾、高山黄花茅、丝叶嵩草(Cobresia filifolia)、美鹅不食草、伞花繁缕、黄芩(Scutellaria oligodonta)、蒲公英、厚叶岩白菜(Bergenia crassifolia)、光蓼、高大马先蒿等。

由西伯利亚斗蓬草、绿花斗蓬草(Alchemilla krylovii)组成的亚高山草甸分布在天山北坡西段。土质为细土质的亚高山草甸土。群落总盖度85%~90%,草层高度15~20厘米。组成群落种类达24~39种。形成亚建群层片的植物有:黑穗薹、黑花薹、短筒鸢尾、高山黄花茅、紫狐茅、准噶尔看麦娘、疏叶早熟禾(Poa relaxa)、草地早熟禾、珠芽蓼、草原老鹳草、白车轴草等。伴生植物有高山蓼、钝叶獐牙菜(Swertia obtusa)、伏地龙胆、飞蓬、高大马先蒿、阿拉套乌头(Aconitum alaticum)、高山地榆、白花老鹳草、北地拉拉藤、牛至、耳七等。

由高山糙苏形成的亚高山草甸群落见于巴尔鲁克山和天山北坡西段。它处于林缘亚高山草甸土或林间空地黑钙土上。群落总盖度70%~90%,草层高度30~35厘米。组成群落种类26~36种。伴生植物有:异燕麦、沙乌尔拉拉藤(Galium saurense)、高山羊角芹、高山黄花茅、丘陵唐松草、珠芽蓼、石生老鹳草(Geranium saxatile)、阿克苏黄芪(Astragalus aksuensis)、艾蒿等。

由短筒鸢尾形成的亚高山草甸群落见于天山北坡西段。它往往见于林带上线或林带内林缘地段上。土壤为黑钙土。群落总盖度60%~70%,草层高度20~25厘米。组成群落种类少者只10~15种,多者可达39种。群落盖度低时为单优势种。群落盖度高时可以见到分别由疏叶早熟禾、紫狐茅、无芒雀麦、绿草莓(Fragaria viridis)、三肋果形成的亚建群层片。伴生植物有:高山糙苏、萨乌尔拉拉藤、高山羊角芹、金黄柴胡、千叶蓍、石生老鹳草、直立唐松草(Thalictrum simplex)、垂序棘豆、伏地龙胆、禾叶蝇子草等。

Ⅴ) 亚高山草原化草甸

亚高山草原化草甸是多年生中生草本和相当多量的多年生草原旱生草本组成的群落。它们见于较干旱的阿拉套山南坡、巴尔鲁克山、赛里木湖周围的山地,海拔2000~2800米。土壤为亚高山草甸草原土,表层具弱生草层,呈中性至微碱性反应。形成群落的建群种为多种薹草,共建种为多种草原禾草:针茅、棱狐茅、扁穗冰草。群落盖度50%~85%,草层高度10~20厘米。参加群落的植物为多种草原种,也有高山、亚高山草甸的种。草原植物有冷蒿、二裂叶委陵菜、阿尔泰紫菀、异燕麦、百里香(Thymus)、光蓼、石竹、北地拉拉藤等。草甸植物有山地糙苏、老鹳草、伏地龙胆、柳叶风毛菊、飞蓬、蓼苈、丘陵唐松草、珠芽蓼等。

(Ⅲ) 山地(中山)草甸

Ⅵ) 山地真草甸

山地或中山草甸分布于阿尔泰山至天山北坡的中山带,在山地的草原垂直带和森林垂直带之间。习惯上常称的山地草甸即指中山草甸。主要是典型的中生高禾草或高杂类草组成的植物群落。只包括山地真草甸一个群系纲。其分布高度在阿尔泰山为海拔 1000～1450 米(布尔津北)到 1700～2100 米(青河北);在萨乌尔山北坡为 1650～2350 米;在天山北坡的西部为 1600～1900 米,东部到 1800～2100 米。它在山地森林带内经常与森林群落交错分布,多处于阴坡和分水岭,土壤为深厚的壤质黑土。

阿尔泰山和萨乌尔山的山地真草甸主要是高禾草组成的群落。建群种主要是:西伯利亚三毛草、发草(*Deschampsia caespitosa*)、西伯利亚早熟禾、林地早熟禾、大看麦娘、紫狐茅、匍匐冰草(*Agropyron repens*)、偃麦草、无芒雀麦、鸭茅、猫尾草。它们形成的群落盖度可达 90% 以上,草层高度都在 1 米左右。参加群落的植物随生境的不同而异。在河谷阶地上的群落中,常参加有蓼、老鹳草、委陵菜、酸模(*Rumex*)等;在林缘的群落中,则常参加有高大的杂类草,如高乌头、地榆、柳兰、芍药(*Paeonia*)、飞燕草(*Delphinum*)、花葱、山丹(*Lilium martagon*)、费尔干贝母(*Fritillaria ferganensis*)、臭山柳菊(*Hieracium virosum*)、壁山柳菊(*H. murorum*)、伞形山柳菊(*H. umbellatum*)、福王花状山柳菊(*H. prenanthoides*)、蓝花老鹳草、马蹄囊吾(*Ligularia altaica*)等。

天山的山地真草甸,主要是由高大的禾草和杂类草组成的不同群落。高大的禾草建群种有拂子茅(*Calamagrostis*)、无芒雀麦、直穗鹅观草或短柄草。它们常与其共建群或亚建群作用的杂类草形成不同群落。这些杂类草主要为牛至、苏鸢尾、山地糙苏等。群落种类组成极为丰富,一般可达 30～55 种之多。参加群落的植物中属草甸禾草的,有鸭茅、林地早熟禾、匍匐冰草、异燕麦等;属草甸草原禾草的有猫尾草;而草原禾草不多,常见的是针茅、吉尔吉斯针茅。在群落中起一定作用的杂类草的种类极为丰富,多是森林、草甸或亚高山草甸的种,常见的种属

有山柳菊(*Hieracium*)、毛金丝桃(*Hypericum hirsutum*)、天山党参、大叶囊吾(*Ligularia macrophylla*)、瓣状唐松草(*Thalictrum petaloideum*)、高山羊角芹、秀丽蓼(*Polygonum virticillatum*)、马先蒿、老鹳草、大戟(*Euphorbia*)、直立唐松草、龙胆、飞蓬、长叶婆婆纳(*Veronica longifolia*)、白车轴草、野豌豆(*Vicia*)、西伯利亚斗蓬草、梅花草(*Parnassia*)等。

(Ⅳ) 低地、河漫滩草甸

低地、河漫滩草甸是分布于荒漠平原的低地、低山谷地及河漫滩的草甸植物群落,与地下水或河流定期泛滥有密切联系。植物所需的水分来源主要依赖于地下水。组成植物群落的是不同高度的中生及旱中生的禾草及杂类草,随着土壤的普遍盐渍化,这些植物多有不同程度的耐盐性,以致盐化草甸非常发达。在地下水位接近地表的地段,则发生沼泽化。于是可区分为真草甸、盐化草甸及沼泽草甸三个群系纲。

Ⅶ) 低地、河漫滩真草甸

主要分布于北疆大河流河漫滩及低山谷地,包括根茎禾草、杂类草两个群系组和下列群系:

根茎禾草群系组:

1. 匍匐冰草群系(Form. *Agropyron repens*)
2. 假苇拂子茅群系(Form. *Calamagrostis pseudophragmites*)
3. 小糠草群系(Form. *Agrostis alba*)
4. 光稃香茅群系(Form. *Hierochloe glabra*)
5. 狗牙根群系(Form. *Cynodon dactylon*)

杂类草群系组:

6. 黄花苜蓿群系(Form. *Medicago falcata*)
7. 白香草木樨群系(Form. *Melilotus albus*)
8. 苦豆子群系(Form. *Sophora alopecuroides*)
9. 车轴草群系(Form. *Trifolium repens*、*T. fragiferum*)

1. 匍匐冰草群系

广布于北疆各大河流的河漫滩上,并伸展到阿尔泰山低山带的河谷中。草层密集,群落总盖度 70%～90%。层片结构明显:第一亚层是禾草,建群种是匍匐冰草,芦苇是共建种,高 60～70 厘米,盖度 30%～60%;第二亚层是杂类草,高 30～50 厘米,盖度 30%～60%,优势种为甘草、蓟(*Cirsium*)、苦豆子等。其他有白香草木樨(*Melilotus albus*)、黄花苜蓿、毛茛(*Ranunculus*)等,有时混生柳和蔷薇等灌木。

2. 假苇拂子茅群系

比上一群系分布还要广泛,除在北疆各大河流河漫滩外,还见于南疆塔里木河上游的高河漫滩。群落结构及种类组成非常简单,假苇拂子茅为建群种,有时拂子茅为共建群种。其他有少量的芦苇、红车轴草(Trifolium pratense)、委陵菜、散枝鸦葱等。草层高60~70厘米,覆盖度30%~40%。草层中有时混生零星的柳、蔷薇、尖果沙枣和多枝柽柳、铃铛刺等灌木。

3. 小糠草群系

只见于额尔齐斯河的河漫滩上。小糠草与苦豆子、甘草、紫野麦草(Hordeum violaceum)等组成群落。草层高40~50厘米,覆盖度可达90%。

4. 光稃香茅群系

也只见于额尔齐斯河的河漫滩上。光稃香茅占绝对优势,盖度达60%~70%,高15~20厘米。

5. 狗牙根群系

这是比较喜暖的草甸植被,新疆境内仅见于吐鲁番盆地西部阿拉沟冲积扇的上部,面积很小。土壤是沙壤质的草甸土,表层或有微弱的盐化现象。狗牙根匍匐地面,高5~10厘米,覆盖度30%~40%,混生稀少的细叶牛角花(Lotus tenuis)和蒲公英(Taraxacum),犹如均匀的"绿色地毯"。

6. 黄花苜蓿群系和 7. 白香草木樨群系

新疆有天然的苜蓿草甸和草木樨草甸是值得注意的,这些群落的建群种均是优良的豆科牧草,仅见于阿尔泰山低山河谷中的河漫滩草甸土上。群落茂密,覆盖度70%~100%,草层高70~80厘米,有的高达1.8米。除建群种外,尚混生有偃麦草、鹅观草、蒿等。这类草甸实为良好的割草场,并可作为优良豆科牧草的种源地。

8. 苦豆子群系

这一群系分布较广,但所占面积不大,多见于大河流河漫滩或农作区内的河渠旁。苦豆子为建群种,高50~60厘米,盖度40%~50%。混生有甘草、芨芨草、芦苇、赖草等。

9. 车轴草群系

仅小面积见于阿尔泰山、天山北坡林缘或低山河谷内,也零星见于榆树疏林分布地段的空地上,均处于河漫滩。土壤为草甸土。群落中除建群种车轴草(Trifolium repens、T. fragiferum)外,混生相当多的大看麦娘、小糠草、鸭茅、蒲公英、大车前(Plantago major)、酸模(Rumex)等。

Ⅷ) 低地、河漫滩盐化草甸

在新疆分布相当普遍且发达,特别是在南疆平原地区,占据一些大河流三角洲、河旁阶地、河间及扇缘低地和湖滨周围底土经常湿润的地段。土壤有不同程度的盐渍化,主要是盐化草甸土或草甸盐土,部分是典型盐土。地下水位较高,一般1~3米,弱矿化度(1~3克/升),典型盐土下矿化度较高,可达10克/升。由于生境条件的悬殊,组成盐化草甸植物的生物-生态学特性有很大差异,建群种主要是各种耐盐的中生、旱中生禾草及杂类草,有的在强盐化条件下发生盐生变型。但群落的种类组成和结构一般比较简单,种的饱和度在100平方米内常只3~4种,多者达10~15种,有的是单种群落。通常是一层,或有2~3草本亚层,覆盖度20%~70%。产草量每公顷鲜重200~300千克至数千千克不等,这些差异主要决定于地下水位深度和土壤盐渍化的程度。

盐化草甸包括丛草禾草、根茎禾草及杂类草三个群系组及下列群系:

丛草禾草群系组:

1. 芨芨草群系(Form. Achnatherum splendens)

根茎禾草群系组:

2. 芦苇群系(Form. Phragmites communis)

3. 赖草群系(Form. Aneurolepidium dasystachys)

4. 小獐茅群系(Form. Aeluropus littoralis)

杂类草群系组:

5. 甘草群系(Form. Glycyrrhiza uralensis)

6. 胀果甘草群系(Form. Glycyrrhiza inflata)

7. 大花野麻群系(Form. Poacynum hendersonii)

8. 疏叶骆驼刺群系(Form. Alhagi sparsifolia)

9. 花花柴群系(Form. Karelinia caspica)

1. 芨芨草群系

这是北疆分布最广的禾草盐化草甸,普遍见于阿尔泰山南麓、天山北麓的山前冲积平原,塔城、伊犁、和布克赛尔及乌尔禾谷地和巴里坤盆地,在阿尔泰山前丘陵间及将军戈壁等地也有零星分布;天山南麓的焉耆盆地、拜城盆地也有较大面积分布。在塔里木盆地则零星出现于一些山麓冲积锥上。它占据大河流三角洲、河旁阶地、扇缘低地及湖泊周围。土壤是湿润的盐土型草甸土和草甸盐土,个别情况下是典型盐土。地下水位1~2.5(3)米,淡水或弱矿化度。因此芨芨草草甸的发育条件良好。

芨芨草在景观上的特征是形成巨大的密草丛，草丛高达 2 米（生殖苗），基部直径 30~40 厘米。组成群落的植物种类比较丰富（根据 23 个样方记载共有 60 多种），常有 2~3 层或亚层，覆盖度一般 30%~50%。常随生境盐渍化的不同程度和地下水位深度形成不同群落。

芨芨草与耐盐中生杂类草形成的群落分布在土壤盐渍化较弱、地下水供应充足的土壤上。群落密集，种类丰富，有两个明显的亚层：第一亚层为建群层，芨芨草丛叶层高 60~80 厘米，生殖苗高 1~2 米，除建群种外，有时掺入芦苇或赖草作为亚建群种；第二亚层高 30~50 厘米，以苦豆子、苦马豆（Swainsonia salsula）、蓼等杂类草占优势。其他有甘草、大花野麻、厚叶风毛菊（Saussurea crassifolia）、盐生车前（Plantago salsa）、格氏补血草等，及耐盐禾草——小獐茅、好氏碱茅（Puccinellia hauptiana）等。此外，碱蓬（Suaeda）、地肤（Kochia）、委陵菜等形成不明显的稀疏小杂类草层，高 5~15 厘米。

芨芨草群落多出现在河岸阶地及洼地周围的中度盐渍化草甸土上，是比较纯的芨芨草丛。有时赖草成为亚建群种，混生稀少的小獐茅、芦苇、鹅绒委陵菜（Potentilla anserina）、多德草（Dodartia orientalis）、肉叶刺果藜、樟味藜等。个别情况下有较多的灌木铃铛刺或多枝柽柳。总盖度 20%~40%。

随着土壤盐渍化的加强，芨芨草往往与多汁盐生灌木形成群落，是芨芨草草甸与多汁盐柴类荒漠的过渡类型，即在芨芨草草层中有明显的多汁盐柴类层片。后者的种类因地而异：在焉耆盆地是盐穗木、具叶盐爪爪和西伯利亚白刺；额敏谷地是白滨藜；天山北麓则以囊果碱蓬和格氏补血草占优势。

芨芨草与超旱生小半灌木蒿类形成的群落是芨芨草群系与蒿类荒漠草原的过渡类型。它所处土壤是原生土和水成土的过渡，并有弱的碱化或盐渍化。因此芨芨草草层下发育明显的旱生小半灌木和一年生植物层片，优势种是耐盐蒿、喀什蒿、小蒿、樟味藜及叉毛蓬等。一般高 20~40 厘米，覆盖度 10%~15%。在阿尔泰山山前丘陵荒漠草原带的河谷阶地上，芨芨草和草原植物冷蒿、棱狐茅、针茅等组成群落。

2. 芦苇群系

这是另一分布很广的盐化草甸，于塔里木和吐鲁番-哈密盆地有大面积分布，零星见于焉耆盆地、艾比湖平原、诺明及嘎顺戈壁等地。它占据古老的山前冲积平原，扇缘带及河间低地，三角洲及干涸的老河床及湖泊。包括各种类型的盐化草甸土、草甸盐土、典型盐土以至固定半固定沙丘。地下水位由数十厘米至 4~5 米不等。因此生境的变化是多种多样的，芦苇表现了很大的适应能力，以致发生各种生态变形，按高度可分为普遍的（高 1~1.5 米）、中型的（50~80 厘米）和矮型的（10~20 厘米）。也因生境差异芦苇形成不同群落，一般种类贫乏，结构简单，据 70 个样方记载只有 40 余种，其中常见的不过 10 种。多数群落是单层的，有时可区分为两个草本亚层或有半灌木层，覆盖度 10%~50%。

纯的芦苇群落分布最广泛，是比较有代表性的。所处土壤为沙壤-壤质的盐化草甸土，地下水深 2~3 米。群落发育良好，植株高 1.2~1.5 米，覆盖度 30%~50%，产草量 1.6~2.0 吨/公顷（鲜重）。然而种类组成单纯，芦苇占绝对优势，常混生少量的胀果甘草、大花野麻和花花柴，间或有刚毛柽柳、盐穗木等。在弱盐化的沙质土壤上，伴生植物种类较多，有假苇拂子茅、拂子茅、赖草、匍匐冰草和杂类草——苦马豆、散枝鸦葱等，有时拂子茅为亚建群种。

芦苇与耐盐中生小禾草形成的群落分布在荒漠化盐化草甸土上，地下水深 2~4 米。群落的主要特征是芦苇层下有明显的小禾草层片，优势种是小獐茅，并混生拂子茅、赖草、芨芨草、花花柴、疏叶骆驼刺和灌木——铃铛刺、西伯利亚白刺、黑刺等，覆盖度 10%~70%。

芦苇和耐盐中生杂类草组成的群落分布在沙质-沙壤质的草甸盐土或荒漠化草甸盐土上，地下水深 1~4 米。芦苇生长高 1.5~2 米，覆盖度 20%~30%，与胀果甘草、光甘草、大花野麻、疏叶骆驼刺等旱中生杂类草组成各种群落，它们高 60~80 厘米，覆盖度 10% 左右。

芦苇与多汁木本盐柴类组成的群落是芦苇盐化草甸向多汁木本盐柴类荒漠发展的过渡类型。它们分布在扇缘低地及干涸湖旁的疏松盐土和潮湿盐土上，地下水深数十厘米至 2 米许。因为土壤盐渍化强，群落中进入多量典型盐生植物——盐节木、盐穗木、碱蓬和黑刺等，总盖度 20%~60%。

中型芦苇纯群是在比较干燥而且盐渍化强烈生境上的群落，主要分布在昆仑山前古老的冲积平原。地下水深 3~4 米。土壤为典型盐土，表层有 5~10 厘米厚的盐壳。芦苇生长受到抑制，成为稀疏的中型芦苇丛，高 60~70 厘米，覆盖度 5%~15%，至六月还是枯黄的季相。种类组成也极单纯，芦苇丛中只混有稀少的疏叶骆驼刺、大花野麻、胀果甘草，偶尔可见到个别的多枝柽柳和盐穗木。

矮型芦苇丛是潮湿的草甸盐土和典型盐土上的生态型，植株高 10 ~ 20 厘米，匍匐丛生，茎叶坚硬，呈灰绿色。群落或疏或密，覆盖度 20% ~ 90%。混生有疏叶骆驼刺、海乳草、碱蓬、薹草等。

3. 赖草群系

这一群系分布也较广，但所占面积不大，见于阿尔泰山前丘陵间谷地、乌伦古河中游河旁阶地、巴里坤湖旁及开都河三角洲局部地段。土壤属壤质盐化草甸土。地下水深 1.5 ~ 2.5 米。群落发展良好，覆盖度 50% ~ 70%，种类组成也较丰富，种的饱和度有 20 余种。建群种赖草主要与无梗蓟（*Cirsium acaulis*）、蒲公英、马先蒿（*Pedicularis*）、鹅绒委陵菜、白车轴草（*Trifolium repens*）等杂类草组成不同群落。当盐渍化较强，地下水位 2 米许时，它与芨芨草组成群落，后者成为亚建群种，混生有花花柴、碱蓬、西伯利亚白刺等盐生植物。

4. 小獐茅群系

主要分布在玛纳斯地区、吐鲁番 - 哈密盆地，也零星见于拜城、喀什及艾比湖平原。土壤是壤质和沙壤质的草甸盐土，地下水深 40 ~ 50 厘米至 2 米许。

獐茅是典型的小禾草盐生草甸植物，与其他各种小禾草及小杂类草形成低草草甸，高 10 ~ 20 厘米，覆盖度 10% ~ 70%，主要因土壤水分条件和放牧程度而变化。

獐茅与耐盐中生小杂类草形成的群落出现在比较潮湿的扇缘带和洼地（地下水深 40 ~ 50 厘米）。这些小杂类草主要是盐生车前、蒲公英和小花棘豆、碱蓬、藜等。

獐茅与耐盐中生小禾草组成的群落则出现在地下水深 1.5 ~ 2.0 米、比较干燥的生境上。即獐茅分别与狗牙根、隐花草（*Crypsis schoenoides*）及矮生芦苇组成不同群落，覆盖度 20% ~ 30%。随着盐渍化的加强，群落中出现刚毛柽柳、盐节木和具叶盐爪爪等典型盐生植物。

5. 甘草群系

只见于阿尔泰山山前的盐地周围和克朗河三角洲。甘草与赖草和芦苇形成群落复合体。甘草群落处于土壤盐渍化明显、地形较高的部位上。覆盖度 40% ~ 50%。混生有赖草、芦苇及花花柴等。

6. 胀果甘草群系

普遍分布于南疆塔里木河、孔雀河、克里雅河等河谷平原及诸大河流冲积扇的中下部，在吐鲁番和焉耆盆地也有分布。地下水深 1 ~ 3 米，有的达 4 米，土壤为盐化草甸土和草甸盐土。胀果甘草与多种耐盐植物组成不同群落。

胀果甘草与耐盐中生灌木组成的群落分布在河旁阶地沙质或沙壤质盐化草甸土上，地下水深 1 ~ 2 米，并受河水淡化。因水土条件良好，形成茂密的群落。胀果甘草高 1 米许，覆盖度 30% ~ 60%。混生假苇拂子茅、苦豆子、疏叶骆驼刺、大花野麻等。草本层上有稀疏的灌木层，优势种是多枝柽柳和铃铛刺，高 1.5 ~ 2.0 米，覆盖度 10% 左右。

胀果甘草和耐盐中生禾草组成的群落分布在地下水深 2 米左右的草甸盐土上。群落总盖度 20% ~ 40%，有的达 80%。禾草以小獐茅和矮生芦苇占优势。混生个别的刚毛柽柳、盐穗木和黑刺等。

胀果甘草与耐盐中生杂类草组成的群落分布在湖泊或洼地周围湿润的壤质盐化草甸土上。群落覆盖度 40% ~ 70%，杂类草以小型的海乳草、碱蓬占优势，高 4 ~ 5 厘米，于胀果甘草层下形成明显的层片。当地下水位下降到 2.5 ~ 4 米时，土壤变干、小杂类草就被大花野麻和疏叶骆驼刺所代替。

7. 大花野麻群系

这一群系与上一群系有密切联系，分布更广泛，特别集中于塔里木河、孔雀河、叶尔羌河及克里雅河诸河谷平原。野麻的耐旱性和耐盐性也较强，占据草甸盐土、结皮盐土和薄层沙地。地下水深 2 ~ 3 米，或至 4 米。伴生的植物种类与胀果甘草群系相似，唯较稀疏，覆盖度 15% ~ 40%。

野麻与耐盐中生灌木形成的群落分布最普遍。其生境的地下水深 1.5 ~ 3 米，是细沙至中壤质的草甸盐土或结皮盐土。野麻高 1 ~ 1.4 米，覆盖度 10% ~ 15%。胀果甘草为亚建群种。草本层上有铃铛刺、多枝柽柳和刚毛柽柳等组成的稀疏灌木层，覆盖度 5% ~ 10%，其中常以铃铛刺占优势。

野麻与耐盐中生禾草组成的群落分布在比较湿润的壤质的草甸盐土上。野麻层下，小獐茅或芦苇形成低的草本亚层，覆盖度 15% ~ 20%。在恶劣的盐土上，稀疏的野麻群落中出现多量的典型盐生植物——盐穗木、刚毛柽柳等。

最后，分布在昆仑山北麓洪积扇下部沙地及大沙丘边缘的野麻群落，常是纯的群落，或混生一些沙生植物——散枝鸦葱和沙生旋复花。覆盖度 30%~40%。夏季红花盛开，点缀在周围光裸的沙丘或戈壁之间，显得格外艳丽。

8. 疏叶骆驼刺群系

这一群系分布面积不大，主要见于玛纳斯地区、吐鲁番-哈密一带，在塔里木盆地、诺明戈壁等处也有零星分布。

骆驼刺与耐盐禾草组成的群落分布在地下水深 2~5 米的草甸盐土和残余盐化草甸土上。骆驼刺与小獐茅或芦苇组成群落，因土壤湿度条件，覆盖度变动在 20%~70%，混生胀果甘草、花花柴、黑刺和骆驼蹄瓣等。在干燥的残余盐土、残余盐化草甸土和龟裂型土上，地下水位 3~7 米或更深，大多数植物都因而死亡，留下稀疏而生长不良的骆驼刺，高 30~40 厘米，覆盖度 10%~20%。或混生有个别的芦苇、花花柴、黑刺、刚毛柽柳和西伯利亚白刺等。固定和半固定草丛沙丘上的骆驼刺，由于沙中水分条件较好，生长良好，并因骆驼刺适应沙埋，地上分枝发达，成为很大的草丛，丛径可达 1.5~3 米，高 60~80 厘米。常常形成或疏或密的纯群落，覆盖度 10%~60%，与沙丘的固定程度相联系。一般覆盖度达 30% 以上沙丘即被半固定至固定。

9. 花花柴群系

见于吐鲁番盆地和天山南麓山前平原的盐化沙地上。常和疏叶骆驼刺或芦苇组成不同群落，混生有刚毛柽柳、大花野麻、沙生旋复花等。覆盖度 10%~25%。在托克逊附近湿润的沙质草甸盐土上，它与小獐茅形成比较密集的群落，覆盖度 40%~50%。混生疏叶骆驼刺、胀果甘草和芦苇等。

Ⅸ）低地、河漫滩沼泽草甸

这是草甸和沼泽植被的过渡类型，由中生和湿生的多年生草本植物所组成。在新疆分布的面积不大，散见于冲积-洪积扇缘泉水溢出带、被洪水长期浸淹的河漫滩及泛滥平原、老河床及湖滨沼泽的周围。土壤为草甸沼泽土或沼泽草甸土，多少有些盐渍化和泥炭化。地下水位 30 厘米至 1 米，有季节性积水。

沼泽草甸一般比较密集，覆盖度 50%~90%。种类组成也较丰富，据 15 个样方记载共有 60 余种。建群主要是禾草及各种薹草，也有杂类草。包括禾草沼泽草甸和莎草沼泽草甸两个群系组。我们只调查了下列三个群系：

1. 芦苇群系（Form. *Phragmites communis*）

这一群系分布较广泛，主要出现于准噶尔盆地南部塔里木盆地各处适宜的低地内。芦苇生长高大，与木贼状荸荠（*Heleocharis equisetiformis*）、荆三棱（*Scirpus maritimus*）、海韭菜（*Triglochin maritima*）、水麦冬（*T. palustre*）、灯心草（*Juncus*）、木贼（*Equisetum*）等组成不同群落。覆盖度 40%~90%。

2. 薹草群系（Form. *Carex caespitosa*、*C. vesicaria*、*C. melanostachya*）

这一群系分布于平原低湿处。薹草与假苇拂子茅、拂子茅、木贼状荸荠、沼生蓟（*Cirsium palustre*）、大车前、杂种车轴草（*Trifolium hybridum*）、草木樨（*Melilotus suaveolens*）等组成群落，有木贼状荸荠、海韭菜和水麦冬为亚建群种。若生境经常过度潮湿，则过渡为沼泽。群落覆盖度达 95%。

3. 木贼状荸荠群系（Form. *Heleocharis equisetiformis*）

此群系见于喀什平原和天山南麓扇缘洼地，地下水接近地表，只 5~10 厘米。沼针蔺与海乳草、薹草组成群落，混生芦苇、盐生鸦葱（*Scorzonera salsula*）等总盖度 60%~90%。

（六）沼泽和水生植被

新疆的沼泽均属草本沼泽，由湿生植物形成的群落所组成。它具有淡沼泽和盐沼泽两个群系纲。淡沼泽由淡生湿生植物所形成；盐沼泽由盐生植物所形成。

（Ⅰ）沼泽

Ⅰ）淡沼泽

新疆的淡沼泽普遍分布在平原地区诸大河流下游或河口、河漫滩、湖泊周围、冲积洪积扇缘及一些老河床；伊犁、昭苏及尤尔都斯等山间盆地和谷地也有分布。地表经常积水，水深 20 厘米至 1~1.5 米。土壤发育为泥炭沼泽土。建群植物是高大的禾草、香蒲和莎草科植物，生长茂密，水上部分产量每公顷达 10 余吨（鲜重）。

草本淡沼泽在新疆有禾草淡沼泽、香蒲淡沼泽、莎草淡沼泽三个群系组，包括以下一些植物群系：

1. 芦苇群系（Form. *Phragmites communis*）

芦苇群系分布最广泛，在阿尔泰山山前哈巴河及克朗河流向额尔齐斯河的入口处、乌伦古河河漫滩、玛纳斯河及奎屯河下游的湖泊及洼地、开都河三角洲及博斯腾湖湖滨、孔雀河三角洲、塔里木河下游的河间洼地及浅水湖泊、车尔臣河三角洲等地都有分布。芦苇高 2~3 米，最高可达 4~5 米，覆盖度 60%~80%，成为茂密的纯群。有些群落中也混生有香蒲、牛毛毡、荆三棱、异形莎草（*Cyperus difformis*）、菵草（*Beckmannia eruciformis*）、稗（*Echinochloa crusgali*）等植物。

2. 香蒲群系（Form. *Typha angustifolia*）

这个群系分布在博斯腾湖滨、巴楚阿纳湖、叶尔羌河漫滩及塔里木河下游湖泊比较静水条件下，比芦苇丛更接近湖泊中心。香蒲高 1~1.5 米，下部 50~60 厘米部分被水淹没；与其他混生的有芦苇、荆三棱和长芒棒头草（*Polypogon monspeliensis*），总盖度 30%~40%。

3. 荆三棱、牛毛毡群系（Form. *Scirpus maritimus*＋*Heleocharis acicularis*）

这一群系见于塔里木盆地克孜勒苏河、克里雅河等河漫滩。地面积水深 10~20 厘米。蔍草-针蔺群落覆盖度 30%~40%，其中混生有芦苇，水面并覆有水生植物，覆盖水面达 90%。

4. 薹草群系（Form. *Carex vesicaria*＋*C. microglochin*＋*C. resicata*＋*C. goodenoghi*）

薹草沼泽分布面积很小，仅见于尤尔都斯盆地底部。群落中种类组成相当丰富，主要是各种薹草（*Carex vesicaria*、*C. microglochin*、*C. goodenoghi*）和牛毛毡。

群落中并混生有各种湿生和水生杂类草：水毛茛（*Batrachium*）、毛茛（*Ranunculus*）、光亮眼子菜（*Potamogeton lucens*）、狸藻（*Utricularia* sp.）、杉柳藤（*Hippuris vulgaris*）、侧蕊（*Lomatogonium cariathiacum*）、酸模（*Rumex*）、水麦冬等。此外，还有一些禾草，如小林碱茅（*Puccinellia kobayashii*）、沿沟草（*Catabrosa aguatica*）、苇状看麦娘（*Alopecurus arundinaceus*）、发草等。在昆仑山内部高原上的湖沼中，生长有莫代薹（*Carex moorcroftii*）。

Ⅱ）盐沼泽

新疆的盐沼泽是由一年生盐生盐柴类形成的群落所组成。它适应于盐沼泽土。包括两个植物群系：

1. 盐角草群系（Form. *Salicornia europaea*）

这一群系分布比较普遍，见于阿尔泰山、天山山前冲积平原和罗布泊周围，呈斑状出现于潮湿的盐湖滨和洼地底部，有季节性积水，基质黏重，土壤表面有 5~10 厘米的盐壳或盐聚层，土层为淤泥。在如此多盐的恶劣生境上，盐角草呈片状地形成密集的纯群，或与一年生的翅花碱蓬和矮生的芦苇组成群落，覆盖度 40%~50%，甚至高达 80%，高 15~20 厘米。群落季相变化非常明显：春季，去年枯干的植株呈橙黄色；夏季植株生长茂盛，为黄绿色；至夏季秋间即开始干枯，变成红紫色。因为盐角草先后生长和衰枯时期不同，往往自一浅洼地的中心向边缘可以看到各色的环带或斑点，呈现彩色的植物被覆。

2. 矮盐千屈菜群系（Form. *Halopeplis pygmaea*）

盐千屈菜群系仅见于罗布泊北缘湖滨盐沼，形成 30~50 米宽的窄带，高不过 10 厘米，覆盖度 30%~40%，秋季受上涨湖水的淹浸，这时群落成鲜艳的紫红色与碧绿的湖光相映照。离湖水较远处，即为盐角草群落。

（Ⅱ）水生植被

新疆的水生植被研究很少，因此，这里只能叙述它们的简单特征。

水生植被适宜分布在比较稳静的淡水条件下，在水底并有软的基质和比较平缓的地形，淡水湖泊是它最适宜发展的地方。新疆大小湖泊虽然众多，但多具矿化水，平原河谷中的一些牛轭湖也因迅速干涸或只有季节性积水而发育草本沼泽植被。因此新疆的水生植被很不发达，主要分布在几个较大的淡水湖中，及一些河流三角洲上的积水池和泉水溢出处，即博斯腾湖、艾沙米尔湖（塔里木河下游）、尤尔都斯盆地底部的湖泊，以及玛纳斯河、开都河、叶尔羌河、塔里木河等河旁的浅水湖泊。

组成水生植被的植物种类很贫乏，因为稳静的淡水条件创造了水生植物的共同生活环境，都是世界广布的一些种属，主要是各种沉水植物：金鱼藻（*Ceratophyllum lemersum*）、轮叶狐尾藻（*Myriophyllum verticillatum*）、狸藻（*Utricularia* sp.）、茨藻（*Najas marina*）、水毛茛（*Batrachium*）、花蔺（*Butomus umbellatus*）、眼子菜（*Potamogeton* spp.）等；漂浮植物有浮萍（*Lemna trisula*）、品藻（*L. minor*）。此外，还有沼泽或生长在浅水的植物，如芦苇、香蒲、黑三棱（*Sprganium simplex*）、水麦冬等。

这些植物都具有适应水生环境的典型特征。各种沉水植物有在水中发育的细弱的营养枝,变形为线状或丝状的叶,植物完全沉浸在水中,或仅以花葶露出水面。漂浮植物具有气囊。生长在浅水中的植物则具有发达的通气组织。它们的分布主要决定于水的深度,它们以残体堆积在水底,使水逐渐变浅,改变了水生环境,从而引起了水生植被有规律的更替,沿博斯腾湖可以看到比较完整的水生植被演替系列。

博斯腾湖滨浅水处是水生植被的外带——香蒲-芦苇沼泽;向内则是浅水沉水植物群落,由水麦冬、黑三棱组成高的草层,下部被水淹 1.5~2.0 米,水中为眼子菜、金鱼藻、茨藻、狸藻和浮萍等;再向深水处是沉水群落,金鱼藻和眼子菜占优势,而眼子菜狐尾藻群落可分布到水最深处,达 4 米左右。在尤尔都斯盆地底部湖泊中,由于气候寒冷,水生植被的外带缺乏香蒲、芦苇沼泽,而为蔍草、薹草沼泽所代替。

咸水湖泊中没有见到水生植被的分布。

（七）高山植被

高山植被是包括山地林线以上高达雪线的高山和巨大高度的高原地区的特殊植被类型的总称。研究高山植被不仅是揭露高山植物区系形成的途径,而且也是探索地球植物界发展历史道路的关键(Толмачев,1948)。因此,高山植被历来引起植物学家的注意。

现今地球上主要的高山地区是在较晚近的第三纪期间隆升起来的,当时在这些地区已为广义的以被子植物为主的现代植被所占据。因此,现代高山植被类型的形成是与高山地区升起的高度所带来的一系列的自然地理条件——低温、热量的变化、雪被的厚薄及其溶融的情况和在此基础上对于原有植被的改造相联系的。即是说,高山植被的性质与植物的形态结构是适应该地区特殊生境条件的结果。

正如前面叙述的,在辽阔的新疆分布着巨大、魏峨的高山,而高耸的帕米尔山原和西藏高原也部分包含在境内。它们的绝对高度,除了境内的部分藏北高原外,都超出恒雪线。在天山北坡和阿尔泰的高山带,雪被较厚,寒冷,局部地方很湿润,有较华丽的五花草甸分布;在阿尔泰西北部较平缓的高山准平原面上,雪被薄,低温,局部有积水,过湿,土壤有永冻层,有高山冻原发育。但在天山南坡、昆仑山、

帕米尔和藏北高原,冬季低温、干旱,则形成垫状植被、高寒荒漠和高寒草原。因此,Толмачев 所区分的高山景观植被类型,除了南美高山寒冷带的旱生植被型(paramo)外,其余阿尔卑斯型的低草毡植被(五花草甸)、高山冻原、高山垫状植被、高原草原和高寒荒漠在新疆都有。不过阿尔卑斯草毡植被、高寒草原和高山荒漠的性质,分别近于草甸、草原和荒漠,已在前面的相应章节叙述过了,这里就不重复了。下面仅就高山冻原、高山垫状植被和高山石堆稀疏植被做一简要介绍。这里应该指出的是,Толмачев 把高山嵩草草甸作为亚洲高原地区的高寒草原和高寒荒漠植被范围内的隐域性质的草甸沼泽群系,或作为阿尔卑斯型草甸看待,都是不合适的。我们认为高山嵩草草甸是广布于亚洲高山-高原,特别是青藏高原特有的显域植被类型,它的形成与喜马拉雅和青藏高原的隆升密切联系的,是有待今后进一步研究的问题。

（Ⅰ）高山冻原

在阿尔泰山西北部海拔 3000 米以上的高山带分布着藓类高山冻原、藓类-地衣高山冻原和地衣高山冻原。

海拔高度较低处为藓类高山冻原(陈邦杰,1963)。较低湿的沼地有积水,为泥炭土。其上成片地生长着多种镰刀藓(*Drepanocladus aduncus*、*D. vernicosus*、*D. uncinatus*、*D. lycopodioides*、*D. exannulatus*、*D. sendtneri*)、沼泽水灰藓(*Hygrohypnum palustre*)、长叶牛角藓(*Cratoneurum commutatum*)、沼羽藓(*Helodium lanatum*)、皱蒴藓(*Aulacomium palustre*、*A. turgidum*)和毛梳藓。其中也有一些有花植物,如阿尔泰薹草(*Carex altaica*)、羊胡子草(*Eriophorum humile*、*E. latifolium*)、高山唐松草、大花虎耳草、克来东苋草(*Claytonia joanneana*)、狭果薹草等。

海拔高度较高处为藓类-地衣高山冻原。有多种真藓(*Bryum caespiticium*、*B. schleicheri*、*B. turbinatum*、*B. pallescens*、*B. calophyllum*、*B. rutilans*)、银藓(*Anomobryum filiforme*)、黄丝瓜藓(*Pohlia nutans*)。其他有北方美姿藓(*Timmia bavarica*)、平珠藓(*Plagiopus oederi*)和其他高山藓类。此等藓类在高寒地带常呈密集丛生的垫状群落。有时大片的群落经风雪吹滚,外形保持圆滑犹如岩块,但幼嫩的表层仍呈阴暗绿色,且多有成熟的孢蒴。此

种石块状的藓丛与高山砾石相混杂,与多种多样的地衣群落构成高山特有的景色。此外也有出现于高燥地段上的垂枝藓(Rhytidium)。在石灰岩或干燥钙土上多丛藓科(Pottiaceae)的折叶纽藓(Tortella fragilis)和高山赤藓(Syntrichia alpina、S. mucronifolia、S. princeps)。毛尖金发藓(Polytrichum piliferum)在高地石上呈极显著的群落,常和高山地衣(Cetraria crispa、peltigera aphthosa)混生。其他欧亚习见的高山藓类,有尖叶大帽藓(Eucalypta rhobdocarpa)、小鼠尾藓(Myurella julacea、M. tenerrima)、对叶藓(Distichium capillaceum、D. inclinatum)和合柱炼齿藓(Desmatodon systylius)。其中也见到一些散生的有花植物,如狭果薹草、高山早熟禾、畸形利北芹(Libanotis monstrosa)、阿尔泰兔耳草(Lagotis altaica)、珠芽蓼、钝叶獐牙菜、冷龙胆。

在海拔高度更高处的多石山坡上,出现一片一片的地衣高山冻原。地衣种类主要为:梯氏冷地衣(Cetraria tilesii)、白冷地衣(C. nivalis)、枝状冷地衣(C. cucullata)、扩散壳状地衣(Parmelia conspersa)、软壳状地衣(P. molliuscula)。有花植物甚为贫乏,仅锐齿多瓣木(Dryas oxyodonta)、二花高山漆姑草(Minuartia biflora)、雪白委陵菜(Potentilla nivea)、裂叶芥(Smelovskia calycina)、扁芒菊(Waldheimia tridactylites)等。

(Ⅱ)高山垫状植被

按 Станюкович(1949)的意见,高山上的垫状植物和适冰雪垫状植物构成的群落,统归为垫状植被。这一植被类型主要分布在高山带,也有个别的片段下降到亚高山带。

垫状植物分布很广,几乎所有大陆上的高山带都有它的分布。但是它形成的群落的分布区则不大,西起高加索,往东经中亚山区、我国帕米尔、天山、昆仑山,直到西藏高原。它在帕米尔特别发达。

垫状植被虽然分布在高山带,但一般不达恒雪区。它适应于特定的生态环境:夏季干旱,冬季降水相对丰富,多少有雪被的覆盖,在一年内,除了夏季暖热时期外,植物长期不能利用这些降水。我们尚未获得新疆境内高山带的气象资料,但根据其他相应地区的记录,估计这里年降水量为 150～400 毫米;夏季月平均温度为 5～10℃。与此相适应,植物具有明显的旱生形态结构:叶面积缩小、硬叶性、密被茸毛、具刺和强大的根系等特征。

垫状植被在天山北坡分布于海拔 3000 米以上的高山带;在我国帕米尔和昆仑山,可以上升到 4200 米以上的地区。它在阿尔泰山没有分布。

这种植被类型优势种的生活型,都是属于密实或松散的垫状植物。分布于天山的种类有丛生囊种草、二花委陵菜(Potentilla biflora);在帕米尔有帕米尔委陵菜(Potentilla pamiroalaica)、高寒棘豆。见于昆仑山的是糙点地梅、碎石坡棘豆(Oxytropis rupifraga)。而高寒刺矶松只见于帕米尔和昆仑山;四蕊山莓草(Sibbaldia tetrandra)零星见于各山系。

高山垫状植被的特征是:1. 呈小块状或斑块状分布于高山带;2. 总覆盖度为 25%～60%,除了高山草甸外,在高山带植被中它具有最大的植物被覆;3. 群落种类组成不很丰富,一般为 5～15 种。天山高山垫状植被具有种属较丰富的群丛,帕米尔次之,而昆仑山,特别是它的内部山区则表现为种属贫乏的类型。有如下群系:

1. 四蕊山莓草群系(Form. Sibbaldia tetrandra)

2. 丛生囊种草群系(Form. Thylacospermum caespitosum)

3. 高寒刺矶松群系(Form. Acantholimon hedinii)

4. 糙点地梅群系(Form. Androsace squarrosula)

5. 高寒棘豆群系(Form. Oxytropis poncinsii)

6. 帕米尔委陵菜群系(Form. Potentilla pamiroalaica)

7. 二花委陵菜群系(Form. Potentilla biflora)

1. 四蕊山莓草群系

这个群系是高山冰雪带里要求水湿条件最高的类型,一般在平缓阴湿具有细土的地段呈小片段的分布。如在昆仑山中段的内部山区、海拔 5000 米的赛力亚克达坂北坡岩锥下的低凹处,看到一个四蕊山莓草群丛的片段。6 月时分,这里的土壤完全为融雪所渍湿。总覆盖度达 60%,其中四蕊山莓草占 55%;其他成分有蒿属和十字花科植物等种类。

在天山,四蕊山莓草出现于丛生囊种草群丛,将于后文叙述。除此,尚无其他资料可本。可是在紧邻中亚中天山的山区,这个群系以两种变体出现:1. 在比较干燥生境下的类型是与芜原相联系的,种类组成成分中嵩草(Cobresia)占有显著的地位,其他尚有一些旱生的高山杂类草——白鞘火绒草、全白委陵菜(Potentilla hololeuca)、雪地棘豆(Oxytropis *chionobia*)等;2. 与湿润条件相联系,为具有草甸性质的类型,其中也参加许多高山杂类草成分——黄花野罂粟、冷毛茛(*Ranunculus gelidus*)、亚高山蒲公英(*Taraxacum pseudoalpinum*)、天山堇菜(*Viola tianschanica*)、高山委陵菜、阿尔泰三毛草(*Trisetum altaicum*)等。总覆盖度达 50% ~ 60%,而四蕊山莓草竟占 30% ~ 35%(Рубцов,1956)。

在帕米尔,四蕊山莓草群系分布在海拔 4300 ~ 5000 米的高山带。在此带的上部的最干旱的沙质土山坡,出现鼠麹草状风毛菊 - 四蕊山莓草群丛(Ass. *Sibbaldia tetrandra-Saussuaea gnaphaloides*);在较湿润的地段,则分布着狭果嵩草 - 四蕊山莓草群丛(Ass. *Sibbaldia tetrandra-Cobresia stenocarpa*)。而直接接触积雪的最潮湿处所,就是雪报春 - 四蕊山莓草群丛(Ass. *Sibbaldia tetrandra-Primula nivalis*)。一般总覆盖度在 60% 上下(Станюкович,1949)。

2. 丛生囊种草群系

这个群系见于天山和昆仑山北坡外缘山脉。在天山北坡,它分布于海拔 3600 米上下的砾质陡坡。土壤由大小不等的碎石和细土组成,很湿润。分布广的为一种具有高山草甸性质的群聚。总覆盖度达 10%,其中丛生囊种草为高 10 ~ 15 厘米,直径 20 ~ 50 厘米的座垫,覆盖度达 5%。其他还有四蕊山莓草、毛叶葶苈(*Draba lasiophylla*)、疏叶早熟禾、鹅观草(*Roegneria* sp.)、冰川风毛菊以及多种其他高山植物,如点地梅、白鞘火绒草、繁缕(*Stellaria*)、柳兰(*Chamaenerion*)、冷毛茛、厚叶美花草(*Callianthemum alatavicum*)、全缘叶兔耳草(*Lagotis integrifolia*)、薹草、十字花科等。

在昆仑山西段北坡,海拔 2900 ~ 3000 米的干旱石质山坡,出现以丛生囊种草(*Thylacospermum caespitosum*)为主的稀生植被,其他参加者多数为荒漠性质的成分,有优若藜、帕米尔麻黄、藏麻黄、粉花蒿、兔唇花(*Lagochilus* sp.)、一种灌木状的岩黄芪(*Hedysarum* sp.)以及一种伞形科植物。

3. 高寒刺矶松群系

这一群系分布于帕米尔和天山南麓高山带和亚高山带相接触的石质阳坡,是垫状植被中最旱生的类型。在帕米尔苏巴什达坂海拔 4100 ~ 4200 米的东坡上部,高寒刺矶松群落的总覆盖度为 45%,其中建群种占 14%,多裂委陵菜 5% ~ 6%,粉花蒿 3%,列氏早熟禾 1%。其他尚有针茅(*Stipa*)、棘豆(*Oxytropis* sp.)、天山鸢尾(*Iris tianshanica*)、尖果肉叶芥、

鹅观草(*Roegneria* sp.)等。

在天山南坡,海拔 2200 ~ 2400 米高平原的干旱石质浅丘,出现这种类型的荒漠化变体——喀什蒿 - 高寒刺矶松群丛(Ass. *Acantholimon hedinii - Artemisia kaschgarica*)。它的总覆盖度为 14% 上下,其中高寒刺矶松为直径 10 ~ 30 厘米、高 5 ~ 8 厘米的垫状植物,覆盖地面达 10%;其他,喀什蒿 2%,东方针茅 1%。除此,还有琵琶柴、膜果麻黄、阿氏旋花、多根葱、兔唇花(*Lagochilus* sp.)等。类似的变体也见于昆仑山克曲克拉大 2900 米的石质阳坡。

4. 糙点地梅群系

本群系的分布只限于昆仑山的中段和西段北缘山脉的北坡。从海拔 2900 ~ 3000 米起它已局部地出现,但是在 3300 ~ 3400 米或以上才广泛地分布。点地梅群系发育于阴湿的具有砾质壤质土被的地段。在下限,它出现于亚高山蒿类荒漠草原,或亚高山草原垂直带的局部低凹地。因此,它的分布呈片段状态。

在海拔 3300 米的阿卡子达坂的凹坡,土壤很湿润,出现垫状点地梅 - 糙点地梅群丛(Ass. *Androsace squarrosula+Androsace tapete*),总覆盖度达 40%。其中,糙点地梅为高 10 ~ 20 厘米、直径 30 ~ 60 厘米的垫状植物,覆地面积占 20%;另一垫状点地梅(*Androsace tapete*)占 15%。其他如鸢尾、车前、委陵菜、棘豆、银穗草等均为常见。

在克里雅河上游河谷的陡峭谷坡,出现另一点地梅的垫状群丛——沙生针茅 - 昆仑蒿 - 糙点地梅群丛(Ass. *Androsace squarrosula-Artemisia parvula-Stipa glareosa*),这种类型显然是亚高山荒漠向高山垫状植被的过渡。5 月中旬,积雪尚未全消,在砾质壤土中饱含水分,此时除了糙点地梅盛开乳白泛绿的花朵外,其余种类均处于花前营养期阶段。总覆盖度 40% 左右,其中建群的点地梅呈大小不等的松散座垫,覆盖度达 15%,其他如昆仑蒿 10%,沙生针茅 10%,银穗草 5%。除此,还有风毛菊(*Saussurea*)、高山火绒草、山葱(*Allium oreoprasum*)等。

在碎石冲沟中生长有四裂景天(*Sedum quadrifidum*)和矮锦鸡儿(*Caragana pygmaea*),出现糙点地梅群丛的石生变体。

5. 高寒棘豆群系

这种群系见于帕米尔海拔 4200 ~ 4300 米接近高山带上限的处所。在塔什库尔干附近山地的石峰

下坡积物的砂质土壤上,出现银穗草-高寒棘豆群丛(Ass. *Oxytropis poncinsii-Leucopoa olgae*)。显然,这是一个高山草原化的类型。这个群丛大致可以分为三个层次:25~30厘米为银穗草的生殖茎;5~6厘米,禾草叶层;1~2厘米为垫状植物的厚度。群落总覆盖度25%~27%,其中高寒棘豆占12%,银穗草10%,鹅观草2%~3%,蛛丝车前(*Plantago arachnoidea*)1%;其他常见的种类有多裂委陵菜、多叶葱(*Allium polyphyllum*)和高山刺矶松。在群落中也偶尔见到亚臭薹草(*Carex pseudofoetida*)、鼠麴草状风毛菊、蒿、龙胆等。在岩石上并有红色地衣。6月,除了薹草开始孕蕾、龙胆处于结实阶段,其余种类还均处于花期的营养阶段。

6. 帕米尔委陵菜群系

这也是分布于帕米尔高原,较高寒棘豆群系所在部位略高的类型。它的分布是直接与冰雪水经常的浇灌相联系的,土壤饱含水分,群落呈密实的垫块,呈片段的分布。

典型的帕米尔委陵菜群丛见于慕士塔格邻近的苏巴什达坂西南,海拔4320米北向山峰下的一个低凹地。时值盛夏,残雪未消,在非常潮湿的土壤上,满铺着一层棕绿色的植物座垫。群落的总覆盖度达60%,其中帕米尔委陵菜占50%、尖果肉叶芥2%、列氏早熟禾5%、鹅观草2%、亚臭薹草1%。在群落中也常见到粉花蒿。

7. 二花委陵菜群系

这个群系分布于天山北坡海拔3200米上下的地区。这一群系中的一些群落处于现代冰川下的山坡上,有的处于陡峭的碎石夹细土的山坡上。地表多淡灰色地衣,有的可达60%~70%的盖度。群落中以二花委陵菜占优势,形成一个个的座垫。群落中的伴生植物多属高山草甸的一些种,如冷红景天、高山委陵菜、雪白委陵菜、高山黄花茅、高山早熟禾等。

(Ⅲ)高山石堆稀疏植被

高山石堆植被是分布于高山带碎石堆、坡麓积石锥和现代漂石堆上散生的、还不具备群落特征的植物聚合。植物种类属于高山适冰雪成分,其中包含了中旱生的双子叶植物和禾草,也参加有中生的高山芜原草甸成分,同时也混生有垫状植物。岩石上并有不同种类的地衣。一般说来,高山石堆虽然具有干燥的条件,但在不同地区或因在石堆的部位不同,水湿条件也不是一致的。

由于高山石堆形成的特点,与其相适应的植被都表现出先锋的特征。这里,植被稀疏,一般盖度在5%~20%;植物个体依碎石堆积特点而生长,层次分化不明显,不具备植物群落内部密切制约的特征。但是,种群则密切与具体小生境相适应。在一定条件下,有时生活型相同的某些种类也构成层片。

在天山北坡玛纳斯河上游的大牛达坂,海拔3700~3800米的碎石锥上记载过这种植被。在石峰下的碎石锥的上部,碎石较小,土壤亦较湿润,生长的植物极为稀疏,总覆盖度约5%,为下列种类组成:短茎古白藏(*Archangelica brevicaulis*)、厚叶美花草、费氏缬草(*Valeriana fedtschenkoi*)、石生老鹳草、柳兰、委陵菜、铁线莲、毛茛、还阳参、风毛菊、丛生囊种草、马先蒿(*Pedicularis* sp.)、假报春(*Cortusa* sp.)、早熟禾等。在石锥中部,堆积的细质成分较多,土壤也较湿润;因此,有斑块状分布的禾草等的植丛,总覆盖度达15%,其中鹅观草(*Roegneria* sp.)占10%,石生老鹳草4%,其他尚有高山蓼、狐茅(*Festuca* sp.)。在石锥底部,则为粗大的物质,有鬼箭锦鸡儿(*Caragana jubata*)灌丛。

在昆仑山西段的哈勒斯坦河谷坡麓积物上,生境显得更为干旱。这里出现另一种植物群,属于生草型的有银穗草、嵩草、葱;垫状植物有垫状点地梅、高山火绒草,其他还有岩黄芪、网脉大黄(*Rheum reticulatum*)、冷红景天、匍生优若藜等。

在雪线前缘的植被,可以举出天山南坡和硕乌斯吐沟上游植被的例子。这里处于海拔3500米的U形谷的南向谷坡,雪线下限为3700~3800米,雪线下约100米无植被,显然这是一年中雪线进退的幅距。这里沉积的物质以较小的漂石为主,并掺以冰水沉积物。土层很薄,在局部无石砾处可达30厘米。在这种条件下,植被已逐渐具有群落特征,表现为嵩草-冷红景天-高山火绒草群丛(Ass. *Leontopodium alpinum + Rhodiola algida + Cobresia*)。总覆盖度15%。除建群植物外,种类组成有小糠草(*Agrostis*)、细柄茅(*Ptilagrostis*)、高山紫菀、黄花野罂粟、蝇子草、龙胆(*Gentiana barbata*)、一种百合科植物;还有若干莲座植物:鼠麴草状风毛菊、高山风毛菊、大花虎耳草、丝毛点地梅(*Androsace sericea*)、委陵菜等。盛夏,在灰白色漂石和土表间,杂生绿色和灰白色的植物营养体,其中有些种类如野罂粟盛开橙黄色的花朵,与高山紫菀的淡紫色的头状花和虎耳草等的金色小花朵相辉映；岩石上还有锈色的地衣斑点，眼前呈现一片锦绣。

参考文献

陈邦杰：1963. 中国藓类植物属志，科学出版社

陈廷桢：1959. 塔里木河两岸胡杨林的初步研究，新疆农业科学，N. 8

侯学煜：1960. 中国的植被，人民教育出版社

侯学煜：1961. 植被分区的概念和理论基础，植物学报，9（3-4），275-286

刘慎谔：1934. 中国北部及西部植物地理概论，北研植物所研究丛刊，II，9

马溶之：1945. 新疆中部之土壤地理，土壤季刊，4（3，4）

钱崇澍、吴征镒、陈昌笃：1956. 中国植被的类型，地理学报，22（1）

秦仁昌：1959. 关于胡杨林与灰杨林的一些问题，《新疆维吾尔自治区的自然条件》（论文集），科学出版社

田裕钊：1965. 塔克拉玛干沙漠地区天然胡杨林发生分布和生长特点的初步研究，治沙研究，第 7 号，科学出版社

新疆农垦厅：1960. 新疆荒漠森林树种——胡杨，新疆人民出版社，乌鲁木齐

张新时：1959. 东天山森林的地理分布，《新疆维吾尔自治区的自然条件》（论文集），科学出版社

张新时：1963. 新疆山地植被垂直带及其与农业的关系，新疆农业科学，第 9 期

张新时：1964. 新疆山地和荒漠林型的综合分类，《新疆林业科技文集》，第三辑，第二分册，288-304

赵松乔：1962. 河西走廊西北部戈壁类型及其改造利用的初步探讨，治沙研究，第 3 号，科学出版社

郑万钧：1961. 中国树木学

朱震达、刘华训、陈恩久、吴功成、米国元、肖有权、孟德政、徐振付：1962. 新疆塔克拉玛干沙漠西南地区的自然特征及其改造利用，治沙研究，第 3 号，第一部分：综合考察，科学出版社

Березин Э. Л. 1970. Видовой состав популяций ели в лесах Тянь-Шаня и Джунгарского Ала-Тау, Бот. Журн., 55 (4), 491-497

Благовещенский. Э. Н. 1949. Кустарниковые пустыни Азии, Тр. Второго всесоюз. геогр. съезда, 3. М.

Блюменталь. И. Х. 1956. К вопросу о классификации степей, в кн. : Акад. В. Н. Сукачеву к 75-летию со дня рождения, М. .

Быков. Б. А. 1950. Еловые леса Тянъ-шаня, их история, особенностъ и типология, АН Казах. ССР, Алма-Ата.

Быков. Б. А. 1960. Доминанты растителъного покрова Советского Союза, Т. 1, Алма-Ата.

Виппер. П. Б. 1953. Арчевники Средней Азии как лесной тип растительности, Бот. Журн., 3.

Кормышева. Н. Х. 1960. Арчевники Аксу-Джабаглинского заповедника, Тр. инст. бот., 8.

Лавренко. Е. М. 1954. Степи Евразиатской степной области, их география, динамика и история, Вопросы ботаники, I, М. -Л.

Лавренко. Е. М. 1956. Степи и сельскохозяйственные земли на месте степей, в кн. : Растительной покров СССР, II, М. -Л.

Никитин. С. А. 1966. Древесная и кустарниковая растительность пустынь СССР. Изд. 《Наука》, М.

Рубцов. Н. И. 1956. Ксерофитные редколесья, в кн. : Растительный покров СССР. II.

Станюкович. К. В. 1949. Растительный покров Восточного Памира, Москва.

Толмачев. А. И. 1948. Основные пути формирования растительности высокогорных ландшафтов северного нолумария. Бот. журн., 33（2）, 161-180

Федров. Ал. 1951. Некоторые среднеазиатские виды яблони как материал для селекции и гибридизацив. в кн. : Материалы первого всесоюзного совещания ботаников и селекционеров, М. -Л.

Юнатов. А. А. 1950. Основные черты растительного покрова Монгольской Республики, М. -Л.

第 *49* 章
新疆植被区域*

张新时等

新疆地处中亚、蒙古、西伯利亚、中国-喜马拉雅几种植物区系的交汇,植物区系性质因之复杂而带有浓厚的过渡性。这种区系的特点是与这个地区自然地理的历史发展密切联系的,前章已叙述过了。这些因素在新疆植被性质上也完全得到反映。西伯利亚性质的寒温带针叶林向南突入阿尔泰山;哈萨克斯坦草原在本区北部向蒙古-兴安草原过渡。而北疆西部的荒漠,显然,更表现出亚洲中部和中亚(包括哈萨克斯坦)荒漠的过渡性质。新疆东部和塔里木盆地的植被性质,属于典型的亚洲中部荒漠,但在塔里木盆地的西缘,也受到中亚荒漠成分的波及。山地虽然主要受到北方森林成分的影响,但显示出与东亚(包括喜马拉雅)森林也有某种程度的联系。凡此种种因素增加了新疆植被的复杂性和进行植被区划的困难。

一、新疆植被分区的原则和方案

根据近代植物学原则进行有关新疆植物区划的研究开始于 19 世纪的末期。Grisebach(1872)按气候划分,首先把新疆阿尔泰山的北部划入"东部大陆森林区",其余新疆的绝大部分地区概属"草原区"。值得注意的是,他是最先从植物区系上注意到准噶尔与里海低地有联系的人。Drude(1890)和 Engler(1919)在各自的世界植物区系区域的研究中,对新疆也采取类似的处理。他们除去将阿尔泰

山列入"西伯利亚区"(Drude)或"亚北极区"(Engler)外,把新疆绝大部分地区列入"内部亚洲区",并在其中划分了许多省;Engler 甚至在省下还划出亚省。从这里可以看出,Drude 和 Engler 都已注意到新疆境内植物区系不一致的特点。后来,Diels(1929)及其他学者都完全重复了 Engler 的分区方案,把新疆划分在相同的范围内。

20 世纪初,Schimper(1903)在论述世界植被地带和区域时,也把新疆划归亚洲中部荒漠区内,但是他的亚洲中部是按 Drude 的理解,还包括里海以东的中亚荒漠地区。他已考虑到植物区域与自然地带,特别是气候带的相互关系,并认识到亚洲中部荒漠与中亚荒漠间的联系性。Campbell(1926)更直接根据气候带把新疆包括在北温带的"东地中海区"。

后来,Good(1947)把中亚和亚洲中部联合成为"西亚和亚洲中部区",隶属于他的"北方植物界",并为这个区的东部荒漠、半荒漠提出了一些习见和特征植物。在他的分区方案中,新疆除了阿尔泰山隶属于"欧洲-西伯利亚区"的"亚洲亚区"外,其余绝大部分地区统属于"西亚和亚洲中部区",其中,将昆仑山、帕米尔划入"西藏高原省",而将其余地区划入"土耳其斯坦和蒙古省"。

Попов(1929,1931,1940)根据现代植物区系,特别是通过野生果树种类和沙穗属(*Eremostachys*)的起源及其地理学的研究,一反过去把新疆笼统地列于泛北极区的亚洲中部的组成部分的传统见解,而将它归属于"亚热带";其中将北疆的山区划入中

---

* 本文摘自《新疆植被及其利用》之第八章,科学出版社,1978,p225-267。张新时主笔撰写的主要为"(二)新疆荒漠区"之 A. 北疆荒漠亚区及 B. 东疆-南疆荒漠亚区的(Ⅶ)塔里木荒漠省。

生的"银杏区",而将新疆的其余绝大部分划入干旱的"古地中海区"的"东部亚区"。根据他的方案,根本不存在亚洲中部亚区,因为他认为在这个地区没有植物区系和植物地理综合体的存在。

尽管 Попов 不承认亚洲中部植物区系的独立性,但是从 19 世纪直到现在,许多中外学者根据对这个地区积累的植物学资料的研究,仍然认为亚洲中部在植物地理上是一个独立的区域。Комаров(1908—1909 年)曾在蒙古植物区系中,把新疆划为一个单位,叫"天山地区"。我国植物地理学家刘慎谔(1934)根据植物种、属和植物群落的特征,在中国北部和西部(大致等于亚洲中部的范围)的范围内,也把新疆划为一个独立的区域。另一些学者(Cressey,1934;Федченко,1940;Roi,1941;Рубцов,1950;Юнатов,1950;Лавренко,1950,1954,1958,1962;Грубов,1959,1964)也都注意到亚洲中部不仅在自然地理上,而且在区系植物和植被性质上是一个独立的区域,并都将新疆列入这个区域加以讨论。其中 Лавренко 和 Грубов 均将新疆阿尔泰山北部划归欧亚针叶林区。Лавренко 又把欧亚草原区的边界突入新疆境内,包有塔尔巴戛台[①]和阿尔泰山东南部。Рубцов(1950)则把天山独立出来作为整体进行地植物区划,提出"亚洲中部山地亚区",包括中亚的北天山、中天山和我国新疆境内的天山三个省。这是从这个亚区的植物区系性质和地植物学特征有别于具有伊朗区系性质的中亚西天山省作为立论根据的。

从 20 世纪 30 年代起,中外学者就中国范围进行植物地理分区研究时,对新疆有过不同的处理(Handel-Mazzetti,1931;Hardy,1925;Thorp,1936;黄秉维,1940;Walker,1943;等等)。

值得注意的是,钱崇澍等(1956)将新疆分别划入"阿尔泰干草原及山地森林区""天山山地植被区""半荒漠及荒漠区"和"高原寒漠区"。在新疆地植物学分区工作中,显然,钱氏等是第一次考虑到地带性原则的人。以后,在概括全国植被分区工作中,不同的人对于新疆的全部或局部都有过不同的处理(侯学煜等,1957;耿伯介,1958)。也有一些人从植物种、属地理和植物区系性质出发,从事过中国植物区划的尝试(胡先骕,1934,1950)。这些工作都涉

及新疆的植物分区。

在叙述新疆地植物学分区工作时,值得注意的是 1957 年以来的我国植物学工作者的工作。我国植物学家吴征镒[②]在中国植物区系地理分区中,将新疆南部的高原地区列入"中国喜马拉雅区"。他又将准噶尔西部山地及其以西的地区划分出来,单独成立一个省,并从植物区系性质将它归入中亚区系。同时期,植物学家刘慎谔等(1959)也提出青藏高原(包括新疆的部分)的独特性,建议将它独立出来作为高级分区单位。同时,新疆天山也被提升为高级分区单位,在这一点上,是与 Рубцов(1950)和钱崇澍等(1956)的意见一致的。

由我国许多植物学家集体编著的《中国植被区划》(1960)是一有价值的巨著。在这一著作中按地形、季风气候对植被影响的特点,将中国植被分为三大区。新疆全区分属于"蒙新干草原和荒漠区"和"青藏高寒高原亚高山针叶林草甸草原灌丛区"两大区。新疆境内除了帕米尔、昆仑山、阿尔金山以南的地区属于"青藏高原区"的"草甸草原灌丛带"外,其余地区统属"蒙新区"的"荒漠带"。显然,这样的划分是充分考虑到植被的地带性特点的。侯学煜(1960)在《中国的植被》一书里把新疆全部包括在"荒漠地带"的"温带、暖温带荒漠区"里,并把它们间的界限确定在天山南麓。

至于地植物学分区的理论研究,中外学者都卓有成就。Докучаев(1898)关于自然地带性的学说,Высоцкий(1909)对于显域[③]地境(плакор)的阐释和建群植物的概念,以及 Schimper(1903)关于自然地理条件(特别是气候条件)与植被地带性和区域性的联系,均为地植物学分区的研究提供了依据。以后,Попов(1940)提出在植物学分区工作中采用植物区系分析及其与地理联系的观点,有可能把植物区系分区结合到植被分区中去。Лавренко(1947)关于显域地境优势植被类型的原则和 Сочава(1952)的发生-地带性原则,在制定地植物学分区方案上均有一定意义。

我国植物学家,特别是新中国成立以来,在中国植被分区工作中提出许多有意义的原则。刘慎谔等(1959)对于高原山区分区所采取的植物区系分析及

---

①　现称为塔尔巴哈台山。——编者注

②　吴征镒于 1959 年在云南大学生物系讲授"中国植物区系地理纲要",油印讲义。

③　本文中采用的"显域"术语相当于"地带性"术语,"隐域"术语相当于"非地带性"术语。

与自然地理条件相联系的观点;钱崇澍等(1956)提出地带性植被特点的原则;侯学煜(1961)重视植被的经度、纬度、垂直地带性在拟定分区原则中的意义,均为我国地植物学区划的理论研究工作做了良好的开端。

现在,吸取以上各家的一些论点,结合新疆植被的特殊性,试行提出新疆植被分区的原则、级别和方案。

地植物学分区(植被分区)是具有不同植物地理综合体的地区性的划分。这种综合体因有一定的植被类型和构成它的植物区系成分,而这两者的性质又与一定的自然历史条件发生联系,表现为显域和隐域植被的特点;因此,在地植物学分区中固然首先要考虑到植被类型和植物区系,但同时也要重视自然历史条件与它们的联系。

新疆的自然地理条件随纬度由北向南具有明显的差异,这种差异又被地貌结构的分异而复杂化。同时,由西及东气候也发生变化,特别明显地表现在湿度上。这些自然地理条件的综合,无论在时间上,或者在空间上都清楚地影响着不同地区的植被的性质。因此,在进行新疆植被分区时,必须考虑这些因素。

山地植被垂直带结构(谱)与该山地所处地区的水平地带性植被存在着不可分割的联系。根据植被垂直带结构的异同,可以把各山地的植被垂直带结构逐级组合成为植被垂直带结构类型、类型组;这些不同植被垂直带结构类型都具有一定的地理规律,表现出植被分区各个级别的地植物学特征。如昆仑山-阿尔金山山地荒漠省的山地植被垂直结构是以荒漠植被带占优势为特征的,而天山南坡山地草原省则以草原带居优势;两者的差别极为明显。然而,它们的植被垂直带结构都表现出旱生、超旱生植被的特点,在形成上都与东疆、南疆的气候类型相联系,因此都表现出东疆-南疆荒漠亚区的植被特点。

根据上述论点,确定出新疆植被分区的级别及其划分准则。新疆植被分区的级别采用从属性的植被区(region)、植被亚区(subregion)、植被省(province)、植被亚省(subprovince)和植被州(district)。

植被区 一个植被区,在显域(即地带性)境上以该区特有的植被型或其组合占优势;这些植被型的建群种、优势种属于该区特有的一些(植物分类学上的)属。如果包括较大山地,则具有特定的山地植被垂直带结构类型组。这些植被型、山地植被垂直带结构的形成与该区的自然地理条件的发展相适应。例如新疆草原区,在山麓平原显域境上以草原植被型占优势,建群植物以针茅(Stipa)、狐茅(Festuca)为主,优势植物有蒿属(Artemisia)、绣线菊(Spiraea)、葱(Allium)等。山地植被垂直带结构类型组中以高山冻原带、山地夏绿针叶林-常绿针叶林带、山地灌木草原垂直带为特征。

植被亚区 植被区内可以根据不同地区优势显域植被类型中所具有的特有建群种、优势种的不同,划分出不同的植被亚区。每一植被亚区具有一定的植物区系地理上的特有种。在亚区内如果包括有山地,则山地尚具有一定的山地植被垂直带结构类型的特征。又以新疆草原区为例,则在它的西部植被类型中有吉尔吉斯针茅(Stipa kirghisorum)、长针茅(S. lessingiana)、中亚针茅(S. sareptana)、小蒿(Artemisia gracilescens)、盐生假木贼(Anabasis salsa)等特有建群种、优势种。而东部草原类型中则有戈壁针茅(Stipa gobica)、三芒草(Aristida adscensionis)、小画眉草(Eragrostis minor)等特有的建群种和优势种。再如东疆-南疆荒漠亚区的植被类型中以特有的裸果木(Gymnocarpos przewalskii)、泡泡刺(Nitraria sphaerocarpa)、小沙冬青(Ammopiptanthus nanus)等建群种、优势种为特征;而帕米尔-阿雅格库木湖高原高寒荒漠亚区则以匍生优若藜(Eurotia compacta)、藏亚菊(Ajania tibetica)、高寒棘豆(Oxytropis poncinsii)、糙点地梅(Androsace squarrosula)为特征。

植被省 在植被亚区内划分植被省。植被省内具有一定的显域植物群系及其组合,适应于一定的地方性的自然地理条件。如果为山地,则每个植被省内应具有独特的山地植被垂直带结构。例如,在新疆东部-南部荒漠亚区内,东准噶尔-东疆荒漠省以膜果麻黄(Ephedra przewalskii)群系、梭梭(Haloxylon ammodendron)群系、裸果木群系、霸王(Zygophyllum xanthoxylon)群系、泡泡刺群系占优势;而塔里木荒漠省则以膜果麻黄群系、泡泡刺群系、裸果木群系、小沙冬青群系、喀什霸王(Z. kaschgaricum)群系、合头草(Sympegma regelii)群系、琵琶柴(Reaumuria soongorica)群系占优势。前一植被省与低山和山间盆地相联系,后者则为塔里木盆地一自然地理单元。

植被亚省 一个植被省内,当不同地区的优势植物群系组合中各植物群系的优势地位发生变异,或者增加、减少某些植物群系而不影响整个植物群系组合的基本特征时,可以进一步划分出植被亚省。

例如,塔里木荒漠省内的喀什地区,气候稍湿润些,当地的植物群系组合中增加无叶假木贼(*Anabasis aphylla*)群系、盐生木(*Iljinia regelii*)群系,所以应划分成一个亚省,与塔克拉玛干荒漠亚省并列。

植被州　在植被省或植被亚省下进一步划分植被州。植被州可根据一定的植物群丛的组合及相应

的自然地理单元进行划分。如在准噶尔荒漠亚省内分出艾比湖州(以梭梭荒漠、多浆猪毛菜类荒漠的一些群丛为特征)、古尔班通古特州(以白梭梭荒漠的一些植物群丛的组合为特征)等。

根据上述植被分区级别及其划分准则,提出新疆植被分区的方案如表 49-1。

表 49-1　新疆植被分区方案

植被区	植被亚区	植被省	植被亚省	植被州
(一)新疆草原区(欧亚草原区的一部分)	A. 西部草原亚区(与哈萨克斯坦草原同属一亚区)	I. 阿勒泰草原省		1. 喀纳斯湖州
				2. 阿勒泰-富蕴州
				3. 额尔齐斯河州
				4. 萨乌尔州
	B. 东部草原亚区(与蒙古-兴安岭草原同属一亚区)	II. 青河草原省		5. 青河州
				6. 布尔根州
(二)新疆荒漠区(亚非荒漠区的一部分)	A. 北疆荒漠亚区(与哈萨克斯坦荒漠同属一亚区)	III. 准噶尔荒漠省	a. 塔城-伊犁荒漠亚省	7. 塔尔巴戛台州
				8. 塔城州
				9. 巴尔鲁克州
				10. 伊犁州
			b. 准噶尔荒漠亚省	11. 色米斯台州
				12. 玛依尔-扎依尔州
				13. 乌伦古河州
				14. 玛纳斯湖州
				15. 古尔班通古特州
				16. 艾比湖州
				17. 乌苏-奇台州
		IV. 天山北坡山地森林-草原省	a. 阿拉套-博格达山地森林-草原亚省	18. 阿拉套-博罗霍洛州
				19. 博格达州
			b. 伊犁山地森林-草原亚省	20. 尼勒克州
				21. 纳拉特州
				22. 特克斯州
	B. 东疆-南疆荒漠亚区(为亚洲中部荒漠亚区的一部分)	V. 东准噶尔-东疆荒漠省	a. 东准噶尔荒漠亚省	23. 胡鲁木林州
				24. 北塔山州
				25. 将军戈壁州
				26. 诺明戈壁州
				27. 巴里坤州
			b. 东疆荒漠亚省	28. 哈密北山州
				29. 吐鲁番州
				30. 哈密州
				31. 东库鲁塔格州
				32. 噶顺戈壁州
				33. 星星峡州

续表

植被区	植被亚区	植被省	植被亚省	植被州
		Ⅵ. 天山南坡山地草原省		34. 柯克沙尔州
				35. 柯坪盆地州
				36. 哈雷克套州
				37. 拜城盆地州
				38. 尤尔都斯盆地州
				39. 喀拉乌成山南坡州
				40. 焉耆盆地州
				41. 西库鲁塔格州
				42. 博格达山南坡州
		Ⅶ. 塔里木荒漠省	a. 喀什荒漠亚省	43. 喀什州
				44. 叶尔羌河州
			b. 塔克拉玛干荒漠亚省	45. 阿克苏-库尔勒州
				46. 塔里木河谷州
				47. 塔克拉玛干州
				48. 罗布泊州
				49. 和田州
				50. 若羌州
		Ⅷ. 昆仑西部山地草原-荒漠省		51. 昆仑西部州
		Ⅸ. 昆仑-阿尔金山山地荒漠省		52. 昆仑州
				53. 阿尔金山州
	C. 帕米尔-阿雅格库木湖高原高寒荒漠亚区（与藏北高原高寒荒漠同属一亚区）	Ⅹ. 帕米尔高原高寒荒漠省		54. 帕米尔州
		Ⅺ. 喀喇昆仑-阿雅格库木湖高原高寒荒漠省		55. 喀喇昆仑州
				56. 喀拉喀什州
				57. 阿雅格库木湖州

二、植被区的基本特点

现在,根据前列分区方案,对于新疆各级植被区域的基本特点分别做一简要的叙述。

(一)新疆草原区(欧亚草原区的一部分)

新疆草原区位于新疆的北部。它的南界稍曲折,由萨乌尔山主峰穆斯套山(临国境线)起,沿该山分水岭向东,下山后稍向北折,再循额尔齐斯河南岸向东南,再向南绕过阿尔曼大山,转向东去。

这一植被区实际上是欧亚草原区伸入我国新疆境内的一部分。它包括我国境内的阿尔泰山全部、萨乌尔山北坡以及两山间的山麓倾斜平原。额尔齐斯河横贯其中。

本区平原,年降水量超过250毫米,年平均温度3℃左右,七月平均温度26℃,一月平均温度<−12℃,属于荒漠草原的气候。

当地平原显域地境上的土壤属沙质或沙壤质棕钙土,局部有栗钙土。河旁多草甸土,亦有盐化草甸土。局部有地下水供应的低地上为盐土或碱土,沙土全属纯沙。

区内地带性植被以荒漠草原占绝对优势,主要由旱生多年生丛生禾草所组成;旱生多年生葱类亦在植被中起主导作用。在某些群落中超旱生的小半灌木、半灌木也能起优势作用。

区内植被的建群种和优势种主要是草原区所固有的,如针茅属、狐茅属、冰草属(Agropyrum)、闭穗属(Cleistogenes)、葱属、绣线菊属以及某些荒漠种如旱蒿亚属(Seriphidium)的一些种、假木贼属(Anabasis)和小蓬(Nanophyton erinaceum)等。

典型的山地植被垂直带结构是:山地草原带—山地针叶林带—亚高山草甸带—高山草甸带。在比较湿润的阿尔泰山西北部,这种垂直带结构有所变化:亚高山草甸带为亚高山夏绿(落叶)阔叶灌丛带所代替;而高山草甸带又让位于高山冻原带。相反,在较干旱的青河一带山地,山地针叶林带草原化特强,变成山地森林-草原带;而萨乌尔山北坡的森林则为山地真草甸所代替。总之,主要属于西伯利亚-蒙古垂直带结构类型组,西部则属中亚山地植被垂直带结构类型组。应该指出的是,我国阿尔泰山西北部山地植被纯属寒温带针叶林性质,这点已在前章提到了。

隐域性植被具有代表性的有额尔齐斯河阶地呈片状分布的杨树林、杂类草真草甸和禾草盐化草甸。沙地上则有沙拐枣、优若藜分别与旱生禾草形成的草原化荒漠群落。局部沙丘上也有由荒漠区渗透进来的梭梭荒漠群落,低地盐土上有多汁盐柴类荒漠群落,主要由适应于荒漠草原气候的植物,如白滨藜(Atriplex cana)和樟味藜(Camphorosma lessingii)所组成。

新疆草原区正好是处在哈萨克斯坦草原和蒙古-兴安岭草原亚区的过渡,所以亦有西部草原亚区和东部草原亚区之分。这两亚区的界限为:北起国境线,沿大青河东岸的山地分水岭向南走,下阿尔泰山后,经阿尔曼大山西麓,直达草原区的南界。

A. 西部草原亚区(与哈萨克斯坦草原同属一亚区)

西部草原亚区包括萨乌尔山至青河河谷之间的地区。这里的气候属准噶尔气候型。其特点是春夏多雨,冬有积雪,秋雨较少。表现出哈萨克斯坦草原向亚洲中部草原的过渡特点。

山地植被则表现为伊犁-准噶尔西部山地植被垂直带结构类型的性质。

草原植被的建群植物主要是针茅属中Capillatae组的针茅(Stipa capillata)、中亚针茅和Pannatae组的吉尔吉斯针茅、长针茅以及棱狐茅(Festuca sulcate s. l.)。在荒漠草原植被中起建群作用的除上述植物外,尚有沙生针茅(Stipa glareosa);而在植被中起优势作用的超旱生小半灌木则主要是蒿类植物(Artemisia gracilescens),也有木本盐柴类植物(Anabasis salsa、A. truncata、Nanophyton erinaceum)。

在一些沙地上,荒漠草原群落中可以见到比较明显的多年生短生植物层片,主要由粗柱薹(Carex pachystilis)、沙薹(C. physodes)所组成。

本草原亚区在新疆只有一个阿勒泰草原省。

(Ⅰ)阿勒泰草原省

本省包括萨乌尔山北坡、阿尔泰山西、中部以及两山之间的地区。各山地海拔高度稍超过3000米,河旁阶地为海拔500米。气候较温和,半干旱少雨。年平均温度为3~4℃,年降水量为250毫米左右。随海拔高度增加,气温有所下降而降水量逐渐增加。平原土壤为棕钙土,山地由下向上呈带状出现栗钙土、灰色森林土或黑土、亚高山草甸土、高山草甸土。

本省的植被以典型的草原和荒漠草原为代表,"石质化草原"和灌木草原亦有分布。山地植被呈垂直带状分布。阿尔泰山由下向上为山地草原带、山地森林带、亚高山草甸带、高山草甸带。阿尔泰山西北部较湿润,亚高山为灌丛带,高原为冻原带。其他较干旱的山地缺少森林带,代之以森林-草原带或山地草甸带。额尔齐斯河两旁的沙丘地区,尚出现荒漠植被。

草原植被的建群种和优势种主要为棱狐茅以及针茅(Stipa kirghisorum 和 S. capillata、S. sareptana);而属于亚洲中部草原的某些代表种,如东方针茅(S. orientalis)、沙生针茅、糙闭穗(Cleistogenes squarrosa),则出现于本省的东部。荒漠草原植被中的荒漠成分,以小蒿、毛蒿(Artemisia schischkinii)和盐柴类的盐生假木贼、截形假木贼(A. truncata)、小蓬为主。

本省由于冬春季有一定量的降水,草原植被中多少发育着多年生短生植物层片和短生植物层片。而夏季高温、干旱又促使草原植被呈现不景气现象。

本植被省可以分为四个植被州:1.喀纳斯湖州;2.阿勒泰-富蕴州;3.额尔齐斯河州;4.萨乌

尔州。

1. 喀纳斯湖州

本植被州处于阿尔泰山西北部,包括海拔1000米以上的山地,最高山峰(友谊峰)达海拔4373米,有永久积雪和冰川。

本州植被呈明显的垂直带状分布。高山区为一准平原面,具有冰川刻蚀的地形。这里分布着苔藓、地衣高山冻原。海拔较高的多石山坡,分布着地衣冻原,主要为梯氏冷地衣(*Cetraria tilesii*)、白冷地衣(*C. nivalis*)、软壳状地衣(*Parmelia molliuscula*)、扩散壳状地衣(*P. conspersa*)。向下随着海拔高度的降低,在平缓而潮湿的山坡上,则为苔藓冻原。它们发育于薄层而泥炭化的高山冰沼土上,主要由大镰刀藓(*Drepanocladus exannulatus*)、森氏镰刀藓(*D. sendtneri*)、沼生绉蒴藓(*Aulacomnium palustre*)组成。高山冻原内也散生着一些有花植物,常见的有高山唐松草(*Thalictrum alpinum*)、大花虎耳草(*Saxifraga thiculus*)、克来东苋草(*Claytonia joanneana*)、锐齿多瓣木(*Dryas oxyodonta*)、铜钱柳(*Salix nummularia*)等。

高山冻原带向下则进入亚高山灌丛带。这一带内主要分布着密集的圆叶桦(*Betula rotundifolia*)灌丛,而在较高的山地上亦可以看到由多种杂类草组成的高山五花草甸的片段(*Trollius altaicus*、*Aconitum excelsum*、*Anemone altaica*、*Lilium margagon*、*Bupleurum aureum*、*Archangelica decurreus*、*Ligularia altaica* 等)。

森林带由中山区向下,一直分布到低山区。中山区主要出现阴暗针叶林,低山区则主要为西伯利亚落叶松(*Larix sibirica*)林。中山区内的阴坡上,发育着成片的西伯利亚冷杉(*Abies sibirica*)林,林下土壤为弱灰化土,而且具有生草层。林内往往有由忍冬(*Lonicera altaica*、*L. hispida*)、黑果栒子(*Cotoneaster melanocarpa*)等形成的灌木层,地面则具有足状薹草(*Carex pediformis*)和毛疏藓(*Ptilium crista-castrensis*)等形成的地被层。山坡下部直到河谷内的河漫滩或阶地,则多分布着西伯利亚云杉(*Picea obovata*)林,土壤已沼泽化,林内有花植物较少。主要为白青藓(*Brachythecium albicans*)、漆光镰刀藓(*Drepanocladus vernicosus*)等形成的藓类层。林带上部则出现有西伯利亚红松(*Pinus sibirica*)林。无林阴坡多分布着草甸草原群落。

在低山阴坡,则主要出现西伯利亚落叶松林,土壤为灰化不明显的灰色森林土。林内多灌木和杂类草,也有不少草甸禾草。至于阳坡则普遍分布着草甸草原群落。

低山区的下部以山地草原植被占优势。以针茅、吉尔吉斯针茅、棱狐茅为主,并有相当数量的多刺蔷薇(*Rosa spinosissima*)、兔儿条(*Spiraea hypericifolia*)等灌木。

2. 阿勒泰-富蕴州

本植被州处于阿尔泰山的中部,从海拔1000米的低山直到海拔3000米的分水岭。

州内植被的垂直带谱,由高向低顺序为:高山芜原带、亚高山草甸带、山地针叶林带、山地草原带。

高山芜原带处于海拔2500米以上,由北地嵩草(*Cobresia bellardii*)、一些薹草(*Carex altaica*、*C. capitata*)所组成。

由高山芜原带向下过渡到亚高山草甸带。带内山坡上主要分布着由斗蓬草(*Alchemilla sibirica*、*A. krylovii*)、高山黄花茅(*Anthoxanthum odoratum*)、紫狐茅(*Festuca rubra*)形成的亚高山草甸。而在山间谷地内则可以见到由多种薹草所形成的沼泽草甸或沼泽。

山地针叶林主要分布在中山地带,上限为海拔2300米左右。带内多深切河谷。在一般的阴坡和峡谷的阴、阳坡上广布着西伯利亚落叶松与西伯利亚云杉形成的森林。前者处于山坡上半部,后者则从山坡下部一直延伸到河旁阶地上。土壤均为土层较薄的灰色森林土。林内多具有由石蚕叶绣线菊(*Spiraea chamaedryfolia*)、刺蔷薇(*Rosa acicularis*)、阿尔泰忍冬(*Lonicera altaica*)等组成的灌木层。草本层由足状薹草、加拿大早熟禾(*Poa compressa*)等组成。落叶松林遭到破坏后,往往出现疣枝桦(*Betula pendula*)林或欧洲山杨(*Populus tremula*)林;有时也出现中生灌丛。阳坡上普遍为灌木草原植物群落。

草原带下限由西到东为海拔800~1200米,上限为海拔1400~1600米。植被主要为真草原(有灌木草原)。真草原多分布于平坦的山间平地和谷地,土壤为土层深厚的暗栗钙土,主要为狐茅草原和狐茅-针茅草原。灌木草原则均分布于山坡上,由于土层较薄而多碎石,灌木层片得以发育。这类草原由兔儿条、多刺蔷薇等中旱生灌木和棱狐茅所组成；而在西部的群落内则常常混有相当数量的针茅和吉尔吉斯针茅。带内多深切河谷，河旁阶地上分布着草甸植被和杨树林。

3. 额尔齐斯河州

本植被州处于阿尔泰山与萨乌尔山之间的山麓倾斜平原上，地势平缓，海拔 500~900 米；额尔齐斯河横贯其中。

州内植被主要为荒漠草原，均分布在平原沙质棕钙土上，主要由针茅（Stipa capillata、S. glareosa）、棱狐茅和蒿类（Artemisia schischkinii、A. gracilescens）所组成。而在一些低丘上，由于土壤石质性较强，出现由小蒿和针茅（S. glareosa、S. capillata）组成的草原化荒漠群落。

额尔齐斯河两旁有块状沙地，多覆盖着优若藜（Eurotia ceratoides）与禾草形成的草原化荒漠群落；亦有小面积的半固定沙丘，覆盖着由梭梭和白梭梭（Haloxylon persicum）形成的荒漠群落。零星分布的半流动沙丘上则多生长着稀疏的沙拐枣（Calligonum rubicundum?）。

河旁泛滥地上多杨树（Populus alba、P. laurifolia）林和芦苇、拂子茅（Calamagrostis epigeios、C. pseudophragmites）组成的河漫滩草甸。

4. 萨乌尔州

本植被州包括萨乌尔山北坡。该山呈东西向延伸，主峰穆斯套山海拔 3085 米。气候比较湿润。

高山永久积雪带以下为高山芜原带。在薄层高山草甸土上，覆盖着由嵩草（Cobresia）、薹草（Carex）和以珠芽蓼（Polygonum viviparum）为主的杂类草组成的高山芜原。向下为大面积的中山真草甸带，主要由鸭茅（Dactylis glomerata）、亚洲异燕麦（Helictotrichon asiaticum）、紫狐茅组成。湿润河谷中有由石蚕叶绣线菊、金露梅（Dasiphora fruticosa）、小檗（Berberis）、刺蔷薇（Rosa acicularis）等形成的中生阔叶灌丛。

中山带下部及低山带的上部广泛发育着草原植被。建群植物为针茅（Stipa capillata、S. sareptana）。向下为荒漠草原植被，由草原禾草与小蒿组成的群落分布得高一些；而接近山麓的地带则以由沙生针茅、准噶尔闭穗（Cleistogenes thoroldii）构成的荒漠草原群落为主。

B. 东部草原亚区（与蒙古-兴安岭草原同属一亚区）

本植被区包括青河以东的地区，气候属东准噶尔气候类型。其特点是夏雨集中，春、秋少雨，冬有雪，山地积雪特厚。

本亚区显域地境上的植被是荒漠草原。其建群植物多系蒙古区系成分，主要是针茅（Stipa glareosa、S. gobica、S. orientalis）。小蓬等超旱生小半灌木在植被中也起明显作用。

山地植被具有西伯利亚-蒙古垂直带结构类型的性质。

在层片结构方面，本亚区已无短生植物、多年生短生植物层片。但是一年生草本植物层片比较突出，由金纽扣（Cancrinia discoidea）、刺蓬（Salsola pestifer）、三芒草、小画眉草等组成。

本亚区在新疆也只有一个植被省：青河草原省。

（Ⅱ）青河草原省

本植被省为阿尔泰山东南段，海拔 3000 米以上。布尔根河流于本区内。

本省气温较低（年平均气温低于 0℃），而年变幅大。年降水量为 250~350 毫米，50% 集中于夏季。

本省山麓倾斜平原上主要是荒漠草原植被，由沙生针茅、戈壁针茅、多根葱（Allium polyrrhizum）、蒿、小蓬组成。

山地植被由垂直带状分异。由上至下为：高山薹草-嵩草芜原带—亚高山狐茅草原带—山地落叶松林-草原带—山地灌木草原与狐茅-针茅草原带。

本省有两个植被州：青河州和布尔根州。

5. 青河州

本州包括大青河以东的山地，具有不完整的植被垂直带结构，从分水岭向下顺次为高山芜原带、草原带和荒漠草原带。

高山芜原带处于海拔 3000 米以上，为嵩草芜原。草原带从海拔 3000 米下达海拔 1500 米。海拔较高处（海拔 2000 米以上）为高寒草原，主要由狐茅（Festuca sulcata、F. pseudovina）、葡系早熟禾（Poa botryoides）、小糠草（Agrostis）和马先蒿（Pedicularis）所组成；海拔较低处为山地真草原，由棱狐茅、落草

(*Koeleria gracilis*)、薹草等组成。而在较湿润的谷坡上,可以看到片状分布的西伯利亚落叶松林;无林地段上则出现具有灌丛的草甸草原,灌丛多由多刺蔷薇、兔儿条、鞑靼金银花(*Lonicera tatarica*)所组成,而草甸草原则由猫尾草(*Phleum phleoides*)、窄叶赖草(*Aneurolepidium angustum*)、铃香(*Anaphalis*)等所组成。荒漠草原所占面积较大,由海拔 1500 米向下一直分布到山麓地带,组成中以沙生针茅(*Stipa glareosa*)占优势,而在砾石较多的地段则参加有相当数量的荒漠半灌木、小半灌木,如优若藜、小蓬、短叶假木贼(*Anabasis brevifolia*)等。

6. 布尔根州

本州位于上一州的南面,包括布尔根河以南的山麓倾斜平原和西面的阿尔曼大山。海拔高度为 1300~1500 米,阿尔曼大山为海拔 2153 米。

本州主要是荒漠草原植被。在广大山麓倾斜平原的壤质淡栗钙土上分布的群落由沙生针茅、戈壁针茅和蒿组成。在沙砾质土壤上为沙生针茅、多根葱、小蓬等组成的群落和优若藜与沙生针茅形成的草原化荒漠。石质性较强的山麓倾斜平原上亦可见到盐生假木贼为主组成的荒漠群落。

在阿尔曼大山海拔 1700 米以上的地段,分布着由棱狐茅、冷蒿(*Artemisia frigida*)等组成的山地草原。

山麓平原沙地上尚可见到一些荒漠草原的沙生变体,猫头刺(*Oxytropis aciphylla*)、哥氏旋花(*Convolvulus gortschakowii*)等加入。

(二)新疆荒漠区(亚非荒漠区的一部分)

新疆荒漠区是亚非荒漠区的一部分。它占据着新疆的大部分面积。它北与新疆草原区相接,南与藏北高原高寒荒漠区相通。

荒漠平原具有典型的荒漠气候的特征。其特点是气候变化剧烈,年较差、日较差、年际变化大。春温多变,秋温下降迅速,夏季炎热。年平均温度 5~9~11℃,七月平均温度 20~25~30℃,一月平均温度 -7~-15~-20℃。年降水量在 100~50 毫米或以下,山麓地带一般为 200~70 毫米。

土壤大部分为荒漠成土过程。显域地境上的土壤主要是荒漠灰钙土、灰棕色荒漠土和棕色荒漠土。有机质少(1%以下),干旱,多盐,含石膏,部分碱化是其重要的特征。唯北部有棕钙土的分布,但是盐化和沙砾质化较强。

显域地境上的植被以超旱生小型木本荒漠和超旱生小型半木本荒漠植被型占绝对优势。建群植物生活型组成为超旱生灌木、超旱生小半乔木、超旱生半灌木、超旱生小半灌木、超旱生多汁木本盐柴类、超旱生垫形小半灌木。

作为植被建群种和优势种的植物,绝大部分是荒漠区所特有的,它们主要是藜科的梭梭属、假木贼属、猪毛菜属(*Salsola*)、优若藜属、盐爪爪属(*Kalidium*)以及一些单种属植物,如盐穗木(*Halostachys belangeriana*)、盐节木(*Halocnemum strobilaceum*)、盐生木、合头草。菊科中蒿属的 *Seriphidium* 亚属的许多种也起重要的建群作用,而亚菊属(*Ajania*)的作用也不小。蓼科中的沙拐枣属(*Calligonum*)是沙质荒漠中的重要建群和优势植物。柽柳科的琵琶柴属(*Reaumuria*)的作用也很显著。

有不少古老的荒漠植物也是新疆荒漠植被区的重要建群植物,如膜果麻黄、泡泡刺、霸王(*Zygophyllum xanthoxylon*、*Z. kaschgaricum*)、裸果木。

山地植被垂直带谱也充分反映出荒漠区域的特点。其重要特征是高山芜原带、山地草原带、山地荒漠草原带与山地荒漠带特别发达。典型的山地植被垂直带谱由下至上是:山地荒漠带—山地荒漠草原带—山地草原带—山地针叶林-高山芜原带—高山垫状植被带。随着山地干旱程度的加剧,针叶林逐渐消失了,山地草原带也消失了;最极端的是整个山地为荒漠植被所覆盖,山地荒漠带与高寒荒漠带相连接。

隐域地境上的植被的基本特点是耐盐中山植被大大发展。有代表性的是荒漠河岸胡杨林、柽柳灌丛、盐化草甸。带有隐域性的多汁木本盐柴类荒漠植被极为发达。

新疆荒漠区可以由北向南分出三个植被亚区:北疆荒漠亚区、东疆-南疆荒漠亚区和帕米尔-阿雅格库木湖高原高寒荒漠亚区。

在这里有必要就北疆荒漠亚区与东疆-南疆荒漠亚区的界线进行讨论。北疆荒漠亚区属中亚荒漠亚区的一部分,而后两亚区则属亚洲中部荒漠亚区。所以这条界线实际上是中亚荒漠亚区和亚洲中部荒漠亚区的界线问题。

由于新疆所处的地理位置,特别是准噶尔在植物区系和植被所具有的过渡性质,亚洲中部的西界在新疆境内划分在哪里,亦即亚洲中部和中亚两个亚区之间的界线如何确定问题,一直引起讨论。有的认为这条界线应北起乌伦古河、东南到天山的最东端,然后沿天山分水岭向西经汗腾格里,最后到达帕米尔;即把整个准噶尔包括在中亚北部荒漠(Ильин,1958)。另一种意见认为应西推至楚伊犁山脉的西端(Рубцов,1950);甚至更向西推到乌拉尔-伏尔加河下游一线(Грубов,1959,1964);他们都大大扩大了亚洲中部植物亚区的范围。在此同时,Юнатов(1950)提出一条新的分界线,它是沿着准噶尔西部山地的南麓,再循博罗霍洛山脊,西南折到汗腾格里,又折向西南经阔克沙尔分水岭到阿赖。Лавренко(1959,1962,1965)和 Лавренко и Никольская(1965)同意这种划分,并正确地指出吐兰低地不能划入亚洲中部,因为二者属于性质完全不同的植物区域。与此相反,李世英(1961)将此线东退到古尔班通古特沙漠的东缘。

　　问题是由准噶尔盆地植被的过渡性质所引起的。一种论点认为这个地区的植被属于亚洲中部性质;反对论者则确认属于中亚(吐兰-伊朗)。

　　为什么 Юнатов 将亚洲中部的西界确定在准噶尔西部山地的分水岭(西南段为南坡山麓)?原来他是以平原和山地垂直带的典型植物群系及一些重要建群种和典型植物的分布特点为立论根据的。应该承认他列举的事实的正确性。但必须指出,Юнатов 过多地强调了亚洲中部成分在准噶尔的作用,而忽视了中亚(哈萨克斯坦)荒漠植物对这里所发生的影响。

　　正如前文指出的,准噶尔东部第三纪地层的台地上,由短叶假木贼、盐生木、膜果麻黄、梭梭分别构成不同类型的石质荒漠,它们是作为地带性类型与霸王、裸果木、蒙古沙拐枣(Calligonum mongolicum)、准噶尔紫菀木(Asterothamnus poliifolius)等交错分布的。这类荒漠同亚洲中部其他地区的荒漠(Юнатов,1950,1961;陈庆诚等,1957;李世英等,1958;Петров,1966—1967)性质是相同的。值得特别提出的是,亚洲中部的特产种、属——紫菀木(Asterothamnus)(陈艺林,1962)[①]、裸果木、合头草等,几乎在包括准噶尔东部在内的亚洲中部的各个区域都有分布,可是独在准噶尔的西部缺如。这些事实,有力地说明这些区域间的联系性。同时,蒙古戈壁性质的草原,也出现于准噶尔东部的

中低山。这样看来,准噶尔东部台地的植被具有典型的亚洲中部性质已经是很清楚的了。因此,笼统地说准噶尔具有亚洲中部或与中亚间的过渡性质的植被,显然是不确切的。

　　由于过去有人把梭梭和琵琶柴视为亚洲中部的特有成分,以及它们在准噶尔西部荒漠植被中所起的重要作用,于是这个区域就被论证为亚洲中部的不可分割的一部分。事实上,梭梭虽然分布于中、蒙亚洲中部的广大地区,也分布于中亚,如咸海-里海的滨海地带及其以东地区。因此,它是亚洲荒漠的代表,而不专一代表亚洲中部的性质。有人把这种小半乔木称为吐兰-戈壁的种(Лавренко,1962)是很说明问题的。与此相反,它的近亲种,中亚特有的白梭梭与沙生短生植物有着特殊的联系,它们向东止于古尔班通古特沙漠的东缘,这个事实也应作为准噶尔西部区别于亚洲中部其他荒漠地区的理由。

　　与梭梭的情况相似,琵琶柴虽然广布于亚洲中部的各荒漠地区,也分布于中亚北部荒漠。而且由它构成的荒漠群系,在不同情况下与直立猪毛菜(Salsola rigida)、松叶猪毛菜(S. laricifolia)、木本猪毛菜(S. arbuscula)、盐生假木贼、无叶假木贼、小蓬等群系交错分布的现象是准噶尔西部和哈萨克斯坦荒漠所共有的,而在亚洲中部荒漠没有。因此,把琵琶柴单纯地看作是亚洲中部成分,也是不恰当的。有人把它归于亚洲中部-哈萨克斯坦成分(Юнатов,1961),不无原因。

　　同时,蒿属旱蒿亚属所构成的蒿类荒漠,是准噶尔西部荒漠最著名的特色之一,它们在中亚荒漠植被中是作为地带性类型出现的,但不为亚洲中部所有。同时,亚洲中部荒漠是以缺乏短生和多年生短生植物为特征的。可是在准噶尔的西北部(塔城盆地)荒漠,由这类植物组成的短生植物层片十分发达;在西南部,这种层片虽不及中亚发达,但也相当显著,据调查有 40～50 种,如珠芽早熟禾(Poa bulbosa var. vivipara)、短鞘草(Colpodium humile)、粗柱薹、沙薹等均属中亚成分。准噶尔西部短生植物和多年生短生植物的分布是与该区降水分配较均匀、与哈萨克斯坦相类似气候相联系的。在本区其他建群种或特征植物,如无叶豆(Eremosparton songoricum)、泡果沙拐枣(Calligonum junceum)、白杆沙拐枣(C. leucocladum)、白滨藜(Atriplex cana)、心叶

---

　　①　陈艺林:《中国紫菀木属的初步整理》(未发表)。

优若藜(*Eurotia ewersmanniana*)、瓣鳞花(*Frankenia pulverulenta*)等,都说明与中亚荒漠的联系。

天山南、北坡的植物和植被性质上的差异,一直为人们所注意(Поиов,1931;Ильин,1958;Юнатов,1959;李世英,1961;王义凤,1963)。天山南坡的山地垂直带结构特征,是以荒漠和草原为主体;荒漠中主要建群植物有琵琶柴、天山猪毛菜(*Salsola jounatovii*)、合头草、圆叶盐爪爪(*Kalidium schrenkianum*)、盐生草(*Halogeton glomeratus*)等;草原则以紫花针茅(*Stipa purpurea*)、长芒针茅(*S. krylovii*)、糙闭穗、棱狐茅、冷蒿、二裂叶委陵菜(*Potentilla bifurca*)等在亚洲中部山地习见的种类为主;灌木紫菀木(*Asterothamnus fruticus*)也见于山地荒漠草原。可是在天山北坡,植被却具有另外一种性质。首先,在垂直带景观中,草原、森林和草甸起着显著的作用。在山地草原主要是棱狐茅、针茅(*Stipa capillata*、*S. kirghisorum*、*S. macroglossa*、*S. pennata*、*S. rubens*、*S. lessingii*、*S. hohenackeriana*、*S. szowitsiana*、*S. richteriana*)、亚列兴蒿(*Artemisia sublessingeana*)等习见于哈萨克斯坦草原或中亚山地草原的建群种或相近的种。而在山地森林带,具有中亚山地所特有的第三纪残遗野果林(张新时,1973),这些特点与亚洲中部山地是迥然不同的。显然,天山分水岭又成了这两个亚区的天然分界线了。

根据以上分析,亚洲中部和中亚两个荒漠亚区在新疆的分界,大致是北从阿尔泰东南部的青河上游起,往南循古尔班通古特沙漠东缘直达天山北麓的大石头,由此上升到天山分水岭,再往西经伊连哈别尔尕的主峰、哈雷克套而抵汗腾格里峰。

A. 北疆荒漠亚区(与哈萨克斯坦荒漠同属一亚区)

本亚区包括塔城盆地、准噶尔盆地西部山地(大部分)、准噶尔盆地中、西部、伊犁谷地、天山北坡(大石头以西)的广大地区。气候就荒漠气候而言属塔城-伊犁型和准噶尔型,山地则有天山型。年平均温度5~9℃,年降水量100~180毫米。降水季节分配较均匀。

显域地境上的植被主要是由超旱生的小半乔木、半灌木、小半灌木所组成。

本亚区荒漠植被类型中的建群种有:蒿属(*Arte-*misia borotalensis、*A. kaschgarica*、*A. gacilescens*、*A. terrae-albae*)、假木贼(*Anabasis salsa*、*A. aphylla*)、小蓬、白梭梭、梭梭、琵琶柴。

虽然西部雨影地区的砾石戈壁上分布有老第三纪以前形成的荒漠,由膜果麻黄与盐生木构成,但是代表性不大。

北疆荒漠亚区内植被的发育节律及层片结构,与气候的季节动态相适应。春季有短生植物层片和多年生短生植物层片,特别在伊犁、塔城地区更为发达,而在广大的古尔班通古特沙漠中也发育得很明显。同时,与夏雨、秋雨有联系的一年生草本植物层片也有所发育。植被在一年中的发育节律,大体上是春季发芽、生长缓慢,春末夏初随气温增高而生长发育迅速,夏季进入干旱休眠期,秋季雨后再生长发育,很快地进入冬季休眠期。

山地植被垂直带谱较完整,天山北坡有山地荒漠—山地荒漠草原—山地草原—山地针叶林—高山芜原—高山垫状植被垂直带。甚而在西部的一些较湿润的山地(塔尔巴夏台、伊犁地区山地)发育着明显的亚高山草甸带,在伊犁地区的一些山地还出现夏绿阔叶林带。

本亚区具有两个植被省:准噶尔荒漠省和天山北坡山地森林-草原省。

(Ⅲ)准噶尔荒漠省

本植被省包括塔城盆地、伊犁谷地、准噶尔西部山地以及准噶尔盆地中、西部。

省内气候年平均气温为3~9℃,夏季炎热而冬季严寒,春、秋季短促。年平均降水量为100~200毫米,季节分配较均匀,冬季有积雪。

显域植被主要是小半灌木荒漠和小半乔木荒漠。组成植被的植物以吐兰成分为主。由于冬、春降水较多,因而荒漠植被中普遍发育着短生植物层片和多年生短生植物层片;而长营养期的一年生草本植物层片亦得到发育。

本植被省可分出两个植被亚省:塔城-伊犁荒漠亚省和准噶尔荒漠亚省。

a. 塔城-伊犁荒漠亚省

本亚省包括塔尔巴夏台山南坡、乌尔可下亦山西坡、塔城盆地、巴尔鲁克山和伊犁谷地。气候属于塔城-伊犁型,较温和而湿润(对其他荒漠亚省而言)。年平均温度为6~8℃,年降水量可达280

毫米。

本亚省内的显域植被以短生植物-蒿类荒漠占绝对优势。假木贼-小蓬荒漠已缩小到一些低矮的石质山上。

亚省内具有四个植被州：塔尔巴戛台州、塔城州、巴尔鲁克州、伊犁州。

7. 塔尔巴戛台州

本州包括新疆境内的塔尔巴戛台山南坡和乌尔可下亦山西坡，前者海拔 3000 米，后者只海拔 2000 米左右。

本州植被以灌木草原为特征，而塔尔巴戛台山则只有不完整的植被垂直带结构。

塔尔巴戛台山的高山带（海拔 2400 米以上）内发育着由准西嵩草（Cobresia smirnovii）组成的高山芜原。亚高山带（海拔 1800～2000 米及以上）则以偏生斗蓬草（Alchemilla cyrlopleura）、老鹳草（Geranium）和鸭茅等形成的亚高山草甸为特征。中山带（海拔 1400～1600 米及以上）内主要是发育在山地黑土上的灌丛，由蔷薇、绣线菊、忍冬、天山酸樱桃（Cerasus tianschanica）为主。再向下则过渡为草原带。

两山广泛分布的草原为覆盖在栗钙土上的灌木草原，其中灌木为中丽豆（Calophaca chinensis）、兔儿条、灌木锦鸡儿（Caragana frutex），而草原禾草则以棱狐茅和针茅为主。至于荒漠草原则发育在海拔较低的山麓地带和覆有黄土状物质的前山，由禾草的狐茅、针茅、亚列兴蒿组成。

8. 塔城州

本州为一西倾的谷地，海拔高度由 1000 米降低到 500 米，北、东、南三面环山。

广大的山麓倾斜平原为棕钙土，其上覆盖着蒿类（Artemisia terrae-albae、A. kaschgarica）荒漠。蒿类在壤质土壤上多与多年生短生植物珠芽早熟禾（Poa bulbosa var. vivipara）、短柱薹（Carex pachystilis）形成群落；而在砾质土壤上则与小半灌木的木地肤（Kochia prostrata）形成群落。在海拔较高处的砾质土壤上，出现亚列兴蒿、针茅（Stipa sareptana、S. capillata）草原化荒漠。额敏河谷的草甸土多已辟为农田，而盐化草甸土则为芨芨草（Achnatherum splendens）草丛所覆盖，局部低洼地内出现有芦苇（Phragmites communis）沼泽。

9. 巴尔鲁克州

本州为巴尔鲁克山，海拔 2923 米。在 2000 米以上可以见到亚高山草甸，主要由杂类草偏生斗蓬草和新疆薹草（Carex turkestanica）所形成。而在西北坡的海拔 1700～1900 米处，有片状的雪岭云杉（Picea schrenkiana）林，林下草本层主要为足状薹草。海拔 2500～1700 米广布着草原植被，较高处为棱狐茅草原，较低处则为针茅（Stipa sareptana、S. kirghisorum、S. capillata）草原；在侵蚀的台地状山脊，分布有山地闭穗-狐茅草原（Festucas ulcata、Cleistogenes squarrosa、Artemisia frigida）。海拔 1700 米以下则进入荒漠草原，植物组成中除前述禾草外，尚参加多量的荒漠蒿类（Artemisia borotalensis、A. sublessingiana）。

10. 伊犁州

本州为伊犁河谷地，地势西倾，由海拔 700 米降低到 500 米。伊犁河横贯中部。

谷地内的山麓倾斜平原上为灰钙土。在壤质灰钙土上为博乐蒿（Artemisia borotalensis）、多年生短生植物珠芽早熟禾、短柱薹、短鞘草（Colpidium humile）、臭阿魏（Ferula tetrrima）形成的荒漠；而在砾质土壤上则为博乐蒿、木地肤荒漠。在海拔较高处往往出现耐盐蒿（Artemisia schrenkiana）与白草（Bothriochloa ischaemum）、针茅（Stipa capillata、S. caucasica）形成的草原化荒漠。在砾质的老阶地上也可以出现小蓬荒漠群落。谷地西部的沙地为优若藜荒漠所覆盖，其中混有沙槐（Ammodendron argenteum）、黄芪（Astragalus）。伊犁河两旁多杨、柳林，河旁阶地多为农田，局部地段残留有河漫滩草甸，低洼积水地则为芦苇沼泽。

b. 准噶尔荒漠亚省

本植被亚省包括准噶尔盆地的中部、西部及其以西的几个山地——色米斯台山、乌尔可下亦山东坡、萨乌尔山南坡、扎依尔山和玛依尔山。

准噶尔盆地地势平坦而向西北倾斜，海拔高度为 1000～5000 米。其西部的几个山地准平原化，一般为海拔 2000～2500 米，只萨乌尔山高达 3000 米以上。

盆地气候为准噶尔气候类型。其特点是气温较低，降水季节分配较均匀，唯夏季较多。因此植被中发育有短生植物、多年生短生植物层片，同时一年生植物层片也得到发育。山地因山体不高,截留降水不多,同时东西两面受荒漠气候影响,气候比较干旱,因而植被的草原化甚强。

本亚省内的显域植被以小半灌木荒漠与小半乔木荒漠占优势。比较特别的是有大面积的蒿类荒漠和假木贼荒漠。而沙漠中的白梭梭荒漠也甚为发达,更足以作为本亚省的特点之一。

山地植被垂直带结构不完整,以山地草原和山地荒漠草原占优势。低山带甚至发育着山地木本盐柴类荒漠植被。萨乌尔山南坡山地植被垂直带较完整,但是也缺乏森林带。

本亚省可分出一系列地植物州:色米斯台州、玛依尔-扎依尔州、乌伦古河州、玛纳斯湖州、古尔班通古特州、艾比湖州、乌苏-奇台州。

11. 色米斯台州

本州包括萨乌尔山南坡、色米斯台山和乌尔可下亦山东坡。

三个山地在海拔 1300~2000 米,广布着山地草原植被;海拔 1300~1700 米主要为针茅、棱狐茅形成的草原带。再向下已进入假木贼(*Anabasis brevifolia*)、优若藜形成的荒漠带。萨乌尔山海拔较高,所以在草原带向上,经草甸草原带而进入高山草甸带。同时在草原带内的阴湿山谷内有片状的西伯利亚落叶松林。在低山河谷内有杨柳林。

12. 玛依尔-扎依尔州

这一州包括玛依尔山和扎依尔山。两山均不高,广布着草原和荒漠草原。

海拔 2000 米以上为棱狐茅草原。海拔 1700~2000 米为针茅草原,但组成成分中多蒙古草原成分,如糙闭穗、东方针茅等。荒漠草原组成中除草原禾草外,尚有多根葱、短叶假木贼、小蓬等。

13. 乌伦古河州

本州主要包括乌伦古河流域的平原,向北达额尔齐斯河南岸,向南达大沙漠北缘。

乌伦古河以北为古老阶地,地势平坦而西倾,海拔 700~500 米;以南为第三纪台地,稍有起伏而南倾,海拔 800~600 米。乌伦古河横贯中部,注入布伦托海。

广大的古老阶地和第三纪台地上为沙砾质石膏棕钙土。其上覆盖着盐生假木贼荒漠。在覆有薄沙的土壤或低地黏质土壤上,可以见到盐生假木贼与短生植物四齿芥(*Tetracme quadricornis*)、小车前(*Plantago minuta*)等形成的群落。而在覆沙较厚处则可以出现梭梭荒漠或蒿类(*Artemisia terrae-albae*、*A. schischkinii*)荒漠。

北部、东北部海拔较高处,则分布有优若藜荒漠或适应于石质土壤的假木贼(*Anabasis eriopoda*、*A. brevifolia*、*A. truncata*)荒漠。

乌伦古河两岸为杨柳林及河漫滩草甸,也有一些胡杨(*Populus diversifolia*)林和尖果沙枣(*Elaeagnus oxycarpa*)林。

州内零星沙地上多为沙蒿(*Artemisia arenaria*)荒漠。

14. 玛纳斯湖州

本州处于准噶尔盆地西北部,为古湖盆地区,包括杨河谷地及艾兰诺尔、艾里克湖、玛纳斯湖、大盐池、小盐池等一系列现代湖盆。

州内占优势的植被为梭梭荒漠。西北部、北部的山麓洪积扇上为砾质石膏灰棕色荒漠土,覆盖着稀疏、矮小的梭梭群落;砾石较多的土壤上则出现盐生木荒漠。各湖盆边缘的壤质盐化土壤上则为高大的梭梭群落,群落内且多出现一年生盐柴(*Salsola*)类。大小盐池一带的薄沙地上则为一年生盐柴-梭梭荒漠群落所覆盖。

西部一些低山和山麓洪积扇上,土壤为沙砾质或石质的,经常出现着直立猪毛菜(*Salsola rigida*)荒漠、小蓬荒漠,甚而是耐石质性土壤的截形假木贼荒漠。

杨河谷地的河旁多为胡杨林。玛纳斯河下游散流地区则为大面积的芦苇沼泽。

15. 古尔班通古特州

本州即古尔班通古特沙漠,沙漠内无河流,只有玛纳斯河纵切沙漠西部。沙漠内大部分为固定沙丘和半固定沙丘,只在东缘有零星的半流动沙丘。

沙漠内部半固定沙丘高达 20~30 米以至 50~100 米,均为沙垄和窝状沙丘。在沙垄上分布着白梭梭、沙蒿、苦艾蒿(*Artemisia santolina*)形成的荒漠,而在窝状沙丘上多分布着沙拐枣-白梭梭荒漠。

沙漠南缘多属固定的沙垄和蜂窝状沙丘。在较高沙丘上,为白梭梭、蒿类(*Artemisia santolina*、*A. terrae-albae*)、二穗麻黄(*Ephedra distachya*)、沙蓬和短生植物的单苞菊（*Senecio subdentatus*）、鹤虱（*Lappula semiglabra*）等形成的群落。较低沙丘和较宽的丘间薄沙地上，则多覆盖着梭梭与短生植物沙生四齿芥（*Tetracme recurvata*）、小车前、施母草（*Schismus arabicus*）等或一年生草本植物角果藜（*Ceratocarpus utriculosus*）、沙蓬（*Agriophyllum arenarium*）、猪毛菜形成的群落。

沙漠北缘，则在沙垄间沙地很宽的地段上分布着由白杆沙拐枣、地白蒿（*Artemisia terrae-albae*）、二穗麻黄、沙薹所形成的群落。而在一些薄沙地上，可以见到一片片的优若藜群落。

沙漠东缘的半流动沙丘上，主要为沙拐枣丛和巨穗滨麦（*Elymus giganteus*）丛。

玛纳斯河旁则为胡杨林和盐化草甸、河漫滩草甸。

16. 艾比湖州

本州处于艾比湖湖盆地内，北、西、南三面环山。气候非常干旱，土壤石质性和盐化均甚强烈。

州内南、北山麓洪积扇为砾质石膏灰棕荒漠土，大部分覆盖着梭梭荒漠和膜果麻黄荒漠；小面积石质性很强的土壤上为盐生木荒漠。而在北部一些砾沙质土壤上可以见到优若藜荒漠。而在博乐谷地下游的壤沙质土壤上则分布有典型的博乐蒿荒漠群落。

东部平原盐化土壤上多覆盖着琵琶柴荒漠。而在沙漠里则为处于固定、半固定沙丘上的白梭梭荒漠和薄沙地上的梭梭荒漠。

山麓洪积扇的扇缘地带有小面积胡杨林。各河流旁低地及扇缘低地，多分布着盐化草甸群落。艾比湖旁的盐土上则为典型的草本盐沼泽，由盐角草、碱蓬所组成；并有多汁盐柴类荒漠，由盐穗木、盐节木、盐爪爪等组成。

17. 乌苏-奇台州

本州包括四棵树到奇台之间的天山北麓山麓洪积扇及古老淤积平原，地势平坦，向西北倾斜。其中多南北流向的河流，较大者有奎屯河和玛纳斯河。

北部广阔的古老淤积平原上发育着碱化荒漠灰钙土，典型植被为琵琶柴荒漠。在沙性较大的土壤上，琵琶柴多与一年生的梯翅蓬（*Climacoptera brachiata*、*C. korshinskyi*、*C. fergantca*）、长叶盐节木（*Halimocnemis longifolia*）等形成不同群落。而在沙漠

边缘覆薄沙的土壤上，它则往往与短生植物沙生四齿芥、东方旱麦草（*Eremopyrum orientale*）等形成群落。在河旁高阶地强盐化土壤上，它或者成纯群，或者与多汁盐柴类的盐穗木、盐爪爪形成群落。

在一些干沟旁的沙质土壤上，往往有成片的梭梭荒漠。而在低地龟裂型土壤上，通常总是分布着无叶假木贼荒漠群落。

泉水溢出地带多芨芨草草丛和芦苇沼泽。而在近代洪积扇上，由于土壤不盐化，而分布着片状的白榆（*Ulmus pumila*）疏林。在大河及较大干沟旁尚有胡杨林、尖果沙枣（*Elaeagnus oxycarpa*）林、怪柳灌丛及盐化草甸。在那些地下水位较高的低洼地内多属盐土，覆盖着多汁木本盐柴类植被，由盐穗木、小叶碱蓬（*Suaeda microphylla*）、囊果碱蓬（*S. physophora*）、盐爪爪、盐节木等组成。

南部山麓洪积扇和低山上均覆有黄土状物质，土壤为非盐化的荒漠灰钙土。这里广布着蒿类荒漠，建群种为博乐蒿、喀什蒿。在乌鲁木齐以西，蒿类荒漠内往往混有相当数量的多年生短生植物，如珠芽早熟禾、双花郁金香（*Tulipa biflora*）、短生大戟（*Euphorbia rapulum*）、沙穗草、泡果牡丹草（*Leontice incerta*）等和短生植物如四齿芥（*Tetracme quadricornis*）、东方旱麦草、非洲滨兰（*Malcolmia africana*）、中亚胡卢巴（*Trigonella arcuata*）等。在一些多砾石的土壤上，可以见到大片的盐生假木贼荒漠、小蓬荒漠或木碱蓬（*Suaeda dendroides*）荒漠群落。

（Ⅳ）天山北坡山地森林-草原省

本植被省包括天山山脉分水岭以北的山地。

省内植被呈山地垂直带状分异。其最大特征是发育着较完整的山地植被垂直带谱：山地蒿类荒漠带—山地蒿类-禾草荒漠草原带—山地狐茅-针茅草原带—山地云杉林草甸带—高山芜原带—高山垫状植被带。

但是伊犁地区的山地较温暖、潮湿，尚发育有白草草原、山地落叶阔叶林和亚高山草甸。虽然山地植被垂直带谱的基本带没有变化，但是增加了这些特殊植被类型。据此可将它们划成一个植被亚省，从而使本植被省具有两个植被亚省：阿拉套-博格达山地森林-草原亚省和伊犁山地森林-草原亚省。

a. 阿拉套-博格达山地森林-草原亚省

天山分水岭以北为一系列块状山体。本亚省只包括阿拉套南坡到博格达山北坡之间的山体。西部山地较窄，海拔 3500～4000 米，东部山体宽，海拔 4500～5000 米及以上。

天山北坡可获得西来湿气流，因而气候比较湿润，中山带年降水量可达 600～700 毫米；但气温较低，大陆性由西向东逐渐加强。

本亚省山地植被垂直结构比较完整，一般由上向下为：高山垫状植被带、高山芜原带、山地森林-草甸带、山地草原带和山地荒漠草原带。高山芜原带以反映气候干旱的嵩草芜原为主，唯亚高山草甸带则普遍缺乏。森林-草甸带狭窄。草原带较宽，并有明显的荒漠草原带，而且上升高度较高，显示出荒漠气候的影响。

本亚省的植物区系较伊犁山地贫乏，一般不具有第三纪温带的残遗树种，但多少受到欧洲-西伯利亚植物区系的影响。在森林与草甸群落中有一些与西伯利亚森林共同具有的北方种，如水龙骨(*Polypodium vulgare*)、单花独丽花(*Monesis uniflora*)、匍匐斑叶兰(*Goodyera repens*)、白花老鹳草(*Geranium albiflorum*)、高山北极果(*Arctous alpinus*)、五福花(*Adoxa moschatellina*)、一枝黄花(*Solidago virga-aurea*)、圆叶鹿蹄草(*Pyrola rotundifolia*)、林地早熟禾(*Poa nemoralis*)、柳兰(*Chamaenerium angustifolium*)、石生悬钩子(*Rubus saxatilis*)、草莓(*Fragaria vesca*)等。它们在天山南坡则完全缺乏或十分罕见。当然，亚洲中部山地植物区系在本亚省山地植被，尤其是草原中也占有相当大的比重。

本亚省可以分出两个植被州：阿拉套-博罗霍洛州和博格达州。

18. 阿拉套-博罗霍洛州

这一州位于本亚省的西部，包括阿拉套山脉南坡、塔尔奇依林山脉和博罗霍洛山脉北坡，以及博乐塔拉河上游谷地和赛里木湖山间盆地。除去山势较低矮、山体狭窄，冰川积雪较少外，复因处在准噶尔西部山地的"雨影带"，承受西北湿气流较少，加之受到艾比湖荒漠气候的侵袭，和缺乏前山带的缓冲作用，因此山地气候比东部山地干旱，植被呈现强度草原化和荒漠化。

阿拉套山北坡处在苏联境内，具有典型的北天山森林和草甸植被。例如，其针叶林除由雪岭云杉构成外，尚有喜湿冷气候的西氏冷杉(*Abies semenovii*)；由新疆野苹果与野杏组成的阔叶林带也十分发育；并有茂盛的草甸植被。然而，在我国境内的博乐塔拉河北侧的阿拉套山南坡却具有全然不同的山地自然景观，而以山地强度草原化为其特征，并多少表现了亚洲中部山地植被与区系植物的性质。其南部的塔尔奇依林山与博罗霍洛山北坡亦具相同特点。

高山草甸在本州为杂类草-嵩草芜原所代替，以嵩草(*Cobresia pamiroalaica*、*C. capilliformis*)、珠芽蓼(*Polygonum viviparum*)、高山唐松草(*Thalictrum alpinum*)等为主，分布于海拔 2800(2700)～3000 米的高山带细质土坡。向下过渡为亚高山草甸草原，由薹草(*Carex atrata*、*C. cobresiformis*)、针茅、棱狐茅、扁穗冰草(*Agropyrum cristatum*)等组成，处于海拔 2000～2800 米亚高山带与中山带。

中山带属山地森林草原带，森林植被比较贫乏，不成连续的带。雪岭云杉的小片森林分布在草甸草原的阴坡，林分比较稀疏，生产力低。森林分布界限在海拔 1900(2000)～2700 米，其下限较伊犁和东部山地提高，林带幅度狭窄。森林植被的群落类型亦较单纯，林内常有大量的草甸和草原的草本和灌木种类组成的活地被物。森林中除雪岭云杉外，混生有少量的桦木；在阿拉套南坡还有欧洲山杨(*Populus tremula*)加入。博乐塔拉河谷中有茂密的密叶杨(*P. densa*)河谷林，与河漫滩草甸相交错分布，宽达 0.5～1 千米。

草原植被为本州占优势的类型。除中山带以上的草甸草原外，山地真草原、山地灌木草原与山地荒漠草原在山坡与赛里木湖盆地中广泛分布。

在海拔 1500～2100 米的山坡上分布着干草原，以针茅(*Stipa capillata*、*S. sareptana*、*S. orientalis*、*S. kirghisorum*)、扁穗冰草、棱狐茅为建群种，其次有准噶尔闭穗、冷蒿等与一些旱中生杂类草。土壤为淡栗钙土和暗栗钙土。

在海拔 1600～2000 米的砾石质阳坡上，灌木草原比较发达，主要由锦鸡儿(*Caragana leucophloea*、*C. lacta*)与旱生的禾草针茅(*Stipa glareosa*、*S. capillata*)、糙闭穗、扁穗冰草等所组成。此外，在赛里木湖盆地北部的低山阳坡，阿尔泰方枝柏(*Sabina pseudosabina*)、西伯利亚刺柏(*Juniperus sibirica*)灌丛很发达。

赛里木湖山间盆地中还有亚洲中部(蒙古)类

型的荒漠草原出现,由沙生针茅、多根葱、冷蒿、优若藜等构成。

19. 博格达州

本州包括西起沙湾、东达木垒之间的天山北坡。山体一般较西部诸山宽厚,冰川积雪较丰富,复因截获较多的西北来的湿气流,因此山地气候比上一州要湿润些。

山地植被以中生的森林与草甸群落为主。较之伊犁山地植被,它虽有某些退化和草原化加强的现象,但其植被垂直带结构仍具有中亚山地植被类型的特征。

在冰川与裸岩带以下分布着高山垫状植被带。以四蕊山莓草 (*Sibbaldia tetrandra*)、丛生囊种草 (*Thylacospermum caespitosum*)、二花委陵菜等为主的垫状植被在原始的高山骨质土上稀疏分布。在 3900 米的雪线以上的高山乱石堆与冰碛物上,还能见到一些稀疏的高山植物,如雪莲 (*Saussurea involucrata*)、虎耳草 (*Saxifraga hirculus*、*S. macrocalyx*)、兔耳草 (*Lagotis glauca*) 等。在得到冰雪融水浸润的平缓冰碛物石质坡上,有时还能见到片段色彩绚丽的、花坛状的高山五花草甸群落,由虎耳草、珠芽蓼、黄花野罂粟 (*Papaver croceum*)、白叶马先蒿 (*Pedicularis chelianthifolia*)、天山龙胆 (*Gentiana tianschanica*)、柔假龙胆 (*Gentianella tenella*)、冷报春 (*Primula algida*)、白氏假报春 (*Cortusa brotheri*)、高山葶苈 (*Draba alpina*) 等低矮而花色艳丽的草类构成。

高山带在海拔 2700~3100 米的细质土坡上,以线叶嵩草 (*Cobresia capilliformis*) 的群系占优势。在较湿润的平缓坡地或谷地则有薹草-杂类草的高山草甸,以狭果薹草 (*Carex stenocarpa*)、珠芽蓼、高山火绒草 (*Leontopodium alpinum*)、棘豆 (*Oxytropis*) 等为主。

亚高山带由于处在中山带向高山带过渡的地位,而不甚显著。其典型植物群落为亚高山草原化草甸或草甸草原和圆柏灌丛。亚高山草甸在本州山地由于气候大陆性较强而不甚发育,仅在较湿润的山地分布于海拔 2400~2700 米的细质土缓坡或宽谷底部,与森林上部的林分相交错,主要由偏生斗蓬草、兰花老鹳草 (*Geranium pseudosibiricum*)、山地糙苏 (*Phlomis oreophila*) 等构成。大部分地区的亚高山草甸都发生草原化,或为草甸草原所代替,群落中

除上述草甸草类外,尚有帕米尔嵩草 (*Cobresia pamiroalaica*)、高山早熟禾 (*Poa alpina*)、垂穗披碱草 (*Clinelymus nutans*)、高山狐茅 (*Festuca supina*)、林地勿忘我草 (*Myosotis sylvatica*)、伏地龙胆 (*Gentiana decumbens*)、新疆龙胆 (*G. turkestanorum*)、毛假龙胆 (*G. barbata*)、边獐芽菜 (*Swertia marginata*) 等加入。在石质化的阳坡上,则有垫状阿尔泰方枝柏分布在亚高山草原中。

森林与草甸植被占据着海拔 1500 (1600)~2800 米的中山带。雪岭云杉的纯林掩盖着中山带整片的阴坡,在其分布带上限 (海拔 2700~2800 米) 的骼质或石质土上成为公园式的疏林,与高山芜原、亚高山草甸和圆柏灌丛相交错。在中山带海拔 2200 米以下,在破坏了的疏林中才混有较多的天山桦 (*Betula tianschanica*) 和崖柳 (*Salix xerophila*),博格达山北坡尚有欧洲山杨加入;它们也常构成暂时更替云杉林的次生林。

山地中部 (海拔 1900~2300 米) 是雪岭云杉生长发育与更新最适宜的地段。在这里它常形成较茂密的林分,有草类云杉林、藓类云杉林、草类-藓类云杉林等群落类型。

在海拔 1800 米以下的林带内,云杉林常呈小块状分布于阴坡,与山地草甸草原和草原群落相交错,成为山地森林草原景观。林内常有草甸草原的草类渗入,林下灌木也加多。

森林土壤为山地灰褐色森林土。中山带以下的土壤中,碳酸盐常呈饱和状态;在上部林带,则多被淋溶。

中山带的森林采伐或火烧迹地上,常演变为次生的高草草甸,由拂子茅 (*Calamagrostis epigeios*)、无芒雀麦 (*Bromus inermis*)、天山异燕麦 (*Helictotrichon tianschanicum*)、猫尾草 (*Phleum phleoides*) 等组成,成小片地分布于平缓的阴坡。

在海拔 1200~2100 米的山地河谷内,分布着密叶杨的稀疏河谷林,或与云杉相混交。博格达山下部河谷中,还有白榆的疏林。

草原分布在海拔 1200~1500 (1600) 米的前山带,土壤为发育在黄土基质上的栗钙土。在森林分布带的下部则为草甸草原群落,由针茅、棱狐茅等草原禾草与苏鸢尾 (*Iris ruthenica*) 等中生杂草类构成。向下为山地真草原,除针茅与狐茅外,尚有落草、扁穗冰草等加入。草原的石质坡常出现多量灌木——兔儿条、枸子、培氏蔷薇 (*Rosa beggeriana*) 等,有时

还有沙地柏。草原带通过下部狭窄的、在草原禾草中有喀什蒿、木地肤、优若藜等加入的荒漠草原亚带，过渡到前山蒿类荒漠带。

b. 伊犁山地森林-草原亚省

本植被亚省位于天山北坡的最西部，包括伊犁谷地和特克斯谷地周围的山地。一般山地在海拔3000米以上，东部山结高达海拔5000余米。

由于西部较开敞，西来湿气流和温暖气流使得山地气候湿润而温和，为湿润气候型。中山带的年降水量可达800毫米以上，使得森林和草甸甚为发达；而温和的气候也使得前山带发育着喜温的落叶阔叶野果林。

有利的气候因素，使得山地植被垂直带结构明显而相当完整。由上向下顺次为：高山垫状植被带、高山芜原带、亚高山草甸带、山地森林-草甸带、山地草原带和荒漠带。森林带发育良好，林分生产力高，有欧洲鳞毛蕨-云杉林、拟垂枝藓-云杉林等独特的森林群落。同时，草甸植被也特别发达，从高山带一直分布到前山带。草原带也特殊，分布有白草草原。

本亚省的区系植物成分中具有丰富的北方（欧洲-西伯利亚）成分，尤其在森林与草甸植被方面，如鸭茅、短柄草（*Brachypodium pinnatum*）、牛至（*Origanum vulgare*）、欧洲鳞毛蕨（*Dryopteris filix-mas*）、稠李（*Padus racemosa*）等。此外，本亚省还有第三纪残遗种，如新疆野苹果（*Malus sieversii*）、野杏（*Armeniaca vulgaris*）、核桃（*Juglans regia*）、小叶白蜡（*Fraxinus sogdiana*）与天山槭（*Acer semenovii*）等。

本亚省可以划分为三个植被州：尼勒克州、纳拉特州和特克斯州。

20. 尼勒克州

本州除包括伊犁河与喀什河北岸的塔尔奇依林山脉与博罗霍洛山脉的南坡外（以该二山脉之分水岭与阿拉套-博罗霍洛州为界），还包括喀什河谷南面较低矮的阿吾拉勒山脉北坡。博罗霍洛山峰高达海拔4000余米，有部分冰川积雪。阿吾拉勒山高度一般在海拔3000米以下，其上无冰川。由于本州山峰较低矮和主要是南坡，故气候比较干旱，草原发达；但由于西来湿气流的浸润，草甸植被仍较博罗霍洛山北坡为发达。

一般在山地海拔2800~3200米分布着由线叶嵩草、薹草（*Carex stenocarpa*、*C. cobresiformis*）、珠芽蓼等构成的高山芜原或芜原化草甸。向下则为杂类草的亚高山中草草甸，由斗蓬草（*Alchemilla obtusa*、*A. rubens*）、苏鸢尾等为建群种，分布在海拔2500~2800米的细质土缓坡上。中山带则广泛地发育着短柄草为主的高草草甸，其下为黑土状草甸土。森林在本州发育较微弱，雪岭云杉林仅呈小块状分布于阴坡或峡谷侧坡，不成大片连续的地带。阿吾拉勒山一般是无林的。此外，在塔尔奇依林山脉南坡的谷地中，于海拔1100~1500米还有局部的新疆野苹果、野杏与欧洲山杨的阔叶林。在喀什河谷中则有密叶杨林分布于河漫滩上。森林-草甸带向下，通过狭窄的草甸草原带，过渡为山地草原带。

喜暖的白草构成的草原植被分布在海拔1000~1400米的前山带缓坡的栗钙土上。在石质性较强的山上，则有大量新疆锦鸡儿（*Caragana turkestanica*）与野蔷薇等加入，形成灌木草原或草原灌丛。

21. 纳拉特州

包括巩乃斯河谷地两侧的纳拉特山脉北坡和阿吾拉勒山脉南坡。东端为冰川积雪覆盖的高耸山结，北接尼勒克州，南以天山主脉哈雷克套山分水岭为界，向西山势渐低，经过伊什基里克山过渡到凯特明山脉而与苏联境内北天山之"外伊犁阿拉套州"（Рубцов，1950）相连接。凯特明山南坡则属特克斯州。

本州气候最为温和与湿润，尤其在纳拉特山北坡发育着最为丰茂的草甸和森林植被。在海拔2400~2700米具有典型的亚高山杂类草中草草甸，主要为钝叶斗蓬草（*Alchemilla obtusa*）与白花老鹳草（*Geranium albiflorum*）构成的群落。中山带也具有由短柄草、鸭茅、无芒雀麦等为建群种的高草草甸。

雪岭云杉林在本州中山带十分发达，成片地掩盖着山坡，由坡麓直达山脊。林分生产力高，个别林木可达60米，胸径在1米以上。森林具有由欧洲鳞毛蕨（*Dryopteris filix-mas*）组成高大茂密的活地被物层的群落和具有拟垂枝藓（*Rhytidiadelphus triquetrus*）形成厚层藓类地被物的群落。在较干旱的亚高山石质坡地上，云杉林常为桧柏云杉群落，其下木有天山方枝柏（*Sabina turkestanica*）与西伯利亚刺柏。在海拔1500~1700米处，云杉常与欧洲山杨混交，或与天山桦（*Betula tianschanica*）混交；后二者也常构成次生的小叶林。山地河谷中则有密叶杨天山桦、小叶桦（*Betula microphylla*）的河谷林，混生有稠李、阿尔泰山楂（*Crataegus altaica*）、准噶尔山楂（*C. songorica*）等。

在海拔 1100～1500（1600）米的低山带河谷侧坡，常有野苹果与山杏构成的阔叶野果林。在巩留胡桃沟中还有野胡桃的小片丛林。伊什基里克山地沟谷中则有新疆槭的丛林。阔叶林下的灌木十分丰富。阔叶林发育在深厚黄土状粉沙壤土基质上的森林黑棕色土上，土体通常呈强烈的碳酸盐反应。在阔叶林带的山坡上部（海拔 1400～1600 米）陡坡上则有山杨混入或占优势，或与雪岭云杉混交。因此，本州一般具有覆层的森林垂直带结构。在西部的凯特明山脉北坡则不见阔叶林带，但在云杉林带下部偶尔可见个别的野苹果树，说明它们过去可能也分布到这里，但遭到滥伐或放牧的破坏而消失。

在前山带，森林带通过草甸草原（山地黑土）向山地草原过渡。在海拔 1000～1500 米的坡地上分布着针茅（*Stipa kirghisorum*、*S. lessingiana*）、棱狐茅、落草等为主的山地草原，其下为山地栗钙土。草原中的灌木除新疆锦鸡儿、兔儿条等外，在石质坡上尚有准噶尔鼠李（*Rhamnus songorica*）和天山酸樱桃。

22. 特克斯州

本州包括特克斯河两旁阶地、凯特明山南坡和哈雷克套山北坡。河谷高度海拔 1700 米，一般山峰高达海拔 3000～5000 米，胜利峰高达海拔 7439 米。

本州气候比较干旱，因而植被的草原化较强。山地植被垂直带结构的发育不如前两州良好，但是比较完整，从上到下为：高山垫状植被带、高山草甸带、亚高山草甸带、中山森林-草原带和山地草原带。河谷谷地普遍发育草原和草甸草原。

高山草甸带由嵩草芜原所构成。亚高山草甸主要建群植物有斗蓬草、兰花老鹳草。山地阳坡则为亚高山狐茅草原所占据，而在石质山坡上并有偃卧的天山方枝柏和西伯利亚刺柏灌丛。森林草原带内为块状森林与草原或草甸草原相结合。森林仍为雪岭云杉林，林内有大量草甸草类——柔毛异燕麦（*Helictotrichon pubescens*）、粟草（*Milium effusum*）等加入，偶有拟垂枝藓、塔藓（*Hylocomium proliferum*）云杉林。山地草原带内主要是草原，由针茅（*Stipa capillata*、*S. kirghisorum*）、棱狐茅、落草、天山异燕麦（*Helictotrichon tianschanicum*）等构成。西部的河谷谷地，主要为针茅（*Stipa kirghisorum*、*S. lessingii*）草

原。东部谷地变窄，气候稍湿润，出现草甸草原，由针茅（*Stipa capillata*、*S. kirghisorum*）、天山异燕麦、小糠草（*Agrostis alba*）、短柄草、鸭茅、牛至、山地糙苏（*Phlomis oreophila*）、丘陵老鹳草（*Geranium collinum*）等所组成。河谷旁多柳丛和河漫滩草甸。

B. 东疆-南疆荒漠亚区（为亚洲中部荒漠亚区的一部分）

本亚区包括东准噶尔、东疆地区、塔里木盆地及其周围山地。

亚区内的气候属于东准噶尔类型和塔里木类型。其特点是气温较高，年降水量特少而集中在夏季。

亚区内的显域植被以灌木荒漠占优势。形成植被的建群、优势植物主要是古地中海植物区系的一些种，如膜果麻黄、霸王（*Zygophyllum xanthoxylon*、*Z. kascharica*）、泡泡刺、裸果木、小沙冬青等。

由超旱生半灌木、小半灌木形成的荒漠植被已退缩到低山上。它们也都是发生于第三纪的一些种，如盐生木、合头草、琵琶柴、黄花琵琶柴（*R. trigyna*）、圆叶盐爪爪（*Kalidium schrenkianum*）。

山地植被垂直带的荒漠化很强，属于亚洲中部荒漠山地植被垂直带结构类型组。其带谱由下而上的顺序是：山地木本盐柴类荒漠带、山地木本盐柴类-禾草荒漠草原带、山地针茅草原带、高寒草原带、高山芜原带、高山垫状植被带。其特点是山地荒漠、山地草原特别发达。在更干旱的山地，草原植被，甚至荒漠草原植被亦缺乏，而由山地荒漠带直接与高寒荒漠带相接。

夏雨集中，使当地植被中有可能发育一年生草本植物层片。但是总的看来，显域地境上的荒漠植被的层片结构很简单，多是单一的结构。

同时，本亚区内的裸露戈壁、裸露流沙和裸露盐土的面积很大。

本亚区可以分出五个植被省：东准噶尔-东疆荒漠省，天山南坡山地草原省，塔里木荒漠省，昆仑西部山地草原-荒漠省和昆仑-阿尔金山山地荒漠省。

（Ⅴ）东准噶尔-东疆荒漠省

本省包括东准噶尔及东疆地区。区内主要为低

山、山间盆地和台地,较高的山地有北塔山、巴尔库山和哈尔里克山。

省内气候属东准噶尔类型和塔里木类型,特点是年降水很少,为 50~70 毫米,而且集中于夏季。

植被中以灌木荒漠为主,低山和山麓有小半灌木荒漠和半灌木荒漠,小半乔木的梭梭荒漠也有分布。山地植被垂直带谱由下而上为山地木本盐柴类荒漠带、山地木本盐柴类-禾草荒漠草原带、山地针茅草原带、山地芜原带。巴尔库山和哈尔里克山北坡的草原带以上有山地针叶林-禾草草原带。

本省可分为两个植被亚省:东准噶尔荒漠亚省和东疆荒漠亚省。

a. 东准噶尔荒漠亚省

本亚省位于准噶尔盆地的东部。它包括北塔山山链、卡拉麦里山、将军戈壁、诺明戈壁、巴尔库山北坡、哈尔里克山北坡和巴里坤盆地。

本亚省气候为东准噶尔类型,但亦稍具准噶尔气候类型的特点。年平均气温 2℃,年降水量为 50~100 毫米,夏季占全年的 50%,冬、春仍有一定量的降水。水文网极不发达,只有间歇性小河。因此很干旱。

本亚省植被以小半灌木荒漠为主,山地植被以草原占优势。小半乔木荒漠、蒿类荒漠和灌木荒漠亦有分布。

植物区系组成中多亚洲中部的成分,如短叶假木贼、沙生针茅、戈壁针茅等;也有一些中亚-哈萨克斯坦的成分,如无叶假木贼、小蓬、毛蒿(*Artemisia schischikinii*)、地白蒿(*A. terrae-albae*)等。本区特有种有蒙古短苞菊(*Brachantemum mongolicum*)和喀什菊(*Kaschgaria komarovii*)。

本亚省可分为五个植被州:胡鲁木林州、北塔山州、将军戈壁州、诺明戈壁州、巴里坤州。

23. 胡鲁木林州

本州位于北塔山西北的凹地,海拔 1000~1400 米。

北部山麓洪积扇的砾质土壤上覆盖着由小蓬和短叶假木贼组成的荒漠。南部北塔山北麓山麓洪积扇的壤质土壤上则有蒿类(*Artemisia schischikinii*、*A. terrae-albae*)荒漠;洪积扇下部有盐生假木贼群落。而在砾质土壤上亦见有梭梭荒漠。凹地内的盐化土壤上分布有芨芨草盐化草甸。局部沙丘上有梭梭荒漠和柽柳灌丛。

24. 北塔山州

本州包括以北塔山为主的山链。北塔山海拔 3290 米,以东的巴尕哈布托克乌拉和依赖哈布塔克奴鲁,海拔 2000 米左右。

北塔山在海拔 3000 米以上分布有嵩草高山芜原;向下直至海拔 1600 米,广布着针茅-狐茅草原,主要由棱狐茅、针茅、冷蒿所组成;而在北坡局部阴湿处有片状的西伯利亚落叶松林和斑块状分布的阿尔泰方枝柏灌丛。在海拔 1400 米以上则为荒漠草原,由沙生针茅、多根葱、假木贼(*Anabasis brevifolia*、*A. salsa*)所组成。这里是盐生假木贼的东界。

北塔山以东的低山,山势低而山体小,受南北两边的荒漠气候影响大,因而主要分布着荒漠草原,只在接近山顶处才见有草原群落。

25. 将军戈壁州

本州位于北塔山西南部,呈一弯带状。州内为一系列低丘陵和山间平地,海拔 1000 米左右,只卡拉麦里山高达海拔 1472 米。

在海拔较高的低山石质棕钙土上,主要分布着沙生针茅、短叶假木贼荒漠草原。卡拉麦里山以北一带低丘陵上多分布着短叶假木贼和琵琶柴组成的荒漠,以南山麓洪积扇砾质土壤上则覆盖有梭梭荒漠。北塔山以南的低丘陵上亦以短叶假木贼荒漠为主,而在山间平地上则多出现盐生假木贼(*Anabasis salsa*)荒漠,局部地点有膜果麻黄(*Ephedra przewalskii*)荒漠。一些低洼地的盐化土壤上则有芨芨草盐化草甸和多汁木本盐柴类群落。

26. 诺明戈壁州

本州位于准噶尔盆地的东端,介于天山和北塔山山链之间,为一干旱、剥蚀、残丘起伏的准平原面和山麓倾斜平原构成的地形,平均海拔 1500 米左右。

广大的剥蚀准平原上几乎没有高等植物形成的植被。山麓倾斜平原多为砾质石膏灰棕荒漠土,有梭梭的荒漠群落。一些低矮石质山地则多分布盐生木、合头草和霸王的荒漠;在山间平地可以见到膜果麻黄群落,而在小块沙地上有心叶优若藜的群落,其中混生以准噶尔的特有植物蒙古短苞菊(*Brachan-themum mongolicum*)和喀什菊(*Kaschgaria komarovii*)以及裸果木。还出现了蒙古荒漠的花棒

（*Hedysarum scoparium*）。

涝马河沿岸可以见到面积不大的杨、柳林和芦苇盐化草甸。河流下游低地盐化土壤上分布有盐化草甸。

27. 巴里坤州

本州包括巴尔库山及哈尔里克山两山分水岭以北的山地及盆地。

由于本州是在山地北坡，气候比较湿润，因此山地森林有大面积的分布。

高山植被仍以线叶嵩草为主的芜原，分布在海拔 2800~2900 米及以上。亚高山带已丧失了草甸植被，而高山芜原向中山带森林草原的复合植被直接过渡。山地草原占据着阳坡和平缓地段，以草原禾草针茅、棱狐茅、冰草、异燕麦等占优势。在森林带上部阳坡常有沙地柏丛，在下面的石质坡上则多小叶忍冬（*Lonicera microphylla*）、兔儿条的草原灌丛。

森林分布的范围上升到海拔 2100~2900 米，常呈块状分布于草原的阴坡。但在巴尔库山北坡也呈带状连续分布。森林树种以西伯利亚落叶松为主，代替了在整个天山森林中占绝对优势的雪岭云杉的地位。这里出现了森林带垂直分化现象。落叶松纯林分布在海拔 2600~2900 米的林带的上部；向下，林内雪岭云杉加入，并随海拔高度降低而逐渐加多，在山地中部形成混交林带（海拔 2400~2600 米）；再向下，落叶松很少或完全消失，而雪岭云杉则占优势。雪岭云杉的增加与过去无节制地采伐落叶松有密切联系。

巴里坤北山也具有这种混交林组成的山地森林草原带。但在东部的哈尔里克山北坡，雪岭云杉则十分稀少，甚至完全绝迹；这里是它的自然分布区的东界。这里的森林为西伯利亚落叶松的纯林。

森林群落一般是比较稀疏透光的。此外，亚高山带森林中还有一北极高山成分的常绿小灌木——高山北极果（*Arctous alpinus*）。

山地草原带分布在海拔 2000~2200 米，呈一狭窄带状。草原群落仍以针茅、棱狐茅占优势。在山地阳坡见有小叶忍冬（*Lonicera microphylla*）灌丛。

荒漠草原从山麓上部开始分布，几乎达到中山带，以沙生针茅、棱狐茅、多根葱等为主，并有一些荒漠半灌木、小半灌木加入，如短叶假木贼、优若藜等。

巴里坤盆地内主要为盐化草甸植被，由芨芨草、赖草（*Aneurolepidium dasystachys*）所组成；湖滨有面积不大的盐柴类荒漠，由琵琶柴、青蒿叶盐蓬（*Salsola abrotenoides*）组成，和盐土植被，由盐爪爪组成。

b. 东疆荒漠亚省

本亚省处于新疆东部，包括哈密北山、噶顺戈壁、哈密盆地、吐鲁番盆地、库米什盆地、觉洛山和库鲁塔克山的东段以及北山的西段。戈壁平地在海拔 1000 米左右；低山则超过海拔 1000 米，个别可高达海拔 1500~2000 米；盆地均在海拔 500 米以下，吐鲁番的艾丁湖底达海平面下 154 米。哈密北山即巴尔库山和哈尔里克山的南坡。

本亚省气候极为严酷，年降水量只有 20~70 毫米。这不仅使本亚省广泛分布着荒漠植被，而且许多地方，因土壤石质化和盐化的加强，成为裸山。山地气候稍湿润些，还能发育草原植被。

本亚省植被主要为亚洲中部的典型的荒漠，只在山地有草原和荒漠草原。

这里，区系植物组成极为贫乏，且多亚洲中部的特有的古老种。具有代表性的种有：泡泡刺、霸王、膜果麻黄、裸果木、盐生木、合头草。

本亚省可分为六个植被州：哈密北山州、吐鲁番州、哈密州、东库鲁塔格州、噶顺戈壁州和星星峡州。

28. 哈密北山州

本州位于哈密以北的巴尔库-哈尔里克山南坡。由于处在雨影带和濒临旱热的吐鲁番-哈密盆地，这里的气候比分水岭以北的巴尔库山地区更加干旱而炎热，使山地植被垂直带升高和简化，荒漠性和草原性益强。由上至下为：高山芜原带、山地草原带、山地荒漠草原带和山地荒漠带。

高山芜原带由嵩草所组成，分布在海拔 2900~3000 米及以上；向下即为棱狐茅、冷蒿草原。在草原带（海拔 2400~2900 米）的阴坡还能见到小块稀疏的西伯利亚落叶松林，已不成带；雪岭云杉已很少，仅局部出现于哈尔里克山内部阴湿的峡谷中。由沙生针茅、糙闭穗和短叶假木贼组成的荒漠草原，在这里上升到海拔 2000~2400 米；向下即为草原化的短叶假木贼荒漠，一直分布到山麓，与裸地或有稀疏膜果麻黄的砾石洪积扇相接。

29. 吐鲁番州

本州以吐鲁番为中心，为一坳陷盆地。火焰山将它分为南北两部分,北部为博格达山的山前倾斜平原,北高南低,由海拔 1000~1300 米降低到海拔 200~300 米;南部亦南倾,海拔高度低于海平面,至艾丁湖达最低处。

广大山麓平原为含石膏很多的砾质石膏棕色荒漠土,大多为裸地;只在局部冲沟内,可以见到极稀疏的散枝鸦葱(*Scorzonera divaricata*)。

一些盆地底部多盐化草甸土和盐土。盐化草甸土上多为疏叶骆驼刺(*Alhagi sparsifolia*)群落;唯西阿拉沟和白杨河下游,地下水位较高,矿化度低,盐化草甸土上出现大面积的狗牙根(*Cynodon dactylon*)盐化草甸。湖旁盐土上则多为黑刺(*Lycium ruthenicum*)或盐节木组成的盐生植被。

州内除库姆塔克沙山外,盆地周围亦有不少沙丘和沙地。库姆塔克沙山全为裸露的新月形沙丘和沙垄,只在沙丘坡麓见有少量的沙拐枣和羽毛三芒草(*Aristida pennata*);其余的沙丘或沙地多属固定的或半固定的,生长着疏叶骆驼刺、散枝鸦葱,有时有芦苇。

30. 哈密州

本州位于天山南麓,以哈密为中心,亦为一坳陷盆地,向南倾斜,海拔高度由 1700~1800 米降低到 150~200 米,最低处的沙兰诺尔为海拔 81 米。

北部山麓倾斜平原为石质性很强的石膏棕色荒漠土,多为裸地。有植被处则主要为盐生木荒漠;它往往和积沙地段上的泡泡刺荒漠相结合。盆地底部及洪积扇下缘分布有大面积的盐化草甸土,多覆盖着芦苇盐化草甸、小獐茅(*Aeluropus littoralis*)盐化草甸或疏叶骆驼刺群落,有时也可以见到小片的胡杨林。而在第三纪疏松物质所覆盖的地方则全为不毛之地。

31. 东库鲁塔格州

本州包括天山南支最东端的库鲁塔格山和觉洛山两低山的东部,两山间夹有库米什盆地。两山海拔 2000 米左右,向东逐渐变低而成残丘,消失于剥蚀准平原中。

由于气候干旱而山地多石质,因而两山基本上无植被覆盖。觉洛山山间谷地内,只在流水线上有些柽柳和盐生草。而碱水泉附近尚有盐角草等盐生植物生长。库鲁塔格山亦为秃山,唯山间谷地多细土和季节性流水形成的干沟,因而分布有膜果麻黄荒漠;覆沙的山麓洪积扇上广泛分布着盐生草群落。库米什盆地可以接受两山的季节性径流,因而在最低处有大片潮湿盐土和盐化草甸。在盐土上多发育着由盐节木、盐穗木、细枝盐爪爪(*Kalidium gracile*)等盐生植物组成的群落;在盐化草甸土上多为柽柳灌丛或芦苇盐化草甸。

32. 噶顺戈壁州

本州位于哈密、吐鲁番两盆地以南的残丘起伏的准平原,残丘间有平地和干河床及洼地,略高过海拔 1000 米。

东部在丘间平地分布有稀疏的泡泡刺荒漠和一些柽柳、琵琶柴植丛。西部几乎为无高等植物的地区,只在洪积扇下部及干谷中见到有个别的沙拐枣、膜果麻黄和裸果木等。

33. 星星峡州

本州为北山西延于新疆境内的部分,包括杰山集山、依盖孜山和苏鲁辛山三个主要山地及其间的大洼地。这些山地山体小而海拔高度低,为 1000(1500)~1750 米,相对高度一般只 200~300 米,甚而只有 50~60 米。

干旱石山上由于土壤石质性的加强,只分布着稀疏的合头草、短叶假木贼和盐生木荒漠。山前倾斜平原及山坡下部则分布着泡泡刺荒漠。较宽的山间洼地上,有较大面积的琵琶柴和膜果麻黄荒漠,而在一些干谷内尚可见到生长稀疏的梭梭。西部山间谷地内,分布有霸王和裸果木组成的荒漠群落。

(Ⅵ)天山南坡山地草原省

本省东自西盐池,西迄柯克沙尔山东端的天山分水岭以南的山地。南面与塔里木荒漠省和东疆荒漠亚省相接,西与昆仑西部山地草原-荒漠省相邻。

山势由西向东逐渐降低,如西部的托木尔峰海拔为 7443 米,汗腾格里峰高达 6995 米,到博格达峰则降低到 5445 米。相对高度亦达 3000~5000 米。高山带有现代冰川和积雪,山地垂直带分化很明显。由于西方湿气流受阻于山脉主体,南面和东面又受强烈干旱与炎热的塔里木盆地和嘎顺戈壁荒漠的影响,荒漠植被上升很高,其上限在海拔 1400~1600 米。山地的西部,荒漠沿着开阔的山谷能上升到海拔 1900 米,在强石质化的阳坡,竟能达到海拔 2000

米以上的亚高山带；在柯克沙尔山甚至上升到 2600～2800 米。由于山地石质性很强，荒漠带通常是通过不太宽的草原化荒漠迅速地向山地草原过渡。本省草原植被有着极为广泛的发育，它占据着海拔 1800 米以上的中山带和亚高山带以至高山带下部（海拔 3000 米）的阳坡，而且以干草原和寒生草原居优势。

雪岭云杉林在天山南坡已失去带状分布的特点，退居到亚高山带个别阴湿的山谷中。另外，亚高山草甸亦完全消失，草原带向上即直接过渡到嵩草芜原高山带。

本省植被中的建群种和优势种也很独特。草原建群种是沙生针茅、短花针茅、长芒针茅、糙闭穗和扁穗冰草为主，它们在中山带与多种蒿（Artemisia frigida、A. kaschgaria）构成干草原。此外，还有紫花针茅、座花针茅（S. subsessiliflora）和狐茅（Festuca sulcata、F. kryloviana）等与高山带的杂类草组成寒生草原。值得注意的是本区草原缺乏针茅。该种在天山北坡是构成草原群系的主要植物。因此本区草原的区系植物与蒙古–兴安岭植物区系有着密切的联系。

在荒漠植被中，典型的亚洲中部荒漠的成分起着显著作用，主要有膜果麻黄、合头草、盐生木、无叶假木贼、圆叶盐爪爪、泡泡刺、霸王（Zygophyllum xanthoxylon、Z. kaschgaricum）等。本地的特有种有天山猪毛菜（Salsola junatovii）。蒙古荒漠中典型的短叶假木贼亦分布在本区的东部。

本省可分为九个植被州：柯克沙尔州、柯坪盆地州、哈雷克套州、拜城盆地州、尤尔都斯盆地州、喀拉乌成山南坡州、焉耆盆地州、西库鲁塔格州、博格达山南坡州。

34. 柯克沙尔州

本州东起汗腾格里峰，西止于克孜勒苏河谷。境内柯克沙尔南坡有现代冰川，但发育很微弱。

在高山带，有以线叶嵩草为主的高山嵩草芜原的分布，它的下限在海拔 2900～3000 米。在本州的西南端，气候更干燥，高山芜原上升更高。往下为由棱狐茅、银穗花（Leucopoa olgae）、长芒针茅、粉花蒿和高寒刺矶松（Acantholimon hedinii）等组成的高寒草原。仅在本州东北部的山地阴坡，才有片段的雪岭云杉林。亚高山带以下的蒿类–针茅荒漠草原在 2200 米才出现。山地下部及山间平原完全为琵琶柴和盐柴类荒漠群落，由琵琶柴、圆叶盐爪爪、无叶假木贼、合头草所组成。

在柯克沙尔山，盐柴类荒漠上到海拔 2600～2800 米，往上直接过渡到呈块状分布的桧灌丛和贫乏的高寒草原；狭窄的草原化嵩草芜原常分布于雪线边缘；云杉林只在一些荫蔽的地方出现。在哈雷克套山的南坡海拔 3300～3500 米和北坡海拔 2400～2500 米，由于覆有黄土状沉积物，嵩草芜原和亚高山草原得到发育；东部并有面积不大的云杉林片断；山的下部石质性很强，有荒漠群落分布。而吐尔尕特–买依登塔格山为一内陆剥蚀高原，这里已无冰川，积雪也很少，是很干燥的高山区，由银穗草、棱狐茅组成的高寒草原，发育良好；往上为一些垫状植物。

35. 柯坪盆地州

本州处于本省的东部，包括柯坪山脉及其间的柯坪、匹羌等一系列的山间盆地。山脉海拔 2400～2700 米；盆地底部海拔 1200～1600 米，汇集临时性径流及泉水，充满砾石沉积物。全州都表现荒漠性非常强的特点，山地大多是裸露的基岩、风化残积物或侵蚀劣地，仅沿石缝或岩屑中分布着稀疏的琵琶柴、圆叶盐爪爪、合头草等荒漠植物群落。海拔 2000 米以上发生草原化，出现沙生针茅群落。盆地中砾质和沙砾质戈壁上主要是泡泡刺荒漠，北部则为膜果麻黄荒漠。匹羌盆地底部面积较大，典型盐土上分布柽柳灌丛和盐穗木、盐节木荒漠。

36. 哈雷克套州

本州位于天山南坡草原省的西部，包括库车河流域及其以西的山地。州内的汗腾格里峰等高峰覆有现代冰川，冰舌下延，最低者可下达海拔 2700 米。通常在海拔 3500～3600 米及以上即为常年积雪。河流甚多，有木扎提河、渭干河和库车河等。地形切割聚类，多陡壁和峡谷。

州内由合头草、琵琶柴、圆叶盐爪爪等组成的半灌木荒漠能分布到海拔 2000～2200 米；向上，出现由扁穗冰草、长芒针茅、落草、冷蒿组成的草原。高寒草原分布于海拔 2400～2800 米，以克氏狐茅（Festuca kryloviana）草原为主。草原化的嵩草芜原出现在海拔 2800 米以上的高山带；但是在木扎特河上游，由于冰川活动剧烈，多石质露头和冰积物，嵩草芜原和高寒草原不是很发达。

在亚高山带阴湿山谷的阴坡有雪岭云杉林,以在库车河上游的克桑克齐克河谷的发育最好。其阳坡分布着较多的新疆锦鸡儿(*Caragana turkestanica*)茂密的灌丛,它们是亚高山带强石质化的陡峭的南向坡地的明显标志。

37. 拜城盆地州

本州位于哈雷克套山的南麓,包括屈勒塔格及其与主脉间的拜城和克依盆地。屈勒塔格是中生代及第三纪红色岩层构成的前山带,海拔在2000米,这里分布的是非常贫乏的盐柴类荒漠。拜城盆地海拔1200~1400米,水量丰富的木扎尔河几乎沿整个盆地流过。这里植被相当多种多样。砾质洪积冲积扇上仍是膜果麻黄荒漠。在覆有黄土状壤土的广阔古老冲积锥上,分布着喀什蒿荒漠。马蔺草甸、芨芨草丛和耕地相交错。木扎尔河下游形成宽阔谷地,分布有獐茅、芨芨草和芦苇草甸,大部分已经开垦为农田。

38. 尤尔都斯盆地州

本州主要包括大、小尤尔都斯两个高山盆地,一般在海拔2500米左右,盆地中心为海拔2300米。盆地四周为几座覆盖积雪的高山。盆地水源很丰富,中心有大面积的沼泽。土壤有亚高山草原土、高山草甸草原土和高山草甸土。

本州气候较干旱而寒冷,在地势开阔的山坡和冲积洪积扇上,寒生草原很发达。草原建群种主要为座花针茅、紫花针茅、长芒针茅、狐茅(*Festuca kryloviana*、*F. sulcata*)等组成的各个群系。针茅草原主要分布于海拔2300~2600米的盆地底部;狐茅草原的分布接近于亚高山带的上部,即在海拔2600~2800米出现,有时沿着强烈风化的山坡,能上升到海拔2900~3000米的高度,且与线叶嵩草共同构成高山带特有的嵩草-狐茅高寒草原。

在生态条件较好的地段,寒生草原常常是通过一条很窄的草甸草原带而过渡到高山芜原。本州的高山草甸仅限在接受湿润的西风气流的纳拉特山谷一带的地方,主要组成成分有白花老鹳草、飞蓬(*Erigeron*)、高山地榆(*Sanguisorba alpina*)、聚花桔梗(*Campanula glomerata*)、珠芽蓼、蓬子菜(*Galium yerum*)等。

嵩草(*Cobresia capilliformis*、*C. pamiroalaica*)芜原在海拔2900~3400米的高山带有广泛的分布。

盆地的中心分布着大面积的沼泽草甸和沼泽植被。群落中主要种类有囊状薹草、细刺薹草(*C. microglochin*)、大看麦娘(*Alopecurus pratensis*)、发草(*Deschampsia caespitosa*)、灯心草(*Juncus*)等30~40种。浅水植物有狸藻(*Utricularia*)、眼子菜(*Potamogeton*)等。

39. 喀拉乌成山南坡州

本州位于天山南坡山地草原省的中部,东自白杨河、西迄库车河,包括喀拉乌成山、萨阿尔明山和哈尔夏帖山。本州高山地带有较开阔的高山剥蚀平原面,给植被发育提供了有利条件。海拔3300(西部)~3800米(东部)及以上有常年积雪和冰川。水源丰富,发源于本州的常年河流有开都河、乌拉斯台河、阿拉沟河等。

在州内的山麓洪积锥上,出现喀什霸王(*Zygophyllum kaschgaricum*)荒漠;但分布广的荒漠则在石质性强烈的低山上,主要由合头草、膜果麻黄和圆叶盐爪爪构成,它们的上界可达到海拔1600米。向上,荒漠植被发生草原化,其中出现很多荒漠草原和草原种,如沙生针茅、北地冠芒草(*Pappophorum boreale*)、蓖叶蒿(*Neopallasia pectinata*)等。

荒漠草原发育在海拔1800米以上,草原禾草以针茅(*Stipa glareosa*、*S. krylovii*)和糙闭穗为主要优势种,且有多量的平滑兔唇花(*Lagochilus leiacanthus*)、中麻黄(*Ephedra intermedia*)、优若藜、灌木紫菀木等植物参加。陡峻的石质山坡和坡麓堆积物上广泛地分布着有锦鸡儿和木蓼(*Atraphaxis*)等灌木参加的灌木草原,而且由锦鸡儿组成的灌木草原在阳坡上能上达海拔2700米(如在和硕山地)。

海拔2300米以上,荒漠草原过渡为干草原,其中建群种为长芒针茅和扁穗冰草,杂类草则有柳叶风毛菊(*Saussurea salicifolia*)、委陵菜、冷蒿、棘豆等。陡峻的石质山坡上更有以扁穗冰草为优势的石质草原。向更高的高山过渡时,草原组成发生重大的变化,在海拔2700~2900米的亚高山带上部,广布着由紫花针茅、扁穗冰草、落草和高山杂类草组成的高寒草原。平坦的高山谷地(乌拉斯台),则发育着典型的座花针茅草原。

海拔2900~3000米及以上开始进入高山剥蚀准平原区域。这里广布着嵩草芜原和薹草-嵩草芜原。

本州的森林不发达。雪岭云杉林仅能在海拔

2400 米以上的狭窄山谷的阴坡出现。在砍伐和火烧迹地上，有次生的天山桦林。在低山带的河谷两旁，生长着良好的白榆和青杨（*Populus cathayana*）林。芨芨草草甸沿低山河谷能进入海拔 2200 米的谷地。

40. 焉耆盆地州

本州是天山主脉与库鲁塔克间半封闭的、较大的山间盆地，海拔 1000~1200 米。新疆最大的淡水湖（博斯腾湖）即位于盆地东南部；开都河自西北方向流入，形成巨大的三角洲。盆地四周宽广的洪积扇仍是典型的膜果麻黄荒漠，混生有盐生木、合头草、泡泡刺、沙拐枣、梭梭等植物。河旁分布有白榆疏林。与湖泊相连的盆地底部，盐渍化强烈，分布以盐穗木、盐节木、多枝柽柳、刚毛柽柳（*Tamarix hispida*）和芦苇为主的盐土荒漠和灌丛。河漫滩及三角洲土壤盐渍化微弱，分布大面积芨芨草丛和芦苇沼泽，特别是湖泊西滨及水流出口处，形成宽广的芦苇及香蒲-芦苇沼泽地带。在三角洲排水比较良好的地方，大部分已开垦为农田。湖泊以南大半是疏生有梭梭的沙丘。

41. 西库鲁塔格州

本州包括焉耆盆地以南、以东的一系列山地及山间谷地，即库鲁塔克山的西部。山地海拔 1300~1500 米，非常干旱，岩石裸露，覆盖着以合头草、琵琶柴和喀什霸王为主的荒漠。山地上部的阴坡及谷地，植被发生草原化。南部山地较高，植被略呈垂直带状分异。海拔 2000 米以上为糙闭穗、针茅荒漠草原，局部有蒿类、糙闭穗、扁穗冰草、针茅草原。沟谷中存在有白榆疏林。山麓倾斜平原上也是典型的膜果麻黄荒漠，不过梭梭、霸王、合头草在群落中向东逐渐增多。

42. 博格达山南坡州

本州位于天山南坡山地草原省的最东部，包括博格达山分水岭以南的整个山地，一般海拔高度在 4000 米以上，东部有数个高出海拔 5000 米以上的高峰，博格达峰兀立其中，上覆冰川和常年积雪，白杨河即发源于此。

博格达山南坡，东受蒙古干旱气候的侵袭，南临荒漠性强烈的吐鲁番盆地，干旱的气候条件深刻地影响着本州植被的发育。荒漠植被广布于山麓洪积扇和低山，甚至上升到中山带。膜果麻黄荒漠分布在干旱的石质性的前山地带，沿着干河床向洪积扇伸展，到达海拔 1400 米的高度。在具卵石和砂性基质的前山干谷中，有喀什霸王、优若藜、木蓼、塔里木沙拐枣（*Calligonum roborovskii*）等组成的稀疏灌木荒漠。海拔 1400 米以上，麻黄荒漠则为短叶假木贼荒漠所代替，它在七昌以北能形成纯群落，在大河沿一带与优若藜、琵琶柴构成群落，往西到达坂城以东则未见之。海拔 1800 米以上，荒漠植被表现出明显的草原化。七昌的北面有发育很好的以沙生针茅和短叶假木贼为主的荒漠草原。

草原广布于中山和亚高山带。在海拔 2000~2400 米分布的是稀疏而低矮的山地干草原，由沙生针茅、扁穗冰草、冷蒿组成；在阳坡普遍分布着锦鸡儿、中麻黄（*Ephedra intermedia*）构成的灌木草原，上限可达海拔 2600 米。在海拔 2400~2800 米发育着良好的狐茅高寒草原，由克氏狐茅等组成。在海拔 2800~3000 米有一条狭窄的亚高山草甸草原带。

高山嵩草芜原分布在海拔 3000~3200 米的高山地区，由线叶嵩草、狭果薹草（*Carex stenocarpa*）、珠芽蓼以及多种高山杂类草——报春（*Primula*）、毛茛（*Ranunculus*）、龙胆（*Gentiana*）、马先蒿（*Pedicularis*）、高山唐松草等，形成低矮而密集的植被。在海拔 3200 米以上的山坡和分水岭上，接近冰雪活动地带，冰碛石和倒石堆发达，植被贫乏单调。

博格达山南坡缺乏完整的森林带，仅在亚高山带的个别山谷中有雪岭云杉，分布于海拔 2400~2800 米。值得注意的是，在克朗沟发现了雪岭云杉和西伯利亚落叶松的混交林。

（Ⅶ）塔里木荒漠省

本省位于天山和昆仑山之间，包括整个塔里木盆地。周围高山环绕，仅东南端以一狭窄干河谷与河西走廊相通。塔克拉玛干大沙漠占据盆地中部，其东为罗布泊低地平原，四周为略向中心倾斜的山前平原。叶尔羌河-塔里木河河谷呈带状环迴于盆地西部和北部。全区地势平坦，海拔 900~1200 米。

本省气候温暖而干旱。年平均温度 10~12℃，年降水量 10~80 毫米，中部不足 10 毫米，且集中于夏季。地带性土壤为富有石膏或盐盘的棕色荒漠土。

在严酷的气候、土壤条件下，地带性植被为灌木荒漠,分布于周围山麓冲积洪积平原上。山麓古老淤积平原上多为柽柳灌丛及盐土植被。河谷平原有大面积的杜加依林。塔克拉玛干大沙漠及罗布泊低平原,绝大部分为裸地。

本省植物很贫乏,野生植物不过 120 种,代表性植物多为古老的种,如膜果麻黄、泡泡刺、裸果木、小沙冬青、霸王(*Zygophyllum xanthoxylon*、*Z. kaschgaricum*)、合头草、盐生木、五蕊琵琶柴(*Reaumuria kaschgarica*)、疆堇草(*Roborowskia mira*)等。还有大面积分布的胡杨与灰杨(*P. pruinosa*)和多种柽柳。植被中有许多中亚的成分,如无叶假木贼、疏叶骆驼刺、花花柴(*Karelinia caspica*)、大花野麻(*Poacynum hendersonii*)、长苞节节木(*Arthrophytum longibrecteatum*)等,将本省与准噶尔联系起来。

本省可以分出两个植被亚省:喀什荒漠亚省和塔克拉玛干荒漠亚省。

a. 喀什荒漠亚省

本亚省位于西部,包括喀什冲积平原及叶尔羌河谷平原。由于西来气流的影响,气候比较湿润,年降水量 40~80 毫米,春季占年降水量的 50% 弱,秋季占 30% 强,而夏季干旱,属于典型的喀什气候型。

地带性植被以半灌木荒漠和小半灌木荒漠占优势。而且在局部地区的植被中出现短生植物——四齿芥、非洲滨兰(*Malcolmia africana*)等。杜加依林是非常典型的,以灰杨为主。

本亚省有两个植被州:喀什州和叶尔羌河州。

43. 喀什州

本州位于柯克沙尔山-西昆仑山的山前,向东抵达叶尔羌河谷,是由克孜勒苏河、盖子河、库山河等河流形成的巨大冲积洪积平原,向东缓缓倾斜。平原上部堆积深厚的砾质和沙砾质物质,中下部为沙壤质,排水条件良好。及至河流下游地区,地势低洼,排水不良,多湖泊沼泽,土壤盐渍化加强。古老的淤积平原上是吐克拉克-布古里沙漠,沙丘一般高 5~10 米,有达 15~20 米的。冲积平原大部分是古老的灌溉绿洲,是新疆盛产麦类和瓜果之区。砾质戈壁上主要是无叶假木贼荒漠;无叶假木贼又常与盐生木、圆叶盐爪爪、合头草、琵琶柴等组成各类群落,其中有时混生少数的短生植物。在沙壤-砾质戈壁上是稀疏的琵琶柴和盐生草群落。在山间谷地洪积物上,分布着灌木荒漠,由裸果木、灌木紫菀木等组成;在克孜勒苏河谷洪积扇的上部,出现小沙冬青、灌木紫菀木的植丛。沙丘大部分光裸,边缘生长稀疏的骆驼刺、花花柴、柽柳及胡杨等。盐渍化的低地分布着芦苇、獐茅、甘草、骆驼刺等盐化草甸和薹草沼泽草甸,其中并常混有盐穗木、盐节木、盐爪爪、黑果等盐生植物。沿河岸保留小片的胡杨和灰杨林。在绿洲,栽培的桑林成片。

44. 叶尔羌河州

本州包括叶尔羌河河谷、提兹那甫河冲积扇及其河谷平原。这里灌溉农业发达,沿河植被茂盛。但州内各地段植被有显著差异。冲积扇及至中游地区的麦盖提,皆已开垦为农田。下游地区河道纷繁,水流减少,只有小片农田,河旁分布灰杨林;在河漫滩及河间低地,为芦苇、假苇拂子茅(*Calamagrostis pseudophragmites*)盐化草甸和柽柳灌丛。下游东段水量更少,仅在洪水季节才有水流,而且地势平坦,盐渍化和荒漠化加强,有大片盐滩、风蚀地和沙丘,以稀疏的柽柳灌木占优势,胡杨和灰杨能沿河岸生长。

b. 塔克拉玛干荒漠亚省

本亚省为塔里木省的主体,包括塔克拉玛干沙漠及其边缘的山麓倾斜平原。气候极为干旱,属于典型的蒙古气候类型的性质。植被以灌木荒漠、多汁木本盐柴类荒漠和柽柳灌丛占优势;河岸主要为胡杨林和柽柳灌丛。且有大面积裸露的戈壁、流沙和盐土。

本亚省可分出六个植被州:阿克苏-库尔勒州、塔里木河谷州、塔克拉玛干州、罗布泊州、和田州、若羌州。

45. 阿克苏-库尔勒州

本州为从天山南麓前山带至叶尔羌河下游——塔里木河河谷间的广大山前平原。西起巴楚以东(约东经 79°),东抵库鲁塔格南麓,近东经 88°,包括阿克苏、喀拉玉尔滚、渭干、库车、迪纳尔、孔雀等河流形成的大小不一的联合冲积洪积扇及其间的古冲积平原。在洪积扇和冲积平原上覆盖有流动和半固定沙丘。由于气候和特殊的水文地质条件,盐渍化现象非常普遍而严重。良好的各河流冲积扇也早已辟为绿洲。膜果麻黄荒漠在本州山麓砾质戈壁上获得最充分的发展,其中普遍混有喀什霸王,多雨年份混生大量一年生的盐生草,洪积扇下部沙质砾质基质上则常混有塔里木沙拐枣（*Calligonum roborovskii*）和梭梭。另一重要特点是梭梭在本州分布比较普遍，它与喀什沙拐枣、多枝柽柳构成沙丘的主要植被。梭梭荒漠在塔里木分布的西界即在屈勒塔格山前平原（约东经 81°）。另外，在草甸盐土或结皮盐土上分布有柽柳、草本灌丛；龟裂型盐土上为参加有梭梭、琵琶柴的柽柳灌丛；结壳盐土上则为稀疏的柽柳、木本盐柴类灌丛或纯的多汁木本盐柴类荒漠，由盐穗木、盐节木、黑刺组成。柽柳丛下沙丘堆积，形成独特的自然景观。扇缘带分布片段的胡杨疏林和芦苇盐化草甸。灰杨开始出现在本州的南部——沙雅县的其门。

46. 塔里木河谷州

本州包括从阿克苏、叶尔羌及和田河三河汇合处到下游三角洲的整个塔里木河冲积平原。塔里木河是复杂自然因素形成的巨大汇水区，径流及河床极不稳定，大大影响河谷地区植被的形成和发育。

整个河谷都带有极干旱的气候特征。典型的荒漠河岸胡杨林及灌丛在塔里木河岸有广泛的发展；河漫滩及河间低地主要是假苇拂子茅和芦苇构成的草甸；芦苇和香蒲占据河漫滩及湖泊低地。局部盐渍化强烈处出现多浆木本盐柴类荒漠。

在漫长的河谷平原中，上游从三河汇合处到沙吉里克河口，谷地坡度相当大，河道比较稳定，水量丰富，河漫滩是假苇拂子茅、薹草草甸和蒲草植丛。河漫滩一级阶地上通常以灰杨和胡杨幼年林为主，并与密集的铃铛刺（*Halimodendron halodendron*）灌丛相交错。第二级阶地上发育良好的胡杨林，与密集的多枝柽柳（*Tamarix ramosissima*）灌丛相结合。再往上则分布着生长不良的柽柳灌丛及胡杨疏林，至大沙漠边缘尽是稀疏的柽柳盐化沙丘。

中游地段从沙吉利克河口延伸到尉犁，坡度平缓，河道纷繁，大部分河道没有水流。只于年轻河道旁分布有胡杨林、柽柳灌丛和盐穗木、盐爪爪荒漠。受洪水淹没的低地分布着芦苇和拂子茅盐化草甸和沼泽草甸。

下游地段从尉犁延伸到下游三角洲，谷地呈走廊状挟持在两侧大沙漠中，荒漠化和盐渍化更加增强。盐化沙丘上的稀疏柽柳灌丛具有大面积分布。胡杨林沿河岸呈很窄的带状分布。由大花野麻（*Poacynum hendersonii*）、胀果甘草（*Glycyrrhiza inflata*）、芦苇等组成的盐化草甸和芦苇沼泽仅见于铁干

里克一带的河间低地及咸水湖滨。

47. 塔克拉玛干州

本州包括塔克拉玛干大沙漠，气候极端干旱，年降水量为 10 毫米以下，东部更少。植物最为贫乏，40 余万平方千米内只有植物 30~40 种，主要是多枝柽柳和一种尚待研究的柽柳，其他还有芦苇、灰杨、胡杨等，北部边缘有少数梭梭。除了伸入大沙漠中的和田河及克里雅河等河谷，大沙漠内几乎完全光裸，仅于沙丘下部或沙丘间低地有零星的柽柳、胡杨、芦苇、骆驼刺和盐穗木等散生的植丛。

和田河以南北方向穿过大沙漠的西部，河谷平均宽 3~4 千米，沿河分布芦苇-拂子茅盐化草甸及灰杨林；在新和田河河岸，灰杨林特别茂密。灰杨林下沙棘（*Hippophae rhamnoides*）、芦苇丛生，并有铁线莲等植物，局部地区有莫氏沙枣（*Elaeagnus moorcroftii*）林。河旁与大沙丘间则是柽柳固定沙丘。老河床中生长沙生旋复花（*Inula ammophila*）、沙蓬、散枝鸦葱等植物。

克里雅河和尼雅河也是自大沙漠南面伸入的间歇性河流。河谷主要是芦苇草甸和胡杨林，许多沙垄和新月形沙丘间为稀疏柽柳丛。

48. 罗布泊州

本州以罗布泊低平原为主体，并包括孔雀河下游一部分和东通河西走廊的疏勒河下游。州内主要为湖积平原及河流淤积平原，均属盐土。平原北部为风蚀的"雅丹"地形，西部为堆积的库鲁克沙漠，南部直达台特马湖周围，均为被风蚀的盐土。

州内绝大部分地区荒芜不毛，仅于沙丘边缘生长零星的梭梭、多枝柽柳、胡杨和芦苇。而在风蚀盐土上有片状的盐节木群落和柽柳丛。湖边盐土上有盐生植被，由盐穗木、细枝盐爪爪（*Kalidium gracile*）、芦苇、大花野麻、茶叶花（*Trachomitum lanciolium*）组成。孔雀河下游三角洲，分布着芦苇草甸和沼泽。

49. 和田州

本州位于叶城与民丰间的山前平原，北部毗邻塔克拉玛干大沙漠，气候较其西面的喀什州更为干旱炎热。宽阔的砾质戈壁上是聚积有厚层盐盘的石膏棕色荒漠土，地下水深 30 米以下。因此，这里植被非常贫乏，仅分布有稀疏的琵琶柴荒漠和盐生草

群聚,其中并混有零星的泡泡刺、塔里木沙拐枣和膜果麻黄。在扇缘潜水溢出带有大片盐生芦苇的群落。皮山、章古雅、策勒、于田、民丰等冲积扇则是一些不大的荒漠绿洲。

50. 若羌州

本州包括民丰以东直达自治区境的山前平原地区,包括车尔臣河谷平原。气候最为干旱。且末、若羌的年降水量仅 10 毫米左右。洪积平原大部分为光裸的沙丘和砾石戈壁。平原的上部分布有五柱琵琶柴群落,下部沿着河流及冲沟分布有膜果麻黄荒漠,其边缘沙质基质上生长有喀什沙拐枣、多枝柽柳和骆驼刺固定和半固定沙丘。山前古老淤积平原盐渍化特别强烈,分布最广的是稀疏的中型芦苇盐化草甸以及由盐穗木、盐节木组成的荒漠和柽柳灌丛;扇缘带及老河床保存有片段的胡杨疏林。车尔臣河河谷及安的尔河、雅通古斯河下游三角洲分布有茂盛的植被,是很引人注意的。那里有杂类草-芦苇盐化草甸、芦苇沼泽、多枝柽柳灌丛和片段的胡杨疏林。

(Ⅷ) 昆仑西部山地草原-荒漠省

本省包括西起克孜勒苏河谷、东达喀拉喀什河谷的昆仑山北坡外缘山地地区。境内公格尔山高逾海拔 7000 米,往东各山下降至海拔 5500 米。省内受西来湿润气流的影响,具有较丰富的降水,在亚高山带可能超过 450 毫米。

省内山地植被垂直带结构的特点是有较明显的草原带,虽然它的宽度不大。荒漠带上升到海拔 3200 米,甚至更高的高度。

本省只有一个昆仑西部州。

51. 昆仑西部州

本州山地植被垂直分布的高度和宽窄在各地是不一致的。一般说来,海拔 2000 米以上黄土覆盖,为山地荒漠带,由合头草、圆叶盐爪爪、昆仑蒿(*Artemisia parvula*)、山葱(*Allium oreoprasum*)等为主的植物组成。草原带在垂直带结构中不是很发达,在金格套以东变得更狭窄,而且上升到很大的高度。在叶城,它的下限位于海拔 3200~3300 米;往东在桑株附近,则上升到海拔 3400~3500 米,而且只在凹陷的阴坡上呈片段出现。群落中主要种类有银穗

草、紫花针茅、扁穗冰草、早熟禾、昆仑蒿、黄芪、马蔺等。往上直接与片状的雪岭云杉林相接。云杉林从金格套山起,零星散布,向东止于叶城,分布于海拔 2900~3600 米的局部阴坡;阳坡则为天山方枝柏的针叶灌丛。高山帕米尔嵩草(*Cobresia pamiroalaica*)芜原与棱狐茅草原,均分布在海拔 3500(3600)米以上的区域。

公格尔高山及其邻近山地北坡,大部分为冰雪覆盖,并发育着现代冰川,雪线以下大部分为裸露的冰积物,间或生长藏亚菊、扁芒菊(*Waldheimia tridactylites*)、棘豆(*Oxytropis poncinsii*)等垫形小半灌木和垫状植物。

昆仑西部的、高度在海拔 3000 米以上的高山区,大部分地区都是巉岩峭壁,没有植物,仅在海拔 4500 米以下覆有细质土、较潮湿的局部地段生长一些垫状植物,如四蕊山莓草、棘豆等。稍低,约在海拔 3000 米以上的地方,为由合头草、昆仑蒿组成的荒漠。自普沙起愈向东,植被垂直带愈有所抬高。合头草荒漠很发达,上达海拔 2600 米,往上为草原化蒿类荒漠。到海拔 3200 米出现狭窄的草原带,再往上则为糙点地梅高山垫状植被。海拔 3000 米以下河谷内局部湿润地段出现云杉林和圆柏灌丛。

(Ⅸ) 昆仑-阿尔金山山地荒漠省

本省包括喀拉喀什河以东的昆仑山及新疆境内的阿尔金山部分。西部山地高达海拔 5500 米以上,民丰后山主峰高逾海拔 6000 米,多为冰雪覆盖;向东山势变低,阿尔金山则在海拔 5000 余米,冰雪渐薄,愈显干燥,终至成为光裸高山。山地切割成许多深谷,山麓堆积成巨厚的洪积扇。山坡干燥剥蚀作用加剧,地形陡峻,坡积物和巨大的石流堆积在坡前;只是在中山带由于亚沙土覆盖着侵蚀的地面,才使得地形变得缓和。在这种不利于植物生长的条件下,植物种类非常贫乏。

本省气候虽缺乏记录,但无疑属于荒漠气候。但是随地理位置和地形特点,也因地而有不同。大致西部较湿润而寒冷,东部干旱而温暖;高山地区总的说来是干旱而寒冷的。

在这种情况下,植被和土壤垂直带均具有干旱大陆性类型的特征。本省典型的山地植被垂直带谱与天山北坡不同,山地草原带、针叶林带、亚高山草甸带和高山芜原带均明显地退化,而是由山地荒漠

带和高寒荒漠带(或高山垫状植被带)构成的;同时这些植被垂直带分布的高度和宽度也因地而有很大的变化。

本省分为两个植被州:昆仑州和阿尔金山州。

52. 昆仑州

本州包括车尔臣河上游以西的昆仑山北坡部分。荒漠带上升到海拔 3400 米,其下部主要由合头草、圆叶盐爪爪、优若藜、琵琶柴、泡泡刺组成;上部达海拔 2900(3100)~3400 米为昆仑蒿荒漠。往上,蒿类荒漠中参加了银穗草、沙生针茅、紫花针茅、棱狐茅、山葱等植物,出现草原化荒漠和荒漠草原。山地草原带不发育,大部分情况下,蒿类荒漠直接地或通过片段的草原与高山带的垫状植被或高山芜原相衔接。组成高山植被的种类一般有:糙点地梅、高寒刺矶松 (*Acantholimon hedinii*)、珠芽蓼、天山堇菜 (*Viola tianschanica*)、雪地棘豆 (*Oxytropis chionobia*)、变色马先蒿 (*Pedicalaris versicolor*)、高山紫菀 (*Aster alpinus*)、兔耳草 (*Lagotis glauca*)、高山葶苈 (*Dtaba alpina*)、四裂红景天 (*Rhodiola quadrifida*)、虎耳草 (*Sasifraga oppositifolia*、*S. sibirica*)、龙胆 (*Gentiana tenella*、*G. falcata*) 等。昆仑山轴心部分的山体,在冰雪带以下多为缺少植被的裸露山岩。

在山地荒漠带河谷中,有下列一些乔灌木:柳、莫氏沙枣 (*Elaeagnus moorcroftii*)、胡杨、怪柳、水柏枝 (*Myricaria elegans*、*M. squamosa*)、矮锦鸡儿 (*Caragana pygmaea*)、小檗、喀什蔷薇 (*Rosa kaschgarica*) 和灰忍冬 (*Lonicera semenovii*)。它们可以上升到海拔 4100 米的河谷。

53. 阿尔金山州

本州包括新疆境内的阿尔金山北坡部分,为荒漠化极强的州。植被非常贫乏,除在海拔 2300~3000 米的河谷内疏生少量植物,如杨、沙棘、短穗怪柳 (*Tamarix laxa*)、膜果麻黄、盐爪爪、盐穗木、喀什霸王、五柱琵琶柴、疏叶骆驼刺、花花柴等外,经常数百里山地尽属赤裸巉岩。

C. 帕米尔-阿雅格库木湖高原高寒荒漠亚区(与藏北高原高寒荒漠同属一亚区)

本植被亚区与东疆-南疆荒漠亚区的分界为:

东起柴达木盆地南缘的昆仑山脊,向西经过阿尔金山,再循塔里木盆地南缘昆仑山北坡的外缘山脉分水岭到达阿赖山脉。包有帕米尔和新疆境内藏北高原部分。本亚区的气候干旱而寒冷,年平均温度小于 3℃,七月平均温度小于 17℃;年降水量 50 毫米以下。属于高寒、干旱山地的气候类型。

本亚区的植被比较年轻,主要是随着第四纪山地抬升而形成的。荒漠植被主要是由垫形小半灌木所形成。建群植物是匍生优若藜、藏亚菊。这里具有本亚区代表性的高山垫状植被,由耐寒、耐旱的垫状植物高寒棘豆 (*Oxytropis poncinsii*)、帕米尔委陵菜 (*Potentilla pamiroalaica*)、糙点地梅等所组成。

植物群落的结构更为简单,连一年生草本植物层片也不发育,多系单层片结构。

山地植被垂直带也很简单,只是在隆起的低山上有高山垫状植被带,与垫形小半灌木高寒荒漠相连接,属于帕米尔-内部昆仑植被垂直带结构类型组。

本亚区可以分出两个植被省:帕米尔高原高寒荒漠省和喀喇昆仑-阿雅格库木湖高原高寒荒漠省。

(Ⅹ)帕米尔高原高寒荒漠省

本省西北起自阿赖山脊,南至喀喇昆仑山,东北以公格尔山及其以东高山的分水岭为界,东南达喀拉喀什河以西高山的分水岭。

境内有不少超过海拔 7000 米的高峰,如慕士塔格的海拔即达 7555 米。这些高山多巨大的现代冰川。本省西北部比东南部湿润,雪线也是在西北部低于东南部,如萨里柯尔山雪线在海拔 5200 米,慕士塔格和公格尔山南坡冰川均垂达海拔 5000~5200 米;而喀喇昆仑北坡则很干燥,雪线最高可上升到海拔 5900 米。这个地区由于自第三纪起迅速隆升,在冰期比较湿润的时候,古冰川普遍分布。冰后期,气候向干旱转变,冰川开始退缩,冰量从此大减,这一过程一直继续到现在。由于冰雪水补给急湍的河流,区内多切割成许多深沟峡谷,但在平行山脉间,亦能形成如塔什库尔干那样的宽谷。

本省的气候非常严酷。据推算帕米尔海拔 5000 米的高山年平均温度小于-8℃,并由西向东逐渐降低。塔什库尔干所处海拔较低(4000 米),又因其位于河谷,比较温暖,但是年平均温度也仅

2.7℃。年降水一般为 50~150 毫米。因此,总的说来,高山是寒冷而干旱的,但在局部地区雨量也可以达到 450 毫米,而出现垫状植被。

在这些气候和地形条件下,植被和土壤的垂直带具有寒冷、干旱的大陆性特征。本省植被垂直带结构中缺乏草原带、针叶林带,一般高山芜原带也缺如。因此,本省植被垂直带结构是以高寒荒漠为主。在高寒荒漠带内,出现高山垫状植被;在亚高山带内的干旱盆地,有时有蒙古戈壁型的荒漠草原。在宽谷则有柳灌丛和河谷草甸。

本省只有一个同名植被州:帕米尔州。

54. 帕米尔州

本州包括帕米尔的山地和谷地。州内风蚀强烈,劣地发达。在受到微弱侵蚀的冰积巨砾的地段,可以看到稀疏的帕米尔麻黄(*Ephedra fedtschenkoi*)和粉花蒿(*Artemisia rhodantha*),其中混生有少量的大足霸王(*Zygophyllum macropodum*)、骆驼蓬(*Peganum harmala*)、莫氏委陵菜(*Potentilla moorcroftii*)等。在海拔 3000 米以上出现草原化荒漠类型,组成种类除了上述麻黄和蒿类植物外,还有高寒刺矶松、沙生针茅、狭叶状薹草(*Carex stenophylloides*)、蓖形冰草(*Agropyrum pectiniformis*)、兔唇花(*Lagochilus*)、棘豆等。在海拔 3600~3900 米的高山带,分布着主要由匍生优若藜形成的垫形小半灌木荒漠。山间盆地有沙生针茅、葱、狭叶状薹草等组成的荒漠草原。海拔 4200~5000 米为高寒荒漠,种类组成主要是藏亚菊、粉花蒿、高寒棘豆、委陵菜(*Potentilla moorcroftii*,*P. biflora*)、高寒刺矶松、扁芒菊(*Waldheimia tridactylites*)、四蕊山莓草、裂叶芹(*Smelowskia calycina*)、疏叶早熟禾(*Poa relaxa*)等;海拔 5000 米以上为雪带,稀生四蕊山莓草、雪报春(*Primula nivalis*)等高山适冰雪植物。河谷灌丛种类主要有:柳、沙棘、藏水柏枝(*Myricaria hedinii*)等;河谷草甸的种类中有帕米尔嵩草(*Cobresia pamiroalaica*)、薹草、报春、马先蒿、水麦冬(*Triglochin palustre*)等。

州内各地区的植被有所不同。例如,萨里柯尔山为海拔 4000 米以上的高山,刺矶松(*Acantholimon*)、棘豆和粉花蒿要到海拔 4200 米以上才出现,海拔 5200 米以上为冰雪覆盖。木吉-塔什库尔干地区,则以河谷草甸和荒漠草原为特征。

(XI)喀喇昆仑-阿雅格库木湖高原高寒荒漠省

本省包括喀喇昆仑和喀拉喀什河上游的高山、阿雅格库木湖盆地和昆仑中部南坡及其山前高原地区。高原地势西部和北部高耸,东南部低缓,如乔戈里峰高达 8611 米,卡连古塔格和慕士塔格都是超过海拔 7000 米的高山,向东则逐渐降低到海拔 5000~6000 米,山前高原约在海拔 4800 米;可是到阿雅格库木湖盆地则降低到海拔 3800 余米,为本区最低的地区。除了西面和北面的高山外,境内有主要的大致沿东西构造方向的山脉多条,虽然相对高差不大,多作丘陵状,但由于高原上突出的绝对高度,使本区西部的冰蚀地形及冰川堆积物都很发达。在此地貌地质条件下,河流多短小而流向不定,或呈向心状内流,汇成大大小小的盐湖。

本省气候是典型的高寒干旱大陆性气候,以寒冷、干旱、太阳辐射强、昼夜温差大、气候变化剧烈为特征。这里年平均温度在 0℃ 以下,绝对最低温度(如喀拉喀什河上游河谷内海拔 3700 米的赛图拉)的记录也达到 -22.5℃。特别是夜间经常有霜,如库木库里盆地八月夜间最低可达 -11℃,7月尚可飞雪。≥10℃ 活动积温小于 1000℃。这里的降水量低于 50 毫米,如赛图拉的年降水量仅 20~30 毫米。这样的气候特点在干燥方面又与冻原极不相似。如此严酷的生态条件,使植物积累有机物质非常缓慢。土壤中生物过程和化学风化过程迟缓,而冰蚀作用和物理风化非常强烈。因此,本区的土壤在海拔 5000 米以上多为冰砾堆积土,在平原上为冲积、坡积的较厚层的土壤,在低洼的滨湖地区为盐渍土。

本省的植物极端贫乏,高等植物约 50 种。其中匍生优若藜、五柱琵琶柴和藏亚菊等组成典型的高寒荒漠类型。在湖盆上为植物稀疏的高寒草原。滨湖地区则为盐生草甸和盐沼泽植被。

本省可分为三个植被州:喀喇昆仑州、喀拉喀什州和阿雅格库木湖州。

55. 喀喇昆仑州

本州仅包括喀喇昆仑山,以冰雪、巉岩和乱石堆为特征,仅在低的谷地坡麓有黄土状沉积物覆盖的地方,有粉花蒿荒漠;在较高的原始高山荒漠土上,则为稀疏的高寒荒漠,有匍生优若藜、藏伪蒿与苔状蚤缀(*Arenaria musciformis*)。

56. 喀拉喀什州

本州包括叶尔羌河上游以东、卡兰古塔格以南的喀拉喀什河上游的高山、高原地区。海拔 5500 米以上为雪覆盖，往下为裸岩和干旱的河谷。在海拔 4000 米以下的河谷泛滥地段分布有匍匐的藏水柏枝和垫状金露梅（*Dasiphora dryadanthoides*）。由西藏麻黄（*Ephedra girardiana*）、唐古特铁线莲（*Clematis tangutica*）、小檗（*Berberis nummularia*）、柳等构成的疏生灌丛分布于河谷冲积物上。垫形小半灌木匍生优若藜（海拔 4100～4700 米）和藏伪蒿（4700～5200 米）的高寒荒漠则分布于排水良好的山坡和河谷阶地。

57. 阿雅格库木湖州

本州包括新疆境内的昆仑山南坡、阿尔金山南坡，以及它们南部的高原地区。北部为高达海拔 6000 米的高寒干旱山地，南部为广阔的高原，东南部为低洼的盐湖盆地。这里高等植物稀少，而且十分荒凉。山麓间或生长麻黄、匍生优若藜、蒿、五柱琵琶柴、唐古特铁线莲（*Clematis tangutica*）、补血草（*Limonium*）等，具有与上州相同的荒漠景象。在山间盆地有紫花针茅、异针茅（*S. aliena*）、藏早熟禾（*Poa tibetica*）、碱茅（*Puccinellia*）等构成的稀疏草原。由莫氏薹草（*Carex moorcroftii*）、藏嵩草（*Cobresia tibetica*）、灰蓼（*Polygonum glaucum*）等构成的盐化草甸则分布在东部湖盆地区。湖间地区多石块，疏生蒿、匍生优若藜、五柱琵琶柴、棘豆等，仍具有高寒荒漠植被的特点。

参考文献

陈庆诚、周光裕：1957. 甘肃疏勒河中下游的植被概况. 植物生态学与地植物学资料丛刊，第 15 号，科学出版社

耿伯介：1958. 中国植物地理区域. 上海新知识出版社

侯学煜：1960. 中国的植被. 人民教育出版社

侯学煜：1961. 植被分区的概念和理论基础. 植物学报，9(3-4)，275-286

侯学煜、王献溥、陈昌笃：1957. 中国植被与主要土类的关系. 土壤学报，5(1)，19-48

胡先骕：1934. 中国松杉植物之分布. 中植志，2(4)，276-284

胡先骕：1950. 水杉及其历史. 中国植物学杂志，N. 1，9-13

黄秉维：1940. 中国之植物区域. 史地杂志，1(3)

李世英：1961. 北疆荒漠植被的基本特征. 植物学报，9(3-4)，287-312

李世英等：1958. 柴达木盆地植被与土壤调查报告. 植物生态学与地植物学资料丛刊，第 18 号，科学出版社

刘慎谔：1934. 中国北部及西部植物地理概论. 北研植物所研究丛刊，11，9

刘慎谔、冯宗炜、赵大昌：1959. 关于中国植被区划的若干问题. 植物学报，8(2)，87-105

钱崇澍、吴征镒、陈昌笃：1956. 中国植被的类型. 地理学报，22(1)，37-92

王义凤：1963. 东天山山地草原的基本特点。植物生态学与地植物学丛刊，1(1-2)，110-130

张新时：1973. 伊犁野果林的生态地理特征和群落学问题. 植物学报，15(2)，239-252

中国科学院自然区划工作委员会：1960. 中国植被区划（初稿），科学出版社

Campbell D. H. 1926. An Outline of Plant Geography, New York

Cressey G. B. 1934. China's Geographic Foundations, New York

Diels L. 1929. Pflanzengeographie, Leipzig

Drude O. 1890. Handbach der Pflanzengeographie, Stuttgart

Engler A. 1919. Übersicht Über die Flareureich und Flareugebiete der Erde, Syllabus der Pflanzenfamilien, Beilin

Good R. 1947. The Geography of the Flowering Plants, London

Grisebach A. R. H. 1872. Die vegetation der Erde nach ihrer Klimatschen Anordnung, Leipzig

Handel-Mazzetti H. 1931. Die Pflanzengeographische Gliederung und Stellung Chinas, Engler's Bot. Jahrb., 64

Hardy M. 1925. The Geography of Plants

Roi Y. 1941. Phytogeography of Central Asia, Bull. Fan memor. Inst. Biol. (Bot.), 11

Schimper A. F. W. 1903. Plant-Geography upon Physiological Basis, Oxford

Thorp J. 1936. Geography of Soils of China, Tentative Map of Vegetation of China, National Geological Survey of China

Walker E. H. 1943. The plants of China and their usefulness to Man, Ann. Rept. Smithsonian Inst.

Высоцкий Г. Н. 1909. О фито-топологических картах, способах их составления и их практическом значении, Почвовед., 11(2).

Грубов В. И. 1959. Опыт ботанико-географического районирования Центральной Азии, Л.

Грубов В. И. 1964. Растения Центральной Азии.

Докучаев В. В. 1898. К учению о зонах природы, в кн. : Изб. соч. В. В. Докучаева, 1954, М.

Ильин М. М. 1958. Флора пустынь Центральной Азии, ее происхождение п этапы развития, Матер. по ист. флоры и растит. СССР, III, Изд. АН СССР, М. -Л.

Комаров В. Л. 1908—1909. Введение к флорам Китая и Монголии, в ки. : Изб. соч. В. Л. Комарова, II, 1947, М.-Л. .

Лавренко Е. М. и Никольская Н. И. 1965. О распространении в Монгольском Алтае, Джунгарии и Восточном Тянь-шане некоторых западных видов ковыля, Бот. журн., 50(10), 1419-1429.

Лавренко Е. М. 1947. Принципы и единицы геоботаннческого районования. в кн.: Геоботаническое районирование СССР, М. -Л.

Лавренко Е. М. 1950. Основные черты ботанико-географического разделения СССР и сопредельных стран, Проблемы ботаники, I. М. -Л.

Лавренко Е. М. 1954. Степи Евразиатской степной области, их география, динамика и история, Вопросы ботаники, I, M. -Л.

Лавренко Е. М. 1958. Успехи и основные задачи изучения ботанической географни СССР и сопредельных стран, Изд. АН СССР, сер. биол., 4.

Лавренко Е. М. 1959. Основные закономерности растительных сообществ и пути изучения, в кн. : Полевая геоботаника, 1.

Лавренко Е. М. 1962. Основные черты ботанической географии пустынь Евразии и Северной Африки, Изд. АН СССР.

Лавренко Е. М. 1965. Провинциальное разделение Центральноазиатской и Ирано-Туранской подобластей Афро-Азнатской пустынной обл-сти, Бот. журн., 50 (1).

Петров М. П. 1966-1967. Пустыни Центральной Азии, т. 1-2, Изд. Наука, М. -Л.

Попов М. Г. 1929. Дикие плодовые деревья и кустарники Средней Азни, в Избр. соч. М. Г. Попова, 1958, Ашхабад.

Попов М. Г. 1931. Между Монголией и Ираном, в Избр. соч. М. Г. Попова, 1958, Ашхабад.

Попов М. Г. 1940. Растительный покров Казахстана, Тр. Казах. фил. АН СССР, 18.

Рубцов Н. И. 1950. О геоботаническом районировании Тянь-шаня, Бюлл. МОИП, отд. биол., 55(4)

Сочава В. Б. 1952. Основные положения геоботанического районирования, Вот. журн., 3.

Федченко Б. А. 1940. Растительность Центральной Азии и роль Н. М. Пржевальского в ее изучении, Изд. РГО, 72 (4-5)

Юнатов. А. А. 1950. Основные черты растителъного покрова Монгольской Народной Республики, М. -Л.

Юнатов. А. А. 1961. К познанию растительного покрова западного Куньлуня и прилегающей части Таримской впадины, в Куньлунь и Тарим, Изд. АН СССР, М.

第50章

新疆森林资源的经营*

张新时

（新疆八一农学院）

广阔的新疆,森林植被面积虽然很小,却是重要的森林资源基地。在荒漠盆地边缘的高山——阿尔泰山、天山和昆仑山的山腰上环绕着蓊郁的针叶林带;塔里木的河谷中,有走廊状的胡杨林;在准噶尔的沙漠和戈壁上,还有特殊的旱生梭梭丛林……这些在树种组成和结构上如此不同,在生态外貌上悬殊的森林类型,在同一区域内奇特的结合分布,是世界上其他地区罕有的,也构成了新疆森林经营上的特殊性。

自古以来,新疆各族劳动人民辛勤培植的园林,在荒漠中形成和保持了绿荫覆盖的优美绿洲,创造了适宜的农业和生活环境。新疆的园林业素以"丹木嘉果、殊名异植"著称。当地人民有培育林木和果树的优良传统。如葡萄、胡桃、石榴、无花果、扁桃（巴旦杏）、香梨、苹果、大沙枣、新疆杨、圆冠榆等优良果木和树种,在新疆培植的历史悠久,选育出不少优良品种,并传至我国内地,广为栽培。而原来盛产于江南水乡的白桑,自唐代移植新疆以来,早已适应了荒漠的干热气候,形成高大苗实的大乔木,世世代代覆庇着"丝绸之路"。

然而,新中国成立以前,新疆的森林不断遭到历代反动统治者和侵略者的摧残与破坏。如巴尔库山的落叶松林作为建筑材与棺椁材的产地而历经择伐;库车山地的森林在清末因官府炼铜而砍伐殆尽;巴尔鲁克和哈巴河的优良针叶林曾遭到残酷掠劫（王树枏等,1911）。此外,如伊犁凯特明山的野果林、乌鲁木齐和哈密附近的山地森林尤其在盛世才和国民党反动统治时期受到摧残破坏;森林下限上迁二三百米。

新疆解放以后,森林成为全民所有的社会主义国家资源,才开始了有计划的森林经营、利用和大规模的绿化造林工作。新疆大部分的天然林区进行了森林经理调查,划分为施业区和林班,建立了林场,开展森林采伐、更新和保护工作。在平原农区,新疆生产建设兵团、国有农场和人民公社营造了大量的农田防护林带,培植经济树种,取得了良好的效益,在一定程度上改变着荒漠的面貌。

但是,为了贯彻毛主席关于"绿化祖国"的伟大指示,为全面实现和超过《全国农业发展纲要》（后简称《纲要》）规定的林业指标,新疆的林业还存在一些亟待进一步解决的矛盾和问题。

一、森林资源和林业特点

（一）新疆森林资源概况

新疆虽然具有较为多样的森林植被类型和特殊的森林树种,然而天然森林的覆被率很低,仅约0.61%（表50-1）。森林的面积和蓄积仅占全国森林面积的1%和蓄积量的2.4%。如就新疆面积占全国的六分之一而言,森林资源是十分贫乏的。但在西北五省区来说,新疆的森林资源却居于首位;而且由于大部是材质较优良的原始针叶林,因而成为少林的西北地区的木材生产基地。

---

* 本文摘自《新疆植被及其利用》之第十章,科学出版社,1978,p286-312。

表 50-1　新疆森林覆被率表[1]

地区[2]	阿勒泰	伊犁	昌吉-玛纳斯	塔城-精河	哈密-吐鲁番	阿克苏-库尔勒	喀什	和田	全疆
覆被率(%)	1.33	3.20	1.12	0.45	0.16	0.50	0.60	0.23	0.61

注:① 根据新疆林业厅林业勘查设计队 1965 年的统计数字与本队《新疆植被图》的部分资料计算,仅供参考。② 所划地区系按本队 1960 年生产总结的划分,与新疆的行政区划略有不同。

新疆森林的分布是不均匀的。即使在天然森林较集中的北疆阿勒泰和伊犁地区,平均森林覆被率不过 1%~3%,且集中于山区。在山地森林带内,森林覆盖的面积也不过 50%。山地森林以针叶林为主,约占全疆天然林面积的 71%,蓄积量的 97.7%。山地森林面积、蓄积的 88% 又集中在阿尔泰和天山北坡林区(表 50-2,表 50-3)。山地森林主要是西伯利亚落叶松和雪岭云杉的针叶纯林。前者约占山地森林面积与蓄积量的 40%,大部在阿尔泰山,少量在天山东部;后者各占 60%,主要在天山北路,零星分布于天山南路与西昆仑,后二地仅有山地森林面积、蓄积量的 12%,林分稀散,生长不良,不宜开采利用。

表 50-2　新疆各地区森林面积、蓄积量概表

地区	占全疆森林的百分比(%)	
	面积	蓄积量
阿勒泰	25.4	35.7
伊犁	18.0	33.3
昌吉-玛纳斯	13.5	11.8
塔城-精河	2.7	2.2
哈密-吐鲁番	3.1	4.4
阿克苏-库尔勒	13.6	8.8
喀什	10.4	3.0
和田	13.3	0.8

西伯利亚落叶松材质坚实耐久,是优良的建筑和水工用材。雪岭云杉材质较松软,但干形通直饱满,易于加工,仍属较好的建筑材,也是目前新疆生产量最大的用材(表 50-4)。此外,阿尔泰山西北部的西伯利亚冷杉、西伯利亚云杉和西伯利亚红松林,以及西昆仑山的圆柏丛林,是分布较稀少的针叶林。

山地的阔叶林数量少且分布零星,以桦木和山杨较常见。它们在针叶林迹地上天然更新能力强,生长迅速,木材也可供利用。野苹果林仅分布于伊犁和塔城山地,面积虽小,却具有一定的经济价值和发展前途。

新疆平原的天然林主要是南疆塔里木河、叶尔羌河与和田河沿岸的胡杨林与灰杨林。其面积约占全疆森林总面积的 29%;但由于林分稀疏,生长不良,蓄积量很低。胡杨和灰杨是较耐盐抗旱的、适应荒漠气候的树种,在少林的南疆,木材也可供建筑与

表 50-3　新疆各类型森林面积、蓄积量概表

森林类型	占全疆森林的百分比(%)	
	面积	蓄积量
山地针叶林	71	97.7
其中:西伯利亚落叶松林	28.5	40.1
雪岭云杉林	42.5	57.6
南疆胡杨林	29	2.3

表 50-4　新疆几种主要树种木材的物理力学性质[1]

树种	密度(克/立方厘米)	抗力限度(公斤[2]/平方厘米)				端面硬度(公斤/平方厘米)	弦向冲击比能量(公斤·米/平方厘米)
		顺纹压力	弦向静曲强度	径向剪力	弦向剪力		
西伯利亚落叶松	0.563	390	846	86.8	67.0	345	0.258
雪岭云杉	0.432	332	621	65.9	69.9	326	0.144
新疆杨	0.542	385	739	76.8	111.0	425	0.399
胡杨	0.469	299	626	65.7	90.2	356	0.197

注:① 引自杨延赋等(1960)。② 1 公斤 = 1 kg。

民用。在北疆额尔齐斯河与乌伦古河沿岸有相当数量的河谷杨树林,主要由苦杨、银白杨、黑杨等构成;准噶尔南缘则有分散的白榆林,均可作为发展平原林业的基地。

在新疆的灌溉绿洲中,普遍栽培有各种乔灌木和果树。其中以杨树种类较多,有银白杨、新疆杨、钻天杨、小叶杨、中东杨、大叶杨,还有一些天然生长的杨树,如黑杨、密叶杨、银灰杨等也开始栽培。此外,白榆、白柳、大叶白蜡、小叶白蜡、刺槐、复叶槭、圆冠榆、沙枣等也较普遍。在北疆近年引种的夏橡、心叶椴、尖叶槭、欧洲大叶榆、黄檗等也表现良好,可推广为平原绿化造林树种。南疆的胡桃、扁桃和桑树是有价值的经济树种。

应当强调指出,在准噶尔荒漠中广泛分布的梭梭与白梭梭,是覆盖荒漠、固定流沙的超旱生树种。它们构成的丛林虽属荒漠植被类型,但无疑应列为重要的森林资源,加以适当保护和经营。甚至,在南北疆沙漠与盐土上普遍散布的怪柳灌丛,也应当进行合理的林业经营。梭梭、白梭梭和多种怪柳都是荒漠造林绿化的主要树种。

然而,无论在山地或平原,构成森林的树种是十分单纯的,不利于充分发挥林地的生产力和满足社会主义建设对森林多方面的要求。由于受到干旱气候的影响,天然林通常较稀疏,尤其在较干旱和贫瘠的生境条件下,往往形成大面积的疏林。

在新疆山地的针叶林中,成熟林和过熟林占95%以上,幼、中龄林不足5%。天然林木一般生长较缓慢,需一百年以上方能成材。现有林木的病腐相当严重。天山雪岭云杉林的病腐率为17.4% ~ 43%,阿尔泰山落叶松林为45%。森林的世代更替需要通过较长期的天然更新过程方能延续,但在近代大规模的森林工业开发条件下,天然更新的进程远远跟不上采伐的速度。森林的人工更新,由于目前尚存在一些技术与管理保护方面的问题,也未能适应森林开发的进度,以致留下大量没有更新的森林采伐迹地。这些迹地在新疆严酷气候的影响与山地的大规模畜牧业活动的情况下,更难以恢复成林。从而有可能引起山地森林带下限向上退缩和森林覆被面积减少的趋势。

荒漠平原河谷中的胡杨林,因河道经常变迁而失去水分补给,发生大面积的衰退林分。荒漠梭梭丛林一旦遭受过度樵采破坏,就会引起流沙,很难恢复固定。在这里更存在迫切的更新与造林问题。

(二)新疆森林的防护作用

在新疆,这些虽然微少却是多样的森林资源,有效地支援着国家的社会主义经济建设。它们除了作为西北地区木材供应基地之外,在山地和荒漠中,森林在水源涵养、水分调节、防风固沙、改善地方气候和保护农牧业生产等方面的作用具有格外重要的意义。从长远的、全局的观点来看,它们在这方面的作用,甚至大于作为原料基地的价值。

水是新疆农业的命脉。新疆的水主要来自山区的降水。根据新疆综考队的资料,由冰川补给河流的水量,一般仅占河流总水量的10%以下(但以冰川补给为主的河流要大些),其余大部分靠山地的自然降水。在山地,降水量随高度而增加,大致在海拔3000米达到最大,即在山地森林上限或稍高处。可见,新疆的山地森林处在具有最大降水量的中山带,也就是河川的主要径流形成带。经过森林带的河流,受到无数支流与泉水的稳定补给,表明森林对涵养水源、调节流量有显著作用。

通过对发源于伊犁山地、天山和昆仑山几条河流流量变化与洪水状况的比较,可以大致说明山地植被,尤其是森林覆被的水文作用。在山地森林最为丰茂的伊犁河,最低与最高平均月流量之比为1:7;在天山北路少林的精河则为1:21;从无林的昆仑山地流出的玉龙喀什河却高达1:43。可见,多林山区的河流洪水相对较小,而枯水期水量却较多。

河流的含沙量与侵蚀模数[①]是上游山地侵蚀程度的标志。由表50-5可见,发源于上游森林郁密的阿尔泰山的额尔齐斯河河水是最清澈的,山地侵蚀也很轻微。在无林的南疆山地,河流含沙量甚至使黄河逊色,山地侵蚀的规模也大得惊人,在强度暴雨的情况下,可能导致泥石流的产生;如1958年8月在天山南路库车一带发生的灾害就是例证。在山地滥伐森林后,经常可以见到坡面土壤覆盖层滑动崩塌,使数万年间积累起来的土层毁于一旦[②]。在森林遭到破坏的谷地里,则在谷口迅速发育厚层的冲积锥,或使小的溪流枯竭断流。

---

① 侵蚀模数:每年从每平方千米面积上冲刷去的泥沙吨数。

② 据估计,在天山云杉林下积累起五十厘米厚的细土层,约需160代(每代250年)林木,即四万年的时间(Глазовская,1953)。

表 50-5　新疆河流含沙量与侵蚀模数

河流名称	年平均含沙量（公斤/立方米）	正常输沙率（秒·公斤）	侵蚀模数（吨/平方千米·年）
额尔齐斯河	0.049	5.87	7.25
伊犁河	0.493	190	113
库车河	28.0	228	2260
叶尔羌河	2.45	637	412
克孜河	4.67	314	860

革命导师恩格斯在一百多年以前，就在《自然辩证法》中对滥伐山地森林发出多次警告："当阿尔卑斯山的意大利人，在山南坡砍光了在北坡被十分细心地保护的松林，他们没有预料到，这样一来，他们把他们区域里的高山牧畜业的基础给摧毁了；他们更没有预料到，他们这样做，竟使山泉在一年中的大部分时间内枯竭了，而在雨季又使更加凶猛的洪水倾泻到平原上。"这个教训值得充分记取。如果过分地采伐了山地森林，尤其在新疆条件下，更难以恢复，不仅将造成下一代森林资源的匮乏，又将引起山地生态系统平衡的破坏，形成山地水土恶性循环，招致破坏性泥石流灾害、水源的枯竭和山区牧场的退化；所造成的损害，不仅将严重地影响当前的社会主义建设，还将贻害于子孙后代。

新疆的荒漠森林——胡杨林和梭梭丛林在防风固沙方面作用巨大。胡杨林是荒漠中的天然绿洲，林下积累了深厚肥沃的土壤，林木削弱荒漠气流的平流和垂直乱流交换，增加空气和土壤的湿度，创造绿洲环境，因而成为理想的垦荒对象。然而在局部垦区没有注意合理地保留和营造防护林带，尤其是破坏了沙漠边缘的胡杨林，则导致强度的耕地风蚀、流沙和严酷荒漠气候的侵袭，以致不得不予以放弃。

准噶尔的古尔班通古特沙漠大部分是具有梭梭和白梭梭荒漠丛林的固定或半固定沙丘和沙垄，一般不致移动为害，与植被稀少或光裸的塔克拉玛干沙漠成鲜明对比。

（三）新疆林业的主要矛盾与特点

随着社会主义建设与革命事业的不断发展，对林产品和森林防护特性的需求与日俱增，就越来越尖锐地暴露出这种需求与新疆森林资源严重不足之间的矛盾。

从木材蓄积量来看，按新疆现有人口，每人平均占有材积约为 20 立方米。但从合理利用观点，以现有森林年生长量控制采伐量，则实际每人平均不到 0.2 立方米；再除去相当一部分不能采伐利用的森林，以及随着今后建设事业的飞跃发展，人口增加，木材的需求则更显得突出。

从森林覆被率来看，如前所述，新疆森林覆被率不足 1%，多林地区也不过 3%。但是，一个地区的森林覆被率，一般要求达到 25%～30%，而且是在均匀分布的情况下，才能保证森林的有利作用和满足经济上对林产品的需要。可见，为了根本改善新疆荒漠的自然面貌和适应社会主义建设，在绿洲与居民区，将绿化占地面积提高到 20%，并保证山地森林更新（海拔 3000 米以上的高山与目前尚不能利用改造的沙漠与砾石戈壁除外，它们占全疆面积的 40%～50%），全面实现《全国农业发展纲要》规定的造林绿化指标，尚须做极大的努力。

与对森林不断增长的需要和森林资源贫乏这对主要矛盾相关联的其他矛盾还有：

木材生产与发挥森林防护特性的矛盾；

森林采伐与更新的矛盾——采育矛盾；

森林资源分布与开发强度不均衡的矛盾：偏远山区多林，开发少；交通沿线山区少林，采伐过度。

发展林业与其他经济部门之间的矛盾有：

林农矛盾：平原农区的林农灌溉用水、占地与劳力等方面的矛盾；

林牧矛盾：山区森林更新与放牧的矛盾；等等。

毫无疑问，这些矛盾都受到对森林资源的需求与供应不足这个主要矛盾的规定和影响。新疆的林业正是要在解决这些矛盾的基础上发生和发展起来。解决这些矛盾的根本途径，自然是扩大、改善和合理利用新疆的森林资源。在这方面，问题的根据在于分析发展新疆林业的有利和不利条件（包括自然的和经济的）。

发展新疆林业的有利条件，首先是：有毛主席和党中央所制订的林业方针和党的领导，新疆各族人民社会主义革命的觉悟、自力更生建设社会主义的雄心壮志以及群众的优良的造林传统和丰富的营林经验；

还有：

新疆土地辽阔，有大面积荒地可供造林；

荒漠地区热量充足，在灌溉条件下，有利林木的速生丰产；

具有一些优良的生长快、适应性强、材质好、经济价值高的乡土树种；

平原和山地有良好的引种条件；

农、林、牧结合的条件优越：在平原结合灌溉农业绿化造林，并为平原牧业提供饲料；在山区大量的牧业人口是护林与营林的潜在劳动力。

这些有利条件是主要的，根本的。虽然如此，我们应该看到还有一些不利条件：

荒漠条件严酷，土壤盐碱化较严重，或为不易利用的砾石戈壁和沙漠；

平原造林必须灌溉，在一定程度上与农业用水有矛盾；

山地针叶林，尤其云杉，生长缓慢，更新艰难；

山高林散，交通困难，不便森林的开发和经营；

山区森林迹地的更新常遭到放牧的破坏。

（四）发展新疆林业的途径

根据上述新疆森林资源状况、发展林业的主要矛盾以及有利与不利条件的分析，今后在新疆贯彻伟大领袖毛主席关于"绿化祖国""农、林、牧三者互相依赖，缺一不可，要把三者放在同等地位""坚持合理采伐"的指示，实现《纲要》中的林业指标，主要的途径是：

山地林区：

（1）山地森林，应在保持群落生态平衡的原则下，首先作为水源涵养-防护林进行经营，其次才是在容许的范围内进行合理的采伐利用。为此必须对全疆山地森林进行森林经营类型的区划和资源复查，确定合理和必要的木材生产量，制定森林开发和经营方式。

（2）加强林区基本建设，健全营林机构。林区的道路建设，尤其是均衡合理开发和经营森林的先决条件。

（3）"坚持合理采伐"。根据林分的不同特点，分别采用小块状皆伐、窄带状皆伐、经营择伐或渐伐等方式，严禁宽带皆伐和强度择伐。建立与严格执行合理的伐区设计与验收制度。

（4）积极开展森林迹地的人工更新。试验与开展"容器植苗"等先进技术；推广落叶松等速生针叶树与阔叶树的造林。

（5）林牧结合，合理规划。组织牧民护林育幼，适当照顾牧民利益。

（6）开展木材综合利用。

平原地区：预计数十年后，山地森林可伐资源用尽，新林尚未成材，必须现在就普遍建立平原的速生用材林基地。

（1）进行全疆林业区划，确定各地区的合理森林覆被率与林业布局。

（2）制定各地区的林农、林果、林水（水利设施）、林工（工业交通）相结合的林种规划。包括：护田林、渠岸林、固沙林、果园与经济林、用材林、薪炭林、工矿林、护路林和绿化带、苗圃与种子园等。并落实到各社队与企业单位。

（3）除大力选育与发展本区的优良速生树种与经济树种外，试验引种外区的有价值树种，以丰富和改善新疆造林绿化的树种组成。

（4）积极保护与经营现有的"荒漠森林"，包括梭梭丛林与沙漠边缘的柽柳灌丛。在河谷杨树林、胡杨林与白榆林中进行改造与更新等林业措施。

二、主要森林类型的经营

（一）山地落叶松林

新疆阿尔泰山的落叶松林区，是今后主要的木材生产基地，又是水源涵养林区。这里大部分的落叶松林，虽未全面进行森工开发，但在居民点和企业附近的森林早已遭到采伐和破坏。尤其在过去长期的山地游牧活动中，林火此起彼伏，连延不绝，直到新中国成立后才大有敛减。天山东部的巴尔库山与哈尔里克山北坡的落叶松林，历来是本区最主要的木材产地，其中可利用的森林大多采伐殆尽，今后主要的任务是森林的更新。

组成新疆落叶松林的西伯利亚落叶松，是生长较迅速、能耐强光和杂草的竞争、并且较抗霜冻和适应干旱、瘠薄土壤的针叶树种。它具有在空旷地上更新的能力。落叶松结实丰富，每经 3~4 年有一种子丰年，林冠下每公顷天然下种数 50 万~60 万粒，下种的有效距离为 60 米。但是，西伯利亚落叶松的种子发芽率较低，为 30%~40%，这是由于有大量瘪粒种子的缘故。

据林业部森林综合队（1957—1958）、新疆林业厅（1964b）和本队的调查，在火烧迹地上，特别是在地表火烧去了紧密的薹草根茎盘结层和森林枯枝落叶层的地段，成为落叶松天然更新较为理想的境地。

在种源充足的情况下,当火烧后 2~3 年,这里就会发生大量的落叶松天然下种苗,幼树的生长状况也很好;天然幼树达到 1 米高时,为 8~10 年,但在疏林冠下却需 20 多年。

在林冠下,落叶松一般更新不良,常以云杉或冷杉的幼树占优势。落叶松幼树仅见于透光的林缘或较大林窗中(表 50-6,表 50-7)。

表 50-6　阿尔泰林区林冠下和火烧迹地上林木天然更新的幼树组成

树种	每公顷幼树株数	
	林冠下(据 98 块标准地)	火烧迹地(据 17 块标准地)
西伯利亚落叶松	724	10 757
西伯利亚云杉	3502	6628
西伯利亚冷杉	975	39
疣枝桦与山杨	16	646
合计	5217	18 070

注:根据林业部森林综合队(1957—1958)。

表 50-7　哈密林区火烧迹地(地面火)上的林木天然更新

树种	每公顷幼苗、幼树株数(据 3 块标准地)
西伯利亚落叶松	31 967
雪岭云杉	24 600
合计	56 567

注:根据新疆林业厅(1964b)。

但在缺乏种源或其他原因而发生生草化的老火烧迹地上,落叶松的天然更新很困难,紧密的草根盘结层和无节制的放牧,是更新的主要障碍。

落叶松天然更新的另一特点是不须经过小叶树种——山杨与桦木所构成的次生林的先锋阶段。在中低山森林带的迹地上,即使有山杨与桦木的幼树出现,通常只是与落叶松幼树共同发育,以后即遭到落叶松的压抑。但由于小叶树种的种子传播较落叶松更远些,在缺乏落叶松种源的迹地上,小叶林的兴起仍具有一定意义。

在迹地上,落叶松幼树的分布通常是较均匀的,它们往往也三、五株或数十株成丛聚生,或构成密不可入的丛林,但不像空地上的云杉幼树呈明显的团状树丛。落叶松幼林的林相较整齐,年龄较为一致,通常是在 1~2 个种子年形成的。

根据新疆林业厅在哈密林区的调查,在不同的采伐方式下,落叶松天然更新效果不一。在大面积皆伐情况下,迹地强度生草化,通常不能更新。小面积的皆伐(孔状或带状),更新的效果也不佳,且以云杉幼树为主,但可以发现,在空地上的落叶松幼树的生长显然比云杉为佳;其数量少的原因,可能是:一,采伐前林冠下的云杉幼树较多;二,采伐时在保留的林墙中又择伐去较多的落叶松,以致种源贫乏。在强度择伐后的疏林地上,落叶松的天然更新较好。在中度择伐情况下,则以云杉的更新占优势。

应当指出,无论在阿尔泰山或天山东部林区的落叶松-云杉混交林内,由于耐阴的云杉幼树普遍在林冠下占优势,以及长期以来以落叶松为择伐对象的结果,在森林树种演替中,有云杉逐渐代替落叶松而在林分组成中占优势的趋向。但是,由于落叶松对大陆性气候的适应性较强,能在开旷的迹地上更新,尤其是在生境较严酷的山地森林带上部或林带内土壤贫瘠的石质地段,云杉不能与之竞争;或由于地面火的"选择"作用(落叶松树皮厚,耐火;云杉树皮薄,不耐烧)等因素,落叶松仍能保持为优势树种。然而,较喜光和树冠稀疏的落叶松(根系分布也较深)与较耐阴和树冠郁密的云、冷杉(根系分布较浅)组成的混交林,具有充分利用空间、提高林分生产力的合理结构和生态基础,对于森林(云、冷杉)的天然更新也是有利的。这在森林经营上具有重要的意义。

此外,阿尔泰山的落叶松干基常膨大,木材腐朽现象十分严重,尤以在土壤较湿润地段为甚,受害株可达 90% 以上。主要的病害为白腐病(*Trametes pini*、*Fomes oficinalis*)和褐腐病(*Polyporus schweinitzii*)。松毛虫危害亦有发现。

根据这些情况,对于新疆西伯利亚落叶松林的经营方式,提出下列几点参考意见:

(1)对阿尔泰山林区进行全面的森林资源清查(复查),划出山地水源涵养-防护林带,以防止在开发时,损害山地森林的防护作用。在划出的非森工开发林带内,只能进行适度的、经营性质的采伐,并积极实施森林更新。

(2)在地形较平缓、伐前更新不良的成、过熟林内,可采用小块状皆伐(伐区面积不超过 0.5 公顷)或窄带状皆伐。伐后促进天然更新或人工植苗更新。

（3）在可供森工开发的落叶松-云杉混交林内，伐前更新较良好时，可采用强度稍大的择伐；但应多保留落叶松的壮年母树，伐后可望落叶松幼树在幼林组成中有所增加，以期构成混交林。

（4）在没有更新的生草化采伐迹地或火烧迹地上，当附近有落叶松种源保证时，可结合种子年，进行有控制的火烧清理林场，促进天然更新；如无天然种源保证，则在火烧清理后，实行落叶松人工植苗更新。

（5）在土壤较肥沃和湿润的迹地上，应尽可能营造落叶松与云杉或冷杉的混交林；在山地森林带的上部，可营造落叶松-西伯利亚红松的混交林；在下部较干旱的迹地，则试种樟子松。

（6）通过选种、混交和改善森林环境卫生等措施，防止森林病害。

（二）雪岭云杉林

在新疆的山地常绿针叶林中，天山的雪岭云杉林在林业上的意义最为巨大。其他如西伯利亚云杉、冷杉和红松等组成的森林，面积很小，分布地区也十分局限。

雪岭云杉林分布的范围很广，它们在不同的地区具有不同的群落特征和经营意义。天山北路山地的云杉林，是近二十多年来最主要的木材生产基地，现已成为过伐林区，除极个别交通不便的山谷还保存有小片未伐过的森林外，大部分的林区都经过不同程度的采伐，部分森林还进行了回采。目前，这一地区森林资源的可利用程度已经很低，山地森林的防护作用也降低到很弱的限度。今后数十年内，除对个别过熟林木、病腐木和枯立木进行经营性质的零星采伐外，不宜再进行强度的森工采伐。由于目前采伐迹地的森林更新状况还远为不足，严重地危及下一代林木的接续生产，而且影响到山地的水土流失；因此，森林更新应列为天山北路林区的首要林业任务。

伊犁林区是正在进行森工开采的林区。这里的雪岭云杉林具有很高的林分生产力，平均每公顷蓄积量达 320 立方米，平均年生长量 2.9 立方米。其

中，欧洲鳞毛蕨-雪岭云杉林，树高达 50~60 米，每公顷蓄积量可达 800~1000 立方米；这在温带天然林中，是十分罕见的高生产力。对于伊犁的山地森林，也应充分考虑到维护它们作为伊犁河上游的水源涵养、水分调节与滤净器的作用。所以应该合理地区划出水源林区，在其中禁止强度的森工采伐。

至于准噶尔西部山地、天山南路和昆仑山西部的雪岭云杉林，稀疏而零散，多处于高山深谷中，皆属水源涵养-防护林，不宜森工开发。

雪岭云杉虽是天山森林带的优势树种，但其天然更新的过程十分缓慢和艰难。一代天然云杉林的形成，往往需要经过暂时的树种更替——山杨、桦木或山柳的次生阔叶林阶段；或通过云杉母树林中的林窗，呈群状更新[1]。这样的更新方式，根本不能适应森林工业采伐的方式和进度。尤其在新疆严酷气候影响下，在皆伐和强度择伐迹地上，森林环境遭受破坏，很难恢复成林；即使对人工更新，也存在一系列的困难和障碍。

雪岭云杉的种源、种子品质、散布和发芽条件，在一般情况下是有保证的。在天山北路林区，雪岭云杉的种子年每 2~4 年出现一次，每公顷成熟林可产生上百万粒种子。种子的发芽率一般在 60%~80%。带翅的云杉小种子主要靠风力传播，天然下种的有效距离在 50~60 米。据林业部森林综合队在伊犁昭苏林区的调查，在迹地上雪岭云杉幼苗数量与林墙距离的关系如表 50-8 所示。

表 50-8　雪岭云杉幼苗数与林墙距离的关系

距林墙的远近（米）	每公顷幼苗数（株）
林冠下	126 250
20	37 500
40	14 167
60	3333
80	1667

注：根据林业部森林综合队（1957—1958）。

在种子年后，林冠下和迹地上往往发生丰富的云杉当年生幼苗。然而，年龄较大的、稳定的云杉幼

---

① 群状更新或林窗更新，指在林冠中由于老树倒伏等原因而造成的林窗中发生更新幼树丛。不同时期的树群，以这种方式在森林中此起彼伏，循环不已，形成整个林分的世代更替，所构成的森林是复杂的异龄林。未遭受火灾或人为破坏的云杉林通常以这种旷日持久、参差不齐的形式延续世代。

树却很稀少。绝大部分的幼苗在当年夏末的干旱期间都凋亡了。在云杉林冠下,幼苗的死亡主要是由于:厚层的云杉枯枝落叶层和藓类层使幼苗根系"悬空",不得扎入矿质土层;云杉母树的浅表根系使上层土壤变干;以及云杉枯枝落叶层偏于酸性反应,可能也是原因之一。在空旷的迹地上,日炙、霜冻、表土干旱和杂草竞争等,都是云杉幼苗致死的因素。由此看来,云杉幼苗的成活,往往成为云杉天然更新成败的关键。

在不同的林型中,云杉天然更新的状况有很大差异。在藓类-云杉林内,仅有不可靠的幼苗倏忽出现,幼树很少见,仅出现于林窗和倒下的朽体上。在这里,全面覆盖林地的厚实藓类层是阻止更新的首要因素。在杂类草-云杉林中的幼树稍多,但分布也不均匀,主要在林窗和林缘成丛集生。在山地森林带的上、下限,天然更新状况均不良。在下限主要由于土壤干旱和草原草类的抑制;在上限则受阻于严酷的气候,种源不足和种子品质低劣等原因。

在火烧迹地上发生的次生阔叶林,尤其是山柳林内,雪岭云杉的天然更新最为良好,每公顷云杉幼树可多达 30 000 ~ 50 000 株。阔叶树的适度庇荫、杂草稀少、林内中性的死地被物松软、表土湿润(表层林木根系的竞争较弱)等条件,为云杉幼苗的顺利生长提供了优越的环境。然而,当云杉幼树生长到 15 年以后,要求较多的光照,在阔叶林冠下受到压抑,那时,生长的进程显然落后于空地上的云杉幼树。年龄达 30 ~ 40 年以后,云杉生长超过阔叶树冠而构成上层林冠,即进入生长的旺期。

根据新疆林业厅(1964a)、新疆农业科学院林业科学研究所(唐光楚,1964)和新疆八一农学院林学系(张新时等,1964)的调查,在皆伐与强度择伐迹地上,强度生草化,几乎完全没有天然更新;在中、弱度择伐迹地上,虽有一定数量的幼苗和幼树,但其质量、数量与分布状况,均差强人意;小块状皆伐或群状择伐迹地上的天然更新状况稍好些,却远不能与火烧迹地的桦、柳林内的云杉更新相比。

在林窗、林缘或空旷迹地上天然更新的云杉幼树,往往由十几株至数十株呈丛团状密集聚生,单生的幼树较少见。这主要是由于在不良环境因素的影响下,单独生长的幼苗难以成活,成群的幼树较易于保存。丛内的幼树不是同龄的,而是在好几个种子年间逐渐形成的。幼树丛内构成了一定的微域气候,减弱了强光和风的影响,防止了杂草的竞争。丛内幼树的根系往往发生连生现象。随着幼树年龄增大,丛内个体间矛盾激化,相互压抑,发生自然稀疏,但幼树丛在更新初期的良好作用毕竟不容抹杀。尤其在生境条件十分严酷的昆仑山西段的亚高山带,雪岭云杉林甚至到成年时期仍然保持着极明显的聚生树团。

应当指出,在天山北路山地的东西两端,气候大陆性趋于加强,在郁密的云杉林内进行择伐时,伐倒木附近的保苗林木往往发生立枯,严重的情况下,甚至造成整片林分的枯亡。在皆伐条件下,保留林墙或下种母树的立枯现象更为普遍。这表明,在干旱气候和瘠薄土壤条件下,林木的水分平衡接近于生态极限的边缘,一旦因采伐而促使留存林木的蒸腾作用加强,它们原来在密林中发育微弱的根系的供水能力不足,就会造成水分平衡的失调,导致林木的萎凋。在气候较湿润的林区,这种危险较小。

根据雪岭云杉林的特点,合理地确定森林的采伐与更新方式,是新疆林业当前的重大课题之一。在这方面,各有关生产与科研部门曾提出不少建议与措施;各山区林场的革命职工更有许多宝贵的经验与创造。在此基础上,仅提出以下几点参考意见:

1. 山地森林经营类型的划分。天山的雪岭云杉林,既是木材生产的重要基地,又担负着保持山地水土的任务,解决二者的矛盾,应在"以营林为基础,采育结合"的原则指导下,合理地划分森林经营类型,兼顾营林与森工两方面的要求。

林业部森林经理调查五大队(1957—1959)曾将新疆山地林区划分为四类经营区:(1)利用经营区,(2)保土保水经营区,(3)防护经营区,(4)名胜古迹保护区。

八一农学院林学系(张新时等,1964)曾提出在森林生境条件分类基础上划分森林经营类型的建议(表50-9)。各经营类型[①]及其所包括的林型为:

---

① 相当于"作业级"。

表 50-9 天山山地森林经营类型生态图表

土壤与地形 / 森林垂直带	A 石质陡坡	B 薄层骼质土 斜-陡坡	C 中厚壤土 斜坡	D 深厚壤土 斜-缓坡	E 坳谷 重壤土	F 河谷 冲积土
Ⅰ 亚高山森林-草甸亚带	ⅠA 高山防护林	ⅠB	ⅠC	ⅠD	ⅠE	
Ⅱ 中山森林-草甸亚带		ⅡB 山地水源涵养林	ⅡC	ⅡD 山地水源涵养-利用林	ⅡE	ⅡF 山地水源
Ⅲ 中低山森林草原亚带			ⅢC	ⅢD	ⅢE	ⅢF 涵养林

注:林型生态图表的指标如下:

森林垂直带的划分:各亚带的海拔高度界限,在不同山地应根据森林特点与植被特征确定。如在天山北路中部山地:

Ⅰ. 亚高山森林-草甸亚带:海拔 2700~2300 米;

Ⅱ. 中山森林-草甸亚带:海拔 2300~1700 米;

Ⅲ. 中低山森林草原亚带:海拔 1700~1500 米。

土壤与地形的分级量:

A. 石质陡坡:山顶、山脊、山坡上部的基岩露头与峭壁地段;

B. 薄层骼质土:山坡中上部的斜-陡坡(坡度 30°~40°),细土层厚度 30~50 厘米,向下为碎石基质,基岩常有露头;

C. 中厚壤土:山坡中上-中下部的斜坡(25°~35°),细土层厚度 0.5~1 米;

D. 深厚壤土:山坡中下部,坡麓或台地(10°~25°),细土层深厚,在 1.5 米以下;

E. 坳谷重壤土:凹形缓坡与坳谷,坡度平缓(不超过 15°),土壤湿润而深厚,稍黏重;

F. 河谷冲积土:河漫滩与低阶地,河流冲积层,细土层厚度不等,常有卵石、石块,土壤潮润。

(1)高山防护林经营类型:亚高山陡坡及上限的林型——ⅠA 与 ⅠB;

(2)山地水源涵养林经营类型:亚高山-中山斜陡坡与山地河谷的林型——ⅠC、ⅡB、ⅡC、ⅡF 与 ⅢF;

(3)山地水源涵养-利用林经营类型:亚高山-中低山缓坡的林型——ⅠD、ⅠE、ⅡD、ⅡE、ⅢC、ⅢD、ⅢE。

相同经营类型的森林具有大致相同的森林经营措施。

2. 在山地水源涵养类型的森林中,采伐宜中度经营择伐(采伐强度不超过 30%),或群状择伐。如前所述,在雪岭云杉林内,强度择伐常导致剩留林木大量立枯,一般不宜采用。

3. 在水源涵养-利用类型森林中,尤其在伊犁林区坡度平缓的地段,可采用小块状皆伐(伐区面积不超过 0.5 公顷)或窄带状皆伐(伐带宽度 50~70 米)。

4. 皆伐迹地进行人工更新。建议试验推广带土苗(营养杯育苗)[①]移植,以提高人工更新成效。经验证明,移植裸根云杉苗,对苗根的保护,从起苗、包扎、贮藏、运输,直到植苗都要求十分仔细,否则成活率很低;裸根造林的更新季节十分短促,对整地要求高,定植后恢复生长缓慢,更新地的补植率往往很高,抚育年限长,幼林达到郁闭须 10 年以上。带土苗的培育,虽育苗成本较高,但可克服和免除上述一系列缺陷,从而可能降低整个更新成本和提高效果。

5. 云杉优树选择。开展雪岭云杉的选种工作,是提高森林生产力的主要措施之一。雪岭云杉具有不同的生态型,其优良单株或类型生长迅速,可望加速成材[②]。建议在山区林场进行选种调查,建立良种种子园。

① 带土苗形式多样,其容器有:塑料弹筒、塑料袋、泥炭杯、黏土杯等;器内盛以肥料与土壤配制的营养土,播种育苗,1~3 年生后,连容器移植造林。

② 八一农学院林学系树木育种教学小组对雪岭云杉优良类型的调查和选种研究(余仲子和向远寅,1966)表明,优良类型树木的直径年生长平均超过 1 厘米,可期 50 年成材。

6. 改善与丰富天山林区的森林树种组成。雪岭云杉是天山林区的优势树种,但有必要通过试验引种,丰富与改善天山森林的树种组成,实行森林树种的间作和轮作,以提高森林生产率,充分发挥森林的防护效益,加速森林更新进程:

(1) 在天山山地森林带内生境较严酷的上、下限,薄层骼质土的陡坡地段,人工栽植落叶松(西伯利亚落叶松与兴安落叶松),营造纯林,或与云杉混交,构成复层混交林。尤其在亚高山森林带上部,可以落叶松为主要造林更新树种。建议在空旷的皆伐迹地或火烧迹地上,先营造起落叶松人工林,以后在其中混植云杉幼树,构成复层混交林,待落叶松伐去后,则余下云杉林,实行森林的套作与轮作。

近年来实践表明,落叶松在天山生长状况良好,生长十分迅速,如玛纳斯南山林场的十年生落叶松人工林,高达10米以上。但引种落叶松存在的问题是:松苗春季开叶早,而山坡尚未解冻,不能及时上山种植;秋季又有延迟生长现象(如朝鲜落叶松),嫩梢易遭冻害;又落叶松幼嫩枝叶为狍鹿及牲畜所喜食而易招损害等,需研究解决,以利推广。

(2) 在山地森林带的中、下部,可营造针阔叶混交林,以天山花楸、山柳、山杨、桦木等作为云杉的伴生树种或先锋树种。在生境严酷的老迹地上,可分两步造林更新,即先在迹地上营造阔叶林,3~4年后再补植云杉。

(3) 在林带中、下部,较干旱的迹地上,可引种樟子松。但首先应建立种子园,解决种源问题,方能推广。

7. 开展森林抚育的试验工作。今后天山北路林区森林经营的重点趋向人工更新与幼、中龄林的抚育。在稠密的云杉幼林与针阔混交林内,需要进行适度的透光伐与除伐,为云杉幼树创造良好的生长发育条件。在中龄林内亦应进行疏伐的试验,这对于以后在林分中进行择伐时避免留存木的立枯与提高森林利用率是必要的措施。

(三) 山地阔叶林

新疆的山地阔叶林包括:山杨、桦木的小叶林,野果林与河谷杨树林等。这些森林类型虽然面积较小,且零星分布,但由于天然更新能力较强,生长迅速,林冠早期郁闭,覆盖林地,有利山地水土保持和改良土壤。杨、桦等木材也具有一定的经济价值。

野果林则可作为山地果品生产基地等,因此不容忽视,而应充分发挥它们的效用。

小叶林的重要意义还在于它是针叶林,尤其是云杉林的先锋。如前所述,在天山的森林迹地上天然更新颇不顺利的雪岭云杉,在较多情况下是通过小叶林的演替而后恢复成林的。因此在人工更新中,可利用这个规律性,在迹地上先期促进或栽植起阔叶林。

桦木是危害落叶松的真菌的中间寄主,应避免这两种树种的混交。通过试验,在天山森林带中下部,有可能引种黄檗、胡桃楸、水曲柳、大叶榆、椴、栎、色木等有价值的阔叶树种,以期构成组成丰富的阔叶林或针阔混交林。

山地河谷的杨树林,由于水分和养分条件较好,生长十分迅速,天然更新也较便利;但因长期受到开垦与放牧的破坏,林分稀疏而分散。为了发挥河谷林的水分调节与护岸作用,在河谷地带应划出护岸林带,营造以杨树(银白杨、新疆杨、银灰杨、黑杨、苦杨、密叶杨、小叶杨等)为主的河谷林。在土壤较肥厚的地段,尚可引种其他有价值的阔叶树种。

伊犁和准噶尔西部山地的野果林,无论就经济价值或科学研究意义来说,都是宝贵的森林资源。但这种残遗性的森林类型,现代分布区较局限,且因遭受长期樵采和放牧的破坏,森林面积更为缩小,若不注意合理地保护和经营,在不久的将来即有绝灭的危险。现有的野果林需要进行抚育管理,清除病腐木,改善森林卫生状况,促进野果树的更新,并严禁采伐破坏。在部分有条件的地区,可经营为森林果园,发展果品加工业;在林内进行稀疏、整枝和嫁接改良等工作,以促进结实和改善果实品质。在伊犁和天山北坡前山带的适宜地段,尚可发展人工的森林果园。

(四) 杜加依林

塔里木河流域广泛分布的胡杨和灰杨杜加依林的经营和利用,是一个亟待解决的问题。约一千五百年前,塔里木盆地边缘曾环绕着大面积的杜加依林和柽柳灌丛,以后由于地下水位降低而大片死亡。至今在塔克拉玛干沙漠中,还不时发现它们的枯干仡立在沙海之中。这个历史的教训,值得注意。如今的胡杨林又面临着这样一个严峻的境况:不仅由于塔里木河的频繁改道,抛弃了大量的沿河杜加依林，使它们处于趋向衰亡的过程，还因为在许多河流上游兴建规模巨大的灌溉工程，大量的洪水和径流水被拦蓄，并通过渠道分配到新垦的农田中去，使河岸两旁的杜加依林减少或丧失了每年洪水泛滥期的灌溉，降低了河床的地下水位，林地平时的水分补给感到不足，甚至完全匮乏，从而引起许多中、幼龄杜加依林的生长衰退，濒于枯萎。同时，凋亡的杜加依林成为大量垦荒的对象，也给风沙的侵袭打开了大门……

恩格斯教导我们："不要过分陶醉于我们对自然界的胜利。对于每一次这样的胜利，自然界都报复了我们。每一次胜利，在第一步都确实取得了我们预期的结果，但是在第二步和第三步却有了完全不同的、出乎预料的影响，常常把第一个结果又取消了。"

塔里木河的垦荒和灌溉体系的建立，的确是人们对自然界的胜利，但仅是第一步，如果忽视了对荒漠森林的保护、管理和营建，荒漠化的加强和风沙的侵袭将必不可免地导致后果严重的"报复"。

胡杨林经营的关键在于水。天然的杜加依林受惠于洪水和地下水补给，人工林则主要依靠灌溉。因此，灌溉条件在很大程度上决定着胡杨林的经营与利用方式，看来不外以下两类：

1. 在现有胡杨林比较集中和生长良好的地区，设立"以林为主"的胡杨林场，建立灌溉体系，进行林业经营，如：

（1）对现有的中、幼龄林进行灌溉抚育；

（2）对采伐成、过熟林，进行林地灌溉，促进萌蘖更新，或人工植苗更新；

（3）培植其他有价值或速生的用材或经济树种，如银白杨、新疆杨、圆冠榆、小叶白蜡、胡桃、巴旦杏等，以改善杜加依林的树种组成。

2. 在由于缺乏地下水和灌溉条件而致胡杨林生长衰退或枯死的地段，进行合理规划后，可开垦为农场，以农为主，农林结合。应注意：

（1）保护生长良好的天然胡杨林，严禁滥伐滥垦；

（2）禁止伐垦沙漠边缘的胡杨林或柽柳丛，保护带宽度应在 300~500 米，对保护带内林木应进行灌溉管理和人工更新措施；

（3）在垦荒之初，建立灌溉体系时，应同时营建护田林体系，以及规划建立用材林、经济林（果、桑、胡桃）与薪炭林；农场的森林覆被率应不低于 10%。

在荒漠地区进行造林更新，应充分重视胡杨与灰杨这两种适应荒漠严酷生境条件的乡土树种。胡杨（包括灰杨）年年大量结实和具有随风飞扬的轻而小的种子，种子发芽很迅速，发芽率也较高。但种子萌发和幼苗生长要求十分湿润、没有盐渍化的沙质土或沙壤土；这种条件在荒漠中仅出现在新冲积的河漫滩与沙洲上，而且要求天然下种与洪水退去的时期要配合得好。因此，由种子发生的胡杨幼林较为少见，通常不成大片。根蘖却是胡杨较常见的更新方式。根蘖苗发生于胡杨水平侧根上的不定芽或休眠芽，它们的萌发也要求较湿润的土壤条件，当地下水位低于 2~3 米，或土壤盐渍化加强，则不易发生。

应当指出，胡杨实生苗的生长特点是：在三年生以内，以根系生长为主，地上部分生长较慢。人工播种的二年生实生苗，苗根深达 2 米以下，这是荒漠地区树种的适应性。但这种特性也为移植苗木带来了困难。胡杨的扦插条成活率不高，但根据它们根蘖性能良好的特点，可试验采用埋根或埋条育苗法，以解决胡杨苗木的来源。在培育胡杨苗木方面，新疆生产建设兵团的一些军垦农场曾取得良好的成绩（新疆农垦厅，1960）。

三、关于新疆森林经营的几点建议

（一）进行新疆的林业区划

林业区划是按照各地区林业生产的自然和经济特点的差异，以及社会主义建设对林业的不同要求而划分出的林业分区体系。它可以作为合理的林业布局、因地制宜地规划林业生产和制订林业措施的依据。

根据新疆的植被考察和有关资料，谨提出关于新疆林业区划的初步方案的建议（图 50-1 和表 50-10），以供今后从事这一项任务的参考。

林业区划的指标如下：

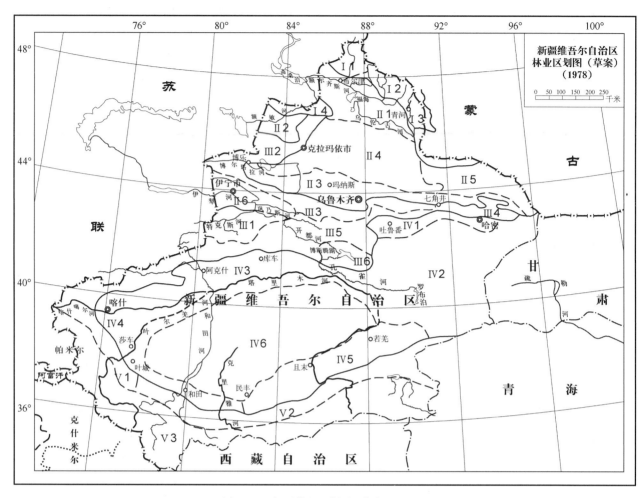

图 50-1　新疆林业区划图（草案）（1978）

表 50-10　新疆林业区划表（草案）

分区	自然环境条件	森林植被类型与主要树种	森林经营方向与主要林业措施
I 阿尔泰山地森林-草原地区	温带草原地带山地	山地常绿针叶林与落叶针叶林，山地草原	山地水源涵养林与用材林
I₁布尔津山地水源-用材林区	位于阿尔泰山西北部的喀纳斯山地，山势较高峻，因承受丰富的西来湿气，最为湿润。森林土壤以生草弱灰化土为主，较干旱地段为灰色森林土	山地森林带分布于海拔 1150～2300 米；上部为西伯利亚落叶松-西伯利亚红松林，西伯利亚冷杉林处于林带中部，西伯利亚云杉林分布于河谷中，并在山坡下部与落叶松构成混交林，较干旱山坡与前山森林草原带为落叶松林，次生林由疣枝桦与山杨构成，河谷有杨树林	经营高山防护林、水源涵养林与用材林。对常绿针叶林采用中度择伐、群状择伐，保护红松与冷杉等珍贵树种的林分；对落叶松林可进行小块状皆伐，人工促进更新
I₂阿勒泰-富蕴山地水源-用材林区	阿尔泰山中段的阶状地垒山地，气候湿润，但较前区稍干旱，森林带年降水量约 600 毫米，年平均温 2℃ 左右，无霜期不足 100 天。森林土壤以山地灰色森林土为主	山地森林带位于海拔 1400～2300（2600）米。主要为西伯利亚落叶松林，在林带中部有云杉-落叶松混交林，河谷中有片段西伯利亚云杉林。次生林有山杨林与桦木林。前山河谷有苦杨林	经营山地水源涵养林与用材林。采用择伐与小块状皆伐，人工促进更新。可引种兴安落叶松与樟子松

分区	自然环境条件	森林植被类型与主要树种	森林经营方向与主要林业措施
I₃青河-北塔山水源-防护林区	阿尔泰山东南部的准平原化山地与北塔山，受蒙古干旱荒漠气候影响，山地强度草原化。森林土壤为灰色森林土与草原化的灰色森林土	块状的西伯利亚落叶松林与山地草原相结合，构成山地森林草原带，分布于海拔1500~2600米。前山河谷有苦杨林。北塔山尚有发达的圆柏灌丛	经营防护与水源涵养为主的森林，采用群状择伐，人工促进更新或人工更新，引种兴安落叶松与樟子松
I₄萨乌尔山地水源-防护林区	草原化的断块状准平原化山地，因山势较低矮，且背向于湿气流而强度草原化。森林土壤为草原化的灰色森林土	块状的西伯利亚落叶松林分布于萨乌尔峡谷阴坡，下部有个别雪岭云杉林，山地以草原植被占优势，塔尔巴戛台山无林，以灌丛与草原为主	同上
II 准噶尔荒漠地区	温带荒漠平原，盆地与谷地	荒漠植被与灌溉绿洲	农田防护林、平原用材林、果园与固沙林
II₁阿尔泰南路平原护田林-河谷林区	包括山前倾斜平原与额尔齐斯河和乌伦古河二河冲积平原。气候寒冷，一月平均温-16~25℃，极端最低温度达-50℃，七月平均温18~22℃，年降水量150~250毫米，干燥度2~4，无霜期125~160天，活动温度总和2000~3000℃。土壤以棕钙土为主，砾质较强，河谷发育草甸土	平原植被为荒漠草原与草原化荒漠，河流干三角洲有梭梭丛林，局部沙漠为白梭梭丛林。河谷广泛分布由苦杨、银白杨、银灰杨、黑杨、白柳、沙枣等构成的河谷林。绿洲栽培杨、柳、榆、复叶槭等	在农区营造护田林网，建立薪炭林，经营与保护梭梭丛林。经营河谷杨树林以防护河岸，并供应部分当地用材
II₂塔城盆地护田林区	向西开敞的山间盆地，气候较湿润，一月平均温-24℃，七月平均温24℃，无霜期130天，活动温度总和约3000℃，年降水300毫米以上，主要在春季，干燥度3~4，风害较严重，地下水较丰富。土壤以淡棕钙土为主	天然植被以短命植物-蒿类荒漠与芨芨草丛为生。绿洲栽培林木：杨、柳、榆、复叶槭、白蜡、夏橡、悬铃木槭、心叶椵、沙枣、海棠果等	营造防风护田林网，建立薪炭林与果园
II₃天山北路平原护田林区	山前洪积-冲积平原，气候稍温暖，一月平均温-20℃，极端最低温-43℃，七月平均温25℃，无霜期160~170天，活动温度总和达3500℃，年降水150~200毫米，干燥度6。土壤以灰棕色荒漠土与荒漠灰钙土为主	荒漠植被以琵琶柴、梭梭、假木贼与蒿类荒漠为主。冲积锥与河流沿岸有片段的白榆林与胡杨林。绿洲与城市栽培树种有：杨、柳、榆、白蜡、复叶槭、三刺皂荚、海棠、苹果(埋土越冬)等	培育护田林网，建立平原速生用材林与薪炭林基地，城镇居民区与工矿区绿化造林，建立果园

分区	自然环境条件	森林植被类型与主要树种	森林经营方向与主要林业措施
II₄西准噶尔戈壁沙漠区	包括古尔班通古特沙漠及其以西的砾石戈壁。年降水 100~150 毫米,无霜期 170 天,沙丘有丰富的悬湿水,沙漠南缘有地下水补给。沙丘一般高 5~20 米,固定或半固定,丘间为薄层沙地。西部戈壁条件严酷,少土缺水	沙漠以白梭梭与梭梭丛林为主,尚有多种沙拐枣、蛇麻黄、无叶豆、木本盐蓬、柽柳等。砾石戈壁有稀疏的梭梭、假木贼、小蓬等	保护与经营沙漠中的白梭梭与梭梭丛林。在沙漠边缘可开发地下水,营造乔木林与果树,开展沙地的农林牧业综合经营
II₅东准噶尔戈壁荒漠区	砾石戈壁,深受蒙古荒漠气候影响,十分干旱,干燥度 8,地表水与地下水均极缺乏,土壤以砾质石膏灰棕色荒漠土为主	无植被的砾漠,或有稀疏的梭梭,沿凹沟有较多的荒漠灌木。绿洲面积很小	居民区与农区绿化,营造防护林与薪炭林
II₆伊犁谷地护田林-经济林区	向西开敞的山间谷地,海拔500~700 米,气候温和、湿润,一月平均温 -10~-12℃,极端最低温 -37℃,七月平均温 21~23℃,无霜期 170~190 天,活动温度总和 3000~3500℃,年降水量 250~500 毫米,干燥度 2~4,河流水量与地下水充沛。土壤以灰钙土与河谷草甸土为主	荒漠植被为短命植物-蒿类荒漠,河谷有草甸与杨柳丛林,局部沙丘有白梭梭丛林。绿洲栽培林木与果园丰美,主要树种:新疆杨、银白杨、刺槐、三刺皂荚、夏橡、圆冠榆、心叶椴、大叶榆、臭椿、复叶槭、白蜡、白桑、沙枣等;果树以苹果为主,尚有梨、桃、杏、酸樱桃、西洋李、葡萄等	营造护田林、速生用材林,大力发展果园与桑园,可大量试验引种温带与部分暖温带的有价值经济用材树种与果树
III天山森林-草原-荒漠地区	温带荒漠地带山地	山地常绿针叶林,局部阔叶林,山地草原、荒漠与高山植被	经营用材林与山地水源涵养林,为今后主要的森工开发林区
III₁伊犁山地水源-用材林区	伊犁谷地两侧山地,山地冰川积雪带发达,山地森林带气候温和湿润,年降水量 600~800 毫米,一月平均温-10~-14℃,七月平均温 15℃,无霜期 100~110 天,前山带有明显的逆温层,最为温暖、湿润。针叶林下土壤为淋溶的灰褐色森林土,阔叶林下为黑棕色森林土	针叶林为雪岭云杉的常绿针叶林,分布于海拔 1600~2700 米,下部有天山苹果与山杏构成的阔叶林带,处于海拔 1100~1600 米,局部有野胡桃林。次生林有山杨、桦木、山柳林。林带上限阳坡有成片的圆柏灌丛	采用小块状皆伐与群状择伐。人工更新或促进更新。经营山地野果林,作为森林果园。可引种多种温带山地阔叶树种。开展林副产品综合利用与林区副业

分区	自然环境条件	森林植被类型与主要树种	森林经营方向与主要林业措施
Ⅲ₂ 准噶尔西部山地水源林区	山体较低矮和狭窄,处于"雨影"带,气候较干旱,山地降水量400~500毫米。山地森林土壤为灰褐色森林土	山地草原化强烈,森林带不发达,一般分布于海拔1900~2700米,雪岭云杉林与草甸草原相结合,有较发达的圆柏灌丛。巴尔鲁克山有局部的天山苹果、山杏的野果林,博乐河谷中有杨树林	山地森林以防护、水源涵养为主,兼顾用材,采用经营择伐,可引种落叶松与樟子松。经营野果林与河谷杨树林
Ⅲ₃ 天山北坡用材-水源林区	山体高峻、雄厚,冰川与积雪较发达,降水较丰富,年降水量在600毫米以上,温度较伊犁山地为低。森林土壤为灰褐色森林土	山地森林带由雪岭云杉林构成,分布于海拔1600~2700米,林带中下部有山杨、桦木与山柳次生林。河谷有杨树林与白榆林	为过去主要的采伐地区,现有大面积采伐迹地与疏林亟待更新与恢复。应经营水源涵养林为主、兼顾用材的林区。人工更新为主,引种落叶松、樟子松与阔叶树种,营造针叶混交林与针阔叶混交林
Ⅲ₄ 天山东部水源-用材林区	天山东部,山势低矮,深受蒙古荒漠气候影响,气候较干旱,大陆性加强。山地土壤为碳酸盐灰褐色森林土	由西伯利亚落叶松林与雪岭云杉林构成山地森林,与山地草原相结合,森林分布于海拔2200~2900米,上部落叶松,下部为云杉,并有局部的桦木林	本区亦为过伐林区,应以更新迹地为主,经营水源涵养林与用材林。引种兴安落叶松与樟子松;营造针叶混交林与针阔叶混交林
Ⅲ₅ 天山南坡水源-防护林区	处于湿气流的背风坡,山地气候干旱,年降水量300~400毫米。区内还有一些干旱的山间盆地	山地植被以草原与荒漠为主,森林仅呈块状分布于河谷的阴坡,东部为落叶松林,西部为雪岭云杉林,森林分布于海拔2300~3000米。山间盆地一般缺乏森林	经营山地防护与水源林,用材意义不大。可引种落叶松(西部)与樟子松。恢复与发展圆柏丛林
Ⅲ₆ 焉耆盆地护田林区	天山南坡东部的山间盆地,海拔1000~1200米,气候干旱,年降水50~100毫米,无霜期150~180天,但地表与地下水丰富,土壤盐渍化较普遍	天然植被以芨芨草丛与芦苇丛为主。灌溉绿洲栽培杨、榆、白蜡等	营造护田林与速生用材林
Ⅳ 南疆-东疆盆地荒漠地区	暖温带荒漠地带	灌木与半灌木荒漠植被,河谷有荒漠河岸林与灌丛	经营荒漠河岸林,发展护田林、用材林、经济林与果园
Ⅳ₁ 吐鲁番-哈密盆地防护林区	地势凹陷,气候炎热而干旱,年降水量20~70毫米或更少,干燥度15~60,一月平均温-7~-12℃,七月平均温25~33℃,无霜期190~230天,活动温度总和3500~4000℃,吐鲁番达5500℃,风力强猛,土壤以石膏棕色荒漠土为主	砾石戈壁无植被,或疏生荒漠灌木。盆地边缘绿洲有丰盛的栽培树木与果园。主要有:银白杨、新疆杨、钻天杨、箭杆杨、白柳、刺槐、复叶槭、白榆、臭椿、白桑、胡桃、沙枣、枣、樱桃、榅桲、杏、桃、葡萄等	建立防风护田林、经济林与果园,引种暖温带阔叶树种;进行固沙造林与戈壁淤洪造园

分区	自然环境条件	森林植被类型与主要树种	森林经营方向与主要林业措施
IV₂嘎顺戈壁-罗布低地戈壁荒漠区	位于吐鲁番-哈密盆地以南的戈壁、荒漠低山与雅丹地段。气候极端干旱、严酷,年降水不足10毫米,风力强猛,缺乏地表水流,地下水矿化度高。土壤为石膏盐盘棕色荒漠土与低地盐土	稀疏的灌木砾漠或无植被,干河床或低凹地段有个别胡杨与柽柳丛。库鲁克山有部分草原植被	目前暂无林业工作
IV₃天山南路平原护田林、经济林、河谷林区	包括山麓洪积平原与塔里木河冲积平原。干燥度12~13,年降水50~80毫米,一月平均温-10℃,七月平均温26℃,无霜期160~210天,活动温度总和4000℃。土壤以棕色荒漠土与石膏棕色荒漠土为主,但盐渍化十分普遍。河谷中以杜加依土与草甸土为主	砾石戈壁为稀疏的灌木、半灌木荒漠,盐土上有柽柳灌丛与盐生植被。塔里木河谷为胡杨与灰杨的荒漠河岸林,下游仅为胡杨林。绿洲有丰茂的栽培树木与果园,主要树种:银白杨、新疆杨、钻天杨、白柳、刺槐、圆冠榆、白榆、臭椿、白桑、白蜡、沙枣、梓树等。果树:胡桃、白梨、苹果、楸梓、李、桃、葡萄等	农区营造护田林、速生用材林、经济林与果园,可引种暖温带树种。在胡杨林区经营用材与防护结合的林业。进行盐渍土造林、农地中的沙丘与戈壁的绿化
IV₄喀什-和田平原护田林、经济林、河谷林区	塔里木西部的河流冲积平原与三角洲,气候温暖,一月平均温-7℃,七月平均温26℃,无霜期200~220天,活动温度总和4000℃以上,年降水50~100毫米,干燥度10~25,河流水量较丰富。土壤以棕色荒漠土与石膏棕色荒漠土为主	植被同上区。但叶尔羌河谷荒漠河岸林以灰杨为主。绿洲栽培树木更为丰盛,除上区树种外,尚有悬铃木、阿月浑子、扁桃、无花果与石榴等喜暖树种	同上。本区发展果树、经济树种与蚕桑条件更为优越
IV₅昆仑东段北路平原护田林、经济林区	山前砾石洪积扇与冲积锥,气候较前二区干旱,干燥度26~70,年降水量50毫米以下,甚至不足10毫米,河流水量贫乏,一月平均温-9℃,七月平均温25~30℃,无霜期约200天,活动温度总和3500~5000℃,多风沙危害。以石膏盐盘棕色荒漠土为主	砾石戈壁无植被,或有稀疏荒漠小灌木。扇缘带有盐化草甸、稀疏胡杨林与柽柳灌丛。绿洲栽培树种:沙枣、胡桃、白桑、杨、柳等。果树:桃、杏、枣、葡萄等	营造农田防护林、速生用材林、经济林、果园。沙漠边缘进行固沙造林工作,戈壁淤洪造园
IV₆塔克拉玛干沙漠区	极干旱的内陆沙漠,由高30~50(150)米的流动沙丘构成。年降水不足10毫米,干燥度25~60或以上,七月平均温在30℃以上。地下水位4~6米或以下,矿化度高。风力强猛。仅有和田河与于田河深入沙漠内部,带来一些水分	流动沙丘上无植被,仅丘间低地留有个别柽柳丛,沙漠东北边缘有梭梭丛,河谷中有灰杨林与胡杨林以及芦苇丛。在沙漠边缘有一带芦苇或柽柳沙包	在和田河与于田河经营,保护河谷胡杨林与灰杨林。有条件时在绿洲边缘沙地建立防沙林带

分区	自然环境条件	森林植被类型与主要树种	森林经营方向与主要林业措施
V 昆仑-帕米尔-藏北高寒荒漠地区	暖温带荒漠山地与高原	山地荒漠与寒漠植被	
V₁ 昆仑西段山地水源林区	塔里木盆地西部山地稍湿润,亚高山带年降水 250~300 毫米,山地强度荒漠化。山地土壤以棕钙土与淡栗钙土为主	山地植被以荒漠为主,仅在局部湿润的峡谷阴坡有片段的雪岭云杉林,分布于海拔 2900~3500 米。耐旱的圆柏丛林与灌丛较发达。山地河谷有灌丛与稀疏的杨树林	经营山地防护林与水源涵养林,可引种西伯利亚落叶松,发展圆柏丛林
V₂ 昆仑东段山地荒漠区	东部昆仑外缘山地,气候十分干旱,冰川积雪不发达,山地强度石质化,以棕钙土与高山荒漠土为主	中低山带全系荒漠植被,仅在亚高山带有片段的草原,完全缺乏森林。河谷中有灌丛	河谷结合灌溉农业造林与培植果园
V₃ 帕米尔-藏北高原寒漠区	包括帕米尔、喀喇昆仑山与藏北高原北部,高度在海拔 5000 米以上。气候寒冷、干旱,年降水不足 100 毫米,风力强猛。以冰川、雪堆、裸岩与倒石堆占优势。土壤为强度石质化的高山荒漠土	高原寒漠为稀疏的垫形小半灌木植被。局部有高山草原与河谷草甸植被,帕米尔谷地中有部分农地	无林业工作。河谷结合农业植树造林,可种新疆杨、钻天杨、榆、柳、沙枣等。可试种落叶松、桦木

1. 主要的森林植被类型与树种;

2. 森林生境条件:地貌、气候、土壤等;

3. 林业发展方向与特点:如用材林、水源林、经济林、防护林等;

4. 造林、营林与森林工业的主要措施。

所划分的新疆林业分区,大致包括四类。一类是天然林区,以森林的合理开发和经营为重点,如阿尔泰山和天山北路的山地林区;第二类是平原人工林区,以绿化造林、农林结合为重点,包括南北疆各灌溉农业绿洲和城镇居民区;第三类是森林改良土壤工作的对象,如有水利条件的沙漠、沙漠边缘、荒漠平原和谷地等;第四类则属于目前尚不能开展林业工作的大沙漠、戈壁与高山区。

对于各林业区,应确定合理或必要的森林覆被率,制订林种规划,更新或造林类型,主要树种,经营措施与利用方式等,并应充分考虑林农、林牧、林工的结合办法。

(二) 进行全疆的森林资源复查

摸清木材资源,确定各林区可能的和合理的开发利用程度。为此有必要针对不同林区的各种森林植被类型,制订林型、森林生境型与经营类型的分类图表或方案,作为科学地确定采伐、更新和经营措施的基础或基本单位。

(三) 开展人工更新和造林的科学实验

在山地林区进行带土苗人工更新的育苗与移植试验;针叶树混交或针阔叶树混交的造林试验等。在平原农区设立人工林速生丰产的试验田。

(四) 进行树木良种选育的研究

新疆杨树种类丰富,为杂交育种提供了优良条件。此外如雪岭云杉、胡桃等选种工作亦待继续开展(表 50-11)。

表50-11 新疆主要乔灌木造林树种表

汉名	学名	维（哈）名	繁殖	长速	寿命	高度	温	光	湿	土质	盐渍	风	地境	I	II	III	IV	V	备注
针叶树种																			
西伯利亚冷杉	*Abies sibirica*	Ak kalgay	○	-	⋮	I	C	θ	m	=	!	R	M	+	-	-	-	-	
西伯利亚云杉	*Picea obovata*	Kalgay	○	-	⋮	I	C	θ	m	=	!	R	MV	+	-	-	-	-	
雪岭云杉	*P. schrenkiana*	Kalgay (Samlsin)	○	-	⋮	I	C	θ	m	=	!	R	M	-	-	+	-	+	
兴安落叶松*	*Larix dahurica*		○	+	⋮	I	CF	○	mx	-=	!	Q	$\overline{M}$	(+)	-	+	-	(+)	
西伯利亚落叶松	*L. sibirica*	Bal kalgay	○	+	⋮	I	CF	○	mx	-=	!	Q	$\overline{M}$	+	-	+	-	(+)	
西伯利亚红松	*Pinus sibirica*	Kizil kalgay	○	-	⋮	I	CF	θ○	m	-	!	Q	$\overline{M}$	+	-	+	-	+	
樟子松*	*P. sylvestris* var. *mongolica*		○	+	⋮	I	C	○	mx	-	!	Q	$\overline{M}$	(+)	-	+	-	(+)	
昆仑方枝柏	*Sabina centrasiatica*	Alqa	○	-	⋮	II	CT	○	mx	-	!	Q	$\overline{M}$	-	-	-	-	+	
侧柏*	*Platycladus orientalis*		○	-	⋮	II	TW	○	mx	-	!	Q	O	-	(+)	-	+	-	伊犁
阔叶树种																			
稠李	*Padus racemosa*		○	+	⋮	III	C	θ	mh	=	!!	R	MV	+	-	+	-	-	
西伯利亚花楸	*Sorbus sibirica*		○	+	⋮	II	C	θ	mx	=	!	Z	M	+	(+)	-	-	-	
天山花楸	*S. tianschanica*	Qitan	○	+	⋮	III	C	θ	m	=	!	Z	M	-	(+)	+	-	-	
刺槐*	*Robinia psendoacacia*	Akaciya	○⊥	++	⋮	II	W	○	mx	=	!!	Z	O	-	+	.	+	-	伊犁
国槐*	*Sophora iaponica*	Akaciya	○⊥	+	⋮	II	W	○	mx	=	!!	Z	O	-	+	+	+	-	伊犁
三刺皂荚*	*Gleditschia triacanthos*	Sopun deleh	○⊥	+	⋮	I	TW	○	mx	=	!!	Z	O	-	+	+	+	-	伊犁

树种名称			生物学特征				生态学特征							林业区					备注
汉名	学名	维（哈）名	繁殖	长速	寿命	高度	温	光	湿	土质	盐渍	风	地境	I	II	III	IV	V	
黄檗*	Phellodendron amurense		○	+	∷	II	TC	θ	m	≡	!	Z	O	-	+	(+)	-	-	
悬铃木*	Platanus orientalis	Qinal deleh		+	∷	I	W	○	m	≡	!	Z	O	-	-	-	+	-	
银白杨	Populus alba	Ak tilek	○⊥/	++	∷	I	TW	○	mh	≡	!	Z	O	-	+	-	+	-	
小叶胡杨	P. ariana		○⊥	+	∷	II	TW	○	mh	=	!!	Q	O	-	-	-	+	-	
中东杨*	P. berolinensis		/	++	∷	II	T	○	m	≡	!	Z	O	-	+	-	-	-	
新疆杨	P. bolleana	Xinjiang tilek	/⊥	++	∷	I	TW	○	mh	≡	!	Z	OV	-	+	+	+	-	
大叶杨*	P. candicans	Milza tilek	/	++	·	II	T	○	m	≡	!	R	O	-	+	+	-	-	
银灰杨	P. canescen		○⊥	++	∷	I	T	○	mh	=	!	Z	OV	-	+	-	-	-	
阿富汗杨	P. afghanica		○/	++	∷	II	T	○	mh	≡	!	Z	OV	-	-	-	-	+	
青杨	P. cathayuna	Kok tilck	○/	++	∷	I	T	○	mh	=	!	Z	OV	-	+	+	-	-	
密叶杨	P. densa	Yopulmaklik tilek	○/	++	∷	II	TC	○	mh	=	!	Z	MV, O	-	+	+	-	-	
胡杨	P. diversifolia	Tohulak	○⊥	+	∷	II	T	○	xh	=∴	!!	Q	DO	-	-	-	+	-	
苦杨	P. laurifolia	Aqik tilek	○/	++	∷	II	CT	○	mh	=	!	Z	MV, O	+	+	(+)	-	-	
黑杨	P. nigra	Kala tilek	○/	++	∷	I - II	TC	○	mh	=	!	Z	O	+	+	(+)	-	-	
箭杆杨*	P. nigra var. thevestina		/	++	·	I	T	○	mh	=	!	Z	O	-	+	-	+	-	
柔毛杨	P. pilosa		○/	++	∷	II	TC	○	mh	=	!	Z	MV, O	+	-	-	-	-	

续表

汉名	学名	维（哈）名	繁殖	长速	寿命	高度	温	光	湿	土质	盐渍	风	地境	I	II	III	IV	V	备注
			生物学特征					生态学特征						林业区					
灰杨	*P. pruinosa*	Kapak tobulak	○⊥	++	∷	II	T	○	xh	=∴	!!	Q	DO	-	(+)	-	+	-	
钻天杨*	*P. pyramidalis*	Suadan tilek	/	++	∷	I	T	○	mh	=	!	Z	O	-	+	-	+	-	
小叶杨*	*P. simonii*	Kiqikyopulmak tilek	○/	++	∷	I-II	T	○	mh	=	!	Z	O	-	+	-	(+)	-	
山杨	*P. tremula*	Tah tilek	○⊥	++	∷	II	C	○	m	=	!	Z	M	+	-	+	-	(+)	
白柳	*Salix alba*	Ak sugaet, Sugaet	/	++	∷	II	T	○	mh	=	!	Z	O	-	+	-	+	-	
垂柳*	*S. babylonica*	Majnun tal	/	++	∷	II	W	○	mh	=	!	Z	O	-	(+)	-	+	-	
旱柳*	*S. matsudana*	Sugaet, Tal	/	++	∷	II	T	○	mh	=	!	Z	O	-	-	-	+	-	
崖柳	*S. xerophila*	Tah sugact	○/	+	.	III	C	○	m	=	!	Z	M	-	-	+	-	-	
准噶尔柳	*S. songarica*	Tal	/	+	∷	II	T	○	mh	=∴	!	Z	DO	-	+	-	+	-	
小叶桦*	*Betula microphylla*	Kiqik yopulmak kiyin	○	+	∷	II	C	○	m	=	!	Z	M	+	-	+	-	-	
天山桦	*B. tianschanica*	Tianshan kiyin	○	+	∷	II	C	○	m	=	!	Z	M	-	-	+	-	-	
疣枝桦	*B. pendula*	Sugack kiyin	○	+	∷	I-II	C	○	m	=	!	Z	M	+	(+)	+	+	-	
夏橡*	*Quercus robur*	Dup deleh	○⊥	-	∷	I	T	θ○	m	=	!	Q	O (M̲)	-	+	-	(+)	-	
圆冠榆*	*Ulmus densa*	Side	×	+	∷	II	TW	○	mx	=	!	Q	O	-	(+)	-	+	-	
大叶榆*	*U. laevis*	Qong yopulmak kalyagaqi	○	+	∷	I-II	TC	○θ	m	=	!	Z	O	-	+	-	-	-	

续表

树种名称			生物学特征				生态学特征							林业区					备注
汉名	学名	维(哈)名	繁殖	长速	寿命	高度	温	光	湿	土质	盐渍	风	地境	I	II	III	IV	V	
白榆	*U. pumila*	Kal yagaqi	○	+	∷	II	TC	○	mx	-	‼	Q	$\frac{MV,}{O}$ (D)	-	+	+	+	-	
心叶椴*	*Tilia cordata*	Tiliya	○	+	∷	II	T	θ	m	≡	!	Z	O	-	+	(+)	-	-	
臭椿*	*Ailanthus altissima*	Ailant	○⊥	++	∷	II	W	○	mx	-	‼	R	O	-	+	-	+	-	伊犁
复叶槭	*Acer negundo*	Kilon	○⊥	++	∷	II	T	○	m	=	!	Z	O	-	+	-	+	-	
悬铃木槭*	*A. platanoides*	Qinal siman kilon	○	+	∷	II	TC	θ	m	=	!	Z	O	-	+	(+)	-	-	
天山槭	*A. semenovii*		○	+	∷	III	T	θ	mx	=	!	Z	$\frac{M}{}$	-	+	+	-	-	
大叶白蜡*	*Fraxinus americana*	Yasin deleh	○	+	∷	I	T	○	m	=	!	Q	O	-	+	+	+	-	
水曲柳*	*F. manshurica*		○	+	∷	II	T	○	mh	=	!	Z	O	-	+	-	-	-	
小叶白蜡	*F. sogdiana*	Aelmudun	○	+	∷	II	T	○	mh	≡	!	Q	O	-	+	-	+	-	
梓树*	*Catalpa ovata*	Katalpa	○	+	∷	II	TW	○	m	=	!	R	O	-	+	-	+	-	
梭梭	*Haloxylon ammodendron*	Soksok	○	-	∷	III	T	○	xx	△∴ =	‼	Q	D	-	+	-	+	-	
白梭梭	*H. persicum*	Ak soksok	○	-	∷	III	T	○	x	∴	!	Q	D	-	+	-	-	-	
经济树种																			
胡桃	*Juglans regia*	Yaghak	○	+	∷	II	W	○	m	≡	!	Q	O	-	-	(+)	+	-	
白桑*	*Morus alba*	Yumac	○	+	∷	II	W	○	mx	=	‼	Z	O	-	(+)	-	+	-	
黑桑*	*M. nigra*	Xiatut	○	+	∷	III	W	○	m	≡	!	Z	O	-	-	-	+	-	

续表

树种名称			生物学特征				生态学特征							林业区					备注
汉名	学名	维(哈)名	繁殖	长速	寿命	高度	温	光	湿	土质	盐渍	风	地境	I	II	III	IV	V	
大沙枣*	Elaeagnus turcomanica	Yimix jigde Nan jigde	⊥○	+	⋮	III	TW	○	xh	=	!!	Q	O, DO	-	-	-	+	-	
小沙枣	E. oxycarpa	Kagha jigde	⊥○	+	⋮	II	T	○	xh	=	!!	Q	O, DO	-	+	-	+	-	
阿月浑子*	Pistacia vera	Pista badam	○	-	⋮	III	TW	○	mx	=	!	Q	O	-	-	-	+	-	
果树																			
白梨*	Pyrus bretschueideri	Nexpet	○×	+	⋮	II	W	θ	m	=	!	R	O	-	-	-	+	-	
软梨*	P. communis	Amot	○×	+	⋮	III	W	θ	m	=	!	R	O	-	-	+	+	-	
新疆梨*	P. sinkiangensis		○×	+	⋮	III	TW	θ	m	=	!	R	O	-	(+)	+	+	-	
花红*	Malus asiatica	Kizil alma	○	+	⋮	III	TW	θ	m	=	!	R	O	-	+	+	+	-	
红肉苹果*	M. niedzweizkyana	Kala alma	○	+	⋮	III	TW	θ	m	=	!	R	O	-	-	+	+	-	
海棠*	M. prunifolia	Tax alma	○	+	⋮	III	T	θ	m	=	!	Z	O (M)	-	+	(+)	+	-	
苹果*	M. pumila	Alma	×	+	⋮	III	TW	θ	m	=	!	R	O	-	+	(+)	+	-	
天山苹果	M. sieversii		○⊥	+	⋮	III	TW	θ	m	=	!	R	MO	-	+	+	-	-	
榲桲*	Cydonia oblonga	Biya	○	+	⋮	III	W	○	mx	=	!	R	O	-	-	-	+	-	
阿尔泰山楂	Crataegus altaica	Dolana	○	+	⋮	III	TC	θ	m	=	!	Z	V,O	+	+	+	+	-	
准噶尔山楂	C. songorica	Dolana	○	+	⋮	III	TC	θ	m	=	!	Z	V,O	-	+	+	-	-	
红果山楂	C. sanguinea		○	+	⋮	III	TC	θ	m	=	!	R	MV, O	+	+	+	-	-	
欧李*	Prunus domestica		○	+	⋮	III	TW	○	m	=	!	R	O	-	+	+	+	-	伊犁

树种名称			生物学特征						生态学特征					林业区					备注
汉名	学名	维(哈)名	繁殖	长速	寿命	高度	温	光	湿	土质	盐渍	风	地境	I	II	III	IV	V	
李*	*P. salicna*		○	+	⋮	III	W	○	m	☰	!	R	O	-	-	-	+	-	
樱桃李	*P. sogdiana*		○	+	⋮	III	TW	θ	mh	☰	!	R	MV,O	-	+	-	+	-	伊犁山地野生
甜樱桃*	*Cerasus avium*	Aluga	○	+	⋮	III	W	○	m	☰	!	R	O	-	-	-	+	-	
酸樱桃*	*C. vulgaris*	Jineste, Glas	○	+	⋮	III	TW	○	m	☰	!	R	O	-	(+)	(+)	+	-	
扁桃(巴旦杏)*	*Amygdalus communis*	Badam	○	+	⋮	III	W	○	m	☰	!	Z	O	-	-	-	+	-	
蟠桃*	*A. compressa*		○	+	⋮	III	TW	○	m	☰	!	R	O	-	+	-	+	-	
山桃*	*A. davidiana*	Exi xaptola	○	+	⋮	III	TW	○	m	=	!	Z	O	-	+	-	+	-	
桃*	*A. persica*	Xaptola	○	+	⋮	III	TW	○	m	☰	!	R	O	-	+	-	+	-	
杏*	*A. vnlgaris*	Ülük	○×	+	⋮	III	TW	○	mx	=	!!	R	O	-	+	+	+	-	伊犁山地有野生种
无花果*	*Ficus carica*	Anjel	○	+	⋮	III	W	○	m	☰	!	R	O	-	-	-	+	-	
石榴*	*Punica granatum*	Anal	○	+	⋮	III	W	○	m	☰	!	R	O	-	-	-	+	-	
枣*	*Ziziphs jujuba*	Qilan	○×	+	⋮	III	W	○	m	☰	!	Z	O	-	-	-	+	-	
葡萄*	*Vitis vinifera*	Üzüm	/	+	⋮	III	W	○	m	☰	!	R	O	-	+	-	+	-	埋土越冬
灌木树种																			
石蚕叶绣线菊	*Spiraea chamaedryfolia*	Tebulgha	○			IV	C	○	mx	-	!		M	+	(+)	+	-	-	
兔儿条	*S. hypericifolia*	Tebulgha	○			IV	C	○	mx	-	!		M	+	(+)	+	-	-	
枸子木	*Cotoneaster* spp.	Aelghay	○			IV	C	○	mx	-	!		M,M	+	(+)	+	-	+	

续表

树种名称			生物学特征				生态学特征							林业区					备注
汉名	学名	维（哈）名	繁殖	长速	寿命	高度	温	光	湿	土质	盐渍	风	地境	I	II	III	IV	V	
兰果悬钩子	*Rubus caesius*	Mandalin	○			IV	TC	θ	m	=	!		MVO	+	(+)	+	-	-	
树莓	*R. idaeus*	Mandalin	○			IV	TC	θ	m	=	!		MV	+	+	+	-	-	
库页悬钩子	*R. sachalineusis*	Mandalin	○			IV	TC	θ	m	=	!		MV	+	(+)	+	-	-	
金露梅	*Dasiphora fruticosa*		○			IV–V	C	○	mx	-			M	+	-	+	-	-	
野蔷薇	*Rosa* spp.	Azghan (lxitmulun)	○⊥			IV	TC	○θ	mx	-	!		MO	+	+	+	+	+	
天山樱桃	*Cerasus tianschanica*		○			V	T	○	mx	-	!		$\underline{M}$	-	-	+	-	-	
毛樱桃*	*C. tomentosa*		○			IV	TV	○	m	=	!		O	-	(+)	-	+	-	
沙槐	*Ammodendron argenteum*		○			V	T	○	x	∴	!	Q	D	-	+	-	-	-	
无叶豆	*Eremosparton songoricum*		○			V	T	○	x	∴	!	Q	D	-	+	+	+	+	
铃铛刺	*Halimodendron halodendron*	Konggulak tiken	○			IV	T	○	xh	=	!!	Q	DO	-	+	+	+	-	
树锦鸡儿	*Caragana arboracens*	Delehsiman kalagan	○⊥ /			III，IV	CT	○	mx	=	!!	Q	O	-	+	-	(+)	-	
锦鸡儿	*C.* spp.	Kalagan	○			IV	TC	○	mx，x	-	!	Q	$\underline{M}$	+	-	+	-	+	
花棒	*Hedysarum scoparium*		○			IV	T	○	x	∴△	!	Q	D	-	+	+	+	-	

续表

树种名称			生物学特征						生态学特征					林业区					备注
汉名	学名	维(哈)名	繁殖	长速	寿命	高度	温	光	湿	土质	盐渍	风	地境	I	II	III	IV	V	
紫穗槐*	*Amorpha fruticosa*	Amolfa	○⊥			IV	TW	○	mx	-	!!	Z	O	-	+	-	+	-	
茶藨子	*Ribes* spp.		○			IV	TC	θ	m	=	!	R	M	-	-	+	-	-	
荚蒾	*Viburnum opulus*		○			IV	T	θ	m, mh	≡	!	R	O, $\overline{MV}$	-	+	+	-	-	
忍冬	*Lonicera* spp.	Tillagül, knlakat	○			IV	TC	○	m	=	!	R	M	+	-	+	-	+	
灌木柳	*Salix* spp.	Tal	/			III,IV	T	○	mh	=	!	Z	O	+	+	+	+	+	
柽柳	*Tamarix* spp.	Yulgun	○/			IV	T	○	xh	∴	!!	Q	DO	-	+	+	+	-	
水柏枝	*Myricaria* spp.		○/			IV	TC	○	mh	-	!	Z	V	-	-	+	+	+	
罗氏白刺	*Nitraria roborowskii*		○			IV	T	○	x	=	!	Q	D	-	-	-	+	+	
西伯利亚白刺	*N. sibirica*	Ak tiken	○			IV	T	○	xh	∴ =	!!	Q	D	-	+	+	+	-	
泡泡刺	*N. sphaerocarpa*		○			IV	TW	○	xx	△	!	Q	D	-	-	+	+	-	
喀什霸王	*Zygophyllum kaschgaricum*		○			IV	TW	○	xx	△	!	Q	D	-	-	-	+	-	
霸王	*Z. xanthoxylon*		○			IV	TW	○	xx	△	!	Q	D	-	-	+	+	-	
天山卫矛	*Euonymus semenovii*		○			IV	T	○	m	=	!	R	M	-	-	+	-	-	
沙棘	*Hippophae rhamnoides*	Qilghanak (Qilghalang)	○/			III	TC	θ	m	=	!!	Q	M, O	+	+	+	+	+	
药鼠李	*Rhamnus cathartica*	Kala yemix	○			IV	T	θ	m	=	!	R	M	-	-	+	-	-	

续表

树种名称			生物学特征						生态学特征					林业区					备注
汉名	学名	维(哈)名	繁殖	长速	寿命	高度	温	光	湿	土质	盐渍	风	地境	I	II	III	IV	V	
准噶尔鼠李	*R. songarica*		○			V	T	○	mx	-	!	Q	$\underline{M}$	-	-	+	-	-	
丁香*	*Syringa vulgaris*	Xilin gül	○			IV	T	○	m	≡	!	R	O	-	+	-	-	-	
小檗	*Berberis* spp.	lxitbulun (Ixit mulun)	○			IV	TC	○	m	=	!	Q	$\underline{M}$	-	+	+	-	+	
木蓼	*Atraphaxis* spp.	Kok pek	○			IV	T	○	mx	△	!	Q	D	-	+	-	+	-	
沙拐枣	*Calligonum* spp.	Ak juzgun	○			IV	T	○	x	∴	!	Q	D	-	+	-	+	-	
盐穗木	*Halostachys belangeriana*	Kala balak	○			IV	T	○	xh	=	!!!	Q	D	-	+	-	+	-	
囊果碱蓬	*Suaeda physophora*		○			IV	T	○	xh	≡	!!!	Q	D	-	+	-	(+)	-	
木本猪毛菜	*Salsola arbuscula*		○			IV	T	○	x	∴ △	!!	Q	D	-	+	-	(+)	-	
优若藜	*Eurotia ceratoides*		○			IV, V	T, C	○	x	∴ △	!!	Q	D	-	+	-	+	+	
枸杞	*Lycium dasystemum*	Goujic	○			IV	T	○	mx xh mxm	≡	!!	Q	D,O	-	+	(+)	+	(+)	
黑刺	*L. rutheuicum*	Kala tiken	○			IV	T	○	mx	≡	!!!	Q	D	-	+	-	+	-	
西伯利亚刺柏	*Juniperus sibirica*	Alqa	○	-		IV	C	○	m	=	!	Q	M	+	-	+	-	-	
阿尔泰圆柏	*Sabina pseudosabina*	Alqa	○	-		IV	C	○	m	=	!	Q	$\overline{M}$	+	-	+	-	-	
叉子圆柏	*S. semiglobosa*	Alqa	○	-		IV	C	○	mx	-	!	Q	$\underline{M}$	-	-	+	-	(+)	

续表

树种名称			生物学特征				生态学特征						地境	林业区					备注
汉名	学名	维(哈)名	繁殖	长速	寿命	高度	温	光	湿	土质	盐渍	风		I	II	III	IV	V	
新疆圆柏	*S. turkestanica*	Alqa	○	-	IV	C	○	mx	-	!	Q	M	-	-	+	-	+	
双子柏	*S. vulgaris*	Alqa	○	-	IV	TC	○	mx	-	!	Q	M̲	+	-	+	-	(+)	
蛇麻黄	*Ephedra distachya*	Qakanda	○	-	IV	T	○	x	∴	!	Q	D	-	+	-	-	-	
木贼麻黄	*E. equisetina*	Qakanda	○	-	IV	T	○	x	△	!	Q	DM̲	-	+	+	-	(+)	
膜果麻黄	*E. przewalskii*	Qakanda	○	-	IV	T	○	xx	△	!	Q	D	-	-	-	+	-	

注:维(哈)名树种以汉语拼音表示。

说明:

一. 本表仅包括新疆天然生长与人工栽培的主要乔灌木造林树种,对于某些种类繁多的灌木,仅列出属名。据初步统计,新疆乔灌木树种在 400 种以上,本表仅列 140 种(属)。凡人工栽培和引种的树种,在其汉名后注以符号"*"。

二. 树种生物学特性:

1. 繁殖特点:○ 实生,⊥ 萌芽或根蘖,／ 插条,× 嫁接。
2. 生长速度:以针叶树 20 年生以前,阔叶树 10 年生以前的年长生长量为指标;++ 速生:>0.7 米,+ 中等:0.2~0.7 米,- 缓生:<0.2 米。
3. 寿命:⋯长寿:>100 年,⋯⋯中等:30~100 年,- 短寿:<30 年。
4. 高度:指在适宜生境下的最终高度:I >30 米,II 10~30 米,III <10 米,IV >1 米的灌木,V 小灌木。

三. 树种生态学特性:

1. 温度:W 喜暖,T 中温,C 低温,F 寒生。
2. 光:○ 喜光,θ 耐阴,● 阴生。
3. 湿度:mh 中湿生,m 中生,mx 中旱生,x 旱生,xh 潜水旱生。
4. 土壤质地:≡ 肥厚细土,= 中厚土,- 含石质的瘠薄土,△ 石质,∴ 沙。
5. 盐渍度:! 水溶性盐类<0.25%,!! 耐盐:0.25%~1.0%,!!! 盐生:>1.0%。
6. 抗风性:Q 强,Z 中,R 弱。

四. 地理分布

1. 地境:M 山地(M̄ 高山,亚高山,M 中山森林带,M 山地草原或荒漠带),V 山地河谷,D 荒漠平原,O 绿洲与平原。
2. 林业区:按书中建议的分区,I 阿尔泰山,II 准噶尔盆地(包括伊犁谷地),III 天山,IV 南疆与东疆盆地,V 昆仑山与帕米尔山原。( )为建议试引。

（五）进行戈壁、沙漠与盐碱地造林及土壤改良的研究

新疆荒地辽阔，是改造自然、实现大地园林化的广阔场地。应研究以淤洪、客土法为主的戈壁植树造园；以种草造林和各种固沙新技术相结合的沙漠治理与综合利用；以及以沟植、排水洗盐和培植耐盐树种为主的盐碱地造林。

（六）设立森林自然保护区

新疆具有一些独特的森林植被类型，为了保护这些珍贵的森林资源，并在其中研究有关林业的实际与理论问题，建议划定森林自然保护区，诸如：阿尔泰山的西伯利亚红松林和冷杉林，伊犁山地的野果林与高生产力的雪岭云杉林，西昆仑山的圆柏丛林，塔里木的胡杨林与准噶尔的梭梭与白梭梭丛林。

参考文献

唐光楚：1964. 雪岭云杉幼树阶段生物生态学特性调查报告，新疆林业科技文集，第二辑，第二分册，305-327

新疆林业厅：1964a. 对天山云杉林的采伐和更新的意见，新疆林科文集，第二辑，第二分册，392-402

新疆林业厅：1964b. 哈密地区西伯利亚落叶松的采伐与更新，新疆林科文集，第二辑，第二分册，402-415

新疆农垦厅：1960. 新疆荒漠森林树种——胡杨，新疆人民出版社，乌鲁木齐

王树枬等：1911. 新疆图志，博爱书局，天津

杨延赋等：1960. 新疆四种最主要树种木材物理力学性质试验，八一农学院科研报告

余仲子、向远寅：1966. 天山中段雪岭云杉生态型的初步研究（摘要），新疆科技情报，N. 76, 3-4

张新时、张瑛山、陈望义等：1964. 天山雪岭云杉林的迹地类型及其更新，林业科学，9（2），167-183

Глазовская М. А. 1953. К истории развития современных природных ландшафтов Внутренного Тянь-шаня, в сб.: Геогр. исслед. в Центр. Тянь-шане, Изд. АН СССР, М.

第六篇

青藏高原植被与高原地带性

1973—1976 年我参加了中国科学院的青藏高原综合科学考察,通过考察揭示了青藏高原和东亚植被形成的两个重要科学问题:第一,西亚信风高压荒漠带,因高原隆起的阻挡而北移,造成了第三纪东亚亚热带干旱区的北移,形成了亚洲温带戈壁荒漠以及周边温带草原的扩展;第二,印度板块脱离马达加斯加向北漂移,与欧亚板块发生碰撞,挤压形成喜马拉雅山系并在其北面块状隆起青藏高原,高原面上呈片状分布的高原植被可称为植被的高原地带性。本篇收录了包括《青藏高原与中国植被——与高原对大气环流的作用相联系的中国植被地理分布特征》等 7 篇论文。

第 *51* 章
西藏植被的高原地带性*

张新时

（新疆八一农学院林学系）

　　摘要　西藏高原的植被不同于一般的"水平地带"植被，也不同于山地的"垂直带"植被。它是属于"准平原式"的垂直带植被，可称之为"高原地带"植被。西藏植被的成带现象自东南向西北变化如下：森林—草甸—草原—荒漠。这些高原地带性的形成主要取决于高原巨大幅度的隆升及其所引起的特殊的大气环流状况。潮湿的西南季风乃是西藏东南部热带和亚热带山地森林发育的基本因素。高原面处在西风环流和"青藏高压"控制下，在这种大陆性高原的气候条件下，形成了高寒草甸、草原和荒漠植被。

　　* 本文发表在《植物学报》，1978，20（2）：140-149。本文是中国科学院青藏高原综合科学考察队植被组 1973—1976 年植被考察的研究成果之一，参加工作的还有：中国科学院植物研究所张经炜、王金亭、陈伟烈、李渤生、王绍庆、李良千、罗柳胜，吉林地理研究所赵魁义同志。本文曾得到吴征镒教授的审阅，并蒙青海气象局尹道声同志提供资料，谨致谢意。

地球上最雄伟巨大和最年轻的山原隆起——青藏高原,自新第三纪以来发生了一系列沧桑巨变:拔地入云的山原隆升,古海西撤,山地冰川反复进退和大气环流易轨改道等。山地高原上的植物区系和植被也随之经历了严酷的自然选择和进化过程,发生过大规模的迁徙和交流而形成高原特有的年轻植被,也保留了一些古老植被。然而,西藏的植被性质和分布规律如何?影响它们的基本生态因素是什么?这些都是在植被学和地理学上引人瞩目的问题,对于合理开发利用当地的植被资源和发展农牧业生产也具有一定意义。因此,我们根据近年来的考察,试图对这些问题做一个简要的阐明。

一、关于高原的植被地带性

有关西藏植被地带性的论述从刘慎谔[3]、钟补求[9]和 Ward[15]的著作以及 Schweinfurth[11]的综述中可以找到。近来,Troll[12,13]又分别论及西藏西北部植被地理性质及喜马拉雅山系植被的三向地带性。

关于西藏植被具有水平地带分异的论点为张经炜[6,7]和王金亭[1]所提出。他们指出在西藏高原上植被由东南向西北的递变为:草甸草原带—高原草原带—荒漠草原带—高原荒漠带。郑度等[8]亦提出了关于西藏高原主要取决于水分状况差异的东南-西北向的水平地带变化规律。

这些论述对于本题都具有先导性或重要的参考意义。只是首先应当对地带性的基本术语做一些商榷。Troll[14]对景观和植被地带性提出了"三向性"的概念,即:南北向的依地理纬度的变化,东西向的依环流形势的变化,以及由低及高的垂直高度的变化。有人把前两种变化综称为"水平地带性",后者即"垂直带性"。

我们认为,"水平地带"或"水平地带性"不仅是一个铺展在地球水平面上的植被实体及其分布规律,而应有绝对海拔高度的限制。水平地带主要与"地带性地境"或"显域地境"(Плакор)概念相联系,即主要由获得该纬度(及海陆位置)海平面或一定高度范围内的光热与水分条件的地位生境上的植被所形成。水平地带的高度界限至今还没有公认的标准,如依 Макеев[20]定为海拔 500 米以内,仅适于北纬 60°以北的高纬度地区。Murray 则一般地确定

为 3000 英尺(约 1000 米)。在热带,尤其是大陆性地区,这一界限可提高至 1500 米或稍过之,而仍保持在水平地带的基本水热指标范围内。当海拔高度在 1500~2000 米或以上时,气候、植被与整个自然景观随高度递变的垂直成带现象就显著发生,而形成与水平地带有差异的垂直带性植被。

巨大隆起的青藏高原,平均海拔高度在 4500 米以上,约占对流层的一半,氧分压为平原的 50%~60%,其热量(积温、夏温、生长期等)显著比同纬度海拔 1000 米以下的平原或低山为少,大气环流、降水状况与水热关系也有很大变化,其植被主要由适应高寒的高山的、山地的或部分高纬度的种类所构成,而与毗邻的平原植被有显著差异。因而西藏的高原与山地植被基本上都是垂直带性的,超过了水平地带植被的范畴和界限,高原上实际不存在低海拔的"水平地带"植被。

然而,青藏高原的植被显然又不能笼统地归之于山地垂直带植被。它们在生态和植被外貌方面与一般的山地植被相比有以下特点:

1. 热量丰富,植被分布界限高 由于高原强烈的加热作用,夏季整个对流层温度都是高原比四周高[2],加以太阳辐射强,较干旱而蒸发耗热少等原因,高原上的有效热量较同纬度与同高度的山地丰富,植被的高度界限远较同纬度孤立的或较小的山地为高。以四川的大雪山[10]和云南的玉龙雪山[4]与西藏高原内部的山地相比,则后者的植被上限一般要比前二者高出 900~1500 米,雪线的高度高出 700~1200 米。

2. 大陆性强,植被的旱生性增加 由于高原一般较自由大气层与高山空气中含水汽少而较干燥,高原的加热作用则在上空形成巨大的"青藏高压"[2],而使气候的大陆性增强,加以高原受到周围高山尤其是南部喜马拉雅山系的雨影作用,降水大为减少,因而以旱生性的草原植被占较大优势,广布的高寒草甸植被也以具有寒旱生外貌的小嵩草草甸为主,并广泛分布耐寒旱的垫状植被,在藏西北甚至形成了极端贫乏的高寒荒漠植被。高原上的这些大陆性高寒植被类型为在同纬度的亚热带山地所未见。

3. 植被带幅度宽广 众所周知,山地植被垂直带幅度较窄、过渡迅速,并由于山地地貌切割多变而使植被带有间断性和组合性强的特点;高原面上的植被带由于地形平缓,在水平方向上的幅度很大,可

达数百千米,且内部具有较大的连续性和一致性,过渡缓慢。在这一方面,高原植被却与水平地带植被有相似之处。

4. 在高原的各个植被地带内隆起的山地上又形成各自独特的山地植被垂直带谱,而以高原的地带性植被为其基带。

因此,青藏高原上的植被既不宜称为水平地带,而具有垂直带性,又与一般的山地植被垂直带有重大差别;它们是水平地带性与垂直带性相结合的结果,是具有平面形式的植被垂直带,借用地貌学的术语来说,是"准平原"式的植被垂直带。我们建议把这样的植被带称为"高原地带"(Plateau zone),以与植被水平地带和山地植被垂直带相区别。在高原面上的草甸、草原和荒漠地带之间的递变关系并不是垂直递变的系列,而是在高原面上呈平面方向更替的高原地带系列,可称为植被的"高原地带性"(Plateau zonality)。

二、决定西藏植被高原地带性的大气环流因素

西藏植被的高原地带性也具有"三向性",即:南北向、东西向和垂直向的变化。但它们都是在高原面上展开的、只有边缘的山地与毗邻的水平地带相联系,二者具有不同的"基础"。

毫无疑问,地球-宇宙(光热)因素所造成的纬度地带性仍是决定高原上植被地带南北向变化的根本规律。一方面,巨大的海拔高度使热量的纬度差异趋于缩小;另一方面,高原西北高、东南低的地势又使这种差异叠加了热量垂直梯度的影响。因而,在高原的南部(尤其东南部)分布有热带、亚热带的森林,中部为中温型的草原和荒漠植被,北部(尤其西北部)为高寒型的草原和荒漠植被。但是,就高原植被地带性更替的性质来看,它们在更大程度上取决于水分状况或水热对比关系,即根据高原上从东南到西北,潮湿—湿润—干旱—极干旱的趋势,呈现出森林—草甸—草原—荒漠的植被地带更替。在这方面高原特殊的大气环流形势具有决定性的作用。

青藏高原的崛起,除了由于它隆起的巨大幅度和规模超过了水平纬度地带气候的范畴和界限,而形成不同高度水平上的"高原地带"之外,其影响更

深刻、更广泛和更重要的作用也就在于它的出现,成为耸立在对流层中部的巨大中流砥柱和"热岛"[2],引起了第四纪地球大气环流的巨大变化,从而对高原本身及其周围的气候和植被地带带来重大变革。其根本的机制,在于高原隆起的尺度大于与地球自转相适应的行星风系的临界尺度,大气环流适应于高原加热作用造成的温度场,形成特殊的环流形势:高原上空生成"青藏高压",其北方形成蒙古-西伯利亚高压,南侧引起西南季风;其气候特点为:南部边缘多雨、高原少雨、北方极端干旱;在高原内部则东南潮湿、西北干旱。因此在高原的东南边缘出现了世界上降水最丰富的阿萨姆-东喜马拉雅山地,热带在这里几乎达到了北纬 29°的最北极限;在它的北部却形成了特别偏北——达到北纬 48°的极端干旱的亚洲中部荒漠;不同于地球上其他地区在这一纬度(30°~0°)由干而湿的南北递变规律。因而,东亚(中国)大陆的植被水平地带由东南向西北表现为:森林—草原—荒漠,上述青藏高原本身的植被高原地带也具有同一趋势的变化。但是,与其说是青藏高原的植被分布服从于东亚植被水平变化的总规律,不如说是高原的横空出世破坏或改变了北半球的水平地带性,形成了东亚植被的特殊分布图式。

青藏高原上的大气环流受到两大基本气流的影响,即夏半年的印度洋热带海洋季风——西南季风,它主要湿润西藏的东部,尤其东南部,向高原内部和西北部减弱;以及冬半年控制高原面的西风环流。在高原上空则为强大的高压中心——青藏高压,它本身就是一个巨大的环流系统。

喜马拉雅山南侧与横断山东南部,在夏季迎向湿润的西南季风,降水丰盈。冬季仍属低压辐合区,温暖潮湿,又因北部山脉与高原的屏障作用较少受干冷西风和很少北方寒流的影响,具有热带、亚热带典型海洋性山地气候。西南季风尚可沿雅鲁藏布江河谷与三江(怒江、澜沧江、金沙江)谷地伸入高原的东南部。这些地区繁茂而多样的山地森林植被就是湿润海洋季风的鲜明标志;在地貌上它们则集中于高原边缘的峡谷与南侧山坡,并沿河谷向高原内部渗透,而从不见于高原面上。因而森林表现为明显的"嫌高原性"——不能生长在高原的高寒与大陆性气候条件下。

处在喜马拉雅山北侧背风带的雅鲁藏布江谷地,降水远较南侧山地减少,相差约 10 倍,冬季受西风下沉作用,为低压区,十分晴燥温和,但夏季仍可

受到沿河谷西进的西南季风影响及高原季风造成的天气系统而产生一定降雨。这一地带植被以山地旱生灌丛草原为主，由于河谷切下高原面，海拔较低，气温较高，尤其冬暖，故草原中多中温成分。

高原的主体部分高空受西风带控制，在冬季存在冷高压，具明显大陆性气候，干燥、晴朗、寒冷，气温年、日较差大。夏季却由于高原地面加热作用而形成热低压，使近地面气流向高原内部辐合，冬季则辐合减弱或辐散，形成特殊的"高原季风"，它对形成高原降水的作用有明显的东西差异。羌塘高原的中部（以改则为中心）夏季因高原辐合线存在而产生一定降水，但风大而冬季严寒，寒旱生的高寒草原植被几乎铺展在整个广阔的高原面上。高原西部——阿里西部地区由于兴都库什、西北喜马拉雅等高大山系的阻滞，所获水汽甚微，这里是夏季热低压的中心，是高原面上夏季最热和最干旱的区域，虽存在气流的辐合上升运动，但因水汽微少很难形成降雨，而以荒漠植被为表征。

与此相反，在高原东部的那曲一带，接近长江黄河源的高原夏季湿润的低压中心，在北纬32°附近气流辐合，造成这里夏季多冰雹和雷暴天气而较湿润，尤其是孟加拉风暴可以影响到这一带，更带来较多降水。冬季严寒、多雪。这里是西藏高原面上最潮润的地区，发育中生的高寒草甸与灌丛植被。在羌塘高原的北部，随纬度北移、地势升高、气流辐散、降水减少所造成的强度高寒、干旱的生态条件，终致形成高寒荒漠植被（图51-1）。

这样，西藏植被的地带性变化从东到西是：亚热带山地针叶林—高寒灌丛与高寒草甸—高寒草原—山地荒漠；从南到北是：热带山地森林—山地灌丛草原—高寒草原—高寒荒漠。两个高原地带系列组合形成了西藏植被独特的高原地带综合体。

三、西藏的植被地带

在西藏，根据植被地带的性质首先可分为两大植被地区：西南季风山地森林植被地区与高原高寒草甸、草原、荒漠植被地区。其下再按水热条件所决定的植被，分为若干个纬度地带与高原地带：

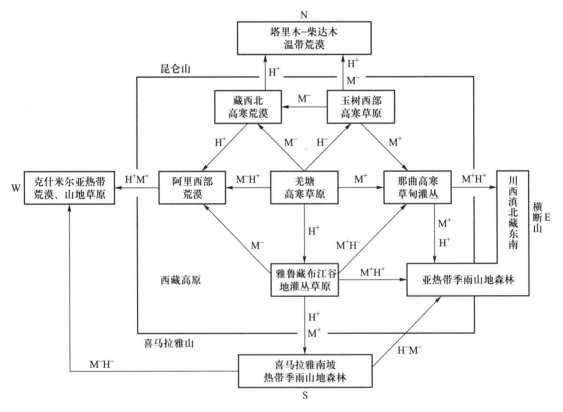

图 51-1　西藏高原植被地带性图解

H：热量；M：湿度；+：增加；-：减少

（一）热带、亚热带西南季风山地森林植被地区

包括西藏东南缘的山地森林区，向东与川西滇北的亚热带山地森林结成一片，向西沿喜马拉雅南坡与不丹、尼泊尔和印度西部的森林连为一带。这里是受到西南季风强烈湿润的高山峡谷区域。主要的植被组成是印度-马来成分和东亚的中国-喜马拉雅成分。

1. 喜马拉雅南侧热带山地森林地带　东喜马拉雅海拔 1100 米以下的前山地带，年平均温度在 20℃ 以上，年降水量在 2500 毫米以上，仅有 2~3 个月的旱季（月降水在 100 毫米以下）。这里发育着繁茂的热带山地河谷雨林和半常绿雨林（或称为"季节性雨林"，属雨林类型）。山麓河谷主要为龙脑香（Dipterocarpus turbinatus）、橄榄（Canarium resiniferum）、大叶木菠萝（Artocarpus chaplasha）、四数木（Tetrameles nudiflora）、第伦桃（Dillenia indica）等多种印度-马来成分的常绿乔木构成的热带雨林；在海拔 600~1100 米的低山上则为樫木（Dysoxylum gobara）、千果榄仁（Terminalis myriocarpa）、阿丁枫（Altingia excelsa）等旱季半落叶乔木与下层丰富的常绿乔木构成的热带山地半常绿雨林。林内有板根、老茎生花等现象，多藤本与附生植物，并出现树藤。由山麓以上顺序出现一系列的山地植被垂直带，以墨脱的垂直带谱为例：

（1）热带低山雨林与半常绿雨林带，海拔 1100 米以下。

（2）山地常绿阔叶林带，在 1100~2200 米；下部亚带以栲（Castanopsis histrix）为主，上部亚带以薄片槠（Quercus lamellosa）和木果柯（Lithocarpus xylocarpus）为主。带内十分潮湿，树干上与地面多苔藓，可称为"苔藓林"。

（3）山地针阔叶混交林或针叶林带，海拔 2200~2800 米，主要为滇铁杉（Tsuga dumosa）所组成。

（4）亚高山暗针叶林带，2800~3600 米，以墨脱冷杉（Abies delavayi var. motuoensis）为主。

（5）高山灌丛、草甸带，3600 米以上，下部以杜鹃（Rhododendron spp.）灌丛为主，上部发育茂盛绚丽的高山杂类草草甸，含有丰富多彩的中国-喜马拉雅成分，并出现发达的藓类层。高山上冬季积雪深厚，冷热季节交替明显，因而高山植被不具热带特点，而属亚热带-温带类型。这样的高山温带类型

与低山热带类型相组合的垂直带谱是热带北缘山地植被带谱的特色。

在不丹以西的中喜马拉雅南侧，旱季延长到 3~5 个月，1000 米以下以旱季落叶的娑罗双（Shorea robusta）构成的热带季雨林代替了东部的雨林和半常绿雨林。在我国境内的个别河谷地段，仅具有山地上半部的垂直带：常绿阔叶栎林带（以 Quercus changmuica 为主），滇铁杉的针阔叶混交林带，喜马拉雅冷杉（Abies spectabilis）与长叶云杉（Picea smithiana）的亚高山暗针叶林带，还出现高山栎（Quercus semicarpifolia）的硬叶常绿阔叶林，以及高山杜鹃灌丛、草甸带。西部山地的内部谷地相当干旱，呈现出草原化的植被特征。

2. 藏东南亚热带山地针叶林地带　包括切入高原东南部的雅鲁藏布江中游及其支流——尼洋河、野贡曲与泊龙藏布，以及东部的三江（怒江、澜沧江、金沙江）峡谷与山地。这些峡江状若高原东南部的深切裂缝，印度洋（和部分南海）的潮湿季风通过它们渗入高原的一隅，郁密的森林植被随之散布在河谷两侧山坡和支谷中。这里的降水已比喜马拉雅南侧显著减少，年降水在 500~1000 毫米。但在河流上游，海拔升高、内部湿气减少、森林逐渐稀少而绝迹。

本地带的植被全属山地垂直带植被。其基带为亚热带常绿阔叶林，仅出现于受到湿热气流直接达到的雅鲁藏布江大拐弯以北的通麦谷地中海拔 2000~2500 米 处，由 栎类（Quercus incana、Q. gilliana）为主的山地常绿阔叶林富含东亚亚热带植物成分。2500~3200 米为针阔叶混交林带，分布有高山松林（Pinus densata）、丽江云杉林（Picea likiangensis）与巴郎栎林（Quercus aquifolioides）等。海拔 3200 米以上的暗针叶林在本地带中分布最广，其上限高达 4300~4600 米，各地的树种组成不同。林带下半部为云杉林，东部为川西云杉（Picea balfouriana），西 部 为 林 芝 云 杉（P. likiangensis var. linzhiensis）组成；林带上半部为冷杉林，东部为鳞皮冷杉（Abies sguamata）与中甸冷杉（A. ferreana），西部为喜马拉雅冷杉（A. spectabilis）和乌蒙冷杉（A. georgei var. smithii）组成；林带上部的阳坡出现较耐旱的大果圆柏（Sabina tibetica）或密枝圆柏（S. convallium）林。巨柏（Cupressus gigantea）则在西部森林草原山坡上构成疏林。森林的主要组成都属于东亚森林（中国-喜马拉雅）成分，在南部的

针叶林中多少混有亚热带性质的下木和草类,在北部则较多呈现出北方针叶林的特征。

林线以上的高山植被主要为小叶型的高山杜鹃(*Rhododendron ramosissimum*、*Rh. nivale* 等)灌丛和矮嵩草(*Kobresia pygmaea*)高山草甸。

应当指出,在三江峡谷的干热谷底出现特殊耐旱的有刺灌丛,以白刺花(*Sophora viciifolia*)或头花香薷(*Elsholtzia capituligera*)为主构成。最南部还可见逸散野生的仙人掌。

(二)青藏高原高寒草甸、草原、荒漠植被地区

在喜马拉雅山与昆仑山之间的广阔高原具有相对不高的山脉与苔原、湖盆、宽谷相间的地貌。原面海拔高度东南部约为4500米,西北部则在5000米以上,仅南部与东南部的谷地可下陷到3000余米。高原冬半年为西风带所控制,具干燥寒冷的大陆性高原气候,其上发育着高寒旱生的草原和高寒草甸植被,由东向西旱化加强,终致出现荒漠。其植物区系组成在东部和南部的草甸与草原中多中国-喜马拉雅成分与青藏高原特有成分,在中部与西部广大草原、荒漠中则以青藏成分与亚洲中部成分占优势,西部还有一些古地中海旱生成分。

3. 那曲高寒草甸、灌丛高原地带 山原面海拔高度一般在4000~4500米,虽切割较西部强烈,仍保持较明显和完整的高原面。气候寒冷而较湿润,年降水400~700毫米,夏季多冰雹与雷暴,冬春积雪亦较丰厚,年平均温在-3~3℃,最热月均温8~12℃,无霜冻期20~100天。

从植被带的位置来看,这一高原地带是前一森林地带上部垂直带在高原面上的扩展,在其东南部下切谷地的侧坡还出现片段的山地针叶林,但整个高原面上为以嵩草(*Kobresia pygmaea*、*K. humilis*)为主,或与圆穗蓼(*Polygonum sphaerostachyum*)共建的高寒草甸占优势,其东部由高寒草甸与常绿革质小叶的杜鹃(*Rhododendron nivale*、*Rh. cephalanthum*)亚高山灌丛,以及柳(*Salix sp.*)、金露梅(*Potentilla fruticosa*)、鬼箭锦鸡儿(*Caragana jubata*)等为主的落叶灌丛相结合。在河谷的沼泽化滩地则有较发育的大嵩草(*Kobresia littledalei*)构成的塔头型高寒沼泽草甸。

青藏高原上的嵩草高寒草甸与北欧湿润温带阿尔卑斯型的双子叶草类高山草甸在组成、生态与地理特征方面均有显著差异,也全然不同于西伯利亚的高山苔原,而是高寒干旱的大陆性高原的形成物,应作为高山草甸的一种独特的生态地理类群,可称之为"青藏型"高寒草甸,其分布范围主要在青藏高原及其邻近的大陆性山地的高山带,如天山、阿尔泰山东南部、祁连山等。其建群种为嵩草属,主要是中国-喜马拉雅的和青藏特有成分,以及亚洲中部成分。

4. 雅鲁藏布江谷地灌丛草原高原地带 喜马拉雅山北麓的雅鲁藏布江谷地是一道下陷的缝合线,纵贯于西藏高原南部,河谷地势由东向西逐渐升高,海拔3500~4500米及以上,北侧为冈底斯山与念青唐古拉山。由于喜马拉雅的雨影作用,谷地降水较少,年降水一般在300~500毫米,且由东向西减少,在河源以西的普兰年降水已不足200毫米。

谷地两侧山坡普遍发育灌丛草原植被,由于河谷比一级高原面低700~1000米,气温较高,群落的建群种为中温型的草原禾草,如三刺草(*Aristida triseta*)、长芒草(*Stipa bungeana*)、白草(*Pennisetum flaccidum*)、固沙草(*Orinus thoroldii*),与旱生灌木——西藏狼牙刺(*Sophora moorcroftiana*)、薄皮木(*Leptodermis sauranja*)与细刺蓝芙蓉(*Ceratostigma griffithii*)等。在海拔4400米以上的山坡则过渡为以高寒旱生的紫花针茅(*Stipa purpurea*)为主的高寒草原带。西部河源地区亦以紫花针茅的高寒草原占优势,变色锦鸡儿(*Caragana versicolor*)灌丛则在山麓与山坡上广泛分布。

东部在海拔4600~5400米,西部在5000~5600米的山地与高原则为矮嵩草高寒草甸与苔状蚤缀(*Arenaria musciformis*)和垫状点地梅(*Androsace tapete*)构成的垫状植被的高山植被带。再向上为在岩屑坡上生有稀疏的高山草类,石面上满布斑斓的壳状地衣的高山亚冰雪带。

本地带西端的普兰谷地与神鬼湖盆地的草原植被已发生荒漠化,出现以亚洲中部成分的沙生针茅(*Stipa glareosa*)和驼绒藜(*Ceratoides latens*)为主的山地荒漠草原,表现了向阿里西部荒漠高原地带的过渡。

5. 羌塘高寒草原高原地带 铺展在冈底斯-念青唐古拉山与昆仑山之间广阔的高原面上。"羌塘",在藏语中是"北方大平原"之意。这是一块自第三纪末以来呈整体隆起的高原,具有开阔坦荡、起伏平缓、湖泊罗布的高原湖盆地貌。原面自南部的

4500 米至北部缓升为 5000 米。气候寒冷、干旱、多大风。年降水量 100~300 毫米,自东南向西北递减,降水集中于夏季。年均温-2~0℃,最暖月均温 10~12℃,一年中有 6~7 个月平均温在 0℃以下,北部气温更低,有连续多年冻土存在,气温的年、日较差均大。

高原上最广布的地带性植被是以羌塘高原为中心的紫花针茅高寒草原,其中常有垫状植物(苔状蚤缀、垫状点地梅等)加入。但在北部随地势变高,气候的寒旱性加强,植被趋向"高寒荒漠化",以青藏薹草(Carex moorcroftii)与垫状驼绒藜(Ceratoides compacta)构成的高寒荒漠草原占优势。大致在羌塘中部的改则湖盆以西,地势稍低,气候的干暖程度稍增强,湖盆低地出现亚洲中部荒漠草原成分的沙生针茅草原,表征着荒漠化的迹象,但广大高原面上仍以紫花针茅的高寒草原占优势。

羌塘高原上的山地植被垂直带谱结构相当简单。通常为紫花针茅的高寒草原基带在上部被青藏薹草为主的高寒草甸草原所代替,形成高寒草原带的两个亚带。再向上则直接过渡为高山亚冰雪稀疏植被带,仅在个别冰川积雪较发育的高山出现片段的矮嵩草高寒草甸。例如,仅在羌塘东南部的冈底斯山北坡,高寒草原带以上分布着一带草原化的矮嵩草高寒草甸和垫状植被组成的高山植被带。

过去由于缺乏调查而误以为羌塘大部是高寒荒漠植被的概念现已得到了纠正。这对认识西藏的植被和自然地理地带的规律性,以及牧业生产区划都具有重要的理论和实际意义。

6. 阿里西部荒漠高原地带　在西藏的西端,西北喜马拉雅山与喀喇昆仑山之间的内部山地与宽谷——阿里西部,乃是西藏最干旱的、强度荒漠化的区域。谷地的海拔高度在南部为 3800 米,北部为 4300 米。这里是高原上夏季热低压的中心,按订正到 4000 米的高度,这里是西藏高原上最热的地区(7 月均温 15℃),冬季却很冷,气温年较差达 26℃,年降水 50~75 毫米或更低,干燥度 3.4~6 或以上,在生长季中有 5~6 个月的干旱期,属于温带草原化荒漠与荒漠气候。

高原地带性植被是以古地中海成分的驼绒藜和亚洲中部成分的灌木亚菊(Ajania fruticulosa)为主的荒漠群落,常有较多的亚洲中部成分的沙生针茅、羽柱针茅与短花针茅(Stipa glareosa、S. subsessiliflora var. basiplumosa、S. breviflora)等草原禾草加入,使植

被具有草原化荒漠性质。最干旱的核心出现于西北部的班公湖与斯潘古尔湖周围的班公山与羌臣摩山,其植被基带为极度稀疏贫乏的驼绒藜石质荒漠。在羌臣摩山,草原化的驼绒藜荒漠分布高达海拔 5200 米,是世界上荒漠植被的最高纪录,远远超过了昆仑山、帕米尔和南美安第斯等世界上最干旱的山地和高原的荒漠植被上限,这块高原大陆性的程度由此可见一斑。

阿里西南隅的象泉河(萨特累季河)谷地低达 2900 米,气候暖热,河谷中出现了一些地中海亚热带成分,如鱼鳔槐(Colutea arborescens)等,荒漠群落的建群种繁多,具有较浓厚的古地中海与中亚细亚荒漠色彩,有蒿(Artemisia salsoloides、A. sacrorum)、鸦葱(Scorzonera sp.)、驼绒藜、刺山柑(Capparis spinosa)、地肤(Kochia sp.)、蓼(Polygonum paronychioides)与拟长舌针茅(Stipa stapfii)等,并有一些类短命和短命植物加入,如舟果荠(Tauscheria lasiocarpa)等。

山地植被具有荒漠型的垂直带谱结构:荒漠或草原化荒漠—荒漠草原—草原化高山垫状植被—高山亚冰雪稀疏植被。

山地荒漠草原主要由沙生针茅与驼绒藜所构成,向上为紫花针茅和青藏薹草的高寒草原带,在南部山地有大量变色锦鸡儿形成灌丛草原或草原灌丛带。高山上缺乏高寒草甸带,而为稀疏的草原化垫状植被,以苔状蚤缀与丛生囊种草(Thylacospermum caespitosum)为主。各植被垂直带的位置均较东部为高,植被上限几可达 5600~5700 米。农业种植上限也很高,在北纬 34°处的喀喇昆仑山南坡,青稞田分布达 4780 米。

7. 藏西北高寒荒漠高原地带　羌塘高原的西北部,位于昆仑山和喀喇昆仑山之间的山原和湖盆海拔高度在 5000 米以上。气候最为高寒与干旱,年均温-8~-10℃,月均温在 0℃以下的有 9~10 个月,全年不存在无霜冻期,有大面积多年冻土层分布。年降水仅 20~50 毫米,皆为固态降水,东部降水稍多。

这里的高原地带性植被是由在高原隆升过程中形成的适高寒旱生的垫状小半灌木——垫状驼绒藜构成的稀疏高寒荒漠,并有大面积光裸的高原砾质戈壁与石质山坡。在东经 80°以东的湖盆与山地,植被渐趋茂盛,宽坦的具永冻层和含盐的古湖相平原为垫状驼绒藜高寒荒漠所占据,起伏的沙砾质地

段和山麓坡积–洪积扇则为青藏薹草为主的高寒荒漠草原。它们都是青藏高原特有的高寒植被类型。

　　这一高原地带山坡上的植被垂直分带十分简化。在高寒荒漠与荒漠草原的基带以上尚有一道狭窄的、垂直幅度不过 200 米的青藏薹草的高寒草原带，再向上即为有个别小雪莲（*Saussurea gnaphaloides*）、无瓣女娄菜（*Melandrium apetalum*）等高山草类与垫状植物分布的高山亚冰雪稀疏植被带，雪线大致在 6000 米。

　　格鲁勃[16,17]、拉夫连科[18,19]和彼得洛夫[21]等认为羌塘高原主要为高寒荒漠植被所覆盖，他们将除喜马拉雅南侧以外的整个青藏高原划入"亚非荒漠区"内，认为它是荒漠区的高原。现在看来，由于青藏高原植被高原地带性和植物区系成分复杂，把它作为一个与亚非荒漠区、欧亚草原区和东亚森林区等水平植被地带区域并列的亚洲高原植被区也许更为恰当。青藏高原如此突兀而巨大的隆起对地球水平地带性所造成的大规模"中断"和"变形"，及其本身特殊的高原生态环境和特有的高原植被，足以使它在地球植被中占有一个独立的席位。这并不否认它与古地中海区的荒漠、草原，以及和东亚的亚热带森林与东南亚的热带森林有着深厚的历史渊源和在植物区系方面密切的亲缘关系[5]。

参考文献

［1］王金亭，1963.藏北高原东部地区植被的生态地理分布规律.中国植物学会三十周年年会论文摘要汇编.中国科学技术情报研究所，304 页.

［2］叶笃正，张捷迁，等，1974.青藏高原加热作用对夏季东亚大气环流影响的初步模拟实验.中国科学，(3)：301-320.

［3］刘慎谔，1934.中国北部及西部植物地理概论.前北平研究院植物学研究所丛刊，2(2).

［4］邱莲卿，金振洲，1957.玉龙山植物群落概况.云南大学学报(自然科学版)，第 4 期.

［5］吴征镒，1965.中国植物区系的热带亲缘.科学通报，(1)：25-33.

［6］张经炜，1963.羌塘高原东南部高原草原的基本特点及其地带性意义.植物生态学与地植物学丛刊，1(1-2)：

［7］张经炜，王金亭，1966.西藏中部的植被.科学出版社.

［8］郑度，胡朝炳，张荣祖，1975.珠穆朗玛峰地区的自然分带.珠穆朗玛峰地区科学考察报告(自然地理，1966—1968).科学出版社.

［9］钟补求，1954.西藏高原的植物及其分布概况.生物学通报，10 号.

［10］管中天，张清龙，1961.大雪山西坡植被概况.四川植物学术讨论会论文选集.中国植物学会成都分会，四川农业生物所.

［11］Schweinfurth U.，1957.Die horizontale and vertikale verbreitung der vegetation im Himalaya.Ulrich，Boun.Geogr.Abhandl.

［12］Troll C.，1972.The upper limit of aridity and the arid core of High Asia.Geoecology of the high-mountain regions of Eurasia，Franz steiner verlag GMBH.Wiesbaden.pp.237-243.

［13］Troll C.，1972.The three-dimensional zonation of the Himalayan system.Geoecology of the high-mountain regions of Eurasia，Franz steiner verlag GMBH.Wiesbaden.pp.264-275.

［14］Troll C.，1968.The Cordileras of the tropical Americas.Aspects of climatic，phytogeogra.phieal and agrarian ecology.Geoeeology of the mountainous regions of the tropical Americas.pp.15-56.

［15］Ward F.H.，1935.A sketch of geography and botany of Tibet，being materials for a flora of that country.Journal Linn.Soc.Bot.，50(333)，239-365.

［16］Грубов В.И.，1959.Опыт ботанико-географического районирования Центральной Азии.Изд.Всес.Бот.Общ.，Л.

［17］Грубов В.И.，1963.Растения Центральпой Азии，В.1.Изд.АН СССР，М-Л.

［18］Лавренко Е.М.，1962.Основные черты ботанической географии пустынь Евразии и Северной Африки.Изд.АН СССР，М.

［19］Лавренко Е.М.，1965.Провинциальное разделение Центральноазиатской и Ирано-Туранской подобластей Афро-Азиатской пустынной области.Бот.Журнал，(1)：3-15.

［20］Макеев П.С.，1956.Природные зоны и Ландшафты.М.Изд.География，320.

［21］Петров，М.П.，1966.Пустыни Центральной Азии.Т.1.Ордос，Алашань，Бэйшань.М.-Л.，Наука.

131-140.

The Plateau Zonality of Vegetation in Xizang

Zhang Xin-shi

(Department of Forestry, Xinjiang August 1st Agricultural College)

Abstract   The vegetation of the Xizang plateau is different from the general vegetation of "horizontal zones" and it is also different from that of "vertical zones" in mountainous country. It belongs to the vegetation of vertical zones of the "peneplain pattern". Therefore, it may be called the vegetation of "plateau zones". The zonation of vegetations in Xizang changes from the southeast to the northwest as follows: forest – meadow – steppe – desert. The formation of these plateau zones is determined mainly by the elevating of the plateau to such a great extent that the particular regime of air circulation was obtained. The wet southwest monsoon is the fundamental factor for the development of the tropical and subtropical mountain forests in southeast part of Xizang. The plane of the plateau is under the control of the westerly wind circulation and "Qinghai-Xizang" high pressure. Under the influence of such continental climatic conditions on the plateau, the high-cold meadow, steppe and desert vegetations are formed.

第52章

The Vegetation Zonation of the Tibetan Plateau *

D.H.S.Chang

(August 1st Agricultural College, Xinjiang, China)

Abstract   From the first extensive study of the vegetation of Tibet it is concluded that neither the traditional altitudinal nor lowland latitudinal zonation can be applied. A special case of "high plateau zonation" is proposed. The Tibetan vegetational plateau zones are as follows from southeast to northwest: montane forest; high-cold meadow; high-cold steppe; semi-desert; and high-cold desert. This formation has resulted from the geologically recent massive uplift of the plateau and its impact on the atmospheric circulation. The Southwest Monsoon exerts a major influence on the tropical and subtropical forest zones. The main level of the plateau, however, is controlled by the Tibetan High and the Westerlies. The July mean isotherms of 9°C (in the west) and 11 °C (in the east) are the determinant "high-cold" vegetation lines. The boundary between steppe and meadow closely coincides with the 400 mm annual isohyet in the north and the 500 mm isohyet in the south. The transition between steppe and desert approximates the 100 mm isohyet.

Because of its special vegetational characteristics the Tibetan Plateau must be recognized as an independent region; the montane forest zone, in contrast, is part of the Eastern and Southeastern Asiatic subtropical and tropical forest regions. Tibet is situated at the "crossroads" of the vegetation regions of the Old World and is the key to an understanding of the geographic zonality and regionalism of Asiatic vegetation. This new knowledge is also important as a basis for rational exploitation of renewable natural resources.

---

* 本文发表在 *Mountain Research and Development*, 1981, 1(1): 29-48。

Introduction

In the past, there was little knowledge about the vegetation and ecological conditions of Tibet, the highest, largest, and youngest plateau on earth. Tibet had been considered a morainal plateau mainly occupied by monotonous cold desert. Through an investigation of the Plateau by the Interdisciplinary Scientific Expedition of Academia Sinica in recent years, we now have a new understanding of the differentiation of vegetation zones, vegetation types, basic characteristics, and ecological environments. This has also led to a more complete comprehension of the relationships between the vegetation of the Plateau and that of the surrounding areas. These relate to important problems in phytogeography and will also have significance for the rational exploitation and management of vegetation resources. This paper attempts a general statement of this recent understanding.

Plateau Zonality of The Vegetation in Tibet

During the Quaternary period, the Tibetan Plateau underwent the greatest changes of any region in the world. Since the Neogene a series of enormous and drastic geologic and climatic events has occurred. The Indian plate collided with the Eurasian plate; the highest mountain and plateau region in the world arose from the ancient sea, the Tethys Sea, which was forced far to the west; atmospheric circulations changed their routes, and some new systems were formed; and mountain glaciers progressed and withdrew repeatedly. As a result of these changes, large-scale movement and exchange took place in the floras and vegetations on the Plateau. After passing through this period of harsh natural selection and evolution, some of the specialized young plateau vegetation types emerged; for instance, the high-cold desert, steppe, and meadow. But there remain some ancient forest vegetation types which have

been re-established somewhat to the south. In particular, the vegetational gradient or zonal system now peculiar to the Plateau developed.

Past treatments of the Tibetan vegetation have been undertaken by Liu Shen-E(1934), Ward(1935), Zhong Bu-Qiu (1954), Schweinfurth (1957), and others. In recent years, Zhang Jing-Wei and Wang Jin-Ting(1963, 1966) proposed the concept of horizontal zonal differentiation of the vegetation on the Tibetan Plateau. They pointed out that there is a vegetation gradient from the southeast to the northwest as follows: meadow-steppe zone, plateau steppe zone, desert-steppe zone, and plateau desert zone. Zheng Du et al.(1975) also mentioned that the pattern of the horizontal zones which changed from southeast to northwest was mainly determined by the moisture conditions on the Plateau. Troll(1972) described the vegetational and geographic character of the northwestern part of Tibet and the three-dimensional vegetation patterns of the Himalaya.

Vegetational zonation along these principal dimensions is present on the Tibetan Plateau, but the experience of working there and among massive mountains made us sense that the so-called "horizontal zonality", which includes the changes from south to north and from east to west, cannot be assumed merely because the local topography is level. It must also be greatly influenced by elevation. On the plains at the same latitude but at different elevations, there are very different climates and vegetations. The true zonal horizontal vegetation should be situated close to sea-level, should receive the standard amount of light and heat from solar radiation, and should have moisture conditions typical of the atmospheric circulations of the given latitude and continentality. Where the altitude is greater, the vegetation should belong to the mountain vertical vegetation or the plateau vegetation. There is not yet a generally accepted limit to the elevation of horizontal zones, and also it is impossible to define a uniform standard for the whole earth. Murry(see Good, 1964) generally defined this limit as 3000 ft (approximately 1000 m). Makeev (1956) considered that the general climatic structure of a lowland may not exceed to 700 to 1000 m on average, and this is just the limit of horizontal zones.

But the limit will vary in different latitudes and climatic regions. Generally, its height increases from near sea-level in the Arctic to about 1500 m at the Equator. It will reach its highest limit, however, in the subtropical zone, especially in continental climatic regions, where it may reach up to about 2000 m. The moisture-heat index would still be in the range of the horizontal zone in the lowland, and the same type of vegetation as the horizontal zone would be present up to that limit. As the elevation exceeds 1500 to 2000 m, a vertical zonation of the climate, the vegetation, and the whole biota (all of which change with increasing altitude) ensues. A vertical zonation of the vegetation which differs from the horizontal vegetation on the plains or in low mountains is formed.

The Tibetan Plateau reaches great heights. Its mean elevation exceeds 4500 m and it extends upwards about half-way through the troposphere. Atmospheric pressure is only about 50 to 60 percent of that at sea-level, and the heat budget (cumulative temperature, summer temperature, growing season) is markedly lower than all lower elevations (less than 1000 m) at the same latitude. Also, the patterns of atmospheric circulation, precipitation, and water-heat ratio are very different. The vegetation is mainly composed of species adapted to the high-cold, alpine conditions of mountains, though some of them occur at higher latitudes. The plateau and montane vegetation of Tibet should not be ascribed to the horizontal lowland zones, the vegetation of which is not represented at all on the Plateau.

However, the vegetation of the Plateau also cannot be considered to belong to the mountain vertical zonal vegetation. The Plateau vegetation shows the following characteristics in zonation, ecological conditions, and vegetation physiognomies which are very different from the general mountain vegetations:

1. The vegetation zones on the mountains surrounding the Plateau fit into the mountain vertical zonational scheme, yet the main zonal differences in the vegetation on the Plateau are not caused by differences in elevation, but by horizontal gradients in moisture and temperature conditions. Nevertheless, the altitudinal variations do introduce further modifications.

2. The widths of the vegetation zones on the Plateau are much greater than those of mountain vegetation zones. Mountain vertical vegetation zones are known for their narrow width, rapid transition, extensive fragmentation, and for the complex interdigitation of their vegetation types. These characteristics are due to the complex relief of mountains. The vegetation zones on the Plateau are horizontally extensive; they are usually several hundred kilometers wide. They also have more internal continuity and uniformity, and more gradual transitions than mountain vegetation zones. In these respects, at least, the zonation of plateau vegetation is similar to the usual horizontal lowland vegetational zonation.

3. The effective heat on the Plateau is greater than on mountains of the same latitude and altitude. This is due to the heating of the great mass of the Plateau, where the summer temperature of the whole troposphere is higher than that of surrounding regions (at the same elevation). In addition, on the Plateau solar radiation is stronger and there is less moisture, so the heat loss through evaporation is also less. Therefore, the distributional limits of the vegetation types are much higher on the Plateau than on solitary or smaller mountains. For example, the upper limit of vegetation on Mt. Daxueshan in the province of Sichuan (Guan and Zhang, 1961) and Mt. Yulongxueshan in the province of Yunnan (Qiu and Jin, 1957) is 900 to 1500 m lower than that on the Plateau. The snow line on the Plateau is also higher by 700 to 1200 m.

4. There are many mountains which rise above the Plateau. On these mountains there is a series of vertical vegetation zones. The vegetation zones on the level of the Plateau are the basic horizontal zones to which these vertical zonal systems relate, much as other mountain vegetations relate to lowland zones.

5. Finally, the sheer mass of the Tibetan Plateau causes its climates to differ from those that would be characteristic of isolated mountains in this area. The climates on the Plateau are more continental and more arid because the water vapour content of the atmosphere is less than that in the free atmosphere or of a normal mountain atmosphere. This relative drought re-

sults in part from the massive "Tibetan High" that forms at a high level because of the heating effect of the Plateau. Furthermore, the high mountain ranges surrounding the Plateau produce rain shadow effects which ensure a considerable reduction in precipitation. Therefore, vegetation on the Plateau is semi-arid to arid, with xeric steppe vegetation having a dominant position. High-cold meadow vegetation is represented mainly by low *Kobresia* meadow with cryo-xeric physiognomy. The cushion plants are even more adapted to cold and dry sites and are extensively distributed on the high mountains of the Plateau, even on the poorest high cold desert in its northwestern section. These high-cold vegetation types that are adapted to the continental climate of the Plateau are different from vegetation of subtropical mountains at the same latitudes.

Therefore the plateau zones are in part a combination of the characteristics of more ordinary horizontal and vertical zones (horizontally extensive belts, but at high elevations), in part distinctive to the Tibetan Plateau as a vast region with its own climates. The pattern may be described as "plateau zonation" of vegetation.

The major relationships between the horizontal, the mountain vertical, and the plateau vegetation zones are demonstrated diagrammatically in Fig. 52-1.

Atmospheric Circulation Conditions and Climatic Indices Which Determine the Zonality of Plateau Vegetation In Tibet

The latitudinal differences in solar radiation and temperature are basic determinants of the plateau vegetation zones in Tibet. Although the enormous height of the Plateau may tend to diminish the latitudinal temperature differences, the relief (which is higher in the northwest and lower in the southeast) compounds the effects of the latitudinal gradient of heat. Therefore, on the southern slope, there are tropical and subtropical mountain forests; in the central part, mesothermal steppe and desert vegetation prevail; and there are high-cold steppes and deserts in the north. The main ridge of the Great Himalaya provides the northern limit of tropical mountains. In the east the Himalaya extend to 29° north latitude. This is almost the northernmost limit of the tropical zone on earth. The extensive mountains, which protect the area to the south from cold air masses that move across interior Asia, permit this northward extension of the Tropics. The limit between mesothermal and high-cold climate or vegetation corresponds approximately to the mean July isotherm of 9℃ in the west and 11℃ in the east. South of this limit on the Plateau, or in the mountains below it, temperate vegetation occurs, mesothermal or meso-microthermal forest, steppe or desert. North of this limit on the Plateau, or above it on mountains, the vegetation changes to alpine meadow, low scrub, high-cold steppe, or desert types. However, moisture affects the plateau vegetation even more strongly than temperature.

Precipitation decreases from southeast to northwest, and provides a moisture gradient from humid and sub-humid to semi-arid and arid corresponding to a vegetational gradation from forest and meadow to steppe and desert. The gradients of temperature and precipitation interact to form seven plateau vegetation zones, of which five are plateau zones (Fig. 52-2).

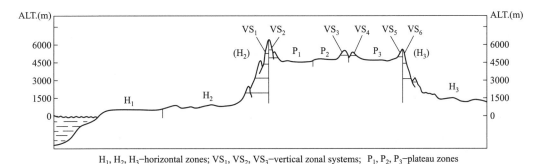

H_1, H_2, H_3—horizontal zones; VS_1, VS_2, VS_3—vertical zonal systems; P_1, P_2, P_3—plateau zones

Fig. 52-1　Diagram to show plateau zonation and its relationship to the standard horizontal and vertical zonations

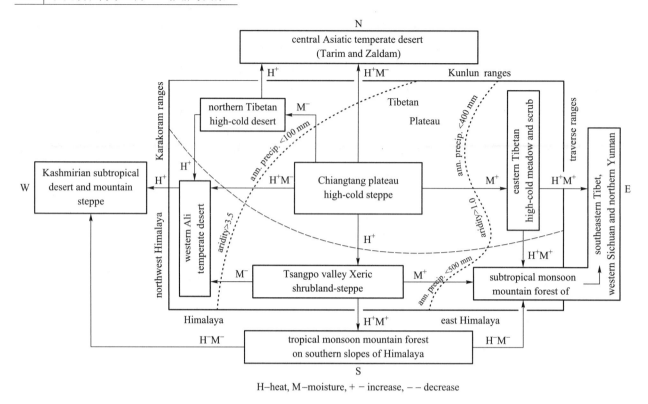

N

central Asiatic temperate desert
(Tarim and Zaldam)

Kunlun ranges

Tibetan Plateau

northern Tibetan high-cold desert

Karakoram ranges

Kashmirian subtropical desert and mountain steppe

western Ali temperate desert

Chiangtang plateau high-cold steppe

eastern Tibetan high-cold meadow and scrub

traverse ranges

southeastern Tibet, western Sichuan and northern Yunnan

northwest Himalaya

ann. precip. <100 mm
aridity>3.5
ann. precip. <400 mm
aridity>1.0

Tsangpo valley Xeric shrubland-steppe

ann. precip. <500 mm

subtropical monsoon mountain forest of

Himalaya

east Himalaya

tropical monsoon mountain forest on southern slopes of Himalaya

W ... E

S

H–heat, M–moisture, + – increase, – – decrease

Fig. 52-2 Diagrammatic representation of the vegetation zones of Tibet

These are: the humid hot tropical montane forest zone on the southern slope of the Himalaya; the moist-warm subtropical montane forest zone in southeastern Tibet; the moist-cryophilic high-cold meadow and low scrub of eastern Tibet and western Sichuan; the arid mesothermal montane steppe and shrubland zones in the Tsangpo River Valley of southern Tibet; the arid and cryophilic high-cold steppe zone of Chiangtang (northern Tibet) and western Qinghai; the arid and mesothermal montane desert zone of western Ali; and the very arid and cryophilic high-cold desert zone of northwestern Tibet. Among these the boundary between the moist meadow and forest zones and the semi-arid steppe zone corresponds approximately to the annual isohyet of 400 mm in the north and of 500 mm in the Tsangpo River Valley. The aridity[①] index at this limit is about 1.0. The limit between the semi-arid steppe zone and very arid desert zone corresponds approximately to the 100 mm isohyet and an aridity index of 3.5.

The particular features of the atmospheric circulation above the Plateau have a major effect on these cli-

matic conditions. With the uplift of the mountains during the Quaternary, the Tibetan Plateau became a "hot island" in the troposphere, impeding atmospheric circulations(Yie et al., 1974), and bringing about significant changes in climate and vegetation both on the Plateau and in surrounding areas. The uplift disrupted the planetary wind system resulting from the earth's rotation, and changed atmospheric circulation resulting from the temperature effects caused by the heating of the Plateau. Anomalous patterns thus caused are: the Tibetan High which forms at high elevations on the Plateau; the Mongolian-Siberian anticyclone, which develops to the north in the winter; and the summer Southwest Monsoon in the south. The climate of the Plateau, then, is largely controlled by a strong high pressure centre with continental climatic characteristics. It is also strongly influenced by two other major circulations: the tropical maritime Southwest Monsoon coming from the Indian Ocean which drenches the southeastern part of Tibet in the summer but rapidly weakens toward the inner reaches

① Aridity(A) = 0.16∑10℃/precipitation in period of ∑10℃. It is not well suited to the high-cold desert zone.

of the Plateau, and the Westerlies which control the climate of the Plateau during the winter.

The southeastern mountains of Tibet, including the southern slopes of the Eastern Himalaya and the southern part of the Traverse Mountain Ranges (Hengduan Mountains), face the humid Southwest Monsoon in summer and receive abundant rainfall. Even in winter there is a warm and moist region of convergence with low pressure and high precipitation. Due to the protection afforded by the northern mountains and the Plateau, the influences of the dry west wind and northern cold current are minimal. The humid Southwest Monsoon may extend along valleys of the Tsangpo River and the Three Rivers (the Nu, Lancang, and Jinsha rivers) into the southeastern part of the Plateau. Luxuriant montane forest vegetation grows in those parts of Tibet which are influenced by the humid maritime monsoon. Forest vegetation occurs in peripheral valleys and on the southern slopes of the Plateau, but it is never found on the level of the Plateau itself with its cold continental climate.

The Tsangpo River Valley is located in the rain shadow behind the Himalaya, and is influenced by the warming and drying foehn effect of the descending Westerlies in the winter. The precipitation is about 10 percent of that on the Himalaya southern slope. The climate is arid and warm, but the area still receives some rainfall from the portion of the Southwest Monsoon which comes up the valley in the summer, and from the weather system which is produced by the "Plateau Monsoon". The vegetation is dominated by montane steppe and xeric shrubland with a warmer climate expressed in a more mesothermal flora.

On the main level of the Plateau, the climate is controlled by the Westerlies, and a strong high-pressure system is always present. As a result, the Plateau has a continental climate with dry cold weather, and great annual and daily temperature ranges. In the summer a thermal low, caused by the heating effect of the Plateau, draws air from lower levels up into the inner parts. In the winter, the low-pressure cell weakens or even becomes a high pressure cell. These phenomena give rise to the peculiar "Plateau Monsoon". A conver-

gence line exists in the central part of the Chiangtang Plateau in the summer that produces some rainfall, but the area has very strong winds and is severely cold in the winter. Consequently, arid and cryophilic high-cold steppe vegetation occupies the greater part of the Chiangtang Plateau. The centre of the thermal low is situated over the western part of the Plateau, the Ali region, its hottest and driest area. Despite converging and rising air masses, the Hindu Kush and Northwestern Himalaya ranges largely prevent moisture from reaching the area. As a result, instead of steppe, very arid true desert prevails. In the northwestern most part of the Chiangtang Plateau, combined effects of the more northerly latitude, the higher altitude, the divergence of air masses, and the decreasing precipitation cause severely cold and arid conditions with sparse, high cold desert vegetation. In contrast, on the eastern part of the Plateau (the Naqu region) near the humid low-pressure centre of the source regions of the Yangtze and Yellow Rivers, there is a convergence of air-flows at about 32° north latitude, which gives rise to a more humid climate with abundant hail and thunderstorms in the summer. Tropical cyclonic storms from the Bay of Bengal bring summer rainfall, whereas the winter is very cold and snowy. This area is the wettest part of the Plateau proper, supporting mesic high-cold meadow and shrubland vegetation. The vegetation zones on the Plateau effectively express these features of the atmospheric circulation (Figs. 52-3 and 52-4).

Vegetation Zones in Tibet

According to the features of Tibetan vegetation which are determined by macrotopography and atmospheric circulation, two vegetation regions can be recognized: the tropical and subtropical monsoon-affected montane forest region, which is a part of the Eastern and Southern Asian forest area, and the Tibetan Plateau high-cold vegetation region. Within these two regions, according to the vegetation types as determined by water and heat conditions, there are seven vegetation zones as follows (Fig. 52-5):

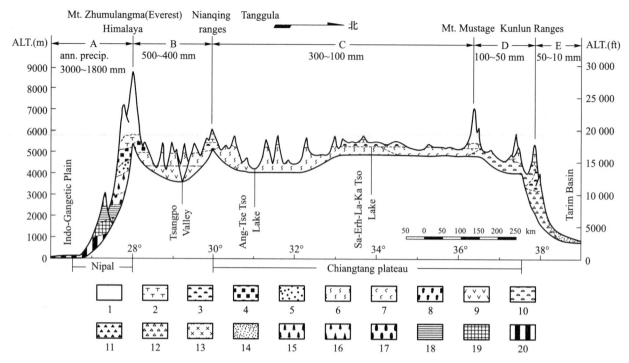

Fig. 52-3　A north-south vegetational profile across the Tibetan Plateau along longitude 85° East

A.tropical monsoon forest zone;B.Tsangpo Valley xeric shrubland-steppe plateau zone;C.Chiangtang high-cold steppe plateau zone;

D.northern Chiangtang high-cold desert plateau zone;E.Tarim temperate desert region.

Key:1. nival zone;2. subnival zone with sparse alpine plants;3. high-cold cushion plant vegetation;4. high-cold *Kobresia* meadow;5. subalpine *Rhododendron* scrub;6. high-cold steppe(*Stipa purpurea*);7. high-cold steppe(*Carex moorcroftii*);8. desert-steppe(*Stipa glareosa*);9. temperate steppe and shrubland;10. high-cold desert;11. steppe-desert(*Ceratoides latens*);12. temperate desert;13. steppe-desert(*Artemisia* spp.);14. sand desert;15. mountain coniferous forest(*Picea*);16. mountain coniferous forest(*Abies*);17. mixed needle-broadleaf forest;18. evergreen broadleaf forest(*Quercus glauca*);19. evergreen broadleaf forest(*Castanopsis indica*);20. monsoon forest(*Shorea robusta*)

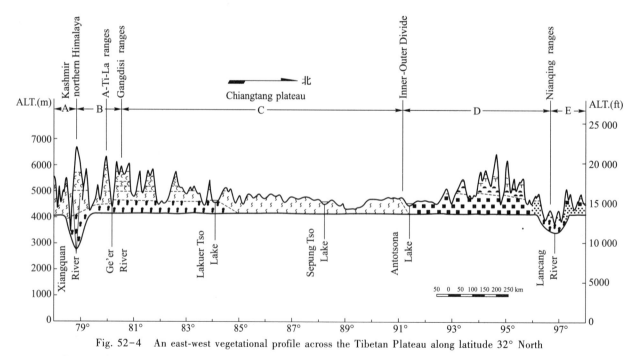

Fig. 52-4　An east-west vegetational profile across the Tibetan Plateau along latitude 32° North

A. Kashmirian subtropical desert and mountain steppe region;B. western Ali temperate desert plateau zone;C. Chiangtang high-cold steppe plateau zone;D. Naqu high-cold meadow and scrub plateau zone;E. eastern Tibetan subtropical mountain forest zone(for Key see Fig. 52-3)

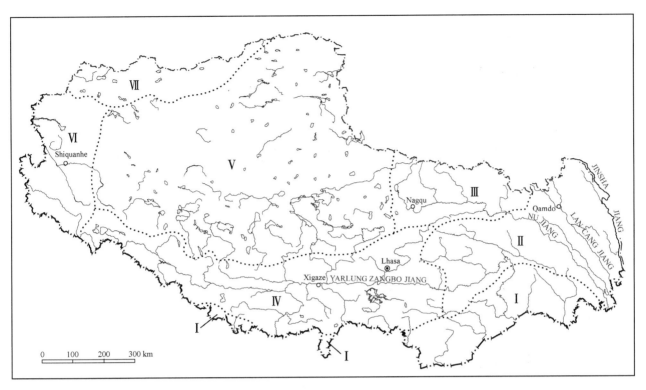

Fig. 52-5　Map of the vegetation zones of Xizang

Southwest Monsoon tropical and subtropical montane forest region

I. tropical montane forest zone of the southern slope of the Himalaya.

II. the subtropical montane coniferous forest zone of southeastern Tibet.

Tibetan Plateau high-cold vegetation region

III. Naqu (eastern Tibet) high-cold meadow and low scrub plateau zone.

IV. Tsangpo (upper Brahmaputra) Valley 's xeric shrubland-steppe plateau zone.

V. Chiangtang (northern Tibet) high-cold steppe plateau zone.

VI. western Ali montane desert plateau zone.

VII. northwestern Chiangtang high-cold desert plateau zone.

Southwest Monsoon Tropical and Subtropical Montane Forest Region

The region includes the mountain forests along the southeastern periphery of Tibet and the southern slopes of the Himalaya. To the east, it contacts the subtropical montane forests in western Sichuan and northern Yunnan. To the west, it connects with the tropical montane forests of Bhutan, Sikkim, Nepal, and western India on the southern slopes of the Himalaya. Wherever there are high mountains and gorges in the area, they are watered by the Southwest Monsoon. The major components of the vegetation are the Indo-Malayan floral element and the Sino-Himalayan floral element of Eastern Asia. If the main ridge of the Himalaya is viewed as a limit between tropical and subtropical zones, then this region may be divided into two montane forest zones.

Tropical Montane Forest Zone of the Himalaya Southern Slope

The southern slope of the Eastern Himalaya faces the Southwest Monsoon and receives abundant rainfall. Its annual rainfall generally exceeds 2500 mm. The mean annual temperature on the lower mountains exceeds 20°C (Fig. 52-6a). Although there is a relatively dry season of 2 to 3 months (during which monthly rainfall is less than 100 mm), the area is always fogbound in these months which keeps the air moist. The

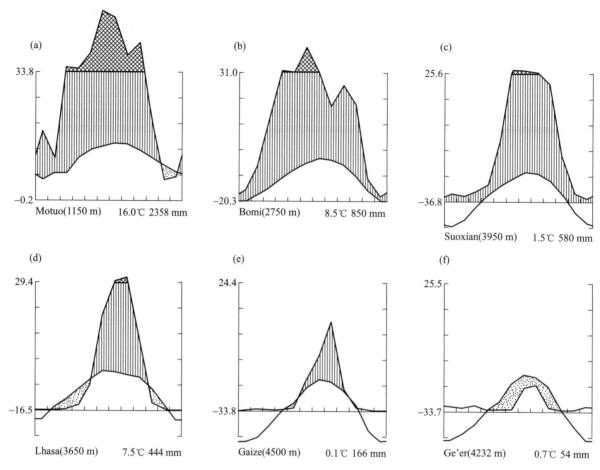

Fig. 52-6　Climatic diagrams for vegetation zones Ⅰ to Ⅵ

range in elevation in this narrow area is more than 7000 m (from 200 to 7765 m). Consequently, one of the most complex and perfect systems of mountain vertical vegetation zones on earth has developed on its slopes, with tropical montane rain forest in the basal zone. The vertical vegetation zonal spectrum of Moto region in southern Tibet is as follows:

a) The tropical lower montane rain forest and semi-evergreen forest zone includes the lower mountains and hills, below 1100 m, in the Eastern Himalaya. The luxuriant tropical rain forest in the valleys consists mainly of *Dipterocarpus turbinatus*, *Mesua ferrea*, *Canarium resiniferum*, *Artocarpus chaplasha*, *Tetrameles nudiflora*, *Dillenia indica*, and *Talauma pheleocarpa*. Most of these are evergreen trees belonging to the Indo-Malayan floral element. Some of them have prominent tropical characteristics such as plank buttresses on roots and cauliflory. Lianas (*Dendrocalamus hamiltonii*, *Calamus* spp.) and epiphytes are abundant in these fo-

rests. Usually *Bambusa pallida* is found in the understory, and *Pandanus furcatus* is present in gaps. On the slopes of the lower mountains, 600 to 1000 m, there are tropical montane semi-evergreen forests mainly consisting of semi-deciduous gigantic trees, such as *Dysoxylum gobara*, *Terminalia myriocarpa*, and *Altingia excelsa*, and luxuriant lower tropical evergreen trees (e.g. *Beilschmiedia*, *Cinnamomum*). Lianas and epiphytes are also abundant.

b) The montane evergreen broadleaf forest zone lies at elevations between 1100 and 2200 m, and can be divided into upper and lower parts. The lower subzone is dominated by *Castanopsis hystrix* and *C. indica*, and is mixed with many tropical evergreen broadleaf trees, such as *Machilus*, *Machilia*, *Cinnamomum*, and *Phoebe*, belonging to the Lauraceae, and *Magnolia*, *Engelhardtia spicata*, and *Schima wallichii*. At forest edges there is usually *Alsophila* present. The forests of the upper subzone consist mainly of *Quercus lamellosa*,

Q. glauca var. *gracilis*, and *Lithocarpus xylocarpus*. In addition to some further species of evergreen broadleaf trees, deciduous trees areincreasingly common. These include *Acer* spp., *Alnus nepalensis*, *Mallotus nepalensis*, *Carpinus viminea*, and the arborescent *Rhododendron*.

The zone of the montane evergreen broadleaf forest is very humid, with annual rainfall that may exceed 3000 mm. Trunks of trees and the ground are often fully covered by thick mosses. It can be called a "mossy forest," but it differs from the low "elfin" forests and the mossy forests in other tropical mountains in its much taller trees.

c) The montane mixed coniferous and broadleaf forest zone lies between 2200 and 2800 m and is dominated by *Tsuga dumosa*, which sometimes mixes with *Quercus pachyphylla* and *Q. lamellosa* to form mixed evergreens, coniferous, and broadleaf forests. Also present are *Taxus baccata*, *Magnolia campbellii*, *Acer campbellii*, *A. pectinatum*, and *Rhododendron* spp. *Arundinaria griffithii* often is present in the understory, and ferns are very abundant in ground herbaceous layers.

d) The upper montane dark coniferous forest is located between 2800 and 3600 (or 3900) m. The climate is wet, cold, and always foggy. The vegetation is dominated by *Abies delavayi* var. *motuoensis*, and has a large amount of *Rhododendron* spp. and *Sinarundinaria* as understory. *Larix griffithii* often is present on open ground, and *Betula utilis* forms "krummholz" at the upper forest line.

e) The subalpine *Rhododendron* shrubland and meadow zone is situated between 3600 (3900) and 4000 (4200) m and transitional from forests to the alpine zone. The luxuriant subalpine shrubland consists of many *Rhododendron*: *R. campanulatum*, *R. barbatum*, *R. lepidotum*, and others, with deciduous shrubs such as *Salix*, *Rosa*, *Cotoneaster*, *Viburnum*, and *Lonicera*, and interspersed luxuriant forb meadows.

f) The alpine scrub and meadow zone occurs between 4000 (4200) and 4600 m. The alpine dense scrub consists of lower *Rhododendron setosum* and *R. nivale*. The alpine meadow contains abundant species of colourful forbs. Most of them belong to the Sino-Himalayan floral element. Because the seasonal changes are great, and in the winter there is a thick snow deposit on the alpine zone of the Himalaya, the alpine vegetation there does not have tropical characteristics and belongs to subtropical or temperate types. Thus a meeting of the essentially temperate-zone alpine vegetation type with tropical lower montane forests is a special characteristic of the vertical zonal spectrum on the northern periphery of tropical mountains.

West of Bhutan, the climate of the Himalaya becomes progressively drier, and there is a well-developed arid season. The tropical monsoon forest consists of deciduous *Shorea robusta* instead of the tropical rain forest on the lower hills. In the upper montane coniferous zone, the more drought-resistant *Picea smithiana* and *Larix griffithii* occur. In the alpine zone, the eastern Himalaya forb meadow is replaced by a *Kobresia* meadow.

Subtropical Montane Coniferous Forest Zone of Southeastern Tibet

The zone includes mountains and valleys along the middle reaches of the Tsangpo (Brahmaputra) River, its tributaries (Niyan, Yegongqu, and Polong-Tsangpo), and three eastern rivers (Nu, Lancang, and Jinsha). These rivers cut deeply into the southeastern part of the Plateau. The humid Southwest Monsoon passes through their valleys and penetrates into this corner of the Plateau. The dense forest vegetation is distributed correspondingly on the valley slopes. The rainfall is obviously less than that on the southern slopes of the Himalaya, varying between 500 and 1000 mm (Fig. 52 – 6b). Northward along the upper rivers onto the inner part of the Plateau the forest vegetation becomes sparse and vanishes as a consequence of decreasing moisture.

The lowest elevation in this area is above 2000 m, and the basic topography is of mountains and valleys (the Plateau has been strongly eroded, and only fragments of the original surface remain). The vegetation consequently all belongs to the montane vertical-zoned types. The basic vegetation zones are:

a) Subtropical evergreen-broadleaf forests, which

are distributed widely along the eastern periphery of the Plateau(western Sichuan and northern Yunnan), occur in only a very limited region in Tibet: the Tongmai Valley to the north of the great curvature of the Tsangpo River which is reached by humid and hot air currents and supports subtropical evergreen-broadleaf forests between 2000 and 2500 m. These forests consist mainly of oaks (*Quercus incana* and *Q. gilliana*) and contain abundant subtropical Eastern Asian floral elements. Because the elevation of most valleys in this region exceeds 2500 m, the subtropical broadleaf zone usually is not present here.

b) From 2500 to 3200 m there is a lower montane mixed coniferous and broadleaf forest zone orconiferous forest zone. On southern slopes it is composed of forests of *Pinus densata*, *Quercus aquifolioides*, or mixed forest of both species. Forests of *Pinus armandii* exist where it is a little more moist. On northern slopes forests composed mainly of *Picea balfouriana*(in the eastern part) or *P. likiangensis* var. *linzhiensis* (in the western part) extend from 2500 to 3200 m. Usually this is the basic subzone of the upper montane dark coniferous forest zone. The biomass of this spruce forest is immense. The height of trees may be more than 60 m, and the timber volume can reach over 1500 m³/ha. Under spruce forest canopies, there is abundant undergrowth: *Enkianthus deflexus*, *Lindera cercidifolia*, *Litsea cubeba*, *Acer campbellii*, *Rhus succedanea*, *Deutzia corymbosa*, *Rhododendron* spp., and *Sinarundinaria spathiflora*. The moss layer is very well developed.

c) From 3200 to 4000 m or somewhat higher, there is a dark-coloured coniferous forest zone consisting of *Abies delavayi* (in the eastern part) or *A. spectabilis*(in the western part). The most common undergrowth species are: *Rhododendron houlstonii*, *R. przewalskii*, *Sorbus* spp., *Rosa omeiensis*, *Lonicera saccata*, *Deutzia corymbosa*, and *Sinarundinaria spathiflora*. Most of these undergrowth and herb species in the coniferous forests belong to Eastern Asian floral elements(Sino-Himalayan element). Some boreal elements(*Vaccinium* spp., *Bergenia*, *Chamaenerion angustifolium*, *Circaea alpina*, *Fragaria vesca*, *Polygonum viviparum*, *Thalictrum alpinum*, especially, and some

mosses) appear in the upper montane forest regions, and the subtropical evergreen broadleaf forest floral element dominates in the lower montane regions.

In the northern part of this forest region, the climate becomes drier and colder. In the upper part, particularly on southern slopes, the forests are often composed of *Juniperus* (*Sabina*) *tibetica* and *J. convallium*. Their upper limits reach 4300 or even 4600 m. On the western edge of this region where the forest vegetation changes gradually to steppe, the humid dark coniferous forest zone disappears, and a sparse coniferous forest of *Cupressus gigantea* is present and merges into steppe vegetation.

d) The transitional alpine vegetation above treeline is low *Rhododendron* scrub(*R. ramosissimum*, *R. nivale*, *R. anthopogon*) on northern slopes and *Cassiope fastigiata* scrub on southern slopes. The alpine meadow which consists mainly of *Kobresia angusta* and *K. pygmaea* occupies higher areas above the scrub vegetation. Some alpine herbs are often present in the meadow, among them *Polygonum viviparum*, *Anaphalis nepalensis*, *Gentiana* spp., *Meconopsis horridula*, *Oxygraphis polypetala*, and *Thalictrum alpinum*.

A special case should be mentioned. In the hot and dry valleys of the Three Rivers, the coniferous forest vegetation is distributed only on upper slopes, whereas the valley bottoms are occupied by xeric thorny scrub which consists mainly of *Sophora viciifolia* and *Elsholtzia capituligera*, sometimes with cacti(introduced *Opuntia*).

Tibetan Plateau High-Cold Vegetation Region

The extensive plateau between the Himalaya and Kunlun Mountain Ranges has relatively low mountains, platform plateaus, and lake and valley basins. The elevation of the main plateau level is about 4500 m in the southeast and over 5000 m in the northwest. Some valleys in the south may extend down to approximately 3000 m. The Plateau is controlled by the Westerlies in the winter half of the year, and has an arid, cold, and continental climate. From east to west, with increasing drought, the high-cold meadow, steppe, and desert vegetation occur in sequence. The flora of the eastern meadow zones is dominated by Tibetan endemic species and Sino-Himalayan elements. The flora of the central and western steppe and desert zones is dominated by CentralAsiatic (Tethys) elements and Tibetan endemic species.

Naqu(Eastern Tibet) High-Cold Meadow and Scrub Plateau Zone

The elevation of the Plateau in eastern Tibet is approximately 4000 to 4500 m. Although the landscape is more eroded here than in western Tibet, it remains a prominent and relatively complete plateau plain. The climate is cold and somewhat moist. The annual mean temperature is between −3.0 and 0 ℃. The mean temperature of the warmest month is $8 \sim 10(12)$ ℃ and the frostless season is from 20 to 100 days. The annual rainfall is $400 \sim 700$ mm. There are thunderstorms with hailstones in the summer, and relatively abundant snow accumulation in the winter and spring (Fig. 52−6c).

Judged by its vertical zones, vegetation of this Plateau zone seems much like an extension of the upper part of the preceding mountain forest zonation onto the Plateau. In the valleys of its southeastern part fragmentary coniferous forests persist. On the Plateau proper there is extensive high-cold meadow which consists mainly of low-growing *Kobresia pygmaea* and *K. humilis*, usually associated with *Polygonum sphaerostachyum* and other forbs, including *Thalictrum alpinum*, *Anaphalis xylorhiza*, *Leontopodium pusillum*, *Carex atrata* var. *glacialis*, *Meconopsis horridula*, *Polygonum viviparum*, *Potentilla stenophylla*, *Pedicularis*, *Gentiana*, and cushion plants such as *Arenaria musciformis* and *Androsace tapete*. High-cold evergreen sclerophyllous scrub, composed of microphyllous *Rhododendron*, *R. cephalanthum*, and *R. setosum* on northern slopes, and deciduous shrubs of *Salix* spp., *Potentilla fruticosa*, and *Caragana jubata* in valleys or on

southern slopes, are always found in conjunction with the high-cold meadow. In level areas and swampy valleys there occur high-cold swampy meadows with a mound-like growth-form of *Kobresia littledalei*.

Westward, as the climate becomes drier, the importance of mesic forbs decreases gradually, leaving almost pure *Kobresia* meadow. Finally, some steppe species appear in the community, and the *Rhododendron* scrub disappears to be replaced by *Juniperus* spp. on the inner Plateau.

The high-cold *Kobresia* meadow differs in floristic composition, community structure, and other ecological features from the humid dicotyledonous alpine meadows of the Alps or other moist-temperate mountains, and the alpine tundras of higher latitudes. This vegetation is referred to as "Tibetan high-cold meadow". It has evolved under drier and harsher high mountain and plateau conditions with continental climates.

By its ecological features and phytogeographic situation, *Kobresia* meadow appears to be a transitional or intermediate type between cryo-mesic alpine meadow and cryo-xeric high-cold steppe. It develops a compact tussock physiognomy and has a series of typical mesic meadow species but its dominant, *Kobresia*, has xeromorphic characteristics and it contains some xeric steppe species (Lubtsov, 1966; Zhou Xin-Ming, 1978). In fact, the *Kobresia* meadow zone is situated between the humid alpine meadow and mountain forest vegetation zone in the east, and the arid high-cold steppe plateau zone in the west. The range of *Kobresia* meadow is mainly the Tibetan Plateau and its surrounding mountain regions[1], such as the Pamir, Kunlun, Tien Shan, Qilian, Altai, Hangai, and Traverse Mountains, northward to the Ural and Caucasus. Its centre[2] is an inland mountain and plateau area with an extremely continental climate. In its floristic features (with the exception of a few species representing boreal elements), most species of *Kobresia* belong to Sino-Himalayan elements endemic to Tibet and Central Asia.

---

[1]　A rather small disjunct area of *Kobresia* meadow occurs in the Rocky Mountains of North America.

[2]　According to Ivanova(1939), there are two original centres of *Kobresia*. One of them is Kunlun and another the high latitudes of Angaraland in Siberia, but the centre of species diversity for the genus is in the southeastern periphery of Tibet.

Tsangpo(Upper Brahmaputra) Valley Xeric Shrubland and Steppe Plateau Zone

The Tsangpo Valley, located between the northern piedmont of the Himalaya and Nianqing-Tanggula and Gangdisi Mountains, is a subduction zone at the margin of two continental plates. It extends east-west through the south section of the Plateau. Its altitude increases westward from 3500 to 4500 m. Because of the rain-shadow effect of the Himalaya, annual precipitation is generally between 300 and 500 mm and decreases gradually from east to west. In Pulan, west of the head-waters of the Tsangpo River, annual precipitation is less than 200 mm. Mean annual temperatures are between 4 and 8℃ The mean temperatures of the warmest month vary between 10 and 16℃ (Fig. 52 – 6d). Sunshine is abundant and the growing season is longer than that of the high-cold meadows.

Lower elevation, more southerly latitude, and stronger solar radiation warm the valley and permit cultivation of some crops and vegetables such as barley, wheat, buckwheat, peas, potato, rape, cabbage, turnip, and carrot. Some fruit trees may also be cultivated; apple orchards occur at altitudes of up to 4200 m (Jiangzi) and produce very sweet fruits.

The slopes on both sides of the valley are occupied by steppe and shrubland vegetation. The dominants of the steppe are mesothermal xeric grasses and forbs: *Aristida triseta*, *Stipa bungeana*, *Pennisetum flaccidum*, *Orinus thoroldii*, *Artemisia wellbyi*, etc. Xeric shrubs such as *Sophora moorcroftiana*, *Leptodermis sauranja*, and *Ceratostigma griffithii*, are mixed with steppe vegetation, or are found in association as distinct shrubland communities.

Above about 4400 m, the slope vegetation changes from mesothermal steppe to high-cold steppe which is dominated by *Stipa purpurea*. The shrubland vegetation of *Potentilla fruticosa*, *Lonicera tibetica* (in the east), and *Caragana versicolor* (in the west) occurs widely in this range in conjunction with the steppe communities. On the southern slopes of the Gangdisi and Nianqing-Tanggula ranges, there are extensive *Juniperus* shrubland communities in the steppe zone.

From 4600 to 5400 m in the east and 5000 to 5600 m in the west, the mountains and plateaus are occupied by high-cold meadow and cushion plant vegetation. These are composed mainly of *Kobresia pygmaea* and the cushion plants *Arenaria musciformis*, *Androsace tapete*, and *Oxytropis chiliophylla*. The *Kobresia* meadow usually occupies relatively flat or gentle, stable slopes with rather well-developed soil. On the steep or rocky slopes there is sparse cushion plant vegetation. The latter extends down into the lower steppe zone and forms a special cushion plant steppe vegetation type there.

Above 5400 (5600) m and to approximately 6000 m, there is a subnival zone where sparse alpine forbs (*Saussurea*, *Saxifraga*, *Gentiana*, *Draba*, *Braya*, *Androsace*, *Potentilla*) grow in rock fractures and on slopes of rock debris. The surfaces of rocks are covered with lichens (e. g. *Rhizocarpon geographicum*, *Glypholecia scabra*, *Caloplaca elegans*, *Parmelia consporsa*). The nival zone begins between 5800 and 6200 m.

Along the western edge of the valley steppe region, in the Pulan Valley and the basin of Mafamutso and Langaktso lakes, the climate and vegetation tend toward desert. Mountain desert-steppe vegetation consisting of *Stipa glareosa* and *Ceratoides latens* occurs there and is characteristic of the transition from steppe plateau zone to desert plateau zone.

Chiangtang(Northern Tibet) High-Cold Steppe Plateau Zone

" Chiangtang" means " northern great plain" in Tibetan. It extends between the Gangdisi, Nyenching-Tanggula, and Kunlun ranges. It is a whole plate which uplifted at the end of the Tertiary, and is a landform consisting of a plateau basin of gently undulating plains with abundant scattered lakes. The level of the plateau rises gradually from 4500 m in the south to 5200 m in the north. The climate is cold, arid, and quite windy. The mean annual temperature ranges between − 2 and 0℃ the mean temperature of the warmest month between 6 and 10(12)℃. During 6 to 7 months the mean temperatures remain below 0℃. The temperature is much lower northwards, and continuous permafrost is widespread. The diurnal and annual temperature ranges are very high. The annual precipitation varies between 100 and 300 mm (Fig. 52-6e) , concentrated in the summer and decreasing from southeast to northwest.

The most extensive vegetation zone on the plateau is the steppe of *Stipa purpurea*, the centre of distribution for which is the Chiangtang Plateau. The typical high-cold steppe community of purple feathergrass is rather sparse, with plant coverage never more than 20 percent. Usually there are some cushion plants (e. g. *Arenaria musciformis*, *Androsace tapete*, *Thylacospermum rupifragum*) in the community. On different parts of the Chiangtang Plateau, the high-cold steppe of purple feathergrass shows some prominent ecological differentiation. Along the east and southeast periphery of Chiangtang, there is a transitional section between the high-cold meadow zone and the high-cold steppe zone. There, *Kobresia pygmaea* and some mesic forbs occur in the steppe communities, and the plant cover in general is somewhat more complete. Northwards, since the altitude increases, the climate becomes colder and drier and the vegetation gradually changes to high-cold desert; *Carex moorcroftii* becomes more important with increasing altitude. Finally, the high-cold desert-steppe of *Carex moorcroftii* and *Ceratoides compacta* is dominant in the northernmost part of Chiangtang. Conversely, in the southern part of Chiangtang, since the climate is a little warmer and moister, some mesothermal plant elements (e. g. *Orinus thoroldii*, *Pennisetum flaccidum*, *Artemisia wellbyi*, the shrub *Caragana versicolor*) are present. Westwards, as the climate becomes drier and warmer, in large lake basins are found steppes of *Stipa glareosa* (of the desert-steppe flora of Central Asia) and *Stipa subsessiliflora* var. *basiplumosa*. Here, the steppe vegetation is transitional toward desert. However, the plain and the lower mountains of the Plateau are still dominated by the steppe vegetation of purple feathergrass.

Most of the mountains on the Chiangtang Plateau are relatively low. Although their absolute height may be more than 6000 to 7000 m, their height relative to the Plateau is only between 500 and 1000 m. The spectrum of vertical zonation of vegetation is rather simple.

Usually the basic zone of high-cold steppe of purple feathergrass is replaced by high-cold meadow-steppe of *Carex moorcroftii* with increasing altitude. Therefore, there are two subzones of the high-cold steppe zone. At even higher altitudes, there exists the sub-nival zone with sparse alpine plants. On a few high mountains with more extensive glaciers and snow fields, there may exist some patches of alpine *Kobresia* meadow. This is also found along the northern slopes of the Gangdisi and Nyenching-Tanggula ranges. Above the high-cold steppe zone there is an alpine steppe-meadow zone which is composed of *Kobresia pygmaea* and cushion plants.

Before these investigations of Chiangtang, it was thought that most of the Plateau was covered by high-cold desert. These findings have important theoretical and practical meaning for an understanding of the pattern and nature of vegetation and the physiographic zonation of Tibet.

Western Ali Mountain Desert Plateau Zone

On the western edge of Tibet, between the northwestern Himalaya and Karakoram ranges, there is a series of mountains and valleys called the Ali region. The elevation of the valleys is 3000 m in the south and 4300 m in the north. This region experiences the driest climate in Tibet. The centre of the summer thermal low of Tibet is located here, and this is also the hottest region on the Plateau. The July mean temperature is 15 ℃, but may be as low as −10 ℃ in the winter. The annual precipitation is no more than 50 ~ 75 mm. The aridity is in the range 3.4 to 6, with a drought period of between 5 and 6 months during the growing season (Fig. 52 − 6f). Therefore, this region has a cold temperate steppe desert or desert climate.

The plateau zonal vegetation is a desert community which consists of suffrutescent *Ceratoides latens* (Tethys flora) , *Ajania fruticulosa* (Central Asiatic flora) , and the endemic perennial *Christolea crassifolia*. The driest core of desert is in the Bangong Mountains and the Changchenmo Mountains which surround Bangong Tso and Spangul Tso in the northwestern part of the region. This is a region of rocky desert with almost no vegetation; there is only a very sparse growth of *Ceratoides latens*. Above 4500 m, some feathergrasses (*Stipa glareosa*, *S. subsessiliflora*, *S. breviflora*) enter the desert community with *Ceratoides latens*, changing the vegetation to steppe-desert, and this community extends up to 5200 m on Mount Changchenmo. This may be the world's highest desert. In south Ali, the climate is a little more moist. The Shiquan (Indus) River Valley, Ge'er River Valley, Xiangquan (Sutlej) River Valley, and the surrounding lower mountains are occupied by mountain steppe-desert vegetation which consists mainly of *Ceratoides latens*, *Ajania fruticulosa*, *Stipa glareosa*, and some xeric shrubs (*Ephedra gerardiana* and *Caragana versicolor*). The desert community develops vigorously there because of relatively abundant snowfall in the winter and the spring. Some ephemeral plants (*Tauscheria lasiocarpa*, *Koelpinia linearis*) are present in the desert.

In the southwestern corner of Ali, where the Xiangquan River Valley falls to 2900 m, the climate is warmer. Some Mediterranean subtropical elements such as *Colutea arborescens*, are present there. The dominants of the desert vegetation are species with more Tethystic and Central Asiatic affinities such as *Artemisia salsoloides*, *A. sacrorum*, *Scorzonera*, *Ceratoides latens*, *Capparis spinosa*, *Kochia*, *Polygonum paronychioides*, and *Stipa stapfii*. These reflect a change toward the subtropical desert in the Kashmir Valley.

The vertical zonation of mountain vegetation in western Ali has a spectrum of desert types, too. The structure of the vertical zones is as follows: desert or steppe-desert zone (basic zone), giving way to steppe zone, giving way to high-cold cushion plant vegetation zone, finally yielding to the sub-nival zone.

The mountain steppe zone can be divided into two or three subzones. The lower one is a desert-steppe subzone, which is mainly composed of *Stipa glareosa* and *Ceratoides latens*, the former being the dominant. The intermediate subzone exists only in southern mountains of the area and is formed by the conjunction of mountain shrublands (consisting of *Caragana versicolor*) and steppe communities (the dominants are *Stipa glareosa*, *S. breviflora* and *S. purpurea*). The upper subzone is a high-cold steppe subzone which consists of

Stipa purpurea and *Carex moorcroftii*. North of about latitude 33° in Ali, the shrubland of *Caragana versicolor* disappears, leaving the steppe zone with only the two other subzones.

The high mountains of Ali usually lack alpine meadows except for some isolated patches under moist conditions. The typical high mountain vegetation there is of sparse cushion plants, mainly *Arenaria musciformis* and *Thylacospermum caespitosum*. The upper vegetation line reaches almost to 5600 or 5700 m. The upper limit of the agricultural cultivation is also very high. On the southern slopes of the Karakoram Range at latitude 34° bare barley is grown to 4780 m, and can be harvested in most years.

The finding of the mountain desert vegetation in western Ali not only completed the vegetation zonation of the Tibetan Plateau, but also expanded the known distribution of desert to new highaltitudes.

Northwestern Tibetan High-Cold Desert Plateau Zone

The northwestern part of the Chiangtang Plateau is located between the Kunlun and Karakoram ranges. The elevation of the Plateau and lake basins is over 5000 m. Here is the coldest and driest climate of the Plateau. The mean annual temperature is about −8 to −10℃ There are 9 ~ 10 months in which the mean monthly temperature is lower than 0℃ with no frostless season in the year. Even in the warmest part of the year, there are heavy frosts every night and an extensive permafrost horizon generally exists there. The annual and diurnal temperature ranges are rather high. The mean annual precipitation is only 20 ~ 50 mm, all in frozen forms. Eastward, the precipitation is somewhat greater, about 100 ~ 150 mm. The wind is very strong and frequent.

Because of the extremely severe ecological conditions and the shorter history of vegetation development after the uplift of the Plateau, the vegetation is very sparse and rather poor in species. Usually one is presented with a vast expanse of plateau gravel or Gobi without plants, or many bare rocky slopes and hilltops. The plateau zonal vegetation is sparse high-cold desert, which has evolved during the time since the Plateau was uplifted.It is composed of cryophytic-xeric cushion-like nano-suffruticose *Ceratoides compacta*.These plants exist on debris or gravel slopes, and especially on vast ancient lake plains formed by lake sediments.The soil contains high concentrations of salt and has permafrost. The salt in the soil may be due to the evaporation of an ancient salt lake, coupled with the low precipitation which causes continual salt accumulation.

Very low temperatures, very short or non-existent growing season, severe drought, high wind, and barren, rocky, and salty soil are typical ecological conditions for the high-cold desert plateau zone.The plant coverage of a high-cold desert community of *Ceratoides compacta* usually is never more than 8 percent, and often as little as 1 ~ 2 percent. Companion species are very few (*Pegeophyton scapiflorum*, *Hedinia tibetica*). The only woody plant in the high-cold desert zone is *Myricaria hedinii*, which grows along river beds. Its branches and trunks are entirely underground, and only its branchlets with small leaves are exposed on the ground surface. This plant forms a dense cushion, no more than 1 cm above the ground.

Eastward from longitude 80° on the Plateau, the high-cold desert vegetation prevails.The wide lake plain is occupied by high-cold desert of *Ceratoides compacta*, but the piedmont slopes and steppes are covered by high-cold desert-steppe which is dominated by *Carex moorcroftii* with some *Ceratoides compacta*. The vegetation on the mountainsides on both sides of the lake plain is more vigorous than on the plain itself.This may be caused by a persistent temperature inversion. The structure of the vertical zonal spectrum is very simple.Above the basic vegetation zone of high-cold desert and desert-steppe, there is a narrow zone of high-cold steppe consisting of *Carex moorcroftii*.Its vertical range is not wider than 200 m and its upper limit is at 5300 m. Above this, a sub-nival zone with some sparse alpine herbs (such as *Saussurea gnaphaloides*, *Melandrium apetalum*, and cushion plants) is found. The snowline lies between 6000 and 6200 m(Fig. 52-7).

Geographic Vegetational Regions of Tibet

Statistical analysis of the Tibetan flora and a knowledge of its historical development are required to address the question of floral affinities. However, the principle and basis of regionalization of vegetation is somewhat different from that of floras.In floral regionalizations one usually considers the whole flora of the area with concern for the distributions and geographic affinities of species and higher taxa.But for description of vegetational regions, one is concerned primarily with vegetation types and their geographic relationships, and particularly the geographic distributions of the dominant species. Research on the ecological and geographical characteristics of Tibetan vegetation offers clues for interpretation of its regional relationships.

Either according to the features of the vegetation or based on the characteristic floral elements, the subtropical and tropical mountain forest vegetation zones in south-eastern Tibet should be classified as Eastern Asiatic subtropical forest and Southern Asiatic tropical forest.The former passes through the Traverse Mountain Range and connects with the subtropical mountain forest in western Sichuan and northern Yunnan.They have, however, different species of forest dominants. Most of the forest dominants of eastern Tibet belong to the Sino-Himalayan floral element which is a branch of the Eastern Asiatic floral element.Therefore, the south-eastern Tibetan subtropical mountain forest zone may be classified as a " subregion" of the Eastern Asiatic forest region. In the same way, the tropical mountain forest zone on the southern slopes of the Himalaya is a part of the Southern Asiatic tropical forest region.

The Plateau vegetation and its floral elements have prominent differences compared to the tropical and subtropical mountain forest vegetation of southeastern Tibet.(For this discussion the Plateau includes Chiangtang Plateau, Qinghai Plateau, and eastern Pamir.) The Plateau should then be recognized as a phytogeographic

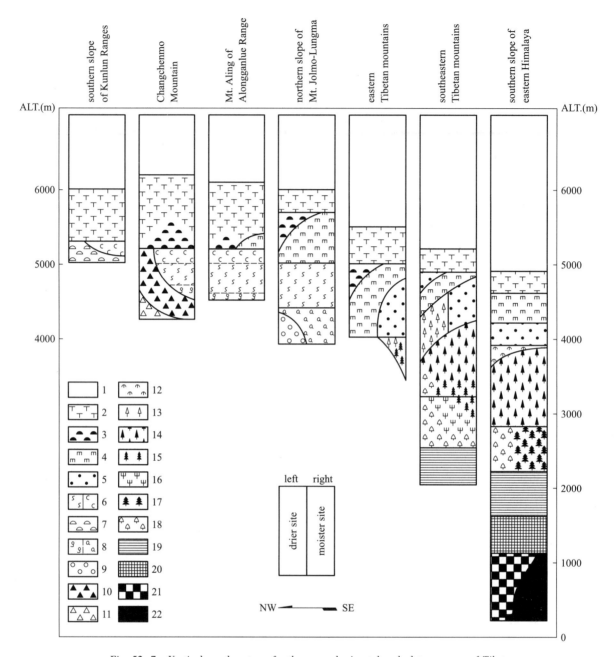

Fig. 52-7　Vertical zonal systems for the seven horizontal and plateau zones of Tibet

Key：1. nival zone；2. subnival zone with sparse alpine plants；3. cushion plant vegetation；4. alpine or high-cold meadow (*Kobresia pygmaea*)；5. *Rhododendron* scrub；6. high-cold steppe (*Stipa purpurea* , *Carex moorcroftii*)；7. high-cold desert (*Ceratoides compacta*)；8. temperate steppe (*Stipa glareosa* or *Aristida triseta* , *Stipa bungeana* , *Pennisetum flaccidum* , *Orinus thoroldii*)；9.xeric shrubland (*Sophora moorcroftiana* , *Ceratostigma griffithii* , *Leptodermis sauranja*)；10. mountain steppe-desert (*Ceratoides latens* , *Stipa glareosa* , *S.*spp.)；11. temperate mountain desert (*Ceratoides latens*)；12. krummholz (*Betula utilis*)；13. coniferous forest (*Juniperus* spp.)；14. coniferous forest (*Abies* spp.)；15. coniferous forest (*Picea* spp.)；16. coniferous forest (*Pinus* spp.)；17. mixed needle-broadleaf forest (*Tsuga dumosa*)；18. sclerophyllous forest (*Quercus lamellosa* , *Q. aquifolioides*)；19. upper evergreen broadleaf forest (*Quercus incana* , *Q.gilliana* , *Q.lamellosa* , *Lithocarpus xylocarpus*)；20. lower evergreen broadleaf forest (*Castanopsis hystrix*)；21. semievergreen forest；22. rain forest region in its own right. In 1935, 53 of the main plant species of the Plateau were classified as belonging to the Sino-Himalayan element by F.K.Ward, and he classified Tibet as a part of the Eastern Asiatic region. Grubov(1963) analyzed the geographic distribution of these species, and concluded that most of these 53 species belong to the Central Asiatic element, and so the Plateau should not have been classified with the Eastern Asiatic region. Grubov(1959, 1963), Lavrenko (1962, 1965), and Petrov (1966) considered the Tibetan Plateau to be mainly covered by high-cold desert vegetation. Therefore, they classified the Tibetan Plateau as a "province" of the Central Asiatic desert subregion in the Afro-Asian desert region. According to the viewpoint of three-dimensional zonality, the Tibetan Plateau was classified as "Tibetan Himalayas" by Schweinfurth(1957) and Troll(1972); they considered that the Plateau was a high-elevation steppe belt behind the Himalaya.

The Plateau is hardly a highly differentiated floral region because of its short history of uplift and severe climate, resulting in a lack of endemic families and genera. However, considering its vegetation types and its ecological and geographic characteristics, the Plateau is in need of a new classification.

Firstly, the vegetation types on the Plateau are a particular combination of the plateau vegetation zones. The Plateau has its own special three-dimensional zonal pattern. It can hardly be classified as belonging to any other horizontal vegetation zone or separated into parts assigned to different vertical zones.

In the second place, although there are few endemic genera(about 30) on the Plateau, the endemic species are relatively abundant. They comprise about 1200 species, which is about one-quarter of the total number of Tibetan species. The dominants obviously are endemic species of the Plateau, and species with centres of distribution on the Plateau. For example, *Kobresia pygmaea* is strongly dominant in the high-cold meadow vegetation of Tibet. Its centre of importance is on the Plateau and from there it permeates the surrounding mountains. Some of the other species of *Kobresia*(such as *K.humilis*, *K.curvata*, *K.tibetica*, *K.lit-*

tledalei, *K.robusta*, *K.macrantha*, *K.prattii*, *K.royleana*, etc.) also show the same pattern as *K. pygmaea* (Ivanova, 1939; Egorova, 1967; Yang, 1976). They form a special geographic type of *Kobresia* meadow that is distinctly different from such meadows in the northern and Central Asiatic mountains. *Stipa purpurea* is still another dominant whose centre of importance is on the Plateau. Elsewhere it is present with little importance on some Central Asiatic arid mountains and alpine basins close to the Plateau. The next important dominant of the high-cold steppe, *Carex moorcroftii*, is an endemic of the Tibetan Plateau. The dominants of the Tsangpo Valley steppe(except for *Stipa bungeana* and *Pennisetum flaccidum* which are found widely in Central Asia), such as *Aristida triseta*, *Orinus thoroldii*, and *Trikeraia hookeri*, are also endemics of the Plateau. Dominants of the steppe shrubland(*Sophora moorcroftiana*, *Caragana versicolor*, *Ceratostigma griffithii*), and some important companion species(*Artemisia wellbyi*, *Astragalus malcolmii*, etc.), are also endemics of the Plateau. Two of the most important components of high-cold cushion plant vegetation(*Arenaria musciformis* and *Androsace tapete*) as well as many others belong to the Plateau endemics also.

The dominant of high-cold desert vegetation, *Ceratoides compacta*, is considered a specialized species which was formed during the process of Plateau uplift. It also is an important endemic and an example of the distinctiveness of the Plateau vegetation. Another important dominant of this genus is *Ceratoides latens* in the Ali deserts. It is a Tethystic species reflecting the intimate relation of the Plateau with the Tethystic area and not with the Central Asiatic desert region. Another widespread desert species in western Tibet is *Christolea crassifolia* which also is an endemic of the Plateau. Based on the continental and xeric character of the plateau vegetation, and the origin and relationship of its dominant species, the Plateau should be a part of the Tethystic vegetation area. However, as a peculiar "Asiatic Plateau" steppe and desert region, parallel in part with Afro-Asian steppe and desert regions but quite distinct in its high-elevation climates and the origin of its flora and communities, it is more than just a part of the Central Asian region. Its distinctiveness has also been suggested by Schweinfurth (1957); the Tibetan Plateau is itself a region, distinct in its characteristics and diverse in its zonal vegetation.

In another article (Chang, 1978) the effects of the Tibetan Plateau on the geographic zonal pattern and vegetation types of Eastern Asia have been discussed. Here it is only pointed out that the Tibetan Plateau is situated at the conjunction of several great vegetation regions, including Eastern Asia, Southern Asia, Central Asia, and Western Asia-North Africa. Surrounding the Plateau there is a series of very distinct and different vegetation and geographic types: temperate desert in the north, tropical rain forest in the south, subtropical desert in the west, and subtropical evergreen broadleaf forest in the east. Therefore, the Plateau is the "crossroads" of vegetation in Asia, and is in fact a most important cause of the particular pattern of zonation of vegetation of Eastern Asia. Considering the great uplift of the Tibetan Plateau, the special plateau ecological conditions and communities, and the great interruption and deformation of other vegetation and geographic horizontal zones which the Plateau causes, the Tibetan Plateau should occupy its own place in the classification of the earth's vegetation.

Study of the pattern and phenomenon of Tibetan vegetation has not only provided new knowledge about Tibet itself, but has also given insight into the understanding of the zonation of vegetation in all of Eastern Asia.

Application to Natural Resource Development

The plateau zonation of the vegetation of Tibet is a synthesis of tectonic uplift, changing atmospheric circulation, and biogeography, dating from the early Neogene. Detailed knowledge of its special adaptive characteristics and its productive capacity can provide essential guidelines for sustained use and for the introduction of cultivars and domestic animals. In this sense, therefore, knowledge of the region's vegetation

becomes a principal basis for agricultural productive regionalism. Thus four agricultural zones are distinguished.

1) The southeastern tropic-subtropic montane forest zone: this is an "agro-forest" region best adapted for a mixture of crop cultivation and forest management. Tea, camellia, citrus, many other subtropical fruits, and a double rice crop are strong options. In the forest-steppe subregion of the lower Tsangpo Valley warm temperate fruit trees could be introduced, including peach, pear, *Chaenomeles*, and walnut.

2) The southern valley temperate steppe and the western temperate desert zones: these two subregions provide the main agricultural base of Tibet. The steppe and meadow, with the surrounding mountains, could support a development of animal husbandry. The valley bottoms, especially with irrigation, are important for barley, wheat, sweet pea, potatoes, and temperate fruits. This provides a combined pastoral-agricultural region.

3) The high-cold *Kobresia* meadow zone of eastern Tibet and the vast high-cold steppe zone of the Qinghai plateau comprise the main plateau pastoral region. As for crops, only highland barley in lake basins with irrigation is possible, together with some cold-resistant and local forage grasses for supplementary winter and spring animal feed.

4) The fourth region is the high-cold desert zone of the northwest; the kingdom of the wild yak and the Tibetan *Pantholops*. Much of this region is not suitable even for temporary pasture. An exception is the lake basin country of northern Qiangtang which can be used for short-term summer grazing for yaks and sheep.

The world's upper limit of cereal cultivation occurs on the Plateau and is closely related to the vegetation zonation. This coincides with the montane temperate steppe and temperate desert vegetation. In the western Ali region, the montane temperate steppe-desert vegetation extends to 5000 m and barley can ripen at 4900 m, but is subject to frequent frost damage. Thus 4700 m is recognized as the upper limit of sustainable yield. An understanding of the relationship between the 4700 m upper limit and the vegetation zonation can help prevent unwise over-extension of barley production. It is especially valuable to recognize that the upper limit of potential cultivation rises with increasing continentality, and that dependency on irrigation will also increase in the same manner.

Knowledge of the vegetation patterns is also valuable for the development of industry and transportation, and for the avoidance of mountain hazards. The proposed railway and the oil pipeline will prove critical for resource development and human welfare in Tibet. But these projects are faced with enormous physical obstacles including permafrost and soil creep on the Plateau and debris flows, landslides, and snow avalanches in the high mountains. Understanding the relationships between vegetation and slope stability will prove of critical importance. Similarly, rational management and protection of the montane forests of the southeast are closely allied to highway-route selection and road-bed design. Thus when a vast upland, plateau, and mountain region comes under the impact of modern resource development for the first time the need for a strong natural science research programme should be self-evident. This recognition lies behind the extensive scientific activity organized by Academia Sinica over the last twenty years.

Acknowledgements

The 1974—1976 Tibetan vegetation expedition of which the author was a member also included Zhang Jing-Wei, Wang Jin-Ting, Chen Wei-Lie, Li Bo-Sheng, Wang Shao-Qing, Li Liang-Qian, Lo Liu-Sheng of the Institute of Botany, Academia Sinica, and Zhao Kui-Yi of the Institute of Geography of Jilin. The text of this article titled "The Plateau Zonation of Vegetation in Xizang" was published in Acta Botanica Sinica, 20(2), 1978, pp.140-149, in Chinese.

Professor R. H. Whittaker, Cornell University, encouraged me to undertake the rewriting and translating of this article in English, and offered a series of aids and suggestions. The original text has been supplemented with figures and photographs.

An earlier draft of the text (in Chinese) was read by Professor Wu Zheng-Yi, Institute of Botany of Yunnan, Academia Sinica. Mr. Yin Dao-Sheng, Meteorologic Bureau of Qinghai, Wang Jin-Ting, Chen Wei-Lie, and Li Bo-Sheng, Institute of Botany, Academia Sinica, and Zheng Du, Institute of Geography, Academia Sinica, offered material and photographs. Dr. B. F. Chabot, Cornell University, helped to reprint the photographs. This text was corrected by Kerry Woods and Richard Furnas, Cornell University, and my brother-in-law, Joe Harford. For their help, I am very grateful.

References

Champion H.G. and Seth S.K., 1968. *The Forest Types of India.*

Chang Hsin-Shih, 1978. *The Tibetan Plateau in Relation to the Vegetation of China.* Anniversary conference of Botanical Society of China in 1978. (In Chinese)

Good R. D., 1964. *The Geography of Flowering Plants.* 3rd ed. London. Longmans.

Grubov V. I., 1959. The experimental phytogeographical division of Central Asia. *Vses. Bot. Obsch.* (In Russian)

Grubov V.I., 1963. *Plants of Central Asia. Sect.* 1. (In Russian)

Guan Zhong-Tian and Zhang Qin-Long, 1961. An outlook of vegetation on the western slopes of the Daxueshan Mountain. A selection of articles of botanical symposium of Sichuan, China. (In Chinese)

Ivanova N. A., 1939. Genus *Kobresia* Willd: Its morphology and systematics. *Bot. zurn.*, no. 5-6. (In Russian)

Lavrenko E.M., 1962. *The Basic Phytogeographical Characteristics of Deserts of Eurasia and Northern Africa.* (In Russian)

Lavrenko E.M., 1965. The provincial division of Central Asia and Iran-Turan subregion in the Afro-Asian desert region. *Bot. zurnal.*, 1. (In Russian)

Lin Xiang, 1978. The characteristics of the distribution of precipitation in Tibet. *Qixiang Meteorology*, 3. (In Chinese)

Liu Shen-E., 1934. The phytogeographical introduction to Northern and Western China. *Journal of Institute of Botany, Academia of Peping*, 2(2). (In Chinese)

Lubtsov N.L., 1966. The *Kobresia* of Tien-Shan. The alpine vegetation and the problems about its economic utilization. *Nauka.* (In Russian)

Makeev P. C., 1956. Physiogeographical zones and landscape. *Geography.* (In Russian)

Petrov M.P., 1966. The desert of Central Asia. 1. Ordos, Alashan, and Beishan. *Nauka.* (In Russian)

Qui Lian-Qing and Jin Zhen-Zhou, 1957.An outlook of plant communities on Yulongshan Mountain.*Acta of Yunnan University* (*Physical Science*),4.(In Chinese)

Schweinfurth U., 1957. *Die horizontale und vertikale verbreitung der vegetation im Himalaya*.Ulrich,Boun.Geogr.Abhandl.

Troll C.,1968.The Cordilleras of the tropical Americas.Aspects of climate,phytogeographical and agrarian ecology.*Geoecology of the Mountain Regions of the Tropical Americas*.Colloquium Geographicum,9.

Troll C.,1972.The upper limit of aridity and the arid core of High Asia. *Geoecology of the High Mountain Regions of Eurasia*. Erdwissenschaftliche Forschung, Wiesbaden. Franz Steiner Verlag.4.

Troll C., 1972.The three-dimensional zonation of the Himalaya system.*Geoecology of the High Mountain Regions of Eurasia*. Erdwissenschaftliche Forschung, Wiesbaden. Franz Steiner Verlag.4.

Wang Jin-Ting, 1963. The pattern of the ecogeographical distribution on the vegetation of the eastern part of the northern Tibetan Plateau.Collection of articles on the 30th anniversary of the Botanical Society of China.(In Chinese)

Ward F.K., 1935.A sketch of geography and botany of Tibet, being materials for a flora of the country.*Journal Linn.Soc. Bot.*,50(333).

Wu Zheng-Yi, 1965. The tropical relationship in the flora of China.*Kexue Tongbao*,1.(In Chinese)

Yang Yung-Chang,1976.The genus *Kobresia* Willd.in Chinghai.

Acta Phytotaxonomia Sinica,14(1).(In Chinese)

Yie Du-Zheng,Zhang Jie-Qian,et al.,1974.The primary imitative experiment about the influence of the heating effect of the Tibetan Plateau upon the Eastern Asian atmospheric circulations in the summer.*Zhongguo Kexue*(Science of China), 1974(3).(In Chinese)

Ying Tsun-Shen and Hong De-Yuan,1978.A preliminary study in the major plant communities and its vertical distribution of Guhsiang region in southeastern Tibet.*Acta Phytotaxonomia Sinica*,16(1).(In Chinese)

Zhang Jing-Wei,1963.The basic characteristic and zonal features of the plateau steppe on the southeastern part of the Chiangtang Plateau.*Journal of Ecology and Geobotany*,1(1-2).(In Chinese)

Zhang Jing-Wei and Wang Jin-Ting,1966.*The Vegetation of Central Tibet*.Science Press.

Zhang Jing-Wei and Jiang Shu,1973.A primary study on the vertical vegetation belt of Mt.Jolmo-Lungma region and its relationship with horizontal zone.*Acta Botanica Sinica*,15(2). (In Chinese)

Zheng Du,Hu Chao-Bin,and Zhang Yong-Zhu,1975.The physiogeographic zonation of the region of Mt.Zhumulangma(Everest).The report of the scientific expedition of the region of Mt. Zhumulangma. *Physiogeography*, 1966-1968. (In Chinese)

Zhong Bu-Qiu,1954.Plants and their distribution on the Tibetan Plateau.*Shengwuxue Tongbao*,10.(In Chinese)

第53章

青藏高原与中国植被
——与高原对大气环流的作用相联系的中国植被地理分布特征*

张新时

（新疆八一农学院）

敬爱的周总理在1961年提出了一个严峻的植被地理学问题："非洲、亚洲、美洲，一路看过来，这样的一条带（回归沙漠带）上，有这么多沙漠和将来要过渡到沙漠去的热带干旱草原！唯独西双版纳还保留着这么好的热带雨林，这是为什么？"

——徐迟：《生命之树常绿》

* 本文发表在《新疆八一农学院学报》，1979，（1）：1-10。

一、中国植被水平地带分布格局及其特殊性

中国屹立在辽阔的东亚大陆和中亚东部平原上,南北由赤道带至寒温带,东西自沿海到内陆。境内山脉纵横,河川切割、高山隆凸、盆谷深陷,尤其是岿然耸立在东亚大陆西南部的青藏高原,素有"地球第三极"和"世界屋脊"之称。在这样复杂的地貌和气候条件下,中国植被的地理分布呈现出层带垒叠、绚丽多彩的图式。

东亚大陆植被的地带性已为许多植被地理学者所研究和阐明。Brockmann-Jerosch 和 Rübel 的理想大陆分布图解最初在这方面提供了一个可供对比的模式;以后,Troll(1968)[25]、Шенников(1950)[28]、Волобуев(1953)[26]和侯学煜(1981)[10]分别编制了欧亚大陆植被的分布图式,表现出大陆东西两侧植被地带分布的不对称性。最近,侯学煜(1977)[11]较详细地分析了欧亚大陆不同经度地段的六个植被水平地带分布系列。尤其是欧亚(北非)大陆东西沿海植被地带的差异引起了研究者的注意。

在大西洋沿岸的西欧北非大陆的植被水平地带自北向南为:北极寒漠—冻原—北欧寒温带针叶林(泰加林)—西欧落叶阔叶林—地中海硬叶常绿阔叶林与灌丛—北非亚热带热带荒漠—热带稀树草原—中非热带季雨林。这一植被地带系列以"南干北湿"为特征,基本上反映了古典的哈得来大气环流形式,即在西风急流高压控制下的"回归沙漠带"——热带、亚热带纬度为稀树草原和荒漠,温带低压带为湿润的森林植被,具有海洋性落叶阔叶林,由喜湿润的水青冈(*Fagus sylvatica*)所构成;地中海亚热带区夏季干热、冬季暖湿,发育特殊的常绿硬叶林,以冬青叶栎(*Quercus ilex*)为主,以及硬叶灌丛。

太平洋西岸的东亚植被水平地带系列却没有反映出干旱的西风带,由北而南为海洋性的森林植被占优势:冻原—寒温带针叶林—东北针阔叶混交林—华北落叶阔叶林—东亚亚热带常绿阔叶林—东南亚热带季雨林与雨林。但其北部的落叶林向大陆深入较浅,树种组成以较耐旱的落叶栎类(*Quercus* spp.)为主;尤其特殊的是东亚的亚热带既不是地

海型耐旱热的硬叶常绿林,也不是"回归沙漠带"的亚热带、热带荒漠植被,而是东亚季风型——夏季湿润、冬季干冷气候的常绿阔叶林;在东南亚和南海诸岛则分布热带季雨林和雨林,但在分布上呈现出"西高东低",即在西部——西藏东南部的东喜马拉雅一带,热带森林植被分布达北纬29°的最北限,而在东部——华南沿海的热带界限却在北回归线(23.5°)以南。

可见,欧亚大陆东西两侧沿海的植被地带系列具有显著的不对称性,其差异尤其表现在亚热带纬度上。

欧亚大陆的内陆植被地带系列大致以东经75°(即青藏高原西端)为界,也表现出东西两部分的差异。其西部北起东欧平原、南达阿拉伯半岛的植被地带系列是:冻原—寒温带针叶林—东欧温带草原—中亚西部(伊朗)温带荒漠—阿拉伯半岛亚热带、热带荒漠。这一植被地带系列仍具有"南干北湿"的特点。在中低纬度受西风高压带控制的干旱区,荒漠与草原带十分发展,其北半部则气候冷湿,仍出现泰加型针叶林。

欧亚内陆的东部,北起西西伯利亚,经中亚东部①(新疆)平原与青藏高原,南至孟加拉湾的植被地带系列是:冻原—寒温带针叶林—西西伯利亚温带草原—中亚东部(蒙新)温带荒漠—青藏高原高寒植被—东喜马拉雅与孟加拉热带雨林。这一植被地带系列的特点是南北两端为森林植被,中部为旱生的荒漠和草原,北非与西亚的亚热带荒漠(回归沙漠带)至青藏高原西端终止,折而向北分布着温带荒漠,其北限几乎达到北纬48°;亚热带位置被隆起的高原上的高寒植被(高寒荒漠、草原与草甸)所占据,使水平地带系列受到"破坏"而中断;高原南侧复出现湿热型的热带雨林。

综言之,位于东亚大陆和中亚东部平原的中国植被地带系列,由沿海(东南)到内陆(西北)具有东亚型森林地带—草原地带—荒漠地带的"南湿北干"分布格局,其特殊性为:荒漠北移(属温性荒漠);草原扩展而落叶阔叶林被压缩;亚热带东部为特有的东亚型常绿阔叶林(而不是荒漠、稀树草原或地中海硬叶林),亚热带西部则为高原高寒植被所占据;热带森林分布的"西高东低"等。东亚植被地带分布格局及其植被类型的特殊性是植被地理学的一个难解之谜。它们在很大程度上是对影响水热

---

① 中亚东部相当于过去文献中的"亚洲中部"。

条件的大气环流形势的反映,而大气环流乃是纬度位置、海陆分布与大地貌综合作用的结果。近年来大气物理学的研究表明,青藏高原的隆起不仅对亚洲,甚至对影响整个北半球的天气与气候的大气环流都有巨大作用。从这些研究和模拟中所得出的一系列重要成果,可能成为打开东亚(与中亚)植被地理之谜宫大门的一串钥匙。另一方面,从植被类型及其分布格局也可以反映大气环流系统的性质及其作用范围。这就是本章所提出的关于中国植被地理的一些问题及试图对它们做出有关生态-地理学阐明的论据。

二、青藏高原对亚洲大气环流的影响及其对植被地理分布的作用

东亚和中亚东部大陆上空是几股大气环流系统相互角逐的战场,其下垫面就是相应发育着相互更替的植被地带的舞台。这一巨块大陆及其毗邻的西太平洋和北印度洋主要受到夏半年的青藏(暖)高压、西太平洋副高压、西风急流、东亚季风、印度热带低压和东风急流,冬半年的青藏(冷)高压、蒙古-西伯利亚高压(反气旋)和阿留申低压等大型大气环流的控制。它们正是东亚大陆植被地带形成与分布的主导生态条件,虽然目前还不能把这些环流系统与植被地带定量地联系起来,但我们确信在大气环流与植被二者之间存在着密切的相关性和基本上一致的空间分布格局。而所有这些环流系统又都在不同程度上受到青藏高原存在的强烈作用,或以高原为其生成的直接原因。

海拔高度平均在 4500 米以上、面积约 200 万平方千米的青藏高原,耸立在东亚大陆西南部对流层的中部,它以强大的热力和地形动力作用作为一个巨大的“热岛”和“中流砥柱”,使南起南亚次大陆与东南亚,北至中亚与西伯利亚平原,东至东亚大陆与阿留申群岛以至日本的广阔范围内的天气和气候都受到它的影响而发生巨大变形、改造或生成,从而使这一辽阔区域内的植被也都受到高原的“投影”而具有特殊的地理分布格局与特有类型。

(一)青藏高压的生成与青藏植被的高原地带性

由于青藏高原在夏季强烈的加热作用在中、低空产生巨大的辐合而形成热低压,在高空产生巨大的辐散形式暖高压,即“青藏高压”。这是一个巨大的环流系统。冬季则由于高原的冷却作用而在上空形成高压。冷高、热低主要出现在高原西部的阿里地区,这里冬夏降水都很少,高原东部,尤其东南部则产生低压带,夏季降水较多,因此在高原面上降水由东南向西北减少,年降水从川西高原的 600 毫米左右向西逐渐减少至羌塘高原西部的阿里为 50 毫米左右,由东至西年降水的水平梯度约为 100 毫米/100 千米。高原面上气温由南向北递减复叠加以地形南低北高的垂直变化,热量的南北差异也很显著。在“青藏高压”控制的气候条件下,高原面上的植被以大陆性的高寒草原占优势;在其东部的冷低压区发育着嵩草高寒草甸与杜鹃高寒灌丛植被;在冷高热低中心的高原西部则为荒漠气候,发育着山地半灌木荒漠与草原化荒漠;在最为高亢、寒冷、干旱的西北部则为垫状小半灌木驼绒藜(*Ceratoides compacta*)的高寒荒漠。这样,在高原面上由东南至西北具有高寒草甸与灌丛—高寒草原—荒漠与高寒荒漠的植被高原地带性变化。青藏高原高寒植被是第四纪以来发展形成的新生事物,它们的出现使东亚的植被分布格局无论在纬度与经度方向都发生了巨大的“中断”而变形。

然而,青藏高压的作用远不止于高原本身,它乃是在夏季自北非撒哈拉向东经阿拉伯半岛、伊朗高原直至青藏高原以东的对流层上部的一个横跨欧、亚、非三大洲的巨大高压带的最强大的高压中心,它的活动作用及整个东亚和西太平洋,支配着亚洲季风、台风和梅雨的形成与路径,对东亚大陆、日本和印度的旱涝产生重大影响,并引起西风带的北撤及其南部热带东风急流的发生等。从青藏高原四周迥然不同、对比较强烈的植被地区就可以表明高原作用之深远、强大和具有不同的本质:高原南侧是濒临热带印度平原的、潮湿多雨的陡急喜马拉雅南坡,前山带的阿萨姆年降水在一万毫米以上,是世界上最多雨的地区之一,其上分布着繁茂的热带山地森林;高原北侧却是世界上荒漠性最强的山地——昆仑山,山麓浩瀚的温带荒漠——塔克拉玛干是亚洲大陆干旱的核心,年降水在 50 毫米,甚至不足 10 毫米,荒漠地带向北扩展几乎达到北纬 48° 的最北限;高原的东面,越过层叠的横断山脉直到东海之滨铺展着广阔的东亚亚热带常绿阔叶林地带,而高原的西面,通过干热(其底部出现亚热带荒漠)的克什米

尔谷地,绵延着中亚西部的荒漠山原,并一直向西直到大西洋东岸的北非大陆都属于世界上最辽阔的一片亚热带荒漠。可见,青藏高原的四周存在着极端悬殊、对比十分强烈的气候和植被地带,这片高原就像是处在旧世界大陆植被的"十字街头",具有举足轻重的关键地位。无论是控制着中亚东部荒漠的蒙古高气压反气旋,湿润着西部热带山地的西南季风,以及哺育着东亚亚热带常绿阔叶林的东亚季风都是在青藏高原隆起后才建立或加强起来的。而高原本身的植被地带分异也反映着它们与周围水平植被区域在气候、植物区系和植被类型方面的密切联系。

(二) 西风带北撤、蒙古-西伯利亚冷高压的建立与中亚东部荒漠植被的形成

在纬度30°左右的西风行星风带具有气流下沉和反气旋的性质,气候干燥、降水稀少、温差急剧、大陆性强,乃是形成地球干旱地带的基本环流系统。这一带是地球上降水最少的地方,分布着世界上最著名的大沙漠,形成了位于热带和亚热带纬度的"回归沙漠带"。然而,恰好处在北纬 30°～40°的青藏高原却成为西风带中的巨大动力障碍和热源,西风急流在高原西端分为南北两支,高原北侧的副热带西风北支急流在新疆北部流线呈反气旋弯曲,强大而稳定的青藏高压更大大增加了它的强度和稳定度。这是由于夏季高原热低压上升运动形成环绕高原的垂直环流圈在北部的下沉补偿作用而在甘新一带形成高压带;冬季则由于高原的屏障作用阻止了西伯利亚大陆与印度洋进行热交换,使冷气在西伯利亚大陆上积蓄,在中、蒙、苏交界处形成一个强大的反气旋环流系统,即蒙古-西伯利亚冷高压,它成为每年10月开始到翌年4月的控制系统,冬季气候干燥、寒冷、降水稀少。这样,在青藏高原(和伊朗高原)北部西风北支急流和冬夏高压控制下的中亚平原——从伊朗、苏联中亚到我国新疆、甘肃和青海北部,蒙宁及蒙古一带就形成了一片世界上最偏北的、巨大的中亚荒漠地带,其北界几乎达到北纬50°,远远超出了"回归沙漠带"的纬度,而具有温带荒漠的性质。因此可以说,正是由于青藏高原的存在导致了地球西风干旱荒漠地带的向北偏离和建立起强大的温带高压,形成了广袤的中亚温带荒漠植被。

真锅在美国普林斯顿地球物理流体力学研究所的电子计算机模拟表明,只有存在青藏高原的地形因素时在其北部才产生了以西伯利亚大陆为中心的大高压;而抹去高原,戈壁沙漠就成为气候湿润、植被丰茂的地区,印度湿热肥沃的平原却成为干旱地带。小林望与朝仓正也得出了这样的结论[19,21]。地质学与古植物学的研究也证实了这一点,即在青藏高原尚未隆起,古地中海尚未消失之前,长江流域、柴达木和塔里木曾处在较今更为干热条件下①,准噶尔却具有温暖湿润的森林草原气候和植被。高原隆起、古海西撤后,华中从干热转为湿润,其以北各地则从暖湿转向干寒,蒙新一带演变成为温带荒漠,这一荒漠的形成过程是从第三纪末期以来,随着高原的逐渐隆起其北部高压带的位置由早更新世时位于北纬40°的"若羌高原",在中更新世以后北移至现在北纬50°附近的蒙古-西伯利亚高压,而且变得更加强盛。

由于青藏高原的阻隔,海洋季风对于中亚荒漠的作用十分微弱。仅有西南季风余波在夏季时绕过高原东侧转为东南向进入阿拉善和河西走廊,造成我国荒漠区域东部降水集中于夏季的特点,植被中发育有夏雨型一年生植物层片。而荒漠区域西部的准噶尔荒漠则有地中海副热带气团来自西方,春季降水稍多,荒漠植被中发育春雨型短生植物层片,呈现出西亚部荒漠特征,处在干旱荒漠核心部位的北山戈壁、东疆与南疆东部受到高压中心与强大反气旋气流的控制,降水极少,常不足 10 毫米,气候极端干旱,荒漠植被十分稀疏,常为大面积光裸无植被的戈壁、流沙或风蚀"雅丹"。

由此可见,我国温带荒漠植被区域形成的第一位原因乃是由于青藏高原隆起后引起西风带的北撤,及其北部强大高压带的建立,而海洋季风的被阻隔乃是与荒漠形成共轭的事件,只能说是维持荒漠的条件,因为季风的发育也是由于青藏高原隆起所引起或加强的。

(三) 蒙古冷高压对草原植被的扩展和落叶阔叶林压缩的影响

由于青藏高原的隆起而建立的蒙古-西伯利亚高压反气旋不仅是形成中亚东部荒漠的原因,而且是在冬季控制东亚大陆的天气系统,造成该大陆冬

---

① 塔里木、柴达木与阿拉善荒漠中一些古地中海残遗荒漠植物就是老第三纪古亚热带荒漠植物的孑遗。

季天气干冷的特色,在夏季季风雨季到来之前,还会出现明显的春旱。由于东亚大陆东部缺乏显著的地形障碍,冬季寒流得以较顺利地向南侵移,有助于适应大陆性气候的低温、旱生多年生禾草植被——草原向东南方扩展,而限制了要求温和湿润冬季的落叶阔叶林的分布。虽然在作为古代文明发祥地的中原地区数千年来的人类垦殖活动消灭了原始的森林植被,助长了草原的发展,但总的说来,东亚大陆上落叶阔叶林的分布既不如西欧落叶阔叶林向大陆内部渗透之深,也不如北美落叶阔叶林分布之广,而是迅急地在东亚大陆中部尖灭;其优势树种组成以较耐旱的落叶栎类(*Quercus* spp.)为主,或为山杨(*Populus davidiana*)、桦木(*Betula* spp.)、榆(*Ulmus* spp.)等森林草原的树种,全然缺乏西欧、北美落叶阔叶林中要求湿润气候的水青冈(*Fagus* spp.)和铁杉(*Tsuga* spp.)等。

横亘在欧亚大陆中部的温带草原植被地带在东亚大陆上弯曲向南延伸,达到北纬 34° 的南限,使欧亚草原地带的界限大大向南推移。这一环曲的草原地带在东部包绕在荒漠的东南侧,构成中亚荒漠向东亚森林的过渡带,也是蒙古-西伯利亚高压控制的干冷气候向东亚季风低压湿润森林气候过渡的标志。沿着整个狭长带状的欧亚草原地带几乎都可以分为三条亚地带,在北部为从南到北,在东部为从西北到东南可分为:荒漠草原亚地带(与其荒漠之界限大致符合于干燥度 4.0,年降水 200 毫米)、典型草原亚地带与森林草原亚地带(其与森林之界限大致符合干燥度 1.0,年降水 500 毫米),它们分别由不同的草原禾草建群种或共建种构成,明显地反映出气候由干旱到半湿润,植被由荒漠到森林的过渡性质。

据此,大致可以把草原与落叶阔叶林区域的分界看作蒙古冷高压与东亚季风占优势作用区域的界限。东亚大陆的植被水平地带在淮河一线以南呈南北向纬向更替,而在淮河以北的温带转为东西向的经向更替。即由沿海的落叶阔叶林或针阔叶混交林向西依次为草原、荒漠的植被地带更替,这一趋势是与季风指数①、降水和干燥度等值线的分布趋势相一致的,因为在淮河以北的温带,季风影响区域与高

压反气旋作用区域是呈经向排列的。

(四) 阿留申低压的控制与东北针阔叶混交林地带的分布

东亚东北部(中国东北、朝鲜北部与远东)有特殊的温带针阔叶混交林的分布,以喜湿润海洋性气候的红松(*Pinus koriensis*)为代表性的优势树种。这种森林类型的出现可能与西北太平洋的台湾暖洋流——"黑潮"流经海岸,冷暖洋流交汇而形成湿润多雨的气候有关[27]。但从大气环流系统来看,东亚北部冬季主要处在阿留申低压的控制下,而蒙古-西伯利亚冷高压在其西南侧通过,对本地作用不大。夏季,这里是以青藏高原的热源为中心的大陆向鄂霍次克海冷源中心过渡的地方,是暖湿的东亚季风影响的北界,因而形成锋区,气旋活动显著,产生较大量降水,例如在长白山地区加以地形影响,年降水可达 1000 毫米之巨,可见这里的季风现象反而比华北明显,春秋季则出现东北低压,因而春秋旱象也比华北轻微[15]。

根据笠原在美国大气科学研究中心的研究,如果不存在青藏高原,冬季平流层的阿留申高压就未必能形成;电子计算机模拟表明,只有青藏高原的热源作用与鄂霍次克海的冷源作用同时在起作用,才能形成稳定的鄂霍次克高压。可见,青藏高原的影响显然已波及东亚东北部与西北太平洋,从而对针阔叶混交林的发育与分布发生一定作用。从沿海的针阔叶混交林区域向西进入大陆内部,不过 500 千米,针阔叶混交林就随着海洋气候让位于蒙古冷高压控制的大陆性气候而消失,通过沿大兴安岭南延的寒温性针叶林迅速过渡为草原植被。

寒温性针叶林(泰加林)是温带(副寒带)低压行星风带的下垫植被,在整个北半球大陆的寒温带呈环球分布,在我国因纬度偏南,水平地带上的寒温性针叶林仅以山地南泰加的形式出现于大兴安岭,处在从沿海低压系统控制下的针阔叶混交林向内陆冷高压系统控制下的干旱草原之间的过渡地位,其降水显著少于针阔叶混交林区,年降水 400~500 毫米,干燥度近于 1。

---

① 季风指数表示各地区受季风影响的程度[15]。

（五）东亚季风的盛行与亚热带常绿阔叶林的广阔发育

长江流域在早第三纪时期属于亚热带信风区，具有十分炎热而干燥的气候，广泛沉积"红层"（红色岩系沉积），发育着旱生的亚热带稀树草原和荒漠植被。自晚第三纪以来，随着季风系统的建立，气候转为暖湿，植被逐渐改变为常绿阔叶林。现代东亚亚热带的常绿阔叶林以栲类（*Castanopsis*）、樟科、茶科、金缕梅科的树种为主，并有大量亚热带常绿针叶树种——马尾松（*Pinus massoniana*）、杉木（*Cunninghamia lanceolata*）与柳杉（*Cryptomeria japonica*）等构成的针叶林。这类植被反映着夏季湿热、冬季干冷的东亚亚热带气候特色。而这样的气候和植被乃是东亚季风环流与冷高压系统影响交替变化的结果。它们与现今地球上同纬度广布的亚热带西风干旱带中的稀树草原、荒漠或地中海气候区的硬叶常绿林与灌丛有明显的生态外貌区别。

东亚亚热带的气候在夏季主要受到东南季风和西南季风的海洋季风热低压控制，冬季仍受到蒙古冷高压的强烈影响。东亚不仅是地球大陆上季风现象最为发达的地区，而且是具有特殊的季风规律的地区。这里盛行的季风方向与行星风带的正常分布相反，在盛夏应当是东风带影响的江南平原却盛行西南风或南风，而在应当是西风的黄淮平原却盛行东南风[13]。现已确定，东亚季风在很大程度上受到青藏高原的影响，其中的西南季风则以高原隆起为其形成的直接原因。以下简述东亚亚热带受到高原作用的主要天气系统及其与植被的联系。

1. 西南季风的爆发：夏季自印度洋吹来的潮湿的西南季风不仅强烈地湿润着印度平原和喜马拉雅山南坡，而且穿过喜马拉雅进入西藏高原的东南隅河谷和山地，使那里发育郁密的山地寒温性针叶林植被；一支更向东北越过云南西部和缅甸山地进入东亚大陆平原，并在北纬30°~36°以北部绕过高原的西北气流形成辐合线，造成丰富的夏季降雨，并形成江淮流域的梅雨，成为滋润着东亚亚热带常绿阔叶林的一支主流。

然而，近来的研究表明，西南季风是由于青藏高原的隆起而出现的。仍然是真锅的模拟指出，当高原存在时就有越过赤道冲入印度半岛的西南气流，即所谓季风爆发。这支逆向于哈得来经向环流的反常西南季风是由于高原夏季加热作用形成的青藏暖高压气流的一支沿对流层上部流向赤道方向在印度洋上空下降，然后在低空成为西南气流北上。

2. 东亚季风的维持和加强：由于高原对高空西风带的制约和加热作用，增强和维持了东亚大陆东部冬夏季风的稳定度和强度，尤其是有利于冬夏季风的南北向冷暖平流，使它们到达的纬度线特别偏北或偏南。因此在青藏高原以东的东亚大陆成为同纬度地区中季风现象最强的地区，特别是夏季季风热低压的加强，给东亚大陆带来丰沛的夏季降雨，成为发育和维持东亚常绿阔叶林的主导条件。

青藏高压还影响东亚季风区的一些其他的天气系统：

3. 热带气旋——台风在东亚大陆上的北上与转向很大程度上取决于青藏高压对这块大陆的控制程度。而众所周知，台风是给东亚亚热带甚至暖温带带来大量夏季暴雨的系统，对于增加夏季降水滋润东亚东部森林植被具有很大作用。

4. 西南低涡东移：夏季从青藏高原产生的低值系统向东移出高原，形成相当强大的西南低涡。这是造成西南、长江中下游、黄淮平原甚至华北与东北地区夏半年大雨和暴雨的天气系统之一。其中，处于川西的松潘低压乃是形成和维持著名的"草地"——高原沼泽植被的天气系统。

近年来，天气预报的研究还确定，我国东部地区的旱涝与青藏高压的位置及移动的迟早有密切关系。

又如前述，在冬季控制东亚大陆的蒙古冷高压向南扩延颇远，带来干冷的天气，其成因亦由于青藏高原的隆起。

总之，无论是湿润着东亚大陆季风区的重要天气系统和现象——夏季季风雨、梅雨、南海台风、西南低涡与辐合线带来的大雨和暴雨，还是控制其冬季干冷天气的冷高压，都在颇大程度上受到青藏高原的影响或生成作用。因此说，青藏高原是维持、加强甚至形成东亚季风及其他天气系统的热力因素，从而也是东亚亚热带常绿阔叶林广泛发育的条件。而稀树草原或仙人掌类肉质多刺灌丛的亚热带荒漠植被在季风大陆上全然不得发育，它们仅局部出现于高原东部横断山脉由于西风下沉辐合形成的热低压区的干热河谷底部。

（六）热带东风急流的建立与东南亚热带雨林、季雨林的分布

夏季在北半球北纬 20°以南的东南亚、印度与北非上空出现的强东风急流是控制这一热带地区高空的环流系统之一，对于该地区的夏季降水分布具有重大作用，并且直接关系到亚洲季风区的旱涝与天气现象。这一热带急流是以青藏高压和撒哈拉高压为支柱的，特别盛行于青藏高原南部边缘。一些气象学家（Flohn，1964；Raghavan，1973）[22,24]，强调青藏高压对出现东风急流的影响，甚至认为是造成的原因。东风急流在南亚造成大范围上升运动和对流活动，从而形成较丰沛的热带降雨，供应着其下垫面——东南亚沿海大陆与岛上广泛分布的季节性热带雨林与季雨林的发育，而在东风急流消匿的"冬季"，即相应于该地带的"旱季"，热带林内的落叶树种处在落叶休眠时期。但在北非和中东上空的东风急流南侧却引起强烈下沉气流，造成大范围的热带荒漠。

青藏高原对东南亚热带天气与森林植被的影响还表现在以下几方面：

季风在南亚低空发生的西南季风，已如前述，是由于高原隆起才形成的，对于我国热带西部地区、印度和中南半岛的热带季节性雨林的发育具有决定性作用。从南面的印度洋低空进入孟加拉和喜马拉雅的暖湿偏南季风气流，由于山脉呈马蹄形而被迫转变为气旋性弯曲，形成极为丰沛的降雨，如阿萨姆为世界多雨中心，年降水在一万毫米以上，我国的巴昔卡亦可达 4495 毫米。丰富的降水和上升气流将大量潜热不断释放到高空，使西藏东南部山地好像是一个巨大热机的烟囱，不断地维持着热致环流，实际上不出现干期。西南季风气旋就是东喜马拉雅发育繁茂的热带雨林和季节性雨林（半常绿雨林），以及发达的山地森林的必要条件，也是这里的热带森林植被因地形和湿热季风作用而向北分布几乎达到北纬 29°的最北限的原因。云南西双版纳的季节性热带雨林在很大程度上也是由西南季风维持的。但是，当东喜马拉雅的气旋性弯曲转而向西，成为东风沿喜马拉雅南麓吹到旁遮普时，降水明显向西减少，旱季随之增加。因此，在中喜马拉雅南麓已不存在雨林植被，而为旱期落叶的婆罗双（*Shorea robusta*）为主的季雨林所代替。

另一方面，青藏高原横亘在东亚热带西部以北，成为阻碍冬季西伯利亚冷气流南下的障碍，也是这里的热带植被界限偏北的重要原因，一部分越过秦岭的冷气流虽可进入四川盆地，但受阻于高原东缘，因此云南高原、东喜马拉雅与印度半岛很少受寒流侵袭，其冬半年气温均高于东部。东部平原缺乏高大的山地屏障，从蒙古冷高压流出的冷气在那里可以向南推进很远，造成东部亚热带与热带的寒流天气，常形成有害的低温，造成橡胶、香蕉等热带作物的冷害，并且使热带界限在这里向南推移到回归线以南的纬度，从而形成我国热带植被西高东低的分布特征。

甚至在热带太平洋上形成的热带气旋——台风的生成也受到青藏高原的地形作用，须田漳雄认为高原与山地引起的山岳副波可能是远东台风相对多生成带产生的原因，并可在东亚内陆生成低压。这些热带气旋和低压对于东亚大陆热带以至温带森林植被的夏季水分补给具有重要意义。

三、结论与今后研究的问题

1. 中国-东亚与中亚东部大陆植被的水平地带分布在很大程度上乃是青藏高原的热力和地形动力作用对大气环流系统控制、改造与生成作用的结果，它们强烈地改变和"破坏"了太阳辐射与理想大气环流决定的植被地带图式。

2. 这种作用一方面表现在青藏高原本身环流系统——青藏高压控制下的高原高寒植被类型的形成及其高原地带性分布，对中国植被水平地带分布的变形、偏离和中断。

3. 另一方面，高原在更广阔的范围内影响或控制东亚、南亚和中亚东部大陆的天气与植被类型及其地带分布。主要表现为：控制东亚与中亚东部的蒙古冷高压的形成与荒漠地带的北移（形成温带荒漠植被）；温带草原的扩展南延与落叶阔叶林的压缩与旱化；阿留申低压与东北温带针阔叶混交林的出现与分布；东亚季风区的形成与特殊的东亚亚热带常绿阔叶林的广阔发育；东风急流、西南季风与东南亚热带雨林、季雨林、"西高东低"的分布等。由此形成我国植被地带由东南至西北为森林—草原—荒漠的分布特色。

4. 由此东亚大陆植被的地带分布与西欧-北非和西亚构成明显的不对称，它以"南湿北干"与后者

的"南干北湿"形成相反的分布格局;在东亚一般缺乏亚热带与热带的稀树草原、荒漠和地中海型的硬叶林。

5. 至于各个大气环流系统和现象与植被的联系,在定量关系、作用机制、指标、具体界限等方面均有待深入研究。首先是从辐射平衡、热水指数及其季节分配对植被的关系等方面进行统计、分析与区别。

6. 青藏高原对中国植被的作用除了对大气环流的制约外,高原隆起对植物区系的形成、改造与迁移,以及古植被的历史演替方面的影响也十分巨大。例如,高原除了对毗邻区域植物区系与植被有密切联系,甚至对遥远的北极冻原和西欧阿尔卑斯高山植物区系也有发生上的亲缘关系。将有待植物区系学、古植物学与古地理学的研究者做专门分析与论述。

参考文献

[1] 中央气象局,1975. 中国高空气候,科学出版社.

[2] 中央气象局研究所一室六组,南京气象学院天气教研组,1977. 热带东风急流与我国东部地区降水异常的初步分析.青藏高原气象论文集(1975—1976),74-81.

[3] 中国科学院兰州高原大气物物研究所,1976.青藏高原气象学(油印本).

[4] 中国科学院地理研究所青藏科考气候变化小组,1977.青藏高原隆起前后的环流状况(油印本).

[5] 叶笃正,张捷迁,1974.青藏高原加热作用对夏季东亚大气环流影响的初步模拟实验.中国科学,(3):301-320.

[6] 北京师范大学地理系,1977. 古地理. 中国自然地理(概论),第十篇(油印本).

[7] 张兰生,1964.从热水条件的成因看中国自然区划.一九六二年自然区划讨论会论文集.科学出版社,46-53.

[8] 张新时,1978.西藏植被的高原地带性. 植物学报,20(2):140-149.

[9] 青藏高原低值系统会战组,1977.盛夏青藏高原低值系统.气象,(9):4-7.

[10] 侯学煜,1981.植被分区的概念和理论基础.植物学报,9(3-4):275-286.

[11] 侯学煜,1977.中国植被地理分布的规律性.中国植被,第十二章(草稿).

[12] 赵福吉,陆龙骅,蒋凤英,1977.南亚高压与台风路径.气象,(7):9-11.

[13] 高由禧,1963.季风问题.东亚季风的若干问题.科学出版社,2-11.

[14] 高由禧,1977.海陆分布和青藏高原对我国气候的影响.青藏高原气象论文集(1975—1976),34-46.

[15] 高由禧,徐淑英,郭其楳,章名立,1962.中国的季风区域和区域气候.东亚季风的若干问题.科学出版社,49-63.

[16] 高由禧,郭其蕴,1962.东亚季风气候形成问题的讨论.东亚季风的若干问题.科学出版社,12-27.

[17] 高原气候图集会战组,1977.青藏高原及其附近地区的流场特征.青藏高原气象论文集(1975—1976),1-10.

[18] 高原气候图集会战组,1977.高原地区降水量分布图的特征.青藏高原气象论文集(1975—1976),22-33.

[19] 小林望,1974.热带东风急流和南亚降水的年间变化.原载 *Geophysical Magazine*,37(2);译载《国外气象参考资料》(第一辑),37-43.

[20] 须田漳雄,1972.喜马拉雅地形对台风、温带气旋生成的影响.原载《研究时报》,24(12);译载《国外气象参考资料》(第一辑),19-27.

[21] 朝仓正,1974.西藏高原与世界气候.原载《世界的气象》;译载《国外气象参考资料》(第一辑),1-19.

[22] Flohn H.Contributions to a meteorology of the Tibetan Highlands.译载《国外气象参考资料》(第一辑),1-15.

[23] Reiter E.热带的东风急流.原载《自由大气候》,4 章 2 节;译载《国外气象参考资料》(第一辑),33-35.

[24] Raghavan K.,1973.西藏高压和热带东风急流.原载 *Pure and Applied Geophysics*,110;译载《国外气象参考资料》(第一辑),28-33.

[25] Troll C.,1968.The Cordileras of the tropical Americas:Aspects of climatic,phytogeographical and agrarian ecology. *Geoecology of the Mountainous Regions of the Tropical Armerias*,15-56.

[26] Волобуев В.Р.,1953.Почвы и климат.Изд. АН Азербайджанской ССР.

[27] Макеев П.С., Природные зоны и ландшафты. Географгиз.

[28] Шенников А.П.,1950.Экология растений.М.

第54章

The Tibetan Plateau in Relation to the Vegetation of China [*]

David H.S.Chang

(Cornell University , Ithaca , New York)

Vegetation zones of the eastern coast of China represent a series of forests from the tropical to the cold-temperate zone. There is also a change from forest through steppe to desert from the southeastern coast to the northwestern interior(11) . These patterns are quite different from those in western Eurasia where the vegetation pattern of the western part from south to north is : tropical , subtropical desert and savanna , Mediterranean sclerophyllous forest , deciduous forest , and coniferous forest . This series shows a pattern , drier in the south and moister in the north , that basically reflects Hadley's classic diagram of atmospheric circulations(10 , 25 , 26 , 28) . Therefore , the differences between the eastern and western parts of Eurasia reflect an "asymmetric" distribution of vegetation(Fig.54−1) . The geographic distribution of vegetation in China-Eastern Asia should be interpreted primarily in terms of patterns of atmospheric circulation in Asia because it reflects the "projection" of atmospheric circulation onto the land surface of the earth.

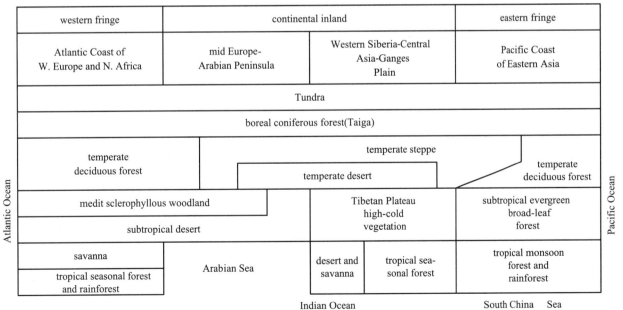

Fig.54−1 Asymmetric distribution of horizontal vegetational zones in Eurasia and North Africa

---

[*] 本文发表在 *Ann.Missouri Bot.Gard.* , 1983 , 70 : 564-570。

Recent research in atmospheric physics indicates that the Tibetan Plateau in eastern Asia is a huge "Hot Island" that hinders atmospheric circulation (5). The powerful thermal and orographic effects of the Plateau cause great changes in the atmospheric circulation of the northern hemisphere, especially in Asia, and have a direct effect on patterns of vegetation in that part of the world.

Hereafter I will discuss the uplift of the Plateau in relation to atmospheric circulation and the distribution of vegetation in China. The most important events in this regard are the formation of the Tibetan High, the establishment of the Mongolian anticyclone, and the reinforcement of the Eastern Asian Monsoon.

Formation of the Tibetan High and the Plateau Zonation of Vegetation in Tibet

The Tibetan High, which arises from the powerful thermal effect of the Plateau in the summer and the cooling effect of the Plateau in the winter, is a vast system of the atmospheric circulation in the upper atmosphere (5) (Figs. 54-2 and 54-3). Its center is located in Ali, the western part of the Plateau. This region has very little precipitation, only about 50 mm annually, and is therefore a desert or semidesert climate. Figure 54-4 shows the extent of the resulting vegetational region. The vegetation is suffrutescent desert and steppe-desert types that are composed mainly of *Ceratoides latens* in the northwestern part of the Plateau, the climate is very dry and cold by reason of high altitude and its more northern latitude. A sparse high-cold desert of low suffrutescent and cushion-like *Ceratoides compacta* has developed there. On the vast flat of the central Plateau, the annual precipitation increases to about 200 mm, and a high-cold steppe vegetation of *Stipa purpurea* prevails. This is the major vegetation type of the Plateau. In the eastern part of the Plateau there is a cold, low-pressure zone where annual precipitation reaches 600 mm. Under this cold and wet climate, a

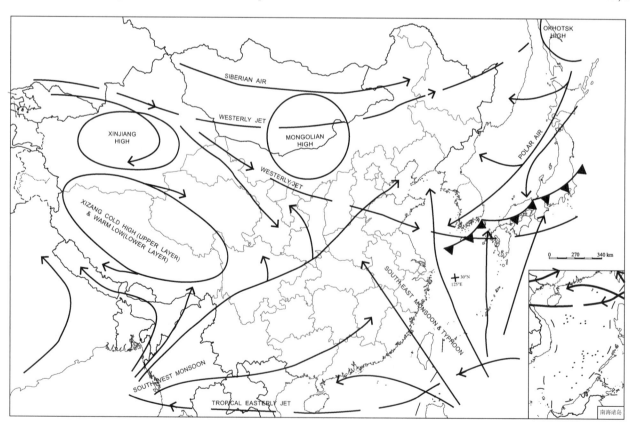

Fig. 54-2　The summer circulation above East Asia (22)

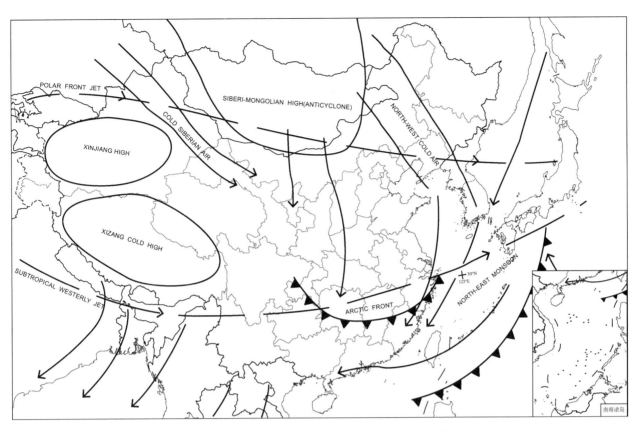

Fig.54-3　The winter circulation above East Asia(22)

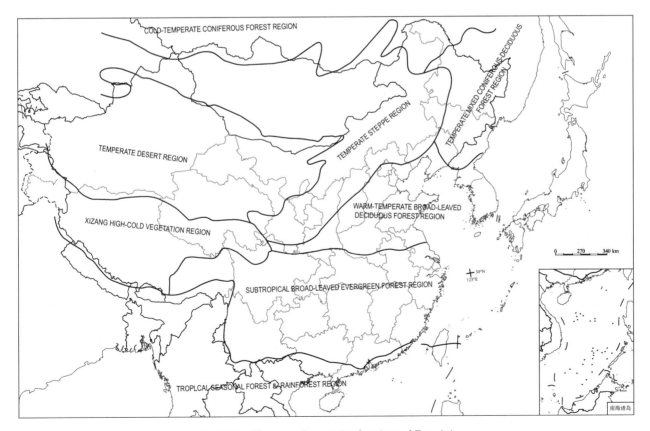

Fig.54-4　The map of vegetational regions of East Asia

special kind of high-cold meadow has developed, consisting of *Kobresia* and low scrub *Rhododendron*. Therefore, the Plateau vegetation changes from southeast to northwest, grading from high-cold meadow and scrub through high-cold steppe and desert to high-cold desert. This sere of high-cold vegetation was formed and developed in the Quaternary.

The Tibetan High influences not only the Plateau itself, but is also the center of a great high-pressure belt above Asia, North Africa, and southern Europe. Around the periphery of the Tibetan Plateau, there exist striking differences in climate and vegetation: the southern side of the Plateau is the wet, rainy, and steep slope of the Himalaya Mountains, falling to the India-Bengali plain. In Assam, in the foothills of Eastern Himalayas, the annual rainfall exceeds 10 000 mm, making this one of the rainiest areas in the world. Luxurious tropical mountain forests have developed there. On the opposite, northern side of the Plateau are the Kunlun Mountains. These are the driest mountains in the world. Desert vegetation covers the mountain slopes from the foothills up to the snowline. At the base of the Kunlun Mountains there is a vast expanse of sand desert, the Taklimakan, the arid core of Asia, where annual precipitation is less than 10 mm. East of the Plateau, across the Traverse Mountain Range and reaching to the shore of the Pacific Ocean, is an extensive subtropical evergreen broad-leaved and temperate deciduous broad-leaved forest. To the west of the Plateau, through the arid, hot, and desert valley of Kashmir, extending to the Middle East and the west coast of North Africa, is the greatest area of subtropical desert in the world. Therefore, the Tibetan Plateau is a "crossroads" for vegetation and a climatic "watershed divide" in the Old World. The different vegetation zones on the Plateau itself reflect the close connection of the climates, floras, and vegetation types of the Plateau to the surrounding areas.

The Northward Movement of the Westerlies, Establishment of the Mongolian-Siberian Cold High, and Formation of the Desert Vegetation in Central Asia

The Westerlies are located at about 30°N latitude. They represent a system of high pressure circulation that controls the formation of arid zones. Within this zone, the climate is dry, precipitation is rare, the continentality is strong; great sand deserts are found in this zone. The Westerlies form the "desert zone of Cancer" in the tropical and subtropical latitudes. The Tibetan Plateau, which is situated between 30° and 40°N latitude, is a huge orographic dynamic and thermal hindrance to the Westerlies. The Westerlies divide into southern and northern branches at the western end of the Plateau. In the summer, the northern branch shows an anticyclone curve in northern Sinkiang, situated on the north side of the Plateau. A high pressure zone caused by the compensational descending effect of the Tibetan High occurs above Gansu and Sinkiang. A powerful anticyclonic system, the Mongolian-Siberian Cold High, caused by the Plateau preventing thermal exchange between Siberia and the Indian Ocean, and causing an accumulation of cold air over the continent, is formed in winter. This Mongolian Cold High is the controlling system of the eastern Asian weather during the winter. It makes the winter climate cold, dry, and lacking in precipitation in this area, and has caused a vast temperate desert zone to develop in the plain of Central Asia. It ranges from Iran to Sinkiang, Gansu, Qinghai, Inner Mongolia of China, and Western Mongolia. Its northern limit reaches nearly to 50°N latitude; far beyond the limit of the "desert zone of Cancer."

According to computer simulations by Manaba, the great high pressure system was produced over continental Siberia on the north side of the Plateau only after the Plateau was uplifted. If the Plateau were eliminated, the desert areas of Central Asia would have a moist climate that would support forest or grassland vegetation and the wet, hot, and fertile plain of India would be an arid zone(4,21).Research in Chinese geology and paleobotany has also established the following:before the Tibetan Plateau had arisen and the Tethys Sea had disappeared, there was an arid and hot climate in central China, but it was much warmer and moister in Dzungaria, which had a forest-steppe climate and vegetation at that time. After the uplift of the Plateau and the westward movement of the Tethys Sea, the climate in central China became moist, and in northern China the climate changed from warm and moist to cold and dry. The northwestern part of China became a temperate desert(7).The formation of deserts proceeded with uplift of the Plateau and moved gradually northward(4).

The Plateau prevents the effects of marine monsoons reaching the Central Asian desert region. Only a remnant of the Southwestern Monsoon reaches the Alasan and Hexi Corridor in the summertime, and then causes a concentration of precipitation.Therefore, there have developed some annual summer ombrophiles in the flora that are characteristic of the eastern Central Asian desert.Dzungaria is located in the western part of Central Asia and receives some of the Mediterranean subtropical air masses.This causes more spring rainfall and has led to development of a vegetation containing spring-ombrophiles, which are characteristic of the western Central Asian desert. The Beishan Gobi, East Sinkiang, and the eastern part of South Sinkiang are located in the most arid core of the desert, and are under the influence of the center of high pressure and powerful anticyclone.There is very little precipitation, usually not more than 10 mm.The desert vegetation is sparse, and there often appear vast bare areas of the "Gobi", drift sand, and "Yardang".

Expansion of the Steppe Vegetation and Compression of the Deciduous Broad-Leaved Forest by the Effect of the Mongolian Cold High

There is no significant orographic hindrance to atmospheric circulation in the eastern part of Asia.Therefore, the cold Mongolian-Siberian anticyclone caused by the uplift of the Tibetan Plateau invades southward in Eastern Asia. This has permitted steppe vegetation, which is adapted to arid and cold continental climate, to expand southeastward.This has restricted the area of the mesic deciduous broad-leaf forest, which requires a temperate, moist climate.Several thousand years of agricultural activity have destroyed the primeval forest vegetation in the central plains of China(the Yellow River Basin), one of the original centers of ancient culture, and accelerated the development of the steppe.Generally, the area of broad-leaved deciduous forest in Eastern Asia is more limited and smaller than that in Western Europe and North America.It disappears abruptly in the central part of Eastern Asia.The spring drought and the cold winter that are caused by the Mongolian High are the most important limiting conditions for development of broad-leaved deciduous forest in Eastern Asia. The temperate steppe zone, which crosses the center of Eurasia, bends southward in Eastern Asia and reaches it southern limit at 34°N latitude, a large southward deviation.The Eastern Asian steppe zone is transitional between the arid-cold climate controlled by the Mongolian-Siberian High and the moist climate under the influence of the Eastern Asian Monsoon Low. The steppe zone can be divided into three transitional subzones: the desert-steppe, the typical steppe, and the forest-steppe.Communities in these subzones are dominated by various steppe grasses.The subzones conspicuously reflect the transition from arid to semi-moist climate, and from desert to forest vegetation.

Aleutian Low and Presence of the Northeastern Mixed Needle-Broad-Leaved Forest

A temperate, mixed, needle-broad-leaved forest type is distributed in the northeastern part of Eastern Asia (Northeast China, DPRK, and the Soviet Far East).Its dominant, Korean pine(*Pinus koriensis*), requires a moist maritime climate.The persistence of this mesic forest typemight be under the influence of the Taiwanese warm current, the Black Tidal Current, which passes by the coast of Northeastern Asia,creating a moist and rainy climate(27).In terms of atmospheric circulation,Eastern Asia is mainly under the control of the Aleutian Low in the winter, and transitional between the hot Tibetan Plateau and the cold Okhotsk Sea in the summer.The northern limit of the effect of the warm-humid Eastern Monsoon, which produces abundant precipitation, is in this region. Therefore, eastern China is more moist than northern China, and serious droughts are rare.

According to the research of Kasahara and Asakura(21),if the Tibetan Plateau were not present, the Aleutian Low and the Okhotsk High might not form or might be unstable.It might be, then, that the Plateau affects the distribution of the northeastern mixed needle-broad-leaved forest.

Not more than 500 km from the coast, the maritime climate is replaced by a continental climate controlled by the Mongolian High,and the mesic mixed forest disappears.Beyond the taiga of the Great Xingan Mountains,the vegetation rapidly becomes steppe.

Prevalence of the Eastern Monsoons and Development of the Broad-Leaved Evergreen Forest

The subtropical climate of Southern and Southeastern Asia is controlled chiefly by the hot low-pressure system of the Southeastern and Southwestern Monsoons

in the summer.In the winter it is influenced strongly by the Mongolian Cold High.In this region monsoons are more strongly developed than elsewhere and are mostly a result of the presence of the Tibetan Plateau. The effects of the Plateau are:

The importance of the Southwestern Monsoon(21). There is a branch of the humid Southeastern Monsoon that comes from the Indian Ocean, passes over the mountains of western Yunnan and Myanmar,and blows into continental Eastern Asia in summer. It converges with the northwestern current at $30° \sim 36°$N latitude,and produces abundant summer rainfall and the "Plum rains" in the Yangtze-Huai River Basin. This precipitation is an important water supply for the southern and Southeastern Asian subtropical broad-leaved evergreen forest.

*The stabilization and reinforcement of the Southeastern Monsoon.*The restriction on the Westerlies and the thermal effect of the Plateau increases and maintains the stability and intensity of the monsoons in Eastern Asia. This permits the monsoons to reach to both northerly and southerly extremes(15,16).The reinforced summer monsoons bring abundant rainfall, which is a major factor for the development of the Southern and Southeastern Asian broad-leaved evergreen forest.

*The tropical cyclone.*Typhoons also have an important effect of increasing the water supply for the Eastern Asian broad-leaved evergreen forest.The Tibetan High is a strong influence in turning typhoons northward.

*The southwestern low vortex.*This powerful vortex forms on the plateau and moves eastward in the summer.It is an important weather system, producing summer rainstorms in Eastern Asia.

Therefore, the Tibetan Plateau is an orographic and thermal factor that maintains, reinforces, and even forms the Eastern Asian Monsoons and other weather systems. Its effects are indispensable for the development of the Southern and Southeastern Asian subtropical broad-leaved evergreen forest.The savanna or thorn scrubs of subtropical desert do not develop in a monsoon climate.Only a few relics of these types of vegetation are present in rain shadows of the dry and hot valleys of the Traverse Mountain Range, where there is a hot low-pressure system formed by the descent and convergence of the Westerlies.

Establishment of the Tropical Easterlies and Distribution of the Tropical Rainforest and Monsoon Forest in Southeastern Asia

The powerful Easterlies, which occur south of 20°N latitude in Southeastern Asia, India, and North Africa in the summer, are one of the high-level circulation systems that control the climate of these tropical areas(19). They are supported by the Tibetan High and Saharan High(23) and are especially prevalent at the south edge of the Tibetan Plateau. Some meteorologists emphasize that the Tibetan High affects the presence of the Easterlies, suggesting even that the Plateau was the basic cause of their establishment(22,24). The Easterlies bring abundant rainfall into Southern Asia and are the major supplier of water to the tropical forests in this area. Where they cease in winter, the dry season of such tropical areas, the tropical deciduous forest enters dormancy. In North Africa and the Middle East, there is a powerful descending air-flow on the southern side of the Easterlies, causing a vast area of tropical desert.

The Southwestern Monsoon, caused by the uplift of the Plateau, has had an important effect on the development of the tropical rainforest in the southwestern part of tropical China, India, and the Peninsula of Middle South. The warm, humid air of the Monsoon comes from low altitudes over the Indian Ocean and blows into Bengal and the eastern Himalayas. It is transformed into a cyclone curve by the horseshoe-shape of the mountain barrier, and produces abundant rainfall in the mountains. The annual precipitation of 5000 to 10 000 m maintains luxuriant montane tropical rainforests and seasonal semi-evergreen forest. Because of the orographic and humid-hot monsoon effects, the tropical montane forests reach their northern-most limit here at 29°N latitude. The tropical seasonal forests of Xishuangbanna in Yunnan are also supported mainly by the Southwestern Monsoon. However, as the cyclonic winds of the eastern Himalayas turn westward and become an east wind along the southern foothills of the Himalayas into Punjab, the rainfall decreases significantly westward and the dry season becomes more severe. Thus, there are no rainforests on the southern foothills of the central Himalaya Mountains. Instead, there are monsoon forests that are mainly composed of the deciduous *Shorea robusta*.

Additionally, the Tibetan Plateau becomes a hindrance in the western part of Eastern Asia in the invasion of the Siberian cold current in the winter. This is an important reason for the northward deviation of the limit of tropical vegetation there. Because of this obstruction, the Yunnan Plateau, the eastern Himalayas, and the Indian Peninsula are rarely invaded by cold currents. The temperature in the winter there is higher than that further east. Because the eastern plain of China lacks the protection of high mountains, the cold current from the Mongolian Cold High can reach to the far south, producing cold waves in the southeastern subtropical and tropical zones, leading to cold injury of rubber trees, bananas, and other tropical crops, and pushing the tropical limit southward to the Tropic of Cancer. Therefore, the northern limit of tropical vegetation in China reaches higher latitudes in the west than in the east.

Conclusions

Neogene-Quaternary uplift of the Tibetan Plateau greatly changed and fragmented the zonal vegetation pattern that would have otherwise prevailed in much of Eastern Asia. The major expressions of these changes are: the formation of the high-cold plateau vegetation zones; the northward extension of the subtropical desert zone and formation of temperate desert in Central Asia; the expansion of the temperate steppe zone to the east and south; the restriction of broad-leaved deciduous forests; the preservation of the mixed needle-broad-leaved forest in Northeastern Asia; the reinforcement of the Eastern Asian Monsoon region causing an expanded development of the south and southeast Asian subtropical broad-leaved evergreen forest, instead of subtropical savanna and desert there; and the modified northern limit of the tropical forest zone in parts of Southern Asia. These features of vegetation zonation, all the result of the uplift of the Tibetan Plateau, are unique to Eastern Asia.

Literature Cited

[1] The Meterologic Bureau of China. 1975. The High Level Climate of China. Science Press.

[2] Sixth Group, First Section of Research Institute of the Meteorologic Bureau of China, The Weather Research Section of the Meteorologic College of Nanjing. 1977. The primary analysis of the tropic eastern jet stream and the abnormal precipitation in Eastern China. The Meteorologic Collectanea of the Qinghai Xizang Plateau (1975—1976). pp.74-81.

[3] The Institute of Plateau Atmospheric Physics of Lanzhou. 1976. The Meteorology of the Qinghai-Xizang Plateau. Academia Sinica.

[4] The Research Group of Climatic Changes of the Qinghai-Xizang Plateau. 1977. The Circulation Regime Before and After the Uplift of the Qinghai-Xizang Plateau. The Institute of Geography, Academia Sinica.

[5] Yie Du-Zheng & Zhang Jie-Gian. 1974. The primary simulation of the influence of the heating of the Qinghai-Xizang Plateau to the eastern Asiatic atmospheric circulation in the summer. Zhongguo Kexue 3:301-320.

[6] The Department of Geography. 1977. The Physiography of China. Sect.10. The Peking Normal University, Paleogeography.

[7] Zhang Lan-Sheng. 1964. The physical regionalism of China by the formation of heat-water conditions. The Collectanea of the Symposium on Physical Regionalism in 1962. pp.46-53. Science Press.

[8] Zhang Xin-Shi (Chang Hsin-Shih). 1978. The plateau zonation of vegetation in Sizang. Acta Bot. Sin. 20:140-149.

[9] The Research Group of the Low Baric System of the Qinghai-Xizang Plateau. 1977. The low baric system of the Qinghai-Xizang Plateau in mid-summer. Meteorology 9:4-7.

[10] Hou Xue-Yu. 1961. On the concept and theoretical basis of the vegetation regionalism. Acta Bot. Sin. 9:275-286.

[11] Hou Xue-Yu & Zhang Xin-Shi. 1980. The Geographic Distributed Pattern of the Vegetation: pp. 731-738. Science Press.

[12] Zhao Fu-Ji, Lu Long-Hua & Jiang Feng-Ying. 1977. The southern Asiatic high and the typhoon tract. Meteorology 7:9-11.

[13] Gao You-Xi. 1962. The Problem of Monsoon. Some Problems of the Eastern Asiatic Monsoon. pp.2-11. Science Press.

[14] Gao You-Xi. 1977. The influence of the sea-continent distribution and the Qinghai-Xizang Plateau to the climate of China. The Meterologic Collectanea of the Qinghai-Xizang Plateau (1975-1976). pp.34-46.

[15] Gao You-Xi, Xu Shu-Ying, Guo Qi-Yun & Zhang Min-Li. 1962. The Monsoon regions and regional climates of China. Some Problems of the Eastern Asiatic Monsoon. pp.49-63. Science Press.

[16] Gao You-Xi & Guo Qi-Yun. 1962. The discussion about the formation of the Eastern Asiatic Monsoon climate. Some Problems of the Eastern Asiatic Monsoon. pp.12-27. Science Press.

[17] The Research Group of the Plateau Climatic Atlas. 1977. The characteristics of the flower field upon the Qinghai-Xizang Plateau and adjacent regions. The Meteorologic Collectanea of the Qinghai-Xizang Plateau (1975-1976). pp.1-10.

[18] The Research Group of the Plateau Climatic Atlas. 1977. The characteristics of the distribution of precipitation of the Plateau. The Meteorologic Collectanea of the Qinghai-Xizang Plateau (1975-1976). pp.22-33.

[19] Kobayashi. The tropic eastern jet stream and the yearly change of the precipitation of southern Asia. Geophysical Magazine 37(2).

[20] SUDA. 1972. The influence of the topography of the Himalayas to formation of typhoon and temperate cyclone. Research Time Paper 24(12).

[21] Asakurat Adashi. 1974. The Tibetan Plateau and climate of the world. The Meteorology of the World. pp.1-19.

[22] Flohn, H. 1968. Contributions to a meteorology of the Tibetan Highlands. Atmospheric Science Paper 130. Colorado State Univ.

[23] Reiter, E. The tropic eastern jet stream. The Free Atmospheric Climate.

[24] Raghaven, K. 1973. The Tibetan High and the tropic eastern jet stream. Pure and Applied Geophysics 110.

[25] Troll, C. 1968. The Cordilleras of the tropical Americas. aspects of the climatic, phytogeographical and agrarian ecology. Geoecology of the Mountainous Regions of the Tropical Americas. pp.15-56.

[26] Volobuev, V. R. 1953. Soil and Climate, IZD. A. Azerbaizanskoi SSR.

[27] Makeev,P.S.1956.The Physical Zones and Landscape. Geographgiz.

[28] Schennikov,A.P.1950.Plant Ecology.Sovetskayia Nauka.

[29] Hsu Jen.1983.Late Cretaceous and Cenozoic vegetation in China, emphasizing their connections with North America.Ann.Missouri Bot.Gard.70.

第 55 章

青藏高原的生态地理边缘效应 *

张新时

(中国科学院植物研究所,北京　100044)

一、导言

青藏高原是地球上一个独特的生态地理区域。它的隆起和存在导致了复杂多样的生态界面或地理边缘,从而形成了形形色色的边缘效应。这对丰富亚洲大陆植被地带及其生态地理环境的多样性具有极其显著的作用。

"边缘效应"的广义理解是指在不同的生物群落或地理区域交汇接触的情况下所发生的各种生物与非生物成分镶嵌交错,结构多变,系统过程活跃,具有多样可能的进化方向。边缘效应的生态学含义在于其高度的多样性(diversity)——生物的多样性与生态环境的多样性。其普遍的存在形式则为各种类型的生态过渡带(ecotone),含有复杂的物理、化学与生物的界面作用。

青藏高原本身就是极其错综复杂的生物-非生物边缘效应的产物。对高原及其过程与作用的本质的科学理解,在很大程度上要从对形成它以及它所引起的生态地理边缘效应及其多样性来研究与认识。也就是说,要从这一特定地区及其周围的岩石圈、大气圈、水圈、生物圈以至智能圈的不同组分之间的相互作用与演化过程来理解。

青藏高原宏观规模的边缘效应主要有以下几方面:

(1)地质构造的边缘效应:大陆板块之间的碰撞造成了高原及其周围山系隆起的地质与地貌基础与地形动力;

(2)大气环流系统的边缘效应:高原隆起的地形动力与热力作用生成或改造了高原上空及其周围的大气环流系统,形成特殊的环流格局、气象过程与气候类型;

(3)水文系统的边缘效应:高原对携带水汽的气团、降水、冰川、外流江河与内陆湖泊的作用与水文网的特殊格局;

(4)生物地球化学循环的边缘效应:主要指高原及其外围山地可溶性矿物盐分在高原上的积累与流失的过程与格局;

(5)植被或生态地理地带的边缘效应:高原作为旧大陆植被地带"十字路口"的作用;

(6)生物区系成分与区域的边缘效应:高原作为古劳亚大陆与冈瓦纳大陆的交接带,有泛北极生物区系与古热带生物区系的并存、交叉与特有成分的发生;

(7)人类文明世界的边缘效应:高原隆起是几种人类古老文明发源地与不同文明世界生态格局的形成原因。

二、青藏高原生态地理效应的基础背景

大陆板块构造之间的边缘作用与不同大气环流

* 本文发表在《中国青藏高原研讨会(论文集)》,1990,35-41。

系统之间的边缘作用乃是青藏高原生态地理分化的基础背景。

1. 地球最大与最高的板块隆起

青藏高原位于古南大陆（冈瓦纳）与古北大陆（劳亚）的交界处，由于脱离了非洲板块而漂移北上的印巴板块与欧亚板块碰撞，两块大陆互相挤入、翘曲与地壳加厚而隆起成为世界屋脊与最高的山系。它以比周围地区平均高出 5000 m 的巨厚高度突兀于地球大气对流层的中部，蕴含着极其巨大的地壳压力与地形动力。这一地史过程与地质构造的边缘作用乃是高原自身及对周围地区产生巨大作用的物质与动力基础。

青藏高原又是旧大陆的众山之源。欧亚大陆上的山系主轴虽不如新大陆那么明显，但大致以青藏高原为轴心，多少是断续地向西经中亚高原与高加索山脉而延至南欧的阿尔卑斯与比利牛斯山脉；向东南经中南半岛与马来半岛而断续延伸至南洋群岛的热带高山；在东部则由秦岭与伏牛山而没入中国东部平原；向北经天山与阿尔泰山向东北伸延至南西伯利亚与远东山地，而古老的天山与阿尔泰显然受到第三纪后期以来的喜马拉雅新构造运动作用而回春隆升。

2. 亚洲大气环流系统的交汇场

青藏高原的动力和热力作用迫使大气环流分支绕行或爬坡，并随季节不同而变动。各种环流系统路经高原时被"加工"、改造、变形、消失或增强。

"青藏高压"是一个强盛的大陆性环流系统。它不仅控制着高原面上的气候与生物过程，并在高原周围辐散形成下沉气流而强烈影响附近地区的气候。研究表明，青藏高原热岛作用的辐散气流甚至可以影响中东与北美的环流与气候（黄荣辉，1988）。

西风急流受高原的障碍而在其西端分流，北支急流是造成新、甘、内蒙古一带形成高压带，而使亚洲荒漠北移和具有温带性质的基本原因。

冬季高原阻止西伯利亚与极地冷气流向南流散，加强和维持亚洲温带荒漠，使草原地带向东南扩展，也使中国东部森林区因冬季寒冷与干旱而被压缩，热带森林界限被迫南移。

印度洋上空的西南季风，为高原以东的中国东南部低纬度地区带来了丰富的夏季降雨，润泽了东亚亚热带与热带森林。

高原的存在增强和维持了太平洋的夏季风。夏季东南季风给中国东部森林地区带来丰沛降雨，并长驱北上可以到达中国东北，而使中国东北与远东的温带针阔叶混交林茂盛发育。

北纬 20°以南的东风急流是南亚热带主要的降雨系统，它的出现与加强也受到青藏高压的影响。太平洋热带气旋——台风的形成与北上也与青藏高原的地形作用有关，更不用说印度洋热带气旋——孟加拉湾风暴了。这些都可引起大雨与暴雨，对该地区森林植被的夏季水分补给有重要意义。

3. 地球上最厚大黄土高原的形成①

黄土高原是高原效应最特殊的生态地理形成物。开始于第三纪末期的上新世，而于更新世加速堆积的黄土高原是与高原的隆起同步形成的。V. A. Obruchev 从十九世纪末期开始就根据中国黄土区解释了黄土的形成。他认为沙和黄土是荒漠草原中的吹飏产物，提出了亚洲中部荒漠同心分布的观点：1）在荒漠的中心，风力最大，风化产生的细粒沙与粉尘全被吹磨而剩下石质荒漠；2）在荒漠边缘，风力稍减，沙被吹飏与堆积而成沙漠，粉尘仍被吹走；3）在荒漠外围，风力减弱，所携带的粉尘与山地相遇或与海洋季风接触而降落堆积形成黄土（Obruchev，1895）。现已明确，蒙古-西伯利亚反气旋是亚洲中部最强大与频繁的荒漠风源系统，也就是亚洲石质戈壁荒漠、沙漠与黄土高原（及其他地区黄土堆积）的形成者。如前所述这一强大的高压系统是由于青藏高原的隆起而形成和加强的。与此同时，由于高原效应而在中国北部广泛发育的干草原植被与干燥气候是维持黄土堆积与成土作用的必要条件（Fedorovich，1958；Kesi，1958）。这些都是高原隆升对黄土高原形成的间接作用。

三、青藏高原的三向植被地带分异

青藏高原是地球上具有最复杂分异的植被地带的地理单元。它含有从永冻状态到热带的热量梯

---

① 张新时，1978，青藏高原与中国植被。中国植物学会 1978 年年会论文。

度,从极端干旱荒漠到极潮湿雨林的湿度梯度,以及从沿海低平原到地球最高峰的垂直梯度,这种只有在整个大陆占 80 个纬度和 80 个经度的亚洲才具有的三向梯度却在不过 12 个纬度和 20 个经度的高原上得到实现。

然而,青藏高原的植被地理意义更在于它对亚洲植被地带性的强烈作用。由于前述高原的地形动力和热力效应,以及对亚洲大气环流系统的改造与生成作用,青藏高原使亚洲的植被地带形成特殊的格局,而其本身正处在旧世界大陆植被的"十字街头"。高原的南侧是濒临印度热带平原的,繁茂的热带山地雨林;其北边都是世界上荒漠性最强的山地——昆仑山,山麓是浩瀚的温带荒漠——作为亚洲大陆干旱核心的塔克拉玛干,荒漠向北扩展几乎达到北纬 48°的最北限;高原的东面,越过层叠的横断山脉直到东海之滨铺展着广阔的东亚亚热带常绿阔叶林地带;通过干热的克什米尔谷地一直向西直到大西洋东岸的西亚-北非大陆是地球上最辽阔的一片亚热带荒漠。可见,青藏高原的四周存在着极端悬殊、对比强烈的植被地带,而高原所造成的亚洲植被地带格局具有如下特点:

(1)欧亚-北非大陆中央有着由西南向东北倾斜的广阔干旱地带,高原的隆起迫使西风急流北撤与蒙古-西伯利亚反气旋中心的形成是导致荒漠地带斜向东北的原因;

(2)干旱地带的边缘是草原或稀树草原地带,草原地带的扩展强烈地向东南方压缩东亚的温带落叶阔叶林地带,使其发育较微弱,趋于旱化;

(3)高原东部的东亚亚热带由于西风带北撤与夏季海洋季风的作用,因而既不是热荒漠,也不是地中海冬雨型的硬叶常绿林与灌丛,而发育着常绿阔叶林植被;

(4)东亚热带的东部由于冬半年蒙古-西伯利亚反气旋干冷气流的南侵而使热带森林界限南移在北回归线以南,而在受到高原屏障作用的西部却使热带森林界限向北延伸,几达北纬 30°。

东亚大陆植被地带的上述"北干南湿"的格局与西欧-北非的"北湿南干"格局之差别实应归因于高原的隆起与存在。

高原植被地理地带的边缘效应还表现在边缘山地植被垂直带系统结构的多样性上,从大尺度来看,这些多样的山地植被系统乃是亚洲大陆各种植被地带的"生态过渡带"。

(1)东喜马拉雅山南坡是热带北缘山地,具有最大的垂直幅度与陡度,其上发育着地球上最复杂多样的植被垂直带系统,起始于山地热带雨林的基带而终于高山草甸带与高山冰雪带(张经炜等,1988)。其下半部具有明显的热带植被性质与区系,上部却具温带高山植被与区系特征,属于旧热带植被向泛北温带植被的过渡。

(2)高原北缘的昆仑山北坡却有着最贫乏单调的荒漠性山地植被垂直带系统结构,其基带的山地荒漠植被向上延展几达亚高山带,经狭窄的亚高山草原带或发育十分微弱(或不存在)的高山嵩草草甸带与垫状植被带而向山地内部过渡为高原高寒荒漠带(崔恒心等,1988)。

(3)高原东侧的横断山系具有东亚西部亚热带常绿阔叶林地带的植被垂直带系统特征。峡谷底部常是干热河谷的旱生多刺灌丛带,山坡中部为针阔叶混交林带或常绿暗针叶林带,顶部为高山灌丛草甸带,逐渐向高原内部过渡(郑度和杨勤业,1985)。

(4)高原西侧为西北喜马拉雅山,具亚热带稀树干草原地带的山地植被垂直带系统,其基带为含金合欢的有刺灌丛草原,向上经蒿类草原,地中海型常绿硬阔叶的栎林带,雪松与五针松的常绿针叶林与云、冷杉的暗针叶林,而至高山草甸带(Ogino et al.,1964)。

高原边缘山地植被无论从植被类型还是区系组成均大大丰富于高原内部,它们不仅是多样生境与生物群落的复杂镶嵌结合,而且是生物的避难所与物种进化的前沿地带。在这些山地植被中不仅保留着古老的区系成分与群落类型,而且随着山地隆升到新的高度而演化形成新的群落类型。由于高山冬季严寒,即使在南缘的高山也不存在热带与赤道高山特有的"烛台状"生活型及其群落(Paramo 与 Puna),但有类似北方山地冻原与阿尔卑斯型高山草甸类型。常绿的高山杜鹃灌丛与垫状植被及大陆性的高山嵩草草甸则是高原山地的典型高山植物群落类型。应当指出,由于在东喜马拉雅内部山地一定地段上特殊优越的热量、辐射与降雨的结合而产生了罕见的极高森林生物生产力,如波密与林芝一带的云杉林,每公顷木材蓄积量可高达 2000 m^3,最大树木胸径达 2.5 m,树高 80 m,单株材积可达 40 m^3(李文华和韩裕丰,1977)。这是在极潮湿与很干旱地带交接处特有的边缘效应。

四、青藏高原植物区系成分的多样性

区系成分的多样性是生态过渡带与边缘效应的基本特征。青藏高原的植物区系含有 5 个基本地理成分:北温带成分、中亚成分、青藏高原成分、中国-喜马拉雅成分与热带成分。因此,基本上是泛北极植物区系与古热带区系的交叉(李恒和武素功,1983;郑度,1985)。这些地理成分的接触与交叉主要是在边缘山地。中亚成分主要是来自地中海与亚洲内陆的旱生种类,构成山地荒漠与草原植被,它们通过高原北方的昆仑山与西部的西北喜马拉雅山而至高原,主要分布在羌塘高原及西部阿里山地较低与气候稍温和干燥的地段。青藏高原成分是羌塘高原面上与藏南河谷山地占优势的高寒草原、高寒荒漠、高寒草甸与垫状植物群落的主要组成者,其分布以高原为中心,也可向北至昆仑山、天山、阿尔泰山。北温带成分是中生性的高山草甸与灌丛的种,它们沿山脉达到藏东高原与喜马拉雅山,与中国-喜马拉雅成分的种相混杂。中国-喜马拉雅成分是高原区系中最丰富的成分,含有大量的木本植物,是藏东南森林与灌丛的优势组成者,并向东分布至中国西南,基本上是在中国温带、亚热带与热带北缘的山地上部的优势成分,往往是分布在低山与平原的中国-日本森林成分的山地代替种(吴征镒,1979)。热带成分是青藏高原南侧喜马拉雅南坡 1000 m 以下的低山热带森林与常绿阔叶林的组成者(郑度,1985)。

高原的特有种十分丰富,约 955 种(Wu et al., 1981),以北温带起源的属占优势,表明在这个热带北缘的高山上进行着剧烈而频繁的北温带物种进化过程(李恒和武素功,1983)。

五、青藏高原对人类古代文明形成的生态地理效应

青藏高原边缘的最主要产物是河流,高原是欧亚大陆上最多产的江河之母。河流的一个极为重要的作用在于它们作为人类古老文明的摇篮。世界五大古代文明的发祥地中有三个,即黄河流域、印度河流域和美索不达米亚(幼发拉底-底格里斯河流域)发生在青藏高原的周围,这绝不是偶然的机遇。著名的生态史学家梅棹忠夫(1967)认为按照世界文明的发展进程可以分为两个地区,即具有高度现代文明的第一地区与具有光辉灿烂古代文明的第二地区。以东北-西南向斜断整个欧亚与北非大陆的巨大干旱地带(荒漠、绿洲与草原地带)是区分这两类地区的生态学构造原因,它的存在对人类文明历史具有开启的作用。梅棹忠夫写道:"古代文明恰如事先约定一般,都以这一干旱地带的正中或者其边缘的热带稀树草原作为建立的基地。不用说尼罗河、美索不达米亚、印度河等河谷,黄河流域以至地中海地区,实质上也是如此。可能与开拓和水利事业的组织有关。"

在人类文明发展的初级阶段,无疑地,生态环境,首先是纬度决定的热量分布,以及由于地球自转而发生的西风带及其所决定的雨量分布在决定人类生活方式及其分布方面具有决定性的作用。干旱地带及其边缘的半干旱地带在人类历史上是首先开化的。这是因为干旱地带中开阔的草原与荒漠为原始畜牧业与农业提供了较方便的条件,在那里只要有水,就有绿洲,加以当地气温较高,就易于实现较高的生产水平,人类就能生存繁衍,文明得以繁荣昌盛。然而,现在的第一地区在当时是中纬度湿润的温带,基本上被原始森林所覆盖,尽管温雨适度,土地肥沃,但在技术水平很低的古代不能成为干旱地带那样的原始农业绿洲和文明发源地,没有产生较高水平的古代文明。

这种在中间是东北-西南向斜跨大陆的古代文明的干旱地带,两端是未开化的湿润森林地带的几何学图形,是高度概括的生态构造模式,它表明古代文明的起源与发展受到自然生态因素的决定性作用,表现出有规律的几何学图式的分布。

青藏高原对于这一生态构造的形成与古人类文明起源的重大作用在于:

(1)高原的隆起与存在所导致的西风带北撤是造成欧亚-北非大陆干旱地带在亚洲向东北偏斜的基本地形与动力原因,对上述生态构造模式的形成有所贡献。

(2)前述由于高原隆起而随之形成的黄土高原具有干旱的草原或稀树草原气候与植被,以及肥厚的土壤,是适合于古人类文明发源的温床。

(3)起源于青藏高原而流经黄土高原的黄河形成干旱地带中水土丰美的河谷平原,产生大量的边缘效应,为古人类提供了丰富的食物资源与庇护所,

是原始人类生存与进化的"满意生态环境",也是中国古文明定型的环境背景(俞孔坚,1990)。

(4)在南亚,形成印度古文明的印度河也发源于高原西部,并流经印巴次大陆西部的干旱地带。

这样,古人类文明的起源,黄土高原的形成,黄河东流,干旱地带的斜伸与青藏高原的隆起,这几桩似乎是彼此孤立的事件,不仅有着时间的共轭性,而且存在着必然的因果联系,而以高原隆起为其共同的和最基本的导因与条件。青藏高原因而登上了历史地理生态学的辉煌舞台,高原在生态地理边缘效应方面的重要功能必将不断得到深入的研究和揭示。

参考文献

李恒,武素功,1983.西藏植物区系区划和喜马拉雅南部植物地区的区系特征.地理学报,38(3):252-261.

李文华,韩裕丰,1977.西藏的森林.中国林业科学,(4):4-10.

吴征镒,1979.论中国植物区系的分区问题.云南植物研究,1(1):1-20.

张经炜,王金亭,陈伟烈,李渤生,等,1988.西藏植被,科学出版社.

郑度,1985.西藏植物区系地理区域分异的探讨.植物学报,25(1):84-93.

郑度,杨勤业,1985.青藏高原东南部山地垂直自然带的几个问题.地理学报,40(1):60-90.

俞孔坚,1990.中国人的理想环境模式及其生态史观.北京林业大学学报,12(1):10-17.

施雅风,1980.喀喇昆仑山巴托拉冰川研究概述.喀喇昆仑山巴托拉冰川考察与研究,科学出版社.

崔恒心,王博,祁贵,张筱淳,1988.中昆仑山北坡及内部山原的植被类型.植物生态学与地植物学学报,12(2):91-103.

黄荣辉,1988.青藏高原对我国及世界气候环境的影响.地球科学信息,(6):25-27.

梅棹忠夫,1967.文明的生态史观(王子今译),上海三联书店.

Fedorovich,B.A.,1958.结合黄土在欧亚大陆的分布条件来探讨黄土成因问题.干燥区和黄土区的地理问题,科学出版社.

Kesi,A.S.,1958.中国黄土的几个问题及其解决途径.干燥区和黄土区的地理问题,科学出版社.

Obruchev,V.A.,1895.中亚细亚的风化和吹磨作用(乐铸译).沙与黄土问题,科学出版社.

Ogino,K.,K. Honda and G. Iwatsubo,1964. Vegetation of the Upper Swat and the East Hindukush. In: Plants of West Pakistan and Afghanistan(ed. by Siro Kitamura),Kyoto University.

Wu Zhengyi,Tang Yancheng,Li Xiwen,Wu Sugong and Li Heng,1981. Dissertations upon the origin,development and regionalization of Xizang flora through the floristic analysis. In: Geological and Ecological Studies of Qinghai-Xizang Plateau,2,Science Press,1219-1244.

On the Marginal Effect in Ecogeography of the Qinghai-Xizang Plateau

Chang Hsin-shih

(Institute of Botany,Chinese Academy of Sciences,Beijing　100044)

Abstract　The uplift and existence of the Qinghai-Xizang Plateau have caused various marginal effects on ecogeography,which play an extremely significant and obvious role in enriching the vegetation zonation and its ecogeographic conditions on the Asian Continent. The most important marginal ecogeographic effects of the plateau are: forming geomorphologic and geologic structure of the plateau and mountain systems by the complicated plate tectonics; developing and rebuilding the special atmospheric circulation systems,various climatic types and extreme climatic gradients on and around the plateau; being the source of the great mass of rivers running out from the plateau and the world's greatest mountain glacier mass at the middle and low latitudes; causing the accumulating of the most massive loess plateau on the earth,etc. Under the significant role of the plateau,the vegetation zonation of the Eastern Asian Continent has presented a special distribution pattern. Its particular features manifest mainly at the broadest arid zone obliques northeastwards through the Eurasia-North African Continent. The general pattern of the vegetation zonation in the Eastern Asian Continent is the "moist(forest) in the south and dry(desert & steppe) in the north". The most abundant and variant mountain vegetation vertical belt systems are also existence around the periphery of the plateau. The plateau played also an important role on the formation of some ancient human cultures.

第56章
考察在阿里北部高原[*]

张新时
（新疆八一农学院）

阿里位于西藏高原的西端,处在世界上最高大的两个山系(昆仑山与喜马拉雅山)的西段群山夹峙之间,喀喇昆仑山余脉与冈底斯山则横贯在它的偏南部分。阿里的北部地区是羌塘高原的西北部分,也是号称为"世界屋脊"的青藏高原中最为高寒的区域。阿里北部高原谷地的海拔即在 4600~5000 米及以上,那些著名山系,海拔虽然一般超过 5000 米,但在高原上看来,它们只不过是一些中等高度或低矮的山丘。自古以来绝大部分没有人烟,千万年来只有浩渺而湛蓝的高原湖泊与雪山相辉映,只有成群的野牛和长角的羚羊出没其间。

"阿里",藏语就是"领土"之意。在我国古代史籍和民间传说中就有许多关于这一地区的神话和记载。《山海经》与《淮南子》称昆仑山中有"县圃",是与天相通的地方;又有"增城九重",其高一万一千余里,是众神的居所。诗人屈原也在他著名的诗篇《离骚》中想象他乘着太阳神的骏马飞车游昆仑。这些古老的神话和诗歌,抒发了我国古代人民对于这块高地的无限热爱。

"横空出世,莽昆仑,阅尽人间春色。"1950 年新疆解放后,人民解放军遵照党中央和毛主席的命令,组成了一支英雄的先遣连,由新疆于田翻越昆仑山的吉里雅山口,横穿阿里北部高原,历尽千辛万苦,将红旗插到阿里,使毛泽东思想的灿烂阳光普照千里高原。随后又建起新藏公路,它就像金色的飘带系在高原的群山与谷地中,使阿里与我国内地更紧密地连接起来。随着高原的开发与建设,科学工作者也先后到阿里进行考察和研究。一九七六年又深入阿里北部高原,进行了地质、地貌、地热、土壤、植物、草场和动物等多学科的综合考察,行程达两千余千米,历时约两个月。

宁静的湖泊

阿里北部高原是一系列大致平行的,由西向东伸展的开阔湖盆连贯形成的宽坦谷地,宽谷之间隆起昆仑山、喀喇昆仑山余脉和冈底斯的绵延山岭。整个高原由东南向西北抬高。北部的宽谷海拔高度在 5000 米以上,宽度在 20~40 千米不等。考察队的汽车从阿里首府狮泉河出发,沿新藏公路北行,经日土县进入北部高原的湖区。它一会儿沿着宽谷行驶在山麓的洪积扇上,一会儿穿越干涸的古湖盆的底部,沉睡万年的荒野上响彻着汽车隆隆的轰鸣声,旷古的土地上印下了深深的车辙;车过后,羚羊、野驴惊回首,鼠兔奔走相告。

在宽谷中隔数千米或数十千米,就有一个湛蓝的湖泊静静地镶嵌在群山之中。这些美丽而宁静的湖好像是高原澄澈而清亮的眼睛,仰望着碧云浮空,映照着群山草原。在阿里北部高原上,这些星罗棋布的湖泊,较大的有五六十个之多。它们都有一条或数条小河作为径流补给的来源。小河源自两侧的雪山,或发自山麓的涌泉。因此一路上潺潺流水颇不少。这里虽然没有波涛汹涌的常年大河,但从宽

* 本文发表在《地理知识》,1978。

谷底部的宽阔河床和深厚的新鲜冲积物看，在融雪后也会出现短暂的滔滔洪水。

行程的第三天，考察小分队来到了北部高原的腹地，露宿在位于邦达（原称雅协）错（即湖）畔的拉竹龙。邦达错海拔 5000 余米，湖面浩荡，面积有一百一十多平方千米。停立在湖西岸向东眺望，只见水色碧蓝，远山黛紫，低丘赤褐，草原金黄，湖滨镶银，构成一幅绚丽耀目的色谱。

考察发现，在宽谷底部延展着宽达十余千米的、平坦而开阔的古湖相沉积平原，表明现代湖盆中的一系列湖泊过去曾经连成一片，或是几个大湖，后因气候变干，水源减少，湖面退缩，分隔成许多小湖群。在这些现代湖泊的岸边直至山麓出现像露天体育场梯级看台那样的一圈圈同心圆形的古湖岸线，最多的可达二十多圈，每圈高度相差数米至十几米不等。最高古湖岸线可出现在湖面约 200 米。这些梯级的古湖岸线像图表一样清晰地记录着高原湖的每一次变动和相对稳定的阶段，展示着变迁的历史和规模。同时也说明了这些湖泊在近期发生了明显的退缩，证明近代有过一个相对的干旱期。

北部高原的湖泊都没有出口，湖水在高原强烈的太阳辐射下大量蒸发，形成高原的内陆水分循环，在一定程度上调节着高原的气候。湖水的蒸发超过收入，使湖泊退缩，其中含盐的湖水浓缩，形成了丰富的盐类矿产，湖滨常积有银白色的厚层盐壳，含有多种盐类、芒硝和硼砂等有用的化工原料，具有工业开发的价值。这些宁静的湖泊，将在社会主义建设中焕发青春，做出贡献。

"土中水库"——多年冻土层和地表融冻现象

阿里北部高原的气候是十分严酷的，但不像"干旱核心论"所渲染的那样干旱。这里的年降水量虽不及 100 毫米，但由于气温低，土壤并不显得十分干燥。在六至八月的暖季期间，从阿拉伯海涌来的西南风湿气流，时而在这里洒下一阵阵的冰雹和雪霰。1—2 月的降雪也不少。当我们在 8 月中旬来到北部高原时，正是这里最温暖的黄金季节，又值雨后初晴，碧空如洗，在灿烂的阳光下，即使在海拔 5300 米的高山上也感到暖烘烘的，穿着高山鸭绒服登山时往往汗湿衣衫。但当夜晚宿营时，寒气顿时袭来，土层随之冻结。清晨在小溪和水潭上面都结起厚达 2 厘米的冰壳，帐篷上也冻起一层厚厚的白霜。考察队员们破冰洗漱、做饭，感到冷彻骨髓。昼夜的温度变化十分剧烈，从夜间零下几度到白天下午气温可高于零上十余度，温差约可达二十度。

考察发现，在北部高原宽谷的土层中普遍存在多年冻结层。这层冻土在最暖的季节也不会完全融化，形成隔水层，通常埋藏在地下 80～100 厘米深处，越接近多年冻土层的土壤就越加湿润。在生长季节，多年冻土层正像是一个巨大的"土中水库"，把水分源源不断地供给在其上扎根生长的植物。

由于暖季与寒季的交替，强烈的昼夜温差和冻土层的存在，在阿里北部高原的地面上便呈现一系列奇特的现象。这就是由寒冻风化和融冻作用形成的各种冰缘地貌形态，如石环、泥流、冰丘与冰陷穴等。美妙的石环是在地面上由石块排列而成的多角形的网格，好像是能工巧匠镶砌的精美图案。这是由于长期融冻作用对地表组成物分选的结果：粗的石砾被挤到边缘形成环边，细粒物质集在中央。泥流现象产生在高山斜坡上，也是由于融冻作用的分选，形成一条条细土的和砾石的细带，顺坡排列。有意思的是，在阿里北部高原，既有热带高山地区昼夜融冻作用下所形成的直径 20 厘米左右的精巧的小石环，也有寒带极地边缘所具有的巨型石环，直径可达 5～10 米。这表明，北部高原既存在类似于热带高山区悬殊的昼夜温差条件，又具有寒带明显的年温差的气候特点。冰丘由于土中的水分冻结膨胀而在地表鼓起成丘，高度可达 40～50 厘米；暖季时土中冰块消融，地面下陷成为漏斗状的圆坑——冰陷穴。

这些现象对于植物的生长，以及在冻土层地带的工程施工都有特殊的影响。阿里北部高原为研究所有这些现象提供了完备的样品类型，真是大自然的一个奇特的实验室。而且，这些特殊的地表形态都是在土壤水分较充足的高山和极地冰原地带，以及冻土层地带所特有的；从而表明，阿里北部高原的土壤水分并不十分缺乏。

植物的"小人国"

在北部高原的生物考察获得了相当丰富的成

果。仅在羌塘高原的这个最高寒和干旱的西北角，采集到的植物种类即达 100 余种，远远超过了外国人认为整个羌塘地区植物种类只有 53 种的说法。

北部高原的植物以菊科、豆科与十字花科的种类最多；藜科与莎草科的种类虽不多，却在植被的组成中占优势。其中最为丰富多彩的是菊科风毛菊属植物，多达 8 种，其中有几种统称为"雪莲"，它在海拔 5300 米以上的高山碎石坡上连片成群，形成了雪莲的园圃，即使在西藏其他的高山区也不太多，在这里却俯拾即是。雪莲是治疗关节炎和一些妇科疾病的良效草药。十字花科的巴蕾芥和葶苈是分布最高的植物，几乎上达海拔 6000 米，它们的植株十分矮小，却结出相当硕大的奇特角果。有着美丽的、毛茸茸的羽状小叶的阿里黄芪则生出膨大的紫红色泡状荚果。

硬叶薹草是阿里北部高原最普遍的植物，它具有硬而尖的挺拔叶片，叶色绿中带黄，形成漫山金色的植被。这种植物强盛的生命力来自它发达的根系。它的直根深入土中达一米半，支根又在土中水平伸展达 2 米以上，交织成网。薹草的叶片对于绵羊虽嫌过硬，但对牦牛是适口的草料，也是养育高原众多野生动物的主要食料。

北部高原的植物十分矮小，几乎没有植株超过 20 厘米高的植物，且多数呈垫状，或匍匐在地上生长；真是植物界中的"小人国"，但又是世界上分布的最高的植被之一。这些侏儒型的植物是适应高原上特殊气候而形成的。由于高山和草原的严寒、干旱、大风，以及含有大量紫外线的太阳辐射，植物的高生长受到强烈抑制，它们的茎伏地伸展或极度缩短，由基部大量分枝形成平贴于地表的或半球形的座垫。垫内枝叶密实，它的优越性在于使植物较少受到寒冻、过度水分消耗和强风的伤害。但它们的根系在土中却发育得相当强大，以尽量吸收水分和养料。如垫状匍匐水柏枝是这里唯一的木本植物，它高出地表不过 1 厘米，枝叶平展可达 2 米，它的茎干在地表以下的土层中发展，深达 30～40 厘米。

垫状优若藜尤其适应高寒条件，可说是干寒山原的植物代表。它形成一个小圆帽状的座垫，高度不过 10 厘米，寿命却在百年以上，它既能在含盐的、有常年冻土层的古湖盆底部形成广袤的植被，又能出现在干旱的高山碎石质斜坡上。它的近亲种——高大的优若藜在阿里南部山地和新疆的荒漠中广泛分布，表明垫状优若藜是在高原隆起时适应形成的年轻的种。

高原和高山上许多种植物的叶子被茸毛所覆盖。如有一种高山的小雪莲，叶子两面密覆灰白色的棉毛，好像穿上了一件厚厚的白绒衣。有的植物如红景天，具有肉质的多汁的叶子；许多植物的叶子覆盖着发达的角质层；这些都是对高山低温和干旱条件的适应。最有趣的是另一种美丽的雪莲花，它只在风和日丽的午间开放，有一层淡紫红色的苞片将它娇嫩的花包合起来，就像一枚绿中带红的仙桃长在枝顶。除了雪莲以外，北部高原上还有扁芒菊、高山紫菀、棘豆等特殊的药用植物。

在海拔 5200 多米的一个山谷中，考察队员意外地发现了一片绿洲，这是一个温泉区，在温热的水中和泉边生长着一些只有在低处才有的喜暖植物。显然，它们是高原隆起到现在高度以前的植物的残遗，只是依靠温泉的保护才留存至今。

世界屋脊上的天然动物园

由于自古以来人迹罕见，草原辽阔，湖泊众多，阿里北部高原自然成为高原的动物乐园。考察分队在这里观察和猎获到许多高原特殊的兽类、鸟类和鱼类。

高原北部的湖盆是珍贵的藏羚的王国。我们在宽谷中随时可以遇到十余只一群、三两只一伙的藏羚，零星的雄藏羚更是常见。它们不知畏人，从容不迫地在汽车旁走过，随汽车奔驰。藏羚俗称长角羊，雄羚的角长达六七十厘米，色乌黑，微弯而锐尖，有节状脊棱。大的藏羚体重可达 100 多斤，它的鼻孔宽阔，心脏庞大如牛心，吼声亦如牛嗥。奇怪的是在它的两个后腿腋间皮下各有一个直径约 2 厘米的圆孔，孔边还有一个皮盖，据说当它奔驰起来便由这个孔使后腿皮下充气如皮囊，使它轻捷如飞，无怪藏羚成为高原上最善跑的动物。它的毛色棕褐，细绒厚密，是有价值的毛料和出口商品。

高原上还有短角白臀的藏原羚（俗称黄羊）、头角硕大的盘羊、善于登岩越岭的青羊。北部高原的拉竹龙（地名）又名"壮藏"，意为"多野牦牛之地"，冬季时野牦牛聚到湖滨平坝，数百头成群；夏季则到雪线附近交配生息。野牦牛体型庞大，长毛拖地，额上皮厚达三四厘米。公牛体重可达两千余斤，相当于四只家牦牛,极为威武有力。

高原南部宽谷则是野驴的世界。十多只一群的野驴到处游荡在银芒飘拂的广阔针茅草原上,它们排列成整齐的一字队形,头部高昂,姿态优美地和我们的汽车并列驰骋,时速在六十千米以上,持续能达一小时之久,最后往往从车头前面横越而过。

此外,雪山上有雪豹和棕熊出没。藏狐、狼和灰尾兔也常可见到。还有一种既像鼠又类兔的高原鼠兔在草原上掘穴而居。南部的湖面上更有成千上万的斑头雁、秋沙鸭和赤麻鸭在翱翔、嬉水,十分热闹。湖滨则有一种珍奇的黑颈鹤迈动长腿优雅地踱步觅食。

界屋脊"。在隆起的过程中,高原上的植被经历了从热带森林—针叶林—森林草原—草原—高寒荒漠的演替和变迁。那些火山喷发的安山岩和表明岩浆活动的碳酸质温泉则标志着高原上活跃的岩浆活动。在北部高原外侧的昆仑山曾于 1950 年发生过一次火山喷发,是我国最新的活火山记录。

对高原冰川考察证明,"冰盖论"所宣称的高原冰帽可谓虚构。除了在海拔 5900 米以上的高山存在现代的山谷冰川外,只发现了若干规模不大的古山麓冰川或山谷冰川的遗迹,即使在这青藏高原最为高寒的区域,也不存在被古冰川全面覆盖的迹象。

碧海巉岩话沧桑

白天,活动在海拔 5000 米以上的高山上,考察队员都有不同程度的高山反应,但大家都怀着一个共同的信念,为祖国争光,为开发阿里高原做出贡献。考察土壤的同志气喘吁吁地在高山上挥锹挖土壤剖面坑,掘开石砾,直达坚硬的冻土层;采集植物的同志不顾高山凛冽的强风仔细地搜寻和记载着各种细小的植物;研究地质的同志哪里山高石硬就往哪里攀登,他们经常在高山上徒步几十千米,肩负沉重的岩石和化石标本回来……

阿里北部高原的大自然也毫不吝惜地向辛勤的考察队员们献出自己的秘密。在宽谷中放眼望去,只见两侧的巉岩山地在清澄的碧空下呈现出斑斓的色彩:褐红色的砂砾岩、棕黄色的灰岩和花岗岩、青色的板岩、棕褐色的安山岩……扭曲卷折,层理垒叠,又在漫长岁月风雨侵袭和日灼寒冻的作用下镌刻成高耸深切、光怪陆离的奇特形态,或嶙峋如石林,或森严如古堡,或陡立如猛兽,衬托在晶莹的雪山和蓝天白云下,山原壮丽,不可言状。而在考察队员看来,它们却是一本无比硕大的书卷和画册,是大自然的编年史,记录着高原的万代春秋和沧桑巨变。

考察队员从岩石中敲出不少古生代海相化石:珊瑚、海百合、苔藓虫、层孔虫、蜓科和腕足类贝壳等;还普遍发现中生代的沉积岩,表明这块世界最高的高原昔时曾经长期深深淹没在万顷碧波的大海底下,在中生代以后才从大海中升起,成为丘陵起伏的、多湖泊的陆地。到第四纪以后又隆起成为"世

大寨蓓蕾上九重

考察队调查了阿里北部高原的农牧业生产情况,表明大寨之花在这有史以来从未进行过农业垦殖的高寒山原上正含苞待放。在喀喇昆仑山南麓的高原湖盆边上,有着日土县松溪公社与东汝公社的一个农业点,种植着四百多亩青稞田,位于海拔 4900 余米高处,是迄今所知最高的农业种植上限,这里全年没有无霜期,试种青稞已两年。附近多玛公社的青稞田则处在海拔 4780 米的地方,已是第十年播种。种植的头三年没有收成,但藏族牧民毫不气馁,他们总结经验,加强了灌水与施肥,掌握播种时机,第四年就收回了种子,以后产量逐年提高,最好的年份每亩产量达 320 多斤,该牧业公社现已达粮食自给,创造了北部高原的一个奇迹。

高原南部的农牧业生产条件较好些。公社的畜群已深入过去的"无人区"去,利用那里丰美而广阔的草场资源。牧业学大寨的基本建设——"草库仑"也已开始在北部高原上兴建起来。扎甫公社在高原湖盆上平整土地、修筑渠道、建设条田,现已建立了近千亩基本农田,为民主改革前耕地的四倍多。稳产基本农田的建立,必将为高原牧业的发展打下巩固的基础和提供优良的条件。我们在千里高原上时常可以见到国家支援高原人民公社的成批崭新的胶轮大车、拖拉机、水泵等各种农机具,大量的化肥和多样的生活用品,拖拉机的轰鸣声也即将唤醒高原沉睡万年的土地。高原大寨之花必将在九重之上遍结丰收之果,社会主义的阿里北部高原前程灿烂似锦。

当我们穿越群山回到碧波粼粼的班公湖畔,漫山遍野的阿加菊盛开着金黄色的花朵喷吐馨香。这种野花虽然不如喜马拉雅的杜鹃花那么娇艳多彩,也不像藏南的报春花和龙胆花那样绚丽夺目,但在百草凋零的秋日原野上却显得格外烂漫;它象征着阿里高原的刚劲和壮丽,也使远征归来的考察队员增添"战地黄花分外香"的胜利豪情。

第57章

Multivariate Analysis of Plant Communities and Environmental Factors in Ngari, Tibet[*]

D.H.S.Chang and H.G.Gauch, Jr.

Section of Ecology and Systematics, Cornell University, Ithaca, New York 14853, USA

Abstract   Ngari is the driest, coldest, and highest region on the Tibetan Plateau. During the 1976 Interdisciplinary Scientific Expedition of the Chinese Academy of Sciences to the Qinghai-Xizang(Tibetan)Plateau there was a rare opportunity to study this area. Sampling of 163 sites was done, recording abundances of 241 vascular plant species, along with basic environmental information. The purposes of this study were(1)to analyze these data statistically despite their complexity and limitations, and(2)to produce a quantitative description of the vegetation of Ngari and of its relationship to environmental factors. The principal analysis of these data involved two steps: first the vegetation matrix was summarized in two vectors of ordination scores produced by detrended correspondence analysis(DCA), and then these scores were related to environmental and geographical parameters by multiple regression analysis. This analysis successfully handled the extreme diversity of plant communities, from low montane warm desert to high mountain periglacial communities, and from intrazonal saline meadow and bog to zonal montane desert and steppe. The plant community pattern in Ngari is largely determined by thermal and moisture gradients, as determined by geographical position and soil conditions.

Key words   climatic factors; correlation; detrended correspondence analysis; direct gradient analysis; multiple regression; multivariate analysis; Ngari; ordination; plant community types; reciprocal averaging; Tibetan Plateau.

---

* 本文发表在 *Ecology*, 1986, 67(6): 1568-1575。

ronmental factors and geographical parameters.

Introduction

Ngari is the driest, coldest, and highest region on the Tibetan Plateau, and has been called the "arid core" of the Asiatic Plateau (Troll 1972). It is also the least studied and understood Tibetan region. Gradient and correlation analyses relating its unique plant communities to the unusual combination of extreme ecological conditions are of inherent interest. Temperature, moisture, and available nutrients are often near the limits for survival of plants. Consequently, plant populations are extremely sensitive to and strongly fluctuate with small changes in environmental factors. The implied close relationship between environment and plant communities is advantageous for this study. The purposes of this analysis involve quantifying Ngari vegetation and testing the multivariate methodology required to correlate community variation with significant envi-

Study Area

The geographical position of the Ngari region is between 30° and 35.5° N and from 78.3° to 86° E (Fig.57-1). The area is ~ 350 000 km². Apart from mountains on the north and west, the central and eastern Ngari is the western part of the Qiangtang Plateau. Its average elevation is 5000 m in the south and 5200 m in the north. The Gangdise Mountains extend across the mid-southern part of Ngari and separate the high mountain, valley, and lake basin parts of western and southern Ngari from the plateau. The average elevation of these valleys and lake basins is 3900 m in the south and 4300 m in the north. The lowest point in Ngari is 2900 m in the southwestern corner of the region, the gorge of the Xiangquanhe River.

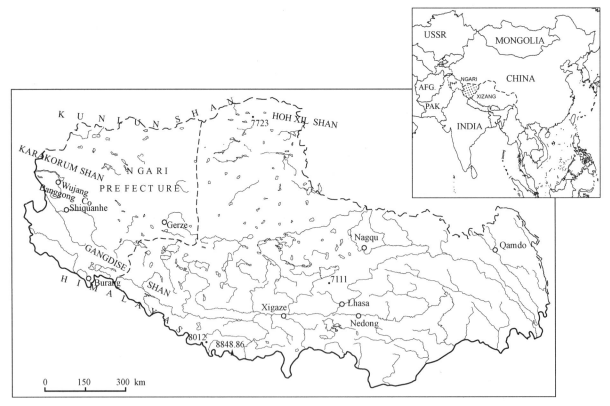

Fig.57-1 Geographic position of Ngari prefecture in Xizang, China

The three principal geographical gradients of Ngari are:(a) latitudinal extent of 600 km or 5.5° latitude; (b) longitudinal extent of 720 km or 7.7° longitude; and(c) altitudinal range of 4100+ m (from 2900 to 7000+ m).

Climate

Ngari is characterized by an extremely continental plateau climate. The annual precipitation (P) of Tibet decreases from east to west and from south to north. Ngari is situated at the driest end of both gradients. Precipitation on the Qiangtang Plateau to the east is 180 mm at Gerze. It decreases to ~50 mm at the western boundary of Ngari in the Bangong Lake Basin, but increases towards the west to 115 mm at Leh, Ladakh. At Pulan, in the inner valley of the Western Himalaya, P is 172 mm. It sharply decreases towards the north: 88 mm in the mid-south (Shiquanhe), 54 mm in the mid-north (Shanhe), and, finally, only 21 mm in the inner Kunlun Mountains (Tianshuihai). The regression equation for P on elevation (H), latitude (L), and longitude (G) in Ngari (Chang 1985) is:

$$P = -210.6 + 0.05475H - 35.065L + 15.111G$$
$$(r^2 = 0.993)(n = 11)$$

From the above equation, the vertical precipitation gradient is $\approx$ +5.5 mm / 100 m altitude, the latitudinal gradient is −35 mm/degree of latitude, and the longitudinal one is +15 mm/degree of longitude.

Due to the high elevation of Ngari, its annual mean temperature (T) is quite low: 3℃ to the south, −0.1° in the central part, and as low as −10° to the north. The regression equation for T (Chang 1985) is:

$$T = 33.7 - 0.00676H - 0.7535L + 0.2372G$$
$$(r^2 = 0.985)(n = 11)$$

T is determined mostly by elevation. The lapse rate of T on elevation in Ngari is −0.68°/100 m, −0.75°/degree of latitude, and +0.24°/degree of longitude.

It is evident that P and T are strongly related to elevation, latitude, and longitude in Ngari. This provides a strong basis for gradient analysis of plant communities and species. The site parameters (H, L, and G) can also be transformed to climatic indexes (P, T, etc.) for use in ordination and classification of the plant species and communities. The climatic indexes give the simplest and cleanest environmental interpretation for modelling the distribution of the plant communities and species.

Floristic features and vegetation types

There are ~60 families, 200+ genera, and 450+ species of seed plants in Ngari (D. H. S. Chang, J. −t. Wang, and B. −s. Li, *personal observations* and S. −w. Liu, J. −t. Pan, and H. −z. Zhang, *personal communication*). Plant families containing 20 or more species are Compositae (54 species), Gramineae (37 species), Leguminosae (22 species), Cruciferae (22 species), Cyperaceae (20 species), Caryophyllaceae (20 species), and Chenopodiaceae (20 species). This floristic composition is similar to the Central Asiatic Desert (Grubov 1963). We collected 242 species in Ngari, and they include most of the dominant and significant companion species. The specimens are deposited in the Section of Ecology and Geobotany, Institute of Botanical Research, Chinese Academy of Sciences, Beijing, China.

The distribution of vegetation zones in Ngari has a prominent three-dimensional zonality. The latitudinal vegetation zonation is related to the decreasing gradient of precipitation and temperature towards the north and presents the following vegetation zones: xeric shrubland and desert steppe in southern mountains; on the Qiangtang Plateau, the subhigh-cold steppe of *Stipa purpurea* in the southern part and the high-cold steppe of *Carex moorcroftii* and *Stipa purpurea* in the northern part; and high-cold desert dominated by cushion-like *Ceratoides compacta* communities interspersed with high-cold steppe of *Carex moorcroftii*. The longitudinal vegetation zonation, related to the gradient of decreasing precipitation from the east to the west, presents the following zones: subhigh-cold steppe of *Stipa purpurea* in the western Qiangtang Plateau; temperate montane desert of *Ceratoides latens* and *Ajania fruticulosa* in the western mountain region of Ngari; and Kashmiri warm-temperate montane steppe desert of *Artemisia maritima* and *Scrozonera divaricata* in the southwestern corner of Ngari (Chang 1985).

Sampling Methods

Plant community data used for the analysis were obtained during May−September of 1976 by the Interdisciplinary Scientific Survey Expedition on the Qinghai-Xizang(Tibetan)Plateau,Chinese Academy of Sciences. Because of limited time and manpower, difficult travel, and severe living conditions, sampling for plant communities could be done only along several previously determined observation routes and at subjectively determined "typical" or "representative" points. There were 163 formal plant community samples and some supplemental samples. That is certainly not enough sampling for such an extensive area as Ngari. However,there were repeated selections of samples in the same type, and the samples were placed within a wide variety of topographic and hydrological conditions. Therefore,the selection and placement of samples(n = 163) were suitable for gradient analysis and hierarchical classification.

Quadrat size of the samples was 10×10 or 5×20 m in desert and shrubland vegetation and 1×1 or 2×1 m in steppe and meadow vegetation.Certain environmental conditions, species coverage percentage and abundance,community structure and height of layers, and phenological phases were recorded for each sample.The plant community type was primarily determined in the field by the dominant plants.

Environmental factors measured or noted included:altitude(H), latitude(L), longitude(G), annual mean temperature(T), the warmest monthly mean temperature(WMT), coldest monthly mean temperature (CMT), annual mean precipitation(P), Thornthwaite's moisture index(IM) and thermal efficiency(TE,Thornthwaite and Mather 1955), Kira's moisture index (K) and coldness index (CI, Kira 1976), and Holdridge's potential evapotranspiration rate(PER)and biotemperature(BT,Holdridge 1967).

Climatological data could not be obtained directly for each community sample.They were recorded at only seven Ngari stations and four additional stations in nearby Ladakh(Table 57−1).Climatic factors were correlated with the geographical site parameters(latitude, longitude,and altitude)for all the weather stations.Multiple regressions of individual climatic factors onto the site factors were calculated to estimate climatic indexes for each sample in Ngari, thus providing climatic and geographical interpretation of the distribution of plant community types.

Table 57−1　Description of climatological stations in Ngari,Tibet and Kashmir

Station	Lat.N	Long.E	Elevation (m)	Recording years	Annual P(mm)	Annual mean T(℃)
Pulan	30°17′	81°15′	3900	73~80	171.8	3.1
Shiquanhe	32°30′	80°05′	4278	71~80	87.8	−0.1
Shanhe	33°38′	79°53′	4267	65~70	53.8	…
Gerze	32°09′	84°25′	4415	73~79	180.3	−0.1
Wusangaodi	34°43′	79°18′	5278	65~70	51.0	−9.8
Tianwendian	35°18′	78°16′	5500	65~70	42.8	−10.9
Tianshuihai	35°21′	79°33′	4900	65~70	20.6	−8.2
Leh[*]	34°09′	77°34′	3514	31~60	115.0	5.5
Kargil[†]	34°30′	76°05′	2680	…	240.0	9.1
Skardu[†]	35°15′	75°35′	2288	…	160.0	11.3
Gilgit[†]	35°55′	74°18′	1490	…	132.0	16.4

注：* Rao 1981. † Ogino et al.1964;recording years are not stated in this publication.

Statistical Methods

Multivariate analysis of community data and of environmental factors of Ngari in this paper included the following steps:

A) Ordination of plant community data by multivariate analysis: detrended correspondence analyses (DCA), reciprocal averaging(RA), and additive main effects and multiplicative interaction (AMMI, also named the "biplot" analysis);

B) Correlation analysis and multiple regression of environmental factors;

C) Correlation analysis and multiple regression of community ordination axes(DCA)on dominant environmental factors.

The community data consist of species abundances, community types, and environmental factors. In order to assure the objectivity of the gradient analysis, only the species abundance data were used for ordination(Gauch 1977,1982,Hill 1979a,b).RA and DCA provided effective results, but principal components analysis (PCA) and AMMI(H.G.Gauch, *personal observation*)were also compared.The effectiveness of the analyses was judged by four criteria:(1)ecological interpretability;(2)effective spreading out of the points, in contrast to all the points in a clump except for a few outliers;(3)avoidance of the arch distortion;and(4)effectively revealing minor community gradients(Hill and Gauch 1980).As described later, the DCA ordination met all four criteria of effectiveness almost perfectly.It offered two significant ordination axes (gradients) for communities and species that could be used subsequently for correlation analysis with environmental factors.

The next step, after ordination and classification of the plant community data, was to seek environmental interpretation.There were four categories of abiotic environmental factors for the plant communities: climatic factors (monthly mean temperature, accumulated temperature, monthly mean precipitation, relative humidity, solar radiation, wind velocity, potential evapotranspiration, aridity), soil factors (soil texture, organic matter, pH), topographical factors (slope, orientation, slope form, and position), and geographical site factors (latitude, longitude, and elevation).

Correlation analysis was used to provide an initial, preliminary understanding regarding which environmental factors are dominant in determining the distributions of communities and species.Then, multiple or stepwise regression was used to obtain regression equations for quantitative correlations between the DCA axes and dominant environmental factors.By incorporating the geographical site parameters of samples into these multiple regression equations, quantitative environmental interpretation of samples or species is possible.A pattern or model for the community types and species distributions could be objectively established by plotting samples or species in the DCA ordination.

Results and Discussion

DCA ordination

DCA was clearly indicated as the method of choice, in comparison to RA ordination(Chang 1985), PCA, and biplot or AMMI ordination.DCA produced an excellent ordination for the Ngari data, successfully handling the extreme diversity of plant communities, from low montane warm desert to high mountain periglacial communities, and from saline meadow and bog to montane desert and steppe. The gradients encountered here appear to be longer(10 and 6.5 half-changes) than those of any previously published field data ordination, so these results extend the established capability of DCA (Hill and Gauch 1980, Gauch 1982).(A half-change, as defined in Gauch [1982], is a 50% change in species abundances.)

The first two axes of DCA ordination have significant ecological meaning(Fig.57-2).Its first axis(AX 1)is an elevation (high-to-low) gradient.It presents an ecological series from high-altitude, cold-resistant, alpine plant communities, through subalpine and middle montane to low montane warm plant communities(see also Table 57-2).

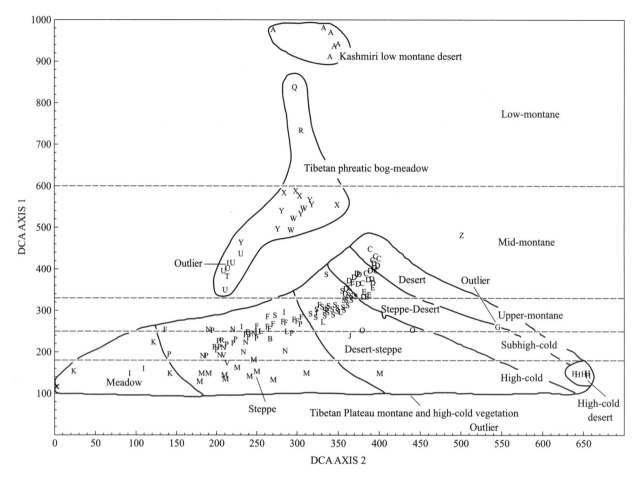

Fig.57-2　DCA ordination of Ngari vegetation.Axis 1 is interpreted as an altitudinal gradient from low-montane to high-cold.
The outliers are samples with low similarity to all other samples.The 26 plant community symbols are defined in Table 57-2

Table 57-2　Dominance-types of plant communities in Ngari,Tibet(from D.H.S.Chang,J.-t.Wang,
and B.-s.Li,personal observations)

A-Kashmiri warm desert and steppe-desert dominated by *Artemisia maritima*,*Ephedra intermedia*

B-Pioneer desert community of *Bassia dasyphylla*

C-Montane suffrutescent desert of *Ceratoides latens*

D-Montane suffrutescent-grass steppe-desert of *Ceratoides latens*,*Caragana versicolor*,and either *Stipa glareosa* or *Stipa subsessiliflora*
var.*basiplumosa*

E-Montane suffrutescent-grass steppe-desert of *Ajania fruticulosa* and *Stipa glareosa*

F-Montane steppe-shrubland of *Caragana versicolor*

G-Montane desert-shrubland of *Caragana gerardiana*

H-High-cold cushionlike desert of *Ceratoides compacta*

I-High-cold cushionlike plant communities of:*Arenaria monticola*,or *A.musciformis*,or *Thylacospermum caespitosum*

J-Periglacial plant communities

K-High-cold meadow of *Kobresia pygmaea*

L-Montane desert steppe of *Artemisia wellbyi*

M-High-cold steppe or desert-steppe of *Carex moorcroftii*

N-Subhigh-cold steppe of *Stipa purpurea* and *Carex moorcroftii*

O-Montane desert-steppe of *Orinus thoroldii*

P-Subhigh-cold steppe of *Stipa purpurea*

Q-Saline meadow of *Phragmites communis*

R-Valley shrubland of *Hippophae rhamnoides*

S-Montane or subhigh-cold grass desert-steppe dominated by *Stipa glareosa*

T-Fluvial meadow of *Trikeraia hookeri*

U-Fluvial meadow of *Aneurolepidium dasystachys*

V-Fluvial meadow of *Carex moorcroftii* and *Aneurolepidium dasystachys*

W-Bog-meadow of *Kobresia royleana*

X-Bog-meadow of *Kobresia pamiraalaica*

Y-Bog-meadow dominated by *Blysmus sinocompressus* and *Carex* spp.

Z-Saline meadow of *Suaeda corniculata* var.*olufsenii* or *Polygonum sibiricum* var.*thompsonii*

Generally speaking, the plant communities with AX 1 scores < 180 units belong to the alpine or high-cold layer, with elevations > 5100 m. The scores of AX 1 between 180 and 250 are subalpine or subhigh-cold plant communities, with elevations of 4530 ~ 5200 m. AX 1 scores between 250 and 600 are upper and middle montane plant communities, and between 600 and 900 are low montane. The Kashmiri low montane warm-temperate plant communities are located between AX 1 900 and 980, with elevations < 3550 m. Usually a given plant community type occurs at higher elevation on the mountains at lower latitudes.

The second ordination axis of DCA(AX 2) reflects a moisture gradient. The ordination of samples along this gradient goes from the meadow type at the low end, passes through a series of transitional steppe and desert types, then reaches to the high-cold desert type at the high end. The ordination scores of alpine meadow are approximately 20 ~ 110, meadow-steppe 120 ~ 180, steppe 180 ~ 270, desert-steppe 270 ~ 380, steppe-desert 330 ~ 390, desert 350 ~ 400, and high-cold desert > 640. The overlapping sections between adjacent types are due to the interacting effects of thermal conditions and altitude. The same score on AX 2 for lower altitudes or warmer sites may indicate drier plant community types there.

The analysis of DCA AX 2 shows that the edaphic or soil characteristics are the second most significant factors for the structure and distribution of communities and species. This has also been noted by other researchers(Marks and Harcombe 1981, Christensen and Peet 1984, Olsvig-Whittaker et al. 1983). However, the soil characteristics used for the present analysis are organic content and pH, which are conjugate factors of soil moisture, instead of the basic characteristics such as soil texture, soil depth, slope orientation, form, position, etc., which directly determines the soil texture. Future research on these characteristics should be of great importance. Both AX 1 and AX 2 are needed to characterize plant comunity distributions adequately.

The mathematical relation between the elevation (AX 1) and moisture(AX 2) axes is not a simple straight line, but a logarithmic curve. The desert communities are located in the low montanebelt at the center of DCA axis 2 (vegetation type A in Fig. 57 – 2), the mid-montane deserts are beneath and slightly to the right(higher elevation types; C, D and E), and, finally, the cold and dry deserts(type H) are situated at the rightmost end in the high-cold belt of the pattern. The distribution of the phreatic plant communities in the pattern does not show their real moisture condition. They are displaced on the third DCA ordination axis, which was not presented here in our two-dimensional graph.

The 163 samples in the ordination diagram distinctly aggregate into three groups. The group consisting of the uppermost six samples are lower montane steppe-desert, which belong to the vegetation type in the warmest Kashmir Valley. The group of 22 samples in the middle left is the saline meadow and bog; these are located in lake basins and wide valleys and are dominated by phreatophytes, which are supported by the groundwater, rivers, and lakes. The third and largest group on the bottom consists of all the zonal vegetation types on mountains and plateau of Ngari. It contains a series of plant communities from the moist (left) to the dry (right): meadow, steppe, desert, and the high-cold desert in the lowest and furthest right area.

Multiple regression of environmental factors

The correlation coefficients between various climatological and geographical site factors have been calculated (Table 57-3) in order to find the significant site factors for each climatological factor. For example, T

correlates highly with H and L (but not G). The correlation coefficients are -0.94 and -0.68, respectively. P has significant correlations with L and G (-0.75 and 0.66), but not with H, because the relationship between P and H is not a simple linear correlation but rather a nonlinear one. P increases with H between $3900 \sim 5500$ m, but at a certain limit of elevation (> 5500 m) it decreases. Therefore, H is the most significant independent variable for P in the nonlinear multiple regression analysis.

The linear regression equations are as follows:

$$T = 33.7 - 0.0068H - 0.75L + 0.24G$$
$$(r^2 = 0.985)$$

$$WMT = 39.74 - 0.0075H - 0.04L + 0.08G$$
$$(r^2 = 0.973)$$

$$CMT = 51.84 - 0.0016H - 1.92L + 0.05G$$
$$(r^2 = 0.990)$$

$$P = -210.6 + 0.055H - 35.06L + 15.11G$$
$$(r^2 = 0.993)$$

The nonlinear regression equation for P is:

$$P = 669.1 - 0.452H + 5.91 \times 10^{-5}H^2$$
$$- 0.35L^2 + 0.123G^2$$
$$(r^2 = 0.999)$$

Table 57-3 Correlation coefficients between environmental and site factors ($n=135$)

Environmental factor	Site factors[†]		
	Elevation (H)	Latitude (L)	Longitude (G)
Organic matter % (ORG)	0.372**	-0.015	0.276*
pH	-0.397**	0.036	-0.320**
Annual mean temperature (T)	-0.398***	-0.679***	-0.121
Annual mean precipitation (P)	-0.135	-0.748***	0.664***
Warmest monthly temperature (WMT)	-0.990***	-0.403**	-0.262*
Coldest monthly temperature (CMT)	-0.900***	-0.625***	-0.139
Moisture index, IM (Thornthwaite)	-0.081	-0.376**	0.574**
Moisture index, K (Kira)	0.132	-0.237*	0.628***
Evapotranspiration rate, PER (Holdridge)	-0.628***	0.062	-0.456**
Thermal efficiency, TE (Thornthwaite)	-0.976***	-0.502**	-0.176
Biotemperature, BT (Holdridge)	-0.961***	-0.415**	-0.255*
Index of coldness, CI (Kira)	-0.977***	-0.546**	-0.125

Note: † Correlation coefficient (r) is significant at * $P<0.05$, ** $P<0.01$, *** $P<0.001$.

From the linear regression, note that T decreases 0.75℃ for 1° increase in L. The lapse rate of T on H is 0.68°/100 m, but the longitudinal gradient of T is small, only 0.11°/1° G, with T increasing towards the east in Ngari. These results from Ngari agree well with general world geographical patterns(Strahler 1968, Rao 1981). Ngari exhibits the powerful heating effect of the Tibetan Plateau(Ye and Gao 1979). WMT is mainly affected by H. Its altitudinal lapse rate is $-0.75/100$ m and there is almost no effect of L and G on it. CMT is mainly affected by L and H.

According to the linear regression, the latitudinal gradient of P in Ngari is -35.1 mm/1° L. It shows that the latitudinal gradient of P is caused by the rainshadow effect of multiple east-westorographic barriers. The longitudinal gradient of P is ~15 mm/1° G. The altitudinal gradient of P is ~5.5 mm/100 m in H within the vertical range 3900~5500 m.

The regression equations for several additional climatological indices are:

$$IM = -1065.5 - 0.20H + 2.23 \times 10^{-5}H^2 + 62L - 0.99L^2 + 5.91G$$
$$(r^2 = 0.996)$$

$$K = -82.7 - 0.02H + 0.218 \times 10^{-5}H^2 + 5.05L - 0.08L^2 + 0.60G$$
$$(r^2 = 0.991)$$

$$PER = 32.2 + 0.02H - 0.201 \times 10^{-5}H^2 - 2.81L + 0.05L^2 - 0.28G$$
$$(r^2 = 0.990)$$

$$TE = -1062.3 - 0.13H + 1.07 \times 10^{-5}H^2 + 86.77L - 1.37L^2 + 1.03G$$
$$(r^2 = 0.997)$$

$$BT = -63.06 - 0.01H + 0.128 \times 10^{-5}H^2 + 6.64L - 0.10L^2$$
$$(r^2 = 0.998)$$

$$CI = -1929 - 0.18H + 1.18 \times 10^{-5}H^2 + 119.04L - 1.90L^2 + 2.71G$$
$$(r^2 = 0.997)$$

It is clear that there are significant correlations between climatological and site factors, and these make it possible to predict climatological indexes accurately from site data(H, L and G) by using regression equations.

Multiple regression of DCA axes on dominant environmental factors

Correlation of DCA sample ordination scores with environmental indexes provides objective, quantitative environmental interpretation for vegetation types. According to the correlation analysis(Table 57-4), DCA AX 1 is significantly correlated negatively with altitude and positively with all thermal indexes. Because these thermal indexes are conjugate factors, only WMT was selected with site parameters as the independent variables in the regression for predicting AX 1:

$$AX 1 = -2725.2 + 1.68 \ WMT^2 - 29.34 \ WMT + 178\ 393/G + 4\ 226\ 833H$$
$$(r^2 = 81.7)$$

AX 2 appears to reflect a soil moisture gradient, and it does not correlate with any of our thermal data (Table 57-4). P and various moisture indexes have only low or moderate significance for AX 2, as do the site factors, because the soil moisture or environmental moisture gradient is not a simple consequence of P or evapotranspiration. The effect of P and evapotranspiration are modified by the topographic and soil characteristics. Therefore, even in the same site, the soil moisture can be tremendously different due to variation in slope, texture, and structure of soil and substrate, etc. As a result, different plant community types can occur within a small area having uniform climate.

Unfortunately, the data from Ngari lack direct observations on soil moisture, which is inherently a variable factor. The data for topographic factors and soil texture are also incomplete and may be inaccurate. Consequently, the regression of AX 2 on the independent variables(environmental factors) could not provide a clear interpretation of the gradient on AX 2. However, it was found that the content of organic matter(ORG) and pH value of surface soil had quite high correlation coefficients with AX 2(-0.85 and 0.89, respectively). The regression equation for AX 2 based on ORG, pH, and PER also gives an excellent result:

Table 57-4   Correlation coefficients of DCA axes with environmental and site factors(n = 135)

Environmental factor	Axis 1[†]	Axis 2[†]
Elevation(H)	−0.812***	−0.209*
Latitude(L)	−0.170	0.310**
Longitude(G)	−0.430**	−0.160
Slope index	0.062	0.142
Soil texture	0.208*	0.031
Organic matter %(ORG)	−0.384**	−0.848***
pH	0.348**	0.889**
Annual mean temperature(T)	0.705***	0.031
Annual mean precipitation(P)	0.013	−0.344**
Warmest monthly temperature(WMT)	0.801***	0.173
Coldest monthly temperature(CMT)	0.772***	0.017
Moisture index, IM(Thornthwaite)	0.119	−0.267*
Moisture index, K(Kira)	0.047	−0.279**
Evapotranspiration rate, PER(Holdridge)	0.410**	0.383**
Thermal efficiency, TE(Thornthwaite)	0.817***	0.105
Biotemperature, BT(Holdridge)	0.860***	0.122
Index of coldness, CI(Kira)	0.786***	0.100

Note:[†]Correlation coefficient (r) is significant at * P<0.05 , ** P<0.01 , *** P<0.001.

$$AX\ 2 = -21.36 - 239.02\ \log\ ORG - 22.23\ PER + 6.68\ pH$$
$$(r^2 = 0.896)$$

Although both ORG and pH are not independent or dominant factors that determine soil moisture, they are the conjugate and dependent factors of it.Therefore, they were used as the independent variables to predict AX 2 in regression analysis in the absence of direct measurements of soil moisture. Generally speaking, ORG increased with increasing soil moisture, but pH was negatively correlated with it(Olson 1981).

This research has determined quantitative environmental indices for the plant community samples by means of correlation and regression analyses between environmental(climate and soil) and site factors.It also provided objective and quantitative environmental interpretations for various plant community types by way of correlation and regression analyses between vegetation ordination(DCA) scores and environmental factors. We hope in the future to collect more vegetational and environmental data in order to derive a more precise understanding of vegetation and environment of Ngari.

Acknowledgments

The original data were collected with Wang Jinting during the expedition conducted by the Interdisciplinary Scientific Survey on the Tibetan Plateau, Academia Sinica, in 1976. The senior author is indebted to Drs. Brian F. Chabot, Peter L. Marks, and Arthur L. Bloom for their advice on this thesis research at Cornell University. The junior author acknowledges support from the U.S.D.A.Rhizobotany Project under Dr. Richard Zobel. We appreciate helpful suggestions on the manuscript from Drs.B.F.Chabot and P.L.Marks, and exceptionally insightful comments from the reviewers and editor.

Literature Cited

Chang,D.H.S.1985.The multivariate analysis of vegetation and environmental factors in Ngari, Tibet. Dissertation. Cornell University,Ithaca,New York,USA.

Christensen,N.L., and R.K.Peet.1984.Convergence during secondary forest succession.Journal of Ecology **72**:25-36.

Gauch,H.G.1977.ORDIFLEX—a flexible computer program for four ordination techniques:weighted averages,polar ordination, principal component analysis, and reciprocal averaging,Release B.Ecology and Systematics,Cornell University,Ithaca,New York,USA.

Gauch,H.G.1982.Multivariate Analysis in Community Ecology. Cambridge University Press,Cambridge,England.

Grubov,V.I.1963.Rasteniya Tsentralinoi Azii.Volume 1.IZD-VO Akademii Nauk USSR,Moscow,USSR.

Hill,M.O.1979a.DECORANA—a FORTRAN program for detrended correspondence analysis and reciprocal averaging. Ecology and Systematics, Cornell University, Ithaca, New York,USA.

Hill, M. O. 1979b. TWINSPAN—a FORTRAN program for arranging multivariate data in an ordered two-way table by classification of the individuals and attributes.Ecology and Systematics,Cornell University,Ithaca,New York,USA.

Hill, M. O., and H. G. Gauch. 1980. Detrended correspondence analysis:an improved ordination technique. Vegetatio **42**: 47-58.

Holdridge,L.R.1967.Life Zone Ecology.Revised edition.Tropical Science Center,San Jose,Costa Rica.

Kira,T.1976.Terrestrial ecosystems—a general survey(In Japanese).Handbook of Ecology 2,Kyoritsu Suppan,Tokyo,Japan.

Marks,P.L., and P.A.Harcombe.1981.Forest vegetation of the Big Thicket, Southeast Texas. Ecological Monographs **51**: 287-305.

Ogino,K., K. Honda, and G. Iwatsubo. 1964. Vegetation of the upper Swat and the East Hindukush. Pages 247-268 *in* S. Kitamura,editor.Plants of West Pakistan and Afghanistan. Committee of the Kyoto University Scientific Expedition to the Karakoram and Hindukush,Kyoto University,Kyoto,Japan.

Olson,G.W.1981.Soils and the Environment.Chapman and Hall, New York,USA.

Olsvig-Whittaker, L., M. Shachak, and A. Yair. 1983. Vegetation pattern related to environmental factors in a Negev desert watershed.Vegetatio **54**:153-165.

Rao,Y.P.1981.The climate of the Indian subcontinent.Pages 67-182 *in* K. Takahashi and H. Arakawa, editors. Climate of Southern and Western Asia.Volume 9.World Survey of Climatology.Elsevier Scientific,New York,USA.

Strahler,A.N.1968.Physical Meteorology.Wiley,New York,USA.

Thornthwaite,C.W., and J.R.Mather.1955.The water balance. Pages 1-104 *in* Publications in Climatology 8,Laboratory of Climatology,Drexel Institute of Technology,Centerton,New Jersey,USA.

Troll, C. 1972. The three-dimensional zonation of the Himalaya system.Pages 264-275 *in* C.Troll, editor. Geoecology of the High Mountain Regions in Eurasia. 4. Erdwissenschaftliche Forschung.Franz Steiner Verlag,Wiesbaden,Germany.

Ye,Du-zheng, and Gao You-xi.1979.Meteorology of the Qinghai-Xizang Plateau(In Chinese).Science Press,Beijing,China.

第七篇

生态生产范式与可持续发展研究

　　为适应科学技术进步和经济发展的要求,学科之间的交叉和综合出现了理论与实践相结合的生态生产范式,促进生产的可持续发展。我针对我国不同区域的生态地理特征,提出了区域特色的生态生产范式。本篇收录了我关于我国可持续发展的研究成果 17 项。特别是中国科学院学部咨询评议工作委员会于 2006 年设立了"新疆生态建设和可持续发展战略研究"重大咨询项目,中国科学院生命学部指定由我负责。2006—2008 年历时两年半开展了咨询调研工作,参加咨询研究的有 11 位中国科学院院士和 29 位有关领域的科学家。在考察的同时,还广泛听取和征询了地区各级领导、专家和有经验农民的意见。在此基础上提出了新疆生态建设和可持续发展的战略思路,包括"关于新疆农业与生态环境可持续发展的建议""天山北部山地-绿洲-过渡带-荒漠系统的生态建设与可持续农业范式""关于把塔里木河列入国家大江大河治理计划的建议"等。另外,我们还提出了"防治荒漠化的'三圈'生态-生产范式机理及其功能""黄土高原农业可持续发展咨询""中国北方农牧交错带的生态生产范式""中国林业的可持续发展""兼顾生态和经济效益科学协调规划退耕还林""关于我国发展四亿亩速生丰产人工林的咨询报告"等典型的生态生产范式。

第58章
我国可持续农业的发展原则[*]

张新时

(中国科学院植物研究所,北京　100093)

在踏入 21 世纪门槛之际,我国农业(指包括农、林、牧、副、渔的农业)面临四个方面的严峻挑战:① 人口增长的压力。预测人口高峰将达 16 亿,必然要求更多的食物与其他农业产品的供应。② 全球变化的负面效应。增温与气候热浪的频繁侵袭,以及灌溉水源的严重匮缺。③ 荒漠化与土地退化。水土流失、风沙化、盐渍化和土壤肥力丧失,导致土壤表层的剥蚀和土地生产力的衰退。④ 生物多样性丧失与失调。动植物物种的加速灭绝,森林、草地、湿地的退缩,以及病虫、杂草灾害的猖獗发生。

尽管以基因工程为主的生物新技术、自动控制的新型电子化农业机械与化学合成物(化肥、塑料薄膜、生长刺激素、杀虫剂等)可以在一定程度上和短期内提高农业的产量,但要在长期和大面积国土上实现农林牧业生产的持续性发展和环境保持与改善,却有赖于整体性的可持续农业系统工程的形成。可持续农业的最基本法则是:农业经济的规模必须保持在地球的承载力范围之内,我们只能取走自然界的“利息”,而不能耗掉它的“资本”。对那些因过度不当利用和掠夺式开发而遭到损害的生态系统则应进行保育(conservation)和重建(restoration),在可持续农业中,资源的利用与产品的经济生产是与生态保育和整个社会持续发展的目标紧密相结合的。

它所永恒追求的是一种在生态学上健全可靠的,在经济上独立可行的,在社会上公正合理和人道的动态系统的“稳定”“平衡”与螺旋状的良性发展。

世界观察研究所的布朗所描绘的可持续发展经济的条件是:① 保持人口总量的平衡;② 土壤侵蚀程度不超过新土壤形成的自然速度;③ 伐木不超过植树;④ 捕鱼不超过渔业的再生能力;⑤ 家畜不超过草地的承载力;⑥ 抽水不超过蓄水层的补给量;⑦ 保持碳排放与固定的平衡;⑧ 动植物物种的灭绝不超过新物种进化的速度。

要建立精确地达到这些平衡的自动农业系统是很困难的。一个使世人印象极深却可悲地流产了的例子是耗资 2 亿多美元在美国亚利桑那州沙漠中建造的名为“生物圈 2 号”的全封闭巨型温室。其目的是要模拟地球生物圈,形成一个能够自给自足、自然循环的生态系统,结果却由于室内的碳循环不能完成,使室内大气的二氧化碳浓度高达 4000 ppm 而宣告失败。

建立我国 21 世纪的可持续农业是一个远比“生物圈 2 号”宏大、复杂和更为艰巨的系统工程。可持续农业应当是基于优化的生态系统结构或食物链结构合理的生物地球化学循环、过程高效集约的社会经济体系,并发展到企业高度现代化、高科技与工程化的境界。

---

[*] 本文发表在《中国科学报》,1998,3:169。

第59章

中国生态系统效益的价值[*]

陈仲新 张新时

(中国科学院植物研究所植被数量生态学开放实验室,北京 100093)

摘要 生态系统的功能与效益是地球生命支持系统的重要组成部分和社会与环境可持续发展的基本要素,对其进行价值评价是将其纳入社会经济体系与市场化的必要条件,也是使环境与生态系统保育引起社会重视的重要措施。参考 Costanza 等人的分类方法及经济参数,对中国生态系统功能与效益进行了价值估算。其中中国陆地生态系统的类型及其面积是根据 1∶400 万中国植被图进行统计的,并据此绘制了中国陆地生态系统效益价值分布图。通过计算,我国生态系统效益的总价值是 $77\,834.48\times10^8$RMB·a^{-1}(以 1994 年人民币为基准,下同)。其中,陆地生态系统效益价值为 $56\,098.46\times10^8$RMB·a^{-1};海洋生态系统效益价值为 $21\,736.02\times10^8$RMB·a^{-1}。与我国年生产总值(GDP,1994 年)45 006 亿元相比,中国生态系统效益价值为 GDP 的 1.73 倍。其中森林的生态效益价值为 $15\,433.98\times10^8$RMB·a^{-1},占全国年总效益价值的 27.51%。湿地面积虽小,生态系统效益价值却甚高,可达 $26\,763.9\times10^8$RMB·a^{-1}。草地的生态系统效益价值为 8697.68×10^8RMB·a^{-1}。近海海岸带的生态系统效益价值亦高达 $12\,223.04\times10^8$RMB·a^{-1}。与全球相比,我国生态系统效益价值占全球的 2.71%。采用的计算方法与参数存在很多缺陷,得到的只是一个偏低的估算值,有待今后改进。

关键词 生态系统 功能 效益

---

* 本文发表在《科学通报》,2000,45(1):17-22。张新时为通讯作者。

1. 研究目的与方法

生物圈及生态系统是地球的生命支持系统,是人类赖以生息繁衍的物质基础。然而人类在对自然进行利用和改造的过程中,往往只注重自然资源的直接消费价值或市场价值,而忽略了生物圈和生态系统的生态效益及其价值。人们在资源开发和社会发展的实践中有过无数次的沉痛教训,不合理的利用与开发对一个社会和民族来说,有时甚至会带来毁灭性的灾难。我们的地球能否可持续发展是各国政府、社会团体和科学家们非常关注的热点问题。问题的最终解决在很大程度上取决于人类对生态系统效益价值的正确认识,其本质就是如何把生态保育与经济发展相互结合起来。经过适当经济价值标度的生态系统与生态功能的效益,有可能在市场经济系统中,通过制订出合理的投入与支出而得到人类的正确认识、合理经营与利用,从而奠定可持续利用与发展的基础。因此生态效益的价值将是 21 世纪社会经济体系中一个极重要的组成部分,这将是对社会经济体系的重大改造。从社会、经济与环境的可持续发展目的出发,对生态系统效益的价值的研究和评价日益成为关注的焦点,利用经济杠杆来协调人类与环境的关系可以成为人类可持续发展的重要手段。

中国是世界的经济大国之一,也是地球上具有巨大生物多样性(mega-biodiversity)的国家之一。生物多样性与生态系统效益的价值评价在方法和理论上都在不断发展,其精确实现有赖于基础生态学研究与观测,深入地了解地球上各生态系统的各种生态过程,尽管现有的生态学研究与观测尚远不能够满足需要,但是我们不能因此放弃生态系统效益的价值的评价工作。国际上的做法是综合不同区域内的研究,通过统计归纳总结主要生态过程功能与生态系统效益的价值[1,2]。本文将利用该方法和有关研究成果对我国的生态系统效益的价值进行初步评价。

本研究根据 1:400 万中国植被图[3],把中国植被类型合并成若干个陆地生态系统类型。具体是把中国划分为热带/亚热带森林、温带森林/泰加林、草地、红树林、沼泽/湿地、湖泊/河流、荒漠、冻原、冰川/裸岩、耕地共 10 类陆地生态系统类型;并把海洋划分为开阔洋面和近海海岸带两类海洋生态系统类型。陆地生态系统效益的价值计算利用中国科学院植物研究所的生态信息系统(ecological information system,EIS)来完成,海洋生态系统的生态系统效益价值的计算根据统计资料[4]。

为了便于与全球生态系统效益价值的统一与对比,在计算时采用了 Costanza 等人[1]的包含 16 个生态系统类型的分类系统与 17 大类生态系统功能的效益(表 59-1)。尤其是采用了该研究中各生态系统类型的单位价值,虽然该研究的某些数据可能存在较大偏差,如对耕地的估计过低,对湿地又偏高等,为此该研究也受到了不少严厉的批评。但是为了便于对比,我们仍采用了 Costanza 等人[1]的参数①。现以草地的气体调节功能价值估计为代表来说明 Costanza 等人的计算方法。

(1) CO_2 采用美国中部大平原草地土壤进行农业利用而引起的 C 的损失为 $0.8 \sim 2 \ kg \cdot m^{-2}$[5],取其平均值为 $1 \ kg \cdot m^{-2}$,乘以 CO_2 放散的价值 0.02 美元[6],则得 C 释放的总值为 $200 \ USD \cdot hm^{-2}$,假定这一释放期为 50 a,年率降为 5%,则草地对 CO_2 气体调节效益单位价值为 $5.93 \ USD \cdot hm^{-2} \cdot a^{-1}$;

(2) N_2O 在 Colorado(科罗拉多)东北低草草原开垦引起 N_2O 的显著增加[7],其年放散值根据草地与其邻近小麦田的放散量之差($0.191 \ kg \cdot hm^{-2} \cdot a^{-1}$)来估算,以 N_2O 态的单位 N 放散值为 $2.94 \ USD \cdot kg^{-1}$,则草地对 N_2O 气体调节效益单位价值为 $0.56 \ USD \cdot hm^{-2} \cdot a^{-1}$;

(3) CH_4 草地开垦使 CH_4 被土壤的吸收量减半[7],采用上述计算 N_2O 同样的方法,即以草地与邻近小麦田吸收 CH_4 的差数($0.474 \ kg \cdot hm^{-2} \cdot a^{-1}$)乘以单位 CH_4 的值($0.11 \ USD \cdot kg^{-1}$),则草地对 CH_4 气体调节效益单位价值为 $0.05 \ USD \cdot hm^{-2} \cdot a^{-1}$。

以上 3 项值相加约相当于 $7 \ USD \cdot hm^{-2} \cdot a^{-1}$,即草地对气体调节功能效益的单位值,再乘以全球或中国草地总面积则可得到相应的生态系统气体调节功能价值估算。

---

① 关于不同生态系统类型的生态效益价值的实验与数据来源及其算法,在 *Nature* 的网页 www.nature.com 中有完备的文献资料、计算方法和具体结果。

表 59-1　本文价值评价所考虑的生态系统效益和生态系统功能[1]

序号	生态系统效益	生态系统功能	举例
1	气体调节	调节大气化学组成	CO_2/O_2 平衡、O_3 防护 UV-B 和 SO_x 水平
2	气候调节	对气温、降水的调节以及对其他气候过程的生物调节作用	温室气体调节以及影响云形成的二甲基硫(DMS)生成
3	干扰调节	对环境波动的生态系统容纳、延迟和整合能力	防止风暴、控制洪水、干旱恢复及其他由植被结构控制的生境对环境变化的反应能力
4	水分调节	调节水文循环过程	农业、工业或交通的水分供给
5	水分供给	水分的保持与储存	集水区、水库和含水层的水分供给
6	侵蚀控制和沉积物保持	生态系统内的土壤保持	风、径流和其他运移过程的土壤侵蚀和在湖泊、湿地的累积
7	土壤形成	成土过程	岩石风化和有机物质的积累
8	养分循环	养分的获取、形成、内部循环和存储	固氮和 N、P 等元素的养分循环
9	废弃物处理	流失养分的恢复和过剩养分,有毒物质的转移与分解	废弃物处理、污染控制和毒物降解
10	授粉	植物配子的移动	植物种群繁殖授粉者的供给
11	生物控制	对种群的营养级动态调节	关键种捕食者对猎物种类的控制、顶级捕食者对食草动物的消减
12	庇护	为定居和临时种群提供栖息地	迁徙种的繁育和栖息地、本地种区域栖息地或越冬场所
13	食物生产	总初级生产力中可提取的食物	鱼、猎物、作物、果实的捕获与采集,给养的农业和渔业生产
14	原材料	总初级生产力中可提取的原材料	木材、燃料和饲料的生产
15	遗传资源	特有的生物材料和产品的来源	药物、抵抗植物病原和作物害虫的基因、装饰物种(宠物和园艺品种)
16	休闲	提供休闲娱乐	生态旅游、体育、钓鱼和其他户外休闲娱乐活动
17	文化	提供非商业用途	生态系统美学的、艺术的、教育的、精神或科学的价值

2. 结果与讨论

通过计算得到了中国生态系统效益价值的分布图(图 59-1)。中国各类生态系统的效益价值列于表 59-2。中国总面积为 $1433×10^4$ km^2,全国生态系统效益的总价值为 $77\ 834.48×10^8$ RMB·a^{-1}(以 1994 年人民币为基准,下同)[8]。其中陆地 $960×10^4$ km^2,其生态系统效益价值为 $56\ 098.46×10^8$ RMB·a^{-1};海洋 $473×10^4$ km^2,其生态效益价值为 $21\ 736.02×10^8$ RMB·a^{-1}。1994 年我国的国内生产总值(GDP)为 45 006 亿元,中国生态系统每年提供的效益价值超过了当年国内生产总值,为 GDP 的 1.73 倍(表 59-3);仅我国陆地生态系统效益就超

过了当年的 GDP,为其 1.25 倍。可见我国的生态系统每年都在以生态产品和生态功能等形式提供着巨大价值,其最小估计已远超过同一时期内人类生产所创造的价值。我国森林面积为 1 291 177 km^2,占我国陆地面积的 13.45%,其生态系统效益价值则为 $15\ 433.98×10^8$ RMB·a^{-1},占陆地生态系统效益总价值的 27.51%,且这些价值主要来自热带/亚热带森林生态系统。湿地虽然面积很小,但超过了其他生态系统类型效益的价值。我国湿地面积 158 597 km^2,占国土面积的 1.65%,其生态系统效益价值却高达 $26\ 763.90×10^8$ RMB·a^{-1},占全国陆地生态系统效益总价值的 47.71%;近海海岸带生态系统效益的价值也超过了 $10\ 000×10^8$ RMB·a^{-1}。这些生态系统类型都具有较高的生物多样性,后者与生态系统效益价值评价是完全一致的。

表 59-2　中国生态系统效益的总体评价

生态系统类型	面积/km²	单位价值 /(USD·hm⁻²·a⁻¹)ᵃ⁾	总价值 /(10⁸ USD·a⁻¹)	总价值 /(10⁸ RMB·a⁻¹)
陆地	9 600 000	678 *	6508.92	56 098.46
森林	1 291 177	1387 *	1790.75	15 433.98
热带/亚热带森林	821 595	2007	1648.94	14 211.73
温带森林/泰加林	469 582	302	141.81	1222.25
草地	4 349 844	232	1009.16	8697.68
红树林	575	9990	5.74	49.51
沼泽/湿地	158 597	19 580	3105.33	26 763.90
湖泊/河流	50 843	8498	432.06	3723.83
荒漠	1 499 473			
冻原	4120			
冰川/裸岩	442 461			
耕地	1 802 910	92	165.87	1429.56
海洋	4 730 000	533 *	2521.96	21 736.02
开阔洋面	4 380 000	252	1103.76	9512.98
近海海岸带	350 000	4052	1418.20	12 223.04
全国	14 330 000	630 *	9030.88	77 834.48

注：ᵃ⁾除 * 表示计算值外，其他数据引自文献[1]。

表 59-3　中国与全球生态系统效益的比较

		面积/10⁴ km²	生态系统效益 /(10⁹ USD·a⁻¹)	单位生态系统效益/(USD·hm⁻²·a⁻¹)	GNPᵃ⁾ /(10⁹ USD·a⁻¹)	ESV/GNPᵇ⁾
陆地	全球	15 323	12 319	804		
	中国	960	650.89	678.01		
	中国/全球/%	6.27	5.28			
海洋	全球	36 302	20 949	577		
	中国	473	252.2	533.19		
	中国/全球/%	1.3	1.2			
总计	全球	51 625	33 268	644	18 300	1.82
	中国	1433	903.09	630.21	522.19	1.73
	中国/全球/%	2.78	2.71		2.85	

注：ᵃ⁾对于中国为 GDP；ᵇ⁾对于中国为 ESV/GDP。

　　我们对中国生态系统效益的价值与世界的情况做了对比（表 59-3）。可以看出，中国生态系统效益的价值与中国与全球面积的比值是比较接近的，但稍低；其中陆地所提供的生态系统效益价值低于全球平均水平较多，这与中国人口众多，具有悠久的农耕历史，对自然生态系统破坏较为严重有一定关系。表 59-3 还分析了生态系统效益价值与国家经济生产的关系，全球生态系统效益价值与国民生产总值的比为 1.82,而中国生态系统效益与国内生产总值的比为 1.73,两者比较接近。

我们还以省(区、市)为单位,探讨中国生态系统效益的空间分布规律(表 59-4)。从表 59-4 可以看出:(1)我国南方省份比北方省份提供更大价值的生态系统效益,这与生物多样性的纬度分布梯度是一致的;(2)由于湿地具有极大的生态系统效益价值,以湿地面积较大的北方省份也提供较大价值的生态系统效益,如黑龙江省;(3)边远省份由于生态破坏较轻,所以具有相对较高的生态系统效益价值,如新疆和内蒙古;(4)农业开发时间较长的黄河中下游省份具有较低的生态系统效益,因为大面积的耕地损害了自然生态系统原有的功能,降低了生态系统的效益。这表明了人类活动对中国生态系统效益价值的强烈影响。

我们把中国生态系统的价值按生态系统效益的功能进行了评价,并与全球的情况做了简单对比(表 59-5)。对比表 59-3 与表 59-5 可以发现,中国的总面积占全球的 2.78%,中国生态系统的生态效益占全球的 2.71%,而根据各种生态效益分别评价,则多种生态效益所占全球的比重超过甚至远超过了这些平均比例。中国的生态系统特别是在授粉、水分供给、干扰调节、庇护、侵蚀控制与沉积物保持、生物控制、遗传资源、原材料、食物生产、废弃物处理、土壤形成、气候调节和休闲等生态效益功能方面对全球有超过平均水平的贡献;而在气候调节、水分调节、养分循环和文化功能等方面对全球的生态贡献略小于面积比重。其中生态系统的文化功能是指自然生态系统的文化价值,而不包含人文景观;在这一方面,我们采用的评价方法可能对中国生态系统的文化价值的估计过低。国际上其他有关生态系统价值的研究尚可参阅文献[9],其中论述了美国生物多样性与生态系统的巨大贡献;其中,土壤形成的价值每年为 620 亿美元,农林业病虫害生物控制为 170 亿美元,生物治疗 225 亿美元,自然微生物固氮为 80 亿美元,森林与海洋生态系统吸收 CO_2 减少温室效应为 60 亿美元,微生物降解有机废弃物为 620 亿美元等。

表 59-4　各省(区、市)生态系统效益的价值的排序与分析

序号	省(区、市)	单位效益 /(RMB·hm^{-2}·a^{-1})	总效益 /(10^8 RMB·a^{-1})	总效益序位	序号	省(区、市)	单位效益 /(RMB·hm^{-2}·a^{-1})	总效益 /(10^8 RMB·a^{-1})	总效益序位
1	黑龙江	17 399	7867.002	2	17	广西	4499	1063.525	11
2	台湾	10 349	357.971	21	18	安徽	4153	595.982	18
3	云南	8766	3364.312	7	19	甘肃	3665	1526.187	9
4	海南	8484	265.155	24	20	贵州	3619	652.144	16
5	湖南	8167	1739.548	8	21	西藏	3602	4424.567	4
6	江西	8105	1358.573	10	22	北京	2251	37.158	29
7	福建	7668	950.572	14	23	宁夏	2239	118.298	28
8	四川[a]	7286	4217.448	5	24	陕西	2105	443.782	20
9	新疆	6773	11 154.950	1	25	山东	1840	290.9	22
10	内蒙古	6262	7225.534	3	26	山西	1717	275.353	23
11	浙江	6079	605.206	17	27	河南	1535	261.363	25
12	广东[b]	5437	959.755	13	28	天津	1509	17.759	30
13	吉林	5195	1007.943	12	29	辽宁	1456	214.972	27
14	江苏	4766	466.441	19	30	河北	1356	256.035	26
15	湖北	4733	887.207	15	31	上海	793	4.348	31
16	青海	4730	3456.403	6					

注:[a] 含重庆市;[b] 含香港、澳门。

表 59-5 中国生态系统效益和生态系统功能与全球比较

生态系统效益	生态系统价值/(10^8 USD $\cdot$ a^{-1})		
	中国	全球	中国占全球比值/%
1. 气体调节	237.18	13 410	1.77
2. 气候调节	224.54	6840	3.28
3. 干扰调节	1184.05	17 790	6.66
4. 水分调节	297.40	11 150	2.67
5. 水分供给	1319.54	16 920	7.8
6. 侵蚀控制和沉积物保持	324.44	5760	5.63
7. 土壤形成	18.13	530	3.42
8. 养分循环	2561.30	170 750	1.5
9. 废弃物处理	791.54	22 770	3.48
10. 授粉	133.99	1170	11.45
11. 生物控制	178.65	4170	4.28
12. 庇护	72.52	1240	5.85
13. 食物生产	503.12	13 860	3.63
14. 原材料	279.81	7210	3.88
15. 遗传资源	33.69	790	4.26
16. 休闲	234.53	8150	2.88
17. 文化	636.45	30 150	2.11
总计	9030.88	332 680	2.71

3. 结论

（1）本文应用国际上的先进方法和最新的研究成果对我国的生态系统效益的价值进行了保守的和最小的评价,得到了中国生态系统效益价值的分布图。

（2）通过计算,中国生态系统效益的总价值为人民币 77 834.48 $\times$ 10^8 RMB $\cdot$ a^{-1},其中陆地 56 098.46 $\times$ 10^8 RMB $\cdot$ a^{-1},海洋 21 736.02 $\times$ 10^8 RMB $\cdot$ a^{-1}。中国生态系统效益的总价值相当于 1994 年我国国内生产总值的 1.73 倍。我国的生态系统效益价值的最小估计已远超过了同一时期内人类生产所创造的价值。

（3）生态环境工程投资时,应首先增加对生物多样性与生态系统研究的预算。

致谢 对杨奠安高级工程师在 EIS 制图方面给予的巨大帮助深表谢意。本工作为国家自然科学基金重点项目（批准号：49731020）、重大项目（批准号：39899370）和中国科学院重大项目。

参考文献

1. Costanza R, d'Arge R, deGroot R, et al. The value of the world's ecosystem services and natural capital. Nature, 1997, 387: 253-260.

2. Daily G, ed. Nature's Services: Societal Dependence on Natural Ecosystems. Washington: Island Press, 1997.

3. 侯学煜, 主编. 中华人民共和国植被图（1:4 000 000）. 北京: 地图出版社, 1982.

4. 鹿守本, 主编. 中国自然资源丛书（海洋卷）. 北京: 中国环境科学出版社, 1995.

5. Burke I C, Yonker C M, Parton W J, et al. Texture, climate,

and cultivation effects on soil organic content in US grassland soils. Soil Science Society of America Journal, 1989, 53: 800-805.

6. Fankhauser S, Pearce D W. The social costs of greenhouse gas emissions. In: The Economics of Climate Change. Proceedings of an OECD/IEA Conference, Paris, 1994, pp.71-86.

7. Mosier A D, Schimel D, Valentine D, et al. Methane and nitrous oxide fluxes in native, fertilized and cultivated grass-

lands. Nature, 1991, 350: 330-332.

8. 中国经济年鉴编辑委员会. 中国经济年鉴(1995 年). 北京: 中国经济年鉴出版社, 1995, pp.688,765.

9. President's Committee of Advisers on Science and Technology. PCAST panel on biodiversity and ecosystems. Teaming with Life: Investing in Science to Understand and Use America's Living Capital. Washington. 1998.

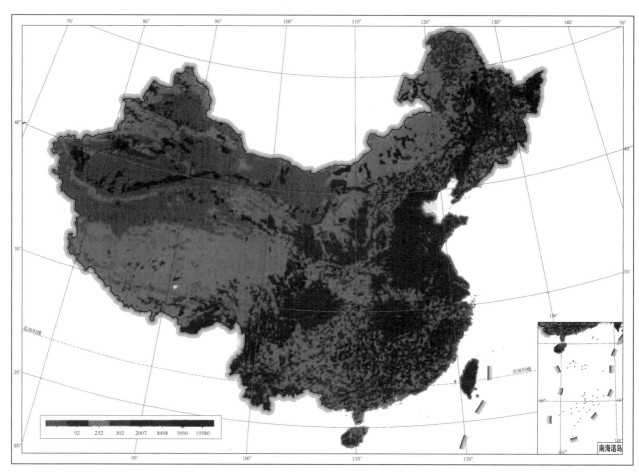

图 59-1　中国陆地生态系统效益价值分布图

[生态系统效益/(USD · hm^{-2} · a^{-1})]

第 *60* 章

Value of Ecosystem Services in China[*]

Chen Zhongxin, Zhang Xinshi

(Laboratory of Quantitative Vegetation Ecology, Institute of Botany, Chinese Academy of Sciences, Beijing   100093, China)

Abstract: The function and services are the important components of the life-support system in the planet, as well as the basic elements for sustainable development of environment and society. It is a must to evaluate it for incorporating it with the social-economic system. It is also an important approach to draw the public attention on the environmental and ecosystem conservation. In this study, the ecosystem function and services in China were estimated by employing the classification and economic parameters from Costanza et al. The type and area of terrestrial ecosystems were extracted from Vegetation Map of China(1 : 4 000 000), and then the distribution map of ecosystem services of China was drawn. According to our calculation, the total value of ecosystem services in China is $77\ 834.48 \times 10^8$ yuan per annum. The value for terrestrial ecosystem is $56\ 098.46 \times 10^8$ yuan per annum, and that for marine ecosystem is $21\ 736.02 \times 10^8$ yuan per annum. The value of ecosystem services in China is 1.73 times bigger than GDP in 1994. The value for forest ecosystem services is $15\ 433.98 \times 10^8$ yuan per annum, which is 27.51% of the total annual ecosystem services in China. Although wetland is little in area, its ecosystem service value is huge, which is $26\ 763.9 \times 10^8$ yuan per annum. The value for grassland ecosystem is 8697.68×10^8 yuan per annum. Coastal ecosystem service is $12\ 223.04 \times 10^8$ yuan per annum. Overall, the ecosystem service in China contributes 2.71% to that of our planet. The estimation method employed in this study was a conservative one, and should be improved in the future studies.

Keywords: ecosystem, function, service

---

* 本文发表在 *Chinese Science Bulletin*, 2000, 45(10): 870-876。张新时为通讯作者。

1. Aim and Method of the Research

Biosphere and ecosystems are life-support systems of the earth as well as the material base for existence and reproduction of human beings and other organisms. During the process of use and transformation of nature, usually, we emphasize only the direct consumer value or market value of natural resources, but neglect the ecological services as well as their value of biosphere and ecosystems. There were too many bitter lessons in the exploitation of natural resources and practice of social development. Irrational utilization and exploitation would finally cause destructive disasters for a society or nationality.

Sustainable development or not for our planet is a hot spot greatly concerned by the public, governments, social organizations, and scientists in different countries. The final solution of this problem depends on human race's reasonable recognition to the value of ecosystem services. Its essence is the integration of ecological conservation and economic development. An appropriate economic value for ecological services and ecological functions may receive human race's general recognition, rational management and utilization through the formulation of a certain input and output in economic systems of markets, thus a basis of sustainable utilization and development could be established. Therefore, the value of ecological services would be a very significant component in the socio-economic system in the 21st century. The incorporation of the value of ecosystem services into the socio-economic system is a great reformation for the system. From the goal of sustainable development of society, economy and environment, the research and assessment of the value of ecosystem services is becoming the focus of international attention. Using economic lever to regulate the interaction between human beings and environment could be an important measure for sustainable development of the earth.

China is a large country in the aspect of economy in the world and also one of the country with mega-biodiversity on the earth. The assessment of China's value of biodiversity and ecosystem services is of great significance. The methodology and theory of the assessment are developing continuously, the accurate achievement of that assessment depends on the basic ecological study and observation to deeply understand the various ecological processes of ecosystems on the earth. Although the current ecological study and observation are far not enough for the requirement of the assessment for China's condition, the effort for the assessment should not be abandoned. The current way of doing such an assessment developed by Costanza et al. and others[1,2] is to generalize the value of ecological functions and their services of various ecosystems in different regions from the published scientific literature.

The study of this paper is proceeded according to the international research results and method to assess the value of ecosystem services in China. This study is based on the vegetation map of China (scale 1 : 4 000 000)[3]. We combined the vegetation types of China with 10 terrestrial ecosystem types: tropical/subtropical forest, temperate/Taiga forest, grasslands, mangroves, swamps/wetlands, lakes/rivers, desert, tundra, glacier/rock, and croplands; and the marine was divided into open oceans and coastal zones. The value of terrestrial ecosystem services was computed and graphed by Ecological Information System (EIS) developed in the Institute of Botany, the Chinese Academy of Sciences. The computation for the value of oceanic ecosystem services was based on statistical data[4].

For the sake of convenience to compare with the value of global ecosystem services, we have used the system of ecosystem services proposed by Costanza et al.[1], which contains 16 types of ecosystems and 17 services of ecosystem functions (see Table 60 – 1). The unit value per hm^2 per year of the ecosystem types was also derived from Costanza's study[1]. Although some data from that study may have deviation, for example, the estimation for the value of cropland seems too low, while that for the wetland may be too high, we still use

Table 60-1　Ecosystem services and functions used in this study[a]

No.	Ecosystem service	Ecosystem function	Example
1	gas regulation	regulating atmospheric chemical composition	CO_2/O_2 balance, O_3 for UVB protection, and SO_x levels
2	climate regulation	regulating temperature, precipitation, and other biologically mediated climatic processes	greenhouse gas regulation, DMS production affecting cloud formation
3	disturbance regulation	capacitance, damping and integrity of ecosystem response to environmental fluctuations	storm protection, flood control, drought recovery and other aspects of habitat response to environmental variability mainly controlled by vegetation structure
4	water regulation	regulating hydrological flows	storage and retention of water
5	water supply		provisioning of water by watersheds, reservoirs and aquifers
6	erosion control and sediment retention	retention of soil within an ecosystem	prevention of loss of soil by wind, runoff, or other removal processes, storage of stilt in lakes and wetlands
7	soil formation	soil formation processes	weathering of rock and the accumulation of organic material
8	nutrient cycling	storage, internal cycling, processing and acquisition of nutrients	nitrogen fixation, N、P and other elements or nutrient cycles
9	waste treatment	recovery of mobile nutrients and removal or breakdown of excess or xenic nutrients and compounds	waste treatment, pollution control, detoxification
10	pollination	movement of floral gametes	provisioning of pollinators for the reproduction of plant populations
11	biological control	trophic-dynamic regulations of populations	keystone predator control of prey species, reduction of herbivory by top predators
12	refugia	habitat for resident and transient populations	nurseries, habitat for migratory species, regional habitats for locally harvested species, or overwintering grounds
13	food production	the portion of gross primary production extractable as food	production of fish, game, crops, nuts, fruits by hunting, gathering, subsistence farming or fishing
14	raw materials	the portion of gross primary production extractable as raw materials	the production of lumber, fuel or fodder
15	genetic resources	sources of unique biological materials and products	medicine, products for material science, genes for resistance to pathogens and pests, ornamental species (pets and horticultural varieties of plants)
16	recreation	providing opportunities for recreational activities	eco-tourism, sport fishing, and other outdoor recreational activities
17	culture	providing opportunities for non-commercial uses	aesthetic, artistic, educational, spiritual, and/or scientific values of ecosystems

[a] As to the data source and calculating methods for the value of ecosystem services for various ecosystems, please consult Nature's website at www.nature.com.

Costanza's parameters for China's estimation, thus the result could be in comparison with the estimation of the world's ecosystem services.

Costanza's calculating method could be illustrated by the evaluation on the function of gas regulation of as follows:

i) CO_2. Using the estimation of C losses associated with agricultural use from grassland soils across the Great Plains of USA. C losses ranged from 0.8 to 2 kg $\cdot$ m$^{-2[5]}$. An average value of 1 kg $\cdot$ m^{-2} multiplied by the cost USD 0.02 of CO_2 emissions[6] results in the total cost of releasing this C to be USD 200 $\cdot$ hm^{-2}. Assuming that this amount was released during a 50-year period, a discount rate of 5% was used.

ii) N_2O. Cultivation of grasslands led to the significant increase of the emission of N_2O (a greenhouse gas) in the short-grass steppe of NE Colorado[7]. The annual cost of nitrous oxide emissions was estimated based upon the difference in emissions between grasslands and adjacent wheat fields (0.191 kg $\cdot$ hm^{-2} $\cdot$ a^{-1}) and the cost per unit of N emitted as nitrous oxide was USD 2.94 $\cdot$ kg$^{-1[6]}$.

iii) CH_4. Cultivation reduces by half the uptake of CH_4 by grassland soils[7]. The same approach as for nitrous oxide was used: the difference in CH_4 uptake between grasslands and adjacent wheat fields (0.474 kg $\cdot$ hm^{-2} $\cdot$ a^{-1}) multiplied by the cost per unit of CH_4 (USD 0.11 $\cdot$ kg^{-1}) to calculate the cost of CH_4 emissions.

The sum of items i), ii) and iii) was approximately USD 7 $\cdot$ hm^{-2} $\cdot$ a^{-1}, that was the value per unit of the function of gas regulation by ecosystem services of grasslands. After multiplying that number by the area of global or China's grasslands, the estimation of total value of ecosystem services was obtained.

2. Results and Discussion

A distribution map for the value of ecosystem services in China is obtained by computing the area of vegetation types from the Vegetation Map of China(1 : 4 000 000) with their value per unit from Costanza's

parameters. The values of various ecosystem services in China are listed in Table 60-2.

The total area of China is 14.33 million km^2 and the total value of ecosystem services for the country is 77 834.48×10^8 yuan $\cdot$ a^{-1}(in RMB of 1994)[8]. This estimation contains 56 098.46 × 10^8 yuan $\cdot$ a^{-1} for 9.60-million-km^2 terrestrial ecosystem processes and 21 736.02× 10^8 yuan $\cdot$ a^{-1} from 4.73-million-km^2 marine processes. China's GDP in 1994 was 45 006× 10^8 yuan (2252.7 × 10^8 yuan in 1970). The annual value of ecosystem services in China was about 1.73 times the value of GDP(about 34 times more than that in 1970); the value of terrestrial ecosystem services was even about 1.25 times of the GDP. Thus the ecosystem of China provides a tremendous value by ecological products and ecological functions every year, even the minimum estimation of that value goes beyond the scope of the value produced by human beings during the same period. The total forest area of China is 1.29 million km^2, which covers 13.45% of the nation's terrestrial area, and its value of ecosystem services is 15 433.98×10^8 yuan $\cdot$ a^{-1} and accounts for 27.51% of the total value of terrestrial ecosystem services in China; this value is mostly due to the tropical and subtropical forest ecosystems. The area of wetlands in China is in small amount, which is only 158 597 km^2 and 1.65% of the total land of China. However, its value of ecosystem services, 26 763.9×10^8 yuan $\cdot$ a^{-1}, exceeds others, accounting for 47.71% of the total value of terrestrial ecosystem services of China. The value of the coastal ecosystem services exceeds 10 000×10^8 yuan $\cdot$ a^{-1}. All these ecosystems have relatively rich biodiversity, it is incorporated with the assessment of the value of ecosystem services.

The comparison of the value of ecosystem services between China and the world is shown in Table 60-3. It shows that the ratio of value for ecosystem services of China to the world is quite close to that of areas, but China is less; the value of terrestrial ecosystem services is even less than the global one. That is because China's population size is too large and with a very long history of cultivation, thus the national ecosystem was disturbed significantly in China. The ratio of value of ecosystem

Table 60-2   Value of ecosystem services in China

Ecosystem type	Area/km²	Value per unit area /(USD · hm⁻² · a⁻¹) ᵃ⁾	Total value /(×10⁸ USD · a⁻¹)	Total value /(×10⁸ yuan · a⁻¹)
Terrestrial	9 600 000	678	6508. 92	56 098. 46
Forest	1 291 177	1387	1790. 75	15 433. 98
Tropical/subtropical	821 595	2007	1648. 94	14 211. 73
Temperate/Taiga	469 582	302	141. 81	1222. 25
Grasslands	4 349 844	232	1009. 16	8697. 68
Mangroves	575	9990	5. 74	49. 51
Swamps/wetlands	158 597	19 580	3105. 33	26 763. 90
Lakes/rivers	50 843	8498	432. 06	3723. 83
Desert	1 499 473			
Tundra	4120			
Ice/rock	442 461			
Croplands	1 802 910	92	165. 87	1429. 56
Marine	4 730 000	533	2521. 96	21 736. 02
Open oceans	4 380 000	252	1103. 76	9512. 98
Coastal zones	350 000	4052	1418. 20	12 223. 04
Total	14 330 000	630	9030. 88	77 834. 48

ᵃ⁾ The right-aligned data are from Costanza et al., and the left-aligned are calculated by the authors.

services to national economic production is also shown in Table 60-3; the global one is 1.82 and China's one is 1.73, the two are quite close.

Table 60-4 presents the result of analysis on the pattern of spatial distribution of ecosystem services in China according to provinces and regions. It shows that: i) the southern provinces provide larger values of ecosystem services than the northern ones, which agrees with the latitudinal distribution gradient of biodiversity; ii) because of the very high values of ecosystem services in wetlands, the northern provinces with more wetlands therefore provides larger value of ecosystem services, such as Heilongjiang Province; iii) some remote provinces, such as Xinjiang and Inner Mongolia, still keep some less distributed ecosystems and have higher values of ecosystem services; iv) the provinces in lower reach of the Yellow River often have less values of ecosystem services owing to the intensive cultivation and damaged functions of natural ecosystems and reduced ecosystem services, that was the negative impact of the human activities to the value of ecosystem services.

Table 60-3 Ecosystem service value comparison of China with the globe

		Area /$(10^4 km^2)$	Ecosystem service /$(10^9 USD \cdot a^{-1})$	ESV per unit area /$(USD \cdot hm^{-2} \cdot a^{-1})$	GNP /$(10^9 USD \cdot a^{-1})$[a]	ESV/GNP[a]
Terrestrial	Globe(G)	15 323	12 319	804		
	China(C)	960	650.89	678.01		
	C/G/%	6.27	5.28			
Marine	Globe(G)	36 302	20 949	577		
	China(C)	473	252.20	533.19		
	C/G/%	1.30	1.20			
Total	Globe(G)	51 625	33 268	644	18 300	1.82
	China(C)	1433	903.09	630.21	522.19	1.73
	C/G/%	2.78	2.71		2.85	

[a] It is GDP or ESV/GDP for China.

Table 60-4 Ecosystem service values of each province, municipality and autonomous region

No.	Province or autonomous region and municipality	ESV per unit/$(yuan \cdot hm^{-2} \cdot a^{-1})$	Total ESV/$(10^8 yuan \cdot a^{-1})$	Rank for total ESV	No.	Province or autonomous region and municipality	ESV per unit/$(yuan \cdot hm^{-2} \cdot a^{-1})$	Total ESV/$(10^8 yuan \cdot a^{-1})$	Rank for total ESV
1	Heilongjiang	17 399	7867.002	2	17	Guangxi	4499	1063.525	11
2	Taiwan	10 349	357.971	21	18	Anhui	4153	595.982	18
3	Yunnan	8766	3364.312	7	19	Gansu	3665	1526.187	9
4	Hainan	8484	265.155	24	20	Guizhou	3619	652.144	16
5	Hunan	8167	1 739.548	8	21	Xizang	3602	4424.567	4
6	Jiangxi	8105	1358.573	10	22	Beijing[b]	2251	37.158	29
7	Fujian	7668	950.572	14	23	Ningxia	2239	118.298	28
8	Sichuan[a]	7286	4217.448	5	24	Shaanxi	2105	443.782	20
9	Xinjiang	6773	11 154.950	1	25	Shandong	1840	290.900	22
10	Inner Mongolia	6262	7225.534	3	26	Shanxi	1717	275.353	23
11	Zhejiang	6079	605.206	17	27	Henan	1535	261.363	25
12	Guangdong	5437	959.755	13	28	Tianjin[b]	1509	17.759	30
13	Jilin	5195	1007.943	12	29	Liaoning	1456	214.972	27
14	Jiangsu	4766	466.441	19	30	Hebei	1356	256.035	26
15	Hubei	4733	887.207	15	31	Shanghai[b]	793	4.348	31
16	Qinghai	4730	3456.403	6					

[a] including Chongqing. [b] Municipality directly under the Central Government.

The assessment of value of ecosystem services according to their functions in China is shown in Table 60-5. It is also compared with the global one. From the comparison (see Tables 60-3 and 60-5), it is known that the ratio of China's area to the one of the earth is 2.78%, that of the value is 2.71%; but the ratio for various ecosystem services is quite different, some of them exceed their global counterparts, but some are less. The contribution of China's ecosystem services to the earth in aspects of pollination, water supply, disturbance regulation, refugia, erosion control and sediment retention, biological control, genetic resources, raw materials, food production, waste treatment, soil formation, climate regulation, and recreation exceed the average level of the globe; but those in the aspects of gas regulation, water regulation, nutrient cycling and culture are less. The value of cultural function of ecosystems does not include the contribution of the artificial landscape; the assessment method we used may under estimate the cultural value of China's ecosystems. The other studies on the value of ecosystems that might be referred to be a report entitled "Teaming with life: investing in science to understand and use America's living capital", which is transmitted to President W.J.Clinton by President's Committee of Advisors on Science and Technology(PCAST)[9].

The report stated the great contribution of American biodiversity and ecosystems, including the formation of arable soil worth USD 62 billion, biocontrol of crop and forest pests worth USD 17 billion, bioremediation worth USD 22. 5 billion, nitrogen fixation by micro-organisms in natural ecosystems worth USD 8 billion, forest and ocean ecosystems assisting in mitigating the green house effect by sequestering CO_2 worth USD 6 billion, and waste disposal-breakdown of organic matter by decomposers worth USD 62 billion per year in the US.

3. Conclusions

This study applied the advanced method and concurrent results of international research to estimate the value of ecosystem services and obtained the distribution map of it in China. These estimates are conservative and minimum ones, and must be confirmed or corrected by further research.

Table 60-5 Ecosystem functions and services in China and in the globe

	Ecosystem service	Ecosystem service value/(10^8USD $\cdot$ a^{-1})		
		China	Globe	China/Globe(%)
1	gas regulation	237. 18	13 410	1. 77
2	climate regulation	224. 54	6840	3. 28
3	disturbance regulation	1184. 05	17 790	6. 66
4	water regulation	297. 40	11 150	2. 67
5	water supply	1319. 54	16 920	7. 80
6	erosion control and sediment retention	324. 44	5760	5. 63
7	soil formation	18. 13	530	3. 42
8	nutrient cycling	2561. 30	170 750	1. 50
9	waste treatment	791. 54	22 770	3. 48
10	pollination	133. 99	1170	11. 45
11	biological control	178. 65	4170	4. 28
12	refugia	72. 52	1240	5. 85
13	food production	503. 12	13 860	3. 63
14	raw materials	279. 81	7210	3. 88
15	genetic resources	33. 69	790	4. 26
16	recreation	234. 53	8150	2. 88
17	culture	636. 45	30 150	2. 11
	Total	9030. 88	332 680	2. 71

According to the study, the total value of China's ecosystem services is 77 834.48×10^8 yuan per year, with 56 098.46×10^8 yuan from the terrestrial ecosystems, and 21 736.02 × 10^8 yuan from marine ecosystems. The ecosystems of China provide a tremendous value by ecological products and ecological functions every year, even the minimum estimate of that value goes beyond the scope of the value produced by human beings during the same period.

As we strengthen invest in eco-environmental engineering projects, the budget of the research on biodiversity and ecosystem should be increased with priority.

Acknowledgements

We thank Prof. Yang Dianan for his help in the application of EIS software. This work was supported by key projects from the National Natural Science Foundation of China (Grant Nos.49731020 and 39899370). It is also supported by the key project "the Interactions between the Western Plateau, Arid Ecosystems and Global Change" of the Chinese Academy of Sciences.

References

1. Costanza, R., R.d'Arge, R.de Groot, Farber, S.et al. The value of the world's ecosystem services and natural capital. Nature, 1997, 387: 253.

2. Daily, G. (ed.) Nature's Services: Societal Dependence on Natural Ecosystems. Washington D.C.: Island Press, 1997.

3. Hou Xueyu (ed.). The Vegetation Map of the People's Republic of China (1 : 4 000 000) (in Chinese). Beijing: Map Publishing House, 1982.

4. Lu Shouben (ed.). Natural Resources of China (Ocean Volume) (in Chinese). Beijing: China Environmental Science press, 1995.

5. Burke, I.C., C.M.Yonker, W.J.Parton, et al. Texture, climate, and cultivation effects on soil organic content in US grassland soils. Science Society of America Journal, 1989, 53: 800.

6. Fankhauser, S., D.W.Pearce. The social costs of greenhouse gas emissions. The economics of climate change, in Proceedings of an OECD/IEA Conference. Paris, 1994, 71-86.

7. Mosier, A., D.Schimel, D.Valentine, et al. Methane and nitrous oxide fluxes in native, fertilized and cultivated grasslands. Nature, 1991, 350: 330.

8. Editorial Board of Economic Almanac of China. Economic Almanac of China (1995) (in Chinese). Beijing: China Economic Almanac Press, 1995, pp.688, 765.

9. PCAST Panel on Biodiversity and Ecosystems. Teaming with Life: Investing in Science to Understand and Use America's Living Capital. Washington D. C.: President's Committee of Advisers on Science and Technology (PCAST), 1998.

第61章

中国生态区评价纲要*

张新时

(中国科学院植物研究所,北京　100093)

摘要　生态环境问题是全球性热点问题,生态环境建设和发展是我国西部大开发的关键和突破口,本文从全球生态学的角度把我国的生态环境建设和发展归结为6个方面的功能性问题和10个关键的生态区,并提出了研究方案与技术路线。结合现有研究条件和研究状况,具有重要的理论意义和实用价值。

关键词　全球变化;可持续发展;生物多样性;生态区;评价

---

* 本文发表在《四川师范大学学报(自然科学版)》,2006,21(2):123-125。

即将到来的 21 世纪,世界与我国面临严峻的生态环境问题的挑战与威胁,成为地球环境与社会可持续发展的极严重障碍,引起了国际政治界、科学界与社会公众团体以及媒体的极大关注。目前乃至未来突出的生态环境问题是:资源(淡水、粮食、能源、可耕地、森林、草地)的相对/绝对匮缺,环境(大气、水体、土壤)污染,温室气体剧增引起的全球变暖及由此导致的极端气候、灾害的连锁反应,生物多样性减少、丧失与物种灭绝,以及荒漠化与水土流失扩展等。这些问题在我国特殊的自然、社会条件与历史背景下均有不同程度甚至极端的表现,可归结为以下 6 个方面的功能性问题与 10 个关键的生态区:

生态功能性的 6 大方面:

A. 可持续农业体系;B. 荒漠化、水土流失与土地退化;C. 生物多样性的丧失;D. 全球变暖的不均衡性;E. 天然林保育与重建;F. 草地生态管理。

10 个关键的生态区:

1. 西北干旱半干旱区;2. 黄土高原;3. 黄河中上游;4. 长江上游;5. 农牧过渡带;6. 华北平原;7. 东北平原与山地;8. 华南红土丘陵区;9. 西南岩溶区;10. 青藏高原。

这 6 大生态功能与 10 个关键生态区组成的问题矩阵(见表 61-1),大体上显示了我国亟待解决的生态环境问题及其地理格局,也是关系到我国可持续发展与否的一系列具体的难题。

对以上问题给予:科学机理的评定;政策方面的评判与调整;管理对策的设置。亦即给予"生态区评价"(Ecoregional Assessment ≈ Bioregional Assessment),乃是合理解决这些问题的第一重要步骤。也就是说,科学工作者从科学现象、问题与规律出发,提出问题的自然或人为的原因、过程、趋势与格局,向决策者(立法者、政策制定者)即政府建议制定或修订、补充、完善有关的政策与法律及可行性的对策与管理措施,作为行政部门(执法者)执法与管理的依据与办法。这样的三结合(科学家-决策者-行政部门)可以克服科学家们一些不负责任或不可行的、不能被采用的"空谈",避免决策者立法的不科学性或盲目性,消除行政管理方面的低效、无效甚至有害操作,从而实现科学、高效、可行的生态管理。这将必然对下一世纪地球的一个重要部分——我国的生态环境恶化的减缓、制止与改善做出积极的重要贡献,由此保证我国与地球的可持续发展。

生态区评价是国际上近年来的新生事物,它是为了解决各国普遍存在且日益紧张的自然资源开发利用与保育之间的矛盾而进行的区域性或问题倾向性评价,并将科学家的科学问题与决策者的政策和行政管理者的可行性紧密结合起来的综合方案。生态区评价首先发起于美国,1993 年,在克林顿总统召开的森林大会上所制定的《森林生态系统管理评价工作组(FEMAT)报告》成为总统的森林方案,确立了以生态系统管理为基础的美国天然林管理的新概念与原则。此方案成为美国西北太平洋沿岸森林管理的历史转折点,结束了早先的森林砍伐,而转向以经营为主。FEMAT 开生态区评价的先河,并成为将科学问题与政策和管理相结合的范例。在此之后,美国又进行了 6 个不同生态系统与地区的生态区评价,即:

1. 大湖区 - 圣劳伦斯河盆地(Great Lakes-St. Lawrence River Basin)评价;

2. 埃弗格拉德斯 - 南佛罗里达(Everglades-South Florida)评价;

3. 北方林地(Northern Forest Lands)评价;

4. 南加利福尼亚自然群落(Southern California Natural Community)保育计划;

5. 内哥伦比亚盆地生态系统(Interior Columbia Basin Ecosystem)管理方案;

6. 内华达山地生态系统(Sierra Nevada Ecosystem)方案。

这些评价方案虽对象与方法很不相同,但均对生态系统与自然资源开发与保育的平衡和可持续发展起到了良好的指导作用,得到地方政府部门的好评与肯定。

最近,作为"世界生态系统 2000 年评价"领导委员会成员的 25 位著名科学家(其中有我国徐冠华院士)在 Science 杂志上呼吁"一个国际的评价系统是急迫需要的"(Science,Vol286,22 October 1999,pp. 685-686)。评价的科学问题涉及各类生态系统的功能,包括生态系统的产物与公益:食物的供应与需求,淡水的供应与需求,森林产品的供应与需求,生物多样性的丧失与气候变化,以及其过程。

针对我国 4 个生态功能大区,即西部高山高原水源涵养区域、西北荒漠化防治区域、华南水土保持区域、东部工农业防护绿化区域,以及所涉及的 10 个生态区与 6 个生态功能问题(见表 61-1),通过

表 61-1　我国的关键生态区域及其生态功能问题

Table 61-1　The key ecological regions and ecological functional problems in China

关键生态区	功能性方面					
	A. 可持续农业体系	B. 荒漠化、水土流失与土地退化	C. 生物多样性的丧失	D. 全球变暖的不均衡性	E. 天然林保育与重建	F. 草地生态管理
1. 西北干旱半干旱区	*	* *	*	*	*	* *
2. 黄土高原	*	* *	* *	*	?	* *
3. 黄河中上游	*	* *	*	*	* *	*
4. 长江上游	*	* *	* *	*	* *	*
5. 农牧过渡带	*	* *	* *	* *	*	* *
6. 华北平原	*	*	* *	*		*
7. 东北平原与山地	*	*	* *	* *	* *	*
8. 华南红土丘陵区	*	*	* *			*
9. 西南岩溶区	*	* *	* *	*	* *	
10. 青藏高原	*	*	* *	* *		* *

资料搜集、实地考察和研究讨论以确定具体的咨询方案,分组完成不同问题与生态区的评价报告,向有关政府部门提出生态区对策与评价报告,对缓解和解决我国的主要生态环境问题,保证我国生态与社会的可持续发展,具有重要的理论意义和应用价值。

研究方案与技术路线

生态区评价是高度综合的、跨学科、高层次与前瞻性的研究过程,其实施并不需要进行大量具体的野外实验与观测,而主要是在几十年来许多的数据资料积累与大量科研成果的基础上,依靠生态集成(synthesis)和生态模型方法,通过分析、讨论与综合,补充野外考察,对不同生态区和不同生态功能提出综合评价,最后制定相应的管理对策。

现有基础条件及研究概况

1. 中国科学院与有关大学的研究人员对“生态区评价”有较深入的研究,尤其是美国森林生态系统及其他不同类型生态系统的生物区评价工作,可以借鉴作为本项目方法论的指导。

2. 中国科学院生物学部与地学部在我国南方山地草地、西北干旱半干旱区可持续农业、北方水资源等咨询项目以及大量有关科学研究的积累甚丰,可作为我国关键生态区评价的基础与背景,由此保证本项目的顺利开展与完成。

3. 所需要的各种数据库、生态模型与计算机软硬件系统完备,并拥有优秀的人才,足可承担所需的计算与模拟任务。通过较广泛的国际协作网络,可及时得到国际学术动态与信息以及智力的投入。

A Programme of Ecoregional Assessment in China

Zhang Xin-Shi

（**Institute of Botany, the Chinese Academy of Sciences, Beijing 100093, China**）

Abstract Ecological environment is a burning problem in the whole world and the construction and development of ecological environment is a key point and breakthrough in the Great West Exploitation in China. For ecology all over the world, the problems for the construction and development of the Chinese ecological environment are summed up as six aspects of functional ones and it has divided the whole country into ten key ecological regions. The paper has also put forward research proposals and technical route and analysed the present conditions and state for research. This is of great theoretical significance and practical value.

Key words change all over the world; sustainable development; biodiversity; ecological region; appreciation

第 62 章

Theory and Practice of Marginal Ecosystem Management-Establishment of Optimized Eco-productive Paradigm of Grassland and Farming-Pastoral Zone of North China *

Zhang Xin-Shi[1,2], Shi Pei-Jun[1]

(1. Institute of Resources Science, Beijing Normal University, Beijing 100875, China;

2. Institute of Botany, The Chinese Academy of Sciences, Beijing 100093, China)

In the implementation of the strategic decision of the Western Region Development in the new century, the great grassland in North China and the farming-pastoral zone to its southeast are the sensitive and significant forward position of the national ecology and environment protection. In the past century, as a result of irrational land use, such as estrepement, over grazing, over logging and so on, the ecosystem of the grassland and farming-pastoral zone is damaged. Land wind erosion and desertification, soil erosion, salinization and aridity are aggravated and the productivity is reducing. The disaster of sand blown by wind, insect and rat pests happens frequently. All of these greatly endanger the farming and animal husbandry production, and become the fatal threat of the environment. The region is the main source of sand of the capital and eastern regions. The State Council issued "Construct Planning of the National Environment" that ascertained the grassland region as one of the eight regions of the national environment construction and one of the four important regions that have the priority construction by 2010. Whether the environment construction is successful, lies on the restoration of degenerated ecosystems and the building of high efficiency farming-pastoral ecosystems. Studying on scientific issues, designing and evaluation science and technology management countermeasures of this key region is an urgent mission. An optimized eco-productive system, based on the sustainable development idea and supported by the related scientific theory and new and high technology, which is feasible for economy, should be constructed.

The national key basic research development program, Ecosystem Restoration and Optimized Eco-productive Paradigm of Grassland and Farming-Pastoral Zone of North China (G2000018600), was set up formally in October 2000. By about three years studying and practice of the project researchers, we have obtained some research results. Some papers are selected to pass the checking by *Acat Botanica Sinica*, and published in this special (formal).

---

* 本文发表在《植物学报(英文版)》,2003,45(10):1135-1138。

1. Background of the Program

Mission of the project: The farming-pastoral zone lies in the chaotic edge between the farming region and grassland. The key question consists of finding one or more balance points among farming, forestry and animal husbandry. As the ecological barrier and dust filtering belt of the eastern agriculture, farming-pastoral zone has a compound system with farming and grazing, namely, a graziery base mainly for rearing in confinement and fattening, which founded on artificial pasture and food patch which is managed by farming way associated with tree buffer belts. The spatial character of this system is a land use configuration with banding or mosaic shape allocated by landscape or component.

The execution of this study will strongly promote the development of Chinese agriculture science, especially grassland science, earth science, resource and environment science, ecology and other related fields. In addition, it will be helpful in forming a series of innovative issue, research hotspot and advancing domain.

Objectives: Establish the information and integrated analysis platform of water and soil and biology resources of the region. Understand the mechanism of the integrated soil erosion by water and wind and the grassland degeneration. Understand the farming-pastoral compound productivity development and the coupling amplificatory mechanism. Understand the renewal and restoration mechanism of the degeneration system. Provide the effective approaches of improving the environment of the grassland and farming-pastoral zone. Establish the renewal and restoration model of the degeneration ecosystem at different scales. Optimized eco-productive paradigm and provide the theory base for the new industry development.

Research foci: (1) biological fundaments of gene pool of forage grass and livestock; (2) mechanisms of wind erosion and water erosion and grassland deterioration; (3) mechanisms of ecosystem productivity formation; (4) rational patterns of ecological security and land-use; (5) models of degenerated ecosystems restoration and their virtual simulations; (6) mechanisms of integration of farming-pastoral-forestry ecosystem and productivity's coupling; (7) optimized eco-productive paradigms and formation of new production belt.

2. Main Scientific Advancements of the Program

2.1 Theory of marginal ecosystem management

Aiming at the transitional feature of the ecosystem of the research area, we propose the theory framework, methodology system and practicing regulation approach of constructing Marginal Ecosystem Management as well as the optimized eco-productive paradigm.

Based on this understanding, we propose that this research regards the mosaic landscape ecology model and simulation → and use pattern with ecosystem security → eco-productive paradigm construction of typical landscape area as the central line. Based on the work of deep studying the ecosystem productivity and conforming of soil erosion critical value and ecological water use value, we have simulated the change process of ecosystem and land use on the landscape scale, established the land use pattern under the condition of secure ecosystem and optimized eco-productive paradigms of six typical areas. We compared the farming-pastoral zone of North China with Sahel zone of North Africa and proposed that the research of farming-pastoral zone of North China have the scientific and practical meaning to understand the responding mechanism of the region to global change.

2.2 Eco-productive paradigm basic framework of six grassland and farming-pastoral zones of North China

2.2.1 We have primevally constructed six eco-productive paradigms in typical regions, which were satisfied with the need of ecosystem restoration and the need of solving the problem of developing productivity.

(1) Developing deeply Ordos Three-Circle paradigm(Ejin Horo Banner of Nei Mongol).

(2) Preliminarily proposing the eco-productive paradigm of Sediment-Rock type zone of the Yellow River valley(located in Jungar Banner of Nei Mongol): food and fodder producing base with high-effectively water use in riverbed; Artificially planting tree, shrub and grass and fodder producing base in mesa covered with sand and hill covered with sandy loess; Sediment-Rock hill enclosed for vegetation restoration and water-soil conservation as ecological construction base.

(3) Developing "three belt" paradigm in Xilinguole of Nei Mongol: high-efficiency and high-productivity artificial forage grass and fodder base in river valley; artificially meliorated forage grass base in mesa; natural grassland recovering and ecological restoration base lack of water in ridges(undulated high plain).

(4) Preliminarily proposing of South China mountain-basin eco-productive paradigm (Huailai County, Hebei Province): artificial protective belt around the reservoir; high efficient economic belt in river valley; hilly belt for artificial grassland and raising livestock in sty; mountain belt of ecological conservation.

(5) Preliminarily proposing of Horqin sand land eco-productive paradigm(Changling County, Jilin Province): artificial improving forage grass land of saline-alkali land around lake; plain base for artificial forage grass; low wave sand dune base for ecological restoration.

(6) Preliminarily proposing the optimized eco-productive paradigm for small watersheds in Hilly Gullied Loess Plateau: (mountaintop) tree-shrub-grass protective belt; (mountainside) water-soil conservation belt with economic woodland; (foot and gentle slope) terraced fields and basic farmland belt.

2.2.2 Based on the six eco-productive paradigms, the eco-productive paradigm base construction stratagem is brought forward. The land use mode is adjusted from "small area ecological construction and large area production developing" to "large area ecological construction but small area production developing". It is not only simply converting farmland for forestry and pasture, but also the transition of production mode, adjustment of land use mode. In some places farmlands were converted for forestry and grasslands; in some places farmlands were converted for pasture, developing live-stock raising in sties; in some places farmlands were converted for grassland, because only enclosed process cannot solve the problem of soil erosion and wind erosion and desertification; in some places cultivating forage grass for livestock raising, grazing does not exist. The sustainable development mode, industrialization of ecological construction and industry realization in ecology, is proposed.

The innovation results of the above-mentioned two parts should be consummated in the next years. As the program is going on, a few more innovative viewpoints and results are in the process of experimentation and summarizing.

Acknowledgments: In the course of project's organization and performing, we get the support of Ministry of Science and Technology, Ministry of Education, The Chinese Academy of Sciences and Ministry of Agriculture. We give our sincerely acknowledgment to them. Thanks to the instruction and support of experts in consultation commission: Professor Wen Da-Zhong, Zhang Zhi-Li and Zhang Jia-Ye; Thanks to the instruction and support of non-project experts in project experts group: Academician Sun Hong-Lie and Professor Cui Hai-Ting; Thanks to all the people taking part in the project for their great endeavors and hard works in research.

边际生态系统管理的理论与实践——我国北方草原与农牧交错带"优化生态-生产范式"构建

张新时[1,2]　史培军[1]

（1. 北京师范大学资源科学研究所,北京　100875;2. 中国科学院植物研究所,北京　100093）

在新世纪国家西部大开发的战略决策实施中,北方大草原及其东南边缘的农牧交错带,是对国民经济和生态环境保育极其敏感和至关重要的前沿阵地。在过去,草地与农牧交错带因不合理的土地利用方式,如滥垦、过牧、樵采等,使这一区域的生态系统受损,土地风蚀沙化、水土流失、盐碱化、干旱化加剧,生产力降低,风沙灾害和虫鼠害频发,造成对农牧业生产与人民生活的严重危害和生态环境的重大威胁,成为首都及东部地区沙尘天气的主要沙源地。1999 年 1 月国务院发布的《全国生态环境建设规划》明确将草原区确定为全国生态环境建设的 8 个类型区之一,并作为 2010 年之前优先实施建设规划的 4 个重点地区之一。生态环境建设工程能否取得成功,在很大程度上取决于退化生态系统的恢复和高效农牧复合生态系统的建立。因此迫切需要对草地与农牧交错带这一关键地区的开发进行科学问题研究和科技管理对策的设计与评价,确定一个以可持续发展思想为基础的,以有关科学理论与高新技术路线支持的,在经济上可行的优化生态-生产系统方案。

2000 年 10 月,由教育部、中国科学院与农业部共同组织申请的国家重点基础研究发展规划项目"草地与农牧交错带生态系统重建机理及优化生态-生产范式"（G2000018600）经国家科技部批准正式立项。经过项目研究者近 3 年的研究和实践,产生了一批研究成果,特遴选部分论文,通过《植物学报》审稿后,以正刊专辑的形式发表。

1. 项目的背景

总体设想:农牧交错带处在农区和草原带两个系统之间的混沌边缘,其关键在于找到一个生态与经济的平衡点或多个平衡点,以避免陷于无序性而导致系统退化与崩溃,又不可远离边缘以至系统僵化和单调。因此,农牧交错带要在农、林、牧 3 个系统之间找到平衡。农牧交错带作为东部农区的生态屏障与风沙过滤带,其最基本的系统就是复合的农（林）牧系统,即以农业方式经营的人工草地、饲料地结合乔灌防护带为基础的舍饲和育肥为主的畜牧业基地,其空间结构特征是按景观对农林牧组分进行配置的带状或镶嵌状的土地利用格局。

本项目的实施将对我国农业科学,尤其是草地科学、生态科学、地球科学、资源与环境科学及相关科学领域的发展产生强劲的推动作用,形成一系列的创新论点、研究热点和前沿领域。

研究目标:建立研究地区的水土与生物资源背景信息库与集成分析平台;揭示风水复合侵蚀与草地退化机理;揭示农牧复合系统生产力形成及耦合放大机制;揭示退化生态系统恢复和重建的机理;给出改善草地与农牧交错带生态环境的有效途径;建立不同尺度的退化生态系统恢复与重建模型;建立典型区优化生态-生产范式,为新产业带形成与建设提供理论依据。

主要研究内容:(1)农牧交错带的饲草与家畜种质资源的生物学基础;(2)农牧交错带的风水侵蚀与草地退化机理;(3)农牧交错带的生态系统生产力形成机制;(4)农牧交错带的生态安全与土地利用格局;(5)生态系统与景观尺度的机理模型与模拟;(6)农牧林系统复合与生产力耦合机制;(7)优化生态-生产范式与新产业带形成的理论基础。

2. 项目取得的主要科学进展

2.1 "边际生态系统管理"理论体系

针对研究区生态系统的过渡性,提出建立"边际生态系统管理"(Marginal Ecosystem Management)的理论框架、方法论体系和实践调控途径,以及优化生态-生产范式。基于这一理论认识,提出本项目以"边际生态系统动力学(Marginal Ecosystem Dynamics)→镶嵌景观生态模型与模拟→生态安全条件下的土地利用格局厘定→典型景观区域生态-生产范式建立"为主线,在深入开展生态系统生产力、土壤侵蚀临界值、生态用水量确定等工作的基础上,在景观尺度上模拟了生态系统和土地利用变化过程,初步确定了农牧交错带生态安全条件下的土地利用格局,建立 6 个典型区域的优化生态-生产范式。并将我国北方农牧交错带与北非萨哈尔带相比较,提出我国北方农牧交错带具有理解全球变化区域响应机制的科学与实践意义。

2.2 草原区和农牧交错带 6 个生态-生产范式的基本框架

初步建立了既能满足生态恢复的要求,又能解决生产问题的典型区域的六种生态-生产范式:

(1)进一步完善了鄂尔多斯的"三圈"模式(内蒙古伊金霍洛旗);

(2)初步提出了黄河峡谷砒砂岩类型的生态-生产范式(内蒙古准格尔旗):河川地高效节水粮食与饲料生产基地;覆沙台地和沙黄土丘陵人工林、灌、草饲料饲草生产基地;砒砂岩丘陵封育恢复水土保持生态建设基地。

(3)进一步完善了内蒙古锡林郭勒的"三带"模式:河谷地高效高产人工饲料和饲草基地;台地(层状高平原)人工改良饲草基地缺水梁地(波状高平原)围封恢复天然草场生态保育建设基地。

(4)初步提出了华北山间盆地生态-生产范式(河北怀来县):环库水源保护人工林、灌、草带;环库平原人工高效农业生产基地;覆沙台地或阶地人工防护林饲草饲料生产基地;低山丘陵围封恢复天然生态保育建设基地。

(5)初步提出了科尔沁沙地生态-生产范式(吉林长岭县):环湖(沿河)盐碱地(甸子)人工改良饲草地;覆沙平原人工饲草饲料基地;低起伏沙丘地(坨子)围封恢复天然生态保育建设基地。

(6)初步提出了黄土高原丘陵沟壑区小流域优化生态-生产范式的概念框架:沟头林灌草防护与畜牧养殖带-沟内缓坡经济林果带-沟口坝地高效农业带。

在上述 6 种生态-生产范式的基础上,进一步提出了生态-生产基地建设战略:由"小面积搞生态,大面积搞生产",调整为"大面积搞生态,小面积搞生产"的土地利用模式。它不是简单的退耕还林,而是生产方式的大转换,是土地利用方式的大调整:有的地方是退耕还林还草;有的地方是退耕还牧,发展舍饲畜牧业;有的地方是退林还草,因为仅仅封育依然解决不了水土流失和风蚀沙化的问题;有的地方是育草养牧,不再进行天然放牧。并提取区域"生态建设产业化、产业发展生态化"的可持续发展模式。

以上两部分创新成果还有待在今后两年期间进一步完善。由于项目正在进行中,还有若干个创新性的观点和成果正在试验和总结过程中。

致谢:项目的组织和执行过程中,得到科技部、教育部、中国科学院与农业部的指导和大力支持。特此致谢。感谢项目咨询专家组的闻大中教授、张芝利教授、张家骅教授的指导和支持;感谢项目专家组中的非项目专家孙鸿烈院士、崔海亭教授的指导和支持。感谢参加项目的全体科研人员所付出的努力和辛勤的工作!

第 *63* 章

Adopting An Ecological View of Metropolitan Landscape: The Case of "Three Circles System" for Ecological Construction and Restoration in Beijing Area[*]

Zhang Feng, Zhang Xin-shi

(Laboratory of Quantitative Vegetation Ecology, Institute of Botany, Chinese Academy of Sciences, Beijing　100093, China)

Abstract　Ecological construction and restoration for sustainable development are now a driving paradigm. It is increasingly recognized that ecological principles, especially landscape ecology theory, are not only necessary but also essential to maintain the long-term sustainability worldwide. Key landscape ecology principles-element, structure and process, dynamics, heterogeneity, hierarchies, connectivity, place and time were reviewed, and use Beijing area as a case study to illustrate how these principles might be applied to ecological construction and restoration, to eventually achieve sustainability. An example to more effectively incorporate the ecological principles in sustainable planning in China was presented.

Keywords　landscape ecology; ecological principles; ecological benefits; Beijing

---

* 本文发表在 *Journal of Environmental Sciences*, 2004, 16(4):610-615。国家 973 计划项目资助(G2000018607)。张新时为通讯作者。

Introduction

Global changes induced by human activities include modification of the global climate system, reduction in stratospheric ozone, alteration of earth's biogeochemical cycles, changes in the distribution and abundance of biological resources, deceasing water quality (Meyer and Turner, 1994; Vitousek et al. , 1997; Mahlman, 1997) and so on. However, land cover changes have been identified as a primary, profound and pervasive effect of humans on natural systems(Vitousek, 1994; Dale et al. ,2000; Zipperer et al. ,2000). That is because the widespread changes of land cover affects so many of the planet's physical and biological systems, which maintain the ability of Earth to continue providing the goods and services for human being. Especially, the transformation of the urban and urbanizing landscape has profound social and ecological consequences, and has been highlighted by ecologists worldwide(Meyer and Turner, 1994; Flores et al. ,1998; Zipperer et al. , 2000). Therefore, ecological construction and restoration, related to land use planning and land use decisions for sustainable development are now a driving paradigm.

Unfortunately, potential ecological effects have not been put more emphasis on, when making land use decisions. Moreover, ecological theory or thinking is rarely incorporated in land use planning or management(Dale et al. , 2000). To meet the challenge, an ecological framework and principles that are relevant to land use decisions are not only necessary but also essential to incorporating ecological principles in land use planning and management, in order to maintain the long-term sustainability of ecosystem benefits, services, and resources(Zipperer et al. ,2000).

Many famous ecologists, for instance, Risser et al. (1984), Forman and Godron(1986), Risser(1987), Forman(1995a), Flores et al. (1998), Dale et al. (2000) and Zipperer et al.(2000), presented many key ecological principles. These principles are not at odds with each other, and they, in different study fields,

reflect different aspects. Furthermore, specifying ecological principles and understanding their implications for land-use and land-management decisions in concrete or special region, are essential not only to theory development, but also in the application of ecological theory in land use planning. Therefore, a major intent of this paper is to set forth landscape ecology principles relevant to land use and management and use Beijing area as a case study to illustrate how these principles might be applied to achieve sustainable ecological landscape.

1. Ecological conditions and problems of Beijing area

Beijing, as the capital of the People's Republic of China, has an area of 16 807. 8 km², with mountain area 10 418 km², and plain area 6390 km², composed of 18 administrative districts or counties(BMPC,1987).

The quality of Beijing's ecological environmental directly affects the sustainability of capital social-economic development, and has close relationship with appearance as international metropolitan. Currently, ecological environment of Beijing is fragile, and the quality of ecological environment is lower, which is follows: (1) In mountain region, vegetation devastation, water runoff and soil erosion are serious. Ecological benefits cannot function normally. There was about 15 000 hm² wild land suitable to plantation need plantation and greening, where soil and water loss is serious. (2) In plain region, extensive agriculture activity and inappropriate agricultural structure, combined with sandy soil along rivers, there are 101 000 hm² potential sand soil, and 240 000 hm² sandy area, accounting for 14. 4% of Beijing area and 38% of plain area, at the same time, water level of groundwater descended increasingly. (3) Urban heat island and environmental pollution still exist.

It is shown that Beijing current ecological conditions mismatch with its functional property and position of capital, at the same time, it cannot meet the need of production and life for people in Beijing. Therefore, Beijing's ecological construction and restoration demand strengthening and consolidating, and what is more to incorporate ecological principles in land use planning and decisions. In this paper, the key landscape ecology principles-element, structure and process, dynamics, heterogeneity, hierarchies, connectivity, place and time are discussed and then use Beijing as a case study to illustrate how ecological principles effectively incorporated in sustainable planning.

2. Landscape ecology principles

Ecology and planning have many common interests, ecology concerned with the functioning of resources, planning focusing on their appropriate use for human's benefit. Sound (short- and long-term) planning cannot be achieved without full consideration in the view of ecology(Leitao and Ahern, 2002).

According to Forman and Godron (1986), landscape ecology focuses on (1) the distribution patterns of landscape elements or ecosystems; (2) the flows of animals, plants, energy, mineral nutrients, and water across these elements; and (3) the ecological changes in the landscape mosaic over time. Therefore, structure, function and change are three fundamental landscape characteristics. Landscape introduced several aspects that were important in land use planning and decisions: (1) spatial heterogeneity; (2) time and spatial scales; (3) interaction of spatial pattern and ecological process; (4) hierarchy characteristics of ecological system; (5) dynamics of mosaics, identification of

disturbance as organic parts of system; (6) close relationship between society, economy, people and ecological process(Wu, 2000).

2.1 Landscape element

Forman and Godron(1986) defined "landscape as a heterogeneous land area composed of a cluster of interacting ecosystems that is repeated in similar form throughout". These ecosystems are called landscape elements, and they can be polygon, line, network and so on. According to Flores et al. (1998), the concept of the ecosystem, as an ecological principle, is prime importance to planners. An ecosystem consists of organisms, a physical environment, and the interactions and exchanges among the organisms and the environment. All ecosystems have structure and function, structure refers to the physical arrangement of system components, and function means the interactions among components. Ecological function has close relationship with structure. Ecological system structure of natural or undisturbed by human, have highly environmental benefits(Table 63-1).

Also, the organisms, for instance, particular species and networks of interacting species in ecosystem have key, broad-scale ecosystem-level effects(Dale et al. ,2000). Dale et al. (2000)believe these focal species such as indicator species, keystone species, ecological engineers, umbrella species and so on, affect ecological system in diverse ways. Therefore, large regional reserves, with diverse ecosystem and rich species should be established to attain good environment benefits.

Table 63-1 Examples of environmental benefits sustained by urban greenspaces

Biological benefits	Social benefits	Physical benefits
Refuge for threatened and endangered species	Recreational opportunities	Flood control
Increased biodiversity	Enhancement of property value	Reduction of erosion
Habitat for flora and fauna	Community cohesion	Modulation of temperature
Storage and cycling of nutrients	Aesthetic enhancement	Removal of air pollution
Ecosystem/community representativeness	Source of knowledge	Protection of water quality

Notes: Quotation from Flores et al. ,1998.

2.2 Landscape structure and process

Landscape structure consists mainly of the size, shape, composition, number, and position of different ecosystems within a landscape. Landscape structure influences processes such as the flow of energy, materials, and species between the ecosystems within a landscape. It was the core of landscape ecology.

Landscape ecologists have proposed that landscape structure, especially the size, number, and isolation of habitat patches, can influence local population density, extinction of local populations, and the movement of organisms between potentially suitable habitats. For instance, fragmentation of habitats including loss of the original habitats, reduction in habitat patch size, and increasing isolation of habitat patches will lead to loss of biodiversity or extinction of species(Leitao, 2002). Similarly, the size, shape, and spatial relationships of land cover types influence the dynamics of populations, communities, and ecosystems. Structure and function of a land unit is often strongly influenced by those land units adjacent to it, at the same time, other land units within its neighborhood significantly influenced it (Flores et al., 1998). For another example, a land unit with a high edge to interior ratio(circumference/area) may be considerably more sensitive to external factors than one with a smaller ratio sharing a similar ecological context(Forman, 1995b).

Human land use has influenced most landscape, resulting in a landscape mosaic of natural and human-managed patches that vary in size, shape and arrangement (Burgess et al. , 1981; Forman and Godrorn, 1986; Krummel et al., 1987; Turner and Ruscher, 1988). Since spatial pattern strongly influences the ecological processes, then our goal is to thriving for an optimal spatial arrangement or structure of landscape mosaic to attain the best ecological benefits.

2.3 Landscape dynamics

Ecological systems are dynamic, and their structure and function are in constant flux. Landscapes are structured and change in response to geological processes, climate, activities of organisms, and distur-

bance. The patterns of landscape development in time and space result from complex interactions of physical biological and social forces(Urban et al. ,1987;Turner and Ruscher, 1988). (1) The geological features or function such as volcanism, sedimentation, and erosion interact with climate provide a primary source of landscape structure. Climate is also a major determinant of landscape structure, because it determines whether the potential ecosystem in area will be temperate forest, tundra, or desert, and it also sets the baseline for aquatic ecosystem. As climate changes, landscapes change.(2) Human activities dramatically alter natural landscape. It is estimated that, between 1700 and 1980, the area of forests and woodlands decreased globally by 19% and grasslands and pastures diminished by 8% while world croplands increased by 466%(Dale et al. , 2000). Furthermore, the pace of change has accelerated, with greater loss of forests and grasslands during the 30 years from 1950 to 1980 than in the 150 years between 1700 and 1850. Also, the type, intensity, and duration of disturbance shape the characteristics of populations, communities, and ecosystems. Disturbance may be natural factors (wildfires, storms of floods) or human activities such as transformation of land use, building roads or urban development.

2.4 Landscape heterogeneity

A landscape is a heterogeneous area composed of several ecosystems. Heterogeneity is crucial to the functioning and maintenance of natural systems to provide environmental benefits. Heterogeneous region maintains more types of organisms and more diversity of ecosystem process than does a large area of homogeneous habitat(Wilson et al. , 1997). The spatial heterogeneity in ecological system at various scales often influences important functions, ranging from population structure through community composition to ecosystem processes. Increasing species diversity and ecosystem diversity are necessary to generate the genetic, biological, and biogeochemical capacity to adapt and respond to a changing environment. This is the essence and foundation of sustainability.

2.5 Landscape hierarchies

Landscape ecology focus on an organizational scale above that addressed by community and ecosystem ecology. And ecological dynamics and heterogeneity are manifested at different nested hierarchical levels(Flores et al., 1998). Hierarchy theory is concerned with systems that have a certain type of organized complexity. Hierarchically organized systems can be divided, or decomposed into discrete functional components operating at different scales(Urban et al., 1987). Natural phenomena often are complex and not perfectly decomposable: spatial boundaries may be difficult to define precisely and components may interact. Yet components of a hierarchical system are often organized into levels according to functional scale or conceptualized as hierarchical systems. Each of these function hierarchies is more than a convenient way to organize spatial heterogeneity. The most important is that hierarchy system is help to analyze which factors influence the patterns and processes observed at each scale and functional relationships within and between scales (Pickett and Cadenasso, 1997; Zipperer et al., 2000). Therefore, dividing the metropolitan areas into functional components, and then different structure of each function component will be analyzed, at the same time, different ecological restoration measures will be carried out.

2.6 Landscape connectivity

Landscape connectivity refers how spatially or functionally continuous a patch, corridor, network or matrix of concern is. It includes not only continuity spatially, but also more important functionally(Wu, 2000). Connectivity spatially means continuity in spatial, and connectivity functionally refers landscape connectivity identified by the characteristics of ecological objectivity or ecological process. In the study of ecology, avoid of ecological process, it is no meaning only to consider superficial and structural connectivity.

Connectivity provides a good example for the application of landscape ecological principles to land use decision. A growing body of literature suggested that habitat connectivity is important to the persistence of both plant and animal populations in fragmented landscapes(Forman and Godrorn, 1986; Forman, 1995b). Connectivity is the fundamental landscape concept to support sustainable land use planning and conservation strategies, such as the ecological network concept(van Lier, 1998). The greenways movement has been advocating and implementing ecological networks internationally. The European Ecological Network, an important goal of the European Community's Habitat Directive, is also based largely on the concept of connectivity. In addition, a network of ecological corridors to connect the entire Australian continent has been proposed (Leitao and Ahern, 2002).

2.7 Place and time principles

Place and time principles can make us accurately analyze ecological phenomena or characteristics at landscape or regional scales. As it was described in landscape dynamics, local climatic, hydrologic, edaphic, and geomorphologic factors as well as biotic interactions strongly affect ecological processes and the abundance and distribution of species at any one place. Local environmental conditions reflect location along gradients of elevation, longitude, and latitude and the multitude of micro-scale physical, chemical and edaphic factors that vary within these gradients. These factors constrain the locations of agriculture, forestry, and other land uses, as well as provide the ecosystem with a particular appearance. For instance, the alluvial deposits along a river valley provide growing conditions different from those on thin, well-rained soils on nearby hills.

Ecological processes function at many time scales, some long, some short; and ecosystems change through time. The time principle has several important implications for landuse: firstly, the current composition, structure, and function of an ecological system are, in part, a consequence of historical events or conditions that occurred decades to centuries before; secondly, the full ecological effects of human activities often are not seen for many years because of the time it takes for a given action to propagate through components of the system; thirdly, the ecological influences of current land use pattern may persist on the landscape for a long time, constraining future land use for decades or centuries; finally, the long-term effects of land use or management may be difficult to predict, just because of the variation and the change of characterizing ecosystem structure and process(Dale et al. ,2000).

We discussed several key landscape ecology principles-element, structure and process, dynamics, heterogeneity, hierarchies, connectivity, place and time. These ecological principles are often interdependent and related, and in general, ecological characteristics and process can be interpreted by several principles. Furthermore, we use the Beijing City Metropolitan Area as a case study to illustrate how these principles might be applied to achieve sustainable planning goals. We additionally set an example to more effectively incorporate the modern ecological principles in other planning in our country.

3. The use of modern ecological principles in ecological restoration for Beijing City region

Hierarchy theory is concerned with systems that have a certain type of organized complexity. Hierarchically organized systems can be divided, or decomposed, into discrete functional components operating at different scales(Urban et al. ,1987).We develop three circles hierarchy system to study ecological construction and restoration of Beijing City region according to functional scale. At the same time, the functional components are in agreement with place principle, different components have different physical environment feature. The "three circles" system mean mountain region, plain region and urban area, and their objectives are that:(1)mountain region should play a critical role in providing ecological benefits such as water and soil conservation, water source protection;(2)creating heterogeneous mosaics of cropland, forestry, and pasture, and a network of greenways to connect and nurture our cities, suburbs, and protected landscapes;(3)urban area should focus on greening, including urban parks,

public spaces, natural resources green belt along roads, streets, railway, river and irrigation and soon, to improve the environmental quality of our cities.

Given that ecological interactions are often intricate, inconspicuous, and involve temporal and spatial lags, the task of protecting and restoring environmental benefits for a Metropolitan area is a challenging one (Flores et al. , 1998).Therefore, the proposal of three-circle conservation theory provides a useful framework for approaching this challenge by addressing three key landscape features of Beijing area:(1) conservation and restoration of mountain area;(2) optimal arrangement of cropland, forestry and pasture;(3) greening of urban area.

3.1　Mountain region : ecological benefits function

The mountain region locates in the east and the north of Beijing area, and the upper portion of Haihe drainage area, the total area of which is 10 400 km^2, accounting for 62%.Based on mountain vertical vegetation zone system, mountain region was divided into middle mountain belt, low mountain belt, Piedmont zone and inter-mountain basin (BMB, 1987). Different belt have different topography, landform and climate conditions(Table 63 – 2), thus they have different development direction and ecological conservation measures:

(1) Middle mountain belt : The function of this region is mainly ecological benefits, such as water runoff and soil erosion control, conservation of water supply and provision of wildlife habitat.

(2) Low mountain belt : Deterioration of vegetation and soil and water loss is more serious. Therefore, forestry and biological measures for soil and water should been pervasively applied.

(3) Piedmont zone and inter-mountain basin : This region is mainly for mountain residential area and agriculture activity.Because of good thermal conditions, this region pervasively develops forestry and orchard, and transforms sloped dry land into forestry or pasture.

The mountain region is the water source of Beijing.If there is high quality ecological environment, Beijing area will have high quality and supply water

Table 63-2 Climate characteristics in Beijing area

Type	Elevation, m	MAT, ℃	ACT ≥ 0, ℃	ACT ≥ 10, ℃	AP, mm
Middle mountain belt	>800	<7	<3300	3200~3400	450~550
Low mountain belt	600~800	7.0~8.0	3100~3600	2720~3245	550~600
Piedmont zone and inter-mountain basin	100~600	8.0~10.0	3500~4400	—	500~700
Piedmont plain	<100	11.5~12.3	4550~4650	—	650~700
Low plain	20~50	11.2~1.5	4500~4580	—	600

Notes: Quotation from BMB, 1987; MAT: mean annual temperature; ACT ≥ 0℃: annual cumulated temperature ≥ 0℃; ACT ≥ 10℃: annual cumulated temperature ≥ 10℃; AP: annual precipitation.

without water run off or soil erosion. But at present, the mountain vegetation is seriously destroyed, and ecological function cannot do normally. Therefore, the main direction of mountain region must focus on large regional reserves, construction of water source conservation forest and soil and water conservation forest, at the same time, forestry and biological measures should be combined, to strengthen ecological construction. Creating high quality ecological environment, controlling water runoff and soil erosion, breaking wind and fixing sand are long-term goals. This is the first conservation circle of Beijing area, where ecological benefit should fully function.

3.2 Plain region: creating heterogeneous mosaics of cropland, forestry, and pasture, and a network of green ways

Within the highly fragmented landscapes of a metropolitan region, maintaining connectivity among green paces is paramount in that it may ensure the flow of energy, species and matter. Without connectivity, sites become isolated and their ability to sustain themselves and to produce environmental benefit may diminish.

The region consists of alluvial plains, many rivers through it. Based on humidity and moisture, topographic factor and soil, the region was divided into two subsets: piedmont plain and low plain (Table 63 - 2; BMB, 1987).

In piedmont plain, geomorphologic landscape is floodplain and alluvial plain, and soils are cinnamon soil, coastal soil and so on. Yongding River, Wenyu River, Chaobai River and Jingmi Irrigation Channel are all through this region. Annual precipitation ranges from

650 mm to 700 mm, but precipitation variation is larger, and distribution of it among seasons is uneven. In this region, drought in spring, water logging in summer, and wind-sandy damage along rivers brought out serious results to local agriculture production.

In this region, extensive agriculture activity and inappropriate agricultural structure, combined with sandy soil along rivers, there are 240 000 hm^2, accounting for 14.4% of Beijing area and 38% of plain area, and 101 000 hm^2 potential sand soil. Therefore, the goal of this region should been strengthening the construction of green ways, farmland shelter forest, greening of town and rural themselves. At the same time, optimal agriculture structure should be set up. At last, the plain region should create heterogeneous mosaics of cropland, forestry, and pasture, and a network of greenways to connect and nurture our cities, suburbs, and protected landscapes.

3.3 Urban area: greening system of urban itself

The characteristics of urban area are intensive population density, frequent social economic activities and lack of natural spaces. In this region, function of green spaces should mainly be ecological, beautiful and recreational benefits, for instance, removing air pollution, creating opportunities for creation, fostering community cohesion, reducing noise, and providing wildlife habitat, to improve the quality of life in urban areas. Urban area should focus on greening, including urban parks, public spaces, natural resources and green belt along roads, streets, railway, river and irrigation and so on, to improve the environmental quality of our cities.

Beijing urban area, as famous ancient capital of four dynasties, its ecological environment is highly altered from its pre-development state. Therefore, greening should rule by ecological principles. (1) Creating heterogeneous landscape to increase the complexity of ecosystem structure and ecosystem diversity, for instance, in a park, there should be forestry, shrub, grass, flowers, water and birds. (2) Based on landscape connectivity principle, urban area is also creating a network of greenways, and increase the width of corridors along roads, streets, water irrigation, railways, residents and so on. Because the ecological benefits of green spaces to human outweigh the costs of corridors and increased connectivity.

4. Discussion and conclusions

Based on analysis of ecological principles mentioned above and application of ecological principles in Beijing's ecological construction and ecological restoration, some guidelines were provided to more effectively incorporation the modern ecological framework in other sustainable planning in our country.

4.1　Ecological suitability assessment

Place principle is paramount. Local climatic, hydrologic, edaphic, and geomorphologic factors as well as biotic interactions strongly affect ecological processes and the abundance and distribution of species at any one place. Therefore, to appropriate planning, firstly ecological suitability assessment should be accomplished. Only certain patterns of land use, settlement and development, building construction, or landscape design are compatible with local and regional hydrology and geomorphic conditions, as well as biogeochemical cycles. Then social-economic development is sustainable.

4.2　Analyze land use current pattern, land use dynamics, and land use development prediction at regional level

To comply with the heterogeneity of regional geo-graphic environmental characteristics (geology, geomorphologic, climate, hydrology, soil, vegetation and so on), it must be based on the comprehensive analysis of current land use pattern. Landscape patterns observed today are the result of the interaction of human activities and natural processes (Forman, 1995b). Physical attributes mentioned above play the main role in determining development of the patterns of land use. However, human also can develop specific landuses having no relationship with natural attributes. Thus we must analyze current land use patterns, find negatively ecological ejects determined by inappropriate land use patterns, analyze the main factors affecting the patterns of distribution of each land use type.

According to time principle, current composition, structure, and function of an ecological system are, in part, a consequence of historical events or conditions that occurred decades to centuries before (Dale et al., 2000). It is necessary to study the historical dynamics of land use, because it can contribute to understanding the formation of current land use pattern, analyzing the main factors influencing land use pattern. At last, based on land use dynamics and current pattern analyze, to certain degree, development of land use in the future, combined with social development plan, will be predicted.

4.3　Sustainable landscape ecological planning

Based on the analysis of natural environmental, current land use pattern and land use dynamic in a region. The next step is to conduct sustainable and ecological planning, according to the demand of human being. The underlying and fundamental goal of landscape ecological planning is sustainability. To pursue this goal, various advanced methods tools such as GIS, remote-sensing and spatial statistics, the use of ecological models and simulation techniques are needed. Ecological principles are the fundamental scientific basis to plan and manage for sustainable systems, and landscape is an appropriate unit for sustainable planning. At the same time, human activities have been considered as integral parts of ecological systems.

Eventually, human being will believe, only through the incorporation of ecological principles into the decision-making process can environment benefits be maintained for future generations. And we also believe, sustainable landscape ecological planning will make our urban areas a more livable place for current and future generations to come.

References

Bastian O, 2001. Landscape ecology—towards a unified discipline? Landscape Ecology, 16:757-766.

BMB (Beijing Meteorological Bureau), 1987. Climatography of Beijing. Beijing: Beijing Press. pp.114-119.

BMPC (Beijing Municipal Planning Commission), 1987. Territorial resource of Beijing. Beijing: Beijing Science and Technology Press.pp.1-5.

Burgess R L, Sharper D M, 1981.Forest Island Dynamics in Man-dominated Landscape. New York: Springer.

Dale V H, Brown S, Haueber R A et al., 2000.Ecological principles and guidelines for managing the use of land: an ESA report. Ecological Applications, 10:639-670.

Flores A, Pickett S T A, Zipperer W C et al., 1998.Adopting a modern ecological view of the metropolitan landscape: the case of a greenspace system for the New York City region. Landscape and Urban Planning, 39:295-308.

Forman R T T, Godrorn M, 1986. Landscape Ecology.New York: Wiley.

Forman R T T, 1995a.Some general principles of landscape and regional ecology.Landscape Ecology, 10:133-142.

Forman R T T, 1995b.Land Mosaics: the Ecology of Landscapes and Regions.Cambridge: Cambridge University Press.

IPCC (Intergovernmental Panel on Climate Change), 1996. Climate Change 1995.Impacts, Adaptations and Mitigation of Climate Change: Scientific-technical Analyses. Cambridge UK: Cambridge University Press.

Krummel J R, Gardner R H, Sugihara G et al., 1987. Landscape patterns in a disturbed environment.Oikos, 48:321-324.

Leitao A B, Ahern J, 2002. Applying landscape ecological concepts and metrics in sustainable landscape planning. Landscape and Urban Planning, 59:65-93.

Mahlman J D, 1997. Uncertainties in projections of human-caused climate warming.Science, 278:1416-1417.

Meyer W B, Turner II B L, 1994.Changes in Land Use and Land Cover: A Global Perspectives. Cambridge UK: Cambridge University Press.

Pickett S T A, Cadenasso M L, 1995.Landscape ecology: spatial heterogeneity in ecological systems.Science, 269:331-334.

Risser P G, Karr J R, Forman R T T, 1984.Landscape ecology: directions and approaches. Special publication 2. Champaign, Illinois: Illinois Natural History Survey.

Risser P G, 1987.Landscape ecology: state of the art.In: Turner M G. (ed.) Landscape Heterogeneity and Disturbance. New York: Springer-Verlag.

Simon H A, 1962.The architecture of complexity.Proceedings cf the American Philosophical Society, 106:467-482.

Turner M G, Ruscher C L, 1988.Changes in landscape patterns in Georgia, USA.Landscape Ecology, 1(4):241-251.

Urban D L, O'Neill R V, Shugart H H, 1987.Landscape ecology. BioScience, 37:119-127.

Vitousek P M, 1994.Beyond global warming: ecology and global change.Ecology, 75:1861-1876.

Vitousek P M, Mboney H A, Lubchenco J et al., 1997. Human domination of earth's ecosystems. Science, 277:494-504.

van Lier H N, 1998.The role of land use planning in sustainable rural systems. Landscape and Urban Planning, 41:83-91.

Wilson C J, Reid R S, Stanton N L et al., 1997. Effects of land-use and tests fly control on bird species richness in southwestern Ethiopia.Conservation Biology, 11:435-447.

Wu J G, 2000. Landscape Ecology—Pattern, Process, Scale and Hierarchy. Beijing: Higher Education Press. pp. 210-222.

Zipperer W C, Wu J, Pouyat R V et al., 2000.The application of ecological principles to urban and urbanizing landscapes. Ecological Applications, 10:685-688.

第64章

防治荒漠化的"三圈"生态–生产范式机理及其功能*

慈龙骏[1],杨晓晖[1],张新时[2]

(1. 中国林业科学研究院林业研究所,北京　100091;

2. 中国科学院植物研究所,北京　100093)

摘要　防治荒漠化的"三圈"生态–生产范式,是干旱生态系统优化与重建的新结构。根据在鄂尔多斯和新疆等地的研究和实践,从干旱生态系统结构、过程和功能来讨论荒漠化防治的"三圈"范式。地理圈层结构(地理地带性)是"三圈"范式的自然地理背景。从宏观尺度和功能方面划分"三圈"范式在空间尺度上有"大三圈"和"小三圈"之分,"大三圈"控制洲际范围的荒漠化扩展及沙尘暴蔓延,"小三圈"则控制区域性风沙活动、沙尘暴和就地起沙的危害。防治荒漠化工程是复杂的多元组合和多功能的系统,我国西北地区受荒漠化影响严重,宏观的"大三圈"与多区域的"小三圈"有机结合,形成圈圈相护、层层设防的严密防护与生产系统,有效地控制大范围风沙危害、改善地方气候与小气候,并对发展经济,提高人民生活水平发挥重要作用。因此"三圈"范式的概念与结构既是以自然地理地带性为基础,又是人类对自然、环境与生态系统格局的规律认识,更是科学的人类恢复、重建干旱区生态环境与可持续发展的生态设计范式。

关键词　沙尘暴;人类影响;生态设计;干旱、半干旱和干燥的亚湿润区

* 本文发表在《生态学报》,2007,27(4):1450-1460。国家自然科学基金项目资助(30571529,30671722)。张新时为通讯作者。

The Mechanism and Function of "3-Circles"—An Eco-productive Paradigm for Desertification Combating in China

Ci Long-Jun[1], Yang Xiao-Hui[1], Zhang Xin-Shi[2]

(1. Research Institute of Forestry, Chinese Academy of Forestrys, Beijing 100091, China;

2. Institute of Botany, Chinese Academy of Sciences, Beijing 100093, China)

Abstract The "3-Circles" eco-productive paradigm for combating desertification is an optimized and reconstructed new structure for arid ecosystems. The structure, process/dynamic and function of the system are comprehensively based on a brand-new viewpoint of systematology. This paper studies the control, creation and feedback of the "3-Circles" paradigm for combating desertification using Chaos theory. We discusses the causes of desertification and the process of chaos. The geographical sphere structure (geographical zonality) is the natural background of the "3-Circles" ecological paradigm; the driving force of the "3-Circles" paradigm is the process of chaos. In the modern material world, the ecosystem and environment are all dominated by Chaos theory. The chaos movement exists in the complex degradation and rehabilitation processes of arid ecosystems, i.e. the "order comes from the chaos". The structure of the eco-productive paradigm is divided; the big "3-Circles" mainly controls expansion of desertification and extension of large scale sandstorms; the small "3-Circles" mainly controls regional desertification and the damage produced by sandstorms while the small "3-Circles" are formed in accordance with the concrete patterns of the natural geography and social economic conditions of different types of landscape, including the oases Chaos theory provides us with the "organic, anti-backlash and flowing world"; a new holistic concept, combating desertification requires complicated multi-functional systems. In China's northern arid areas and the areas affected by desertification, the big "3-Circles" and the small "3-Circles" are the organically combined network which forms astrict protection system with mutual protective functions from circle to circle and defense from belt to belt. So that large scale effects of wind-drift sand movement are effectively controlled, the local climate and microclimate are improved and the quality of people's lives is promoted so as to build up Northwest China. Consequently, the concept and structure of the "3-Circles" system is based on natural geographical zonality and provides a rationally designed ecological solution for the interaction between the human and natural environments and the patterns of ecosystems. It represents science towards the "realm of freedom", in which the paradigm for restoration of the environment in arid regions and for sustainable development is defined humans.

Key Words sandstorm; human impact; ecological design; arid; semiarid and dry sub-humid regions

当前全球变化对地球中纬度地区的影响和复杂的人类活动等因素持续地加剧我国干旱区(包括半干旱和干燥的亚湿润区,下同)的生态与环境恶化[1],如大面积土地沙化、频发的沙尘天气、土壤盐渍化的发展及水土流失的加剧。地球上生态与环境的破坏速度已远远超过自然生态恢复与重建的速度,人类赖以生存的自然服务功能愈益难以维持,生态与环境未来的可持续发展要求建立人工设计的生态解决方案[2]。生态-生产范式是指根据区域的景观(地形、气候、植被、土壤、基质、水文等因子的结合)有规律重复出现的复合体及其能流与物流运转途径,合理地配置土地利用类型与管理方式,以发挥其最大或最佳的生态功能、生产潜力与经济效益[3],建立科学合理的生态-生产范式将为防治荒漠化相关的生态工程(包括全国荒漠化防治工程、环北京防沙治沙工程、"三北"防护林建设工程、退耕还林工程等)提供科学理论支撑和至关重要的结构性保证与基础。

本文基于定位和半定位研究观测的结果,运用景观生态学理论分析了荒漠化过程中的系统结构、功能和动态,形成和发展了荒漠化地区生态-生产范式的基本概念与结构,即防治荒漠化的"三圈"生态-生产范式。该范式实质上是"人工设计的生态方案",在我国西北有一定的特殊性和普遍性,适应当地的荒漠化防治、农林牧工业社会发展的实践与需求。

1. "三圈"生态-生产范式建立的自然地理背景

"三圈"范式建立的基本理论是干旱、半干旱及干燥的亚湿润区的自然地理结构规律和地理地带性规律(地理圈层结构)。

1.1 气候的地理地带规律

干旱区生物气候类型分布格局遵循地理地带性的规律[4~6]。从西北东南走向,由塔克拉玛干沙漠边缘向中部,在蒙古-西伯利亚反气旋的影响下,呈极端干旱-干旱-半干旱-亚湿润-干旱-湿润等圈环分布。我国沙漠、沙地及其周边地区的沙化土地的生物气候类型不相同,如塔克拉玛干沙漠及其周边地区沙化土地为暖温带干旱荒漠;古尔班通古特沙漠及其周边沙化土地属温带干旱荒漠;柴达木盆地沙漠属寒温性干旱荒漠,藏北为高寒荒漠,鄂尔多斯草地沙地及广大的沙化土地为温带荒漠草原;科尔沁沙地及其东部沙地、松嫩平原沙化土地等属于温带半湿润地区的草原地带。

《联合国防治荒漠化公约》根据全球荒漠化气候地理地带规律规定[4,7]:"干旱、半干旱和亚湿润干旱地区是指年降水量与潜在总蒸发散之比在0.05~0.65的地区,但不包括极区和副极区"。以中国1914个气象站点的10年气象资料为基础,采用国际广泛应用的Thornthwaite公式与气候分类方法[4,8,9],划分了中国干旱区生物气候类型。极端干旱区主要分布在塔克拉玛干大沙漠及西北荒漠部分地区,土地面积约17.2万km^2,由于极端干旱区生物生产力很低,本文不将其计算在干旱区面积内。干旱区的分布面积最大,除极端干旱区外,分布于天山山脉以南,帕米尔高原以东,贺兰山以西,昆仑山脉、祁连山脉以北及青藏高原西北部的广大地区;半

干旱区东部由典型草原和荒漠草原组成,主要为半荒漠及农牧交错带呈东北到西南方向,进入青藏高原后为高寒高原和高寒荒漠。新疆北部大部为半干旱区,主要由荒漠及半荒漠组成;亚湿润干旱区北起大兴安岭西部的呼伦贝尔高原,东界接近典型草原与草甸草原之间,穿过黄土高原北部后,沿青藏高原北缘向西,然后绕过柴达木盆地抵达青藏高原西南部。

1.2 干旱区同心圆规律

世界上的干旱土地主要分布在地球南北回归线附近15°~30°地区,为副热带高压带的控制范围。由于青藏高原的隆起和存在,我国的干旱区、半干旱区向北推移到北纬35°~50°,造成了我国西北地区一系列景观格局的改变,导致了复杂多样的生态界面或地理边缘,对丰富和造就我国干旱区地理地带多样性具有极其重要的作用。

1.2.1 干旱区荒漠地貌同心分布的规律,是构建"大三圈"范式的地理基础

著名地质学家V. A. Obmchev通过考察中国和蒙古的(风成)荒漠,提出了经典的荒漠同心分布的观念[5],蒙古-西伯利亚高压反气旋是亚洲中部最强大、频繁发生的荒漠风源系统,是亚洲中部石质戈壁荒漠-沙漠-黄土高原分布格局的驱动因素[1,5],其基本分布规律如下:(1)砾质或石质荒漠(戈壁):在反气旋控制区的中心,风力最强,冬季受西伯利亚蒙古高压反气旋控制,气候干燥寒冷,夏季风受高山高原阻挡,气候极端干旱,不断风化产生的细粒、沙与粉尘被吹扬而形成砾质或石质荒漠(戈壁);(2)沙漠、沙地:在反气旋控制区的边缘,风力减弱,地表有少量的超旱生、旱生植物,细粉尘仍被吹走,沙被吹扬或堆积而成沙漠、沙地;(3)堆积黄土:在反气旋控制区的外围,紧靠荒漠的地方,高空中所携带的粉尘与高山山坡相遇,或在干旱区与湿润区交界处与季风湿气流接触,粉尘即降落堆积成黄土,黄土高原即是在干旱区外围的粉尘沉降带。

1.2.2 高山-盆地-沙漠/沙地相间的地貌特点,是构建区域性"小三圈"范式的地理基础

我国沙漠/沙地多处在为山地、高原环绕之中的盆地内,如塔里木盆地中的世界上流动性最大的塔

克拉玛干沙漠,准噶尔盆地中的古尔班通古特沙漠,东部的毛乌素沙地、浑善达克沙地、科尔沁沙地与呼伦贝尔沙地等的分布格局皆如出于一辙。

2. "三圈"生态生产范式的结构

"三圈"生态-生产范式是基于干旱区生态系统与景观的空间格局及其生态和环境因素分配与流动趋势的机理而进行优化生态管理与生态设计的生态生产范式。它虽然脱胎于鄂尔多斯高原上的毛乌素沙地,但总体上遵循干旱地区地体圈层结构的自然地理地带规律[3]。这种以地质地貌为骨架和基质所构成的特殊干旱地形上所形成的景观通过对水分、能量、基质和盐分的再分配,制约着其上不同类型生态系统的异质性,包括生物组成种类、生产力、生物地球化学循环、生物地球物理作用过程和生物地球社会(人类活动)关系的差异,以及在景观系列上各个生态系统间的相互关系和能量、物质的交换和流通。

以荒漠化气候分区、地理圈层结构、自然区划等为依据,在不同空间尺度上形成防治荒漠化的系统圈层防护网络。

2.1 "大三圈"范式

"大三圈"是大尺度的荒漠化防护圈,是从全国的尺度上安排、解决土地沙化、沙尘暴和生态生产建设的宏观格局,主要由荒漠、草原和农牧交错带三部分组成。

2.1.1 干旱荒漠圈

西北和北方的干旱荒漠地带是该范式的最外圈,包括从新疆、甘肃河西走廊到内蒙古西部和蒙古国交界的沙漠戈壁、准噶尔沙漠、巴丹吉林沙漠、腾格里沙漠和库布齐沙漠等及其周边地区,该区域内沙漠的沙物质在大风的作用下,为沙尘暴的发生提供了充足的沙源;同时沙漠与绿洲间的植被带(胡杨、梭梭、怪柳等)被破坏后的沙化土地、沙漠边缘和绿洲开垦的农田,在冬春季节处于无覆被的状态,也已成为沙尘天气或沙尘暴的重要沙源和风沙危害。因此该区域的荒漠化防治的重点是保护天然植被,合理利用土地,沿各级河流、各类道路及水文网系统及有灌溉条件的地带大力营造人工林和防护林

网(多带式窄林带),与沙漠(沙地)相邻地段利用冬季闲水和夏季洪水灌溉营造防沙灌草带和防沙林带。

2.1.2 草原圈

中间的过渡圈是北方的温带草原地带,我国六大草原省区中有五个省在沙区,占全国草地面积的57.2%[2];全国沙区草地面积主要集中于内蒙古、新疆、青海、甘肃,占沙区草地面积的94%,其中退化草地占草原总面积的70%~80%。草原沙化是草原退化的一种重要类型,提供的沙尘物质是大范围沙尘暴的重要沙源。因此减少草原放牧的压力,通过人工种草改游牧为舍饲养畜,恢复与提高天然草原覆盖度有助于防风固沙,遏制土地荒漠化的扩展。

2.1.3 农牧交错带圈

该范式的内圈是农牧交错带或森林草原过渡带,现代的农牧交错带大致位于东北西南向对角线的轴线两侧,年降水量在400~450 mm。由于它的"过渡"性特点,生态系统不稳定,在自然和人为因素的双重压力下,生态系统以旱化的正反馈为主,系统的不稳定性和脆弱性不断增大,以致"沙化"日趋严重。如多伦、张北的丘陵山地在连年旱灾的背景下,滥开垦、过度放牧、肆意樵采严重破坏了生态环境;呼伦贝尔草甸草原的厚层黑土在滥垦与过牧后,在风的扰动下形成大面积"黑风暴",破坏力极大。因此这些地区急需加大力度退牧还草,进而实行"人工种草,舍饲养畜"并落实退耕还林(草)政策,增加林、草覆被,以控制土地沙化,改善人民生活。

2.2 "小三圈"范式

"小三圈"是区域性荒漠化防治和农牧业可持续发展的设计格局,"小三圈"寓于"大三圈"之中。一个地理单元、流域或一个绿洲的荒漠化防治、生态建设都可以按不同的地理地带性和防护目标来构建"小三圈"。现以鄂尔多斯沙地的"三圈"生态-生产范式为例说明。

2.2.1 鄂尔多斯沙地的地形地貌特征

鄂尔多斯高原沙地、草地属温带草原或森林草原性的半干旱气候,是一个构造隆起剥蚀的地块,其海拔高度一般在1200~1550 m,由西北向东南微斜;在高压西风带与蒙古-西伯利亚反气旋高压中心向

东南季风作用区的过渡带,形成该地一系列的地理地带特征。鄂尔多斯沙地的地貌以中生代侏罗纪与白垩纪的砂岩为骨架,经过新生代第三纪、第四纪洪积与冲积过程而形成广阔缓斜的台地,因风力的分选与搬运而发育风沙地貌遍布沙丘沙地,属于干旱区风成的戈壁沙漠黄土环带格局中的沙漠/沙地带。再经晚第四纪,尤其是全新世与近代的流水切割与积水而形成低凹谷地与湖盆,以及对风化和洪积-冲积物的风蚀-风积过程的风沙作用而造就今日的地表外貌,即低山(残丘)、洪积-冲积台地、冲积谷地、湖盆滩地与沙地相间的格局(图64-1)[2,10,11]。

低山/残丘:白垩纪(间有侏罗纪)的绿色或红色砂岩经剥蚀而成为低山与丘陵状的梁地,一般海拔在1500~1600 m,其平缓的顶部与坡地残积或坡积粗骨质的砂岩风化物基质,掺有细土,土层十分浅薄、贫瘠,当地称之为"硬梁"。西部的硬梁风化程度强,常形成缓斜的石质台地状,东南缘的低山顶部则开始有黄土状母质堆积,厚度2~10 m不等,逐渐向黄土高原过渡。

台地:在硬梁下部与宽谷中则充填着下部为第三纪,上部为第四纪的深厚洪积物与冲积物堆积层,厚度在10 m以上,通常为沙壤质、细沙质与沙砾质的间层,常间有厚20~30 cm的卵砾石层。洪积-冲积层以下经胶结很差的松软红色砂岩层过渡为中生代的基岩-砂岩、砾岩或板岩。这些洪积-冲积物形成的缓斜平坦的台地常被水蚀切割成梁丘状,当地称之为"软梁",它们在较高和凸起的"硬梁"之下形成第二级台阶,常呈准平原状,台地边缘的局部地方还可以发现被埋藏的古土壤层。

滩地与谷地:在梁地之间或台地上被河流切割而成宽阔的河谷,或在低洼处的湖盆中形成大面积河湖冲积的滩地。其基质为细沙质或沙壤质的近代冲积物,滩地与谷地是现代侵蚀的基底,亦即前述"硬梁"与"软梁"两级台阶下的谷底。

沙地与沙丘:在台地与滩地上,基质多为沙质或沙壤质河湖冲积物,在干旱气候条件下,或由于人为活动对植被的破坏,受到风力的吹蚀形成本地区地表广泛分布的沙地与沙丘,也有第四纪初期时的固结古沙地又被风蚀而活化。沙地的西北部多为流动性很大的裸露新月形沙丘链,东南部的沙丘则多为半固定和固定的中等高度(5~10 m)的沙丘或沙地,但在植被遭到严重破坏的情况下则有高大的流动沙丘出现。

就上述鄂尔多斯地形的相对高度而言,低山/残丘-台地-滩地是一个由高及低的三级"台阶"系列,因而也是一个地球重力作用导致的地表与地下径流由上而下的水分逐级集中系列。在相同的大气降水条件下,高处第一"台阶"的低山/残丘的降水大部分(40%~60%)形成地表径流和地下径流泄到下两级"台阶"的台地和滩地中去,所余的水分不到一半;作为第二"台阶"的广阔的洪积冲积台地的所得大气降水,一部分流到下一"台阶"滩地,但又得到上一"台阶"的一部分径流水分补给而大致持平或略有亏欠;唯独第三"台阶"的滩地不仅保留了大部分的大气降水,又集流了上两"台阶"大面积的外来径流水而成为隐域性的湿润区或灌溉区。这一地形、地貌和基质所决定的水分格局异域性就成为鄂尔多斯沙地生态、植被和农林牧业生产"三圈"结构的地球物理机制。

2.2.2 "三圈"生态-生产范式的建造及植被恢复重建的生态原则

根据多年的研究及当地经济发展的需要,防治荒漠化"三圈"范式的建造及植被恢复重建时应遵循或考虑下列生态原则[11,12]:

(1)以"水"为核心,生物气候条件为基础的生态规划原则

干旱、半干旱地带,水分是植物生长发育的限制因素。不同的生物气候区,水、热条件差异很大,"三圈"生态-生产范式的建造应根据不同的生物气候区进行规划。"三圈"生态范式建设首先对区域进行立地条件类型划分;第二对每种类型按"三圈"范式的标准进行规划设计;第三按规划要求选择良种壮苗;第四认真准备造林(种草)地。

(2)以灌木为主,丰富生物多样性原则

适地适树,选择优良树种是生态建设的保证。干旱半干旱地区的地理地貌条件、沙基质的普遍覆盖与水分特点决定了该地区的优势植物生活型是耐风沙与干旱的灌木,而不是中生的乔木和草原禾草。灌木类地上部分多分枝的木质化茎干,低矮稠密的树冠适应于风沙作用,具强大的景观形成作用。沙生灌木的根系分布广或深,其根茎比可超过1倍以上,远比中生乔木为高,不仅能较好地固定与维护沙层并从广大体积的沙层中吸收较多水分或深达潜水层。在强度石质化的生境,灌木根系可深入岩石缝吸取深层水分,从而形成密集的灌木群落。这些灌

温带典型草原 Typical temperate steppe		软梁地与沙丘灌丛植被的复合体 Complex of sand dunes and valleys w/o dune bush vegetation		滩地草甸 Fluvial plain meadow	硬梁地与沙丘灌丛复合体 Bushland on dune complex	覆沙软梁地上的复合农林业系统 Agroforestry system on soft ridge covered sand	滩地草甸 Fluvial plain meadow	碱湖 Alkaline lake
含百里香的砾质土草原 *Thymus mongolicus* gravel loam steppe	本氏针茅+兴安胡枝子草原 *Stipa bungeana* + *Lespedeza davurica* steppe	光裸的流动沙丘与丘间低地的沙柳灌丛、薹草草甸与油蒿 Barren crescent sand dune and valley with *Salix cheilophila* bush and *Carex stenophylla* meadow	固定半固定沙丘油蒿群落与丘间低地的沙柳灌丛 Fixed and semi-fixed sand dunes with sand sage brush, *Artemisia ordosica*, and valleys with *Salix cheilophila* and *S. microstachya* Bushland	潜水草甸、盐化草甸 Phreatic meadow: *Carex stenophylla*, *Iris ensata*	固定与半固定沙丘上的柠条灌丛与油蒿群落 *Caragana intermedia* and sage brush, *Artemisia ordosica* on fixed or semi-fixed sand dunes	灌溉与高能量投入集约经营的林带、灌木绿篱、果园、农作物，人工饲养地与草地、菜园、鱼塘与饲养场的人工景观复合体 Complex of tree alley(*Salix cheilophila*, *Populus* spp.), shrub fence(*Salix*), agricultural crops,cultivated grassland, orchid, vegetable plantation, fish pond, domestic animal farm, etc.	滩地草甸与盐化草甸 Phreatic meadow: *Achnatherum splendens*, *Iris ensata*, *Carex stenophylla*	沿岸带的柽柳灌丛、碱蓬群落，光裸碱滩 *Temerix* bush, *Suaeda corniculata*, *S. heteroptera* comm. barren alkalis

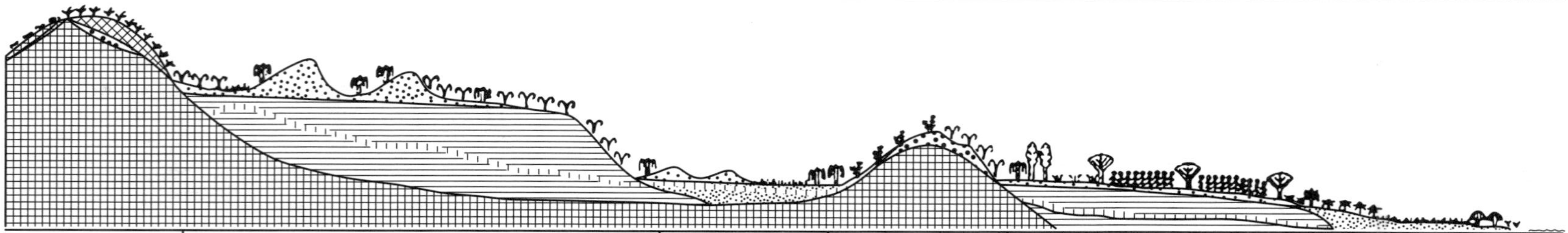

白垩纪与侏罗纪砂岩构成的硬梁，土壤为栗钙土 Ustolls Hard ridge of Cretaceous and Jurassic sandstone covered by kastanozems or ustolls	第四纪或第三纪洪积冲积层构成的台地构成的"软梁"，常覆有更新世的风积沙丘，潜水位通常在5~10 m或以下，丘间低地为0.5~1 m Quaternary wind-drift sand dunes moving rapidly or fixing by bush vegetation above the "soft ridge" of Quaternary or Tertiary flood and alluvial deposit. Groundwater table is 0.5~1 m in the valley and 5~10 m or more for sand dunes	第四纪冲积或湖相沉积平原构成的滩地，潜水位在0.5~1~3 m，多少盐渍化 Quaternary fluvial and lacustrine deposit plain. Groundwater table is 0.5~1~3 m, salinized	白垩纪与侏罗纪砂岩构成的硬梁，覆以沙丘 Hard ridge of Cretaceous and Jurassic sandstone covered by sand dunes	第四纪洪积冲积层的台地"软梁"，有沙层覆盖。潜水位2~5 m或更深，通常为淡水 Soft ridge of Quaternary flood and alluvial deposit covered by sand. Groundwater table is 2~5 m or more, usually fresh water	现代冲积或湖相沉积平原，潜水位0.5~1 m，盐渍化 Quaternary fluvial and lacustrine deposit plain. Groundwater table is 0.5~1 m, salified/alkalified	湖岸带与河漫滩平原，常具盐碱壳，局部积水 Lake shore zone and floor plain with salt/alkali-crust and water

基岩与母质符号:
Symbols of parent rocks, materials and soils

- 中生代砂岩Mesozoic sandstone
- 风化母质Weathering parent material
- 沙砾质壤土Sandy gravel loam soil
- 第四纪冲积与湖相沉积 Quaternary fluvial and lacustrine deposit
- 第四纪风积沙Quaternary Aeolian sand
- 晚第四纪洪积冲积层 Late Quaternary flood and alluvial deposit
- 碱湖Alkaline lake
- 潜水位Groundwater table

植物符号:
Symbols of plants

- 杨树*Populus* spp.
- 旱柳*Salix matsudana*
- 沙柳*Salix cheilophila*, *S.microstachya*
- 柽柳*Tamarix*
- 柠条*Caragana intermedia*
- 油蒿*Artemisia ordosica*
- 芨芨草*Achnatherum splendens*
- 本氏针茅*Stipa bungeana*
- 百里香*Thymus mongolicus*
- 薹草*Carex stenophylla*
- 碱蓬*Suaeda corniculata*, *S.heteroptera*
- 玉米、农作物Maize, crops
- 人工草地、饲料地Cultivated grass

图 64-1　内蒙古毛乌素沙地的景观、植被、地形、基质与土壤剖面图

Fig. 64-1　Schematical transect of vegetation and associated topography, parent rocks, materials and soils typical for the Mu Us Sandland

木不仅具有防风、固沙、耐旱、耐盐碱,能在各种生态条件严酷、贫瘠与粗砾基质的地段形成绿色覆盖层。若干种灌木又是良好的饲料,尤其是豆科的灌木可通过共生根瘤菌固氮在贫瘠基质上生长,且可增加土壤肥力。灌木在干旱、半干旱地区沙地自然生态-水分平衡,风-水-沙作用力的平衡,群落演替阶段的相对平衡以及畜草平衡等方面均居于关键的地位和作为生态系统中不可缺的结构成分,对稳定与保护生态环境和支持草地畜牧业方面具重要意义。灌丛可供放牧和多次刈割,在合理的经营下可成为持续的多年生饲料基地和遭到气候灾害时的救荒之用。

在建设"三圈"范式时,选择树种十分重要,尊重本地区生物多样性的规律与特色。半干旱区沙地是灌木的王国,恢复与重建退化的沙地植被,对灌木应给予充分的重视和确立其地带性地位的优势,同时对当前广泛使用的杨树要特别慎重地清理和选择。

(3)防护林体系结构、配置的原则

防护林体系建设是"三圈"生态-生产范式的重要组成,是保护一个区域、一个单元的生物(或生物+非生物)防护网络,形成层层设防的综合体系,多年研究证明,完整的防护体系需具备以下原则[13]:① 体系的综合性和完整性;② "窄林带、小林网"是干旱区防护体系中的核心。林带不是越宽越好,而需要有好的结构;③ 具有良好空间结构的林带,需要乔、灌、草相结合形成多层冠和根系层,以充分进行地上的光合作用和吸取地下各层水分,保证林带最大生长量和最佳效益;④ 林带树种应进行混交预防病虫害;⑤ 干旱区林带体系建设应与农田基本建设和交通道路、河流灌排系统结合,保证高的生长量和高效益。

(4)半固定沙地及综合治理原则

风沙流是复杂的风沙物理过程,危害性很大。防治上采取生物和非生物结合的综合措施获得较好的效果。研究证明,流沙治理以半固定状态符合水分平衡的原则,在没有灌溉、地下水或侧方径流水分补给的条件下建立人工植被时,必须考虑水分平衡,形成并基本上维持植被覆盖度大致在 25%(西部)、30%(中部)和 40%(东南部)的半固定沙地状态。在流动性较大的沙地,有时需要非生物治理措施结合,才可以成功,选用无污染、无毒害、无副作用的非生物原料与生物治理相结合效果较好。

2.2.3 鄂尔多斯"小三圈"结构[2,12]

鄂尔多斯沙地的自然景观结构与复合农林牧系统的综合格局因地质地貌与地下水的分布而呈圈层性的配置格局,是沙地最显著和本质性的特征[11]。在此基础上,"三圈"范式的结构是在第一圈防护带的保护下,以软梁与中低沙丘为第二圈的复合农林牧(草)系统,形成若干个以滩地绿洲(第三圈)为核心的优质高产农林草生产圈层,它们有秩序地分布在干旱、半干旱生态系统的大背景上,其比例大致为 3∶6∶1(图64-2)。各类土地合理的分配比例应根据规划人工草地、饲料地、半人工草地与天然草地的均衡载畜量和合理放牧强度与适当的畜群数量,以及农作物与林地、果园等的适当搭配进行确定,但必须以不超过环境(水分、生物生产力)负荷量并留有余地为原则。其发展方向应逐步扩大舍饲养畜、育肥群与综合农林牧系统的产业化,以促进鄂尔多斯沙地生态与经济整体上正负反馈相结合,产生新的动态平衡。

第一圈 硬梁地与高大的流动沙丘群,以恢复和

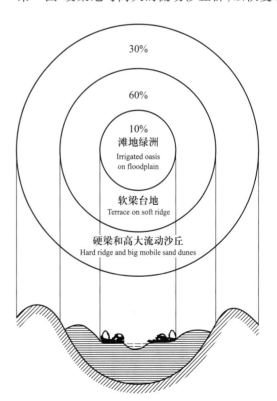

图 64-2 鄂尔多斯沙地的景观格局与"三圈"范式

Fig. 64-2 Landscape patterns and "3-circles" paradigm in Ordos Sandland

保育天然灌(草)地,形成保护带和水源地

该圈位于沙地的外缘,占总面积的 30% 左右。硬梁坡地上的针茅草原由于过度放牧而退化,生产力降低,应人工辅助建立灌木带(柠条、沙棘等),在较湿润的东部,则可种植油松带,在草层恢复后可有节制地分区轻度轮牧。高的流动沙丘可播种白沙蒿等先锋植物,使逐步演替为半固定沙丘。在水分条件较好处则可采用"前挡后拉"的措施,在垂直主风向的沙地前沿,播种草和小灌木,在沙丘的下部种植灌木带网,以逐渐削平沙丘,改变地形,有利于种植。

第二圈 非灌溉或半人工"灌草林果"圈

该圈位于滩地绿洲周围的软梁台地与低矮沙丘带,约占全区总面积的 60%,地貌与景观类型多样,目前缺乏灌溉设施,不宜强度农业开发,而应以保护、防风治沙、水土保持为主,适度人工种草、舍饲养畜与径流园林业等为发展方向。

地形较平坦与土壤深厚的软梁台地可开发为半人工草地。建立柠条或沙柳的灌木带(2 行),在带间(20~40 m)播种草木樨、沙打旺、苜蓿或荞麦等,形成非灌溉的半人工二年生或多年生草地。如地形条件许可,在上坡方位可建立径流集水区以向草地补充水分,保证较高的产草量。在地形起伏不平的软梁地则可大量种植水平带状和有间隔的灌木带。

在有径流集水条件与土壤深厚的软梁台地与水分条件良好的低矮沙丘可建立局部的径流果园、葡萄园与团块状树林,需采用各种集水技术。

大片的油蒿群落被用作天然放牧场,多因过度放牧而衰退,应进行人工种草,恢复草场以发展舍饲养畜。

总之,在软梁台地与低矮沙丘上建立植被时,应特别注意种植的密度和保持足够的间距,以保证水分不致被过度消耗。

第三圈 高产农牧业绿洲核心圈

滩地绿洲所占面积不过 10%,但它是本地区农牧业精华所在的核心区。薄层覆沙(厚度在 30~40 cm 或以下)和地下水位适中(50 cm 以下)的滩地是发展农林草复合系统的最适宜类型,多已被开垦为历史悠久的农业绿洲。绿洲具劳力相对集中、交通运输与电力方便的优点,可进行高投入与高产出的复合农林牧工副业,综合经营和采用各种现代化技术:温棚、地膜、高效有机肥与化肥、太阳能、风力发电等。

(1)绿洲农业 利用部分农地种植玉米、糜子、向日葵等粮油作物。

(2)大力发展人工草地 种植苏丹草、无芒雀麦、小黑麦、赖草、苜蓿、甜高粱、饲料玉米、甜菜等优良牧草,同时改良天然放牧草地,对已退化、生产力甚低的寸草滩,通过围栏分区轮牧以恢复提高其生产力,用作春、夏、秋三季优良母畜与幼畜的活动场所;对盐渍化较重的芨芨草滩与碱化的马蔺草滩亦应围栏轮牧。目前,在盐碱地和沙地上大面积种植芨芨草已有成功经验,它不仅改良土壤,而且产生良好的经济效益。

(3)建立果园 种植苹果梨、苹果、葡萄与干果(如巴旦杏)、大樱桃等其他适应沙地的优良品种。

(4)规划乔灌草结合的防护林网与园林绿化 在风沙严重处可种植小网格的灌木(沙柳、柠条、紫穗槐等)带,在外部边缘营造宽大的草灌带,增加地表粗糙度,控制地表的风沙流。

(5)大力开展舍饲养畜业(羊、牛)与灌木围栏的山羊饲养场,建立饲料青贮与各种饲料加工业。

(6)适当发展养鱼与养禽(鸡、鸭、鹅)业。

滩地绿洲是高效益、高产出的集生态效益与经济效益为一体的生态产业带基地,形成了一个为本地区工矿业人员和农牧民提供乳、肉、蛋、禽、鱼、瓜、果、粮、油、蔬与小径材的农牧林产品基地,并发展成为生产与加工绒、毛、皮等外销畜产品的工贸基地。

3. "三圈"生态-生产范式的生态功能

防治荒漠化的"三圈"生态范式,以人工生态系统为主。"三圈"生态系统的功能是多样的,主要包括:

3.1 对全球变化的影响

"三圈"建设主要通过国家生态建设"六大工程"实现。三北地区各类森林面积增加,这不仅有助于控制风沙危害,增加植被覆盖率,减少地面辐射,更由于森林作为 CO_2 的汇,每亩森林每年可固定碳素 0.33~0.67 吨,对减缓全球气候变暖做出重要贡献[14]。

3.2 灌(草)带地表风沙流的作用[15]

(1)灌(草)带的防蚀阻沙作用

灌(草)带的防蚀阻沙作用主要表现在改变地

表的粗糙度,增加地面对气流的阻力和对气流动能量的消耗,减弱近地面层的风力,从而发挥防蚀阻沙的作用。土壤表面的粗糙度是指对气流有直接影响的一个参数,在风沙运动和土壤风蚀方面是一个十分重要的问题。根据在野外的测定(吐鲁番的灌草带)结果:不同性质的下垫面,具有不同的粗糙度几何尺寸,对于植被可以看成一种特殊的表面粗糙率[16]。当气流进入灌(草)带以后,地面粗糙度大大提高,对气流的阻力也相应增加 17~26 倍,摩阻流速增加 4~5 倍,迫使近地面层气流产生了强烈的抬升,并随着气流进入草带距离的增加,抬高的高度也相应增加。例如在宽度为 244 m 灌(草)处可将对照点 1 m 和 0.5 m 高度上的气流分别抬高到 3 m 和 2.5 m 左右,从而减少了上层气流对近地面层气流的动能量补给,降低了近地面层风速。

(2) 灌(草)带降低风速的作用[12,15]

气流进入植被层后,受到灌木和草类植物的摩阻,以及枝叶摇摆撞击,不仅消耗了气流的动能量,同时在植被层内乱流交换系数较对照点增加 1.2~1.5 倍,从而风速在植被层内大幅度降低。如对照点 0.5 m 高度上的风速为 12.4 m/s 时,植被层内的

风速均在 7 m/s 以下。

在草带内,下垫面粗糙度及风速变化随着草带的宽度增大相应增加,在 0.5 m 高度处,当进入草带的风速为 12.4 m/s 时,在距草带 53 m 处为对照风速的 74.4%,在距草带 244 m 处为对照风速的 54.6%。据研究灌(草)带宽度的下限不应少于 200 m (表 64-1)。

(3) 灌(草)带覆被率防止风蚀的作用

根据在新疆的多年测定[15],灌(草)带防沙作用取决于它的植被组成和覆盖度。测定在春季植物未完全展叶期,在植物层面 50 cm 处,风速为 13 m/s 的风蚀区,当植物覆盖度达 64.8% 时,表土免于风蚀,在积沙区,植物覆盖度需达到 40% 时,流沙地面不形成风沙流(表 64-2)。

3.3　防护林体系综合防风沙效应

防护林体系是"三圈"生态范式的重要组成。在有灌溉条件下,田(园)、林(灌)、路、水系统相结合,形成科学的空间格局,维护和巩固绿洲的生态系统,对绿洲层层设防,防止风沙对绿洲的入侵和土壤次生盐渍化的威胁。

表 64-1　灌(草)带降低风速的作用

Table 64-1　The function of wind velocity reduction of shrub(grass)belts

观测点距灌草带前沿距离(m) Distance between observation site and shrub(grass)belts			对照 Control	53	106	159	212	244
观测点植被特征 Vegetation features in observation sites	覆盖度(%) Coverage		0	18.30	51.70	53.00	55.30	60.70
	平均高(cm) Mean height		0	33.40	34.50	42.50	45.50	48.30
距地面高度 Height from earth	0.5 m	风速(m/s) Wind velocity	12.43	9.27	8.47	7.53	7.06	6.80
		为对照点(%) of control site	100	74.60	68.10	60.60	56.80	54.60
	1.0 m	风速(m/s) Wind velocity	13.03	11.44	11.08	10.14	9.64	6.20
		为对照点(%) of control site	100	87.70	84.80	77.80	73.80	70.60

表 64-2 植物覆盖度与土壤风蚀的关系

Table 64-2 Relationship between plant
coverage and wind erosion

样地号 No. of sites	植物密度 Density （株/m²）	覆盖度 Coverage(%)	风蚀率 Wind erosion rate(%)
1	2.0	18.7	80.0
3	6.7	48.4	32.9
9	9.5	64.8	0

防护林体系的防护效应取决于林带的结构。林带结构取决于林带宽度、疏透度、透风系数、树种垂直分布和林网规格。林网系统防风沙的作用依赖于主林带的间距和林带的结构，主林带的间距不同，组成了不同规格的林网系统，其防风沙效果不同[12,15]。

根据野外观测和风洞试验[15]，疏透结构林带（透风系数为 0.3 左右，林带垂直剖面均匀透光）具有最佳防护效应，其弱风区出现在林带后的 3~5 倍林带高的距离处，有效防护距离为 23~31 倍林带高

处，平均降低风速 40%~47%，疏透结构林带一般由 2~4~6 行林木组成，称为"窄林带"。

（1）"窄林带、小林网"的防护效益

小网格林带的防风作用，明显地优于大网格。这是由于小网格的主林带间距较短，气流进入林带后尚未恢复至空旷无林地风速时，又进入下一道林带的缘故。合理的主林带间距是以林网内不起沙为准。试验证明：在林带基本条件相同的情况下，主林带间距为 280 m 的小林网内风速降低率比 500 m 的大林网提高 20.2%。不同主林带间距形成林网的防风作用（表 64-3）。

很明显，在风沙危害严重的地区，"窄林带、小林网"模式能发挥最佳防护作用。合理结构的"窄林带"具有良好的空气动力学效应和生物学稳定性，大小适宜的林带网格能最大限度地庇护林网内全部作物不受干旱、风沙和盐碱危害。

（2）防护体系综合效益

防护体系是"三圈"生态范式的组成部分，是农、林、牧、工各业综合效益，各系统之间相互联系和相互影响，发挥生态效益和经济效益（表 64-4）。

表 64-3 不同主林带间距形成林网的防风作用

Table 64-3 Effect of windbreak belt with different inter-belt distances

项目 Item	林网 1 Windbreak network 1	林网 2 Windbreak network 2	林网 3 Windbreak network 3	林网 4 Windbreak network 4
主林带平均高 Mean height of windbreak belt(m)	7	6.6	7	8.1
主带间距 Inter-belt distance(m)	70	92	175	250
林网防护面积 Protected area(hm²)	1.8	2.33	8.8	13
网格内风速平均降低 Ration of wind velocity reduction(%)	52.3	50.2	38.4	29.8

表 64-4 防治荒漠化"三圈"生态范式综合效益

Table 64-4 Integrated benefits of "3-circles" eco-productive paradigm for desertification combating

生态效益 Ecological benefit				经济效益 Economic benefit
林（园）业 Forestry and orchards	牧业 Animal husbandry	农业 Agriculture	生态管理 Ecological manage- ment	生态工程系列化 Series of ecological projects	人均效益提高，达到小康水平 Income per capita in- creasing

续表

生态效益 Ecological benefit				经济效益 Economic benefit	
防风固沙 Windbreak and sand fixation	禁牧养畜 Exclusion and live-stock railing	特产农业 Special agriculture	土地利用 Land use	速生丰产林经济林 Fast growth and cash forest	绿色文化 Green culture
减少 CO_2 排放 Alleviating CO_2 emission	人工种草 Artificial grass-seeding	经济作物 Cash crops	水资源管理及生态用水 Water management and ecological water use	药用植物 Medicine herbs	文化素养和高尚情操 Cultural attainment
调节小气候 Modulating micro-climate	改良畜种 Animal species improvement		结构改革 Structure reforms	深加工 Intensive processing	教育水平提高 Educational strengthening
涵养水源 Water conservation			工程设计与管理 Project designing and management		
饲料林业 Fodder forestry					
果园 Orchards					
绿化美化环境 Greening environment					
环境健康 Environment health					

参考文献

[1] 张新时.青藏高原的生态地理边缘效应.见:中国青藏高原研究会编,中国青藏高原研究会第一届学术讨论会论文选.北京:科学出版社,1992,35-39.

[2] Palner M A,Bernhardt E,Chornesky E,et al.Ecology for a crowded planet.Science,2004,304:1251-1252.

[3] 张新时.草地的生态经济功能及其范式.科技导报,2000,8:3-7.

[4] 慈龙骏,吴波.中国荒漠化气候类型划分与中国荒漠化潜在发生范围的确定.中国沙漠,1997,17(2):107-112.

[5] 费道罗维奇(苏),等著,李恒,等译.干燥区黄土区的地理问题.北京:科学出版社,1958,2-19.

[6] Johns T C,Camell R E,Ciossley J F,et al.The Second Hadlley Center Coupled Ocean-atmosphere GCM:Model Description,Spinup and Validation.Climate Dynamics,1997,13:103-134.

[7] 慈龙骏.全球变化对我国荒漠化的影响.自然资源学报,1994,9(4):289-303.

[8] 张新时.植被的 PE(可能蒸散)指标与植被气候分类(二)——几种主要方法与 PEP 程序介绍.植物生态学与地植物学学报,1989,13(3):197-207.

[9] Thornthwaite C W,Mather J R.Instructions and Tables for Computing Potential Evapotranspiration and the Water

Balance. Publication in Clinaltology，1957，10（8）：182-311.

［10］ 北京大学地理系,中国科学院自然资源综合考察委员会,兰州沙漠研究所,等.毛乌素沙区自然条件及其改良作用.北京:科学出版社,1983,210.

［11］ 张新时.毛乌素沙地的生态背景及其草地建设的原则与优化模式.植物生态学报,1994,18(1):1-16.

［12］ 慈龙骏,等.中国的荒漠化及其防治.北京:高等教育出版社,2005.

［13］ Hare F K. Connections between climate and desertification. Environmental Conservation，1977，4：22-26.

［14］ 慈龙骏,杨晓晖,陈仲新.未来气候变化对中国荒漠化的潜在影响.地学前缘,2002,9(2):287-294.

［15］ 新疆农科院造林治沙研究所.新疆防护林体系的建设.乌鲁木齐:新疆人民出版社,1980,10-73.

［16］ 耿宽宏.起砂风和流沙.地理学报,1952,25(1):21-39.

第65章
黄土高原农业可持续发展咨询报告[*]

张新时　等

黄河和黄土高原哺育造就了中华民族,历史悠久的中华文明由此发祥。然而,历时数千年沉重的过度土地利用、战乱和灾害的摧残,黄土高原的植被破坏、水土流失、土地破碎与劣化现象严重,生产力低下,黄土高原已成为我国生态环境退化的渊薮和对我国社会、经济和环境可持续发展有重大制约的地区。在 21 世纪来临之际,"退田还林(草)、封山绿化、个体承包、以粮代赈"的治理黄土高原及黄河流域的战略措施,将大大促进黄土高原战略定位的调整、生态环境的恢复重建和农业的可持续发展,使黄土高原得以休养生息,步入良性循环的轨道,必将使黄土高原在新的世纪创造出新的辉煌。

一、黄土高原可持续农业的战略定位

1. 基本特点

黄土高原地处太行山以西,日月山-贺兰山以东,秦岭以北,长城以南。在此范围内,连续分布的黄土高原侵蚀地形面积约为 36 万平方千米,海拔为 500~2000 米。按自然地理特征,黄土高原处于温带半干旱与半湿润区;按经济地理特点,黄土高原处于农牧林过渡区,高原及其周围有一系列的特大、大、中、小城市,铁路与公路骨干交通格局已基本形成。黄土高原地区共有人口 6232.4 万,分属于 217 个县,地跨山西、陕西、河南、甘肃、宁夏、青海、内蒙古 7 省、自治区。黄土高原水土流失严重,且长期处于贫困状态,这不仅制约了该区的经济发展,而且对黄河中下游的生态与经济发展也有严重的影响。

2. 发展现状

(1)黄土高原的人民为我国革命事业做出过伟大的历史贡献,新中国成立特别是改革开放以来,在十分困难的条件下,该地区的人民发扬艰苦创业精神,坚持不懈地治水改土、兴修梯田、植树造林、开发水资源与节水灌溉等,从而使各地的水土流失不同程度地得到控制,入黄泥沙有所减少。黄土高原的粮食产量也有了较大幅度的提高,大部分地区已初步解决了温饱问题,从而为进一步发展打下了重要的物质基础。

(2)黄土高原土地类型多,人均土地资源较多,但土地生产力水平较低,土地利用方式不合理。高原的基本土地类型是塬、墚、峁、沟、涧、坪,还有土石山地、河谷平原、风沙草滩、覆沙地、黄土(包括次生黄土)台地。由于地势起伏大,千沟万壑,土地支离破碎,土地类型空间分布极不均匀。由于历史上经济基础薄弱,迄今黄土高原的产业结构单一,第二、三产业发展缓慢,农业生产普遍以种植业为主,其中又以粮食为主;商品农产品种类甚多,但规模小且分散。畜牧业仍以传统的粗放经营方式为主,区域内的自然-经济优势未能得到充分发挥,多数地区人民生活贫困。黄土高原人均耕地 3.7 亩,是我国人均耕地数的 2.8 倍,人均土地资源较多,但人口近年来增长较快,人均耕地呈不断下降趋势。由于地貌支离破碎,地势高差大,地表侵蚀严重,土壤瘠薄,肥

* 本文摘自 1999 年中国科学院院士咨询报告。咨询组成员名单附文后。

力低下,一般土地生产力水平较低,粮食单产多在 100 千克左右。黄土高原的生态环境仍然十分脆弱,水土流失远未得到根治,多数地区尚未脱贫,抗灾能力不强。除少数水利基础设施较好的塬地与平川地区外,粮食生产的年际起伏达到 50% 以上,水土流失以及以干旱、风沙为主的自然灾害频繁,仍然威胁和制约着这一地区的可持续发展。

(3)降水量少,可作为农业利用的水资源量很少,水资源贫乏。黄土高原年降水量为 300~600 毫米,年际分配不均,年变化率大(20%~50%);降水量在年内各月的分配也极不均匀,70% 的降水量分布在 7、8、9 三个月,且常以暴雨形式出现,造成这一地区"十年九旱",可为农业利用的降水量不到 30%。由于千沟万壑的黄土地貌,地表水资源的利用仅限于河流谷地的川坝地,水利工程难度大、成本高;地下水埋藏深,补给条件复杂,不宜大量开发。暴雨性降水不仅造成严重的水土流失,而且使水资源利用率难以提高。据黄河皇甫川观测资料,1982—1989 年共降雨 74 次,平均每年近 10 次,但每次降雨持续时间不到 2 小时,即一年内仅 20 小时的降雨时间。

(4)黄土高原的广大干部和人民群众的生态意识普遍有所加强,"再造一个山川秀美的西北地区"的号召和"退田还林(草)、封山绿化、个体承包、以粮代赈"的战略措施得到广泛的响应,从而进一步激发了他们加快黄土高原治理的热情。以黄土高原的生态环境治理作为开发大西北的序幕,黄土高原治理已进入一个崭新的阶段。

3. 黄土高原农业发展的战略定位

(1)黄土高原应以水土保持、防治荒漠化、改善生态环境为 21 世纪的主要战略任务。通过科学治理,为黄土高原的可持续发展打下基础,为黄河中下游的治理创造有利条件。

(2)在生态环境明显改善的基础上实现粮食自给,区内调剂;西北部实行农牧结合,重点发展畜牧业;东南部实行农果、特产相结合,重点发展干鲜果及特产。

(3)黄土高原内部自然与经济差异较大,需因地制宜,分区划片,分类指导,形成具有市场开拓能力的拳头项目(包括各类畜产品,种植业中的小杂粮、干鲜果、林特产品),相应发展与产前产后密切结合的第二、第三产业。

二、黄土高原的治理分区

针对农业可持续发展,基于黄土高原水热条件、地貌与地表物质的空间组合、农业生产方式等条件,可把黄土高原划分为覆沙黄土丘陵沟壑区、黄土丘陵沟壑区、黄土塬区、黄河峡谷区共 4 个生态经济区。

1. 覆沙黄土丘陵沟壑区

覆沙黄土丘陵沟壑区主要分布在晋西北、陕北北部、宁夏中部、甘肃东北部,大致相当于沙黄土分布的地区。该区年平均温度为 6~12℃,多年平均降水量 300~450 毫米;植被覆盖率低,且以农田植被和零星分布的灌草地与疏林草地、河谷人工林植被为主;境内水土流失与风蚀沙化交织,形成典型的风、水两相侵蚀带,是黄土高原水土流失较为严重的地区;种植业和畜牧业有一定比例。区内景观格局呈明显的覆沙低丘陵与宽河谷平原交织分布的特点。

2. 黄土丘陵沟壑区

黄土丘陵沟壑区是黄土高原的主体,主要分布在山西太行山以西,陕西黄龙山以北,宁夏南部、甘肃董志塬周围的大部分黄土分布区,青海湟水谷地以北部分黄土分布区,大致相当于典型的黄土分布区,包括土石丘陵。该区年平均温度为 10~14℃,多年平均降水量为 350~550 毫米;植被覆盖率较高,但以农田植被为主,森林植被多在零星的岛状山地分布,人工灌草地多分布在河谷的陡坡地段;境内水土流失严重,且以构造侵蚀河谷陡坡重力侵蚀(如滑坡)为主;以种植业为主,兼有一定的畜牧业。区内景观格局呈明显的墚峁地与沟间地交织分布的特点。

3. 黄土塬区

黄土塬区是黄土高原中的高平原,主要分布在陕北的延安(洛川塬)和甘肃的庆阳(董志塬),以及渭河谷地以北、汾河谷地两侧的多级阶地形成的台原。该区是镶嵌在黄土高原丘陵区内的"明珠",多年平均气温为 10~14℃,年均降水量为 450~600 毫米。地势平坦,土质肥沃,除受降水不稳定影响、时而出现干旱外,黄土塬区一直是黄土丘陵区重要的农业生产基地。近年来以优质水果种植为中心,成为我国重要的温带鲜果生产基地。

4. 黄河峡谷区

黄河峡谷区北起内蒙古托克托,南至山西禹门口,长达 400 多千米,涉及山西、陕西、内蒙古的 24 个县旗。由于受黄河的下切作用,黄河峡谷两岸均为基岩裸露的石质山地和丘陵,仅在一些短小河流两侧的阶地上呈现间断分布的平地。这一地带地势起伏不平、坡地较陡,成为重力侵蚀和沟谷侵蚀的主要地区,亦是黄河粗沙的主要来源区。这一带是著名的晋、陕红枣分布区,亦是黄土高原极为贫困的地带,人均地少,土地质量差。地表多为裸岩分布,相对低洼处为黄土覆盖区,水土流失亦严重,被视为黄土高原区最难治理、脱贫致富任务最艰巨的地区。

三、黄土高原治理的四项基本措施

黄土高原的治理必须坚持生态效益与经济效益统一、治理与开发相结合。坚持治坡与治沟结合,生物措施、工程措施、农业措施相结合,以流域为单位,实行山、水、田、林、路的综合与连续治理。其基本模式是川地水利化、沟谷坝系化、坡地梯田-林草化。黄土高原有 4 项最基本和关键的治理技术措施。

1. 集雨节水系统

黄土高原年均降水量为 300～600 毫米,由于黄土的基质条件与地形特点,水的地表径流和渗流严重,因而表现出比相同降雨量地区更为干旱,且时空分布极不均衡。水成为黄土高原农林牧业生产和人民生活的限制性因素,也是黄土高原生态治理最关键的要素。黄土高原的土地很难有灌溉条件,只有在河流谷地、川地等河流附近或有大河引水工程时才有少量的灌溉地区。而大面积的黄土高原典型地区,由于梁峁沟壑的破碎地貌与高亢的地势,很难建设大型水利工程;黄土高原地区地下水一般埋藏深度大,多在 100 米以下,且降水补给为主,如果过量开采,会导致水源枯竭,所以不能大量用于农业灌溉。因此,只有天然降水可为农业生产应用,而黄土高原的天然降水特点是:少而不稳定,年内分配不均,集中于农作物生长后期,多以暴雨形式出现,有

效性不高,年际变化大,旱灾频繁,十年九旱。因此,以水窖储雨水以备在需要时使用几乎成为黄土高原农业补充灌溉的唯一来源。窖灌是黄土高原农业上的一项革命性措施,是使农业免于颗粒无收的关键和救急措施,即使在非常干旱的年份,窖灌也会使旱地有一定收成,甚至达到中产水平。黄土高原上的人们早有修水窖集雨供人畜饮水的经验和传统。以色列人虽然在 2000 年前曾有用水窖集水灌溉的径流农业,但规模甚小。由于群众的积极性、国家的支持和科研人员的努力,大规模的集雨灌溉已在黄土高原普遍开展。尤其是甘肃,应用与发展各种集雨措施,如路面集水、庭院集水、坡地集水、薄膜集水、专用集水场集水等。因为集流水来之不易,需倍加珍惜,因此集雨多与节水灌溉相结合,如滴灌、喷灌、微灌、渗灌、袋灌、罐灌,以及薄膜保墒等多有引进与创造,现已在农作物(玉米、小麦等)和果树、蔬菜等种植上有不同规模的应用,且发挥了重大作用。

2. 坡沟治理

在千沟万壑的黄土高原破碎地貌基础上治理水土流失与发展可持续农业,关键在于一整套坡沟治理措施,包括系统配置的梯田、水平沟、绕山转(等高种植带)、淤地坝等。梯田既是一项保证农田稳定高产的重要基本农田工程,又是一项可大量减少水土流失的关键生态措施。在小于 25° 或 15° 的缓坡与山川坝地修建梯田作为基本农田。在大于 25° 或 15° 的陡坡以修水平沟的方式种树种灌种草,发展经济果树,提供优质牧草,还可以有效地保持水土。在陡坡上采取沿等高线种植灌木,形成防护带。在侵蚀沟中建淤地坝,坝地可建成高产农田,沟坡上种灌木。这样一套坡沟治理系统配合以上述的集雨节水措施即构成黄土高原最有效的水土保持体系与可持续农业的基础。

3. 可持续农业

黄土高原农业的经营水平参差不齐,多为连作或撂荒轮作。黄土高原的农业要持续发展,应采取以下可持续农业措施:不同作物和牧草的间作、套作、轮作,不仅可以改善土壤肥力,避免土壤生产力下降,还可以防止与特定作物相关的微生物病害的发生;实行复合农林系统与林草(牧)系统;综合病虫害防治(IPM),减少农药的施用量,充分利用害虫天敌达到病虫害防治的目的;免耕或少耕法,避免破

坏土壤结构,减少土壤水分蒸发和土壤侵蚀;有机农业,减少化肥和农药的施用量,种绿肥和通过发展畜牧业,增加有机肥的施用量等。

4. 舍饲养畜

如果说,集雨节灌是黄土高原农业的保障,梯田与可持续农业措施是黄土高原农业稳定与人民温饱所必需,那么畜牧业则是使黄土高原农民增收致富的途径。因此,畜牧业在黄土高原具有非常重要的特殊地位,是高原农业可持续发展重大举措的第四步。黄土高原畜牧业必须走与农田种草相结合的舍饲养畜的道路。舍饲养畜不仅不会造成土地因过牧退化而水土流失,还可因种草而保持水土,并提供大量有机肥以肥沃与改良土壤,促进作物、果树与林木的生长。

四、黄土高原治理的三个关键问题

1. 粮食自给与退耕还林

黄土高原耕地面积为 25 365.07 万亩(统计数为 13 087.47 万亩),其中,平耕地面积为 14 380.30 万亩,占 56.7%;坡耕地为 10 179.62 万亩,占 40.1%。坡耕地中大于 25°以上的面积为 1133.22 万亩,占耕地总面积的 4.5%。1996 年黄土高原人均耕地 3.7 亩,人均粮食 371 千克;如去除城市人口,农村人均耕地 4.4 亩,人均粮食 441 千克。如将占耕地总面积 4.5%的大于 25°以上的耕地(其单产按所有耕地单产的一半计算)退耕,黄土高原人均耕地 3.5 亩、人均粮食 362 千克和农村人均耕地 4.2 亩、人均粮食 431 千克,基本上可使区内粮食自给。可见,退耕对粮食生产带来的影响不大。

2. 耕地的水土平衡

黄土高原年均降水为 300~600 毫米,相当于每亩地平均有降水 200~400 立方米,按 1/6 的集水率可产水 33~67 立方米,储于水窖足可供 1 亩耕地的节水灌溉,可保证中等收成。经过努力,在黄土高原建造节水灌溉的水窖保证人均 2 亩耕地的用水是完全可能的。

3. 治理速度与投资力度

黄土高原大于 25°的坡耕地有 1133.22 万亩,荒草地有 15 922.55 万亩,需要保护防止土壤侵蚀的耕地有 3392.85 万亩,合计各类,需要治理的土地共 37 586.25 万亩(约 25 万平方千米),占黄土高原总土地面积的 61.5%。粗略计算,按治理每亩土地费用为 400 元计(每平方千米 60 万元),总投资需要 1520 亿元。黄土高原的侵蚀切割经历了上百万年的自然作用与数千年的人为活动,其治理至少需要几代人持续不断努力。如预计 50 年内初步完成,年均治理面积为 760 万亩,年均投资达 30.4 亿元。

五、黄土高原可持续农业的生态模式

黄土高原农业的可持续发展与其景观结构密切相关,因为景观元素——高台塬地、川坝地、墚峁地与冲沟及其在空间上的配置影响着水分的分配、养分循环及其生态-经济功能的发挥。根据黄土高原的景观结构与生态功能特点,可将其分为 4 个基本的生态经济带。

(1)水土保持带:在气候和工程条件允许时,修水平沟植树种草,防止水土流失;或以种草种灌为主,并与集水工程措施相结合,作为其他生态经济带水窖的水源地(集水区),草灌可以作为舍饲畜牧业的饲料来源。这一带一般都位于墚峁的顶部及上部。在陕北深切沟壑区,墚峁地的下部常具陡坡,也作为水土保持带。

(2)山腰水保-经济带:坡度不太陡时,可以种植果树等经济树种,特别是干果种类,在果树带间种植豆科优质牧草(如苜蓿等)和在沟边缘种植灌木来保持水土和综合利用,果牧结合。

(3)基本农田带:在黄土丘陵缓坡部位(一般在下部)建立以梯田为主的基本农田,建立以粮食生产、经济作物和草田轮作等相结合的"三元结构"经营方式;在深切沟壑区,由于丘陵的下部与冲沟直接相连,坡度极陡,而中上部坡度较缓,可修建有完备灌草防护措施的隔坡梯田的基本农田。

(4)川坝地高效经济带:建立高标准,粮食、经济作物、畜牧业综合发展,高投入,精耕细作,可作为畜牧舍饲肥育基地等。

黄土高原各基本景观元素的组合与各生态经济带的搭配,加之与具体的农业可持续发展的措施相结合,构成了高原景观-经济的优化生态模式。

(1)墚峁-川坝复合系统:墚峁顶部为种植草、

灌和乔木的水土保持带。黄土高原有众多的灌木种类可供选择,如柠条(Caragana spp.)、沙棘(Hippophe rhamaroides)、小檗(Berberis spp.)、华北驼绒藜(Ceratoides aborescense)、酸枣(Ziziphus jujube)、铁线莲(Clematis spp.)等。乔木种植上,应该注意因地制宜,合理配置,尤其应重视树种的选择。可选择的树种有油松(Pinus tabulaeformis)、侧柏(Platycladus orientalis)、栎(Quercus spp.)等。上部的草灌具有防止水土流失、集水与畜牧的三重功效。墚峁中部的水保-经济带以发展经济果树为主,特别是由于黄土高原所处的区位条件的自然特点,应该以发展干果为主,如大扁杏、扁桃、改良阿月浑子等。墚峁下部具有较缓的坡度,也具有较好的天然降水的集水条件,应为基本农田带,特别是以高规格梯田,配合集水、节水灌溉等发展粮食及经济作物。沟谷川坝地高效经济带以高投入、集约经营农业为主,兼顾畜牧业加工肥育中心。

(2)墚峁-冲沟系统:墚峁中上部具有较缓的坡度,可以建立梯田的高标准基本农田带或水保-经济带,梯田应以隔坡梯田为主,隔坡以灌木和草来防护;当墚峁下部具有较陡坡度角,应为以防护为主的水土保持带;下部的冲沟在适当的地点建立淤地坝以拦截上游冲积泥沙,建立坝地农田;而在沟坡则应种植乔灌木,因为沟谷内具有较好的水分条件,适合树木生长。

(3)土石丘陵系统:按照区域条件的不同,丘陵石山分别以封山育林和种灌草等为主,而沟谷以特产经济作物开发为主。

(4)高台塬地系统:顶面具有较大面积的平地,塬面平地以农业为主,可兼营牧业、工业;边缘有侵蚀沟,沟坡以种植乔灌木为主。

(5)川地系统:边缘具有坡面,中具有低平宽阔的川地,川地可作为高投入的农牧业的经济中心,边缘坡地视坡度情况,可作梯田或种灌草保护。

六、黄土高原的畜牧业发展问题

黄土高原主体属于半干旱区,以草原或灌丛草原(东南部为森林草原)为其优势自然景观,因而既不是农业区,也不是森林区,而是过渡性的农牧(林)交错带,具有草、农、林镶嵌与复合系统的性质,畜牧业在其中应占有重要的地位与发展的优势。

在黄土高原基本农田大体完成与实行可持续农业体制的基础上,在粮食生产基本上达到稳定与自给的条件下,畜牧业成为地区发展中重要的、战略性且具有较高层次的组成部分(或阶段)。它还是进一步产业化的物质基础和促进生态环境优化的重要保证。畜牧业占农业产值的比重是衡量一个国家或地区农业发展水平的重要指标,我国畜牧业占整个农业产值不足30%,即使在畜牧业较为发达的地区和县也仅为40%左右,说明黄土高原地区畜牧业需要大力发展。

舍饲畜牧业是生态环境友好的集约畜牧业,既有由政府、企业或农民集资开办的有一定规模的养畜场,更多的是由农民个体或小集体的家庭舍饲养畜方式。这次考察陕北,横山县已进行2~3年,舍饲的农户经验表明舍饲牛羊可显著提高家畜的生产力与产品质量,增加产羔数,缩短出栏期,增多出栏率,便于管理与防疫,减少劳力(主要用半劳力),加强抗灾能力,降低家畜无谓能耗与便于集蓄厩肥等。我们所见到的舍饲绒山羊毛色光润、躯体健硕、产绒量多,产羊羔数明显增加,且无任何不良反应,这证明舍饲山羊是完全可能的。舍饲养畜可防止家畜对植被与黄土表土的破坏,有利于水土保持与山川秀美,并产生大量有机厩肥,对提高种植业和果树业的生产力与产品质量更具有重大意义。此外,舍饲畜牧业使得畜产品与饲料加工产业稳定、优质、高产,有着极大的潜力和光明的前景。

实行与发展舍饲畜牧业的根本措施有4点:改良畜种、发展种草业、发展饲料工业与产业化。

1. 改良畜种

引进优良畜种和采用高新生物技术培育优良畜种是舍饲畜牧业的关键措施。例如,甘肃平凉养牛场以优选秦川牛作为美国良种肉牛胚胎移植的受体以改良畜种;陕北靖边地方企业养羊场引进澳大利亚著名的毛肉兼用绵羊萨福克、山东产多羔的小尾寒羊与优良的阿尔斯绒山羊等均有显著效果,其价值较地方品种自由放牧可提高5倍以上。

2. 发展种草业

黄土高原虽有较大面积的天然草地15 922.55万亩,但多属干旱的荒漠草原与真草原类型,草丛稀疏,盖度小,生产力不高,营养价值也较低,且多零星分散在土坡,放牧畜群饮水不便,已形成过牧退化,加重水土流失。因此,在黄土高原发展产业化、规模化与优质的畜牧业绝不能依靠天然草地放牧,而应建立农业化草业与舍饲方式养畜。

(1)实行粮、经、饲料(牧场)作物的草田轮作制,饲料作物或牧草在基本农田(含轮作、间作)中的播种面积应逐步达到1/3,不应少于1/5。这不仅可提供大量高产优质饲草,而且能显著提高农田土壤肥力与水土保持能力,减少病虫害。为促进和保证草田轮作制,在初期可适当增加基本农田的面积。目前,黄土高原可供草田轮作制或轮间作的草种不多,主要是紫花苜蓿与沙打旺,以及一些豆科灌木,如柠条、羊柴等。亟待引进适应当地条件的优良草种,如苕子、红花三叶草、百脉根、羽扇豆、杂交酸模等。在梯田埂边种植柠条,不仅具有保持水土功能,而且定时刈割平茬可提供部分优质饲料。

(2)在以水土保持为主的乔木、灌木行间普遍种植牧草,不仅可作为重要的饲料基地,还能大大增强水土保持与水源涵养功能,以及提高林地土壤肥力,促进林木生长。

(3)在经济树木与果园的行间应大力推广种植牧草,不仅在经济林或果树郁闭前可种植,即使在树冠发育后,亦可在行间种植耐阴的牧草,如白三叶等,为此可适当加宽果树行距,而不至于降低果品产量。实行草田、草林(灌)与草果间作(或轮作)制,这样做不仅可改良土壤肥力,促进农、林、果木生长与农产品品质与产量的提高,而且有助于水土保持能力的提高。尤其是舍饲生产的大量有机厩肥将成为促进农、林、草业丰产优质的主要保证。

3. 发展饲料工业

舍饲畜牧业要求并将促进饲料工业的发展。农作物秸秆或其他残余物经加工(含青贮)后可提供大量优质饲料。据实验,一些豆科灌木,如羊柴的绿色枝茎可用作培养食用菌的原料,其残余物(含丰富菌丝)为高营养的优质饲料。这种结构性的养分与能量转化不仅可多层次地高效利用养分与能量,增加产量,而且大大提高了农林产品的附加值,增加了农民收入。

4. 产业化

在地方政府或企业支持下建立一系列的养牛场与畜产品加工厂,如屠宰场、肉类加工厂、皮革厂、乳品加工厂、绒毛厂、生物制品厂、饲料加工厂等各类高附加值畜产品加工厂,树立名牌意识,形成有地方特色的优质产品,打开国内外的市场销路。

黄土高原舍饲畜牧业的普遍建立与发展,加之产业化的促进,当使高原的农业总产值获得极大增长,其中畜牧业的产值逐步占50%～60%或是更高,农民的现金收入可大幅度提高,这是由小康到致富的重要措施之一。这样不仅可以实现黄土高原以畜牧业为主要支柱产业的战略地位,而且还可进一步改善高原的生态环境保育与建设,使黄土高原在社会、经济与生态的可持续发展方面再上一个新台阶。

七、黄土高原农业可持续发展的政策建议

1. 治理水土流失,改善生态环境,必须有切实措施保证农民收入增加

治理水土流失,改善生态环境,必须同时考虑农民的增收问题。而目前的状况是:黄土高原大部分地区的吃粮问题基本得到解决,困难在于缺钱花,生活质量差。退耕还林草,国家供应粮食,可以维持原有的生活水平,但不能解决农民增加收入的问题。有些地方退耕以后,由于各种集体提留,不但社会负担减不下来,而且农民的实际收入还可能下降,这将是实施这项生态措施的一个最大阻力。

因此,应把生态治理与农民增收结合起来,除了长远考虑区域经济发展和结构调整外,近期在退耕还林的同时,还应出台一些不使农民减收反而增加收入的配套措施。例如,按退耕还林面积减免农业税和农林特产税;减免按耕地摊派的民办教师、民兵训练、军烈属优抚等公益事业的集体提留,这部分经费的差额部分可由国家适当补贴;根据条件和可能,在种植生态林草的同时,有计划地允许农民种植一定比例的经济林木,以增加新的创收来源。同时,要大力支持当地特产经济发展,加快产业化步伐,使其成为稳定和增加农民收入的可靠保证。

2. 发挥移民工作在恢复生态平衡中的积极作用

在较大区域开发尺度上,可以考虑与邻近区域的关联与互补。如宁夏南六盘山区土石丘陵-宁夏黄河灌区的系统整合,通过移民的方式,把山区的居

民迁移到黄河灌区,以让山区生态得以恢复;又如陕北白于山区与邻近的风沙草滩区建立类似的生态-经济联系。在一些缺乏基本生存条件的山区,特别是在一些无水、无电、无路的"三无"山区散居的一些农民,祖祖辈辈"靠山吃山",没饭吃就开荒,没柴烧、没钱花就砍树,这些传统习惯是造成这些地方生态环境恶化的重要原因,也是贫困的根源之一。加之这些地方往往人口失控,形成了"越穷越生,越生越穷"和"越穷越垦,越垦越荒"的恶性循环。近几年,一些贫困山区把移民作为脱贫的一项重要措施,收到了明显的效果。但由于这种移民以脱贫为目标,以零散方式移民为主,影响了保护生态环境功能的发挥。因此,建议强化移民在恢复生态环境中的积极作用,把移民问题纳入退耕还草保护生态环境的重大措施之中。

(1)突出移民在治理水土流失、恢复生态环境中的功能。改移民的脱贫解困单一目标为脱贫解困和恢复生态双重目标。只有治理了水土流失恢复了生态平衡,才有可能从根本上解决贫困问题。

(2)在一些没有生存条件的地方,尽可能实行按村落整体移民(迁入地可以分散安置),以彻底结束人为的破坏,这是实行"封山绿化"的前提条件。

(3)要慎重选择移民迁入地。集中迁入的新开发区,应经过科学论证,人口迁入量要与水土承载力相适应,对移民的燃料来源和经济社会发展条件要进行必要的评估和规划,以防止因移民而出现新的生态环境问题。

(4)资金扶持应有所倾斜。移民地区除了将有关专项资金,如农业综合开发、以工代赈、农电项目、希望工程、甘露工程等经费捆绑使用,解决基础设施和公益事业外,应拿出一定比例的扶贫资金、生态建设资金用于移民补贴。

3. 建立有利于农民个人和社会力量参与生态建设的激励机制

种树种草,保护环境,恢复生态平衡,其本身几乎是没有直接经济效益的,能否建立有效的激励机制,调动参与主体,特别是农民的积极性,是这项工作成败的关键。为此,首先要建立起明晰而稳定的产权制度和配套政策,进一步明确"谁造谁有益"的原则使经营者树立起长期预期观念。其次要鼓励社会各方面力量参与种树种草,改善生态环境。参与者不论是国有单位、集体组织还是农民个人,在造林经费补贴、提供信贷资金和其他政策优惠方面都要一视同仁,以鼓励更多的个人参与的积极性。最后,要进一步完善"四荒"拍卖政策,建立相应的奖励、检查监督制度,重奖类似石光银这样的一些对治理生态环境做出重大贡献的人,坚决制止一些地方"买而不治",甚至随意毁林毁草造成新的水土流失情况的发生。

4. 进一步严格控制人口,缓解人口对水土资源的压力

人口增长过快,人口、资源、环境失衡,是这类地区生态环境恶化的基本原因之一。为改变这种状况,首先要严格控制人口,要有鼓励少数民族实行计划生育的政策措施,把人口自然增长率真正降下来。其次要大力发展各类教育,提高人口素质,提高农民的文化知识和信息吸收能力,发现和培养当地的企业家和各类人才。最后要加快小城镇建设,促进农村人口向城镇转移,缓解人口对水土资源的压力。

咨询组成员名单

张新时	中国科学院院士	中国科学院植物研究所
石玉林	中国工程院院士	中国科学院自然资源综合考察委员会
刘东生	中国科学院院士	中国科学院地质研究所
佘之祥	研究员	中国科学院南京分院
王西玉	研究员	国务院发展研究中心
慈龙骏	研究员	国家林业局防沙治沙办公室
史培军	教授	北京师范大学
陈仲新	博士	中国农业科学院
孙卫国	工程师	中国科学院生物学部办公室
董建勤	记者	《人民日报》报社

第66章

新疆生态建设和可持续发展战略研究[*]

张新时 等

新疆维吾尔自治区地处我国西北边陲,幅员辽阔,在区位、资源、文化、创新等方面有许多先天和后天的优势,战略位置十分重要。新疆的生态建设和环境保护关系到新疆社会经济的健康发展,对我国社会经济的发展起着重要的作用。

报告以科学发展观为指导,以人与自然和谐发展为目标,把生态建设和环境保护放在突出地位,并将建立自由节约型和环境友好型社会、优先转变经济增长方式、优化产业结构作为新疆农林牧业可持续发展和生态建设的基本方针与根本措施,还关注国际上与新疆生态建设和可持续发展密切相关的全球变暖、生物多样性保育、可再生能源、碳贸易等热点问题。最后,报告提出了新疆生态建设和可持续发展的基本战略思路。

根据 2005 年 8 月中共中央政治局委员、新疆维吾尔自治区党委领导和中国科学院院长路甬祥签订的《中国科学院与新疆维吾尔自治区的科技合作协议》,中国科学院学部咨询评议工作委员会于 2006 年设立了"新疆生态建设和可持续发展战略研究"重大咨询项目。2006—2008 年历时两年半开展了咨询调研工作,参加咨询研究的有 11 位中国科学院院士和 29 位有关领域的科学家。同时,还广泛听取和征询了地区各级领导、专家和有经验农民的意见。在此基础上形成了咨询报告和调研专著(两卷),提出了新疆生态建设和可持续发展的战略思路。

咨询组认为新疆的山盆系统是自然历史演化形成,包括山地圈、绿洲圈和荒漠圈的复合体,是新疆生物多样性赖以生存、繁衍的家园,对农林牧业生产发展具有重要作用。山地圈具有重要的水源涵养、气候形成和调节、生物多样性演化和保育作用,并可提供大量生物质材料,但过度采伐和放牧使山地森林和草地的生态功能遭到很大损害。绿洲是山地能量和物质的调节阀与生产力的放大(增效)器,绿洲产生高于荒漠和山地十到数十倍的生物生产力,因而是山盆系统发展的关键,但落后的绿洲农业结构亟待调整。荒漠虽不适于人类生产和生活,但它拥有的丰富的太阳能和风能资源及特殊的珍贵温带荒漠野生动植物种质资源,是 21 世纪人类发展所依赖的能源和基因源。新疆荒漠特有的中亚荒漠特色和丰富的古文化积淀,更是我国西部自然和人类文化遗产的瑰宝。

据此,咨询组提出新疆生态建设和可持续发展的基本战略思路,即"一建二保三大"。"一建"指建设一个稳定、高产、优质的现代化集约型绿洲;"二保"即保育水源充沛、林草丰茂的山地和独具亚洲干旱区生物地理特色的荒漠;"三大"就是维系大循环、实施农林牧产业结构大调整和大转变的战略。

上述战略思路贯穿于 10 个咨询专题中。

一、新疆生态建设的重要性、特点、难点和关键问题

1. 新疆生态建设的重要性

2006 年 9 月,胡锦涛总书记在新疆维吾尔自治

---

* 本文摘自 2008 年中国科学院院士咨询报告。咨询组成员名单附文后。

区考察工作时强调:"必须全面贯彻落实科学发展观,大力推进经济增长方式转变,加大经济结构调整力度,培育和壮大特色优势产业。要深刻认识搞好生态环境保护和建设的极端重要性,实现经济发展和环境保护同步双赢。"中共中央对新疆发展的重要指示强调:"新疆要把生态建设和环境保护放在突出重要地位。"因此,咨询项目以科学发展观为指导,以人与自然和谐发展为目标,开展新疆生态建设和可持续发展战略研究。

2. 新疆生态建设的特点、难点和重点

（1）山盆系统（山地-绿洲-荒漠）:构成了新疆生态建设和农林牧业可持续发展独特的自然资源与载体,在很大程度上决定着新疆生态系统格局、生产布局与发展方向。在大农业与山盆系统之间存在着极其显著的正负反馈效应,这使农林牧业的生产与生态保育形成良性互动,而实现生态经济的双赢是新疆生态建设和可持续发展的重要追求目标。

（2）水资源紧缺:新疆属于典型的干旱区,尤其是全球变暖背景下的山地冰川消融加剧了资源型缺水问题,严重地制约了新疆资源的可持续利用和区域社会经济的可持续发展,这也是生态建设的主要难点。

（3）粗放落后的天然草地放牧型畜牧业:造成了荒漠和山地普遍过牧退化,生产能力大大下降,这种传统落后的生产方式造成新疆农业的生产力低下,还成为新疆最严重的生态问题之一。

（4）绿洲产业结构调整:新疆农业绿洲产业结构以种植业（粮、经）为主导的产业格局、薄弱的绿洲畜牧业和产业链的短缺,是限制绿洲生产增长和可持续发展的关键。

（5）保育新疆山地和荒漠的生物多样性与生态系统服务功能:目前,山地森林和草地仍然是新疆重要的放牧场,而且严重的超载过牧对山地生物多样性、水资源涵养和水土保持造成极大的破坏,使得其生态系统服务功能大大降低。新疆荒漠具有世界温带荒漠中最为丰富的动植物种质资源,荒漠的农牧业和工矿业开发对荒漠生物多样性产生极大影响,其基因资源的破坏和灭绝将是灾难性的,将成为影响区域生态和经济发展的全局性问题。

（6）以中、低碳经济模式应对全球变化:新疆应提倡中碳和低碳经济模式,能源开发应转向以太阳能和风能为主,并以环塔里木河柽柳带作为发展生物质能源的重点,从而形成生态和经济效益的结合。

3. 新疆生态建设的关键问题

（1）新疆生态建设和可持续农业战略区划。
（2）新疆绿洲农业的优化结构调整。
（3）新疆山地的生态保育、重建和产业转移。
（4）准噶尔荒漠的生物多样性保育。
（5）伊犁谷地的可持续农业规划。
（6）塔里木河水系的优化管理和生态重建。
（7）楼兰和罗布泊荒漠的保护与合理开发。
（8）新疆草地畜牧业生产方式的大转移。
（9）新疆林业的可持续发展。
（10）新疆盐生植物产业的研发。

二、咨询项目的指导原则、理论依据和战略思想

1. 科学发展观是本咨询项目的指导纲领

本咨询项目以科学发展观为指导。胡锦涛总书记指出:"科学发展观,第一要义是发展,核心是以人为本,基本要求是全面协调可持续,根本方法是统筹兼顾。"可持续发展的具体目标和战略任务是建立资源节约型和环境友好型的社会,为此必须优先转移经济增长方式和优化产业结构。因此,将新疆粗放落后、低生产力的传统农林牧业经济增长方式转变为集约型、高生产力和生态友好的农林牧业经济增长方式,是新疆农林牧业可持续发展和生态建设的基本方针和根本措施。

2. 对国际科学技术进展与趋势的密切追踪

本咨询报告积极关注与新疆生态建设和可持续发展密切相关的国际上的关键科学问题,特别是全球变暖、生物多样性保育、可再生能源、碳贸易、绿洲农业结构和产业链、现代畜牧业等领域的国际发展趋势。

3. 新疆生态建设和可持续发展战略研究的主要理论依据和思路

（1）新疆山盆系统的结构、过程和功能

壮阔的山盆系统是新疆生物多样性赖以生存、繁衍的绚丽家园。山盆系统是山地植被垂直带系统

和荒漠盆地同心环形(地质–地貌–植被)结构的复合体,是自然历史演化形成物和经济生产与社会发展色彩缤纷的巨大舞台。其系统结构可分为三圈,即山地圈、绿洲圈和荒漠圈。山盆系统在很大程度上决定和影响着该地区的气候条件、自然生态系统类型及其分布,从而对该地区的农林牧业生产和社会的经济发展起到重要作用。对山盆系统的结构、生物地球化学循环过程及生态功能的科学研究和理解是制定新疆生态建设和可持续发展战略的重要自然科学理论依据。

A. 山地圈及其生态功能

山地圈具有重要的环境形成、调节、生态系统构成、演化和保育作用,包括水源功能,气候的分水岭作用,山地生态系统(森林、灌丛、草甸和草原等)的水源涵养、水土保持和水分调节作用。山地生态系统可提供大量生物质材料,如木材及各种林产品,但过度采伐使山地森林的生态功能遭受很大损害。山地草甸和草原作为新疆主要的畜牧业基地已有数千年的历史。近半个世纪以来,牲畜数量剧增,过牧而使山地草地不断退化的严峻现实已经成为新疆当前最严重的生态问题。加强山地保育和实施山地森林与草地的生态恢复重建,已成为新疆生态建设和可持续发展的重大目标之一。

B. 绿洲的调节阀和放大(增效)功能

绿洲是山地水流、能量和物质的调节阀与放大(增效)器。绿洲由于灌溉水补给、辐射第二、第三产业和市场增值,可产生百余倍的价值。绿洲产生价值的一部分再回馈到山地和荒漠的生态建设与生产发展,则能增进山区和荒漠的生态保育和经济发展。绿洲的放大生产力和经济增值作用是山盆系统发展的关键。但是新疆农业绿洲的产业结构仍是以粮食和经济作物棉花为主。落后的绿洲畜牧业是新疆绿洲经济这个"木桶"中的短板。林果业在南疆有占优势的趋势,但存在不确定因素。因此,绿洲农业结构亟待调整。

C. 天然绿洲、扇缘带和杜加依植被

扇缘带和荒漠河岸的杜加依(河岸生态系统)群落为仅存的天然绿洲。扇缘带是天然的"咸水绿洲",也是灌溉绿洲与荒漠之间盐渍化的生态过渡带。扇缘带是重要的天然积盐带及其邻近绿洲的排盐区、绿洲的天然灌草防护带、盆地冬春牧场。盆地冬春牧场质量较低,如部分改造为优质高产的人工草地,则可形成舍饲畜牧业基地。

沿荒漠河岸分布着特有的杜加依生态系统,由胡杨林、柽柳灌丛和盐生草甸群落构成,形成荒漠中的绿色长廊,具有明显的防风固沙功能,是荒漠区生物重要的栖息地,林内有马鹿、野猪等大型哺乳动物,20 世纪 30 年代以前还分布有塔里木虎。由于绿洲拦截大量河水,多数荒漠河流自中游断流,这注定了河道沿岸杜加依衰亡的命运。塔里木河杜加依林的更新换代是采取自然恢复的方式还是依靠人工重建的方式,已成为争论不休的问题。

荒漠的生产力极低,一般不适于人类的生产和生活。荒漠生态系统的生境是严酷的(盐、辐射、蒸发等),但辐射强、日照时间长、昼夜温差大等有利于提高光合作用效率,空气湿度低而少病虫害,药用植物有效成分含量高等则为其有利方面。荒漠亦具有特殊服务功能。荒漠是山盆系统的集水中心,更是积盐中心——"盐汇",形成富集可溶性盐的盐湖;荒漠拥有丰富的太阳能和风能,是最有开发前景与取之不尽的清洁能源基地,仅开发其潜能的 1%～2%都将对新疆经济发展和生态良好产生重大贡献;新疆荒漠具有特殊的珍贵温带荒漠野生动植物群,其种质资源是 21 世纪人类发展农作物、观赏植物、医药和轻工业生物原料所依赖的基因源,温带荒漠特有的大型蹄类、哺乳类食草动物群具有重要的保育、扩繁种群与经济发展前景;荒漠植被具有防风固沙功能,但遭放牧、樵采或开垦破坏引起表土风蚀,成为沙尘源,是引起荒漠土地退化的重要原因;壤质荒漠对开垦农田有很大的吸引力,放牧成为荒漠最通常的土地利用方式,虽没有产业价值,却对生态系统破坏很强。新疆荒漠具有中亚荒漠特色,其特殊的荒漠风成地貌和地质结构,如雅丹、方山、劣地、砾石戈壁以及特殊的沙丘类型等,颇具科学研究和观赏价值,更有古文化遗址(楼兰等)、废墟和文物等古代文化积淀,构成了我国西部自然和人类文化遗产的瑰宝。

(2)新疆生态建设和可持续发展的基本战略思想

基于对新疆山盆系统的理解和研究,以及对新疆生产实践经验与教训的总结和科学研究积累,咨询组试图通过剖析山盆系统的自然规律和人地关系,探寻出一条人与自然和谐共处的生态建设方案和可持续发展的战略思路。"一建二保三大"就是对这个生态建设方案和可持续发展战略思路的提炼与概括。

"一建"就是建设一个稳定、高产、优质的农林牧工贸协调链接、生态与环境安全良好、现代化集约型的绿洲。

"二保"就是保育水源充沛、林草丰茂的西北"群玉之山";保育具有温带亚洲干旱区生物地理特色的荒漠。

对山地和荒漠两大圈层实施以保护、保育、修复重建为主的战略,使其休养生息和恢复。在荒漠和山地除了可开发风能、太阳能和有限制的旅游外,还应严格限制对自然生态系统和土地的损害性开发。要增大对山地和荒漠的经济回馈与补偿,深化生态建设和可持续发展战略研究,改善居民生活条件。

"三大"就是维系大循环、实施大调整和大转移的战略。

"大循环",一是以水流为载体的生物地球化学循环过程;二是形成山盆系统净第一性生产力过程中的碳循环和能量传递过程;三是第一、第二、第三产业生产链条中的物流、能流和价值流形成的循环经济系统,保证新疆山盆系统大动脉的运转和流通。

"大调整",是对山盆系统中居于枢纽中心地位的绿洲产业结构的优化组合。

"大转移",一是将木材生产基地从山地森林转向建立绿洲防护-用材兼用的护田林体系;二是将山地和荒漠天然草地上传统游牧生产方式转移到在绿洲及扇缘带建立的高产优质人工饲草基地,发展高生产力与生态友好的现代化集约型的畜牧业生产方式。

三、新疆生态建设和可持续发展战略咨询专题提要

1. 新疆生态保育和生态重建区划(提要)

（1）系统集成

新疆山盆系统结构与功能是区划的基础和构架。

"一建二保三大"的生态保育/重建战略思路是区划的理念和发展方向。

四级区划体系:生态域(6个)-生态区(27个)-生态亚区(49个)-生态小区(206个),包含12类保育/重建生态类型。

（2）咨询建议

实施山地生态系统(森林和草地)保育与重建,争取在30~50年逐步恢复重建山地生态系统功能。

优化调整绿洲系统,发展高效、稳定的新型绿洲经济。

从基因资源、自然与文化历史遗产、特殊自然景观、防治荒漠化等全球视野加强温带荒漠生态系统与自然景观的保育与保护。

（3）矛盾与难点

必须针对12类生态类型或特殊生态区划单元建立分类指导的生态-生产模式。

强调自然生态、环境因素与经济和产业发展的紧密、精密结合。

对水资源匮缺和全球变化趋势的适应和应对措施。

传统落后生产方式向现代化生产方式的转变。

协调统一区域内农、林、牧、水、环保、国土各政府部门的生态保育和生态重建政策、法规、规划、工程等。

（4）政策保障

将生态保育/重建区划纳入区域中长期经济与社会发展规划,实施分区建设与分类指导。

制定统一的、综合性的区域性生态保育和生态重建规划。

2. 新疆的农业绿洲结构调整(提要)

（1）系统集成(多层次的绿洲农业结构调整)

合理配置粮食、经济作物、饲草、林果比例。在满足粮食自给的基础上,发展特色农业。解决目前以粮食、棉花为主,病虫害严重、产值低的危境。

调整农、林、牧比例,突出集约化的特色产业和可持续发展模式。提高畜牧业比例,发展以人工草地为基础的现代化舍饲畜牧业。控制林果业发展规模,以畜牧业为支撑,发展特色林果业。

以水资源承载力确定绿洲的发展规模和水平,解决绿洲水土矛盾、水盐矛盾。

发展与农林牧业相关的第二、第三产业,延长农业产业链。

（2）咨询建议

北疆朝畜牧业及畜产品深加工方向转变。

南疆绿洲形成果-草-牧循环经济发展模式。

公司加农户模式，加强龙头企业的培植。

（3）矛盾和难点

棉花种植面积压缩将成为结构调整的难点。

绿洲人工草地面积得不到保障，这将极大地限制畜牧业和林果业的发展。

南疆林果业面积迅速扩张，品种混杂，产业化水平低，市场竞争力弱。

农业产业化水平低、现代化的产业链建设缺乏基础。

绿洲农田排盐问题。

（4）政策保障

政府应鼓励企业进入绿洲经济，发展第二、第三产业，推动第一产业。

政策引导农产品基地建设，朝集约化方向发展。

3. 新疆山地的生态保育和重建（提要）

（1）系统集成

高山冰雪带是新疆绿洲的重要水源，但全球变暖，冰川储量下降，将使水资源危机和灾害加剧。因此，需积极地应对。

新疆森林生态系统的价值主要体现在水源涵养、保持水土和生物多样性保育等间接价值（即生命保障系统）上，而不是直接的物质生产功能。

目前，草地承担着巨大的食物生产（畜牧业基地）功能，超载严重影响了其水源涵养、环境调节、生物多样性维护等功能。因此，急需实施草地畜牧业的功能转移。

气候变化导致了新疆冰川消融量和径流量连续多年增加，内陆湖泊水位显著上升，洪水灾害增加；山地天然水体库容量降低，以及山地水资源涵养与调节能力衰退，导致对绿洲水资源供给的稳定性降低。因此，需要采取措施，提前做好应对的准备。

（2）咨询建议

山地要以保育为主。山地的水源涵养、水土保持和生物多样性保育等生态功能的意义与价值，远

远高于其木材生产和放牧等物质生产功能。

山地森林禁伐，将山地木材生产功能转移到绿洲人工用材林。

山地禁牧，将山地畜牧业转移到平原绿洲或扇缘带人工饲草-舍饲畜牧业基地。

应对全球变暖、冰川消退、新疆山地水资源库容量降低、对绿洲供水的稳定性能下降和山盆系统生态与生产安全受到的威胁。保育山地植被，实施中低碳经济和多种节水技术。

（3）矛盾和难点

山地森林木材生产和天然草地放牧与维持生态服务功能的矛盾。

山地退化生态系统自然恢复时间长，人工重建难度大、代价高，山地水源涵养、气候调节和生物多样性保育等生态功能价值化难度大，缺乏转变认识的充分依据。

放牧是山地居民生活和生产的民族传统，需转移畜牧业生产基地、改变游牧的生产方式。

（4）政策和保障

在建立盆地优质高产饲草料基地的基础上，发展现代化的舍饲畜牧业，逐步取代传统粗放的山地放牧，实现畜牧业生产基地的战略转移。发展盆地舍饲畜牧业链，优先录用牧民的后代，使其成为现代化企业的工人、技术员与管理者，以实现山地游牧民向现代化社会公民的转变。

大力发展山地生态旅游，并与山地文化、少数民族风情资源开发和牧民增收相结合。

4. 准噶尔盆地生物多样性保育（提要）

（1）系统建成

准噶尔盆地具有世界温带荒漠中最为丰富的植物种质资源，尤其是其稀有的短命植物和盐生植物。

准噶尔盆地目前拥有鹅喉羚、赛加羚、蒙古野驴等大型珍稀有蹄类动物。

准噶尔荒漠目前拥有三个国家级、一个省（自治区）级自然保护区，但还远远不能满足荒漠生物多样性保育的需求。

（2）咨询建议

生物多样性的保育是目前准噶尔盆地荒漠可持

续发展的第一要务。

准噶尔盆地荒漠野生动植物种质资源,尤其是其特有的抗逆和特殊次生代谢化合物的基因资源,是 21 世纪新疆发展的战略性资源和适应全球变暖的重要对策,亟待建立一个准噶尔荒漠野生动植物种质基因库。

引进和繁育新疆已灭绝的荒漠动物,重建准噶尔珍贵的荒漠动物群。

建立准噶尔国家荒漠公园,合理开展生态旅游。

矿产资源的绿色开采和风能、太阳能资源的开发利用。

(3) 矛盾和难点

荒漠盆地生物多样性保育与土地开垦、放牧、矿产资源开发、工程建设和旅游开发的矛盾。

荒漠种质资源保育的政策、技术困难。

荒漠可再生能源开发的技术困难和降低成本问题。

(4) 政策保障

由政府出面,对准噶尔荒漠全面实行封育、禁牧、禁垦、禁采和必要的人工重建。建立准噶尔国家荒漠公园,制定相关规划和法规。

划拨生态用水,用于准噶尔国家荒漠公园野生动物生境和种群恢复。

5. 伊犁谷地可持续发展战略(提要)

(1) 系统建成

三大基地:重点建设国家战略食物生产基地、国家战略林产品生产基地和国家战略能源与矿产后备基地。

四大工程:人工饲草饲料生产工程、速生丰产林工程、水资源综合开发工程、国土综合整治工程。

(2) 咨询建议

伊犁谷地可持续发展的三种主要模式:伊犁谷地发展应该实施大农业循环经济模式、生态建设产业化模式、产业发展生态化模式。

保育新疆最丰富的生物多样性:独特的野果林、极高生产力的云杉林、优良的山地草甸、丰富的短命植物种质资源。

(3) 矛盾和难点

未来优势产业的定位。

优势的第一产业和弱势的第二、第三产业是伊犁可持续与高速发展的结构性限制因素。过牧引起的天然草地和森林的结构与生态功能的退化,仍是伊犁地区最突出的生态问题。

(4) 政策保障

政策保证三大基地与四大工程的建设。

将伊犁列入以大农业开发为主的循环经济示范区和"上合组织"经济合作示范区。

加大能源与矿产开发的国税返还比例,支持生态建设。

6. 塔里木河流域治理(提要)

(1) 系统建成

塔里木河水资源分配问题。

塔里木河河道整治与生态建设。

博斯腾湖向塔里木河下游输水的可持续性问题。

塔里木河下游生态恢复与重建。

(2) 咨询建议

将车尔臣河纳入塔里木河综合治理工程中。

从南北两端协同解决塔里木河下游水源。

(3) 矛盾和难点

塔里木河上下游协调发展、河道治理、水量分配的管理是塔里木河生态建设和可持续发展的难点。

塔里木河下游胡杨林的维持是靠河道的自然渗漏,还是人工管道输水?

台特马湖水面维持与否的根据。

(4) 政策保障

把塔里木河"六源一干"作为一个整体。把孔雀河(博斯腾湖)和车尔臣河纳入塔里木河流域水资源管理体系中。

加强植被恢复与重建的人工辅助工程研究与建设。

加强对塔里木河下游管道输水工程建设可行性的研究和评估。

7. 罗布泊-楼兰地区极端荒漠生态与景观的保护和建设（提要）

（1）系统集成

罗布泊荒漠及其周边地区矿业的开发使得资源浪费、环境污染、植被与地貌生态破坏严重。

楼兰地理环境恶劣，风沙侵蚀，人为的劫掠式发掘，遗址破坏严重。

保护绿色走廊，保护罗布泊环境，保护楼兰遗址。

（2）咨询建议

实施清洁能源工程，利用新疆丰富的可再生风能、太阳能，减少环境污染和生态破坏，综合利用罗布泊锂、硼等矿产资源。

建立楼兰科学保护与发展基金，保护楼兰古文化遗址和自然遗产。

建立国家荒漠公园，保护罗布泊荒漠的特殊地质自然遗产，开展科学知识普及。

（3）矛盾和难点

旅游业的开发与楼兰遗址保护的矛盾。

矿业开发带来的环境问题与保护生态极端脆弱的罗布泊的矛盾。

（4）政策保障

制定楼兰遗址保护政策。

制定严格的旅游规则，禁止飙车、捡石子等人为活动。

实施清洁能源工程。规划优先利用风能、太阳能，并制定系统、科学的清洁能源税额减免、直接退税等优惠政策。

制定和实施综合性质的《罗布泊地区环境友好（生态文明）型工业发展规划》和专项性质的《罗布泊地区环境友好（生态文明）型矿产资源综合开发利用工业发展规划》。

8. 新疆可持续草地畜牧业（提要）

（1）系统集成

传统粗放落后的天然草地放牧畜牧业，超载过牧，生产力低下，天然草地退化，生态功能消减。

以人工草地为基础的现代化的集约环境友好的舍饲畜牧业，优质高产，工厂化舍饲养畜，形成畜牧业产业链，天然草地休养生息，以发挥生态功能为主。

（2）咨询建议

畜牧业基地从山地荒漠向绿洲转移。

以现代化集约型的畜牧业生产力方式代替传统放牧畜牧业。

加快发展南疆绿洲畜牧业，支持林果业发展。

大力调整绿洲种植结构，实施农、经、草 3∶3∶3 制，增加人工草地和饲料作物种植比例。

大力发展以畜牧业为龙头的第一、第二、第三产业链。

（3）矛盾和难点

传统的放牧生产方式转变为现代化的畜牧业生产方式是重大的转变，存在传统、认识、观念、技术、产业结构和文化等多方面的难点。

必须使第一、第二、第三产业协同发展。

（4）政策保障

对于十分脆弱的荒漠和沙化草地，坚决禁牧。

政府扶持调整种植结构，发展绿洲畜牧业。

建立畜牧业第一、第二、第三产业的示范基地。

制定优惠政策，鼓励企业发展现代化的畜牧业及其产业链。

优先让牧民的后代进入企业，促使游牧民向产业工人的转变。

9. 新疆林业可持续发展（提要）

（1）系统集成

山地天然林：生态功能服务系统，以水源涵养、生物多样性保育为主。

荒漠河岸林和荒漠灌丛：生态功能服务系统，以生物多样性保育和文化景观为主。

（2）咨询建议

建立防护-用材兼用林基地。

建立环塔里木河柽柳带防御风沙、发展大芸经济和生物质能源。

绿洲林果业急需发展绿洲畜牧业，提供有机肥。

（3）矛盾和难点

山地森林天然更新旷日持久,需人工更新来加速其恢复。

山地林区放牧,遏制了森林的更新,造成林地水土流失,加剧了山地森林生态功能的衰退。

木材短缺。目前绿洲农区的木材供应具有解决产业链、市场开发、品种改良、病虫害防治和有机肥问题。

（4）政策保障

禁伐、禁牧的天然林保护政策和生态补偿政策相结合,保障天然林的生态功能。

颁布防护-用材兼用林的采伐条例,保障林木所有者的权益和积极性。

政策支持优先发展可再生能源,部分替代高碳能源。

10. 盐碱土改良和利用与盐生植物资源的开发（提要）

（1）系统集成

大面积土壤盐渍化及其引起的生态环境问题,是新疆农业生产和生态环境所面临的严峻问题。

新疆具有的丰富盐生植物资源有明显的区域特色,是未来区域经济发展、荒漠化治理和我国西部开发中重要的战略资源。

开发利用盐生植物,提供抗盐、抗旱基因的天然种质基因库。更好地利用咸水资源和盐渍化土地,将新疆的资源劣势转化为优势。

发展盐生植物产业工程。

（2）咨询建议

建立盐生植物园和活基因库,形成新疆盐生、旱生植物就地集中保护基地。

利用盐生植物的特性进行次生盐渍化土壤的植物脱盐改良,开展盐生植物在污染环境修复和空间科学中的应用潜力研究。

（3）矛盾和难点

缺乏对新疆丰富的盐生植物资源的生态经济价值和应用前景的深入系统的研究,从而制约了盐生植物的开发和利用。

人类不合理的活动与盐生植物开发利用的矛盾。

要想成为具有产业价值的新型咸水经济作物,这些目标的实现无疑需要生物工程高技术的投入。

（4）政策保障

政策支持盐生植物的开发利用。

政策支持发展盐生植物产业工程（如盐节木作为油料、野菜）。

咨询组成员名单

张新时	中国科学院院士	中国科学院植物研究所
刘东生	中国科学院院士	中国科学院地质研究所
孙鸿烈	中国科学院院士	中国科学院地理科学与资源研究所
吴常信	中国科学院院士	中国农业大学
蒋有绪	中国科学院院士	中国林业科学研究院
魏江春	中国科学院院士	中国科学院微生物研究所
郑光美	中国科学院院士	北京师范大学
刘昌明	中国科学院院士	中国科学院地理科学与资源研究所
郑 度	中国科学院院士	中国科学院地理科学与资源研究所
陆大道	中国科学院院士	中国科学院地理科学与资源研究所
方精云	中国科学院院士	北京大学
张小雷	研究员	中国科学院新疆分院
王弭力	研究员	中国地质科学院地质研究所
傅春利	研究员	中国科学院新疆分院
许 鹏	教授	新疆农业大学
史培军	教授	北京师范大学
慈龙骏	研究员	中国林业科学研究院
申元村	研究员	中国科学院地理科学与资源研究所
汤奇成	研究员	中国科学院地理科学与资源研究所
钟俊平	教授	新疆农业大学
葛剑平	教授	北京师范大学
杨玉盛	教授	福建师范大学
潘伯荣	研究员	中国科学院新疆生态与地理研究所
董新光	教授	新疆农业大学
海 鹰	教授	新疆师范大学
周成虎	研究员	中国科学院地理科学与资源研究所

郭　柯	研究员	中国科学院植物研究所
李　虎	教授	福建师范大学
李保国	教授	中国农业大学
吕　新	教授	石河子大学
唐海萍	教授	北京师范大学
杨德刚	研究员	中国科学院新疆生态与地理研究所
夏　军	研究员	中国科学院地理科学与资源研究所
陈　曦	研究员	中国科学院地理科学与资源研究所
张希明	研究员	中国科学院新疆生态与地理研究所
李向林	研究员	中国农业科学院北京畜牧兽医研究所
辛晓平	研究员	中国农业科学院农业资源与农业区划研究所
潘存德	教授	新疆农业大学
李银心	研究员	中国科学院植物研究所
田长彦	研究员	中国科学院新疆生态与地理研究所

咨询项目秘书组成员

董孝斌　李波　黄永梅　龚吉蕊　杨孝琼

第 *67* 章

绿桥系统——天山北坡与准噶尔荒漠生态保育和新产业带建设*

张新时 等

天山北麓作为新欧亚大陆桥的重要地段,不仅是新疆政治、经济和文化的中心,也是西部开发的重点地区之一。然而,由于近代人口的剧增、农牧业结构的单一、不合理的土地利用和水资源的短缺,山盆系统生态环境整体恶化。

本报告提出了"绿桥系统"构建设想,即针对天山北麓生态保育与社会经济可持续发展存在的问题,将天山北部山盆系统作为一个整体的系统工程进行全面规划,遵循自然规律,把天山山地的高山带、山地森林带、草原带、扇缘带和沙漠带连成一个上下贯通并互相支持的生态-经济"桥梁",形成一个可持续发展的优化生态和生产范式的"绿桥系统"。

一、"绿桥系统"的提出

天山北麓是新欧亚大陆桥的重要地段,是新疆政治、经济、文化的中心和 21 世纪我国经济的重要增长点。目前,天山北坡经济带已被列为 21 世纪自治区和兵团优先、重点开发的地区。该区域的生态环境改善和社会经济可持续发展,关系到新疆经济的总体发展及我国西部大开发战略的顺利实施。

天山北麓的山盆系统是由能流、物流、生命流、价值流和文化流连接起来的,经过长期的历史和文化发展,已经成为该地区自然生态和人文社会的支持系统,是干旱区最为本质的、珍贵的自然资源存在和作用模式。然而,随着近代人口剧增、农牧业结构单一、不合理的土地利用方式、生态环境恶化、水资源短缺和农药污染等一系列干扰和破坏,山盆系统生态环境严重脆弱与退化,对工农业生产、人民的生活条件与生存质量形成恶性循环影响,严重阻碍了这一地区生态、社会与经济的可持续发展。把"山地-绿洲-绿洲/荒漠过渡带-荒漠生态-生产范式"作为新疆天山北部山盆系统生态保育、环境建设和农业结构调整的模式,可指导干旱区生态环境建设,形成遵循自然规律的优化格局。

作为干旱区水源的山地,因过伐林木和超载放牧,涵养水源的能力不断弱化,水土流失加剧,灾害频繁,严重威胁到山地本身与下游各生态系统的正常运行和可持续发展。山地草场的冬春饲草料未得到根本性解决,多年强调的轮牧措施也未能得到有效贯彻,粗放落后的传统放牧方式依然威胁着山地生态环境。

绿洲是区域农业生产和经济发展的主体,天山北麓绿洲面积仅占该区域国土面积的 4.5%,却承载着 95% 以上的人口。在外部环境恶化造成绿洲生态经济系统脆弱的同时,绿洲内部因生产结构单一,盲目开采地下水及不合理的灌溉,造成严重的土壤次生盐渍化,耕地化学污染严重、土地质量变劣,荒漠化、盐碱化和沙尘暴灾害频繁发生。

具有世界温带荒漠中最为丰富的野生生物资源

* 本文摘自中国科学院院士咨询报告。本咨询项目根据中国科学院生物局建议由张新时院士负责。咨询组成员名单附文后。

及宝贵基因资源的准噶尔荒漠是世界温带荒漠的瑰宝。但是过度开垦土地、放牧、樵采、滥挖药用植物、盗猎野生动物等恶性人为活动，已导致准噶尔荒漠物种生存环境严重退化，许多物种濒临灭绝。

山盆生态系统的整体恶化，已严重制约了该区域生态、经济与社会的正常发展。为了天山北坡、准噶尔盆地的生态恢复、重建和实现社会、经济可持续发展，必须进行山地休养生息和荒漠封育保护，以优化与提高绿洲生产力。仅靠扩大绿洲面积求发展，只会以牺牲生态环境为代价，带来更大的生态破坏。因此，必须以超前发展的新观念和重大的改革举措，将天山北部山盆系统作为一个整体的系统工程进行全面规划，实施山地用材林业和畜牧业的战略转移，进行绿洲生产结构的大调整和改造，对准噶尔沙漠生态系统实行完全保育。为此，提出天山北部实现可持续发展的新思路——"绿桥系统"。通过考察与研究分析，我们建议把天山山地的高山带－山地森林和草原带－山麓绿洲与扇缘带－盆地荒漠平原和沙漠带连成一个上下贯通和互相支持的生态－经济"桥梁"，形成一个转变天山北部山盆系统面临的危机和可持续发展的优化生态－生产范式——"绿桥系统"。这一系统的核心在于"抓中间、保两头"，即建立与开发绿洲/扇缘带以人工饲草基地为基础的高精畜牧业新产业"中间"带；"一头"是把60%的山地畜牧业和100%的用材林业转移到盆地，使山地森林与草地得以休养生息，主要发挥水源涵养与水土保持功能；另"一头"则是使准噶尔沙漠得以全面禁牧禁垦，整个规划为一个野生生物基因宝库和繁育野生有蹄类动物的自然保护区。"绿桥系统"的实施，将可能对保障天山北部山盆系统的生态安全，实施发展天山北坡经济带的战略决策，促进新疆社会、经济和环境的可持续发展，维护边疆社会安定具有重要的意义。

二、"绿桥系统"结构与建设内容

（一）天山北麓绿洲产业结构的调整

1. 存在的主要问题

天山北坡垂直高差大，地形变异大，气候对比强烈，生态系统复杂，生物多样性丰富，具有发展种植业、畜牧业等多种经营的优良条件。长期以来，由于经济建设发展的需要与人口压力，大量开荒以追求产量、扩大耕地面积发展农业，生产结构单一，种植业产值占总产值比重的75%以上。畜牧业仍主要沿袭上千年的传统游牧形式，70%的牲畜在山上放牧，30%在农区与荒漠散养，集约化程度低，经营方式落后，基础设施差，抗御自然灾害的能力弱。平原林业以农田防护林为主，始终处于"副业"位置。在种植业中，棉花作为重点发展的经济支柱产业，种植面积大，连作时间普遍超过8～10年，特色林果及饲、草作物种植面积偏低，林、牧（草）的用地仅占约16%和4%。种植结构的单一造成生物多样性减少，病虫害发生猖獗，绿洲生态系统稳定性差；单一的棉花经济抵御市场的风险能力弱，严重阻碍着这一区域生态、经济和社会的均衡与稳定发展。

2. 调整的思路与措施

建立绿洲草、粮、经、瓜果、林多元化复合种植结构，大力发展人工饲草基地，为发展现代集约化农区畜牧业奠定基础：扩大饲、草料和特色林果业的种植，建立草、粮、经、瓜果、林五元种植结构，将天山北麓绿洲带目前粮经、林（果）、牧（草）用地比例约8：1.6：0.4调整到5：2：3。建立新的经济增长点和生产基地，其中畜牧业总产值要逐渐发展到占农业总产值的60%。科学配置区域田园林草，保证和优化绿洲生态系统，促进可持续发展。

大力开展农区饲草基地建设：饲、草料生产是畜牧业发展的物质基础，是实现传统放牧向现代畜牧产业化方向根本转变的保障。在农区大力发展种植优质牧草和饲用玉米，建立高产、优质、高效饲草基地，进行规模化经营、专业化生产。建立棉－草轮作制度，推行棉花与紫花苜蓿等豆科牧草轮间作，从而减少病虫害，恢复土壤地力，降低农药化肥施用量，使其成为牲畜的重要饲料来源。结合作物秸秆，为畜牧业发展提供充足的饲料。畜牧业产生大量的有机肥，经无公害处理返回农田，形成优化的生产链，促进农田生态系统的良性循环。

大力发展特色林果业和特色经济作物：本区阳光资源丰富，昼夜温差大，有利于植物光合作用与糖分的积累，是驰名中外的瓜果之乡，发展特色林果业具有极大的优势。目前，在进一步推动番茄、红花、枸杞、胡萝卜等已具一定基础和优势的红色产业的同时，大力发展籽瓜、葡萄、西瓜、甜瓜、甘草、啤酒花等名、特、优产品,形成若干具有地域特色的生产基地,占据更多市场份额,获取规模效益。棉花作为本区优势支柱产业,调整的重点应是种植适应国内外市场需求的优质品种,发展特色精品棉。

(二)天山北坡山地植被的保育措施

天山北坡山地圈是整个山盆系统的水源地,高山冰川积雪的夏季消融与山地降水,是供给本区域河流与地下水的主要水源。新疆多年平均降水总量2430亿立方米,其中84%降于山区。山地森林-草原带位于山地最大降水带的下部,具有重要的水源涵养、水文调节与水土保持作用。同时,山地森林-草原带具有较丰富的生物多样性和很高的生物生产力,极具生物资源的保育和开发利用价值。

1. 天山北坡山地植被生态环境现状

天山与阿尔泰山的山地森林,是新疆森林的主要分布区。在过去50多年里,山区为人们提供了大约4000万立方米的木材,耗去了全疆森林总蓄积量的1/4,山地森林生态系统遭到严重破坏。据不完全统计,山地森林普遍遭受了高强度的采伐利用,现多为未及更新的疏林地、采伐迹地或幼林地。森林减少意味着山地气候趋于恶劣、水土流失严重、涵养水源能力下降和自然灾害频繁。目前,山地河流洪水期和枯水期流量比增大,一些小型河流在枯水期已全部断流,河水含沙量增多,流域的侵蚀模数亦随之剧增。天山北坡的山地草原历来是主要的夏秋放牧场。根据2000年遥感调查结果,新疆草地总面积约为48万平方千米(72 000万亩),草地面积正以每年13.8万公顷(约207万亩)的速度减少。目前,新疆的畜产品70%以上来源于天然草地,近数十年来随牲畜数量剧增,山地夏季草场因严重超载和过牧而普遍发生退化,冬春草场的面积与产草量很少,与夏秋草场形成严重的不平衡,退化更加严重,草地已失去了应有的生态系统服务功能。

2. 天山北坡山地生态保育的基本措施

天山北坡山地森林-草原和荒漠是数千年来的游牧草场,由于人类经营活动的强烈干扰和破坏而极度退化。土壤恢复较植被恢复具有时间与空间的滞后性,平均来看,土壤形成速度为每年 8.3×10^{-5} 米。对于天山北坡山地森林-草原带,今后在不破坏森林和很好保育与管理下,估计在21世纪末,现有人工更新40~50龄级的青幼林达到120~150龄级时,天山北坡的水源涵养和调节器功能有望基本得到恢复。天山山地森林即使在百年之后接近成熟时,也只能实施以促进更新和森林环境卫生为目的的弱度更新择伐。天山北坡的山地草原和低山荒漠,应全面转向减负——降低载畜量和合理、定时、定地、定量、划区轮牧的优化管理,基本措施见图67-1。经过10~20年的休养生息,草地的植物种类组成、生产力、土壤营养状况和水土保持功能可望得到逐步恢复。

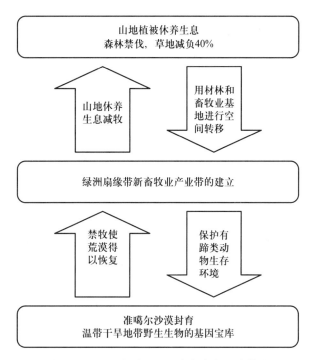

图 67-1 天山北坡山地生态保育的基本措施

因此,山地用材林业和草原畜牧业必须实施空间转移,使已过度消耗的山地生态系统得以休养生息,恢复其生态功能和对盆地的良性补给作用,今后山地的功能主要定位为水源涵养和作为合理负载的夏秋放牧场。

为保护山地森林和草甸草原的生态服务功能,应将山地森林、草甸-草原和荒漠带的畜牧业大部分(60%~70%)转移到绿洲、弃耕地和可建立人工草地的扇缘带,建立草-农-畜相结合的生态新产业带,形成集约化经营的生态产业链,使山地和荒漠植被得以休养生息,从而解决日益紧张的草场资源问题,改善区域生态环境。

（三）天山北坡绿洲与扇缘带新产业的建立

1. 存在的问题

天山北麓地带的天然和人工绿洲,特别是传统绿洲农区,多处在荒漠的包围之中。绿洲农业系统内部结构简单,作物单一,土地生产力低下,加剧了绿洲生态系统的不稳定性。在不合理灌溉和垦殖方式下,绿洲边缘造成大面积土地次生盐渍化,使原非荒漠化地变成了盐漠。扇缘带位于洪积-冲积扇的下缘,由于潜水接近地表溢出和土壤黏重而普遍发生原生盐渍化,天然植被为盐化草甸、灌丛和盐生植被,形成盐漠,以及在泉水溢出处的草本沼泽。扇缘带土地转变为农田,但多由于次生盐渍化而成为弃耕地,环境进一步恶化,极不利于农业牧业的发展。天山北坡土壤盐渍化和次生盐渍化面积占全区总面积的 16.41%。

2. 绿洲及扇缘带舍饲畜牧业的建立及产业化发展

新疆是我国畜牧业最具发展优势的地区之一。目前北疆的畜牧业,主要分为天然草场放牧和农区养畜两大部分,尚没有形成完善的生态产业链,依然停留在初级经营阶段。目前,新疆牲畜存栏数已达到 5000 万头。畜牧业的生产方式与经营观念必须彻底改变,应由传统的落后粗放的季节性原始游牧业转变为以人工饲草地为基础的集约高效舍饲畜牧业,成为国家的畜产品生产基地,使畜牧业发展为北疆经济发展的重要支柱产业。

饲(草)料产业的发展是实现山地和荒漠畜牧业战略转移的保障。在绿洲大力推行草田轮作,进行棉花与紫花苜蓿等豆科牧草轮作和间作,有利于减少病虫害,恢复土壤肥力,同时促进食草性畜牧业的发展。扇缘带是绿洲与荒漠之间的过渡带,这里普遍存在盐渍化和次生盐渍化,虽不宜农作与造林,但适宜于耐盐的胡杨、骆驼刺、盐节木、盐穗木、芨芨草、草木樨等天然植物的生长。如果人工种植这些耐盐植物,可成为牛羊的人工饲草生产基地,并形成绿洲前沿生态屏障与风沙过滤带。

据估计,天山北坡扇缘带面积约为 108 万公顷(1620 万亩),通过引水工程和节水灌溉可利用面积约为 48.6 万公顷(729 万亩)。天山北麓从乌鲁木齐到精河现有农业用地 114 万公顷(1710 万亩),根据区域人口与土地资源承载力分析,通过对目前单一农业结构的调整,可留出 45.7 万公顷(685.5 万亩)作为种草基地。在天山北坡绿洲和扇缘带可建立 100 万~150 万公顷(1500 万~2250 万亩)人工草地。据测算,在扇缘带弃耕地种植芨芨草,每亩产量可达到 1000~1200 千克;在绿洲种植青贮玉米,每亩产量可达到 8000~10 000 千克。加以农业生态系统输出饲草作补充,按每头羊年需 600~700 千克草计,扇缘带人工草地每亩可负载 1.5~1.8 头羊,绿洲人工草地与饲料地每亩可负载 3~12 头羊。在天山北麓绿洲与扇缘带新生态产业带可负载约 3000 万头羊,接近全疆 60% 的牲畜和北疆的全部牲畜,从而可把目前山地与荒漠草场的牲畜数量比例从 7∶3 调整为 3∶7 的合理比例,形成优化的草-农-牧产业结构,建成新疆高产、优质、高效畜牧业基地,以人工草地和饲料基地支持舍饲畜牧业和育肥畜牧业,使之成为该区域的支柱产业。

3. 大力发展现代化舍饲畜牧业,促进牧农结合

传统游牧式畜牧业生产力在低水平上徘徊,牧民生活难以得到根本改善,而且对山区草场的生态环境带来很大的压力,在牲畜总量不断增加的超载情况下,造成山区草地的普遍退化,而尤以低山的冬春牧场更为严重。因此,畜牧业发展的根本出路在于尽快实现从天然草场放牧向农区舍饲养畜的战略性转移,即将传统的季节性山地游牧放牧业,转变为以人工草地与饲料地为基础的现代化绿洲舍饲畜牧业,走绿洲内农、牧结合,扇缘带人工草地化,山地牧区与绿洲和扇缘带草地结合,以及畜牧业产业化的新路子。绿洲农区土地开发利用,今后应走大力发展饲草料生产,扩大舍饲畜牧业规模的道路,饲草地以农业方式来经营——草地农业化。在农区大田中安排一部分饲料、饲草作物生产,不仅有利于畜牧业的稳固发展,而且通过草田轮作,对维护农田生态系统也是极为有利的。

因牧区冬春牧场短缺,牧区相当一部分商品畜可于冬季来临前转往农区,经育肥后再出售,也可为农区来年的生产发展提供一定的有机肥源。经 3~4 个月的舍饲育肥,即可屠宰、深加工或直接销售,从而大大减轻山区和荒漠的放牧压力,使山地草场生产力与生态功能得以恢复;新产业带的建立,也可避免低产、低质、低效和破坏生态环境的荒漠放牧;而且人工草地还能更好地覆盖地表,具有更高的防风

固沙、防止盐渍化、保护绿洲的功能。

4. 延长生态产业链,建立配套机构服务体系

在扩大畜牧业生产规模的过程中,向区外销售皮、毛、肉、奶等畜产品可带来巨大的经济效益,是很重要的生产链环。但不能仅向区外调运初级畜产品,要重视畜产品的深加工,实现就地增值。在畜牧业的再生产过程中,可就地转化的产业链环较多。皮、毛、肉、奶外,内脏、血等亦可作为生化制品与医药工业原料,将会有数十倍乃至上百倍的增值。皮毛加工产品要起点高,创品牌。要注意引进区外企业集团及其人才、技术、新设备和资金。要建立配套的良种繁育基地、育肥基地、兽医、防疫、机耕、病虫害防治等设施机构及与畜牧业发展相关的运输业、食品加工业、金融业、信息业、咨询业等相关服务体系(图 67-2)。

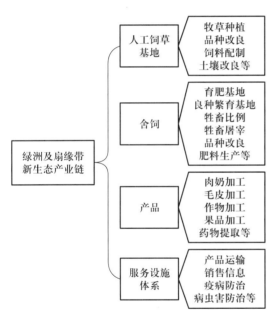

图 67-2 天山北坡绿洲及扇缘带新
生态产业链结构示意图

(四) 准噶尔荒漠生物多样性资源的保育

1. 准噶尔荒漠的生态现状

准噶尔盆地是新疆天山北坡经济带所在地,盆地内的沙漠面积达 4.55 万平方千米。由于历史及现代农业的发展以及人类不合理的社会经济活动,准噶尔盆地荒漠生态系统的整体生物学过程正在不断弱化,生物多样性逐渐丧失,生物种群萎缩,食物链和营养级趋向简单,系统的脆弱性和不稳定性大大增加。由于栖息地的破坏,许多珍贵的野生动物已经灭绝或正处于灭绝的边缘。

2. 保护准噶尔荒漠生物多样性资源的意义

准噶尔荒漠不仅包括典型的天然及人工沙漠植被生态系统,还存在大面积的盐漠植被生态系统、荒漠湿地生态系统(玛纳斯湖)、荒漠淡水和咸水湖泊水生生态系统(乌伦古湖、艾比湖),它们的存在是天山北部绿洲及荒漠草原的生态屏障,也是整个北疆生态建设和经济发展的生物资源基础。

准噶尔荒漠植被是中亚细亚荒漠土兰植物区系和北亚蒙古戈壁植物区系的交汇带和过渡带,兼有古地中海旱生植物区系成分,具有世界温带荒漠中最为丰富的植物物种资源。荒漠植被中既包括典型的沙漠植物群落,也包括典型的盐漠植物群落,以及种类和数量较大的短生和类短生植物。准噶尔荒漠也是丰富而珍贵的药用植物(肉苁蓉、麻黄、老鼠瓜等)的分布区。在准噶尔沙漠南缘沙丘还存在种类丰富的地衣植物,形成厚 1~3 厘米的生物结皮,对稳定沙丘起到了重要作用。

准噶尔荒漠是野生有蹄类动物的天然牧场。与荒漠植物长期协同进化形成的野生大型食草性有蹄类动物群,如鹅喉羚、赛加羚、蒙古野驴、盘羊、普氏野马和野骆驼等,适应于荒漠夏季高温、冬季严寒和长期干旱缺水的严酷生境,取食粗粝和高盐碱荒漠植物,且食性较广,能更有效地利用多种荒漠植物。

准噶尔荒漠是温带干旱地带野生生物的基因宝库。在地质历史的长期自然选择和适应过程中演化形成了许多适应干旱生态环境的生物物种和特殊的基因型,包括大量耐旱、耐高温、耐强辐射、抗寒、耐盐碱、高光合效率、具特殊次生代谢化合物(芳香油、生物碱等)的基因。在国际上,干旱地带的野生植物基因资源被确定为国际生物多样性保育的第一重点,以及 21 世纪农业、食物、医药工业原料来源。准噶尔荒漠具有世界温带荒漠中最为丰富的生物基因资源。生物基因资源已经成为决定一个地区在 21 世纪的发展地位和发展潜力的战略资源。

3. 亟待建立准噶尔荒漠生物多样性自然保护区

要坚决摒弃以牺牲自然为代价的、粗放落后的荒漠放牧生产方式与无节制的破坏性垦荒;在准噶尔荒漠区全面实行封育禁牧、禁垦、禁采;开采石油

必须实行绿色采油,最大限度地避免破坏与扰动荒漠生态系统与环境。建立准噶尔盆地荒漠植物种子库和基因库,是保存珍贵基因资源的重要措施。

苏联在中亚荒漠中曾经繁育赛加羚获得成功;美国在北美中央大草原成功地恢复了已在野外灭绝的北美野牛种群。近年来,我国有关部门已开始回引在国外繁育的普氏野马和赛加羚,初获成功。建议在准噶尔荒漠中有计划、系统地建立野生动物繁育场,繁育野生有蹄类动物,放归野外,形成荒漠食草动物种群。恢复重建准噶尔荒漠地带原始丰美的生物多样性、通畅合理的食物链、自然和谐的生态系统和最有效率的第二性(食草动物)生产力,并在此基础上逐步开展野生有蹄类食草动物繁育,以及适度的生态旅游与草场狩猎。

建议建立准噶尔荒漠生物多样性资源自然保护区,将准噶尔荒漠规划为国家级自然保护区和温带荒漠公园,由新疆维吾尔自治区保护与管理。保障准噶尔盆地的生态安全,不仅有利于天山北坡乃至整个新疆的社会、经济和环境可持续发展,而且对于世界温带干旱区生物资源的保护具有重要意义。

(五)人工速生丰产林建设

随着新疆社会经济的发展及人民生活水平的提高,新疆地区木材需求量逐年增加,2001年木材需求量为35万立方米。国家"天保工程"实施后,新疆山区木材产量已由1997年的28.2万立方米调减至2001年的8万立方米左右,缺口达27万立方米,基本靠进口解决。因此,在新疆平原地带营造速生丰产林,可缓解新疆对木材的需求,并有利于改善绿洲边缘的生态环境。

在绿洲,人工速生丰产林的发展规模取决于农林牧各业的相对经济收益及各业对其他行业的贡献。目前,天山北麓绿洲带农林牧(草)用地比例大概为8∶1.6∶0.4,林业所占比例过低。在木材短缺的新疆,其价格与间接经济效益可相当于棉花和种草养畜。因此,在灌溉绿洲带农林牧结构调整及防护林更新过程中,可发展部分人工速生丰产林。另外,壤质荒漠平原上具有丰富的土地资源及太阳辐射,也有发展人工速生林的较大潜力。通过引种速生、优质木材树种,集约化经营管理,经6~7年便可成材,每亩材积可达12~15立方米,可用于生产高、中密度板或板材,具有良好的经济效益。为此,建议在具有充足外来水源及部分地下水供应的条件下,采用先进的节水灌溉措施,每亩灌溉定额为600立方米。在每年保证1.5亿~1.8亿立方米林业用水的条件下,在北疆准噶尔盆地绿洲及其扇缘带和壤质荒漠平原营造25万~30万亩速生丰产林,每年轮伐3万~4万亩,则可形成年产36万~50万立方米的用材。伊犁河谷具有丰富的水土资源,有可能营造200余万亩速生丰产林,形成新疆最大的人工用材林基地,每年轮伐30万亩,年产360万立方米木材,可满足新疆地区的纸浆与木材需求,并可形成各种木材生产产业,实现山区用材林业向平原带的集中转移。

三、实施"绿桥系统"的建议

(1)改变传统的游牧放牧方式,减少60%山地过载的载畜量,实施畜牧业向绿洲及扇缘带的空间转移,使山地草场得以休养生息;

(2)在绿洲及扇缘带建设高效人工草料基地,实现在山地天然草场短期放牧的牛羊快速出栏,在农区和人工草料基地进行舍饲育肥,使草地牧场和农区舍饲高效饲养形成一个有机整体,互为依托,减轻草原压力,快速发展北麓的畜牧业;

(3)在实施天山北坡与准噶尔荒漠新产业带建设和生态保育过程中,大力增加高科技的应用,如高新技术育种、精细饲养、精密加工、环境保护等;

(4)干旱区新建绿洲的农草林合理比例应为5∶4∶1;老绿洲应大致调整为5∶3∶2,以确保绿洲系统的稳定及社会经济的可持续发展;

(5)应将准噶尔沙漠整个地区划为自然保护区,将其作为野生植物的宝贵基因库与野生有蹄类动物的繁育场;

(6)在退耕还草和退牧育草过程中,政府部门应制定一套与退耕还林相似的补偿政策,对退耕退牧定居的少数民族牧民提供经济补偿与优惠条件,以保证退耕退牧和还草育草工作的顺利开展;

(7)为企业投资草业、舍饲畜牧业与精深牧产品加工业、服务业等提供优惠与鼓励政策。

咨询组成员名单

孙鸿烈	中国科学院院士	中国科学院
魏江春	中国科学院院士	中国科学院微生物研究所
宋大祥	中国科学院院士	河北大学

张新时	中国科学院院士	中国科学院植物研究所		温 瑾	主编	《北京信报》(海外版)报社
潘伯荣	研究员	中国科学院新疆生态与地理研究所		卢家兴	记者	《科学时报》报社
				张洪军	博士后	北京师范大学
齐 晔	教授	北京师范大学		任 珺	博士后	北京师范大学
康慕谊	教授	北京师范大学				
李少昆	研究员	中国农业科学院作物科学研究所				

第 68 章

新楼兰工程——塔里木河下游及罗布泊地区生态重建与跨越式发展设想*

张新时 等

塔里木河下游及罗布泊地区不仅是新疆也是亚洲最干旱的地区,该地区蕴藏着丰富的矿产资源,是未来青新铁路的枢纽和联系内地与边疆的战略通道,其大部分地区为冲积平原,地势北高南低,因历史上河床游移摆动频繁,形成宽广的河岸地带,生长着茂密的荒漠河岸植被,被称为"绿色走廊",可有效防止沙漠合拢、保护国道畅通。

本报告提出了"新楼兰工程"的设想,即以现有若羌、且末两县为基础,规划扩建一个中等规模的新型特色生态旅游中心城市作为塔里木盆地东南一个必要的生态-经济链节,从而形成盆地周边的环状绿洲城市链。

一、"新楼兰工程"的提出

我国最长的内陆河流塔里木河下游以及南疆东部向罗布泊洼地汇聚的数条水系(孔雀河、车尔臣河、瓦石峡河、若羌河、米兰河等),流域面积约 40.8×10^4 平方千米,人口约 70 万人。受自然条件和历史因素的影响,这里的人居环境极为严酷,生产力十分低下,生态环境治理与重建任务也最为紧迫和繁重。

历史上,楼兰古国和丝绸之路曾在这里孕育过灿烂的文化。古国的衰败与丝路的废弃在很大程度上是由于生态环境的恶化造成的。然而,这里不仅蕴藏着丰富的矿产资源(钾盐、石棉、玉石、石油与天然气等)和苍茫壮丽的大漠风光,更有厚重的历史文化积淀和发展潜力巨大的特色产业,是祖国边疆不可舍弃的一隅宝地。218 和 315 国道在这里交汇,未来青新铁路的枢纽站亦拟建于此地,从而这里处于联系内地与边疆的第二战略通道的桥头堡位置。塔河下游"绿色走廊"不仅负有防止沙漠合拢、保护国道畅通的生态使命,还肩负着保证边疆稳定、促进民族自治区区域经济文化发展的政治重任。

水是生命之源。精心管理并充分利用好极其有限而宝贵的水资源,是改善恶化生态环境、重塑丝绸之路辉煌的关键。"十五"期间,国家实施西部大开发战略,制定了总额 107 亿元的塔里木河流域生态综合治理规划。此规划以塔里木河流域一系列水利工程建设为主体,作为流域综合治理的工程基础,为解决塔里木河下游的生态困境提供了必要的条件和先期的准备。然而仅依靠目前借自然河道向下游地区大水漫灌的输水方式,不符合生态经济学原则,也难以从根本上改善当地的生态环境。

区域生态环境建设,目标不仅限于往昔生态环境的简单恢复,而更在于寻求区域生态环境与经济社会的全面协调发展,极大地提高当地居民的物质和文化生活水平,从而使该区域步入可持续发展的轨道。只有将现代化的高新科学技术与系统性的生态工程治理措施相结合,建立科学的管理体制,尤其是纳入产业化与市场经济的轨道,才能真正实现该地区的生态重建和社会经济的跨越式发展。基于此

---

* 本文选自 2003 年中国科学院院士咨询报告。咨询项目负责人为张新时院士,咨询组成员名单附文后。

思路,谨提出新楼兰工程——塔里木河下游及罗布泊地区生态重建与跨越式发展设想。

二、生态环境状况

(一) 地貌特征

1. 塔里木河下游

塔里木河下游段自卡拉始,至台特马湖口,河道长 428 千米。20 世纪 70 年代初,因农牧业耕垦灌溉,大西海子以下河道断流,台特马湖也因无塔里木河河水注入,于 1972 年干涸。目前仅在人工放水的情况下,才有季节性水注入台特马湖。

塔里木河下游区大部分为冲积平原,地势起伏和缓,北高南低,南部的台特马湖地势最低,海拔 810 米。历史上因河床游移摆动频繁,形成宽广的河岸地带。其两侧从沙漠边缘到腹地,由固定、半固定沙丘过渡到流动沙丘,沙丘高度一般 5~15 米。过去沿河流两岸水分条件较好处生长有茂密的荒漠河岸植被,被称为“绿色走廊”,间有绿洲,218 国道库尔勒至若羌段穿行其间。“绿色走廊”的末端台特马湖一带,地貌特征为平缓起伏的盐壳、风蚀地和灌丛沙堆等。由台特马湖盆往东折向东北,地势进一步降低,经喀拉和顺进入罗布泊湖盆,俱已干涸,海拔 780 米,是南疆最低处,其上覆盖着盐壳、沙丘和风蚀形成的奇异雅丹地貌。

2. 罗布泊

塔里木盆地东端有三个低平的积水洼地,最西南较高的为台特马湖(海拔 810 米),中间为喀拉和顺(海拔 790 米),最东北的是罗布泊(海拔 780 米)。这三个湖泊洼地连接起来呈东北-西南走向,与阿尔金山走向平行。台特马湖又称卡拉布浪海子,1959 年调查湖水面积为 88 平方千米,平均水深为 30~40 厘米,现已基本干涸,仅夏季洪水发生时局部洼坑偶有积水。喀拉和顺早已干涸,但从卫星相片和地形图高程标示上可以恢复湖盆的位置。湖由两个分隔的积水洼地组成,面积约 1100 平方千米。1921 年后塔里木河改道经孔雀河由北面注入罗布泊时,喀拉和顺湖水量急剧减少,逐渐变干并失去与罗布泊的联系。罗布泊位于东经 90°10′—90°25′

和北纬 39°45′—40°50′。当年有水时湖面的海拔为 780 米。其中 780 米等高线以下的面积为 5350 平方千米。台特马湖-喀拉和顺-罗布泊区域均有残遗的干河道连通。可以把台特马湖和喀拉和顺归入广义的罗布泊湖盆。

3. 阿尔金山及昆仑山北麓

原则上说,在南疆源自天山和昆仑山流入塔里木盆地的所有河流都可归为塔里木河水系,构成塔里木河流域,并形成一个封闭的内陆水循环和水平衡的水文区域。塔里木河下游流域的东南侧为阿尔金山及东昆仑山山脉,山体高峻,向北地势逐渐降低,至山麓地带由上至下出现:山前洪积-冲积扇-间有绿洲-冲积平原-风蚀湖积平原。其中后者位于塔克拉玛干沙漠东缘,与台特马湖、喀拉和顺及古罗布泊一带连成一片,很少有植物生长。

(二) 气候特征

本区域深处欧亚内陆腹地,远离海洋,南北两侧高山屏蔽,属暖温带大陆性极端干旱荒漠气候。降水稀少,蒸发强烈,曾测到过空气相对湿度为零的记录,是亚洲大陆的干旱核心。年降水量一般 10~50 毫米,蒸发潜势 2671.4~2902.2 毫米。酷暑寒冬,年平均气温为 10.6~11.5℃,7 月平均气温为 20~30℃,极端最高气温 43.6℃。1 月平均气温为 -20~-10℃,极端最低气温-27.50℃。昼夜温差大,年平均日较差 14~16℃,最大日较差在 30℃以上。干旱指数自西北向东南逐渐增大,为 16~50。年日照时间长达 3000 小时,年平均总辐射量为每平方米 1740 千瓦时,10℃ 以上积温 4100~4300℃,持续 180~200 天。无霜期 187~214 天。多风沙、浮尘天气,起沙风(大于等于 5 米/秒)年均出现日数 202 天,最大风速 20~24 米/秒,主风向为北东及北东东。

塔里木河下游流域的气候条件虽恶劣,然而气候资源却很丰富,诸如太阳能、风能和光能等均列同纬度地区前茅,适宜推广使用太阳灶、太阳能热水器、太阳能温室和太阳能光伏电池等;风力资源有 9 个月以上时间可使小风机正常发电。0℃ 以上的光合有效辐射一般为每平方米每年 2600~2750 兆焦,加上昼夜温差大,极有利于植物进行光合作用并积累光合产物。因而塔里木河流域下游农牧业生产的光能利用率提高潜力很大。

（三）生态系统

塔里木河流域的大小水系，共同特征是在流出山地之前，一般由地下水向河流补给；而在出山之后，反过来由河流向地下水补给。因有塔里木河及阿尔金山、东昆仑山北坡众多小河流的滋润，在塔里木河下游两岸以及阿尔金山、东昆仑山北麓均形成一些时断时续、宽 1~10 千米的"绿色走廊"（togay）——荒漠河岸带与扇缘带，以及星罗棋布的绿洲。其上植被覆盖较好，农耕及林果业较繁盛。

1. 天然植被

塔里木河下游河岸带与扇缘带的主体是胡杨林。胡杨（*Populus euphratica*）是典型的潜水旱生植物，具有耐干旱、抗盐碱、抵御风沙等生理和生态特性，因而自古以来胡杨林就是保护和维系绿洲生存的天然屏障。目前塔里木河下游的胡杨林多为成熟林或过熟林，分布在沿河两侧古老冲积平原与扇缘带上。

本区灌丛类型较为多样，以柽柳（*Tamarix* spp.）灌丛最为普遍。柽柳具有较广的生态适应性，对地下水位的要求较低，耐受干旱的能力很强。并有铃铛刺（*Halimodendron halodendron*）、盐穗木（*Halostachys caspica*）、白刺（*Nitraria roborowakil*）、沙拐枣（*Calligonum* spp.）等。草本及小、半灌木植被的主要种类有芦苇（*Phraqrqmites communis*）、胀果甘草（*Glycyrrhiza inflata*）、花花柴（*Karelinia caspia*）、罗布麻（*Apocynum venetum*）、膜果麻黄（*Ephedra przewalskii*）、骆驼刺（*Alhagi pseudalhagi*）等。当地下水位为 1~2 米时，地表往往伴有一定程度的盐渍化，生长有盐节木（*Halocnemum strobilaceum*）、盐角草（*Salicornia europaea*）等，构成或密或疏的盐化草甸或盐生荒漠植物群落。本地区 80% 以上是大面积无植被的裸露砾石戈壁、流动沙丘、雅丹残丘和湖相冲积平原（盐壳）。

2. 塔里木河下游的"绿色走廊"

塔里木河下游可划分为上、中、下三段。上段植被覆盖度较高，主要为天然胡杨林。随着近年来塔里木河下游水量的不断减少，河道断流，地下水埋深下降较多，因而林木长势差，树高生长几乎停止，粗生长也极缓慢，林木更新不良。中段铁干里克至英苏一带，地下水位大部分为 5~7 米，胡杨林仅有成、

过熟林而无幼林，自然更新能力丧失。英苏以下胡杨林中林木存活者不多，即使存活也顶枯、心腐、枝叶稀疏，林下无其他植物。以柽柳、铃铛刺等为主的灌丛植被也多处于枯萎状态。除河道外，以芦苇等植物为主的盐化草甸几乎全部死亡。下段绿色走廊宽度大大收缩。由于河水断流多年，地下水位大都下降到 10 米以下。残败的胡杨林仅延续到考干，其下靠塔里木河东岸的稀疏胡杨林和柽柳灌丛已覆没于流沙之下，至罗布庄已鲜见活植物，仅余一些枯死的灌木残桩和苇根。

3. 动物

塔里木河下游及罗布泊地区有两栖类动物 1 种、爬行类动物 7 种、鸟类 96 种、兽类 23 种。塔里木河中还有一些特产鱼类，如新疆大头鱼等。主要的特有兽鸟有野骆驼、马鹿、野猪、塔里木兔、白尾地鸦等。该区也是国家一类保护动物野骆驼和二类保护动物马鹿的分布中心。塔里木虎已绝迹近百年。

三、工程建设的意义与原则

（一）意义

史书记载，塔里木河下游及罗布泊地区曾经水草丰美，逐水草而居的游牧及渔猎民族在这里创造过灿烂的楼兰文化，而其仰赖的便是以塔里木河水系为主的丰富水资源。塔里木河下游河水已多年断流，造成极为严重的生态后果：河道两侧地下水位大幅下降，植被衰败、土壤沙化、绿色走廊濒于碎裂、生物迁移通道受阻，严重影响到该地区的经济发展与社会进步。借助高新科学技术手段，合理和充分利用这一地区珍贵的水资源，最大限度地恢复自然生态并创造新的人工绿色植被，将为本地区人类生存和区域可持续发展奠定良好的生态环境基础。

本区土地辽阔，光热资源丰富，发展潜力巨大。然而由于对水资源的低效利用，土地和劳动生产率低下，人民生活贫困。新楼兰工程秉承西部大开发的技术创新和体制创新并举精神，力图通过开源与节流措施，极大地提高区域水资源的利用效率，从而恢复与扩展绿色走廊，为区域经济和社会发展提供保障。

本地区是著名的亚洲干旱核心,也是世界的极端干旱区。在本区进行生态重建,切合最近召开的全球可持续发展高峰会议的主题,将使地区经济和社会走向全面提高和可持续的发展道路,并为世界上其他极端干旱区提供发展经验,具有全球性示范意义。

绿色走廊所保护的 218 国道和未来青新铁路干线,是连接内地与边疆的第二条战略通道,建设新楼兰工程将有助于促进民族交流和整个新疆地区的安定团结。

西域 36 国曾有过灿烂的文化,丝绸之路是我国古代文明的象征,也是中华民族经济开放和文化包容的见证。在实现中华民族伟大复兴的今天,应以高新科技为先导,重建区域生态环境,促进社会经济可持续发展,再创新的辉煌。在此过程中,整个民族区域的教育水平和人民的文化素质,也将会得到极大提高。

(二)原则

新楼兰工程将坚持生态保育优先,注重荒漠化防治与生物多样性恢复重建,强调以节水为核心、生态建设与经济发展相结合的原则。与此同时,工程建设将贯彻高效益(运用和发展资源节约型技术与工艺,提高资源利用效率)与高起点(技术上的高投入、高标准,管理体制上的高度规范化与集约化)原则。

(三)基础与支撑系统

(1)建设新楼兰工程的基础是塔里木河流域生态综合治理规划

其首期 107 亿元的塔里木河流域生态综合治理工程及二期和三期的塔里木河治理工程将为新楼兰工程奠定和创造极为重要的基础和必要的实施条件。

(2)维系新楼兰工程运行的支撑体系是工矿企业与交通运输体系

以水资源开发、生态重建、特色旅游与新城市建设四个方面为核心结构的新楼兰工程,其维系与发展的经济基础还有赖具相当规模的工矿企业与交通运输体系作为支撑,以提供充足的运作资金和便利的交通条件。目前该地区已发现的矿产资源有石油、天然气、钾盐、芒硝、蛭石、石棉、玉石、石灰石、金等 50 余种。尉犁的蛭石储量占全国 92.98%;若羌的石棉储量占全国 1/3,现年产量达 1 万吨左右;继博湖县发现石油资源后,若羌境内英南 2 井获工业油气流,极具开发潜力;罗布泊地区已探明钾盐工业储量达 2.99 亿吨,钾盐资源的潜在价值超过 5000 亿元,现已开采。钾盐工业将成为本地区与石油工业并列的两大支柱产业。除水力发电外,本区的太阳能和风能资源极为丰富,光伏发电、风力发电是解决边远农牧区用电的一条理想途径。本地区交通运输发展前景良好,库尔勒已成为南疆铁路客、货(石油)的集散中心;库尔勒、且末机场已开辟了至乌鲁木齐和北京、济南等地的航线;有 5 条国道通过库尔勒;若羌是通向青海省的 218、315 战略国道的交汇处,也是"十一五"期间规划建设的青新铁路的枢纽站之一。

四、新楼兰工程建设结构

新楼兰工程建设的主体结构共包括四个部分(图 68-1)。

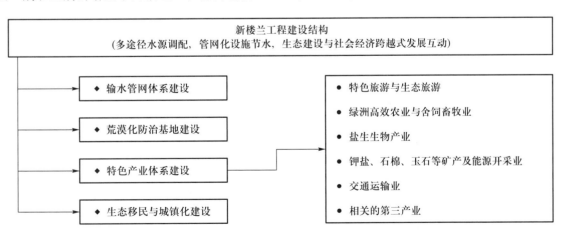

图 68-1　新楼兰工程建设结构框图

（一）水资源开发与节约利用

1. 多途径解决塔里木河下游水源

利用开都河 2000 年、2001 年连续两年来水量偏丰，博斯腾湖水位持续偏高的有利情况，近两年塔里木河管理局先后四次向塔里木河下游"绿色走廊"进行应急性输水，共向大西海子水库以下输水 10 亿立方米，使沿河两侧地下水位平均抬升 3~5 米。最后输水至台特马湖，并形成超过 10 平方千米的临时水面。四次应急输水，为挽救濒临死亡的荒漠植被、治理塔河下游的生态环境起了良好的作用。然而这四次输水，主要依靠开都河丰水期保证。至于塔里木河上、中游通过一系列的节水工程措施，计划向下游输送的 3 亿立方米生态用水，即使至 2004 年后得到实施，也远不能满足塔里木河下游生态恢复和新楼兰工程建设的需要。因此，必须考虑扩大水源，通过多途径合理调配以及充分而有效地利用水资源，才能保护和挽救塔里木河下游的"绿色走廊"，重建生态和发展经济。

（1）车尔臣河流域综合治理。车尔臣河发源于阿尔金山区的吐拉，河流总长 728 千米，由山区降水、冰雪融化和常年稳定的泉水汇集而成，出山口的年径流量 7.84 亿立方米，是塔东南地区流程最长、水量最充沛的河流，历史上每年曾有 2 亿立方米的水量注入台特马湖与塔里木河相汇，最后流入罗布泊；但近 30 年来，仅在冬季和洪水季节，才能流到台特马湖。车尔臣河流域的综合治理，一是在其上游山区大石门建设山区水库，二是进行河道整治。通过上两项工程措施，车尔臣河可以向台特马湖年输水 1 亿~1.5 亿立方米。该项水源比其他水源可靠性强，有可能在近期实现。

（2）若羌水资源开发利用。若羌全县共有大小河流 14 条，属于来自阿尔金山区的罗布泊水系，年总径流量 11.76 亿立方米。目前已开发利用的河流有若羌河、瓦石峡河和米兰河，年径流量 2.57 亿立方米，占全县总径流量的 21%。近期如能实施引托入若调水工程，即将托格拉萨依河水调入若羌河，再输入台特马湖，即可增加水量 1.81 亿立方米。最低估算，可向塔里木河下游输水 0.5 亿~1.0 亿立方米。

（3）开都-孔雀河流域调水。开都-孔雀（开-孔）河流域是巴州水资源丰富地区，主要河流开都

河和孔雀河多年平均径流量为 52.46 亿立方米，其中孔雀河为 11.94 亿立方米。开都-孔雀河流域地下水总补给量为 19.97 亿立方米，其中可开采量为 13.14 亿立方米/年。最近四次向塔河下游输水，即主要靠开都-孔雀河流域丰水期水源。今后每年可向塔里木河下游输水 2 亿~3 亿立方米。

（4）地下水资源利用。罗布洼地是塔里木盆地最低点，最低处高程 780 米，地表水和地下水皆汇集于此。通过水均衡原理的分析计算，若羌县平原地区地下水总补给资源量为 2.2 亿立方米/年，全县平原区总的可开采资源量为 1.5 亿立方米/年。地下水虽一般矿化度较高（1~5 克/升），但可以采取种植盐生植物如盐角草和耐盐牧草的方式加以利用。若能充分利用地下水，可以有保证地增加水量 0.5 亿~1.0 亿立方米/年。通过以上多途径调配水源，除塔里木河每年向下游调配 3 亿立方米生态用水外，还可增加水量 4 亿~5.5 亿立方米，保证新楼兰工程所需的生态和生产用水。

（5）罗布泊充水的可能性与必要性探讨。近百余年来，塔里木河尾闾的湖泊群分布于统称罗布泊湖盆的广大古湖盆之上，包括由西南向东北的三个不同时期存在的大湖——台特马湖、喀拉和顺和最低也是最终归宿的罗布泊，以及西部入口处沿塔里木河终端的一系列串珠状小湖。由于塔里木河下游与孔雀河等其他河流不断大幅度地摆移改道，以及百余年间的气候变化，尤其是降水的丰盈亏缺，这些远离人烟的大小湖泊发生着很大变化。湖面剧烈伸缩，时而干涸见底，时而波光粼粼，给人以强烈的游移不定的感觉。例如，罗布泊面积最大时曾达 12 000 平方千米，后缩小为 5000 平方千米，1900 年前后曾完全干涸，到 1930 年前后又重新充水，但到 1972 年又全然消失。20 世纪末期由于塔里木河上、中游农业用水大增，塔里木河下游断流，台特马湖亦枯竭见底。

就目前情况看，按该区域气候控制下水面蒸发的平均值 100 万立方米/（平方千米·年），即约 1000 毫米/年，以及借自然河道输水的路途损失（蒸发、渗漏）占总输水量的 60%~65% 估算，若输水河道宽 300 米，总长度 200 千米（北线经孔雀河故道库鲁克河）或 400 千米（南线经塔里木河下游），意味着每年用于维持罗布泊 100 平方千米湖面、1 米深湖水的水量至少应为 5 亿~7 亿立方米！且不说经济上划算与否，仅就水资源量来说，要恢复罗布泊水

乡泽国原貌的可能性不大。然而,近年来新疆气候似有向暖湿转变趋势,塔里木河下游因得到博斯腾湖调给的水而得以重新充水并达到台特马湖。如气候暖湿趋势继续保持,则罗布泊充水抑或有望。

据塔里木河现有水资源和综合治理方案,治理后每年下泄 3 亿立方米的水量维护下游绿色走廊生态环境,虽然水头可望到达台特马湖,但要维持几十平方千米的湖面或湿地,尚有一定难度。如果在整个区域内多途径调配水源,同时建设防渗漏、防蒸发的输水管网系统,从而增加塔里木河下游供水 3 亿~5.5 亿立方米,则台特马湖维持几十平方千米的湖面或湿地是有可能的。台特马湖是广义罗布泊的一部分,因此台特马湖充水也可以说是部分恢复罗布泊水乡泽国的原貌。这对于塔东南地区的生态恢复和生物多样性重建、绿色走廊的维护、防止两大沙漠合拢、保障 218 国道和 315 国道畅通,以及若羌中心城市和今后青新铁路的建设,都将起到重要作用。

2. 现代化管道输水系统

(1) 塔里木河下游水资源利用存在的问题

塔里木河下游自大西海子水库以下 320 千米河道自 20 世纪 70 年代断流以来已经近 30 年,地下水位持续下降,绿色走廊濒临消亡。从 2000 年 5 月中旬开始至 2002 年 11 月下旬,在水利部与新疆维吾尔自治区人民政府的组织下,塔里木河管理局与有关部门成功组织实施了从博斯腾湖扬水站经孔雀河向塔里木河下游应急输水四次共约 10 亿立方米。据初步统计,目前输水过程中经下渗和蒸发损失的水量为 65%~70%。

(2) 国外干旱区的调水-节水技术

目前一些发达国家或较发达国家在水资源利用方面已取得了许多成功经验。概括起来,主要是三个方面:一是采取积极的措施,通过区域调水解决地区之间水资源分布不均问题;二是运用和开发各种节水技术,充分实施输水管道化和网络化;三是通过科学管理维护水资源的供需平衡。

美国西部干旱缺水地区,通过引科罗拉多河水,满足加利福尼亚州南部地区的用水需求,并普遍推广节水灌溉,使该地区成为美国水果生产的一大主要基地。目前整个灌溉面积中已有一半采用喷灌、滴灌,另一半多数也采用激光平地后的沟灌、涌流灌、畦灌等节水措施。喷灌、滴灌的比重还在不断增加,并且与农作物施肥技术相结合。

以色列是世界上节水灌溉最发达的国家,农业灌溉已经由明渠输水转变为管道输水,由自流灌溉转变为压力灌溉,由粗放的传统灌溉方式转变为现代化的自动控制灌溉方式,由根据灌溉制度灌溉变为按照作物的需水要求适时、适量灌溉,极大地提高水和养料的吸收率、利用率。以色列现已建成多条输水管道系统以及"全国输水管道",把北部地区相对丰富的水源引到干旱的南部地区。每年从北部的加利利海抽水 30 亿~50 亿立方米,输送到 130 千米以外的以色列中部,再经过两条大致平行的支管将按照国家饮用水标准处理过的水输送到中部地区和南部的沙漠地带。目前以色列节水灌溉面积已经发展到 25 万公顷(约合 375 万亩),占耕地总面积的 55% 左右。

(3) 现代化管道输水系统的建设

根据塔里木河流域下游水资源现状及利用情况,借鉴国外管道输水经验,拟建立高标准、高效率与高技术的现代化管道输水网络系统:沿南疆塔里木河下游固定河道、绿色走廊和交通线(218 国道和拟建青新铁路),建设防渗漏、防蒸发、分等级的输水管道系统,管道沿线设置多级阀门、多支管或支渠,形成一个节水管道网络。塔里木河下游引水管道输水线路的起点设在大西海子水库,每年输水量 3.5 亿立方米,终点为台特马湖。此项管道工程年可节水 1.5 亿~2 亿立方米,可解决沿途生态用水和生产生活用水。管道工程由大西海子水库-英苏-阿拉干-考干-罗布庄-台特马湖,其空间配置如图 68-2 所示。输水管线总长 173 千米,埋管深度 1.5~2 米,沿途依据资源状况和长远发展需求,设置加压泵站、多等级阀门控制和适当的小型调节水库。管道采用 PCCP 管,技术参数要求为:高压输水管道(管道压力 = 300~1200 千帕,直径 = 3~4.5 米);低压输水管道(管道压力 ≤ 200 千帕,直径 = 1~1.5 米)。采取灵活精确的水资源时空调配和管理,沿途于 5 个基地设置 5 个总控阀门和不同等级的调配阀门,为"绿色走廊"供水,浇灌两旁的林、园、草、田带,从而恢复天然植被,保障国道畅通,阻隔荒漠侵袭与扩展(图 68-3)。本项工程预计总投资 40 亿~45 亿元。

建成的现代化管道输水网络系统,将发挥其作为新楼兰工程"绿色走廊"主动脉的功能,从而全面实施时空合理配置的定点、定时、定量的自动化灌溉,实现对水资源的统一调配管理,达到高效节约用

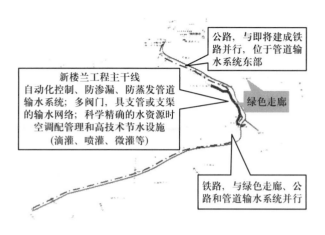

图 68-2 塔里木河下游管道输水系统与
交通设施空间配置图

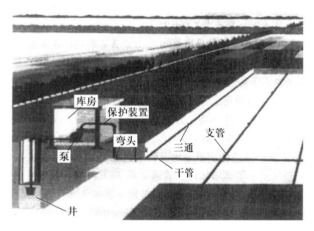

图 68-3 多阀门防渗漏防蒸发管道
输水系统示意图

水,基本缓解塔里木河下游水资源的供需矛盾,并有助于防止水污染和次生盐渍化。

输水管道的建设是新楼兰工程的关键。无论是地区的生态重建,还是工矿交通与市镇建设,均在很大程度上有赖于稳定、充足的优质水供应来维系与发展。从长远的可持续发展角度来考虑,这一输水管道是必不可少的,而且越早建越好。以色列的加利利海引水管道已建成近 20 年,发挥了极为重要和显著的成效,带来巨大的收益,其建设成本早已收回,可以借鉴。

(二)生态建设绿色工程

1. 荒漠化防治与基地建设

(1)荒漠化危害现状

塔里木河下游由卡拉至台特马湖长约 428 千米,天然植被沿着主河道延伸,总面积约 3750 平方千米。自 20 世纪 70 年代以来,塔里木河下游从大西海子水库以下,累计断流 20 余年,地下水位由 20 世纪 50 年代的 3~5 米降到现在的 10~13 米。天然胡杨林面积由 540 平方千米锐减至 164 平方千米,大面积的胡杨林和柽柳灌丛生长势降低甚至枯死,荒漠化土地面积增加了 30.8%。由于荒漠植被盖度下降,生物量很低,多种野生动物的栖息地丧失,生物多样性急剧降低,以天然植被为主体的塔里木河下游生态系统受到严重损害。"绿色走廊"在库木塔格沙漠和塔克拉玛干沙漠的夹击下,宽度由 20~30 千米减至 7~8 千米,局部地段仅 1~2 千米,致使阿拉干以南的 218 国道遭受严重危害。1982 年阿拉干到罗布庄段流沙危害公路 95 处,1996 年增至 145 处,其中极严重沙害 18 处。

(2)荒漠天然植被的保护与更新

由于以胡杨林和柽柳灌丛为主体的荒漠河岸植被全面衰败,基本丧失自然更新能力,因此必须采取有效的措施,有选择、有重点地保护和恢复胡杨林等天然植被。应对以下三个重点地段的天然胡杨林进行保护(图 68-4):一是纳胜河古河道,东西走向,长 20 千米,宽度平均 2 千米,面积 40 平方千米,位于英苏以北;二是其文阔尔河上游古河道,西北东南走向,长 25 千米,宽度平均 2.5 千米,面积 62.5 平方千米,位于英苏东南地区;三是其文阔尔河下游古河道,南北走向,长 50 千米,宽度平均 2.5 千米,面积 125 平方千米,位于阿拉干以南。合计重点保护胡杨林面积 227.5 平方千米。用水主要靠古河道夏季洪水及设在主输水管道上的生态放水闸口供给,同时分别建立三个天然林保护站,设专门的机构进行管护。

在引进先进的管道输水技术和严格的水资源管理制度的基础上,利用生态闸及节水灌溉技术,集约化地输水拯救天然植被。输水时机当与胡杨及柽柳种子成熟和萌发期相契合,人工促进荒漠植被的自然繁育,并在适宜地段建立管道输水灌溉支持的成片人工胡杨林和人工草地,作为发展舍饲畜牧业的基地。从而使"绿色走廊"天然与人工植被维持一定的宽度,形成较为稳定的植物群落,防止两大沙漠合拢,保障管道及交通大动脉的安全。

(3)道路沿线及绿洲防护带的建立

塔里木河下游国道 218 线的阿拉干至库尔干路段,绿色走廊较窄,风沙活动强烈。对局部风沙严重

图 68-4　塔里木河下游天然胡杨林保护区位置示意图

路段应采用草方格机械防沙,同时充分发挥并强化胡杨林的防沙作用;库尔干至台特马湖路段,公路偏离河道,沙化风蚀强烈,在近期很难通过植被恢复达到护路目的,应以机械固沙为主。

在绿洲边缘的风沙来源区,根据"因害设防、因地制宜"的原则,对绿洲边缘的天然林草植被划定 1~3 千米的防风固沙带,建立封闭保护区,形成绿洲与沙漠间的第一道屏障。在绿洲与天然植被接触带上,营造乔灌草结合的多树种多功能的防风阻沙林带,林带结构一般选择紧密式结构,配置方法是外缘为灌草带,内缘为多行混交乔林带,带宽一般为 30~50 米,风沙危害严重地区可增宽到 80~100 米。在植物物种选择上应充分考虑其生态效益和潜在的经济效益。例如,红柳,是优质燃料;沙枣是优质饲料,果实还具有特殊营养和药物作用。

（4）荒漠化治理示范基地建设

在塔里木河下游沿公路及管道大动脉,建立一批不同类型的生态环境治理示范基地和林草良种繁育基地。基地建设与农业产业结构调整、退耕还林还草、特色林果业发展、生态畜牧业以及天然植被封育保护紧密结合。在大西海子水库以下设立 5 个基地(图 68-5):一是英苏基地,位于塔里木河下游,距 34 团场 35 千米,是塔里木河下游生态环境恶化的重点地区,也是新楼兰工程的前沿阵地。二是阿拉干基地,距英苏 54 千米,是塔里木河和其文阔尔河的汇合处,孔雀河曾经从营盘改道沿艾列克沙河在这里汇合入塔里木河。三是考干基地,距阿拉干 55 千米,是塔里木河下游的主要沙化区,植被稀少,大都是风蚀地、半固定沙丘和低矮的流动沙丘,河床及沿河两岸沙漠化土地已从最下游河段即台特马湖入湖口向上游方向发展,扩大到英苏一带,218 国道的风沙危害路段长 180 千米,距若羌县仅 32 千米。四是罗布庄基地,距考干 24 千米,到处可见流动沙丘入侵 218 国道,已无人居住。五是台特马湖基地,位于罗布庄以东,是车尔臣河和塔里木河的归宿地,若羌河和瓦什峡河的洪水也可到达。台特马湖面积最大时达到 150 平方千米,湖水最大容积 2 亿立方米,1972 年完全干涸。因距中心城市若羌较近,在新楼

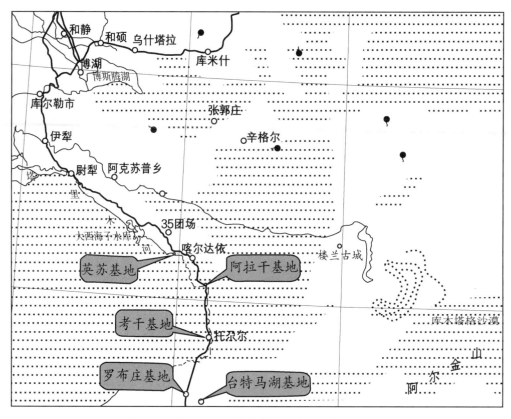

图 68-5 塔里木河下游荒漠化防治基地分布示意图

兰工程中,这是需要首先考虑建设的示范基地。这些基地将成为塔里木河下游生态环境综合治理的前沿阵地,也是今后新农牧业绿洲和城镇建设的雏形。

2. 绿洲农牧业结构调整

(1)塔里木河下游绿洲农牧业存在的主要问题。长期以来,由于人口压力,片面追求粮食产量,盲目毁林(草)开荒扩大耕地面积,绿洲农业产业结构单一,牧业和特色林果业产值占总产值的比重不足 30%。畜牧业仍主要沿袭上千年的传统游牧形式,畜种以养羊为主,近年才开始有特色养殖业——马鹿养殖。由于经营方式落后和超载过牧,山区草地和荒漠植被资源破坏极为严重,已威胁到区域系统的生态安全。林果业以农田防护林为主,近年特色果品香梨、大枣有一定种植面积,但林果业与畜牧业始终处于"副业"位置。在种植业中,棉花作为支柱产业,种植面积大,连作时间普遍在 10 年以上;林果及饲草种植面积不足 25%。种植结构单一,造成病虫害频繁发生,绿洲生态系统稳定性差,抵御市场风险能力弱。这一切均严重阻碍着区域的经济与社会可持续发展。

(2)农牧业结构调整的思路。实现大农业的战略转移,大力发展人工饲草基地和特色林果业,为发展现代集约化农区畜牧业,保障区域生态良性循环和经济高效持续发展奠定基础。调整扩大饲草和特色林果业种植面积,建立草、粮、经、瓜果、林五元复合结构。参照国内外成功经验,将塔里木河下游绿洲区粮棉、林(果)、草的用地比例由目前的 8:1.5:0.5 调整到 5:2:3。通过区域田园林草的科学配置,优化绿洲生态系统,建设优质饲草与畜产品、优质特色果品、优质出口棉生产和产业基地,使之成为"新楼兰工程"经济的主要增长点,促进区域农牧业的可持续发展。

(3)扩大饲草种植,建立饲草生产基地,发展现代化畜牧业。饲、草料生产是畜牧业发展的物质基础,是实现由传统式游牧业向现代式集约畜牧业转变的根本保障。在农区大力发展优质牧草和饲用玉米,建立高产、优质、高效饲草基地和专业化、规模化的生产体系。建立棉-草轮作制度,推行棉花与紫花苜蓿等豆科牧草轮间作制度,以减少病虫害,恢复土壤地力,降低农药化肥施用量,增加牲畜的饲料来源。在绿洲弃耕地和扇缘带,通过种植芨芨草、骆驼刺、草木樨等耐盐植物，改良土壤，发展饲草生产基地，结合利用农作物秸秆，为现代化舍饲畜牧业发展提供充足的饲料。畜牧业产生大量的有机肥，经无公害处理后返回农田，从而形成优化的生态-生产链，促进农田生态系统的良性循环。

（4）稳定粮食生产，大力发展特色林果业和特色经济作物。适当降低粮食种植面积，通过提高单产增加总产，保障粮食安全。按市场需求调整和优化品种结构，扩大优质专用小麦、玉米生产。本区自然资源较为丰富，是驰名中外的香梨之乡，发展特色林果业有极大的优势。香梨作为传统优势产业，应加强生产基地建设，获取规模效益。进一步发展大红枣、甘草、红花、巴旦杏、核桃、葡萄、番茄、西瓜、甜瓜等名、特、优的特色作物。棉花是本区优势支柱产业，应重点在宜棉区发展适应国内外市场需求的特色棉、精品棉，限制风险棉区和低产棉种植，将更多的土地用于发展饲草和特色林果业。在城市郊区和靠塔里木油田居住区，适当增加蔬菜、花卉的生产与种植，满足居民高质量生活需求。

3. 盐生生物产业工程

新疆气候的鲜明特征是缺水、干旱、多风沙，塔里木河下游与罗布泊地区更是干旱核心和水盐聚集中心。

植物资源是人类生存的物质基础。全世界约5000种栽培作物中，很少能在矿化度 5 克/升的灌溉水下存活。而本区内，大部分盐渍化表土（0~20厘米）的含盐量为 1%~3%，地下水矿化度平均 5~10 克/升，如此恶劣的水土条件，难以栽培普通作物产生经济效益。

经此次考察，确认本地区拥有丰富多样的盐生植物资源。本地区盐生植物种类约占我国盐生植物总数的 49% 和世界高等盐生植物总数的 8%。由于自然选择的结果，该区集中分布了极端耐盐适盐又耐旱的盐生植物的典型代表，如盐节木（Halocnemum strobilaceum）、盐穗木（Halostachys caspica）、盐爪爪（Kalidium spp.）、碱蓬（Suaeda spp.）、罗布麻（Apocynum venetum）、疏叶骆驼刺（Alhagi sparsifolia）、花花柴（Karelinia caspia）、甘草（Glycyrrhiza spp.）、柽柳（Tamarix spp.）、白刺（Nitraria spp.）等。这是我国异常宝贵的种质资源，是不可多得的耐盐、抗旱天然种质基因库，并且具有多种经济利用价值。如果利用盐生植物发展相关生物

产业工程，将有可能将本地区的资源劣势转化为优势。

尽管在盐生植物资源中，有发展新型作物潜力的种类，但要想成为有世界性竞争力的新型咸水经济作物，除了在高盐度水浇灌下保持高产外，还应适用现行的灌溉和收获制度，保证能够从其产品中赢利。此外，此类作物还须满足一般性标准，如化学成分、消化率、适口性、利用方式、出现率和丰富度等，这些目标的实现无疑需要生物工程高技术的投入。

由于世界性的淡水缺乏，联合国教科文组织在20 世纪 50 年代就提出了耐盐植物的研究开发方向。许多国家都在关注盐生植物的开发利用和尝试利用咸水的农业革命，并在耐盐植物资源调查、驯化、生物工程育种以及产品加工利用等方面进行全面研究。一些国家在技术上已取得了重大进展，例如，美国科学家用了 30 年时间，研究开发出最具潜力成为新型油料作物的海蓬子（Salicornia hiaelovll Torr.），并已在多个国家进行了实验性种植和开发。

本次考察发现，区内分布着大量植物性状非常接近海蓬子的本土盐生植物盐角草（Salicornia europaea L.）纯种群。研究表明，盐角草耐受的咸水矿化度可达 70~80 克/升（2 倍于海水盐度），具备作为油料、蔬菜、秸秆、饲料作物的潜力。其种子产量可达 1~2 吨/公顷（黄豆为 3 吨/公顷），含油量约30%，其中不饱和脂肪酸含量占总脂肪酸的 70%~75%，可与橄榄油相媲美；氨基酸含量也很丰富，籽粕中蛋白含量达 30%，但含盐量低于 3%；枝叶可作饲料，秸秆可用于制造防白蚁的板材；同时，其肉质化的幼茎是一种优良蔬菜，与之类似的海蓬子幼茎蔬菜在欧洲和英国市场上售价高达 15 美元/千克以上。我国目前已开展了盐角草的开发利用研究。我国已具备从盐角草种子中提取食用油的成熟技术；盐角草的人工驯化种植和作为蔬菜的应用已在江苏取得成功；有关盐角草人工栽培驯化的国家技术发明专利正在申报；盐角草幼茎蔬菜的市场开发已经开始，同时运用分子生物学手段获得了多个耐盐基因并在基因库注册；但尚未开展盐角草的系统生物产业工程开发。

考察区内还广泛分布着具有本区代表意义的盐生药用植物罗布麻及其近缘种大叶白麻（Poacynum hendersonii）和白麻（P. pictuml）等。在生物产业链中，越是下游的元素，其附加值越高。药品处于生物产业链十分下游的位置，从药用植物中提取有效药

用成分制药,是另一类获取高附加值的盐生植物生物产业工程。

盐生植物有聚盐能力和脱盐的作用,初步计算盐生植物积盐效率是干重的8%。如果按盐碱地年产20吨/公顷干重生物量计算,那么相当于盐碱地年聚盐1.6吨/公顷,或说其脱盐能力为每年1.6吨/公顷。因此,在盐碱土上种植具有经济价值的盐生植物,不仅不会使生态环境进一步恶化,反而能起到为盐碱地脱盐的作用,为推进该地区农业结构调整、改善生态环境、促进可持续发展和利用、创造新产值提供良好的基础,并为南疆乃至西北的开发带来新的特色和经济增长点。

为了有效地发挥本地区丰富的盐生植物资源优势,我们提出以下具体建议:

第一,建立盐生植物园和活基因库,形成新疆盐生、旱生植物就地集中保护基地,为基础理论和应用研究提供资源,地点可设在台特马湖区。

第二,对已有较好技术基础,并可能带来高附加值的盐生经济植物(如盐角草),作为高档特种绿色蔬菜与优质油料作物,进行生物产业工程示范。

第三,利用本区盐生植物耐盐兼耐旱的特点,加紧克隆具有我国自主知识产权的抗旱、抗盐基因,用于对当前栽培作物的耐盐和抗旱性状的生物工程技术改造。

21世纪淡水对于人类的意义,将同20世纪石油对于人类的意义一样重要。当我们把目光投向海洋,开辟海水作为农业新水源的同时,也应当注意到内陆的咸水资源。发展盐生植物的生物产业工程,正是利用新水源、发展新产业的关键,也是一项关系人类未来命运的具有深远意义的计划。

(三) 特色旅游与生态旅游

悠久的历史、丰富的古迹、独特的景观、殊异的环境、别具特色的民族文化和风土人情,为发展特色旅游和生态旅游业,使其成为这一地区的支柱产业之一,提供了优越的条件。仅近期就有望较大规模开发的五大旅游资源有:

1)古丝绸之路南路与中路历史文化遗迹游(敦煌-楼兰-米兰-鄯善古城)。

2)"生命禁区"穿越探险游(罗布泊雅丹地貌、沙丘、盐壳;全球第二大流动沙漠——塔克拉玛干沙漠景观及世界上最长的沙漠公路)。

3)古老丰美的荒漠绿洲游(内陆河流宽广的摆动河床、游移的塔里木河,"生死三千年"、壮观与苍凉相交织的胡杨林奇观)。

4)穆斯林民俗文化和村寨风情游(罗布人村寨与特色瓜果采摘品尝)。

5)中国最大的自然保护区——阿尔金山自然保护区观光游(野骆驼、牦牛、野驴、藏羚羊)以及登山极限运动(东昆仑山险峰——慕士塔格峰)。

(四) 生态移民与城镇化建设——新楼兰市

1. 生态移民

(1)山区牧民结束贫苦游牧生活,下迁退牧还草。位于阿尔金山南部及昆仑山区北坡的高山牧区,生态条件严酷,环境容量不足,牧民生活极为贫苦。又因过度放牧造成植被破坏,山区涵养蓄水和调节能力减弱,水土流失加剧,形成贫穷与环境破坏的恶性循环。通过将山区的贫困牧民安置到绿洲城镇附近农区,改放牧为发展农区高效舍饲畜牧业,不仅可减缓山区生态压力,使植被得到休养生息,也会促进牧民生产水平的提高和生活状况的改善。

(2)绿洲边缘地区与塔里木河沿岸的退耕恢复生态。绿洲边缘带的生态环境相对脆弱。近年因人口增加,在绿洲边缘及塔里木河两岸出现了无节制的耕垦活动,造成水资源的极大浪费,加剧了土壤盐渍化,从而对绿洲生态环境造成难以逆转的破坏,威胁到绿洲核心区的生态安全。为保证绿洲的正常生产和生活,必须对其与大漠接壤的生态脆弱区以及河流两岸进行有效的保护。因此,将在绿洲边缘区与塔里木河沿岸进行耕垦的贫困农业人口集中到城市或乡镇,发展高效农业与农区畜牧业,是提高其生活质量,减少资源浪费的重要措施。

(3)农村产业结构调整,人口向城镇转移。通过农村产业结构的优化调整,将会产生一部分多余的农业人口,这些人可以转移到交通便利的大城镇或其附近,在那里发展农副产品加工、农机修造、良种优畜繁育、农牧科技推广、物资运输供应、兽医等产业和其他服务类第三产业。

2. 城镇化建设——新楼兰市

生态移民的实施,与地区的城市化发展和城镇建设紧密联系。两者相辅相成,并共同对塔里木河下游及罗布泊地区的社会经济与文化发展、生态环境恢复与保护产生深远影响。

经过长期的自然演化与社会经济发展,塔里木盆地四周形成了围绕塔克拉玛干沙漠的环状绿洲城市链。其中中等规模的城市(人口大于 20 万人)有4 个:库尔勒、阿克苏、喀什与和田(图 68-6),它们之间的距离依次分别为 521 千米、459 千米和 505千米。然而库尔勒向南再向西经 218-315 国道到和田的路程却远达 1404 千米,若从沙漠公路穿行也要 1087 千米,其间缺少一个中等规模的城市作为必要的连接。因此建议:以现有若羌、且末两县为基础,在塔里木盆地东南角,将若羌县城规划扩建为一个中等规模的新型特色生态旅游中心城市——"楼兰市"。它将作为塔里木盆地东南一个必要的生态-经济连接,从而形成盆地周边的环状绿洲城市链,进一步促进新疆与内地的交流和沟通,成为区域经济发展的一个中心集散地和交通枢纽。与此同时,它还可以发挥集聚边远居民,稳定边疆,提高人民文化生活水平,减缓山区和绿洲边缘的生态压力,促进民族团结,利于国家投资和自然资源的统一调配、管理和利用。建设该城市的依据如下。

(1)必要性

生态上,本地区曾经生态环境良好,孕育出楼兰古文明。目前河流断流,湖泊干涸,风沙四起,绿色

走廊濒于断裂,影响当地人民生活与社会经济发展,威胁国道畅通,妨碍西部开发进程,生态环境亟待重建。

经济上,塔里木盆地东南角古为丝绸之路要冲,处在 218 国道与 315 国道的交汇点上,目前是南疆地区连接新疆、青海、甘肃等省(自治区)的重要交通枢纽。独特的自然条件使这一地区具有丰富的矿产和农业光热资源,但目前经济规模很小,发展缓慢,与东部地区差距较大。一个新"楼兰市"的崛起当能对本区经济发展起到龙头作用,促进国家西部开发战略目标在本区的早日实现。政治、军事、社会、文化上,有利于加强内地与边疆的联系,改善周边农、牧民生活,提高教育水平和居民文化素质,增强民族团结,促进民族自治区域发展。

(2)可能性

水资源保障:若羌和且末两县从东到西有米兰河、若羌河、瓦石峡河、塔什赛依河和车尔臣河等 10余条河流汇入盆地,水资源较丰富。仅前 4 条河,多年平均水资源量就有 4.97 亿立方米,若羌县可开采地下水 1.5 亿立方米,车尔臣河年水资源量为 7.84亿立方米。国际公认人均水资源下限 1000 立方米/年,我国人均水资源 2220 立方米/年。北京市人均

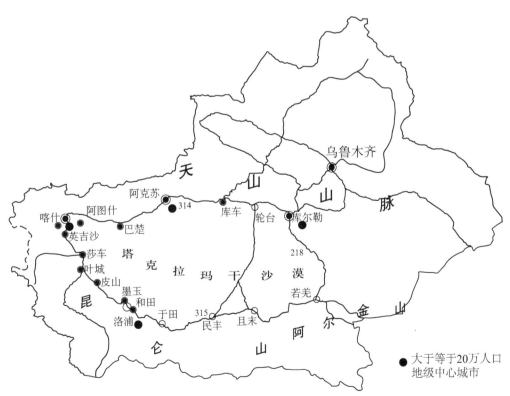

图 68-6　塔里木盆地周边地级中心城市分布示意图

水资源为 300~400 立方米/年。按最保守的方法计算，若羌县城附近 4 条河相加可开采地下水就有 5.5 亿立方米，按人均 2220 立方米/年计算，可养活近 25 万人。车尔臣河的水资源可养活 30 万人，因而水资源完全能够满足。

辽阔的土地：单若羌县土地面积就有 20 万平方千米，相当于江苏、浙江两省之和，为城市建设提供了广袤的土地。

政策的支持与保障：国家现阶段大力提倡发展和建设中、小城镇，这一指导方针为农村地区的城市化发展指明了方向，也为这里的城市化提供了良好的氛围。

难得的历史机遇：西部大开发战略的实施，可以为规划和建设该城市提供必要的优惠政策乃至资金支持。

资金筹措：因是在原若羌县城基础上扩建，故除基础设施（如水利工程、国道翻新整修和青新铁路）建设外，不需要其他太多国家投资。建设资金可从三个方面筹措：地方政府征收资源开采利用补偿税（钾盐、石棉、石油、天然气等）；特色产业如旅游业及林果业发展的收入；吸引国内外资本投资。

（3）初步方案

城市名称：楼兰市。

地理位置：现若羌县城及其附近。

该新建城市将辖现有若羌和且末两县疆域，包括楼兰古城、米兰古城、丝绸之路等重要文化遗址以及罗布泊、喀拉和顺、台特马湖、塔里木河下游等生态要地。

产业结构将以特色农业为基础，以文化旅游及相关服务行业等第三产业为龙头，辅以矿业开发、果品加工、特色畜牧养殖、极端环境下的生物资源开发利用等第一、第二产业发展。

城市规模：新楼兰市的人口规模可根据情况而定，近期以 6 万~8 万人为宜（1993 年国务院批准人口密度小于每平方千米 100 人的地区，设市标准为非农户人口达 6 万即可），远期可达 10 万~12 万人。

（4）生态工程建设的支撑体系——工矿企业与交通运输

以上述四个方面为核心内容的新楼兰工程，其建设还有赖具相当规模的工矿企业与交通运输体系作为支撑，以提供充足的建设资金和便利的交通条件背景。

五、管理及运作体系

鉴于"新楼兰工程"涉及巴州四县一市和兵团农二师六个团场，利益主体多元化，水资源多元化，以水为中心的生态与经济矛盾突出，资源利用过程中市场调节机制尚未建立起来，加之该工程实现跨越式发展的特殊性，为此，需在以下几个方面加强管理或创新。

（1）进行新楼兰工程的规划设计和前期研究：在自治区领导下编制"新楼兰工程"的总体规划方案和分项规划方案，组织实施"新楼兰工程"的前期研究。

（2）建立完善的水资源管理和调配机制：① 强化并扩大塔里木河管理局的管理地位：打破水资源发生和利用过程中的多元主体边界，确保该地区各族人民"公共利益"的持续存在和发展。② 建立合理的分水方案和调配机制：根据工程建设规划和生态经济发展的需要，编制相对稳定的水量分配方案，由上级和地方政府监督执行或用法律的形式固定下来，确保用水的严格性和公平性。实施严格的取水许可和水质监管制度，将取水许可证发放与水质检验报告挂钩，保证水在利用中平衡、在使用中提高质量。③ 建立水市场调节和生态补偿机制：用水可逐步引入市场调节机制，通过水资源的有偿使用提高其空间配置的经济高效性，使稀缺资源在保障生存的前提下，向高效产业、高效区域流动，实现管理促进发展的目的，保证高效率的生态用水。

（3）加强法规建设，依法进行管理：制定工程建设和管理的有关规章制度；修订完善《塔里木河流域水资源管理条例》，制定有关配套规章；强化水行政执法工作和水政监察队伍建设。

（4）加强工程的普及、教育、培训，加速人才培养：广泛宣传实施"新楼兰工程"的重要意义及其同塔里木河综合治理的关系；开办各式实验示范培训班，为未来工程顺利开展进行干部储备和经验积累。培育民众的资源观和生态观，提高自然资源的保护与效率意识。积极开展水法律法规与生态法制的宣传教育工作，培育关心自然、爱惜自然和保护自然的良好社会道德风尚。

（5）大力提高工程建设中的科学技术含量：积极引进先进科技成果，加强科学技术研究与推广，力争在生态重建和跨越式发展的各个环节上提高应用技术和管理技术的科技含量,促进科学技术的进步,实现该地区水资源保护与合理利用以及区域资源、经济与社会的可持续协调发展。

咨询组成员名单

张新时	中国科学院院士	中国科学院植物研究所/北京师范大学
夏训诚	研究员	中国科学院新疆生态与地理研究所
傅春利	副院长	中国科学院新疆分院
王富葆	教授	南京大学
慈龙骏	研究员	中国林业科学研究院
潘伯荣	研究员	中国科学院新疆生态与地理研究所
潘晓玲	教授	新疆大学
李银心	研究员	中国科学院植物研究所
刘宝元	教授	北京师范大学
康慕谊	教授	北京师范大学
齐晔	教授	北京师范大学
谢正辉	研究员	中国科学院大气物理研究所
李少昆	研究员	中国农业科学院作物科学研究所
陈亚宁	研究员	中国科学院新疆生态与地理研究所
张洪军	博士后	北京师范大学
任珺	博士后	北京师范大学
卢家兴	记者	《科学时报》报社
李锋	编导	中国中央电视台
葛松	记者	中国中央电视台

第69章

关于新疆农业与生态环境可持续发展的建议*

张新时 等

中国科学院生物学部"西北五省区干旱、半干旱区可持续发展的农业问题"咨询考察组在新疆维吾尔自治区人民政府协助下,于 1998 年 8 月 28 日至 9 月 14 日先后对南、北疆进行了考察。考察组经反复深入研讨后认为,加快新疆生态环境建设,促进农业可持续发展,不仅对新疆经济与社会的发展和稳定至关重要,而且对整个西北地区的可持续发展都有举足轻重的作用。为此,咨询组提出以下几点建议:

1. 把塔里木河列入国家大江大河治理计划

塔里木河(简称塔河)是我国最大的内陆河,全长 1321 千米,与其源流构成的塔河流域多年平均径流量 312.5 亿立方米,流入塔河干流的水量约 50 亿立方米,流域内灌溉面积 1735 万亩,滋养着南疆 780 万各族人民,被当地人民誉为"母亲河"。作为塔里木盆地水系的主干,它还与面积近 44 万平方千米的塔里木盆地的经济、社会发展和荒漠生态系统息息相关。

塔河流域的主要问题是生态环境趋于恶化,地下水位下降,水质恶化;胡杨林面积锐减,自然植被衰退,沙漠扩大;良田被迫弃耕,农业自然灾害频发;风沙和沙尘暴严重。人为因素是生态环境急剧变化的主要原因:大量开荒造田,源流区与上游引水量加大,灌溉方式粗放落后;流域内水利基础设施薄弱;缺乏流域总体规划。

塔河流域治理不仅直接影响我国西北地区的生态环境建设,而且关系到新疆众多少数民族生活地区的可持续发展、民族感情及边疆的国防安全和社会稳定;不仅有明显的社会与生态效益,而且还有潜力很大的资源和经济效益。从国家战略西移的角度,西北地区的经济发展对缓解我国东部地区的经济压力、缩短东西差距也有重要的战略意义。塔河流域治理将包括一系列工程与非工程措施,这样必将在一定意义上拉动内需,促进地区经济的快速增长,还将使南、北疆的经济得以协调发展。塔河流域治理不仅能保证日益增长的生产和生活用水,而且可保障塔河下游生态用水,使以胡杨林、灌木、草地为特色的植被覆盖明显提高,减少裸地面积,对西北地区生态安全的维护有重要意义。

塔河流域的治理已得到社会各界的关注。1997 年 12 月,新疆维吾尔自治区人大常委会颁布了《新疆维吾尔自治区塔里木河流域水资源管理条例》。尽管如此,实现对塔河流域的综合治理仍极为艰难,关键是对塔河流域生态危机认识不清,投入不足,措施不力。严重的风沙和沙尘暴不仅影响新疆,而且波及整个西北乃至华北地区甚至境外。这样的问题必须由国家出面解决,只靠地方政府是力所不及的。

鉴于上述情况,建议把塔里木河列入国家大江

* 本文发表在《中国科学院院刊》,1999,5:336-340。文中第一部分为中国科学院生物学部向国务院呈交的报告,其余内容为报送新疆维吾尔自治区人民政府的报告,发表时略有删节。"西北五省区干旱、半干旱区可持续发展的农业问题"咨询考察组共 19 人。组长为中国科学院院士张新时;副组长为中国工程院院士石玉林;其他成员:中国科学院院士刘东生、张广学、程国栋,中国工程院院士关君蔚、山仑,有关专家和工作人员佘之祥、许鹏、王西玉、慈龙骏、史培军、李凤民、韩存志、潘伯荣、孙卫国、陈仲新、屠志方及《人民日报》报社记者董建勤。

大河治理计划。塔河流域整治的方针应为：控制上游用水、整治中游河道、保护下游绿色走廊，维护全流域的生态效益。塔河流域整治的重点是：对中游河道进行整治、束河筑堤，并使灌区逐步渠道化，这样有望增加水资源 20 亿~30 亿立方米，尤其是对下游生态环境至关重要的 10 多亿立方米的水资源。

整治塔河流域，第一要统一思想，提高对塔河流域生态危机的认识；第二，需组织有关部委和地方共同编制详细的治理工程计划，明确生产与生活和生态用水的比例、上中下游用水比例、地方与兵团及国家大型企业用水的比例；第三，制定合理的取水价格，通过生物与工程等各种措施，保证绿色走廊畅通；第四，在治理中要加强源流区、干流上中下游的生态环境监测工作。通过治理，让这条新疆人民的"母亲河"继续为新疆的经济发展和民族繁荣起到滋养作用，确保塔里木河流域生态环境的安全与可持续发展，并减小东亚北部的风沙源。

2. 调整棉花种植比例，稳定棉花基地规模

2.1　国家级棉花生产基地已经形成

新疆的土地和光、热资源丰富，发展棉花生产的条件得天独厚，被国家列为全国特大商品棉生产基地。自治区将种植棉花作为振兴经济的一大战略来抓，计划到 20 世纪末种植面积达到 1600 万亩，总产量达 150 万吨，调出商品棉 100 万吨。

棉花生产大大提高了新疆农业在全国的地位，连续三年总产量、调出量和人均占有量居全国首位，供应着 20 多个省、市、自治区的 300 余家大中型纺织企业；1997 年棉花面积已达 1100 万亩，总产达 115 万吨，占全国总量的 27% 以上，占区内农业总产值的近 50%，成为棉区农民收入 65% 的来源，从而成为全国最大的产棉区。

但进入 20 世纪 90 年代，因棉田占农田比例过大，造成农田生态系统失调，棉质下降，影响了棉花生产基地的可持续发展。现阶段的工作应适应市场运行机制，以推广良种、努力提高品质、巩固棉花基地为主。

2.2　适应市场规律，调整宜棉区棉花种植比例

（1）棉花生产首要的挑战来自市场。目前，由于多种原因，国内外棉花供过于求的局面一时难以改变。全疆棉花比重过高，形成了单一的专业化生产格局，一旦受挫，不仅打击棉农的积极性，还会重创全疆经济的发展。

（2）要严格控制宜棉区棉花播种面积的比例。棉花播种面积的比例过高会影响农田生态系统的平衡与稳定发展。目前棉田面积在宜棉区已占耕地 60% 以上，有的达到 75%。长期连作，已造成棉铃虫等病虫害的暴发与地力耗竭，对于用地养地和劳动力的季节平衡也会带来新的矛盾。因此，应把宜棉区棉花种植比例调整到 50% 以下。

2.3　提高棉花质量，形成竞争优势

（1）要特别重视"种子杂乱"对新疆棉花质量的影响。据新疆维吾尔自治区农业厅统计，棉花品种最多的一年达 66 种，其中种植面积在 1 万亩以上的就有 19 个品种；有些棉区一个县的品种就达十几个。棉花品种混杂带来一系列的栽培、管理问题，特别是质量下降、色泽不纯，使新疆棉花在国际市场上的竞争优势逐渐丧失。1996 年年度外销的 35 万吨棉花，因品质问题造成的损失高达 2000 多万元。因此，农技部门和种子公司宜尽快筛选出当家品种，并不断进行育种改良，同时，加强从种到收的全程科学管理。

（2）发展具有伊斯兰特色的棉织品服装加工，提高市场竞争优势。如果只提供原棉，不进行部分深加工，到 2000 年后，依靠棉花来提高全区农民收入会十分困难。因此，自治区有必要高起点地扩大棉纺织工业、印染及服装工业的生产规模，使相当一部分原棉加工增值，创造有伊斯兰特色的优良品牌，占领国内外市场。但要注意在加工中可能产生的环境污染，要尽可能实施清洁生产。

3. 突出畜牧业的地位，建设西部国家绿色畜产品基地

新疆是我国五大牧区之一。畜牧业本是新疆有发展优势的传统产业，并仍具有巨大的发展潜力。

然而,全疆畜牧业占大农业的份额仅 20% 左右,牧民人均年收入比农民约低 400 元。

3.1 突出畜牧业在农业生产中的地位

新疆地域辽阔、草场资源类型丰富,发展多样化的无公害畜牧业有良好的条件,并有国内外市场的地缘优势。新疆畜牧业包括草原畜牧业和农区畜牧业两大部分。新疆现有天然草地 7.5 亿亩,占土地总面积的 31.0%,在宜农、宜林、宜牧的土地资源中,宜牧地占 85.5%,改良利用的潜力很大。近几年农区粮食生产有较大幅度增加,人均粮食达到每年 500 公斤,可将其中部分通过牲畜进行转化,大量的作物秸秆也可通过青贮、氨化等方式用作饲料,以保证发展畜牧业生产的饲料来源。

传统畜牧业的改造和农区畜牧业的发展,应作为自治区农业内部结构调整的重点之一。目前以牧民定居和饲草、饲料基地建设为重点的传统畜牧业改造已初见成效。因此,应从战略角度,把畜牧业提到与"一黑一白"(石油、棉花)同等的地位,使畜牧业成为自治区的支柱产业。

3.2 加强农区和牧区的结合,建立畜牧业基地

由于冬春牧草较缺,今后牧区的相当一部分商品可在农区育肥出售,使农区内农牧结合,特别是在大田作物中安排一部分饲料、饲草作物,不仅有利于畜牧业的稳定发展,通过草田轮作还可增加土壤肥力,改善农田生态系统。

新疆的绿洲外沿常有大片灌草植被,目前利用程度很差。如通过适当的改造、培育和灌溉,建立人工草地,则可作为农区畜牧业基地和绿洲农区的生态屏障,有重大的保护作用。

3.3 大力推进畜牧业产业化,把精深加工放在主要地位

在大规模推进畜牧业产业化的过程中,向区外销售畜产品将带来巨大的经济效益。而仅调运皮、毛、肉等初级产品进入市场,产值很低,且存在"距离"劣势。因此,应将开发畜产品的精深加工放在十分重要的地位。畜牧业再生产过程可转化的产业链较多,除皮、毛、肉、奶加工外,内脏、血等可作为增值极高的生化制品与医药工业原料。皮毛加工也要

高起点引进最新的技术和设备,争创一流的产品品牌,必要时也可引进自治区外的企业集团及必要的人才和技术。但对投资环境和吸引人才、技术的条件还需改进和落实,使畜牧业真正成为自治区的经济增长点。

4. 严格控制荒地开发,确保绿洲生态系统的可持续发展

4.1 严格控制荒地开发

新疆荒地开垦可以直接扩大农牧业的规模,效果立竿见影,加上国家有一定的资金支持,地方积极性较高。有的地区将开荒作为增加生产、脱贫致富的中心任务,但也出现了过热和过乱现象。为此,建议:

(1) 重视现有耕地的利用和保护。经详查,新疆土地资源为 5700 万亩。提高单产、增加复种(主要在南疆)、发掘增产潜力应是主要增值措施。

(2) 以水资源的节约与平衡为前提,加强开荒的领导和计划。荒地开发应在仔细计算水账和保证小流域水量平衡及生态用水的原则下,科学地、有计划、有步骤地进行。必须加强科学论证,制定综合规划,严格审批与监督,严禁盲目和掠夺式开荒。

(3) 将北疆伊犁河、额尔齐斯河流域列为当前开发土地资源的重点。结合水资源的开发,北疆伊犁河、额尔齐斯河流域是当前开发土地资源的重点。加强水利工程与水系整治,确保开荒与水利设施配套,尽力避免引起沙化、盐碱化和撂荒弃耕现象的发生。应将饲草、饲料的种植置于荒地开发中的重要位置,以提高畜牧业在农业中的比重。

4.2 加强绿洲-荒漠过渡带的土地建设

根据新疆荒漠区盆地景观格局,即绿洲-过渡带-荒漠带依次排列的格局,除加强绿洲内的防护林网建设和增加人工饲草地的比例外,还应特别重视过渡带的作用。该带不仅是绿洲外围的生态屏障,还宜于发展人工饲草基地,实现农牧结合,作为平原畜牧业基地。

5. 水资源开发潜力不大，节流大有可为，生产与生态用水必须兼顾

5.1 新疆水资源开发程度已不低

新疆水资源并不丰富，其分布地域差异很大，年际内波动很大。虽然人均占有的水资源在全国处于较高水平，但考虑到生态安全建设用水，则水资源的总体开发程度已不低。

全疆引水 460 亿立方米，占地表水的 55%。与黄河、淮河、海河、滦河已开发水资源 50%~60%、辽河已开发 60%~70% 的严重缺水区相比，新疆水资源开发程度已不低。目前水资源尚有 400 亿立方米，其中 230 亿立方米流出国外（额尔齐斯河与伊犁河 212 亿立方米，占全疆的 27.7%），剩余 170 亿立方米，必须考虑保证生态用水。因此，仅有额尔齐斯河与伊犁河可以适度引水，其他地区不宜扩大生产用水。另一方面，水资源的利用浪费严重。

新疆水资源潜力在于：① 节水，开发地下水，地表水与地下水联合调度、井渠结合、以井补河；② 加快开发额尔齐斯河与伊犁河水资源，以及城镇生活污水与工业污水的资源化；③ 劣质水利用。

5.2 高度重视水资源的高效利用，确保生态用水

（1）高度重视发展节水农业。对于新疆来说，节水显得更为迫切和重要，是当前提高水资源利用效率的关键，亦是缓解生态、生产、生活用水矛盾的关键因素。提高渠道水利用系数，是绿洲农业节水的有效途径，可从现在的 0.45 提高到 0.51，天山北麓已达 0.7 以上。降低毛灌定额，增加灌溉面积。提高水的利用效率，强调用单方产出衡量用水效率。

（2）有计划地建立水源地，开发地下水资源。目前全疆地下水开采量只占地下水总量的 10%，有较大的潜力，但也不能盲目开采。应以地表水与地下水联合调度为主要利用方式，以井补增加水源，克服春水不足。特别注意：一要保持开发量与补给量相对平衡，使地下水能持续利用；二要建立水源地，统一管理。

（3）尽快开发额尔齐斯河与伊犁河的水资源。

两河水量占全疆 1/3，而利用率仅 20%，80% 流往国外，其中有水权问题。对此，国家与自治区已有立项。建议加快做好调水工程的前期工作（可行性研究、工程设计等），调查荒地资源、土地开发现状、调水工程环境影响与生态环境保护，务必使两河开发及调水工程建立在可靠的科学基础上。开发土地应以增加植被覆盖、发展畜牧业为主。重视积累资料，以利于国际河流水权的谈判。

（4）山区水库的建设。新疆，特别是南疆，春旱夏洪，在有条件的地区建设山区水库是非常重要的。

6. 尽快制定生态环境建设总体规划，加大政府投资力度

6.1 生态环境恶化已成为新疆可持续发展的严重障碍

新疆年均降水量仅为全国年均降水量的 1/4，径流量仅为全国的 3%。荒漠化土地面积居全国之首，退化草地占全国退化草地的近 1/3。森林覆盖率为全国的 1/10，全疆绿洲面积仅为土地面积的 4%，气候干旱多风。近年来，沙漠面积增加，风沙危害加剧，草地退化严重，天然胡杨面积减少，灌区次生盐渍化面广，且在部分垦区有增无减。湖泊面积缩小，部分河流中下游断流天数和长度增加，病虫害影响范围扩大，河湖水质恶化，严重影响农田灌溉。

由上述情况可以看出，新疆生态环境恶化的趋势在总体上没有得到根本控制，是该地区可持续发展的严重障碍，抑制生态环境恶化的任务十分艰巨。

6.2 尽快制定生态建设总体规划，加大各级政府投资力度

确定新疆生态环境建设在全国生态环境建设的优先地位，加大生态环境建设投资力度，根据干旱地区生态系统空间分布格局进行生态规划。

（1）加快编制全区生态环境建设总体规划。重点加大天山与阿尔泰山水源涵养林保育和塔里木河绿色走廊保育，博斯腾湖与艾比湖流域生态环境保育，干涸湖泊生态环境保育，天山北坡绿洲经济带生态安全保障，三大油田基地生态环境保育等生态环境建设工程的投资与建设力度，使其优先纳入全国

生态环境建设总体规划,组织实施。

（2）大力推广生物控制病虫害的生防工程。高度重视绿洲内部生物多样性在控制病虫害中的作用,特别是对棉花病虫害的作用。同时,对作物品种引进应加强专业检疫,对农药的使用严加管理。加强对敏感地段或地区的监测,以提高对生态灾难的应急能力和缓解灾情的能力。

第70章

天山北部山地-绿洲-过渡带-荒漠系统的生态建设与可持续农业范式*

张新时

(中国科学院植物研究所植被数量生态学开放实验室,北京　100093;
北京师范大学资源科学研究所,北京　100875)

　　摘要　天山北部的山盆系统由山地植被垂直带系统和荒漠盆地的同心环形(地质-地貌)植被地带所构成。该系统包括:山地、山前倾斜平原和古老冲积平原这3个"圈"和其下的高山带、山地森林-草原带、低山荒漠带、砾石戈壁荒漠带、灌溉农业绿洲带、扇缘灌草带、壤质冲积平原带、沙漠带和湖泊带9个"带"。这些地带是干旱区最本质和弥足珍贵的自然资源的存在和作用方式,也是指导干旱区生态保育和土地利用的、不可违抗的大自然规律的宏观展现。在此基础上所提出的"山地-绿洲-过渡带-荒漠生态-生产范式"是以山地和荒漠盆地的植被地带为框架,以贯穿和联系着这一系列环带的生物地球化学循环、生物地球物理过程和生物地球社会经济关系为驱动因素,建立起以可持续农业与生态保育为目的的、优化的土地覆盖与土地利用结构和格局。

　　关键词　绿洲;绿洲-荒漠过渡带;荒漠;山盆系统;可持续农业;生态-生产范式

---

　　* 本文发表在《植物学报》,2001,43(12):1294-1299。国家重点基础研究发展规划项目(G1999043500,G2000018600)资助。

Ecological Restoration and Sustainable Agricultural Paradigm of Mountain-Oasis-Ecotone-Desert System in the North of the Tianshan Mountains

Zhang Xin-Shi

(**Laboratory of Quantitative Vegetation Ecology, Institute of Botany,**

The Chinese Academy of Sciences, Beijing   100093, China;

Institute of Resource Science, Beijing Normal University, Beijing   100875, China)

Abstract: The mountain-basin system(MBS) in the north of the Tianshan Mountains consists of mountain vegetation vertical belt system and concentric circular vegetation(geologic and geomorphic) system of desert basin. The MBS contains three "circles": montane, piedmont fan and alluvial plain, including nine belts, viz. alpine belt, montane forest-grassland belt, low-mountain desert belt, grave Gobi desert belt, agricultural oasis, marginal belt of diluvial fan, alluvial desert plain, sandy desert belt, and lake. The above-mentioned zonation is the most essential existence and functional pattern of those precious natural resources. It is the representation of an irresistible rule of the nature and also, the guidance system of ecological conservation and land use. Basing on this foundation, a "mountain-oasis-oasis/desert ecotone-desert eco-productive paradigm" is proposed. The MBS is its basic frame. Its driving forces are the biogeochemical cycles, biogeophysic process, and biogeosocial interaction, which run through the whole system. Thus, the establishment of a sustainable agricultural system and an optimized land use and land cover structure and pattern, which aimed at ecological conservation, may be possible.

Key words: oasis; oasis/desert ecotone; desert; mountain-basin system; sustainable agriculture; eco-productive paradigm

天山北坡及其山麓的洪积-冲积平原是新疆政治、经济与文化的中心,也是欧亚大陆桥东部的关键地段,是中国西部大开发的重点地区。这一地段从高耸的冰峰(博格达峰海拔 5545 m)高山草甸、山地森林、草原、荒漠、农业绿洲和城镇,到浩瀚的准噶尔沙漠和低凹的湖盆(艾比湖海拔 180 m),是一个大幅度、多层次而有规律的山地-盆地陆地生态系统组合(complex of mountain-basin terrestrial ecosystems)或简称为"山盆系统"(mountain-basin system, MBS)。山盆系统是由山地植被垂直带系统和荒漠盆地的同心环形(地质-地貌)植被地带构成的,因而是气候地带(climatic zone)和非气候(非地带性)的地体地带(edaphic zone)的复合体。这一地区经过了亿万年的海陆变迁、造山运动、冰川进退、沙漠形成、生命进化与植被更替等演变过程而造就今日丰富多彩的地带系统;复加以全新世以来人工农业绿洲的形成和城镇的兴起而添加了浓厚的人文社会因素。该地带系统是由能流、物流(水流)、生命流、价值流和文化流串联起来的,是干旱区最本质和弥足珍贵的自然资源的存在和作用方式,从而成为该地区自然生态和人文社会的支持系统,也是指导干旱区生态保育和土地利用的、不可违抗的大自然规律的宏观展现。然而,近代人口剧增、工农业发展和不合理的土地利用也造成了对该山盆系统的一系列干扰与破坏,如大量采伐山地森林、草地过牧、土地次生盐渍化、过度利用河水与地下水资源、沙漠植被因樵采、开垦与放牧而遭到损害、荒漠野生动物因滥肆猎杀而几近绝灭等,从而导致了该地区生态环境的强烈退化与破坏,对工农业生产和人民的生活条件与质量产生了恶劣的影响,严重地阻碍着这一地区生态、社会与经济的可持续发展。

中国西部大开发的两个重点是生态环境建设和产业结构调整。因此,迫切需要针对不同地区的自然生态环境与社会经济发展特点,制定生态建设与农业结构调整的可持续农业范式与规划,以保证与促进西部大开发在近期发展与长远目标相结合的基础上,科学合理、政策稳定、切实可行地纳入新世纪可持续发展的轨道。中国科学院有关研究所的科研人员自 20 世纪 50 年代以来在新疆进行了两次大规模的综合科学考察,建立了一些专门从事西部生态环境研究的研究所与野外研究台站,有了丰富扎实的基础科学和实验科学的积累,培养造就了一大批各科学门类的专家。在此基础上所提出的"山地-绿洲-绿洲/荒漠过渡带-荒漠系统"(mountain-oasis-oasis/desert ecotone-desert syetem, MOEDS)生态-生产范式[1]经逐步发展,已有较深厚的科学基础,似可作为新疆天山北部山盆系统生态保育与建设和农业结构调整的一个模式。

这个模式以天山的垂直自然-经济带和毗邻荒漠盆地的同心环状自然-经济带为基础框架[2],以贯穿和联系着这一系列环带的生物地球化学循环和社会经济关系为驱动因素,建立起以可持续农业与生态保育为目的的、优化的土地覆盖与土地利用结构和格局。

该范式将荒漠地区的山盆系统分为 3"圈"9"带"(图 70-1)。

1. 山地圈:(1)高山带(含冰雪带、亚冰雪带、高山/亚高山草甸带);(2)山地森林-草原带;(3)低山荒漠带。2. 山前倾斜平原(洪积扇)圈:(4)砾石戈壁荒漠带;(5)灌溉农业绿洲带;(6)扇缘灌草带(绿洲-荒漠过渡带)。3. 古老冲积平原圈:(7)壤质冲积平原带;(8)沙漠带;(9)湖泊带。

1. 山地生态系统功能的恢复与产业结构的两个大转移

山地是新疆荒漠盆地的水源地,其高山冰川积雪夏季消融与山地降水是流到荒漠盆地的河流与地下水的主要水源。天山北坡海拔 1600~2700 m 的山地森林带处在山地最大降水带的下部,具有重要的水源涵养、水文调节与水土保持作用。天山北坡森林具有较丰富的生物多样性和很高的生物生产力,尤其在气候温和湿润的伊犁山地年降水可达 1000 mm,是地质时代的山地生物避难所,具有罕见的天然生物基因库,如新疆野苹果(*Malus sieversii*)林、野胡桃(*Juglans regia*)林和物种丰富的山地草甸等,具有极大的研究和开发利用价值。但由于近数十年来天山山地森林普遍遭受了强度的采伐利用,现多为未及更新的疏林地、采伐迹地或幼林地,其保水护土功能大为衰减。故山区河流洪、枯水期流量比率增大,一些小型河流在枯水期已全然断流,河水含沙量增多,流域的侵蚀模数随之剧增。今后在不继续破坏森林和良好的保育与管理下,估计在 21 世纪末叶,即 60 到 100 年后,现有的人工更新青幼林达到 100~140 龄时,天山北坡山地森林的水源涵养和调节器功能有望部分恢复。但是,天山山地森林作为用材林基地的作用则应当永远地予以排除,即

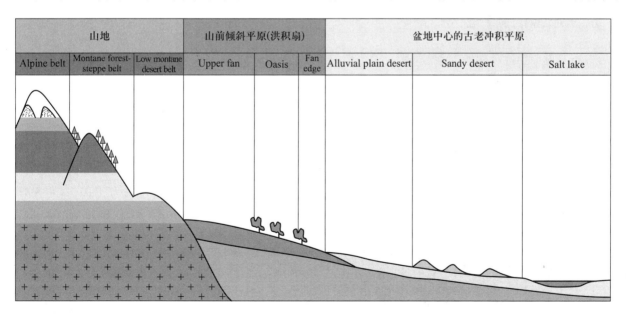

图 70-1　山地-绿洲-绿洲/荒漠过渡带-荒漠系统景观示意图

使在百年之后,当森林接近成熟,也只能实施以促进
更新和森林环境卫生为目的的弱度更新择伐。新疆
的用材林基地应当实行向盆地的全面转移。

天山北坡的高山草甸、亚高山草甸、山地草甸和
山地草原历来是主要的夏秋放牧场,低山荒漠则是
冬春牧场。由于近数十年来放牧的牲畜数量剧增,
草场因严重超载过牧而普遍退化,尤其是冬春草场
仅能负载夏秋草场载畜量的40%,超载更甚。因
此,天山北坡的高山、亚高山草甸、山地草甸、草原和
低山荒漠应全面转向减负——降低载畜量和合理、
定时、定地、定量、划区轮牧的优化管理。天山草地
经过这样15~20年的休养生息,草地的植物种类组
成、生产力、土壤的营养状况和持水保土功能可得到
逐步恢复。因此,草地畜牧业的重点也必然要实施
向盆地的大转移。

上述的两个大转移将导致新疆林、牧业产业结
构的极大转变:(1)从50年来山地天然针叶林工业
式采伐,向在平原建立防护林与速生丰产人工林基
地的转移;(2)从数千年传统的山地游牧,向平原定
居种草高效舍饲与育肥畜牧业的转移。

山地农业结构的大转移,将使已被过度消耗的
山地生态系统得以休养生息,恢复其生态功能和对
盆地的良性补给。今后山地的功能主要是水源涵
养、生物多样性保育和合理负载的夏秋放牧场。

2. 洪积扇缘的新产业带

天山北麓的山前洪积-冲积扇连成一串裙褶状
的向盆地倾斜的平原(图70-2和图70-3),其宽度
可达数十千米(在昆仑山前可达100千米)。洪积
扇一般可分为上中下3段。

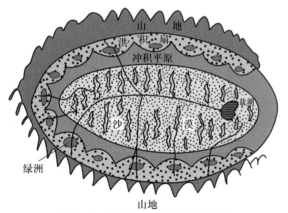

图70-2 荒漠盆地的景观带示意图

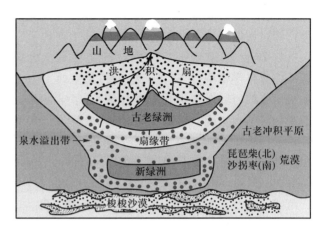

图70-3 荒漠盆地洪积扇、绿洲、扇缘带、
冲积平原与沙漠示意图

2.1 扇形地上部(砾石戈壁)

在出山口处由洪水携带的石块、砾石与砂砾堆
积而成。河水出山口后多在此地段下渗,该处的潜
水位多在百米以下。地表为风蚀残余的砾幕或砂砾
所覆盖,下有含砂砾的土壤,不宜农垦。在有充足水
源的情况下,可横向挖沟拦洪或填入地表沙土或客
土后种植葡萄。

2.2 扇形地中部(灌溉绿洲)

洪积-冲积扇的中部已有深厚的壤质土堆积,
具有流动淡水的潜水层在3~4 m或以下,不致引起
盐渍化,却可支持中生乔木生长,在天然情况下,常
有白榆(*Ulmus pumila*)林。该地段最适于农垦,故
为古老的灌溉农业绿洲所在地,林带成荫,渠道纵
横,万顷粮棉,瓜果丰盛,是干旱地带中的绿色世
界,迥然大异于周边的贫乏荒漠。农业绿洲中生态-经
济结构的改善主要是构成优质、高效、集约管理,合
理配置的农、园、林、草、水复合系统,主要有3类:
(1)绿洲的种植业系统,包括以棉花为主的棉/草轮
(间)作种植业模式,以经济作物(果树等)为主的
果/草间作模式和以饲料作物为主的饲/草轮作模
式;(2)绿洲的防护林体系;(3)绿洲的病虫害综合
防治(IPM)体系。

在绿洲中要大力推行草田轮(间)作,避免单种
作物长期连作。新疆大力发展棉花,在许多宜棉绿
洲中,棉田比例可达70%以上,且多年连作,长期大
量使用化肥、化学农药以及不易降解的农用薄膜,已
导致较严重的土地污染、退化与病虫害蔓延。故应

实行棉花与紫花苜蓿轮、间作,既可减缓病虫害发展,恢复土壤肥力,又可促进食草性畜牧业发展与提供有机肥[①]。在果园与经济林中亦应提倡在树行间种植耐阴豆科牧草,如白三叶等,以改善土壤结构与肥力,减少病虫害,兼顾畜牧业。

2.3　扇形地下缘(扇缘带)

绿洲外沿的洪积扇下部的扇缘带是绿洲与荒漠之间的过渡带,因潜水接近地表(潜水位 0.5~1.5 m,含盐碱)与土质黏重而普遍发生盐渍化,或因绿洲灌溉余水与开垦耕地而引起次生盐渍化。天然植物为耐盐的柽柳(*Tamarix* spp.)、胡杨(*Populus euphratica*)、盐豆木(*Halimodendron halodendron*)、芨芨草(*Achnatherum splendens*)、花花柴(*Karelinia caspia*)、疏叶骆驼刺(*Alhagi sparsifolia*)、芦苇(*Phragmites communis*)等灌木与草本,以及重盐土上的盐穗木(*Halostachys caspica*)、盐节木(*Halocnemum strobilaceum*)、盐爪爪(*Kalidium foliatum*)、小叶碱蓬(*Suaeda microphylla*)、囊果碱蓬(*S. physophora*)等盐(碱)生植物[3]。由于盐渍化,这一地带虽不宜农作与造林,但其上的天然灌丛草类却具有良好的防风阻沙功能,形成绿洲前沿的生态屏障与风沙过滤带;亦常被用作绿洲牛羊的放牧地,但草质不佳,生产力不高。据研究,在扇缘带先期种植耐盐牧草,如草木樨、芨芨草、骆驼刺等[②],可迅速改良盐土,一般种草次年即可改种甜菜、玉米等[4]。因扇缘带潜水接近地表,可就便开浅井,利用中轻度含盐的浅层潜水灌溉人工草地与饲料地,兼得降低潜水位、改良盐碱土之利。扇缘带人工草地与饲料地的生产能力为天然草地的 26~95 倍,载畜量可达 9~33 羊/hm²[5]。人工种植的芨芨草每公顷产干草 15 000 kg,可养羊 21 头。

因此,完全有可能把一切有条件的扇缘带改造建成新疆新的高产、优质、高效畜牧业基地,以人工草地和饲料地支持的舍饲畜牧业和育肥畜牧业为支柱产业,并可得到毗邻农业绿洲农作物秸秆加工饲料的雄厚支持。新产业带不仅可全年舍饲养畜,并可在秋季大量接受山地牧区当年出栏的架子畜,经 3 个月育肥后即可屠宰加工或销售,从而大大减轻山区放牧的压力,使山地草场得以休养生息;也可避

免低产、低质、低效和必然破坏脆弱生态环境的荒漠放牧。同时,新产业带高生产力的人工草地还能更好地覆盖地表,具有更高的防风固沙、防止盐渍化、庇护绿洲的生态功能。

目前,新疆草场总面积约 5040 万 hm²,其中 58.5%,即 2948.4 万 hm² 在山区;总牲畜 3724 万头,约 70%,即 2607 万头在山区,山区平均载畜量为 1.13 hm²(17 亩地)/羊。但山区草场有 30%不可利用,实际平均载畜量为 0.8 hm²(12 亩地)/羊。如果在扇缘带开拓 100 万~133.3 万 hm²(1500 万~2000 万亩)人工草地,加以绿洲饲草的补充,其平均载畜量为 0.05 hm²(0.75 亩地)/羊,则可负载 2000 万~2667 万头羊,即全新疆 54%~72%的牲畜,成为新疆主要的畜牧业基地。

3.　返璞归真的荒漠带

天山北部的准噶尔盆地底部是古老的冲积平原,其周围有着各类石质、砾质、砂砾与壤质戈壁、雅丹残丘和龟裂地;中部是大沙漠、一些湖泊和干湖盆。荒漠盆地十分干旱,年降水 150 mm 以下,生态条件极为严酷,大致可分为准噶尔南缘荒漠平原和准噶尔沙漠两个带。

3.1　准噶尔南缘荒漠平原

地形平坦开阔,以砂壤质的荒漠灰钙土为主,略碱化,富含碳酸钙,中部积累较多石膏和可溶性盐分。植被以琵琶柴(*Reaumuria soongorica*)荒漠和梭梭(*Haloxylon ammodendron*)荒漠占优势。20 世纪 50 年代初,新疆生产建设兵团开渠引水在此开拓了大面积新的灌溉绿洲,取得了伟大的农业成就。但在不合理的灌溉条件下则会引起大面积的土地次生盐渍化。只有在充足的外来水源和排灌条件保证下,通过严格的工程规划和生态-经济评估,才可能在壤质荒漠平原上利用当地丰富的太阳辐射和土地资源,营造速生丰产人工林,形成新的用材林或经济林基地。

3.2　准噶尔沙漠

基本上是半固定和固定的沙丘,具有适应冬春

---

①　美国棉田因施用化学农药过量,土壤污染与病虫害严重。现规定棉田必须与苜蓿间作,以解决此问题。

②　新疆农业大学科研人员在扇缘带种植草木樨,石河子大学教师在表土总盐 2%~5%的重盐土上种植芨芨草均获成功。

雨雪气候的土兰(中亚西部)型荒漠植被,主要由白梭梭(*Haloxylon persicum*)、梭梭、多种沙拐枣(*Calligonum* spp.)和短生、类短生植物组成,后者在冬春多雨雪的年份,形成短暂美丽的葱郁春季短生草本层片,是我国物种最丰富的沙漠植被类型。准噶尔沙漠通常被用作放牧场,但其净第一性生产力很低,植物对牲畜的适口性不佳,加以沙漠酷暑严冬的气候和干旱缺水的生境,实不宜放牧家畜。且其生态系统十分脆弱,即使是不重的放牧也会导致沙漠植被的退化和沙漠珍贵野生生物资源的破坏。因此,沙漠放牧实在是得不偿失的不智之举,是以牺牲自然为代价的、粗放落后与脆弱的生产方式,应当坚决地予以摈弃。上述在灌溉绿洲和荒漠之间的扇缘带建立起来的新产业带则足可抵偿因减少山地与沙漠放牧而造成的损失。

准噶尔沙漠应当立即整个划为一个国家自然保护区或荒漠公园,其理由有二:

(1)准噶尔沙漠是温带干旱地带野生植物的基因宝库:干旱地带在地质历史的长期自然选择和适应过程中演化形成了许多适应干旱生境的生物物种和特殊的基因型;其中具有大量耐旱、耐高温、耐温度剧变、耐强辐射、抗寒、耐盐碱、抗风沙、耐贫瘠土壤、高光合效率、高纤维、具坚厚角质层或蜡层、具特殊次生代谢化合物(芳香油、生物碱等)的基因。干旱地带的野生植物基因资源被英国邱园的科学家认为是21世纪人类对农业、食物、医药、工业原料等需求的最重要来源,但这一宝贵的植物资源有很多是稀有植物或濒危植物,亟须保育。故邱园集资近一亿英镑建成了世界上最大的离体保存世界热带与亚热带干旱地带野生植物资源的种子库,号称"千年种子库"。准噶尔沙漠具有世界温带荒漠中最为丰富的生物资源,它兼有中亚细亚荒漠土兰区系和北亚蒙古戈壁区系成分以及残遗的古地中海旱生区系成分,构成了多样的荒漠植物群落类型,是世界温带干旱地带的基因宝库。但在近数十年来,准噶尔沙漠的生物区系与植被因为开垦、过牧、樵采等人为活动的严重干扰而受到极大的威胁,群落退化,许多物种濒临绝灭,急需采取严格的保育措施。建立自然保护区,进行整体性的就地保护是第一步,也是当前最迫切的手段。因此建议,将准噶尔沙漠整个划为国家级自然保护区或荒漠公园,由新疆维吾尔自治区保护与管理,以挽救与重建这个独一无二的大自然恩物。

(2)把准噶尔沙漠还给野生有蹄类动物:距今数百年前,准噶尔沙漠中曾经漫游着与荒漠植物长期协同进化形成的野生大型食草性有蹄类动物群,如鹅喉羚(*Gazella subgutturosa*)、赛加羚(高鼻铃羊)(*Saiga tatarica*)、蒙古野驴(*Equus hemionus mongolicus*)、普氏野马(*E. przewalskii*)与野骆驼(*Camelus bactrianus*)等,还有它们的捕食者狼(*Canis lupus*);盘羊(*Ovis ammon darwini*)和北山羊(*Gapra ibex*)冬季时偶尔也下到盆地。这些沙漠有蹄类食草动物是沙漠生态系统的关键种,也是珍贵的生物资源,通常活动于荒漠盆地与山麓的荒漠草原之间。它们在长期的进化过程中逐渐适应了荒漠植物粗糙和高盐碱的特性,能更有效地利用多种荒漠植物,尤其是灌木和半灌木。生长在同一地区的各种野生有蹄类食草动物具有特殊的生态位分化,每一种的食性均不同于其他种并互为补充,它们不仅采食不同种植物,且采食同一种植物的不同部位,或在不同期采食。它们能耐荒漠夏季高温、冬季严寒和长期干旱缺水的严酷生境,可以数日不饮水,并具有惯于日逐上百千米饮水的超凡能力,或可仅在采食植物时获取其中水分等。对野生有蹄类食草动物的管理和照料要比家畜的要求为少,而其成熟与繁殖通常也较快,据南罗德西亚的经验,驯养的野生有蹄类动物群甚至比牛群还要温驯和易于管理。野生有蹄类动物适应于荒漠生境,且在荒漠食物链的控制下不致过度繁殖造成荒漠植被的退化与破坏[6]。

但在人类的无情捕杀下,准噶尔沙漠的野生有蹄类食草动物在近百年来遭到极大的摧残。如普氏野马已于20世纪初在野外灭绝,赛加羚在我国境内亦不复存在,野骆驼则趋避于极端艰苦荒僻的罗布戈壁,头角硕大的盘羊更是狩猎者千金难求的珍贵猎物。20世纪50年代尚成群结队的鹅喉羚与蒙古野驴,在60年代初的毁灭性猎杀下,其种群至今犹未恢复。近年来,有关部门已开始回引国外繁育的普氏野马和赛加羚,初获成功。建议有关科研与行政部门在准噶尔沙漠建立野生动物繁育场,经试验后大力繁育上述野生有蹄类动物并放归野外,以形成荒漠食草动物种群。苏联在中亚荒漠中曾经繁育赛加羚获得成功;美国近年来则在北美中央大草原成功地恢复了原已在野外灭绝的北美野牛群,获得良好的生态-经济效益,并形成了庞大的产业[7]。因此,恢复重建准噶尔沙漠地带原始丰美的生物多样性、通畅合理的食物链、自然和谐的生态系统和最有效率的第二性(食草动物)生产力,并在此基础上逐步开展野生有蹄类食草动物的繁育业,以及适度的生态旅游与草场狩猎业,乃是对准噶尔沙漠的一个优化的生态保育与可持续发展方式。

上述天山北部山盆系统各不同功能景观带的生态保育和可持续利用方式构成一个整体的生态管理体系,即山地-绿洲-绿洲/荒漠过渡带-荒漠生态-生产范式(图70-4)。天山北部山盆系统是整个中亚干旱荒漠地带山地与盆地相间地貌的典型生态系统结构。在我国西北的昆仑山与天山南麓山地之间的塔里木盆地、昆仑山与祁连山之间的柴达木盆地以及祁连山北麓的河西走廊等均有大同小异的山盆结构、类似的生物地球化学循环关系与土地利用格局。因此,该优化生态生产范式经过因地制宜的调整与修改后,当可适用于我国西北的其他山盆系统,期望能被采用为西北大开发的一个理论基础和战略措施,促进与保证大西北的生态保育与开发谐调永续的同步进程。

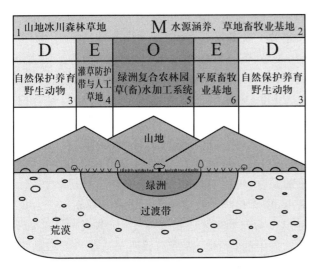

图 70-4　山地-绿洲-绿洲/荒漠过渡带-荒漠生态-
生产范式

1. alpine glaciers, forests and grasslands; 2. base for watershed conservation and pastoral farming; 3. natural conservation and wild animal rearing; 4. protected belt of shrubs and grasses; 5. system of oasis agroforestry and processing; 6. base of lowland pastoral farming.

参考文献

[1] Zhang X-S(张新时).The ecologic and economic function of grassland and its paradigm.Sci Teh Rev(科技导报), 2000,146(8):3-7.(in Chinese)

[2] Xinjiang Comprehensive Scientific Survey of the Chinese Academy of Sciences and Institute of Botany, the Chinese Academy of Sciences(中国科学院新疆综合考察队,中国科学院植物研究所).Vegetation of Xinjiang and Its Use.Beijing:Science Press,1978.(in Chinese)

[3] Wang H-S(王荷生). Distribution of halophyte communities and its relationships with soil and underground water. J Plant Ecol Geobot(植物生态学与地植物学丛刊), 1964, 2: 57-69.(in Chinese with Russian abstract)

[4] Xu P(许鹏). State of grassland in the oasis-desert ecotone and its developmental principle.Chinese Grassland (中国草地),1995,5:18-22,28.(in Chinese with English abstract)

[5] Xu P(许鹏).Grassland and Water-Salt-Plant System of Desert Zone of Xinjiang and Its Optimized Ecological Mode.Beijing:Science Press,1998,pp.231.(in Chinese)

[6] Shelton M, Ranching G. An ecologically sensible use of range lands. In: DeBell G. The Environmental Handbook. New York:Ballantine Books Inc,1970,pp.92-95.

[7] Callenbach E. Bring Back the Buffalo: A Sustainable Future for America's Great Plains.Berkeley:University of California Press,1996.

第71章

关于把塔里木河列入国家大江大河治理计划的建议 *

张新时 等

一、塔里木河关系到整个塔里木盆地的生存与发展

塔里木河(简称塔河)是我国最大的内陆河,全长 1321 千米,与其源流构成的塔河流域多年平均径流量为 312.5 亿立方米,流入塔河干流的水量约为 50 亿立方米,流域内灌溉面积达 1735 万亩,滋养着南疆 780 万各族人民,被当地誉为"母亲河"。作为塔里木盆地水系的主干,它还与面积近 44 万平方千米的塔里木盆地的经济、社会发展和荒漠生态系统息息相关。

二、目前存在的问题与原因

1. 塔里木河流域生态环境趋于恶化,必须引起高度重视

塔河流域的生态系统是依河而生、伴河而存的,沿河两岸形成连续不断、宽窄不一的荒漠河岸植被带,在下游的两大沙漠之间,被人们称为"绿色走廊"。20 世纪 50 年代以来,由于对水资源的开发利用不尽合理,塔河流量及其时空分配不均衡,现已断流 320 千米,两岸生态系统遭受了严重破坏,"绿色走廊"生存告急。

(1) 地下水位下降,水质恶化。处于塔河下游的阿拉干沙漠地区,因长期断流,目前地下水位由于缺少补给,由 20 世纪 50 年代的 3 米下降到如今 12 米以下;水质也随之恶化,矿化度已高达 5 克/升,大大超过了人畜饮水的标准。

(2) 胡杨林面积锐减,自然植被衰退,沙漠扩大。1958 年胡杨林有 780 万亩,1979 年减为 420 万亩,20 世纪 80 年代以来虽经全力恢复与保育,到 1995 年为 713 万亩,37 年中减少了近 70 万亩,平均每年减少近 2 万亩。塔河下游胡杨林由 20 世纪 50 年代的 81 万亩锐减到 1995 年的 11 万亩。尤为严重的是,由于以胡杨林为主的河岸植被屏障作用的衰退,塔克拉玛干沙漠与库木塔格沙漠正趋于合拢,直接影响到塔里木下游垦区,并对该区的 218 国道及规划中的青(海)新(疆)铁路构成严重的威胁,而塔河终端的台特马湖亦已经干涸,成为新的沙漠。

(3) 良田被迫弃耕,农业自然灾害频发。在塔河下游的新疆生产建设兵团农二师共有 5 个团场,近年来,由于缺水,35 团先后搬迁了 37 个边远连队,种植面积也由 20 世纪 80 年代的十多万亩下降到目前的不足 6 万亩。34 团在 20 世纪 60 年代的种植面积为 8 万亩,而到 90 年代种植面积只能维持在 3 万亩左右。由于生态环境恶化,垦区内自进入 80 年代以来,霜冻、大风、冰雹经常发生,特别是 90 年代以来,次数明显上升,危害严重。35 团累计植

* 本文选自 1999 年中国科学院院士咨询报告。咨询组成员名单附文后。

树 17 620 亩,存活率却仅为 49.1%。受 1998 年 4 月 20 日大风和霜冻的袭击,已播的 2.06 万亩棉田全部受冻,其中 1.8 万亩棉苗冻死,2309 亩果园绝收,同时 34 团的 1.57 亩棉花和香梨绝收。

2. 人为因素是塔河流域生态环境急剧变化的主要原因

根据气象部门观测,塔河流域的降水量,从 20 世纪 50 年代以来,虽有波动,但没有减少。这从塔河 6 条源流河(阿克苏河、叶尔羌河、和田河、喀什噶尔河、渭干河、开都-孔雀河)的总径流量的变化可得到证明:年平均径流量 50 年代(1957—1959 年)为 308.1 亿立方米;70 年代为 312.6 亿立方米;90 年代(1990—1996 年)为 324.5 亿立方米。

然而,从塔河源流向干流的输水量呈明显递减趋势。塔河干流首站阿拉尔水文站,20 世纪 50 年代的年径流量为 49.35 亿立方米,70 年代的年径流量为 44.98 亿立方米,90 年代的年径流量为 40.36 亿立方米,减幅达 20%。从塔河干流上、中游到干流下游的来水量大量减少。塔河干流下游首站卡拉水文站,50 年代的年径流量为 13.53 亿立方米,70 年代的年径流量为 6.69 亿立方米,90 年代的年径流量为 2.88 亿立方米,1997 年仅为 1.94 亿立方米,减幅达 85%。

引起塔河断流与生态环境急剧恶化的人为因素主要有以下几点:

(1)大量开荒造田,源流区与上游引水量加大。由于耕地面积从 20 世纪 80 年代的 50 万亩扩大到目前的 80 万亩,人们在干流的上、中游段沿河两岸任意掘口引水达 138 处,还有大马力的抽水机上百台。但引水大部耗散在沙漠之中,浪费极大,以致下游无水可供。

(2)灌溉方式粗放落后。农区灌溉定额高达 1200～1500 立方米/亩,且水量越往下游越减少。阿拉尔至新满渠 180 千米,沿途每千米减少 360 万立方米;新满渠至大坝 284 千米,每千米减少 400 万立方米;特别是在中游段的大坝至卡拉的 203 千米区段内,每千米减少 1010 万立方米,致使下游起点的卡拉站水量从 20 世纪 50 年代的 13.53 亿立方米,减少到 1997 年的 1.94 亿立方米,当年大西海子水库干涸。

(3)流域内水利基础设施薄弱。在中、下游干流区,漫流浪费水资源十分严重。干流段河道基本没有控制性水利工程,且现有工程老化严重失修,水毁工程修复缓慢。河床淤沙严重,河道输水能力急剧下降。

(4)缺乏流域总体规划。流域内各地州、兵团、石油开发部门等各自为政,全流域水资源缺乏统一管理。一方面,流域内干流与源流之间,上中下游之间,近期与远期之间,生产、生活与生态用水之间都存在严重矛盾,造成下游撂荒。另一方面,又不断无规划地大量开荒。超过按水土平衡测算的最大允许开发面积。

三、建议把塔里木河流域列入国家大江大河治理计划

塔河流域的治理已得到社会各界的关注,1997 年 12 月新疆维吾尔自治区人大常委会已颁布《新疆维吾尔自治区塔里木河流域水资源管理条例》。尽管如此,实现对塔河流域的综合治理仍极为艰难,关键是对塔河流域生态危机认识不清、投入不足、措施不力。

塔河流域覆盖南疆 4 个地州,境内还有新疆生产建设兵团的 4 个师以及塔里木油田等,各个部门都认为塔河应该整治,但需要统一协调。塔河流域虽然从地理上是一条区内内流,从水土流失的角度不涉及其他省区,但塔河流域的问题涉及风沙和沙尘暴问题,这不仅影响新疆,而且波及整个西北地区、整个华北乃至境外。像这样的问题必须由国家出面解决,只靠地方政府是无力解决的。

塔河流域治理不仅是我国西北重大的生态环境问题,还关系到新疆众多少数民族生活地区的可持续发展、民族感情,以及边疆的国防安全和社会稳定。塔河流域治理不仅有明显的社会与生态效益,还有潜力很大的资源和经济效益。从国家战略西移的角度,西北地区的经济发展对缓解我国东部地区的经济压力、缩短东西差异也有着重要的战略意义。塔河流域治理将包括一系列工程与非工程措施,这样必将在一定意义上拉动内需、促进地区经济的快速增长,还将使南北疆的经济得以协调发展。塔河流域治理不仅能够保证日益增长的生产和生活用水,而且还可保障塔河下游生态用水,可使以胡杨林、灌木、草地为特色的植被覆盖率明显提高,减少裸地面积,这对维护西北地区生态安全有着重要意

义。因此,我们建议国务院把塔里木河列入国家大江大河治理计划。

塔河流域整治的方针应为控制上游用水、整治中游河道、保护下游绿色走廊,维护全流域的生态效益。

塔河流域整治的重点是:对中游河道进行整治、束河筑堤,并使灌区逐步实施渠道化,这样有望增加20亿~30亿立方米水,尤其是可获得对下游生态环境至关重要的10多亿立方米的水资源。

整治塔河流域,第一,要统一思想,提高对塔河流域生态危机的认识;第二,组织有关部委和地方编制详细的治理工程计划,明确生产与生活和生态用水的比例、上中下游用水比例、地方与兵团及国家大型企业用水的比例;第三,制定合理的取水价格,通过生物与工程等各种措施,保证"绿色走廊"畅通;第四,在治理中要加强源流区、干流上中下游的生态环境监测工作,从而让这条新疆人民的"母亲河"继续为新疆的经济发展和民族繁荣起到滋养作用,确保塔里木河流域生态环境的安全与可持续发展,并减少东亚北部的风沙源。

咨询组成员名单

张新时	组长	
	中国科学院院士	中国科学院植物研究所
石玉林	副组长	
	中国工程院院士	中国科学院自然资源综合考察委员会
刘东生	中国科学院院士	中国科学院地质研究所
张广学	中国科学院院士	中国科学院动物研究所
关君蔚	中国工程院院士	北京林业大学
程国栋	中国工程院院士	中国科学院兰州冰川冻土研究所
山仑	中国工程院院士	中国科学院、水利部水土保持研究所
佘之祥	研究员	中国科学院南京分院
许鹏	教授	新疆农业大学
王西玉	研究员	国务院发展研究中心
慈龙骏	研究员	国家林业局防沙治沙办公室
史培军	教授	北京师范大学
李凤民	教授	兰州大学
韩存志	研究员	中国科学院学部联合办公室
潘伯荣	研究员	中国科学院新疆生态与地理研究所
董建勤	记者	《人民日报》报社
孙卫国	工程师	中国科学院生物学部办公室
陈仲新	博士	中国科学院植物研究所
屠志方	助理工程师	国家林业局防沙治沙办公室

第72章

西部大开发中的生态学*

张新时

（中国科学院植物研究所）

退耕还林草是西部开发中一项重要的生态举措。一般坡度<15°的梯田为基本农田,应实行草田轮作与建水窖补灌;15°~25°的梯田可植经济树种或果树,间作豆科牧草,植灌木护埂,建水窖补灌。须合理调整与规划还林灌草的比例、种类与格局。在年降水>400mm处或阴坡>25°坡耕地应退耕,挖水平沟,植水土保持林木,间以灌木带与草带;在年降水<400mm或阳坡>25°坡耕地应退耕,挖水平沟,植水土保持灌木带与草带。一般,在干旱地带退耕还林草时应还草多于还林;还林时,应还灌木多于还乔木。退耕还林草是一项复杂的系统工程,在实施过程中须按自然规律和经济规律办事,根据自然条件与市场的需要,科学选择树种草种、合理搭配林木与作物,精心管护以及推广科技成果,以真正达到退耕还林草和生态环境建设的目标。

西南部尚有我国目前保存最大面积的天然林,约8750万 hm²,占全国森林面积的38%。但多分布在高山深谷,坡陡土薄,具有涵养水源与保土护坡的重要作用,一旦采伐,极易引起水土流失、滑坡与泥石流的发生。进行更新造林应针阔混交、乔灌结合,恢复与形成复层结构的优化森林生态系统。西北的山地森林也具有良好的水源涵养功能,山地针叶林带近半世纪已遭受较高强度的采伐,林带的水源涵养作用严重衰减。新疆塔里木河的荒漠河岸胡杨林也遭到开荒、放牧与樵采的大量破坏,尤其河下游的胡杨林则因河流断流而全面濒于枯死。准噶尔沙漠曾有繁盛的梭梭林因开垦与樵采而几乎消灭殆尽,

近年封育后始有所恢复。南疆沙漠边缘的柽柳（俗称红柳）灌丛具良好的固沙作用,并适宜盐碱生境,也受到极大破坏。在干旱地区的灌溉绿洲营造防护林是形成与维护绿洲生态系统环境的重要林业措施,应推广"窄林带,小林网"与"乔灌草"结合的防护体系。在荒漠绿洲与草原沙地的人工造林应注意水分平衡与生物多样性的原则。在草原沙地与黄土高原则应强调灌木在造林种草中的作用。

西部草地约 2 亿 hm²,占全国草地的 72.3%。草地不仅作为发展草地畜牧业的主要基地,对于防风固沙、保持水土、防止土地盐渍化与荒漠化等更具有重要作用。近 50 年来草场因严重过牧超载而退化,草地生产力远低于国际上同类草地的生产力。我国草地所生产的肉类尚不足国民肉食消耗的20%,畜牧业在农业中所占比重也不足 30%。我国草地的生态功能也因退化而强度衰减,西北部草原植被退化与破坏导致的土地裸露乃是荒漠化发展与近年频发沙尘暴的主要沙尘源。发展西部,尤其是西北的草地畜牧业及其有关产业乃是西部大开发的战略方向与基本建设关键措施。畜牧业在农业中的比重应逐步提高到 50%~60% 或以上,乃至成为西北的重要支柱产业。

我国西部干旱区年降水量 250 mm 以下地区均属温带荒漠景观,通常被用作平原放牧场,但生产力很低,草质甚劣,极易因过度啃食引起退化。冲积平原上的土质荒漠被认为是最适于垦荒造田的开发对象,然而开垦荒漠易引起严重风蚀、土地次生盐渍化

---

* 本文发表在《中国科协 2000 年学术年会文集》。

和风沙危害。建议将大部分的干旱荒漠划为自然保护区,进行封禁以恢复荒漠植被,引回已经或几近绝灭的野生有蹄类食草动物,使荒漠成为天然植被与野生动物的家园,重造秀美的荒漠景观,保育大西北的自然生态环境,形成保障西北大开发健康与安全的生态背景。

西部地区的农业既是农林牧生产系统,又与生态环境有密切的依存关系:不合理的农业土地利用方式会引起严重的生态环境问题,如,伐林、滥垦、过牧、污染等;合理的农业土地利用方式则能改善生态环境。根据西部的地区分异,因地制宜地实施适于当地特点的可持续农业系统的生态-生产模式具有关键意义,这种模式是因地因时而异的。在我国西北大致有五类基本的模式:内蒙古高原草原模式、鄂尔多斯沙地模式、荒漠山地-盆地模式、黄土高原模式与农牧过渡带模式。

第73章

兼顾生态和经济效益，科学协调规划退耕还林*

张新时

（中国科学院植物研究所）

这几年因为在黄土高原及内蒙古这一带走得比较多，我重点谈一谈退耕还林。退耕还林、还草是国家一个很重大的生态工程，这一点是毫无疑义的，而且应该坚持下去，不是一朝一夕、几年就能够完全完成的。而且它本身是一个永久性的生态事业，也需要不断地更新、改造，不断发展，不断前进。

国家前几年提出退耕还林，我觉得是完全正确的。从整体来说，是完全应该促进其发展的。但是在这个发展过程里面，可能在技术上，科学上，或者是政策上，还存在一些问题，需要不断地调整、改进，这是必然的。但是不能因为这些问题而否定了它正确的方向。所以我也想在这个基础上谈几点看法。因为还有一两年，国家的费用就到期了。但是我觉得还有很多工作，还要继续做下去。

我觉得，退耕还草的科技含量应该大大提高和加强，才能够使这项工作更健康持续地发展下去。要不然因为一些科学技术的问题造成一些不好的影响，至少发展不那么顺利。我觉得这几年退耕还林、还草发展很快，也许是太快了一点儿，所以有很多科技层面和政策层面上的东西还没有跟上。这样的话，就会造成一些问题。这些问题不会影响大局，但是如果不认真对待，不在今后改进的话，影响会很大。退耕还草实施以后态势很猛，全国各地都上。像有的省、区虽然还不是属于当时退耕还林、还草的部分，积极性也很高，也都搞起来了，全面地铺开。我国地方那么大，各地的自然条件、状况都不一样。如果采用一个办法、一个政策、一个措施，简单地去

做，必然会造成很大问题。而实际上，这几年里，有很多问题也是由此产生的。我觉得退耕还草，尤其是在我国的北方，在这样一个比较干旱、生态条件比较严酷的地区，很多因素都是在临界点，一旦过了这一点，就要产生大问题。所以在这种地方，如果说对退耕还草的措施没有比较细致的区分的话，就会造成一些不太顺利的地方，甚至造成一些破坏，导致一些不合理举措的出现。所以我觉得，退耕还草应该有两个层次上的规划。从科学上来说，第一个层次上的规划，退耕还草应该有全国性的一个比较完整细致的地理上的区划，根据不同的地区，气候土壤条件，经济条件，植被状况，在相对一致的地区，可以采取比较一致的措施和方法。如果没有这个区划，全国都是一个措施、一个方法来搞的话，那必然就会造成政策上和技术上不得当的问题。我这几年跑黄土高原跑得比较多，以后又在内蒙古跑得比较多，都是退耕还草的重点地区。这些地区总的来说，差别还不是太大。可是当我又跑到新疆，跑到青海去时，发现那边的情况就跟这边大不一样了。比如拿青海来说，那个地方的情况就严酷得多，采取同一个措施、同一个办法、同一个政策，显然就不合理。其他地方也都有这样的问题，即使南方不同的地方也各有特点，喀斯特地区和非喀斯特地区也不一样。所以我认为，进行区划是非常重要的。因为从退耕还林、还草来看，我的理解就是恢复，原来它是有林、有草的地方，由于被破坏了，变更了，或者是放牧了，就要把它还林、还草。从字面上理解是这样的。但是我国

---

* 本文发表在《今日国土》，2004，10：11-14。根据讲话录音整理，题目为编者所加。

北方的很多地区,情况不一样。有很多是有森林的地区,有很多是没有森林的地区。你如果都用一个办法来做的话,显然就不太合理。同样是还林,不同的地区,森林覆盖率差别很大。像有些降水量比较多的地方,森林覆盖率可以大,可以超过50%,甚至60%。有的地区顶多30%,有的地区10%都多。我看了很多省的生态规划,把森林覆盖率一般都定在60%以上,哪怕是很干旱的省、区、市。显然对于东北或者是比较湿润的地区,这个比例从自然条件来说,也许是可以的。可是你要到西北去,根本就不可能。甚至达到20%都不可能。像新疆,它的天然森林覆盖率是0.6%。如果说它的森林覆盖率面积也定在20%或30%,那是根本不可能的,水土条件不允许。可是很多地区的规划里面,往往是超过了很多。

森林也不是越多越好,应该根据不同的生态地理地带来区分森林覆盖率。否则,不该造林的地方,为追求覆盖率也造林,就会出现大面积的生态上的退化甚至破坏。像过去的三北防护林。防护林是肯定的,但是如果没有水的保证,大面积的造林,这个林子最后活不了。就是活了,也是些老头树,造成生态上达不到它的功能,经济上损失又很大。所以我觉得,怎样在全国合理地划分退耕还林是很重要的。根据不同的地理区域、条件来规划退耕还林,这是第一步。

第二个层次,即使在一个地区里面,由于部门分割的关系,林业部门管不了水利部门,水利部门管不了林业部门,照理说,一个地区土地的合理配置应该是农林牧协调统一考虑生态和经济上的需求。什么是最佳的模式?这个最佳的模式是农林牧结合起来。内蒙古大草原是以草为主的。再像黄土高原,这是过渡带,干旱地区,很难说以谁为主,应该因地制宜地决定搭配。这就是我们科学上所说的景观格局或者是土地利用的格局,应该根据经济条件,考虑经济发展的情况来合理地安排农林牧草这一类的问题。如果一个地方的生态建设,不是综合考虑农林牧,只考虑一个林,或者只考虑一个农,那这个地方的发展不是可持续的,至少不是协调的。我们要强调整体论,强调可持续发展,就应该多因素考虑,农林牧草,都要有一个合理的比例,合理的配置才行。这样的话,你在一个地区实行退耕还林还草,必须是农林牧一起协调来考虑、安排,形成一个综合的可持续的模式。也许从生态的角度来说,某个地方的森

林覆盖率可以达到40%或50%,但是跟农林牧草搭配协调起来,也许就不能达到这个程度,只有协调规划的这种模式才是优化的,生态和经济上达到平衡,互相协调发展。在一个具体的地区,进行生态的建设和规划,必须是全面扩充农林牧,这里面有几大成分要考虑,农、林、果、草、灌。还有就是必要的工程。大家一直说退耕还林以工程为辅,我完全同意这个说法。但是在一些条件严酷的地区,水土流失很严重的地区,必须要上一些工程,像黄土高原积水的措施,对于黄土高原这个地区来说,应该说是一个很重要的救命的措施。这个地方,打地下水很难,输水过来,也不太可能,靠的就是天上降的500毫米左右的水。如果采用积雨的措施,这个救命水起非常大的作用。如果不配以必要的引水的措施,这个地方的现代化的高效的农林工业很难上去,所以工程的措施也是不可少的。比如像梯田,要筑必要的坝。农、林、果、灌、草和一些工程措施协同来考虑,合理安排,才能对这个地区的退耕还林和生态建设形成一个最优化的模式。

我觉得退耕还林、还草必须考虑这几个方面,大的地区规划和合理的地区对土地应用的安排。这样考虑,退耕还林、还草和当地的建设才能够最合理地发展,才能是可持续的。所以我觉得,第二部分就是关于治理模式的问题。当然这里面有三大自然因素。首先当然是水的问题。天上的降水,土壤的含水量,以及可利用水的问题是首要的。其次就是地形的因素,我觉得,不光是一个坡度的问题,恐怕地形里面的坡向也是很重要的因素。比如在黄土高原地区,一些树种可能在阴坡生长。阳坡的生长条件不一样,所以配置也不一样。在主题配置和应用上,都要考虑这些因素。

我有一个研究生最近专门在黄土高原作了一篇论文,这篇论文最后获得的评价比较高,他研究的地方在固原,那里的降水是400毫米到500毫米。他根据研究搞了个模型,农林牧怎么搭配合理,最后他认为最优化的一种模式大概是这样的:种草和灌木占45%~47%,农业的粮食经济作物大概是25%,林、果加起来大概是30%。从生态安全和经济发展的角度来说,认为是最合理的,做得比较系统。我觉得这个有参考的价值,根据这个地方的水分、地形,用地理信息系统可以把这个地区的阴坡阳坡都很好地区分出来,所以可以很方便地做出各种规划。

如果说我们对一些地区都能进行类似这样的规

划，我们土地的格局，就有可能在某一个时期里比较合理。所以我觉得对退耕还林、还草来说，可能也是这样的一个方式。在固原那里为什么草占到45%，这是因为把草和灌木放在一起，这个地方主要是以林为主。柠条在这个地方，也不是越多越好。因为柠条下面比较密集，它的干层是很厉害的。柠条即使比较抗旱，但是它也会形成土壤的干层。所以柠条的覆盖度应该不超过40%。这样的话，你在这个地方，如果要种柠条，柠条中间种草的话，柠条的密度就要考虑水分的问题。比如两三米、四五米搞一条柠条的话，还不行，应该考虑隔10米，它才能大致保持水分的平衡，而且土壤干层的形成不会严重。

对于一个地方的合理布局模式，我同意生态和经济必须结合。一个清贫的生态是难以持久的。而且任何一个生态效益真正很好的话，它必然有很大的经济效益。这两者不是矛盾的。当然以牺牲生态为代价，来取得暂时的经济效益是不行的。但是经济和生态的结合，我也始终觉得很重要，而且这两个不矛盾。生态系统要发挥很好的生态功能，必须有强大的、很高的生物量和生产力，才能发挥生产效益。森林为什么生态效益那么大，因为生物量大，所以它调节环境，如果生物量小了，它的生态功能不会大，所以这二者是不矛盾的。我们前几年到甘肃、陕北、宁夏一带考察后，到了山西，他们过于强调保护生态环境，很多地方把山羊全杀光了，他们认为，山羊在就破坏生态。这样的话，当地老百姓一点经济上的收入都没有。这种经济上欠缺的生态也是不能持久的。所以我强调生态和经济应该有一个比较完美的结合。

我觉得退耕还林、还草，树种和草种的选择很关键，尽量利用当地乡土的树种、草种，这个原则是对的，但是不是绝对的。我们现在要提倡种草的话，很多草种要引进来，因为我们现在的草种太落后。我们在陕北地区普遍种的主要是苜蓿。我们的苜蓿品种还是1000多年以前张骞从西域带来的，一直到现在还没有改变，退化得一塌糊涂。而现在国际上的一些苜蓿，它的生产力、再生能力各方面比它强得多，我们应该把这些都通过实验引进来。

有很多地方说，我们种加拿大的苜蓿在这儿全军覆没了，不能过冬，实际上完全不是这个情况。我

今年刚到内蒙古考察工作，有人说，加拿大的苜蓿根本不行。可是就在旁边，老乡种的加拿大苜蓿，得到了极大的丰产，一年可以割四次。而当地草地站说，我们这儿苜蓿最多割两次。就是一些很简单的技术窍门基本就解决了，有的技术措施他们没掌握到。所以说优良品种是关键。我们北方的草现在太单纯了。像在果园下面种的一般是三叶草，那些好的品种都应该有。

林业上规定，退耕还林，好像经济树种比例不超过20%。我觉得这个比例也是定得太损了一点儿。我看他们种的经济林，的确没有水保的作用，因为种在山杏底下，山杏底下的土是光光的，当然没有水保的作用，如果是多年生牧草在里面，包括果园里面完全可以种，现在国外的果园可以种很多适合在林下种的牧草，既能够生产牧草，又能够保持水土，这样你就不必限制他。你种了林以后，又不让砍，他没有经济收入，当然积极性就不高。所以我觉得，像这些问题都是可以改进的。因为当时我们考察的时候，记者专门问我，果园底下能不能种草？他们觉得，果园底下怎么能种草呢？恰恰是果园种了草，果树才能得到更好的丰收，而且减少病虫害，因为草一年可以割很多次，很多虫子都生在草上，病虫害减少了很多。南方也是这样的。果园底下要种各种各样的牧草，可以发展畜牧业，发展了畜牧业，就有了有机肥，而且保持了水土，改良了土壤。这些问题都是应该考虑的。

像大家说的树种问题，当地好的树种肯定要用，而且以它为主，但是一些好的树种引进也是重要的。刺槐也是引进的，现在有一些比刺槐还好的树种，引进来也可以。像杨树也是这样。国外好的品种，经过区域试验以后，我觉得也要大力发展。我们的树种，要求的是它必须有很好的生产力，没有很好的生产力，没有经济价值，生态价值就很低，这个道理比较明显。像沙棘，水利部非常倡导，但是它的栽种是非常有限的。三年大旱，几十万亩的沙棘都死掉了。所以这个树种、草种里面都有很多东西要考虑。要选用自己当地的优良的种子，也要积极地选择品质好的品种，才能在生态和经济上达到最高的效益。这个问题也值得很好地考虑。

第74章

合作(托管)造林要遵循客观规律*

张新时

(中国科学院植物研究所)

在新形势下,我们国家的造林需要全社会、全方位的投入和参与,更需要有远见、有决心的企业家参与资金的投入。除了公益林以外,经济林和用材林,应该是由有实力的企业家来牵头,然后带动老百姓来造林。这种方式应该是未来的趋势,因为这个趋势也是国际上一些先进林业国家一种主要的造林方式。因为先进的企业首先有资本来开展这项工作,而且他们有可能采用最先进的方法、最优良的品种,有可能进行行之有效的管理。因为如果说造林不讲经济效益那是不行的,也是不会成功的。所以在这个问题上,由企业家来带头进行绿化造林事业,应该是未来发展的许多方式中的一种主要方式。

现在社会上有一种喜欢炒作的风气,这种炒作不仅在林业方面,很多方面都有。所以我希望合作(托管)造林,千万不要搞炒作,所以说这个会议提到了规范化,所谓规范化第一要素就是必须科学化。我想对于造林,包括合作(托管)造林,至少有这几个因素是要考虑的。

第一,要尊重森林地带性的规律。就是在什么气候条件下,什么土壤情况下造什么样的林,不是随心所欲的。这个地带性有两层意义,首先是温度、热量的地带性,就是纬度,是在热带造林,或是在亚热带造林,还是在山地造林,等等,不同气候条件下的造林是不一样的。其次是不同的水分条件,是干旱地区还是湿润地区,水分条件也是限制造林的一个重要因素。违背自然规律就要吃大苦头,投资就要失败,最后就不能成功。所以这两个,一个是热量,

一个是水分,加起来就形成了所谓的地带性。森林要求适当的温度条件和比较充足的水分。在地球上并不是到处都有森林的,在极冷的地方就没有森林生长了。另一个是干旱,在草原、荒漠地带大面积造林是不可能的,你只能在湿润的地区造林,我国的东部、西南部这些地方可以造林。到了内蒙古的草原,新疆的荒漠你只能在充分灌溉的条件下有限制地造林。所以你想把整个草原,整个荒漠变成森林,也是不可能的。在那些地区你只能搞一些带状林。所以首先要尊重森林地带性规律。

第二,就是土壤问题。森林是长在土壤上的,在我们进行造林时,一定要尊重土壤的规律。从现在速生丰产林来说,比如杨树,它要求的就是沙壤土,其他地上也可以长,但是它不会给你较好的回报,它能长得半死不活,有点绿色,但是绝对不会给你带来利润,也不会带来很大的生态效应,这是必然的。气候和土壤条件并不是到处都有的,要经过仔细选择规划,因为大部分好的造林地都被农田占去了,这一点现在国家有关政策规定得非常严格,不能占用农地,所以剩下的土地资源就宜作边缘地,不适合大面积造林,你栽一些树搞生态效果还可以,如果你想搞速生丰产林是不可能的,要是把它改造成造林地,成本就太大了。所以土地选择是有限的。拿现在北方来说,还有些这样的地,比如像黄河和长江边缘的一些冲积地,河床旁边的沙地,这些地方是适合造林的,适合速生丰产林,但是面积也不是太大,而且跟湿地保护有冲突。最后剩下来的能造林的还有一些,你选择在这些地方

* 本文发表在《中国林业产业》,2005,7:14-16。根据讲话记录整理。

造林,可能得到比较高的回报(在有良好经营和管理的条件下),每年每亩生产2立方米的木材,那是有可能的,你要是在别的地方造林,取得这样的效果那是不可能的。所以我劝你们,如果在座有企业家的话,你们一定要注意,要不然你要吃苦头,而且老百姓也会上当。所以一定要选好地。

第三,树种是至关重要的。我在这儿不说南方的,我说北方的。北方速生丰产林树种,毫无疑问,在世界范围之内,就是黑杨派,这应该是首选的,也是生长速度最快的。但是黑杨是无性系繁殖的,它平均是十年要换一代,我20世纪50年代到北京来上学的时候,从南方过来看到这儿的钻天杨等,好极了,实际从美国引来已经有二三十年了,现在已经完全退化了。一般来说,没有哪一个杂交杨品系上百年都是可以的,它是要退化的。市场上比较流行的杨树有三四十个品种,不断更新,追求新的品种,始终保持森林有最好的体系,只有这样的树种才能达到理论上的最高限的丰产林。树种的发展必须是多样性的,千万不要认定以后就要单一发展那一个品种。目前,就是杨树本身也有几十个品系的,你不能只搞一种,必须是多种,这样才能保持多样性,免得病虫害蔓延。前一段时间拼命炒作天演杨,那个品种应该说还是不错的,但是如果到处都种它,那就不行了,而且也不是杂交出来的,所以一定要多品系。三倍体毛白杨也不错,但是也不能单独发展,单独靠某一个树种是绝对不行的,必须是多种的,选择当地最好的几种组合,形成这个地区的速生丰产林,树种选好了,它的效果会好很多。在同等条件下,好的树种生产力可能高五倍、十倍。因为我们国家现在的杂交杨大部分是从欧洲(意大利、法国)引进培养出来的,或者是美国杂交的,拿过来以后自己做一些株选,然后培养,实际上是人家的体系。所以千万不要投在一个树种上面,要多品种,而且一定要了解这个品系它的父系、母系是谁,它的起源地在什么地方,它的性别是什么,因为现在的新杂交杨很多是雄性的,雄性的一个好处就是在城市种植不飘絮,也有一些雌性的,这可以在离城市比较远的地方栽植。所以,这些一定要找真正的专家,你们千万不要上当。一定要多品系,经过小区实验之后才能推行。这也是国家林业部门的要求,不是拿来一个品系马上种就可以了,经过小区实验之后,经过半个轮伐期的实验之后才行。

现在有一些企业家是从老乡那儿收买现成的林,然后拿来托管,这些树林品种往往是不好的,这样你要吃亏的,不仅你自己吃亏,你的股民也会吃亏。所以品系、品种的问题非常重要。

第四,就是管理。现在国际上强调一种叫短期集约培育方式,所谓的集约培育方式,说简单点就是用种庄稼的办法来种树,完全按照现代化农业的方式来种。要有很好的整地、消毒,尤其是在我国北方,一定要保证灌溉条件,因为在我国北方有个最致命的气候因素就是春旱,这是东亚大陆跟西欧和北美气候上的最大一个差别,在北美和西欧是大西洋气候,或者有的是地中海式气候,冬天比较多雨,春天比较湿润,树的生长比较好。可是我国是东亚大陆,受蒙古西伯利亚气候影响,冬天特别冷,春天特别干旱。有的时候到初夏都还干燥,这对速生丰产林来说无疑是一个致命因素。所以必须要有一定的灌溉条件,在春旱和夏旱的时候保证灌溉。如果没有这些条件,那么速生丰产林风险就很大,因为最少是5年一个轮伐期,用材林生长周期要在10年以上,在我国北方10年以内必然有一个大旱,那么这个大旱对你的林木生产影响就会很大。如果有灌溉条件,可以度过严重的春旱和夏旱,保证速生丰产林生长量达到一个比较好的指标。另外,还有虫害、病害等,这些都是非常正常的,尤其是在长江沿岸,再往南杨树就不行了。可是那个地方病虫害非常严重,所以必须进行严格的管理,防治病虫害,不然就要遭受巨大的损失。另外,速生丰产林要形成用材,必须要有很科学的管理手段,树长在那儿不管是不行的,否则会使木材材质有两到三个级别的下降,价钱上差别也会很大。像美国北部和西部,是美国种速生杨最好的地方,也是杂交杨发源的地方,可是那个地方到目前为止,也就是30万亩速生丰产林,那个地方一般来说每年每亩生长量达3立方米是没问题的,因为那儿土壤好,水分足。但是为什么到目前为止还只有30万亩的林地?原因就是他管不起,这个管理花费的人力成本太高,尽管它是速生杨的发源地,但是它发展不起来,原因就是人力太贵。相反,我们国家有比较多的人力,就一定要投入到管护中去。我国劳动力比较便宜,目前还可以管得起。

最后一点,就是政策,原来最大的障碍就是税,现在国家正在解决这个问题。这几个方面应该是发展速生丰产林的重要问题。如果这些问题不解决,速生丰产林发展是不可能的,合作(托管)造林所有的许诺最后也是一句空话。祝愿你们事业能够发展起来,能够推动我们国家速生丰产林的发展。

第75章

关于我国发展四亿亩速生丰产人工林的咨询报告[*]

张新时 等

引言

我国的森林覆盖率不足 20%，分布很不均匀，且因过去长期不合理的过度采伐利用与肆意毁林垦殖，其生产力十分低下，生态效益极度衰退，因而我国被归属于世界上少林缺材、土地严重退化、水资源匮缺、生态环境形势十分严峻的国家之列。国家当前确立了以生态效益优先的林业方针是十分必要和正确的。由于我国的天然林当前不可能进行商品性采伐，木材匮缺在很大程度上要依赖进口木材、纸浆与纸张来解决。从长远来看，超越式地大力发展速生丰产人工林将成为大量供应木材、纸浆和以强力固碳来减缓全球变暖、优化生态与支撑巨额碳贸易的最佳方式。

本建议的核心是：在未来 20~30 年经过科学规划，在我国结合退耕还林与荒地造林，因地制宜地建立四亿亩速生丰产人工林基地，将形成我国最大的木材产业基础和最有效固定 CO_2 的巨大碳库。

一、建立速生丰产人工林的重要意义

1.1 营造速生丰产林是我国林业事业发展的需要

速生丰产用材林(以下简称速生丰产林或速丰林)是以生产木材为主要目的的森林种类，其特点是通过使用良种壮苗和采取集约经营措施，缩短培育周期，提高单位面积产量，为制浆、造纸、人造板等林产工业和建筑、家具、装修等行业提供原料，并获取最佳效益。

经过半个多世纪的林业发展，我国确定了以生态建设、生态安全和生态文明作为林业现阶段的重要任务，"三生态"成为我国林业在可持续发展中的基本定位。林业既是生态环境建设的公益事业，也是生产木材和其他林产品的产业。森林的主要产品——木材，与钢铁、水泥、塑料一起作为国民经济建设中的四大原材料，木材的环境友好性、可再生性是其他材料所不可替代的。

我国森林资源极其贫乏。据统计，全国森林面积 15 894.1 万 hm^2，森林覆盖率 16.55%；活立木总蓄积量 124.9 亿 m^3，其中森林蓄积量 112.7 亿 m^3，约占活立木总蓄积量的 90%。全国人均森林蓄积量仅为 9.048 m^3，相当于世界人均森林蓄积量 72 m^3 的 12.6%，约是美国人均森林蓄积量 88 m^3 的 10%；全国人均森林面积 0.128 hm^2，相当于世界人均 0.6 hm^2 的 21.3%。已成林人工林面积 4666.1 万 hm^2，其中林分面积 2914.4 万 hm^2，经济林面积 1621.5 万 hm^2，竹林面积 130.8 万 hm^2；人工林蓄积量仅 10.4 亿 m^3，不到森林蓄积量的 10%。

我国木材的供需矛盾突出。随着经济社会的发展，对于木材及其产品的需求量不断提高，而我国木

* 本文摘自中国科学院院士咨询报告。报告编写人员名单附文后。

材产量却因资源与环境原因而不断下降。1998 年全国实施天然林保护工程后,计划内木材产量从当年的 5966.2 万 m³ 逐年递减至 2002 年的 4436.07 万 m³,年均递减 6%。木材消费在上升,资源供应量在递减,我国木材工业面临原料从何而来的严峻问题。我国原木进口从 1998 年的 482.3 万 m³,剧增至 2002 年的 2433.3 万 m³,比 1998 年增长 4 倍多。锯材进口从 1998 年的 169.03 万 m³ 剧增至 2002 年的 539.59 万 m³,比 1998 年增长 2 倍多。2002 年实际进口的木制品和原木总计 8779.47 万 m³,比 2000 年的 2055.8 万 m³ 增加了 3 倍多。

为了缓解木材供需矛盾,我国实施了速生丰产林基地建设工程,但进展缓慢。截至 2002 年底,已经将丰产林种植地发展到浙江、安徽、福建、江西、湖北、广东、广西、四川、贵州、湖南、河北、内蒙古、山东、黑龙江、辽宁、河南、云南、山西、甘肃、宁夏、新疆等省(区),累计种植面积近 600 万 hm²(查福恩,2002;国家林业局,2000)。然而,速生丰产林建设中存在着建设速度较慢和生产力低下的突出问题。以 2002 年为例,全国营造速生丰产林面积为 11.4221 万 hm²,其中新造林 11.001 万 hm²,改培面积 4211 hm²,而这已经是历年来建设速度最快的,现有速生丰产林年均生长量仅 9~12 m³ hm⁻²。速生丰产人工林的建设现状与满足木材供需的需求有很大距离。加强速生丰产林建设为保障天然林资源保护工程顺利实施、促进林业生态体系和林业产业体系建设协调发展、促进农村产业结构调整、增加农民收入所必需。

1.2 速生丰产林具有强大的生态功能

1.2.1 速生丰产林的生态功能

森林是陆地生态系统的主体。速生丰产人工林,因其速生性能而通常具有较高的净光合作用和水分、养分利用效率,所以,具有重要的生态功能。从碳固定来看,速生丰产林是强大的碳汇。以杉木林为例,处于速生阶段的杉木林生态系统中碳库的总贮量为 127 880 t hm⁻²,其中植被层中碳总贮量为 35 883 t hm⁻²,土壤层(包括死地被物层)的碳总贮量为 91 997 t hm⁻²;速生阶段杉木林年净生产力为 7351 t hm⁻²,有机碳年净固定量为 3489 t hm⁻²。2016 年生湿地松人工林碳库总量范围为 264 834~323 978 t hm⁻²,平均为 291 663 t hm⁻²(方晰等,

2003)。据方精云和陈安平(2001)研究,最近 20 年来我国的森林起着 CO_2 汇的作用,而我国森林的碳汇主要来自人工林的贡献,从一个侧面支持了国际社会于 1997 年在日本京都签署的《京都议定书》所提出的用植树造林来缓解大气 CO_2 浓度增加的方案的合理性。同时,在科学整地、合理培育前提下,速生丰产林也具有较高的水源涵养、防风固沙、水土保持以及土壤改良作用。据不完全统计,包括速生丰产林在内的我国现有大面积集中连片人工林 138 万 hm²,可固土 5606.73 百万 t、涵养水源 9491.89 万 t、固定土壤中的养分 14 670.18 万 t,同时,这些林分还可以固定全氮、全磷、全钾的量分别为 12 985 t、2538 t、128 189 t。其固定量相当于数个大型化肥厂的生产量。

1.2.2 速生丰产林的固碳和碳贸易

《联合国气候变化框架公约》(UNFCCC)要求各缔约国在基于相似但有区别的公平原则之下,为当前及未来人类的利益而保护地球的气候系统。《京都议定书》又进一步对发达国家温室气体的减排设定了强制性目标,明确规定发达国家应当在 2008—2012 年使其温室气体的排放在 1990 年的基线上削减 5%。迫于美国的压力,碳贸易作为温室气体减排的手段之一在 2001 年被写进了《京都议定书》。而欧盟将于 2005 年 1 月 1 日开始实施强制性温室气体减排计划,即排放贸易计划,预计到 2007 年,每年的贸易额将达到 100 亿欧元。碳贸易目前正成为减缓气候变化的一个强有力的办法,有人预测碳贸易将成为 21 世纪最有活力的商业行为之一。碳贸易允许发达国家的企业在发展中国家投资固碳和清洁能源项目,补偿自己的碳排放,被认为是控制温室气体排放的费用效益最优的方法,也是买方和卖方双赢的商业行为。美国从 20 世纪 90 年代开始的 SO_2 排放贸易,成功地缓解了美国的酸雨问题,该计划投入了 12 亿美元,但由酸雨引起的肺病的医疗保健费用减少了 270 亿美元,是排放贸易的一个成功范例。通过碳贸易进行温室气体减排将会达到对资源最有效的分配利用,发展中国家通过碳贸易可以获得投资资金进行生态环境建设,并获取商业利润。而对发达国家来说,与开发新能源、交纳碳税或缩减生产规模等减排方式相比,碳贸易的减排成本是最低的。同时,生物多样性和生态环境也得到了保护。例如,在印度 Madhya Pradesh 的 Handia

Forest Range 与美国开展的碳贸易为例,每年将获得30万美金的资金,恢复和保护 10 000 hm² 的森林生态系统,当地的生物多样性和生态环境得到保护,同时当地居民可以收获木材、树叶等进行贸易,获得商业利益。所以碳贸易的市场前景广阔。

速生丰产林以其巨大的生产力和固碳速率,可以成为固定 CO_2 的最重要的途径。每公顷速生丰产林每年可固碳 7.5～15 t（0.5～1 t/亩）。所以建设速生丰产林可为我国挣得巨大的国际固碳份额,并可大幅度改善我国的生态状况与大气质量,对减缓全球增暖做出巨大贡献。目前,由于碳贸易是在自愿的基础上进行的,国际上每吨碳的价格比较低,在 2～4 美元。随着《京都议定书》的执行,预测到 2010 年 CO_2 的价格将超过每吨 20 美元。按每亩每年固碳 0.75 吨计算,我国建设 4 亿亩速生丰产林,每年的固碳量可以达到 3 亿吨,价值 9 亿美元。如果在 2010 年碳贸易中每吨碳的价格达到 20 美元,则我国建设的速生丰产林固碳的价值将达到每年 60 亿美元。以 4 亿亩人工林的 30% 进行碳贸易,则每年可以获得 2.7 亿美元的资金,作为速生丰产林建设的资金,增加速生林的经济效益,推进速生丰产林的发展。

1.3 发展速生丰产林是大农业结构调整的必要

大农业结构的调整势在必行,林与草进入大农业系统是其中极为重要的环节。对此,一部分人包括专家难以接受。人们的一些固有看法要做适当的调整,化对立为兼容、转单一为多样、变必然为自然。

所谓"化对立为兼容",是指生态与经济的结合与兼顾。速生人工林与人工草地一方面具有强大的生产力和经济价值,同时又具有重大的生态功能。在选择搭配优良品种、合理的时空配置方式与比例情况下,可以达到生态保育、经济生产与社会发展的三赢。林、草、粮在大农业结构中的比例在不同地区和不同社会的科技、经济发展阶段皆有其不同的合理度,要注意把握和及时调整。通过市场可以调整,政府甚至企业也可以有意识地加以把握和调整,以达到和谐兼容、协同发展和相互促进,而不是排斥性的对立。有时甚至可以在一定的空间和时间范畴内共存共荣,如草田轮作、棉草间轮作、粮林草间作（agroforestry）等。

所谓的"转单一为多样",即所谓"多样性原

则"。多样则荣,单一则贫,这是大自然的规律也是社会经济的原则。大面积多年连作的棉田必然导致土壤肥力与结构的衰退、病虫害的蔓延和市场经济上的脆弱和不稳定性。有规划地把人工草地和速生人工林纳入地区的农业结构中去,占有一定比例的土地和灌溉水源,以形成多样性丰富、稳定性高、生产力持续和生态保育性强的大农业生态系统,成为地区性可持续发展支撑系统的组成部分。

所谓的"变必然为自然"（从必然王国进入自由王国）,即当人们从可持续的科学发展观,即从生态系统的层面,从生物多样性的视角,从生态、经济与社会发展的协调结合来审视大农业结构调整的合理性和必要性时,草与林就可以合理地、堂而皇之地进入大农业生态系统,成为其不可或缺的组成部分,这是进入可持续农业自由王国的必需。因此,林、草在大农业系统中必然按比例地占有"数"席之地,并取用一定份额的光、热、水、肥、土和大气养分,这是自然而然的。因为,社会需要生产木材、奶肉和林、草的生态效益,和生产粮食、棉花一样,都必须以一定的水资源为代价,而不应遭到非议。当然,粮、经、林（果）、草在大农业系统中必须有合理的比例和配置,都要采取高效率的节水措施。

1.4 发展速生丰产林的国际经验

第二次世界大战以后,世界各国都开始重视发展人工用材林,很多国家取得了显著成绩,如新西兰、智利、巴西、印度尼西亚等。国外经验说明,发展速生丰产林,用少量相对优质的土地种植优良品种,采取集约经营措施,是在短期内解决木材供需矛盾的唯一切实可行的措施。

巴西是个多林国家,森林资源居世界第二位,发展桉树人工林成绩卓著。1966 年前是引进初试阶段,当时桉树人工林仅 20 万 hm²,由于经营粗放,年均生长量仅 15～20 m³ hm⁻²;1966—1986 年是大发展阶段,人工林面积扩展到 500 万 hm²,桉树年均生长量提高到 35～40 m³ hm⁻²,火炬松年均生长量达 20～25 m³ hm⁻²;1987 年以后为稳定提高阶段,人工林发展到 700 万 hm²,其中 80% 是桉树,其余是松树、南洋杉和石梓等,桉树年均生长量达 42～70 m³ hm⁻²,松树达 30 m³ hm⁻²。目前,人工林木材产量占全国木材供应量的 30%～40%。

新西兰是世界上引种辐射松最成功的国家。他们吸取了历史上滥伐天然林的教训,实行森林分区、

分类经营政策,将现有 640 万 hm² 天然林的 95% 划为保护区,禁止采伐。同时大力发展人工林,经过 70 年的努力,建成以辐射松为主的人工林 160 万 hm²,计划到 2005 年发展为 220 万 hm²。目前人工林每年生产 1680 万 m³ 木材,占全国木材总产量的 99%,并形成了锯材、木片、木浆、新闻纸、纤维纸板和刨花板等现代林产工业,年产值达 42 亿新元(折 252 亿人民币),年出口额 25 亿新元,占全国外贸出口总额的 10%。

印尼森林资源丰富,居世界第六位,自 20 世纪 70 年代大力发展胶合板和造纸工业以来,天然林资源急剧减少,为了缓解采伐天然林的压力,政府于 80 年代初推行工业造林计划,大力发展工业人工林。其最大的特点是与工业加工相结合,各大造纸和制材公司都开展大规模造林,目前已有工业人工林 612.5 万 hm²,每公顷森林蓄积量一般 120~180 m³,轮伐期通常为 6 年,全国人工林木材生长量每年可达 1.2 亿~1.8 亿 m³,每年可生产木材 1 亿 m³ 左右。由于工业原料林的发展,印尼纸浆生产能力也膨胀很快。1972 年只有 2 万 t,1992 年增到 226.3 万 t,1998 年达 430 万 t,按此速度发展下去很快就成为木浆生产大国。澳大利亚也用不到 1% 的林地,解决了国内 50% 的木材生产量,而且这两个国家林产品在国内的产业排名都是在前三位。

1.5　我国木材生产的现状与展望

1.5.1　我国木材生产动态

据国家统计局统计,1997 年、1998 年、1999 年、2001 年和 2002 年国内木材产量分别为 6395 万 m³、5966 万 m³、5237 万 m³、4552.03 万 m³ 和 4436.07 万 m³(图 75-1)。多年来我国森林采伐量的 80% 来自天然林,仅有 20% 来自人工林。天然林中,成熟林、过熟林总面积占天然林总面积的 21.18%,且主要分布于偏远地区,中、小径材又占到蓄积量的 70% 以上,所以可采大、中径级木材资源已近乎枯竭。天然林保护工程实施以来,天然林木材采伐量平均每年以 10% 左右的幅度下调,实际平均每年调减产量约 500 万 m³。

据调查,我国人工林年均净消耗森林资源 6457 万 m³,占总消耗量的 18%,按全国消耗的比例推算,每年人工林生产的商品材 2012 万 m³,非商品材 2362 万 m³。然而,目前我国的人工林平均生产力

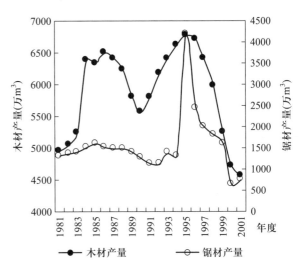

图 75-1　我国 1981 年以来的木材和锯材生产量

只有 33.3 m³ hm⁻²,人工用材林平均生产力 34.55 m³ hm⁻²,人工用材林的林分面积只有 2415.08 万 hm²,活立木蓄积量 8.34 亿 m³,其中林龄在近熟林以上的人工用材林林分面积只有 349.84 万 hm²,活立木蓄积量只有 2.37 亿 m³。后续人工林资源中,针叶林面积占人工林面积的 68.39%,蓄积占 72.3%,而阔叶林面积仅占 31.61%,蓄积仅占 27.7%。这说明我国今后大径优质材,特别是优质阔叶材资源将严重不足。这种资源状态远不能满足我国市场对木材及其产品的需求。

1.5.2　我国木材需求动态及结构

我国是个少林国家,木材长期供不应求。目前,国内木材需求量已达到 3 亿~3.3 亿 m³,而且这个数字还在继续攀升。按照国家下达的"十五"期间森林采伐限额,每年只能提供 1.4 亿~1.5 亿 m³,如果严格按照国家限额计划采伐,国内木材市场供应缺口达 1.6 亿 m³ 以上。按历年森林消耗数据,国内目前最大可能提供木材 2.3 亿 m³(森林超采 1.2 亿 m³),因此木材供应缺口至少也为 0.7 亿~1 亿 m³。预计到 2005 年木材需求至少达到 3.9 亿 m³,木材供应缺口至少 1.4 亿 m³;2015 年木材需求达 4.8 亿 m³,缺口为 1.9 亿 m³。

近年来,为了缓解供需矛盾,国家每年不得不动用大量外汇进口木材和各种林产品。花费的外汇(只包括原木、锯材、胶合板、单板、纸浆和废纸及纸和纸板)1996 年为 53.2 亿美元,在各种进口商品总额中仅次于钢材、石油,升至第三位;到 1998 年已猛

涨到 63.42 亿美元,跃居我国各种进口商品之首位;2002 年更达到 112 亿美元。2000 年至 2002 年,原木、锯材、板材、纸浆、纸和纸板等产品的进口量逐年上升(图 75-2),进口总量折合成原木分别达到 7236 万 m³、9133 万 m³ 和 10 650 万 m³。2003 年进口原木 2546 万 m³,与 2002 年(2433.31 万 m³)相比,增加了 4.6%(表 75-1)。

木材消费主要集中在建筑及装修业、家具制造业和造纸业三个行业,且以造纸业消耗的木材比例最高(表 75-2)。随着我国经济的持续增长,人民生活水平的提高,纸和纸板的消费量呈快速增长态势。我国在 2005—2015 年对珍贵大径级材、纸及纸制品以及人造板的需求量将继续大幅度增加,对其产量进

行了规划,但实际需求量均大于规划产量(表 75-2)。

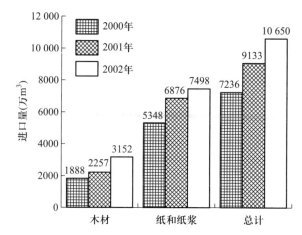

图 75-2　自 2000 年来全国木材及其产品进口量

表 75-1　近几年我国进口的针、阔叶原木(单位:万 m³)和木浆(单位:万 t)结构组成

年份		总量	针叶		阔叶	
		进口量	进口量	占比例(%)	进口量	占比例(%)
原　木	2002	2433.31	1578.03	64.85	855.28	35.15
	2001	1686.31	914.19	54.21	772.12	45.79
	2000	1361.20	640.10	47.02	721.10	52.98
	1999	1013.60	373.50	36.87	640.10	63.13
木　浆	2003	345.34	201.76	58.42	143.58	41.58
	2001	423.25	223.03	52.69	200.22	47.31
	2000	271.92	140.57	51.70	131.35	48.30
	1999	264.96	150.11	56.65	114.85	43.35

表 75-2　木材的主要消费结构

	2005 年	2010 年	2015 年
珍贵大径级材需求量(万 m³)	10 940	12 330	14 200
建筑用材(万 m³)	6440	6750	7200
装饰用材(万 m³)	2400	2760	3300
家具用材(万 m³)	2100	2820	3700
纸及纸制品消费量(万 t)	4500~5000	6000~7000	7500~8200
纸及纸制品生产量(万 t)	3800~4000	4850~5100	6000~6500
国产木浆产量(万 t)	310	710	1000
国产木浆原料需求量(万 m³)	1395	3200	4500
人造板需求量(万 m³)	2490	3000	3630
人造板产量规划(万 m³)	2200	2600	3300
原料需求量(万 m³)	4935	5650	6915

注:表中数据摘自国家林业局 2000 年《重点地区速生丰产用材林基地建设工程规划》。

1.6 发展速生丰产林是解决木材短缺的主要手段

我国人工林的生产力总体水平低,全国人工林的蓄积量平均只有 33.3 $m^3 hm^{-2}$,人工用材林平均生产力也只有 34.5 $m^3 hm^{-2}$,人工用材林中龄林、近熟林、成熟林、过熟林的全国平均生产力也只分别为 51 $m^3 hm^{-2}$、67 $m^3 hm^{-2}$、69 $m^3 hm^{-2}$ 和 70 $m^3 hm^{-2}$。全国人工林平均年生长量只有 3 $m^3 hm^{-2}$,与林业发达国家的 5~7 $m^3 hm^{-2}$ 有很大的差距(表75-3)。

速生丰产林的生产力水平大大高于一般人工林。例如,国有九省(区)落叶松近成过熟林平均生产力可达 144.2 $m^3 hm^{-2}$,杨树 80.6 $m^3 hm^{-2}$(新疆),东北内蒙古的樟子松可达 161.8 $m^3 hm^{-2}$,福建省 7 年生桉树纸浆林年生长量达到 182 $m^3 hm^{-2}$,云南省 7.5 年生桉树林生长量达到 122~201.8(平均 166.7)$m^3 hm^{-2}$。福建省杉木速生丰产林基地中龄林、近熟林、成过熟林蓄积量分别达 163.50 $m^3 hm^{-2}$、239.78 $m^3 hm^{-2}$ 和 280.72 $m^3 hm^{-2}$,而一般人工林分别为 88.66 $m^3 hm^{-2}$、160.12 $m^3 hm^{-2}$ 和 163.84 $m^3 hm^{-2}$,速生丰产林生产力为一般人工林的 184.1%、149.75% 和 171.34%(孙长忠和沈国舫,2001a)。辽宁省凌海市大凌河的辽宁杨年生长量最高达 28.0 $m^3 hm^{-2}$(杨志岩等,2001),福建马尾松年均生长量达 14.4 $m^3 hm^{-2}$ 以上(朱炜等,2003),湿地松、火炬松(19 年,四川平坝)年生长量可分别达到 37.5 $m^3 hm^{-2}$ 和 23.3 $m^3 hm^{-2}$(龙应忠等,1994)。

按照国家林业局速生丰产林规划,速生丰产林的年生长量应该达到 15 $m^3 hm^{-2}$,林业发达国家的水平已经达到 30 $m^3 hm^{-2}$。所以,经过遗传改良和科学合理经营的速生丰产人工林,生产力不但可以达到年生长量 15 $m^3 hm^{-2}$,而且还存在更大的增产潜力。

二、速生丰产人工林的树种选择与良种繁育

人工林的木材生产能力一般可以为天然林的 2 倍到 10 倍,但首先必须选择利用优良的树种(包括种源、杂交种、家系、无性系、品种)。我国适宜发展速生丰产林的树种资源相当丰富,经济建设和人民生活对于木材种类的需求也是多种多样,所以,速生丰产林的树种选择应多样化。

2.1 速生丰产人工林主要树种

2.1.1 桉树

桉树约有 1000 种,在大洋洲和南美洲大量分布,世界桉树人工林大约有 1500 万 hm^2,占世界人工林总面积的 10%,在工业用材中占有重要地位。在我国引种已有 110 多年的历史,是我国引种最成功的树种之一。建议推广应用巨桉、尾叶桉以及它们的杂交品种巨尾桉等。

表 75-3 部分省(区、市)人工用材林生产力统计 (单位:$m^3 hm^{-2}$)

省(区、市)	总平均	幼龄林	中龄林	近熟林	成熟林	过熟林
新疆	77	50	133	204	—	—
福建	59	26	88	120	149	—
北京	54	31	55	74	77	75
吉林	49	22	80	102	73	41
江苏	40	21	43	47	53	136
广西	38	15	54	79	127	135
黑龙江	37	21	81	109	130	—
江西	27	12	42	71	264	96

2.1.2 杉木

杉木是我国南方重要的乡土树种,也是我国比较速生的针叶树种,经过多年的研究,在优良种源选择、种子园建设、优良无性系选择和无性繁殖技术等方面取得了较大进展,目前优良品种正在生产得到广泛推广应用,建议作为南方地区速生丰产林建设的优良树种。

2.1.3 杨树(含杂交杨)

杨树适应性强,分布广,速生丰产,木材品质优良,用途广泛,是重要的短周期工业用材树种。世界上许多国家十分重视杨树的遗传改良、栽培、加工利用的研究和木材生产,重视其在生态环境建设中的地位。我国有杨树50余种,遍及全国各地,是杨树分布的大国。建议按如下区域适地适品种进行选择,用于速生丰产林营造。

东北地区:以青杨派及其杂交品种、青杨派与黑杨派的杂交品种、耐寒性的黑杨派杂交品种、白杨派的山杨杂种及引进的优良无性系、银白杨等为主要杨树优良品种。

华北地区:以白杨派的毛白杨及其杂交优良品种、北方型的黑杨派杂交品种、黑杨派与青杨派杂交品种、从国外引进的黑杨派优良无性系等为主要速生优良杨树品种。白杨派的各种山杨、欧山杨与北美山杨的杂交品系可在中低山种植,尤其用作退耕还林的主要树种,其木材价值较高。

华中、华东地区:以南方型的黑杨派杂交品种、从国外引进的南方型黑杨派优良无性系和黑杨派与青杨派杂交品种等为主。丘陵山地可采用山杨杂交品系。

西北地区:不建议建设大面积的速生丰产林。建议建设以生态环境为主的杨树防护林,主要树种包括新疆杨、银白杨、河北杨、毛白杨、小叶杨、二白杨、耐旱型的黑杨派杂交品种和引进抗旱优良无性系等。中山带可用山杨杂交品系。

在华南地区和西南地区,不建议大面积推广应用落叶杨树品种,但可试种半常绿–常绿杂交杨品系。

2.1.4 国外松

国外松是多年来从外国引种的一些优良的松属树种及其杂种,这些树种已在我国南方地区进行了多年的栽种,并且在国内还开展了大量的良种选育工作,一些优良种源生长增益明显,可以考虑在南方合适地区作为速生丰产林建设的优良树种。

2.1.5 落叶松

主要包括落叶松属的长白落叶松、华北落叶松、兴安落叶松和日本落叶松,在国内从"六五"以来一直在开展落叶松的良种选育研究工作,选育出了一批生长迅速、材质优良的种源、家系和无性系,建议在我国东北地区可以考虑选用长白落叶松和日本落叶松的优良种源、家系和无性系作为这些地区速生丰产林的优良品种。

2.1.6 云冷杉

在国内云冷杉的良种选育工作相对开展得较少,建议在已有改良的基础上应用优良种源作为速生丰产林品种。

2.1.7 泡桐

在华北平原、中原等适生地区,可以推广应用泡桐的优良杂种无性系,或种植小片林,或与农作物间作。

2.1.8 其他树种

在热带、亚热带地区,可以选择经过品种改良研究和推广应用,并取得了良好效益的相思类树种(如马占相思及其杂交品种)、喜树、柚木、西南桦、南洋楹、福建柏、水杉、池杉等,以及竹藤品种。

在华北地区还可以考虑应用一些刺槐、榆树和栎类树种,或单独种植,或与杨树、松类树种混交造林;东北地区还可发展水曲柳、黄檗、核桃楸等树种。

2.2 速生丰产林的良种建设

2.2.1 杂交育种

目前在生产上推广应用的品种几乎都是杂交产生的新品种。为了实现速生丰产林建设的可持续发展,应该持续开展树木杂交育种研究和杂交新品种的选育。

2.2.2 引种

引种是重要的获得优良品种的途径,是效果明显、周期相对较短的优良品种选用的一种手段。在国际上林木品种引进成功的例子很多,主要是松树、桉树、杨树等。我国在桉树、杨树和南方松等树种的引种方面成绩显著,在我国的林业生产中发挥了主要的作用,尤其是在育种工作相对落后的地区开展引种是十分必要的。因此,我国在速生丰产林建设中,应当重视林木优良品种的引进和遗传改良试验,不断丰富速生丰产林的品种资源。

速生丰产林的建设是长期的事业,必须走可持续发展的道路,因此,在优良品种选择利用方面也应该是不断改良提高,逐步推进我国速生丰产林的良种化水平。

2.2.3　良种繁育

在林木良种繁育的过程中,应当结合目前国家林业局在全国已建立的一大批林木良种繁育中心、林木良种种苗基地与采种基地,加强母树林经营管理,加强高世代种子园的研究建设,提高优良种源采种基地的管理水平。进一步研发快速无性繁殖技术体系,解决一批优良针叶树品种的无性繁殖技术关键问题。大规模的速生丰产林建设必须建立专门的良种繁育基地。

三、速生丰产人工林木材物理性状

一般来说,速生丰产人工林木材的材性与天然林有一定的差异(表 75-4)。人工林在幼林阶段木材的密度、抗弯强度、冲击韧性等普遍低于天然林木材,但人工林成熟林木材的物理性质相应指标值与天然林差别较小,甚至个别树种人工林木材的相应指标高于天然林。

进行科学的遗传改良,速生丰产人工林的木材材性将得到极大提高。以杉木为例,28 个种源木材的气干密度为 0.326~0.380 g m^{-3},顺纹抗压强度为 30.46~38.46 MPa,抗压强度 56.00~79.20 MPa,抗弯弹性模量 8355~112 064 MPa,综合评价的 Pi 值为 0.0512~0.2413,变异程度较大。因此,通过遗传改良完全可以满足木材加工利用对材性的要求。

四、发展速生丰产人工林的水土资源问题

4.1　速生丰产林的立地要求

速生丰产林的培育目的在于林木高速而稳定地增长,因此,要求较好的立地条件。如立地指数 12 和 14 的杉木人工林在 12 年时的平均蓄积生长量(河南 6 个县的平均值)分别为 9.77 m^3 hm^{-2} a^{-1} 和 11.72 m^3 hm^{-2} a^{-1},后者高于前者 20%,累计蓄积量高出 23.4 m^3 hm^{-2} a^{-1}(黄旺志,2003)。立地条件对桉树林木高生长的影响极大,优良的立地条件对于桉树速生丰产林的培育也是必要的(表 75-5)。

表 75-4　人工林与天然林木材材性比较

| 树种 | 起源 | 物理性质 | | | | 力学性质 | | | |
| | | 基本密度(g cm^{-3}) | | 气干密度(g cm^{-3}) | | 抗弯强度(MPa) | | 冲击韧性(MPa) | |
		幼龄材	成熟材	幼龄材	成熟材	幼龄材	成熟材	幼龄材	成熟材
杉木	人工	0.279	0.318	0.310	0.346	59.4	65.1	13.5	20.0
	天然	0.359	0.350	0.401	0.386	76.5	69.5	20.0	21.7
长白落叶松	人工	0.487	0.504	0.532	0.587	90.3	99.5	22.9	30.1
	天然	0.488	0.521	0.550	0.614	97.3	116.2	41.0	40.2
马尾松	人工	0.390	0.430	0.432	0.505	82.7	87.9	25.1	34.7
	天然	0.464	0.438	0.458	0.544	82.8	98.4	22.9	38.5
云南松	人工	0.446	0.536	0.494	0.619	85.1	121.4	32.6	43.8
	天然	0.513	0.539	0.568	0.640	104.5	121.7	30.8	42.8

注:数据摘自鲍甫成等(1998)。

表 75-5　不同立地上 10 年生桉树树高生长量(单位:m)

| 树种 | 地点 | 立地类型 | | | | | | 密度 (kg m⁻³) |
		I	II	III	IV	V	VI	
巨桉	南非德兰士瓦	34.8	—	—	28.4	—	20.2	1100
	西班牙北部	22.0	—	16.0	13.0	—	—	2500~2800
赤桉	摩洛哥	15.6	—	13.0	—	10.4	—	8000
蓝桉	葡萄牙	27.0	—	19.0	—	11.0	—	1100

表 75-6　速生丰产人工林主要树种对立地条件的要求

树种	培育目标	地位级或立地指数	树种	培育目标	地位级或立地指数
桉树、相思	纸浆材	II	欧美杨	人造板材	II
国外松	纸浆材,人造板材	16	三倍体毛白杨	纸浆材	II
马尾松	纸浆材	14	毛白杨	人造板材	II
	人造板材	16	欧美杨	纸浆材	II
红松	大径材	14	水曲柳	大径材	14
落叶松	纸浆材,人造板材,大径材	16	柚木	大径材	16
杉木(改培)	大径材	16			

国家速生丰产用材林建设专业标准 ZBB64001-86、ZBB64002-86、ZBB64003-87、ZBB64004-87、ZBB64006-88、ZBB64007-88 等规定:山地丘陵区立地指数为 14~18,即相当于立地类型 I ~ II;平原地区采用立地类型 I ~ II。因此,造林地的立地指数不低于 14(或 I、II 立地类型)(表 75-6)。

在全国 22 个省(市)中,截至 1988 年地位级为 I、II 的人工林林分面积占统计省(市)人工林林分总面积的 45.22%(孙长忠和沈国舫,2001b)。截至 2000 年国家统计的人工林林分面积(除西藏、青海等)为 2911.73 万 hm²,地位级为 I、II 的林分占总林分面积仍以这个比例估计,则现有速生丰产林与可改造成速生丰产林的总土地面积达 1316.68 万 hm²(合 1.975 亿亩)。此外,在未成林造林地、疏林地和宜林荒山荒地也有一定面积的土地,可以达到发展速生丰产林的立地水平。

4.2　发展速生丰产人工林的水资源限制

4.2.1　我国水资源分布概况

我国是一个严重缺水的国家,年平均水资源总量为 28 124 亿 m³,居世界第六位,但人均占有量仅为 2220 m³,约为世界人均占有量的 1/4,耕地亩均水资源量 2888 m³。

统计资料表明,全国年需水总量 5828 亿 m³,但供水量仅 5000 亿 m³,即缺水 828 亿 m³,其中农业缺水 770 亿 m³,城市缺水 58 亿 m³(刘昌明等,1996)。在水资源利用总量中,全国农业用水达 3919.7 亿 m³,占水资源总量的 41.2%。

由于我国水资源分布极不均匀,从南向北、从东向西水资源总量迅速降低(表 75-7)。平均年产水模数以南方各地区普遍较高,西北、华北和东北地区的平均年产水模数较低,且分布不均匀。

降水量 400 mm 被公认为森林分布的界线,但是速生丰产人工林培育需要更多的水分才能满足其速生和丰产的特性。水、肥、热是决定速生丰产林生产力的重要的外部因素。华北地区、东北地区、西北地区的水资源状况都有可能是限制人工林速生与丰产的要素,因此,在制定发展速生丰产林规划时要控制这些地区的造林规模。

4.2.2　速生丰产人工林需水量

水是人工林速生丰产的基本条件,为了保证速生丰产,必须有适当的水分保证。从植物生理的角度,任何一种或一株植物,都是一个有生命的"抽水机",不但杨树是,棉花、玉米、小麦都是"抽水机",植物必须通过蒸腾水分以维持其机体对水分、养分、能量的输送与转换,任何生物的生产都要以消耗水分为代价,植物对环境的生态功能,在很大程度上也必须是通过蒸腾水分的途径来实现的。单独一棵树当然比一株农作物、一根草的蒸腾水分量大得多,但是从一片群落来看,一片树林的蒸散量(蒸腾+蒸发)却与同等面积的一片农田、一块草地的蒸散量相差不大。

从全国水资源情况看,西南地区、华东地区、华中地区、华南地区降水丰富,水资源对发展速生丰产林不构成威胁。东北内蒙古地区、西北地区和华北部分地区水资源比较贫乏,水资源的季节性分布不平衡,是限制速生丰产人工林的主要因素之一。华北地区可否种杨树?不能一概而论,一般来说是可以的,如北京郊区、河北、山西、内蒙古东南部均有可种植杨树人工林的地段,问题是要科学慎重地选择造林地和勘测水源。在年降水量 550 mm 以上的地区,天然降水一般能保证其水分需求,但春旱时需要补灌。幼林地由于根系不发达需要适当灌溉,不超过一般农田的灌溉量。但是在干旱(年降水 500 mm以下)地区,没有充足的灌溉水源,在旱地上营造杨树速生林是不能成功的。根据目前的研究结果,新疆、甘肃和宁夏地区人工用材林单位面积用水量分别为 8186.21 m^3 a^{-1} hm^{-2}、4253.70 m^3 a^{-1} hm^{-2} 和 3439.47 m^3 a^{-1} hm^{-2}(表 75-8),每亩年用水分别为 454.75 m^3、283.58 m^3 和 229.31 m^3,除新疆外均低于灌溉农田用水量。

表 75-7　我国陆地多年平均降水量及水资源(1956—1979 年)

地区	降水深度 (mm)	地表水资源量 (亿 m^3)	地下水资源量 (亿 m^3)	水资源总量 (亿 m^3)	平均年产水模数 (万 m^3 km^{-2})
东北内蒙古东部地区	276~687	1688.0	733.0	2035.7	4.4~25.0
华北地区	532~724	667.1	426.6	770.8	9.2~24.3
西北地区	147~667	2117.5	1151.6	2235.1	1.9~21.5
西南地区	594~1755	13 059.0	3369.4	13 067.8	37.3~79.1
华东地区	996~1569	1769.6	507.2	1926.2	31.9~88.1
华中地区	773~1591	3494.0	1031.4	3692.3	24.4~76.8
华南地区	1667~2429	3916.0	991.1	3966.8	92.9~184.6
全国计	648*	27 115.2	8287.7	28 124.0	29.5*

注:刘昌明和陈志恺(2001)。* 为平均值。内蒙古全部计算在东北区内,香港、澳门、台湾未计入。

表 75-8　人工用材林用水量统计

地区	人工用材林 面积(万 hm^2)	总用水量 (百万 m^3 a^{-1})	单位面积用水量 (m^3 a^{-1} hm^{-2})	水资源总量 (亿 m^3)	用水占总水资源 比例(%)
新疆	3.19	261.14	8186.21	882.8	0.30
甘肃	14.88	632.95	4253.70	274.3	2.31
宁夏	2.28	78.42	3439.47	9.9	7.92

4.2.3 速生丰产人工林的灌溉方式与灌溉定额

现有研究结果表明,水分供给量与人工林产量成正比。在充分灌溉量分别为 1500 $m^3 a^{-1} hm^{-2}$、4500 $m^3 a^{-1} hm^{-2}$、7500 $m^3 a^{-1} hm^{-2}$、22 500 $m^3 a^{-1} hm^{-2}$ 时,内蒙古河套地区 8 年生群众杨单株材积年生长量分别为 0.0487 m^3、0.0653 m^3、0.0722 m^3、0.1396 m^3,林分蓄积量分别为 24.35 $m^3 hm^{-2}$、32.65 $m^3 hm^{-2}$、36.10 $m^3 hm^{-2}$、69.80 $m^3 hm^{-2}$,年蒸腾耗水量分别为 1259.7 $m^3 hm^{-2}$、1527.7 $m^3 hm^{-2}$、1988.4 $m^3 hm^{-2}$、4986.1 $m^3 hm^{-2}$,而单位材积需水系数则为 413.9 $t m^{-3}$、374.3 $t m^{-3}$、440.6 $t m^{-3}$、571.5 $t m^{-3}$(王葆芳和朱灵益,1997)。随着灌溉量的提高,大量水分被耗损,水分利用效率显著降低,各灌溉量下的林分水分利用效率分别为 0.0162 $m^3 t^{-1}$、0.0073 $m^3 t^{-1}$、0.0048 $m^3 t^{-1}$ 和 0.0031 $m^3 t^{-1}$。

从集约经营角度出发,在水资源缺乏地区必须改革现有人工林灌溉制度,采用地下滴灌或渗灌。以北京沙地杨树人工林为例,滴灌林分的年均生产力最高达到 25.81 $m^3 hm^{-2}$,比常规灌溉林分生产力 4.63 $m^3 hm^{-2}$ 高 457.5%,而用水量仅为 452.88 t,林分水利用效率可达 0.0570 $m^3 t^{-1}$。在滴灌条件下,杨树丰产林轮伐期可由常规林的 20 年降低到 10 年,2 个轮伐期经济收入由常规林的 34 350 元/亩提高到 63 750 元/亩。因此,在华北、西北以及东北水资源缺乏的地区,应大力推广滴灌和渗灌技术。在这样的滴灌条件下,华北地区杨树速生丰产人工林的灌溉定额估计可为 500~600 $m^3 a^{-1} hm^{-2}$,西北地区最高也不会超过 700 $m^3 a^{-1} hm^{-2}$,远低于全国平均农田用水量(7380 $m^3 a^{-1} hm^{-2}$)。

4.2.4 华北、东北、西北地区发展速生丰产林的水资源可能性

华北、东北、西北地区是水资源比较贫乏的地区(表75-9)。发展速生丰产林以用水量(渗灌或滴灌)600 $m^3 a^{-1} hm^{-2}$ 计,每平方千米用水量达 60 000 m^3。西北地区速生丰产人工林用水量占单位土地面积水资源量的 127%,发展速生丰产林可能对总体水资源构成一定威胁。西北地区中,蒙古高原内陆区单位面积水资源最少,速生丰产林用水量是其水资源的 3.44 倍,内陆河区单位面积的水资源量也少于速生丰产林用水量,可见,蒙古高原内陆区和内陆河区单位面积的水资源难以维持速生丰产林需求,只有黄河区单位面积的水资源量是速生丰产林用水量的 1.415 倍,可以适量发展速生丰产林,塔里木河流域的水资源也可以支持一定量的速生丰产林。东北和华北地区单位面积速生丰产林的需水量平均分别占该地区单位面积水资源的 39% 和 57%,则对该地区水资源不会造成威胁。所以,发展速生丰产林的面积所占比例缩小,并控制在一定面积的情况下,其安全系数会提高。如果采用传统灌溉方式,将灌溉定额定为 5000 $m^3 a^{-1} hm^{-2}$,则在西北、东北和华北地区平均分别占地区单位土地面积水资源量的 10.55 倍、3.24 倍和 4.78 倍。所以,以常规灌溉方式的需水量计算,在西北地区、东北地区和华北地区,发展速生丰产林的面积大约分别占其总面积的 10%、30% 和 20%。所以,在速生丰产林建设的布局上,要根据各地具体实际而确定。例如,塔里木河流域水资源总量为 382.46 亿 m^3,流域总面积 102 万 km^2,单位面积水资源总量为 37 496 $m^3 km^{-2}$,在塔里木河流域中上游发展速生丰产人工林是可能的。过去该地区缺水的主要原因是水资源分配不合理以及用水制度不当。

4.3 发展速生丰产人工林的土地资源潜力

速生丰产林要求较肥沃良好的土地与灌溉水的保证,会与耕地有一定的矛盾,解决的办法是:(1)地区应建设基本农田粮食基地,提高单产,保证稳定丰产。如山东菏泽地区通过基本农田建设,大幅度提高与保证了粮食产量与定额,就可以增加营造速生丰产林的指标,通过规划营造较大面积的人工林。此外,结合护田林网与四旁行道、渠道、水库沿岸等有规划地种植用材树种,也有很大潜力。(2)华北地区仍存在大面积的沙荒地,通过基本建设,适当平整土地与开发水源,可以有相当的面积供造林。(3)结合退耕还林大力发展用材林。目前退耕还林的树种多不佳,土地建设程度低,技术与管护粗放。如选择适当的树种,结合适当的土地基本建设,尤其南方山地,宜林地面积很大,生产用材有很大潜力。

4.3.1 用材林土地资源

我国现有人工用材林林分总面积 2415.08 万 hm² （约 3.6 亿亩），其中可能作为重点速生丰产林基地的东北、南方热带和亚热带林区以及新疆地区为 1632.70 万 hm²（约 2.45 亿亩）（表 75-10）。在这些土地资源中，约 60%（979.62 万 hm²，折合 1.47 亿亩）可以作为速生丰产人工林建设基地。

另外，我国尚有大量未成林造林地和无林地。根据《全国生态环境建设规划》及林业专题规划，全国现有林业用地中，仅南方集体林 10 省（区）和东北内蒙古 3 省（区）的宜林荒山荒地面积 1846.32 万 hm²，未成林地面积 330.96 万 hm²，采伐迹地与火烧迹地 236.03 万 hm²，以上 3 项合计面积 2413.31 万 hm²，仍以 45% 的立地适宜发展速生丰产林计算，则速生丰产林面积应为 1085.99 万 hm²。连同黄河三角洲 22.7 万 hm² 荒滩和新垦土地，有 11.35 万 hm² 可作为速生丰产林（考虑种植棉花等作物的实际情况，以总面积的 50% 计算）。以上合计，可作为速生丰产用材林基地的面积共计约 935.34 万 hm²（约 1.40 亿亩）。

表 75-9 华北、东北、西北地区水资源量统计表

地区	区域	面积 （km²）	地表水 （亿 m³）	地下水 （亿 m³）	水资源总量 （亿 m³）	占全国 比例（%）	单位土地面积 水资源总量 （m³ km⁻²）	单位面积 地表水资源 （m³ km⁻²）
西北 地区*	合计	3 447 668	1441.09	1067.06	1635.3	5.81	47 405	41 799
	黄河区	629 508	475.42	325.69	533.3	1.89	84 720	75 522
	内陆河区①	2 532 695	958.37	694.60	1051.2	3.74	41 504	37 840
	蒙古高原内陆区	285 465	7.30	46.77	50.8	0.18	17 452	2557
东北 地区#	合计	1 248 445	1653	625	1929	6.86	154 512	132 405
	黑龙江流域②	903 418	1166	431	1352	4.81	149 654	129 065
	辽河及其他河流	345 027	487	194	577	2.05	167 233	141 148
华北 地区#	合计	1 112 873	949	671	1165	4.15	104 684	85 275
	海滦河	318 161	288	265	421	1.50	132 323	90 520
	黄河	794 712	661	406	744	2.65	93 619	83 175

注：* 陈志恺（2004）；# 刘昌明和陈志恺（2001）；① 包括额尔齐斯河；② 包括松花江、嫩江。

表 75-10 我国现有人工用材林分龄组面积统计（单位：万 hm²（万亩））*

项目	合计	幼龄林	中龄林	近熟林	成熟林	过熟林
全国合计	2415.08 （36 226.20）	1276.0 （19 140.00）	789.24 （11 838.60）	231.49 （3472.35）	99.61 （1494.15）	18.74 （281.10）
东北内蒙古区	264.94 （3974.10）	190.71 （2860.65）	54.76 （821.40）	19.15 （287.25）	0.32 （4.8）	0.00
东南低山丘陵区	1177.33 （17 659.95）	617.37 （9260.55）	409.73 （6145.95）	112.94 （1694.10）	33.09 （496.35）	4.20 （63.00）
热带林区**	187.24 （2808.60）	111.61 （1674.15）	46.87 （703.05）	22.88 （343.20）	5.28 （79.20）	0.60 （9.00）
新疆	3.19 （47.85）	2.28 （34.20）	0.77 （11.55）	0.14 （2.10）	0.00	0.00
小计	1632.70 （24 490.5）	921.97 （13 829.55）	512.13 （7681.95）	155.11 （2326.65）	38.69 （580.35）	4.80 （72.00）

注：* 不包括人工防护林中的人工用材林；** 热带林区不包括西藏控制线以外区域。

4.3.2 农田防护林土地资源

部分农田防护林具有作为速生丰产用材林的可能性。农田防护林立地条件普遍较好,尤其是平原防护林(如东北平原、华北平原、长江中下游平原的防护林),不仅土壤肥沃,而且水分条件也普遍较好。在这些土地上建立起来的林带(或林分)应该既发挥其生态作用,又要充分发挥其生产功能。目前,农田防护林林木生产力之所以达不到较高的程度,是与树种选择及其改良、合理密度、林带(或林分)经营投入等密不可分的。即便如此,防护林中的用材林生产力仍比人工用材林平均生产力 34.55 m^3 hm^{-2} 高近 22%,达到了 42.01m^3 hm^{-2}。在近、成、过熟林中,生产力较高的黑龙江省、福建省、辽宁省平均超过 89.8 m^3 hm^{-2}、94.8 m^3 hm^{-2} 和 96.0 m^3 hm^{-2},而新疆则达到了 226 m^3 hm^{-2}。这部分林分(或林带)占全国人工防护林总面积的 22.5% 以上,新疆达到了 31% 以上。具有这样生产力的林分仅仅强调其生态作用而忽视其生产功能必将造成森林资源和土地资源的巨大浪费,同时还存在着极大的生态安全隐患。值得注意的是,目前保存的农田防护林所用造林材料的生长指标远不及现在推广的良种(或杂种、种源、家系、无性系等),如果采用具有速生特性的树木材料营造农田防护林,将极大地提高林分(林带)的生产力。综合水土资源和气候资源状况,能够以农田防护林作为速生丰产林的地区主要有华北平原、松嫩平原、黄河中游沿河土地、塔里木河中上游沿河绿洲、黄河三角洲等地。

目前,我国人工林中防护林面积约 416.68 万 hm^2,大约 65%(约 270.84 万 hm^2)可以作为速生丰产人工林。同时,鉴于近年来农田防护林建设削弱而又必须加强的实际情况,计划新增加面积 27 万 hm^2,共计有 297.84 万 hm^2(约 0.45 亿亩)以上的防护林可作为速生丰产人工林。

4.3.3 竹林土地资源

随着木材加工利用技术的提高,竹林作为用材林和纤维林的潜力逐渐得到发挥,并有进一步发展的可能性。目前,全国又有竹林 421.08 万 hm^2(6316.2 万亩),其中,毛竹林有 292.17 万 hm^2(4382.55 万亩)。在竹林资源中,人工竹林面积占竹林总面积的 31.06%,有 130.78 万 hm^2(0.20 亿亩)。由于毛竹对立地条件的要求较其他用材林相对宽松,其土地利用潜力远比发展其他用材林大。

4.3.4 绿色通道土地资源

全国主要道路干线两侧的绿色通道工程也是发展速生丰产人工用材林的良好土地资源,将这部分土地资源用作速生丰产人工林,以方案 1 计算,可营造 353.6 万 hm^2(合 0.5304 亿亩)丰产林(见表 75-11),如果扣除以往在防护林中已经统计的面积和由于多种原因而不能实施的情况,可以营造 141.44 万 hm^2(0.21 亿亩)。

综上分析,我国可用于速生丰产人工林的土地资源可以达到 2482.02 万 hm^2(3.73 亿亩)。如果将适于营造速生丰产林的土地全部作为速生丰产人工林,按平均收获期 10 年、年生长量 20 m^3 hm^{-2},每年生产近 4.97 亿 m^3 木材。加上天然林抚育、经营所生产的木材,基本可以满足我国经济、社会发展对木材的需求。

表 75-11 我国交通线路长度及可用作速生丰产林的土地面积

	线路长度(万 km)	方案 1(万亩)	方案 2(万亩)	方案 3(万亩)
铁路	7.01	210	315.45	420.60
公路	169.80	5094.011	7641.016	4647.19
高速公路	1.94			116.62
一级公路	2.52			113.46
二级公路	18.21			546.30
其他等级公路	110.93			3327.86
等外公路	36.20			542.95
合计(亿亩)		0.5304	0.7956	0.5068

注:方案 1:路两侧各有 10 m 宽,共 20 m 宽。方案 2:路两侧各有 15 m 宽,共 30 m 宽。方案 3:铁路、高速公路两侧各有 20 m 宽,共 40 m 宽;一级公路两侧各 15 m 宽,共 30 m 宽;二级公路两侧有 10 m 宽,共 20 m 宽;其他等级公路和等外公路两侧各有 5 m 宽,共 10 m 宽。

五、速生丰产人工林种植区划

根据国家林业局《重点地区速生丰产用材林基地建设工程规划》以及平原农田防护林、绿色通道林作为速生丰产人工林的可能性分析，我国速生丰产人工林种植区在现有速生丰产用材林基地建设的基础上，主要选择在 400 mm 等雨量线以东，优先安排 600 mm 等雨量线以东范围内自然条件优越，立地条件好（原则上立地指数在 14 以上），地势较平缓，不易造成水土流失和对生态环境构成影响的热带与南亚热带的粤桂琼闽地区、北亚热带的长江中下游地区、温带的黄河中下游地区（含淮河、海河流域）和寒温带的东北内蒙古地区以及新疆塔里木河上中游沿河绿洲。

5.1　东北速生丰产人工林种植区

主要包括黑龙江、吉林、内蒙古大兴安岭和大兴安岭林业公司等国有林区，以及黑龙江、吉林和辽宁的集体林区。该区地势较为平坦、土壤肥沃、土层深厚，年均降水量 500 mm 以上，年均气温 0 ℃ 以上，无霜期较短，生长季节水热同步，光照充足，生长速度较快。这是我国北方发展速生丰产用材林基地的重要区域。该区林业用地面积 6777.36 万 hm²。根据《全国生态环境建设》（林业专题），该区商品林经营区面积 1497.3 万 hm²，其中现有商品林 983.3 万 hm²，宜林地 513.2 万 hm²。该区的平原防护林是良好的速生丰产用材林基地，应鼓励发挥农田防护林的防护效应，同时充分发挥其生产功能。该区有 14 个大中型纸浆生产厂，并有十几家大中型人造板企业，现状木材吞吐量达 1150 万 m³，未来吞吐量将达 1680 万 m³。纸浆林和大中径材树种主要有大青杨、甜杨、山杨、白城杨及其他品种杨、兴安落叶松、长白落叶松、日本落叶松、红松、水曲柳、胡桃楸、黄檗、云杉等。

5.2　华北速生丰产人工林种植区

地域包括河北、山东、河南 3 省黄河流域以及海河、淮河流域的冀中、冀南、鲁西、豫东地区。其中，黄河三角洲是最大的发展速生丰产人工林的未开发土地资源。该区现有十几家大中型纸浆加工企业和十几家人造板加工企业，现状木材吞吐量达 1350 万 m³，未来可达 2700 多万 m³。纸浆林和大中径材树种主要为杨树（三倍体毛白杨、欧美杨等）。

5.3　长江沿岸（北亚热带）速生丰产人工林种植区

地域主要包括长江中下游的江苏、浙江、安徽、江西、湖北、湖南 6 省，以及云南省部分地区。该区现有近 10 家大中型纸浆企业和近 20 家大中型人造板企业，现状木材吞吐量达 1260 万 m³，未来可达 2360 万 m³。纸浆林和大中径材树种主要有杨、池杉、马尾松、湿地松、火炬松和竹类等。

5.4　南亚热带-热带速生丰产人工林种植区

主要包括广东、广西、海南和福建 4 省（区）。该区有近 10 家大中型纸浆企业和近 10 家大中型人造板企业，现状木材吞吐量达 850 万 m³，未来将达 2420 万 m³。纸浆林和大中径材树种主要有桉树、相思树、马尾松、加勒比松、湿地松、柚木、桃花心木、西南桦等。

5.5　西北干旱半干旱区速生丰产人工林种植区

地域主要包括塔里木河中上游沿河绿洲。该区用材树种以杨树为主。可用作速生丰产人工林的土地面积约有 26.36 万 hm²。

六、速生丰产人工林的经营与产业化

6.1　速生丰产林的科学规划

速生丰产林的营造必须在区域规划的基础上，通过对各省区造林地的土地分类规划/树种规划、水源能源规划、种苗基地建设规划、集约经营与培育体系规划、产业（造纸厂、制材厂及后续产业——家具厂、人造板厂等）规划、良种培育与繁育中心建设规划、病虫害防治与森林防火网络规划、育林机械服务机构规划等，才能积极、稳妥、有序地进行。缺失任何一个方面的规划都会导致这一巨大工程的停滞或失败。

切忌各地、各单位一窝蜂式地、无规划地抢地造林；

切忌种植同一树种或品系苗木的大面积造林；

切忌只种不管，要按时进行造林地的松土除草、修枝、补植、干旱地区必要的灌溉等。在早期可林农、林药间作，林下又可放养鸡、鹅等。

6.2 速生丰产人工林经营方式

现有速生丰产林的经营，除了防护林带、农林复合经营模式和少量成功的混交模式以外，以单纯片林为主。单纯片林的经营，既有目的树种产量高和便于经营管理的优点，也有可能导致地力衰退和引起病虫害的弊端，如何扬长避短，因地制宜，是经营好现有林的关键技术之一。规划未来速生丰产林的经营模式除了继续经营小片单纯林外，提倡以混交林和农林复合经营模式为主。

6.2.1 混交树种与造林模式

（1）东北地区

适宜发展的树种中，针叶树有日本落叶松、兴安落叶松、长白落叶松、樟子松等，阔叶树主要有双阳快杨、大青杨、白城杨、小黑杨等；主要混交模式有：落叶松与水曲柳（或黄檗、核桃楸、蒙古栎、胡枝子、沙棘等）混交林，樟子松与落叶松（或杨树、柠条、山杏、沙棘、榆树、紫椴、风桦等）混交林。混交林模式主要以行（伴生树种）带状（主要树种）或行状为宜。

（2）西北干旱半干旱地区

在新疆南部地区，以新疆杨、胡杨等速生丰产林树种和红柳、梭梭、沙枣、沙拐枣等乔灌木树种组成农田防护林带、河流、渠道的护岸林带。由于该地区土壤的风蚀严重，需要配置宽林带防沙治沙，其成为提高林木栽培数量的主要手段，而在林带保护下，可以发展葡萄、大枣、核桃、杏、梨、石榴、桑等经济树种和棉花、小麦等农田。

（3）华北地区

太行山前冲积平原和华北平原濒海区，以毛白杨、山海关杨、八里庄杨、欧美杨以及其他多种品种杨树和刺槐、柽柳、沙棘、沙枣、灌木柳等乔灌木树种的混交林；黄淮平原以杨树、池杉、马尾松等树种与刺槐、白蜡、栎类树种和紫穗槐、胡枝子等乔灌木树种混交为宜。混交模式以带状为好。

（4）长江沿岸（北亚热带）地区

西南地区，因海拔高度不同选用多树种营造速生丰产林。主要树种有杉木、云南松、华山松、柳杉、桉树、滇杨与桤木、马桑、胡颓子、滇榛等灌木树种；

长江中下游地区，山地类型区以马尾松、国外松（湿地松等）、杉木和栎类树种组成混交林；道路两旁种植杨树、松类、枫杨等速生树种以及银杏、柏类、雪松、白蜡、榆树、夹竹桃、木槿、紫穗槐、女贞等乔灌木树种，组成混交林；滨湖平原和沙洲滩涂地带，杨树、柳树、池杉、水杉、枫杨、泡桐等速生树种为主，和刺槐、胡枝子、桑树等组成混交林，例如水杉与黄杨、海桐混交林，池杉与香樟、广玉兰混交林等，盐渍化严重地区可辅之以柽柳、紫穗槐、乌桕、苦楝等树种。

（5）南亚热带-热带地区

该区处于热带、南亚热带地区。沿海丘陵台地以培育桉树、相思树为主，低山丘陵区适宜发展马尾松、加勒比松、湿地松为主的纸浆或人造板原料林基地，可以营造小面积纯林，提倡营造混交林，如桉树×相思混交林、相思×木麻黄混交林。其中，桂南山地宜发展速生丰产林（松类、桉树、相思混交林）与经济林（八角或玉桂）的带状混交林；海南岛宜营造以桉树、木麻黄等树种为主，辅以大叶相思、大王椰、竹类、黄槿等树种组成的环岛混交林，同时发展龙眼、荔枝、芒果、椰子、油梨等经济林；珠江三角洲发展桉树、相思为主的用材型防护林保护下的龙眼、荔枝经济林。

6.2.2 速生丰产林农林复合系统

（1）东北地区

在大兴安岭南端，可以进行林木和果树的复合模式。东北东部山地丘陵区，落叶松、云杉、红松林下可种植五味子、贝母、草苁蓉、人参、天麻、高山红景天等中药材；东北平原类型区是发展速生丰产林的优越地段，营造以杨树、落叶松、樟子松、云杉为主伴以紫穗槐、灌木柳的农田林网，大力发展河流两岸的护岸林，公路、铁路两旁的护路林，以及村屯周围的植树，在农田林网内，可以种植农作物（玉米、大豆等）、果树（李子、大杏扁）和药材。

（2）西北干旱半干旱地区

该地区的主要培育模式是农林复合。以新疆杨、胡杨、青杨等速生丰产林树种和榆树、红柳、梭梭、沙枣、沙拐枣、沙冬青等乔灌木树种组成农田防护林带以及河流、渠道的护岸林，保护葡萄、大枣、核桃、杏、梨、石榴、桑等经济树种和棉花、小麦等农田。

（3）华北地区

华北平原和黄淮平原，以杨树和泡桐为主，或组成片林、林带，或与小麦、玉米、豆类、薯类间作。

（4）长江沿岸（北亚热带）地区

长江中下游地区水热条件优越，可实行速生丰产树种和多种乔灌木树种以及其他农作物的间作、套作和多种形式的复合经营。湖区农田防护林下种植柑橘，林下套种小麦、油菜、萝卜、甘薯，林带内种植经济林树种，临近水面种植芦苇，河塘内可养殖鱼类和鸭、鹅等水禽，组成复杂的农林复合生态系统，在培育速生丰产林的同时，取得多项农林产品的收益。

西南地区，以杉木、水杉、柳杉、云南松、华山松、桉树、滇杨等速生树种与桤木、马桑、胡颓子、滇榛、紫穗槐等灌木树种组成混交林带；在林带内或配置经济林树种，如核桃、花椒、杜仲、茶、苹果、杨梅、桃、枣、樱桃、柚、橙、荔枝、桂圆、香椿、木漆、油桐、桑、竹林，或种植豆类、黑麦草、香根草等农作物或其他草本。

（5）南亚热带-热带地区

在防护林保护下种植多种经济林树种，如龙眼、荔枝、杨梅、枇杷、柑橘、柚、椰子、火龙果、芒果、木菠萝、桃、李、柿，在果园或林下套种印度刚豆、苜蓿草、香根草、雀稗、象草等，或提高防护效益，或改善土壤性能，或增加旅游观光等多种收益。

6.3　速生丰产人工林经营存在的问题

经过几十年的努力，速生丰产人工林在造林规模、树种多样化、树种的遗传改良和林分经营措施等方面均得到了长足发展。但是，由于我国经营速生丰产林的历史较短，基础研究相对薄弱，与人工林经营水平较高的国家相比，主要存在以下问题和差距。

6.3.1　经济投入普遍较低，利用社会资金的能力较弱

速生丰产用材林必须高投入才能高产出，仅造林投入每亩需 400 元左右，是一般造林的数倍。目前，速生丰产用材林基地建设资金多以林业项目贴息贷款及世行贷款为主，辅以地方配套及群众投工投劳。即使部分企业由于自身发展的需要投入一些资金建设工业原料林基地，但与整个地区速生丰产用材林基地发展的需求还有很大差距。国外桉树造林的直接费用为 830~1192 美元，折合人民币（以 1 美元＝8.32 元人民币计）6906~9917 元。即使扣除物价和比价因素，我国速生丰产林的投资明显偏低。许多造纸、人造板企业、营林投资公司或地方政府都

已制定了发展速生丰产用材林的规划，但资金很难落实，迟迟不能启动。从 1998 年开始，林业项目贴息贷款虽纳入国家商业银行管理，但由于林业生产周期长，贷款落实难度增大。我国速生丰产人工林建设中吸纳的社会资金极其有限。

6.3.2　树种结构与木材消费结构不匹配

林业发达国家通常有 2/3 的木材用于纸浆和纸张，而我国用于纸浆和纸张的木材占木材产量的份额不到 30%。在 1999—2003 年进口的纸浆中，针叶树纸浆占一半以上，2003 年针叶树纸浆占纸浆进口总量的 58.42%（见表 75-1）。同期进口的原木中，针叶原木由 373.5 万 m³ 提高到 1578.03 万 m³。针叶材所占份额由 1999 年的 36.87% 提高到 2003 年的 64.85%。然而，我国的速生丰产林中，阔叶树种面积较大，针叶树种面积较小，基本上是桉树、杨树当家的格局，只有少量杉木、落叶松以及马尾松和国外松等针叶树丰产林，作为优良纸浆材的云冷杉类的丰产林面积极其有限。所以，应鼓励发展针叶速生丰产林，以尽快满足制造高级纸张和加工的需求。

6.3.3　培育与加工相对脱节

在现行的体制下，木材加工业与速生丰产用材林培育分属不同部门管理，这种管理上的分割使木材生产与加工利用很难做到一体化。多数地区还是由林业部门造林，企业收购木材，不能使有限的资源发挥最大的综合效益。目前，以木材为原料的企业，根据产品的市场前景和企业的规模效益，发展规模越来越大，特别是我国实施天然保护林工程后，原料供应短缺的矛盾越来越突出。加之，速生丰产用材林建设的相关政策不完善，造成企业投资速生丰产用材林基地的林木归属和处置没有保障，企业对原料来源既担心又无能为力。

6.3.4　单一树种林分面积过大，病虫危害严重或存在严重的病虫害隐患

目前我国营造的速生丰产用材林树种单一，如大面积的杉木纯林、马尾松纯林、落叶松纯林、杨树纯林等，林分结构简单、稳定性差，导致大面积林木病虫害不断发生，危害严重，林木生长达不到规定的技术指标。大面积的纯林，尤其是针叶树纯林，加之连作栽培，导致立地质量日益下降，地力衰退。上述

现象的出现很大程度上与人们在经营上片面追求高产量,忽视群落结构的合理性有关。

6.3.5 栽植材料的遗传改良相对滞后,导致生产周期过长

桉树、杨树、辐射松之所以获得现在较高的生产力,轮伐期之所以能够缩短数年或十多年,遗传改良是基础。国外营造工业用材林基本实现良种化,或来自种子园(如云杉类)或无性系圃(如辐射松)。种子园已经过 2 代以上的改良过程,并基本上达到控制授粉。目前我国造林苗木良种率仅 20%,速生丰产林基本上良种化的树种只有杨树类、桉树类和国外松,其他树种苗木培育的用种主要来自母树林。我国的种子园最高的改良过程也只有 1.5 代,多数种子园仍处于第一代的水平,且基本上是自由授粉。

6.4 解决速生丰产林经营中存在问题的技术途径

6.4.1 实施块状混交栽培措施

鉴于单纯林虽便于生产实际操作但存在明显弊端,混交林虽在改善地力方面具有优越性但在营林技术上有诸多不便,二者的结合点可能是探索速生丰产林培育模式的关键所在。块状混交林则是在生产中容易被普遍接受且可取得良好效益的一种混交模式。

6.4.2 病虫害控制

根据国家林业局森林病虫害防治总站统计,2002年我国森林病虫鼠害的总发生面积为 847 万 hm^2。造成直接经济损失约 50 亿元。若按人工林面积占森林总面积 1/4 推算,则我国人工林中病虫鼠害的总发生面积为 211.75 万 hm^2,经济损失达 12.5 亿。由于人工林群落的物种单一和结构比较简单,形成的森林生态系统稳定性差,比较脆弱,病虫害发生更为严重。

人工林中的主要病虫害种类繁多,主要有:胡杨锈病、杨树溃疡病、杨树腐烂病、泡桐丛枝病、松材线虫病、松枯梢病、杉木炭疽病、松针褐斑病、毛竹枯梢病云杉叶锈病、松针红斑病、松疱锈病、落叶松枯梢病、桉树焦枯病、桉树青枯病、根癌病、杨扇舟蛾、光肩星天牛、双条杉天牛、落叶松松毛虫、马尾松毛虫、樟子松梢斑螟等,害鼠种类主要为根田鼠(*Microtus*

oeconomus)。防治病虫害应本着"治早、治小、治了"的原则,实现有害生物的可持续控制。病虫害防治必须作为大力发展人工林工作中的一个重要问题来对待,为此:

(1)提高植物保健意识,加强良种繁育,加强苗圃病虫害控制技术的研究,培育无病虫壮苗。保证林木健康成长。

(2)培育适应造林地生态环境的抗性树种,做到"适地适树",进一步筛选适用于主要造林树种的菌根菌种类和菌剂。

(3)加强病虫害监测,掌握其动态,逐步提高预报精度和时间跨度;抓好生物多样性、森林生态系统、人工林病虫害天敌资源与区系等基础研究和超前研究,为实现具有稳定性、最大调控病虫灾害功能的人工林优化组成和优化结构提供依据。

(4)加强对植物材料的严格检疫和处理,重视有效防治方法和手段的研究和推广,提高防治效果。

6.4.3 建立和延长木材加工的产业链

建立和延长木材加工的产业链,不仅利于大力发展育苗、造林、运输、木材加工、营销等相关产业,同时也可以带动造纸业、新闻出版印刷业、包装工业、设备制造业、化工原料等整个工业群体的发展。我国农村现有 1.2 亿个剩余劳动力和 1/2 的剩余劳动时间,把大量剩余劳动力吸引到以发展丰产林为主线的相关产业上来,是发展丰产林的一个重要着眼点。建立、延长和完善木材加工的产业链,从木材原料方面,积极开发国外森林资源与利用国内速生林并重;在市场开拓方面,国内国外两个市场并举;在产业配套方面,发展木工机械、木业用胶及木业包装等;在产品档次方面,高中低档次并举,走质量好、品牌优、绿色环保、效益高的路子,打造享誉国内外的木业加工产业基地。

七、速生丰产人工林的保障措施与政策建议

根据我国速生丰产林建设的任务、目标,以及加入 WTO 后产业发展的新形势,要以产权和经营权改革为突破口,以效益为中心,依靠科技进步,建立健全市场化的建设与经营管理及政策引导新机制,要按照市场经济的要求,制定产业体系发展政策保

障措施。

7.1　速生丰产林建设的保障措施

7.1.1　组织管理

充分调动政府、企业和生产者（农户）等多方面的积极性，建立适应市场经济要求的新型经营管理体制。基地项目建设实行业主负责制。建立健全各项规章制度，强化工程管理和资金管理。

7.1.2　工程建设运行机制

工程建设运营机制，包括经营机制、资金运营机制和规避风险机制等，要探索符合市场经济规律的多种基地建设模式。速生丰产林建设要采取独资、合作、承包、股份等多种形式，在充分调动企业、林场、农民等生产者积极参与基地建设的前提下，建立起公司+基地+农户、林场+基地+农户等多种利益共享、风险分担、权利与责任对称、利益与风险制衡的经营机制。资金运营机制要改变过去单一投资为多元化投资，提高资金的使用效益。

7.1.3　依靠科技进步，做好工程建设支撑

推行科技兴林战略，建立具有良种繁育、用材林速生、森林保护、水土流失治理、森林生态效益与补偿机制研究、职工教育、林业信息管理等一整套科技教育体系。

7.1.4　加强种苗建设，认真做好种苗供应工作

必须加强种苗繁育工作，建立起林木种子生产、种子贮藏与苗木繁育协调发展的种苗繁育体系。要做好工程区种苗供需分析，编制种苗供应实施方案；以改扩建现有种子基地和苗圃为主，加强种苗基地设施建设；建立中央、省、市、县四级种苗调度及信息服务网络，搞好苗木、种子的调剂，满足工程区种苗需要。

7.1.5　加快基础设施体系建设

加快包括路网建设、林业机械设备、营林站点建设及森林保护体系等基础设施建设。加强森林防火工作；积极开展森林病虫鼠害防治；利用遥感、信息等现代化技术和手段，建立快捷、有效的监测评价和信息管理体系。

7.2　政策建议

7.2.1　建立稳定的基地建设资金渠道

建议国家制定符合工程建设实际的信贷政策。一是根据南、北方林木生长周期不同，建议贷款期为10~20年，宽限期为5~10年；二是允许集体、个人用拥有所有权的林木资产和固定资产作抵押。建议国家对工程建设贷款给予财政贴息。

7.2.2　继续对林业实行轻税赋政策，取消不合理的收费

对速丰林建设给予投入补助，重点用于森林防火、病虫害防治、优良种苗的推广等；改革现行税费政策，减低林业税费标准，对在农区发展的速丰林大幅度减收或不收育林基金。取消不合理收费。取消维简费和林业建设保护费；对速丰林产品要按一般农产品对待，只在流通环节计征，不高于农业特产税。

7.2.3　实施分类经营、完善短周期工业原料林的采伐限额管理制度

根据制浆造纸和人造板工艺要求、林木生长条件等，确定短周期工业原料林主伐年龄和轮伐期，编制年森林采伐限额，并纳入年度木材生产计划，实行统一管理。

7.3　我国速生丰产林发展的战略对策

7.3.1　积极推进林权制度改革，鼓励非公有速丰林的发展

（1）制定全国统一的森林资源资产流转的政策，明确规定可流转的资产范围、流转的管理程序以及相关的利益分配和税费政策。

（2）积极培育和完善林业资产市场。

（3）加速构建速丰林进入商品市场的法律法规体系、技术体系和社会化服务体系。

（4）坚持和完善公有制为主体，多种所有制经济共同发展的基本经济制度，鼓励、支持和引导非公有制经济的发展。

7.3.2　科技创新，走集约化经营模式

（1）充分重视良种的选、引、育工作。利用基因

技术和杂交育种技术选育速生丰产、抗病虫和抗逆性强的优良无性系，实行育苗工程化和工厂化。

（2）革新造林技术体系。

（3）编制科学的经营方案。

（4）加强速生丰产林基地建设的科学管理。

八、需要进一步研究的问题

8.1 速生丰产人工林的森林健康

森林健康的实质就是要使森林具有较好的自我调节并保持其系统稳定性的能力，从而使其最充分地持续发挥其经济、生态和社会效益。人工林虽有植物群落的物种和结构比较简单，形成的森林生态系统比较脆弱，稳定性较差等缺点，但如果真正按照科学的方法培育，把病虫等灾害作为整个培育过程中重要的一环进行严格控制，实现人工林的健康是完全可能的。以天然林的稳定系统结构来指导现有林的改造和营建。注重乡土树种的作用，对外来生物则给予十分严格的限制。

开展森林健康监测。提供林分的基本情况及健康趋势的信息：每年报告林分健康的状况和变化。

对全国森林健康状况进行分析和区划，从而制定相应的管理对策和措施。

8.2 转基因杨与常绿杨

转基因杨树是近几年运用现代转基因技术，将一些有用的基因转入原有杨树品种当中，经过一系列的鉴定和测试培育出来的新型杨树品种。目前主要是转抗虫基因的杨树品种，尽管转基因杨树在我国已经开始进行环境释放和大田试验，甚至有的已开始进入产业化生产推广应用阶段，但由于基因安全的问题受到国际和国内的广泛关注，同时转基因杨树的目的基因的时空表达还需要进一步深入研究。因此，建议转基因杨树品种不能马上作为大规模速生丰产林建设推广应用的杨树品种，而应边研究试验边进行试种，再推广应用。

常绿杨是近几年从国外引进的杨树新品种，主要特点是绿期比一般的杨树要长一些，主要引种到南方部分地区栽种，在北亚热带与中亚热带表现为半常绿型，而在南亚热带与热带则为常绿型，建议进一步开展试验研究，然后在我国亚热带与热带逐步

推广应用，以期作为南方速生丰产林的主要树种。

参考文献

鲍甫成，江泽慧，等.1998.中国主要人工林树种木材材性.北京：中国林业出版社.

陈志恺（主编）.2004.西北地区水资源及其供需发展趋势分析.北京：科学出版社.

方晰，田大伦，项文化.2002.速生阶段杉木人工林碳素密度、贮量和分布.林业科学，38（3）：14-19.

方晰，田大伦，项文化，蔡宝玉.2003.不同密度湿地松人工林中碳的积累与分配.浙江林学院学报，20（4）：374-379.

方精云，陈安平.2001.中国森林植被碳库的动态变化及其意义.植物学报，42（9）：967-974.

国家林业局.2000.重点地区速生丰产用材林基地建设工程规划.

国家林业局森林资源管理司.2000.全国森林资源统计（1994—1998）.

黄旺志.2003.杉木速生丰产林标准化研究.信阳师范学院学报（自然科学版），16（4）：437-441.

刘昌明，陈志恺（主编）.2001.中国水资源现状评价和供需发展趋势分析.北京：中国水利水电出版社.

刘昌明，等（主编）.1996.中国水问题研究.北京：气象出版社.

龙应忠，艾文胜，吴际友，等.1994.四川省湿地松、火炬松生长情况调查研究初报（一）.湖南林业科技，21（4）：15-19.

沈言俐，杨诗秀，段新杰，等.1999.防护林带的排水及耗水作用初步分析.灌溉排水，18（2）：38-40.

孙长忠，沈国舫.2001（a）.我国人工林生产力问题的研究Ⅱ.——影响我国人工林生产力的人为因素与社会因素探讨.林业科学，37（4）：26-34.

孙长忠，沈国舫.2001（b）.我国人工林生产力问题的研究Ⅰ——影响我国人工林生产力的自然因素评价.林业科学，37（4）：72-76.

王葆芳，朱灵益.1997.内蒙古干旱地区杨树人工用材林灌溉量与林木生长量.林业科技通讯，（4）：7-10.

杨志岩，李祝贺，梁鸿恩，王胜东.2001.杨树纸浆林生长预测及主伐年龄.辽宁林业科技，（2）：20-23.

查福恩.2002.速生丰产林建设必须加速.中国林业，（1）：29.

中国可持续发展林业和战略研究项目组.2002.中国可持续发展林业战略研究总论.北京：中国林业出版社.

朱炜，李宝福，林贵发，林延生.2003.马尾松胶合板用材林生长的密度效应.青海农林科技，（4）：9-11.

Yu Ninglou，Liang Junjie.2000.Impact of soil and water conservation and the benefit of water conservation on large area intensively managed plantation. Forestry Studies in China，2（1）：63-72.

报告编写人员

张新时（研究员）	中国科学院植物所、北京师范大学（生态）
尹伟伦（教授）	北京林业大学（树木生理）
慈龙骏（研究员）	中国林业科学研究院（荒漠化治理）
翟明普（教授）	北京林业大学（造林）
徐程扬（教授）	北京林业大学（造林）
张志毅（教授）	北京林业大学（杨树育种）
贺　伟（教授）	北京林业大学（林木病虫害）
温亚利（教授）	北京林业大学（林业经济）
石　敏（处长）	国家林业局速生丰产林办公室

第76章

四川汶川地震灾后生态重建与农业结构优化调整建议*

张新时 等

本文对地震造成的植被、重要生物物种栖息地和沼泽湿地等生境的影响，以及可能诱导生态破坏的地质灾害（滑坡和泥石流）等进行全面评估，结合社会主义新农村建设，对震区进行包括生态规划在内的总体规划。规划既要切实可行，又要有前瞻性。通过规划，将震区建成社会主义新农村的示范区或典型区。本文提倡生态护坡的理念，实施以建立保持水土的护坡林灌带与石坝为主体的生态重建，构建山地垂直农林草体系，提升震区产业层次。

汶川地处川西北中亚热带高山深谷地带，气候温凉湿润，天然林草葱茏，生物多样性丰富，但坡陡土薄，故生态保育、水源涵养、保土护坡的生态系统服务功能十分重要。

在地震中，一方面，山地坍塌、滑坡滚石、泥石流多发，导致相当大面积的森林、草地植被损毁，功能丧失，亟待修复重建；另一方面，造成山地农、林、牧业的土地与作物被严重破坏，山区人民生产与生计受到极大影响，成为灾后必须妥善解决和细致筹划的一个不可或缺的重要方面。

一、震区生态安全评估与重建的调查规划

1）川西震区生态安全评估与规划。对地震造成的植被、重要生物物种（如大熊猫、金丝猴等）栖息地、湖沼湿地等生境的破坏、诱导生态破坏的地质灾害（滑坡和泥石流）等进行全面评估，做出等级分布图。

2）不同生境的评估宜采取不同的指标。滑坡和泥石流的评估分级可通过详细的土地调查进行，主要的评估指标有地质结构、地貌（坡度、坡形、坡位）、土层结构（厚度、质地、机械组成）、水文网结构与格局、天气（暴雨）、植被覆盖（类型、层次、密度、持水容量）等。

3）在生态安全评估的基础上，结合社会主义新农村建设，对震区进行包括生态规划在内的总体规划。规划既要切实可行，又要有前瞻性。通过规划，将一些地区建成社会主义新农村建设的示范区或典型区。

二、震区生态重建的基本模式

提倡生态护坡的理念，建立保持水土的护坡林灌带与石坝，主要包括以下几个方面：

1）种植水平沟状的等高带状林灌带。

2）在裸露坡地上的林灌带应以生长迅速、有充足的阳光、先锋树种与密丛分枝的灌木为主。

3）必要时可建立石块垒砌的梯田，在梯田埂上种植灌木或树林，在梯田面上可以种牧草或植树造林。

---

* 本文选自 2008 年中国科学院院士建议。

三、震区农业结构优化调整

构建山地垂直农林草体系,提升产业层次,主要包括以下几个方面:

1)低山以粮、经(济作物)、果(树)为主,并可发展养牛业,形成牛驱动的沼气循环结构。

2)中山以林(先锋树种–常绿阔叶顶极树种)、灌、草(燕麦、青稞、豆类等)为主,并可发展舍饲养羊业。

3)中高山重建顶极型的针叶种树森林。

4)建设以山区种草舍饲畜牧(养殖)业为主的产业链,提升山区第一产业层次,进而发展第二、第三产业,发展山区经济。

第八篇

生态学热点研究

　　我毕生都在竭力推动我国生态学的发展,除以上七篇主要研究领域之外,我也一直关注着生态学研究的前沿和热点问题。本篇收录了我不同时期针对生态学热点问题的研究成果,如早期的地理信息系统在生态学中的应用,见《地理信息系统与现代生态学》;生态重建科学理念的普及与推动,见《关于生态重建和生态恢复的思辨及其科学含义与发展途径》《生态重建是生态文明建设的核心》;生物固碳研究前沿,见《我国开展生物固碳研究的关键科学问题及其研究进展与展望》。此外,还包括《植物生态学研究的若干新成就》《现代生态学的几个热点》《有关生物多样性词汇的商榷》。

第77章

植物生态学研究的若干新成就[*]

张新时

（中国科学院植物研究所）

我于1955—1978年在新疆工作了23年,从事植物生态学教学与科研方面的工作。1979—1986年在美进修与进行博士论文研究的7年间,对群落生态学的分析与环境解释方面获得具有开创性的成果。1986年归国后,除继续深入植被生态地理的研究外,在植被数量生态学与信息生态学以及全球变化的"气候-植被关系"研究等方面都有显著进展。

我在生态学方面较为突出的工作有两个方面:

一、关于青藏高原的高原地带性与高原对中国植被地理地带分布的作用研究方面,通过对西藏植被的研究提出了"高原地带性"论点,这是对植被地理与自然地理经典的"三向地带性"的重要补充与完善,并对青藏高原的植被与自然地带规律做了深入的理论阐述与合理的分区。这一论点得到国内外植被生态学界较广泛的引用与认同,并被引入一些高校教科书与《中国植被》专著。我证明和分析了由于青藏高原对亚洲大气环流系统强大的改造与生成作用,从而改变并造成了东亚大陆植被地带的特殊分布格局,对我国植被地带的类型性质及分布规律的特点与本质原因做了新的、更合理的阐释。这是把大气科学研究的最新成就运用于植被生态研究的成果。

二、群落生态学分析系统与信息生态学的提出:1981—1985年在美国康奈尔大学期间在数量生态学方面做了研究,提出了群落生态分析系统,即:生态数据库-群落的排序与数量分类的多元分析-群落的定量环境解释-群落种类组成预测-群落空间分布模型。其中对于定量环境解释与组成预测所创立的数量方法被认为是具有开创性意义的成果。1989年我又提出了信息生态学的概念、结构与方法,作为生态学与信息科学理论与方法相结合而形成的生态学新分支。

此外,我在新疆与中亚的山地和荒漠植被地带性、群落类型与演替更新规律,中国山地植被垂直带系统结构与类型,中国植被-气候分类等方面也取得了有价值的成果。

30余年来,我共发表中、英文学术论文50多篇,是《新疆植被及其利用》专著的主要编写者,也是《中国植被》专著的编委与主要作者之一。

* 本文发表在《中国科学院院刊》,1992,2:72。

第 78 章
现代生态学的几个热点 *

张新时

（中国科学院植物研究所，北京　100093）

生态学在近 30 年（20 世纪 60—80 年代）取得了迅速的进展，从一个传统的、经验性的和描述定性的学科发展为一个用现代理论与高技术武装起来的，多学科渗透与交叉的现代化庞大学科。在更广阔的角度上，生态学正在从一门单纯描述生物与环境关系的自然科学渗透到社会和人文科学——经济、历史、哲学、政治与伦理道德等各个方面。"生态意识"逐渐成为全民道德观与世界观的要素。

试图全面评述生态学的现代进展是十分困难的任务。因此，在这里并不是做一个面面俱到的论述，而是仅就几个方面做重点的概括与评价。

现代生态学的理论与内容

一些国内外的学者认为"现代生态学在基础理论、研究方法和应用技术方面尚未形成自己独特和完整的体系"，"缺乏科学的严格性、实验技能和应用技术薄弱"，"生态学正变得庞杂而缺乏系统，同时也在失去自己的学科特色"，或"正在失去自己的学科边界"[3]。反而言之，上述这些令人沮丧的看法也许正是现代生态学的特点和优越性，表明它是一个正在急速发展变化中的回春学科，是一个在与其他学科相互渗透与交叉过程中迅速扩展自己的学科层次与边界的超级学科，是一个以高度系统性与综合性为特色的学科，也是一个正在被现代化高科技武装起来的实验性与工程性的学科。

生态学有自己的学科特色与边界。根据 Krebs[5] 的定义，可以把生态学概括为：研究决定生物分布及其量度的各种因素之间相互关系的科学。具体来说，生态学主要研究以下四方面问题：

1. 生物的分布格局与规律——在哪里（Where）？

2. 生物的时空量度（生物量、生产力、多度等）——有多少（How many）？

3. 决定生物分布与量度的内在与外在原因——为什么（Why）？

4. 发展生物生产力、稳定性与改善环境的原则与途径——怎么办（What can be done）？

现代生态学的理论核心主要有以下四个方面：

——生态系统与生物圈理论，它们的结构部分与连贯这些部分的四个"流"：能流、物流、信息流与价值流乃是最关键的生态功能学过程。

——系统生态学：系统分析与数量建模使传统生态学跨进了系统科学的领域。现代信息科学的"老三论"——信息论、系统论、控制论，以及"新三论"——耗散结构理论、协同论与突变论，成为现代生态学的方法论。

——进化生态学：生态适应与协同进化是生态系统进化的机理与历史观。

——景观生态学：研究环境、生物群落与人类社会的整体性，特别强调人类活动在改变生物系统环境方面的作用。

* 本文发表在《植物学通报》，1990,7(4)：1-6。

现代生态学的技术与时代背景

对现代生态学必须从现代社会技术革命的广阔背景上来理解。当今世界正处在一场新的技术革命时期。知识及其载体——信息是这一新冲击的原动力。因而可称之为"信息革命"。它所经历的时代和所代表的社会与文化分别被称为"信息时代""信息社会"和"信息文化"。在这一社会中起决定作用的主要不是资本和劳动力，而是智力和信息。信息将成为生产力、竞争力、经济发展和技术成就的关键因素。这一时代的技术标志是微电子技术与计算机的迅速发展和广泛应用。新的时代具有鲜明的"未来性"与"生态性"。这是信息的预测、模拟和反馈功能所决定的。在农业社会，人们惯于看过去，根据老经验春耕夏耘，秋收冬藏；工业社会的人急功近利，着重眼前；在信息社会，人们注意的是未来，强调人与自然界的新型关系，寻求新的、更完美、稳定和持续发展的平衡态，因而具有强烈的"生态性"。尤其是当前世界上随着工业化的膨胀扩展而与之俱来的全球生态、资源与环境问题：荒漠化、伐林、生物种大量灭绝、人口剧增、水资源匮缺、可更新资源枯竭、环境污染与温室效应等日益严重地腐蚀着我们的星球，威胁着人类社会与生物圈的生存与发展。这些问题的发生，是由于社会生产的规模与强度和人类对生物圈的干涉、利用与破坏已经超过了地球的自然过程，超过了生物的繁殖力与周期。人类造成的污染已经凌驾于地球的恢复与再生能力之上，达到了对生物圈开发的临界点。人类社会已经达到这样一个转折点，我们再也不能无限制地依赖和消耗自然资源，地球系统已经不能再继续忍受工业污染的侵袭和人类的破坏。大自然可怕的报复已经显示出来。这一切引起了人们对生态学的严重关注。

生态学作为维持地球这个生命支撑系统所必须遵循的法则和途径，是人类社会与生物圈稳定与持续发展的理论基础。因而是信息文化的核心组成部分。另一方面，信息科学在理论与技术上给生态学注入了新鲜血液和强旺的生命力，信息论和电子计算机技术成为现代生态学发展的巨大动力，使它登上了工程科学的殿堂。

生态学层次的两极分化与综合

随着科学技术的发展和研究的深入，生态学原来所涉及的四个层次，即：个体-种群-群落-生态系统已被突破，而向微观与宏观方面两极发展，进行不同层次与尺度间的综合与系列化研究：

——个体生态学的研究已深入到细胞与基因的水平。关于光合与蒸腾作用的生理生态研究，以及逆境生态学(stress ecology)：抗旱、抗寒与耐盐碱的生理生态机制都必须深入到细胞和分子水平的过程与作用才能得到阐明。

——生态系统结构与功能的研究，尤其是系统中的能流转换与物质循环过程的研究乃是现代生态学研究的基本核心，它们通过中等尺度的群落水平也要进入微观生物学的层次，即生态系统和群落层次与细胞结构与生理过程的高度纵横交错。

——由于环境科学的发展与需要，生态学的层次在宏观上向生物圈的水平扩展，即生物群落(biomes)与其环境条件的统一，发展为生物圈与岩石圈、水圈和大气圈之间相互作用的地球系统(earth system)，即全球生态学(global ecology)。宇宙生态学基本上还是一个概念，但是空间生态学已成为迅速发展的学科分支。在宇航学，尤其是在宇宙飞船建造与宇宙空间站的设计中，关于最集约的再现某些自然循环(如水的局部回收)与建立某些食物回路(人→CO_2→植物性食物与O_2→人)的可能性，不仅对人在外层空间的生存是必要的任务，而且对于地球上的生态实践具有极重要的意义，有助于合理地、最节约地利用地球的自然资源，并使其再生产，而最大限度地免除生态与资源危机的发生。由此，可以进行"颠倒"的比拟，即把地球比作一个宇宙飞船——一艘乘坐几十亿人旅行的地球宇宙飞船，这个飞船的存在依赖于它的空中与地面储备以及整个行星系统的精心维护，"它上面的乘客由于共同的安全、平安与和平的事业而紧密联系着。……只有我们共同的利益、劳动和爱才有助于维护我们脆弱的飞船免于覆灭"(Stevenson,1965)[6]。另一方面，宇宙生态学提出了改造与开发没有生命行星的思想。例如，可以用地球上的小藻类洒入金星充满CO_2的大气层，让它吸收 C，排出自由的 O_2，使这个行星地面高达 500℃的"温室效应"降低，变成像地球一样[5]。总之,宇航学和宇宙生态学从合理改造和保护自然因素的高度,结合作为人类与自然界相互作用的生态原则与任务,是十分有益和重要的观念。

这样,现代生态学的研究层次从细微到分子和细胞的水平扩展到了宇宙的水平,并且是相互渗透交叉的。

——与上述空间尺度的分化相适应,生态学的时间尺度也是极端分化的。从微观生物世界的小于秒计的瞬时生化过程到人类感觉范围内的中等时间尺度(秒、分、时、日、月、年),以至于地球史以百万年到亿年计的地质年代的超长时间尺度。应当注意的是,现代社会生产过程的规模、强度与速度已经赶上或远远超过了地球生态系统的自然过程,使地球自然资源,即使是可更新资源的现存量、生产潜力与生产周期愈来愈不能适应人类的消耗与需求,从而形成社会发展的严重限制与矛盾,日益严峻地引起了地球上的各样生态危机。这可以称为社会与地球自然资源的生态"时间差"。

生物多样性与重建生态学

生物多样性是现代生态学所极力维护与追求的目标。它是指在地球上丰富多样、千差万别的植物、动物和微生物的种类,以及它们所构成的错综复杂的生态系统。生物多样性是地球上最弥足珍贵的资源和最伟大的奇迹,它们是人类社会赖以生存和发展的基本食物、药物和工业原料的重要来源和保持生态环境平衡的要素。一般认为生物多样性包含三个层次,即:(1)遗传(基因)的多样性;(2)物种的多样性;(3)生态系统的多样性。但是,由于前述生态学层次的两极分化,至少要增加第四或第五个层次,即景观与生物圈的多样性。

但是,通常意义的保护生物多样性只是强调对现存生物多样性的保护,这是远远不够的。因为,在许多地区,尤其是具有悠久开发历史的我国,原始状态的生态系统已所存无几,它们大部分遭到长期人类活动的影响而发生了不同程度的变化、损伤甚至毁灭。在这种情况下,单纯的保护已经不能使这些被损害的生态系统得以恢复,而需要采取各种恢复或重建生态系统的措施。由此,一个重要的生态学分支——重建生态学(restoration ecology)便应运而生。重建生态学有两个十分不同的发展途径(Todd,1988)[7]:

(1)第一类型的重建生态学是试图重新建造真正的过去的生态系统,尤其是那些曾遭到人类改变或滥用而毁灭或变样的生态系统。在重建中强调选择正确的种类组合,并尽力重建原来的生态关系。在这里,重建意味着原来系统结构与种类组成的重新建造,其重要价值在于维持当地重要的基因库。

(2)重建生态学的第二种类型是对于那些由于人类活动已全然毁灭了复合系统和多样的生境而代之以次生的系统。在这里,重建生态学的目的是要建立一个符合人类经济需要的系统。重建所采用的种类可以是,也可以不是原来的种类。往往所采用的植物或动物种不一定很适合于环境,但具有高的经济价值,也可以采用各种先进的工程措施以加速生态系统的建立。也许,只有这种把重建自然的需要与人类的经济需要结合起来的途径才是恢复地球陆地植被的最有效方法。

这样,应当特别强调建立具有丰富生物多样性的人工生态系统,或通过丰富(enrich)人工生态系统的生物多样性:合理的、多种类的间作、混作、套种、轮作与多层次(乔、灌、草、水体等)结构配置,或农林牧副渔的多种经营组合来达到生物多样性与经济需要相结合的目的。农林复合系统(agroforestry)十分符合这种重建生态学与丰富生物多样性的原则,近年来得到很大重视与提倡,成为生态农林业的一个主流而迅速发展。这对于我国退化生态系统的恢复重建与优化人工生态系统的组建具有重要意义,也是对丰富生物多样性的高层次综合。

我国生态学家侯学煜[3]与马世骏[1]教授根据生态系统与生物多样性原理以及我国农业生产的特点,分别提出了大农业生态原则与生态工程设想,是对生态农林业全面深入发展的理论阐明与优化模式,并有丰富的实践。这不仅为我国生态大农业的发展提出了正确的指导思想与实施方案,对农业生产的稳定、持续发展和改善环境具重要的战略性意义与科学的设计,并且是对现代生态学的重要贡献。

信息生态学的兴起

生态学通过与信息科学技术的交叉渗透而形成现代生态学最新与发展最快的分支——信息生态

学。如前所述,它不仅得到微电子技术的武装而具有现代化的高科技,并且由于信息论的渗透而在生态系统理论方面得到极大的加强与改进,从而使生态学开始跨入高科技的层次。另一方面,信息文化所赋有的"生态性"与"未来性"也使生态学成为信息社会中最活跃和受到高度重视的学科。生态系统是信息科学所遇到的最为复杂多样和特殊的有序系统,因而有助于信息科学本身理论系统的完善。

信息生态学不仅具有信息科学的高科技与信息理论的优势,而且继承和发展了生态学的传统理论,强调对人类、生态系统及生物圈生存攸关的问题的综合分析研究、模拟与预测,并着眼于未来的发展与反馈作用。

——在生态学方面,信息生态学是生态系统理论与系统生态学的新发展。信息生态学的研究对象是生态系统的信息流,即对能流与物质流的信息化知识进行分析研究。生态系统被认为是一个包含大量复杂相关与相互控制的"内信息"与系统外部环境的"外信息"进行信息传递、变换与反馈作用的开放型信息系统。系统生态学则将现代数学方法、系统分析与建模手段应用于生态学的分析研究,使过去以定性为主的传统生态学跨入定量分析、系统分析与预测模拟的系统工程学领域。

——在信息科学方面,信息生态学在 20 世纪 80 年代后期受到迅猛发展的信息科学理论:系统论、信息论、控制论与新兴的耗散结构理论、协同论与突变论等的渗透,例如,可以把生态系统看作一个以生命为主导的自组织状态的特殊耗散结构,在不断地与外界进行交换过程中吐故纳新以避免熵(系统无序度)的增加,从而趋向于从简单到复杂的有序发展,形成与保持生态系统高度复杂有序的自组织结构状态。信息科学的所有理论几乎都可以用来进行生态系统及其功能、行为与过程的分析与处理,从而扩大和提高生态分析的方法论,深化对生态系统及有关生态学理论的理解。

——在信息技术方面,微电子技术——计算机在生态信息的处理、贮存、分析、模拟、预测等方面的应用具有快速、精确与高效率等极大优越性。生态系统及其外部环境因子信息的多样性、大量性、复杂性与超前性等特点也必须在现代微电子高技术手段条件下才能得到充分的揭示与表现。信息技术处理的数值化、网络化、图像化、序列化、同步化、模式化与优化等极大地增强了生态学研究对象的分辨性、

可解释性、规律性、预见性与可控制性。

生态信息系统通常包括五个相互联系的基本部分:数据采集与处理,信息分析、解释、建模与预测,专家系统与优化管理系统等。

1. 生态信息数据库:目前多采用关系式数据库,将各类有关的生物与非生物变量(因子)经数值化处理后分档贮存。

2. 生态信息的多元分析与解释:生态信息分析指对生物群落、物种及其相关环境因子的数量排序、分类(模式识别)与环境解释。数理统计方法在生态信息分析与解释中的应用十分普遍。专用的生态信息多元分析方法在 20 世纪 60 年代以后得到迅速发展,已从原来的直接梯度分析发展为间接梯度分析与定量环境解释。我国生态学界在应用模糊集合与灰色系统方面具有特色,引起了国际上的重视。

3. 图形分析是生态信息分析中的特殊方法。生态信息分析与显示从数值化到图像化的发展使其达到一个更高水平与更有效率的层次。图形分析不仅能显示规律与格局,且能揭示一些新的规律与格局。除了数理统计的各种散点图与曲线图已广为应用外,地理信息系统(GIS, Geographical Information System)近年来得到迅速发展,形成大量用于生态资源与环境分析的计算机智能化图形软件。中国科学院植物研究所植被数量生态学开放实验室研制开发的"生态信息图形系统"(EIGS, Ecological Information Graphic System)具有在计算机上较好的图形分析与建模功能。

4. 生态模型构建与预测:有关生态系统或生态过程与功能的数值模型的建立是信息生态学的主要目的。模型主要用于预测及对系统结构与过程的理解。目前较多与实用的是各类统计(经验)模型。功能性的数学生态模型具重大理论意义,距实用尚有一定距离,这是由于生态系统的结构与过程过于复杂,还有许多因子与部分未被充分研究或认识。

5. 生态决策与优化管理系统:信息科学中的软科学理论与方法对系统生态学或数学生态学的"软化",比纯数学能更好地反映人类思维与决策经验,从而产生较满意的生态系统结构与过程的预测与模拟结果。这对合理地管理生态系统,科学地控制生态功能与过程,建立优化的人工生态系统等具重要意义。这一阶段包括专家系统、决策与制定优化管理方案三个相互联系的部分。系统动力学从动态过程解决系统分析问题,对优化管理方案的形成有重

大贡献。近年在我国发展起来的灰色系统理论在这方面也有良好的应用前景。总之,信息生态学的目的在于使生态学的原则通过信息科学的理论与技术而全面贯彻于人类社会对自然与经济系统的有远见与合理的管理之中,从而实现生物圈与地球系统的稳定与持续发展。

参考文献

[1] 马世骏,1983.生态工程——生态系统原理的应用.生态学杂志,(4):20-22.

[2] 沈善敏,1990.应用生态学的现状与发展.应用生态学报,1(1):2-9.

[3] 侯学煜,1984.生态学与大农业发展.安徽科学技术出版社.

[4] Schkolenko U.A.(范习新译),1983.哲学、生态学、宇航学.辽宁人民出版社.

[5] Kpebs C.J.,1978.Ecology.The Experimental Analysis of Distribution and Abundance,2nd ed.Harper & Row,Publishers,NY.

[6] Stevenson A.,1965.美国国务院新闻通报,120期.

[7] Todd J.,1988.Restering diversity:The search for a social and economic context.In:Biodiversity,ed.Wilson,E.O.,National Academy press,Washington D.C.

第79章
地理信息系统与现代生态学[*]

潘代远　张新时

（中国科学院植物研究所）

一、引言

　　近年来人类所面临的日趋严重的生态环境问题（如全球气候变暖、荒漠化、酸雨、森林及草场资源的退化等）极大地扩展了生态学研究的空间与时间尺度，使生态学家从整个区域与全球尺度思考问题并关注长期的生态变化。目前所开展的国际性生态学项目，如人与生物圈计划（MAB）、国际地圈-生物圈计划（IGBP）等都建立了较大区域及长期性的数据库系统。与此同时，在生态学理论体系中，强调空间关系的景观生态学及以整个生物圈为研究对象的全球生态学已逐渐兴起，并成为现代生态学研究的"热点"。这些变化无疑需要强有力的空间分析技术作为工具，而地理信息系统（Geographic Information System，简称 GIS）正是这样一个工具。它的引入使生态学研究不仅由定性走向定量，而且由定量向图形和图像化发展，从而将生态学研究提高到一个新的理论与应用水平。

二、背景

　　GIS 是空间数据的获取、存储、检索、分析及显示的专门化数据库管理系统。它通常包括计算机硬件、软件及数据库系统。GIS 与人们熟知的信息系统有很大的不同，GIS 不仅包括了一般信息系统的属性数据库，而且还包括了空间位置数据库（即图形库），不仅具有对属性数据进行分析的功能，而更主要地则是它具有对空间数据进行分析以及对两者进行联合分析的功能。GIS 虽然对各种图形、图像进行分析，然而它又不同于其他计算机图形系统（如 CAD 及各种自动制图系统），这些系统偏重于图形产品的设计及显示，而 GIS 则强调空间分析及建模。GIS 主要以网格及矢量两种格式存储和处理空间数据。网格形式是将空间数据以矩阵的形式表示，矩阵的每个数值代表现实空间中一定面积上的特征值或分类值。矢量形式则是将点、线、面（多边形）用一组坐标表示。两者在生态学研究中各有其优势，例如，网格形式占用计算机空间相对较小，计算相对简单，并可直接与遥感系统及各种生态系统模型相连接；矢量形式则可方便地将地图数值化录入计算机系统并精确测量各类型的边界形状等。

　　GIS 在 20 世纪 60 年代就已开始发展，然而由于早期的 GIS 对硬件的依赖性强，难以操作，以及缺乏必要的空间分析功能等，一度被某些生态学家认为华而不实。近年来人们已大大地改变了对它的看法，GIS 不仅在城市规划、人口、交通、土地利用规划、自然资源清查、野生生物管理等领域得到了广泛的应用，而且给现代生态学也注入了新的生机。利用 GIS 所提供的量测、插值、叠加分析、边界提取以及与生态系统模型耦合等功能已进行了景观生态空间格局分析、生态过渡带分析、区域及全球植被与气候相互关系分析，以及区域生态系统结构、功能、动态分析等方面的尝试。本文只从两个侧面来说明

---

　　* 本文发表在《科技导报》，1993，11（2）：26-27。

GIS 在生态学研究中所起的作用。

三、GIS 与中国植被-气候相互关系研究

　　植被在生物圈中起着非常重要的作用。光合作用产生的碳水化合物及氧气是人类及其他生命有机体赖以生存的基本物质；同时，光合作用的原料之一又是 CO_2，植被通过吸收 CO_2 对全球碳循环及大气中 CO_2 含量起着重要调节作用。我国具有十分独特的气候系统及与其相应的下垫面上的植被类型，这是欧亚大陆与青藏高原两大陆地系统与太平洋、印度洋两大海洋系统的结构格局与相互作用的结果。与大致同纬度的北美及西欧-北非大陆相比，无论在气候还是植被方面均既有相似的规律，又存在着深刻的不同特点。其由东而西森林-草原-荒漠的湿度梯度与东部沿海平原由北向南的森林地带热量系列交织构成独特的东亚环境地带性。合理、正确与深入地说明与模拟这一模式将不仅可解开东亚气候-植被特殊格局之谜，而且对完善整个地球系统的环境解释、预测与模拟也是不可缺少的重要部分。

　　大多植被气候模型及其他生态系统模型都是在某些点上得出的，并没有考虑其空间特征。我们所拥有的大量植被气候数据也基本上来自某些生态野外台站及气象站。直接应用这些数据和模型进行大中尺度的生态分析（如中国植被-气候相互关系）必然会遇到困难，因此摆在我们面前的问题是如何将这些散布于空间某些点上的数据及各种模型向面上扩展，GIS 的作用正在这里。

　　在进行中国植被-气候相互关系研究中，我所杨奠安同志等开发研制了生态信息系统（Ecology Information System，简称 EIS），我们的工作主要是在该系统上进行的。利用该系统我们从两个途径解决由点向面上扩展的问题。其一是先将点上数据进行插值处理，得到空间数据，然后将空间数据作为模型的输入，即利用所谓 GIS 与生态系统模型耦合的方法进行。另一途径则是通过遥感数据与植被及生态系统特性进行相关分析的方法进行。在工作中首先要解决的问题是如何将全国近 1000 个气候台站的气候数据转成连续的空间数据。虽然存在着许多插值方法，如趋势面分析法、傅里叶级数法等，我们采用的则是比较适合生态学研究的建立空间模型的方法，即先得出以气候台站的地理坐标（经纬度）、海拔高度等为自变量，各种气候指标为因变量的回归分析模型，然后通过全国三维地形数据库得到全国年平均温度分布图、一月平均温度图、七月平均温度图及年平均生物温度图等一系列气候图。将这些图输入植被气候模型中，就可得到各种图件，如全国净第一性生产力图、全国生命地带图等。同样道理，还可以通过大气环流模型（GCM）得出 CO_2 加倍后的气候变化情况，预测中国植被的变化。由于遥感提供了大量准确的区域及全球尺度的植被与环境背景的数据及动态变化情况，而且由于植被是受气候及其他因子（土壤、地形、干扰、农业等）共同控制，单一利用气候因子的模型有时并不能取得很满意的结果。而卫星数据则反映了现实的（非潜在的）植被状况，因此将气候与卫星数据结合起来进行模拟，或单独用卫星数据模拟则可提高其效果，并可用于监测区域及全球尺度的植被变化情况。我们采用的方法是利用地面台站的植被及生态系统数据与相同地点的归一化植被指数等进行模拟得出模型，然后利用 GIS 即可向全国扩展，得到全国的净第一性生产力等值并监测其变化情况。此外在中国生态系统研究网络（CERN）项目中，也将在台站、分中心及总中心各个不同层次建立 GIS 系统。总之各种空间模型的建立、GIS 与生态系统模型耦合及与遥感相连接则是由点向区域及全球尺度转换的重要方式。

四、GIS 应用于生态制图及生态区划研究

　　在进行区域生态学研究时，最有效的方法之一是进行生态制图及生态区划。反映一个地区植被及各个生态因子之间相互关系及内在联系的图可称作生态图。虽然生态学家从学科产生的初期就有了生态制图的思想，但由于植被与生态因子之间关系的复杂性以及空间分析手段和技术的薄弱，生态制图的发展一直比较缓慢，而 GIS 的应用已使生态制图成为现代生态学中非常活跃的领域。利用 GIS 进行生态制图可以分为以下四个步骤：1. 植被及生态因子图的编绘或收集；2. 生态制图数据库的建立，包括图形库及属性库；3. 植被及生态因子分析建模；4. 图形输出。

利用 GIS 编制的生态图包括两大类:生态信息图和生态类型图(或生态区划图)。利用 GIS 提供的特征提取、再分类、各种叠加模型以及与生态系统模型耦合等功能,可以从数据库提取各种生态信息,编制反映生态系统特性的具有新内容的图件。例如在草场管理中进行载畜量估算时,可以在载畜量与植物群落生物量之间建立数学模型,根据属性数据库中生物量数据,即可从植被类型图派生出载畜量图。生态类型图或生态区划图则是利用 GIS 的叠加功能将植被及生态因子进行叠加分析后产生的反映一个地区综合生态状况的图件。如我们可将植被、土壤、地貌、岩性四图叠加,就可产生一幅分类系统

以四者共同作为指标的景观生态类型图。在各种自然区划方案中,各区的划分问题一直存在争论,利用 GIS 则可得出客观的,反映综合生态特征的区划方案。如我们正在进行的全国生态区划,就是在植被气候相互关系研究的基础上,试图将植被、土壤、地貌、地质以及气候等因素综合起来,以数量排序及分类的方法进行叠加,相信可以得出比较客观地反映中国各区域生态特点的区划方案。

随着生态学家对区域及全球尺度以及长期生态变化的关注,随着 GIS 技术水平的提高,GIS 在现代生态学中将发挥越来越重要的作用。

第 *80* 章

我国开展生物固碳研究的关键科学问题及其研究进展与展望*

黄永梅[1] 龚吉蕊[1] 张新时[1,2]

(1 北京师范大学资源学院,北京 100875;2 中国科学院植物研究所,北京 100093)

摘要 随着温室气体浓度不断增加,全球变暖成为不争的事实,生物固碳作为一种目前最安全、有效、经济的固碳减排方式,已经引起了国际社会的普遍关注,成为学科交叉研究的热点领域之一。我国森林和草地生态系统的绝大部分,只拥有较低的碳密度,与各自的碳储存能力相比,还具有较大的固碳潜力。而粗放管理的农田生态系统通过科学的管理措施也可以固定大气中更多的 CO_2。本文在对国内外相关领域的研究进行总结分析的基础上,提出我国目前急需开展的生物固碳研究的关键科学问题:高固碳能力的转基因工程和物种筛选培育;生态系统固碳机理及固碳定量化研究;区域生物固碳减排模型模拟等。

关键词 温室气体减排,固碳效率,固碳机理,高固碳物种

---

* 本文发表在《中国科学基金》,2008,22(5):268-271。张新时为通讯作者。

工业革命以来,由于大量化石燃料的使用、森林过伐与草地开垦等造成温室气体特别是 CO_2 浓度剧增,地球的温室效应增加,导致长期的全球变化。全球变化及其影响已成为世界各国可持续发展的核心问题之一,也成为国际社会十分关注的政治经济和生态环境问题[1,2]。为防止气候变暖、控制温室气体剧增,人类必须控制人口、调整现有的能源结构、加强固碳工程建设[1,3,4]。生物固碳,作为温室气体控制的重要措施之一,正在成为相关学科的研究热点[2,5,6]。生物固碳工程对影响/适应和减缓气候变化以及可持续发展具有重要意义。目前急需就我国的实际情况,开展生物固碳的科学研究,促进生物固碳工程的实施,加强温室气体的减排,实现地区生态效益和经济效益的双赢。

1　生物固碳在中国温室气体减排行动中的重要地位

生物固碳就是利用植物的光合作用,提高生态系统的碳吸收与储存能力,是地球上最古老的固碳方式,是固定大气中的 CO_2 最经济且副作用最少的方法,受到特别关注[2,4]。陆地生态系统中含有大量的碳,是全球碳循环中的重要碳库,其贮存的碳超过 2 万亿吨(大气中的储量为 0.75 万亿吨)。而且,陆地生态系统对全球碳循环的贡献受人类对地表的改造活动的影响。温室气体的生物固碳减排措施主要包括生物质能源利用、农田和草原土壤固碳、造林、再造林及减少伐林等[2,4]。

长期的、过度的、不合理的利用方式使我国土地严重退化,森林、草地、耕地等主要生态系统的生态功能极度衰退,碳储量远远低于各生态系统潜在碳存储能力。我国的森林覆盖率不足 20%,碳储量目前达到了 47.5 亿吨,但平均碳密度(40 吨/公顷)只达到潜在植物碳储量的一半左右[7,8]。过度放牧与开垦草地使我国 90% 以上的草地发生不同程度的退化,中度以上明显退化的草原面积占总草地面积50%。通过不同的管理措施,可以大大提高草地的固碳能力[9-11]。我国目前的农田面积为 9500 万公顷,仅提高地面秸秆利用率,我国农田土壤碳(C)的平衡状态就可由当前的每年净排 9500 万吨 C,变为从大气中吸收 8000 万吨 C,我国耕地的土壤固碳能力巨大[12-14]。所以,生物固碳工程在我国的固碳减排潜力巨大。

我国现有生态系统巨大的碳存储潜力,将使生物固碳在我国温室气体减排中扮演重要的角色。同时,我国生态退化的现状已经危及社会经济的可持续发展,急切需要进行生态恢复和重建,生物固碳工程和碳贸易提供了空前的生态建设机遇。

2　国内外研究进展

全球气候变化影响下的中国陆地生态系统碳循环研究一直是我国近年来的研究热点之一,对不同生态系统的碳循环过程有了一定的认识,但从生物固碳能力角度开展的基础科学研究还很缺乏。近年来,随着对生物固碳在温室气体减排中的重要地位的认识及碳贸易的开展,与生物固碳相关的科学研究正成为国际上的研究热点,特别是在地理学、生物学等学科领域。

2.1　高固碳植物种和品种的选育

一般来说,植物利用太阳能的百分率是 1% ~ 3%,在同样气候条件下,不同的植物有不同的生产力和固碳潜力。通过选种育种和种植技术,可以提高植物的生产力,增加固碳效率[15]。多年生草本植物中,C4 植物的固碳速率比一般的 C3 植物要高,C4 植物和豆科植物的功能群组可以提高生态系统的固碳效率 5 ~ 6 倍[16]。种植高固碳效率的人工草地,其生产力可达到天然草地的 10 ~ 20 倍[17]。另外,各国都在积极开发和培育有发展前景的能源植物,包括杂交柳(*Salix* spp.)、杂交杨(*Populus* spp.)、柳枝稷(*Panicum virgatum*)、芦竹(*Arundo donax*)和融草(*Phalaris arundinacea*)等[18-20]。在广大的温带地区,具有高生产力、高热能值、易栽种(扦插)和萌生能力强的柳属灌木受到特别的重视,对之开展了广泛的实验和示范研究。在灌溉和施肥条件下,3 年生柳树的产量可以达到每年 27 吨/公顷,其生产力相当于天然林(比如针叶林)的 20 ~ 30 倍。美国通过几十年的杂交杨和杂交柳研究,培育了上千个品种,发展了适于不同生境的短期轮伐人工速生林[19-21]。近年来正在积极进行转基因杨树和转基因柳树的研究[20,22]。

在物种筛选培育高固碳速率的物种/品种的同时,针对自然生态系统的关键种或功能群也正在进行固碳过程和碳分配机理的认识,这是选育高固碳能力植物种/品种的基础,也是通过管理措施提高自然生态系统固碳能力的前提。如不同的桉树种在降雨影响下的固碳分配过程的研究等[23],结合光合速率和生产力评估不同竹类物种固碳能力差别[24]的研究等,都成为高固碳物种的研究内容。

2.2 生态系统管理措施的固碳机理研究

优化的固碳模式的提出,首先要基于对生态系统固碳机理的科学认识,不同生态系统及其管理方式对生物固碳能力的影响尤其重要。多年的研究结果表明,不同的土地管理方式和降雨量的变化对草原生态系统的固碳能力有明显影响,主要表现在土壤有机碳库的变化上[25]。草地生态系统中不同功能群植物组成对生态系统的固碳效率也具有显著影响[16]。通过灌溉管理增加糖分在甘蔗茎中的积累,可以提高生物质能的利用效率[26]。目前急需开展管理措施和环境影响因子相互作用下生态系统的生物地球化学循环过程和固碳机理的研究[25,27]。

土壤碳库在碳循环中占据中心地位,土壤碳库大约是植被碳库的 5 倍,大气碳库的 4 倍,并且土壤有机碳库是最稳定的碳库,有机碳可以在土壤中保持几百年[28]。土壤固碳过程及其机理,涉及生态学、土壤化学、土壤微生物学等多学科交叉研究,是固碳科学的难点和重点。国际农业已走向固碳农业,联合国粮食与农业组织(FAO)、美国、欧盟等国际组织和国家纷纷发起研究农田土壤固碳途径,加强评估国家农业固碳能力与固碳效益,开发固碳农业的技术体系,以争取在经济发展中的碳配额利益[28]。将碳保留在土壤中,能够在减少 CO_2 等温室气体的同时增加地力,保持土壤的可持续性。

2.3 区域生物固碳模型及固碳定量化评价研究

生物固碳在区域甚至全球尺度实现一定数量级的固碳量,才能起到减少大气 CO_2 含量、缓解全球变化的作用。在区域尺度定量化评估生物固碳过程对减排效果和国家能力建设都有重要意义[2]。在个体和生态系统尺度上对生物固碳的过程和机理进行研究和认识的基础上,近年来通过模型模拟的方法开展区域生物固碳潜力模拟研究成为热点,也是急需解决的科学问题。如 Kroodsma 等[28]通过 CASA 模型模拟分析了美国加利福尼亚州农业在近

20 年来的固碳能力,分析了不同农业生态系统的固碳能力及在区域尺度上由于土地利用方式的改变等原因造成的农业生物固碳潜力变化特点。美国橡树岭国家实验室估计了美国在各类农作物的总的种植面积中,有 1.57 亿公顷适合在无灌溉条件下种植能源作物[18]。多种生物固碳和减排措施的结合,对温室气体的减排是必不可少的[19]。各项措施的实施都要在土地上实现,使土地覆盖和利用方式发生改变,要实现生态和经济的双赢,在区域尺度的生物固碳研究急需开展模型和区域规划研究[20]。

3 急需开展的关键科学问题

根据目前国内外研究现状,结合我国的实际情况,目前急需开展涉及植物学、微生物学、分子生物学、生态学、地理学等学科的大规模、多学科、综合交叉研究,提高我国生物固碳能力和定量化评价技术。

3.1 高固碳能力的转基因工程和物种筛选培育

转基因工程和物种筛选培育的成果是生物固碳工程的基本保证,适宜物种的培育是广大严重退化土地生态重建的关键。通过基因工程,可提高物种对环境胁迫的适应性,提高生态系统的生产力和固碳能力。同时,高固碳能力的物种还可以表现为通过对个体碳分配比例的改变策略,提高植物的生产力和固碳效率。以速生丰产林工程为例,最重要的是要发展树种的选种和育种技术,在提高生产力的同时,提高木材品质。

我国拥有丰富的生物多样性,特别是在极端生境生长的植物。分布在青藏高原的高寒植被、干旱区的荒漠植被蕴含着丰富的抗旱抗寒耐盐碱耐贫瘠的植物种质资源和基因资源库。迫切需要开展多学科的综合研究,提取有效的基因功能组合,开发具有自主知识产权的高固碳转基因物种,提高我国生物固碳工程发展潜力和生态建设能力。

3.2 生态系统固碳机理及固碳定量化研究

生物固碳的潜力巨大,不同管理措施对生态系统固碳能力有明显的影响,但还缺乏对其固碳量、持续性、稳定性的准确理解,急需就我国的关键生态系统开展相关的生物固碳研究。

以下关于我国林业、草地、农田生态系统和土壤固碳的研究特别值得关注：温带草原应优先开展固碳机理及不同管理措施对草原固碳能力的定量化影响，提出优化的温带草地固碳模式；农田生态系统的固碳潜力研究应针对不同气候带农田生态系统，研究科学的管理模式提高农田固碳能力，并提出进行准确评估的相关科学方法；人工速生丰产林的固碳潜力研究在引进和开发高固碳效率的树种基础上，急需研究其固碳过程和机制，加强生态系统管理，提高人工林生产力；土壤固碳机理的研究，探讨增加土壤碳库或固碳稳定性的物理、化学和生物技术，并开展土壤固碳能力的定量化方法研究。

3.3　区域生物固碳减排模型模拟

生物的固碳减排能力与气候、土壤、水资源等条件紧密相关，在大规模实施生物固碳工程前，急需构建区域尺度的生物固碳模型，定量化模拟不同土地资源、生境条件和管理措施下的生物固碳潜力。在对不同生态系统固碳机理和定量化研究的基础上，构建区域生物固碳减排模型。特别是针对我们目前生态环境严重退化，形成了大面积的边际土地，急需开展生态恢复重建的现状，结合生物质资源物种筛选及其生物学特性的研究结论，开展生物质能源生产适宜土地资源评价，并结合区域特点进行区划，以形成生物质资源开发的不同区域特色。同时，急需开展区域生物固碳模型开发，定量分析边际土地的固碳模式和固碳潜力，指导国家科学开展生物固碳工程。

参考文献

[1] Herzog H, Eliasson B, Kaarstad O. Capturing greenhouse gases. Scientific American, 2000, 2: 72-79.

[2] Lai R. Carbon sequestration. Philosophical transactions of the Royal Society B, 2008, 363: 815-830.

[3] Brand D. Carbon Sequestration in Forests as part of an Emissions Trading Regime. "Emissions Trading" conference, July 12-13, 1999, Sydney, Australia.

[4] Hopkin M. The carbon game. Nature, 2004, 432: 268-270.

[5] Schroeder P. Carbon storage potential of short rotation tropical tree plantations. Forest Ecology and Management, 1992, 50: 31-41.

[6] Scurlock J M O, Hall D O. The global carbon sink: a grass-land perspective. Global Change Biology, 1998, 4: 229-233.

[7] Fang J Y, Chen A P, Peng C H et al. Changes in forest biomass carbon storage in China between 1949 and 1998. Science, 2001, 292: 2320-2323.

[8] 方精云, 陈安平. 中国森林植被碳库的动态变化及其意义. 植物学报, 2001, 43(9): 967-973.

[9] 陈佐忠. 中国典型草原生态系统. 北京: 科学出版社, 2000.

[10] 李凌浩, 刘先华, 陈佐忠. 内蒙古锡林河流域羊草草原生态系统碳素循环研究. 植物学报, 1998, 40(10): 955-961.

[11] 郭然, 王效科, 逯非等. 中国草地土壤生态系统固碳现状和潜力. 生态学报, 2008, 28(2): 862-867.

[12] 杨学明. 利用农业土壤固定有机碳: 缓解全球变暖、提高土壤生产力. 土壤与环境, 2000, 9(3): 311-315.

[13] 刘纪远, 王绍强, 陈镜明等. 1990—2000年中国土壤碳氮蓄积量与土地利用变化. 地理学报, 2004, 59(4): 483-496.

[14] 韩冰, 王效科, 逯非等. 中国农田土壤生态系统固碳现状和潜力. 生态学报, 2008, 28(2): 612-619.

[15] 张新时, 匡廷云. 优先发展高效光合生产力——建立4亿亩速生人工林与6亿亩高产人工草地绿色工程的建议. 中国科学院院士咨询报告, 2004.

[16] Fomara D A, Tilman D. Plant functional composition influences rates of soil carbon and nitrogen accumulation. Journal of Ecology, 2008, 96(2): 314-322.

[17] 张新时. 关于我国天然草地全面保育与建立六亿亩高产优质人工饲草基地的咨询报告. 中国科学院院士咨询报告, 2005.

[18] 段雷, 黄永梅(译). 可持续能源的前景. 北京: 清华大学出版社, 2003.

[19] Lemus R, Lai R. Bioenergy crops and carbon sequestration. Critical Reviews in Plant Sciences, 2005, 24(1): 1-21.

[20] Davison B. The role of systems biology in bioenergy at ORNL. Oak Ridge National Laboratory Paper, 2007, pp. 1-59.

[21] 张新时. 关于我国发展四亿亩速生丰产人工林的咨询报告. 中国科学院院士咨询报告, 2005.

[22] E L-Khativ R T, Hamerlynck E P, Gallardo F et al. Transgenic poplar characterized by ectopic expression of a pine cytosolic glutamine synthetase gene exhibits enhanced tolerance to water stress. Tree Physiology, 2004, 24(7): 729-736.

[23] Paul K L, Jacobsen K, Koul V et al. Predicting growth and sequestration of carbon by plantations growing in regions of low rainfall in southern Australia. Forest Ecology and Management, 2007, 254: 205-216.

[24] Gratani L, Crescente M F, Varone L et al. Growth pattern and photosynthetic activity of different bamboo species growing in the Botanical Garden of Rome. Flora, 2008, 203(1):77-84.

[25] Demer J D, Schuman G E. Carbon sequestration and range-lands: a synthesis of land management and precipitation effects. Journal of Soil and Water Conservation, 2007, 62(2):77-85.

[26] Inman-Bamber N G, Bonnett G D, Spillman M F et al. Increasing sucrose accumulation in sugarcane by manipulating leaf extension and photosynthesis with irrigation. Australian Journal of Agricultural Research, 2008, 59 (1):13-26.

[27] Kucharik C J, Brye K R, Nonnan J M et al. Measurements and modeling of carbon and nitrogen cycling in agroecosystems of southern Wisconsin: potential for SOC sequestration during the next 50 years. Ecosystems, 2001, 4(3):237-258.

[28] Kroadsma D A, Field C B. Carbon sequestration in California agriculture, 1580—2000. Ecological Applications, 2006, 1(5):1975-1985.

Key Issues in Studying Biotic Carbon Sequestration in China

Huang Yongmei[1], Gong Jirui[1], Zhang Xinshi[1,2]

(1 College of Resources Science and Technology, Beijing Normal University, Beijing 100875;

2 Institute of Botany, Chinese Academy of Sciences, Beijing 100093)

Abstract　　Because of the fact of global change caused by emission of green house gases (GHG), developing technologies to reduce CO_2 emission has attracted world-wide attention. There is a special interest in biotic carbon sequestration, because it is the safest, and most cost-effective. In China, the forest and grassland share a great part of carbon sequestration capability, however their current carbon banks are rather lower than the potential capability. In addition, more carbon could be stored in the arable land from the atmosphere under scientific ecosystem management. Key issues in studying biotic carbon sequestration were summarized by reviewing existing studies, including the transgenic cultivation and specific filtration of high carbon sequestration species, the process and quantitative evaluation of ecosystem carbon sequestration, the development of carbon sequestration model on regional scale, and so on.

Key words　　GHG emission reduction, sequestration effectiveness, process of biotic sequestration, high carbon sequestration species

第 *81* 章

有关生物多样性词汇的商榷*

张新时

（中国科学院植物研究所）

生物多样性是 20 世纪 80 年代以来不仅在生物学界，而且在政界与社会公众中十分流行且得到极大关注的人类环境与生存问题。李鹏总理在参加 1992 年于巴西里约热内卢召开的联合国环境与发展大会时，代表我国政府签署《生物多样性公约》，并通过《21 世纪议程》，从而做出了我国对世界环境与生物多样性保护的庄严承诺。

在生物多样性的研究与实践中，国际上发展了一系列新的科学名词或术语，其中一些重要的名词在我国尚缺乏确切的含义或一致的称谓。这不仅不利于研究和实践的需要与发展，也有碍于科学的定义和公众的理解。在国际学术交流，尤其是与我国台湾或其他华语地区和国家的沟通方面产生不便。以生物多样性"保护"这一重要的概念和名词而言，在英文中主要有三个名词表达出不同层次、程度与含义的"保护"，但在汉语中却只用一个"保护"来表达，造成概念的含混与不确切。

在联合国教育、科学及文化组织（UNESCO）（1994）所编的《环境与发展简报——生物多样性专辑》（Environment and Development Briefs—Biodiversity）中明确地使用了"保存""保护"与"保育"三个名词：

preservation（保存、保留）：为了维持生物个体或其组合（但不是为了其进化的变化）而制定的政策或方案，如动物园与植物园等。

protection（保护）：在自然区域中为了保护生物多样性而对人类活动的控制或限制。

conservation（保育）：指对生物资源持续发展的各种管理行为，即不仅可以为这一代获取最大的利益，同时维持其潜力以满足未来世代的需要。因此，保育之不同于保存和保护，在于它可以提供给自然群落在该条件下长期的保持和继续进化的潜势，以及投入了积极的人为管理行为，而不是消极的"保存"和单纯的"保护"。

如果进一步从这三个词汇的英文含义来理解则更有助于明确其区别。在第三版《Webster 新国际词典》（1981 版）中是这样阐释这几个词汇的：

"preservation（保存的名词）：保存的行为或被保存的状态。

preserve（保存的动词）：1）保持安全免于损害、伤害或毁灭；保卫或防护。2）保持存活、完整无缺、存在，或免于腐烂。3）保持或贮存以免于腐败。"

"protection（保护）：保护的行为；被保护的状态或事实；免于危险或伤害的隐蔽处。"

"conservation（保育）：1）深思熟虑的、有计划的，或考虑周到的保存、保卫或保护；一种安全或完整状态的保持。2）通过政府权威，或私营协会，或企业对某种事物的照管、保护和监护，如：a. 对一种自然资源的有计划管理以免于开采、毁灭或无人照管；b. 特别是一个制造厂对一种自然产物的明智利用，以免于浪费，并保证被耗尽资源的将来利用。3）一种关于协调与规划如何实际应用生态学、湖沼学、土壤学及其他对于保存自然资源十分重要的学科资料的知识领域。"

---

* 本文发表在《中国科技术语》，2005，7（2）：50-51。

由上述关于 conservation 的阐释可以理解到这是一类比"保存"和"保护"更高层次与水平的科学管理行为,应当在字面上予以区别。以汉语词汇之丰富与很强的表现力,应该对这三种不同程度与性质的行为加以区别而相应采用不同的名词。在日本和我国台湾的科学文献及行政条文中已用"保育"一词来表达 conservation。希望我国大陆的生物科学与环境科学学者以及管理者能够接受并使用这三个有确切的科学含义的名词:保存、保护与保育。

除此以外,在生物多样性研究中还有几个常用的重要名词也应当有统一的汉语名称,如 restoration 与 biome。restoration 一词在《Webster 英文大词典》中的解释是:"复原到一种未受损的或更为改进的状况"与"被修复、复原、更新、重建的状态"。因此,restoration 不是简单的恢复(recover),而具有更为积极的更新与重建的意义。Todd(1988)将 restoration ecology 理解为两种十分不同的发展途径:

第一种类型的重建生态学是试图重新建造真正的过去的生态系统,尤其是那些曾遭到人类改变或滥用而毁灭或改变了的生态系统。在重建中强调选择正确的种类组合,并尽力重建原来的生态关系。重建意味着系统结构与种类的重新组装。重建的生态系统的重要价值在于维持当地重要的基因库。

第二种类型的重建生态学是对那些由于人类活动已全然毁灭了原有的复合系统和多样的生境而代之以退化的系统。在此,重建生态学的目的是要建立起一个符合人类经济需要的系统。重建所用的种类可以是原来的种类,也可以不是。往往所采用的植物或动物种不一定很适宜于当地的环境条件,但具有较高的经济价值,或采用各种先进的工程措施以加速生态系统的重建。这种把重建自然的需要与人类的经济需要相互结合起来的途径可能是恢复地球陆地植被的更重要方法。

由于 restoration 如此丰富的内涵,似应译作"重建"而不是简单的 recovery——"恢复"。

在有关生物多样性与全球变化的科学文献中,biome 是一个重要的单元。在生态系统多样性中有下列组成与层次,即:biomes、bioregions(生物区)、landscapes(景观)、ecosystems(生态系统)、habitats(生境)、populations(种群)。biome 是生态系统单元中的最高层次,过去译作"生物群落"或"生物群系",均不确切。Biome 是一个主要的陆地或海洋的生态区(如热带雨林 biome、热带海洋 biome、荒漠 biome、冻原 biome、针叶林 biome 等),是一系列连续的生态系统。在 1995 年由联合国环境规划署(UNEP)发行的《全球生物多样性评估》专著(Watson et al.,1995)中更明确地将 biome 定义为:一个洲级尺度的区域,以其特殊的植被与气候为特征。可见,biome 是具有一定气候代表性的生态系统类型的区域,既有类型的概念,也有区域的范畴,是以植物功能类型的特殊组合为特征的。因此,biome 可译作"生物群区",较强调"地带性"原则。

最简要的生物群区系统(Stolz et al.,1989)如下:

热带雨林	温带草原
热带季雨林	冻原与高山草甸
温带常绿林	荒漠小灌丛
温带落叶林	岩石、冰与沙
寒温(北方)针叶林	耕地
疏林与灌丛	城市
稀树草原	

此外,还有 Matthews(1983)、Dickinson(1986)、Holdridge(1947)与 Box(1978)等的生物群区分类系统。

第82章
关于生态重建和生态恢复的思辨及其科学含义与发展途径*

张新时

（中国科学院植物研究所，北京　100093；北京师范大学资源学院，北京　100875）

摘要　ecological restoration 是现代生态学最活跃的关键行动之一，在我国被译为"生态恢复"。经查验其英语含义和演变过程，建议正名为"生态重建"，指在人为辅助下的生态活动。而"生态恢复"（recovery）在国际文献中指没有人直接干预的自然发生过程，二者不容混淆。作者强调自然恢复和生态重建的三类时间尺度，即地质年代尺度（千、万、亿年）、自然生态系统世代交替和演替尺度（十、百、千年）和生态建设时间尺度（一、十、百年）。前二者为自然恢复尺度。三者相差 2~3 个数量级或更多。人类不能超尺度地依赖自然恢复能力，自然与人为时间尺度的不匹配是自然恢复难以满足人类社会生态需求的根本原因。作者质疑"以自然恢复为主"和"从人工建设向自然恢复为主的转变"提法，认为把生态重建的责任推诿给自然去旷日持久地恢复，是不负责任和不作为的逻辑并有悖于"谁破坏，谁补偿；谁污染，谁治理；谁享用，谁埋单"的全球环保公理和生态伦理观念。除恢复重建自然的生态系统外，还要发展人工设计生态方案等未来生态重建途径。

关键词　人工设计生态方案，生态整体性，生态重建，外来种，历史真实性，自然恢复，时间尺度

---

* 本文发表在《植物生态学报》，2010，34（1）：112-118。

An Intellectual Enquiring about Ecological Restoration and Recovery, Their Scientific Implication and Approach

Zhang Xin-Shi

(Institute of Botany, Chinese Academy of Sciences, Beijing   100093, China;

College of Resources Science and Technology, Beijing Normal University, Beijing   100875, China)

Abstract

Aims   Ecological restoration is one of the most active and key activities in contemporary ecology. But, it has been translated in Chinese as "ecological recovery". By means of checking its English meaning and evolved processes, it is suggested that, instead of "recovery", change it in Chinese as "ecological reestablishment". Because ecological restoration must involve human intention or agency, it is fundamentally about assisted recovery that works to accelerate natural processes. But, in case where ecological processes have worked unassisted or something that can happen by nature itself without human agency, the term, "recovery" should be used.

Important findings   There are at least three time scales for natural recovery and ecological restoration. They are the geologic period scale ($10^3, 10^6, 10^9$ a), ecosystem regeneration and succession scale ($10, 10^2, 10^3$ a), and ecological restoration scale ($1, 10, 10^2$ a). The 1st and 2nd scale are time scales for natural recovery, they are $10-10^2-10^3$ times longer than ecological restoration periods. Humans could not over-scaled depending on the capacity of natural recovery. The incompatibility of natural recovery and restoration in time scales is the basic cause of why natural recovery cannot meet the ecological demands of human society. The author raises doubt to the statement of "put the natural recovery as the major objective", and "transfer the major objective from the ecological restoration to natural recovery". The author believes that to shift responsibility of restoration onto nature itself and recovery at long-last recovery is the logic of lazybones and unwilling to be responsible. That is violation of the acknowledged global environmental truth that "who destroys, who should compensate; who pollutes, who should eliminate; who enjoys, who should pay". Besides recovery and restoration natural ecosystems, designed ecological solutions will go beyond restoring a past ecosystem, but create a kind of coupled natural-artificial ecosystems that will be part of a future sustainable world.

Key words   designed ecological solutions, ecological integrity, ecological restoration, exotic species, historical fidelity, natural recovery, period scale

生态重建(ecological restoration)是自 20 世纪 80 年代以来生态学领域最活跃的关键行动之一。尤其是进入 21 世纪以来,由于国际社会和学界对地球生态与环境退化和健康的关注,生态重建受到极大的重视,设计生态方案(designed ecological solutions)观念和方法的发展则使生态重建进到更高的层次。我国政府对生态建设有极大的投入,生态建设的学术用语就是生态重建。

本文不仅是关于生态重建的科学定义和特征的一个综述,而且试图对目前我国生态学界和管理部门通行的"生态恢复"理念和发展途径提出质疑。

主要讨论 3 个问题:1)"生态重建"(restoration)和"生态恢复"(recovery)是不是一回事?二者有什么本质区别? 2)生态重建是以生态系统的"自然恢复"为主,还是以"人工建设"为主? 3)生态重建的未来发展途径是什么?

1   生态重建还是生态恢复?

ecological restoration 在 20 世纪 80 年代初引进中国大陆时被译为"生态恢复",在中国台湾则译作

"生态复旧"。后者似不可取,唯"生态恢复"一词先入为主,使用至今,已成为我国生态学界通用的术语。但随着对 ecological restoration 理解的加深,尤其是一系列与其十分接近的词语的大量出现,造成用法上的混乱和理解上的概念混淆,甚至在生态理念上的歪曲。因此本文试图为 ecological restoration 正名,并为与其相关的几个词语定名,厘清其科学含义。

ecological restoration 是一个多种相近词的词汇,这些词大都是以"re"(又、复、再、重新)为前缀,以动词(建、存、植、住……)为词干,以 tion(ion)为后缀词尾的词。姑且可称为生态学中的"re"家族,它们的名单如下:

Restoration	重建
Reclamation	复垦
Rehabilitation	复原
Remediation	修复
Revegetation	再植
Reforestation	再造林
Reseeding	再种草
Regeneration	更新
Recovery	恢复

restoration 在 *Webster's Third International Dictionary of the English Language*(1976 版)中的一个释义如下:"a putting back into an unimpaired or much improved condition"。在其 1981 版中的一个释义是:"the act of restoring, state or condition of being restored, replacement, renewal, reestablishment"。在 *The Oxford English Dictionary* 对 restoration 的动词 restore 的 9 个释义中的 6 个都不仅限于"回复到原来的状况",而是要有所改善。并且在所有的解释中都没有用"恢复"(recover 或 recovery)这个词。根据 restoration 的英文结构与科学含义,作者认为译作"重建"较为合理。

ecological restoration 的先驱者是 2008 年辞世的著名英国生态学家 A. D. Bradshaw。他对生态重建的理解是:"生态重建实质上是一种企图要人为地克服那些限制生态系统发展因素的过程。"他指出生态重建的性质:"生态重建在实际操作方面通常是以工程或财力的考虑为主的,但其主要的逻辑(机理)却必须是生态学的"(Bradshaw,1987)。北美的学者一般倾向于认为生态重建是将景观回转到其"原生"状态的目标,即重建在人类造成退化之前

的状况。多数欧洲学者所研究的景观已有数千年的人居历史,他们质疑前者的提法,认为在世界多数地区"原生"一词已没有多少意义。不论如何,在生态重建的实践和理论中都要涉及重建结果的生态系统的质量和历史范畴,即生态系统的"整体性"(ecological integrity),包含一个生态系统的生物多样性特征,如种类组成和群落结构,以及所有维持生态系统正常功能与过程因素的整体性。另一点是生态系统的"历史真实性"(historical fedility),即要不要恢复到"原生"的状态(Bradshaw and Chadwick,1980)?

对 restoration 有大量的概念和不同的见解,以及应用上的内在矛盾。国际生态重建学会(Society for Ecological Restoration International,SER)自 20 世纪 90 年代以来几乎每两年就有一次关于 restoration 的"定义之战"。定义 restoration 的一个主要作用就是要划清界限。一个定义既不可过于狭窄和过于严格而被排除于生态经营实践之外,又不宜过于宽泛,以免被混淆于一大堆不相干的观念之中。该定义既要显示生态学的实质,又要具有文化意识上的意义(Higgs,2003)。

Bradshaw 于 1980 年给出了生态重建的第一个定义:"restoration 作为一个总括的术语,用以描述下述所有这些行动:企图提高被损伤土地质量或等级的行动,或恢复被破坏的土地,使其重新有利使用,处于生物潜势被恢复的状态"(Bradshaw and Chadwick,1980)。

国际生态重建学会 1990 年的定义寿命较长,也最有争议:"生态重建是一个有意于改变一个生境而去建立一个定义明确的、本土生长的、有历史的生态系统的过程。这一过程的目的是要仿效一个特定生态系统的结构、功能、多样性和动态。"该定义对什么是 restoration 缺乏一致的意见,也不明确生态重建者们到底想完成什么任务。对什么是"本土",在美国与欧洲的学者之间有很大分歧,本土的概念是否要追溯到千年以前(Higgs,2003)?

美国国家研究理事会(National Research Council,NRC)于 1992 年提出了一个冗长但被广为引用的定义:"restoration 被定义为一个生态系统返回一个十分近似于受干扰之前的状况。在重建之中,资源的生态损伤得到修理。生态系统的结构与功能都得到恢复。仅仅恢复了外形而不是功能,或者是仅具有一个人工外表的功能而与自然资源很少相似则不能作为重建。重建的目的是要仿效一个自

然的、功能性的、自我调节的,并与其在其中出现的
生态景观相整合的系统。通常,自然资源的重建要
求下列过程之一:先成的自然水文与地貌条件的重
构;环境的化学清除或调整;以及生物措施,包括再
植和重新引进已不存在或目前不能存活的原生种
类”(National Research Council,1992)。

John Cairns 将科学的与社会的因素考虑融为一
体:“生态社会学的 restoration 乃是重新检视人类社
会与自然系统关系的过程,因此修理与破坏可以平
衡,或者,重建的实践最终将超过破坏的实践”
(Cairns,1995)。该定义特别强调了人类社会的
作用。

国际生态重建学会(1996)的正式定义:“生态
restoration 是一个协助生态整体性的恢复与管理的
过程,生态整体性包括一个在生物多样性、生态过程
和结构、地区与历史范围与可持续化实践等变异性
的严格范围”(Higgs,2003)。

国际生态重建学会(2002)的最新定义:“生态
重建是协助一个遭到退化、损伤或破坏的生态系统
恢复的过程”(Ecological restoration is the process of
assisting the recovery of an ecosystem that has been de-
graded,damaged,or destroyed)(Society of Ecological
Restoration International,2002)。该定义简明扼要,
得到一致公认,被沿用至今。

国际生态重建学会提出重建生态系统的 9 个特
征,可大致归纳如下:

1)重建的生态系统具有适当的群落结构,应尽
可能由当地种构成。但在重建的人工生态系统中则
容许引入外来的驯化种。应包括对生态系统继续发
展和稳定性必需的所有功能群,或有潜力通过自然
的途径迁入的种。2)已重建生态系统必须具有正
常的自我维持能力,能维持种群的繁育,并在现存环
境状况下具有长期坚持的潜力。已重建生态系统在
它发展的各个生态阶段都应具备正常功能。3)自
然环境应当适合于重建生态系统种群的持续繁衍,
是为生态系统稳定性和发展所必需的。已重建生态
系统可适宜地整合于一个较大的生态体系或景观之
中,与之通过非生物和生物流及交换发生相互作用。
4)已重建生态系统具有足够的适应力,耐受当地环
境中发生的正常周期性压力事件或因偶然干扰事件
而波动。已重建的生态系统可以随着环境状况的变
化而进化(Society of Ecological Restoration Interna-
tional,2002)。

以下探讨一下生态重建的“re”家族中的其他词
语的名称和含义:

Reclamation:复垦,类似于重建,意为挽救某种
事物于一种不良状态中。复垦的目的通常是改造由
于提取资源或不良经营而受到损害的土地使其成为
有生产力可利用的土地。该词来自 18 世纪后期的
环境专门名词,用于描述使土地适于耕作的过程。
亦专用于矿业的土地复垦,如矿坑回填、矿区土地平
整、露天矿表土覆盖、种植与植被再植等,以及其他
目的的土地再造。复垦的主要目标包括稳定地层,
保证公共安全,增强美感,其目的通常是一种使土地
恢复到在一定区域范围内被认为是有用的状况
(Schwarz et al.,1976)。

Rehabilitation:复原,几乎是复垦的同义词,意为
重建或恢复到原先的状况,或为在一次干扰后重建
一个替代的生态系统,虽不同于原来的,但具有实用
价值而不是保育价值(Allen et al.,2000)。复原是
一个更灵活的词,可为严格生态目的的重建,或为建
立一种在审美意义上可接受的生态状况,或者是在
复原中历史的真实性较低于重建。“复原”与“重
建”共有的一个基本焦点在于以历史的或原有的生
态系统作为模式或参照系,但是这两个活动的区别
却在于它们的目的和策略。复原强调生态系统过
程、生产力和服务功能的修理,而重建的目的还包括
再建原有生物群落的基于种类组成和群落结构的整
体性。即使如此,作为广义的重建包含了被认为是
复原的大多数工程。

Remediation:修复,与复垦的意义有密切的关
联,意为修复受损害生态的过程,这是涵盖在重建内
的主要工作。但修复缺乏对历史状况和生态整体性
恢复的关注使其与重建相区别。

Revegetation:再植,是一个普通词,具多种含
义。基本上是指在一个植被被剥光或表现出不能自
然再生植被的地面上建立植被覆盖。该过程包括种
植和播种,并不特指要使用原生种类。自然的再植
是指没有人类干预而建成一片植被覆盖的生态过
程,此中原生种可有可无。通常,一片受到干扰的土
地上发生的杂草种是主要的先锋植物。再植一般是
土地复垦的一个组分,可以仅仅是建立一个或少数
种。具有较强生态性的复垦工程可以作为复原甚至
是重建。林木的再植是“再造林”(reforestation);草
地的再植是 reseeding(Ford-Robertson,1971)。

Regeneration:更新,是一个在营林学中早已惯

用的专业词,是指在林地上林木天然下种或萌芽形成幼树的世代更替过程。天然更新是无人类干预的自然树种世代更替过程,人工更新则是由人工播种或植苗而进行的。此名词在生态学中不常用。

Recovery:英文中与汉语词汇"恢复"最确切的对应词。恢复是指自然回到原来的事物,即回到生态系统被干扰之前状态的生物地球化学过程(Higgs,2003)。北美东部(New England)的森林在强度的采伐和农耕后不到 200 年达到巨大的自然恢复(得益于农民放弃东部寒冷和石质的牧场而趋于中西部肥沃的田地),被称为"绿色爆发",是自然恢复的最好例证(Higgs,2003;Clewell and Aronson,2007)。恢复并不意味着已恢复的土地必须是在历史真实性意义上的重建。然而,自然恢复有时很难回到干扰前的正常生态系统。当生态系统被外来种所啮食,感染持久的毒素,或自然恢复相继被阻断而难以自行回到早先的状态时,就必须有人为的干预。只有生态重建的努力——细心的再植和生态管理(森林经营)才能使之得到恢复(Society of Ecological Restoration International,2002)。

由上述的介绍和讨论可知,"恢复"的发生是没有人直接参与的,"生态重建"却是在人为活动的辅助下实施的,这就是"恢复"与"重建"的根本区别,二者不容混淆。"生态重建"不仅英文释义不同于"恢复",其科学含义与技术也要比"生态恢复"丰富得多,在生态管理中处于更高的层次。这一点也正是作者建议将 ecological restoration 译作"生态重建"的理由。

2　自然恢复为主,还是人工重建为主?

近年来生态重建(恢复)在我国社会层面引起关注,并形成两种对立的观念。

1)一种流行的传统观点认为:生态恢复(ecological restoration)要以发挥生态系统的自我恢复能力为主,要从人工生态建设转向以自然恢复为主。例如,《中华人民共和国国民经济和社会发展第十一个五年规划纲要》第二十三章"保护修复自然生态"规定:"生态保护和建设的重点要从事后治理向事前保护转变,从人工建设为主向自然恢复为主转变,从源头上扭转生态恶化趋势。在天然林保护区、重要水源涵养区等限制开发区域建立重要生态功能区,促进自然生态恢复。"

2)另一观点认为由于人类破坏植被与环境的速度远超过自然恢复的能力,自然生态恢复的时间尺度与人为活动(利用、需求或破坏)的尺度有数量级上的差异,因此必须尽可能地人工促进生态重建,加强生态建设,不能旷日持久地消极等待自然恢复。

"主要依靠生态系统的自我恢复能力进行生态系统的恢复与重建",这是经典或传统生态学的观点。在自然生态系统退化不严重,基本上保持着原来的系统结构和环境条件的情况下,这样说在理论上是正确的。但在我国许多地区自然生态系统经过长期强度利用和开发而严重退化,其结构已遭到破坏,甚至环境(土壤和局地气候)都发生了很大变化,原来的自然生态系统基本上已不存在或已丧失了自我恢复能力的情况下,仍要强调"自然恢复",甚至作为国策,就是不符合实际的教条,是不作为的推托和有悖于生态道德伦理、极度不负责任和消极有害的观念;是把人类不合理行为对自然欠下的孽债和应负的责任推诿给自然去成千上万年地慢慢恢复的迂腐决策。

人类的需求和行为与自然进化和发育之间存在着巨大的时间尺度上的差异。这是造成经济发展和生态保育相矛盾或不匹配的重要机制,也是人天不和谐的主要原因。生态重建和恢复应当有时间尺度观念,不可超尺度地依赖生态系统的自我恢复能力。"一万年太久,只争朝夕"。在重建生态学范畴主要考虑 3 类时间尺度:1)地质年代尺度:千年-百万年-十亿年(10^3-10^6-10^9 年),例如生态系统中的土壤亚系统形成和恢复通常需要千年到万年,甚至更长的时间过程;2)生态系统世代交替和演替尺度:十年-百年-千年(10-10^2-10^3 年),例如北方寒温带针叶林的世代天然更新通常需要 400~500 年或更多时间;3)生态建设(人类活动)尺度:1 年-10 年-100 年(1-10-10^2 年),人类的世代更替不过 30~50 年,社会经济活动则是以 5~10 年计的。

可见,自然恢复的时间尺度是在百年-千年-万年以上,甚至是数十-百万年的数量级。尤其是要恢复生态系统的整体性,即包括其结构与功能的完全恢复所需时间比仅仅出现一些先锋性的植物要长得多,一旦生态系统的整个结构(包括土壤)遭到破坏,则其自然恢复通常在 10^4~10^6 年或以上。例如,东北红松林的自然更新至少需要 300~400 年。北京西山的次生灌丛已有 2000 年以上的历史,在土壤完全被冲刷流失殆尽,露出基岩的情况下,则永远不能恢复。山东沂蒙山区的花岗岩与石灰岩山地,从春秋战国至今已有 2000 余年的破坏史,童山濯濯,裸岩累累,其自然恢复遥遥无期。内蒙古草原的恢复:四大沙地在台地上需要 50~100 年或以上,在流动沙丘情况下,可能要 500~1000 年或以上,黑钙土草甸草原地带 1 m 厚黑土层的形成需 10^5 年。极端的情况是岩溶(喀斯特)石灰岩上形成 1 cm 的残积土层要 10^6 年,20~30 cm 要 $(2\sim3)\times10^7$ 年。而人口增长、经济发展与工农业开发,如森林采伐、土地开垦和草原过度放牧等人类活动的速度与强度则是以日、月、年计的,其作用过程是快速度、高强度、高频率、短周期和大面积的,与生态系统自我恢复的时空尺度极不相容。一般来说,生态系统自我恢复的速度和规模远不能适应、赶上和满足人类社会的需求和消耗速度,现代人类先进生产力和发展速度对资源利用(包括破坏)的时空尺度要超过自然恢复能力 2~3 个数量级。这种自然与人类的时空尺度的不匹配和超尺度地依赖生态系统和环境的自然恢复能力,就是自然恢复难以满足当前社会生态需求的根本原因,决定了自然恢复主义者乌托邦的必然幻灭。

例如,美国西北的天然红杉(*Sequuoia sempervirens*)林和花旗松(*Pseudotsuga menziesii*)林采伐后,法律规定必须在两年内人工植苗更新,45 年后即可成林再伐;如靠天然下种更新,需要 200~300 年或以上。北美西部森林自然更新条件十分优越,尚且立法必须人工更新森林。我国大部分天然森林的自然更新和生长条件远不及北美西部,却在政府发展纲要中明令以"自然恢复"取代人工建设!? 如果我国仍处于经济十分贫困落后、民不聊生的状况下,就只能实行"封山育林",旷日持久地消极等待自然恢复,是可以理解的无奈之举;但我国目前经济发展已具一定实力;在中央领导决心改变我国自然环境和生态系统严重退化的状态、大力发展生态建设之际,提出如此消极的生态战略,可谓是对生态重建理念的严重缺失。

党的十七大报告(2007 年)中,多次强调生态文明和加强生态建设:"加强水利、林业、草原建设,加强荒漠化石漠化治理,促进生态修复。加强应对气候变化能力建设,为保护全球气候做出新贡献。" 2009 年的政府工作报告充分具体地落实了国家今后的生态建设任务。这是党中央和政府从科学发展观出发,把生态建设作为建设和谐社会的重要组成部分和核心内容,是对生态重建的肯定和极大重视。从而可以认为"从人工建设为主向自然恢复为主转变"的消极生态战略方针已被否定。

另一方面,按照"谁破坏,谁补偿;谁污染,谁治理;谁享用,谁埋单"的全球环保原则,人类社会(或其后代)就应当以相应于经济发展与人口增长的速度、强度与规模投入必需的能量、物质、人力、智力、技术与资金以辅助和加速自然生态系统和环境的恢复重建,弥补对自然的巨大亏欠和时空差距。必要时以工程措施促进生态系统与生物多样性的恢复重建。在自然环境恶劣和生态系统遭到过度破坏的情况下,尤须人工重建。

当然,大面积过牧草原和被破坏的荒漠难以全用人力重建,可以一方面通过退牧封禁使天然植被和野生动物群得以休养生息,但其前提和保证是积极的人工重建:择地建设高产优质的人工饲草基地,采用现代化舍饲畜牧业的集约产业化生产方式,以取代粗放、低生产力和对生态不友好的天然草地放牧生产方式,而不是毫无作为地坐等自然恢复。我国天然林虽已明令保育禁伐,但通过封山育林自然恢复的次生林质量甚低,不论其经济价值和生态功能均远远不及顶极树种的原始林;且其自然恢复,因不同情况需要数百年到上千年的时间。因此在有经济和技术能力的情况下,应通过培育目的树种苗木人工更新的方式辅助和加速天然森林的重建。

3 生态重建的两类发展途径

通常意义的生物多样性保护只是强调对现存物种的保护,这是远远不够的。在许多地区,尤其是具有悠久开发历史的我国,原始状态的生态系统所存无几,大部分遭到长期人类活动的影响而发生了不同程度的变化、损伤,甚至毁灭。在这种情况下,单纯的保护已经不能使这些被损害的生态系统得以恢复,而需要采取各种生态重建的措施。生态重建有两类不同的发展途径(Todd,2005)。第一类型的生态重建试图重新建造真正的过去的生态系统,尤其是那些曾遭到人类改变或滥用而毁灭或变样的生态系统。在重建中强调原有系统结构与种类的重新建造,其重要价值在于维持当地重要的基因库,以及对自然进化形成的适应性和生存竞争胜利者的承认和尊重,同时又是对在人类"征服自然"战争中的失败者和牺牲者的挽救和复生。第二类型的生态重建是对于那些由于人类活动已全然毁灭了的原有生态系统和生境代之以退化的系统。在这里,生态重建的目的是要建立一个符合人类经济需要的系统,重建的生物种类可以是,也可以不是原来的种类,往往所采用的植物或动物种不一定很适于环境但具有高的经济价值,或采用各种先进的工程措施以加速生态系统的恢复。也许,只有这种把重建自然的需要与人类的经济需要结合起来的途径才是恢复地球陆地植被的唯一有效的方法。

4 生态重建的前景——人工设计的生态方案(designed ecological solutions)

2004年美国生态学会生态远景委员会提出:"人类赖以生存的自然服务功能将越来越难以维持,人类未来的环境很大一部分将由不同程度人工影响的生态系统所组成。一个可持续的未来要求科学在设计生态方案方面取得更大的进展,这种方案不只是通过自然保育和恢复,更需要通过人类对生态系统有目的地干预而提供积极的服务。从研究现有未被扰动的原生生态系统向以人类为重要组分、聚焦生态系统服务和生态设计的新生态系统的研究转型,将为维持地球生命的质量和多样性奠定科学基础。""这种人工设计生态系统并非用来代替自然生态系统,但它们将成为未来可持续世界的一部分。"(Palmer et al.,2004)人工设计的生态系统已超越了将生态系统修复到过去状态的传统理念,它要求创造一个功能完善的生物群落,并与人类耦合成自然-社会复合生态系统,使其为人类提供最优的生态服务。这种系统可以设计成通过组合各种技术手段,并搭配以新型的物种组合来减缓不利的生态影响,并有利于形成特定的生态服务功能。通过丰富人工生态系统的多样性:合理的、多种类间作、混作、轮作、与多层次(乔、灌、草、水体等)结构配置,或农、林、牧(草)、副、渔的多种经营组合来达到生物多样性与经济需要相结合的目的构成的"农林牧复合系统"(agroforestry)是十分符合重建生态学与生物多样性原则的,近年来得到极大重视,并作为生态农学的一个主流而迅速扩展。我国生态学家所

提出的大农业生态学与生态工程在这方面进行了全面的理论阐述、实践经验的总结,并提出优化模式,从而奠定了重建人工生态系统的良好基础。这对于我国退化生态系统的恢复重建与优化人工生态系统的构成具有重要意义,也是对丰富生物多样性的高层次综合措施。一个成功的人工设计生态方案必须通过严格的科学实验和反复的调整组配才能适应我们这个不断变化的星球。

我国近年提出的区域性"生态-生产范式"就是对于人工设计生态方案的一个尝试(张新时,2000;慈龙骏等,2007;张新时和唐海萍,2008)。这个生态方案首先必须基于当地的自然-历史背景,遵循生态地理(气候、水文、植被、地貌和地质结构等)的地带/非地带性规律,同时也要符合于当地的经济发展状况、水平和需求。既要科学地分析当前的客观存在,又要考虑到历史的传承和文化传统;更要有前瞻性地预料到未来的科学技术进步和发展的趋势。要着眼于科学的发展观,而不拘泥于目前的低水平和短视的当前利益。其关键是要以先进生产力和集约的、生态/环境友好的发展方式取代生产力落后、粗放和生态/环境不友好的发展方式。但是,"生态-生产范式"还不是一个完全成熟的科学概念,也不具备完整的结构和内涵,它还有待不断地深入研究和改进,从而使其可能在生态重建中有助于生态方案的设计。

参考文献

Allen EB,Brown JS,Allen MF(2000).Restoration of plant,animal,and microbial diversity.In:Levin S ed.*Encyclopedia of Biodiversity*.Academic Press,San Diego,CA,USA.185-202.

Bradshaw AD(1987).Restoration:an acid test for ecology.In:Jordan WR Ⅲ,Gilpin ME,Aber JD eds.*Restoration Ecology:A Synthetic Aproach to Ecological Research*.Cambridge University Press,Cambridge,UK.

Bradshaw AD,Chadwick MJ(1980).*The Restoration of Land:The Ecology and Reclamation of Derelict and Degraded Land*.Blackwell,London.

Cairns J Jr(1995).Ecosocietal restoration:reestablishing humanity's relationship with natural systems.*Environment*,37:4-33.

Ci LJ(慈龙骏),Yang XH(杨晓晖),Zhang XS(张新时)(2007).The mechanism and function of "3-circles"—an eco-productive paradigm for desertification combating in China.*Acta Ecologica Sinica*（生态学报），27：1450-1460.（in Chinese with English abstract）

Clewell AF，Aronson J（2007）.*Ecological Restoration：Principles，Values，and Structure of an Emerging Profession*. Island Press，Washington，DC.

Ford-Robertson（1971）. *Terminology of Forest Science，Technology，Practice and Products*.Society of American Foresters，Washington，DC.

Higgs ES（2003）.*Nature by Design：People，Natural Process，and Ecological Restoration*. The MIT Press，Cambridge，Massachusetts.

National Research Council（1992）.*Restoration of Aquatic Ecosystems：Science，Technology and Public Policy/Committee on Aquatic Ecosudtems*. National Academy of Sciences，Washington，DC.

Palmer M，Bernhardt E，Chornesky E，Collins S，Dobson A，Duke C，Gold B，Jacobson R，Kingsland S，Kranz R，Mappin M，Martinez ML，Micheli F，Morse J，Pace M，Pascual M，Palumbi S，Reichman OJ，Simons A，Townsend A，Turner M（2004）. Ecology for a crowded planet. *Science*，28：1251-1252.

Schwarz CF，Thor EC，Elsner GH（1976）. *Wildland Planning Glossary*.USDA Forest Service，Berkley，Ca.

Society of Ecological Restoration International（2002）.Prime.http：//www.ser.org.

Todd NJ（2005）.*A Safe and Sustainable World：The Promise of Ecological Design*.Island Press，Washington，DC.

Zhang XS（张新时）（2000）. Eco-economic functions of the grassland and its patterns.*Science and Technology Review*（科技导报），8：3-7.（in Chinese）

Zhang XS（张新时），Tang HP（唐海萍）（2008）.*A Collection of Optimized Eco-productive Paradigms in the Ecotone of Farming and Pastroral Zones of Northern China*（中国北方农牧交错带优化生态-生产范式集成）.Science Press，Beijing.（in Chinese with English abstract）

第 83 章

生态重建是生态文明建设的核心*

张新时

（中国科学院植物研究所；北京师范大学资源学院）

"文明"是人类在社会历史发展过程中所创造的物质财富和精神财富的总和，特指精神财富，如文艺、教育、科学、法律、经济等。"生态文明"即指生态理念在上述人类社会文明事业中的体现和实践。生态重建（ecological restoration）就是生态文明建设的核心。党的十七大报告以较大篇幅，多次强调生态文明和加强生态建设："加强水利、林业、草原建设，加强荒漠化石漠化治理，促进生态修复。加强应对气候变化能力建设，为保护全球气候做出新贡献。"党的十八大更明确提出，生态文明建设是十大国策之一。这是从科学发展观出发，建设和谐社会的重要核心和组成，是对生态建设的极大重视和肯定。

地球的自然资源（水、土和生物）已经或即将不能满足人类社会的需求。自然生态系统也越来越不可能依赖其自身的繁殖能力自然地恢复它们对于人类社会的生态服务功能。这是数千年来人类社会对森林、草原和湿地的开发，尤其是近数百年来工业化社会生产力发展和人口的迅速膨胀，远远超过了自然生态系统的生产力、繁殖能力和自然恢复能力的结果。因此，人类必须建立大规模优质高产的人工林、人工草地和湿地，才能支撑今后人类在这方面的需求；我们必须以工程建设的方式与现代生态学的理念和原则来规划、设计、实施和管理国家饱经忧患、摧残和破坏的天然森林、草地、荒漠、湿地生态系统和土地的生态重建。

生态重建是自 20 世纪 80 年代以来生态学领域最活跃的关键行动之一。尤其是进入 21 世纪，由于国际社会和学界对地球生态与环境退化和健康的关注，生态重建受到极大重视，我国政府对生态建设有极大的投入，生态建设的学术用语就是生态重建。生态重建的实施通常是以工程和经济方面的考虑为主，但其主要的逻辑和理念必须是生态学的。

国际生态学界公认的生态重建的科学定义是"生态重建是协助一个遭到退化、损伤或破坏的生态系统恢复的过程"。与生态重建密切相关、甚至对立的观念是"自然恢复"，天然植被保存较好国家的经典生态学，强调植被或生态系统的自然演替和世代更新换代规律的自然恢复观点；我国的部分学者也认为依赖生态系统的自我恢复能力是遵循自然规律，既不花钱、又不费力，人工生态建设不仅花钱费力，还违背自然规律破坏自然生态，一时之间声讨生态建设，转向以自然恢复为主的意见颇为风行。然而，由于自然生态恢复的时间尺度较长，人类利用和破坏植被与环境的速度和强度远远超过了生态系统和环境自然恢复的能力。因此，负责任的社会必须补偿自然，人工促进生态重建，加强生态建设。的确，在新中国成立初期经济落后、民不聊生的年代，生态退化、环境破坏，国家无力大量投入生态建设和环境治理，能够"封山育林"已属不易，依赖自然恢复实属无奈之举。如今在改革开放、经济腾飞、国力大增、国家领导空前重视环保和生态文明之际，有关部门却提出"从生态建设转向主要依靠自然恢复"的消极生态方针，这种懒汉逻辑势必使我国的生态形势陷入"拖、慢、等"的困境，把人类造就的孽债和应负的责任推给自然去旷日持久地慢慢恢复，甚至

* 本文发表在《中国科学：生命科学》，2014，44（3）：221-222。

永无再生之日。

"谁破坏,谁补偿;谁污染,谁治理;谁享用,谁埋单"是全球环保和生态重建的法则。人类造成了生态环境的退化和破坏,理当投入能量、物质、财力、技术和智慧进行生态重建,协助自然加速恢复,或建立符合社会需求,与自然和谐的新的生态系统。对于生态重建和自然恢复应当有时间尺度观念,不可超尺度地依赖生态系统自我恢复能力。"一万年太久,只争朝夕。"在重建生态学范畴主要考虑时间尺度:森林生态系统的世代天然更新通常需要 300~500 年或更多时间,甚至数千年以上。尤其是要恢复生态系统的整体性,即包括其结构与功能的完全恢复所需时间比仅仅出现一些先锋性的植物要长得多,一旦生态系统的整个结构(包括土壤)遭到破坏,则其自然恢复通常在万年~百万年,甚至数千万年以上。北京西山原属温带落叶阔叶林,其上的次生灌丛被破坏大致已有 2000 年以上的历史,在土壤完全被冲刷流失殆尽、露出基岩的情况下,则永远不能恢复。同是温带落叶阔叶林的山东沂蒙山区的花岗岩与石灰岩山地,从春秋战国时期至今已有 2000 余年的破坏史,童山濯濯、裸岩累累,其森林自然恢复遥遥无期。美国西北部的天然红杉林和花旗松林采伐后,法律规定必须在两年内人工植大苗更新,45 年后即可成材再伐;如靠天然下种更新,需要 300~500 年或以上。北美西部森林自然更新条件十分优越,尚且立法人工更新森林。我国大部分天然林的自然更新和生长条件远不及北美西部,却在政府发展纲要中明令以"自然恢复"取代人工建设。如果我国仍处于经济十分贫困落后、民不聊生的状况,那就只能实行"封山育林",旷日持久地等待自然恢复,是可以理解的无奈之举;但我国目前经济发展已具一定实力,在党中央领导决心改变我国自然环境和生态系统严重退化的状态,大力发展生态建设之际,有关部门却提出如此消极的生态战略,实令人难以领会,只能认为是对生态重建理念的严重缺失。

生态重建大致有两类发展途径:第一类型的生态重建试图重新建造真正的过去的生态系统,尤其是那些曾遭到人类改变或滥用而毁灭或变样的生态系统。在重建中强调原有系统结构与种类的重新建造,其重要价值在于维持当地重要的基因库和顶极的生态系统。第二类型的生态重建是对于那些由于人类活动已全然毁灭了原有生态系统和生境而代之以退化的系统。在这里,生态重建的目的是要建立一个符合人类经济需要的系统,重建的生物种类可以是也可以不是原来的种类,往往所采用的植物或动物种不一定很适于环境但具有高的经济价值,或采用各种先进的工程措施以加速生态系统的恢复。也许,只有这种把重建自然的需要与人类的经济需要结合起来的途径才是重建地球陆地生态系统的适当方式。

2013 年 4 月,中国科学院学部举办第 20 次"科学与技术前沿论坛",主题为生态恢复与重建。《中国科学:生命科学》编委会从中选取了 8 篇文章汇编成生态重建专题。其中,关于我国热带亚热带森林生态重建的有 4 篇,关于我国温带荒漠生态重建的有 3 篇,另有 1 篇是关于保育青藏高原高寒草地返归自然的咨询建议。

第84章

太极气候-植被模型——一个虚拟的生态地球系统*
Taiji Climate-Vegetation Model（TCVM）：A Virtual Ecological Earth System

张新时

（中国科学院植物研究所植被与环境变化国家重点实验室；北京师范大学资源学院）

1. 引言

我国古代的太极-八卦系统有其合理的自然内核，认为宇宙的万物万事皆有其阴阳或正负两面，并对立统一于中性的太极之中。"金、木、水、火、土"五行则是对万物本质的分类，被归纳在太极-八卦系统之中构成一个太极五行图（图84-1），极其抽象概括，又形象地表征着地球系统，从而成为我国古代的一个集自然和人类社会各种关系信息的大平台。由于其图案颇似一个龟甲的背壳，又附会了河图和洛书的神话传说，就将整个地球万物凝聚于一个龟甲之中。故我国古代方士以龟甲为神器用以占卜世上万物万事东西南北的吉凶祸福，真所谓"从一个龟甲看世界"。不妨抛弃其占卜算命的迷信外衣和玄学的教义，而采用其合理的自然内核和丰富的原始哲学寓意。以下改造自一首不知出处的古民谣，以太极图中的五行生动地描述了地球的自然地理特征：

"东方林木森森，北方寒水成冰，

南方赤日炎炎，西方黄沙如金，
中土离草青青。"

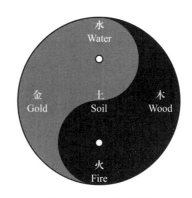

图 84-1　太极五行图
Fig. 84-1　The pattern of the Taiji system

本文中的"太极气候-植被模型"以"太极"为名，不仅是模型的图式在外形和结构上类似于太极八卦图形，二者具有共同的生态极点，而所强调的正是这一东方古老传统智慧的合理自然内核，太极实际上就是地球生物群区（biome）的一个抽象结构模式，因此可取其从一个"龟甲"看地球自然生态格局

* "太极气候-植被模型——一个虚拟的生态地球系统"是我近几年来认真研究过的十分有趣和重要的课题，我查阅了大量资料并初步分析和计算了结果，有可能用以模拟和预测世纪尺度的全球变化指标和情景，甚至有必要发展一个气候-植被关系的新系统，也将是数字地球的一个不可或缺的组成部分。希望具有一定数学基础又对此感兴趣的我的朋友、学生或老师在此基础上再创造开发，做出新贡献。

的寓意。但是模型的物理结构和内涵却完全是依据现代植被生态学、自然地理学和气候学的科学指标、机理和规律,通过实验分析和计算,揭示出自然气候与植被之间的定量关系,演绎数量化的气候-植被分类系统,从混沌到理性地形成模型的综合整体结构并量化其指标和规律性,用以模拟和预测世纪尺度的全球变化指标和情景。

气候-植被关系(CVI)是植被生态学的核心机理。柯本(Köppen)基于植被类型的气候分类至今历经近一个世纪,仍是通用的植被分类系统。发表于 20 世纪中期的 Holdridge 的气候-植被分类系统以其简洁的数值指标和明晰的植被类型图解而被广泛应用于全球变化研究中(Holdridge,1967)。但是由于植被分类系统、遥感植被制图和数字化制图在近年来有了很大发展,气候-植被关系也有了更深入的理解(美国植被分类系统(Federal Geographic Data Committee,2008)、中国植被(中国植被编委会,1980)、1∶100 万中国植被图(中国科学院中国植被图编辑委员会,2007)、Prentice 气候-植被类型(1980 年)),气象学和气候观测也更加精确和完备,为了适应新的变化和需要,有可能也有必要发展一个气候-植被关系的新系统,也将是数字地球的一个不可或缺的组成部分。

2. 太极气候-植被模型(TCVM)的概念结构

2.1. 太极气候-植被模型的生态极点

太极气候-植被模型(TCVM)的基本支撑点是地球的五个生态极点,即位于地球南北两极或高山永久冰雪带的冷极(nival pole,N),位于地球赤道的热极(hot pole,H),位于地球内陆极端荒漠区的干极(dry pole,D),位于地球最湿润的雨林地区的湿极(moist pole,M)和水热适中的中点(central point,C)(图 84-2 和图 84-3)。连接冷极(N)和热极(H)之间的热量梯度线是 Y 轴,即热量轴;连接干极(D)和湿极(M)之间的湿度梯度线是 X 轴,即湿度轴。两轴交叉处即中点(C)。两轴构成的二维平面,相当于经度和纬度在地球表面上构成的经纬网,但是这两轴构成的是"热湿网",是一个水热二维的圆面。在其上,所有的植被类型按其所在气候决定

的热量值和湿度值分配在一定热量和湿度的网格中。这个网格的圆面就是 TCVM 的"龟甲",其上包含凝聚着全球陆地的 34 个基本的地带性气候-植被类型(图 84-4)。这些**气候-植被类型相当于生物群区(biome)**,都具有气候与植被统一的两相性和气候的水热统一的二维性。这些植被类型的分类单位大致相当于美国植被分类系统中的植被外貌群系纲(physiognomic class)(Federal Geographic Data Committee,2008),苏联植被分类系统中的植被地带(zone)和亚地带(subzone)(ЛаБренко и СочаБа,1955),中国植被分类系统中的地带(zone)和亚地带(subzone)(中国植被编委会,1980;中国科学院中国植被图编辑委员会,2007),同时也适应 Walter 世界植被分类系统(Walter,1994)。

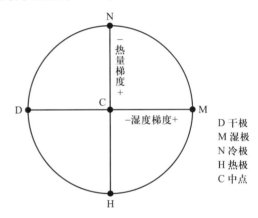

图 84-2　太极气候-植被模型(TCVM)的五个生态极点(冷、热、中、干、湿)和两个生态梯度轴

Fig. 84-2　The 5 ecological poles(Nival, Hot, Central, Dry, Moist)and 2 gradient axes of the TCVM

2.2. 太极气候-植被模型的热量带

进一步剖析太极气候-植被二维图形,可按热量梯度在 Y 轴上划分出三个基本热量带和两个过渡的热量亚带(图 84-3a),划分标准可用年积温和月均温之和来计算。

Ⅰ 高寒带(Alpine zone)　是指在南北两极和高山永久雪线以下的植被带,包括有稀疏极地或高山植物的亚冰雪带;典型或地带性的植被是极地或高山冻原、高寒草甸、高寒草原和高寒荒漠;

Ⅱ 亚高寒带(Subalpine zone)　是从高寒带到温带之间的过渡带,其植被以疏林冻原和亚高山草甸为代表,还有亚高寒草原和亚高寒荒漠等;

Ⅲ 温带(Temperate zone)　位于中纬度,具有明显的四季热量之分和一岁一枯荣的植被,温带的

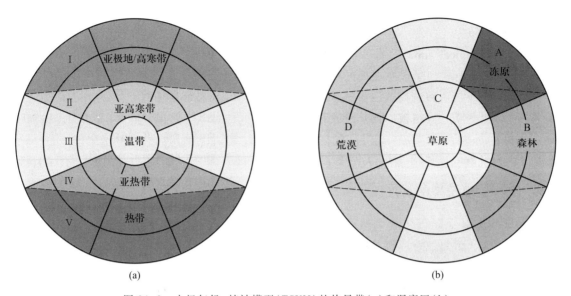

图 84-3 太极气候–植被模型(TCVM)的热量带(a)和湿度区(b)

Fig. 84-3 The thermal zone(a)and moisture region(b)of the TCVM

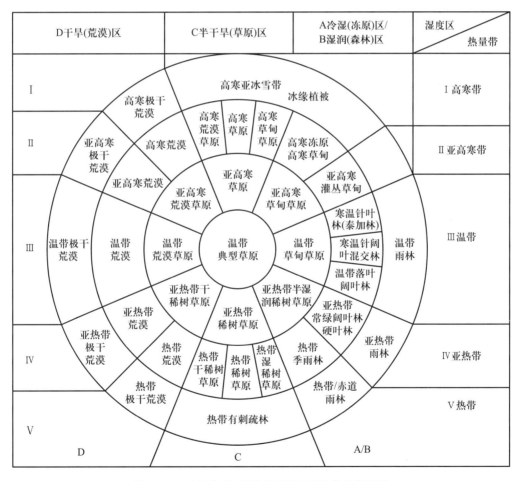

图 84-4 太极气候–植被模型(TCVM)的分类系统

Fig. 84-4 The classification system of the TCVM

森林以落叶阔叶林和北方的寒温针叶林为代表;尚有温带草原和温带荒漠;

Ⅳ 亚热带(Subtropical zone) 是温带和热带之间的过渡带,但由于地球行星风系在回归线纬度之间(20°~30°)气流下沉所致的高气压带气候干旱少雨而成为"回归沙漠带",其植被以亚热带荒漠和稀树草原占优势;

Ⅴ 热带(Tropical zone) 终年暖热,无四季之分。

2.3. 太极气候-植被模型的湿度区

还可按湿度和生态外貌在 X 轴上从右到左分为四条纵向的湿度区(图84-3b),划分标准可按干燥度来计算。

A 冷湿的冻原(Tundra)区:仅存在于高寒带与亚高寒带,降水量虽不多,但因低温而干燥度不高;

B 湿润的森林(Forest)区;

C 半干旱的草原(Steppe)区;

D 干旱的荒漠(Desert)区。

3. 太极气候-植被模型(TCVM)的植被类型

根据植被外貌(湿度)和热量这两个系列的划分,再在其中按水热值安排各个植被类型则构成了"太极气候-植被模型"(TCVM)的植被类型系统表:

Ⅰ 亚极地/高寒带
 ⅠA 亚极地/高寒冻原纲
  ⅠA1 亚极地/高寒冻原
  ⅠA2 高寒草甸/湿润普那
 ⅠC 亚极地/高寒草原纲
  ⅠC3 高寒亚冰雪带
  ⅠC4 冻原/高寒草原/普那
 ⅠD 亚极地/高寒荒漠纲
  ⅠD5 干冻原/高寒荒漠/干普那
  ⅠD6 亚极地/高寒极干荒漠
Ⅱ 亚高寒带
 ⅡA 亚高寒冻原纲
  ⅡA7 亚高寒灌丛草甸/疏林冻原
 ⅡC 亚高寒草原纲
  ⅡC8 亚高寒草甸草原
  ⅡC9 亚高寒草原
  ⅡC10 亚高寒荒漠草原

ⅡD 亚高寒荒漠纲
 ⅡD11 亚高寒荒漠
 ⅡD12 亚高寒极干荒漠
Ⅲ 温带
 ⅢB 温带森林纲
  ⅢB13 寒温针叶林(泰加林)
  ⅢB14 寒温针阔叶混交林
  ⅢB15 温带落叶阔叶林
  ⅢB16 温带雨林
 ⅢC 温带草原纲
  ⅢC17 温带草甸草原
  ⅢC18 温带典型草原
  ⅢC19 温带荒漠草原
 ⅢD 温带荒漠纲
  ⅢD20 温带荒漠
  ⅢD21 温带极干荒漠
Ⅳ 亚热带
 ⅣB 亚热带森林纲
  ⅣB22 亚热带硬叶林/硬叶灌丛
  ⅣB23 亚热带常绿阔叶林
 ⅣC 亚热带草原纲
  ⅣC24 亚热带半湿润稀树草原
  ⅣC25 亚热带稀树草原
  ⅣC26 亚热带干稀树草原
 ⅣD 亚热带荒漠纲
  ⅣD27 亚热带荒漠
  ⅣD28 亚热带极干荒漠
Ⅴ 热带
 ⅤB 热带森林纲
  ⅤB29 热带季雨林
  ⅤB30 热带/赤道雨林
 ⅤC 热带草原纲
  ⅤC31 热带稀树草原
  ⅤC32 热带有刺疏林
 ⅤD 热带荒漠纲
  ⅤD33 热带荒漠
  ⅤD34 热带极干荒漠

4. 太极气候-植被模型(TCVM)植被圈格局

太极二维圆面由具有四个同心圆的植被圈格局

组成(图 84-4),每个植被圈又由一系列按水热值排序的植被单元(类型)结合而成。这四个植被圈由里到外是:核心圈、过渡圈、典型圈和极限圈。

4.1. 核心圈

　　既是具有水热条件适中的温带半干旱气候,又处于中纬度大陆的中心位置,但不是最远离海洋的内陆荒漠。它在夏季尚可受到海洋季风的滋润,冬季则会遭到大陆冬季风和北方极地冷气团的控制。其典型植被是**旱中生多年生禾草类占优势的温带草原**(图 84-5)。温带草原(ⅢC17-19)在地球植被系统中占据核心地位并不令人感到意外。这首先是由草原占据着地球上森林、荒漠与冰原之间的广阔中间地域,在地球水热环境中的居中地位决定的。它更是第三纪中新世以来地壳剧烈运动所导致的东亚的青藏高原和北美的科罗拉多高原在北半球急剧隆升所引起的地球寒旱化过程,促使更耐寒旱气候的草原侵占喜暖湿的森林植被的地盘;随之第四纪多期强盛的冰川活动更是加剧了地球草原化的进程。实际上,草原(包括稀树草原)在地球各大洲都具有显著的核心地位,如:欧亚草原(Steppe/Veld)带横

亘欧亚大陆中纬度长达数千千米,北美大陆中部广阔的大平原全为北美草原(Prairie)所占据,与欧亚草原遥相对应,在南半球的南美大陆则有巴西和阿根廷的温性草原(Pampas),隔洋则是南非的草原(Veld)。温带草原在这些地区作为中生的森林和旱生的荒漠之间,以及高纬度寒温植被与低纬度亚热带植被之间的中介植被,标志着地球陆地上水热相对平衡的生态地位。另一方面,相对于古老的森林与荒漠而言,温带草原的出现是地球陆地生态系统与植被演化的新生事物,意味着地球植被发展到一个与气候相对平衡的新阶段和形成新的自然植被地带格局。

4.2. 过渡圈

　　太极二维圆面的第二植被圈是从草原核心圈向周边植被过渡的植被圈。过渡带(ecotone)的概念和理论在 Whittaker 的植物群落界限连续性问题中有深入的探讨(Whittaker,1975)。Walter 则在他关于世界植被的专著中将过渡带作为植被带分类的一个单位(Walter,1994)。在本系统中,过渡圈中的植被类型主要是温带草原与其周边植被类型——森林、荒漠、热带植被和高寒植被等之间的群落交错或不同类型植物种混生的草原群落类型(见 TCVM 植被类型系统表中的 ⅡC8、ⅡC9、ⅡC10、ⅢC17、ⅢC19、ⅣC24 和 ⅣC26 等)。草原与荒漠的过渡带可以内蒙古高原西段的荒漠草原和阿拉善的草原化荒漠为例。北非撒哈拉沙漠南侧的撒哈勒地带是著名的农牧交错带,也是亚热带沙漠和稀树草原之间的过渡带。南美洲北部亚马孙热带雨林与南部潘帕斯温带草原之间广阔的亚热带稀树草原堪称世界上最宽的森林-草原过渡带。这些过渡带大多是重要的农牧业开发区而具有重要的经济意义,但该地带具有水热气候的不稳定性,寒旱灾害频繁发生,并往往是荒漠化严重发展的地区。非洲独有的稀树草原是大型野生食草动物群及其捕食者的家园,具有重大的生态与生物多样性保育意义。过渡带不仅限于草原的周边,在温带的森林带和荒漠带与高寒带或热带交接的界面必然也会出现一系列的亚高寒或亚热带性质的过渡性森林或荒漠植被。

　　但是,处在过渡圈中的亚热带具有最为复杂多样的过渡性的草原、荒漠和森林植被。在东亚大陆温带草原与亚热带森林之间的过渡带缺失了亚热带的稀树草原带及其以南的亚热带荒漠,而代之以秦

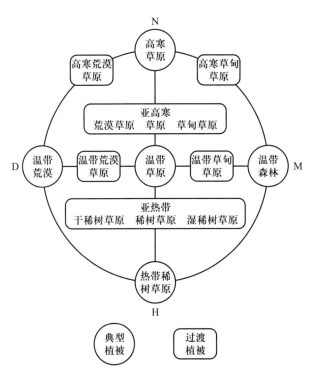

图 84-5　草原与稀树草原植被的典型类型与
过渡类型的生态地理位置图示

Fig. 84-5　A graphic representation of
eco-geographical position of steppe and savanna

岭-淮河一线以南广袤的东亚亚热带常绿阔叶林，出现了与相近纬度的西亚、北非和北美南部大陆亚热带迥然不同的植被格局，也不符合 TCVM 在亚热带的植被分布规律。这一违背模式的现象通常被解释为由强盛的太平洋东南夏季风北上东亚平原带来的丰沛降雨所致。然而，地球亚热带的南北回归线（南北纬 23°30′）是受到高空西风高压带控制的少雨干旱带，其上主要分布着亚热带/热带荒漠，边沿伴以稀树草原，有"信风沙漠带"之称。孙湘君的古植物学研究证明，我国东亚南部在第三纪上新世及以前曾为热性荒漠和稀树草原所占据，此后方转变为森林（孙湘君等，2005）。青藏高原气象学研究表明，此时正是青藏高原及其边缘山地的隆起导致了高压西风急流的北移，从而使高原东部的东亚亚热带纬度在上新世由亚热带稀树草原和荒漠转变为东亚常绿阔叶林（ⅣB23）的广泛发育，也不同于同纬度的地中海气候型的硬叶林和灌丛（ⅣB22）并极大地改变了我国植被的分布格局（张新时，1979）。

4.3. 典型圈

　　太极二维图形的第三圈。其中包括几个主要的地带性的森林类型，即温带湿润区的寒温针叶林（ⅢB13）、寒温针阔叶混交林（ⅢB14）和温带落叶阔叶林（ⅢB15），是温带湿润区典型的地带性植被。寒温针叶林在温带草原和落叶林的北方形成显著的环球泰加林带，仅在海洋性气候条件下出现局部的生物多样性丰富和高生产力的针阔叶混交林。温带落叶阔叶林在西欧中部和北美东部有最广泛的发育；在我国华北和东北南部、朝鲜半岛和日本中部，落叶阔叶林亦为典型地带性植被，但在我国西北部的内蒙古高原受到温带草原的抑制。热带季雨林（ⅤB29）是热带主要的地带性森林植被。草原和荒漠在典型圈中亦各有其代表性的典型植被类型。如草原，除温带典型草原（ⅢC18）外，还有高寒带的高寒草原（ⅠC4）和热带的热带稀树草原（ⅤC31）。荒漠则分别有温带荒漠（ⅢD20）、高寒荒漠（ⅠD5）和热带荒漠（ⅤD33）。

4.4. 极限圈（极端圈）

　　处在太极二维图形最外边的第四圈，也是处在四个极点（寒、热、干、湿）生态边缘的八个极端生境植被类型，即有稀疏植被的亚极地/高寒冻原（ⅠA1），无植被的高寒亚冰雪带（ⅠC3），亚极地/高

寒极干荒漠（ⅠD6）和亚高寒极干荒漠（ⅡD12）。它们以外就是极地或高山的永久冰雪带。在温带，平均年降水在 100 mm 以下则为温带极干荒漠（ⅢD21），植物群落组成十分贫乏，生产力极低。在温带特别多雨或云雾浸润条件下，则有潮湿的温带雨林（ⅢB16）类型，如北美西北隅的红杉林和大洋洲新西兰的新水青冈林。在热带则为全年皆雨的热带/赤道雨林（ⅤB30），它们在亚洲、非洲、南美洲和大洋洲的热带和赤道带纬度亦形成环球的雨林环，但为大洋所隔断，二者均属气候极端潮润和极高生产力的植被类型。与此相反的极端是热带极干荒漠（ⅤD34）和热带有刺疏林（ⅤC32），则属极端干热和贫乏的植被类型。

　　以上四圈共 34 个植被类型单元均为地球陆地上具气候地带性（zonality）的顶极植被类型。在太极气候-植被分类系统中未列出的尚有次生性的灌丛和草甸，以及隐域的河漫滩草甸、盐生草甸、沼泽群落等非气候地带性植被类型。

5. 太极气候-植被模型的气候指标和算法

　　TCVM 的输入为地区的多年月平均温（T_i）和平均月降水（P_i），以月为单位进行计算可以反映出气候的季节性。

$$月均温\ T_i = T_1, T_2, T_3, \cdots, T_{12}\quad（指标1）$$
$$月降水\ P_i = P_1, P_2, P_3, \cdots, P_{12}\quad（指标2）$$

　　月均温（T_i）≥0℃ 是对一般植物生长与发育有效的生理温度。在北半球，一月的月均温（T_1）即最冷月均温（T_c）和七月的月均温（T_7）即最暖月均温（T_h）均有重要的生态意义，南半球则反之。

$$最冷月均温\ T_c = T_1\quad（指标3）$$
$$最暖月均温\ T_h = T_7\quad（指标4）$$
$$最冷月均降水\ P_c = P_1\quad（指标5）$$
$$最暖月均降水\ P_h = P_7\quad（指标6）$$

　　T_c 与 T_h 均具有生物地理分布的限制因子和划界意义。亚热带的 T_c 在 2～15℃，其北界为 2℃。热带的 $T_c \geq 15℃$。至于在高纬度或高原的寒冷地带，各类植被的北界或山地上限则为最暖月均温（T_h）的界限。极地冰雪带南限或高山永久雪线下处的 T_h 为 0℃，其上冰雪常年不化。高寒带的 $T_h = 0～10℃$，亚高寒带的 $T_h = 10～13℃$，温带的 $T_h =$

13~20℃。

植物生长取决于温度和水分的同时有效性。设植物生长所需温度为 T_g，所需水分为 W_g，二者分别受大气温度（T）和降水（P）的控制，**且假定阳光、CO_2 浓度及营养条件能够满足植物生长需要，植物生产力与温度呈正比**。植物所需有效生长温度 $T \geq T_g \geq 0℃$，植物生长水分的有效性以该月的蒸散量（ET_i）与降水（P_i）的比值来衡量。蒸散量是月平均温度（T_i）的函数：

$$蒸散量\ ET_i = f(T_i) = \alpha \times T_i \quad （指标7）$$

月降水量（P_i）大于蒸散量（ET_i）（即 $P_i \geq ET_i$）方为有效。由此导出植物生态学的潜在**干燥指数**（**PDI_i**）（potential dryness index）：

$$PDI_i = ET_i/P_i \quad （指标8）$$

当 $ET_i = P_i$ 时，$PDI_i = ET_i/P_i = 1$，表明植物水分收支平衡；当 $ET_i > P_i$ 时，$PDI_i > 1$，表明植物水分亏缺；当 $ET_i < P_i$ 时，$PDI_i < 1$，表明植物水分盈余。因此，只有当月均温（T_i）$\geq 0℃$ 和 $PDI_i < 1$，二者同时具备，植物才能有效地生长发育。由此又可导出以下两个对于区别植被类型十分重要的生态气候指标：

$$有效生长月积温\ AGT = \sum_{i=1}^{12} T_i$$

$$当\ T_i \geq 0℃\ 和\ PDI_i < 1 \quad （指标9）$$

$$有效生长月数\ AGM = \sum_{i=1}^{12} i$$

$$当\ T_i \geq 0℃\ 和\ PDI_i < 1 \quad （指标10）$$

有效生长月积温 AGT 和有效生长月数 AGM 具有明确的生物学意义。每一种植被类型都需要基本的有效生长月积温或月数的能量积累才能完成它的生命周期和基本的生长量。因此 AGT 和 AGM 与植物生产力 NPP 和 NDVI 高度相关。但是，这两个指标的有效性只能在 $T_i > 0℃$ 和 $PDI_i < 1$ 这两个条件同时满足时才能实现。

可见，TCVM 的输入参数虽然简单地仅为月均温 T_i 和月降水 P_i 两项，但通过该系统对有关生态气候指标的转换生成，派生出另外 8 个指标，可用以在分类系统的不同层次上，界定、划分和区别地球陆地 30 余个主要的气候地带性植被类型，并构成在数学上相关的气候-植被分类系统（表84-1）。虽然 TCVM 是一个静态的生物地理模型，但以其简洁的输入、计算和逻辑明确的定量分类功能，可作为区域生态管理的重要手段。如与基本地理数据库、地理信息系统、地球定位系统、遥感、大气环流模型，以及机理性的生物地球化学模型等联合运行，将可得到动态的植被类型变化格局的趋势与预测情景，以及古植被的重建。

表84-1　太极气候-植被分类系统检索表（需要修改补充）

气候条件	植被类型（vegetation type）
$T_h < 0℃$	冰川雪原（Glacier and snowfield）
$T_h = 0 \sim 10℃$	I 亚极地/高寒带（Subpolar/Alpine zone）
	① 亚极地/高寒冻原（Subpolar/Alpine tundra）
AGT > 40	②高寒草甸/湿润普那（Alpine meadow/Moist puna）
AGT < 5	③高寒亚冰雪带（Alpine subnival zone）
AGT = 10 ~ 40	④冻原/高寒草原/普那（Tundra/Alpine steppe/Puna）
AGT = 5 ~ 10	⑤干冻原/高寒荒漠/干普那（Arid tundra/Alpine desert/Arid puna）
AGT < 0	⑥亚极地/高寒极干荒漠（Subpolar/Alpine extra-arid desert）
$T_h = 10 \sim 13℃$	II 亚高寒带（Subalpine zone）
AGT > 40	⑦亚高寒灌丛草甸/疏林冻原（Subalpine shrubby meadow/Sparse tree tundra）
	⑧亚高寒草甸草原（Subalpine meadow-steppe）
AGT = 10 ~ 40	⑨亚高寒草原（Subalpine steppe）

气候条件	植被类型(vegetation type)
	⑩亚高寒荒漠草原(Subalpine desert-steppe)
AGT<10	⑪亚高寒荒漠(Subalpine desert)
	⑫亚高寒极干荒漠(Subalpine extra-arid desert)
$T_h = 13 \sim 20℃$	Ⅲ温带(Temperate zone)
$T_c < -22℃$	⑬寒温针叶林(泰加林)(Cold temperate needle-leaved forest or Taiga)
$T_c < 2℃, AGT \geqslant 100$	⑭寒温针阔叶混交林(Cold temperate mixed needle-leaved and deciduous broad-leaved forest)
$T_c < 2℃, AGT \geqslant 100, AGM \geqslant 5$	⑮温带落叶阔叶林(Temperate deciduous broad-leaved forest)
$\sum_{i=1}^{12} P_i \geqslant 800$ mm	⑯温带雨林(Temperate rainforest)
AGM<5, AGT = 80 ~ 100	⑰温带草甸草原(Temperate meadow steppe)
AGM<5, AGT = 40 ~ 80	⑱温带典型草原(Temperate typical steppe)
AGM<5, AGT = 6 ~ 40	⑲温带荒漠草原(Temperate desert steppe)
AGT = 1 ~ 6	⑳温带荒漠(Temperate desert)
AGT<1	㉑温带极干荒漠(Temperate extra-arid desert)
$T_c = 2 \sim 15℃$	Ⅳ亚热带(Subtropical zone)
$T_c = 5 \sim 15℃, AGT>140$	㉒亚热带硬叶林/硬叶灌丛(Subtropical sclerophyllous forest/Sclerophyllous scrub)
$AGM \geqslant 10/P_h < P_c$	㉓亚热带常绿阔叶林(Subtropical evergreen broad-leaved forest)
AGT>120	㉔亚热带半湿润稀树草原(Subtropical semi-moist savanna)
AGT = 60 ~ 120	㉕亚热带稀树草原(Subtropical savanna)
AGT = 6 ~ 60	㉖亚热带干稀树草原(Subtropical arid savanna)
AGT = 1 ~ 6	㉗亚热带荒漠(Subtropical desert)
AGT<1	㉘亚热带极干荒漠(Subtropical extra-arid desert)
$T_c > 15℃$	Ⅴ热带(Tropical zone)
AGT = 160 ~ 260	㉙热带季雨林(Tropical seasonal forest)
AGT = 260 ~ 300?	㉚热带/赤道雨林(Tropical/Equatorial rainforest)
AGT = 120 ~ 160	㉛热带稀树草原(Tropical savanna)
AGT = ? 60 ~ 120	㉜热带有刺疏林(Tropical thorn woodland)
AGT = ? 1 ~ 6	㉝热带荒漠(Tropical desert)
AGT<1?	㉞热带极干荒漠(Tropical extra-arid desert)

主要参考文献

高由禧. 1977. 海陆分布和青藏高原对我国气候的影响. 见：青藏高原气象论文集（1975—1976），34-46.

孙湘君，汪品先，王晓梅，贺娟. 2005. 从中国古植被记录看东亚季风的年龄. 同济大学学报（自然科学版），（9）：1137-1143，1159.

张新时. 1979. 青藏高原与中国植被——与高原对大气环流的作用相联系的中国植被地理分布特征. 新疆八一农学院学报，（1）：1-10.

中国科学院中国植被图编辑委员会. 2007. 中华人民共和国植被图（1∶100 万）. 北京：地质出版社.

中国植被编委会. 1980. 中国植被. 北京：科学出版社.

Federal Geographic Data Committee. 2008. National Vegetation Classification Standard. 2nd ed.

Holdridge LR. 1967. Life Zone Ecology. Rev. ed. Costa Rica：Tropical Science Center.

Köppen WP. 1920. Das Geographische system der Klimate. Berlin：Gebruder Borntrger.

Prentice KC. 1990. Bioclimate distribution of vegetation for general circulation model studies. Journal of Geophysical Research, 95(D8)：11811-11830.

Walter H. 1994. Vegetation of the Earth. 3rd ed. New York：Springer-Verlag.

Whittaker RH. 1975. Communities and Ecosystems. 2nd ed. New York：Macmillan Publishing Co. Inc., 167-188.

Лавренко Е. М. и Сочава В. Б. 1955. Советская Растительность.

附录一
张新时主要论著清单

1. 主编和参编的专著

1. **张新时**,高琼(主编).1997.信息生态学研究(第1集).北京:科学出版社

2. Ye DZ,Lin H,Liu DS,Chen SP,**Zhang XS**,Fu CB,Hu DX,Chen PQ,Ge QS(Eds).1995.*China Contribution to Global Change Studies*.Beijing:Science Press

3. **张新时**(主编).2007.中华人民共和国植被图(1:1000000).北京:地质出版社

4. **张新时**(主编).2007.中国植被及其地理格局(中华人民共和国植被图1:1000000说明书).北京:地质出版社

5. **张新时**,唐海萍等著.2008.中国北方农牧交错带优化生态-生产范式集成.北京:科学出版社

6. David JG著,**张新时**,唐海萍等译.2018.禾草和草地生态学.北京:高等教育出版社

7. 《中国植被》常务编委与主要作者之一,1980.《中国植被》第11、12、16、17以及第24章.北京:科学出版社

2. SCI收录论文(按时间先后排列)

1. **Chang DHS**.1981.The vegetation zonation of the Tibetan Plateau.MOUNTAIN RESEARCH AND DEVELOPMENT,1(1):29-48

2. **Chang DHS**.1983.The Tibetan Plateau in relation to the vegetation of China.ANNALS OF THE MISSOURI BOTANICAL GARDEN,70(3):564-570

3. **Chang DHS**,Gauch HG.1986.multivariate-analysis of plant-communities and environmental-factors in Ngari,Tibet.ECOLOGY,67(6):1568-1575

4. **Zhang XS**,Yang DA.1990.Radiative dryness index and potential productivity of vegetation in China.JOURNAL OF ENVIRONMENTAL SCIENCE-CHINA,2(4):95-109

5. Shi YF,**Zhang XS**.1995.Impact of climate-change on surface-water resource and tendency,in the future in the arid zone of Northwestern China.SCIENCE IN CHINA SERIES B-CHEMISTRY,38(11):1395-1408

6. Gao Q,**Zhang XS**.1997.A simulation study of responses of the northeast China transect to elevated CO_2 and climate change.ECOLOGICAL APPLICATIONS,7(2):470-483

7. Ni J,Chen ZX,Dong M,et al.1998.An ecogeographical regionalization for biodiversity in China.ACTA BOTANICA SINICA,40(4):370-382

8. Li DQ,Sun CY,**Zhang XS**.1998.Modelling the net primary productivity of the natural potential vegetation in China.ACTA BOTANICA SINICA,40(6):560-566

9. Tang HP,Jiang GM,**Zhang XS**.1999.Application of discriminant analysis in distinguishing plant photosynthetic types-A case study in Northeast China Transect(NECT)area.ACTA BOTANICA SINICA,41(10):1132-1138

10. Tang HP,Liu SR,**Zhang XS**.1999.The C-4 plants in Inner Mongolia and their eco-geographical characteristics.ACTA BOTANICA SINICA,41(4):420-424

11. Tang HP,**Zhang XS**.1999.A new approach to distinguishing photosynthetic types of plants.A case study in Northeast China Transect(NECT)platform.PHOTOSYNTHETICA,37(1):97-106

12. Dong XJ,**Zhang XS**.2000.Special stomatal distribution in Sabina vulgaris in relation to its survival in a desert environment.TREES-STRUCTURE AND FUNCTION,14(7):369-375

13. Jiang GM,Tang HP,Yu M,Dong M,**Zhang XS**.1999.Response of photosynthesis of different plant functional types to environmental changes along Northeast China Transect.TREES-STRUCTURE AND FUNCTION,14(2):72-82

14. Chen ZX,**Zhang XS**.2000.Value of ecosystem services in China.CHINESE SCIENCE BULLETIN,45(10):870-875

15. Ni J,**Zhang XS**.2000.Climate variability,ecological gradient and the Northeast China Transect(NECT).JOURNAL OF ARID ENVIRONMENTS,46(3):313-325

16. Shen ZH,**Zhang XS**,Jin YX.2000.Spatial pattern analysis and topographical interpretation of species diversity in the forests of Dalaoling in the region of the Three Gorges.ACTA BOTANICA SINICA,42(6):620-627

17. Shen ZH,**Zhang XS**.2000.The spatial pattern and topographic interpretation of the forest vegetation at Dalaoling region in the Three Gorges.ACTA BOTANICA SINICA,42

（10）:1089-1095

18. Shen ZH, **Zhang XS**.2000.A study on the classification of the plant functional types based on the topographical pattern of plant distribution. ACTA BOTANICA SINICA, 42（11）: 1190-1196

19. Chen XW, **Zhang XS**,Zhou GS,et al.2000.Spatial characteristics and change for tree species（genera）along Northeast China Transect（NECT）. ACTA BOTANICA SINICA, 42（10）:1075-1081

20. Li YY, **Zhang XS**, Zhou GS.2000.Quantitative relationships between vegetation and several pollen taxa in surface soil from North China.CHINESE SCIENCE BULLETIN,45（16）: 1519-1523

21. Li YY, **Zhang XS**,Zhou GS.2000.Study of quantitative relationships between vegetation and pollen in surface samples in the eastern forest area of Northeast China Transect. ACTA BOTANICA SINICA,42（1）:81-88

22. **Zhang XS**.2001.Ecological restoration and sustainable agricultural paradigm of mountain-oasis-ecotone-desert system in the north of the Tianshan Mountains.ACTA BOTANICA SINICA,43（12）:1294-1299

23. Dong XJ, **Zhang XS**. 2001. Some observations of the adaptations of sandy shrubs to the arid environment in the Mu Us Sandland:leaf water relations and anatomic features. JOURNAL OF ARID ENVIRONMENTS,48（1）:41-48

24. Ni J, **Zhang XS**, Scurlock JMO.2001.Synthesis and analysis of biomass and net primary productivity in Chinese forests. ANNALS OF FOREST SCIENCE,58（4）:351-384

25. Liu TS, **Zhang XS**, Xiong SF, et al. 2002. Glacial environments on the Tibetan Plateau and global cooling.QUATERNARY INTERNATIONAL,97-8:133-139

26. Gill RA,Kelly RH,Parton WJ,Day KA,Jackson RB,Morgan JA,Scurlock JMO,Tieszen LL,Castle JV,Ojima DS, **Zhang XS**.2002.Using simple environmental variables to estimate below-ground productivity in grasslands.GLOBAL ECOLOGY AND BIOGEOGRAPHY,11（1）:79-86

27. Kong ZH, **Zhang XS**, Zhou GS. 2002. Agricultural sustainability in a sensitive environment—a case analysis of Loess Plateau in China.JOURNAL OF ENVIRONMENTAL SCIENCES-CHINA,14（3）:357-366

28. Huang ZY, **Zhang XS**,Zheng GH,et al.2002.Increased storability of *Haloxylon ammodendron* seeds in ultra-drying storage.ACTA BOTANICA SINICA,44（2）:239-241

29. **Zhang XS**,Shi PJ.2003.Theory and practice of marginal ecosystem management—establishment of optimized ecoproductive paradigm of grassland and farming-pastoral zone of North China.ACTA BOTANICA SINICA,45（10）:1135-1138

30. Huang ZY, **Zhang XS**, Zheng GH, Gutterman Y. 2003.

Influence of light,temperature,salinity and storage on seed germination of *Haloxylon ammodendron*.JOURNAL OF ARID ENVIRONMENTS,55（3）:453-464

31. He WM, **Zhang XS**.2003.Responses of an evergreen shrub *Sabina vulgaris* to soil water and nutrient shortages in the semi-arid Mu Us Sandland in China. JOURNAL OF ARID ENVIRONMENTS,53（3）:307-316

32. He WM, **Zhang XS**,Dong M.2003.Gas exchange,leaf structure,and hydraulic features in relation to sex,shoot form,and leaf form in an evergreen shrub *Sabina vulgaris* in the semiarid Mu Us Sandland in China. PHOTOSYNTHETICA, 41 （1）:105-109

33. Chen XW, Zhou GS, **Zhang XS**.2003.Spatial characteristics and change for tree species along the North East China Transect（NECT）.PLANT ECOLOGY,164（1）:65-74

34. Chen XW, **Zhang XS**, Li BL.2003.The possible response of life zones in China under global climate change. GLOBAL AND PLANETARY CHANGE,38（3-4）:327-337

35. Tang HP, **Zhang XS**.2003.Establishment of optimized eco-productive paradigm in the farming-pastoral zone of northern China.ACTA BOTANICA SINICA,45（10）:1166-1173

36. Kong ZH, **Zhang XS**, Zhu GJ. 2003. Eco-economic background of hilly-gullied loess region and optimized eco-productive paradigm of small watersheds. ACTA BOTANICA SINICA,45（10）:1174-1185

37. Wang GH, **Zhang XS**. 2003. Supporting of potential forage production to the herbivore-based pastoral farming industry on the Loess Plateau. ACTA BOTANICA SINICA, 45 （10）: 1186-1194

38. Guo WH, Bo L, Huang YM, et al. 2003. Effects of different water stresses on eco-physiological characteristics of *Hippophae rhamnoides* seedlings.ACTA BOTANICA SINICA, 45（10）:1238-1244

39. Kang MY, Dong SK, Huang XX, Xiong M, Chen H, **Zhang XS**.2003.Ecological regionalization of suitable trees, shrubs and herbages for vegetation restoration in the farming-pastoral zone of northern China.ACTA BOTANICA SINICA,45（10）: 1157-1165

40. Gao Q, **Zhang XS**, Huang YM, Xu HM.2004. A comparative analysis of four models of photosynthesis for 11 plant species in the Loess Plateau. AGRICULTURAL AND FOREST METEOROLOGY,126（3-4）:203-222

41. Zhang F, **Zhang XS**.2004. Adopting an ecological view of metropolitan landscape:The case of "three circles" system for ecological construction and restoration in Beijing area. JOURNAL OF ENVIRONMENTAL SCIENCES-CHINA, 16 （4）:610-615

42. Gao Q, Yu M, **Zhang XS**, Xu HM, Huang YM. 2005.

Modelling seasonal and diurnal dynamics of stomatal conductance of plants in a semiarid environment. FUNCTIONAL PLANT BIOLOGY,32(7):583-598

43. Chen XW, **Zhang XS**, Li BL. 2005. Influence of Tibetan Plateau on vegetation distributions in East Asia: a modeling perspective.ECOLOGICAL MODELLING,181(1):79-86

44. Xiao CW,Zhou GS,**Zhang XS**,et al.2005.Responses of dominant desert species *Artemisia ordosica* and *Salix psammophila* to water stress.PHOTOSYNTHETICA,43(3):467-471

45. Yu M,Xie YC,**Zhang XS**.2005. Quantification of intrinsic water use efficiency along a moisture gradient in Northeastern China. JOURNAL OF ENVIRONMENTAL QUALITY, 34 (4):1311-1318

46. Gong JR,Zhao AF,Huang YM,**Zhang XS**,Zhang CL.2006. Water relations, gas exchange, photochemical efficiency, and peroxidative stress of four plant species in the Heihe drainage basin of northern China. PHOTOSYNTHETICA, 44 (3): 355-364

47. Tong XJ,Li J,**Zhang XS**,Yu Q,Qin Z,Zhu ZL.2007.Mechanism and bio-environmental controls of ecosystem respiration in a cropland in the North China Plains. NEW ZEALAND JOURNAL OF AGRICULTURAL RESEARCH, 50 (5): 1347-1358

48. Gong JR,**Zhang XS**,Huang YM,Zhang CL.2007.The effects of flooding on several hybrid poplar clones in Northern China. AGROFORESTRY SYSTEMS,69(1):77-88

49. Guo WH,Li B,**Zhang XS**,Wang RQ. 2007. Architectural plasticity and growth responses of *Hippophae rhamnoides* and *Caragana intermedia* seedlings to simulated water stress.*Journal of Arid Environments*,69(3):385-399

50. Guo WH,Liu H,Du N,**Zhang XS**,Wang RQ.2007.Structure design and establishment of database application system for alien species in Shandong Province. JOURNAL OF FORESTRY RESEARCH,18(10):11-16

51. Yu M,Gao Q,Epstein HE,**Zhang XS**.2008.An Ecohydrological analysis for optimal use of redistributed water among vegetation patches. ECOLOGICAL APPLICATIONS, 18 (7): 1679-1688

52. Dong XB,Ulgiati S,Yan MC,**Zhang XS**,Gao WS.2008. Energy and eMergy evaluation of bioethanol production from wheat in Henan Province, China. ENERGY POLICY, 36 (10):3882-3892

53. Yang XH,Ci LJ,**Zhang XS**.2008.Dryland characteristics and its optimized eco-productive paradigms for sustainable development in China. NATURAL RESOURCES FORUM, 32 (3): 215-227

54. Fang SB,Liu HJ,**Zhang XS**,Dong M,Liu JD.2008.Progress in spectral characteristics of biological soil crust of arid or semiarid region.SPECTROSCOPY AND SPECTRAL ANALYSIS,28(8):1842-1845

55. Guo WH,Li B,**Zhang XS**,Wang RQ.2010.Effects of water stress on water use efficiency and water balance components of *Hippophae rhamnoides* and *Caragana intermedia* in the soil-plant-atmosphere continuum. AGROFORESTRY SYSTEMS,80(3):423-435

56. Guo XY,**Zhang XS**.2010. Performance of 14 hybrid poplar clones grown in Beijing China.BIOMASS & BIOENERGY,34 (6):906-911

57. Guo XY,**Zhang XS**, Huang ZY. 2010. Drought tolerance in three hybrid poplar clones submitted to different watering regimes.JOURNAL OF PLANT ECOLOGY,3(2):79-87

58. Li X,Huang YM,Gong JR,**Zhang XS**.2010.A study of the development of bio-energy resources and the status of eco-society in China.ENERGY,35(11):4451-4456

59. Guo XY,Huang ZY,Xu AC,**Zhang XS**.2011.A comparison of physiological morphological and growth responses of 13 hybrid poplar clones to flooding.FORESTRY,84(1):1-12

60. Yan MF,**Zhang XS**,Jiang Y,Zhou GS.2011.Effects of irrigation and plowing on soil carbon dioxide efflux in a poplar plantation chronosequence in northwest China. SOIL SCIENCE AND PLANT NUTRITION,57(3):466-474

61. Ren HR, Zhou GS, **Zhang XS**. 2011. Estimation of green aboveground biomass of desert steppe in Inner Mongolia based on red-edge reflectance curve area method. BIOSYSTEMS ENGINEERING,109(4):385-395

62. Dong XB, Zhang YF, Cui WJ, Xun B, Yu BH, Ulgiati S, **Zhang XS**.2011.Emergy-based adjustment of the agricultural structure in a low-carbon economy in Manas county of China. ENERGIES,4(9):1428-1442

63. Dong XB,Yang WK,Ulgiati S,Yan MC,**Zhang XS**.2012.The impact of human activities on natural capital and ecosystem services of natural pastures in North Xinjiang China. ECOLOGICAL MODELLING,225:28-39

64. Li GQ,Liu CC,Liu YG,Yang J,**Zhang XS**,Guo K.2012. Effects of climate disturbance and soil factors on the potential distribution of Liaotung oak (*Quercus wutaishanica* Mayr) in China.ECOLOGICAL RESEARCH,27(2):427-436

65. Ren HR,Zhou GS,Zhang F,**Zhang XS**.2012.Evaluating cellulose absorption index(CAI) for non-photosynthetic biomass estimation in the desert steppe of Inner Mongolia. CHINESE SCIENCE BULLETIN,57(14):1716-1722

66. Fang SB,Tan KY,Ren SX,**Zhang XS**,Zhao JF.2012.Fields experiments in North China show no decrease in winter wheat yields with night temperature increased by 2.0~2.5 degrees. SCIENCE CHINA-EARTH SCIENCES,55(6):1021-1027

67. Fang SB,Yang WN,**Zhang XS**.2012.Assessment of farmland

afforestation in the upstream Yangtze River China.OUTLOOK ON AGRICULTURE,41(2):97-101

68. Zhang Q,**Zhang XS**.2012.Impacts of predictor variables and species models on simulating *Tamarix ramosissima* distribution in Tarim Basin northwestern China.JOURNAL OF PLANT ECOLOGY,5(3):337-345

69. Dong XB,Brown MT,Pfahler D,Ingwersen WW,Kang MY, Jin Y,Yu BH,**Zhang XS**,Ulgiati S.2012.Carbon modeling and emergy evaluation of grassland management schemes in Inner Mongolia. AGRICULTURE ECOSYSTEMS & ENVIRONMENT,158:49-57

70. Liu YG,Liu CC,Wang SJ,Guo K,Yang J,**Zhang XS**,Li GQ. 2013.Organic carbon storage in four ecosystem types in the karst region of southwestern China.PLOS ONE,8(2):e56443

71. Fang SB,**Zhang XS**.2013.Control of vegetation distribution: Climate geological substrate and geomorphic factors. A case study of grassland in Ordos Inner Mongolia China. CANADIAN JOURNAL OF REMOTE SENSING, 39 (2): 167-174

72. Mao LF,Chen SB,Zhang JL,Hou YH,Zhou GS,**Zhang XS**. 2013.Vascular plant diversity on the roof of the world:Spatial patterns and environmental determinants.JOURNAL OF SYSTEMATICS AND EVOLUTION,51(4):371-381

73. Hou YH,Zhou GS,Xu ZZ,Liu T,**Zhang XS**.2013.Interactive Effects of warming and increased precipitation on community structure and composition in an annual forb dominated desert steppe.PLOS ONE,8(7):e70114

74. Yan MF,Zhou GS,**Zhang XS**.2014.Effects of irrigation on the soil CO_2 efflux from different poplar clone plantations in arid northwest China.PLANT AND SOIL,375(1-2):89-97

75. Qiu CJ,Shen ZH,Peng PH,Mao LF,**Zhang XS**.2014.How does contemporary climate versus climate change velocity affect endemic plant species richness in China? CHINESE SCIENCE BULLETIN,59(34):4660-4667

76. Yan MF,Guo N,Ren HR,**Zhang XS**,Zhou GS.2015.Autotrophic and heterotrophic respiration of a poplar plantation chronosequence in northwest China. FOREST ECOLOGY AND MANAGEMENT,337:119-125

77. Fu Q,Li B,Yang LL,Wu ZL,**Zhang XS**.2015.Ecosystem services evaluation and its spatial characteristics in central Asia's arid regions:A case study in Altay Prefecture China. SUSTAINABILITY,7(7):8335-8353

78. Dong XB,Dai GS,Ulgiati S,Na RS,**Zhang XS**,Kang MY, Wang XC.2015.On the relationship between economic development environmental integrity and well-being:The point of view of herdsmen in Northern China grassland.PLOS ONE,10 (9):e0134786

79. Yan MF,Wang L,Ren HH,**Zhang XS**.2017.Biomass production and carbon sequestration of a short-rotation forest with different poplar clones in northwest China.SCIENCE OF THE TOTAL ENVIRONMENT,586:1135-1140

80. Wang GY,Baskin CC,Baskin JM,Yang XJ,Liu GF,**Zhang XS**,Ye XH,Huang ZY.2017.Timing of seed germination in two alpine herbs on the southeastern Tibetan plateau:The role of seed dormancy and annual dormancy cycling in soil. PLANT AND SOIL,421(1-2):465-476

81. Fu Q,Li B,Hou Y,Bi X,**Zhang XS**.2017.Effects of land use and climate change on ecosystem services in Central Asia's arid regions:A case study in Altay Prefecture China. SCIENCE OF THE TOTAL ENVIRONMENT,607:633-646

82. Wang GY,Baskin CC,Baskin JM,Yang XJ,Liu GF,Ye XH, **Zhang XS**,Huang ZY.2018.Effects of climate warming and prolonged snow cover on phenology of the early life history stages of four alpine herbs on the southeastern Tibetan Plateau. AMERICAN JOURNAL OF BOTANY, 105 (6): 967-976

83. Bi X,Li B,Fu Q,Fan Y,Ma LX,Yang ZH,Nan B,Dai XH, **Zhang XS**.2018.Effects of grazing exclusion on the grassland ecosystems of mountain meadows and temperate typical steppe in a mountain-basin system in Central Asia's arid regions China. SCIENCE OF THE TOTAL ENVIRONMENT, 630: 254-263

84. Bi X,Li B,Nan B,Fan Y,Fu Q,**Zhang XS**.2018.Characteristics of soil organic carbon and total nitrogen under various grassland types along a transect in a mountain-basin system in Xinjiang China.JOURNAL OF ARID LAND,10(4):612-627

85. Fu Q,Hou Y,Wang B,Bi X,Li B,**Zhang XS**.2018.Scenario analysis of ecosystem service changes and interactions in a mountain-oasis-desert system:A case study in Altay Prefecture China.SCIENTIFIC REPORTS,8:12939

86. Yan MF,Zhang WJ,Zhang ZY,Wang L,Ren HR,Jiang Y, **Zhang XS**.2018.Responses of soil C stock and soil C loss to land restoration in Ili River Valley China. CATENA, 171: 469-474

87. Mao LF,Swenson NG,Sui XH,Zhang JL,Chen SB,Li JJ, Peng PH,Zhou GS,**Zhang XS**.2020.The geographic and climatic distribution of plant height diversity for 19 000 angiosperms in China.BIODIVERSITY AND CONSERVATION,29 (2):487-502

88. Bi X,Li B,Zhang LX,Nan B,**Zhang XS**,Yang ZH.2020.Response of grassland productivity to climate change and anthropogenic activities in arid regions of Central Asia. PEERJ, 8:e9797

89. Fan Y,Li B,Dai XH,Ma LX,Tai XL,Bi X,Yang ZH,**Zhang XS**.2020.Optimizing cropping systems of cultivated pastures in the mountain-basin systems in Northwest China. APPLIED

SCIENCES-BASEL,10(19):6949

90. Nan B, Li B, Yang ZH, Dai XH, Fan Y, Fu Q, Hao LX, **Zhang XS**.2020.Sustainability of sown systems of cultivated grassland at the edge of the Junggar Desert Basin:An integrated evaluation of emergy and economics.JOURNAL OF CLEANER PRODUCTION,276:122800

3. 国内核心期刊论文

1. **张新时**,张瑛山.1963.乌苏林区天山云杉天然更新的初步研究.新疆农业科学,(1):29-35

2. **张新时**.1963.新疆山地植被垂直带及其与农业的关系.新疆农业科学,9:351-358

3. **张新时**,张瑛山,陈望义,郑家恒,陈福泉,陈开秀,莫盖提.1964.天山雪岭云杉林的迹地类型及其更新.林业科学,9(2):167-183

4. 李世英,**张新时**.1964.新疆植被水平带的划分原则和特征.植物生态学与地植物学丛刊,2(2):180-189

5. 李世英,**张新时**.1966.新疆山地植被垂直带结构类型的划分原则和特征.植物生态学与地植物学丛刊,4(1):132-141

6. **张新时**.1973.伊犁野果林的生态地理特征和群落学问题.植物学报,15(2):239-253

7. **张新时**.1978.西藏植被的高原地带性.植物学报,20(2):140-149

8. **张新时**.1978.考察在阿里北部高原.地理知识

9. **张新时**.1979.青藏高原与中国植被——与高原对大气环流的作用相联系的中国植被地理分布特征.新疆农业大学学报,1:1-10

10. **张新时**.1987.中国的几种植被类型(Ⅳ)温带荒漠与荒漠生态系统.生物学通报,7:20-22

11. **张新时**.1987.中国的几种植被类型(Ⅴ)温带荒漠与荒漠生态系统(续).生物学通报,8:8-10

12. **张新时**.1989.植被的PE(可能蒸散)指标与植被-气候分类(一)——几种主要方法与PEP程序介绍.植物生态学报,13(1):1-9

13. **张新时**.1989.植被的PE(可能蒸散)指标与植被-气候分类(二)——几种主要方法与PEP程序介绍.植物生态学报,13(3):197-207

14. **张新时**.1990.90年代生态学的新分支——信息生态学.生命科学,2(3):101-103

15. **张新时**.1990.现代生态学的几个热点.植物学通报,7(4):1-6

16. **张新时**.1990.青藏高原的生态地理边缘效应.中国青藏高原研讨会(论文集),35-41

17. **张新时**.1991.西藏阿里植物群落的间接梯度分析、数量分类与环境解释.植物生态学与地植物学学报,15(2):101-113

18. **张新时**.1992.植物生态学研究的若干新成就.中国科学院院刊,2:162

19. 潘代远,**张新时**.1993.地理信息系统与现代生态学.科技导报,2:26-27

20. **张新时**.1993.研究全球变化的植被-气候分类系统.第四纪研究,2:157-173

21. **张新时**,杨奠安,倪文革.1993.植被的PE(可能蒸散)指标与植被-气候分类(三)几种主要方法与PEP程序介绍.植物生态学报,17(2):97-109

22. **张新时**.1994.毛乌素沙地的生态背景及其草地建设的原则与优化模式.植物生态学报,18(1):1-16

23. 娄安如,**张新时**.1994.新疆天山中段植被分布规律的初步分析.北京师范大学学报(自然科学版),30(4):540-545

24. 周广胜,**张新时**.1995.自然植被净第一性生产力模型初探.植物生态学报,19(3):193-200

25. 高琼,喻梅,**张新时**.1995.林分材积计算的标准木方法的误差分析及校正.林业科学,6:551-555

26. **张新时**,杨奠安.1995.中国全球变化样带的设置与研究.第四纪研究,1:43-54

27. 周广胜,**张新时**.1996.全球变化的中国气候-植被分类研究.植物学报,38(1):8-17

28. 周广胜,**张新时**.1996.植被对于气候的反馈作用.植物学报,38(1):1-7

29. 陈仲新,**张新时**.1996.毛乌素沙化草地景观生态分类与排序的研究.植物生态学报,20(5):423-437

30. 周广胜,**张新时**.1996.中国气候-植被关系初探.植物生态学报,2:113-119

31. 周广胜,**张新时**.1996.全球气候变化的中国自然植被的净第一性生产力研究.植物生态学报,20(1):11-19

32. 澜沧江地区考察组:孙鸿烈,张宗祜,赵鹏大,陈述彭,**张新时**,周孝信,常印佛,刘宝珺,李博,陈厚群,石玉林,沙庆林,郭来喜,许在富,胡鞍钢,张文偿,陈传友,唐咸正.1997.关于澜沧江流域综合开发的建议.中国科学院院刊,5:318-321

33. 攀西地区考察组:孙鸿烈,张宗祜,**张新时**,周孝信,常印佛,刘宝珺,李博,陈厚群,石玉林,沙庆林,郭来喜,胡鞍钢,张文偿,陈传友,唐咸正.1997.关于加快攀西地区发展的建议.中国科学院院刊,5:322-324

34. **张新时**,高琼,杨奠安,周广胜,倪健,王权,唐海萍.1997.全球变化研究的中国东北样带(NECT)分析及模拟.中国科学院院刊,3:195-199

35. 周广胜,**张新时**,郑元润.1997.中国陆地生态系统对全球变化的反应模式研究进展.地球科学进展,12(3):270-275

36. 倪健,**张新时**.1997.水热积指数的估算及其在中国植被与气候关系研究中的应用.植物学报,39(12):1147-1159

37. 周广胜,**张新时**,高素华,白克智,延晓冬,郑元润.1997.中国植被对全球变化反应的研究.植物学报,39(9):879-888

38. 郑元润,周广胜,**张新时**,杨奠安,夏力.1997.中国陆地生态系统对全球变化的敏感性研究.植物学报,39(9):

837-840

39. 郑元润,周广胜,**张新时**,王建林,太华杰.1997.农业生产力模型初探.植物学报,39(9):831-836

40. 高琼,喻梅,**张新时**,关烽.1997.中国东北样带对全球变化响应的动态模拟——一个遥感信息驱动的区域植被模型.植物学报,39(9):800-810

41. **张新时**,高琼,杨奠安,周广胜,倪健,王权.1997.中国东北样带的梯度分析及其预测.植物学报,39(9):785-799

42. 高琼,**张新时**.1997.沙地草地景观的降水再分配模型.植物学报,39(2):169-175

43. 郑元润,**张新时**,徐文铎.1997.沙地云杉种群调节的研究.植物生态学报,21(4):312-318

44. 董学军,**张新时**,杨宝珍.1997.依据野外实测的蒸腾速率对几种沙地灌木水分平衡的初步研究.植物生态学报,21(3):208-225

45. 郑元润,**张新时**,徐文铎.1997.沙地云杉种群增长预测模型研究.植物生态学报,21(2):130-137

46. **张新时**,周广胜,高琼,倪健,唐海萍.1997.中国全球变化与陆地生态系统关系研究.地学前缘,4(1-2):137-144

47. **张新时**,周广胜,高琼,杨奠安,倪健,王权,唐海萍.1997.全球变化研究中的中国东北森林-草原陆地样带(NECT).地学前缘,4(1-2):145-151

48. 李迪强,孙成永,**张新时**.1998.中国潜在植被生产力的分布与模拟.植物学报,40(6):560-566

49. 倪健,陈仲新,董鸣,陈旭东,**张新时**.1998.中国生物多样性的生态地理区划.植物学报,40(4):370-382

50. 唐海萍,陈旭东,**张新时**.1998.中国东北样带生物群区及其对全球气候变化响应的初步探讨.植物生态学报,22(5):428-433

51. 郑元润,**张新时**.1998.毛乌素沙地高效生态经济复合系统诊断与优化设计.植物生态学报,22(3):262-268

52. **张新时**,李博,史培军.1998.南方草地资源开发利用对策研究.自然资源学报,13(1):1-7

53. **张新时**.1998.我国可持续农业的发展原则.农业现代化研究,3:169

54. 李新荣,**张新时**.1999.鄂尔多斯高原荒漠化草原与草原化荒漠灌木类群生物多样性的研究.应用生态学报,10(6):665-669

55. 周广胜,王玉辉,**张新时**.1999.中国植被及生态系统对全球变化反应的研究与展望.中国科学院院刊,1:28-32

56. 唐海萍,蒋高明,**张新时**.1999.判别分析方法在鉴别C3、C4植物中的应用——以中国东北样带(NECT)的研究为例.植物学报,41(10):1132-1138

57. 唐海萍,刘书润,**张新时**.1999.内蒙古地区的C4植物及其生态地理特性的研究.植物学报,41(4):420-424

58. 倪健,李宜垠,**张新时**.1999.从生态地理特征论中国东北样带(NECT)在全球变化研究中的科学意义.生态学报,19(5):622-629

59. "西北五省区干旱、半干旱区可持续发展的农业问题"咨询组:**张新时**,石玉林,刘东生,张广学,程国栋,关君蔚,山仑,余之祥,许鹏,王西玉,慈龙骏,史培军,李凤民,韩存志,潘伯荣,孙만国,陈仲新,屠志方,董建勤.1999.关于新疆农业与生态环境可持续发展的建议.中国科学院院刊,5:336-340

60. **张新时**.西部大开发中的生态学.西部大开发科教先行与可持续发展.中国科协2000年学术年会文集,77

61. 唐海萍,**张新时**.1999.中国东北样带的生态系统多样性梯度研究.第四纪研究,19(5):479

62. 刘东生,**张新时**,熊尚发,秦小光.1999.青藏高原冰期环境与冰期全球降温.第四纪研究,19(5):385-396

63. **张新时**.2000.草地的生态经济功能及其范式.科技导报,8:3-8

64. **张新时**.2000.中国生态区评价纲要.四川师范大学学报(自然科学版),21(2):123-125

65. 沈泽昊,**张新时**.2000.基于植物分布地形格局的植物功能型划分研究.植物学报,42(11):1190-1196

66. 沈泽昊,**张新时**.2000.三峡大老岭地区森林植被的空间格局分析及其地形解释.植物学报,42(10):1089-1095

67. 陈雄文,**张新时**,周广胜,陈锦正.2000.中国东北样带树种(属)的空间特性及变化.植物学报,42(10):1075-1081

68. 沈泽昊,**张新时**,金义兴.2000.三峡大老岭森林物种多样性的空间格局分析及其地形解释.植物学报,42(6):620-627

69. 李宜垠,**张新时**,周广胜.2000.中国东北样带(NECT)东部森林区的植被与表土花粉的定量关系.植物学报,42(1):81-88

70. 沈泽昊,**张新时**,金义兴.2000.三峡大老岭地区主要木本植物分布的地形格局.植物生态学报,24(5):581-589

71. 沈泽昊,**张新时**,金义兴.2000.地形对亚热带山地景观尺度植被格局影响的梯度分析.植物生态学报,24(4):430-435

72. 沈泽昊,**张新时**.2000.中国亚热带地区植物区系地理成分及其空间格局的数量分析.植物分类学报,38(4):366-380

73. 陈雄文,**张新时**,周广胜,陈锦正.2000.中国东北样带(NECT)森林区域中主要树种空间分布特征.林业科学,36(4):35-38

74. 李宜垠,**张新时**,周广胜,倪健.2000.中国北方几种常见表土花粉类型与植被的数量关系.科学通报,45(7):761-765

75. 陈仲新,**张新时**.2000.中国生态系统效益的价值.科学通报,45(1):17-23

76. **张新时**.2000.论畜牧业在黄土丘岭沟壑区生态建设与经济发展中的作用.草业与西部大开发——草业与西部大开发学术研讨会暨中国草原学会2000年学术年会论文集,172

77. 沈泽昊,**张新时**,金义兴.2001.三峡大老岭植物区系的垂直梯度分析.植物分类学报,39(3):260-268

78. 张新时.2001.西部大开发中的生态问题.水利规划设计,4:4-8

79. 张新时.2001.中国关键生态区的评价与对策.中国基础科学,5:11-14

80. 张新时.2001.天山北部山地-绿洲-过渡带-荒漠系统的生态建设与可持续农业范式.植物学报,43(12):1294-1299

81. 肖春旺,张新时,赵景柱,吴钢.2001.鄂尔多斯高原3种优势灌木幼苗对气候变暖的响应.植物学报,43(7):736-741

82. 黄振英,张新时,Yitzchak Gutterman,郑光华.2001.光照、温度和盐分对梭梭种子萌发的影响.植物生理学报,27(3):275-280

83. 何维明,张新时.2001.水分共享在毛乌素沙地4种灌木根系中的存在状况.植物生态学报,25(5):630-633

84. 黄振英,Yitzchak Gutterman,胡正海,张新时.2001.白沙蒿种子萌发特性的研究Ⅱ.环境因素的影响.植物生态学报,25(2):240-246

85. 黄振英,Yitzchak Gutterman,胡正海,张新时.2001.白沙蒿种子萌发特性的研究I:黏液瘦果的结构和功能.植物生态学报,25(1):22-28

86. 高琼,关烽,傅德志,纪力强,马俊才,徐克学,杨奠安,李奕,张新时,董鸣.2001.物种和植被资源信息系统的建设及展望.资源科学,23(5):40-45

87. 何维明,张新时.2001.沙地柏叶型变化的生态意义.云南植物研究,23(4):433-438

88. 黄富祥,张新时,徐永福.2001.毛乌素沙地气候因素对沙尘暴频率影响作用的模拟研究.生态学报,21(11):1875-1884

89. 黄振英,Yitzchak Gutterman,胡正海,张新时.2001.土壤盐分、预湿处理对 *Artemisia monosperma*(菊科)种子传播和萌发的影响.生态学报,21(4):676-680

90. 肖春旺,张新时.2001.模拟降水量变化对毛乌素油蒿幼苗生理生态过程的影响研究.林业科学,37(1):16-22

91. 何维明,张新时.2002.沙地柏雌株与雄株的叶结构和功能比较.云南植物研究,24(1):64-67

92. 孔正红,张新时,周广胜.2002.可持续农业及其指示因子研究进展.生态学报,22(4):577-585

93. 黄富祥,康慕谊,张新时.2002.退耕还林还草过程中的经济补偿问题探讨.生态学报,22(4):471-478

94. 何维明,张新时.2002.沙地柏对毛乌素沙地3种生境中养分资源的反应.林业科学,38(5):1-6

95. 郭卫华,李波,张新时,王仁卿.2003.FDR系统在土壤水分连续动态监测中的应用.干旱区研究,20(4):247-251

96. 王国宏,张新时.2003.从生态地理背景论草地畜牧业产业在黄土高原农业可持续发展中的战略地位.生态学报,23(10):2017-2026

97. 李波,郭卫华,赵海霞,张新时.2003.当前退耕还林(草)工作中的一些问题与建议——以北方农牧交错带的皇甫川流域为例.生态经济,10:232-236

98. 李新宇,唐海萍,赵云龙,张新时.2004.怀来盆地不同土地利用方式对土壤质量的影响分析.水土保持学报,18(6):103-107

99. 张峰,张新时.2004.基于TM影像的景观空间自相关分析——以北京昌平区为例.生态学报,24(12):2852-2858

100. 郭卫华,李波,黄永梅,张新时.2004.不同程度的水分胁迫对中间锦鸡儿幼苗气体交换特征的影响.生态学报,24(12):2716-2722

101. 张新时.2004.兼顾生态和经济效益科学协调规划退耕还林.今日国土,10:11-14

102. 李波,赵海霞,郭卫华,刘辉,张新时.2004.退耕还林(草)、封山禁牧对传统农牧业的冲击与对策——以北方农牧交错带的皇甫川流域为例.地域研究与开发,23(5):97-101

103. 龚吉蕊,赵爱芬,张立新,张新时.2004.干旱胁迫下几种荒漠植物抗氧化能力的比较研究.西北植物学报,24(9):1570-1577

104. 孔正红,张新时.2004.安塞纸坊沟流域草地资源利用空间结构及其畜牧业发展潜力.草地学报,12(3):246-250

105. 谢花林,张新时.2004.城郊区生态安全水平的量度及其对策研究.中国人口·资源与环境,14(3):24-26

106. 谢花林,张新时.2004.城市生态安全水平的物元评判模型研究.地理与地理信息科学,20(2):87-90

107. 赵云龙,唐海萍,李新宇,张新时.2004.河北省怀来县可持续发展状况的生态足迹分析.自然资源学报,19(1):128-135

108. 赵海霞,李波,郭卫华,刘辉,张新时.2004.对可持续土地利用及生态-经济协调模式的理论探讨.生态经济,8:63-66

109. 张新时.2005.合作(托管)造林要遵循客观规律.中国林业产业,7:14-16

110. 房世波,张新时,董鸣.2005.基于热红外遥感的城市热场形成机制及特征分析——以成都市为例.遥感信息,6:52-54

111. 谢花林,李波,王传胜,杨波,张新时.2005.西部地区农业生态系统健康评价.生态学报,25(11):3028-3036

112. 董孝斌,张新时.2005.我国草地的发展观.生态经济,10:70-73

113. 赵云龙,唐海萍,孙林,张新时.2005.河北怀来县农业生态经济分区研究.北京师范大学学报(自然科学版),41(5):526-530

114. 董孝斌,张新时.2005.内蒙古草原不堪重负,生产方式亟须变革.资源科学,27(4):175-179

115. 赵海霞,李波,刘颖慧,张新时.2005.皇甫川流域不同尺度景观分异下的土壤性状.生态学报,25(8):2010-2018

116. 张新时.2005.奶水牛业面临的形势与机遇.中国牧业通讯,15:8-12

117. 张峰,张新时.2005.北京昌平区城镇化过程与空间特征

研究.应用生态学报,16(6):1128-1132

118. **张新时**.2005.内蒙古草原陷入发展困境.瞭望,23:58

119. **张新时**.2005.有关生物多样性词汇的商榷.科技语词研究,7(2):50-51

120. 董孝斌,**张新时**.发展草地农业是农牧交错带农业结构调整的出路.生态经济,4:87-89

121. 房世波,杨武年,**张新时**.2005.基于GIS的农业土壤侵蚀分级和退耕还林决策——以川西干旱河谷地区为例.青岛大学学报(工程技术版),20(1):72-77

122. 龚吉蕊,赵爱芬,**张新时**.2005.多浆荒漠植物与中生植物对干旱胁迫反应的比较研究.北京师范大学学报(自然科学版),41(2):194-198

123. 倪健,郭柯,刘海江,**张新时**.2005.中国西北干旱区生态区划.植物生态学报,29(2):175-184

124. 孔正红,**张新时**,张科利,宋轩.2005.黄土高原丘陵沟壑区小城镇建设的生态经济学意义及其特点.农业生态环境,21(1):75-79

125. 赵云龙,唐海萍,李新宇,**张新时**.2006.怀来山盆系统优化生态-生产范式.生态学报,26(12):4234-4243

126. 董孝斌,张玉芳,严茂超,**张新时**.2006.天山北坡山盆系统耦合与农业结构调整.农业现代化研究,27(5):377-379

127. 万雪琴,夏新莉,尹伟伦,**张新时**.2006.北美杂交杨无性系扦插苗生长比较.林业科技开发,20(4):15-19

128. 谢花林,李波,刘黎明,**张新时**.2006.基于空间统计学和GIS的农牧交错带土壤养分空间特征分析——以内蒙古翁牛特旗为例.水土保持学报,20(2):73-76

129. 万雪琴,夏新莉,尹伟伦,**张新时**,慈龙骏,胡庭兴.2006.不同杨树无性系扦插苗水分利用效率的差异及其生理机制.林业科学,42(5):133-137

130. 谢花林,刘黎明,李波,**张新时**.2006.土地利用变化的多尺度空间自相关分析——以内蒙古翁牛特旗为例.地理学报,61(4):389-390

131. 吴泠,**张新时**.2006.松嫩平原农牧交错区牧草资源特点及畜牧业发展.生态学报,26(2):601-609

132. 李新宇,唐海萍,**张新时**,孙林.2007.基于多因子层次覆盖模型的潜在土壤侵蚀等级评价——以内蒙古林西县为例.水土保持研究,(4):154-159

133. 吴建寨,李波,**张新时**,夏艳玲,崇洁.2007.天山北坡土地利用/覆被及生态系统服务功能变化.干旱区地理,30(5):728-735

134. 吴建寨,李波,**张新时**.2007.生态系统服务价值变化在生态经济协调发展评价中的应用.应用生态学报,18(11):2554-2558

135. 张玉芳,董孝斌,严茂超,**张新时**.2007.基于能值的天山北坡经济带农牧系统可持续性评估.生态学杂志,26(11):1901-1906

136. 满良,**张新时**,哈斯巴根,额尔德木图.2007.鄂尔多斯高原蒙古族食用野生植物传统知识的研究.云南植物研究,29(5):575-585

137. 郭卫华,李波,**张新时**,王仁卿.2007.水分胁迫对沙棘(*Hippophae rhamnoides*)和中间锦鸡儿(*Caragana intermedia*)蒸腾作用影响的比较.生态学报,27(10):4132-4140

138. 董孝斌,严茂超,高旺盛,**张新时**.2007.内蒙古赤峰市企业-人工草地-肉羊系统生产范式的能值分析.农业工程学报,23(9):195-200

139. 刘美玲,宝音陶格涛,杨持,**张新时**.2007.添加氮磷钾元素对典型草原区割草地植物群落组成及草地质量的影响.干旱区资源与环境,21(11):131-135

140. 董孝斌,严茂超,董云,杨凌志,张玉芳,**张新时**.2007.基于能值的内蒙古生态经济系统分析与可持续发展战略研究.地理科学进展,26(3):47-57

141. 闫玉春,唐海萍,**张新时**.2007.草地退化程度诊断系列问题探讨及研究展望.中国草地学报,29(3):90-97

142. 慈龙骏,杨晓晖,**张新时**.2007.防治荒漠化的"三圈"生态-生产范式机理及其功能.生态学报,27(4):1450-1460

143. 唐海萍,孙林,李薇,陈玉福,**张新时**.2007.河北省御道口牧场气候生产潜力估算.北京师范大学学报(自然科学版),43(2):199-202

144. 刘美玲,宝音陶格涛,杨持,**张新时**.2007.不同轮割制度对内蒙古大针茅草原群落组成的影响.北京师范大学学报(自然科学版),43(1):83-87

145. 尤鑫,龚吉蕊,段庆伟,葛之葳,闫美芬,**张新时**.2008.两种杂交杨品系光合系统Ⅱ叶绿素荧光特征.生态学报,28(11):5641-5648

146. 黄永梅,龚吉蕊,**张新时**.2008.我国开展生物固碳研究的关键科学问题及其研究进展与展望.中国科学基金,22(5):268-271

147. 唐海萍,颜莉娟,**张新时**.2008.新疆准噶尔盆地生物多样性保育与建立国家荒漠公园的构想.生物多样性,16(6):618-626

148. 房世波,刘华杰,**张新时**,董鸣,刘建栋.2008.干旱、半干旱区生物土壤结皮遥感光谱研究进展.光谱学与光谱分析,28(8):1842-1845

149. 钱莲文,**张新时**,郭建宏,杨智杰.2008.半常绿-常绿杨树3个品系光合特性研究.北京师范大学学报(自然科学版),44(4):424-428

150. 满良,**张新时**,苏日古嘎.2008.鄂尔多斯蒙古族敖包文化和植物崇拜文化对保育生物多样性的贡献.云南植物研究,30(3):360-370

151. 房世波,冯凌,刘华杰,**张新时**,刘建栋.2008.生物土壤结皮对全球气候变化的响应.生态学报,28(7):3312-3321

152. 崇洁,李波,洪睿,**张新时**.2008.玛纳斯县生态系统服务价值的动态评估.干旱区地理,31(3):477-484

153. 吴建寨,李波,崇洁,**张新时**.2008.天山北坡不同景观区域土地利用与生态系统功能变化分析.资源科学,30

(4):621-627

154. 吴建寨,李波,**张新时**,赵文武,姜广辉.2008.天山北坡生态经济的脆弱性.应用生态学报,19(4):859-865

155. 万雪琴,夏新莉,尹伟伦,慈龙骏,**张新时**.2008.北美杂交杨在北京引种的苗期生态适应性.四川农业大学学报,26(1):32-39

156. 李新宇,唐海萍,**张新时**,孙林.2008.内蒙古林西县生态经济分区与发展对策研究.农业系统科学与综合研究,24(4):78-82

157. 李新宇,唐海萍,**张新时**,孙林.2009.大兴安岭南麓山地丘陵区生态-生产范式研究——以内蒙古林西县为例.中国农业生态学报,17(1):163-168

158. 房世波,谭凯炎,刘建栋,**张新时**.2009.鄂尔多斯植被盖度分布与环境因素的关系.植物生态学报,33(1):25-33

159. 葛之葳,龚吉蕊,段庆伟,尤鑫,**张新时**.2009.生长季新疆伊犁速生杨群落土壤的呼吸特征.南京林业大学学报(自然科学版),33(2):65-68

160. 龚吉蕊,黄永梅,葛之葳,段庆伟,尤鑫,安然,**张新时**.2009.4种杂交杨对土壤水分变化的生态学响应.植物生态学报,33(2):387-396

161. 段庆伟,李刚,陈宝瑞,张宏斌,杨桂霞,辛晓平,王佳宁,龚吉蕊,**张新时**.2009.牧场尺度放牧管理决策支持系统研究进展.北京师范大学学报(自然科学版),45(2):205-211

162. 钱莲文,**张新时**,杨智杰,韩志刚.2009.几种光合作用光响应典型模型的比较研究.武汉植物学研究,27(2):197-203

163. 尤鑫,龚吉蕊,**张新时**,段庆伟,葛之葳,陈冬花,安然.2009.伊犁地区5个欧美杨引进品系的苗期适应性研究.西部林业科学,38(2):17-23

164. 房世波,许端阳,**张新时**.2009.毛乌素沙地沙漠化过程及其气候因子驱动分析.中国沙漠,29(05):796-801

165. 谭凯炎,房世波,任三学,**张新时**.2009.非对称性增温对农业生态系统影响研究进展.应用气象学报,20(5):634-641

166. 尤鑫,龚吉蕊,葛之葳,段庆伟,安然,陈冬花,**张新时**.2009.两种杂交杨叶绿素荧光特性及光能利用.植物生态学报,33(6):1148-1155

167. **张新时**.2010.关于生态重建和生态恢复的思辨及其科学含义与发展途径.植物生态学报,34(1):112-118

168. **张新时**.2010.我国必须走发展人工草地和草地农业的道路.科学对社会的影响,3:18-21

169. 刘慧明,荀斌,董孝斌,**张新时**.2010.新疆冰川消融对气候变化的响应及应对策略.生态经济,2:176-178

170. 闫美芳,**张新时**,周广胜,江源.2010.不同树龄杨树人工林的根系呼吸季节动态.生态学报,30(13):3449-3456

171. 闫美芳,**张新时**,江源,周广胜.2010.主要管理措施对人工林土壤碳的影响.生态学杂志,29(11):2265-2271

172. 闫玉春,唐海萍,**张新时**,王旭,王海祥.2010.基于土壤粒度分析的草原风蚀特征探讨.中国沙漠,30(6):1263-1268

173. 尤鑫,龚吉蕊,安然,段庆伟,葛之葳,**张新时**.2011.4种杂交杨荧光光响应曲线.北京师范大学学报(自然科学版),47(1):85-90

174. 熊好琴,段金跃,**张新时**.2011.围栏禁牧对毛乌素沙地植物群落特征的影响.生态环境学报,20(2):233-240

175. 房世波,**张新时**.2011.苔藓结皮影响干旱半干旱植被指数的稳定性.光谱学与光谱分析,31(3):780-783

176. 陈冬花,邹陈,李滨勇,李虎,**张新时**.2011.西天山云杉林生物量与植被指数关系研究.北京师范大学学报(自然科学版),47(3):321-325

177. 陈冬花,邹陈,王苏颖,李虎,**张新时**.2011.基于DEM的伊犁河谷气温空间插值研究.光谱学与光谱分析,31(7):1925-1929

178. 房世波,韩国军,**张新时**,周广胜.2011.气候变化对农业生产的影响及其适应.气象科技进展,1(2):15-19

179. 熊好琴,段金跃,王妍,**张新时**.2011.毛乌素沙地生物结皮对水分入渗和再分配的影响.水土保持研究,18(4):82-87

180. 孙特生,李波,**张新时**.2011.皇甫川流域生态系统生产力时空特征分析.安徽农业科学,39(31):19347-19350+19368

181. 熊好琴,段金跃,王妍,**张新时**.2012.围栏禁牧对毛乌素沙地土壤理化特征的影响.干旱区资源与环境,26(3):152-157

182. 孙特生,李波,**张新时**.2012.内蒙古皇甫川流域作物生长期气候旬变异特征及其对作物产量效应分析.干旱地区农业研究,30(3):184-193

183. 房世波,谭凯炎,任三学,**张新时**.2012.气候变暖对冬小麦生长和产量影响的大田实验研究.中国科学:地球科学,42(7):1069-1075

184. 孙特生,李波,**张新时**.2012.皇甫川流域气候变化特征及其生态效应分析.干旱区资源与环境,26(09):1-7

185. 孙特生,李波,**张新时**.2012.北方农牧交错区农业生态系统生产力对气候波动的响应——以准格尔旗为例.生态学报,32(19):6155-6167

186. 孙特生,李波,**张新时**.2013.北方农牧交错带农业生态系统结构的能值分析——以准格尔旗为例.干旱区资源与环境,27(12):7-14

187. **张新时**.2013.生态重建与生态恢复.江南论坛,9:4-5

188. 李国庆,刘长成,刘玉国,杨军,**张新时**,郭柯.2013.物种分布模型理论研究进展.生态学报,33(16):4827-4835

189. 闫美芳,**张新时**,周广胜.2013.不同树龄杨树(*Populus balsamifera*)人工林的土壤呼吸空间异质性.生态学杂志,32(6):1378-1384

190. **张新时**.2014.生态重建是生态文明建设的核心.中国科

学:生命科学,44(3):221-222

191. **张新时**.2014.建立青藏高原高寒草地国家公园和发展高原野生动物养殖产业.中国科学:生命科学,44(3):289-290

192. 余中元,李波,**张新时**.2014.湖泊流域社会生态系统脆弱性分析——以滇池为例.经济地理,34(8):143-150

193. 余中元,李波,**张新时**.2014.湖泊流域社会生态系统脆弱性及其驱动机制分析——以滇池为例.农业现代化研究,35(3):329-334

194. 余中元,李波,**张新时**.2014.社会生态系统及脆弱性驱动机制分析.生态学报,34(7):1870-1879

195. 余中元,李波,**张新时**.2015.湖泊流域社会生态系统脆弱性时空演变及调控研究——以滇池为例.人文地理,30(2):110-116

196. **张新时**,唐海萍,董孝斌,李波,黄永梅,龚吉蕊.2016.中国草原的困境及其转型.科学通报,61(2):165-177

197. 付奇,李波,杨琳琳,**张新时**.2016.西北干旱区生态系统服务重要性评价——以阿勒泰地区为例.干旱区资源与环境,30(10):70-75

198. 付旭东,周广胜,**张新时**.2016.浑善达克沙地沙丘剖面颜色变化的古气候意义.沉积学报,34(1):70-78

199. 李波,付奇,**张新时**.2017.干旱区生态文明建设的关键问题.学习与探索,9:91-93

200. 栾庆祖,李波,**张新时**.2019.面向大气环境影响的城市景观分类系统——以北京为例.生态学杂志,38(5):1482-1490

201. 栾庆祖,李波,叶彩华,**张新时**,张英.2019.北京市三维景观格局的局地气象环境影响初探.生态环境学报,28(3):514-522

202. 余中元,李波,**张新时**.2019.全域旅游发展背景下旅游用地概念及分类——社会生态系统视角.生态学报,39(7):2331-2342

4. 论著章节

1. **张新时**.1959.东天山森林的地理分布.见:中国科学院新疆综合考察队、苏联科学院地理研究所(主编),《新疆维吾尔自治区的自然条件(论文集)》,北京:科学出版社

2. 李世英,**张新时**.1959.新疆植被考察报告.见:《新疆综合考察报告汇编》,北京:科学出版社

3. **张新时**,张瑛山.1960.新疆森林资源的开发和地区分布的问题.中国科学院新疆综合考察队

4. 李世英,**张新时**,王和生.1965.新疆准格尔植被图(1:2 000 000).见:国家地图集编纂委员会,《中华人民共和国自然地图集》,北京:地图出版社

5. **张新时**.1978.新疆植被的水平地带和山地垂直带的特征.见:中国科学院新疆综合考察队,中国科学院植物研究所(主编),新疆植被及其利用,pp75-91,北京:科学出版社

6. **张新时**.1978.新疆的植被类型(森林、灌丛、高山植被).见:中国科学院新疆综合考察队,中国科学院植物研究所(主编),新疆植被及其利用,pp149-198,218-224,北京:科学出版社

7. **张新时**.1978.植被区域(北疆荒漠亚区、塔里木荒漠省).见:中国科学院新疆综合考察队,中国科学院植物研究所(主编),新疆植被及其利用,pp238-249,259-263,北京:科学出版社

8. **张新时**.1978.森林资源的经营.见:中国科学院新疆综合考察队,中国科学院植物研究所(主编),新疆植被及其利用,pp286-312,北京:科学出版社

9. **张新时**.1994.中国山地植被垂直带的基本生态地理类型.见:植被生态学研究编辑委员会(编),植被生态学研究——纪念著名生态学家侯学煜教授,pp77-92,北京:科学出版社

10. Koch GW,Scholes RJ,Steffen WL,Vitousek PM,Walker BH,Burke I,Cramer W,Field C,Hogberg P,Hungate B,Ingram J,Jaramillo V,Justice C,Keller M,Kojima S,Lajthe K,Landsberg J,Lauenroth W,Linder S,Menaut JC,Mooner H,Noble I,Ojima D,Parton W,Price D,Pszenny A,Richey J,Sala O,Shugart H,Skarpe C,Skole D,Williams R,**Zhang XS**.1995.IGBP Global Change Report No.36:The IGBP Terrestrial Transects:Science Plan.Stockholm

11. **Zhang XS**,Yang D,Zhou GS,Liu CY,Zhang J.1996.Model expectation of impacts of global climate change on biomes of the Tibetan Plateau.In:Omasa K,Kai K,Taoda H,Uchijima Z.Yoshino M(Eds).Climate Change and Plants in East Asia.pp25-38.Springer-Verlag Tokyo,Hong Kong

12. Tsunekawa A,**Zhang XS**,Zhou GS,Omasa K.1996.Climatic change and its impacts on the vegetation distribution in China.In:Omasa K,Kai K,Taoda H,Uchijima Z,Yoshino M(Eds).Climate Change and Plants in East Asia.pp67-84.Springer-Verlag Tokyo,Hong Kong

13. **张新时**.1998.高原隆起与亚洲植被的地带分异.见:孙鸿烈,郑度(主编),青藏高原形成演化与发展(第四章第六节),pp213-230,广州:广东科技出版社

14. Ojima DS,Xiao X,Chuluun T,**Zhang XS**.1998.Asian grassland biogeochemistry:factors affecting past and future dynamics of Asian grasslands.In:Galloway JN,Melillo J(Eds).Asian Change in the Context of Global Climate Change—Impact of Natural and Anthropogenic Changes in Asia on Global Biogeochemical Cycles.UK:Cambridge University Press

15. 匡廷云,**张新时**,陈勇,白克智,赵黛青,黄永梅.2007.大规模生物质能源的研究.见:严陆光,陈俊武(主编),中国能源可持续发展若干重大问题研究,pp353-378,北京:科学出版社

5. 部分重要学术会议报告

1. 张新时.1960.新疆林业资源开发和区划问题.新疆自然资源研讨会,新疆,乌鲁木齐

2. 张新时.1962.新疆山地和荒漠林的综合分类.植物生态学与地植物学研讨会,北京

3. 张新时.1973.新疆植被图的绘制(1:1 000 000).植物生态学与地植物学研讨会,中国科学院,昆明

4. 张新时.1978.荒漠生态系统.生态系统研究研讨会,中国科学院,青海西宁

5. 张新时.1978.中亚荒漠地带性与荒漠生态系统.兰州大学讲演

6. **Zhang XS**.1982.The vegetation differentiation of the Tianshan Mountains.Proceedings of International Meeting of Ecology and Biogeography of Mountains and High Altitude,Centre D'Ecologie Montaguarde,Gabas,Laruns,France

7. **Zhang XS**.1985.Temperate desert in Central Asia(Chinese Part).Lecture in The Jacob Blaustein Institute for Desert Research,Ben-Gurion University of the Negev,Sede Boqer Campus,Israel.

8. Hou Hsioh-yu,**Chang Hsin-Shih**.1986.The principal types of montane vegetation belts in China and eco-geographical characteristics. Proceedings of the International Symposium on Mountain Vegetation,Beijing,China,September 1-5.(大会报告)(published in BRAUN-BLANQUETLA,1992,8)

9. 张新时.1990.青藏高原的生态地理边缘效应.中国青藏高原研究会第一届学术讨论会,北京

10. 张新时,杨奠安,周广胜,刘春迎.1996.青藏高原生物群区对全球变化响应的模拟.生态学会年会及论文集(大会报告)

11. 张新时.2000.西部大开发的生态学.西部大开发科教先行与可持续发展.中国科学技术协会2000年学术年会

12. 张新时.2000.论畜牧业在黄土丘岭沟壑区生态建设与经济发展中的作用.草业与西部大开发——草业与西部大开发学术研讨会暨中国草原学会2000年学术年会

13. 张新时.2000.中国生态区评价纲要.生态学的新纪元——可持续发展的理论与实践

14. 张新时.2000.草地的气候-植被关系及其优化生态-生产范式.Ecological Services of Grassland in China,Proceedings of CCAST(World Laboratory)Workshop,in Beijing,China

15. 张新时.2003.现代化的草地畜牧业没有龙头企业是不可能的.全国草原畜牧业可持续发展高层研讨会

16. 张新时.2004.兼顾生态和经济效益科学协调规划退耕还林.中国退耕还林高层论坛

17. 张新时.2004.中国高速发展奶水牛业的建议.中国奶业发展大会报告,河北,石家庄

18. **Zhang XS**,Tang HP,Huang YM.2005.The Feature of Biodiversity in Arid Zone of East Asia and Its Hotspots. 90th Annual Meeting(ESA)and IX International Congress of Ecology(INTECOL),Montreal,Quebec,Canada(特邀)

19. **Zhang XS**. 2007. A Strategic Prospect of Developing Bioenergy on Marginal Land in Northern China.国际生物经济大会生物资源与生物多样性分会,天津(特邀)

20. 张新时.2007.宏观生物学的热点和展望.高校生命科学基础课程报告论坛(大会报告)

附录二
记昆仑归来险渡叶尔羌河(七律)*

张新时

叶江洪啸十里闻,红浪青礁激雪尘。
险阻昆仑不得过,且将此身托杜仑。
急流直下三千尺,浊浪压顶几欲沉。
喜攀玉山得异草,何惧狂涛再投身。

---

*《记昆仑归来险渡叶尔羌河(七律)》是我于1959年参加中国科学院新疆综合考察队赴昆仑山考察,途经叶尔羌河,在回程时遇到特大洪水,叶尔羌河大桥被洪水淹没,河面宽达500 m,急流凶猛,十分危险。当地渡船工人有经验地用羊皮袋作为工具,称之为“杜仑”,绑在我们身上并用绳子连接我们,使我们在急流中随着巨浪游到了对岸。回到乌鲁木齐后,写诗作纪念。

致　　谢

《在大漠和高原之间——张新时文集》收集了我 60 年来亲自执笔撰写并发表的科学论文、专著(参加编写的部分)和考察报告(个别文章为合作编写),系统和完整地体现了我个人的学术理念、思维见解,时间跨度长、涉及面较广,可供有关专业的科研、教学、生产人员参考,也是我向培养我、支持我的领导、师长和学生的回馈。

本书的出版,首先要感谢中国科学院植物研究所方精云所长和植被与环境变化国家重点实验室的领导支持,他们把这个文集作为实验室的任务,委任许振柱教授和他的博士生团队,他们将我发表在期刊杂志上的论文整理成电子版,方便文集出版。

感谢北京师范大学地理学部我的博士生黄永梅教授,她除了搜集散落在各处期刊、杂志上的论文以及有关著作和汇编作品外,还帮助仔细审阅、修改,并参与大量计算机录入工作,还负责和出版社联系,根据出版要求复制图表,并承担其他联络和组织工作。她认真负责的工作保证了本书出版的质量和进度。

感谢和舆图(北京)科技有限公司总经理孙吉祥先生,他对书中的地图和有关图表的复制给予大力支持。

感谢高等教育出版社李冰祥和柳丽丽两位编辑,她们的热情鼓励和支持推动了本书的出版,她们的认真负责和精心安排保证了出版质量。

我在本书出版的过程中得到了我的博士后周广胜研究员和李新荣研究员,博士生龚吉蕊及我的秘书赵世勇和杨孝琼及很多学生和朋友的鼓励和帮助,在此一并感谢。

感谢上天赐予我的机会和智慧!

最后,我还要感谢我的家人,我的妻子慈龙骏和儿女——张彬、张迪、张海桑及他们的家人。他们对我的理解、鼓励和爱,是我克服一切困难去工作、去拼搏时的心灵慰藉。

工作掠影

张新时在美国康奈尔大学获得博士学位,毕业典礼上校长授予毕业证书

张新时任国家自然科学基金委员会副主任期间签订了多项国际科学合作文件(图为与斯洛文尼亚代表签订科学合作文件)

张新时参加国际科学活动。图为共同主持会议

1995 年 9 月在俄罗斯科学院科马洛夫植物研究所会议厅作"亚洲植被图"学术报告

1995 年,张新时受以色列沙漠研究所邀请对以色列荒漠进行科学考察。图为该所所长和研究员 Linda Whetker 陪同考察

张新时访问以色列希伯来大学时，与生态学教授合影

张新时与以色列生态研究中心科学家在一起

张新时考察以色列著名的"小流域治理"工程

张新时在美国亚利桑那荒漠地区考察

2000 年张新时和刘东生先生等在美国考察著名的生物圈 2 号

1996 年,张新时向联合国荒漠化防治论坛的会议代表介绍鄂尔多斯沙地草地生态研究站研究成果

1996年张新时在鄂尔多斯沙地草地生态研究站接待《联合国防治荒漠化公约》
执行秘书哈玛·阿尔巴·迪亚洛（Hama Arba Diallo）

张新时接受国际欧亚科学院院士证书

张新时在国际欧亚科学院院士会议上讲话

北京师范大学欢迎张新时来校工作。张新时为北京师范大学兼职教授

张新时受邀参加中国科学院地球信息科学联合实验室成立仪式,图为张新时与孙枢院士等在一起

张新时主持《国家重点基础研究发展规划》项目
"草地与农牧交错带生态系统重建机理及优化生态-生产范式"启动会议,他是该项目首席科学家

张新时参加中国科学院和苏联科学院联合组织的新疆综合科学考察时,骑马到天山云杉林

张新时在西藏北部考察的帐篷营地前

在西藏北部山地洪积扇上与土壤学专家共同调查样方

张新时在西藏考察时遇到沙尘暴天气

张新时参加中国科学院青藏高原综合科学考察，1975 年摄于西藏聂拉木
（从左到右依次为张新时、明玛朗玛、李文秀、平错）

张新时参加中国科学院青藏高原综合科学考察，1976 年摄于羌塘高原多格则海拔 5500 m 的低山之顶

张新时陪同刘东生先生考察黄土高原。图为参观黄河壶口

张新时与妻子慈龙骏（考察队专家，原中国林业科学研究院副院长、首席科学家）共同考察黄土高原

黄土高原封育后植被和土壤都有变化

中国科学院生命科学和医学学部组织和开展"西北五省区干旱、半干旱区可持续发展的农业问题咨询考察",
张新时任组长,图为考察队部分成员

张新时在新疆考察时研究和田果园的环境

考察队考察塔克拉玛干沙漠东南缘且末县英吾斯塘乡,该乡盛产南瓜

考察楼兰古城遗址

考察"塔克拉玛干沙漠公路"防沙治沙工程

张新时和考察队专家黄永梅、龚吉蕊、张彬等研讨荒漠植被

给年轻老师讲解新疆柽柳的种类和分布规律

张新时与考察队专家李炜民研究员等讨论树种问题

张新时与史培军教授、潘伯荣研究员讨论新疆的经济发展路线

中国科学院新疆考察队考察沙地滴灌、种草、植灌技术

张新时带队赴广西考察奶水牛产业

张新时与草地专家许鹏教授、李银心研究员等考察新疆北部的畜牧饲料甜高粱

中国科学院新疆考察队考察新疆南部牧民定居点

新疆代表向孙鸿烈院士和张新时等献哈达

张新时和新疆当地群众座谈

张新时考察额尔古纳湿地次生白桦林

张新时在家中撰写科学论文

张新时在康奈尔大学取得博士学位后就回国工作，在回国前夕的留影

彩　　插

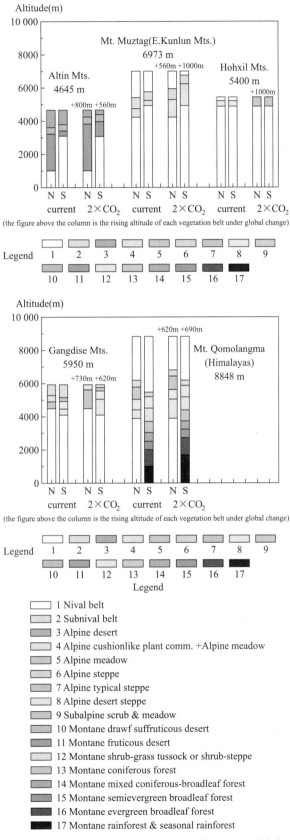

Fig. 18-1　Response of montane vertical vegetational belt
systems to global change on Tibetan Plateau.

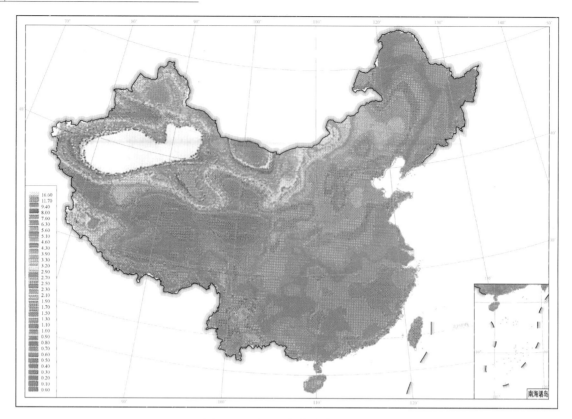

图 25-2 中国可能蒸散率分布图

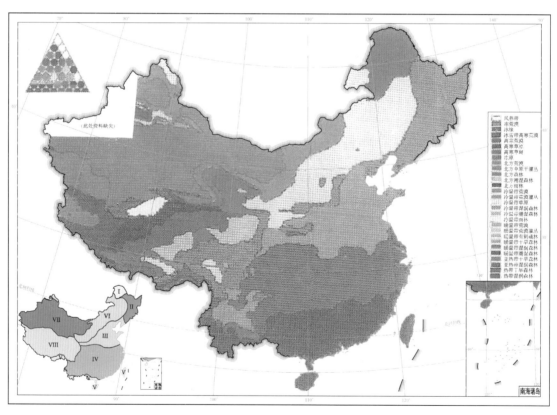

图 25-3 中国生命地带分布图

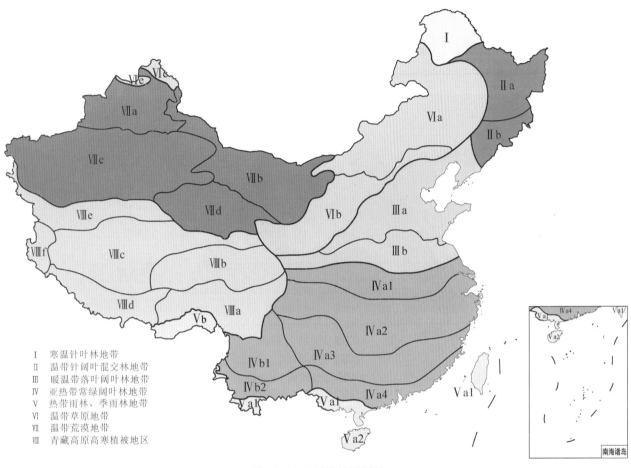

I 寒温针叶林地带
II 温带针阔叶混交林地带
III 暖温带落叶阔叶林地带
IV 亚热带常绿阔叶林地带
V 热带雨林、季雨林地带
VI 温带草原地带
VII 温带荒漠地带
VIII 青藏高原高寒植被地区

图 25-4　中国植被区划图

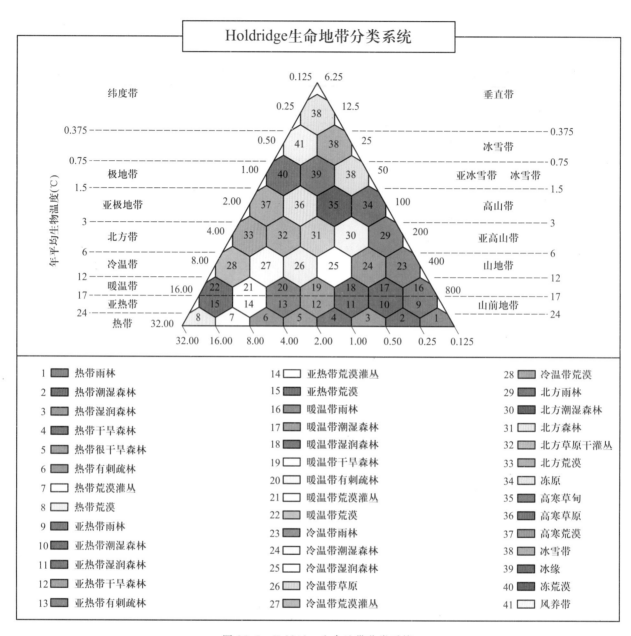

图 25-5 Holdridge 生命地带分类系统

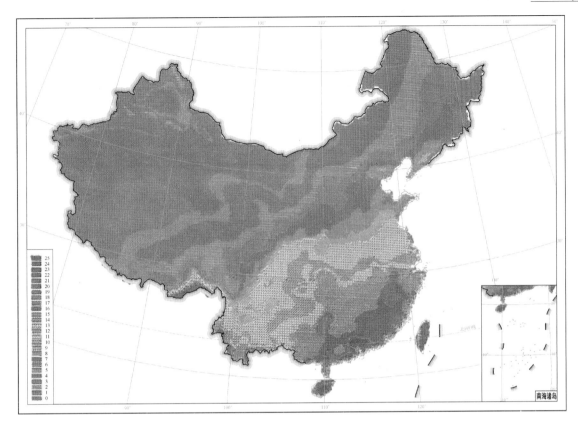

图 25-6　中国潜在净第一性生产力(干物质,t/(ha·a))分布图

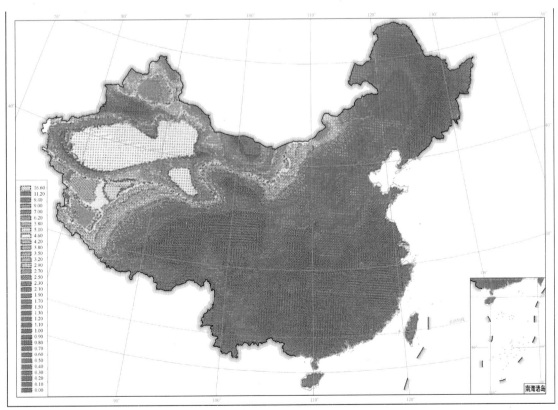

图 25-7　全球变化后中国可能蒸散率分布图
(CO$_2$ 增加一倍,温度增加 4℃,降水增加 20%)

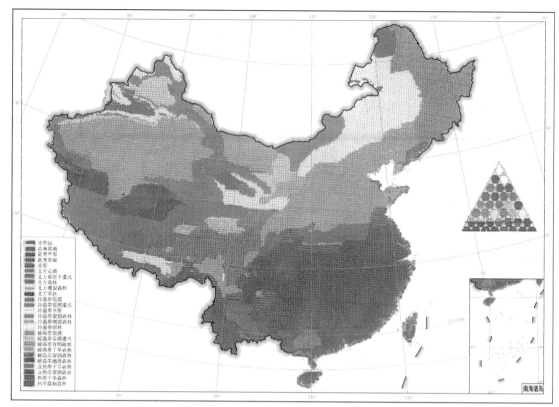

图 25-8　全球变化后中国生命地带分布图
（CO_2 增加一倍,温度增加 4℃,降水增加 20%）

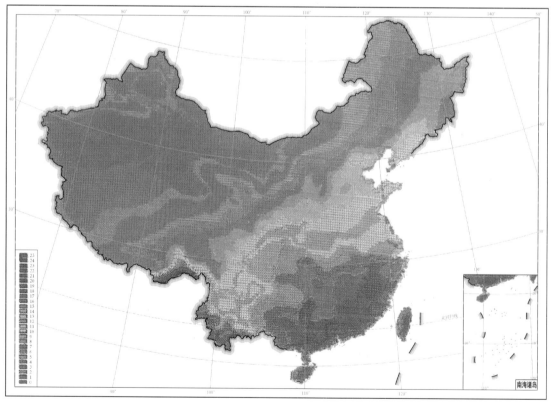

图 25-9　全球变化后中国潜在净第一性生产力(干物质,t/(ha·a))分布图
（CO_2 增加一倍,温度增加 4℃,降水增加 20%）

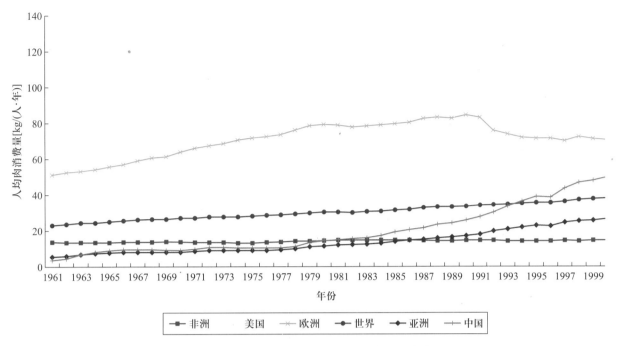

图 34-5　国际主要国家、地区人均肉消费水平的变化过程

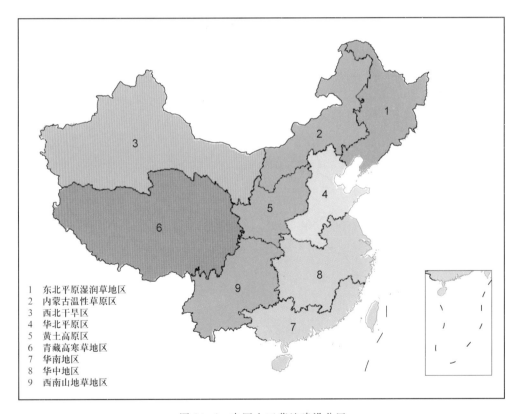

1　东北平原湿润草地区
2　内蒙古温性草原区
3　西北干旱区
4　华北平原区
5　黄土高原区
6　青藏高寒草地区
7　华南地区
8　华中地区
9　西南山地草地区

图 34-6　中国人工草地建设分区

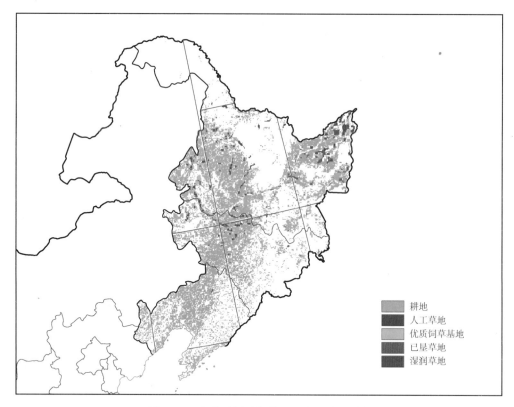

图 34-7　东北平原湿润草地区人工草地分布

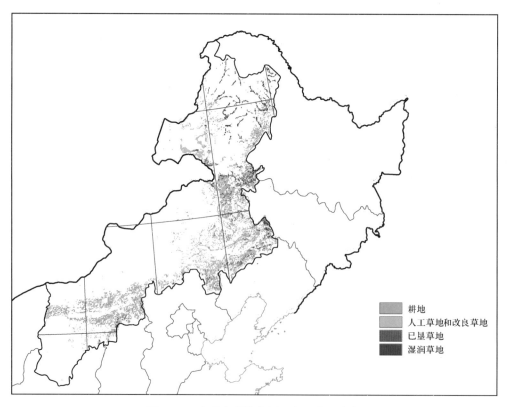

图 34-8　内蒙古温性草原区人工草地分布

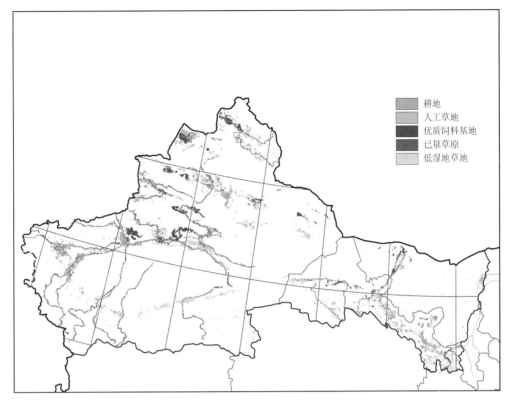

图 34-9　西北干旱区人工草地分布

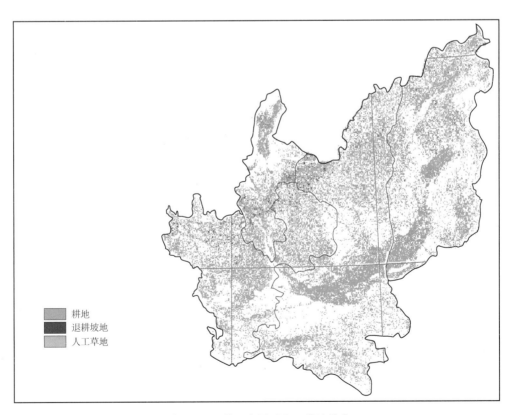

图 34-10　黄土高原区人工草地分布

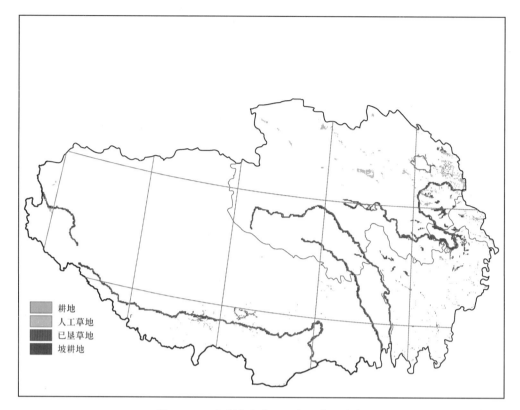

图 34-11　青藏高寒草地区人工草地分布

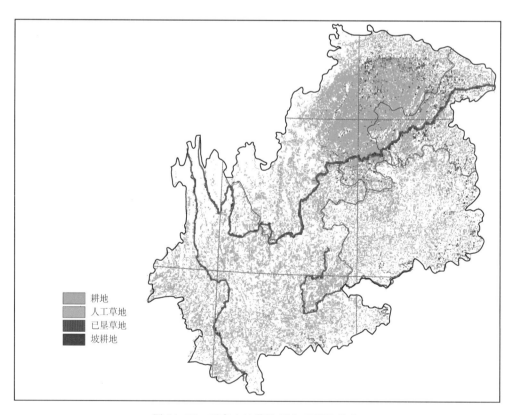

图 34-12　西南山地草地区人工草地分布

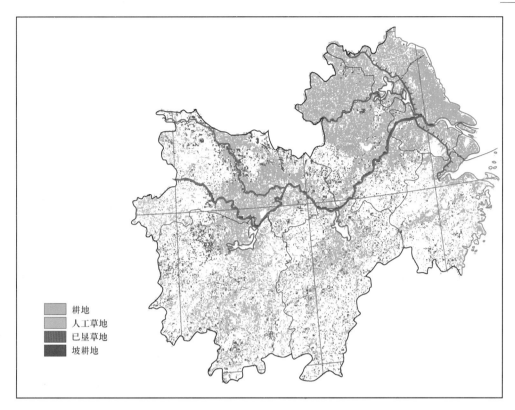

图 34-13　华中地区人工草地分布